Taschenbuch der Mathematik

I.N. Bronstein, K.A. Semendjajew,
G. Musiol, H. Mühlig

4., überarbeitete und erweiterte Auflage
der Neubearbeitung

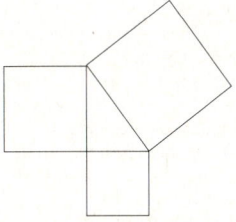

Verlag Harri Deutsch

Im Auftrag des Verlages Harri Deutsch erarbeitete und erweiterte Lizenzausgabe der bis 1977 erschienenen russischen Originalausgabe:
I.N. Bronštein, K.A. Semendjaev:
Taschenbuch der Mathematik für Ingenieure und Studenten

Die Deutsche Bibliothek - CIP-Einheitsaufnahme

Taschenbuch der Mathematik [Medienkombination] / I. N. Bronstein ... - Frankfurt am Main ; Thun : Deutsch
ISBN 3-8171-2014-1
CD-ROM [zur 4. Aufl.]. 1999
Buch. - 4., überarb. und erw. Aufl. der Neubearb. - 1999
ISBN 3-8171-2004-4

ISBN 3-8171-2014-1 (Buch mit CD-ROM)
ISBN 3-8171-2004-4 (Buch)

4., überarbeitete und erweiterte Auflage 1999

Druck: Clausen & Bosse, Leck
Printed in Germany

Vorwort zur vierten Auflage

Nachschlagen und Lernen werden zunehmend multimedial. Auch der „BRONSTEIN“ geht mit der Zeit: Parallel zur vierten Auflage des Buches steht erstmals eine elektronische Version zur Verfügung. Künftig gibt es neben dem klassischen Buch auch eine Ausgabe mit einer beigelegten Multiplattform–CD–ROM, die den kompletten Inhalt des Buches als vernetzte HTML–Struktur mit farbigen Abbildungen enthält. So bietet der „BRONSTEIN“ Studierenden, Dozenten, Professoren, Wissenschaftlern verschiedenster Fachrichtungen sowie Berufspraktikern ein aufeinander abgestimmtes Angebot, das situationsabhängig und bedürfnisorientiert einen hohen Informationsnutzen ermöglicht.
Unabhängig vom Medium stehen beim „BRONSTEIN“ der große Informationsgehalt und die hohe Verläßlichkeit im Vordergrund.

Neben zahlreichen kleineren Verbesserungen und Ergänzungen in allen Kapiteln galt bei dieser Überarbeitung den Kapiteln Arithmetik, Funktionen, Lineare Algebra, Differentialrechnung, Integralrechnung, Vektoranalysis und Feldtheorie, Wahrscheinlichkeitsrechnung und mathematische Statistik sowie Numerische Mathematik die besondere Aufmerksamkeit.

Neu hinzugekommen sind wegen ihrer nachhaltigen oder neuerlichen Bedeutung die Abschnitte *Beweismethoden* (Kapitel 1), *Skalen und Funktionspapiere* (Kapitel 2), *Kryptologie* (Kapitel 5), DIRAC*sche δ–Funktion und Distributionen* (Kapitel 15), *Wavelets* (Kapitel 15) sowie *Interpolationsformel von* LAGRANGE (Kapitel 19).

In einzelne Kapitel wurden weitere Tabellen aufgenommen, die das praktische Arbeiten erleichtern sollen. Hier sind insbesondere die Tabellen zu den Differentiations- und Integrationsregeln, zu den Flächen- und Volumenelementen in verschiedenen Koordinaten sowie eine Tabelle mit Zufallszahlen zu nennen. Tabellen, die in den vorangegangenen Auflagen über zwei Seiten reichen oder eine ganze Seite im Querformat einnehmen, wurden aufgetrennt oder aufgelöst.

Allen Lesern und Fachkollegen, die mit ihren wertvollen Stellungnahmen, Bemerkungen und Anregungen zu den letzten Auflagen des Buches die Überarbeitung erleichtert haben, möchten wir an dieser Stelle unseren herzlichen Dank sagen. Besonderer Dank gebührt Herrn Prof. Dr. G. BRECHT, Itzehoe, Mitglied des Auschusses für Einheiten und Formelgrößen im DIN, und Herrn Dr. T. H. Kick, Ludwigsburg, die sich mit vielen Kapiteln des Buches kritisch auseinandergesetzt haben.

Die Erarbeitung der CD–ROM erforderte umfangreiche technische Vorbereitungen und die Umsetzung der LaTeX–Vorlage in HTML sowie eine aufwendige Nachbearbeitung. Wir danken in diesem Zusammenhang besonders den Herren Prof. Dr. A. ANDREEFF (Dresden), und Dipl.–Phys. K. HORN (Frankfurt a. M.) sowie dem VERLAG HARRI DEUTSCH für die ausgezeichnete Zusammenarbeit.

Dresden, im Mai 1998

Prof. Dr. Gerhard Musiol — Prof. Dr. Heiner Mühlig

Aus dem Vorwort zur Neubearbeitung des „BRONSTEIN“

Der „BRONSTEIN“ ist im deutschsprachigen Raum für Generationen von Ingenieuren und Naturwissenschaftlern und darüber hinaus für viele, die in Ausbildung und Beruf mit Anwendungen der Mathematik befaßt sind, zu einem festen Begriff geworden. Warum also eine Neubearbeitung auf der Basis der letzten russischen Ausgabe*, die bis 1977 erschien?

Abgesehen von verlagsrechtlichen Gründen wird mit der vorliegenden Neubearbeitung vor allem das Ziel verfolgt, dem „BRONSTEIN“ einen zeitgerechten praxisnahen Bezug zu geben, wie ihn zahlreiche befragte Nutzer sich wünschen.

So werden im vorliegenden Buch die Gebiete der Mathematik, die im Hinblick auf die zunehmende mathematische Modellierung und Durchdringung technischer und naturwissenschaftlicher Prozesse an

---

*Der Neuübersetzung des russischsprachigen Originals liegt die 3. Auflage (Moskau 1953) zu Grunde.

Bedeutung gewonnen haben, stärker betont. Dazu gehören die numerische Mathematik, die Wahrscheinlichkeitsrechnung und die Informatik. Das neue Taschenbuch enthält einen Querschnitt der Ingenieurmathematik, der sowohl für den Studenten als auch für den praktisch arbeitenden Ingenieur, Naturwissenschaftler und Mathematiker erforderlich ist. Dabei stehen — dem Anliegen der Autoren I. N. BRONSTEIN und K. A. SEMENDJAJEW folgend — Anschaulichkeit und leichte Verständlichkeit im Vordergrund, während der Forderung nach mathematischer Strenge bei der gebotenen Kürze der Darstellung nur in angemessenem Umfang Rechnung getragen ist. Für weitergehende Bedürfnisse sei auf die spezielle Fachliteratur verwiesen.

Neu aufgenommen wurden Kapitel, die für den heutigen Einsatz der Mathematik wichtig geworden sind.

Umfangreiche Tafeln elementarer Funktionen wurden weggelassen, da diese durch die weite Verbreitung von Taschenrechnern und Personalcomputern überflüssig geworden sind.

Zur effektiven Arbeit mit dem Nachschlagewerk wurde versucht, Übersichtlichkeit und schnellen Zugriff durch deutliche Gliederung, ansprechende optische Hervorhebungen sowie durch ein ausführliches Sachwortverzeichnis und farbige Lesezeichen zu erhöhen.

Besonderer Dank gilt dem russischen Originalverlag FIZMATLIT und den Rechtsnachfolgern der Originalautoren dafür, daß sie die Zustimmung zur notwendigen Anpassung an die heutigen Ansprüche des Nutzerkreises und der damit verbundenen freien Überarbeitung gaben.

Dresden, im Juni 1993

Prof. Dr. Gerhard Musiol   Prof. Dr. Heiner Mühlig

Koautoren

Einige Kapitel und Abschnitte sind in Zusammenarbeit mit Koautoren enstanden.

Kapitel bzw. Abschnitt	**Koautor**
Sphärische Trigonometrie (3.4.1 bis 3.4.3)	Dr. H. NICKEL, Dresden
Sphärische Kurven (3.4.4)	Prof. L. MARSOLEK, Berlin
Algebra und Diskrete Mathematik (5, außer 5.4, 5.5, 5.8)	Dr. J. BRUNNER, Dresden
Zahlentheorie, Kryptologie, Graphen (5.4, 5.5, 5.8)	Doz. Dr. U. BAUMANN, Dresden
Fuzzy–Logik (5.9)	Prof. Dr. GRAUEL, Soest
Nichtlin. part. Differentialgleichungen, Solitonen (9.2.4)	Prof. Dr. ZIESCHE, Dresden
Integralgleichungen (11)	Dipl.–Math. I. STEINERT, Düsseldorf
Funktionalanalysis (12)	Prof. Dr. M. WEBER, Dresden
Elliptische Funktionen (14.6)	Dr. N. M. FLEISCHER, Moskau
Dynamische Systeme und Chaos (17)	Doz. Dr. V. REITMANN, Dresden
Optimierung (18)	Dipl.–Math. I. STEINERT, Düsseldorf
Computeralgebrasysteme (19.8.4, 20.)	Prof. Dr. G. FLACH, Dresden

Inhaltsverzeichnis

Tabellenverzeichnis

1 Arithmetik

1.1 Elementare Rechenregeln

1.1.1 Zahlen

1.1.1.1 Natürliche, ganze und rationale Zahlen

1. Definitionsbereiche und Bezeichnungen

Alle ganzen und gebrochenen Zahlen, die positiven und negativen sowie die Null, werden *rationale Zahlen* genannt. In diesem Zusammenhang verwendet man die folgenden Bezeichnungen (s. Mengenlehre S. 288):

- Menge der natürlichen Zahlen: $\mathbb{N}=\{0, 1, 2, 3, \ldots\}$,
- Menge der ganzen Zahlen: $\mathbb{Z}= \{\ldots, -2, -1, 0, 1, 2, \ldots\}$,
- Menge der rationalen Zahlen: $\mathbb{Q}= \{x|x = \frac{p}{q}$ mit $p \in \mathbb{Z}$, $q \in \mathbb{Z}$ und $q \neq 0\}$.

Die natürlichen Zahlen sind aus dem Bedürfnis des Abzählens bzw. des Ordnens entstanden.

2. Eigenschaften der Menge der rationalen Zahlen

- Die Menge der rationalen Zahlen ist unendlich.
- Die Menge ist *geordnet*, d.h., für je zwei verschiedene rationale Zahlen a und b kann man angeben, welche von beiden kleiner als die andere ist.
- Die Menge ist *überall dicht*, d.h., zwischen je zwei verschiedenen rationalen Zahlen a und b $(a < b)$ existiert wenigstens eine rationale Zahl c $(a < c < b)$. Daraus folgt, daß zwischen zwei verschiedenen rationalen Zahlen unendlich viele weitere rationale Zahlen liegen.

3. Arithmetische Operationen

Die arithmetischen Operationen (Addition, Subtraktion, Multiplikation und Division) mit zwei beliebigen rationalen Zahlen sind stets möglich und liefern im Ergebnis wieder eine rationale Zahl. Eine Ausnahme davon ist die *Division durch Null*, die *unmöglich* ist: Die Schreibweise $a : 0$ hat keinen bestimmten Sinn, da es keine bestimmte rationale Zahl b gibt, die der Gleichung $b \cdot 0 = a$ mit $a \neq 0$ genügt. Für $a = 0$ kann b eine beliebige rationale Zahl sein. Die oft verwendete Schreibweise $a : 0 = \infty$ (unendlich) bedeutet nicht, daß diese Division möglich ist; es ist lediglich eine Abkürzung für die Aussage: Wenn sich der Nenner Null nähert, wächst der Quotient absolut genommen über alle Grenzen.

4. Dezimalbruch und Kettenbruch

Jede rationale Zahl a kann in der Form eines endlichen oder unendlichen periodischen Dezimalbruches oder auch in der Form eines Kettenbruches dargestellt werden (s. S. 3).

5. Geometrische Darstellung

Wenn auf einer Geraden ein Anfangspunkt 0 (*Nullpunkt*), eine positive Richtung (*Orientierung*) und eine Längeneinheit l (*Maßstab*, s. auch Skala, S. 113) festgelegt worden sind **(Abb.1.1)**, dann entspricht jeder rationalen Zahl a ein bestimmter Punkt dieser Geraden. Er hat die Koordinate a und ist ein sogenannter *rationaler Punkt*. Die Gerade wird *Zahlengerade* genannt. Da die Menge der rationalen Zahlen überall dicht ist, gibt es zwischen je zwei beliebigen rationalen Punkten unendlich viele weitere rationale Punkte.

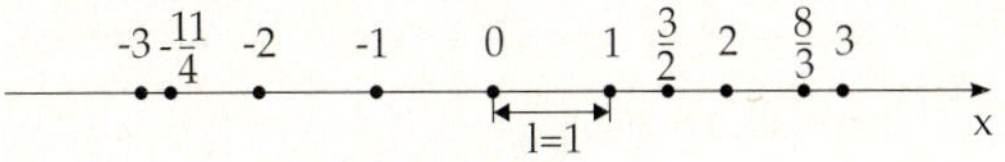

Abbildung 1.1

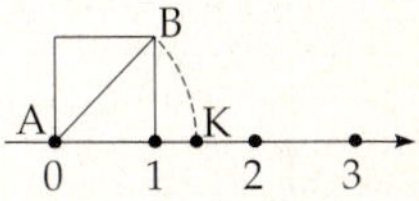

Abbildung 1.2

1.1.1.2 Irrationale und transzendente Zahlen

Für die Analysis reicht die Menge der rationalen Zahlen nicht aus. Obgleich sie überall dicht ist, füllt sie nicht die gesamte Zahlengerade aus. Wenn man z.B. die Diagonale AB des Einheitsquadrats um A

dreht, so daß B in den Punkt K der Zahlengeraden übergeht **(Abb.1.2)**, dann hat K keine rationale Koordinate. Erst die Einführung der *irrationalen Zahlen* ermöglicht es, jedem Punkt der Zahlengeraden eine Zahl zuzuordnen.
In den Lehrbüchern der Analysis wird eine exakte Definition der irrationalen Zahlen gegeben, z.B. durch Intervallschachtelung. Für die Anschauung genügt die Feststellung, daß die irrationalen Zahlen auf der Zahlengeraden die Punkte einnehmen, die als Lücken zwischen den rationalen Zahlen vorhanden sind, und daß jede irrationale Zahl durch einen nichtperiodischen unendlichen Dezimalbruch dargestellt werden kann.
Zu den irrationalen Zahlen gehören insbesondere die nicht ganzzahligen reellen Wurzeln der algebraischen Gleichungen der Form $x^n + a_{n-1}x^{n-1} + \cdots + a_1x + a_0 = 0$ mit $n > 1$, *ganzzahlig* und ganzzahligen Koeffizienten. Ein Beispiel ist die Gleichung $x^3 - 9x + 4 = 0$. Man nennt solche Wurzeln *algebraische Irrationalitäten.* Einfachste Beispiele für algebraische Irrationalitäten sind reelle Wurzeln der Gleichungen $x^n - a = 0$, also Zahlen der Form $\sqrt[n]{a}$, wenn sie nicht rational sind.

■ $\sqrt[2]{2} = 1,414\ldots$, $\sqrt[3]{10} = 2,154\ldots$ sind algebraische Irrationalitäten.

Irrationale Zahlen, die keine algebraischen Irrationalitäten sind, nennt man *transzendent.*

■ $\pi = 3,141592\ldots$, $e = 2,718281\ldots$.

Die dekadischen Logarithmen der ganzen Zahlen mit Ausnahme von Zahlen der Form 10^n sowie die meisten Werte der trigonometrischen Funktionen eines Winkels sind transzendente Zahlen.

1.1.1.3 Reelle Zahlen

Alle rationalen und irrationalen Zahlen werden zu den reellen Zahlen zusammengefaßt. Sie bilden die *Menge der reellen Zahlen*, die mit $\mathbb{R}$ bezeichnet wird.

1. Haupteigenschaften

Die reellen Zahlen besitzen die folgenden Haupteigenschaften:
- Die Menge der reellen Zahlen ist unendlich.
- Die Menge der reellen Zahlen ist *geordnet* (s. S. 1).
- Die Menge der reellen Zahlen ist *überall dicht* (s. S. 1).
- Die Menge der reellen Zahlen ist *stetig*, d.h., jedem Punkt der Zahlengeraden entspricht eine reelle Zahl. Das gilt für die Menge der rationalen Zahlen nicht.

2. Arithmetische Operationen

Die arithmetischen Operationen sind mit reellen Zahlen stets durchführbar und ergeben stets wieder eine reelle Zahl. Eine Ausnahme ist die Division durch Null (s. S. 1). Das Potenzieren und seine Umkehrung sind ebenfalls im System der reellen Zahlen möglich; aus jeder positiven reellen Zahl lassen sich beliebige Wurzeln ziehen; zu jeder positiven reellen Zahl gibt es einen Logarithmus mit beliebiger positiver Basis, ausgenommen die Eins als Basis.
Eine weitergehende Verallgemeinerung des Zahlbegriffs in der Analysis führt zu den *komplexen Zahlen* (s. S. 33).

3. Zahlenintervall

Eine zusammenhängende Menge reeller Zahlen mit den Endpunkten a und b, wobei $a < b$ ist und a gleich $-\infty$ und b gleich $+\infty$ gesetzt werden kann, wird *Zahlenintervall mit den Endpunkten a und b* genannt. Wenn der Endpunkt nicht selbst zum Intervall gehört, spricht man vom *offenen Intervallende*, im entgegengesetzten Falle vom *abgeschlossenen Intervallende.*
Die Angabe eines Zahlenintervalls erfolgt durch seine Endpunkte a und b, indem diese in Klammern gesetzt werden. Eine eckige Klammer steht für ein geschlossenes Intervallende, eine runde für ein offenes. Es wird zwischen beiderseits *offenen Intervallen* (a, b), *halboffenen Intervallen* $[a, b)$ bzw. $(a, b]$ und *abgeschlossenen Intervallen* $[a, b]$ unterschieden. Für offene Intervalle findet man auch die Bezeichnung $]a, b[$ an Stelle von (a, b), analog $[a, b[$ an Stelle von $[a, b)$. In der graphischen Darstellung werden die Endpunkte eines offenen Intervalls durch Pfeilspitzen, die eines abgeschlossenen Intervalls durch volle Punkte gekennzeichnet.

4. Kettenbrüche

Kettenbrüche sind ineinandergeschachtelte Brüche, mit deren Hilfe rationale und irrationale Zahlen dargestellt werden können. Kettenbrüche rationaler Zahlen sind endlich. Für positive rationale Zahlen größer Eins haben sie die Form

$$\frac{a_0}{a_1} = q_1 + \cfrac{1}{q_2 + \cfrac{1}{q_3 + \cfrac{1}{\ddots + \cfrac{1}{q_{n-1} + \cfrac{1}{q_n}}}}}, \tag{1.1}$$

wobei die Zahlen $q_k (k = 1, 2, \ldots, n)$ mit Hilfe des EUKLID*ischen Algorithmus* wie folgt ermittelt werden können:

$$\frac{a_0}{a_1} = q_1 + \frac{a_2}{a_1} \text{ mit } 0 < \frac{a_2}{a_1} < 1, \tag{1.2a}$$

$$\frac{a_1}{a_2} = q_2 + \frac{a_3}{a_2} \text{ mit } 0 < \frac{a_3}{a_2} < 1, \tag{1.2b}$$

$$\vdots$$

$$\frac{a_{n-2}}{a_{n-1}} = q_{n-1} + \frac{a_n}{a_{n-1}} \text{ mit } 0 < \frac{a_n}{a_{n-1}} < 1. \tag{1.2c}$$

Dabei wird vorausgesetzt, daß die Zahlen a_k $(k = 0, 1, 2, \ldots, n)$ natürliche Zahlen mit $a_k \neq 0$ sind. Kettenbrüche werden abkürzend durch die Angabe $[q_1; q_2, q_3, \ldots]$ symbolisch dargestellt, wobei die Forderung $q_k \geq 1$ erfüllt sein muß.

Kettenbrüche irrationaler Zahlen brechen nicht ab. Sie heißen daher unendliche Kettenbrüche.

■ **A:** $\frac{61}{27} = 2 + \frac{7}{27} = 2 + \cfrac{1}{3 + \cfrac{6}{7}} = 2 + \cfrac{1}{3 + \cfrac{1}{1 + \cfrac{1}{6}}} = [2; 3, 1, 6].$

■ **B:** $\sqrt{2} = [1; 2, 2, 2, \ldots] = 1,4142135\ldots.$

■ **C:** Im gleichmäßigen Fünfeck, dem *Pentagramm*, sei die Länge der Seiten mit s, die der Diagonalen mit d bezeichnet. Dann gilt

$$\frac{d}{s} = \frac{1}{2}(1 + \sqrt{5}), \quad \text{mit } \sqrt{5} = [2; 4, 4, 4, \ldots]. \tag{1.3}$$

Man sieht, daß das Verhältnis $d : s$ dem des Goldenen Schnittes entspricht (s. S. 188).

5. Kommensurabilität

Zwei Zahlen a und b heißen *kommensurabel*, d.h. mit gleichem Maß meßbar, wenn sie ganzzahlige Vielfache einer dritten Zahl c sind. Aus $a = mc$, $b = nc$ $(m, n \in \mathrm{Z})$ folgt dann

$$\frac{a}{b} = x \ (x \text{ rational}). \tag{1.4}$$

Im entgegengesetzten Falle sind a und b *inkommensurabel.*

■ **A:** Im regelmäßigen Fünfeck, dem Pentagramm, sind die Seite und die Diagonale wegen (1.3) inkommensurable Strecken. Man geht heute davon aus, daß HIPPASOS von Metapontum (450 v. u. Z.) an diesem Beispiel die irrationalen Zahlen entdeckt hat.

■ **B:** Die Länge einer Diagonale und die Seitenlänge eines Quadrates sind inkommensurabel, weil sie die irrationale Zahl $\sqrt{2}$ zum Quotienten haben.

1.1.2 Beweismethoden

Im wesentlichen unterscheidet man drei Beweismethoden:
- direkter Beweis,
- indirekter Beweis,
- vollständige Induktion.

Außerdem spricht man noch vom konstruktiven Beweis.

1.1.2.1 Direkter Beweis

Es wird von einem bereits als richtig bewiesenen Satz (Voraussetzung p) ausgegangen und daraus die Wahrheit des zu beweisenden Satzes (Behauptung q) abgeleitet. Bei der logischen Schlußfolgerung wird vorwiegend die Implikation oder die Äquivalenz verwendet.

a) Direkter Beweis mit Hilfe der Implikation: In der *Implikation* $p \Rightarrow q$ folgt aus der Wahrheit der Voraussetzung die Wahrheit der Behauptung (s. 4. Zeile der Wahrheitstafel „Implikation“ S. 283).

■ Die Ungleichung $\frac{a+b}{2} \leq \sqrt{ab}$ für $a > 0$, $b > 0$ ist zu beweisen. Voraussetzung ist die als richtig erkannte binomische Formel $(a+b)^2 = a^2 + 2ab + b^2$. Daraus folgt durch Subtraktion von $4ab$: $(a+b)^2 - 4ab = (a-b)^2 \geq 0$; und aus dieser Ungleichung erhält man unmittelbar die Behauptung, wenn man sich beim Radizieren wegen $a > 0$ und $b > 0$ auf das positive Vorzeichen beschränkt.

b) Direkter Beweis mit Hilfe der Äquivalenz: Der Beweis wird durch *Verifizieren*, d.h. durch den Nachweis der Wahrheit, geführt. Man geht dabei von der Wahrheit der Behauptung q aus und zeigt die Wahrheit der Behauptung p, was allerdings nur bei einer *Äquivalenz* $p \Leftrightarrow q$ möglich ist. Praktisch bedeutet dies, daß alle Rechenoperationen, die p in q überführen, eindeutig umkehrbar sein müssen.

■ Die Ungleichung $1 + a + a^2 + \cdots + a^n < \frac{1}{1-a}$ für $0 < a < 1$ ist zu beweisen.
Durch Multiplikation mit $1-a$ erhält man: $1 - a + a - a^2 + a^2 - a^3 \pm \cdots + a^n - a^{n+1} = 1 - a^{n+1} < 1$. Wegen $0 < a^{n+1} < 1$ ist die entstandene Ungleichung richtig, und da die durchgeführten Rechenoperationen eindeutig umkehrbar sind, ist auch die Ausgangsungleichung richtig.

1.1.2.2 Indirekter Beweis oder Beweis durch Widerspruch

Um die Behauptung q zu beweisen, geht man von der *Negation* $\bar{q}$ aus und schließt von $\bar{q}$ auf eine falsche Aussage r, d.h. $\bar{q} \Rightarrow r$ (s. auch S. 285. Dann muß aber auch $\bar{q}$ falsch sein, da man bei der Implikation nur von einer falschen Voraussetzung zu einer falschen Behauptung kommt (s. 1. Zeile der Wahrheitstafel für die Implikation (s. S. 283). Wenn aber $\bar{q}$ falsch ist, muß q wahr sein.

■ Es ist zu beweisen, daß die Zahl $\sqrt{2}$ keine rationale Zahl ist. Angenommen, $\sqrt{2}$ sei rational. Dann gilt $\sqrt{2} = \frac{a}{b}$ mit ganzen Zahlen a, b und $b \neq 0$. Die Zahlen a, b sind dabei *teilerfremd*, d.h., sie besitzen keinen gemeinsamen Teiler. Man erhält $(\sqrt{2})^2 = 2 = \frac{a^2}{b^2}$ oder $a^2 = 2b^2$, d.h., a^2 wäre eine gerade Zahl, was nur dann möglich ist, wenn $a = 2n$ eine gerade Zahl ist. Es müßte dann wegen $a^2 = 4n^2 = 2b^2$ auch b eine gerade Zahl sein. Das ist offensichtlich ein Widerspruch zur Voraussetzung, daß a und b teilerfremd sind.

1.1.2.3 Vollständige Induktion

Mit dieser Beweismethode werden Sätze oder Formeln bewiesen, die von natürlichen Zahlen n abhängen. Das Prinzip der vollständigen Induktion lautet:
Ist eine Aussage für eine natürliche Zahl n_0 wahr, und folgt aus der Wahrheit der Aussage für eine natürliche Zahl $n \geq n_0$ die Wahrheit der Aussage für $n+1$, dann ist die Aussage für alle natürlichen Zahlen $n \geq n_0$ gültig. Danach erfolgt der Beweis in folgenden Schritten:

1. Induktionsanfang: Die Wahrheit der Aussage wird für $n = n_0$ gezeigt. Meist kann man $n_0 = 1$

wählen.

2. Induktionsannahme: Die Aussage sei für n wahr (Voraussetzung p).

3. Induktionsbehauptung: Die Aussage sei für $n+1$ wahr (Behauptung q).

4. Beweis der Implikation: $p \Rightarrow q$.

Die Schritte **3.** und **4.** werden zusammengefaßt als *Induktionschluß* oder *Schluß von n auf $n+1$* bezeichnet.

■ Es ist die Formel $s_n = \frac{1}{1 \cdot 2} + \frac{1}{2 \cdot 3} + \frac{1}{3 \cdot 4} + \cdots + \frac{1}{n(n+1)} = \frac{n}{n+1}$ zu beweisen.

Die einzelnen Schritte des Induktionsbeweises sind:

1. $n = 1: \; s_1 = \frac{1}{1 \cdot 2} = \frac{1}{1+1}$ ist offensichtlich richtig.

2. $s_n = \frac{1}{1 \cdot 2} + \frac{1}{2 \cdot 3} + \frac{1}{3 \cdot 4} + \cdots + \frac{1}{n(n+1)} = \frac{n}{n+1}$ sei wahr für $n \geq 1$.

3. Unter der Voraussetzung von **2.** ist zu zeigen: $s_{n+1} = \frac{n+1}{n+2}$.

4. Beweis: $s_{n+1} = \frac{1}{1 \cdot 2} + \frac{1}{2 \cdot 3} + \frac{1}{3 \cdot 4} + \cdots + \frac{1}{n(n+1)} + \frac{1}{(n+1)(n+2)} = s_n + \frac{1}{(n+1)(n+2)} = \frac{n}{n+1} + \frac{1}{(n+1)(n+2)} = \frac{n^2+2n+1}{(n+1)(n+2)} = \frac{(n+1)^2}{(n+1)(n+2)} = \frac{n+1}{n+2}$.

1.1.2.4 Konstruktiver Beweis

In der Approximationstheorie z.B. wird der Beweis eines Existenzsatzes als *konstruktiv* bezeichnet, wenn er bei seiner Durchführung bereits Berechnungsvorschriften für ein Element liefert, das die Voraussetzungen des Existenzsatzes erfüllt.

■ Die Existenz einer natürlichen kubischen Interpolations–Spline–Funktion (s. S. 926) kann wie folgt nachgewiesen werden: Man zeigt, daß die Berechnung der Spline–Koeffizienten aus den Voraussetzungen des Existenzsatzes auf ein tridiagonales lineares Gleichungssystem (s. S. 926) führt, das eindeutig lösbar ist.

1.1.3 Summen und Produkte

1.1.3.1 Summen

1. Definition

Zur abkürzenden Schreibweise verwendet man für Summen das *Summenzeichen* $\sum$:

$$a_1 + a_2 + \ldots + a_n = \sum_{k=1}^{n} a_k \,. \tag{1.5}$$

Mit dieser Abkürzung wird eine Summe von n Summanden a_k $(k = 1, 2, \ldots, n)$ bezeichnet. Man nennt k *Laufindex* oder *Summationsvariable.*

2. Rechenregeln

1. Summe gleicher Summanden , d.h., $a_k = a$ für $k = 1, 2, \ldots, n$:

$$\sum_{k=1}^{n} a_k = na \,. \tag{1.6a}$$

2. Multiplikation mit einem konstanten Faktor

$$\sum_{k=1}^{n} c a_k = c \sum_{k=1}^{n} a_k \,. \tag{1.6b}$$

3. Aufspalten einer Summe

$$\sum_{k=1}^{n} a_k = \sum_{k=1}^{m} a_k + \sum_{k=m+1}^{n} a_k \quad (1 < m < n). \tag{1.6c}$$

4. Addition von Summen gleicher Länge

$$\sum_{k=1}^{n} (a_k + b_k + c_k + \ldots) = \sum_{k=1}^{n} a_k + \sum_{k=1}^{n} b_k + \sum_{k=1}^{n} c_k + \ldots . \tag{1.6d}$$

5. Umnumerierung

$$\sum_{k=1}^{n} a_k = \sum_{k=m}^{m+n-1} a_{k-m+1}, \quad \sum_{k=m}^{n} a_k = \sum_{k=l}^{n-m+l} a_{k+m-l} . \tag{1.6e}$$

6. Vertauschen der Summationsfolge bei Doppelsummen

$$\sum_{i=1}^{n} \sum_{k=1}^{m} a_{ik} = \sum_{k=1}^{m} \sum_{i=1}^{n} a_{ik} . \tag{1.6f}$$

1.1.3.2 Produkte

1. Definition

Zur abkürzenden Schreibweise verwendet man für Produkte das *Produktzeichen* $\prod$:

$$a_1 a_2 \ldots a_n = \prod_{k=1}^{n} a_k . \tag{1.7}$$

Mit dieser Abkürzung wird ein Produkt von n Faktoren a_k $(k = 1, 2, \ldots, n)$ bezeichnet, wobei k *Laufindex* genannt wird.

2. Rechenregeln

1. Produkt gleicher Faktoren, d.h., $a_k = a$ für $(k = 1, 2, \ldots, n)$:

$$\prod_{k=1}^{n} a_k = a^n . \tag{1.8a}$$

2. Vorziehen konstanter Faktoren

$$\prod_{k=1}^{n} (c a_k) = c^n \prod_{k=1}^{n} a_k . \tag{1.8b}$$

3. Aufspalten in Teilprodukte

$$\prod_{k=1}^{n} a_k = \prod_{k=1}^{m} a_k \prod_{k=m+1}^{n} a_k \quad (1 < m < n). \tag{1.8c}$$

4. Produkt von Produkten

$$\prod_{k=1}^{n} a_k b_k c_k \ldots = \prod_{k=1}^{n} a_k \prod_{k=1}^{n} b_k \prod_{k=1}^{n} c_k \ldots . \tag{1.8d}$$

5. Umnumerierung

$$\prod_{k=1}^{n} a_k = \prod_{k=m}^{m+n-1} a_{k-m-+1}, \quad \prod_{k=m}^{n} a_k = \prod_{k=l}^{n-m+l} a_{k+m-l} . \tag{1.8e}$$

6. Vertauschen des Produktzeichens bei Doppelprodukten

$$\prod_{i=1}^{n} \prod_{k=1}^{m} a_{ik} = \prod_{k=1}^{m} \prod_{i=1}^{n} a_{ik} . \tag{1.8f}$$

1.1.4 Potenzen, Wurzeln, Logarithmen

1.1.4.1 Potenzen

Die Schreibweise a^x wird für die algebraische Operation des *Potenzierens* verwendet. Man bezeichnet a als *Basis*, x als *Exponent* und a^x als *Potenz*. Potenzen sind gemäß **Tabelle 1.1** definiert. Für die

Tabelle 1.1 Definition der Potenzen

Basis a	*Exponent x*	*Potenz* a^x
beliebig reell, $\neq 0$	0	1
	$n = 1, 2, 3, \ldots$	$a^n = \underbrace{a \cdot a \cdot a \cdot \ldots \cdot a}_{n \text{ Faktoren}}$ (a hoch n)
	$n = -1, -2, -3, \ldots$	$a^n = \dfrac{1}{a^{-n}}$
positiv reell	rational: $\dfrac{p}{q}$ (p, q ganz, $q > 0$)	$a^{\frac{p}{q}} = \sqrt[q]{a^p}$ (q–te Wurzel aus a hoch p)
	irrational: $\lim\limits_{k \to \infty} \dfrac{p_k}{q_k}$	$\lim\limits_{k \to \infty} a^{\frac{p_k}{q_k}}$
0	positiv	0

Potenzen gelten bei Beachtung der Definitionsbereiche für Basis und Exponent die folgenden **Rechenregeln:**

$$a^x\, a^y = a^{x+y}, \quad a^x : a^y = \frac{a^x}{a^y} = a^{x-y}, \tag{1.9}$$

$$a^x\, b^x = (a\, b)^x, \quad a^x : b^x = \frac{a^x}{b^x} = \left(\frac{a}{b}\right)^x, \tag{1.10}$$

$$(a^x)^y = (a^y)^x = a^{x\,y}, \tag{1.11}$$

$$a^x = e^{x \ln a} \quad (a > 0)\,. \tag{1.12}$$

Dabei ist $\ln a$ der natürliche Logarithmus von a und $e = 2{,}718281828459\ldots$ seine Basis. Eine spezielle Potenz ist

$$(-1)^n = \begin{cases} +1, \text{ falls } n \text{ gerade,} \\ -1, \text{ falls } n \text{ ungerade.} \end{cases} \tag{1.13}$$

Man beachte besonders: $a^0 = 1$ für $a \neq 0$.

1.1.4.2 Wurzeln

In Übereinstimmung mit **Tabelle 1.1** wird als n–te Wurzel aus a die positive Zahl

$$\sqrt[n]{a} \quad (a > 0, \text{ reell; } n > 0, \text{ ganz}) \tag{1.14a}$$

bezeichnet. Man spricht bei der Berechnung dieser Zahl vom *Radizieren* oder *Wurzelziehen* und nennt a den *Radikanden* und n den *Wurzelexponenten.* Die 2. und die 3. Wurzel werden auch *Quadratwurzel* bzw. *Kubikwurzel* genannt.

Für die Lösung der Gleichung

$$x^n = a \quad (a \text{ reell oder komplex}, \ n > 0, \ \text{ganz}) \tag{1.14b}$$

wird häufig auch die Schreibweise $x = \sqrt[n]{a}$ verwendet, aber dann repräsentiert diese Darstellung n Werte x_k $(k = 1, 2, \ldots, n)$, die im Falle eines negativen oder komplexen Wertes von a gemäß (1.135b), (s. S. 37) zu berechnen sind.

■ Die Gleichung $x^3 = -8$ hat die drei Wurzeln $x_1 = 1 + \mathrm{i}\sqrt{3}, x_2 = -2$ und $x_3 = 1 - \mathrm{i}\sqrt{3}$.

1.1.4.3 Logarithmen

1. Definition Unter dem *Logarithmus* einer Zahl $x > 0$ zur *Basis* $b > 0, \neq 1$, oder als Formel geschrieben $u = \log_b x$, wird der Exponent der Potenz verstanden, in die b zu erheben ist, um die Zahl x zu erhalten. Folglich ergibt sich aus der Gleichung

$$b^u = x \quad (1.15a) \qquad \text{die Gleichung} \qquad \log_b x = u\,, \quad (1.15b)$$

und umgekehrt folgt aus der zweiten die erste Gleichung. Speziell gilt

$$\log_b 1 = 0\,, \quad \log_b b = 1\,, \quad \log_b 0 = \begin{cases} -\infty & \text{für } b > 1\,, \\ +\infty & \text{für } b < 1\,. \end{cases} \quad (1.15c)$$

Zur Ausdehnung des Logarithmus auf negative Argumentwerte bedarf es der komplexen Zahlen. *Logarithmieren* einer gegebenen Größe bedeutet das Aufsuchen ihres Logarithmus. Man versteht darunter auch die Umwandlung logarithmischer Ausdrücke gemäß (1.16a, 1.16b). Das Aufsuchen einer Größe aus ihrem Logarithmus wird *Potenzieren* genannt.

2. Einige Eigenschaften der Logarithmen

1. Jede positive Zahl besitzt für jede beliebige positive Basis ihren Logarithmus, ausgenommen zur Basis $b = 1$.

2. Logarithmen einer gemeinsamen Basis b unterliegen den folgenden Rechenregeln:

$$\log(xy) = \log x + \log y\,, \quad \log\left(\frac{x}{y}\right) = \log x - \log y\,, \quad (1.16a)$$

$$\log x^n = n \log x\,, \quad \text{speziell gilt } \log \sqrt[n]{x} = \frac{1}{n}\log x\,. \quad (1.16b)$$

Um mit (1.16a, 1.16b) Summen und Differenzen zu logarithmieren, sind diese vorher, falls möglich, in Produkte oder Quotienten umzuwandeln.

■ Logarithmieren des Ausdrucks $\dfrac{3x^2\sqrt[3]{y}}{2zu^3}$: $\log\dfrac{3x^2\sqrt[3]{y}}{2zu^3} = \log\left(3x^2\sqrt[3]{y}\right) - \log(2zu)^3$
$= \log 3 + 2\log x + \dfrac{1}{3}\log y - \log 2 - \log z - 3\log u.$

Oft wird die inverse Umformung benötigt, d.h. die Darstellung eines Ausdrucks mit einigen Logarithmen verschiedener Größen in den Logarithmus eines einzigen Ausdrucks.

■ $\log 3 + 2\log x + \dfrac{1}{3}\log y - \log 2 - \log z - 3\log u = \log\dfrac{3x^2\sqrt[3]{y}}{2zu^3}$.

3. Logarithmen verschiedener Basis sind zueinander proportional, so daß sich die Logarithmen zu einer Basis a über die Logarithmen zur Basis b berechnen lassen:

$$\log_a x = M \log_b x \text{ mit } M = \log_a b = \frac{1}{\log_b a}\,. \quad (1.17)$$

Man nennt M auch den Transformationsmodul.

1.1.4.4 Spezielle Logarithmen

1. Logarithmen zur Basis 10 heißen *dekadische* oder BRIGGS*sche Logarithmen.* Man schreibt

$$\log_{10} x = \lg x\,, \quad \text{und es gilt} \quad \lg(x10^\alpha) = \alpha + \lg x\,. \quad (1.18)$$

2. Logarithmen zur Basis e heißen *natürliche* oder NEPER*sche Logarithmen.* Man schreibt

$$\log_e x = \ln x\,. \quad (1.19)$$

Der Modul zur Überführung der natürlichen in dekadische Logarithmen ist

$$M = \lg e = \frac{1}{\ln 10} = 0,4342944819\ldots, \tag{1.20}$$

der zur Überführung der dekadischen in natürliche

$$M_1 = \frac{1}{M} = \ln 10 = 2,3025850930\ldots. \tag{1.21}$$

3. Logarithmen zur Basis 2 nennt man *Duallogarithmen*, manchmal *binäre Logarithmen*. Man schreibt

$$\log_2 x = \operatorname{ld} x \quad (\text{manchmal } \log_2 x = \operatorname{lb} x). \tag{1.22}$$

4. Die dekadischen und die natürlichen Logarithmen stehen in *Logarithmentafeln* zur Verfügung. Sie wurden früher mit Vorteil bei der numerischen Bildung von Potenzen oder zur Vereinfachung numerischer Multiplikationen und Divisionen verwendet. Am häufigsten wurden die dekadischen Logarithmen dazu benutzt. Heute sind die Logarithmentafeln durch die Taschenrechner und Personalcomputer weitgehend aus der rechnerischen Praxis verdrängt.
Jede Dezimalzahl, also jede reelle Zahl, in diesem Zusammenhang auch *Numerus* genannt, kann durch Vorziehen einer Zehnerpotenz 10^k mit ganzzahligem k in der Form

$$x = \hat{x}10^k \quad \text{mit} \quad 1 \le \hat{x} < 10 \tag{1.23a}$$

halblogarithmisch dargestellt werden. Dabei ist $\hat{x}$ durch die Ziffernfolge von x bestimmt, während 10^k die Größenordnung von x angibt. Somit wird

$$\lg x = k + \lg \hat{x} \quad \text{mit} \quad 0 \le \lg \hat{x} < 1, \quad \text{d.h.} \quad \lg \hat{x} = 0,\ldots. \tag{1.23b}$$

Man nennt k die *Kennzahl* und die Ziffernfolge hinter dem Komma von $\lg \hat{x}$ die *Mantisse*. Letztere wird der Logarithmentafel entnommen.

■ $\lg 324 = 2,5105$, also Kennzahl 2, Mantisse 5105. Für die durch Multiplikation oder Division mit 10^n entstandenen Zahlen, z.B. 3240; 324000; 3,24; 0,0324, haben die Logarithmen die gleiche Mantisse, hier 5105, aber verschiedene Kennzahlen. Daher sind es die Mantissen, die in den *Logarithmentafeln* tabelliert sind. Beim Ablesen der Mantisse braucht weder auf die Stelle des Kommas noch auf die links oder rechts von der Zahl stehenden Nullen einschließlich der Null vor dem Komma geachtet zu werden. Diese gehen in die Bestimmung der Kennzahl k für einen bestimmten Numerus x ein.

Neben den Logarithmen war der *Rechenschieber* eines der wichtigsten Hilfsmittel in der rechnerischen Praxis. Das Prinzip des Rechenschiebers beruht auf der Anwendung der Formel (1.16a), die es ermöglicht, Multiplikationen und Divisionen mit Hilfe von Additionen und Subtraktionen auszuführen. Daher sind auf dem Rechenschieber die Strecken im logarithmischen Maßstab abgetragen (s. Skalen- und Funktionspapiere, S. 113), so daß die genannten Rechenoperationen auf die Addition und Subtraktion von Strecken zurückgeführt werden können.

1.1.5 Algebraische Ausdrücke

1.1.5.1 Definitionen

1. Algebraischer Ausdruck oder *Term* werden eine oder mehrere algebraische Größen, wie Zahlen oder Buchstabensymbole, genannt, die durch Zeichen wie, $+$, $-$, $\cdot$, $:$, $\sqrt{\ }$ usw. sowie verschiedene Arten von Klammern zur Festlegung der Operationsfolge der algebraischen Operationen miteinander verknüpft sind.

2. Identität ist eine Gleichheitsbeziehung zwischen zwei algebraischen Ausdrücken, die beim Einsetzen beliebiger Zahlenwerte anstelle der darin aufgeführten Buchstabensymbole erhalten bleibt.

3. Gleichung nennt man eine Gleichheitsbeziehung zwischen zwei algebraischen Ausdrücken, wenn sich im Unterschied zur Identität nur einige spezielle Werte einsetzen lassen. So wird z.B. eine Gleichheitsbeziehung

$$F(x) = f(x) \tag{1.24}$$

zwischen zwei Funktionen ein und derselben Veränderlichen als *Gleichung mit einer Unbekannten* bezeichnet, wenn sie nur für bestimmte Werte dieser Veränderlichen richtig ist. Bleibt die Gleichheitsbeziehung für beliebige Werte der Variablen x erhalten, dann nennt man sie eine Identität bzw. man sagt, die Gleichung ist identisch erfüllt.

4. Identische Umformungen werden durchgeführt, um einen algebraischen Ausdruck in einen anderen, ihm identisch gleichen zu überführen. Solche Umformungen können je nach dem Ziel, das dabei verfolgt wird, verschieden aussehen. Sie sind z.B. zur Gewinnung kürzerer Ausdrücke zweckmäßig, damit das Einsetzen von Zahlen oder weitere Rechnungen bequemer werden. Außerdem sind oft Ausdrücke gewünscht, die besonders gut zur Lösung von Gleichungen, zum Logarithmieren, zum Differenzieren, zum Integrieren usw. geeignet sind.

1.1.5.2 Einteilung der algebraischen Ausdrücke

1. Hauptgrößen werden die allgemeinen Zahlen (Buchstabensymbole) genannt, nach denen die algebraischen Ausdrücke klassifiziert werden; sie sind in jedem Einzelfall festzulegen. Im Falle von Funktionen sind die unabhängigen Variablen die *Hauptgrößen*. Die übrigen noch nicht durch Zahlen festgelegten Größen sind die *Parameter* des Ausdrucks. In manchen Ausdrücken werden die Parameter *Koeffizienten* genannt.

■ Koeffizienten treten z.B. in Polynomen, FOURIER–Reihen und linearen Differentialgleichungen auf.

Ein Ausdruck gehört zu der einen oder anderen Klasse in Abhängigkeit davon, welche Operationen an seinen Hauptgrößen auszuführen sind. Im allgemeinen werden die Hauptgrößen meist mit den letzten Buchstaben des Alphabets $x, y, z, u, v, \ldots$ bezeichnet, die Parameter mit den ersten Buchstaben $a, b, c, \ldots$. Die Buchstaben $m, n, p, \ldots$ verwendet man meist für ganzzahlige positive Parameterwerte, z.B. für Indizes bei Summationen und Iterationen.

2. Ganzrationale Ausdrücke zeichnen sich dadurch aus, daß in ihnen Additionen, Subtraktionen und Multiplikationen der Hauptgrößen vorgenommen werden, wobei das Potenzieren mit ganzzahligen positiven Exponenten eingeschlossen ist.

3. Gebrochenrationale Ausdrücke enthalten neben den für ganzrationale Ausdrücke genannten Operationen noch Divisionen durch Hauptgrößen, einschließlich des Potenzierens mit negativen ganzzahligen Exponenten, sowie gegebenenfalls Divisionen durch ganzrationale Ausdrücke in den Hauptgrößen.

4. Irrationale Ausdrücke zeichnen sich durch das Radizieren, also das Potenzieren mit gebrochenen Exponenten aus, d.h. durch das Radizieren ganz- oder gebrochenrationaler Ausdrücke, die ihrerseits aus Hauptgrößen bestehen.

5. Transzendente Ausdrücke, d.h. Exponentialausdrücke, logarithmische und trigonometrische Ausdrücke, enthalten algebraische Ausdrücke mit Hauptgrößen im Exponenten, unter dem Logarithmuszeichen oder als Argument von Winkelfunktionen.

1.1.6 Ganzrationale Ausdrücke

1.1.6.1 Darstellung in Form eines Polynoms

Jeder ganzrationale Ausdruck kann mit Hilfe elementarer Umformungen, also durch Zusammenziehen gleichnamiger Glieder, Addition, Subtraktion und Multiplikation von Monomen und Polynomen, in Form eines Polynoms dargestellt werden.

■ $(-a^3 + 2a^2x - x^3)(4a^2 + 8ax) + (a^3x^2 + 2a^2x^3 - 4ax^4) - (a^5 + 4a^3x^2 - 4ax^4)$
$= -4a^5 + 8a^4x - 4a^2x^3 - 8a^4x + 16a^3x^2 - 8ax^4 + a^3x^2 + 2a^2x^3 - 4ax^4 - a^5 - 4a^3x^2 + 4ax^4$
$= -5a^5 + 13a^3x^2 - 2a^2x^3 - 8ax^4\,.$

1.1.6.2 Zerlegung eines Polynoms in Faktoren

Polynome lassen sich in vielen Fällen als Produkte von Monomen und Polynomen darstellen. Als Hilfsmittel stehen hierzu das *Ausklammern* und *Gruppieren*, spezielle Formeln sowie die *allgemeinen Eigenschaften von Gleichungen* zur Verfügung.

■ **A:** Ausklammern: $8ax^2y - 6bx^3y^2 + 4cx^5 = 2x^2(4ay - 3bxy^2 + 2cx^3)$.

■ **B:** Gruppieren: $6x^2 + xy - y^2 - 10xz - 5yz = 6x^2 + 3xy - 2xy - y^2 - 10xz - 5yz = 3x(2x + y) - y(2x + y) - 5z(2x + y) = (2x + y)(3x - y - 5z)$.

■ **C:** Anwendung von Gleichungseigenschaften (s. auch S. 42): $P(x) = x^6 - 2x^5 + 4x^4 + 2x^3 - 5x^2$. **a)** Ausklammern von x^2, **b)** Feststellung, daß $\alpha_1 = 1$ und $\alpha_2 = -1$ Wurzeln der Gleichung $P(x) = 0$ sind. Division von $P(x)$ durch $x^2(x-1)(x+1) = x^4 - x^2$ liefert als Quotienten $x^2 - 2x + 5$. Dieser Ausdruck läßt sich nicht weiter in reelle Faktoren zerlegen, da $p = -2$, $q = 5$, $\frac{p^2}{4} - q < 0$, so daß man erhält: $x^6 - 2x^5 + 4x^4 + 2x^3 - 5x^2 = x^2(x-1)(x+1)(x^2 - 2x + 5)$.

1.1.6.3 Spezielle Formeln

$$(x \pm y)^2 = x^2 \pm 2xy + y^2\,, \tag{1.25}$$

$$(x + y + z)^2 = x^2 + y^2 + z^2 + 2xy + 2xz + 2yz\,, \tag{1.26}$$

$$(x + y + z + \cdots + t + u)^2 = x^2 + y^2 + z^2 + \cdots + t^2 + u^2 + \\ +2xy + 2xz + \cdots + 2xu + 2yz + \cdots + 2yu + \cdots + 2tu\,, \tag{1.27}$$

$$(x \pm y)^3 = x^3 \pm 3x^2y + 3xy^2 \pm y^3\,. \tag{1.28}$$

Der Ausdruck $(x \pm y)^n$ wird nach dem binomischen Satz berechnet (s. S. 11).

$$(x + y)(x - y) = x^2 - y^2\,, \tag{1.29}$$

$$\frac{x^n - y^n}{x - y} = x^{n-1} + x^{n-2}y + \cdots + xy^{n-2} + y^{n-1}\,, \tag{1.30}$$

$$\frac{x^n + y^n}{x + y} = x^{n-1} - x^{n-2}y + \cdots - xy^{n-2} + y^{n-1} \quad \text{(nur für } n \text{ ungerade)}\,, \tag{1.31}$$

$$\frac{x^n - y^n}{x + y} = x^{n-1} - x^{n-2}y + \cdots + xy^{n-2} - y^{n-1} \quad \text{(nur für } n \text{ gerade)}\,. \tag{1.32}$$

1.1.6.4 Binomischer Satz

1. Potenz der algebraischen Summe aus zwei Summanden

$$(a + b)^n = a^n + na^{n-1}b + \frac{n(n-1)}{2!}a^{n-2}b^2 + \frac{n(n-1)(n-2)}{3!}a^{n-3}b^3 + \\ + \cdots + \frac{n(n-1)\ldots(n-m+1)}{m!}a^{n-m}b^m + \cdots + nab^{n-1} + b^n \tag{1.33a}$$

wird *binomischer Satz* genannt, wobei a und b reell und n positiv und ganz sind. Zur Verkürzung der Schreibweise sind spezielle *Koeffizienten*, die *Binomialkoeffizienten*, eingeführt worden:

$$(a + b)^n = \binom{n}{0}a^n + \binom{n}{1}a^{n-1}b + \binom{n}{2}a^{n-2}b^2 + \binom{n}{3}a^{n-3}b^3 + \cdots + \binom{n}{n-1}ab^{n-1} + \binom{n}{n}b^n \tag{1.33b}$$

bzw.

$$(a + b)^n = \sum_{k=0}^{n} \binom{n}{k} a^{n-k}b^k\,. \tag{1.33c}$$

2. Binomialkoeffizienten Die Definition lautet mit n und k positiv und ganz

$$\binom{n}{k} = \frac{n!}{(n-k)!k!}\,, \tag{1.34a}$$

wobei $n!$ das Produkt der ganzen positiven Zahlen von 1 bis n *Fakultät* genannt wird.

$$n! = 1 \cdot 2 \cdot 3 \cdot \ldots \cdot n, \quad 0! = 1\,. \tag{1.34b}$$

Die Werte der Binomialkoeffizienten können aus dem sogenannten PASCAL*schen Dreieck* abgelesen werden:

n	Koeffizienten
0	1
1	1 1
2	1 2 1
3	1 3 3 1
4	1 4 6 4 1
5	1 5 10 10 5 1
6	1 6 15 20 15 6 1
	↑ ↑ ↑ ↑ ↑ ↑ ↑
6	$\binom{6}{0}$ $\binom{6}{1}$ $\binom{6}{2}$ $\binom{6}{3}$ $\binom{6}{4}$ $\binom{6}{5}$ $\binom{6}{6}$
⋮	. . . .

Die erste und die letzte Zahl in jeder Zeile ist definitionsgemäß gleich Eins; jede andere Zahl eines Koeffizienten in dem Schema ergibt sich als Summe der beiden links und rechts oberhalb von ihr stehenden Zahlen. Die Berechnung der Binomialkoeffizienten kann mit Hilfe der folgenden Formeln erfolgen:

$$\binom{n}{k} = \binom{n}{n-k} = \frac{n!}{k!(n-k)!}, \tag{1.35a}$$

$$\binom{n}{0} = 1, \quad \binom{n}{1} = n, \quad \binom{n}{n} = 1. \tag{1.35b}$$

$$\binom{n+1}{k+1} = \binom{n}{k} + \binom{n-1}{k} + \binom{n-2}{k} + \cdots + \binom{k}{k}. \tag{1.35c}$$

$$\binom{n+1}{k} = \frac{n+1}{n-k+1}\binom{n}{k}. \tag{1.35d}$$

$$\binom{n}{k+1} = \frac{n-k}{k+1}\binom{n}{k}. \tag{1.35e}$$

$$\binom{n+1}{k+1} = \binom{n}{k+1} + \binom{n}{k}. \tag{1.35f}$$

Für beliebige reelle Zahlen ($\alpha \in \mathbb{R}$) ist der Binomialkoeffizient wie folgt definiert:

$$\binom{\alpha}{k} = \frac{\alpha(\alpha-1)(\alpha-2)\cdots(\alpha-k+1)}{k!}. \tag{1.36}$$

■ $\binom{-\frac{1}{2}}{3} = \frac{-\frac{1}{2}(-\frac{1}{2}-1)(-\frac{1}{2}-2)}{3!} = -\frac{5}{16}.$

3. Eigenschaften der Binomialkoeffizienten

- Die Binomialkoeffizienten wachsen bis zur Mitte der binomischen Formel (1.33a) an, um danach wieder abzunehmen.
- Die Binomialkoeffizienten der Glieder, die gleichen Abstand vom Anfang bzw. vom Ende der binomischen Formel haben, sind einander gleich.
- Die Summe der Binomialkoeffizienten in der binomischen Formel n–ten Grades beträgt 2^n.
- Die Summe der Binomialkoeffizienten, die an den ungeraden Stellen stehen, ist gleich der Summe der an den geraden Stellen stehenden.

4. Potenz einer Differenz

$$(a-b)^n = a^n - na^{n-1}b + \frac{n(n-1)}{2!}a^{n-2}b^2 - \frac{n(n-1)(n-2)}{3!}a^{n-3}b^3 + \\ + \cdots + (-1)^m \frac{n(n-1)\ldots(n-m+1)}{m!}a^{n-m}b^m + \cdots + (-1)^n b^n . \quad (1.37)$$

5. Verallgemeinerung für eine beliebige Potenz Die Formel (1.33a) für den binomischen Satz kann auch auf negative und gebrochene Exponenten ausgedehnt werden. Für $|b| < a$ ergibt $(a+b)^n$ eine *konvergente unendliche Reihe*:

$$(a+b)^n = a^n + na^{n-1}b + \frac{n(n-1)}{2!}a^{n-2}b^2 + \frac{n(n-1)(n-2)}{3!}a^{n-3}b^3 + \cdots . \quad (1.38)$$

1.1.6.5 Bestimmung des größten gemeinsamen Teilers zweier Polynome

Zwei Polynome $P(x)$ vom Grade n und $Q(x)$ vom Grade m mit $n \geq m$ können gemeinsame Polynomfaktoren haben, die x enthalten. Das Produkt aller dieser Faktoren wird *größter gemeinsamer Teiler* der Polynome genannt. Wenn $P(x)$ und $Q(x)$ keine gemeinsamen Polynomfaktoren besitzen, dann nennt man sie *teilerfremd*. Ihr größter gemeinsamer Teiler ist dann eine Konstante.

Der größte gemeinsame Teiler zweier Polynome $P(x)$ und $Q(x)$ kann mit Hilfe des EUKLID*ischen Algorithmus* ohne Faktorenzerlegung ermittelt werden:

1. Division von $P(x)$ durch $Q(x)$ führt auf den Quotienten $T_1(x)$ und den Rest $R_1(x)$:

$$P(x) = Q(x)T_1(x) + R_1(x) . \quad (1.39a)$$

2. Division von $Q(x)$ durch $R_1(x)$ führt auf den Quotienten $T_2(x)$ und den Rest $R_2(x)$:

$$Q(x) = R_1(x)T_2(x) + R_2(x), \quad (1.39b)$$

3. Division von $R_1(x)$ durch $R_2(x)$ führt auf $T_3(x)$ und $R_3(x)$ usw. Der größte gemeinsame Teiler der beiden Polynome ist dann der letzte von 0 verschiedene Rest $R_k(x)$. Die Methode ist aus der Arithmetik mit natürlichen Zahlen bekannt (s. S. 3).

Die Ermittlung des größten gemeinsamen Teilers wird z.B. bei der Lösung von Gleichungen eingesetzt, bei der Abspaltung mehrfacher Wurzeln und bei der Anwendung der STURM*schen Methode* (s. S. 43).

1.1.7 Gebrochenrationale Ausdrücke

1.1.7.1 Rückführung auf die einfachste Form

Jeder gebrochen rationale Ausdruck kann auf die Form eines Quotienten zweier teilerfremder Polynome gebracht werden. Dazu werden nur elementare Umformungen benötigt wie Addition, Subtraktion, Multiplikation und Division von Polynomen und Brüchen sowie Kürzen von Brüchen.

■ Aufsuchen der einfachsten Form von $\dfrac{3x + \dfrac{2x+y}{z}}{x\left(x^2 + \dfrac{1}{z^2}\right)} - y^2 + \dfrac{x+z}{z}$:

$$\frac{(3xz+2x+y)z^2}{(x^3z^2+x)z} + \frac{-y^2z+x+z}{z} = \frac{3xz^3+2xz^2+yz^2+(x^3z^2+x)(-y^2z+x+z)}{x^3z^3+xz} = \\ \frac{3xz^3+2xz^2+yz^2-x^3y^2z^3-xy^2z+x^4z^2+x^2+x^3z^3+xz}{x^3z^3+xz} .$$

1.1.7.2 Bestimmung des ganzrationalen Anteils

Ein Quotient zweier Polynome mit gemeinsamer Hauptgröße x wird ein *echter Bruch* genannt, wenn das Polynom im Zähler von niedrigerem Grade ist als das Polynom im Nenner. Im entgegengesetzten Falle spricht man von einem *unechten Bruch*. Jeder unechte Bruch kann in eine Summe aus einem echten Bruch und einem Polynom zerlegt werden, indem das Zählerpolynom durch das Nennerpolynom dividiert, d.h. der ganzrationale Anteil abgespalten wird.

■ Bestimmung des ganzrationalen Anteils von $R(x) = \dfrac{3x^4 - 10ax^3 + 22a^2x^2 - 24a^3x + 10a^4}{x^2 - 2ax + 3a^2}$:

$$(3x^4 - 10ax^3 + 22a^2x^2 - 24a^3x + 10a^4) : (x^2 - 2ax + 3a^2) = 3x^2 - 4ax + 5a^2 + \frac{-2a^3x - 5a^4}{x^2 - 2ax - 3a^2}$$

$$\begin{array}{l}
\underline{3x^4 - 6ax^3 + 9a^2x^2} \\
\quad -4ax^3 + 13a^2x^2 - 24a^3x \\
\quad \underline{-4ax^3 + 8a^2x^2 - 12a^3x} \\
\qquad\qquad 5a^2x^2 - 12a^3x + 10a^4 \\
\qquad\qquad \underline{5a^2x^2 - 10a^3x + 15a^4} \\
\qquad\qquad\quad -2a^3x - 5a^4.
\end{array}$$

$$R(x) = 3x^2 - 4ax + 5a^2 + \frac{-2a^3x - 5a^4}{x^2 - 2ax + 3a^2}.$$

Der ganzrationale Anteil einer unecht gebrochenen rationalen Funktion $R(x)$ wird auch als *asymptotische Näherung* für $R(x)$ bezeichnet, weil sich $R(x)$ für große Werte von $|x|$ wie dieser Polynomanteil verhält.

1.1.7.3 Partialbruchzerlegung

Jeder echte Bruch, bei dem *Zählerpolynom* und *Nennerpolynom* teilerfremd sind,

$$R(x) = \frac{P(x)}{Q(x)} = \frac{a_nx^n + a_{n-1}x^{n-1} + \cdots + a_1x + a_0}{b_mx^m + b_{m-1}x^{m-1} + \cdots + b_1x + b_0} \tag{1.40}$$

kann eindeutig in eine Summe von Partialbrüchen zerlegt werden. In (1.40) sind die Koeffizienten $a_0, a_1, \ldots, a_n$, $b_0, b_1, \ldots, b_m$ beliebige reelle Zahlen; der Koeffizient der höchsten Potenz im Nenner, also b_m, wird auf den Wert 1 gebracht, indem Zähler und Nenner des Bruches durch den ursprünglichen Koeffizienten dieses Gliedes dividiert werden. Die Partialbrüche haben die Form

$$\frac{A}{(x-\alpha)^k}, \quad (1.41a) \qquad \frac{Dx+E}{(x^2+px+q)^l} \quad (1.41b) \qquad \text{mit} \quad \left(\frac{p}{2}\right)^2 - q < 0\,. \quad (1.41c)$$

Bei Beschränkung auf reelle Zahlen sind folgende vier Fälle 1, 2, 3 und 4 möglich. Fällt diese Beschränkung weg, dann treten nur zwei Fälle auf, da die Fälle 1 und 3 sowie 2 und 4 zusammenfallen. So betrachtet kann jeder Bruch $R(x)$ in Brüche der Form (1.41a) zerlegt werden, wobei A und α komplexe Zahlen sind. Bei der Lösung linearer Differentialgleichungen wird davon Gebrauch gemacht.

1. Partialbruchzerlegung, Fall 1

Die Gleichung $Q(x) = 0$ für das Nennerpolynom $Q(x)$ besitzt nur einfache reelle Wurzeln $\alpha_1, \ldots \alpha_m$. Die Zerlegung hat dann die Form

$$\frac{P(x)}{Q(x)} = \frac{a_nx^n + \cdots + a_0}{(x-\alpha_1)(x-\alpha_2)\ldots(x-\alpha_m)} = \frac{A}{x-\alpha_1} + \frac{B}{x-\alpha_2} + \cdots + \frac{C}{x-\alpha_m} \tag{1.42a}$$

mit den Koeffizienten

$$A = \frac{P(\alpha_1)}{Q'(\alpha_1)}, \quad B = \frac{P(\alpha_2)}{Q'(\alpha_2)}, \quad \ldots, \quad C = \frac{P(\alpha_m)}{Q'(\alpha_m)}, \tag{1.42b}$$

wobei in den Nennern die Werte der Ableitungen $\dfrac{dQ}{dx}$ für $x = \alpha_1$, $x = \alpha_2, \ldots$ stehen.

■ **A:** $\dfrac{6x^2 - x + 1}{x^3 - x} = \dfrac{A}{x} + \dfrac{B}{x-1} + \dfrac{C}{x+1}$, $\alpha_1 = 0$, $\alpha_2 = +1$ und $\alpha_3 = -1$;

$P(x) = 6x^2 - x + 1$, $Q'(x) = 3x^2 - 1$, $A = \dfrac{P(0)}{Q'(0)} = -1$, $B = \dfrac{P(1)}{Q'(1)} = 3$ und $C = \dfrac{P(-1)}{Q'(-1)} = 4$,

$$\frac{P(x)}{Q(x)} = -\frac{1}{x} + \frac{3}{x-1} + \frac{4}{x+1}.$$

Eine andere Möglichkeit zur Bestimmung der Koeffizienten A, B, ..., C auch in den folgenden Fällen bietet der *Koeffizientenvergleich*, auch *Methode der unbestimmten Koeffizienten* genannt.

■ **B:** $\dfrac{6x^2 - x + 1}{x^3 - x} = \dfrac{A}{x} + \dfrac{B}{x-1} + \dfrac{C}{x+1} = \dfrac{A(x^2-1) + Bx(x+1) + Cx(x-1)}{x(x^2-1)}.$

Gleichsetzen der Koeffizienten vor gleichen Potenzen von x im Zähler der linken und der rechten Seite der Gleichung führt auf das Gleichungssystem $6 = A + B + C$, $-1 = B - C$, $1 = -A$, dessen Lösung die gleichen Werte von A, B und C ergibt wie in Beispiel **A**.

2. Partialbruchzerlegung, Fall 2:

Wenn die Gleichung $Q(x) = 0$ für das Polynom des Nenners reelle Wurzeln besitzt, diese aber mehrfach auftreten, dann erfolgt die Zerlegung nach der Formel

$$\begin{aligned}\frac{P(x)}{Q(x)} &= \frac{a_n x^n + a_{n-1}x^{n-1} + \cdots + a_0}{(x-\alpha_1)^{k_1}(x-\alpha_2)^{k_2}\ldots(x-\alpha_i)^{k_i}} = \frac{A_1}{x-\alpha_1} + \frac{A_2}{(x-\alpha_1)^2} + \cdots + \frac{A_{k_1}}{(x-\alpha_1)^{k_1}} \\ &\quad + \frac{B_1}{x-\alpha_2} + \frac{B_2}{(x-\alpha_2)^2} + \cdots + \frac{B_{k_2}}{(x-\alpha_2)^{k_2}} + \cdots + \frac{L_{k_i}}{(x-\alpha_i)^{k_i}}. \qquad (1.43)\end{aligned}$$

■ $\dfrac{x+1}{x(x-1)^3} = \dfrac{A_1}{x} + \dfrac{B_1}{x-1} + \dfrac{B_2}{(x-1)^2} + \dfrac{B_3}{(x-1)^3}$. Die Koeffizienten A_1, B_1, B_2, B_3 werden mit der Methode der unbestimmten Koeffizienten bestimmt.

3. Partialbruchzerlegung, Fall 3:

Wenn die Gleichung $Q(x) = 0$ für das Polynom des Nenners auch einfache komplexe Wurzeln besitzt, hat die Zerlegung die Form

$$\begin{aligned}\frac{P(x)}{Q(x)} &= \frac{a_n x^n + a_{n-1}x^{n-1} + \cdots + a_0}{(x-\alpha_1)^{k_1}(x-\alpha_2)^{k_2}\ldots(x^2+p_1x+q_1)(x^2+p_2x+q_2)\ldots} \\ &= \frac{A_1}{x-\alpha_1} + \frac{A_2}{(x-\alpha_1)^2} + \cdots + \frac{Dx+E}{x^2+p_1x+q_1} + \frac{Fx+G}{x^2+p_2x+q_2} + \cdots. \qquad (1.44)\end{aligned}$$

Die quadratischen Nenner $x^2 + px + q$ ergeben sich aus der Tatsache, daß mit einer komplexen Wurzel auch die zugehörige konjugiert komplexe Zahl eine Wurzel der betreffenden Polynomgleichung ist.

■ $\dfrac{3x^2 - 2}{(x^2+x+1)(x+1)} = \dfrac{A}{x+1} + \dfrac{Dx+E}{x^2+x+1}$. Die Koeffizienten A, D, E werden mit der Methode der unbestimmten Koeffizienten bestimmt.

4. Partialbruchzerlegung, Fall 4

Wenn die Gleichung $Q(x) = 0$ für das Polynom des Nenners mehrfache komplexe Wurzeln besitzt, dann erfolgt die Zerlegung nach der Formel

$$\begin{aligned}\frac{P(x)}{Q(x)} &= \frac{a_n x^n + a_{n-1}x^{n-1} + \cdots + a_0}{(x-\alpha_1)^{k_1}(x-\alpha_2)^{k_2}\ldots(x^2+p_1x+q_1)^{l_1}(x^2+p_2x+q_2)^{l_2}\ldots} \\ &= \frac{A_1}{x-\alpha_1} + \frac{A_2}{(x-\alpha_1)^2} + \cdots + \frac{D_1x+E_1}{x^2+p_1x+q_1} + \frac{D_2x+E_2}{(x^2+p_1x+q_1)^2} + \cdots \\ &\quad + \frac{D_{l_1}x+E_{l_1}}{(x^2+p_1x+q_1)^{l_1}} + \frac{F_1x+G_1}{x^2+p_2x+q_2} + \cdots + \frac{F_{l_2}x+G_{l_2}}{(x^2+p_2x+q_2)^{l_2}} + \cdots. \qquad (1.45)\end{aligned}$$

■ $\dfrac{5x^2-4x+16}{(x-3)(x^2-x+1)^2}=\dfrac{A}{x-3}+\dfrac{D_1x+E_1}{x^2-x+1}+\dfrac{D_2x+E_2}{(x^2-x+1)^2}$. Die Koeffizienten A, D_1, E_1, D_2, E_2 werden mit der Methode der unbestimmten Koeffizienten bestimmt.

1.1.7.4 Umformung von Proportionen

Aus der Proportion

$$\frac{a}{b}=\frac{c}{d} \quad (1.46a) \qquad \text{folgt} \qquad ad=bc,\quad \frac{a}{c}=\frac{b}{d},\quad \frac{d}{b}=\frac{c}{a},\quad \frac{b}{a}=\frac{d}{c} \quad (1.46b)$$

sowie die abgeleiteten Proportionen

$$\frac{a\pm b}{b}=\frac{c\pm d}{d},\quad \frac{a\pm b}{a}=\frac{c\pm d}{c},\quad \frac{a\pm c}{c}=\frac{b\pm d}{d},\quad \frac{a+b}{a-b}=\frac{c+d}{c-d}. \quad (1.46c)$$

Aus der Gleichheit der Proportionen

$$\frac{a_1}{b_1}=\frac{a_2}{b_2}=\cdots=\frac{a_n}{b_n} \quad (1.47a) \qquad \text{folgt} \qquad \frac{a_1+a_2+\cdots+a_n}{b_1+b_2+\cdots+b_n}=\frac{a_1}{b_1}. \quad (1.47b)$$

1.1.8 Irrationale Ausdrücke

Jeder irrationale Ausdruck kann in der Regel auf eine einfachere Form gebracht werden, und zwar durch 1. Kürzen des Exponenten, 2. Vorziehen vor das Wurzelzeichen und 3. Beseitigen der Irrationalität im Nenner.

1. Kürzen des Exponenten Eine *Kürzung des Exponenten* wird erreicht, indem der Radikand in Faktoren zerlegt wird und danach der Wurzelexponent sowie die Exponenten aller Faktoren im Radikanden durch ihren größten gemeinsamen Teiler geteilt werden.

■ $\sqrt[6]{16(x^{12}-2x^{11}+x^{10})}=\sqrt[6]{4^2\cdot x^{5\cdot 2}(x-1)^2}=\sqrt[3]{4x^5(x-1)}$.

2. Beseitigen der Irrationalität Zur *Beseitigung der Irrationalität* im Nenner gibt es verschiedene Methoden.

■ **A:** $\sqrt{\dfrac{x}{2y}}=\sqrt{\dfrac{2xy}{4y^2}}=\dfrac{\sqrt{2xy}}{2y}$. ■ **B:** $\sqrt[3]{\dfrac{x}{4yz^2}}=\sqrt[3]{\dfrac{2xy^2z}{8y^3z^3}}=\dfrac{\sqrt[3]{2xy^2z}}{2yz}$.

■ **C:** $\dfrac{1}{x+\sqrt{y}}=\dfrac{x-\sqrt{y}}{\left(x+\sqrt{y}\right)\left(x-\sqrt{y}\right)}=\dfrac{x-\sqrt{y}}{x^2-y}$.

■ **D:** $\dfrac{1}{x+\sqrt[3]{y}}=\dfrac{x^2-x\sqrt[3]{y}+\sqrt[3]{y^2}}{\left(x+\sqrt[3]{y}\right)\left(x^2-x\sqrt[3]{y}+\sqrt[3]{y^2}\right)}=\dfrac{x^2-x\sqrt[3]{y}+\sqrt[3]{y^2}}{x^3+y}$.

3. Einfachste Form von Potenzen und Wurzeln Auch Potenzen und Wurzeln werden meist auf die einfachste Form gebracht.

■ **A:** $\sqrt[4]{\dfrac{81x^6}{(\sqrt{2}-\sqrt{x})^4}}=\sqrt{\dfrac{9x^3}{(\sqrt{2}-\sqrt{x})^2}}=\dfrac{3x\sqrt{x}}{\sqrt{2}-\sqrt{x}}=\dfrac{3x\sqrt{x}(\sqrt{2}+\sqrt{x})}{2-x}=\dfrac{3x\sqrt{2x}+3x^2}{2-x}$.

■ **B:** $\left(\sqrt{x}+\sqrt[3]{x^2}+\sqrt[4]{x^3}+\sqrt[12]{x^7}\right)\left(\sqrt{x}-\sqrt[3]{x}+\sqrt[4]{x}-\sqrt[12]{x^5}\right)=(x^{1/2}+x^{2/3}+x^{3/4}+x^{7/12})(x^{1/2}-x^{1/3}+x^{1/4}-x^{5/12})=x+x^{7/6}+x^{5/4}+x^{13/12}-x^{5/6}-x-x^{13/12}-x^{11/12}+x^{3/4}+x^{11/12}+x+x^{5/6}-x^{11/12}-x^{13/12}-x^{7/6}-x=x^{5/4}-x^{13/12}-x^{11/12}+x^{3/4}=\sqrt[4]{x^5}-\sqrt[12]{x^{13}}-\sqrt[12]{x^{11}}+\sqrt[4]{x^3}$.

1.2 Endliche Reihen

1.2.1 Arithmetische Reihen

1. Definition

Unter einer endlichen Reihe wird die Summe

$$s_n = a_0 + a_1 + a_2 + \cdots + a_n = \sum_{i=0}^{n} a_i \tag{1.48}$$

verstanden, deren Summanden in der Regel nach einem bestimmten Gesetz gebildet werden. Die Summanden a_i $(i = 0, 1, 2, \ldots, n)$ sind Zahlen und heißen Glieder der Reihe.

2. Arithmetische Reihe 1. Ordnung

heißt die Reihe (1.48), wenn die Differenz von je zwei aufeinanderfolgenden Summanden konstant ist, d.h. wenn gilt:

$$\Delta a_i = a_{i+1} - a_i = d = \text{const}\,, \quad \text{also} \quad a_i = a_0 + id\,. \tag{1.49a}$$

Somit wird

$$s_n = a_0 + (a_0 + d) + (a_0 + 2d) + \cdots + (a_0 + nd) \tag{1.49b}$$

$$s_n = \frac{a_0 + a_n}{2}(n+1) = \frac{n+1}{2}(2a_0 + nd)\,. \tag{1.49c}$$

3. Arithmetische Reihe k–ter Ordnung

heißt eine Reihe, wenn die k-ten Differenzen $\Delta^k a_i$ der Folge a_0, a_1, a_2, …, a_n konstant sind. Die Differenzen höherer Ordnung werden rekursiv durch

$$\Delta^\nu a_i = \Delta^{\nu-1} a_{i+1} - \Delta^{\nu-1} a_i \quad (\nu = 2, 3, \ldots, k) \tag{1.50a}$$

gebildet. Sie ergeben sich bequem aus dem folgenden *Differenzenschema* (auch Dreiecksschema):

$$\begin{array}{cccccccc}
a_0 & & & & & & & \\
 & \Delta a_0 & & & & & & \\
a_1 & & \Delta^2 a_0 & & & & & \\
 & \Delta a_1 & & \Delta^3 a_0 & & & & \\
a_2 & & \Delta^2 a_1 & & \ddots & \Delta^k a_0 & & \\
 & \Delta a_2 & & \Delta^3 a_1 & & & & \\
a_3 & & \Delta^2 a_2 & & \ddots & \Delta^k a_1 & \ddots & \\
 & \vdots & & \vdots & & \vdots & & \Delta^n a_0 \\
\vdots & & \vdots & & & \Delta^k a_{n-k} & \iddots & \\
 & & & \Delta^3 a_{n-3} & \iddots & & & \\
 & & \Delta^2 a_{n-2} & & & & & \\
 & \Delta a_{n-1} & & & & & & \\
a_n\,. & & & & & & &
\end{array} \tag{1.50b}$$

Es gilt dann für die Glieder und für die Summe

$$a_i = a_0 + \binom{i}{1}\Delta a_0 + \binom{i}{2}\Delta^2 a_0 + \cdots + \binom{i}{k}\Delta^k a_0 \quad (i = 1, 2, \ldots, n)\,, \tag{1.50c}$$

$$s_n = \binom{n+1}{1} a_0 + \binom{n+1}{2}\Delta a_0 + \binom{n+1}{3}\Delta^2 a_0 + \cdots + \binom{n+1}{k+1}\Delta^k a_0\,. \tag{1.50d}$$

1.2.2 Geometrische Reihe

Die Summe (1.48) wird *geometrische Reihe* genannt, wenn der Quotient von zwei aufeinanderfolgenden Gliedern konstant ist, d.h. wenn gilt:

$$\frac{a_{i+1}}{a_i} = q = \text{const}, \quad \text{also} \quad a_i = a_0 q^i \,. \tag{1.51a}$$

Somit wird

$$s_n = a_0 + a_0 q + a_0 q^2 + \cdots + a_0 q^n = a_0 \frac{q^{n+1} - 1}{q - 1} \quad \text{für} \quad q \neq 1 \,, \tag{1.51b}$$

$$s_n = (n+1) a_0 \quad \text{für} \quad q = 1 \,. \tag{1.51c}$$

Für $n \to \infty$ (s. S. 399) erhält man eine *unendliche geometrische Reihe*, die im Falle $|q| < 1$ den folgenden Grenzwert hat:

$$s = \frac{a_0}{1 - q} \,. \tag{1.51d}$$

1.2.3 Spezielle endliche Reihen

$$1 + 2 + 3 + \cdots + (n-1) + n = \frac{n(n+1)}{2} \,, \tag{1.52}$$

$$p + (p+1) + (p+2) + \cdots + (p+n) = \frac{(n+1)(2n+n)}{2} \,, \tag{1.53}$$

$$1 + 3 + 5 + \cdots + (2n-3) + (2n-1) = n^2 \,, \tag{1.54}$$

$$2 + 4 + 6 + \cdots + (2n-2) + 2n = n(n+1) \,, \tag{1.55}$$

$$1^2 + 2^2 + 3^2 + \cdots + (n-1)^2 + n^2 = \frac{n(n+1)(2n+1)}{6} \,, \tag{1.56}$$

$$1^3 + 2^3 + 3^3 + \cdots + (n-1)^3 + n^3 = \frac{n^2(n+1)^2}{4} \,, \tag{1.57}$$

$$1^2 + 3^2 + 5^2 + \cdots + (2n-1)^2 = \frac{n(4n^2-1)}{3} \,, \tag{1.58}$$

$$1^3 + 3^3 + 5^3 + \cdots + (2n-1)^3 = n^2(2n^2-1) \,, \tag{1.59}$$

$$1^4 + 2^4 + 3^4 + \cdots + n^4 = \frac{n(n+1)(2n+1)(3n^2+3n-1)}{30} \,, \tag{1.60}$$

$$1 + 2x + 3x^2 + \cdots + nx^{n-1} = \frac{1 - (n+1)x^n + nx^{n+1}}{(1-x)^2} \quad (x \neq 1) \,. \tag{1.61}$$

1.2.4 Mittelwerte

(S. auch S. 762 und S. 781)

1.2.4.1 Arithmetisches Mittel

Arithmetisches Mittel von n Größen $a_1, a_2, \ldots, a_n$ heißt der Ausdruck

$$x_A = \frac{a_1 + a_2 + \cdots + a_n}{n} = \frac{1}{n} \sum_{k=1}^{n} a_k \,. \tag{1.62a}$$

Für zwei Größen a und b ergibt sich:

$$x_A = \frac{a+b}{2} \,. \tag{1.62b}$$

Die Größen a, x_A und b bilden eine arithmetische Folge.

1.2.4.2 Geometrisches Mittel

Geometrisches Mittel von n positiven Größen $a_1, a_2, \ldots, a_n$ heißt der Ausdruck

$$x_G = \sqrt[n]{a_1 a_2 \ldots a_n} = \left(\prod_{k=1}^{n} a_k\right)^{\frac{1}{n}}. \tag{1.63a}$$

Für zwei Größen a und b ergibt sich

$$x_G = \sqrt{ab}\,. \tag{1.63b}$$

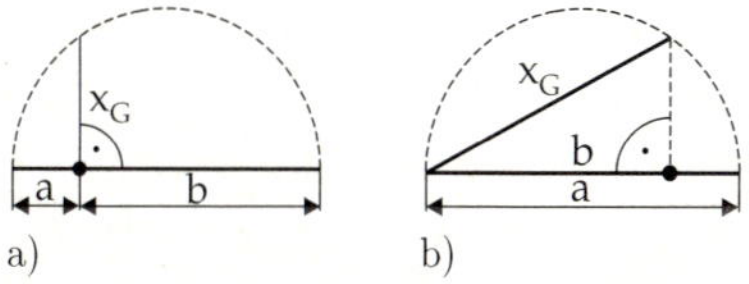

Abbildung 1.3

Die Größen a, x_G und b bilden eine geometrische Folge. Wenn a und b gegebene Strecken sind, dann kann eine Strecke der Länge $x_G = \sqrt{ab}$ mit Hilfe einer der in **Abb.1.3a** oder **Abb.1.3b** angegebenen Konstruktionen ermittelt werden.
Einen speziellen Fall des geometrischen Mittels stellt die Teilung einer Strecke im Verhältnis des Goldenen Schnittes dar (s. S. 188).

1.2.4.3 Harmonisches Mittel

Harmonisches Mittel von n Größen $a_1, a_2, \ldots, a_n$ heißt der Ausdruck

$$x_H = \left[\frac{1}{n}\left(\frac{1}{a_1} + \frac{1}{a_2} + \cdots + \frac{1}{a_n}\right)\right]^{-1} = \left[\frac{1}{n}\sum_{k=1}^{n}\frac{1}{a_k}\right]^{-1}. \tag{1.64a}$$

Für zwei Größen a und b ergibt sich

$$x_H = \left[\frac{1}{2}\left(\frac{1}{a} + \frac{1}{b}\right)\right]^{-1}, \quad x_H = \frac{2ab}{a+b}. \tag{1.64b}$$

1.2.4.4 Quadratisches Mittel

Quadratisches Mittel von n Größen $a_1, a_2, \ldots, a_n$ heißt der Ausdruck

$$x_Q = \sqrt{\frac{1}{n}({a_1}^2 + {a_2}^2 + \cdots + {a_n}^2)} = \sqrt{\frac{1}{n}\sum_{k=1}^{n} a_k^2}. \tag{1.65a}$$

Für zwei Größen a und b ergibt sich

$$x_Q = \sqrt{\frac{a^2 + b^2}{2}}. \tag{1.65b}$$

Das *quadratische Mittel* ist von Bedeutung für die Theorie der Beobachtungsfehler.

1.2.4.5 Vergleich der Mittelwerte für zwei positive Größen $a \le b$

Für $x_A = \dfrac{a+b}{2}$, $x_G = \sqrt{ab}$, $x_H = \dfrac{2ab}{a+b}$, $x_Q = \sqrt{\dfrac{a^2+b^2}{2}}$ gilt

1. wenn $\boldsymbol{a < b}$**:**

$$a < x_H(a,b) < x_G(a,b) < x_A(a,b) < x_Q(a,b) < b\,, \tag{1.66a}$$

2. wenn $\boldsymbol{a = b}$**:**

$$a = x_A = x_G = x_H = x_Q = b\,. \tag{1.66b}$$

1.3 Finanzmathematik

Die Finanzmathematik basiert auf Anwendungen der arithmetischen und geometrischen Reihen, also der Formeln (1.49a) bis (1.49c) und (1.51a) bis (1.51d), aber diese Anwendungen sind im Bankwesen so vielfältig und speziell, daß eine eigene Disziplin mit einer Vielzahl spezieller Begriffe entstanden ist. So wird in der Finanzmathematik nicht nur die Veränderung eines Kapitals durch Zinseszinsen und Rentenzahlungen betrachtet, sondern sie umfaßt im wesentlichen die Gebiete Zinsrechnung, Tilgungsrechnung, Raten- und Rentenrechnung, Abschreibungen, Kurs- und Effektivzinsrechnung sowie Investitionsrechnung. Grundlegende Aufgabenstellungen und Lösungsformeln werden im folgenden erläutert. Für das ganze Spektrum der Finanzmathematik muß auf die Literatur verwiesen werden (s. Lit. [1.2], [1.11]).

Versicherungsmathematik und *Risikotheorie*, die auf Methoden der Wahrscheinlichkeitsrechnung und mathematischen Statistik beruhen, stellen selbständige Disziplinen dar und werden hier nicht behandelt (s. Lit. [1.3], [1.4]).

1.3.1 Prozentrechnung

1. Prozent Der Ausdruck *p Prozent von K* bedeutet $\frac{p}{100}K$, wobei mit K in der Finanzmathematik ein Kapital gemeint ist. Das Zeichen für Prozent ist %, d.h., es gilt

$$p\% = \frac{p}{100} \quad \text{bzw.} \quad 1\% = 0{,}01. \tag{1.67}$$

2. Aufschlag Werden $p\%$ auf K aufgeschlagen, dann erhält man den erhöhten Wert

$$\tilde{K} = K\left(1 + \frac{p}{100}\right). \tag{1.68}$$

Bezieht man den Aufschlag $K\frac{p}{100}$ auf den neuen Wert $\tilde{K}$, dann sind in K auf Grund der Proportion

$$K\frac{p}{100} : \tilde{K} = \tilde{p} : 100$$

$$\tilde{p} = \frac{p \cdot 100}{100 + p} \tag{1.69}$$

Prozent Aufschlag enthalten.

■ Bei einem Warenwert von 200.–DM ergeben 15 % Aufschlag einen Endpreis von 230.–DM. In diesem Preis sind für den Verbraucher $\tilde{p} = \frac{15 \cdot 100}{115} = 13{,}04$ Prozent Aufschlag enthalten.

3. Abschlag oder Rabatt Werden $p\%$ *Rabatt* auf einen Wert K gewährt, dann erhält man den erniedrigten Wert

$$\tilde{K} = K\left(1 - \frac{p}{100}\right). \tag{1.70}$$

Bezieht man den Abschlag $K\frac{p}{100}$ auf den neuen Wert $\tilde{K}$, dann sind

$$\tilde{p} = \frac{p \cdot 100}{100 - p} \tag{1.71}$$

Prozent Rabatt gewährt worden.

■ Eine Ware habe einen Wert von 300.–DM. Bei 10% Rabatt sind noch 270.–DM zu zahlen. In diesem Preis sind für den Käufer $\tilde{p} = \frac{10 \cdot 100}{90} = 11{,}11$ Prozent Rabatt enthalten.

1.3.2 Zinseszinsrechnung

1. Zinsen

Zinsen stellen entweder eine Gebühr dar, die für einen Kredit (Leihgeld) zu entrichten ist, oder einen Erlös, der von einem Guthaben erzielt wird. Für ein Kapital K, das während einer ganzen *Zinsperiode* (in der Regel 1 Jahr) angelegt ist, werden am Ende der Zinsperiode

$$K\frac{p}{100} \tag{1.72}$$

Zinsen gezahlt. Dabei ist p der *Zinssatz pro Zinsperiode*, und man sagt, es werden $p\%$ Zinsen für das Kapital K gezahlt.

2. Zinseszinsen

Da ein Kapital nach jeder Zinsperiode um den Betrag der Zinsen wächst, werden die eingegangenen Zinsen in der jeweils nächsten Zinsperiode mitverzinst. Diese Mitverzinsung heißt *Zinseszins.*
Bei der Veränderung eines Kapitals durch Zinseszinsen sind verschiedene Fälle zu unterscheiden.

1. Einmalige Einzahlung Bei jährlichem Zinszuschlag wächst ein Kapital K nach n Jahren auf den Endwert K_n. Am Ende des n–ten Jahres gilt:

$$K_n = K\left(1+\frac{p}{100}\right)^n . \tag{1.73}$$

Zur Abkürzung setzt man $1+\frac{p}{100}=q$ und bezeichnet q als *Aufzinsungsfaktor.*
Man spricht von *unterjähriger Verzinsung,* wenn das Jahr in m gleich lange Zinsperioden unterteilt wird und die Zinsen bereits nach jeder dieser Zinsperioden dem Kapital K zugeschlagen werden. Der Zinszuschlag pro Zinsperiode beträgt dann $K\frac{p}{100m}$, und das Kapital wächst nach n Jahren mit je m Zinsperioden auf

$$K_{m\cdot n} = K\left(1+\frac{p}{100m}\right)^{m\cdot n} \tag{1.74}$$

an.

■ Ein Kapital von 5000.–DM, das mit 7,2 % pro Jahr verzinst wird, wächst in 6 Jahren a) bei jährlicher Verzinsung auf $K_6 = 5000(1+0,072)^6 = 7588,20$ DM an, b) bei monatlicher Verzinsung auf $K_{72} = 5000(1+0,072/12)^{72} = 7691,74$ DM.

2. Regelmäßige Einzahlungen Es sollen Einzahlungen der gleichen Höhe E in gleichen Abständen geleistet werden. Diese Abschnitte sollen mit der Zinsperiode übereinstimmen. Wird die Einzahlung jeweils zu Beginn bzw. am Ende einer Zinsperiode geleistet, dann spricht man von einer *vorschüssigen* (praenumerando) bzw. einer *nachschüssigen* (postnumerando) Einzahlung. Am Ende der n–ten Zinsperiode erhält man den Kontostand K_n, und zwar

a) bei vorschüssiger Einzahlung:

$$K_n = Eq\frac{(q^n-1)}{q-1}, \tag{1.75a}$$

b) bei nachschüssiger Einzahlung:

$$K_n = E\frac{q^n-1}{q-1}. \tag{1.75b}$$

3. Unterjährige Einzahlungen Ein Jahr bzw. eine Zinsperiode wird in m gleich lange Abschnitte zerlegt. Zu Beginn bzw. am Ende eines jeden Teilabschnittes wird der gleiche Betrag E eingezahlt und bis zum Jahresende verzinst. Nach einem Jahr erhält man auf diese Weise den Kontostand K_1, und zwar

a) bei vorschüssiger Einzahlung:

$$K_1 = E\left[m+\frac{(m+1)p}{200}\right], \tag{1.76a}$$

b) bei nachschüssiger Einzahlung:

$$K_1 = E\left[m+\frac{(m-1)p}{200}\right]. \tag{1.76b}$$

Im zweiten Jahr wird K_1 voll verzinst, hinzu kommen noch die Einzahlungen und Zinsen wie im ersten Jahr, so daß sich nach n Jahren für den Kontostand K_n bei unterjährigen Einzahlungen und jährlicher

Verzinsung ergibt:

a) bei vorschüssiger Einzahlung:

$$K_n = E\left[m + \frac{(m+1)p}{200}\right]\frac{q^n - 1}{q-1}, \quad (1.77a)$$

b) bei nachschüssiger Einzahlung:

$$K_n = E\left[m + \frac{(m-1)p}{200}\right]\frac{q^n - 1}{q-1}. \quad (1.77b)$$

■ Bei einem Jahreszinssatz von $p = 5,2$ zahlt ein Sparer monatlich nachschüssig 1000.–DM ein. Nach wie vielen Jahren wird der Kontostand von 500 000.–DM erreicht? Aus (1.77b), d.h. aus $500000 = 1000\left[12 + \frac{11 \cdot 5,2}{200}\right] \cdot \frac{1,052^n - 1}{0,052}$, folgt $n = 22,42$ Jahre.

1.3.3 Tilgungsrechnung

1.3.3.1 Tilgung

Unter Tilgung versteht man die Rückzahlung von Krediten. Dabei soll vorausgesetzt werden:

1. Für eine Schuld S werden vom Schuldner jeweils am Ende einer Zinsperiode $p\%$ Zinsen verlangt.

2. Nach N Zinsperioden sei die Schuld vollständig getilgt.

Die Belastung eines Schuldners pro Zinsperiode setzt sich somit aus Zinsen und Tilgungsrate zusammen. Falls die Zinsperiode 1 Jahr beträgt, bezeichnet man den finanziellen Aufwand des Schuldners in dem betreffenden Jahr als *Annuität.*

Für die Tilgung einer Schuld gibt es verschiedene Möglichkeiten. So können z.B. die Rückzahlungen zu den Verzinsungszeitpunkten oder dazwischen erfolgen, die Rückzahlungsbeträge verschieden hoch oder während der gesamten Laufzeit konstant sein.

1.3.3.2 Gleiche Tilgungsraten

Die Tilgung erfolgt unterjährig, es werde aber *keine* unterjährige Verzinsung mit Zinseszins vereinbart. Mit den Bezeichnungen

- S Schuld (Verzinsung nachschüssig mit $p\%$),
- $T = \frac{S}{mN}$ Tilgungsrate ($T = const$),
- m Anzahl der Tilgungsraten pro Zinsperiode,
- N Anzahl der Zinsperioden bis zur endgültigen Tilgung der Schuld

ergibt sich für den Schuldner außer der Zahlung der Tilgungsraten noch die folgende Belastung durch Zinsen:

a) Zinsen Z_n für die n–te Zinsperiode:

$$Z_n = \frac{pS}{100}\left[1 - \frac{1}{N}\left(n - \frac{m+1}{2m}\right)\right], \quad (1.78a)$$

b) Gesamtzinsen Z zur Tilgung einer Schuld S in mN Raten bei N Zinsperioden zu $p\%$ Zinsen:

$$Z = \sum_{n=1}^{N} Z_n = \frac{pS}{100}\left[\frac{N-1}{2} + \frac{m+1}{2m}\right]. \quad (1.78b)$$

■ Eine Schuld von 60 000.–DM wird jährlich mit 8% verzinst. 60 Monate lang sollen nachschüssig jeweils 1000.–DM getilgt werden. Wie hoch sind die jeweils an den Jahresenden anfallenden Zinsen? Die Zinsen für jedes Jahr berechnet man aus (1.78a) mit $S = 60000$, $p = 8$, $N = 5$ und $m = 12$. Sie sind in der nebenstehenden Tabelle aufgelistet. Die Gesamtzinsen hätte man auch mit Hilfe von (1.78b) gemäß $Z = \frac{8 \cdot 60000}{100}\left[\frac{5-1}{2} + \frac{13}{24}\right] = 12200.$–DM ermitteln können.

1. Jahr:	$Z_1 =$	4360.–DM
2. Jahr:	$Z_2 =$	3400.–DM
3. Jahr:	$Z_3 =$	2440.–DM
4. Jahr:	$Z_4 =$	1480.–DM
5. Jahr:	$Z_5 =$	520.–DM
	$Z =$	12200.–DM

1.3.3.3 Gleiche Annuitäten

Bei gleichbleibenden Tilgungsraten $T = \dfrac{S}{mN}$ nehmen die zusätzlich anfallenden Zinsen im Laufe der Zeit ab (s. voranstehendes Beispiel). Bei der *Annuitätentilgung* wird dagegen zu jedem Zinstermin die gleiche Annuität A, d.h. der gleiche Betrag für Zinsen + Tilgung erhoben. Damit ist die Belastung des Schuldners im gesamten Tilgungszeitraum konstant.
Mit den Bezeichnungen

- S Schuld (Verzinsung mit $p\%$ pro Zinsperiode),
- A Annuität pro Zinsperiode (A const),
- a Tilgungsrate bei m Tilgungen pro Zinsperiode (a const),
- $q = 1 + \dfrac{p}{100}$ Aufzinsungsfaktor, ergibt sich als Restschuld S_n nach n Zinsperioden:

$$S_n = Sq^n - a\left[m + \frac{(m-1)p}{200}\right]\frac{q^n - 1}{q - 1}. \tag{1.79}$$

Dabei beschreibt der Term Sq^n den Wert der Schuld S nach n Zinsperioden mit Zinseszins (s. (1.73)), der zweite Term in (1.79) gibt den Wert der unterjährigen Tilgungsraten a mit Zinseszins wieder (s. (1.77b) mit $E = a$). Für die Annuität gilt:

$$A = a\left[m + \frac{(m-1)p}{200}\right]. \tag{1.80}$$

Dabei entspricht die einmalige Zahlung von A den m Ratenzahlungen a. Aus (1.80) folgt $A \geq ma$. Da nach N Zinsperioden die Schuld getilgt sein soll, folgt aus (1.79) für $S_N = 0$ unter Beachtung von (1.80):

$$A = Sq^N \frac{q-1}{q^N - 1} = S\frac{q-1}{1 - q^{-N}}. \tag{1.81}$$

Zur Lösung von Aufgaben der finanzmathematischen Praxis kann (1.81) nach einer der Größen A, S, q oder N aufgelöst werden, wenn die übrigen Größen bekannt sind.

■ **A:** Eine Annuitätenschuld über 60 000.–DM werde jährlich mit 8% verzinst und soll in 5 Jahren getilgt sein. Wie hoch sind jährliche Annuität A und monatliche Tilgungsrate a? Aus (1.81) bzw. (1.80) erhält man: $A = 60\,000 \dfrac{0{,}08}{1 - \dfrac{1}{1{,}08^5}} = 15027{,}39$ DM, $a = \dfrac{15027{,}39}{12 + \dfrac{11 \cdot 8}{200}} = 1207{,}99$ DM.

■ **B:** Ein Kredit in Höhe von $S = 100\,000$.–DM soll durch Annuitätentilgung in $N = 8$ Jahren bei 7,5% Jahreszinsen abgezahlt werden. An jedem Jahresende soll zusätzlich eine Tilgung von 5000.–DM erfolgen. Wie hoch ist die monatliche Tilgungsrate? Als Annuität A pro Jahr ergibt sich gemäß (1.81) $A = 100\,000\dfrac{0{,}075}{1 - \dfrac{1}{1{,}075^8}} = 17072{,}70$ DM. Da sich A aus 12 Tilgungsraten a pro Jahr und die zusätzlichen Zahlungen von 5000.–DM am Jahresende zusammensetzt, gilt unter Beachtung von (1.80) $A = a\left[12 + \dfrac{11 \cdot 7{,}5}{200}\right] + 5000 = 17072{,}70$. Die monatliche Belastung beträgt somit $a = 972{,}62$.–DM.

1.3.4 Rentenrechnung

1.3.4.1 Rente

Zahlungen, die in regelmäßigen Zeitabschnitten wiederkehren, und zwar in gleicher oder unterschiedlicher Höhe, vorschüssig oder nachschüssig, werden als *Renten* bezeichnet. Man unterscheidet:

a) Einzahlungen Rentenbeträge werden auf ein Konto eingezahlt und mit Zinseszins verzinst. Es werden die Formeln der Zinseszinsrechnung aus Abschnitt 1.3.2 angewendet.

b) Rückzahlungen Die Rentenzahlungen erfolgen aus einem Kapital, das mit Zinseszins angelegt ist. Es werden die Formeln der Tilgungsrechnung aus Abschnitt 1.3.3 angewendet, wobei die Annuität zur Rente wird. Falls höchstens die jeweils anfallenden Zinsen als Rente ausgezahlt werden, spricht man von einer *ewigen Rente.*

Rentenzahlungen (Ein- wie Rückzahlungen) können zu den Zinsterminen, d.h. Zinstermin = Rententermin, oder in kürzeren Abständen innerhalb der Zinsperioden, d.h. unterjährig vorgenommen werden.

1.3.4.2 Nachschüssig konstante Rente

Die Termine für Zinsberechnung und Rentenzahlung sollen übereinstimmen. Die Verzinsung erfolge mit $p\%$ Zinseszins, und die Rentenbeträge sollen von der gleichen Höhe R sein. Dann gibt der *Rentenendwert* R_n an, auf welchen Betrag die regelmäßigen Einzahlungen nach n Zinsperioden angewachsen sind:

$$R_n = R\frac{q^n - 1}{q - 1} \quad \text{mit} \quad q = 1 + \frac{p}{100}\,. \tag{1.82}$$

Der *Rentenbarwert* R_0 stellt den Betrag dar, der zu Beginn der 1. Zinsperiode (einmalig) eingezahlt werden muß, um nach n Zinsperioden mit Zinseszins auf den Rentenendwert R_n angewachsen zu sein:

$$R_0 = \frac{R_n}{q^n} \qquad \text{mit} \quad q = 1 + \frac{p}{100}\,. \tag{1.83}$$

■ Von einer Gesellschaft hat jemand 10 Jahre lang jeweils zum Jahresende 5000.–DM zu beanspruchen. Vor der 1. Zahlung hat die Firma Konkurs angemeldet. Als Forderung an den Konkursverwalter kann nur der Barwert R_0 geltend gemacht werden. Bei Zinsen von 4% pro Jahr gilt:

$$R_0 = \frac{1}{q^n}R\frac{q^n - 1}{q - 1} = R\frac{1 - q^{-n}}{q - 1} = 5000\frac{1 - 1{,}04^{-10}}{0{,}04} = 40554{,}48 \text{ DM}\ .$$

1.3.4.3 Kontostand nach n Rentenzahlungen

Zur nachschüssigen Rentenzahlung stehe ein Kapital K zur Verfügung, das mit $p\%$ verzinst wird. Zu jedem Zinstermin werde der Rentenbetrag r ausgezahlt. Der Kontostand K_n nach n Zinsperioden, also auch nach n Rentenzahlungen, beträgt:

$$K_n = Kq^n - R_n = Kq^n - r\frac{q^n - 1}{q - 1} \quad \text{mit} \quad q = 1 + \frac{p}{100}\,. \tag{1.84a}$$

Folgerungen aus (1.84a):

$$r = K\frac{p}{100} \tag{1.84b}$$

Es ergibt sich $K_n = K$, d.h., das Kapital ändert sich nicht. Es liegt der Fall der *ewigen Rente* vor.

$$r > K\frac{p}{100} \tag{1.84c}$$

Das Kapital wird aufgebraucht, und zwar nach N Rentenzahlungen. Aus (1.84a) folgt dann für $K_N = 0$:

$$K = \frac{1}{q^N}r\frac{q^N - 1}{q - 1}\,. \tag{1.84d}$$

Wird eine unterjährige Verzinsung und eine unterjährige Rentenzahlung vorgenommen, dann ist in den Formeln (1.82) bis (1.84a) n durch mn und entsprechend $q = 1 + \frac{p}{100}$ durch $q = 1 + \frac{p}{100m}$ zu ersetzen, wenn die ursprüngliche Zinsperiode in m gleich lange neue Zinsperioden unterteilt wird.

■ Welcher Betrag muß 20 Jahre lang monatlich nachschüssig eingezahlt werden, damit daran anschließend 20 Jahre lang monatlich eine Rente von 2000.–DM gezahlt werden kann? Die Verzinsung

erfolge monatlich mit $0,5\%$.
Aus (1.84d) erhält man für $n = 20 \cdot 12 = 240$ die Summe K, die für die anschließenden Rentenzahlungen benötigt wird: $K = \frac{2000}{1,005^{240}} \frac{1,005^{240}-1}{0,005} = 279\,161{,}54$ DM. Die dazu notwendigen monatlichen Einzahlungen R ergeben sich aus (1.82): $R_{240} = 279161,54 = R\frac{1,005^{240}-1}{0,005}$, d.h. $R = 604,19$ DM.

1.3.5 Abschreibungen

1. Abschreibungsarten

Bei Gütern, die z.B. durch Abnutzung oder Alterung eine Wertminderung erfahren, wird jährlich eine *Abschreibung* vorgenommen. Durch eine solche Abschreibung während eines Bilanzjahres wird der *Anfangswert* zu Beginn des Jahres auf den *Restwert* am Ende des Jahres reduziert. Es werden folgende Bezeichnungen verwendet:
- A Anschaffungswert,
- N Nutzungsdauer (in Jahren),
- R_n Restwert nach n Jahren ($n \leq N$),
- a_n $(n = 1, 2, \ldots, N)$ Abschreibungsrate im n-ten Jahr.

Die Abschreibungsarten unterscheiden sich vor allem durch die Festlegung der *Abschreibungsraten*:
- *Lineare Abschreibung*, d.h. gleiche Jahresraten,
- *Degressive Abschreibung*, d.h. fallende Jahresraten.

2. Lineare Abschreibung

Die jährlichen Abschreibungen sind konstant, d.h., für die Abschreibungsraten a_n und den Restwert R_n nach n Jahren gilt:

$$a_n = \frac{A - R_N}{N} = a\,, \qquad (1.85) \qquad R_n = A - n\frac{A - R_N}{N} \quad (n = 1, 2, \ldots, N)\,. \qquad (1.86)$$

Setzt man $R_N = 0$, dann wird das Gut nach N Jahren auf den Wert Null gesetzt, also vollständig abgeschrieben.

■ Der Anschaffungspreis einer Maschine betrage $A = 50\,000.$–DM. In 5 Jahren soll sie auf den Restwert $R_5 = 10\,000.$–DM abgeschrieben sein.

Jahr	Anfangswert	Abschreibung	Restwert	Abschreibung in % vom Anfangswert
1	50 000	8000	42 000	16,0
2	42 000	8000	34 000	19,0
3	34 000	8000	26 000	23,5
4	26 000	8000	18 000	30,8
5	18 000	8000	10 000	44,4

Bei linearer Abschreibung ergibt sich gemäß (1.85) und (1.86) der nebenstehende *Abschreibungsplan*:
Es ist ein starker Anstieg der prozentualen Abschreibung, bezogen auf den jeweiligen Anfangswert, zu verzeichnen.

3. Arithmetisch–degressive Abschreibung

Die Abschreibungen sind in diesem Falle nicht konstant. Sie nehmen jährlich um den gleichen Betrag d, das *Abschreibungsgefälle*, ab. Für die Abschreibungsrate im n-ten Jahr gilt:

$$a_n = a_1 - (n-1)d \quad (n = 2, 3, \ldots, N+1;\ a_1 \text{ und } d \text{ gegeben})\,. \qquad (1.87)$$

Aus dieser Gleichung folgt unter Berücksichtigung der Beziehung $A - R_N = \sum_{n=1}^{N} a_n$:

$$d = \frac{2[Na_1 - (A - R_N)]}{N(N-1)}\,. \qquad (1.88)$$

Für $d = 0$ ergibt sich als Spezialfall die lineare Abschreibung. Im Falle $d > 0$ folgt aus (1.88)

$$a_1 > \frac{A - R_N}{N} = a\,, \qquad (1.89)$$

wobei a die Abschreibungsrate der linearen Abschreibung ist. Insgesamt muß die erste Abschreibungsrate a_1 der arithmetisch–degressiven Abschreibung der folgenden Ungleichung genügen:

$$\frac{A - R_N}{N} < a_1 < 2\frac{A - R_N}{N}\,. \qquad (1.90)$$

■ Eine Maschine mit dem Anschaffungswert 50 000.–DM soll in 5 Jahren arithmetisch–degressiv auf 10 000.–DM abgeschrieben werden. Dabei sollen im ersten Jahr 15 000.–DM abgeschrieben werden.

Jahr	Anfangswert	Abschreibung	Restwert	Abschreibung in % vom Anfangswert
1	50 000	15 000	35 000	30,0
2	35 000	11 500	23 500	32,9
3	23 500	8 000	15 500	34,0
4	15 500	4 500	11 000	29,0
5	11 000	1 000	10 000	9,1

Der mit den angegebenen Formeln berechnete nebenstehende Abschreibungsplan zeigt, daß die prozentuale Abschreibung, mit Ausnahme der letzten Rate, ausgeglichen ist.

4. Digitale Abschreibung

Die *digitale Abschreibung* ist ein Spezialfall der arithmetisch–degressiven Abschreibung, indem gefordert wird, daß die letzte Abschreibungsrate a_N mit dem Abschreibungsgefälle d übereinstimmt. Aus $a_N = d$ folgt:

$$d = \frac{2(A - R_N)}{N(N+1)}\,, \qquad (1.91a) \qquad\qquad a_1 = Nd\,,\ a_2 = (N-1)d\,,\ \ldots\,, a_N = d\,. \qquad (1.91b)$$

■ Der Anschaffungspreis einer Maschine sei $A = 50\,000$.–DM. Diese Maschine soll in 5 Jahren digital auf den Restwert $R_5 = 10\,000$.–DM abgeschrieben werden.

Jahr	Anfangswert	Abschreibung	Restwert	Abschreibung in % vom Anfangswert
1	50 000	$a_1 = 5d = 13\,335$	36 665	26,7
2	36 665	$a_2 = 4d = 10\,668$	25 997	29,1
3	25 997	$a_3 = 3d = 8\,001$	17 996	30,8
4	17 996	$a_4 = 2d = 5\,334$	12 662	29,6
5	12 662	$a_5 = d = 2\,667$	9 995	21,1

Der mit den angegebenen Formeln berechnete nebenstehende Abschreibungsplan zeigt einen ausgeglichenen Verlauf der prozentualen Abschreibung.

5. Geometrisch–degressive Abschreibung

Bei der geometrisch–degressiven Abschreibung werden in jedem Jahr $p\%$ vom jeweiligen Restwert des Vorjahres abgeschrieben. Für den Restwert R_n nach n Jahren gilt:

$$R_n = A\left(1 - \frac{p}{100}\right)^n \quad (n = 1, 2, \ldots)\,. \qquad (1.92)$$

In der Regel ist A gegeben. Beträgt die Laufzeit N Jahre, dann können gemäß (1.92) von den Größen R_N, p und N zwei weitere vorgegeben und die dritte dazu bestimmt werden.

■ **A:** Eine Maschine mit dem Anschaffungswert 50 000.–DM soll jährlich geometrisch–degressiv mit 10% abgeschrieben werden. Nach wieviel Jahren unterschreitet der Restwert erstmalig 10 000.–DM?

Aus (1.92) folgt $N = \dfrac{\ln(10000/50000)}{\ln(1 - 0,1)} = 15,27$ Jahre.

■ **B:** An einem Anschaffungswert von $A = 1000$.–DM soll der Verlauf der Restwerte R_n für $n = 1, 2, \ldots, 10$ Jahre bei a) linearer, b) arithmetisch–degressiver, c) geometrisch–degressiver Abschreibung demonstriert werden. Das Ergebnis zeigt die **Abb.1.4**.

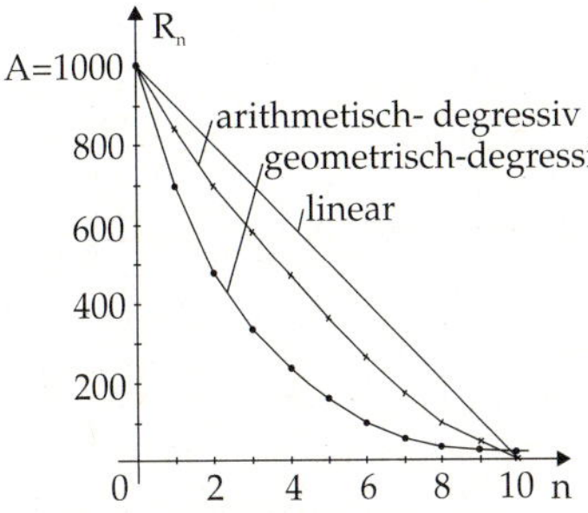

Abbildung 1.4

6. Abschreibung mit verschiedenen Abschreibungsarten
Da bei der geometrisch–degressiven Abschreibung der Restwert Null für endliches n nicht erreicht werden kann, ist es zweckmäßig, von einem bestimmten Zeitpunkt an, z.B. nach m Jahren, von der geometrisch–degressiven zur linearen Abschreibung überzugehen. Man legt m so fest, daß von diesem Zeitpunkt an die Abschreibungsraten der geometrisch–degressiven Abschreibung kleiner sind als die der linearen Abschreibung. Aus dieser Forderung folgt:

$$m > N - \frac{100}{p}. \tag{1.93}$$

Dabei gibt m das letzte Jahr der geometrisch–degressiven Abschreibung und N das letzte Jahr der linearen Abschreibung auf Null an.

■ Eine Maschine mit dem Anschaffungswert 50 000.–DM soll in 15 Jahren auf Null abgeschrieben werden, und zwar m Jahre lang geometrisch–degressiv mit jeweils 14% vom Restwert, danach linear. Aus (1.93) folgt $m > 15 - \frac{100}{14} = 7,76$, d.h., nach $m = 8$ Jahren ist es zweckmäßig, von der geometrisch-degressiven zur linearen Abschreibung überzugehen.

1.4 Ungleichungen

1.4.1 Reine Ungleichungen

1.4.1.1 Definitionen

1. Ungleichungen

Ungleichungen sind Verknüpfungen zweier algebraischer Ausdrücke durch eins der folgenden Zeichen:

Typ I	$>$	(„größer“)	Typ II	$<$	(„kleiner“)
Typ III	$\neq$	(„verschieden von, ungleich“)	Typ IIIa	$<>$	(„größer oder kleiner“)
Typ IV	$\geq$	(„größer oder gleich“)	Typ IVa	$\not<$	(„nicht kleiner“)
Typ V	$\leq$	(„kleiner oder gleich“)	Typ Va	$\not>$	(„nicht größer“).

Die Zeichen III und IIIa, IV und IVa sowie V und Va besitzen jeweils die gleiche Bedeutung, so daß sie sich gegenseitig ersetzen lassen. Wenn sich das Zeichen IIIa auf Größen bezieht, für die die Begriffe „größer“ oder „kleiner“ nicht definiert sind, z.B. bei komplexen Zahlen oder Vektoren, dann läßt es sich durch das Zeichen III ersetzen. In diesem Abschnitt werden nur reelle Zahlen benutzt.

2. Identische, gleichsinnige, ungleichsinnige und äquivalente Ungleichungen

1. Identische Ungleichungen zeichnen sich durch ihre Gültigkeit für alle Werte der in ihnen enthaltenen Buchstabensymbole aus.

2. Gleichsinnige Ungleichungen liegen vor, wenn von zwei Ungleichungen beide zum Typ I oder beide zum Typ II gehören.

3. Ungleichsinnige Ungleichungen liegen vor, wenn die eine Ungleichung zum Typ I, die andere zum Typ II gehört.

4. Äquivalente Ungleichungen liegen vor, wenn zwei Ungleichungen mit denselben Unbekannten für die gleichen Werte der Unbekannten richtig sind.

3. Lösung von Ungleichungen

Ungleichungen können ebenso wie Gleichungen unbekannte Größen enthalten, die gewöhnlich durch die letzten Buchstaben des Alphabets bezeichnet werden. Die *Lösung einer Ungleichung* oder eines Systems von Ungleichungen zu suchen, bedeutet zu bestimmen, innerhalb welcher Grenzen sich die unbekannten Größen bewegen dürfen, damit die Ungleichung oder alle Ungleichungen des Systems richtig bleiben.

Lösungen können für alle fünf Typen von Ungleichungen gesucht werden; meistens treten die *reinen Ungleichungen* vom Typ I und II auf.

1.4.1.2 Eigenschaften der Ungleichungen vom Typ I und II

1. Sinnänderung des Ungleichheitszeichens

$$\text{Ist} \quad a > b, \quad \text{dann ist} \quad b < a, \tag{1.94a}$$

$$\text{ist} \quad a < b, \quad \text{dann ist} \quad b > a. \tag{1.94b}$$

2. Transitivität

$$\text{Ist} \quad a > b \quad \text{und} \quad b > c, \quad \text{dann ist} \quad a > c; \tag{1.95a}$$

$$\text{ist} \quad a < b \quad \text{und} \quad b < c, \quad \text{dann ist} \quad a < c. \tag{1.95b}$$

3. Addition und Subtraktion einer einer Größe

$$\text{Ist} \quad a > b, \quad \text{dann ist} \quad a \pm c > b \pm c; \tag{1.96a}$$

$$\text{ist} \quad a < b, \quad \text{dann ist} \quad a \pm c < b \pm c. \tag{1.96b}$$

Durch Addition oder Subtraktion ein und derselben Größe auf beiden Seiten ändert sich der Sinn der Ungleichung nicht.

4. Addition von Ungleichungen

$$\text{Ist} \quad a > b \quad \text{und} \quad c > d, \quad \text{dann ist} \quad a + c > b + d; \tag{1.97a}$$

$$\text{ist} \quad a < b \quad \text{und} \quad c < d, \quad \text{dann ist} \quad a + c < b + d. \tag{1.97b}$$

Zwei gleichsinnige Ungleichungen können seitenweise addiert werden.

5. Subtraktion von Ungleichungen

$$\text{Ist} \quad a > b \quad \text{und} \quad c < d, \quad \text{dann ist} \quad a - c > b - d; \tag{1.98a}$$

$$\text{ist} \quad a < b \quad \text{und} \quad c > d, \quad \text{dann ist} \quad a - c < b - d. \tag{1.98b}$$

Von einer Ungleichung kann eine andere ihr ungleichsinnige Ungleichung glied- oder seitenweise subtrahiert werden, wobei das Ungleichheitszeichen der ersten Ungleichung erhalten bleibt. Im Unterschied dazu lassen sich gleichsinnige Ungleichungen nicht gliedweise subtrahieren.

6. Multiplikation und Division einer Ungleichung mit einer Zahl

$$\text{Ist} \quad a > b \quad \text{und} \quad c > 0, \quad \text{dann ist} \quad ac > bc \quad \text{und} \quad \frac{a}{c} > \frac{b}{c}, \tag{1.99a}$$

$$\text{ist} \quad a < b \quad \text{und} \quad c > 0, \quad \text{dann ist} \quad ac < bc \quad \text{und} \quad \frac{a}{c} < \frac{b}{c}, \tag{1.99b}$$

$$\text{ist} \quad a > b \quad \text{und} \quad c < 0, \quad \text{dann ist} \quad ac < bc \quad \text{und} \quad \frac{a}{c} < \frac{b}{c}, \tag{1.99c}$$

$$\text{ist} \quad a < b \quad \text{und} \quad c < 0, \quad \text{dann ist} \quad ac > bc \quad \text{und} \quad \frac{a}{c} > \frac{b}{c}. \tag{1.99d}$$

Wenn eine Ungleichung beidseitig mit einer positiven Zahl multipliziert oder dividiert wird, dann bleibt der Sinn der Ungleichung erhalten; wird sie dagegen beiderseitig mit einer negativen Zahl multipliziert, dann muß der Sinn des Ungleichheitszeichens umgekehrt werden.

7. Ungleichung bezüglich der Kehrwerte

$$\text{Ist} \quad 0 < a < b \quad \text{oder} \quad a < b < 0\,, \quad \text{dann ist} \quad \frac{1}{a} > \frac{1}{b}\,. \tag{1.100}$$

1.4.2 Spezielle Ungleichungen

1.4.2.1 Dreiecksungleichung für reelle Zahlen

Für alle reellen Zahlen $a, b, a_1, a_2, \ldots, a_n$ gilt

$$|a+b| \le |a| + |b|\,; \qquad |a_1 + a_2 + \cdots + a_n| \le |a_1| + |a_2| + \cdots + |a_n|\,. \tag{1.101}$$

Der Absolutbetrag der Summe zweier oder mehrerer reeller Zahlen ist kleiner oder gleich der Summe der Absolutbeträge der einzelnen Summanden. Das Gleichheitszeichen gilt nur dann, wenn alle Summanden gleiches Vorzeichen besitzen.

1.4.2.2 Dreiecksungleichung für komplexe Zahlen

Für zwei komplexe Zahlen $z_1, z_2 \in \mathbb{C}$ gilt

$$||z_1| - |z_2|| \le |z_1 - z_2| \le |z_1| + |z_2|\,; \tag{1.102a}$$

für n komplexe Zahlen $z_1, z_2, \ldots, z_n \in \mathbb{C}$ gilt

$$\left|\sum_{k=1}^{n} z_k\right| \le \sum_{k=1}^{n} |z_k|\,. \tag{1.102b}$$

1.4.2.3 Ungleichungen für den Absolutbetrag der Differenz reeller Zahlen

Für alle reellen Zahlen $a, b \in \mathbb{R}$ gilt

$$|a| + |b| \ge |a - b| \ge |a| - |b|\,. \tag{1.103}$$

Der Absolutbetrag der Differenz zweier reeller Zahlen ist kleiner oder gleich der Summe bzw. größer oder gleich der Differenz der Absolutbeträge dieser Zahlen.

1.4.2.4 Ungleichung für das arithmetische und das geometrische Mittel

$$\frac{a_1 + a_2 + \cdots + a_n}{n} \ge \sqrt[n]{a_1 a_2 \cdots a_n} \quad \text{für} \quad a_i > 0\,. \tag{1.104}$$

Das arithmetische Mittel von n positiven Zahlen ist größer oder gleich dem geometrischen Mittel dieser Zahlen. Das Gleichheitszeichen gilt nur, wenn alle n Zahlen gleich sind.

1.4.2.5 Ungleichung für das arithmetische und das quadratische Mittel

$$\left|\frac{a_1 + a_2 + \cdots + a_n}{n}\right| \le \sqrt{\frac{{a_1}^2 + {a_2}^2 + \cdots + {a_n}^2}{n}}\,. \tag{1.105}$$

Der Absolutbetrag des arithmetischen Mittels mehrerer Zahlen ist kleiner oder gleich dem quadratischen Mittel.

1.4.2.6 Ungleichungen für verschiedene Mittelwerte reeller Zahlen

Für die Ungleichungen, die das arithmetische, geometrische, harmonische und quadratische Mittel zweier positiver reeller Zahlen a und b mit $a < b$ miteinander verknüpfen (s. auch S. 19), gilt:

$$a < x_H(a,b) < x_G(a,b) < x_A(a,b) < x_Q(a,b) < b\,. \tag{1.106a}$$

Dabei bedeuten

$$x_A = \frac{a+b}{2}\,, \; x_G = \sqrt{ab}\,, \; x_H = \frac{2ab}{a+b}\,, \; x_Q = \sqrt{\frac{a^2+b^2}{2}}\,. \tag{1.106b}$$

1.4.2.7 Bernoullische Ungleichung

Für alle reellen Zahlen $a \geq -1$ und ganze Zahlen $n \geq 1$ ist

$$(1+a)^n \geq 1 + n\,a\,. \tag{1.107}$$

Das Gleichheitszeichen gilt für $n = 1$.

1.4.2.8 Binomische Ungleichung

Für alle reellen Zahlen $a, b \in \mathbb{R}$ gilt

$$|a\,b| \leq \frac{1}{2}(a^2 + b^2)\,. \tag{1.108}$$

1.4.2.9 Cauchy–Schwarzsche Ungleichung

Die CAUCHY–SCHWARZsche Ungleichung gilt für beliebige komplexe Zahlen $z_i, z_j \in \mathbb{C}$ sowie für alle reellen Zahlen $a_i, b_j \in \mathbb{R}$:

$$a_1b_1 + a_2b_2 + \cdots + a_nb_n \leq \sqrt{{a_1}^2 + {a_2}^2 + \cdots + {a_n}^2}\sqrt{{b_1}^2 + {b_2}^2 + \cdots + {b_n}^2} \tag{1.109a}$$

oder

$$(a_1b_1 + a_2b_2 + \cdots + a_nb_n)^2 \leq ({a_1}^2 + {a_2}^2 + \cdots + {a_n}^2)({b_1}^2 + {b_2}^2 + \cdots + {b_n}^2)\,. \tag{1.109b}$$

Für zwei endliche Zahlenfolgen mit jeweils n Zahlen ist die Summe ihrer paarweisen Produkte kleiner oder gleich dem Produkt der beiden Quadratwurzeln aus den Summen der Quadrate dieser Wurzeln. Das Gleichheitszeichen gilt nur für $a_1 : b_1 = a_2 : b_2 = \cdots = a_n : b_n$.
Wenn $n = 3$ ist und $\{a_1, a_2, a_3\}$ und $\{b_1, b_2, b_3\}$ als rechtwinklige kartesische Koordinaten von Vektoren aufgefaßt werden, dann besagt die Ungleichung von CAUCHY–SCHWARZ, daß das skalare Produkt zweier Vektoren kleiner oder gleich dem Produkt der Beträge dieser Vektoren ist. Wenn $n > 3$ ist, dann kann diese Aussage auf Vektoren im n–dimensionalen euklidischen Raum ausgedehnt werden.
Ein Analogon dazu ist die CAUCHY–SCHWARZsche Ungleichung für konvergente unendliche Reihen sowie für bestimmte Integrale:

$$\left(\sum_{n=1}^{\infty} a_nb_n\right)^2 \leq \left(\sum_{n=1}^{\infty} {a_n}^2\right)\left(\sum_{n=1}^{\infty} {b_n}^2\right), \tag{1.110}$$

$$\left[\int_a^b f(x)\,\varphi(x)\,dx\right]^2 \leq \left(\int_a^b [f(x)]^2\,dx\right)\left(\int_a^b [\varphi(x)]^2\,dx\right). \tag{1.111}$$

1.4.2.10 Tschebyscheffsche Ungleichung

Wenn $a_1, a_2, \ldots, a_n, b_1, b_2, \ldots, b_n$ positive reelle Zahlen sind, dann gilt

$$\left(\frac{a_1 + a_2 + \cdots + a_n}{n}\right)\left(\frac{b_1 + b_2 + \cdots + b_n}{n}\right) \leq \frac{a_1b_1 + a_2b_2 + \cdots + a_nb_n}{n} \tag{1.112a}$$

$$\text{für} \quad a_1 \leq a_2 \leq \ldots \leq a_n \quad \text{und} \quad b_1 \leq b_2 \leq \ldots \leq b_n$$
$$\text{oder} \quad a_1 \geq a_2 \geq \ldots \geq a_n \quad \text{und} \quad b_1 \geq b_2 \geq \ldots \geq b_n$$

sowie

$$\left(\frac{a_1 + a_2 + \cdots + a_n}{n}\right)\left(\frac{b_1 + b_2 + \cdots + b_n}{n}\right) \geq \frac{a_1b_1 + a_2b_2 + \cdots + a_nb_n}{n} \tag{1.112b}$$

$$\text{für} \quad a_1 \leq a_2 \leq \ldots \leq a_n \quad \text{und} \quad b_1 \geq b_2 \geq \ldots \geq b_n\,.$$

Für zwei endliche Zahlenfolgen mit n positiven Zahlen ist das Produkt der arithmetischen Mittel dieser Folgen kleiner oder gleich bzw. größer oder gleich dem arithmetischen Mittel der paarweisen Produkte, wenn beide Zahlenfolgen entweder ab- oder zunehmen oder die eine Folge zu- und die andere abnimmt.

1.4.2.11 Verallgemeinerte Tschebyscheffsche Ungleichung

Wenn $a_1, a_2, \ldots, a_n$, $b_1, b_2, \ldots, b_n$ positive reelle Zahlen sind, dann gilt

$$\sqrt[k]{\frac{{a_1}^k + {a_2}^k + \cdots + {a_n}^k}{n}} \sqrt[k]{\frac{{b_1}^k + {b_2}^k + \cdots + {b_n}^k}{n}} \le \sqrt[k]{\frac{(a_1b_1)^k + (a_2b_2)^k + \cdots + (a_nb_n)^k}{n}} \tag{1.113a}$$

$$\text{für} \quad a_1 \le a_2 \le \ldots \le a_n \quad \text{und} \quad b_1 \le b_2 \le \ldots \le b_n$$
$$\text{oder} \quad a_1 \ge a_2 \ge \ldots \ge a_n \quad \text{und} \quad b_1 \ge b_2 \ge \ldots \ge b_n$$

sowie

$$\sqrt[k]{\frac{{a_1}^k + {a_2}^k + \cdots + {a_n}^k}{n}} \sqrt[k]{\frac{{b_1}^k + {b_2}^k + \cdots + {b_n}^k}{n}} \ge \sqrt[k]{\frac{(a_1b_1)^k + (a_2b_2)^k + \cdots + (a_nb_n)^k}{n}} \tag{1.113b}$$

$$\text{für} \quad a_1 \le a_2 \le \ldots \le a_n \quad \text{und} \quad b_1 \ge b_2 \ge \ldots \ge b_n \,.$$

1.4.2.12 Höldersche Ungleichung

1. Hölder sche Ungleichung für Reihen Wenn p und q zwei reelle Zahlen sind, für die $\frac{1}{p} + \frac{1}{q} = 1$ gilt und wenn $x_1, x_2, \ldots, x_n$ und $y_1, y_2, \ldots, y_n$ beliebige $2n$ Zahlen $\in \mathbb{C}^N$ sind, dann gilt:

$$\sum_{k=1}^{n} |x_k y_k| \le \left[\sum_{k=1}^{n} |x_k|^p\right]^{\frac{1}{p}} \left[\sum_{k=1}^{n} |y_k|^q\right]^{\frac{1}{q}} . \tag{1.114a}$$

Diese Ungleichung gilt auch für abzählbar unendlich viele Zahlenpaare:

$$\sum_{k=1}^{\infty} |x_k y_k| \le \left[\sum_{k=1}^{\infty} |x_k|^p\right]^{\frac{1}{p}} \left[\sum_{k=1}^{\infty} |y_k|^q\right]^{\frac{1}{q}} , \tag{1.114b}$$

wobei aus der Konvergenz beider Reihen auf der rechten Seite die Konvergenz der Reihe auf der linken Seite folgt.

2. Höldersche Ungleichung für Integrale Wenn $f(x)$ und $g(x)$ zwei meßbare Funktionen auf dem Maßraum $(\mathrm{X}, \mathcal{A}, \mu)$ sind (s. S. 633), dann gilt:

$$\int_X |f(x)g(x)| d\mu \le \left[\int_X |f(x)|^p \, d\mu\right]^{\frac{1}{p}} \left[\int_X |g(x)|^q \, d\mu\right]^{\frac{1}{q}} . \tag{1.114c}$$

1.4.2.13 Minkowskische Ungleichung

1. Minkowski sche Ungleichung für Reihen Wenn $p \ge 1$ ist und $\{x_k\}_{k=1}^{k=\infty}$ sowie $\{y_k\}_{k=1}^{\infty}$, mit $x_k, y_k \in \mathbb{C}^N$, zwei Zahlenfolgen sind, dann gilt:

$$\left[\sum_{k=1}^{\infty} |x_k + y_k|^p\right]^{\frac{1}{p}} \le \left[\sum_{k=1}^{\infty} |x_k|^p\right]^{\frac{1}{p}} + \left[\sum_{k=1}^{\infty} |y_k|^p\right]^{\frac{1}{p}} . \tag{1.115a}$$

2. Minkowskische Ungleichung für Integrale Wenn $f(x)$ und $g(x)$ zwei meßbare Funktionen auf dem Maßraum $(\mathrm{X}, \mathcal{A}, \mu)$ (s. S. 633) sind, dann gilt:

$$\left[\int_X |f(x) + g(x)|^p d\mu\right]^{\frac{1}{p}} \le \left[\int_X |f(x)|^p d\mu\right]^{\frac{1}{p}} + \left[\int_X |g(x)|^p d\mu\right]^{\frac{1}{p}} . \tag{1.115b}$$

1.4.3 Auflösung von Ungleichungen 1. und 2. Grades

1.4.3.1 Allgemeines

Eine Ungleichung wird gelöst, indem man sie schrittweise in äquivalente Ungleichungen umformt. Wie bei der Lösung einer Gleichung werden die Summanden von der einen Seite auf die andere gebracht, wobei jeweils das Vorzeichen zu wechseln ist. Weiter können beide Seiten der Ungleichung mit ein und derselben Zahl, die ungleich Null sein muß, multipliziert oder dividiert werden, wobei der Sinn des Ungleichheitszeichens erhalten bleibt, wenn diese Zahl positiv ist, sich aber ändert, wenn sie negativ ist. Eine Ungleichung 1. Grades kann auf diese Weise immer auf die Form

$$ax > b \tag{1.116}$$

gebracht werden, eine Ungleichung 2. Grades im einfachsten Falle auf die Form

$$x^2 > m \quad (1.117\text{a}) \qquad \text{oder} \qquad x^2 < m \quad (1.117\text{b})$$

und im allgemeinen Falle auf die Form

$$ax^2 + bx + c > 0 \quad (1.118\text{a}) \qquad \text{oder} \qquad ax^2 + bx + c < 0. \quad (1.118\text{b})$$

1.4.3.2 Ungleichungen 1. Grades

Ungleichungen 1. Grades besitzen die Lösung $x > \frac{b}{a}$ für $a > 0$ (1.119a) und

$$x < \frac{b}{a} \text{ für } a < 0. \tag{1.119b}$$

■ $5x + 3 < 8x + 1\,,\quad 5x - 8x < 1 - 3\,,\quad -3x < -2\,,\quad x > \frac{2}{3}\,.$

1.4.3.3 Ungleichungen 2. Grades

Ungleichungen 2. Grades $x^2 > m$ (1.120a) und

$$x^2 < m \tag{1.120b}$$

besitzen die Lösungen

a) $x^2 > m$: Für $m \geq 0$ ist die Lösung $x > \sqrt{m}$ und $x < -\sqrt{m}$ $\quad (|x| > \sqrt{m})$, (1.121a)

für $m < 0$ ist die Ungleichung identisch erfüllt. (1.121b)

b) $x^2 < m$: Für $m > 0$ ist die Lösung $-\sqrt{m} < x < +\sqrt{m}$ $\quad (|x| < \sqrt{m})$, (1.122a)

für $m \leq 0$ gibt es keine Lösung. (1.122b)

1.4.3.4 Allgemeiner Fall der Ungleichung 2. Grades

$$ax^2 + bx + c > 0 \quad (1.123\text{a}) \qquad \text{oder} \qquad ax^2 + bx + c < 0\,. \quad (1.123\text{b})$$

Die Ungleichung wird durch a dividiert, wobei sich das Vorzeichen im Falle $a < 0$ ändert, so daß sie auf die Form

$$x^2 + px + q < 0 \quad (1.123\text{c}) \qquad \text{oder} \qquad x^2 + px + q > 0 \quad (1.123\text{d})$$

gebracht wird. Durch quadratische Ergänzung folgt

$$\left(x+\frac{p}{2}\right)^2 < \left(\frac{p}{2}\right)^2 - q \qquad (1.123e) \qquad \text{oder} \qquad \left(x+\frac{p}{2}\right)^2 > \left(\frac{p}{2}\right)^2 - q\,. \qquad (1.123f)$$

Bezeichnet man $x + \frac{p}{2}$ mit z und $\left(\frac{p}{2}\right)^2 - q$ mit m, dann ergibt sich die Ungleichung

$$z^2 < m \qquad (1.124a) \qquad \text{oder} \qquad z^2 > m\,. \qquad (1.124b)$$

Nachdem diese gelöst ist, kann x bestimmt werden.

■ **A:** $-2x^2 + 14x - 20 > 0$, $x^2 - 7x + 10 < 0$, $\left(x - \frac{7}{2}\right)^2 < \frac{9}{4}$, $-\frac{3}{2} < x - \frac{7}{2} < \frac{3}{2}$, $-\frac{3}{2} + \frac{7}{2} < x < \frac{3}{2} + \frac{7}{2}$.
Die Lösung ist $2 < x < 5$.

■ **B:** $x^2 + 6x + 15 > 0$, $(x+3)^2 > -6$. Die Ungleichung ist identisch erfüllt.

■ **C:** $-2x^2 + 14x - 20 < 0$, $\left(x - \frac{7}{2}\right)^2 > \frac{9}{4}$, $x - \frac{7}{2} > \frac{3}{2}$ und $x - \frac{7}{2} < -\frac{3}{2}$.
Die Lösungsbereiche sind $x > 5$ und $x < 2$.

1.5 Komplexe Zahlen

1.5.1 Imaginäre und komplexe Zahlen

1.5.1.1 Imaginäre Einheit

Als imaginäre Einheit wird eine Zahl i eingeführt, deren Quadrat „–1" ist. In der Elektrotechnik wird meist anstelle von i der Buchstabe j verwendet, um Verwechslungen mit der Stromstärke i zu vermeiden. Die Einführung der *imaginären Einheit* führt zu einer *Verallgemeinerung des Zahlbegriffs*, zu den *komplexen Zahlen*, die in der Algebra und Analysis eine große Rolle spielen und in Geometrie und Physik eine Reihe konkreter Interpretationen bzw. neuer Beschreibungsmöglichkeiten ergaben.

1.5.1.2 Komplexe Zahlen

Die *algebraische Form einer komplexen Zahl* lautet

$$z = a + \mathrm{i}\, b\,. \qquad (1.125a)$$

Wenn a und b alle möglichen reellen Werte durchlaufen, dann werden alle möglichen komplexen Zahlen z erzeugt. Die Zahl a wird *Realteil*, die Zahl b *Imaginärteil* der Zahl z genannt:

$$a = \mathrm{Re}(z)\,, \quad b = \mathrm{Im}(z)\,. \qquad (1.125b)$$

Für $b = 0$ wird $z = a$, so daß die reellen Zahlen zum Spezialfall der komplexen Zahlen werden. Für $a = 0$ wird $z = \mathrm{i}\,b$ eine „rein imaginäre Zahl".
Die komplexen Zahlen bilden die Menge der komplexen Zahlen, die mit $\mathbb{C}$ bezeichnet wird.

Hinweis: Funktionen $w = f(z)$ einer komplexen Variablen $z = x + \mathrm{i}\,y$ werden in der Funktionentheorie (s. S. 668 ff) behandelt.

1.5.2 Geometrische Veranschaulichung

1.5.2.1 Vektordarstellung

In Analogie zur Darstellung der reellen Zahlen auf der Zahlengeraden können die komplexen Zahlen als Punkte einer Ebene, der sogenannten GAUSSschen Zahlenebene, dargestellt werden: Eine Zahl $z = a + \mathrm{i}\,b$ ist dann ein Punkt mit der Abszisse a und der Ordinate b (**Abb.1.5**). Die reellen Zahlen liegen auf der Abszissenachse, die auch reelle Achse genannt wird, die imaginären auf der Ordinatenachse, der imaginären Achse. In der so vorgegebenen Ebene ist jeder Punkt durch einen *Radiusvektor* eindeutig bestimmt (s. S. 177), so daß jeder komplexen Zahl ein bestimmter Vektor entspricht, der in dieser Ebene liegt und vom Koordinatenursprung zu dem betreffenden Punkt führt **(Abb.1.6)**. Die komplexen Zahlen können also sowohl durch Punkte als auch durch Vektoren dargestellt werden.

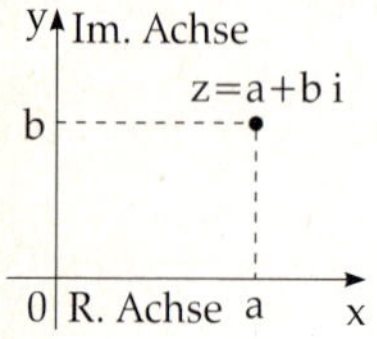

Abbildung 1.5

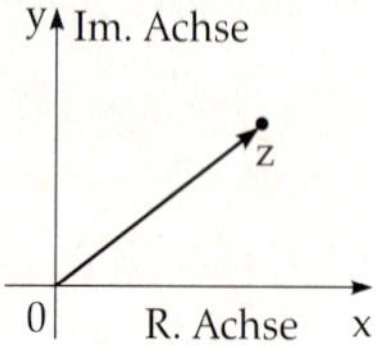

Abbildung 1.6

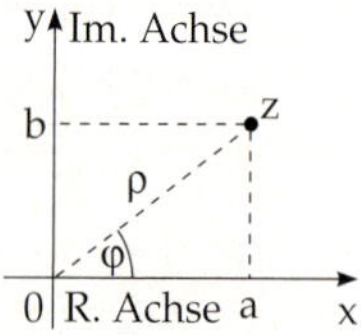

Abbildung 1.7

1.5.2.2 Gleichheit komplexer Zahlen

Zwei komplexe Zahlen sind definitionsgemäß gleich, wenn ihre *Realteile* und *Imaginärteile* für sich einander gleich sind. Geometrisch betrachtet sind zwei komplexe Zahlen gleich, wenn die zu ihrer Darstellung benötigten Vektoren gleich sind. Im entgegengesetzten Falle sind die komplexen Zahlen ungleich. Die Begriffe „größer" und „kleiner" sind für komplexe Zahlen nicht definiert.

1.5.2.3 Trigonometrische Form der komplexen Zahlen

Die Darstellung einer komplexen Zahl

$$z = a + \mathrm{i}\, b \tag{1.126a}$$

wird algebraische Form genannt. Wenn Polarkoordinaten anstelle der kartesischen Koordinaten verwendet werden **(Abb.1.7)**, dann ergibt sich die *trigonometrische Form* der Darstellung der *komplexen Zahlen*

$$z = \rho(\cos\varphi + \mathrm{i}\sin\varphi)\,. \tag{1.126b}$$

Die Länge des Radiusvektors eines Punktes $\rho = |z|$ wird *Modul* oder *Absolutbetrag der komplexen Zahl* genannt, der Winkel φ, gemessen im Bogenmaß, das *Argument der komplexen Zahl* oder in Zeichen arg z:

$$\rho = |z|\,, \quad \omega = \arg z = \varphi + 2k\pi \;\text{ mit }\; 0 \le \rho < \infty\,, \quad -\pi < \varphi \le +\pi\,, \quad k = 0, \pm 1, \pm 2, \ldots\,. \tag{1.126c}$$

Im Intervall $-\pi < \varphi \le \pi$ spricht man vom *Hauptwert der komplexen Zahl.*
Der Zusammenhang zwischen ρ, φ und a, b für einen Punkt ist derselbe wie der zwischen den kartesischen Koordinaten und den Polarkoordinaten dieses Punktes (s. S. 187):

$$a = \rho\cos\varphi\,, \quad (1.127a) \qquad b = \rho\sin\varphi\,, \quad (1.127b) \qquad \rho = \sqrt{a^2 + b^2}\,, \quad (1.127c)$$

$$\varphi = \begin{cases} \arccos\dfrac{a}{\rho} & \text{für } b \ge 0,\ \rho > 0\,, \\ -\arccos\dfrac{a}{\rho} & \text{für } b < 0,\ \rho > 0\,, \\ \text{unbestimmt} & \text{für } \rho = 0 \end{cases} \tag{1.127d}$$

bzw.

$$\varphi = \begin{cases} \arctan\dfrac{b}{a} & \text{für } a > 0\,, \\ +\dfrac{\pi}{2} & \text{für } a = 0\,,\ b > 0\,, \\ -\dfrac{\pi}{2} & \text{für } a = 0\,,\ b < 0\,, \\ \arctan\dfrac{b}{a} + \pi & \text{für } a < 0\,,\ b \ge 0\,, \\ \arctan\dfrac{b}{a} - \pi & \text{für } a < 0\,,\ b < 0\,. \end{cases} \tag{1.127e}$$

Die komplexe Zahl $z = 0$ hat den Modul Null, während das Argument $\arg 0$ unbestimmt ist.

1.5.2.4 Exponentialform einer komplexen Zahl

Exponentialform einer komplexen Zahl wird die Darstellung

$$z = \rho e^{\mathrm{i}\varphi} \tag{1.128a}$$

genannt, wobei ρ der Modul und φ das Argument sind. Es gilt die EULER*sche Relation*

$$e^{\mathrm{i}\varphi} = \cos\varphi + \mathrm{i}\,\sin\varphi\,. \tag{1.128b}$$

■ Darstellung einer komplexen Zahl in drei Formen:

a) $z = 1 + \mathrm{i}\sqrt{3}$ (algebraische Form), **b)** $z = 2\left(\cos\frac{\pi}{3} + \mathrm{i}\,\sin\frac{\pi}{3}\right)$ (trigonometrische Form),

c) $z = 2\,e^{\mathrm{i}\frac{\pi}{3}}$ (Exponentialform), mit Beschränkung auf den Hauptwert.
Ohne Beschränkung auf den Hauptwert gilt die Darstellung

d) $z = 1+\mathrm{i}\sqrt{3} = 2\exp\left[\mathrm{i}\left(\frac{\pi}{3} + 2k\pi\right)\right] = 2\left[\cos\left(\frac{\pi}{3} + 2k\pi\right) + \mathrm{i}\,\sin\left(\frac{\pi}{3} + 2k\pi\right)\right] \quad (k = 0, \pm 1, \pm 2, \ldots)\,.$

1.5.2.5 Konjugiert komplexe Zahlen

Konjugiert komplexe Zahlen werden zwei komplexe Zahlen z und z^* genannt, wenn ihre Realteile gleich sind, ihre Imaginärteile sich aber durch das Vorzeichen unterscheiden:

$$\mathrm{Re}(z^*) = \mathrm{Re}(z)\,, \quad \mathrm{Im}(z^*) = -\mathrm{Im}(z)\,. \tag{1.129a}$$

Geometrisch interpretiert liegen Punkte, die *konjugiert komplexen Zahlen* entsprechen, symmetrisch zur reellen Achse. Die Moduln konjugiert komplexer Zahlen sind einander gleich, während sich ihre Argumente nur durch das Vorzeichen unterscheiden:

$$z = a + \mathrm{i}\,b = \rho(\cos\varphi + \mathrm{i}\,\sin\varphi) = \rho e^{\mathrm{i}\varphi}\,, \tag{1.129b}$$

$$z^* = a - \mathrm{i}\,b = \rho(\cos\varphi - \mathrm{i}\,\sin\varphi) = \rho e^{-\mathrm{i}\varphi}\,. \tag{1.129c}$$

An Stelle von z^* verwendet man auch die Bezeichnung $\overline{z}$ für die zu z konjugiert komplexe Zahl.

1.5.3 Rechnen mit komplexen Zahlen

1.5.3.1 Addition und Subtraktion

Addition und Subtraktion zweier oder mehrerer komplexer Zahlen sind in der algebraischen Schreibweise durch die Formel

$$\begin{aligned} z_1 + z_2 - z_3 + \cdots &= (a_1 + \mathrm{i}\,b_1) + (a_2 + \mathrm{i}\,b_2) - (a_3 + \mathrm{i}\,b_3) + \cdots \\ &= (a_1 + a_2 - a_3 + \cdots) + \mathrm{i}\,(b_1 + b_2 - b_3 + \cdots) \end{aligned} \tag{1.130}$$

definiert. In der geometrischen Interpretation werden zur Summen- bzw. Differenzbildung die Vektoren der betreffenden komplexen Zahlen addiert bzw. subtrahiert **(Abb.1.8)**. Dabei werden die üblichen Regeln der Vektorrechnung angewendet (s. S. 176).

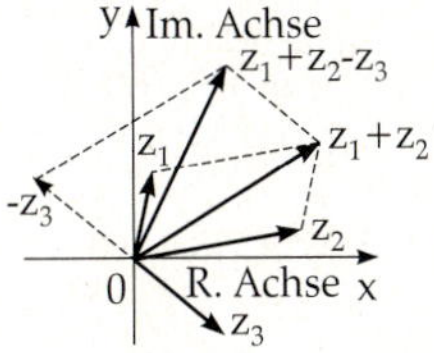

Abbildung 1.8

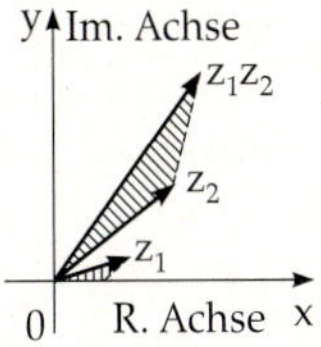

Abbildung 1.9

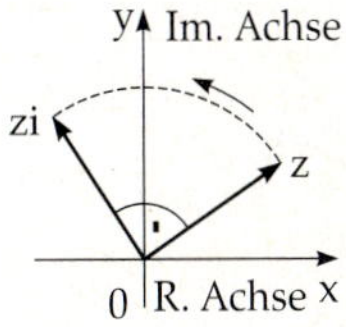

Abbildung 1.10

1.5.3.2 Multiplikation

Die Multiplikation zweier komplexer Zahlen z_1 und z_2 in der algebraischen Schreibweise ist definiert durch die Formel

$$z_1 z_2 = (a_1 + \mathrm{i}\, b_1)(a_2 + \mathrm{i}\, b_2) = (a_1 a_2 - b_1 b_2) + \mathrm{i}\,(a_1 b_2 + b_1 a_2)\,. \tag{1.131a}$$

In der trigonometrischen Schreibweise gilt

$$z_1 z_2 = [\rho_1(\cos\varphi_1 + \mathrm{i}\,\sin\varphi_1)][\rho_2(\cos\varphi_2 + \mathrm{i}\,\sin\varphi_2)] = \rho_1\rho_2[\cos(\varphi_1+\varphi_2) + \mathrm{i}\,\sin(\varphi_1+\varphi_2)], \tag{1.131b}$$

d.h., der Betrag des Produkts ist gleich dem Produkt der Beträge der Faktoren, während das Argument des Produkts gleich der Summe der Argumente der Faktoren ist.
In der Exponentialform erhält man

$$z_1 z_2 = \rho_1\rho_2 e^{\mathrm{i}(\varphi_1+\varphi_2)}\,. \tag{1.131c}$$

In der geometrischen Interpretation wird der Produktvektor, der das Produkt von z_1 und z_2 darstellt, durch Drehung des Vektors z_1 im entgegengesetzten Uhrzeigersinn um den Winkel, der dem Argument von z_2 entspricht, gedreht und durch Multiplikation dieses Vektors mit dem Faktor $|z_2|$ gestreckt. Das Produkt $z_1 z_2$ kann auch durch Konstruktion eines ähnlichen Dreiecks gewonnen werden **(Abb.1.9)**. Dabei ist zu berücksichtigen, daß die Multiplikation einer komplexen Zahl z mit i eine Drehung ihres Vektors um den Winkel $\pi/2$ bedeutet, während der Modul konstant bleibt **(Abb.1.10)**.

1.5.3.3 Division

Die Division zweier komplexer Zahlen wird als die zur Multiplikation inverse Operation definiert. In algebraischer Schreibweise ergibt sich

$$\frac{z_1}{z_2} = \frac{a_1 + \mathrm{i}\, b_1}{a_2 + \mathrm{i}\, b_2} = \frac{a_1 a_2 + b_1 b_2}{{a_2}^2 + {b_2}^2} + \mathrm{i}\,\frac{a_2 b_1 - a_1 b_2}{{a_2}^2 + {b_2}^2}\,. \tag{1.132a}$$

Die trigonometrische Schreibweise lautet

$$\frac{z_1}{z_2} = \frac{\rho_1(\cos\varphi_1 + \mathrm{i}\,\sin\varphi_1)}{\rho_2(\cos\varphi_2 + \mathrm{i}\,\sin\varphi_2)} = \frac{\rho_1}{\rho_2}[\cos(\varphi_1 - \varphi_2) + \mathrm{i}\,\sin(\varphi_1 - \varphi_2)]\,, \tag{1.132b}$$

d.h., der Betrag des Quotienten ist gleich dem Quotienten aus den Beträgen des Dividenden und des Divisors, während das Argument des Quotienten gleich der Differenz der beiden Argumente ist.
In der Exponentialform erhält man

$$\frac{z_1}{z_2} = \frac{\rho_1}{\rho_2} e^{\mathrm{i}(\varphi_1 - \varphi_2)}\,. \tag{1.132c}$$

In der geometrischen Definition ergibt sich der Vektor, der den Quotienten z_1/z_2 darstellt, durch Drehung des die Zahl z_1 darstellenden Vektors um den Winkel $\arg z_2$ im Uhrzeigersinn sowie durch Kontraktion dieses Vektors mit dem Faktor $|z_2|$.

Hinweis: Eine Division durch Null ist nicht möglich.

1.5.3.4 Allgemeine Regeln für die vier Grundrechenarten

Formal betrachtet wird mit komplexen Zahlen $z = a + \mathrm{i}\, b$ in der gleichen Weise gerechnet wie mit gewöhnlichen Binomen, nur daß $\mathrm{i}^2 = -1$ zu berücksichtigen ist. Bei Divisionen komplexer Zahlen durch eine andere komplexe Zahl wird zuerst der Imaginärteil des Nenners beseitigt, indem Zähler und Nenner mit der konjugiert komplexen Zahl des Nenners multipliziert werden. Das ist möglich, weil

$$(a + \mathrm{i}\, b)(a - \mathrm{i}\, b) = a^2 + b^2 \tag{1.133}$$

eine reelle Zahl liefert.

■ $\dfrac{(3-4\mathrm{i})(-1+5\mathrm{i})^2}{1+3\mathrm{i}} + \dfrac{10+7\mathrm{i}}{5\mathrm{i}} = \dfrac{(3-4\mathrm{i})(1-10\mathrm{i}-25)}{1+3\mathrm{i}} + \dfrac{(10+7\mathrm{i})\mathrm{i}}{5\mathrm{i}\,\mathrm{i}} = \dfrac{-2(3-4\mathrm{i})(12+5\mathrm{i})}{1+3\mathrm{i}} + \dfrac{7-10\mathrm{i}}{5} = \dfrac{-2(56-33\mathrm{i})(1-3\mathrm{i})}{(1+3\mathrm{i})(1-3\mathrm{i})} + \dfrac{7-10\mathrm{i}}{5} = \dfrac{-2(-43-201\mathrm{i})}{10} + \dfrac{7-10\mathrm{i}}{5} = \dfrac{1}{5}(50+191\mathrm{i}) = 10+38,2\mathrm{i}\,.$

1.5.3.5 Potenzieren einer komplexen Zahl

Potenzieren einer komplexen Zahl in die n–te Potenz wird mit Hilfe der *Formel von* MOIVRE ausgeführt:

$$[\rho(\cos\varphi + \mathrm{i}\,\sin\varphi)]^n = \rho^n(\cos n\varphi + \mathrm{i}\,\sin n\varphi)\,, \tag{1.134a}$$

d.h., der Betrag wird in die n–te Potenz erhoben, während das Argument mit n multipliziert wird. Besonders zu berücksichtigen ist, daß gilt:

$$\mathrm{i}^2 = -1, \quad \mathrm{i}^3 = -\mathrm{i}\,, \quad \mathrm{i}^4 = +1 \tag{1.134b}$$

und allgemein

$$\mathrm{i}^{4n+k} = \mathrm{i}^k\,. \tag{1.134c}$$

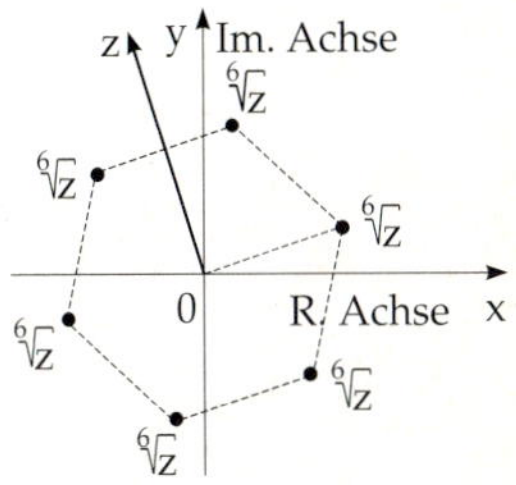

Abbildung 1.11

1.5.3.6 Radizieren oder Ziehen der n–ten Wurzel aus einer komplexen Zahl

Das Radizieren oder Ziehen der n–ten Wurzel ist eine zum Potenzieren inverse Operation. Für $z = \rho(\cos\varphi + \mathrm{i}\,\sin\varphi)$ ist

$$z^{1/n} = \sqrt[n]{z} \quad \text{mit} \quad n > 0,\ \text{ganz}, \tag{1.135a}$$

die abkürzende Bezeichnung für die n Werte

$$\omega_k = \sqrt[n]{\rho}\left(\cos\frac{\varphi + 2k\pi}{n} + \mathrm{i}\,\sin\frac{\varphi + 2k\pi}{n}\right), \quad (k = 0, 1, 2, \ldots, n-1). \tag{1.135b}$$

Während Addition, Subtraktion, Multiplikation, Division und Potenzieren mit ganzzahligen Exponenten zu eindeutigen Ergebnissen führen, liefert das Ziehen der n–ten Wurzel stets n verschiedene Lösungen ω_k.

Geometrisch interpretiert sind die Punkte ω_k die Eckpunkte eines regelmäßigen n–Ecks mit dem Mittelpunkt im Koordinatenursprung. In **Abb. 1.11** sind die 6 Werte für $\sqrt[6]{z}$ dargestellt.

1.6 Algebraische und transzendente Gleichungen

1.6.1 Umformung algebraischer Gleichungen auf die Normalform

1.6.1.1 Definition

Die in der Gleichung

$$F(x) = f(x) \tag{1.136}$$

enthaltene Veränderliche x wird Unbekannte genannt, die speziellen Werte $x_1, x_2, \ldots, x_n$ der Veränderlichen, für die die Gleichung erfüllt wird, sind die *Wurzeln* oder *Lösungen* der Gleichung. Zwei Gleichungen sind äquivalent, wenn sie genau die gleichen Wurzeln besitzen.

Eine *algebraische Gleichung* liegt vor, wenn jede der darin enthaltenen Funktionen $F(x)$ und $f(x)$ algebraisch, d.h. rational oder irrational ist; eine von ihnen kann auch eine Konstante sein. Jede algebraische Gleichung kann durch algebraische Umformungen auf die *Normalform*

$$P(x) = a_n x^n + a_{n-1}x^{n-1} + \cdots + a_1 x + a_0 = 0 \tag{1.137}$$

gebracht werden, die die gleichen Wurzeln wie die Ausgangsform besitzt, aber unter Umständen einige überzählige. Der *Koeffizient* a_n wird oft auf den Wert 1 gebracht; im übrigen werden die Koeffizienten $a_n, \ldots, a_0$ hier und im weiteren als reell vorausgesetzt, im entgegengesetzten Falle wird besonders darauf aufmerksam gemacht.

Der Exponent n wird der *Grad der Gleichung* genannt.

■ Gesucht: Normalform der Gleichung $\dfrac{x-1+\sqrt{x^2-6}}{3(x-2)} = 1 + \dfrac{x-3}{x}$. Schrittweise Umformungen: $x(x-1+\sqrt{x^2-6}) = 3x(x-2)+3(x-2)(x-3)$, $x^2 - x + x\sqrt{x^2-6} = 3x^2 - 6x + 3x^2 - 15x + 18$, $x\sqrt{x^2-6} = 5x^2 - 20x + 18$, $x^2(x^2-6) = 25x^4 - 200x^3 + 580x^2 - 720x + 324$, $24x^4 - 200x^3 + 586x^2 - 720x + 324 = 0$. Das Ergebnis ist eine Gleichung vierten Grades in der Normalform.

1.6.1.2 Systeme aus n algebraischen Gleichungen

Jedes *algebraische Gleichungssystem* kann auf die Normalform, d.h. auf eine polynomiale Darstellung gebracht werden:

$$P_1(x,y,z,\ldots) = 0\,,\quad P_2(x,y,z,\ldots) = 0\,,\quad \ldots\,,\quad P_n(x,y,z,\ldots) = 0\,. \tag{1.138}$$

Die P_i $(i = 1, 2, \ldots, n)$ sind Polynome in $x, y, z, \ldots$.

■ Gesucht: Normalform des Systems der Gleichungen 1. $\dfrac{x}{\sqrt{y}} = \dfrac{1}{z}$, 2. $\dfrac{x-1}{y-1} = \sqrt{z}$, 3. $xy = z$.
Die Normalform lautet: 1. $x^2z^2 - y = 0$, 2. $x^2 - 2x + 1 - y^2z + 2yz - z = 0$, 3. $xy - z = 0$.

1.6.1.3 Überzählige Wurzeln

Nach der Umformung einer algebraischen Gleichung auf die Normalform kann es vorkommen, daß $P(x) = 0$ Lösungen besitzt, die keine Lösungen der Ausgangsgleichung sind. Es sind zwei Fälle möglich:

1. Verschwinden des Nenners Wenn eine Gleichung die Form eines Bruches

$$\frac{P(x)}{Q(x)} = 0 \tag{1.139a}$$

mit den Polynomen $P(x)$ und $Q(x)$ hat, dann ergibt sich die Normalform durch Multiplikation mit dem Nenner:

$$P(x) = 0\,; \tag{1.139b}$$

ihre Wurzeln stimmen mit denen der Ausgangsgleichung (1.139a) überein, ausgenommen die Fälle, in denen eine Wurzel $x = \alpha$ der Gleichung $P(x) = 0$ zugleich auch Wurzel der Gleichung $Q(x) = 0$ ist. In diesen Fällen ist der Bruch zuerst durch $x - \alpha$ zu kürzen, eventuell durch $(x-\alpha)^k$, falls das möglich ist. Im entgegengesetzten Falle würde (1.139b) eine Wurzel $x = \alpha$ enthalten, die entweder keine Wurzel von (1.139a) ist oder in (1.139a) als Wurzel geringerer Vielfachheit auftritt (s. S. 42).

■ **A:** $\dfrac{x^3}{x-1} = \dfrac{1}{x-1}$ oder $\dfrac{x^3-1}{x-1} = 0$ $(1')$. Wenn nicht mit $x-1$ gekürzt wird, dann genügt die Wurzel $x_1 = 1$ der Gleichung $x^3 - 1 = 0$, nicht aber der Gleichung $(1')$, weil sie auch den Nenner zu Null macht.

■ **B:** $\dfrac{x^3 - 3x^2 + 3x - 1}{x^2 - 2x + 1} = 0$ $(2')$. Wenn nicht mit $(x-1)^2$ gekürzt wird, dann ergibt sich die Gleichung $(x-1)^3 = 0$ mit der dreifachen Wurzel $x_1 = 1$. Die Gleichung $(2')$ besitzt aber nur die einfache Wurzel $x = 1$.

2. Irrationale Gleichungen Wenn in einer gegebenen Gleichung die Unbekannte auch in einem Radikanden auftritt, dann kann die zugehörige Normalform Wurzeln enthalten, die der Ausgangsgleichung nicht genügen. Daher ist nach der Lösung der Gleichung in Normalform eine Probe durch Einsetzen der gefundenen Wurzel in die Ausgangsgleichung erforderlich.

■ $\sqrt{x+7} + 1 = 2x$ oder $\sqrt{x+7} = 2x - 1$, $(1'')$, $x + 7 = (2x-1)^2$ oder $4x^2 - 5x - 6 = 0$ $(2'')$. Die Lösungen von $(2'')$ sind $x_1 = 2$, $x_2 = -3/4$. Die Lösung x_1 erfüllt $(1'')$, die Lösung x_2 aber nicht.

1.6.2 Gleichungen 1. bis 4. Grades

1.6.2.1 Gleichungen 1. Grades (lineare Gleichungen)

1. Normalform:

$$ax + b = 0\,. \tag{1.140}$$

2. Anzahl der Lösungen: Es existiert stets eine reelle Lösung

$$x_1 = -\frac{b}{a}\,. \tag{1.141}$$

1.6.2.2 Gleichungen 2. Grades (quadratische Gleichungen)

1. Normalform:

$$ax^2 + bx + c = 0\,. \tag{1.142a}$$

oder nach Division durch a:

$$x^2 + px + q = 0\,. \tag{1.142b}$$

2. Anzahl der reellen Lösungen: In Abhängigkeit vom Vorzeichen der Diskriminante

$$D = 4ac - b^2 \quad \text{oder} \quad D = q - \frac{p^2}{4} \tag{1.143}$$

ergibt sich:
- für $D < 0$ gibt es 2 reelle Lösungen (2 reelle Wurzeln),
- für $D = 0$ gibt es 1 reelle Lösung (2 zusammenfallende Wurzeln),
- für $D > 0$ gibt es keine reelle Lösung (2 komplexe Wurzeln).

3. Eigenschaften der Wurzeln der quadratischen Gleichung Sind x_1 und x_2 die Wurzeln der quadratischen Gleichung (1.142a) oder (1.142b), dann gilt:

$$x_1 + x_2 = -\frac{b}{a} = -p\,, \quad x_1 \cdot x_2 = \frac{c}{a} = q\,. \tag{1.144}$$

4. Lösung quadratischer Gleichungen:

Methode 1: Faktorenzerlegung führt von

$$ax^2 + bx + c = a(x-\alpha)(x-\beta) \quad (1.145\text{a}) \qquad \text{oder} \qquad x^2 + px + q = (x-\alpha)(x-\beta)\,, \quad (1.145\text{b})$$

falls sie gelingt, direkt auf die Wurzeln

$$x_1 = \alpha\,, \quad x_2 = \beta\,. \tag{1.146}$$

■ $x^2 + x - 6 = 0\,,\ x^2 + x - 6 = (x+3)(x-2)\,, x_1 = -3\,,\ x_2 = 2\,.$

Methode 2: Anwendung von Lösungsformeln führt
a) für die Form (1.142a) auf die Lösungen

$$x_{1,2} = \frac{-b \pm \sqrt{b^2 - 4ac}}{2a} \quad (1.147\text{a}) \qquad \text{oder} \qquad x_{1,2} = \frac{-\frac{b}{2} \pm \sqrt{\left(\frac{b}{2}\right)^2 - ac}}{a}\,, \quad (1.147\text{b})$$

wobei die zweite Formel bei geradzahligem b vorteilhaft ist;
b) für die Form (1.142b) auf die Lösungen

$$x_{1,2} = -\frac{p}{2} \pm \sqrt{\frac{p^2}{4} - q}\,. \tag{1.148}$$

1.6.2.3 Gleichungen 3. Grades (kubische Gleichungen)

1. Normalform:

$$ax^3 + bx^2 + cx + d = 0 \tag{1.149a}$$

oder nach Division durch a und Substitution von $y = x + \frac{b}{3a}$

$$y^3 + 3py + 2q = 0 \tag{1.149b}$$

mit

$$2q = \frac{2b^3}{27a^3} - \frac{bc}{3a^2} + \frac{d}{a} \quad \text{und} \quad 3p = \frac{3ac - b^2}{3a^2}. \tag{1.149c}$$

2. Anzahl der Lösungen: In Abhängigkeit vom Vorzeichen der Diskriminante

$$D = q^2 + p^3 \tag{1.150}$$

ergibt sich:
- für $D > 0$ eine reelle Lösung (eine reelle und zwei komplexe Wurzeln),
- für $D < 0$ drei reelle Lösungen (drei verschiedene reelle Wurzeln),
- für $D = 0$ eine reelle Lösung (eine dreifache reelle Wurzel) im Falle $p = q = 0$ oder zwei reelle Lösungen (eine einfache reelle Wurzel und eine zweifache reelle Wurzel) im Falle $p^3 = -q^2 \neq 0$.

3. Eigenschaften der Wurzeln der kubischen Gleichung: Sind x_1, x_2 und x_3 die Wurzeln der kubischen Gleichung (1.149a), dann gilt:

$$x_1 + x_2 + x_3 = -\frac{b}{a}, \quad \frac{1}{x_1} + \frac{1}{x_2} + \frac{1}{x_3} = -\frac{c}{d}, \quad x_1 x_2 x_3 = -\frac{d}{a}. \tag{1.151}$$

4. Lösung der kubischen Gleichungen:

Methode 1: Faktorenzerlegung auf der linken Seite der Gleichung führt, falls sie gelingt, direkt von

$$ax^3 + bx^2 + cx + d = a(x - \alpha)(x - \beta)(x - \gamma) \tag{1.152a}$$

auf die Wurzeln der Gleichung

$$x_1 = \alpha, \quad x_2 = \beta, \quad x_3 = \gamma. \tag{1.152b}$$

■ $x^3 + x^2 - 6x = 0$, $x^3 + x^2 - 6x = x(x+3)(x-2)$; $x_1 = 0$, $x_2 = -3$, $x_3 = 2$.

Methode 2: Anwendung der Formel von CARDANO. Durch die Substitution $y = u + v$ geht (1.149b) in

$$u^3 + v^3 + (u + v)(3uv + 3p) + 2q = 0 \tag{1.153a}$$

über. Diese Gleichungen sind sicher dann erfüllt, wenn

$$u^3 + v^3 = -2q \quad \text{und} \quad uv = -p \tag{1.153b}$$

gilt. Schreibt man (1.153b) in der Form

$$u^3 + v^3 = -2q, \qquad u^3 v^3 = -p^3, \tag{1.153c}$$

dann sind von den beiden unbekannten Größen u^3 und v^3 Summe und Produkt bekannt, so daß sie auf Grund des VIETAschen Wurzelsatzes (s. S. 43) als Lösungen der quadratischen Gleichung

$$w^2 - (u^3 + v^3)w + u^3 v^3 = w^2 + 2qw - p^3 = 0 \tag{1.153d}$$

aufgefaßt werden können. Man erhält

$$w_1 = u^3 = -q + \sqrt{q^2 + p^3}, \qquad w_2 = v^3 = -q - \sqrt{q^2 + p^3}, \tag{1.153e}$$

so daß sich für die Lösungen y der Gleichung (1.149b) die CARDANO*sche Formel*

$$y = u + v = \sqrt[3]{-q + \sqrt{q^2 + p^3}} + \sqrt[3]{-q - \sqrt{q^2 + p^3}} \tag{1.153f}$$

ergibt. Wegen der Dreideutigkeit jeder 3. Wurzel (s. (1.135b) auf S. 37 wären neun verschiedene Fälle möglich, die sich wegen $uv = -p$ auf die folgenden drei Lösungen reduzieren:

$$y_1 = u_1 + v_1 \text{ (möglichst die reellen kubischen Wurzeln } u_1 \text{ und } v_1 \text{ mit } u_1 v_1 = -p), \tag{1.153g}$$

$$y_2 = u_1(-\frac{1}{2} + \frac{\mathrm{i}}{2})\sqrt{3} + v_1(-\frac{1}{2} - \frac{\mathrm{i}}{2})\sqrt{3}, \tag{1.153h}$$

$$y_3 = u_1(-\frac{1}{2} - \frac{\mathrm{i}}{2})\sqrt{3} + v_1(-\frac{1}{2} + \frac{\mathrm{i}}{2})\sqrt{3}. \tag{1.153i}$$

■ $y^3 + 6y + 2 = 0$ mit $p = 2$, $q = 1$ und $q^2 + p^3 = 9$ und $u = \sqrt[3]{-1+3} = \sqrt[3]{2} = 1,2599$, $v = \sqrt[3]{-1-3} = \sqrt[3]{-4} = -1,5874$. Die reelle Wurzel ist $y_1 = u + v = -0,3275$, die komplexen Wurzeln sind $y_{2,3} = -\frac{1}{2}(u+v) \pm \mathrm{i}\frac{\sqrt{3}}{2}(u-v) = 0,1638 \pm \mathrm{i} \cdot 2,4659$.

Methode 3: Verwendung von *Hilfsgrößen*, wie sie in **Tabelle 1.2** angegeben sind. Mit p aus Gleichung (1.149b) wird

$$r = \pm\sqrt{|p|} \tag{1.154}$$

gesetzt, wobei das Vorzeichen von r mit dem von q übereinstimmen muß. Daraufhin werden die Hilfsgröße φ und mit ihrer Hilfe die Wurzeln y_1, y_2 und y_3 in Abhängigkeit von den Vorzeichen von p und $D = q^2 + p^3$ aus der Tabelle bestimmt.

Tabelle 1.2 Hilfsgrößen zur Lösung von kubischen Gleichungen

$p < 0$		$p > 0$
$q^2 + p^3 \le 0$	$q^2 + p^3 > 0$	
$\cos\varphi = \frac{q}{r^3}$	$\cosh\varphi = \frac{q}{r^3}$	$\sinh\varphi = \frac{q}{r^3}$
$y_1 = -2r\cos\frac{\varphi}{3}$ $y_2 = +2r\cos\left(60^\circ - \frac{\varphi}{3}\right)$ $y_3 = +2r\cos\left(60^\circ + \frac{\varphi}{3}\right)$	$y_1 = -2r\cosh\frac{\varphi}{3}$ $y_2 = r\cosh\frac{\varphi}{3} + \mathrm{i}\sqrt{3}\,r\sinh\frac{\varphi}{3}$ $y_3 = r\cosh\frac{\varphi}{3} - \mathrm{i}\sqrt{3}\,r\sinh\frac{\varphi}{3}$	$y_1 = -2r\sinh\frac{\varphi}{3}$ $y_2 = r\sinh\frac{\varphi}{3} + \mathrm{i}\sqrt{3}\,r\cosh\frac{\varphi}{3}$ $y_3 = r\sinh\frac{\varphi}{3} - \mathrm{i}\sqrt{3}\,r\cosh\frac{\varphi}{3}$

■ $y^3 - 9y + 4 = 0$. $p = -3$, $q = 2$, $q^2 + p^3 < 0$, $r = \sqrt{3}$, $\cos\varphi = \frac{2}{3\sqrt{3}} = 0,3849$, $\varphi = 67°22'$.
$y_1 = -2\sqrt{3}\cos 22°27' = -3,201$, $y_2 = 2\sqrt{3}\cos(60° - 22°27') = 2,747$, $y_3 = 2\sqrt{3}\cos(60° + 22°27') = 0,455$.
Probe: $y_1 + y_2 + y_3 = 0,001$ im Rahmen der Rechengenauigkeit, anstelle von 0.

Methode 4: Näherungslösung s. S. 881.

1.6.2.4 Gleichungen 4. Grades

1. **Normalform:**

$$ax^4 + bx^3 + cx^2 + dx + e = 0. \tag{1.155}$$

Sind alle Koeffizienten dieser Gleichung reell, dann hat sie 0 oder 2 oder 4 reelle Lösungen.

2. **Spezielle Formen:** Wenn $b = d = 0$ ist, dann können die Wurzeln von

$$ax^4 + cx^2 + e = 0 \tag{1.156a}$$

mit Hilfe der Formeln

$$x_{1,2,3,4} = \pm\sqrt{y}\,, \quad y = \frac{-c \pm \sqrt{c^2 - 4ac}}{2a} \tag{1.156b}$$

berechnet werden. Für $a = e$ und $b = d$ werden die Wurzeln der Gleichung

$$ax^4 + bx^3 + cx^2 + bx + a = 0 \tag{1.156c}$$

mit Hilfe der Formeln

$$x_{1,2,3,4} = \frac{y \pm \sqrt{y^2 - 4}}{2}\,, \quad y = \frac{-b \pm \sqrt{b^2 - 4ac + 8a^2}}{2a} \tag{1.156d}$$

berechnet.

3. Lösung der allgemeinen Gleichung 4. Grades:

Methode 1: Faktorenzerlegung der linken Seite von

$$ax^4 + bx^3 + cx^2 + dx + e = 0 = a(x - \alpha)(x - \beta)(x - \gamma)(x - \delta) \tag{1.157a}$$

führt, falls das gelingt, direkt auf die Wurzeln

$$x_1 = \alpha\,, \quad x_2 = \beta\,, \quad x_3 = \gamma\,, \quad x_4 = \delta\,. \tag{1.157b}$$

■ $x^4 - 2x^3 - x^2 + 2x = 0\,,\ x(x^2 - 1)(x - 2) = x(x - 1)(x + 1)(x - 2)\,;$
$x_1 = 0\,,\ x_2 = 1\,,\ x_3 = -1\,,\ x_4 = 2\,.$

Methode 2: Die Wurzeln der Gleichung (1.157a) stimmen für $a = 1$ mit den Wurzeln der Gleichung

$$x^2 + (b + A)\frac{x}{2} + \left(y + \frac{by - d}{A}\right) = 0 \tag{1.158a}$$

überein, wobei $A = \pm\sqrt{8y + b^2 - 4c}$ und y irgendeine reelle Wurzel der kubischen Gleichung

$$8y^3 - 4cy^2 + (2bd - 8e)y + e(4c - b^2) - d^2 = 0 \tag{1.158b}$$

ist.

Methode 3: Näherungslösung s. S. 881.

1.6.2.5 Gleichungen 5. und höheren Grades

lassen sich im allgemeinen nicht mehr mit Hilfe von Wurzeln lösen.

1.6.3 Gleichungen n–ten Grades

1.6.3.1 Allgemeine Eigenschaften der algebraischen Gleichungen

1. Wurzeln Die linke Seite der Gleichung

$$x^n + a_{n-1}x^{n-1} + \ldots + a_0 = 0 \tag{1.159a}$$

wird Polynom $P_n(x)$ vom Grade n genannt, eine Lösung von (1.159a) eine Wurzel des Polynoms $P_n(x)$. Wenn α eine Wurzel des Polynoms ist, dann ist $P_n(x)$ durch $(x - \alpha)$ teilbar. Im allgemeinen Falle gilt

$$P_n(x) = (x - \alpha)P_{n-1}(x) + P_n(\alpha)\,. \tag{1.159b}$$

Dabei ist $P_{n-1}(x)$ ein Polynom vom Grade $n - 1$. Wenn $P_n(x)$ durch $(x - \alpha)^k$, aber nicht mehr durch $(x-\alpha)^{k+1}$ teilbar ist, dann wird α eine *k-fache Wurzel* der Gleichung $P_n(x) = 0$ genannt. In diesem Falle ist α gemeinsame Wurzel des Polynoms $P_n(x)$ und seiner Ableitungen bis einschließlich der $(k-1)$–ten Ordnung.

2. Fundamentalsatz der Algebra Jede Gleichung n–ten Grades, deren Koeffizienten reelle oder komplexe Zahlen sind, besitzt n reelle oder komplexe Wurzeln, wobei die k–fachen Wurzeln k–mal gezählt werden. Wenn die Wurzeln von $P(x)$ mit $\alpha, \beta, \gamma, \ldots$ bezeichnet werden und diese jeweils die Vielfachheiten $k, l, m, \ldots$ besitzen, dann gilt die Darstellung in Faktoren (*Produktdarstellung*)

$$P(x) = (x - \alpha)^k(x - \beta)^l(x - \gamma)^m \ldots\,. \tag{1.160a}$$

Die Lösung einer Gleichung $P(x) = 0$ kann stets durch Zurückführen auf eine Gleichung vereinfacht werden, die die gleichen Wurzeln wie die Ausgangsgleichung hat, aber jeweils nur noch mit der Vielfachheit 1. Dazu wird das Polynom in zwei Faktoren derart zerlegt, so daß

$$P(x) = Q(x)T(x)\,, \tag{1.160b}$$

$$T(x) = (x-\alpha)^{k-1}(x-\beta)^{l-1}\ldots,\quad Q(x) = (x-\alpha)(x-\beta)\ldots \tag{1.160c}$$

gilt. Man kann T als größten gemeinsamen Teiler (s. S.13) des Polynoms $P(x)$ und dessen Ableitung $P'(x)$ bestimmen, da die mehrfachen Wurzeln von $P(x)$ auch Wurzeln von $P'(x)$ sind. Das Polynom $Q(x)$ erhält man dann durch Division von $P(x)$ durch $T(x)$; $Q(x)$ hat dieselben Nullstellen wie$P(x)$, aber mit der Vielfachheit 1.

3. Wurzelsatz von VIETA Der Zusammenhang zwischen den n Wurzeln $x_1, x_2, \ldots, x_n$ und den Koeffizienten der Gleichung (1.159a) ist gegeben durch:

$$\begin{aligned}
x_1 + x_2 + \ldots + x_n &= \sum_{i=1}^{n} x_i = -a_{n-1}\,,\\
x_1x_2 + x_1x_3 + \ldots + x_{n-1}x_n &= \sum_{\substack{i,j=1\\ i<j}}^{n} x_ix_j = a_{n-2}\,,\\
x_1x_2x_3 + x_1x_2x_4 + \ldots + x_{n-2}x_{n-1}x_n &= \sum_{\substack{i,j,k=1\\ i<j<k}}^{n} x_ix_jx_k = -a_{n-3}\,,\\
&\ldots\\
x_1x_2\ldots x_n &= (-1)^n a_0.
\end{aligned} \tag{1.161}$$

1.6.3.2 Gleichungen mit reellen Koeffizienten

1. Komplexe Wurzeln können auch als Lösungen von Polynomgleichungen mit reellen Koeffizienten auftreten, aber nur paarweise konjugiert komplex, d.h., wenn $\alpha = a + \mathrm{i}\,b$ eine Wurzel ist, dann ist auch $\beta = a - \mathrm{i}\,b$ eine, und zwar mit der gleichen Vielfachheit. Mit $p = -(\alpha+\beta) = -2a$ und $q = \alpha\beta = a^2 + b^2$, woraus $\left(\frac{p}{2}\right)^2 - q < 0$ folgt, gilt

$$(x-\alpha)(x-\beta) = x^2 + px + q\,. \tag{1.162}$$

Wird in (1.160a) das Produkt eines jeden Paares derartiger Faktoren gemäß (1.162) ersetzt, dann ergibt sich eine Zerlegung des Polynoms mit reellen Koeffizienten in *reelle Faktoren* gemäß

$$P(x) = (x-\alpha_1)^{k_1}(x-\alpha_2)^{k_2}\cdots \\ (x^2+p_1x+q_1)^{m_1}(x^2+p_2x+q_2)^{m_2}\cdots(x^2+p_rx+q_r)^{m_r}\,. \tag{1.163}$$

Dabei sind $\alpha_1, \alpha_2, \ldots, \alpha_l$ die l reellen Wurzeln des Polynoms $P(x)$. Es hat außerdem r Paare konjugiert komplexe Wurzeln, die man als Nullstellen der quadratischen Faktoren $x^2 + p_ix + q_i$ $(i = 1, 2, \ldots, r)$ erhält. Die Zahlen α_j $(j = 1, 2, \ldots, l)$, p_i und q_i $(i = 1, 2, \ldots, r)$ sind reell, und es gilt $\left(\frac{p_i}{2}\right)^2 - q_i < 0$.

2. Anzahl der Wurzeln einer Gleichung mit reellen Koeffizienten Aus den Darlegungen zu (1.162) folgt, daß jede Gleichung ungeraden Grades mindestens eine reelle Wurzel besitzt. Die Anzahl weiterer reeller Wurzeln der Gleichung (1.159a) zwischen zwei beliebigen reellen Zahlen a und b, wobei $a < b$ ist, kann folgendermaßen bestimmt werden:

a) Abspalten der mehrfachen Wurzeln: Zuerst werden die mehrfachen Wurzeln von $P(x) = 0$ abgespaltet, so daß sich eine Gleichung ergibt, die alle Wurzeln, aber nur noch mit der Vielfachheit 1 enthält. Dazu kann, wie beim Fundamentalsatz der Anlgebra erläutert, verfahren werden.
Praktischer ist es jedoch, gleich nach der STURM*schen Methode* mit der Bestimmung der STURM*schen Kette* (der STURM*schen Funktionen*) zu beginnen. Wenn P_m nicht konstant ist, dann besitzt $P(x)$ mehr-

fache Wurzeln, die abzuspalten sind. Auf jeden Fall ist danach $P(x) = 0$ eine Gleichung ohne Mehrfachwurzeln.

b) Bildung der Folge der STURMschen Funktionen:

$$P(x), P'(x), P_1(x), P_2(x), \ldots, P_m = \text{const}. \qquad (1.164)$$

Hier ist $P(x)$ die linke Seite der gegebenen Funktion, $P'(x)$ ist die erste Ableitung von $P(x)$, $P_1(x)$ der Rest der Division von $P(x)$ durch $P'(x)$, aber genommen mit entgegengesetztem Vorzeichen, $P_2(x)$ der ebenfalls mit entgegengesetztem Vorzeichen genommene Rest der Division von $P'(x)$ durch $P_1(x)$ usw.; $P_m = \text{const}$ ist der letzte, aber konstante Rest. Zur Vereinfachung der Rechnung kann man die gefundenen Reste mit konstanten positiven Faktoren multiplizieren, ohne daß sich das Ergebnis ändert.

c) Theorem von STURM: Wenn A die Anzahl der Vorzeichenwechsel, d.h. die Anzahl der Übergänge von „+" nach „−" und umgekehrt in der Folge (1.164) für $x = a$ ist und B die Anzahl der Vorzeichenwechsel in der Folge (1.164) für $x = b$, dann ist die Differenz $A - B$ gleich der Anzahl der reellen Wurzeln der Gleichung $P(x) = 0$ im Intervall $[a, b]$. Sind in der Zahlenfolge einige Zahlen gleich Null, dann werden diese bei der Abzählung der Vorzeichenwechsel ausgelassen.

■ Für die Gleichung $x^4 - 5x^2 + 8x - 8 = 0$ ist die Anzahl der Wurzeln im Intervall $[0, 2]$ zu bestimmen. Die Berechnung der STURM*schen Funktion* ergibt: $P(x) = x^4 - 5x^2 + 8x - 8$; $P'(x) = 4x^3 - 10x + 8$; $P_1(x) = 5x^2 - 12x + 16$; $P_2(x) = -3x + 284$; $P_3 = -1$. Einsetzen von $x = 0$ liefert die Folge $-8, +8, +16, +284, -1$ mit zwei Wechseln, Einsetzen von $x = 2$ liefert $+4, +20, +12, +278, -1$ mit einem Wechsel, so daß $A - B = 2 - 1 = 1$, d.h., zwischen 0 und 2 liegt eine Wurzel.

d) DESCARTESsche Regel: Die Anzahl der positiven Wurzeln der Gleichung $P(x) = 0$ ist nicht größer als die Anzahl der Vorzeichenwechsel in der Koeffizientenfolge des Polynoms $P(x)$ und kann sich von dieser nur um eine gerade Zahl unterscheiden.

■ Was kann über die Wurzeln der Gleichung $x^4 + 2x^3 - x^2 + 5x - 1 = 0$ ausgesagt werden? Die Koeffizienten der Gleichung haben nacheinander die Vorzeichen $+, +, -, +, -$, d.h., das Vorzeichen wechselt dreimal. Die Gleichung besitzt in Übereinstimmung mit der Regel von DESCARTES entweder eine oder drei positive Wurzeln. Da beim Ersetzen von x durch $-x$ die Wurzeln der Gleichung ihre Vorzeichen ändern, sich aber bei der Substitution von x durch $x + h$ um h verringern, kann gemäß der Regel von DESCARTES auch die Anzahl der negativen Wurzeln sowie die Anzahl der Wurzeln, die größer sind als h, abgeschätzt werden. Im vorliegenden Beispiel führt das Ersetzen von x durch $-x$ auf die Gleichung $x^4 - 2x^3 - x^2 - 5x - 1 = 0$, d.h., die Gleichung besitzt eine negative Wurzel. Substituiert man x durch $x + 1$, dann ergibt sich $x^4 + 6x^3 + 11x^2 + 13x + 6 = 0$, d.h., alle positiven Wurzeln der Gleichung (eine oder drei) sind kleiner als 1.

3. Lösung von Gleichungen n–ten Grades Im allgemeinen sind Gleichungen mit $n > 4$ nur noch näherungsweise lösbar. In der Praxis werden aber auch schon zur Lösung von Gleichungen 3. und 4. Grades Näherungsmethoden angewendet. Eine näherungsweise Lösung von Gleichungen n–ten Grades zur Ermittlung aller Wurzeln einer algebraischen Gleichung n–ten Grades, einschließlich der komplexen, ist mit der Methode von BRODETSKY-SMEAL möglich (s. Lit. [1.9], [19.38]). Die Berechnung einzelner reeller Wurzeln algebraischer Gleichungen kann auch mit Hilfe der allgemeinen Näherungsmethoden zur Lösung nichtlinearer Gleichungen erfolgen (s. S. 878). Zur Bestimmung komplexer Nullstellen algebraischer Gleichungen wird das BAIRSTOW–Verfahren angewendet (s. Lit. [19.22]).

1.6.4 Rückführung transzendenter Gleichungen auf algebraische

1.6.4.1 Definition

Eine Gleichung $F(x) = f(x)$ ist transzendent, wenn wenigstens eine der Funktionen $F(x)$ oder $f(x)$ nicht algebraisch ist.

■ **A:** $3^x = 4^{x-2} \cdot 2^x$, ■ **B:** $2\log_5(3x - 1) - \log_5(12x + 1) = 0$, ■ **C:** $3\cosh x = \sinh x + 9$,

■ **D:** $2^{x-1} = 8^{x-2} - 4^{x-2}$, ■ **E:** $\sin x = \cos^2 x - \frac{1}{4}$, ■ **F:** $x\cos x = \sin x$.

In manchen Fällen kann die Lösung transzendenter Gleichungen z.B. durch geeignete Substitutionen auf die Lösung algebraischer Gleichungen zurückgeführt werden. Im allgemeinen können transzendente Gleichungen jedoch nur näherungsweise gelöst werden. Im folgenden werden einige Fälle betrachtet, die sich auf algebraische Gleichungen zurückführen lassen.

1.6.4.2 Exponentialgleichungen

Exponentialgleichungen können in den folgenden zwei Fällen auf algebraische Gleichungen zurückgeführt werden, wenn die Unbekannte x oder ein Polynom $P(x)$ nur im Exponenten einiger Größen $a, b, c, \cdots$ steht:

1. Sind die Potenzen $a^{P_1(x)}$, $b^{P_2(x)}, \cdots$ nicht durch Additionen oder Subtraktionen miteinander verbunden, dann wird die Gleichung zu beliebiger Basis logarithmiert.

■ $3^x = 4^{x-2} \cdot 2^x\,;\; x \log 3 = (x-2)\log 4 + x \log 2\,;\; x = \dfrac{2\log 4}{\log 4 - \log 3 + \log 2}$.

2. Sind $a, b, c, \cdots$ ganze oder gebrochene Potenzen ein und derselben Zahl k, d.h., ist $a = k^n$, $b = k^m$, $c = k^l, \cdots$, dann kann unter Umständen mit Hilfe des Ansatzes $y = k^x$ eine algebraische Gleichung in y erhalten werden, nach deren Lösung x aus dem Verhältnis $x = \dfrac{\log y}{\log k}$ zahlenmäßig zu bestimmen ist.

■ $2^{x-1} = 8^{x-2} - 4^{x-2}\,;\; \dfrac{2^x}{2} = \dfrac{2^{3x}}{64} - \dfrac{2^{2x}}{16}$. Substitution von $y = 2^x$ liefert $y^3 - 4y^2 - 32y = 0$ und $y_1 = 8$, $y_2 = -4$, $y_3 = 0$; $2^{x_1} = 8$, $2^{x_2} = -4$, $2^{x_3} = 0$, so daß daraus folgt $x_1 = 3$. Weitere reelle Wurzeln gibt es nicht.

1.6.4.3 Logarithmische Gleichungen

Logarithmische Gleichungen können in den folgenden zwei Fällen auf algebraische Gleichungen zurückgeführt werden, wenn die Unbekannte x oder ein Polynom $P(x)$ nur unter dem Logarithmuszeichen vorkommt:

a) Ist in der Gleichung nur der Logarithmus ein und desselben Ausdrucks enthalten, dann kann dieser als neue Unbekannte eingeführt und die Gleichung nach ihr aufgelöst werden. Die ursprüngliche Unbekannte wird über den Logarithmus berechnet.

■ $m[\log_a P(x)]^2 + n = a\sqrt{[\log_a P(x)]^2 + b}$. Die Substitution $y = \log_a P(x)$ liefert die Gleichung $my^2 + n = a\sqrt{y^2 + b}$. Auflösung nach y ergibt für x die Gleichung $P(x) = a^y$.

b) Liegt die Gleichung in der Form einer Linearkombination von Logarithmen mit ganzzahligen Koeffizienten $m, n, \ldots$ zur gleichen Basis a von Ausdrücken vor, die ihrerseits Polynome von x sind, also in der Form $m \log_a P_1(x) + n \log_a P_2(x) + \ldots = 0$, dann können beide Seiten der Gleichung, jede für sich, auf den Logarithmus ein und desselben Ausdrucks zurückgeführt werden.

■ $2\log_5(3x-1) - \log_5(12x+1) = 0$, $\log_5 \dfrac{(3x-1)^2}{12x+1} = \log_5 1$, $\dfrac{(3x-1)^2}{12x+1} = 1$; $x_1 = 0$, $x_2 = 2$. Für $x_1 = 0$ ergibt sich beim Einsetzen in die Ausgangsgleichung der Logarithmus einer negativen Zahl, d.h. eine imaginäre Größe, die unberücksichtigt bleibt.

1.6.4.4 Trigonometrische Gleichungen

Trigonometrische Gleichungen können auf algebraische Gleichungen zurückgeführt werden, wenn die Unbekannte x oder der Ausdruck $nx + a$ mit ganzzahligem n nur im Argument der trigonometrischen Funktionen steht. Unter Verwendung der trigonometrischen Formeln wird die Gleichung so umgeformt, daß sie nur noch eine einzige Funktion von x enthält, die gleich y gesetzt wird. Nach der Lösung der so erhaltenen Gleichung wird x bestimmt. Zu beachten ist hierbei die Mehrdeutigkeit der Lösungen.

■ $\sin x = \cos^2 x - \dfrac{1}{4}$ oder $\sin x = 1 - \sin^2 x - \dfrac{1}{4}$. Substitution von $y = \sin x$ liefert $y^2 + y - \dfrac{3}{4} = 0$ und $y_1 =$

$\frac{1}{2}$, $y_2 = -\frac{3}{2}$. Die Lösung y_2 ergibt wegen $|\sin x| \leq 1$ keine reellen Lösungen der Ausgangsgleichung; $y_1 = \frac{1}{2}$ ergibt $x = \frac{\pi}{6} + 2k\pi$ und $x = \frac{5\pi}{6} + 2k\pi$ mit $k = 1, 2, 3, \ldots$.

1.6.4.5 Gleichungen mit Hyperbelfunktionen

Gleichungen mit Hyperbelfunktionen können auf algebraische Gleichungen zurückgeführt werden, wenn die Unbekannte x nur im Argument der Hyperbelfunktionen steht. Dazu werden die Hyperbelfunktionen durch Exponentialausdrücke ersetzt und $y = e^x$ und $\frac{1}{y} = e^{-x}$ substituiert, so daß sich eine algebraische Gleichung für y ergibt. Nach deren Lösung ist noch $x = \ln y$ zu berechnen.

■ $3\cosh x = \sinh x + 9$; $\frac{3(e^x + e^{-x})}{2} = \frac{e^x - e^{-x}}{2} + 9$; $e^x + 2e^{-x} - 9 = 0$; $y + \frac{2}{y} - 9 = 0$, $y^2 - 9y + 2 = 0$; $y_{1,2} = \frac{9 \pm \sqrt{73}}{2}$; $x_1 = \ln\frac{9 + \sqrt{73}}{2} \approx 2,1716$, $x_2 = \ln\frac{9 - \sqrt{73}}{2} \approx -1,4784$.

2 Funktionen und ihre Darstellung

2.1 Funktionsbegriff

2.1.1 Definition der Funktion

2.1.1.1 Funktion

Wenn x und y zwei variable Größen sind und wenn sich einem gegebenen x–Wert genau ein y–Wert zuordnen läßt, dann nennt man y eine Funktion von x und schreibt

$$y = f(x) . \tag{2.1}$$

Die veränderliche Größe x heißt *unabhängige Variable* oder *Argument* der Funktion y. Alle x–Werte, denen sich y–Werte zuordnen lassen, bilden den *Definitionsbereich* D der Funktion $f(x)$. Die veränderliche Größe y heißt *abhängige Variable*; alle y–Werte bilden den *Wertebereich* W der Funktion $f(x)$.

2.1.1.2 Reelle Funktion

Wenn Definitions- und Wertebereich nur reelle Zahlen enthalten, dann nennt man $y = f(x)$ eine *reelle Funktion* einer *reellen Veränderlichen*.

■ **A:** $y = x^2$ mit $D: \ -\infty < x < \infty, \ W: \ 0 \le y < \infty .$

■ **B:** $y = \sqrt{x}$ mit $D: \ 0 \le x < \infty, \qquad W: \ 0 \le y < \infty .$

2.1.1.3 Funktion von mehreren Veränderlichen

Hängt die Variable y von mehreren unabhängigen Variablen $x_1, x_2, \ldots, x_n$ ab, dann bezeichnet man

$$y = f(x_1, x_2, \ldots, x_n) \tag{2.2}$$

als Funktion von mehreren Veränderlichen (s. S. 117).

2.1.1.4 Komplexe Funktion

Wenn die unabhängige Variable eine *komplexe Zahl z* ist, dann wird durch $w = f(z)$ eine *komplexe Funktion* einer *komplexen Veränderlichen* beschrieben, zu deren Behandlung die Funktionentheorie (s. S. 668) benötigt wird.

2.1.2 Methoden zur Definition einer reellen Funktion

2.1.2.1 Angabe einer Funktion

Man kann eine Funktion auf unterschiedliche Weise angeben oder definieren, z.B. durch eine Wertetabelle, eine graphische Darstellung oder Kurve, eine Formel, auch *analytischer Ausdruck* genannt, oder abschnittsweise durch verschiedene Formeln. In den *Definitionsbereich* eines analytischen Ausdrucks können nur solche Werte des Arguments einbezogen werden, für die die Funktion einen Sinn ergibt, d.h. eindeutig bestimmte endliche reelle Werte annimmt.

Beispiele abschnittsweise gegebener Funktionen:

■ **A:** $y = E(x) = [x] = n$ für $n \le x < n + 1, \ n$ ganz.

■ **B:** $y = \begin{cases} x & \text{für } x \le 0 , \\ x^2 & \text{für } x \ge 0 . \end{cases}$ ■ **C:** $y = \operatorname{sign}(x) = \begin{cases} -1 & \text{für } x < 0 , \\ 0 & \text{für } x = 0 , \\ +1 & \text{für } x > 0 . \end{cases}$

Mit $\operatorname{sign}(x)$, lies „Signum x“, ist die *Vorzeichenfunktion* bezeichnet. Die Funktion $E(x)$ bzw. $[x]$, lies „entier x“, gibt die größte ganze Zahl kleiner gleich x an. Die **Abb.2.1** zeigt die dazugehörigen graphischen Darstellungen, wobei die Pfeilspitzen darauf hinweisen sollen, daß ihre Endpunkte nicht zum Kurvenbild gehören.

2.1.2.2 Analytische Darstellung reeller Funktionen

In der Regel werden die folgenden drei Formen genutzt:

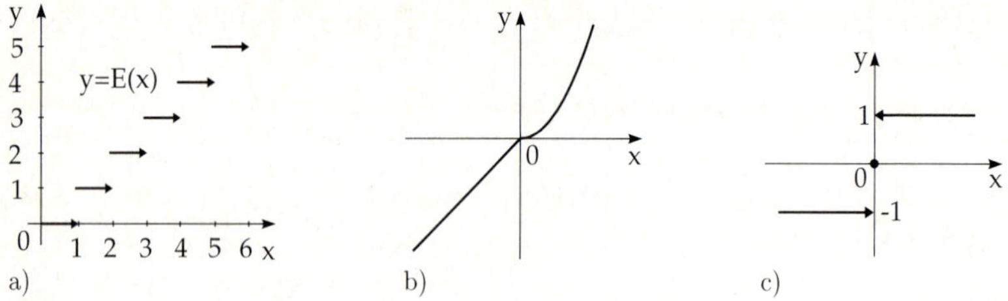

Abbildung 2.1

1. Explizite Darstellung: $y = f(x)$. (2.3)

■ $y = \sqrt{1-x^2}$, $-1 \leq x \leq 1$, $0 \leq y \leq 1$. Hierbei handelt es sich um die obere Hälfte des Einheitskreises mit dem Mittelpunkt im Koordinatenursprung.

2. Implizite Darstellung: $F(x,y) = 0$, (2.4)
falls sich diese Gleichung eindeutig nach y auflösen läßt.

■ $x^2 + y^2 - 1 = 0$, $-1 \leq x \leq +1$, $0 \leq y \leq 1$. Hierbei handelt es sich ebenfalls um die obere Hälfte des Einheitskreises. Man beachte, daß mit $x^2 + y^2 + 1 = 0$ keine reelle Funktion definiert wird.

3. Parameterdarstellung: $x = \varphi(t)$, $y = \psi(t)$. (2.5)
Die Werte von x und y werden als Funktion einer Hilfsveränderlichen t angegeben, die *Parameter* genannt wird. Die Funktionen $\varphi(t)$ und $\psi(t)$ müssen denselben Definitionsbereich haben.

■ $x = \varphi(t)$, $y = \psi(t)$ mit $\varphi(t) = \cos t$ und $\psi(t) = \sin t$, $0 \leq t \leq \pi$. Hierbei handelt es sich abermals um die Darstellung der oberen Hälfte des Einheitskreises mit dem Mittelpunkt im Koordinatenursprung.

2.1.3 Einige Funktionstypen

2.1.3.1 Monotone Funktionen

Wenn eine Funktion im Definitionsbereich für beliebige Argumente x_1 und x_2 mit $x_2 > x_1$ der Bedingung

$$f(x_2) \geq f(x_1) \tag{2.6}$$

genügt, wird sie *monoton wachsende Funktion* genannt **(Abb.2.2a)**. Ist

$$f(x_2) \leq f(x_1), \tag{2.7}$$

spricht man von einer *monoton fallenden Funktion* **(Abb.2.2b)**. Wenn diese Bedingung nicht für alle

Abbildung 2.2

x–Werte erfüllt ist, die dem Definitionsbereich angehören, sondern lediglich in einem Teil desselben, z.B. in einem Intervall oder auf einer Halbachse, dann nennt man die Funktion *monoton in diesem Gebiet.* Funktionen, die der Bedingung

$$f(x_2) > f(x_1) \quad \text{oder} \quad f(x_2) < f(x_1) \tag{2.8}$$

genügen, d.h., das Gleichheitszeichen in (2.6) und (2.7) ist nicht zugelassen, nennt man *eigentlich* oder *streng monoton wachsend* bzw. *fallend.* In **Abb.2.2a** ist eine eigentlich monoton wachsende Funktion dargestellt, in **Abb.2.2b** eine monoton fallende Funktion, die zwischen x_1 und x_2 konstant ist.

■ $y = e^{-x}$ ist streng monoton fallend, $y = \ln x$ ist streng monoton wachsend.

2.1.3.2 Beschränkte Funktionen

Beschränkte Funktionen heißen *nach oben beschränkt*, wenn ihre Werte eine bestimmte Zahl (*obere Schranke*) nicht übertreffen, und *nach unten beschränkt*, wenn ihre Werte nicht kleiner als eine bestimmte Zahl (*untere Schranke*) sind. Ist eine Funktion nach oben und nach unten beschränkt, dann nennt man sie schlechthin *beschränkt*.

■ **A:** $y = 1 - x^2$ ist nach oben beschränkt $(y \leq 1)$. ■ **B:** $y = e^x$ ist nach unten beschränkt $(y > 0)$.

■ **C:** $y = \sin x$ ist beschränkt $(-1 \leq y \leq +1)$. ■ **D:** $y = \dfrac{4}{1+x^2}$ ist beschränkt $(0 < y \leq 4)$.

2.1.3.3 Gerade Funktionen

Gerade Funktionen (**Abb.2.3a**) genügen der Bedingung

$$f(-x) = f(x)\,. \qquad (2.9a)$$

Ist D der Definitionsbereich von f, dann gilt

$$(x \in D) \Rightarrow (-x \in D)\,. \qquad (2.9b)$$

■ **A:** $y = \cos x$, ■ **B:** $y = x^4 - 3x^2 + 1$.

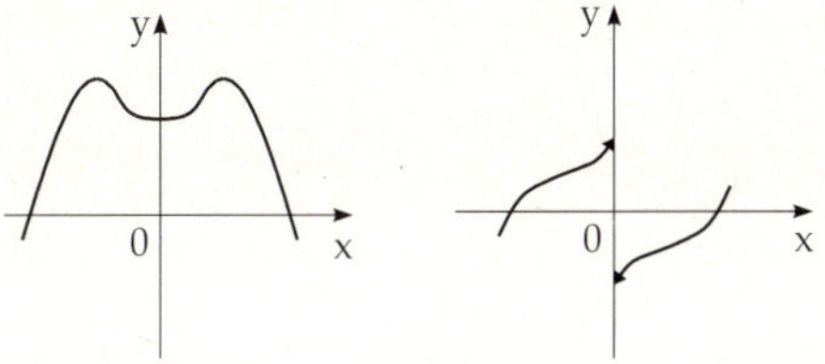

a) b)

Abbildung 2.3

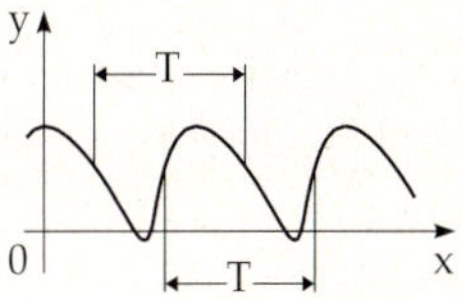

Abbildung 2.4

2.1.3.4 Ungerade Funktionen

Ungerade Funktionen (**Abb.2.3b**) genügen der Bedingung

$$f(-x) = -f(x)\,. \qquad (2.10a)$$

Ist D der Definitionsbereich von f, dann gilt

$$(x \in D) \Rightarrow (-x \in D)\,. \qquad (2.10b)$$

■ **A:** $y = \sin x$, ■ **B:** $y = x^3 - x$.

2.1.3.5 Darstellung mit Hilfe gerader und ungerader Funktionen

Genügt der Definitionsbereich D einer Funktion f der Bedingung „aus $x \in D$ folgt $-x \in D$", dann ist f als Summe einer geraden Funktion g und einer ungeraden Funktion u darstellbar:

$$f(x) = g(x) + u(x) \quad \text{mit} \quad g(x) = \frac{1}{2}[f(x) + f(-x)]\,, \quad u(x) = \frac{1}{2}[f(x) - f(-x)]\,. \qquad (2.11)$$

■ $f(x) = e^x = \frac{1}{2}\left(e^x + e^{-x}\right) + \frac{1}{2}\left(e^x - e^{-x}\right) = \cosh x + \sinh x$ (s. 2.9.1).

2.1.3.6 Periodische Funktionen

Periodische Funktionen genügen der Bedingung

$$f(x + T) = f(x)\,, \quad T = \text{const}\,. \qquad (2.12)$$

Die kleinste positive Zahl T, die dieser Bedingung genügt, heißt *Periode* (**Abb.2.4**).

2.1.3.7 Inverse oder Umkehrfunktionen

Wenn die Funktion $y = f(x)$ mit dem Definitionsbereich D und dem Wertebereich W streng monoton ist, dann gibt es eine Funktion $y = \varphi(x)$, die für jedes Wertepaar (a, b), das der Bedingung $b = f(a)$ genügt, die Auflösung $a = \varphi(b)$ ermöglicht und für jedes Wertepaar, das der Bedingung $a = \varphi(b)$ genügt, die Zuordnung $b = f(a)$. Die Funktionen

$$y = \varphi(x) \quad \text{und} \quad y = f(x) \tag{2.13}$$

werden zueinander *inverse Funktionen* oder *Umkehrfunktionen* genannt.
Das Kurvenbild der inversen Funktion $y = \varphi(x)$ entsteht durch Spiegelung der Kurve von $y = f(x)$ an der Winkelhalbierenden $y = x$ (**Abb.2.5**).

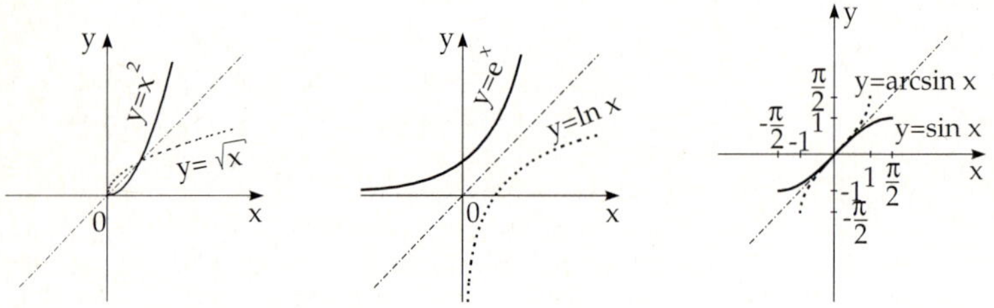

Abbildung 2.5

Beispiele für Umkehrfunktionen:

■ **A:** $y = f(x) = x^2$ mit $D\colon x \geq 0$, $W\colon y \geq 0$;
$y = \varphi(x) = \sqrt{x}$ mit $D\colon x \geq 0$, $W\colon y \geq 0$.

■ **B:** $y = f(x) = e^x$ mit $D\colon -\infty < x < \infty$, $W\colon y > 0$;
$y = \varphi(x) = \ln x$ mit $D\colon x > 0$, $W\colon -\infty < y < \infty$.

■ **C:** $y = f(x) = \sin x$ mit $D\colon -\pi/2 \leq x \leq \pi/2$, $W\colon -1 \leq y \leq 1$;
$y = \varphi(x) = \arcsin x$ mit $D\colon -1 \leq x \leq 1$, $W\colon -\pi/2 \leq y \leq \pi/2$.

Um von einer Funktion $y = f(x)$ zur Umkehrfunktion zu gelangen, werden x und y vertauscht und die Gleichung $x = f(y)$ nach y aufgelöst, so daß sich $y = \varphi(x)$ ergibt. Die Darstellungen $y = f(x)$ und $x = \varphi(y)$ sind äquivalent. Daraus folgen die beiden wichtigen Formeln

$$f(\varphi(y)) = y \quad \text{und} \quad \varphi(f(x)) = x\,. \tag{2.14}$$

2.1.4 Grenzwert von Funktionen

2.1.4.1 Definition des Grenzwertes einer Funktion

Die Funktion $y = f(x)$ besitzt an der Stelle $x = a$ den *Grenzwert* oder *Limes*

$$\lim_{x \to a} f(x) = A \quad \text{oder} \quad f(x) \to A \quad \text{für} \quad x \to a\,, \tag{2.15}$$

wenn sich die Funktion $f(x)$ bei unbegrenzter Annäherung von x an a unbegrenzt an A nähert. Die Funktion $f(x)$ braucht an der Stelle $x = a$ den Wert A nicht anzunehmen und braucht an dieser Stelle auch nicht definiert zu sein.
Exakte Formulierung: Der Grenzwert (2.15) existiert, wenn sich nach Vorgabe einer beliebig kleinen positiven Zahl ε eine zweite positive Zahl η derart finden läßt, daß für alle x mit

$$|x - a| < \eta \quad \text{gilt} \quad |f(x) - A| < \varepsilon, \tag{2.16}$$

eventuell mit Ausnahme des Punktes a (**Abb.2.6**).

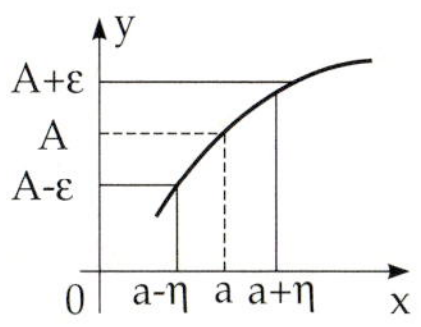

Abbildung 2.6

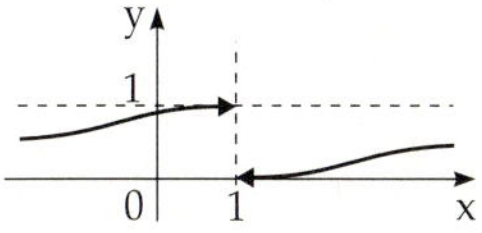

Abbildung 2.7

Wenn a Randpunkt eines zusammenhängenden Gebietes ist, reduziert sich die Ungleichung $|x-a|<\eta$ zu einer der beiden einfachen Ungleichungen $a-\eta<x$ oder $x<a+\eta$.

2.1.4.2 Zurückführung auf den Grenzwert einer Folge (s. S. 398)

Eine Funktion $f(x)$ besitzt an der Stelle $x=a$ den Grenzwert A, wenn für jede Folge von x–Werten $x_1, x_2, \ldots, x_n, \ldots$, die innerhalb des Definitionsbereiches liegen und gegen a konvergieren, die zugehörige Folge der Funktionswerte $f(x_1), f(x_2), \ldots, f(x_n), \ldots$ gegen A konvergiert.

2.1.4.3 Konvergenzkriterium von CAUCHY

Damit eine Funktion $f(x)$ an der Stelle $x=a$ einen Grenzwert besitzt, ist es notwendig und hinreichend, daß sich die Funktionswerte $f(x_1)$ und $f(x_2)$ für zwei beliebige Werte x_1 und x_2 der unabhängigen Variablen, die zum Definitionsbereich gehören und in hinreichender Nähe von a liegen, beliebig wenig voneinander unterscheiden.

Exakte Formulierung: Damit eine Funktion$f(x)$ an der Stelle $x=a$ einen Grenzwert besitzt, ist es notwendig und hinreichend, daß sich nach Vorgabe einer beliebig kleinen positiven Zahl ε eine zweite positive Zahl η angeben läßt, so daß für zwei beliebige Werte x_1 und x_2 aus dem Definitionsbereich, die den Bedingungen

$$|x_1-a|<\eta \quad \text{und} \quad |x_2-a|<\eta \tag{2.17a}$$

genügen, die Ungleichung

$$|f(x_1)-f(x_2)|<\varepsilon \tag{2.17b}$$

erfüllt ist.

2.1.4.4 Unendlicher Grenzwert einer Funktion

Das Symbol

$$\lim_{x\to a}|f(x)|=\infty \tag{2.18}$$

bezeichnet den Fall, daß die Funktion an der Stelle $x=a$ nicht existiert, weil bei Annäherung von x an die Stelle a die Funktion $f(x)$ über alle Grenzen wächst.

Exakte Formulierung: Die Gleichung (2.18) gilt, wenn sich nach Vorgabe einer beliebig großen positiven Zahl K eine positive Zahl η derart angeben läßt, daß für beliebige x–Werte im Intervall

$$a-\eta<x<a+\eta \tag{2.19a}$$

der entsprechende Wert von $|f(x)|$ größer ist als K:

$$|f(x)|>K. \tag{2.19b}$$

Wenn dabei alle Werte von $f(x)$ im Intervall

$$a-\eta<x<a+\eta \tag{2.19c}$$

positiv sind, dann schreibt man

$$\lim_{x\to a}f(x)=+\infty\,, \tag{2.19d}$$

sind sie negativ, dann gilt

$$\lim_{x\to a}f(x)=-\infty\,. \tag{2.19e}$$

2.1.4.5 Linksseitiger und rechtsseitiger Grenzwert einer Funktion

Eine Funktion $f(x)$ hat an der Stelle $x = a$ einen *linksseitigen Grenzwert* A^-, wenn sie sich bei zunehmenden unbegrenzt der Zahl a nähernden x–Werten unbegrenzt dem Wert A^- nähert:

$$A^- = \lim_{x\to a-0} f(x) = f(a-0). \tag{2.20a}$$

In Analogie dazu besitzt eine Funktion einen *rechtsseitigen Grenzwert* A^+, wenn sie sich bei abnehmenden, sich unbegrenzt der Zahl a nähernden x–Werten unbegrenzt dem Wert A^+ nähert:

$$A^+ = \lim_{x\to a+0} f(x) = f(a+0)\,. \tag{2.20b}$$

Die Schreibweise $\lim\limits_{x\to a} f(x) = A$ verlangt, daß der links- und rechtsseitige Grenzwert übereinstimmen:

$$A^+ = A^- = A\,. \tag{2.20c}$$

■ Die Funktion $f(x) = \dfrac{1}{1+e^{\frac{1}{x-1}}}$ geht für $x \to 1$ gegen verschiedene Grenzwerte von links und von rechts: $f(1-0) = 1$, $f(1+0) = 0$ **(Abb.2.7)**.

2.1.4.6 Grenzwert einer Funktion für x gegen unendlich

Fall a) Eine Zahl

$$A = \lim_{x\to+\infty} f(x) \tag{2.21a}$$

wird Grenzwert einer Funktion $f(x)$ für $x \to +\infty$ genannt, wenn sich nach Vorgabe einer positiven Zahl ε eine Zahl $N > 0$ derart angeben läßt, daß für beliebige $x > N$ die zugehörigen Werte von $f(x)$ im Intervall $A - \varepsilon < f(x) < A + \varepsilon$ liegen. In Analogie dazu ist

$$A = \lim_{x\to-\infty} f(x) \tag{2.21b}$$

der Grenzwert einer Funktion $f(x)$ für $x \to -\infty$, wenn sich nach Vorgabe einer beliebig kleinen Zahl ε eine Zahl $-N < 0$ angeben läßt, derart, daß für beliebige $x < -N$ die zugehörigen Werte von $f(x)$ im Intervall $A - \varepsilon < f(x) < A + \varepsilon$ liegen.

■ **A:** $\lim\limits_{x\to+\infty} \dfrac{x+1}{x} = 1$, ■ **B:** $\lim\limits_{x\to-\infty} \dfrac{x+1}{x} = 1$, ■ **C:** $\lim\limits_{x\to-\infty} e^x = 0$.

Fall b) Wenn allerdings bei unbegrenztem Wachsen oder unbegrenztem Abnehmen von x die Funktion absolut genommen über alle Grenzen wächst, dann existiert für $x \to +\infty$ bzw. $x \to -\infty$ kein Grenzwert. Dafür schreibt man dann

$$\lim_{x\to-\infty} |f(x)| = \infty\,, \quad \lim_{x\to+\infty} |f(x)| = \infty\,. \tag{2.21c}$$

■ **A:** $\lim\limits_{x\to+\infty} \dfrac{x^3-1}{x^2} = +\infty$, ■ **B:** $\lim\limits_{x\to-\infty} \dfrac{x^3-1}{x^2} = -\infty$,

■ **C:** $\lim\limits_{x\to+\infty} \dfrac{1-x^3}{x^2} = -\infty$, ■ **D:** $\lim\limits_{x\to-\infty} \dfrac{1-x^3}{x^2} = +\infty$.

2.1.4.7 Sätze über Grenzwerte von Funktionen

1. Grenzwert einer konstanten Größe Der Grenzwert einer konstanten Größe ist dieser Größe selbst gleich:

$$\lim_{x\to a} A = A\,. \tag{2.22}$$

2. Grenzwert einer Summe oder Differenz Der Grenzwert einer Summe oder Differenz endlich vieler Funktionen ist gleich der Summe bzw. Differenz der entsprechenden Grenzwerte dieser Funktionen, falls die Einzelgrenzwerte existieren:

$$\lim_{x\to a} [f(x) + \varphi(x) - \psi(x)] = \lim_{x\to a} f(x) + \lim_{x\to a} \varphi(x) - \lim_{x\to a} \psi(x)\,. \tag{2.23}$$

3. Grenzwert eines Produktes Der Grenzwert eines Produktes aus endlich vielen Funktionen ist gleich dem Produkt der Grenzwerte dieser Funktionen, falls die Einzelgrenzwerte existieren:

$$\lim_{x\to a}[f(x)\,\varphi(x)\,\psi(x)] = \left[\lim_{x\to a} f(x)\right]\left[\lim_{x\to a}\varphi(x)\right]\left[\lim_{x\to a}\psi(x)\right]. \tag{2.24}$$

4. Grenzwert eines Quotienten Der Grenzwert des Quotienten zweier Funktionen ist gleich dem Quotienten der Grenzwerte dieser Funktionen:

$$\lim_{x\to a}\frac{f(x)}{\varphi(x)} = \frac{\lim\limits_{x\to a} f(x)}{\lim\limits_{x\to a}\varphi(x)}, \tag{2.25}$$

wenn die Einzelgrenzwerte existieren und $\lim\limits_{x\to a}\varphi(x) \neq 0$ ist.

5. Einschließung Wenn die Werte einer Funktion $f(x)$ zwischen den Werten zweier anderer Funktionen $\varphi(x)$ und $\psi(x)$ eingeschlossen sind, wenn also $\varphi(x) < f(x) < \psi(x)$ ist, und wenn $\lim\limits_{x\to a}\varphi(x) = A$ sowie $\lim\limits_{x\to a}\psi(x) = A$ gilt, dann ist auch

$$\lim_{x\to a} f(x) = A. \tag{2.26}$$

2.1.4.8 Berechnung von Grenzwerten

Zur Berechnung von Grenzwerten werden die aufgeführten 5 Sätze sowie eine Reihe von Umformungen benutzt:

1. Geeignete Umformung Die Funktion wird auf eine für die Grenzwertberechnung geeignete Form gebracht.

■ **A:** $\lim\limits_{x\to 1}\dfrac{x^3-1}{x-1} = \lim\limits_{x\to 1}(x^2+x+1) = 3.$

■ **B:** $\lim\limits_{x\to 0}\dfrac{\sqrt{1+x}-1}{x} = \lim\limits_{x\to 0}\dfrac{(\sqrt{1+x}-1)(\sqrt{1+x}+1)}{x(\sqrt{1+x}+1)} = \lim\limits_{x\to 0}\dfrac{1}{\sqrt{1+x}+1} = \dfrac{1}{2}.$

■ **C:** $\lim\limits_{x\to 0}\dfrac{\sin 2x}{x} = \lim\limits_{x\to 0}\dfrac{2(\sin 2x)}{2x} = 2\lim\limits_{2x\to 0}\dfrac{\sin 2x}{2x} = 2.$

2. BERNOULLI–L'HOSPITAL**sche Regel** Treten unbestimmte Ausdrücke der Form $\dfrac{0}{0}$, $\dfrac{\infty}{\infty}$, $0\cdot\infty$, $\infty-\infty$, 0^0, ∞^0, 1^∞ auf, dann wird die BERNOULLI–L'HOSPITAL*sche Regel* verwendet (oft kurz L'HOSPITALsche Regel).

Fall a) Unbestimmte Ausdrücke der Form $\dfrac{0}{0}$ oder $\dfrac{\infty}{\infty}$: Wenn für $f(x) = \dfrac{\varphi(x)}{\psi(x)}$ folgendes gilt:

1. $\lim_{x\to a}\varphi(x) = 0$ und $\lim_{x\to a}\psi(x) = 0$ (unbestimmter Ausdruck $\dfrac{0}{0}$) oder $\lim_{x\to a}\varphi(x) = \infty$ und $\lim_{x\to a}\psi(x) = \infty$ (unbestimmter Ausdruck $\dfrac{\infty}{\infty}$), **2.** die Funktionen $\varphi(x)$ und $\psi(x)$ sind in einem Intervall, das den Punkt a enthält, definiert (im Punkt a selbst brauchen diese Funktionen nicht definiert zu sein) und differenzierbar mit $\psi'(x) \neq 0$. Dann gilt:

$$\lim_{x\to a} f(x) = \lim_{x\to a}\frac{\varphi'(x)}{\psi'(x)}, \tag{2.27}$$

falls dieser Grenzwert existiert (*Regel von* BERNOULLI–L'HOSPITAL). Sollte der Ausdruck $\lim\limits_{x\to a}\dfrac{\varphi'(x)}{\psi'(x)}$ wieder einen unbestimmten Ausdruck der Form $\dfrac{0}{0}$ oder $\dfrac{\infty}{\infty}$ ergeben, dann wird das Verfahren wiederholt.

■ $\lim\limits_{x\to 0} \dfrac{\ln\sin 2x}{\ln\sin x} = \lim\limits_{x\to 0} \dfrac{\dfrac{2\cos 2x}{\sin 2x}}{\dfrac{\cos x}{\sin x}} = \lim\limits_{x\to 0} \dfrac{2\tan x}{\tan 2x} = \lim\limits_{x\to 0} \dfrac{\dfrac{2}{\cos^2 x}}{\dfrac{2}{\cos^2 2x}} = \lim\limits_{x\to 0} \dfrac{\cos^2 2x}{\cos^2 x} = 1\,.$

Fall b) Unbestimmte Ausdrücke der Form $0\cdot\infty$: Wenn unter gleichen Bedingungen wie im Falle **a)** gilt $f(x) = \varphi(x)\,\psi(x)$ und $\lim\limits_{x\to a}\varphi(x) = 0$ sowie $\lim\limits_{x\to a}\psi(x) = \infty$, dann wird der Grenzwert $\lim\limits_{x\to a} f(x)$ auf die Form $\lim\limits_{x\to a} \dfrac{\varphi(x)}{\dfrac{1}{\psi(x)}}$ oder $\lim\limits_{x\to a} \dfrac{\psi(x)}{\dfrac{1}{\varphi(x)}}$ gebracht, so daß die Berechnung des Grenzwertes auf den Fall $\dfrac{0}{0}$ oder $\dfrac{\infty}{\infty}$ zurückgeführt ist.

■ $\lim\limits_{x\to\pi/2} (\pi - 2x)\tan x = \lim\limits_{x\to\pi/2} \dfrac{\pi - 2x}{\cot x} = \lim\limits_{x\to\pi/2} \dfrac{-2}{-\dfrac{1}{\sin^2 x}} = 2\,.$

Fall c) Unbestimmte Ausdrücke der Form $\infty - \infty$: Wenn unter den gleichen Bedingungen wie im Falle **a)** gilt $f(x) = \varphi(x) - \psi(x)$ und $\lim\limits_{x\to a}\varphi(x) = \infty$ sowie $\lim\limits_{x\to a}\psi(x) = \infty$, dann wird zur Berechnung des Grenzwertes $\lim\limits_{x\to a} f(x)$ die Differenz auf die Form $\dfrac{0}{0}$ oder $\dfrac{\infty}{\infty}$ gebracht, was auf verschiedene Weise erreicht werden kann, z.B. ist $\varphi - \psi = \left(\dfrac{1}{\psi} - \dfrac{1}{\varphi}\right) \Big/ \dfrac{1}{\varphi\psi}\,.$

■ $\lim\limits_{x\to 1} \left(\dfrac{x}{x-1} - \dfrac{1}{\ln x}\right) = \lim\limits_{x\to 1} \left(\dfrac{x\ln x - x + 1}{x\ln x - \ln x}\right) =$ „$\dfrac{0}{0}$“. Zweimalige Anwendung der L'HOSPITALschen Regel führt auf $\lim\limits_{x\to 1} \left(\dfrac{x\ln x - x + 1}{x\ln x - \ln x}\right) = \lim\limits_{x\to 1} \left(\dfrac{\ln x}{\ln x + 1 - \dfrac{1}{x}}\right) = \lim\limits_{x\to 1} \left(\dfrac{\dfrac{1}{x}}{\dfrac{1}{x} + \dfrac{1}{x^2}}\right) = \dfrac{1}{2}\,.$

Fall d) Unbestimmte Ausdrücke der Form 0^0, ∞^0, 1^∞: Wenn $f(x) = \varphi(x)^{\psi(x)}$ und $\lim\limits_{x\to a}\varphi(x) = 0$ sowie $\lim\limits_{x\to a}\psi(x) = 0$, dann wird zunächst der Grenzwert A des Ausdrucks $\ln f(x) = \psi(x)\ln\varphi(x)$ berechnet, der die Form $0\cdot\infty$ hat (Fall **b)**), und dann e^A.

Analog wird in den Fällen ∞^0 und 1^∞ verfahren.

■ $\lim\limits_{x\to 0} x^x = X$, $\ln x^x = x\ln x$, $\lim\limits_{x\to 0} x\ln x = \lim\limits_{x\to 0} \dfrac{\ln x}{\dfrac{1}{x}} = \lim\limits_{x\to 0}(-x) = 0$, d.h., $\ln X = 0$, also $X = 1$, und somit $\lim\limits_{x\to 0} x^x = 1\,.$

3. TAYLOR–**Entwicklung** Neben der L'HOSPITALschen Regel wird zur Berechnung von Grenzwerten unbestimmter Ausdrücke auch die Entwicklung in eine TAYLOR–Reihe verwendet (s. S. 383).

■ $\lim\limits_{x\to 0} \dfrac{x - \sin x}{x^3} = \lim\limits_{x\to 0} \dfrac{x - \left(x - \dfrac{x^3}{3!} + \dfrac{x^5}{5!} - \cdots\right)}{x^3} = \lim\limits_{x\to 0} \left(\dfrac{1}{3!} - \dfrac{x^2}{5!} + \cdots\right) = \dfrac{1}{6}\,.$

2.1.4.9 Größenordnung von Funktionen und LANDAU–Symbole

Beim Vergleich zweier Funktionen kommt es häufig auf ihr gegenseitiges Verhalten für bestimmte Argumente $x = a$ an. Das hat zur Einführung der folgenden Größenordnungsbeziehungen geführt.

1. Eine Funktion $f(x)$ wird von höherer Ordnung unendlich groß als eine Funktion $g(x)$, wenn beim Grenzübergang $x \to a$ ihre Absolutbeträge sowie der Absolutbetrag des Quotienten $\left|\dfrac{f(x)}{g(x)}\right|$ über alle

Grenzen wachsen.

2. Eine Funktion $f(x)$ wird von höherer Ordnung unendlich klein als eine Funktion $g(x)$, d.h., sie verschwindet von höherer Ordnung, wenn beim Grenzübergang $x \to a$ ihre Absolutbeträge sowie der Quotient $\dfrac{f(x)}{g(x)}$ gegen null gehen.

3. Zwei Funktionen $f(x)$ und $g(x)$ gehen gegen null oder unendlich von der gleichen Größenordnung, wenn der Absolutbetrag des Quotienten $\left|\dfrac{f(x)}{g(x)}\right|$ beim Grenzübergang $x \to a$ einem endlichen Grenzwert zustrebt.

4. LANDAU–**Symbole** Das gegenseitige Verhalten zweier Funktionen bezüglich einer beliebigen Stelle $x = a$ wird durch die LANDAU–*Symbole* O („groß O"), bzw. o („klein o") wie folgt beschrieben: Es bedeutet für $x \to a$

$$f(x) = O(g(x)): \quad \lim_{x\to a} \frac{f(x)}{g(x)} = A \neq 0, \quad A = \text{const}, \tag{2.22a}$$

und

$$f(x) = o(g(x)): \quad \lim_{x\to a} \frac{f(x)}{g(x)} = 0, \tag{2.22b}$$

wobei $a = \infty$ zugelassen ist. Die LANDAU–Symbole haben nur Sinn bei gleichzeitiger Vorgabe der Bewegungsrichtung $x \to a$.

■ **A:** $\sin x = O(x)$ für $x \to 0$, denn mit $f(x) = \sin x$ und $g(x) = x$ gilt: $\lim\limits_{x\to 0} \dfrac{\sin x}{x} = 1 \neq 0$, d.h., $\sin x$ verhält sich in der Umgebung von $x = 0$ wie x.

■ **B:** $f(x)$ verschwindet von höherer Ordnung als $g(x)$ für $f(x) = 1 - \cos x$, $g(x) = \sin x$:
$\lim\limits_{x\to 0} \left|\dfrac{f(x)}{g(x)}\right| = \lim\limits_{x\to 0} \left|\dfrac{1-\cos x}{\sin x}\right| = 0$, d.h., $1 - \cos x = o(\sin x)$ für $x \to 0$.

■ **C:** $f(x)$ und $g(x)$ verschwinden von gleicher Ordnung für $f(x) = 1 - \cos x$, $g(x) = x^2$:
$\lim\limits_{x\to 0} \left|\dfrac{f(x)}{g(x)}\right| = \lim\limits_{x\to 0} \left|\dfrac{1-\cos x}{x^2}\right| = \dfrac{1}{2}$, d.h., $1 - \cos x = O(x^2)$ für $x \to 0$.

5. Polynome Die Größenordnung von ganzrationalen Funktionen kann durch den Grad der Funktion ausgedrückt werden. So hat die Funktion $f(x) = x$ die Größenordnung 1, ein Polynom mit dem Grad $n+1$ hat eine um 1 höhere Ordnung als ein Polynom mit dem Grade n. Allerdings gilt diese Regel nicht für alle elementaren Funktionen.

6. Exponentialfunktion Die Exponentialfunktion wird stärker unendlich als jede noch so hohe Potenz x^n (n eine feste natürliche Zahl):

$$\lim_{x\to\infty} \left|\frac{e^x}{x^n}\right| = \infty. \tag{2.23a}$$

Durch Anwendung der L'HOSPITALschen Regel ergibt sich nämlich

$$\lim_{x\to\infty} \frac{e^x}{x^n} = \lim_{x\to\infty} \frac{e^x}{nx^{n-1}} = \ldots = \lim_{x\to\infty} \frac{e^x}{n!} = \infty. \tag{2.23b}$$

7. Logarithmusfunktion Der Logarithmus wird schwächer unendlich als jede noch so niedrige positive Potenz $x^{1/n}$ (n eine feste natürliche Zahl):

$$\lim_{x\to\infty} \left|\frac{\log x}{x^{1/n}}\right| = 0. \tag{2.24}$$

Der Beweis wird ebenfalls mit der Regel von L'HOSPITAL geführt.

2.1.5 Stetigkeit einer Funktion

2.1.5.1 Begriff der Stetigkeit und Unstetigkeitsstelle

Die meisten Funktionen, die in den Anwendungen vorkommen, sind stetig, d.h., bei kleinen Änderungen des Arguments x einer *stetigen Funktion* $y(x)$ ändert sich diese auch nur geringfügig. Die graphische Darstellung einer solchen Funktion ergibt eine zusammenhängende Kurve. Ist dagegen die Kurve an verschiedenen Stellen unterbrochen, dann heißt die zugehörige Funktion *unstetig*, und die Werte des Arguments, an denen die Unterbrechung auftritt, heißen *Unstetigkeitsstellen*. In **Abb.2.8** ist das Kurvenbild einer Funktion dargestellt, die *stückweise stetig* ist. Die Unstetigkeitsstellen befinden sich bei A, B, C, D, E, F und G. Die Pfeile stehen für die Aussage, daß ihre Endpunkte nicht mehr zur Kurve gehören.

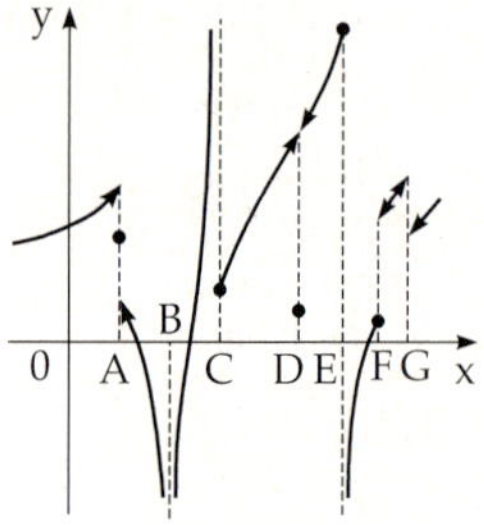

Abbildung 2.8

2.1.5.2 Definition der Stetigkeit

Eine Funktion $y = f(x)$ heißt an der Stelle $x = a$ *stetig*, wenn
1. $f(x)$ an der Stelle a definiert ist und
2. der Grenzwert $\lim\limits_{x \to a} f(x)$ existiert und gleich $f(a)$ ist. Das ist genau dann der Fall, wenn es zu jedem vorgegebenen $\varepsilon > 0$ ein $\delta(\varepsilon) > 0$ gibt, so daß

$$|f(x) - f(a)| < \varepsilon \quad \text{für alle } x \text{ mit} \quad |x - a| < \delta \tag{2.25}$$

gilt.
Man spricht von *einseitiger* (*links-* oder *rechtsseitiger*) *Stetigkeit*, wenn anstelle von $\lim\limits_{x \to a} f(x) = f(a)$ nur einer der beiden Grenzwerte $\lim\limits_{x \to a-0} f(a-0)$ oder $\lim\limits_{x \to a+0} f(a+0)$ existiert und gleich $f(a-0)$ oder $f(a+0)$ ist.
Wenn eine Funktion für alle Werte x in einem gegebenen Intervall von a bis b stetig ist, dann wird die Funktion *stetig in diesem Intervall* genannt, das offen, halboffen oder abgeschlossen sein kann (s. S. 2).
Ist eine Funktion für alle Punkte der Zahlengerade definiert und stetig, dann heißt sie *überall stetig*.
Eine Funktion besitzt für den Wert $x = a$, der sich im Inneren oder auf dem Rande des Definitionsbereiches befindet, eine *Unstetigkeitsstelle*, wenn dort die Funktion nicht definiert ist oder wenn $f(a)$ nicht mit dem Grenzwert $\lim\limits_{x \to a} f(x)$ übereinstimmt bzw. dieser Grenzwert nicht existiert. Wenn die Funktion nur auf einer Seite von $x = a$ definiert ist, z.B. $+\sqrt{x}$ für $x = 0$ und $\arccos x$ für $x = 1$, dann wird nicht von einer Unstetigkeitsstelle, sondern von einem Abbrechen der Funktion gesprochen.
Eine Funktion $f(x)$ wird *stückweise stetig* genannt, wenn sie in allen Punkten eines Intervalls mit Ausnahme endlich vieler einzelner Punkte stetig ist und in ihren Unstetigkeitsstellen endliche Sprünge besitzt.

2.1.5.3 Häufig auftretende Arten von Unstetigkeiten

1. Funktionsverlauf ins Unendliche Der Funktionsverlauf ins Unendliche ist die am häufigsten auftretende Unstetigkeit (Punkte B, C und E in **Abb.2.8**).

■ **A:** $f(x) = \tan x$, $f\left(\frac{\pi}{2} - 0\right) = +\infty$, $f\left(\frac{\pi}{2} + 0\right) = -\infty$. Die Kurve ist auf Seite 75 dargestellt; die Unstetigkeit ist von der Art des Punktes E in **Abb.2.8**. Die symbolische Bezeichnung $f(a-0)$ bzw. $f(a+0)$ ist auf Seite 52 erklärt.

■ **B:** $f(x) = \dfrac{1}{(x-1)^2}$, $f(1-0) = +\infty$, $f(1+0) = +\infty$. Die Unstetigkeitsstelle ist von der Art des Punktes B in **Abb.2.8**.

■ **C:** $f(x) = e^{\frac{1}{x-1}}$, $f(1-0) = 0$, $f(1+0) = \infty$. Die Unstetigkeitsstelle ist von der Art des Punktes C in **Abb.2.8**, aber mit dem Unterschied, daß die Funktion $f(x)$ im Punkt $x = 1$ nicht definiert ist.

2. Endlicher Sprung Die Funktion $f(x)$ springt beim Durchlaufen des Punktes $x = a$ von einem endlichen auf einen anderen endlichen Wert (Punkte A, F, G in **Abb.2.8**): Der Wert der Funktion $f(x)$ für $x = a$ braucht dabei nicht definiert zu sein, wie es für den Punkt G der Fall ist; er kann auch mit dem Wert $f(a-0)$ oder $f(a+0)$ übereinstimmen (Punkt F) oder aber sowohl von $f(a-0)$ und $f(a+0)$ verschieden sein (Punkt A).

■ **A:** $f(x) = \dfrac{1}{1+e^{\frac{1}{x-1}}}$, $f(1-0) = 1$, $f(1+0) = 0$ **(Abb.2.7)**.

■ **B:** $f(x) = E(x)$ **(Abb.2.1c)** $f(n-0) = n-1$, $f(n+0) = n$ (n ganz).

■ **C:** $f(x) = \lim\limits_{n\to\infty} \dfrac{1}{1+x^{2n}}$, $f(1-0) = 1$, $f(1+0) = 0$, $f(1) = \dfrac{1}{2}$.

3. Hebbare Unstetigkeit Es existiert der $\lim\limits_{x\to a} f(x)$, d.h., es ist $f(a-0) = f(a+0)$, aber die Funktion ist für $x = a$ entweder nicht definiert oder es ist $f(a) \neq \lim\limits_{x\to a} f(x)$ (Punkt D in **Abb.2.8**). Diese Unstetigkeit wird *hebbar* genannt, weil in dem Moment, da $f(a)$ den Wert $\lim\limits_{x\to a} f(x)$ zugeordnet bekommt, die Funktion $f(x)$ für $x = a$ wieder stetig wird. Dem Kurvenbild wird gewissermaßen ein Punkt hinzugefügt, oder der „abgesprungene" Punkt D wird wieder auf die Kurve gebracht. Die verschiedenen unbestimmten Ausdrücke, die mit der Regel von L'HOSPITAL oder mit anderen Methoden untersucht werden können und endliche Grenzwerte liefern, sind Beispiele für hebbare Unstetigkeiten.

■ $f(x) = \dfrac{\sqrt{1+x}-1}{x}$, für $x = 0$ ergibt sich der unbestimmte Ausdruck $\dfrac{0}{0}$, aber $\lim\limits_{x\to 0} f(x) = \dfrac{1}{2}$; die Funktion $f(x) = \begin{cases} \dfrac{\sqrt{1+x}-1}{x} & \text{für } x \neq 0 \\ \dfrac{1}{2} & \text{für } x = 0 \end{cases}$ wird dadurch stetig.

2.1.5.4 Stetigkeit und Unstetigkeitspunkte elementarer Funktionen

Die elementaren Funktionen sind in ihrem Definitionsbereich stetig; Unstetigkeitsstellen gehören nicht zum Definitionsbereich. Es können die folgenden allgemeinen Aussagen gemacht werden:

1. Ganzrationale Funktionen oder Polynome sind auf der gesamten Zahlengerade stetig.

2. Gebrochenrationale Funktionen $\dfrac{P(x)}{Q(x)}$ mit den Polynomen $P(x)$ und $Q(x)$ sind überall stetig, ausgenommen für die x–Werte, für die $Q(x) = 0$ ist, aber $P(x) \neq 0$ bleibt. An solchen Stellen besitzt die Funktion eine Unstetigkeitsstelle mit einem Verlauf ins Unendliche, die *Pol* genannt wird. Ist der Wert a sowohl Nullstelle des Nenners als auch des Zählers, dann gibt es nur dann einen Pol, wenn die Vielfachheit (s. S. 42) der Nullstelle des Nenners größer ist als die des Zählers. Anderenfalls ist die Unstetigkeit hebbar.

3. Irrationale Funktionen Wurzeln aus Polynomen mit ganzzahligen Wurzelexponenten sind für alle x–Werte, die zum Definitionsbereich gehören, stetige Funktionen. Auf dem Rande der Definitionsbereiche können sie mit einem endlichen Wert abbrechen, wenn der Radikand von positiven zu negativen Werten überwechselt. Wurzeln aus gebrochenen Funktionen sind für solche x–Werte unstetig, für die der Radikand eine Unstetigkeitsstelle besitzt.

4. Trigonometrische Funktionen Die Funktionen $\sin x$ und $\cos x$ sind überall stetig; $\tan x$ und $\sec x$ besitzen an den Stellen $x = \dfrac{(2n+1)\pi}{2}$ unendliche Sprünge; $\cot x$ und $\operatorname{cosec} x$ besitzen bei $x = n\pi$ (n ganz) unendliche Sprünge.

5. Inverse trigonometrische Funktionen Die Funktionen $\arctan x$ und $\operatorname{arccot} x$ sind überall stetig, $\arcsin x$ und $\arccos x$ brechen an den Grenzen ihres Definitionsbereiches wegen $-1 \leq x \leq +1$ ab.

6. Exponentialfunktion e^x oder a^x mit $a > 0$ Sie ist überall stetig.

7. Logarithmische Funktion $\log x$mit beliebiger positiver Basis Die Funktion ist für alle positiven x–Werte stetig und bricht an der Stelle $x = 0$ wegen $\lim\limits_{x\to+0} \log x = -\infty$, einem rechtsseitigen Grenzwert, ab.

8. Zusammengesetzte elementare Funktionen Die Stetigkeit muß für alle x–Werte der einzelnen elementaren Funktionen, die in dem zusammengesetzten Ausdruck enthalten sind, entsprechend den oben angeführten Fällen untersucht werden (s. auch Mittelbare Funktionen auf S. 58).

■ Es sind die Unstetigkeitsstellen der Funktion $y = \dfrac{e^{\frac{1}{x-2}}}{x \sin \sqrt[3]{1-x}}$ zu ermitteln. Der Exponent $\dfrac{1}{x-2}$ besitzt an der Stelle $x = 2$ einen unendlichen Sprung; für $x = 2$ hat auch $e^{\frac{1}{x-2}}$ einen unendlichen Sprung: $\left(e^{\frac{1}{x-2}}\right)_{x=2-0} = 0$, $\left(e^{\frac{1}{x-2}}\right)_{x=2+0} = \infty$. Die Funktion y hat bei $x = 2$ einen endlichen Nenner. Folglich gibt es für $x = 2$ einen unendlichen Sprung vom gleichen Typ, wie im Punkt C der **Abb.2.8**. Für $x = 0$ wird der Nenner zu null, ebenso für die x–Werte, für die $\sin \sqrt[3]{1-x}$ zu null wird. Letztere entsprechen den Wurzeln der Gleichung $\sqrt[3]{1-x} = n\pi$ oder $x = 1 - n^3\pi^3$, wobei n eine beliebige ganze Zahl ist. Der Zähler wird für keinen dieser Werte zu null, so daß die Funktion an den Stellen $x = 0$, $x = 1$, $x = 1 \pm \pi^3$, $x = 1 \pm 8\pi^3$, $x = 1 \pm 27\pi^3$, ... Unstetigkeitsstellen der gleichen Art hat wie der Punkt E in **Abb.2.8**.

2.1.5.5 Eigenschaften stetiger Funktionen

1. Stetigkeit von Summe, Differenz, Produkt und Quotient stetiger Funktionen Sind $f(x)$ und $g(x)$ auf einem Intervall $[a, b]$ stetig, dann sind dort auch $f(x) \pm g(x)$, $f(x)\,g(x)$ und $\dfrac{f(x)}{g(x)}$ stetige Funktionen, wobei im Falle des Quotienten noch $g(x) \neq 0$ vorausgesetzt werden muß.

2. Stetigkeit mittelbarer Funktionen $y = f(u(x))$ Wenn $f(u)$ eine stetige Funktion bezüglich u ist und $u(x)$ eine stetige Funktion bezüglich x und der Wertebereich von $u(x)$ im Definitionsbereich von $f(u)$ enthalten ist, dann ist auch die mittelbare Funktion $y = f(u(x))$ stetig bezüglich x, und es gilt

$$\lim_{x\to a} f(u(x)) = f\left(\lim_{x\to a} u(x)\right) = f(u(a)). \tag{2.26}$$

Das bedeutet, daß jede stetige Funktion von einer stetigen Funktion einer Variablen wieder stetig ist.

3. Satz von BOLZANO Wenn eine Funktion $f(x)$ in einem abgeschlossenen Intervall $[a, b]$ definiert und stetig ist und die Funktionswerte in den Endpunkten des Intervalls $f(a)$ und $f(b)$ verschiedene Vorzeichen besitzen, dann existiert mindestens ein Wert c, für den $f(x)$ zu null wird:

$$f(c) = 0 \quad \text{mit} \quad a < c < b. \tag{2.27}$$

Geometrisch gedeutet, schneidet die Kurve einer stetigen Funktion beim Übergang von der einen Seite der x–Achse auf die andere dabei wenigstens einmal die x–Achse.

4. Zwischenwertsatz Wenn eine Funktion $f(x)$ in einem zusammenhängenden Gebiet definiert und stetig ist und in zwei Punkten a und b dieses Gebietes, wobei $a < b$ ist, verschiedene Werte A und B

annimmt, d.h.

$$f(a) = A\,, \quad f(b) = B\,, \quad A \neq B\,, \tag{2.28a}$$

dann existiert zu jeder zwischen A und B gelegenen Zahl C wenigstens ein Punkt c zwischen a und b, für den

$$f(c) = C \quad (a < c < b\,, \quad A < C < B \text{ oder } A > C > B) \tag{2.28b}$$

gilt. Anders ausgedrückt: Die Funktion $f(x)$ nimmt jeden Wert zwischen A und B wenigstens einmal an.

5. Existenz einer inversen Funktion Wenn eine Funktion $f(x)$ in einem zusammenhängenden Gebiet I definiert und stetig ist und in diesem Gebiet streng monoton wächst oder fällt, dann existiert eine zu dieser Funktion stetige, ebenfalls streng monoton wachsende bzw. fallende inverse Funktion $\varphi(x)$ (s. auch S. 50), die im Gebiet II für die Werte, die von der Funktion $f(x)$ angenommen werden, definiert ist **(Abb.2.9)**.

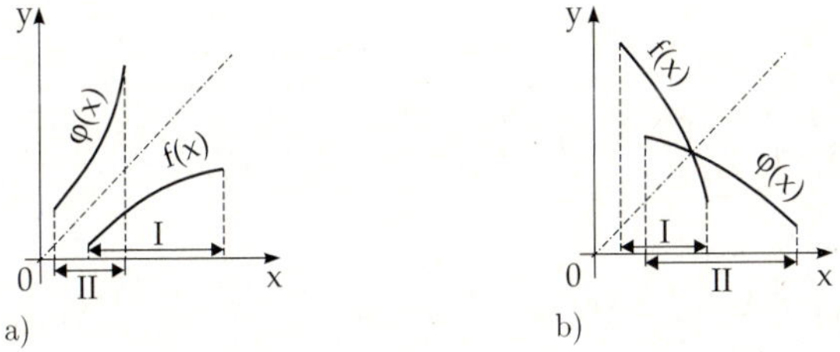

Abbildung 2.9

6. Satz über die Beschränktheit einer Funktion Wenn eine Funktion $f(x)$ in einem abgeschlossenen Intervall $[a, b]$ definiert und stetig ist, dann ist sie in diesem Intervall auch beschränkt, d.h., es lassen sich zwei Zahlen m und M finden, für die

$$m \leq f(x) \leq M \quad \text{für} \quad a \leq x \leq b \tag{2.29}$$

ist.

7. Satz von WEIERSTRASS Wenn eine Funktion $f(x)$ auf einem abgeschlossenen Intervall $[a, b]$ definiert und stetig ist, dann besitzt $f(x)$ dort ein absolutes Maximum M und ein absolutes Minimum m, d.h., es existiert in diesem Intervall wenigstens ein Punkt c und wenigstens ein Punkt d, so daß für alle x mit $a \leq x \leq b$ gilt:

$$m = f(d) \leq f(x) \leq f(c) = M\,. \tag{2.30}$$

Die Differenz zwischen dem kleinsten und dem größten Wert einer stetigen Funktion wird ihre *Schwankung* in dem gegebenen Intervall genannt. Der Begriff der Schwankung einer Funktion kann auch auf Funktionen ausgedehnt werden, die keinen größten oder kleinsten Funktionswert besitzen (s. Lit. [22.16], Band 3).

2.2 Elementare Funktionen

Elementare Funktionen sind durch Formeln definiert, die nur endlich viele Operationen mit der unabhängigen Variablen sowie mit Konstanten vorschreiben. Unter Operationen versteht man hier die vier Grundrechenarten, das Potenzieren und Radizieren, das Aufsuchen einer Exponential- oder Logarithmusfunktion sowie das Aufsuchen trigonometrischer oder invers trigonometrischer Funktionen. Man teilt die elementaren Funktionen im wesentlichen in *algebraische* und *transzendente* ein.
Im Unterschied zu den elementaren können auch *nichtelementare Funktionen* definiert werden (s. z.B.

S. 454).

2.2.1 Algebraische Funktionen

Algebraische Funktionen zeichnen sich durch eine Verknüpfung des Arguments x mit der Funktion y über eine *algebraische Gleichung* der Form

$$p_0(x) + p_1(x)y + p_2(x)y^2 + \ldots + p_n(x)y^n = 0 \tag{2.31}$$

aus, wobei $p_0, p_1, \ldots, p_n$ Polynome in x sind.

■ $3xy^3 - 4xy + x^3 - 1 = 0$, d.h. $p_0(x) = x^3 - 1$, $p_1(x) = -4x$, $p_2(x) = 0$, $p_3(x) = 3x$.

Wenn es gelingt, eine algebraische Gleichung (2.31) algebraisch nach y aufzulösen, dann liegt einer der folgenden Typen der einfachsten algebraischen Funktionen vor:

2.2.1.1 Ganzrationale Funktionen (Polynome)

Das Argument x wird nur den Operationen Addition, Subtraktion und Multiplikation unterworfen.

$$y = a_n x^n + a_{n-1}x^{n-1} + \ldots + a_0 . \tag{2.32}$$

Insbesondere bezeichnet man $y = a$ als *Konstante*, $y = ax + b$ als *lineare Funktion* und $y = ax^2 + bx + c$ als *quadratische Funktion*.

2.2.1.2 Gebrochenrationale Funktionen

Die gebrochenrationale Funktion kann immer als Quotient zweier ganzrationaler Funktionen dargestellt werden:

$$y = \frac{a_0 x^n + a_1 x^{n-1} + \ldots + a_n}{b_0 x^m + b_1 x^{m-1} + \ldots + b_m} . \tag{2.33a}$$

Insbesondere bezeichnet man

$$y = \frac{ax + b}{cx + d} \tag{2.33b}$$

als *gebrochenlineare Funktion*.

2.2.1.3 Irrationale Funktionen

Außer den bei den gebrochenrationalen Funktionen genannten Operationen tritt hier das Argument x zusätzlich unter dem Wurzelzeichen auf.

■ **A:** $y = \sqrt{2x + 3}$, ■ **B:** $y = \sqrt[3]{(x^2 - 1)\sqrt{x}}$.

2.2.2 Transzendente Funktionen

Transzendente Funktionen können nicht durch eine algebraische Gleichung vom Typ (2.31) beschrieben werden. Die einfachsten elementaren transzendenten Funktionen werden im folgenden aufgeführt.

2.2.2.1 Exponentialfunktionen

Das Argument x der Exponentialfunktionen (s. S. 70) oder eine algebraische Funktion von x befindet sich im Exponenten.

■ **A:** $y = e^x$, ■ **B:** $y = a^x$, ■ **C:** $y = 2^{3x^2 - 5x}$.

2.2.2.2 Logarithmische Funktionen

Das Argument x der logarithmischen Funktionen (s. S. 70) oder eine algebraische Funktion von x befindet sich unter dem Logarithmuszeichen.

■ **A:** $y = \ln x$, ■ **B:** $y = \lg x$, ■ **C:** $y = \log_2(5x^2 - 3x)$.

2.2.2.3 Trigonometrische Funktionen

Das Argument x der trigonometrischen Funktionen (s. S. 73) oder eine algebraische Funktion von x befinden sich hinter dem Zeichen sin, cos, tan, cot, sec, cosec.

■ **A:** $y = \sin x$, ■ **B:** $y = \cos(2x + 3)$, ■ **C:** $y = \tan\sqrt{x}$.

Dabei ist zu beachten, daß man allgemein betrachtet unter dem Argument einer trigonometrischen

Funktion nicht unmittelbar einen Winkel oder einen Kreisbogen, wie bei der geometrischen Definition, sondern eine beliebige Größe versteht. Die trigonometrischen Funktionen können auch ohne Heranziehen geometrischer Vorstellungen rein analytisch definiert werden. Das wird z.B. bei der Darstellung dieser Funktionen mit Hilfe einer Reihenentwicklung deutlich oder bei der Lösung der Differentialgleichung $\frac{d^2y}{dx^2} + y = 0$ mit den Anfangsbedingungen $y = 0$ und $\frac{dy}{dx} = 1$ an der Stelle $x = 0$. Das Argument der trigonometrischen Funktionen ist bei dieser Deutung zahlenmäßig gleich dem *Bogen* in Einheiten des Radianten. Daher kann man bei der Berechnung der trigonometrischen Funktionen vom *Argument im Bogenmaß* ausgehen.

2.2.2.4 Inverse trigonometrische Funktionen

Die Variable x oder eine algebraische Funktion von x befindet sich im Argument der inversen trigonometrischen Funktionen (s. S. 82) arcsin, arccos usw.

■ **A:** $y = \arcsin x$, ■ **B:** $y = \arccos\sqrt{1-x}$.

2.2.2.5 Hyperbelfunktionen

(S. S. 86.)

2.2.2.6 Inverse Hyperbelfunktionen

(S. S. 89.)

2.2.3 Zusammengesetzte Funktionen

Zusammengesetzte Funktionen entstehen durch alle möglichen Kombinationen der aufgeführten algebraischen und transzendenten Funktionen, wenn eine Funktion als Argument einer anderen dient.

■ **A:** $y = \ln\sin x$, ■ **B:** $y = \frac{\ln x + \sqrt{\arcsin x}}{x^2 + 5e^x}$.

Solche Kombinationen elementarer Funktionen ergeben, endlich oft angewandt, wieder elementare Funktionen.

2.3 Polynome

2.3.1 Lineare Funktion

Die *lineare Funktion* $$y = ax + b \tag{2.34}$$

ergibt graphisch dargestellt eine *Gerade* **(Abb.2.10a)**.
Für $a > 0$ wächst die Funktion monoton an, für $a < 0$ nimmt sie monoton ab; für $a = 0$ ist sie konstant. Die Achsenschnitte liegen bei $A(-b/a, 0)$ und $B(0, b)$ (ausführlicher s. S. 190). Mit $b = 0$ ergibt sich

die direkte Proportionalität $$y = ax, \tag{2.35}$$

graphisch eine Gerade durch den Koordinatenursprung **(Abb.2.10b)**.

2.3.2 Quadratisches Polynom

Die *ganzrationale Funktion 2. Grades* $$y = ax^2 + bx + c \tag{2.36}$$

liefert graphisch dargestellt als Kurve eine *Parabel* mit einer vertikalen Symmetrieachse bei $x = -b/2a$ **(Abb 2.11)**. Die Funktion nimmt für $a > 0$ zunächst ab, erreicht ein Minimum und nimmt dann wieder zu. Für $a < 0$ steigt sie an, erreicht ein Maximum und fällt danach wieder ab. Die Schnittpunkte A_1, A_2 der x–Achse bei $\left(\frac{-b \pm \sqrt{b^2 - 4ac}}{2a}, 0\right)$, der Schnittpunkt B mit der y–Achse liegt bei $(0, c)$. Das Extremum liegt bei $C\left(-\frac{b}{2a}, \frac{4ac - b^2}{4a}\right)$ (ausführlicher über die Parabel s. S. 199).

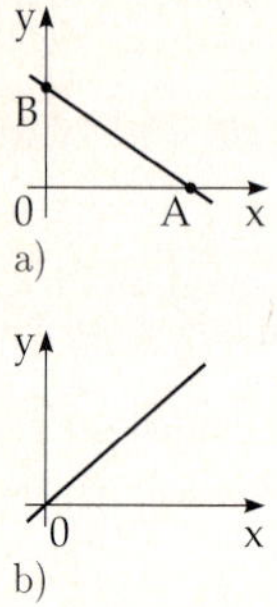

Abbildung 2.10

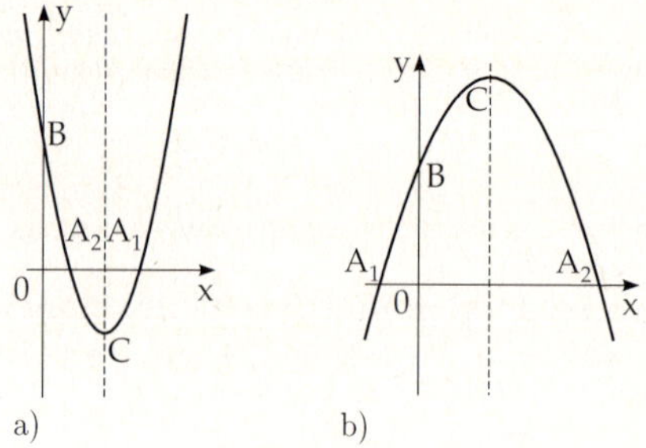

Abbildung 2.11

2.3.3 Polynom 3. Grades

Die *ganzrationale Funktion 3. Grades* $y = ax^3 + bx^2 + cx + d$ (2.37)

beschreibt in der graphischen Darstellung eine *kubische Parabel* **(Abb.2.12a,b,c)**.

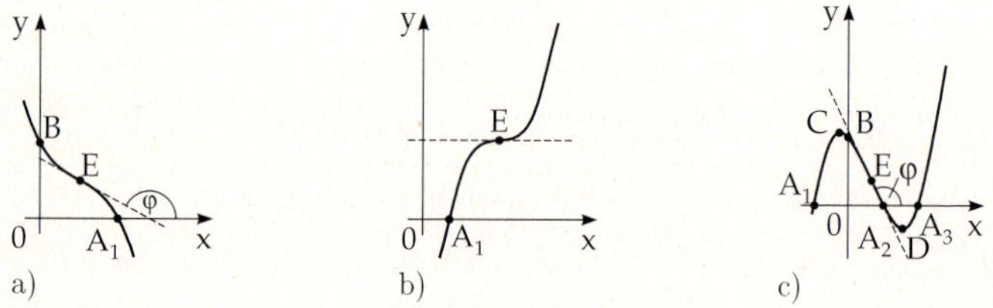

Abbildung 2.12

Das Verhalten der Funktion hängt von a und der Diskriminante $\Delta = 3ac - b^2$ ab. Wenn $\Delta \geq 0$ ist **(Abb.2.12a,b)**, dann nimmt die Funktion für $a > 0$ monoton zu, für $a < 0$ monoton ab. Die Funktion besitzt ein Maximum und ein Minimum, wenn $\Delta < 0$ ist **(Abb.2.12c)**: Für $a > 0$ nimmt sie von $-\infty$ bis zum Maximum zu, dann fällt sie bis zum Minimum ab, um danach bis $+\infty$ anzusteigen; für $a < 0$ nimmt sie von $+\infty$ bis zum Minimum ab, steigt danach bis zum Maximum an, um schließlich bis $-\infty$ abzufallen. Die Schnittpunkte mit der x–Achse lassen sich als reelle Wurzeln von (2.37) für $y = 0$ berechnen. Es kann eine reelle Wurzel geben, zwei (dann gibt es in einem Punkt eine Berührung) oder drei: A_1, A_2 und A_3. Der Schnittpunkt mit der y–Achse liegt bei $B(0, d)$, die Extrema C und D bei $\left(-\frac{b \pm \sqrt{-\Delta}}{3a}, \frac{d + 2b^3 - 9abc \pm (6ac - 2b^2)\sqrt{-\Delta}}{27a^2}\right)$. Der Wendepunkt, der zugleich Symmetriepunkt der Kurve ist, liegt bei $E\left(-\frac{b}{3a}, \frac{2b^3 - 9abc}{27a^2} + d\right)$. Die Tangente besitzt in diesem Punkt den Richtungskoeffizienten $\tan\varphi = \left(\frac{dy}{dx}\right)_E = \frac{\Delta}{3a}$.

2.3.4 Polynom n–ten Grades

Die *ganzrationale Funktion n–ten Grades* $y = a_n x^n + a_{n-1}x^{n-1} + \ldots + a_1 x + a_0$ (2.38)

beschreibt eine *Kurve n–ter Ordnung* (s. S. 190) vom *parabolischen Typ* **(Abb.2.13)**.

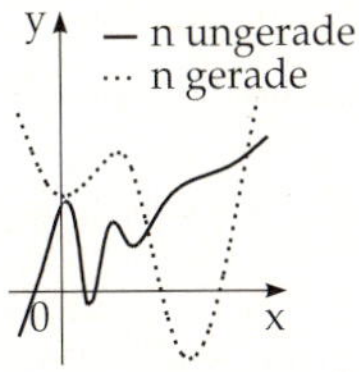

Abbildung 2.13

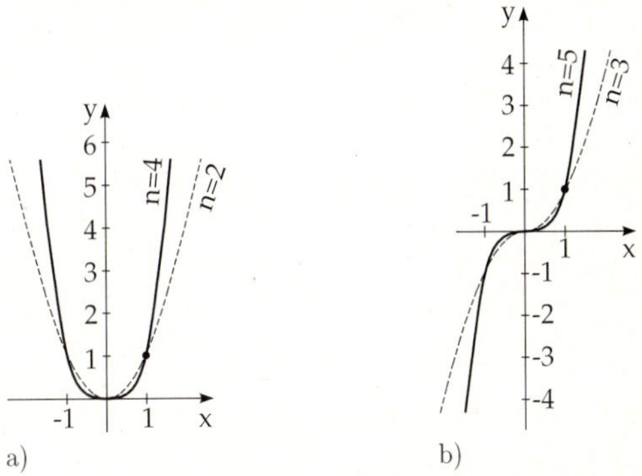

a) b)

Abbildung 2.14

Fall 1: n ungerade Für $a_n > 0$ verläuft y stetig von $-\infty$ bis $+\infty$ und für $a_n < 0$ von $+\infty$ bis $-\infty$. Die x–Achse kann von der Kurve bis zu n mal geschnitten bzw. berührt werden (zur Lösung einer Gleichung n–ten Grades s. S. 42 ff. und S. 881). Die Funktion (2.38) besitzt entweder keine oder eine gerade Anzahl von bis zu $n-1$ Extremwerten, wobei Minima und Maxima einander abwechseln; die Zahl der Wendepunkte ist ungerade und liegt zwischen 1 und $n-2$. Asymptoten oder singuläre Punkte gibt es nicht.

Fall 2: n gerade Für $a_n > 0$ hat y einen stetigen Verlauf von $+\infty$ über ein Minimum bis $+\infty$ und für $a_n < 0$ von $-\infty$ über ein Maximum nach $-\infty$. Die Kurve schneidet oder berührt die x–Achse entweder nicht oder 1 bis n mal; Maxima und Minima wechseln einander ab; die Anzahl der Wendepunkte ist gerade. Asymptoten oder singuläre Punkte existieren nicht.
Vor dem Zeichnen der Kurven empfiehlt es sich, zuerst Extremwerte, Wendepunkte und die Werte der ersten Ableitung in diesen Punkten zu bestimmen, dann die Kurventangenten einzuzeichnen, um schließlich alle diese Punkte stetig miteinander zu verbinden.

2.3.5 Parabel n–ter Ordnung

Die Funktion $$y = ax^n \tag{2.39}$$

mit $n > 0$, ganzzahlig, liefert als Kurve eine *Parabel n–ter Ordnung* (**Abb.2.14**).
1. Spezialfall $a = 1$: Die Kurve $y = x^n$ geht durch die Punkte $(0,0)$ und $(1,1)$ und berührt oder schneidet die x–Achse im Koordinatenursprung. Für gerades n ergibt sich eine zur y–Achse symmetrische Kurve mit einem Minimum im Koordinatenursprung. Für ungerades n ergibt sich eine zentralsymmetrische Kurve zum Koordinatenursprung, der zugleich Wendepunkt ist. Asymptoten gibt es keine.
2. Allgemeiner Fall $a \neq 0$: Man erhält die Kurve $y = ax^n$ aus der zu $y = x^n$ gehörenden Kurve durch Streckung der Abszissen mit dem Faktor $|a|$. Für $a < 0$ spiegelt man $y = |a|x^n$ an der x–Achse.

2.4 Gebrochenrationale Funktionen

2.4.1 Umgekehrte Proportionalität

Die Funktion $$y = \frac{a}{x} \tag{2.40}$$

liefert eine *gleichseitige Hyperbel*, deren Asymptoten die Koordinatenachsen sind (**Abb.2.15**). Die Unstetigkeitsstelle mit $y = \pm\infty$ liegt bei $x = 0$. Wenn $a > 0$ ist, dann nimmt die Funktion von 0 bis $-\infty$ und von $+\infty$ bis 0 ab (ausgezogene Kurve im 1. und 3. Quadranten). Ist $a < 0$, dann wächst die

Funktion von 0 bis $+\infty$ und von $-\infty$ bis 0 (gestrichelte Kurve im 2. und 4. Quadranten). Die Scheitelpunkte A und B liegen bei $\left(\pm\sqrt{|a|}, +\sqrt{|a|}\right)$ und $\left(\pm\sqrt{|a|}, -\sqrt{|a|}\right)$ mit gleichen Vorzeichen für $a > 0$ und unterschiedlichen Vorzeichen für $a < 0$. Extrema gibt es keine (ausführlicher über die Hyperbel s. S. 196).

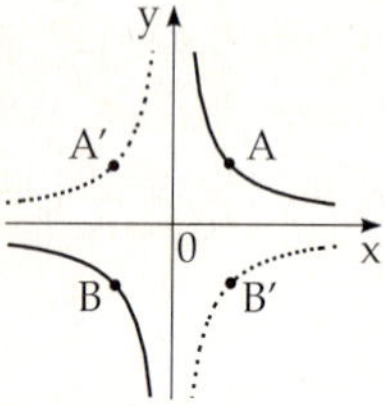

Abbildung 2.15

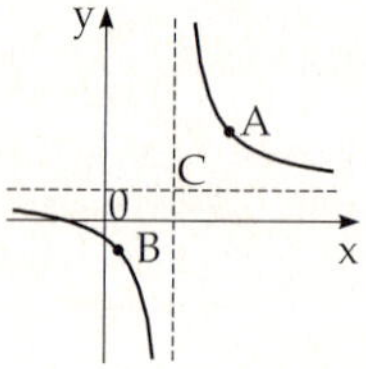

Abbildung 2.16

1. Gebrochenlineare Funktion

Die Funktion
$$y = \frac{a_1x + b_1}{a_2x + b_2} \tag{2.41}$$
beschreibt eine *gleichseitige Hyperbel*, deren Asymptoten parallel zu den Koordinatenachsen verlaufen **(Abb. 2.16)**. Der Mittelpunkt liegt bei $C\left(-\frac{b_2}{a_2}, \frac{a_1}{a_2}\right)$. Dem Parameter a in Gleichung (2.40) entspricht $-\frac{\Delta}{{a_2}^2}$ mit $\Delta = \begin{vmatrix} a_1 & b_1 \\ a_2 & b_2 \end{vmatrix}$. Die Scheitelpunkte A und B der Hyperbel liegen bei $\left(-\frac{b_2 \pm \sqrt{|\Delta|}}{a_2}, \frac{a_1 + \sqrt{|\Delta|}}{a_2}\right)$ und $\left(-\frac{b_2 \pm \sqrt{|\Delta|}}{a_2}, \frac{a_1 - \sqrt{|\Delta|}}{a_2}\right)$, wobei für $\Delta < 0$ gleiche Vorzeichen genommen werden, für $\Delta > 0$ verschiedene. Die Unstetigkeitsstelle liegt bei $x = -\frac{b_2}{a_2}$. Die Funktion nimmt für $\Delta < 0$ von $\frac{a_1}{a_2}$ bis $-\infty$ und von $+\infty$ bis $\frac{a_1}{a_2}$ ab. Für $\Delta > 0$ wächst die Funktion von $\frac{a_1}{a_2}$ bis $+\infty$ und von $-\infty$ bis $\frac{a_1}{a_2}$. Extrema gibt es keine.

2.4.2 Kurve 3. Ordnung, Typ I

Die Funktion
$$y = a + \frac{b}{x} + \frac{c}{x^2} \quad \left(= \frac{ax^2 + bx + c}{x^2}\right) \quad (b \neq 0, \quad c \neq 0) \tag{2.42}$$
(Abb.2.17) beschreibt eine *Kurve 3. Ordnung* (Typ I). Sie hat die beiden Asymptoten $x = 0$ und $y = a$ und besteht aus zwei Ästen, von denen der eine einer monotonen Änderung von y zwischen a und $+\infty$ bzw. $-\infty$ entspricht, während der andere drei charakteristische Punkte durchläuft: einen Schnittpunkt mit der Asymptote bei $A\left(-\frac{c}{b}, a\right)$, ein Extremum bei $B\left(-\frac{2c}{b}, a - \frac{b^2}{4c}\right)$ und einen Wendepunkt bei $C\left(-\frac{3c}{b}, a - \frac{2b^2}{9c}\right)$. Für die Lage dieser Äste gibt es vier Fälle die von den Vorzeichen von b und c abhängen **(Abb.2.17)**. Die Schnittpunkte mit der x–Achse D, E liegen bei $\left(\frac{-b \pm \sqrt{b^2 - 4ac}}{2a}, 0\right)$;

ihre Anzahl kann zwei, eins (Berührung) oder null betragen, je nachdem, ob für $b^2 - 4ac > 0$, $= 0$ oder < 0 gilt.

Die Funktion (2.42) geht für $b = 0$ in die Funktion $y = a + \frac{c}{x^2}$ (s. **(Abb.2.20)** der reziproken Potenz) und für $c = 0$ in die gebrochenlineare Funktion $y = \frac{ax + b}{x}$, einen Spezialfall von (2.41), über.

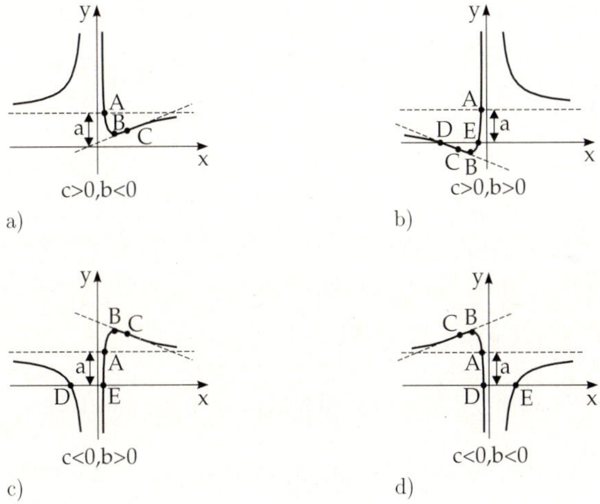

Abbildung 2.17

2.4.3 Kurve 3. Ordnung, Typ II

Die Funktion
$$y = \frac{1}{ax^2 + bx + c} \tag{2.43}$$

beschreibt eine *Kurve 3. Ordnung* (Typ II), die symmetrisch zu der vertikalen Geraden $x = -\frac{b}{2a}$ verläuft und die die x–Achse zur Asymptote hat **(Abb.2.18)**. Ihr Verhalten hängt von den Vorzeichen von a und $\Delta = 4ac - b^2$ ab. Von den zwei Fällen $a > 0$ und $a < 0$ wird hier nur der erste betrachtet, da der zweite durch Spiegelung von $y = \frac{1}{(-a)x^2 - bx - c}$ an der x–Achse erhalten werden kann.

Fall a) $\Delta > 0$: Die Funktion ist für beliebiges x positiv und stetig und wächst von 0 bis zum Maximum, um dann wieder gegen 0 zu fallen. Das Maximum A liegt bei $\left(-\frac{b}{2a}, \frac{4a}{\Delta}\right)$, die Wendepunkte B und C liegen bei $\left(-\frac{b}{2a} \pm \frac{\sqrt{\Delta}}{2a\sqrt{3}}, \frac{3a}{\Delta}\right)$; die zugehörigen Tangentensteigungen (*Richtungskoeffizienten*) berechnen sich zu $\tan\varphi = \mp a^2 \left(\frac{3}{\Delta}\right)^{3/2}$ **(Abb.2.18a)**.

Fall b) $\Delta = 0$: Die Funktion ist für beliebiges x positiv, wächst von 0 bis $+\infty$, besitzt bei $x = -\frac{b}{2a}$ eine Unstetigkeitsstelle mit $y = +\infty$ und nimmt von hier wieder auf 0 ab **(Abb.2.18b)**.

Fall c) $\Delta < 0$: Die Funktion wächst von 0 bis $+\infty$, springt an der Unstetigkeitsstelle auf $-\infty$, um von hier über ein Maximum wieder nach $-\infty$ zu verlaufen, von wo es einen zweiten Sprung nach $+\infty$ gibt, auf den schließlich ein Abfall gegen 0 folgt. Das Maximum A liegt bei $\left(-\frac{b}{2a}, \frac{4a}{\Delta}\right)$; die Unstetigkeitsstellen liegen bei $x = \frac{-b \pm \sqrt{-\Delta}}{2a}$ **(Abb.2.18c)**.

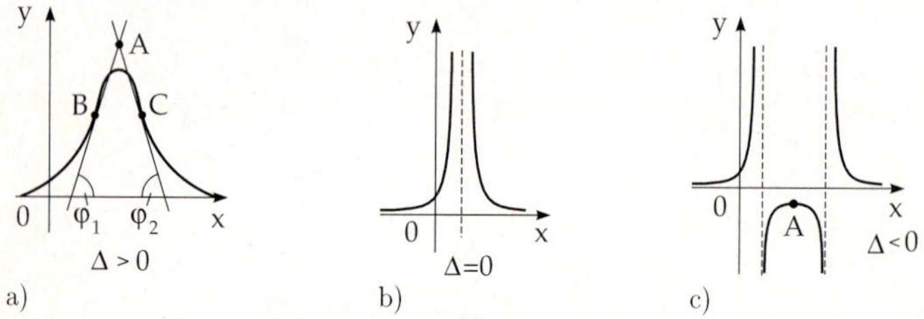

Abbildung 2.18

2.4.4 Kurve 3. Ordnung, Typ III

Die Funktion
$$y = \frac{x}{ax^2 + bx + c} \tag{2.44}$$
beschreibt eine *Kurve 3. Ordnung* (Typ III) durch den Koordinatenursprung mit der x–Achse als Asymptote **(Abb.2.19)**. Der Verlauf der Funktion hängt von den Vorzeichen von a und von $\Delta = 4ac - b^2$ sowie von den Vorzeichen der Wurzeln α und β der Gleichung $ax^2 + bx + c = 0$ ab, wenn $\Delta < 0$ ist, vom Vorzeichen von b, wenn $\Delta = 0$ ist. Von den zwei Fällen $a > 0$ und $a < 0$ wird hier nur der erste betrachtet, da sich der zweite durch Spiegelung der Kurve für $y = \frac{x}{(-a)x^2 - bx - c}$ an der x–Achse ergibt.

Fall a) $\Delta > 0$: Die Funktion verläuft stetig, nimmt von 0 bis zum Minimum ab, steigt dann bis zum Maximum an, um danach wieder auf 0 abzufallen.

Die Extremwerte A und B liegen bei $\left(\pm\sqrt{\frac{c}{a}}, \frac{-b \pm 2\sqrt{ac}}{\Delta}\right)$; es gibt drei Wendepunkte **(Abb.2.19a)**.

Fall b) $\Delta = 0$: Der Verlauf hängt vom Vorzeichen von b ab:

- $b > 0$: Die Funktion nimmt von 0 bis $-\infty$ ab, hat eine Unstetigkeitsstelle, nach der sie von $-\infty$ bis zum Maximum anwächst, um danach gegen 0 zu streben **(Abb.2.19b$_1$)**. Das Maximum A liegt bei $A\left(+\sqrt{\frac{c}{a}}, \frac{1}{2\sqrt{ac} + b}\right)$.

- $b < 0$: Die Funktion fällt von 0 bis zum Minimum ab, durchläuft danach den Koordinatenursprung, steigt dann von 0 bis $+\infty$, hat eine Unstetigkeitsstelle und fällt dann wieder von $+\infty$ auf 0 ab **(Abb. 2.19b$_2$)**. Das Minimum A liegt bei $A\left(-\sqrt{\frac{c}{a}}, -\frac{1}{2\sqrt{ac} - b}\right)$.

Die Unstetigkeitsstellen liegen in beiden Fällen bei $x = -\frac{b}{2a}$; beide Kurven besitzen je einen Wendepunkt.

Fall c) $\Delta < 0$: Die Funktion besitzt zwei Unstetigkeitsstellen bei $x = \alpha$ und $x = \beta$; ihr Verlauf hängt von den Vorzeichen von α und β ab.

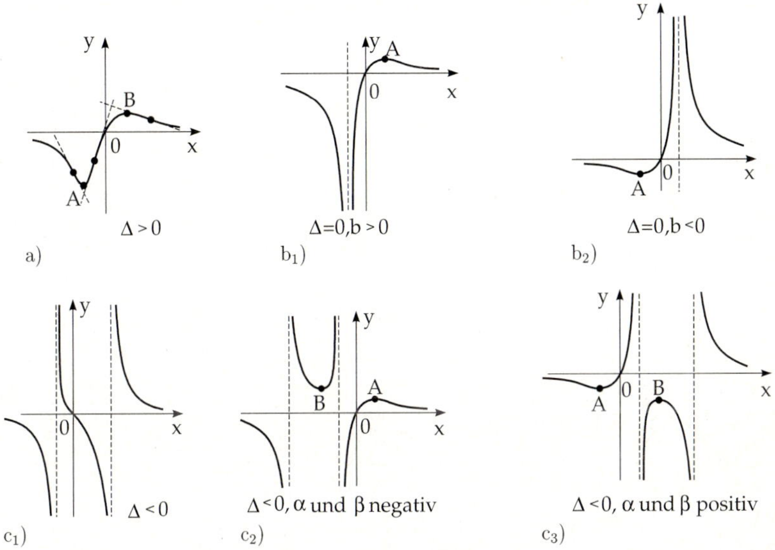

Abbildung 2.19

• Die Vorzeichen von α und β sind verschieden: Die Funktion nimmt von 0 bis $-\infty$ ab, springt auf $+\infty$, nimmt wieder von $+\infty$ bis $-\infty$ ab, wobei sie durch den Koordinatenursprung verläuft, erfährt einen zweiten Sprung nach $+\infty$, von wo sie gegen 0 abfällt **(Abb.2.19c$_1$)**. Extremwerte treten nicht auf.

• Die Vorzeichen von α und β sind beide negativ: Die Funktion nimmt von 0 bis $-\infty$ ab, springt auf $+\infty$, läuft von hier über ein Minimum wieder bis auf $+\infty$, springt abermals auf $-\infty$, steigt dann bis zum Maximum an, um danach asymptotisch gegen 0 abzufallen **(Abb.2.19c$_2$)**.
Die Extremwerte A und B werden nach den gleichen Formeln wie im Fall 2.4.4 berechnet.

• Die Vorzeichen von α und β sind beide positiv: Die Funktion nimmt von 0 bis zum Minimum ab, wächst dann auf $+\infty$ an, springt auf $-\infty$, durchläuft ein Maximum, um wieder $-\infty$ zu erreichen, springt auf $+\infty$ und verläuft von hier gegen 0 **(Abb.2.19c$_3$)**.
Die Extremwerte A und B werden mit den gleichen Formeln wie im Fall 2.4.4 berechnet.
In allen drei Fällen besitzt die Kurve einen Wendepunkt.

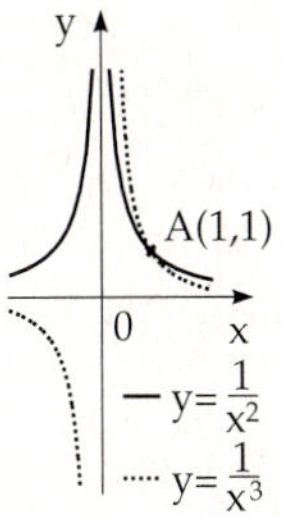

Abbildung 2.20

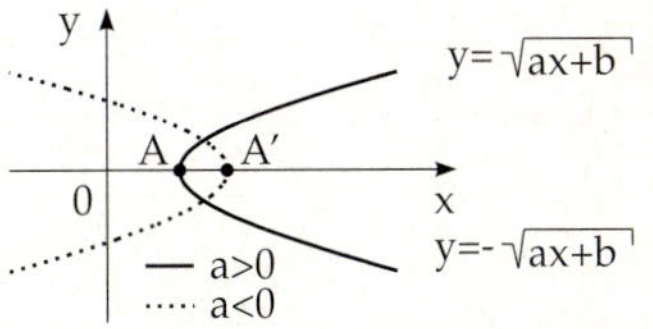

Abbildung 2.21

2.4.5 Reziproke Potenz

Die Funktion $$y = \frac{a}{x^n} = ax^{-n} \quad (n > 0, \ \text{ganzzahlig}) \qquad (2.45)$$

beschreibt eine *Kurve vom hyperbolischen Typ* mit den Koordinatenachsen als Asymptoten. Die Unstetigkeitsstelle liegt bei $x = 0$ (**Abb.2.20**).

Fall a) Für $\boldsymbol{a > 0}$ wächst die Funktion bei geradem n von 0 bis $+\infty$, um dann auf 0 abzufallen, wobei sie stets positiv bleibt. Bei ungeradem n fällt sie von 0 auf $-\infty$ ab, springt auf $+\infty$, um dann wieder gegen 0 hin abzunehmen.

Fall b) Für $\boldsymbol{a < 0}$ fällt die Funktion bei geradem n von 0 auf $-\infty$ ab, um von hier gegen 0 zu streben, wobei sie stets negativ bleibt. Bei ungeradem n wächst sie von 0 bis $+\infty$, springt auf $-\infty$, um danach bis 0 anzusteigen.

Extrema hat die Funktion keine. Die Kurve nähert sich um so schneller asymptotisch der x–Achse und um so langsamer der y–Achse, je größer n ist. Für gerades n ist sie symmetrisch zur y–Achse, für ungerades n zentralsymmetrisch zum Koordinatenursprung. Die **Abb.2.20** zeigt die Fälle $n = 2$ und $n = 3$ für $a = 1$.

2.5 Irrationale Funktionen

2.5.1 Quadratwurzel aus einem linearen Binom

Die zwei Funktionen $$y = \pm\sqrt{ax + b} \qquad (2.46)$$

beschreiben eine *Parabel* mit der x–Achse als Symmetrieachse. Der Scheitel A liegt bei $\left(-\frac{b}{a}, 0\right)$, der *Halbparameter* (s. S. 199) ist $p = \frac{a}{2}$. Definitionsbereich und Verlauf der Kurve hängen vom Vorzeichen von a ab (**Abb.2.21**) (ausführlicher über die Parabel s. S. 199).

1. Quadratwurzel aus einem quadratischen Polynom

Die zwei Funktionen $$y = \pm\sqrt{ax^2 + bx + c} \qquad (2.47)$$

beschreiben für $a < 0$ eine *Ellipse*, für $a > 0$ eine *Hyperbel* (**Abb.2.22**). Von den zwei Achsen stimmt eine mit der x–Achse überein, die andere ist die Gerade $x = -\frac{b}{2a}$.

Die Scheitel A, C und B, D liegen bei $\left(-\frac{b \pm \sqrt{-\Delta}}{2a}, 0\right)$ und $\left(-\frac{b}{2a}, \pm\sqrt{\frac{\Delta}{4a}}\right)$, wobei $\Delta = 4ac - b^2$.

Definitionsbereich und Verlauf der Funktionen hängen von den Vorzeichen von a und Δ ab (**Abb.2.22**). Für $a < 0$ und $\Delta > 0$ besitzen die Funktionen nur imaginäre Werte, so daß hier keine Kurven existieren (ausführlich über Ellipse und Hyperbel s. S. 194 und 196).

2.5.2 Potenzfunktion

Die Potenzfunktion $$y = ax^k = ax^{\pm m/n} \quad mn\ \mathit{ganzzahlig, positiv, teilerfremd}, \qquad (2.48)$$

ist für $k > 0$ und $k < 0$ getrennt zu betrachten (**Abb.2.23**). Dabei reicht eine Beschränkung auf den Fall $a = 1$ aus, weil die Kurven für $a \neq 1$ gegenüber den von $y = x^k$ in Richtung der y–Achse mit dem Faktor a gestreckt und bei negativem a an der x–Achse zu spiegeln sind.

Fall a) $\boldsymbol{k > 0}$, $\boldsymbol{y = x^{m/n}}$: Der Kurvenverlauf ist für vier charakteristische Fälle der Größen k, m und n **Abb.2.23** dargestellt. Die Kurve verläuft durch die Punkte $(0, 0)$ und $(1, 1)$. Für $k > 1$ berührt sie die x–Achse im Koordinatenursprung (**Abb.2.23d**), für $k < 0$ ebenfalls im Koordinatenursprung die y–Achse (**Abb.2.23a,b,c**). Für n gerade gibt es zwei zur x–Achse symmetrische Zweige (**Abb.2.23a,d**),

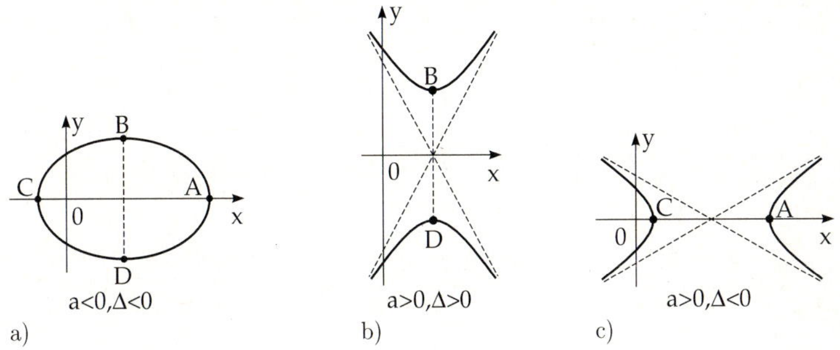

Abbildung 2.22

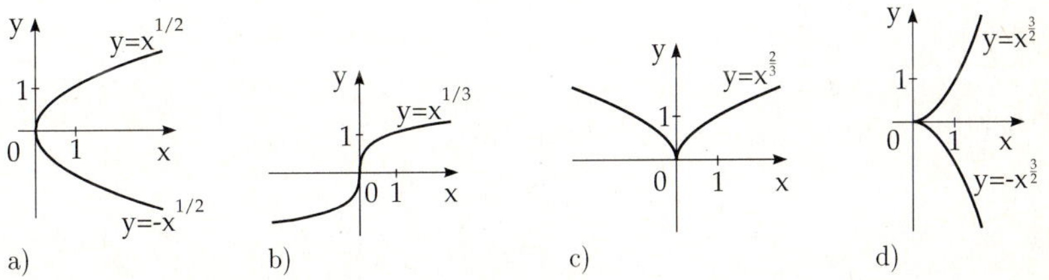

Abbildung 2.23

für m gerade zwei zur y–Achse symmetrische Zweige **(Abb.2.23c)**. Für m und n ungerade ist die Kurve zentralsymmetrisch zum Koordinatenursprung **(Abb.2.23b)**. Die Kurve kann somit im Koordinatenursprung einen Scheitel, einen Wendepunkt oder einen Rückkehrpunkt besitzen **(Abb.2.23)**. Asymptoten hat sie keine.

Fall b) $\boldsymbol{k < 0, y = x^{-m/n}}$: Der Kurvenverlauf ist für vier charakteristische Fälle der Größen k, m und n **Abb.2.24** dargestellt. Die Kurve ist vom hyperbolischen Typ, wobei die Asymptoten mit den Koordinatenachsen zusammenfallen **(Abb.2.24)**. Die Unstetigkeitsstelle befindet sich bei $x = 0$. Die Kurve nähert sich der x–Achse asymptotisch um so schneller und der y–Achse um so langsamer, je größer $|k|$ ist. Der Kurvenverlauf und die Symmetrie hinsichtlich der Koordinatenachsen bzw. des Koordinatenursprungs hängen wie im Falle $k > 0$ davon ab, ob m und n gerade oder ungerade sind. Extrema gibt es keine.

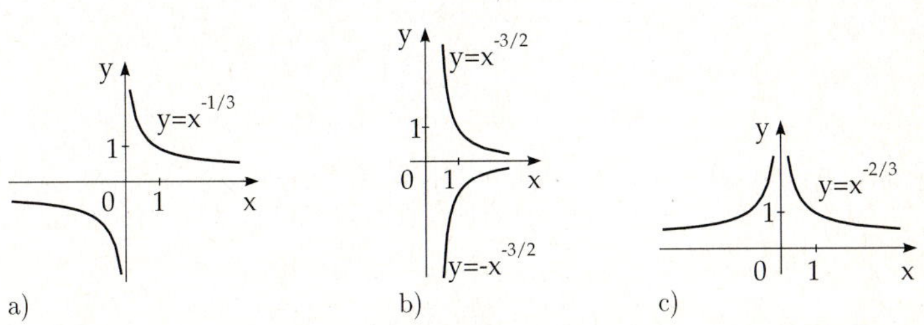

Abbildung 2.24

2.6 Exponentialfunktionen und logarithmische Funktionen

2.6.1 Exponentialfunktion

Die Funktion $$y = a^x = e^{bx} \quad (a > 0\,, \quad b = \ln a) \tag{2.49}$$

liefert das graphische Bild der *Exponentialkurve* **(Abb.2.25)**. Für $a = e$ ergibt sich die

natürliche Exponentialkurve $$y = e^x\,. \tag{2.50}$$

Die Funktion besitzt nur positive Werte. Für $a > 1$, d.h. für $b > 0$, steigt sie monoton von 0 bis ∞ an. Für $a < 1$, d.h. für $b < 0$, nimmt sie um so schneller monoton von ∞ bis 0 ab, je größer $|b|$ ist. Die Kurve verläuft durch den Punkt $(0, 1)$ und nähert sich asymptotisch der x–Achse für $b > 0$ nach rechts und für $b < 0$ nach links, und zwar um so schneller, je größer $|b|$ ist. Die Funktion $y = a^{-x} = \left(\frac{1}{a}\right)^x$ wächst für $a < 1$ und fällt für $a > 1$.

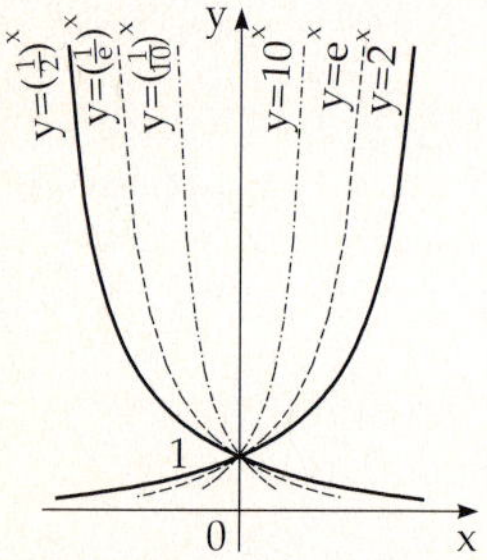

Abbildung 2.25

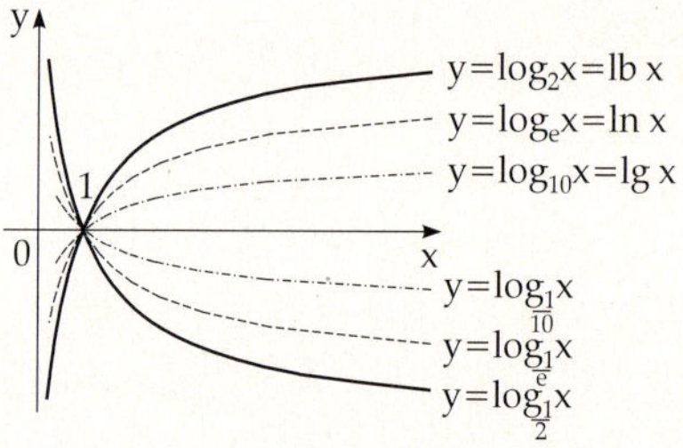

Abbildung 2.26

2.6.2 Logarithmische Funktionen

Die Funktion $$y = \log_a x \quad (a > 0\,, \ a \neq 1) \tag{2.51}$$

beschreibt die *logarithmische Kurve* **(Abb.2.26)**; sie stellt die an der Winkelhalbierenden $y = x$ des 1. Quadranten gespiegelte Exponentialkurve dar. Für $a = e$ ergibt sich das Kurvenbild des

natürlichen Logarithmus $$y = \ln x\,. \tag{2.52}$$

Die logarithmische Funktion ist im Reellen nur für $x > 0$ definiert. Für $a > 1$ wächst sie von $-\infty$ bis $+\infty$ monoton an, für $a < 1$ fällt sie von $+\infty$ auf $-\infty$ monoton ab, und zwar beide Male um so schneller, je kleiner $|\ln a|$ ist. Die Kurve geht durch den Punkt $(1, 0)$ und nähert sich asymptotisch der y–Achse für $a > 1$ unten, für $a < 1$ oben, und das wieder um so schneller, je größer $|\ln a|$ ist.

2.6.3 GAUSSsche Glockenkurve

Die Funktion $$y = e^{-(ax)^2} \tag{2.53}$$

beschreibt die GAUSS*sche Glockenkurve* **(Abb.2.27)**. Sie hat die y–Achse zur Symmetrieachse und nähert sich der x–Achse asymptotisch um so schneller, je größer $|a|$ ist. Das Maximum A liegt bei $(0, 1)$, die Wendepunkte B, C liegen bei $\left(\pm\frac{1}{a\sqrt{2}}, \frac{1}{\sqrt{e}}\right)$.

Die zugehörigen Tangentensteigungen ergeben sich zu $\tan\varphi = \mp a\sqrt{2/e}$.

Eine wichtige Anwendung der GAUSS*schen Glockenkurve* (2.53) ist die Beschreibung des *Normalverteilungsgesetzes der Beobachtungsfehler* (s. Graphische Darstellung und Anwendung in der Wahrscheinlichkeitsrechnung S. 755ff.):

$$y = \varphi(x) = \frac{1}{\sigma\sqrt{2\pi}} e^{-\frac{x^2}{2\sigma^2}} \qquad (2.54)$$

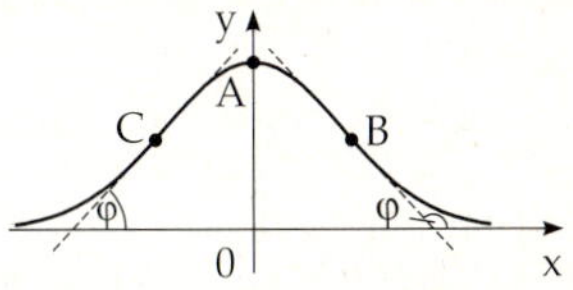

Abbildung 2.27

2.6.4 Exponentialsumme

Die Funktion
$$y = ae^{bx} + ce^{dx} \qquad (2.55)$$
ist in (**Abb.2.28**) für charakteristische Vorzeichenrelationen dargestellt. Die Konstruktion erfolgt

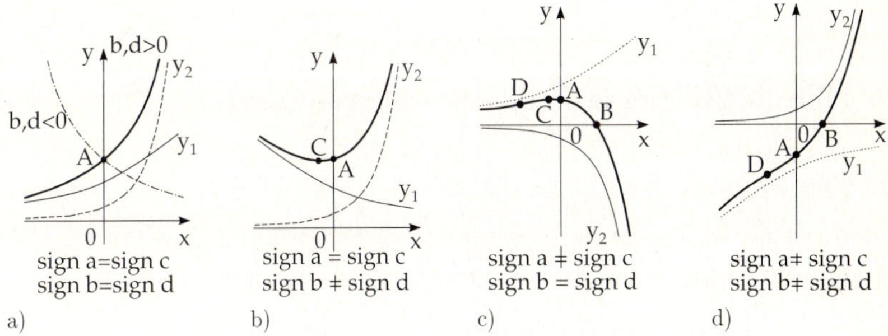

Abbildung 2.28

über die Addition der Ordinaten der Kurven der der Summanden $y_1 = ae^{bx}$ und $y_2 = ce^{dx}$. Die Funktion ist stetig. Wenn keine der Zahlen a, b, c, d gleich 0 ist, besitzt die Kurve eine der vier in **Abb.2.28** dargestellten Formen. Die Kurvenbilder können in Abhängigkeit von den Vorzeichen der Parameter an den Koordinatenachsen gespiegelt sein.

Die Schnittpunkte A und B der y–Achse bzw. x–Achse liegen bei $(0, a+c)$, bzw. $\left[x = \frac{1}{d-b} \ln\left(-\frac{a}{c}\right)\right]$, das Extremum C bei $\left[x = \frac{1}{d-b} \ln\left(-\frac{ab}{cd}\right)\right]$ und der Wendepunkt D bei $\left[x = \frac{1}{d-b} \ln\left(-\frac{ab^2}{cd^2}\right)\right]$, soweit diese Punkte vorhanden sind.

Fall a) Die Parameter a und c bzw. b und d besitzen gleiches Vorzeichen: Die Funktion erfährt keinen Vorzeichenwechsel; sie ändert sich von 0 bis $+\infty$ bzw. $-\infty$ oder von $+\infty$ bzw. $-\infty$ bis 0. Wendepunkte gibt es keine; Asymptote ist die x–Achse (**Abb.2.28a**).

Fall b) Die Parameter a und c haben gleiche, b und d verschiedene Vorzeichen: Die Funktion ändert sich ohne Vorzeichenwechsel von $+\infty$ bis $+\infty$, wobei sie ein Minimum durchläuft, bzw. von $-\infty$ bis $-\infty$, dabei ein Maximum durchlaufend. Wendepunkte gibt es keine (**Abb.2.28b**).

Fall c) Die Parameter a und c haben verschiedene, b und d gleiche Vorzeichen: Die Funktion ändert sich von 0 bis $+\infty$ bzw. $-\infty$ oder von $+\infty$ bzw. $-\infty$ bis 0, wobei sie einmal ihr Vorzeichen wechselt und ein Extremum C und einen Wendepunkt D durchläuft. Die x–Achse ist Asymptote (**Abb.2.28c**).

Fall d) Die Parameter a und c und auch b und d besitzen unterschiedliche Vorzeichen: Die Funktion ändert sich monoton zwischen $-\infty$ und $+\infty$ bzw. zwischen $+\infty$ und $-\infty$. Sie besitzt keine Extrema, aber einen Wendepunkt D (**Abb.2.28d**).

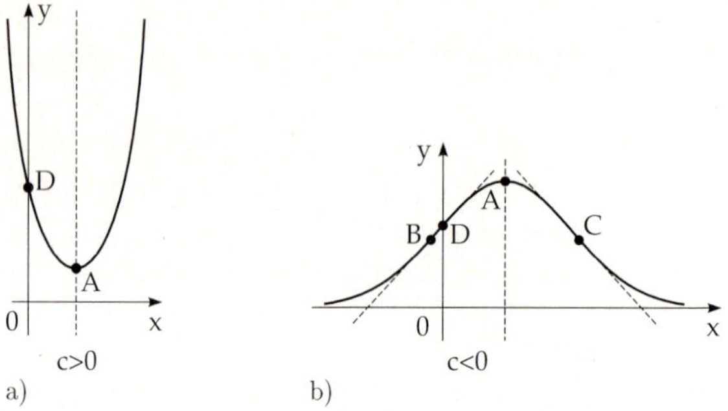

Abbildung 2.29

2.6.5 Verallgemeinerte Gaußsche Glockenkurve

Die Kurve der Funktion $y = ae^{bx+cx^2}$ (2.56)

kann als Verallgemeinerung der GAUSS*schen Glockenkurve* (2.53) aufgefaßt werden; sie stellt eine symmetrische Kurve zur vertikalen Geraden $x = -\frac{b}{2c}$ dar, wobei die x–Achse nicht geschnitten wird und der Schnittpunkt D mit der y–Achse bei $(0, a)$ liegt **(Abb.2.29a,b)**.
Der Verlauf der Funktion hängt von den Vorzeichen von a und c ab. Hier wird nur der Fall $a > 0$ betrachtet, da die Kurve zu $a < 0$ durch Spiegelung an der x–Achse erhalten werden kann.
Fall a) $c > 0$: Die Funktion nimmt von $+\infty$ bis zum Minimum ab, um dann wieder bis $+\infty$ anzuwachsen. Dabei bleibt sie stets positiv. Das Minimum A liegt bei $\left(-\frac{b}{2c}, ae^{-\frac{b^2}{4c}}\right)$; Wendepunkte und Asymptoten gibt es nicht **(Abb.2.29a)**.

Fall b) $c < 0$: Die x–Achse ist Asymptote. Das Maximum A liegt bei $\left(-\frac{b}{2c}, ae^{-\frac{b^2}{4c}}\right)$, die Wendepunkte B und C liegen bei $\left(\frac{-b \pm \sqrt{-2c}}{2c}, ae^{\frac{-(b^2+2c)}{4c}}\right)$ **(Abb 2.29b)**.

2.6.6 Produkt aus Potenz- und Exponentialfunktion

Die Funktion $y = ax^b e^{cx}$ (2.57)

wird hier nur für den Fall $a > 0$ betrachtet, da sich ihre Kurve zu $a < 0$ durch Spiegelung an der x–Achse ergibt, und nur für den Fall positiver x–Werte, so daß sie stets positiv bleibt **(Abb.2.30)**.
Die **(Abb.2.30)** zeigt, daß durch geeignete Kombination der Parameter die unterschiedlichsten Kurvenverläufe erzeugt werden können.
Für $b > 0$ verläuft die Kurve durch den Koordinatenursprung. Tangente ist in diesem Punkt für $b > 1$ die x–Achse, für $b = 1$ die Winkelhalbierende $y = x$ des ersten Quadranten und für $0 < b < 1$ die y–Achse. Für $b < 0$ ist die y–Achse Asymptote. Für $c > 0$ steigt die Funktion mit x über alle Grenzen, für $c < 0$ geht sie asymptotisch gegen 0. Für verschiedene Vorzeichen von b und c besitzt die Funktion ein Extremum A bei $\left(x = -\frac{b}{c}\right)$. Die Kurve besitzt entweder keinen, einen oder zwei Wendepunkte C

und D bei $\left(x = -\frac{b \pm \sqrt{b}}{c}\right)$ (**Abb.2.30c,e,f,g**).

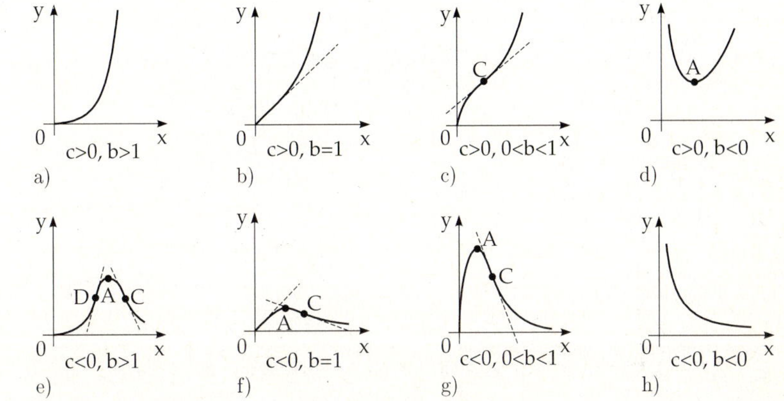

Abbildung 2.30

2.7 Trigonometrische Funktionen

2.7.1 Grundlagen

2.7.1.1 Definition und Darstellung

1. Definition

Die trigonometrischen Funktionen werden über geometrische Betrachtungen hergeleitet. Daher wird ihre Definition sowie die Angabe des Arguments im Grad- oder Bogenmaß auf S. 127 besprochen.

2. Sinus

Die *gewöhnliche Sinusfunktion* $$y = \sin x \tag{2.58}$$

ist in **Abb.2.31a** dargestellt. Es ist eine stetige Kurve mit der Periode $T = 2\pi$. Die Schnittpunkte

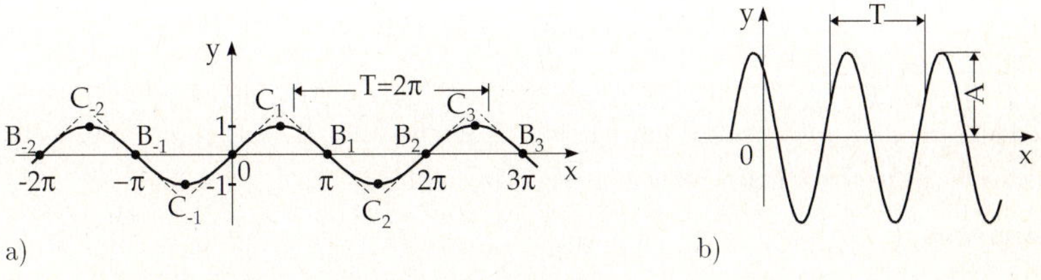

Abbildung 2.31

B_0, B_1, B_{-1}, B_2, B_{-2}, ... mit $B_k = (k\pi, 0)$ $(k = 0, \pm 1, \pm 2, \ldots, B_0 = 0)$ der gewöhnlichen Sinuskurve mit der x–Achse sind die Wendepunkte der Kurve. Der Neigungswinkel der Kurventangenten gegenüber der x–Achse beträgt hier $\pm\frac{\pi}{4}$. Die Extremwerte befinden sich bei C_1, C_{-1}, C_2, C_{-2}, ... mit $C_k = \left[\left(k + \frac{1}{2}\right)\pi, (-1)^k\right]$.

Die *allgemeine Sinusfunktion* $$y = A\sin(\omega x + \varphi_0) \tag{2.59}$$

mit der Amplitude $|A|$, der Frequenz ω und der Anfangsphase φ_0 ist in **Abb.2.31b** dargestellt. Gegenüber der gewöhnlichen ist die allgemeine Sinuskurve **(Abb.2.31b)** in y–Richtung um den Faktor $|A|$ gedehnt, in x–Richtung um den Faktor $\frac{1}{\omega}$ zusammengedrückt und um die Strecke $\frac{\varphi_0}{\omega}$ nach links verschoben. Periode: $T = \frac{2\pi}{\omega}$; die Schnittpunkte mit der x–Achse: $B_k = \left(\frac{k\pi - \varphi_0}{\omega}, 0\right)$;

Extrema: $C_k = \left(\frac{\left(k + \frac{1}{2}\right)\pi - \varphi_0}{\omega}, (-1)^k A\right)$.

3. Kosinus

Die *gewöhnliche Kosinusfunktion* $$y = \cos x = \sin\left(x + \frac{\pi}{2}\right) \tag{2.60}$$

hat ihre Schnittpunkte mit der x–Achse bei $B_0, B_1, B_{-1}, B_2, \ldots, B_k = \left[\left(k + \frac{1}{2}\right)\pi, 0\right]$ $(k = 0, \pm 1, \pm 2, \ldots)$; sie sind zugleich die Wendepunkte mit dem Tangentenneigungswinkel $\pm\frac{\pi}{4}$.

Extrema: $C_0, C_1, \ldots, C_k = (k\pi, (-1)^k)$.

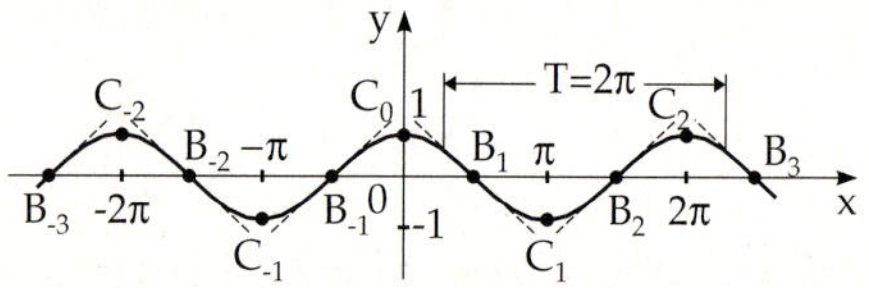

Abbildung 2.32

Die *allgemeine Kosinusfunktion* $$y = A\cos(\omega x + \varphi_0) \tag{2.61}$$

läßt sich auch in der Form $$y = A\sin\left(\omega x + \varphi_0 + \frac{\pi}{2}\right), \tag{2.62}$$

d.h. als allgemeine Sinusfunktion mit der Phasenverschiebung $\varphi = 90°$ schreiben **(Abb.2.32)**.

4. Tangens

Die *Tangensfunktion* $$y = \tan x \tag{2.63}$$

hat die Periode $T = \pi$ und die Asymptoten $x = \left(k + \frac{1}{2}\right)\pi$ **(Abb.2.33)**. Die Funktion wächst für x im Intervall von $-\frac{\pi}{2}$ bis $+\frac{\pi}{2}$ monoton zwischen $-\infty$ bis $+\infty$; für größere Werte von $|x|$ wiederholt sich dieser Verlauf periodisch. Die Schnittpunkte mit der x–Achse bei $0, A_1, A_{-1}, A_2, A_{-2}, \ldots, A_k = (k\pi, 0)$ sind zugleich Wendepunkte mit dem Tangentenneigungswinkel $\frac{\pi}{4}$.

5. Kotangens

Die *Kotangensfunktion* $$y = \cot x = -\tan\left(x + \frac{\pi}{2}\right) \tag{2.64}$$

ergibt eine an der x–Achse gespiegelte und um die Strecke $\frac{\pi}{2}$ nach links verschobene Tangenskurve **(Abb.2.34)**. Die Asymptoten liegen bei $x = k\pi$. Wenn x von 0 bis π läuft, fällt y monoton von $+\infty$ bis $-\infty$; für größere Werte von $|x|$ wiederholt sich dieser Verlauf periodisch. Die Schnittpunkte mit der x–Achse bei $A_1, A_{-1}, A_2, A_{-2}, \ldots$ mit $A_k = \left[\left(k + \frac{1}{2}\right)\pi, 0\right]$ sind zugleich Wendepunkte mit dem

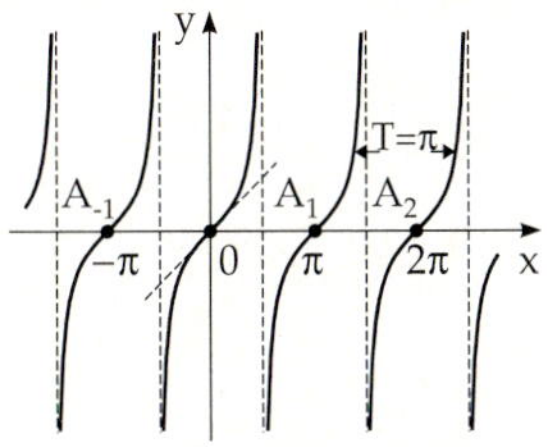

Abbildung 2.33

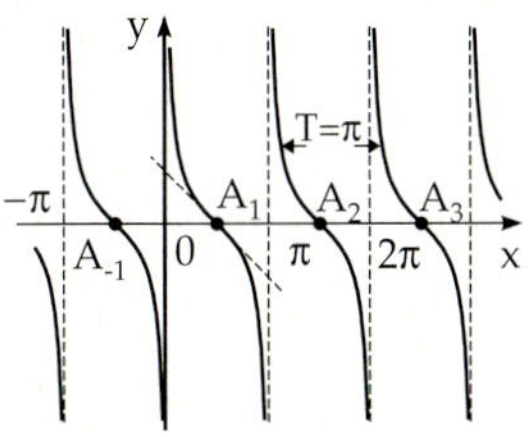

Abbildung 2.34

Tangentenneigungswinkel $\frac{\pi}{4}$.

6. Sekans

Die *Sekansfunktion* $$y = \sec x = \frac{1}{\cos x} \quad (2.65)$$

hat die Periode $T = 2\pi$, die Asymptoten sind $x = \left(k + \frac{1}{2}\right)\pi$; stets gilt $|y| \geq 1$. Die Maxima liegen bei $A_1, A_2, \ldots$ mit $A_k = [(2k+1)\pi, -1]$, die Minima bei $B_1, B_2, \ldots$ mit $B_k = (2k\pi, +1)$ **(Abb.2.35)**.

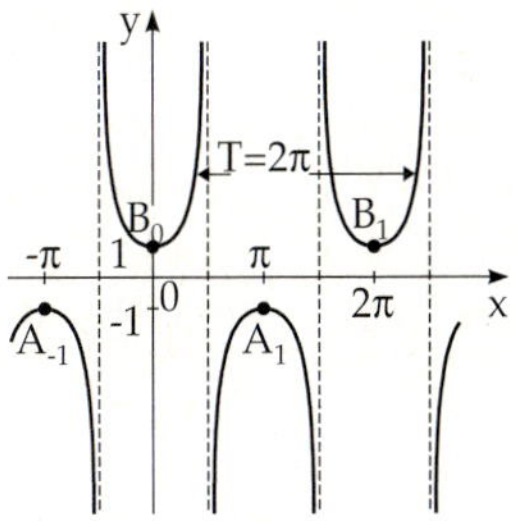

Abbildung 2.35

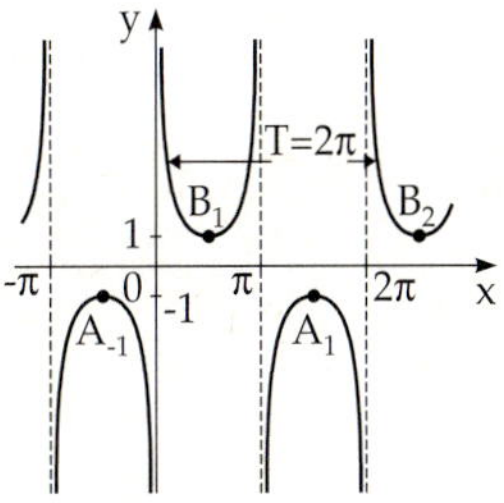

Abbildung 2.36

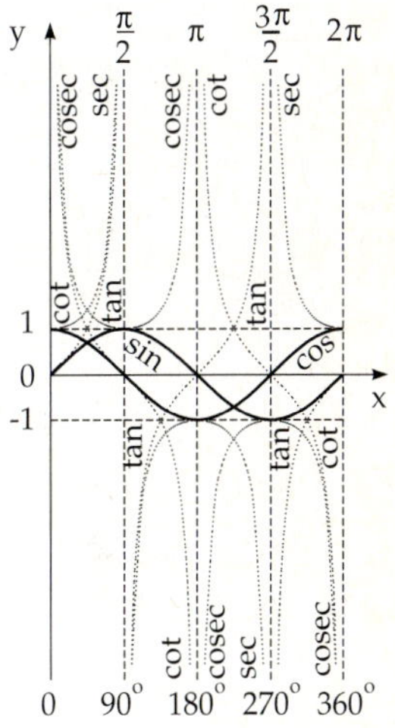

Abbildung 2.37

7. Kosekans

Die *Kosekansfunktion* $$y = \operatorname{cosec} x = \frac{1}{\sin x} \quad (2.66)$$

stellt graphisch eine um die Strecke $x = \frac{\pi}{2}$ nach rechts verschobene Sekanskurve dar. Die Asymptoten sind $x = k\pi$. Die Maxima liegen bei $A_1, A_2, \ldots$ mit $A_k = \left(\frac{4k+3}{2}\pi, -1\right)$ und die Minima bei $B_1, B_2, \ldots$ mit $B_k = \left(\frac{4k+1}{2}\pi, +1\right)$ **(Abb.2.36)**.

Hinweis: Trigonometrische Funktionen mit komplexen Argumenten z sind auf S. 697 dargestellt.

2.7.1.2 Wertebereiche und Funktionsverläufe

1. Winkelbereich $0 \leq x \leq 360°$

Die sechs trigonometrischen Funktionen sind in **Abb.2.37** in allen vier Quadranten für einen vollen Winkelbereich von 0° bis 360° bzw. einen vollen Bogenbereich von 0 bis 2π gemeinsam dargestellt.
In **Tabelle 2.1** ist ein Überblick über die Definitions- und Wertebereiche der Funktionen gegeben. Das Funktionsvorzeichen, das vom Quadranten abhängt, in dem das Funktionsargument liegt, kann aus **Tabelle 2.2** entnommen werden.

Tabelle 2.1 Definitions- und Wertebereich der trigonometrischen Funktionen

Definitionsbereich	Wertebereich	Definitionsbereich	Wertebereich
$-\infty < x < \infty$	$-1 \leq \sin x \leq 1$ $-1 \leq \cos x \leq 1$	$x \neq (2k+1)\frac{\pi}{2}$ $x \neq k\pi$ $(k = 0, \pm 1, \pm 2, \ldots)$	$-\infty < \tan x < \infty$ $-\infty < \cot x < \infty$

Tabelle 2.2 Vorzeichen der trigonometrischen Funktionen

Quadrant	Größe des Winkels	sin	cos	tan	cot	sec	csc
I	von 0° bis 90°	+	+	+	+	+	+
II	von 90° bis 180°	+	−	−	−	−	+
III	von 180° bis 270°	−	−	+	+	−	−
IV	von 270° bis 360°	−	+	−	−	+	−

2. Funktionswerte für ausgewählte Winkelargumente

Tabelle 2.3 Werte der trigonometrischen Funktionen für 0°, 30°, 45°, 60° und 90°.

Winkel	Bogen	sin	cos	tan	cot	sec	csc
0°	0	0	1	0	$\mp\infty$	1	$\mp\infty$
30°	$\frac{1}{6}\pi$	$\frac{1}{2}$	$\frac{\sqrt{3}}{2}$	$\frac{\sqrt{3}}{3}$	$\sqrt{3}$	$\frac{2\sqrt{3}}{3}$	2
45°	$\frac{1}{4}\pi$	$\frac{\sqrt{2}}{2}$	$\frac{\sqrt{2}}{2}$	1	1	$\sqrt{2}$	$\sqrt{2}$
60°	$\frac{1}{3}\pi$	$\frac{\sqrt{3}}{2}$	$\frac{1}{2}$	$\sqrt{3}$	$\frac{\sqrt{3}}{3}$	2	$\frac{2\sqrt{3}}{3}$
90°	$\frac{1}{2}\pi$	1	0	$\pm\infty$	0	$\pm\infty$	1

3. Beliebige Winkel

Da die trigonometrischen Funktionen periodisch sind (Periode 2π bzw. π), kann die Ermittlung der Funktionswerte für beliebige Argumente x nach den folgenden Regeln vereinfacht werden.
Argument $x > 360°$: Wenn der Winkel größer als 360° bzw. größer als 180° ist, dann werden die Werte der trigonometrischen Funktionen auf Funktionswerte für Winkel α mit $0 \leq \alpha \leq 360°$ (bzw. $\leq 180°$) nach folgenden Regeln zurückgeführt (n ganzzahlig):

$$\sin(360° \cdot n + \alpha) = \sin\alpha\,, \qquad (2.67)$$

$$\cos(360° \cdot n + \alpha) = \cos\alpha\,, \qquad (2.68)$$

$$\tan(180° \cdot n + \alpha) = \tan\alpha\,, \qquad (2.69)$$

$$\cot(180° \cdot n + \alpha) = \cot\alpha\,. \qquad (2.70)$$

Argument $x < 0$: Wenn das Argument negativ ist ($x = -\alpha$), dann werden die Funktionen mit den folgenden Formeln auf Funktionen mit positivem Argument zurückgeführt:

$$\sin(-\alpha) = -\sin\alpha\,, \qquad (2.71) \qquad\qquad \cos(-\alpha) = \cos\alpha\,, \qquad (2.72)$$

$$\tan(-\alpha) = -\tan\alpha\,, \qquad (2.73) \qquad\qquad \cot(-\alpha) = -\cot\alpha\,. \qquad (2.74)$$

Argument x mit $90° < x < 360°$: Wenn $90° < x < 360°$ ist, dann werden die Funktionen mit Hilfe der *Reduktionsformeln* in **Tabelle 2.4** auf Funktionen eines spitzen Winkels α zurückgeführt. Man nennt die Beziehungen zwischen Funktionswerten von Winkeln, die sich um $90°, 180°$ oder $270°$ unterscheiden bzw. zu $90°, 180°$ oder $270°$ ergänzen, *Quadrantenrelationen.*

Tabelle 2.4 Reduktionsformeln oder Quadrantenrelationen der trigonometrischen Funktionen

Funktion	$x = 90° \pm \alpha$	$x = 180° \pm \alpha$	$x = 270° \pm \alpha$	$x = 360° - \alpha$
$\sin x$	$+\cos\alpha$	$\mp\sin\alpha$	$-\cos\alpha$	$-\sin\alpha$
$\cos x$	$\mp\sin\alpha$	$-\cos\alpha$	$\pm\sin\alpha$	$+\cos\alpha$
$\tan x$	$\mp\cot\alpha$	$\pm\tan\alpha$	$\mp\cot\alpha$	$-\tan\alpha$
$\cot x$	$\mp\tan\alpha$	$\pm\cot\alpha$	$\mp\tan\alpha$	$-\cot\alpha$

Aus der 1. und 2. Spalte von **Tabelle 2.4** ergeben sich die Formeln der *Komplementsätze*, aus der 1. und 3. die Formeln der *Supplementsätze.* Da $x = 90° - \alpha$ der Komplementwinkel (s. S. 126) oder das *Komplement* von α ist, nennt man Beziehungen der Art

$$\cos\alpha = \sin x = \sin(90° - \alpha)\,, \qquad (2.75a)$$

$$\mp\sin\alpha = \cos x = \cos(90° - \alpha) \qquad (2.75b)$$ *Komplementsätze.*

Die Beziehungen zwischen den trigonometrischen Funktionen für Supplementwinkel (s. S. 126) der Art

$$\mp\sin\alpha = \sin x = \sin(180° - \alpha), \qquad (2.76a)$$

$$-\cos\alpha = \cos x = \cos(180° - \alpha) \qquad (2.76b)$$

wegen $\alpha + x = 180°$ *Supplementsätze* genannt.

Argument x mit $0° < x < 90°$: Wenn ein spitzer Winkel ($0° < x < 90°$) vorliegt, dann wurden die Funktionswerte früher Tabellen entnommen; heute werden sie vom Rechner abgefragt.

■ $\sin(-1000°) = -\sin 1000° = -\sin(360° \cdot 2 + 280°) = -\sin 280° = +\cos 10° = +0,9848.$

4. Winkel im Bogenmaß

Funktionswerte im Bogenmaß, d.h. in der Einheit Radiant, können mit Hilfe von (3.2) umgerechnet werden (s. S. 128).

2.7.2 Wichtige Formeln für trigonometrische Funktionen

2.7.2.1 Funktionen eines Winkels

$$\sin^2\alpha + \cos^2\alpha = 1, \qquad (2.77) \qquad\qquad \sin\alpha \cdot \operatorname{cosec}\alpha = 1, \qquad (2.80)$$

$$\sec^2\alpha - \tan^2\alpha = 1, \qquad (2.78) \qquad\qquad \cos\alpha \cdot \sec\alpha = 1, \qquad (2.81)$$

$$\operatorname{cosec}^2\alpha - \cot^2\alpha = 1, \qquad (2.79) \qquad\qquad \tan\alpha \cdot \cot\alpha = 1, \qquad (2.82)$$

$$\frac{\sin\alpha}{\cos\alpha} = \tan\alpha, \qquad (2.83) \qquad\qquad \frac{\cos\alpha}{\sin\alpha} = \cot\alpha. \qquad (2.84)$$

2.7.2.2 Beziehungen zwischen den trigonometrischen Funktionen gleichen Winkels

Die entsprechenden Formeln sind der Übersichlichkeit wegen in **Tabelle 2.5** zusammengefaßt. In ihnen ist vor dem Wurzelzeichen ein positives oder negatives Vorzeichen zu setzen, je nachdem, in welchem Quadranten sich der Winkel befindet.

Tabelle 2.5 Beziehungen zwischen den trigonometrischen Funktionen gleichen Arguments im Intervall $0 < \alpha < \frac{\pi}{2}$

α	$\sin\alpha$	$\cos\alpha$	$\tan\alpha$	$\cot\alpha$
$\sin\alpha$	–	$\sqrt{1-\cos^2\alpha}$	$\frac{\tan\alpha}{\sqrt{1+\tan^2\alpha}}$	$\frac{1}{\sqrt{1+\cot^2\alpha}}$
$\cos\alpha$	$\sqrt{1-\sin^2\alpha}$	–	$\frac{1}{\sqrt{1+\tan^2\alpha}}$	$\frac{\cot\alpha}{\sqrt{1+\cot^2\alpha}}$
$\tan\alpha$	$\frac{\sin\alpha}{\sqrt{1-\sin^2\alpha}}$	$\frac{\sqrt{1-\cos^2\alpha}}{\cos\alpha}$	–	$\frac{1}{\cot\alpha}$
$\cot\alpha$	$\frac{\sqrt{1-\sin^2\alpha}}{\sin\alpha}$	$\frac{\cos\alpha}{\sqrt{1-\cos^2\alpha}}$	$\frac{1}{\tan\alpha}$	–

2.7.2.3 Trigonometrische Funktionen der Summe und der Differenz zweier Winkel

$$\sin(\alpha\pm\beta) = \sin\alpha\cos\beta\pm\cos\alpha\sin\beta, \quad (2.85)$$

$$\cos(\alpha\pm\beta) = \cos\alpha\cos\beta\mp\sin\alpha\sin\beta, \quad (2.86)$$

$$\tan(\alpha\pm\beta) = \frac{\tan\alpha\pm\tan\beta}{1\mp\tan\alpha\tan\beta}, \quad (2.87)$$

$$\cot(\alpha\pm\beta) = \frac{\cot\alpha\cot\beta\mp 1}{\cot\beta\pm\cot\alpha}, \quad (2.88)$$

$$\begin{aligned}\sin(\alpha+\beta+\gamma) &= \sin\alpha\cos\beta\cos\gamma+\cos\alpha\sin\beta\cos\gamma\\ &\quad+\cos\alpha\cos\beta\sin\gamma-\sin\alpha\sin\beta\sin\gamma, \quad (2.89)\\ \cos(\alpha+\beta+\gamma) &= \cos\alpha\cos\beta\cos\gamma-\sin\alpha\sin\beta\cos\gamma\\ &\quad-\sin\alpha\cos\beta\sin\gamma-\cos\alpha\sin\beta\sin\gamma. \quad (2.90)\end{aligned}$$

2.7.2.4 Trigonometrische Funktionen für Winkelvielfache

$$\sin 2\alpha = 2\sin\alpha\cos\alpha\,, \quad (2.91)$$

$$\sin 3\alpha = 3\sin\alpha - 4\sin^3\alpha\,, \quad (2.92)$$

$$\cos 2\alpha = \cos^2\alpha - \sin^2\alpha\,, \quad (2.93)$$

$$\cos 3\alpha = 4\cos^3\alpha - 3\cos\alpha\,, \quad (2.94)$$

$$\sin 4\alpha = 8\cos^3\alpha\sin\alpha - 4\cos\alpha\sin\alpha\,, \quad (2.95)$$

$$\cos 4\alpha = 8\cos^4\alpha - 8\cos^2\alpha + 1\,, \quad (2.96)$$

$$\tan 2\alpha = \frac{2\tan\alpha}{1-\tan^2\alpha}, \quad (2.97)$$

$$\tan 3\alpha = \frac{3\tan\alpha-\tan^3\alpha}{1-3\tan^2\alpha}, \quad (2.98)$$

$$\tan 4\alpha = \frac{4\tan\alpha-4\tan^3\alpha}{1-6\tan^2\alpha+\tan^4\alpha}, \quad (2.99)$$

$$\cot 2\alpha = \frac{\cot^2\alpha-1}{2\cot\alpha}, \quad (2.100)$$

$$\cot 3\alpha = \frac{\cot^3\alpha-3\cot\alpha}{3\cot^2\alpha-1}, \quad (2.101)$$

$$\cot 4\alpha = \frac{\cot^4\alpha-6\cot^2\alpha+1}{4\cot^3\alpha-4\cot\alpha}. \quad (2.102)$$

Für große Werte von n ermittelt man $\sin n\alpha$ und $\cos n\alpha$ vorteilhafterweise mit der Formel von MOIVRE.

Unter Benutzung der Binomialkoeffizienten $\binom{n}{m}$ (s. S. 11) ergibt sich:

$$\cos n\alpha + \mathrm{i}\sin n\alpha = (\cos\alpha + \mathrm{i}\sin\alpha)^n = \cos^n\alpha + \mathrm{i}n\cos^{n-1}\alpha\sin\alpha - \binom{n}{2}\cos^{n-2}\alpha\sin^2\alpha$$
$$-\mathrm{i}\binom{n}{3}\cos^{n-3}\alpha\sin^3\alpha + \binom{n}{4}\cos^{n-4}\alpha\sin^4\alpha + \ldots, \tag{2.103}$$

woraus folgt

$$\cos n\alpha = \cos^n\alpha - \binom{n}{2}\cos^{n-2}\alpha\sin^2\alpha + \binom{n}{4}\cos^{n-4}\alpha\sin^4\alpha - \binom{n}{6}\cos^{n-6}\alpha\sin^6\alpha + \ldots, \tag{2.104}$$

$$\sin n\alpha = n\cos^{n-1}\alpha\sin\alpha - \binom{n}{3}\cos^{n-3}\alpha\sin^3\alpha + \binom{n}{5}\cos^{n-5}\alpha\sin^5\alpha - \ldots\,. \tag{2.105}$$

2.7.2.5 Trigonometrische Funktionen des halben Winkels

In den folgenden Formeln (Halbwinkelsätze), ist vor dem Wurzelzeichen ein positives oder negatives Vorzeichen zu setzen, je nachdem, in welchem Quadranten sich der Winkel befindet.

$$\sin\frac{\alpha}{2} = \sqrt{\frac{1}{2}(1-\cos\alpha)}, \tag{2.106}$$

$$\cos\frac{\alpha}{2} = \sqrt{\frac{1}{2}(1+\cos\alpha)}, \tag{2.107}$$

$$\tan\frac{\alpha}{2} = \sqrt{\frac{1-\cos\alpha}{1+\cos\alpha}} = \frac{1-\cos\alpha}{\sin\alpha} = \frac{\sin\alpha}{1+\cos\alpha}, \tag{2.108}$$

$$\cot\frac{\alpha}{2} = \sqrt{\frac{1+\cos\alpha}{1-\cos\alpha}} = \frac{1+\cos\alpha}{\sin\alpha} = \frac{\sin\alpha}{1-\cos\alpha}. \tag{2.109}$$

2.7.2.6 Summen und Differenzen zweier trigonometrischer Funktionen (Additionstheoreme)

$$\sin\alpha + \sin\beta = 2\sin\frac{\alpha+\beta}{2}\cos\frac{\alpha-\beta}{2}, \tag{2.110}$$

$$\sin\alpha - \sin\beta = 2\cos\frac{\alpha+\beta}{2}\sin\frac{\alpha-\beta}{2}, \tag{2.111}$$

$$\cos\alpha + \cos\beta = 2\cos\frac{\alpha+\beta}{2}\cos\frac{\alpha-\beta}{2}, \tag{2.112}$$

$$\cos\alpha - \cos\beta = -2\sin\frac{\alpha+\beta}{2}\sin\frac{\alpha-\beta}{2}, \tag{2.113}$$

$$\tan\alpha \pm \tan\beta = \frac{\sin(\alpha\pm\beta)}{\cos\alpha\cos\beta}, \tag{2.114}$$

$$\cot\alpha \pm \cot\beta = \pm\frac{\sin(\alpha\pm\beta)}{\sin\alpha\sin\beta}, \tag{2.115}$$

$$\tan\alpha + \cot\beta = \frac{\cos(\alpha-\beta)}{\cos\alpha\sin\beta}, \tag{2.116}$$

$$\cot\alpha - \tan\beta = \frac{\cos(\alpha+\beta)}{\sin\alpha\cos\beta}. \tag{2.117}$$

2.7.2.7 Produkte trigonometrischer Funktionen

$$\sin\alpha\sin\beta = \frac{1}{2}[\cos(\alpha-\beta) - \cos(\alpha+\beta)], \tag{2.118}$$

$$\cos\alpha\cos\beta = \frac{1}{2}[\cos(\alpha-\beta)+\cos(\alpha+\beta)]\,, \tag{2.119}$$

$$\sin\alpha\cos\beta = \frac{1}{2}[\sin(\alpha-\beta)+\sin(\alpha+\beta)]\,, \tag{2.120}$$

$$\begin{aligned}\sin\alpha\sin\beta\sin\gamma = \frac{1}{4}[&\sin(\alpha+\beta-\gamma)+\sin(\beta+\gamma-\alpha)\\ &+\sin(\gamma+\alpha-\beta)-\sin(\alpha+\beta+\gamma)]\,,\end{aligned} \tag{2.121}$$

$$\begin{aligned}\sin\alpha\cos\beta\cos\gamma = \frac{1}{4}[&\sin(\alpha+\beta-\gamma)-\sin(\beta+\gamma-\alpha)\\ &+\sin(\gamma+\alpha-\beta)+\sin(\alpha+\beta+\gamma)]\,,\end{aligned} \tag{2.122}$$

$$\begin{aligned}\sin\alpha\sin\beta\cos\gamma = \frac{1}{4}[&-\cos(\alpha+\beta-\gamma)+\cos(\beta+\gamma-\alpha)\\ &+\cos(\gamma+\alpha-\beta)-\cos(\alpha+\beta+\gamma)]\,,\end{aligned} \tag{2.123}$$

$$\begin{aligned}\cos\alpha\cos\beta\cos\gamma = \frac{1}{4}[&\cos(\alpha+\beta-\gamma)+\cos(\beta+\gamma-\alpha)\\ &+\cos(\gamma+\alpha-\beta)+\cos(\alpha+\beta+\gamma)]\,.\end{aligned} \tag{2.124}$$

2.7.2.8 Potenzen trigonometrischer Funktionen

$$\sin^2\alpha = \frac{1}{2}(1-\cos 2\alpha)\,, \tag{2.125}$$

$$\cos^2\alpha = \frac{1}{2}(1+\cos 2\alpha)\,, \tag{2.126}$$

$$\sin^3\alpha = \frac{1}{4}(3\sin\alpha-\sin 3\alpha)\,, \tag{2.127}$$

$$\cos^3\alpha = \frac{1}{4}(\cos 3\alpha+3\cos\alpha)\,, \tag{2.128}$$

$$\sin^4\alpha = \frac{1}{8}(\cos 4\alpha-4\cos 2\alpha+3)\,, \tag{2.129}$$

$$\cos^4\alpha = \frac{1}{8}(\cos 4\alpha+4\cos 2\alpha+3)\,. \tag{2.130}$$

Für große Werte von n ermittelt man $\sin^n\alpha$ und $\cos^n\alpha$, indem die Formeln für $\cos n\alpha$ und $\sin n\alpha$ von Seite 79 nacheinander angewendet werden.

2.7.3 Beschreibung von Schwingungen

2.7.3.1 Problemstellung

In der Technik und der Physik kommen oft zeitabhängige Größen der Form

$$u = A\sin(\omega t+\varphi) \tag{2.131}$$

vor. Sie werden manchmal auch *sinusoidale Größen* genannt. Ihre zeitabhängige Änderung beschreibt eine *harmonische Schwingung*. Die graphische Darstellung von (2.131) liefert eine *allgemeine Sinuskurve*, wie sie **Abb.2.38** zeigt.

Die allgemeine Sinuskurve unterscheidet sich von der gewöhnlichen $y = \sin x$:

a) durch die *Amplitude* A, d.h. ihre größte Auslenkung von der Zeitachse t,

b) durch die *Periode* $T = \frac{2\pi}{\omega}$, die der *Wellenlänge* entspricht (mit ω als *Schwingungsfrequenz*, die in der Schwingungslehre *Kreisfrequenz* genannt wird),

c) durch die *Anfangsphase* oder *Phasenverschiebung* mit dem Anfangswinkel $\varphi \neq 0$.

Die Größe $u(t)$ kann auch in der Form

$$u = a\sin\omega t + b\cos\omega t \tag{2.132}$$

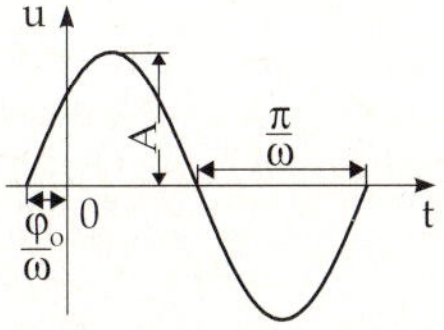

Abbildung 2.38

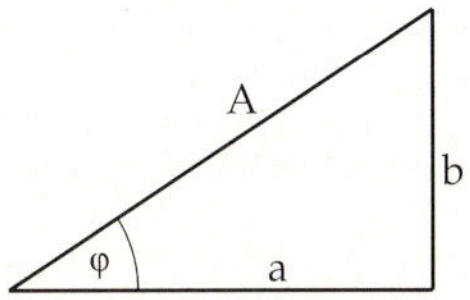

Abbildung 2.39

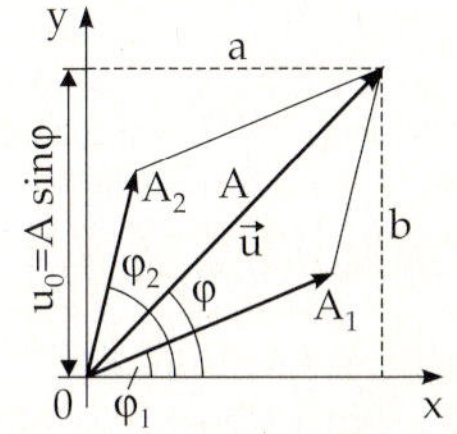

Abbildung 2.40

dargestellt werden. Dabei ist $A = \sqrt{a^2 + b^2}$ und $\tan\varphi = \dfrac{b}{a}$. Die Größen a, b, A und φ lassen sich gemäß **Abb.2.39** als Bestimmungsstücke eines rechtwinkligen Dreiecks darstellen.

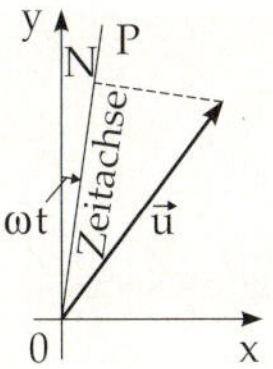

Abbildung 2.41

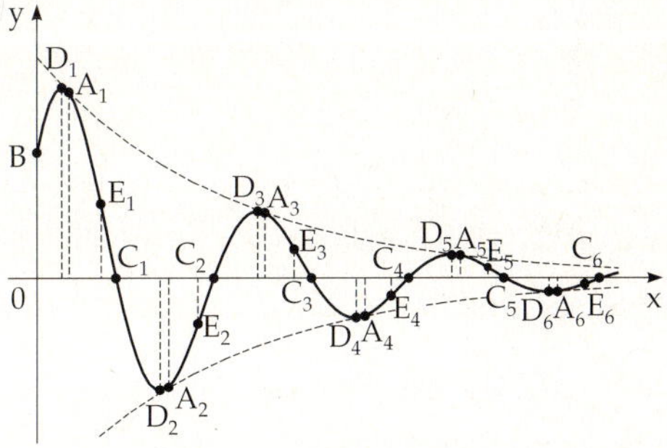

Abbildung 2.42

2.7.3.2 Superposition oder Überlagerung von Schwingungen

Superposition oder Überlagerung von Schwingungen nennt man im einfachsten Falle die *Addition zweier Schwingungen* mit gleicher Frequenz. Sie führt wieder auf eine harmonische Schwingung mit derselben Frequenz:

$$A_1 \sin(\omega t + \varphi_1) + A_2 \sin(\omega t + \varphi_2) = A \sin(\omega t + \varphi)\,, \tag{2.133a}$$

wobei $A = \sqrt{{A_1}^2 + {A_2}^2 + 2A_1A_2\cos(\varphi_2 - \varphi_1)}$ (2.133b) und $\tan\varphi = \dfrac{A_1 \sin\varphi_1 + A_2 \sin\varphi_2}{A_1 \cos\varphi_1 + A_2 \cos\varphi_2}$ (2.133c)

bedeuten. Auch eine *Linearkombination* mehrerer allgemeiner Sinusfunktionen gleicher Frequenz führt wieder auf eine allgemeine Sinusfunktion (harmonische Schwingung) mit derselben Frequenz:

$$\sum_i c_i A_i \sin(\omega t + \varphi_i) = A \sin(\omega t + \varphi)\,, \tag{2.134}$$

wobei die Größen A und φ mit Hilfe eines Vektordiagramms **(Abb.2.40)** und **Abb.2.41)** bestimmt werden können.

2.7.3.3 Vektordiagramm für Schwingungen

Die allgemeine Sinusfunktion (2.131, 2.132) kann bequem mit den Polarkoordinaten $\rho = A, \varphi$ und den kartesischen Koordinaten $x = a\,, y = b$ (s. S. 187) in einer Ebene dargestellt werden. Die Summe zweier

solcher Größen ergibt sich dann als Summe der zwei Summandenvektoren (**Abb.2.40**). Entsprechend liefert die Summe mehrerer solcher Vektoren die *Linearkombination* mehrerer allgemeiner Sinusfunktionen. Diese Darstellung wird *Vektordiagramm* genannt.
Die Größe u kann im Vektordiagramm für einen gegebenen Zeitpunkt t an Hand der (**Abb.2.40**) bestimmt werden: Zuerst legt man durch den Koordinatenursprung O die Zeitachse $OP(t)$, die mit konstanter Winkelgeschwindigkeit ω um O im Uhrzeigersinn rotiert. Zum Anfangszeitpunkt $t = 0$ fallen y– und t–Achse zusammen. Danach ist in jedem Zeitpunkt t die Projektion ON des Vektors auf die Zeitachse gleich dem Betrag der allgemeinen Sinusfunktion $u = A\sin(\omega t + \varphi)$. Zur Zeit $t = 0$ ist $u_0 = A\sin\varphi$ die Projektion auf die y–Achse (**Abb.2.41**).

2.7.3.4 Dämpfung von Schwingungen

Die Funktion
$$y = Ae^{-ax}\sin(\omega x + \varphi_0) \tag{2.135}$$
liefert die *Kurve einer gedämpften Schwingung* (**Abb.2.42**). Die Schwingung erfolgt um die t–Achse, wobei sich die Kurve asymptotisch der t–Achse nähert. Dabei wird die Sinuskurve von den beiden Exponentialkurven $y = \pm Ae^{-at}$ eingehüllt, indem sie diese in den Punkten
$$A_1, A_2, \ldots, A_k = \left(\frac{\left(k+\frac{1}{2}\right)\pi - \varphi_0}{\omega},\ (-1)^k A\exp\left(-a\frac{\left(k+\frac{1}{2}\right)\pi - \varphi_0}{\omega}\right)\right) \text{ berühren.}$$
Die Schnittpunkte mit den Koordinatenachsen sind $B = (0, A\sin\varphi_0), C_1, C_2, \ldots, C_k = \left(\frac{k\pi - \varphi_0}{\omega}, 0\right)$.

Die Extrema D_1, $D_2, \ldots$ befinden sich bei $t = \frac{k\pi - \varphi_0 + \alpha}{\omega}$; die Wendepunkte $E_1, E_2, \ldots$ bei $t = \frac{k\pi - \varphi_0 + 2\alpha}{\omega}$ mit $\tan\alpha = \frac{\omega}{a}$.

Als *logarithmisches Dekrement* der Dämpfung wird $\delta = \ln\left|\frac{y_i}{y_{i+1}}\right| = a\frac{\pi}{\omega}$ bezeichnet; y_i und y_{i+1} sind die Ordinaten zweier benachbarter Extrema.

2.8 Zyklometrische Funktionen (Arkusfunktionen)

Die zyklometrischen Funktionen sind die Umkehrfunktionen der trigonometrischen Funktionen. Sie werden auch *inverse trigonometrische* und *Arkusfunktionen* genannt. Zu ihrer eindeutigen Definition wird der Definitionsbereich der trigonometrischen Funktionen in Monotonieintervalle zerlegt, so daß für jedes Monotonieintervall eine Umkehrfunktion erhalten wird. Diese wird entsprechend dem zugehörigen Monotonieintervall mit dem Index k gekennzeichnet.

2.8.1 Definition der zyklometrischen Funktionen

Die Vorgehensweise wird am Beispiel der Arkussinusfunktion gezeigt (**s. Abb.2.43**). Der Definitionsbereich von $y = \sin x$ wird in die Monotonieintervalle $k\pi - \frac{\pi}{2} \le x \le k\pi + \frac{\pi}{2}$ mit $k = 0, \pm1, \pm2, \ldots$ zerlegt. Spiegelung von $y = \sin x$ an der Winkelhalbierenden $y = x$ liefert die Umkehrfunktionen
$$y = \operatorname{arc}_k \sin x \tag{2.136a}$$
mit den Definitions- und Wertebereichen
$$-1 \le x \le +1 \quad \text{bzw.} \quad k\pi - \frac{\pi}{2} \le y \le k\pi + \frac{\pi}{2}, \quad \text{wobei} \quad k = 0, \pm1, \pm2, \ldots. \tag{2.136b}$$
Die Schreibweise $y = \operatorname{arc}_k \sin x$ ist gleichbedeutend mit $x = \sin y$. Analog erhält man die übrigen Arkusfunktionen, die in den **Abb.2.44** bis **Abb.2.46** dargestellt sind. Die Definitions- und Wertebereiche der Arkusfunktionen und die gleichbedeutenden trigonometrischen Funktionen sind in **Tabelle 2.6** aufgeführt.

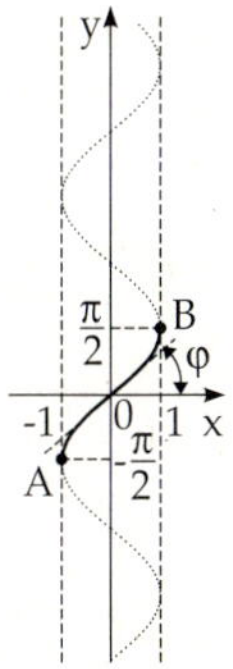

Abbildung 2.43

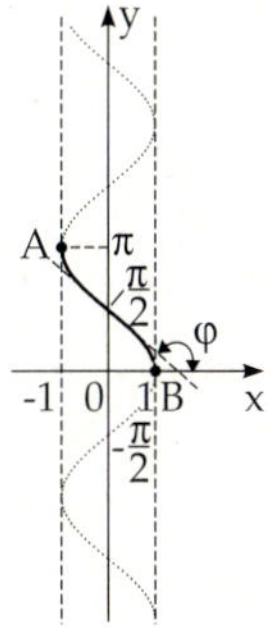

Abbildung 2.44

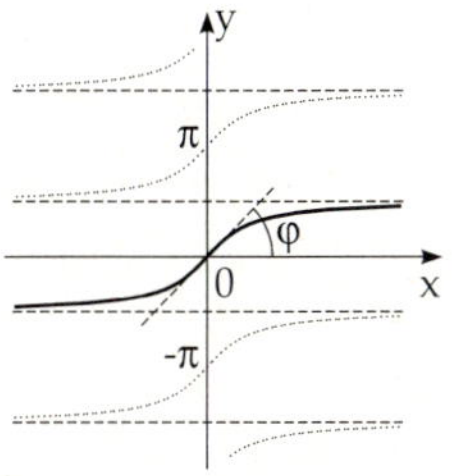

Abbildung 2.45

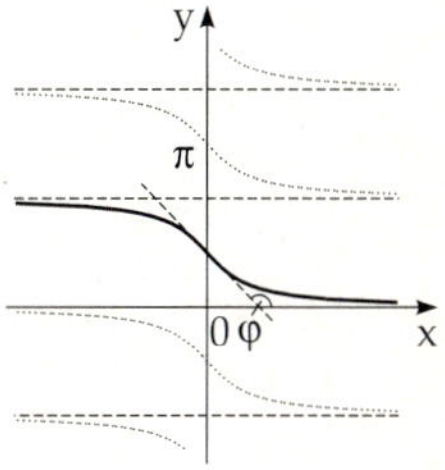

Abbildung 2.46

2.8.2 Zurückführung auf die Hauptwerte

Die Arkusfunktionen haben in den Definitions- und Wertebereichen für $k = 0$ ihren sogenannten *Hauptwert*, der ohne den Index k geschrieben wird, z.B. $\arcsin x \equiv \mathrm{arc}_0 \sin x$.

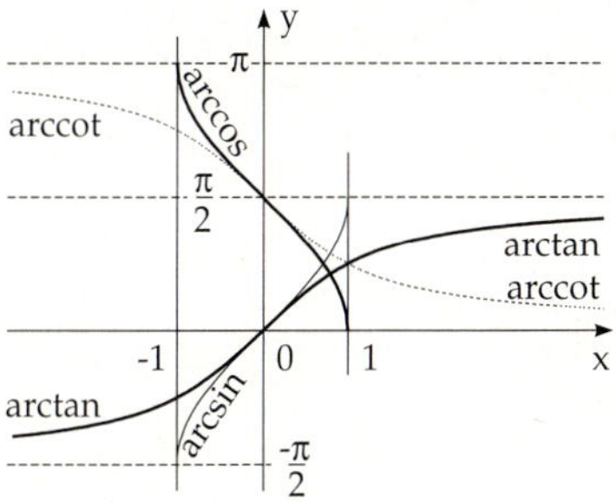

Abbildung 2.47

In **Abb.2.47** sind die Hauptwerte der Arkusfunktionen eingezeichnet.

Hinweis: Taschenrechner geben die Hauptwerte an. Die Zurückführung auf den Hauptwert erfolgt mit Hilfe der folgenden Formeln:

$$\mathrm{arc}_k \sin x = k\pi + (-1)^k \arcsin x, \tag{2.137}$$

$$\mathrm{arc}_k \cos x = \begin{cases} (k+1)\pi - \arccos x & (k \text{ ungerade}) \\ k\pi + \arccos x & (k \text{ gerade}) \ , \end{cases} \tag{2.138}$$

$$\mathrm{arc}_k \tan x = k\pi + \arctan x \, , \tag{2.139}$$

$$\mathrm{arc}_k \cot x = k\pi + \mathrm{arccot}\, x \, . \tag{2.140}$$

■ **A:** $\arcsin 0 = 0\,,\ \mathrm{arc}_k \sin 0 = k\pi\,.$

■ **B:** $\mathrm{arccot}\, 1 = \dfrac{\pi}{4}\,,\ \mathrm{arc}_k \cot 1 = \dfrac{\pi}{4} + k\pi\,.$

■ **C:** $\arccos \dfrac{1}{2} = \dfrac{\pi}{3},\ \mathrm{arc}_k \cos \dfrac{1}{2} = -\dfrac{\pi}{3} + (k+1)\pi$ für k ungerade

$= \dfrac{\pi}{3} + k\pi$ für k gerade .

2.8.3 Beziehungen zwischen den Hauptwerten

$$\arcsin x = \frac{\pi}{2} - \arccos x = \arctan \frac{x}{\sqrt{1-x^2}} = \begin{cases} -\arccos\sqrt{1-x^2} & (-1 \le x \le 0), \\ \arccos\sqrt{1-x^2} & (0 \le x \le 1)\,, \end{cases} \tag{2.141}$$

$$\arccos x = \frac{\pi}{2} - \arcsin x = \mathrm{arccot} \frac{x}{\sqrt{1-x^2}} = \begin{cases} \pi - \arcsin\sqrt{1-x^2} & (\pi - 1 \le x \le 0)\,, \\ \arcsin\sqrt{1-x^2} & (0 \le x \le 1)\,, \end{cases} \tag{2.142}$$

$$\arctan x = \frac{\pi}{2} - \mathrm{arccot}\, x = \arcsin \frac{x}{\sqrt{1+x^2}}\,, \tag{2.143}$$

Tabelle 2.6 Definitions- und Wertebereiche der zyklometrischen Funktionen

Arkusfunktion	Definitionsbereich	Wertebereich	Gleichbedeutende trigonometrische Funktion
Arkussinus $y = \operatorname{arc}_k \sin x$	$-1 \le x \le 1$	$k\pi - \frac{\pi}{2} \le y \le k\pi + \frac{\pi}{2}$	$x = \sin y$
Arkuskosinus $y = \operatorname{arc}_k \cos x$	$-1 \le x \le 1$	$k\pi \le y \le (k+1)\pi$	$x = \cos y$
Arkustangens $y = \operatorname{arc}_k \tan x$	$-\infty < x < \infty$	$k\pi - \frac{\pi}{2} < y < k\pi + \frac{\pi}{2}$	$x = \tan y$
Arkuskotangens $y = \operatorname{arc}_k \cot x$	$-\infty < x < \infty$	$k\pi < y < (k+1)\pi$	$x = \cot y$
$k = 0, \pm 1, \pm 2, \ldots$. Für $k = 0$ erhält man den Hauptwert der jeweiligen zyklometrischen Funktion, der ohne Index geschrieben wird (z.B. $\arcsin x \equiv \operatorname{arc}_0 \sin x$).			

$$\arctan x = \begin{cases} \operatorname{arccot} \frac{1}{x} - \pi & (x < 0) \\ \operatorname{arccot} \frac{1}{x} & (x > 0) \end{cases} = \begin{cases} -\arccos \frac{1}{\sqrt{1+x^2}} & (x \le 0)\,, \\ \arccos \frac{1}{\sqrt{1+x^2}} & (x \ge 0)\,, \end{cases} \tag{2.144}$$

$$\operatorname{arccot} x = \frac{\pi}{2} - \arctan x = \arccos \frac{x}{\sqrt{1+x^2}}\,, \tag{2.145}$$

$$\operatorname{arccot} x = \begin{cases} \arctan \frac{1}{x} + \pi & (x < 0) \\ \arctan \frac{1}{x} & (x > 0) \end{cases} = \begin{cases} \pi - \arcsin \frac{1}{\sqrt{1+x^2}} & (x \le 0) \\ \arcsin \frac{1}{\sqrt{1+x^2}} & (x \ge 0)\,. \end{cases} \tag{2.146}$$

2.8.4 Formeln für negative Argumente

$$\arcsin(-x) = -\arcsin x\,, \tag{2.147}$$

$$\arctan(-x) = -\arctan x\,, \tag{2.148}$$

$$\arccos(-x) = \pi - \arccos x\,, \tag{2.149}$$

$$\operatorname{arccot}(-x) = \pi - \operatorname{arccot} x\,. \tag{2.150}$$

2.8.5 Summe und Differenz von arcsin x und arcsin y

$$\arcsin x + \arcsin y = \arcsin\left(x\sqrt{1-y^2} + y\sqrt{1-x^2}\right) \quad (xy \le 0 \text{ oder } x^2+y^2 \le 1)\,, \tag{2.151a}$$

$$= \pi - \arcsin\left(x\sqrt{1-y^2} + y\sqrt{1-x^2}\right) \quad (x > 0, y > 0,\ x^2+y^2 > 1)\,, \tag{2.151b}$$

$$= -\pi - \arcsin\left(x\sqrt{1-y^2} + y\sqrt{1-x^2}\right) \quad (x < 0, y < 0,\ x^2+y^2 > 1)\,. \tag{2.151c}$$

$$\arcsin x - \arcsin y = \arcsin\left(x\sqrt{1-y^2} - y\sqrt{1-x^2}\right) \quad (xy \ge 0 \text{ oder } x^2+y^2 \le 1)\,, \tag{2.152a}$$

$$= \pi - \arcsin\left(x\sqrt{1-y^2} - y\sqrt{1-x^2}\right) \quad (x > 0,\ y < 0,\ x^2+y^2 > 1)\,, \tag{2.152b}$$

$$= -\pi - \arcsin\left(x\sqrt{1-y^2} - y\sqrt{1-x^2}\right) \quad (x < 0,\ y > 0,\ x^2 + y^2 > 1)\,. \tag{2.152c}$$

2.8.6 Summe und Differenz von arccos x und arccos y

$$\arccos x + \arccos y = \arccos\left(xy - \sqrt{1-x^2}\sqrt{1-y^2}\right) \quad (x + y \geq 0)\,, \tag{2.4a}$$

$$= 2\pi - \arccos\left(xy - \sqrt{1-x^2}\sqrt{1-y^2}\right) \quad (x + y < 0)\,. \tag{2.4b}$$

$$\arccos x - \arccos y = -\arccos\left(xy + \sqrt{1-x^2}\sqrt{1-y^2}\right) \quad (x \geq y)\,, \tag{2.5a}$$

$$= \arccos\left(xy + \sqrt{1-x^2}\sqrt{1-y^2}\right) \quad (x < y)\,. \tag{2.5b}$$

2.8.7 Summe und Differenz von arctan x und arctan y

$$\arctan x + \arctan y = \arctan\frac{x+y}{1-xy} \quad (xy < 1)\,, \tag{2.6a}$$

$$= \pi + \arctan\frac{x+y}{1-xy} \quad (x > 0,\ xy > 1)\,, \tag{2.6b}$$

$$= -\pi + \arctan\frac{x+y}{1-xy} \quad (x < 0,\ xy > 1)\,. \tag{2.6c}$$

$$\arctan x - \arctan y = \arctan\frac{x-y}{1+xy} \quad (xy > -1)\,, \tag{2.7a}$$

$$= \pi + \arctan\frac{x-y}{1+xy} \quad (x > 0,\ xy < -1)\,, \tag{2.7b}$$

$$= -\pi + \arctan\frac{x-y}{1+xy} \quad (x < 0,\ xy < -1)\,. \tag{2.7c}$$

2.8.8 Spezielle Beziehungen für arcsin x, arccos x, arctan x

$$2\arcsin x = \arcsin\left(2x\sqrt{1-x^2}\right) \quad \left(|x| \leq \frac{1}{\sqrt{2}}\right)\,, \tag{2.8a}$$

$$= \pi - \arcsin\left(2x\sqrt{1-x^2}\right) \quad \left(\frac{1}{\sqrt{2}} < x \leq 1\right)\,, \tag{2.8b}$$

$$= -\pi - \arcsin\left(2x\sqrt{1-x^2}\right) \quad \left(-1 \leq x < -\frac{1}{\sqrt{2}}\right)\,. \tag{2.8c}$$

$$2\arccos x = \arccos(2x^2 - 1) \quad (0 \leq x \leq 1)\,, \tag{2.9a}$$

$$= 2\pi - \arccos(2x^2 - 1) \quad (-1 \leq x < 0)\,. \tag{2.9b}$$

$$2\arctan x = \arctan\frac{2x}{1-x^2} \quad (|x| < 1)\,, \tag{2.10a}$$

$$= \pi + \arctan\frac{2x}{1-x^2} \quad (x > 1)\,, \tag{2.10b}$$

$$= -\pi + \arctan\frac{2x}{1-x^2} \quad (x < -1)\,. \tag{2.10c}$$

$$\cos(n \arccos x) = T_n(x) \quad (n \geq 1), \tag{2.11}$$

wobei $n \geq 1$ auch gebrochene Werte annehmen kann und $T_n(x)$ über die Gleichung

$$T_n(x) = \frac{\left(x + \sqrt{x^2 - 1}\right)^n + \left(x - \sqrt{x^2 - 1}\right)^n}{2} \tag{2.12}$$

bestimmt ist. Für ganzzahliges n ist $T_n(x)$ ein Polynom in x (ein TSCHEBYSCHEFF*sches Polynom*). Wegen der Eigenschaften der TSCHEBYSCHEFFschen Polynome s. S 918.

2.9 Hyperbelfunktionen

2.9.1 Definition der Hyperbelfunktionen

Hyperbelsinus, *Hyperbelkosinus* und *Hyperbeltangens* sind durch die folgenden Formeln definiert:

$$\sinh x = \frac{e^x - e^{-x}}{2} \quad \textit{(Sinus hyperbolicus)}, \tag{2.13}$$

$$\cosh x = \frac{e^x + e^{-x}}{2} \quad \textit{(Kosinus hyperbolicus)}, \tag{2.14}$$

$$\tanh x = \frac{e^x - e^{-x}}{e^x + e^{-x}} \quad \textit{(Tangens hyperbolicus)}. \tag{2.15}$$

Die geometrische Definition im Kapitel Geometrie (s. S. 128) ist eine Analogie zu den trigonometrischen Funktionen.

Hyperbelkotangens, *Hyperbelsekans* und *Hyperbelkosekans* sind als reziproke Werte der vorstehenden drei Hyperbelfunktionen definiert:

$$\coth x = \frac{1}{\tanh x} = \frac{e^x + e^{-x}}{e^x - e^{-x}} \quad \textit{(Kotangens hyperbolicus)}, \tag{2.16}$$

$$\operatorname{sech} x = \frac{1}{\cosh x} = \frac{2}{e^x + e^{-x}} \quad \textit{(Sekans hyperbolicus)}, \tag{2.17}$$

$$\operatorname{cosech} x = \frac{1}{\sinh x} = \frac{2}{e^x - e^{-x}} \quad \textit{(Kosekans hyperbolicus)}, \tag{2.18}$$

Den Verlauf der Hyperbelfunktionen zeigen die **Abb.2.48** bis **Abb.2.52**.

2.9.2 Graphische Darstellung der Hyperbelfunktionen

2.9.2.1 Hyperbelsinus

$y = \sinh x$ (2.13) ist eine ungerade, zwischen $-\infty$ und $+\infty$ monoton wachsende Funktion (**Abb.2.49**). Der Koordinatenursprung ist zugleich Symmetriemittelpunkt und Wendepunkt mit dem Tangentenneigungswinkel $\varphi = \frac{\pi}{4}$. Asymptoten gibt es nicht.

2.9.2.2 Hyperbelkosinus

$y = \cosh x$ (2.14) ist eine gerade Funktion, die für $x < 0$ von $+\infty$ auf 1 monoton fällt und für $x > 0$ von 1 bis $+\infty$ monoton wächst (**Abb.2.50**). Das Minimum liegt bei $A(0,1)$; Asymptoten gibt es keine. Die Kurve verläuft symmetrisch bezüglich der y–Achse und bleibt mit ihren Werten oberhalb der quadratischen Parabel $y = 1 + \frac{x^2}{2}$ (gestrichelt gezeichnete Kurve). Da die Funktion eine *Kettenlinie* beschreibt, nennt man die Kurve auch *Katenoide* (s. S. 105).

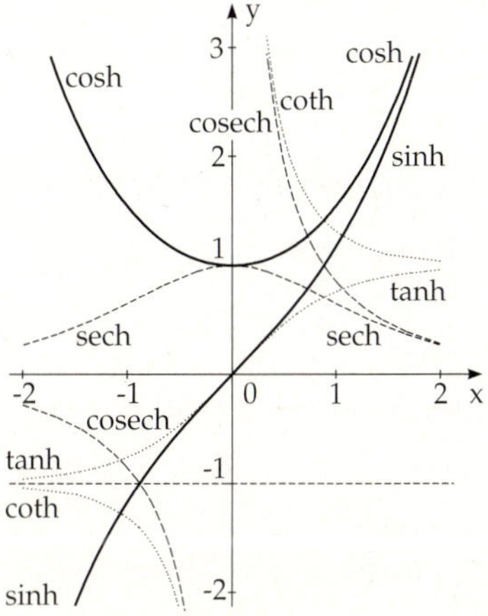

Abbildung 2.48

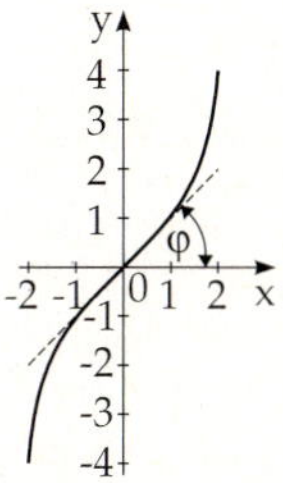

Abbildung 2.49

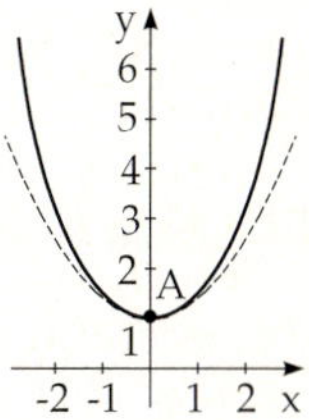

Abbildung 2.50

2.9.2.3 Hyperbeltangens

$y = \tanh x$ (2.15) ist eine ungerade, für x von $-\infty$ bis $+\infty$ monoton von -1 auf $+1$ anwachsende Funktion (**Abb.2.51**). Der Koordinatenursprung ist zugleich Symmetriemittel- und Wendepunkt mit dem Tangentenneigungswinkel $\varphi = \dfrac{\pi}{4}$. Die Asymptoten liegen bei $y = \pm 1$.

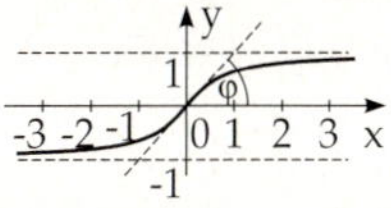

Abbildung 2.51

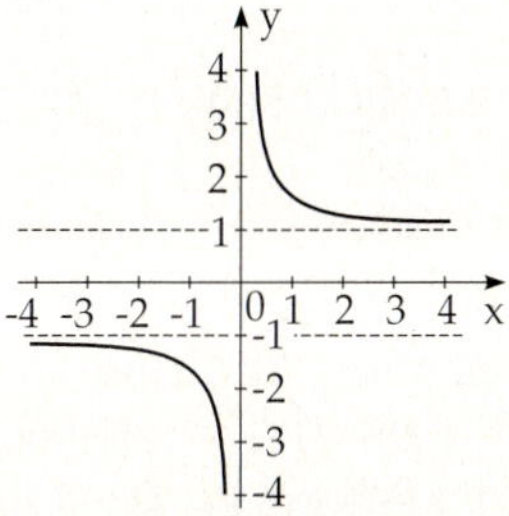

Abbildung 2.52

2.9.2.4 Hyperbelkotangens

$y = \coth x$ (2.16) ist eine ungerade Funktion mit einer Unstetigkeit bei $x = 0$ (**Abb.2.52**). Für $-\infty < x < 0$ fällt sie monoton von -1 auf $-\infty$, für $0 < x < +\infty$ von $+\infty$ auf $+1$. Extremwerte und Wendepunkte gibt es nicht. Die Asymptoten liegen bei $x = 0$ und $y = \pm 1$.

2.9.3 Wichtige Formeln für Hyperbelfunktionen

Hyperbelfunktionen sind durch Formeln miteinander verknüpft, deren Analogon von den trigonometrischen Funktionen bekannt ist. Daher lassen sie sich aus den entsprechenden trigonometrischen Formeln mit Hilfe der Zusammenhänge (2.46) bis (2.53) herleiten.

2.9.3.1 Hyperbelfunktionen einer Variablen

$$\cosh^2 x - \sinh^2 x = 1\,, \qquad (2.19)$$

$$\operatorname{sech}^2 x + \tanh^2 x = 1\,, \qquad (2.20)$$

$$\coth^2 x - \operatorname{cosech}^2 x = 1\,, \qquad (2.21)$$

$$\tanh x \cdot \coth x = 1\,, \qquad (2.22)$$

$$\frac{\sinh x}{\cosh x} = \tanh x\,, \qquad (2.23)$$

$$\frac{\cosh x}{\sinh x} = \coth x\,. \qquad (2.24)$$

2.9.3.2 Darstellung einer Hyperbelfunktion durch eine andere gleichen Argumentes

Die entsprechenden Formeln sind der Übersichtlichkeit wegen in **Tabelle2.7** zusammengefaßt dargestellt.

Tabelle 2.7 Beziehungen zwischen den Hyperbelfunktionen gleichen Arguments für $x > 0$

	$\sinh x$	$\cosh x$	$\tanh x$	$\coth x$
$\sinh x$	–	$\sqrt{\cosh^2 x - 1}$	$\dfrac{\tanh x}{\sqrt{1-\tanh^2 x}}$	$\dfrac{1}{\sqrt{\coth^2 x - 1}}$
$\cosh x$	$\sqrt{\sinh^2 x + 1}$	–	$\dfrac{1}{\sqrt{1-\tanh^2 x}}$	$\dfrac{\coth x}{\sqrt{\coth^2 x - 1}}$
$\tanh x$	$\dfrac{\sinh x}{\sqrt{\sinh^2 x + 1}}$	$\dfrac{\sqrt{\cosh^2 x - 1}}{\cosh x}$	–	$\dfrac{1}{\coth x}$
$\coth x$	$\dfrac{\sqrt{\sinh^2 x + 1}}{\sinh x}$	$\dfrac{\cosh x}{\sqrt{\cosh^2 x - 1}}$	$\dfrac{1}{\tanh x}$	–

2.9.3.3 Formeln für negative Argumente

$$\sinh(-x) = -\sinh x\,, \qquad (2.25)$$

$$\tanh(-x) = -\tanh x\,, \qquad (2.26)$$

$$\cosh(-x) = \cosh x\,, \qquad (2.27)$$

$$\coth(-x) = -\coth x\,. \qquad (2.28)$$

2.9.3.4 Hyperbelfunktionen der Summe und der Differenz zweier Argumente (Additionstheoreme)

$$\sinh(x \pm y) = \sinh x \cosh y \pm \cosh x \sinh y\,, \qquad (2.29)$$

$$\cosh(x \pm y) = \cosh x \cosh y \pm \sinh x \sinh y\,, \qquad (2.30)$$

$$\tanh(x \pm y) = \frac{\tanh x \pm \tanh y}{1 \pm \tanh x \tanh y}\,, \qquad (2.31)$$

$$\coth(x \pm y) = \frac{1 \pm \coth x \coth y}{\coth x \pm \coth y}\,. \qquad (2.32)$$

2.9.3.5 Hyperbelfunktionen des doppelten Arguments

$$\sinh 2x = 2 \sinh x \cosh x\,, \qquad (2.33)$$

$$\cosh 2x = \sinh^2 x + \cosh^2 x\,, \qquad (2.34)$$

$$\tanh 2x = \frac{2 \tanh x}{1 + \tanh^2 x}\,, \qquad (2.35)$$

$$\coth 2x = \frac{1 + \coth^2 x}{2 \coth x}\,. \qquad (2.36)$$

2.9.3.6 Formel von MOIVRE für Hyperbelfunktionen

$$(\cosh x \pm \sinh x)^n = \cosh nx \pm \sinh nx. \qquad (2.37)$$

2.9.3.7 Hyperbelfunktionen des halben Arguments

$$\sinh\frac{x}{2} = \pm\sqrt{\frac{1}{2}(\cosh x - 1)}\,, \qquad (2.38) \qquad \cosh\frac{x}{2} = \sqrt{\frac{1}{2}(\cosh x + 1)}\,, \qquad (2.39)$$

Das Vorzeichen vor der Wurzel ist positiv für $x > 0$ und negativ für $x < 0$ zu nehmen.

$$\tanh\frac{x}{2} = \frac{\cosh x - 1}{\sinh x} = \frac{\sinh x}{\cosh x + 1}\,, \qquad (2.40) \qquad \coth\frac{x}{2} = \frac{\sinh x}{\cosh x - 1} = \frac{\cosh x + 1}{\sinh x}\,. \qquad (2.41)$$

2.9.3.8 Summen und Differenzen von Hyperbelfunktionen

$$\sinh x \pm \sinh y = 2\sinh\frac{x \pm y}{2}\cosh\frac{x \mp y}{2}\,, \qquad (2.42)$$

$$\cosh x + \cosh y = 2\cosh\frac{x + y}{2}\cosh\frac{x - y}{2}\,, \qquad (2.43)$$

$$\cosh x - \cosh y = 2\sinh\frac{x + y}{2}\sinh\frac{x - y}{2}\,, \qquad (2.44)$$

$$\tanh x \pm \tanh y = \frac{\sinh(x \pm y)}{\cosh x \cosh y}\,. \qquad (2.45)$$

2.9.3.9 Zusammenhang zwischen den Hyperbel- und den trigonometrischen Funktionen mit Hilfe komplexer Argumente *z*

$$\sin z = -\mathrm{i}\sinh \mathrm{i}z\,, \qquad (2.46) \qquad \sinh z = -\mathrm{i}\sin \mathrm{i}z\,, \qquad (2.50)$$

$$\cos z = \cosh \mathrm{i}z\,, \qquad (2.47) \qquad \cosh z = \cos \mathrm{i}z\,, \qquad (2.51)$$

$$\tan z = -\mathrm{i}\tanh \mathrm{i}z\,, \qquad (2.48) \qquad \tanh z = -\mathrm{i}\tan \mathrm{i}z\,, \qquad (2.52)$$

$$\cot z = \mathrm{i}\coth \mathrm{i}z\,, \qquad (2.49) \qquad \coth z = \mathrm{i}\cot \mathrm{i}z\,. \qquad (2.53)$$

Jede Formel, die Hyperbelfunktionen von x oder ax, nicht aber von $ax + b$ miteinander verbindet, läßt sich aus der entsprechenden Formel, die die trigonometrischen Funktionen von α miteinander verbindet, herleiten, indem $\sin\alpha$ durch $\mathrm{i}\sinh x$ und $\cos\alpha$ durch $\cosh x$ ersetzt wird.

■ **A:** $\cos^2\alpha + \sin^2\alpha = 1$, $\cosh^2 x + \mathrm{i}^2\sinh^2 x = 1$ oder $\cosh^2 x - \sinh^2 x = 1$.

■ **B:** $\sin 2\alpha = 2\sin\alpha\cos\alpha$, $\mathrm{i}\sinh 2x = 2\mathrm{i}\sinh x\cosh x$ oder $\sinh 2x = 2\sinh x\cosh x$.

2.10 Areafunktionen

2.10.1 Definitionen

Die *Areafunktionen* sind die Umkehrfunktionen der Hyperbelfunktionen, also die *inversen Hyperbelfunktionen.* Die Funktionen $\sinh x$, $\tanh x$ und $\coth x$ sind streng monoton, so daß jede von ihnen genau eine Umkehrfunktion besitzt; anders die Funktion $\cosh x$, die zwei Monotonieintervalle besitzt und deshalb auch zwei Umkehrfunktionen. Die Bezeichnung *area* (Fläche) hängt mit der geometrischen Definition der Funktion als Fläche eines Hyperbelsektors zusammen (s. S. 128).

2.10.1.1 Areasinus

Die Funktion
$$y = \operatorname{Arsinh} x \qquad (2.54)$$

(Abb.2.53) ist eine ungerade, streng monoton wachsende Funktion mit den in **Tabelle 2.8** angegebenen Definitions- und Wertebereichen. Die Schreibweise ist gleichbedeutend mit $x = \sinh y$. Die Funktion besitzt im Koordinatenursprung einen Wendepunkt mit dem Tangentensteigungswinkel $\varphi = \frac{\pi}{4}$.

Tabelle 2.8 Definitions- und Wertebereiche der Areafunktionen

Areafunktion	Definitionsbereich	Wertebereich	Gleichbedeutende Hyperbelfunktion
Areasinus $y = \operatorname{Arsinh} x$	$-\infty < x < \infty$	$-\infty < y < \infty$	$x = \sinh y$
Areakosinus $y = \operatorname{Arcosh} x$ $y = -\operatorname{Arcosh} x$	$1 \leq x < \infty$	$0 \leq y < \infty$ $-\infty < y \leq 0$	$x = \cosh y$
Areatangens $y = \operatorname{Artanh} x$	$\lvert x \rvert < 1$	$-\infty < y < \infty$	$x = \tanh y$
Areakotangens $y = \operatorname{Arcoth} x$	$\lvert x \rvert > 1$	$-\infty < y < 0$ $0 < y < \infty$	$x = \coth y$

2.10.1.2 Areakosinus

Die Funktionen

$$y = \operatorname{Arcosh} x \quad (2.55a) \qquad \text{und} \qquad y = -\operatorname{Arcosh} x \qquad (2.55b)$$

(Abb.2.54) oder $x = \cosh y$ besitzen die in **Tabelle 2.8** angegebenen Definitions- und Wertebereiche und sind nur für $x \geq 1$ definiert. Der Funktionsverlauf beginnt im Punkt $A(1,0)$ mit einer senkrechten Tangente und wächst bzw. fällt dann streng monoton.

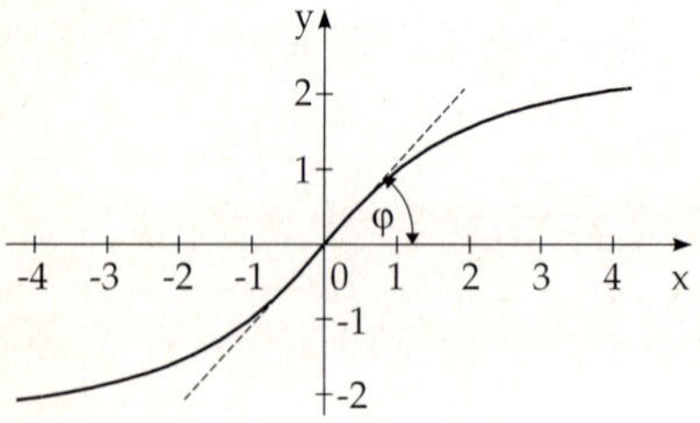

Abbildung 2.53

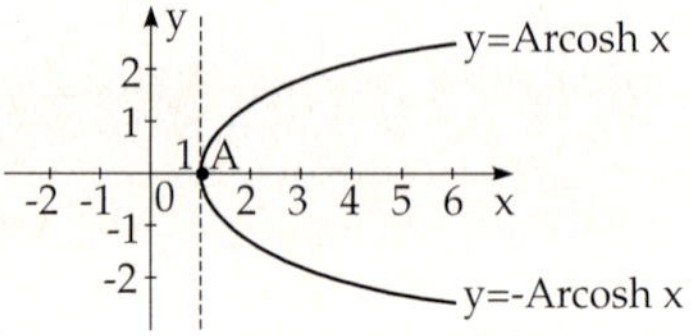

Abbildung 2.54

2.10.1.3 Areatangens

Die Funktion $$y = \operatorname{Artanh} x \qquad (2.56)$$

(Abb.2.55) oder $x = \tanh y$ ist eine ungerade und nur für $|x| < 1$ definierte Funktion mit den in **Tabelle 2.8** angegebenen Definitions- und Wertebereichen. Der Koordinatenursprung ist gleichzeitig Wendepunkt mit dem Tangentenneigungswinkel $\varphi = \frac{\pi}{4}$. Die Asymptoten liegen bei $x = \pm 1$.

2.10.1.4 Areakotangens

Die Funktion $$y = \operatorname{Arcoth} x \qquad (2.57)$$

(Abb.2.56) oder $x = \coth y$ ist eine ungerade und nur für $|x| > 1$ definierte Funktion mit den in **Tabelle 2.8** angegebenen Definitions- und Wertebereichen. Für $-\infty < x < -1$ fällt sie streng monoton

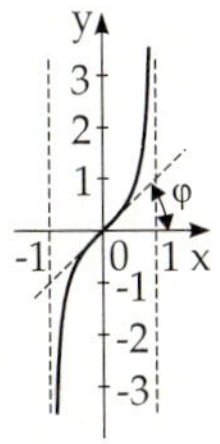

Abbildung 2.55

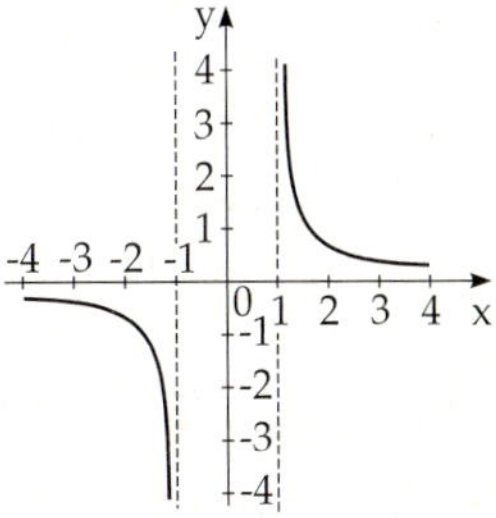

Abbildung 2.56

von 0 bis $-\infty$, für $1 < x < +\infty$ fällt sie streng monoton von $+\infty$ auf 0 ab. Sie besitzt drei Asymptoten, und zwar bei $y = 0$ und $x = \pm 1$.

2.10.2 Darstellung der Areafunktionen durch den natürlichen Logarithmus

Mit Hilfe der Definition der Hyperbelfunktionen ((2.13) bis (2.18), s. S. 86) können die Areafunktionen über die Logarithmusfunktion ausgedrückt werden:

$$\operatorname{Arsinh} x = \ln\left(x + \sqrt{x^2+1}\right), \tag{2.58}$$

$$\operatorname{Arcosh} x = \ln\left(x + \sqrt{x^2-1}\right) = \ln\left(\frac{1}{x - \sqrt{x^2-1}}\right) \quad (x \geq 1), \tag{2.59}$$

$$\operatorname{Artanh} x = \frac{1}{2}\ln\frac{1+x}{1-x} \quad (|x| < 1), \quad (2.60) \qquad \operatorname{Arcoth} x = \frac{1}{2}\ln\frac{x+1}{x-1} \quad (|x| > 1). \quad (2.61)$$

2.10.3 Beziehungen zwischen den verschiedenen Areafunktionen

$$\operatorname{Arsinh} x = (\operatorname{sign} x)\operatorname{Arcosh}\sqrt{x^2+1} = \operatorname{Artanh}\frac{x}{\sqrt{x^2+1}} = \operatorname{Arcoth}\frac{\sqrt{x^2+1}}{x}, \tag{2.62}$$

$$\begin{aligned}\operatorname{Arcosh} x &= (\operatorname{sign} x)\operatorname{Arsinh}\sqrt{x^2-1} = (\operatorname{sign} x)\operatorname{Artanh}\frac{\sqrt{x^2-1}}{x}\\ &= (\operatorname{sign} x)\operatorname{Arcoth}\frac{x}{\sqrt{x^2-1}},\end{aligned} \tag{2.63}$$

$$\begin{aligned}\operatorname{Artanh} x &= (\operatorname{sign} x)\operatorname{Arsinh}\frac{x}{\sqrt{1-x^2}} = (\operatorname{sign} x)\operatorname{Arcoth}\frac{1}{x}\\ &= (\operatorname{sign} x)\operatorname{Arcosh}\frac{1}{\sqrt{1-x^2}} \quad (|x| < 1),\end{aligned} \tag{2.64}$$

$$\begin{aligned}\operatorname{Arcoth} x &= \operatorname{Artanh}\frac{1}{x} = (\operatorname{sign} x)\operatorname{Arsinh}\frac{1}{\sqrt{x^2-1}}\\ &= (\operatorname{sign} x)\operatorname{Arcosh}\frac{|x|}{\sqrt{x^2-1}} \quad (|x| > 1).\end{aligned} \tag{2.65}$$

2.10.4 Summen und Differenzen von Areafunktionen

$$\operatorname{Arsinh} x \pm \operatorname{Arsinh} y = \operatorname{Arsinh}\left(x\sqrt{1+y^2} \pm y\sqrt{1+x^2}\right), \tag{2.66}$$

$$\operatorname{Arcosh} x \pm \operatorname{Arcosh} y = \operatorname{Arcosh}\left(xy \pm \sqrt{(x^2-1)(y^2-1)}\right), \tag{2.67}$$

$$\operatorname{Artanh} x \pm \operatorname{Artanh} y = \operatorname{Artanh} \frac{x \pm y}{1 \pm xy}. \tag{2.68}$$

2.10.5 Formeln für negative Argumente

$$\operatorname{Arsinh}(-x) = -\operatorname{Arsinh} x, \tag{2.69}$$

$$\operatorname{Artanh}(-x) = -\operatorname{Artanh} x, \tag{2.70}$$ $$\operatorname{Arcoth}(-x) = -\operatorname{Arcoth} x. \tag{2.71}$$

Während Arsinh, Artanh und Arcoth ungerade Funktionen sind, ist Arcosh (2.59) für negative Argumente x nicht definiert.

2.11 Kurven dritter Ordnung

Eine ebene Kurve heißt algebraische Kurve der Ordnung n, wenn sie durch eine Polynomgleichnung der Form $F(x,y) = 0$ in zwei Variablen vom Gesamtgrad n beschrieben werden kann.

■ Die Kardioide mit der Gleichung $(x^2+y^2)(x^2+y^2-2ax) - a^2y^2 = 0$, $(a > 0)$ (s. S. 95), ist eine Kurve 4. Ordnung. Die bekannten Kegelschnitte (s. S. 201) stellen Kurven 2. Ordnung dar.

2.11.1 Semikubische Parabel

Die Gleichung $\quad y = ax^{3/2} \quad (a > 0)$ (2.72a)

oder in Parameterform $\quad x = t^2, \quad y = at^3 \quad (a > 0)$ (2.72b)

liefert die *semikubische Parabel* (**Abb.2.57**). Im Koordinatenursprung gibt es einen Rückkehrpunkt, Asymptoten gibt es keine. Die Krümmung $K = \dfrac{6a}{\sqrt{x}(4+9a^2x)^{3/2}}$ durchläuft alle Werte von ∞ bis 0. Der Kurvenbogen hat zwischen dem Koordinatenursprung und einem Punkt $M(x,y)$ die Länge $L = \dfrac{1}{27a^2}[(4+9a^2x)^{3/2} - 8]$.

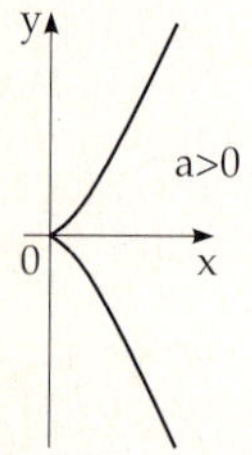

Abbildung 2.57

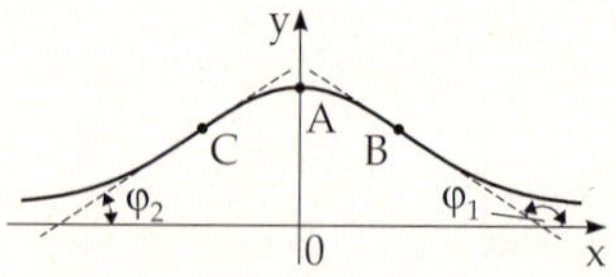

Abbildung 2.58

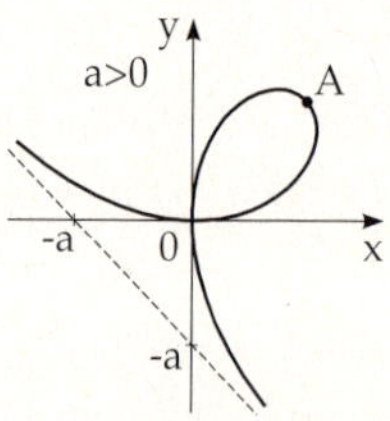

Abbildung 2.59

2.11.2 Versiera der Agnesi

Die Gleichung $y = \frac{a^3}{a^2 + x^2} \quad (a > 0)$ (2.73a)

liefert die in **Abb.2.58** dargestellte *Versiera der Agnesi.* Sie besitzt eine Asymptote mit der Gleichung $y = 0$, bei $A(0, a)$ ein Maximum, der dazugehörige Krümmungsradius beträgt $r = \frac{a}{2}$. Die Wendepunkte B und C befinden sich bei $\left(\pm\frac{a}{\sqrt{3}}, \frac{3a}{4}\right)$, die Tangentensteigungen sind dort gegeben durch $\tan\varphi = \mp\frac{3\sqrt{3}}{8}$. Die Fläche zwischen der Kurve und der Asymptote beträgt $S = \pi a^2$. Die Versiera der Agnesi (2.73a) ist ein Spezialfall der LORENTZ– oder BREIT–WIGNER–Kurve

$$y = \frac{a}{b^2 + (x - c)^2} \quad (a > 0)\,. \tag{2.73b}$$

■ Die Bildfunktion bezüglich der FOURIER–Transformation der gedämpften Schwingung ist die LORENTZ– oder BREIT–WIGNER–Kurve (s. S. 729).

2.11.3 Kartesisches Blatt

Die Gleichung $x^3 + y^3 = 3axy \quad (a > 0)$ oder (2.74a)

in Parameterform $x = \frac{3at}{1+t^3},\ y = \frac{3at^2}{1+t^3}$ mit $t = \tan\sphericalangle M0x \quad (a > 0)$ (2.74b)

ergibt graphisch dargestellt das *kartesische Blatt* (**Abb.2.59**). Der Koordinatenursprung ist infolge zweier ihn durchlaufender Kurvenzweige ein Doppelpunkt, in dem beide Koordinatenachsen Tangenten sind. Der Krümmungsradius ist für beide Kurvenzweige im Koordinatenursprung $r = \frac{3a}{2}$. Die Asymptote berechnet sich aus $x + y + a = 0$, der Scheitelpunkt hat die Koordinaten $A\left(\frac{3}{2}a, \frac{3}{2}a\right)$. Der Flächeninhalt der Schleife ist $S_1 = \frac{3a^2}{2}$. Der Flächeninhalt S_2 zwischen der Kurve und der Asymptote hat den gleichen Wert.

2.11.4 Zissoide

Die Gleichung $y^2 = \frac{x^3}{a - x} \quad (a < 0)$, (2.75a)

in Parameterform $x = \frac{at^2}{1+t^2},\ y = \frac{at^3}{1+t^2}$, mit $t = \tan\sphericalangle M0x \quad (a > 0)$ (2.75b)

und in Polarkoordinaten $\rho = \frac{a\sin^2\varphi}{\cos\varphi} \quad (a > 0)$ (2.75c)

(**Abb.2.60**) beschreibt den geometrischen Ort aller Punkte M, für die gilt

$$\overline{0M} = \overline{PQ}\,. \tag{2.76}$$

Dabei ist P ein beliebiger Punkt auf dem erzeugenden Kreis mit dem Radius $\frac{a}{2}$ und Q der Schnittpunkt der Geraden $0M$ mit der Asymptote $x = a$. Der Flächeninhalt zwischen der Kurve und der Asymptote berechnet sich zu $S = \frac{3}{4}\pi a^2$.

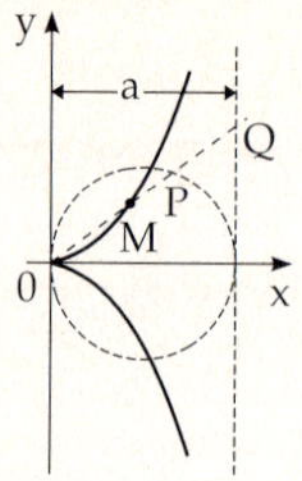

Abbildung 2.60

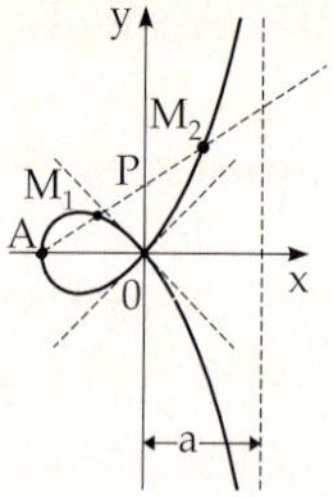

Abbildung 2.61

2.11.5 Strophoide

Strophoide heißt der geometrische Ort aller Punkte M_1 und M_2, die auf einem beliebigen Strahl durch den Punkt A liegen (A befindet sich auf der negativen x–Achse) und für die gilt

$$\overline{PM_1} = \overline{PM_2} = \overline{0P}. \tag{2.77}$$

Dabei ist P der Schnittpunkt des Strahles mit der y–Achse **(Abb.2.61)**. Die Gleichung der Strophoide in kartesischen und Polarkoordinaten sowie in Parameterform lautet:

$$y^2 = x^2\left(\frac{a+x}{a-x}\right) \quad (a>0), \tag{2.78a}$$

$$\rho = -a\frac{\cos 2\varphi}{\cos\varphi} \quad (a>0), \tag{2.78b}$$

$$x = a\frac{t^2-1}{t^2+1}, \quad y = at\frac{t^2-1}{t^2+1} \quad \text{mit } t = \tan[\sphericalangle M\,0\,x] \quad (a>0). \tag{2.78c}$$

Der Koordinatenursprung ist ein Doppelpunkt mit den Tangenten $y = \pm x$. Die Asymptote hat die Gleichung $x = a$. Der Scheitel ist $A(-a, 0)$. Der Flächeninhalt der Schleife beträgt $S_1 = 2a^2 - \frac{1}{2}\pi a^2$, der Flächeninhalt zwischen der Kurve und der Asymptote $S_2 = 2a^2 + \frac{1}{2}\pi a^2$.

2.12 Kurven vierter Ordnung

2.12.1 Konchoide des Nikomedes

Konchoide des NIKOMEDES **(Abb.2.62)** nennt man den geometrischen Ort aller Punkte M, für die mit P als Schnittpunkt der Verbindungslinie zwischen $0M_1$ und $0M_2$ mit der Asymptote $x = a$ die Bedingung

$$\overline{0M} = \overline{0P} \pm l \tag{2.79}$$

erfüllt ist, wobei das Vorzeichen „+“ für den äußeren und „−“ für den inneren Kurvenzweig gilt. Die Gleichung der *Konchoide des* NIKOMEDES lautet in kartesischen Koordinaten, in Parameterform und in Polarkoordinaten:

$$(x-a)^2(x^2+y^2) - l^2x^2 = 0 \quad (a>0), \tag{2.80a}$$

$$x = a + l\cos\varphi, \quad y = a\tan\varphi + l\sin\varphi \quad (a>0), \tag{2.80b}$$

$$\rho = \frac{a}{\cos\varphi} \pm l \quad (a>0). \tag{2.80c}$$

1. **Rechter Zweig:** Die Asymptote ist $x = a$. Der Scheitelpunkt A liegt bei $(a+l, 0)$, die Wendepunkte B, C haben als x–Wert die größte Wurzel der Gleichung $x^3 - 3a^2x + 2a(a^2-l^2) = 0$. Die Fläche zwischen dem rechten Zweig und der Asymptote ist $S = \infty$.

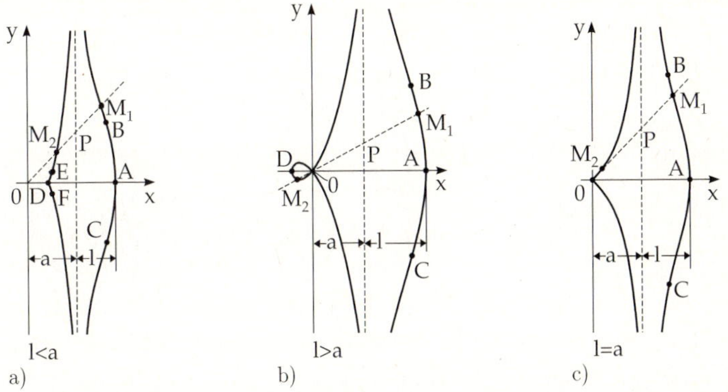

Abbildung 2.62

2. Linker Zweig: Die Asymptote ist $x = a$. Der Scheitelpunkt D liegt bei $(a - l, 0)$. Der Ursprung ist ein singulärer Punkt, dessen Charakter von a und l abhängt:

Fall a) Für $l < a$ ist es ein isolierter Punkt (**Abb.2.62a**). Die Kurve hat dann zwei weitere Wendepunkte E und F, deren Abszisse sich als zweitgrößte Wurzel der Gleichung $x^3 - 3a^2x + 2a(a^2 - l^2) = 0$ ergibt.

Fall b) Für $l > a$ ist der Koordinatenursprung ein Doppelpunkt (**Abb.2.62b**). Die Kurve besitzt ein Maximum und ein Minimum an der Stelle $x = a - \sqrt[3]{al^2}$. Der Tangentenneigungswinkel beträgt im Koordinatenursprung $\tan\alpha = \dfrac{\pm\sqrt{l^2 - a^2}}{a}$. Der Krümmungsradius ist hier $r_0 = \dfrac{l\sqrt{l^2 - a^2}}{2a}$.

Fall c) Für $l = a$ wird der Koordinatenursprung zum Rückkehrpunkt (**Abb.2.62c**).

2.12.2 Allgemeine Konchoide

Die *Konchoide des* NIKOMEDES ist ein Spezialfall der *allgemeinen Konchoide.* Die Konchoide zu einer gegebenen Kurve ergibt sich, wenn man den Radiusvektor zu jedem Punkt der gegebenen Kurve um eine konstante Strecke $\pm l$ verlängert. Wenn die Gleichung der Kurve in Polarkoordinaten $\varrho = f(\varphi)$ lautet, dann ist die Gleichung ihrer Konchoide

$$\varrho = f(\varphi) \pm l. \qquad (2.81)$$

Die Konchoide des NIKOMEDES ist dann die *Konchoide der Geraden.*

2.12.3 Pascalsche Schnecke

PASCAL*sche Schnecke* (**Abb.2.63**) nennt man die *Konchoide des Kreises*, einen weiteren Spezialfall der allgemeinen Konchoide (s. S. 95) mit der Bedingung (2.79), wobei der Koordinatenursprung auf dem Kreis liegt. Die Gleichung lautet in kartesischen und Polarkoordinaten sowie in Parameterform (s. auch S. 102):

$$(x^2 + y^2 - ax)^2 = l^2(x^2 + y^2) \quad (a > 0), \qquad (2.82a)$$

$$\rho = a\cos\varphi + l \quad (a > 0), \qquad (2.82b)$$

$$x = a\cos^2\varphi + l\cos\varphi, \quad y = a\cos\varphi\sin\varphi + l\sin\varphi \quad (a > 0) \qquad (2.82c)$$

mit a als Durchmesser des Kreises. Der Scheitel A, B liegen bei $(a \pm l, 0)$. Die Form der Kurve hängt von den Größen a und l ab, wie man aus **Abb.2.63** und **Abb.2.64** erkennen kann.

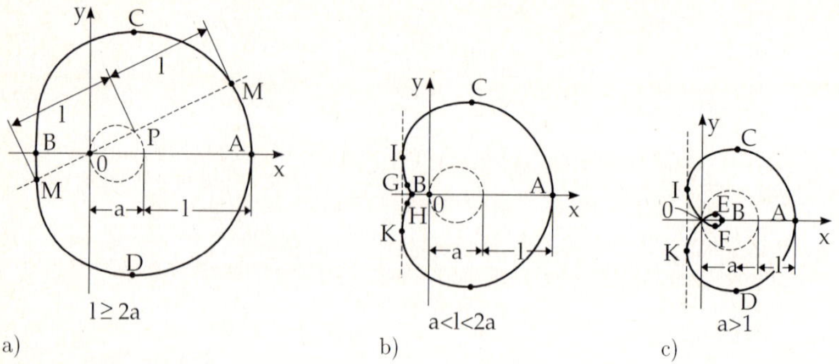

Abbildung 2.63

a) Extremwerte und Wendepunkte: Für $a > l$ hat die Kurve vier Extremwerte C, D, E, F, für $a \leq l$ zwei; sie liegen bei $\left(\cos\varphi = \dfrac{-l \pm \sqrt{l^2 + 8a^2}}{4a}\right)$. Für $a < l < 2a$ existieren zwei Wendepunkte G und H bei $\left(\cos\varphi = -\dfrac{2a^2 + l^2}{3al}\right)$.

b) Doppeltangenten: Für $l < 2a$ gibt es in den Punkten I und K bei $\left(-\dfrac{l^2}{4a}, \pm\dfrac{l\sqrt{4a^2 - l^2}}{4a}\right)$ eine Doppeltangente.

c) Singuläre Punkte: Der Koordinatenursprung ist ein singulärer Punkt: Für $a < l$ ist er ein isolierter Punkt, für $a > l$ ein Doppelpunkt mit den Tangentenrichtungen $\tan\alpha = \pm\dfrac{\sqrt{a^2 - l^2}}{l}$ und dem Krümmungsradius $r_0 = \dfrac{1}{2}\sqrt{a^2 - l^2}$. Für $a = l$ handelt es sich um einen Rückkehrpunkt; die Kurve nennt man *Kardioide.*

Der Flächeninhalt der Schnecke beträgt $S = \dfrac{\pi a^2}{2} + \pi l^2$, wobei im Falle $a > l$ **(Abb.2.63c)** der Flächeninhalt der inneren Schleife nach dieser Formel doppelt gezählt wird.

2.12.4 Kardioide

Die *Kardioide* **(Abb.2.64)** kann auf zweierlei Weise definiert werden, und zwar als:

1. Spezialfall der PASCAL*schen Schnecke* mit

$$\overline{0M} = \overline{0P} \pm a\,, \qquad (2.83)$$

wobei a der Durchmesser des Kreises ist.

2. Spezialfall der *Epizykloide* mit gleich großem Durchmesser a des festen und des beweglichen Kreises. Die Gleichung lautet

$$(x^2 + y^2)^2 - 2ax(x^2 + y^2) = a^2y^2 \quad (a > 0) \qquad (2.84a)$$

und in Parameterform sowie in Polarkoordinaten:

$$x = a\cos\varphi(1 + \cos\varphi)\,, \quad y = a\sin\varphi(1 + \cos\varphi) \quad (a > 0) \qquad (2.84b)$$

$$\rho = a(1 + \cos\varphi) \quad (a > 0) \qquad (2.84c)$$

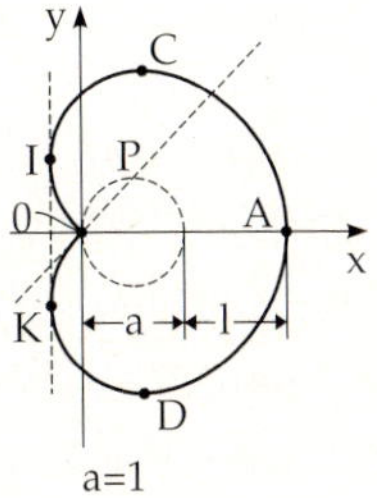

Abbildung 2.64

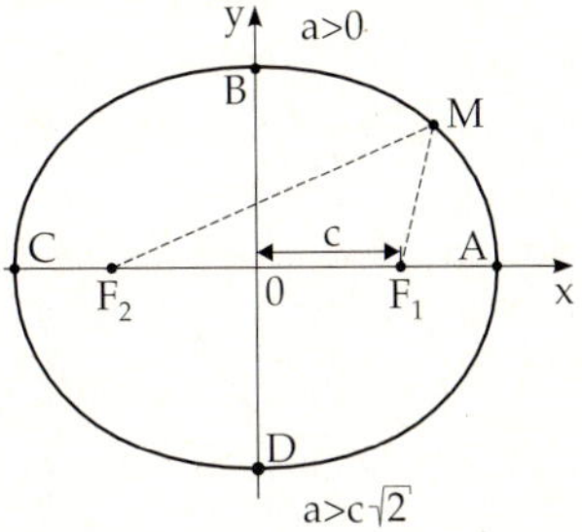

a)

Abbildung 2.65

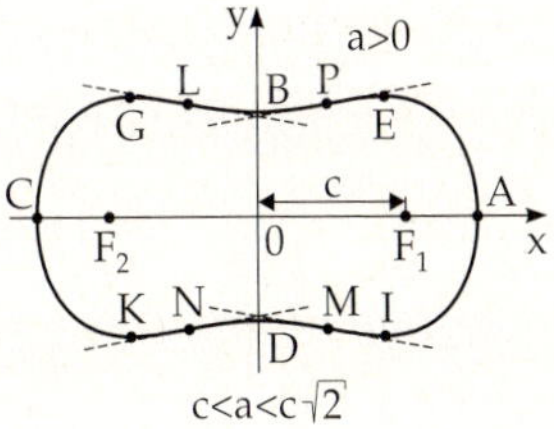

b)

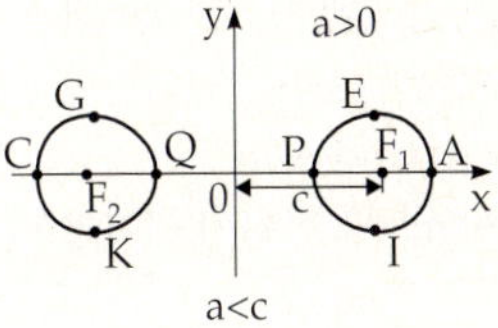

c)

Abbildung 2.65

Der Koordinatenursprung ist ein Rückkehrpunkt. Der Scheitel A liegt bei $(2a, 0)$; Maximum C und Minimum D liegen bei $\cos\varphi = \dfrac{1}{2}$ mit den Koordinaten $\left(\dfrac{3}{4}a\,, \pm\dfrac{3\sqrt{3}}{4}a\right)$. Der Flächeninhalt beträgt $S = \dfrac{3}{2}\pi a^2$, d.h. die sechsfache Fläche des Kreises mit dem Durchmesser a. Die Kurvenlänge ist $L = 8a$.

2.12.5 Cassinische Kurven

CASSINI*sche Kurven* **(Abb.2.65)** nennt man den geometrischen Ort aller Punkte M, für die das Produkt der Abstände von zwei festen Punkten F_1 und F_2, den Fixpunkten bei $(c, 0)$ bzw. $(-c, 0)$, konstant gleich a^2 ist:

$$\overline{F_1M} \cdot \overline{F_2M} = a^2. \tag{2.85}$$

Die Gleichung lautet in kartesischen und Polarkoordinaten:

$$(x^2 + y^2)^2 - 2c^2(x^2 - y^2) = a^4 - c^4\,, \quad (a > 0)\,, \tag{2.86a}$$

$$\rho^2 = c^2 \cos 2\varphi \pm \sqrt{c^4 \cos^2 2\varphi + (a^4 - c^4)} \quad (a > 0)\,. \tag{2.86b}$$

Die Form der Kurve hängt von den Größen a und c ab:

1. Fall $a > c\sqrt{2}$: Für $a > c\sqrt{2}$ ist die Kurve ein ellipsenförmiges Oval **(Abb.2.65a)**. Die Schnittpunkte A, C mit der x–Achse liegen bei $(\pm\sqrt{a^2 + c^2}\,, 0)$, die Schnittpunkte B, D mit der y–Achse bei

$(0\,,\ \pm\sqrt{a^2-c^2})$.

2. Fall $a = c\sqrt{2}$: Für $a = c\sqrt{2}$ ergibt sich eine Kurve des gleichen Typs mit A, C bei $(\pm c\sqrt{3}\,,\ 0)$ und B, D bei $(0, \pm c)$, wobei die Krümmung in den Punkten B und D gleich 0 ist, d.h., es gibt eine enge Berührung mit den Geraden $y = \pm c$.

3. Fall $c < a < c\sqrt{2}$: Für $c < a < c\sqrt{2}$ ist die Kurve ein eingedrücktes Oval **(Abb.2.65b)**. Die Achsenschnitte sind dieselben wie im Falle $a > c\sqrt{2}$, ebenso das Maximum und das Minimum B, D, während die weiteren Extrema E, G, K, I bei $\left(\pm\dfrac{\sqrt{4c^4-a^4}}{2c}\,,\ \pm\dfrac{a^2}{2c}\right)$ liegen und die vier Wendepunkte bei P, L, M, N bei $\left(\pm\sqrt{\dfrac{1}{2}(m-n)}\,,\ \pm\sqrt{\dfrac{1}{2}(m+n)}\right)$ mit $n = \dfrac{a^4-c^4}{3c^2}$ und $m = \sqrt{\dfrac{a^4-c^4}{3}}$.

4. Fall $a = c$: Für $a = c$ ergibt sich die *Lemniskate*.

5. Fall $a < c$: Für $a < c$ ergeben sich zwei Ovale **(Abb.2.65c)**. Die Schnittpunkte A, C bzw. P, Q mit der x–Achse liegen bei $(\pm\sqrt{a^2+c^2}\,,\ 0)$ bzw. $(\pm\sqrt{c^2-a^2}, 0)$, die Maxima und Minima E, G, K, I bei $\left(\pm\dfrac{\sqrt{4c^4-a^4}}{2c},\ \pm\dfrac{a^2}{2c}\right)$. Der Krümmungsradius beträgt $r = \dfrac{2a^2\rho^3}{c^4-a^4+3\varrho^4}$, wobei ρ der Polarkoordinatendarstellung genügt.

2.12.6 Lemniskate

Lemniskate **(Abb.2.66)** nennt man den Spezialfall $a = c$ der CASSINI*schen Kurven*, die der Bedingung genügen

$$\overline{F_1M}\cdot\overline{F_2M} = \left(\frac{\overline{F_1F_2}}{2}\right)^2, \tag{2.87}$$

wobei die Fixpunkte F_1, F_2 bei $(\pm a, 0)$ liegen. Die Gleichung lautet in kartesischen Koordinaten

$$(x^2+y^2)^2 - 2a^2(x^2-y^2) = 0 \quad (a > 0) \tag{2.88a}$$

und in Polarkoordinaten

$$\rho = a\sqrt{2\cos 2\varphi} \quad (a > 0)\,. \tag{2.88b}$$

Der Koordinatenursprung ist Doppelpunkt und Wendepunkt zugleich, wobei die Tangenten $y = \pm x$ sind.

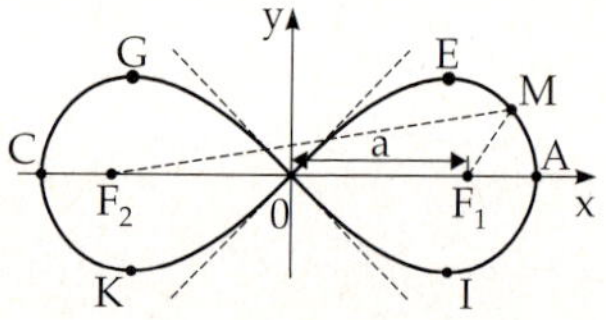

Abbildung 2.66

Die Schnittpunkte A und C mit der x–Achse liegen bei $(\pm a\sqrt{2}, 0)$, die Maxima und Minima E, G, K, I bei $\left(\pm\dfrac{a\sqrt{3}}{2}\,,\ \pm\dfrac{a}{2}\right)$. Der Polarwinkel beträgt in diesem Punkten $\varphi = \pm\dfrac{\pi}{6}$. Der Krümmungsradius ergibt sich zu $r = \dfrac{2a^2}{3\varrho}$ und der Flächeninhalt jeder Schleife zu $S = a^2$.

2.13 Zykloiden

2.13.1 Gewöhnliche Zykloide

Zykloide wird eine Kurve genannt, die von einem Peripheriepunkt eines Kreises beschrieben wird, der auf einer Geraden abrollt, ohne zu gleiten **(Abb.2.67)**. Die Gleichung der *gewöhnlichen Zykloide* lautet in Parameterform

$$x = a(t - \sin t), \quad y = a(1 - \cos t), \tag{2.89a}$$

wobei a der Radius des Kreises und t der Wälzwinkel $\sphericalangle MC_1B$ sind, und in kartesischen Koordinaten

$$x + \sqrt{y(2a-y)} = a \arccos \frac{a-y}{a}\,. \tag{2.89b}$$

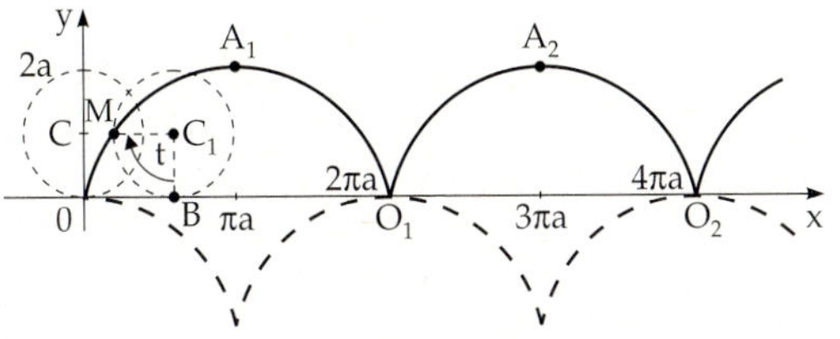

Abbildung 2.67

Die Kurve ist periodisch mit der Periode (*Basis der Zykloide*) $\overline{0O_1} = 2\pi a$. Die Rückkehrpunkte liegen bei $0, O_1, O_2, \ldots, O_k = (2k\pi a, 0)$, die Scheitelpunkte bei $A_k = [(2k+1)\pi a, 2a]$. Die Länge des Bogens $0M$ ist $L = 8a\sin^2(t/4)$, die Länge eines Zweiges $L_{0A_1O_1} = 8a$. Der Flächeninhalt beträgt $S = 3\pi a^2$. Der Krümmungsradius ist $r = 4a\sin\frac{1}{2}t$, in den Scheiteln $r_A = 4a$. Die Evolute einer Zykloide (s. S. 235) ist eine *kongruente Zykloide*, die in der **Abb.2.67** gestrichelt gezeichnet ist.

2.13.2 Verlängerte und verkürzte Zykloiden oder Trochoiden

Verlängerte und *verkürzte Zykloiden* oder *Trochoiden* werden von einem Punkt beschrieben, der sich entweder außerhalb oder innerhalb eines Kreises auf einem vom Kreismittelpunkt ausgehenden und mit dem Kreis fest verbundenen Strahl befindet, während der Kreis, ohne zu gleiten, auf einer Geraden abrollt (**Abb.2.68**).

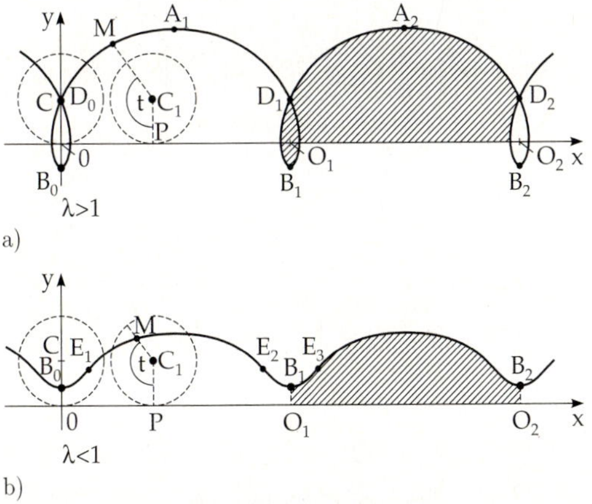

Abbildung 2.68

Die Gleichung der Trochoiden in Parameterform lautet mit a als Radius des Kreises

$$x = a(t - \lambda \sin t), \tag{2.90a}$$

$$y = a(1 - \lambda \cos t), \tag{2.90b}$$

wobei t der Winkel $\sphericalangle MC_1P$ ist.

Wegen $\lambda a = \overline{C_1M}$ bestimmt $\lambda > 1$ die verlängerte Zykloide und $\lambda < 1$ die verkürzte Zykloide.

Die Periode der Kurven ist $\overline{0O_1} = 2\pi a$, die Maxima $A_1, A_2, \ldots, A_k = [(2k+1)\pi a, (1+\lambda)a]$, die Minima $B_0, B_1, B_2, \ldots, B_k = [2k\pi a, (1-\lambda)a]$.

Die verlängerte Zykloide besitzt bei $D_0, D_1, D_2, \ldots, D_k = \left[2k\pi a\,, a\left(1 - \sqrt{\lambda^2 - {t_0}^2}\right)\right]$ Doppelpunkte, wobei t_0 die kleinste positive Wurzel der Gleichung $t = \lambda \sin t$ ist. Die verkürzte Zykloide besitzt Wendepunkte bei $E_1, E_2, \ldots, E_k = \left[a\left(\arccos\lambda - \lambda\sqrt{1-\lambda^2}\right)\,, a(1-\lambda^2)\right]$.

Die Länge eines Zyklus berechnet sich zu $L = a\int_0^{2\pi}\sqrt{1+\lambda^2-2\lambda\cos t}\,dt$. Die in **Abb.2.68** schraffiert gezeichnete Fläche beträgt $S = \pi a^2(2+\lambda^2)$.

Für den Krümmungsradius erhält man $r = a\dfrac{(1+\lambda^2-2\lambda\cos t)^{3/2}}{\lambda(\cos t-\lambda)}$, in den Maxima $r_A = -a\dfrac{(1+\lambda)^2}{\lambda}$

und in den Minima $r_B = a\dfrac{(1-\lambda)^2}{\lambda}$.

2.13.3 Epizykloide

Epizyloide wird eine Kurve genannt, die von einem Peripheriepunkt eines Kreises beschrieben wird, wenn dieser, ohne zu gleiten, auf der Außenseite eines anderen Kreises abrollt **(Abb.2.69)**. Die Gleichung der Epizykloide lautet in Parameterform mit A als Radius des festen und a als Radius des rollenden Kreises

$$x = (A+a)\cos\varphi - a\cos\frac{A+a}{a}\varphi\,, \qquad y = (A+a)\sin\varphi - a\sin\frac{A+a}{a}\varphi\,, \tag{2.91}$$

wobei $\varphi = \sphericalangle C0x$ gilt. Die Form der Kurve hängt vom Quotienten $m = \dfrac{A}{a}$ ab.

Für $m = 1$ erhält man die *Kardioide.*

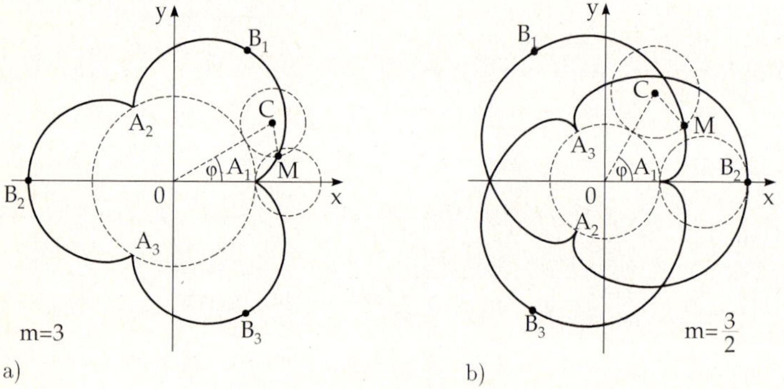

Abbildung 2.69

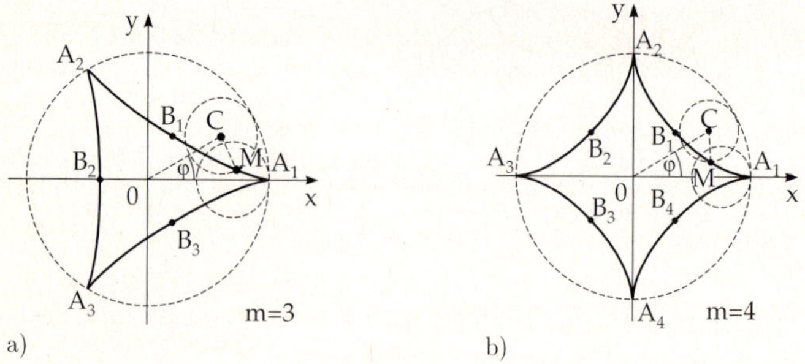

Abbildung 2.70

1. Fall m ganzzahlig: Für m ganzzahlig besteht die Kurve aus m, den feststehenden Kreis umgebenden Kurvenzweigen **(Abb.2.69a)**. Die Rückkehrpunkte $A_1, A_2, \ldots, A_m$ liegen bei $\Big(\rho = A,\ \varphi =$

$\frac{2k\pi}{m}$ $(k = 0, 1, \ldots, m-1)\Big)$, die Scheitelpunkte $B_1, B_2, \ldots, B_m$ bei $\left[\rho = A+2a, \quad \varphi = \frac{2\pi}{m}\left(k + \frac{1}{2}\right)\right]$.

2. Fall m gebrochenrational: Für m gebrochenrational überdecken sich die Zweige gegenseitig, der sich bewegende Punkt M kehrt aber nach einer endlichen Zahl von Durchläufen in die Anfangslage zurück **(Abb.2.69b)**.

3. Fall m irrational: Für m irrational ist die Anzahl der Durchläufe unendlich, und der Punkt M kehrt nicht in die Anfangslage zurück.

Die Länge des Zweiges beträgt $L_{A_1B_1A_2} = \frac{8(A+a)}{m}$. Bei ganzzahligem m ist die Länge der gesamten Kurve $L_{\text{gesamt}} = 8(A+a)$. Die Fläche des Sektors $A_1B_1A_2A_1$ beträgt ohne den Sektor des festen Kreises $S = \pi a^2 \left(\frac{3A+2a}{A}\right)$. Der Krümmungsradius ist $r = \frac{4a(A+a)}{2a+A} \sin \frac{A\varphi}{2a}$, in den Scheiteln $r_B = \frac{4a(A+a)}{2a+A}$.

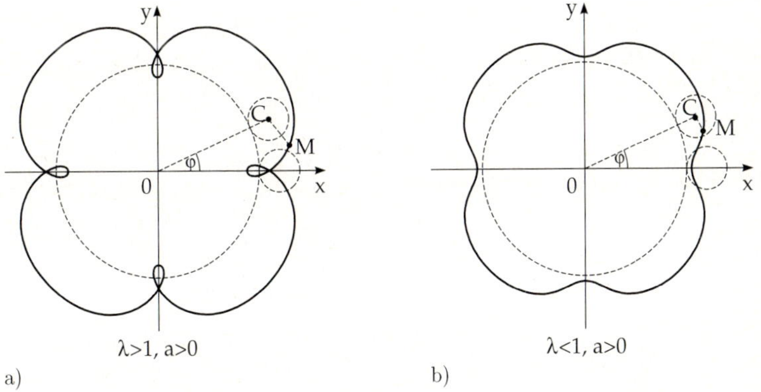

Abbildung 2.71

2.13.4 Hypozykloide und Astroide

Hypozykloide wird eine Kurve genannt, die von einem Peripheriepunkt eines Kreises beschrieben wird, wenn dieser, ohne zu gleiten, auf der Innenseite eines anderen Kreises abrollt **(Abb.2.70)**. Die Gleichung der Hypozykloide, die Koordinaten der Scheitel- und Rückkehrpunkte, die Formeln für die Bogenlängen, die Flächeninhalte und die Krümmungsradien entsprechen denen der Epizykloide; es ist jedoch „$+a$" durch „$-a$" zu ersetzen. Die Anzahl der Rückkehrpunkte entspricht für m ganzzahlig, rational oder irrational (stets ist $m > 1$) der von der Epizykloide bekannten.

1. Fall $m = 2$: Für $m = 2$ entartet die Kurve in den Durchmesser des unbeweglichen Kreises.

2. Fall $m = 3$: Für $m = 3$ besitzt die Hypozykloide drei Zweige **(Abb.2.70a)** mit der Gleichung:

$$x = a(2\cos\varphi + \cos 2\varphi), \qquad y = a(2\sin\varphi - \sin 2\varphi). \qquad (2.92a)$$

Es gilt $L_{\text{gesamt}} = 16a$, $S_{\text{gesamt}} = 2\pi a^2$.

3. Fall $m = 4$: Für $m = 4$ **(Abb.2.70b)** besitzt die Hypozykloide vier Zweige und wird *Astroide* genannt. Ihre Gleichung lautet in kartesischen Koordinaten und in Parameterform:

$$x^{2/3} + y^{2/3} = A^{2/3}, \qquad (2.92b) \qquad x = A\cos^3\varphi, \qquad y = A\sin^3\varphi. \qquad (2.92c)$$

Es gilt $L_{\text{gesamt}} = 24a = 6A$, $S_{\text{gesamt}} = \frac{3}{8}\pi A^2$.

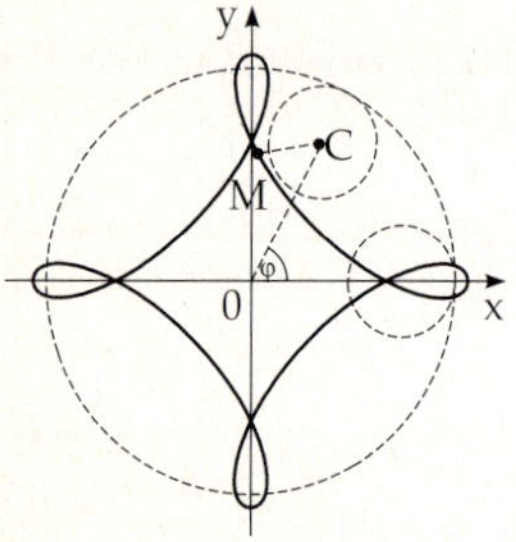

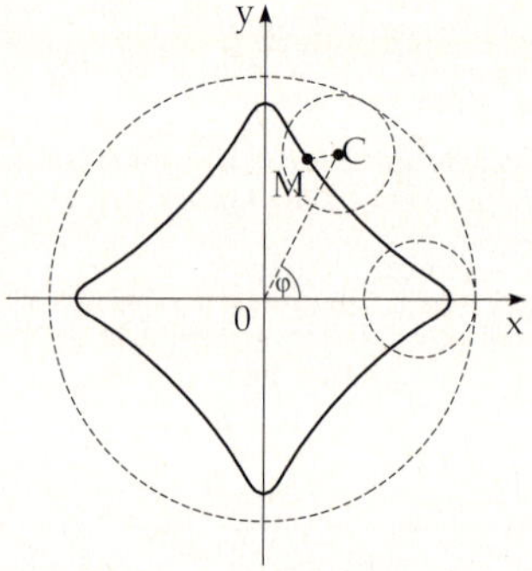

Abbildung 2.72

2.13.5 Verlängerte und verkürzte Epizykloide und Hypozykloide

Die *verlängerte* und *verkürzte Epizykloide* und die *verlängerte* und *verkürzte Hypozykloide*, auch *Epitrochoide* bzw. *Hypotrochoide* genannt, sind Kurven (**Abb.2.71** bzw. **Abb.2.72**), die von einem entweder außerhalb oder innerhalb eines Kreises befindlichen Punkt beschrieben werden, der sich auf einem vom Kreismittelpunkt ausgehenden und mit dem Kreis fest verbundenen Strahl befindet, während der Kreis an einem anderen Kreis entweder außen (Epitrochoide) oder innen (Hypotrochoide) abrollt, ohne dabei zu gleiten.

Die Gleichung der Epitrochoide lautet in Parameterform

$$x = (A + a)\cos\varphi - \lambda a \cos\left(\frac{A+a}{a}\varphi\right), \qquad y = (A + a)\sin\varphi - \lambda a \sin\left(\frac{A+a}{a}\varphi\right), \tag{2.93a}$$

wobei A der Radius des festen Kreises ist und a der des rollenden. Für die Hypozykloide ist „$+a$“ durch „$-a$“ zu ersetzen. Über $\lambda a = \overline{CM}$ wird mit $\lambda > 1$ bzw. $\lambda < 1$ bestimmt, ob es sich um die verkürzte oder verlängerte Kurve handelt.

Für $A = 2a$, λ beliebige Zahl, wird die Hypozykloide mit der Gleichung

$$x = a(1 + \lambda)\cos\varphi, \quad y = a(1 - \lambda)\sin\varphi \tag{2.93b}$$

zur Ellipse mit den Halbachsen $a(1+\lambda)$ und $a(1-\lambda)$. $A = a$ liefert die PASCAL*sche Schnecke* (s. auch S. 95):

$$x = a(2\cos\varphi - \lambda\cos 2\varphi), \quad y = a(2\sin\varphi - \lambda\sin 2\varphi). \tag{2.93c}$$

Hinweis: Bei der Behandlung der PASCALschen Schnecke auf S. 95 wurde mit a eine Größe bezeichnet, die hier $2\lambda a$ heißt und mit l der Durchmesser $2a$. Außerdem ist das Koordinatensystem geändert.

2.14 Spiralen

2.14.1 Archimedische Spirale

ARCHIMED*ische Spirale* heißt eine Kurve (**Abb.2.73**), die durch Bewegung eines Punktes mit konstanter Geschwindigkeit v auf einem Strahl entsteht, der mit konstanter Winkelgeschwindigkeit ω den

Koordinatenursprung umkreist. Die Gleichung der ARCHIMEDischen Spirale lautet in Polarkoordinaten

$$\rho = a\varphi, \quad a = \frac{v}{\omega} \quad (a > 0)\,. \tag{2.94}$$

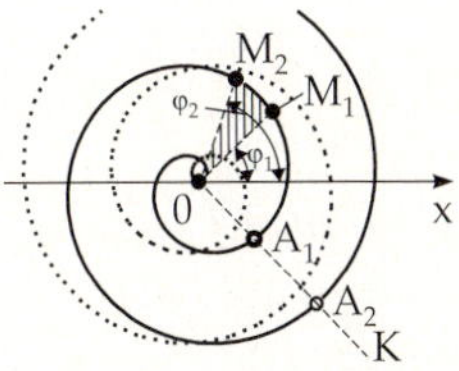

Abbildung 2.73

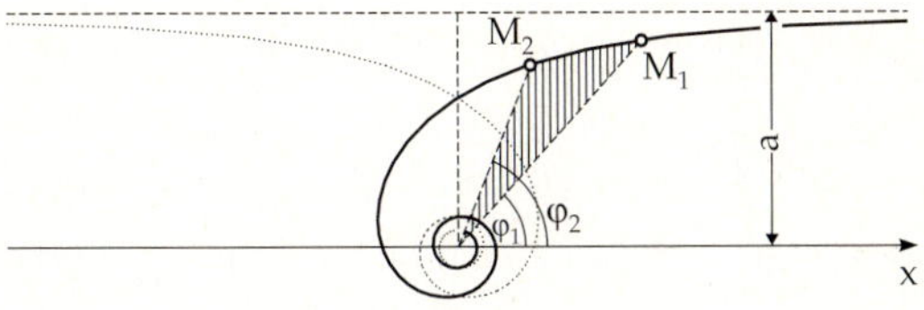

Abbildung 2.74

Die Kurve besitzt zwei Zweige, die symmetrisch zur y–Achse verlaufen. Jeder Strahl $0K$ schneidet die Kurve in den Punkten 0, A_1, A_2, …,A_n,…, die voneinander den Abstand $A_iA_{i+1} = 2\pi a$ haben. Die Länge des Bogens $\widehat{0M}$ ist $L = \frac{a}{2}\left(\varphi\sqrt{\varphi^2+1} + \operatorname{Arsinh}\varphi\right)$, wobei für große φ der Ausdruck $\frac{2L}{a\varphi^2}$ gegen 1 geht. Der Flächeninhalt des Sektors M_10M_2 beträgt $S = \frac{a^2}{6}({\varphi_2}^3 - {\varphi_1}^3)$. Der Krümmungsradius ist $r = a\frac{(\varphi^2+1)^{3/2}}{\varphi^2+2}$ und im Koordinatenursprung $r_0 = \frac{a}{2}$.

2.14.2 Hyperbolische Spirale

In Polarkoordinaten lautet die Gleichung der *hyperbolischen Spirale*

$$\rho = \frac{a}{\varphi} \quad (a > 0)\,. \tag{2.95}$$

Die Kurve der hyperbolischen Spirale **(Abb.2.74)** besteht aus zwei Zweigen, die symmetrisch zur y–Achse verlaufen. Für beide Zweige ist die Gerade $y = a$ Asymptote und der Koordinatenursprung asymptotischer Punkt. Der Flächeninhalt des Sektors M_10M_2 beträgt $S = \frac{a^2}{2}\left(\frac{1}{\varphi_1} - \frac{1}{\varphi_2}\right)$, wobei gilt: $\lim\limits_{\varphi_2\to\infty} S = \frac{a^2}{2\varphi_1}$. Der Krümmungsradius ist $r = \frac{a}{\varphi}\left(\frac{\sqrt{1+\varphi^2}}{\varphi}\right)^3$.

2.14.3 Logarithmische Spirale

Logarithmische Spirale heißt eine Kurve **(Abb.2.75)**, die alle Strahlen, die vom Koordinatenursprung 0 ausgehen, unter dem gleichen Winkel α schneidet. Die Gleichung der logarithmischen Spirale lautet in Polarkoordinaten

$$\rho = ae^{k\varphi} \quad (a > 0)\,, \tag{2.96}$$

wobei $k = \cot\alpha$. Der Nullpunkt ist asymptotischer Punkt der Kurve. Die Länge des Bogens $\widehat{M_1M_2}$ beträgt $L = \frac{\sqrt{1+k^2}}{k}(\rho_2 - \rho_1)$, der Grenzwert des Bogens $\widehat{0M}$, berechnet vom Koordinatenursprung aus, $L_0 = \frac{\sqrt{1+k^2}}{k}\rho$. Der Krümmungsradius ist $r = \sqrt{1+k^2}\rho = L_0k$.

Spezialfall Kreis: Für $\alpha = \frac{\pi}{2}$ ist $k = 0$, und die Kurve wird zum Kreis.

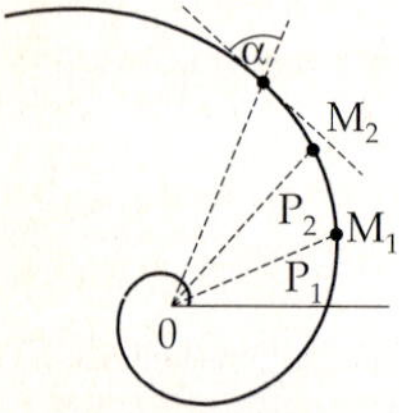

Abbildung 2.75

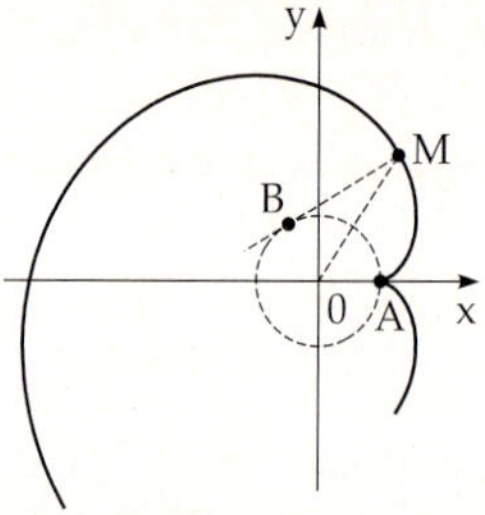

Abbildung 2.76

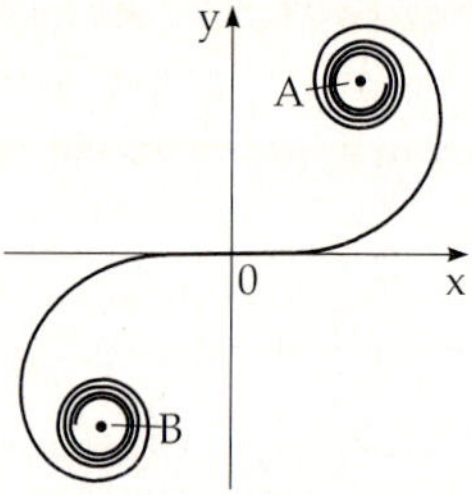

Abbildung 2.77

2.14.4 Evolvente des Kreises

Evolvente des Kreises heißt eine Kurve **(Abb.2.76)**, die vom Endpunkt eines fest gespannten Fadens beschrieben wird, wenn dieser von einem Kreis abgewickelt wird, so daß $\overset{\frown}{AB} = \overline{BM}$. Die Gleichung der *Evolvente des Kreises* lautet in Parameterform

$$x = a\cos\varphi + a\varphi\sin\varphi\,, \quad y = a\sin\varphi - a\varphi\cos\varphi\,, \tag{2.97}$$

wobei a der Radius des Kreises ist und $\varphi = \sphericalangle B0x$. Die Kurve besitzt zwei Zweige symmetrisch zur x–Achse. Der Rückkehrpunkt liegt bei $A(a, 0)$, die Schnittpunkte mit der x–Achse bei $x = \dfrac{a}{\cos\varphi_0}$, wobei φ_0 die Wurzeln der Gleichung $\tan\varphi = \varphi$ sind. Die Länge des Bogens $\overset{\frown}{AM}$ beträgt $L = \dfrac{1}{2}a\varphi^2$. Der Krümmungsradius ist $r = a\varphi = \sqrt{2aL}$; der Krümmungsmittelpunkt B liegt auf dem Kreis.

2.14.5 Klotoide

Klotoide heißt eine Kurve **(Abb.2.77)**, die sich aus der umgekehrten Proportionalität ihres Krümmungsradius zur Länge des Bogens ergibt:

$$r = \frac{a^2}{s} \quad (a > 0)\,. \tag{2.98a}$$

Die Gleichung der Klotoide lautet in Parameterform

$$x = a\sqrt{\pi}\int\limits_0^t \cos\frac{\pi t^2}{2}\,dt, \quad y = a\sqrt{\pi}\int\limits_0^t \sin\frac{\pi t^2}{2}\,dt \quad \text{mit} \quad t = \frac{s}{a\sqrt{\pi}}, \quad s = \overset{\frown}{0M}\,. \tag{2.98b}$$

Die Integrale können nicht durch elementare Funktionen ausgedrückt werden; sie lassen sich aber für jeden Parameter $t = t_0, t_1, \ldots$ durch numerische Integration (s. S. 892) berechnen, so daß die Klotoide punktweise gezeichnet werden kann. Wegen der Berechnung am Computer s. Lit. [3.12].
Die Kurve ist zentralsymmetrisch zum Koordinatenursprung, der gleichzeitig Wendepunkt ist. Im Wendepunkt ist die x–Achse Tangente. Bei A und B hat die Kurve je einen asymptotischen Punkt mit den Koordinaten $\left(+\dfrac{a\sqrt{\pi}}{2}, +\dfrac{a\sqrt{\pi}}{2}\right)$ bzw. $\left(-\dfrac{a\sqrt{\pi}}{2}, -\dfrac{a\sqrt{\pi}}{2}\right)$.

Die Klotoide findet z.B. beim Straßenbau Anwendung, wo der Übergang von einer Geraden in eine Kreiskurve durch einen Klotoidenabschnitt vermittelt wird (s. Lit. [3.12]).

2.15 Verschiedene andere Kurven

2.15.1 Kettenlinie oder Katenoide

Kettenlinie oder *Katenoide* nennt man eine Kurve, in **(Abb.2.78)** durchgehend gezeichnet, die von einem homogenen, nicht dehnbaren und an beiden Enden aufgehängten Faden gebildet wird. Die Gleichung der *Katenoide* lautet

$$y = a\cosh\frac{x}{a} = a\frac{e^{x/a} + e^{-x/a}}{2} \quad (a > 0)\,. \tag{2.99}$$

Der Parameter a bestimmt den Scheitelpunkt A bei $(0, a)$. Die Kurve verläuft symmetrisch zur y–Achse, und zwar höher, als die Parabel $y = a + \frac{x^2}{2a}$, die in der **Abb.2.78** gestrichelt dargestellt ist. Die Länge $L = \overset{\frown}{AM}$ des Bogens L beträgt $L = a\sinh\frac{x}{a} = a\frac{e^{x/a} - e^{-x/a}}{2}$. Die Fläche $0AMP$ hat den Wert $S = a\,L = a^2\sinh\frac{x}{a}$. Der Krümmungsradius beträgt $r = \frac{y^2}{a} = a\cosh^2\frac{x}{a} = a + \frac{L^2}{a}$.

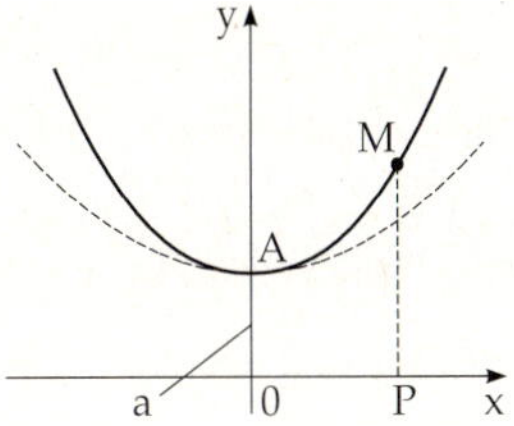

Abbildung 2.78

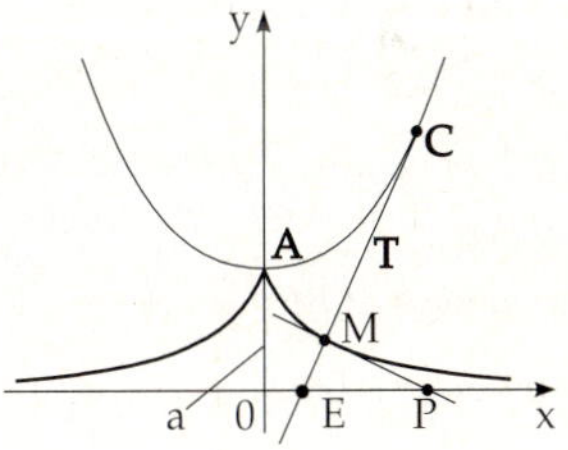

Abbildung 2.79

Die Katenoide ist die Evolute (s. S. 235) der Traktrix. Die Traktrix ist ihrerseits die Evolvente (s. S. 235) der Katenoide mit dem Scheitelpunkt A bei $(0, a)$(s. (2.)).

2.15.2 Schleppkurve oder Traktrix

Die *Schleppkurve* oder *Traktrix* (in **Abb.2.79** durchgehend gezeichnet) nennt man den geometrischen Ort aller Punkte mit der Eigenschaft, daß das Tangentenstück $\overline{MP}$ einer Kurve zwischen Berührungspunkt M und Schnittpunkt der Tangente mit einer Leitlinie, hier mit der x–Achse, die konstante Länge a besitzt. Die Traktrix wird von einem Punkt M, *Schleppunkt* genannt, beschrieben, der an einem Ende eines nicht dehnbaren Fadens mit der Länge a befestigt ist, wenn das andere Ende P entlang der Leitlinie, hier entlang der x–Achse, bewegt wird. Die Gleichung der *Traktrix* lautet

$$x = a\,\text{Arcosh}\frac{a}{y} \pm \sqrt{a^2 - y^2} = a\ln\frac{a \pm \sqrt{a^2 - y^2}}{y} \mp \sqrt{a^2 - y^2} \quad (a > 0)\,. \tag{2.100}$$

Die x–Achse ist Asymptote. Der Punkt A bei $(0, a)$ ist ein Rückkehrpunkt. Die Kurve verläuft symmetrisch zur y–Achse. Die Länge des Bogens $\overset{\frown}{AM}$ ist $L = a\ln\frac{a}{y}$. Bei wachsender Länge des Bogens L nähert sich die Differenz $L - x$ dem Wert $a(1 - \ln 2) \approx 0,307\,a$, wobei x hier die Abszisse des Punktes M ist. Der Krümmungsradius ist $r = a\cot\frac{x}{y}$. Krümmungsradius $\overline{MC}$ und Normalenabschnitt $\overline{ME} = b$ sind zueinander umgekehrt proportional: $rb = a^2$.
Die Evolute (s. S. 235) der Traktrix, d.h., der geometrische Ort ihrer Krümmungskreismittelpunkte C, in **Abb.2.79** gestrichelt dargestellt, ist die Katenoide (2.99).

2.16 Aufstellung empirischer Kurven

2.16.1 Verfahrensweise

2.16.1.1 Kurvenbildervergleiche

Die Aufstellung einer Näherungsformel für eine Funktion $y = f(x)$, für die nur empirisch ermittelte Daten vorliegen, kann in zwei Schritte eingeteilt werden. Zuerst wird die Art der Näherungsformel ausgewählt, die in der Regel einige freie Parameter enthält. Danach erfolgt die numerische Bestimmung der Parameterwerte. Wenn es für die Wahl der Formel keine theoretischen Überlegungen gibt, dann wird unter den einfachsten dafür in Frage kommenden Funktionen eine Näherungsformel ausgesucht, indem ihre Kurvenbilder mit der Kurve der empirischen Daten verglichen werden. Die Entscheidung über die Ähnlichkeit der Kurvenbilder nach Augenmaß kann trügerisch sein. Daher ist nach der Wahl einer Näherungsfunktion vor der Bestimmung der Parameterwerte durch Rektifizierung zu prüfen, ob die gewählte Formel anwendbar ist.

2.16.1.2 Rektifizierung

Vorausgesetzt, zwischen x und y besteht eine bestimmte Abhängigkeit, dann werden in der gewählten Näherungsformel zwei Funktionen $X = \varphi(x, y)$ und $Y = \psi(x, y)$ derart substituiert, daß eine lineare Beziehung der Form

$$Y = AX + B \tag{2.101}$$

entsteht, wobei A und B Konstanten sind. Werden für die angegebenen x– und y–Werte die zugehörigen X– und Y–Werte berechnet und graphisch dargestellt, dann kann leicht erkannt werden, ob die zugehörigen Punkte annähernd auf einer Geraden liegen. Danach ist zu entscheiden, ob die gewählte Formel geeignet ist oder nicht.

■ **A:** Lautet die Näherungsformel $y = \frac{x}{ax + b}$, dann kann $X = x$, $Y = \frac{x}{y}$ gesetzt werden, und man erhält $Y = aX + b$. Es wäre auch die Substitution $X = \frac{1}{x}$, $Y = \frac{1}{y}$ möglich. Dann erhielte man $Y = a + bX$.

■ **B:** S. Abschnitt Einfach–logarithmische Darstellung S. 115.

■ **C:** S. Abschnitt Doppelt–logarithmische Darstellung S. 115.

Zur Entscheidung, ob empirische Daten einer linearen Beziehung $Y = AX + B$ genügen, kann die *lineare Regression* und *Korrelation* (s. S. 772) herangezogen werden. Die Zurückführung eines funktionalen Zusammenhangs auf eine lineare Beziehung wird *Rektifizierung* genannt. Beispiele für die Rektifizierung einiger Formeln werden in 2.16.2 (s. S. 107) gegeben, ein vollständig durchgerechnetes Beispiel s. S. 112.

2.16.1.3 Parameterbestimmung

Die wichtigste Methode zur Bestimmung der Parameterwerte ist die *Methode der kleinsten Quadrate* (s. S. 774). In vielen Fällen können jedoch noch einfachere Methoden mit Erfolg eingesetzt werden, z.B. die *Mittelwertmethode*.

1. Mittelwertmethode Bei der *Mittelwertmethode* wird die lineare Abhängigkeit der „rektifizierten" Variablen X und Y, d.h. $Y = AX + B$ wie folgt ausgenutzt: Die Bedingungsgleichungen $Y_i = AX_i + B$ für die vorliegenden Wertepaare Y_i, X_i werden in zwei gleich große bzw. nahezu gleich große Gruppen eingeteilt und nach zunehmenden Werten Y_i und X_i geordnet. Durch Addition der Gleichungen jeder der beiden Gruppen ergeben sich zwei Gleichungen, aus denen A und B bestimmt werden können. Wenn nun X und Y wieder durch die Ausgangsvariablen x und y ausgedrückt werden, dann ist die gesuchte Abhängigkeit zwischen x und y gefunden.
Sollten noch nicht alle Parameter bestimmt worden sein, dann ist die Mittelwertmethode erneut anzuwenden, wobei jetzt die Rektifizierung mit anderen Größen $\overline{X}$ und $\overline{Y}$ durchzuführen ist (s. z.B. S. 111).

Rektifizierung und Mittelwertmethode werden vor allem dann angewendet, wenn in der Näherungsformel gewisse Parameter nichtlinear auftreten, wie z.B. in den Formeln (2.114b, 2.114c).

2. Fehlerquadratmethode Die *Fehlerquadratmethode* führt in den Fällen auf *nichtlineare Ausgleichsaufgaben*, in denen in der Näherungsformel gewisse Parameter nichtlinear auftreten. Ihre Lösung erfordert einen erhöhten numerischen Aufwand sowie gute Startnäherungen. Letztere können durch Rektifizierung und Mittelwertmethode bestimmt werden.

2.16.2 Gebräuchlichste empirische Formeln

In diesem Abschnitt werden einige der einfachsten Formeln für die Anpassung an empirische funktionelle Abhängigkeiten aufgeführt und die dazugehörigen Kurvenbilder dargestellt. Auf jeder der Abbildungen sind mehrere Kurven für verschiedene Werte der in die Formeln eingehenden Parameter eingezeichnet worden. Der Einfluß der Parameterwerte auf die Form der Kurven wird in den folgenden Abschnitten untersucht.

Bei der Auswahl einer geeigneten Funktion ist zu berücksichtigen, daß meist nur ein Teil der dazugehörigen Kurve zur Reproduktion der empirischen Daten benötigt wird, und zwar meist beschränkt auf ein bestimmtes Intervall der unabhängigen Variablen. Daher wäre es z.B. falsch anzunehmen, die Formel $y = ax^2 + bx + c$ ist nur dann gut geeignet, wenn die Kurve der empirischen Daten ein Maximum oder Minimum besitzt.

2.16.2.1 Potenzfunktionen

1. Typ $y = ax^b$: Typische Kurvenverläufe für unterschiedliche Varianten des Exponenten b von

$$y = ax^b \tag{2.102a}$$

zeigt die **Abb.2.80**. In **Abb.2.14**, **Abb.2.20**, **Abb.2.23**, **Abb.2.24** und **Abb.2.25** sind die Kurven für verschiedenen Varianten des Exponenten dargestellt. Die Funktionen werden an Hand der Formel (2.39) als *Parabel n–ter Ordnung*, der Formel (2.40) als *umgekehrte Proportionalität* und der Formel (2.45) als *reziproke Potenzfunktion* auf den Seiten 63, 68 und 68 diskutiert. Rektifiziert wird durch Logarithmieren gemäß

$$X = \log x\,, \quad Y = \log y: \qquad Y = \log a + bX\,. \tag{2.102b}$$

2. Typ $y = ax^b + c$: Die Formel

$$y = ax^b + c \tag{2.103a}$$

liefert die gleichen Kurven wie (2.102a), aber in y–Richtung um c verschoben (**Abb.2.82**). Wenn b gegeben ist, dann wird rektifiziert gemäß

$$X = x^b\,, \quad Y = y: \qquad Y = aX + c\,. \tag{2.103b}$$

Ist b unbekannt, dann wird zunächst c bestimmt und danach gemäß

$$X = \log x\,, \quad Y = \log(y - c): \qquad Y = \log a + bX \tag{2.103c}$$

rektifiziert. Zur Bestimmung von c werden drei Punkte mit den Abszissen- und Ordinatenwerten x_1, x_2 beliebig, $x_3 = \sqrt{x_1 x_2}$ und y_1, y_2, y_3 gewählt, so daß $c = \dfrac{y_1 y_2 - {y_3}^2}{y_1 + y_2 - 2y_3}$ gilt. Nachdem a und b bestimmt worden sind, kann c korrigiert und als Mittelwert der Größen $y - ax^b$ gewählt werden.

2.16.2.2 Exponentialfunktionen

1. Typ $y = a\,e^{bx}$: Typische Kurvenverläufe der Funktion

$$y = ae^{bx} \tag{2.104a}$$

zeigt die **Abb.2.81**. Die Diskussion der *Exponentialfunktion* (2.49) und ihrer Kurvenverläufe (**Abb. 2.25**) erfolgt auf S. 70. Rektifiziert wird durch Logarithmieren gemäß

$$X = x\,, \quad Y = \log y: \qquad Y = \log a + b \log e \cdot X\,. \tag{2.104b}$$

2. Typ $y = a\,e^{bx} + c$: Die Formel

$$y = ae^{bx} + c \tag{2.105a}$$

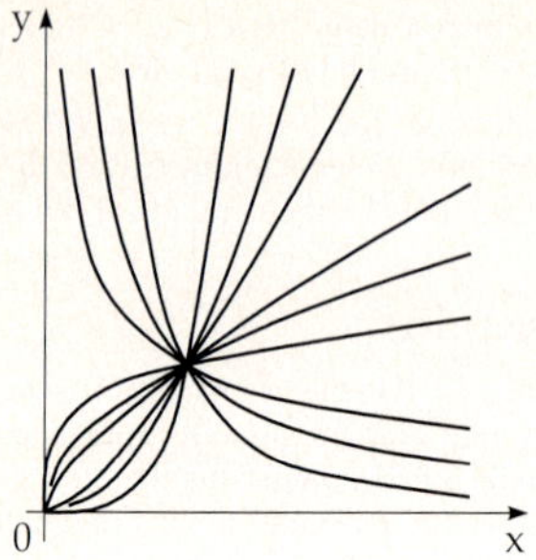

Abbildung 2.80

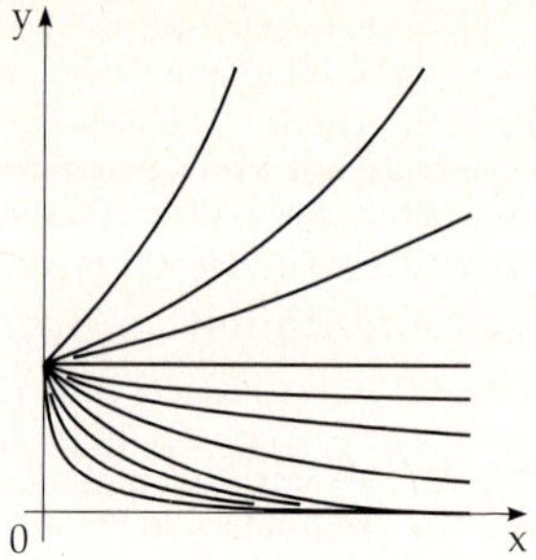

Abbildung 2.81

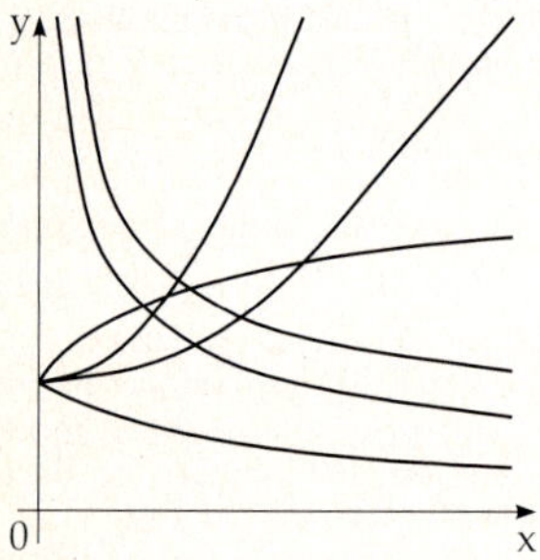

Abbildung 2.82

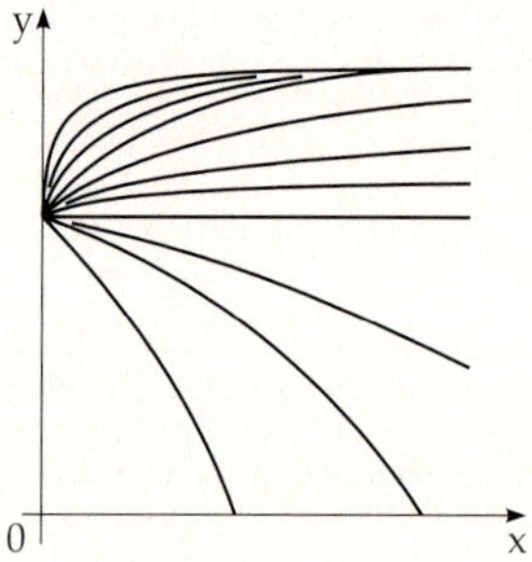

Abbildung 2.83

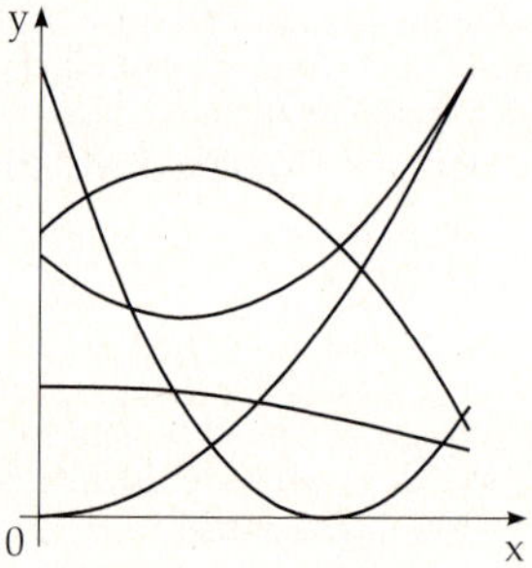

Abbildung 2.84

liefert die gleichen Kurven wie (2.104a), aber in y–Richtung um c verschoben **(Abb.2.83)**. Es wird c bestimmt und durch Logarithmieren rektifiziert gemäß

$$Y = \log(y - c)\,, \quad X = x: \qquad Y = \log a + b \log e \cdot X\,. \tag{2.105b}$$

Zur Bestimmung von c werden drei Punkte mit den Abszissen- und Ordinatenwerten x_1, x_2 beliebig, $x_3 = \dfrac{x_1 + x_2}{2}$ und y_1, y_2, y_3 gewählt, so daß $c = \dfrac{y_1 y_2 - {y_3}^2}{y_1 + y_2 - 2y_3}$ gilt. Nach der Bestimmung von a und b kann c nachträglich als Mittelwert der Größen $y - ae^{bx}$ erneut bestimmt werden.

2.16.2.3 Quadratisches Polynom

Mögliche Kurvenverläufe des *quadratischen Polynoms*

$$y = ax^2 + bx + c. \tag{2.106a}$$

zeigt die **Abb.2.84**. Die Diskussion des quadratischen Polynoms (2.36) und seiner Kurven **(Abb.2.11)** s. S. 61. Die Koeffizienten a, b und c werden in der Regel nach der Fehlerquadratmethode bestimmt; aber auch hier ist eine Rektifizierung möglich.

Nach der Wahl irgendeines Datenpunktes (x_1, y_1) wird rektifiziert gemäß

$$X = x\,, \quad Y = \frac{y - y_1}{x - x_1}: \qquad Y = (b + ax_1) + aX\,. \tag{2.106b}$$

Bilden die gegebenen x–Werte eine arithmetische Folge mit der Differenz h, so rektifiziert man gemäß

$$Y = \Delta y\,, \quad X = x: \qquad Y = (bh + ah^2) + 2ahX\,. \tag{2.106c}$$

In beiden Fällen wird nach der Ermittlung von a und b aus der Gleichung

$$\sum y = a\sum x^2 + b\sum x + nc \tag{2.106d}$$

c berechnet, wobei n die Anzahl der gegebenen x–Werte ist, über die summiert wird.

2.16.2.4 Gebrochenlineare Funktion

Die *gebrochenlineare Funktion*

$$y = \frac{ax+b}{cx+d} \tag{2.107a}$$

wird in (2.4) auf der Grundlage von Gleichung (2.41) und an Hand der **Abb.2.16** (s. S. 64) besprochen. Nach der Wahl irgendeines Datenpunktes (x_1, y_1) wird gemäß

$$Y = \frac{x-x_1}{y-y_1}, \quad X = x: \qquad Y = A + BX \tag{2.107b}$$

rektifiziert. Nach der Bestimmung von A und B wird die gewonnene Formel in der Form (2.107c) hingeschrieben. Manchmal reicht auch die Form (2.107d):

$$y = y_1 + \frac{x-x_1}{A+Bx}, \ (2.107c) \qquad\qquad y = \frac{x}{cx+d} \quad \text{oder} \quad y = \frac{1}{cx+d}. \tag{2.107d}$$

Dann wird $X = \frac{1}{x}$ und $Y = \frac{1}{y}$ rektifiziert oder $X = x$ und $Y = \frac{x}{y}$ im ersten Falle und $X = x$ sowie $Y = \frac{1}{y}$ im zweiten.

2.16.2.5 Quadratwurzel aus einem quadratischen Polynom

Mehrere mögliche Kurvenverläufe der Gleichung

$$y^2 = ax^2 + bx + c \tag{2.108}$$

sind in **Abb.2.85** dargestellt. Die Diskussion der Funktion (2.47) und ihrer Kurvenverläufe (**Abb. 2.22**) erfolgt auf S. 68.
Wenn die neue Variable $Y = y^2$ eingeführt wird, dann läßt sich die weitere Rechnung auf den Fall (2.16.2.3) des quadratischen Polynoms zurückführen.

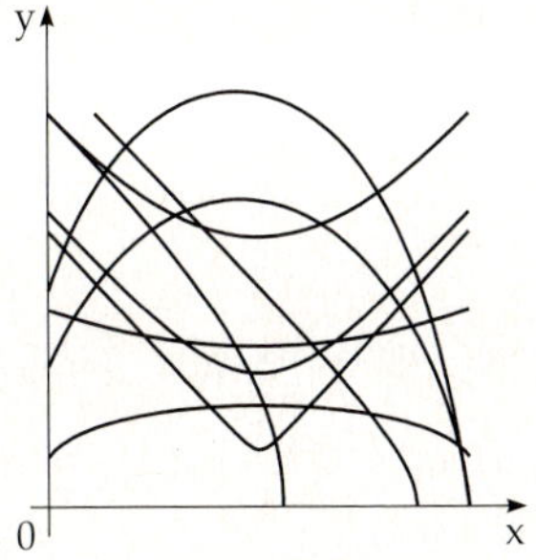

Abbildung 2.85

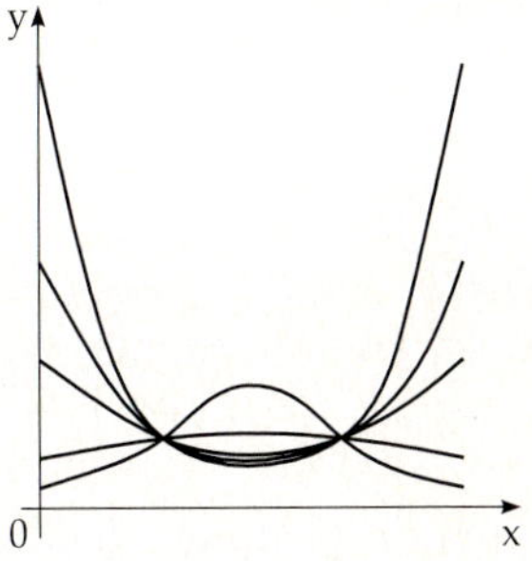

Abbildung 2.86

2.16.2.6 Verallgemeinerte Gaußsche Glockenkurve

Typische Kurvenverläufe der Funktion dieses Typs

$$y = ae^{bx+cx^2} \quad \text{oder} \quad \log y = \log a + bx \log e + cx^2 \log e \tag{2.109}$$

sind in **Abb.2.86** dargestellt. Die Diskussion erfolgt auf der Grundlage von Gleichung von (2.56) und an Hand der **Abb.2.30** (s. S. 72).
Die gestellte Aufgabe kann durch Einführung der neuen Variablen $Y = \log y$ auf den Fall (2.16.2.3) des quadratischen Polynoms zurückgeführt werden.

2.16.2.7 Kurve 3. Ordnung, Typ II

Mögliche Kurvenverläufe der Funktion dieses Typs

$$y = \frac{1}{ax^2 + bx + c}. \tag{2.110}$$

sind in **Abb.2.87** dargestellt. Die Diskussion erfolgt auf der Grundlage von Gleichung (2.43) und an Hand von **Abb.2.18** (s. S. 65).

Durch Einführung einer neuen Veränderlichen $Y = \frac{1}{y}$ kann die Aufgabe auf den Fall (2.16.2.3) des quadratischen Polynoms zurückgeführt werden.

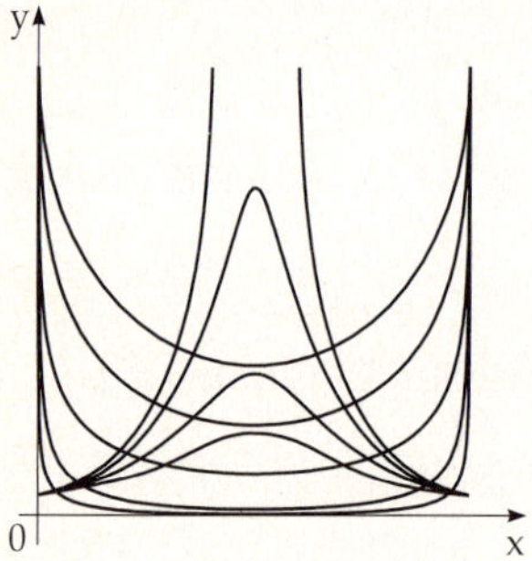

Abbildung 2.87

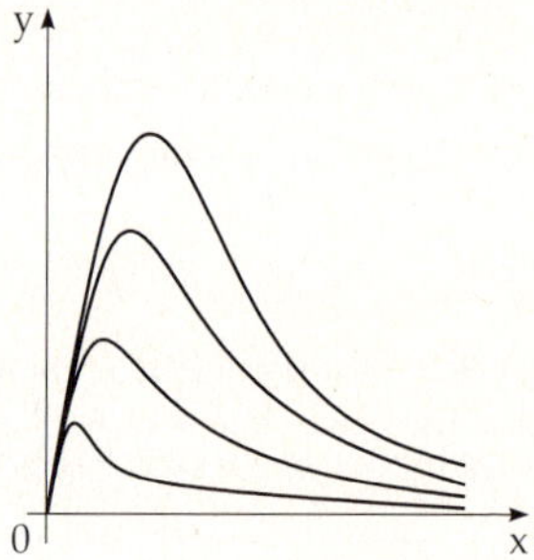

Abbildung 2.88

2.16.2.8 Kurve 3. Ordnung, Typ III

Typische Kurvenverläufe der Funktion dieses Typs

$$y = \frac{x}{ax^2 + bx + c} \tag{2.111}$$

sind in **Abb.2.88** dargestellt. Die Diskussion erfolgt auf der Grundlage von Gleichung (2.44) und an Hand von **Abb.2.19** (s. S. 66).

Durch Einführung der neuen Variablen $Y = \frac{x}{y}$ kann die Aufgabe auf den Fall (2.16.2.3) des quadratischen Polynoms zurückgeführt werden.

2.16.2.9 Kurve 3. Ordnung, Typ I

Typische Kurvenverläufe der Funktion dieses Typs

$$y = a + \frac{b}{x} + \frac{c}{x^2} \tag{2.112}$$

sind in **Abb.2.89** dargestellt. Die Diskussion erfolgt auf der Grundlage von Gleichung (2.42) und an Hand von **Abb.2.17** (s. S. 64).

Durch Einführung der neuen Variablen $X = \frac{1}{x}$ kann die Aufgabe auf den (2.16.2.3) des quadratischen Polynoms zurückgeführt werden.

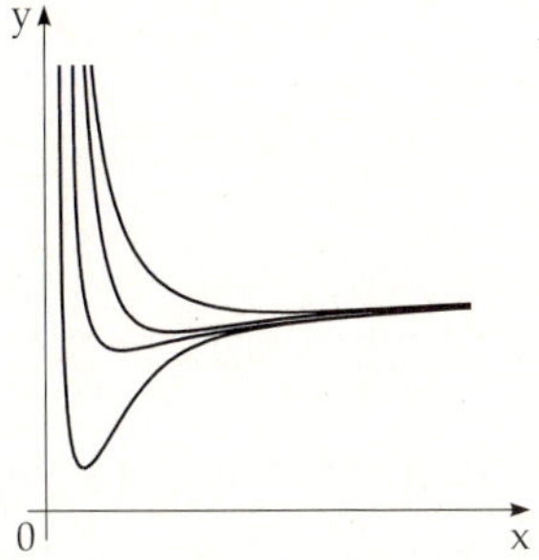

Abbildung 2.89

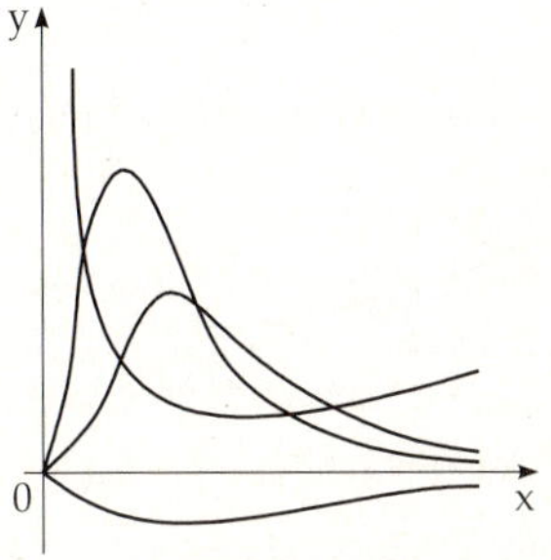

Abbildung 2.90

2.16.2.10 Produkt aus Potenz- und Exponentialfunktion

Typische Kurvenverläufe der Funktion dieses Typs

$$y = ax^b e^{cx} \tag{2.113a}$$

sind in **Abb.2.90** dargestellt. Die Diskussion erfolgt auf der Grundlage von Gleichung (2.57) und an Hand von **(Abb.2.30)** (s. S. 72).
Wenn die empirischen x–Werte eine arithmetische Folge mit der Differenz h bilden, dann wird gemäß

$$Y = \Delta \log y\,, \quad X = \Delta \log x: \qquad Y = hc \log e + bX \tag{2.113b}$$

rektifiziert. Dabei wird mit $\Delta \log y$ bzw. $\Delta \log x$ die Differenz zweier aufeinanderfolgender Werte von $\log y$ bzw. $\log x$ bezeichnet. Bilden jedoch die x–Werte eine geometrische Folge mit dem Quotienten q, dann erfolgt die Rektifizierung gemäß

$$X = x\,, \quad Y = \Delta \log y: \qquad Y = b \log q + c(q-1)X \log e\,. \tag{2.113c}$$

Nachdem b und c bestimmt sind, wird die gegebene Gleichung logarithmiert, um $\log a$ ebenso zu bestimmen wie in (2.106d).
Wenn die gegebenen x–Werte keine geometrische Folge bilden, sich aber jeweils zwei x–Werte so auswählen lassen, daß ihr Quotient den konstanten Wert q ergibt, dann gilt für die Rektifizierung die gleiche Formel wie im Falle einer geometrischen Folge der x–Werte, wenn $Y = \Delta_1 \log y$ gesetzt wird. Dabei ist mit $\Delta_1 \log y$ die Differenz zweier Werte von $\log y$ bezeichnet, deren zugehörige x–Werte den konstanten Quotienten q ergeben (s. Beispiel am Ende des Abschnitts).

2.16.2.11 Exponentialsumme

Typische Kurvenverläufe der *Exponentialsumme*

$$y = ae^{bx} + ce^{dx} \tag{2.114a}$$

sind in **Abb.2.91** dargestellt. Die Diskussion erfolgt auf der Grundlage von Gleichung (2.55) und an Hand von **Abb.2.28** (s. S. 71).
Wenn die x–Werte eine arithmetische Folge mit der Differenz h bilden und y, y_1, y_2 irgend drei aufeinanderfolgende Werte der gegebenen Funktion sind, dann rektifiziert man gemäß

$$Y = \frac{y_2}{y}\,, \quad X = \frac{y_1}{y}: \qquad Y = (e^{bh} + e^{dh})X - e^{bh} \cdot e^{dh}\,. \tag{2.114b}$$

Nachdem b und d mit Hilfe dieser Gleichung bestimmt sind, wird wieder rektifiziert gemäß

$$\overline{Y} = ye^{-dx}\,, \quad \overline{X} = e^{(b-d)x}: \qquad \overline{Y} = a\overline{X} + c\,. \tag{2.114c}$$

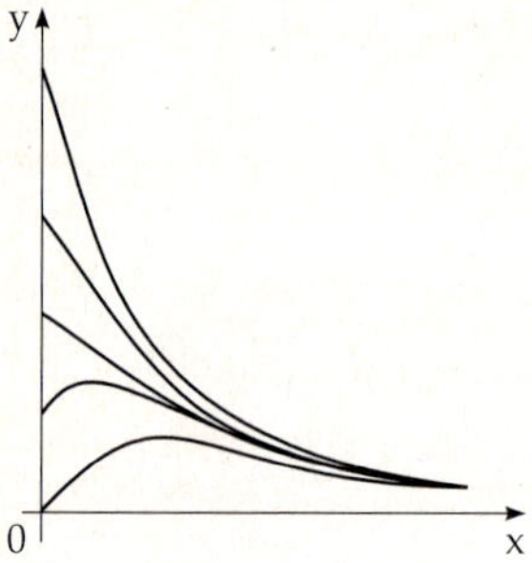

Abbildung 2.91

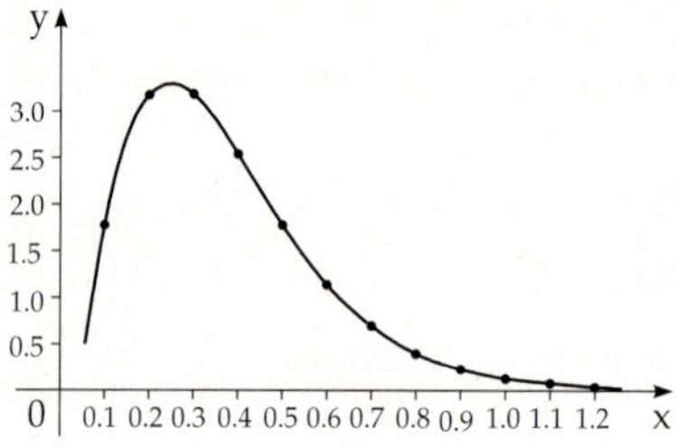

Abbildung 2.92

■ **Aufgabenstellung:** Es ist eine empirische Formel für die in der folgenden **Tabelle** vorgegebene Abhängigkeit zwischen x und y zu suchen.

Tabelle: Zur genäherten Darstellung eines empirisch ermittelten funktionellen Zusammenhanges

x	y	$\frac{x}{y}$	$\Delta\frac{x}{y}$	$\lg x$	$\lg y$	$\Delta \lg x$	$\Delta \lg y$	$\Delta_1 \lg y$	y_{err}
0,1	1,78	0,056	0,007	−1,000	0,250	0,301	0,252	0,252	1,78
0,2	3,18	0,063	0,031	−0,699	0,502	0,176	+0,002	−0,097	3,15
0,3	3,19	0,094	0,063	−0,523	0,504	0,125	−0,099	−0,447	3,16
0,4	2,54	0,157	0,125	−0,398	0,405	0,097	−0,157	−0,803	2,52
0,5	1,77	0,282	0,244	−0,301	0,248	0,079	−0,191	−1,134	1,76
0,6	1,14	0,526	0,488	−0,222	0,057	0,067	−0,218	−1,455	1,14
0,7	0,69	1,014	0,986	−0,155	−0,161	0,058	−0,237	–	0,70
0,8	0,40	2,000	1,913	−0,097	−0,398	0,051	−0,240	–	0,41
0,9	0,23	3,913	3,78	−0,046	−0,638	0,046	−0,248	–	0,23
1,0	0,13	7,69	8,02	0,000	−0,886	0,041	−0,269	–	0,13
1,1	0,07	15,71	14,29	0,041	−1,155	0,038	−0,243	–	0,07
1,2	0,04	30,0	–	0,079	−1,398	–	–	–	0,04

Auswahl der Näherungsfunktion: Ein Vergleich der Kurven, die auf der Grundlage der Daten in der **Abb.2.92** erhalten wurde **(Abb.2.92)**, mit bisher betrachteten Kurven zeigt, daß die Formeln (2.111) oder (2.113a) mit den Kurvenverläufen in **Abb.2.88** und **Abb.2.90** geeignet sein könnten.

Parameterbestimmung: Nimmt man Formel (2.111), dann sind $\Delta\frac{x}{y}$ und x zu rektifizieren. Die Rechnung zeigt aber, daß die Abhängigkeit zwischen x und $\Delta\frac{x}{y}$ weit entfernt von Linearität ist. Zur Überprüfung der Eignung von Formel (2.113a) wird die Kurve der Abhängigkeit $\Delta \log x$ und $\Delta \log y$ für $h = 0,1$ erzeugt **(Abb.2.93)** sowie die für $\Delta_1 \log y$ und x für $q = 2$ **(Abb.2.94)**. In beiden Fällen ist die Übereinstimmung mit einer Geraden ausreichend, so daß die Formel $y = ax^b e^{cx}$ für die Näherung geeignet ist.

Zur Bestimmung der Konstanten a, b und c wird eine lineare Abhängigkeit zwischen x und $\Delta_1 \log y$ mit der Mittelwertmethode gesucht. Addition der Bedingungsgleichungen $\Delta_1 \log y = b \log 2 + cx \log e$ in

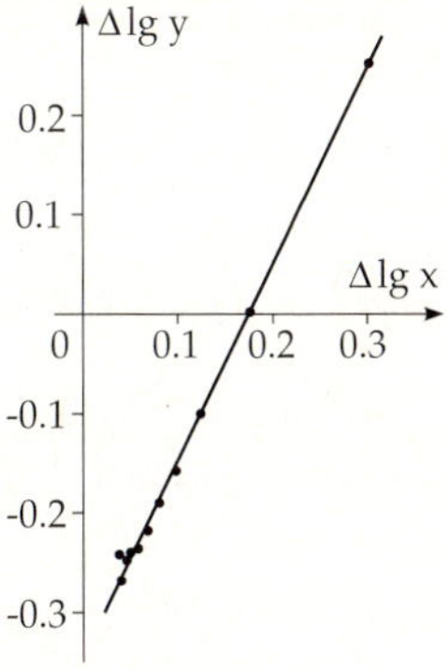

Abbildung 2.93

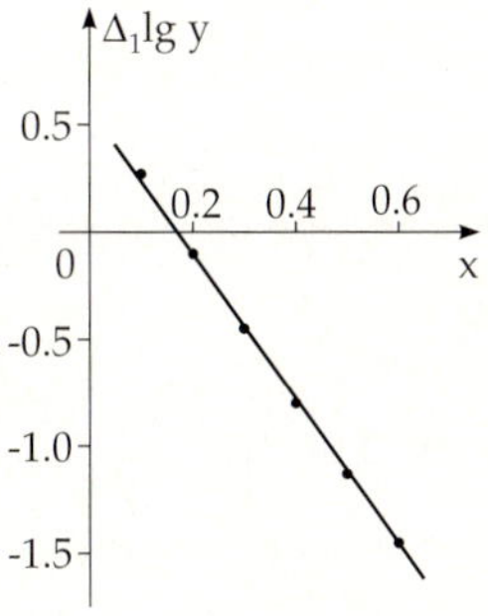

Abbildung 2.94

zwei Gruppen zu je drei Gleichungen führt auf

$$-0,292 = 0,903b + 0,2606c\,, \qquad -3,392 = 0,903b + 0,6514c\,,$$

woraus sich $b = 1,966$ und $c = -7,932$ ergibt. Zur Bestimmung von a werden alle Gleichungen vom Typ $\log y = \log a + b\log x + c\log e\cdot x$ addiert, was $-2,670 = 12\log a - 6,529 - 26,87$ ergibt, so daß aus $\log a = 2,561$ folgt $a = 364$. Die mit der Formel $y = 364x^{1,966}e^{-7,032x}$ berechneten y–Werte sind in der letzten Spalte der obigen **Tabelle** zur genäherten Darstellung als y_{err} angegeben. Die Fehlerquadratsumme beträgt 0,0024.
Benutzt man die durch Rektifizierung gewonnenen Parameter als Startwerte zur iterativen Lösung der nichtlinearen Quadratmittelaufgabe (s. S. 917)

$$\sum_{i=1}^{12}[y_i - ax_i^b e^{cx_i}]^2 = \min\,,$$

dann erhält man $a = 396,601\,986$, $b = 1,998\,098$, $c = -8,000\,0916$ mit der minimalen Fehlerquadratsumme 0,000 0916.

2.17 Skalen und Funktionspapiere

2.17.1 Skalen

Grundlage einer Skala ist eine Funktion $y = f(x)$. Zu dieser Funktion konstruiert man eine *Skala*, indem man auf einer Kurve, z.B. einer Geraden, die Funktionswerte y als Längen abträgt, aber mit dem Argument x beziffert. Man kann somit eine Skala als eindimensionale Darstellung der Wertetabelle einer Funktion auffassen.
Die *Skalengleichung* zur Funktion $y = f(x)$ lautet:

$$y = l[f(x) - f(x_0)]\,. \qquad (2.115)$$

Durch x_0 wird der Anfangspunkt der Skala festgelegt. Mit dem *Maßstabsfaktor* l wird berücksichtigt, daß für eine konkrete Skala nur eine bestimmte Länge zur Verfügung steht.

■ **A: Logarithmische Skala:** Für $l = 10$ cm und $x_0 = 1$ lautet ihre Skalengleichung $y = 10[\lg x - \lg 1] = 10\lg x$ (in cm). Zur Wertetabelle

x	1	2	3	4	5	6	7	8	9	10
$y = \lg x$	0	0,30	0,48	0,60	0,70	0,78	0,85	0,90	0,95	1

erhält man die in der **Abb.2.95** gezeigte Skala:

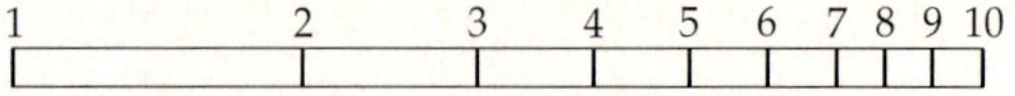

Abbildung 2.95

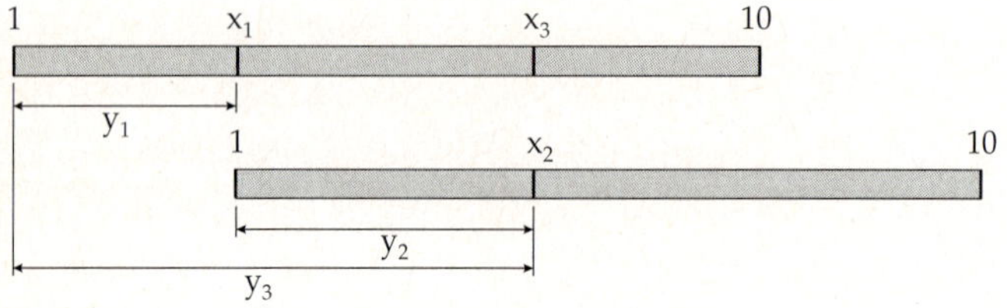

Abbildung 2.96

■ **B: Rechenschieber:** Ihre wichtigste Anwendung, historisch gesehen, fand die logarithmische Skala beim logarithmischen *Rechenschieber*. Bei diesem werden z.B. Multiplikation und Division mit Hilfe zweier logarithmischer Skalen, die den gleichen Maßstabsfaktor haben und gegeneinander verschiebbar angebracht sind, durchgeführt.

Aus **Abb.2.96** liest man ab: $y_3 = y_1 + y_2$, d.h. $\lg x_3 = \lg x_1 + \lg x_2 = \lg x_1 x_2$, also $x_3 = x_1 \cdot x_2$; $y_1 = y_3 - y_2$, d.h. $\lg x_1 = \lg x_3 - \lg x_2 = \lg \frac{x_3}{x_2}$, also $x_1 = \frac{x_3}{x_2}$.

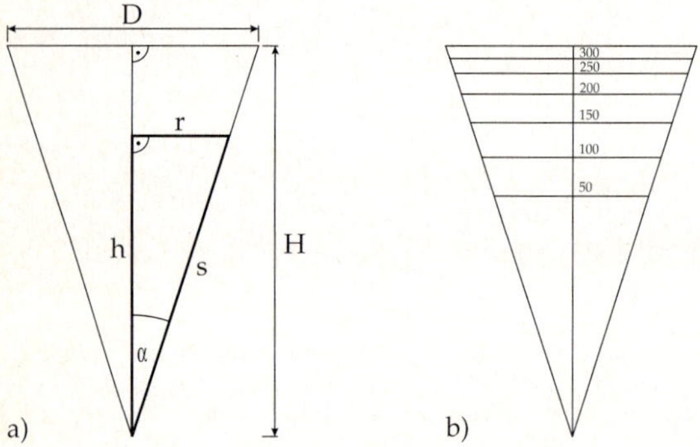

Abbildung 2.97

■ **C: Volumenskala** auf einem kegelförmigen Meßbecher: Auf dem Mantel eines Trichters ist eine Skala zum Ablesen des Volumens anzubringen. Die Maße des Trichters seien: Höhe $H = 15$ cm, Durchmesser $D = 10$ cm. Mit Hilfe der **Abb.2.97** läßt sich die Skalengleichung wie folgt herleiten: Volumen $V = \frac{1}{3}r^2\pi h$, Mantellinie $s = \sqrt{h^2 + r^2}$, $\tan\alpha = \frac{r}{h} = \frac{D/2}{H} = \frac{1}{3}$.

Daraus folgt $h = 3r$, $s = r\sqrt{10}$, $V = \frac{\pi}{(\sqrt{10})^3}$, so daß sich die Skalengleichung $s = \frac{\sqrt{10}}{\sqrt[3]{\pi}}\sqrt[3]{V} \approx 2{,}16\sqrt[3]{V}$ ergibt. Mit Hilfe der Wertetabelle

V	0	50	100	150	200	250	300	350
s	0	7,96	10,03	11,48	12,63	13,61	14,46	15,22

erhält man dann die Markierung auf dem Trichter gemäß Abbildung.

2.17.2 Funktionspapiere

Die gebräuchlichsten Funktionspapiere entstehen dadurch, daß die Achsen eines rechtwinkligen Koordinatensystems Skalen sind mit den Skalengleichungen

$$x = l_1[f(u) - f(u_0)]\,, \quad y = l_2[f(v) - f(v_0)]\,. \tag{2.116}$$

Dabei sind l_1 und l_2 Maßstabsfaktoren; u_0 und v_0 sind die Anfangspunkte der Skalen.

2.17.2.1 Einfach–logarithmisches Funktionspapier

Ist die x–Achse gleichabständig unterteilt, die y–Achse jedoch logarithmisch, dann spricht man vom einfach–logarithmischen Funktionspapier oder vom *einfach–logarithmischen Koordinatensystem.*

1. Skalengleichungen

$$x = l_1[u - u_0], \quad \text{(lineare Skala)} \qquad y = l_2[\lg v - \lg v_0] \quad \text{(logaritmische Skala)} \tag{2.117}$$

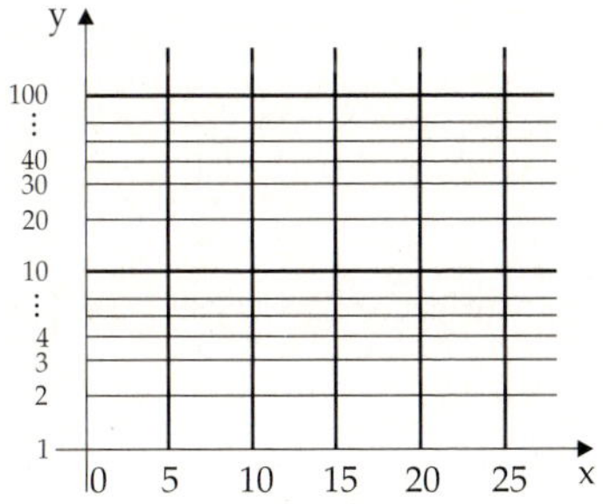

Abbildung 2.98

Die **Abb.2.98** zeigt ein Beispiel für einfach–logarithmisches Papier.

2. Darstellung von Exponentialfunktionen

Auf einfach–logarithmischem Papier werden Exponentialfunktionen der Form

$$y = \alpha e^{\beta x} \quad (\alpha, \beta \text{ const}) \tag{2.118a}$$

als Geraden dargestellt (s. Rektifizierung, S. 107). Diese Eigenschaft wird wie folgt ausgenutzt: Liegen Meßpunkte, wenn sie in einfach–logarithmischem Papier eingetragen worden sind, annähernd auf einer Geraden, dann kann zwischen den Variablen ein Zusammenhang der Form (2.118a) angenommen werden. Mit Hilfe dieser Geraden, die nach Augenmaß durch die Meßpunkte gelegt wird, kann man Näherungswerte für die Parameter α und β bestimmen:

Liest man zwei Punkte $P_1(x_1, y_1)$ und $P_2(x_2, y_2)$ auf dieser Geraden ab, dann erhält man

$$\beta = \frac{\ln y_2 - \ln y_1}{x_2 - x_1} \quad \text{und z.B.} \quad \alpha = y_1 e^{\beta x_1}\,. \tag{2.118b}$$

2.17.2.2 Doppelt–logarithmisches Funktionspapier

Wenn beide Achsen eines rechtwinkligen x, y–Koordinatensystems logarithmisch unterteilt sind, dann spricht man vom doppelt–logarithmischen Funktionspapier oder vom *doppelt–logarithmischen Koordinatensystem.*

1. Skalengleichungen

Die Skalengleichungen lauten

$$x = l_1[\lg u - \lg u_0]\,, \qquad y = l_2[\lg v - \lg v_0]\,, \tag{2.119}$$

wobei l_1, l_2 Maßstabsfaktoren sind und u_0, v_0 Anfangspunkte.

2. Darstellung von Potenzfunktionen (s. S. 68)

In doppelt–logarithmischem Papaier, das analog zum einfach–logarithmischen Papier aufgebaut ist, aber eine logarithmisch unterteilte x–Achse hat, werden Potenzfunktionen der Form

$$y = \alpha x^{\beta} \quad (\alpha, \beta \text{ const}) \tag{2.120}$$

als Geraden dargestellt (s. Rektifizierung einer Potenzfunktion, S. 107). Diese Eigenschaft wird in der gleichen Weise wie beim einfach–logarithmischen Papier genutzt.

2.17.2.3 Funktionspapier mit einer reziproken Skala

Die Unterteilung der zu skalierenden Koordinatenachse erfolgt mit Hilfe der Gleichung (2.40) für die Funktion Umgekehrte Proportionalität (s. S. 63).

1. Skalengleichung

Es gilt

$$x = l_1[x - x_0]\,, \quad y = l\left[\frac{a}{x} - \frac{a}{x_0}\right] \quad (a \text{ const})\,, \tag{2.121}$$

wobei l der Maßstabsfaktor ist und x_0 der Anfangspunkt.

■ **Konzentration in einer chemischen Reaktion:** Bei einer chemischen Reaktion wurden für die Konzentration $c = c(t)$, wobei mit t die Zeit bezeichnet ist, die folgenden Werte gemessen:

t/min	5	10	20	40
$c \cdot 10^3/\text{mol/l}$	15,53	11,26	7,27	4,25

Es wird angenommen, daß eine Reaktion 2. Ordnung vorliegt, d.h., es soll der folgende Zusammenhang gelten:

$$c(t) = \frac{c_0}{1 + c_0 kt} \quad (c_0, k_0 \text{ const}) \quad (*)$$

Geht man zum Kehrwert dieser Gleichung über, dann erhält man $\frac{1}{c} = \frac{1}{c_0} + kt$, d.h., der Zusammenhang $(*)$ wird durch eine Gerade beschrieben, wenn in dem zugehörigen Funktionspapier die y–Achse reziprok und die x–Achse linear unterteilt ist.

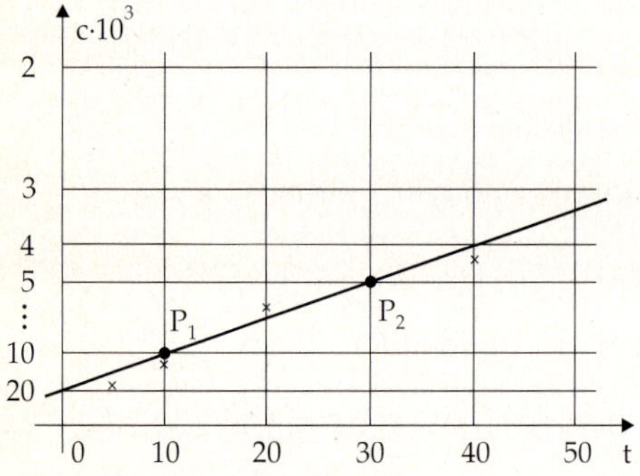

Abbildung 2.99

Die Skalengleichung für die y–Achse lautet z.B.: $y = 10 \cdot \frac{1}{v}$ cm.

Aus der zugehörigen **Abb.2.99** ist zu erkennen, daß die Meßpunkte annähernd auf einer Geraden liegen, d.h., der Zusammenhang $(*)$ kann bestätigt werden.
Darüber hinaus kann man mit Hilfe zweier Punkte der Geraden, z.B. liest man $P_1(10, 10)$ und $P_2(30, 5)$ ab, Näherungswerte für die beiden Parameter k (Reaktionsgeschwindigkeits–Konstante) und c_0 (Anfangskonzentration) ermitteln:

$$k = \frac{1/c_1 - 1/c_2}{t_2 - t_1} \approx 0.005, \quad c_0 \approx 20 \cdot 10^{-3}.$$

2.17.2.4 Hinweis

Es gibt noch viele andere Möglichkeiten, Funktionspapiere zu konstruieren und anzuwenden. Obwohl heute in den meisten Fällen leistungsfähige Computer zur Auswertung von Meßergebnissen zur Verfügung stehen, werden in der Laborpraxis häufig noch Funktionspapiere verwendet, um mit deren Hilfe aus einigen wenigen Meßwerten eine Aussage über funktionelle Zusammenhänge zu bekommen oder Näherungswerte für Parameter zu erhalten, die beim Einsatz von numerischen Verfahren (s. nichtlineare Quadratmittelaufgaben, S. 917) als Startwerte benötigt werden.

2.18 Funktionen von mehreren Veränderlichen

2.18.1 Definition und Darstellung

2.18.1.1 Darstellung von Funktionen mehrerer Veränderlicher

Eine veränderliche Größe u wird eine Funktion von n *unabhängigen Variablen* x_1, x_2, ... ,x_n genannt, wenn u für gegebene Werte der unabhängigen Veränderlichen einen eindeutig bestimmten Wert annimmt. Je nachdem, ob es sich um eine Funktion von zwei, drei oder n veränderlichen Größen handelt, schreibt man

$$u = f(x,y)\,, \quad u = f(x,y,z)\,, \quad u = f(x_1,x_2,\ldots,x_n)\,. \tag{2.122}$$

Setzt man für die n unabhängigen Variablen feste Zahlen ein, dann entsteht ein Wertesystem der Variablen, das als *Punkt des n–dimensionalen Raumes* (auch *mehrdimensionaler Raum*) interpretiert werden kann. Die einzelnen unabhängigen Variablen werden auch Argumente genannt; manchmal nennt man zusammenfassend das gesamte *n–Tupel* der unabhängigen Variablen das Argument der Funktion.

Beispiele für Funktionswerte:

■ **A:** $u = f(x,y) = xy^2$ besitzt für das Wertesystem $x = 2$, $y = 3$ den Wert $f(2,3) = 2 \cdot 3^2 = 18$.

■ **B:** $u = f(x,y,z,t) = x\ \ln(y - zt)$ nimmt für das Wertesystem $x = 3$, $y = 4$, $z = 3$, $t = 1$ den Wert $f(3,4,3,1) = 3\ln(4 - 3 \cdot 1) = 0$ an.

2.18.1.2 Geometrische Darstellung von Funktionen mehrerer Veränderlicher

1. Darstellung des Wertesystems der Variablen Das Wertesystem eines Arguments aus zwei Variablen x und y kann als Punkt der Ebene mit den kartesischen Koordinaten x und y dargestellt werden; einem Wertesystem aus drei Variablen x, y, z entspricht ein Punkt mit drei kartesischen Koordinaten x, y, z im dreidimensionalen Raum. Systeme aus vier und mehr Koordinaten kann man sich nicht mehr anschaulich vorstellen.

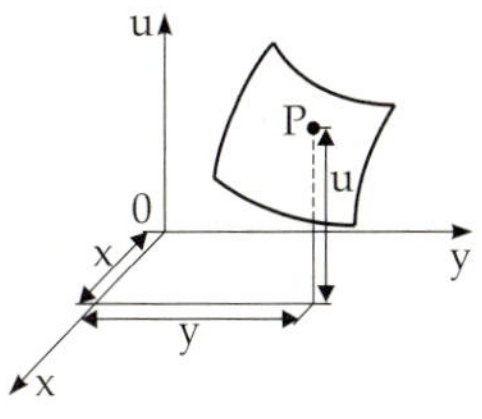

Abbildung 2.100

In Analogie zum dreidimensionalen Raum spricht man aber bei Systemen aus n Variablen x_1, x_2,. . . ,x_n von einem Punkt im n–dimensionalen Raum mit den kartesischen Koordinaten x_1, x_2,. . . ,x_n . Im oben betrachteten Beispiel **B** mit vier Variablen ist das Wertesystem ein Punkt im vierdimensionalen Raum mit den Koordinaten $x = 3$, $y = 4$, $z = 3$ und $t = 1$.

2. Darstellung der Funktion $u = f(x, y)$ zweier Variabler

a) Eine Funktion von zwei unabhängigen Veränderlichen läßt sich in Analogie zum ebenen Kurvenbild einer Funktion von einer unabhängigen Veränderlichen als Fläche im Raum darstellen (**Abb.2.100**, s. auch S. 242). Dazu wird der Funktionswert $u = f(x,y)$ senkrecht über dem Punkt (x,y) des Definitionsbereiches abgetragen. Die Endpunkte dieser Strecken bilden eine Fläche im dreidimensionalen Raum.

Beispiele für Raumflächen von Funktionen:

■ **A:** $u = 1 - \dfrac{x}{2} - \dfrac{y}{3}$: Darstellung durch eine Ebene (**Abb.2.101a**, s. auch S. 211).

■ **B:** $u = \dfrac{x^2}{2} + \dfrac{y^2}{4}$: Darstellung durch ein elliptisches Paraboloid (**Abb.2.101b**, s. auch S. 219).

■ **C:** $u = \sqrt{16 - x^2 - y^2}$: Darstellung durch eine Halbkugel mit dem Radius $r = 4$ (**Abb.2.101c**).

b) Das Bild der Funktion $u = f(x,y)$ kann auch mit Hilfe von Schnittkurven ermittelt werden, die durch Schnitte parallel zu den Koordinatenebenen entstehen. Die Schnittkurven $u = \text{const}$ werden auch *Höhenlinie* oder *Niveaulinien* genannt.

■ In den **Abb.2.101b,c** sind die Höhenlinien konzentrische Kreise (nicht eingezeichnet).

Hinweis: Funktionen mit Argumenten aus drei oder mehr Variablen können nicht mehr im dreidimensionalen Raum dargestellt werden. Ausgehend von der Fläche im dreidimensionalen Raum wird in Analogie dazu der Begriff der *Hyperfläche* im n–dimensionalen Raum gebraucht.

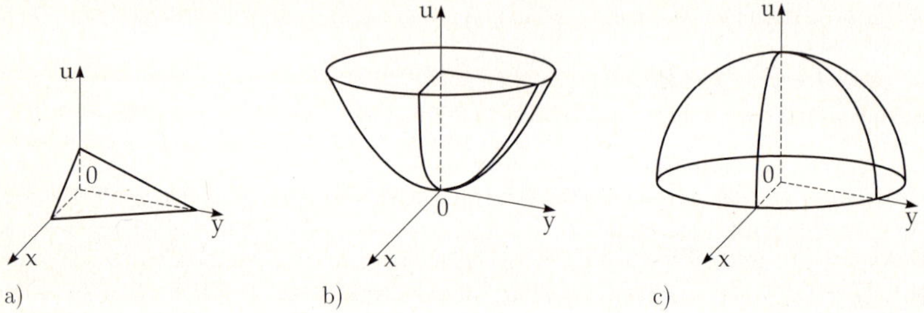

Abbildung 2.101

2.18.2 Verschiedene ebene Definitionsbereiche

2.18.2.1 Definitionsbereich einer durch eine Menge gegebenen Funktion

Definitionsbereich einer Funktion wird die *Menge der Wertesysteme* oder Punkte genannt, die bei der betrachteten Funktion von den Variablen des Arguments durchlaufen werden können. Die sich so ergebenden Definitionsbereiche können sehr unterschiedlich sein. Meistens treten beschränkte oder unbeschränkte zusammenhängende *Punktmengen* auf. In Abhängigkeit davon, ob der Rand mit zum Definitionsbereich gehört oder nicht, ist dieser abgeschlossen oder offen. Eine offene zusammenhängende Punktmenge wird *Gebiet* genannt. Wenn der Rand in ein Gebiet einbezogen ist, dann handelt es sich um ein *abgeschlossenes Gebiet*, ist dies nicht der Fall, und soll der Anschluß des Randes besonders betont werden, dann wird vom *offenen Gebiet* gesprochen.

2.18.2.2 Zweidimensionale Gebiete

Die **Abb.2.102** zeigt die einfachsten Fälle zusammenhängender Punktmengen mit zwei Veränderlichen und deren Bezeichnung. Gebiete sind hier schraffiert dargestellt; abgeschlossene Gebiete, also Gebiete, deren Rand in die Punktmenge des Definitionsbereiches einbezogen ist, sind durch ausgezogene Kurven um das Gebiet gekennzeichnet, offene Gebiete durch gestrichelt gezeichnete Kurven. Einschließlich der gesamten Ebene handelt es sich in allen Fällen der **Abb.2.102** um *einfach zusammenhängende Gebiete*.

2.18.2.3 Drei- und mehrdimensionale Gebiete

werden analog zum zweidimensionalen Fall behandelt. Das betrifft auch die Unterscheidung zwischen einfach und mehrfach zusammenhängenden Gebieten. Funktionen von mehr als drei Veränderlichen werden in den entsprechenden n–dimensionalen Räumen geometrisch gedeutet.

2.18.2.4 Methoden zur Definition einer Funktion

1. Definition mittels Tabelle Funktionen von mehreren Veränderlichen können mit Hilfe von Wertetabellen definiert werden. Ein Beispiel für Funktionen von zwei unabhängigen Veränderlichen sind die Wertetabellen der elliptischen Integrale (s. S. 1057). Dort sind die Werte der unabhängigen Variablen am oberen und linken Rand der Tabelle eingetragen. Ein gesuchter Funktionswert kann als Schnittpunkt der zugehörigen Zeilen und Spalten aufgesucht werden. Man spricht von *Tabellen mit doppeltem Eingang*.

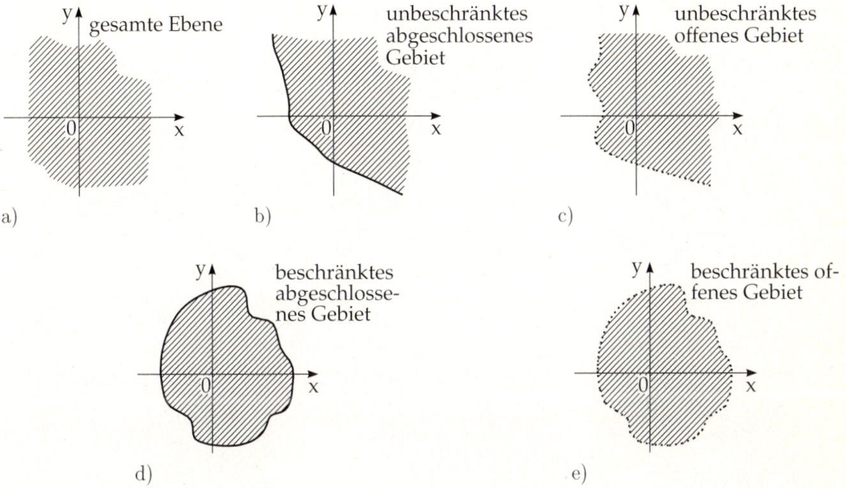

Abbildung 2.102

2. Definition mittels Formeln Funktionen von mehreren Veränderlichen lassen sich auch durch eine oder mehrere Formeln definieren.

■ **A:** $u = xy^2$;

■ **B:** $u = x \ln(y - zt)$;

■ **C:** $u = \begin{cases} x + y & \text{für } x \geq 0,\ y \geq 0, \\ x - y & \text{für } x \geq 0,\ y < 0, \\ -x + y & \text{für } x < 0,\ y \geq 0, \\ -x - y & \text{für } x < 0,\ y < 0. \end{cases}$

3. Definitionsbereich einer durch eine Formel gegebenen Funktion In der Analysis werden meistens Funktionen betrachtet, die mit Hilfe von Formeln definiert sind. Dabei werden alle die Wertesysteme der unabhängigen Variablen in den Definitionsbereich einbezogen, für die der analytische Ausdruck der Funktion Sinn hat, d.h. für die er eindeutig bestimmte endliche und reelle Werte annimmt.

Beispiele für Definitionsbereiche:

■ **A:** $u = x^2 + y^2$: Der Definitionsbereich ist die gesamte Ebene.

■ **B:** $u = \dfrac{1}{\sqrt{16 - x^2 - y^2}}$: Den Definitionsbereich bilden alle Wertesysteme x, y, die die Ungleichung $x^2 + y^2 < 16$ erfüllen. Geometrisch betrachtet stellt dieser Definitionsbereich das in **Abb.2.103a** dargestellte offene Gebiet im Innern eines Kreises dar.

■ **C:** $u = \arcsin(x + y)$: Den Definitionsbereich bilden alle Wertesysteme x, y, die die Ungleichung $-1 \leq x + y \leq +1$ erfüllen, d.h., der Definitionsbereich ist ein abgeschlossenes Gebiet, das aus einem Streifen zwischen zwei parallelen Geraden besteht **(Abb.2.103b)**.

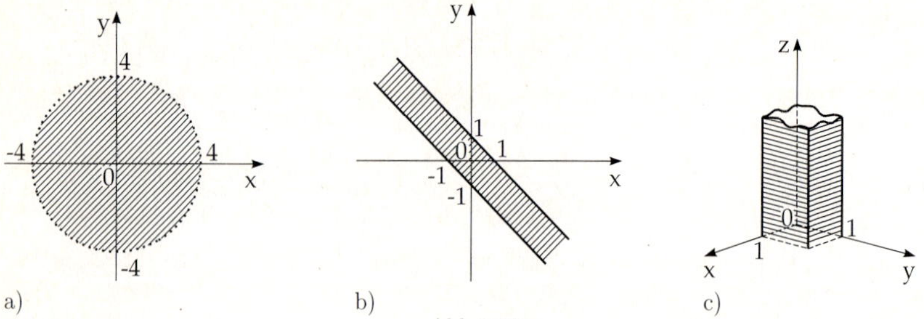

Abb.2.103

■ **D:** $u = \arcsin(2x-1)+\sqrt{1-y^2}+\sqrt{y}+\ln z$: Der Definitionsbereich besteht aus allen Wertesystemen, die die Ungleichungen $0 \leq x \leq 1$, $0 \leq y \leq 1$, $z > 0$ erfüllen, d.h., er besteht aus allen Punkten, die über einem Quadrat mit der Seitenlänge 1 gelegen sind **(Abb.2.103c)**.

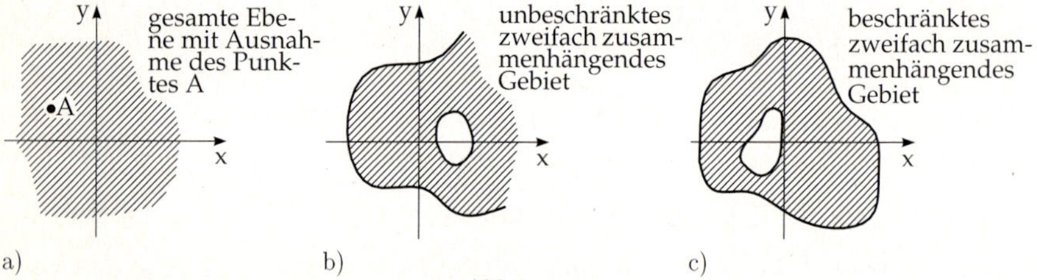

Abb.2.104

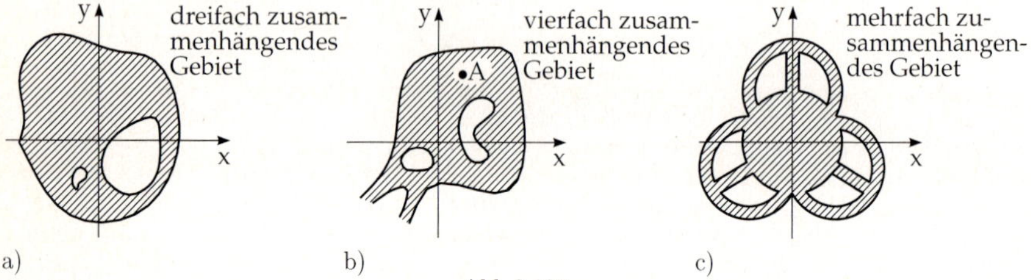

Abb.2.105

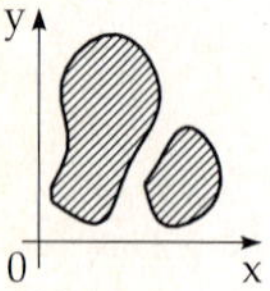

Abb.2.106

Wenn im Innern eines betrachteten Ebenenstücks ein Punkt oder eine beschränkte, einfach zusammenhängende Punktmenge aus dem Definitionsbereich ausgeschlossen ist, wie es die **Abb.2.104** zeigt, dann wird von einem *zweifach zusammenhängenden Gebiet* gesprochen. *Mehrfach zusammenhängende Gebiete* sind in **Abb.2.105** dargestellt. Ein *nicht zusammenhängendes Gebiet* zeigt die **Abb.2.106**.

2.18.2.5 Formen der analytischen Darstellung einer Funktion

Funktionen von mehreren Veränderlichen können ebenso wie Funktionen von einer Veränderlichen auf verschiedene Weise angegeben werden.

1. Explizite Darstellung
Eine Funktion ist explizit dargestellt oder definiert, wenn sie durch ihre unabhängigen Variablen ausgedrückt werden kann:

$$u = f(x_1, x_2, \ldots, x_n)\,. \tag{2.123}$$

2. Implizite Darstellung
Eine Funktion ist implizit dargestellt oder definiert, wenn die Argumente und die Funktion durch eine Gleichung der folgenden Art miteinander verknüpft sind:

$$F(x_1, x_2, \ldots, x_n, u) = 0\,. \tag{2.124}$$

3. Parameterdarstellung
Eine Funktion ist in Parameterform dargestellt, wenn die n Argumente und die Funktion durch n neue Veränderliche, die Parameter, explizit ausgedrückt sind, so daß für eine Funktion zweier Veränderlicher gilt

$$x = \varphi(r, s)\,, \quad y = \psi(r, s)\,, \quad u = \chi(r, s)\,, \tag{2.125a}$$

für eine Funktion dreier Veränderlicher

$$x = \varphi(r, s, t)\,, \quad y = \psi(r, s, t)\,, \quad z = \chi(r, s, t)\,, \quad u = \kappa(r, s, t) \tag{2.125b}$$

usw.

4. Homogene Funktion
Eine Funktion $f(x_1, x_2, \ldots, x_n)$ von mehreren Veränderlichen wird homogene Funktion genannt, wenn sie die Bedingung

$$f(\lambda x_1, \lambda x_2, \ldots, \lambda x_n) = \lambda^m f(x_1, x_2, \ldots, x_n) \tag{2.126}$$

für beliebige λ erfüllt. Die Zahl m wird *Homogenitätsgrad* genannt.

■ **A:** $u(x,y) = x^2 - 3xy + y^2 + x\sqrt{xy + \frac{x^3}{y}}$, d.h., der Homogenitätsgrad ist $m = 2$.

■ **B:** $u(x,y) = \frac{x+z}{2x-3y}$, d.h., der Homogenitätsgrad ist $m = 0$.

2.18.2.6 Abhängigkeit von Funktionen

1. Spezieller Fall zweier Funktionen
Zwei Funktionen zweier Veränderlicher $u = f(x, y)$ und $v = \varphi(x, y)$, die beide in demselben Gebiet definiert sind, werden als *abhängige Funktionen* bezeichnet, wenn die eine durch die andere gemäß $u = F(v)$ ausgedrückt werden kann. Für jeden Punkt des Definitionsbereiches gilt dann die Identität

$$f(x, y) = F[\varphi(x, y)] \quad \text{oder} \quad \Phi(f, \varphi) = 0\,. \tag{2.127}$$

Existiert keine solche Funktion $F[\varphi]$ oder $\Phi(f, \varphi)$, dann spricht man von *unabhängigen Funktionen.*

■ $u(x,y) = (x^2 + y^2)^2$, $v = \sqrt{x^2 + y^2}$, definiert im Gebiet $x^2 + y^2 \geq 0$, sind abhängige Funktionen, da $u = v^4$ gilt.

2. Allgemeiner Fall mehrerer Funktionen
In Analogie zum Fall zweier Funktionen gilt, daß m Funktionen u_1, $u_2, \ldots, u_m$ von n Veränderlichen x_1, $x_2, \ldots, x_n$ in einem gemeinsamen Definitionsbereich abhängig sind, wenn irgendeine von ihnen als Funktion der anderen ausdrückbar ist, d.h., wenn es für jeden Punkt des Gebietes eine Identität der Art

$$u_i = f(u_1, u_2, \ldots, u_{i-1}, u_{i+1}, \ldots, u_m) \quad \text{oder} \quad \Phi(u_1, u_2, \ldots, u_m) = 0 \tag{2.128}$$

gibt. Wenn keine solche Funktion existiert, dann spricht man von unabhängigen Funktionen.

■ Die Funktionen $u = x_1 + x_2 + \cdots + x_n$, $v = {x_1}^2 + {x_2}^2 + \cdots + {x_n}^2$ und $w = x_1x_2 + x_1x_3 + \cdots + x_1x_n + x_2x_3 + \cdots + x_{n-1}x_n$ sind abhängig, da $v = u^2 - 2w$ gilt.

3. Analytische Bedingung für die Unabhängigkeit

Im Falle zweier Funktionen $u = f(x,y)$ und $v = \varphi(x,y)$ darf ihre *Funktionaldeterminante*

$$\begin{vmatrix} \frac{\partial f}{\partial x} & \frac{\partial f}{\partial y} \\ \frac{\partial \varphi}{\partial x} & \frac{\partial \varphi}{\partial y} \end{vmatrix}, \text{ abgekürzt } \frac{D(f,\varphi)}{D(x,y)} \text{ oder } \frac{D(u,v)}{D(x,y)}, \tag{2.129a}$$

in dem betrachteten Gebiet nicht identisch verschwinden. Analog gilt im Fall von n Funktionen mit n Veränderlichen $u_1 = f_1(x_1,\ldots,x_n), \ldots, u_n = f_n(x_1,\ldots,x_n)$:

$$\begin{vmatrix} \frac{\partial f_1}{\partial x_1} & \frac{\partial f_1}{\partial x_2} & \cdots & \frac{\partial f_1}{\partial x_n} \\ \frac{\partial f_2}{\partial x_1} & \frac{\partial f_2}{\partial x_2} & \cdots & \frac{\partial f_2}{\partial x_n} \\ \vdots & \vdots & \vdots & \vdots \\ \frac{\partial f_n}{\partial x_1} & \frac{\partial f_n}{\partial x_2} & \cdots & \frac{\partial f_n}{\partial x_n} \end{vmatrix} \equiv \frac{D(f_1,f_2,\ldots,f_n)}{D(x_1,x_2,\ldots,x_n)} \neq 0\,. \tag{2.129b}$$

Wenn die Anzahl m der Funktionen u_1, u_2, ..., u_m kleiner ist als die Anzahl der Veränderlichen x_1, x_2, ..., x_n, dann sind diese Funktionen unabhängig, sofern wenigstens eine Unterdeterminante m–ter Ordnung der Matrix (2.129c) nicht verschwindet:

$$\begin{pmatrix} \frac{\partial u_1}{\partial x_1} & \frac{\partial u_1}{\partial x_2} & \cdots & \frac{\partial u_1}{\partial x_n} \\ \frac{\partial u_2}{\partial x_1} & \frac{\partial u_2}{\partial x_2} & \cdots & \frac{\partial u_2}{\partial x_n} \\ \vdots & \vdots & \vdots & \vdots \\ \frac{\partial u_m}{\partial x_1} & \frac{\partial u_m}{\partial x_2} & \cdots & \frac{\partial u_m}{\partial x_n} \end{pmatrix}. \tag{2.129c}$$

Die Anzahl der unabhängigen Funktionen ist gleich dem Rang r der Matrix (2.129c), (s. S. 255). Hierbei werden diejenigen Funktionen unabhängig sein, deren Ableitung als Elemente in der nicht identisch verschwindenden Unterdeterminante r–ter Ordnung stehen. Wenn $m > n$ ist, dann können von den gegebenen m Funktionen höchstens n unabhängig sein.

2.18.3 Grenzwerte

2.18.3.1 Definition

Eine Funktion von zwei Veränderlichen $u = f(x,y)$ besitzt einen Grenzwert A für das Wertesystem $x = a$, $y = b$, wenn sich die Funktion $f(x,y)$ bei beliebiger Annäherung von x gegen a und von y gegen b dem Wert A beliebig nähert. Man schreibt dann:

$$\lim_{\substack{x\to a\\ y\to b}} f(x,y) = A\,. \tag{2.130}$$

Dabei braucht die Funktion für das Wertesystem $x = a$, $y = b$, d.h. im Punkt (a,b) selbst, den Wert A weder anzunehmen noch definiert zu sein.

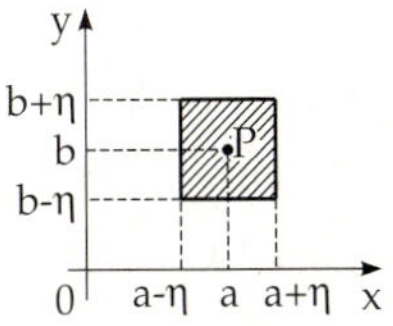

Abbildung 2.107

2.18.3.2 Exakte Formulierung

Eine Funktion von zwei Veränderlichen $u = f(x, y)$ besitzt einen Grenzwert $A = \lim\limits_{\substack{x\to a\\ y\to b}} f(x, y)$, wenn sich nach Vorgabe einer beliebig kleinen positiven Zahl ε eine zweite positive Zahl η angeben läßt **(Abb.2.107)**, so daß gilt

$$|f(x, y) - A| < \varepsilon \tag{2.131a}$$

für alle Punkte (x, y) des Quadrats

$$|x - a| < \eta, \quad |y - b| < \eta\,. \tag{2.131b}$$

2.18.3.3 Verallgemeinerung auf mehrere Veränderliche

a) Der Begriff des Grenzwertes einer Funktion von mehreren Veränderlichen wird analog zum Fall der Funktion von zwei Veränderlichen definiert.

b) Kriterien für die Existenz eines Grenzwertes einer Funktion von mehreren Veränderlichen erhält man durch Verallgemeinerung der Kriterien, die für Funktionen von einer Veränderlichen gelten, d.h. durch Zurückführung auf den Grenzwert einer Folge sowie über das Konvergenzkriterium von CAUCHY (s. S. 51).

2.18.3.4 Iterierte Grenzwerte

Wenn für eine Funktion zweier Veränderlicher $f(x, y)$ zuerst der Grenzwert für $x \to a$, d.h. $\lim\limits_{x\to a} f(x, y)$ für konstantes y bestimmt wird und darauf von der so gewonnenen Funktion, die dann nur noch von y abhängt, der Grenzwert $y \to b$ gebildet wird, dann heißt die gefundene Zahl

$$B = \lim_{y\to b}[\lim_{x\to a} f(x, y)] \tag{2.132a}$$

ein *iterierter Grenzwert*. Eine Änderung der Reihenfolge liefert in der Regel einen anderen Grenzwert

$$C = \lim_{x\to a}[\lim_{y\to b} f(x, y)]\,. \tag{2.132b}$$

Im allgemeinen ist $B \neq C$, auch wenn beide Grenzwerte existieren. Wenn jedoch die Funktion $f(x, y)$ einen Grenzwert $A = \lim\limits_{\substack{x\to a\\ y\to b}} f(x, y)$ besitzt, dann ist $B = C = A$. Aus der Gleichheit der Grenzwerte $B = C$ folgt noch nicht die Existenz des Grenzwertes A.

■ Die Funktion $f(x, y) = \dfrac{x^2 - y^2 + x^3 + y^3}{x^2 + y^2}$ liefert für $x \to 0$, $y \to 0$ die Werte $B = -1$ und $C = +1$.

2.18.4 Stetigkeit

Eine Funktion von zwei Veränderlichen $f(x, y)$ wird an der Stelle $x = a$, $y = b$, d.h. im Punkt (a, b), stetig genannt, wenn 1. der Punkt (a, b) dem Definitionsbereich der Funktion angehört und wenn 2. der Grenzwert für $x \to a$, $y \to b$ existiert und

$$\lim_{\substack{x\to a\\ y\to b}} f(x, y) = f(a, b) \tag{2.133}$$

ist. Anderenfalls besitzt die Funktion an der Stelle $x = a$, $y = b$ eine Unstetigkeit. Wenn eine Funktion in allen Punkten eines zusammenhängenden Gebietes definiert und stetig ist, dann wird sie stetig in diesem Gebiet genannt.
In Analogie dazu wird die Stetigkeit einer Funktion von mehr als zwei Veränderlichen definiert.

2.18.5 Eigenschaften stetiger Funktionen

2.18.5.1 Nullstellensatz von Bolzano

Wenn eine Funktion $f(x, y)$ in einem zusammenhängenden Gebiet definiert und stetig ist und wenn in zwei verschiedenen Punkten (x_1, y_1) und (x_2, y_2) dieses Gebietes die zugehörigen Funktionswerte unterschiedliche Vorzeichen besitzen, dann existiert mindestens ein Punkt (x_3, y_3) in diesem Gebiet, für den $f(x, y)$ Null wird:

$$f(x_3, y_3) = 0, \quad \text{wenn} \quad f(x_1, y_1) > 0 \quad \text{und} \quad f(x_2, y_2) < 0\,. \tag{2.134}$$

2.18.5.2 Zwischenwertsatz

Wenn eine Funktion $f(x, y)$ in einem Gebiet definiert und stetig ist und wenn sie in zwei Punkten (x_1, y_1) und (x_2, y_2) verschiedene Werte $A = f(x_1, y_1)$ und $B = f(x_2, y_2)$ annimmt, dann gibt es für jede Zahl C, die zwischen A und B liegt, einen Punkt (x_3, y_3) derart, daß gilt:

$$f(x_3, y_3) = C, \quad A < C < B \quad \text{oder} \quad B < C < A\,. \tag{2.135}$$

2.18.5.3 Satz über die Beschränktheit einer Funktion

Wenn eine Funktion $f(x, y)$ in einem abgeschlossenen beschränkten Gebiet stetig ist, dann ist sie in diesem Gebiet auch beschränkt, d.h., es existieren zwei Zahlen m und M derart, daß für jeden Punkt (x, y) in diesem Gebiet gilt

$$m \le f(x, y) \le M\,. \tag{2.136}$$

2.18.5.4 Satz von Weierstrass über die Existenz des größten und kleinsten Funktionswertes

Wenn eine Funktion $f(x, y)$ in einem abgeschlossenen und beschränkten Gebiet stetig ist, dann existiert in diesem Gebiet mindestens ein Punkt (x', y') derart, daß der Wert $f(x', y')$ größer als alle übrigen Werte von $f(x, y)$ in diesem Gebiet ist. Außerdem existiert dann mindestens ein Punkt (x'', y''), für den der Wert $f(x'', y'')$ kleiner als alle übrigen Werte von $f(x, y)$ in diesem Gebiet ist. Für einen beliebigen Punkt (x, y) dieses Gebietes gilt

$$f(x', y') \ge f(x, y) \ge f(x'', y'')\,. \tag{2.137}$$

3 Geometrie

3.1 Planimetrie

3.1.1 Grundbegriffe

3.1.1.1 Punkt, Gerade, Strahl, Strecke

1. Punkt und Gerade

Punkt und Gerade werden in der modernen Mathematik nicht definiert. Man legt lediglich die Beziehungen zwischen ihnen durch Axiome fest. Anschaulich kann die *Gerade* als Spur eines Punktes erklärt werden, der sich in einer Ebene auf dem kürzesten Verbindungsweg zwischen zwei anderen Punkten bewegt und dabei nie die Richtung ändert.

Unter einem *Punkt* versteht man die Schnittstelle zweier Geraden.

2. Strahl und Strecke

Ein Strahl enthält genau die und nur die Menge aller der Punkte einer Geraden, die auf der gleichen Seite eines Punktes O dieser Geraden liegen, den Punkt O inbegriffen. Man kann sich den Strahl durch die Bewegung eines Punktes vorstellen, die im Punkt O beginnt und ohne Richtungsänderung auf der Geraden erfolgt, ähnlich wie ein Lichtstrahl nach seiner Emission, solange dieser nicht nicht abgelenkt wird.

Eine Strecke $\overline{AB}$ enthält genau die Menge aller Punkte einer Geraden, die zwischen zwei Punkten A und B dieser Geraden liegen, die Punkte A und B inbegriffen. Die Strecke ist die kürzeste Verbindung der beiden Ebenenpunkte A und B. Der Durchlaufsinn einer Strecke wird mit Hilfe eines Pfeiles gemäß $\overrightarrow{AB}$ gekennzeichnet oder als Richtung vom erstgenannten Punkt A nach dem zweitgenannten Punkt B verstanden.

3. Parallele und orthogonale Geraden

Parallele Geraden verlaufen in die gleiche Richtung, besitzen aber keinen gemeinsamen Punkt, d.h., sie nähern und entfernen sich nicht voneinender und schneiden sich nicht. Die Parallelität wird für zwei parallele Geraden g und g' in Zeichen dargestellt durch $g||g'$.

Orthogonale Geraden bilden beim Schnitt miteinander rechte Winkel, d.h., sie stehen senkrecht aufeinander. Die Orthogonalität zweier Geraden ist wie die Parallelität eine Lagebeziehung zweier Geraden zueinander.

3.1.1.2 Winkel

1. Winkelbegriff

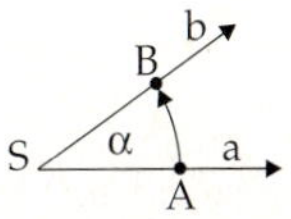

Abbildung 3.1

Ein Winkel ist durch zwei von einem gemeinsamen Punkt S ausgehende Strahlen a und b festgelegt, die durch eine Drehung ineinander überführt werden können **(Abb.3.1)**. Ist auf dem Strahl a der Punkt A und auf dem Strahl b der Punkt B ausgezeichnet, dann wird der Winkel bei der in **Abb.3.1** angegebenen Drehrichtung durch die Symbolik (a, b) oder durch die Symbolik $\sphericalangle ASB$ oder durch einen griechischen Buchstaben bezeichnet. Der Punkt S wird *Scheitelpunkt* genannt, die Strahlen a und b heißen *Schenkel* des Winkels.

In der Mathematik heißt ein Winkel positiv bzw. negativ, wenn die Drehung im Gegenuhrzeigersinn bzw. im Uhrzeigersinn erfolgt. Es ist also grundsätzlich zwischen dem Winkel $\sphericalangle ASB$ und dem Winkel $\sphericalangle BSA$ zu unterscheiden. Es gilt $\sphericalangle ASB = - \sphericalangle BSA$.

Hinweis: In der Geodäsie wird ein positiver Winkel durch Drehung im Uhrzeigersinn festgelegt (s. S. 139).

2. Winkelbezeichnungen

Winkel werden nach dem Richtungsunterschied ihrer Schenkel bezeichnet. Für Winkel α im Intervall $0 \leq \alpha \leq 360°$ sind die in **s. Tabelle 3.1** angegebenen Bezeichnungen gebräuchlich (s. auch **Abb.3.2**).

Tabelle 3.1 Winkelbezeichnungen im Grad- und im Bogenmaß

Winkelbezeichnung	Gradmaß	Bogenmaß	Winkelbezeichnung	Gradmaß	Bogenmaß
Vollwinkel	$\alpha^\circ = 360^\circ$	$\alpha = 2\pi$	Rechter Winkel	$\alpha^\circ = 90^\circ$	$\alpha = \pi/2$
Überstumpfer Winkel	$\alpha^\circ > 180^\circ$	$\pi < \alpha < 2\pi$	Spitzer Winkel	$0^\circ < \alpha^\circ < 90^\circ$	$0^\circ < \alpha < \pi/2$
Gestreckter Winkel	$\alpha = 180^\circ$	$\alpha = \pi$	Stumpfer Winkel	$90^\circ < \alpha < 180^\circ$	$\pi/2 < \alpha < \pi$

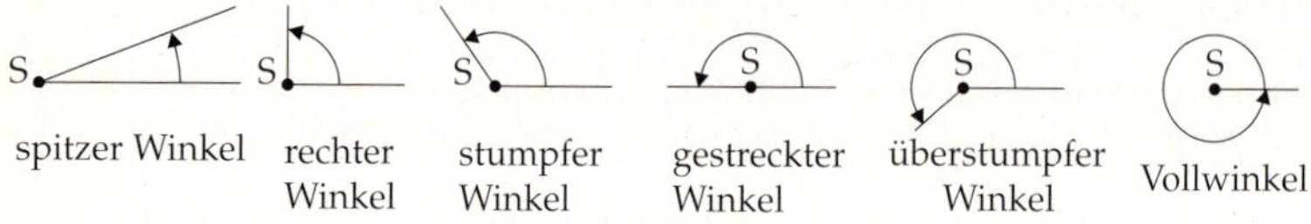

Abbildung 3.2

3.1.1.3 Winkel an zwei sich schneidenden Geraden

Beim Schnitt zweier Geraden g_1, g_2 einer Ebene treten vier verschiedene Winkel $\alpha, \beta, \gamma, \delta$ auf (**Abb. 3.3**). Man unterscheidet Nebenwinkel und Scheitelwinkel, außerdem Komplementwinkel und Supplementwinkel.

1. Nebenwinkel sind benachbarte Winkel an zwei sich schneidenden Geraden mit einem gemeinsamen Scheitel S und einem gemeinsamen Schenkel; die beiden nicht zusammenfallenden Schenkel liegen auf ein und derselben Geraden, jedoch auf verschiedenen von S ausgehenden Strahlen, so daß sich die Nebenwinkel zu 180° ergänzen.

■ In **Abb.3.3** sind es die Winkelpaare $(\alpha, \beta), (\beta, \gamma), (\gamma, \delta)$ und (α, δ).

2. Scheitelwinkel sind an zwei sich schneidenden Geraden gegenüberliegende gleich große Winkel mit gemeinsamem Scheitel S, aber ohne gemeinsamen Schenkel. Sie werden durch einen gleich großen Nebenwinkel zu 180° ergänzt.

■ In **Abb.3.3** sind (α, γ) und (β, δ) Scheitelwinkel.

3. Komplementwinkel sind zwei sich zu 90° ergänzende Winkel.

4. Supplementwinkel sind zwei sich zu 180° ergänzende Winkel.

■ In **Abb.3.3** sind die Winkelpaare (α, β) oder (γ, δ) Supplementwinkel.

3.1.1.4 Winkelpaare an geschnittenen Parallelen

Beim Schnitt zweier paralleler Geraden p_1, p_2 durch eine dritte Gerade g treten acht Winkel auf **Abb. 3.4**. Neben Scheitelwinkel und Nebenwinkel für Winkel mit gemeinsamem Scheitelpunkt S sind für Winkel mit verschiedenen Scheitelpunkten Wechselwinkel, Stufenwinkel und entgegengesetzt liegende Winkel zu unterscheiden.

1. Wechselwinkel sind gleich große, auf verschiedenen Seiten der Schnittgeraden und der Parallelen liegende Winkel. Die Schenkel von Wechselwinkeln sind paarweise entgegengesetzt gerichtet.

■ In **Abb.3.4** sind die Winkelpaare $(\alpha_1, \gamma_2), (\beta_1, \delta_2), (\gamma_1, \alpha_2)$ und (δ_1, β_2) Wechselwinkel.

2. Stufenwinkel oder Gegenwinkel sind gleich große, auf der gleichen Seite der Schnittgeraden und auf den gleichen Seiten der Parallelen liegende Winkel. Die Schenkel von Stufenwinkeln sind paarweise gleichgerichtet.

■ In **Abb.3.4** sind die Winkelpaare $(\alpha_1, \alpha_2), (\beta_1, \beta_2), (\gamma_1, \gamma_2)$ und (δ_1, δ_2) Stufenwinkel.

3. Entgegengesetzte Winkel sind auf der gleichen Seite der Schnittgeraden g, aber auf verschiedenen Seiten der Parallelen gelegene Winkel, die sich zu 180° ergänzen. Ein Schenkelpaar ist gleichgerichtet, das andere entgegengesetzt gerichtet.

■ In **Abb.3.4** sind z.B. die Winkelpaare $(\alpha_1, \delta_2), (\beta_1, \gamma_2), (\gamma_1, \beta_2)$ und (δ_1, α_2) entgegengesetzte Winkel.

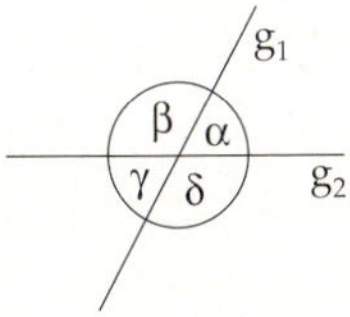

Abbildung 3.3

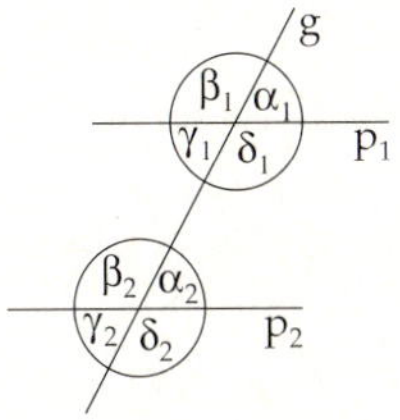

Abbildung 3.4

3.1.1.5 Winkel im Gradmaß und im Bogenmaß

Das in der Geometrie verwendete Gradmaß zur Messung von Winkeln beruht auf der Einteilung des *ebenen Vollwinkels* in 360 gleiche Teile oder 360° (Grad). Das ist die sogenannte *Altgradeinteilung.* Die weitere Unterteilung erfolgt häufig nicht dezimal, sondern sexagesimal: $1° = 60'$ (Minuten), $1' = 60''$ (Sekunden). Man spricht auch von *Sexagesimaleinteilung.* Wegen der Neugradeinteilung s. S. 140.
Neben dem Gradmaß wird auch das Bogenmaß zur quantitativen Angabe von Winkeln verwendet. Die Größe des *Mittelpunkts-* oder *Zentriwinkels* α in einem beliebigen Kreis **(Abb.3.5a)** wird hierbei durch das Verhältnis des zugehörigen Kreisbogens l zum Radius r des Kreises angegeben:

$$\alpha = \frac{l}{r}\,. \tag{3.1}$$

Die *Einheit des Bogenmaßes* ist der *Radiant* (rad), d.h. der Zentriwinkel, dessen Bogen gleich dem Radius ist. Es gilt:

$$\begin{array}{|ll|}\hline 1\,\text{rad} & = 57°\,17'\,44{,}8'' = 57{,}2958°, \\ 1° & = 0{,}017453\,\text{rad}, \\ 1' & = 0{,}000291\,\text{rad}, \\ 1'' & = 0{,}000005\,\text{rad}. \\ \hline\end{array}$$

Ist $\alpha°$ der in Grad und α der in Radiant gemessene Winkel, dann gilt für die Umrechnung von einer Maßeinheit in die andere

$$\alpha° = \varrho\alpha = 180°\frac{\alpha}{\pi}\,, \qquad \alpha = \frac{\alpha°}{\varrho} = \frac{\pi}{180°}\alpha° \quad \text{mit} \quad \varrho = \frac{180°}{\pi}\,. \tag{3.2}$$

Insbesondere ist $360° = 2\pi$, $180° = \pi$, $90° = \pi/2$, $270° = 3\pi/2$ usw. Mit (3.2) erhält man ein dezimalisiertes Ergebnis, während die folgenden Beispiele eine Umrechnung unter Berücksichtigung von Minuten und Sekunden zeigen.

■ **A:** Umrechnung eines Winkels im Gradmaß in das Bogenmaß rad:
$52°\,37'\,23'' = 52 \cdot 0{,}017453 + 37 \cdot 0{,}000291 + 23 \cdot 0{,}000005 = 0{,}918447\,\text{rad}\,.$

■ **B:** Umrechnung eines Winkels im Bogenmaß in einen Winkel im Gradmaß:
$5{,}645\,\text{rad} = 323 \cdot 0{,}017453 + 26 \cdot 0{,}000291 + 5 \cdot 0{,}000005 = 323°\,26'\,05''.$
Entstanden aus:
$5{,}645 : 0{,}017453 = 323 + 0{,}007611$
$0{,}007611 : 0{,}000291 = 26 + 0{,}000025$
$0{,}000025 : 0{,}000005 = 5$.
Die Bezeichnung rad wird in der Regel weggelassen, wenn aus dem Zusammenhang hervorgeht, daß es sich um das Bogenmaß eines Winkels handelt.

Hinweis: In der Geodäsie wird der Vollwinkel in 400 gleiche Teile oder 400 gon (Gon) eingeteilt. Das ist die sogenannte *Neugradeinteilung.* Ein rechter Winkel entspricht dann 100 gon. Das gon wird in 1000 mgon unterteilt.
Auf Taschenrechnern findet man die Bezeichnungen DEG für Grad (Altgrad), GRAD für Gon (Neugrad) und RAD für Radiant (Bogenmaß). Zur Umrechnung der verschiedenen Maße s. Tabelle auf S. 140.

3.1.2 Geometrische Definition der Kreis- und Hyperbel-Funktionen

3.1.2.1 Definition der Kreis- oder trigonometrischen Funktionen

1. Definition am Einheitskreis Die trigonometrischen Funktionen eines Winkels α werden entweder am Einheitskreis mit dem Radius $R = 1$ oder für spitze Winkel am rechtwinkligen Dreieck **(Abb.3.5a,b)** mit Hilfe der Bestimmungsstücke *Ankathete b*, *Gegenkathete a* und *Hypotenuse c* definiert. Am Einheitskreis erfolgt die Messung des Winkels von einem festen Radius $\overline{OA}$ der Länge 1 bis zu einem beweglichen Radius $\overline{OC}$ im entgegengesetzten Drehsinn des Uhrzeigers (positive Richtung):

Sinus: $\sin\alpha = \overline{BC} = \frac{a}{c}$, (3.3) *Kosinus:* $\cos\alpha = \overline{OB} = \frac{b}{c}$, (3.4)

Tangens: $\tan\alpha = \overline{AD} = \frac{a}{b}$, (3.5) *Kotangens:* $\cot\alpha = \overline{EF} = \frac{b}{a}$, (3.6)

Sekans: $\sec\alpha = \overline{OD} = \frac{c}{b}$, (3.7) *Kosekans:* $\csc\alpha = \overline{OF} = \frac{c}{a}$. (3.8)

2. Vorzeichen der trigonometrischen Funktionen Je nachdem, in welchem Quadranten des Einheitskreises **(Abb.3.5a)** der bewegliche Radius $\overline{OC}$ liegt, haben die Funktionen ein ganz bestimmtes Vorzeichen, das aus **Tabelle 2.2** (s. S. 76) entnommen werden kann.

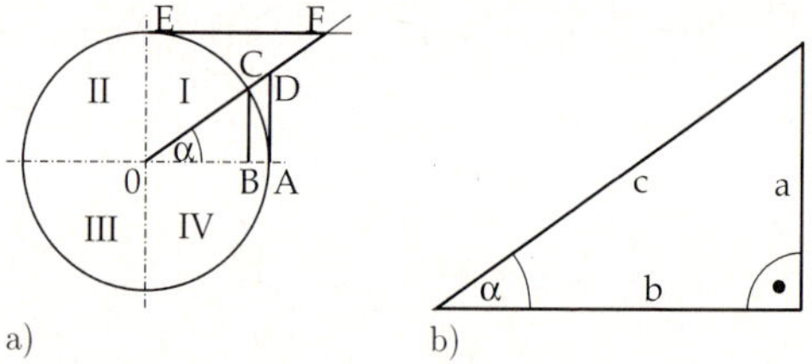

Abbildung 3.5

3. Definition der trigonometrischen Funktionen mit Hilfe einer Kreissektorfläche Die Funktionen $\sin\alpha$, $\cos\alpha$, $\tan\alpha$, $\cot\alpha$ sind über die Strecken $\overline{BC}$, $\overline{OB}$, $\overline{AD}$ am Einheitskreis mit $R = 1$ definiert **(Abb.3.6)**, wobei als Argument der Zentriwinkel $\alpha = \sphericalangle AOC$ dient. Zu dieser Definition hätte auch die Fläche x des Sektors COK benutzt werden können, die in **Abb.3.6** schraffiert gezeichnet ist. Mit dem Zentriwinkel 2α, gemessen in Radianten, ergibt sich für $R = 1$ gerade $x = \frac{1}{2}R^2 2\alpha = \alpha$. Somit ergeben sich die gleichen Definitionsgleichungen wie in (3.3, 3.4, 3.5) zu $\sin x = \overline{BC}$, $\cos x = \overline{OB}$, $\tan x = \overline{AD}$.

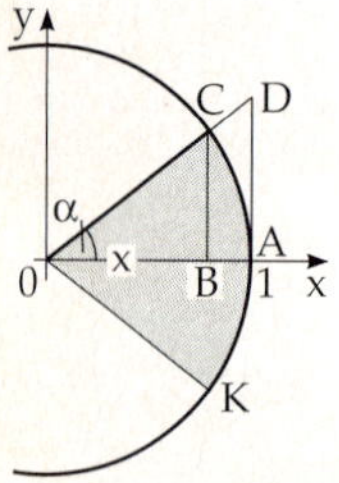

Abbildung 3.6

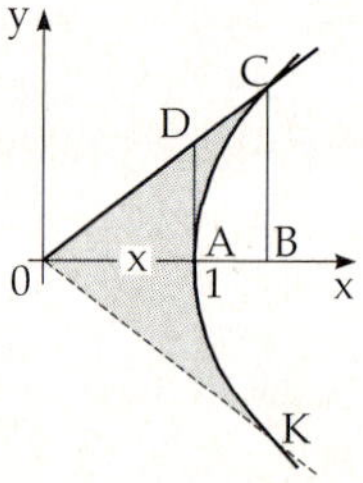

Abbildung 3.7

3.1.2.2 Geometrische Definition der Hyperbelfunktionen

In Analogie zur Definition der trigonometrischen Funktionen mit Hilfe der Kreissektorfläche gemäß (3.3, 3.4, 3.5) wird anstelle der Sektorfläche des Kreises mit der Gleichung $x^2 + y^2 = 1$ die entsprechende Sektorfläche der Hyperbel mit der Gleichung $x^2 - y^2 = 1$ (rechter Zweig in **Abb.3.7**) betrachtet. Mit der Bezeichnung x für diese Fläche COK, die in **Abb.3.7** schraffiert gezeichnet ist, lauten die Definitionsgleichungen der Hyperbelfunktionen:

$\sinh x = \overline{BC}$, (3.9) $\cosh x = \overline{OB}$, (3.10) $\tanh x = \overline{AD}$. (3.11)

Berechnung der Fläche x durch Integration und Ausdrücken des Ergebnisses mit $\overline{BC}$, $\overline{OB}$ und $\overline{AD}$ liefert

$$x = \ln(\overline{BC} + \sqrt{\overline{BC}^2 + 1}) = \ln(\overline{OB} + \sqrt{\overline{OB}^2 - 1}) = \frac{1}{2}\ln\frac{1+\overline{AD}}{1-\overline{AD}}\,, \tag{3.12}$$

so daß die Hyperbelfunktionen nunmehr mit Hilfe von Exponentialfunktionen darstellbar sind:

$$\overline{BC} = \frac{e^x - e^{-x}}{2} = \sinh x\,, \tag{3.13a}$$

$$\overline{OB} = \frac{e^x + e^{-x}}{2} = \cosh x\,, \tag{3.13b}$$

$$\overline{AD} = \frac{e^x - e^{-x}}{e^x + e^{-x}} = \tanh x\,. \tag{3.13c}$$

Das sind die Definitionsgleichungen der Hyperbelfunktionen, so daß die Bezeichnung Hyperbelfunktionen offenkundig ist.

3.1.3 Ebene Dreiecke

3.1.3.1 Aussagen zu ebenen Dreiecken

1. Die Summe zweier Seiten ist im ebenen Dreieck stets größer als die dritte Seite **(Abb.3.8)**:

$$b + c > a\,. \tag{3.14}$$

2. Die Summe der Winkel beträgt im ebenen Dreieck

$$\alpha + \beta + \gamma = 180^\circ\,. \tag{3.15}$$

3. Vollständige Bestimmung des Dreiecks Ein Dreieck ist durch die folgenden Bestimmungsstücke vollständig bestimmt:

- durch drei Seiten oder
- durch zwei Seiten und den zwischen ihnen eingeschlossenen Winkel bzw.
- durch eine Seite und die beiden anliegenden Winkel.

Wenn zwei Seiten gegeben sind sowie der einer Seite gegenüberliegende Winkel, dann können mittels dieser Bestimmungsstücke entweder zwei, ein oder kein Dreieck konstruiert werden (s. 3. Grundaufgabe in **Tabelle 3.3**).

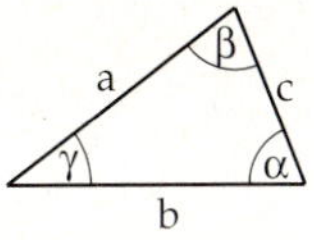

Abbildung 3.8

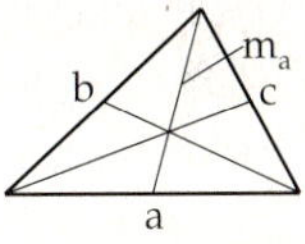

Abbildung 3.9

4. Seitenhalbierende des Dreiecks wird die Gerade genannt, die einen Eckpunkt des Dreiecks mit dem Mittelpunkt der gegenüberliegenden Dreieckseite verbindet. Die Seitenhalbierenden des Dreiecks schneiden sich in einem Punkt, dem *Schwerpunkt* des Dreiecks **(Abb.3.9)**, der sie vom Scheitel des Winkels aus gerechnet im Verhältnis 2 : 1 teilt.

5. Winkelhalbierende des Dreiecks wird die Gerade genannt, die einen der drei inneren Winkel des Dreiecks in zwei gleiche Teile teilt.

6. Inkreis wird der in das Dreieck einbeschriebene Kreis genannt. Sein Mittelpunkt ist der gemeinsame Schnittpunkt der Winkelhalbierenden des Dreiecks **(Abb.3.10)**.

7. Umkreis wird der das Dreieck umschreibende Kreis genannt **(Abb.3.11)**. Sein Mittelpunkt ist der gemeinsame Schnittpunkt der drei *Mittelsenkrechten* des Dreiecks.

8. Höhe des Dreiecks wird das Lot genannt, das vom Scheitelpunkt eines der drei Dreieckwinkel auf die gegenüberliegende Seite gefällt wird. Die Höhen des Dreiecks schneiden sich im sogenannten *Orthozentrum*.

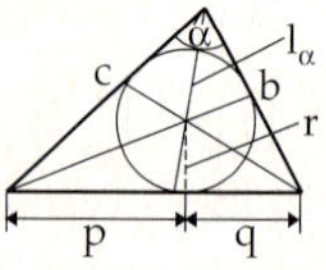

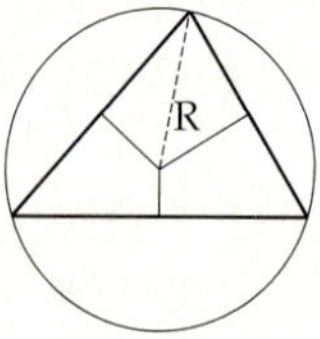

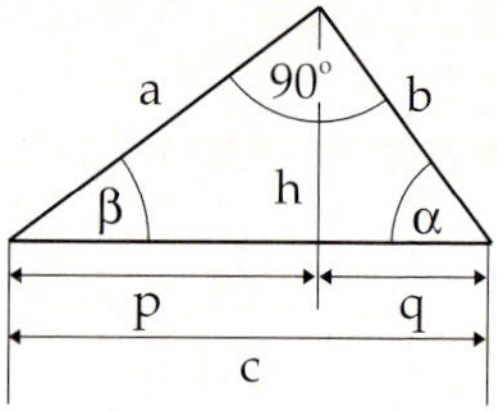

Abbildung 3.10 Abbildung 3.11 Abbildung 3.12

9. Gleichschenkliges Dreieck Im *gleichschenkligen Dreieck* sind zwei Dreieckseiten gleich lang. Höhe, Seiten- und Winkelhalbierende der dritten Seite sind identisch. Für die Gleichschenkligkeit des Dreiecks ist die Gleichheit je zweier dieser Seiten eine hinreichende Bedingung.

10. Gleichseitiges Dreieck Im *gleichseitigen Dreieck* mit $a = b = c$ fallen die Mittelpunkte des In- und des Umkreises mit dem Schwerpunkt und dem Orthozentrum zusammen.

11. Mittellinie wird eine Gerade genannt, die die Mittelpunkte zweier Dreiecksseiten verbindet; sie liegt parallel zur dritten Seite und ist halb so lang wie diese.

12. Rechtwinkliges Dreieck wird ein Dreieck genannt, das sich durch einen Winkel von 90° in einer der Dreiecksecken auszeichnet (**Abb.3.12**).

3.1.3.2 Symmetrie

1. Zentrale Symmetrie

Ebene Figuren heißen *zentralsymmetrisch*, wenn deren Punkte durch eine ebene Drehung von 180° um den *Zentralpunkt* oder das *Symmetriezentrum S* zur Deckung gebracht werden können (**Abb.3.13**). Da Größe und Gestalt der Figuren bei dieser Transformation erhalten bleiben, spricht man von *Kongruenztransformation*. Auch der *Umlaufsinn* der ebenen Figuren bleibt bei dieser Transformation erhalten (**Abb.3.13**). Wegen des gleichen Umlaufsinnes nennt man die Figuren *gleichsinnig kongruent.*

Unter dem *Umlaufsinn einer Figur* versteht man das Durchlaufen des Randes einer Figur in einem Drehsinn: positiv im mathematischen Drehsinn, also im Gegenuhrzeigersinn, negativ im Uhrzeigersinn **Abb.3.13, Abb.3.14**.

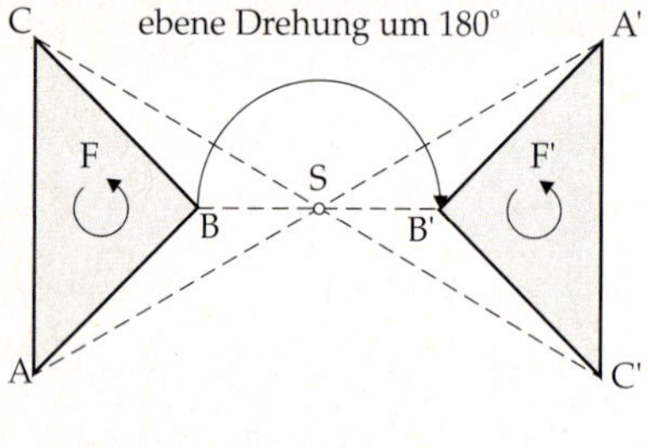

Abbildung 3.13

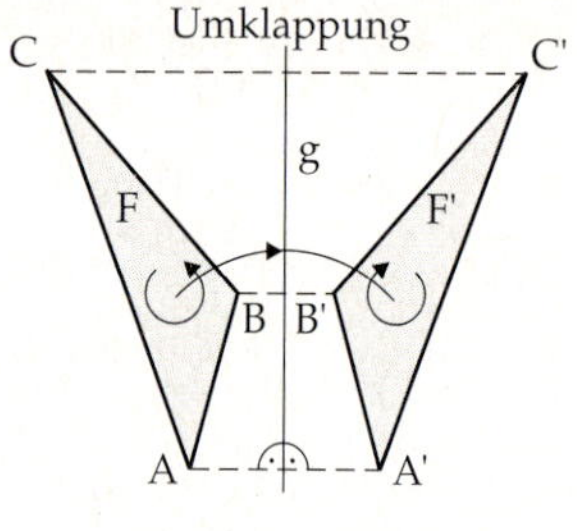

Abbildung 3.14

2. Axiale Symmetrie oder Spiegelsymmetrie

Ebene Figuren heißen *axialsymmetrisch* oder *spiegelsymmetrisch*, wenn einander entsprechende Punkte durch eine räumliche Drehung von 180° um eine Gerade g zur Deckung gebracht werden können (**Abb.3.14**). Die senkrechten Abstände einander zugeordneter Punkte von der Symmetrieachse, der

Geraden g, sind gleich groß. Der Umlaufsinn der gedrehten Figur wird bei der Spiegelung an der Geraden g umgekehrt. Daher heißen die Figuren nichtgleichsinnig kongruent. Man nennt diese Transformation *Umklappung*. Da Größe und Gestalt der Figuren dabei erhalten bleiben, spricht man auch von*nichtgleichsinniger Kongruenztransformation*. Der *Umlaufsinn* der ebenen Figuren wird bei dieser Transformation umgekehrt **(Abb.3.14)**.

Hinweis: Für räumliche Figuren gelten analoge Aussagen.

3. Kongruente Dreiecke, Kongruenzsätze

a) **Kongruenz:** Unter *Kongruenz* ebener Figuren versteht man allgemein ihre Deckungsgleichheit, d.h. die völlige Übereinstimmung in Größe und Gestalt. Kongruente Figuren können durch drei geometrische Transformationen ineinander überführt werden, durch *Schiebung*, *Drehung* und *Spiegelung* bzw. durch ihre Kombination.

Man unterscheidet *gleichsinnig kongruente Figuren* und *nichtgleichsinnig kongruente Figuren* (s. S. 130). Gleichsinnig kongruente Figuren lassen sich durch Schiebung oder Drehung sowie durch ihre Kombination ineinander überführen. Da sich nichtgleichsinnig kongruente Figuren durch entgegengesetzten Umlaufsinn (s. S. 130) auszeichnen, ist zu ihrer Überführung zusätzlich noch die Spiegelung an einer Geraden erforderlich.

■ Spiegelsymmetrische Figuren sind nichtgleichsinnig kongruent. Zu ihrer Überführung ineinander sind alle drei Transformationen erforderlich.

b) **Kongruenzsätze:** Die Bedingungen für die Kongruenz von Dreiecken sind in den Kongruenzsätzen festgehalten. Zwei Dreiecke sind kongruent, wenn sie übereinstimmen in:

- drei Seiten (SSS) oder
- zwei Seiten und dem von ihnen eingeschlossenen Innenwinkel (SWS) oder
- einer Seite und den beiden anliegenden Innenwinkeln (WSW) oder
- zwei Seiten und dem der größeren Seite gegenüberliegenden Innenwinkel (SSW).

4. Ähnliche Dreiecke, Ähnlichkeitssätze

Unter Ähnlichkeit versteht man allgemein die völlige Übereinstimmung der Gestalt ebener Figuren, ohne daß ihre Größe übereinstimmt. Ähnliche Figuren können durch geometrische Transformationen ineinander überführt werden, derart, daß die Punkte der einen Figur umkehrbar eindeutig so auf die Punkte der anderen abgebildet werden, daß jedem Winkel der einen Figur ein gleicher Winkel der anderen Figur entspricht. Gleichwertig mit dieser Erklärung ist die Aussage: In ähnlichen Figuren sind einander entsprechende Strecken zueinander proportional.

a) **Ähnlichkeit von Figuren** erfordert entweder die Übereinstimmung aller Winkel oder die Übereinstimmung aller entsprechenden Streckenverhältnisse.

b) **Flächeninhalte** Die *Flächeninhalte ähnlicher ebener Figuren* sind proportional zum Quadrat einander entsprechender linearer Elemente, wie Seiten, Höhen, Diagonalen usw.

c) **Ähnlichkeitssätze** Für das Dreieck gelten die folgenden Ähnlichkeitssätze: Dreiecke sind ähnlich, wenn sie übereinstimmen in

- zwei Seitenverhältnissen,
- zwei gleichliegenden Innenwinkeln,
- im Verhältnis zweier Seiten und in dem von diesen Seiten gebildeten Innenwinkel,
- im Verhältnis zweier Seiten und dem der größeren dieser Seiten gegenüberliegenden Innenwinkel.

Da bei der Ähnlichkeit nur Seitenverhältnisse, nicht aber wie bei der Kongruenz Seitenlängen eine Rolle spielen, enthalten die Ähnlichkeitssätze je ein Bestimmungsstück weniger als die entsprechenden Kongruenzsätze.

3.1.4 Ebene Vierecke

3.1.4.1 Parallelogramm

Parallelogramm wird ein Viereck genannt **(Abb.3.15)**, das die folgenden Haupteigenschaften besitzt:

- die einander gegenüberliegenden Seiten sind gleich lang;

- die einander gegenüberliegenden Seiten sind parallel;
- die Diagonalen halbieren einander im Schnittpunkt;
- einander gegenüberliegende Winkel sind gleich groß.

Bei einem Viereck folgen aus dem Vorhandensein einer dieser Eigenschaften oder aus der Gleichheit und Parallelität eines Paares gegenüberliegender Seiten alle anderen Eigenschaften.
Für den Zusammenhang zwischen Diagonalen und Seiten und für den Flächeninhalt gilt:

$$d_1^2 + d_2^2 = 2(a^2 + b^2)\,, \qquad (3.16) \qquad\qquad S = ah\,. \qquad (3.17)$$

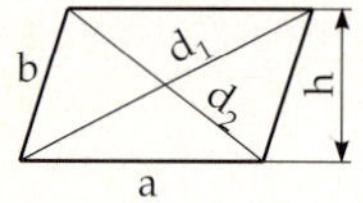

Abbildung 3.15

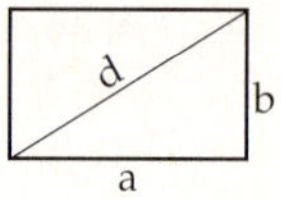

Abbildung 3.16

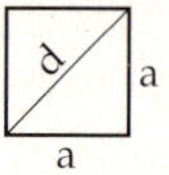

Abbildung 3.17

3.1.4.2 Rechteck und Quadrat

Ein Parallelogramm ist ein Rechteck **(Abb.3.16)**, wenn es:
- nur rechte Winkel enthält oder
- zwei gleich lange Diagonalen besitzt, wobei die eine Eigenschaft die andere zur Folge hat.

Der Flächeninhalt beträgt

$$S = ab\,. \qquad (3.18)$$

Wenn $a = b$ ist **(Abb.3.17)**, wird ein Rechteck *Quadrat* genannt, und es gelten dann die Formeln

$$d = a\sqrt{2} \approx 1,414a\,, \quad (3.19) \qquad a = d\frac{\sqrt{2}}{2} \approx 0,707d\,, \quad (3.20) \qquad S = a^2 = \frac{d^2}{2}\,. \quad (3.21)$$

3.1.4.3 Rhombus

Ein Rhombus **(Abb.3.18)** ist ein Parallelogramm, in dem
- alle Seiten gleich lang sind,
- die Diagonalen senkrecht aufeinander stehen und
- die Winkel des Parallelogramms von den Diagonalen halbiert werden.

Das Vorhandensein einer dieser Eigenschaften hat die zwei anderen zur Folge. Es gilt:

$$d_1 = 2a\cos\frac{\alpha}{2}\,, \quad (3.22) \qquad d_2 = 2a\sin\frac{\alpha}{2}\,, \quad (3.23) \qquad d_1^2 + d_2^2 = 4a^2\,. \quad (3.24)$$

$$S = ah = a^2\sin\alpha = \frac{d_1 d_2}{2}\,. \qquad (3.25)$$

3.1.4.4 Trapez

Trapez wird ein Viereck genannt, bei dem zwei Seiten zueinander parallel sind **(Abb.3.19)**. Mit den Bezeichnungen a und b für die beiden *Grundlinien* des Trapezes, h für die *Höhe* und m für die *Mittellinie*, die die Mittelpunkte der beiden nicht parallelen Seiten miteinander verbindet, ergibt sich

$$m = \frac{a+b}{2} \quad (3.26) \qquad\qquad S = \frac{(a+b)h}{2} = mh\,. \quad (3.27)$$

Im *gleichschenkligen Trapez* mit $d = c$ gilt:

$$S = (a - c\cos\gamma)c\sin\gamma = (b + c\cos\gamma)c\sin\gamma\,. \qquad (3.28)$$

3.1.4.5 Allgemeines Viereck

In jedem konvexen Viereck **(Abb.3.20)** beträgt die Summe der Innenwinkel 360°:

$$\sum_{i=1}^{4}\alpha_i = 360^\circ\,. \qquad (3.29)$$

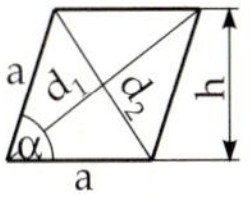

Abbildung 3.18

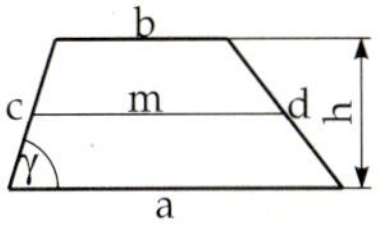

Abbildung 3.19

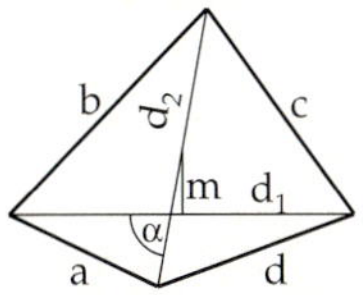

Abbildung 3.20

Außerdem ist

$$a^2 + b^2 + c^2 + d^2 = d_1^2 + d_2^2 + 4m^2 , \tag{3.30}$$

wobei m die Strecke ist, die die Mittelpunkte der Diagonalen miteinander verbindet.
Der Flächeninhalt beträgt

$$S = \frac{1}{2} d_1 d_2 \sin \alpha . \tag{3.31}$$

In ein Viereck kann ein Kreis dann und nur dann einbeschrieben werden, wenn

$$a + c = b + d \tag{3.32}$$

ist; man spricht dann von einem *Tangentenviereck* **(Abb.3.21a)**. Mit einem *Umkreis* umbeschrieben werden kann ein Viereck dann und nur dann, wenn

$$\alpha + \gamma = \beta + \delta = 180° \tag{3.33}$$

ist; in diesem Falle spricht man vom *Sehnenviereck* **(Abb.3.21b)**. Für das Sehnenviereck gilt

$$ac + bd = d_1 d_2 . \tag{3.34}$$

Mit dem halben Umfang des Vierecks $s = \frac{1}{2}(a + b + c + d)$ ist sein Flächeninhalt

$$S = \sqrt{(s-a)(s-b)(s-c)(s-d)} . \tag{3.35}$$

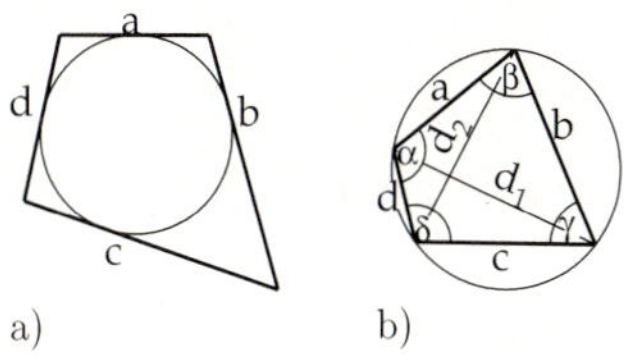

Abbildung 3.21

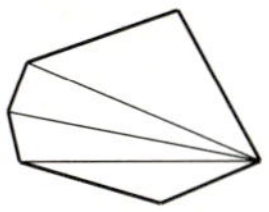

Abbildung 3.22

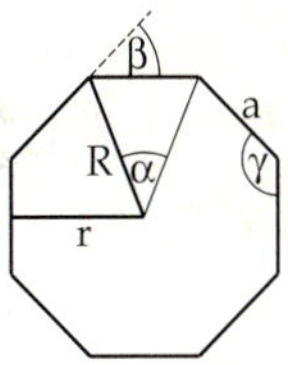

Abbildung 3.23

3.1.5 Ebene Vielecke

Wenn n die Zahl der Seiten eines Vielecks ist **(Abb.3.22)**, dann ist die Summe der Innenwinkel

$$\sum_{i=1}^{n} \alpha_i = 180°(n-2) , \tag{3.36}$$

die der Außenwinkel gleich 360° . Der Flächeninhalt wird durch Zerlegen in Dreiecke berechnet.
Regelmäßige Vielecke zeichnen sich durch die Gleichheit aller Seiten und aller Winkel aus.
Für regelmäßige n–Ecke, d.h. für regelmäßige Vielecke mit n Seiten **(Abb.3.23)**, gilt:

Zentriwinkel $\alpha = \frac{360°}{n}$, (3.37) **Außenwinkel** $\beta = \frac{360°}{n}$, (3.38)

Innenwinkel $\gamma = 180° - \beta$, (3.39)

Seitenlänge $a = 2\sqrt{R^2 - r^2} = 2R\sin\frac{\alpha}{2} = 2r\tan\frac{\alpha}{2}\,,$ (3.40)

Flächeninhalt $S = \frac{1}{2}nar = nr^2\tan\frac{\alpha}{2} = \frac{1}{2}nR^2\sin\alpha = \frac{1}{4}na^2\cot\frac{\alpha}{2}\,,$ (3.41)

wobei R der Umkreis– und r der Inkreisradius sind.

3.1.6 Ebene Kreisfiguren

3.1.6.1 Kreis

Kreise werden mit dem Radius r, dem Durchmesser d sowie mit einer Reihe von Winkeln beschrieben, die hier nicht im Bogenmaß, sondern im Gradmaß des dazugehörigen Zentriwinkels φ gemessen werden.

Peripheriewinkel (Abb.3.24) $\alpha = \frac{1}{2}\,\overset{\frown}{BC} = \frac{1}{2}\varphi\,,$ (3.42)

Sehnentangentenwinkel $\beta = \frac{1}{2}\,\overset{\frown}{AC}\,,$ (3.43)

Sehnenwinkel (Abb.3.25) $\gamma = \frac{1}{2}(\overset{\frown}{CB} + \overset{\frown}{ED})\,,$ (3.44)

Sekantenwinkel (Abb.3.26) $\alpha = \frac{1}{2}(\overset{\frown}{DE} - \overset{\frown}{BC})\,,$ (3.45)

Sekantentangentenwinkel $\beta = \frac{1}{2}(\overset{\frown}{TE} - \overset{\frown}{TB})\,,$ (3.46)

Tangentenwinkel (Abb.3.27) $\alpha = \frac{1}{2}(\sphericalangle BDC - \sphericalangle BEC)\,.$ (3.47)

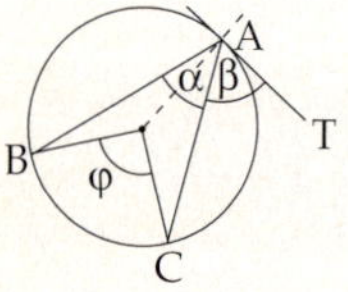

Abbildung 3.24

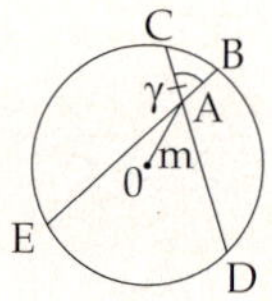

Abbildung 3.25

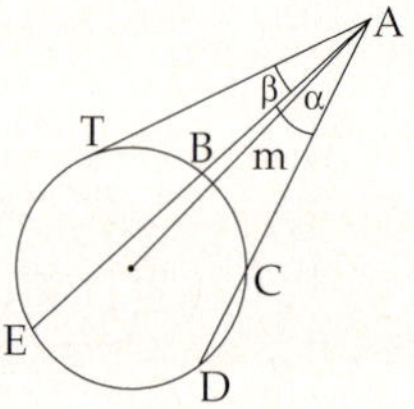

Abbildung 3.26

Schneidende Sehnen (Abb.3.25) $AC \cdot AD = AB \cdot AE = r^2 - m^2\,,$ (3.48)

Sekanten (Abb.3.26) $AB \cdot AE = AC \cdot AD = AT^2 = m^2 + r^2\,,$ (3.49)

Umfang $U = 2\pi r \approx 6{,}283r\,,\quad U = \pi d \approx 3{,}142d\,,\quad U = 2\sqrt{\pi S} \approx 3{,}545\sqrt{S}\,,$ (3.50)

Flächeninhalt $S = \pi r^2 \approx 3{,}142r^2\,,\quad S = \frac{\pi d^2}{4} \approx 0{,}785d^2\,,\quad S = \frac{Ud}{4} = 0{,}25Ud\,,$ (3.51)

Radius $r = \frac{U}{2\pi} \approx 0{,}159U\,,$ (3.52) **Durchmesser** $d = 2\sqrt{\frac{S}{\pi}} \approx 1{,}128\sqrt{S}\,.$ (3.53)

Die Zahl $\pi = \frac{U}{d} = 3{,}141\,592\,653\,589\,793\,.$ (3.54)

3.1.6.2 Kreisabschnitt (Kreissegment) und Kreisausschnitt (Kreissektor)

Kenngrößen: Radius r und Zentriwinkel α (**Abb.3.28**). Zu berechnende Größen sind:

Sehne $$a = 2\sqrt{2hr - h^2} = 2r \sin\frac{\alpha}{2}\,, \tag{3.55}$$

Zentriwinkel $$\alpha = 2 \arcsin\frac{a}{2r}\,, \quad \text{gemessen in Grad,} \tag{3.56}$$

Höhe des Kreisabschnitts $$h = r - \sqrt{r^2 - \frac{a^2}{4}} = r\left(1 - \cos\frac{\alpha}{2}\right) = \frac{a}{2}\tan\frac{\alpha}{4}\,, \tag{3.57}$$

Länge des Bogens $$l = \frac{2\pi r\alpha}{360} \approx 0,01745 r\alpha\,, \tag{3.58a}$$

und näherungsweise $$l \approx \frac{8b - a}{3} \quad \text{oder} \quad l \approx \sqrt{a^2 + \frac{16}{3}h^2}\,, \tag{3.58b}$$

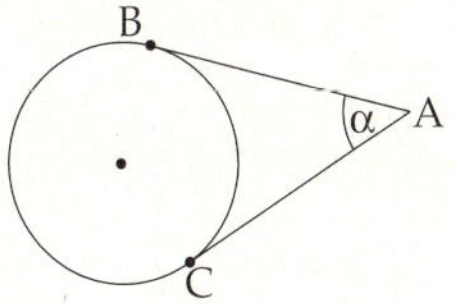

Abbildung 3.27

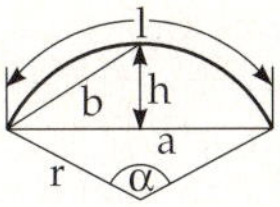

Abbildung 3.28

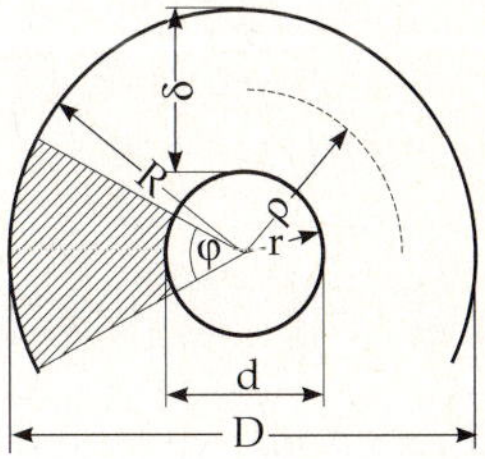

Abbildung 3.29

Flächeninhalt des Sektors $$S = \frac{\pi r^2 \alpha}{360} \approx 0,00873 r^2\alpha\,, \tag{3.59}$$

Flächeninhalt des Kreisabschnitts $$S_1 = \frac{r^2}{2}\left(\frac{\pi\alpha}{180} - \sin\alpha\right) = \frac{1}{2}[lr - a(r-h)]\,, \tag{3.60a}$$

und näherungsweise $$S_1 \approx \frac{h}{15}(6a + 8b)\,. \tag{3.60b}$$

3.1.6.3 Kreisring

Kenngrößen des Kreisringes: Äußerer Radius R, innerer Radius r und Zentriwinkel φ (**Abb.3.29**).

Äußerer Durchmesser $$D = 2R\,, \tag{3.61}$$

Innerer Durchmesser $$d = 2r\,, \tag{3.62}$$

Mittlerer Radius $$\rho = \frac{R + r}{2}\,, \tag{3.63}$$

Breite des Ringes $$\delta = R - r\,, \tag{3.64}$$

Flächeninhalt des Ringes $$S = \pi(R^2 - r^2) = \frac{\pi}{4}(D^2 - d^2) = 2\pi\,\rho\,\delta\,, \tag{3.65}$$

Flächeninhalt eines Ringteiles über φ (in **Abb.3.29** schraffiert dargestellt)

$$S_\varphi = \frac{\varphi\pi}{360}\left(R^2 - r^2\right) = \frac{\varphi\pi}{1440}\left(D^2 - d^2\right) = \frac{\varphi\,\pi}{180}\rho\,\delta\,. \tag{3.66}$$

3.2 Ebene Trigonometrie

3.2.1 Dreiecksberechnungen

3.2.1.1 Berechnungen in rechtwinkligen ebenen Dreiecken

1. Grundformeln

Verwendete Bezeichnungen (**Abb.3.30**):

- a, b – Katheten;
- c – Hypotenuse;
- α bzw. β – die den Seiten a bzw. b gegenüberliegenden Winkel;
- h – Höhe;
- p, q – Hypotenusenabschnitte;
- S – Flächeninhalt.

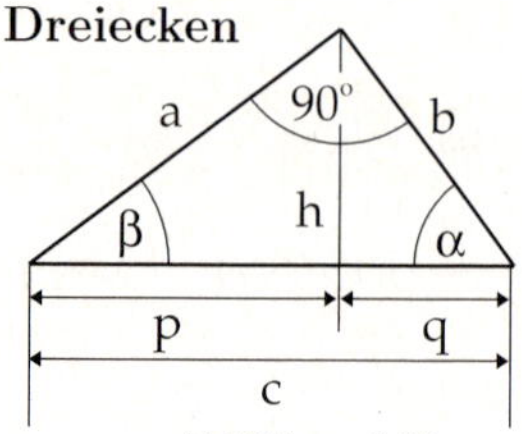

Abbildung 3.30

Winkelsumme $\alpha + \beta + \gamma = 180^0$ mit $\gamma = 90°$, (3.67)

Seitenberechnung
$$a = c\sin\alpha = c\cos\beta = b\tan\alpha = b\cot\beta\,, \tag{3.68}$$

Satz des PYTHAGORAS $a^2 + b^2 = c^2\,,$ (3.69)

Sätze des EUKLID $h^2 = pq\,,\quad a^2 = pc\,,\quad b^2 = qc\,,$ (3.70)

Flächeninhalt
$$S = \frac{ab}{2} = \frac{a^2}{2}\tan\beta = \frac{c^2}{4}\sin 2\beta\,. \tag{3.71}$$

2. Berechnung von Seiten und Winkeln im ebenen rechtwinkligen Dreieck

Im rechtwinkligen Dreieck ist von 6 Bestimmungsgrößen (3 Winkel α, β, γ und die ihnen gegenüberliegenden Seiten a, b, c) ein Winkel, in **Abb.3.30** der Winkel γ, zu 90° festgelegt.

Ein ebenes Dreieck ist durch drei Bestimmungsstücke festgelegt, die aber nicht beliebig vorgegeben werden können (s. Punkt Vollständige Bestimmung des Dreiecks S. 129). Somit können nur noch zwei Stücke vorgegeben werden. Die übrigen drei lassen sich mit Hilfe der Gleichungen in **Tabelle 2.** sowie (3.15) bzw. (3.67) berechnen.

Tabelle 3.2 Bestimmungsgrößen ebener rechtwinkliger Dreiecke

Gegeben	Formeln zur Ermittlung der übrigen Größen		
z.B a, α	$\beta = 90° - \alpha$	$b = a\cot\alpha$	$c = \dfrac{a}{\sin\alpha}$
z.B. b, α	$\beta = 90° - \alpha$	$a = b\tan\alpha$	$c = \dfrac{b}{\cos\alpha}$
z.B. c, α	$\beta = 90° - \alpha$	$a = c\sin\alpha$	$b = c\cos\alpha$
z.B. a, b	$\dfrac{a}{b} = \tan\alpha$	$c = \dfrac{a}{\sin\alpha}$	$\beta = 90° - \alpha$

3.2.1.2 Berechnungen in schiefwinkligen ebenen Dreiecken

1. Grundformeln

Es werden die folgenden Bezeichnungen verwendet: a, b, c – Seiten; α, β, γ – die ihnen gegenüberliegenden Winkel; S – Flächeninhalt; R – Radius des Umkreises; r – Radius des Inkreises; $s = \dfrac{a+b+c}{2}$ – halber Dreiecksumfang (**Abb.3.31**).

Zyklische Vertauschungen

Da im schiefwinkligen Dreieck alle Seiten gleichberechtigt sind, ebenso alle Winkel, können aus jeder für bestimmte Seiten und Winkel bewiesenen Formel zwei weitere gewonnen werden, wenn Seiten und

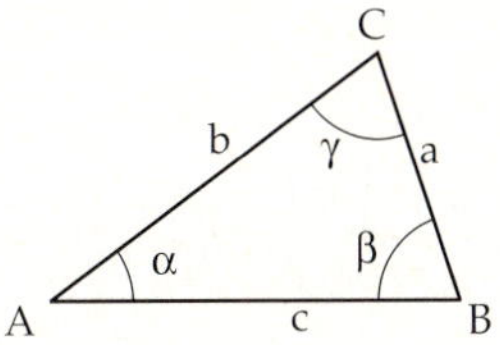

Abbildung 3.31

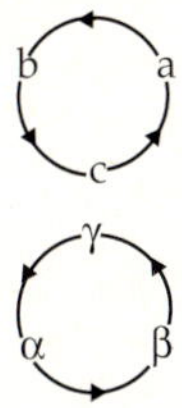

Abbildung 3.32

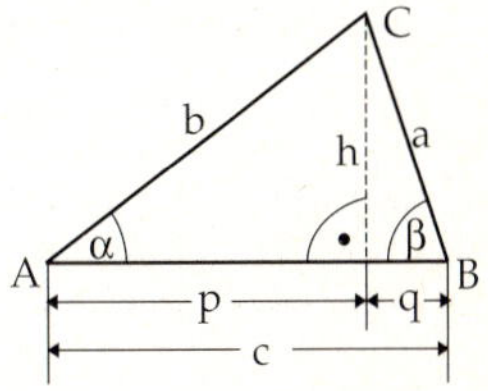

Abbildung 3.33

Winkel gemäß **Abb.3.32** zyklisch vertauscht werden.

■ Aus $\frac{a}{b} = \frac{\sin\alpha}{\sin\beta}$ (Siniussatz) erhält man durch zyklische Vertauschung: $\frac{b}{c} = \frac{\sin\beta}{\sin\gamma}$, $\frac{c}{a} = \frac{\sin\gamma}{\sin\alpha}$.

Sinussatz
$$\frac{a}{\sin\alpha} = \frac{b}{\sin\beta} = \frac{c}{\sin\gamma} = 2R\,. \tag{3.72}$$

Projektionssatz (s. Abb.3.33) $c = a\cos\beta + b\cos\alpha\,.$ (3.73)

Kosinussatz oder Satz des PYTHAGORAS im schiefwinkligen Dreieck
$$c^2 = a^2 + b^2 - 2ab\cos\gamma\,. \tag{3.74}$$

MOLLWEIDE**sche Gleichungen**

$$(a+b)\sin\frac{\gamma}{2} = c\cos\left(\frac{\alpha-\beta}{2}\right), \tag{3.75a}$$
$$(a-b)\cos\frac{\gamma}{2} = c\sin\left(\frac{\alpha-\beta}{2}\right). \tag{3.75b}$$

Tangenssatz
$$\frac{a+b}{a-b} = \frac{\tan\frac{\alpha+\beta}{2}}{\tan\frac{\alpha-\beta}{2}}\,. \tag{3.76}$$

Halbwinkelsatz $\tan\frac{\alpha}{2} = \sqrt{\frac{(s-b)\,(s-c)}{s\,(s-a)}}\,.$ (3.77)

Tangensformeln $\tan\alpha = \frac{a\sin\beta}{c - a\cos\beta} = \frac{a\sin\gamma}{b - a\cos\gamma}\,.$ (3.78)

Zusätzliche Beziehungen

$$\sin\frac{\alpha}{2} = \sqrt{\frac{(s-b)(s-c)}{bc}}, \tag{3.79a}$$
$$\cos\frac{\alpha}{2} = \sqrt{\frac{s(s-a)}{bc}}\,. \tag{3.79b}$$

Strecken im Dreieck

Höhe der Seite a $\quad h_a = b\sin\gamma = c\sin\beta\,.$ (3.80)

Seitenhalbierende der Seite a $\quad m_a = \frac{1}{2}\sqrt{b^2 + c^2 + 2bc\cos\alpha}\,.$ (3.81)

Winkelhalbierende des Winkels α $\quad l_\alpha = \frac{2bc\cos\frac{\alpha}{2}}{b+c}\,.$ (3.82)

Radius des Umkreises $R = \frac{a}{2\sin\alpha} = \frac{b}{2\sin\beta} = \frac{c}{2\sin\gamma}\,.$ (3.83)

Radius des Inkreises $r = \sqrt{\frac{(s-a)(s-b)(s-c)}{s}} = s\tan\frac{\alpha}{2}\tan\frac{\beta}{2}\tan\frac{\gamma}{2}$ (3.84)

$= 4R\sin\frac{\alpha}{2}\sin\frac{\beta}{2}\sin\frac{\gamma}{2}\,.$ (3.85)

Flächeninhalt $S = \frac{1}{2}ab\sin\gamma = 2R^2\sin\alpha\sin\beta\sin\gamma = rs = \sqrt{s(s-a)(s-b)(s-c)}\,.$ (3.86)

Die Formel (3.86) wird HERON*ische Flächenformel* genannt .

2. Berechnung von Seiten, Winkeln und Flächen im schiefwinkligen Dreieck

In Übereinstimmung mit den Kongruenzsätzen (s. S. 131) ist ein Dreieck durch drei voneinander unabhängige Stücke bestimmt, unter denen sich mindestens eine Seite befinden muß.

Tabelle 3.3 Bestimmungsgrößen ebener schiefwinkliger Dreiecke, Grundaufgaben

Gegeben	Formeln zur Berechnung der übrigen Größen
1. 1 Seite und 2 Winkel (a, α, β)	$\gamma = 180° - \alpha - \beta$, $b = \frac{a\sin\beta}{\sin\alpha}$, $c = \frac{a\sin\gamma}{\sin\alpha}$, $S = \frac{1}{2}\,a\,b\sin\gamma\,.$
2. 2 Seiten und der eingeschlossene Winkel (a, b, γ)	$\tan\frac{\alpha-\beta}{2} = \frac{a-b}{a+b}\cot\frac{\gamma}{2}$, $\frac{\alpha+\beta}{2} = 90° - \frac{1}{2}\gamma$; α und β werden aus $\alpha+\beta$ und $\alpha-\beta$ berechnet, $c = \frac{a\sin\gamma}{\sin\alpha}$, $S = \frac{1}{2}\,a\,b\sin\gamma\,.$
3. 2 Seiten und der einer von ihnen gegenüberliegende Winkel (a, b, α)	$\sin\beta = \frac{b\sin\alpha}{a}$, Für $a \geq b$ ist $\beta < 90°$ und eindeutig bestimmt. Für $a < b$ sind folgende Fälle möglich: 1. β hat für $b\sin\alpha < a$ zwei Werte $(\beta_2 = 180° - \beta_1)$; 2. β hat genau einen Wert (90°) für $b\sin\alpha = a$; 3. Für $b\sin\alpha > a$ ist eine Dreieckskonstruktion unmöglich: $\gamma = 180° - (\alpha+\beta)$, $c = \frac{a\sin\gamma}{\sin\alpha}$, $S = \frac{1}{2}\,a\,b\sin\gamma\,.$
4. 3 Seiten (a, b, c)	$r = \sqrt{\frac{(s-a)(s-b)(s-c)}{s}}$, $\tan\frac{\alpha}{2} = \frac{r}{s-a}$, $\tan\frac{\beta}{2} = \frac{r}{s-b}$, $\tan\frac{\gamma}{2} = \frac{r}{s-c}$, $S = r\,s = \sqrt{s\,(s-a)(s-b)(s-c)}\,.$

Daraus leiten sich die vier sogenannten *Grundaufgaben* ab. Sind von 6 Bestimmungsgrößen eines schiefwinkligen Dreieckes (3 Winkel α, β, γ und die ihnen gegenüberliegenden Seiten a, b, c) 3 gegeben, dann lassen sich die übrigen drei Bestimmungsgrößen mit Hilfe der Gleichungen in **Tabelle 3.3** berechnen. Im Unterschied zur sphärischen Trigonometrie (s. 2. Grundaufgabe, **Tabelle 3.7**) läßt sich für das ebene schiefwinklige Dreieck aus der Kenntnis dreier gegebener Winkel keine der Seiten berechnen.

3.2.2 Geodätische Anwendungen

3.2.2.1 Geodätische Koordinaten

Zur Bestimmung von Punkten werden in der Geometrie gewöhnlich *rechtshändige Koordinatensysteme* verwendet **(Abb.3.164)**. Im Unterschied dazu sind in der Geodäsie *linkshändige Koordinatensysteme* üblich.

1. Geodätische rechtwinklige Koordinaten

Im ebenen linkshändigen rechtwinkligen Koordinatensystem **(Abb.3.35)** ist die x–Achse die nach oben weisende Abszisse, die y–Achse die nach rechts weisende Ordinate. Ein Punkt P besitzt die Koordinaten y_P, x_P. Die Ausrichtung der x–Achse erfolgt nach praktischen Erwägungen. Bei Messungen über größere Distanzen, für die meist das SOLDNER– oder das GAUSS–KRÜGER–Koordinatensystem verwendet wird (s. S. 156), zeigt die positive x–Achse nach *Gitter–Nord*, die nach rechts weisende y–Achse nach Osten. Die Zählung der Quadranten erfolgt im Gegensatz zu der in der Geometrie sonst üblichen Praxis im Uhrzeigersinn **(Abb.3.35, Abb.3.36)**

Wenn neben der Punktlage in der Ebene auch Höhen anzugeben sind, kann ein dreidimensionales linkshändiges rechtwinkliges Koordinatensystem (y, x, z) verwendet werden, in dem die z–Achse in den *Zenit* zeigt **(Abb.3.34)**.

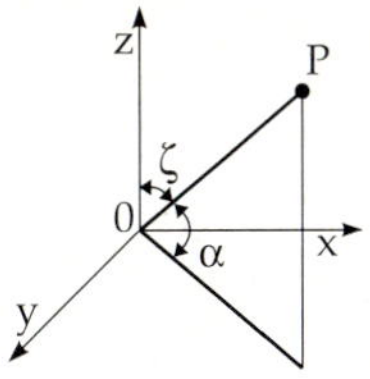

Abbildung 3.34

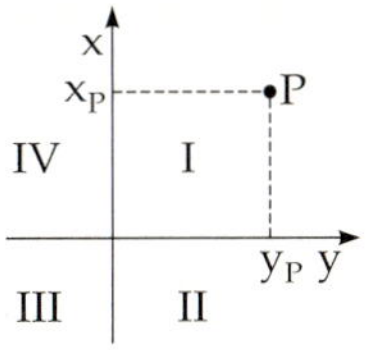

Abbildung 3.35

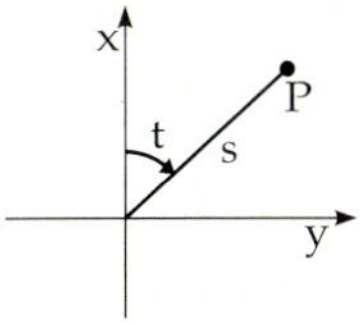

Abbildung 3.36

2. Geodätische Polarkoordinaten

Im linkshändigen System ebener Polarkoordinaten der Geodäsie **(Abb.3.36)** wird ein Punkt P durch den Richtungswinkel t zwischen der Abszisse und der Strecke s sowie durch die Länge der Strecke s zwischen dem Punkt und dem Koordinatenursprung, Pol genannt, festgelegt. Die positive Richtung der Winkelangabe ist in der Geodäsie der Uhrzeigersinn.

Zur Bestimmung von Höhen werden der *Zenitwinkel* ζ oder der *Höhenwinkel* bzw. der Neigungswinkel α verwendet. Die Darstellung im rechtwinkligen dreidimensionalen linkshändigen Koordinatensystem **(Abb.3.34)** zeigt (s. auch Links- und rechtshändige Koordinatensysteme S. 204), daß der Zenitwinkel zwischen der Zenitachse z und der Strecke s gemessen wird, der Neigungswinkel zwischen der Strecke s und ihrer senkrechten Projektion auf die y, x–Ebene.

3. Maßstab

Maßstab M nennt man im Karten- und Zeichenwesen das Verhältnis von Strecken s_{K1} in einem Koordinatensystem K_1 relativ zu einer Strecke s_{K2} in einem anderen Koordinatensystem K_2.

1. Maßstabsumrechnung für Strecken Mit m als *Modul* oder *Maßzahl* und N als Index für Natur und K als Index für Karte gilt:

$$M = 1 : m = s_K : s_N . \tag{3.87a}$$

Für zwei Strecken s_{K1}, s_{K2} mit verschiedenen Modulen m_1, m_2 gilt:

$$s_{K1} : s_{K2} = m_2 : m_1 . \tag{3.87b}$$

2. Maßstabsumrechnung für Flächen Wenn die Flächen gemäß $F_K = a_K b_K$, $F_N = a_N b_N$ berechnet werden, gilt:

$$F_N = F_K m^2 . \quad (3.88a)$$

Für zwei Flächen F_1, F_2 mit verschiedenen Modulen m_1, m_2 gilt:

$$F_{K1} : F_{K2} = m_2^2 : m_1^2 . \quad (3.88b)$$

3.2.2.2 Winkel in der Geodäsie

1. Neugradeinteilung

In der Geodäsie wird im Unterschied zur Mathematik (s. S. 127) die *Neugradeinteilung* verwendet. Der Vollwinkel entspricht hier 400 gon (Gon). Die Umrechnung zwischen Graden und Gon kann gemäß der folgenden Beziehungen erfolgen:

1 Vollwinkel	$= 360°$	$= 2\pi$ rad	$= 400$ gon
1 rechter Winkel	$= 90°$	$= \frac{\pi}{2}$ rad	$= 100$ gon
1 gon		$= \frac{\pi}{200}$ rad	$= 1000$ mgon

2. Richtungswinkel

1. Der Richtungswinkel t in einem Punkt P gibt die Richtung einer orientierten Strecke bezüglich einer durch den Punkt P verlaufenden Parallelen zur x–Achse an **(Abb.3.37)**. Da die Messung des Winkels in der Geodäsie im Uhrzeigersinn erfolgt **(Abb.3.35, Abb.3.36)**, sind die Quadranten in umgekehrter Reihenfolge numeriert als im rechtshändigen kartesischen Koordinatensystem der ebenen Trigonometrie **(Tabelle 3.4)**. Die Formeln der ebenen Trigonometrie können aber ohne Änderung verwendet werden.

3. Koordinatentransformationen

1. Berechnung von Polarkoordinaten aus rechtwinkligen Koordinaten Für zwei Punkte $A(y_A, x_A)$ und $B(y_B, x_B)$ in einem rechtwinkligen Koordinatensystem **(Abb.3.37)** mit der von A nach B orientierten Strecke s_{AB} und den Richtungswinkeln t_{AB}, t_{BC} gilt:

$$\frac{y_B - y_A}{x_B - x_A} = \frac{\Delta y_{AB}}{\Delta x_{AB}}, \quad (3.89a) \qquad s_{AB} = \sqrt{\Delta y_{AB}^2 + \Delta x_{AB}^2}, \quad (3.89b)$$

$$\tan t_{AB} = \frac{\Delta y_{AB}}{\Delta x_{AB}}, \quad (3.89c) \qquad t_{BA} = t_{AB} \pm 200\,\text{gon}. \quad (3.89d)$$

Der Quadrant des Winkels t hängt von den Vorzeichen von Δy_{AB} und Δx_{AB} ab. Wird bei Rechnungen mit dem Taschenrechner $\frac{\Delta y}{\Delta x}$ mit vorzeichentreuen Werten Δy und Δx eingegeben, dann erhält man mit den Tasten arctan oder $\tan^{-1}$ einen Winkel t_0, zu dem je nach Quadrant die in der **Tabelle 3.4** angegebenen Gon–Werte zu addieren sind.

2. Berechnung von rechtwinkligen aus polaren Koordinaten beim polaren Anhängen eines Punktes Im rechtwinkligen Koordinatensystem sind die Koordinaten eines Neupunktes C durch Messungen im polaren örtlichen System zu ermitteln **(Abb.3.38)**.
Gegeben: $y_A, x_A; y_B, x_B$. **Gemessen:** α, s_{BC}. **Gesucht:** y_C, x_C.
Lösung:

$$\tan t_{AB} = \frac{\Delta y_{AB}}{\Delta x_{AB}}, \quad (3.90a) \qquad t_{BC} = t_{AB} + \alpha \pm 200\,\text{gon}, \quad (3.90b)$$

$$y_C = y_B + s_{BC} \sin t_{BC}, \quad (3.90c) \qquad x_C = x_B + s_{BC} \cos t_{BC}. \quad (3.90d)$$

Tabelle 3.4 Richtungswinkel bei vorzeichentreuer Streckeneingabe über arctan oder $\tan^{-1}$

$\frac{\Delta y}{\Delta x}$	+	−	−	+
Quadrant	I	II	III	IV
Anzeige im Rechner	$\tan > 0$	$\tan < 0$	$\tan > 0$	$\tan < 0$
Richtungswinkel t	t_0 gon	$t_0 + 200$ gon	$t_0 + 200$ gon	$t_0 + 400$ gon

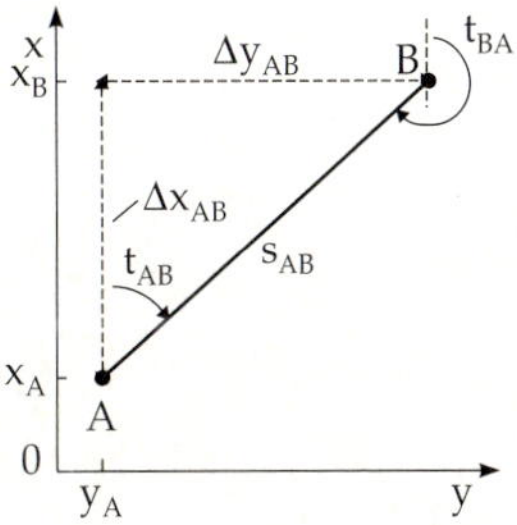

Abbildung 3.37

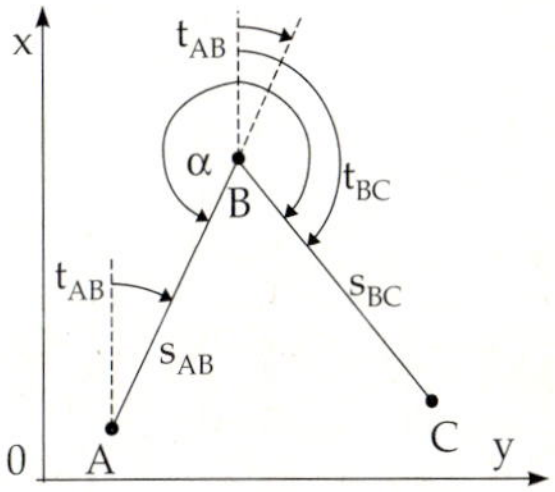

Abbildung 3.38

Sollte auch s_{AB} gemessen worden sein, dann wird der Unterschied zwischen der örtlich gemessenen Strecke und der aus den Koordinaten berechneten Strecke mit dem *Maßstabsfaktor* q berücksichtigt:

$$q = \frac{\text{berechnete Strecke}}{\text{gemessene Strecke}} = \frac{\sqrt{\Delta y_{AB}^2 + \Delta x_{AB}^2}}{s_{AB}}, \tag{3.91a}$$

$$y_C = y_B + s_{BC} q \sin t_{BC}, \quad (3.91\text{b}) \qquad x_C = x_B + s_{BC} q \cos t_{BC}. \quad (3.91\text{c})$$

3. Koordinatentransformation zwischen zwei rechtwinkligen Koordinatensystemen Bei der Einbindung örtlich bestimmter Punkte in eine Landeskarte ist die Transformation des örtlichen Systems y', x' in das Landessystem y, x erforderlich **(Abb.3.39)**. Das System y', x' ist gegen das System y, x um den Winkel φ gedreht und um y_0, x_0 parallel verschoben. Die Richtungswinkel im System y', x' sind mit ϑ bezeichnet. Gegeben sind die Koordinaten von A und B in beiden Systemen und die Koordinaten eines Punktes C im x, y–System. Die Transformation erfolgt mit den folgenden Beziehungen:

$$s_{AB} = \sqrt{\Delta y_{AB}^2 + \Delta x_{AB}^2}, \quad (3.92\text{a}) \qquad s'_{AB} = \sqrt{\Delta y'^2_{AB} + \Delta x'^2_{AB}}, \quad (3.92\text{b})$$

$$q = \frac{s_{AB}}{s'_{AB}}, \quad (3.92\text{c}) \qquad \varphi = t_{AB} - \vartheta_{AB}, \quad (3.92\text{d})$$

$$\tan t_{AB} = \frac{\Delta y_{AB}}{\Delta x_{AB}}, \quad (3.92\text{e}) \qquad \tan \vartheta_{AB} = \frac{\Delta y'_{AB}}{\Delta x'_{AB}}, \quad (3.92\text{f})$$

$$y_0 = y_A - q x_A \sin\varphi - q y_A \cos\varphi, \quad (3.92\text{g}) \qquad x_0 = x_A + q y_A \sin\varphi - q x_A \cos\varphi, \quad (3.92\text{h})$$

$$y_C = y_A + q \sin\varphi (x'_C - x'_A) + q \cos\varphi (y'_C - y'_A), \tag{3.92i}$$

$$x_C = x_A + q \cos\varphi (x'_C - x'_a) - q \sin\varphi (y'_C - y'_A). \tag{3.92j}$$

Hinweis: Die folgenden zwei Formeln können zur Probe verwendet werden.

$$y_C = y_A + qs'_{AC} \sin(\varphi + \vartheta_{AC}), \quad (3.92k) \qquad x_C = x_A + qs'_{AC} \cos(\varphi + \vartheta_{AC}). \quad (3.92l)$$

Wenn die Strecke AB auf der x'–Achse liegt, vereinfachen sich die Formeln zu

$$a = \frac{\Delta y_{AB}}{y'_B} = q \sin\varphi, \quad (3.93a) \qquad b = \frac{\Delta x_{AB}}{x'_B} = q \cos\varphi, \quad (3.93b)$$

$$y_C = y_A + ax'_C + by'_C, \quad (3.93c) \qquad x_C = x_A + bx'_C - ay'_C, \quad (3.93d)$$

$$y'_C = \Delta y_{AC} b - \Delta x_{AC} a, \quad (3.93e) \qquad x'_C = \Delta x_{AC} b + \Delta y_{AC} a. \quad (3.93f)$$

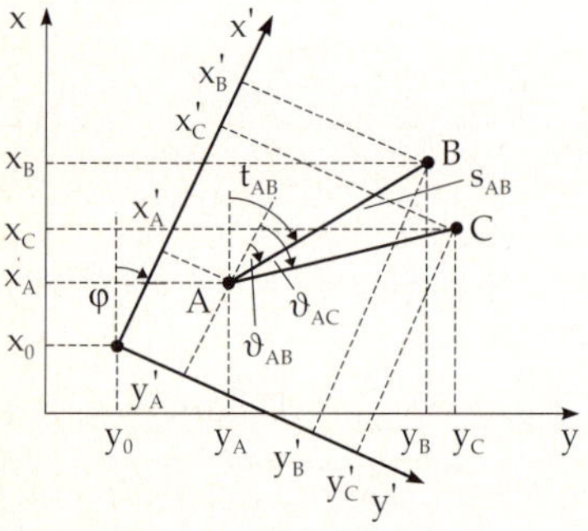

Abbildung 3.39

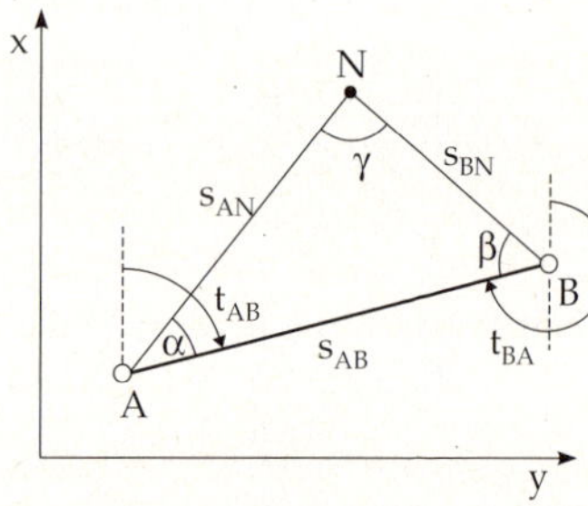

Abbildung 3.40

3.2.2.3 Vermessungstechnische Anwendungen

In der Geodäsie ist die Ermittlung der Koordinaten eines Neupunktes N im Rahmen der *Triangulierung* eine oft auftretende vermessungstechnische Aufgabe. Verfahren zu ihrer Lösung sind Vorwärtseinschneiden, Rückwärtseinschneiden, Bogenschnitt, *freie Stationierung* und *Polygonierung*. Auf die letzten beiden Verfahren wird hier nicht eingegangen.

1. Vorwärtseinschneiden

1. Vorwärtseinschneiden durch zwei Strahlen oder *1. Hauptaufgabe der Triangulierung*: Bestimmung eines Neupunktes N von zwei gegebenen Punkten A und B mit Hilfe eines Dreiecks ABN **(Abb.3.40)**.

Gegeben: $y_A, x_A; y_B, x_B$. **Gemessen:** α, β, möglichst auch γ oder $\gamma = 200\,\text{gon} - \alpha - \beta$.

Gesucht: y_N, x_N.

Lösung:

$$\tan t_{AB} = \frac{\Delta y_{AB}}{\Delta x_{AB}}, \quad (3.94a)$$

$$s_{AB} = \sqrt{\Delta y_{AB}^2 + \Delta x_{AB}^2} = |\Delta y_{AB} \sin t_{AB}| + |\Delta x_{AB} \cos t_{AB}|, \quad (3.94b)$$

$$s_{BN} = s_{AB} \frac{\sin\alpha}{\sin\gamma} = s_{AB} \frac{\sin\alpha}{\sin(\alpha+\beta)}, \quad (3.94c) \qquad s_{AN} = s_{AB} \frac{\sin\beta}{\sin\gamma} = s_{AB} \frac{\sin\beta}{\sin(\alpha+\beta)}, \quad (3.94d)$$

$$t_{AN} = t_{AB} - \alpha, \quad (3.94e) \qquad t_{BN} = t_{BA} + \beta = t_{AB} + \beta \pm 200\,\text{gon}, \quad (3.94f)$$

$$y_N = y_A + s_{AN} \sin t_{AN} = y_B + s_{BN} \sin t_{BN} \,, \tag{3.94g}$$

$$y_N = x_A + s_{AN} \cos t_{AN} = x_B + s_{BN} \cos t_{BN} \,. \tag{3.94h}$$

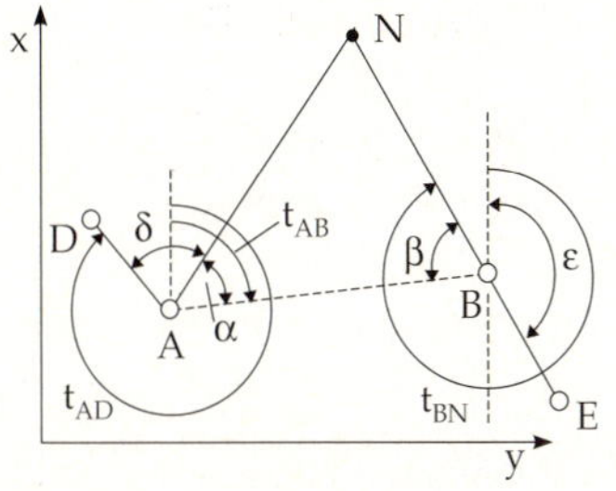

Abbildung 3.41

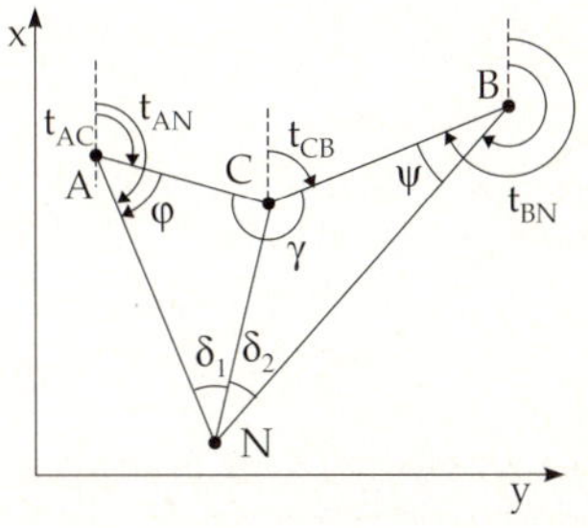

Abbildung 3.42

2. Vorwärtseinschneiden ohne Visier Wenn Punkt B nicht von Punkt A eingesehen werden kann, bestimmt man die Richtungswinkel t_{AN} und t_{BN} über Anschlußrichtungen zu anderen sichtbaren und koordinierten Punkten D und E **(Abb.3.41)**.
Gegeben: $y_A, x_A; y_B, x_B; y_D, x_D; y_E, x_E$. **Gemessen:** δ in A, ϵ in B, möglichst auch γ.
Gesucht: y_N, x_N.
Lösung: Zurückführung auf die 1. Hauptaufgabe, Berechnung von $\tan t_{AB}$, gemäß (3.94a) und:

$$\tan t_{AD} = \frac{\Delta y_{AD}}{\Delta x_{AD}} \,, \tag{3.95a}$$

$$\tan t_{BE} = \frac{\Delta y_{EB}}{\Delta x_{EB}} \,, \tag{3.95b}$$

$$t_{AN} = t_{AD} + \delta \,, \tag{3.95c}$$

$$t_{BN} = t_{BE} + \varepsilon \,, \tag{3.95d}$$

$$\alpha = t_{AB} - t_{AN} \,, \tag{3.95e}$$

$$\beta = t_{BN} - t_{BA} \,, \tag{3.95f}$$

$$\tan t_{AN} = \frac{\Delta y_{NA}}{\Delta x_{NA}} \,, \tag{3.95g}$$

$$\tan t_{BN} = \frac{\Delta y_{NB}}{\Delta x_{NB}} \,, \tag{3.95h}$$

$$x_N = \frac{\Delta y_{BA} + x_A \sin t_{AN} - x_B \tan t_{BN}}{\tan t_{AN} - \tan t_{BN}} \,, \tag{3.95i}$$

$$y_N = y_B + (x_N - x_B) \tan t_{BN} \,. \tag{3.95j}$$

2. Rückwärtseinschneiden

1. **Snelliussche Aufgabe des Rückwärtseinschneidens** oder Rückwärtseinschneiden einesNeupunktes N über drei gegebene Punkte A, B, C, auch *2. Hauptaufgabe der Triangulierung* genannt **(Abb.3.42)**:
Gegeben: $y_A, x_A; y_B, x_B; y_C, x_C$. **Gemessen:** δ_1, δ_2 in N. **Gesucht:** y_N, x_N.
Lösung:

$$\tan t_{AC} = \frac{\Delta y_{AC}}{\Delta x_{AC}} \,, \tag{3.96a}$$

$$\tan t_{BC} = \frac{\Delta y_{BC}}{\Delta x_{BC}} \,, \tag{3.96b}$$

$$a = \frac{\Delta y_{AC}}{\sin t_{AC}} = \frac{\Delta x_{AC}}{\cos t_{AC}} \,, \tag{3.96c}$$

$$b = \frac{\Delta y_{BC}}{\sin t_{BC}} = \frac{\Delta x_{BC}}{\sin t_{BC}} \,, \tag{3.96d}$$

$$\gamma = t_{CA} - t_{CB} = t_{AC} - t_{BC}\,, \quad (3.96e)$$

$$\frac{\varphi + \psi}{2} = 180^0 - \frac{\gamma + \delta_1 + \delta_2}{2}\,, \quad (3.96f) \qquad \tan\lambda = \frac{a \sin\delta_2}{b \sin\delta_1}\,, \quad (3.96g)$$

$$\tan\frac{\varphi - \psi}{2} = \tan\frac{\varphi + \psi}{2}\cot(45^0 + \lambda)\,, \quad (3.96h) \qquad s_{AN} = \frac{a}{\sin\delta_1}\sin(\delta_1 + \varphi)\,, \quad (3.96i)$$

$$s_{BN} = \frac{b}{\sin\delta_2}\sin(\delta_2 + \psi)\,, \quad (3.96j) \qquad s_{CN} = \frac{a}{\sin\delta_1}\sin\varphi = \frac{b}{\sin\delta_2}\sin\psi\,, \quad (3.96k)$$

$$x_N = x_A + s_{AN}\cos t_{AN} = x_B + s_{BN}\cos t_{BN}\,, \quad (3.96l)$$

$$y_N = y_A + s_{AN}\sin t_{AN} = y_B + s_{BN}\sin t_{BN}\,. \quad (3.96m)$$

2. Rückwärtseinschneiden nach Cassini

Gegeben: $y_A, x_A; y_B, x_B; y_C, x_C$. **Gemessen:** δ_1, δ_2 in N. **Gesucht:** y_N, x_N.

Bei diesem Rechenverfahren werden zwei Hilfspunkte P und Q verwendet, die je auf einem Hilfskreis durch A, C, P bzw. B, C, Q sowie beide auf einer Geraden durch N liegen **(Abb.3.43)**. Die Kreismittelpunkte H_1 bzw. H_2 sind die Schnittpunkte der Mittelsenkrechten von $\overline{AC}$ bzw. $\overline{BC}$ mit den Verbindungslinien PC bzw. QC. Die in N gemessenen Winkel δ_1, δ_2 erscheinen wieder in P bzw. Q (Peripheriewinkel).

Lösung:

$$y_P = y_A + (x_C - x_A)\cot\delta_1\,, \quad (3.97a) \qquad x_P = x_A + (y_C - y_A)\cot\delta_1\,, \quad (3.97b)$$

$$y_Q = y_B + (x_B - x_C)\cot\delta_2\,, \quad (3.97c) \qquad x_Q = x_B + (y_B - y_C)\cot\delta_2\,, \quad (3.97d)$$

$$t_{PQ} = \frac{\Delta y_{PQ}}{\Delta x_{PQ}}\,, \quad (3.97e) \qquad x_N = x_P + \frac{y_C - y_P + (x_C - x_P)\cot t_{PQ}}{\tan t_{PQ} + \cot t_{PQ}}\,, \quad (3.97f)$$

$$y_N = y_P + (x_N - x_P)\tan t_{PQ} \qquad (\tan t_{PQ} < \cot t_{PQ})\,, \quad (3.97g)$$

$$y_N = y_C - (x_N - x_C)\cot t_{PQ} \qquad (\cot t_{PQ} < \tan t_{PQ})\,, \quad (3.97h)$$

Gefährlicher Kreis: Bei der Punktauswahl ist dafür zu sorgen, daß die vier betrachteten Punkte nicht auf einem Kreis liegen, weil es dann keine Lösung gibt; man spricht vom *gefährlichen Kreis.* In dem Maße, in dem die Punkte in die Nähe eines gefährlichen Kreises zu liegen kommen, nimmt die Genauigkeit des Verfahrens ab.

3. Bogenschnitt

Der Neupunkt N ergibt sich als Schnittpunkt zweier Bögen mit den gemessenen Radien s_{AN} und s_{BN} um die zwei Punkte A und B mit bekannten Koordinaten **(Abb.3.44)**. Berechnet wird die unbekannte Länge s_{AB} und aus den nun bekannten drei Seiten im Dreieck ABN die Winkel. Eine zweite hier nicht betrachtete Lösung geht von einer Zerlegung des schiefwinkligen Dreieckes in zwei rechtwinklige Dreiecke aus.

Gegeben: $y_A, x_A : y_B, x_B$. **Gemessen:** $s_{AN}; s_{BN}$. **Gesucht:** s_{AB}, y_N, x_N.

Lösung:

$$s_{AB} = \sqrt{\Delta y_{AB}^2 + \Delta x_{AB}^2}\,, \quad (3.98a) \qquad \tan t_{AB} = \frac{\Delta y_{AB}}{\Delta x_{AB}}\,, \quad (3.98b)$$

$$t_{BA} = t_{AB} + 200\,\text{gon}\,, \quad (3.98c)$$

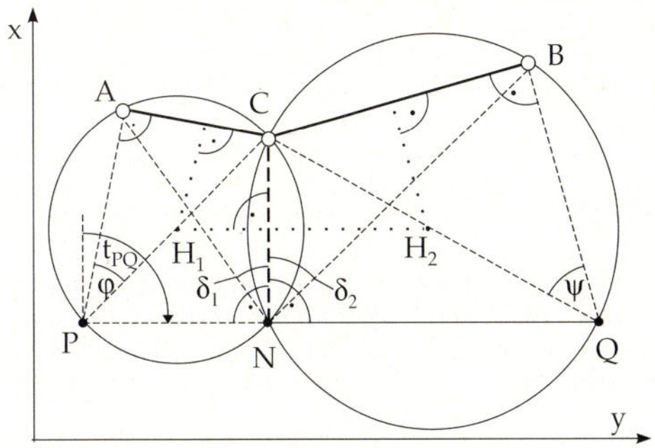

Abbildung 3.43

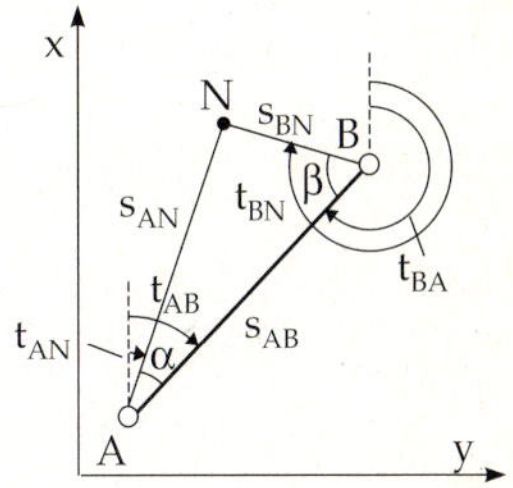

Abbildung 3.44

$$\cos\alpha = \frac{s_{AC}^2 + s_{AB}^2 - s_{BN}^2}{2s_{AN}s_{AB}}, \quad (3.98d)$$

$$\cos\beta = \frac{s_{BC}^2 + s_{AB}^2 - s_{AN}^2}{2s_{BC}s_{AB}}, \quad (3.98e)$$

$$t_{AC} = t_{AB} - \alpha, \quad (3.98f)$$

$$t_{BC} = t_{BA} - \beta, \quad (3.98g)$$

$$y_C = y_A + s_{AN}\sin t_{AC}, \quad (3.98h)$$

$$x_N = x_A + s_{AC}\cos t_{AN}, \quad (3.98i)$$

$$y_C = y_B + s_{BN}\sin t_{BN}, \quad (3.98j)$$

$$x_N = x_B + s_{BN}\cos t_{BN}. \quad (3.98k)$$

3.3 Stereometrie

3.3.1 Geraden und Ebenen im Raum

1. Zwei Geraden Zwei Geraden in ein und derselben Ebene haben entweder einen oder keinen gemeinsamen Punkt. Im letzteren Falle sind sie *parallel.* Wenn sich durch zwei Geraden keine Ebene legen läßt, wird von *windschiefen* oder *kreuzenden Geraden* gesprochen. Als *Winkel zwischen zwei windschiefen Geraden* wird der Winkel zwischen zwei zu ihnen parallelen Geraden bezeichnet, die durch einen Punkt gehen **(Abb.3.45)**. Der Abstand zweier windschiefer Geraden voneinander ist definiert als die Strecke, die auf beiden Geraden senkrecht steht.

2. Zwei Ebenen Zwei Ebenen können sich entweder in einer Geraden schneiden, oder sie haben keinen gemeinsamen Punkt. Im letzteren Falle sind sie parallel. Wenn zwei Ebenen senkrecht auf ein und derselben Geraden stehen, oder wenn es auf jeder von ihnen je zwei sich schneidende Geraden gibt, die ihrerseits parallel zueinander sind, dann sind die Ebenen parallel zueinander.

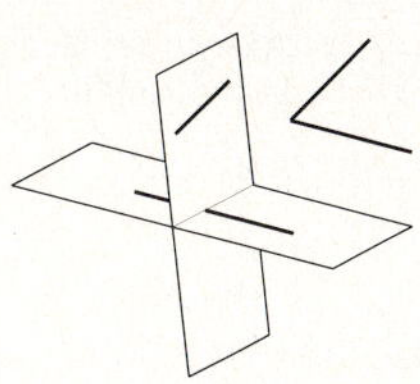

Abbildung 3.45

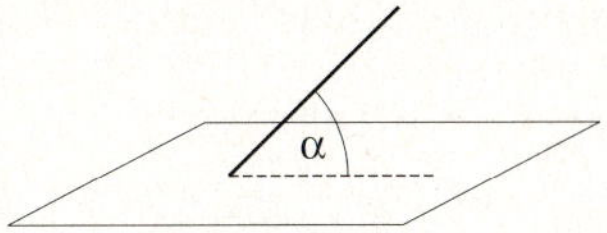

Abbildung 3.46

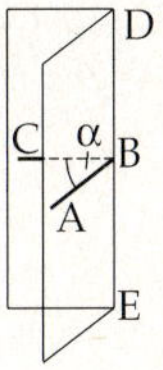

Abbildung 3.47

3. Gerade und Ebene Eine Gerade kann gänzlich in einer gegebenen Ebene liegen, sie kann mit ihr einen gemeinsamen Punkt haben oder gar keinen. Im letzten Fall ist die Gerade parallel zur Ebene.

Der Winkel zwischen einer Geraden und einer Ebene wird zwischen der Geraden und ihrer Orthogonalprojektion auf die Ebene gemessen **(Abb.3.46)**. Wenn eine Gerade senkrecht auf zwei in einer Ebene liegenden und sich schneidenden Geraden verläuft, dann steht sie auf jeder beliebigen Geraden in dieser Ebene senkrecht, d.h., sie steht *senkrecht* zur Ebene.

3.3.2 Kanten, Ecken, Raumwinkel

1. Kante *(Zweiflach)* wird eine Figur genannt, die aus zwei, einer Geraden entspringenden Halbebenen gebildet wird **(Abb.3.47)**. Im täglichen Sprachgebrauch versteht man im Unterschied zu dieser Definition unter einer Kante die Schnittgerade zweier Halbebenen. Als Kantenmaß dient der *ebene Kantenwinkel* ABC , den zwei im Innern der Ebenen senkrecht auf die Schnittgerade DE in den Punkt B gefällte Lote miteinander bilden.

2. Ecke *(Vielflach)* $OABCDE$ **(Abb.3.48)** ist eine Figur, die von mehreren Ebenen, den *Seitenflächen*, gebildet wird, die ihrerseits einen gemeinsamen Punkt, die Spitze (O), haben und sich von hier ausgehend in den Geraden OA, OB, ... schneiden.
Zwei Geraden, die eine Seitenfläche der Ecke begrenzen, schließen einen *ebenen Winkel* ein, während zwei benachbarte Seitenflächen eine Kante bilden.
Ecken sind einander gleich, d.h., sie sind *kongruent*, wenn sie sich zur Deckung bringen lassen. Dazu müssen die einander entsprechenden Elemente, d.h. die Kanten und ebenen Winkel der Ecken, gleich sein. Wenn die einander entsprechenden Elemente von Ecken gleich, aber in umgekehrter Reihenfolge angeordnet sind, dann lassen sich die Ecken zwar nicht zur Deckung bringen, sie werden aber *symmetrische Ecken* genannt, weil sie in die in **Abb.3.49** eingezeichnete symmetrische gegenseitige Lage zueinander gebracht werden können.
Eine *konvexe Ecke* liegt vollständig auf einer Seite jeder ihrer Kanten.
Die Summe der ebenen Winkel $AOB + BOC + \ldots + EOA$ **(Abb.3.48)** jeder beliebigen konvexen Ecke ist kleiner als $360°$.

3. Dreiseitige Ecken sind kongruent, wenn sie in den folgenden Elementen übereinstimmen:
- in zwei Seiten und dem zugehörigen Kantenwinkel,
- in einer Seite und den beiden anliegenden Kantenwinkeln,
- in drei einander entsprechenden und in der gleichen Reihenfolge angeordneten Seiten,
- in drei einander entsprechenden und in der gleichen Reihenfolge angeordneten Kantenwinkeln.

4. Raumwinkel Im Raum bildet ein von einem Punkt ausgehendes Strahlenbüschel einen Raumwinkel **(Abb.3.50)**. Dieser wird mit Ω bezeichnet und gemäß

$$\Omega = \frac{S}{r^2}, \tag{3.99a}$$

berechnet. Dabei bedeutet S das Oberflächenstück, das der Raumwinkel aus einer Kugel ausschneidet, die den Radius r hat und deren Mittelpunkt mit der Spitze des Strahlenbüschels zusammenfällt. Die Einheit des Raumwinkels ist der *Steradiant* (sr). Es gilt:

$$1\,\mathrm{sr} = \frac{1\,\mathrm{m}^2}{1\,\mathrm{m}^2}, \tag{3.99b}$$

d.h., ein Raumwinkel von 1 sr schneidet auf der Einheitskugel ($r = 1\,\mathrm{m}$) eine Fläche der Größe $1\,\mathrm{m}^2$ aus.

■ **A:** Der volle Raumwinkel beträgt $\Omega = 4\pi r^2/r^2 = 4\pi$.

■ **B:** Ein Kegel mit dem Öffnungswinkel $\alpha = 120°$ beschreibt den Raumwinkel $\Omega = 2\pi r^2 \cos(\alpha/2)/r^2 = \pi$, wobei die Formel für den Kugelabschnitt (3.148) berücksichtigt wurde.

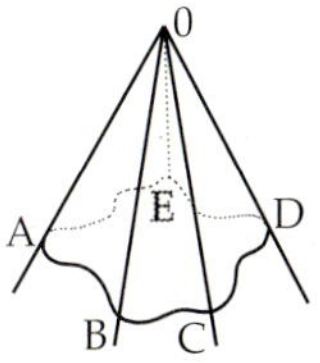

Abbildung 3.48

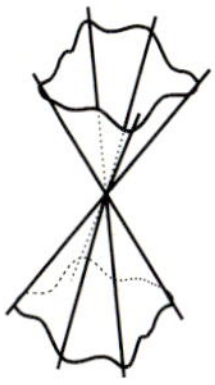

Abbildung 3.49

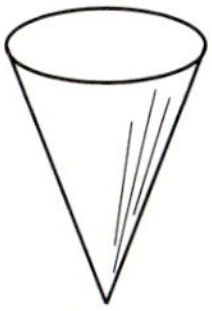

Abbildung 3.50

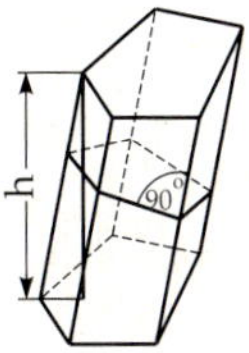

Abbildung 3.51

3.3.3 Polyeder

In diesem Abschnitt werden die folgenden Bezeichnungen benutzt: V – Volumen, S – Gesamtoberfläche, M – Mantelfläche, h – Höhe, A_G – Grundfläche.

1. Polyeder wird ein Körper genannt, der von Ebenen begrenzt wird.

2. Prisma (Abb.3.51) ist ein Polyeder, das gleiche Grundflächen und Parallelogramme als Seitenflächen besitzt. Ein *gerades Prisma* zeichnet sich durch senkrecht auf der Grundfläche stehende Kanten aus, ein *reguläres Prisma* dadurch, daß es gerade ist und ein regelmäßiges Vieleck zur Grundfläche hat. Für das Polyeder gilt:

$$V = A_G h\,, \qquad (3.100) \qquad M = pl\,, \qquad (3.101) \qquad S = M + 2A_G\,. \qquad (3.102)$$

Dabei sind p der Umfang eines zu den Kanten senkrechten ebenen Schnittes und l die Kantenlänge. Für ein dreiseitiges Prisma, dessen Grundflächen nicht parallel zueinander liegen **(Abb.3.52)**, gilt:

$$V = \frac{(a+b+c)Q}{3}\,, \qquad (3.103)$$

wobei Q ein senkrechter Querschnitt, a, b und c die Längen der parallelen Kanten sind. Für ein n-seitiges Prisma mit nicht parallel zur Grundfläche abgeschnittener Deckfläche ist

$$V = lQ\,, \qquad (3.104)$$

wobei l die Länge der Geraden $\overline{BC}$ ist, die die Schwerpunkte der Grundflächen miteinander verbindet und Q der zu dieser Linie senkrechte Querschnitt.

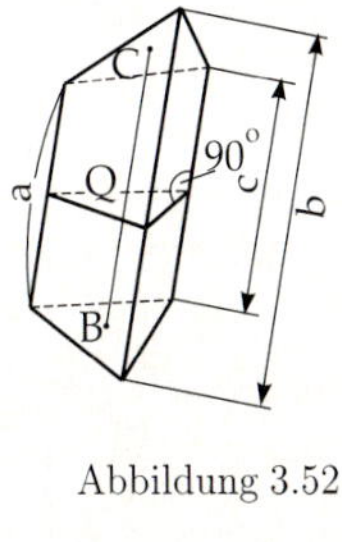

Abbildung 3.52

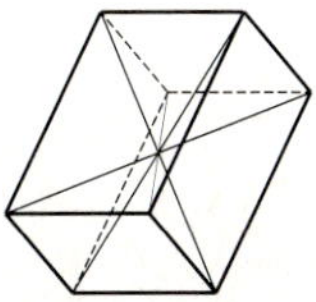

Abbildung 3.53

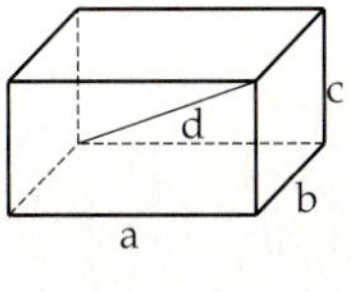

Abbildung 3.54

3. Parallelepiped (Abb.3.53) werden Prismen mit Parallelogrammen als Grundfläche genannt. In einem Parallelepiped schneiden sich alle vier Raumdiagonalen in einem Punkt und halbieren einander.

4. Quader sind gerade Parallelepipede mit rechteckigen Grundflächen. Im Quader **(Abb.3.54)** sind die Raumdiagonalen gleich lang. Wenn a, b und c die Kantenlängen des Quaders sind und d die Diagonallänge, dann gilt:

$$d^2 = a^2 + b^2 + c^2\,, \quad (3.105) \qquad V = abc\,, \quad (3.106) \qquad S = 2(ab + bc + ca)\,. \quad (3.107)$$

5. Würfel sind Quader mit gleichen Kantenlängen: $a = b = c$,

$$d^2 = 3a^2\,, \qquad (3.108) \qquad V = a^3\,, \qquad (3.109) \qquad S = 6a^2\,. \qquad (3.110)$$

6. Pyramide (Abb.3.55) wird ein Polyeder genannt, dessen Grundfläche ein Vieleck ist und dessen Seitenflächen Dreiecke sind, die in einem Punkt, der Spitze, zusammenlaufen. Pyramiden heißen *gerade*, wenn der Fußpunkt des Lotes von der Spitze auf die Grundfläche A_G deren Mittelpunkt ist, *regulär*, wenn die Grundfläche ein regelmäßiges Vieleck ist **(Abb.3.56)** und n*–seitig*, wenn die Grundfläche ein n–Eck ist. Zusammen mit der Grundfläche hat die Pyramide $(n+1)$ Flächen. Es gilt:

$$V = \frac{A_G h}{3}\,. \tag{3.111}$$

Für die reguläre Pyramide ist

$$M = \frac{1}{2} p h_s \tag{3.112}$$

mit p als Umfang der Grundfläche und h_s als Höhe einer Seitenfläche.

7. Pyramidenstumpf wird eine Pyramide genannt, deren Spitze durch eine Ebene parallel zur Grundfläche abgeschnitten ist **(Abb.3.55, Abb.3.57)**. Mit $\overline{SO}$ als Höhe der Pyramide, d.h. als Lot von der Spitze auf die Grundfläche, gilt:

$$\frac{\overline{SA_1}}{\overline{A_1A}} = \frac{\overline{SB_1}}{\overline{B_1B}} = \frac{\overline{SC_1}}{\overline{C_1C}} = \ldots = \frac{\overline{SO_1}}{\overline{O_1O}}\,, \tag{3.113}$$

$$\frac{\text{Fläche } ABCDEF}{\text{Fläche } A_1B_1C_1D_1E_1F_1} = \left(\frac{\overline{SO}}{\overline{SO_1}}\right)^2. \tag{3.114}$$

Wenn A_D und A_G die obere und untere Grundfläche sind, h die Höhe des Pyramidenstumpfes, also der Abstand zwischen den Grundflächen, a_D und a_G die einander entsprechenden Seiten der Grundflächen, dann gilt:

$$V = \frac{1}{3} h \left[A_G + A_D + \sqrt{A_G A_D} \right] = \frac{1}{3} h A_G \left[1 + \frac{a_D}{a_G} + \left(\frac{a_D}{a_G}\right)^2 \right]. \tag{3.115}$$

Die Mantelfläche des regulären Pyramidenstumpfes ist

$$M = \frac{p_D + p_G}{2} h_s\,, \tag{3.116}$$

wobei p_D und p_G die Umfänge der Grundflächen sind und h_s die Höhe der Seitenflächen.

8. Tetraeder wird eine dreieckige Pyramide genannt **(Abb.3.58)**. Mit den Bezeichnungen $\overline{OA} = a$, $\overline{OB} = b$, $\overline{OC} = c$, $\overline{CA} = q$, $\overline{BC} = p$ und $\overline{AB} = r$ gilt:

$$V^2 = \frac{1}{288} \begin{vmatrix} 0 & r^2 & q^2 & a^2 & 1 \\ r^2 & 0 & p^2 & b^2 & 1 \\ q^2 & p^2 & 0 & c^2 & 1 \\ a^2 & b^2 & c^2 & 0 & 1 \\ 1 & 1 & 1 & 1 & 0 \end{vmatrix}. \tag{3.117}$$

9. Obelisk wird ein Polyeder genannt, dessen Seitenflächen sämtlich Trapeze sind. In dem hier betrachteten Spezialfall sind die parallelen Grundflächen Rechtecke **(Abb.3.59)**, einander gegenüberliegende Kanten haben die gleiche Neigung gegenüber der Grundfläche, laufen aber nicht in einem Punkt zusammen. Wenn a, b und a_1, b_1 die Seiten der Grundflächen sind und h die Höhe des Obelisken, dann gilt:

$$V = \frac{h}{6}\left[(2a + a_1)\,b + (2a_1 + a)\,b_1\right] = \frac{h}{6}\left[ab + (a + a_1)(b + b_1) + a_1 b_1\right]. \tag{3.118}$$

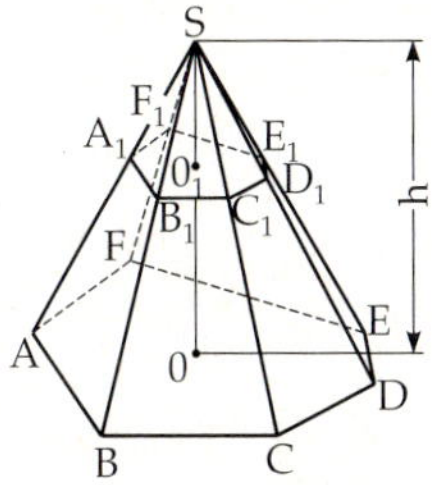

Abbildung 3.55

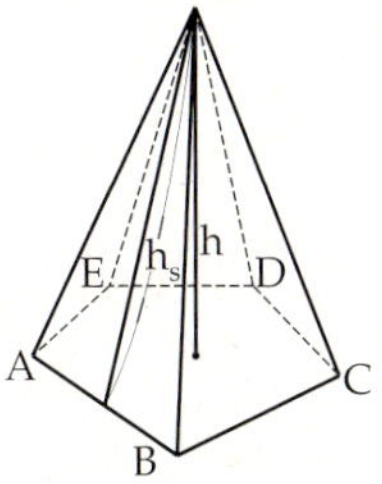

Abbildung 3.56

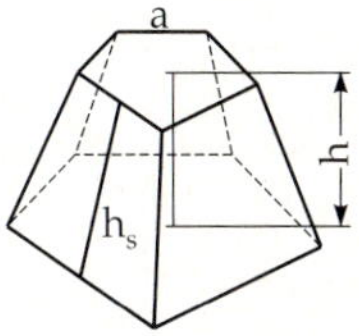

Abbildung 3.57

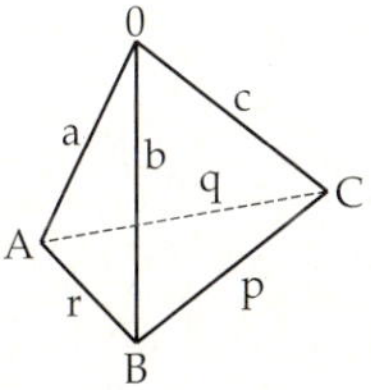

Abbildung 3.58

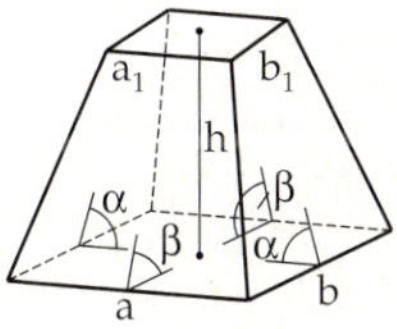

Abbildung 3.59

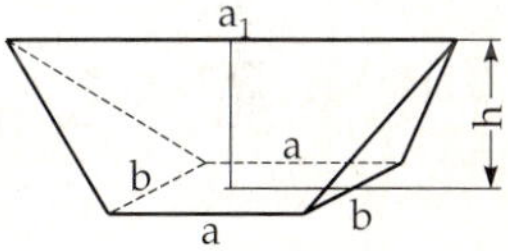

Abbildung 3.60

10. Keil wird ein Polyeder genannt, dessen Grundfläche ein Rechteck, dessen Seitenflächen je zwei gegenüberliegende gleichschenklige Dreiecke bzw. Trapeze sind (**Abb.3.60**). Für das Volumen gilt

$$V = \frac{1}{6}(2a + a_1)\,b\,h\,. \tag{3.119}$$

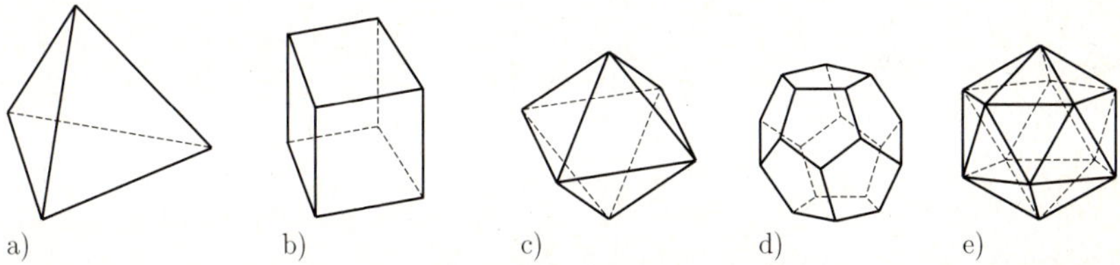

Abbildung 3.61

11. Reguläre Polyeder zeichnen sich durch kongruente reguläre Vielecke als Begrenzungsflächen und kongruente reguläre Ecken aus. Die fünf möglichen regulären Polyeder sind in **Abb.3.61** dargestellt; in **Tabelle 3.5** sind Angaben dazu aufgeführt.

12. EULERscher Polyedersatz Wenn e die Anzahl der Ecken, f die Anzahl der Flächen und k die Anzahl der Kanten sind, dann ist

$$e - k + f = 2 \tag{3.120}$$

für ein konvexes Polyeder oder ein Polyeder, das sich durch stetige Deformation in ein konvexes Polyeder überführen läßt. Beispiele sind in **Tabelle 3.5** angegeben.

Tabelle 3.5 Elemente der regulären Polyeder mit der Kantenlänge a

Bezeichnung	Anzahl und Form der Begrenzungsflächen	Anzahl der Kanten	Anzahl der Ecken	Gesamtfläche S/a^2	Volumen V/a^3
Tetraeder	4 Dreiecke	6	4	$\sqrt{3}= 1,7321$	$\frac{\sqrt{2}}{12}= 0,1179$
Würfel	6 Quadrate	12	8	$6= 6,0$	$1= 1,0$
Oktaeder	8 Dreiecke	12	6	$2\sqrt{2}= 3,4641$	$2\sqrt{3}= 0,4714$
Dodekaeder	12 Fünfecke	30	20	$3\sqrt{5(5+2\cdot\sqrt{5})}= 20,6457$	$\frac{15+7\cdot\sqrt{5}}{7}= 7,6631$
Ikosaeder	20 Dreicke	30	12	$5\sqrt{3}= 8,6603$	$\frac{5(3+\sqrt{5})}{12}= 2,1817$

3.3.4 Körper, die durch gekrümmte Flächen begrenzt sind

In diesem Abschnitt werden die folgenden Bezeichnungen benutzt: V – Volumen, S – Gesamtoberfläche, M – Manteloberfläche, h – Höhe, A_G – Grundfläche.

1. Zylinderfläche wird eine gekrümmte Fläche genannt, die durch Parallelverschiebung einer Geraden, der *Erzeugenden*, längs einer Kurve, der *Leitkurve*, entsteht **(Abb.3.62)**.

2. Zylinder wird ein Körper genannt, der von einer Zylinderfläche mit geschlossener Leitkurve umgrenzt wird sowie von zwei parallelen Grundflächen, die die Zylinderfläche aus zweiparallelen Ebenen ausschneidet. Für jeden beliebigen Zylinder **(Abb.3.63)** mit dem Grundflächenumfang p, dem Umfang des zur Erzeugenden senkrechten Querschnitts s, dessen Flächeninhalt Q und der Länge l der Erzeugenden gilt:

$$V = A_G h = Ql\,, \qquad (3.121) \qquad\qquad M = ph = sl\,. \qquad (3.122)$$

3. Gerade Kreiszylinder zeichnen sich durch einen Kreis als Grundfläche und senkrecht auf der Kreisebene stehende Erzeugende aus **(Abb.3.64)**. Mit R als Grundflächenradius gilt:

$$V = \pi R^2 h\,, \quad (3.123) \qquad M = 2\pi R h\,, \quad (3.124) \qquad S = 2\pi R(R+h)\,. \quad (3.125)$$

4. Schräg abgeschnittener Kreiszylinder (Abb.3.65)

$$V = \pi R^2 \frac{h_1 + h_2}{2}\,, \qquad (3.126) \qquad\qquad M = \pi R\,(h_1 + h_2)\,, \qquad (3.127)$$

$$S = \pi R\left[h_1 + h_2 + R + \sqrt{R^2 + \left(\frac{h_2 - h_1}{2}\right)^2}\,\right]. \qquad (3.128)$$

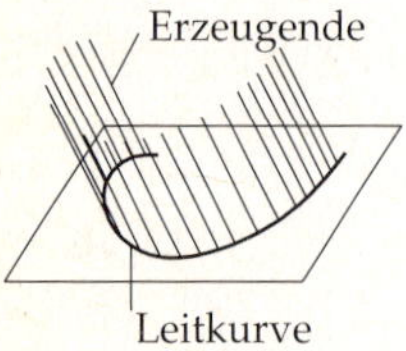

Abbildung 3.62

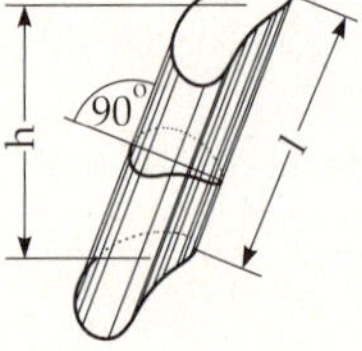

Abbildung 3.63

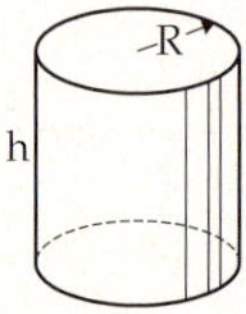

Abbildung 3.64

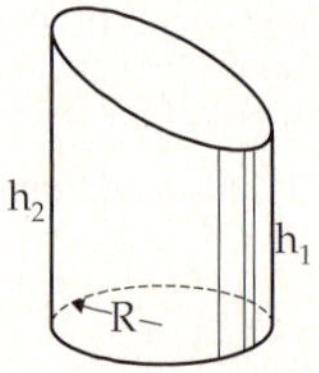

Abbildung 3.65

5. Zylinderabschnitt, auch Zylinderhuf Mit den Bezeichnungen von **Abb.3.66** sowie $\alpha = \varphi/2$ in rad gilt:

$$V = \frac{h}{3b}\left[a(3R^2 - a^2) + 3R^2(b - R)\alpha\right] = \frac{hR^3}{b}\left(\sin\alpha - \frac{\sin^3\alpha}{3} - \alpha\cos\alpha\right), \tag{3.129}$$

$$M = \frac{2Rh}{b}\left[(b - R)\alpha + a\right], \tag{3.130}$$

wobei die Formeln auch im Falle $b > R$, $\varphi > \pi$ ihre Gültigkeit behalten.

6. Hohlzylinder Mit den Bezeichnungen R für den äußeren Radius und r für den inneren, $\delta = R - r$ für die Radiendifferenz und $\varrho = \dfrac{R+r}{2}$ für den mittleren Radius **(Abb.3.67)** gilt:

$$V = \pi h(R^2 - r^2) = \pi h\delta(2R - \delta) = \pi h\delta(2r + \delta) = 2\pi h\delta\varrho. \tag{3.131}$$

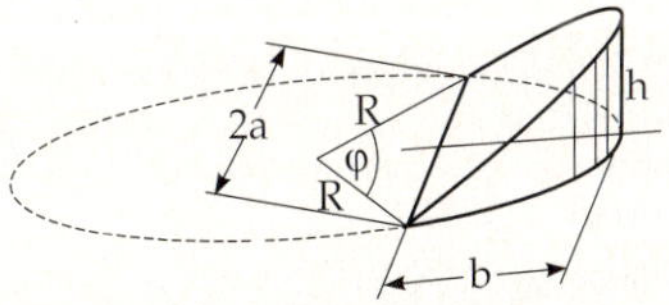

Abbildung 3.66

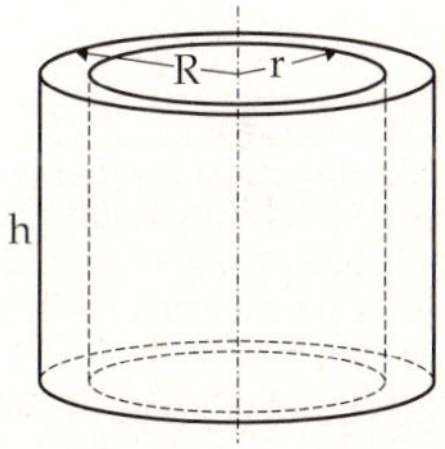

Abbildung 3.67

7. Kegelflächen entstehen durch die Bewegung einer Geraden, der Erzeugenden, die durch einen festen Punkt, die Spitze, geht und längs einer Kurve, der Leitkurve, geführt wird **(Abb.3.68)**.

8. Kegel (Abb.3.69) werden von einer Kegelfläche mit geschlossener Leitkurve und einer ebenen Grundfläche, die von der Kegelfläche ausgeschnitten wird, begrenzt. Für beliebige Kegel gilt

$$V = \frac{hA_G}{3}. \tag{3.132}$$

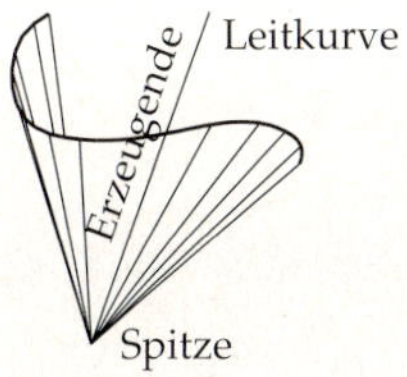

Abbildung 3.68

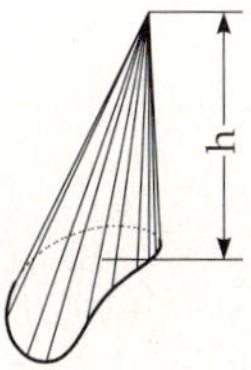

Abbildung 3.69

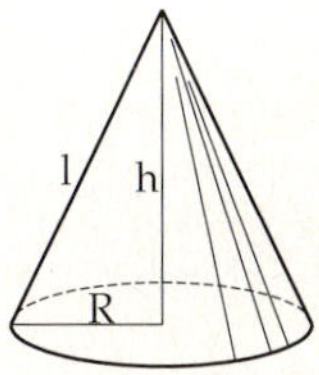

Abbildung 3.70

9. Gerade Kreiskegel zeichnen sich durch einen Kreis als Grundfläche und eine Spitze über dem Kreismittelpunkt aus **(Abb.3.70)**. Mit l als Länge der Mantellinie und R als Grundflächenradius gilt:

$$V = \frac{1}{3}\pi R^2 h, \quad (3.133) \qquad M = \pi R l = \pi R\sqrt{R^2 + h^2}, \quad (3.134) \qquad S = \pi R(R + l). \quad (3.135)$$

10. Gerader Kreiskegelstumpf (Abb.3.71)

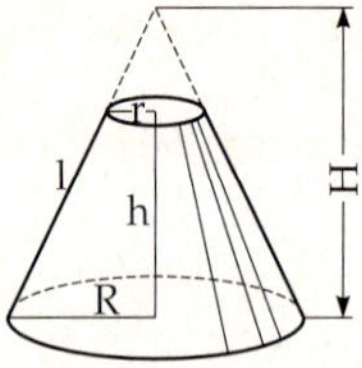

Abbildung 3.71

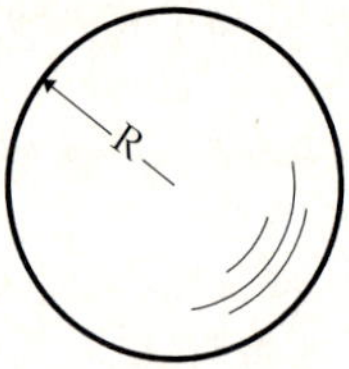

Abbildung 3.72

$$l = \sqrt{h^2 + (R-r)^2}\,, \qquad (3.136) \qquad M = \pi l(R+r)\,, \qquad (3.137)$$

$$V = \frac{\pi h}{3}\left(R^2 + r^2 + Rr\right)\,, \qquad (3.138) \qquad H = h + \frac{hr}{R-r}\,. \qquad (3.139)$$

11. Kegelschnitte s. S. 201.

12. Kugel (Abb.3.72) mit dem Radius R und dem Durchmesser $D = 2R$. Jeder ebene Kugelschnitt ergibt einen Kreis. Ein ebener Schnitt durch den Kugelmittelpunkt ergibt einen *Großkreis* (s. S. 154) mit dem Radius R. Durch je zwei nicht diametral gegenüberliegende Kugeloberflächenpunkte kann immer nur ein Großkreis gelegt werden. Die kürzeste Verbindungslinie zwischen zwei Kugeloberflächenpunkten auf der Kugeloberfläche ist der Bogen des Großkreises (s. S. 154).
Formeln für die Kugeloberfläche und das Kugelvolumen:

$$S = 4\pi R^2 \approx 12,57R^2\,, \qquad (3.140a) \qquad S = \pi D^2 \approx 3,142D^2\,, \qquad (3.140b)$$

$$S = \sqrt[3]{36\pi V^2} \approx 4,836\sqrt[3]{V^2}\,, \qquad (3.140c) \qquad V = \frac{4}{3}\pi R^3 \approx 4,189R^3\,, \qquad (3.141a)$$

$$V = \frac{\pi D^3}{6} \approx 0,5236D^3\,, \qquad (3.141b) \qquad V = \frac{1}{6}\sqrt{\frac{S^3}{\pi}} \approx 0,09403\sqrt{S^3}\,, \qquad (3.141c)$$

$$R = \frac{1}{2}\sqrt{\frac{S}{\pi}} \approx 0,2821\sqrt{S}\,, \qquad (3.142a) \qquad R = \sqrt[3]{\frac{3V}{4\pi}} \approx 0,6204\sqrt[3]{V}\,. \qquad (3.142b)$$

13. Kugelausschnitt (Abb.3.73)

$$S = \pi R(2h + a)\,, \qquad (3.143) \qquad V = \frac{2\pi R^2 h}{3}\,. \qquad (3.144)$$

14. Kugelabschnitt (Abb.3.74)

$$a^2 = h(2R - h)\,, \qquad (3.145) \qquad V = \frac{1}{6}\pi h\left(3a^2 + h^2\right) = \frac{1}{3}\pi h^2(3R - h)\,, \qquad (3.146)$$

$$M = 2\pi Rh = \pi\left(a^2 + h^2\right)\,, \qquad (3.147) \qquad S = \pi\left(2Rh + a^2\right) = \pi\left(h^2 + 2a^2\right)\,. \qquad (3.148)$$

15. Kugelschicht (Abb.3.75)

$$R^2 = a^2 + \left(\frac{a^2 - b^2 - h^2}{2h}\right)^2\,, \qquad (3.149) \qquad V = \frac{1}{6}\pi h\left(3a^2 + 3b^2 + h^2\right)\,, \qquad (3.150)$$

$$M = 2\pi Rh\,, \qquad (3.151) \qquad S = \pi\left(2Rh + a^2 + b^2\right)\,. \qquad (3.152)$$

Wenn V_1 das Volumen eines Kegelstumpfes ist, der in eine Kugelschicht einbeschrieben ist **(Abb.3.76)** und l die Länge seiner Mantellinie ist, dann gilt

$$V - V_1 = \frac{1}{6}\pi h l^2 . \tag{3.153}$$

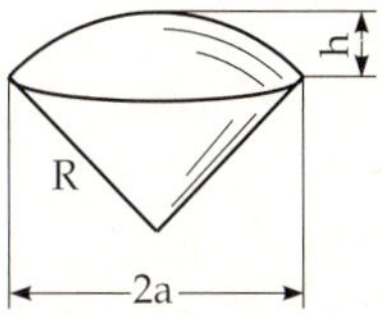

Abbildung 3.73

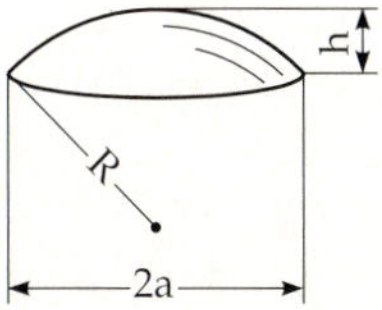

Abbildung 3.74

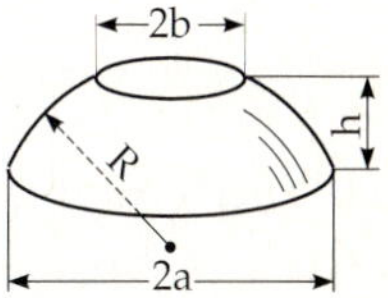

Abbildung 3.75

16. Torus oder Kreisring (Abb.3.77) wird ein Körper genannt, der durch die Drehung eines Kreises um eine in der Kreisebene außerhalb des Kreises liegende Achse entsteht.

$S = 4\pi^2 R\, r \approx 39,48 R\, r\,,$ (3.154a) $\qquad S = \pi^2 D\, d \approx 9,870 D\, d\,,$ (3.154b)

$V = 2\pi^2 R\, r^2 \approx 19,74 R\, r^2\,,$ (3.155a) $\qquad V = \frac{1}{4}\pi^2 D\, d^2 \approx 2,467 D\, d^2\,.$ (3.155b)

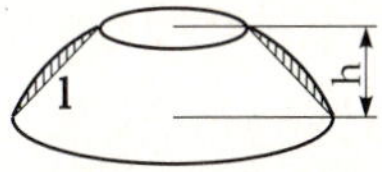

Abbildung 3.76

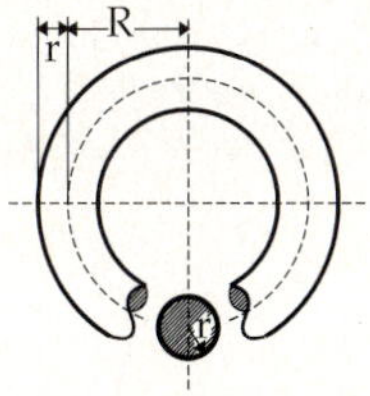

Abbildung 3.77

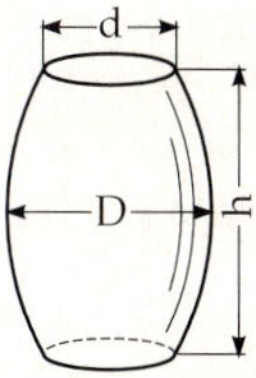

Abbildung 3.78

17. Tonnenkörper (Abb.3.78) enstehen durch Drehung einer Erzeugenden mit entsprechender Krümmung; *Kreistonnenkörper* durch Drehung eines Kreisegments, *parabolische Tonnenkörper* durch Drehung eines Parabelausschnittes. Für den Kreistonnenkörper gilt näherungsweise:

$V = 0,262h\left(2D^2 + d^2\right)$ (3.156a) oder $\qquad V = 0,0873h(2D + d)^2\,;$ (3.156b)

für den parabolischen Tonnenkörper gilt

$$V = \frac{\pi h}{15}\left(2D^2 + Dd + \frac{3}{4}d^2\right) = 0,05236h\left(8D^2 + 4Dd + 3d^2\right) . \tag{3.157}$$

3.4 Sphärische Trigonometrie

Bei geodätischen Messungen, die sich über größere Entfernungen erstrecken, muß die Kugelgestalt der Erde berücksichtigt werden. Dazu ist eine Geometrie auf der Kugel erforderlich. Insbesondere werden Formeln zur Berechnung sphärischer Dreiecke benötigt, also für Dreiecke, die auf einer Kugel liegen. Das wurde schon im alten Griechenland erkannt, und so kam es neben der Entwicklung der ebenen Trigonometrie zur Entwicklung der sphärischen Trigonometrie, als deren Begründer HIPPARCH (um 150 v. u. Zeit) anzusehen ist.

3.4.1 Grundbegriffe der Geometrie auf der Kugel

3.4.1.1 Kurven, Bogen und Winkel auf der Kugel

1. Sphärische Kurven, Großkreis und Kleinkreis

Kurven auf der Kugeloberfläche heißen *sphärische Kurven.* Wichtige sphärische Kurven sind Großkreise oder Orthodromen und Kleinkreise. Sie entstehen als *Schnittkreis* einer durch eine Kugel verlaufenden Ebene, *Schnittebene* genannt **(Abb.3.79)**:
Wird eine Kugel mit dem Radius R von einer Ebene (K) geschnitten, die vom Kugelmittelpunkt O den Abstand h hat, dann gilt für den Radius r des Schnittkreises

$$r = \sqrt{R^2 - h^2} \quad (0 \leq h \leq R)\,. \tag{3.158}$$

Für $h = 0$ verläuft die Schnittebene durch den Kugelmittelpunkt, und r nimmt den größten Wert an. Der so entstehende Schnittkreis g in der Ebene (Γ) heißt *Großkreis.* Jeder andere Schnittkreis, für den dann $0 \leq h \leq R$ gilt, wird *Kleinkreis* genannt, z.B. der Kreis (k) in **Abb.3.79**. Für $h = R$ berührt die Ebene (K) die Kugel in einem Punkt. Sie wird zu einer sogenannten *Tangentialebene.*

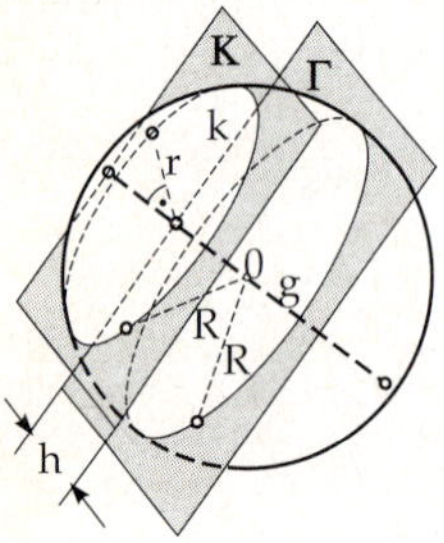

Abbildung 3.79

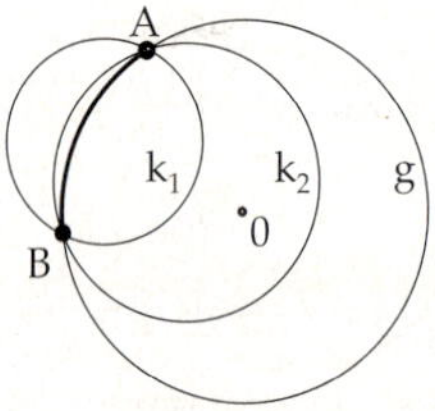

Abbildung 3.80

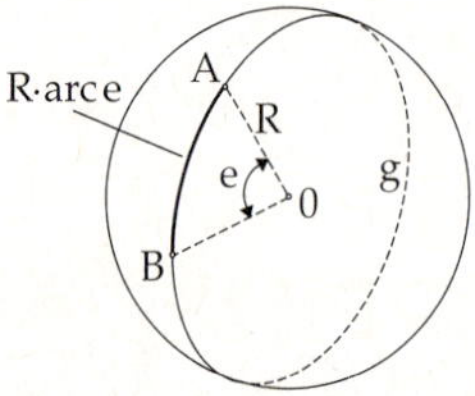

Abbildung 3.81

■ Auf der Erdkugel stellen der *Äquator* und die *Meridiane* mit ihren Gegenmeridianen – das sind ihre Spiegelungen an der Erdachse – Großkreise dar. Die Breitenkreise sind Kleinkreise (s. auch S. 156).

2. Sphärischer Abstand

Durch zwei Punkte A und B der Kugeloberfläche, die keine Gegenpunkte, d.h. keine Endpunkte eines Durchmessers sind, lassen sich unendlich viele Kleinkreise, aber nur ein Großkreis (mit der Großkreisebene g) legen. Durch A und B seien zwei Kleinkreise k_1, k_2 gelegt und in die Ebene des durch A, B gehenden Großkreises geklappt **(Abb.3.80)**. Der Großkreis hat den größten Radius und damit die kleinste Krümmung; daher stellt der kleinere der beiden Großkreisbögen durch A und B die kürzeste Verbindung beider Punkte dar. Er ist die kürzeste Verbindung zwischen den Punkten A und B auf der Kugeloberfläche und wird *sphärischer Abstand* genannt.

3. Geodätische Linien

Geodätische Linien heißen diejenigen Kurven auf einer beliebigen Fläche, auf denen die kürzeste Verbindung zwischen zwei Punkten der Fläche liegt (s. S. 249).

■ In der Ebene sind die Geraden, auf der Kugel die Großkreise die geodätischen Linien (s. auch S. 156).

4. Messung des sphärischen Abstandes

Der sphärische Abstand zweier Punkte kann im Längenmaß oder im Winkelmaß ausgedrückt werden **(Abb.3.81)**.

1. **Sphärischer Abstand im Winkelmaß** ist der Winkel zwischen den Radien $\overline{OA}$ und $\overline{OB}$, gemessen im Kugelmittelpunkt O. Dieser Winkel ist dem sphärischen Abstand eindeutig zugeordnet und wird im folgenden mit kleinen lateinischen Buchstaben bezeichnet. Die Bezeichnung kann am Kugelmittelpunkt oder auf dem Großkreisbogen angegeben werden.
2. **Sphärischer Abstand im Längenmaß** ist die Länge des Großkreisbogens zwischen A und B. Sie wird im folgenden mit $\overset{\frown}{AB}$ (Bogen AB) bezeichnet.
3. **Umrechnungen von Winkelmaß in Längenmaß** und umgekehrt erfolgen gemäß

$$\overset{\frown}{AB} = R \operatorname{arc} e = R\frac{e}{\varrho}, \qquad (3.159a) \qquad\qquad e = \overset{\frown}{AB}\,\frac{\varrho}{R}. \qquad (3.159b)$$

Dabei ist e der in Grad und arc e der in Radiant (s. Bogenmaß S. 127) gemessene Winkel. Für den Umrechnungsfaktor ϱ gilt:

$$\varrho = 1\text{rad} = \frac{180°}{\pi} = 57,2958° = 3438' = 206265''. \qquad (3.159c)$$

Die Angaben im Längen- oder Winkelmaß sind gleichwertig, aber in der sphärischen Trigonometrie werden die sphärischen Abstände in der Regel im Winkelmaß angegeben.

■ **A:** Bei sphärischen Berechnungen auf der Erdoberfläche wird von einer Kugel ausgegangen, die das gleiche Volumen wie das zweiachsige Referenzellipsoid von KRASSOWSKI hat. Dieser Erdkugelradius beträgt $R = 6371,110$ km, woraus folgt $1° \mathrel{\hat{=}} 111{,}2$ km, $1' \mathrel{\hat{=}} 1853{,}3$ m = 1 alte Seemeile. Heute gilt: 1 Seemeile = 1852 m.

■ **B:** Der sphärische Abstand zwischen Dresden und St. Petersburg beträgt $\overset{\frown}{AB} = 1433$ km oder $e = \frac{1433\,\text{km}}{6371\,\text{km}} 57,3° = 12,89° = 12°53'$.

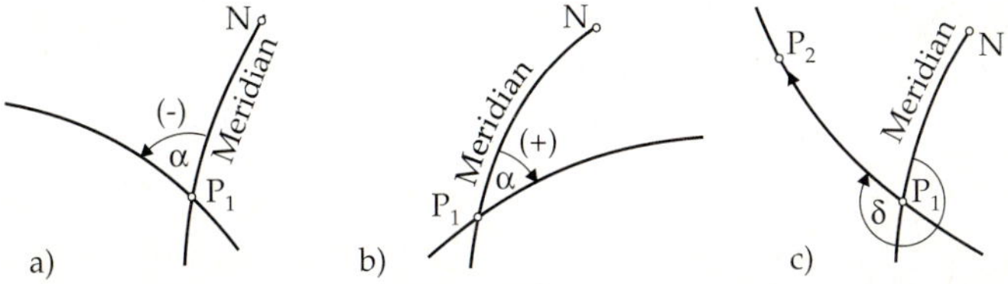

Abbildung 3.82

5. Schnittwinkel, Kurswinkel und Azimut

Unter dem *Schnittwinkel* zweier sphärischer Kurven versteht man den Winkel, den ihre Tangenten im Kurvenschnittpunkt P_1 bilden. Ist eine der beiden Kurven ein Meridian, dann wird der Schnittwinkel der nördlich von P_1 gelegenen Kurvenabschnitte in der Navigation *Kurswinkel* α genannt. Zur Beschreibung der östlichen und westlichen Neigung der Kurve ordnet man dem Kurswinkel gemäß **(Abb.3.82a,b)** ein Vorzeichen zu und beschränkt ihn auf das Intervall $-90° < \alpha \leq 90°$. Der Kurswinkel ist damit ein orientierter, d.h. mit einem Vorzeichen versehener Winkel. Er ist unabhängig von der Orientierung der Kurve – das ist ihr Durchlaufsinn.

Die Orientierung der Kurve von P_1 nach P_2 gemäß **Abb.3.82c** wird durch das *Azimut* δ beschrieben:

Es ist der Schnittwinkel zwischen dem durch den Kurvenschnittpunkt P_1 verlaufenden und nach Norden weisenden Meridian und dem von P_1 nach P_2 verlaufenden Kurvenabschnitt. Man beschränkt das Azimut auf das Intervall $0° \leq \delta < 360°$.

Hinweis: In der Navigation werden die Ortskoordinaten meist in sexagesimalen Altgraden, sphärische Abstände sowie Kurswinkel und Azimute dagegen in dezimalen Altgraden angegeben.

3.4.1.2 Spezielle Koordinatensysteme

1. Geographische Koordinaten

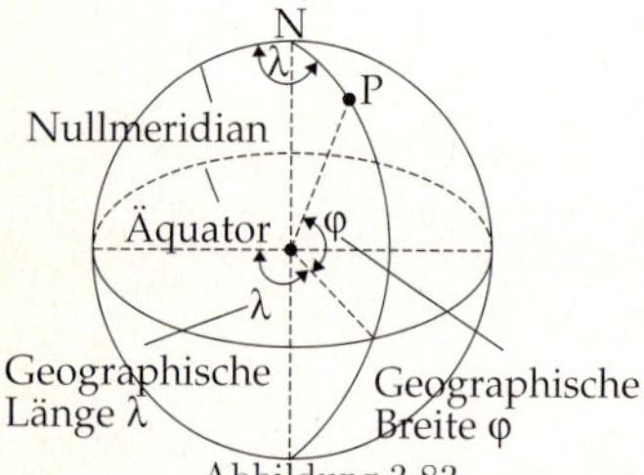

Abbildung 3.83

Zur Bestimmung von Punkten P auf der Erdoberfläche werden *geographische Koordinaten* benutzt **(Abb.3.83)**, d.h. Kugelkoordinaten mit dem Radius der Erdkugel, der *geographischen Länge* λ und der *geographischen Breite* φ. Zur Längengradzählung ist die Erdoberfläche in halbe, vom Nordpol zum Südpol verlaufende Großkreise, die *Meridiane*, eingeteilt. Der Nullmeridian verläuft durch die Sternwarte *Greenwich*. Von ihm aus erfolgt die Zählung mit Hilfe von 180 ganzzahligen Meridianen östlicher Länge (ö. L.) und 180 ganzzahligen Meridianen westlicher Länge (w. L.), die am Äquator einen gegenseitigen Abstand von 111 km haben. Östliche Längen werden positiv, westliche Längen negativ angegeben. Somit gilt $-90° \leq \varphi \leq 90°$.

Zur Breitengradzählung ist die Erdoberfläche in parallel zum Äquator verlaufende Kleinkreise, die Breitengrade, eingeteilt. Vom Äquator aus, einem Großkreis, zählt man 90 ganzzahlige Breitengrade nördlicher Breite (n. Br.) und 90 südlicher Breite (s. Br.). Nördliche Breiten werden positiv, südliche Breiten negativ angegeben. Sonst gilt $-90° \leq \varphi \leq 90°$.

2. Soldner–Koordinaten

Für großräumige Vermessungen sind die rechtwinkligen Soldner– *Koordinaten* und Gauss–Krüger –*Koordinaten* von Bedeutung. Um Teile der gekrümmten Erdoberfläche in Ordinatenrichtung längentreu auf ein ebenes rechtwinkliges Koordinatensystem abzubilden, legt man nach Soldner die x–Achse auf einen Meridian und den Koordinatenursprung in einen gut vermessenen Zentralpunkt **(Abb.3.84a)**. Die Ordinate y und die Abszisse x eines Punktes P sind durch die Strecken von den Fußpunkten der sphärischen Lote auf den durch den Zentralpunkt verlaufenden Hauptmeridian und auf den durch den Zentralpunkt verlaufenden Hauptbreitenkreis gegeben **(Abb.3.84b)**.

Bei der Übertragung der sphärischen Abszissen und Ordinaten in das ebene Koordinatensystem werden Strecken Δx gedehnt und Richtungen verschwenkt. Der *Dehnungsfaktor* a in der Abszissenrichtung beträgt

$$a = \frac{\Delta x}{\Delta x'} = 1 + \frac{y^2}{2R^2}, \quad R = 6371\,\mathrm{km}. \tag{3.160}$$

Zur Begrenzung der Dehnung des Systems darf die Ausdehnung zu beiden Seiten des Hauptmeridians nicht größer als 64 km betragen. Eine 1 km lange Strecke besitzt dann bei $y = 64$ km eine Dehnung von 0,05 m.

3. Gauss–Krüger–Koordinaten

Um Teile der gekrümmten Erdoberfläche winkeltreu (konform) auf eine Ebene abzubilden, geht man beim Gauss–Krüger–*System* von einer Einteilung in Meridianstreifen aus. Für Deutschland liegen die Mittelmeridiane bei $6°, 9°, 12°$ und $15°$ ö. L. **(Abb.3.85a)**. Der Koordinatenursprung jedes Meridianstreifensystems ist der Schnittpunkt des Meridians mit dem Äquator. In der Nord–Süd–Richtung gehen die Systeme über das gesamte Gebiet hinweg, in der Ost–West–Richtung sind die Gebiete beidseitig auf $1°40'$ begrenzt. In Deutschland sind das etwa ± 100 km. Die Überlappung von etwa $20'$ entspricht

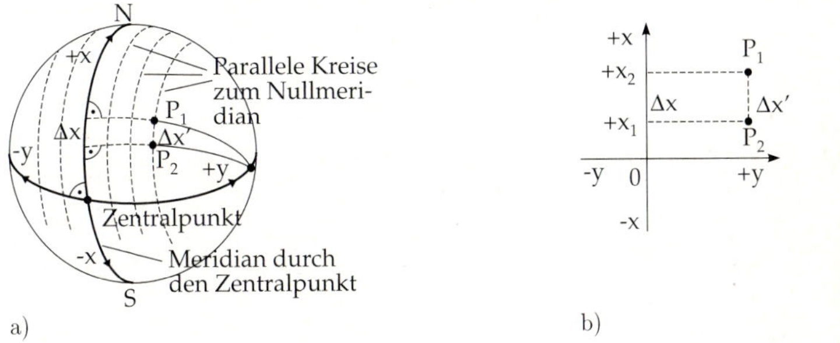

Abbildung 3.84

hier ca. 20 km.
Der Dehnungsfaktor a in der Abszissenrichtung **(Abb.3.85b)** ist der gleiche wie im SOLDNER–System (3.160). Damit die Abbildung winkeltreu bleibt, sind die Ordinaten an den Lotenden durch Addition eines Betrages b zu verlängern:

$$b = \frac{y^3}{6R^2} \,. \tag{3.161}$$

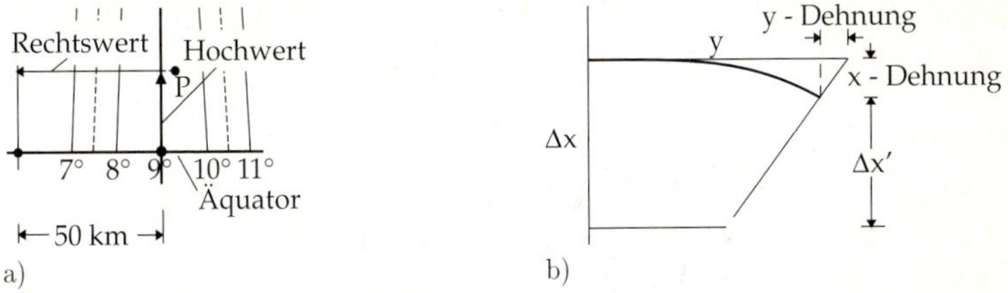

Abbildung 3.85

3.4.1.3 Sphärisches Zweieck

Durch die Endpunkte A und B eines Kugeldurchmessers sollen zwei Ebenen Γ_1 und Γ_2 verlaufen, die den Winkel α miteinander einschließen **(Abb.3.86)** und zwei Großkreishälften g_1 und g_2 definieren. Der von zwei Großkreishälften begrenzte Teil der Kugeloberfläche wird *sphärisches Zweieck* oder *Kugelzweieck* genannt. Als Seiten des sphärischen Zweiecks werden die sphärischen Abstände zwischen den Punkten A und B auf den Großkreisen definiert. Jede Seite beträgt daher 180° .
Als Winkel des sphärischen Zweiecks werden die Winkel zwischen den Tangenten an die Großkreise g_1 und g_2 in den Punkten A und B definiert. Sie sind gleich und stimmen mit dem sogenannten *Keilwinkel* α zwischen den Ebenen Γ_1 und Γ_2 überein. Sind C und D die Halbierungspunkte der beiden Großkreisbogen durch A und B , dann kann der Winkel α auch als sphärischer Abstand der Punkte C und D aufgefaßt werden. Die Fläche A_z des Kugelzweiecks verhält sich zur Kugelfläche wie der Winkel α zu 360° . Daraus folgt

$$A_z = \frac{4\pi R^2\alpha}{360°} = \frac{2R^2\alpha}{\rho} = 2R^2 \operatorname{arc} \alpha \,. \tag{3.162}$$

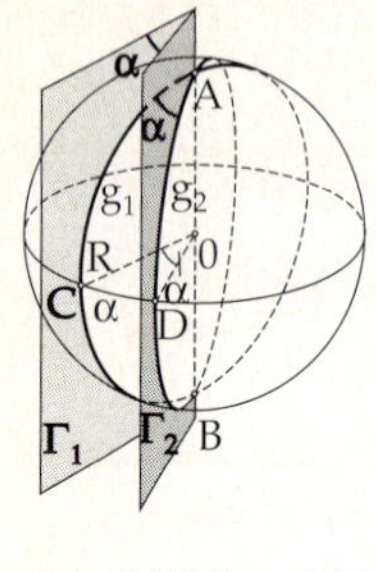

Abbildung 3.86

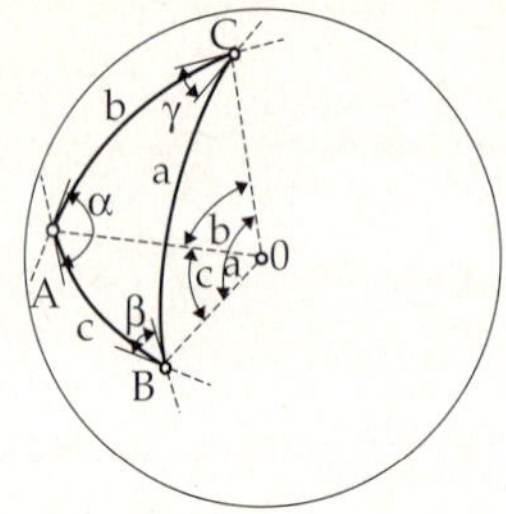

Abbildung 3.87

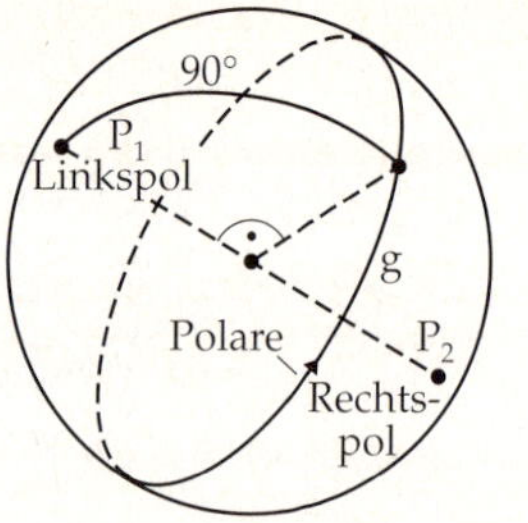

Abbildung 3.88

3.4.1.4 Sphärisches Dreieck

Es seien A, B und C drei Punkte auf einer Kugelfläche, die nicht auf einem Großkreis liegen. Werden jeweils zwei dieser Punkte durch einen Großkreis verbunden **(Abb.3.87)**, so entsteht das *sphärische Dreieck* ABC.
Als Seiten des sphärischen Dreiecks werden die sphärischen Abstände der Dreieckspunkte definiert, d.h., sie stellen die im Kugelmittelpunkt gemessenen Winkel zwischen je zwei Radien $\overline{OA}$, $\overline{OB}$ und $\overline{OC}$ dar. Sie werden mit a, b und c bezeichnet und im folgenden im Winkelmaß angegeben, unabhängig davon, ob sie in der Zeichnung als Winkel im Kugelmittelpunkt oder als Großkreisbogen auf der Kugelfläche eingetragen sind. Die Winkel des sphärischen Dreiecks sind die Winkel zwischen je zwei der drei Großkreisebenen. Sie werden mit α, β und γ bezeichnet.
Die Reihenfolge der Bezeichnung der Punkte, Seiten und Winkel des sphärischen Dreiecks erfolgt in Analogie zum ebenen Dreieck. Ein sphärisches Dreieck, bei dem mindestens eine Seite 90° beträgt, heißt rechtsseitiges Dreieck. Es stellt eine Analogie zum rechtwinkligen Dreieck der Planimetrie dar.

3.4.1.5 Polardreieck

1. Pole und Polare Die Endpunkte P_1 und P_2 eines Kugeldurchmessers, der senkrecht zur Ebene eines Großkreises g, *Polare* genannt, errichtet ist **(Abb.3.88)**, werden *Pole* genannt. Der sphärische Abstand von einem Pol bis zu einem beliebigen Punkt des Großkreises g beträgt stets 90° . Die Richtung der Polaren wird von außen festgelegt: Beim Durchlaufen der Polaren in der gewählten Richtung heißt der links liegende Pol *Linkspol*, der rechts liegende *Rechtspol*.

2. Polardreieck $A'B'C'$ zu einem gegebenen sphärischen Dreieck A, B, C heißt ein sphärisches Dreieck, für dessen Seiten die Eckpunkte des gegebenen Dreiecks Pole sind **(Abb.3.89)**. Zu jedem sphärischen Dreieck ABC existiert ein Polardreieck $A'B'C'$. Ist das Dreieck $A'B'C'$ das Polardreieck des sphärischen Dreiecks ABC , dann ist auch das Dreieck ABC das Polardreieck des Dreiecks $A'B'C'$. Die Winkel eines sphärischen Dreiecks und die entsprechenden Seiten seines Polardreiecks sind Supplementwinkel, und die Seiten des sphärischen Dreiecks und die Winkel des Polardreiecks sind Supplementwinkel:

$$a' = 180° - \alpha\,, \qquad b' = 180° - \beta\,, \qquad c' = 180° - \gamma\,, \tag{3.163a}$$

$$\alpha' = 180° - a\,, \qquad \beta' = 180° - b\,, \qquad \gamma' = 180° - c\,. \tag{3.163b}$$

3.4.1.6 Eulersche und Nicht–Eulersche Dreiecke

Die Eckpunkte A, B, C des sphärischen Dreiecks teilen jeden Großkreis durch zwei Eckpunkte im allgemeinen in zwei ungleiche Teile. Dadurch entstehen mehrere verschiedene sphärische Dreiecke, z.B. auch das sphärische Dreieck mit den Seiten a', b, c und der in **Abb.3.90a** schattierten Fläche. Gemäß einer Festsetzung von EULER werden für die Seiten des sphärischen Dreiecks nur die Großkreisbogen gewählt, die kleiner als 180° sind. Das entspricht der Definition der Seiten als sphärische Abstände zwischen den Dreieckspunkten. In diesem Zusammenhang bezeichnet man sphärische Dreiecke, bei denen jede Sei-

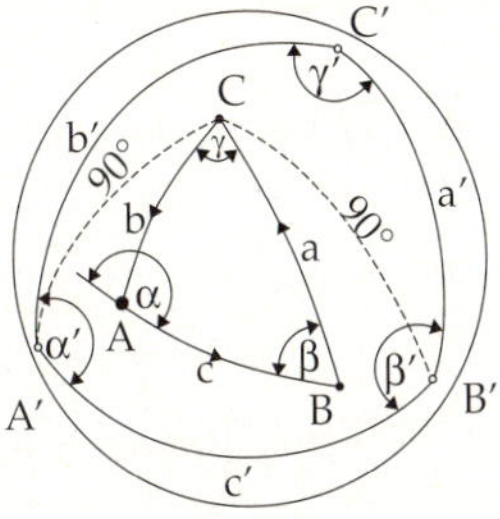

Abbildung 3.89

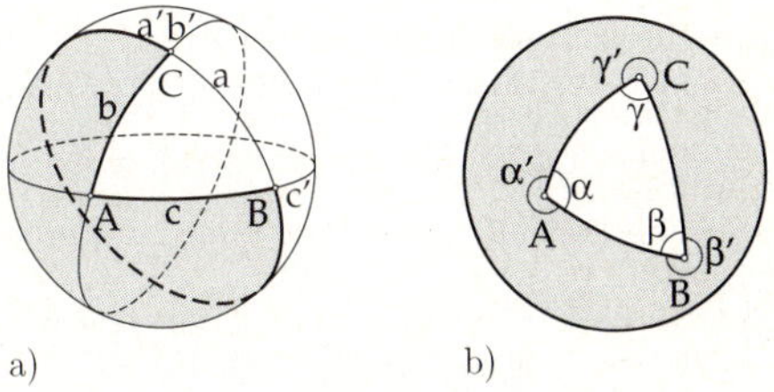

Abbildung 3.90

te und jeder Winkel kleiner als 180° ist, als EULERsche Dreiecke, anderenfalls als Nicht–EULERsche Dreiecke. Die **Abb.3.90b** zeigt ein EULERsches und ein Nicht–EULERsches Dreieck.

3.4.1.7 Dreikant

oder *Triederecke* wird eine dreiseitige körperliche Ecke genannt, die von drei, von einem Scheitelpunkt O ausgehenden Strahlen s_a, s_b, s_c **(Abb.3.91a)**, den Kanten, gebildet wird. Als Seiten des Dreikants definiert man die Winkel a, b und c, die von je zwei der Kanten eingeschlossen sind. Die Gebiete zwischen zwei Kanten heißen Seitenflächen des Dreikants. Die Winkel des Dreikants sind die Keilwinkel α, β und γ, die von je zwei der drei Seitenflächen eingeschlossen werden. Ein Dreikant schneidet aus einer Kugel um den Scheitelpunkt O ein sphärisches Dreieck aus **(Abb.3.91b)**. Die Seiten und Winkel des sphärischen Dreiecks und des zu ihm gehörenden Dreikants sind einander gleich. Deshalb gelten Sätze, die für den Dreikant hergeleitet wurden, auch für das zugehörige sphärische Dreieck und umgekehrt.

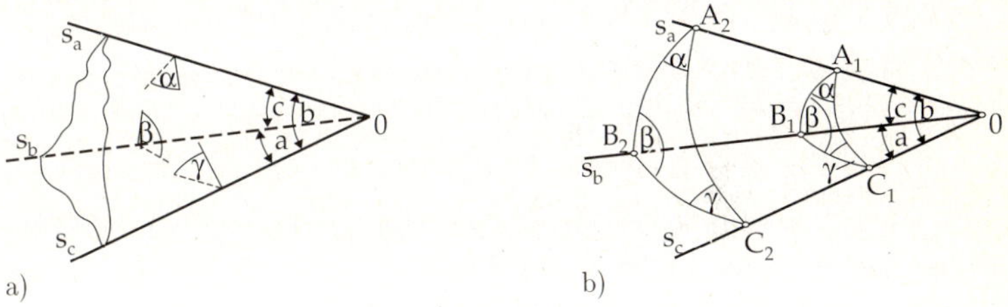

Abbildung 3.91

3.4.2 Haupteigenschaften sphärischer Dreiecke

3.4.2.1 Allgemeine Aussagen

Für ein EULERsches Dreieck mit den Seiten a, b und c, denen die Winkel α, β und γ gegenüberliegen, gilt:

1. **Summe der Seiten** Die Summe der Seiten liegt zwischen 0° und 360°:
$$0^\circ < a + b + c < 360^\circ . \qquad (3.164)$$

2. **Summe zweier Seiten** Die Summe zweier Seiten ist größer als die dritte, z.B.
$$a + b > c . \qquad (3.165)$$

3. **Differenz zweier Seiten** Die Differenz zweier Seiten ist kleiner als die dritte Seite, z.B.
$$|a - b| < c . \qquad (3.166)$$

4. Summe der Winkel Die Summe der Winkel liegt zwischen 180° und 540°:

$$180° < \alpha + \beta + \gamma < 540° . \qquad (3.167)$$

5. Spärischer Exzeß Die Differenz $\epsilon = \alpha + \beta + \gamma - 180°$ wird *sphärischer Exzeß* genannt.

6. Summe zweier Winkel Die Summe zweier Winkel ist kleiner als der um 180° vergrößerte dritte Winkel, z.B.

$$\alpha + \beta < \gamma + 180° . \qquad (3.168)$$

7. Gegenüberliegende Seite und Winkel Der größeren Seite liegt der größere Winkel gegenüber und umgekehrt.

8. Flächeninhalt Der Flächeninhalt A_D eines sphärischen Dreieckes kann mit Hilfe des sphärischen Exzesses ϵ und dem Kugelradius R gemäß

$$A_D = \epsilon R^2 \cdot \frac{\pi}{180°} = \frac{R^2 \epsilon}{\varrho} = R^2 \operatorname{arc} \epsilon . \qquad (3.169a)$$

berechnet werden, wobei ϱ der Umrechnungsfaktor (3.159c) ist. Nach dem Satz von GIRARD gilt mit A_K als Kugeloberfläche

$$A_D = \frac{A_K}{720°} \epsilon . \qquad (3.169b)$$

Ist nicht der Exzeß, sondern sind die Seiten bekannt, dann kann ϵ mit Hilfe der Formel von L'HUILIER (3.184) berechnet werden.

3.4.2.2 Grundformeln und Anwendungen

Die Bezeichnungen der Größen dieses Abschnittes entsprechen denen von **Abb.3.87**.

1. Sinussatz

$$\frac{\sin a}{\sin b} = \frac{\sin \alpha}{\sin \beta} , \quad (3.170a) \qquad \frac{\sin b}{\sin c} = \frac{\sin \beta}{\sin \gamma} , \quad (3.170b) \qquad \frac{\sin c}{\sin a} = \frac{\sin \gamma}{\sin \alpha} . \quad (3.170c)$$

Die Gleichungen (3.170a) bis (3.170c) lassen sich auch als fortlaufende Proportionen schreiben, d.h., im sphärischen Dreieck verhalten sich die Sinus der Seiten wie die Sinus der Gegenwinkel:

$$\frac{\sin a}{\sin \alpha} = \frac{\sin b}{\sin \beta} = \frac{\sin c}{\sin \gamma} . \qquad (3.170d)$$

Der Sinussatz der sphärischen Trigonometrie entspricht dem Sinussatz der ebenen Trigonometrie.

2. Kosinussatz oder Seitenkosinussatz

$$\cos a = \cos b \cos c + \sin b \sin c \cos \alpha , \quad (3.171a) \qquad \cos b = \cos c \cos a + \sin c \sin a \cos \beta , \quad (3.171b)$$

$$\cos c = \cos a \cos b + \sin a \sin b \cos \gamma . \qquad (3.171c)$$

Der Seitenkosinussatz der sphärischen Trigonometrie entspricht dem Kosinussatz der ebenen Trigonometrie. Die Bezeichnung Seitenkosinussatz bringt zum Ausdruck, daß dieser Satz die drei Seiten des sphärischen Dreiecks enthält.

3. Sinus–Kosinussatz

$$\sin a \cos \beta = \cos b \sin c - \sin b \cos c \cos \alpha , \qquad (3.172a)$$

$$\sin a \cos \gamma = \cos c \sin b - \sin c \cos b \cos \alpha . \qquad (3.172b)$$

Vier weitere Gleichungen können durch zyklische Vertauschung gewonnen werden **(Abb.3.32)**.
Der Sinus–Kosinussatz entspricht dem Projektionssatz der ebenen Trigonometrie. Da er fünf Größen des sphärischen Dreiecks enthält, wird er nicht unmittelbar zur Auflösung sphärischer Dreiecke benutzt, sondern hauptsächlich zur Ableitung weiterer Gleichungen.

4. Winkelkosinussatz oder polarer Kosinussatz

$$\cos \alpha = - \cos \beta \cos \gamma + \sin \beta \sin \gamma \cos a , \qquad (3.173a)$$

$$\cos\beta = -\cos\gamma\cos\alpha + \sin\gamma\sin\alpha\cos b\,, \tag{3.173b}$$

$$\cos\gamma = -\cos\alpha\cos\beta + \sin\alpha\sin\beta\cos c\,. \tag{3.173c}$$

Der Winkelkosinussatz enthält die drei Winkel des sphärischen Dreiecks und jeweils eine der drei Seiten. Mit ihm können aus einer Seite und den beiden anliegenden Winkeln der dritte Winkel bzw. aus den drei Winkeln eine Seite des Dreiecks oder alle drei Seiten berechnet werden. Im Unterschied dazu ergibt sich beim ebenen Dreieck der dritte Winkel aus der Winkelsumme von 180°.

Hinweis: Aus drei gegebenen Winkeln läßt sich beim ebenen Dreieck keine Seite berechnen, da sich damit unendlich viele, einander ähnliche Dreiecke ergeben.

5. Polarer Sinus–Kosinussatz

$$\sin\alpha\cos b = \cos\beta\sin\gamma + \sin\beta\cos\gamma\cos a\,, \tag{3.174a}$$

$$\sin\alpha\cos c = \cos\gamma\sin\beta + \sin\gamma\cos\beta\cos a\,. \tag{3.174b}$$

Vier weitere Gleichungen können durch zyklische Vertauschung gewonnen werden **(Abb.3.32)**.
Wie der Winkel–Kosinussatz werden auch die Formeln des Polaren Sinus–Kosinussatzes weniger zur unmittelbaren Dreiecksberechnung verwendet, als vielmehr zur Herleitung weiterer Formeln.

6. Halbwinkelsatz

Zur Berechnung eines Winkels eines sphärischen Dreiecks aus seinen drei Seiten kann der Seiten–Kosinussatz verwendet werden. Der Halbwinkelsatz bietet in Analogie zum Halbwinkelsatz der ebenen Trigonometrie die Möglichkeit, den Winkel aus der numerisch günstigeren Tangensfunktion zu berechnen.

$$\tan\frac{\alpha}{2} = \sqrt{\frac{\sin(s-b)\sin(s-c)}{\sin s\sin(s-a)}}\,, \tag{3.175a}$$

$$\tan\frac{\beta}{2} = \sqrt{\frac{\sin(s-c)\sin(s-a)}{\sin s\sin(s-b)}}\,, \tag{3.175b}$$

$$\tan\frac{\gamma}{2} = \sqrt{\frac{\sin(s-a)\sin(s-b)}{\sin s\sin(s-c)}}\,, \tag{3.175c}$$

$$s = \frac{a+b+c}{2}\,. \tag{3.175d}$$

Wenn aus drei Seiten eines sphärischen Dreiecks alle drei Winkel zu berechnen sind, kann die folgende Berechnung günstiger sein:

$$\tan\frac{\alpha}{2} = \frac{k}{\sin(s-a)}\,, \tag{3.176a}$$

$$\tan\frac{\beta}{2} = \frac{k}{\sin(s-b)}\,, \tag{3.176b}$$

$$\tan\frac{\gamma}{2} = \frac{k}{\sin(s-c)} \quad \text{mit} \tag{3.176c}$$

$$k = \sqrt{\frac{\sin(s-a)\sin(s-b)\sin(s-c)}{\sin s}}\,, \tag{3.176d}$$

$$s = \frac{a+b+c}{2}\,. \tag{3.176e}$$

7. Halbseitensatz

Mit dem Halbseitensatz kann die Aufgabe, aus den drei Winkeln des sphärischen Dreiecks eine Seite oder alle drei Seiten zu berechnen, gelöst werden:

$$\cot\frac{a}{2} = \sqrt{\frac{\cos(\sigma-\beta)\cos(\sigma-\gamma)}{-\cos\sigma\cos(\sigma-\alpha)}}\,, \tag{3.177a}$$

$$\cot\frac{b}{2} = \sqrt{\frac{\cos(\sigma-\gamma)\cos(\sigma-\alpha)}{-\cos\sigma\cos(\sigma-\beta)}}\,, \tag{3.177b}$$

$$\cot\frac{c}{2} = \sqrt{\frac{\cos(\sigma-\alpha)\cos(\sigma-\beta)}{-\cos\sigma\cos(\sigma-\gamma)}}\,, \tag{3.177c}$$

$$\sigma = \frac{\alpha+\beta+\gamma}{2}\,, \tag{3.177d}$$

oder

$$\cot\frac{a}{2} = \frac{k'}{\cos(\sigma-\alpha)}\,, \qquad (3.178a) \qquad\qquad \cot\frac{b}{2} = \frac{k'}{\cos(\sigma-\beta)}\,, \qquad (3.178b)$$

$$\cot\frac{c}{2} = \frac{k'}{\cos(\sigma-\gamma)} \quad \text{mit} \qquad (3.178c)$$

$$k' = \sqrt{\frac{\cos(\sigma-\alpha)\cos(\sigma-\beta)\cos(\sigma-\gamma)}{-\cos\sigma}}\,, \quad (3.178d) \qquad\qquad \sigma = \frac{\alpha+\beta+\gamma}{2}\,. \quad (3.178e)$$

Für die Winkelsumme des sphärischen Dreiecks gilt gemäß (3.167):

$$180° < 2\sigma < 540° \quad \text{oder} \quad 90° < \sigma < 270°\,, \qquad (3.179)$$

so daß stets $\cos\sigma < 0$ sein muß. Außerdem sind wegen der Festlegungen über EULERsche Dreiecke alle vorkommenden Wurzeln reell.

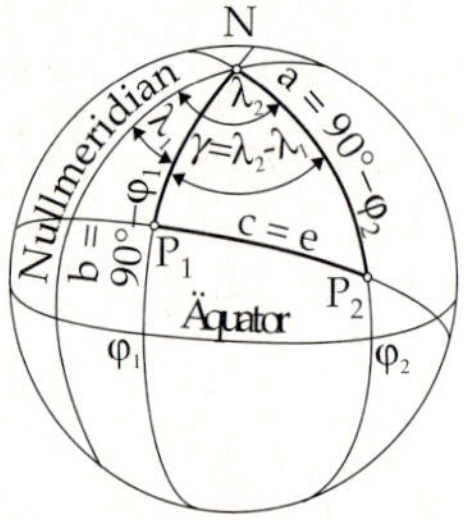

Abbildung 3.92

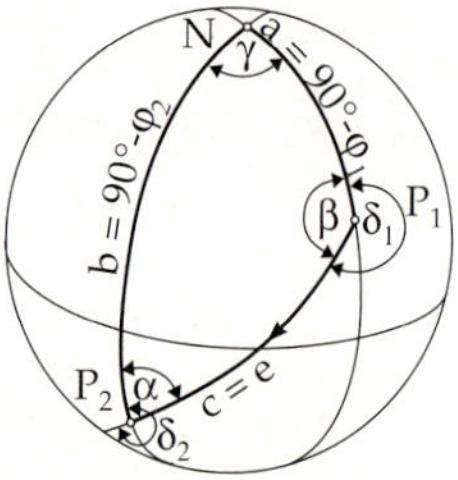

Abbildung 3.93

8. Anwendungen der Grundformeln der sphärischen Geometrie

Mit Hilfe der angegebenen Grundformeln können z.B. Entfernungen und Azimute bzw. Kurswinkel auf der Erde bestimmt werden.

■ **A:** Es ist die kürzeste Entfernung zwischen Dresden ($\lambda_1 = 13°46'\,, \varphi_1 = 51°16'$) und Alma Ata ($\lambda_2 = 76°55'\,, \varphi_2 = 43°18'$) zu berechnen.

Lösung: Die geographischen Koordinaten $(\lambda_1,\varphi_1), (\lambda_2,\varphi_2)$ und der Nordpol N **(Abb.3.92)** liefern zwei auf Meridianen liegende Seiten $a = 90° - \varphi_2$ und $b = 90° - \varphi_1$ des Dreiecks P_1P_2N sowie den eingeschlossenen Winkel $\gamma = \lambda_2 - \lambda_1$. Für $c = e$ folgt aus dem Kosinussatz (3.171a)

$$\begin{aligned}\cos c &= (\cos a\cos b + \sin a\sin b\cos c)\,,\\ \cos e &= \cos(90°-\varphi_1)\cos(90°-\varphi_2) + \sin(90°-\varphi_1)\sin(90°-\varphi_2)\cos(\lambda_2-\lambda_1)\\ &= \sin\varphi_1\sin\varphi_2 + \cos\varphi_1\cos\varphi_2\cos(\lambda_2-\lambda_1)\,, \qquad (3.180)\end{aligned}$$

also $\cos e = 0{,}53498 + 0{,}20567 = 0{,}74065, e = 42{,}213°$. Der Großkreisabschnitt P_1P_2 hat gemäß (3.159a) die Länge 4694 km.

■ **B:** Es sind die Kurswinkel δ_1 und δ_2 bei Abfahrt und Ankunft sowie die Entfernung in Seemeilen für eine Schiffsreise auf einem Großkreis von Bombay ($\lambda_1 = 72°48'\,, \varphi_1 = 19°00'$) nach Dar es Saalam ($\lambda_2 = 39°\,28'\,, \varphi_2 = -6°49'$) zu berechnen.

Lösung: Die Berechnung der zwei Seiten $a = 90° - \varphi_1 = 71°00', b = 90° - \varphi_2 = 96°49'$ sowie des eingeschlossenen Winkels $\gamma = \lambda_1 - \lambda_2 = 33°20'$ im spärischen Dreieck P_1P_2N mit den geographischen Koordinaten $(\lambda_1,\varphi_1), (\lambda_2,\varphi_2)$ **(Abb.3.93)** mit Hilfe des Kosinussatzes (3.171c) $\cos c = \cos e = \cos a\cos b + \sin a\sin b\cos\gamma$ liefert $P_1P_2 = e = 41{,}777°$, und wegen $1' \approx 1$ sm ergibt sich $P_1P_2 \approx 2507$ sm.

Mit dem Seitenkosinussatz erhält man $\alpha = \arccos\dfrac{\cos a - \cos b\cos c}{\sin b\sin c} = 51{,}248°$ und

$\beta = \arccos \dfrac{\cos b - \cos a \cos c}{\sin a \sin c} = 125{,}018^\circ$. Somit ist $\delta_1 = 360^\circ - \beta = 234{,}982^\circ$ und $\delta_2 = 180^\circ + \alpha = 231{,}248^\circ$.

Hinweis: Die Verwendung des Sinussatzes zur Berechnung von Seiten und Winkeln ist nur dann sinnvoll, wenn aus der Aufgabenstellung ersichtlich ist, ob diese spitz oder stumpf sind.

3.4.2.3 Weitere Formeln

1. DELAMBREsche Gleichungen

In Analogie zu den MOLLWEIDEschen Formeln der ebenen Trigonometrie sind von DELAMBRE die entsprechenden Formeln für sphärische Dreiecke angegeben worden.

$$\frac{\cos\dfrac{\alpha-\beta}{2}}{\sin\dfrac{\gamma}{2}} = \frac{\sin\dfrac{a+b}{2}}{\sin\dfrac{c}{2}}, \quad (3.181a) \qquad \frac{\sin\dfrac{\alpha-\beta}{2}}{\cos\dfrac{\gamma}{2}} = \frac{\sin\dfrac{a-b}{2}}{\sin\dfrac{c}{2}}, \quad (3.181b)$$

$$\frac{\cos\dfrac{\alpha+\beta}{2}}{\sin\dfrac{\gamma}{2}} = \frac{\cos\dfrac{a+b}{2}}{\cos\dfrac{c}{2}}, \quad (3.181c) \qquad \frac{\sin\dfrac{\alpha+\beta}{2}}{\cos\dfrac{\gamma}{2}} = \frac{\cos\dfrac{a-b}{2}}{\cos\dfrac{c}{2}}. \quad (3.181d)$$

Da bei Anwendung der zyklischen Vertauschung jede Gleichung zwei weitere ergibt, sind insgesamt 12 DELAMBREsche Gleichungen möglich.

2. NEPERsche Gleichungen und Tangenssatz

$$\tan\frac{\alpha-\beta}{2} = \frac{\sin\dfrac{a-b}{2}}{\sin\dfrac{a+b}{2}}\cot\frac{\gamma}{2}, \quad (3.182a) \qquad \tan\frac{\alpha+\beta}{2} = \frac{\cos\dfrac{a-b}{2}}{\cos\dfrac{a+b}{2}}\cot\frac{\gamma}{2}, \quad (3.182b)$$

$$\tan\frac{a-b}{2} = \frac{\sin\dfrac{\alpha-\beta}{2}}{\sin\dfrac{\alpha+\beta}{2}}\tan\frac{c}{2}, \quad (3.182c) \qquad \tan\frac{a+b}{2} = \frac{\cos\dfrac{\alpha-\beta}{2}}{\cos\dfrac{\alpha+\beta}{2}}\tan\frac{c}{2}. \quad (3.182d)$$

Diese Gleichungen heißen auch NEPERsche Analogien. Aus ihnen werden die zum Tangenssatz der ebenen Trigonometrie analogen Formeln hergeleitet:

$$\frac{\tan\dfrac{a-b}{2}}{\tan\dfrac{a+b}{2}} = \frac{\tan\dfrac{\alpha-\beta}{2}}{\tan\dfrac{\alpha+\beta}{2}}, \quad (3.183a) \qquad \frac{\tan\dfrac{b-c}{2}}{\tan\dfrac{b+c}{2}} = \frac{\tan\dfrac{\beta-\gamma}{2}}{\tan\dfrac{\beta+\gamma}{2}}, \quad (3.183b)$$

$$\frac{\tan\dfrac{c-a}{2}}{\tan\dfrac{c+a}{2}} = \frac{\tan\dfrac{\gamma-\alpha}{2}}{\tan\dfrac{\gamma+\alpha}{2}}. \quad (3.183c)$$

3. L'HUILIERsche Gleichungen

Die Berechnung der Fläche eines sphärischen Dreiecks kann mit Hilfe des Exzesses ϵ erfolgen. Dieser kann gemäß (3.169a) aus den bekannten Winkeln α, β, γ berechnet werden oder, wenn die drei Seiten a, b, c bekannt sind, gemäß (3.176a) bis (3.176e) über die berechenbaren Winkel. Die L'HUILIERsche

Gleichung ermöglicht jedoch die unmittelbare Berechnung von ϵ aus den Seiten:

$$\tan\frac{\epsilon}{4} = \sqrt{\tan\frac{s}{2}\tan\frac{s-a}{2}\tan\frac{s-b}{2}\tan\frac{s-c}{2}}\,. \qquad (3.184)$$

Die Gleichung entspricht der HERONischen Flächenformel der ebenen Trigonometrie.

3.4.3 Berechnung sphärischer Dreiecke

3.4.3.1 Grundaufgaben, Genauigkeitsbetrachtungen

Die verschiedenen Fälle, die bei der Berechnung sphärischer Dreiecke auftreten können, werden in sogenannte *Grundaufgaben* eingeordnet. Für jede Grundaufgabe des schiefwinklig sphärischen Dreiecks sind mehrere Lösungswege möglich, je nachdem, ob die Lösung nur mit den Grundformeln (3.170a) bis (3.174b) oder auch mit den Formeln (3.175a) bis (3.184) erfolgt und ob nur eine Größe im Dreieck oder mehrere Größen gesucht sind.
Formeln, die die Tangensfunktion enthalten, liefern numerisch genauere Ergebnisse, besonders im Vergleich zur Berechnung eines Bestimmungsstückes aus der Sinusfunktion, wenn dessen Wert in der Nähe von 90° liegt, und aus der Kosinusfunktion, wenn der Wert des Bestimmungsstückes in der Nähe von 0° oder 180° liegt. Für EULERsche Dreiecke ergeben sich außerdem die aus der Sinusfunktion berechneten Stücke zweideutig, da die Sinusfunktion in den beiden ersten Quadranten positiv ist, während die aus den übrigen Funktionen berechneten Stücke eindeutig erhalten werden.

3.4.3.2 Rechtwinklig sphärisches Dreieck

1. Spezielle Formeln

Im rechtwinklig sphärischen Dreieck ist einer der drei Winkel gleich 90° . Die Seiten und Winkel werden analog zum ebenen rechtwinkligen Dreieck bezeichnet. Wenn wie in **Abb.3.94** γ ein rechter Winkel ist, dann heißt die Seite c Hypotenuse, a und b heißen Katheten und α und β sind die Kathetenwinkel. Aus den Gleichungen (3.170a) bis (3.184) folgt für $\gamma = 90°$:

$$\sin a = \sin\alpha\sin c\,, \qquad (3.185a) \qquad\qquad \sin b = \sin\beta\sin c\,, \qquad (3.185b)$$

$$\cos c = \cos a\cos b\,, \qquad (3.185c) \qquad\qquad \cos c = \cot\alpha\cot\beta\,, \qquad (3.185d)$$

$$\tan a = \cos\beta\tan c\,, \qquad (3.185e) \qquad\qquad \tan b = \cos\alpha\tan c\,, \qquad (3.185f)$$

$$\tan b = \sin a\tan\beta\,, \qquad (3.185g) \qquad\qquad \tan a = \sin b\tan\alpha\,, \qquad (3.185h)$$

$$\cos\alpha = \sin\beta\cos a\,, \qquad (3.185i) \qquad\qquad \cos\beta = \sin\alpha\cos b\,, \qquad (3.185j)$$

Treten bei bestimmten Aufgaben andere Seiten und Winkel auf, z.B. anstelle von α, β, γ die Größen

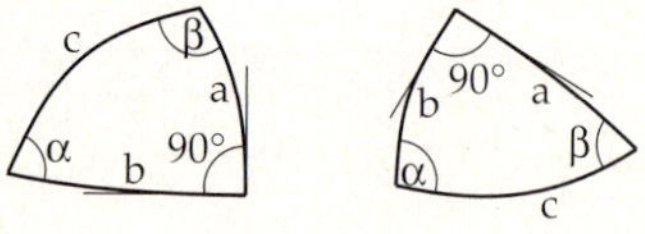

Abbildung 3.94

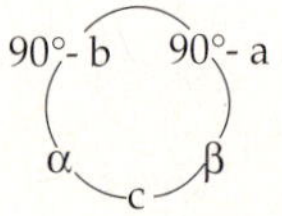

Abbildung 3.95

b, γ, α , dann können die erforderlichen Gleichungen durch zyklische Vertauschung gewonnen werden. Für Berechnungen in rechtwinklig sphärischen Dreiecken geht man im allgemeinen von 3 gegebenen Größen aus, dem Winkel $\gamma = 90°$ und zwei weiteren Stücken. Es ergeben sich dann 6 Grundaufgaben, die in **Tabelle 3.6** zusammengestellt sind.

2. NEPERsche Regel

Die NEPERsche Regel faßt die Gleichungen (3.185a) bis (3.185j) zusammen. Wenn die 5 Bestimmungsstücke eines rechtwinklig sphärischen Dreiecks ohne Berücksichtigung des rechten Winkels in einem

Tabelle 3.6 Bestimmungsgrößen sphärischer rechtwinkliger Dreiecke

Grund-aufgabe	Gegebene Bestimmungsgrößen	Nummern der Formeln zur Bestimmung der übrigen Größen
1.	Hypotenuse und eine Kathete c, a	α (3.185a), β (3.185e), b (3.185c)
2.	Zwei Katheten a, b	α (3.185h), β (3.185g), c (3.185c)
3.	Hypotenuse und ein Winkel c, α	a (3.185a), b (3.185f), β (3.185d)
4.	Kathete und der anliegende Winkel a, β	c (3.185e), b (3.185j), α (3.185i)
5.	Kathete und der gegenüberliegende Winkel a, α	b (3.185h), c (3.185a), β (3.185i)
6.	Zwei Winkel α, β	a (3.185i), b (3.185j), c (3.185d)

Kreis in der gleichen Reihenfolge angeordnet werden wie im Dreieck und wenn dabei die Katheten a, b durch ihre Komplementwinkel $90° - a$ und $90° - b$ ersetzt werden **(Abb.3.95)**, dann gilt:
1. Der Kosinus jedes Bestimmungsstücks ist gleich dem Produkt der Kotangensfunktionen seiner beiden anliegenden Bestimmungsstücke.
2. Der Kosinus jedes Bestimmungsstücks ist gleich dem Produkt aus den Sinus der nicht anliegenden Bestimmungsstücke.

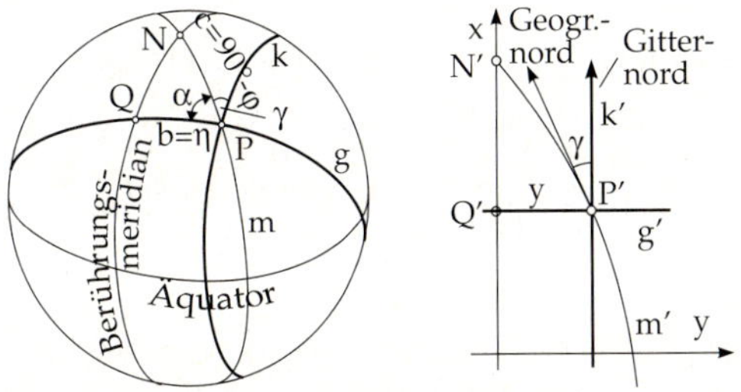

a) b)

Abbildung 3.96

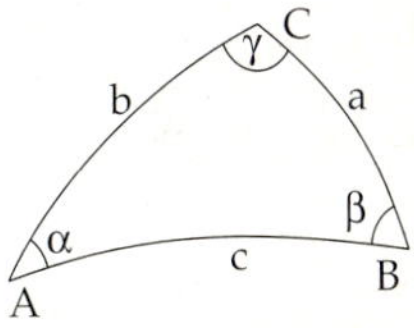

Abbildung 3.97

■ **A:** $\cos\alpha = \cot(90° - b)\cot c = \dfrac{\tan b}{\tan c}$(s. (3.185a) .

■ **B:** $\cos(90° - a) = \sin c \sin\alpha = \sin a$ (s. (3.185f)).

■ **C:** Das Gradnetz einer Kugel ist auf einen Zylinder abzubilden, der die Kugel in einem Meridian berührt. Der Berührungsmeridian und der Äquator bilden die Achsen eines GAUSS–KRÜGER–Systems **(Abb.3.96a,b)**.
Lösung: Ein Punkt P der Kugeloberfläche wird zu P' der Ebene. Der Großkreis g durch P senkrecht zum Berührungsmeridian bildet sich als Gerade g' senkrecht zur x–Achse und der Kleinkreis k durch P parallel zum Berührungsmeridian als Gerade k' parallel zur x–Achse ab. Der Meridian m durch P hat

als Bild keine Gerade, sondern eine Kurve m'. Die nach oben zeigende Richtung der Tangente von m' in P gibt die *geographische Nordrichtung* an, die nach oben zeigende Richtung von k' die *geodätische Nordrichtung*. Der Winkel γ zwischen beiden Nordrichtungen heißt *Meridiankonvergenz*.
Im rechtwinklig sphärischen Dreieck QPN mit $c = 90° - \varphi$, und $b = \eta$ ergibt sich γ aus $\alpha = 90° - \gamma$.
Nach der NEPERschen Regel ist $\cos\alpha = \dfrac{\tan b}{\tan c}$ oder $\cos(90° - \gamma) = \dfrac{\tan\eta}{\tan(90° - \varphi)}$, $\sin\gamma = \tan\eta\tan\varphi$.
Da γ und η meist klein sind, folgt mit $\sin\gamma \approx \gamma$, $\tan\eta \approx \eta$ daraus $\gamma = \eta\tan\varphi$. Die Längenverzerrung γ dieses Zylinderentwurfes ist bei kleinen Abständen η gering, und es kann $\eta = \dfrac{y}{R}$ gesetzt werden, wobei y der Rechtswert von P ist. Man erhält $\gamma = \dfrac{y}{R}\tan\varphi$. Die Umrechnung von γ aus dem Bogen- ins Gradmaß ergibt für $\varphi = 50°, y = 100$ km eine Meridiankonvergenz von $\gamma = 0,018706$ bzw. $\gamma = 1°04'19''$.

Tabelle 3.7 Grundaufgaben 1 und 2 für sphärische schiefwinklige Dreiecke

1. Grundaufgabe Geg.: 3 Seiten a, b, c [SSS]	2. Grundaufgabe Geg.: 3 Winkel α, β, γ [WWW]
Bedingungen: $0° < a + b + c < 360°$, $a + b > c,\ a + c > b,\ b + c > a$.	Bedingungen: $180° < \alpha + \beta + \gamma < 540°$, $\alpha + \beta < 180° + \gamma; \alpha + \gamma < 180° + \beta$, $\beta + \gamma < 180° + \alpha$.
1. Lösung: Gesucht α. $\cos\alpha = \dfrac{\cos a - \cos b\cos c}{\sin b\sin c}$ oder $\tan\dfrac{\alpha}{2} = \sqrt{\dfrac{\sin(s-b)\sin(s-c)}{\sin s\sin(s-a)}}$, $s = \dfrac{a+b+c}{2}$. 2. Lösung: Gesucht α, β, γ. $k = \sqrt{\dfrac{\sin(s-a)\sin(s-b)\sin(s-c)}{\sin s}}$, $\tan\dfrac{\alpha}{2} = \dfrac{k}{\sin(s-a)}$, $\tan\dfrac{\beta}{2} = \dfrac{k}{\sin(s-b)}$, $\tan\dfrac{\gamma}{2} = \dfrac{k}{\sin(s-c)}$. Proben: $(s-a) + (s-b) + (s-c) = s$, $\tan\dfrac{\alpha}{2}\tan\dfrac{\beta}{2}\tan\dfrac{\gamma}{2}\sin s = k$.	1. Lösung: Gesucht a. $\cos a = \dfrac{\cos\alpha + \cos\beta\cos\gamma}{\sin\beta\sin\gamma}$ oder $\cot\dfrac{a}{2} = \sqrt{\dfrac{\cos(\sigma-\beta)\cos(\sigma-\gamma)}{-\cos\sigma\cos(\sigma-\alpha)}}$, $\sigma = \dfrac{\alpha+\beta+\gamma}{2}$. 2. Lösung: Gesucht a, b, c. $k' = \sqrt{\dfrac{\cos(\sigma-\alpha)\cos(\sigma-\beta)\cos(\sigma-\gamma)}{-\cos\sigma}}$. $\cot\dfrac{a}{2} = \dfrac{k'}{\cos(\sigma-\alpha)}$, $\cot\dfrac{b}{2} = \dfrac{k'}{\cos(\sigma-\beta)}$, $\cot\dfrac{c}{2} = \dfrac{k'}{\cos(\sigma-\gamma)}$. Proben: $(\sigma-\alpha) + (\sigma-\beta) + (\sigma-\gamma) = \sigma$, $\cot\dfrac{a}{2}\cot\dfrac{b}{2}\cot\dfrac{c}{2}(-\cos\sigma) = k'$.

3.4.3.3 Schiefwinklig sphärisches Dreieck

Bei 3 gegebenen Stücken unterscheidet man wie im Falle der rechtwinkligen sphärischen Dreiecke 6 Grundaufgaben. Die Bezeichnungen für die Winkel sind α, β, γ und a, b, c für die ihnen gegenüberliegenden Seiten **(Abb.3.97)**.
In den **Tabellen 3.7, 3.8, 3.9 und 3.10** ist zusammenfassend dargestellt, mit welchen Formeln welche Bestimmungsstücke im Rahmen der 6 Grundaufgaben über verschiedene Lösungswege bestimmt werden können.
Die Lösung der 3., 4., 5. und 6. Grundaufgabe kann auch durch Zerlegung des vorliegenden schiefwinklig sphärischen Dreiecks in zwei rechtwinklig sphärische Dreiecke herbeigeführt werden. Dazu wird für die 3. und 4. Grundaufgabe **(Abb.3.98, Abb.3.99)** von B das *sphärische Lot* auf AC bis D gefällt und für die 5. und 6. Grundaufgabe **(Abb.3.100)** von C auf AB bis D.
Im Spaltenkopf der **Tabellen 3.7, 3.8, 3.9 und 3.10** sind die für die jeweilige Grundaufgabe gege-

benen Seiten und Winkel mit S bzw. W gekennzeichnet. So bedeutet z.B. SWS: Zwei Seiten und der eingeschlossene Winkel sind gegeben.

■ **A:** Eine dreiseitige Pyramide hat die Grundfläche ABC und die Spitze S (**Abb.3.4.3.3**). Die Seitenflächen ABS und BCS schneiden sich unter $74°18'$, BCS und CAS unter $63°40'$ und CAS und ABS unter $80°00'$. Wie groß sind die Winkel, unter denen sich je zwei der Kanten AS, BS und CS schneiden?

Tabelle 3.8 Grundaufgabe 3 für sphärische schiefwinklige Dreiecke

3. Grundaufgabe geg.: 2 Seiten und der eingeschlossene Winkel, z.B. a, b, γ SWS	
Bedingungen: Keine	
1. Lösung: Gesucht c bzw. c und α. $\cos c = \cos a \cos b + \sin a \sin b \cos\gamma$, $\sin\alpha = \dfrac{\sin a \sin\gamma}{\sin c}$. α kann im I. oder II. Quadranten liegen. Entscheidung durch Satz: Der größeren Seite liegt der größere Winkel gegenüber oder Kontrollrechnung: $\cos a - \cos b \cos c \gtrless 0 \rightarrow$ α im I. Q. / α im II. Q. 2.Lösung: Gesucht α bzw. α und c. $\tan u = \tan a \cos\gamma$ $\tan\alpha = \dfrac{\tan\gamma \sin u}{\sin(b-u)}$ $\tan c = \dfrac{\tan(b-u)}{\cos\alpha}$. 3. Lösung: Gesucht α und (oder) β. $\tan\dfrac{\alpha+\beta}{2} = \dfrac{\cos\dfrac{a-b}{2}}{\cos\dfrac{a+b}{2}}\cot\dfrac{\gamma}{2}$.	$\tan\dfrac{\alpha-\beta}{2} = \dfrac{\sin\dfrac{a-b}{2}}{\sin\dfrac{a+b}{2}}\cot\dfrac{\gamma}{2}$ $\left(-90° < \dfrac{\alpha-\beta}{2} < 90°\right)$ $\alpha = \dfrac{\alpha+\beta}{2} + \dfrac{\alpha-\beta}{2}, \quad \beta = \dfrac{\alpha+\beta}{2} - \dfrac{\alpha-\beta}{2}$. 4. Lösung: Gesucht α, β, c. $\tan\dfrac{\alpha+\beta}{2} = \dfrac{\cos\dfrac{a-b}{2}\cos\dfrac{\gamma}{2}}{\cos\dfrac{a+b}{2}\sin\dfrac{\gamma}{2}} = \dfrac{Z}{N}$, $\tan\dfrac{\alpha-\beta}{2} = \dfrac{\sin\dfrac{a-b}{2}\cos\dfrac{\gamma}{2}}{\sin\dfrac{a+b}{2}\sin\dfrac{\gamma}{2}} = \dfrac{Z'}{N'}$ $\left(-90° < \dfrac{\alpha+\beta}{2} < 90°\right)$ $\alpha = \dfrac{\alpha+\beta}{2} + \dfrac{\alpha-\beta}{2}, \quad \beta = \dfrac{\alpha+\beta}{2} - \dfrac{\alpha-\beta}{2}$, $\cos\dfrac{c}{2} = \dfrac{Z}{\sin\dfrac{\alpha+\beta}{2}}, \quad \sin\dfrac{c}{2} = \dfrac{Z'}{\sin\dfrac{\alpha-\beta}{2}}$. Probe: Doppelte Berechnung von c.

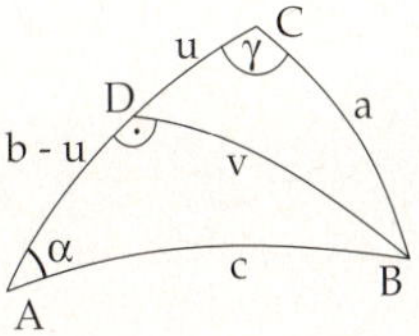

Abbildung 3.98

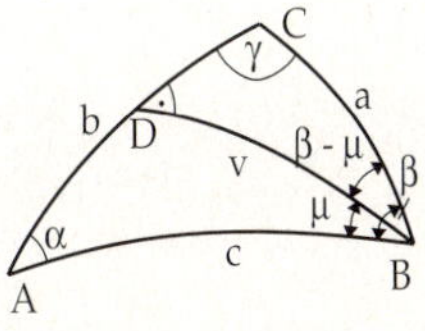

Abbildung 3.99

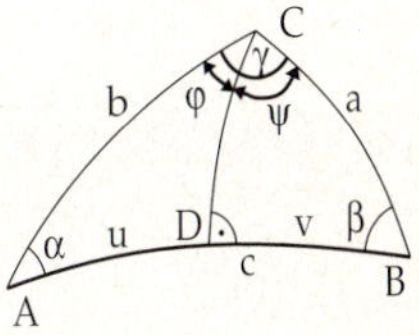

Abbildung 3.100

Lösung: Aus einer Kugelfläche um die Spitze S der Pyramide schneidet das Dreikant (**Abb.3.4.3.3**) ein sphärisches Dreieck mit den Seiten a, b, c aus. Die Winkel zwischen den Seitenflächen sind die Winkel des sphärischen Dreiecks, die gesuchten Winkel zwischen den Kanten sind seine Seiten. Die Bestimmung der Winkel a, b, c entspricht der 2. Grundaufgabe. Die 2. Lösung in **Tabelle 3.7** liefert:
$\sigma = 108°59'$, $\sigma - \alpha = 28°59'$, $\sigma - \beta = 34°41'$, $\sigma - \gamma = 45°19'$, $k' = 1,246983$, $\cot\dfrac{a}{2} =$

$1,425514, \ \cot\frac{b}{2} = 1,516440, \ \cot\frac{c}{2} = 1,773328\,.$

Tabelle 3.9 Grundaufgabe 4 für sphärisch schiefwinklige Dreiecke

<table>
<tr><td colspan="2">4. Grundaufgabe
geg.: 1 Seite und die zwei anliegenden Winkel, z.B. α, β, c WSW</td></tr>
<tr><td colspan="2">Bedingungen: Keine</td></tr>
<tr><td>1. Lösung: Gesucht γ bzw. γ und a.
$\cos\gamma = -\cos\alpha\cos\beta + \sin\alpha\sin\beta\cos c$,
$\sin a = \dfrac{\sin c\sin\alpha}{\sin\gamma}$.
a kann im I. oder II. Quadranten liegen. Entscheidung durch Satz: Dem größeren Winkel liegt die größere Seite gegenüber oder Kontrollrechnung:
$\cos\alpha + \cos\beta\cos\gamma \gtrless 0 \rightarrow \begin{matrix}\alpha \text{ im I. Q.}\\ \alpha \text{ im II. Q.}\end{matrix}$
2. Lösung: Gesucht a bzw. a und γ.
$\cot\mu = \tan\alpha\cos c, \ \tan a = \dfrac{\tan c\cos\mu}{\cos(\beta-\mu)}$,
$\tan\gamma = \dfrac{\cot(\beta-\mu)}{\cos a}$.
3. Lösung: Gesucht a und (oder) b.
$\tan\dfrac{a+b}{2} = \dfrac{\cos\dfrac{\alpha-\beta}{2}}{\cos\dfrac{\alpha+\beta}{2}}\tan\dfrac{c}{2}$,
$\tan\dfrac{a-b}{2} = \dfrac{\sin\dfrac{\alpha-\beta}{2}}{\sin\dfrac{\alpha+\beta}{2}}\tan\dfrac{c}{2}$</td>
<td>$\left(-90^\circ < \dfrac{a-b}{2} < 90^\circ\right)$,
$a = \dfrac{a+b}{2} + \dfrac{a-b}{2}, \quad b = \dfrac{a+b}{2} - \dfrac{a-b}{2}$.
4. Lösung: Gesucht a, b, γ.
$\tan\dfrac{a+b}{2} = \dfrac{\cos\dfrac{\alpha-\beta}{2}\sin\dfrac{c}{2}}{\cos\dfrac{\alpha+\beta}{2}\cos\dfrac{c}{2}} = \dfrac{Z}{N}$,
$\tan\dfrac{a-b}{2} = \dfrac{\sin\dfrac{\alpha-\beta}{2}\sin\dfrac{c}{2}}{\sin\dfrac{\alpha+\beta}{2}\cos\dfrac{c}{2}} = \dfrac{Z'}{N'}$
$\left(90^\circ < \dfrac{a-b}{2} < 90^\circ\right)$,
$a = \dfrac{a+b}{2} + \dfrac{a-b}{2}, \quad b = \dfrac{a+b}{2} - \dfrac{a-b}{2}$,
$\sin\dfrac{\gamma}{2} = \dfrac{Z}{\sin\dfrac{a+b}{2}}, \quad \cos\dfrac{\gamma}{2} = \dfrac{Z'}{\sin\dfrac{a-b}{2}}$.
Probe: Doppelte Berechnung von γ.</td></tr>
</table>

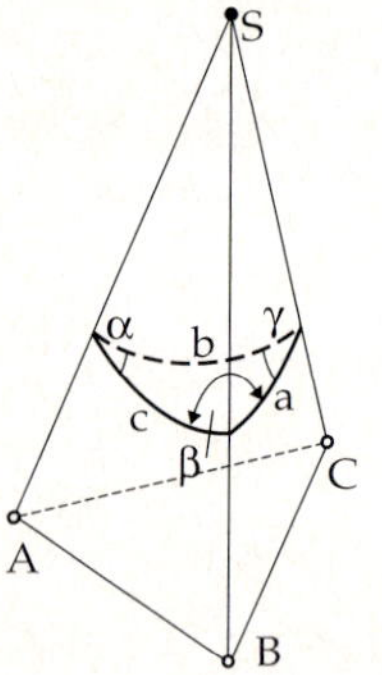

Abbildung 3.101

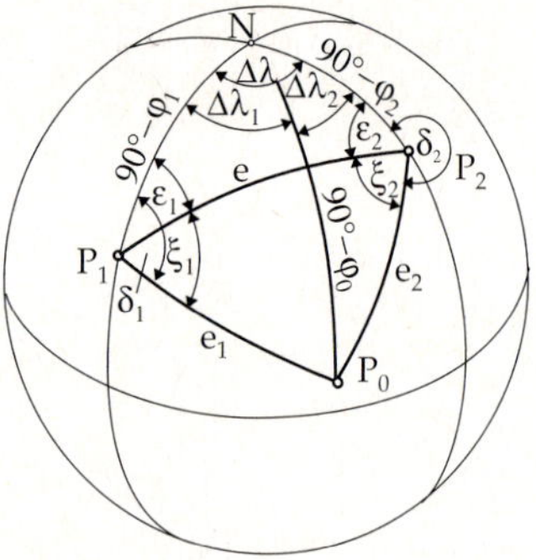

Abbildung 3.102

■ **B Funkpeilung:** Durch Funkpeilung von zwei festen Stationen $P_1(\lambda_1, \varphi_1)$ und $P_2(\lambda_2, \varphi_2)$ wurden die Azimute δ_1 und δ_2 der von einem Schiff ausgesandten Funkwellen gepeilt **(Abb.3.4.3.3)**. Gesucht sind die geographischen Koordinaten des Standortes P_0 des Schiffes. Die in der *Nautik* unter dem Namen *Fremdpeilung* bekannte Aufgabe stellt einen *Vorwärtseinschnitt auf der Kugel* dar und wird ähnlich dem Vorwärtseinschnitt in der Ebene gelöst (s. S. 142).

Tabelle 3.10 Grundaufgaben 5 und 6 für sphärische schiefwinklige Dreiecke

5. Grundaufgabe SSW	6. Grundaufgabe WWS
Geg.: 2 Seiten und der einer Seite gegenüberliegende Winkel, z.B. a, b, α	Geg.: 2 Winkel und die einem Winkel gegenüberliegende Seite, z.B. a, α, β
Bedingungen: Siehe Fallunterscheidungen.	Bedingungen: Siehe Fallunterscheidungen.
Lösung: Gesucht beliebige fehlende Größe. $\sin\beta = \dfrac{\sin b \sin\alpha}{\sin a}$ 2 Werte β_1, β_2 möglich. Es sei β_1 spitz und $\beta_2 = 180° - \beta_1$ stumpf. Fallunterscheidung: 1. $\dfrac{\sin b \sin\alpha}{\sin a} > 1$ 0 Lösungen. 2. $\dfrac{\sin b \sin\alpha}{\sin a} = 1$ 1. Lösung $\beta = 90°$. 3. $\dfrac{\sin b \sin\alpha}{\sin a} < 1:$ 3.1. $\sin a > \sin b:$ 3.1.1. $b < 90°$ 1 Lösung β_1. 3.1.2. $b > 90°$ 1 Lösung β_2. 3.2. $\sin a < \sin b:$ 3.2.1. $a < 90°, \alpha < 90°$; $a > 90°, \alpha > 90°$ } 2 Lösungen β_1, β_2. 3.2.2. $a < 90°, \alpha > 90°$; $a > 90°, \alpha < 90°$ } 0 Lösungen. Weitere Berechnung mit einem Winkel oder 2 Winkeln β:	Lösung: Gesucht beliebige fehlende Größe. $\sin b = \dfrac{\sin a \sin\beta}{\sin\alpha}$ 2 Werte b_1, b_2 möglich. Es sei b_1 spitz und $b_2 = 180° - \beta_1$ stumpf. Fallunterscheidung: 1. $\dfrac{\sin a \sin\beta}{\sin\alpha} > 1$ 0 Lösungen. 2. $\dfrac{\sin a \sin\beta}{\sin\alpha} = 1$ 1. Lösung $b = 90°$. 3. $\dfrac{\sin a \sin\beta}{\sin\alpha} < 1:$ 3.1. $\sin\alpha > \sin\beta$. 3.1.1. $\beta < 90°$ 1 Lösung b_1. 3.1.2. $\beta > 90°$ 1 Lösung b_2. 3.2. $\sin\alpha < \sin\beta:$ 3.2.1. $a < 90°, \alpha < 90°$; $a > 90°, \alpha > 90°$ } 2 Lösungen b_1, b_2. 3.2.2. $a < 90°, \alpha > 90°$; $a > 90°, \alpha < 90°$ } 0 Lösungen. Weitere Berechnung mit einer Seite oder 2 Seiten β:

1. Weg:	2. Weg:	
$\tan u = \tan b \cos\alpha,$ $\tan v = \tan a \cos\beta,$ $c = u + v,$ $\cot\varphi = \cos b \tan\alpha,$ $\cot\psi = \cos a \tan\beta,$ $\gamma = \varphi + \psi.$	$\tan\dfrac{c}{2} = \tan\dfrac{a+b}{2}\dfrac{\cos\dfrac{\alpha+\beta}{2}}{\cos\dfrac{\alpha-\beta}{2}},$ $= \tan\dfrac{a-b}{2}\dfrac{\sin\dfrac{\alpha+\beta}{2}}{\sin\dfrac{\alpha-\beta}{2}}.$	$\tan\dfrac{\gamma}{2} = \cot\dfrac{\alpha+\beta}{2}\dfrac{\cos\dfrac{a-b}{2}}{\sin\dfrac{a+b}{2}},$ $= \cot\dfrac{\alpha-\beta}{2}\dfrac{\sin\dfrac{a-b}{2}}{\sin\dfrac{a+b}{2}}.$
Probe: Doppelte Berechnung von $\dfrac{c}{2}$ und $\dfrac{\gamma}{2}$.		

1. Berechnung im Dreieck P_1P_2N: Im Dreieck P_1P_2N sind die Seiten $P_1N = 90° - \varphi_1$, $P_2N = 90° - \varphi_2$ und der Winkel $\sphericalangle P_1NP_2 = \lambda_2 - \lambda_1 = \Delta\lambda$ gegeben. Berechnung der Winkel $\sphericalangle \varepsilon_1$, ε_2 und der Strecke $P_1P_2 = e$ gemäß 3. Grundaufgabe.

2. Berechnung im Dreieck $P_1P_2P_0$: Da $\xi_1 = \delta_1 - \varepsilon_1$, $\xi_2 = 360° - (\delta_2 + \varepsilon_2)$, sind in $P_1P_0P_2$ die Seite e und die anliegenden Winkel ξ_1 und ξ_2 bekannt. Berechnung der Seiten e_1 und e_2 gemäß 4. Grundaufgabe, 3. Lösung. Die Koordinaten des Punktes P_0 sind aus dem Azimut und der Entfernung gegen P_1 oder P_2, also doppelt berechenbar.

3. Berechnung im Dreieck NP_1P_0: Im Dreieck NP_1P_0 sind die zwei Seiten $NP_1 = 90° - \varphi_1$, $P_1P_0 = e_1$ und der eingeschlossene Winkel δ_1 gegeben. Nach der 3. Grundaufgabe, 1. Lösung, werden die Seiten $NP_0 = 90° - \varphi_0$ und der Winkel $\Delta\lambda_1$ berechnet. Zur Kontrolle werden im Dreieck NP_0P_2 ein zweites

Mal $NP_0 = 90° - \varphi_0$ und der Winkel $\Delta\lambda_2$ berechnet. Damit sind die Länge $\lambda_0 = \lambda_1 + \Delta\lambda_1 = \lambda_2 - \Delta\lambda_2$ und die Breite φ_0 des Punktes P_0 bekannt.

3.4.3.4 Sphärische Kurven

Ein wichtiges Einsatzgebiet der sphärischen Trigonometrie ist die Navigation. Eine ihrer Aufgaben besteht in der Wahl von Kurswinkeln, die optimale Wegstrecken ermöglichen. Andere Anwendungsgebiete sind das geodätische Vermessungswesen (s. z.B. Lit. [3.12], Programme und Rechenbeispiele) sowie Roboter–Bewegungsabläufe.

1. Orthodrome

1. Begriffsbestimmung Die Geodätischen der Kugeloberfläche – das sind Kurven, die zwei Punkte A und B auf dem kürzesten Weg miteinander verbinden – heißen *Orthodromen* oder *Großkreise* (s. S. 154).

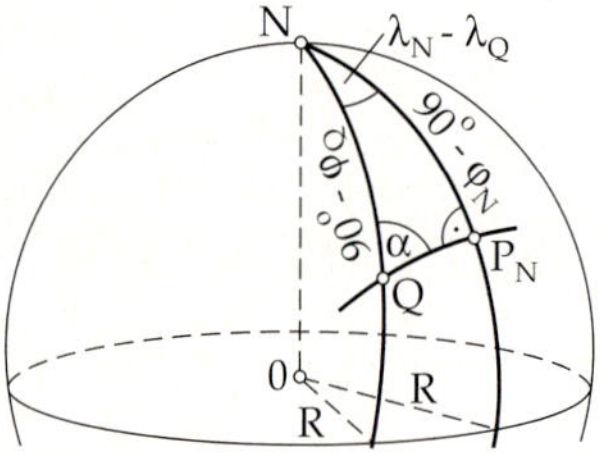

Abbildung 3.103

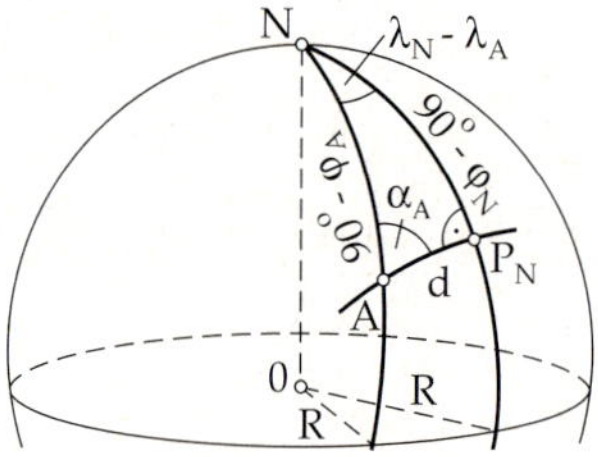

Abbildung 3.104

2. Gleichung der Orthodrome Bewegungen auf Orthodromen – die Meridiane und der Äquator ausgenommen – sind mit der Notwendigkeit einer ständigen Kursänderung verbunden. Solche Orthodromen mit ortsabhängigen Kurswinkeln α können eindeutig unter Zuhilfenahme ihres nordpolnächsten Punktes $P_{\rm N}(\lambda_{\rm N}, \varphi_{\rm N})$ beschrieben werden, wobei $\varphi_{\rm N} > 0°$ ist. Im nordpolnächsten Punkt hat die Orthodrome den Kurswinkel $\alpha_{\rm N} = 90°$. Die Gleichung der Orthodrome durch $P_{\rm N}$ und den laufenden Punkt $Q(\lambda, \varphi)$, dessen relative Lage zu $P_{\rm N}$ beliebig ist, ergibt sich nach der NEPERschen Regel gemäß **Abb.3.104** als:

$$\tan\varphi_{\rm N}\cos(\lambda - \lambda_{\rm N}) = \tan\varphi\,. \tag{3.186}$$

Nordpolnächster Punkt: Die Koordinaten des nordpolnächsten Punktes $P_{\rm N}(\lambda_{\rm N}, \varphi_{\rm N})$ einer Orthodrome mit dem Kurswinkel α_A $(\alpha_A \neq 0°)$ durch den Punkt $A(\lambda_A, \varphi_A)$ $(\varphi_A \neq 90°)$ ergeben sich unter Berücksichtigung seiner relativen Lage zu $P_{\rm N}$ sowie des Vorzeichens von α_A nach der NEPERschen Regel gemäß **Abb.3.103** als:

$$\varphi_{\rm N} = \arccos(\sin|\alpha_A|\cos\varphi_A) \quad (3.187\text{a}) \qquad \text{und} \qquad \lambda_{\rm N} = \lambda_A + \operatorname{sign}(\alpha_A)\left|\arccos\frac{\tan\varphi_A}{\tan\varphi_{\rm N}}\right|. \quad (3.187\text{b})$$

Hinweis: Liegt eine berechnete geographische Länge λ nicht im Definitionsbereich $-180° < \lambda \leq 180°$, dann ergibt sich für $\lambda \neq \pm k \cdot 180°$ $(k \in \mathbb{N})$ die *reduzierte geographische Länge* $\lambda_{\rm red}$ zu

$$\lambda_{\rm red} = 2\arctan\left(\tan\frac{\lambda}{2}\right). \tag{3.188}$$

Man spricht in diesem Zusammenhang von *Rückversetzung* des Winkels in den Definitionsbereich.

Äquatorschnittpunkte: Die Äquatorschnittpunkte $P_{\rm \ddot{A}_1}(\lambda_{\rm \ddot{A}_1}, 0°)$ und $P_{\rm \ddot{A}_2}(\lambda_{\rm \ddot{A}_2}, 0°)$ der Orthodrome ergeben sich gemäß (3.186) wegen $\tan\varphi_{\rm N}\cos(\lambda_{\rm \ddot{A}_\nu} - \lambda_{\rm N}) = 0$ $(\nu = 1, 2)$ zu:

$$\lambda_{\rm \ddot{A}_\nu} = \lambda_{\rm N} \mp 90° \qquad (\nu = 1, 2)\,. \tag{3.189}$$

Hinweis: Unter Umständen ist gemäß (3.188) eine Rückversetzung der Winkel erforderlich.

3. Bogenlänge Verläuft die Orthodrome durch die Punkte $A(\lambda_A, \varphi_A,)$ und $B(\lambda_B, \varphi_B)$, dann liefert der Seitenkosinussatz für den sphärischen Abstand d oder die Bogenlänge zwischen den beiden Punkten:

$$d = \arccos[\sin\varphi_A \sin\varphi_B + \cos\varphi_A \cos\varphi_B \cos(\lambda_B - \lambda_A)]\,. \qquad (3.190a)$$

Unter Berücksichtigung des Erdradius R läßt sich dieser Mittelpunktwinkel in eine Länge umrechnen:

$$d = \arccos[\sin\varphi_A \sin\varphi_B + \cos\varphi_A \cos\varphi_B \cos(\lambda_B - \lambda_A)] \cdot \frac{\pi R}{180^\circ}\,. \qquad (3.190b)$$

4. Kurswinkel Setzt man den Sinus– und Seitenkosinussatz zur Berechnung von $\sin\alpha_A$ und $\cos\alpha_A$ ein, so ergibt eine Division der Ergebnisse und anschließende Auflösung nach dem Kurswinkel α_A:

$$\alpha_A = \arctan\frac{\cos\varphi_A \cos\varphi_B \sin(\lambda_B - \lambda_A)}{\sin\varphi_B - \sin\varphi_A \cos d}\,. \qquad (3.191)$$

Hinweis: Mit den Formeln (3.190a), (3.191), (3.187a) und (3.187b) lassen sich die Koordinaten des nordpolnächsten Punktes $P_{\rm N}$ einer durch zwei Punkte A und B festgelegten Orthodrome berechnen.

5. Schnittpunkte mit einem Breitenkreis Für die Schnittpunkte $X_1(\lambda_{X_1}, \varphi_X)$ und $X_2(\lambda_{X_2}, \varphi_X)$ einer Orthodrome mit dem Breitenkreis $\varphi = \varphi_X$ ergibt sich gemäß (3.186):

$$\lambda_{X_\nu} = \lambda_{\rm N} \mp \arccos\frac{\tan\varphi_X}{\tan\varphi_{\rm N}} \quad (\nu = 1, 2)\,. \qquad (3.192)$$

Nach der NEPERschen Regel gilt für die beiden Schnittwinkel α_{X_1} und α_{X_2}, unter denen eine Orthodrome mit dem nordpolnächsten Punkt $P_{\rm N}(\lambda_{\rm N}, \varphi_{\rm N})$ den Breitenkreis $\varphi = \varphi_X$ schneidet:

$$|\alpha_{X_\nu}| = \arcsin\frac{\cos\varphi_{\rm N}}{\cos\varphi_X} \qquad (\nu = 1, 2)\,. \qquad (3.193)$$

Für den minimalen Kurswinkel $|\alpha_{\min}|$ muß das Argument in der Arkussinusfunktion hinsichtlich der Variablen φ_X extremal sein. Man erhält: $\sin\varphi_X = 0 \;\Rightarrow\; \varphi_X = 0$, d.h., in den Schnittpunkten mit dem Äquator ist der Betrag des Kurswinkels minimal:

$$|\alpha_{X_{\min}}| = 90^\circ - \varphi_{\rm N}\,. \qquad (3.194)$$

Hinweis 1: Lösungen von (3.192) ergeben sich nur für $|\varphi_X| \le \varphi_{\rm N}$.

Hinweis 2: Unter Umständen ist gemäß (3.188) eine Rückversetzung der Winkel erforderlich.

6. Schnittpunkt mit einem Meridian Für den Schnittpunkt $Y(\lambda_Y, \varphi_Y)$ einer Orthodrome mit dem Meridian $\lambda = \lambda_Y$ ergibt sich gemäß (3.186):

$$\varphi_Y = \arctan[\tan\varphi_{\rm N} \cos(\lambda_Y - \lambda_{\rm N})]\,. \qquad (3.195)$$

2. Kleinkreis

1. Begriffsbestimmung Die Definition von Kleinkreisen auf der Kugeloberfläche erfordert eine im Vergleich zur Begriffsbildung auf S. 154 detailliertere Fassung: Danach ist ein *Kleinkreis* der geometrische Ort aller Punkte, die von einem festen Punkt $M(\lambda_M, \varphi_M)$ auf der Kugeloberfläche den sphärischen Abstand r ($r < 90^\circ$) haben **(Abb. 3.105)**. Mit M wird der *sphärische Mittelpunkt* bezeichnet; r heißt *spärischer Kleinkreisradius.*

Die Kleinkreisebene ist die Grundfläche eines Kugelabschnitts mit der Höhe h (s. S. 152). Der sphärische Mittelpunkt M liegt oberhalb des Kleinkreismittelpunktes in der Kleinkreisebene. Dort hat der Kreis den *ebenen Kleinkreisradius* r_0 **(Abb.3.106)**. Breitenkreise sind damit spezielle Kleinkreise mit $\varphi_M = \pm 90^\circ$.

■ Für $r \to 90^\circ$ geht der Kleinkreis in eine Orthodrome über.

2. Kleinkreisgleichungen Als Beschreibungsparameter lassen sich entweder M oder r oder der nordpolnächste Kleinkreispunkt $P_{\rm N}(\lambda_{\rm N}, \varphi_{\rm N})$ und r verwenden. Ist der laufende Punkt auf dem Kleinkreis $Q(\lambda, \varphi)$, so ergibt sich nach dem Seitenkosinussatz gemäß **Abb.3.105** die Kleinkreisgleichung

$$\cos r = \sin\varphi \sin\varphi_M + \cos\varphi \cos\varphi_M \cos(\lambda - \lambda_M)\,. \qquad (3.196a)$$

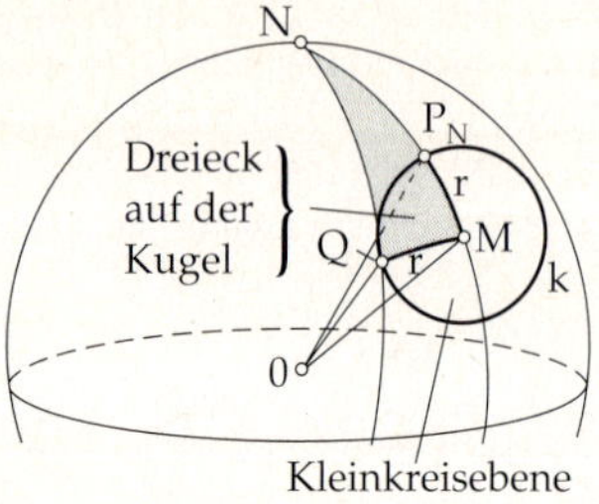

Abbildung 3.105

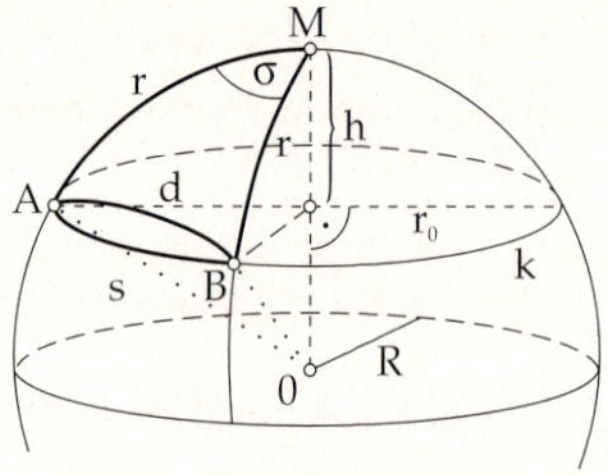

Abbildung 3.106

Daraus erhält man wegen $\varphi_M = \varphi_{\mathrm{N}} - r$ und $\lambda_M = \lambda_{\mathrm{N}}$:

$$\cos r = \sin\varphi \sin(\varphi_{\mathrm{N}} - r) + \cos\varphi \cos(\varphi_{\mathrm{N}} - r)\cos(\lambda - \lambda_{\mathrm{N}})\,. \tag{3.196b}$$

■ **A:** Für $\varphi_M = 90°$ ergeben sich aus (3.196a) wegen $\cos r = \sin\varphi \Rightarrow \sin(90° - r) = \sin\varphi \Rightarrow \varphi =$ const Breitenkreise.

■ **B:** Für $r \to 90°$ ergeben sich aus (3.196b) Orthodromen.

3. Bogenlänge Die Bogenlänge s zwischen zwei Punkten $A(\lambda_A, \varphi_A)$ und $B(\lambda_B, \varphi_B)$ auf einem Kleinkreis k läßt sich gemäß **Abb.3.106** aus den Beziehungen $\dfrac{s}{\sigma} = \dfrac{2\pi r_0}{360°}$, $\cos d = \cos^2 r + \sin^2 r \cos\sigma$ und $r_0 = R\sin r$ gewinnen:

$$s = \sin r \arccos \frac{\cos d - \cos^2 r}{\sin^2 r} \cdot \frac{\pi R}{180°}\,. \tag{3.197}$$

■ Für $r \to 90°$ wird der Kleinkreis zur Orthodrome, und aus (3.197) und (3.190b) folgt $s = d$.

4. Kurswinkel Gemäß **Abb.3.107** schneidet die Orthodrome durch $A(\lambda_A, \varphi_A)$ und $M(\lambda_M, \varphi_M)$ den Kleinkreis mit dem Radius r senkrecht. Für den Kurswinkel α_{Orth} der Orthodrome gilt nach (3.191):

$$\alpha_{\mathrm{Orth}} = \arctan \frac{\cos\varphi_A \cos\varphi_M \sin(\lambda_M - \lambda_A)}{\sin\varphi_M - \sin\varphi_A \cos r}\,. \tag{3.198a}$$

Damit ergibt sich für den gesuchten Kurswinkel α_A des Kleinkreises im Punkt A:

$$\alpha_A = (|\alpha_{\mathrm{Orth}}| - 90°)\,\mathrm{sign}(\alpha_{\mathrm{Orth}})\,. \tag{3.198b}$$

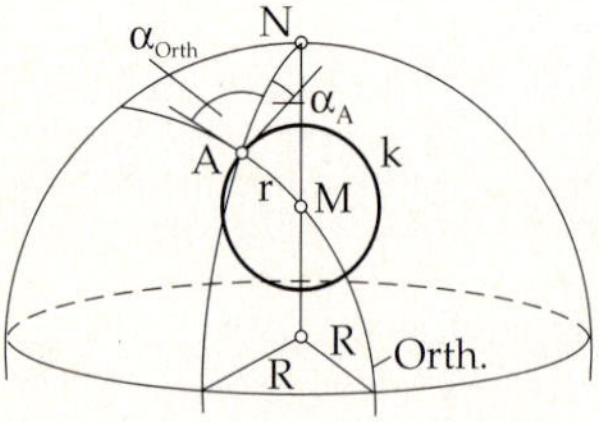

Abbildung 3.107

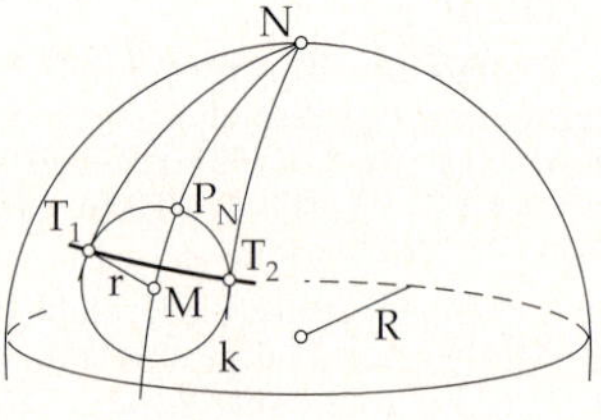

Abbildung 3.108

5. Schnittpunkte mit einem Breitenkreis Für die geographischen Längen der Schnittpunkte $X_1(\lambda_{X_1}, \varphi_X)$ und $X_2(\lambda_{X_2}, \varphi_X)$ des Kleinkreises mit dem Breitenkreis $\varphi = \varphi_X$ ergibt sich aus (3.196a):

$$\lambda_{X_\nu} = \lambda_M \mp \arccos \frac{\cos r - \sin\varphi_X \sin\varphi_M}{\cos\varphi_X \cos\varphi_M} \qquad (\nu = 1, 2)\,. \tag{3.199}$$

Hinweis: Unter Umständen ist gemäß (3.188) eine Rückversetzung der Winkel erforderlich.

6. Tangierpunkte Der Kleinkreis wird von zwei Meridianen, den *Tangiermeridianen*, in den *Tangierpunkten* $T_1(\lambda_{T_1}, \varphi_T)$ und $T_2(\lambda_{T_2}, \varphi_T)$ berührt **(Abb.3.108)**. Aus der Forderung, daß für sie das Argument des Arkuskosinus in (3.199) hinsichtlich der Variablen φ_X extremal sein muß, erhält man:

$$\varphi_T = \arcsin \frac{\sin \varphi_M}{\cos r}, \quad (3.200a) \qquad \lambda_{T_\nu} = \lambda_M \mp \arccos \frac{\cos r - \sin \varphi_X \sin \varphi_M}{\cos \varphi_X \cos \varphi_M} \quad (\varphi = 1, 2)\,. \quad (3.200b)$$

Hinweis: Unter Umständen ist gemäß (3.188) eine Rückversetzung der Winkel erforderlich.

7. Schnittpunkte mit einem Meridian Die Berechnung der geographischen Breiten der Schnittpunkte $Y_1(\lambda_Y, \varphi_{Y_1})$ und $Y_2(\lambda_Y, \varphi_{Y_2})$ des Kleinkreises mit dem Meridian $\lambda = \lambda_Y$ erfolgt gemäß (3.196a) mit den Gleichungen

$$\varphi_{Y_\nu} = \arcsin \frac{-AC \pm B\sqrt{A^2 + B^2 - C^2}}{A^2 + B^2} \qquad (\nu = 1, 2)\,, \tag{3.201a}$$

wobei gilt:

$$A = \sin \varphi_M, \qquad B = \cos \varphi_M \cos(\lambda_Y - \lambda_M), \qquad C = -\cos r\,. \tag{3.201b}$$

Für $A^2 + B^2 > C^2$ gibt es im allgemeinen zwei verschiedene Lösungen, von denen jedoch eine entfällt, wenn ein Pol im Kleinkreis liegt.

Gilt $A^2 + B^2 = C^2$ und liegt keiner der Pole im Kleinkreis, dann berührt der Meridian den Kleinkreis in einem Tangierpunkt mit der geographischen Breite $\varphi_{Y_1} = \varphi_{Y_2} = \varphi_T$.

3. Loxodrome

1. Begriffsbestimmung Eine sphärische Kurve, die alle Meridiane unter konstantem Kurswinkel schneidet, heißt *Loxodrome* oder *Kursgleiche*. Breitenkreise ($\alpha = 90°$) und Meridiane ($\alpha = 0°$) sind damit spezielle Loxodromen.

2. Gleichung der Loxodrome Die **Abb.3.109** zeigt eine Loxodrome mit dem Kurswinkel α durch den laufenden Punkt $Q(\lambda, \varphi)$ und den infinitesimal benachbarten Punkt $P(\lambda + d\lambda, \varphi + d\varphi)$. Das rechtwinklige sphärische Dreieck ΔQCP kann wegen seiner differentiellen Ausmaße als ebenes Dreieck angesehen werden. Dann gilt:

$$\tan \alpha = \frac{R \cos \varphi d\lambda}{R d\varphi} \Rightarrow d\lambda = \frac{\tan \alpha d\varphi}{\cos \alpha}\,. \tag{3.202a}$$

Unter Berücksichtigung des Umstandes, daß die Loxodrome durch den Punkt $A(\lambda_A, \varphi_A)$ verlaufen soll, ergibt sich daraus durch Integration die Gleichung der Loxodrome:

$$\lambda - \lambda_A = \tan \alpha \ln \frac{\tan\left(45° + \dfrac{\varphi}{2}\right)}{\tan\left(45° + \dfrac{\varphi_A}{2}\right)} \cdot \frac{180°}{\pi} \qquad (\alpha \neq 90°)\,. \tag{3.202b}$$

Ist A speziell der Schnittpunkt $P_{\ddot{A}}(\lambda_{\ddot{A}}, 0°)$ der Loxodrome mit dem Äquator, so folgt daraus:

$$\lambda - \lambda_{\ddot{A}} = \tan \alpha \ln \tan\left(45° + \frac{\varphi}{2}\right) \cdot \frac{180°}{\pi} \qquad (\alpha \neq 90°)\,. \tag{3.202c}$$

Hinweis: Die Berechnung von $\lambda_{\ddot{A}}$ kann mit (3.207) erfolgen.

3. Bogenlänge Aus **Abb.3.109** erkennt man den differentiellen Zusammenhang

$$\cos \alpha = \frac{R d\varphi}{ds} \Rightarrow ds = \frac{R d\varphi}{\cos \alpha}\,. \tag{3.203a}$$

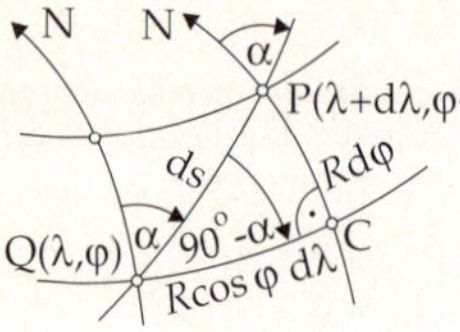

Abbildung 3.109

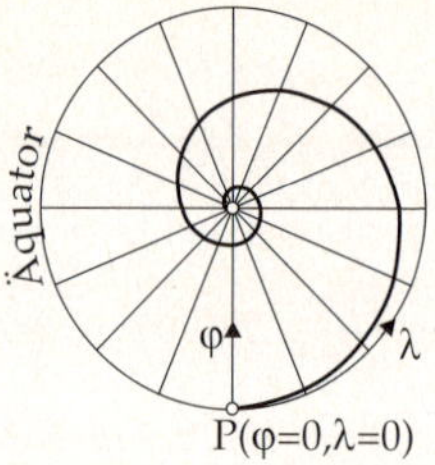

Abbildung 3.110

Integration über φ liefert für die Bogenlänge s des Bogenstücks mit den Endpunkten $A(\lambda_A, \varphi_A)$ und $B(\lambda_B, \varphi_B)$:

$$s = \frac{|\varphi_B - \varphi_A|}{\cos\alpha} \cdot \frac{\pi R}{180^\circ} \qquad (\alpha \neq 90^\circ)\,. \tag{3.203b}$$

Ist A der Abfahrtsort und B der Zielort (*gegißter Ort*), so lassen sich bei Vorgabe von A, α und s schrittweise aus (3.203b) zuerst φ_B und danach gemäß (3.202b) λ_B berechnen.

Näherungsformel: Gemäß **Abb.3.109** erhält man mit $Q = A$ und $P = B$ nach einer Mittelung der geographischen Breiten den Ansatz (3.204a) für eine Näherungsformel zur Berechnung der angenäherten Bogenlänge l gemäß (3.204b):

$$\sin\alpha = \frac{\cos\dfrac{\varphi_A + \varphi_B}{2}(\lambda_B - \lambda_A)}{l} \cdot \frac{\pi R}{180^\circ}\,. \tag{3.204a}$$

$$l = \frac{\cos\dfrac{\varphi_A + \varphi_B}{2}}{\sin\alpha}(\lambda_B - \lambda_A) \cdot \frac{\pi R}{180^\circ}\,. \tag{3.204b}$$

4. Kurswinkel Für den Kurswinkel α der Loxodrome durch die Punkte $A(\lambda_A, \varphi_A)$ und $B(\lambda_B, \varphi_B)$ bzw. durch $A(\lambda_A, \varphi_A)$ und ihren Äquatorschnittpunkt $P_{\ddot{A}}(\lambda_{\ddot{A}}, 0^\circ)$ folgt gemäß (3.202b) und (3.202c):

$$\alpha = \arctan \frac{(\lambda_B - \lambda_A)}{\ln \dfrac{\tan\left(45^\circ + \dfrac{\varphi_B}{2}\right)}{\tan\left(45^\circ + \dfrac{\varphi_A}{2}\right)}} \cdot \frac{\pi}{180^\circ}, \tag{3.205a}$$

$$\alpha = \arctan \frac{(\lambda_A - \lambda_{\ddot{A}})}{\ln\tan\left(45^\circ + \dfrac{\varphi_A}{2}\right)} \cdot \frac{\pi}{180^\circ}\,. \tag{3.205b}$$

5. Schnittpunkt mit einem Breitenkreis Der Schnittpunkt $X(\lambda_X, \varphi_X)$ einer Loxodrome mit dem Kurswinkel α durch den Punkt $A(\lambda_A, \varphi_A)$ mit dem Breitenkreis $\varphi = \varphi_X$ berechnet sich gemäß (3.202b) zu

$$\lambda_X = \lambda_A + \tan\alpha \cdot \ln \frac{\tan\left(45^\circ + \dfrac{\varphi_X}{2}\right)}{\tan\left(45^\circ + \dfrac{\varphi_A}{2}\right)} \cdot \frac{180^\circ}{\pi} \qquad (\alpha \neq 90^\circ)\,. \tag{3.206}$$

Mit (3.206) läßt sich speziell der Äquatorschnittpunkt $P_{\text{Ä}}(\lambda_{\text{Ä}}, 0°)$ berechnen:

$$\lambda_{\text{Ä}} = \lambda_A - \tan\alpha \cdot \ln\tan\left(45° + \frac{\varphi_A}{2}\right) \cdot \frac{180°}{\pi} \qquad (\alpha \neq 90°)\,. \tag{3.207}$$

Hinweis: Unter Umständen ist gemäß (3.188) eine Rückversetzung der Winkel erforderlich.

6. Schnittpunkte mit einem Meridian Loxodromen – ausgenommen Breitenkreise und Meridiane – wickeln sich spiralförmig–asymptotisch um die Pole **(Abb.3.110)**. Die unendlich vielen Schnittpunkte $Y_\nu(\lambda_Y, \varphi_{Y_\nu})$ $(\nu \in \mathrm{Z})$ der durch $A(\lambda_A, \varphi_A)$ mit dem Kurswinkel α verlaufenden Loxodrome mit dem Meridian $\lambda = \lambda_Y$ berechnen sich gemäß (3.202b) zu

$$\varphi_{Y_\nu} = 2\arctan\left\{\exp\left[\frac{\lambda_Y - \lambda_A + \nu\cdot 360°}{\tan\alpha}\cdot\frac{\pi}{180°}\right]\tan\left(45° + \frac{\varphi_A}{2}\right)\right\} - 90° \qquad (\nu \in \mathrm{Z})\,. \tag{3.208a}$$

Ist A der Äquatorschnittpunkt $P_{\text{Ä}}(\lambda_{\text{Ä}}, 0°)$ der Loxodrome, dann ergibt sich vereinfacht:

$$\varphi_{Y_\nu} = 2\arctan\exp\left[\frac{\lambda_Y - \lambda_{\text{Ä}} + \nu\cdot 360°}{\tan\alpha}\cdot\frac{\pi}{180°}\right] - 90° \qquad (\nu \in \mathrm{Z})\,. \tag{3.208b}$$

4. Schnittpunkte sphärischer Kurven

1. Schnittpunkte zweier Orthodromen Die betrachteten Orthodromen sollen die nordpolnächsten Punkte $P_{\mathrm{N}_1}(\lambda_{\mathrm{N}_1}, \varphi_{\mathrm{N}_1})$ und $P_{\mathrm{N}_2}(\lambda_{\mathrm{N}_2}, \varphi_{\mathrm{N}_2})$ besitzen, wobei $P_{\mathrm{N}_1} \neq P_{\mathrm{N}_2}$ gilt. Einsetzen des Schnittpunktes $S(\lambda_S, \varphi_S)$ in beide Orthodromengleichungen führt auf das Gleichungssystem

$$\tan\varphi_{\mathrm{N}_1}\cos(\lambda_S - \lambda_{\mathrm{N}_1}) = \tan\varphi_S\,, \tag{3.209a}$$

$$\tan\varphi_{\mathrm{N}_2}\cos(\lambda_S - \lambda_{\mathrm{N}_2}) = \tan\varphi_S\,. \tag{3.209b}$$

Elimination von φ_S und die Anwendung der Additionstheoreme auf die Kosinusfunktionen ergeben:

$$\tan\lambda_S = -\frac{\tan\varphi_{\mathrm{N}_1}\cos\lambda_{\mathrm{N}_1} - \tan\varphi_{\mathrm{N}_2}\cos\lambda_{\mathrm{N}_2}}{\tan\varphi_{\mathrm{N}_1}\sin\lambda_{\mathrm{N}_1} - \tan\varphi_{\mathrm{N}_2}\sin\lambda_{\mathrm{N}_2}}\,. \tag{3.210}$$

Die Gleichung (3.210) liefert im Definitionsbereich $-180° < \lambda \leq 180°$ der geographischen Längen zwei Lösungen λ_{S_1} und λ_{S_2}. Die dazugehörigen geographischen Breiten ergeben sich aus (3.209a):

$$\varphi_{S_\nu} = \arctan[\tan\varphi_{\mathrm{N}_1}\cos(\lambda_{S_\nu} - \lambda_{\mathrm{N}_1})] \qquad (\nu = 1, 2)\,. \tag{3.211}$$

Die Schnittpunkte S_1 und S_2 sind *Gegenpunkte*, d.h., sie gehen durch eine Spiegelung am Kugelmittelpunkt auseinander hervor.

2. Schnittpunkte zweier Loxodromen Die betrachteten Loxodromen sollen die Äquatorschnittpunkte $P_{\text{Ä}_1}(\lambda_{\text{Ä}_1}, 0°)$ und $P_{\text{Ä}_2}(\lambda_{\text{Ä}_2}, 0°)$ sowie die Kurswinkel α_1 und α_2 $(\alpha_1 \neq \alpha_2)$ haben. Einsetzen des Schnittpunktes $S(\lambda_S, \varphi_S)$ in beide Loxodromengleichungen führt auf das Gleichungssystem

$$\lambda_S - \lambda_{\text{Ä}_1} = \tan\alpha_1 \cdot \ln\tan\left(45° + \frac{\varphi_S}{2}\right)\cdot\frac{180°}{\pi} \qquad (\alpha_1 \neq 90°)\,, \tag{3.212a}$$

$$\lambda_S - \lambda_{\text{Ä}_2} = \tan\alpha_2 \cdot \ln\tan\left(45° + \frac{\varphi_S}{2}\right)\cdot\frac{180°}{\pi} \qquad (\alpha_2 \neq 90°)\,. \tag{3.212b}$$

Elimination von λ_S und Auflösung nach φ_S ergibt eine Gleichung mit unendlich vielen Lösungen:

$$\varphi_{S_\nu} = 2\arctan\exp\left[\frac{\lambda_{\text{Ä}_1} - \lambda_{\text{Ä}_2} + \nu\cdot 360°}{\tan\alpha_2 - \tan\alpha_1}\cdot\frac{\pi}{180°}\right] - 90° \qquad (\nu \in \mathrm{Z})\,. \tag{3.213}$$

Die dazugehörigen geographischen Längen λ_{S_ν} ergeben sich durch Einsetzen von φ_{S_ν} in (3.212a):

$$\lambda_{S_\nu} = \lambda_{\text{Ä}_1} + \tan\alpha_1 \ln\tan\left(45° + \frac{\varphi_{S_\nu}}{2}\right)\cdot\frac{180°}{\pi} \qquad (\alpha_1 \neq 90°), \quad (\nu \in \mathrm{Z})\,. \tag{3.214}$$

Hinweis: Unter Umständen ist gemäß (3.188) eine Rückversetzung der Winkel erforderlich.

3.5 Vektoralgebra und analytische Geometrie

3.5.1 Vektoralgebra

3.5.1.1 Definition des Vektors, Rechenregeln

1. Skalare und Vektoren

Größen, deren Werte reelle Zahlen sind, werden *Skalare* genannt. Beispiele sind Masse, Temperatur, Energie und Arbeit (wegen der skalaren Invarianz s. S. 180, 209 und S. 269).

Im Unterschied dazu werden Größen, zu deren vollständiger Charakerisierung sowohl eine Maßzahl als auch eine Richtung und manchmal ein Drehsinn im Raum erforderlich sind, *Vektoren* genannt. Beispiele sind Kraft, Geschwindigkeit, Beschleunigung, Winkelgeschwindigkeit, Winkelbeschleunigung sowie elektrische und magnetische Feldstärke. Zur Darstellung von Vektoren werden gerichtete Strecken im Raum verwendet.

In diesem Buch werden Vektoren im dreidimensionalen EUKLIDischen Raum durch $\vec{\mathbf{a}}$ gekennzeichnet, im Rahmen der Matrizenrechnung durch $\underline{\mathbf{a}}$.

2. Polare und axiale Vektoren

Polare Vektoren dienen der Darstellung von Größen mit Maßzahl und Raumrichtung, wie Geschwindigkeit und Beschleunigung, *axiale Vektoren* dagegen der Darstellung von Größen mit Maßzahl, Raumrichtung und Drehsinn, wie Winkelgeschwindigkeit und Winkelbeschleunigung. In der zeichnerischen Wiedergabe werden sie durch einen polaren bzw. axialen Pfeil unterschieden (**Abb.3.111**). In der mathematischen Behandlung besteht zwischen ihnen kein Unterschied.

3. Modul und Raumrichtung

Zur quantitativen Beschreibung von Vektoren $\vec{\mathbf{a}}$ oder $\underline{\mathbf{a}}$ als Strecke zwischen Anfangs- und Endpunkt A bzw. B dienen der *Modul*, d.h. der *Absolutbetrag* $|\vec{\mathbf{a}}|$, der die Länge der Strecke angibt, sowie die *Raumrichtung*, die durch einen Satz von Winkeln angegeben wird.

4. Gleichheit von Vektoren

Zwei Vektoren $\vec{\mathbf{a}}$ und $\vec{\mathbf{b}}$ gelten als gleich, wenn ihre Beträge gleich sind und ihre Richtungen übereinstimmen, d.h., wenn sie parallel und gleich orientiert sind.

Entgegengesetzt gleiche Vektoren zeichnen sich durch gleiche Beträge, aber entgegengesetzte Richtungen aus:

$$\overrightarrow{AB} = \vec{\mathbf{a}}, \quad \overrightarrow{BA} = -\vec{\mathbf{a}} \qquad \text{aber} \qquad |\overrightarrow{AB}| = |\overrightarrow{BA}|. \tag{3.215}$$

Axiale Vektoren besitzen in diesem Falle entgegengesetzt gleichen Drehsinn.

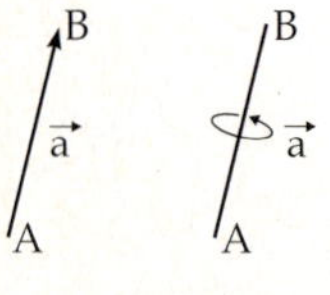

Abbildung 3.111

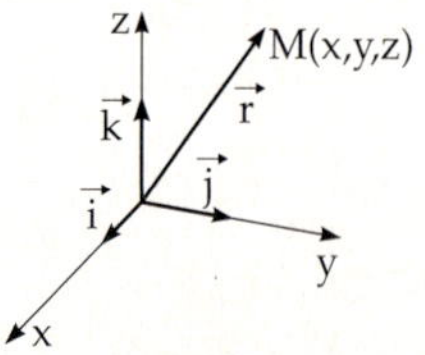

Abbildung 3.112

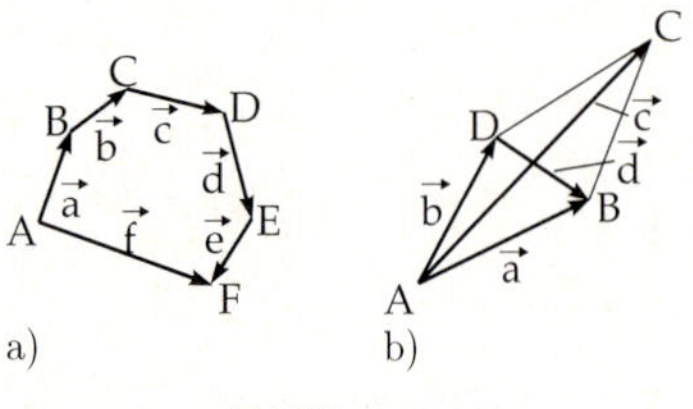

Abbildung 3.113

5. Freie, gebundene und linienflüchtige Vektoren

Ein *freier Vektor* ändert seine Eigenschaften Modul und Richtung nicht, wenn er parallel zu sich selbst derart verschoben wird, daß sein Anfangspunkt in einem beliebigen Raumpunkt fällt. Wenn die Eigenschaften eines Vektors an einen bestimmten Anfangspunkt gebunden sind, dann spricht man von einem *gebundenem Vektor*. Ein *linienflüchtiger Vektor* darf nur längs der Geraden verschoben werden, in die er weist.

6. Spezielle Vektoren

a) Einheitsvektor $\underline{a}^0 = \vec{e}$ wird ein Vektor genannt, dessen Länge oder Absolutbetrag gleich 1 ist. Mit seiner Hilfe kann ein Vektor $\vec{a}$ durch das Produkt aus Einheitsvektor und Modul gemäß

$$\vec{a} = \vec{e}\,|\vec{a}| \tag{3.216}$$

angegeben werden. Zur Beschreibung der drei Koordinatenachsen in Richtung wachsender Koordinatenwerte werden oft die Einheitsvektoren $\vec{i}$, $\vec{j}$, $\vec{k}$ oder $\vec{e}_i$, $\vec{e}_j$, $\vec{e}_k$ verwendet **(Abb.3.115)**.
In der **(Abb.3.115)** bilden die durch die drei Einheitsvektoren festgelegten Richtungen ein senkrechtes *Richtungstripel.* Außerdem bilden sie ein *orthogonales Koordinatensystem* denn es gilt:

$$\vec{e_i}\vec{e_j} = \vec{e_i}\vec{e_k} = \vec{e_j}\vec{e_k} = 0\,. \tag{3.217}$$

Zudem gilt

$$\vec{e_i}\vec{e_i} = \vec{e_j}\vec{e_j} = \vec{e_k}\vec{e_k} = 1\,, \tag{3.218}$$

so daß man von einem *orthonormierten Koordinatensystem* spricht.

b) Nullvektor heißt ein Vektor mit dem Absolutbetrag 0, also mit zusammenfallendem Anfangs- und Endpunkt sowie mit unbestimmter Richtung im Raum.

c) Radiusvektor $\vec{r}$ eines Punktes M wird ein Vektor $\overrightarrow{OM}$ genannt, dessen Anfangspunkt sich im Koordinatenursprung befindet **(Abb.3.112)**. In diesem Falle heißt der Koordinatenursprung *Pol.* Der Punkt M ist durch seinen Radiusvektor eindeutig bestimmt.

d) Kollineare Vektoren verlaufen parallel zu ein und derselben Geraden.

e) Komplanare Vektoren verlaufen parallel zu ein und derselben Ebene. Für sie gilt (3.242).

7. Linearkombinationen von Vektoren

a) Die Summe mehrerer Vektoren $\vec{a}, \vec{b}, \vec{c}, \ldots, \vec{e}$ ist ein Vektor $\vec{f} = \overrightarrow{AF}$, der den Polygonzug schließt, den die Vektoren $\vec{a}$ bis $\vec{e}$ bilden **(Abb.3.113a)**. Die Summe zweier Vektoren $\overrightarrow{AB} = \vec{a}$ und $\overrightarrow{AD} = \vec{b}$ **(Abb.3.113b)** ist ein Vektor $\overrightarrow{AC} = \vec{c}$, der die Diagonale des Parallelogramms $ABCD$ bildet. Die wichtigsten Eigenschaften der Summe zweier Vektoren sind:

$$\vec{a} + \vec{b} = \vec{b} + \vec{a}, \quad (\vec{a} + \vec{b}) + \vec{c} = \vec{a} + (\vec{b} + \vec{c}), \quad |\vec{a} + \vec{b}| \le |\vec{a}| + |\vec{b}|\,. \tag{3.219a}$$

Die Ungleichung heißt *Dreiecksungleichung für Vektoren.*

b) Die Differenz zweier Vektoren $\vec{a} - \vec{b}$ kann als Summe der Vektoren $\vec{a}$ und $-\vec{b}$ aufgefaßt werden, so daß

$$\vec{a} - \vec{b} = \vec{a} + (-\vec{b}) = \vec{d} \tag{3.219b}$$

die Diagonale in **Abb.3.113b** ergibt. Die wichtigsten Eigenschaften der Differenz zweier Vektoren sind:

$$\vec{a} - \vec{a} = \vec{0} \quad \text{(Nullvektor)}, \qquad |\vec{a} - \vec{b}| \ge |\vec{a}| - |\vec{b}|\,. \tag{3.219c}$$

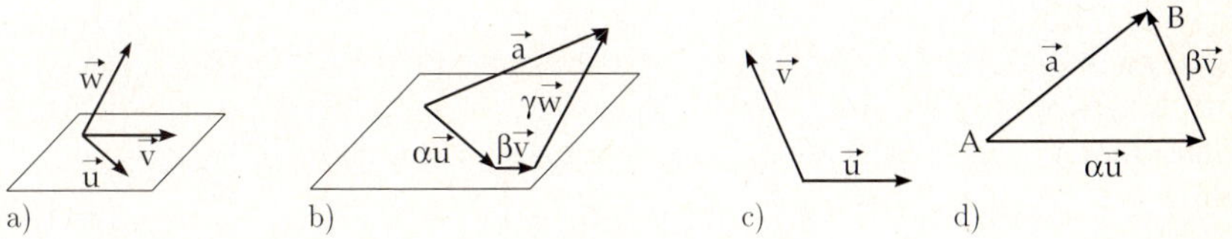

Abbildung 3.114

8. Multiplikation eines Vektors mit einem Skalar

Die Produkte $\alpha\vec{a}$ und $\vec{a}\alpha$ sind gleich und kollinear zum Vektor $\vec{a}$. Die Länge des Produktvektors, sein Betrag, ist $|\alpha||\vec{a}|$, seine Richtung stimmt für $\alpha > 0$ mit der von $\vec{a}$ überein, für $\alpha < 0$ ist sie entgegengesetzt. Die wichtigsten Eigenschaften des Produkts eines Skalars mit einem Vektor sind:

$$\alpha\,\vec{\mathbf{a}} = \vec{\mathbf{a}}\,\alpha\,, \quad \alpha\,\beta\,\vec{\mathbf{a}} = \beta\,\alpha\,\vec{\mathbf{a}}\,, \quad (\alpha+\beta)\,\vec{\mathbf{a}} = \alpha\,\vec{\mathbf{a}} + \beta\,\vec{\mathbf{a}}\,, \quad \alpha\,(\vec{\mathbf{a}} + \vec{\mathbf{b}}) = \alpha\,\vec{\mathbf{a}} + \alpha\,\vec{\mathbf{b}}\,. \tag{3.220a}$$

Eine Linearkombination der Vektoren $\vec{\mathbf{a}}, \vec{\mathbf{b}}, \vec{\mathbf{c}}, \ldots, \vec{\mathbf{d}}$ mit den Skalaren $\alpha, \beta, \ldots, \delta$ ist ein Vektor der Form

$$\vec{\mathbf{k}} = \alpha\,\vec{\mathbf{a}} + \beta\,\vec{\mathbf{b}} + \cdots + \delta\,\vec{\mathbf{d}}\,. \tag{3.220b}$$

9. Zerlegung von Vektoren

Jeder beliebige Vektor $\vec{\mathbf{a}}$ kann eindeutig in eine Summe aus drei Vektoren zerlegt werden, die parallel zu drei gegebenen nichtkomplanaren Vektoren $\vec{\mathbf{u}}, \vec{\mathbf{v}}, \vec{\mathbf{w}}$ sind **(Abb.3.114a,b)**:

$$\vec{\mathbf{a}} = \alpha\,\vec{\mathbf{u}} + \beta\,\vec{\mathbf{v}} + \gamma\,\vec{\mathbf{w}}\,. \tag{3.220c}$$

Die Summanden $\alpha\vec{\mathbf{u}}$, $\beta\vec{\mathbf{v}}$ und $\gamma\vec{\mathbf{w}}$ werden die *Komponenten* der Vektorzerlegung genannt, die skalaren Faktoren α, β und γ die *Koeffizienten.* Vektoren, die parallel zu einer Ebene liegen, können durch zwei nichtkollineare Vektoren $\vec{\mathbf{u}}$ und $\vec{\mathbf{v}}$ in die Form

$$\vec{\mathbf{a}} = \alpha\,\vec{\mathbf{u}} + \beta\,\vec{\mathbf{v}} \tag{3.221}$$

gebracht werden **(Abb.3.114c,d)**.

10. Koordinaten eines Vektors

1. Kartesische Koordinaten Gemäß (3.220c) kann jeder Vektor $\overrightarrow{AB} = \vec{\mathbf{a}}$ eindeutig in eine Summe von Vektoren zerlegt werden, die parallel zu den Grundvektoren des Koordinatensystems $\vec{\mathbf{i}}, \vec{\mathbf{j}}, \vec{\mathbf{k}}$ oder $\vec{\mathbf{e}}_i, \vec{\mathbf{e}}_j, \vec{\mathbf{e}}_k$ stehen:

$$\vec{\mathbf{a}} = a_x\vec{\mathbf{i}} + a_y\vec{\mathbf{j}} + a_z\vec{\mathbf{k}} = a_x\vec{\mathbf{e}}_i + a_y\vec{\mathbf{e}}_j + a_z\vec{\mathbf{e}}_k\,, \tag{3.222a}$$

wobei die Skalare a_x, a_y und a_z die *kartesischen Koordinaten* des Vektors $\vec{\mathbf{a}}$ im System mit den Einheitsvektoren des Koordinatensystems $\vec{\mathbf{e}}_i$, $\vec{\mathbf{e}}_j$ und $\vec{\mathbf{e}}_k$ sind. Man schreibt dafür auch

$$\vec{\mathbf{a}} = \{a_x, a_y, a_z\}\,. \tag{3.222b}$$

Die durch die drei Einheitsvektoren festgelegten Richtungen bilden ein senkrechtes *Richtungstripel.* Die kartesischen Koordinaten eines Vektors sind die Projektionen dieses Vektors auf die Koordinatenachsen **(Abb.3.115)**. Wird ein Vektor parallel zu oder entlang einer der Koordinatenachsen verschoben, dann ändern sich seine Koordinaten in den anderen beiden Richtungen nicht.
Die Koordinaten einer Linearkombination mehrerer Vektoren ergeben sich als gleichgestaltete Linearkombination der Koordinaten dieser Vektoren, so daß die Vektorgleichung (3.220b) drei skalaren Komponentengleichungen entspricht:

$$\begin{aligned} k_x &= \alpha\,a_x + \beta\,b_x + \cdots + \delta\,d_x\,, \\ k_y &= \alpha\,a_y + \beta\,b_y + \cdots + \delta\,d_y\,, \\ k_z &= \alpha\,a_z + \beta\,b_z + \ldots + \delta\,d_z\,. \end{aligned} \tag{3.223}$$

Für die Koordinaten der Summe und der Differenz zweier Vektoren

$$\vec{\mathbf{c}} = \vec{\mathbf{a}} \pm \vec{\mathbf{b}} \tag{3.224a}$$

gilt insbesondere

$$c_x = a_x \pm b_x\,, \quad c_y = a_y \pm b_y\,, \quad c_z = a_z \pm a_z\,. \tag{3.224b}$$

Der Radiusvektor $\vec{\mathbf{r}}$ eines Punktes $M(x, y, z)$ hat die kartesischen Koordinaten dieses Punktes:

$$r_x = x\,, \quad r_y = y\,, \quad r_z = z\,; \quad \vec{\mathbf{r}} = x\,\vec{\mathbf{i}} + y\,\vec{\mathbf{j}} + z\,\vec{\mathbf{k}}\,. \tag{3.225}$$

2. Affine Koordinaten sind eine Verallgemeinerung der kartesischen Koordinaten auf ein System aus drei linear unabhängigen, also auch nicht mehr zwingend rechtwinklig aufeinander stehenden nichtkomplanaren Grundvektoren $\vec{\mathbf{e}}_1, \vec{\mathbf{e}}_2, \vec{\mathbf{e}}_3$ mit drei Koeffizienten a^1, a^2, a^3, wobei die oberen Indizes keinesfalls als Exponenten aufzufassen sind. In Analogie zu (3.222a,b) ergibt sich $\vec{\mathbf{a}}$ zu

$$\vec{\mathbf{a}} = a^1\,\vec{\mathbf{e}}_1 + a^2\,\vec{\mathbf{e}}_2 + a^3\,\vec{\mathbf{e}}_3 \tag{3.226a}$$

oder

$$\vec{\mathbf{a}} = \left\{a^1\,,\, a^2\,, a^3\right\}\,. \tag{3.226b}$$

Diese Schreibweise ist insofern vorteilhaft, als die Skalare a^1, a^2, a^3 die kontravarianten Koordinaten (s. S. 184) eines Vektors sind. Für $\vec{\mathbf{e}}_1 = \vec{\mathbf{i}}$, $\vec{\mathbf{e}}_2 = \vec{\mathbf{j}}$, $\vec{\mathbf{e}}_3 = \vec{\mathbf{k}}$ gehen die Formeln (3.226a,b) in (3.222a,c) über. Für die Linearkombination der Vektoren (3.220b) sowie für die Summe und die Differenz zweier Vektoren (3.224a,b) gelten in Analogie zu (3.223) die Komponentengleichungen

$$k^1 = \alpha\, a^1 + \beta\, b^1 + \cdots + \delta\, d^1\,,$$
$$k^2 = \alpha\, a^2 + \beta\, b^2 + \cdots + \delta\, d^2\,, \qquad (3.227)$$
$$k^3 = \alpha\, a^3 + \beta\, b^3 + \cdots + \delta\, d^3\,;$$
$$c^1 = a^1 \pm b^1\,, \quad c^2 = a^2 \pm b^2\,, \quad c^3 = a^3 \pm b^3\,. \qquad (3.228)$$

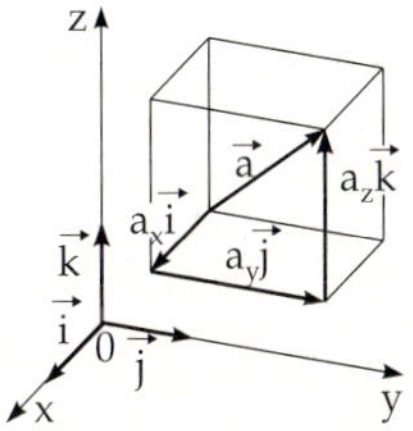

Abbildung 3.115

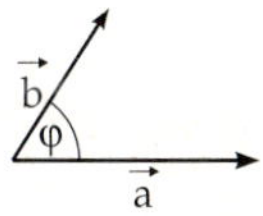

Abbildung 3.116

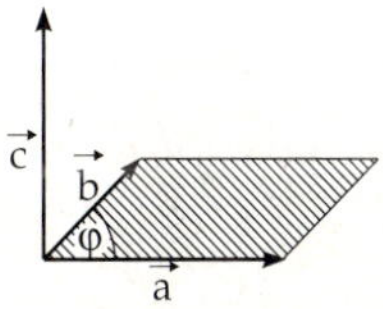

Abbildung 3.117

11. Richtungskoeffizient oder Entwicklungskoeffizient
des Vektors $\vec{\mathbf{a}}$ in Richtung oder entlang des Einheitsvektors $\vec{\mathbf{a}}^0 = \vec{\mathbf{e}}$ nennt man die Projektion von $\vec{\mathbf{a}}$ auf $\vec{\mathbf{a}}^0 = \vec{\mathbf{e}}$, d.h. das Skalarprodukt

$$a_0 = \vec{\mathbf{a}}\,\vec{\mathbf{a}}^0 = |\vec{\mathbf{a}}|\,\cos\varphi\,, \qquad (3.229a)$$

wobei φ der Winkel zwischen $\vec{\mathbf{a}}$ und $\vec{\mathbf{a}}^0$ ist.

Für den Richtungskoeffizienten des Vektors $\vec{\mathbf{a}}$ entlang eines Vektors $\vec{\mathbf{b}}$ gilt:

$$a_0 = \vec{\mathbf{a}}\,\vec{\mathbf{b}}^0 \quad \text{mit} \quad \vec{\mathbf{b}}^0 = \frac{\vec{\mathbf{b}}}{|\vec{\mathbf{b}}|} \quad \text{(Einheitsvektor in Richtung von } \vec{\mathbf{b}})\,. \qquad (3.229b)$$

Im kartesischen Koordinatensystem sind die Richtungskoeffizienten des Vektors $\vec{\mathbf{a}}$ die Komponenten $\{a_x, a_y, a_z\}$ entlang der $x-, y-, z-$Achse. In einem nicht–orthonormierten Koordinatensystem gilt diese Aussage nicht.

3.5.1.2 Skalarprodukt und Vektorprodukt

1. Skalare Multiplikation Das *Skalarprodukt* zweier Vektoren $\vec{\mathbf{a}}$ und $\vec{\mathbf{b}}$, auch *Punktprodukt* genannt, ist durch die Gleichung

$$\vec{\mathbf{a}} \cdot \vec{\mathbf{b}} = \vec{\mathbf{a}}\,\vec{\mathbf{b}} = (\vec{\mathbf{a}}\,\vec{\mathbf{b}}) = |\vec{\mathbf{a}}|\,|\vec{\mathbf{b}}|\cos\varphi\,, \qquad (3.230)$$

definiert, wobei φ der zwischen $\vec{\mathbf{a}}$ und $\vec{\mathbf{b}}$ eingeschlossene Winkel, bezogen auf den gemeinsamen Anfangspunkt, ist **(Abb.3.116)**. Das Skalarprodukt ergibt einen Skalar.

2. Vektorielle Multiplikation ist eine Operation, die zum *Vektorprodukt* zweier Vektoren $\vec{\mathbf{a}}$ und $\vec{\mathbf{b}}$, auch *Kreuzprodukt* genannt, führt. Dieses ergibt einen Vektor $\vec{\mathbf{c}}$, der auf $\vec{\mathbf{a}}$ und $\vec{\mathbf{b}}$ senkrecht steht, derart, daß die Vektoren $\vec{\mathbf{a}}$, $\vec{\mathbf{b}}$ und $\vec{\mathbf{c}}$ ein Rechtssystem bilden **(Abb.3.117)**. Vorausgesetzt, die Anfangspunkte der drei Vektoren sind in einem Punkt zusammengeführt, dann ist das der Fall, wenn ein Beobachter, der auf die durch $\vec{\mathbf{a}}$ und $\vec{\mathbf{b}}$ aufgespannte Ebene und gleichzeitig in die Richtung von $\vec{\mathbf{c}}$ blickt, $\vec{\mathbf{a}}$ durch die kürzeste Drehung im Uhrzeigersinn nach $\vec{b}$ überführen kann. Die Vektoren $\vec{a}$,, $\vec{b}$ und $\vec{c}$ haben dann die gleiche Orientierung, wie Daumen, Zeigefinger und Mittelfinger der rechten Hand. Daraus leitet sich der Begriff *(Rechte–Hand–Regel)* ab. Quantitativ liefert das Vektorprodukt

$$\vec{a} \times \vec{b} = [\vec{a}\,\vec{b}\,] = \vec{c} \qquad (3.231a)$$

einen Vektor der Länge

$$|\vec{c}\,| = |\vec{a}\,|\,|\vec{b}\,| \sin\varphi\,, \qquad (3.231b)$$

wobei φ der zwischen $\vec{a}$ und $\vec{b}$ eingeschlossene Winkel ist. Zahlenmäßig ist die Länge von $\vec{c}$ gleich dem Flächeninhalt des von $\vec{a}$ und $\vec{b}$ aufgespannten Parallelogramms.

3. Eigenschaften der Produkte von Vektoren

a) Das Skalarprodukt genügt dem Kommutativgesetz :

$$\vec{a}\,\vec{b} = \vec{b}\,\vec{a}\,. \qquad (3.232)$$

b) Das Vektorprodukt ändert beim Vertauschen der Faktoren das Vorzeichen:

$$\vec{a} \times \vec{b} = -(\vec{b} \times \vec{a})\,. \qquad (3.233)$$

c) Die Multiplikation mit einem Skalar genügt dem Assoziativgesetz :

$$\alpha(\vec{a}\,\vec{b}\,) = (\alpha\,\vec{a})\,\vec{b}\,, \qquad (3.234a)$$

$$\alpha(\vec{a} \times \vec{b}\,) = (\alpha\,\vec{a}) \times \vec{b}\,. \qquad (3.234b)$$

d) Das Assoziativgesetz gilt nicht für das doppelte Skalar- und Vektorprodukt:

$$\vec{a}\,(\vec{b}\,\vec{c}\,) \neq (\vec{a}\,\vec{b}\,)\,\vec{c}, \qquad (3.235a)$$

$$\vec{a} \times (\vec{b} \times \vec{c}) \neq (\vec{a} \times \vec{b}\,) \times \vec{c}\,. \qquad (3.235b)$$

e) Das Distributivgesetz gilt:

$$\vec{a}\,(\vec{b} + \vec{c}\,) = \vec{a}\,\vec{b} + \vec{a}\,\vec{c}\,, \qquad (3.236a)$$

$$\vec{a} \times (\vec{b} + \vec{c}\,) = \vec{a} \times \vec{b} + \vec{a} \times \vec{c}\,. \qquad (3.236b)$$

f) Orthogonalität zweier Vektoren liegt vor ($\vec{a} \perp \vec{b}$), wenn gilt:

$\vec{a}\,\vec{b} = 0\,,$ und weder $\vec{a}$ noch $\vec{b}$ gleich dem Nullvektor sind. (3.237)

g) Kollinearität zweier Vektoren ($\vec{a} \parallel \vec{b}$) liegt vor, wenn gilt:

$$\vec{a} \times \vec{b} = \vec{0}\,. \qquad (3.238)$$

h) Multiplikation gleicher Vektoren:

$$\vec{a}\,\vec{a} = \vec{a}^2 = a^2\,, \qquad \text{jedoch} \quad \vec{a} \times \vec{a} = \vec{0}\,. \qquad (3.239)$$

i) Linearkombinationen von Vektoren können auf die gleiche Art multipliziert werden wie bei skalaren Polynomen, allerdings ist dabei zu beachten, daß bei der vektoriellen Multiplikation Faktorenvertauschungen, z.B. beim Zusammenziehen gleichnamiger Glieder, Vorzeichenänderungen zur Folge haben.

■ **A:** $(3\vec{a} + 5\vec{b} - 2\vec{c})\,(\vec{a} - 2\vec{b} - 4\vec{c}) = 3\vec{a}^2 + 5\vec{b}\vec{a} - 2\vec{c}\vec{a} - 6\vec{a}\vec{b} - 10\vec{b}^{\,2} + 4\vec{c}\vec{b} - 12\vec{a}\vec{c} - 20\vec{b}\vec{c} + 8\vec{c}^{\,2}$

$= 3\vec{a}^2 - 10\vec{b}^{\,2} + 8\vec{c}^{\,2} - \vec{a}\vec{b} - 14\vec{a}\vec{c} - 16\vec{b}\vec{c}\,.$

■ **B:** $(3\vec{a} + 5\vec{b} - 2\vec{c}) \times (\vec{a} - 2\vec{b} - 4\vec{c}) = 3\vec{a} \times \vec{a} + 5\vec{b} \times \vec{a} - 2\vec{c} \times \vec{a} - 6\vec{a} \times \vec{b} - 10\vec{b} \times \vec{b}$
$+ 4\vec{c} \times \vec{b} - 12\vec{a} \times \vec{c} - 20\vec{b} \times \vec{c} + 8\vec{c} \times \vec{c} = 0 - 5\vec{a} \times \vec{b} + 2\vec{a} \times \vec{c} - 6\vec{a} \times \vec{b} + 0 - 4\vec{b} \times \vec{c} - 12\vec{a} \times \vec{c} - 20\vec{b} \times \vec{c} + 0$
$= -11\vec{a} \times \vec{b} - 10\vec{a} \times \vec{c} - 24\vec{b} \times \vec{c} = 11\vec{b} \times \vec{a} + 10\vec{c} \times \vec{a} + 24\vec{c} \times \vec{b}\,.$

j) Skalare Invariante heißt ein Skalar, der bei Verschiebung und Drehung des Koordinatensystems den gleichen Wert behält. Das skalare Produkt zweier Vektoren ist eine skalare Invariante.

■ **A:** Die Komponenten eines Vektors $\vec{a} = \{a_1, a_2, a_3\}$, sind keine skalaren Invarianten, da sie in verschiedenen Koordinatensystemen unterschiedliche Werte annehmen können.

■ **B:** Die Länge eines Vektors $\vec{a} = \{a_1, a_2, a_3\}$, d.h. die Größe $\sqrt{a_1^2 + a_2^2 + a_3^2}$, ist eine skalare Invariante, da sie in verschiedenen Koordinatensystemen den gleichen Wert besitzt.

■ **C:** Das Skalarprodukt eines Vektors mit sich selbst ist eine skalare Invariante, d.h. $\vec{a}\,\vec{a} = a^2 = |a|^2 \cos\varphi = |a^2|$, da $\varphi = 0$.

3.5.1.3 Mehrfache multiplikative Verknüpfungen

1. Doppeltes Vektorprodukt

Das *doppelte Vektorprodukt* $\vec{a} \times (\vec{b} \times \vec{c})$ ergibt einen neuen, zu $\vec{b}$ und $\vec{c}$ komplanaren Vektor:

$$\vec{a} \times (\vec{b} \times \vec{c}) = \vec{b}\,(\vec{a}\,\vec{c}) - \vec{c}\,(\vec{a}\,\vec{b}\,). \tag{3.240}$$

2. Gemischtes Produkt

Das gemischte Produkt $(\vec{a} \times \vec{b})\,\vec{c}$, auch *Spatprodukt* genannt, ergibt einen Skalar, der zahlenmäßig gleich dem Volumen des von den drei Vektoren gebildeten Parallelepipeds ist; das Ergebnis ist positiv, wenn $\vec{a}$, $\vec{b}$ und $\vec{c}$ ein Rechtssystem bilden, negativ im entgegengesetzten Falle. Die Klammern und das Multiplikationskreuz können beim gemischten Produkt weggelassen werden:

$$(\vec{a} \times \vec{b})\vec{c} = \vec{a}\,\vec{b}\,\vec{c} = \vec{b}\,\vec{c}\,\vec{a} = \vec{c}\,\vec{a}\vec{b} = -\vec{a}\vec{c}\,\vec{b} = -\vec{b}\,\vec{a}\vec{c} = -\vec{c}\,\vec{b}\,\vec{a}\,. \tag{3.241}$$

Im Unterschied zu einer zyklischen Vertauschung aller drei Faktoren im gemischten Produkt führt eine Vertauschung zweier Faktoren zu seiner Vorzeichenänderung.

Für *komplanare Vektoren*, d.h. Vektoren $\vec{a}$, die parallel zu einer von den Vektoren $\vec{b}$ und $\vec{c}$ definierten Ebene orientiert sind, gilt:

$$\vec{a}(\vec{b} \times \vec{c}) = 0\,. \tag{3.242}$$

3. Formeln für mehrfache Produkte

a) **LAGRANGEsche Identität:** $(\vec{a} \times \vec{b})(\vec{c} \times \vec{d}) = (\vec{a}\,\vec{c})\,(\vec{b}\,\vec{d}) - (\vec{b}\,\vec{c})\,(\vec{a}\,\vec{d})$, (3.243)

b) $$\vec{a}\,\vec{b}\,\vec{c} \cdot \vec{e}\,\vec{f}\,\vec{g} = \begin{vmatrix} \vec{a}\vec{e} & \vec{a}\vec{f} & \vec{a}\vec{g} \\ \vec{b}\vec{e} & \vec{b}\vec{f} & \vec{b}\vec{g} \\ \vec{c}\,\vec{e} & \vec{c}\vec{f} & \vec{c}\,\vec{g} \end{vmatrix}. \tag{3.244}$$

4. Formeln für Produkte in kartesischen Koordinaten

Wenn die Vektoren $\vec{a}$, $\vec{b}$, $\vec{c}$ in kartesischen Koordinaten gemäß

$$\vec{a} = \{a_x, a_y, a_z\}\,, \quad \vec{b} = \{b_x, b_y, b_z\}\,, \quad \vec{c} = \{c_x, c_y, c_z\}\,. \tag{3.245}$$

gegeben sind, dann werden die Produkte nach den folgenden Formeln berechnet:

1. **Skalares Produkt:** $\vec{a}\,\vec{b} = a_x b_x + a_y b_y + a_z b_z\,.$ (3.246)

2. **Vektorprodukt:** $\vec{a} \times \vec{b} = (a_y b_z - a_z b_y)\,\vec{i} + (a_z b_x - a_x b_z)\,\vec{j} + (a_x b_y - a_y b_x)\,\vec{k}$

$$= \begin{vmatrix} \vec{i} & \vec{j} & \vec{k} \\ a_x & a_y & a_z \\ b_x & b_y & b_z \end{vmatrix}. \tag{3.247}$$

3. **Spatprodukt:** $$\vec{a}\,\vec{b}\,\vec{c} = \begin{vmatrix} a_x & a_y & a_z \\ b_x & b_y & b_z \\ c_x & c_y & c_z \end{vmatrix}. \tag{3.248}$$

5. Formeln für Produkte in affinen Koordinaten

1. Metrische Koeffizienten und reziproke Grundvektoren Wenn die affinen Koordinaten zweier Vektoren $\vec{\mathbf{a}}$ und $\vec{\mathbf{b}}$ im System $\vec{\mathbf{e}}_1, \vec{\mathbf{e}}_2, \vec{\mathbf{e}}_3$ bekannt sind, so daß

$$\vec{\mathbf{a}} = a^1\,\vec{\mathbf{e}}_1 + a^2\,\vec{\mathbf{e}}_2 + a^3\,\vec{\mathbf{e}}_3\,, \quad \vec{\mathbf{b}} = b^1\,\vec{\mathbf{e}}_1 + b^2\,\vec{\mathbf{e}}_2 + b^3\,\vec{\mathbf{e}}_3 \tag{3.249}$$

gegeben sind, dann müssen zur Berechnung des skalaren Produkts

$$\begin{aligned}\vec{\mathbf{a}}\,\vec{\mathbf{b}} &= a^1 b^1\,\vec{\mathbf{e}}_1\,\vec{\mathbf{e}}_1 + a^2\,b^2\,\vec{\mathbf{e}}_2\,\vec{\mathbf{e}}_2 + a^3\,b^3\,\vec{\mathbf{e}}_3\,\vec{\mathbf{e}}_3 \\ &\quad + \left(a^1\,b^2 + a^2\,b^1\right)\vec{\mathbf{e}}_1\,\vec{\mathbf{e}}_2 + \left(a^2\,b^3 + a^3\,b^2\right)\vec{\mathbf{e}}_2\,\vec{\mathbf{e}}_3 + \left(a^3\,b^1 + a^1\,b^3\right)\vec{\mathbf{e}}_3\,\vec{\mathbf{e}}_1\end{aligned} \tag{3.250}$$

oder des Vektorprodukts

$$\vec{\mathbf{a}} \times \vec{\mathbf{b}} = \left(a^2\,b^3 - a^3\,b^2\right)\vec{\mathbf{e}}_2 \times \vec{\mathbf{e}}_3 + \left(a^3\,b^1 - a^1\,b^3\right)\vec{\mathbf{e}}_3 \times \vec{\mathbf{e}}_1 + \left(a^1\,b^2 - a^2\,b^1\right)\vec{\mathbf{e}}_1 \times \vec{\mathbf{e}}_2\,, \tag{3.251a}$$

$$\text{letzteres mit} \quad \vec{\mathbf{e}}_1 \times \vec{\mathbf{e}}_1 = \vec{\mathbf{e}}_2 \times \vec{\mathbf{e}}_2 = \vec{\mathbf{e}}_3 \times \vec{\mathbf{e}}_3 = \vec{\mathbf{0}}\,, \tag{3.251b}$$

die paarweisen Produkte der Koordinatenvektoren bekannt sein. Für das skalare Produkt sind das die sechs *metrischen Koeffizienten* (Zahlen)

$$\begin{aligned}&g_{11} = \vec{\mathbf{e}}_1\,\vec{\mathbf{e}}_1\,, \quad g_{22} = \vec{\mathbf{e}}_2\,\vec{\mathbf{e}}_2\,, \quad g_{33} = \vec{\mathbf{e}}_3\,\vec{\mathbf{e}}_3\,, \\ &g_{12} = \vec{\mathbf{e}}_1\,\vec{\mathbf{e}}_2 = \vec{\mathbf{e}}_2\,\vec{\mathbf{e}}_1\,, \quad g_{23} = \vec{\mathbf{e}}_2\,\vec{\mathbf{e}}_3 = \vec{\mathbf{e}}_3\,\vec{\mathbf{e}}_2\,, \quad g_{31} = \vec{\mathbf{e}}_3\,\vec{\mathbf{e}}_1 = \vec{\mathbf{e}}_1\,\vec{\mathbf{e}}_3\end{aligned} \tag{3.252}$$

und für das Vektorprodukt die drei Vektoren

$$\vec{\mathbf{e}}^1 = \Omega\left(\vec{\mathbf{e}}_2 \times \vec{\mathbf{e}}_3\right)\,, \quad \vec{\mathbf{e}}^2 = \Omega\left(\vec{\mathbf{e}}_3 \times \vec{\mathbf{e}}_1\right)\,, \quad \vec{\mathbf{e}}^3 = \Omega\left(\vec{\mathbf{e}}_1 \times \vec{\mathbf{e}}_2\right)\,, \tag{3.253a}$$

genauer die drei *reziproken Vektoren* bezüglich $\vec{\mathbf{e}}_1$, $\vec{\mathbf{e}}_2$, $\vec{\mathbf{e}}_3$, wobei der Koeffizient

$$\Omega = \frac{1}{\vec{\mathbf{e}}_1\,\vec{\mathbf{e}}_2\,\vec{\mathbf{e}}_3}\,, \tag{3.253b}$$

der gleich dem gemischten Produkt der Koordinatenvektoren ist, lediglich einer kürzeren Schreibweise in weiteren Formeln dient. Mit Hilfe der **Multiplikationstabellen 3.11** und **3.12** für die Grundvektoren wird das Arbeiten mit den Koeffizienten übersichtlicher.

Tabelle 3.11 Skalare Multiplikation von Grundvektoren

	$\vec{\mathbf{e}}_1$	$\vec{\mathbf{e}}_2$	$\vec{\mathbf{e}}_3$
$\vec{\mathbf{e}}_1$	g_{11}	g_{12}	g_{13}
$\vec{\mathbf{e}}_2$	g_{21}	g_{22}	g_{23}
$\vec{\mathbf{e}}_3$	g_{31}	g_{32}	g_{33}

$(g_{ki} = g_{ik})$

Tabelle 3.12 Vektorielle Multiplikation von Grundvektoren

Multiplikanden \ Multiplikatoren	$\vec{\mathbf{e}}_1$	$\vec{\mathbf{e}}_2$	$\vec{\mathbf{e}}_3$
$\vec{\mathbf{e}}_1$	0	$\frac{\vec{\mathbf{e}}^3}{\Omega}$	$-\frac{\vec{\mathbf{e}}^2}{\Omega}$
$\vec{\mathbf{e}}_2$	$-\frac{\vec{\mathbf{e}}^3}{\Omega}$	0	$\frac{\vec{\mathbf{e}}^1}{\Omega}$
$\vec{\mathbf{e}}_3$	$\frac{\vec{\mathbf{e}}^2}{\Omega}$	$-\frac{\vec{\mathbf{e}}^1}{\Omega}$	0

2. Anwendung auf kartesische Koordinaten Die kartesischen Koordinaten sind ein Spezialfall der affinen Koordinaten. Aus den **Tabellen 3.13** und **3.14** ergeben sich für

$$\text{die Grundvektoren} \quad \vec{\mathbf{e}}_1 = \vec{\mathbf{i}}, \quad \vec{\mathbf{e}}_2 = \vec{\mathbf{j}}, \quad \vec{\mathbf{e}}_3 = \vec{\mathbf{k}}, \tag{3.254a}$$

$$\text{die metrischen Koeffizienten} \quad g_{11} = g_{22} = g_{33} = 1,\ g_{12} = g_{23} = g_{31} = 0,\ \Omega = \frac{1}{\vec{\mathbf{i}}\,\vec{\mathbf{j}}\,\vec{\mathbf{k}}} = 1 \tag{3.254b}$$

$$\text{und die reziproken Grundvektoren} \quad \vec{\mathbf{e}}^1 = \vec{\mathbf{i}}, \quad \vec{\mathbf{e}}^2 = \vec{\mathbf{j}}, \quad \vec{\mathbf{e}}^3 = \vec{\mathbf{k}}\,. \tag{3.254c}$$

Somit stimmen die reziproken Grundvektoren mit den Grundvektoren des Koordinatensystems überein, oder anders ausgedrückt, in kartesischen Koordinaten sind die Grundvektorensysteme zu sich selbst reziprok.

Tabelle 3.13 Skalare Multiplikation von reziproken Grundvektoren

	$\vec{i}$	$\vec{j}$	$\vec{k}$
$\vec{i}$	1	0	0
$\vec{j}$	0	1	0
$\vec{k}$	0	0	1

Tabelle 3.14 Vektorielle Multiplikation von reziproken Grundvektoren

Multiplikanden \ Multiplikatoren	$\vec{i}$	$\vec{j}$	$\vec{k}$
$\vec{i}$	0	$\vec{k}$	$-\vec{j}$
$\vec{j}$	$-\vec{k}$	0	$\vec{i}$
$\vec{k}$	$\vec{j}$	$-\vec{i}$	0

3. Skalares Produkt in Koordinatendarstellung

$$\vec{a}\vec{b} = \sum_{m=1}^{3}\sum_{n=1}^{3} g_{mn}a^m b^n = g_{\alpha\beta}a^\alpha b^\beta . \tag{3.255}$$

Für kartesische Koordinaten geht (3.255) in (3.246) über.
Nach dem zweiten Gleichheitszeichen in (3.255) wurde die in der Tensorrechnung übliche abkürzende Schreibweise für Summen verwendet (s. S. 261): Anstelle der gesamten Summe wird nur ein typisches Glied hingeschrieben, so daß über alle doppelt auftretenden Indizes dieses Gliedes zu summieren ist, d.h. über alle einmal unten und einmal oben auftretenden Indizes. Manchmal werden die Summationsindizes mit griechischen Buchstaben bezeichnet; hier durchlaufen sie die Zahlen 1 bis 3. Es gilt also

$$\begin{aligned} g_{\alpha\beta}a^\alpha b^\beta = {} & g_{11}a^1 b^1 + g_{12}a^1 b^2 + g_{13}a^1 b^3 + g_{21}a^2 b^1 + g_{22}a^2 b^2 + g_{23}a^2 b^3 \\ & + g_{31}a^3 b^1 + g_{32}a^3 b^2 + g_{33}a^3 b^3 . \end{aligned} \tag{3.256}$$

4. Vektorprodukt in Koordinatendarstellung In Übereinstimmung mit (3.251a) gilt

$$\begin{aligned} \vec{a}\times\vec{b} &= \vec{e}_1\,\vec{e}_2\,\vec{e}_3 \begin{vmatrix} \vec{e}^{\,1} & \vec{e}^{\,2} & \vec{e}^{\,3} \\ a^1 & a^2 & a^3 \\ b^1 & b^2 & b^3 \end{vmatrix} \\ &= \vec{e}_1\,\vec{e}_2\,\vec{e}_3 \left[(a^2 b^3 - a^3 b^2)\vec{e}^{\,1} + (a^3 b^1 - a^1 b^3)\,\vec{e}^{\,2} + (a^1 b^2 - a^2 b^1)\vec{e}^{\,3}\right] . \end{aligned} \tag{3.257}$$

Für kartesische Koordinaten geht (3.257) in (3.247) über.

5. Spatprodukt in Koordinatendarstellung In Übereinstimmung mit (3.251a) ergibt sich

$$\vec{a}\,\vec{b}\,\vec{c} = \vec{e}_1\,\vec{e}_2\,\vec{e}_3 \begin{vmatrix} a^1 & a^2 & a^3 \\ b^1 & b^2 & b^3 \\ c^1 & c^2 & c^3 \end{vmatrix} . \tag{3.258}$$

Für rechtwinklige kartesische Koordinaten geht (3.258) in (3.248) über.

3.5.1.4 Vektorielle Gleichungen

Die **Tabelle 3.15** enthält eine Zusammenstellung der einfachen vektoriellen Gleichungen. Darin sind $\vec{a}$, $\vec{b}$, $\vec{c}$ die bekannten Vektoren, $\vec{x}$ der gesuchte Vektor, α, β, γ die bekannten Skalare und x, y, z die gesuchten Skalare.

Tabelle 3.15 Vektorielle Gleichungen

$\vec{\mathbf{x}}$ unbekannter Vektor, $\vec{\mathbf{a}}$, $\vec{\mathbf{b}}$, $\vec{\mathbf{c}}$, $\vec{\mathbf{d}}$ bekannte Vektoren
x, y, z unbekannte Skalare, α, β, γ bekannte Skalare

Gleichung	Lösung
1. $\vec{\mathbf{x}} + \vec{\mathbf{a}} = \vec{\mathbf{b}}$	$\vec{\mathbf{x}} = \vec{\mathbf{b}} - \vec{\mathbf{a}}$
2. $\alpha\vec{\mathbf{x}} = \vec{\mathbf{a}}$	$\vec{\mathbf{x}} = \dfrac{\vec{\mathbf{a}}}{\alpha}$
3. $\vec{\mathbf{x}}\vec{\mathbf{a}} = \alpha$	Die Gleichung ist unbestimmt; trägt man alle Vektoren $\vec{\mathbf{x}}$, die dieser Gleichung genügen, von einem Punkt aus ab, so liegen ihre Endpunkte auf einer Ebene, die auf dem Vektor $\vec{\mathbf{a}}$ senkrecht steht. Die Gleichung (3) nennt man die *vektorielle Gleichung* dieser *Ebene.*
4. $\vec{\mathbf{x}} \times \vec{\mathbf{a}} = \vec{\mathbf{b}} \quad (\vec{\mathbf{b}} \perp \vec{\mathbf{a}})$	Die Gleichung ist unbestimmt; trägt man alle Vektoren $\vec{\mathbf{x}}$, die dieser Gleichung genügen, von einem Punkt aus ab, so liegen ihre Endpunkte auf einer dem Vektor $\vec{\mathbf{a}}$ parallelen Geraden. Die Gleichung (4) nennt man die *vektorielle Gleichung* dieser *Geraden.*
5. $\begin{cases} \vec{\mathbf{x}}\vec{\mathbf{a}} = \alpha \\ \vec{\mathbf{x}} \times \vec{\mathbf{a}} = \vec{\mathbf{b}} \quad (\vec{\mathbf{b}} \perp \vec{\mathbf{a}}) \end{cases}$	$\vec{\mathbf{x}} = \dfrac{\alpha\,\vec{\mathbf{a}} + \vec{\mathbf{a}} \times \vec{\mathbf{b}}}{a^2}$
6. $\begin{cases} \vec{\mathbf{x}}\vec{\mathbf{a}} = \alpha \\ \vec{\mathbf{x}}\vec{\mathbf{b}} = \beta \\ \vec{\mathbf{x}}\vec{\mathbf{c}} = \gamma \end{cases}$	$\vec{\mathbf{x}} = \dfrac{\alpha(\vec{\mathbf{b}} \times \vec{\mathbf{c}}) + \beta(\vec{\mathbf{c}} \times \vec{\mathbf{a}}) + \gamma(\vec{\mathbf{a}} \times \vec{\mathbf{b}})}{\vec{\mathbf{a}}\vec{\mathbf{b}}\vec{\mathbf{c}}} = \alpha\tilde{\vec{\mathbf{a}}} + \beta\tilde{\vec{\mathbf{b}}} + \gamma\tilde{\vec{\mathbf{c}}}$, wobei $\tilde{\vec{\mathbf{a}}}$, $\tilde{\vec{\mathbf{b}}}$, $\tilde{\vec{\mathbf{c}}}$ die zu $\vec{\mathbf{a}}$, $\vec{\mathbf{b}}$, $\vec{\mathbf{c}}$ reziproken Vektoren sind (vgl. S. 182).
7. $\vec{\mathbf{d}} = x\,\vec{\mathbf{a}} + y\,\vec{\mathbf{b}} + z\,\vec{\mathbf{c}}$	$x = \dfrac{\vec{\mathbf{d}}\,\vec{\mathbf{b}}\,\vec{\mathbf{c}}}{\vec{\mathbf{a}}\vec{\mathbf{b}}\,\vec{\mathbf{c}}}, \quad y = \dfrac{\vec{\mathbf{a}}\,\vec{\mathbf{d}}\,\vec{\mathbf{c}}}{\vec{\mathbf{a}}\vec{\mathbf{b}}\,\vec{\mathbf{c}}}, \quad z = \dfrac{\vec{\mathbf{a}}\,\vec{\mathbf{b}}\,\vec{\mathbf{d}}}{\vec{\mathbf{a}}\,\vec{\mathbf{b}}\,\vec{\mathbf{c}}}$
8. $\vec{\mathbf{d}} = x(\vec{\mathbf{b}} \times \vec{\mathbf{c}}) + y\,(\vec{\mathbf{c}} \times \vec{\mathbf{a}}) + z\,(\vec{\mathbf{a}} \times \vec{\mathbf{b}})$	$x = \dfrac{\vec{\mathbf{d}}\,\vec{\mathbf{a}}}{\vec{\mathbf{a}}\,\vec{\mathbf{b}}\,\vec{\mathbf{c}}}, \quad y = \dfrac{\vec{\mathbf{d}}\,\vec{\mathbf{b}}}{\vec{\mathbf{a}}\,\vec{\mathbf{b}}\,\vec{\mathbf{c}}}, \quad z = \dfrac{\vec{\mathbf{d}}\,\vec{\mathbf{c}}}{\vec{\mathbf{a}}\,\vec{\mathbf{b}}\,\vec{\mathbf{c}}}$

3.5.1.5 Kovariante und kontravariante Koordinaten eines Vektors

1. Definitionen Die affinen Koordinaten a^1, a^2, a^3 eines Vektors $\vec{\mathbf{a}}$ in einem System mit den Grundvektoren $\vec{\mathbf{e}}_1$, $\vec{\mathbf{e}}_2$, $\vec{\mathbf{e}}_3$, definiert durch die Formel

$$\vec{\mathbf{a}} = a^1\,\vec{\mathbf{e}}_1 + a^2\,\vec{\mathbf{e}}_2 + a^3\,\vec{\mathbf{e}}_3 = a^\alpha\,\vec{\mathbf{e}}_\alpha\,, \tag{3.259}$$

werden auch *kontravariante Koordinaten* dieses Vektors genannt. Im Gegensatz dazu entsprechen seine *kovarianten Koordinaten* den Koeffizienten einer Vektorzerlegung zu den Grundvektoren $\vec{\mathbf{e}}^1$, $\vec{\mathbf{e}}^2$, $\vec{\mathbf{e}}^3$, d.h. zu den reziproken Grundvektoren von $\vec{\mathbf{e}}_1$, $\vec{\mathbf{e}}_2$, $\vec{\mathbf{e}}_3$ (s. Lit. [22.18], Bd. 11). Mit den kovarianten Koordinaten a_1, a_2, a_3 des Vektors $\vec{\mathbf{a}}$ ergibt sich

$$\vec{\mathbf{a}} = a_1\,\vec{\mathbf{e}}^1 + a_2\,\vec{\mathbf{e}}^2 + a_3\,\vec{\mathbf{e}}^3 = a_\alpha\,\vec{\mathbf{e}}^\alpha\,. \tag{3.260}$$

Im System der kartesischen Koordinaten stimmen die kovarianten Koordinaten eines Vektors mit seinen kontravarianten Koordinaten überein.

2. Darstellung der Koordinaten mit Hilfe von Skalarprodukten
Die kovariante Koordinate eines Vektors $\vec{\mathbf{a}}$ ist gleich dem skalaren Produkt dieses Vektors mit dem zugehörigen Grundvektor des Koordinatensystems:

$$a_1 = \vec{\mathbf{a}}\,\vec{\mathbf{e}}_1\,, \quad a_2 = \vec{\mathbf{a}}\,\vec{\mathbf{e}}_2\,, \quad a_3 = \vec{\mathbf{a}}\,\vec{\mathbf{e}}_3\,. \tag{3.261}$$

Die kontravariante Koordinate eines Vektors $\vec{a}$ ist gleich dem skalaren Produkt dieses Vektors mit dem zugehörigen reziproken Grundvektor:

$$a^1 = \vec{a}\,\vec{e}^{\,1}, \quad a^2 = \vec{a}\,\vec{e}^{\,2}, \quad a^3 = \vec{a}\,\vec{e}^{\,3}. \tag{3.262}$$

In kartesischen Koordinaten stimmen die Formeln (3.261) und (3.262) überein:

$$a_x = \vec{a}\,\vec{i}, \quad a_y = \vec{a}\,\vec{j}, \quad a_z = \vec{a}\,\vec{k}. \tag{3.263}$$

3. Darstellung des Skalarprodukts mit Hilfe von Koordinaten

Die Darstellung eines skalaren Produkts zweier Vektoren durch seine kontravarianten Koordinaten liefert Formel (3.255). Die entsprechende Formel für kovariante Koordinaten lautet

$$\vec{a}\,\vec{b} = g^{\alpha\beta}\, a_\alpha\, b_\beta, \tag{3.264}$$

wobei $g^{mn} = \vec{e}^{\,m}\,\vec{e}^{\,n}$ die metrischen Koeffizienten im System mit den reziproken Vektoren sind. Ihr Zusammenhang mit den Koeffizienten g_{mn} lautet

$$g^{mn} = \frac{(-1)^{m+n}\, A^{mn}}{\begin{vmatrix} g_{11} & g_{12} & g_{13} \\ g_{21} & g_{22} & g_{23} \\ g_{31} & g_{32} & g_{33} \end{vmatrix}}, \tag{3.265}$$

wobei A^{mn} die Unterdeterminante der im Nenner stehenden Determinante ist; sie entsteht durch Streichen der Zeile und Spalte des Elements g_{mn}.

Wenn der Vektor $\vec{a}$ durch kovariante Koordinaten gegeben ist, der Vektor $\vec{b}$ dagegen durch kontravariante Koordinaten, dann ist ihr Skalarprodukt gleich

$$\vec{a}\,\vec{b} = a^1 b_1 + a^2 b_2 + a^3 b_3 = a^\alpha b_\alpha, \quad (3.266) \qquad \text{und analog gilt } \vec{a}\,\vec{b} = a_\alpha b^\alpha. \quad (3.267)$$

3.5.1.6 Geometrische Anwendungen der Vektoralgebra

In **Tabelle 3.16** sind einige geometrische Anwendungen der Vektoralgebra aufgeführt. Andere Anwendungen aus der analytischen Geometrie wie die Vektorgleichungen der Ebene und der Geraden werden auf S. 184 und 211ff. behandelt.

Tabelle 3.16 Geometrische Anwendungen der Vektoralgebra

Bezeichnung	Vektorielle Formel	Koordinatenformel (in rechtwinkligen kartesischen Koordinaten)
Länge des Vektors $\vec{a}$	$a = \sqrt{\vec{a}^2}$	$a = \sqrt{a_x^2 + a_y^2 + a_z^2}$
Flächeninhalt des von den Vektoren $\vec{a}$ und $\vec{b}$ aufgespannten Parallelogramms	$S = \lvert\vec{a} \times \vec{b}\rvert$	$S = \sqrt{\begin{vmatrix} a_y & a_z \\ b_y & b_z \end{vmatrix}^2 + \begin{vmatrix} a_z & a_x \\ b_z & b_x \end{vmatrix}^2 + \begin{vmatrix} a_x & a_y \\ b_x & b_y \end{vmatrix}^2}$
Volumen des von den Vektoren $\vec{a}$, $\vec{b}$, $\vec{c}$ aufgespannten Parallelepipeds	$V = \lvert\vec{a}\vec{b}\vec{c}\rvert$	$V = \begin{vmatrix} a_x & a_y & a_z \\ b_x & b_y & b_z \\ c_x & c_y & c_z \end{vmatrix}$
Winkel zwischen den Vektoren $\vec{a}$ und $\vec{b}$	$\cos\varphi = \frac{\vec{a}\vec{b}}{\sqrt{\vec{a}^2\vec{b}^2}}$	$\cos\varphi = \frac{a_x b_x + a_y b_y + a_z b_z}{\sqrt{a_x^2 + a_y^2 + a_z^2}\sqrt{b_x^2 + b_y^2 + b_z^2}}$

3.5.2 Analytische Geometrie der Ebene

3.5.2.1 Grundlegende Begriffe und Formeln, ebene Koordinatensysteme

1. Ebene Koordinaten und ebene Koordinatensysteme

Die Lage jedes Punktes P einer Ebene kann mit Hilfe beliebiger *Koordinatensysteme* beschrieben werden. Die Zahlen, die die Lage des Punktes bestimmen, heißen die *Koordinaten.* Meistens werden die kartesischen Koordinaten und die Polarkoordinaten benutzt.

1. Kartesische oder DESCARTESsche Koordinaten eines Punktes P sind die mit einem bestimmten Vorzeichen behafteten und in einem bestimmten Maßstab angegebenen Entfernungen dieses Punktes von zwei senkrecht aufeinander stehenden *Koordinatenachsen* **(Abb.3.118)**. Der Schnittpunkt 0 der Koordinatenachsen wird *Koordinatenursprung* oder *Koordinatenanfangspunkt* genannt. Die horizontale Koordinatenachse, meist die *x–Achse*, wird gewöhnlich *Abszissenachse* genannt, die vertikale Koordinatenachse, meist die *y–Achse*, *Ordinatenachse.* Auf diesen Achsen wird die positive Richtung festgelegt: für die x–Achse gewöhnlich nach rechts weisend, für die y–Achse nach oben. Die Koordinaten eines Punktes P sind dann positiv oder negativ, je nachdem, auf welche Halbachse die Projektion des Punktes fällt **(Abb.3.119)**. Die Koordinaten x bzw. y werden die *Abszisse* bzw. die *Ordinate* des Punktes P genannt. Mit der Schreibweise $P(a, b)$ wird ein Punkt mit der Abszisse a und der Ordinate b angegeben. Durch die Koordinatenachsen wird die x, y–Ebene in vier *Quadranten* I, II, III und IV zerlegt **Abb.(3.119,a)**.

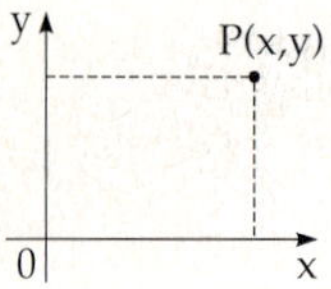

Abbildung 3.118

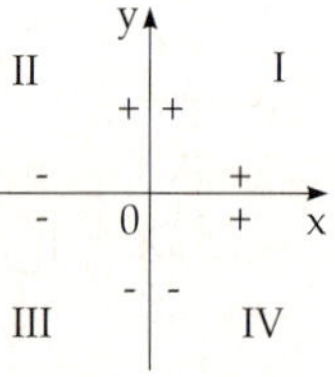

a)

	I	II	III	IV
x	+	-	-	+
y	+	+	-	-

b)

Abbildung 3.119

2. Polarkoordinaten eines Punktes P **(Abb.3.120)** bestehen aus dem *Radius* ρ, d.h. dem Abstand des Punktes von einem gegebenen Nullpunkt, dem *Pol* O, und dem *Polarwinkel* φ, d.h. dem Winkel zwischen der Geraden OP und einem gegebenen, durch den Pol hindurchgehenden orientierten Strahl, der *Polarachse.* Der Nullpunkt kann auch Koordinatenursprung genannt werden. Der Polarwinkel ist positiv, wenn er im entgegengesetzten Drehsinn des Uhrzeigers von der Polarachse aus gemessen wird; im entgegengesetzten Falle ist er negativ.

3. Krummlinige Koordinaten bestehen aus zwei einparametrigen Kurvenscharen in der Ebene, den Koordinatenlinien–Scharen **(Abb.3.121)**. Durch jeden Punkt der Ebene geht dabei jeweils nur eine Kurve jeder Schar hindurch, die sich in diesem Punkt schneiden. Die Parameter, die diesem Punkt entsprechen, sind seine *krummlinigen Koordinaten.* In **Abb.3.121** besitzt der Punkt M die krummlinigen Koordinaten $u = a_1$ und $v = b_3$. Im Unterschied zu den krummlinigen Koordinaten sind im kartesischen Koordinatensystem die Koordinatenlinien Geraden, die parallel zu den Koordinatenachsen liegen, im Polarkoordinatensystem sind es konzentrische Kreise um den Pol und die vom Pol ausgehenden Strahlen.

2. Koordinatentransformationen

Beim Übergang von einem kartesischen Koordinatensystem zu einem anderen ändern sich die Koordinaten nach den folgenden Regeln:

1. Parallelverschiebung der Koordinatenachsen um den Abszissen- bzw. Ordinatenabschnitt a bzw. b **(Abb.3.122)**, so daß für die Koordinaten x, y vor der Verschiebung, x', y' nach der Verschiebung

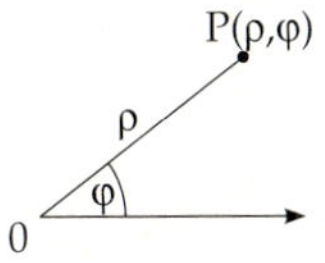

Abbildung 3.120

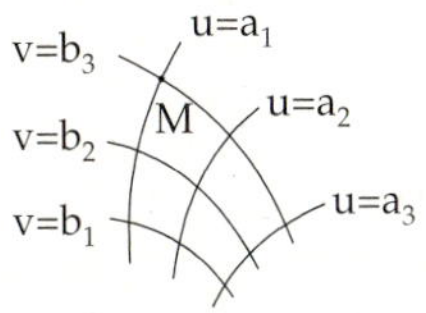

Abbildung 3.121

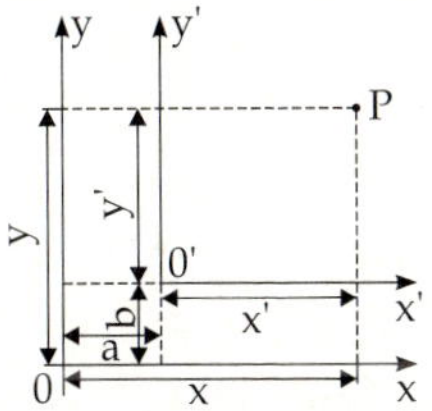

Abbildung 3.122

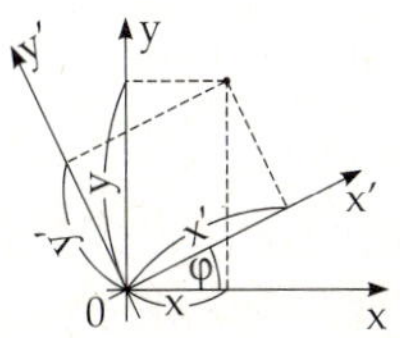

Abbildung 3.123

und für die Koordinaten a, b des neuen Koordinatenursprungs $0'$ im alten Koordinatensystem vor der Verschiebung gilt:

$$x = x' + a\,, \quad y = y' + b\,, \qquad (3.268a) \qquad x' = x - a\,, \quad y' = y - b\,. \qquad (3.268b)$$

2. Drehung der Koordinatenachsen um den Winkel φ **(Abb.3.123)**, so daß gilt:

$$x = x'\cos\varphi - y'\sin\varphi\,, \quad y = x'\sin\varphi + y'\cos\varphi\,, \qquad (3.269a)$$

$$x' = x\cos\varphi + y\sin\varphi\,, \quad y' = -x\sin\varphi + y\cos\varphi\,. \qquad (3.269b)$$

Allgemein betrachtet läßt sich ein Übergang von einem Koordinatensystem in ein anderes durch eine Transformation durchführen, die aus einer Translation und einer Rotation, d.h. einer Drehung der Koordinatenachsen besteht. Die zum System (3.269a,b) gehörende Koeffizientenmatrix

$$\mathrm{D} = \begin{pmatrix} \cos\varphi & -\sin\varphi \\ \sin\varphi & \cos\varphi \end{pmatrix} \text{ mit } \begin{pmatrix} x \\ y \end{pmatrix} = \mathrm{D}\begin{pmatrix} x' \\ y' \end{pmatrix} \text{ bzw. } \begin{pmatrix} x' \\ y' \end{pmatrix} = \mathrm{D}^{-1}\begin{pmatrix} x \\ y \end{pmatrix}, \qquad (3.269c)$$

wird *Drehungsmatrix* genannt.

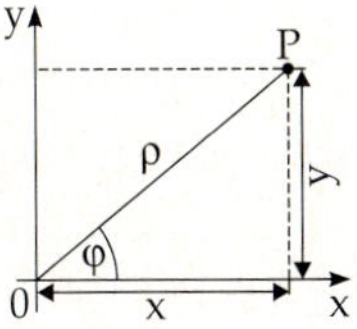

Abbildung 3.124

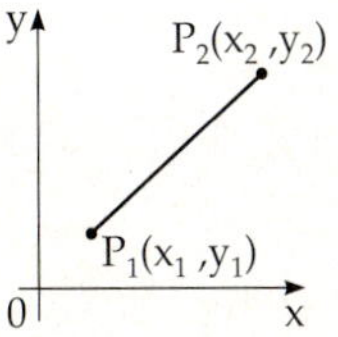

Abbildung 3.125

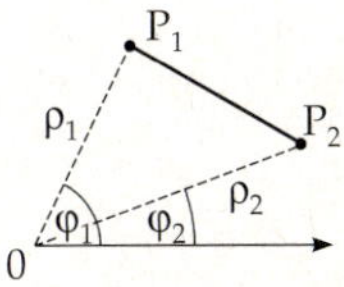

Abbildung 3.126

3. Übergang von kartesischen Koordinaten zu Polarkoordinaten und umgekehrt Er wird mit den folgenden Formeln vollzogen, wobei Koordinatenursprung und Pol sowie Abszissenachse und Polarachse zusammenfallen sollen **(Abb.3.124)**:

$$x = r(\varphi)\cos\varphi \quad y = r(\varphi)\sin\varphi \quad (-\pi < \varphi \le \pi, \quad \rho \ge 0)\,, \qquad (3.270a)$$

$$\rho = \sqrt{x^2 + y^2}\,, \qquad (3.270b) \qquad \varphi = \begin{cases} \arctan\dfrac{y}{x} + \pi & \text{für } x < 0\,, \\ \arctan\dfrac{y}{x} & \text{für } x > 0\,, \\ \dfrac{\pi}{2} & \text{für } x = 0 \text{ und } y > 0\,, \\ -\dfrac{\pi}{2} & \text{für } x = 0 \text{ und } y < 0\,, \\ \text{unbestimmt} & \text{für } x = y = 0\,. \end{cases} \qquad (3.270c)$$

3. Abstand zwischen zwei Punkten

Sind die Punkte in kartesischen Koordinaten $P_1(x_1, y_1)$ und $P_2(x_2, y_2)$ gegeben (**Abb.3.125**), dann ist

$$d = \sqrt{(x_2 - x_1)^2 + (y_2 - y_1)^2}\,, \qquad (3.271)$$

sind sie als $P_1(\rho_1, \varphi_1)$ und $P_2(\rho_2, \varphi_2)$ in Polarkoordinaten gegeben (**Abb.3.126**), dann gilt

$$d = \sqrt{\rho_1^2 + \rho_2^2 - 2\rho_1\rho_2\cos(\varphi_2 - \varphi_1)}\,. \qquad (3.272)$$

4. Koordinaten des Massenmittelpunktes (Schwerpunktes)

Die Koordinaten (x, y) des Massenmittelpunktes eines Systems materieller Punkte $M_i(x_i, y_i)$ mit den Massen m_i $(i = 1, 2, \ldots, n)$ werden mit den folgenden Formeln berechnet:

$$x = \frac{\sum m_i x_i}{\sum m_i}\,, \quad y = \frac{\sum m_i y_i}{\sum m_i}\,. \qquad (3.273)$$

5. Teilung einer Strecke

1. Teilung im gegebenen Verhältnis Die Koordinaten des Punktes P mit dem Teilungsverhältnis $\dfrac{\overline{P_1P}}{\overline{PP_2}} = \dfrac{m}{n} = \lambda$ (**Abb.3.127a**) werden mit den Formeln

$$x = \frac{nx_1 + mx_2}{n+m} = \frac{x_1 + \lambda x_2}{1+\lambda}\,, \qquad (3.274a) \qquad y = \frac{ny_1 + my_2}{n+m} = \frac{y_1 + \lambda y_2}{1+\lambda}\,. \qquad (3.274b)$$

berechnet. Für den *Mittelpunkt* der Strecke P_1P_2 erhält man wegen $\lambda = 1$

$$x = \frac{x_1 + x_2}{2}\,, \qquad (3.274c) \qquad y = \frac{y_1 + y_2}{2}\,. \qquad (3.274d)$$

Wenn den Strecken $\overline{P_1P}$ und $\overline{PP_2}$ ein positives oder negatives Vorzeichen in Abhängigkeit davon zugeordnet wird, ob ihre Richtung mit der von $\overline{P_1P_2}$ übereinstimmt oder nicht, dann können die Formeln (3.274a,b,c,d) für $\lambda < 0$ zur Bestimmung eines Punktes dienen, der die Strecke $\overline{P_1P_2}$ im vorgegebenen Verhältnis äußerlich teilt (*äußere Teilung*), d.h. außerhalb der Strecke $\overline{P_1P_2}$ liegt. Liegt P innerhalb der Strecke $\overline{P_1P_2}$, dann spricht man von *innerer Teilung*. Man definiert

a) $\lambda = 0$, wenn $P = P_1$,
b) $\lambda = \infty$, wenn $P = P_2$ und
c) $\lambda = -1$, wenn P Fernpunkt oder uneigentlicher Punkt der Geraden g ist, d.h. wenn sich P unendlich weit von P_1P_2 auf g befindet. Den Verlauf von λ zeigt die **Abb.3.127b**.

■ Für einen Punkt P, für den P_2 in der Mitte der Strecke $\overline{P_1P}$ liegt, ist $\lambda = \dfrac{\overline{P_1P}}{\overline{PP_2}} = -2$.

2. Goldener Schnitt oder *stetige Teilung* einer Strecke a wird ihre Zerlegung in zwei Teilstrecken x und $a - x$ genannt, wenn sich die Teilstrecke x zur Gesamtstrecke a verhält wie die Teilstrecke $a - x$ zur Teilstrecke x:

$$\frac{x}{a} = \frac{a-x}{x}\,. \qquad (3.275a)$$

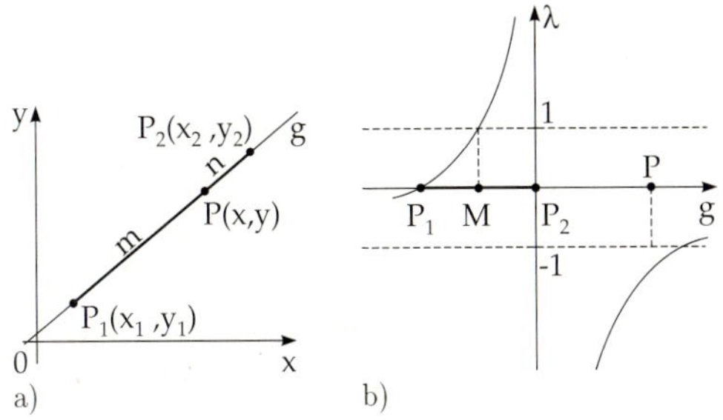

Abbildung 3.127

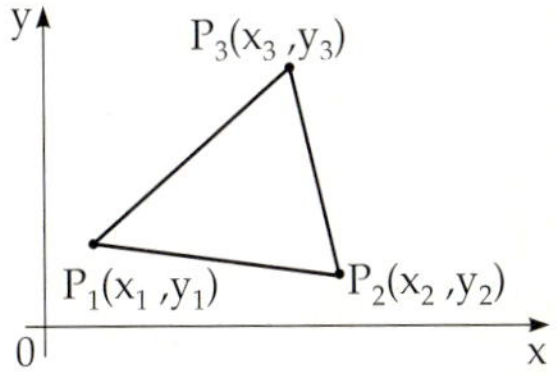

Abbildung 3.128

In diesem Falle ist x das geometrische Mittel von a und $a - x$, und es gilt:

$$x = \sqrt{a(a-x)}\,, \qquad (3.275b) \qquad\qquad x = \frac{a(\sqrt{5}-1)}{2} \approx 0{,}618 \cdot a\,. \qquad (3.275c)$$

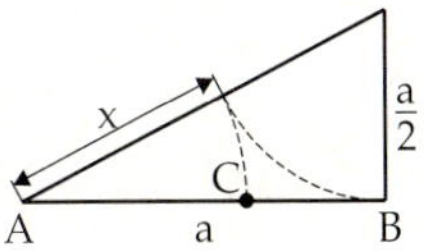

Abbildung 3.129

Die Teilstrecke x kann auch geometrisch mit Hilfe der in **Abb.3.129** angegebenen Konstruktion ermittelt werden. Die Strecke x ist gleichzeitig die Seitenlänge eines regelmäßigen Zehnecks mit einem Umkreis vom Radius a .
Auf die Gleichung des Goldenen Schnittes führt auch die Aufgabe, von einem Rechteck mit dem Seitenverhältnis (3.275a) ein Quadrat derart abzutrennen, daß auch für das verbleibende Rechteck (3.275c) gilt.

6. Flächeninhalte

1. Flächeninhalt eines Dreiecks Sind die Eckpunkte durch $P_1\,(x_1, y_1)$, $P_2\,(x_2, y_2)$ und $P_3\,(x_3, y_3)$ **(Abb.3.128)** gegeben, dann ergibt sich der Flächeninhalt gemäß

$$\begin{aligned} S &= \frac{1}{2}\begin{vmatrix} x_1 & y_1 & 1 \\ x_2 & y_2 & 1 \\ x_3 & y_3 & 1 \end{vmatrix} = \frac{1}{2}\left[x_1\,(y_2 - y_3) + x_2\,(y_3 - y_1) + x_3\,(y_1 - y_2)\right] \\ &= \frac{1}{2}\left[(x_1 - x_2)\,(y_1 + y_2) + (x_2 - x_3)\,(y_2 + y_3) + (x_3 - x_1)\,(y_3 + y_1)\right]. \end{aligned} \qquad (3.276)$$

Drei Punkte liegen auf einer Geraden, wenn

$$\begin{vmatrix} x_1 & y_1 & 1 \\ x_2 & y_2 & 1 \\ x_3 & y_3 & 1 \end{vmatrix} = 0\,. \qquad (3.277)$$

2. Flächeninhalt eines Vielecks Sind die Eckpunkte durch $P_1\,(x_1, y_1)$, $P_2\,(x_2, y_2)$, ..., $P_n\,(x_n, y_n)$ gegeben, dann ist

$$S = \frac{1}{2}\left[(x_1 - x_2)\,(y_1 + y_2) + (x_2 - x_3)\,(y_2 + y_3) + \cdots + (x_n - x_1)\,(y_n + y_1)\right]. \qquad (3.278)$$

Die Formeln (3.276) und (3.278) liefern einen positiven Flächeninhalt, wenn die Eckpunkte in einer Reihenfolge durchnumeriert sind, die dem entgegengesetzten Drehsinn des Uhrzeigers entspricht. Anderenfalls ist der Flächeninhalt negativ.

7. Gleichung einer Kurve

Jeder Gleichung $F(x, y) = 0$ für die Koordinaten x und y entspricht eine Kurve, die die Eigenschaft hat, daß die Koordinaten jedes beliebigen Kurvenpunktes P der Gleichung genügen und daß umgekehrt jeder Punkt, dessen Koordinaten diese Gleichung erfüllen, auf der Kurve liegt. Die Menge dieser Punkte wird auch *geometrischer Ort* genannt. Wenn die Gleichung $F(x, y) = 0$ von keinem reellen Punkt der Ebene erfüllt wird, dann gibt es keine reelle Kurve; man spricht von einer *imaginären Kurve.*

■ **A Algebraische Kurve:** $x^2 + y^2 + 1 = 0$,

■ **B Transzendente Kurve:** $y = \ln\left(1 - x^2 - \cosh x\right)$.

Man spricht von einer *algebraischen Kurve* $F(x, y) = 0$, wenn $F(x, y)$ ein Polynom ist, und nennt seinen Grad die *Ordnung der Kurve* (s. S. 62). Wenn die Gleichung der Kurve nicht auf die Form $F(x, y) = 0$ mit $F(x, y)$ als Polynom gebracht werden kann, dann spricht man von einer *transzendenten Kurve.*

Die Gleichungen von Kurven in anderen Koordinatensystemen können in analoger Weise betrachtet werden. Im weiteren werden aber, falls nicht ausdrücklich darauf hingewiesen wird, nur die kartesischen Koordinaten verwendet.

3.5.2.2 Gerade

1. Gleichung der Geraden

Jede in den Koordinaten lineare Gleichung definiert eine Gerade, und umgekehrt ist die Gleichung jeder beliebigen Geraden eine lineare Gleichung ersten Grades.

1. Allgemeine Geradengleichung

$$Ax + By + C = 0. \qquad (3.279)$$

Für $A = 0$ **(Abb.3.130)** ist die Gerade eine Parallele zur x–Achse, für $B = 0$ eine Parallele zur y–Achse, für $C = 0$ verläuft die Gerade durch den Koordinatenursprung.

2. Geradengleichung mit Richtungskoeffizient Jede Gerade, die nicht parallel zur y–Achse verläuft, kann durch eine Gleichung der Form

$$y = kx + b \qquad (3.280)$$

dargestellt werden. Die Größe k wird *Richtungskoeffizient* der Geraden genannt; er ist gleich dem Tangens des Winkels, den die Gerade mit der positiven Richtung der x–Achse einschließt **(Abb.3.131)**. Die Strecke b wird von der Geraden auf der y–Achse abgeschnitten. Sie kann ebenso wie der Tangens je nach Lage unterschiedliches Vorzeichen besitzen.

3. Geradengleichung durch einen vorgegebenen Punkt Die Gleichung einer Geraden, welche durch einen vorgegebenen Punkt $P_1\,(x_1, y_1)$ in vorgegebener Richtung verläuft **(Abb.3.132)**, lautet

$$y - y_1 = k\,(x - x_1)\,, \quad \text{mit} \quad k = \tan\delta\,. \qquad (3.281)$$

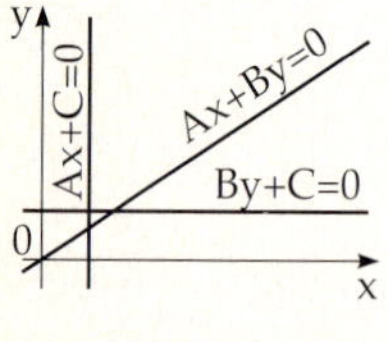

Abbildung 3.130

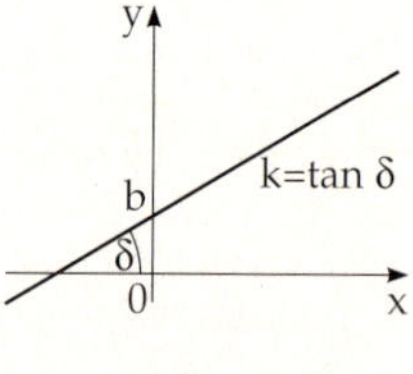

Abbildung 3.131

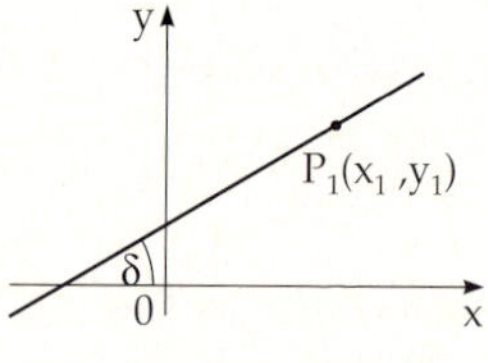

Abbildung 3.132

4. Geradengleichung für zwei vorgegebene Punkte Sind zwei Geradenpunkte $P_1\,(x_1, y_1)$, $P_2\,(x_2, y_2)$ vorgegeben **(Abb.3.133)**, dann lautet die Geradengleichung

$$\frac{y - y_1}{y_2 - y_1} = \frac{x - x_1}{x_2 - x_1}\,. \qquad (3.282)$$

5. Geradengleichung in Achsenabschnittsform Wenn eine Gerade auf den Achsen jeweils die Strecken a und b abschneidet, wobei die Vorzeichen zu berücksichtigen sind, dann lautet ihre Gleichung **(Abb.3.134)**

$$\frac{x}{a} + \frac{y}{b} = 1\,. \tag{3.283}$$

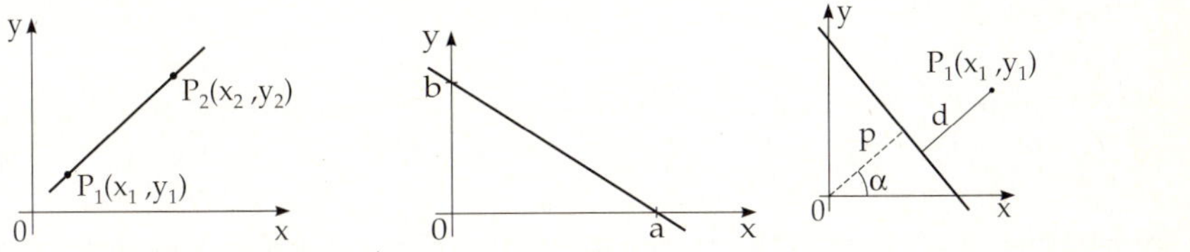

Abbildung 3.133 Abbildung 3.134 Abbildung 3.135

6. Normalform der Geradengleichung (auch HESSE*sche Normalform*) Mit p als Abstand der Geraden vom Koordinatenursprung und α als der Winkel, den die x-Achse und die vom Koordinatenursprung auf die Gerade gefällte Normale einschließen **(Abb.3.135)**, mit $p > 0$ und $0 \le \alpha < 2\pi$, lautet die HESSEsche Normalform

$$x\cos\alpha + y\sin\alpha - p = 0\,. \tag{3.284}$$

Man kann die HESSEsche Normalform aus der allgemeinen Geradengleichung durch Multiplikation mit dem *Normierungsfaktor*

$$\mu = \pm\frac{1}{\sqrt{A^2 + B^2}} \tag{3.285}$$

herleiten. Das Vorzeichen von μ muß entgegengesetzt zu dem von C gewählt werden.

7. Geradengleichung in Polarkoordinaten (Abb.3.136) Mit p als Abstand vom Pol zur Geraden (Normalenstrecke vom Pol zur Geraden) und α als Winkel zwischen Polarachse und der vom Pol auf die Gerade gefällten Normalen gilt

$$\rho = \frac{p}{\cos(\varphi - \alpha)}\,. \tag{3.286}$$

2. Abstand eines Punktes von einer Geraden

Man erhält den Abstand d eines Punktes $P_1\,(x_1, y_1)$ von einer Geraden **(Abb.3.135)** aus der HESSEschen Normalform durch Einsetzen der Koordinaten des gegebenen Punktes in die linke Seite von (3.284):

$$d = x_1\cos\alpha + y_1\sin\alpha - p\,. \tag{3.287}$$

Wenn P_1 und der Koordinatenursprung auf verschiedenen Seiten der Geraden liegen, ist $d > 0$, andernfalls ist $d < 0$.

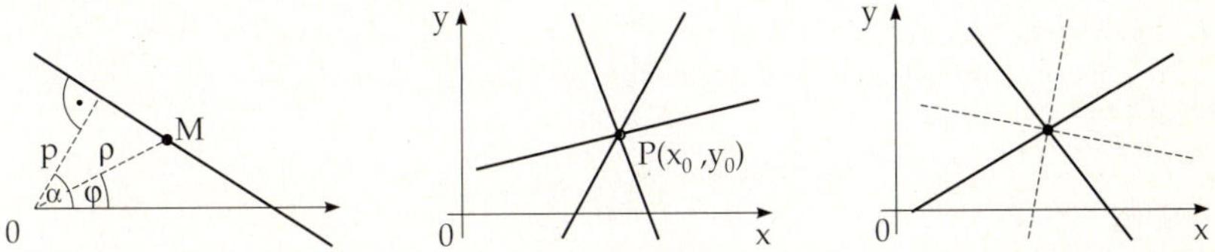

Abbildung 3.136 Abbildung 3.137 Abbildung 3.138

3. Schnittpunkt von Geraden

1. Schnittpunkt zweier Geraden Um die Koordinaten (x_0, y_0) des Schnittpunktes zweier Geraden zu berechnen, ist die Lösung des aus ihren Gleichungen zu bildenden Gleichungssystems zu berechnen. Wenn die Geraden durch die Gleichungen

$$A_1x + B_1y + C_1 = 0\,, \quad A_2x + B_2y + C_2 = 0 \tag{3.288a}$$

gegeben sind, dann gilt

$$x_0 = \frac{\begin{vmatrix} B_1 & C_1 \\ B_2 & C_2 \end{vmatrix}}{\begin{vmatrix} A_1 & B_1 \\ A_2 & B_2 \end{vmatrix}}, \quad y_0 = \frac{\begin{vmatrix} C_1 & A_1 \\ C_2 & A_2 \end{vmatrix}}{\begin{vmatrix} A_1 & B_1 \\ A_2 & B_2 \end{vmatrix}}. \tag{3.288b}$$

Wenn $\begin{vmatrix} A_1 & B_1 \\ A_2 & B_2 \end{vmatrix} = 0$ ist, dann sind die Geraden parallel. Ist $\frac{A_1}{A_2} = \frac{B_1}{B_2} = \frac{C_1}{C_2}$, dann fallen die Geraden zusammen.

2. Geradenbüschel Wenn eine dritte Gerade mit der Gleichung

$$A_3x + B_3y + C_3 = 0 \tag{3.289a}$$

durch den Schnittpunkt der ersten beiden Geraden gehen soll **(Abb.3.137)**, dann muß die Bedingung

$$\begin{vmatrix} A_1 & B_1 & C_1 \\ A_2 & B_2 & C_2 \\ A_3 & B_3 & C_3 \end{vmatrix} = 0 \tag{3.289b}$$

erfüllt sein.
Die Gleichung

$$(A_1x + B_1y + C_1) + \lambda\,(A_2x + B_2y + C_2) = 0 \qquad (-\infty < \lambda < +\infty) \tag{3.289c}$$

beschreibt alle Geraden die durch den Schnittpunkt $P_0(x_0, y_0)$ der beiden Geraden (3.288a) hindurchgehen. Durch (3.289c) wird ein Geradenbüschel mit dem Träger $P_0(x_0, y_0)$ definiert. Wenn die Gleichungen der ersten beiden Geraden in Normalform gegeben sind, dann erhält man für $\lambda = \pm 1$ die Gleichungen der Winkelhalbierenden der von den beiden Geraden eingeschlossenen Winkel **(Abb.3.138)**.

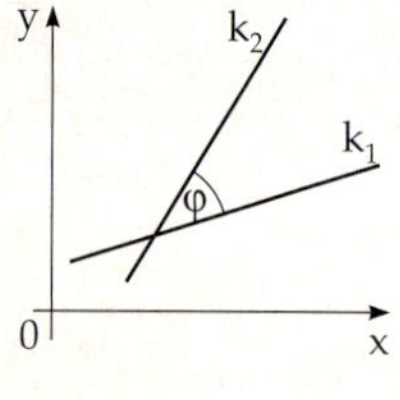

Abbildung 3.139

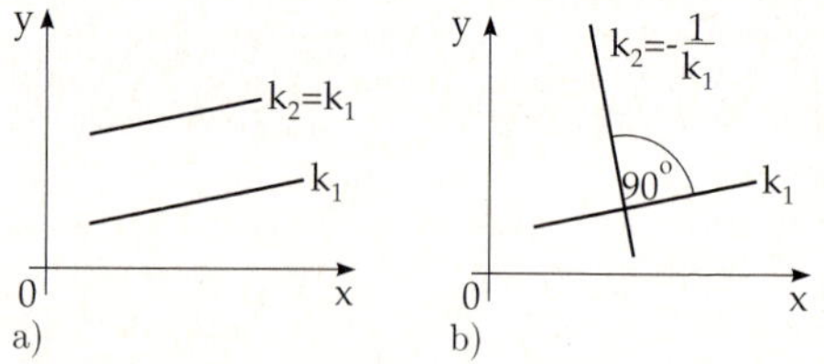

Abbildung 3.140

4. Winkel zwischen zwei Geraden

Die sich kreuzenden Geraden sind in **Abb.3.139** dargestellt. Wenn die beiden Geradengleichungen in der allgemeinen Form

$$A_1x + B_1y + C_1 = 0 \quad \text{und} \quad A_2x + B_2y + C_2 = 0 \tag{3.290a}$$

gegeben sind, dann gilt

$$\tan\varphi = \frac{A_1B_2 - A_2B_1}{A_1A_2 + B_1B_2}, \tag{3.290b}$$

$$\cos\varphi = \frac{A_1A_2 + B_1B_2}{\sqrt{A_1^2+B_1^2}\sqrt{A_2^2+B_2^2}}, \quad (3.290c) \qquad \sin\varphi = \frac{A_1B_2 - A_2B_1}{\sqrt{A_1^2+B_1^2}\sqrt{A_2^2+B_2^2}}. \quad (3.290d)$$

Mit den Richtungskoeffizienten k_1 und k_2 ergibt sich

$$\tan\varphi = \frac{k_2 - k_1}{1 + k_1k_2}, \quad (3.290e)$$

$$\cos\varphi = \frac{1 + k_1k_2}{\sqrt{1+k_1^2}\sqrt{1+k_2^2}}, \quad (3.290f) \qquad \sin\varphi = \frac{k_2 - k_1}{\sqrt{1+k_1^2}\sqrt{1+k_2^2}}. \quad (3.290g)$$

Dabei wird der Winkel φ von einer Geraden zur zweiten im entgegengesetzten Drehsinn des Uhrzeigers gemessen.

Für *parallele Geraden* **(Abb.3.140a)** ist $\dfrac{A_1}{A_2} = \dfrac{B_1}{B_2}$ oder $k_1 = k_2$.

Für *senkrechte Geraden* **(Abb.3.140b)** ist $A_1A_2 + B_1B_2 = 0$ oder $k_2 = -1/k_1$.

3.5.2.3 Kreis

1. Gleichung des Kreises in kartesischen Koordinaten Die Gleichung des Kreises lautet in kartesischen Koordinaten für den Fall **(Abb.3.141a)**, daß der Kreismittelpunkt im Koordinatenursprung liegt,

$$x^2 + y^2 = R^2. \quad (3.291a)$$

Liegt der Mittelpunkt im Punkt $C(x_0, y_0)$ **Abb.3.141b**, dann ergibt sich

$$(x - x_0)^2 + (y - y_0)^2 = R^2. \quad (3.291b)$$

Die allgemeine Gleichung zweiten Grades

$$ax^2 + 2bxy + cy^2 + 2dx + 2ey + f = 0 \quad (3.292a)$$

liefert dann und nur dann einen Kreis, wenn $b = 0$ und $a = c$. Für diesen Fall kann die Gleichung stets auf die Form

$$x^2 + y^2 + 2mx + 2ny + q = 0 \quad (3.292b)$$

gebracht werden. Für den Radius und die Koordinaten des Mittelpunktes gilt dann

$$R = \sqrt{m^2 + n^2 - q}, \quad (3.293a) \qquad x_0 = -m, \quad y_0 = -n. \quad (3.293b)$$

Für $q > m^2 + n^2$ liefert die Gleichung keine reelle Kurve, für $q = m^2 + n^2$ ergibt sich ein einziger Punkt $M(x_0, y_0)$.

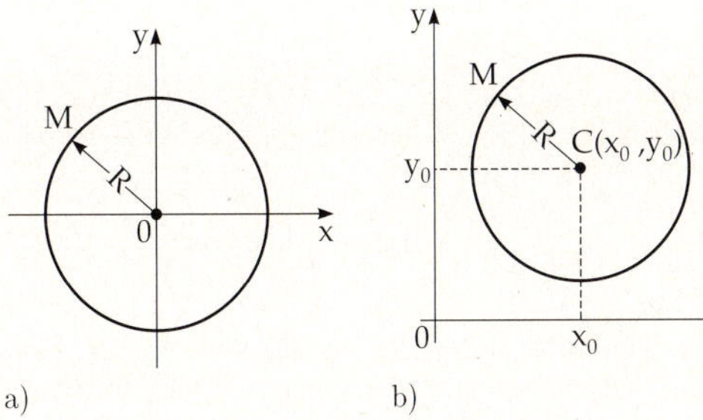

Abbildung 3.141

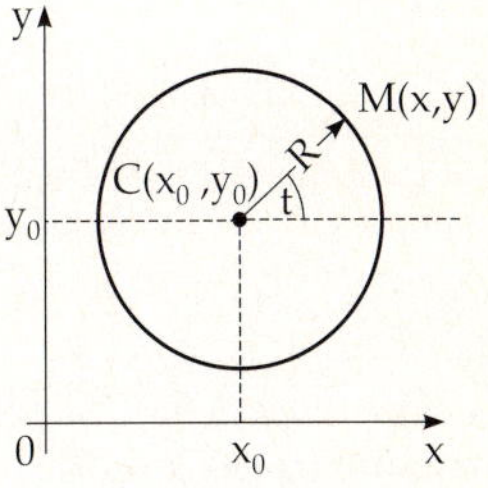

Abbildung 3.142

2. Parameterdarstellung des Kreises

$$x = x_0 + R\cos t\,, \quad y = y_0 + R\sin t\,, \tag{3.294}$$

wobei t der Winkel zwischen dem beweglichen Radius und der positiven Richtung der x-Achse ist **(Abb.3.142)**.

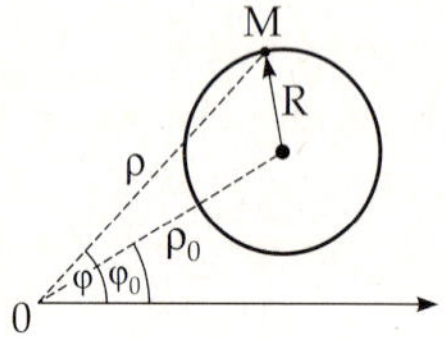

Abbildung 3.143

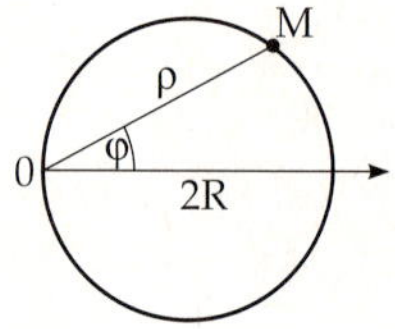

Abbildung 3.144

3. Kreisgleichung in Polarkoordinaten ganz allgemein gemäß **Abb.3.143**:

$$\rho^2 - 2\rho\rho_0\cos(\varphi - \varphi_0) + \rho_0^2 = R^2\,. \tag{3.295a}$$

Wenn der Kreismittelpunkt auf der Polarachse liegt und der Kreis durch den Koordinatenursprung verläuft **(Abb.3.144)**, dann vereinfacht sich die Gleichung zu

$$\rho = 2R\cos\varphi\,. \tag{3.295b}$$

3.5.2.4 Ellipse

1. Elemente der Ellipse Es sind in **Abb.3.145** $\overline{AB} = 2a$ die *große Achse*, $\overline{CD} = 2b$ die *kleine Achse*, A, B, C, D die *Scheitel*, F_1, F_2 die *Brennpunkte* mit dem Abstand $c = \sqrt{a^2 - b^2}$ auf beiden Seiten des Mittelpunktes, $e = c/a < 1$ die *numerische Exzentrizität* und $p = b^2/a$ der *Halbparameter*, d.h. die halbe Länge der durch einen Brennpunkt parallel zur kleinen Achse gezogenen Sehne.

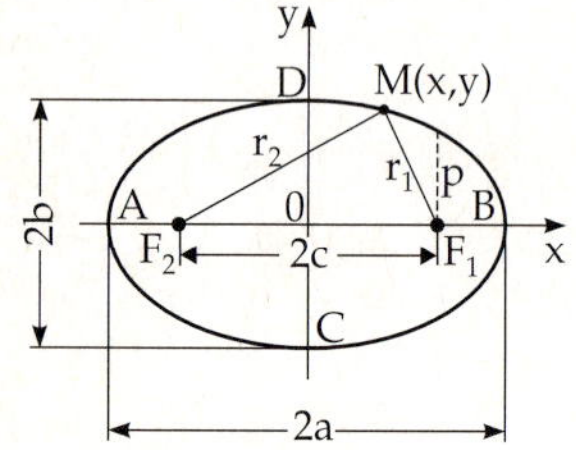

Abbildung 3.145

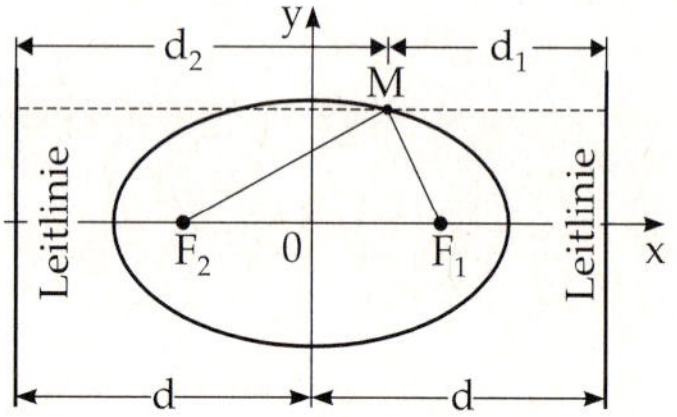

Abbildung 3.146

2. Gleichung der Ellipse Die Ellipsengleichung lautet in der Normalform, d.h. für zusammenfallende Koordinaten- und Ellipsenachsen sowie in der Parameterform

$$\frac{x^2}{a^2} + \frac{y^2}{b^2} = 1\,, \tag{3.296a}$$

$$x = a\cos t\,, \quad y = b\sin t\,. \tag{3.296b}$$

Die Ellipsengleichung in Polarkoordinaten s. S. 203.

3. Brennpunktseigenschaften der Ellipse, Definition der Ellipse Die Ellipse ist der geometrische Ort aller Punkte, für die die Summe der Abstände von zwei gegebenen festen Punkten, den Brennpunkten, konstant gleich $2a$ ist. Jeder dieser Abstände, die auch Brennpunktradiusvektoren eines Ellipsenpunktes genannt werden, berechnet sich als Funktion von der Abszissenkoordinate x gemäß

$$r_1 = MF_1 = a - ex\,, \quad r_2 = MF_2 = a + ex\,, \quad r_1 + r_2 = 2a\,. \tag{3.297}$$

In dieser und in den weiteren Formeln mit kartesischen Koordinaten wird angenommen, daß die Ellipse in der Normalform gegeben ist.

4. Leitlinien der Ellipse sind Geraden parallel zur kleinen Achse im Abstand $d = a/e$ **(Abb. 3.146)**. Jeder beliebige Ellipsenpunkt $M(x, y)$ unterliegt der *Leitlinieneigenschaft der Ellipse* (s. S. 203)

$$\frac{r_1}{d_1} = \frac{r_2}{d_2} = e\,. \tag{3.298}$$

5. Durchmesser der Ellipse werden diejenigen Sehnen genannt, die durch den Ellipsenmittelpunkt gehen und von diesem halbiert werden **(Abb.3.147)**. Der geometrische Ort der Mittelpunkte aller Sehnen, die zu einem Ellipsendurchmesser parallel sind, ist wieder ein Durchmesser, ein *konjugierter Durchmesser* zum ersten. Für k und k' als Richtungskoeffizienten zweier konjugierter Durchmesser gilt

$$kk' = \frac{-b^2}{a^2}\,. \tag{3.299}$$

Wenn $2a_1$ und $2b_1$ die Längen zweier konjugierter Durchmesser sind und α sowie β die spitzen Winkel zwischen den Durchmessern und der großen Achse, wobei $k = -\tan\alpha$ und $k' = \tan\beta$ ist, dann gilt der *Satz des* APOLLONIUS in der Form

$$a_1 b_1 \sin(\alpha + \beta) = ab\,, \qquad a_1^2 + b_1^2 = a^2 + b^2\,. \tag{3.300}$$

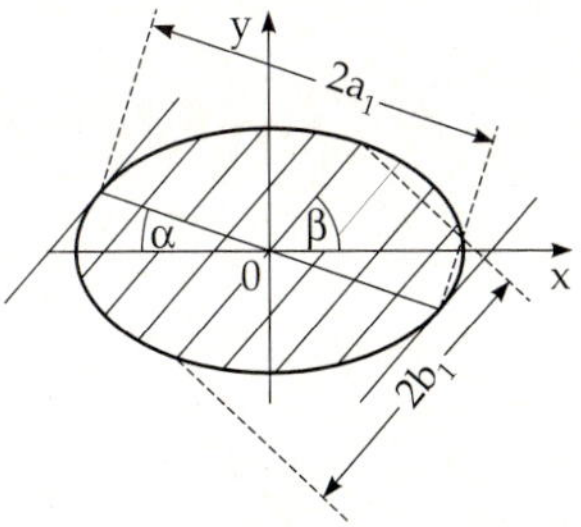

Abbildung 3.147

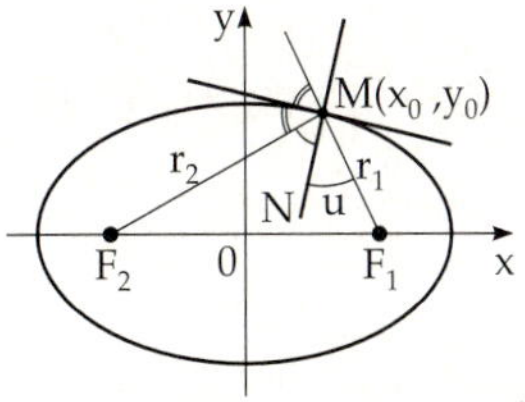

Abbildung 3.148

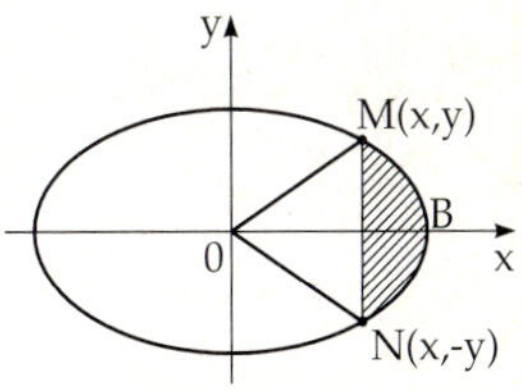

Abbildung 3.149

6. Tangenten an die Ellipse im Punkt $M(x_0, y_0)$ beschreibt die Gleichung

$$\frac{xx_0}{a^2} + \frac{yy_0}{b^2} = 1\,. \tag{3.301}$$

Normale und Tangente an die Ellipse **(Abb.3.148)** sind jeweils Winkelhalbierende des inneren und äußeren Winkels zwischen den von den Brennpunkten zum Berührungspunkt M weisenden Radiusvektoren. Die Gerade $Ax + By + C = 0$ ist eine Tangente an die Ellipse, wenn die Gleichung

$$A^2a^2 + B^2b^2 - C^2 = 0 \tag{3.302}$$

erfüllt ist.

7. Krümmungskreisradius der Ellipse (Abb.3.148) Mit u als Winkel zwischen der Tangente und dem Radiusvektor des Berührungspunktes $M(x_0, y_0)$ gilt

$$R = a^2b^2\left(\frac{x_0^2}{a^4} + \frac{y_0^2}{b^4}\right)^{\frac{3}{2}} = \frac{(r_1r_2)^{\frac{3}{2}}}{ab} = \frac{p}{\sin^3 u}\,. \tag{3.303}$$

In den Scheiteln A und B **(Abb.3.145)** sowie C und D ist $R_A = R_B = \dfrac{b^2}{a} = p$ und $R_C = R_D = \dfrac{a^2}{b}$.

8. Flächeninhalte der Ellipse (Abb.3.149)

a) Ellipse:

$$S = \pi ab\,. \tag{3.304a}$$

b) Ellipsensektor BOM:

$$S_{BOM} = \frac{ab}{2}\arccos\frac{x}{a}\,. \tag{3.304b}$$

c) Ellipsenabschnitt MBN:

$$S_{MBN} = ab\arccos\frac{x}{a} - xy\,. \tag{3.304c}$$

9. Ellipsenbogen und Ellipsenumfang Die Bogenlänge zwischen zwei Punkten A und B der Ellipse läßt sich nicht elementar berechnen, wie es für die Parabel möglich ist, sondern, mit Hilfe eines unvollständigen elliptischen Integrals 2. Gattung $E(k, \varphi)$ (s. S. 443).
Den Umfang der Ellipse (s. auch 457) berechnet man daher mit Hilfe des vollständigen elliptischen Integral 2. Gattung $E(e) = E\left(e, \frac{\pi}{2}\right)$ mit der numerischen Exzentrizität $e = \sqrt{a^2 - b^2}/a$ und mit $\varphi = \frac{\pi}{2}$ (für ein Viertel des Umfanges) zu

$$L = 4aE(e) = 2\pi a\left[1 - \left(\frac{1}{2}\right)^2 e^2 - \left(\frac{1\cdot 3}{2\cdot 4}\right)^2\frac{e^4}{3} - \left(\frac{1\cdot 3\cdot 5}{2\cdot 4\cdot 6}\right)^2\frac{e^6}{5} - \cdots\right]. \tag{3.305a}$$

Setzt man $\lambda = \frac{(a-b)}{(a+b)}$, dann ist

$$L = \pi(a+b)\left[1 + \frac{\lambda^2}{4} + \frac{\lambda^4}{64} + \frac{\lambda^6}{256} + \frac{25\lambda^8}{16384} + \cdots\right] \tag{3.305b}$$

und in Näherung

$$L \approx \pi\left[1{,}5(a+b) - \sqrt{ab}\right]\,; \quad L \approx \pi(a+b)\frac{64 - 3\lambda^4}{64 - 16\lambda^2}\,. \tag{3.305c}$$

■ Für $a = 1{,}5, b = 1$ liefert (3.305c) den Wert 7,93, während die genauere Rechnung mit Hilfe des vollständigen elliptischen Integrals 2. Gattung (s. S. 431) den Wert 7,98 ergibt.

3.5.2.5 Hyperbel

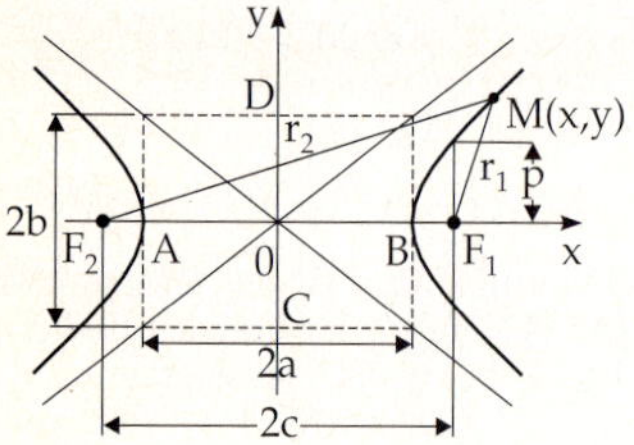

Abbildung 3.150

1. Elemente der Hyperbel In **Abb.3.150** sind $AB = 2a$ die reelle Achse; A, B die *Scheitel*; 0 der Mittelpunkt; F_1 und F_2 die *Brennpunkte* im Abstand $c > a$ auf der *reellen Achse* zu beiden Seiten vom Mittelpunkt; $CD = 2b = 2\sqrt{c^2 - a^2}$ die *imaginäre Achse*; $p = b^2/a$ der *Halbparameter der Hyperbel*, d.h. die halbe Länge der durch einen der Brennpunkte senkrecht zur rellen Achse gelegten Sehne; $e = c/a > 1$ die *numerische Exzentrizität*.

2. Gleichung der Hyperbel Die Hyperbelgleichung lautet in der *Normalform*, d.h. für zusammenfallende x– und reelle Achse sowie in der Parameterform

$$\frac{x^2}{a^2} - \frac{y^2}{b^2} = 1\,, \tag{3.306a}$$

$$x = a\cosh t\,,\ y = b\sinh t \quad \text{oder} \quad x = \frac{a}{\cos t}\,,\ y = b\tan t\,. \tag{3.306b}$$

In Polarkoordinaten s. S. 203.

3. Brennpunktseigenschaften der Hyperbel, Definition der Hyperbel Die Hyperbel ist der geometrische Ort aller Punkte, für die die Differenz der Abstände von zwei gegebenen festen Punkten, den Brennpunkten, konstant gleich $2a$ ist. Punkte, mit $r_1 - r_2 = 2a$ gehören einem Zweig an (in

Abb.3.150 dem linken), andere mit $r_2 - r_1 = 2a$ dem zweiten (in **Abb.3.150** dem rechten). Jeder dieser Abstände, die auch *Brennpunktradiusvektoren* genannt werden, berechnet sich aus

$$r_1 = \pm(ex - a)\,, \quad r_2 = \pm(ex + a)\,, \quad r_2 - r_1 = \pm 2a\,, \tag{3.307}$$

wobei das obere Vorzeichen für den linken, das untere für den rechten Zweig gilt. In diesen und den folgenden Hyperbelformeln, mit kartesischen Koordinaten, wird angenommen, daß die Hyperbel in der Normalform angegeben ist.

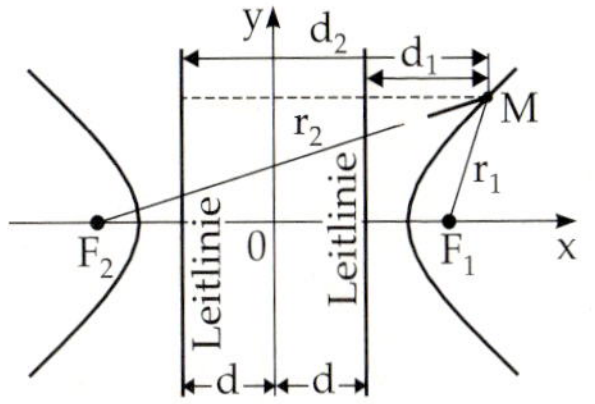

Abbildung 3.151

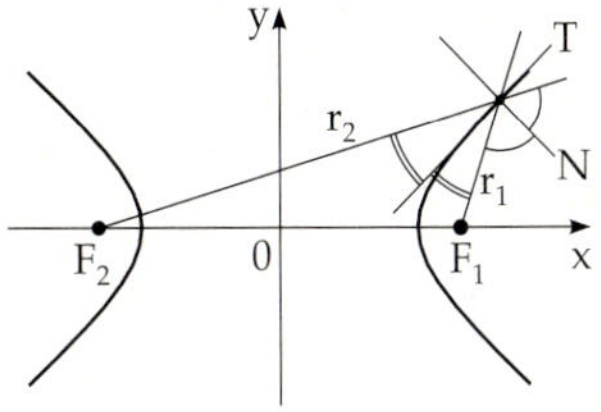

Abbildung 3.152

4. Leitlinien der Hyperbel sind senkrecht auf der reellen Achse im Abstand $d = a/c$ vom Mittelpunkt stehende Geraden **(Abb.3.151)**. Jeder beliebige Hyperbelpunkt $M(x, y)$ unterliegt der Leitlinieneigenschaft der Hyperbel (s. S. 203)

$$\frac{r_1}{d_1} = \frac{r_2}{d_2} = e\,. \tag{3.308}$$

5. Tangenten an die Hyperbel im Punkt $M(x_0, y_0)$ beschreibt die Gleichung

$$\frac{xx_0}{a_2} - \frac{yy_0}{b_2} = 1\,. \tag{3.309}$$

Normale und Tangente an die Hyperbel **(Abb.3.152)** sind jeweils Winkelhalbierende des inneren bzw. äußeren Winkels zwischen den von den Brennpunkten zum Berührungspunkt M weisenden Radiusvektoren. Die Gerade $Ax + By + C = 0$ ist eine Tangente, wenn die Gleichung

$$A^2a^2 - B^2b^2 - C^2 = 0 \tag{3.310}$$

erfüllt ist.

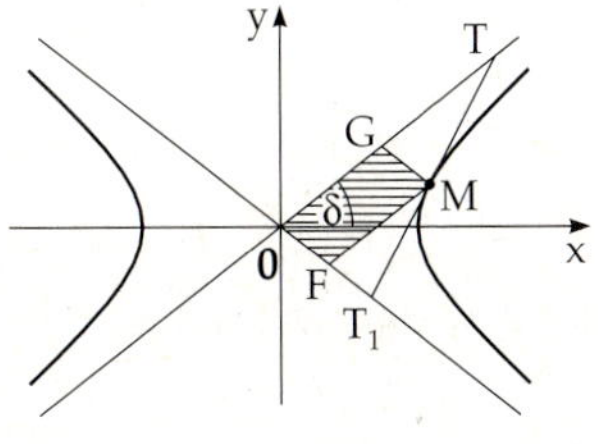

Abbildung 3.153

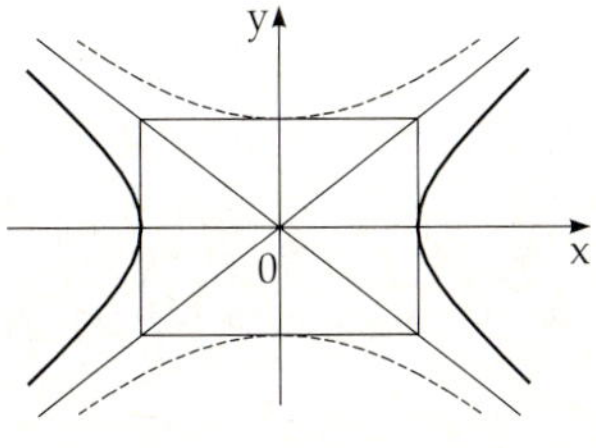

Abbildung 3.154

6. Asymptoten der Hyperbel sind Geraden **(Abb.3.153)**, die sich den Hyperbelzweigen für $x \to \infty$ unbegrenzt nähern (Definition der Asymptoten s. S. 233). Der Richtungskoeffizient der Asymptoten ist $k = \pm \tan\delta = \pm b/a$. Die Gleichungen der Asymptoten lauten

$$y = \pm\left(\frac{b}{a}\right)x\,. \tag{3.311}$$

Die Asymptoten bilden gemeinsam mit der Tangente an die Hyperbel in einem Punkt M das *Tangentenstück der Hyperbel*, d.h. die Strecke $\overline{TT_1}$ **(Abb.3.153)**. Das Tangentenstück wird durch den Berührungspunkt M halbiert, so daß $\overline{TM} = \overline{T_1M}$ ist. Den Flächeninhalt des Dreiecks TOT_1 zwischen der Tangente und beiden Asymptoten berechnet man für jeden Berührungspunkt M gemäß

$$S_D = ab\,. \tag{3.312}$$

Der Flächeninhalt des Parallelogramms $\overline{OFMG}$, das von den Asymptoten und zwei zu ihnen vom Punkt M ausgehenden Parallelen gebildet wird, beträgt

$$S_P = \frac{(a^2+b^2)}{4} = \frac{c^2}{4}\,. \tag{3.313}$$

7. Konjugierte Hyperbeln (Abb.3.154) haben die Gleichungen

$$\frac{x^2}{a^2} - \frac{y^2}{b^2} = 1 \quad \text{und} \quad \frac{y^2}{b^2} - \frac{x^2}{a^2} = 1\,, \tag{3.314}$$

wobei die zweite in **Abb.3.154** gestrichelt dargestellt ist. Sie besitzen gemeinsame Asymptoten derart, daß die reelle Achse der einen die imaginäre Achse der anderen ist und umgekehrt.

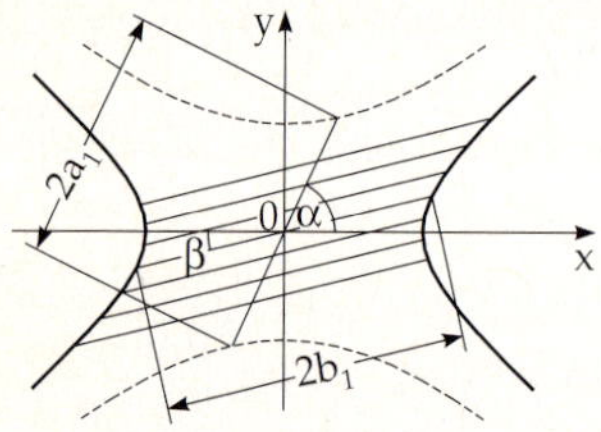

Abbildung 3.155

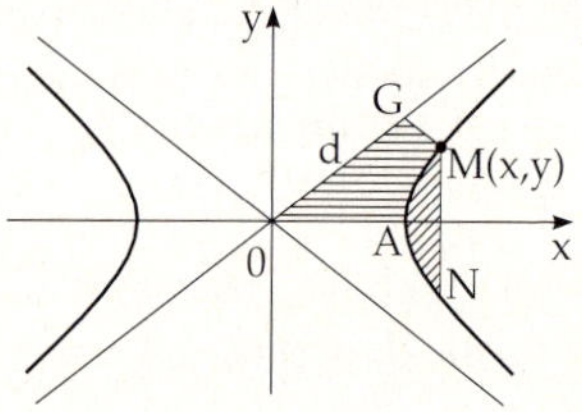

Abbildung 3.156

8. Durchmesser der Hyperbel (Abb.3.155) werden diejenigen *Sehnen* zwischen den zwei Ästen einer Hyperbel genannt, die durch den gemeinsamen Mittelpunkt verlaufen, der sie halbiert. Zwei Durchmesser mit den Richtungskoeffizienten k und k', die zu einer Hyperbel und ihrer konjugierten Hyperbel gehören, werden konjugiert genannt, wenn $kk' = b^2/a^2$ ist. Von jedem der beiden *konjugierten Durchmesser* werden die Sehnen der gegebenen bzw. der zu ihr konjugierten Hyperbel, die parallel zu dem anderen Durchmesser verlaufen, in zwei gleiche Teile geteilt **(Abb.3.155)**. Von zwei konjugierten Durchmessern schneidet nur der mit $|k| < b/a$ die Hyperbel. Die dabei entstehende Sehne, ein Durchmesser im engeren Sinne des Wortes, wird im Hyperbelmittelpunkt halbiert. Wenn $2a_1$ bzw. $2b_1$ die Längen zweier konjugierter Durchmesser sind und α bzw. $\beta < \alpha$ die spitzen Winkel, die diese Durchmesser mit der reellen Achse bilden, dann gilt

$$a_1^2 - b_1^2 = a^2 - b^2\,; \quad ab = a_1 b_1 \sin(\alpha - \beta)\,. \tag{3.315}$$

9. Krümmungskreisradius der Hyperbel Im Punkt $M(x_0, y_0)$ hat die Hyperbel den Krümmungskreisradius

$$R = a^2b^2\left(\frac{x_0^2}{a^4} + \frac{y_0^2}{b^4}\right)^{3/2} = \frac{(r_1r_2)^{3/2}}{ab} = \frac{p}{\sin^3 u}\,, \tag{3.316a}$$

wobei u der Winkel zwischen der Tangente und dem Radiusvektor des Berührungspunktes ist. In den Scheiteln A und B **(Abb.3.150** gilt

$$R_A = R_B = p = \frac{b^2}{a}\,. \tag{3.316b}$$

10. Flächeninhalte in der Hyperbel (Abb.3.156)

a) Hyperbelsegment AMN:

$$S_{AMN} = xy - ab\ln\left(\frac{x}{a} + \frac{y}{b}\right) = xy - ab\,\mathrm{Arcosh}\,\frac{x}{a}\,. \tag{3.317a}$$

b) Fläche $OAMG$:

$$S_{OAMG} = \frac{ab}{4} + \frac{ab}{2}\ln\frac{2d}{c}\,. \tag{3.317b}$$

Die Strecke $\overline{MG}$ verläuft parallel zur unteren Asymptote, c ist der Brennpunktsabstand und $d = \overline{OG}$.

11. Hyperbelbogen Die *Bogenlänge* zwischen zwei Punkten A und B der Hyperbel läßt sich nicht elementar berechnen, wie es für die Parabel möglich ist, sondern mit Hilfe eines unvollständigen elliptischen Integrals 2. Gattung (s. S. 443) $E(k, \varphi)$ in Analogie zur Bogenlänge der Ellipse (s. S. 196).

12. Gleichseitige Hyperbeln zeichnen sich durch gleich große Achsen $a = b$ aus, so daß ihre Gleichung lautet

$$x^2 - y^2 = a^2\,. \tag{3.318a}$$

Die Asymptoten der gleichseitigen Hyperbel stehen senkrecht aufeinander. Wenn die Asymptoten mit den Koordinatenachsen zusammenfallen **(Abb.3.157)**, dann lautet die Gleichung

$$xy = \frac{a^2}{2}\,. \tag{3.318b}$$

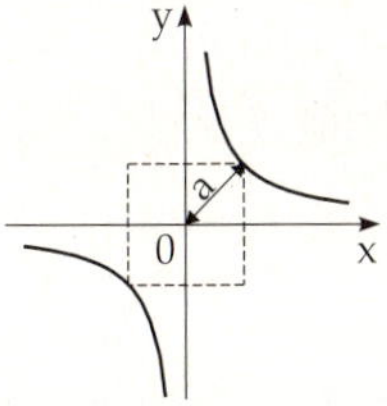

Abbildung 3.157

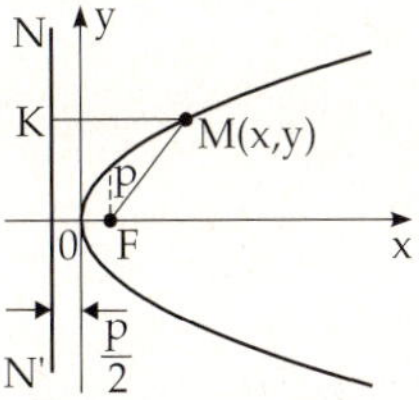

Abbildung 3.158

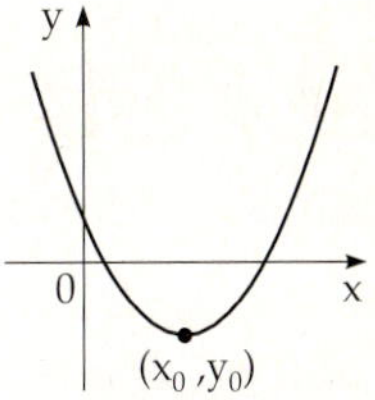

Abbildung 3.159

3.5.2.6 Parabel

1. Elemente der Parabel In **Abb.3.158** ist die x–Achse mit der *Parabelachse* identisch, O ist der *Scheitel der Parabel*, F der *Brennpunkt der Parabel*, der sich im Abstand $p/2$ vom Koordinatenursprung auf der x–Achse befindet, wobei p *Halbparameter der Parabel* genannt wird. Mit NN' ist die *Leitlinie* bezeichnet, d.h. eine Gerade, die senkrecht auf der Parabelachse steht und diese im Abstand $p/2$ auf der dem Brennpunkt entgegengesetzten Seite schneidet. Somit ist der Halbparameter auch gleich der halben Länge der Sehne, die im Brennpunkt senkrecht auf der Achse steht. Die *numerische Exzentrizität der Parabel* ist gleich eins (s. S. 203).

2. Gleichung der Parabel Wenn der Koordinatenursprung in den Scheitel der Parabel gelegt wird, die x–Achse mit der Parabelachse zusammenfällt und der Parabelscheitel nach links weisen soll, dann lautet die *Normalform der Parabelgleichung*

$$y^2 = 2px\,. \tag{3.319}$$

Die Gleichung der Parabel in Polarkoordinaten s. S. 203. Für Parabeln mit vertikaler Achse **(Abb. 3.159)** lautet die Parabelgleichung

$$y = ax^2 + bx + c\,. \tag{3.320a}$$

Der *Halbparameter* dieser so gegebenen Parabel ist $p = \dfrac{1}{2|a|}\,.$ (3.320b)

Ist $a > 0$, so ist die Parabel nach oben geöffnet, für $a < 0$ ist sie nach unten geöffnet. Die Koordinaten des Scheitels sind

$$x_0 = -\frac{b}{2a}, \quad y_0 = \frac{4ac - b^2}{4a}. \tag{3.320c}$$

3. Haupteigenschaft der Parabel (Definition der Parabel) Die Parabel ist der geometrische Ort aller Punkte $M(x, y)$, die von einem festen Punkt, dem Brennpunkt, und einer festen Geraden, der Leitlinie, gleich große Entfernung besitzen **(Abb.3.158)**. Hier und in den folgenden Formeln in kartesischen Koordinaten wird die Normalform der Parabelgleichung angenommen. Dann ist

$$\overline{MF} = \overline{MK} = x + \frac{p}{2}, \tag{3.321}$$

wobei $\overline{MF}$ der vom Brennpunkt ausgehende Radiusvektor des Parabelpunktes ist.

4. Durchmesser der Parabel wird eine Gerade genannt, die parallel zur Parabelachse liegt **(Abb. 3.160)**. Ein *Parabeldurchmesser* halbiert die Sehnen, die zur Tangente im Endpunkt des Durchmessers parallel liegen **(Abb.3.160)**. Mit dem Richtungskoeffizienten k der Sehnen lautet die Gleichung des Durchmessers

$$y = \frac{p}{k}. \tag{3.322}$$

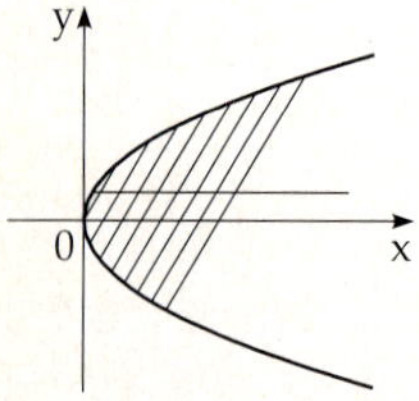

Abbildung 3.160

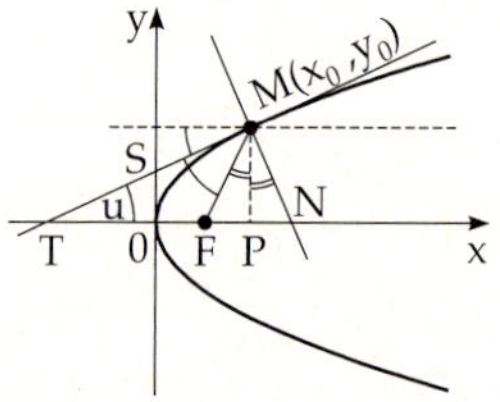

Abbildung 3.161

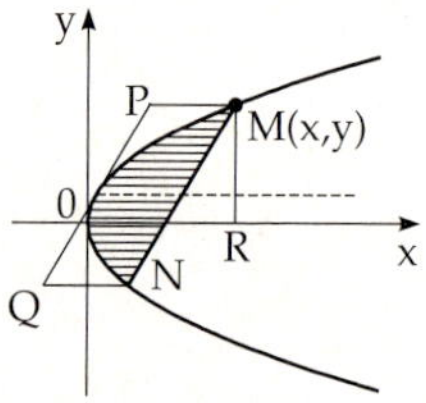

Abbildung 3.162

5. Tangente an die Parabel (Abb.3.161) Die Gleichung der Tangente an die Parabel im Punkt $M(x_0, y_0)$ lautet

$$yy_0 = p\,(x + x_0). \tag{3.323}$$

Tangente und Normale der Parabel sind Winkelhalbierende für die Winkel zwischen dem vom Brennpunkt ausgehenden Radiusvektor und dem Durchmesser des Berührungspunktes. Die Strecke auf der Parabeltangente zwischen dem Berührungspunkt und dem Schnittpunkt mit der Parabelachse auf der x–Achse wird durch die Tangente im Parabelscheitel, d.h. durch die y–Achse halbiert:

$$\overline{TS} = \overline{SM}; \quad \overline{TO} = \overline{OP} = x_0; \quad \overline{PN} = p. \tag{3.324}$$

Eine Gerade mit der Gleichung $y = kx + b$ ist eine Tangente an die Parabel, wenn

$$p = 2bk. \tag{3.325}$$

6. Krümmungskreisradius der Parabel im Punkt $M(x_1, y_1)$ mit l_n als Normalenlänge $\overline{MN}$ **(Abb. 3.161)** allgemein

$$R = \frac{(p + 2x_1)^{3/2}}{\sqrt{p}} = \frac{p}{\sin^3 u} = \frac{l_n^3}{p^2} \tag{3.326a}$$

und im Scheitel O:

$$R = p. \tag{3.326b}$$

7. Flächeninhalte in der Parabel (Abb.3.162)

a) **Parabelsegment** MON:

$$S_{OMN} = \frac{2}{3} S_{PQNM} \quad (PQNM \text{ ist das Parabelparallelogramm}). \tag{3.327a}$$

b) **Parabelfläche** OMR:

$$S_{OMR} = \frac{2xy}{3}. \tag{3.327b}$$

8. Länge des Parabelbogens vom Scheitel O bis zum Punkt $M(x, y)$

$$l_{OM} = \frac{p}{2}\left[\sqrt{\frac{2x}{p}\left(1+\frac{2x}{p}\right)} + \ln\left(\sqrt{\frac{2x}{p}} + \sqrt{1+\frac{2x}{p}}\right)\right] \tag{3.328a}$$

$$= -\sqrt{x\left(x+\frac{p}{2}\right)} + \frac{p}{2}\operatorname{Arsinh}\sqrt{\frac{2x}{p}}. \tag{3.328b}$$

Für kleine Werte von $\frac{x}{y}$ gilt näherungsweise

$$l_{OM} \approx y\left[1 + \frac{2}{3}\left(\frac{x}{y}\right)^2 - \frac{2}{5}\left(\frac{x}{y}\right)^4\right]. \tag{3.328c}$$

3.5.2.7 Kurven zweiter Ordnung (Kegelschnitte)

Tabelle Kurvengleichungen 2. Ordnung. Mittelpunktskurven ($\delta \neq 0$)*[1)]

Größen δ und Δ			Gestalt der Kurve
Mittelpunktskurven $\delta \neq 0$	$\delta > 0$	$\Delta \neq 0$	Ellipse a) für $\Delta \cdot S < 0$: reell, b) für $\Delta \cdot S > 0$: imaginär*[2)]
		$\Delta = 0$	Ein Paar imaginärer*[2)] Geraden mit reellem gemeinsamen Punkt
	$\delta < 0$	$\Delta \neq 0$	Hyperbel
		$\Delta = 0$	Ein Paar schneidender Geraden

Notwendige Koordinatentransformation	Normalform der Gleichung nach Transformation
1. Verschiebung des Koordinatenursprungs in den Kurvenmittelpunkt, dessen Koordinaten $x_0 = \frac{be - cd}{\delta}$, $y_0 = \frac{bd - ae}{\delta}$ sind.	$a'x'^2 + c'y'^2 + \frac{\Delta}{\delta} = 0$
2. Drehung der Koordinatenachsen um den Winkel α mit $\tan 2\alpha = \frac{2b}{a-c}$. Das Vorzeichen von $\sin 2\alpha$ muß mit dem Vorzeichen von $2b$ übereinstimmen. Hierbei ist der Richtungskoeffizient der neuen x'-Achse $k = \frac{c - a + \sqrt{(c-a)^2 + 4b^2}}{2b}$.	$a' = \frac{a + c + \sqrt{(a-c)^2 + 4b^2}}{2}$ $c' = \frac{a + c - \sqrt{(a-c)^2 + 4b^2}}{2}$ a' und c' sind Wurzeln der quadratischen Gleichung $u^2 - Su + \delta = 0$.

*[1] Δ, δ und S sind gemäß (3.329c) Zahlen.

*[2] Der Kurvengleichung entspricht eine imaginäre Kurve.

1. Allgemeine Gleichung der Kurven zweiter Ordnung Mit der allgemeinen Gleichung der Kurven 2. Ordnung

$$ax^2 + 2bxy + cy^2 + 2dx + 2ey + f = 0 \tag{3.329a}$$

werden die Ellipse, ihr Spezialfall, der Kreis, die Hyperbel, die Parabel oder ein Geradenpaar als zerfallende Kurve 2. Ordnung definiert. Die Rückführung auf die Normalform kann mit Hilfe der in **Tabelle 3.17** und **Tabelle 3.18** angegebenen Koordinatentransformationen erreicht werden.

Hinweis: Die Koeffizienten in (3.329a) sind nicht identisch mit den Parametern der speziellen Kegelschnitte.

Tabelle 3.18 Kurvengleichungen 2. Ordnung. Parabolische Kurven ($\delta = 0$)

Größen δ und Δ		Gestalt der Kurve
Parabolische Kurven*[1], $\delta = 0$	$\Delta \neq 0$	Parabel
	$\Delta = 0$	Geradenpaar: Parallele Geraden für $d^2 - af > 0$, Doppelgerade für $d^2 - af = 0$, Imaginäre*[2] Geraden für $d^2 - af < 0$.

Notwendige Koordinatentransformation	Normalform der Gleichung nach Transformation
1. Verschiebung des Koordinatenursprungs in den Scheitel der Parabel, dessen Koordinaten x_0 und y_0 durch die Gleichungen $ax_0 + by_0 + \frac{ad+be}{S} = 0$ und $\left(d + \frac{dc-be}{S}\right)x_0 + \left(e + \frac{ae-bd}{S}\right)y_0 + f = 0$ definiert werden. 2. Drehung der Koordinatenachsen um den Winkel α mit $\tan\alpha = -\frac{a}{b}$; das Vorzeichen von $\sin\alpha$ muß dem Vorzeichen von a entgegengesetzt sein.	$y'^2 = 2px'$ $p = \frac{ae-bd}{S\sqrt{a^2+b^2}}$
Drehung der Koordinatenachsen um den Winkel α mit $\tan\alpha = -\frac{a}{b}$; das Vorzeichen von $\sin\alpha$ muß dem Vorzeichen von a entgegengesetzt sein.	$Sy'^2 + 2\frac{ad+be}{\sqrt{a^2+b^2}}y' + f = 0$ ist auf die Form $(y'-y'_0)(y'-y'_1) = 0$ transformierbar.

*[1] Im Falle $\delta = 0$ wird vorausgesetzt, daß keiner der Koeffizienten a, b, c verschwindet.

*[2] Der Kurvengleichung entspricht eine imaginäre Kurve.

Hinweis: Sind zwei Koeffizienten (a und b oder b und c) $= 0$, so reduzieren sich die notwendigen Koordinatentransformationen auf eine Verschiebung der Koordinatenachsen.

Die Gleichung $cy^2 + 2dx + 2ey + f = 0$ erhält die Form $(y - y_0)^2 = 2p(x - x_0)$, die Gleichung $ax^2 + 2dx + 2ey^2 + f = 0$ erhält die Form $(x - x_0)^2 = 2p\,(y - y_0)$.

2. Invariante einer Kurve zweiter Ordnung sind die drei Größen

$$\Delta = \begin{vmatrix} a & b & d \\ b & c & e \\ d & e & f \end{vmatrix}, \quad \delta = \begin{vmatrix} a & b \\ b & c \end{vmatrix}, \quad S = a + c. \tag{3.329b}$$

Bei Drehungen des Koordinatensystems bleiben sie erhalten, d.h., wenn nach einer Koordinatentransformation die Kurvengleichung die Form

$$a'x'^2 + 2b'x'y' + c'y'^2 + 2d'x' + 2e'y' + f' = 0 \tag{3.329c}$$

hat, dann liefert die Berechnung dieser drei Größen Δ, δ und S aus den neuen Konstanten die ursprünglichen Werte.

3. Gestalt der Kurven 2. Ordnung (Kegelschnitte) Wenn ein gerader Kreiskegel von einer Ebene geschnitten wird, dann entsteht auf ihr ein Kegelschnitt. Geht die schneidende Ebene nicht durch die Spitze, dann ergibt sich eine Hyperbel, Parabel oder Ellipse in Abhängigkeit davon, ob die Ebene parallel zu zwei, nur zu einer oder zu keiner Erzeugenden des Kegels verläuft. Geht die schneidende Ebene durch die Kegelspitze, dann entstehen *zerfallende Kegelschnitte* mit $\Delta = 0$. Als Kegelschnitt eines in einen Zylinder *entarteten Kegels*, dessen Spitze sich im Unendlichen befindet, ergeben sich zwei parallele Geraden. Der Bestimmung der Gestalt der Kegelschnitte dienen die **Tabelle 3.17** und die **Tabelle 3.18**.

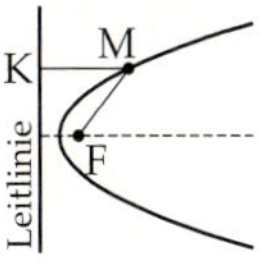

Abbildung 3.163

4. Leitlinieneigenschaft der Kurven zweiter Ordnung Der geometrische Ort aller Punkte M **(Abb.3.163)** mit einem konstanten Verhältnis e der Abstände zu einem festen Punkt F, dem Brennpunkt, und zu einer gegebenen Geraden, der Leitlinie, ist eine Kurve zweiter Ordnung mit der *numerischen Exzentrizität* e. Für $e < 1$ ergibt sich eine Ellipse, für $e = 1$ eine Parabel und für $e > 1$ eine Hyperbel.

5. Bestimmung der Kurve durch fünf Punkte Durch fünf vorgegebene Punkte kann eine und nur eine Kurve 2. Ordnung gehen. Wenn drei dieser Punkte auf einer Geraden liegen, dann ergibt sich ein *zerfallender Kegelschnitt.*

6. Polargleichung der Kurven zweiter Ordnung Alle Kurven 2. Ordnung werden mit der einen Polargleichung

$$\rho = \frac{p}{1 + e\cos\varphi} \tag{3.330}$$

beschrieben, wobei p der Halbparameter und e die Exzentrizität sind. Dabei liegt der Pol im Brennpunkt, während die Polarachse vom Brennpunkt nach dem nächstgelegenen Scheitelpunkt hin gerichtet ist. Für die Hyperbel definiert diese Gleichung nur einen Ast.

3.5.3 Analytische Geometrie des Raumes

3.5.3.1 Grundlagen, räumliche Koordinatensysteme

1. Koordinaten und Koordinatensysteme

Jeder beliebige Punkt P im Raum kann mit Hilfe eines Koordinatensystems festgelegt werden. Die Richtungen der Koordinatenlinien sind durch die Richtungen der Einheitsvektoren festgelegt. In **Abb. 3.164a** sind die Verhältnisse für ein kartesisches Koordinatensystem dargestellt. Man unterscheidet rechtwinklige und schiefwinklige Koordinatensysteme. In ihnen stehen die Einheitsvektoren der Koordinatenlinien senkrecht bzw. schiefwinklig aufeinander. Eine andere wichtige Unterscheidung ist die Rechts- oder Linkshändigkeit eines Koordinatensystems.

Die gebräuchlichsten räumlichen Koordinatensysteme sind kartesische Koordinaten, Zylinderkoordinaten und Kugelkoordinaten.

1. Rechts- und Linkssysteme In Abhängigkeit von der gegenseitigen Aufeinanderfolge der positiven Koordinatenrichtungen unterscheidet man *Rechtssysteme* und *Linkssysteme* oder *rechtshändige* bzw. *linkshändige Koordinatensysteme*. Ein Rechtssystem besitze z.B. drei in der alphabetischen Reihenfolge genommene und in drei verschiedenen Ebenen liegende Einheitsvektoren $\vec{e}_i, \vec{e}_j, \vec{e}_k$. Die Rechtshändigkeit kommt dann dadurch zum Ausdruck, daß eine Drehung eines der Vektoren um den gemeinsamen Koordinatenursprung auf den nächsten in der alphabetischen Reihenfolge bis zur Überdeckung auf dem kürzesten Wege im Gegenuhrzeigersinn ausgeführt werden kann. Symbolisch stellt man diesen Sachverhalt mit Hilfe der **Abb.3.32** dar; die dort eingezeichneten Seiten a, b, c sind durch die Indizes i, j, k zu ersetzen. Ein Linkssystem erfordert Drehungen dieser Art im Uhrzeigersinn.

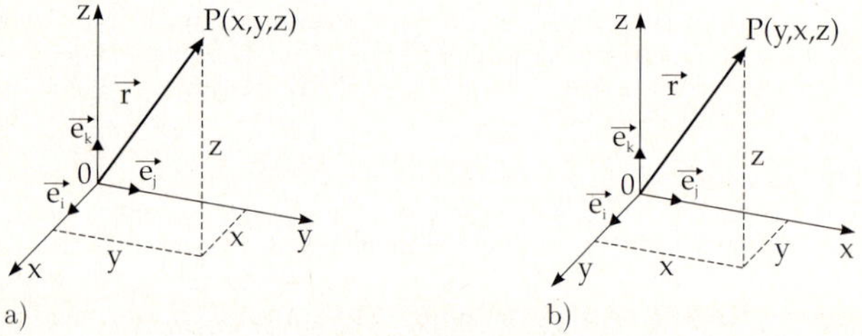

Abbildung 3.164

Rechts- und Linkssysteme können durch Vertauschung der Einheitsvektoren ineinander überführt werden. Die Vertauschung zweier Einheitsvektoren ändert die Händigkeit des Systems, d.h. seine *Orientierung*: Aus einem Rechtssystem wird ein Linkssystem und umgekehrt aus einem Linkssystem ein Rechtssystem.

Eine wichtige Art der Vektorvertauschung ist die *zyklische Vertauschung*, bei der die Orientierung erhalten bleibt. Gemäß **Abb.3.32** erfolgt die Vertauschung der Vektoren im Rechtssystem im Gegenuhrzeigersinn, d.h. nach dem Schema $(i \to j \to k \to i, j \to k \to i \to j, k \to i \to j \to k)$. Im Linkssystem erfolgt die Vertauschung der Vektoren im Uhrzeigersinn, d.h. nach dem Schema $(i \to k \to j \to i, k \to j \to i \to k, j \to i \to k \to j)$.

Ein Rechtssystem kann mit keinem Linkssystem zur Deckung gebracht werden.

Die Spiegelung eines Rechtssystems am Koordinatenursprung führt auf ein Linkssystem (s. S. 269).

■ **A:** Das kartesische Koordinatensystem mit den Koordinatenachsen x, y, z ist ein Rechtssystem (**Abb.3.164a**).

■ **B:** Das kartesische Koordinatensystem mit den Koordinatenachsen x, z, y ist ein Linkssystem (**Abb.3.164b**).

■ **C:** Aus dem Rechtssystem $\vec{e}_i, \vec{e}_j, \vec{e}_k$ wird durch Vertauschung der Einheitsvektoren $\vec{e}_j$ und $\vec{e}_k$ das

Linkssystem $\vec{e}_i, \vec{e}_k, \vec{e}_j$.

■ **D:** Durch zyklische Vertauschung erhält man aus dem Rechtssystem $\vec{e}_i, \vec{e}_j, \vec{e}_k$ das Rechtssystem $\vec{e}_j, \vec{e}_k, \vec{e}_i$ und aus diesem wieder das Rechtssystem $\vec{e}_k, \vec{e}_i, \vec{e}_j$.

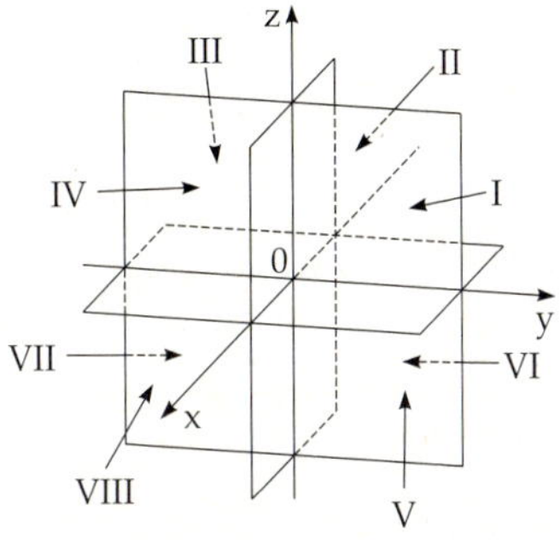

Abbildung 3.165

2. Kartesische Koordinaten eines Punktes P werden die mit einem bestimmten Vorzeichen versehenen und in einer bestimmten Maßeinheit angegebenen Abstände von drei rechtwinklig aufeinanderstehenden Koordinatenebenen genannt. Sie stellen die Projektionen des Radiusvektors $\vec{r}$ zum Punkt P (s. S. 177) auf drei rechtwinklig aufeinanderstehende Koordinatenachsen **(Abb.3.164)** dar. Der Schnittpunkt O der Koordinatenachsen wird *Koordinatenursprung* oder *Koordinatenanfangspunkt* genannt. Die Koordinaten x, y und z heißen *Abszisse*, *Ordinate* und *Applikate*. Die Schreibweise $P(a, b, c)$ bedeutet, daß der Punkt P die Koordinaten $x = a$, $y = b$, $z = c$ hat. Die Vorzeichen der Koordinaten richten sich nach dem Oktanten **(Abb.3.165)**, in dem sich der Punkt P befindet **(Tabelle 3.19)**.

Tabelle 3.19 Koordinatenvorzeichen in den Oktanten

Oktant	I	II	III	IV	V	VI	VII	VIII
x	+	−	−	+	+	−	−	+
y	+	+	−	−	+	+	−	−
z	+	+	+	+	−	−	−	−

Im rechtshändigen kartesischen Koordinatensystem **(Abb.3.164a)** gilt für die senkrecht aufeinanderstehenden und in der Reihenfolge $\vec{e}_i, \vec{e}_j, \vec{e}_k$ genommenen Einheitsvektoren

$$\vec{e}_i \times \vec{e}_j = \vec{e}_k\,, \quad \vec{e}_j \times \vec{e}_k = \vec{e}_i\,, \quad \vec{e}_k \times \vec{e}_i = \vec{e}_j\,, \tag{3.331a}$$

d.h., es gilt die *Rechte-Hand-Regel* (s. S. 179). Die drei Formeln gehen durch *zyklische Vertauschung* der Einheitsvektoren auseinander hervor.

Im linkshändigen kartesischen Koordinatensystem **(Abb.3.164b)** gilt

$$\vec{e}_i \times \vec{e}_j = -\vec{e}_k\,, \quad \vec{e}_j \times \vec{e}_k = -\vec{e}_i\,, \quad \vec{e}_k \times \vec{e}_i = -\vec{e}_j\,. \tag{3.331b}$$

Das negative Vorzeichen der Vektorprodukte ergibt sich aus der linkshändigen Reihenfolge der Einheitsvektoren s. **Abb.3.164b**, d.h. ihrer Anordnung im Uhrzeigersinn.

Es ist zu beachten, daß in beiden Fällen gilt:

$$\vec{e}_i \times \vec{e}_i = \vec{e}_j \times \vec{e}_j = \vec{e}_k \times \vec{e}_k = \vec{0}\,. \tag{3.331c}$$

Gewöhnlich werden rechtshändige Koordinatensysteme verwendet; die Formeln sind allerdings nicht von dieser Wahl abhängig. In der Geodäsie benutzt man gewöhnlich linkshändige Koordinatensysteme (s. S. 139).

3. Koordinatenflächen und Koordinatenlinien *Koordinatenflächen* zeichnen sich durch eine konstant gehaltene Koordinate aus, so daß sie im System der rechtwinkligen kartesischen Koordinaten parallel zu der von den zwei anderen Koordinatenachsen aufgespannten Ebene liegen. Durch die drei Koordinatenflächen $x = 0$, $y = 0$ bzw. $z = 0$ wird der dreidimensionale Raum in 8 Oktanten zerlegt **(Abb.3.165)**. *Koordinatenlinien* sind Kurven, auf denen sich nur eine Koordinate ändert, in kartesischen Koordinatensystemen also Geraden, die parallel zu den Koordinatenachsen verlaufen. Die Koordinatenflächen schneiden einander in den Koordinatenlinien.

4. Krummlinige dreidimensionale Koordinaten entstehen, wenn drei Scharen irgendwelcher Flächen derart vorgegeben werden, daß durch jeden Raumpunkt genau eine Fläche jeder der drei Scharen verläuft. Die Position eines Punktes wird in solchen Koordinatensystemen durch die Parameterwerte der drei durch diesen Punkt hindurchgehenden Koordinatenflächen bestimmt. Zu den gebräuchlichsten krummlinigen Koordinatensystemen gehören die Zylinder- und die Kugelkoordinaten.

5. Zylinderkoordinaten (Abb.3.166) bestehen aus
- den Polarkoordinaten ϱ und φ der Projektion des Punktes P auf die x, y–Ebene und
- der Applikate z des Punktes P.

Die Koordinatenflächen des Zylinderkoordinatensystems sind
- die Zylinderflächen mit dem Radius $\varrho = \text{const}$,
- die von der z–Achse ausgehenden Halbebenen mit $\varphi = \text{const}$ und
- die zur z–Achse senkrechten Ebenen mit $z = \text{const}$.

Die Schnittlinien dieser Koordinatenebenen sind die Koordinatenlinien.
Den Übergang zwischen den Zylinderkoordinaten und den rechtwinkligen kartesischen Koordinaten vermitteln die folgenden Formeln (s. auch **Tabelle 3.20**):

$$x = \varrho \cos\varphi, \quad y = \varrho \sin\varphi, \quad z = z; \tag{3.332a}$$

$$\varrho = \sqrt{x^2 + y^2}, \quad \varphi = \arctan\frac{y}{x} = \arcsin\frac{y}{\varrho} \quad \text{für} \quad x > 0. \tag{3.332b}$$

Die notwendige Fallunterscheidung bezüglich φ s. (3.270c).

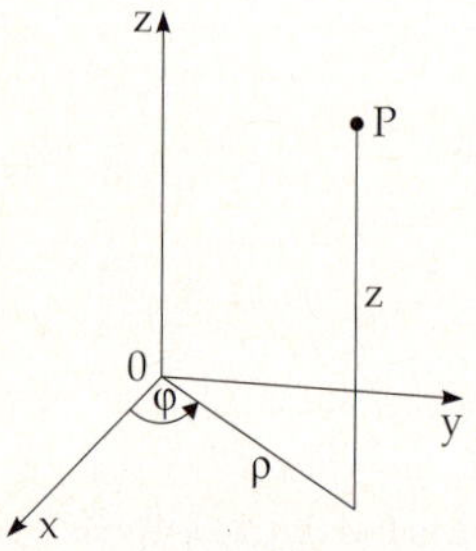

Abbildung 3.166

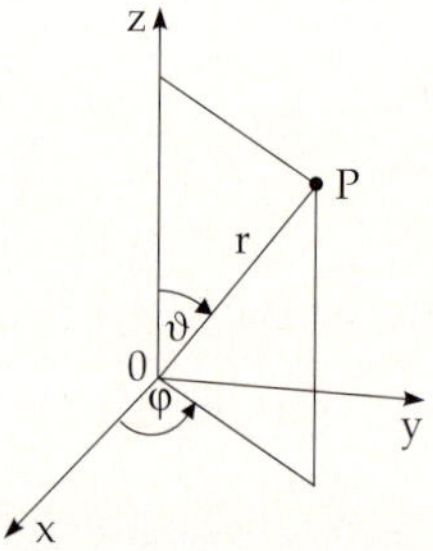

Abbildung 3.167

6. Kugel- oder räumliche Polarkoordinaten bestehen aus
- der Länge r des Radius- oder Aufpunktvektors $\vec{\mathbf{r}}$,
- dem Winkel ϑ zwischen der z–Achse und dem Aufpunktvektor $\vec{\mathbf{r}}$ sowie
- dem Winkel φ zwischen der x–Achse und der Projektion von $\vec{\mathbf{r}}$ auf die x, y–Ebene.

Die positiven Richtungen **(Abb.3.167)** weisen hier für $\vec{\mathbf{r}}$ vom Koordinatenursprung zum Punkt P, für ϑ von der z–Achse nach $\vec{\mathbf{r}}$ und für φ von der x–Achse zur Projektion von $\vec{\mathbf{r}}$ auf die x, y–Ebene. Mit den Wertebereichen $0 \le r < \infty, 0 \le \vartheta \le \pi$ und $-\pi < \varphi \le \pi$ werden alle Punkte des Raumes eindeutig erfaßt.
Die Koordinatenflächen des Kugelkoordinatensystems sind
- die Kugeln mit dem Pol 0 als Koordinatenursprung und dem Radius $r = \text{const}$,
- die Kegel mit $\vartheta = \text{const}$, der Spitze im Koordinatenursprung und der z–Achse als Achse sowie
- die von der z–Achse ausgehenden Halbebenen mit $\varphi = \text{const}$.

Die Schnittlinien dieser Flächen sind die Koordinatenlinien.
Den Übergang zwischen den Kugelkoordinaten und den kartesischen Koordinaten liefern die folgenden Formeln (s. auch **Tabelle 3.20**):

$$x = r \sin\vartheta \cos\varphi, \quad y = r \sin\vartheta \sin\varphi, \quad z = r \cos\vartheta, \tag{3.333a}$$

$$r = \sqrt{x^2 + y^2 + z^2}\,, \quad \vartheta = \arctan \frac{\sqrt{x^2 + y^2}}{z}\,, \quad \varphi = \arctan \frac{y}{x}\,. \tag{3.333b}$$

Die notwendige Fallunterscheidung bezüglich φ s. (3.270c). Analoges gilt bezüglich ϑ.

Tabelle 3.20 Zusammenhang zwischen kartesischen, Kreiszylinder– und Kugelkoordinaten

Kartesische Koordinaten	Zylinderkoordinaten	Kugelkoordinaten
x	$= \varrho \cos \varphi$	$= r \sin \vartheta \cos \varphi$
y	$= \varrho \sin \varphi$	$= r \sin \vartheta \sin \varphi$
z	$= z$	$= r \cos \vartheta$
$\sqrt{x^2 + y^2}$	$= \varrho$	$= r \sin \vartheta$
$\arctan \frac{y}{x}$	$= \varphi$	$= \varphi$
z	$= z$	$= r \cos \vartheta$
$\sqrt{x^2 + y^2 + z^2}$	$= \sqrt{\varrho^2 + z^2}$	$= r$
$\arctan \frac{\sqrt{x^2 + y^2}}{z}$	$= \arctan \frac{\varrho}{z}$	$= \vartheta$
$\arctan \frac{y}{x}$	$= \varphi$	$= \varphi$

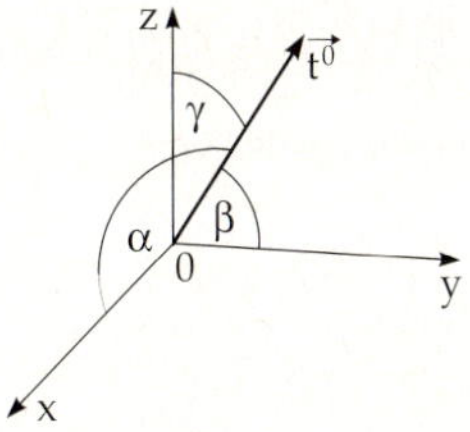

Abbildung 3.168

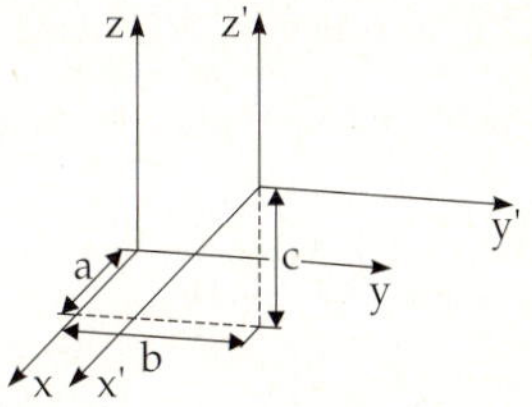

Abbildung 3.169

2. Richtung im Raum

Eine Richtung im Raum wird mit Hilfe eines Einheitsvektors $\vec{t}^0$ festgelegt (s. S. 177), dessen Koordinaten die *Richtungskosinusse* sind, d.h. die Kosinusse der Winkel zwischen der zu beschreibenden Richtung und den positiven Koordinatenachsen (**Abb.3.168**)

$$l = \cos\alpha\,, \quad m = \cos\beta\,, \quad n = \cos\gamma\,, \quad l^2 + m^2 + n^2 = 1\,. \tag{3.334a}$$

Der Winkel φ zwischen zwei durch ihre Richtungskosinus l_1, m_1, n_1 und l_2, m_2, n_2 bestimmte Richtungen berechnet sich gemäß

$$\cos\alpha = l_1 l_2 + m_1 m_2 + n_1 n_2\,. \tag{3.334b}$$

Zwei Richtungen stehen aufeinander senkrecht, wenn gilt

$$l_1 l_2 + m_1 m_2 + n_1 n_2 = 0\,. \tag{3.334c}$$

3. Transformation rechtwinkliger Koordinaten

1. Parallelverschiebung Wenn die ursprünglichen Koordinaten x, y, z sind und die neuen x', y', z' und a, b, c die Koordinaten des neuen Koordinatenursprungs im ursprünglichen Koordinatensystem (**Abb.3.169**), dann gilt

$$x = x' + a\,, \quad y = y' + b\,, \quad z = z' + c\,; \quad x' = x - a\,, \quad y' = y - b\,, \quad z' = z - c\,. \tag{3.335}$$

2. Drehung der Koordinatenachsen Wenn die Richtungskosinusse der neuen Achsen in Übereinstimmung mit den Angaben in **Tabelle 3.21** bezeichnet sind **(Abb.3.170)**, dann gilt

$$x = l_1x' + l_2y' + l_3z', \quad y = m_1x' + m_2y' + m_3z', \quad z = n_1x' + n_2y' + n_3z'; \qquad (3.336a)$$

$$x' = l_1x + m_1y + n_1z, \quad y' = l_2x + m_2y + n_2z, \quad z' = l_3x + m_3y + n_3z. \qquad (3.336b)$$

Die Koeffizientenmatrix des Systems (3.336a), *Drehungsmatrix D* genannt, und die Transformationsdeterminante Δ ergeben sich zu

$$D = \begin{pmatrix} l_1 & l_2 & l_3 \\ m_1 & m_2 & m_3 \\ n_1 & n_2 & n_3 \end{pmatrix}, \qquad (3.336c)$$

$$\det D = \Delta = \begin{vmatrix} l_1 & l_2 & l_3 \\ m_1 & m_2 & m_3 \\ n_1 & n_2 & n_3 \end{vmatrix}. \qquad (3.336d)$$

Tabelle 3.21 Bezeichnungen der Richtungskosinusse bei Koordinatentransformation

In bezug auf die alten Achsen	Richtungskosinus der neuen Achsen		
	x'	y'	z'
x	l_1	l_2	l_3
y	m_1	m_2	m_3
z	n_1	n_2	n_3

3. Eigenschaften der Transformationsdeterminante
a) $\Delta = \pm 1$, mit positivem Vorzeichen, wenn die Links- bzw. Rechtshändigkeit erhalten bleibt, mit negativem Vorzeichen, wenn sich die Händigkeit ändert.
b) Die Summe der Quadrate einer Zeile oder einer Spalte ist immer gleich eins.
c) Die Summe der Produkte der entsprechenden Elemente zweier verschiedener Zeilen oder Spalten ist gleich Null (s. S. 256).
d) Jedes Element ergibt sich als Produkt aus $\Delta = \pm 1$ und seiner Adjunkte (s. S. 258).

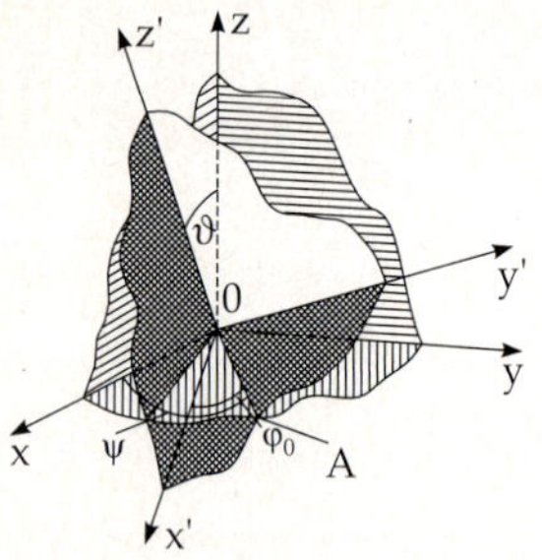

Abbildung 3.170

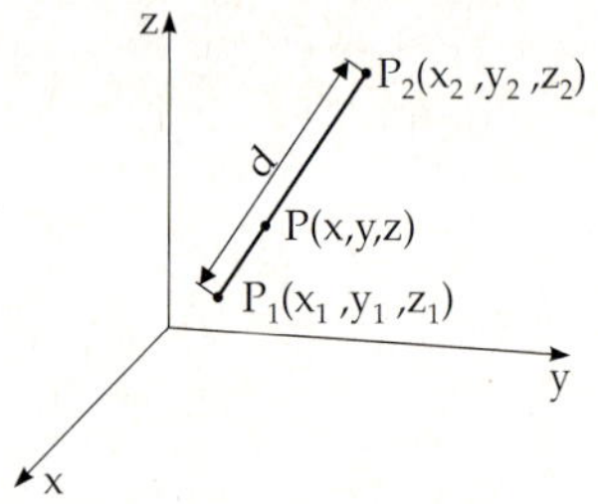

Abbildung 3.171

4. EULERsche Winkel Die Lage des neuen Koordinatensystems relativ zum alten kann mit Hilfe von drei Winkeln, die EULER eingeführt hat, vollständig bestimmt werden **(Abb.3.170)**.
a) *Nutationswinkel* ϑ wird der Winkel zwischen den positiven Richtungen der z– und der z'–Achse genannt; er liegt in den Grenzen $0 \le \vartheta < \pi$;
b) *Präzessionswinkel* ψ wird der Winkel zwischen der positiven Richtung der x–Achse und der Schnittgeraden OA zwischen der x, y– und x', y'– Ebene genannt. Die positive Richtung von ϑ wird derart

gewählt, daß die z–Achse, die z'–Achse sowie OA ein Richtungstripel (s. S. 178) mit der gleichen Orientierung bilden wie die Koordinatenachsen. Die Messung von ψ erfolgt von der x–Achse aus in Richtung y–Achse; die Grenzen sind $0 \leq \psi < \pi$;
c) *Drehungswinkel* φ wird der Winkel zwischen der positiven x'–Richtung und der Schnittgeraden OA genannt; er liegt in den Grenzen $0 \leq \varphi < 2\pi$.
Wenn anstelle der Winkelfunktionen zur Abkürzung gesetzt wird

$$\begin{array}{lll} \cos\vartheta = c_1\,, & \cos\psi = c_2\,, & \cos\varphi = c_3\,, \\ \sin\vartheta = s_1\,, & \sin\psi = s_2\,, & \sin\varphi = s_3\,, \end{array} \qquad (3.337a)$$

dann gilt

$$\begin{array}{lll} l_1 = c_2c_3 - c_1s_2s_3\,, & m_1 = s_2c_3 + c_1c_2s_3\,, & n_1 = s_1s_3\,; \\ l_2 = -c_2s_3 - c_1s_2c_3\,, & m_2 = -s_2s_3 + c_1c_2c_3\,, & n_2 = s_1c_3\,; \\ l_3 = s_1s_2\,, & m_3 = -s_1c_2\,, & n_3 = c_1\,. \end{array} \qquad (3.337b)$$

5. Skalare Invariante heißt ein Skalar, der bei Verschiebung und Drehung des Koordinatensystems den gleichen Wert behält. Das skalare Produkt zweier Vektoren ist eine *skalare Invariante* (s. S. 180).

■ **A:** Die Komponenten eines Vektors $\vec{\mathbf{a}} = \{a_1, a_2, a_3\}$ sind keine skalaren Invarianten, da sie bei Verschiebung und Drehung des Koordinatensystems unterschiedliche Werte annehmen.

■ **B:** Die Länge des Vektors $\vec{\mathbf{a}} = \{a_1, a_2, a_3\}$, d.h. die Größe $\sqrt{a_1^2 + a_2^2 + a_3^2}$, ist eine skalare Invariante.

■ **C:** Das Skalarprodukt eines Vektors mit sich selbst ist eine skalare Invariante:
$\vec{\mathbf{a}}\vec{\mathbf{a}} = \vec{\mathbf{a}}^2 = |\vec{\mathbf{a}}|^2 \cos\varphi = |\vec{\mathbf{a}}^2|$, da $\varphi = 0$.

4. Abstand zwischen zwei Punkten

Zwischen den Punkten $P_1\,(x_1, y_1, z_1)$ und $P_2\,(x_2, y_2, z_2)$ in **Abb.3.171** beträgt der Abstand

$$d = \sqrt{(x_2 - x_1)^2 + (y_2 - y_1)^2 + (z_2 - z_1)^2}\,. \qquad (3.338a)$$

Die Richtungskosinusse der Strecke zwischen beiden Punkten berechnen sich gemäß

$$\cos\alpha = \frac{x_2 - x_1}{d}\,, \quad \cos\beta = \frac{y_2 - y_1}{d}\,, \quad \cos\gamma = \frac{z_2 - z_1}{d}\,. \qquad (3.338b)$$

5. Teilung einer Strecke

Die Koordinaten eines Punktes $P(x, y, z)$, der eine Strecke zwischen den Punkten $P_1\,(x_1, y_1, z_1)$ und $P_2\,(x_2, y_2, z_2)$ im vorgegebenen Verhältnis

$$\frac{\overline{P_1P}}{\overline{PP_2}} = \frac{m}{n} = \lambda \qquad (3.339)$$

teilen soll, werden mit den Formeln

$$x = \frac{nx_1 + mx_2}{n + m} = \frac{x_1 + \lambda x_2}{1 + \lambda}\,, \qquad (3.340a)$$

$$y = \frac{ny_1 + my_2}{n + m} = \frac{y_1 + \lambda y_2}{1 + \lambda}\,, \quad (3.340b) \qquad z = \frac{nz_1 + mz_2}{n + m} = \frac{z_1 + \lambda z_2}{1 + \lambda}\,. \quad (3.340c)$$

bestimmt. Der *Mittelpunkt*der Strecke ergibt sich aus

$$x_m = \frac{x_1 + x_2}{2}\,, \quad y_m = \frac{y_1 + y_2}{2}\,, \quad z_m = \frac{z_1 + z_2}{2}\,. \qquad (3.341)$$

Die Koordinaten des *Massenmittelpunktes* (oft unkorrekterweise *Schwerpunkt* genannt) eines Systems aus n materiellen Punkten mit den Massen m_i werden mit den folgenden Formeln berechnet, wobei die Summation über alle i von 1 bis n zu erfolgen hat:

$$\bar{x} = \frac{\sum m_i x_i}{\sum m_i}\,, \quad \bar{y} = \frac{\sum m_i y_i}{\sum m_i}\,, \quad \bar{z} = \frac{\sum m_i z_i}{\sum m_i}\,. \qquad (3.342)$$

6. System aus vier Punkten

Vier Punkte $P(x,y,z)$, $P_1(x_1,y_1,z_1)$, $P_2(x_2,y_2,z_2)$ und $P_3(x_3,y_3,z_3)$ können entweder einen Tetraeder **(Abb.3.172)** bilden oder in einer Ebene liegen. Der Rauminhalt eines Tetraeders kann über

$$V = \frac{1}{6}\begin{vmatrix} x & y & z & 1 \\ x_1 & y_1 & z_1 & 1 \\ x_2 & y_2 & z_2 & 1 \\ x_3 & y_3 & z_3 & 1 \end{vmatrix} = \frac{1}{6}\begin{vmatrix} x-x_1 & y-y_1 & z-z_1 \\ x-x_2 & y-y_2 & z-z_2 \\ x-x_3 & y-y_3 & z-z_3 \end{vmatrix}, \qquad (3.343)$$

berechnet werden, wobei sich nur dann ein positiver Wert $V > 0$ ergibt, wenn die Orientierung des Vektorentripels $\overrightarrow{PP_1}$, $\overrightarrow{PP_2}$, $\overrightarrow{PP_3}$ mit der des Koordinatensystems übereinstimmt (s. S. 178). Im entgegengesetzten Falle ergibt sich ein negativer Wert.
In einer Ebene liegen die vier Punkte genau dann, wenn die Bedingung

$$\begin{vmatrix} x & y & z & 1 \\ x_1 & y_1 & z_1 & 1 \\ x_2 & y_2 & z_2 & 1 \\ x_3 & y_3 & z_3 & 1 \end{vmatrix} = 0 \quad \text{erfüllt ist.} \qquad (3.344)$$

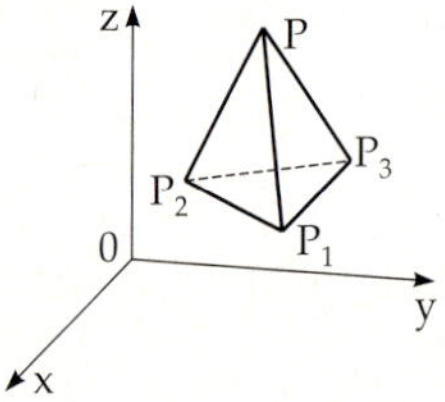

Abbildung 3.172

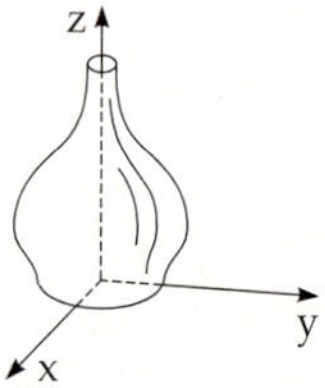

Abbildung 3.173

7. Gleichung einer Fläche

Jeder Gleichung $F(x,y,z) = 0$ (3.345)

entspricht eine Fläche, deren Eigenschaft es ist, daß die Koordinaten jedes beliebigen ihrer Punkte P dieser Gleichung genügen. Umgekehrt ist jeder Punkt, dessen Koordinaten der Gleichung genügen, ein Punkt auf dieser Fläche. Die Gleichung (3.345) wird die Gleichung dieser Fläche genannt.

1. Die Gleichung einer Zylinderfläche (s. S. 150), deren Erzeugende parallel zur x–Achse verlaufen, enthält keine x–Koordinate: $F(y,z) = 0$. Entsprechend enthalten die Gleichungen von Zylinderflächen, deren Erzeugende parallel zur y– bzw. zur z–Achse verlaufen, keine y– bzw. z–Koordinate: $F(x,z) = 0$ bzw. $F(x,y) = 0$. Die Gleichung $F(x,y) = 0$ beschreibt die Schnittkurve zwischen der Zylinderfläche und der x,y–Ebene. Wenn die Richtungskosinus oder ihnen proportionale Größen l, m, n der Erzeugenden einer Zylinderfläche gegeben sind, dann hat die Gleichung die Form

$$F(nx - lz, ny - mz) = 0. \qquad (3.346)$$

2. Die Gleichung einer Rotationsfläche, d.h. einer Fläche, die durch Rotation einer gegebenen Kurve in der x,z–Ebene mit der Gleichung $z = f(x)$ erzeugt wird **(Abb.3.173)**, ergibt sich allgemein zu

$$z = f\left(\sqrt{x^2 + y^2}\right). \qquad (3.347)$$

In Analogie dazu werden die Gleichungen von Flächen erhalten, die durch Rotation einer gegebenen Kurve um eine andere Koordinate entstehen.
Die Gleichung einer *Kegelfläche*, deren Spitze im Koordinatenursprung liegt (s. S. 151), ist von der Gestalt $F(x,y,z) = 0$, wobei F eine homogene Funktion der Koordinaten ist (s. S. 121).

8. Gleichung einer Raumkurve
Eine Raumkurve kann durch drei Parametergleichungen

$$x = \varphi_1(t)\,, \quad y = \varphi_2(t)\,, \quad z = \varphi_3(t) \tag{3.348}$$

festgelegt werden. Jedem Wert des Parameters t, dem nicht immer eine unmittelbare geometrische Bedeutung zugemessen werden kann, entspricht ein bestimmter Punkt der Kurve.
Eine andere Methode der Festlegung einer Raumkurve geht von der Angabe zweier Gleichungen

$$F_1(x, y, z) = 0\,, \quad F_2(x, y, z) = 0 \tag{3.349}$$

aus. Jede von ihnen definiert eine Fläche. Eine Raumkurve ergibt sich für alle die Punkte, die beiden Gleichungen genügen, d.h., die Raumkurve ist die Schnittkurve der beiden Flächen. Allgemein liefert jede Gleichung der Form

$$F_1 + \lambda F_2 = 0 \tag{3.350}$$

für beliebiges λ eine Fläche, die durch die betrachtete Kurve hindurchgeht, so daß sie eine der beiden Gleichungen in (3.349) ersetzen kann.

3.5.3.2 Gerade und Ebene im Raum

1. Ebenengleichungen

Jede in den Koordinaten lineare Gleichung definiert eine Ebene, und umgekehrt ist die Gleichung jeder Ebene vom ersten Grade.

1. Allgemeine Ebenengleichung

a) in Komponentenschreibweise: $Ax + By + Cz + D = 0\,,$ (3.351a)

b) in Vektorschreibweise: $\vec{\mathbf{r}}\vec{\mathbf{N}} + D = 0\,,$ (3.351b)

wobei der Vektor $\vec{\mathbf{N}}(A, B, C)$ senkrecht auf der Ebene steht. In **(Abb.3.174)** sind die Achsenabschnitte a, b und c der Ebene eingezeichnet*. Man spricht vom *Normalenvektor der Ebene.* Seine Richtungskosinusse sind

$$\cos\alpha = \frac{A}{\sqrt{A^2 + B^2 + C^2}}\,, \quad \cos\beta = \frac{B}{\sqrt{A^2 + B^2 + C^2}}\,, \quad \cos\gamma = \frac{C}{\sqrt{A^2 + B^2 + C^2}}\,. \tag{3.351c}$$

Wenn $D = 0$, dann geht die Ebene durch den Koordinatenursprung, für $A = 0$ bzw. $B = 0$ oder $C = 0$ ist die Ebene parallel zur x–Achse, bzw. zur y– oder z–Achse. Wenn $A = B = 0$, bzw. $A = C = 0$ oder $B = C = 0$, dann liegt die Ebene parallel zur x, y–Ebene, bzw. zur x, z– oder y, z–Ebene.

2. HESSEsche Normalform der Ebenengleichung

a) in Komponentenschreibweise: $x\cos\alpha + y\cos\beta + z\cos\gamma - p = 0\,,$ (3.352a)

b) in Vektorschreibweise: $\vec{\mathbf{r}}\vec{\mathbf{N}}^{\,0} - p = 0\,,$ (3.352b)

wobei $\vec{\mathbf{N}}^{\,0}$ der Normaleneinheitsvektor der Ebene ist und p der Abstand der Ebene vom Koordinatenursprung. Die HESSEsche Normalform geht aus der allgemeinen Gleichung (3.351a) durch Multiplikation mit dem Normierungsfaktor

$$\pm\mu = \frac{1}{N} = \frac{1}{\sqrt{A^2 + B^2 + C^2}} \tag{3.352c}$$

hervor. Dabei muß das Vorzeichen von μ entgegengesetzt zu dem von D gewählt werden.

3. Achsenabschnittsform der Ebenengleichung Mit den Strecken a, b, c, die unter Berücksichtigung des Vorzeichens von der Ebene auf den Koordiantenachsen abgeschnitten werden **(Abb.3.174)**, gilt:

$$\frac{x}{a} + \frac{y}{b} + \frac{z}{c} = 1\,. \tag{3.353}$$

*Zum Skalarprodukt zweier Vektoren s. Skalarprodukt S. 179 und Skalarprodukt in affinen Koordinaten S. 182; zur Ebenengleichung in Vektorschreibweise s. Vektorielle Gleichungen S. 184

4. Gleichung einer Ebene durch drei Punkte Sind $P_1(x_1, y_1, z_1)$, $P_2(x_2, y_2, z_2)$, $P_3(x_3, y_3, z_3)$, dann gilt:

a) in Komponentenschreibweise:
$$\begin{vmatrix} x - x_1 & y - y_1 & z - z_1 \\ x_2 - x_1 & y_2 - y_1 & z_2 - z_1 \\ x_3 - x_1 & y_3 - y_1 & z_3 - z_1 \end{vmatrix} = 0\,, \qquad (3.354a)$$

b) in Vektorschreibweise:
$$(\vec{\mathbf{r}} - \vec{\mathbf{r}}_1)\,(\vec{\mathbf{r}}_2 - \vec{\mathbf{r}}_1)\,(\vec{\mathbf{r}}_3 - \vec{\mathbf{r}}_1) = 0^\dagger\,. \qquad (3.354b)$$

5. Gleichung einer Ebene durch zwei Punkte und parallel zu einer Geraden
Die Gleichung einer Ebene, die durch zwei Punkte $P_1(x_1, y_1, z_1)$, $P_2(x_2, y_2, z_2)$ geht und parallel zu einer Geraden mit dem Richtungsvektor $\vec{\mathbf{R}}(l, m, n)$ liegt, lautet

a) in Komponentenschreibweise:
$$\begin{vmatrix} x - x_1 & y - y_1 & z - z_1 \\ x_2 - x_1 & y_2 - y_1 & z_2 - z_1 \\ l & m & n \end{vmatrix} = 0\,, \qquad (3.355a)$$

b) in Vektorschreibweise:
$$(\vec{\mathbf{r}} - \vec{\mathbf{r}}_1)\,(\vec{\mathbf{r}}_2 - \vec{\mathbf{r}}_1)\,\vec{\mathbf{R}} = 0\,. \qquad (3.355b)$$

6. Gleichung einer Ebene durch einen Punkt und parallel zu zwei Geraden
Sind die Richtungsvektoren $\vec{\mathbf{R}}_1(l_1, m_1, n_1)$ und $\vec{\mathbf{R}}_2(l_2, m_2, n_2)$, dann gilt:

a) in Komponentenschreibweise:
$$\begin{vmatrix} x - x_1 & y - y_1 & z - z_1 \\ l_1 & m_1 & n_1 \\ l_2 & m_2 & n_2 \end{vmatrix} = 0\,, \qquad (3.356a)$$

b) in Vektorschreibweise:
$$(\vec{\mathbf{r}} - \vec{\mathbf{r}}_1)\,\vec{\mathbf{R}}_1\vec{\mathbf{R}}_2 = 0\,. \qquad (3.356b)$$

7. Gleichung einer Ebene durch einen Punkt und senkrecht zu einer Geraden
Sind $P_1(x_1, y_1, z_1)$ der Punkt und $\vec{\mathbf{N}}(A, B, C)$ der Richtungsvektor der Geraden, dann gilt:

a) in Komponentenschreibweise: $A(x - x_1) + B(y - y_1) + C(z - z_1) = 0\,,$ (3.357a)

b) in Vektorschreibweise: $(\vec{\mathbf{r}} - \vec{\mathbf{r}}_1)\,\vec{\mathbf{N}} = 0\,.$ (3.357b)

8. Abstand eines Punktes von einer Ebene Einsetzen der Koordinaten des Punktes $M(a, b, c)$ in die HESSEsche Normalform der Ebenengleichung (3.352a)

$$x\cos\alpha + y\cos\beta + z\cos\gamma - p = 0 \qquad (3.358a)$$

liefert

$$\delta = a\cos\alpha + b\cos\beta + c\cos\delta - p\,. \qquad (3.358b)$$

Wenn M und der Koordinatenursprung auf verschiedenen Seiten der Ebene liegen, ist $\delta > 0$, im entgegengesetzten Falle ist $\delta < 0$.

9. Gleichung einer Ebene durch die Schnittlinie zweier Ebenen Die Gleichung einer Ebene, die durch die Schnittlinie zweier Ebenen mit den Gleichungen $A_1x + B_1y + C_1z + D_1 = 0$ und $A_2x + B_2y + C_2z + D_2 = 0$ verläuft, lautet

a) in Komponentenschreibweise: $A_1x + B_1y + C_1z + D_1 + \lambda\,(A_2x + B_2y + C_2z + D_2) = 0\,.$ (3.359a)

b) in Vektorschreibweise: $\vec{\mathbf{r}}\,\vec{\mathbf{N}}_1 + D_1 + \lambda(\vec{\mathbf{r}}\,\vec{\mathbf{N}}_2 + D_2) = 0\,.$ (3.359b)

Dabei ist λ ein reeller Parameter, so daß durch die Gleichungen (3.359a) und (3.359b) ein ganzes Ebenenbüschel beschrieben wird. Die **Abb.3.175)** zeigt den Fall eines Ebenenbüschels mit drei Ebenen. Wenn λ in den Gleichungen (3.359a) und (3.359b) die Werte zwischen $-\infty$ und $+\infty$ durchläuft, erhält man alle Ebenen des Büschels. Für $\lambda = \pm 1$ erhält man die Gleichungen der Ebenen, die die Winkel

---

[†] Zum gemischten Produkt dreier Vektoren s. S. 181

zwischen den beiden gegebenen Ebenen halbieren, wenn deren Gleichungen in der Normalform gegeben sind*.

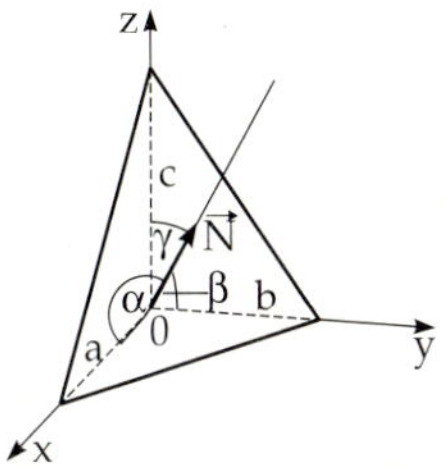

Abbildung 3.174

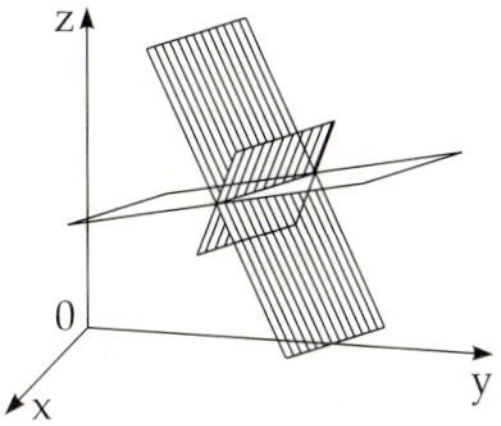

Abbildung 3.175

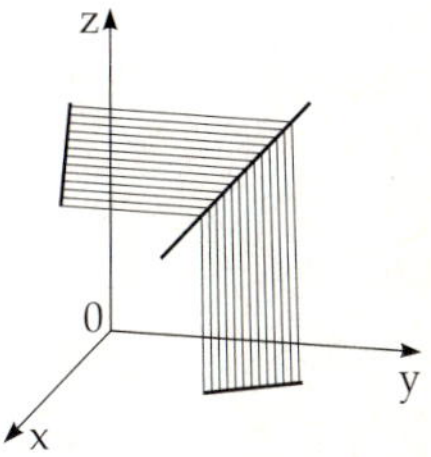

Abbildung 3.176

2. Zwei und mehr Ebenen im Raum

1. Winkel zwischen zwei Ebenen, allgemeiner Fall: Die Winkel zwischen zwei Ebenen, gegeben durch die zwei Gleichungen
$A_1x + B_1y + C_1z + D_1 = 0$ und $A_2x + B_2y + C_2z + D_2 = 0$, werden berechnet nach der Formel

$$\cos\varphi = \frac{A_1A_2 + B_1B_2 + C_1C_2}{\sqrt{(A_1^2 + B_1^2 + C_1^2)\,(A_2^2 + B_2^2 + C_2^2)}}\,. \tag{3.360a}$$

Sind die Ebenen durch die Vektorgleichungen $\vec{\mathbf{r}}\,\vec{\mathbf{N}}_1 + D_1 = 0$ und $\vec{\mathbf{r}}\,\vec{\mathbf{N}}_2 + D_2 = 0$ gegeben, dann gilt:

$$\cos\varphi = \frac{\vec{\mathbf{N}}_1\,\vec{\mathbf{N}}_2}{N_1N_2} \qquad \text{mit } N_1 = |\vec{\mathbf{N}}_1| \text{ und } N_2 = |\vec{\mathbf{N}}_2|\,. \tag{3.360b}$$

2. Schnittpunkt dreier Ebenen: Die Koordinaten des Schnittpunktes dreier Ebenen, gegeben durch die drei Gleichungen
$A_1x + B_1y + C_1z + D_1 = 0$, $A_2x + B_2y + C_2z + D_2 = 0$ und $A_3x + B_3y + C_3z + D_3 = 0$ werden berechnet nach den Formeln

$$\bar{x} = \frac{-\Delta c_x}{\Delta c}\,, \quad \bar{y} = \frac{-\Delta c_y}{\Delta c}\,, \quad \bar{z} = \frac{-\Delta c_z}{\Delta c} \tag{3.361a}$$

mit

$$\Delta c = \begin{vmatrix} A_1 & B_1 & C_1 \\ A_2 & B_2 & C_2 \\ A_3 & B_3 & C_3 \end{vmatrix}\,,$$

$$\Delta c_x = \begin{vmatrix} D_1 & B_1 & C_1 \\ D_2 & B_2 & C_2 \\ D_3 & B_3 & C_3 \end{vmatrix}\,, \quad \Delta c_y = \begin{vmatrix} A_1 & D_1 & C_1 \\ A_2 & D_2 & C_2 \\ A_3 & D_3 & C_3 \end{vmatrix}\,, \quad \Delta c_z = \begin{vmatrix} A_1 & B_1 & D_1 \\ A_2 & B_2 & D_2 \\ A_3 & B_3 & D_3 \end{vmatrix}\,. \tag{3.361b}$$

Drei Ebenen schneiden sich in einem Punkt, wenn $\Delta c \neq 0$ ist. Ist $\Delta c = 0$ und wenigstens eine Unterdeterminante zweiter Ordnung $\neq 0$, dann sind die Ebenen einer Geraden parallel; sind alle Unterdeterminanten $= 0$, dann gehen die Ebenen durch eine Gerade hindurch.

*Zum Skalarprodukt zweier Vektoren s. Skalarprodukt S. 179 und Skalarprodukt in affinen Koordinaten S. 182; zur Ebenengleichung in Vektorschreibweise s. Vektorielle Gleichungen S. 184.

3. Parallelitäts- und Orthogonalitätsbedingung für Ebenen:
1. Paralelitätsbedingung: Zwei Ebenen sind parallel, wenn gilt

$$\frac{A_1}{A_2} = \frac{B_1}{B_2} = \frac{C_1}{C_2} \quad \text{oder} \quad \vec{\mathbf{N}}_1 \times \vec{\mathbf{N}}_2 = 0\,. \tag{3.362}$$

2. Orthogonalitätsbedingung: Zwei Ebenen stehen senkrecht aufeinander, wenn gilt

$$A_1A_2 + B_1B_2 + C_1C_2 = 0 \quad \text{oder} \quad \vec{\mathbf{N}}_1\vec{\mathbf{N}}_2 = 0\,. \tag{3.363}$$

4. Schnittpunkt von vier Ebenen: Die Koordinaten des Schnittpunktes von vier Ebenen, gegeben durch die vier Gleichungen $A_1x + B_1y + C_1z + D_1 = 0\,,\quad A_2x + B_2y + C_2z + D_2 = 0\,,\quad A_3x + B_3y + C_3z + D_3 = 0$ und $A_4x + B_4y + C_4z + D_4 = 0$, werden berechnet, indem zuerst der Schnittpunkt dreier beliebiger Ebenen (s. S. 213) bestimmt wird. In diesem Falle ($\delta = 0$) ist die vierte Gleichung eine Folge der übrigen drei Gleichungen.
Vier Ebenen gehen dann und nur dann durch einen Punkt, wenn gilt:

$$\delta = \begin{vmatrix} A_1 & B_1 & C_1 & D_1 \\ A_2 & B_2 & C_2 & D_2 \\ A_3 & B_3 & C_3 & D_3 \\ A_4 & B_4 & C_4 & D_4 \end{vmatrix} = 0\,. \tag{3.364}$$

5. Abstand zweier paralleler Ebenen: Wenn die Parallelitätsbedingung (s. S. 214) erfüllt ist und die Gleichungen der Ebenen gegeben sind durch die Gleichungen

$$Ax + By + Cz + D_1 = 0 \quad \text{und} \quad Ax + By + Cz + D_2 = 0\,, \tag{3.362}$$

dann beträgt der Abstand

$$d = \frac{|D_1 - D_2|}{\sqrt{A^2 + B^2 + C^2}}\,. \tag{3.363}$$

3. Gleichung einer Geraden im Raum

1. Gleichung einer Geraden im Raum, allgemeiner Fall Da eine Gerade im Raum als Schnitt zweier Ebenen definiert werden kann, ist sie analytisch durch ein System zweier linearer Gleichungen darstellbar.

a) In Komponentenschreibweise:

$$A_1x + B_1y + C_1z + D_1 = 0\,, \quad A_2x + B_2y + C_2z + D_2 = 0\,. \tag{3.364a}$$

b) In Vektorschreibweise:

$$\mathbf{r}\vec{\mathbf{N}}_1 + D_1 = 0\,, \quad \mathbf{r}\vec{\mathbf{N}}_2 + D_2 = 0\,. \tag{3.364b}$$

2. Gleichung der Geraden in zwei projizierenden Ebenen

Die zwei Gleichungen $y = kx + a\,,\quad z = hx + b$ (3.365)

definieren je eine Ebene, die durch die Gerade hindurchgehen und auf der x, y– bzw. x, z–Ebene senkrecht stehen **(Abb.3.176)**. Man nennt sie projizierende Ebenen. Auf Geraden, die parallel zur y, z–Ebene verlaufen, ist diese Form der Darstellung nicht anwendbar, so daß hier die Projektionen auf ein anderes Koordinatenebenenpaar zu beziehen sind.

3. Gleichung einer Geraden durch einen Punkt und parallel zum Richtungsvektor
Die Gleichung einer Geraden durch einen Punkt $P_1\,(x_1, y_1, z_1)$ und parallel zu einem Richtungsvektor $\vec{\mathbf{R}}(l, m, n)$ **(Abb.3.177)** ergibt sich

a) in Komponentendarstellung und in Vektorschreibweise:

$$\frac{x - x_1}{l} = \frac{y - y_1}{m} = \frac{z - z_1}{n}\,, \quad (3.366a) \qquad (\vec{\mathbf{r}} - \vec{\mathbf{r}}_1) \times \vec{\mathbf{R}} = \vec{\mathbf{0}}\,, \quad (3.366b)$$

b) in Parameterform und Vektorschreibweise:

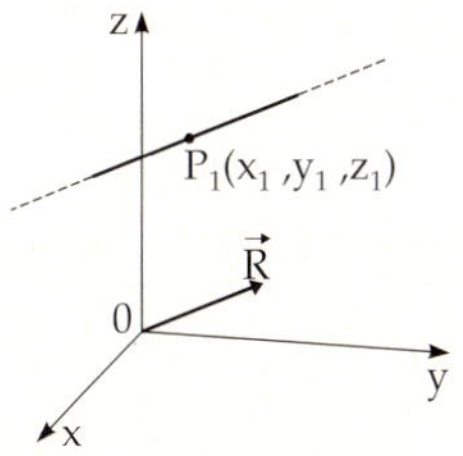

Abbildung 3.177

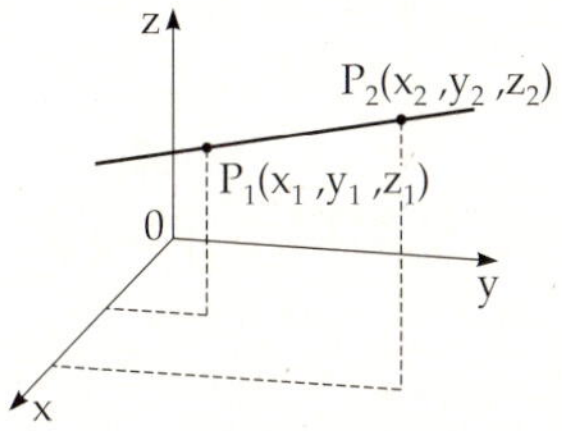

Abbildung 3.178

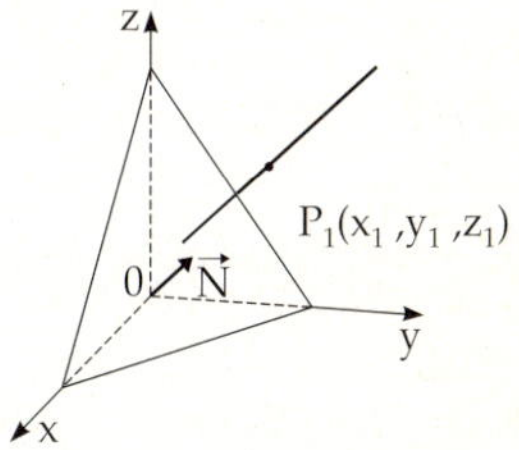

Abbildung 3.179

$$x = x_1 + lt\,, \quad y = y_1 + mt\,, \quad z = z_1 + nt\,; \qquad (3.366c) \qquad\qquad \vec{\mathbf{r}} = \vec{\mathbf{r}}_1 + \vec{\mathbf{R}}t\,. \qquad (3.366d)$$

Die Darstellung (3.366a) ergibt sich aus (3.364a) mit Hilfe von

$$l = \begin{vmatrix} B_1 & C_1 \\ B_2 & C_2 \end{vmatrix}, \quad m = \begin{vmatrix} C_1 & A_1 \\ C_2 & A_2 \end{vmatrix}, \quad n = \begin{vmatrix} A_1 & B_1 \\ A_2 & B_2 \end{vmatrix}, \qquad (3.367a)$$

oder in Vektorschreibweise $\vec{\mathbf{R}} = \vec{\mathbf{N}}_1 \times \vec{\mathbf{N}}_2\,,$ (3.367b)

wobei die Zahlen x_1, y_1, z_1 so gewählt werden, daß die Gleichungen (3.364a) erfüllt werden.

4. Gleichung einer Geraden durch zwei Punkte Die Gleichung einer Geraden durch die zwei Punkte $P_1\,(x_1, y_1, z_1)$ und $P_2\,(x_2, y_2, z_2)$ **(Abb.3.178)** lautet in **Komponenten- und Vektorschreibweise:**

a) $$\frac{x - x_1}{x_2 - x_1} = \frac{y - y_1}{y_2 - y_1} = \frac{z - z_1}{z_2 - z_1}\,, \qquad (3.368a)$$ **b)** $$(\vec{\mathbf{r}} - \vec{\mathbf{r}}_1) \times (\vec{\mathbf{r}} - \vec{\mathbf{r}}_2) = \vec{\mathbf{0}}\,. \qquad (3.368b)$$

(Produkte von Vektoren s. S. 179):

5. Gleichung einer Geraden durch einen Punkt und senkrecht zu einer Ebene Der Punkt sei durch $P_1\,(x_1, y_1, z_1)$, die Ebene durch die Gleichung $Ax+By+Cz+D = 0$ oder $\vec{\mathbf{r}}\,\vec{\mathbf{N}}+D = 0$ gegeben **(Abb.3.179)**. Die Gleichung der Geraden lautet dann in Komponenten- und in Vektorschreibweise:

a) $$\frac{x - x_1}{A} = \frac{y - y_1}{B} = \frac{z - z_1}{C}\,, \qquad (3.369a)$$ **b)** $$(\vec{\mathbf{r}} - \vec{\mathbf{r}}_1) \times \vec{\mathbf{N}} = \vec{\mathbf{0}}\,. \qquad (3.369b)$$

4. Abstand eines Punktes von einer in Komponentendarstellung gegebenen Geraden

Der Abstand d des Punktes $M(a, b, c)$ von einer Geraden, die gemäß (3.366a) gegeben ist, ergibt sich zu

$$d^2 = \frac{[(a - x_1)\,m - (b - y_1)\,l]^2 + [(b - y_1)\,n - (c - z_1)\,m]^2 + [(c - z_1)\,l - (a - x_1)\,n]^2}{l^2 + m^2 + n^2}\,. \qquad (3.370)$$

5. Kürzester Abstand zwischen zwei in Komponentendarstellung gegebenen Geraden

Wenn die Geraden die gemäß (3.366a) gegeben sind, beträgt ihr Abstand

$$d = \frac{\pm \begin{vmatrix} x_1 - x_2 & y_1 - y_2 & z_1 - z_2 \\ l_1 & m_1 & n_1 \\ l_2 & m_2 & n_2 \end{vmatrix}}{\sqrt{\begin{vmatrix} l_1 & m_1 \\ l_2 & m_2 \end{vmatrix}^2 + \begin{vmatrix} m_1 & n_1 \\ m_2 & n_2 \end{vmatrix}^2 + \begin{vmatrix} n_1 & l_1 \\ n_2 & m_2 \end{vmatrix}^2}}\,. \qquad (3.371)$$

Verschwindet die im Zähler stehende Determinante, dann ist die Bedingung dafür erfüllt, daß sich die beiden Geraden im Raum schneiden.

6. Schnittpunkte von Ebenen und Geraden

1. Geradengleichung in Komponentenform Die Schnittpunkte einer Ebene, gegeben durch $Ax+By+Cz+D=0$, und einer Geraden, gegeben durch $\frac{x-x_1}{l}=\frac{y-y_1}{m}=\frac{z-z_1}{n}$, ergeben sich zu:

$$\bar{x}=x_1-l\rho\,,\quad \bar{y}=y_1-m\rho\,,\quad \bar{z}=z_1-n\rho \tag{3.372a}$$

mit

$$\rho=\frac{Ax_1+By_1+Cz_1+D}{Al+Bm+Cn}\,. \tag{3.372b}$$

Ist $Al+Bm+Cn=0$, dann ist die Gerade parallel zur der Ebene. Wenn außerdem $Ax_1+By_1+Cz_1+D=0$, dann liegt die Gerade in der Ebene.

2. Geradengleichung in zwei projizierenden Ebenen Die Schnittpunkte einer Ebene, gegeben durch $Ax+By+Cz+D=0$, und einer Geraden, gegeben durch $y=kx+a$ und $z=hx+b$, ergeben sich zu

$$\bar{x}=-\frac{Ba+Cb+D}{A+Bk+Ch}\,,\quad \bar{y}=k\bar{x}+a\,,\quad \bar{z}=h\bar{x}+b\,. \tag{3.373}$$

Ist $A+Bk+Ch=0$, dann ist die Gerade parallel zur Ebene. Wenn außerdem $Ba+Cb+D=0$, dann liegt die Gerade in der Ebene.

3. Schnittpunkt zweier Geraden: Die Geraden seien gegeben durch $y=k_1x+a_1$, $z=h_1x+b_1$ und $y=k_2x+a_2$, $z=h_2x+b_2$. Der Schnittpunkt der Geraden wird mit den folgenden Formeln berechnet:

$$\bar{x}=\frac{a_2-a_1}{k_1-k_2}=\frac{b_2-b_1}{h_1-h_2}\,,\quad \bar{y}=\frac{k_1a_2-k_2a_1}{k_1-k_2}\,,\quad \bar{z}=\frac{h_1b_2-h_2b_1}{h_1-h_2}\,. \tag{3.374a}$$

Einen Schnittpunkt liefern diese Formeln nur unter der Bedingung

$$(a_1-a_2)(h_1-h_2)=(b_1-b_2)(k_1-k_2)\,. \tag{3.374b}$$

Im entgegengesetzten Falle schneiden die Geraden einander nicht.

7. Winkel zwischen Ebenen und Geraden

1. Winkel zwischen zwei Geraden

a) Allgemeiner Fall: Sind die Geraden durch die Gleichungen $\frac{x-x_1}{l_1}=\frac{y-y_1}{m_1}=\frac{z-z_1}{n_1}$ und $\frac{x-x_2}{l_2}=\frac{y-y_2}{m_2}=\frac{z-z_2}{n_2}$ oder vektoriell durch $(\vec{\mathbf{r}}-\vec{\mathbf{r}}_1)\times\vec{\mathbf{R}}_1=\vec{\mathbf{0}}$ und $(\vec{\mathbf{r}}-\vec{\mathbf{r}}_2)\times\vec{\mathbf{R}}_2=\vec{\mathbf{0}}$ gegeben, dann wird der Winkel gemäß

$$\cos\varphi=\frac{l_1l_2+m_1m_2+n_1n_2}{\sqrt{(l_1^2+m_1^2+n_1^2)\,(l_2^2+m_2^2+n_2^2)}}\quad\text{oder}\quad\cos\varphi=\frac{\vec{\mathbf{R}}_1\vec{\mathbf{R}}_2}{R_1R_2} \tag{3.375}$$

berechnet.

b) Parallelitätsbedingung: Die Parallelitätsbedingung für zwei Geraden lautet:

$$\frac{l_1}{l_2}=\frac{m_1}{m_2}=\frac{n_1}{n_2}\qquad\text{oder}\qquad \vec{\mathbf{R}}_1\times\vec{\mathbf{R}}_2=\vec{\mathbf{0}}\,. \tag{3.376}$$

c) Orthogonalitätsbedingung: Die Orthogonalitätsbedingung für zwei Geraden lautet:

$$l_1l_2+m_1m_2+n_1n_2=0\qquad\text{oder}\qquad \vec{\mathbf{R}}_1\vec{\mathbf{R}}_2=0\,. \tag{3.377}$$

2. Winkel zwischen einer Geraden und einer Ebene: a) Gleichungen: Sind die Gerade und die Ebene gegeben durch die Gleichungen $\frac{x-x_1}{l} = \frac{y-y_1}{m} = \frac{z-z_1}{n}$ bzw. $Ax + By + Cz + D = 0$ oder vektoriell durch $(\vec{\mathbf{r}} - \vec{\mathbf{r}}_1) \times \vec{\mathbf{R}} = \vec{\mathbf{0}}$ bzw. $\vec{\mathbf{r}}\vec{\mathbf{N}} + D = 0$, dann wird der Winkel zu

$$\sin\varphi = \frac{Al + Bm + Cn}{\sqrt{(A^2+B^2+C^2)(l^2+m^2+n^2)}} \quad \text{bzw.} \quad \sin\varphi = \frac{\vec{\mathbf{R}}\vec{\mathbf{N}}}{RN} \tag{3.378}$$

berechnet.

b) Parallelitätsbedingung: Die Parallelitätsbedingung für eine Gerade und eine Ebene lautet:

$$Al + Bm + Cn = 0 \qquad \text{oder} \qquad \vec{\mathbf{R}}\vec{\mathbf{N}} = 0\,. \tag{3.379}$$

c) Orthogonalitätsbedingung: Die Ortogonalitätsbedingung für eine Gerade und eine Ebene lautet:

$$\frac{A}{l} = \frac{B}{m} = \frac{C}{n} \qquad \text{oder} \qquad \vec{\mathbf{R}} \times \vec{\mathbf{N}} = \vec{\mathbf{0}}\,. \tag{3.380}$$

3.5.3.3 Flächen zweiter Ordnung, Gleichungen in Normalform

1. Mittelpunktsflächen Die im folgenden angegebenen Gleichungen, auch Normalform der Gleichungen für die Flächen 2. Ordnung genannt, ergeben sich aus der allgemeinen Gleichung der Flächen 2. Ordnung (s. S. 221) für den Fall, daß Mittelpunkt- und Koordinatenursprung zusammenfallen. Dabei halbiert der Mittelpunkt die durch ihn verlaufenden Sehnen. Die Koordinatenachsen liegen in den Symmetrieachsen der Flächen, so daß die Koordinatenebenen gleichzeitig Symmetrieebenen sind.

2. Ellipsoide Mit den Halbachsen a, b, c **(Abb.3.180)** lautet die Gleichung

$$\frac{x^2}{a^2} + \frac{y^2}{b^2} + \frac{z^2}{c^2} = 1\,. \tag{3.381}$$

Es werden die folgenden Spezialfälle unterschieden:

1. $a = b > c$: zusammengedrücktes Rotationsellipsoid (*Linsenform*) **(Abb.3.181)**,
2. $a = b < c$: langgestrecktes Rotationsellipsoid (*Zigarrenform*) **(Abb.3.182)**,
3. $a = b = c$: Kugel mit der Gleichung $x^2 + y^2 + z^2 = a^2$.

Die zwei Formen des Rotationsellipsoids entstehen durch Rotation einer Ellipse in der x, z–Ebene mit den Achsen a und c um die z–Achse, die Kugel durch Rotation eines Kreises um eine der Achsen. Die Schnittfigur einer durch ein Ellipsoid gehenden Ebene ist eine Ellipse, im Spezialfall ein Kreis. Der Rauminhalt des Ellipsoids beträgt

$$V = \frac{4\pi abc}{3}\,. \tag{3.382}$$

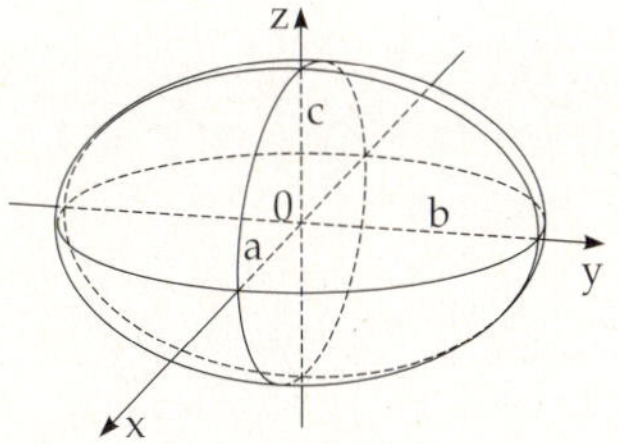

Abbildung 3.180

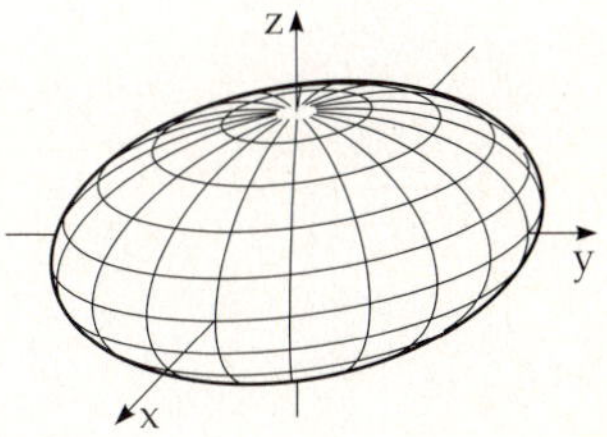

Abbildung 3.181

3. Hyperboloide

1. Einschaliges Hyperboloid: (Abb.3.183) Mit a und b als reelle und c als imaginäre Halbachsen gilt:

$$\frac{x^2}{a^2} + \frac{y^2}{b^2} - \frac{z^2}{c^2} = 1\,. \qquad \text{(Zur geradlinigen Erzeugenden s. S. 219)} \qquad (3.383)$$

2. Zweischaliges Hyperboloid: (Abb.3.184) Mit c als reeller und a, b als imaginäre Halbachsen gilt:

$$\frac{x^2}{a^2} + \frac{y^2}{b^2} - \frac{z^2}{c^2} = -1\,. \qquad (3.384)$$

Die Schnittfiguren von Ebenen parallel zur z–Achse sind für beide Hyperboloide Hyperbeln. Im Falle des einschaligen Hyperboloids können es auch zwei einander schneidende Geraden sein. Ebenenschnitte parallel zur x, y–Ebene sind Ellipsen.
Für $a = b$ kann das Hyperboloid durch Rotation einer Hyperbel mit den Halbachsen a und c um die Achse $2c$ erzeugt werden. Diese ist im Falle des einschaligen Hyperboloids imaginär, im Falle des zweischaligen reell.

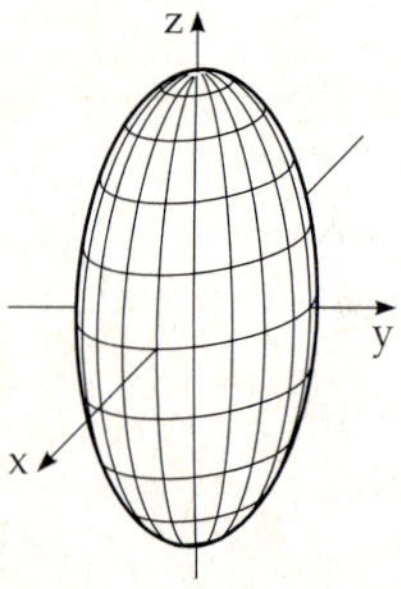

Abbildung 3.182

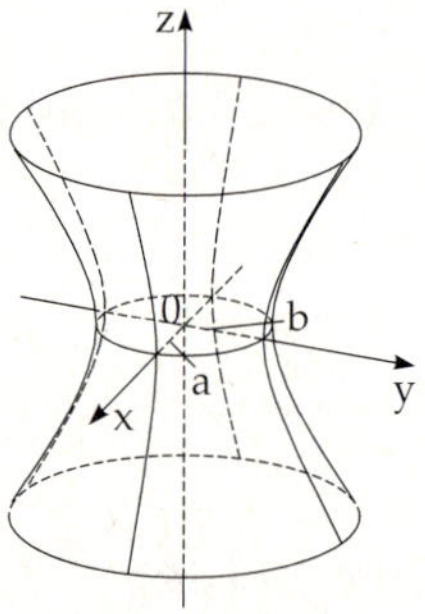

Abbildung 3.183

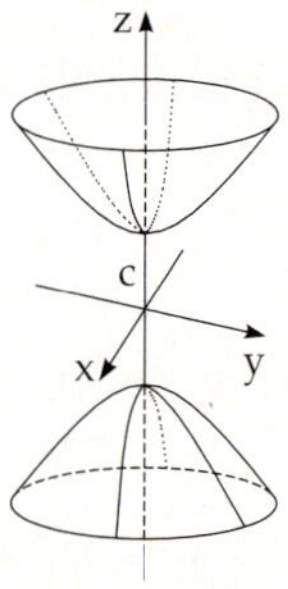

Abbildung 3.184

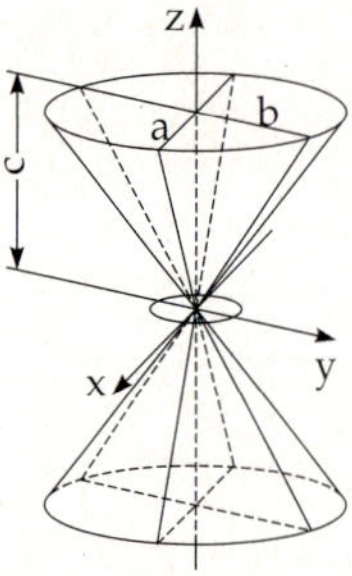

Abbildung 3.185

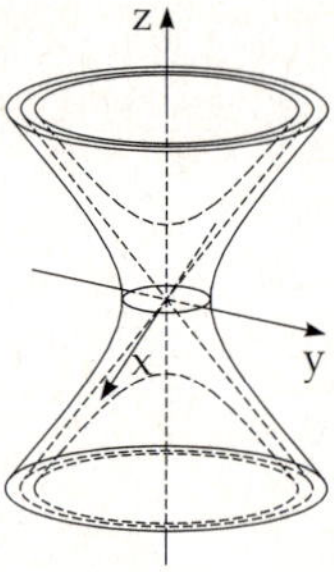

Abbildung 3.186

4. Kegel (Abb.3.185) Liegt die Spitze im Koordinatenursprung, dann gilt:

$$\frac{x^2}{a^2} + \frac{y^2}{b^2} - \frac{z^2}{c^2} = 0\,. \qquad (3.385)$$

Als Leitkurve kommt eine Ellipse mit den Halbachsen a und b in Betracht, deren Ebene senkrecht zur z–Achse in einer Entfernung c vom Koordinatenursprung liegt. Der Kegel kann in dieser Darstellung als Asymptotenkegel mit der Gleichung

$$\frac{x^2}{a^2} + \frac{y^2}{b^2} - \frac{z^2}{c^2} = \pm 1 \tag{3.386}$$

aufgefaßt werden, dessen Erzeugende sich beiden Hyperboloiden im Unendlichen unbegrenzt nähert **(Abb.3.186)**. Für $a = b$ ergibt sich ein gerader Kreiskegel (s. S. 151).

5. Paraboloide Da Paraboloide keinen Mittelpunkt besitzen, wird in den folgenden Gleichungen davon ausgegangen, daß der Scheitel des Paraboloids im Koordinatenursprung liegt, die z–Achse zur Symmetrieachse wird und die x, z– sowie die y, z–Ebenen Symmetrieebenen sind.

1. Elliptisches Paraboloid: (Abb.3.187):

$$z = \frac{x^2}{a^2} + \frac{y^2}{b^2}. \tag{3.387}$$

Ebenenschnitte parallel zur z–Achse liefern als Schnittfiguren Parabeln, parallel zur x, y–Ebene Ellipsen.

2. Rotationsparaboloid: Für $a = b$ erhält man ein Rotationsparaboloid, das man sich durch Rotation einer Parabel mit $z = x^2/a^2$ um ihre in der x, z–Ebene liegende Achse entstanden denken kann. Der Rauminhalt eines Paraboloidschale, die von einer Ebene senkrecht zur z–Achse in der Höhe h abgeschnitten wird, ist

$$V = \frac{1}{2}\pi abh, \tag{3.388}$$

d.h., halb so groß wie der Rauminhalt des elliptischen Zylinders mit der gleichen Deckfläche und Höhe.

3. Hyperbolisches Paraboloid (Abb.3.188):

$$z = \frac{x^2}{a^2} - \frac{y^2}{b^2}. \tag{3.389}$$

Schnitte parallel zur y, z–Ebene und zur x, z–Ebene liefern kongruente Parabeln als Schnittfiguren, Schnitte parallel zur x, y–Ebene Hyperbeln sowie ein Paar einander schneidender Geraden.

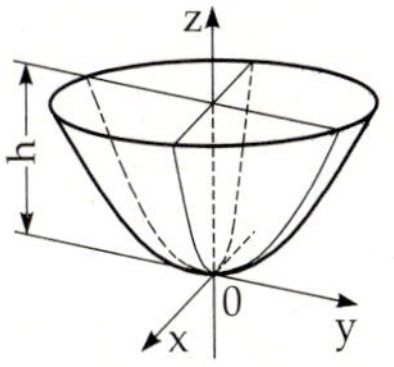

Abbildung 3.187

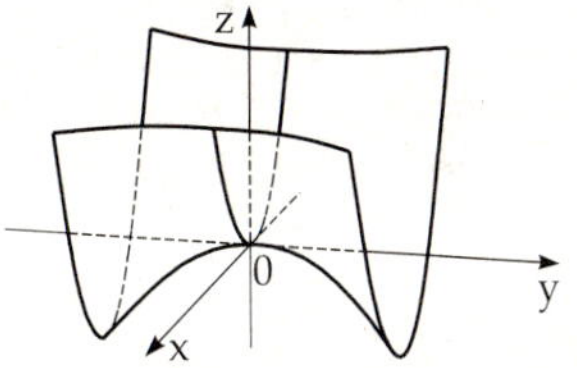

Abbildung 3.188

6. Geradlinige Erzeugende einer Fläche sind Geraden, die ganz in dieser Fläche liegen. Beispiele sind die Erzeugenden der Kegel- und der Zylinderfläche.

1. Einschaliges Hyperboloid (Abb.3.189):

$$\frac{x^2}{a^2} + \frac{y^2}{b^2} - \frac{z^2}{c^2} = 1 \tag{3.390}$$

Das einschalige Hyperboloid besitzt zwei Scharen geradliniger Erzeugender mit den Gleichungen

$$\frac{x}{a} + \frac{z}{c} = u\left(1 + \frac{y}{b}\right), \quad u\left(\frac{x}{a} - \frac{z}{c}\right) = 1 - \frac{y}{b}; \tag{3.391a}$$

$$\frac{x}{a} + \frac{z}{c} = v\left(1 - \frac{y}{b}\right), \quad v\left(\frac{x}{a} - \frac{z}{c}\right) = 1 + \frac{y}{b}, \tag{3.391b}$$

wobei u und v beliebige Größen sind.

2. Hyperbolisches Paraboloid (Abb.3.190):

$$z = \frac{x^2}{a^2} - \frac{y^2}{b^2} \qquad (3.392)$$

Das hyperbolische Paraboloid besitzt ebenfalls zwei Scharen von Erzeugenden mit den Gleichungen

$$\frac{x}{a} + \frac{y}{b} = u\,, \quad u\left(\frac{x}{a} - \frac{y}{b}\right) = z\,; (3.393a) \qquad \frac{x}{a} - \frac{y}{b} = v\,, \quad v\left(\frac{x}{a} + \frac{y}{b}\right) = z\,. (3.393b)$$

Wieder sind u und v beliebige Größen. In beiden Fällen gehen durch jeden Flächenpunkt zwei Geraden, und zwar von jeder Schar je eine Erzeugende, von denen in den **Abb.3.189, 3.190** jeweils nur eine eingezeichnet ist.

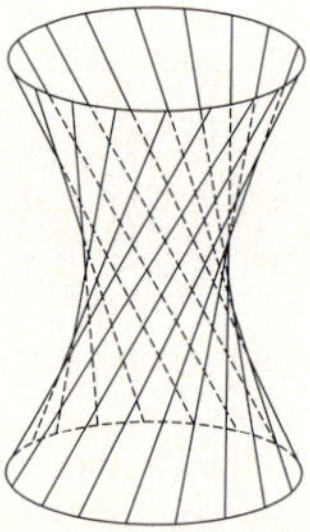

Abbildung 3.189

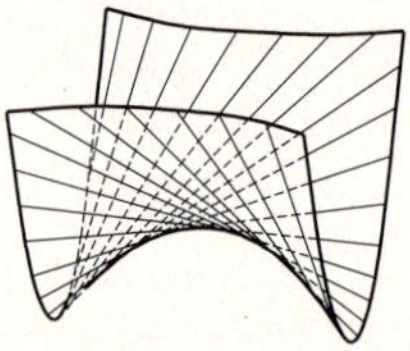

Abbildung 3.190

7. Zylinder

1. Elliptischer Zylinder (Abb.3.191): $\quad \frac{x^2}{a^2} + \frac{y^2}{b^2} = 1\,. \qquad (3.394)$

2. Hyperbolischer Zylinder (Abb.3.192): $\quad \frac{x^2}{a^2} - \frac{y^2}{b^2} = 1\,. \qquad (3.395)$

3. Parabolischer Zylinder (Abb.3.193): $\quad y^2 = 2px\,. \qquad (3.396)$

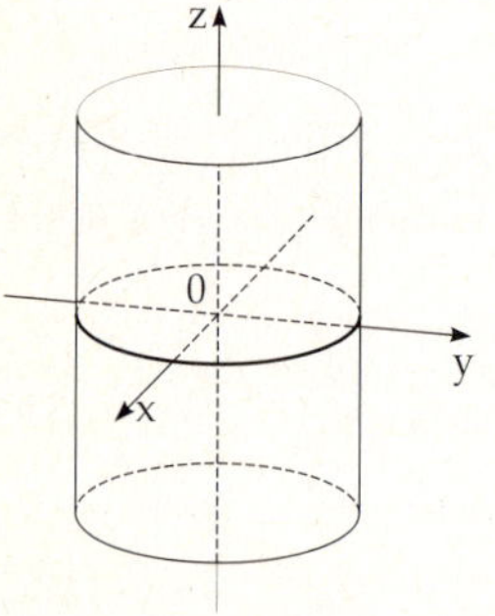

Abbildung 3.191

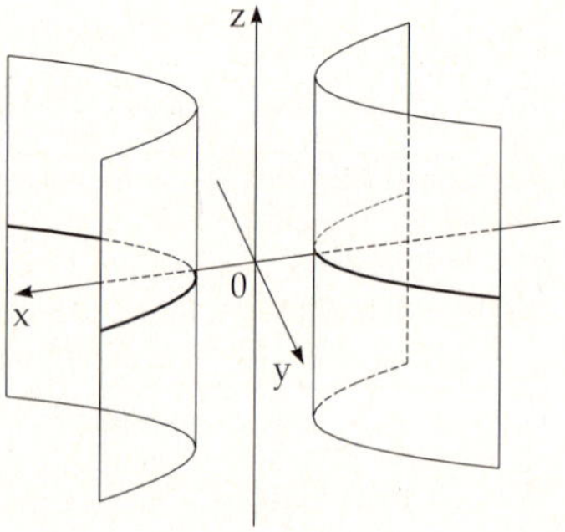

Abbildung 3.192

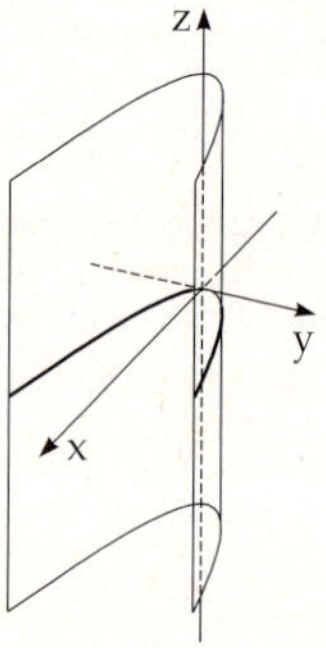

Abbildung 3.193

3.5.3.4 Flächen zweiter Ordnung, allgemeine Theorie

1. Allgemeine Gleichung einer Fläche zweiter Ordnung

$$a_{11}x^2 + a_{22}y^2 + a_{33}z^2 + 2a_{12}xy + 2a_{23}yz + 2a_{31}zx + 2a_{14}x + 2a_{24}y + 2a_{34}z + a_{44} = 0\,. \qquad (3.397)$$

Tabelle 3.22 Gestalt der Flächen 2. Ordnung mit $\delta \neq 0$ (Mittelpunktsflächen)

	$S \cdot \delta > 0\,,\quad T > 0$ [*1)]	$S \cdot \delta$ und T nicht beide > 0
$\Delta < 0$	Ellipsoid $\frac{x^2}{a^2} + \frac{y^2}{b^2} + \frac{z^2}{c^2} = 1$	Zweischaliges Hyperboloid $\frac{x^2}{a^2} + \frac{y^2}{b^2} - \frac{z^2}{c^2} = -1$
$\Delta > 0$	Imaginäres Ellipsoid $\frac{x^2}{a^2} + \frac{y^2}{b^2} + \frac{z^2}{c^2} = -1$	Einschaliges Hyperboloid $\frac{x^2}{a^2} + \frac{y^2}{b^2} - \frac{z^2}{c^2} = 1$
$\Delta = 0$	Imaginärer Kegel (mit reeller Spitze) $\frac{x^2}{a^2} + \frac{y^2}{b^2} + \frac{z^2}{c^2} = 0$	Kegel $\frac{x^2}{a^2} + \frac{y^2}{b^2} - \frac{z^2}{c^2} = 0$

[*1)] Die Größen S, δ und T s. S. 222.

Tabelle 3.23 Gestalt der Flächen 2. Ordnung mit $\delta = 0$ (Paraboloide, Zylinder und Ebenenpaare)

	$\Delta < 0$ (hierbei $T > 0$) [*2)]	$\Delta c > 0$ (hierbei $T < 0$)
$\Delta \neq 0$	Elliptisches Paraboloid $\frac{x^2}{a^2} + \frac{y^2}{b^2} = \pm z$	Hyperbolisches Paraboloid $\frac{x^2}{a^2} - \frac{y^2}{b^2} = \pm z$
$\Delta = 0$	Zylinderfläche mit einer Kurve 2. Ordnung als Leitkurve, deren Gestalt verschiedene Zylinder nach sich zieht: Für $T > 0$ imaginäre elliptische, für $T < 0$ hyperbolische und für $T = 0$ parabolische Zylinder, wenn die Fläche nicht in zwei reelle, imaginäre oder zusammenfallende Ebenen zerfällt. Die Bedingung für das Zerfallen lautet: $\begin{vmatrix} a_{11} & a_{12} & a_{14} \\ a_{21} & a_{22} & a_{24} \\ a_{41} & a_{42} & a_{44} \end{vmatrix} + \begin{vmatrix} a_{11} & a_{13} & a_{14} \\ a_{31} & a_{33} & a_{34} \\ a_{41} & a_{43} & a_{44} \end{vmatrix} + \begin{vmatrix} a_{22} & a_{23} & a_{24} \\ a_{32} & a_{33} & a_{34} \\ a_{42} & a_{43} & a_{44} \end{vmatrix} = 0$	

[*2)] Die Größen Δ und T s. S.222.

2. Gestalt der Fläche zweiter Ordnung aufgrund ihrer Gleichung Man ermittelt die Gestalt einer Fläche 2. Ordnung bei bekannter Gleichung nach dem Vorzeichen ihrer Invarianten Δ, δ, S und T aus den **Tabellen 3.22** und **3.23**. Hier steht neben der Bezeichnung der Fläche ihre Gleichung in der Normalform, auf die sich eine gegebene Gleichung umformen läßt. Mit den Gleichungen der sogenannten imaginären Flächen können für keinen reellen Punkt die Koordinaten berechnet werden, mit Ausnahme der Spitze des imaginären Kegels und der Schnittgeraden zweier imaginärer Ebenen.

3. Invariante einer Fläche zweiter Ordnung

Setzt man die $a_{ik} = a_{ki}$, dann gilt

$$\Delta = \begin{vmatrix} a_{11} & a_{12} & a_{13} & a_{14} \\ a_{21} & a_{22} & a_{23} & a_{24} \\ a_{31} & a_{32} & a_{33} & a_{34} \\ a_{41} & a_{42} & a_{43} & a_{44} \end{vmatrix}; \qquad (3.398a) \qquad \delta = \begin{vmatrix} a_{11} & a_{12} & a_{13} \\ a_{21} & a_{22} & a_{23} \\ a_{31} & a_{32} & a_{33} \end{vmatrix}; \qquad (3.398b)$$

$$S = a_{11} + a_{22} + a_{33}; \qquad (3.398c)$$

$$T = a_{22}a_{33} + a_{33}a_{11} + a_{11}a_{22} - a_{23}^2 - a_{31}^2 - a_{12}^2 . \qquad (3.398d)$$

Bei einer Verschiebung oder Drehung der Koordinatenachsen ändern sich diese Größen nicht.

3.6 Differentialgeometrie

In der Differentialgeometrie werden ebene und räumliche Kurven und Flächen mit den Methoden der Differentialrechnung untersucht. Daher wird von den Funktionen, die in die Kurven- bzw. Flächengleichungen eingehen, vorausgesetzt, daß sie stetig sind und stetige Ableitungen bis zu der Ordnung besitzen, die gemäß dem Charakter des zu untersuchenden Problems erforderlich ist. Nur in einzelnen Punkten der Kurve oder Fläche darf diese Bedingung gestört sein. Man spricht dann von *singulären Punkten.*

Bei der Untersuchung geometrischer Gebilde auf der Grundlage ihrer Gleichungen wird zwischen solchen Eigenschaften unterschieden, die von der Wahl des Koordinatensystems abhängen, wie Schnittpunkte von Kurven oder Flächen mit den Koordinatenachsen, Tangentensteigungen, Maxima und Minima, und solchen invarianten Eigenschaften, die unabhängig sind von Koordinatentransformationen, wie Wendepunkte, Scheitel, Krümmungen.

Außerdem werden noch lokale Eigenschaften, die nur für sehr kleine Teile der Kurven oder Flächen zutreffen, wie Krümmung und Linienelement von Flächen, von Eigenschaften unterschieden, die Kurven und Flächen im Ganzen betreffen, wie die Anzahl der Scheitel oder die Länge einer geschlossenen Kurve.

3.6.1 Ebene Kurven

3.6.1.1 Möglichkeiten, eine ebene Kurve zu definieren

1. Koordinatengleichungen Eine ebene Kurve kann analytisch auf eine der folgenden Arten definiert werden.

1. In kartesischen Koordinaten:

a) implizit: $0 = F(x, y)\,,$ (3.399)

b) explizit: $y = f(x)\,,$ (3.400)

c) in Parameterform: $x = x(t)\,, \quad y = y(t)\,.$ (3.401)

2. In Polarkoordinaten: $\rho = f(\varphi)\,.$ (3.402)

2. Positive Richtung auf einer Kurve Wenn eine Kurve in der Form (3.401) gegeben ist, dann wird auf ihr als positiv die Richtung definiert, in der sich ein Kurvenpunkt $M[x(t), y(t)]$ für zunehmende Werte des Parameters t bewegt. Ist die Kurve in der Form (3.400) gegeben, dann kann die Abszisse $[x = x, y = f(x)]$ als Parameter aufgefaßt werden, so daß die positive Richtung die mit wachsender Abszisse ist. Für die Form (3.402) dient der Winkel $\varphi[x = f(\varphi)\cos\varphi\,,\ y = f(\varphi)\sin\varphi]$ als Parameter, so daß die positive Richtung der Zunahme von φ entspricht, d.h. entgegengesetzt zum Drehsinn des Uhrzeigers.

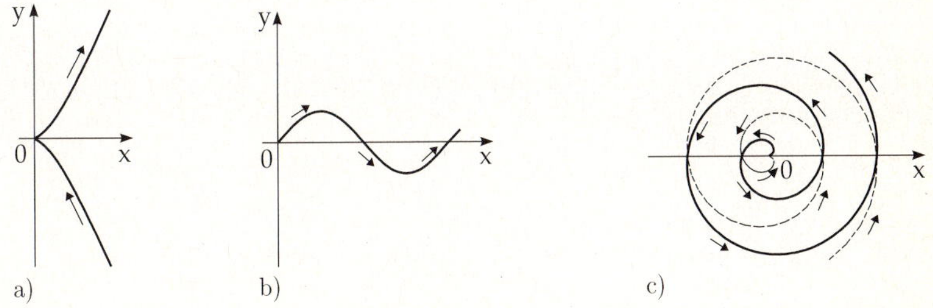

Abbildung 3.194

■ **Abb.3.194a, b, c:** **A:** $x = t^2\,,\ y = t^3\,;$ **B:** $y = \sin x\,;$ **C:** $\rho = a\varphi\,.$

3.6.1.2 Lokale Elemente einer Kurve

In Abhängigkeit davon, ob ein variabler Punkt M auf der Kurve in der Form (3.400), (3.401) oder (3.402) gegeben ist, wird seine Position durch x, t oder φ bestimmt. Mit N sei ein beliebig nahe bei M gelegener Punkt mit den Parameterwerten $x + dx$, $t + dt$ oder $\varphi + d\varphi$ bezeichnet.

1. Bogenelement

Wenn s die Länge der Kurve von einem festen Punkt A bis zum Punkt M ist, dann kann der infinitesimale Zuwachs $\Delta s = \overset{\frown}{MN}$ angenähert durch das Differential ds der Bogenlänge, das *Bogenelement*, ausgedrückt werden:

$$\Delta s \approx ds \begin{cases} = \sqrt{1 + \left(\dfrac{dy}{dx}\right)^2}\, dx & \text{für die Form (3.400),} \quad (3.403) \\ = \sqrt{x'^2 + y'^2}\, dt & \text{für die Form (3.401),} \quad (3.404) \\ = \sqrt{\rho^2 + \rho'^2}\, d\varphi & \text{für die Form (3.402).} \quad (3.405) \end{cases}$$

■ **A:** $y = \sin x$, $ds = \sqrt{1 + \cos^2 x}\, dx$. ■ **B:** $x = t^2$, $y = t^3$, $ds = t\sqrt{4 + 9t^2}\, dt$.
■ **C:** $\rho = a\varphi$, $ds = a\sqrt{1 + \varphi^2}\, d\varphi$.

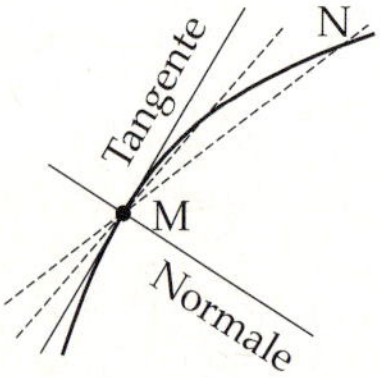

Abbildung 3.195

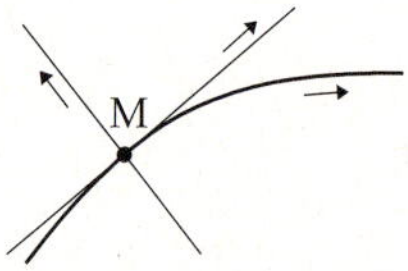

Abbildung 3.196

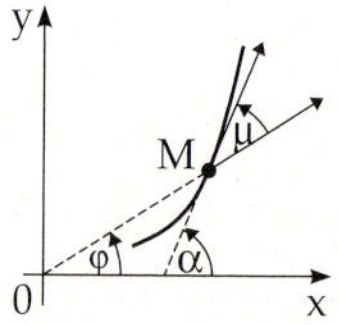

Abbildung 3.197

2. Tangente und Normale

1. Tangente im Punkt M wird die Sekante MN in ihrer Grenzlage für $N \to M$ genannt, *Normale* eine Gerade, die im Punkt M senkrecht auf der Tangente steht **(Abb.3.195)**.

2. Die Gleichungen der Tangente und der Normalen sind in Tabelle 3.24 für die drei Fälle (3.399), (3.400) und (3.401) angegeben. Dabei sind x, y die Koordinaten des Punktes M und X, Y die Koordinaten der Tangenten- und Normalenpunkte. Die Werte der Ableitungen sind für den Punkt M zu berechnen.

Für folgende Kurven sind die Gleichungen der Tangente und der Normalen zu bestimmen:

■ **A:** Kreis mit $x^2 + y^2 = 25$ und Punkt $M(3, 4)$:
a) Tangentengleichung: $2x(X - x) + 2y(Y - y) = 0$ oder $Xx + Yy = 25$. Unter Berücksichtigung der Kreisgleichung im Punkt M: $3X + 4Y = 25$.
b) Normalengleichung: $\dfrac{X - x}{2x} = \dfrac{Y - y}{2y}$ oder $Y = \dfrac{y}{x}X$; im Punkt M: $Y = \dfrac{4}{3}X$.

■ **B:** Sinuslinie $y = \sin x$ im Punkt $0(0, 0)$:
a) Tangentengleichung: $Y - \sin x = \cos x(X - x)$ oder $Y = X\cos x + \sin x - x\cos x$; im Punkt 0: $Y = X$.
b) Normalengleichung: $Y - \sin x = -\dfrac{1}{\cos x}(X - x)$ oder $Y = -X\sec x + \sin x + x\sec x$; im Punkt 0: $Y = -X$.

■ **C:** Kurve mit $x = t^2$, $y = t^3$ im Punkt $M(4, -8)$, $t = -2$:

Tabelle 3.24 Tangenten- und Normalengleichungen

Art der Gleichung	Gleichung der Tangente	Gleichung der Normale
(3.399)	$\frac{\partial F}{\partial x}(X-x)+\frac{\partial F}{\partial y}(Y-y)=0$	$\frac{X-x}{\frac{\partial F}{\partial x}}=\frac{Y-y}{\frac{\partial F}{\partial y}}$
(3.400)	$Y-y=\frac{dy}{dx}(X-x)$	$Y-y=-\frac{1}{\frac{dy}{dx}}(X-x)$
(3.401)	$\frac{Y-y}{y'}=\frac{X-x}{x'}$	$x'(X-x)+y'(Y-y)=0$

a) Tangentengleichung: $\frac{Y-t^3}{3t^2}=\frac{X-t^2}{2t}$ oder $Y=\frac{3}{2}tX-\frac{1}{2}t^3$; im Punkt M: $Y=-3X+4$.
b) Normalengleichung: $2t\,(X-t^2)+3t^2\,(Y-t^3)=0$ oder $2X+3tY=t^2\,(2+3t^2)$; im Punkt M: $X-3Y=28$.

3. Positive Richtung von Kurventangente und Kurvennormale Wenn die Kurve in einer der Formen (3.400), (3.401), (3.402) gegeben ist, dann sind die positiven Richtungen auf der Tangente und der Normalen festgelegt. Die positive Richtung auf der Tangente stimmt mit der positiven Richtung der Kurve im Berührungspunkt überein, während sich die positive Richtung auf der Normalen aus der positiven Richtung der Tangente durch deren Drehung um den Punkt M um 90° im entgegengesetzten Drehsinn des Uhrzeigers ergibt **(Abb.3.196)**. Die Tangente und die Normale werden durch den Punkt M jeweils in eine positive und eine negative Halbgerade geteilt.

4. Die Steigung der Tangente wird bestimmt
a) durch den *Tangentenneigungswinkel* α zwischen den positiven Richtungen der Abszissenachse und der Tangente oder
b) wenn die Kurve in Polarkoordinaten gegeben ist, durch den Winkel μ zwischen der Richtung des Radiusvektors $\overline{OM}=\rho$ und der positiven Richtung der Tangente **(Abb.3.197)**. Für die Winkel α und μ gelten die folgenden Formeln, wobei ds gemäß (3.403) bis (3.405) berechnet wird:

$$\tan\alpha=\frac{dy}{dx},\quad \cos\alpha=\frac{dx}{ds},\quad \sin\alpha=\frac{dy}{ds};\tag{3.406a}$$

$$\tan\mu=\frac{\rho}{\frac{d\rho}{d\varphi}},\quad \cos\mu=\frac{d\rho}{ds},\quad \sin\mu=\rho\frac{d\varphi}{ds}.\tag{3.406b}$$

■ **A:** $y=\sin x$, $\tan\alpha=\cos x$, $\cos\alpha=\frac{1}{\sqrt{1+\cos^2 x}}$, $\sin\alpha=\frac{\cos x}{\sqrt{1+\cos^2 x}}$;

■ **B:** $x=t^2,\ y=t^3$, $\tan\alpha=\frac{3t}{2}$, $\cos\alpha=\frac{2}{\sqrt{4+9t^2}}$, $\sin\alpha=\frac{3t}{\sqrt{4+9t^2}}$;

■ **C:** $\rho=a\varphi$, $\tan\mu=\varphi$, $\cos\mu=\frac{1}{\sqrt{1+\varphi^2}}$, $\sin\mu=\frac{\varphi}{\sqrt{1+\varphi^2}}$.

5. Abschnitte der Tangente und Normale, Subtangente und Subnormale (Abb.3.198)
a) In kartesischen Koordinaten für eine Definition gemäß (3.400), (3.401):

$$\overline{MT}=\left|\frac{y}{y'}\sqrt{1+y'^2}\right| \qquad (\textit{Tangentenabschnitt}),\tag{3.407a}$$

$$\overline{MN} = \left| y\sqrt{1+y'^2} \right| \qquad (\textit{Normalenabschnitt}), \qquad (3.407b)$$

$$\overline{PT} = \left| \frac{y}{y'} \right| \quad (\textit{Subtangente}), \quad (3.407c) \qquad \overline{PN} = |yy'| \quad (\textit{Subnormale}). \quad (3.407d)$$

b) In Polarkoordinaten für eine Definition gemäß (3.402):

$$\overline{MT'} = \left| \frac{\rho}{\rho'}\sqrt{\rho^2+\rho'^2} \right| \qquad (\textit{Abschnitt der Polartangente}), \qquad (3.408a)$$

$$\overline{MN'} = \left| \sqrt{\rho^2+\rho'^2} \right| \qquad (\textit{Abschnitt der Polarnormalen}), \qquad (3.408b)$$

$$\overline{OT'} = \left| \frac{\rho^2}{\rho'} \right| \quad (\textit{Polarsubtangente}), \quad (3.408c) \qquad \overline{ON'} = |\rho'| \quad (\textit{Polarsubnormale}). \quad (3.408d)$$

■ **A:** $y = \cosh x$, $y' = \sinh x$, $\sqrt{1+y'^2} = \cosh x$; $\overline{MT} = |\cosh x \coth x|$, $\overline{MN} = |\cosh^2 x|$, $\overline{PT} = |\coth x|$, $\overline{PN} = |\sinh x \cosh x|$.

■ **B:** $\rho = a\varphi$, $\rho' = a$, $\sqrt{\rho^2+\rho'^2} = a\sqrt{1+\varphi^2}$; $\overline{MT'} = \left|a\varphi\sqrt{1+\varphi^2}\right|$, $\overline{MN'} = \left|a\sqrt{1+\varphi^2}\right|$, $\overline{OT'} = \left|a\varphi^2\right|$, $\overline{ON'} = a$.

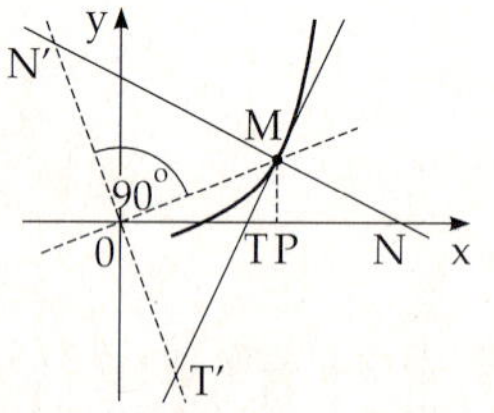

Abbildung 3.198

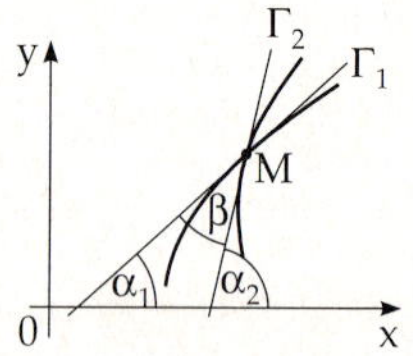

Abbildung 3.199

6. Winkel zwischen zwei Kurven Unter dem *Winkel* β *zwischen zwei Kurven* Γ_1 und Γ_2, die sich im Punkt M schneiden, wird der Winkel zwischen den Tangenten an diese Kurven im Punkt M verstanden **(Abb.3.199)**. Die Berechnung des Winkels β ist damit auf die Berechnung des Winkels zwischen zwei Geraden mit den Richtungskoeffizienten

$$k_1 = \tan\alpha_1 = \left(\frac{df_1}{dx}\right)_M, \quad (3.409a) \qquad k_2 = \tan\alpha_2 = \left(\frac{df_2}{dx}\right)_M \quad (3.409b)$$

zurückgeführt, wobei $y = f_1(x)$ die Gleichung von Γ_1 und $y = f_2(x)$ die Gleichung von Γ_2 ist und die Ableitungen für den Punkt M zu berechnen sind.

■ Es ist der Winkel zwischen den Parabeln $y = \sqrt{x}$ und $y = x^2$ im Punkt $M(1,1)$ zu bestimmen:

$$\tan\alpha_1 = \left(\frac{d\sqrt{x}}{dx}\right)_{x=1} = \frac{1}{2}, \quad \tan\alpha_2 = \left(\frac{d\,(x^2)}{dx}\right)_{x=1} = 2, \quad \tan\beta = \frac{\tan\alpha_2 - \tan\alpha_1}{1+\tan\alpha_1\tan\alpha_2} = \frac{3}{4}.$$

3. Konvexe und konkave Seite einer Kurve

Wenn eine Kurve in der expliziten Form $y = f(x)$ gegeben ist, dann kann für einen kleinen Teil der Kurve, der den Punkt M enthält, angegeben werden, ob die Kurve mit ihrer konkaven Seite nach oben oder nach unten zeigt. Ausgenommen ist der Fall, daß M ein Wendepunkt oder ein singulärer Punkt ist

(s. S. 229). Ist die zweite Ableitung $f''(x) > 0$, dann zeigt die Kurve mit ihrer konkaven Seite nach oben, d.h. nach der positiven y–Richtung (Punkt M_2 in **Abb.3.200**). Ist $f''(x) < 0$ (Punkt M_1), dann ist die Kurve nach unten konkav. Im Falle $f''(x) = 0$ ist das Problem bei der Betrachtung des Wendepunktes eingehender zu untersuchen.

■ $y = x^3$ (**Abb.2.14b**); $y'' = 6x$, für $x > 0$ ist die Kurve konkav nach oben, für $x < 0$ konkav nach unten.

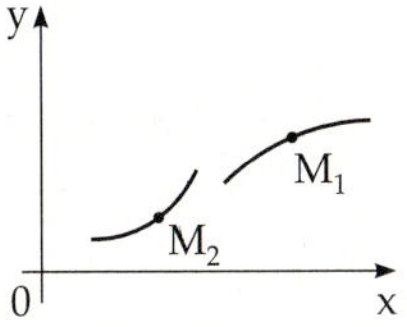

Abbildung 3.200

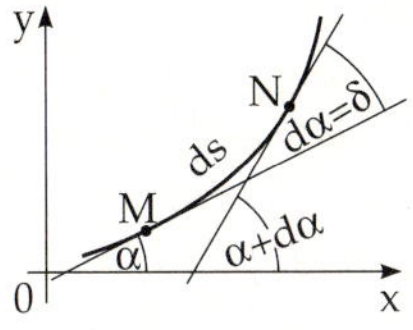

Abbildung 3.201

4. Krümmung und Krümmungskreisradius

1. Krümmung einer Kurve Die Krümmung K einer Kurve im Punkt M ist der Grenzwert des Verhältnisses des Winkels δ zwischen den positiven Tangentenrichtungen in den Punkten M und N (**Abb.3.201**) zur Bogenlänge $\overset{\frown}{MN}$ für $\overset{\frown}{MN} \to 0$:

$$K = \lim_{\overset{\frown}{MN} \to 0} \frac{\delta}{\overset{\frown}{MN}} . \qquad (3.410)$$

Das Vorzeichen der Krümmung K gibt an, ob die Kurve mit ihrer konkaven Seite nach der positiven ($K > 0$) oder negativen ($K < 0$) Seite der Kurvennormalen zeigt (s. S. 225). Anders ausgedrückt liegt der Krümmungsmittelpunkt für $K > 0$ auf der positiven Seite der Kurvennormalen, für $K < 0$ auf der negativen. Manchmal wird die Krümmung K prinzipiell als positive Größe aufgefaßt. Dann ist immer der Absolutbetrag des Grenzwertes zu nehmen.

2. Krümmungskreisradius einer Kurve Der Krümmungskreisradius R einer Kurve im Punkt M ist der reziproke Wert des Betrags der Krümmung:

$$R = |1/K| . \qquad (3.411)$$

Die Krümmung K ist in einem Punkt M um so größer, je kleiner der Krümmungskreisradius R ist.

■ **A:** Für einen Kreis mit dem Radius a sind Krümmung $K = 1/a$ und Krümmungskreisradius $R = a$ für alle Punkte konstant.

■ **B:** Für die Gerade ist $K = 0$ und $R = \infty$.

3. Formeln für Krümmung und Krümmungskreisradius Mit $\delta = d\alpha$ und $\overset{\frown}{MN} = ds$ (**Abb. 3.201**) gilt allgemein:

$$K = \frac{d\alpha}{ds}, \quad R = \left|\frac{ds}{d\alpha}\right| . \qquad (3.412)$$

Daraus ergeben sich für die unterschiedlichen Definitionsformen der Kurvengleichungen auf S. 223 verschiedene Ausdrücke für K und R.

Definition gemäß (3.400): $$K = \frac{\dfrac{d^2y}{dx^2}}{\left[1 + \left(\dfrac{dy}{dx}\right)^2\right]^{3/2}}, \qquad R = \left|\frac{\left[1 + \left(\dfrac{dy}{dx}\right)^2\right]^{3/2}}{\dfrac{d^2y}{dx^2}}\right|, \qquad (3.413)$$

Definition gemäß (3.401): $$K = \frac{\begin{vmatrix} x' & y' \\ x'' & y'' \end{vmatrix}}{\left(x'^2 + y'^2\right)^{3/2}}, \qquad R = \left| \frac{\left(x'^2 + y'^2\right)^{3/2}}{\begin{vmatrix} x' & y' \\ x'' & y'' \end{vmatrix}} \right|, \tag{3.414}$$

Definition gemäß (3.399): $$K = \frac{\begin{vmatrix} F''_{xx} & F''_{xy} & F'_x \\ F''_{yx} & F''_{yy} & F'_y \\ F'_x & F'_y & 0 \end{vmatrix}}{\left(F'^2_x + F'^2_y\right)^{3/2}}, \qquad R = \left| \frac{\left(F'^2_x + F'^2_y\right)^{3/2}}{\begin{vmatrix} F''_{xx} & F''_{xy} & F'_x \\ F''_{yx} & F''_{yy} & F'_y \\ F'_x & F'_y & 0 \end{vmatrix}} \right|, \tag{3.415}$$

Definition gemäß (3.402): $$K = \frac{\rho^2 + 2\rho'^2 - \rho\rho''}{(\rho^2 + \rho'^2)^{3/2}}, \qquad R = \left| \frac{(\rho^2 + \rho'^2)^{3/2}}{\rho^2 + 2\rho'^2 - \rho\rho''} \right|. \tag{3.416}$$

■ **A:** $y = \cosh x\,, \quad K = \dfrac{1}{\cosh^2 x}$;

■ **B:** $x = t^2\,, \quad y = t^3\,, \quad K = \dfrac{6}{t(4 + 9t^2)^{3/2}}$;

■ **C:** $y^2 - x^2 = a^2\,, \quad K = \dfrac{a^2}{(x^2 + y^2)^{3/2}}$;

■ **D:** $\rho = a\varphi\,, \quad K = \dfrac{1}{a} \cdot \dfrac{\varphi^2 + 2}{(\varphi^2 + 1)^{3/2}}$.

5. Krümmungskreis und Krümmungskreismittelpunkt

1. Krümmungskreis im Punkt M wird die Grenzlage eines Kreises genannt, der durch M und zwei benachbarte Punkte N und P der Kurve geht, wenn $N \to M$ und $P \to M$ gehen **(Abb.3.202)**. Er verläuft durch den betreffenden Kurvenpunkt und hat dort dieselbe 1. und 2. Ableitung wie die Kurve. Demgemäß schmiegt er sich der Kurve im Berührungspunkt besonders gut an. Er wird *Schmiegkreis* oder *Krümmungskreis* genannt. Sein Radius heißt *Krümmungskreisradius*. Es zeigt sich, daß er der Kehrwert des Absolutbetrages der Kurvenkrümmungs ist.

2. Krümmungskreismittelpunkt Der Mittelpunkt C des Krümmungskreises ist der Krümmungsmittelpunkt des Punktes M . Er liegt auf der konkaven Seite der Kurve und auf der zugehörigen Kurvennormalen.

3. Koordinaten des Krümmungskreismittelpunktes Die Berechnung der Koordinaten (x_C, y_C) des Krümmungskreismittelpunktes kann je nach der Definitionsform der Kurvengleichung von S. 223 mit Hilfe der folgenden Formeln erfolgen.

Definition gemäß (3.400): $$x_C = x - \frac{\dfrac{dy}{dx}\left[1 + \left(\dfrac{dy}{dx}\right)^2\right]}{\dfrac{d^2y}{dx^2}}, \qquad y_C = y + \frac{1 + \left(\dfrac{dy}{dx}\right)^2}{\dfrac{d^2y}{dx^2}}. \tag{3.417}$$

Definition gemäß (3.401): $$x_C = x - \frac{y'(x'^2 + y'^2)}{\begin{vmatrix} x' & y' \\ x'' & y'' \end{vmatrix}}, \qquad y_C = y + \frac{x'(x'^2 + y'^2)}{\begin{vmatrix} x' & y' \\ x'' & y'' \end{vmatrix}}. \tag{3.418}$$

Definition gemäß (3.402): $$x_C = \rho\cos\varphi - \frac{(\rho^2 + \rho'^2)(\rho\cos\varphi + \rho'\sin\varphi)}{\rho^2 + 2\rho'^2 - \rho\rho''},$$

$$y_C = \rho\sin\varphi - \frac{(\rho^2 + \rho'^2)(\rho\sin\varphi - \rho'\cos\varphi)}{\rho^2 + 2\rho'^2 - \rho\rho''}. \tag{3.419}$$

Definition gemäß (3.399): $x_C = x + \dfrac{F'_x\left(F'^2_x + F'^2_y\right)}{\begin{vmatrix} F''_{xx} & F''_{xy} & F'_x \\ F''_{yx} & F''_{yy} & F'_y \\ F'_x & F'_y & 0 \end{vmatrix}}$, $\quad y_C = y + \dfrac{F'_y\left(F'^2_x + F'^2_y\right)}{\begin{vmatrix} F''_{xx} & F''_{xy} & F'_x \\ F''_{yx} & F''_{yy} & F'_y \\ F'_x & F'_y & 0 \end{vmatrix}}$. (3.420)

Diese Formeln können auch in der Form

$$x_C = x - R\sin\alpha\,, \quad y_C = y + R\cos\alpha \qquad \text{oder} \tag{3.421}$$

$$x_C = x - R\frac{dy}{ds}\,, \quad y_C = y + R\frac{dx}{ds} \tag{3.422}$$

hingeschrieben werden **(Abb.3.203)**, wobei R gemäß (3.413) bis (3.416) berechnet wird.

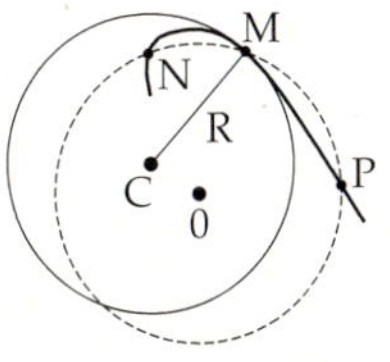

Abbildung 3.202

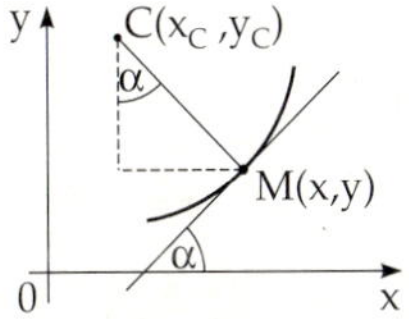

Abbildung 3.203

Abbildung 3.204

3.6.1.3 Ausgezeichnete Kurvenpunkte und Asymptoten

Es werden nur Punkte betrachtet, die invariant sind gegenüber Koordinatentransformationen. Zur Bestimmung von Maxima und Minima s. S. 384.

1. Wendepunkte und Regeln zu ihrer Bestimmung

Wendepunkte sind Kurvenpunkte, in denen die Krümmung der Kurve das Vorzeichen ändert **(Abb. 3.204)**. Dabei liegt die Kurve in einer kleinen des Punktes nicht auf einer Seite der Tangente, sondern wird von dieser durchsetzt. Im Wendepunkt ist $K = 0$ und $R = \infty$.

1. Explizite Definitionsform (3.400) der Kurve $y = f(x)$

a) Notwendige Bedingung für die Existenz eines Wendepunktes ist das Verschwinden der 2. Ableitung

$$f''(x) = 0 \tag{3.423}$$

im Wendepunkt, falls sie existiert (den Fall nicht existierender 2. Ableitung s. **b)**). Die Bestimmung der Wendepunkte für den Fall existierender 2. Ableitungen erfordert das Aufsuchen aller Lösungen der Gleichung $f''(x) = 0$ mit den Werten $x_1, x_2, \ldots x_i \ldots, x_n$, wobei jeder Wert x_i nacheinander in die darauffolgenden Ableitungen einzusetzen ist. Ein Wendepunkt liegt vor, wenn die erste an der Stelle x_i nicht verschwindende Ableitung von ungerader Ordnung ist. Wenn der betrachtete Punkt kein Wendepunkt ist, weil sich die erste nicht verschwindende Ableitung k–ter Ordnung für geradzahliges k ergibt, dann weist die Kurve für $f^{(k)}(x) < 0$ mit der konkaven Seite nach oben; für $f^{(k)}(x) > 0$ nach unten.

b) Hinreichende Bedingung für die Existenz eines Wendepunktes ist die Änderung des Vorzeichens der 2. Ableitung $f''(x)$ beim Übergang von der links- zur rechtsseitigen Umgebung des Punktes x_i . Daher kann die Frage, ob ein gefundener x_i–Wert Abszisse eines Wendepunktes ist, aus der Betrachtung des Vorzeichens der 2. Ableitung beim Durchgang durch den zugehörigen Punkt ermittelt werden: Wenn sich das Vorzeichen bei diesem Durchgang ändert, liegt ein Wendepunkt vor. Dieses Verfahren ist auch für den Fall $y'' = \infty$ anwendbar.

■ **A:** $y = \dfrac{1}{1+x^2}$, $f''(x) = -2\dfrac{1-3x^2}{(1+x^2)^3}$, $x_{1,2} = \pm\dfrac{1}{\sqrt{3}}$, $f'''(x) = 24x\dfrac{1-x^2}{(1+x^2)^4}$, $f'''(x_{1,2}) \neq 0$;

Wendepunkte: $A\left(\frac{1}{\sqrt{3}},\frac{3}{4}\right)$, $B\left(-\frac{1}{\sqrt{3}},\frac{3}{4}\right)$.

■ **B:** $y = x^4$, $f''(x) = 12x^2$, $x_1 = 0$, $f'''(x) = 24x$, $f'''(x_1) = 0$, $f^{IV}(x) = 24$; Wendepunkte sind nicht vorhanden.

■ **C:** $y = x^{\frac{5}{3}}$, $y' = \frac{5}{3}x^{\frac{2}{3}}$, $y'' = \frac{10}{9}x^{-\frac{1}{3}}$; für $x = 0$ ist $y'' = \infty$.

Beim Übergang von negativen zu positiven x–Werten wechselt die 2. Ableitung das Vorzeichen von „$-$“ zu „$+$“, so daß die Kurve bei $x = 0$ einen Wendepunkt besitzt.

Hinweis: Wenn in der Praxis aus dem Kurvenverlauf folgt, daß ein Wendepunkt vorhanden sein muß, z.B. beim Übergang von einem Minimum zu einem Maximum bei einer Kurve mit stetiger Ableitung, dann beschränkt man sich auf die Bestimmung der x_i und läßt die Untersuchung der höheren Ableitungen weg.

2. Andere Definitionsformen Die notwendige Bedingung (3.423) für die Existenz eines Wendepunktes im Falle der Kurvenvorgabe über die Definitionsform (3.400) wird bei Vorgaben mit den anderen Formen durch die folgenden analytischen Formulierungen der notwendigen Bedingung ersetzt:

1. Definition in Parameterform gemäß (3.401):
$$\begin{vmatrix} x' & y' \\ x'' & y'' \end{vmatrix} = 0\,; \tag{3.424}$$

2. Definition als Polargleichung gemäß (3.402):
$$\rho^2 + 2\rho'^2 - \rho\rho'' = 0\,; \tag{3.425}$$

3. Definition in impliziter Form gemäß (3.399):
$$F(x,y) = 0 \quad \text{und} \quad \begin{vmatrix} F''_{xx} & F''_{xy} & F'_x \\ F''_{yx} & F''_{yy} & F'_y \\ F'_x & F'_y & 0 \end{vmatrix} = 0\,. \tag{3.426}$$

In diesen Fällen liefert das Lösungssystem die Koordinaten der möglichen Wendepunkte.

■ **A:** $x = a\left(t - \frac{1}{2}\sin t\right)$, $y = a\left(1 - \frac{1}{2}\cos t\right)$ (verkürzte Zykloide (**Abb.2.68b**, S. 99));
$\begin{vmatrix} x' & y' \\ x'' & y'' \end{vmatrix} = \frac{a^2}{4}\begin{vmatrix} 2-\cos t & \sin t \\ \sin t & \cos t \end{vmatrix} = \frac{a^2}{4}(2\cos t - 1)$; $\cos t_k = \frac{1}{2}$; $t_k = \pm\frac{\pi}{3} + 2k\pi$. Die Kurve hat unendlich viele Wendepunkte für die Parameterwerte t_k.

■ **B:** $\rho = \frac{1}{\sqrt{\varphi}}$; $\rho^2 + 2\rho'^2 - \rho\rho'' = \frac{1}{\varphi} + \frac{1}{2\varphi^3} - \frac{3}{4\varphi^3} = \frac{1}{4\varphi^3}(4\varphi^2 - 1)$. Der Wendepunkt liegt bei dem Winkel $\varphi = 1/2$.

■ **C:** $x^2 - y^2 = a^2$ (Hyperbel). $\begin{vmatrix} F'' & \cdot & \cdot \\ \cdot & \cdot & \cdot \\ \cdot & \cdot & \cdot \end{vmatrix} = \begin{vmatrix} 2 & 0 & 2x \\ 0 & -2 & -2y \\ 2x & -2y & 0 \end{vmatrix} = 8x^2 - 8y^2$. Die Gleichungen $x^2 - y^2 = a^2$ und $8(x^2 - y^2) = 0$ widersprechen einander, so daß die Hyperbel keinen Wendepunkt besitzt.

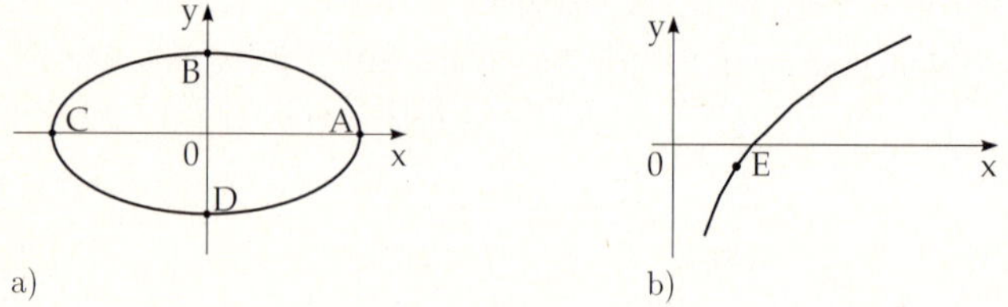

Abbildung 3.205

2. Scheitel
sind Kurvenpunkte, in denen die Krümmung ein Maximum oder ein Minimum besitzt. Die Ellipse hat z.B. die vier Scheitel A, B, C, D, die Kurve des Logarithmus nur einen bei $E\,(1/\sqrt{2}\,, -\ln 2/2)$ **(Abb.3.205)**. Die Ermittlung der Scheitelpunkte wird auf die Bestimmung der Extremwerte von K oder, wenn das einfacher ist, auf die von R zurückgeführt, die mit den Formeln (3.413) bis (3.416) berechnet werden können.

3. Singuläre Punkte
Singulärer Punkt ist der allgemeine Begriff für verschiedene spezielle Kurvenpunkte.

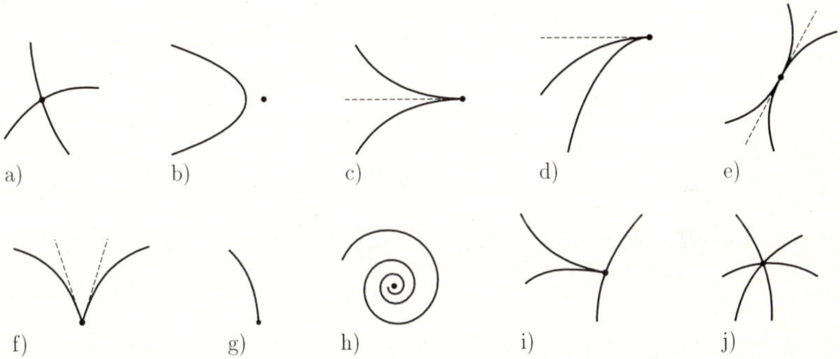

Abbildung 3.206

1. Arten singulärer Punkte Die Gliederungspunkte a), b) usw. bis j) entsprechen der Darstellung in **Abb.3.206**.

a) Doppelpunkte: In *Doppelpunkten* schneidet sich die Kurve selbst **(Abb.3.206a)**.

b) Isolierte Punkte: *Isolierte Punkte* genügen der Kurvengleichung; sie befinden sich aber außerhalb der Kurve **(Abb.3.206b)**.

c), d) Rückkehrpunkte: In *Rückkehrpunkten* ändert sich der Durchlaufsinn; man unterscheidet je nach der Lage der Tangente zu den Kurvenzweigen Rückkehrpunkte 1. und 2. Art **(Abb.3.206c,d)**.

e) Selbstberührungspunkte: In *Selbstberührungspunkten* berührt sich die Kurve selbst **(Abb. 3.206e)**.

f) Knickpunkte: In *Knickpunkten* ändert die Kurve sprunghaft ihre Richtung, aber im Unterschied zum Rückkehrpunkt gibt es zwei verschiedene Tangenten für die zwei Kurvenzweige **(Abb.3.206f)**.

g) Abbrechpunkte: In *Abbrechpunkten* bricht die Kurve ab **(Abb.3.206g)**.

h) Asymptotische Punkte: Um *asymptotische Punkte* windet sich die Kurve unendliche Male herum, wobei sie sich ihm beliebig nähert **(Abb.3.206h)**.

i), j) Mehrere Singularitäten: Es können auch zwei oder drei derartige Singularitäten in einem Punkt auftreten **(Abb.3.206i,j)**.

2. Bestimmung von Selbstberührungs-, Knick-, Abbrech- und asymptotischen Punkten
Singularitäten dieser Art treten nur bei Kurven transzendenter Funktionen auf (s. S. 190).

Den Knickpunkten entspricht ein endlicher Sprung der Ableitung $\dfrac{dy}{dx}$.

Punkten, in denen die Kurve abbricht, entsprechen Unstetigkeitsstellen der Funktion $y = f(x)$ mit endlichem Sprung oder ein direkter Abbruch.

Asymptotische Punkte lassen sich am einfachsten für Kurven bestimmen, die in Polarkoordinaten gemäß $\rho = f(\varphi)$ gegeben sind. Wenn für $\varphi \to \infty$ oder $\varphi \to -\infty$ der Grenzwert $\lim \rho = 0$ wird, ist der Pol ein asymptotischer Punkt.

■ **A:** Der Koordinatenursprung ist für die Kurve $y = \dfrac{x}{1 + e^{\frac{1}{x}}}$ (**Abb.6.2c**) ein Knickpunkt.

■ **B:** Die Punkte $(1,0)$ und $(1,1)$ der Funktion $y = \dfrac{1}{1 + e^{\frac{1}{x-1}}}$ (**Abb.2.7**) sind Unstetigkeitsstellen.

■ **C:** Die logarithmische Spirale $\rho = ae^{k\varphi}$ (**Abb.2.75**) besitzt einen asymptotischen Punkt.

3. Bestimmung von Mehrfachpunkten (Fälle a) bis e) sowie i) und j) Doppelpunkte, Dreifachpunkte usw. werden unter der Bezeichnung *Mehrfachpunkte* zusammengefaßt. Zu ihrer Bestimmung wird die Kurve ausgehend von der Gleichungsform $F(x,y) = 0$ untersucht. Ein Punkt A mit den Koordinaten (x_1, y_1), die gleichzeitig die drei Gleichungen $F = 0$, $F'_x = 0$ und $F'_y = 0$ erfüllen, ist ein Doppelpunkt, wenn von den drei Ableitungen 2. Ordnung F''_{xx}, F''_{xy} und F''_{yy} wenigstens eine nicht verschwindet. Im entgegengesetzten Falle ist A ein Dreifachpunkt oder ein Punkt mit höherer Mehrfachheit.

Die Eigenschaften eines Doppelpunktes hängen vom Vorzeichen der Funktionaldeterminante ab:

$$\Delta = \begin{vmatrix} F''_{xx} & F''_{xy} \\ F''_{yx} & F''_{yy} \end{vmatrix}_{\left(\substack{x=x_1 \\ y=y_1}\right)}. \tag{3.427}$$

1. $\Delta < 0$: Für $\Delta < 0$ schneidet sich die Kurve selbst im Punkt A; die Richtungskoeffizienten der Tangenten in A ergeben sich als Wurzeln der Gleichung

$$F''_{yy}k^2 + 2F''_{xy}k + F''_{xx} = 0. \tag{3.428}$$

2. $\Delta > 0$: Für $\Delta > 0$ ist A ein isolierter Punkt.

3. $\Delta = 0$: Für $\Delta = 0$ ist A entweder ein Rückkehr- oder ein Selbstberührungspunkt; der Richtungskoeffizient der Tangente ist

$$\tan\alpha = -\frac{F''_{xy}}{F''_{yy}}. \tag{3.429}$$

Zur genaueren Untersuchung des Mehrfachpunktes empfiehlt es sich, das Koordinatensystem in den Punkt A zu verlegen und so zu drehen, daß die x–Achse zur Kurventangente im Punkt A wird. Aus der Gestalt der Gleichung kann dann erkannt werden, ob es sich um einen Rückkehrpunkt 1. oder 2. Art handelt oder um einen Selbstberührungspunkt.

■ **A:** $F(x,y) \equiv (x^2+y^2)^2 - 2a^2(x^2-y^2) = 0$ (Lemniskate, **Abb.2.66**); $F'_x = 4x(x^2+y^2-a^2)$, $F'_y = 4y(x^2+y^2+a^2)$; das Gleichungssystem $F'_x = 0$, $F'_y = 0$ liefert die drei Lösungen $(0,0)$, $(\pm a, 0)$, von denen nur die erste der Bedingung $F = 0$ genügt. Einsetzen von $(0,0)$ in die 2. Ableitungen ergibt $F''_{xx} = -4a^2$, $F''_{xy} = 0$, $F''_{yy} = +4a^2$; $\Delta = -16a^4 < 0$, d.h., im Koordinatenursprung schneidet sich die Kurve selbst; die Richtungskoeffizienten der Tangenten ergeben sich zu $\tan\alpha = \pm 1$, ihre Gleichungen lauten $y = \pm x$.

■ **B:** $F(x,y) \equiv x^3 + y^3 - x^2 - y^2 = 0$; $F'_x = x(3x-2)$, $F'_y = y(3y-2)$; von den Punkten $(0,0)$, $\left(0, \frac{2}{3}\right)$, $\left(\frac{2}{3}, 0\right)$ und $\left(\frac{2}{3}, \frac{2}{3}\right)$ liegt nur der erste auf der Kurve; weiter ist $F''_{xx} = -2$, $F''_{xy} = 0$, $F''_{yy} = -2$, $\Delta = 4 > 0$, d.h., der Koordinatenursprung ist ein isolierter Punkt.

■ **C:** $F(x,y) \equiv (y-x^2)^2 - x^5 = 0$. Die Gleichungen $F'_x = 0$, $F'_y = 0$ liefern nur die eine Lösung $(0,0)$, die auch die Gleichung $F = 0$ erfüllt. Außerdem ist $\Delta = 0$ und $\tan\alpha = 0$, so daß der Koordinatenursprung ein Rückkehrpunkt 2. Art ist, was auch aus der expliziten Form der Gleichung $y = x^2(1 \pm \sqrt{x})$ erkannt werden kann. Für $x < 0$ ist y nicht definiert, während für $0 < x < 1$ beide y–Werte positiv sind; im Koordinatenursprung verläuft die Tangente horizontal.

4. Algebraische Kurven vom Typ $F(x,y)=0$ ($F(x,y)$ Polynom in $x$und y
Wenn die Gleichung keine konstanten Glieder und keine Glieder ersten Grades enthält, dann ist der Koordinatenursprung ein Doppelpunkt. Die Gleichung zur Bestimmung der zugehörigen Tangenten erhält man durch Nullsetzen der Summe der Glieder 2. Grades.

■ Für die Lemniskate **(Abb.2.66)** ergibt sich die Gleichung $y=\pm x$ aus $x^2-y^2=0$. Wenn die Gleichung auch keine quadratischen Glieder enthält, dann ist der Koordinatenursprung ein Dreifachpunkt.

4. Asymptoten

1. Definition Eine Asymptote ist eine Gerade, der sich eine Kurve bei deren immer größer werdender Entfernung vom Koordinatenursprung unbegrenzt nähert **(Abb.3.207)**.
Dabei kann die Annäherung von einer Seite her erfolgen **(Abb.3.207a)**, oder die Kurve schneidet die Gerade dauernd **(Abb.3.207b)**.

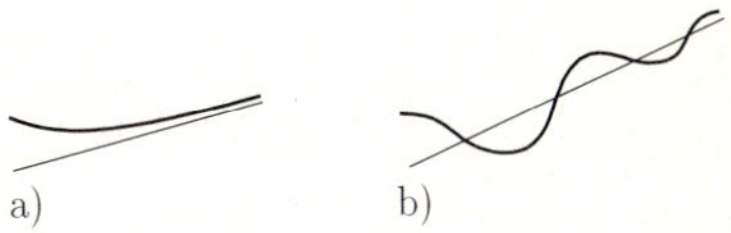

Abbildung 3.207

Nicht jede sich unbegrenzt vom Koordinatenursprung entfernende Kurve (unendlicher Kurvenzweig) muß eine Asymptote besitzen. So bezeichnet man z.B. bei nichtgebrochenrationalen Funktionen den ganzrationalen Anteil als asymptotische Näherung (s. S. 14).

2. Vorgabe der Funktion in Parameterform $x=x(t)$, $y=y(t)$ Zur Bestimmung der Asymptotengleichung sind die Werte zu ermitteln, für die bei $t\to t_i$ entweder $x(t)\to\pm\infty$ oder $y(t)\to\pm\infty$ geht.
Folgende Fälle sind zu unterscheiden:

a) $x(t_i)\to\infty$, aber $y(t_i)=a\neq\infty$: $y=a$ Die Asymptote ist eine horizontale Gerade. (3.430a)

b) $y(t_i)\to\infty$, aber $x(t_i)=a\neq\infty$: $x=a$ Die Asymptote ist eine vertikale Gerade (3.430b)

c) Wenn sowohl $y(t_i)$ als auch $x(t_i)$ gegen unendlich gehen, dann sind die Grenzwerte $k=\lim\limits_{t\to t_i}\dfrac{y(t)}{x(t)}$ und $b=\lim\limits_{t\to t_i}[y(t)-k\cdot x(t)]$ zu bilden. Existieren sie beide, dann liefern sie die Konstanten für die Geradengleichung der Asymptote:

$$y(t_i)\to\infty \text{ und } x(t_i)\to\infty: y=kx+b. \tag{3.430c}$$

3. Vorgabe der Funktion in expliziter Form $y=f(x)$ Die vertikalen Asymptoten werden als Unstetigkeitspunkte beim unendlichem Sprung der Funktion $f(x)$ ermittelt (s. S. 56), die horizontalen und geneigten Asymptoten als Gerade mit den entsprechenden Grenzwerten:

$$x=a;\quad y=kx+b,\quad k=\lim_{x\to\infty}\frac{f(x)}{x},\quad b=\lim_{x\to\infty}[f(x)-kx]. \tag{3.431}$$

■ $x=\dfrac{m}{\cos t}$, $y=n(\tan t-t)$, $t_1=\dfrac{\pi}{2}$, $t_2=-\dfrac{\pi}{2}$ usw. Aufsuchen der Asymptote bei t_1:

$$x(t_1)=y(t_1)=\infty,\ k=\lim_{t\to\pi/2}\frac{n}{m}(\sin t-t\cos t)=\frac{n}{m},$$

$$b=\lim_{t\to\pi/2}\left[n(\tan t-t)-\frac{n}{m}\frac{m}{\cos t}\right]=n\lim_{t\to\pi/2}\frac{\sin t-t\cos t-1}{\cos t}=-\frac{n\pi}{2},\ y=\frac{n}{m}x-\frac{n\pi}{2}.$$

Für die zweite Asymptote usw. erhält man in Analogie dazu $y=\dfrac{n}{m}x-\dfrac{n\pi}{2}$.

4. Vorgabe der Funktion in algebraischer impliziter Form $F(x,y)=0$
Die Funktion $f(x,y)$ ist ein Polynom in x und y.
1. Zur Bestimmung der horizontalen und vertikalen Asymptoten werden von dem vorliegenden Polynom in x und y die Glieder mit dem höchsten Grad m ausgewählt, als Gruppe $\Phi(x,y)=0$ abgespalten und nach x und y aufgelöst:

$$\Phi(x,y)=0 \quad \text{liefert} \quad x=\varphi(y),\quad y=\psi(x). \tag{3.432}$$

Die Werte $y_1 = a$ für $x \to \infty$ ergeben die horizontalen Asymptoten $y = a$, die Werte $x_1 = b$ für $y \to \infty$ die vertikalen $x = b$.

2. Zur Bestimmung der geneigten Asymptoten wird in $F(x, y)$ die Geradengleichung $y = kx + b$ eingesetzt und das so gewonnene Polynom nach Potenzen von x geordnet:

$$F(x, kx + b) \equiv f_1(k, b)x^m + f_2(k, b)x^{m-1} + \cdots \qquad (3.433)$$

Die Parameter k und b ergeben sich, falls sie existieren, aus den Gleichungen

$$f_1(k, b) = 0, \quad f_2(k, b) = 0. \qquad (3.434)$$

■ $x^3 + y^3 - 3axy = 0$ (Kartesisches Blatt **Abb.2.59**). Aus den Gleichungen $F(x, kx + b) \equiv (1 + k^3)x^3 + 3(k^2b - ka)x^2 + \cdots, 1 + k^3 = 0$ und $k^2b - ka = 0$ ergeben sich die Lösungen $k = -1, b = -a$, so daß sich die Gleichung der Asymptote zu $y = -x - a$ ergibt.

3.6.1.4 Allgemeine Untersuchung einer Kurve nach ihrer Gleichung

Kurven, gegeben durch eine der Gleichungen (3.399) bis (3.402), werden meist mit dem Ziel untersucht, ihr Verhalten oder ihre Gestalt kennenzulernen.

1. Kurvenkonstruktion von explizit gegebenen Funktionen $y = f(x)$

a) Ermittlung des Definitionsbereiches (s. S. 47).

b) Ermittlung der Symmetrie der Kurve hinsichtlich des Koordinatenursprungs und der y–Achse aus der Geradheit oder Ungeradheit der Funktion (s. S. 49).

c) Ermittlung des Verhaltens der Funktion im Unendlichen durch Bestimmung der Grenzwerte $\lim\limits_{x \to -\infty} f(x)$ und $\lim\limits_{x \to +\infty} f(x)$ (s. S. 52).

d) Bestimmung der Unstetigkeitsstellen (s. S. 56).

e) Bestimmung der Schnittpunkte mit der y–Achse bzw. mit der x–Achse durch Berechnung von $f(0)$ bzw. von $f(x) = 0$.

f) Bestimmung der Maxima und Minima und Ermittlung der Monotonieintervalle mit Zu- bzw. Abnahme der Funktion.

g) Bestimmung der Wendepunkte und ihrer Tangentengleichungen (s. S. 229).

Mit den so gefundenen Angaben kann die Kurve skizziert und, wo es nötig ist, durch Berechnung einzelner Punkte präzisiert werden.

■ Es ist die Kurve der Funktion $y = \dfrac{2x^2 + 3x - 4}{x^2}$ zu konstruieren:

a) Die Funktion ist für alle x–Werte außer für $x = 0$ definiert.
b) Es gibt keinerlei Symmetrie.
c) Für $x \to -\infty$ strebt $y \to 2$, so daß $y = 2 - 0$ Annäherung von unten bedeutet, während sich für $x \to \infty$ zwar ebenfalls $y \to 2$ ergibt, aber $y = 2 + 0$ Annäherung von oben bedeutet.
d) Bei $x = 0$ gibt es eine Unstetigkeitsstelle derart, daß die Kurve von links und von rechts nach $-\infty$ verläuft, da y für kleine x–Werte negativ ist.
e) Da $f(0) = \infty$ ist, gibt es keinen Schnittpunkt mit der y–Achse, während $f(x) = 2x^2 + 3x - 4 = 0$ die Schnittpunkte mit der x–Achse bei $x_1 \approx 0,85$ und $x_2 \approx -2,35$ liefert.
f) Ein Maximum liegt bei $x = 8/3 \approx 2,66$ und $y \approx 2,56$.
g) Ein Wendepunkt befindet sich bei $x = 4$, $y = 2,5$ mit $\tan\alpha = -1/16$.
h) Nach der Skizzierung der Funktion auf Grund der gewonnenen Daten (**Abb.3.208**) wird der Schnittpunkt der Kurve mit der Asymptote bei $x = 4/3 \approx 1,33$ und $y = 2$ berechnet.

2. Kurvenkonstruktion von implizit gegebenen Funktionen $F(x, y) = 0$

Die Angabe allgemeiner Regeln ist nicht zu empfehlen, da sich damit oft umständliche Rechnungen ergeben. Nach Möglichkeit sollten die folgenden Elemente ermittelt werden:

a) Bestimmung aller Schnittpunkte mit den Koordinatenachsen.

b) Ermittlung der Symmetrien der Kurven, indem x durch $-x$ und y durch $-y$ ersetzt wird.

c) Bestimmung der Maxima und Minima bezüglich der x–Achse und nach Vertauschen von x und y auch bezüglich der y–Achse (s. S. 384).

d) Bestimmung der Wendepunkte und der Tangentenneigungen (s. S. 229).

e) Bestimmung der singulären Punkte (s. S. 231).

f) Bestimmung der Scheitelpunkte (s. S. 231) und der zuhörigen Krümmungskreise (s. S. 228). Die Kurvenbogenstücke sind oft auf einem relativ großen Abschnitt nur schwer von den Krümmungskreisabschnitten zu unterscheiden.

g) Bestimmung der Asymptotengleichungen (s. S. 233) und der Lage der Kurvenzweige relativ zu den Asymptoten.

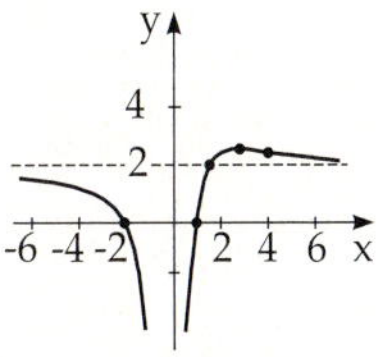

Abbildung 3.208

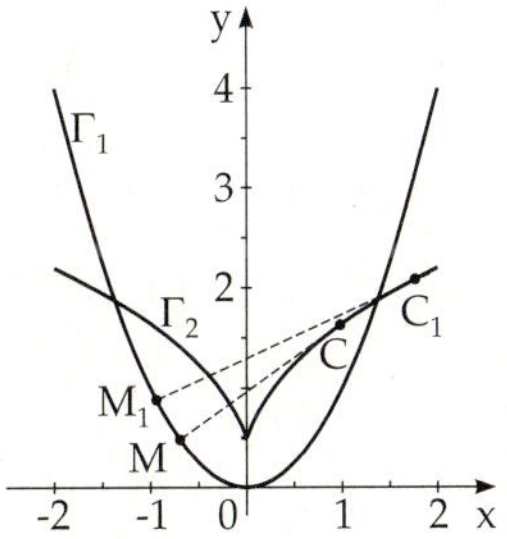

Abbildung 3.209

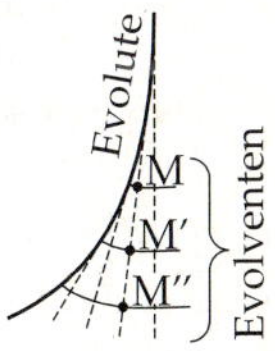

Abbildung 3.210

3.6.1.5 Evoluten und Evolventen

1. Evolute einer gegebenen Kurve wird eine zweite Kurve genannt, die aus den Krümmungsmittelpunkten der ersten Kurve besteht (s. S. 228); sie ist gleichzeitig Einhüllende der Normalen dieser ersten Kurve. Die Einhüllende wird auch Enveloppe genannt (s. auch 236. Die Parameterform der Evolute erhält man aus der Gleichung (3.419) für die Krümmungsmittelpunkte, wenn x_C und y_C als laufende Koordinaten aufgefaßt werden. Wenn es gelingt, aus diesen Gleichungen den Parameter (x, t oder φ) zu eliminieren, dann kann die Evolutengleichung in kartesischen Koordinaten hingeschrieben werden.

■ Es ist die Evolute der Parabel $y = x^2$ **(Abb.3.209)** zu bestimmen. Aus $X = x - \dfrac{2x(1+4x^2)}{2} = -4x^3$, $Y = x^2 + \dfrac{1+4x^2}{2} = \dfrac{1+6x^2}{2}$ folgt mit X und Y als laufende Koordinaten der Evolute $Y = \dfrac{1}{2} + 3\left(\dfrac{X}{4}\right)^{2/3}$.

2. Evolvente oder Involute einer Kurve Γ_2 heißt eine Kurve Γ_1, die für Γ_2 eine Evolute ist. Daher ist jede Normale MC der Evolvente eine Tangente an die Evolute **(Abb.3.209)**, und die Bogenlänge $\overset{\frown}{CC_1}$ der Evolute ist gleich dem Zuwachs des Krümmungsradius der Evolvente:

$$\overset{\frown}{CC_1} = \overline{M_1C_1} - \overline{MC}\,. \tag{3.435}$$

Diese Eigenschaften berechtigen für die Evolvente zu der Bezeichnung *Abwickelkurve* der Kurve Γ_2, da sie aus Γ_2 durch Abwickeln eines gespannten Fadens erhalten werden kann. Einer gegebenen Evolute entspricht eine Schar von Evolventen, die jeweils durch die ursprüngliche Länge des gespannten Fadens bestimmt werden **(Abb.3.210)**.
Die Gleichung der Evolute ergibt sich durch Integration eines Systems von Differentialgleichungen, das die Gleichung der Evolute darstellt. Die Gleichung der Kreisevolvente s. S. 104.

■ Die Katenoide ist die Evolute der Traktrix, die Traktrix die Evolvente der Katenoide (s. S. 105).

3.6.1.6 Einhüllende von Kurvenscharen

1. Charakteristische Punkte Es sei eine einparametrige Kurvenschar durch die Gleichung

$$F(x, y, \alpha) = 0 \tag{3.436}$$

gegeben. Dann besitzen zwei unendlich benachbarte Kurven dieser Schar mit den Parameterwerten α und $\alpha + \Delta\alpha$ *Punkte K der größten Annäherung*. Dabei handelt es sich entweder um Schnittpunkte der Kurven (α) und $(\alpha + \Delta\alpha)$ oder um Punkte auf (α), deren Abstand zu $(\alpha + \Delta\alpha)$, gemessen auf der Normalen, eine infinitesimale Größe höherer Ordnung von $\Delta\alpha$ ist **(Abb.3.211a,b)**. Für $\Delta\alpha \to 0$ strebt die Kurve $(\alpha + \Delta\alpha)$ gegen die Kurve (α), wobei sich in manchen Fällen der Punkt K einer Grenzlage, dem *Grenzpunkt*, nähern kann.

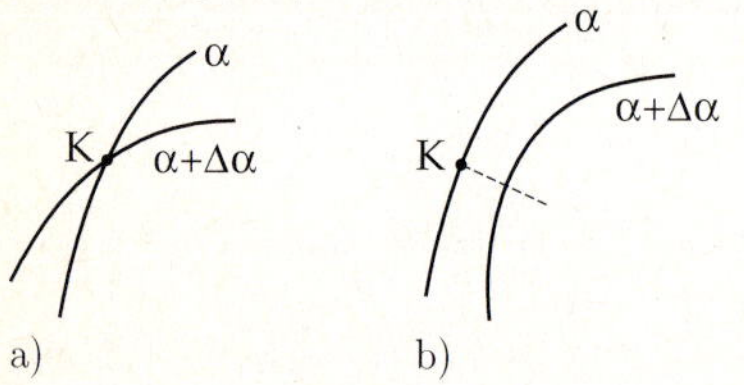

Abbildung 3.211

2. Geometrischer Ort der charakteristischen Punkte einer Kurvenschar mit der Gleichung (3.436) können eine oder mehrere Kurven sein. Sie bestehen entweder aus den Punkten der größten Annäherung bzw. aus den Grenzpunkten der Schar **(Abb.3.212a)**, oder sie bilden die Einhüllende (Enveloppe) der Schar, d.h. eine Kurve, die jede Kurve der Schar berührt **(Abb.3.212b)**. Auch Kombinationen beider Arten sind möglich **(Abb.3.212c,d)**.

3. Gleichung der Einhüllenden Die Gleichung der Einhüllenden wird aus (3.436) berechnet, indem α aus dem folgenden Gleichungssystem eliminiert wird:

$$F = 0, \quad \frac{\partial F}{\partial \alpha} = 0. \tag{3.437}$$

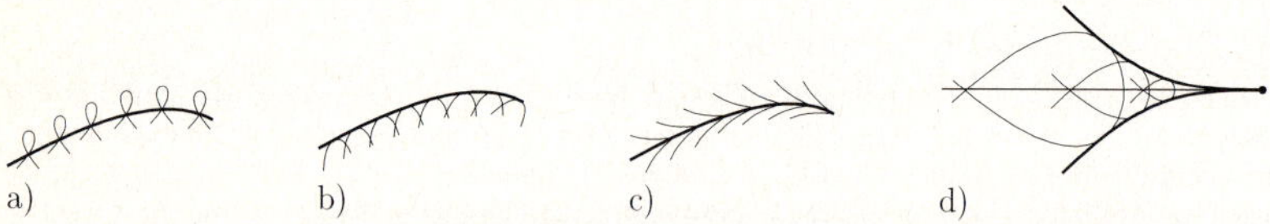

Abbildung 3.212

■ Es ist die Gleichung der Geradenschar zu bestimmen, die dadurch entsteht, daß die Enden einer Strecke $AB = l$ entlang der Koordinatenachsen gleiten **(Abb.3.213a)**. Die Gleichung der Kurvenschar lautet: $\dfrac{x}{l\sin\alpha} + \dfrac{y}{l\cos\alpha} = 1$ oder $F \equiv x\cos\alpha + y\sin\alpha - l\sin\alpha\cos\alpha = 0$, $\dfrac{\partial F}{\partial\alpha} = -x\sin\alpha + y\cos\alpha - l\cos^2\alpha + l\sin^2\alpha = 0$. Durch Eliminierung von α ergibt sich mit $x^{2/3} + y^{2/3} = l^{2/3}$ als Einhüllende eine Astroide **(Abb.3.213b**, s. auch S. 100).

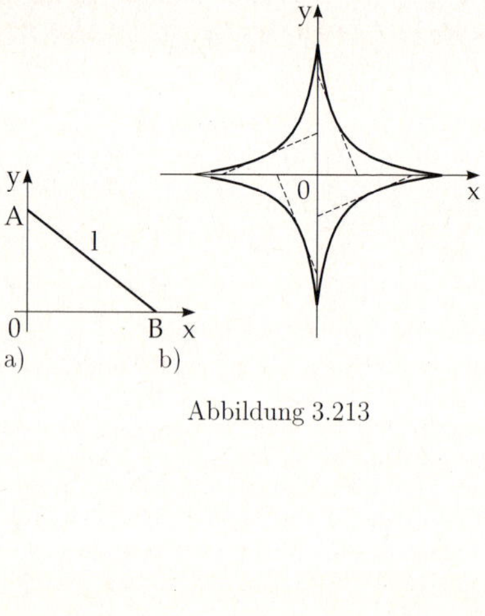

Abbildung 3.213

3.6.2 Raumkurven

3.6.2.1 Möglichkeiten, eine Raumkurve zu definieren

1. Koordinatengleichungen Zur Definition einer Raumkurve gibt es die folgenden Möglichkeiten:

1. Schnitt zweier Flächen: $F(x,y,z)=0\,,\quad \Phi(x,y,z)=0\,.$ (3.438)

2. Parameterform: $x=x(t)\,,\quad y=y(t)\,,\quad z=z(t)$ (3.439)

mit t als beliebigem Parameter, wobei $t=x$, y oder z sein kann.

3. Parameterform: $x=x(s)\,,\quad y=y(s)\,,\quad z=z(s)$ (3.440a)

mit der Bogenlänge s zwischen einem festen Punkt A und dem laufenden Punkt M:

$$s=\int_{t_0}^{t}\sqrt{\left(\frac{dx}{dt}\right)^2+\left(\frac{dy}{dt}\right)^2+\left(\frac{dz}{dt}\right)^2}\,dt\,. \quad (3.440b)$$

2. Vektorgleichungen Mit $\vec{\mathbf{r}}$ als Radiusvektor eines beliebigen Kurvenpunktes (s. S. 177) kann die Gleichung (3.439) in der Form

$$\vec{\mathbf{r}}=\vec{\mathbf{r}}(t)\quad\text{mit}\quad \vec{\mathbf{r}}(t)=x(t)\vec{\mathbf{i}}+y(t)\vec{\mathbf{j}}+z(t)\vec{\mathbf{k}} \quad (3.441)$$

geschrieben werden und die Gleichung (3.440a) in der Form

$$\vec{\mathbf{r}}=\vec{\mathbf{r}}(s)\quad\text{mit}\quad \vec{\mathbf{r}}(s)=x(s)\vec{\mathbf{i}}+y(s)\vec{\mathbf{j}}+z(s)\vec{\mathbf{k}}\,. \quad (3.442)$$

3. Positive Richtung ist bei Angabe einer Kurve in der Schreibweise (3.439) und (3.441) die Richtung wachsender Parameterwerte t, bei (3.440a) und (3.442) die Richtung, in der die Bogenlängenmessung erfolgt.

3.6.2.2 Begleitendes Dreibein

1. Definitionen

In jedem Punkt M einer Raumkurve, mit Ausnahme der singulären Punkte, können drei Geraden und drei Ebenen definiert werden, die sich im Punkt M schneiden und senkrecht aufeinander stehen (**Abb.3.214**):

1. Tangente ist die Grenzlage der Sekante MN für $N\to M$ (**Abb.3.215**).

2. Normalebene ist eine Ebene, die senkrecht auf der Tangente steht. Alle durch M verlaufenden und in dieser Ebene liegenden Geraden werden die Normalen der Kurve im Punkt M genannt.

3. Schmiegungsebene wird die Grenzlage einer Ebene genannt, die durch drei benachbarte Kurvenpunkte M, N und P verläuft, für die $N\to M$ und $P\to M$ geht. In der Schmiegungsebene befindet sich die Kurventangente.

4. Hauptnormale nennt man die Schnittgerade von Normalen- und Schmiegungsebene, d.h., es ist die Normale, die in der Schmiegungsebene liegt.

5. Binormale wird die Senkrechte auf die Schmiegungsebene genannt.

6. Rektifizierende Ebene heißt die von der Tangente und der Binormalen aufgespannte Ebene.

Die positiven Richtungen werden auf den drei Geraden (1), (4) und (5) folgendermaßen festgelegt:

a) Auf der Tangente ist es die positive Richtung der Kurve, die durch den Tangenteneinheitsvektor $\vec{\mathbf{t}}$ festliegt.

b) Auf der Hauptnormalen ist es die Richtung der Kurvenkrümmung, festgelegt durch den Normaleneinheitsvektor $\vec{\mathbf{n}}$.

c) Auf der Binormalen ist sie durch den Einheitsvektor

$$\vec{\mathbf{b}}=\vec{\mathbf{t}}\times\vec{\mathbf{n}} \quad (3.443)$$

definiert, wobei die drei Vektoren $\vec{\mathbf{t}}$, $\vec{\mathbf{n}}$ und $\vec{\mathbf{b}}$ ein rechtshändiges Koordinatensystem bilden, das *begleitendes Dreibein* der Raumkurve genannt wird.

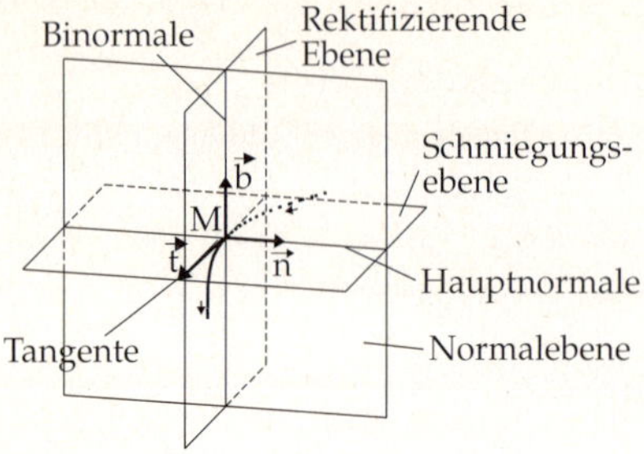

Abbildung 3.214

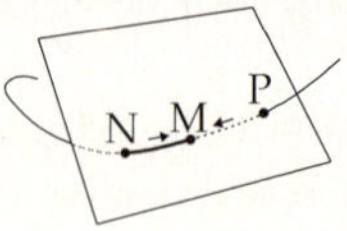

Abbildung 3.215

2. Lage der Kurve relativ zum begleitenden Dreibein

Für die gewöhnlichen Kurvenpunkte liegt die Raumkurve in der Umgebung des Punktes M auf einer Seite der Rektifizierungsebene und schneidet sowohl die Normal- als auch die Schmiegungsebene **(Abb.3.216a)**. Die Projektionen eines kleinen Kurvenabschnitts um den Punkt M auf die drei Ebenen haben dabei näherungsweise die folgende Gestalt:

1. auf die Schmiegungsebene die einer quadratischen Parabel **(Abb.3.216b)**;

2. auf die Rektifizierungsebene die einer kubischen Parabel **(Abb.3.216c)**;

3. auf die Normalebene die einer semikubischen Parabel **(Abb.3.216d)**.

Wenn die Krümmung oder die Windung der Kurve im Punkt M gleich 0 sind oder wenn M ein singulärer Punkt ist, also wenn $x'(t) = y'(t) = z'(t) = 0$ ist, dann kann die Kurve auch eine andere Gestalt haben (s. Lit. [22.2], Band 2, Teil 7).

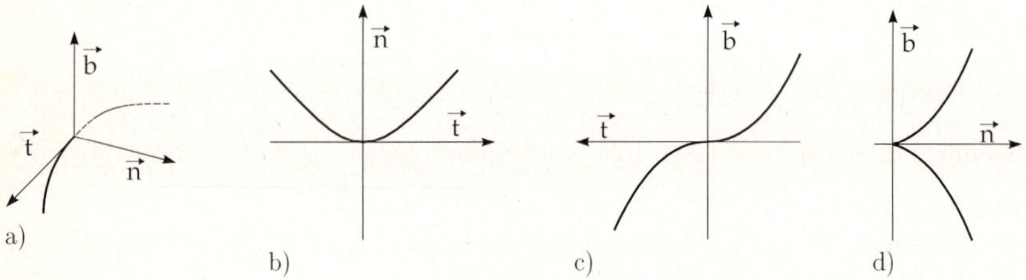

Abbildung 3.216

3. Gleichungen der Elemente des begleitenden Dreibeins

1. Definition der Kurve in der Form (3.438)

1. Tangente:

$$\frac{X-x}{\begin{vmatrix} \frac{\partial F}{\partial y} & \frac{\partial F}{\partial z} \\ \frac{\partial \Phi}{\partial y} & \frac{\partial \Phi}{\partial z} \end{vmatrix}} = \frac{Y-y}{\begin{vmatrix} \frac{\partial F}{\partial z} & \frac{\partial F}{\partial x} \\ \frac{\partial \Phi}{\partial z} & \frac{\partial \Phi}{\partial x} \end{vmatrix}} = \frac{Z-z}{\begin{vmatrix} \frac{\partial F}{\partial x} & \frac{\partial F}{\partial y} \\ \frac{\partial \Phi}{\partial x} & \frac{\partial \Phi}{\partial y} \end{vmatrix}}. \tag{3.444}$$

2. Normalebene: $$\begin{vmatrix} X-x & Y-y & Z-z \\ \dfrac{\partial F}{\partial x} & \dfrac{\partial F}{\partial y} & \dfrac{\partial F}{\partial z} \\ \dfrac{\partial \Phi}{\partial x} & \dfrac{\partial \Phi}{\partial y} & \dfrac{\partial \Phi}{\partial z} \end{vmatrix} = 0\,. \tag{3.445}$$

Dabei sind (x, y, z) die Koordinaten des Kurvenpunktes M und X, Y, Z die laufenden Koordinaten der Tangente bzw. der Normalebene; die partiellen Ableitungen beziehen sich auf den Punkt M.

Tabelle 3.25 Vektor- und Koordinatengleichungen von Raumkurvengrößen

Vektorgleichung	Koordinatengleichung
Tangente:	
$\vec{\mathbf{R}} = \vec{\mathbf{r}} + \lambda \dfrac{d\vec{\mathbf{r}}}{dt}$	$\dfrac{X-x}{x'} = \dfrac{Y-y}{y'} = \dfrac{Z-z}{z'}$
Normalebene:	
$(\vec{\mathbf{R}} - \vec{\mathbf{r}})\dfrac{d\vec{\mathbf{r}}}{dt} = 0$	$x'(X-x) + y'(Y-y) + z'(Z-z) = 0$
Schmiegungsebene:	
$(\vec{\mathbf{R}} - \vec{\mathbf{r}})\dfrac{d\vec{\mathbf{r}}}{dt}\dfrac{d^2\vec{\mathbf{r}}}{dt^2} = 0$	$\begin{vmatrix} X-x & Y-y & Z-z \\ x' & y' & z' \\ x'' & y'' & z'' \end{vmatrix} = 0$
Binormale:	
$\vec{\mathbf{R}} = \vec{\mathbf{r}} + \lambda \left(\dfrac{d\vec{\mathbf{r}}}{dt} \times \dfrac{d^2\vec{\mathbf{r}}}{dt^2}\right)$	$\dfrac{X-x}{\begin{vmatrix} y' & z' \\ y'' & z'' \end{vmatrix}} = \dfrac{Y-y}{\begin{vmatrix} z' & x' \\ z'' & x'' \end{vmatrix}} = \dfrac{Z-z}{\begin{vmatrix} x' & y' \\ x'' & y'' \end{vmatrix}}$
rektifizierende Ebene:	
$(\vec{\mathbf{R}} - \vec{\mathbf{r}})\dfrac{d\vec{\mathbf{r}}}{dt}\left(\dfrac{d\vec{\mathbf{r}}}{dt} \times \dfrac{d^2\vec{\mathbf{r}}}{dt^2}\right) = 0$	$\begin{vmatrix} X-x & Y-y & Z-z \\ x' & y' & z' \\ l & m & n \end{vmatrix} = 0,$ wo $l = y'z'' - y''z',\ m = z'x'' - z''x',\ n = x'y'' - x''y'$
Hauptnormale:	
$\vec{\mathbf{R}} = \vec{\mathbf{r}} + \lambda \dfrac{d\vec{\mathbf{r}}}{dt} \times \left(\dfrac{d\vec{\mathbf{r}}}{dt} \times \dfrac{d^2\vec{\mathbf{r}}}{dt^2}\right)$	$\dfrac{X-x}{\begin{vmatrix} y' & z' \\ m & n \end{vmatrix}} = \dfrac{Y-y}{\begin{vmatrix} z' & x' \\ n & l \end{vmatrix}} = \dfrac{Z-z}{\begin{vmatrix} x' & y' \\ l & m \end{vmatrix}}$
$\vec{\mathbf{r}}$–Ortsvektor der Raumkurve, $\vec{\mathbf{R}}$–Ortsvektor der Raumkurvengröße	

2. Definition der Kurve in der Form (3.439, 3.441) In der **Tabelle 3.25** sind die Koordinaten- und Radiusvektorgleichungen des Punktes M mit x, y, z sowie $\vec{\mathbf{r}}$ angegeben. Mit X, Y, Z und $\vec{\mathbf{R}}$ sind die laufenden Koordinaten und der Radiusvektor eines Dreibeinelements bezeichnet. Die Ableitungen nach dem Parameter t beziehen sich auf den Punkt M.

3. Definition der Kurve in der Form (3.440a, 3.442) Wenn als Parameter die Bogenlänge s gewählt wird, dann gelten für die Tangente und die Binormale sowie für die Normal- und Schmiegungsebene dieselben Gleichungen wie in Fall 2, es ist lediglich t durch s zu ersetzen. Die Gleichungen der Hauptnormalen und der rektifizierenden Ebene werden einfacher **(Tabelle 3.26)**.

Tabelle 3.26 Vektor- und Koordinatengleichungen von Raumkurvengrößen als Funktion von der Bogenlänge

Element des Dreibeins	Vektorgleichung	Koordinatengleichung
Hauptnormale	$\vec{\mathbf{R}} = \vec{\mathbf{r}} + \lambda \dfrac{d^2\vec{\mathbf{r}}}{ds^2}$	$\dfrac{X-x}{x''} = \dfrac{Y-y}{y''} = \dfrac{Z-z}{z''}$
Rektifizierende Ebene	$(\vec{\mathbf{R}} - \vec{\mathbf{r}})\dfrac{d^2\vec{\mathbf{r}}}{ds^2} = 0$	$x''(X-x) + y''(Y-y) + z''(Z-z) = 0$
$\vec{\mathbf{r}}$–Ortsvektor der Raumkurve, $\vec{\mathbf{R}}$–Ortsvektor der Raumkurvengröße		

3.6.2.3 Krümmung und Windung

1. Krümmung einer Kurve

Krümmung einer Kurve im Punkt M wird eine Zahl genannt, die die Abweichung der Kurve in der unmittelbaren Umgebung dieses Punktes von einer Geraden angibt.
Die exakte Definition lautet **(Abb.3.217)**:

$$K = \lim_{\widehat{MN}\to 0} \left| \frac{\Delta\vec{\mathbf{t}}}{\widehat{MN}} \right| = \left| \frac{d\vec{\mathbf{t}}}{ds} \right| . \tag{3.446}$$

1. Krümmungskreisradius Der Krümmungskreisradius ist der Kehrwert der Krümmung:

$$\rho = \left| \frac{1}{K} \right| . \tag{3.447}$$

2. Formeln zur Berechnung von K und ρ

a) Bei Definition der Kurve gemäß (3.440a):

$$K = \left| \frac{d^2\vec{\mathbf{r}}}{ds^2} \right| = \sqrt{x''^2 + y''^2 + z''^2} , \tag{3.448}$$

wobei es sich um Ableitungen nach s handelt.

b) Bei Definition der Kurve gemäß (3.439):

$$K^2 = \frac{\left(\dfrac{d\vec{\mathbf{r}}}{dt}\right)^2 \left(\dfrac{d^2\vec{\mathbf{r}}}{dt^2}\right)^2 - \left(\dfrac{d\vec{\mathbf{r}}}{dt}\dfrac{d^2\vec{\mathbf{r}}}{dt^2}\right)^2}{\left|\left(\dfrac{d\vec{\mathbf{r}}}{dt}\right)^2\right|^3}$$

$$= \frac{(x'^2 + y'^2 + z'^2)(x''^2 + y''^2 + z''^2) - (x'x'' + y'y'' + z'z'')^2}{(x'^2 + y'^2 + z'^2)^3} . \tag{3.449}$$

Die Ableitungen sind hier nach t vorzunehmen.

3. Schraubenlinie Die Gleichungen

$$x = a\cos t , \quad y = a\sin t , \quad z = bt \tag{3.450}$$

beschreiben die sogenannte Schraubenlinie **(Abb.3.218)** als *Rechtsschraube*. Wenn ein Beobachter in die positive Richtung der z–Achse blickt, die gleichzeitig Schraubenachse sein soll, dann windet sich die

Schraube beim Steigen im Drehsinn des Uhrzeigers. Eine Schraubenlinie, die sich im entgegengesetzten Drehsinn windet, wird *Linksschraube* genannt.

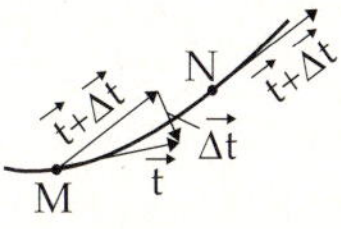

Abbildung 3.217

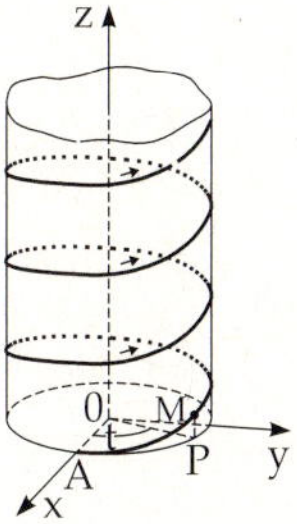

Abbildung 3.218

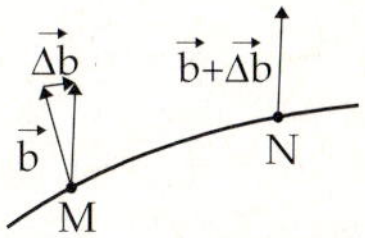

Abbildung 3.219

■ Es ist die Krümmung der Schraubenlinie (3.450) zu bestimmen. Wird der Parameter t durch $s = t\sqrt{a^2+b^2}$ ersetzt, dann ergibt sich $x = a\cos\dfrac{s}{\sqrt{a^2+b^2}}$, $y = a\sin\dfrac{s}{\sqrt{a^2+b^2}}$, $z = \dfrac{bs}{\sqrt{a^2+b^2}}$ und gemäß (3.448) $K = \dfrac{a}{a^2+b^2}$, $\rho = \dfrac{a^2+b^2}{a}$. Beide Größen K und ρ sind konstant. Ein anderer Weg ohne Parametertransformation über (3.449) hätte zu dem gleichen Ergebnis geführt.

2. Windung einer Kurve

Windung einer Kurve im Punkt M wird eine Zahl genannt, die die Abweichung der Kurve in der unmittelbaren Nähe dieses Punktes von einer ebenen Kurve angibt.
Die exakte Definition lautet **(Abb.3.219)**:

$$T = \lim_{\overset{\frown}{MN}\to 0} \left| \frac{\Delta\vec{\mathbf{b}}}{\overset{\frown}{MN}} \right| = \left| \frac{d\vec{\mathbf{b}}}{ds} \right| . \tag{3.451}$$

1. Der Windungsradius ist der Kehrwert $\tau = 1/T$. (3.452)

1. Formeln zur Berechnung von T und τ

a) bei Definition der Kurve gemäß (3.440a):

$$T = \frac{1}{\tau} = \rho^2 \left(\frac{d\vec{\mathbf{r}}}{ds} \frac{d^2\vec{\mathbf{r}}}{ds^2} \frac{d^3\vec{\mathbf{r}}}{ds^3} \right) = \frac{\begin{vmatrix} x' & y' & z' \\ x'' & y'' & z'' \\ x''' & y''' & z''' \end{vmatrix}}{(x''^2 + y''^2 + z''^2)} , \tag{3.453}$$

wobei die Ableitungen nach s vorzunehmen sind.

b) bei Definition der Kurve gemäß (3.439):

$$T = \frac{1}{\tau} = \rho^2 \frac{\dfrac{d\vec{\mathbf{r}}}{dt} \dfrac{d^2\vec{\mathbf{r}}}{dt^2} \dfrac{d^3\vec{\mathbf{r}}}{dt^3}}{\left| \left(\dfrac{d\vec{\mathbf{r}}}{dt} \right)^2 \right|^3} = \rho^2 \frac{\begin{vmatrix} x' & y' & z' \\ x'' & y'' & z'' \\ x''' & y''' & z''' \end{vmatrix}}{(x'^2 + y'^2 + z'^2)^3} , \tag{3.454}$$

wobei ρ gemäß (3.449) zu berechnen ist.
Die mit (3.453, 3.454) berechnete Windung kann positiv oder negativ sein. Im Falle $T > 0$ sieht ein Beobachter, der auf der Hauptnormalen parallel zur Binormalen steht, die Windung der Kurve im Rechtsdrehsinn, im Falle $T < 0$ im Linksdrehsinn.

■ Die Windung einer Schraubenlinie sei konstant. Für die Rechtsschraube R bzw. Linksschraube L ist sie dann

$$T_R = \left(\frac{a^2+b^2}{a}\right)^2 \frac{\begin{vmatrix} -a\sin t & a\cos t & b \\ -a\cos t & -a\sin t & 0 \\ a\sin t & -a\cos t & 0 \end{vmatrix}}{[(-a\sin t)^2 + (a\cos t)^2 + b^2]^3} = \frac{b}{a^2+b^2}, \quad \tau = \frac{a^2+b^2}{b}; \quad T_L = -\frac{b}{a^2+b^2}.$$

3. Frenetsche Formeln
Man kann die Ableitungen der Vektoren $\vec{\mathbf{t}}$, $\vec{\mathbf{n}}$ und $\vec{\mathbf{b}}$ mit Hilfe der Frenetschen Formeln ausdrücken:

$$\frac{d\vec{\mathbf{t}}}{ds} = \frac{\vec{\mathbf{n}}}{\rho}, \quad \frac{d\vec{\mathbf{n}}}{ds} = \frac{\vec{\mathbf{t}}}{\rho} - \frac{\vec{\mathbf{b}}}{\tau}, \quad \frac{d\vec{\mathbf{b}}}{ds} = -\frac{\vec{\mathbf{n}}}{\tau}. \tag{3.455}$$

Dabei ist ρ der Krümmungs- und τ der Windungsradius.

3.6.3 Flächen

3.6.3.1 Möglichkeiten, eine Fläche zu definieren

1. Gleichung einer Fläche Flächen können unterschiedlich definiert werden:

a) Implizite Form: $F(x, y, z) = 0\,,$ (3.456)

b) Explizite Form: $z = f(x, y)\,,$ (3.457)

c) Parameterform: $x = x(u, v)\,, \quad y = y(u, v)\,, \quad z = z(u, v)\,,$ (3.458)

d) Vektorform: $\vec{\mathbf{r}} = \vec{\mathbf{r}}(u, v)$ mit $\vec{\mathbf{r}} = x(u, v)\vec{\mathbf{i}} + y(u, v)\vec{\mathbf{j}} + z(u, v)\vec{\mathbf{k}}\,.$ (3.459)

Wenn die Parameter u und v alle erlaubten Werte durchlaufen, ergeben sich über (3.458) und (3.459) Koordinaten und Radiusvektoren aller Flächenpunkte. Elimination von u und v aus der Parameterform der Definition (3.458) liefert die implizite Form (3.456). Die explizite Form (3.457) ist ein Spezialfall der Parameterform für $u = x$ und $v = y$.

■ Gleichung der Kugel in kartesischen Koordinaten, Parameterform und Vektorform **(Abb.3.221)**:

$$x^2 + y^2 + z^2 - a^2 = 0\,, \tag{3.460a}$$

$$x = a\cos u \sin v, \quad y = a\sin u \sin v, \quad z = a\cos v\,; \tag{3.460b}$$

$$\vec{\mathbf{r}} = a(\cos u \sin v\vec{\mathbf{i}} + \sin u \sin v\vec{\mathbf{j}} + \cos v\vec{\mathbf{k}})\,. \tag{3.460c}$$

2. Krummlinige Koordinaten auf einer Fläche Für eine in der Form (3.458) oder (3.459) gegebene Fläche erhält man durch Variieren des Parameters u bei gleichzeitigem Festhalten von $v = v_0$ die Punkte $\vec{\mathbf{r}}(x, y, z)$ einer Kurve $\vec{\mathbf{r}} = \vec{\mathbf{r}}(u, v_0)$ auf der Fläche. Werden für v nacheinander verschiedene, aber feste Werte $v = v_1, v = v_2, \ldots, v = v_n$ eingesetzt, dann ergibt sich eine Kurvenschar auf der Fläche. Da bei der Bewegung längs einer solchen Kurve mit $v =$ const nur u geändert wird, nennt man diese Kurven die *u–Linien* **(Abb.3.220)**. In Analogie dazu erhält man beim Variieren von v und gleichzeitigem Festhalten von $u =$ const für $u_1, u_2, \ldots, u_n$ eine zweite Kurvenschar und spricht von *v–Linien*. Auf diese Weise kann man auf der Fläche (3.458) ein Netz von Koordinatenlinien entstehen lassen, in dem zwei feste Zahlen $u = u_i$ und $v = v_k$ die *krummlinigen* oder Gauss*schen Koordinaten* des Flächenpunktes M sind.

Wenn eine Fläche in der Form (3.457) gegeben ist, stellen die Koordinaten Schnitte der Fläche mit den Ebenen $x =$ const und $y =$ const dar. Mit Gleichungen der impliziten Form $F(u, v) = 0$ oder mit den Parametergleichungen $u = u(t)$ und $v = v(t)$ zwischen diesen Koordinaten werden Kurven auf der Fläche beschrieben.

■ Die Parametergleichungen der Kugel (3.460b,c) ergeben für u die *geographische Länge* eines Punktes M und v seinen *Polabstand* oder seine *geographische Breite*. Die v–Linien sind hier die *Meridiane AMB*, die u–Linien die *Parallelkreise CMD* **(Abb.3.221)**.

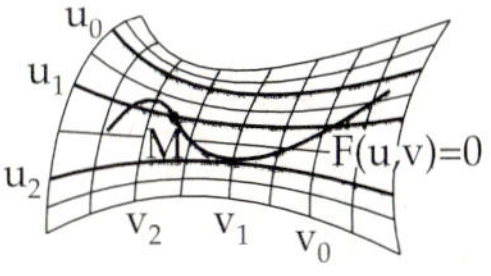

Abbildung 3.220

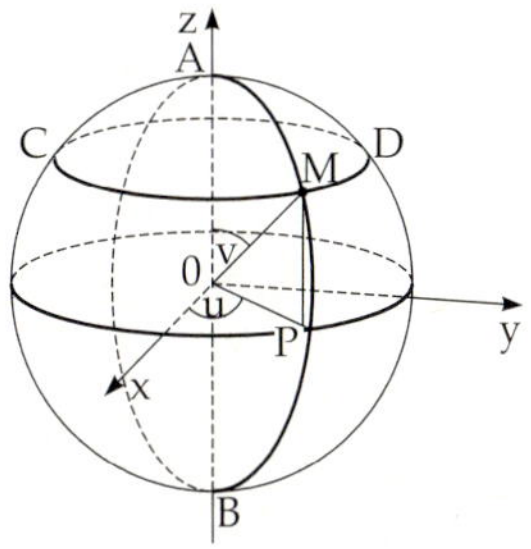

Abbildung 3.221

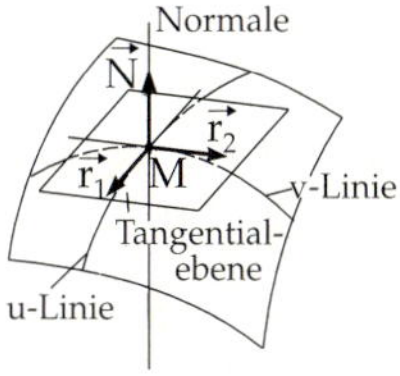

Abbildung 3.222

3.6.3.2 Tangentialebene und Flächennormale

1. Definitionen

1. Tangentialebene Wenn durch einen Flächenpunkt $M(x, y, z)$ alle auf dieser Fläche möglichen Flächenkurven hindurchlaufen, dann liegen in der Regel alle zugehörigen Kurventangenten im Punkt M in ein und derselben Ebene, der *Tangentialebene* der Fläche des Punktes M. Ausgenommem davon sind die sogenannten *Kegelpunkte* (s. S. 243).

2. Flächennormale Eine Gerade, die senkrecht auf der Tangentialebene steht und durch den Punkt M verläuft, heißt *Flächennormale* im Punkt M **(Abb.3.222)**.

3. Normalenvektor Die Tangentialebene wird von zwei Vektoren aufgespannt, den Tangentialvektoren

$$\vec{\mathbf{r}}_u = \frac{\partial \vec{\mathbf{r}}}{\partial u}, \quad \vec{\mathbf{r}}_v = \frac{\partial \vec{\mathbf{r}}}{\partial v} \tag{3.461a}$$

der u– und der v–Linie. Das Vektorprodukt der beiden Tangentialvektoren $\vec{\mathbf{r}}_1 \times \vec{\mathbf{r}}_2$ ist ein Vektor, der in die Richtung der Flächennormalen weist. Sein Einheitsvektor

$$\vec{\mathbf{N}}_0 = \frac{\vec{\mathbf{r}}_1 \times \vec{\mathbf{r}}_2}{|\vec{\mathbf{r}}_1 \times \vec{\mathbf{r}}_2|} \tag{3.461b}$$

wird Normalenvektor genannt. Seine Richtung nach der einen oder anderen Seite der Fläche ist dadurch festgelegt, ob u oder v erste oder zweite Koordinate ist.

2. Gleichungen der Tangentialebene und der Flächennormalen (s. Tabelle 3.27)

■ **A:** Für die Kugel mit der Gleichung (3.460a) ergibt sich

1. als Tangentialebene:

$$2x(X - x) + 2y(Y - y) + 2z(Z - z) = 0 \quad \text{oder} \quad xX + yY + zZ - a^2 = 0, \tag{3.462a}$$

2. als Flächennormale: $$\frac{X - x}{2x} = \frac{Y - y}{2y} = \frac{Z - z}{2z} \quad \text{oder} \quad \frac{X}{x} = \frac{Y}{y} = \frac{Z}{z}. \tag{3.462b}$$

■ **B:** Für die Kugel mit der Gleichung (3.460b) ergibt sich

1. als Tangentialebene: $$X \cos u \sin v + Y \sin u \sin v + Z \cos v - a, \tag{3.462c}$$

2. als Flächennormale: $$\frac{X}{\cos u \sin v} = \frac{Y}{\sin u \sin v} = \frac{Z}{\cos v}. \tag{3.462d}$$

3. Singuläre Flächenpunkte (Kegelpunkte)

Wenn für einen Flächenpunkt mit den Koordinaten $x = x_1$, $y = y_1$, $z = z_1$ und der Gleichung (3.456) gleichzeitig die Beziehungen

$$\frac{\partial F}{\partial x} = \frac{\partial F}{\partial y} = \frac{\partial F}{\partial z} = F(x, y, z) = 0 \tag{3.463}$$

Tabelle 3.27 Gleichungen der Tangentialebene und der Flächennormalen

Gleichung der Tangentialebene und der Flächennormalen		
Art der Gleichung	Tangentialebene	Flächennormale
(3.456)	$\frac{\partial F}{\partial x}(X-x)+\frac{\partial F}{\partial y}(Y-y)+\frac{\partial F}{\partial z}(Z-z)=0$	$\frac{X-x}{\frac{\partial F}{\partial x}}=\frac{Y-y}{\frac{\partial F}{\partial y}}=\frac{Z-z}{\frac{\partial F}{\partial z}}$
(3.457)	$Z-z=p(X-x)+q(Y-y)$	$\frac{X-x}{p}=\frac{Y-y}{q}=\frac{Z-z}{-1}$
(3.458)	$\begin{vmatrix} X-x & Y-y & Z-z \\ \frac{\partial x}{\partial u} & \frac{\partial y}{\partial u} & \frac{\partial z}{\partial u} \\ \frac{\partial x}{\partial v} & \frac{\partial y}{\partial v} & \frac{\partial z}{\partial v} \end{vmatrix}=0$	$\frac{X-x}{\begin{vmatrix} \frac{\partial y}{\partial u} & \frac{\partial z}{\partial u} \\ \frac{\partial y}{\partial v} & \frac{\partial z}{\partial v} \end{vmatrix}}=\frac{Y-y}{\begin{vmatrix} \frac{\partial z}{\partial u} & \frac{\partial x}{\partial u} \\ \frac{\partial z}{\partial v} & \frac{\partial x}{\partial v} \end{vmatrix}}=\frac{Z-z}{\begin{vmatrix} \frac{\partial x}{\partial u} & \frac{\partial y}{\partial u} \\ \frac{\partial x}{\partial v} & \frac{\partial y}{\partial v} \end{vmatrix}}$
(3.459)	$(\vec{\mathbf{R}}-\vec{\mathbf{r}})\vec{\mathbf{r_1}}\vec{\mathbf{r_2}}=0$ oder $(\vec{\mathbf{R}}-\vec{\mathbf{r}})\vec{\mathbf{N}}=0$	$\vec{\mathbf{R}}=\vec{\mathbf{r}}+\lambda(\vec{\mathbf{r_1}}\times\vec{\mathbf{r_2}})$ oder $\vec{\mathbf{R}}=\vec{\mathbf{r}}+\lambda\vec{\mathbf{N}}$
x, y, z und $\vec{\mathbf{r}}$ sind in dieser Tabelle die Koordinaten und der Radiusvektor des Kurvenpunktes M; X, Y, Z und $\vec{\mathbf{R}}$ sind die laufenden Koordinaten und der Radiusvektor des Punktes der Tangentialebene oder der Flächennormalen im Punkt M; außerdem ist $p=\frac{\partial z}{\partial x}$, $q=\frac{\partial z}{\partial y}$ und $\vec{\mathbf{N}}$ ist der Normalenvektor.		

erfüllt sind, d.h. wenn die Ableitungen 1.*Ordnung verschwinden, dann ist der Punkt $M(x_1, y_1, z_1)$ ein *singulärer Punkt* oder *Kegelpunkt*. Alle Tangenten, die durch ihn verlaufen, liegen nicht in einer Ebene, sondern bilden einen Kegel 2. Ordnung mit der Gleichung

$$\frac{\partial^2 F}{\partial x^2}(X-x)^2+\frac{\partial^2 F}{\partial y^2}(Y-y)^2+\frac{\partial^2 F}{\partial z^2}(Z-z)^2+2\frac{\partial^2 F}{\partial x\partial y}(X-x)(Y-y)$$
$$+2\frac{\partial^2 F}{\partial y\partial z}(Y-y)(Z-z)+2\frac{\partial^2 F}{\partial z\partial x}(Z-z)(X-x)=0\,, \quad (3.464)$$

in der die Ableitungen im Punkt M zu bilden sind. Wenn auch alle Ableitungen 2. Ordnung verschwinden, dann handelt es sich um einen singulären Punkt von komplizierterer Art. Es liegt also ein Kegel dritter oder höherer Ordnung vor.

3.6.3.3 Linienelement auf einer Fläche

1. Differential des Bogens

Eine Fläche sei in der Form (3.458) oder (3.459) gegeben. Auf der Fläche seien $M(u, v)$ ein beliebiger Punkt und $N(u+du, v+dv)$ ein in der Nähe von M liegender zweiter Punkt. Die Länge des Bogens $\widehat{MN}$ auf der Fläche läßt sich dann angenähert durch das *Differential des Bogens* oder das *Linienelement der Fläche* mit der Formel

$$ds^2 = Edu^2 + 2Fdudv + Gdv^2 \quad (3.465a)$$

berechnen, wobei die drei Koeffizienten

$$E = \vec{\mathbf{r}}_1^2 = \left(\frac{\partial x}{\partial u}\right)^2 + \left(\frac{\partial y}{\partial u}\right)^2 + \left(\frac{\partial z}{\partial u}\right)^2, \quad F = \vec{\mathbf{r}}_1\vec{\mathbf{r}}_2 = \frac{\partial x}{\partial u}\frac{\partial x}{\partial v} + \frac{\partial y}{\partial u}\frac{\partial y}{\partial v} + \frac{\partial z}{\partial u}\frac{\partial z}{\partial v},$$

$$G = \vec{\mathbf{r}}_2^2 = \left(\frac{\partial x}{\partial v}\right)^2 + \left(\frac{\partial y}{\partial v}\right)^2 + \left(\frac{\partial z}{\partial v}\right)^2 \tag{3.465b}$$

für den Punkt M zu bilden sind. Die rechte Seite von (3.465a) wird *erste quadratische Fundamentalform der Fläche* genannt.

■ **A:** Für die Kugel gemäß (3.460c) ergibt sich:

$$E = a^2 \sin^2 v\,, \quad F = 0\,, \quad G = a^2\,, \quad ds^2 = a^2(sin^2 v du^2 + dv^2)\,. \tag{3.466}$$

■ **B:** Für eine gemäß (3.457) gegebene Fläche ergibt sich

$$E = 1 + p^2\,, \quad F = pq\,, \quad G = 1 + q^2 \quad \text{mit} \quad p = \frac{\partial z}{\partial x}, \quad q = \frac{\partial z}{\partial y}. \tag{3.467}$$

2. Messungen auf der Fläche

1. Die Länge des Bogens einer Kurve $u = u(t)\,,\ v = v(t)$ auf der Fläche wird für $t_0 \leq t \leq t_1$ über

$$L = \int_{t_0}^{t_1} ds = \int_{t_0}^{t_1} \sqrt{E\left(\frac{du}{dt}\right)^2 + 2F\frac{du}{dt}\frac{dv}{dt} + G\left(\frac{dv}{dt}\right)^2}\, dt \qquad \text{berechnet.} \tag{3.468}$$

2. Der Winkel zwischen zwei Kurven, d.h. zwischen ihren Tangenten, die sich im Punkt M schneiden und in diesem Punkt die durch die Vektoren $d\,\vec{\mathbf{r}}(du, dv)$ und $\delta\,\vec{\mathbf{r}}(\delta u\,,\ \delta v)$ vorgegebene Richtung haben **(Abb.3.223)**, wird mit der Formel

$$\cos\alpha = \frac{d\,\vec{\mathbf{r}}\,\delta\,\vec{\mathbf{r}}}{\sqrt{(d\,\vec{\mathbf{r}})^2\,(\delta\,\vec{\mathbf{r}})^2}} = \frac{E\,du\,\delta u + F\,(du\,\delta v + dv\,\delta u) + G\,dv\,\delta v}{\sqrt{E\,du^2 + 2F\,du\,dv + G\,dv^2}\sqrt{E\,\delta u^2 + 2F\,\delta u\,\delta v + G\,\delta v^2}} \tag{3.469}$$

berechnet. Die Koeffizienten E, F und G sind für den Punkt M zu bestimmen. Wenn der Zähler von (3.469) verschwindet, stehen beide Kurven senkrecht aufeinander. Die Orthogonalitätsbedingung für die Koordinatenlinien $v =$ const für $\delta v = 0$ und $u =$ const für $\delta u = 0$ lautet $F = 0$.

3. Der Flächeninhalt eines Flächenstücks S, das von einer beliebigen, auf der Fläche liegenden Kurve begrenzt wird, kann über das Doppelintegral

$$S = \int_{(S)} dS \tag{3.470a}$$

mit

$$dS = \sqrt{EG - F^2}\,du\,dv \tag{3.470b}$$

berechnet werden. Man nennt dS *Flächenelement.*

Die Berechnung von Längen, Winkeln und Flächeninhalten auf Flächen ist mit Hilfe der Formeln (3.468, 3.469, 3.470a,b) möglich, wenn die Koeffizienten E, F und G der ersten quadratischen Fundamentalform bekannt sind. Somit definiert die erste quadratische Fundamentalform die *Metrik auf der Fläche.*

3. Übereinanderlegen von Flächen bei Verbiegung

Wenn eine Fläche ohne Zerrung oder Einschnitt verbogen wird, ändert sich ihre Gleichung, aber ihre Metrik bleibt erhalten. Mit anderen Worten, die erste quadratische Fundamentalform ist bei solchen reinen Verbiegungen eine Invariante. Daher können zwei unterschiedliche Flächen mit gleicher erster quadratischer Fundamentalform aufeinander abgewickelt werden.

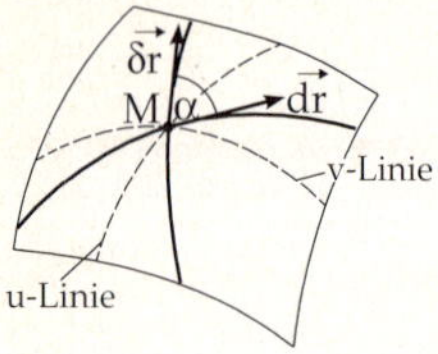

Abbildung 3.223

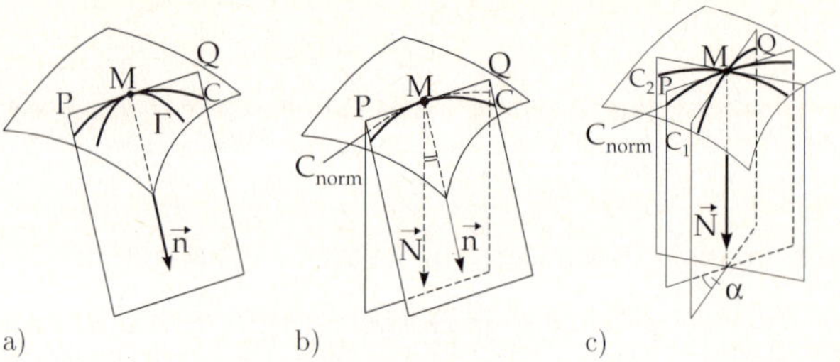

Abbildung 3.224

3.6.3.4 Krümmung einer Fläche

1. Krümmung von Kurven auf einer Fläche

Wenn durch einen Flächenpunkt M verschiedene Kurven Γ auf dieser Fläche gezogen werden **(Abb. 3.224)**, dann stehen ihre Krümmungskreisradien ρ im Punkt M in den folgenden drei Beziehungen zueinander:

1. Der Krümmungskreisradius ρ einer Kurve Γ im Punkt M ist gleich dem Krümmungskreisradius einer Kurve C, die sich als Schnitt der Fläche mit der Schmiegungsebene der Kurve Γ im Punkt M ergibt **(Abb. 3.224a)**.

2. Satz von MEUSNIER Für jeden ebenen Schnitt C durch eine Fläche **(Abb.3.223b)** berechnet man den Krümmungskreisradius über

$$\rho = R\cos(\vec{\mathbf{n}}\,,\vec{\mathbf{N}})\,. \tag{3.471}$$

Dabei ist R der Krümmungskreisradius des Normalschnittes C_{norm}, der durch die gleiche Tangente PQ geht wie C sowie durch den Einheitsvektor $\vec{\mathbf{N}}$ der Flächennormalen; (n, N) ist der Winkel zwischen dem Einheitsvektor $\vec{\mathbf{n}}$ der Hauptnormalen der Kurve C und dem Einheitsvektor $\vec{\mathbf{N}}$ der Flächennormalen. Das Vorzeichen von ρ in (3.471) ist positiv, wenn $\vec{\mathbf{N}}$ auf der konkaven Seite der Kurve C_{norm} liegt und negativ im umgekehrten Falle.

3. EULERsche Formel Die Krümmung einer Fläche im Punkt M kann für jeden Normalschnitt C_{norm} mit der Formel von EULER

$$\frac{1}{R} = \frac{\cos^2\alpha}{R_1} + \frac{\sin^2\alpha}{R_2} \tag{3.472}$$

berechnet werden, wobei R_1 und R_2 die *Hauptkrümmungsradien* sind (s. (3.474a) und α der Winkel zwischen den Ebenen der Schnitte C und C_1 **(Abb.3.224c)**.

2. Hauptkrümmungskreisradien

Hauptkrümmungskreisradien sind die Radien einer Fläche mit dem Minimal- und dem Maximalwert. Sie können mit Hilfe der *Hauptnormalschnitte* C_1 und C_2 **(Abb. 3.224c)** ermittelt werden. Die Ebenen von C_1 und C_2 stehen senkrecht aufeinander, ihre Richtungen sind durch den Wert von $\dfrac{dy}{dx}$ festgelegt, der über die quadratische Gleichung

$$[tpq - s(1+q^2)]\left(\frac{dy}{dx}\right)^2 + [t(1+p^2) - r(1+q^2)]\frac{dy}{dx} + [s(1+p^2) - rpq] = 0 \tag{3.473}$$

bestimmt werden kann.

Wenn die Fläche in der expliziten Form (3.457) gegeben ist, dann lassen sich R_1 und R_2 als Wurzeln der quadratischen Gleichung

$$(rt - s^2)R^2 + h[2pqs - (1+p^2)t - (1+q^2)r]R + h^4 = 0 \quad \text{mit} \tag{3.474a}$$

$$p = \frac{\partial z}{\partial x}, \quad q = \frac{\partial z}{\partial y}, \quad r = \frac{\partial^2 z}{\partial x^2}, \quad s = \frac{\partial^2 z}{\partial x \partial y}, \quad t = \frac{\partial^2 z}{\partial y^2} \quad \text{und} \quad h = \sqrt{1 + p^2 + q^2} \tag{3.474b}$$

berechnen. Die Vorzeichen von R, R_1 und R_2 werden nach der gleichen Regel wie in (3.471) bestimmt. Wenn die Fläche in der Vektorform (3.459) gegeben ist, dann treten an die Stelle von (3.473) und (3.474a) entsprechend die Gleichungen

$$(GM - FN)\left(\frac{dv}{du}\right)^2 + (GL - EN)\frac{dv}{du} + (FL - EM) = 0\,, \tag{3.475a}$$

$$(LN - M^2)R^2 - (EN - 2FM + GL)R + (EG - F^2) = 0\,, \tag{3.475b}$$

mit den Koeffizienten L, M, N der *zweiten quadratischen Fundamentalform*, die über die Gleichungen

$$L = \vec{\mathbf{r}}_{11}\,\vec{\mathbf{R}} = \frac{d}{\sqrt{EG - F^2}}, \quad M = \vec{\mathbf{r}}_{12}\,\vec{\mathbf{R}} = \frac{d'}{\sqrt{EG - F^2}}, \quad N = \vec{\mathbf{r}}_{22}\,\vec{\mathbf{R}} = \frac{d''}{\sqrt{EG - F^2}} \tag{3.475c}$$

berechnet werden. Dabei sind die Vektoren $\vec{\mathbf{r}}_{11}$, $\vec{\mathbf{r}}_{12}$ und $\vec{\mathbf{r}}_{22}$ die partiellen Ableitungen 2. Ordnung des Radiusvektors $\vec{\mathbf{r}}$ nach den Parametern u und v. In den Zählern stehen die Determinanten

$$d = \begin{vmatrix} \frac{\partial^2 x}{\partial u^2} & \frac{\partial^2 y}{\partial u^2} & \frac{\partial^2 z}{\partial u^2} \\ \frac{\partial x}{\partial u} & \frac{\partial y}{\partial u} & \frac{\partial z}{\partial u} \\ \frac{\partial x}{\partial v} & \frac{\partial y}{\partial v} & \frac{\partial z}{\partial v} \end{vmatrix}, \quad d' = \begin{vmatrix} \frac{\partial^2 x}{\partial u \partial v} & \frac{\partial^2 y}{\partial u \partial v} & \frac{\partial^2 z}{\partial u \partial v} \\ \frac{\partial x}{\partial u} & \frac{\partial y}{\partial u} & \frac{\partial z}{\partial u} \\ \frac{\partial x}{\partial v} & \frac{\partial y}{\partial v} & \frac{\partial z}{\partial v} \end{vmatrix}, \quad d'' = \begin{vmatrix} \frac{\partial^2 x}{\partial v^2} & \frac{\partial^2 y}{\partial v^2} & \frac{\partial^2 z}{\partial v^2} \\ \frac{\partial x}{\partial u} & \frac{\partial y}{\partial u} & \frac{\partial z}{\partial u} \\ \frac{\partial x}{\partial v} & \frac{\partial y}{\partial v} & \frac{\partial z}{\partial v} \end{vmatrix}. \tag{3.475d}$$

Als zweite quadratische Fundamentalform, die die Krümmungseigenschaften der Fläche enthält, wird der Ausdruck

$$L du^2 + 2M du dv + N dv^2 \tag{3.475e}$$

bezeichnet.

Krümmungslinien nennt man die Linien auf der Fläche, die in jedem Punkt die Richtung der Hauptnormalschnitte haben. Ihre Gleichungen ergeben sich durch Integration von (3.473) oder (3.475a).

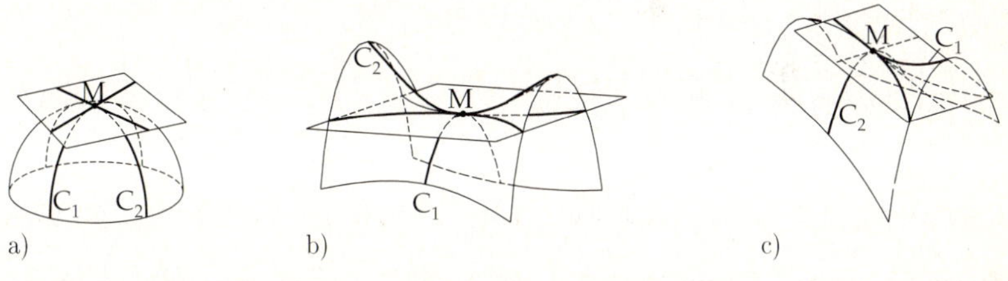

Abbildung 3.225

3. Klassifizierung der Flächenpunkte

1. Elliptischer und Kreis–Flächenpunkt Besitzen die Hauptkrümmungsradien R_1 und R_2 im Flächenpunkt M gleiches Vorzeichen, dann liegen in der Umgebung von M alle Flächenpunkte auf einer Seite der Tangentialebene, und man spricht vom *elliptischen Flächenpunkt* (**Abb.3.225a**). Sein analytisches Merkmal ist die Bedingung

$$LN - M^2 > 0\,. \tag{3.476a}$$

2. Kreis- oder Nabelpunkt wird ein Flächenpunkt M genannt, wenn die Hauptkrümmungsradien in diesem Punkt die Bedingung

$$R_1 = R_2 \tag{3.476b}$$

erfüllen. Seine Normalschnitte zeichnen sich durch $R = \text{const}$ aus.

3. Hyperbolischer Flächenpunkt Im Falle unterschiedlicher Vorzeichen der Hauptkrümmungsradien R_1 und R_2 weisen die konkaven Seiten der Hauptnormalenschnitte nach entgegengesetzten Richtungen. Die Tangentialebene durchsetzt dann die Fläche, so daß diese in der Nähe des Punktes M sattelartig geformt ist. M wird *hyperbolischer Punkt* genannt **(Abb.3.225b)**; sein analytisches Merkmal ist die Bedingung

$$LN - M^2 < 0\,. \tag{3.476c}$$

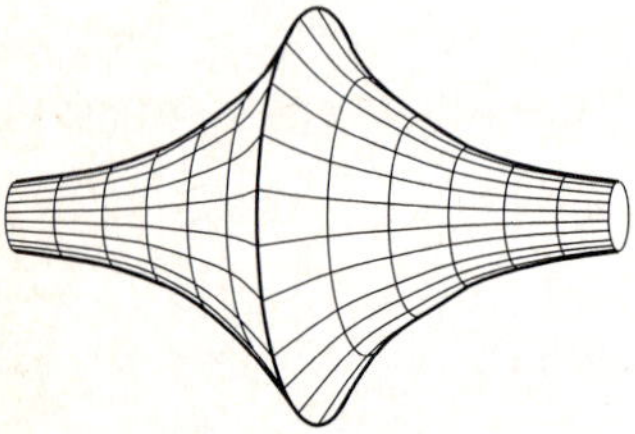

Abbildung 3.226

4. Parabolischer Flächenpunkt Ist einer der beiden Hauptkrümmungsradien R_1 oder R_2 gleich ∞, dann besitzt der eine Hauptnormalenschnitt entweder einen Wendepunkt oder er ist eine Gerade. Bei M handelt es sich dann um einen *parabolischen Flächenpunkt* **(Abb. 3.225c)** mit dem analytischen Merkmal

$$LN - M^2 = 0\,. \tag{3.476d}$$

■ Alle Punkte eines Ellipsoids sind elliptisch, eines einschaligen Hyperboloids hyperbolisch und eines Zylinders parabolisch.

4. Krümmung einer Fläche

Zur numerischen Charakterisierung der Krümmung einer Fläche werden hauptsächlich zwei Größen benutzt:

1. Mittlere Krümmung einer Fläche im Punkt M $\quad H = \frac{1}{2}\left(\frac{1}{R_1} + \frac{1}{R_2}\right)$; (3.477a)

2. Gausssche Krümmung einer Fläche im Punkt M $\quad K = 1/R_1R_2\,.$ (3.477b)

■ **A:** Für den Kreiszylinder mit dem Radius a ist $H = 1/2a$ und $K = 0$.

■ **B:** Für elliptische Punkte ist $K > 0$, für hyperbolische $K < 0$ und für parabolische $K = 0$.

3. Berechnung von H und K, wenn die Fläche gemäß $z = f(x, y)$ vorgegeben ist:

$$H = \frac{r(1+q^2) - 2pqs + t(1+p^2)}{2(1+p^2+q^2)^{3/2}}, \quad (3.478a) \qquad K = \frac{rt - s^2}{(1+p^2+q^2)^2}\,. \quad (3.478b)$$

Die Bedeutung von p, q, r, s, t siehe (3.474b).

4. Klassifizierung der Flächen nach ihrer Krümmung

1. Minimalflächen sind Flächen, deren mittlere Krümmung H in allen Punkten Null ist, d.h. für die $R_1 = -R_2$ gilt.

2. Flächen konstanter Krümmung zeichnen sich durch konstante Gausssche Krümmung $K = \text{const}$ aus.

■ **A:** $K > 0$, z.B. die Kugel.

■ **B:** $K < 0$, z.B. die Pseudosphäre **(Abb.3.226)**, d.h. die Rotationsfläche der Traktrix **(Abb.2.79)** bei Rotation um die Symmetrieachse.

3.6.3.5 Regelflächen und abwickelbare Flächen

1. Regelfläche Eine Fläche heißt *regelmäßig*, *geradlinig* oder *Regelfläche*, wenn sie durch Bewegung einer Geraden im Raum erzeugt werden kann.

2. Abwickelbare Fläche Wenn eine Regelfläche auf eine Ebene abgewickelt werden kann, nennt man sie *abwickelbare Fläche*. Nicht jede Regelfläche ist abwickelbar. Charakteristisch für abwickelbare Flächen ist, daß

a) für alle Punkte die Gausssche Krümmung verschwinden muß und

b) bei Vorgabe der Fläche in der expliziten Form $z = f(x,y)$ die Abwickelbarkeitsbedingung erfüllt ist:

$$\text{a)}\quad K = 0\,, \qquad \text{b)}\quad rt - s^2 = 0\,. \tag{3.479}$$

Die Bedeutung von r, t und s siehe Gleichungen (3.474b).

■ **A:** Kegel **(Abb.3.185)** und Zylinder **(Abb.3.191)** sind abwickelbare Flächen.

■ **B:** Einschaliges Hyperboloid **(Abb.3.189)** und hyperbolisches Paraboloid **(Abb.3.190)** sind zwar Regelflächen, können aber nicht auf eine Ebene abgewickelt werden.

3.6.3.6 Geodätische Linien auf einer Fläche

1. Begriff der geodätischen Linien (s. auch S. 154). Durch jeden Punkt einer Fläche $M(u,v)$ kann in jeder durch den Differentialquotienten $\frac{dv}{du}$ bestimmten Richtung auf der Fläche eine gedachte Kurve verlaufen, die *geodätische Linie* genannt wird. Sie spielt auf der Fläche die gleiche Rolle wie die Gerade auf der Ebene und zeichnet sich durch die folgenden Eigenschaften aus:

1. Die geodätischen Linien sind die Linien der kürzesten Entfernung zwischen zwei Punkten auf einer Fläche.

2. Wenn ein materieller Punkt, der gezwungen ist, auf einer vorgegebenen Fläche zu bleiben, von einem anderen auf der gleichen Fläche befindlichen materiellen Punkt angezogen wird, dann bewegt er sich in Abwesenheit anderer äußerer Kräfte auf einer geodätischen Linie.

3. Wird ein elastischer Faden über eine vorgegebene Fläche gespannt, dann nimmt er die Form einer geodätischen Linie an.

2. Definition Eine geodätische Linie ist eine Kurve auf einer Fläche, deren Hauptnormale in jedem Flächenpunkt in die Richtung der Flächennormalen fällt.

■ Auf einem Kreiszylinder sind die geodätischen Linien Schraubenlinien.

3. Gleichung der geodätischen Linie Wenn eine Fläche in der expliziten Form $z = f(x,y)$ vorgegeben ist, dann lautet die Differentialgleichung der geodätischen Linien

$$(1 + p^2 + q^2)\frac{d^2y}{dx^2} = pt\left(\frac{dy}{dx}\right)^3 + (2ps - qt)\left(\frac{dy}{dx}\right)^2 + (pr - 2qs)dydx - qr\,. \tag{3.480}$$

Ist die Fläche in der Parameterform (3.458) vorgegeben, dann ist die Differentialgleichung der geodätischen Linien von komplizierterer Art. Die Bedeutung von p, q, r, s und t siehe Gleichungen (3.474b).

4 Lineare Algebra

4.1 Matrizen

4.1.1 Begriff der Matrix

1. Matrizen A vom Typ (m,n) oder kurz $\mathbf{A}_{(m,n)}$
nennt man Systeme von m mal n Elementen, z.B. Zahlen, darunter auch komplexe Zahlen, oder Funktionen, Differentialquotienten, Vektoren, die in m Zeilen und n Spalten angeordnet sind:

$$\mathbf{A} = (a_{\mu\nu}) = \begin{pmatrix} a_{11} & a_{12} & \cdots & a_{1n} \\ a_{21} & a_{22} & \cdots & a_{2n} \\ \vdots & \vdots & \vdots & \vdots \\ a_{m1} & a_{m2} & \cdots & a_{mn} \end{pmatrix} \quad \begin{matrix} \leftarrow & \text{1. Zeile} \\ \leftarrow & \text{2. Zeile} \\ & \vdots \\ \leftarrow & m\text{–te Zeile} \end{matrix} \tag{4.1}$$

$$\begin{matrix} \uparrow & \uparrow & & \uparrow \\ 1. & 2. & & n\text{–te Spalte} \end{matrix} \; .$$

Mit dem Begriff *Typ einer Matrix* werden die Matrizen entsprechend ihrer Zeilenzahl m und ihrer Spaltenzahl n klassifiziert. Eine erste Einteilung in *quadratische* und *rechteckige Matrizen* ergibt sich, je nachdem, ob die Zahl der Zeilen und Spalten gleich groß ist oder nicht.

2. Reelle und komplexe Matrizen
Reelle Matrizen bestehen aus reellen Elementen, *komplexe Matrizen* aus komplexen Elementen. Man kann eine Matrix, die aus den komplexen Elementen

$$a_{\mu\nu} + \mathrm{i}b_{\mu\nu} \tag{4.2a}$$

besteht, in zwei Matrizen **A** und **B** der Form

$$\mathbf{A} + \mathrm{i}\,\mathbf{B} \tag{4.2b}$$

aufspalten, die beide nur reelle Zahlen enthalten.
Zwischen den Elementen einer komplexen Matrix **A** und der zu ihr *konjugiert komplexen Matrix* $\mathbf{A}^*$ besteht die Beziehung

$$a^*_{\mu\nu} = \mathrm{Re}\,(a_{\mu\nu}) - \mathrm{i}\,\mathrm{Im}\,(a_{\mu\nu})\,. \tag{4.2c}$$

3. Transponierte oder gestürzte Matrizen $\mathbf{A}^{\mathrm{T}}$
Aus der Matrix **A** vom Typ (m,n) entsteht durch Vertauschen der Zeilen und Spalten die transponierte Matrix $\mathbf{A}^{\mathrm{T}}$. Sie ist vom Typ (n,m). Für sie gilt:

$$(a_{\nu\mu})^{\mathrm{T}} = (a_{\mu\nu})\,. \tag{4.3}$$

4. Adjungierte Matrizen
Zu einer komplexen Matrix **A** erhält man die *adjungierte Matrix* $\mathbf{A}^H$, indem man die zugehörige konjugiert komplexe Matrix $\mathbf{A}^*$ transponiert (s. auch S. 259):

$$\mathbf{A}^H = (\mathbf{A}^*)^{\mathrm{T}}\,. \tag{4.4}$$

5. Nullmatrix 0
wird eine Matrix genannt, deren sämtliche Elemente gleich Null sind:

$$\mathbf{0} = \begin{pmatrix} 0 & 0 & \cdots & 0 \\ 0 & 0 & \cdots & 0 \\ \vdots & \vdots & \vdots & \vdots \\ 0 & 0 & \cdots & 0 \end{pmatrix}\,. \tag{4.5}$$

4.1.2 Quadratische Matrizen

1. Definition

Quadratische Matrizen besitzen die gleiche Anzahl von Zeilen und Spalten, d.h. $m = n$:

$$\mathbf{A} = \mathbf{A}_{(n,n)} = \begin{pmatrix} a_{11} & \cdots & a_{1n} \\ \vdots & \ddots & \vdots \\ a_{n1} & \cdots & a_{nn} \end{pmatrix}. \tag{4.6}$$

Die Elemente $a_{\mu\nu}$ der Matrix $\mathbf{A}$, die sich in der Diagonalen von links oben nach rechts unten befinden, werden *Hauptdiagonalelemente* genannt. Sie tragen die Bezeichnung $a_{11}, a_{22}, \ldots, a_{nn}$, d.h., es sind alle Elemente $a_{\mu\nu}$ mit $\mu = \nu$.

2. Diagonalmatrizen

sind quadratische Matrizen $\mathbf{D}$, in denen alle außerhalb der Hauptdiagonale liegenden Elemente gleich Null sind:

$$a_{\mu\nu} = 0 \qquad \text{für} \qquad \mu \neq \nu. \tag{4.7}$$

3. Skalarmatrix S

wird eine spezielle Diagonalmatrix genannt, in der alle Diagonalelemente gleich einer reellen oder komplexen Konstanten c sind:

$$\mathbf{S} = \begin{pmatrix} c & 0 & \cdots & 0 \\ 0 & c & \cdots & 0 \\ \vdots & \vdots & \vdots & \vdots \\ 0 & 0 & \cdots & c \end{pmatrix}. \tag{4.8}$$

4. Spur einer Matrix

Für eine quadratische Matrix wird der Begriff der *Spur* als Summe ihrer Hauptdiagonalelemente definiert:

$$\mathrm{Sp}\,(\mathbf{A}) = a_{11} + a_{22} + \ldots + a_{nn} = \sum_{\mu=1}^{n} a_{\mu\mu}. \tag{4.9}$$

5. Symmetrische Matrizen

sind quadratische Matrizen $\mathbf{A}$, die gleich ihrer transponierten Matrix sind:

$$\mathbf{A} = \mathbf{A}^{\mathrm{T}}. \tag{4.10}$$

Für Elemente, die spiegelbildlich zur Hauptdiagonale liegen, gilt

$$a_{\mu\nu} = a_{\nu\mu}. \tag{4.11}$$

6. Normale Matrizen

genügen der Gleichung

$$\mathbf{A}^{\mathrm{T}}\mathbf{A} = \mathbf{A}\mathbf{A}^{\mathrm{T}}. \tag{4.12}$$

7. Antisymmetrische oder schiefsymmetrische Matrizen

sind quadratische Matrizen $\mathbf{A}$ mit der Eigenschaft:

$$\mathbf{A} = -\mathbf{A}^{\mathrm{T}}. \tag{4.13a}$$

Für die Elemente $a_{\mu\nu}$ einer antisymmetrischen Matrix gilt

$$a_{\mu\nu} = -a_{\nu\mu}, \quad a_{\mu\mu} = 0, \tag{4.13b}$$

so daß die Spur einer antisymmetrischen Matrix verschwindet:

$$\mathrm{Sp}\,(\mathbf{A}) = 0. \tag{4.13c}$$

Elemente, die spiegelbildlich zur Hauptdiagonale liegen, unterscheiden sich nur durch ihr Vorzeichen. Jede quadratische Matrix **A** kann in eine Summe aus einer symmetrischen Matrix $\mathbf{A_s}$ und einer antisymmetrischen Matrix $\mathbf{A_{as}}$ zerlegt werden:

$$\mathbf{A} = \mathbf{A_s} + \mathbf{A_{as}} \qquad \text{mit} \qquad \mathbf{A_s} = \frac{1}{2}(\mathbf{A} + \mathbf{A}^{\mathrm{T}}),\ \mathbf{A_{as}} = \frac{1}{2}(\mathbf{A} - \mathbf{A}^{\mathrm{T}}). \tag{4.13d}$$

8. HERMITEsche Matrizen oder selbstadjungierte Matrizen

sind quadratische Matrizen **A**, die gleich ihrer Adjungierten sind:

$$\mathbf{A} = \mathbf{A}^H = (\mathbf{A}^*)^{\mathrm{T}}. \tag{4.14}$$

Im Reellen fallen die Begriffe symmetrische und hermitesche Matrix zusammen. Die Determinante einer hermiteschen Matrix ist reell.

9. Antihermitesche oder schiefhermitesche Matrix

wird eine quadratische Matrix genannt, die gleich ihrer negativen Adjungierten ist:

$$\mathbf{A} = -(\mathbf{A}^*)^{\mathrm{T}}. \tag{4.15a}$$

Für die Elemente $a_{\mu\nu}$ und die Spur einer schiefhermiteschen Matrix gilt

$$a_{\mu\nu} = -a^*_{\mu\nu},\ a_{\mu\mu} = 0,\ \mathrm{Sp}(\mathbf{A}) = 0. \tag{4.15b}$$

Man kann jede quadratische Matrix **A** als Summe aus einer hermiteschen Matrix $\mathbf{A_h}$ und einer antihermiteschen Matrix $\mathbf{A_{ah}}$ darstellen:

$$\mathbf{A} = \mathbf{A_h} + \mathbf{A_{ah}} \qquad \text{mit} \qquad \mathbf{A_h} = \frac{1}{2}(\mathbf{A} + \mathbf{A}^{\mathbf{H}}),\ \mathbf{A_{ah}} = \frac{1}{2}(\mathbf{A} - \mathbf{A}^{\mathbf{H}}). \tag{4.15c}$$

10. Einheitsmatrix E

heißt eine quadratische Matrix, in der jedes Hauptdiagonalelement den Wert Eins besitzt, während alle anderen Elemente den Wert Null haben:

$$\mathbf{E} = \begin{pmatrix} 1 & 0 & \cdots & 0 \\ 0 & 1 & \cdots & 0 \\ \vdots & \vdots & \vdots & \vdots \\ 0 & 0 & \cdots & 1 \end{pmatrix} = (\delta_{\mu\nu}) \qquad \text{mit} \qquad \delta_{\mu\nu} = \begin{cases} 0 \text{ für } \mu \neq \nu, \\ 1 \text{ für } \mu = \nu. \end{cases} \tag{4.16}$$

Das Zeichen $\delta_{\mu\nu}$ wird KRONECKER-*Symbol* genannt.

11. Dreiecksmatrix

1. Rechte oder obere Dreiecksmatrix R (im Englischen **U** von upper) ist eine Matrix, in der alle Elemente unterhalb der Hauptdiagonale den Wert Null besitzen:

$$\mathbf{R} = (r_{\mu\nu}) \quad \text{mit} \quad r_{\mu\nu} = 0 \quad \text{für alle} \quad \mu > \nu. \tag{4.17}$$

2. Linke oder untere Dreiecksmatrix L (im Englischen **L** von lower) ist eine Matrix, in der alle Elemente oberhalb der Hauptdiagonale den Wert Null besitzen:

$$\mathbf{L} = (l_{\mu\nu}) \quad \text{mit} \quad l_{\mu\nu} = 0 \quad \text{für alle} \quad \mu < \nu. \tag{4.18}$$

4.1.3 Vektoren

Matrizen vom Typ $(n, 1)$ heißen einspaltige Matrizen oder *Spaltenvektoren* der Dimension n; Matrizen vom Typ $(1, n)$ heißen einzeilige Matrizen oder *Zeilenvektoren* der Dimension n:

Spaltenvektor: $\underline{\mathbf{a}} = \begin{pmatrix} a_1 \\ a_2 \\ \vdots \\ a_n \end{pmatrix}$, (4.19a) **Zeilenvektor:** $\underline{\mathbf{a}}^{\mathrm{T}} = (a_1, a_2, \ldots, a_n)$. (4.19b)

Mit Hilfe der Transponierung kann ein Spaltenvektor in einen Zeilenvektor umgewandelt werden und

umgekehrt. Durch einen Zeilen- bzw. Spaltenvektor der Dimension n kann ein Punkt im n–dimensionalen euklidischen Raum $\mathbb{R}^n$ beschrieben werden.
Der Nullvektor wird durch $\underline{\mathbf{o}}$ bzw. $\underline{\mathbf{o}}^{\mathrm{T}}$ gekennzeichnet.

4.1.4 Rechenoperationen mit Matrizen

1. Gleichheit von Matrizen
Zwei Matrizen $\mathbf{A} = (a_{\mu\nu})$ und $\mathbf{B} = (b_{\mu\nu})$ sind gleich, wenn sie vom gleichen Typ sind und wenn ihre gleichgestellten Elemente einander gleich sind:

$$\mathbf{A} = \mathbf{B}, \quad \text{wenn} \quad a_{\mu\nu} = b_{\mu\nu} \quad \text{für} \quad \mu = 1, \ldots, m;\ \nu = 1, \ldots, n. \tag{4.20}$$

2. Addition und Subtraktion
von Matrizen ist möglich, wenn sie vom gleichen Typ sind. Die Addition bzw. Subtraktion erfolgt elementweise für jeweils gleichgestellte Elemente:

$$\mathbf{A} \pm \mathbf{B} = (a_{\mu\nu}) \pm (b_{\mu\nu}) = (a_{\mu\nu} \pm b_{\mu\nu}). \tag{4.21a}$$

■ $\begin{pmatrix} 1 & 3 & 7 \\ 2 & -1 & 4 \end{pmatrix} + \begin{pmatrix} 3 & -5 & 0 \\ 2 & 1 & 4 \end{pmatrix} = \begin{pmatrix} 4 & -2 & 7 \\ 4 & 0 & 8 \end{pmatrix}.$

Es gelten Kommutativ- und Assoziativgesetz der Matrizenaddition:

Kommutativgesetz: $\mathbf{A} + \mathbf{B} = \mathbf{B} + \mathbf{A}.$ (4.21b)

Assoziativgesetz: $(\mathbf{A} + \mathbf{B}) + \mathbf{C} = \mathbf{A} + (\mathbf{B} + \mathbf{C}).$ (4.21c)

3. Multiplikation einer Matrix mit einer Zahl
Eine Matrix $\mathbf{A}$ vom Typ (m, n) wird mit einer reellen oder komplexen Zahl α multipliziert, indem jedes Element von $\mathbf{A}$ mit α multipliziert wird:

$$\alpha\mathbf{A} = \alpha\,(a_{\mu\nu}) = (\alpha a_{\mu\nu}). \tag{4.22a}$$

■ $3\begin{pmatrix} 1 & 3 & 7 \\ 0 & -1 & 4 \end{pmatrix} = \begin{pmatrix} 3 & 9 & 21 \\ 0 & -3 & 12 \end{pmatrix}.$

Mit (4.22a) wird auch ausgesagt, daß ein konstanter Faktor, der in allen Elementen einer Matrix enthalten ist, ausgeklammert werden kann.

4. Division einer Matrix durch einen Skalar
Die *Division einer Matrix durch einen Skalar* wird als Multiplikation mit $\alpha = 1/\gamma$ durchgeführt, wobei $\gamma \neq 0$ sein muß.
Es gelten das *Kommutativ-, Assoziativ- und Distributivgesetz der Multiplikation* einer Matrix mit einem Skalar:

Kommutativgesetz: $\alpha\mathbf{A} = \mathbf{A}\alpha;$ (4.22b)

Assoziativgesetz: $\alpha(\beta\mathbf{A}) = (\alpha\beta)\mathbf{A};$ (4.22c)

Distributivgesetz: $(\alpha \pm \beta)\mathbf{A} = \alpha\mathbf{A} \pm \beta\mathbf{A}; \quad \alpha(\mathbf{A} \pm \mathbf{B}) = \alpha\mathbf{A} \pm \alpha\mathbf{B}.$ (4.22d)

5. Multiplikation zweier Matrizen

1. Das Produkt AB zweier Matrizen $\mathbf{A}$ und $\mathbf{B}$, auch *skalares Matrixprodukt* genannt, läßt sich nur bilden, wenn die Spaltenanzahl des linken Faktors $\mathbf{A}$ gleich der Zeilenanzahl des rechten Faktors $\mathbf{B}$ ist. Wenn $\mathbf{A}$ eine Matrix vom Typ (m, n) ist, dann muß die Matrix $\mathbf{B}$ vom Typ (n, p) sein, und das Produkt $\mathbf{AB}$ ist eine Matrix $\mathbf{C} = (c_{\mu\lambda})$ vom Typ (m, p). Hierbei ist $(c_{\mu\lambda})$ gleich dem Skalarprodukt der μ–ten Zeile des linken Faktors $\mathbf{A}$ mit der λ–ten Spalte des rechten Faktors $\mathbf{B}$:

$$\mathbf{AB} = (\sum_{\nu=1}^{n} a_{\mu\nu} b_{\nu\lambda}) = (c_{\mu\lambda}) = \mathbf{C} \qquad (\mu = 1, 2, \ldots, m;\ \lambda = 1, 2, \ldots, p). \tag{4.23}$$

2. Ungleichheit der Produktmatrizen Falls die beiden Produkte $\mathbf{AB}$ und $\mathbf{BA}$ gebildet werden können, ist im allgemeinen $\mathbf{AB} \neq \mathbf{BA}$, d.h., das Kommutativgesetz der Multiplikation gilt im allgemeinen nicht. Gilt aber $\mathbf{AB} = \mathbf{BA}$, dann heißen $\mathbf{A}$ und $\mathbf{B}$ miteinander vertauschbar.

3. FALKsches Schema Für die praktische Durchführung der Matrixmultiplikation gemäß $\mathbf{AB} = \mathbf{C}$ verwendet man der größeren Übersichtlichkeit halber das FALK*sche Schema* (**Abb.4.1**). Das Element $c_{\mu\lambda}$ der Produktmatrix $\mathbf{C}$ erscheint genau im Kreuzungspunkt der μ–ten Zeile von $\mathbf{A}$ mit der λ– ten Spalte von $\mathbf{B}$.

■ Multiplikation zweier Matrizen $\mathbf{A}_{(3,3)}$ und $\mathbf{B}_{(3,2)}$ in **Abb.4.2** mit Hilfe des FALKschen Schemas.

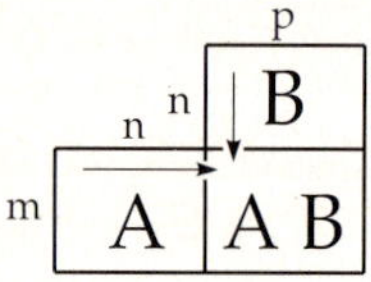

Abbildung 4.1

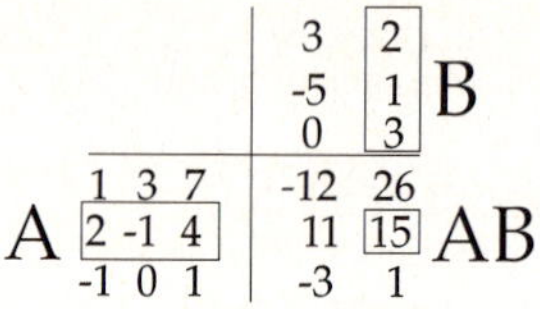

Abbildung 4.2

4. Multiplikation zweier Matrizen K_1 und K_2 mit komplexen Elementen Bei der Multiplikation zweier Matrizen mit komplexen Elementen kann die Möglichkeit der Aufspaltung in Real- und Imaginärteil gemäß (4.2b) genutzt werden: $\mathbf{K}_1 = \mathbf{A}_1 + \mathrm{i}\mathbf{B}_1$, $\mathbf{K}_2 = \mathbf{A}_2 + \mathrm{i}\mathbf{B}_2$. Dabei sind $\mathbf{A}_1, \mathbf{A}_2, \mathbf{B}_1, \mathbf{B}_2$ reelle Matrizen. Nach der Zerlegung liefert die Multiplikation eine Summe, deren Glieder als Produkte von Matrizen mit reellen Elementen berechnet werden können.

■ $(\mathbf{A} + \mathrm{i}\,\mathbf{B})(\mathbf{A} - \mathrm{i}\,\mathbf{B}) = \mathbf{A}^2 + \mathbf{B}^2 + \mathrm{i}\,(\mathbf{BA} - \mathbf{AB})$. Auch bei der Multiplikation derart zerlegter Matrizen ist zu berücksichtigen, daß das Kommutativgesetz der Multiplikation im allgemeinen nicht gilt, d.h., daß $\mathbf{A}$ und $\mathbf{B}$ nicht vertauschbar sind.

6. Skalares und dyadisches Produkt zweier Vektoren

Für zwei Vektoren $\underline{\mathbf{a}}$ und $\underline{\mathbf{b}}$, die als einspaltige bzw. einzeilige Matrizen dargestellt werden können, gibt es bei der Matrizenmultiplikation die folgenden zwei Möglichkeiten der Produktbildung:
Ist $\underline{\mathbf{a}}$ vom Typ $(1, n)$ und $\underline{\mathbf{b}}$ vom Typ $(n, 1)$, dann ist das Produkt vom Typ $(1, 1)$, also eine Zahl. Man spricht dann vom *Skalarprodukt* zweier Vektoren. Ist dagegen $\underline{\mathbf{a}}$ vom Typ $(n, 1)$ und $\underline{\mathbf{b}}$ vom Typ $(1, m)$, dann ist das Produkt vom Typ (n, m), also eine Matrix. Man spricht in diesem Falle vom *dyadischen Produkt* zweier Vektoren.

1. Skalarprodukt zweier Vektoren Unter dem Skalarprodukt eines Zeilenvektors $\underline{\mathbf{a}}^{\mathrm{T}} = (a_1, a_2, \ldots, a_n)$ mit einem Spaltenvektor $\underline{\mathbf{b}} = (b_1, b_2, \ldots, b_n)^{\mathrm{T}}$ von je n Elementen versteht man die Zahl

$$\underline{\mathbf{a}}^{\mathrm{T}}\underline{\mathbf{b}} = \underline{\mathbf{b}}^{\mathrm{T}}\underline{\mathbf{a}} = a_1 b_1 + a_2 b_2 + \cdots + a_n b_n = \sum_{\mu=1}^{n} a_\mu b_\mu \,. \tag{4.24}$$

Das Kommutativgesetz der Multiplikation gilt hier im allgemeinen nicht. Daher ist die Reihenfolge von $\underline{\mathbf{a}}^{\mathrm{T}}$ und $\underline{\mathbf{b}}$ exakt einzuhalten. Bei Vertauschung der Reihenfolge, also $\underline{\mathbf{b}}\underline{\mathbf{a}}^{\mathrm{T}}$ würde sich ein dyadisches Produkt ergeben.

2. Dyadisches Produkt oder Tensorprodukt zweier Vektoren Unter dem *dyadischen Produkt* eines Spaltenvektors $\underline{\mathbf{a}} = (a_1, a_2, \ldots, a_n)^{\mathrm{T}}$ der Dimension n mit einem Zeilenvektor $\underline{\mathbf{b}}^{\mathrm{T}} = (b_1, b_2, \ldots, b_m)$ der Dimension m versteht man die Matrix

$$\underline{\mathbf{a}}\underline{\mathbf{b}}^{\mathrm{T}} = \begin{pmatrix} a_1 b_1 & a_1 b_2 & \cdots & a_1 b_m \\ a_2 b_1 & a_2 b_2 & \cdots & a_2 b_m \\ \vdots & \vdots & \vdots & \vdots \\ a_n b_1 & a_n b_2 & \cdots & a_n b_m \end{pmatrix} \tag{4.25}$$

vom Typ (n, m). Auch hier gilt das Kommutativgesetz der Multiplikation im allgemeinen nicht.

3. Hinweis zum Begriff des Vektorprodukts zweier Vektoren Im Bereich der Multivektoren oder vollständig alternierenden Tensoren, die hier nicht vorgestellt werden können, gibt es das sogenannte progressive, alternierende oder äußere Produkt, das im klassischen dreidimensionalen Falle das bekannte *Vektorprodukt* (s. S. 179 ff) darstellt.

7. Rang einer Matrix

1. Definition In einer Matrix $\mathbf{A}$ ist die größte Anzahl r der linear unabhängigen Spaltenvektoren stets gleich der größten Anzahl der linear unabhängigen Zeilenvektoren. Diese Zahl r heißst *Rang der Matrix*, auch mit $\mathrm{Rg}\,(\mathbf{A}) = r$ bezeichnet.

2. Aussagen zum Rang von Matrizen

a) Da im Vektorraum der Dimension m mehr als m Zeilenvektoren oder Spaltenvektoren der Dimension m linear abhängig sind (s. S. 496), ist der Rang r in einer Matrix $\mathbf{A}$ vom Typ (m, n) höchstens gleich der kleineren der Zahlen m und n:

$$\mathrm{Rg}\,(\mathbf{A}_{(m,n)}) = r \leq \min\,(m, n)\,. \tag{4.26a}$$

b) Für den Rang einer regulären quadratischen Matrix $\mathbf{A}_{(n,n)}$, d.h. $\det \mathbf{A} \neq 0$, gilt

$$\mathrm{Rg}\,(\mathbf{A}_{(n,n)}) = r = n. \tag{4.26b}$$

Eine quadratische Matrix vom Typ (n, n) heißt eine *reguläre Matrix*, wenn ihr Rang gleich n ist. Das ist genau dann der Fall, wenn ihre Determinante $\det \mathbf{A}$ (s. S. 259) von Null verschieden ist. Anderenfalls ist es eine *singuläre Matrix*.

c) Für den Rang einer singulären quadratischen Matrix $\mathbf{A}_{(n,n)}$, d.h. $\det \mathbf{A} = 0$, gilt

$$\mathrm{Rg}\,(\mathbf{A}_{(n,n)}) = r < n\,. \tag{4.26c}$$

d) Der Rang der Nullmatrix $\mathbf{0}$ ist

$$\mathrm{Rg}\,(\mathbf{0}) = r = 0\,. \tag{4.26d}$$

3. Regel zur Ermittlung des Ranges Bei elementaren Umformungen ändert sich der Rang von Matrizen nicht. *Elementare Umformungen* in diesem Zusammenhange sind:

a) Vertauschung zweier Zeilen miteinander oder zweier Spalten miteinander.

b) Multiplikation einer Zeile oder Spalte mit einer Zahl.

c) Addition einer Zeile zu einer Zeile oder einer Spalte zu einer Spalte.

Zur Bestimmung ihres Ranges kann man daher jede Matrix durch geeignete Linearkombinationen der Zeilen so umformen, daß in der μ-ten Zeile ($\mu = 2, 3, \ldots, m$) mindestens die ersten $\mu - 1$ Elemente gleich Null werden (Prinzip des GAUSSschen Algorithmus, s. S. 275). Die Anzahl der vom Nullvektor verschiedenen Zeilenvektoren in der so umgeformten Matrix ist dann gleich ihrem Rang r.

8. Inverse oder reziproke Matrix

Zu einer regulären Matrix $\mathbf{A} = (a_{\mu\nu})$ gibt es immer eine *inverse Matrix* $\mathbf{A}^{-1}$, d.h., die Multiplikation einer Matrix mit ihrer inversen Matrix ergibt immer die Einheitsmatrix:

$$\mathbf{A}\mathbf{A}^{-1} = \mathbf{A}^{-1}\mathbf{A} = \mathbf{E}\,. \tag{4.27a}$$

Die Elemente von $\mathbf{A}^{-1} = (\beta_{\mu\nu})$ sind

$$\beta_{\mu\nu} = \frac{\mathbf{A}_{\nu\mu}}{\det \mathbf{A}}\,, \tag{4.27b}$$

wobei $\mathbf{A}_{\nu\mu}$ die zum Element $a_{\nu\mu}$ der Matrix $\mathbf{A}$ gehörende Adjunkte (s. S. 258) ist. Für die praktische Berechnung von $\mathbf{A}^{-1}$ sollte das auf S. 259 angegebene Verfahren benutzt werden. Im Falle einer quadratischen Matrix vom Typ $(2, 2)$ gilt:

$$\mathbf{A} = \begin{pmatrix} a & b \\ c & d \end{pmatrix}, \qquad \mathbf{A}^{-1} = \frac{1}{ad - bc} \begin{pmatrix} d & -b \\ -c & a \end{pmatrix}. \tag{4.28}$$

Hinweis: Warum in der Matrizenrechnung keine Division von Matrizen eingeführt wurde, sondern mit inversen Matrizen gerechnet wird, hängt damit zusammen, daß die Division nicht eindeutig erklärbar ist. Die Lösungen der Gleichungen

$$\begin{matrix} \mathbf{B}\mathbf{X}_1 = \mathbf{A} \\ \mathbf{X}_2\mathbf{B} = \mathbf{A} \end{matrix} \quad (\mathbf{B}\ \text{regulär}),\ \text{d.h.} \quad \begin{matrix} \mathbf{X}_1 = \mathbf{B}^{-1}\mathbf{A} \\ \mathbf{X}_2 = \mathbf{A}\mathbf{B}^{-1} \end{matrix} \tag{4.29}$$

sind im allgemeinen verschieden.

9. Orthogonale Matrizen

Gilt für eine quadratische Matrix $\mathbf{A}$ die Beziehung

$$\mathbf{A}^{\mathrm{T}} = \mathbf{A}^{-1} \qquad \text{oder} \qquad \mathbf{A}\mathbf{A}^{\mathrm{T}} = \mathbf{A}^{\mathrm{T}}\mathbf{A} = \mathbf{E}\,, \tag{4.30}$$

d.h., die Skalarprodukte je zweier verschiedener Spalten oder Zeilen sind gleich null und die Skalarprodukte jeder Zeile oder Spalte mit sich selbst gleich eins, dann nennt man sie eine *orthogonale Matrix*. Orthogonale Matrizen haben folgende Eigenschaften:

1. Die transponierte und die inverse Matrix einer orthogonalen Matrix $\mathbf{A}$ sind auch orthogonal; weiterhin gilt

$$\det \mathbf{A} = \pm 1\,. \tag{4.31}$$

2. Produkte orthogonaler Matrizen sind wieder orthogonal.

■ Die bei der Drehung eines Koordinatensystems verwendete *Drehungsmatrix* $\mathbf{D}$ mit den Richtungskosinus der neuen Achsenrichtungen (s. S. 207) ist orthogonal.

10. Unitäre Matrix

Gilt für eine Matrix $\mathbf{A}$ mit komplexen Elementen

$$(\mathbf{A}^*)^{\mathrm{T}} = \mathbf{A}^{-1} \qquad \text{oder} \qquad \mathbf{A}(\mathbf{A}^*)^{\mathrm{T}} = (\mathbf{A}^*)^{\mathrm{T}}\mathbf{A} = \mathbf{E}\,, \tag{4.32}$$

dann heißt sie eine *unitäre Matrix*. Im Reellen fallen die Begriffe unitär und orthogonal zusammen.

4.1.5 Rechenregeln für Matrizen

Die folgenden Regeln können nur angewendet werden, wenn die darin auftretenden Rechenoperationen durchführbar sind.

1. Multiplikation einer Matrix mit der Einheitsmatrix,
auch *identische Abbildung* genannt:

$$\mathbf{AE} = \mathbf{EA} = \mathbf{A}\,. \tag{4.33}$$

2. Multiplikationen einer Matrix A mit der Skalarmatrix S oder mit der Einheitsmatrix E
sind kommutativ:

$$\mathbf{AS} = \mathbf{SA} = c\mathbf{A} \quad \text{mit } \mathbf{S} \text{ gemäß (4.8)}\,, \tag{4.34a}$$

$$\mathbf{AE} = \mathbf{EA} = \mathbf{A}\,. \tag{4.34b}$$

3. Multiplikation einer Matrix A mit der Nullmatrix 0
ergibt die Nullmatrix:

$$\mathbf{A0} = \mathbf{0} \text{ und } \mathbf{0A} = \mathbf{0}\,. \tag{4.35}$$

Die Umkehrung dieser Regel gilt im allgemeinen nicht, d.h., aus $\mathbf{AB} = \mathbf{0}$ folgt nicht notwendig $\mathbf{A} = \mathbf{0}$ oder $\mathbf{B} = \mathbf{0}$.

4. Verschwindendes Produkt zweier Matrizen

Auch wenn weder $\mathbf{A}$ noch $\mathbf{B}$ Nullmatrizen sind, kann ihr Produkt eine Nullmatrix ergeben:

$$\mathbf{AB} = \mathbf{0} \text{ und } \mathbf{BA} = \mathbf{0}\,, \qquad \text{obgleich} \qquad \mathbf{A} \neq \mathbf{0}\,,\ \mathbf{B} \neq \mathbf{0}\,. \tag{4.36}$$

■ $$\begin{array}{cc|cc} & & 1 & 1 \\ & & 0 & 0 \\ \hline 0 & 1 & 0 & 0 \\ 0 & 1 & 0 & 0 \end{array}\,.$$

5. Multiplikation dreier Matrizen

$$(\mathbf{AB})\mathbf{C} = \mathbf{A}(\mathbf{BC})\,. \tag{4.37}$$

6. Transposition von Summe und Produkt zweier Matrizen

$$(\mathbf{A}+\mathbf{B})^{\mathrm{T}} = \mathbf{A}^{\mathrm{T}} + \mathbf{B}^{\mathrm{T}}\,, \qquad (\mathbf{AB})^{\mathrm{T}} = \mathbf{B}^{\mathrm{T}}\mathbf{A}^{\mathrm{T}}\,, \qquad (\mathbf{A}^{\mathrm{T}})^{\mathrm{T}} = \mathbf{A}\,. \tag{4.38a}$$

Für quadratische Matrizen $\mathbf{A}_{(n,n)}$ gilt außerdem:

$$(\mathbf{A}^{\mathrm{T}})^{-1} = (\mathbf{A}^{-1})^{\mathrm{T}}\,. \tag{4.38b}$$

7. Inverse eines Produkts aus zwei Matrizen

$$(\mathbf{AB})^{-1} = \mathbf{B}^{-1}\mathbf{A}^{-1}\,. \tag{4.39}$$

8. Potenzieren von Matrizen

$$\mathbf{A}^p = \underbrace{\mathbf{AA}\ldots\mathbf{A}}_{p\,\text{Faktoren}} \quad \text{mit} \quad p > 0\,,\ \text{ganz}\,, \tag{4.40a}$$

a) $\mathbf{A}^0 = \mathbf{E} \qquad (\det \mathbf{A} \neq 0)\,,$ (4.40b)

b) $\mathbf{A}^{-p} = (\mathbf{A}^{-1})^p \qquad (p > 0\,,\ \text{ganz}\,; \det \mathbf{A} \neq 0)\,,$ (4.40c)

c) $\mathbf{A}^{p+q} = \mathbf{A}^p\mathbf{A}^q \qquad (p, q\ \text{ganz})\,.$ (4.40d)

9. Kronecker–Produkt

Als Kronecker–Produkt zweier Matrizen $\mathbf{A}= (a_{\mu\nu})$ und $\mathbf{B}= (b_{\mu\nu})$ bezeichnet man die Vorschrift

$$\mathbf{A} \otimes \mathbf{B} = (a_{\mu\nu}\,\mathbf{B})\,. \tag{4.41}$$

Bezüglich Transposition und Spur gelten die Regeln

$$(\mathbf{A} \otimes \mathbf{B})^{\mathrm{T}} = \mathbf{A}^{\mathrm{T}} \otimes \mathbf{B}^{\mathrm{T}}\,, \tag{4.42}$$

$$\mathrm{Sp}\,(\mathbf{A} \otimes \mathbf{B}) = \mathrm{Sp}\,(\mathbf{A}) \cdot \mathrm{Sp}(\mathbf{B})\,. \tag{4.43}$$

4.1.6 Vektor- und Matrizennorm

Einem Vektor $\underline{\mathbf{x}}$ und einer Matrix $\mathbf{A}$ kann man jeweils eine Zahl $||x||$ (*Norm* $\underline{\mathbf{x}}$) bzw. $||\mathbf{A}||$ (*Norm* $\mathbf{A}$) zuordnen. Diese Zahlen müssen die Normaxiome (s. S. 609) erfüllen. Für Vektoren $\underline{\mathbf{x}} \in \mathbb{R}^n$ lauten diese:

1. $||\underline{\mathbf{x}}|| \geq 0$ für alle $\underline{\mathbf{x}}$; $\quad ||\underline{\mathbf{x}}|| = 0 \quad$ genau dann, wenn $\underline{\mathbf{x}} = 0$. (4.44)
2. $||\lambda\underline{\mathbf{x}}|| = |\lambda|\,||\underline{\mathbf{x}}||$ für alle $\underline{\mathbf{x}}$ und alle reellen λ. (4.45)
3. $||\underline{\mathbf{x}} + \underline{\mathbf{y}}|| \leq ||\underline{\mathbf{x}}|| + ||\underline{\mathbf{y}}||$ für alle $\underline{\mathbf{x}}$ und $\underline{\mathbf{y}}$ (Dreiecksungleichung) (s. S. 177). (4.46)

Normen für Vektoren und Matrizen können auf sehr verschiedene Art und Weise eingeführt werden. Es ist jedoch zweckmäßig, zu einer Vektornorm $||\underline{\mathbf{x}}||$ die Matrizennorm $||\mathbf{A}||$ so zu definieren, daß die Ungleichung

$$||\mathbf{A}\underline{\mathbf{x}}|| \leq ||\mathbf{A}||\,||\underline{\mathbf{x}}|| \tag{4.47}$$

gilt. Diese Ungleichung ist für Fehlerabschätzungen sehr nützlich. Vektor- und Matrizennormen, die diese Ungleichung erfüllen, werden als *zueinander passend* bezeichnet. Gibt es darüber hinaus zu jeder Matrix $\mathbf{A}$ einen Nichtnullvektor $\underline{\mathbf{x}}$, so daß das Gleichheitszeichen gilt, dann heißt die *Matrizennorm* $||\mathbf{A}||$ *der Vektornorm* $||\underline{\mathbf{x}}||$ *zugeordnet.*

4.1.6.1 Vektornormen

Ist $\underline{\mathbf{x}} = (x_1, x_2, \ldots, x_n)^{\mathrm{T}}$ ein n–dimensionaler Vektor, d.h. $\underline{\mathbf{x}} \in \mathbb{R}^n$, dann sind die gebräuchlichen Vektornormen:

a) Euklidische Norm:

$$||\underline{\mathbf{x}}|| = ||\underline{\mathbf{x}}||_2 := \sqrt{\sum_{i=1}^{n} x_i^2}\,. \tag{4.48}$$

b) Maximumnorm:

$$||\underline{\mathbf{x}}|| = ||\underline{\mathbf{x}}||_\infty := \max_{1\leq i\leq n} |x_i|\,. \tag{4.49}$$

c) Betragssummennorm:

$$||\underline{\mathbf{x}}|| = ||\underline{\mathbf{x}}||_1 := \sum_{i=1}^{n} |\underline{\mathbf{x}}_i|\,. \tag{4.50}$$

■ Im $\mathbb{R}^3$, in der elementaren Vektorrechnung, wird $||\underline{\mathbf{x}}||_2$ als Betrag des Vektors $\underline{\mathbf{x}}$ bezeichnet. Der Betrag des Vektors $|x| = ||\underline{\mathbf{x}}||_2$ gibt die Länge des Vektors $\underline{\mathbf{x}}$ an.

4.1.6.2 Matrizennormen

a) Spektralnorm:

$$||\mathbf{A}|| = ||\mathbf{A}||_2 := \sqrt{\lambda_{max}(\mathbf{A}^\mathrm{T}\mathbf{A})}\,. \tag{4.51}$$

Dabei wird mit $\lambda_{max}(\mathbf{A}^\mathrm{T}\mathbf{A})$ der größte Eigenwert (s. S. 278) der Matrix $\mathbf{A}^\mathrm{T}\mathbf{A}$ bezeichnet.

b) Zeilensummennorm:

$$||\mathbf{A}|| = ||\mathbf{A}||_\infty := \max_{1\le i\le n} \sum_{j=1}^{n} |a_{ij}|\,. \tag{4.52}$$

c) Spaltensummennorm:

$$||\mathbf{A}|| = ||\mathbf{A}||_1 := \max_{1\le j\le n} \sum_{i=1}^{n} |a_{ij}|\,. \tag{4.53}$$

Es läßt sich zeigen, daß die Matrizennorm (4.51) der Vektornorm (4.48) zugeordnet ist. Das gleiche gilt für (4.52) und (4.49) sowie (4.53) und (4.50).

4.2 Determinanten

4.2.1 Definitionen

4.2.1.1 Determinanten

sind reelle oder komplexe Zahlen, die eindeutig quadratischen Matrizen zugeordnet werden. Eine *Determinante* n-ter Ordnung, die der Matrix $\mathbf{A} = (a_{\mu\nu})$ vom Typ (n, n) zugeordnet ist,

$$\mathrm{D} = \det \mathbf{A} = \det(a_{\mu\nu}) = \begin{vmatrix} a_{11} & a_{12} & \cdots & a_{1n} \\ a_{21} & a_{22} & \cdots & a_{2n} \\ \vdots & \vdots & \vdots & \vdots \\ a_{n1} & a_{n2} & \cdots & a_{nn} \end{vmatrix}\,, \tag{4.54}$$

wird mit Hilfe des LAPLACE*schen Entwicklungssatzes* rekursiv definiert:

$$\det \mathbf{A} = \sum_{\nu=1}^{n} a_{\mu\nu}\mathbf{A}_{\mu\nu} \qquad (\mu \text{ fest, Entwicklung nach Elementen der } \mu\text{-ten Zeile})\,, \tag{4.55a}$$

$$\det \mathbf{A} = \sum_{\mu=1}^{n} a_{\mu\nu}\mathbf{A}_{\mu\nu} \qquad (\nu \text{ fest, Entwicklung nach Elementen der } \nu\text{-ten Spalte})\,. \tag{4.55b}$$

Hierbei ist $\mathbf{A}_{\mu\nu}$ die mit dem Vorzeichenfaktor $(-1)^{\mu+\nu}$ multiplizierte Unterdeterminante des Elements $a_{\mu\nu}$.
Man nennt $\mathbf{A}_{\mu\nu}$ *Adjunkte* oder *algebraisches Komplement*.

4.2.1.2 Unterdeterminanten

Eine *Unterdeterminante* $(n-1)$-ter Ordnung des Elements $a_{\mu\nu}$ einer Determinante n-ter Ordnung heißt diejenige Determinante, die sich aus der gegebenen Determinante durch Streichen der μ-ten Zeile und ν-ten Spalte ergibt.

■ Entwicklung einer Determinante 4. Ordnung nach den Elementen der 3. Zeile:

$$\begin{vmatrix} a_{11} & a_{12} & a_{13} & a_{14} \\ a_{21} & a_{22} & a_{23} & a_{24} \\ a_{31} & a_{32} & a_{33} & a_{34} \\ a_{41} & a_{42} & a_{43} & a_{44} \end{vmatrix} = a_{31}\begin{vmatrix} a_{12} & a_{13} & a_{14} \\ a_{22} & a_{23} & a_{24} \\ a_{42} & a_{43} & a_{44} \end{vmatrix} - a_{32}\begin{vmatrix} a_{11} & a_{13} & a_{14} \\ a_{21} & a_{23} & a_{24} \\ a_{41} & a_{43} & a_{44} \end{vmatrix} + a_{33}\begin{vmatrix} a_{11} & a_{12} & a_{14} \\ a_{21} & a_{22} & a_{24} \\ a_{41} & a_{42} & a_{44} \end{vmatrix} - a_{34}\begin{vmatrix} a_{11} & a_{12} & a_{13} \\ a_{21} & a_{22} & a_{23} \\ a_{41} & a_{42} & a_{43} \end{vmatrix}\,.$$

4.2.2 Rechenregeln für Determinanten

Wegen des LAPLACEschen Entwicklungssatzes gelten die im folgenden für Zeilen formulierten Aussagen in gleicher Weise für Spalten.

1. Unabhängigkeit des Wertes einer Determinante

Der Wert einer Determinante ist unabhängig von der Auswahl der Entwicklungszeile.

2. Ersetzen von Adjunkten

Ersetzt man bei der Entwicklung einer Determinante nach einer ihrer Zeilen die zugehörigen Adjunkten durch die Adjunkten einer anderen Zeile, so ergibt sich Null:

$$\sum_{\nu=1}^{n} a_{\mu\nu}\mathbf{A}_{\lambda\nu} = 0 \qquad (\mu, \lambda \text{ fest}; \lambda \neq \mu)\,. \tag{4.56}$$

Diese Beziehung und der Entwicklungssatz ergeben zusammengefaßt

$$\mathbf{A}_{\text{adj}}\,\mathbf{A} = \mathbf{A}\,\mathbf{A}_{\text{adj}} = (\det \mathbf{A})\,\mathbf{E}\,. \tag{4.57}$$

Daraus erhält man für die *inverse Matrix*

$$\mathbf{A}^{-1} = \frac{1}{\det \mathbf{A}}\mathbf{A}_{\text{adj}}\,, \tag{4.58}$$

wobei als *adjungierte Matrix* $\mathbf{A}_{\text{adj}}$ der Matrix $\mathbf{A}$ die aus den Adjunkten der Elemente von $\mathbf{A}$ gebildete und anschließend transponierte Matrix bezeichnet wird. Diese Matrix $\mathbf{A}_{\text{adj}}$ darf nicht mit der zu einer komplexen Matrix adjungierten Matrix $\mathbf{A}^{\mathbf{H}}$ (4.4) verwechselt werden.

3. Nullwerden einer Determinante

Eine Determinante ist gleich Null, wenn

a) eine Zeile aus lauter Nullen besteht oder

b) zwei Zeilen einander gleich sind oder

c) eine Zeile eine Linearkombination anderer Zeilen ist.

4. Vertauschungen und Additionen

Eine Determinante ändert ihren Wert nicht, wenn

a) in ihr die Zeilen mit den Spalten vertauscht werden. Man spricht dann von *Spiegelung an der Hauptdiagonale*, d.h., es gilt

$$\det \mathbf{A} = \det \mathbf{A}^{\mathrm{T}}\,, \tag{4.59}$$

b) zu irgendeiner Zeile eine andere Zeile addiert bzw. subtrahiert wird,

c) zu irgendeiner Zeile ein Vielfaches einer anderen Zeile addiert bzw. subtrahiert wird oder

d) zu irgendeiner Zeile eine Linearkombination anderer Zeilen addiert bzw. subtrahiert wird.

5. Vorzeichen bei Zeilenvertauschung

Bei Vertauschung zweier Zeilen ändert sich das Vorzeichen einer Determinante.

6. Multiplikation einer Determinante mit einer Zahl

Eine Determinante wird mit einer Zahl α multipliziert, indem die Elemente einer einzigen Zeile mit dieser Zahl multipliztiert werden. Der Unterschied gegenüber der Multiplikation einer Matrix $\mathbf{A}$ vom Typ (n, n) mit einer Zahl α kommt in der folgenden Formel zum Ausdruck:

$$\det(\alpha\mathbf{A}) = \alpha^n \det \mathbf{A}\,. \tag{4.60}$$

7. Multiplikation zweier Determinanten

Die Multiplikation zweier Determinanten wird auf die Multiplikation ihrer Matrizen zurückgeführt:

$$(\det \mathbf{A})(\det \mathbf{B}) = \det(\mathbf{AB})\,. \tag{4.61}$$

Wegen $\det \mathbf{A} = \det \mathbf{A}^{\mathrm{T}}$ (s. (4.59)) gilt

$$(\det \mathbf{A})(\det \mathbf{B}) = \det(\mathbf{AB}) = \det(\mathbf{AB}^{\mathrm{T}}) = \det(\mathbf{A}^{\mathrm{T}}\mathbf{B}) = \det(\mathbf{A}^{\mathrm{T}}\mathbf{B}^{\mathrm{T}})\,, \tag{4.62}$$

d.h., es können entweder Zeilen mit Spalten oder Zeilen mit Zeilen oder Spalten mit Zeilen oder Spalten mit Spalten skalar multipliziert werden.

8. Differentiation einer Determinante

Eine Determinante n-ter Ordnung, deren Elemente differenzierbare Funktionen eines Parameters t sind, d.h. $a_{\mu\nu} = a_{\mu\nu}(t)$, wird nach t differenziert, indem man jeweils eine Zeile differenziert und die so entstehenden n Determinanten addiert.

■ Für eine Determinante vom Typ $(3,3)$ erhält man:

$$\frac{d}{dt}\begin{vmatrix} a_{11} & a_{12} & a_{13} \\ a_{21} & a_{22} & a_{23} \\ a_{31} & a_{32} & a_{33} \end{vmatrix} = \begin{vmatrix} a'_{11} & a'_{12} & a'_{13} \\ a_{21} & a_{22} & a_{23} \\ a_{31} & a_{32} & a_{33} \end{vmatrix} + \begin{vmatrix} a_{11} & a_{12} & a_{13} \\ a'_{21} & a'_{22} & a'_{23} \\ a_{31} & a_{32} & a_{33} \end{vmatrix} + \begin{vmatrix} a_{11} & a_{12} & a_{13} \\ a_{21} & a_{22} & a_{23} \\ a'_{31} & a'_{32} & a'_{33} \end{vmatrix}.$$

4.2.3 Berechnung von Determinanten

1. Wert einer Determinante zweiter Ordnung

$$\begin{vmatrix} a_{11} & a_{12} \\ a_{21} & a_{22} \end{vmatrix} = a_{11}a_{22} - a_{21}a_{12}\,. \tag{4.63}$$

2. Wert einer Determinante dritter Ordnung

Nach der *Regel von* SARRUS, die nur für Determinanten dritter Ordnung gilt, erfolgt die Berechnung mit Hilfe des Schemas

$$\left|\begin{matrix} a_{11} & a_{12} & a_{13} \\ a_{21} & a_{22} & a_{23} \\ a_{31} & a_{32} & a_{33} \end{matrix}\right|\begin{matrix} a_{11} & a_{12} \\ a_{21} & a_{22} \\ a_{31} & a_{32} \end{matrix} = a_{11}a_{22}a_{33} + a_{12}a_{23}a_{31} + a_{13}a_{21}a_{32}$$

$$-(a_{31}a_{22}a_{13} + a_{32}a_{23}a_{11} + a_{33}a_{21}a_{12}).$$

Die ersten beiden Spalten werden rechts von der Determinante noch einmal hingeschrieben. Dann wird die Summe der Produkte aller auf den ausgezogenen Schrägzeilen stehenden Elemente gebildet. Davon wird die Summe der Produkte aller auf den gestrichelten Schrägzeilen stehenden Elemente abgezogen.

3. Wert einer Determinante n-ter Ordnung

Die Determinante n-ter Ordnung wird mit Hilfe des Entwicklungssatzes auf n Determinanten $(n-1)$-ter Ordnung zurückgeführt. Zweckmäßigerweise werden die einzelnen Determinanten mit Hilfe der Rechenregeln für Determinanten so umgeformt, daß möglichst viele ihrer Elemente zu Null werden.

■
$$\begin{vmatrix} 2 & 9 & 9 & 4 \\ 2 & -3 & 12 & 8 \\ 4 & 8 & 3 & -5 \\ 1 & 2 & 6 & 4 \end{vmatrix} = \underset{\text{(Regel 4)}}{\begin{vmatrix} 2 & 5 & 9 & 4 \\ 2 & -7 & 12 & 8 \\ 4 & 0 & 3 & -5 \\ 1 & 0 & 6 & 4 \end{vmatrix}} = 3\underset{\text{(Regel 6)}}{\begin{vmatrix} 2 & 5 & 3 & 4 \\ 2 & -7 & 4 & 8 \\ 4 & 0 & 1 & -5 \\ 1 & 0 & 2 & 4 \end{vmatrix}} = 3(-5\underbrace{\begin{vmatrix} 2 & 4 & 8 \\ 4 & 1 & -5 \\ 1 & 2 & 4 \end{vmatrix}}_{=0\ \text{(Regel 3)}} -7\begin{vmatrix} 2 & 3 & 4 \\ 4 & 1 & -5 \\ 1 & 2 & 4 \end{vmatrix})$$

$$= -21\underset{\text{(Regel 4)}}{\begin{vmatrix} 1 & 1 & 0 \\ 4 & 1 & -5 \\ 1 & 2 & 4 \end{vmatrix}} = -21\left(\begin{vmatrix} 1 & -5 \\ 2 & 4 \end{vmatrix} - \begin{vmatrix} 4 & -5 \\ 1 & 4 \end{vmatrix}\right) = 147\,.$$

Besonders günstig kann eine Determinante n-ter Ordnung berechnet werden, wenn sie in Analogie zur Rangbestimmung von Matrizen (s. S. 255) so umgeformt wird, daß alle Elemente, die unterhalb der Diagonalen $a_{11}, a_{22}, \ldots, a_{nn}$ stehen, zu Null werden. Der Wert der Determinante ist dann gleich dem Produkt der Elemente auf der Hauptdiagonalen der umgeformten Determinante.

4.3 Tensoren

4.3.1 Transformation des Koordinatensystems

1. Lineare Transformation

Durch die lineare Transformation

$$\tilde{\underline{\mathbf{x}}} = \mathbf{A}\underline{\mathbf{x}} \qquad \text{oder} \qquad \begin{aligned} \tilde{x}_1 &= a_{11}x_1 + a_{12}x_2 + a_{13}x_3 \\ \tilde{x}_2 &= a_{21}x_1 + a_{22}x_2 + a_{23}x_3 \\ \tilde{x}_3 &= a_{31}x_1 + a_{32}x_2 + a_{33}x_3 \end{aligned} \tag{4.64}$$

wird im dreidimensionalen Raum eine Koordinatentransformation beschrieben. Dabei sind x_μ und $\tilde{x}_\mu$ ($\mu = 1, 2, 3$) die Koordinaten ein und desselben Punktes, bezogen auf zwei verschiedene Koordinatensysteme K und $\tilde{K}$.

2. Einsteinsche Summenkonvention

Anstelle von (4.64) kann man auch

$$\tilde{x}_\mu = \sum_{\nu=1}^{3} a_{\mu\nu}x_\nu \qquad (\mu = 1, 2, 3) \tag{4.65a}$$

oder abkürzend nach EINSTEIN

$$\tilde{x}_\mu = a_{\mu\nu}x_\nu \tag{4.65b}$$

schreiben, d.h., über den doppelt auftretenden Index ν ist zu summieren und das Ergebnis für $\mu = 1, 2, 3$ aufzuschreiben. Die *Summenkonvention* legt allgemein fest: Tritt in einem Ausdruck ein Index zweimal auf, so wird der Ausdruck über alle vorgesehenen Werte dieses Index summiert. Tritt ein Index in den Ausdrücken einer Gleichung nur einmal auf, z.B. μ in der Gleichung (4.65b), so bedeutet das, daß die betreffende Gleichung für alle Werte gilt, die der Index durchlaufen kann.

3. Drehung des Koordinatensystems

Wenn das kartesische Koordinatensystem $\tilde{K}$ aus K durch Drehung hervorgeht, dann gilt in (4.64) für die Transformationsmatrix $\mathbf{A} = \mathbf{D}$. Dabei ist $\mathbf{D} = (d_{\mu\nu})$ die orthogonale *Drehungsmatrix*. Die orthogonale Drehungsmatrix $\mathbf{D}$ hat die Eigenschaft

$$\mathbf{D}^{-1} = \mathbf{D}^{\mathrm{T}}. \tag{4.66a}$$

Elemente $d_{\mu\nu}$ von $\mathbf{D}$ sind die Richtungskosinusse der Winkel zwischen den alten und neuen Koordinatenachsen. Aus der Orthogonalität der Drehungsmatrix $\mathbf{D}$, d.h. aus

$$\mathbf{D}\mathbf{D}^{\mathrm{T}} = \mathbf{E} \qquad \text{und} \qquad \mathbf{D}^{\mathrm{T}}\mathbf{D} = \mathbf{E}, \tag{4.66b}$$

folgt für ihre Elemente:

$$\sum_{i=1}^{3} d_{\mu i}d_{\nu i} = \delta_{\mu\nu}, \qquad \sum_{k=1}^{3} d_{k\mu}d_{k\nu} = \delta_{\mu\nu} \qquad (\mu, \nu = 1, 2, 3). \tag{4.66c}$$

Die Gleichungen (4.66c) besagen, daß die Zeilen- und Spaltenvektoren der Matrix $\mathbf{D}$ *orthonormiert* sind.

Die Elemente der $d_{\mu\nu}$ der Drehungsmatrix können auch mit Hilfe der EULERschen Winkel (s. S. 208) dargestellt werden. Zur Drehung in der Ebene s. S. 187, im Raum s. S. 208.

4.3.2 Tensoren in kartesischen Koordinaten

1. Definition

Eine mathematische oder physikalische Größe $\boldsymbol{T}$ läßt sich in einem kartesischen Koordinatensystem K durch 3^n Elemente $t_{ij\cdots m}$, die translationsinvariant sind, beschreiben. Dabei sei die Anzahl der Indizes

$i, j, \ldots, m$ genau n $(n \geq 0)$. Die Indizes sind geordnet und jeder Index nimmt die Werte 1, 2 und 3 an. Gilt für die Elemente $t_{ij\cdots m}$ bei einer Transformation des Koordinatensystems K nach $\tilde{K}$ gemäß (4.64)

$$\tilde{t}_{\mu\nu\cdots\rho} = \sum_{i=1}^{3}\sum_{j=1}^{3}\cdots\sum_{m=1}^{3} a_{\mu i}a_{\nu j}\cdots a_{\rho m}t_{ij\cdots m}\,, \tag{4.67}$$

dann wird $\boldsymbol{T}$ als *Tensor n-ter Stufe* bezeichnet, und die Elemente $t_{ij\cdots m}$ (meist Zahlen) mit geordneten Indizes sind die *Komponenten des Tensors* $\boldsymbol{T}$.

2. Tensor 0. Stufe

Ein *Tensor nullter Stufe* hat nur eine Komponente, d.h., er ist ein Skalar. Da sein Wert in allen Koordinatensystemen gleich ist, spricht man von der *Invarianz des Skalars* oder vom *invarianten Skalar*.

3. Tensor 1. Stufe

Ein *Tensor erster Stufe* hat 3 Komponenten t_1, t_2 und t_3. Das Transformationsgesetz (4.67) lautet

$$\tilde{t}_{\mu} = \sum_{i=1}^{3} a_{\mu i}t_i \qquad (\mu = 1, 2, 3)\,. \tag{4.68}$$

Das ist aber gerade das Transformationsgesetz für Vektoren, d.h., ein Vektor ist ein Tensor 1. Stufe.

4. Tensor 2. Stufe

Im Falle $n = 2$ hat der Tensor $\boldsymbol{T}$ 9 Komponenten t_{ij}, die sich in der Matrixform

$$\boldsymbol{T} = \mathbf{T} = \begin{pmatrix} t_{11} & t_{12} & t_{13} \\ t_{21} & t_{22} & t_{23} \\ t_{31} & t_{32} & t_{33} \end{pmatrix} \tag{4.69a}$$

anordnen lassen. Das Transformationsgesetz (4.68) lautet dann:

$$\tilde{t}_{\mu\nu} = \sum_{i=1}^{3}\sum_{j=1}^{3} a_{\mu i}a_{\nu j}t_{ij} \qquad (\mu, \nu = 1, 2, 3)\,. \tag{4.69b}$$

Damit läßt sich jeder Tensor 2. Stufe als Matrix darstellen.

■ **A:** Das Trägheitsmoment Θ_g eines Körpers bezüglich einer Geraden g, die durch den Nullpunkt geht und den Richtungsvektor $\vec{a} = \underline{\mathbf{a}}^{\mathrm{T}}$ hat, läßt sich in der Form

$$\Theta_g = \underline{\mathbf{a}}^{\mathrm{T}}\boldsymbol{\Theta}\,\underline{\mathbf{a}} \tag{4.70a}$$

darstellen, wenn man mit

$$\boldsymbol{\Theta} = (\Theta_{ij}) = \begin{pmatrix} \Theta_x & -\Theta_{xy} & -\Theta_{xz} \\ -\Theta_{xy} & \Theta_y & -\Theta_{yz} \\ -\Theta_{xz} & -\Theta_{yz} & \Theta_z \end{pmatrix} \tag{4.70b}$$

den sogenannten *Trägheitstensor* einführt. Dabei sind Θ_x, Θ_y und Θ_z die Trägheitsmomente bezüglich der Koordinatenachsen und Θ_{xy}, Θ_{xz} und Θ_{yz} die *Deviationsmomente* bezüglich der Koordinatenachsen.

■ **B:** Der Belastungszustand eines elastisch verformten Körpers wird durch den *Spannungstensor*

$$\boldsymbol{\sigma} = \begin{pmatrix} \sigma_{11} & \sigma_{12} & \sigma_{13} \\ \sigma_{21} & \sigma_{22} & \sigma_{23} \\ \sigma_{31} & \sigma_{32} & \sigma_{33} \end{pmatrix} \tag{4.71}$$

beschrieben. Die Elemente σ_{ik} $(i, k = 1, 2, 3)$ werden wie folgt erklärt: In einem Punkt P des elastischen Körpers wählt man ein kleines ebenes Flächenelement, dessen Normale in Richtung der x_1-Achse eines rechtwinklig kartesischen Koordinatensystems zeigt. Die Kraft pro Flächeneinheit auf dieses Element, die vom Material abhängt, ist ein Vektor mit den Koordinaten σ_{11}, σ_{12} und σ_{13}. Analog werden die Komponenten bezüglich der übrigen zwei Achsenrichtungen erklärt.

5. Rechenregeln

1. Elementare algebraische Operationen Die Multiplikation eines Tensors mit einer Zahl und die Addition und Subtraktion von Tensoren *gleicher Stufe* erfolgen komponentenweise analog zu den entsprechenden Operationen bei Vektoren und Matrizen.

2. Tensorprodukt Die Tensoren $\boldsymbol{A}$ bzw. $\boldsymbol{B}$ mit den Komponenten $a_{ij\ldots}$ bzw. $b_{rs\ldots}$ seien von der Stufe m bzw. n. Dann bilden die 3^{m+n} Skalare

$$c_{ij\cdots rs\cdots} = a_{ij\ldots}b_{rs\ldots} \tag{4.72a}$$

die Komponenten eines Tensors $\boldsymbol{C}$ der Stufe $m+n$. Man schreibt $\boldsymbol{C} = \boldsymbol{AB}$ und spricht vom *Tensorprodukt* von $\boldsymbol{A}$und $\boldsymbol{B}$. Es gelten Assioziativ- und Distributivgesetz:

$$(\boldsymbol{AB})\boldsymbol{C} = \boldsymbol{A}(\boldsymbol{BC}), \qquad \boldsymbol{A}(\boldsymbol{B}+\boldsymbol{C}) = \boldsymbol{AB} + \boldsymbol{AC}\,. \tag{4.72b}$$

3. Dyadisches Produkt Das Produkt zweier Tensoren 1. Stufe $\boldsymbol{A} = (a_1, a_2, a_3)$ und $\boldsymbol{B} = (b_1, b_2, b_3)$ ergibt einen Tensor 2. Stufe mit den Elementen

$$c_{ij} = a_i b_j \qquad (i, j = 1, 2, 3)\,, \tag{4.73a}$$

d.h., das Tensorprodukt stellt die Matrix

$$\begin{pmatrix} a_1b_1 & a_1b_2 & a_1b_3 \\ a_2b_1 & a_2b_2 & a_2b_3 \\ a_3b_1 & a_3b_2 & a_3b_3 \end{pmatrix} \tag{4.73b}$$

dar. Diese wird auch als *dyadisches Produkt* der beiden Vektoren $\underline{\mathbf{A}}$ und $\underline{\mathbf{B}}$ bezeichnet.

4. Verjüngung Setzt man in einem Tensor der Stufe m $(m \geq 2)$ zwei Indizes gleich und summiert über sie, so erhält man einen Tensor der Stufe $m-2$ und spricht von einer *Verjüngung* des Tensors.

■ Der 2stufige Tensor $\boldsymbol{C}$von (4.73a) mit $c_{ij} = a_i b_j$, der das Tensorprodukt der beiden Vektoren $\underline{\mathbf{A}} = (a_1, a_2, a_3)$ und $\underline{\mathbf{B}} = (b_1, b_2, b_3)$ darstellt, wird über die Indizes i und j verjüngt, so daß man mit

$$a_i b_i = a_1b_1 + a_2b_2 + a_3b_3 \tag{4.74}$$

einen Skalar, also einen Tensor nullter Stufe erhält. Er stellt das Skalarprodukt der Vektoren $\underline{\mathbf{A}}$ und $\underline{\mathbf{B}}$ dar.

4.3.3 Tensoren mit speziellen Eigenschaften

4.3.3.1 Tensoren 2. Stufe

1. Rechenregeln

Für Tensoren 2. Stufe gelten dieselben Rechenregeln wie für Matrizen. Insbesondere läßt sich jeder Tensor $\boldsymbol{T}$als Summe eines symmetrischen und eines schiefsymmetrischen Tensors darstellen:

$$\boldsymbol{T} = \frac{1}{2}\left(\boldsymbol{T} + \boldsymbol{T}^{\mathrm{T}}\right) + \frac{1}{2}\left(\boldsymbol{T} - \boldsymbol{T}^{\mathrm{T}}\right). \tag{4.75a}$$

Ein Tensor $\boldsymbol{T} = (t_{ij})$ heißt *symmetrisch*, wenn

$$t_{ij} = t_{ji} \qquad \text{für alle } i \text{ und } j \tag{4.75b}$$

gilt. Im Falle

$$t_{ij} = -t_{ji} \qquad \text{für alle } i \text{ und } j \tag{4.75c}$$

heißt er *schief- oder antisymmetrisch*. Dabei ist zu beachten, daß bei einem antisymmetrischen Tensor die Elemente t_{11}, t_{22} und t_{33} Null sind. Der Begriff der Symmetrie und Antisymmetrie läßt sich auch auf Tensoren höherer Stufe übertragen, wenn man diese Begriffe auf bestimmte Paare von Indizes bezieht.

2. Hauptachsentransformation

Zu einem symmetrischen Tensor $\boldsymbol{T}$, d.h. für $t_{\mu\nu} = t_{\nu\mu}$, gibt es stets eine orthogonale Transformation $\mathbf{D}$, so daß er nach der Transformation Diagonalform hat:

$$\tilde{\boldsymbol{T}} = \begin{pmatrix} \tilde{t}_{11} & 0 & 0 \\ 0 & \tilde{t}_{22} & 0 \\ 0 & 0 & \tilde{t}_{33} \end{pmatrix}. \tag{4.76a}$$

Die Elemente $\tilde{t}_{11}$, $\tilde{t}_{22}$ und $\tilde{t}_{33}$ heißen *Eigenwerte des Tensors* $\boldsymbol{T}$. Sie sind gleich den Wurzeln λ_1, λ_2 und λ_3 der Gleichung 3. Grades in λ:

$$\begin{vmatrix} t_{11}-\lambda & t_{12} & t_{13} \\ t_{21} & t_{22}-\lambda & t_{23} \\ t_{31} & t_{32} & t_{33}-\lambda \end{vmatrix} = 0 . \tag{4.76b}$$

Die Spaltenvektoren $\underline{\mathbf{d}}_1$, $\underline{\mathbf{d}}_2$ und $\underline{\mathbf{d}}_3$ der Transformationsmatrix $\mathbf{D}$ heißen die zu den Eigenwerten gehörenden *Eigenvektoren* und genügen den Gleichungen

$$\boldsymbol{T}\,\underline{\mathbf{d}}_\nu = \lambda_\nu \underline{\mathbf{d}}_\nu \qquad (\nu = 1,2,3) . \tag{4.76c}$$

Ihre Richtungen bezeichnet man als *Hauptachsenrichtungen*, die Transformation von $\boldsymbol{T}$ auf die Diagonalform heißt *Hauptachsentransformation.*

4.3.3.2 Invariante Tensoren

1. Definition

Ein kartesischer Tensor heißt *invariant*, wenn seine Komponenten in allen kartesischen Koordinatensystemen identisch sind. Da physikalische Größen wie Skalare und Vektoren, die Spezialfälle von Tensoren sind, nicht vom Koordinatensystem abhängen, in dem sie bestimmt werden, darf sich ihr Wert weder bei Verschiebung des Koordinatenursprunges noch bei Drehung eines Koordinatensystems K ändern. Man spricht von *Translationsinvarianz* und *Drehungsinvarianz* und allgemein von *Transformationinvarianz.*

2. Deltatensor

Wählt man als Elemente t_{ij} eines 2stufigen Tensors das KRONECKER–Symbol, d.h.

$$t_{ij} = \delta_{ij} = \begin{cases} 1 & \text{für } i=j \\ 0 & \text{sonst} \end{cases} , \tag{4.77a}$$

dann folgt aus dem Transformationsgesetz (4.69b) im Falle einer Drehung des Koordinatensystems unter Beachtung von (4.66c)

$$\tilde{t}_{\mu\nu} = d_{\mu i} d_{\nu j} = \delta_{\mu\nu} , \tag{4.77b}$$

d.h., die Elemente sind *drehungsinvariant.* Paßt man sie so in ein Koordinatensystem ein, daß sie unabhängig von der Wahl des Ursprungs, also auch *translationsinvariant* sind, dann bilden die Zahlen δ_{ij} einen invarianten Tensor 2. Stufe, den sogenannten *Deltatensor.*

3. Epsilontensor

Sind $\vec{e}_i$, $\vec{e}_j$ und $\vec{e}_k$ die Einheitsvektoren in Richtung der Achsen eines rechtwinkligen Koordinatensystems, dann gilt für das Spatprodukt (s. S. 181)

$$\epsilon_{ijk} = \vec{e}_i\,(\vec{e}_j \times \vec{e}_k) = \begin{cases} 1, & \text{falls } i,j,k \text{ zyklisch (Rechte–Hand–Regel)}, \\ -1, & \text{falls } i,j,k \text{ antizyklisch}, \\ 0, & \text{sonst}. \end{cases} \tag{4.78a}$$

Das sind insgesamt $3^3 = 27$ Elemente, die als Elemente eines 3stufigen Tensors aufgefaßt werden können. Im Falle einer Drehung des Koordinatensystems folgt aus dem Transformationsgesetz (4.67)

$$\tilde{t}_{\mu\nu\rho} = d_{\mu i} d_{\nu j} d_{\rho k} \epsilon_{ijk} = \begin{vmatrix} d_{\mu 1} & d_{\nu 1} & d_{\rho 1} \\ d_{\mu 2} & d_{\nu 2} & d_{\rho 2} \\ d_{\mu 3} & d_{\nu 3} & d_{\rho 3} \end{vmatrix} = \epsilon_{\mu\nu\rho} , \tag{4.78b}$$

d.h., die Elemente sind *drehungsinvariant.* Paßt man sie so in ein Koordinatensystem ein, daß sie unabhängig von der Wahl des Ursprungs, also auch *translationsinvariant* sind, dann bilden die Zahlen ϵ_{ijk} einen invarianten Tensor 3. Stufe, den sogenannten *Epsilontensor.*

4. Tensorinvarianten

Von den invarianten Tensoren muß man die *Tensorinvarianten* unterscheiden. Letztere sind Funktionen von Tensorkomponenten, deren Form und deren Wert bei Drehung des Koordinatensystems gleichbleibt.

■ **A:** Für die *Spur* des Tensors $\boldsymbol{T} = (t_{ij})$, der durch Drehung in $\tilde{\boldsymbol{T}} = (\tilde{t}_{ij})$ übergeht, gilt:

$$\mathrm{Sp}(\boldsymbol{T}) = t_{11} + t_{22} + t_{33} = \tilde{t}_{11} + \tilde{t}_{22} + \tilde{t}_{33}\,. \tag{4.79}$$

Die Spur des Tensors $\boldsymbol{T}$ ist gleich der Summe der Eigenwerte (s. S. 251).

■ **B:** Für die Determinante des Tensors $\boldsymbol{T} = (t_{ij})$ gilt:

$$\begin{vmatrix} t_{11} & t_{12} & t_{13} \\ t_{21} & t_{22} & t_{23} \\ t_{31} & t_{32} & t_{33} \end{vmatrix} = \begin{vmatrix} \tilde{t}_{11} & \tilde{t}_{12} & \tilde{t}_{13} \\ \tilde{t}_{21} & \tilde{t}_{22} & \tilde{t}_{23} \\ \tilde{t}_{31} & \tilde{t}_{32} & \tilde{t}_{33} \end{vmatrix}\,. \tag{4.80}$$

Die Determinante des Tensors ist gleich dem Produkt der Eigenwerte.

4.3.4 Tensoren in krummlinigen Koordinatensystemen

4.3.4.1 Kovariante und kontravariante Basisvektoren

1. Kovariante Basis

Durch den variablen Ortsvektor

$$\vec{r} = \vec{r}\,(u,v,w) = x(u,v,w)\vec{e}_x + y(u,v,w)\vec{e}_y + z(u,v,w)\vec{e}_z \tag{4.81a}$$

werden allgemeine *krummlinige Koordinaten* u, v, w eingeführt. Die zu diesem System gehörenden *Koordinatenflächen* erhält man, indem man in $\vec{r}\,(u,v,w)$ jeweils eine der unabhängigen Variablen u, v, w festhält. Durch jeden Punkt des in Frage kommenden Raumteils gehen drei Koordinatenflächen, je zwei schneiden sich in *Koordinatenlinien*, die durch den betrachteten Punkt hindurchgehen. Die drei Vektoren

$$\frac{\partial\vec{r}}{\partial u}, \quad \frac{\partial\vec{r}}{\partial v}, \quad \frac{\partial\vec{r}}{\partial w} \tag{4.81b}$$

zeigen in die Richtungen der Koordinatenlinien im betrachteten Punkt. Sie bilden die *kovariante Basis* des krummlinigen Koordinatensystems.

2. Kontravariante Basis

Die drei Vektoren

$$\frac{1}{D}\left(\frac{\partial\vec{r}}{\partial v} \times \frac{\partial\vec{r}}{\partial w}\right), \quad \frac{1}{D}\left(\frac{\partial\vec{r}}{\partial w} \times \frac{\partial\vec{r}}{\partial u}\right), \quad \frac{1}{D}\left(\frac{\partial\vec{r}}{\partial u} \times \frac{\partial\vec{r}}{\partial v}\right) \tag{4.82a}$$

mit der Funktionaldeterminante

$$D = \left(\frac{\partial\vec{r}}{\partial u} \;\; \frac{\partial\vec{r}}{\partial v} \;\; \frac{\partial\vec{r}}{\partial w}\right) \tag{4.82b}$$

stehen im betrachteten Flächenelement jeweils auf einer der Koordinatenflächen senkrecht und bilden die sogenannte *kontravariante Basis* des krummlinigen Koordinatensystems.

Hinweis: In orthogonalen krummlinigen Koordinaten, für die

$$\frac{\partial\vec{r}}{\partial u}\cdot\frac{\partial\vec{r}}{\partial v} = 0\,, \quad \frac{\partial\vec{r}}{\partial u}\cdot\frac{\partial\vec{r}}{\partial w} = 0\,, \quad \frac{\partial\vec{r}}{\partial v}\cdot\frac{\partial\vec{r}}{\partial w} = 0\,, \tag{4.83}$$

gilt, fallen die Richtungen der kovarianten und kontravarianten Basis zusammen.

4.3.4.2 Kovariante und kontravariante Koordinaten von Tensoren 1. Stufe

Um die EINSTEINsche Summenkonvention anwenden zu können, beschreibt man die kovarianten bzw. kontravarianten Basisvektoren durch

$$\frac{\partial\vec{r}}{\partial u} = \vec{g}_1\,, \quad \frac{\partial\vec{r}}{\partial v} = \vec{g}_2\,, \quad \frac{\partial\vec{r}}{\partial w} = \vec{g}_3 \quad \text{bzw.}$$
$$\frac{1}{D}\left(\frac{\partial\vec{r}}{\partial v} \times \frac{\partial\vec{r}}{\partial w}\right) = \vec{g}^{\,1}, \quad \frac{1}{D}\left(\frac{\partial\vec{r}}{\partial w} \times \frac{\partial\vec{r}}{\partial u}\right) = \vec{g}^{\,2}, \quad \frac{1}{D}\left(\frac{\partial\vec{r}}{\partial u} \times \frac{\partial\vec{r}}{\partial v}\right) = \vec{g}^{\,3}\,. \tag{4.84}$$

Die Darstellung eines Vektors $\vec{v}$ lautet dann

$$\vec{v} = V^1\vec{g}_1 + V^2\vec{g}_2 + V^3\vec{g}_3 = V^k\vec{g}_k \quad \text{bzw.} \quad \vec{v} = V_1\vec{g}^{\,1} + V_2\vec{g}^{\,2} + V_3\vec{g}^{\,3}\,. \tag{4.85}$$

Die Komponenten V^k werden als kontravariante Koordinaten, die Komponenten V_k als kovariante Koordinaten des Vektors $\vec{v}$ bezeichnet. Zwischen diesen Koordinaten besteht der Zusammenhang

$$V^k = g^{kl}V_l \qquad \text{bzw.} \qquad V_k = g_{kl}V^l \tag{4.86a}$$

mit

$$g_{kl} = g_{lk} = \vec{g}_k \cdot \vec{g}_l \qquad \text{bzw.} \qquad g^{kl} = g^{lk} = \vec{g}^{\,k} \cdot \vec{g}^{\,l}\,. \tag{4.86b}$$

Weiterhin gilt mit dem KRONECKER–Symbol

$$\vec{g}_k \cdot \vec{g}^{\,l} = \delta_{kl}\,, \tag{4.87a}$$

und daraus folgt

$$g^{kl}g_{lm} = \delta_{km}\,. \tag{4.87b}$$

Den Übergang von V^k zu V_k bzw. von V_k zu V^k gemäß (4.86b) beschreibt man als Heraufziehen bzw. Herunterziehen des Index durch *Überschiebung*.

Hinweis: In kartesischen Koordinatensystemen sind kovariante und kontravariante Koordinaten einander gleich.

4.3.4.3 Kovariante, kontravariante und gemischte Koordinaten von Tensoren 2. Stufe

1. Koordinatentransformation

In einem kartesischen Koordinatensystem mit den Basisvektoren $\vec{e}_1$, $\vec{e}_2$ und $\vec{e}_3$ kann ein Tensor 2. Stufe $\boldsymbol{T}$ als Matrix

$$\mathbf{T} = \begin{pmatrix} t_{11} & t_{12} & t_{13} \\ t_{21} & t_{22} & t_{23} \\ t_{31} & t_{32} & t_{33} \end{pmatrix} \tag{4.88}$$

dargestellt werden. Durch

$$\vec{r} = x_1(u_1, u_2, u_3)\vec{e}_1 + x_2(u_1, u_2, u_3)\vec{e}_2 + x_3(u_1, u_2, u_3)\vec{e}_3 \tag{4.89}$$

werden krummlinige Koordinaten u_1, u_2, u_3 eingeführt. Die neue Basis werde mit $\vec{g}_1$, $\vec{g}_2$ und $\vec{g}_3$ bezeichnet. Es gilt

$$\vec{g}_l = \frac{\partial \vec{r}}{\partial u_l} = \frac{\partial x_1}{\partial u_l}\vec{e}_1 + \frac{\partial x_2}{\partial u_l}\vec{e}_2 + \frac{\partial x_3}{\partial u_l}\vec{e}_3 = \frac{\partial x_k}{\partial u_l}\vec{e}_k\,. \tag{4.90}$$

Setzt man $\vec{e}_l = \vec{g}^{\,l}$, dann können $\vec{g}_l$ und $\vec{g}^{\,l}$ als kovariante und kontravariante Basisvektoren aufgefaßt werden.

2. Lineare Vektorfunktion

In einem festgelegten Koordinatensystem wird mit Hilfe des Tensors $\boldsymbol{T}$ gemäß (4.88) durch

$$\vec{w} = \boldsymbol{T}\,\vec{v} \tag{4.91a}$$

mit

$$\vec{v} = V_k\vec{g}^{\,k} = V^k\vec{g}_k\,, \quad \vec{w} = W_k\vec{g}^{\,k} = W^k\vec{g}_k \tag{4.91b}$$

eine lineare Beziehung zwischen den Vektoren $\vec{v}$ und $\vec{w}$ hergestellt. Deshalb wird (4.91a) auch als *lineare Vektorfunktion* bezeichnet.

3. Gemischte Koordinaten

Beim Übergang zu einem neuen Koordinatensystem geht (4.91a) in

$$\tilde{\vec{w}} = \tilde{\boldsymbol{T}}\tilde{\vec{v}} \tag{4.92a}$$

über. Dabei entsteht zwischen den Komponenten von $\boldsymbol{T}$ und $\tilde{\boldsymbol{T}}$ der Zusammenhang

$$\tilde{t}_{kl} = \frac{\partial u_k}{\partial x_m}\frac{\partial x_n}{\partial u_l} t_{mn} \,. \tag{4.92b}$$

Man führt die Bezeichnung

$$\tilde{t}_{kl} = T^{k}_{\cdot l} \tag{4.92c}$$

ein und spricht von *gemischten Koordinaten* des Tensors, weil der Index k für kontravariant, der Index l für kovariant steht. Für die Komponenten der Vektoren $\vec{v}$ und $\vec{w}$ gilt dann

$$W^k = T^{k}_{\cdot l} V^l \,. \tag{4.92d}$$

Ersetzt man die kovariante Basis $\vec{g}_k$ durch die kontravariante Basis $\vec{g}^{\,k}$, dann erhält man analog zu (4.92b) und (4.92c)

$$T_k^{\cdot l} = \frac{\partial x_m}{\partial u_k}\frac{\partial u_l}{\partial x_n} t_{mn} \,, \tag{4.93a}$$

und (4.92d) geht in

$$W_k = T_k^{\cdot l} V_l \tag{4.93b}$$

über. Zwischen den gemischten Koordinaten $T_k^{\cdot l}$ und $T^{k}_{\cdot l}$ besteht der Zusammenhang

$$T^{k}_{\cdot l} = g^{km} g_{ln} T_m^{\cdot n} \,. \tag{4.93c}$$

4. Rein kovariante und rein kontravariante Koordinaten
Setzt man in (4.93b) für V_l die Beziehung $V_l = g_{lm} V^m$ ein, so ergibt sich

$$W_k = T_k^{\cdot l} g_{lm} V^m = T_{km} V^m \,, \tag{4.94a}$$

wenn man

$$T_k^{\cdot l} g_{lm} = T_{km} \tag{4.94b}$$

setzt. Die T_{km} heißen rein kovariante Koordinaten des Tensors $\boldsymbol{T}$, weil beide Indizes kovariant stehen. Analog erhält man die rein kontravarianten Koordinaten

$$T^{km} = g^{ml} T^{k}_{\cdot l} \,. \tag{4.95}$$

Explizite Darstellungen:

$$T_{kl} = \frac{\partial x_m}{\partial u_k}\frac{\partial x_n}{\partial u_l} t_{mn} \,, \tag{4.96a}$$

$$T^{kl} = \frac{\partial u_k}{\partial x_m}\frac{\partial u_l}{\partial x_n} t_{mn} \,. \tag{4.96b}$$

4.3.4.4 Rechenregeln

Neben den auf S. 263 bereits formulierten gelten die folgenden Rechenregeln:

1. Addition, Subtraktion Tensoren gleicher Stufe, deren einander entsprechende Indizes beide kovariant oder beide kontravariant stehen, werden koordinatenweise addiert oder subtrahiert und liefern einen Tensor der gleichen Stufe.

2. Multiplikation Die Multiplikation der Koordinaten eines Tensors n-ter Stufe mit denen eines Tensors m-ter Stufe ergibt stets einen Tensor der Stufe $m + n$.

3. Verjüngung Setzt man in einem Tensor n-ter Stufe ($n \geq 2$) einen kovariant und einen kontravariant stehenden Index einander gleich und summiert entsprechend der EINSTEINschen Summenkonvention über diesen Index, dann entsteht ein Tensor der Stufe $n-2$. Diese Operation heißt *Verjüngung*.

4. Überschiebung Unter *Überschiebung* zweier Tensoren versteht man folgende Operation: Beide Tensoren werden multipliziert, und anschließend wird eine Verjüngung des Ergebnisses derart vorgenommen, daß die Indizes, nach denen verjüngt wird, verschiedenen Faktoren angehören.

5. Symmetrie Ein Tensor heißt symmetrisch bezüglich zweier kovariant oder zweier kontravariant stehender Indizes, wenn er sich bei deren Vertauschung nicht ändert.

6. Schiefsymmetrie Ein Tensor heißt schiefsymmetrisch bezüglich zweier kovariant oder zweier kontravariant stehender Indizes, wenn er sich bei deren Vertauschung mit -1 multipliziert.

■ Der Epsilontensor (s. S. 264) ist schiefsymmetrisch bezüglich zweier beliebiger kovarianter oder kontravarianter Indizes.

4.3.5 Pseudotensoren

In der Physik spielt häufig das Spiegelungsverhalten von Tensoren eine entscheidende Rolle. Wegen ihres unterschiedlichen Spiegelungsverhaltens unterscheidet man zwischen *polaren* und *axialen Vektoren* (s. S. 176), obgleich sie mathematisch sonst völlig gleich zu behandeln sind. In ihrer Beschreibung unterscheiden sich polare und axiale Vektoren dadurch, daß axiale Vektoren neben ihrer Länge und Orientierung durch einen Drehsinn dargestellt werden können. Axiale Vektoren werden auch *Pseudovektoren* genannt. Da Vektoren als Tensoren aufgefaßt werden können, wurde allgemein der Begriff des Pseudotensors eingeführt.

4.3.5.1 Punktspiegelung am Koordinatenursprung

1. Tensorverhalten bei Rauminversion

1. Begriff der Rauminversion Unter *Rauminversion* oder *Koordinateninversion* versteht man die *Spiegelung der Ortskoordinaten* von Raumpunkten am Koordinatenursprung. In einem dreidimensionalen kartesischen Koordinatensystem bedeutet Rauminversion eine Umkehr der Vorzeichen der Koordinatenachsen:

$$(x, y, z) \to (-x, -y, -z)\,. \tag{4.97}$$

Dadurch wird ein rechtshändiges in ein linkshändiges Koordinatensystem überführt. Analoges gilt für andere Koordinatensysteme. In Kugelkoordinaten ergibt sich:

$$(r, \vartheta, \varphi) \to (-r, \pi - \vartheta, \varphi + \pi)\,. \tag{4.98}$$

Bei Spiegelungen dieser Art bleiben die Längen von Vektoren und die Winkel zwischen ihnen unverändert. Der Übergang wird durch eine lineare Transformation vermittelt.

2. Transformationsmatrix Die Transformationsmatrix $\mathbf{A} = (a_{\mu\nu})$ einer linearen Transformation im dreidimensionalen Raum gemäß (4.64) hat bei Rauminversion die folgenden Eigenschaften:

$$a_{\mu\nu} = -\delta_{\mu\nu}, \quad \det \mathbf{A} = -1\,. \tag{4.99a}$$

Für die Komponenten eines Tensors n-ter Stufe folgt damit aus (4.67)

$$\tilde{t}_{\mu\nu\cdots\rho} = (-1)^n t_{\mu\nu\cdots\rho}\,. \tag{4.99b}$$

Das bedeutet: Unter einer Punktspiegelung am Koordinatenursprung bleibt ein Tensor 0. Stufe, also ein Skalar, ungeändert, ein Tensor 1. Stufe, also ein Vektor, ändert sein Vorzeichen, ein Tensor 2. Stufe bleibt ungeändert, usw.

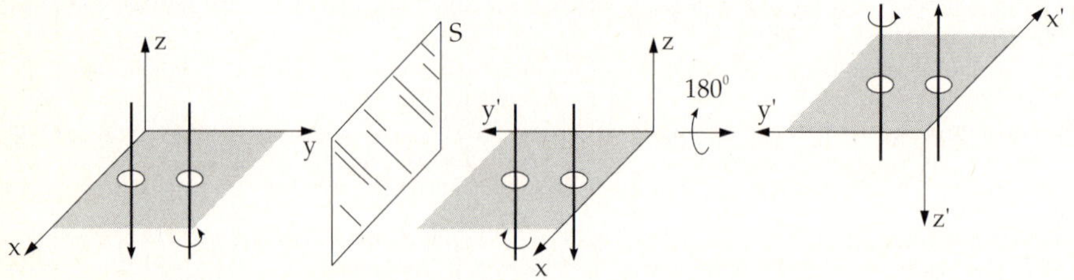

Abbildung 4.3

2. Geometrische Deutung

Die Realisierung der Rauminversion kann man sich in einem dreidimensionalen kartesischen Koordinatensystem geometrisch betrachtet in zwei Schritten vorstellen (**Abb.4.3**):

1. Durch Spiegelung an einer Koordinatenebene, z.B. der x, z–Ebene, geht das x, y, z–Koordinatensystem in das $x, -y, z$–Koordinatensystem über. Ein rechtshändig orientiertes System (s. S. 204) wird dabei in ein linkshändig orientiertes überführt.

2. Durch eine 180°–Drehung des x, y, z–Systems um die y–Achse entsteht das vollständig am Koordinatenursprung gespiegelte Koordinatensystem x, y, z. Es behält im Vergleich zum 1. Schritt seine Linkshändigkeit bei.

Ergebnis: Bei Rauminversion ändert ein polarer Vektor seine *Orientierung* im Raum um 180°, ein axialer Vektor behält seinen Drehsinn bei.

4.3.5.2 Einführung des Begriffs Pseudotensors

1. Vektorprodukt bei Rauminversion Durch Rauminversion werden zwei polare Vektoren $\underline{\mathbf{a}}$ und $\underline{\mathbf{b}}$ in $-\underline{\mathbf{a}}$ bzw. $-\underline{\mathbf{b}}$ überführt, d.h., ihre Komponenten genügen der Transformationsformel (4.99b) für Tensoren 1. Stufe. Betrachtet man dagegen das Vektorprodukt $\underline{\mathbf{c}} = \underline{\mathbf{a}} \times \underline{\mathbf{b}}$ als Beispiel eines axialen Vektors, dann erhält man bei Spiegelung am Koordinatenursprung $\underline{\mathbf{c}} = \underline{\mathbf{c}}$, d.h. eine Verletzung der Transformationsformel (4.99a) für Tensoren 1. Stufe. Deshalb wird der axiale Vektor $\underline{\mathbf{c}}$ als *Pseudovektor* oder allgemein als *Pseudotensor* bezeichnet.

■ Die Vektorprodukte $\vec{r} \times \vec{v}$, $\vec{r} \times \vec{F}$, $\nabla \times \vec{v} = \operatorname{rot}\vec{v}$ mit dem Ortsvektor $\vec{r}$, dem Geschwindigkeitsvektor $\vec{v}$, dem Kraftvektor $\vec{F}$ und dem Nablaoperator ∇ sind Beispiele für axiale Vektoren, die das „falsche" Spiegelungsverhalten besitzen.

2. Skalarprodukt bei Rauminversion Eine Verletzung der Transformationsformel (4.99b) für Tensoren 1. Stufe ergibt sich auch für die Anwendung der Rauminversion auf ein Skalarprodukt aus einem polaren und einem axialen Vektor. Da das Ergebnis des Skalarprodukts ein Skalar ist und dieser in allen Koordinatensystemen denselben Wert besitzt, handelt es sich hierbei um einen besonderen Skalar, *Pseudoskalar* genannt, der die Eigenschaft besitzt, bei Rauminversion sein Vorzeichen zu ändern. Die *Drehinvarianzeigenschaft* des Skalars besitzt der Pseudoskalar nicht.

■ Das Skalarprodukt aus den polaren Vektoren $\vec{r}$ (Ortsvektor) bzw. $\vec{v}$ (Geschwindigkeitsvektor) mit dem axialen Vektor $\vec{\omega}$ (Vektor der Winkelgeschwindigkeit) ergibt die Skalare $\vec{r} \cdot \vec{\omega}$ und $\vec{v} \cdot \vec{\omega}$, die das „falsche" Spiegelungsverhalten zeigen, also Pseudoskalare sind.

3. Spatprodukt bei Rauminversion Das Spatprodukt $(\underline{\mathbf{a}} \times \underline{\mathbf{b}}) \cdot \underline{\mathbf{c}}$ (s. S. 181) aus den polaren Vektoren $\underline{\mathbf{a}}$, $\underline{\mathbf{b}}$ und $\underline{\mathbf{c}}$ ist gemäß (2.) ein *Pseudoskalar*, da der Faktor $(\underline{\mathbf{a}} \times \underline{\mathbf{b}})$ ein axialer Vektor ist. Das Vorzeichen des Spatproduktes ändert sich bei Rauminversion.

4. Pseudovektor und schiefsymmetrischer Tensor 2. Stufe Das Tensorprodukt der axialen Vektoren $\underline{\mathbf{a}} = (a_1, a_2, a_3)^{\mathrm{T}}$ und $\underline{\mathbf{b}} = (b_1, b_2, b_3)^{\mathrm{T}}$ ergibt gemäß (4.72a) einen Tensor 2. Stufe mit den Komponenten $t_{ij} = a_i b_j \quad (i, j = 1, 2, 3)$. Da sich jeder Tensor 2. Stufe als Summe eines symmetrischen und eines schiefsymmetrischen Tensors 2. Stufe darstellen läßt, gilt wegen (4.79)

$$t_{ij} = \frac{1}{2}(a_i b_j + a_j b_i) + \frac{1}{2}(a_i b_j - a_j b_i) \quad (i, j = 1, 2, 3). \tag{4.100}$$

Der schiefsymmetrische Anteil in (4.100) ergibt bis auf den Faktor $\frac{1}{2}$ gerade die Komponenten des Vektorprodukts $(\underline{\mathbf{a}} \times \underline{\mathbf{b}})$, so daß man den axialen Vektor $\underline{\mathbf{c}} = (\underline{\mathbf{a}} \times \underline{\mathbf{b}})$ mit den Komponenten c_1, c_2, c_3 auch als schiefsymmetrischen Tensor 2. Stufe

$$\boldsymbol{C} = \underline{\mathbf{c}} = \begin{pmatrix} 0 & c_{12} & c_{13} \\ -c_{12} & 0 & c_{23} \\ -c_{13} & -c_{23} & 0 \end{pmatrix} \quad \text{(4.101a)} \qquad \text{mit} \qquad \begin{aligned} c_{23} &= a_2 b_3 - a_3 b_2 = c_1 \\ c_{31} &= a_3 b_1 - a_1 b_3 = c_2 \\ c_{12} &= a_1 b_2 - a_2 b_1 = c_3 \end{aligned} \quad \text{(4.101b)}$$

auffassen kann, dessen Komponenten die Transformationsformel (4.99b) für Tensoren 2. Stufe erfüllen.

Damit kann man jeden axialen Vektor (Pseudovektor oder Pseudotensor 1. Stufe) $\underline{\mathbf{c}} = (c_1, c_2, c_3)^{\mathrm{T}}$ als schiefsymmetrischen Tensor 2. Stufe $\boldsymbol{C}$ auffassen, wobei gilt:

$$\boldsymbol{C} = \underline{\mathbf{c}} = \begin{pmatrix} 0 & c_3 & -c_2 \\ -c_3 & 0 & c_1 \\ c_2 & -c_1 & 0 \end{pmatrix}. \tag{4.102}$$

5. Pseudotensoren n–ter Stufe In Verallgemeinerung der Begriffe Pseudoskalar und Pseudovektor ist ein Pseudotensor n–ter Stufe dadurch gekennzeichnet, daß er sich unter einer reinen Drehung (Drehungsmatrix $\mathbf{D}$ mit $\det \mathbf{D} = 1$) wie ein Tensor n–ter Stufe verhält, sein Spiegelungsverhalten sich aber um einen Faktor -1 unterscheidet. Beispiele für Pseudotensoren höherer Stufe s. Lit. [4.2].

4.4 Lineare Gleichungssysteme

4.4.1 Lineare Systeme, Austauschverfahren

4.4.1.1 Lineare Systeme

Ein *lineares System* besteht aus den m Linearformen

$$\begin{array}{l} y_1 = a_{11}x_1 + a_{12}x_2 + \cdots + a_{1n}x_n + a_1 \\ y_2 = a_{21}x_1 + a_{22}x_2 + \cdots + a_{2n}x_n + a_2 \\ \dotfill \\ y_m = a_{m1}x_1 + a_{m2}x_2 + \cdots + a_{mn}x_n + a_m \end{array} \quad \text{bzw.} \quad \underline{\mathbf{y}} = \mathbf{A}\underline{\mathbf{x}} + \underline{\mathbf{a}}\,. \tag{4.103}$$

Die Elemente $a_{\mu\nu}$ der Matrix $\mathbf{A}$, die vom Typ (m, n) ist, und die Komponenten a_μ $(\mu = 1, 2, \ldots, m)$ des Spaltenvektors $\underline{\mathbf{a}}$ sind konstant. Die Komponenten x_ν $(\nu = 1, 2, \ldots, n)$ des Spaltenvektors $\underline{\mathbf{x}}$ sind die *unabhängigen*, die Komponenten y_μ $(\mu = 1, 2, \ldots, m)$ des Spaltenvektors $\underline{\mathbf{y}}$ die *abhängigen Variablen*.

4.4.1.2 Austauschverfahren

1. Austauschschema

Wenn in (4.103) ein Element a_{ik} von Null verschieden ist, dann kann in einem sogenannten *Austauschschritt* die Variable y_i zur unabhängigen und die Variable x_k zur abhängigen Variablen gemacht werden. Der Austauschschritt ist das Grundelement des Austauschverfahrens, mit dessen Hilfe z.B. lineare Gleichungssysteme und lineare Optimierungsaufgaben gelöst werden können. Der Austauschschritt wird mit Hilfe der Schemata

$$\begin{array}{c|cccccc} & x_1 & x_2 & \cdots & x_k & \cdots & x_n & 1 \\ \hline y_1 & a_{11} & a_{12} & \cdots & a_{1k} & \cdots & a_{1n} & a_1 \\ y_2 & a_{21} & a_{22} & \cdots & a_{2k} & \cdots & a_{2n} & a_2 \\ \vdots & \cdots & & & & & & \\ y_i & a_{i1} & a_{i2} & \cdots & \boxed{a_{ik}} & \cdots & a_{in} & a_i \\ \vdots & \cdots & & & & & & \\ y_m & a_{m1} & a_{m2} & \cdots & a_{mk} & \cdots & a_{mn} & a_m \\ \hline x_k & \alpha_{i1} & \alpha_{i2} & \cdots & \alpha_{ik} & \cdots & \alpha_{in} & \alpha_i \end{array}\,, \qquad \begin{array}{c|cccccc} & x_1 & x_2 & \cdots & y_i & \cdots & x_n & 1 \\ \hline y_1 & \alpha_{11} & \alpha_{12} & \cdots & \alpha_{1k} & \cdots & \alpha_{1n} & \alpha_1 \\ y_2 & \alpha_{21} & \alpha_{22} & \cdots & \alpha_{2k} & \cdots & \alpha_{2n} & \alpha_2 \\ \vdots & \cdots & & & & & & \\ x_k & \alpha_{i1} & \alpha_{i2} & \cdots & \alpha_{ik} & \cdots & \alpha_{in} & \alpha_i \\ \vdots & \cdots & & & & & & \\ y_m & \alpha_{m1} & \alpha_{m2} & \cdots & \alpha_{mk} & \cdots & \alpha_{mn} & \alpha_m \end{array} \tag{4.104}$$

durchgeführt, wobei das linke Schema dem System (4.103) entspricht.

2. Austauschregeln

Das in dem linken Schema hervorgehobene Element a_{ik} $(a_{ik} \neq 0)$ wird *Pivotelement* genannt; es steht im Schnittpunkt von *Pivotspalte* und *Pivotzeile*. Die Elemente $\alpha_{\mu\nu}$ und α_μ des neuen rechten Schemas werden nach den folgenden *Austauschregeln* bestimmt:

1. $\alpha_{ik} = \dfrac{1}{a_{ik}}\,,$ (4.105a) **2.** $\alpha_{\mu k} = \dfrac{a_{\mu k}}{a_{ik}} \quad (\mu = 1, \ldots, m; \mu \neq i)\,,$ (4.105b)

3. $\alpha_{i\nu} = -\dfrac{a_{i\nu}}{a_{ik}}, \quad \alpha_i = -\dfrac{a_i}{a_{ik}} \quad (\nu = 1, 2, \ldots, n; \nu \neq k)\,,$ (4.105c)

4. $\alpha_{\mu\nu} = a_{\mu\nu} - a_{\mu k}\dfrac{a_{i\nu}}{a_{ik}} = a_{\mu\nu} + a_{\mu k}\alpha_{i\nu}\,, \quad \alpha_\mu = a_\mu + a_{\mu k}\alpha_i$ (für alle $\mu \neq i$ und alle $\nu \neq k$). (4.105d)

Zur Rechenerleichterung (4. Regel) werden die Elemente $\alpha_{i\nu}$ dem Ausgangsschema als $(m+1)$-te Zeile (Kellerzeile) hinzugefügt. Mit Hilfe dieser Austauschregeln können weitere Variable ausgetauscht werden.

4.4.1.3 Lineare Abhängigkeiten

Die Linearformen (4.103) sind genau dann linear unabhängig (s. S. 496), wenn sich sämtliche y_μ gegen unabhängige Variable x_ν austauschen lassen. Die lineare Unabhängigkeit wird z.B. für die Rangbestimmung bei Matrizen benötigt. Anderenfalls läßt sich die Abhängigkeitsbeziehung unmittelbar aus dem Schema ablesen.

■

	x_1	x_2	x_3	x_4	1
y_1	2	1	1	0	−2
y_2	1	−1	0	0	2
y_3	1	5	2	0	0
y_4	0	2	0	1	0

Nach 3 Austauschschritten (z.B. $y_4 \to x_4$, $y_2 \to x_1$, $y_1 \to x_3$) erhält man:

	y_2	x_2	y_1	y_4	1
x_3	−2	−3	1	0	6
x_1	1	1	0	0	−2
y_3	−3	$\boxed{0}$	2	0	10
x_4	0	−2	0	1	0

.

Wegen $\alpha_{32} = 0$ ist kein weiterer Austausch möglich, und man kann die Abhängigkeitsbeziehung $y_3 = 2y_1 - 3y_2 + 10$ ablesen. Auch bei einer anderen Reihenfolge des Austausches wäre ein nicht austauschbares Paar von Variablen übriggeblieben.

4.4.1.4 Invertierung einer Matrix

Im Falle einer nichtsingulären Matrix $\mathbf{A}$ vom Typ (n, n) erhält man nach n Austauschschritten, angewandt auf das System $\underline{\mathbf{y}} = \mathbf{A}\underline{\mathbf{x}}$, die inverse Matrix $\mathbf{A}^{-1}$.

■ $$\mathbf{A} = \begin{pmatrix} 3 & 5 & 1 \\ 2 & 4 & 5 \\ 1 & 2 & 2 \end{pmatrix} \Longrightarrow \begin{array}{c|ccc} & x_1 & x_2 & x_3 \\ \hline y_1 & 3 & 5 & 1 \\ y_2 & 2 & 4 & 5 \\ y_3 & \boxed{1} & 2 & 2 \end{array}, \quad \begin{array}{c|ccc} & y_3 & x_2 & x_3 \\ \hline y_1 & 3 & -1 & -5 \\ y_2 & 2 & 0 & \boxed{1} \\ x_1 & 1 & -2 & -2 \end{array}, \quad \begin{array}{c|ccc} & y_3 & x_2 & y_2 \\ \hline y_1 & 13 & \boxed{-1} & -5 \\ x_3 & -2 & 0 & 1 \\ x_1 & 5 & -2 & -2 \end{array}, \quad \begin{array}{c|ccc} & y_3 & y_1 & y_2 \\ \hline x_2 & 13 & -1 & -5 \\ x_3 & -2 & 0 & 1 \\ x_1 & -21 & 2 & 8 \end{array}.$$

Nach dem Ordnen der Elemente erhält man: $\mathbf{A}^{-1} = \begin{pmatrix} 2 & 8 & -21 \\ -1 & -5 & 13 \\ 0 & 1 & -2 \end{pmatrix}.$

4.4.2 Lösung linearer Gleichungssysteme

4.4.2.1 Definition und Lösbarkeit

1. Lineares Gleichungssystem

Ein System von m linearen Gleichungen mit n Unbekannten $x_1, x_2, \ldots, x_n$

$$\begin{aligned} a_{11}x_1 + a_{12}x_2 + \cdots + a_{1n}x_n &= a_1 \\ a_{21}x_1 + a_{22}x_2 + \cdots + a_{2n}x_n &= a_2 \\ &\vdots \\ a_{m1}x_1 + a_{m2}x_2 + \cdots + a_{mn}x_n &= a_m \end{aligned} \qquad \text{bzw. in Kurzform} \quad \mathbf{A}\underline{\mathbf{x}} = \underline{\mathbf{a}}\,, \tag{4.106a}$$

heißt ein *lineares Gleichungssystem.* Dabei bedeuten:

$$\mathbf{A} = \begin{pmatrix} a_{11} & a_{12} & \cdots & a_{1n} \\ a_{21} & a_{22} & \cdots & a_{2n} \\ \vdots & & & \\ a_{m1} & a_{m2} & \cdots & a_{mn} \end{pmatrix}, \quad \underline{\mathbf{a}} = \begin{pmatrix} a_1, \\ a_2, \\ \vdots \\ a_m \end{pmatrix}, \quad \underline{\mathbf{x}} = \begin{pmatrix} x_1, \\ x_2, \\ \vdots \\ x_n \end{pmatrix}. \tag{4.106b}$$

Je nachdem, ob der Spaltenvektor $\underline{\mathbf{a}}$ verschwindet ($\underline{\mathbf{a}} = \underline{0}$), oder nicht ($\underline{\mathbf{a}} \neq \underline{0}$), spricht man von einem *homogenen* bzw. *inhomogenen Gleichungssystem.* Die Elemente $a_{\mu\nu}$ der sogenannten *Koeffizientenmatrix* **A** sind die Koeffizienten des Systems, während die Komponenten a_μ des Spaltenvektors $\underline{\mathbf{a}}$ seine *Absolutglieder* sind.

2. Lösbarkeit eines linearen Gleichungssystems

Ein lineares Gleichungssystem heißt lösbar, wenn wenigstens ein Vektor $\underline{\mathbf{x}} = \underline{\boldsymbol{\alpha}}$ existiert, der (4.106a) zu einer Identität macht. Anderenfalls heißt das System unlösbar. Das Lösungsverhalten hängt vom Rang der erweiterten Matrix $(\mathbf{A}, \underline{\mathbf{a}})$ ab. Letztere entsteht durch Hinzufügen der Komponenten des Vektors $\underline{\mathbf{a}}$ als $(n+1)$–te Spalte zur Matrix **A**. Es gilt:

1. Allgemeine Regel für das inhomogene System Das inhomogene System $\mathbf{A}\underline{\mathbf{x}} = \underline{\mathbf{a}}$ ist genau dann lösbar, wenn

$$\operatorname{Rg}(\mathbf{A}) = \operatorname{Rg}(\mathbf{A}, \underline{\mathbf{a}}), \tag{4.107a}$$

ist. Für $r = \operatorname{Rg}(\mathbf{A})$ gilt die folgende Fallunterscheidung:

a) Für $r = n$ ist die Lösung eindeutig, (4.107b)

b) für $r < n$ ist die Lösung nicht eindeutig, (4.107c)

d.h., $n - r$ Unbekannte können als Parameter frei gewählt werden.

■ **A:**

$$\begin{aligned} x_1 - 2x_2 + 3x_3 - x_4 + 2x_5 &= 2 \\ 3x_1 - x_2 + 5x_3 - 3x_4 - x_5 &= 6 \\ 2x_1 + x_2 + 2x_3 - 2x_4 - 3x_5 &= 8 \end{aligned}$$

Die Matrix **A** hat den Rang 2, die *erweiterte Koeffizientenmatrix* $(\mathbf{A}, \underline{\mathbf{a}})$ den Rang 3, d.h., das System ist unlösbar.

■ **B:**

$$\begin{aligned} x_1 - x_2 + 2x_3 &= 1 \\ x_1 - 2x_2 - x_3 &= 2 \\ 3x_1 - x_2 + 5x_3 &= 3 \\ -2x_1 + 2x_2 + 3x_3 &= -4 \end{aligned}$$

Die Matrizen **A** und $(\mathbf{A}, \underline{\mathbf{a}})$ haben beide den Rang 3. Wegen $r = n = 3$ ist die Lösung eindeutig. Sie lautet: $x_1 = \frac{10}{7}, \quad x_2 = -\frac{1}{7}, \quad x_3 = -\frac{2}{7}$.

■ **C:**

$$\begin{aligned} x_1 - x_2 + x_3 - x_4 &= 1 \\ x_1 - x_2 - x_3 + x_4 &= 0 \\ x_1 - x_2 - 2x_3 + 2x_4 &= -\frac{1}{2} \end{aligned}$$

Die Matrizen **A** und $(\mathbf{A}, \underline{\mathbf{a}})$ haben beide den Rang 2. Das System ist lösbar, aber wegen $r < n$ nicht eindeutig. Man kann $n - r = 2$ Unbekannte als freie Parameter wählen und erhält z.B.: $x_2 = x_1 - \frac{1}{2}, \quad x_3 = x_4 + \frac{1}{2} \quad (x_1, x_4 \text{ beliebig})$.

■ **D:**

$$\begin{aligned} x_1 + 2x_2 - x_3 + x_4 &= 1 \\ 2x_1 - x_2 + 2x_3 + 2x_4 &= 2 \\ 3x_1 + x_2 + x_3 + 3x_4 &= 3 \\ x_1 - 3x_2 + 3x_3 + x_4 &= 0 \end{aligned}$$

Die Anzahl der Gleichungen stimmt mit der Anzahl der Unbekannten überein, aber das System ist wegen $\operatorname{Rg}(\mathbf{A}) = 2$, $\operatorname{Rg}(\mathbf{A}, \underline{\mathbf{a}}) = 3$ unlösbar.

2. Triviale Lösung und Fundamentalsystem des homogenen Systems

a) Das homogene Gleichungssystem $\mathbf{A}\underline{\mathbf{x}} = \underline{\mathbf{0}}$ besitzt stets die sogenannte triviale Lösung

$$x_1 = x_2 = \ldots = x_n = 0. \tag{4.108a}$$

b) Besitzt es eine nichttriviale Lösung $\underline{\mathbf{x}} = \underline{\boldsymbol{\alpha}} = (\alpha_1, \alpha_2, \ldots, \alpha_n)^{\mathrm{T}}$, d.h. $\underline{\boldsymbol{\alpha}} \neq \underline{\mathbf{0}}$, dann ist auch $\underline{\mathbf{x}} = k\underline{\boldsymbol{\alpha}}$ mit k beliebig und reell eine Lösung des homogenen Gleichungssystems. Besitzt es l nichttriviale, linear unabhängige Lösungen $\underline{\alpha}_1$, $\underline{\alpha}_2, \ldots, \underline{\alpha}_l$, dann bilden diese ein sogenanntes Fundamentalsystem (s. S. 496), und die allgemeine Lösung des homogenen linearen Gleichungssystems ist von der Form

$$\underline{\mathbf{x}} = k_1\underline{\alpha}_1 + k_2\underline{\alpha}_2 + \cdots + k_l\underline{\alpha}_l \qquad (k_1, k_2, \ldots, k_l \text{ beliebig reell}). \tag{4.108b}$$

Gilt für den Rang der Koeffizientenmatrix $\mathbf{A}$ des homogenen Gleichungssystems $r < n$, wobei n die Anzahl der Unbekannten ist, dann besitzt das homogene Gleichungssystem ein Fundamentalsystem von Lösungen. Im Falle $r = n$ hat das homogene System nur die Triviallösung.

Zur Bestimmung eines Fundamentalsystems im Falle $r < n$ können $n - r$ Unbekannte als freie Parameter gewählt werden, und zwar derart, daß sich die übrigen Unbekannten durch diese ausdrücken lassen, d.h., die entsprechende r-reihige Unterdeterminante darf nicht Null sein. Man kann das durch Umordnen der Gleichungen und Unbekannten erreichen. Erhält man z.B.

$$\begin{aligned} x_1 &= x_1(x_{r+1}, x_{r+2}, \ldots, x_n) \\ x_2 &= x_2(x_{r+1}, x_{r+2}, \ldots, x_n) \\ \vdots\ &\ \vdots \qquad \vdots \\ x_r &= x_r(x_{r+1}, x_{r+2}, \ldots, x_n) \end{aligned},$$

dann ergeben sich die Fundamentallösungen z.B. durch die folgende Wahl der freien Parameter:

	x_{r+1}	x_{r+2}	x_{r+3}	$\cdots$	x_n
1. Fundamentallösung	1	0	0	$\cdots$	0
2. Fundamentallösung	0	1	0	$\cdots$	0
$\vdots$	$\vdots$	$\vdots$	$\vdots$	$\vdots$	$\vdots$
$(n-r)$-te Fundamentallösung	0	0	0	$\cdots$	1.

(4.109)

■ **E:**

$$\begin{aligned} x_1 - \ x_2 + 5x_3 - \ x_4 &= 0 \\ x_1 + \ x_2 - 2x_3 + 3x_4 &= 0 \\ 3x_1 - \ x_2 + 8x_3 + \ x_4 &= 0 \\ x_1 + 3x_2 - 9x_3 + 7x_4 &= 0 \end{aligned}$$

Der Rang der Matrix $\mathbf{A}$ ist gleich 2. Das Gleichungssystem läßt sich nach x_1 und x_2 auflösen, und man erhält: $x_1 = -\frac{3}{2}x_3 - x_4$, $x_2 = \frac{7}{2}x_3 - 2x_4$ (x_3, x_4 beliebig). Fundamentallösungen sind $\underline{\alpha}_1 = (-\frac{3}{2}, \frac{7}{2}, 1, 0)^{\mathrm{T}}$ und $\underline{\alpha}_2 = (-1, -2, 0, 1)^{\mathrm{T}}$.

4.4.2.2 Anwendung des Austauschverfahrens

1. Zuordnung eines Systems linearer Funktionen

Zur Lösung von (4.106a) wird dem linearen Gleichungssystem $\mathbf{A}\underline{\mathbf{x}} = \underline{\mathbf{a}}$ ein System linearer Funktionen $\underline{\mathbf{y}} = \mathbf{A}\underline{\mathbf{x}} - \underline{\mathbf{a}}$ zugeordnet, auf das das Austauschverfahren (s. S. 270) anzuwenden ist:

$$\mathbf{A}\underline{\mathbf{x}} = \underline{\mathbf{a}} \quad (4.110a) \qquad \text{ist äquivalent zu} \qquad \underline{\mathbf{y}} = \mathbf{A}\underline{\mathbf{x}} - \underline{\mathbf{a}} = \underline{\mathbf{0}}. \quad (4.110b)$$

Die Matrix $\mathbf{A}$ ist vom Typ (m, n), $\underline{\mathbf{a}}$ ist ein Spaltenvektor mit m Komponenten, d.h., die Anzahl m der Gleichungen muß nicht mit der Anzahl n der Unbekannten übereinstimmen. Nach Abschluß des Austauschverfahrens wird $\underline{\mathbf{y}} = \underline{\mathbf{0}}$ gesetzt. Das Lösungsverhalten von $\mathbf{A}\underline{\mathbf{x}} = \underline{\mathbf{a}}$ kann unmittelbar aus dem letzten Austauschschema abgelesen werden.

2. Lösbarkeit des linearen Gleichungssystems

Das lineare Gleichungssystem (4.110a) ist genau dann lösbar, wenn für das zugeordnete System linearer Funktionen (4.110b) einer der folgenden zwei Fälle gilt:

1. Fall: Alle y_μ ($\mu = 1, 2, \ldots, m$) lassen sich gegen gewisse x_ν austauschen. Das bedeutet, das zugehörige System linearer Funktionen ist linear unabhängig.

2. Fall: Mindestens ein y_σ ist nicht mehr gegen ein x_ν austauschbar, d.h., es gilt

$$y_\sigma = \lambda_1 y_1 + \lambda_2 y_2 + \cdots + \lambda_m y_m + \lambda_0, \tag{4.111}$$

und es ist $\lambda_0 = 0$. Das bedeutet, das zugehörige System linearer Funktionen ist linear abhängig.

3. Unlösbarkeit des linearen Gleichungssystems

Das lineare Gleichungssystem ist unlösbar, wenn sich im obigen 2. Fall $\lambda_0 \neq 0$ ergibt. Dann enthält das System einen Widerspruch.

■
$$\begin{aligned} x_1 - 2x_2 + 4x_3 - x_4 &= 2 \\ -3x_1 + 3x_2 - 3x_3 + 4x_4 &= 3 \\ 2x_1 - 3x_2 + 5x_3 - 3x_4 &= -1 \end{aligned}$$

	x_1	x_2	x_3	x_4	1
y_1	1	−2	4	−1	−2
y_2	−3	3	−3	4	−3
y_3	2	−3	5	−3	1

Nach 3 Austauschschritten (z.B. $y_1 \to x_1$, $y_3 \to x_4$, $y_2 \to x_2$) erhält man:

	y_1	y_2	x_3	y_3	1
x_1	$\frac{3}{2}$	$-\frac{3}{2}$	2	$-\frac{5}{2}$	1
x_2	$-\frac{1}{2}$	$-\frac{1}{2}$	3	$-\frac{1}{2}$	−2
x_4	$\frac{3}{2}$	$-\frac{1}{2}$	0	$-\frac{3}{2}$	3.

Das Verfahren endet mit dem 1. Fall: y_1, y_2, y_3 und x_3 sind unabhängige Variable. Man setzt $y_1 = y_2 = y_3 = 0$, und $x_3 = t$ $(-\infty < t < \infty)$ ist ein Parameter. Damit lautet die Lösung $x_1 = 2t + 1$, $x_2 = 3t - 2$, $x_3 = t$, $x_4 = 3$.

4.4.2.3 Cramersche Regel

In dem wichtigen Spezialfall, in dem die Anzahl der Unbekannten mit der Anzahl der Gleichungen des Systems

$$\begin{aligned} a_{11}x_1 + a_{12}x_2 + \cdots + a_{1n}x_n &= a_1 \\ a_{21}x_1 + a_{22}x_2 + \cdots + a_{2n}x_n &= a_2 \\ \vdots \qquad\qquad\qquad \vdots \quad &\;\; \vdots \;\; \vdots \\ a_{n1}x_1 + a_{n2}x_2 + \cdots + a_{nn}x_n &= a_n \end{aligned} \tag{4.112a}$$

übereinstimmt und die Koeffizientendeterminante $\mathrm{D} = \det \mathbf{A}$ nicht verschwindet, d.h.

$$\mathrm{D} = \det \mathbf{A} \neq 0\,, \tag{4.112b}$$

kann die Lösung des inhomogenen Gleichungssystems (4.112a) explizit und eindeutig angegeben werden:

$$x_1 = \frac{\mathrm{D}_1}{\mathrm{D}}\,, \quad x_2 = \frac{\mathrm{D}_2}{\mathrm{D}}\,, \quad \ldots, \quad x_n = \frac{\mathrm{D}_n}{\mathrm{D}}\,. \tag{4.112c}$$

Mit D_ν wird die Determinante bezeichnet, die aus D dadurch entsteht, daß die Elemente $a_{\mu\nu}$ der ν-ten Spalte von D durch die Absolutglieder a_μ ersetzt werden, z.B.

$$\mathrm{D}_2 = \begin{vmatrix} a_{11} & a_1 & a_{13} & \cdots & a_{1n} \\ a_{21} & a_2 & a_{23} & \cdots & a_{2n} \\ \vdots & \vdots & \vdots & \vdots & \vdots \\ a_{n1} & a_n & a_{n3} & \cdots & a_{nn} \end{vmatrix}\,. \tag{4.112d}$$

Ist $\mathrm{D} = 0$ und sind nicht alle $\mathrm{D}_\nu = 0$, dann ist das System (4.112a) unlösbar. Im Falle $\mathrm{D} = 0$ und $\mathrm{D}_\nu = 0$ für alle $\nu = 1, 2, \ldots, n$, d.h., D und alle D_ν sind gleich null, ist es möglich, daß eine Lösung existiert. Diese ist aber nicht eindeutig (s. Hinweis S. 274).

■
$$\begin{aligned} 2x_1 + x_2 + 3x_3 &= 9 \\ x_1 - 2x_2 + x_3 &= -2\,. \\ 3x_1 + 2x_2 + 2x_3 &= 7 \end{aligned} \qquad \mathrm{D} = \begin{vmatrix} 2 & 1 & 3 \\ 1 & -2 & 1 \\ 3 & 2 & 2 \end{vmatrix} = 13\,,$$

$$\mathrm{D}_1 = \begin{vmatrix} 9 & 1 & 3 \\ -2 & -2 & 1 \\ 7 & 2 & 2 \end{vmatrix} = -13\,, \quad \mathrm{D}_2 = \begin{vmatrix} 2 & 9 & 3 \\ 1 & -2 & 1 \\ 3 & 7 & 2 \end{vmatrix} = 26\,, \quad \mathrm{D}_3 = \begin{vmatrix} 2 & 1 & 9 \\ 1 & -2 & -2 \\ 3 & 2 & 7 \end{vmatrix} = 39\,.$$

Das System hat die eindeutige Lösung $x_1 = \frac{\mathrm{D}_1}{\mathrm{D}} = -1$, $x_2 = \frac{\mathrm{D}_2}{\mathrm{D}} = 2$, $x_3 = \frac{\mathrm{D}_3}{\mathrm{D}} = 3$.

Hinweis: Für die praktische Lösung von linearen Gleichungssystemen höherer Dimensionen ist die

CRAMERsche Regel nicht geeignet. Der Rechenaufwand übersteigt mit wachsender Dimension sehr schnell alle Vorstellungen. Deshalb verwendet man zur numerischen Lösung linearer Gleichungssysteme den GAUSSschen Algorithmus bzw. das Austauschverfahren oder iterative Methoden (s. S. 878).

4.4.2.4 Gaußscher Algorithmus

1. GAUSSsches Eliminationsprinzip Zur Lösung des linearen Gleichungssystems $\mathbf{A}\underline{\mathbf{x}} = \underline{\mathbf{a}}$ (4.106a) von m Gleichungen mit n Unbekannten kann das GAUSS*sche Eliminationsprinzip* angewendet werden. Es besteht darin, mit Hilfe einer Gleichung eine Unbekannte aus den restlichen Gleichungen zu entfernen. Dadurch entsteht ein System von $m-1$ Gleichungen und $n-1$ Unbekannten. Dieses Prinzip wird entsprechend oft angewendet, bis ein sogenanntes *gestaffeltes Gleichungssystem* entstanden ist, aus dem dann die Lösung bzw. das Lösungsverhalten des Ausgangssystems einfach ermittelt bzw. abgelesen werden kann.

2. GAUSS–Schritte Der erste GAUSS–Schritt wird an der erweiterten Koeffizientenmatrix $(\mathbf{A}, \underline{\mathbf{a}})$ demonstriert (s. S. 272):

Es sei $a_{11} \neq 0$, wenn nicht, dann werden entsprechende Gleichungen vertauscht. In der Matrix

$$\left(\begin{array}{cccc|c} a_{11} & a_{12} & \cdots & a_{1n} & a_1 \\ a_{21} & a_{22} & \cdots & a_{2n} & a_2 \\ \vdots & \vdots & \vdots & \vdots & \vdots \\ a_{m1} & a_{m2} & \cdots & a_{mn} & a_m \end{array}\right) \tag{4.113a}$$

werden die Glieder der 1. Zeile der Reihe nach mit $-\frac{a_{21}}{a_{11}}, -\frac{a_{31}}{a_{11}}, \ldots, -\frac{a_{m1}}{a_{11}}$ multipliziert und die Ergebnisse zur 2., 3.,…, m–ten Zeile addiert. Die umgeformte Matrix hat dann die Form

$$\left(\begin{array}{cccc|c} a_{11} & a_{12} & \cdots & a_{1n} & a_1 \\ 0 & a'_{22} & \cdots & a'_{2n} & a'_2 \\ \vdots & \vdots & \vdots & \vdots & \vdots \\ 0 & a'_{m2} & \cdots & a'_{mn} & a'_m \end{array}\right). \tag{4.113b}$$

Die $(r-1)$–malige Anwendung dieses GAUSS–Schrittes liefert

$$\left(\begin{array}{cccccccc|c} a_{11} & a_{12} & a_{13} & \cdots & & a_{1,r+1} & \cdots & a_{1n} & a_1 \\ 0 & a'_{22} & a'_{23} & \cdots & & a'_{2,r+1} & \cdots & a'_{2n} & a'_2 \\ 0 & 0 & a''_{33} & \cdots & & a''_{3,r+1} & \cdots & a''_{3n} & a''_3 \\ \cdots & \cdots & & & & \cdots & \cdots & \cdots & \cdots \\ 0 & 0 & \cdots & & a^{(r-1)}_{r,r} & a^{(r-1)}_{r,r+1} & \cdots & a^{(r-1)}_{rn} & a^{(r-1)}_r \\ 0 & 0 & \cdots & & 0 & 0 & \cdots & 0 & a^{(r-1)}_{r+1} \\ 0 & 0 & \cdots & & 0 & 0 & \cdots & 0 & a^{(r-1)}_m \end{array}\right). \tag{4.114}$$

3. Lösungsverhalten GAUSS–Schritte sind elementare Umformungen, durch die der Rang der Matrix $(\mathbf{A}, \underline{\mathbf{a}})$ und damit auch die Lösung und das Lösungsverhalten des Systems nicht geändert werden. Aus (4.114) liest man für das zu lösende inhomogene lineare Gleichungssystem ab:

1. Fall: Das System ist unlösbar, wenn eine der Zahlen $a^{(r-1)}_{r+1}, a^{(r-1)}_{r+2}, \ldots, a^{(r-1)}_m$ von Null verschieden ist.

2. Fall: Das System ist lösbar, wenn gilt $a^{(r-1)}_{r+1} = a^{(r-1)}_{r+2} = \ldots = a^{(r-1)}_m = 0$. Weiterhin ist zu unterscheiden:

a) $r = n$: Die Lösung ist eindeutig.

b) $r < n$: Die Lösung ist nicht eindeutig; $n - r$ Unbekannte sind als Parameter frei wählbar.

Im Falle der Lösbarkeit werden die Unbekannten sukzessiv, mit der letzten Gleichung beginnend, aus dem gestaffelten Gleichungssystem, das zu (4.114) gehört, bestimmt.

■ **A:**
$$\begin{aligned} x_1 + 2x_2 + 3x_3 + 4x_4 &= -2 \\ 2x_1 + 3x_2 + 4x_3 + x_4 &= 2 \\ 3x_1 + 4x_2 + x_3 + 2x_4 &= 2 \\ 4x_1 + x_2 + 2x_3 + 3x_4 &= -2 \end{aligned}$$
Nach drei GAUSS–Schritten hat die erweiterte Koeffizientenmatrix die Form
$$\left(\begin{array}{cccc|c} 1 & 2 & 3 & 4 & -2 \\ 0 & -1 & -2 & -7 & 6 \\ 0 & 0 & -4 & 4 & -4 \\ 0 & 0 & 0 & 40 & -40 \end{array}\right).$$
Die Lösung ist eindeutig, und aus dem zugehörigen gestaffelten linearen Gleichungssystem folgt $x_1 = 0$, $x_2 = 1$, $x_3 = 0$, $x_4 = -1$.

■ **B:**
$$\begin{aligned} -x_1 - 3x_2 - 12x_3 &= -5 \\ -x_1 + 2x_2 + 5x_3 &= 2 \\ 5x_2 + 17x_3 &= 7 \\ 3x_1 - x_2 + 2x_3 &= 1 \\ 7x_1 - 4x_2 - x_3 &= 0 \end{aligned}$$
Nach zwei GAUSS–Schritten hat die erweiterte Koeffizientenmatrix die Form
$$\left(\begin{array}{ccc|c} -1 & -3 & -12 & -5 \\ 0 & 5 & 17 & 7 \\ 0 & 0 & 0 & 0 \\ 0 & 0 & 0 & 0 \\ 0 & 0 & 0 & 0 \end{array}\right).$$
Eine Lösung existiert, aber sie ist nicht eindeutig. Man kann eine Unbekannte als freien Parameter wählen, z.B. $x_3 = t\ (-\infty < t < \infty)$, und erhält: $x_1 = \frac{4}{5} - \frac{9}{5}t$, $x_2 = \frac{7}{5} - \frac{17}{5}t$, $x_3 = t$.

4.4.3 Überbestimmte lineare Gleichungssysteme

4.4.3.1 Überbestimmte lineare Gleichungssysteme und lineare Quadratmittelprobleme

1. Überbestimmte Gleichungssysteme

Das lineare Gleichungssystem
$$\mathbf{A}\underline{\mathbf{x}} = \underline{\mathbf{b}} \tag{4.115}$$
besitze eine rechteckige Koeffizientenmatrix $\mathbf{A} = (a_{ij})$ mit $i = 1, 2, \ldots, m$; $j = 1, 2, \ldots, n$; $m \geq n$. Die Matrix $\mathbf{A}$ und der Vektor $\underline{\mathbf{b}} = (b_1, b_2, \ldots, b_n)^{\mathrm{T}}$ der rechten Seite seien bekannt. Gesucht sei der Vektor $\underline{\mathbf{x}} = (x_1, x_2, \ldots, x_n)^{\mathrm{T}}$. Wegen $m \geq n$ spricht man von einem *überbestimmten System*. Sein Lösungsverhalten und gegebenenfalls seine Lösung können z.B. mit dem Austauschverfahren bestimmt werden.

2. Lineares Quadratmittelproblem

Wenn (4.115) das mathematische Modell eines praktischen Vorganges darstellt ($\mathbf{A}$, $\underline{\mathbf{b}}$ und $\underline{\mathbf{x}}$ reell), dann werden auf Grund von Meßfehlern oder anderen Fehlern die einzelnen Gleichungen von (4.115) nicht exakt erfüllbar sein, sondern es wird sich ein Restvektor $\underline{\mathbf{r}} = (r_1, r_2, \ldots, r_m)^{\mathrm{T}}$ mit
$$\underline{\mathbf{r}} = \mathbf{A}\underline{\mathbf{x}} - \underline{\mathbf{b}}, \qquad \underline{\mathbf{r}} \neq \underline{\mathbf{0}} \tag{4.116}$$
ergeben. In diesem Falle wird man $\underline{\mathbf{x}}$ so bestimmen, daß
$$\sum_{i=1}^{m} r_i^2 = \underline{\mathbf{r}}^{\mathrm{T}}\underline{\mathbf{r}} = (\mathbf{A}\underline{\mathbf{x}} - \underline{\mathbf{b}})^{\mathrm{T}}(\mathbf{A}\underline{\mathbf{x}} - \underline{\mathbf{b}}) = \min \tag{4.117}$$
gilt, d.h., daß die *Fehlerquadratsumme* minimal wird. Dieses Prinzip geht auf GAUSS zurück. Man bezeichnet (4.117) auch als *lineares Quadratmittelproblem*. Die *Norm* $||\underline{\mathbf{r}}|| = \sqrt{\underline{\mathbf{r}}^{\mathrm{T}} \cdot \underline{\mathbf{r}}}$ des Restvektors $\underline{\mathbf{r}}$ heißt *Residuum*.

3. GAUSS–Transformation

Der Vektor $\underline{\mathbf{x}}$ ist genau dann eine Lösung von (4.117), wenn der Restvektor $\underline{\mathbf{r}}$ orthogonal zu allen Spalten von $\mathbf{A}$ ist. Das bedeutet:
$$\mathbf{A}^{\mathrm{T}}\underline{\mathbf{r}} = \mathbf{A}^{\mathrm{T}}(\mathbf{A}\underline{\mathbf{x}} - \underline{\mathbf{b}}) = \underline{\mathbf{0}} \qquad \text{oder} \qquad \mathbf{A}^{\mathrm{T}}\mathbf{A}\underline{\mathbf{x}} = \mathbf{A}^{\mathrm{T}}\underline{\mathbf{b}}. \tag{4.118}$$
Die Gleichung (4.118) stellt ein lineares Gleichungssystem mit quadratischer Koeffizientenmatrix dar. Es wird als *System der Normalgleichungen* bezeichnet. Seine Dimension ist n. Den Übergang von

(4.115) zu (4.118) nennt man GAUSS-*Transformation*. Die Matrix $\mathbf{A}^{\mathrm{T}}\mathbf{A}$ ist symmetrisch.

Hat die Matrix $\mathbf{A}$ den Rang n (wegen $m \geq n$ spricht man in diesem Falle von *Vollrang*), dann ist die Matrix $\mathbf{A}^{\mathrm{T}}\mathbf{A}$ positiv definit und insbesondere regulär, d.h., das System der Normalgleichungen hat bei Vollrang von $\mathbf{A}$ eine eindeutige Lösung.

4.4.3.2 Hinweise zur numerischen Lösung linearer Quadratmittelprobleme

1. CHOLESKY–Verfahren

Wegen der Symmetrie und positiven Definitheit von $\mathbf{A}^{\mathrm{T}}\mathbf{A}$ im Falle des Vollranges von $\mathbf{A}$ bietet sich zur Lösung des Normalgleichungssystems das CHOLESKY–Verfahren an (s. S. 887). Leider handelt es sich dabei um einen numerisch instabilen Algorithmus, der sich jedoch bei Problemen mit „großem" Residuum $||r||$ und „kleiner" Lösung $||x||$ numerisch gutartig verhält.

2. HOUSEHOLDER–Verfahren

Numerisch gutartige Verfahren zur Lösung linearer Quadratmittelprobleme stellen die *Orthogonalisierungsverfahren* dar, die auf einer Faktorisierung $\mathbf{A} = \mathbf{QR}$ beruhen. Zu empfehlen ist das HOUSEHOLDER-*Verfahren*, bei dem $\mathbf{Q}$ eine orthogonale Matrix vom Typ (m, m) und $\mathbf{R}$ eine Dreiecksmatrix vom Typ (m, n) (s. S. 252) ist.

3. Regularisiertes Problem

Im *rangdefizienten Fall*, d.h., wenn $\mathrm{Rg}\,(\mathbf{A}) < n$ ist, kann das Normalgleichungssystem nicht mehr eindeutig gelöst werden, und auch die Orthogonalisierungsverfahren liefern unbrauchbare Ergebnisse. Dann geht man an Stelle von (4.117) zu dem sogenannten *regularisierten Problem*

$$\underline{\mathbf{r}}^{\mathrm{T}}\underline{\mathbf{r}} + \alpha\underline{\mathbf{x}}^{\mathrm{T}}\underline{\mathbf{x}} = \min \qquad (4.119)$$

über. Dabei ist $\alpha > 0$ ein *Regularisierungsparameter*. Die Normalgleichungen zu (4.119) lauten:

$$(\mathbf{A}^{\mathrm{T}}\mathbf{A} + \alpha\mathbf{E})\underline{\mathbf{x}} = \mathbf{A}^{\mathrm{T}}\underline{\mathbf{b}}\,. \qquad (4.120)$$

Die Koeffizientenmatrix dieses linearen Gleichungssystems ist für $\alpha > 0$ positiv definit und insbesondere regulär, aber die Wahl eines geeigneten Regularisierungsparameters α ist ein schwieriges Problem (s. Lit. [4.8]).

4.5 Eigenwertaufgaben bei Matrizen

4.5.1 Allgemeines Eigenwertproblem

A und **B** seien zwei quadratische Matrizen vom Typ (n, n). Ihre Elemente können reelle oder komplexe Zahlen sein. Die Aufgabe, Zahlen λ und zugehörige Vektoren $\underline{\mathbf{x}} \neq \underline{\mathbf{0}}$ mit

$$\mathbf{A}\underline{\mathbf{x}} = \lambda \mathbf{B}\underline{\mathbf{x}}, \tag{4.121}$$

zu bestimmen, wird als *allgemeines Eigenwertproblem* bezeichnet. Die Zahl λ heißt *Eigenwert*, der Vektor $\underline{\mathbf{x}}$ *Eigenvektor*. Ein Eigenvektor ist lediglich bis auf einen Faktor bestimmt, da mit $\underline{\mathbf{x}}$ auch $c\underline{\mathbf{x}}$ (c = const) Eigenvektor zu λ ist. Der Spezialfall $\mathbf{B} = \mathbf{E}$, wobei $\mathbf{E}$ eine n-reihige Einheitsmatrix ist, d.h.

$$\mathbf{A}\underline{\mathbf{x}} = \lambda\underline{\mathbf{x}} \quad \text{bzw.} \quad (\mathbf{A} - \lambda\mathbf{E})\underline{\mathbf{x}} = \underline{\mathbf{0}}, \tag{4.122}$$

wird als *spezielles Eigenwertproblem* bezeichnet. Dieses tritt in vielen Anwendungen auf, vorwiegend mit symmetrischer Matrix **A**, und wird im folgenden ausführlich dargestellt. Bezüglich des allgemeinen Eigenwertproblems muß auf die Spezialliteratur verwiesen werden (s. Lit. [4.1]).

4.5.2 Spezielles Eigenwertproblem

4.5.2.1 Charakteristisches Polynom

Die Eigenwertgleichung (4.122) stellt ein homogenes lineares Gleichungssystem dar, das genau dann nichttriviale Lösungen $\underline{\mathbf{x}} \neq \underline{\mathbf{0}}$ besitzt, wenn gilt

$$\det(\mathbf{A} - \lambda\mathbf{E}) = 0. \tag{4.123a}$$

Durch Entwicklung von $\det(\mathbf{A} - \lambda\mathbf{E}) = 0$ ergibt sich

$$\det(\mathbf{A} - \lambda\mathbf{E}) = \begin{vmatrix} a_{11}-\lambda & a_{12} & a_{13} & \cdots & a_{1n} \\ a_{21} & a_{22}-\lambda & a_{23} & \cdots & a_{2n} \\ \vdots & \vdots & \vdots & \vdots & \vdots \\ a_{n1} & a_{n2} & a_{n3} & \cdots & a_{nn}-\lambda \end{vmatrix}$$

$$= P_n(\lambda) = (-1)^n\lambda^n + a_{n-1}\lambda^{n-1} + \cdots + a_1\lambda + a_0 = 0. \tag{4.123b}$$

Die Eigenwertbedingung entspricht somit einer Polynomgleichung. Sie wird *charakteristische Gleichung* genannt; das Polynom $P_n(\lambda)$ heißt *charakteristisches Polynom*. Seine Nullstellen sind die Eigenwerte der Matrix **A**. Damit gilt für eine beliebige quadratische Matrix **A** vom Typ (n, n):

1. Fall: Die Matrix $\mathbf{A}_{(n,n)}$ besitzt genau n Eigenwerte $\lambda_1, \lambda_2, \ldots, \lambda_n$, denn ein Polynom vom Grade n hat n Nullstellen, wenn diese entsprechend ihrer Vielfachheit gezählt werden. Die Eigenwerte von nichtsymmetrischen Matrizen können komplex sein.

2. Fall: Sind die n Eigenwerte der Matrix $\mathbf{A}_{(n,n)}$ sämtlich verschieden, dann existieren genau n linear unabhängige Eigenvektoren $\underline{\mathbf{x}}_i$ als Lösungen des Gleichungssystems (4.122) mit $\lambda = \lambda_i$.

3. Fall: Ist λ_i ein n_i-facher Eigenwert und hat die Matrix $\mathbf{A}_{(n,n)} - \lambda_i\mathbf{E}$ den Rang r_i, dann ist die Zahl der linear unabhängigen Eigenvektoren, die zu λ_i gehören, gleich dem sogenannten *Rangabfall* $n - r_i$. Es gilt $1 \le n - r_i \le n_i$, d.h., zu einer reellen oder komplexen quadratischen Matrix $\mathbf{A}_{(n,n)}$ gibt es mindestens einen und höchstens n reelle oder komplexe linear unabhängige Eigenvektoren.

■ **A:** $\begin{pmatrix} 2 & -3 & 1 \\ 3 & 1 & 3 \\ -5 & 2 & -4 \end{pmatrix}$, $\det(\mathbf{A} - \lambda\mathbf{E}) = \begin{vmatrix} 2-\lambda & -3 & 1 \\ 3 & 1-\lambda & 3 \\ -5 & 2 & -4-\lambda \end{vmatrix} = -\lambda^3 - \lambda^2 + 2\lambda = 0.$

Die Eigenwerte sind $\lambda_1 = 0, \lambda_2 = 1, \lambda_3 = -2$. Die Eigenvektoren werden aus den zugehörigen homogenen linearen Gleichungssystemen bestimmt.

• $\lambda_1 = 0$:
$$\begin{aligned} 2x_1 - 3x_2 + x_3 &= 0 \\ 3x_1 + x_2 + 3x_3 &= 0 \\ -5x_1 + 2x_2 - 4x_3 &= 0 \end{aligned}$$

Man erhält z.B. nach dem Austauschverfahren x_1 beliebig, $x_2 = \frac{3}{10}x_1, x_3 = -2x_1 + 3x_2 = -\frac{11}{10}x_1$.

Man wählt $x_1 = 10$ und erhält den Eigenvektor $\underline{\mathbf{x_1}} = C_1 \begin{pmatrix} 10 \\ 3 \\ -11 \end{pmatrix}$, wobei C_1 eine beliebige Konstante ist.

• $\lambda_2 = 1$: Das zugehörige homogene System ergibt x_3 beliebig, $x_2 = 0, x_1 = 3x_2 - x_3 = -x_3$. Man wählt $x_3 = 1$ und erhält den Eigenvektor $\underline{\mathbf{x_2}} = C_2 \begin{pmatrix} -1 \\ 0 \\ 1 \end{pmatrix}$, wobei C_2 eine beliebige Konstante ist.

• $\lambda_3 = -2$: Das zugehörige homogene System ergibt x_2 beliebig, $x_1 = \frac{4}{3}x_2$, $x_3 = -4x_1 + 3x_2 = -\frac{7}{3}x_2$. Man wählt $x_2 = 3$ und erhält den Eigenvektor $\underline{\mathbf{x_3}} = C_3 \begin{pmatrix} 4 \\ 3 \\ -7 \end{pmatrix}$, wobei C_3 eine beliebige Konstante ist.

■ **B:** $\begin{pmatrix} 3 & 0 & -1 \\ 1 & 4 & 1 \\ -1 & 0 & 3 \end{pmatrix}$, $\quad \det(\mathbf{A} - \lambda\mathbf{E}) = \begin{vmatrix} 3-\lambda & 0 & -1 \\ 1 & 4-\lambda & 1 \\ -1 & 0 & 3-\lambda \end{vmatrix} = -\lambda^3 + 10\lambda^2 - 32\lambda + 32 = 0$.

Die Eigenwerte sind $\lambda_1 = 2, \lambda_2 = \lambda_3 = 4$.

• $\lambda_2 = 2$: Man erhält x_3 beliebig, $x_2 = -x_3, x_1 = x_3$ und wählt z.B. $x_3 = 1$. Damit lautet der erste Eigenvektor $\underline{\mathbf{x_1}} = C_1 \begin{pmatrix} 1 \\ -1 \\ 1 \end{pmatrix}$, wobei C_1 eine beliebige Konstante ist.

• $\lambda_2 = \lambda_3 = 4$: Man erhält x_2, x_3 beliebig, $x_1 = -x_3$. Zwei linear unabhängige Eigenvektoren ergeben sich z.B. für $x_2 = 1, x_3 = 0$ und $x_2 = 0, x_3 = 1$: $\underline{\mathbf{x_2}} = C_2 \begin{pmatrix} 0 \\ 1 \\ 0 \end{pmatrix}$, $\underline{\mathbf{x_3}} = C_3 \begin{pmatrix} -1 \\ 0 \\ 1 \end{pmatrix}$, wobei C_2, C_3 beliebige Konstanten sind.

4.5.2.2 Reelle symmetrische Matrizen, Ähnlichkeitstransformationen

Für das spezielle Eigenwertproblem (4.122) gelten im Falle einer reellen symmetrischen Matrix **A** die folgenden Aussagen:

1. Eigenschaften bezüglich des Eigenwertproblems

1. Anzahl der Eigenwerte Die Matrix **A** hat genau n reelle Eigenwerte λ_i $(i = 1, 2, \ldots, n)$, die entsprechend ihrer Vielfachheit zu zählen sind.

2. Orthogonalität der Eigenvektoren Die zu verschiedenen Eigenwerten $\lambda_i \neq \lambda_j$ gehörenden Eigenvektoren $\underline{\mathbf{x}}_i$ und $\underline{\mathbf{x}}_j$ sind orthogonal, d.h., es gilt

$$\underline{\mathbf{x}}_i^{\mathrm{T}} \underline{\mathbf{x}}_j = 0. \tag{4.124}$$

3. Matrix mit p–fachem Eigenwert Zu einem p-fachen Eigenwert $\lambda = \lambda_1 = \lambda_2 = \ldots = \lambda_p$ existieren p linear unabhängige Eigenvektoren $\underline{\mathbf{x}}_1, \underline{\mathbf{x}}_2, \ldots, \underline{\mathbf{x}}_p$. Wegen (4.122) sind auch alle nichttrivialen Linearkombinationen Eigenvektoren zu λ. Davon können p mit Hilfe des GRAM–SCHMIDTschen Orthogonalisierungsverfahrens ausgewählt werden, die orthogonal sind. Insgesamt gilt: Die Matrix **A** besitzt genau n reelle orthogonale Eigenvektoren.

2. Hauptachsentransformation, Ähnlichkeitstransformation

Zu jeder reellen symmetrischen Matrix **A** gibt es eine orthogonale Matrix **U** und eine Diagonalmatrix **D** mit

$$\mathbf{A} = \mathbf{U}\mathbf{D}\mathbf{U}^{\mathrm{T}}. \tag{4.125}$$

Dabei sind die Diagonalelemente von **D** die Eigenwerte von **A**, und die Spalten von **U** sind die dazugehörigen normierten Eigenvektoren. Aus (4.125) folgt unmittelbar

$$\mathbf{D} = \mathbf{U}^{\mathrm{T}}\mathbf{A}\mathbf{U}. \tag{4.126}$$

Man bezeichnet (4.126) als *Hauptachsentransformation*. Auf diese Weise wird **A** in die Diagonalform überführt (s. auch S. 251).
Wird die quadratische Matrix **A** mit Hilfe der regulären quadratischen Matrix **G** nach der Vorschrift

$$\mathbf{G}^{-1}\mathbf{A}\mathbf{G} = \tilde{\mathbf{A}} \tag{4.127}$$

transformiert, dann spricht man von einer *Ähnlichkeitstransformation*. Die Matrizen **A** und $\tilde{\mathbf{A}}$ heißen ähnlich, und es gilt:

1. Die Matrizen **A** und $\tilde{\mathbf{A}}$ haben dieselben Eigenwerte, d.h., bei einer Ähnlichkeitstransformation ändern sich die Eigenwerte nicht.

2. Ist **A** symmetrisch, dann ist auch $\tilde{\mathbf{A}}$ symmetrisch, falls **G** orthogonal ist:

$$\tilde{\mathbf{A}} = \mathbf{G}^{\mathrm{T}}\mathbf{A}\mathbf{G} \qquad \text{mit} \qquad \mathbf{G}^{\mathrm{T}}\mathbf{G} = \mathbf{E}\,. \tag{4.128}$$

Die Beziehung (4.128) heißt *Ähnlichkeitstransformation*. Bei ihr bleiben Eigenwerte und Symmetrie erhalten. In diesem Zusammenhang besagt (4.126), daß eine symmetrische Matrix **A** orthogonal ähnlich auf die reelle Diagonalform **D** transformiert werden kann.

■ $\mathbf{A} = \begin{pmatrix} 0 & 1 & 1 \\ 1 & 0 & 1 \\ 1 & 1 & 0 \end{pmatrix}$, $\det(\mathbf{A} - \lambda\mathbf{E}) = -\lambda^3 + 3\lambda + 2 = 0$. Die Eigenwerte sind $\lambda_1 = \lambda_2 = -1$ und $\lambda_3 = 2$.

• $\lambda_1 = \lambda_2 = -1$: Aus dem zugehörigen homogenen Gleichungssystem erhält man x_1 beliebig, x_2 beliebig, $x_3 = -x_1 - x_2$. Man wählt $x_1 = 1$, $x_2 = 0$ und $x_1 = 0$,$x_2 = 1$ und erhält die beiden linear unabhängigen Eigenvektoren $\underline{\mathbf{x}}_1 = C_1 \begin{pmatrix} 1 \\ 0 \\ -1 \end{pmatrix}$ und $\underline{\mathbf{x}}_2 = C_2 \begin{pmatrix} 0 \\ 1 \\ -1 \end{pmatrix}$, wobei C_1 und C_2 beliebige Konstanten sind.

• $\lambda_3 = 2$: Man erhält x_1 beliebig, $x_2 = x_1$, $x_3 = x_1$, wählt z.B. $x_1 = 1$ und erhält den Eigenvektor $\underline{\mathbf{x}}_3 = C_3 \begin{pmatrix} 1 \\ 1 \\ 1 \end{pmatrix}$, wobei C_3 eine beliebige Konstante ist. Die Matrix **A** ist symmetrisch, die zu den verschiedenen Eigenwerten gehörenden Eigenvektoren sind orthogonal.

4.5.2.3 Hauptachsentransformation quadratischer Formen

1. Definition Eine reelle quadratische Form Q in den Variablen $x_1, x_2, \ldots, x_n$ hat die Gestalt

$$Q = \sum_{i=1}^{n}\sum_{j=1}^{n} a_{ij}x_i x_j = \underline{\mathbf{x}}^{\mathrm{T}}\mathbf{A}\underline{\mathbf{x}}\,. \tag{4.129}$$

Dabei ist $\underline{\mathbf{x}} = (x_1, x_2, \ldots, x_n)^{\mathrm{T}}$ der Vektor der Variablen, und $\mathbf{A} = (a_{ij})$ ist eine reelle symmetrische Matrix.
Die Form Q heißt *positiv definit* oder *negativ definit*, wenn sie nur positive bzw. nur negative Werte annehmen kann und den Wert Null nur für das einzige Wertesystem $x_1 = x_2 = \ldots = x_n = 0$ annimmt.
Die Form Q heißt *positiv oder negativ semidefinit*, wenn sie nur Werte desselben Vorzeichens, den Wert Null aber auch für ein nicht durchweg verschwindendes Wertesystem annehmen kann.
Entsprechend dem Verhalten von Q wird auch die zugehörige reelle symmetrische Matrix **A** als positiv oder negativ definit bzw. semidefinit bezeichnet.

1. Eigenschaften einer quadratischen Form

1. In einer reellen positiv definiten quadratischen Form Q sind alle Hauptdiagonalelemente der zugehörigen reellen symmetrischen Matrix **A** positiv, d.h., es ist

$$a_{ii} > 0 \qquad (i = 1, 2, \ldots, n)\,. \tag{4.130}$$

Für die positive Definitheit stellt (4.130) eine notwendige Bedingung dar.

2. Eine reelle quadratische Form Q ist genau dann positiv definit, wenn sämtliche Eigenwerte der zugehörigen Matrix **A** positiv sind.

3. Eine reelle quadratische Form $Q = \underline{\mathbf{x}}^{\mathrm{T}}\mathbf{A}\underline{\mathbf{x}}$, deren zugehörige Matrix **A** den Rang r hat, kann durch die lineare Transformation

$$\underline{\mathbf{x}} = \mathbf{C}\underline{\tilde{\mathbf{x}}} \tag{4.131}$$

in eine Summe rein quadratischer Glieder, die sogenannte *Normalform*

$$Q = \underline{\tilde{\mathbf{x}}}^{\mathrm{T}}\mathbf{K}\underline{\tilde{\mathbf{x}}} = \sum_{i=1}^{r} k_i \tilde{x}_i{}^2 \tag{4.132}$$

mit beliebig vorgegebenen positiven Werten $k_1, k_2, \ldots, k_r$ überführt werden.

2. Erzeugung der Normalform

Die praktische Durchführung der Transformation (4.132) erfolgt über die Hauptachsentransformation (4.126). Anschaulich bedeutet dieses Vorgehen, daß zunächst das Koordinatensystem einer Drehung mit der Orthogonalmatrix **U** der Eigenvektoren von **A** unterworfen wird, so daß die Form

$$Q = \underline{\tilde{\mathbf{x}}}^{\mathrm{T}}\mathbf{L}\underline{\tilde{\mathbf{x}}} = \sum_{i=1}^{r} \lambda_i \tilde{x}_i{}^2 . \tag{4.133}$$

entsteht, in der **L** die Diagonalmatrix von **A** ist. Daran schließt sich eine Drehung mit der Diagonalmatrix **D** an, deren Diagonalelemente $d_i = \sqrt{\frac{k_i}{\lambda_i}}$ lauten. Die Gesamttransformation wird dann durch

$$\mathbf{C} = \mathbf{U}\mathbf{D} . \tag{4.134}$$

beschrieben, und man erhält:

$$\begin{aligned} Q &= \underline{\tilde{\mathbf{x}}}^{\mathrm{T}}\mathbf{A}\underline{\tilde{\mathbf{x}}} = (\mathbf{U}\mathbf{D}\underline{\tilde{\mathbf{x}}})^{\mathrm{T}}\mathbf{A}(\mathbf{U}\mathbf{D}\underline{\tilde{\mathbf{x}}}) = \underline{\tilde{\mathbf{x}}}^{\mathrm{T}}(\mathbf{D}^{\mathrm{T}}\mathbf{U}^{\mathrm{T}}\mathbf{A}\mathbf{U}\mathbf{D})\underline{\tilde{\mathbf{x}}} \\ &= \underline{\tilde{\mathbf{x}}}^{\mathrm{T}}\mathbf{D}^{\mathrm{T}}\mathbf{L}\mathbf{D}\underline{\tilde{\mathbf{x}}} = \underline{\tilde{\mathbf{x}}}^{\mathrm{T}}\mathbf{K}\underline{\tilde{\mathbf{x}}} . \end{aligned} \tag{4.135}$$

4.5.2.4 Hinweise zur numerischen Bestimmung von Eigenwerten

1. Die Eigenwerte könnten als Nullstellen der charakteristischen Gleichung (4.123b) berechnet werden (s. Beispiele auf S. 278). Dazu müssen die Koeffizienten a_i $(i = 0, 1, 2, \ldots, n-1)$ des charakteristischen Polynoms der Matrix **A** bestimmt werden. Diese Vorgehensweise sollte aber vermieden werden, da sie einen außerordentlich instabilen Algorithmus darstellt, d.h., kleine Änderungen in den Koeffizienten a_i führen zu sehr großen Änderungen der Nullstellen λ_j.

2. Für die numerische Lösung des symmetrischen Eigenwertproblems sind zahlreiche Algorithmen entwickelt worden. Man unterscheidet zwei Verfahrensklassen (s. Lit. [4.8]):

a) Transformationsverfahren, z.B. JACOBI–Verfahren, HOUSEHOLDER–Tridiagonalisierung, QR–Algorithmus;

b) Iterationsverfahren, z.B. Vektoriteration, RAYLEIGH–RITZ–Algorithmus, Inverse Iteration, LANCZOS–Verfahren, Bisektionsverfahren.

4.5.3 Singulärwertzerlegung

1. Singulärwerte und Singulärwertvektoren Wenn **A** eine reelle Matrix vom Typ (m, n) mit dem Rang r ist, dann heißen die positiven Wurzeln $d_\nu = \sqrt{\lambda_\nu}$ $(\nu = 1, 2, \ldots, r)$ aus den Eigenwerten λ_ν der Matrix $\mathbf{A}^{\mathrm{T}}\mathbf{A}$ *Singulärwerte* der Matrix **A**. Die zugehörigen Eigenvektoren $\underline{\mathbf{u}}_\nu$ von $\mathbf{A}^{\mathrm{T}}\mathbf{A}$ heißen *Rechtssingulärvektoren* von **A**, die zugehörigen Eigenvektoren $\underline{\mathbf{v}}_\nu$ von $\mathbf{A}\mathbf{A}^{\mathrm{T}}$ *Linkssingulärvektoren.* Dabei besitzt die Matrix $\mathbf{A}\mathbf{A}^{\mathrm{T}}$ dieselben r von Null verschiedenen Eigenwerte λ_ν wie die Matrix $\mathbf{A}^{\mathrm{T}}\mathbf{A}$:

$$\mathbf{A}^{\mathrm{T}}\mathbf{A}\underline{\mathbf{u}}_\nu = \lambda_\nu \underline{\mathbf{u}}_\nu , \quad \mathbf{A}\mathbf{A}^{\mathrm{T}}\underline{\mathbf{v}}_\nu = \lambda_\nu \underline{\mathbf{v}}_\nu \quad (\nu = 1, 2, \ldots, r) . \tag{4.136a}$$

Außerdem besteht zwischen den Rechts- und Linkssingulärvektoren der Zusammenhang

$$\mathbf{A}\underline{\mathbf{u}}_\nu = d_\nu \underline{\mathbf{v}}_\nu , \quad \mathbf{A}^{\mathrm{T}}\underline{\mathbf{v}}_\nu = d_\nu \underline{\mathbf{u}}_\nu . \tag{4.136b}$$

Es gilt: Eine Matrix $\mathbf{A}$ vom Typ (m,n) mit dem Rang r besitzt r positive Singulärwerte d_ν $(\nu = 1,2,\ldots,r)$. Dazu existieren r orthonormierte Rechtssingulärvektoren $\underline{\mathbf{u}}_\nu$ und r orthonormierte Linkssingulärvektoren $\underline{\mathbf{v}}_\nu$. Darüber hinaus existieren zum Singulärwert Null $n-r$ orthonormierte Rechtssingulärvektoren $\underline{\mathbf{u}}_\nu (\nu = r+1,\ldots,n)$ und $m-r$ orthonormierte Linkssingulärvektoren $\underline{\mathbf{v}}_\nu$ $(\nu = r+1,\ldots,m)$. Eine Matrix vom Typ (m,n) hat demzufolge n Rechtssingulärvektoren und m Linkssingulärvektoren, die man zu den orthogonalen Matrizen (s. S. 256)

$$\mathrm{U} = (\underline{\mathbf{u_1}}, \underline{\mathbf{u_2}}, \ldots, \underline{\mathbf{u_n}}), \quad \mathrm{V} = (\underline{\mathbf{v_1}}, \underline{\mathbf{v_2}}, \ldots, \underline{\mathbf{v_m}}) \tag{4.137}$$

zusammenfassen kann.

2. Singulärwertzerlegung Die Darstellung

$$\mathbf{A} = \mathbf{V}\hat{\mathbf{A}}\mathbf{U}^{\mathrm{T}} \quad (4.138\mathrm{a}) \qquad \text{mit } \hat{\mathbf{A}} = \left(\begin{array}{ccccc|ccc} d_1 & 0 & 0 & \cdots & 0 & 0 & \cdots & 0 \\ 0 & d_2 & & & 0 & 0 & & \vdots \\ \vdots & & \ddots & & \vdots & \vdots & & \\ & & & & 0 & & & \\ 0 & & \cdots & 0 & d_r & 0 & \cdots & 0 \\ \hline 0 & 0 & & \cdots & 0 & 0 & \cdots & 0 \\ 0 & & & & 0 & \vdots & & \\ \vdots & & & & \vdots & & & \\ 0 & 0 & & \cdots & 0 & 0 & \cdots & 0 \end{array}\right) \begin{array}{l} \left.\vphantom{\begin{array}{c}0\\0\\0\\0\\0\end{array}}\right\} r \text{ Zeilen} \\ \left.\vphantom{\begin{array}{c}0\\0\\0\\0\end{array}}\right\} m-r \text{ Zeilen} \end{array} \tag{4.138b}$$

$$\underbrace{\qquad\qquad\qquad}_{r \text{ Spalten}} \quad \underbrace{\qquad}_{n-r \text{ Spalten}}$$

heißt *Singulärwertzerlegung* der Matrix $\mathbf{A}$. Die Matrix $\hat{\mathbf{A}}$ ist wie die Matrix $\mathbf{A}$ vom Typ (m,n) und enthält bis auf die ersten r Diagonalelemente $a_{\nu\nu} = d_\nu$ $(\nu = 1,2,\ldots,r)$ nur Nullen. Dabei sind die d_ν die Singulärwerte von $\mathbf{A}$.

3. Anwendung Die Singulärwertzerlegung kann zur Rangbestimmung einer Matrix $\mathbf{A}$ vom Typ (m,n) und zur genäherten Lösung überbestimmter linearer Gleichungssysteme $\mathbf{A}\underline{\mathbf{x}} = \underline{\mathbf{b}}$ (s. S. 276) nach dem sogenannten *Regularisierungsverfahren*, d.h. zur Lösung der Aufgabe

$$||\mathbf{A}\underline{\mathbf{u}} - \underline{\mathbf{b}}||^2 + \alpha||\mathbf{x}||^2 = \sum_{i=1}^{m}\left[\sum_{k=1}^{n} a_{ik}x_k - b_i\right]^2 + \alpha\sum_{k=1}^{n} x_k^2 = \min!\,, \tag{4.139}$$

eingesetzt werden, wobei $\alpha > 0$ ein Regularisierungsparameter ist.

5 Algebra und Diskrete Mathematik

5.1 Logik

5.1.1 Aussagenlogik

1. Aussagen

Eine *Aussage* ist die gedankliche Widerspiegelung eines Sachverhalts in Form eines Satzes einer natürlichen oder künstlichen Sprache. Jede Aussage ist entweder wahr oder falsch. Man spricht vom *Prinzip der Zweiwertigkeit* (zur mehrwertigen oder Fuzzy–Logik s. 5.9.1). Man nennt „wahr“ bzw. „falsch“ den *Wahrheitswert* der Aussage und bezeichnet ihn mit W (oder 1) bzw. F (oder 0). Die Wahrheitswerte werden auch als *aussagenlogische Konstanten* bezeichnet.

2. Aussagenverbindungen

Die Aussagenlogik untersucht den Wahrheitswert von *Aussagenverbindungen* in Abhängigkeit von den Wahrheitswerten der einzelnen Aussagen. Dabei werden ausschließlich *extensionale* Aussagenverbindungen betrachtet, d.h., der Wahrheitswert der Aussagenverbindung hängt *nur* von den Wahrheitswerten der Teilaussagen und den verbindenden *Junktoren* ab. Dabei wird der Wahrheitswert der Verbindung durch die klassischen Junktoren

$$\text{„NICHT } A\text{“} \quad (\neg A)\,, \qquad (5.1) \qquad\qquad \text{„}A \text{ UND } B\text{“} \quad (A \wedge B)\,, \qquad (5.2)$$

$$\text{„}A \text{ ODER } B\text{“} \quad (A \vee B), \qquad (5.3) \qquad\qquad \text{„WENN } A\text{, DANN } B\text{“} \quad (A \Rightarrow B) \qquad (5.4)$$

und

$$\text{„}A \text{ GENAU DANN, WENN } B\text{“} \quad (A \Leftrightarrow B) \qquad (5.5)$$

bestimmt. Dabei ist das „logische ODER“ immer als „einschließendes ODER“ zu verstehen. Im Falle der Implikation sind für $A \Rightarrow B$ auch die folgenden Sprechweisen üblich:

A impliziert B, $\quad B$ ist notwendig für A $\quad$ sowie $\quad A$ ist hinreichend für B.

3. Wahrheitstafeln

Faßt man A und B als Variable auf, die nur die Werte F und W annehmen können (*Aussagenvariable*), so beschreiben die folgenden *Wahrheitstafeln* die den Junktoren entsprechenden *Wahrheitsfunktionen*.

Tabelle 5.1 Wahrheitstafeln der Aussabenlogik

Negation

A	$\neg A$
F	W
W	F

Konjunktion

A	B	$A \wedge B$
F	F	F
F	W	F
W	F	F
W	W	W

Disjunktion

A	B	$A \vee B$
F	F	F
F	W	W
W	F	W
W	W	W

Implikation

A	B	$A \Rightarrow B$
F	F	W
F	W	W
W	F	F
W	W	W

Äquivalenz

A	B	$A \Leftrightarrow B$
F	F	W
F	W	F
W	F	F
W	W	W

4. Ausdrücke der Aussagenlogik

Mit diesen einstelligen (Negation) und zweistelligen (Konjunktion, Disjunktion, Implikation und Äquivalenz) Verknüpfungen können aus gegebenen Aussagenvariablen kompliziertere *Ausdrücke der Aussagenlogik* aufgebaut werden. Diese Ausdrücke werden induktiv definiert:

1. Konstanten und Variable sind Ausdrücke. (5.6)

2. Sind A und B Ausdrücke, so sind es auch $(\neg A)$, $(A \wedge B)$, $(A \vee B)$, $(A \Rightarrow B)$, $(A \Leftrightarrow B)$. (5.7)

Zur Vereinfachung der Schreibweise solcher Ausdrücke werden Außenklammern weggelassen und *Vorrangregeln* (Prioritäten) festgelegt. In der folgenden Reihenfolge bindet jeder Junktor stärker als der folgende:

$$\neg,\ \wedge,\ \vee,\ \Rightarrow,\ \Leftrightarrow .$$

Häufig wird anstelle von „$\neg A$" auch $\overline{A}$ geschrieben und der Junktor $\wedge$ ganz weggelassen. Durch diese Einsparungen kann man z.B. den Ausdruck $((A \vee (\neg B)) \Rightarrow ((A \wedge B) \vee C))$ kürzer so notieren:

$$A \vee \overline{B} \Rightarrow AB \vee C .$$

5. Wahrheitsfunktionen

Ordnet man jeder Aussagenvariablen eines Ausdrucks einen Wahrheitswert zu, dann spricht man von einer *Belegung* der Variablen. Mit Hilfe der Wahrheitstafeln für die Junktoren kann man einem Ausdruck für jede Belegung einen Wahrheitswert zuordnen. Der oben angegebene Ausdruck repräsentiert somit eine dreistellige Wahrheitsfunktion (BOOLE*sche Funktion* s. 5.7,**5.7.5**).

A	B	C	$A \vee \overline{B}$	$AB \vee C$	$A \vee \overline{B} \Rightarrow AB \vee C$
F	F	F	W	F	F
F	F	W	W	W	W
F	W	F	F	F	W
F	W	W	F	W	W
W	F	F	W	F	F
W	F	W	W	W	W
W	W	F	W	W	W
W	W	W	W	W	W

■ Jeder aussagenlogische Ausdruck repräsentiert auf diese Weise eine n–stellige Wahrheitsfunktion, d.h. eine Funktion, die jedem n–Tupel von Wahrheitswerten wieder einen Wahrheitswert zuordnet. Es gibt 2^{2^n} n–stellige Wahrheitsfunktionen, insbesondere 16 zweistellige.

6. Grundgesetze der Aussagenlogik

Zwei aussagenlogische Ausdrücke A und B heißen *logisch äquivalent* oder *wertverlaufsgleich*, in Zeichen: $A = B$, wenn sie die gleiche Wahrheitsfunktion repräsentieren. Folglich kann man mit Hilfe von Wahrheitstafeln die logische Äquivalenz aussagenlogischer Ausdrücke überprüfen. So gilt z.B. $A \vee \overline{B} \Rightarrow AB \vee C = B \vee C$, d.h., der Ausdruck $A \vee \overline{B} \Rightarrow AB \vee C$ hängt von A explizit nicht ab, was man schon an der obigen Wahrheitstafel erkennt. Insbesondere gelten folgende *Grundgesetze der Aussagenlogik*:

1. Assoziativgesetze

$$(A \wedge B) \wedge C = A \wedge (B \wedge C)\,, \qquad (5.8a)$$
$$(A \vee B) \vee C = A \vee (B \vee C)\,. \qquad (5.8b)$$

2. Kommutativgesetze

$$A \wedge B = B \wedge A\,, \qquad (5.9a)$$
$$A \vee B = B \vee A\,. \qquad (5.9b)$$

3. Distributivgesetze

$$(A \vee B)C = AC \vee BC\,, \qquad (5.10a)$$
$$AB \vee C = (A \vee C)(B \vee C)\,. \qquad (5.10b)$$

4. Absorptionsgesetze

$$A(A \vee B) = A\,, \qquad (5.11a)$$
$$A \vee AB = A\,. \qquad (5.11b)$$

5. Idempotenzgesetze

$$AA = A\,, \qquad (5.12a)$$
$$A \vee A = A\,. \qquad (5.12b)$$

6. ausgeschlossener Dritter

$$A\overline{A} = \mathrm{F}\,, \qquad (5.13a)$$
$$A \vee \overline{A} = \mathrm{W}\,. \qquad (5.13b)$$

7. DE MORGANsche Regeln

$$\overline{AB} = \overline{A} \vee \overline{B}\,, \qquad (5.14a) \qquad\qquad \overline{A \vee B} = \overline{A}\,\overline{B}\,. \qquad (5.14b)$$

8. Gesetze für W und F

$$A\mathrm{W} = A\,, \qquad (5.15a) \qquad\qquad A \vee \mathrm{F} = A\,, \qquad (5.15b)$$

$$A\mathrm{F} = \mathrm{F}\,, \qquad (5.15c) \qquad\qquad A \vee \mathrm{W} = \mathrm{W}\,, \qquad (5.15d)$$

$$\overline{\mathrm{W}} = \mathrm{F}\,, \qquad (5.15e) \qquad\qquad \overline{\mathrm{F}} = \mathrm{W}\,. \qquad (5.15f)$$

9. Doppelte Negation

$$\overline{\overline{A}} = A\,. \qquad (5.16)$$

Aus den Wahrheitstafeln für die Implikation und die Äquivalenz kann man erkennen, daß die Implikation und die Äquivalenz mit Hilfe der anderen Junktoren durch die Gleichungen

$$A \Rightarrow B = \overline{A} \vee B \qquad (5.17a) \qquad \text{und} \quad A \Leftrightarrow B = AB \vee \overline{A}\,\overline{B} \qquad (5.17b)$$

ausgedrückt werden können. Diese Gesetze werden zur Umformung (Vereinfachung) aussagenlogischer Ausdrücke verwendet.

■ Die Gleichung $A \vee \overline{B} \Rightarrow AB \vee C = B \vee C$ kann wie folgt bewiesen werden: $A \vee \overline{B} \Rightarrow AB \vee C = \overline{A \vee \overline{B}} \vee AB \vee C = \overline{A}\,\overline{\overline{B}} \vee AB \vee C = \overline{A}B \vee AB \vee C = (\overline{A} \vee A)B \vee C = \mathrm{W}B \vee C = B \vee C\,.$

10. Weitere Umformungen

$$A(\overline{A} \vee B) = AB\,, \qquad (5.18a) \qquad\qquad A \vee \overline{A}B = A \vee B\,, \qquad (5.18b)$$

$$(A \vee C)(B \vee \overline{C})(A \vee B) = (A \vee C)(B \vee \overline{C})\,, \quad (5.18c) \qquad AC \vee B\overline{C} \vee AB = AC \vee B\overline{C}\,. \quad (5.18d)$$

11. NAND–Funktion und NOR–Funktion Jede Wahrheitsfunktion kann durch einen aussagenlogischen Ausdruck repräsentiert werden. Wegen (5.17a) und (5.17b) kann man dabei noch auf Implikationen und Äquivalenz verzichten (vgl. auch 5.7). In Anbetracht der DE MORGANschen Regeln (5.14a) und (5.14b) sind darüber hinaus noch Konjunktion oder Disjunktion zur Darstellung aller Wahrheitsfunktionen entbehrlich. Es gibt sogar zwei zweistellige Wahrheitsfunktionen, die einzeln zur Repräsentation aller Wahrheitsfunktionen ausreichen. Es sind dies die NAND–Funktion oder SHEFFER–Funktion (Funktionssymbol: |) und die NOR–Funktion oder PEIRCE–Funktion (Funktionssymbol: ↓) mit den nebenstehenden Wahrheitstafeln. Der Vergleich dieser Tafeln mit den entsprecheneden Wahrheitstafeln für die Konjunktion bzw. die Disjunktion erklärt die Namen NAND–Funktion (NICHT–UND) bzw. NOR–Funktion (NICHT–ODER).

Tabelle 5.2 NAND–Funktion

A	B	$A\|B$
F	F	W
F	W	W
W	F	W
W	W	F

Tabelle 5.3 NOR–Funktion

A	B	$A \downarrow B$
F	F	W
F	W	F
W	F	F
W	W	F

7. Tautologien, mathematische Schlußweisen

Ein aussagenlogischer Ausdruck heißt *allgemeingültig* oder *Tautologie*, wenn er die Wahrheitsfunktion identisch W repräsentiert. Folglich sind zwei Ausdrücke A und B genau dann logisch äquivalent, wenn der Ausdruck $A \Leftrightarrow B$ eine Tautologie ist. Mathematische Schlußweisen folgen aussagenlogischen Gesetzen. Als Beispiel sei das *Kontrapositionsgesetz* genannt, d.h. der allgemeingültige Ausdruck

$$A \Rightarrow B \Leftrightarrow \overline{B} \Rightarrow \overline{A}\,. \qquad (5.19a)$$

Dieses Gesetz, das auch in der Form

$$A \Rightarrow B = \overline{B} \Rightarrow \overline{A} \tag{5.19b}$$

notiert werden kann, läßt sich wie folgt interpretieren: Um zu zeigen, daß B aus A folgt, kann man auch zeigen, daß $\overline{A}$ aus $\overline{B}$ folgt. Der *indirekte Beweis* (s. auch S. 4) beruht auf folgendem Prinzip: Um B aus A zu folgern, nimmt man B als falsch an und leitet daraus – unter der Voraussetzung, daß A richtig ist – einen Widerspruch her. Formal läßt sich dieses Prinzip auf verschiedene Weise durch aussagenlogische Gesetze beschreiben:

$$A \Rightarrow B = A\overline{B} \Rightarrow \overline{A} \tag{5.20a}$$

oder

$$A \Rightarrow B = A\overline{B} \Rightarrow B \tag{5.20b}$$

oder

$$A \Rightarrow B = A\overline{B} \Rightarrow \mathrm{F}. \tag{5.20c}$$

5.1.2 Ausdrücke der Prädikatenlogik

Zur logischen Grundlegung der Mathematik wird eine ausdrucksstärkere Logik als die Aussagenlogik benötigt. Um Eigenschaften von und Beziehungen zwischen (mathematischen) Objekten beschreiben zu können, bedient man sich der Prädikatenlogik.

1. Prädikate

Dabei werden die betrachteten Objekte zu einem *Individuenbereich* X, z.B. Menge $\mathbb{N}$ der natürlichen Zahlen, zusammengefaßt. Eigenschaften der Individuen, z.B. „n ist eine Primzahl“, und Beziehungen zwischen Individuen, z.B. „m ist kleiner als n“, werden als *Prädikate* bzeichnet. Ein *n–stelliges Prädikat* über dem Individuenbereich X ist eine Abbildung P: $X^n \Rightarrow \{\mathrm{F},\mathrm{W}\}$, die jedem n–Tupel von Individuen einen Wahrheitswert zuordnet. So sind die oben angeführten Prädikate über den natürlichen Zahlen ein- bzw. zweistellig.

2. Quantoren

Charakteristisch für die Prädikatenlogik ist die Verwendung von *Quantoren*, dem *Allquantor* oder *Generalisator* $\forall$ und dem *Existenzquantor* oder *(Partikularisator)* $\exists$. Ist P ein einstelliges Prädikat, so wird die Aussage „Für jedes x aus X gilt $P(x)$“ mit $\forall\, x\; P(x)$ und die Aussage „Es gibt ein x aus X, für das $P(x)$ gilt “mit $\exists\, x\; P(x)$ bezeichnet. Durch die Quantifizierung entsteht aus dem einstelligen Prädikat P eine Aussage. Ist z.B. $\mathbb{N}$ der Individuenbereich der natürlichen Zahlen und bezeichnet P das (einstellige) Prädikat „n ist eine Primzahl“, so ist $\forall\, n\; P(n)$ eine falsche und $\exists\, n\; P(n)$ eine wahre Aussage.

3. Ausdrücke des Prädikatenkalküls

Allgemein werden die *Ausdrücke des Prädikatenkalküls* wieder induktiv definiert:

1. Sind $x_1, \ldots, x_n$ Individuenvariable und P eine n–stellige Prädikatenvariable, so ist

$$P(x_1, \ldots, x_n) \text{ ein Ausdruck (\textit{Elementarformel})}. \tag{5.21}$$

2. Sind A und B Ausdrücke, so sind es auch

$$(\neg A),\ (A \wedge B),\ (A \vee B),\ (A \Rightarrow B), (A \Leftrightarrow B),\ (\forall\, x\, A) \text{ und } (\exists\, x\, A). \tag{5.22}$$

Betrachtet man Aussagenvariable als nullstellige Prädikatenvariable, so erkennt man die Aussagenlogik als Teil der Prädikatenlogik. Eine Individuenvariable x kommt in einem Ausdruck *gebunden* vor, wenn x Variable eines Quantors $\forall\, x$, $\exists\, x$ ist oder im Wirkungsbereich eines Quantors liegt; andernfalls kommt x in diesem Ausdruck *frei* vor. Ein Ausdruck der Prädikatenlogik, der keine freien Variablen enthält, heißt *geschlossene Formel*.

4. Interpretation prädikatenlogischer Ausdrücke

Eine *Interpretation* eines Ausdrucks der Prädikatenlogik besteht aus

- einer Menge (Individuenbereich) und
- einer Zuordnung, die jeder n–stelligen Prädikatenvariablen ein n–stelliges Prädikat zuweist.

Die Interpretation einer geschlossenen Formel liefert somit eine Aussage. Enthält ein Ausdruck der Prädikatenlogik freie Variable, so repräsentiert eine Interpretation dieses Ausdrucks eine Relation (s.

5.2.3,**1.**) im Individuenbereich.

■ Sei P das zweistellige Prädikat, das im Individuenbereich $\mathbb{N}$ der natürlichen Zahlen die $\leq$-Beziehung beschreibt, so charakterisiert

• $P(x,y)$ die Menge aller Paare (x,y) natürlicher Zahlen mit $x \leq y$ (zweistellige Relation in $\mathbb{N}$); x, y sind freie Variable;

• $\forall\, y\, P(x,y)$ die Teilmenge von $\mathbb{N}$ (einstellige Relation), die nur aus der Zahl 0 besteht; x ist freie, y gebundene Variable;

• $\exists\, x \forall\, y\, P(x,y)$ die Aussage „Es gibt eine kleinste natürliche Zahl"; x und y sind gebundene Variable.

Ein Ausdruck der Prädikatenlogik heißt wahr für eine gegebene Interpretation, wenn für jede Ersetzung der freien Variablen durch Elemente aus dem Individuenbereich eine wahre Aussage entsteht. Ein Ausdruck der Prädikatenlogik heißt *allgemeingültig* oder *Tautologie*, wenn er für alle Interpretationen wahr ist.

5. Tautologien der Prädikatenlogik

Die Verneinung prädikatenlogischer Ausdrücke wird durch folgende Tautologien beschrieben:

$$\neg\forall\, x\, P(x) = \exists\, x\, \neg P(x) \quad \text{bzw.} \quad \neg\exists\, x\, P(x) = \forall\, x\, \neg P(x)\,. \tag{5.23}$$

Damit sind die Quantoren $\forall$ und $\exists$ durcheinander ausdrückbar:

$$\forall\, x\, P(x) = \neg\exists\, x\, \neg P(x) \quad \text{bzw.} \quad \exists\, x\, P(x) = \neg\forall\, x\, \neg P(x)\,. \tag{5.24}$$

Weitere Tautologien der Prädikatenlogik sind:

$$\forall\, x\, \forall\, y\, P(x,y) = \forall\, y\, \forall\, x\, P(x,y)\,, \tag{5.25}$$

$$\exists\, x\, \exists\, y\, P(x,y) = \exists\, y\, \exists\, x\, P(x,y)\,, \tag{5.26}$$

$$\forall\, x\, P(x) \wedge \forall\, x\, Q(x) = \forall\, x\, (P(x) \wedge Q(x))\,, \tag{5.27}$$

$$\exists\, x\, P(x) \vee \exists\, x\, Q(x) = \exists\, x\, (P(x) \vee Q(x))\,. \tag{5.28}$$

Außerdem gelten folgende Implikationen:

$$\forall\, x\, P(x) \vee \forall\, x\, Q(x) \Rightarrow \forall\, x\, (P(x) \vee Q(x))\,, \tag{5.29}$$

$$\exists\, x\, (P(x) \wedge Q(x)) \Rightarrow \exists\, x\, P(x) \wedge \exists\, x\, Q(x)\,, \tag{5.30}$$

$$\forall\, x\, (P(x) \Rightarrow Q(x)) \Rightarrow (\forall\, x\, P(x) \Rightarrow \forall\, x\, Q(x))\,, \tag{5.31}$$

$$\forall\, x\, (P(x) \Leftrightarrow Q(x)) \Rightarrow (\forall\, x\, P(x) \Leftrightarrow \forall\, x\, Q(x))\,, \tag{5.32}$$

$$\exists\, x\, \forall\, y\, P(x,y) \Rightarrow \forall\, y\, \exists\, x\, P(x,y)\,. \tag{5.33}$$

Die Umkehrungen dieser Implikationen gelten durchweg nicht. Insbesondere muß man beachten, daß verschiedene Quantoren nicht vertauschbar sind (s. letzte Implikation).

6. Beschränkte Quantifizierung

Oft ist es sinnvoll, Quantifizierungen auf die Elemente einer vorgegebenen Menge zu beschränken. Dabei ist

$$\forall\, x \in X\; P(x) \quad \text{als Abkürzung für} \quad \forall\, x\, (x \in X \Rightarrow P(x)) \quad \text{und} \tag{5.34}$$

$$\exists\, x \in X\; P(x) \quad \text{als Abkürzung für} \quad \exists\, x\, (x \in X \wedge P(x)) \tag{5.35}$$

aufzufassen.

5.2 Mengenlehre

5.2.1 Mengenbegriff, spezielle Mengen

Als Begründer der Mengenlehre gilt Georg CANTOR (1845–1918). Die Bedeutung der von ihm verwendeten Begriffsbildungen wurde erst später erkannt. Die Mengenlehre hat nahezu alle Gebiete der Mathematik entscheidend vorangebracht bzw. überhaupt erst ermöglicht und ist heute zu einem unverzichtbaren Handwerkszeug der Mathematik und deren Anwendungen geworden.

1. Elementbeziehung

1. Mengen und ihre Elemente Der grundlegende Begriff der Mengenlehre ist die Elementbeziehung. Eine *Menge* A ist eine Zusammenfassung bestimmter, wohlunterschiedener Objekte a unserer Anschauung oder unseres Denkens zu einem Ganzen. Diese Objekte heißen *Elemente* der Menge. Für „a ist Element von A" bzw. „a ist nicht Element von A" schreibt man „$a \in A$" bzw. „$a \notin A$". Mengen können beschrieben werden durch Aufzählung aller ihrer Elemente in geschweiften Klammern, z.B. $M = \{a, b, c\}$ oder $U = \{1, 3, 5, \ldots\}$, oder durch eine definierende Eigenschaft, die genau den Elementen der Menge zukommt. Z.B. wird die Menge U der ungeraden natürlichen Zahlen durch $U = \{x \mid x$ ist eine ungerade natürliche Zahl $\}$ beschrieben. Für die Zahlenbereiche sind folgende Bezeichnungen üblich:

$\mathbb{N} = \{0, 1, 2, \ldots\}$	Menge der natürlichen Zahlen,
$\mathbb{Z} = \{0, 1, -1, 2, -2, \ldots\}$	Menge der ganzen Zahlen,
$\mathbb{Q} = \left\{\frac{p}{q} \,\middle|\, p, q \in \mathbb{Z} \wedge q \neq 0\right\}$	Menge der rationalen Zahlen,
$\mathbb{R}$	Menge der reellen Zahlen,
$\mathbb{C}$	Menge der komplexen Zahlen.

2. Extensionalitätsprinzip für Mengen Zwei Mengen A und B sind genau dann gleich, wenn sie die gleichen Elemente enthalten, d.h.

$$A = B \Leftrightarrow \forall x\,(x \in A \Leftrightarrow x \in B)\,. \tag{5.36}$$

■ Die Mengen $\{3, 1, 3, 7, 2\}$ und $\{1, 2, 3, 7\}$ sind gleich.

2. Teilmengen

1. Teilmenge Sind A und B Mengen und gilt

$$\forall x\,(x \in A \Rightarrow x \in B)\,, \tag{5.37}$$

so heißt A *Teilmenge* von B. Mit anderen Worten: A ist Teilmenge von B, wenn alle Elemente von A auch zu B gehören. Gibt es für $A \subseteq B$ in B weitere Elemente, die nicht in A vorkommen, so heißt A *echte Teilmenge* von B, und man schreibt $A \subset B$ **(Abb.5.1)**.

■ Es seien $A = \{2, 4, 6, 8, 10\}$ eine Menge gerader Zahlen und $\{1, 2, 3, \ldots, 10\}$ eine Menge natürlicher Zahlen. Da die Menge A die ungeraden Zahlen nicht enthält, ist A eine echte Teilmenge von B.

2. Leere Menge Es erweist sich als sinnvoll, die *leere Menge* $\emptyset$, die kein Element enthält, einzuführen. Wegen des Extensionalitätsprinzips gibt es nur eine solche Menge.

■ **A:** Die Menge $\{x | x \in \mathbb{R} \wedge x^2 + 2x + 2 = 0\}$ ist leer.

■ **B:** Für jede Menge M gilt $\emptyset \subseteq M$, d.h., die leere Menge ist Teilmenge jeder Menge M.

3. Gleichheit von Mengen Zwei Mengen sind demnach genau dann gleich, wenn jede Teilmenge der anderen geich ist:

$$A = B \Leftrightarrow A \subseteq B \wedge B \subseteq A\,. \tag{5.38}$$

Diese Tatsache wird häufig zum Beweis der Gleichheit zweier Mengen benutzt.

4. Potenzmenge Die Menge aller Teilmengen einer Menge M nennt man *Potenzmenge* von M und bezeichnet sie mit $\mathbb{P}(M)$, d.h. $\mathbb{P}(M) = \{A \mid A \subseteq M\}$.

■ Für die Menge $M = \{a, b, c\}$ lautet die Potenzmenge

$$\mathbb{P}(M) = \{\emptyset, \{a\}, \{b\}, \{c\}, \{a, b\}, \{a, c\}, \{b, c\}, \{a, b, c\}\}\,.$$

Es gilt:

a) Hat eine Menge M m Elemente, so hat ihre Potenzmenge $\mathbb{P}(M)$ 2^m Elemente.

b) Für jede Menge M gilt $\emptyset \in \mathbb{P}(M)$, d.h., die leere Menge ist Potenzmenge jeder Menge M.

5. Kardinalzahl Die Anzahl der Elemente einer endlichen Menge M heißt *Kardinalzahl* von M und wird mit card M oder manchmal auch $|M|$ bezeichnet.

Auch unendlichen Mengen werden Kardinalzahlen zugeordnet (s. 5.2.5).

5.2.2 Operationen mit Mengen

1. VENN–Diagramm

Zur Veranschaulichung von Mengen und Mengenoperationen benutzt man VENN–*Diagramme*. Dabei werden Mengen durch ebene Figuren dargestellt. So wird durch **Abb.5.1** die Teilmengenbeziehung $A \subseteq B$ dargestellt.

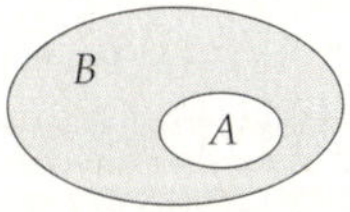

Abbildung 5.1

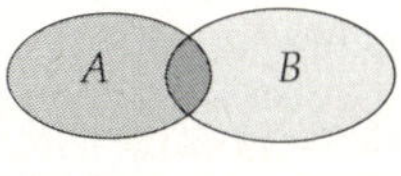

Abbildung 5.2

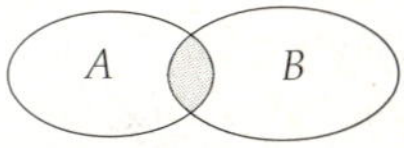

Abbildung 5.3

2. Vereinigung, Durchschnitt, Komplement

Durch *Mengenoperationen* werden aus gegebenen Mengen auf verschiedene Weise neue Mengen gebildet:

1. Vereinigung Seien A und B Mengen. Die *Vereinigungsmenge* oder die *Vereinigung* (Bezeichnung $A \cup B$) ist definiert durch

$$A \cup B = \{x \mid x \in A \vee x \in B\} \tag{5.39}$$

Man liest „A vereinigt mit B".

Sind A und B durch die Eigenschaften E_1 bzw. E_2 beschrieben, dann enthält die Vereinigungsmenge $A \cup B$ die Elemente, die eine der beiden Eigenschaften besitzen, also wenigstens zu einer der beiden Mengen gehören. In **Abb.5.2** ist die Vereinigungsmenge durch das schattiert gezeichnete Gebiet dargestellt.

■ $\{1, 2, 3\} \cup \{2, 3, 5, 6\} = \{1, 2, 3, 5, 6\}$.

2. Durchschnitt Seien A und B Mengen. Die *Schnittmenge* oder der *Durchschnitt* (Bezeichnung $A \cap B$) ist definiert durch

$$A \cap B = \{x \mid x \in A \wedge x \in B\}. \tag{5.40}$$

Man liest „A geschnitten mit B". Sind A und B durch die Eigenschaften E_1 bzw. E_2 beschrieben, dann enthält $A \cap B$ die Elemente, die beide Eigenschaften E_1 und E_2 besitzen.

In **Abb.5.3** ist die Schnittmenge schattiert dargestellt.

■ Mit Hilfe des Durchschnitts der Teilermengen $T(a)$ und $T(b)$ zweier Zahlen a und b läßt sich der größte gemeinsame Teiler (ggT) (s. S. 312) bestimmen. Für $a = 12$ und $b = 18$ ist $T(a) = \{1, 2, 3, 4, 6, 12\}$ und $T(b) = \{1, 2, 3, 6, 9, 18\}$, so daß $T(12) \cap T(18)$ die Zahl $\mathrm{ggT}(12, 18) = 6$ ergibt.

3. Disjunkte Mengen Zwei beliebige Mengen A und B, die kein gemeinsames Element besitzen, nennt man elementfremd oder *disjunkt*; für sie gilt

$$A \cap B = \emptyset, \tag{5.41}$$

d.h., ihr Durchschnitt ist eine leere Menge.

■ Der Durchschnitt der Menge der ungeraden und der Menge der geraden Zahlen ist leer, d.h.

$$\{\text{ungerade Zahlen}\} \cap \{\text{gerade Zahlen}\} = \emptyset.$$

4. Komplement Betrachtet man nur Teilmengen einer vorgegebenen Grundmenge M, z.B. die Teilmenge $A \subseteq B$, so besteht die *Komplementärmenge* oder das *Komplement* $C_M(A)$ von A bezüglich M

aus allen Elementen von M, die nicht zu A gehören:

$$C_M(A) = \{x \mid x \in M \wedge x \notin A\}\,. \tag{5.42}$$

Man liest „Komplement von A bezüglich M". Ist die Grundmenge M aus dem Zusammenhang heraus offenbar, dann wird für die Bezeichnung der Komplementärmenge auch das Symbol $\overline{A}$ verwendet. In **Abb.5.4** ist das Komplement $\overline{A}$ schattiert dargestellt.

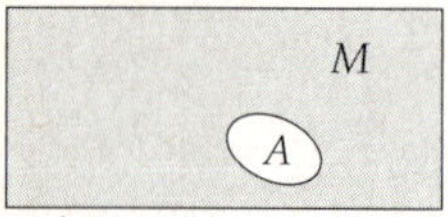

Abbildung 5.4

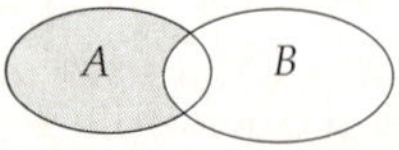

Abbildung 5.5

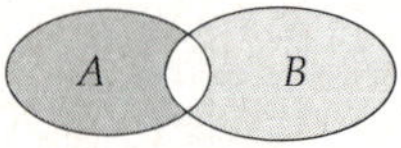

Abbildung 5.6

3. Grundgesetze der Mengenalgebra

Die eingeführten Mengenoperationen haben analoge Eigenschaften wie die Junktoren in der Aussagenlogik. Es gelten folgende *Grundgesetze der Mengenalgebra:*

1. Assoziativgesetze

$$(A \cap B) \cap C = A \cap (B \cap C)\,, \tag{5.43}$$
$$(A \cup B) \cup C = A \cup (B \cup C)\,. \tag{5.44}$$

2. Kommutativgesetze

$$A \cap B = B \cap A\,, \tag{5.45}$$
$$A \cup B = B \cup A\,. \tag{5.46}$$

3. Distributivgesetze

$$(A \cup B) \cap C = (A \cap C) \cup (B \cap C)\,, \tag{5.47}$$
$$(A \cap B) \cup C = (A \cup C) \cap (B \cup C)\,. \tag{5.48}$$

4. Absorptionsgesetze

$$A \cap (A \cup B) = A\,, \tag{5.49}$$
$$A \cup (A \cap B) = A\,. \tag{5.50}$$

5. Idempotenzgesetze

$$A \cap A = A\,, \tag{5.51}$$
$$A \cup A = A\,. \tag{5.52}$$

6. DE MORGANsche Regeln

$$\overline{A \cap B} = \overline{A} \cup \overline{B}\,, \tag{5.53}$$
$$\overline{A \cup B} = \overline{A} \cap \overline{B}\,. \tag{5.54}$$

7. Weitere Gesetze

$$A \cap \overline{A} = \emptyset\,, \tag{5.55}$$
$$A \cup \overline{A} = M \quad M \text{ Grundmenge}\,, \tag{5.56}$$
$$A \cap M = A\,, \tag{5.57}$$
$$A \cup \emptyset = A\,, \tag{5.58}$$
$$A \cap \emptyset = \emptyset\,, \tag{5.59}$$
$$A \cup M = M\,, \tag{5.60}$$
$$\overline{M} = \emptyset\,, \tag{5.61}$$
$$\overline{\emptyset} = M\,. \tag{5.62}$$
$$\overline{\overline{A}} = A\,. \tag{5.63}$$

Diese Tabelle erhält man unmittelbar aus den Grundgesetzen der Aussagenlogik (s. 5.1.1), wenn man folgende Ersetzungen vornimmt: $\wedge$ durch $\cap$, $\vee$ durch $\cup$, W durch M und F durch $\emptyset$. Auf diesen nicht zufälligen Zusammenhang wird in 5.7 genauer eingegangen.

4. Weitere Mengenoperationen

Außer den oben für zwei Mengen A und B eingeführten Mengenoperationen werden noch die *Differenzmenge* oder *Differenz* $A \setminus B$, die *Diskrepanz* oder *symmetrische Differenz* $A \triangle B$ und das *kartesische Produkt* $A \times B$ erklärt:

1. Differenz zweier Mengen Die Menge der Elemente von B, die nicht zu A gehören, nennt man *Differenzmenge* oder *Differenz* von B und A:

$$A \setminus B = \{x \mid x \in A \wedge x \notin B\}. \tag{5.64a}$$

Wird A durch die Eigenschaft E_1 und B durch die Eigenschaft E_2 beschrieben, dann liegen in $A \setminus B$ die Elemente, die zwar die Eigenschaft E_1, nicht aber die Eigenschaft E_2 besitzen.
In **Abb.5.5** ist die Differenz schattiert dargestellt.

■ $\{1,2,3,4\} \setminus \{3,4,5\} = \{1,2\}$.

2. Symmetrische Differenz zweier Mengen Die symmetrische Differenz $A \triangle B$ ist die Menge aller Elemente, die zu genau einer der beiden Mengen A und B gehören:

$$A \triangle B = \{x \mid (x \in A \wedge x \notin B) \vee (x \in B \wedge x \notin A)\}. \tag{5.64b}$$

Aus der Definition folgt, daß gilt

$$A \triangle B = (A \setminus B) \cup (B \setminus A), \tag{5.64c}$$

d.h., die symmetrische Differenz enthält die Elemente, die genau eine der beiden Eigenschaften E_1 (zu A) und E_2 (zu B) besitzen.
In **Abb.5.6** ist die symmetrische Differenz schattiert dargestellt.

■ $\{1,2,3,4\} \triangle \{3,4,5\} = \{1,2,5\}$.

3. Kartesisches Produkt zweier Mengen Das *kartesische Produkt* zweier Mengen $A \times B$ ist durch

$$A \times B = \{(a,b) \mid a \in A \wedge b \in B\} \tag{5.65a}$$

definiert. Die Elemente (a,b) von $A \times B$ heißen *geordnete Paare* und sind charakterisiert durch

$$(a,b) = (c,d) \Leftrightarrow a = c \wedge b = d. \tag{5.65b}$$

Die Anzahl der Elemente im kartesischen Produkt zweier endlicher Mengen beträgt

$$\text{card}\,(A \times B) = (\text{card}A)(\text{card}B). \tag{5.65c}$$

■ **A:** Für $A = \{1,2,3\}$ und $B = \{2,3\}$ ergibt sich $A \times B = \{(1,2),(1,3),(2,2),(2,3),(3,2),(3,3),\}$ und $B \times A = \{(2,1),(2,2),(2,3),(3,1),(3,2),(3,3)\}$ mit $\text{card}A = 3$, $\text{card}B = 2$, $\text{card}(A \times B) = \text{card}(B \times A) = 6$.

■ **B:** Mit dem kartesischen Produkt $\mathbb{R} \times \mathbb{R}$ ($\mathbb{R}$ Menge der reellen Zahlen) kann man alle Punkte der x,y–Ebene beschreiben. Die Menge der Koordinaten (x,y) wird durch $\mathbb{R} \times \mathbb{R}$ dargestellt, denn es gilt:

$$\mathbb{R}^2 = \mathbb{R} \times \mathbb{R} = \{(x,y) \mid x \in \mathbb{R}, y \in \mathbb{R}\}.$$

4. Kartesisches Produkt aus n Mengen

Aus n Elementen werden durch Festlegung einer bestimmten Reihenfolge (1. Element, 2. Element, ..., n–tes Element) geordnete n–Tupel gebildet. Sind $a_i \in A_i$ $(i = 1,2,\ldots,n)$ die Elemente, dann notiert man das n–Tupel als $(a_1,a_2,\ldots,a_n)$, wobei a_i i–te Komponente genannt wird.
Für $n = 3,4,5$ spricht man von *Tripel, Quadrupel* und *Quintupel.*
Das n–fache kartesische Produkt $A_1 \times A_2 \times \cdots \times A_n$ ist dann die Menge aller geordneten n–Tupel $(a_1,a_2,\ldots,a_n)$ mit $a_i \in A_i$:

$$A_1 \times \ldots \times A_n = \{(a_1,\ldots,a_n) \mid a_i \in A_i \;\; (i = 1,\ldots,n)\}. \tag{5.66a}$$

Sind alle A_i endliche Mengen, dann beträgt die Anzahl der geordneten Elemente

$$\text{card}(A_1 \times A_2 \times \cdots \times A_n) = \text{card}A_1\,\text{card}A_2 \cdots \text{card}A_n. \tag{5.66b}$$

Hinweis: Das n–fache kartesische Produkt einer Menge A mit sich selbst wird mit A^n bezeichnet.

5.2.3 Relationen und Abbildungen

1. n–stellige Relationen

Relationen beschreiben Beziehungen zwischen den Elementen einer oder verschiedener Mengen. Eine *n–stellige Relation* R zwischen den Mengen $A_1, \ldots, A_n$ ist eine Teilmenge des kartesischen Produkts dieser Mengen, d.h. $R \subseteq A_1 \times \ldots \times A_n$. Sind die Mengen A_i, $i = 1, \ldots, n$, sämtlich gleich der Menge A, so wird $R \subseteq A^n$ und heißt n–stellige Relation in der Menge A. Besondere Bedeutung haben zweistellige *(binäre)* Relationen in einer Menge (s. 5.2.3, **2.**).
Im Falle binärer Relationen ist auch die Schreibweise aRb statt $(a, b) \in R$ üblich.

2. Binäre Relationen

1. Begriff der binären Relation einer Menge Besondere Bedeutung haben zweistellige (*binäre*) Relationen in einer Menge, d.h. $R \subseteq A \times A$. Im Falle binärer Relationen ist auch die Schreibweise aRb statt $(a, b) \in R$ üblich.

■ Als Beispiel werde in der Menge $A = \{1, 2, 3, 4\}$ die Teilbarkeitsbeziehung betrachtet, d.h. die binäre Relation

$$T = \{(a, b) \mid a, b \in A \wedge \ a \text{ teil } b\}. \qquad (5.67)$$

2. Pfeildiagramme Endliche binäre Relationen R in einer Menge A werden durch *Pfeildiagramme* oder *Relationsmatrizen* dargestellt. Die Elemente von A werden als Punkte in der Ebene dargestellt und genau dann ein Pfeil von a nach b gezeichnet, wenn aRb gilt.
Die **Abb.5.7** zeigt das Pfeildiagramm der Relation T.

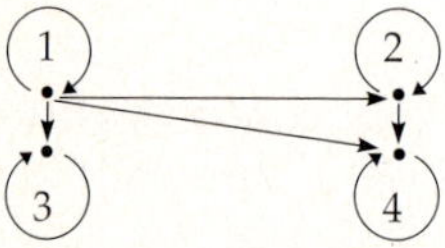

Abbildung 5.7

	1	2	3	4
1	1	1	1	1
2	0	1	0	1
3	0	0	1	0
4	0	0	0	1

Tabelle: Relationsmatrix

3. Relationsmatrix Die Elemente von A werden als Zeilen- und Spalteneingänge einer Matrix (s. 4.1.1,**1.**) verwendet. Am Schnittpunkt der Zeile zu $a \in A$ mit der Spalte zu $b \in B$ wird eine 1, falls aRb gilt, ansonsten eine 0 notiert. Die obige Tabelle gibt die Relationsmatrix für T wieder.

3. Relationenprodukt, inverse Relation

Relationen sind spezielle Mengen, so daß zwischen Relationen die üblichen Mengenoperationen (s. 5.2.2) ausgeführt werden können. Für zweistellige Relationen sind darüber hinaus das *Relationenprodukt* und die *inverse Relation* von Bedeutung.
Es seien $R \subseteq A \times B$ und $S \subseteq B \times C$ zweistellige Relationen. Dann ist das Produkt $R \circ S$ der Relationen R, S durch

$$R \circ S = \{(a, c) \mid \exists\, b\, (b \in B \wedge aRb \wedge bSc)\} \qquad (5.68)$$

definiert. Das Relationenprodukt ist assoziativ, aber nicht kommutativ.

Die inverse Relation R^{-1} einer Relation R ist durch

$$R^{-1} = \{(b, a) \mid (a, b) \in R\} \qquad (5.69)$$

festgelegt.

Für binäre Relationen in einer Menge A gelten folgende Beziehungen:

$$(R \cup S) \circ T = (R \circ T) \cup (S \circ T), \qquad (5.70) \qquad (R \cap S) \circ T \subseteq (R \circ T) \cap (S \circ T), \qquad (5.71)$$

$$(R \cup S)^{-1} = R^{-1} \cup S^{-1}, \qquad (5.72) \qquad (R \cap S)^{-1} = R^{-1} \cap S^{-1}, \qquad (5.73)$$

$$(R \circ S)^{-1} = S^{-1} \circ R^{-1}. \qquad (5.74)$$

4. Eigenschaften binärer Relationen

Wichtige Eigenschaften einer binären Relation in einer Menge A:
R heißt

$$reflexiv,\quad \text{falls } \forall a \in A\; aRa, \tag{5.75}$$
$$irreflexiv,\quad \text{falls } \forall a \in A\; \neg aRa, \tag{5.76}$$
$$symmetrisch,\quad \text{falls } \forall a,b \in A\; (aRb \Rightarrow bRa), \tag{5.77}$$
$$antisymmetrisch,\quad \text{falls } \forall a,b \in A\; (aRb \wedge bRa \Rightarrow a = b), \tag{5.78}$$
$$transitiv,\quad \text{falls } \forall a,b,c \in A\; (aRb \wedge bRc \Rightarrow aRc), \tag{5.79}$$
$$linear,\quad \text{falls } \forall a,b \in A\; (aRb \vee bRa) \tag{5.80}$$

gilt.
Diese Eigenschaften lassen sich auch mit Hilfe des Relationenprodukts beschreiben. So gilt z.B.: Eine binäre Relation ist genau dann transititiv, wenn $R \circ R \subseteq R$ gilt. Von besonderem Interesse ist gelegentlich der *transitive Abschluß* (*transitive Hülle*) $\mathrm{tra}(R)$ einer Relation R. Darunter versteht man die kleinste transitive Relation, die R enthält. Es gilt:

$$\mathrm{tra}(R) = \bigcup_{n \geq 1} R^n = R^1 \cup R^2 \cup R^3 \cup \cdots, \tag{5.81}$$

wobei unter R^n das n-fache Relationenprodukt von R mit sich selbst zu verstehen ist.

■ Die binäre Relation R auf der Menge $\{1, 2, 3, 4, 5\}$ sei durch die Relationsmatrix M gegeben:

M	1	2	3	4	5
1	1	0	0	1	0
2	0	0	0	1	0
3	0	0	1	0	1
4	0	1	0	0	1
5	0	1	0	0	0

M^2	1	2	3	4	5
1	1	1	0	1	1
2	0	1	0	0	1
3	0	1	1	0	1
4	0	1	0	1	0
5	0	0	0	1	0

M^3	1	2	3	4	5
1	1	1	0	1	1
2	0	1	0	1	0
3	0	1	1	1	1
4	0	1	0	1	1
5	0	1	0	0	1

Bildet man M^2, indem man bei der Matrizenmultiplikation 0 und 1 als Wahrheitswerte interpretiert und anstelle von Multiplikation bzw. Addition die logischen Operationen Konjunktion bzw. Disjunktion verwendet, so ist M^2 die zu R^2 gehörige Relationsmatrix. Entsprechend kann man auch die Relationsmatrizen von R^3, R^4 usw. aufstellen.

$M \vee M^2 \vee M^3$	1	2	3	4	5
1	1	1	0	1	1
2	0	1	0	1	1
3	0	1	1	1	1
4	0	1	0	1	1
5	0	1	0	1	1

Die zu $R \cup R^2 \cup R^3$ gehörige nebenstehende Relationsmatrix erhält man, indem man die Matrizen M, M^2 und M^3 elementweise disjunktiv verknüpft. Da höhere Potenzen von M keine neuen Einträge liefern, ist diese Matrix zugleich die zu $\mathrm{tra}(R)$ gehörige Relationsmatrix.

Die Relationsmatrix und das Relationenprodukt finden auch Anwendung zur Untersuchung von Weglängen in Graphen (s. 5.8.2.1).

Bei endlichen binären Relationen kann man diese Eigenschaften größtenteils leicht aus den Pfeildiagrammen bzw. Relationsmatrizen erkennen. So erkennt man z.B. Reflexivität durch „Schlingen“ im Pfeildiagramm bzw. durch Einsen der Hauptdiagonalen der Relationsmatrix. Symmetrie äußert sich im Pfeildiagramm dadurch, daß zu jedem Pfeil ein gegenläufiger gehört bzw. durch Symmetrie der Relationsmatrix (s. 5.2.3,**2.**). Aus dem Pfeildiagramm oder der Relationsmatrix liest man ab, daß die Teilbarkeitsbeziehung T reflexiv, aber nicht symmetrisch ist.

5. Abbildungen

Eine *Abbildung* (oder Funktion, s. 2.1.1, **2.1.1.1**) f von einer Menge A in eine Menge B mit der Bezeichnung $f\colon A \to B$ ist eine Zuordnungsvorschrift, die jedem Element $a \in A$ eindeutig ein Element $f(a) \in B$ zuordnet. Man kann eine Abbildung f als zweistellige Relation zwischen A und B, $(f \subseteq A \times B)$, auffassen: $f \subseteq A \times B$ heißt Abbildung von A nach B, falls gilt:

$$\forall a \in A \, \exists b \in B \, ((a,b) \in f) \qquad \text{und} \tag{5.82}$$

$$\forall a \in A \, \forall b_1, b_2 \in B \, ((a,b_1),(a,b_2) \in f \Rightarrow b_1 = b_2). \tag{5.83}$$

f heißt *eineindeutig* (oder *injektiv*), falls zusätzlich gilt:

$$\forall a_1, a_2 \in A \, \forall b \in B \, ((a_1,b),(a_2,b) \in f \Rightarrow a_1 = a_2). \tag{5.84}$$

Während bei einer Abbildung nur verlangt wird, daß jedes Original nur ein Bild hat, bedeutet Injektivität, daß auch jedes Bild nur ein Original besitzt.
f heißt Abbildung von A *auf* B (oder *surjektiv*), falls gilt:

$$\forall b \in B \, \exists a \in A \, ((a,b) \in f). \tag{5.85}$$

Eine injektive und surjektive Abbildung heißt *bijektiv*. Für bijektive Abbildungen $f\colon A \to B$ ist die inverse Relation eine Abbildung $f^{-1}\colon B \to A$, die sogenannte *Umkehrabbildung* von f.
Das Relationenprodukt, auf Abbildungen angewandt, charakterisiert die Hintereinanderausführung von Abbildungen: Sind $f\colon A \to B$ und $g\colon B \to C$ Abbildungen, so ist $f \circ g$ eine Abbildung von A nach C, und es gilt

$$(f \circ g)(a) = g(f(a)). \tag{5.86}$$

Man beachte die Reihenfolge von f und g in dieser Gleichung (unterschiedliche Handhabung in der Literatur!).

5.2.4 Äquivalenz- und Ordnungsrelationen

Die wichtigsten Klassen binärer Relationen in einer Menge A sind die Äquivalenz- und Ordnungsrelationen.

1. Äquivalenzrelationen

Eine binäre Relation R in einer Menge A heißt *Äquivalenzrelation*, wenn R reflexiv, symmetrisch und transitiv ist. Für aRb verwendet man in diesem Falle auch die Bezeichnung $a \sim_R b$ oder $a \sim b$, wenn die Äquivalenzrelation R aus dem Zusammenhang bekannt ist, und sagt, a ist äquivalent zu b (bezüglich R).

■ Beispiele für Äquivalenzrelationen:

A: $A = \mathbb{Z}$, $m \in \mathbb{N} \setminus \{0\}$. Es gilt $a \sim_R b$ genau dann, wenn a und b bei Division durch m den gleichen Rest lassen (Kongruenzrechnung modulo m).

B: Gleichheitsbeziehung in unterschiedlichen Bereichen, z.B. in der Menge $\mathbb{Q}$ der rationalen Zahlen: $\frac{p_1}{q_1} = \frac{p_2}{q_2} \Leftrightarrow p_1 q_2 = p_2 q_1$, wobei das erste Gleichheitszeichen die Gleichheit in $\mathbb{Q}$ definiert, während das zweite die Gleichheit in $\mathbb{Z}$ bezeichnet.

C: Ähnlichkeit oder Kongruenz geometrischer Figuren.

D: Logische Äquivalenz aussagenlogischer Ausdrücke (s. 5.1.1,**6.**).

2. Äquivalenzklassen, Zerlegungen

1. Äquivalenzklassen Eine Äquivalenzrelation in einer Menge A bewirkt eine Aufteilung von A in nichtleere paarweise disjunkte Teilmengen, *Äquivalenzklassen*.

$$[a]_R := \{b \mid b \in A \land a \sim_R b\} \tag{5.87}$$

heißt Äquivalenzklasse von a bezüglich R. Für Äquivalenzklassen gilt:

$$[a]_R \neq \emptyset, \quad a \sim_R b \Leftrightarrow [a]_R = [b]_R \quad \text{und} \quad a \not\sim_R b \Leftrightarrow [a]_R \cap [b]_R = \emptyset. \tag{5.88}$$

Diese Äquivalenzklassen werden zu einer neuen Menge, der *Faktormenge* A/R, zusammengefaßt:

$$A/R = \{[a]_R \mid a \in A\}. \tag{5.89}$$

Eine Teilmenge $Z \subseteq \mathbb{P}(A)$ der Potenzmenge $\mathbb{P}(A)$ heißt *Zerlegung* von A, wenn

$$\emptyset \notin Z, \quad X, Y \in Z \wedge X \neq Y \Rightarrow X \cap Y = \emptyset, \quad \bigcup_{X \in Z} X = A. \tag{5.90}$$

2. Zerlegungssatz Jede Äquivalenzrelation R in einer Menge A bewirkt eine Zerlegung Z von A, nämlich $Z = A/R$. Umgekehrt bestimmt jede Zerlegung Z einer Menge A eine Äquivalenzrelation R in A:

$$a \sim_R b \Leftrightarrow \exists X \in Z\,(a \in X \wedge b \in X). \tag{5.91}$$

Man kann eine Äquivalenzrelation in einer Menge A als Verallgemeinerung der Gleichheitsbeziehung auffassen, wobei von „unwesentlichen" Eigenschaften der Elemente von A abstrahiert wird und Elemente, die sich bezüglich einer gewissen Eigenschaft nicht unterscheiden, zu einer Äquivalenzklasse zusammengefaßt werden.

3. Ordnungsrelationen

Eine binäre Relation R in einer Menge A heißt *Ordnung(-srelation)*, wenn R reflexiv, antisymmetrisch und transitiv ist. Ist R zusätzlich linear, so heißt R *vollständige Ordnung(-srelation)* oder *Kette*. Die Menge A heißt dann durch R geordnet bzw. vollständig geordnet. In einer vollständig geordneten Menge sind also je zwei Elemente vergleichbar. Statt aRb verwendet man auch die Bezeichnung $a \leq_R b$ oder $a \leq b$, wenn die Ordnungsrelation R aus dem Zusammenhang bekannt ist.
Anstelle von Ordnung ist auch die Bezeichnung *Halbordnung* oder *partielle Ordnung* üblich.

■ Beispiele für Ordnungsrelationen:

A: Die Zahlenbereiche $\mathbb{N}$, $\mathbb{Z}$, $\mathbb{Q}$, $\mathbb{R}$ sind durch die übliche $\leq$–Beziehung vollständig geordnet.

B: Die Teilmengenbeziehung ist eine Ordnung, die nicht vollständig ist.

C: Die *lexikographische Ordnung* auf den Wörtern der deutschen Sprache ist eine Kette.

4. HASSE–Diagramme

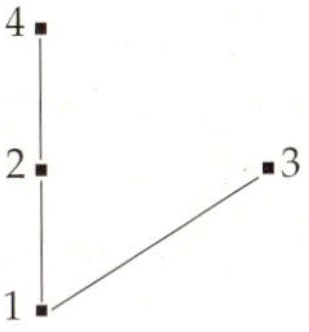

Abbildung 5.8

Endliche geordnete Mengen werden durch HASSE-*Diagramme* dargestellt: Auf einer endlichen Menge A sei eine Ordnungsrelation $\leq$ gegeben. Die Elemente von A werden als Punkte in der Ebene dargestellt, wobei der Punkt zu $b \in A$ oberhalb des Punktes zu $a \in A$ liegen soll, falls $a < b$ gilt. Gibt es außerdem kein $c \in A$ mit $a < c < b$ – man sagt, a und b sind *benachbart* – so werden a und b durch eine Strecke verbunden. Ein HASSE–Diagramm ist also ein „abgerüstetes" Pfeildiagramm, bei dem alle Schlingen, Pfeilspitzen und alle Pfeile, die sich aus der Transitivität der Relation ergeben, weggelassen sind. In **Abb.5.7** ist das Pfeildiagramm zur Teilbarkeitsrelation T auf der Menge $A = \{1, 2, 3, 4\}$ angegeben. Mit T ist eine Ordnungsrelation bezeichnet, die durch das HASSE-Diagramm in **Abb.5.8** dargestellt ist.

5.2.5 Mächtigkeit von Mengen

In 5.2.1 wurde die Anzahl der Elemente einer endlichen Menge als Kardinalzahl bezeichnet. Dieser Anzahlbegriff soll auf unendliche Mengen übertragen werden.

1. Mächtigkeit, Kardinalzahl

Zwei Mengen A, B heißen *gleichmächtig*, falls es zwischen ihnen eine bijektive Abbildung gibt. Jeder Menge A wird eine *Kardinalzahl* $|A|$ oder card A zugordnet, so daß gleichmächtige Mengen die gleiche Kardinalzahl erhalten. Eine Menge ist zu ihrer Potenzmenge niemals gleichmächtig, so daß es keine „größte" Kardinalzahl gibt.

2. Unendliche Mengen

Unendliche Mengen sind dadurch charakterisiert, daß sie echte Teilmengen besitzen, die zur Gesamtmenge gleichmächtig sind. Die „kleinste" unendliche Kardinalzahl ist die Kardinalzahl der Menge $\mathbb{N}$ der natürlichen Zahlen.

Eine Menge heißt *abzählbar* (unendlich), wenn sie zu $\mathbb{N}$ gleichmächtig ist. Das bedeutet, ihre Elemente lassen sich durchnumerieren bzw. als unendliche Folge $a_1, a_2, \ldots$ schreiben.

Eine Menge heißt überabzählbar (unendlich), wenn sie unendlich, aber nicht gleichmächtig zu $\mathbb{N}$ ist. Demzufolge ist jede nicht abzählbar (unendliche) Menge überabzählbar (unendlich).

■ **A:** Die Menge $\mathbb{Z}$ der ganzen Zahlen und die Menge $\mathbb{Q}$ der rationalen Zahlen sind abzählbar (unendlich).

■ **B:** Die Menge $\mathbb{R}$ der reellen Zahlen und die Menge $\mathbb{C}$ der komplexen Zahlen sind *überabzählbar* (unendlich).

5.3 Klassische algebraische Strukturen

5.3.1 Operationen

1. n–stellige Operationen

Der Strukturbegriff spielt in der Mathematik und ihren Anwendungen eine zentrale Rolle. Hier sollen algebraische Strukturen behandelt werden, d.h. Mengen, auf denen Operationen erklärt sind. Eine *n–stellige Operation* φ in einer Menge A ist eine Abbildung $\varphi\colon A^n \to A$, die jedem n–Tupel von Elementen aus A wieder ein Element aus A zuordnet.

2. Eigenschaften binärer Operationen

Besonders wichtig ist der Fall $n = 2$, wobei man von *binären Operationen* spricht, z.B. Addition und Multiplikation von Zahlen bzw. Matrizen oder Vereinigung und Durchschnitt von Mengen. Eine binäre Operation ist also eine Abbildung $* : \ A \times A \to A$, wobei man anstelle von „$*(a, b)$“ in der Regel die *Infixschreibweise* „$a * b$“ benutzt. Eine binäre Operation $*$ in A heißt *assoziativ*, falls

$$(a * b) * c = a * (b * c)\,, \tag{5.92}$$

und *kommutativ*, falls

$$a * b = b * a \tag{5.93}$$

jeweils für alle $a, b, c \in A$ gilt.
Ein Element $e \in A$ heißt *neutrales Element* bezüglich einer binären Operation $*$ in A, falls gilt:

$$a * e = e * a = a \quad \text{für alle} \quad a \in A\,. \tag{5.94}$$

3. Äußere Operationen

Manchmal werden auch äußere Operationen betrachtet. Das sind Abbildungen von $K \times A$ in K, wobei K eine „äußere“, meist auch selbst strukturierte Menge ist (s. 5.3.6).

5.3.2 Halbgruppen

Oft auftretende algebraische Strukturen haben besondere Namen bekommen. Eine Menge H, versehen mit einer assoziativen binären Operation $*$, heißt *Halbgruppe*; Bezeichnung $H = (H, *)$.

■ Beispiele für Halbgruppen:

A: Zahlenbereiche bezüglich Addition oder Multiplikation,

B: Potenzmenge bezüglich Vereinigung oder Durchschnitt,

C: Matrizen bezüglich Addition oder Multiplikation,

D: Menge A^* aller „Wörter“ (strings) über einem „Alphabet“ A bezüglich Hintereinanderschreibung (*Worthalbgruppe*).

Hinweis: Bis auf die Multiplikation von Matrizen und die Hintereinanderschreibung von Wörtern sind alle in den Beispielen vorkommenden Operationen kommutativ; man spricht dann von kommutativen Halbgruppen.

5.3.3 Gruppen

5.3.3.1 Definition und grundlegende Eigenschaften

1. Definition

Eine Menge G, versehen mit einer binären Operation $*$, heißt *Gruppe*, wenn

- $*$ assoziativ ist,
- $*$ ein neutrales Element e besitzt und zu jedem Element $a \in G$ ein *inverses Element* a^{-1} existiert, mit

$$a * a^{-1} = a^{-1} * a = e\,. \tag{5.95}$$

Eine Gruppe ist also eine spezielle Halbgruppe.

Das neutrale Element einer Gruppe ist eindeutig bestimmt. Außerdem besitzt jedes Gruppenelement genau ein Inverses. Ist die Operation $*$ kommutativ, so spricht man von einer ABEL*schen Gruppe.* Ist die Gruppenoperation als Addition $+$ geschrieben, so wird das neutrale Element mit 0 und das inverse Element eines Elementes a mit $-a$ bezeichnet.

Beispiele für Gruppen:

■ **A:** Zahlenbereiche (außer $\mathbb{N}$) bezüglich Addition.

■ **B:** $\mathbb{Q} \setminus \{0\}$, $\mathbb{R} \setminus \{0\}$ und $\mathbb{C} \setminus \{0\}$ bezüglich Multiplikation.

■ **C:** $S_M := \{f : M \to M \wedge f \text{ bijektiv}\}$ bezüglich Hintereinanderausführung von Abbildungen (symmetrische Gruppe).

■ **D:** Man betrachte die Menge D_n aller Deckabbildungen eines regelmäßigen n–Ecks in der Ebene. Dabei beschreibt eine *Deckabbildung* den Übergang zwischen zwei Symmetrielagen des n–Ecks, d.h. die Bewegung des n–Ecks in eine deckungsgleiche Lage. Werden mit d eine Drehung um $2\pi/n$ und mit σ die Spiegelung an einer Achse bezeichnet, so hat D_n $2n$ Elemente:

$$D_n = \{e, d, d^2, \ldots, d^{n-1}, \sigma, d\sigma, \ldots, d^{n-1}\sigma\}.$$

Bezüglich der Hintereinanderausführung von Abbildungen bildet D_n eine Gruppe, die *Diedergruppe.* Dabei gilt $d^n = \sigma^2 = e$ und $\sigma d = d^{n-1}\sigma$.

■ **E:** Alle regulären Matrizen (s. 4.1.4) über den reellen bzw. komplexen Zahlen bezüglich Multiplikation.

Hinweis: Matrizen spielen in Anwendungen eine besondere Rolle, insbesondere zur Darstellung linearer Transformationen. Lineare Transformationen lassen sich durch Matrizengruppen klassifizieren.

2. Gruppentafeln

Zur Darstellung endlicher Gruppen werden Gruppentafeln verwendet: Man notiert die Gruppenelemente als Zeilen- und Spalteneingänge. An der Kreuzung der Zeile mit dem Eingang a und der Spalte mit dem Eingang b steht das Gruppenelement $a * b$.
Ist $M = \{1, 2, 3\}$, so bezeichnet man die symmetrische Gruppe S_M auch mit S_3. Die S_3 besteht also aus allen bijektiven Abbildungen (Permutationen) auf der Menge $\{1, 2, 3\}$ und hat demzufolge $3! = 6$ Elemente (s. 16.1.1). Permutationen werden meist zweizeilig notiert, indem man in die erste Zeile die Elemente von M und darunter die jeweiligen Bildelemente schreibt. So erhält man die 6 Elemente der S_3 folgendermaßen:

$$\begin{aligned} \varepsilon &= \begin{pmatrix} 1 & 2 & 3 \\ 1 & 2 & 3 \end{pmatrix}, \; p_1 = \begin{pmatrix} 1 & 2 & 3 \\ 1 & 3 & 2 \end{pmatrix}, \; p_2 = \begin{pmatrix} 1 & 2 & 3 \\ 3 & 2 & 1 \end{pmatrix}, \\ p_3 &= \begin{pmatrix} 1 & 2 & 3 \\ 2 & 1 & 3 \end{pmatrix}, \; p_4 = \begin{pmatrix} 1 & 2 & 3 \\ 2 & 3 & 1 \end{pmatrix}, \; p_5 = \begin{pmatrix} 1 & 2 & 3 \\ 3 & 1 & 2 \end{pmatrix}. \end{aligned} \tag{5.96}$$

Mit der Hintereinanderausführung von Abbildungen erhält man daraus für S_3 folgende Gruppentafel:

$\circ$	ε	p_1	p_2	p_3	p_4	p_5
ε	ε	p_1	p_2	p_3	p_4	p_5
p_1	p_1	ε	p_5	p_4	p_3	p_2
p_2	p_2	p_4	ε	p_5	p_1	p_3
p_3	p_3	p_5	p_4	ε	p_2	p_1
p_4	p_4	p_2	p_3	p_1	p_5	ε
p_5	p_5	p_3	p_1	p_2	ε	p_4

(5.97)

- Aus der Gruppentafel erkennt man, daß die identische Permutation ε das neutrale Element der Gruppe ist.
- In der Gruppentafel kommt jedes Element in jeder Zeile und jeder Spalte genau einmal vor.
- Das Inverse zu einem Gruppenelement ist aus der Tafel leicht ablesbar; so ist das Inverse zu p_4 in der S_3 die Permutation p_5, da an der Schnittstelle der p_4–Zeile mit der p_5–Spalte das neutrale Element ε steht.
- Ist die Gruppenoperation kommutativ (ABELsche Gruppe), so ist die Tafel symmetrisch bezüglich der „Hauptdiagonalen“; die S_3 ist nicht kommutativ, da z.B. $p_1 \circ p_2 \neq p_2 \circ p_1$.

- Das Assoziativgesetz ist aus der Gruppentafel nicht ablesbar.

5.3.3.2 Untergruppen und direkte Produkte

1. Untergruppen

Es sei $G = (G, *)$ eine Gruppe und $U \subseteq G$. Ist U bezüglich $*$ wieder eine Gruppe, so heißt $U = (U, *)$ eine *Untergruppe* von G.
Eine nichtleere Teilmenge U einer Gruppe $(G, *)$ ist genau dann Untergruppe von G, wenn für alle $a, b \in U$ auch $a * b$ und a^{-1} in U liegen *(Untergruppenkriterium)*.

1. Zyklische Untergruppen Die Gruppe G selbst und $E = \{e\}$ sind Untergruppen von G, die *trivialen Untergruppen*. Außerdem bestimmt jedes Element $a \in G$ eine Untergruppe, die von a erzeugte *zyklische Untergruppe*

$$< a > = \{\ldots, a^{-2}, a^{-1}, e, a, a^2, \ldots\}. \tag{5.98}$$

Ist die Gruppenoperation eine Addition, so schreibt man statt der Potenzen a^k als Abkürzung für die k–fache Verknüpfung von a mit sich selbst ganzzahlige Vielfache ka als Abkürzung für die k–fache Addition von a mit sich selbst, d.h.

$$< a > = \{\ldots, (-2)a, -a, 0, a, 2a, \ldots\}. \tag{5.99}$$

Dabei ist $< a >$ die kleinste Untergruppe von G, die a enthält. Gilt $< a > = G$ für ein Element a aus G, so heißt G zyklisch.
Es gibt unendliche zyklische Gruppen, wie Z bezüglich der Addition, und endliche zyklische Gruppen, wie die Restklassenaddition in der Menge Z_m der Restklassen modulo m (s. 5.4.3,**3.**).

■ Ist die Elementeanzahl einer endlichen Gruppe G eine Primzahl, so ist G stets zyklisch.

2. Verallgemeinerung Man kann den Begriff der zyklischen Gruppe wie folgt verallgemeinern: Ist M eine nichtleere Teilmenge einer Gruppe G, so wird mit $< M >$ die Untergruppe von G bezeichnet, deren Elemente sich sämtlich als Produkt von endlich vielen Elementen aus M und deren Inversen schreiben lassen. Die Teilmenge M heißt dann *Erzeugendensystem* von $< M >$. Besteht M nur aus einem Element, dann ist $< M >$ zyklisch.

3. Gruppenordnung, Links– und Rechtsnebenklassen
In der Gruppentheorie wird die Elementenzahl einer endlichen Gruppe mit ord G bezeichnet. Ist die von einem Element a einer Gruppe erzeugte zyklische Untergruppe $< a >$ endlich, so heißt deren Ordnung auch *Ordnung des Elements a*, d.h. ord $< a > = \operatorname{ord} a$.
Ist U eine Untergruppe einer Gruppe $(G, *)$ und $a \in G$, so heißen die Teilmengen

$$aU := \{a * u | u \in U\} \quad \text{bzw.} \quad Ua := \{u * a | u \in U\} \tag{5.100}$$

von G *Linksnebenklassen* bzw. *Rechtsnebenklassen* von U in G. Die Links- bzw. Rechtsnebenklassen bilden jeweils eine Zerlegung von G (s. 5.2.4,**2.**).

Alle Links– oder Rechtsnebenklassen einer Untergruppe U in einer Gruppe G haben die gleiche Anzahl von Elementen, nämlich ord U. Daraus ergibt sich, daß die Anzahl der Linksnebenklassen gleich der Anzahl der Rechtsnebenklassen ist. Diese Zahl wird *Index* von U in G genannt. Aus den genannten Fakten ergibt sich der Satz von LAGRANGE.

4. Satz von LAGRANGE Die Ordnung einer Untergruppe ist stets Teiler der Gruppenordnung.
Im allgemeinen ist es schwierig, alle Untergruppen einer Gruppe anzugeben. Im Falle endlicher Gruppen ist der Satz von LAGRANGE als notwendige Bedingung für die Existenz von Untergruppen hilfreich.

2. Normalteiler

Für Untergruppen U ist im allgemeinen aU verschieden von Ua (es gilt jedoch $|aU| = |Ua|$). Ist aber $aU = Ua$ für alle $a \in G$, so heißt U *Normalteiler* von G. Diese speziellen Untergruppen sind die Grundlage für die Bildung von Faktorgruppen (s. 5.3.3.3,**3.**).
In ABELschen Gruppen ist natürlich jede Untergruppe Normalteiler.

Beispiele für Untergruppen und Normalteiler:

■ **A:** $\mathbb{R} \setminus \{0\}$, $\mathbb{Q} \setminus \{0\}$ bilden Untergruppen von $\mathbb{C} \setminus \{0\}$ bezüglich der Multiplikation.

■ **B:** Die geraden ganzen Zahlen bilden eine Untergruppe von Z bezüglich der Addition.

■ **C:** Untergruppen der Gruppe S_3: Wegen des Satzes von LAGRANGE kann die 6–elementige Gruppe S_3 (außer den trivialen Untergruppen) nur Untergruppen mit 2 oder 3 Elementen haben. Tatsächlich hat die Gruppe S_3 folgende Untergruppen: $E = \{\varepsilon\}$, $U_1 = \{\varepsilon, p_1\}$, $U_2 = \{\varepsilon, p_2\}$, $U_3 = \{\varepsilon, p_3\}$, $U_4 = \{\varepsilon, p_4, p_5\}$, S_3.
Die nichttrivialen Untergruppen U_1, U_2, U_3 und U_4 sind zyklisch, weil ihre Elementeanzahlen sämtlich Primzahlen sind. Die S_3 ist dagegen nicht zyklisch. Außer den trivialen Normalteilern hat die Gruppe S_3 nur noch die Untergruppe U_4 als Normalteiler.
Übrigens ist jede Untergruppe U einer Gruppe G mit $|U| = |G|/2$ Normalteiler von G.
Alle symmetrischen Gruppen S_{M} und ihre Untergruppen werden *Permutationsgruppen* genannt.

■ **D:** Spezielle Untergruppen der Gruppe $GL(n)$ aller regulären Matrizen vom Typ (n, n) bezüglich der Matrizenmultiplikation:

$SL(n)$ Gruppe aller Matrizen A mit der Determinante 1,
$O(n)$ Gruppe aller orthogonalen Matrizen,
$SO(n)$ Gruppe aller orthogonalen Matrizen mit der Determinante 1.

Die Gruppe $SL(n)$ ist Normalteiler von $GL(n)$ (s. 3.) und $SO(n)$ Normalteiler von $O(n)$.

■ **E:** Als Untergruppen der Gruppe aller regulären komplexen Matrizen seien erwähnt (s. 4.1.4):

$U(n)$ Gruppe aller unitären Matrizen,
$SU(n)$ Gruppe aller unitären Matrizen mit der Determinante 1.

3. Direkte Produkte

1. Definition Es seien A und B Gruppen, deren Gruppenoperation (z.B. Addition oder Multiplikation) mit $\cdot$ bezeichnet sein soll. Im kartesischen Produkt (s. S. 291) $A \times B$ (5.65a) kann man durch die folgende Vorschrift eine Operation $*$ einführen:

$$(a_1, b_1) * (a_2, b_2) = (a_1 \cdot a_2, b_1 \cdot b_2). \qquad (5.101a)$$

Damit wird $A \times B$ zu einer Gruppe, die das *direkte Produkt* von A und B genannt wird.
Mit (e, e) wird das Einselement von $A \times B$ bezeichnet, (a^{-1}, b^{-1}) ist das inverse Element zu (a, b).
Für endliche Gruppen A, B gilt

$$\operatorname{ord} A \times B = \operatorname{ord} A \cdot \operatorname{ord} B. \qquad (5.101b)$$

Die Gruppen $A' := \{(a, e) | a \in A\}$ bzw. $B' := \{(e, b) | b \in B\}$ sind zu A bzw. B isomorphe Normalteiler von $A \times B$.
Das direkte Produkt ABELscher Gruppen ist wieder abelsch.
Für zyklische Gruppen gilt: Das direkte Produkt zweier zyklischer Gruppen A, B ist genau dann zyklisch, wenn der größte gemeinsame Teiler der Gruppenordnungen gleich 1 ist.

■ **A:** Mit $Z_2 = \{e, a\}$ und $Z_3 = \{e, b, b^2\}$ wird $Z_2 \times Z_3 = \{(e, e), (e, b), (e, b^2), (a, e), (a, b), (a, b^2)\}$ eine zu Z_6 isomorphe Gruppe (s. 5.3.3.3,**2.**), die u.a. von (a, b) erzeugt wird.

■ **B:** Andererseits ist $Z_2 \times Z_2 = \{(e, e), (e, b), (a, e), (a, b)\}$ nicht zyklisch. Diese Gruppe der Ordnung 4 wird auch KLEINsche Vierergruppe genannt und beschreibt die Deckabbildungen eines Rechtecks.

2. Basissatz für ABELsche Gruppen Da die Bildung des direkten Produktes eine Konstruktion ist, mit der aus „kleineren" Gruppen „größere" gewonnen werden, entsteht umgekehrt die Frage, wann lassen sich große Gruppen G als direktes Produkt kleinerer Gruppen A, B darstellen, d.h., wann ist G isomorph zu $A \times B$? Für ABELsche Gruppen gibt darüber der sogenannte *Basissatz* Auskunft:
Jede endliche ABELsche Gruppe ist als direktes Produkt zyklischer Gruppen von der Primzahlpotenzordnung darstellbar.

5.3.3.3 Abbildungen zwischen Gruppen

1. Homomorphismen und Isomorphismen

1. Gruppenhomomorphismus Zwischen algebraischen Strukturen werden nicht beliebige, sondern „strukturerhaltende" Abbildungen betrachtet:

Es seien $G_1 = (G_1, *)$ und $G_2 = (G_2, \circ)$ Gruppen. Eine Abbildung $h\colon G_1 \to G_2$ heißt *Gruppenhomomorphismus*, wenn für alle $a, b \in G_1$ gilt:

$$h(a * b) = h(a) \circ h(b) \quad \text{(„Bild des Produktes = Produkt der Bilder“).} \tag{5.102}$$

Als Beispiel sei der Multiplikationssatz für Determinanten (s. 4.2.2,**7.**) erwähnt:

$$(\det A)(\det B) = \det(AB)\,. \tag{5.103}$$

Dabei ist auf der linken Seite der Gleichung die Multiplikation reeller Zahlen (ungleich Null) und auf der rechten Seite die Multiplikation von regulären Matrizen gemeint.
Ist $h\colon G_1 \to G_2$ ein Gruppenhomomorphismus, so wird die Menge $\ker h$ aller Elemente von G_1, die auf das neutrale Element von G_2 abgebildet werden, *Kern* von h genannt. Der Kern von h erweist sich als Normalteiler von G_1.

2. Gruppenisomorphismus Ist ein Gruppenhomomorphismus h darüber hinaus bijektiv, so heißt h *Gruppenisomorphismus*, und die Gruppen G_1 und G_2 heißen zueinander *isomorph* (Bezeichnung: $G_1 \cong G_2$). Es gilt: $\ker h = E$.
Isomorphe Gruppen sind von gleicher Struktur, d.h., sie unterscheiden sich nur durch die Bezeichnung ihrer Elemente.

■ Die symmetrische Gruppe S_3 und die Diedergruppe D_3 sind zueinander isomorphe Gruppen der Ordnung 6 und beschreiben die Deckabbildungen eines gleichseitigen Dreiecks.

2. Satz von CAYLEY

Der Satz von CAYLEY beinhaltet, daß durch die Permutationsgruppen (s. 5.3.3.2,**2.**) *alle* Gruppen strukturell beschrieben werden können:
Jede Gruppe ist zu einer Permutationsgruppe isomorph.
Eine zu $(G, *)$ isomorphe Permutationsgruppe P ist die aus den Permutationen π_g $(g \in G)$, die a auf $a * g$ abbilden, bestehende Untergruppe der S_G. Dabei ist ein zugehöriger Isomorphismus $f\colon G \to P$ durch $f(g) = \pi_g$ gegeben.

3. Homomorphiesatz für Gruppen

Die Menge der Nebenklassen eines Normalteilers N in einer Gruppe G wird bezüglich der Operation

$$aN \circ bN = abN \tag{5.104}$$

zu einer Gruppe, der *Faktorgruppe* von G nach N, die mit G/N bezeichnet wird.
Der folgende Satz beschreibt einen Zusammenhang zwischen homomorphen Bildern und Faktorgruppen einer Gruppe und wird deshalb Homomorphiesatz für Gruppen genannt:
Ein Gruppenhomomorphismus $h\colon G_1 \to G_2$ bestimmt einen Normalteiler von G_1, nämlich $\ker h = \{a \in G_1 | h(a) = e\}$. Die Faktorgruppe $G_1/\ker h$ ist isomorph zum homomorphen Bild $h(G_1) = \{h(a) | a \in G_1\}$. Umgekehrt bestimmt jeder Normalteiler N von G_1 eine homomorphe Abbildung $nat_N\colon G_1 \to G_1/N$ mit $nat_N(a) = aN$. Diese Abbildung nat_N wird *natürlicher Homomorphismus* genannt.

■ Weil die Determinantenbildung $\det\colon GL(n) \to \mathbb{R} \setminus \{0\}$ ein Gruppenhomomorphismus mit dem Kern $SL(n)$ ist, bildet $SL(n)$ einen Normalteiler von $GL(n)$, und es gilt (nach dem Homomorphiesatz): $GL(n)/SL(n)$ ist isomorph zur multiplikativen Gruppe $R \setminus \{0\}$ der reellen Zahlen. (Bezeichnungen s. 5.3.3.2,**2.**)

5.3.4 Anwendungen von Gruppen

In der Chemie und der Physik finden Gruppen Anwendung zur Beschreibung der „Symmetrien“ der entsprechenden Objekte. Solche Objekte sind z.B. Moleküle, Kristalle, Festkörperstrukturen oder quantenmechanische Systeme. Diesen Anwendungen liegt das VON NEUMANNsche Prinzip zu Grunde:
Wenn ein System eine gewisse Gruppe von Symmetrieoperationen besitzt, dann muß jede physikalische Beobachtungsgröße dieses Systems dieselbe Symmetrie besitzen.

5.3.4.1 Symmetrieoperationen, Symmetrieelemente

Unter einer *Symmetrieoperation* s eines räumlichen Objekts versteht man eine Abbildung des gesamten Raumes in sich, bei der die Streckenlängen unverändert bleiben und das Objekt mit sich zur Deckung kommt. Mit Fix s wird die Menge aller Fixpunkte der Symmetrieoperation s bezeichnet, d.h. die Menge

aller Punkte des Raumes, die bei s festbleiben. Fix s heißt das *Symmetrieelement* von s. Zur Bezeichnung der Symmetrieoperation wird die SCHOENFLIESS–Symbolik verwendet.
Man unterscheidet zwei Typen von Symmetrieoperationen, Operationen ohne Fixpunkt und Operationen mit mindestens einem Fixpunkt.

1. Symmetrieoperationen ohne Fixpunkt, bei denen kein Punkt des Raumes fest bleibt, können bei begrenzten räumlichen Objekten, und nur solche sollen hier betrachtet werden, nicht auftreten. Eine Symmetrieoperation ohne Fixpunkt ist z.B. eine Parallelverschiebung.

2. Symmetrieoperationen mit mindestens einem Fixpunkt sind z.B. Drehungen und Spiegelungen. Zu ihnen gehören folgende Operationen.

a) Drehungen bezüglich einer Achse um einen Winkel φ: Für $\varphi = 2\pi/n$ bezeichnet man sowohl die Drehachse als auch die Drehung selbst mit C_n. Die Drehachse heißt dann n–zählig.

b) Spiegelungen an einer Ebene: Sowohl die Spiegelungsebene als auch die Spiegelung selbst werden mit σ bezeichnet. Ist zusätzlich eine Hauptdrehachse vorhanden, so zeichnet man diese senkrecht und bezeichnet Spiegelungsebenen, die senkrecht auf dieser Achse stehen, mit σ_h (h von horizontal) und Spiegelungsebenen, die durch die Drehachse gehen, mit σ_v (v von vertikal) oder σ_d (d von dihedral, wenn dadurch gewisse Winkel halbiert werden).

c) Drehspiegelungen: Eine Operation, die dadurch entsteht, daß nach einer Drehung C_n eine Spiegelung σ_h erfolgt, heißt Drehspiegelung und wird mit S_n bezeichnet. Drehung und Spiegelung sind dabei vertauschbar. Die Drehachse heißt dann Drehspiegelungsachse n–ter Ordnung und wird ebenfalls mit S_n bezeichnet. Diese Achse nennt man zugehöriges Symmetrieelement, obwohl bei der Anwendung der Operation S_n nur das Symmetriezentrum fest bleibt. Für $n = 2$ heißt eine Drehspiegelung auch Punktspiegelung oder *Inversion* (s. 4.3.5.1) und wird mit i bezeichnet.

5.3.4.2 Symmetriegruppen

Zu jeder Symmetrieoperation S gibt es eine inverse Operation S^{-1}, die S wieder „rückgängig" macht, d.h., es gilt

$$SS^{-1} = S^{-1}S = \epsilon\,. \tag{5.105}$$

Dabei bezeichnet ϵ die identische Operation, die den gesamten Raum unverändert läßt. Die Gesamtheit der Symmetrieoperationen eines räumlichen Objektes bildet bezüglich der Hintereinander–Ausführung eine Gruppe, die im allgemeinen nichtkommutative *Symmetriegruppe* des Objektes. Dabei gelten die folgenden Beziehungen:

a) Jede Drehung ist das Produkt zweier Spiegelungen. Die Schnittgerade der beiden Spiegelungsebenen ist die Drehachse.

b) Für zwei Spiegelungen σ und σ' gilt

$$\sigma\sigma' = \sigma'\sigma \tag{5.106}$$

genau dann, wenn die zugehörigen Spiegelungsebenen identisch sind oder senkrecht aufeinander stehen. Im ersten Fall ist das Produkt die Identität ϵ, im zweiten die Drehung C_2.

c) Das Produkt zweier Drehungen mit sich schneidenden Drehachsen ist wieder eine Drehung, deren Achse durch den Schnittpunkt der gegebenen Drehachsen geht.

d) Für zwei Drehungen C_2 und C_2' um dieselbe oder um zwei zueinander senkrechte Achsen gilt:

$$C_2C_2' = C_2'C_2\,. \tag{5.107}$$

Das Produkt ist jeweils wieder eine Drehung. Im ersten Fall ist die zugehörige Drehachse die gegebene, im zweiten steht die Drehachse senkrecht auf den beiden gegebenen.

5.3.4.3 Moleküle

Es erfordert viel Routine, um alle Symmetrieelemente eines Objektes zu erkennen. In der Literatur, z.B. in [5.15], [5.16], [5.17], ist ausführlich beschrieben, wie man die Symmetriegruppen von Molekülen erhält, wenn alle Symmetrieelemente bekannt sind. Zur räumlichen Darstellung der Moleküle kann die folgende Symbolik verwendet werden: Das Zeichen oberhalb C in **Abb.5.9** bedeutet, daß sich hier die

OH–Gruppe über der Zeichenebene befindet, das Zeichen rechts neben C, daß sich die OC_2H_5–Gruppe unter ihr befindet.
Die Bestimmung der Symmetriegruppe kann mit Hilfe des folgenden Verfahrens erfolgen:

1. Keine Drehachse

a) Existiert überhaupt kein Symmetrieelement, so ist $G = \{\epsilon\}$, d.h., außer der Identität ϵ läßt das Molekül keine Symmetrieoperationen zu.

■ Das Molekül Halbacetal **(Abb.5.9)** ist nicht eben und besitzt vier verschiedene Atomgruppen.

b) Ist σ eine Spiegelung bzw. i eine Inversion, so ist $G = \{\epsilon, \sigma\} =: C_s$ bzw. $G = \{\epsilon, i\} = C_i$ und damit jeweils isomorph zu Z_2.

■ Das Molekül der Traubensäure **(Abb.5.10)** kann im Mittelpunkt P gespiegelt werden (Inversion).

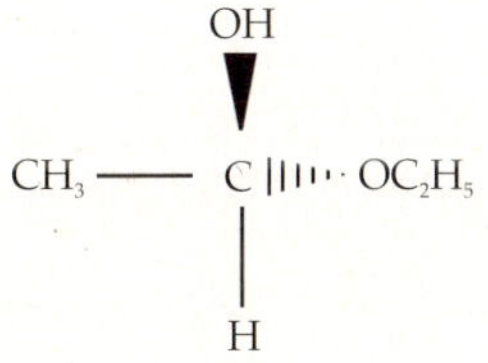

Abbildung 5.9

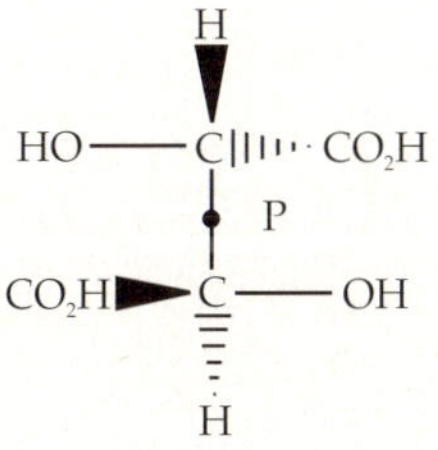

Abbildung 5.10

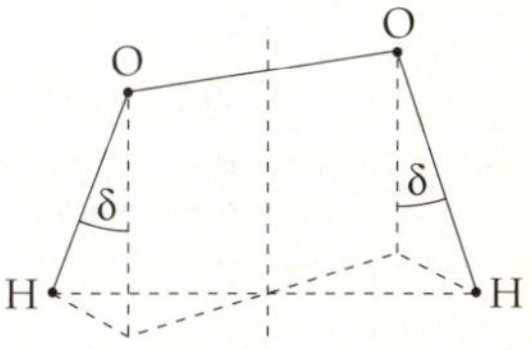

Abbildung 5.11

2. Genau eine Drehachse C

a) Sind Drehungen um beliebige Winkel möglich, d.h. $C = C_\infty$, so ist das Molekül linear, und die Symmetriegruppe ist unendlich.

■ **A:** Beim Molekül des Kochsalzes vom Typ Na—Cl gibt es keine horizontale Spiegelung. Die dazugehörige Symmetriegruppe aller Drehungen um C wird mit $C_{\infty v}$ bezeichnet.

■ **B:** Das Molekül O_2 besitzt eine horizontale Spiegelung. Die dazugehörige Symmetriegruppe wird durch die Drehungen und diese Spiegelung erzeugt und mit $D_{\infty h}$ bezeichnet.

b) Die Drehachse ist n–zählig, $C = C_n$, sie ist aber keine Drehspiegelungsachse der Ordnung $2n$.
Gibt es keine weiteren Symmetrieelemente, dann wird G von einer Drehung d um den Winkel π/n um C_n erzeugt, d.h. $G = < d > \cong Z_n$. In diesem Fall wird G ebenfalls mit C_n bezeichnet.
Gibt es noch eine vertikale Spiegelung σ_v, so gilt $G = < d, \sigma_v > \cong D_n$ (s.5.3.3.1), und G wird mit C_{nv} bezeichnet.
Existiert dagegen eine horizontale Spiegelung σ_h, so gilt $G = < d, \sigma_v > \cong Z_n \times Z_2$. G wird mit C_{nh} bezeichnet und ist für ungerades n zyklisch (s. 5.3.3.2).

■ **A:** Beim Wasserstoffperoxid **(Abb.5.11)** treten diese drei Fälle in der oben angegebenen Reihenfolge für $0 < \delta < \pi/2, \delta = 0$ bzw. $\delta = \pi/2$ ein.

■ **B:** Das Wassermolekül H_2O besitzt als Symmetrieelemente eine zweizählige Drehachse und eine vertikale Spiegelungsebene. Folglich ist die Symmetriegruppe des Wassers isomorph zur Gruppe D_2, die ihrerseits isomorph zur KLEINschen Vierergruppe V_4 ist (s. 5.3.3.2,**3.**).

c) Die Drehachse ist n–zählig, ist aber gleichzeitig Drehspiegelungsachse der Ordnung $2n$. Dabei sind zwei Fälle zu unterscheiden.

α) Gibt es weiter keine vertikale Spiegelung, so gilt $G \cong Z_{2n}$, und G wird auch mit S_{2n} bezeichnet.

■ Ein Beispiel ist das Molekül Tetrahydroxy–Allen mit der Formel $C_3(OH)_4$ **(Abb.5.12)**.

β) Gibt es eine vertikale Spiegelung, dann ist G eine Gruppe der Ordnung $4n$, die mit D_{nh} bezeichnet wird.

■ Für $n = 2$ ergibt sich $G \cong D_4$, d.h. die Diedergruppe der Ordnung 8. Ein Beispiel ist das Allen–

Molekül (**Abb.5.13**).

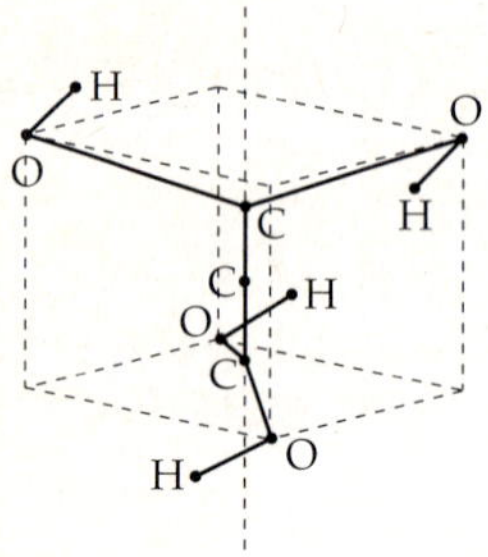

Abbildung 5.12

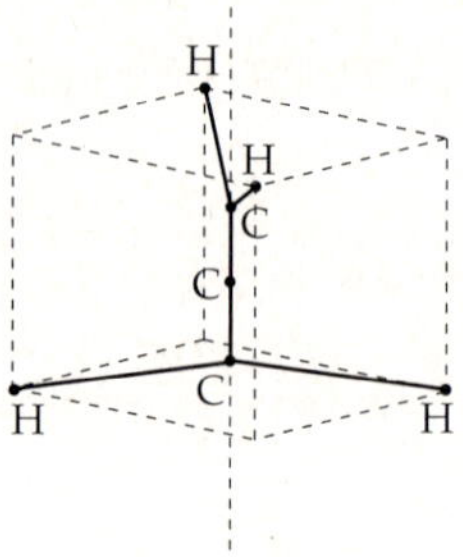

Abbildung 5.13

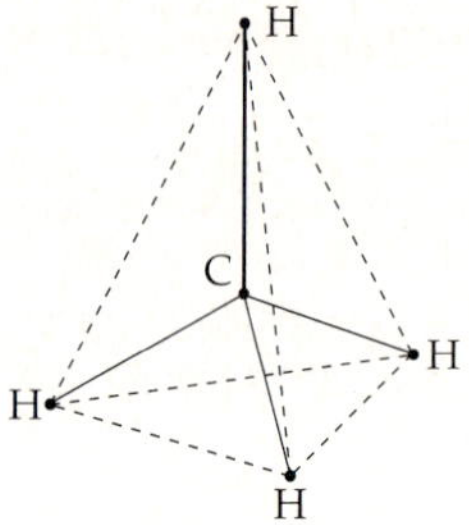

Abbildung 5.14

3. Mehrere Drehachsen Gibt es mehrere Drehachsen, so sind weitere Fallunterscheidungen zu treffen. Haben insbesondere mehrere Drehachsen eine Ordnung $n \geq 3$, dann treten folgende Gruppen als zugehörige Symmetriegruppen auf:

a) **Tetraedergruppe $\boldsymbol{T_d}$:** isomorph zu S_4, ord $T_d = 24$;

b) **Oktaedergruppe $\boldsymbol{O_h}$:** isomorph zu $S_4 \times Z_2$, ord $O_h = 48$;

c) **Ikosaedergruppe $\boldsymbol{I_h}$:** ord $I_h = 120$.

Diese Gruppen sind die Symmetriegruppen der auf S. 149, (**Abb.3.61**) besprochenen regulären Polyeder.

■ Das Methan–Molekül (**Abb.5.14**) hat als Symmetriegruppe die Tetraedergruppe T_d.

5.3.5 Ringe und Körper

In diesem Abschnitt werden algebraische Strukturen mit zwei binären Operationen betrachtet.

5.3.5.1 Definitionen

1. Ringe

Eine Menge R, versehen mit zwei binären Operationen $+$, $*$ heißt *Ring* (Bezeichnung: $(R, +, *)$), wenn

- $(R, +)$ eine ABELsche Gruppe,
- $(R, *)$ eine Halbgruppe ist und
- die *Distributivgesetze* gelten:

$$a * (b + c) = (a * b) + (a * c), \quad (b + c) * a = (b * a) + (c * a). \tag{5.108}$$

Ist $(R, *)$ kommutativ bzw. hat $(R, *)$ ein neutrales Element, so heißt der Ring $(R, +, *)$ kommutativ bzw. Ring mit Einselement.

2. Körper

Ein Ring wird *Körper* genannt, wenn $(R \setminus \{0\}, *)$ eine ABELsche Gruppe ist. Deshalb ist jeder Körper speziell ein kommutativer Ring mit Einselement.

3. Körpererweiterungen

Es seien K und E Körper. Gilt $K \subseteq E$, so heißt E *Körpererweiterung* über K.

Beispiele für Ringe und Körper:

■ **A:** Die Zahlenbereiche $\mathbb{Z}$, $\mathbb{Q}$, $\mathbb{R}$ und $\mathbb{C}$ sind bezüglich der Addition und Multiplikation kommutative Ringe mit Einselement; $\mathbb{Q}$, $\mathbb{R}$ und $\mathbb{C}$ sind sogar Körper. Die Menge der geraden ganzen Zahlen ist ein Beispiel für einen Ring ohne Einselement.
Die Menge $\mathbb{C}$ ist der Erweiterungskörper von $\mathbb{R}$.

■ **B:** Die Menge M_n aller n–reihigen Matrizen über den reellen Zahlen bildet einen nichtkommutativen Ring mit der Einheitsmatrix als Einselement.

■ **C:** Die Menge der reellen Polynome $p(x) = a_n x^n + a_{n-1}x^{n-1} + \cdots + a_1 x + a_0$ bildet bezüglich der üblichen Addition und Multiplikation von Polynomen einen Ring, den Polynomring $R[x]$. Allgemeiner kann man anstelle des Polynomringes über R auch Polynomringe über beliebigen kommutativen Ringen mit Einselement betrachten.

■ **D:** Beispiele für endliche Ringe sind die *Restklassenringe* Z_m modulo m: Z_m besteht aus allen Klassen $[a]_m$ von ganzen Zahlen, die bei der Division durch m den gleichen Rest lassen. ($[a]_m$ ist die durch die ganze Zahl a bestimmte Äquivalenzklasse bezüglich der in 5.2.4 eingeführten Relation $\sim_R$.) Dabei sind durch

$$[a]_m \oplus [b]_m = [a+b]_m \quad \text{und} \quad [a]_m \odot [b]_m = [a \cdot b]_m \tag{5.109}$$

Ringoperationen $\oplus$, $\odot$ auf Z_m erklärt. Ist die natürliche Zahl m eine Primzahl, so wird $(\mathrm{Z}_m, \oplus, \odot)$ sogar ein Körper.

5.3.5.2 Unterringe, Ideale

1. Unterring Es sei $R = (R, +, *)$ ein Ring und $U \subseteq R$. Ist U bezüglich $+$ und $*$ wieder ein Ring, so heißt
$U = (U, +, *)$ ein *Unterring* von R .
Eine nichtleere Teilmenge U eines Ringes $(R, +, *)$ bildet genau dann einen Unterring von R , wenn für alle $a, b \in U$ auch $a + (-b)$ und $a * b$ in U liegen (*Unterringkriterium*).

2. Ideal Ein Unterring I heißt *Ideal*, wenn für alle $r \in R$ und $a \in I$ sowohl $r*a$ als auch $a*r$ in I liegen. Diese speziellen Unterringe sind die Grundlage für die Bildung von Faktorringen (s. 5.3.4,**5.3.5.3**). Die *trivialen Unterringe* $\{0\}$ und R sind auch stets Ideale von R . Körper haben nur triviale Ideale.

3. Hauptideal Sämtliche Ideale von Z sind *Hauptideale*, das sind Ideale, die von einem Ringelement „erzeugt" werden können. Sie werden in der Form $m\mathrm{Z} = \{mg | g \in \mathrm{Z}\}$ geschrieben und mit (m) bezeichnet.

5.3.5.3 Homomorphismen, Isomorphismen, Homomorphiesatz

1. Ringhomomorphismus und Ringisomorphismus **1. Ringisomorphismus:** Es seien $R_1 = (R_1, +, *)$ und $R_2 = (R_2, \circ_+, \circ_*)$ Ringe. Eine Abbildung h: $R_1 \to R_2$ heißt *Ringhomomorphismus*, wenn für alle $a, b \in R_1$ gilt:

$$h(a+b) = h(a) \circ_+ h(b) \quad \text{und} \quad h(a*b) = h(a) \circ_* h(b)\,. \tag{5.110}$$

Kern: Der *Kern* von h ist die Menge aller Elemente aus R_1, die bei h auf das neutrale Element 0 von $(R_2, +)$ abgebildet werden, und wird mit $\ker h$ bezeichnet:

$$\ker h = \{a \in R_1 | h(a) = 0\}\,. \tag{5.111}$$

Dabei ist $\ker h$ ein Ideal von R_1 .

Ringisomorphismus: Ist h außerdem bijektiv, so heißt h *Ringisomorphismus*, und die Ringe R_1 und R_2 heißen zueinander isomorph.

Faktorring: Ist I ein Ideal eines Ringes $(R, +, *)$, so wird die Menge der Nebenklassen $\{a + I | a \in R\}$ von I in der additiven Gruppe $(R, +)$ des Ringes R (s. 5.3.3,**1.**) bezüglich der Operationen

$$(a+I) \circ_+ (b+I) = (a+b) + I \quad \text{und} \quad (a+I) \circ_* (b+I) = (a*b) + I \tag{5.112}$$

zu einem Ring, dem *Faktorring* von R nach I, der mit R/I bezeichnet wird.
Die Hauptideale (m) von Z liefern als Faktorringe gerade die Restklassenringe $Z_m = Z_{/(m)}$ (s. obige Beispiele für Ringe und Körper).

2. Homomorphiesatz für Ringe Ersetzt man im Homomorphiesatz für Gruppen den Begriff Normalteiler durch Ideal, so erhält man den *Homomorphiesatz für Ringe*: Ein Ringhomomorphismus h: $R_1 \to R_2$ bestimmt ein Ideal von R_1 , nämlich $\ker h = \{a \in R_1 | h(a) = 0\}$. Der Faktorring $R_1/\ker h$ ist isomorph zum homomorphen Bild $h(R_1) = \{h(a) | a \in R_1\}$. Umgekehrt bestimmt jedes Ideal I von

R_1 eine homomorphe Abbildung nat_I: $R_1 \to R_2/I$ mit $nat_I(a) = a + I$. Diese Abbildung nat_I wird *natürlicher Homomorphismus* genannt.

5.3.6 Vektorräume*

5.3.6.1 Definition

Ein *Vektorraum* über einem Körper K (K–Vektorraum) besteht aus einer additiv geschriebenen ABELschen Gruppe $V = (V, +)$ von „Vektoren", einem Körper $K = (K, +, *)$ von „Skalaren" und einer äußeren Multiplikation $K \times V \to V$, die jedem geordneten Paar (k, v) mit $k \in K$ und $v \in V$ einen Vektor $kv \in V$ zuordnet. Dabei gelten folgende Gesetze:

(V1) $(u + v) + w = u + (v + w)$ für alle $u, v, w \in V$. (5.113)

(V2) Es gibt einen Vektor $0 \in V$ mit $v + 0 = v$ für alle $v \in V$. (5.114)

(V3) Zu jedem Vektor v gibt es einen Vektor $-v$ mit $v + (-v) = 0$. (5.115)

(V4) $v + w = w + v$ für alle $v, w \in V$. (5.116)

(V5) $1v = v$ für alle $v \in V$, 1 bezeichnet das Einselement von K. (5.117)

(V6) $r(sv) = (rs)v$ für alle $r, s \in K$ und alle $v \in V$. (5.118)

(V7) $(r + s)v = rv + sv$ für alle $r, s \in K$ und alle $v \in V$. (5.119)

(V8) $r(v + w) = rv + rw$ für alle $r \in K$ und alle $v, w \in V$. (5.120)

Ist $K = \mathbb{R}$, so spricht man von einem *reellen Vektorraum.*

Beispiele für Vektorräume:

■ **A:** Einspaltige bzw. einzeilige reelle Matrizen vom Typ $(n, 1)$ bzw. $(1, n)$ bilden bezüglich der Matrizenaddition und äußerer Multiplikation mit einer reellen Zahl einen reellen Vektorraum $\mathbb{R}^n$ (Vektorraum der Spalten- bzw. Zeilenvektoren; s. 4.1.3).

■ **B:** Alle reellen Matrizen vom Typ (m, n) bilden einen reellen Vektorraum.

■ **C:** Alle auf einem Intervall $[a, b]$ stetigen reellen Funktionen bilden mit den durch

$$(f + g)(x) = f(x) + g(x) \quad \text{und} \quad (kf)(x) = k \cdot f(x) \tag{5.121}$$

definierten Operationen einen reellen Vektorraum. Funktionenräume spielen in der Funktionalanalysis eine wesentliche Rolle.

5.3.6.2 Lineare Abhängigkeit

Es sei V ein K–Vektorraum. Die Vektoren $v_1, v_2, \ldots, v_m \in$ V heißen *linear abhängig*, falls es $k_1, k_2, \ldots, k_m \in K$ gibt, die *nicht alle* gleich Null sind, so daß $0 = k_1v_1 + k_2v_2 + \cdots + k_mv_m$ gilt, und andernfalls *linear unabhängig*. Lineare Abhängigkeit von Vektoren bedeutet also, daß sich ein Vektor durch die anderen darstellen läßt.

Existiert eine Maximalzahl n linear unabhängiger Vektoren in V, so heißt V *n–dimensional.* Diese Zahl n ist dann eindeutig bestimmt und heißt *Dimension.* Je n linear unabhängige Vektoren in V bilden eine *Basis.* Gibt es eine solche Maximalzahl nicht, so heißt der Vektorraum *unendlichdimensional.* Die Vektorräume aus den obigen Beispielen sind in der angegebenen Reihenfolge n–, $m \cdot n$– bzw. unendlichdimensional.

Aus dem Vektorraum $\mathbb{R}^n$ sind n Vektoren genau dann linear abhängig, wenn die Determinante der Matrix, die diese Vektoren als Spalten bzw. Zeilen enthält, gleich 0 ist.

Ist $\{v_1, v_2, \ldots, v_n\}$ eine Basis eines n–dimensionalen K–Vektorraumes, so besitzt jeder Vektor $v \in V$ eine *eindeutige* Darstellung $v = k_1v_1 + k_2v_2 + \cdots + k_nv_n$ mit $k_1, k_2 \ldots, k_n \in K$.

*In diesem Abschnitt sind Vektoren im allgemeinen nicht fett gesetzt.

Jede Menge linear unabhängiger Vektoren eines Vektorraumes läßt sich zu einer Basis dieses Vektorraumes ergänzen.

5.3.6.3 Lineare Abbildungen

Die mit der Struktur von Vektorräumen verträglichen Abbildungen werden *lineare Abbildungen* genannt. $f\colon V_1 \to V_2$ heißt linear, wenn für alle $u, v \in V_1$ und alle $k \in K$ gilt:

$$f(u+v) = f(u) + f(v) \quad \text{und} \quad f(ku) = k \cdot f(u)\,. \tag{5.122}$$

Die linearen Abbildungen f von $\mathbb{R}^n$ in $\mathbb{R}^m$ werden mittels Matrizen $\mathbf{A}$ vom Typ (m, n) durch $f(v) = \mathbf{A}v$ beschrieben.

5.3.6.4 Unterräume, Dimensionsformel

1. Unterraum: Es sei V ein Vektorraum und U eine Teilmenge von V. Bildet U bezüglich der Operationen aus V einen Vektorraum, so heißt U ein *Unterraum* von V.
Eine nichtleere Teilmenge U von V ist genau dann Unterraum, wenn für alle $u_1, u_2 \in U$ und alle $k \in K$ auch $u_1 + u_2$ und $k \cdot u_1$ in U liegen (*Unterraumkriterium*).

2. Kern, Bild: Es seien V_1, V_2 K–Vektorräume. Ist $f\colon V_1 \to V_2$ eine lineare Abbildung, so sind die Unterräume *Kern* (Bezeichnung: ker f) und *Bild* (Bezeichnung: im f) wie folgt definiert:

$$\ker f = \{v \in V | f(v) = 0\}\,, \quad \operatorname{im} f = \{f(v) | v \in V\}\,. \tag{5.123}$$

So ist zum Beispiel die Lösungsmenge eines homogenen linearen Gleichungssystems $\mathbf{A}\underline{\mathbf{x}} = \underline{\mathbf{0}}$ der Kern der durch die Koeffizientenmatrix $\mathbf{A}$ vermittelten linearen Abbildung.

3. Dimension: Die Dimension $\dim\ker f$ bzw. $\dim\operatorname{im} f$ werden *Defekt* f bzw. *Rang* f genannt. Zwischen diesen Dimensionen besteht der Zusammenhang

$$\text{Defekt } f + \text{Rang } f = \dim V\,, \tag{5.124}$$

der *Dimensionsformel* genannt wird. Ist speziell Defekt $f = 0$, d.h. $\ker f = \{0\}$, dann ist die lineare Abbildung f injektiv und umgekehrt. Injektive lineare Abbildungen werden *regulär* genannt.

5.3.6.5 Euklidische Vektorräume, Euklidische Norm

Um in abstrakten Vektorräumen Begriffe wie Länge, Winkel, Orthogonalität verwenden zu können, werden EUKLID*ische Vektorräume* eingeführt.

1. EUKLIDischer Vektorraum Es sei V ein reeller Vektorraum. Ist $\varphi\colon V \times V \to \mathbb{R}$ eine Abbildung mit folgenden Eigenschaften (statt $\varphi(v, w)$ wird $v \cdot w$ geschrieben), dann gilt für alle $u, v, w \in V$ und für alle $r \in \mathbb{R}$

(S1) $v \cdot w = w \cdot v\,,$ (5.125)

(S2) $(u + v) \cdot w = u \cdot w + v \cdot w\,,$ (5.126)

(S3) $r(v \cdot w) = (rv) \cdot w = v \cdot (rw)\,,$ (5.127)

(S4) $v \cdot v > 0$ genau dann, wenn $v \neq 0$, (5.128)

und φ heißt *Skalarprodukt* auf V.
Ist auf V ein Skalarprodukt erklärt, so heißt V ein EUKLID*ischer Vektorraum*.

2. Euklidische Norm Mit $\|v\| = \sqrt{v \cdot v}$ wird die EUKLID*ische Norm* (Länge) von v bezeichnet. Der Winkel α zwischen v, w aus V wird über die Formel

$$\cos\alpha = \frac{v \cdot w}{\|v\| \cdot \|w\|} \tag{5.129}$$

erklärt. Ist $v \cdot w = 0$, so werden v und w zueinander *orthogonal* genannt.

■ **Orthogonalität trigonometrischer Funktionen:** Im Zusammenhang mit FOURIER–Reihen (s.

7.4.1.1) werden Funktionen der Form $\sin kx$ und $\cos kx$ betrachtet. Diese Funktionen können als Elemente von $C[0, 2\pi]$ aufgefaßt werden. Im Funktionenraum $C[a, b]$ wird durch

$$f \cdot g = \int_a^b f(x)g(x)\,dx \tag{5.130}$$

ein Skalarprodukt erklärt. Wegen

$$\int_0^{2\pi} \sin kx \cdot \sin lx\,dx = 0 \quad (k \neq l)\,, \tag{5.131}$$

$$\int_0^{2\pi} \cos kx \cdot \cos lx\,dx = 0 \quad (k \neq l)\,, \tag{5.132}$$

$$\int_0^{2\pi} \sin kx \cdot \cos lx\,dx = 0 \tag{5.133}$$

sind die Funktionen $\sin kx$ und $\cos kx$ für alle $k, l \in \mathbb{N}$ paarweise zueinander orthogonal. Diese *Orthogonalität trigonometrischer Funktionen* wird zur Berechnung der FOURIER-Koeffizienten bei der harmonischen Analyse (s. 7.4.1.1) ausgenutzt.

5.4 Elementare Zahlentheorie

Die elementare Zahlentheorie befaßt sich mit den Teilbarkeitseigenschaften der ganzen Zahlen.

5.4.1 Teilbarkeit

5.4.1.1 Teilbarkeit und elementare Teilbarkeitsregeln

1. Teiler Eine ganze Zahl $b \in Z$ heißt in Z durch eine ganze Zahl a ohne Rest *teilbar*, wenn es eine ganze Zahl q gibt, die die Bedingung

$$qa = b \tag{5.134}$$

erfüllt. Dabei ist a ein Teiler von b in Z und q der zu a *komplementäre Teiler*; b ist ein *Vielfaches* von a. Für „a teilt b" schreibt man auch $a|b$. Für „a teilt b nicht" kann man $a\nmid b$ schreiben. Die Teilbarkeitsbeziehung (5.134) ist eine binäre Relation in Z (s. 5.2.3,**2.**). Analog kann man die Teilbarkeit in der Menge der natürlichen Zahlen definieren.

2. Elementare Teilbarkeitsregeln

(TR1) Für jedes $a \in Z$ gilt $1|a,\ a|a$ und $a|0$. (5.135)

(TR2) Gilt $a|b$, so gilt auch $(-a)|b$ und $a|(-b)$. (5.136)

(TR3) Aus $a|b$ und $b|a$ folgt $a = b$ oder $a = -b$. (5.137)

(TR4) Aus $a|1$ folgt $a = 1$ oder $a = -1$. (5.138)

(TR5) Aus $a|b$ und $b \neq 0$ folgt $|a| \leq |b|$. (5.139)

(TR6) Aus $a|b$ folgt $a|zb$ für alle $z \in Z$. (5.140)

(TR7) Aus $a|b$ folgt $az|bz$ für alle $z \in Z$. (5.141)

(TR8) Aus $az|bz$ und $z \neq 0$ folgt $a|b$ für alle $z \in Z$. (5.142)

(TR9) Aus $a|b$ und $b|c$ folgt $a|c$. (5.143)

(TR10) Aus $a|b$ und $c|d$ folgt $ac|bd$. (5.144)

(TR11) Aus $a|b$ und $a|c$ folgt $a|(z_1b + z_2c)$ für beliebige $z_1, z_2 \in Z$. (5.145)

(TR12) Aus $a|b$ und $a|(b + c)$ folgt $a|c$. (5.146)

5.4.1.2 Primzahlen

1. Definition und Eigenschaften der Primzahlen Eine natürliche Zahl p mit $p > 1$, die in der Menge $\mathbb{N}$ der natürlichen Zahlen nur 1 und p als Teiler besitzt, wird *Primzahl* genannt. Natürliche Zahlen, die keine Primzahlen sind, heißen *zusammengesetzte Zahlen*.

Der kleinste positive, von 1 verschiedene Teiler jeder ganzen Zahl ist eine Primzahl. Es gibt unendlich viele Primzahlen.

Eine natürliche Zahl p mit $p > 1$ ist genau dann Primzahl, wenn gilt: Für beliebige natürliche Zahlen a, b folgt aus $p|(ab)$, daß $p|a$ oder $p|b$ gilt.

2. Sieb des ERATOSTHENES Mit dem Sieb des ERATOSTHENES kann man alle Primzahlen ermitteln, die kleiner als eine vorgegebene natürliche Zahl n sind:

a) Man schreibe alle natürlichen Zahlen von 2 bis n auf.

b) Man markiere die 2 und streiche jede zweite auf 2 folgende Zahl.

c) Ist p die erste nichtgestrichene und nichtmarkierte Zahl, dann markiere man p und streiche jede p-te darauffolgende Zahl.

d) Man führe Schritt c) für alle p mit $p \leq \sqrt{n}$ aus und beende den Algorithmus.

Alle markierten bzw. nicht gestrichenen Zahlen sind Primzahlen. Es handelt sich dabei um alle Primzahlen $\leq n$.

In der Menge der ganzen Zahlen werden die Primzahlen und die zu diesen entgegengesetzten Zahlen *Primelemente* genannt.

3. Primzahlzwillinge Zwei Primzahlen mit dem „Abstand" 2 bilden einen *Primzahlzwilling.*

■ $(3, 5), (5, 7), (11, 13), (17, 19), (29, 31), (41, 43), (59, 61), (71, 73), (101, 103)$ sind Primzahlzwillinge.

4. Primzahldrillinge Man spricht von *Primzahldrillingen*, wenn unter vier aufeinanderfolgenden ungeraden Zahlen drei Primzahlen sind.

■ $(5, 7, 11), (7, 11, 13), (11, 13, 17), (13, 17, 19), (17, 19, 23), (37, 41, 43)$ sind Primzahldrillinge.

5. Primzahlvierlinge Bilden von fünf aufeinanderfolgenden ungeraden Zahlen die ersten beiden und die letzten beiden jeweils einen Primzahlzwilling, dann spricht man von *Primzahlvierlingen.*

■ $(5, 7, 11, 13), (11, 13, 17, 19), (101, 103, 107, 109), (191, 193, 197, 199)$ sind Primzahlvierlinge.

Eine bis heute unbewiesene Vermutung ist, daß unendlich viele Primzahlzwillinge, unendlich viele Primzahldrillinge und unendlich viele Primzahlvierlinge existieren.

6. Fundamentalsatz der elementaren Zahlentheorie Jede natürliche Zahl $n > 1$ kann man als Produkt von Primzahlen darstellen. Diese Darstellung ist eindeutig bis auf die Reihenfolge der Faktoren. Man sagt, daß n genau eine *Primfaktorenzerlegung* besitzt.

■ $360 = 2 \cdot 2 \cdot 2 \cdot 3 \cdot 3 \cdot 5 = 2^3 \cdot 3^2 \cdot 5$.

Hinweis: Analog kann man ganze Zahlen (außer $-1, 0, 1$) eindeutig bis auf Vorzeichen und Reihenfolge der Faktoren als Produkt von Primelementen darstellen.

7. Kanonische Primfaktorenzerlegung Es ist üblich, in der Primfaktorenzerlegung einer natürlichen Zahl die Primfaktoren der Größe nach zu ordnen und gleiche Faktoren zu Potenzen zusammenzufassen. Ordnet man jeder nicht vorkommenden Primzahl den Exponenten 0 zu, dann gilt: Jede natürliche Zahl ist eindeutig durch die Folge der Exponenten in ihrer Primfaktorenzerlegung bestimmt.

■ Zu $1533312 = 2^7 \cdot 3^2 \cdot 11^3$ gehört die Exponentenfolge $(7, 2, 0, 0, 3, 0, 0, \ldots)$.

Für eine natürliche Zahl n seien $p_1, p_2, \ldots p_m$ die paarweise verschiedenen n teilenden Primzahlen, und α_i bezeichne den Exponenten der Primzahl p_i in der Primfaktorenzerlegung von n . Dann schreibt man

$$n = \prod_{k=1}^{m} p^{\alpha_k} \tag{5.147a}$$

und nennt diese Darstellung die *kanonische Primfaktorenzerlegung* von n . Oft schreibt man dafür auch

$$n = \prod_{p} p^{\nu_p(n)}, \tag{5.147b}$$

wobei das Produkt über alle Primzahlen p zu bilden ist und $\nu_p(n)$ die Vielfachheit von p als Teiler von n bedeutet. Es handelt sich um ein endliches Produkt, da nur endlich viele der Exponenten $\nu_p(n)$ von 0 verschieden sind.

Positive Teiler: Wenn eine natürliche Zahl $n \geq 1$ mit der kanonischen Primfaktorenzerlegung (5.147a) gegeben ist, dann läßt sich jeder postive Teiler t von n in der Form

$$t = \prod_{k=1}^{m} p^{\tau_k} \quad \text{mit } \tau_k \in \{0, 1, 2, \ldots, \alpha_k\} \text{ für } k = 1, 2, \ldots, m \tag{5.148a}$$

darstellen. Die Anzahl $\tau(n)$ aller positiven Teiler von n ist

$$\tau(n) = \prod_{k=1}^{m} (\alpha_k + 1) . \tag{5.148b}$$

■ **A:** $\tau(5040) = \tau(2^4 \cdot 3^2 \cdot 5 \cdot 7) = (4+1)(2+1)(1+1)(1+1) = 60$.

■ **B:** $\tau(p_1 p_2 \cdots p_r) = 2^r$, falls $p_1, p_2, \ldots, p_r$ paarweise verschiedene Primzahlen sind.

Das Produkt $P(n)$ aller positiven Teiler von n ist gegeben durch

$$P(n) = n^{\frac{1}{2}\tau(n)} . \tag{5.148c}$$

■ **A:** $P(20) = 20^3 = 8000$. ■ **B:** $P(p^3) = p^6$, falls p Primzahl ist.

■ **C:** $P(pq) = p^2q^2$, falls p und q zwei verschiedene Primzahlen sind.
Die Summe $\sigma(n)$ aller positiven Teiler von n ist

$$\sigma(n) = \prod_{k=1}^{m} \frac{p_k^{\alpha_k+1} - 1}{p_k - 1}. \tag{5.148d}$$

■ **A:** $\sigma(120) = \sigma(2^3 \cdot 3 \cdot 5) = 15 \cdot 4 \cdot 6 = 360$. ■ **B:** $\sigma(p) = p + 1$, falls p Primzahl ist.

5.4.1.3 Teilbarkeitskriterien

1. Bezeichnungen Es sei

$$n = (a_k a_{k-1} \cdots a_2 a_1 a_0)_{10} = a_k 10^k + a_{k-1} 10^{k-1} + \cdots + a_2 10^2 + a_1 10 + a_0 \tag{5.149a}$$

eine im dekadischen Positionssystem dargestellte natürliche Zahl. Dann heißen

$$Q_1(n) = a_0 + a_1 + a_2 + \cdots + a_k \tag{5.149b}$$

bzw.

$$Q_1'(n) = a_0 - a_1 + a_2 - + \cdots + (-1)^k a_k \tag{5.149c}$$

Quersumme bzw. *alternierende Quersumme* (*1. Stufe*) von n. Weiter heißen

$$Q_2(n) = (a_1 a_0)_{10} + (a_3 a_2)_{10} + (a_5 a_4)_{10} + \cdots \qquad \text{bzw.} \tag{5.149d}$$

$$Q_2'(n) = (a_1 a_0)_{10} - (a_3 a_2)_{10} + (a_5 a_4)_{10} - + \cdots \tag{5.149e}$$

Quersumme 2. Stufe bzw. *alternierende Quersumme 2. Stufe* und

$$Q_3(n) = (a_2 a_1 a_0)_{10} + (a_5 a_4 a_3)_{10} + (a_8 a_7 a_6)_{10} + \cdots \tag{5.149f}$$

bzw.

$$Q_3'(n) = (a_2 a_1 a_0)_{10} - (a_5 a_4 a_3)_{10} + (a_8 a_7 a_6)_{10} - + \cdots \tag{5.149g}$$

Quersumme 3. Stufe bzw. *alternierende Quersumme 3. Stufe*, usw.

■ Die Zahl 123 456 789 hat die folgenden Quersummen: $Q_1 = 9+8+7+6+5+4+3+2+1 = 45$, $Q_1' = 9-8+7-6+5-4+3-2+1 = 5$, $Q_2 = 89+67+45+23+1 = 225$, $Q_2' = 89-67+45-23+1 = 45$, $Q_3 = 789 + 456 + 123 = 1368$ und $Q_3' = 789 - 456 + 123 = 456$.

2. Teilbarkeitskriterien Es gelten folgende Teilbarkeitskriterien:

TK-1: $3|n \Leftrightarrow 3|Q_1(n)$, (5.150a)

TK-2: $7|n \Leftrightarrow 7|Q_3'(n)$, (5.150b)

TK-3: $9|n \Leftrightarrow 9|Q_1(n)$, (5.150c)

TK-4: $11|n \Leftrightarrow 11|Q_1'(n)$, (5.150d)

TK-5: $13|n \Leftrightarrow 13|Q_3'(n)$, (5.150e)

TK-6: $37|n \Leftrightarrow 37|Q_3(n)$, (5.150f)

TK-7: $101|n \Leftrightarrow 101|Q_2'(n)$, (5.150g)

TK-8: $2|n \Leftrightarrow 2|a_0$, (5.150h)

TK-9: $5|n \Leftrightarrow 5|a_0$, (5.150i)

TK-10: $2^k|n \Leftrightarrow 2^k|(a_{k-1}a_{k-2}\cdots a_1 a_0)_{10}$, (5.150j)

TK-11: $5^k|n \Leftrightarrow 5^k|(a_{k-1}a_{k-2}\cdots a_1 a_0)_{10}$. (5.150k)

■ **A:** $a = 123\,456\,789$ ist durch 9 teilbar wegen $Q_1(a) = 45$ und $9|45$, aber nicht durch 7 teilbar wegen $Q_3'(a) = 456$ und $7 \nmid 456$.

■ **B:** 91619 ist durch 11 teilbar wegen $Q_1'(91619) = 22$ und $11|22$.

■ C: 99 994 096 ist durch 2^4 teilbar wegen $2^4|4096$.

5.4.1.4 Größter gemeinsamer Teiler und kleinstes gemeinsames Vielfaches

1. Größter gemeinsamer Teiler

Für ganze Zahlen $a_1, a_2, \ldots, a_n$, die nicht alle gleich 0 sind, wird die größte Zahl in der Menge der gemeinsamen Teiler von $a_1, a_2, \ldots, a_n$ der *größte gemeinsame Teiler* von $a_1, a_2, \ldots, a_n$ genannt und mit $\operatorname{ggT}(a_1, a_2, \ldots, a_n)$ bezeichnet.

Für die Bestimmung des größten gemeinsamen Teilers reicht es aus, die positiven gemeinsamen Teiler zu betrachten. Sind die kanonischen Primfaktorenzerlegungen

$$a_i = \prod_p p^{\nu_p(a_i)} \tag{5.151a}$$

von $a_1, a_2, \ldots, a_n$ gegeben, dann gilt

$$\operatorname{ggT}(a_1, a_2, \ldots, a_n) = \prod_p p^{\left\{ \min\limits_i \, [\nu_p(a_i)] \right\}}. \tag{5.151b}$$

■ Für die Zahlen $a_1 = 15400 = 2^3 \cdot 5^2 \cdot 7 \cdot 11, a_2 = 7875 = 3^2 \cdot 5^3 \cdot 7, a_3 = 3850 = 2 \cdot 5^2 \cdot 7 \cdot 11$ ist der $\operatorname{ggT}(a_1, a_2, a_3) = 5^2 \cdot 7 = 175$.

2. EUKLIDischer Algorithmus

Für zwei natürliche Zahlen a, b kann man den größten gemeinsamen Teiler mit dem EUKLIDischen Algorithmus ohne Zuhilfenahme der Primfaktorenzerlegung ermitteln. Dazu ist nach dem folgenden Schema eine Kette von Divisionen mit Rest auszuführen. Für $a > b$ sei $a_0 = a, a_1 = b$. Dann gilt:

$$\begin{aligned} a_0 &= q_1 a_1 + a_2\,, && 0 < a_2 < a_1\,, \\ a_1 &= q_2 a_2 + a_3\,, && 0 < a_3 < a_2\,, \\ &\vdots \quad \vdots \quad \vdots \\ a_{n-2} &= q_{n-1} a_{n-1} + a_n\,, && 0 < a_n < a_{n-1}\,, \\ a_{n-1} &= q_n a_n\,. \end{aligned} \tag{5.152a}$$

Der Divisionsalgorithmus endet nach endlich vielen Schritten, da die Folge $a_2, a_3, \ldots$ eine streng monoton fallende Folge natürlicher Zahlen ist. Der letzte von 0 verschiedene Rest a_n ist der größte gemeinsame Teiler von a_0 und a_1.

■ Es gilt $\operatorname{ggT}(38, 105) = 1$, denn $105 = 2 \cdot 38 + 29;\ 38 = 1 \cdot 29 + 9; 29 = 3 \cdot 9 + 2;\ 9 = 4 \cdot 2 + \underline{1}\,; 2 = 2 \cdot 1$.

Benutzt man die Reduktionsvorschrift

$$\operatorname{ggT}(a_1, a_2, \ldots, a_n) = \operatorname{ggT}(\operatorname{ggT}(a_1, a_2, \ldots, a_{n-1}), a_n)\,, \tag{5.152b}$$

dann kann man durch wiederholte Anwendung des EUKLIDischen Algorithmus auch für n natürliche Zahlen mit $n > 2$ den größten gemeinsamen Teiler ermitteln.

■ $\operatorname{ggT}(150, 105, 56) = \operatorname{ggT}(\operatorname{ggT}(150, 105), 56) = \operatorname{ggT}(15, 56) = 1$.

■ Der EUKLIDische Algorithmus zur Berechnung des ggT (s. auch S. 3 zweier Zahlen hat besonders viele Rechenschritte, wenn es sich um benachbarte Zahlen aus der Folge der FIBONACCI–Zahlen (s. S. 313) handelt. In der nebenstehenden Rechnung ist ein Beispiel gegeben, in dem die auftretenden Quotienten jeweils gleich 1 sind.

$$\begin{aligned} 55 &= 1 \cdot 34 + 21 \\ 34 &= 1 \cdot 21 + 13 \\ 21 &= 1 \cdot 13 + 8 \\ 13 &= 1 \cdot 8 + 5 \\ 8 &= 1 \cdot 5 + 3 \\ 5 &= 1 \cdot 3 + 2 \\ 3 &= 1 \cdot 2 + 1 \\ 2 &= 1 \cdot 1 + 1 \\ 1 &= 1 \cdot 1. \end{aligned}$$

1. Satz zum EUKLIDischen Algorithmus Für natürliche Zahlen a, b mit $a > b > 0$ sei $\lambda(a, b)$ die Anzahl der Divisionen mit Rest im EUKLIDischen Algorithmus und $\kappa(b)$ die Stellenzahl von b im dekadischen System. Dann gilt:

$$\lambda(a, b) \leq 5 \cdot \kappa(b). \tag{5.153}$$

3. Größter gemeinsamer Teiler als Linearkombination
Aus dem EUKLIDischen Algorithmus folgt:

$$a_2 = a_0 - q_1 a_1 = c_0 a_0 + d_0 a_1 ,$$
$$a_3 = a_1 - q_2 a_2 = c_1 a_0 + d_1 a_1 ,$$
$$\vdots \quad \vdots \qquad (5.154a)$$
$$a_n = a_{n-2} - q_{n-1} a_{n-1} = c_{n-2} a_0 + d_{n-2} a_1 .$$

Dabei sind c_{n-2} und d_{n-2} ganze Zahlen. Also ist $\mathrm{ggT}(a_0, a_1)$ als Linearkombination von a_0 und a_1 mit ganzzahligen Koeffizienten darstellbar:

$$\mathrm{ggT}(a_0, a_1) = c_{n-2} a_0 + d_{n-2} a_1 . \qquad (5.154b)$$

Man kann auch $\mathrm{ggT}(a_1, a_2, \ldots, a_n)$ als Linearkombination von $a_1, a_2, \ldots, a_n$ darstellen, denn:

$$\mathrm{ggT}(a_1, a_2, \ldots, a_n) = \mathrm{ggT}(\mathrm{ggT}(a_1, a_2, \ldots, a_{n-1}), a_n) = c \cdot \mathrm{ggT}(a_1, a_2, \ldots, a_{n-1}) + d a_n . \quad (5.154c)$$

■ ggT(150, 105, 56) = ggT(ggT(150, 105), 56) = ggT(15, 56) =1 mit 15 = (-2)·150 + 3 · 105 und $1 = 15 \cdot 15 + (-4) \cdot 56$, also $\mathrm{ggT}(150, 105, 56) = (-30) \cdot 150 + 45 \cdot 105 + (-4) \cdot 56$.

4. Kleinstes gemeinsames Vielfaches
Für ganze Zahlen $a_1, a_2, \ldots, a_n$, von denen keine gleich 0 ist, wird die kleinste Zahl in der Menge der positiven gemeinsamen Vielfachen von $a_1, a_2, \ldots, a_n$ das *kleinste gemeinsame Vielfache* von $a_1, a_2, \ldots, a_n$ genannt und mit $\mathrm{kgV}(a_1, a_2, \ldots, a_n)$ bezeichnet.
Sind die kanonischen Primfaktorenzerlegungen (5.151a) von $a_1, a_2, \ldots, a_n$ gegeben, dann gilt:

$$\mathrm{kgV}(a_1, a_2, \ldots, a_n) = \prod_p p^{\left\{ \min\limits_i \, [\nu_p(a_i)] \right\}} . \qquad (5.155)$$

■ Für die Zahlen $a_1 = 15400 = 2^3 \cdot 5^2 \cdot 7 \cdot 11, a_2 = 7875 = 3^2 \cdot 5^3 \cdot 7, a_3 = 3850 = 2 \cdot 5^2 \cdot 7 \cdot 11$ gilt $\mathrm{kgV}(a_1, a_2, a_3) = 2^3 \cdot 3^2 \cdot 5^3 \cdot 7 \cdot 11 = 693000$.

5. Zusammenhang zwischen dem ggT und dem kgV
Für beliebige ganze Zahlen a, b gilt:

$$|ab| = \mathrm{ggT}(a, b) \cdot \mathrm{kgV}(a, b) . \qquad (5.156)$$

Deshalb kann das $\mathrm{kgV}(a, b)$ auch ohne Kenntnis der Primfaktorenzerlegung von a und b unter Zuhilfenahme des EUKLIDischen Algorithmus ermittelt werden.

5.4.1.5 FIBONACCI–Zahlen

1. FIBONACCI–**Folge** Die Folge

$$(F_n)_{n \in \mathbb{N}} \text{ mit } F_1 = F_2 = 1 \text{ und } F_{n+2} = F_n + F_{n+1} \qquad (5.157)$$

wird FIBONACCI–*Folge* genannt. Sie beginnt mit den Elementen $1, 1, 2, 3, 5, 8, 13, 21, 34, 55, 89, 144, 233, 377, \ldots$.

■ Die Betrachtung dieser Folge geht auf die folgende, 1202 von FIBONACCI gestellte Frage zurück: Wieviele Kaninchenpaare stammen am Ende eines Jahres von einem Kaninchenpaar ab, wenn jedes Paar jeden Monat ein neues Paar als Nachkommen hat, das selbst vom zweiten Monat an Nachkommen–Paare gebiert? Die Antwort ist $F_{14} = 377$.

2. FIBONACCI–**Rekursionsformel** Außer der rekursiven Definition (5.157) gibt es auch eine explizite Darstellung der FIBONACCI–Zahlen:

$$F_n = \frac{1}{\sqrt{5}} \left(\left[\frac{1 + \sqrt{5}}{2} \right]^n - \left[\frac{1 - \sqrt{5}}{2} \right]^n \right) . \qquad (5.158)$$

Einige wichtige Eigenschaften der FIBONACCI–Zahlen werden im folgenden aufgeführt.
Für alle $m, n \in \mathbb{N}$ gilt:

(1) $F_{m+n} = F_{m-1} F_n + F_m F_{n+1} \quad (m > 1)$. (5.159a) **(2)** $F_m | F_{mn}$. (5.159b)

(3) Aus $\mathrm{ggT}(m,n) = d$ folgt $\mathrm{ggT}(F_m, F_n) = F_d$. (5.159c)

(4) $\mathrm{ggT}(F_n, F_{n+1}) = 1$. (5.159d)

(5) $F_m | F_k$ gilt genau dann, wenn gilt $m|k$. (5.159e)

(6) $\sum_{i=1}^{n} F_i^2 = F_n F_{n+1}$. (5.159f)

(7) Aus $\mathrm{ggT}(m,n) = 1$ folgt $F_m F_n | F_{mn}$. (5.159g)

(8) $\sum_{i=1}^{n} F_i = F_{n+2} - 1$. (5.159h)

(9) $F_n F_{n+2} - F_{n+1}^2 = (-1)^{n+1}$. (5.159i)

(10) $F_n^2 + F_{n+1}^2 = F_{2n+1}$. (5.159j)

(11) $F_{n+2}^2 - F_n^2 = F_{2n+2}$. (5.159k)

5.4.2 Lineare Diophantische Gleichungen

1. DIOPHANTische Gleichungen

Eine Gleichung $f(x_1, x_2, \ldots, x_n) = b$ wird DIOPHANT*ische Gleichung* in n Unbekannten genannt, wenn $f(x_1, x_2, \ldots, x_n)$ ein Polynom in $x_1, x_2, \ldots, x_n$ mit Koeffizienten aus der Menge Z der ganzen Zahlen und b eine ganzzahlige Konstante ist und man sich ausschließlich für ganzzahlige Lösungen interessiert. Die Bezeichnung „DIOPHANTisch" erinnert an den griechischen Mathematiker DIOPHANT, der um 250 lebte.

DIOPHANTische Gleichungen treten in der Praxis z.B. dann auf, wenn Beziehungen zwischen Stückzahlen beschrieben werden.

Allgemein gelöst sind bisher nur die DIOPHANTischen Gleichungen bis zum zweiten Grad mit zwei Variablen. Für die DIOPHANTischen Gleichungen höheren Grades sind nur in Spezialfällen Lösungen bekannt.

2. Lineare DIOPHANTische Gleichungen in n Unbekannten

Eine *lineare* DIOPHANT*ische Gleichung* in n Unbekannten ist eine Gleichung der Form

$$a_1 x_1 + a_2 x_2 + \cdots a_n x_n = b \quad (a_i \in \mathrm{Z},\ b \in \mathrm{Z}), \tag{5.160}$$

für die nur die ganzzahligen Lösungen gesucht werden. Im weiteren wird ein Lösungsverfahren angegeben.

3. Lösbarkeitsbedingung

Unter der Bedingung, daß nicht alle a_i gleich 0 sind, ist die DIOPHANTische Gleichung (5.160) genau dann lösbar, wenn der $\mathrm{ggT}(a_1, a_2, \ldots, a_n)$ ein Teiler von b ist.

■ $114x + 315y = 3$ ist lösbar, denn $\mathrm{ggT}(114, 315) = 3$.

Wenn eine lineare DIOPHANTische Gleichung in n Unbekannten $n > 1$ eine Lösung hat und Z der Variablengrundbereich ist, so hat die Gleichung unendlich viele Lösungen. In der Lösungsmenge treten dann $n-1$ freie Parameter auf. Für Teilmengen von Z gilt dies aber nicht.

4. Lösungsverfahren für $n = 2$

Es sei

$$a_1 x_1 + a_2 x_2 = b \quad (a_1, a_2) \neq (0, 0) \tag{5.161a}$$

eine lösbare DIOPHANTische Gleichung, d.h. $\mathrm{ggT}(a_1, a_2)|b$. Um eine spezielle Lösung der Gleichung zu erhalten, dividiert man die Gleichung durch den $\mathrm{ggT}(a_1, a_2)$ und erhält $a_1' x_1' + a_2' x_2' = b'$ mit $\mathrm{ggT}(a_1', a_2') = 1$.

Wie unter 5.4.1,**3.** beschrieben, berechnet man nun den $\mathrm{ggT}(a_1', a_2')$ mit Hilfe des EUKLIDischen Algorithmus, um schließlich eine Darstellung von 1 als Linearkombination von a_1' und a_2' zu erhalten: $a_1' c_1' + a_2' c_2' = 1$.

Durch Einsetzen in die Ausgangsgleichung kann man sich davon überzeugen, daß das geordnete Paar $(c_1' b', c_2' b')$ ganzer Zahlen eine Lösung der vorgegebenen DIOPHANTischen Gleichung ist.

■ $114x + 315y = 6$. Man dividiert durch 3, denn $3 = \mathrm{ggT}(114, 315)$. Daraus folgt $38x + 105y = 2$ und $38 \cdot 47 + 105 \cdot (-17) = 1$ (s. 5.4.1,**3.**). Das geordnete Paar $(47 \cdot 2, (-17) \cdot 2) = (94, -34)$ ist eine spezielle Lösung der Gleichung $114x + 315y = 6$.

Die Lösungsgesamtheit der Gleichung (5.161a) erhält man wie folgt: Ist (x_1^0, x_2^0) irgendeine spezielle Lösung, die man auch durch Probieren erhalten haben könnte, dann ist die Menge aller Lösungen:

$$\{(x_1^0 + t \cdot a_2', x_2^0 - t \cdot a_1') | t \in \mathrm{Z}\}. \tag{5.161b}$$

■ Die Lösungsmenge der Gleichung $114x + 315y = 6$ ist $\{(94 + 315t, -34 - 114t) | t \in \mathrm{Z}\}$.

5. Reduktionsverfahren für $n > 2$

Gegeben ist die lösbare DIOPHANTische Gleichung

$$a_1x_1 + a_2x_2 + \cdots + a_nx_n = b \tag{5.162a}$$

mit $(a_1, a_2, \ldots, a_n) \neq (0, 0, \ldots, 0)$ und $\mathrm{ggT}(a_1, a_2, \ldots, a_n) = 1$. Wäre $\mathrm{ggT}(a_1, a_2, \ldots, a_n) \neq 1$, dann müßte man die Gleichung noch durch $\mathrm{ggT}(a_1, a_2, \ldots, a_n)$ dividieren. Nach der Umformung

$$a_1x_1 + a_2x_2 + \cdots + a_{n-1}x_{n-1} = b - a_nx_n \tag{5.162b}$$

betrachtet man x_n als ganzzahlige Konstante und erhält eine lineare DIOPHANTische Gleichung in $n-1$ Unbekannten, die genau dann lösbar ist, wenn $\mathrm{ggT}(a_1, a_2, \ldots, a_{n-1})$ ein Teiler von $b - a_nx_n$ ist.
Die Bedingung

$$\mathrm{ggT}(a_1, a_2, \ldots, a_{n-1}) | b - a_nx_n \tag{5.162c}$$

ist genau dann erfüllt, wenn es ganze Zahlen $\underset{\sim}{c}, \underset{\sim}{c}_n$ gibt, für die gilt:

$$\mathrm{ggT}(a_1, a_2, \ldots, a_{n-1}) \cdot \underset{\sim}{c} + a_n\underset{\sim}{c}_n = b. \tag{5.162d}$$

Das ist eine lineare DIOPHANTische Gleichung in zwei Unbekannten, die wie unter 5.4.2,**4.** angegeben gelöst werden kann. Ist ihre Lösung bekannt, hat man nur noch eine lineare DIOPHANTische Gleichung in $n - 1$ Unbekannten zu lösen.
Die beschriebene Reduktion ist fortsetzbar, bis man schließlich eine lineare DIOPHANTische Gleichung in zwei Unbekannten erhält und mit dem Verfahren aus 5.4.2,**4.** lösen kann.
Aus den zwischenzeitlich berechneten Lösungsmengen für DIOPHANTische Gleichungen in zwei Unbekannten muß man nun nur noch die Lösungsmenge der Ausgangsgleichung ablesen.

■ Es ist die DIOPHANTische Gleichung

$$2x + 4y + 3z = 3 \tag{5.163a}$$

zu lösen. Sie ist lösbar, denn $\mathrm{ggT}(2, 4, 3)$ ist ein Teiler von 3.
Die DIOPHANTische Gleichung

$$2x + 4y = 3 - 3z \tag{5.163b}$$

in den Unbekannten x, y ist genau dann lösbar, wenn $\mathrm{ggT}(2, 4)$ ein Teiler von $3 - 3z$ ist. Die zugehörige DIOPHANTische Gleichung $2z' + 3z = 3$ hat die Lösungsmenge $\{(-3 + 3t, 3 - 2t) | t \in \mathrm{Z}\}$. Daraus folgt $z = 3 - 2t$, und gesucht ist nun die Lösungsmenge der lösbaren DIOPHANTischen Gleichung $2x + 4y = 3 - 3(3 - 2t)$ bzw.

$$x + 2y = -3 + 3t \tag{5.163c}$$

für jedes $t \in \mathrm{Z}$.
Die Gleichung (5.163c) ist lösbar wegen $\mathrm{ggT}(1, 2) = 1 | (-3 + 3t)$. Es gilt $1 \cdot (-1) + 2 \cdot 1 = 1$ und $1 \cdot (3 - 3t) + 2 \cdot (-3 + 3t) = -3 + 3t$. Die Lösungsmenge ist $\{((3 - 3t) + 2s, (-3 + 3t) - s) | s \in \mathrm{Z}\}$. Daraus folgt $x = (3 - 3t) + 2s, y = (-3 + 3t) - s$, so daß sich die Lösungsmenge von (5.163a) zu $\{(3 - 3t + 2s, -3 + 3t - s, 3 - 2t) | s, t \in \mathrm{Z}\}$ ergibt.

5.4.3 Kongruenzen und Restklassen

1. Kongruenzen

Es sei m eine natürliche Zahl mit $m > 1$. Lassen zwei ganze Zahlen a und b bei Division durch m den gleichen Rest, so nennt man a und b *kongruent modulo* m und schreibt dafür $a \equiv b \bmod m$ oder $a \equiv b(m)$.

■ $3 \equiv 13 \bmod 5, \quad 38 \equiv 13 \bmod 5, \quad 3 \equiv -2 \bmod 5.$

Hinweis: Offensichtlich gilt $a \equiv b \bmod m$ genau dann, wenn m ein Teiler der Differenz $a - b$ ist. Die Kongruenz modulo m ist eine Äquivalenzrelation (s. 5.2.4,**1.**) in der Menge der ganzen Zahlen. Es gilt:

$$a \equiv a \bmod m \text{ für alle } a \in \mathbb{Z}\,, \qquad (5.164a)$$

$$a \equiv b \bmod m \Rightarrow b \equiv a \bmod m\,, \qquad (5.164b)$$

$$a \equiv b \bmod m \wedge b \equiv c \bmod m \Rightarrow a \equiv c \bmod m\,. \qquad (5.164c)$$

2. Rechenregeln

$$a \equiv b \bmod m \wedge c \equiv d \bmod m \Rightarrow a + c \equiv b + d \bmod m\,, \qquad (5.165a)$$

$$a \equiv b \bmod m \wedge c \equiv d \bmod m \Rightarrow a \cdot c \equiv b \cdot d \bmod m\,, \qquad (5.165b)$$

$$a \cdot c \equiv b \cdot c \bmod m \wedge \operatorname{ggT}(c, m) = 1 \Rightarrow a \equiv b \bmod m\,, \qquad (5.165c)$$

$$a \cdot c \equiv b \cdot c \bmod m \wedge c \neq 0 \Rightarrow a \equiv b \bmod \frac{m}{\operatorname{ggT}(c, m)}\,. \qquad (5.165d)$$

3. Restklassen, Restklassenring

Da die Kongruenz modulo m eine Äquivalenzrelation in $\mathbb{Z}$ ist, induziert diese Relation eine Klasseneinteilung von $\mathbb{Z}$ in *Restklassen modulo m*:

$$[a]_m = \{x | x \in \mathbb{Z} \wedge x \equiv a \bmod m\}\,. \qquad (5.166)$$

Die Restklasse „a modulo m" besteht aus allen ganzen Zahlen, die bei Division durch m den gleichen Rest wie a lassen. Es gilt $[a]_m = [b]_m$ genau dann, wenn $a \equiv b \bmod m$ ist.
Zum Modul m gibt es genau m Restklassen, zu deren Beschreibung man in der Regel ihre kleinsten nichtnegativen Repräsentanten verwendet:

$$[0]_m, [1]_m, \ldots, [m-1]_m\,. \qquad (5.167)$$

In der Menge $\mathbb{Z}_m$ der Restklassen modulo m wird durch

$$[a]_m \oplus [b]_m := [a + b]_m\,, \qquad (5.168)$$

$$[a]_m \odot [b]_m := [a \cdot b]_m \qquad (5.169)$$

eine *Restklassenaddition* bzw.*Restklassenmultiplikation* erklärt.
Diese Restklassenoperationen sind unabhängig von der Auswahl der Repräsentanten, d.h., aus

$$[a]_m = [a']_m \text{ und } [b]_m = [b']_m \text{ folgt } [a]_m \oplus [b]_m = [a']_m \oplus [b']_m \text{ und } [a]_m \odot [b]_m = [a']_m \odot [b']_m\,. \qquad (5.170)$$

Die Restklassen modulo m bilden bezüglich der Restklassenaddition und Restklassenmultiplikation einen Ring mit Einselement (s. 5.4.3,**1.**) den *Restklassenring modulo m*. Ist p eine Primzahl, dann ist der Restklassenring modulo p ein Körper (s. 5.4.3,**1.**).

4. Prime Restklassen

Eine Restklasse $[a]_m$ mit $\operatorname{ggT}(a, m) = 1$ nennt man eine *prime Restklasse modulo m*. Ist p eine Primzahl, dann sind alle von $[0]_p$ verschiedenen Restklassen prime Restklassen modulo p.
Die primen Restklassen modulo m bilden bezüglich der Restklassenmultiplikation eine ABELsche Gruppe, die *prime Restklassengruppe modulo m*. Die Ordnung dieser Gruppe ist $\varphi(m)$. Dabei ist φ die EULERsche Funktion (s. 5.4.4,**1.**).

■ **A:** $[1]_8, [3]_8, [5]_8, [7]_8$ sind die primen Restklassen modulo 8.

■ **B:** $[1]_5, [2]_5, [3]_5, [4]_5$ sind die primen Restklassen modulo 5.

■ **C:** Es gilt $\varphi(8) = \varphi(5) = 4$.

5. Primitive Restklassen

Eine prime Restklasse $[a]_m$ wird *primitive Restklasse* genannt, wenn sie in der primen Restklassengruppe modulo m die Ordnung $\varphi(m)$ hat.

■ **A:** $[2]_5$ ist eine primitive Restklasse modulo 5, denn $([2]_5)^2 = [4]_5,\ ([2]_5)^3 = [3]_5,\ ([2]_5)^4 = [1]_5$.

■ **B:** Es gibt keine primitive Restklasse modulo 8, denn $[1]_8$ hat die Ordnung 1, und $[3]_8, [5]_8, [7]_8$ haben in der primitiven Restklassengruppe die Ordnung 2.

Hinweis: Es existiert genau dann eine primitive Restklasse modulo m, wenn $m = 2, m = 4, m = p^k$ oder $m = 2p^k$ gilt, wobei p eine ungerade Primzahl und k eine natürliche Zahl ist.
Existiert eine primitive Restklasse modulo m, dann ist die prime Restklassengruppe modulo m eine zyklische Gruppe.

6. Lineare Kongruenzen

1. Definition Sind a, b und $m > 0$ ganze Zahlen, dann wird

$$ax \equiv b(m) \tag{5.171}$$

lineare Kongruenz (in der Unbekannten x) genannt.

2. Lösungen Eine ganze Zahl x^*, die die Bedingung $ax^* \equiv b(m)$ erfüllt, ist eine Lösung dieser Kongruenz. Jede ganze Zahl, die zu x^* kongruent modulo m ist, ist ebenfalls eine Lösung. Will man alle Lösungen von (5.171) angeben, dann genügt es also, die paarweise modulo m inkongruenten ganzen Zahlen zu finden, die die Kongruenz erfüllen.
Die Kongruenz (5.171) ist genau dann lösbar, wenn $\text{ggT}(a, m)$ ein Teiler von b ist. Die Anzahl der Lösungen modulo m ist dann gleich $\text{ggT}(a, m)$.
Ist insbesondere $\text{ggT}(a, m) = 1$, dann ist die Kongruenz modulo m eindeutig lösbar.

3. Lösungsverfahren Es gibt verschiedene Lösungsverfahren für lineare Kongruenzen. Man kann z.B. die Kongruenz $ax \equiv b(m)$ in die diophantische Gleichung $ax + my = b$ umformen und zunächst eine spezielle Lösung (x^0, y^0) der diophantischen Gleichung $a'x + m'y = b'$ mit $a' = a/\text{ggT}(a, m), m' = m/\text{ggT}(a, m), b' = b/\text{ggT}(a, m)$ ermitteln (s. 5.4.2).
Die Kongruenz $a'x \equiv b'(m')$ ist wegen $\text{ggT}(a', m') = 1$ modulo m' eindeutig lösbar, und es gilt:

$$x \equiv x^0(m')\,. \tag{5.172a}$$

Die Kongruenz $ax \equiv b(m)$ hat modulo m genau $\text{ggT}(a, m)$ Lösungen:

$$x^0, x^0 + m, x^0 + 2m, \ldots, x^0 + (\text{ggT}(a, m) - 1)m. \tag{5.172b}$$

■ $114x \equiv 6 \bmod 315$ ist lösbar, denn $\text{ggT}(114, 315)$ ist Teiler von 6; es gibt 3 Lösungen modulo 315. $38x \equiv 2 \bmod 105$ ist eindeutig lösbar: $x \equiv 94 \bmod 105$ (s. 5.4.2,**4.**). Also sind 94, 199 und 304 die Lösungen von $114x \equiv 3 \bmod 315$.

7. Simultane lineare Kongruenzen

Sind endlich viele Kongruenzen

$$x \equiv b_1(m_1), x \equiv b_2(m_2), \ldots, x \equiv b_t(m_t) \tag{5.173}$$

vorgegeben, dann spricht man von einem *System simultaner linearer Kongruenzen.* Eine Aussage über die Lösungsmenge macht der *Chinesische Restsatz*: Es sei ein System $x \equiv b_1(m_1), x \equiv b_2(m_2), \ldots, x \equiv b_t(m_t)$ so vorgegeben, daß $m_1, m_2, \ldots, m_t$ paarweise teilerfremd sind. Setzt man

$$m = m_1 \cdot m_2 \cdots m_t, a_1 = \frac{m}{m_1}, a_2 = \frac{m}{m_2}, \ldots, a_t = \frac{m}{m_t} \tag{5.174a}$$

und wählt x_j so, daß $a_j x_j \equiv b_j(m_j)$ für $j = 1, 2, \ldots, t$ gilt, dann ist

$$x' = a_1 x_1 + a_2 x_2 + \cdots + a_t x_t \tag{5.174b}$$

eine Lösung des Systems. Das System ist bis auf Kongruenz modulo m eindeutig lösbar, d.h., mit x' sind genau diejenigen Elemente x'' weitere Lösungen, für die gilt $x'' \equiv x'(m)$.

■ Es ist das System $x \equiv 1\,(2)$, $x \equiv 2\,(3)$, $x \equiv 4\,(5)$ zu lösen, wobei $2, 3, 5$ paarweise teilerfremd sind. Es gilt $m = 30, a_1 = 15, a_2 = 10, a_3 = 6$. Die Kongruenzen $15x_1 \equiv 1\,(2)$, $10x_2 \equiv 2\,(3)$, $6x_3 \equiv 4\,(5)$ haben die speziellen Lösungen $x_1 = 1$, $x_2 = 2$, $x_3 = 4$. Das gegebene System ist eindeutig lösbar mit $x \equiv 15 \cdot 1 + 10 \cdot 2 + 6 \cdot 4\,(30)$, d.h. $x \equiv 29\,(30)$.

Hinweis: Systeme simultaner linearer Kongruenzen kann man benutzen, um die Lösung von nichtlinearen Kongruenzen mit dem Modul m auf die Lösung von Kongruenzen zurückzuführen, deren Modul Primzahlpotenzen sind (s.5.4.3,**9.**).

8. Quadratische Kongruenzen

1. Quadratische Reste modulo m Man kann alle Kongruenzen $ax^2 + bx + c \equiv 0(m)$ lösen, wenn man alle Kongruenzen $x^2 \equiv a(m)$ lösen kann:

$$ax^2 + bx + c \equiv 0(m) \Leftrightarrow (2ax + b)^2 \equiv b^2 - 4ac(m) . \qquad (5.175)$$

Man betrachtet zunächst quadratische Reste modulo m: Sei $m \in \mathbb{N}, m > 1$ und $a \in \mathbb{Z}$, $\text{ggT}(a, m) = 1$. Die Zahl a heißt *quadratischer Rest modulo m*, wenn es ein $x \in \mathbb{Z}$ mit $x^2 \equiv a(m)$ gibt.

Ist die kanonische Primfaktorenzerlegung von m gegeben, d.h.

$$m = \prod_{i=1}^{\infty} p_i^{\alpha_i} , \qquad (5.176)$$

so ist r genau dann quadratischer Rest modulo m, wenn r quadratischer Rest modulo $p_i^{\alpha_i}$ für $i = 1, 2, 3, \ldots$ ist.

Ist a quadratischer Rest modulo einer Primzahl p, dann schreibt man dafür auch kurz $\left(\frac{a}{p}\right) = 1$; ist a nichtquadratischer Rest modulo p, dann schreibt man $\left(\frac{a}{p}\right) = -1$ (LEGENDRE-Symbol).

■ Die Zahlen 1, 4, 7 sind quadratische Reste modulo 9.

2. Eigenschaften quadratischer Kongruenzen

(E1) Aus $p \nmid ab$ und $a \equiv b(p)$ folgt $\left(\frac{a}{p}\right) = \left(\frac{b}{p}\right)$. (5.177a)

(E2) $\left(\frac{1}{p}\right) = 1$. (5.177b)

(E3) $\left(\frac{-1}{p}\right) = (-1)^{\frac{p-1}{2}}$. (5.177c)

(E4) $\left(\frac{ab}{p}\right) = \left(\frac{a}{p}\right) \cdot \left(\frac{b}{p}\right)$; insbesondere ist $\left(\frac{ab^2}{p}\right) = \left(\frac{a}{p}\right)$. (5.177d)

(E5) $\left(\frac{2}{p}\right) = (-1)^{\frac{p^2-1}{8}}$. (5.177e)

(E6) Quadratisches Reziprozitätsgesetz: Sind p und q zwei verschiedene ungerade Primzahlen, dann gilt: $\left(\frac{p}{q}\right) \cdot \left(\frac{q}{p}\right) = (-1)^{\frac{p-1}{2}\frac{q-1}{2}}$. (5.177f)

■ $\left(\frac{65}{307}\right) = \left(\frac{5}{307}\right) \cdot \left(\frac{13}{307}\right) = \left(\frac{307}{5}\right) \cdot \left(\frac{307}{13}\right) = \left(\frac{2}{5}\right) \cdot \left(\frac{8}{13}\right) = (-1)^{\frac{5^2-1}{8}} \left(\frac{2^3}{13}\right) = -\left(\frac{2}{13}\right) = -(-1)^{\frac{13^2-1}{8}} = 1.$

Allgemein gilt: Eine Kongruenz $x^2 \equiv a(2^\alpha)$, $\text{ggT}(a, 2) = 1$, ist genau dann lösbar, wenn $a \equiv 1(4)$ für $\alpha = 2$ und $a \equiv 1(8)$ für $\alpha \geq 3$ ist. Sind diese Bedingungen erfüllt, dann gibt es für $\alpha = 1$ eine Lösung, für $\alpha = 2$ zwei und für $\alpha \geq 3$ vier Lösungen modulo 2^α.

Für Kongruenzen der allgemeinen Form

$$x^2 \equiv a(m) , \; m = 2^\alpha p_1^{\alpha_1} p_2^{\alpha_2} \cdots p_t^{\alpha_t} , \quad \text{ggT}(a, m) = 1 \qquad (5.178a)$$

sind

$$a \equiv 1(4) \text{ für } \alpha = 2\,, \quad a \equiv 1(8) \text{ für } \alpha \geq 3\,, \quad \left(\frac{a}{p_1}\right) = 1\,, \left(\frac{a}{p_2}\right) = 1\,, \ldots, \left(\frac{a}{p_t}\right) = 1 \qquad (5.178\text{b})$$

notwendige Bedingungen für die Lösbarkeit. Sind alle diese Bedingungen erfüllt, dann ist die Anzahl der Lösungen gleich 2^t für $\alpha = 0$ und $\alpha = 1$, gleich 2^{t+1} für $\alpha = 2$ und gleich 2^{t+2} für $\alpha \geq 3$.

9. Polynomkongruenzen

Sind $m_1, m_2, \ldots, m_t$ paarweise teilerfremde Zahlen, dann ist die Kongruenz

$$f(x) \equiv a_n x^n + a_{n-1}x^{n-1} + \cdots + a_0 \equiv 0(m_1 m_2 \cdots m_t) \qquad (5.179\text{a})$$

dem System

$$f(x) \equiv 0(m_1),\ f(x) \equiv 0(m_2),\ \ldots,\ f(x) \equiv 0(m_t) \qquad (5.179\text{b})$$

äquivalent. Ist k_j die Anzahl der Lösungen von $f(x) \equiv 0(m_j)$ für $j = 1, 2, \ldots, t$, dann ist $k_1 k_2 \cdots k_t$ die Anzahl der Lösungen von $f(x) \equiv 0(m_1 m_2 \cdots m_t)$. Man kann also die Lösung von Kongruenzen

$$f(x) \equiv 0\ (p_1^{\alpha_1} p_2^{\alpha_2} \cdots p_t^{\alpha_t})\,, \qquad (5.179\text{c})$$

wobei $p_1, p_2, \ldots, p_t$ Primzahlen sind, auf die Lösung von Kongruenzen $f(x) \equiv 0(p^\alpha)$ zurückführen. Diese wiederum lassen sich wie folgt auf Kongruenzen $f(x) \equiv 0(p)$ vom Primzahlmodul p zurückführen:

a) Jede Lösung von $f(x) \equiv 0(p^\alpha)$ ist auch Lösung von $f(x) \equiv 0(p)$.

b) Jede Lösung $x \equiv x_1(p)$ von $f(x) \equiv 0(p)$ bestimmt unter der Bedingung, daß $f'(x_1)$ nicht durch p teilbar ist, eine einzige Lösung modulo p^α:
Sei $f(x_1) \equiv 0(p)$. Man setzt $x = x_1 + pt_1$ und ermittelt die modulo p eindeutig bestimmte Lösung t_1' der linearen Kongruenz

$$\frac{f(x_1)}{p} + f'(x_1)t_1 \equiv 0(p)\,. \qquad (5.180\text{a})$$

Setzt man $t_1 = t_1' + pt_2$ in $x = x_1 + pt_1$ ein, dann erhält man $x = x_2 + p^2 t_2$. Man ermittelt nun die modulo p^2 eindeutig bestimmte Lösung t_2' der linearen Kongruenz

$$\frac{f(x_2)}{p^2} + f'(x_2)t_2 \equiv 0(p) \qquad (5.180\text{b})$$

und erhält durch Einsetzen von $t_2 = t_2' + pt_3$ in $x = x_2 + p^2 t_2$, daß $x = x_3 + p^3 t_3$ gilt. Durch Fortsetzung des Verfahrens erhält man die Lösung der Kongruenz $f(x) \equiv 0\,(p^\alpha)$.

■ Es ist die Kongruenz $f(x) = x^4 + 7x + 4 \equiv 0\,(27)$ zu lösen. Aus $f(x) = x^4 + 7x + 4 \equiv 0\,(3)$ folgt $x \equiv 1\,(3)$, d.h. $x = 1 + 3t_1$. Wegen $f'(x) = 4x^3 + 7$ und $3 \not| f'(1)$ ist zunächst die Lösung der Kongruenz $f(1)/3 + f'(1) \cdot t_1 \equiv 4 + 11t_1 \equiv 0\,(3)$ gesucht: $t_1 \equiv 1\,(3)$, d.h. $t_1 = 1 + 3t_2$ und $x = 4 + 9t_2$.
Weiter betrachtet man $f(4)/9 + f'(4) \cdot t_2 \equiv 0\,(3)$ und erhält als Lösung $t_2 \equiv 2\,(3)$, d.h. $t_2 = 2 + 3t_3$ und $x = 22 + 27t_3$. Also ist 22 die modulo 27 eindeutig bestimmte Lösung von $x^4 + 7x + 4 \equiv 0\,(27)$.

5.4.4 Sätze von Fermat, Euler und Wilson

1. EULERsche Funktion

Für jede natürliche Zahl m mit $m > 0$ kann man die Anzahl der zu m teilerfremden Zahlen x mit $1 \leq x \leq m$ angeben. Die zugehörige Funkion φ wird EULERsche Funktion genannt. Der Funktionswert $\varphi(m)$ ist die Anzahl der primen Restklassen modulo m (s. 5.4.3,**4.**).
Es gilt $\varphi(1) = 1$, $\varphi(2) = 1$, $\varphi(3) = 2$, $\varphi(4) = 2$, $\varphi(5) = 4$, $\varphi(6) = 2$, $\varphi(7) = 6$, $\varphi(8) = 4$ usw. Allgemein gilt $\varphi(p) = p - 1$ für jede Primzahl p und $\varphi(p^\alpha) = p^\alpha - p^{\alpha-1}$ für jede Primzahlpotenz p^α. Ist m eine beliebige natürliche Zahl, dann kann man $\varphi(m)$ wie folgt berechnen:

$$\varphi(m) = m \prod_{p|m} \left(1 - \frac{1}{p}\right)\,, \qquad (5.181\text{a})$$

wobei das Produkt über alle Primteiler p von m zu erstrecken ist.

■ $\varphi(360) = \varphi(2^3 \cdot 3^2 \cdot 5) = 360 \cdot (1 - \frac{1}{2}) \cdot (1 - \frac{1}{3}) \cdot (1 - \frac{1}{5}) = 96$.

Außerdem gilt

$$\sum_{d|m} \varphi(d) = m. \tag{5.181b}$$

Gilt $\mathrm{ggT}(m, n) = 1$, dann ist $\varphi(mn) = \varphi(m)\varphi(n)$.

■ $\varphi(360) = \varphi(2^3 \cdot 3^2 \cdot 5) = \varphi(2^3) \cdot \varphi(3^2) \cdot \varphi(5) = 4 \cdot 6 \cdot 4 = 96$.

2. Satz von FERMAT–EULER

Der Satz von FERMAT–EULER ist einer der wichtigsten Sätze der elementaren Zahlentheorie. Sind a und m teilerfremde natürliche Zahlen, dann gilt:

$$a^{\varphi(m)} \equiv 1(m). \tag{5.182}$$

■ Es sind die letzten drei Ziffern der Dezimalbruchdarstellung von 9^{9^9} zu ermitteln. Gesucht ist x mit $x \equiv 9^{9^9}$ (1000) mit $0 \le x \le 999$. Es gilt $\varphi(1000) = 400$, und nach dem Satz von FERMAT ist $9^{400} \equiv 1\,(1000)$. Weiter gilt $9^9 = (80+1)^4 \cdot 9 \equiv \left(\binom{4}{0}80^0 \cdot 1^4 + \binom{4}{1}80^1 \cdot 1^3\right) \cdot 9 = (1 + 4 \cdot 80) \cdot 9 \equiv -79 \cdot 9 \equiv 89\,(400)$.

Daraus folgt $9^{9^9} \equiv 9^{89} = (10-1)^{89} \equiv \binom{89}{0}10^0 \cdot (-1)^{89} + \binom{89}{1}10^1 \cdot (-1)^{88} + \binom{89}{2}10^2 \cdot (-1)^{87} = -1 + 89 \cdot 10 - 3916 \cdot 100 \equiv -1 - 110 + 400 = 289(1000)$. Die Dezimaldarstellung von 9^{9^9} endet mit den Ziffern 289.

Hinweis: Der obige Satz geht für $m = p$, d.h. $\varphi(p) = p - 1$, auf FERMAT zurück; die allgemeine Form stammt von EULER. Der Satz bildet die Grundlage eines Kodierungsverfahrens (s. 5.4.5). Er beinhaltet ein notwendiges Kriterium für die Primzahleigenschaft einer natürlichen Zahl: Ist p eine Primzahl, dann gilt $a^{p-1} \equiv 1(p)$ für jede ganze Zahl a mit $p \nmid a$.

3. Satz von Wilson

Ein weiteres Primzahlkriterium liefert der Satz von WILSON.
Für jede Primzahl p ist $(p-1)! \equiv -1(p)$.
Auch die Umkehrung dieses Satzes ist eine wahre Aussage, so daß gilt:
Die Zahl p ist genau dann eine Primzahl, wenn $(p-1)! \equiv -1(p)$ ist.

5.4.5 Codes

1. RSA–Codes

Auf der Grundlage des Satzes von EULER–FERMAT (s. 5.4.4,**2.**) haben R. RIVEST, A. SHAMIR und L. ADLEMAN (s. Lit.[5.21]) ein Verschlüsselungsverfahren für geheime Nachrichten entwickelt, das nach dem ersten Buchstaben ihrer Nachnamen *RSA–Verschlüsselungsverfahren* genannt wird. Man spricht in diesem Zusammenhang auch von *Public–Key–Codes*, weil ein Teil des zur Dechiffrierung benötigten Schlüssels „öffentlich" bekanntgegeben werden kann, ohne die Geheimhaltung der Nachricht zu gefährden.

Beim RSA–Verfahren wählt der Empfänger B zunächst zwei sehr große Primzahlen p und q, bildet $m = pq$ und sucht eine zu $\varphi(m) = (p-1)(q-1)$ teilerfremde Zahl r mit $1 < r < \varphi(m)$. Die Zahlen m und r gibt B öffentlich bekannt, weil sie zur Verschlüsselung benötigt werden.

Will der Absender A eine geheime Nachricht an den Empfänger B übermitteln, dann wird zunächst der Text der Nachricht in eine Ziffernfolge, bestehend aus gleichlangen Blöcken N mit jeweils weniger als 100 Stellen, umgewandelt. Dann berechnet A den Rest R von N^r bei Division durch m:

$$N^r \equiv R(m). \tag{5.183a}$$

Der Absender A sendet die Zahl R an B, und zwar für jeden der aus dem Originaltext entstandenen Ziffernblöcke N. Der Empfänger kann die Nachricht R dechiffrieren, wenn er eine Lösung der linearen Kongruenz $rs \equiv 1\,(\varphi(m))$ kennt. Die Zahl N ist der Rest von R^s bei Division durch m:

$$R^s \equiv (N^r)^s \equiv N^{1+k\varphi(m)} \equiv N \cdot (N^{\varphi(m)})^k \equiv N(m). \tag{5.183b}$$

Dabei wird der Satz von EULER–FERMAT benutzt, nach dem $N^{\varphi(m)} \equiv 1(m)$ gilt. Falls erforderlich, wandelt B nun noch die Ziffernfolge in Text um.

■ Ein Empfänger B erwartet vom Absender A eine geheime Nachricht, wählt die Primzahlen $p = 29$ und $q = 37$ (für die praktische Nutzung zu klein), berechnet $m = 29 \cdot 37 = 1073$ (es gilt $\varphi(1073) = \varphi(29) \cdot \varphi(37) = 1008$) und wählt $r = 5$ (dafür gilt $\text{ggT}(5, 1008) = 1$). B übermittelt an A nur $m = 1073$ und $r = 5$.
A will B die geheime Nachricht $N = 8$ zukommen lassen, verschlüsselt sie durch $N^r = 8^5 \equiv 578\,(1073)$ zu $R = 578$ und sendet an B nur die Nachricht $R = 578$. B löst die Kongruenz $5 \cdot s \equiv 1\,(1008)$, erhält als Lösung $s = 605$ und kann damit $R^s = 578^{605} \equiv 8 = N\,(1073)$ ermitteln.

Hinweis: Die Sicherheit des RSA-Codes hängt von der Zeit ab, in der Unberechtigte eine Primfaktorenzerlegung von m finden können. Bei der heute erreichten Schnelligkeit von Computern benötigt der Anwender des RSA–Codes zwei mindestens 100–stellige Primzahlen p und q, um für Unberechtigte einen Entschlüsselungsaufwand von etwa 74 Jahren zu verursachen. Für den Anwender ist es dagegen ein rechentechnisch vergleichsweise geringer Aufwand, eine zu $\varphi(pq) = (p-1)(q-1)$ teilerfremde Zahl r zu finden.

2. Internationale Standard–Buchnummer ISBN

Eine einfache Anwendung von Zahlenkongruenzen ist die Verwendung von Prüfziffern in der Internationalen Standard–Buchnummer ISBN. Büchern wird eine 10–stellige Ziffernkombination der Form

$$\text{ISBN } a - bcd - efghi - p \tag{5.184a}$$

zugeordnet. Dabei ist a die Gruppennummer ($a = 3$ bedeutet z.B., daß das Buch aus Deutschland, Östereich oder der Schweiz kommt), bcd ist die Verlagsnummer und $efghi$ die Titelnummer für das einzelne Buch des betreffenden Verlages. Als *Prüfziffer* ist p eingeführt, damit fehlerhafte Buchbestellungen erkannt und im Zusammenhang damit stehende Unkosten minimiert werden können. Die Prüfziffer p ist die kleinste nichtnegative Zahl, die die folgende Kongruenz erfüllt:

$$10a + 9b + 8c + 7d + 6e + 5f + 4g + 3h + 2i + p \equiv 0(11)\,. \tag{5.184b}$$

Anstelle von 10 verwendet man als Prüfziffer auch das nichtnumerische Zeichen X (s. auch 5.4.5,**4.**). Man kann nun für jede übermittelte ISBN–Nummer nachprüfen, ob die angegebene Prüfziffer mit der aus der restlichen Ziffernkombination ermittelten Prüfziffer übereinstimmt. Bei Nichtübereinstimmung liegt mit Sicherheit ein Fehler vor. Beim ISBN–Prüfziffernverfahren werden folgende Fehler stets aufgedeckt:

- Verwechslung einer Ziffer und
- Vertauschung zweier Ziffern („*Drehfehler*").

Statistische Untersuchungen ergaben, daß damit über 90% aller auftretenden Fehler aufgedeckt werden. Alle weiteren beobachteten Fehlertypen haben eine relative Häufigkeit von unter 1%. In der Mehrheit der Fälle werden das Verwechseln zweier Ziffern und die Vertauschung zweier kompletter Ziffernblöcke durch das beschriebene Ziffernverfahren aufgedeckt.

3. Pharmazentralnummer

In Apotheken wird zur Kennzeichnung von Arzneimitteln ein ähnliches Nummernsystem mit Prüfziffer verwendet. Jedes Medikament erhält eine 7–stellige *Pharmazentralnummer*:

$$abcdefp\,. \tag{5.185a}$$

Die letzte Ziffer ist die Prüfziffer p, die man als kleinste nichtnegative Zahl erhält, die die Kongruenz

$$2a + 3b + 4c + 5d + 6e + 7f \equiv p(11) \tag{5.185b}$$

erfüllt. Auch bei diesem Prüfzifferverfahren werden die Verwechlung einer Ziffer und Drehfehler durch Vertauschung zweier Ziffern stets aufgedeckt.

4. Einheitliches Kontonummernsystem EKONS

EKONS ist die Abkürzung für „*Einheitliches Kontonummernsystem*", das bei Banken und Sparkassen verwendet wird. Die Nummern sind maximal zehnstellig (je nach Geschäftsvolumen). Die ersten (maximal 4) Ziffern dienen der Klassifikation der Konten. Die restlichen 6 Ziffern bilden die eigentliche

Kontonummer einschließlich der Prüfziffer, die an der letzten Stelle steht. Bei den einzelnen Banken und Sparkassen sind unterschiedliche Prüfziffernverfahren üblich, z.B.:

a) Die Ziffern werden abwechselnd, von rechts beginnend, mit 2 bzw. 1 multipliziert, und die Summe dieser Produkte wird durch Addition der Prüfziffer p zur nächsten durch 10 teilbaren Zahl ergänzt, d.h., für die Kontonummer $abcd\ efghi\ p$ mit der Prüfziffer p gilt:

$$2i + h + 2g + f + 2e + d + 2c + b + 2a + p \equiv 0(10)\,. \qquad (5.186)$$

b) Bei dem Verfahren **a)** wird anstelle der Produkte – falls die Produkte zweistellig sind – die Quersumme der Produkte verwendet.

Bei Variante **a)** entdeckt man alle Fehler durch Vertauschung zweier benachbarter Ziffern und fast alle Fehler durch Verwechslung einer Ziffer.

Bei Variante **b)** werden dagegen jeder Fehler durch Verwechslung einer Ziffer und fast alle Fehler durch Vertauschung zweier benachbarter Ziffern erkannt. Drehfehler nicht benachbarter Ziffern und Verwechslungen zweier Ziffern werden oft nicht aufgedeckt.

Daß man das leistungsfähigere Prüfziffernsystem zum Modul 11 nicht verwendet, hat außermathematische Gründe. So erfordert das nichtnumerische Zeichen X (anstelle der Prüfziffer 10 (s. 5.4.5,**2.**)) eine Erweiterung der Eingabetastatur. Dagegen hätte ein Verzicht auf Kontonummern mit der Prüfziffer 10 bei Umstellung auf das einheitliche Nummernsystem in einer beträchtlichen Zahl von Fällen eine Erweiterung der ursprünglichen Kontonummern nicht zugelassen.

5. Europäische Artikelnummer EAN

EAN ist eine Abkürzung für „*Europäische Artikelnummer*“, die man auf sehr vielen Artikeln in Form eines Strichcodes bzw. als 13– oder 8–stellige Ziffernfolge findet. Mit Hilfe von Scannern kann der Strichcode an Computerkassen eingelesen werden.

Bei der 13–stelligen Nummer geben die ersten beiden Ziffern das Herstellungsland an, z.B. 40, 41, 42, 43 oder 44 für Deutschland. Die nächsten 5 Ziffern stehen für den Hersteller, und eine weitere Gruppe von 5 Ziffern für das entsprechende Produkt. Die letzte Ziffer ist die Prüfziffer p.

Man erhält die Prüfziffer, wenn man die ersten 12 Ziffern abwechselnd von links beginnend mit 1 bzw. 3 multipliziert und die Summe dieser Produkte durch Addition der Prüfziffer p zur nächsten durch 10 teilbaren Zahl ergänzt. Somit gilt für die Artikelnummer $ab\ cdefg\ hikmn\ p$ mit der Prüfziffer p:

$$a + 3b + c + 3d + e + 3f + g + 3h + i + 3k + m + 3n + p \equiv 0(10)\,. \qquad (5.187)$$

Durch dieses Prüfziffernverfahren werden an der EAN Fehler durch Verwechslung einer Ziffer immer aufgedeckt und Fehler durch Vertauschung zweier benachbarter Ziffern in den meisten Fällen erkannt. Oft nicht aufgedeckt werden Drehfehler durch Vertauschen nicht benachbarter Ziffern und Verwechslungen zweier Ziffern.

5.5 Kryptologie

5.5.1 Aufgabe der Kryptologie

Kryptologie ist die Wissenschaft der Geheimhaltung von Informationen durch Transformation von Daten.

Die Idee, Daten vor unberechtigtem Lesen zu schützen, ist schon alt. Als selbständiger Wissenszweig hat sich die Kryptologie in den 70er Jahren unseres Jahrhunderts mit der Einführung von Kryptosystemen mit öffentlichem Schlüssel etabliert. Heute ist es Aufgabe kryptologischer Untersuchungen, Daten sowohl gegen unberechtigten Zugriff als auch gegen unberechtigte Änderungen zu schützen.

Neben den „klassischen“ militärischen Anwendungen erlangen die Bedürfnisse der Informationsgesellschaft immer mehr an Bedeutung. Beispielsweise geht es um die Gewährleistung der Sicherheit bei der Nachrichtenübermittlung per e–mail, um den elektronischen Zahlungsverkehr (Home–Banking), PIN bei EC–Karten usw.

Unter dem Oberbegriff Kryptologie faßt man heute die beiden Teilgebiete *Kryptographie* und *Kryptoanalysis* zusammen. Im Rahmen der Kryptographie werden Kryptosysteme entwickelt, deren kryptographische Stärke mit Hilfe der Methoden der Kryptoanalysis zum Brechen von Kryptosystemen beurteilt werden kann.

5.5.2 Kryptosysteme

Ein abstraktes Kryptosystem besteht aus den folgenden Mengen: Nachrichtenraum M, Schlüsseltextraum C, Schlüsselräume K und K', Funktionsräume $\mathbb{E}$ und $\mathbb{D}$.

Eine Nachricht $m \in M$ wird durch Anwendung einer Abbildung $E \in \mathbb{E}$ mit einem Schlüssel $k \in K$ zu einem Schlüsseltext $c \in C$ verschlüsselt und über einen Kommunikationskanal übermittelt. Der Empfänger kann aus c die ursprüngliche Nachricht m reproduzieren, sofern er über eine geeignete Abbildung $D \in \mathbb{D}$ und den dazu passenden Schlüssel $k' \in K'$ verfügt.

Es gibt zwei Arten von Kryptosystemen:

1. Symmetrische Kryptosysteme: Beim klassischen symmetrischen Kryptosystem verwendet man den gleichen Schlüssel k zum Verschlüsseln der Nachricht und zum Entschlüsseln des Schlüsseltextes. Beim Erstellen von klassischen Kryptosystemen kann der Anwender seiner Phantasie freien Lauf lassen. Das Verschlüsseln und Entschlüsseln darf aber nicht zu kompliziert werden. In jedem Fall ist die sichere Übertragung zwischen beiden Kommunikationspartnern unabdingbar.

2. Asymmetrische Kryptosysteme: Beim asymmetrischen Kryptosystem (s. S. 327) verwendet man zwei Schlüssel, einen privaten (streng geheimen) und einen öffentlichen Schlüssel. Der öffentliche Schlüssel kann auf dem gleichen Weg wie der Schlüsseltext übertragen werden. Die Sicherheit der Kommunikation ist hierbei durch die Verwendung sogenannter *Einwegfunktionen* (s. S. 328) gewährleistet, die es dem unbefugten Lauscher unmöglich machen, den Klartext aus dem Schlüsseltext zu ermitteln.

5.5.3 Mathematische Präzisierung

Ein Alphabet $A = \{a_0, a_1, \ldots, a_{n-1}\}$ ist eine endliche nichtleere totalgeordnete Menge, deren Elemente a_i Buchstaben genannt werden. Die Länge des Alphabetes ist $|A|$. Eine Zeichenreihe $w = a'_1 a'_2 \ldots a'_n$ der Länge $n \in \mathbb{N}$, die aus Buchstaben von A besteht, ist ein Wort der Länge n über dem Alphabet A. Mit A^n wird die Menge aller Wörter der Länge n über A bezeichnet. Seien $n, m \in \mathbb{N}$ und A, B Alphabete sowie S eine endliche Menge.

Eine Kryptofunktion ist eine Abbildung $t\colon A^n \times S \to B^m$, so daß die Abbildung $t_s\colon A^n \to B^m; w \to t(w,s)$ für jedes $s \in S$ injektiv ist. Dabei werden t_s und t_s^{-1} Verschlüsselungsfunktion bzw. Entschlüsselungsfunktion genannt, w ist der Klartext und $t_s(w)$ der Schlüsseltext.

Für eine Kryptofunktion ist die einparametrige Familie $\{t_s\}_{s \in S}$ ein Kryptosystem T_S. Der Begriff *Kryptosystem* findet Verwendung, wenn neben der Abbildung t auch Struktur und Größe der Schlüsselmenge von Bedeutung sind. Die Menge S aller zu einem Kryptosystem gehörenden Schlüssel heißt Schlüsselraum. Für $n = m$ und $A = B$ wird

$$T_s = \{t_s\colon A^n \to A^n | s \in S\} \tag{5.188}$$

Kryptosystem auf A^n genannt.
Ist T_S ein Kryptosystem auf A^n, dann heißt t_s kontinuierliche Chiffre, falls $n = 1$ ist; anderenfalls ist t_s eine Blockchiffre.

Kryptofunktionen aus einem Kryptosystem auf A^n sind zum Verschlüsseln von Klartexten beliebiger Länge geeignet. Man zerlegt dazu den Klartext in Blöcke der Länge n und wendet die Funktion auf jeden der Blöcke einzeln an. Gegebenenfalls müssen noch sogenannte Blender hinzugefügt werden, um den Klartext auf eine durch n teilbare Länge zu ergänzen. Blender dürfen den Klartext nicht stören.

Man unterscheidet *kontextfreie Verschlüsselung*, bei der ein Schlüsseltextblock nur Funktion des zugehörigen Klartextblocks und dessen Schlüssel ist, und *kontextsensitive Verschlüsselung*, bei der der Schlüsseltextblock auch von anderen Blöcken der Nachricht abhängig ist. Im Idealfall hängt jede Schlüsseltextstelle von allen Klartextstellen und allen Schlüsselstellen ab. Kleine Änderungen in Klartext oder Schlüssel bewirken dann große Änderungen im Schlüsseltext (*Lawineneffekt*).

5.5.4 Sicherheit von Kryptosystemen

In der Kryptoanalysis geht es um die Entwicklung von Methoden, mit denen man aus dem Schlüsseltext ohne Kenntnis des Schlüssels möglichst viele Informationen über den Klartext gewinnen kann. Nach A. KERCKHOFF liegt die Sicherheit eines Kryptosystems allein in der Schwierigkeit, den Schlüssel oder genauer die Entschlüsselungsfunktion zu finden. Sie darf nicht auf der Geheimhaltung des Systems selbst beruhen.

Es gibt verschiedene Aspekte zur Beurteilung der Sicherheit von Kryptosystemen:

1. Absolut sichere Kryptosysteme: Es gibt nur ein absolut sicheres Kryptosystem, das *one–time–tape*. Der Beweis dafür wurde von SHANNON im Rahmen der Informationstheorie erbracht.

2. Analytisch sichere Kryptosysteme: Es gibt kein Verfahren, mit dem dieses Kryptosystem systematisch gebrochen werden kann. Der Beweis für die Nichtexistenz solcher Verfahren kann durch den Nachweis der Nicht–Berechenbarkeit der Entschlüsselungsfunktion erfolgen.

3. Komplexitätstheoretisch sichere Kryptosysteme: Es gibt keinen Algorithmus, der das Kryptosystem in Polynomzeit (bezüglich der Textlänge) brechen kann.

4. Praktisch sichere Kryptosysteme: Es ist kein Verfahren bekannt, das das Kryptosystem mit den verfügbaren Ressourcen bei vertretbaren Kosten brechen kann.

Bei der Kryptoanalyse werden oft statistische Methoden (Häufigkeitsanalysen für Buchstaben und Wörter) angewandt. Neben dem vollständigen Suchen und der Trial–and–Error–Methode ist auch eine Strukturanalyse des Kryptosystems denkbar (Lösen von Gleichungssystemen).
Bei Angriffen auf Kryptosysteme kann man versuchen, einige häufig vorkommende Chiffrierfehler auszunutzen, z.B.die Verwendung stereotyper Formulierungen, das wiederholte Senden wenig geänderter Klartexte, eine ungeschickte vorhersehbare Schlüsselauswahl und die Verwendung von Füllzeichen.

5.5.4.1 Methoden der klassischen Kryptologie

Außer durch Anwendung von Kryptofunktionen ist es auch möglich, einen Klartext durch kryptologische Codes zu verschlüsseln (Kodierung). Darunter versteht man eine bijektive Abbildung von einer Teilmenge A' der Menge aller Wörter über einem Alphabet A auf eine Teilmenge B' der Menge aller Wörter über einem Alphabet B. Die Menge aller Original–Bild–Paare dieser Abbildung heißt Codebuch.

■

heute abend	0815
morgen abend	1113

Dem Vorteil, daß lange Klartexte durch kurze Nachrichten ersetzt werden können, steht der Nachteil gegenüber, daß gleiche Klartextteile durch gleiche Schlüsseltextteile ersetzt werden und auch nur teilweise kompromittierte Codebücher mit großem Aufwand komplett ausgetauscht werden müssen.

Im weiteren Text werden nur noch Verschlüsselungen mit Hilfe von Kryptofunktionen betrachtet. Diese haben den zusätzlichen Vorteil, daß keine vorherige Absprache über den Inhalt der auszutauschenden Nachrichten erfolgen muß.

Klassische *Kryptooperationen* sind *Substitution* und *Transposition*. Transpositionen sind in der Kryptologie spezielle, über geometrische Figuren definierte Permutationen. Im weiteren sollen die Substitutionschiffren genauer vorgestellt werden. Man unterscheidet *monoalphabetische* und *polyalphabetische Substitutionen*, je nachdem, ob ein Alphabet oder mehrere Alphabete zur Abfassung des Schlüsseltextes herangezogen werden. Allgemeiner spricht man auch von polyalphabetischen Substitutionen, wenn zwar nur ein Alphabet benutzt wird, jedoch die Verschlüsselung der Klartextzeichen von deren Position im Text abhängig ist.
Außerdem ist eine Einteilung in *monographische* und *polygraphische Substitutionen* sinnvoll. Im ersten Fall werden Einzelzeichen ersetzt, im zweiten Fall Zeichenfolgen einer festgesetzten Länge > 1.

5.5.4.2 Tauschchiffren

Ist $A = \{a_0, a_1, \ldots, a_{n-1}\}$ und $k, s \in \{0, 1, \ldots, n-1\}$ mit dem $\mathrm{ggT}(k, n) = 1$, dann wird die Permutation t_s^k, die jeden Buchstaben a_i auf $t_s^k(a_i) = a_{ki+s}$ abbildet, eine Tauschchiffre genannt.

Es gibt $n\,\varphi(n)$ verschiedene Tauschchiffren auf A.

Verschiebechiffren sind Tauschchiffren mit $k = 1$. Die Verschiebechiffre mit $s = 3$ wurde schon von JULIUS CAESAR (100 bis 44 v. Chr.) benutzt und heißt deshalb CAESAR–Chiffre.

5.5.4.3 VIGENERE–Chiffre

Die Verschlüsselung bei der VIGENERE–Chiffre basiert auf der periodischen Verwendung eines Schlüsselwortes, dessen Buchstaben paarweise verschieden sind.

In einer Version dieser Chiffre nach L. CAROLL wird zum Ver- und Entschlüsseln das sogenannte VIGENERE–Tableau benutzt (s. nebenstehend) Steht das Klartextzeichen in Zeile i und das Schlüsselzeichen in Spalte j des VIGENERE–Tableaus, dann wird das Schlüsseltextzeichen im Schnittpunkt der beiden Reihen im Innern des Tableaus abgelesen. Die Entschlüsselung erfolgt in umgekehrter Reihenfolge.

	A	B	C	D	E	F	$\ldots$
A	A	B	C	D	E	F	$\ldots$
B	B	C	D	E	F	G	$\ldots$
C	C	D	E	F	G	H	$\ldots$
D	D	E	F	G	H	I	$\ldots$
E	E	F	G	H	I	J	$\ldots$
F	F	G	H	I	J	K	$\ldots$
$\vdots$	$\vdots$	$\vdots$	$\vdots$	$\vdots$	$\vdots$	$\vdots$	$\ddots$

■ Als Schlüsselwort wird „Hut“ gewählt.

Klartext:	E	S	W	A	R	E	I	N	M	A	L
Schlüssel:	H	U	T	H	U	T	H	U	T	H	U
Schlüsseltext:	L	M	P	H	L	X	P	H	F	H	F

Formal kann man die VIGENERE–Chiffre auch wie folgt schreiben: Ist a_i der Klartextbuchstabe und a_j der zugehörige Schlüsselbuchstabe, dann ist a_k der Schlüsseltextbuchstabe genau dann, wenn $i + j = k$ gilt.

5.5.4.4 Matrixsubstitutionen

Sei $A = \{a_0, a_1, \ldots, a_{n-1}\}$ ein Alphabet und $S = (s_{ij})$, $s_{ij} \in \{0, 1, \ldots, n-1\}$, eine nichtsinguläre Matrix vom Typ (m, m) mit $\mathrm{ggT}(\det S, n) = 1$. Die Abbildung, die jedem Klartextblock $a_{t(1)}, a_{t(2)}, \ldots, a_{t(m)}$ den Schlüsseltextblock mit der Indexfolge (die Rechnung wird modulo n ausgeführt)

$$\left(S \cdot \begin{pmatrix} a_{t(1)} \\ a_{t(2)} \\ \vdots \\ a_{t(m)} \end{pmatrix} \right)^T \tag{5.189}$$

zuordnet, heißt HILL–Chiffre. Es handelt sich dabei um eine monoalphabetische Matrixsubstitution.

■ $S = \begin{pmatrix} 14 & 8 & 3 \\ 8 & 5 & 2 \\ 3 & 2 & 1 \end{pmatrix}$; die Buchstaben des Alphabetes seien $a_0 = A, a_1 = B, \ldots, a_{25} = Z$. Wählt man als Klartext das Wort „HERBST“, dann sind den Buchstabenfolgen HER, BST die Indexfolgen $(7, 4, 17)$ bzw. $(1, 18, 19)$ zugeordnet. Man erhält $S \cdot (7, 4, 17)^\top = (181, 110, 46)^\top$ und $S \cdot (1, 18, 19)^\top = (215, 136, 58)^\top$. Nach Reduktion modulo 26 ergeben sich die Indexfolgen $(25, 6, 20)$ und $(7, 6, 6)$ sowie die zugehörigen Buchstabenfolgen ZGU bzw. HGG. Der Schlüsseltext zum Klartext HERBST lautet also ZGUHGG.

5.5.5 Methoden der klassischen Kryptoanalysis

Das Ziel kryptoanalytischer Untersuchungen besteht darin, ohne Kenntnis des Schlüssels aus dem Schlüsseltext möglichst viele Informationen über den zugehörigen Klartext abzuleiten. Solche Untersuchungen sind nicht nur für unberechtigte „Lauscher“ von Interesse, sondern auch zur Beurteilung der

Sicherheit von Kryptosystemen aus der Sicht von deren Anwendern.

5.5.5.1 Statistische Analyse

Für jede natürliche Sprache gibt es Verteilungen der Häufigkeiten von Einzelbuchstaben, Buchstabenpaaren, Worten usw. Zum Beispiel ist in der deutschen Sprache E der häufigste Buchstabe:

Buchstaben	Gesamthäufigkeiten
E, N	27,18 %
I, S, R, A, T	34,48 %
D, H, U, L, C, G, M, O, B, W, F, K, Z	36,52 %
P, V, J, Y, X, Q	1,82 %

Für ausreichend lange Schlüsseltexte ist es unter Ausnutzung der Häufigkeitsverteilungen möglich, monoalphabetische monographische Substitutionen zu brechen.

5.5.5.2 KASISKI–FRIEDMAN–Test

Mit der kombinierten Methode von KASISKI und FRIEDMAN ist es möglich, VIGENERE–Chiffren zu brechen. Dabei wird die Tatsache ausgenutzt, daß bei diesem Chiffrierverfahren das Schlüsselwort periodisch verwendet wird. Es treten also Wiederholungen von Teilfolgen im Schlüsseltext auf, wenn gleiche Klartextfolgen mit gleichen Schlüsselfolgen verschlüsselt worden sind. Der Abstand solcher übereinstimmender Teilfolgen mit der Länge > 2 im Schlüsseltext ist ein Vielfaches der Schlüssellänge. Gibt es mehrere sich wiederholende Schlüsseltextfolgen, dann muß die Schlüssellänge den größten gemeinsamen Teiler der Abstände teilen. Diese Überlegung wird KASISKI–Text genannt. Man muß aber die Möglichkeit in Betracht ziehen, daß solche Übereinstimmungen auch durch Zufall enstanden sein könnten und damit das Ergebnis verfälschen würden.

Während der KASISKI–Text die Schlüsselwortlänge nur bis auf Vielfache und Teiler liefert, gibt der Friedman–Test die Größenordnung der Schlüsselwortlänge an. Für die Schlüsselwortlänge l eines VIGENERE–verschlüsselten Klartextes in deutscher Sprache mit einem Schlüsseltext der Länge n (Zeichenzahl) gilt

$$l = \frac{0,0377n}{(n-1)IC - 0,0385n + 0,0762} . \tag{5.190a}$$

Dabei ist IC der Koinzidenzindex des Schlüsseltextes, der sich wie folgt aus den Anzahlen n_i der Buchstaben a_i $(i \in \{0, 1, \ldots, 25\})$ des Schlüsseltextes berechnen läßt:

$$IC = \frac{\sum\limits_{i=1}^{26} n_i(n_i - 1)}{n(n-1)} . \tag{5.190b}$$

Zur Ermittlung des Schlüsselwortes schreibt man den Schlüsseltext der Länge n in l Spalten. Es genügt nun, spaltenweise das Äquivalent der Buchstaben E zu finden, da die Spalten bei der VIGENERE–Chiffre durch eine Verschiebechiffre entstanden sind. Ist z.B. V der häufigste Buchstabe in einer Spalte, dann findet man im VIGENERE–Tableau

$$\begin{matrix} & \text{E} \\ & \vdots \\ \text{R} \ldots & \text{V} \end{matrix} \tag{5.190c}$$

den Buchstaben R des Schlüsselwortes.

Benutzt eine VIGENERE–Chiffre einen sehr langen Schlüssel (z.B. von der Länge des Klartextes), dann führen die hier beschriebenen Methoden nicht zum Ziel. Man kann aber erkennen, ob die verwendete Chiffre monoalphabetisch, polyalphabetisch mit kleiner Periode oder polyalphabetisch mit großer

Periode ist.

5.5.6 One–Time–Tape

Hierbei handelt es sich um die einzige, theoretisch als sicher geltende Chiffre. Die Verschlüsselung erfolgt nach dem Prinzip der VIGENERE–Chiffre, jedoch verwendet man als Schlüssel eine Zufallsfolge von Buchstaben, deren Länge mit der Länge des Klartextes übereinstimmt.

In der Regel werden *one–time–tapes* als binäre VIGENERE–Chiffren realisiert: Klartext und Schlüssel sind dann als Dualzahlen dargestellt und werden modulo 2 addiert. Unter diesen Bedingungen ist die Chiffre *involutorisch*, d.h., das zweimalige Anwenden der Chiffre liefert wieder den Klartext. Die technische Ausführung von binären VIGENERE–Chiffren erfolgt durch *Schieberegisterschaltungen*. Darunter versteht man Schaltungen, die nach bestimmten Regeln aus Speicherbausteinen, die die Zustände 0 oder 1 annehmen können, und Schaltern zusammengesetzt sind.

5.5.7 Verfahren mit öffentlichem Schlüssel

Obwohl die Verfahren der klassischen Kryptologie mit der heutigen Rechentechnik effizient realisierbar sind und auch für zweiseitige Nachrichtenverbindungen nur ein Schlüssel erforderlich ist, gibt es auch eine Reihe von Nachteilen:

- Die Chiffriersicherheit beruht allein auf der Geheimhaltung des Schlüssels.
- Die Schlüssel müssen vor der Kommunikation auf einem hinreichend gesicherten Kanal ausgetauscht werden; spontane Kommunikation ist nicht möglich.
- Es ist darüber hinaus nicht möglich, Dritten gegenüber nachzuweisen, daß ein bestimmter Absender eine bestimmte Nachricht geschickt hat.

5.5.7.1 Konzept von DIFFIE und HELLMAN

Das Konzept der Verfahren mit öffentlichem Schlüssel wurde 1976 von DIFFIE und HELLMAN entwickelt. Jeder Teilnehmer verfügt über einen öffentlichen Schlüssel, der in einem allgemein zugänglichen Verzeichnis veröffentlicht wird, und einen privaten Schlüssel, der nur dem jeweiligen Teilnehmer selbst bekannt ist und streng geheim gehalten wird. Solche Verfahren nennt man asymmetrische Chiffrierverfahren (s. S. 323).

Der öffentliche Schlüssel des i–ten Teilnehmers bestimmt den Chiffrierschritt E_i ; der private Schlüssel KS_i des i–ten Teilnehmers bestimmt den Dechiffrierschritt D_i. Es müssen folgende Bedingungen erfüllt sein:

1. $D_i \circ E_i$ ist die identische Abbildung.

2. Für E_i und D_i gibt es effiziente Realisierungen.

3. Der private Schlüssel KS_i kann mit den bis auf absehbare Zeit zur Verfügung stehenden Mitteln nicht aus dem öffentlichen Schlüssel KP_i abgeleitet werden.

Gilt darüber hinaus noch

4. $E_i \circ D_i$ ist die identische Abbildung, dann handelt es sich um ein Signaturverfahren mit öffentlichem Schlüssel. Ein *Signaturverfahren* ermöglicht dem Absender der Nachricht, diese mit einer unfälschbaren Unterschrift zu versehen.

Möchte A eine Nachricht m verschlüsseln und an B senden, dann entnimmt A aus dem Verzeichnis den öffentlichen Schlüssel KP_B von B und legt damit die Verschlüsselungsfunktion E_B fest: $E_B(m) = c$. A sendet nun den Schlüsseltext c über das öffentliche Netz an B , und B kann den Klartext der Nachricht mit Hilfe seines privaten Schlüssels KS_B bestimmen, der die Entschlüsselungsfunktion D_B festlegt: $D_B(c) = D_B(E_B(m)) = m$.
Um das Fälschen von Nachrichten zu verhindern, kann A in einem Signaturverfahren mit öffentlichem Schlüssel seine Nachricht m an B wie folgt signieren: A verschlüsselt den Klartext m mit seinem privaten Schlüssel gemäß $D_A(m) = d$, fügt dem Text seine Unterschrift „A“ hinzu und verschlüsselt den unterschriebenen Text d mit dem öffentlichen Schlüssel von B: $E_B(D_A(m), „A“) = E_B(d, „A“) = e$.

Der so signierte Text wird von A an B geschickt.
Der Teilnehmer B entschüsselt den Text mit seinem privaten Schlüssel und erhält
$D_B(e) = D_B(E_B(d, „A")) = (d, „A")$. Aus diesem Text erkennt B den Absender A und kann nun den Text d mit dem öffentlichen Schlüssel von A entschlüsseln: $E_A(d) = E_A(D_A(m)) = m$.

5.5.7.2 Einwegfunktionen

Chiffrierfunktionen in Verfahren mit öffentlichem Schlüssel müssen *Einwegfunktionen mit „Falltür"* sein. Unter Falltür versteht man hier eine geheimzuhaltende Zusatzinformation.
Eine injektive Funktion $f\colon X \to Y$ heißt Einwegfunktion mit Falltür, falls die folgenden Bedingungen gelten:

1. Es gibt effiziente Verfahren zur Berechnung von f und f^{-1}.

2. Das effiziente Verfahren zur Berechnung von f^{-1} kann aus f nicht ohne eine geheimzuhaltende Zusatzinformation gewonnen werden.

Man kann nicht beweisen, daß es Einwegfunktionen gibt, kennt jedoch Funktionen, die als Kandidaten für Einwegfunktionen in Frage kommen.

5.5.7.3 RSA–Verfahren

Das im Kapitel Zahlentheorie beschriebene RSA–Verfahren (s. S. 320) ist das populärste asymmetrische Verschlüsselungsverfahren.

1. Voraussetzungen: Man wählt zwei große Primzahlen p und q und $n = pq$. Dabei soll $pq > 10^{200}$ gelten; p und q müssen sich als Dezimalzahlen in ihrer Länge um einige Stellen unterscheiden; die Differenz zischen p und q darf aber auch nicht zu groß sein. Weiterhin sollen $p-1$ und $q-1$ große Primfaktoren enthalten, und der größte gemeinsame Teiler von $p-1$ und $q-1$ soll möglichst klein sein. Man wähle ein $e > 1$, das teilerfremd zu $(p-1)(q-1)$ ist, und berechne ein d mit $d \cdot e = 1$ modulo $(p-1)(q-1)$. Dann bilden n und e den öffentlichen Schlüssel und d den privaten Schlüssel.

2. Verschlüsselungsoperation:

$$E\colon \{0, 1, \ldots, n-1\} \to \{0, 1, \ldots, n-1\} \quad E(x) := x^e \text{ modulo } n\,. \tag{5.191a}$$

3. Entschlüsselungsoperation:

$$D\colon \{0, 1, \ldots, n-1\} \to \{0, 1, \ldots, n-1\} \quad D(x) := x^d \text{ modulo } n\,. \tag{5.191b}$$

Damit gilt $D(E(m)) = E(D(m)) = m$ für jede Nachricht m.

Die zur Verschlüsselung verwendete Funktion ist für $n = pq > 10^{200}$ ein Kandidat für eine Einwegfunktion mit Falltür (s. S. 328). Die Zusatzinformation liegt hier in der Kenntnis der Primfaktorenzerlegung von n. Ohne diese Information ist es praktisch unmöglich, die Kongruenz
$d \cdot e = 1$ modulo $(p-1)(q-1)$ zu lösen.

Das RSA–Verfahren gilt weithin als praktisch sicher, sofern die obengenannten Bedingungen erfüllt sind. Als Nachteil gegenüber anderen Verfahren sind die relativ große Schlüssellänge und die Tatsache zu beachten, daß RSA gegenüber DES um etwa den Faktor 1000 langsamer ist.

5.5.8 DES–Algorithmus (Data Encryption Standard)

Das DES–Verfahren wurde 1976 vom National Bureau of Standards zum offiziellen US–Verschlüsselungsstandard erklärt. Der Algorithmus gehört zu den symmetrischen Verschlüsselungsverfahren (s. S. 323) und spielt auch heute noch unter den kryptologischen Verfahren eine überragende Rolle. Er eignet sich aber nicht zur Verschlüsselung von Informationen höchsten Vertraulichkeitsgrades, da bei den inzwischen vorhandenen technischen Möglichkeiten ein Angriff durch Ausprobieren aller Schlüssel nicht mehr ausgeschlossen werden kann.

Beim DES–Algorithmus werden Permutationen und nichtlineare Substitutionen hintereinander ausgeführt. Der Algorithmus verwendet einen 56 Bit langen Schlüssel. Genauer, man benutzt einen 64–Bit–Schlüssel, in dem aber nur 56 Bit beliebig wählbar sind; die restlichen 8 Bit ergänzen Blöcke von 7–Bit–Zeichen auf ungerade Parität.

Der Klartext muß in Blöcke von je 64 Bit zerlegt werden. DES überführt dann jeweils einen Klartextblock von 64 Bit in einen Geheimtextblock von 64 Bit.
Zuerst wird der Klartextblock einer Eingangspermutation unterworfen und anschließend in 16 schlüsselabhängigen Runden verschlüsselt. Dazu werden aus den 56 Schlüssel–Bits 16 Teilschlüssel $K_1, K_2, \ldots, K_{16}$ gebildet und in dieser Reihenfolge in den einzelnen Iterationsrunden zur Verschlüsselung eingesetzt.
Anschließend wendet man die zur Eingangspermutation inverse Permutation an und erhält so den zum Klartextblock gehörenden Schlüsselblock.

Die Entschlüsselung erfolgt im wesentlichen auf die gleiche Weise, nur mit dem Unterschied, daß man die Teilschlüssel in der umgekehrten Reihenfolge $K_{16}, K_{15}, \ldots, K_1$ anwenden muß.

Die Stärke des Chiffrierverfahrens liegt in der Konstruktion der Abbildungen, die in den einzelnen Iterationsrunden angewendet werden. Man kann zeigen, daß jedes Bit des Schlüsseltextes von jedem Bit des zugehörigen Klartextes und von jedem Bit des Schlüssels abhängig ist.

Obwohl der DES–Algorithmus bis ins Detail offengelegt wurde, ist bis heute keine Möglichkeit öffentlich bekannt geworden, das Chiffrierverfahren zu brechen, ohne alle 2^{56} Schlüssel durchzuprobieren.

5.5.9 IDEA–Algorithmus (International Data Encryption Algorithm)

Der IDEA–Algorithmus wurde 1991 von Lai und Massay zum Patent vorgelegt. Wie beim DES-Algorithmus handelt es sich um ein symmetrisches Verschlüsselungsverfahren; IDEA ist ein potentieller Nachfolger für DES. Der Algorithmus ist insbesondere als Bestandteil des bekannten Softwarepakets PGP (Pretty Good Privacy) zur Verschlüsselung von e–mails bekannt geworden. Im Unterschied zu DES wurde nicht nur der Algorithmus veröffentlicht, sondern auch seine Entwurfsgrundlagen. Ziel war die Verwendung möglichst einfacher Operationen (Addition modulo 2, Addition modulo 2^{16}, Multiplikation modulo 2^{16+1}).

Mit IDEA kann man 64–Bit–Klartextblöcke verschlüsseln und bei Wahl der Teilschlüssel in umgekehrter Reihenfolge wieder entschlüsseln. Zur Verschlüsselung wird jeder 64–Bit–Klartextblock in vier Teilblöcke von je 16 Bit aufgeteilt. IDEA benutzt 128–Bit–Schlüssel, aus denen 52 Teilschlüssel von je 16 Bit erzeugt werden. In 8 Verschlüsselungsrunden werden jeweils 6 dieser Teilschlüssel benötigt; die restlichen 4 Teilschlüssel werden in einer Ausgabetransformation mit den vier Textblöcken verknüpft und abschließend zu einem 64–Bit–Schlüsseltextblock zusammengesetzt.

IDEA ist etwa doppelt so schnell wie DES, in Hardware jedoch schwieriger zu implementieren. Öffentlich sind keine erfolgreichen Angriffe gegen IDEA bekannt geworden. Angriffe durch Ausprobieren aller Schlüssel bleiben bei der Schlüssellänge von 128 Bit wirkungslos.

5.6 Universelle Algebra

Eine (universelle) Algebra besteht aus einer Menge, der Trägermenge, und Operationen auf dieser Menge. Einfache Beispiele sind die in den Abschnitten 5.3.2, 5.3.3 und 5.3.5 behandelten Halbgruppen, Gruppen, Ringe und Körper.
Universelle Algebren (meist mehrsortig, d.h. mit mehreren Trägermengen) werden insbesondere in der theoretischen Informatik betrachtet. Sie dienen dort als Grundlage für die (algebraische) Spezifikation abstrakter *Datentypen* und für *Termersetzungssysteme.*

5.6.1 Definition

Es sei Ω eine Menge von Operationssymbolen, die in paarweise disjunkte Teilmengen Ω_n, $n \in \mathbb{N}$, zerfällt. In Ω_0 liegen die Konstanten, in Ω_n, $n > 0$, die n–stelligen Operationssymbole. Die Familie $(\Omega_n)_{n\in\mathbb{N}}$ heißt *Typ* oder *Signatur.* Ist A eine Menge und ist jedem n–stelligen Operationssymbol $\omega \in \Omega_n$ eine n–stellige Operation ω^A in A zugeordnet, so heißt $A = (A, \{\omega^A | \omega \in \Omega\})$ eine Ω–*Algebra* oder Algebra vom Typ (oder der Signatur) Ω.
Ist Ω endlich, $\Omega = \{\omega_1, \ldots, \omega_k\}$, so schreibt man für A auch $A = (A, \omega_1^A, \ldots, \omega_k^A)$.
Faßt man einen Ring (s. 5.3.5) als Ω–Algebra auf, so zerfällt Ω in $\Omega_0 = \{\omega_1\}$, $\Omega_1 = \{\omega_2\}$, $\Omega_2 = \{\omega_3, \omega_4\}$, wobei den Operationssymbolen ω_1, ω_2, ω_3, ω_4 die Konstante 0, Inversenbildung bezüglich Addition, Addition und Multiplikation zugeordnet sind.

Es seien A und B Ω–Algebren. B heißt Ω–*Unteralgebra* von A, falls $B \subseteq A$ ist und die Operationen ω^B die Einschränkungen der Operationen ω^A $(\omega \in \Omega)$ auf die Teilmenge B sind.

5.6.2 Kongruenzrelationen, Faktoralgebren

Um Faktorstrukturen, wie im Falle der Gruppen und Ringe, für universelle Algebren konstruieren zu können, wird der Begriff der Kongruenzrelation benötigt. Eine Kongruenzrelation ist eine mit der Struktur verträgliche Äquivalenzrelation: Es sei $A = (A, \{\omega^A | \omega \in \Omega\})$ eine Ω–Algebra und R eine Äquivalenzrelation in A. R heißt *Kongruenzrelation* in A, falls für alle $\omega \in \Omega_n$ $(n \in \mathbb{N})$ und alle $a_i, b_i \in A$ mit $a_i R b_i$ $(i = 1, \ldots, n)$ gilt:

$$\omega^A(a_1, \ldots, a_n) \; R \; \omega^A(b_1, \ldots, b_n). \tag{5.192}$$

Die Menge der Äquivalenzklassen (Faktormenge) bezüglich einer Kongruenzrelation bildet bezüglich repräsentantenweisem Rechnen wieder eine Ω–Algebra: Es sei $A = (A, \{\omega^A | \omega \in \Omega\})$ eine Ω–Algebra und R eine Kongruenzrelation in A. Die Faktormenge A/R (s. 5.2.4) wird bezüglich folgender Operationen $\omega^{A/R}$ $(\omega \in \Omega_n, n \in \mathbb{N})$ mit

$$\omega^{A/R}([a_1]_R, \ldots, [a_n]_R) = [\omega^A(a_1, \ldots, a_n)]_R \tag{5.193}$$

zu einer Ω–Algebra A/R, der *Faktoralgebra* von A nach R.

Die Kongruenzrelationen von Gruppen bzw. Ringen lassen sich durch spezielle Teilstrukturen – Normalteiler (s. 5.3.3.2,**2.**) bzw. Ideale (s. 5.3.5,**5.3.5.2**) – beschreiben. Im allgemeinen, z.B. bei Halbgruppen, ist eine solche Beschreibung der Kongruenzrelationen nicht möglich.

5.6.3 Homomorphismen

Wie bei den klassischen algebraischen Strukturen besteht auch hier über den Homomorphiesatz ein Zusammenhang zwischen den Homomorphismen und den Kongruenzrelationen.
Es seien A und B Ω–Algebren. Eine Abbildung h: $A \to B$ heißt *Homomorphismus*, wenn für jedes $\omega \in \Omega_n$ und alle $a_1, \ldots, a_n \in A$ gilt:

$$h(\omega^A(a_1, \ldots, a_n)) = \omega^B(h(a_1), \ldots, h(a_n)). \tag{5.194}$$

Ist h darüber hinaus bijektiv, so heißt h *Isomorphismus*; die Algebren A und B heißen dann zueinander isomorph. Das homomorphe Bild $h(A)$ einer Ω–Algebra A erweist sich als Ω–Unteralgebra von B. Bei einem Homomorphismus h entspricht der Zerlegung von A in bildgleiche Elemente eine Kongruenzrelation, die der *Kern* von h genannt wird:

$$\ker h = \{(a, b) \in A \times A | h(a) = h(b)\}. \tag{5.195}$$

5.6.4 Homomorphiesatz

Es seien A und B Ω–Algebren und h: $A \to B$ ein Homomorphismus. h bestimmt eine Kongruenzrelation ker h in A. Die Faktoralgebra $A/$ ker h ist isomorph zum homomorphen Bild $h(A)$.
Umgekehrt bestimmt jede Kongruenzrelation R eine homomorphe Abbildung nat_R: $A \to A/R$ mit $nat_R(a) = [a]_R$. Die **Abb.5.15** soll den Homomorphiesatz veranschaulichen.

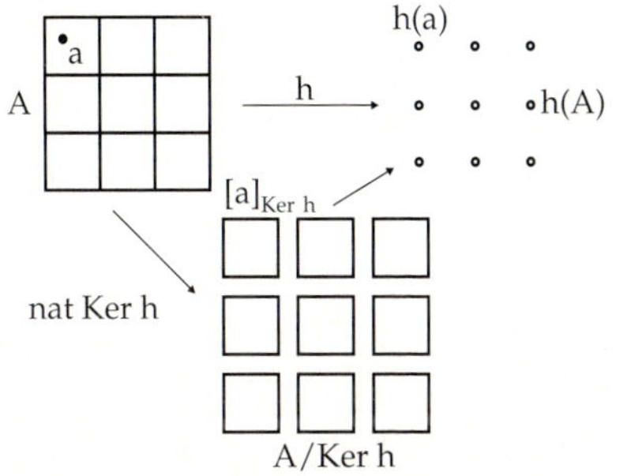

Abbildung 5.15

5.6.5 Varietäten

Eine *Varietät V* ist eine Klasse von Ω–Algebren, die abgeschlossen ist gegenüber der Bildung von Unteralgebren, von homomorphen Bildern und direkten Produkten, d.h., diese Bildungen führen aus V nicht heraus. Dabei sind direkte Produkte folgendermaßen definiert:

Erklärt man auf dem kartesischen Produkt der Trägermengen von Ω–Algebren die Ω entsprechenden Operationen komponentenweise, so erhält man wieder eine Ω–Algebra, das *direkte Produkt* dieser Algebren. Der Satz von BIRKHOFF (s. 5.6,**5.6.6**) charakterisiert die Varietäten als diejenigen Klassen von Ω–Algebren, die sich durch „Gleichungen" definieren lassen.

5.6.6 Termalgebren, freie Algebren

Es sei $(\Omega_n)_{n\in\mathbb{N}}$ eine Signatur und X eine abzählbare Menge von Variablen. Die Menge $T_\Omega(X)$ der Ω–Terme über X ist induktiv wie folgt definiert:

1. $X \cup \Omega_0 \subseteq T_\Omega(X)$.

2. Sind $t_1, \dots, t_n \in T_\Omega(X)$ und $\omega \in \Omega_n$, so ist auch $\omega t_1 \dots t_n \in T_\Omega(X)$.

Die so definierte Menge $T_\Omega(X)$ wird Trägermenge einer Ω–Algebra, der *Termalgebra* $T_\Omega(X)$ vom Typ Ω über X, gemäß folgender Operationen: Ist $t_1, \dots, t_n \in T_\Omega(X)$ und $\omega \in \Omega_n$, so ist $\omega^{T_\Omega(X)}$ durch

$$\omega^{T_\Omega(X)}(t_1, \dots, t_n) = \omega t_1 \dots t_n \tag{5.196}$$

erklärt.

Termalgebren sind die „allgemeinsten" Algebren in der Klasse aller Ω–Algebren, d.h., in Termalgebren gelten keine „Gleichungen". Solche Algebren werden *freie Algebren* genannt.
Eine *Gleichung* ist ein Paar $(s(x_1, \dots, x_n), t(x_1, \dots, x_n))$ von Ω–Termen in den Variablen $x_1, \dots, x_n$. Eine Ω–Algebra A *erfüllt* eine solche Gleichung, wenn für alle $a_1, \dots, a_n \in A$ gilt:

$$s^A(a_1, \dots, a_n) = t^A(a_1, \dots, a_n). \tag{5.197}$$

Eine *gleichungsdefinierte Klasse* von Ω–Algebren ist eine Klasse von Ω–Algebren, die eine vorgegebene Menge von Gleichungen erfüllen.

Satz von BIRKHOFF: Die gleichungsdefinierten Klassen sind genau die Varietäten.

■ Varietäten sind zum Beispiel die Klasse aller Halbgruppen, die Klasse aller Gruppen, die Klasse aller ABELschen Gruppen und die Klasse aller Ringe. Andererseits gilt zum Beispiel, daß das direkte Produkt von zyklischen Gruppen keine zyklische Gruppe und das direkte Produkt von Körpern kein Körper ist. Deshalb bilden die zyklischen Gruppen bzw. Körper keine Varietäten und können nicht durch Gleichungen definiert werden.

5.7 Boolesche Algebren und Schaltalgebra

Die in 5.2.2,**3.** festgestellte Analogie der Grundgesetze (Rechenregeln) der Mengenalgebra und der Aussagenlogik (5.1.1,**6.**) trifft auch auf die Rechenregeln für Operationen mit anderen mathematischen Objekten zu. Die Untersuchung dieser Rechenregeln führt auf den Begriff der BOOLEschen Algebra.

5.7.1 Definition

Eine Menge B, versehen mit zwei binären Operationen $\sqcap$ („Konjunktion") und $\sqcup$ („Disjunktion"), einer einstelligen Operation („Negation") und zwei ausgezeichneten Elementen 0 und 1 aus B, heißt BOOLE*sche Algebra* $B = (B\,, \sqcap\,, \sqcup\,, \ \ , 0, 1)$, wenn folgende Gesetze gelten:

(1) Assoziativgesetze:

$$(a \sqcap b) \sqcap c = a \sqcap (b \sqcap c)\,, \qquad (5.198)$$

$$(a \sqcup b) \sqcup c = a \sqcup (b \sqcup c)\,. \qquad (5.199)$$

(2) Kommutativgesetze:

$$a \sqcap b = b \sqcap a\,, \qquad (5.200)$$

$$a \sqcup b = b \sqcup a\,. \qquad (5.201)$$

(3) Absorptionsgesetze:

$$a \sqcap (a \sqcup b) = a\,, \qquad (5.202)$$

$$a \sqcup (a \sqcap b) = a\,. \qquad (5.203)$$

(4) Distributivgesetze:

$$(a \sqcup b) \sqcap c = (a \sqcap c) \sqcup (b \sqcap c)\,, \qquad (5.204)$$

$$(a \sqcap b) \sqcup c = (a \sqcup c) \sqcap (b \sqcup c)\,. \qquad (5.205)$$

(5)

$$a \sqcap 1 = 1\,, \qquad (5.206)$$

$$a \sqcup 0 = a\,, \qquad (5.207)$$

$$a \sqcap 0 = 0\,, \qquad (5.208)$$

$$a \sqcup 1 = 1\,, \qquad (5.209)$$

$$a \sqcap \overline{a} = 0\,, \qquad (5.210)$$

$$a \sqcup \overline{a} = 1\,. \qquad (5.211)$$

Eine Struktur, in der Assoziativ-, Kommutativ- und Absorptionsgesetze gelten, heißt *Verband.* Gelten darüber hinaus die Distributivgesetze, so spricht man von einem *distributiven Verband.* So ist also eine BOOLEsche Algebra ein spezieller distributiver Verband.

Hinweis: Die für BOOLEsche Algebren verwendeten Bezeichnungen der Operationen sind nicht notwendigerweise identisch mit den in der Aussagenlogik verwendeten Operationen mit gleicher Bezeichnung.

5.7.2 Dualitätsprinzip

1. Dualisieren: In den obigen „Axiomen" einer BOOLEschen Algebra erkennt man folgende Dualität: Ersetzt man in einem Axiom $\sqcap$ durch $\sqcup$, $\sqcup$ durch $\sqcap$, 0 durch 1 und 1 durch 0, dann erhält man das jeweils andere Axiom auf derselben Zeile. Man sagt, die Axiome einer Zeile sind zueinander *dual* und nennt den Ersetzungsprozeß *Dualisieren.* Durch Dualisieren erhält man aus einer Aussage über BOOLEsche Algebren die dazu *duale Aussage.*

2. Dualitätsprinzip für BOOLEsche Algebren: Die duale Aussage zu einer wahren Aussage über BOOLEsche Algebren ist wieder eine wahre Aussage über BOOLEsche Algebren, d.h., mit jeder bewiesenen Aussage ist gleichzeitig auch die dazu duale Aussage bewiesen.

3. Eigenschaften: Aus den Axiomen folgen z.B. folgende Eigenschaften für BOOLEsche Algebren.

(E1) Die Operationen $\sqcap$ und $\sqcup$ sind *idempotent*:

$$a \sqcap a = a\,, \qquad (5.212)$$

$$a \sqcup a = a\,. \qquad (5.213)$$

(E2) DE MORGANsche Regeln:

$$\overline{a \sqcap b} = \overline{a} \sqcup \overline{b}, \qquad (5.214) \qquad \overline{a \sqcup b} = \overline{a} \sqcap \overline{b}, \qquad (5.215)$$

(3) Eine weitere Eigenschaft:

$$\overline{\overline{a}} = a. \qquad (5.216)$$

Es genügt auch hier, von nebeneinanderstehenden (dualen) Aussagen nur eine zu beweisen, während die dritte Aussage zu sich selbst dual ist.

5.7.3 Endliche BOOLEsche Algebren

Alle endlichen BOOLEschen Algebren lassen sich bis auf „Isomorphie" einfach angeben. Es seien B_1, B_2 BOOLEsche Algebren und $f\colon B_1 \to B_2$ eine bijektive Abbildung. f heißt *Isomorphismus*,falls gilt:

$$f(a \sqcap b) = f(a) \sqcap f(b), \quad f(a \sqcup b) = f(a) \sqcup f(b) \quad \text{und} \quad f(\overline{a}) = \overline{f(a)}. \qquad (5.217)$$

Jede endliche BOOLEsche Algebra ist isomorph zur BOOLEschen Algebra der Potenzmenge einer endlichen Menge. Insbesondere hat jede endliche BOOLEsche Algebra 2^n Elemente, und je zwei endliche BOOLEsche Algebren mit gleich vielen Elementen sind isomorph.

Im folgenden wird mit B die zweielementige BOOLEsche Algebra $\{0, 1\}$ mit den Operationen

$\sqcap$	0	1
0	0	0
1	0	1

$\sqcup$	0	1
0	0	1
1	1	1

	$-$
0	1
1	0

bezeichnet. Erklärt man auf dem n-fachen kartesischen Produkt $B^n = \{0,1\} \times \cdots \times \{0,1\}$ die Operationen $\sqcap$, $\sqcup$ und $^-$ komponentenweise, so wird B^n mit $0 = (0, \ldots, 0)$ und $1 = (1, \ldots, 1)$ zu einer BOOLEschen Algebra. Man nennt B^n das *n-fache direkte Produkt* von B. Da B^n 2^n Elemente enthält, erhält man auf diese Weise *alle* endlichen BOOLEschen Algebren (bis auf Isomorphie).

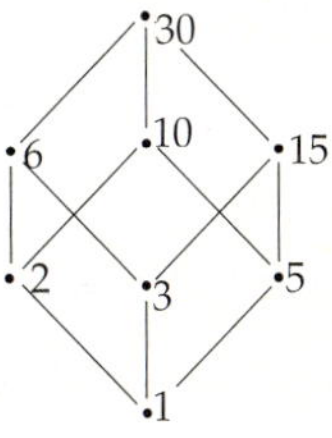

Abbildung 5.16

5.7.4 BOOLEsche Algebren als Ordnungen

Jeder BOOLEschen Algebra B läßt sich eine Ordnungsrelation in B zuordnen: Dabei wird $a \leq b$ genau dann gesetzt, wenn $a \sqcap b = a$ gilt (oder gleichbedeutend dazu, wenn $a \sqcup b = b$ gilt).
Somit läßt sich jede endliche BOOLEsche Algebra durch ein HASSE–Diagramm darstellen (s. 5.2.4, **4.**).

■ B sei die Menge $\{1, 2, 3, 5, 6, 10, 15, 30\}$ der Teiler der Zahl 30. Als zweistellige Operationen werden die Bildung des größten gemeinsamen Teilers bzw. des kleinsten gemeinsamen Vielfachen verwendet und als einstellige Operation die Bildung des Komplements. Die ausgezeichneten Elemente 0 bzw. 1 entsprechen den Zahlen 1 bzw. 30. Das zugehörige HASSE–Diagramm zeigt **Abb.5.16**.

5.7.5 BOOLEsche Funktionen, BOOLEsche Ausdrücke

1. BOOLEsche Funktionen Es bezeichnet B wieder die zweielementige BOOLEsche Algebra wie in 5.7,**5.7.3** Eine *n–stellige* BOOLE*sche Funktion* f ist eine Abbildung von B^n in B. Es gibt 2^{2^n} n–stellige BOOLEsche Funktionen. Die Menge B F_n aller n–stelligen BOOLEschen Funktionen wird mit

$$(f \sqcap g)(b) = f(b) \sqcap g(b), \qquad (5.218) \qquad (f \sqcup g)(b) = f(b) \sqcup g(b), \qquad (5.219)$$

$$\overline{f}(b) = \overline{f(b)}, \qquad (5.220)$$

zu einer BOOLEschen Algebra. Dabei ist b jeweils ein n–Tupel von Elementen aus $B = \{0, 1\}$, und auf der rechten Seite der Gleichungen werden die Operationen in B ausgeführt. Die ausgezeichneten Elemente 0 bzw. 1 entsprechen den Funktionen f_0 bzw. f_1 mit

$$f_0(b) = 0, \quad f_1(b) = 1 \quad \text{für alle} \quad b \in B^n. \qquad (5.221)$$

■ **A:** Im Falle $n = 1$, d.h. bei nur einer BOOLEschen Variablen b, gibt es die vier BOOLEschen Funktionen:

$$\begin{array}{llll} \text{Identität} & f(b) = b\,, & \text{Negation} & f(b) = \overline{b}\,, \\ \text{Tautologie} & f(b) = 1\,, & \text{Kontradiktion} & f(b) = 0\,. \end{array} \quad (5.222)$$

■ **B:** Im Falle $n = 2$, d.h. bei zwei BOOLEschen Variablen a und b, gibt es 16 verschiedene BOOLEschen Funktionen, von denen die wichtigsten eigene Namen haben und durch eigene Symbole dargestellt werden. Sie sind in der folgenden Tabelle aufgeführt.

Tabelle 5.4 Einige BOOLEsche Funktionen mit zwei Variablen a und b

Name der Funktion	Verschiedene Schreibweisen	Verschiedene Symbole	Wertetabelle für $\binom{a}{b} = \binom{0}{0}, \binom{0}{1}, \binom{1}{0}, \binom{1}{1}$
SCHEFFER bzw. NAND	$\overline{a \cdot b}$ $a \mid b$ NAND (a, b)	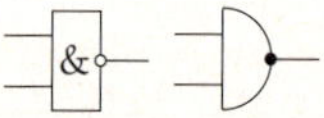	1, 1, 1, 0
PEIRCE bzw. NOR	$\overline{a + b}$ $a \downarrow b$ NOR a, b	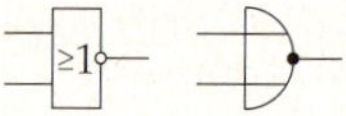	1, 0, 0, 0
Äquivalenz bzw. XOR	$\overline{a}\,b + a\,\overline{b}$ $a \,\text{XOR}\, b$ $a \not\equiv b$ $a \oplus b$	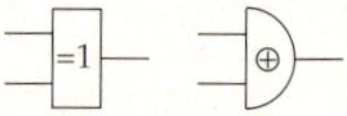	0, 1, 1, 0
Äquivalenz	$\overline{a}\,\overline{b} + a\,b$ $a \equiv b$ $a \leftrightarrow b$	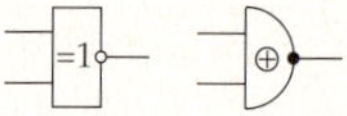	1, 0, 0, 1
Implikation	$\overline{a} + b$ $a \rightarrow b$		1, 1, 0, 1

2. BOOLEsche Ausdrücke BOOLE*sche Ausdrücke* werden induktiv definiert: Sei $X = \{x, y, z, \dots\}$ eine (abzählbare) Menge BOOLE*scher Variabler* (die nur Werte aus $\{0, 1\}$ annehmen können):

1. Die Konstanten 0 und 1 sowie die BOOLEschen Variablen aus X sind BOOLEsche Ausdrücke. (5.223)

2. Sind S und T BOOLEsche Ausdrücke, so sind es auch $\overline{T}$, $(S \sqcap T)$ und $(S \sqcup T)$. (5.224)

Enthält ein BOOLEscher Ausdruck die Variablen $x_1, \dots, x_n$, so repräsentiert er eine n–stellige BOOLEsche Funktion f_T:
Es sei b eine „Belegung“ der BOOLEschen Variablen $x_1, \dots, x_n$, d.h. $b = (b_1, \dots, b_n) \in B^n$.
Unter Beachtung der induktiven Definition werden den Ausdrücken T wie folgt BOOLEsche Funktionen zugeordnet:

1. Ist $T = 0$, so gilt $f_T = f_0$; ist $T = 1$, so gilt $f_T = f_1$. (5.225a)

2. Ist $T = x_i$, so gilt $f_T(b) = b_i$; ist $T = \overline{S}$, so gilt $f_T(b) = \overline{f_S(b)}$. (5.225b)

3. Ist $T = R \sqcap S$, so gilt $f_T(b) = f_R(b) \sqcap f_S(b)$. (5.225c)

4. Ist $T = R \sqcup S$, so gilt $f_T(b) = f_R(b) \sqcup f_S(b)$. (5.225d)

Umgekehrt läßt sich jede BOOLEsche Funktion f durch einen BOOLEschen Ausdruck T darstellen (s. 5.7,**5.7.6**).

3. Wertverlaufsgleiche BOOLEsche Ausdrücke Die BOOLEsche Ausdrücke S und T heißen *wertverlaufsgleich*, wenn sie die gleiche BOOLEsche Funktion repräsentieren. BOOLEsche Ausdrücke sind

genau dann gleich, wenn sie durch „Umformungen" entsprechend den Axiomen einer BOOLEschen Algebra ineinander überführbar sind.
Bei der Umformung BOOLEscher Ausdrücke stehen zwei Aspekte im Vordergrund:

- Umformung in einen möglichst „einfachen" Ausdruck (s. 5.7,**5.7.7**),
- Umformung in eine „Normalform" .

5.7.6 Normalformen

1. Elementarkonjunktion, Elementardisjunktion Es sei $B = (B, \sqcap, \sqcup, \bar{}, 0, 1)$ eine BOOLEsche Algebra und $\{x_1, \ldots, x_n\}$ eine Menge BOOLEscher Variabler. Jede Konjunktion bzw. Disjunktion, in der jede Variable oder ihre Negation genau einmal vorkommt, heißt *Elementarkonjunktion* bzw. *Elementardisjunktion* (in den Variablen $x_1, \ldots, x_n$).
Es sei $T(x_1, \ldots, x_n)$ ein BOOLEscher Ausdruck. Eine Disjunktion D von Elementarkonjunktionen mit $D = T$ heißt *kanonisch disjunktive Normalform* (*KDNF*) von T. Eine Konjunktion K von Elementardisjunktionen mit $K = T$ heißt *kanonisch konjunktive Normalform* (*KKNF*) von T.

■ **Teil 1:** Um zu zeigen, daß sich jede BOOLEsche Funktion f durch einen BOOLEschen Ausdruck darstellen läßt, wird zu der in der nebenstehenden Tabelle gegebenen Funktion f die KDNF konstruiert:

x	y	z	$f(x,y,z)$
0	0	0	0
0	0	1	1
0	1	0	0
0	1	1	0
1	0	0	0
1	0	1	1
1	1	0	1
1	1	1	0

Die KDNF zur BOOLEschen Funktion f besteht aus den Elementarkonjunktionen $\bar{x} \sqcap \bar{y} \sqcap z$, $x \sqcap \bar{y} \sqcap z$, $x \sqcap y \sqcap \bar{z}$. Diese Elementarkonjunktionen gehören zu den Belegungen b der Variablen, die bei f den Funktionswert 1 haben. Ist in b eine Variable v mit 1 belegt, so wird v in die Elementarkonjunktion aufgenommen, andernfalls $\bar{v}$.

■ **Teil 2:** Für das betrachtete Beispiel (s. Teil 1) lautet die KDNF:

$$(\bar{x} \sqcap \bar{y} \sqcap z) \sqcup (x \sqcap \bar{y} \sqcap z) \sqcup (x \sqcap y \sqcap \bar{z}) . \tag{5.226}$$

Die „duale" Form zur KDNF ist die KKNF: Die Elementardisjunktionen gehören zu den Belegungen b der Variablen, die bei f den Funktionswert 0 haben. Ist in b eine Variable v mit 0 belegt, so wird v in die Elementarkonjunktion aufgenomen, andernfalls $\bar{v}$. Somit lautet die KKNF:

$$(x \sqcup y \sqcup z) \sqcap (x \sqcup \bar{y} \sqcup z) \sqcap (x \sqcup \bar{y} \sqcup \bar{z}) \sqcap (\bar{x} \sqcup y \sqcup z) \sqcap (\bar{x} \sqcup \bar{y} \sqcup \bar{z}) . \tag{5.227}$$

Die KDNF und die KKNF zu f sind eindeutig bestimmt, wenn man eine Reihenfolge der Variablen und eine Reihenfolge der Belegungen vorgibt, z.B. wenn man die Belegungen als Dualzahlen auffaßt und der Größe nach ordnet.

2. Kanonische Normalformen Unter den kanonischen Normalformen eines BOOLEschen Ausdrucks T versteht man die kanonischen Normalformen der zugehörigen BOOLEschen Funktion f_T.
Oft bereitet die Überprüfung der Wertverlaufsgleichheit zweier BOOLEscher Ausdrücke durch Umformung Probleme. Hilfreich sind dann die kanonischen Normalformen: Zwei BOOLEsche Ausdrücke sind genau dann wertverlaufsgleich, wenn die zugehörigen eindeutig bestimmten kanonischen Normalformen Zeichen für Zeichen übereinstimmen.

■ **Teil 3:** Im betrachteten Beispiel (s. Teile 1 und 2) sind die Ausdrücke $(\bar{y} \sqcap z) \sqcup (x \sqcap y \sqcap \bar{z})$ und $(x \sqcup ((y \sqcup z) \sqcap (\bar{y} \sqcup z) \sqcap (\bar{y} \sqcup \bar{z}))) \sqcap (\bar{x} \sqcup ((y \sqcup z) \sqcap (\bar{y} \sqcup z)))$ untereinander wertverlaufsgleich, weil beide die kanonisch disjunktive (bzw. konjunktive) Normalform haben.

5.7.7 Schaltalgebra

Eine typische Anwendung der BOOLEschen Algebra ist die Vereinfachung von Reihen–Parallel–Schaltungen (RPS). Dazu wird einer RPS ein BOOLEscher Ausdruck zugeordnet (Transformation). Dieser Ausdruck wird mit den Umformungsregeln der BOOLEschen Algebra „vereinfacht". Anschließend wird diesem Ausdruck wieder eine RPS zugeordnet (Rücktransformation). Im Ergebnis erhält man eine vereinfachte RPS, die das gleiche Schaltverhalten wie die Ausgangsschaltung hat (**Abb.5.17**).

RPS bestehen aus Grundelementen, den Arbeits- und Ruhekontakten, mit jeweils zwei Zuständen (geöffnet oder geschlossen). Die Symbolik ist, wie üblich, so zu verstehen: Wird die steuernde Schalt-

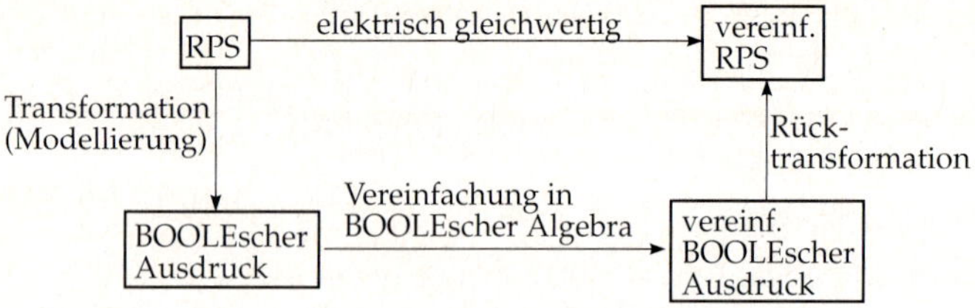

Abbildung 5.17

vorrichtung eingeschaltet, so schließt der Arbeitskontakt („Schließer") und der Ruhekontakt („Öffner") öffnet sich. Den die Kontakte steuernden Schaltvorrichtungen werden BOOLEsche Variable zugeordnet. Dem Zustand „aus" bzw. „ein" der Schaltvorrichtung entspricht der Wert 0 bzw. 1 der BOOLEschen Variablen. Kontakte, die durch die gleichen Vorrichtungen geschaltet werden, erhalten als Symbol die BOOLEsche Variable dieser Vorrichtung. Der *Schaltwert* einer RPS ist 0 bzw. 1, wenn die Schaltung elektrisch leitend bzw. nichtleitend ist. Der Schaltwert ist abhängig von der Stellung der Kontakte und damit eine BOOLEsche Funktion S (*Schaltfunktion*) der den Schaltvorrichtungen zugeordneten Variablen. In **Abb.5.18** sind Kontakte, Schaltungen, Symbole und die ihnen entsprechenden BOOLEschen Ausdrücke dargestellt.

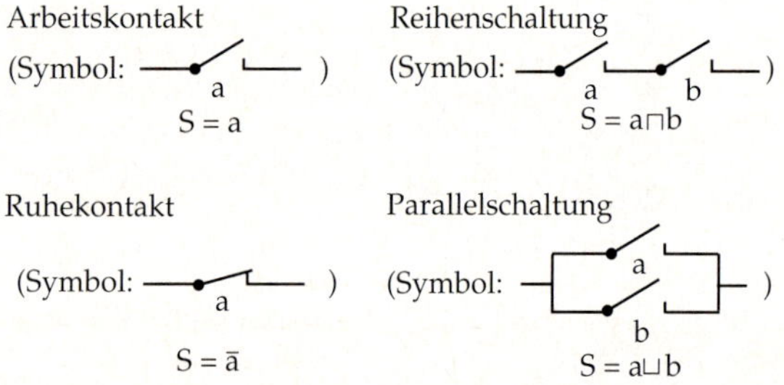

Abbildung 5.18

Die BOOLEschen Ausdrücke, die Schaltfunktionen von RPS repräsentieren, sind dadurch ausgezeichnet, daß das Negationszeichen *nur* über Variablen (nicht über Teilausdrücken) stehen darf.

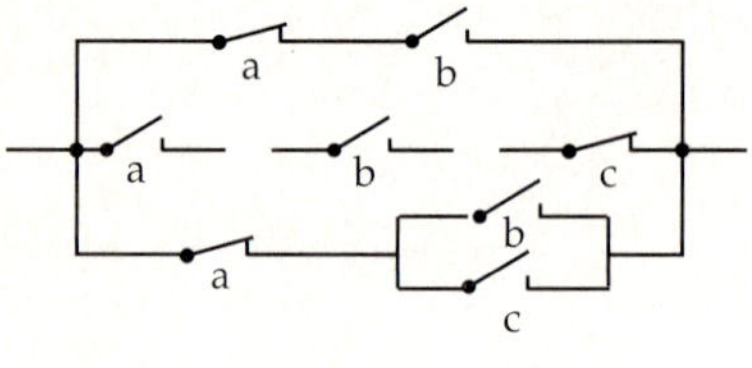

Abbildung 5.19

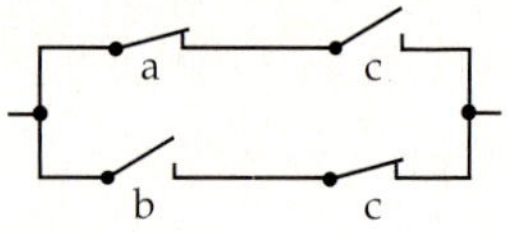

Abbildung 5.20

■ Die RPS aus **Abb. 5.19** ist zu vereinfachen. Dieser Schaltung ist der BOOLEsche Ausdruck

$$S = (\overline{a} \sqcap b) \sqcup (a \sqcap b \sqcap \overline{c}) \sqcup (\overline{a} \sqcap (b \sqcup c)) \qquad (5.228)$$

als Schaltfunktion zugeordnet. Entsprechend den Umformungsregeln der BOOLEschen Algebra ergibt sich:

$$\begin{aligned} S &= (b \sqcap (\overline{a} \sqcup (a \sqcap \overline{c}))) \sqcup (\overline{a} \sqcap (b \sqcup c)) \\ &= (b \sqcap (\overline{a} \sqcup \overline{c})) \sqcup (\overline{a} \sqcap (b \sqcup c)) \\ &= (\overline{a} \sqcap b) \sqcup (b \sqcap \overline{c}) \sqcup (\overline{a} \sqcap c) \\ &= (\overline{a} \sqcap b \sqcap c) \sqcup (\overline{a} \sqcap b \sqcap \overline{c}) \sqcup (b \sqcap \overline{c}) \sqcup (a \sqcap b \sqcap \overline{c}) \sqcup (\overline{a} \sqcap c) \sqcup (\overline{a} \sqcap \overline{b} \sqcap c) \\ &= (\overline{a} \sqcap c) \sqcup (b \sqcap \overline{c}) \,. \end{aligned} \tag{5.229}$$

Dabei ergibt sich $\overline{a} \sqcap c$ aus $(\overline{a} \sqcap b \sqcap c) \sqcup (\overline{a} \sqcap c) \sqcup (\overline{a} \sqcap \overline{b} \sqcap c)$ und $b \sqcap \overline{c}$ aus $(\overline{a} \sqcap b \sqcap \overline{c}) \sqcup (b \sqcap \overline{c}) \sqcup (a \sqcap b \sqcap \overline{c})$. Man erhält die in **Abb.5.20** dargestellte vereinfachte RPS.

Dieses Beispiel veranschaulicht, daß es nicht immer einfach ist, durch Umformung auf den „einfachsten" BOOLEschen Ausdruck zu kommen. In der Literatur sind dazu Verfahren bereitgestellt.

5.8 Algorithmen der Graphentheorie

Unter den Teilgebieten der Diskreten Mathematik hat die Graphentheorie wesentliche Bedeutung für die Informatik erlangt, z.B. bei der Darstellung von Datenstrukturen, endlichen Automaten, Kommunikationsnetzen, Ableitungen in formalen Sprachen usw. Daneben gibt es auch Anwendungen in Physik, Chemie, Elektrotechnik, Biologie und Psychologie. Darüber hinaus sind Flüsse in Transportnetzen und Netzplantechnik in Operations Research und kombinatorischer Optimierung anwendbar.

5.8.1 Grundbegriffe und Bezeichnungen

1. Ungerichtete und gerichtete Graphen

Ein *Graph* G ist ein geordnetes Paar (V, E) aus einer Menge V von *Knoten* und einer Menge E von *Kanten.* Auf E ist eine Abbildung, die *Inzidenzfunktion* erklärt, die jedem Element von E eindeutig ein geordnetes oder ungeordnetes Paar (nicht notwendig verschiedener Elemente) von V zuordnet. Ist jedem Element von E ein ungeordnetes Paar zugeordnet, dann wird G ein *ungerichteter Graph* (**Abb.5.21**) genannt. Ist dagegen jedem Element von E ein geordnetes Paar zugeordnet, dann spricht man von einem *gerichteten Graphen* (**Abb.5.22**), und die Elemente von E heißen *Bögen* oder *gerichtete Kanten.* Alle anderen Graphen werden *gemischte Graphen* genannt.
In der graphischen Darstellung erscheinen die Knoten der Graphen als Punkte, die gerichteten Kanten als Pfeile und die ungerichteten Kanten als ungerichtete Linien.

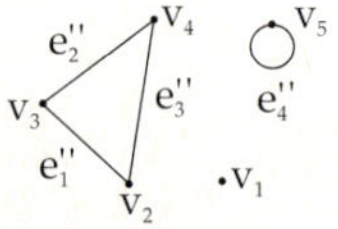

Abbildung 5.21

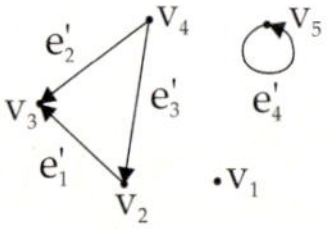

Abbildung 5.22

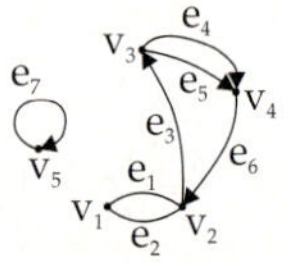

Abbildung 5.23

■ **A:** Für den Graphen G in **Abb.5.23** gilt: $V = \{v_1, v_2, v_3, v_4, v_5\}$, $E = \{e_1, e_2, e_3, e_4, e_5, e_6, e_7\}$, $f_1(e_1) = \{v_1, v_2\}$, $f_1(e_2) = \{v_1, v_2\}$, $f_1(e_3) = (v_2, v_3)$, $f_1(e_4) = (v_3, v_4)$, $f_1(e_5) = (v_3, v_4)$, $f_1(e_6) = (v_4, v_2)$, $f_1(e_7) = (v_5, v_5)$.

■ **B:** Für den Graphen G in **Abb.5.22** gilt: $V = \{v_1, v_2, v_3, v_4, v_5\}$, $E' = \{e_1', e_2', e_3', e_4'\}$ $f_2(e_1') = (v_2, v_3)$, $f_2(e_2') = (v_4, v_3)$, $f_2(e_3') = (v_4, v_2)$, $f_2(e_4') = (v_5, v_5)$.

■ **C:** Für den Graphen G in **Abb.5.21** gilt: $V = \{v_1, v_2, v_3, v_4, v_5\}$, $E'' = \{e_1'', e_2'', e_3'', e_4''\}$, $f_3(e_1'') = \{v_2, v_3\}$, $f_3(e_2'') = \{v_4, v_3\}$, $f_3(e_3'') = \{v_4, v_2\}$, $f_3(e_4'') = \{v_5, v_5\}$.

2. Adjazenz

Gilt $(v, w) \in E$, dann heißt der Knoten v *adjazent*, d.h. benachbart, zum Knoten w. Der Knoten v heißt *Startpunkt* von (v, w), w heißt *Zielpunkt* von (v, w), v und w heißen *Endpunkte* von (v, w). Entsprechend werden die *Adjazenz* in ungerichteten Graphen und die Endpunkte von ungerichteten Kanten definiert.

3. Schlichte Graphen

Ist mehreren Kanten oder Bögen dasselbe ungeordnete oder geordnete Paar von Knoten zugeordnet, dann spricht man von *Mehrfachkanten.* Eine Kante oder ein Bogen mit identischen Endpunkten heißt *Schlinge.* Graphen ohne Schlingen und Mehrfachkanten bzw. Mehrfachbögen werden *schlicht* genannt.

4. Knotengrade

Als *Grad* $d_G(v)$ eines Knotens v bezeichnet man die Anzahl der mit v inzidierenden Kanten oder Bögen. Schlingen werden doppelt gezählt. Knoten vom Grad 0 heißen *isolierte Knoten.*
Für jeden Knoten v eines gerichteten Graphen G unterscheidet man *Ausgangsgrad* $d_G^+(v)$ und *Eingangsgrad* $d_G^-(v)$:

$$d_G^+(v) = |\{w|(v,w) \in E\}|, \qquad (5.230a) \qquad\qquad d_G^-(v) = |\{w|(w,v) \in E\}|. \qquad (5.230b)$$

5. Spezielle Klassen von Graphen

Endliche Graphen besitzen eine endliche Knotenmenge und eine endliche Kantenmenge. Anderenfalls werden die Graphen *unendlich* genannt.
In *regulären Graphen vom Grad* r haben alle Knoten den Grad r.
Ein ungerichteter schlichter Graph mit der Knotenmenge V heißt *vollständiger Graph*, wenn je zwei verschiedene Knoten aus V durch eine Kante verbunden sind. Ein vollständiger Graph mit n–elementiger Knotenmenge wird mit K_n bezeichnet.

Kann man die Knotenmenge eines ungerichteten schlichten Graphen G in zwei disjunkte Klassen X und Y zerlegen, so daß jede Kante von G einen Knoten aus X mit einem Knoten aus Y verbindet, dann heißt G ein *paarer Graph*.
Ein paarer Graph wird *vollständiger paarer Graph* genannt, wenn jeder Knoten aus X mit jedem Knoten aus Y durch eine Kante verbunden ist. Ist X eine n–elementige und Y eine m–elementige Menge, dann wird der Graph mit $K_{n,m}$ bezeichnet.

■ Die **Abb.5.24** zeigt einen vollständigen Graphen mit 5 Knoten.

■ Die **Abb.5.25** zeigt einen vollständigen paaren Graphen mit 2–elementiger Knotenmenge X und 3–elementiger Knotenmenge Y.

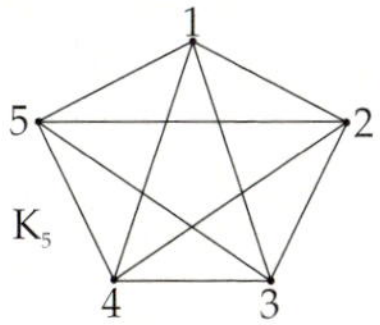

Abbildung 5.24

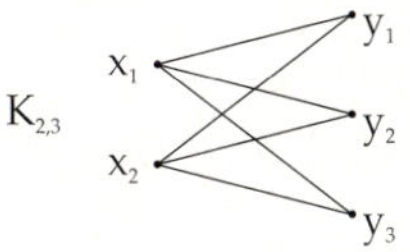

Abbildung 5.25

Weitere spezielle Klassen von Graphen sind *ebene Graphen*, *Bäume* und *Transportnetze*. Ihre Eigenschaften werden jeweils in einem der folgenden Abschnitte angegeben.

6. Darstellung von Graphen

Endliche Graphen können veranschaulicht werden, indem man jedem Knoten einen Punkt in der Ebene zuordnet und zwei Punkte genau dann durch eine gerichtete oder ungerichtete Kurve verbindet, wenn der Graph die entsprechende Kante besitzt. In den **Abb.5.26** bis **Abb.5.29** sind Beispiele gezeigt. Die **Abb.5.29** zeigt den PETERSEN–*Graph*, der dadurch bekannt geworden ist, daß er für viele graphentheoretische Vermutungen, deren Beweis allgemein nicht gelang, als Gegenbeispiel diente.

Abbildung 5.26

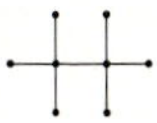

Abbildung 5.27

Abbildung 5.28

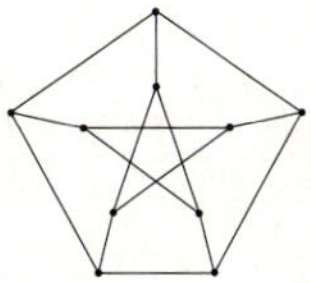

Abbildung 5.29

7. Isomorphie von Graphen

Ein Graph $G_1 = (V_1, E_1)$ heißt *isomorph* zu einem Graphen $G_2 = (V_2, E_2)$, wenn es je eine bijektive Abbildung φ von V_1 auf V_2 und ψ von E_1 auf E_2 gibt, die verträglich mit der Inzidenzfunktion ist, d.h., sind u, v die Endpunkte einer Kante bzw. u Startpunkt eines Bogens und v Zielpunkt dieses Bogens, dann sind $\varphi(u)$ und $\varphi(v)$ Endpunkte einer Kante bzw. $\varphi(u)$ Startpunkt und $\varphi(v)$ Zielpunkt eines Bogens. Die Abbildung φ mit $\varphi_1 = a$, $\varphi_2 = b$, $\varphi_3 = c$, $\varphi_4 = d$ ist ein Isomorphismus. Es ist sogar

jede bijektive Abbildung $\{1, 2, 3, 4\}$ auf $\{a, b, c, d\}$ ein Isomorphismus, weil die Graphen vollständige Graphen mit gleicher Knotenzahl sind.
Die **Abb.5.30** und **Abb.5.31** zeigen zwei zueinander isomorphe Graphen.

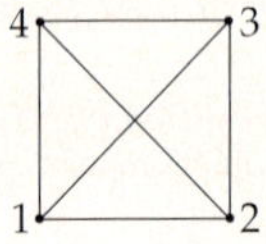

Abbildung 5.30

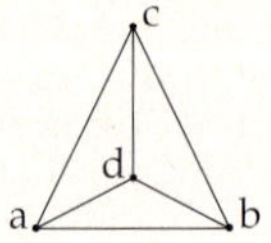

Abbildung 5.31

8. Untergraphen, Faktoren

Ist $G = (V, E)$ ein Graph, dann heißt ein Graph $G' = (V', E')$ *Untergraph* von G, wenn $V' \subseteq V$ und $E' \subseteq E$ gilt.
Enthält E' genau diejenigen Kanten aus E, die Knoten aus V' verbinden, dann heißt G' der von V' *induzierte Untergraph* von G.
Ein Untergraph $G' = (V', E')$ von $G = (V, E)$ mit $V' = V$ wird *Teilgraph* von G genannt.
Unter einem Faktor F eines Graphen G versteht man einen regulären Untergraphen von G, der alle Knoten von G enthält.

9. Adjazenzmatrix

Endliche Graphen kann man wie folgt durch eine Matrix beschreiben: Es sei $G = (V, E)$ ein Graph mit $V = \{v_1, v_2, \ldots, v_n\}$ und $E = \{e_1, e_2, \ldots, e_m\}$. Dabei bezeichne $m(v_i, v_j)$ die Anzahl der Kanten von v_i nach v_j. Bei ungerichteten Graphen werden Schlingen doppelt gezählt; bei gerichteten Graphen zählt man Schlingen einfach. Die Matrix A vom Typ (n, n) mit $A = (m(v_i, v_j))$ wird *Adjazenzmatrix* genannt. Ist der Graph zusätzlich schlicht, dann hat die Adjazenzmatrix die folgende Gestalt:

$$A = (a_{ij}) = \begin{cases} 1, & \text{für } (v_i, v_j) \in E, \\ 0, & \text{für } (v_i, v_j) \notin E. \end{cases} \qquad (5.231)$$

D.h., in der Matrix A steht in der i-ten Zeile und j-ten Spalte genau dann eine 1, wenn eine Kante von v_i nach v_j verläuft.
Für ungerichtete Graphen ist die Adjazenzmatrix symmetrisch.

■ **A:** Neben **Abb.5.32** ist die Adjazenzmatrix $A(G_1)$ des gerichteten Graphen G_1 gezeigt.

■ **B:** Neben **Abb.5.33** ist die Adjazenzmatrix $A(G_2)$ des ungerichteten schlichten Graphen G_2 gezeigt.

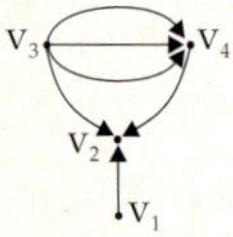

$$A_1 = \begin{pmatrix} 0 & 1 & 0 & 0 \\ 0 & 0 & 0 & 0 \\ 0 & 1 & 0 & 3 \\ 0 & 1 & 0 & 0 \end{pmatrix}$$

Abbildung 5.32

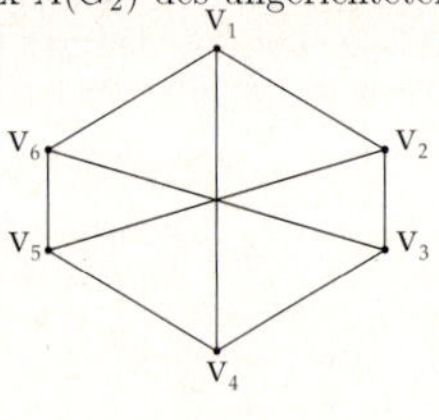

$$A_2 = \begin{pmatrix} 0 & 1 & 0 & 1 & 0 & 1 \\ 1 & 0 & 1 & 0 & 1 & 0 \\ 0 & 1 & 0 & 1 & 0 & 1 \\ 1 & 0 & 1 & 0 & 1 & 0 \\ 0 & 1 & 0 & 1 & 0 & 1 \\ 1 & 0 & 1 & 0 & 1 & 0 \end{pmatrix}$$

Abbildung 5.33

10. Inzidenzmatrix

Für einen ungerichteten Graphen $G = (V, E)$ mit $V = \{v_1, v_2, \ldots, v_n\}$ und $E = \{e_1, e_2, \ldots, e_m\}$ wird die Matrix I vom Typ (n, m) mit

$$I = (b_{ij}) = \begin{cases} 0, & v_i \text{ inzidiert nicht mit } e_j, \\ 1, & v_i \text{ inzidiert mit } e_j \text{ und } e_j \text{ ist keine Schlinge}, \\ 2, & v_i \text{ inzidiert mit } e_j \text{ und } e_j \text{ ist eine Schlinge} \end{cases} \qquad (5.232)$$

Inzidenzmatrix genannt.
Für einen gerichteten Graphen $G = (V, E)$ mit $V = \{v_1, v_2, \dots, v_n\}$ und $E = \{e_1, e_2, \dots, e_m\}$ ist die Inzidenzmatrix I die durch

$$I = (b_{ij}) = \begin{cases} 0, & v_i \text{ inzidiert nicht mit } e_j\,, \\ 1, & v_i \text{ ist Startpunkt von } e_j \text{ und } e_j \text{ ist keine Schlinge}\,, \\ -1, & v_i \text{ ist Zielpunkt von } e_j \text{ und } e_j \text{ ist keine Schlinge}\,, \\ -0, & v_i \text{ inzidiert mit } e_j \text{ und } e_j \text{ ist eine Schlinge} \end{cases} \tag{5.233}$$

definierte Matrix vom Typ (n, m).

11. Bewertete Graphen

Ist $G = (V, E)$ ein Graph und f eine Abbildung, die jeder Kante eine reelle Zahl zuordnet, so heißt (V, E, f) ein *bewerteter Graph* und $f(e)$ die *Bewertung* oder *Länge* der Kante e.
In vielen Anwendungsfällen repräsentieren die Bewertungen der Kanten Kosten, die durch den Bau, die Aufrechterhaltung oder die Benutzung der Verbindungen zustandekommen.

5.8.2 Durchlaufungen von ungerichteten Graphen

5.8.2.1 Kantenfolgen

1. Kantenfolgen

In einem ungerichteten Graphen $G = (V, E)$ wird jede Folge $F = (\{v_1, v_2\}, \{v_2, v_3\}, \dots, \{v_s, v_{s+1}\})$ von Elementen aus E eine *Kantenfolge* der Länge s genannt.
Ist $v_1 = v_{s+1}$, dann spricht man von einer *geschlossenen Kantenfolge* oder einem *Kreis*, anderenfalls von einer *offenen Kantenfolge*. Eine Kantenfolge F heißt *Weg*, wenn $v_1, v_2, \dots, v_s$ paarweise verschiedene Knoten sind. Ein geschlossener Weg ist ein *Elementarkreis*.

■ Im Graphen der **Abb.5.34** ist $F_1 = (\{1,2\}, \{2,3\}, \{3,5\}, \{5,2\}, \{2,4\})$ eine offene Kantenfolge der Länge 5, $F_2 = (\{1,2\}, \{2,3\}, \{3,4\}, \{4,2\}, \{2,1\})$ eine geschlossene Kantenfolge der Länge 5, $F_3 = (\{2,3\}, \{3,5\}, \{5,2\}, \{2,1\})$ ein Kantenzug, $F_4 = (\{1,2\}, \{2,3\}, \{3,4\})$ ein Weg. Ein Elementarkreis wird durch $F_5 = (\{1,2\}, \{2,5\}, \{5,1\})$ dargestellt.

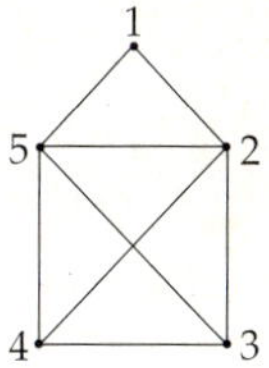

Abbildung 5.34

2. Zusammenhängende Graphen, Komponenten

Man spricht von einem *zusammenhängenden Graph* G, wenn zu je zwei verschiedenen Knoten v, w in G ein Weg existiert, der v mit w verbindet. Ist G nicht zusammenhängend, dann zerfällt G in *Komponenten*, d.h. in zusammenhängende induzierte Untergraphen mit maximaler Knotenzahl.

3. Abstand zweier Knoten

Der Abstand $\delta(v, w)$ zweier Knoten v, w eines ungerichteten Graphen ist die Länge eines v mit w verbindenden Weges mit minimaler Kantenzahl. Existiert ein solcher Weg nicht, dann setzt man $\delta(v, w) = \infty$.

4. Problem des kürzesten Weges

Es sei $G = (V, E, f)$ ein bewerteter schlichter Graph mit $f(e) > 0$ für alle $e \in E$. Für zwei verschiedene Knoten v, w von G wird ein *kürzester Weg* von v nach w gesucht, d.h. ein Weg von v nach w, für den die Summe der Bewertungen der Kanten bzw. Bögen minimal ist.
Es gibt einen effizienten Algorithmus von DANTZIG zur Lösung dieses Problems, der für gerichtete Graphen formuliert ist und entsprechend auf ungerichtete Graphen angewendet werden kann (s. 5.8.6).

Man kann für jeden bewerteten schlichten Graphen $G = (V, E, f)$ mit $V = \{v_1, v_2, \dots, v_n\}$ die *Entfernungsmatrix* oder *Distanzmatrix* D vom Typ (n, n) aufstellen:

$$D = (d_{ij}) \quad \text{mit} \quad d_{ij} = \delta(v_i, v_j) \qquad (i, j = 1, 2, \dots, n)\,. \tag{5.234}$$

Sind speziell alle Kanten mit 1 bewertet, d.h. der Abstand von v und w ist gleich der Mindestanzahl der Kanten, die man durchlaufen muß, um im Graphen von v nach w zu gelangen, kann man den Abstand zweier Knoten aus der Adjazenzmatrix ermitteln: Die Knoten von G seien $v_1, v_2, \dots, v_n$. Die Adjazenzmatrix von G ist $A = (a_{ij})$, und die Potenzen der Adjazenzmatrix bezüglich der üblichen

Multiplikation von Matrizen (s. 4.1.4,**5.**) werden mit $A^m = (a_{ij}^m)$, $m \in \mathbb{N}$, bezeichnet.
Vom Knoten v_i zum Knoten v_j $(i \neq j)$ führt genau dann ein kürzester Weg der Länge k, wenn gilt:

$$a_{ij}^k \neq 0 \quad \text{und} \quad a_{ij}^s = 0 \quad (s = 1, 2, \ldots, k-1). \tag{5.235}$$

■ Der in **Abb.5.35** dargestellte bewertete Graph besitzt die nebenstehend angegebene Entfernungsmatrix.

■ Der in **Abb.5.36** gezeigte Graph hat die daneben angegebene Adjazenzmatrix, und für $m = 2$ bzw. $m = 3$ erhält man die Matrizen A^2 und A^3.

$$D = \begin{pmatrix} 0 & 2 & 3 & 5 & 6 & \infty \\ 2 & 0 & 1 & 3 & 4 & \infty \\ 3 & 1 & 0 & 2 & 3 & \infty \\ 5 & 3 & 2 & 0 & 1 & \infty \\ 6 & 4 & 3 & 1 & 0 & \infty \\ \infty & \infty & \infty & \infty & \infty & \infty \end{pmatrix}$$

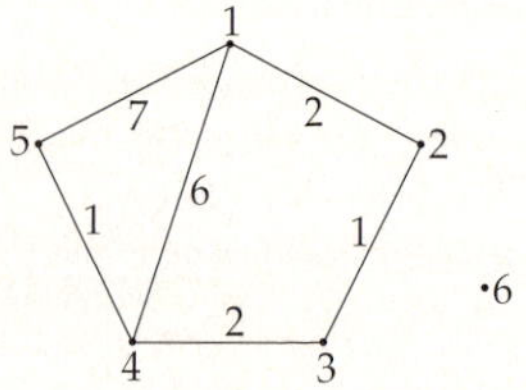

Abbildung 5.35

Kürzeste Wege der Länge 2 verbinden die Knoten 1 und 3, 1 und 4, 1 und 5, 2 und 6, 3 und 4, 3 und 5 sowie 4 und 5. Dagegen haben kürzeste Wege zwischen den Knoten 1 und 6, 3 und 6 bzw. 4 und 6 die Länge 3.

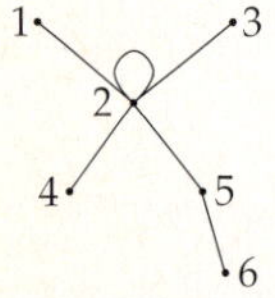

Abbildung 5.36

$$A = \begin{pmatrix} 0&1&0&0&0&0 \\ 1&1&1&1&1&0 \\ 0&1&0&0&0&0 \\ 0&1&0&0&0&0 \\ 0&1&0&0&0&1 \\ 0&0&0&0&1&0 \end{pmatrix}, \quad A^2 = \begin{pmatrix} 1&1&1&1&1&0 \\ 1&5&1&1&1&1 \\ 1&1&1&1&1&0 \\ 1&1&1&1&1&0 \\ 1&1&1&1&2&0 \\ 0&1&0&0&0&1 \end{pmatrix}, \quad A^3 = \begin{pmatrix} 1&5&1&1&1&1 \\ 5&9&5&5&6&1 \\ 1&5&1&1&1&1 \\ 1&5&1&1&1&1 \\ 1&6&1&1&1&2 \\ 1&1&1&1&2&0 \end{pmatrix}.$$

5.8.2.2 Eulersche Linien

1. EULERsche Linien, EULERsche Graphen

Ein Kantenzug, der jede Kante eines Graphen G enthält, heißt *offene* oder *geschlossene* EULER*sche Linie* von G.
Ein zusammenhängender Graph, der eine geschlossene EULERsche Linie enthält, ist ein EULER*scher Graph.*

■ Der Graph G_1 (**Abb.5.37**) hat keine EULERsche Linie. Der Graph G_2 (**Abb.5.38**) besitzt eine EULERsche Linie, ist aber kein EULERscher Graph. Der Graph G_3 (**Abb.5.39**) hat eine geschlossene EULERsche Linie und ist kein EULERscher Graph. Der Graph G_4 (**Abb.5.40**) ist ein EULERscher Graph.

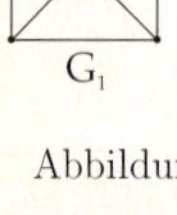

Abbildung 5.37

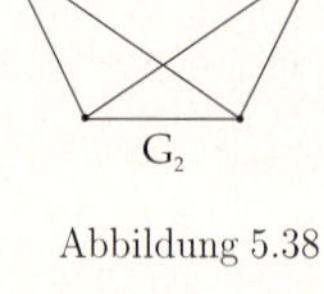

Abbildung 5.38

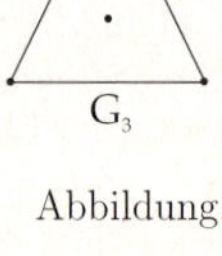

Abbildung 5.39

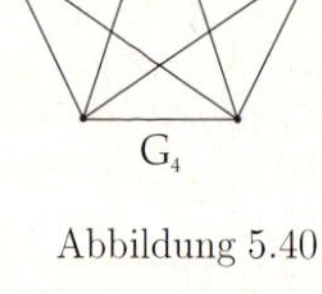

Abbildung 5.40

2. Satz von EULER–HIERHOLZER

Ein Graph ist genau dann ein EULERscher Graph, wenn er zusammenhängend ist und jeder Knoten positiven geraden Grad hat.

3. Konstruktion einer geschlossenen EULERschen Linie

Ist G ein EULERscher Graph, dann wähle man einen beliebigen Knoten v_1 in G und konstruiere, ausgehend von v_1, einen Kantenzug F_1, den man nicht mehr fortsetzen kann. Enthält F_1 noch nicht alle Kanten von G, so bilde man ausgehend von einem Knoten v_2, der von F_1 durchlaufen wird und in G mit einer nicht in F_1 enthaltenen Kante indiziert, einen Kantenzug F_2, den man nicht mehr fortsetzen kann. Die beiden Kantenzüge F_1 und F_2 setze man zu einem geschlossenen Kantenzug von G zusammen, indem man von v_1 aus F_1 bis v_2 durchläuft, von v_2 aus ganz F_2 durchläuft, und danach über die noch nicht benutzten Kanten von F_1 den Kantenzug zu v_1 fortsetzt. Eine Fortsetzung des Verfahrens liefert nach endlich vielen Schritten eine geschlossene EULERsche Linie.

4. Offene EULERsche Linien

Eine offene EULERsche Linie existiert in einem Graphen G genau dann, wenn es in G genau zwei Knoten ungeraden Grades gibt. Die **Abb.5.41** zeigt einen Graphen, der keine geschlossene, sondern eine offene EULERsche Linie besitzt. Die Kanten sind entlang einer EULERschen Linie fortlaufend numeriert. In **Abb.5.42** ist ein Graph mit einer geschlossenen EULERschen Linie dargestellt.

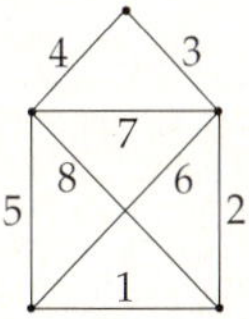

Abbildung 5.41

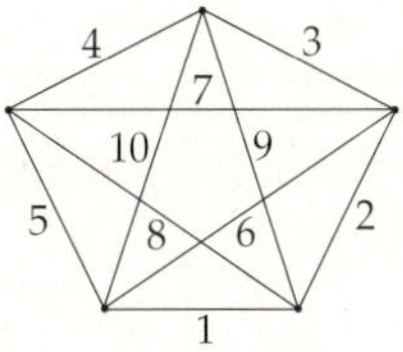

Abbildung 5.42

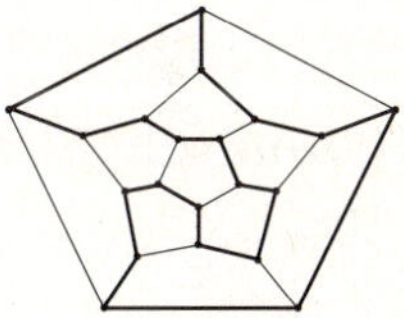

Abbildung 5.43

5. Chinesisches Briefträgerproblem

Das Problem, daß ein Briefträger jede Straße seines Zustellbereiches mindestens einmal durchläuft, zum Ausgangspunkt zurückkehrt und insgesamt einen möglichst kurzen Weg durchlaufen will, läßt sich graphentheoretisch wie folgt formulieren: Es sei $G = (V, E, f)$ ein bewerteter Graph mit $f(e) \geq 0$ für alle Kanten $e \in E$. Gesucht wird eine Kantenfolge F mit minimaler Gesamtlänge

$$L = \sum_{e \in F} f(e). \qquad (5.236)$$

Die Bezeichnung des Problems erinnert an den chinesischen Mathematiker KUAN, der sich als erster mit dem Problem beschäftigt hat. Zur Lösung sind zwei Fälle zu unterscheiden:

1. G ist ein EULERscher Graph – dann ist jede geschlossene EULERsche Linie optimal – und

2. G besitzt keine EULERsche Linie. Einen effektiven Algorithmus zur Lösung des Problems haben EDMONDS und JOHNSON angegeben (s. Lit.[5.30]).

5.8.2.3 Hamilton–Kreise

1. HAMILTON–Kreis

Ein Elementarkreis in einem Graphen G, der alle Knoten von G durchläuft, heißt HAMILTON–*Kreis*.

■ In **Abb.5.43** bilden die stärker gezeichneten Linien einen HAMILTON–Kreis.
Die Idee für ein Spiel, in dem man in dem abgebildeten Graphen eines Pentagondodekaeders HAMILTON–Kreise auffinden soll, geht auf Sir W. HAMILTON zurück.

Hinweis: Die Frage nach der Charakterisierung der Graphen mit HAMILTON–Kreisen führt auf eins der klassischen NP–vollständigen Probleme. Deshalb kann hier kein effizienter Algorithmus zur Ermittlung von HAMILTON–Kreisen angegeben werden.

2. Satz von DIRAC

Enthält ein schlichter Graph $G = (V, E)$ mindestens 3 Knoten, und gilt $d_G(v) \geq |V|/2$ für jeden Knoten v von G, dann enthält G einen HAMILTON–Kreis. Diese hinreichende Bedingung für die Existenz eines HAMILTON–Kreises ist aber nicht notwendig. Auch die folgenden Sätze mit verallgemeinerten Voraussetzungen liefern nur hinreichende Bedingungen für die Existenz von HAMILTON–Kreisen.

■ In **Abb.5.44** ist ein Graph gezeigt, der einen HAMILTON–Kreis besitzt, ohne die Voraussetzungen des folgenden Satzes von ORE zu erfüllen.

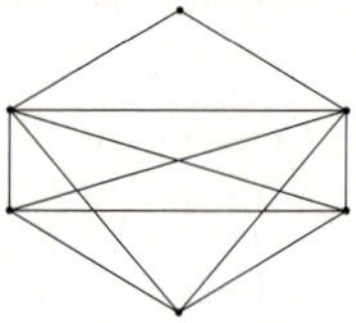

Abbildung 5.44

3. Satz von ORE

Enthält ein schlichter Graph $G = (V, E)$ mindestens 3 Knoten, und gilt $d_G(v) + d_G(w) \geq |V|$ für je zwei nichtadjazente Knoten v, w, dann enthält G einen HAMILTON–Kreis.

4. Satz von POSA

Es sei $G = (V, E)$ ein schlichter Graph mit mindestens 3 Knoten. Er besitzt einen HAMILTON–Kreis, wenn die folgenden Bedingungen erfüllt sind:

1. Für $1 \leq k < (|V| - 1)/2$ gelte: Die Anzahl derjenigen Knoten, deren Grad höchstens k ist, ist kleiner als k.

2. Ist $|V|$ ungerade, dann gelte zusätzlich: Die Anzahl derjenigen Knoten, deren Grad höchstens $(|V| - 1)/2$ ist, ist höchstens $(|V| - 1)/2$.

5.8.3 Bäume und Gerüste

5.8.3.1 Bäume

1. Bäume

Ein ungerichteter zusammenhängender Graph, in dem kein Kreis existiert, wird *Baum* genannt. Jeder Baum mit mindestens zwei Knoten enthält mindestens zwei Knoten vom Grad 1. Jeder Baum mit der Knotenzahl n hat genau $n - 1$ Kanten.

Ein gerichteter Graph heißt Baum, wenn G zusammenhängend ist und keinen Zyklus enthält (s. 5.8.6).

Abbildung 5.45

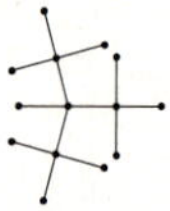

Abbildung 5.46

■ In **Abb.5.45** und **Abb.5.46** sind zwei nichtisomorphe Bäume mit der Knotenzahl 14 dargestellt. Sie zeigen die chemischen Strukturformeln von Butan bzw. Isobutan.

2. Wurzelbäume

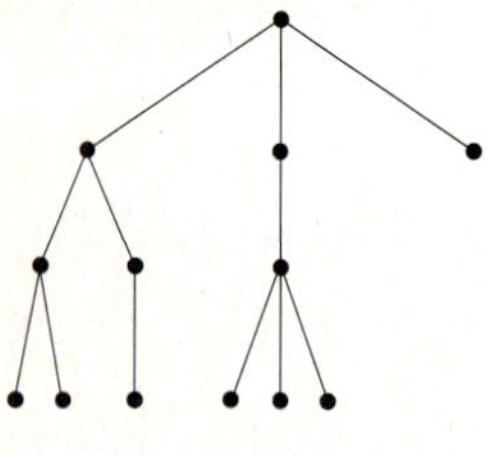

Abbildung 5.47

Ein Baum mit einem ausgezeichneten Knoten wird Wurzelbaum genannt, und der ausgezeichnete Knoten heißt *Wurzel*. Im Bild eines Wurzelbaumes wird die Wurzel in der Regel oben angeordnet, und die Wege werden von der Wurzel weggerichtet betrachtet (s. **Abb.5.47**). Wurzelbäume dienen zur graphischen Darstellung hierarchischer Strukturen, wie z.B. Befehlsflüsse in Betrieben, Stammbäume, grammatikalische Strukturen.

■ Die **Abb.5.47** zeigt den Stammbaum einer Familie in der Form eines Wurzelbaumes. Die Wurzel ist der dem Vater zugeordnete Knoten.

3. Reguläre binäre Bäume

Hat ein Baum genau einen Knoten vom Grad 2 und sonst nur Knoten vom Grad 1 oder 3, dann wird er *regulärer binärer Baum* genannt.

Die Knotenzahl in regulären binären Bäumen ist ungerade. Reguläre Bäume mit der Knotenzahl n haben $(n + 1)/2$ Knoten vom Grad 1. Das *Niveau* eines Knotens ist sein Abstand von der Wurzel. Das maximale auftretende Niveau wird *Höhe* des Baumes genannt. Für reguläre binäre Wurzelbäume gibt es die verschiedensten Anwendungsmöglichkeiten, z.B. in der Informatik.

4. Geordnete binäre Bäume

Arithmetische Ausdrücke kann man durch binäre Bäume graphisch darstellen. Dabei werden Zahlen und Variablen Knoten vom Grad 1 zugeordnet, den Operationen $+$, $-$, $\cdot$, $/$ entsprechen Knoten vom Grad > 1, und der linke bzw. rechte Teilbaum repräsentiert den ersten bzw. zweiten Operanden, der im allgemeinen wieder ein Ausdruck ist. Man spricht auch von *geordneten binären Bäumen*.
Das Durchlaufen von geordneten binären Bäumen kann auf drei verschiedene Arten erfolgen, die rekursiv beschreibbar sind (s. auch **Abb.5.48**):

Inorder–Durchlauf: linken Teilbaum der Wurzel (nach Inorder) durchlaufen,
Wurzel durchlaufen,
rechten Teilbaum der Wurzel (nach Inorder) durchlaufen.

Preorder–Durchlauf: Wurzel durchlaufen,
linken Teilbaum der Wurzel (nach Preorder) durchlaufen,
rechten Teilbaum der Wurzel (nach Preorder) durchlaufen.

Postorder–Durchlauf: linken Teilbaum der Wurzel (nach Postorder) durchlaufen,
rechten Teilbaum der Wurzel (nach Postorder) durchlaufen,
Wurzel durchlaufen.

Beim Inorder–Durchlauf ändert sich die Reihenfolge gegenüber dem Ausgangsterm nicht. Die sich aus dem Postorder–Durchlauf ergebende Schreibweise wird *Postfix–Notation* PN oder *Polnische Notation* genannt. Analog ergibt sich aus dem Preorder–Durchlauf die *Präfix–Notation* oder *Umgekehrte Polnische Notation* UPN.

Zur Implementierung von Bäumen kann man ausnutzen, daß Präfix– und Postfix–Ausdrücke den Baum eindeutig beschreiben.

■ In **Abb.5.48** ist der Term $a \cdot (b - c) + d$ durch einen Graphen dargestellt. Man erhält im Inorder–Durchlauf $a \cdot b - c + d$, im Preorder–Durchlauf $+ \cdot -bcd$ und im Postorder–Durchlauf $abc - \cdot d+$.

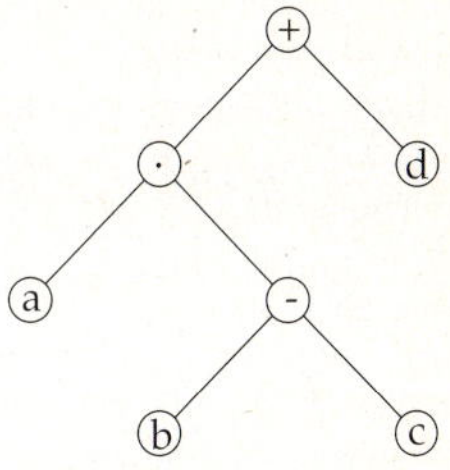

Abbildung 5.48

5.8.3.2 Gerüste

1. Gerüste

Ein Baum, der Teilgraph eines ungerichteten Graphen G ist, wird ein *Gerüst* von G genannt. Jeder zusammenhängende endliche Graph G enthält ein Gerüst H:

Enthält G einen Kreis, dann löscht man in G eine Kante dieses Kreises. Der entstandene Graph G_1 ist wieder zusammenhängend und kann durch Löschen einer Kante eines Kreises von G_1, falls eine solche existiert, in einen zusammenhängenden Graphen G_2 überführt werden. Nach endlich vielen Schritten erhält man ein Gerüst von G.

■ Die **Abb.5.50** zeigt ein Gerüst H des in **Abb.5.49** dargestellten Graphen G.

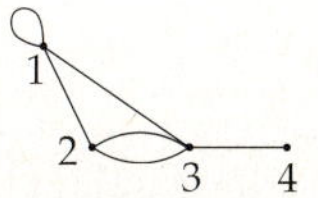

Abbildung 5.49

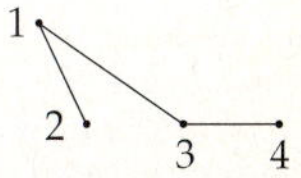

Abbildung 5.50

2. Satz von Cayley

Jeder vollständige Graph mit n Knoten ($n > 1$) hat genau n^{n-2} Gerüste.

3. Matrix–Gerüst–Satz

Es sei $G = (V, E)$ ein Graph mit $V = \{v_1, v_2, \dots, v_n\}$ $(n > 1)$ und $E = \{e_1, e_2, \dots, e_m\}$. Durch $D = (d_{ij})$ mit

$$d_{ij} = \begin{cases} 0 \text{ für } i \neq j, \\ d_G(i) \text{ für } i = j \end{cases} \tag{5.237a}$$

wird eine Matrix vom Typ (n, n) definiert, die auch *Valenzmatrix* genannt wird. Die Differenz von Valenzmatrix und Adjazenzmatrix ist die Admittanzmatrix L von G:

$$L = D - A\,. \tag{5.237b}$$

Aus L erhält man durch Streichen der i–ten Zeile und der i–ten Spalte die Matrix L_i. Die Determinante von L_i ist gleich der Anzahl der Gerüste im Graphen G.

■ Die Adjazenzmatrix, die Valenzmatrix und die Admittanzmatrix zum Graphen in **Abb.5.49** lauten:

$$A = \begin{pmatrix} 2\,1\,1\,0 \\ 1\,0\,2\,0 \\ 1\,2\,0\,1 \\ 0\,0\,1\,0 \end{pmatrix}, \qquad D = \begin{pmatrix} 4\,0\,0\,0 \\ 0\,3\,0\,0 \\ 0\,0\,4\,0 \\ 0\,0\,0\,1 \end{pmatrix}, \qquad L = \begin{pmatrix} 2 & -1 & -1 & 0 \\ -1 & 3 & -2 & 0 \\ -1 & -2 & 4 & -1 \\ 0 & 0 & -1 & 1 \end{pmatrix}.$$

Wegen $\det L_3 = 5$ hat der Graph genau 5 Grüste.

4. Minimalgerüste

Es sei $G = (V, E, f)$ ein zusammenhängender bewerteter Graph. Ein Gerüst H von G heißt *Minimalgerüst*, wenn seine *Gesamtlänge* $f(H)$ minimal ist:

$$f(H) = \sum_{e \in H} f(e)\,. \tag{5.238}$$

Minimalgerüste sucht man z.B. dann, wenn die Kantenbewertungen Kosten repräsentieren und man an minimalen Gesamtkosten interessiert ist. Ein Verfahren zur Ermittlung von Minimalgerüsten ist der KRUSKAL–*Algorithmus*:

a) Man wähle eine Kante mit kleinster Bewertung.

b) Man füge solange wie möglich zu den bereits gewählten Kanten eine Kante mit kleinstmöglicher Bewertung hinzu, die mit den schon gewählten Kanten keinen Kreis bildet.

Die Auswahl der in Schritt **b)** zulässigen Kanten kann durch den folgenden Markierungsalgorithmus erleichtert werden:

• Die Knoten des Graphen werden paarweise verschieden markiert.
• Kanten dürfen in jedem Schritt nur dann hinzugefügt werden, wenn sie Knoten mit verschiedenen Markierungen verbinden.
• Nach Hinzufügen einer Kante wird den Knoten, die die größere der Markierungen ihrer Endpunkte tragen, die kleinere der beiden Markierungen zugeordnet.

5.8.4 Matchings

1. Matchings

Eine Menge M von Kanten eines Graphen G heißt *Matching* in G, wenn M keine Schlingen enthält und je zwei verschiedene Kanten aus M keinen gemeinsamen Endpunkt besitzen.
Ein Matching M^* von G heißt *gesättigt*, wenn es in G kein Matching M mit $M^* \subset M$ gibt.
Ein Matching M^{**} von G nennt man *maximal*, wenn es in G kein Matching M mit $|M| > |M^{**}|$ gibt.
Ist M ein Matching in G mit der Eigenschaft, daß jeder Knoten von G mit einer Kante aus M indiziert, dann wird M *perfektes Matching* genannt.

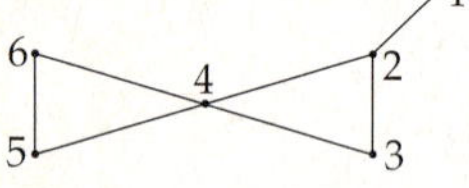

Abbildung 5.51

■ Im Graphen **Abb.5.51** ist $M_1 = \{\{2,3\},\{5,6\}\}$ ein gesättigtes Matching und $M_2 = \{\{1,2\},\{3,4\},\{5,6\}\}$ ein maximales Matching, das außerdem perfekt ist.

Hinweis: In Graphen mit ungerader Knotenzahl gibt es keine perfekten Matchings.

2. Satz von Tutte

Ein Graph $G = (V, E)$ besitzt genau dann ein perfektes Matching, wenn $|V|$ gerade ist und für jede Teilmenge S der Knotenmenge $q(G - S) \leq |S|$ ist. Dabei ist $G - S$ der Graph, der aus G durch Löschen aller Knoten von S und der mit diesen Knoten inzidierenden Kanten entsteht. Mit $q(G - S)$ wird die

Anzahl der Komponenten von $G - S$ mit ungerader Knotenzahl bezeichnet.
Perfekte Matchings haben z.B. vollständige Graphen mit gerader Knotenzahl, vollständige paare Graphen $K_{n,n}$ und beliebige reguläre paare Graphen vom Regularitätsgrad $r > 0$.

3. Alternierende Wege

Es sei G ein Graph mit einem Matching M. Ein Weg W in G wird *alternierend* genannt, wenn in W auf jede Kante e mit $e \in M$ (bzw. $e \notin M$) eine Kante e' mit $e' \notin M$ (bzw. $e \in M$) folgt.
Ein offener alternierender Weg wird *zunehmend* genannt, wenn kein Endpunkt des Weges mit einer Kante aus M inzidiert.

4. Satz von Berge

Ein Matching M in einem Graphen G ist genau dann maximal, wenn es in G keinen zunehmenden alternierenden Weg gibt.
Ist W ein zunehmender alternierender Weg in G mit zugehöriger Menge $E(W)$ durchlaufener Kanten, dann bildet $M' = (M \setminus E(W)) \cup (E(W) \setminus M)$ ein Matching in G mit $|M'| = |M| + 1$. Man spricht in diesem Zusammenhang von einem *Austauschverfahren.*

■ Im Graphen der **Abb.5.51** ist $(\{1,2\},\{2,3\},\{3,4\})$ ein zunehmender alternierender Weg bezüglich des Matchings M_1. Mit dem Austauschverfahren erhält man daraus das Matching M_2.

5. Ermittlung maximaler Matchings

Gegeben sei ein Graph G mit einem Matching M.

a) Man bilde zu M ein gesättigtes Matching M^* mit $M \subseteq M^*$.

b) Man wähle in G einen Knoten v, der mit keiner Kante aus M^* inzidiert, und suche in G einen zunehmenden alternierenden Weg, der in v beginnt.

c) Existiert ein solcher Weg, dann liefert das oben beschriebene Austauschverfahren ein Matching M' mit $|M'| > |M^*|$. Existiert kein solcher Weg, dann lösche man in G den Knoten v und alle mit v inzidierenden Kanten und wiederhole Schritt **b)**.
Es gibt einen kompliziert zu beschreibenden Algorithmus von Edmonds, der sich zur effektiven Suche nach maximalen Matchings eignet (s. Lit. [5.29]).

5.8.5 Planare Graphen

In diesem Abschnitt kann man sich auf die Betrachtung ungerichteter Graphen beschränken, weil ein gerichteter Graph genau dann planar ist, wenn der zugehörige ungerichtete Graph planar ist.

Abbildung 5.52

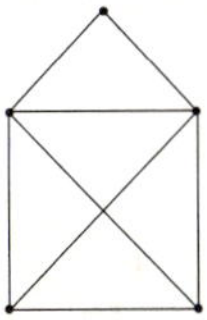

Abbildung 5.53

1. Ebener Graph und planarer Graph

Ein *ebener Graph* ist ein derart in die Ebene gezeichneter Graph, daß die Schnittpunkte der Kanten stets in Knoten des Graphen liegen.
Ein zu einem ebenen Graphen isomorpher Graph heißt *planar*. Die **Abb.5.52** zeigt einen ebenen Graphen G_1, die **Abb.5.53** einen zu G_1 isomorphen Graphen G_2, der nicht eben, wegen der Isomorphie zu G_1 aber planar ist.

2. Nichtplanare Graphen

Der vollständige Graph K_5 und der vollständige paare Graph $K_{3,3}$ sind nichtplanare Graphen.

3. Unterteilungen

Man erhält eine *Unterteilung* eines Graphen G, indem man auf Kanten von G Knoten vom Grad 2 einfügt. Jeder Graph ist eine Unterteilung von sich selbst. In den **Abb.5.54** und **Abb.5.55** sind Unterteilungen der Graphen K_5 bzw. $K_{3,3}$ dargestellt.

4. Satz von Kuratowski

Ein Graph ist genau dann nichtplanar, wenn er eine Unterteilung des vollständigen paaren Graphen $K_{3,3}$ oder eine Unterteilung des vollständigen Graphen K_5 als Untergraph enthält.

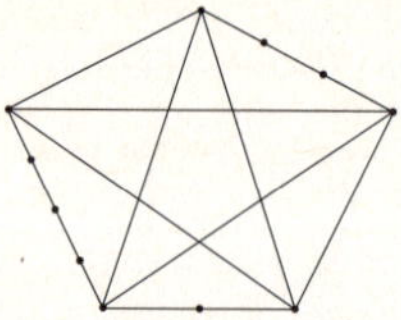

Abbildung 5.54

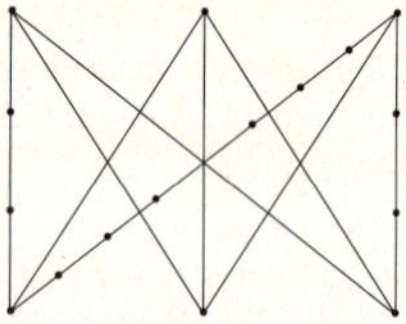

Abbildung 5.55

5.8.6 Bahnen in gerichteten Graphen

1. Bogenfolgen

In gerichteten Graphen wird eine Folge $F = (e_1, e_2, \ldots, e_s)$ von Bögen *Kette* der Länge s genannt, wenn F keinen Bogen zweimal enthält und für $i = 2, 3, \ldots, s-1$ jeder Bogen e_i einen seiner Endpunkte mit dem Bogen e_{i-1} und den anderen mit e_{i+1} gemeinsam hat.

Eine Kette heißt Bahn, wenn für $i = 1, 2, \ldots, s-1$ der Zielpunkt des Bogens e_i mit dem Startpunkt des Bogens e_{i+1} übereinstimmt. Ketten bzw. Bahnen, die jeden Knoten des Graphen höchstens einmal durchlaufen, sind *elementare Ketten* bzw. *elementare Bahnen*.
Eine geschlossene Kette wird *Zyklus* genannt. Eine geschlossene Bahn, in der jeder Knoten Endpunkt genau zweier Bögen ist, heißt *Kreis*.

■ In **Abb.5.56** sind Beispiele für die verschiedenen Bogenfolgen dargestellt.

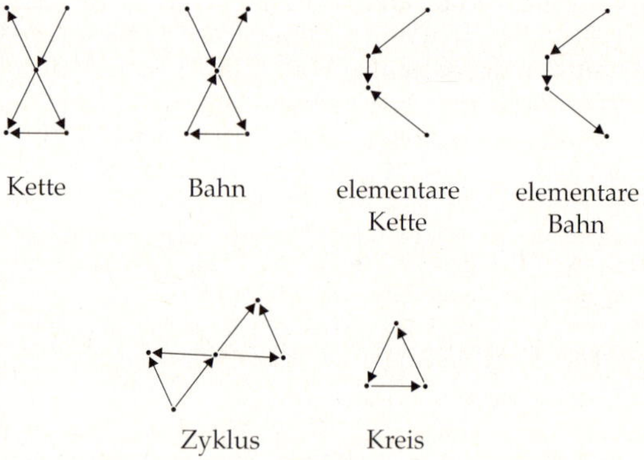

Abbildung 5.56

2. Zusammenhängende und stark zusammenhängende Graphen

Ein gerichteter Graph G heißt zusammenhängend, wenn je zwei Knoten von G durch eine Kette verbunden sind. Von einem *stark zusammenhängenden* Graphen G spricht man, wenn es in G zu je zwei Knoten v, w eine Bahn gibt, die v mit w verbindet.

3. Algorithmus von Dantzig

Es sei $G = (V, E, f)$ ein bewerteter schlichter gerichteter Graph mit $f(e) > 0$ für alle Bögen e. Der folgende Algorithmus liefert alle von einem Knoten v_1 von G aus erreichbaren Knoten zusammen mit ihren Entfernungen von v_1:

a) Der Knoten v_1 erhält die Markierung $t(v_1) = 0$. Es sei $S_1 = \{v_1\}$.

b) Die Menge der markierten Knoten sei S_m.

c) Ist $U_m = \{e | e = (v_i, v_j) \in E,\ v_i \in S_m,\ v_j \notin S_m\} = \emptyset$, dann beende man den Algorithmus.

d) Anderenfalls wähle man einen Bogen $e^* = (x^*, y^*)$ aus, für den $t(x^*) + f(e^*)$ minimal ist. Man markiere e^* und y^*, setze $t(y^*) = t(x^*) + f(e^*)$ sowie $S_{m+1} = S_m \cup \{y^*\}$ und wiederhole **b)** mit $m := m + 1$.

Sind alle Bögen mit 1 bewertet, dann kann man wiederum (s. 5.8.2.1,**4.**) mit Hilfe der Adjazenzmatrix die Länge einer kürzesten Bahn von einem Knoten v zu einem Knoten w des Graphen finden.

Wird dagegen ein Knoten v von G nicht markiert, dann gibt es keine von v_1 nach v führende Bahn.

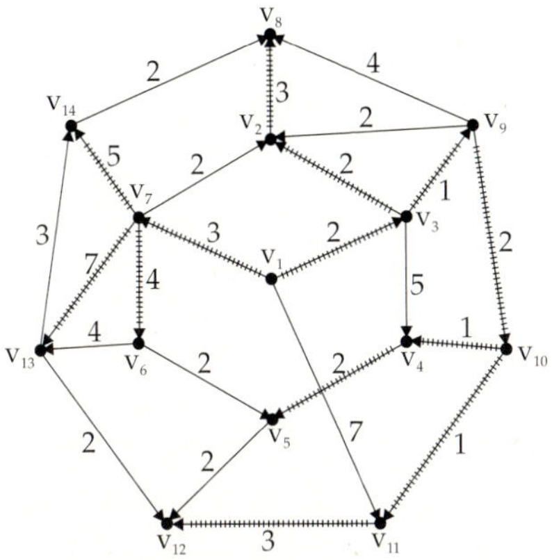

Abbildung 5.57

Wird v mit $t(v)$ markiert, dann ist $t(v)$ die Länge einer solchen Bahn. Eine kürzeste Bahn von v_1 nach v liegt in dem von allen markierten Knoten und Bögen gebildeten Baum, dem *Entfernungsbaum* bezüglich v_1.

■ Im Graphen der **Abb.5.57** bilden die markierten Bögen einen Entfernungsbaum bezüglich des Knotens v_1. Die Längen der kürzesten Bahnen sind:

von v_1 nach v_3 :	2	von v_1 nach v_6 :	7
von v_1 nach v_7 :	3	von v_1 nach v_8 :	7
von v_1 nach v_9 :	3	von v_1 nach v_{14} :	8
von v_1 nach v_2 :	4	von v_1 nach v_5 :	8
von v_1 nach v_{10} :	5	von v_1 nach v_{12} :	9
von v_1 nach v_4 :	6	von v_1 nach v_{13} :	10
von v_1 nach v_{11} :	6.		

Hinweis: Für den Fall, daß $G = (V, E, f)$ Bögen mit negativen Längen besitzt, gibt es einen modifizierten Algorithmus zur Ermittlung kürzester Bahnen (s. Lit. [5.32]).

5.8.7 Transportnetze

1. Transportnetz

Ein zusammenhängender gerichteter Graph heißt *Transportnetz*, wenn in ihm zwei Knoten als *Quelle* Q bzw. *Senke* S ausgezeichnet sind und folgende Eigenschaften gelten:

a) Es existiert ein Bogen u_1 von S nach Q, wobei u_1 der einzige Bogen mit dem Startknoten S und der einzige Bogen mit dem Zielknoten Q ist.

b) Jedem von u_1 verschiedenen Bogen u_i ist eine reelle Zahl $c(u_i) \geq 0$, seine *Kapazität*, zugeordnet. Der Bogen u_1 hat die Kapazität ∞.

Eine Funktion φ, die jedem Bogen eine reelle Zahl zuordnet, heißt *Strom* auf G, wenn für jeden Knoten v die Gleichung

$$\sum_{(u,v)\in G} \varphi(u,v) = \sum_{(v,w)\in G} \varphi(v,w) \tag{5.239a}$$

gilt. Die Summe

$$\sum_{(Q,v)\in G} \varphi(Q,v) \tag{5.239b}$$

heißt Stromstärke. Ein Strom φ heißt *mit den Kapazitäten verträglich*, wenn für jeden Bogen u_i von G gilt: $0 \leq \varphi(u_i) \leq c(u_i)$.

■ Transportnetz s. S. 350.

2. Maximalstrom–Algorithmus von Ford und Fulkerson

Mit dem Maximalstrom–Algorithmus ist feststellbar, ob ein vorgegebener Strom φ maximal ist.

Es sei G ein Transportnetz und φ ein mit den Kapazitäten verträglicher Strom der Stärke v_1. Der Algorithmus beinhaltet die folgenden Schritte zur Markierung von Knoten, nach deren Ausführung man ablesen kann, um welchen Betrag die Stromstärke in Abhängigkeit von den ausgewählten Markierungsschritten verbessert werden kann.

a) Man markiere Q und setze $\varepsilon(Q) = \infty$.

b) Existiert ein Bogen $e_i = (x, y)$ mit markiertem x, nichtmarkiertem y und $\varphi(e_i) < c(e_i)$, dann markiere man y und (x, y), setze $\varepsilon(y) = \min\{\varepsilon(x), c(u_i) - \varphi(u_i)\}$ und wiederhole Schritt **b)**, anderenfalls folgt Schritt **c)**.

c) Existiert ein Bogen $e_i = (x, y)$ mit nichtmarkiertem x, markiertem $y, \varphi(u_i) > 0$ und $u_i \neq u_1$, dann markiere man x und (x, y), setze $\varepsilon(x) = \min\{\varepsilon(y), \varphi(u_i)\}$ und führe, falls möglich, Schritt **b)** aus. Anderenfalls beende man den Algorithmus.
Wird die Senke S von G markiert, dann läßt sich der Strom in G um $\varepsilon(S)$ verbessern. Wird die Senke nicht markiert, dann ist der Strom maximal.

■ Maximalstrom: Im Graphen der **Abb.5.58** geben die Bewertungen der Kanten die Kapazitäten der Kanten an. Im bewerteten Graphen der **Abb.5.59** ist ein mit diesen Kapazitäten verträglicher Strom der Stärke 13 dargestellt. Es handelt sich dabei um einen Maximalstrom.

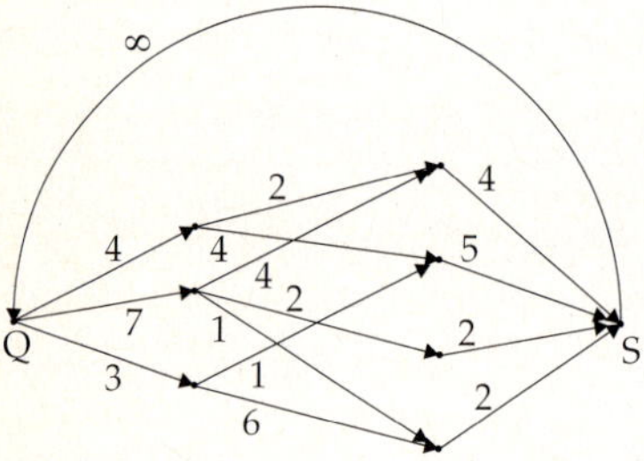

Abbildung 5.58

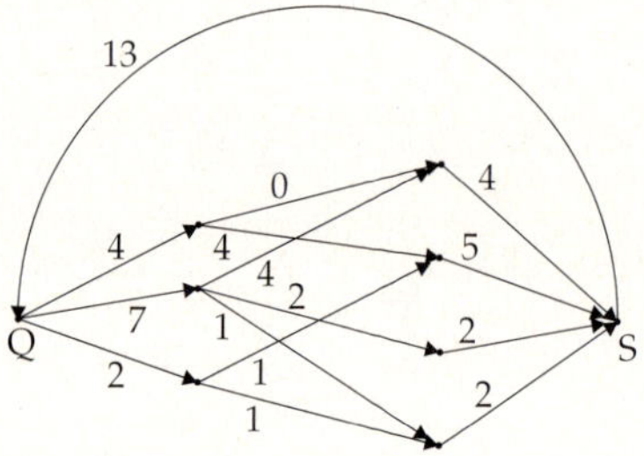

Abbildung 5.59

■ Transportnetz: Ein Produkt wird von p Firmen $F_1, F_2, \ldots, F_p$ hergestellt. Es gibt q Verbraucher $V_1, V_2, \ldots, V_q$. In einem bestimmten Zeitraum werden s_i Einheiten von F_i produziert und t_j Einheiten von V_j benötigt.
In der vorgegebenen Zeit können c_{ij} Einheiten von F_i nach V_j transportiert werden. Können in diesem Zeitraum alle Bedarfswünsche erfüllt werden? Den zugehörigen Graphen zeigt die **Abb.5.60**.

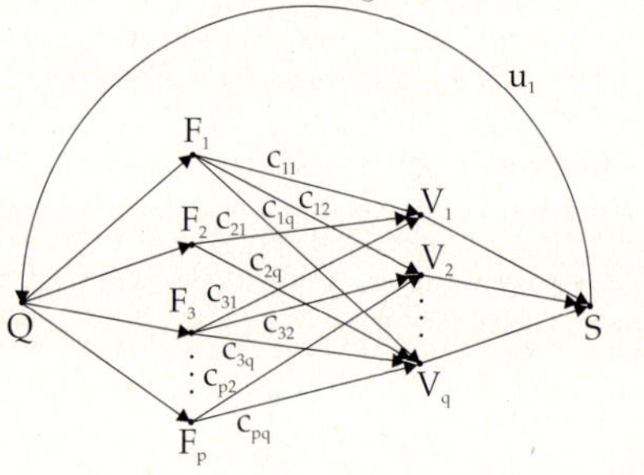

Abbildung 5.60

5.9 Fuzzy–Logik

5.9.1 Grundlagen der Fuzzy–Logik

5.9.1.1 Interpretation von Fuzzy–Mengen (Unscharfe Mengen)

Das englische Wort „fuzzy“ bedeutet so viel wie fusselig oder besser unscharf. Auf dieser Bedeutung beruht der Name *Fuzzy–Logik.* Grundsätzlich sollten zwei Arten von Unschärfe unterschieden werden: *Vagheit* und *Unsicherheit.* Mathematisch gesehen, gehören dazu zwei Konzepte: Die Theorie der unscharfen Mengen und die Theorie der unscharfen Maße. In der folgenden praxisorientierten Einführung sollen die Begriffe, Methoden und Konzepte unscharfer Mengen, die zur Zeit als mathematische Hilfsmittel akzeptiert werden, auf der Basis der mehrwertigen Logik erläutert werden.

1. Klassischer Mengenbegriff und unscharfe Mengen

Der klassische Mengenbegriff ist zweiwertig, und die klassische BOOLEsche Mengenalgebra ist isomorph zur zweiwertigen Aussagenlogik. Zu jeder Menge A über einer Grundmenge X existiert eine Funktion

$$f_A\colon X \to \{0,1\}\,, \tag{5.240a}$$

die für jedes Element $x \in X$ angibt, ob x Element der Menge A ist oder nicht:

$$f_A(x) = 1 \Leftrightarrow x \in A \quad \text{und} \quad f_A(x) = 0 \Leftrightarrow x \notin A\,. \tag{5.240b}$$

Das Konzept der unscharfen Mengen basiert aus logischer Sicht auf der Idee, den Zugehörigkeitsgrad eines Elements als den graduellen Wahrheitswert einer Aussage im Intervall [0,1] zu betrachten. Zur mathematischen Modellierung einer Fuzzy–Menge A benötigt man eine Funktion, die anstatt in die Menge {0,1} in das Intervall [0,1] abbildet, d.h.:

$$\mu_A\colon X \to [0,1]\,. \tag{5.241}$$

Mit anderen Worten: Jedem Element $x \in X$ kann eine Zahl $\mu_A(x)$ im Intervall [0,1] zugeordnet werden, die den Grad der Zugehörigkeit von x zu A repräsentiert. Die Abbildung μ_A heißt *Zugehörigkeitsfunktion.* Der Funktionswert $\mu_A(x)$ an der Stelle x heißt *Zugehörigkeitsgrad.* Die unscharfen Mengen A, B, C etc. über X werden auch unscharfe Teilmengen von X genannt. Die Gesamtheit aller unscharfen Mengen über X sei mit $F(X)$ bezeichnet.

2. Eigenschaften unscharfer Mengen

Aus der Definition ergeben sich unmittelbar die folgenden Eigenschaften:

(E1) Scharfe Mengen können als unscharfe Mengen mit den Zugehörigkeitsgraden 0 und 1 interpretiert werden.

(E2) Alle Argumentwerte x, für deren Zugehörigkeitsgrade $\mu_A(x) > 0$ gilt, werden zum *Träger* (support) der unscharfen Menge A zusammengefaßt:

$$\operatorname{supp}(A) = \{x \in X \mid \mu_A(x) > 0\}\,. \tag{5.242}$$

(E3) Die Gleichheit zweier unscharfer Mengen A und B über der Grundmenge X ist gegeben, wenn die Werte ihrer Zugehörigkeitsfunktionen gleich sind:

$$A = B\,,\ \text{falls gilt } \mu_A(x) = \mu_B(x) \text{ für alle } x \in X\,. \tag{5.243}$$

(E4) Diskrete Darstellung oder Wertepaardarstellung: Im Falle endlicher Grundbereiche X, d.h. $X = \{x_1, x_2, \ldots, x_n\}$ ist es zweckmäßig, die Zugehörigkeitsfunktionen unscharfer Mengen durch Wertetabellen zu beschreiben. Die unscharfe Menge A kann dann tabellarisch in der Form der **Tabelle 5.5** dargestellt werden.

Tabelle 5.5 Tabellarische Darstellung einer unscharfen Menge

x_1	x_2	$\ldots$	x_n
$\mu_A(x_1)$	$\mu_A(x_2)$	$\ldots$	$\mu_A(x_n)$

Man schreibt dafür auch

$$A := \mu_A(x_1)/x_1 + \cdots + \mu_A(x_n)/x_n = \sum_{i=1}^{n} \mu_A(x_i)/x_i\,. \tag{5.244}$$

In (5.244) sind Bruchstriche und Summenzeichen rein symbolisch zu verstehen.

(E5) Ultra–Fuzzy–Sets: Fuzzy–Mengen, deren Zugehörigkeitsgrade selbst wieder eine Fuzzy–Menge repräsentieren, nennt man nach ZADEH *Ultra–Fuzzy–Sets.*

3. Fuzzy–Linguistik

Nimmt eine Kenngröße linguistische Werte wie z.B. „niedrig", „mittel" oder „hoch" an, so bezeichnet man sie als linguistische Größe oder linguistische Variable. Jeder linguistische Wert ist durch eine Fuzzy–Menge beschreibbar, beispielsweise durch einen Graphen (5.9.1.2) mit einem bestimmten Träger. Die Anzahl der Fuzzy–Mengen (im Falle von „niedrig", „mittel", „hoch" sind es drei) ist nicht probleminvariant.
In 5.9.1.2 wird die linguistische Variable mit x bezeichnet. Beispielsweise steht x für Temperatur, Druck, Volumen, Frequenz, Geschwindigkeit, Helligkeit, Alter, Abnutzungsgrad etc., aber auch für medizinische, elektrische, chemische, ökologische etc. Variable.

■ Mit Hilfe der Zugehörigkeitsfunktion $\mu_A(x)$ kann man den Zugehörigkeitsgrad eines scharfen Wertes zu einer unscharfen Menge bestimmen. Die Modellierung einer Prozeßgröße, z.B. der Temperatur, mit dem linguistischen Wert „hoch" durch eine unscharfe Menge in Form einer trapezförmigen Abhängigkeit **(Abb.5.61)** liefert: Repräsentiert x die Temperatur und somit der Wert α eine bestimmte Temperatur, so gehört α mit dem Zugehörigkeitsgrad β zu der unscharfen Menge „hoch".

5.9.1.2 Zugehörigkeitsfunktionen

Die Zugehörigkeitsfunktionen werden durch Graphen mit Werten zwischen 0 und 1 modelliert. Mit ihrer Hilfe kann eine graduelle Zugehörigkeit zu einer Menge dargestellt werden.

1. Trapezförmige Zugehörigkeitsfunktionen

Weit verbreitet sind trapezförmige Zugehörigkeitsfunktionen. Die folgenden Beispiele für bereichsweise stetig differenzierbare Zugehörigkeitsfunktionen und Spezialfälle davon, wie beispielsweise dreieckförmige Zugehörigkeitsfunktionen, sind oft verwendete Funktionsgraphen. Mit stetigen bzw. bereichsweise stetigen Funktionsgraphen als Repräsentanten fuzzy–wertiger Größen, die miteinander verknüpft werden sollen, erhält man im allgemeinen glattere Ergebnisfunktionen für die Ausgabegröße.

■ **A:** Trapezfunktion **(Abb.5.61)** gemäß (5.245). Für $a_2 = a_3 = a$ und $a_1 < a < a_4$ geht dieser Graph in den einer Dreieckfunktion über. Je nach Wahl unterschiedlicher Werte $a_1, \ldots, a_4$ erhält man symmetrische oder asymmetrische Trapez– und symmetrische Dreieckfunktionen ($a_2 = a_3 = a$ und $|a - a_1| = |a_4 - a|$) oder asymmetrische Dreieckfunktionen ($a_2 = a_3 = a$ und $|a - a_1| \neq |a_4 - a|$).

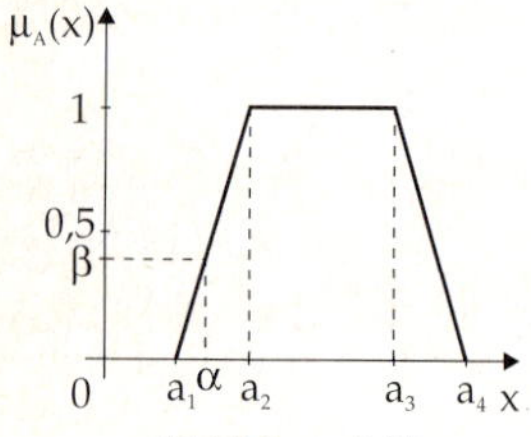

Abbildung 5.61

$$\mu_A(x) = \begin{cases} 0 & x \le a_1\,, \\ \dfrac{x - a_1}{a_2 - a_1} & a_1 < x < a_2\,, \\ 1 & a_2 \le x \le a_3\,, \\ \dfrac{a_4 - x}{a_4 - a_3} & a_3 < x < a_4\,, \\ 0 & x \ge a_4. \end{cases} \quad (5.245)$$

■ **B:** Linksseitig und rechtsseitig berandete Zugehörigkeitsfunktion **(Abb.5.62)** gemäß (5.246):

$$\mu_A(x) = \begin{cases} 1 & x \le a_1\,, \\ \dfrac{a_2 - x}{a_2 - a_1} & a_1 < x < a_2\,, \\ 0 & a_2 \le x \le a_3\,, \\ \dfrac{x - a_3}{a_4 - a_3} & a_3 < x < a_4\,, \\ 1 & a_4 \le x\,. \end{cases} \quad (5.246)$$

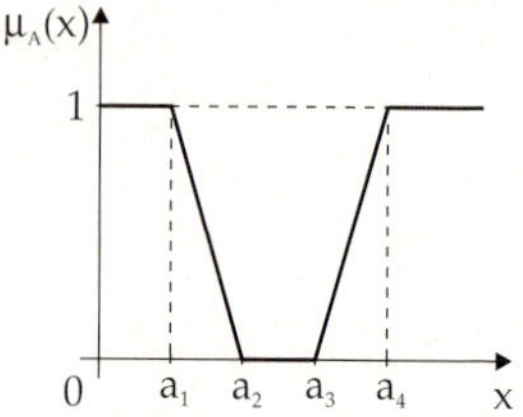

Abbildung 5.62

■ **C:** Verallgemeinerte Trapezfunktion **(Abb.5.63)** gemäß (5.247).

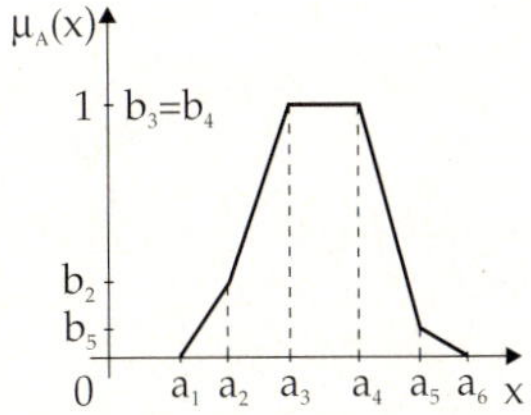

Abbildung 5.63

$$\mu_A(x) = \begin{cases} 0 & x \le a_1\,, \\ \dfrac{b_2(x-a_1)}{a_2-a_1} & a_1 < x < a_2\,, \\ \dfrac{(b_3-b_2)(x-a_2)}{a_3-a_2} + b_2 & a_2 \le x \le a_3\,, \\ b_3 = b_4 = 1 & a_3 < x < a_4\,, \\ \dfrac{(b_4-b_5)(a_4-x)}{a_5-a_4} + b_5 & a_4 < x \le a_5\,, \\ \dfrac{b_5(a_6-x)}{a_6-a_5} & a_5 < x < a_6\,, \\ 0 & a_6 \le x\,. \end{cases} \tag{5.247}$$

2. Glockenförmige Zugehörigkeitsfunktionen

■ **A:** Eine Klasse von glockenförmigen, differenzierbaren Zugehörigkeitsfunktionen erhält man mit Hilfe von $f(x)$ aus (5.248), wenn man $p(x)$ geeignet wählt: Für $p(x) = k(x-a)(b-x)$ und z.B. $k = 10$ bzw. $k = 1$

$$f(x) = \begin{cases} 0 & x \le a\,, \\ e^{-1/p(x)} & a < x < b\,, \\ 0 & x \ge b\,. \end{cases} \tag{5.248}$$

oder $k = 0,1$ erhält man mit dem Normierungsfaktor $1/f(\frac{a+b}{2})$ die in **(Abb.5.64)** angegebenen Zugehörigkeitsfunktionen $\mu_A(x) = f(x)/f(\frac{a+b}{2})$ unterschiedlicher Breite einer symmetrischen Kurvenschar. Mit dem Wert $k = 10$ ergibt sich die äußere, mit $k = 0,1$ die innere Kurve.
Asymmetrische Zugehörigkeitsfunktionen in $[0,1]$ erhält man beispielsweise für $p(x) = x(1-x)(2-x)$ oder $p(x) = x(1-x)(x+1)$ **(Abb.5.65)**, wenn entsprechende Normierungsfaktoren berücksichtigt werden. Der Faktor $(2-x)$ im ersten Polynom bewirkt eine Verschiebung des Maximums nach links und liefert eine asymmetrische Kurvenform. Entsprechend bewirkt der Faktor $(x+1)$ im zweiten Polynom eine Verschiebung nach rechts mit asymmetrischer Form.

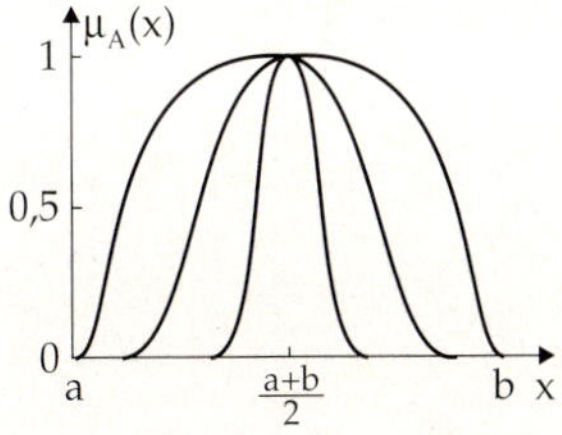

Abbildung 5.64

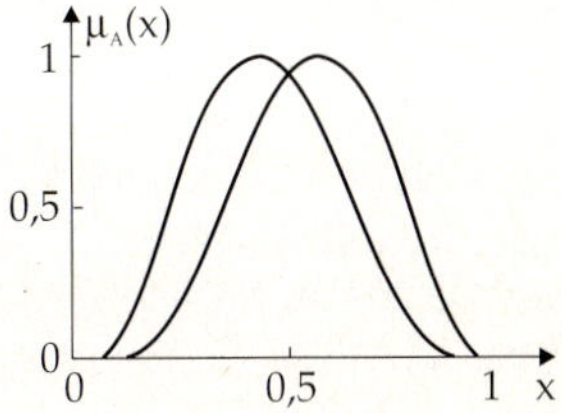

Abbildung 5.65

■ **B:** Beispiele für eine noch flexiblere Klasse von Zugehörigkeitsfunktionen erhält man durch eine Transformation t in $[a,b]$ gemäß

$$F_t(x) = \frac{\displaystyle\int_a^x f\,(t(u))\,du}{\displaystyle\int_a^b f\,(t(u))\,du}\,, \tag{5.249}$$

wobei f durch (5.248) mit $p(x) = (x-a)(b-x)$ definiert ist. Ist t eine glatte Transformation in $[a, b]$, d.h. ist t unendlich differenzierbar im Intervall $[a, b]$, so ist auch F_t glatt, weil f glatt ist. Verlangt man, daß t steigend oder fallend und glatt ist, dann liefert die Transformation t Möglichkeiten, die Kurvenform einer Zugehörigkeitsfunktion zu verändern. In der Praxis sind Polynome für die Transformation gut geeignet. Im Intervall $[a, b] = [0, 1]$ ist das einfachste Polynom die Identität $t(x) = x$.

Das nächst einfache Polynom mit den angegebenen Eigenschaften ist $t(x) = -\frac{2}{3}cx^3 + cx^2 + \left(1 - \frac{c}{3}\right)x$ mit einer Konstanten $c \in [-6, 3]$. Mit der Wahl $c = -6$ für maximale Krümmung des Polynoms ergibt sich $q(x) = 4x^3 - 6x^2 + 3x$. Wählt man für q_0 die Identitätsfunktion, d.h. $q_0(x) = x$, so kann man zusammen mit q rekursiv durch $q_i = q \circ q_{i-1}$ für $i \in \mathbb{N}$ weitere Polynome berechnen. Setzt man für die Transformation t in (5.249) die entsprechenden Transformationspolynome $q_0, q_1, \ldots$ ein, so erhält man eine Folge glatter Funktionen F_{q_0}, F_{q_1} und F_{q_2} **(Abb.5.66)**, die als Zugehörigkeitsfunktionen $\mu_A(x)$ identifiziert werden, wobei F_{q_n} zu einer Geraden konvergiert. Mit Hilfe der Funktion F_{q_2} sowie ihrer gespiegelten Form und einer waagerechten Geraden kann eine trapezförmige Zugehörigkeitsfunktion differenzierbar approximiert werden **(Abb.5.67)**.

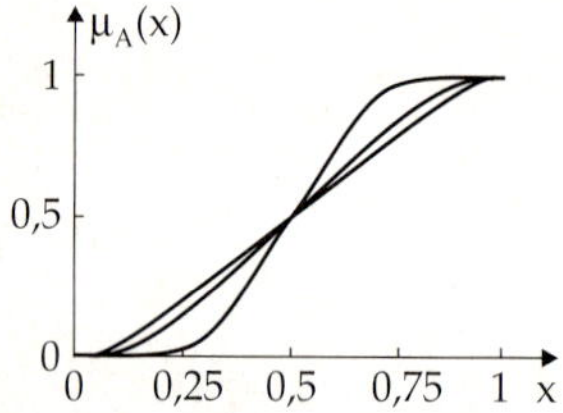

Abbildung 5.66

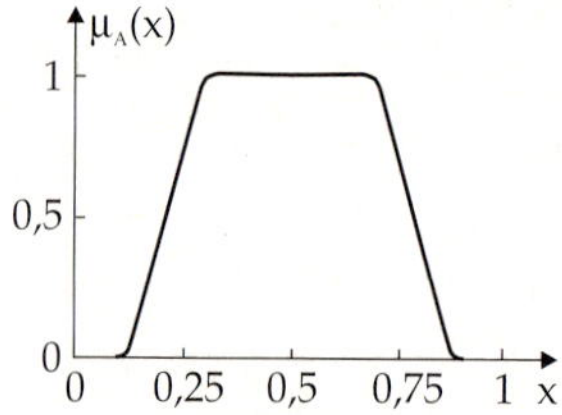

Abbildung 5.67

Resümee: Unscharfe und unpräzise Informationen können durch Fuzzy–Mengen beschrieben und durch Zugehörigkeitsfunktionen $\mu(x)$ visualisiert werden. Sprachliche Aussagen wie WENN–DANN–Regeln werden dann zu Berechnungsverfahren.

5.9.1.3 Fuzzy–Mengen

1. Leere und universelle Fuzzy–Menge

a) Leere Fuzzy–Menge: Eine Menge A über X heißt *leer*, wenn $\mu_A(x) = 0 \; \forall x \in X$ gilt.

b) Universelle Fuzzy–Menge: Eine Menge heißt *universell*, wenn $\mu_A(x) = 1 \; \forall x \in X$ gilt.

2. Fuzzy–Teilmenge

Gilt $\mu_B(x) \le \mu_A(x) \; \forall \, x \in X$, so heißt B eine *Fuzzy–Teilmenge* von A (Schreibweise: $B \subseteq A$).

3. Toleranz einer Fuzzy–Menge

Ist A eine Fuzzy–Menge über X, so heißt

$$[a, b] = \{x \in X | \mu_A(x) = 1\} \quad (a, b \text{ const}, \; a < b) \tag{5.250}$$

Toleranz der Fuzzy–Menge A.

■ **A:** In **Abb.5.61** ist $[a_2, a_3]$ die Toleranz.

■ **B:** Für $a_2 = a_3 = a$ **(Abb.5.61)** entsteht eine dreieckförmige Zugehörigkeitsfunktion μ. Die zugehörige Fuzzy–Menge besitzt keine Toleranz. Ist zusätzlich $a_1 = a = a_4$, so entsteht ein scharfer Wert, *Singleton* genannt. Ein Singleton besitzt keinen Träger und keine Toleranz.

4. Umwandlung kontinuierlicher und diskreter fuzzy–wertiger Mengen

Wird eine kontinuierliche fuzzy–wertige Menge, dargestellt durch ihre Zugehörigkeitsfunktion, diskretisiert, so entsteht eine Menge von Singletons. Umgekehrt kann durch Interpolation von Zwischenwerten eine diskrete Menge in eine kontinuierliche Menge umgewandelt werden.

5. Normale und subnormale Fuzzy–Mengen
Ist A eine Fuzzy–Menge über X, so ist die *Höhe* von A

$$H(A) := \max\{\mu_A(x) | x \in X\}. \tag{5.251}$$

Man spricht von einer *normalen Fuzzy–Menge*, wenn $H(A) = 1$, sonst von einer *subnormalen*.
Die dargestellten Begriffe und Methoden, die auf normale Fuzzy–Mengen beschränkt sind, lassen sich leicht auf subnormale Fuzzy–Mengen erweitern.

6. Schnitt einer Fuzzy–Menge
Der *Schnitt* einer Fuzzy–Menge A in der Höhe α (Zugehörigkeitsgrad α) heißt α–*Schnitt* $A^{>\alpha}$ bzw. *scharfer* α–*Schnitt* $A^{\geq\alpha}$, falls gilt:

$$A^{>\alpha} = \{x \in X | \mu_A(x) > \alpha\}, \qquad A^{\geq\alpha} = \{x \in X | \mu_A(x) \geq \alpha\}, \quad \alpha \in [0,1]. \tag{5.252}$$

1. Eigenschaften
a) Die α–Schnitte von Fuzzy–Mengen sind klassische scharfe Mengen.
b) Der Träger $\operatorname{supp}(A)$ ist ein spezieller α–Schnitt: Es gilt $\operatorname{supp}(A) = A^{>0}$.
c) Der scharfe 1–Schnitt $A^{\geq 1} = \{x \in X | \mu_A(x) = 1\}$ heißt *Toleranz* von A.

2. Darstellungssatz
Jeder unscharfen Menge A über X lassen sich eindeutig die Familien $(A^{>\alpha})_{\alpha\in[0,1)}$ und $\left(A^{\geq\alpha}\right)_{\alpha\in(0,1]}$ ihrer α–Schnitte und scharfen α–Schnitte zuordnen. Die α–Schnitte und scharfen α–Schnitte sind monotone Familien von Teilmengen über X, für die gilt:

$$\alpha < \beta \Rightarrow A^{>\alpha} \supseteq A^{>\beta} \quad \text{und} \quad A^{\geq\alpha} \supseteq A^{\geq\beta}. \tag{5.253a}$$

Existieren umgekehrt monotone Familien $(U_\alpha)_{\alpha\in[0,1)}$ oder $(V_\alpha)_{\alpha\in(0,1]}$ von Teilmengen über X, so entspricht diesen je genau eine unscharfe Menge U bzw. V über X, so daß stets $U^{>\alpha} = U_\alpha$ und $V^{\geq\alpha} = V_\alpha$ gilt und

$$\mu_U(x) = \sup\{\alpha \in [0,1) | x \in U_\alpha\}, \qquad \mu_V(x) = \sup\{\alpha \in (0,1] | x \in V_\alpha\}. \tag{5.253b}$$

7. Ähnlichkeit von Fuzzy–Mengen A und B
1. A, B mit $\mu_A, \mu_B : X \to [0,1]$ heißen fuzzy–ähnlich, wenn es für jedes $\alpha \in (0,1]$ Zahlen α_i mit $\alpha < \alpha_i \leq 1$ $(i = 1,2)$ gibt, so daß gilt:

$$\operatorname{supp}(\alpha_1\mu_A)_\alpha \subseteq \operatorname{supp}(\mu_B)_\alpha, \qquad \operatorname{supp}(\alpha_2\mu_B)_\alpha \subseteq \operatorname{supp}(\mu_A)_\alpha. \tag{5.254}$$

2. Satz: Zwei Fuzzy–Mengen A, B mit $\mu_A, \mu_B\colon X \to [0,1]$ sind fuzzy–ähnlich, wenn sie dieselbe Toleranz besitzen:

$$\operatorname{supp}(\mu_A)_1 = \operatorname{supp}(\mu_B)_1, \tag{5.255a}$$

da die Toleranz gerade gleich dem α–Schnitt einer Fuzzy–Menge in der Höhe 1 ist:

$$\operatorname{supp}(\mu_A)_1 = \{x \in X | \mu_A(x) = 1\}. \tag{5.255b}$$

3. A, B mit $\mu_A, \mu_B\colon X \to [0,1]$ heißen streng fuzzy–ähnlich, wenn sie dieselbe Toleranz und denselben Träger besitzen:

$$\operatorname{supp}(\mu_A)_1 = \operatorname{supp}(\mu_B)_1, \quad (5.256a) \qquad \operatorname{supp}(\mu_A)_0 = \operatorname{supp}(\mu_B)_0. \quad (5.256b)$$

5.9.2 Verknüpfungen unscharfer Mengen

Fuzzy–Mengen lassen sich durch Operatoren auf Fuzzy–Mengen miteinander verknüpfen. Es gibt mehrere Vorschläge zur Verallgemeinerung der Mengenoperation Vereinigung, Durchschnitt und Komplement bezüglich unscharfer Mengen.

5.9.2.1 Konzept für eine Verknüpfung (Aggregation) unscharfer Mengen

Der Grad der Zugehörigkeit eines beliebigen Elements $x \in X$ zu den Mengen $A \cup B$ bzw. $A \cap B$ soll nur von den beiden Zugehörigkeitsgraden $\mu_A(x)$ und $\mu_B(x)$ des Elementes zu den beiden unscharfen

Mengen A und B abhängen. Mit Hilfe zweier Funktionen

$$s, t\colon [0,1] \times [0,1] \to [0,1]\,, \tag{5.257}$$

lassen sich die unscharfe Mengenvereinigung und der unscharfe Mengenschnitt wie folgt definieren:

$$\mu_{A\cup B}(x) := s\left(\mu_A(x), \mu_B(x)\right)\,, \tag{5.258}$$ $$\mu_{A\cap B}(x) := t\left(\mu_A(x), \mu_B(x)\right)\,. \tag{5.259}$$

Die Zugehörigkeitsgrade $\mu_A(x)$ und $\mu_B(x)$ werden in einen neuen Zugehörigkeitsgrad abgebildet. Die Funktionen t und s werden t–Norm und t–Konorm, letztere auch s–Norm genannt.

Interpretation: Die Funktionen $\mu_{A\cup B}$ und $\mu_{A\cap B}$ stellen den Wahrheitswert dar, der sich aus der Verknüpfung der Wahrheitswerte $\mu_A(x)$ und $\mu_B(x)$ ergibt.

Definition der t–Norm: Die t–Norm ist eine binäre Operation t in [0,1]. Sie ist eine Abbildung

$$t\colon [0,1] \times [0,1] \to [0,1]\,. \tag{5.260}$$

Die t–Norm ist eine zweistellige Funktion t in $[0,1]$; sie ist symmetrisch, assoziativ, monoton wachsend und besitzt 0 als Nullelement und 1 als neutrales Element. Für $x, y, z, v, w \in [0,1]$ gelten folgende Eigenschaften:

(E1) Kommutativität: $t(x,y) = t(y,x)\,.$ (5.261a)

(E2) Assoziativität: $t(x, t(y,z)) = t(t(x,y), z)\,.$ (5.261b)

(E3) Spezielle Operationen mit dem neutralen Element 1 und dem Nullelement 0:

$t(x,1) = x$ und wegen (E1) gilt: $t(1,x) = x;\quad t(x,0) = t(0,x) = 0\,.$ (5.261c)

(E4) Monotonie: Ist $x \le v$ und $y \le w$, dann gilt: $t(x,y) \le t(v,w)\,.$ (5.261d)

Definition der s–Norm: Die s–Norm ist eine zweistellige Funktion in $[0,1]$ und eine Abbildung

$$s\colon [0,1] \times [0,1] \to [0,1]\,. \tag{5.262}$$

Sie besitzt die folgenden Eigenschaften:

(E1) Kommutativität: $s(x,y) = s(y,x)\,.$ (5.263a)

(E2) Assoziativität: $s(x, s(y,z)) = s(s(x,y), z)\,.$ (5.263b)

(E3) Spezielle Operationen mit dem Nullelement 0 und dem neutralen Element 1:

$s(x,0) = s(0,x) = x\,,\quad s(x,1) = s(1,x) = 1\,.$ (5.263c)

(E4) Monotonie: Ist $x \le v$ und $y \le w$, dann gilt: $s(x,y) \le s(v,w)\,.$ (5.263d)

Mit Hilfe dieser Eigenschaften lassen sich jeweils eine ganze Klasse T von Funktionen der t–Normen bzw. eine Klasse S von Funktionen der s–Normen einführen. Detailierte Untersuchungen haben gezeigt, daß der folgende Zusammenhang gilt:

$$\min\{x,y\} \ge t(x,y)\ \forall\, t \in T\,,\ \forall\, x,y \in [0,1] \quad \text{und} \tag{5.263e}$$

$$\max\{x,y\} \le s(x,y)\ \forall\, s \in S\,,\ \forall\, x,y \in [0,1]\,. \tag{5.263f}$$

5.9.2.2 Praktische Verknüpfungen unscharfer Mengen

1. Durchschnitt zweier Fuzzy–Mengen

Der *Durchschnitt* oder die *Schnittmenge* $A \cap B$ („intersection") zweier Fuzzy–Mengen A und B ist definiert durch die Minimumoperation min(. , .) bezüglich ihrer Zugehörigkeitsfunktionen $\mu_A(x)$ und $\mu_B(x)$. Auf Grund der vorstehenden Überlegungen erhält man:

$$C := A \cap B \text{ und } \mu_C(x) := \min\left(\mu_A(x)\,, \mu_B(x)\right) \quad \forall x \in X\,, \quad \text{wobei gilt:} \tag{5.264a}$$

$$\min(a,b) := \begin{cases} a\,, & \text{falls } a \le b\,, \\ b\,, & \text{falls } a > b\,. \end{cases} \tag{5.264b}$$

Der Schnittoperation entspricht die UND–Operation zweier Zugehörigkeitsfunktionen **(Abb.5.68)**. Die Zugehörigkeitsfunktion $\mu_C(x)$ definiert den minimalen Wert, gebildet aus $\mu_A(x)$ und $\mu_B(x)$.

2. Vereinigung zweier Fuzzy–Mengen

Die *Vereinigung* $A \cup B$ („union") zweier Fuzzy–Mengen ist definiert durch die Maximumoperation max(.,.) bezüglich ihrer Zugehörigkeitsfunktionen $\mu_A(x)$ und $\mu_B(x)$. Man erhält:

$$C := A \cup B \text{ und } \mu_C(x) := \max(\mu_A(x), \mu_B(x)) \quad \forall x \in X, \quad \text{wobei gilt:} \qquad (5.265a)$$

$$\max(a, b) := \begin{cases} a, & \text{falls } a \geq b, \\ b, & \text{falls } a < b. \end{cases} \qquad (5.265b)$$

Die Vereinigung enstpricht der logischen ODER–Verknüpfung. Die Darstellung in **(Abb.5.69)** zeigt $\mu_C(x)$ als den maximalen Wert der jeweiligen Zugehörigkeitsfunktionen $\mu_A(x)$ und $\mu_B(x)$.

■ Die t–Norm $t(x, y) = \min\{x, y\}$ wird als Durchschnitt **(Abb.5.70)** zweier Fuzzy–Mengen bezeichnet, die s–Norm $s(x, y) = \max\{x, y\}$ als Vereinigung **(Abb.5.71)**.

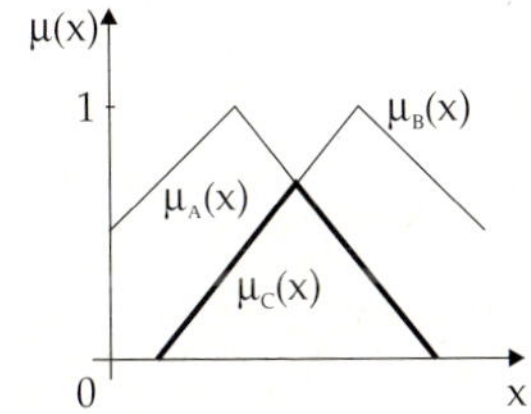

Abbildung 5.68

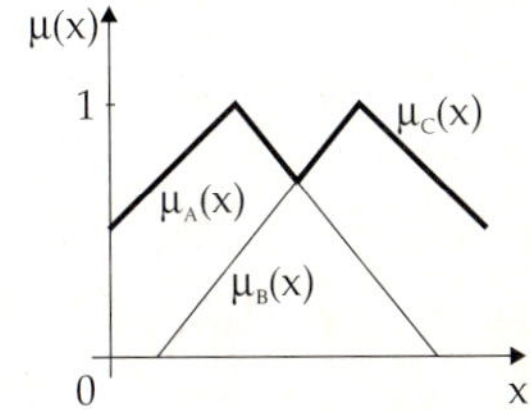

Abbildung 5.69

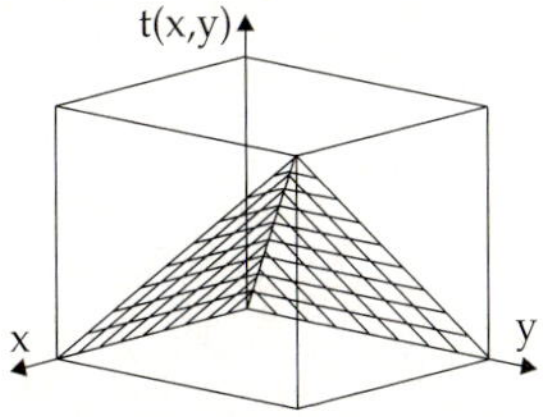

Abbildung 5.70

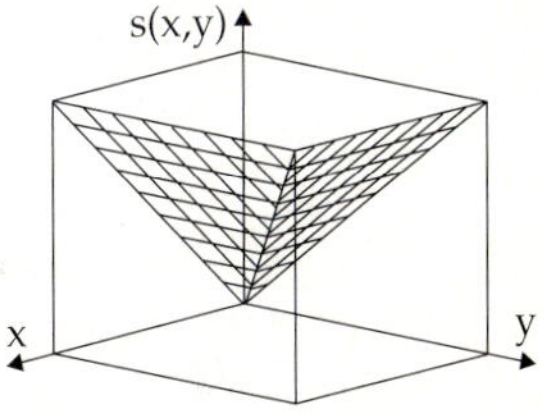

Abbildung 5.71

3. Weitere Verknüpfungen

Weitere Verknüpfungen zur Vereinigungsbildung sind die beschränkte, die *algebraische* und die *drastische Summe* sowie die *beschränkte Differenz*, das *algebraische* und das *drastische Produkt* **(s. Tabelle 5.6)**.

Die algebraische Summe z.B. ist definiert durch

$$C := A + B \text{ und } \mu_C(x) := \mu_A(x) + \mu_B(x) - \mu_A(x) \cdot \mu_B(x) \quad \text{für alle } x \in X. \qquad (5.266a)$$

Wie die Vereinigung (5.265a,b) gehören die genannten Summen zu den s–Normen. Sie sind in vereinfachter Schreibweise in der rechten Spalte von **Tabelle 5.6** zu finden.

In Analogie zum erweiterten Summenbegriff für die Vereinigungsbildung ergeben sich für die Durchschnittsbildung mit Hilfe des beschränkten, des algebraischen und des drastischen Produktes entsprechende Erweiterungen. So ist z.B. das algebraische Produkt wie folgt definiert:

$$C := A \cdot B \text{ und } \mu_C(x) := \mu_A(x) \cdot \mu_B(x) \quad \text{für alle } x \in X. \qquad (5.266b)$$

Es gehört wie die Durchschnittsbildung (5.264a,b) zu den t–Normen, die in der mittleren Spalte von **Tabelle 5.6** zu finden sind.

Tabelle 5.6 t– und s–Normen, $p \in \mathbb{R}$

Autor	t–Norm	s–Norm
ZADEH	Durchschnitt: $t(x,y) = \min\{x,y\}$	Vereinigung: $s(x,y) = \max\{x,y\}$
LUKASIEWICZ	beschränkte Differenz $t_b(x,y) = \max\{0, x+y-1\}$	beschränkte Summe $s_b(x,y) = \min\{1, x+y\}$
	algebraisches Produkt $t_a(x,y) = xy$	algebraische Summe $s_a(x,y) = x+y-xy$
	drastisches Produkt $t_{dp}(x,y) = \begin{cases} \min\{x,y\}, & \text{falls } x=1 \\ & \text{oder } y=1 \\ 0 & \text{sonst} \end{cases}$	drastische Summe $s_{ds}(x,y) = \begin{cases} \max\{x,y\}, & \text{falls } x=0 \\ & \text{oder } y=0 \\ 1 & \text{sonst} \end{cases}$
HAMACHER ($p \geq 0$)	Produkt $t_h(x,y) = \dfrac{xy}{p+(1-p)(x+y-xy)}$	Summe $s_h(x,y) = \dfrac{x+y-xy-(1-p)xy}{1-(1-p)xy}$
Einstein	Produkt $t_e(x,y) = \dfrac{xy}{1+(1-x)(1-y)}$	Summe $s_e(x,y) = \dfrac{x+y}{1+xy}$
FRANK ($p>0, p \neq 1$)	$t_f(x,y) =$ $\log_p \left[1 + \dfrac{(p^x-1)(p^y-1)}{p-1}\right]$	$s_f(x,y) = 1-$ $\log_p \left[1 + \dfrac{(p^{1-x}-1)(p^{1-y}-1)}{p-1}\right]$
YAGER ($p>0$)	$t_{ya}(x,y) = 1-$ $\min\left(1, ((1-x)^p + (1-y)^p)^{1/p}\right)$	$s_{ya}(x,y) = \min\left(1, (x^p+y^p)^{1/p}\right)$
SCHWEIZER ($p>0$)	$t_s(x,y) = \max(0, x^{-p}+y^{-p}-1)^{-1/p}$	$s_s(x,y) = 1-$ $\max\left(0, (1-x)^{-p}+(1-y)^{-p}-1\right)^{-1/p}$
DOMBI ($p>0$)	$t_{do}(x,y) =$ $\left\{1 + \left[\left(\dfrac{1-x}{x}\right)^p + \left(\dfrac{1-y}{y}\right)^p\right]^{1/p}\right\}^{-1}$	$s_{do}(x,y) = 1-$ $\left\{1 + \left[\left(\dfrac{x}{1-x}\right)^p + \left(\dfrac{y}{1-y}\right)^p\right]^{1/p}\right\}^{-1}$
WEBER ($p \geq -1$)	$t_w(x,y) = \max(0, (1+p)$ $\cdot(x+y-1)-pxy)$	$s_w(x,y) = \min(1, x+y+pxy)$
DUBOIS ($0 \leq p \leq 1$)	$t_{du}(x,y) = \dfrac{xy}{\max(x,y,p)}$	$s_{du}(x,y) =$ $\dfrac{x+y-xy-\min(x,y,(1-p))}{\max((1-x),(1-y),p)}$

Hinweis zu Tabelle 5.6: Es existiert eine Ordnungsrelation für die in der Tabelle aufgelisteten t– und s–Normen bezüglich ihrer Rückgabewerte:

$$t_{dp} \leq t_b \leq t_e \leq t_a \leq t_h \leq t \leq s \leq s_h \leq s_a \leq s_e \leq s_b \leq s_{ds} \qquad (5.267)$$

5.9.2.3 Kompensatorische Operatoren

Gelegentlich benötigt man Operatoren, die zwischen den t– und s–Normen liegen; sie werden kompensatorische Operatoren genannt. Beispiele für kompensatorische Operatoren sind der Lambda– und der Gamma–Operator.

1. Lambda–Operator

$$\mu_{A\lambda B}(x) = \lambda\,[\mu_A(x)\mu_B(x)] + (1-\lambda)\,[\mu_A(x) + \mu_B(x) - \mu_A(x)\mu_B(x)] \quad \text{mit} \quad \lambda \in [0,1]\,. \tag{5.268}$$

Fall $\lambda = 0$: Die Gleichung (5.268) liefert eine Form, die als algebraische Summe bekannt ist (**Tabelle 5.6**, s–Normen); ihr ist der ODER–Operator zuzuordnen.

Fall $\lambda = 1$: Die Gleichung (5.268) liefert eine Form, die als algebraisches Produkt bekannt ist (**Tabelle 5.6**, s–Normen); ihr ist der UND–Operator zuzuordnen.

2. Gamma–Operator

$$\mu_{A\gamma B}(x) = [\mu_A(x)\mu_B(x)]^{1-\gamma}\,[1-(1-\mu_A(x))\,(1-\mu_B(x))]^{\gamma} \quad \text{mit}\ \gamma \in [0,1]\,. \tag{5.269}$$

Fall γ= **1:** liefert die Darstellung für die algebraische Summe.

Fall γ= **0:** liefert die Darstellung für das algebraische Produkt.

Die Anwendung des Gamma–Operators auf beliebig viele unscharfe Mengen ist gegeben durch

$$\mu(x) = \left[\prod_{i=1}^{n} \mu_i(x)\right]^{1-\gamma} \left[1 - \prod_{i=1}^{n}(1-\mu_i(x))\right]^{\gamma}, \tag{5.270}$$

und mit einer Wichtung δ_i versehen ergibt sich:

$$\mu(x) = \left[\prod_{i=1}^{n} \mu_i(x)^{\delta_i}\right]^{1-\gamma} \left[1 - \prod_{i=1}^{n}(1-\mu_i(x))^{\delta_i}\right]^{\gamma} \quad \text{mit}\ x \in X\,, \quad \sum_{i=1}^{n}\delta_i = 1\,, \quad \gamma \in [0,1]\,. \tag{5.271}$$

5.9.2.4 Erweiterungsprinzip

In vorangegangenen Abschnitten wurden Möglichkeiten der Verallgemeinerung mengentheoretischer Grundoperationen gewöhnlicher Mengen auf unscharfe Mengen diskutiert. Beim Erweiterungsprinzip geht es um die Abbildung einer unscharfen Definitionsmenge. Grundlage bildet das Konzept des *Akzeptanzgrades* vager Aussagen. In Analogie zur Abbildungsvorschrift der Funktion $\Phi\colon X^n \to Y$, die einem Punkt $(x_1,\ldots,x_n) \in X^n$ den scharfen Funktionswert $\Phi(x_1,\ldots,x_n) \in Y$ zuordnet, läßt sich diese Zuordnung auf unscharfe Mengen übertragen. Die Abbildungsvorschrift ist $\hat{\Phi}\colon F(X)^n \to F(Y)$, wobei die unscharfen Zugehörigkeitsfunktionen $(\mu_1,\ldots,\mu_n) \in F(X)^n$ bezüglich $(x_1,\ldots,x_n)$ dem unscharfen Funktionswert $\hat{\Phi}(\mu_1,\ldots,\mu_n)$ zugeordnet werden.

Hinweis: In Analogie zur Summen– und Produktbildung existieren für alle $x \in X$ entsprechende Erweiterungen für die Vereinigungsbildung und die Durchschnittsbildung.

5.9.2.5 Unscharfe Komplementfunktion

Eine Funktion $c\colon [0,1] \to [0,1]$ heißt *Komplementfunktion*, falls sie die folgenden Eigenschaften $\forall\, x, y \in [0,1]$ besitzt:

(EK1) Grenzbedingungen: $c(0) = 1$ und $c(1) = 0$. (5.272a)

(EK2) Monotonie: $x < y \Rightarrow c(x) \geq c(y)$. (5.272b)

(EK3) Involutivität: $c(c(x)) = x$. (5.272c)

(EK4) Stetigkeit: $c(x)$ sei stetig für alle $x \in [0,1]$. (5.272d)

■ **A:** Die am häufigsten untersuchte und angewandte Komplementfunktion (intuitive Definition) ist stetig und involutiv:

$$c(x) := 1 - x\,. \tag{5.273}$$

Tabelle 5.7 Gegenüberstellung von Operationen der BOOLEschen und der Fuzzy–Logik

Operator	BOOLEsche Logik	Fuzzy–Logik $(\mu_A, \mu_B \in [0,1])$
UND	$C = A \wedge B$	$\mu_{A\cap B} = \min(\mu_A, \mu_B)$
ODER	$C = A \vee B$	$\mu_{A\cup B} = \max(\mu_A, \mu_B)$
NICHT	$C = \neg A$	$\mu_A^C = 1 - \mu_A$ (μ_A^C als Komplement von μ_A)

■ **B:** Andere stetige und involutive Komplemente sind das SUGENO–*Komplement* $c_\lambda(x) := (1-x)(1+\lambda x)^{-1}$ mit $\lambda \in (-1, \infty)$ und das YAGER–*Komplement* $c_p(x) := (1-x^p)^{1/p}$ mit $p \in (0, \infty)$.

5.9.3 Fuzzy–wertige Relationen

5.9.3.1 Fuzzy–Relationen

1. Modellierung fuzzy–wertiger Relationen

Unscharfe oder fuzzy–wertige Relationen wie beispielsweise „ungefähr gleich", „im wesentlichen größer" oder „im wesentlichen kleiner" etc. spielen für die praktischen Anwendungen eine große Rolle. Sie werden als Relationen zwischen Zahlen und demzufolge als Teilmengen im $\mathbb{R}^2$ erklärt. So läßt sich Gleichheit „=" als Menge

$$\mathcal{A} = \left\{(x,y) \in \mathbb{R}^2 | x = y\right\} \tag{5.274}$$

erklären, d.h. durch eine Gerade $y = x$ im $\mathbb{R}^2$.

Zur Modellierung der Relation R_1 „ungefähr gleich" kann angrenzend an ein scharfes Gebiet (hier beschrieben durch die Gerade im $\mathbb{R}^2$, allgemein im $\mathbb{R}^n$, mit der Toleranz $\mathcal{A}$) eine unscharfe Übergangszone zugelassen und verlangt werden, daß die Zugehörigkeitsfunktion in einer gewünschten Art (linear oder quadratisch) mit abnehmender Zugehörigkeit gegen Null geht. Eine lineare Abnahme kann wie folgt modelliert werden:

$$\mu_{R_1}(x,y) = \max\{0, 1 - a|x-y|\} \quad \text{mit} \quad a \in \mathbb{R},\ a > 0. \tag{5.275}$$

Zur Modellierung der Relation R_2 „im wesentlichen größer als" ist es zweckmäßig, von der scharfen Relation „$\geq$" auszugehen. Die zugehörige Wertemenge ist dann gegeben durch

$$\left\{(x,y) \in \mathbb{R}^2 | x \leq y\right\}. \tag{5.276}$$

Sie beschreibt das scharfe Gebiet oberhalb der Geraden $x = y$. Die Modellierung „im wesentlichen" bedeutet, daß geringe Unterschreitungen in ein Randgebiet unterhalb der Halbebene, gekennzeichnet durch die Gerade, noch akzeptiert werden. Die Modellierung von R_2 ergibt sich dann zu

$$\mu_{R_2}(x,y) = \begin{Bmatrix} \max\{0, 1 - a|x-y|\} & \text{für } y < x \\ 1 & \text{für } y \geq x \end{Bmatrix} \quad \text{mit} \quad a \in \mathbb{R},\ a > 0. \tag{5.277}$$

Setzt man für eine der Variablen einen festen Wert ein, z.B. $y = y_0$, dann folgt aus dieser modellmäßigen Beschreibung unmittelbar, daß R_2 als *unscharfe Schranke* bezüglich der anderen Variablen interpretiert werden kann. Unscharfe Schranken besitzen im Bereich der unscharfen mathematischen Optimierung, der qualitativen Datenanalyse und der Musterklassifikation praktische Bedeutung.

Die vorstehende Betrachtung zeigt, daß das Konzept der unscharfen Relationen, d.h. der unscharfen Beziehungen zwischen mehreren Objekten, mit Hilfe unscharfer Mengen aufgebaut werden kann. Im folgenden werden Grundtatsachen zweistelliger Relationen über einem Grundbereich behandelt, dessen Elemente geordnete Paare sind.

2. Kartesisches Produkt

Seien X und Y Fuzzy–Grundmengen, so repräsentiert das „Kreuzprodukt" $X \times Y$, auch *kartesisches Produkt* genannt, im Grundbereich G eine Fuzzy–Menge:

$$G = X \times Y = \{(x,y) | x \in X \wedge y \in Y\}. \tag{5.278}$$

Die Fuzzy–Menge wird dann in Analogie zur klassischen Mengenlehre zu einer *Fuzzy–Relation*, weil sie die Elemente aus den Grundmengen paarweise in Beziehung setzt. Eine unscharfe Relation R in G ist eine unscharfe Teilmenge $R \in F(G)$, wobei $F(G)$ die Gesamtheit aller unscharfen Mengen über $X \times Y$ bezeichnet. R läßt sich durch eine Zugehörigkeitsfunktion $\mu_R(x,y)$ beschreiben, die jedem Element $(x,y) \in G$ den Zugehörigkeitsgrad $\mu_R(x,y)$ aus [0,1] zuordnet.

3. Eigenschaften fuzzy–wertiger Relationen

(E1) Da unscharfe Relationen nur spezielle unscharfe Mengen sind, gelten prinzipiell die für unscharfe Mengen ausgesprochenen Aussagen auch für unscharfe Relationen.

(E2) Alle für unscharfe Mengen erklärten Verknüpfungen lassen sich auf unscharfe Relationen anwenden; sie liefern als Resultat wieder unscharfe Relationen.

(E3) Der Begriff des α–Schnittes läßt sich auf Grund der vorangegangenen Überlegungen mühelos auf unscharfe Relationen übertragen.

(E4) Der Träger als 0–Schnitt einer unscharfen Relation $R \in F(G)$ ist eine gewöhnliche Relation von G.

(E5) Mit $\mu_R(x,y)$ wird der Zugehörigkeitswert bezeichnet, d.h. der Grad, mit dem die unscharfe Relation R auf die Objekte (x,y) zutrifft. Der Wert $\mu_R(x,y) = 1$ bedeutet, daß R auf (x,y) voll zutrifft, der Wert $\mu_R(x,y) = 0$, daß R auf (x,y) nicht zutrifft.

(E6) Es sei $R \in F(G)$ eine unscharfe Relation, dann wird die zu R inverse unscharfe Relation $S := R^{-1}$ definiert durch

$$\mu_S(x,y) = \mu_R(y,x) \quad \text{für alle } (x,y) \in G\,. \tag{5.279}$$

■ Die inverse Relation R_2^{-1} bedeutet „im wesentlichen kleiner als" (s. 5.9.3.1,**1.**); die Vereinigung $R_1 \cup R_2^{-1}$ kann als Beziehung „im wesentlichen kleiner oder ungefähr gleich" beschrieben werden.

4. n–faches kartesisches Produkt

Eine *Kreuzproduktmenge* aus n Grundmengen repräsentiert in Analogie zum oben definierten kartesischen Produkt ein *n–faches kartesisches Produkt*, d.h. eine n–stellige Fuzzy–Relation.

Folgerung: Die bisher betrachteten Fuzzy–Mengen sind einstellige Fuzzy–Relationen, d.h. im Sinne der Analysis Kurven über einer Grundmenge. Eine zweistellige Fuzzy–Relation kann als Fläche über der Grundmenge G aufgefaßt werden. Eine zweistellige Fuzzy–Relation auf diskreten endlichen Grundmengen kann als *Fuzzy–Relationsmatrix* dargestellt werden.

■ Farbe–Reifegrad–Relation: Es wird der bekannte Zusammenhang zwischen Farbe x und Reifegrad y einer Frucht mit den möglichen Farben $X = \{\text{grün, gelb, rot}\}$ und dem Reifegrad $Y = \{\text{unreif, halbreif, reif}\}$ in Form einer binären Relationsmatrix mit den Elementen aus {0,1} modelliert. Ausgangspunkt für die Relationsmatrix (5.280) ist die folgende Tabelle:

	unreif	halbreif	reif
grün	1	0	0
gelb	0	1	0
rot	0	0	1

$$R = \begin{pmatrix} 1 & 0 & 0 \\ 0 & 1 & 0 \\ 0 & 0 & 1 \end{pmatrix}. \tag{5.280}$$

Interpretation der Relationsmatrix: WENN eine Frucht grün ist, DANN ist sie unreif. WENN eine Frucht gelb ist, DANN ist sie halbreif. WENN eine Frucht rot ist, DANN ist sie reif. Grün ist eindeutig unreif zugeordnet, gelb halbreif und rot reif. Soll darüber hinaus noch formuliert werden, daß eine grüne Frucht zu einem gewissen Prozentsatz durchaus als halbreif angesehen werden kann, beispielsweise mit graduellen Zugehörigkeiten dann kann man die folgende Tabelle aufstellen:

$$\begin{aligned}
&\mu_R\,(\text{grün, unreif}) = 1{,}0\,, && \mu_R\,(\text{grün, halbreif}) = 0{,}5\,,\\
&\mu_R\,(\text{grün, reif}) = 0{,}0\,, && \mu_R\,(\text{gelb, unreif}) = 0{,}25\,,\\
&\mu_R\,(\text{gelb, halbreif}) = 1{,}0\,, && \mu_R\,(\text{gelb, unreif}) = 0{,}25\,,\\
&\mu_R\,(\text{rot, unreif}) = 0{,}0\,, && \mu_R\,(\text{rot, halbreif}) = 0{,}5\,,\\
&\mu_R\,(\text{rot, reif}) = 1{,}0\,.
\end{aligned}$$

Die Relationsmatrix mit $\mu_R \in [0,1]$ lautet:

$$R = \begin{pmatrix} 1{,}0 & 0{,}5 & 0{,}0 \\ 0{,}25 & 1{,}0 & 0{,}25 \\ 0{,}0 & 0{,}5 & 1{,}0 \end{pmatrix}. \tag{5.281}$$

5. Rechenregeln

Für die Verknüpfung von Fuzzy–Mengen, z.B. $\mu_1 \colon X \to [0,1]$ und $\mu_2 \colon Y \to [0,1]$ auf unterschiedlichen Grundmengen mit der UND–Verknüpfung, d.h. mit der min–Operation, gilt:

$$\mu_R(x,y) = \min(\mu_1(x), \mu_2(y)) \text{ oder } (\mu_1 \times \mu_2)(x,y) = \min(\mu_1(x), \mu_2(y)) \quad \text{mit} \tag{5.282a}$$

$$\mu_1 \times \mu_2 \colon G \to [0,1]\,, \text{ wobei } \quad G = X \times Y\,. \tag{5.282b}$$

Das Ergebnis der Verknüpfung ist eine Fuzzy–Relation R auf der Kreuzproduktmenge (kartesisches Produkt der Fuzzy–Mengen) G mit $(x,y) \in G$. Sind X und Y diskrete endliche Mengen und somit $\mu_1(x), \mu_2(y)$ als Vektoren darstellbar, dann gilt:

$$\mu_1 \times \mu_2 = \mu_1 \circ \mu_2^{\mathrm{T}} \text{ und } \mu_{R^{-1}}(x,y) := \mu_R(y,x) \quad \forall\,(x,y) \in G\,. \tag{5.283}$$

Der *Verknüpfungsoperator* $\circ$ steht nicht für das übliche Matrizenprodukt, die Produktbildung wird durch die komponentenweise min–Operation und die Addition durch die komponentenweise max–Operation ersetzt.

Der Grad des Zutreffens einer inversen Relation R^{-1} auf die Objekte (x,y) ist also stets gleich dem Grad des Zutreffens von R auf die Objekte (y,x).

Rechenregeln für die Verknüpfung von Fuzzy–Relationen auf derselben Produktmenge lassen sich wie folgt angeben: Es seien zweistellige Fuzzy–Relationen $R_1, R_2 : X \times Y \to [0,1]$ und $(x,y) \in G$ gegeben, mit denen Rechenregeln aufgestellt werden können. Die Berechnungsvorschrift für eine UND–Verknüpfung erfolgt über die min–Operation:

$$\mu_{R_1 \cap R_2}(x,y) = \min(\mu_{R_1}(x,y), \mu_{R_2}(x,y))\,. \tag{5.284}$$

Eine entsprechende Berechnungsvorschrift für die ODER–Verknüpfung durch die max–Operation ist gegeben durch:

$$\mu_{R_1 \cup R_2}(x,y) = \max(\mu_{R_1}(x,y), \mu_{R_2}(x,y))\,. \tag{5.285}$$

5.9.3.2 Fuzzy–Relationenprodukt $R \circ S$

1. Verkettung oder Relationenprodukt

Es seien $R \in F(X \times Y)$ und $S \in F(Y \times Z)$, aber auch speziell $R, S \in F(G)$ mit $G \subseteq X \times Z$, dann versteht man unter der *Verkettung* oder dem *Fuzzy–Relationenprodukt* $R \circ S$:

$$\mu_{R \circ S}(x,z) := \sup_{y \in Y}\{\min(\mu_R(x,y), \mu_S(y,z))\} \;\forall\,(x,z) \in X \times Z\,. \tag{5.286}$$

Verwendet man über endlichen Grundbereichen eine Matrixdarstellung analog (5.281), so läßt sich die Verknüpfung $R \circ S$ wie folgt motivieren: Es seien gegeben $X = \{x_1, \ldots, x_n\}, Y = \{y_1, \ldots, y_m\}, Z = \{z_1, \ldots, z_l\}$ und $R \in F(X \times Y)$, $S \in F(Y \times Z)$ sowie die Matrixdarstellung von R, S in der Form $R = (r_{ij})$ und $S = (s_{jk})$ mit $i = 1, \ldots, n; j = 1, \ldots, m; k = 1, \ldots, l$ sowie

$$r_{ij} = \mu_R(x_i, y_j) \quad \text{und} \quad s_{jk} = \mu_S(y_j, z_k)\,. \tag{5.287}$$

Wird für die Verknüpfung $T = R \circ S$ die Matrixdarstellung t_{ik} gewählt, dann ist

$$t_{ik} = \sup_j \min\{r_{ij}, s_{jk}\}\,. \tag{5.288}$$

Als Ergebnis erhält man nicht die übliche Form der Matrixmultiplikation, da die Supremumbildung anstelle der Summenbildung und die Minimumbildung anstelle der Produktbildung zur Anwendung kommen.

■ Mit den Darstellungen für r_{ij} und s_{jk} sowie mit Gleichung (5.286) kann die inverse Relation R^{-1} durch die zu (r_{ij}) transponierte Matrix $R^{-1} = (r_{ij})^{\mathrm{T}}$ dargestellt werden.

Interpretation: Sei R eine Relation von X nach Y und S eine Relation von Y nach Z, dann sind folgende Verknüpfungen möglich:

a) Wird die Verknüpfung $R \circ S$ aus R und S als ein max–min–Produkt definiert, dann wird das vorstehende Fuzzy–Verknüpfungsprodukt als max–min–Verknüpfung bezeichnet. Das Zeichen sup steht für Supremum und bezeichnet den größten Wert, wenn kein Maximum vorliegt; es wird oft als max–Operation aufgefaßt.

b) Wird die Produktbildung wie bei der bekannten Matrix–Multiplikation vorgenommen, dann erhält man die max–prod–Verknüpfung.

c) Bei der max–average–Verknüpfung wird die „Multiplikation" durch eine Mittelwertbildung ersetzt.

2. Verknüpfungsregeln

Für die Verknüpfung unscharfer Relationen $R, S, T \in F(G)$ gelten die folgenden Gesetzmäßigkeiten:

(E1) Assoziativgesetz:

$$(R \circ S) \circ T = R \circ (S \circ T) . \tag{5.289}$$

(E2) Distributivgesetz für die Verknüpfung mit Vereinigungsbildung:

$$R \circ (S \cup T) = (R \circ S) \cup (R \circ T) . \tag{5.290}$$

(E3) Distributivgesetz in abgeschwächter Form für die Verknüpfung mit Schnittbildung:

$$R \circ (S \cap T) \subseteq (R \circ S) \cap (R \circ T) . \tag{5.291}$$

(E4) Inversenbildung:

$$(R \circ S)^{-1} = S^{-1} \circ R^{-1} , \quad (R \cup S)^{-1} = R^{-1} \cup S^{-1} \quad \text{und} \quad (R \cap S)^{-1} = R^{-1} \cap S^{-1} . \tag{5.292}$$

(E5) Komplementbildung und Inversenbildung:

$$\left(R^{-1}\right)^{-1} = R , \quad \left(R^{C}\right)^{-1} = \left(R^{-1}\right)^{C} . \tag{5.293}$$

(E6) Monotonieeigenschaften:

$$R \subseteq S \Rightarrow R \circ T \subseteq S \circ T \quad \text{und}\, T \circ R \subseteq T \circ S . \tag{5.294}$$

■ **A:** Die Gleichung (5.286) für das Relationenprodukt $R \circ S$ wurde entsprechend wie bei der Durchschnittsbildung mittels der min–Operation definiert. Allgemeine Überlegungen zeigen, daß statt der min–Operation irgendeine der t–Normen verwendet werden kann.

■ **B:** Für die Vereinigungs-, Durchschnitts- und Komplementbildung bezüglich α–Schnitte gilt: $(A \cup B)^{>\alpha} = A^{>\alpha} \cup B^{>\alpha}$, $(A \cap B)^{>\alpha} = A^{>\alpha} \cap B^{>\alpha}$, $(A^C)^{>\alpha} = A^{\leq 1-\alpha} = \{x \in X | \mu_A(x) \leq 1 - \alpha\}$. Entsprechendes gilt auch für die scharfen α–Schnitte.

3. Fuzzy–logisches Schließen

Ein fuzzy–logisches Schließen z.B. mit WENN–DANN–Regel ist über die Verknüpfung $\mu_2 = \mu_1 \circ R$ möglich. Die Fuzzy–Menge μ_2 stellt dann die gesuchte Schlußfolgerung dar, die sich als Formel wie folgt darstellt:

$$\mu_2(y) = \max_{x \in X}\Big(\min(\mu_1(x) , \mu_R(x, y))\Big) \tag{5.295}$$

mit $y \in Y$, $\mu_1 \colon X \to [0,1]$, $\mu_2 \colon Y \to [0,1]$, $R \colon G \to [0,1]$ und $G = X \times Y$.

5.9.4 Fuzzy–Inferenz

Die *Fuzzy–Inferenz* ist eine Anwendung der Fuzzy–Relationen mit dem Ziel des fuzzy–logischen Schließens bezüglicher vager Informationen (s. 5.9.6.3). Vage Information bedeutet hier unscharfe Information, aber nicht unsichere Information. Die Fuzzy–Inferenz, auch *Implikation* genannt (s. S. 5.9.4,**1.**), besteht aus einer oder mehreren Regeln, einem Faktum und einem Schluß. Das unscharfe Schließen (nach ZADEH approximate reasoning) ist nicht mit der klassischen Logik beschreibbar.

1. Fuzzy–Implikation, WENN–DANN–Regel

Die Fuzzy–Implikation besteht im einfachsten Falle aus einer WENN–DANN–*Regel.* Der WENN–Teil der Regel wird als Prämisse bezeichnet und repräsentiert die Bedingung. Der DANN–Teil ist die Schlußfolgerung, auch *Konklusion* genannt. Die Auswertung erfolgt mittels $\mu_2 = \mu_1 \circ R$ und (5.295).

Interpretation: μ_2 ist das Fuzzy-Inferenzbild von μ_1 bezüglich der Fuzzy–Relation R, d.h. eine Berechnungsvorschrift für WENN–DANN-Regeln bzw. für Gruppen von Regeln.

2. Verallgemeinertes Fuzzy–Inferenz–Schema

Die Regel WENN A_1 UND A_2 UND $A_3 \ldots$ UND A_n DANN B mit A_i: μ_i: $X_i \to [0,1]$ $(i = 1, 2, \ldots, n)$ und die Zuhörigkeitsfunktion der Konklusion B: μ: $Y \to [0,1]$ wird beschrieben durch die $(n+1)$–stellige Relation

$$\mathrm{R}\colon\ X_1 \times X_2 \times \cdots X_n \times Y \to [0,1]\,. \tag{5.296a}$$

Für das aktuelle Ereignis $x_1', x_2', \ldots, x_n'$ mit den scharfen Werten $x_1', x_2', \ldots, x_n'$ der Kenngrößen X_i $(i = 1, 2, \ldots, n)$ und $y \in Y$ gilt

$$\mu_{B'}(y) = \mu_R(x_1', x_2', \ldots, x_n', y) = \min(\mu_1(x_1'), \mu_2(x_2'), \ldots, \mu_n(x_n'), \mu_B(y))\,. \tag{5.296b}$$

Anmerkung: Die Größe $\min(\mu_1(x_1')\,,\ \mu_2(x_2')\,,\ \ldots\ \mu_n(x_n'))$ heißt *Erfüllungsgrad der Regel*, und die Größen $\{\mu_1(x_1')\,,\ \mu_2(x_2')\,,\ \ldots\ ,\mu_n(x_n')\}$ repräsentieren die fuzzy–wertigen Eingangsgrößen.

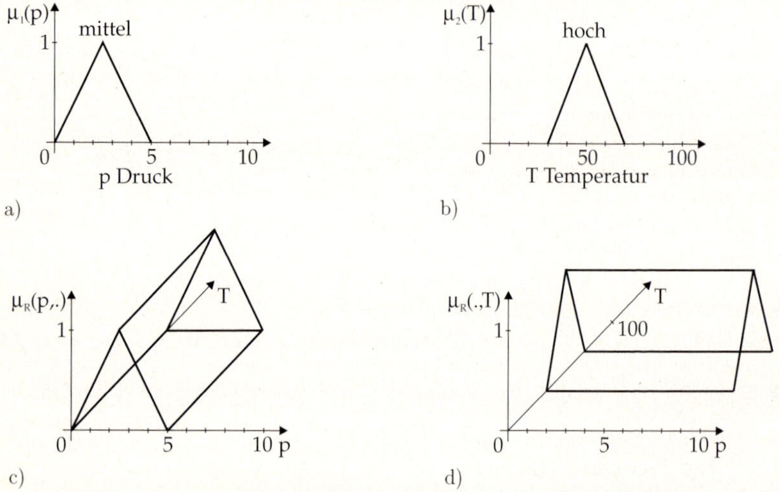

Abbildung 5.72

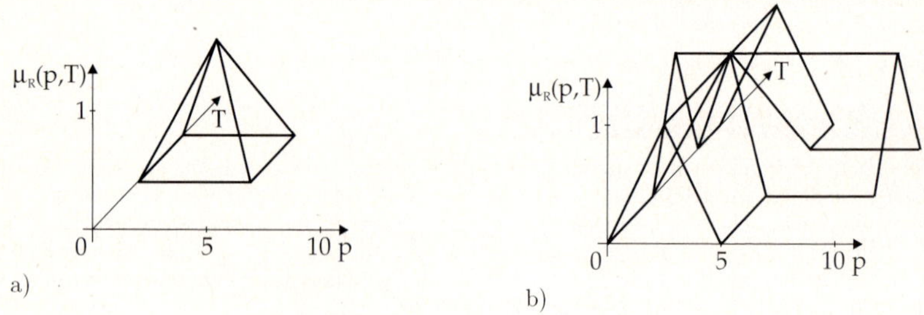

Abbildung 5.73

■ Bildung von Fuzzy–Relationen für einen Zusammenhang zwischen den Größen „mittlerer“ Druck und „hohe“ Temperatur (**Abb.5.72**): $\tilde{\mu}_1(p,T) = \mu_1(p)\ \forall T \in X_2$ mit $\mu_1 : X_1 \to [0,1]$ ist eine

zylindrische Erweiterung **(Abb.5.72c)** der Fuzzy–Menge mittlerer Druck **(Abb.5.72a)**. Analog ist $\tilde{\mu}_2(p,T) = \mu_2(T)\ \forall p \in X_1$ mit $\mu_2 : X_2 \to [0,1]$ eine zylindrische Erweiterung **(Abb.5.72d)** der Fuzzy–Menge hohe Temperatur **(Abb.5.72b)**, wobei $\tilde{\mu}_1, \tilde{\mu}_2$: $G = X_1 \times X_2 \to [0,1]$.
Die **Abb.5.73a** zeigt graphisch das Ergebnis der Bildung von Fuzzy–Relationen: In **Abb.5.73b** ist das Ergebnis der Verknüpfung mittlerer Druck UND hohe Temperatur mit dem min–Operator $\mu_R(p,T) = \min(\mu_1(p), \mu_2(T))$ dargestellt, und **(Abb.5.73b)** zeigt das Ergebnis der Verknüpfung ODER mit dem max–Operator $\mu_R(p,T) = \max(\mu_1(p), \mu_2(T))$.

5.9.5 Defuzzifizierungsmethoden

Zur Berechnung einer scharfen Ausgangsgröße ist eine *Defuzzifizierung* der Fuzzy–Menge am Ausgang erforderlich. Man bedient sich verschiedener Methoden.

1. Maximum–Kriterium–Methode Aus dem Bereich, innerhalb dessen die Fuzzy–Menge $\mu^{\text{Output}}_{x_1,\ldots,x_n}$ den maximalen Zugehörigkeitsgrad besitzt, wird ein beliebiger Wert $\eta \in Y$ ausgewählt.

2. Mean–of–Maximum–Methode (MOM) Als Ausgabewert wird der Mittelwert über die maximalen Zugehörigkeitswerte genommen:

$$\sup(\mu^{\text{Output}}_{\mu_{x_1,\ldots,x_n}}) := \{y \in Y | \mu_{x_1,\ldots,x_n}(y) \geq \mu_{x_1,\ldots,x_n}(y^*)\ \forall y^* \in Y\}\,. \quad (5.297)$$

$$\eta_{\text{MOM}} = \frac{\displaystyle\int_{y \in \sup(\mu^{\text{Output}}_{x_1,\ldots,x_n})} y\, dy}{\displaystyle\int_{y \in \sup(\mu^{\text{Output}}_{x_1,\ldots,x_n})} dy}\,. \quad (5.298)$$

D.h., die Menge Y ist ein Intervall, sie sei nicht leer und charakterisiert durch(5.297), woraus sich (5.298) ergibt.

3. Schwerpunktmethode (S)
Bei der Schwerpunktmethode wird die Abszisse des Schwerpunktes einer Fläche mit gedachter homogener Dichtebelegung vom Werte 1 berechnet.

$$\eta_{\text{S}} = \frac{\displaystyle\int_{y_{\inf}}^{y_{\sup}} \mu(y) y\, dy.}{\displaystyle\int_{y_{\inf}}^{y_{\sup}} \mu(y)\, dy}\,. \quad (5.299)$$

4. Parametrisierte Schwerpunktmethode (PS)
Die parametrische Methode geht von $\gamma \in \mathbb{R}$ aus. Aus (5.300) folgt für $\gamma = 1 \quad \eta_{\text{PS}} = \eta_{\text{S}}$ und für $\gamma \to 0 \quad \eta_{\text{PS}} = \eta_{\text{MOM}}$.

$$\eta_{\text{PS}} = \frac{\displaystyle\int_{y_{\inf}}^{y_{\sup}} \mu(y)^\gamma y\, dy}{\displaystyle\int_{y_{\inf}}^{y_{\sup}} \mu(y)^\gamma\, dy}\,. \quad (5.300)$$

5. Verallgemeinerte Schwerpunktmethode (VS)
Wird der Exponent γ bei der parametrischen Defuzzifizierungsmethode als Funktion von y angesehen, dann folgt daraus unmittelbar (5.301). Die VS–Methode ist eine Verallgemeinerung der PS–Methode. Sie ist von Interesse, wenn $\mu(y)$ selbst ein besonderes, von y abhängiges Gewicht erhalten soll.

$$\eta_{\text{VS}} = \frac{\displaystyle\int_{y_{\inf}}^{y_{\sup}} \mu(y)^{\gamma(y)} y\, dy}{\displaystyle\int_{y_{\inf}}^{y_{\sup}} \mu(y)^{\gamma(y)}\, dy}\,. \quad (5.301)$$

6. Methode der Flächenhalbierung (FH)
Die Position einer Geraden parallel zur Ordinate wird so berechnet, daß die linke und die rechte Seite der Fläche unter der Zugehörigkeitsfunktion gleich groß ist.

$$\int_{y_{\inf}}^{\eta} \mu(y)\, dy = \int_{\eta}^{y_{\sup}} \mu(y)\, dy\,. \quad (5.302)$$

7. Methode der parametrisierten Flächenhalbierenden (PF)

$$\int_{y_{\inf}}^{\eta_{\text{PF}}} \mu(y)^\gamma\, dy = \int_{\eta_{\text{PF}}}^{y_{\sup}} \mu(y)^\gamma\, dy\,. \quad (5.303)$$

8. Methode der größten Fläche (GF) Es wird die signifikante Teilmenge aus der Gesamtmenge ausgewählt, die dann mit bekannten Methoden, wie z.B. der Schwerpunktsmethode (S) oder der Bestimmung der Flächenhalbierenden (FH) ausgewertet wird.

5.9.6 Wissensbasierte Fuzzy–Systeme

Mit Hilfe der mehrwertigen, auf dem Einheitsintervall basierenden Fuzzy–Logik ergeben sich vielseitige Anwendungsmöglichkeiten im technischen und nichttechnischen Bereich. Das allgemeine Konzept besteht darin, Größen oder Kennwerte zu fuzzifizieren, geeignet in einer Wissensbasis mit Operatoren zu verknüpfen und die möglicherweise unscharfen Ergebnismengen gegebenenfalls zu defuzzifizieren.

5.9.6.1 Methode MAMDANI

Für einen fuzzy–geregelten Prozeß werden folgende Entwurfsschritte verwendet:

1. Regelbasis Für die i–te Regel gelte z.B.

$$\mathrm{R}^i: \text{ WENN } e \text{ ist } E^i \text{ UND } \dot{e} \text{ ist } \Delta E^i \text{ DANN } u \text{ ist } U^i\,. \qquad (5.304)$$

Hierbei charakterisiert e den Fehler, $\dot{e}$ die Änderung des Fehlers und u die Änderung des Ausgabewertes (nicht fuzzy–wertig). Alle Größen seien auf ihren Definitionsbereichen $E, \Delta E$ und U definiert, und der gesamte Definitionsbereich sei $E \times \Delta E \times U$. Über diesem Definitionsbereich werden die Größen Fehler und Fehleränderung fuzzifiziert, d.h. mittels unscharfer Mengen dargestellt, wobei linguistische Beschreibungen benutzt werden.

2. Fuzzifizierungsalgorithmus Im allgemeinen sind der Fehler e und dessen Änderung $\dot{e}$ nicht fuzzy–wertig, so daß sie über eine linguistische Beschreibung fuzzifiziert werden müssen. Die Fuzzy–Werte werden mit den Prämissen der WENN–DANN–Regeln aus der Regelbasis verglichen. Daraus folgt, welche Regeln aktiv sind und mit welchem Gewicht eine Regel beteiligt ist.

3. Verknüpfungsmodul Die aktivierten Regeln mit ihrem unterschiedlichen Gewicht werden mit Hilfe einer Verknüpfungsoperation zusammengefaßt und dem Defuzzifizierungsalgorithmus zugeführt.

4. Entscheidungsmodul Im Defuzzifizierungsprozeß soll ein scharfer Wert für die Stellgröße erhalten werden. Mit Hilfe einer Defuzzifizierungsoperation wird aus der Menge der möglichen Werte eine nicht fuzzy–wertige Größe, d.h. eine scharfe Größe, ermittelt. Diese Größe drückt aus, wie eine Einstellung des Systems vorzunehmen ist, so daß die Regelabweichung gering bleibt.
Fuzzy–Regelung bedeutet, daß die Schritte **1.** bis **4.** wiederholt werden, bis das Ziel, geringste Regelabweichung e und deren Änderung $\dot{e}$, erreicht ist.

5.9.6.2 Methode SUGENO

Die Methode von SUGENO dient ebenfalls zum Entwurf eines fuzzy–geregelten Prozesses und unterscheidet sich vom MAMDANI–Konzept durch die Art der Regelbasis und durch die Methode, einen scharfen Ausgangswert zu bekommen. Sie beinhaltet die folgenden Schritte:

1. Regelbasis: Die Regelbasis besteht aus Regeln der folgenden Form:

$$R^i: \text{ WENN } x_1 \text{ ist } A_1^i \text{ UND } \ldots \text{ UND } x_k \text{ ist } A_k^i \text{ DANN } u_i = p_0^i + p_1^i x_1 + p_2^i x_2 + \cdots + p_k^i x_k\,. \qquad (5.305)$$

Es bedeuten:

A_j: unscharfe Mengen, die durch Zugehörigkeitsfunktionen festgelegt werden können;
x_j: scharfe Eingabewerte, wie z.B. der Fehler e und die Fehleränderung $\dot{e}$, die etwas über die Dynamik des Systems aussagen;
p_j^i: Parametergewichte der x_j $(j = 1, 2, \ldots, k)$;
u_i: zur i–ten Regel gehörige Ausgangsgröße $(i = 1, 2, \ldots, n)$.

2. Fuzzifizierungsalgorithmus: Für jede Regel R^i wird ein $\mu_i \in [0, 1]$ berechnet.

3. Entscheidungsmodul: Aus dem gewichteten Mittel der u_i mit den μ_i aus der Fuzzifizierung wird die nicht fuzzy–wertige Ausgangsgröße berechnet:

$$u = \sum_{i=1}^{n} \mu_i u_i \left(\sum_{i=1}^{n} \mu_i \right)^{-1}. \qquad (5.306)$$

Dabei bedeutet u einen scharfen Wert.

Eine Defuzzifizierung wie bei der MAMDANI–Methode entfällt hier. Die Bereitstellung der Werte der Gewichtsparameter p_j^i stellt zwar ein Problem dar, aber die Parameter können durch ein maschinelles

Lernverfahren, z.B. durch ein künstliches neuronales Netz, ermittelt werden.

5.9.6.3 Kognitive Systeme

Zur Erläuterung der Methode soll das bekannte Beispiel der Regelung eines, auf einer beweglichen Unterlage aufrechtstehenden Pendels **(Abb.5.74)** mit dem MAMDANI–Regelungskonzept behandelt werden. Ziel der Regelung ist es, das Pendel so in der Balance zu halten, daß der Pendelstab vertikal steht, d.h. die Winkelabweichung vom Lot und die Winkelgeschwindigkeit zu Null werden. Das kann durch die Kraft F, die Stellgröße, die auf das untere Ende des Pendels einwirkt, erreicht werden. Dazu wird das Modell eines menschlichen „Kontrollexperten" (kognitive Aufgabe) zugrunde gelegt. Der Experte formuliert sein Wissen in Form linguistischer Regeln. Linguistische Regeln bestehen im allgemeinen aus einer Prämisse, d.h. einer Spezifikation der Werte für die Meßgrößen, und einer Konklusion, die einen geeigneten Stellwert angibt.

Für jede der Wertemengen $X_1, X_2, \dots, X_n$ für die Meßgrößen und Y für die Stellgröße sind geeignete linguistische Terme wie „ungefähr Null", „positiv klein" usw. festzulegen. Dabei kann „ungefähr Null" bezüglich der Meßgröße ξ_1 durchaus eine andere Bedeutung besitzen als für die Meßgröße ξ_2.

1. Beispiel Pendel auf beweglicher Unterlage

1. Modellierung Für die Menge X_1 (Winkelwerte) seien die sieben linguistische Terme, negativ groß (ng), negativ mittel (nm), negativ klein (nk), etwa Null (eN), positiv klein (pk), positiv mittel (pm) und positiv groß (pg) gewählt und entsprechend für die Eingangsgröße X_2 (Werte der Winkelgeschwindigkeit).

Für die mathematische Modellierung muß jedem dieser linguistischen Terme eine Fuzzy–Menge über Graphen zugeordnet werden **(Abb.5.73)**, wie es unter Fuzzy–Inferenz gezeigt wurde. Festlegung der Wertebereiche:
- Winkelwerte: $\Theta(-90° < \Theta < 90°)$: $X_1 := [-90°, 90°]$.
- Winkelgeschwindigkeitswerte: $\dot{\Theta}(-45°\mathrm{s}^{-1} \le \dot{\Theta} \le 45°\mathrm{s}^{-1})$: $X_2 := [-45°\mathrm{s}^{-1}, 45°\mathrm{s}^{-1}]$.
- Kraftwerte F: $(-10\mathrm{N} \le F \le 10\mathrm{N})$: $Y := [-10\mathrm{N}, 10\mathrm{N}]$.

Die Partitionierung der Eingangsgrößen X_1 und X_2 und der Ausgangsgröße Y ist graphisch in **(Abb.5.75)** für das inverse Pendel **(Abb.5.74)** dargestellt. Die Startwerte sind in der Regel aktuelle Meßwerte, z.B. $\Theta = 36°$, $\dot{\Theta} = -2,25°\mathrm{s}^{-1}$.

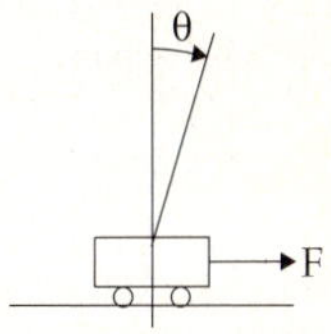

Abbildung 5.74

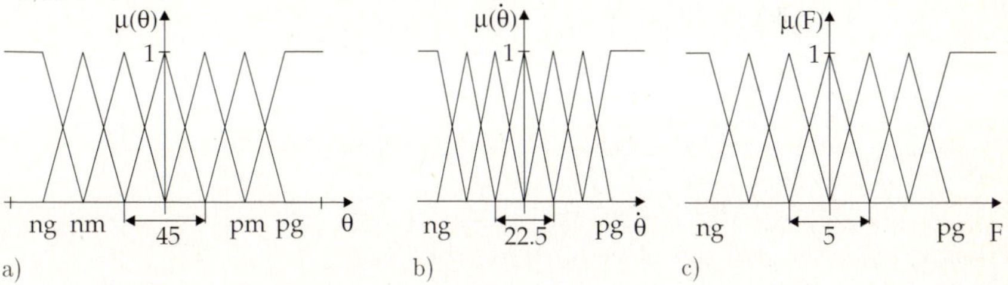

Abbildung 5.75

2. Regelauswahl Von den gemäß der folgenden Tabelle 49 möglichen Regeln (7 × 7) sind 19 praxisrelevant, und von diesen werden die folgenden beiden Regeln **R1** und **R2** betrachtet.

R1: Ist Θ positiv klein (pk) und $\dot{\Theta}$ etwa Null (eN), dann ist F positiv klein (pk). Für den Erfüllungsgrad der Prämisse mit $\alpha = \min\left\{\mu^{(1)}(\Theta); \mu^{(1)}(\dot{\Theta})\right\} = \min\{0,4; 0,8\} = 0,4$ ergibt sich die Ausgabenmenge (5.307) durch einen α–Schnitt der Ausgabe–Fuzzy–Menge positiv–klein (pk) in der Höhe $\alpha = 0,4$ **Abb.5.76c**.

Tabelle: Regelbasis mit 19 praxisrelevanten Regeln

$\dot{\Theta}\backslash\Theta$	ng	nm	nk	eN	pk	pm	pg
ng			pk	pg			
nm				pm			
nk	nm		nk	pk			
eN	ng	nm	nk	eN	pk	pm	pg
pk				nk	pk		pm
pm				nm			
pg				ng	nk		

$$\mu_{36;-2,25}^{Output(R1)}(y) = \begin{cases} \frac{2}{5}y & 0 \le y \le 1\,, \\ 0,4 & 1 \le y \le 4\,, \\ 2 - \frac{2}{5}y & 4 \le y \le 5\,, \\ 0 & \text{sonst}\,. \end{cases} \qquad (5.307)$$

R2: Ist Θ positiv mittel (pm) und $\dot{\Theta}$ etwa Null (eN), dann ist F positiv mittel (pm).
Für den Erfüllungsgrad der Prämisse ergibt sich mit $\alpha = \min\left\{\mu^{(2)}(\Theta); \mu^{(2)}\dot{\Theta}\right\} = \min\{0,6; 0,8\} = 0,6$ die Ausgabenmenge (5.308) analog zu Regel **R1 (Abb.5.76f)**.

$$\mu_{36;-2,25}^{Output(R2)}(y) = \begin{cases} \frac{2}{5}y - 1 & 2,5 \le y \le 4\,, \\ 0,6 & 4 \le y \le 6\,, \\ 3 - \frac{2}{5}y & 6 \le y \le 7,5\,, \\ 0 & \text{sonst}\,. \end{cases} \qquad (5.308)$$

3. Entscheidungslogik Die Auswertung mit der min–Operation der Regel R_1 liefert die Fuzzy–Menge in **(Abb.5.76a–c)**. Die entsprechende Auswertung für die Regel R_2 zeigt die **(Abb.5.76d-f)**. Aus der Fuzzy–Aussagenmenge **(Abb.5.76g)** wird letztlich die Stellgröße mit einer Defuzzifizierungsmethode berechnet.
a) Auswertung der erhaltenen Fuzzy–Mengen, die mittels Operatoren zusammengefügt wurden (s. max–min–Komposition S. 362). Die Entscheidungslogik liefert:

$$\mu_{x_1,\ldots,x_n}^{\text{Output}} : Y \to [0,1]\,; y \to \max_{r\in\{1,\ldots,k\}} \left\{\min\left\{\mu_{i_{1,r}}^{(1)}(x_1), \ldots, \mu_{i_{l,r}}^{(n)}(x_n), \mu_{i_r}(y)\right\}\right\}. \qquad (5.309)$$

b) Für den Funktionsgraphen der Fuzzy–Menge nach Maximumsbildung ergibt sich (5.310).

c) Für alle anderen 17 Regeln ergibt sich ein Erfüllungsgrad Null für die Prämisse, d.h. sie liefern Fuzzy–Mengen, die selbst Null sind.

$$\mu_{36;-2,25}^{Output}(y) = \begin{cases} \frac{2}{5}y & \text{für} \quad 0 \le y \le 1, \\ 0,4 & \text{für} \quad 1 \le y \le 3,5, \\ \frac{2}{5}y - 1 & \text{für} \quad 3,5 \le y \le 4, \\ 0,6 & \text{für} \quad 4 \le y \le 6, \\ 3 - \frac{2}{5}y & \text{für} \quad 6 \le y \le 7,5, \\ 0 & \text{für} \quad \text{sonst}. \end{cases} \qquad (5.310)$$

4. Defuzzifizierung Die Entscheidungslogik liefert keinen scharfen Wert für den Stellwert, sondern eine Fuzzy–Menge. D.h., mit der Methode erhält man eine Abbildung, die jedem Tupel $(x_1, \ldots, x_n) \in X_1 \times X_2 \times \cdots \times X_n$ von Meßwerten die Fuzzy–Menge $\mu_{x_1,\ldots,x_n}^{Output}$ von Y zuordnet.
Defuzzifizierung bedeutet, daß ein Stellwert berechnet werden muß.

Die Schwerpunktsmethode und die Maximum–Kriterium–Methode liefern als Stellgröße die Werte $F = 3,95$ bzw. $F = 5,0$.

5. Bemerkungen

1. Die „wissensbasierte" Trajektorie soll so in der Regelbasis verlaufen, daß der Endpunkt im Zentrum geringster Regelabweichung liegt.

2. Durch die Defuzzifizierung wird ein Iterationsprozeß eingeleitet, der letztlich in die Mitte der Regelfläche führt, d.h. die Stellgröße Null liefert.

3. Jedes nichtlineare Kennfeld kann durch Wahl geeigneter Parameter beliebig genau approximiert werden.

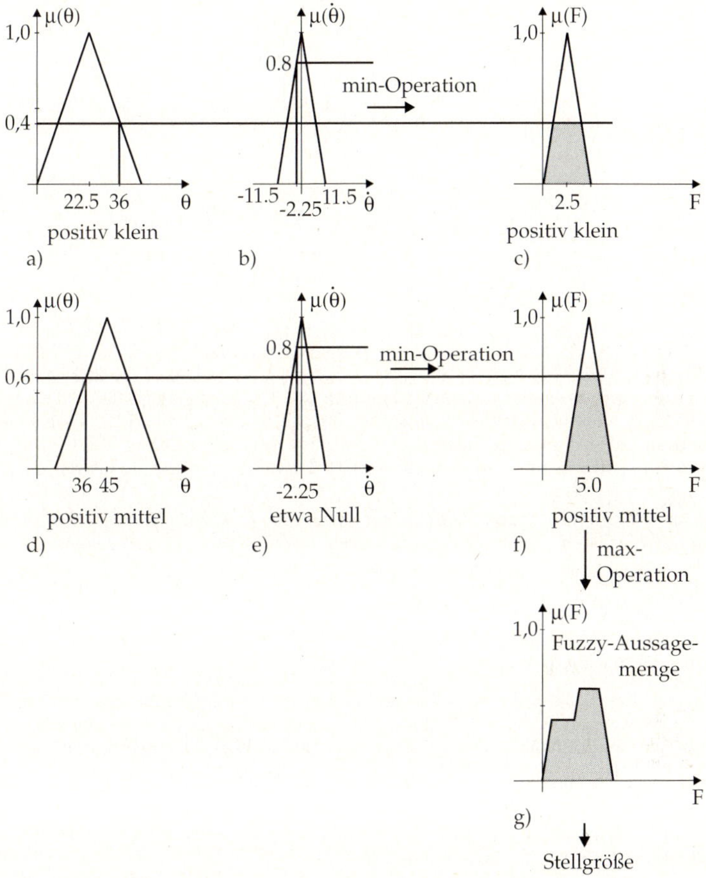

Abbildung 5.76

5.9.6.4 Wissensbasiertes Interpolationssystem

1. Interpolationsmechanismen

Mit Hilfe der Fuzzy–Logik lassen sich Interpolationsmechanismen aufbauen. Fuzzy–Systeme sind Systeme zur Verarbeitung unscharfer Informationen, mit ihnen lassen sich Funktionen approximieren und interpolieren. Ein einfaches Fuzzy–System, an dem diese Eigenschaften untersucht wurden, ist der SUGENO–Controller. Er besitzt n Eingangsvariable $\xi_1, \ldots, \xi_n$ und bestimmt den Wert der Ausgangsvariablen y durch Regeln $\mathrm{R}_1, \ldots, \mathrm{R}_n$ der Form

$$\mathrm{R}_i\colon\ \text{WENN } \xi_1 \text{ ist } A_1^{(i)} \text{ und } \cdots \text{ und } \xi_n \text{ ist} A_n^{(i)}\text{, DANN ist } y = f_i(\xi_1, \ldots, \xi_n)\ (i = 1, 2, \ldots, n)\,. \quad (5.311)$$

Die Fuzzy–Sets $A_j^{(1)}, \ldots, A_j^{(k)}$ partitionieren dabei jeweils die Eingabenmenge X_j. Die Konklusionen $f_i(\xi_1, \ldots, \xi_n)$ der Regeln sind Singletons, die von den Eingabevariablen $\xi_1, \ldots, \xi_n$ abhängen können.

Durch die einfache Wahl der Konklusionen kann auf eine aufwendige Defuzzifizierung verzichtet werden und der Ausgangswert y als gewichtete Summe berechnet werden. Dazu berechnet der Controller für jede Regel R_i mit einer t–Norm aus den Zugehörigkeitsgraden der einzelnen Eingaben einen Erfüllungsgrad α_i und bestimmt den Ausgangswert zu

$$y = \frac{\sum_{i=1}^{N} \alpha_i f_i(\xi_1, \ldots, \xi_n)}{\sum_{i=1}^{N} \alpha_i}. \tag{5.312}$$

2. Einschränkung für den eindimensionalen Fall

Bei Fuzzy–Systemen mit nur einer Eingabe $x = \xi_1$ werden oft Fuzzy–Mengen verwendet, die durch Dreieckfunktionen dargestellt, die sich auf der Höhe 0,5 schneiden werden. Solche Fuzzy–Mengen genügen drei Bedigungen:

1. Für jede Regel R_i gibt es eine Eingabe x_i, für die nur eine Regel erfüllt ist. Für diese Eingabe x_i wird die Ausgabe über f_i berechnet. Dadurch ist die Ausgabe des Fuzzy–Systems an N Stützstellen $x_1, \ldots, x_N$ festgelegt. Man kann daher sagen, das Fuzzy–System interpoliert die Stützstellen $x_1, \ldots, x_N$. Die Forderung, daß an den Stützstellen x_i nur die eine Regel R_i gilt, ist für eine exakte Interpolation hinreichend, aber nicht notwendig. Für zwei Regeln R_1 und R_2, wie sie im folgenden betrachtet werden, bedeutet diese Forderung, daß $\alpha_1(x_2) = \alpha_2(x_1) = 0$ gilt. Zur Erfüllung der 1. Bedingung muß $\alpha_1(x_2) = \alpha_2(x_1) = 0$ sein. Das ist eine hinreichende Bedingung für eine exakte Interpolation der Stützstellen.

2. Zwischen zwei aufeinanderfolgenden Stützstellen sind höchstens 2 Regeln erfüllt. Sind x_1 und x_2 zwei solche Stützstellen mit den Regeln R_1 und R_2, so berechnet sich für Eingaben $x \in [x_1, x_2]$ die Ausgabe y zu

$$y = \frac{\alpha_1 f_1 + \alpha_2 f_2}{\alpha_1 + \alpha_2} = f_1 + g(f_2 - f_1) \tag{5.313}$$

mit von x abhängigen f_1, f_2, α_1 und α_2 sowie $g := \dfrac{\alpha_2}{\alpha_1 + \alpha_2}$.

Der eigentliche Verlauf der Interpolationskurve zwischen x_1 und x_2 wird von der Funktion g bestimmt. Diese wird daher als Kurvenverlauf bezeichnet. Sie hängt nur von den Erfüllungsgraden α_1 und α_2 ab, die sich als Werte der Zugehörigkeitsfunktionen $\mu_{A_i^{(1)}}$ und $\mu_{A_i^{(2)}}$ an der Stelle x ergeben, d.h., es ist $\alpha_1 = \mu_{A^{(1)}}(x)$ und $\alpha_2 = \mu_{A^{(2)}}(x)$, oder kurz $\alpha_1 = \mu_1(x)$ und $\alpha_2 = \mu_2(x)$. Der Kurvenverlauf hängt nur vom Verhältnis μ_1/μ_2 der Zugehörigkeitsfunktionen ab.

3. Die Zugehörigkeitsfunktionen sind positiv, so daß die Ausgabe y eine Konvexkombination der Konklusionen f_i ist. Daher gilt:

$$\min(f_1, f_2) \leq y \leq \max(f_1, f_2) \tag{5.314}$$

bzw. für den allgemeinen Fall

$$\min_{i=1,2,\ldots,N} f_i \leq y \leq \max_{i=1,2,\ldots,N} f_i. \tag{5.315}$$

Für konstante Konklusionen bewirken die Terme f_1 und f_2 lediglich eine Verschiebung und Streckung des Kurvenverlaufes g. Sind die Konklusionen von den Eingangsvariablen abhängig, dann wird der Kurvenverlauf in verschiedenen Abschnitten unterschiedlich verzerrt. Dadurch kann sich eine andere Ausgangsfunktion ergeben.

Verwendet man für die Eingabe x linear abhängige Konklusionen und Zugehörigkeitsfunktionen mit konstanter Summe, dann ist die Ausgabe $y = c\sum_{i=1}^{N} \alpha_i f_i(x)$ mit von x abhängigen α_i und einer Konstanten c, so daß sich Polynome 2. Ordnung als Interpolationsfunktionen ergeben. Diese Polynome kann man zur Konstruktion eines Interpolationsverfahrens mit Polynomen 2. Ordnung verwenden.

Allgemein ergibt sich aus der Wahl von Polynomen n–ter Ordnung als Konklusion ein Interpolationspolynom $(n+1)$–ter Ordnung. Daher können die konventionellen Interpolationsverfahren, die lokal mit Polynomen interpolieren (beispielsweise mit Splines), auch mit diesen Fuzzy–Systemen durchgeführt werden.

6 Differentialrechnung

6.1 Differentiation von Funktionen einer Veränderlichen

6.1.1 Differentialquotient

1. Differentialquotient oder Ableitung einer Funktion Die Ableitung einer Funktion $y = f(x)$ ist eine neue Funktion von x, die mit den Symbolen y', $\dot{y}$, Dy, $\frac{dy}{dx}$, $f'(x)$, $Df(x)$ oder $\frac{df(x)}{dx}$ gekennzeichnet wird und die für jeden Wert von x gleich dem Grenzwert des Quotienten aus dem Zuwachs der Funktion Δy und dem entsprechenden Zuwachs Δx für $\Delta x \to 0$ ist:

$$f'(x) = \lim_{\Delta x \to 0} \frac{f(x + \Delta x) - f(x)}{\Delta x}. \tag{6.1}$$

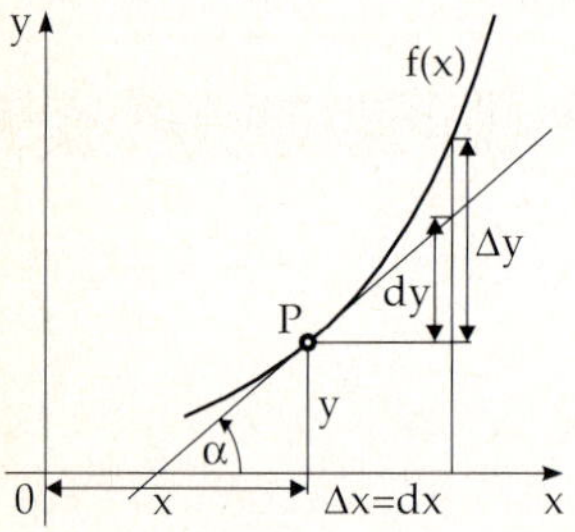

Abbildung 6.1

2. Geometrische Bedeutung der Ableitung Wenn $y = f(x)$ wie in **Abb.6.1** als Kurve in kartesischen Koordinaten dargestellt ist und die x– sowie die y–Achse den gleichen Maßstab haben, dann ist

$$f'(x) = \tan \alpha . \tag{6.2}$$

Der Winkel α zwischen der x–Achse und der Tangente an die Kurve in dem betreffenden Punkt bestimmt die *Steigung der Tangente* (s. S 225). Der Winkel wird von der positiven x–Achse zur Tangente im entgegengesetzten Drehsinn des Uhrzeigers gemessen und als *Tangentenneigungswinkel* bezeichnet.

3. Differenzierbarkeit Die Existenz der Ableitung einer Funktion $f(x)$ für die Werte der Variablen x ist gegeben, wenn für diese Werte

a) die Funktion definiert und stetig ist und

b) der Differentialquotient (6.2) einen endlichen Wert besitzt.

Existiert in einem Punkt x keine Ableitung, dann hat die Kurve in dem betreffenden Punkt entweder keine bestimmte Tangente oder diese bildet mit der x–Achse einen rechten Winkel. Im zweiten Falle ist der Grenzwert (6.2) unendlich. Man benutzt für diesen Sachverhalt die Schreibweise $f'(x) = \infty$.

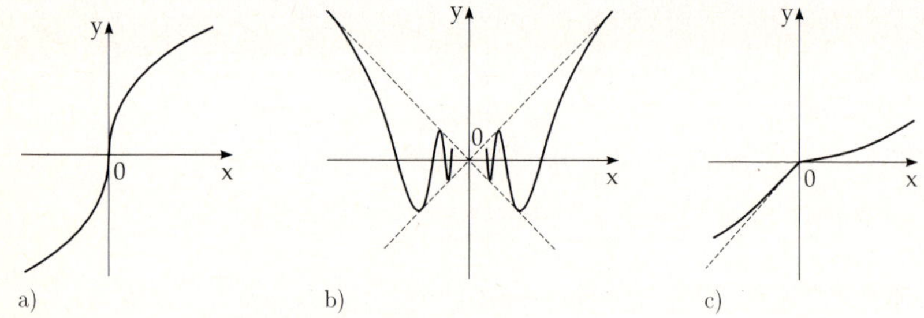

Abbildung 6.2

■ **A:** $f(x) = \sqrt[3]{x} : f'(x) = \frac{1}{3\sqrt[3]{x^2}}$, $f'(0) = \infty$. Im Punkt 0 geht die Ableitung gegen unendlich (**Abb.6.2a**), d.h., sie existiert nicht.

■ **B:** $f(x) = x \sin \frac{1}{x}$: An der Stelle $x = 0$ existiert kein Grenzwert der Art (6.2) (**Abb.6.2b**).

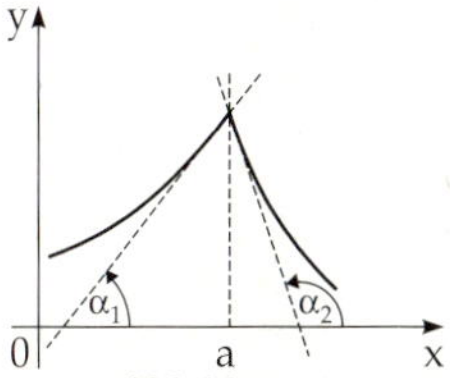

Abbildung 6.3

4. Links- und rechtsseitige Ableitung Wenn für einen Wert $x = a$ kein Grenzwert der Art (6.2) existiert, dafür aber der links- bzw. rechtsseitige Grenzwert, dann wird dieser Grenzwert links- bzw. rechtsseitige Ableitung genannt. Da die Kurve an der Stelle zwei Tangenten

$$f'(a-0) = \tan\alpha_1\,, \qquad f'(a+0) = \tan\alpha_2 \tag{6.3}$$

besitzt, kennzeichnen die beiden Ableitungen, geometrisch gesehen, einen Knick der Kurve **(Abb.6.2c, Abb.6.3)**.

■ $f(x) = \dfrac{x}{1+e^{\frac{1}{x}}}$. An der Stelle $x = 0$ existiert kein Grenzwert der Art (6.2), jedoch gibt es einen linksseitigen und einen rechtsseitigen Grenzwert $f'(-0) = 1$ und $f'(+0) = 0$, d.h., die Kurve besitzt hier einen Knick **(Abb.6.2c)**.

6.1.2 Differentiationsregeln für Funktionen einer Veränderlicher

6.1.2.1 Ableitungen elementarer Funktionen

Die elementaren Funktionen besitzen im gesamten Definitionsbereich eine Ableitung, ausgenommen einzelne Punkte, in denen solche Punkte auftreten können, wie sie in **Abb.6.2** dargestellt sind.

Eine Zusammenstellung der Ableitungen der elementaren Funktionen enthält **Tabelle 6.1**. Weitere Ableitungen elementarer Funktionen können aus der Umkehrung der Integrationsergebnisse in **Tabelle 8.1** der unbestimmten Integrale gewonnen werden.

Hinweis: Bei der Lösung praktischer Aufgaben ist es zweckmäßig, vor dem Differenzieren einer Funktion diese, sofern das möglich ist, in eine Summe umzuformen, indem Klammerausdrücke aufgelöst (s. S. 10) und ganzrationale Teile abgespaltet werden (s. S. 13) oder der Ausdruck logarithmiert (s. S. 8) wird usw.

■ **A:** $y = \dfrac{2 - 3\sqrt{x} + 4\sqrt[3]{x} + x^2}{x} = \dfrac{2}{x} - 3x^{-\frac{1}{2}} + 4x^{-\frac{2}{3}} + x\,;\quad \dfrac{dy}{dx} = -2x^{-2} + \dfrac{3}{2}x^{-\frac{3}{2}} - \dfrac{8}{3}x^{-\frac{5}{3}} + 1\,.$

■ **B:** $y = \ln\sqrt{\dfrac{x^2+1}{x^2-1}} = \dfrac{1}{2}\ln(x^2+1) - \dfrac{1}{2}\ln(x^2-1)\,;\quad \dfrac{dy}{dx} = \dfrac{1}{2}\left(\dfrac{2x}{x^2+1}\right) - \dfrac{1}{2}\left(\dfrac{2x}{x^2-1}\right) = -\dfrac{2x}{x^4-1}\,.$

6.1.2.2 Grundregeln für das Differenzieren

Im folgenden sind u, v, w und y Funktionen der unabhängigen Veränderlichen x und u', v', w' und y' die Ableitungen dieser Funktionen nach x. Mit du, dv, dw und dy werden die Differentiale bezeichnet (s. S. 386). Die Grundregeln für das Differenzieren, die anschließend erläutert werden, findet man zusammengefaßt in **Tabelle 6.2** auf S. 378.

1. Konstantenregel

Die Ableitung einer Konstanten c ist gleich Null:

$$c' = 0\,. \tag{6.4}$$

2. Faktorregel

Ein konstanter Faktor c kann vor das Differentiationssymbol gezogen werden:

$$(cu)' = cu'\,, \quad d(cu) = c\,du\,. \tag{6.5}$$

3. Summenregel

Die Ableitung einer Summe oder Differenz von zwei oder mehreren Funktionen ist gleich der Summe oder Differenz der Ableitungen dieser Funktionen:

$$(u + v - w)' = u' + v' - w', \tag{6.6a}$$

$$d(u + v - w) = du + dv - dw\,. \tag{6.6b}$$

Tabelle 6.1 Ableitungen elementarer Funktionen in Intervallen, in denen diese definiert und die auftretenden Nenner $\neq 0$ sind

Funktion	**Ableitung**	**Funktion**	**Ableitung**
C (Konstante)	0	$\sec x$	$\frac{\sin x}{\cos^2 x}$
x	1	$\operatorname{cosec} x$	$\frac{-\cos x}{\sin^2 x}$
$x^n \quad (n \in \mathbb{R})$	nx^{n-1}	$\arcsin x \quad (\lvert x\rvert < 1)$	$\frac{1}{\sqrt{1-x^2}}$
$\frac{1}{x}$	$-\frac{1}{x^2}$	$\arccos x \quad (\lvert x\rvert < 1)$	$-\frac{1}{\sqrt{1-x^2}}$
$\frac{1}{x^n}$	$-\frac{n}{x^{n+1}}$	$\arctan x$	$\frac{1}{1+x^2}$
$\sqrt{x}$	$\frac{1}{2\sqrt{x}}$	$\operatorname{arccot} x$	$-\frac{1}{1+x^2}$
$\sqrt[n]{x} \quad (n \in \mathbb{R},\ n \neq 0,\ x > 0)$	$\frac{1}{n\sqrt[n]{x^{n-1}}}$	$\operatorname{arcsec} x$	$\frac{1}{x\sqrt{x^2-1}}$
e^x	e^x	$\operatorname{arccosec} x$	$-\frac{1}{x\sqrt{x^2-1}}$
$e^{bx} \quad (b \in \mathbb{R})$	be^{bx}	$\sinh x$	$\cosh x$
$a^x \quad (a > 0)$	$a^x \ln a$	$\cosh x$	$\sinh x$
$a^{bx} \quad (b \in \mathbb{R},\ a > 0)$	$ba^{bx} \ln a$	$\tanh x$	$\frac{1}{\cosh^2 x}$
$\ln x$	$\frac{1}{x}$	$\coth x \quad (x \neq 0)$	$-\frac{1}{\sinh^2 x}$
$\log_a x \quad (a > 0,\ a \neq 1,\ x > 0)$	$\frac{1}{x}\log_a e = \frac{1}{x \ln a}$	$\operatorname{Arsinh} x$	$\frac{1}{\sqrt{1+x^2}}$
$\lg x \quad (x > 0)$	$\frac{1}{x}\lg e \approx \frac{0,4343}{x}$	$\operatorname{Arcosh} x \quad (x > 1)$	$\frac{1}{\sqrt{x^2-1}}$
$\sin x$	$\cos x$	$\operatorname{Artanh} x \quad (\lvert x\rvert < 1)$	$\frac{1}{1-x^2}$
$\cos x$	$-\sin x$	$\operatorname{Arcoth} x \quad (\lvert x\rvert > 1)$	$-\frac{1}{x^2-1}$
$\tan x \quad (x \neq (2k+1)\frac{\pi}{2},\ k \in \mathbb{Z})$	$\frac{1}{\cos^2 x} = \sec^2 x$	$[f(x)]^n \quad (n \in \mathbb{R})$	$n[f(x)]^{n-1} f'(x)$
$\cot x \quad (x \neq k\pi,\ k \in \mathbb{Z})$	$\frac{-1}{\sin^2 x} = -\operatorname{cosec}^2 x$	$\ln f(x) \quad (f(x) > 0)$	$\frac{f'(x)}{f(x)}$

4. Produktregel

Für die Ableitung eines Produkts aus zwei, drei oder n Funktionen gilt:

a) Produktregel für zwei Funktionen:

$$(uv)' = u'v + uv', \quad d(uv) = v\,du + u\,dv. \tag{6.7a}$$

b) Produktregel für drei Funktionen:

$$(u\,v\,w)' = u\,v\,w' + u\,v'w + u'v\,w\,, \quad d(u\,v\,w) = u\,v\,dw + u\,w\,dv + v\,w\,du\,. \tag{6.7b}$$

a) Produktregel für n Funktionen:

$$(u_1u_2\,\cdots\,u_n)' = \sum_{i=1}^{n} u_1u_2\,\cdots\,u_i'\,\cdots\,u_n\,. \tag{6.7c}$$

■ **A:** $y = x^3\cos x\,, \quad y' = 3x^2\cos x - x^3\sin x\,.$

■ **B:** $y = x^3e^x\cos x\,, \quad y' = 3x^2e^x\cos x + x^3e^x\cos x - x^3e^x\sin x\,.$

5. Quotientenregel

Die Ableitung des Quotienten zweier Funktionen wird nach der Formel (*Quotientenregel*)

$$\left(\frac{u}{v}\right)' = \frac{vu' - uv'}{v^2}\,, \quad d\left(\frac{u}{v}\right) = \frac{vdu - udv}{v^2} \tag{6.8}$$

unter der Voraussetzung $v(x) \neq 0$ berechnet.

■ $y = \tan x = \dfrac{\sin x}{\cos x}\,, \quad y' = \dfrac{(\cos x)(\sin x)' - (\sin x)(\cos x)'}{\cos^2 x} = \dfrac{\cos^2 x + \sin^2 x}{\cos^2 x} = \dfrac{1}{\cos^2 x}\,.$

6. Kettenregel

Die mittelbare Funktion (s. S. 58) $y = u(v(x))$ hat die Ableitung

$$\frac{dy}{dx} = u'(v)v'(x) = \frac{du}{dv}\frac{dv}{dx}\,, \tag{6.9}$$

wobei die Funktionen $u = u(v)$ und $v = v(x)$ differenzierbare Funktionen bezüglich ihrer Argumente darstellen. Man bezeichnet $u(v)$ als äußere und $v(x)$ als innere Funktion und dementsprechend $\dfrac{du}{dv}$ als *äußere Ableitung* und $\dfrac{dv}{dx}$ als *innere Ableitung*.

Analog verfährt man, wenn die „Kette“ aus einer größeren Anzahl von Funktionen mit den entsprechenden *Zwischenveränderlichen* besteht. So gilt z.B. für $y = u(v(w(x)))$:

$$y = u(v(w(x)))\,, \quad y' = \frac{du}{dv}\,\frac{dv}{dw}\,\frac{dw}{dx}\,. \tag{6.10}$$

■ **A:** $y = e^{\sin^2 x}\,, \quad \dfrac{dy}{dx} = \dfrac{d\left(e^{\sin^2 x}\right)}{d\left(\sin^2 x\right)}\,\dfrac{d\left(\sin^2 x\right)}{d\,(\sin x)}\,\dfrac{d\,(\sin x)}{dx} = e^{\sin^2 x}\,2\,\sin x\cos x\,.$

■ **B:** $y = e^{\tan\sqrt{x}}\,; \quad \dfrac{dy}{dx} = \dfrac{d\left(e^{\tan\sqrt{x}}\right)}{d\,(\tan\sqrt{x})}\,\dfrac{d\,(\tan\sqrt{x})}{d\,(\sqrt{x})}\,\dfrac{d(\sqrt{x})}{dx} = e^{\tan\sqrt{x}}\,\dfrac{1}{\cos^2\sqrt{x}}\,\dfrac{1}{2\sqrt{x}}\,.$

7. Logarithmische Differentiation

Im Falle von $y(x) > 0$ kann man zur Berechnung der Ableitung y' von der Funktion $\ln y(x)$ ausgehen, für deren Ableitung (unter Berücksichtigung der Kettenregel) gilt:

$$\frac{d(\ln y(x))}{dx} = \frac{1}{y(x)}y'\,. \tag{6.11}$$

Daraus folgt unmittelbar

$$y' = y(x)\,\frac{d(\ln y)}{dx}\,. \tag{6.12}$$

Hinweis 1: Mit Hilfe der logarithmischen Differentiation lassen sich viele Differentiationsaufgaben wesentlich vereinfachen bzw. überhaupt erst durchführen. Letzteres trifft z.B. auf Funktionen der Form

$$y = u(x)^{v(x)} \quad \text{mit} \quad u(x) > 0 \tag{6.13}$$

zu. Die logarithmische Differentiation dieser Gleichung ergibt gemäß (6.12)

$$y' = y\,\frac{d\,(\ln u^v)}{dx} = y\,\frac{d(v \ln u)}{dx} = u^v \left(v' \ln u + \frac{vu'}{u} \right). \tag{6.14}$$

■ $y = (2x+1)^{3x}$, $\ln y = 3x \ln(2x+1)$, $\dfrac{y'}{y} = 3\ln(2x+1) + \dfrac{3x \cdot 2}{2x+1}$;
$y' = 3\,(2x+1)^{3x}\left(\ln(2x+1) + \dfrac{2x}{2x+1}\right)$.

Hinweis 2: Die logarithmische Differentiation wird häufig angewendet, wenn ein Produkt von Funktionen zu differenzieren ist.

■ **A:** $y = \sqrt{x^3 e^{4x} \sin x}\,$, $\quad \ln y = \dfrac{1}{2}(3\ln x + 4x + \ln \sin x)\,$,
$\dfrac{y'}{y} = \dfrac{1}{2}\left(\dfrac{3}{x} + 4 + \dfrac{\cos x}{\sin x}\right)$, $\quad y' = \dfrac{1}{2}\sqrt{x^3 e^{4x} \sin x}\left(\dfrac{3}{x} + 4 + \cot x\right)$.

■ **B:** $y = uv\,$, $\quad \ln y = \ln u + \ln v\,$, $\quad \dfrac{y'}{y} = \dfrac{1}{u}u' + \dfrac{1}{v}v'$. Daraus folgt $y' = (uv)' = vu' + uv'$. Man erhält die Produktregel (6.7a).

■ **C:** $y = \dfrac{u}{v}$, $\quad \ln y = \ln u - \ln v\,$, $\quad \dfrac{y'}{y} = \dfrac{1}{u}u' - \dfrac{1}{v}v'$. Daraus folgt $y' = \left(\dfrac{u}{v}\right)' = \dfrac{u'}{v} - \dfrac{uv'}{v^2} = \dfrac{vu' - uv'}{v^2}$.
Man erhält die Quotientenregel (6.8).

8. Ableitung der inversen Funktion

Wenn $y = \varphi(x)$ die inverse Funktion zur ursprünglichen Funktion $y = f(x)$ ist, dann gilt: Die beiden Darstellungen $y = f(x)$ und $x = \varphi(y)$ sind äquivalent. Unter der Voraussetzung $\varphi'(y) \neq 0$ besteht dann die folgende Beziehung zwischen den Ableitungen einer Funktion f und ihrer Umkehrfunktion φ:

$$f'(x) = \frac{1}{\varphi'(y)} \quad \text{bzw.} \quad \frac{dy}{dx} = \frac{1}{\dfrac{dx}{dy}}\,. \tag{6.15}$$

■ Die Funktion $y = f(x) = \arcsin x$ ist für $(-1 < x < 1)$ der Funktion $x = \varphi(y) = \sin y$ mit $-\pi/2 < y < \pi/2$ äquivalent. Aus (6.15) folgt dann

$(\arcsin x)' = \dfrac{1}{(\sin y)'} = \dfrac{1}{\cos y} = \dfrac{1}{\sqrt{1-\sin^2 y}} = \dfrac{1}{\sqrt{1-x^2}}$, da $\cos y \neq 0$ für $-\pi/2 < y < \pi/2$.

9. Ableitung einer impliziten Funktion

Eine Funktion $y = f(x)$ sei implizit durch die Gleichung $F(x,y) = 0$ gegeben. Unter Beachtung der Differentiationsregeln für Funktionen mehrerer Veränderlicher (s. S. 386) erhält man durch Differentiation nach x

$$\frac{\partial F}{\partial x} + \frac{\partial F}{\partial y}y' = 0 \quad \text{bzw.} \quad y' = -\frac{F_x}{F_y}\,, \tag{6.16}$$

falls die partelle Ableitung F_y nicht von Null verschieden ist.

■ Die Gleichung $\dfrac{x^2}{a^2} + \dfrac{y^2}{b^2} = 1$ einer Ellipse mit den Halbachsen a und b kann in der Form $F(x,y) =$

$\frac{x^2}{a^2} + \frac{y^2}{b^2} - 1 = 0$ geschrieben werden. Für die Steigung der Tangente im Ellipsenpunkt (x, y) erhält man gemäß (6.16)

$$y' = -\frac{2x}{a^2} \Big/ \frac{2y}{b^2} = -\frac{b^2}{a^2}\frac{x}{y}.$$

10. Ableitung einer Funktion in Parameterdarstellung

Wenn die Funktion $y = f(x)$ in der Parameterform $x = x(t)$, $y = y(t)$ gegeben ist, dann läßt sich ihre Ableitung y' nach der Formel

$$\frac{dy}{dx} = f'(x) = \frac{\dot{y}}{\dot{x}} \tag{6.17}$$

über die Ableitungen $\dot{y}(t) = \frac{dy}{dt}$ und $\dot{x}(t) = \frac{dx}{dt}$ nach dem Parameter t berechnen, falls $\dot{x}(t) \neq 0$ gilt.

■ **Polarkoordinatendarstellung:** Ist eine Funktion in ihrer Polarkoordinatendarstellung (s. S. 187) $r = r(\varphi)$ gegeben, dann lautet ihre Parameterdarstellung

$$x = r(\varphi)\cos\varphi, \quad y = r(\varphi)\sin\varphi \tag{6.18}$$

mit dem Winkel φ als Parameter. Für die Steigung der Tangente y' der Kurve (s. S. 225 oder S. 372) gilt dann wegen (6.17)

$$y' = \frac{\dot{r}\sin\varphi + r\cos\varphi}{\dot{r}\cos\varphi - r\sin\varphi} \quad \text{mit } \dot{r} = \frac{dr}{d\varphi}. \tag{6.19}$$

Hinweise:

1. Die Ableitungen $\dot{x}$, $\dot{y}$ sind die Komponenten des Tangentenvektors im Punkt $(x(t), y(t))$ der Kurve.

2. Häufig wird mit Vorteil die komplexe Zusammenfassung benutzt:

$$x(t) + \mathrm{i}\,y(t) = z(t), \quad \dot{x}(t) + \mathrm{i}\,\dot{y}(t) = \dot{z}(t), \ \ldots. \tag{6.20}$$

■ **Kreisbewegung:** $z(t) = re^{\mathrm{i}\omega t}$ $(r = \text{const})$, $\dot{z}(t) = r\mathrm{i}\omega e^{\mathrm{i}\omega t} = r\omega e^{\mathrm{i}(\omega t + \frac{\pi}{2})}$. Der Tangentenvektor läuft dem Ortsvektor um $\pi/2$ phasenverschoben voraus.

11. Graphische Differentiation

Wenn eine differenzierbare Funktion $y = f(x)$ durch ihre Kurve Γ in kartesischen Koordinaten in einem Intervall $a < x < b$ dargestellt ist, kann die Kurve Γ' ihrer Ableitung näherungsweise konstruiert werden. Die Konstruktion einer Tangente in einem gegebenen Kurvenpunkt nach Augenmaß kann recht ungenau ausfallen. Wenn aber die Richtung der Tangente MN **(Abb.6.4)** bekannt ist, kann der Berührungspunkt A genauer ermittelt werden.

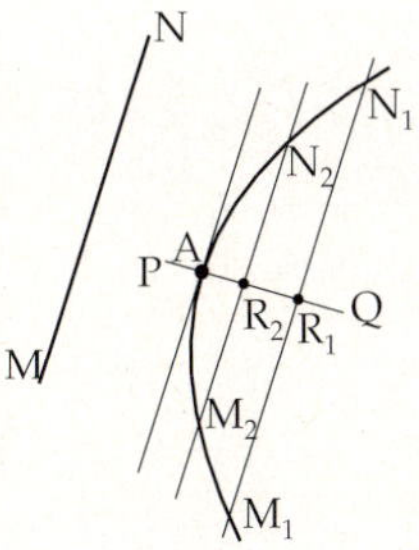

Abbildung 6.4

a) Konstruktion des Berührungspunktes einer Tangente

Parallel zur gegebenen Tangentenrichtung MN werden zwei Sehnen $\overline{M_1N_1}$ und $\overline{M_2N_2}$ so eingezeichnet, daß die Kurve in nicht weit voneinander liegenden Punkten geschnitten wird. Danach werden die Mittelpunkte der Sehnen ermittelt und durch diese eine Gerade PQ gezogen, die die Kurve im Punkt A schneidet, in dem die Tangente näherungsweise die vorgegebene Richtung MN hat. Um die Genauigkeit zu überprüfen, kann eine dritte Sehne in geringem Abstand von den ersten beiden eingetragen werden, die von der Geraden PQ im Mittelpunkt geschnitten werden muß.

b) Konstruktion der Kurve einer abgeleiteten Funktion

1. Vorgabe einiger Richtungen $l_1, l_2, \ldots, l_n$, die den Tangentenrichtungen der Kurve $y = f(x)$ in dem betrachteten Intervall entsprechen sollen **(Abb.6.5)**, und Ermittlung der dazugehörigen Berührungspunkte $A_1, A_2, \ldots, A_n$, wobei die Tangenten selbst nicht konstruiert werden müssen.

Tabelle 6.2 Differentiationsregeln

Regel	Formel für die Ableitung
Konstantenregel	$c' = 0 \quad (c \text{ const})$
Faktorregel	$(cu)' = cu' \quad (c \text{ const})$
Summenregel	$(u \pm v)' = u' \pm v'$
Produktregel für zwei Funktionen	$(uv)' = u'v + uv'$
Produktregel für n Funktionen	$(u_1 u_2 \cdots u_n)' = \sum\limits_{i=1}^{n} u_1 \cdots u_i' \cdots u_n$
Quotientenregel	$\left(\frac{u}{v}\right)' = \frac{vu' - uv'}{v^2} \quad (v \neq 0)$
Kettenregel für zwei Funktionen	$y = u(v(x)): \quad y' = \frac{du}{dv}\frac{dv}{dx}$
Kettenregel für drei Funktionen	$y = u(v(w(x))): \quad y' = \frac{du}{dv}\frac{dv}{dw}\frac{dw}{dx}$
Potenzregel	$(u^\alpha)' = \alpha u^{\alpha-1}u' \quad (\alpha \in \mathbb{R},\ \alpha \neq 0)$ speziell : $\left(\frac{1}{u}\right)' = -\frac{u'}{u^2} \quad (u \neq 0)$
Logarithmische Differentiation	$\frac{d(\ln y(x))}{dx} = \frac{1}{y}y' \Longrightarrow y' = y\frac{d(\ln y)}{dx}$ speziell : $(u^v)' = u^v\left(v' \ln u + \frac{vu'}{u}\right) \quad (u > 0)$
Differentiation der Umkehrfunktion	φ inverse Funktion zu f, d.h. $y = f(x) \Longleftrightarrow x = \varphi(y)$: $f'(x) = \frac{1}{\varphi'(y)}$ oder $\frac{dy}{dx} = \frac{1}{\frac{dx}{dy}}$
Implizite Differentiation	$F(x,y) = 0: \quad F_x + F_y y' = 0$ oder $y' = -\frac{F_x}{F_y} \quad \left(F_x = \frac{\partial F}{\partial x},\ F_y = \frac{\partial F}{\partial y};\ F_y \neq 0\right)$
Ableitung in Parameterdarstellung	$x = x(t),\ y = y(t)$ (t Parameter): $y' = \frac{dy}{dx} = \frac{\dot y}{\dot x} \quad \left(\dot x = \frac{dx}{dt},\ \dot y = \frac{dy}{dt}\right)$
Ableitung in Polarkoordinaten	$r = r(\varphi): \quad \begin{array}{l} x = r(\varphi)\cos\varphi \\ y = r(\varphi)\sin\varphi \end{array}$ (Winkel φ als Parameter) $y' = \frac{dy}{dx} = \frac{\dot r \sin\varphi + r\cos\varphi}{\dot r \cos\varphi - r \sin\varphi} \quad \left(\dot r = \frac{dx}{d\varphi}\right)$

2. Wahl eines Punktes P, eines „Pols", auf der negativen x–Achse, wobei die Strecke $PO = a$ um so größer sein soll, je flacher die Kurve ist.

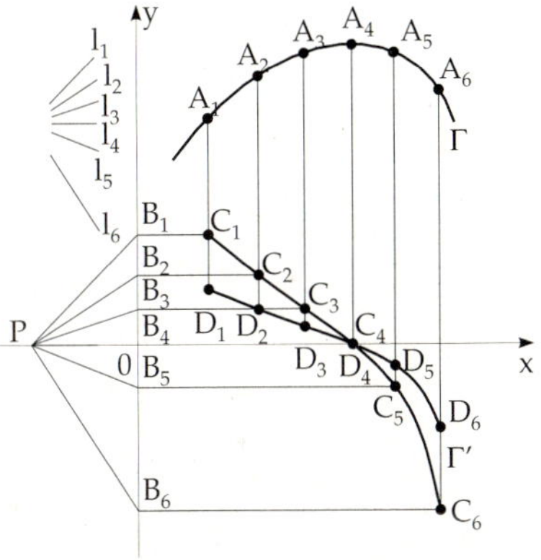

Abbildung 6.5

3. Einzeichnen von Geraden, die parallel zu den Richtungen $l_1, l_2, \ldots$ bzw. l_n verlaufen, durch den Pol P hindurchgehen und die y–Achse in den Punkten $B_1, B_2, \ldots$ bzw. B_n schneiden.

4. Konstruktion horizontaler Geraden $B_1C_1, B_2C_2, \ldots, B_nC_n$ von den Punkten $B_1, B_2, \ldots, B_n$ aus bis zu den Schnittpunkten $C_1, C_2, \ldots, C_n$ mit den aus den Punkten $A_1, A_2, \ldots, A_n$ gefällten Loten.

5. Verbinden der Punkte $C_1, C_2, \ldots, C_n$ mit Hilfe eines Kurvenlineals durch eine Kurve, die der Gleichung $y = af'(x)$ genügt. Wenn die Strecke a so gewählt wird, daß sie der Längeneinheit auf der y–Achse entspricht, ist die gewonnene Kurve die der gesuchten Ableitung. Ist das nicht der Fall, dann sind die gefundenen Ordinaten $C_1, C_2, \ldots, C_n$ der Ableitung mit dem Faktor $\frac{1}{a}$ zu multiplizieren. Die sich so ergebenden Punkte $D_1, D_2, \ldots, D_n$ in **Abb.6.5** liegen auf der maßstabsgerechten Ableitungskurve Γ'.

6.1.3 Ableitungen höherer Ordnung

6.1.3.1 Definition der Ableitungen höherer Ordnung

Die Ableitung von $y' = f'(x)$, also $(y')'$ oder $\frac{d}{dx}\left(\frac{dy}{dx}\right)$, wird als zweite Ableitung der Funktion $y = f(x)$ mit $y'', \ddot{y}, \frac{d^2y}{dx^2}, f''(x)$ oder $\frac{d^2f(x)}{dx^2}$ bezeichnet. Analog werden die Ableitungen höherer Ordnung definiert. Bezeichnungen für die n–te *Ableitung* der Funktion $y = f(x)$ sind:

$$y^{(n)} = \frac{d^ny}{dx^n} = f^{(n)}(x) = \frac{d^nf(x)}{dx^n} \quad \left(n = 0, 1, \ldots\,;\ y^{(0)}(x) = f^{(0)}(x) = f(x)\right). \tag{6.21}$$

6.1.3.2 Ableitungen höherer Ordnung der einfachsten Funktionen

In **Tabelle 6.3** sind die n–ten Ableitungen für die einfachsten Funktionen zusammengestellt.

6.1.3.3 Leibnizsche Regel

Zur Berechnung der Ableitung n–ter Ordnung für ein Produkt aus zwei Funktionen kann die LEIBNIZsche Regel

$$D^n(uv) = u\,D^nv + \frac{n}{1}Du\,D^{n-1}v + \frac{n(n-1)}{2}D^2u\,D^{n-2}v + \cdots + \frac{n(n-1)\ldots(n-m+1)}{m!}D^mu\,D^{n-m}v + \cdots + D^nu\,v \tag{6.22}$$

benutzt werden. Dabei ist $D^{(n)} = \frac{d^n}{dx}$. Wenn D^0u durch u und D^0v durch v ersetzt werden, dann erhält man die Formel, die in ihrer Struktur dem Binomischen Lehrsatz entspricht (s. S. 11):

$$D^n(uv) = \sum_{m=0}^{n}\binom{n}{m}D^muD^{n-m}v\,. \tag{6.23}$$

Tabelle 6.3 Ableitungen höherer Ordnung einiger elementarer Funktionen

Funktion	n–te Ableitung
x^m	$m(m-1)(m-2)\dots(m-n+1)x^{m-n}$ (für ganzzahliges m und $n > m$ ist die n-te Ableitung gleich 0)
$\ln x$	$(-1)^{n-1}(n-1)!\,\frac{1}{x^n}$
$\log_a x$	$(-1)^{n-1}\frac{(n-1)!}{\ln a}\,\frac{1}{x^n}$
e^{kx}	$k^n e^{kx}$
a^x	$(\ln a)^n a^x$
a^{kx}	$(k \ln a)^n a^{kx}$
$\sin x$	$\sin(x + \frac{n\pi}{2})$
$\cos x$	$\cos(x + \frac{n\pi}{2})$
$\sin kx$	$k^n \sin(kx + \frac{n\pi}{2})$
$\cos kx$	$k^n \cos(kx + \frac{n\pi}{2})$
$\sinh x$	$\sinh x$ für gerades n, $\cosh x$ für ungerades n
$\cosh x$	$\cosh x$ für gerades n, $\sinh x$ für ungerades n

■ **A:** $(x^2 \cos ax)^{(50)}$: Setzt man $v = x^2$, $u = \cos ax$, dann ergibt sich $u^{(k)} = a^k \cos\left(ax + k\frac{\pi}{2}\right)$, $v' = 2x$, $v'' = 2$, $v''' = v^{(4)} = \cdots = 0$. Mit Ausnahme der ersten drei sind alle Summanden gleich 0, so daß $(uv)^{(50)} = x^2 a^{50} \cos\left(ax + 50\frac{\pi}{2}\right) + \frac{50}{1} \cdot 2xa^{49} \cos\left(ax + 49\frac{\pi}{2}\right) + \frac{50 \cdot 49}{1 \cdot 2} \cdot 2a^{48} \cos\left(ax + 48\frac{\pi}{2}\right)$ $= a^{48}[(2450 - a^2x^2)\cos ax - 100ax \sin ax]$.

■ **B:** $(x^3 e^x)^{(6)} = \binom{6}{0} \cdot x^3 e^x + \binom{6}{1} \cdot 3x^2 e^x + \binom{6}{2} \cdot 6xe^x + \binom{6}{3} \cdot 6e^x$.

6.1.3.4 Höhere Ableitungen von Funktionen in Parameterdarstellung

Wenn die Funktion $y = f(x)$ in der Parameterform $x = x(t)$, $y = y(t)$ gegeben ist, dann lassen sich ihre Ableitungen höherer Ordnung (y'', y''' usw.) nach den folgenden Formeln berechnen, wobei $\dot{y}(t) = \frac{dy}{dt}$, $\dot{x}(t) = \frac{dx}{dt}$, $\ddot{y}(t) = \frac{d^2y}{dt^2}$, $\ddot{x} = \frac{d^2x}{dt^2}$ usw. die Ableitungen nach dem Parameter t bedeuten:

$$\frac{d^2y}{dx^2} = \frac{\dot{x}\ddot{y} - \dot{y}\ddot{x}}{\dot{x}^3}, \quad \frac{d^3y}{dx^3} = \frac{\dot{x}^2\dddot{y} - 3\dot{x}\ddot{x}\ddot{y} + 3\dot{y}\ddot{x}^2 - \dot{x}\dot{y}\dddot{x}}{\dot{x}^5}, \dots \quad (6.24)$$

Voraussetzung ist, daß $\dot{x}(t) \neq 0$ gilt.

6.1.3.5 Ableitungen höherer Ordnung der inversen Funktion

Wenn $y = \varphi(x)$ die inverse Funktion zur ursprünglichen Funktion $y = f(x)$ ist, dann gilt: Die beiden Darstellungen $y = f(x)$ und $x = \varphi(y)$ sind äquivalent. Unter der Voraussetzung $\varphi'(y) \neq 0$ besteht dann die Beziehung (6.15) zwischen den Ableitungen einer Funktion f und ihrer Umkehrfunktion φ.

Für höhere Ableitungen (y'', y''' usw.) erhält man

$$\frac{d^2y}{dx^2} = -\frac{\varphi''(y)}{[\varphi'(y)]^3}, \quad \frac{d^3y}{dx^3} = \frac{3[\varphi''(y)]^2 - \varphi'(y)\varphi'''(y)}{[\varphi'(y)]^5}, \ldots . \tag{6.25}$$

6.1.4 Hauptsätze der Differentialrechnung

6.1.4.1 Monotoniebedingungen

Wenn eine Funktion $f(x)$ in einem zusammenhängenden Intervall definiert und stetig ist und wenn sie in allen inneren Punkten dieses Intervalls eine Ableitung besitzt, dann ist für die Monotonie der Funktion die Bedingung

$$f'(x) \geq 0 \quad \text{für eine monoton wachsende Funktion,} \tag{6.26a}$$

$$f'(x) \leq 0 \quad \text{für eine monoton fallende Funktion} \tag{6.26b}$$

notwendig und hinreichend. Wird gefordert, daß die Funktion im strengen Sinne monoton wachsend oder fallend sein soll, dann darf zusätzlich die Ableitung $f'(x)$ in keinem Teilintervall des oben angegebenen Intervalls identisch verschwinden. In **Abb.6.6b** ist diese Bedingung auf der Strecke $\overline{BC}$ nicht erfüllt.

Die geometrische Deutung der Monotoniebedingung ergibt sich daraus, daß die Kurve einer monoton wachsenden Funktion mit wachsendem Argumentwert an keiner Stelle fällt, d.h., daß sie entweder steigt oder horizontal verläuft (**Abb.6.6a**). Daher bildet die Tangente in den einzelnen Kurvenpunkten mit der positiven x–Achse entweder einen spitzen Winkel oder sie verläuft parallel zu ihr. Für die monoton fallenden Funktion (**Abb.6.6b**) gilt eine analoge Aussage. Ist die Funktion im strengen Sinne monoton, dann kann die Tangente nur in einzelnen Punkten parallel zur x-Achse verlaufen, z.B. im Punkt A in **Abb.6.6a**, jedoch nicht in einem ganzen Teilintervall, wie $\overline{BC}$ in **Abb.6.6b**.

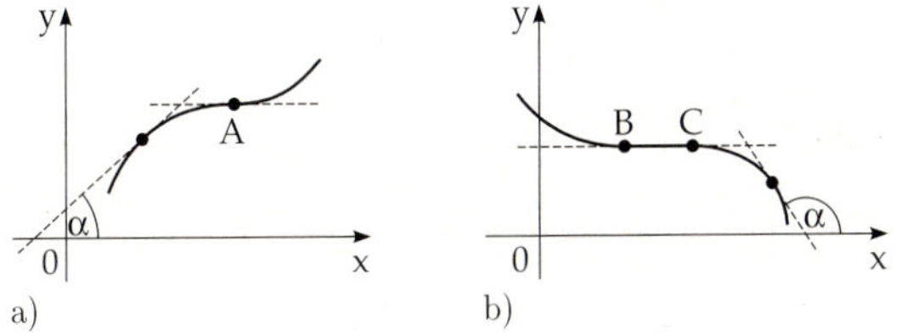

Abbildung 6.6

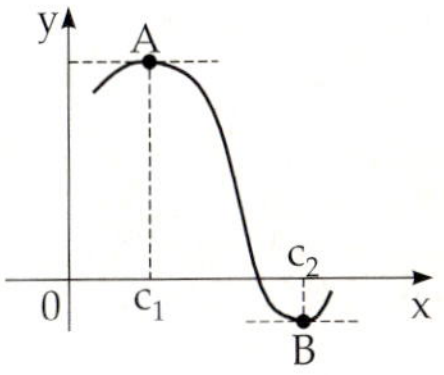

Abbildung 6.7

6.1.4.2 Satz von FERMAT

Wenn eine Funktion $y = f(x)$ in einem zusammenhängenden Intervall definiert ist und in irgendeinem inneren Punkt $x = c$ dieses Intervalls ihren größten oder kleinsten Wert besitzt (**Abb.6.7**), d.h., wenn für alle x dieses Intervalls gilt

$f(c) > f(x)$ (6.27a) oder $f(c) < f(x)$, (6.27b)

und wenn darüber hinaus ihre Ableitung im Punkt c existiert, dann kann diese dort nur gleich Null sein:

$$f'(c) = 0 . \tag{6.27c}$$

Die geometrische Bedeutung des Satzes von FERMAT besteht darin, daß eine Funktion, die den Satz erfüllt, in den Punkten A und B der Funktionskurve parallel zur x–Achse verlaufende Tangenten besitzt (**Abb.6.7**).

Der Satz von FERMAT stellt aber lediglich eine notwendige Bedingung für die Existenz eines Maximal-

oder Minimalwertes einer Funktion in einem Intervall dar. Aus **Abb.6.6a** erkennt man, daß die Bedingung nicht hinreichend ist: Im Punkt A ist zwar $f'(x) = 0$ erfüllt, aber es gibt weder einen Maximal- noch einen Minimalwert an der Stelle.
Auch die Bedingung der Differenzierbarkeit im Satz von FERMAT ist wesentlich. So hat die Funktion im Punkt E von **Abb.6.8d** zwar einen Maximalwert, die Ableitung existiert dort aber nicht.

6.1.4.3 Satz von ROLLE

Wenn eine Funktion $y = f(x)$ in einem abgeschlossenen Intervall $[a, b]$ stetig ist, wenigstens in dem offenen Intervall (a, b) eine Ableitung besitzt und in den Endwerten des Intervalls den Wert Null annimmt, d.h., wenn

$$f(a) = 0, \quad f(b) = 0 \quad (a < b) \tag{6.28a}$$

ist, dann existiert mindestens ein Wert c zwischen a und b derart, daß gilt

$$f'(c) = 0 \quad (a < c < b)\,. \tag{6.28b}$$

Die geometrische Bedeutung des Satzes von ROLLE besteht darin, daß eine Funktion $y = f(x)$, die die x-Achse in zwei Punkten A und B schneidet, in diesem Intervall stetig ist und in jedem inneren Punkt eine Tangente besitzt, zwischen A und B wenigstens einen Punkt C besitzt, in dem die Kurventangente parallel zur x-Achse verläuft **(Abb.6.8a)**. Es kann auch mehrere derartige Punkte in dem Intervall

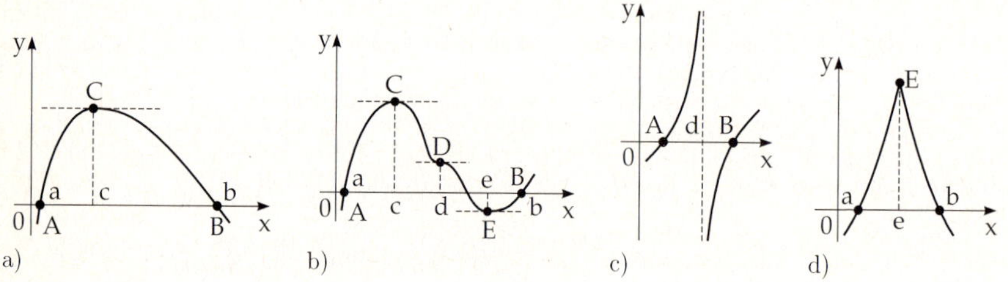

Abbildung 6.8

geben, z.B. die Punkte C, D und E in **Abb.6.8b**. Daß die Forderung nach Stetigkeit und Existenz einer Ableitung in dem Intervall wesentlich ist, kann an Hand von **Abb.6.8c** erkannt werden, wo die Funktion bei $x = d$ eine Unstetigkeitsstelle besitzt, und an Hand von **Abb.6.8d**, wo die Funktion im Punkt $x = e$ keine Ableitung besitzt. In beiden Fällen gibt es keinen Punkt C, in dem $f'(x) = 0$ gilt.

6.1.4.4 Mittelwertsatz der Differentialrechnung

Wenn eine Funktion $y = f(x)$ in einem abgeschlossenen Intervall $[a, b]$ stetig ist und im Innern eine Ableitung besitzt, dann existiert zwischen a und b wenigstens eine Zahl c derart, daß gilt

$$\frac{f(b) - f(a)}{b - a} = f'(c) \quad (a < c < b)\,. \tag{6.29a}$$

Setzt man $b = a + h$ und bezeichnet mit Θ eine zwischen 0 und 1 liegende Zahl, dann lautet der Satz in anderer Schreibweise

$$f(a + h) = f(a) + h \cdot f'(a + \Theta h) \quad (0 < \Theta < 1)\,. \tag{6.29b}$$

1. Geometrische Bedeutung Die geometrische Bedeutung des Satzes besteht darin, daß eine Funktion $y = f(x)$, die zwischen den Punkten A und B **(Abb.6.9)** stetig ist und in jedem Punkt eine Tangente besitzt, wenigstens einen Kurvenpunkt C hat, in dem die Kurventangente parallel zur Sehne AB liegt. Es kann auch mehrere solcher Punkte geben.

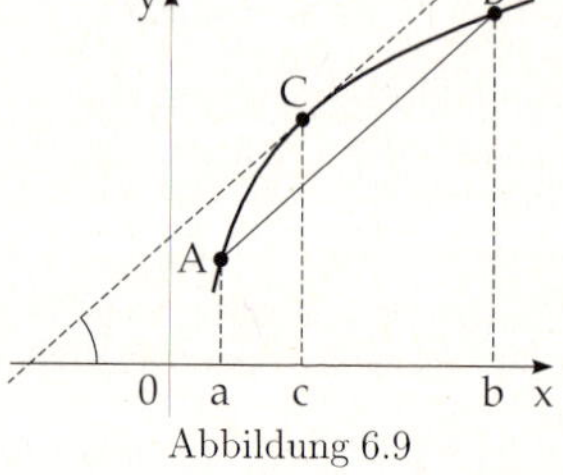

Abbildung 6.9

Daß die Forderung nach Stetigkeit der Funktion und Existenz ihrer Ableitung wesentlich ist, kann an Hand von Beispielen gezeigt werden, die solche Kurvenverläufe ergeben, wie sie in den **Abb.6.8b,c,d** dargestellt sind.

2. Anwendungen Für den Mittelwertsatz der Differentialrechnung gibt es vielfältige Anwendungsmöglichkeiten.

■ **A:** Eine Anwendung betrifft die Abschätzung von Fehlern gemäß

$$|f(b) - f(a)| < K|b - a|, \tag{6.30}$$

wobei K eine für alle x in dem Intervall $[a, b]$ gültige obere Grenze von $|f'(x)|$ ist.

■ **B:** Mit welcher Genauigkeit kann $f(\pi) = \dfrac{1}{1+\pi^2}$ höchstens angegeben werden, wenn für π der gerundete Wert $\overline{\pi} = 3,14$ eingesetzt wird? Es gilt: $|f(\pi) - f(\overline{\pi})| = \left|\dfrac{2c}{(1+c^2)^2}\right| |\pi - \overline{\pi}| \leq 0,053 \cdot 0,0016 = 0,000\,085$, so daß $\dfrac{1}{1+\pi^2} = 0,092\,084 \pm 0,000\,085$.

6.1.4.5 Satz von TAYLOR für Funktionen von einer Veränderlichen

Wenn eine Funktion $y = f(x)$ im Intervall $[a, a+h]$ stetig ist und dort stetige Ableitungen bis einschließlich der Ordnung $n-1$ besitzt und wenn im Innern des Intervalls noch die n-te Ableitung existiert, dann gilt die TAYLORsche Formel oder TAYLOR-Entwicklung

$$f(a+h) = f(a) + \frac{h}{1!}f'(a) + \frac{h^2}{2!}f''(a) + \cdots + \frac{h^{n-1}}{(n-1)!}f^{(n-1)}(a) + \frac{h^n}{n!}f^{(n)}(a + \Theta h) \tag{6.31}$$

mit $0 < \Theta < 1$. Die Größe h kann positiv oder negativ sein. Der Mittelwertsatz der Differentialrechnung (6.29a) ist ein Spezialfall dieser TAYLOR-Reihe für $n = 1$.

6.1.4.6 Verallgemeinerter Mittelwertsatz der Differentialrechnung

Wenn zwei Funktionen $y = f(x)$ und $y = \varphi(x)$ in einem abgeschlossenen Intervall $[a, b]$ stetig sind und wenigstens im Innern Ableitungen besitzen, wobei $\varphi'(x)$ an keiner Stelle des Intervalls verschwinden darf, dann existiert zwischen a und b wenigstens eine Zahl c derart, daß die Gleichung gilt

$$\frac{f(b) - f(a)}{\varphi(b) - \varphi(a)} = \frac{f'(c)}{\varphi'(c)} \quad (a < c < b). \tag{6.32}$$

Die geometrische Bedeutung des verallgemeinerten Mittelwertsatzes entspricht der des gewöhnlichen Mittelwertsatzes. Geht man z.B. davon aus, daß die Kurve in **Abb.6.9** in der Parameterform $x = \varphi(t)$, $y = f(t)$ gegeben ist, wobei die Punkte A und B den Parameterwerten $t = a$ bzw. $t = b$ entsprechen sollen, dann gilt für den Punkt C

$$\tan \alpha = \frac{f(b) - f(a)}{\varphi(b) - \varphi(a)} = \frac{f'(c)}{\varphi'(c)}. \tag{6.33}$$

Für $\varphi(x) = x$ geht der verallgemeinerte Mittelwertsatz in den gewöhnlichen Mittelwertsatz über.

6.1.5 Bestimmung von Extremwerten und Wendepunkten

6.1.5.1 Maxima und Minima

Unter *relativen* oder *lokalen Extremwerten* versteht man die relativen Maxima und Minima einer Funktion. *Relatives Maximum* (M) bzw. *relatives Minimum* (m) einer Funktion $f(x)$ werden solche Funktionswerte $f(x_0)$ genannt, die die Ungleichungen

$$f(x_0 + h) < f(x_0) \quad \text{(für das Maximum)}, \tag{6.34a}$$

$$f(x_0 + h) > f(x_0) \quad \text{(für das Minimum)} \tag{6.34b}$$

erfüllen, wobei für h beliebig kleine positive oder negative Werte eingesetzt werden können. Im relativen Maximum sind die Werte $f(x_0)$ größer als alle benachbarten Funktionswerte und entsprechend im Minimum kleiner. Den größten bzw. kleinsten Wert, den eine Funktion in einem Intervall annehmen kann, bezeichnet man als ihr *globales* oder *absolutes Maximum* bzw. *globales* oder *absolutes Minimum* in bezug auf dieses Intervall.

6.1.5.2 Notwendige Bedingung für die Existenz eines relativen Extremwertes

Ein relatives Maximum oder Minimum kann bei einer stetigen Funktion nur in den Punkten auftreten, in denen die Ableitung entweder verschwindet oder nicht definiert ist. Das bedeutet: In den Kurvenpunkten, die relativen Extremwerten entsprechen, verläuft die Tangente entweder parallel zur x–Achse **(Abb.6.10a)** oder parallel zur y–Achse **(Abb.6.10b)** oder sie existiert gar nicht **(Abb.6.10c)**. Allerdings handelt es sich hierbei nicht um hinreichende Bedingungen, was an Hand der Punkte A, B, C in **Abb.6.11** erkennbar ist, für die diese Bedingungen erfüllt sind, in denen es aber keine Extrema gibt.

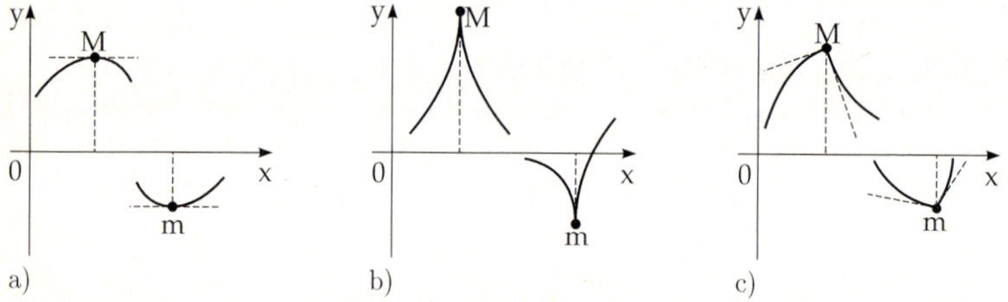

Abbildung 6.10

Wenn eine stetige Funktion relative Extremwerte besitzt, dann wechseln Maxima und Minima einander ab, so daß zwischen zwei benachbarten Maxima stets ein Minimum liegt und umgekehrt.

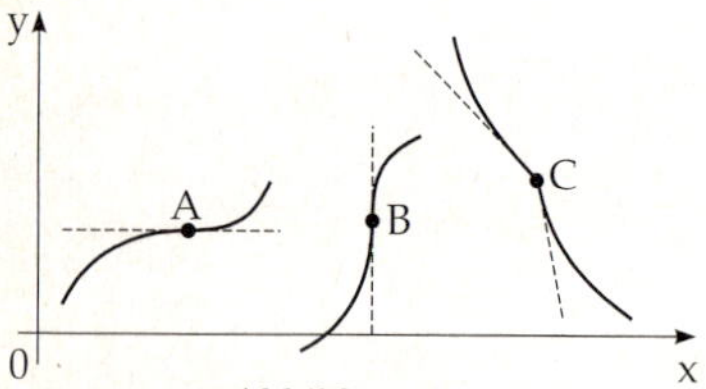

Abbildung 6.11

6.1.5.3 Relative Extremwerte einer differenzierbaren, explizit gegebenen Funktion $y = f(x)$

3. Ermittlung der Extrempunkte Da diese die notwendige Bedingung $f'(x) = 0$ erfüllen, werden nach der Berechnung der Ableitung $f'(x)$ alle reellen Wurzeln $x_1, x_2, \ldots, x_i, \ldots, x_n$ der Gleichung $f'(x) = 0$ bestimmt und jede von ihnen, z.B. x_i, mit einer der folgenden Methoden untersucht.

4. Methode des Vorzeichenvergleichs Für je einen Wert x_- bzw. x_+, der etwas kleiner bzw. etwas größer als x_i ist, wird das Vorzeichen der Ableitung $f'(x)$ festgestellt, wobei zwischen x_i und x_- bzw. x_+ keine weiteren Nullstellen von $f'(x)$ liegen dürfen. Wenn beim Übergang von $f'(x_-)$ zu $f'(x_+)$ das Vorzeichen von $f'(x)$ von „+" nach „−"wechselt, dann befindet sich bei $x = x_i$ ein relatives Maximum der Funktion $f(x)$ **(Abb.6.12a)**; wechselt es umgekehrt von „−" nach „+", dann liegt ein relatives Minimum vor **(Abb.6.12b)**. Gibt es keinen Vorzeichenwechsel der Ableitung **(Abb.6.12c,d)**, dann besitzt die Kurve bei $x = x_i$ kein Extremum, sondern einen Wendepunkt mit einer zur x–Achse parallelen Tangente.

5. Methode der höheren Ableitungen Besitzt die Funktion an der Stelle $x = x_i$ höhere Ableitungen, dann wird jede Wurzel x_i in die zweite Ableitung $f''(x)$ eingesetzt. Ist $f''(x_i) < 0$, dann gibt es an der Stelle x_i ein relatives Maximum, ist $f''(x_i) > 0$, ein relatives Minimum, ist $f''(x_i) = 0$, dann wird x_i in die dritte Ableitung $f'''(x)$ eingesetzt. Ergibt sich dabei $f'''(x_i) \neq 0$, dann gibt es bei $x = x_i$

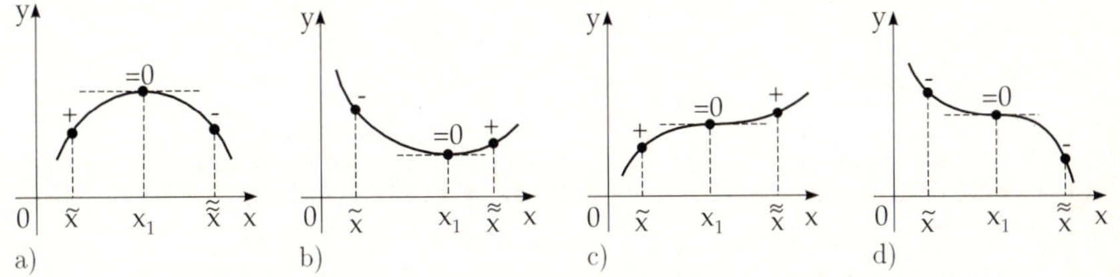

Abbildung 6.12

kein Extremum, sondern einen Wendepunkt. Erhält man $f'''(x_i) = 0$, dann ist in die vierte Ableitung einzusetzen usw.

6. Bedingungen für Extremwerte und Wendepunkte Ist die Ordnung der Ableitung, die an der Stelle $x = x_i$ erstmalig nicht verschwindet, gerade, dann besitzt $f(x)$ dort ein relatives Extremum: für einen negativen Wert ein relatives Maximum, für einen positiven ein relatives Minimum. Ist die Ordnung dieser Ableitung ungerade, dann besitzt die Funktion an dieser Stelle keinen Extremwert, sondern einen Wendepunkt. Die Methode des Vorzeichenvergleichs kann auch bei nichtexistierender Ableitung wie in **Abb.6.10b,c** und **Abb.6.11** eingesetzt werden.

6.1.5.4 Bestimmung der globalen Extremwerte

Das betreffende Intervall der unabhängigen Variablen wird in Teilintervalle zerlegt, in denen die Funktion differenzierbar ist. Die globalen Extremwerte sind dann unter den relativen Extremwerten der Teilintervalle und den Funktionswerten in den Randpunkten der Teilintervalle zu finden.

Beisiele für Extremwertbestimmungen:

■ **A:** $y = e^{-x^2}$, Intervall $[-1, +1]$. Größter Wert bei $x = 0$ **(Abb.6.13a).**

■ **B:** $y = x^3 - x^2$, Intervall $[-1, +2]$. Größter Wert bei $x = +2$ (**Abb.6.13b**, rechtes Intervallende).

■ **C:** $y = \dfrac{1}{1 + e^{\frac{1}{x}}}$, Intervall $[-3, +3]$. Größter Wert $x = 0$; Festlegung: $y = 1$ für $x = 0$ **(Abb.6.13c).**

■ **D:** $y = 2 - x^{\frac{2}{3}}$, Intervall $[-1, +1]$. Größter Wert bei $x = 0$ (**Abb.6.13d**, Maximum, unendliche Ableitung).

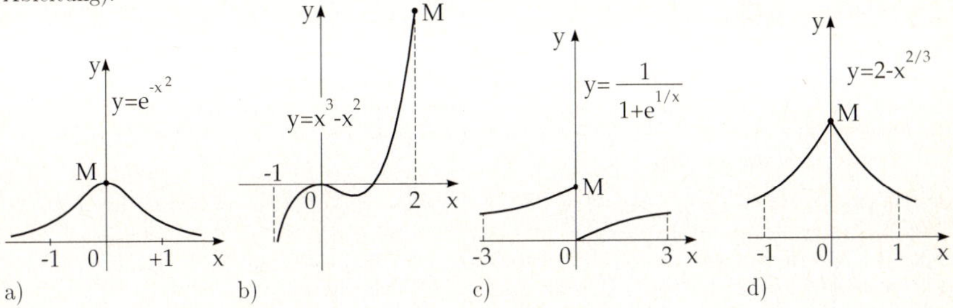

Abbildung 6.13

6.1.5.5 Bestimmung der Extremwerte einer implizit gegebenen Funktion

Wenn die Funktion in der impliziten Form $F(x, y) = 0$ gegeben ist und die Funktion F selbst sowie ihre partiellen Ableitngen F_x, F_y stetig sind, können die Maxima und Minima folgendermaßen bestimmt werden:

1. Lösung des Gleichungssystems: $F(x, y) = 0, F_x(x, y) = 0$ und Einsetzen der erhaltenen Werte

$(x_1, y_1), (x_2, y_2), \ldots (x_i, y_i), \ldots$ in F_y und F_{xx}.

2. Vorzeichenvergleich für $F_y$und F_{xx}im Punkt (x_i, y_i): Im Falle verschiedener Vorzeichen besitzt die Funktion $y = f(x)$ bei x_i ein Minimum, im Falle gleicher Vorzeichen von F_y und F_{xx} besitzt sie ein Maximum bei x_i. Wenn entweder F_y oder F_{xx} in (x_i, y_i) verschwindet, dann ist die weitere Untersuchung komplizierter.

6.2 Differentiation von Funktionen von mehreren Veränderlichen

6.2.1 Partielle Ableitungen

6.2.1.1 Partielle Ableitung einer Funktion

Partielle Ableitung einer Funktion $u = f(x_1, x_2, \ldots x_i, \ldots, x_n)$ nach einer ihrer n Veränderlichen, z.B. nach x_1, heißt der durch

$$\frac{\partial u}{\partial x_1} = \lim_{\Delta x_1 \to 0} \frac{f(x_1 + \Delta x_1, x_2, x_3, \ldots, x_n) - f(x_1, x_2, x_3, \ldots, x_n)}{\Delta x_1} \tag{6.35}$$

definierte Differentialquotient, der zum Ausdruck bringt, daß nur eine der n Variablen variiert, während die anderen $n - 1$ dabei als Konstante betrachtet werden. Symbole für die partielle Ableitung sind $\frac{\partial u}{\partial x}$, u'_x, $\frac{\partial f}{\partial x}$, f'_x. Von einer Funktion mit n Veränderlichen können n partielle Ableitungen erster Ordnung gebildet werden: $\frac{\partial u}{\partial x_1}, \frac{\partial u}{\partial x_2}, \frac{\partial u}{\partial x_3}, \ldots, \frac{\partial u}{\partial x_n}$. Die Berechnung der partiellen Ableitungen erfolgt nach den Regeln, die für die Differentiation von Funktionen von einer Veränderlichen bekannt sind.

■ $u = \frac{x^2 y}{z}, \quad \frac{\partial u}{\partial x} = \frac{2xy}{z}, \quad \frac{\partial u}{\partial y} = \frac{x^2}{z}, \quad \frac{\partial u}{\partial z} = -\frac{x^2 y}{z^2}.$

6.2.1.2 Geometrische Bedeutung bei zwei Veränderlichen

Stellt man eine Funktion $u = f(x, y)$ als Fläche in einem kartesischen Koordinatensystem dar und legt man durch den Flächenpunkt P eine Ebene parallel zur x, u–Ebene **(Abb.6.14)**, dann gilt

$$\frac{\partial u}{\partial x} = \tan \alpha. \tag{6.36a}$$

Dabei ist α der Winkel zwischen der positiven x–Achse und der Tangente an die Schnittkurve der Fläche in dem betreffenden Punkt mit einer Ebene, die parallel zur x, u–Ebene verläuft. Die Messung von α erfolgt, ausgehend von der x–Achse zur Tangente an die Schnittkurve, im entgegengesetzten Drehsinn des Uhrzeigers. Dabei ist der Blick von der positiven y–Achse gegen die Schnittebene gerichtet. In Analogie zu α ist β definiert gemäß

$$\frac{\partial u}{\partial y} = \tan \beta. \tag{6.36b}$$

Bezüglich der Ableitung nach einer gegebenen Richtung (*Richtungsableitung*) bzw. nach einem Volumen (*Volumenableitung*) sei auf die Vektoranalysis (s. S. 647) verwiesen.

6.2.1.3 Begriff des Differentials

Für jede der Variablen $x_1, x_2, \ldots$ läßt sich ein Differential $dx_1, dx_2, \ldots, dx_i, \ldots, dx_n$ bilden. Die Definition fällt unterschiedlich aus, je nachdem, ob es sich um das Differential einer unabhängigen Variablen oder um das einer Funktion handelt:

1. Differential einer unabhängigen Variablen x nennt man den beliebigen Zuwachs der Größe x gemäß

$$dx = \Delta x. \tag{6.37a}$$

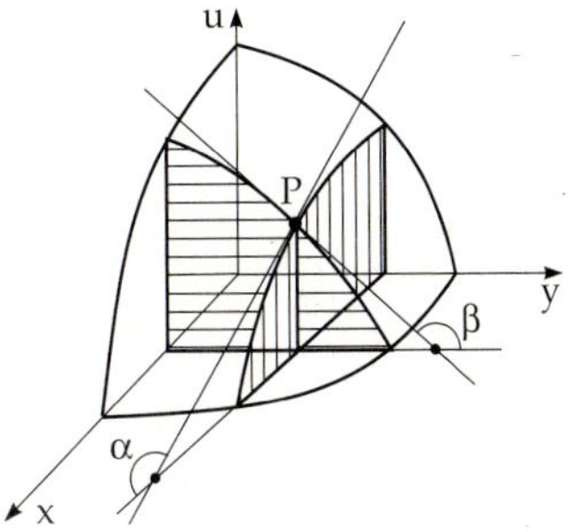

Abbildung 6.14

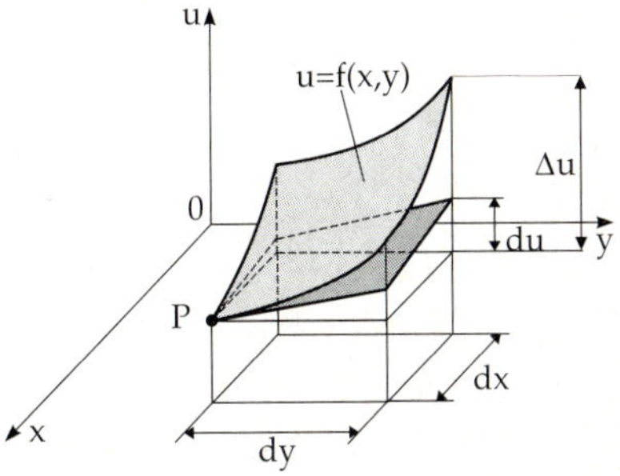

Abbildung 6.15

Dabei kann man Δx einen beliebigen Wert beimessen.

2. Differential einer Funktion $y = f(x)$ einer Veränderlichen x nennt man für einen gegebenen x–Wert und einen gegebenen Wert des Differentials dx das Produkt

$$dy = f'(x)\,dx\,. \tag{6.37b}$$

3. Geometrische Bedeutung des Differentials Wenn die Funktion durch eine Kurve in einem kartesischen Koordinatensystem dargestellt ist, dann ist dy der Zuwachs, den die Ordinate der Kurventangente im Punkt x für einen gegebenen Zuwachs dx erfährt **(Abb.6.1)**.

6.2.1.4 Haupteigenschaften des Differentials

1. Invarianz Unabhängig davon, ob x eine unabhängige Variable oder eine Funktion von einer weiteren Variablen t ist, gilt

$$dy = f'(x)\,dx\,. \tag{6.38}$$

2. Größenordnung Wenn dx eine beliebig kleine Größe ist, dann sind auch dy und $\Delta y = y(x + \Delta x) - y(x)$ beliebig kleine, aber äquivalente Größen, d.h. $\lim\limits_{\Delta x \to 0} \dfrac{\Delta y}{dy} = 1$. Infolgedessen ist die Differenz zwischen ihnen ebenfalls eine beliebig kleine Größe, aber von höherer Ordnung als dx, dy und Δx. Daraus ergibt sich die Beziehung

$$\lim_{\Delta x \to 0} \frac{\Delta y}{dy} = 1\,, \quad \Delta y \approx dy = f'(x)\,dx\,, \tag{6.39}$$

die es gestattet, die Berechnung kleiner *Inkremente* auf die Berechnung ihres Differentials zurückzuführen. So wird oft bei näherungsweisen Berechnungen vorgegangen (s. S. 383 und S. 788).

6.2.1.5 Partielles Differential

Von einer Funktion von mehreren Veränderlichen $u = f(x, y, \ldots)$ kann das partielle Differential nach einer dieser Veränderlichen, z.B. nach x gebildet werden, was durch die Gleichung

$$d_x u = d_x f = \frac{\partial u}{\partial x}\,dx \tag{6.40}$$

definiert ist.

6.2.2 Vollständiges Differential und Differentiale höherer Ordnung

6.2.2.1 Begriff des vollständigen Differentials einer Funktion von mehreren Veränderlichen (totales Differential)

1. Differenzierbarkeit

Man nennt eine Funktion von mehreren Veränderlichen $u = f(x_1, x_2, \ldots, x_i, \ldots, x_n)$ im Punkt $M_0(x_{10}, x_{20}, \ldots, x_{i0}, \ldots, x_{n0})$ differenzierbar, wenn sich der vollständige Zuwachs der Funktion

$$\Delta u = f(x_{10} + dx_1, x_{20} + dx_2, \ldots, x_{i0} + dx_i, \ldots, x_{n0} + dx_n) - f(x_{10}, x_{20}, \ldots, x_{i0}, \ldots, x_{n0}) \tag{6.41a}$$

beim Übergang zu einem beliebig nahe benachbarten Punkt $M(x_{10}dx_1, x_{20} + dx_2, \ldots, x_{i0} + dx_i, \ldots, x_{n0} + dx_n)$ mit den beliebig kleinen Größen $dx_1, dx_2, \ldots, dx_i, \ldots, dx_n$ von der Summe der partiellen Differentiale der Funktion nach allen Variablen

$$(\frac{\partial u}{\partial x_1}dx_1 + \frac{\partial u}{\partial x_2}dx_2 + \ldots + \frac{\partial u}{\partial x_n}dx_n)_{x_{10}, x_{20}, \ldots, x_{n0}} \tag{6.41b}$$

um eine beliebig kleine Größe höherer Ordnung unterscheidet, als der Abstand

$$\overline{M_0M} = \sqrt{dx_1^2 + dx_2^2 + \ldots + dx_n^2}\,. \tag{6.41c}$$

Differenzierbar ist jede stetige Funktion von mehreren Variablen, die stetige partielle Ableitungen nach allen ihren Variablen besitzt. Umgekehrt folgt die Differenzierbarkeit einer Funktion nicht aus der blossen Existenz der partiellen Ableitungen.

2. Vollständiges Differential

Wenn u eine differenzierbare Funktion ist, wird die Summe (6.41b) das *vollständige Differential* der Funktion genannt:

$$du = \frac{\partial u}{\partial x_1}dx_1 + \frac{\partial u}{\partial x_2}dx_2 + \ldots + \frac{\partial u}{\partial x_n}dx_n\,. \tag{6.42a}$$

Mit Hilfe der Vektoren

$$\operatorname{grad} u = \left(\frac{\partial u}{\partial x_1}, \frac{\partial u}{\partial x_2}, \ldots, \frac{\partial u}{\partial x_n}\right)^{\mathrm{T}}, \tag{6.42b}$$

$$dr = (dx_1, dx_2, \ldots, dx_n)^{\mathrm{T}} \tag{6.42c}$$

läßt sich das totale Differential als Skalarprodukt

$$du = \operatorname{grad} u \cdot dr \tag{6.42d}$$

darstellen. In (6.42b) handelt es sich um den auf S. 647 definierten Gradienten für den Fall von n unabhängigen Variablen.

3. Geometrische Bedeutung

Die geometrische Bedeutung des vollständigen Differentials einer Funktion von zwei Veränderlichen $u = f(x, y)$, die in einem kartesischen Koordinatensystem als Fläche dargestellt werden kann (**Abb. 6.15**), besteht darin, daß du gleich dem Zuwachs der Applikate der Tangentialebene (untere Fläche durch den betrachteten Punkt) ist, wenn dx und dy die Inkremente von x und y sind.
Aus der TAYLORschen Formel (s. S. 412) folgt für Funktionen von zwei Variablen

$$f(x, y) = f(x_0, y_0) + \frac{\partial f}{\partial x}(x_0, y_0)(x - x_0) + \frac{\partial f}{\partial y}(x_0, y_0)(y - y_0) + R_1\,. \tag{6.43a}$$

Vernachlässigt man das Restglied R_1, dann stellt

$$u = f(x_0, y_0) + \frac{\partial f}{\partial x}(x_0, y_0)(x - x_0) + \frac{\partial f}{\partial y}(x_0, y_0)(y - y_0) \tag{6.43b}$$

die Gleichung der Tangentialebene an die Fläche $u = f(x, y)$ im Punkt $P_0(x_0, y_0, u_0)$ dar.

4. Haupteigenschaft des vollständigen Differentials
wird in Analogie zum Differential einer Funktion von einer Veränderlichen die in (6.38) formulierte Invarianz in bezug auf die enthaltenen Variablen genannt.

5. Anwendung in der Fehlerrechnung
Im Rahmen der Fehlerrechnung wird das totale Differential du zur Schätzung des Fehlers Δu (s. (6.41a)) verwendet(s. z.B. S. 785). Aus der TAYLORschen Formel (s. S. 412) folgt

$$|\Delta u| = |du + R_1| \leq |du| + |R_1| \approx |du|, \tag{6.44}$$

d.h., der absolute Fehler $|\Delta u|$ kann in erster Näherung durch $|du|$ ersetzt werden. Damit ist du eine lineare Approximation für Δu.

6.2.2.2 Ableitungen und Differentiale höherer Ordnungen

1. Partielle Ableitung zweiter Ordnung
Die partielle Ableitung einer Funktion $u = f(x_1, x_2, \ldots, x_i, \ldots, x_n)$ kann sowohl nach der gleichen Variablen gebildet werden, wie die erste Ableitung, d.h. $\frac{\partial^2 u}{\partial x_1^2}, \frac{\partial^2 u}{\partial x_2^2}, \ldots$, als auch nach einer anderen Variablen, d.h. $\frac{\partial^2 u}{\partial x_1 \partial x_2}, \frac{\partial^2 u}{\partial x_2 \partial x_3}, \frac{\partial^2 u}{\partial x_3 \partial x_1}, \ldots$. Im zweiten Falle spricht man von einer gemischten Ableitung. Der Wert einer gemischten Ableitung $\frac{\partial^2 u}{\partial x_1 \partial x_2} = \frac{\partial^2 u}{\partial x_2 \partial x_1}$ ist für gegebene x_1 und x_2 unabhängig von der Reihenfolge der Ableitungsbildung, wenn die gemischte Ableitung in dem betrachteten Punkt stetig ist (SCHWARZ*scher Vertauschungssatz*). Partielle Ableitungen höherer Ordnung, wie z.B. $\frac{\partial^3 u}{\partial x^3}, \frac{\partial^3 u}{\partial x \partial y^2}, \ldots$ sind analog definiert.

2. Differential zweiter Ordnung einer Funktion von einer Veränderlichen
Das Differential zweiter Ordnung einer Funktion von einer Veränderlichen $y = f(x)$ mit dem Symbol d^2y, $d^2f(x)$ wird als Differential des ersten Differentials gebildet: $d^2y = d(dy) = f''(x)dx^2$. Diese Symbole sind allerdings nur geeignet, wenn x eine unabhängige Veränderliche ist und nicht geeignet, wenn x z.B. in der Form $x = z(v)$ gegeben ist. Die Differentiale höherer Ordnung werden in analoger Weise definiert. Wenn die Variablen $x_1, x_2, \ldots, x_i, \ldots, x_n$ selbst Funktionen anderer Veränderlicher sind, ergeben sich kompliziertere Formeln (s. S. 391).

3. Vollständiges Differential zweiter Ordnung
$u = f(x, y)$

$$d^2u = d(du) = \frac{\partial^2 u}{\partial x^2}dx^2 + 2\frac{\partial^2 u}{\partial x \partial y}\,dx\,dy + \frac{\partial^2 u}{\partial y^2}\,dy^2 \tag{6.45a}$$

bzw. symbolisch

$$d^2u = \left(\frac{\partial}{\partial x}\,dx + \frac{\partial}{\partial y}dy\right)^2 u\,. \tag{6.45b}$$

4. Vollständiges Differential n–ter Ordnung einer Funktion zweier Veränderlicher

$$d^n u = \left(\frac{\partial}{\partial x}dx + \frac{\partial}{\partial y}dy\right)^n u\,. \tag{6.46}$$

5. Vollständiges Differential n–ter Ordnung einer Funktion mehrerer Veränderlicher

$$d^n u = \left(\frac{\partial}{\partial x_1}\,dx_1 + \frac{\partial}{\partial x_2}\,dx_2 + \ldots + \frac{\partial}{\partial x_n}\,dx_n\right)^n u\,. \tag{6.47}$$

6.2.3 Differentiationsregeln für Funktionen von mehreren Veränderlichen

6.2.3.1 Differentiation von zusammengesetzten Funktionen

1. Mittelbare Funktion von einer unabhängigen Veränderlichen

$$u = f(x_1, x_2, \ldots, x_n), \quad x_1 = \varphi(\xi), \quad x_2 = \psi(\xi), \ldots, \quad x_n = \chi(\xi) \tag{6.48a}$$

$$\frac{\partial u}{\partial \xi} = \frac{\partial u}{\partial x_1}\frac{dx_1}{d\xi} + \frac{\partial u}{\partial x_2}\frac{dx_2}{d\xi} + \ldots + \frac{\partial u}{\partial x_n}\frac{dx_n}{d\xi}. \tag{6.48b}$$

2. Mittelbare Funktion von mehreren unabhängigen Veränderlichen

$$u = f(x_1, x_2, \ldots, x_n), \quad x_1 = \varphi(\xi, \eta, \ldots, \tau), \quad x_2 = \psi(\xi, \eta, \ldots, \tau), \ldots, \quad x_n = \chi(\xi, \eta, \ldots, \tau) \tag{6.49a}$$

$$\left.\begin{array}{l} \dfrac{\partial u}{\partial \xi} = \dfrac{\partial u}{\partial x_1}\dfrac{\partial x_1}{\partial \xi} + \dfrac{\partial u}{\partial x_2}\dfrac{\partial x_2}{\partial \xi} + \cdots + \dfrac{\partial u}{\partial x_n}\dfrac{\partial x_n}{\partial \xi}, \\ \dfrac{\partial u}{\partial \eta} = \dfrac{\partial u}{\partial x_1}\dfrac{\partial x_1}{\partial \eta} + \dfrac{\partial u}{\partial x_2}\dfrac{\partial x_2}{\partial \eta} + \cdots + \dfrac{\partial u}{\partial x_n}\dfrac{\partial x_n}{\partial \eta}, \\ \quad\vdots \;=\; \vdots \;+\; \vdots \;+ \vdots + \;\vdots \\ \dfrac{\partial u}{\partial \tau} = \dfrac{\partial u}{\partial x_1}\dfrac{\partial x_1}{\partial \tau} + \dfrac{\partial u}{\partial x_2}\dfrac{\partial x_2}{\partial \tau} + \cdots + \dfrac{\partial u}{\partial x_n}\dfrac{\partial x_n}{\partial \tau}. \end{array}\right\} \tag{6.49b}$$

6.2.3.2 Differentiation impliziter Funktionen

1. Eine Funktion mit einer Veränderlichen $y = f(x)$ sei gegeben durch die Gleichung

$$F(x, y) = 0. \tag{6.50a}$$

Durch Differentiation von (6.50a) nach x ergibt sich mit Hilfe von (6.48b)

$$F'_x + F'_y y' = 0 \quad \text{und} \quad (6.50\text{b}) \qquad y' = -\frac{F'_x}{F'_y}. \tag{6.50c}$$

Differentiation von (6.50b) liefert auf die gleiche Weise

$$F''_{xx} + 2F''_{xy}y' + F''_{yy}(y')^2 + F'_y y'' = 0, \tag{6.50d}$$

so daß man unter Berücksichtigung von (6.50b) erhält

$$y'' = \frac{2F'_xF'_yF''_{xy} - (F'_y)^2F''_{xx} - (F'_x)^2F''_{yy}}{(F'_y)^3}. \tag{6.50e}$$

Durch analoges Vorgehen berechnet man

$$F'''_{xxx} + 3F'''_{xxy}y' + 3F'''_{xyy}(y')^2 + F'''_{yyy}(y')^3 + 3F''_{xy}y'' + 3F''_{yy}y'y'' + F'_y y''' = 0, \tag{6.50f}$$

was nach y''' aufgelöst werden kann.

2. Eine Funktion von mehreren Veränderlichen $u = f(x_1, x_2, \ldots, x_i, \ldots, x_n)$ sei gegeben durch die Gleichung

$$F(x_1, x_2, \ldots, x_i, \ldots, x_n, u) = 0. \tag{6.51a}$$

Die partiellen Ableitungen

$$\frac{\partial u}{\partial x_1} = -\frac{F'_{x_1}}{F'_u}, \frac{\partial u}{\partial x_2} = -\frac{F'_{x_2}}{F'_u}, \ldots, \frac{\partial u}{\partial x_n} = -\frac{F'_{x_n}}{F'_u} \tag{6.51b}$$

werden in Analogie zum eben demonstrierten Fall ermittelt, aber mit Hilfe der Formeln (6.49b). Auf dieselbe Weise werden die partiellen Ableitungen höherer Ordnung berechnet.

3. Zwei Funktionen von einer Veränderlichen $y = f(x)$ und $z = \varphi(x)$ seien gegeben durch das Gleichungssystem

$$F(x, y, z) = 0 \quad \text{und} \quad \Phi(x, y, z) = 0 . \tag{6.52a}$$

Differentiation von (6.52a) gemäß (6.48b) liefert

$$F'_x + F'_y y' + F'_z z' = 0 , \quad \Phi'_x + \Phi'_y y' + \Phi'_z z' = 0 , \tag{6.52b}$$

$$y' = \frac{F'_z \Phi'_x - \Phi'_z F'_x}{F'_y \Phi'_z - F'_z \Phi'_y} , \quad z' = \frac{F'_x \Phi'_y - F'_y \Phi'_x}{F'_y \Phi'_z - F'_z \Phi'_y} . \tag{6.52c}$$

Die zweiten Ableitungen y'' und x'' werden in derselben Weise durch Differentiation von (6.52b) unter Berücksichtigung von y' und z' berechnet.

4. n Funktionen von einer Veränderlichen Die Funktionen $y_1 = f(x), y_2 = \varphi(x), \ldots, y_n = \psi(x)$ seien gegeben durch ein System von n Gleichungen

$$F(x, y_1, y_2, \ldots, y_n) = 0 , \quad \Phi(x, y_1, y_2, \ldots, y_n) = 0 , \quad \ldots, \Psi(x, y_1, y_2, \ldots, y_n) = 0 . \tag{6.53a}$$

Differentiation von (6.53a) mit Hilfe von (6.48b) liefert

$$\left.\begin{array}{l} F'_x + F'_{y_1} y'_1 + F'_{y_2} y'_2 + \cdots + F'_{y_n} y'_n = 0 \\ \Phi'_x + \Phi'_{y_1} y'_1 + \Phi'_{y_2} y'_2 + \cdots + \Phi'_{y_n} y'_n = 0 \\ \vdots + \vdots + \vdots + \vdots + \vdots = 0 \\ \Psi'_x + \Psi'_{y_1} y'_1 + \Psi'_{y_2} y'_2 + \cdots + \Psi'_{y_n} y'_n = 0 \end{array}\right\} . \tag{6.53b}$$

Auflösen von (6.53b) liefert die gesuchten Ableitungen $y'_1, y'_2, \ldots, y'_n$. Auf die gleiche Weise werden die Ableitungen höherer Ordnung bestimmt.

5. Zwei Funktionen von zwei Veränderlichen $u = f(x, y), v = \varphi(x, y)$ seien gegeben durch das Gleichungssystem

$$F(x, y, u, v) = 0 \quad \text{und} \quad \Phi(x, y, u, v) = 0. \tag{6.54a}$$

Differentiation von (6.54a) nach x und y mit Hilfe von (6.49b) liefert

$$\left.\begin{array}{l} \dfrac{\partial F}{\partial x} + \dfrac{\partial F}{\partial u}\dfrac{\partial u}{\partial x} + \dfrac{\partial F}{\partial v}\dfrac{\partial v}{\partial x} = 0 , \\ \dfrac{\partial \Phi}{\partial x} + \dfrac{\partial \Phi}{\partial u}\dfrac{\partial u}{\partial x} + \dfrac{\partial \Phi}{\partial v}\dfrac{\partial v}{\partial x} = 0 , \end{array}\right\} \text{(6.54b)} \qquad \left.\begin{array}{l} \dfrac{\partial F}{\partial y} + \dfrac{\partial F}{\partial u}\dfrac{\partial u}{\partial y} + \dfrac{\partial F}{\partial v}\dfrac{\partial v}{\partial y} = 0 , \\ \dfrac{\partial \Phi}{\partial y} + \dfrac{\partial \Phi}{\partial u}\dfrac{\partial u}{\partial y} + \dfrac{\partial \Phi}{\partial v}\dfrac{\partial v}{\partial y} = 0 . \end{array}\right\} \text{(6.54c)}$$

Auflösen des Systems (6.54b) nach $\dfrac{\partial u}{\partial x}, \dfrac{\partial v}{\partial x}$ und des Systems (6.54c) nach $\dfrac{\partial u}{\partial y}, \dfrac{\partial v}{\partial y}$ ergibt die partiellen Ableitungen erster Ordnung. Die Ableitungen höherer Ordnung werden auf gleiche Weise berechnet.

6. n Funktionen von m Veränderlichen, gegeben durch ein System von n Gleichungen Die Berechnung der partiellen Ableitungen erster und höherer Ordnung erfolgt nach dem gleichen Schema, wie es in den vorangegangenen Fällen demonstriert wurde.

6.2.4 Substitution von Variablen in Differentialausdrücken und Koordinatentransformationen

6.2.4.1 Funktion von einer Veränderlichen

Gegeben sei eine Funktion sowie ein funktionaler Zusammenhang, der die unabhängige Variable, die Funktion und deren Ableitungen enthält:

$$y = f(x) , \tag{6.55a}$$

$$H = F\left(x, y, \frac{dy}{dx}, \frac{d^2y}{dx^2}, \frac{d^3y}{dx^3}, \ldots\right) . \tag{6.55b}$$

Die Ableitungen können dann bei der Substitution der Variablen auf die folgende Weise berechnet werden:

Fall 1 a: Die Variable x wird durch die Variable t ersetzt, die mit x gemäß

$$x = \varphi(t) \tag{6.56a}$$

verknüpft ist. Dann gilt

$$\frac{dy}{dx} = \frac{1}{\varphi'(t)}\frac{dy}{dt}, \quad \frac{d^2y}{dx^2} = \frac{1}{[\varphi'(t)]^3}\left\{\varphi'(t)\frac{d^2y}{dt^2} - \varphi''(t)\frac{dy}{dt}\right\}, \tag{6.56b}$$

$$\frac{d^3y}{dx^3} = \frac{1}{[\varphi'(t)]^5}\left\{[\varphi'(t)]^2\frac{d^3y}{dt^3} - 3\,\varphi'(t)\,\varphi''(t)\frac{d^2y}{dt^2} + [3[\varphi''(t)]^2 - \varphi'(t)\,\varphi'''(t)]\frac{dy}{dx}\right\}. \tag{6.56c}$$

Fall 1 b: Wenn die Verknüpfung beider Variabler nicht in expliziter, sondern in der impliziten Form

$$\Phi(x, t) = 0 \tag{6.57}$$

gegeben ist, werden die Ableitungen $\frac{dy}{dx}, \frac{d^2y}{dx^2}, \frac{d^3y}{dx^3}$ mit denselben Formeln berechnet, aber die Ableitungen $\varphi'(t), \varphi''(t), \varphi'''(t)$ sind nach den Regeln für implizite Funktionen zu berechnen. In diesem Falle kann es vorkommen, daß der Zusammenhang (6.55b) die Variable x enthält. Zur Eliminierung wird dann die Verknüpfung (6.57) benutzt.

Fall 2: Die Funktion y wird durch eine Funktion u ersetzt, die mit y gemäß

$$y = \varphi(u) \tag{6.58a}$$

verknüpft ist. Die Berechnung der Ableitungen kann dann mit den folgenden Formeln erfolgen:

$$\frac{dy}{dx} = \varphi'(u)\frac{du}{dx}, \quad \frac{d^2y}{dx^2} = \varphi'(u)\frac{d^2u}{dx^2} + \varphi''(u)\left(\frac{du}{dx}\right)^2, \tag{6.58b}$$

$$\frac{d^3y}{dx^3} = \varphi'(u)\frac{d^3u}{dx^3} + 3\varphi''(u)\frac{du}{dx}\frac{d^2u}{dx^2} + \varphi'''(u)\left(\frac{du}{dx}\right)^3, \dots. \tag{6.58c}$$

Fall 3: Die Variablen x und y werden durch die neuen Veränderlichen t und u ersetzt, die mittels der Formeln

$$x = \varphi(t, u), \quad y = \psi(t, u) \tag{6.59a}$$

verknüpft sind. Zur Berechnung der Ableitungen können die folgenden Formeln verwendet werden:

$$\frac{dy}{dx} = \frac{\dfrac{\partial\psi}{\partial t} + \dfrac{\partial\psi}{\partial u}\dfrac{du}{dt}}{\dfrac{\partial\varphi}{\partial t} + \dfrac{\partial\varphi}{\partial u}\dfrac{du}{dt}}, \tag{6.59b}$$

$$\frac{d^2y}{dx^2} = \frac{d}{dx}\left(\frac{dy}{dx}\right) = \frac{d}{dx}\left[\frac{\dfrac{\partial\psi}{\partial t} + \dfrac{\partial\psi}{\partial u}\dfrac{du}{dt}}{\dfrac{\partial\varphi}{\partial t} + \dfrac{\partial\varphi}{\partial u}\dfrac{du}{dt}}\right] = \frac{1}{\dfrac{\partial\varphi}{\partial t} + \dfrac{\partial\varphi}{\partial u}\dfrac{du}{dt}}\,\frac{d}{dt}\left[\frac{\dfrac{\partial\psi}{\partial t} + \dfrac{\partial\psi}{\partial u}\dfrac{du}{dt}}{\dfrac{\partial\varphi}{\partial t} + \dfrac{\partial\varphi}{\partial u}\dfrac{du}{dt}}\right], \tag{6.59c}$$

$$\frac{1}{B}\frac{d}{dt}\left(\frac{A}{B}\right) = \frac{1}{B^3}\left(B\frac{dA}{dt} - A\frac{dB}{dt}\right), \tag{6.59d}$$

mit $A = \dfrac{\partial\psi}{\partial t} + \dfrac{\partial\psi}{\partial u}\dfrac{du}{dt}$, (6.59e) $\qquad B = \dfrac{\partial\varphi}{\partial t} + \dfrac{\partial\varphi}{\partial u}\dfrac{du}{dt}$. (6.59f)

Die Berechnung der dritten Ableitung $\frac{d^3y}{dx^3}$ geschieht in analoger Weise.

■ Für die Transformation kartesischer Koordinaten in Polarkoordinaten gemäß

$$x = \rho\cos\varphi\,, \quad y = \rho\sin\varphi \tag{6.60a}$$

berechnen sich die erste und zweite Ableitung wie folgt:

$$\frac{dy}{dx} = \frac{\rho'\sin\varphi + \rho\cos\varphi}{\rho'\cos\varphi - \rho\sin\varphi}\,, \tag{6.60b}$$

$$\frac{d^2y}{dx^2} = \frac{\rho^2 + 2\rho'^2 - \rho\rho''}{(\rho'\cos\varphi - \rho\sin\varphi)^3}\,. \tag{6.60c}$$

6.2.4.2 Funktion zweier Veränderlicher

Gegeben sei eine Funktion sowie ein funktionaler Zusammenhang, der die unabhängigen Variablen, die Funktion und deren partielle Ableitungen enthält:

$$\omega = f(x, y) \tag{6.61a}$$

$$H = F\left(x, y, \omega, \frac{\partial\omega}{\partial x}, \frac{\partial\omega}{\partial y}, \frac{\partial^2\omega}{\partial x^2}, \frac{\partial^2\omega}{\partial x\partial y}, \frac{\partial^2\omega}{\partial y^2}, \dots\right). \tag{6.61b}$$

Wenn x und y durch neue Variable u und v , gegeben durch

$$x = \varphi(u, v)\,, \quad y = \psi(u, v)\,, \tag{6.62a}$$

substituiert werden, können die partiellen Ableitungen erster Ordnung aus dem Gleichungssystem

$$\frac{\partial\omega}{\partial u} = \frac{\partial\omega}{\partial x}\frac{\partial\varphi}{\partial u} + \frac{\partial\omega}{\partial y}\frac{\partial\psi}{\partial u}\,, \quad \frac{\partial\omega}{\partial v} = \frac{\partial\omega}{\partial x}\frac{\partial\varphi}{\partial v} + \frac{\partial\omega}{\partial y}\frac{\partial\psi}{\partial v} \tag{6.62b}$$

mit den neuen Funktionen A, B, C und D von u und v berechnet werden zu

$$\frac{\partial\omega}{\partial x} = A\frac{\partial\omega}{\partial u} + B\frac{\partial\omega}{\partial v}\,, \quad \frac{\partial\omega}{\partial y} = C\frac{\partial\omega}{\partial u} + D\frac{\partial\omega}{\partial v}\,. \tag{6.62c}$$

Die partiellen Ableitungen zweiter Ordnung werden mit denselben Formeln berechnet, aber indem sie nicht auf ω , sondern auf dessen partielle Ableitungen $\frac{\partial\omega}{\partial x}$ und $\frac{\partial\omega}{\partial y}$ angewendet werden, z.B.

$$\begin{aligned}\frac{\partial^2\omega}{\partial u^2} = \frac{\partial}{\partial x}\left(\frac{\partial\omega}{\partial x}\right) = \frac{\partial}{\partial x}\left(A\frac{\partial\omega}{\partial u} + B\frac{\partial\omega}{\partial v}\right) &= A\left(A\frac{\partial^2\omega}{\partial u^2} + B\frac{\partial^2\omega}{\partial u\partial v} + \frac{\partial A}{\partial u}\frac{\partial\omega}{\partial u} + \frac{\partial B}{\partial u}\frac{\partial\omega}{\partial v}\right)\\ &+B\left(A\frac{\partial^2\omega}{\partial u\partial v} + B\frac{\partial^2\omega}{\partial v^2} + \frac{\partial A}{\partial v}\frac{\partial\omega}{\partial u} + \frac{\partial B}{\partial v}\frac{\partial\omega}{\partial v}\right).\end{aligned} \tag{6.63}$$

Die höheren partiellen Ableitungen können in derselben Weise berechnet werden.

■ Der LAPLACE-Operator (s. S. 654) soll in Polarkoordinaten (s. S. 186) ausgedrückt werden:

$$\Delta\omega = \frac{\partial^2\omega}{\partial x^2} + \frac{\partial^2\omega}{\partial y^2}\,, \tag{6.64a}$$

$$x = \rho\cos\varphi\,, \quad y = \rho\sin\varphi\,. \tag{6.64b}$$

Gang der Rechnung:

$$\frac{\partial\omega}{\partial\rho} = \frac{\partial\omega}{\partial x}\cos\varphi + \frac{\partial\omega}{\partial y}\sin\varphi\,, \quad \frac{\partial\omega}{\partial\varphi} = -\frac{\partial\omega}{\partial x}\rho\sin\varphi + \frac{\partial\omega}{\partial y}\rho\cos\varphi\,,$$

$$\frac{\partial\omega}{\partial x} = \cos\varphi\frac{\partial\omega}{\partial\rho} - \frac{\sin\varphi}{\rho}\frac{\partial\omega}{\partial\varphi}\,, \quad \frac{\partial\omega}{\partial y} = \sin\varphi\frac{\partial\omega}{\partial\rho} + \frac{\cos\varphi}{\rho}\frac{\partial\omega}{\partial\varphi}\,,$$

$$\frac{\partial^2\omega}{\partial x^2} = \cos\varphi\frac{\partial}{\partial\rho}\left(\cos\varphi\frac{\partial\omega}{\partial\rho} - \frac{\sin\varphi}{\rho}\frac{\partial\omega}{\partial\varphi}\right) - \frac{\sin\varphi}{\rho}\frac{\partial}{\partial\varphi}\left(\cos\varphi\frac{\partial\omega}{\partial\rho} - \frac{\sin\varphi}{\rho}\frac{\partial\omega}{\partial\varphi}\right).$$

Analog wird $\frac{\partial^2 \omega}{\partial y^2}$ berechnet, so daß man erhält:

$$\Delta\omega = \frac{\partial^2 \omega}{\partial \rho^2} + \frac{1}{\rho^2}\frac{\partial^2 \omega}{\partial \varphi^2} + \frac{1}{\rho}\frac{\partial \omega}{\partial \rho}\,. \tag{6.64c}$$

Hinweis: Wenn Funktionen mit mehreren Veränderlichen substituiert werden sollen, können ähnliche Substitutionsformeln hergeleitet werden.

6.2.5 Extremwerte von Funktionen von mehreren Veränderlichen

6.2.5.1 Definition

Eine Funktion $u = f(x_1, x_2, \ldots, x_i, \ldots, x_n)$ besitzt im Punkt $P_0(x_{10}, x_{20}, \ldots, x_{i0}, \ldots, x_{n0})$ einen relativen Extremwert, wenn sich eine Zahl ϵ derart angeben läßt, daß das Gebiet $x_{10} - \epsilon < x_1 < x_{10} + \epsilon, x_{20} - \epsilon < x_2 < x_{20} + \epsilon, \ldots, x_{n0} - \epsilon < x_n < x_{n0} + \epsilon$ zum Definitionsbereich der Funktion gehört und für jeden Punkt dieses Gebiets mit Ausnahme von P_0 für ein Maximum die Ungleichung

$$f(x_1, x_2, \ldots, x_n) < f(x_{10}, x_{20}, \ldots, x_{n0}) \tag{6.65a}$$

und für ein Minimum die Ungleichung

$$f(x_1, x_2, \ldots, x_n) > f(x_{10}, x_{20}, \ldots, x_{n0}) \tag{6.65b}$$

gilt. In der Sprache des Begriffs des mehrdimensionalen Raumes (s. S. 117) sind in den Punkten eines relativen Maximums oder relativen Minimums die Funktionswerte größer oder kleiner als in den benachbarten Punkten.

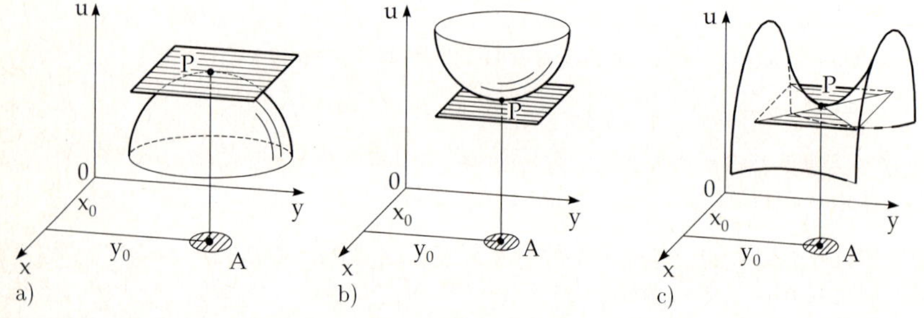

Abbildung 6.16

6.2.5.2 Geometrische Bedeutung

Geometrisch betrachtet entspricht der relative Extremwert einer Funktion zweier Veränderlicher, die in einem kartesischen Koordinatensystem als Fläche dargestellt ist (s. S. 117), einem Punkt A, in dem die Applikate der Fläche größer oder kleiner ist als die Applikate aller beliebigen anderen Punkte in hinreichend kleiner Entfernung vom Punkt A, d.h. in einem Gebiet kleiner Ausdehnung, das den Punkt A enthält **(Abb.6.16)**.

Wenn die Fläche im Punkt P, der ein relatives Extremum darstellt, eine Tangentialebene besitzt, dann verläuft diese parallel zur x, y–Ebene **(Abb.6.16a,b)**. Diese Bedingung ist notwendig, aber nicht hinreichend dafür, daß im Punkt P ein Maximum oder Minimum vorhanden ist. In **(Abb.6.16c)** zeichnet sich die Fläche im Punkt P durch eine horizontale Tangentialebene aus, doch besitzt die Funktion dort kein Extremum, sondern einen Sattelpunkt.

6.2.5.3 Bestimmung der Extremwerte einer Funktion von zwei Veränderlichen

Wenn $u = f(x, y)$ gegeben ist, wird das Gleichungssystem $f'_x = 0, f'_y = 0$ gelöst, damit die erhaltenen Wertepaare $(x_1, y_1), (x_2, y_2), \ldots$ in

$$A = \frac{\partial^2 f}{\partial x^2}, \quad B = \frac{\partial^2 f}{\partial x \partial y}, \quad C = \frac{\partial^2 f}{\partial y^2} \tag{6.66}$$

eingesetzt werden können. Durch Diskussion des Ausdrucks

$$\Delta = \begin{vmatrix} A & B \\ B & C \end{vmatrix} = AC - B^2 = [f''_{xx} f''_{yy} - (f''_{xy})^2]_{x=x_i, y=y_i} \tag{6.67}$$

bestimmt man die Art des Extremwertes:

1. Im Falle $\Delta > 0$ besitzt die Funktion $f(x, y)$ für das Wertesystem (x_i, y_i) mit $f''_{xx} < 0$ ein Maximum, mit $f''_{xx} > 0$ ein Minimum (hinreichende Bedingung).

2. Im Falle $\Delta < 0$ hat $f(x, y)$ kein Extremum.

3. Im Falle $\Delta = 0$ ist die Diskussion komplizierter.

6.2.5.4 Bestimmung der Extremwerte einer Funktion von n Veränderlichen

Die notwendige, aber nicht hinreichende Bedingung dafür, daß die Funktion $u = f(x_1, x_2, \ldots, x_n)$ für ein Wertesystem $(x_1, x_2, \ldots, x_n)$ ein Extremum besitzt, besteht darin, daß das Wertesystem die n Gleichungen

$$f'_{x_1} = 0\,, \; f'_{x_2} = 0\,, \; \ldots, f'_{x_n} = 0 \tag{6.68}$$

erfüllt. Im allgemeinen Falle sind die hinreichenden Bedingungen von komplizierter Art. Damit man die Frage, ob die Funktion für ein Lösungssystem $x_{10}, x_{20}, \ldots, x_{n0}$ der Gleichung (6.68) ein Extremum besitzt oder nicht, effektiv beantworten kann, untersucht man solche Werte der Funktion, die nahe bei $x_{10}, x_{20}, \ldots, x_{n0}$ liegen.

6.2.5.5 Lösung von Approximationsaufgaben

Mit Hilfe der Extremwertbestimmung bei Funktionen von mehreren Veränderlichen lassen sich viele Approximationsaufgaben, die vor allem unter dem Namen *Ausgleichsaufgaben* oder *Quadratmittelaufgaben* bekannt sind, lösen.

Lösungsfälle:

- Bestimmung von FOURIER–Koeffizienten (s. S. 416, 921);
- Bestimmung der Ansatzkoeffizienten und Parameter von Näherungsfunktionen(s. S. 914 ff);
- Bestimmung einer Näherungslösung für überbestimmte lineare Gleichungssysteme (s. S. 887).

Bezeichnungen: Für die Lösungsmethode sind folgende Bezeichnungen gebräuchlich:

- GAUSSsche Fehlerquadratmethode (s. z.B. S. 914),
- Methode der kleinsten Quadrate,
- Approximation im Mittel (stetig und diskret) (s. z.B. S.914),
- Ausgleichsrechnung (s. S. 914) und Regression (s. S. 773).

6.2.5.6 Bestimmung der Extremwerte unter Vorgabe von Nebenbedingungen

Wenn das Extremum einer Funktion $u = f(x_1, x_2, \ldots, x_n)$ mit n Veränderlichen bestimmt werden soll, die voneinander abhängig und durch die Nebenbedingungen

$$\varphi(x_1, x_2, \ldots, x_n) = 0\,, \; \psi(x_1, x_2, \ldots, x_n) = 0, \ldots\,, \; \chi(x_1, x_2, \ldots, x_n) = 0 \tag{6.69a}$$

miteinander verknüpft sind, wobei die Anzahl dieser Verknüpfungen $k < n$ sein muß, dann führt man gemäß der Multiplikatorenmethode von LAGRANGE k unbestimmte Multiplikatoren $\lambda, \mu, \ldots, \kappa$ ein und betrachtet die folgenden LAGRANGE-*Funktionen* der $n+k$ Veränderlichen $x_1, x_2, \ldots, x_n, \lambda, \mu, \ldots, \kappa$:

$$\begin{aligned}\Phi\,(x_1, x_2, \ldots, x_n, \lambda, \mu, \ldots, \kappa) \\ = f(x_1, x_2, \ldots, x_n) + \lambda\,\varphi(x_1, x_2, \ldots, x_n) + \mu\,\psi(x_1, x_2, \ldots, x_n) + \cdots \\ + \kappa\,\chi(x_1, x_2, \ldots, x_n)\,. \end{aligned} \tag{6.69b}$$

Die notwendige Bedingung für ein Extremum der Funktion Φ ist ein System von $n+k$ Gleichungen (6.68) mit den Unbekannten $x_1, x_2, \ldots, x_n, \lambda, \mu, \ldots, \kappa$ in der Form

$$\varphi = 0, \psi = 0\,, \;\ldots\;, \chi = 0\,,\; \Phi'_{x_1} = 0\,,\; \Phi'_{x_2} = 0\,, \ldots\,, \Phi'_{x_n} = 0\,. \tag{6.69c}$$

Als notwendige Bedingung dafür, daß die Funktion f ein Extremum besitzen kann, muß das Wertesystem $x_{10}, x_{20}, \ldots, x_{n0}$ diese Gleichungen erfüllen.

■ Die Extremwerte der Funktion $u = f(x, y)$ mit der Nebenbedingung $\varphi(x, y) = 0$ werden aus den drei Gleichungen

$$\varphi(x, y) = 0\,,\; \frac{\partial}{\partial x}[f(x, y) + \lambda\varphi(x, y)] = 0\,,\; \frac{\partial}{\partial y}[f(x, y) + \lambda\varphi(x, y)] = 0 \tag{6.70}$$

mit den drei Unbekannten x, y, λ bestimmt.

7 Unendliche Reihen

7.1 Zahlenfolgen

7.1.1 Eigenschaften von Zahlenfolgen

7.1.1.1 Definition der Zahlenfolge

Eine *unendliche Zahlenfolge* ist eine unendliche Menge von Zahlen

$$a_1, a_2, \ldots, a_n, \ldots \quad \text{oder kurz } \{a_k\} \text{ mit } k = 1, 2, \ldots\,, \tag{7.1}$$

die in einer bestimmten Reihenfolge angeordnet sind. Die Zahlen der Zahlenfolge werden *Glieder der Zahlenfolge* genannt. Unter den Gliedern einer Zahlenfolge können auch gleiche Zahlen auftreten. Eine Folge gilt als gegeben, wenn das *Bildungsgesetz der Zahlenfolge*, d.h. eine Regel, bekannt ist, nach der jedes beliebige Glied der Zahlenfolge bestimmt werden kann. Häufig läßt sich eine Formel für das allgemeine Glied a_n angeben.

Beispiele für Zahlenfolgen:

■ **A:** $a_n = n$: $1, 2, 3, 4, 5, \ldots$.

■ **B:** $a_n = 4 + 3(n-1)$: $4, 7, 10, 13, 16, \ldots$.

■ **C:** $a_n = 3\left(-\frac{1}{2}\right)^{n-1}$: $3, -\frac{3}{2}, \frac{3}{4}, -\frac{3}{8}, \frac{3}{16}, \ldots$.

■ **D:** $a_n = (-1)^{n+1}$: $1, -1, 1, -1, 1, \ldots$.

■ **E:** $a_n = 3 - \frac{1}{2^{n-2}}$: $1, 2, 2\frac{1}{2}, 2\frac{3}{4}, 2\frac{7}{8}, \ldots$.

■ **F:** $a_n = 3\frac{1}{3} - \frac{1}{3} \cdot 10^{\frac{n-1}{2}}$ für ungerades n und $a_n = 3\frac{1}{3} + \frac{2}{3} \cdot 10^{-\frac{n}{2}+1}$ für gerades n: 3, 4, 3,3; 3,4; 3,33; 3,34; 3,333; 3,334; … .

■ **G:** $a_n = \frac{1}{n}$: $1, \frac{1}{2}, \frac{1}{3}, \frac{1}{4}, \frac{1}{5}, \ldots$.

■ **H:** $a_n = (-1)^{n+1} n$: $1, -2, 3, -4, 5, -6, \ldots$.

■ **I:** $a_n = -\frac{n+1}{2}$ für ungerade n und $a_n = 0$ für gerades n: $-1, 0, -2, 0, -3, 0, -4, 0, \ldots$.

■ **J:** $a_n = 3 - \frac{1}{2^{\frac{n}{2}-\frac{3}{2}}}$ für ungerades n und $a_n = 13 - \frac{1}{2^{\frac{n}{2}}-2}$ für gerades n: $1, 11, 2, 12, 2\frac{1}{2}, 12\frac{1}{2}, 2\frac{3}{4}, 12\frac{3}{4}, \ldots$.

7.1.1.2 Monotone Zahlenfolgen

Man nennt eine Folge $a_1, a_2, \ldots, a_n, \ldots$ *monoton wachsend*, wenn gilt

$$a_1 \le a_2 \le a_3 \le \cdots \le a_n \le \cdots\,, \tag{7.2}$$

und *monoton fallend*, wenn gilt

$$a_1 \ge a_2 \ge a_3 \ge \cdots \ge a_n \ge \cdots\,. \tag{7.3}$$

Man spricht von einer *streng monoton wachsenden Folge* bzw. *streng monoton fallenden Folge*, wenn in (7.2) bzw. (7.3) die Gleichheitszeichen nicht zugelassen sind.

Beispiele für monotone Zahlenfolgen:

■ **A:** Von den Folgen **A** bis **J** sind **A, B, E** streng monoton wachsend.

■ **B:** Die Folge **G** ist streng monoton fallend.

7.1.1.3 Beschränkte Folgen

Eine Folge heißt *beschränkt*, wenn für alle ihre Glieder gilt

$$|a_n| < K\,, \tag{7.4}$$

wobei $K > 0$ ist. Existiert eine solche Zahl K (*Schranke*) nicht, dann spricht man von einer *unbeschränkten Folge*.

■ Von den Folgen **A** bis **J** sind die Folgen **C** mit $K = 4$, **D** mit $K = 2$, **E** mit $K = 3$, **F** mit $K = 5$, **G** mit $K = 2$ und **J** mit $K = 13$ beschränkt.

7.1.2 Grenzwerte von Zahlenfolgen

1. Grenzwert einer Zahlenfolge

Eine unendliche Zahlenfolge (7.1) hat den Grenzwert oder *Limes* A, wenn mit unbegrenzt wachsendem Index n die Differenz $a_n - A$ dem Betrage nach beliebig klein wird. Genauer formuliert bedeutet das: Zu jeder beliebig kleinen Zahl ε läßt sich ein Index $n_0(\varepsilon)$ so bestimmen, daß für alle $n > n_0$ gilt

$$|a_n - A| < \varepsilon . \tag{7.5}$$

2. Konvergenz einer Zahlenfolge

Eine Zahlenfolge $\{a_n\}$, die (7.5) erfüllt, heißt *konvergent gegen A*. Man schreibt dann

$$\lim_{n\to\infty} a_n = A \quad \text{bzw.} \quad a_n \to A . \tag{7.6}$$

■ Von den Folgen der vorhergehenden Seite **A** bis **J** sind konvergent: **C** mit $A = 0$, **E** mit $A = 3$, **F** mit $A = 3\frac{1}{3}$, **G** mit $A = 0$.

3. Divergenz einer Zahlenfolge

Nichtkonvergente Zahlenfolgen heißen *divergent*. Man spricht von *bestimmter Divergenz*, wenn a_n mit unbegrenzt wachsendem n nach der positiven oder negativen Seite jede vorgegebene Zahl von beliebig großem Betrag überschreitet. Man schreibt dann:

$$\lim_{n\to\infty} a_n = \infty \quad \text{bzw.} \quad \lim_{n\to-\infty} a_n = -\infty . \tag{7.7}$$

Anderenfalls spricht man von *unbestimmter Divergenz*.

Beispiele für divergente Zahlenfolgen:

■ **A:** Von den Folgen **A** bis **J** auf der vorhergendenen Seite sind **A** und **B** gegen $+\infty$ bestimmt divergent.

■ **B:** Von den Folgen ist **D** unbestimmt divergent.

4. Sätze über Grenzwerte von Zahlenfolgen

a) Wenn die Folgen $\{a_n\}$ und $\{b_n\}$ konvergieren, gilt

$$\lim_{n\to\infty}(a_n + b_n) = \lim_{n\to\infty} a_n + \lim_{n\to\infty} b_n , \tag{7.8}$$

$$\lim_{n\to\infty}(a_n b_n) = (\lim_{n\to\infty} a_n)(\lim_{n\to\infty} b_n) , \tag{7.9}$$

$$\lim_{n\to\infty} \frac{a_n}{b_n} = \frac{\lim\limits_{n\to\infty} a_n}{\lim\limits_{n\to\infty} b_n} , \quad \text{falls} \quad \lim_{n\to\infty} b_n \neq 0 . \tag{7.10}$$

b) Wenn $\lim\limits_{n\to\infty} a_n = \lim\limits_{n\to\infty} b_n = A$ gilt und wenigstens von einem Index n_1 ab stets $a_n \le c_n \le b_n$ ist, dann gilt auch

$$\lim_{n\to\infty} c_n = A . \tag{7.11}$$

c) Eine monoton beschränkte Folge besitzt stets einen endlichen Grenzwert. Ist eine monoton wachsende Folge $a_1 \le a_2 \le a_3 \le \ldots$ nach oben beschränkt, d.h. $a_n \le K_1$ für alle n bzw. eine monoton fallende nach unten, d.h. $a_n \ge K_2$ für alle n, so konvergiert sie gegen einen Grenzwert, der nicht größer als die *obere Schranke* K_1 bzw. nicht kleiner als die *untere Schranke* K_2 ist.

7.2 Reihen mit konstanten Gliedern

7.2.1 Allgemeine Konvergenzsätze

7.2.1.1 Konvergenz und Divergenz unendlicher Reihen

1. Unendliche Reihe und ihre Summe

Aus den Gliedern a_k einer *unendlichen Zahlenfolge* $\{a_k\}$ (s. S. 397) kann formal der Ausdruck

$$a_1 + a_2 + \cdots + a_k + \cdots = \sum_{k=1}^{\infty} a_k \tag{7.12}$$

gebildet werden, der eine *unendliche Reihe* genannt wird. Die Summen

$$S_1 = a_1\,, \quad S_2 = a_1 + a_2\,, \quad \ldots, \quad S_n = \sum_{k=1}^{n} a_k \tag{7.13}$$

nennt man *Partialsummen.*

2. Konvergente und divergente Reihen

Man spricht von einer *konvergenten Reihe* (7.12), wenn die Folge $\{S_n\}$ der Partialsummen konvergiert. Den *Grenzwert* oder *Limes*

$$S = \lim_{n\to\infty} S_n = \sum_{k=1}^{\infty} a_k \tag{7.14}$$

nennt man die *Summe* und a_k das *allgemeine Glied* der Reihe. Wenn der Grenzwert (7.14) nicht existiert, spricht man von einer *divergenten Reihe.* In diesem Falle können die Partialsummen unbegrenzt wachsen oder oszillieren. Die Frage nach der Konvergenz einer unendlichen Reihe wird somit auf die Existenz eines Grenzwertes der Folge $\{S_n\}$ zurückgeführt.

■ **A:** Die *geometrische Reihe* (s. S. 18)

$$1 + \frac{1}{2} + \frac{1}{4} + \frac{1}{8} + \cdots + \frac{1}{2^n} + \cdots \tag{7.15}$$

ist konvergent.

■ **B:** Die *harmonische Reihe*

$$1 + \frac{1}{2} + \frac{1}{3} + \cdots + \frac{1}{n} + \cdots \tag{7.16}$$

und die Reihen

$$1+1+1+\cdots+1+\cdots \tag{7.17}$$

und

$$1 - 1 + 1 - \cdots + (-1)^{n-1} + \cdots \tag{7.18}$$

sind divergent. Während für die Reihen (7.16) und (7.17) $\lim\limits_{n\to\infty} S_n = \infty$ ist, oszilliert (7.18).

3. Reihenrest

Unter dem *Rest* oder dem *Restglied* einer konvergenten Reihe $S = \sum\limits_{k=1}^{\infty} a_k$ versteht man die Differenz zwischen ihrer Summe S und der Partialsumme S_n:

$$R_n = S - S_n = \sum_{k=n+1}^{\infty} a_k = a_{n+1} + a_{n+2} + \cdots\,. \tag{7.19}$$

7.2.1.2 Allgemeine Sätze über die Konvergenz von Reihen

1. Weglassen von Anfangsgliedern Werden endlich viele Anfangsglieder einer Reihe weggelassen oder endlich viele Glieder einer Reihe hinzugefügt, dann ändert sich das Konvergenzverhalten der Reihe nicht.

2. Multiplikation aller Glieder Werden alle Glieder einer konvergenten Reihe mit ein und demselben Faktor c multipliziert, dann bleibt die Konvergenz der Reihe ungestört; ihre Summe ist mit dem Faktor c zu multiplizieren.

3. Gliedweise Addition oder Subtraktion Konvergente Reihen dürfen gliedweise addiert oder subtrahiert werden. Aus der Konvergenz der Reihen

$$a_1 + a_2 + \cdots + a_n + \cdots = \sum_{k=1}^{\infty} a_k = S_1 \quad (7.20a) \qquad b_1 + b_2 + \cdots + b_n + \cdots = \sum_{k=1}^{\infty} b_k = S_2 \quad (7.20b)$$

folgt die Konvergenz und die Summe der Reihe

$$(a_1 \pm b_1) + (a_2 \pm b_2) + \cdots + (a_n \pm b_n) + \cdots = S_1 \pm S_2 \,. \tag{7.20c}$$

4. Notwendiges Kriterium für die Konvergenz einer Reihe Die Folge der Glieder einer konvergenten Reihe muß gegen Null streben:

$$\lim_{n\to\infty} a_n = 0 \,. \tag{7.21}$$

Hierbei handelt es sich um eine *notwendige*, nicht aber um eine *hinreichende Bedingung.*

■ Für die harmonische Reihe (7.16) ist $\lim\limits_{n\to\infty} a_n = 0$, aber $\lim\limits_{n\to\infty} S_n = \infty$.

7.2.2 Konvergenzkriterien für Reihen mit positiven Gliedern

7.2.2.1 Vergleichskriterium

Wenn zwei Reihen

$$a_1 + a_2 + \cdots + a_n + \cdots = \sum_{n=1}^{\infty} a_n \quad (7.22a) \qquad b_1 + b_2 + \cdots + b_n + \cdots = \sum_{n=1}^{\infty} b_n \quad (7.22b)$$

nur positive Glieder ($a_n > 0$, $b_n > 0$) besitzen und wenn von einem gewissen n an $a_n \geq b_n$ ist, dann folgt aus der Konvergenz der Reihe (7.22a) auch die Konvergenz der Reihe (7.22b). Umgekehrt folgt aus der Divergenz der Reihe (7.22b) auch die Divergenz der Reihe (7.22a).

■ **A:** Aus dem Vergleich der Glieder der Reihe

$$1 + \frac{1}{2^2} + \frac{1}{3^3} + \cdots + \frac{1}{n^n} + \cdots \tag{7.23a}$$

mit denen der geometrischen Reihe (7.15) folgt die Konvergenz der Reihe (7.23a). Von $n = 2$ an sind die Glieder der Reihe (7.23a) kleiner als die der konvergenten Reihe (7.15):

$$\frac{1}{n^n} < \frac{1}{2^{n-1}} \quad (n \geq 2) \,. \tag{7.23b}$$

■ **B:** Aus dem Vergleich der Glieder der Reihe

$$1 + \frac{1}{\sqrt{2}} + \frac{1}{\sqrt{3}} + \cdots + \frac{1}{\sqrt{n}} + \cdots \tag{7.24a}$$

mit denen der harmonischen Reihe (7.16) folgt die Divergenz der Reihe (7.24a). Von $n > 1$ an sind die Glieder der Reihe (7.24a) größer als die der divergenten Reihe (7.16):

$$\frac{1}{\sqrt{n}} > \frac{1}{n} \quad (n > 1) \,. \tag{7.24b}$$

7.2.2.2 Quotientenkriterium von d'Alembert

Wenn für die Reihe

$$a_1 + a_2 + \cdots + a_n + \cdots = \sum_{n=1}^{\infty} a_n \tag{7.25a}$$

von einem gewissen n an alle Quotienten $\dfrac{a_{n+1}}{a_n}$ kleiner sind als eine Zahl $q < 1$, dann ist die Reihe konvergent:

$$\frac{a_{n+1}}{a_n} < q < 1 \,. \tag{7.25b}$$

Wenn diese Quotienten von einem gewissen n an größer sind als eine Zahl $Q > 1$, dann ist die Reihe divergent. Daraus ergibt sich: Gilt

$$\lim_{n\to\infty} \frac{a_{n+1}}{a_n} = \rho\,, \tag{7.25c}$$

dann ist die Reihe für $\rho < 1$ konvergent und für $\rho > 1$ divergent.

■ **A**: Die Reihe $\frac{1}{2} + \frac{2}{2^2} + \frac{3}{2^3} + \cdots + \frac{n}{2^n} + \cdots$ (7.26a)

konvergiert, denn es gilt

$$\rho = \lim_{n\to\infty} \left(\frac{n+1}{2^{n+1}} : \frac{n}{2^n} \right) = \lim_{n\to\infty} \frac{1 + \frac{1}{n}}{2} = \frac{1}{2}\,. \tag{7.26b}$$

■ **B**: Für die Reihe $2 + \frac{3}{4} + \frac{4}{9} + \cdots + \frac{n+1}{n^2} + \cdots$ (7.27a)

liefert das Quotientenkriterium wegen

$$\rho = \lim_{n\to\infty} \left(\frac{n+2}{(n+1)^2} : \frac{n+1}{n^2} \right) = 1 \tag{7.27b}$$

keine Entscheidung über die Konvergenz oder Divergenz der Reihe.

7.2.2.3 Wurzelkriterium von Cauchy

Gilt für eine Reihe

$$a_1 + a_2 + \cdots + a_n + \cdots = \sum_{n=1}^{\infty} a_n \tag{7.28a}$$

von einem gewissen n an für alle Zahlen $\sqrt[n]{a_n}$

$$\sqrt[n]{a_n} < q < 1\,, \tag{7.28b}$$

dann ist die Reihe konvergent. Sind umgekehrt von einem gewissen n an alle Zahlen $\sqrt[n]{a_n}$ größer als eine Zahl Q und ist $Q > 1$, dann divergiert die Reihe. Daraus ergibt sich: Gilt

$$\lim_{n\to\infty} \sqrt[n]{a_n} = \rho \tag{7.28c}$$

dann ist die Reihe konvergent für $\rho < 1$ und divergent für $\rho > 1$. Für $\rho = 1$ kann keine Aussage über das Konvergenzverhalten gemacht werden.

■ Die Reihe $\frac{1}{2} + \left(\frac{2}{3}\right)^4 + \left(\frac{3}{4}\right)^9 + \cdots + \left(\frac{n}{n+1}\right)^{n^2} + \cdots$ (7.29a)

ist konvergent wegen

$$\rho = \lim_{n\to\infty} \sqrt[n]{\left(\frac{n}{n+1}\right)^{n^2}} = \lim_{n\to\infty} \left(\frac{1}{1 + \frac{1}{n}} \right)^n = \frac{1}{e} < 1\,. \tag{7.29b}$$

7.2.2.4 Integralkriterium von Cauchy

1. Konvergenz Eine Reihe mit dem allgemeinen Glied $a_n = f(n)$ ist konvergent, wenn $f(x)$ eine monoton fallende Funktion ist und das uneigentliche Integral

$$\int_c^{\infty} f(x)\,dx \qquad \text{(s. S. 448)} \tag{7.30}$$

konvergiert.

2. Divergenz Eine Reihe mit dem allgemeinen Glied $a_n = f(n)$ ist divergent, wenn dieses Integral (7.30) divergiert.
Die untere Integrationsgrenze c ist zwar beliebig, sie ist jedoch so zu wählen, daß die Funktion $f(x)$ für $c < x < \infty$ definiert und frei von Unstetigkeiten ist.

■ Die Reihe (7.27a) ist divergent wegen

$$f(x) = \frac{x+1}{x^2}, \quad \int_c^\infty \frac{x+1}{x^2}\,dx = \left[\ln x - \frac{1}{x}\right]_c^\infty = \infty. \tag{7.31}$$

7.2.3 Absolute und bedingte Konvergenz

7.2.3.1 Definition

Neben der Reihe

$$a_1 + a_2 + \cdots + a_n + \cdots = \sum_{n=1}^{\infty} a_n \tag{7.32a}$$

mit Gliedern, die verschiedene Vorzeichen haben können, wie z.B. in einer alternierenden Reihe, wird auch die Reihe

$$|a_1| + |a_2| + \cdots + |a_n| + \cdots = \sum_{n=1}^{\infty} |a_n| \tag{7.32b}$$

betrachtet, deren Glieder die Absolutbeträge der Glieder der Reihe (7.32a) sind. Wenn die Reihe (7.32b) konvergent ist, dann ist es auch die Reihe (7.32a). In diesem Falle spricht man von der *absoluten Konvergenz* der Reihe (7.32a). Wenn die Reihe (7.32b) divergent ist, dann kann die Reihe (7.32a) entweder auch divergent oder konvergent sein. Im letzten Falle spricht man von der *bedingten Konvergenz* der Reihe (7.32a).

■ **A:** Die Reihe $\dfrac{\sin\alpha}{2} + \dfrac{\sin 2\alpha}{2^2} + \cdots + \dfrac{\sin n\alpha}{2^n} + \cdot,$ (7.33a)

in der α eine beliebige konstante Zahl ist, konvergiert absolut, da die Reihe mit dem absoluten Glied $\left|\dfrac{\sin n\alpha}{2^n}\right|$ konvergiert. Dies zeigt ein Vergleich mit der geometrischen Reihe (7.15):

$$\left|\frac{\sin n\alpha}{2^n}\right| \le \frac{1}{2^n}. \tag{7.33b}$$

■ **B:** Die Reihe $1 - \dfrac{1}{2} + \dfrac{1}{3} - \cdots + (-1)^{n-1}\dfrac{1}{n} + \cdots$ (7.34)

konvergiert bedingt, wie (7.36b) und ein Vergleich mit der divergenten harmonischen Reihe (7.16) zeigen, die das allgemeine Glied $\dfrac{1}{n} = |a_n|$ hat.

7.2.3.2 Eigenschaften absolut konvergenter Reihen

1. Vertauschung von Gliedern

a) Die Glieder einer absolut konvergenten Reihe können nach Belieben miteinander vertauscht werden: Die Reihensumme ändert sich dadurch nicht.

b) Wenn die Glieder einer bedingt konvergenten Reihe so umgestellt werden, daß in die Umstellung beliebig viele Glieder einbezogen sind, dann kann dadurch die Reihensumme geändert werden. Der *Satz von* RIEMANN besagt, daß auf diese Weise jede beliebige vorgegebene Zahl zur Reihensumme gemacht werden kann.

2. Addition und Subtraktion

Absolut konvergente Reihen können gliedweise addiert oder subtrahiert werden.

3. Multiplikation

Absolut konvergente Reihen können wie gewöhnliche Polynome miteinander multipliziert werden. Das Ergebnis ist wieder als Reihe darstellbar, z.B.:

$$(a_1 + a_2 + \cdots + a_n + \cdots)(b_1 + b_2 + \cdots + b_n + \cdots)$$
$$= \underbrace{a_1b_1} + \underbrace{a_2b_1 + a_1b_2} + \underbrace{a_3b_1 + a_2b_2 + a_1b_3} + \cdots \tag{7.35a}$$
$$+ \underbrace{a_nb_1 + a_{n-1}b_2 + \cdots + a_1b_n} + \cdots .$$

Wenn die Reihensummen $\sum a_n = S_a$ und $\sum b_n = S_b$ bekannt sind, dann ergibt sich die Summe der multiplizierten Reihen gemäß

$$S = S_a S_b . \tag{7.35b}$$

Wenn zwei Reihen $a_1 + a_2 + \cdots + a_n + \cdots = \sum_{n=1}^{\infty} a_n$ und $b_1 + b_2 + \cdots + b_n + \cdots = \sum_{n=1}^{\infty} b_n$ konvergent sind und wenigstens eine von ihnen absolut konvergiert, dann konvergiert auch die durch Multiplikation aus beiden erhaltene Reihe. Sie ist jedoch nicht notwendig ebenfalls absolut konvergent.

7.2.3.3 Alternierende Reihen

1. Leibnizsches Konvergenzkriterium (Satz von Leibniz)

Hinreichendes Kriterium für die Konvergenz der alternierenden Reihe

$$a_1 - a_2 + a_3 - \cdots \pm a_n \mp \cdots , \tag{7.36a}$$

in der die a_n positive Zahlen sind, ist die Erfüllung der zwei Bedingungen

$$\textbf{1.}\ \lim_{n\to\infty} a_n = 0 \quad \text{und} \quad \textbf{2.}\ a_1 > a_2 > a_3 > \cdots > a_n > \cdots . \tag{7.36b}$$

■ Die Reihe (7.34) ist nach diesem Kriterium konvergent.

2. Abschätzung des Restgliedes der alternierenden Reihe

Wenn in einer konvergenten alternierenden Reihe nur die ersten n Glieder berücksichtigt werden, dann stimmt das Vorzeichen des Restgliedes R_n mit dem des ersten weggelassenen Gliedes a_{n+1} überein, und R_n ist absolut genommen kleiner als $|a_{n+1}|$:

$$\operatorname{sign} R_n = \operatorname{sign}(a_{n+1}) \quad \text{mit} \quad R_n = S - S_n , \tag{7.37a}$$
$$|S - S_n| < |a_{n+1}| . \tag{7.37b}$$

■ Bei der Reihe

$$1 - \frac{1}{2} + \frac{1}{3} - \frac{1}{4} + \cdots \pm \frac{1}{n} \mp \cdots = \ln 2 \tag{7.38a}$$

gilt für das Restglied

$$|\ln 2 - S_n| < \frac{1}{n+1} . \tag{7.38b}$$

7.2.4 Einige spezielle Reihen

7.2.4.1 Summenwerte einiger Reihen mit konstanten Gliedern

$$1 + \frac{1}{1!} + \frac{1}{2!} + \frac{1}{3!} + \cdots + \frac{1}{n!} + \cdots = e , \tag{7.39}$$

$$1 - \frac{1}{1!} + \frac{1}{2!} - \frac{1}{3!} + \cdots \pm \frac{1}{n!} \mp \cdots = \frac{1}{e} , \tag{7.40}$$

$$1 - \frac{1}{2} + \frac{1}{3} - \frac{1}{4} + \cdots \pm \frac{1}{n} \mp \cdots = \ln 2 , \tag{7.41}$$

$$1 + \frac{1}{2} + \frac{1}{4} + \frac{1}{8} + \cdots + \frac{1}{2^n} + \cdots = 2 , \tag{7.42}$$

$$1 - \frac{1}{2} + \frac{1}{4} - \frac{1}{8} + \cdots \pm \frac{1}{2^n} \mp \cdots = \frac{2}{3} , \tag{7.43}$$

$$1 - \frac{1}{3} + \frac{1}{5} - \frac{1}{7} + \frac{1}{9} - \cdots \pm \frac{1}{2n-1} \mp \cdots = \frac{\pi}{4} , \tag{7.44}$$

$$\frac{1}{1\cdot 2}+\frac{1}{2\cdot 3}+\frac{1}{3\cdot 4}+\cdots+\frac{1}{n(n+1)}+\cdots=1\,, \tag{7.45}$$

$$\frac{1}{1\cdot 3}+\frac{1}{3\cdot 5}+\frac{1}{5\cdot 7}+\cdots+\frac{1}{(2n-1)(2n+1)}+\cdots=\frac{1}{2}\,, \tag{7.46}$$

$$\frac{1}{1\cdot 3}+\frac{1}{2\cdot 4}+\frac{1}{3\cdot 5}+\cdots+\frac{1}{(n-1)(n+1)}+\cdots=\frac{3}{4}\,, \tag{7.47}$$

$$\frac{1}{3\cdot 5}+\frac{1}{7\cdot 9}+\frac{1}{11\cdot 13}+\cdots+\frac{1}{(4n-1)(4n+1)}+\cdots=\frac{1}{2}-\frac{\pi}{8}\,, \tag{7.48}$$

$$\frac{1}{1\cdot 2\cdot 3}+\frac{1}{2\cdot 3\cdot 4}+\cdots+\frac{1}{n(n+1)(n+2)}+\cdots=\frac{1}{4}\,, \tag{7.49}$$

$$\frac{1}{1\cdot 2\ldots l}+\frac{1}{2\cdot 3\ldots(l+1)}+\cdots+\frac{1}{n\ldots(n+l-1)}+\cdots=\frac{1}{(l-1)(l-1)!}\,, \tag{7.50}$$

$$1+\frac{1}{2^2}+\frac{1}{3^2}+\frac{1}{4^2}+\cdots+\frac{1}{n^2}+\cdots=\frac{\pi^2}{6}\,, \tag{7.51}$$

$$1-\frac{1}{2^2}+\frac{1}{3^2}-\frac{1}{4^2}+\cdots\pm\frac{1}{n^2}\mp\cdots=\frac{\pi^2}{12}\,, \tag{7.52}$$

$$\frac{1}{1^2}+\frac{1}{3^2}+\frac{1}{5^2}+\cdots+\frac{1}{(2n+1)^2}+\cdots=\frac{\pi^2}{8}\,, \tag{7.53}$$

$$1+\frac{1}{2^4}+\frac{1}{3^4}+\frac{1}{4^4}+\cdots+\frac{1}{n^4}+\cdots=\frac{\pi^4}{90}\,, \tag{7.54}$$

$$1-\frac{1}{2^4}+\frac{1}{3^4}-\cdots\pm\frac{1}{n^4}\pm\cdots=\frac{7\pi^4}{720}\,, \tag{7.55}$$

$$\frac{1}{1^4}+\frac{1}{3^4}+\frac{1}{5^4}+\cdots+\frac{1}{(2n+1)^4}+\cdots=\frac{\pi^4}{96}\,, \tag{7.56}$$

$$1+\frac{1}{2^{2k}}+\frac{1}{3^{2k}}+\frac{1}{4^{2k}}+\cdots+\frac{1}{n^{2k}}+\cdots=\frac{\pi^{2k}2^{2k-1}}{(2k)!}B_k\,,^{*} \tag{7.57}$$

$$1-\frac{1}{2^{2k}}+\frac{1}{3^{2k}}-\frac{1}{4^{2k}}+\cdots\pm\frac{1}{n^{2k}}\mp\cdots=\frac{\pi^{2k}(2^{2k-1}-1)}{(2k)!}B_k\,, \tag{7.58}$$

$$1+\frac{1}{3^{2k}}+\frac{1}{5^{2k}}+\frac{1}{7^{2k}}+\cdots+\frac{1}{(2n-1)^{2k}}+\cdots=\frac{\pi^{2k}(2^{2k}-1)}{2\cdot(2k)!}B_k\,, \tag{7.59}$$

$$1-\frac{1}{3^{2k+1}}+\frac{1}{5^{2k+1}}-\frac{1}{7^{2k+1}}+\cdots\pm\frac{1}{(2n-1)^{2k+1}}\mp\cdots=\frac{\pi^{2k+1}}{2^{2k+2}(2k)!}E_k\,.^{\dagger} \tag{7.60}$$

7.2.4.2 Bernoullische und Eulersche Zahlen

1. Erste Definition der BERNOULLIschen Zahlen Die BERNOULLIschen Zahlen B_k treten bei Potenzreihenentwicklungen spezieller Funktionen auf, z.B. bei den trigonometrischen Funktionen $\tan x$,

---

* B_k sind BERNOULLIsche Zahlen

† E_k sind EULERsche Zahlen

$\cot x$ und $\csc x$ sowie bei den hyperbolischen Funktionen $\tanh x$, $\coth x$ und $\operatorname{cosech} x$. Die BERNOULLIschen Zahlen B_k können wie folgt definiert

$$\frac{x}{e^x-1} = 1 - \frac{x}{2} + B_1\frac{x^2}{2!} - B_2\frac{x^4}{4!} \pm \cdots + (-1)^{n+1}B_n\frac{x^{2n}}{(2n)!} \pm \cdots \qquad (|x| < 2\pi) \tag{7.61}$$

und durch Koeffizientenvergleich bezüglich der Potenzen von x ermittelt werden. Die so gewonnenen Werte sind in **Tabelle 7.1** angegeben.

Tabelle 7.1 Erste Bernoullische Zahlen

k	B_k	k	B_k	k	B_k	k	B_k
1	$\frac{1}{6}$	4	$\frac{1}{30}$	7	$\frac{7}{6}$	10	$\frac{174611}{330}$
2	$\frac{1}{30}$	5	$\frac{5}{66}$	8	$\frac{3617}{510}$	11	$\frac{854513}{138}$
3	$\frac{1}{42}$	6	$\frac{691}{2730}$	9	$\frac{43867}{798}$		

2. Zweite Definition der BERNOULLIschen Zahlen Manche Autoren gehen zur Definition der BERNOULLIschen Zahlen von der folgenden Darstellung aus:

$$\frac{x}{e^x-1} = 1 + \overline{B_1}\frac{x}{1!} + \overline{B_2}\frac{x^2}{2!} + \cdots + \overline{B_{2n}}\frac{x^{2n}}{(2n)!} + \cdots \qquad (|x| < 2\pi). \tag{7.62}$$

Dadurch erhält man die Rekursionsformel

$$\overline{B_{k+1}} = (\overline{B} + 1)^{k+1} \qquad (k = 1, 2, 3, \ldots), \tag{7.63}$$

wobei nach Anwendung des binomischen Satzes (s. S. 11) überall $\overline{B}^{\nu}$ durch $\overline{B}_{\nu}$ zu ersetzen ist. Für die ersten Zahlen gilt:

$$\begin{aligned} &\overline{B_1} = -\frac{1}{2}, \quad \overline{B_2} = \frac{1}{6}, \quad \overline{B_4} = -\frac{1}{30}, \quad \overline{B_6} = \frac{1}{42}, \\ &\overline{B_8} = -\frac{1}{30}, \quad \overline{B_{10}} = \frac{5}{66}, \quad \overline{B_{12}} = -\frac{691}{2730}, \quad \overline{B_{14}} = \frac{7}{6}, \\ &\overline{B_{16}} = -\frac{3617}{510}, \qquad \overline{B_3} = \overline{B_5} = \overline{B_7} = \cdots = 0. \end{aligned} \tag{7.64}$$

Es besteht der Zusammenhang

$$B_k = (-1)^{k+1}\overline{B_{2k}} \qquad (k = 1, 2, 3, \ldots). \tag{7.65}$$

3. Erste Definition der EULERschen Zahlen Die EULERschen Zahlen E_k treten bei der Potenzreihenentwicklung spezieller Funktionen auf, z.B. bei den Funktionen $\sec x$ und $\operatorname{sech} x$. Die EULERschen Zahlen E_k können wie folgt definiert

$$\sec x = 1 + E_1\frac{x^2}{2!} + E_2\frac{x^4}{4!} + \cdots + E_n\frac{x^{2n}}{(2n)!} + \cdots \qquad \left(|x| < \frac{\pi}{2}\right) \tag{7.66}$$

und durch Koeffizientenvergleich bezüglich der Potenzen von x ermittelt werden. Die so gewonnenen Werte sind in **Tabelle7.2** angegeben.

4. Zweite Definition der EULERschen Zahlen Zur Definition der EULER*schen Zahlen* kann man in Analogie zu (7.63) von der Rekursionsformel

$$(\overline{E} + 1)^k + (\overline{E} - 1)^k = 0 \qquad (k = 1, 2, 3, \ldots) \tag{7.67}$$

ausgehen, wobei auch hier nach Anwendung des binomischen Satzes überall $\overline{E^\nu}$ durch $\overline{E_\nu}$ zu ersetzen ist. Für die ersten Zahlen gilt:

$$\begin{aligned} &\overline{E_2} = -1, \quad \overline{E_4} = 5, \quad \overline{E_6} = -61, \quad \overline{E_8} = 1385, \\ &\overline{E_{10}} = -50521, \quad \overline{E_{12}} = 2702765, \quad \overline{E_{14}} = -199360981, \\ &\overline{E_{16}} = 19391512145, \qquad \overline{E_1} = \overline{E_3} = \overline{E_5} = \cdots = 0. \end{aligned} \tag{7.68}$$

Es besteht der Zusammenhang

$$E_k = (-1)^k \overline{E_{2k}} \qquad (k = 1, 2, 3, \ldots). \tag{7.69}$$

Tabelle 7.2 Erste Eulersche Zahlen

k	E_k	k	E_k
1	1	5	50521
2	5	6	2702765
3	61	7	199360981
4	1385		

5. Zusammenhang zwischen EULERschen und BERNOULLIschen Zahlen Zwischen den EULERschen und den BERNOULLIschen Zahlen besteht der Zusammenhang

$$\overline{E_{2k}} = \frac{4^{2k+1}}{2k+1}\left(\overline{B_k} - \frac{1}{4}\right)^{2k+1} \qquad (k = 1, 2, \ldots). \tag{7.70}$$

7.2.5 Abschätzung des Reihenrestes

7.2.5.1 Abschätzung mittels Majorante

Um festzustellen, mit welcher Genauigkeit die Summe einer Reihe durch ihre n-te Teilsumme angenähert wird, versucht man, den Betrag des Restausdrucks

$$|S - S_n| = |R_n| = \left|\sum_{k=n+1}^{\infty} a_k\right| \le \sum_{k=n+1}^{\infty} |a_k| \tag{7.71}$$

der Reihe $\sum\limits_{k=1}^{\infty} a_k$ abzuschätzen. Dazu benutzt man als *Majorante* für $\sum\limits_{k=n+1}^{\infty} |a_k|$ eine geometrische oder eine andere Reihe, die sich leicht summieren oder abschätzen läßt.

■ Abschätzung des Restes der Reihe $e = \sum\limits_{n=0}^{\infty} \frac{1}{n!}$. Für den Quotienten $\frac{a_{m+1}}{a_m}$ zweier aufeinanderfolgender Glieder dieser Reihe gilt mit $m \ge n+1$: $\frac{a_{m+1}}{a_m} = \frac{m!}{(m+1)!} = \frac{1}{m+1} \le \frac{1}{n+2} = q < 1$. Damit kann der Reihenrest $R_n = \frac{1}{(n+1)!} + \frac{1}{(n+2)!} + \frac{1}{(n+3)!} + \cdots$ durch die geometrische Reihe (7.15) mit dem Quotienten $q = \frac{1}{n+2}$ und dem Anfangsglied $a = \frac{1}{(n+1)!}$ majorisiert werden, und es gilt:

$$R_n < \frac{a}{1-q} = \frac{1}{(n+1)!}\frac{n+2}{n+1} < \frac{1}{n!}\frac{n+2}{n^2+2n} = \frac{1}{n \cdot n!}. \tag{7.72}$$

7.2.5.2 Alternierende konvergente Reihen

Für eine konvergente alternierende Reihe, deren Glieder dem Betrage nach monoton gegen Null streben, gibt es eine einfache Abschätzung des Reihenrestes (s. S. 403):

$$|R_n| = |S - S_n| < |a_{n+1}|. \tag{7.73}$$

7.2.5.3 Spezielle Reihen

Für einige besondere Reihen, z.B. TAYLOR–Reihen, gibt es bestimmte Formeln für den Reihenrest (s. S. 410).

7.3 Funktionenreihen

7.3.1 Definitionen

1. Funktionenreihe wird eine Reihe genannt, deren Glieder Funktionen ein und derselben Variablen x sind:

$$f_1(x) + f_2(x) + \cdots + f_n(x) + \cdots = \sum_{n=1}^{\infty} f_n(x) . \tag{7.74}$$

2. Konvergenzbereich der Funktionenreihe (7.74) werden sämtliche Werte $x = a$ genannt, die zum gemeinsamen Definitionsbereich aller Funktionen $f_n(x)$ gehören und für die die Reihen mit konstanten Gliedern

$$f_1(a) + f_2(a) + \cdots + f_n(a) + \cdots = \sum_{n=1}^{\infty} f_n(a) \tag{7.75}$$

konvergieren, d.h. für die der *Grenzwert der Partialsummen* $S_n(a)$ existiert:

$$\lim_{n\to\infty} S_n(a) = \lim_{n\to\infty} \sum_{k=1}^{n} f_k(a) = S(a) . \tag{7.76}$$

3. Summe der Reihe (7.74) heißt die Funktion $S(x)$, und man sagt, die Reihe konvergiert gegen die Funktion $S(x)$.

4. Partialsumme $S_n(x)$ heißt die Summe der ersten n Glieder der Reihe (7.74):

$$S_n(x) = f_1(x) + f_2(x) + \cdots + f_n(x) . \tag{7.77}$$

5. Restglied $R_n(x)$ heißt die Differenz zwischen der Summe $S(x)$ einer konvergenten Funktionenreihe und ihrer Partialsumme $S_n(x)$:

$$R_n(x) = S(x) - S_n(x) = f_{n+1}(x) + f_{n+2}(x) + \cdots + f_{n+m}(x) + \cdots . \tag{7.78}$$

7.3.2 Gleichmäßige Konvergenz

7.3.2.1 Definition, Satz von Weierstraß

In Übereinstimmung mit der Definition des Grenzwertes einer Zahlenfolge (s. S. 398 und 399) konvergiert die Reihe (7.74) in einem gegebenen Gebiet, wenn für eine beliebige Zahl $\varepsilon > 0$ eine ganze Zahl N derart angegeben werden kann, daß die Ungleichung $|S(x) - S_n(x)| < \varepsilon$ für alle $n > N$ erfüllt ist. Für Funktionenreihen können dabei zwei Fälle unterschieden werden:

1. Gleichmäßig konvergente Reihe Es kann eine derartige Zahl N gefunden werden, die für alle x–Werte im Konvergenzbereich der Reihe (7.74) gemeinsam gilt. Dann spricht man von einer *gleichmäßig konvergenten Reihe* in dem betrachteten Gebiet.

2. Ungleichmäßig konvergente Reihe Es kann keine derartige Zahl N gefunden werden, die für alle x–Werte im Konvergenzgebiet gilt. Es gibt dann aber im Konvergenzbereich der Reihe wenigstens eine Zahl x, für die die Ungleichung $|S(x) - S_n(x)| > \varepsilon$ erfüllt ist, egal wie groß n gewählt ist. Man spricht in diesem Falle von einer *ungleichmäßig konvergenten Reihe.*

■ **A** : Die Reihe $1 + \frac{x}{1!} + \frac{x^2}{2!} + \cdots + \frac{x^n}{n!} + \cdots$ (7.79a)

mit der Summe e^x (s. S. 1013) konvergiert für alle Werte von x. Die Konvergenz ist hier für jedes beliebige endliche Gebiet von x gleichmäßig, und es gilt für $|x| < a$ und unter Benutzung des Restgliedes nach der Formel von MAC LAURIN (s. S. 411) für die Reihe die Ungleichung

$$|S(x) - S_n(x)| < \left|\frac{x^{n+1}}{(n+1)!}e^{\Theta x}\right| < \frac{a^{n+1}}{(n+1)!}e^{a} \qquad (0 < \Theta < 1)\,. \tag{7.79b}$$

Da $(n+1)!$ schneller als a^{n+1} wächst, wird der Ausdruck auf der rechten Seite der Ungleichung für hinreichend großes n, das unabhängig von x ist, kleiner als ε. Für die gesamte Zahlengerade gibt es hier allerdings keine gleichmäßige Konvergenz: Wie groß man n auch immer wählt, es wird sich stets eine Zahl x derart finden lassen, daß $\left|\frac{x^{n+1}}{(n+1)!}e^{\Theta x}\right|$ größer ist als ein beliebiges vorgegebenes ε.

■ **B:** Für alle x–Werte im abgeschlossenen Intervall $[0,1]$ konvergiert die Reihe

$$x + x(1-x) + x(1-x)^2 + \cdots + x(1-x)^n + \cdots\,, \tag{7.80a}$$

da in Übereinstimmung mit der Schlußfolgerung aus dem *Kriterium von* D'ALEMBERT (s. S. 400) gilt:

$$\varrho = \lim_{n\to\infty}\left|\frac{a_{n+1}}{a_n}\right| = |1-x| < 1 \quad \text{für } 0 < x \le 1 \text{ (für } x = 0 \text{ ist } S = 0)\,. \tag{7.80b}$$

Die Konvergenz ist aber ungleichmäßig, weil

$$S(x) - S_n(x) = x[(1-x)^{n+1} + (1-x)^{n+2} + \cdots] = (1-x)^{n+1} \tag{7.80c}$$

gilt und, wie groß auch immer n gewählt wird, stets ein hinreichend kleines x gefunden werden kann, für das $(1-x)^{n+1}$ beliebig nahe bei 1 liegt, d.h. nicht kleiner als ε ist. Gleichmäßige Konvergenz liegt im Intervall $a \le x \le 1$ aber mit der Einschränkung $0 < a < 1$ vor.

3. Kriterium von WEIERSTRASS für die gleichmäßige Konvergenz In einem gegebenen Gebiet konvergiert die Reihe

$$f_1(x) + f_2(x) + \cdots + f_n(x) + \cdots \tag{7.81a}$$

gleichmäßig, wenn es eine konvergente Reihe mit konstanten Gliedern

$$c_1 + c_2 + \cdots + c_n + \cdots \tag{7.81b}$$

gibt, so daß für alle x–Werte in diesem Gebiet die Ungleichung

$$|f_n(x)| \le c_n \tag{7.81c}$$

erfüllt werden kann. Man nennt dann (7.81c) eine Majorante zur Reihe (7.81a).

7.3.2.2 Eigenschaften gleichmäßig konvergenter Reihen

1. Stetigkeit Wenn $f_1(x), f_2(x), \cdots, f_n(x), \cdots$ stetige Funktionen in einem Definitionsbereich sind und wenn die Reihe $f_1(x) + f_2(x) + \cdots + f_n(x) + \cdots$ in diesem Gebiet gleichmäßig konvergiert, dann ist ihre Summe $S(x)$ in dem gleichen Gebiet eine stetige Funktion. Wenn die Reihe in einem endlichen Gebiet nicht gleichmäßig konvergiert, dann kann ihre Summe $S(x)$ in diesem Gebiet Unstetigkeitsstellen besitzen.

■ **A:** Die Summe der Reihe (7.80a) ist unstetig: $S(x) = 0$ für $x = 0$ und $S(x) = 1$ für $x > 0$.

■ **B:** Die Summe der Reihe (7.79a) ist eine stetige Funktion: Die Reihe ist ungleichmäßig konvergent, aber nicht in einem endlichen Gebiet, sondern auf der gesamten Zahlengeraden.

2. Integration und Differentiation gleichmäßig konvergenter Reihen Im Gebiet $[a,b]$ der gleichmäßigen Konvergenz darf eine Reihe gliedweise integriert werden. Ebenso darf eine konvergente Reihe gliedweise differenziert werden, wenn die dadurch entstehende Reihe gleichmäßig konvergent ist. Das heißt:

$$\int_{x_0}^{x}\sum_{n=1}^{\infty} f_n(t)\,dt = \sum_{n=1}^{\infty}\int_{x_0}^{x} f_n(t)\,dt \quad \text{für } x_0, x \in [a,b]\,, \tag{7.82a}$$

$$\left(\sum_{n=1}^{\infty} f_n(x)\right)' = \sum_{n=1}^{\infty} f_n'(x) \qquad \text{für } x \in [a,b]\,. \tag{7.82b}$$

7.3.3 Potenzreihen

7.3.3.1 Definition, Konvergenz

1. Definition Die wichtigsten Funktionenreihen sind die *Potenzreihen* der Gestalt

$$a_0 + a_1 x + a_2 x^2 + \cdots + a_n x^n + \cdots = \sum_{n=0}^{\infty} a_n x^n \tag{7.83a}$$

oder

$$a_0 + a_1(x - x_0) + a_2(x - x_0)^2 + \cdots + a_n(x - x_0)^n + \cdots = \sum_{n=0}^{\infty} a_n (x - x_0)^n , \tag{7.83b}$$

wobei die Koeffizienten a_i und die Entwicklungsstelle x_0 konstante Zahlen sind.

2. Absolute Konvergenz und Konvergenzradius Eine Potenzreihe konvergiert entweder nur für $x = x_0$ oder für alle Werte von x, oder es gibt eine Zahl $\rho > 0$, den Konvergenzradius, so daß die Reihe für $|x - x_0| < \rho$ absolut konvergiert und für $|x - x_0| > \rho$ divergiert (**Abb.7.1**). Der *Konvergenzradius* kann mittels

$$\rho = \lim_{n\to\infty} \left| \frac{a_n}{a_{n+1}} \right| \quad \text{oder} \quad \rho = \lim_{n\to\infty} \frac{1}{\sqrt[n]{|a_n|}} \tag{7.84}$$

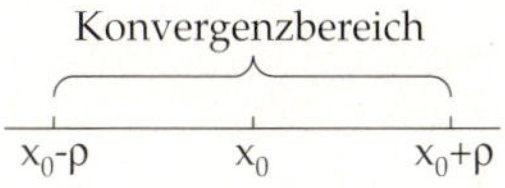

Abbildung 7.1

bestimmt werden, falls die Grenzwerte existieren. In den Endpunkten des Konvergenzintervalls $x = +\rho$ und $x = -\rho$ für die Reihe (7.83a) und $x = x_0 + \rho$ und $x = x_0 - \rho$ für die Reihe (7.83b) kann die Reihe entweder konvergent oder divergent sein. Existieren diese Grenzwerte nicht, dann ist an Stelle des gewöhnlichen Limes (lim) der *Limes superior* ($\overline{\lim}$) zu nehmen (s. Lit. [7.10], Bd. I).

3. Gleichmäßige Konvergenz Gleichmäßig konvergent ist eine Potenzreihe in jedem abgeschlossenen Teilgebiet $|x - x_0| \le \rho_0 < \rho$ des Konvergenzbereiches (*Satz von* ABEL).

■ Für die Reihe $1 + \frac{x}{1} + \frac{x^2}{2} + \cdots + \frac{x^n}{n} + \cdots$ ist $\frac{1}{\rho} = \lim_{n\to\infty} \frac{n+1}{n} = 1$, d.h. $\rho = 1$. (7.85)

Somit konvergiert die Reihe absolut in $-1 < x < +1$, für $x = -1$ ist sie bedingt konvergent (s. Reihe (7.34) auf S. 402) und für $x = 1$ divergiert sie (s. die harmonische Reihe (7.16) auf S. 399). Gemäß dem Satz von ABEL handelt es sich um eine gleichmäßig konvergente Reihe in jedem Intervall $[-\rho_1, +\rho_1]$, wobei ρ_1 eine beliebige Zahl zwischen 0 und 1 ist.

7.3.3.2 Rechnen mit Potenzreihen

1. Summe und Produkt Konvergente Potenzreihen dürfen innerhalb ihres gemeinsamen Konvergenzbereiches gliedweise addiert, miteinander multipliziert und mit einem beliebigen konstanten Zahlenfaktor multipliziert werden. Das Produkt zweier Potenzreihen ergibt sich zu

$$\left(\sum_{n=0}^{\infty} a_n x^n\right) \cdot \left(\sum_{n=0}^{\infty} b_n x^n\right) = a_0 b_0 + (a_0 b_1 + a_1 b_0)x + (a_0 b_2 + a_1 b_1 + a_2 b_0)x^2$$
$$+ (a_0 b_3 + a_1 b_2 + a_2 b_1 + a_3 b_0)x^3 + \cdots . \tag{7.86}$$

2. Erste Glieder einiger Potenzen von Potenzreihen:

$$S = a + bx + cx^2 + dx^3 + ex^4 + fx^5 + \cdots \tag{7.87}$$

$$S^2 = a^2 + 2abx + (b^2 + 2ac)x^2 + 2(ad + bc)x^3 + (c^2 + 2ae + 2bd)x^4$$
$$+ 2(af + be + cd)x^5 + \cdots , \tag{7.88}$$

$$\sqrt{S} = S^{\frac{1}{2}} = a^{\frac{1}{2}}\left[1 + \frac{1}{2}\frac{b}{a}x + \left(\frac{1}{2}\frac{c}{a} - \frac{1}{8}\frac{b^2}{a^2}\right)x^2 + \left(\frac{1}{2}\frac{d}{a} - \frac{1}{4}\frac{bc}{a^2} + \frac{1}{16}\frac{b^3}{a^3}\right)x^3\right.$$
$$\left. + \left(\frac{1}{2}\frac{e}{a} - \frac{1}{4}\frac{bd}{a^2} - \frac{1}{8}\frac{c^2}{a^2} + \frac{3}{16}\frac{b^2c}{a^3} - \frac{5}{128}\frac{b^4}{a^4}\right)x^4 + \cdots\right], \tag{7.89}$$

$$\frac{1}{\sqrt{S}} = S^{-\frac{1}{2}} = a^{-\frac{1}{2}}\left[1 - \frac{1}{2}\frac{b}{a}x + \left(\frac{3}{8}\frac{b^2}{a^2} - \frac{1}{2}\frac{c}{a}\right)x^2 + \left(\frac{3}{4}\frac{bc}{a^2} - \frac{1}{2}\frac{d}{a} - \frac{5}{16}\frac{b^3}{a^3}\right)x^3\right.$$
$$\left. + \left(\frac{3}{4}\frac{bd}{a^2} + \frac{3}{8}\frac{c^2}{a^2} - \frac{1}{2}\frac{e}{a} - \frac{15}{16}\frac{b^2c}{a^3} + \frac{35}{128}\frac{b^4}{a^4}\right)x^4 + \cdots\right], \tag{7.90}$$

$$\frac{1}{S} = S^{-1} = a^{-1}\left[1 - \frac{b}{a}x + \left(\frac{b^2}{a^2} - \frac{c}{a}\right)x^2 + \left(\frac{2bc}{a^2} - \frac{d}{a} - \frac{b^3}{a^3}\right)x^3\right.$$
$$\left. + \left(\frac{2bd}{a^2} + \frac{c^2}{a^2} - \frac{e}{a} - 3\frac{b^2c}{a^3} + \frac{b^4}{a^4}\right)x^4 + \cdots\right], \tag{7.91}$$

$$\frac{1}{S^2} = S^{-2} = a^{-2}\left[1 - 2\frac{b}{a}x + \left(3\frac{b^2}{a^2} - 2\frac{c}{a}\right)x^2 + \left(6\frac{bc}{a^2} - 2\frac{d}{a} - 4\frac{b^3}{a^3}\right)x^3\right.$$
$$\left. + \left(6\frac{bd}{a^2} + 3\frac{c^2}{a^2} - 2\frac{e}{a} - 12\frac{b^2c}{a^3} + 5\frac{b^4}{a^4}\right)x^4 + \cdots\right]. \tag{7.92}$$

3. Quotient zweier Potenzreihen

$$\frac{\sum\limits_{n=0}^{\infty} a_n x^n}{\sum\limits_{n=0}^{\infty} b_n x^n} = \frac{a_0}{b_0}\frac{1 + \alpha_1 x + \alpha_2 x^2 + \cdots}{1 + \beta_1 x + \beta_2 x^2 + \cdots} = \frac{a_0}{b_0}[1 + (\alpha_1 - \beta_1)x + (\alpha_2 - \alpha_1\beta_1 + {\beta_1}^2 - \beta_2)x^2$$
$$+ (\alpha_3 - \alpha_2\beta_1 - \alpha_1\beta_2 - \beta_3 - {\beta_1}^3 + \alpha_1{\beta_1}^2 + 2\beta_1\beta_2)x^3 + \cdots]. \tag{7.93}$$

Diese Formel ergibt sich, indem der Quotient als Reihe mit unbestimmten Koeffizienten angesetzt und mit der Nenner–Reihe ausmultipliziert wird, worauf die Koeffizienten der entstehenden Reihe durch Koeffizientenvergleich mit der Zähler–Reihe bestimmt werden.

4. Umkehrung einer Potenzreihe Ist die Reihe

$$y = f(x) = ax + bx^2 + cx^3 + dx^4 + ex^5 + fx^6 + \cdots \quad (a \neq 0) \tag{7.94a}$$

gegeben, dann versteht man unter ihrer Umkehrung die Reihe

$$x = \varphi(y) = Ay + By^2 + Cy^3 + Dy^4 + Ey^5 + Fy^6 + \cdots. \tag{7.94b}$$

Die Koeffizienten ergeben sich zu

$$A = \frac{1}{a}, \quad B = -\frac{b}{a^3}, \quad C = \frac{1}{a^5}(2b^2 - ac), \quad D = \frac{1}{a^7}(5abc - a^2d - 5b^3),$$
$$E = \frac{1}{a^9}(6a^2bd + 3a^2c^2 + 14b^4 - a^3e - 21ab^2c), \tag{7.94c}$$
$$F = \frac{1}{7a^{11}}(a^3be + 7a^3cd + 84ab^3c - a^4f - 28a^2b^2d - 28a^2bc^2 - 42b^5).$$

Die Konvergenz der Umkehrreihe muß in jedem Beispiel besonders untersucht werden.

7.3.3.3 Entwicklung in Taylor–Reihen, MacLaurinsche Reihe

Für die wichtigsten elementaren Funktionen sind in **Tabelle 21.3** (s. S. 1011) Potenzreihenentwicklungen zusammengestellt worden. Sie wurden in der Regel durch TAYLOR–Entwicklungen gewonnen.

1. TAYLOR–Reihe für Funktionen von einer Veränderlichen

Stetige Funktionen $f(x)$, die für $x = a$ alle Ableitungen besitzen, können oftmals mit Hilfe der TAYLORschen Formel (s. S. 383) als Summe einer Potenzreihe dargestellt werden.

a) Erste Form der Darstellung:

$$f(x) = f(a) + \frac{x-a}{1!}f'(a) + \frac{(x-a)^2}{2!}f''(a) + \cdots + \frac{(x-a)^n}{n!}f^{(n)}(a) + \cdots \quad (7.95a)$$

Die Reihenentwicklung (7.95a) ist für die x–Werte richtig, für die das Restglied $R_n = f(x) - S_n$ beim Übergang $n \to \infty$ gegen Null strebt. Dabei ist zu beachten, daß der Begriff Restglied nur dann mit dem auf S. 407 eingeführten Begriff gleichen Namens identisch ist, wenn die Formel (7.95b) zutreffend ist, d.h. angewendet werden darf.

Für das Restglied gibt es die folgenden Darstellungen:

$$R_n = \frac{(x-a)^{n+1}}{(n+1)!}f^{(n+1)}(\xi) \quad (a < \xi < x) \qquad \text{(LAGRANGEsche Form)}, \quad (7.95b)$$

$$R_n = \frac{1}{n!}\int_a^x (x-t)^n f^{(n+1)}(t)\,dt. \quad (7.95c)$$

b) Zweite Form der Darstellung:

$$f(a+h) = f(a) + \frac{h}{1!}f'(a) + \frac{h^2}{2!}f''(a) + \cdots + \frac{h^n}{n!}f^{(n)}(a) + \cdots. \quad (7.96a)$$

Die Ausdrücke für das Restglied sind:

$$R_n = \frac{h^{n+1}}{(n+1)!}f^{(n+1)}(a+\Theta h) \qquad (0 < \Theta < 1), \quad (7.96b)$$

$$R_n = \frac{1}{n!}\int_0^h (h-t)^n f^{(n+1)}(a+t)\,dt. \quad (7.96c)$$

2. MACLAURINsche Reihe

MACLAURINsche Reihe wird die Entwicklung der Funktion $f(x)$ nach Potenzen von x im Spezialfall der TAYLORschen Reihe für $a = 0$ genannt. Es ergibt sich

$$f(x) = f(0) + \frac{x}{1!}f'(0) + \frac{x^2}{2!}f''(0) + \cdots + \frac{x^n}{n!}f^{(n)}(0) + \cdots \quad (7.97a)$$

mit dem Restglied

$$R_n = \frac{x^{n+1}}{(n+1)!}f^{(n+1)}(\Theta x) \qquad (0 < \Theta < 1), \quad (7.97b)$$

$$R_n = \frac{1}{n!}\int_0^x (x-t)^n f^{(n+1)}(t)\,dt. \quad (7.97c)$$

Die Konvergenz der TAYLORschen und MACLAURINschen Reihe ist entweder durch Untersuchung des Restgliedes R_n nachzuweisen oder durch Bestimmung des Konvergenzradius (s. S. 409). Im zweiten Falle kann es vorkommen, daß die Reihe zwar konvergiert, ihre Summe $S(x)$ aber ungleich $f(x)$ ist.

3. TAYLORsche Reihe für Funktionen von zwei Veränderlichen

a) Erste Form der Darstellung:

$$f(x,y) = f(a,b) + \left.\frac{\partial f(x,y)}{\partial x}\right|_{(x,y)=(a,b)}(x-a) + \left.\frac{\partial f(x,y)}{\partial y}\right|_{(x,y)=(a,b)}(y-b)$$

$$+\frac{1}{2}\left\{\left.\frac{\partial^2 f(x,y)}{\partial x^2}\right|_{(x,y)=(a,b)}(x-a)^2 + 2\left.\frac{\partial^2 f(x,y)}{\partial x \partial y}\right|_{(x,y)=(a,b)}(x-a)(y-b)\right.$$
$$\left. + \left.\frac{\partial^2 f(x,y)}{\partial y^2}\right|_{(x,y)=(a,b)}(y-b)^2\right\} + \frac{1}{6}\{\ldots\} + \cdots + \frac{1}{n!}\{\ldots\} + R_n\,. \tag{7.98a}$$

Dabei ist (a, b) die Entwicklungsstelle und R_n das Restglied. Manchmal verwendet man an Stelle von z.B. $\left.\frac{\partial f(x,y)}{\partial x}\right|_{(x,y)=(x_0,y_0)}$ die kürzere Schreibweise $\frac{\partial f}{\partial x}(x_0, y_0)$.

Die Terme höherer Ordnung in (7.98a) können mit Hilfe von Operatoren übersichtlich dargestellt werden:

$$f(x,y) = f(a,b) + \frac{1}{1!}\left\{(x-a)\frac{\partial}{\partial x} + (y-b)\frac{\partial}{\partial y}\right\}f(x,y)\Big|_{(x,y)=(a,b)}$$
$$+\frac{1}{2!}\left\{(x-a)\frac{\partial}{\partial x} + (y-b)\frac{\partial}{\partial y}\right\}^2 f(x,y)\Big|_{(x,y)=(a,b)}$$
$$+\frac{1}{3!}\{\ldots\}^3 f(x,y)\Big|_{(x,y)=(a,b)} + \cdots + \frac{1}{n!}\{\ldots\}^n f(x,y)\Big|_{(x,y)=(a,b)} + R_n\,. \tag{7.98b}$$

Diese symbolische Darstellung bedeutet, daß nach Anwendung des binomischen Satzes die Potenzen der Differentialoperatoren $\frac{\partial}{\partial x}$ bzw. $\frac{\partial}{\partial y}$ als Differentiationsvorschrift höherer Ordnung für die Funktion $f(x, y)$ zu interpretieren sind. Die Ableitungen sind dann an der Stelle (a, b) zu nehmen.

b) Zweite Form der Darstellung:

$$f(x+h,\ y+k) = f(x,y) + \frac{1}{1!}\left(\frac{\partial}{\partial x}h + \frac{\partial}{\partial y}k\right) f(x,y) + \frac{1}{2!}\left(\frac{\partial}{\partial x}h + \frac{\partial}{\partial y}k\right)^2 f(x,y)$$
$$+\frac{1}{3!}\left(\frac{\partial}{\partial x}h + \frac{\partial}{\partial y}k\right)^3 f(x,y) + \cdots + \frac{1}{n!}\left(\frac{\partial}{\partial x}h + \frac{\partial}{\partial y}k\right)^n f(x,y) + R_n\,. \tag{7.98c}$$

Der Ausdruck für das Restglied lautet

$$R_n = \frac{1}{(n+1)!}\left(\frac{\partial}{\partial x}h + \frac{\partial}{\partial y}k\right)^{n+1} f(x+\Theta h, y+\Theta k) \qquad (0 < \Theta < 1)\,. \tag{7.98d}$$

4. Taylorsche Reihe für Funktionen von m Veränderlichen

Die analoge Darstellung mit Differentialoperatoren lautet

$$f(x+h, y+k, \ldots, t+l) = f(x, y, \ldots, t)$$
$$+\sum_{i=1}^{n}\frac{1}{i!}\left(\frac{\partial}{\partial x}h + \frac{\partial}{\partial y}k + \cdots + \frac{\partial}{\partial t}l\right)^i f(x, y, \ldots, t) + R_n\,, \tag{7.99a}$$

wobei das Restglied mit Hilfe von

$$R_n = \frac{1}{(n+1)!}\left(\frac{\partial}{\partial x}h + \frac{\partial}{\partial y}k + \cdots + \frac{\partial}{\partial t}l\right)^{n+1} f(x+\Theta h, y+\Theta k, \ldots, t+\Theta l) \tag{7.99b}$$
$$(0 < \Theta < 1)$$

berechnet wird.

7.3.4 Näherungsformeln

Unter Beschränkung auf eine hinreichend kleine Umgebung der Entwicklungsstelle sind mit Hilfe der Taylor-Entwicklung rationale Näherungsformeln für viele Funktionen hergeleitet worden, deren erste

Glieder für einige dieser Funktionen in **Tabelle 7.3** wiedergegeben sind. Angaben über die Genauigkeit wurden durch Abschätzung des Restgliedes erhalten. Weitere Möglichkeiten der angenäherten Darstellung von Funktionen, z.B. durch Interpolations- und Ausgleichspolynome oder Spline–Funktionen, findet man in den Abschnitten (19.6) und (19.7).

Tabelle 7.3 Näherungsformeln für einige oft gebrauchte Funktionen

Näherungsformel	Nächstes Glied	Zulässiges Intervall für x bei einem Fehler von					
		$0,1\%$		1%		10%	
		von	bis	von	bis	von	bis
$\sin x \approx x$	$-\frac{x^3}{6}$	$-0,077$ $-4,4°$	$0,077$ $4,4°$	$-0,245$ $-14,0°$	$0,245$ $14,0°$	$-0,786$ $-45,0°$	$0,786$ $45,0°$
$\sin x \approx x - \frac{x^3}{6}$	$+\frac{x^5}{120}$	$-0,580$ $-33,2°$	$0,580$ $33,2°$	$-1,005$ $-57,6°$	$1,005$ $57,6°$	$-1,632$ $-93,5°$	$1,632$ $93,5°$
$\cos x \approx 1$	$-\frac{x^2}{2}$	$-0,045$ $-2,6°$	$0,045$ $2,6°$	$-0,141$ $-8,1°$	$0,141$ $8,1°$	$-0,415$ $-25,8°$	$0,415$ $25,8°$
$\cos x \approx 1 - \frac{x^2}{2}$	$+\frac{x^4}{24}$	$-0,386$ $-22,1°$	$0,386$ $22,1°$	$-0,662$ $-37,9°$	$0,662$ $37,9°$	$-1,036$ $-59,3°$	$1,036$ $59,3°$
$\tan x \approx x$	$+\frac{x^3}{3}$	$-0,054$ $-3,1°$	$0,054$ $3,1°$	$-0,172$ $-9,8°$	$0,172$ $9,8°$	$-0,517$ $-29,6°$	$0,517$ $29,6°$
$\tan x \approx x + \frac{x^3}{3}$	$+\frac{2}{15}x^5$	$-0,293$ $-16,8°$	$0,293$ $16,8°$	$-0,519$ $-29,7°$	$0,519$ $29,7°$	$-0,895$ $-51,3°$	$0,895$ $51,3°$
$\sqrt{a^2+x} \approx a + \frac{x}{2a}$ $= \frac{1}{2}\left(a + \frac{a^2+x}{a}\right)$	$-\frac{x^2}{8a^3}$	$-0,085a^2$	$0,093a^2$	$-0,247a^2$	$0,328a^2$	$-0,607a^2$	$1,545a^2$
$\frac{1}{\sqrt{a^2+x}} \approx \frac{1}{a} - \frac{x}{2a^3}$	$+\frac{3x^2}{8a^5}$	$-0,051a^2$	$0,052a^2$	$-0,157a^2$	$0,166a^2$	$-0,488a^2$	$0,530a^2$
$\frac{1}{a+x} \approx \frac{1}{a} - \frac{x}{a^2}$	$+\frac{x^2}{a^3}$	$-0,031a$	$0,031a$	$-0,099a$	$0,099a$	$-0,301a$	$0,301a$
$e^x \approx 1 + x$	$+\frac{x^2}{2}$	$-0,045$	$0,045$	$-0,134$	$0,148$	$-0,375$	$0,502$
$\ln(1+x) \approx x$	$-\frac{x^2}{2}$	$-0,002$	$0,002$	$-0,020$	$0,020$	$-0,176$	$0,230$

7.3.5 Asymptotische Potenzreihen

Zur Funktionswertberechnung können auch divergente Reihen nützlich sein. Im folgenden werden einige asymptotische Potenzreihen bezüglich $\frac{1}{x}$ zur Berechnung von Funktionswerten für große Werte von $|x|$ betrachtet.

7.3.5.1 Asymptotische Gleichheit

Zwei Funktionen $f(x)$ und $g(x)$, die für $x_0 < x < \infty$ definiert sind, heißen *asymptotisch gleich* für $x \to \infty$, wenn

$$\lim_{x\to\infty} \frac{f(x)}{g(x)} = 1 \quad (7.100a) \qquad \text{bzw.} \quad f(x) = g(x) + O(g(x)) \quad \text{für} \quad x \to \infty \quad (7.100b)$$

gilt. Dabei wird in $O(g(x))$ das LANDAU–Symbol „groß O“verwendet (s. S. 55). Wenn (7.100b) erfüllt ist, schreibt man auch $f(x) \sim g(x)$.

■ **A:** $\sqrt{x^2+1} \sim x$. ■ **B:** $e^{\frac{1}{x}} \sim 1$. ■ **C:** $\frac{3x+2}{4x^3+x+2} \sim \frac{3}{4x^2}$.

7.3.5.2 Asymptotische Potenzreihen

1. Begriff der asymptotischen Reihe

Eine Reihe $\sum_{\nu=0}^{\infty} \frac{a_\nu}{x^\nu}$ heißt *asymptotische Potenzreihe* der Funktion $f(x)$, die für $x > x_0$ definiert ist, wenn

$$f(x) = \sum_{\nu=0}^{n} \frac{a_\nu}{x^\nu} + O(\frac{1}{x^{n+1}}) \qquad (7.101)$$

für jedes $n = 0, 1, 2, \ldots$ gilt. Dabei wird in $O(\frac{1}{x^{n+1}})$ das LANDAU–Symbol „groß O“verwendet. Für (7.101) schreibt man auch $f(x) \approx \sum_{\nu=0}^{\infty} \frac{a_\nu}{x^\nu}$.

2. Eigenschaften asymptotischer Potenzreihen

a) Eindeutigkeit: Existiert für eine Funktion $f(x)$ die asymptotische Potenzreihe, dann ist sie eindeutig, aber durch eine asymptotische Potenzreihe ist eine Funktion nicht eindeutig bestimmt.
b) Konvergenz: Von einer asymptotischen Potenzreihe muß keine Konvergenz gefordert werden.

■ **A:** $e^{\frac{1}{x}} \approx \sum_{\nu=0}^{\infty} \frac{1}{\nu! x^\nu}$ ist eine asymptotische Reihe, die für alle x mit $|x| > x_0$ $(x_0 > 0)$ konvergiert.

■ **B:** Wiederholte partielle Integration ergibt für das Parameterintegral $f(x) = \int_0^\infty \frac{e^{-xt}}{1+t}\, dt \ (x > 0)$, das für $x > 0$ konvergiert, die Darstellung $f(x) = \frac{1}{x} - \frac{1!}{x^2} + \frac{2!}{x^3} - \frac{3!}{x^4} \pm \cdots + (-1)^{n-1}\frac{(n-1)!}{x^n} + R_n(x)$ mit $R_n(x) = (-1)^n \frac{n!}{x^n}\int_0^\infty \frac{e^{-xt}}{(1+t)^{n+1}}\, dt$. Wegen $|R_n(x)| \le \frac{n!}{x^n}\int_0^\infty e^{-xt}\, dt = \frac{n!}{x^{n+1}}$ gilt $R_n(x) = O(\frac{1}{x^{n+1}})$ und damit

$$\int_0^\infty \frac{e^{-xt}}{1+t}\, dt \approx \sum_{\nu=0}^{\infty} (-1)^\nu \frac{\nu!}{x^{\nu+1}}. \qquad (7.102)$$

Die asymptotische Potenzreihe (7.102) ist divergent für alle x, da der Betrag des Quotienten aus dem $(n+1)$–ten und dem n–ten Glied den Wert $\frac{n+1}{x}$ hat. Trotzdem ist diese divergente Reihe zur Funktionswertberechnung von $f(x)$ gut geeignet. So erhält man z.B. für $x = 10$ mit Hilfe der Partialsummen $S_4(10)$ und $S_5(10)$ die Abschätzung $0,09152 < \int_0^\infty \frac{e^{-10t}}{1+t}\, dt < 0,09164$.

7.4 Fourier–Reihen

7.4.1 Trigonometrische Summe und Fourier–Reihe

7.4.1.1 Grundbegriffe

1. FOURIER–Darstellung periodischer Funktionen (FOURIER–Analyse)

Oft ist es notwendig oder vorteilhaft, eine gegebene periodische Funktion $f(x)$ mit der Periode T exakt oder angenähert durch eine Summe aus trigonometrischen Funktionen in der Form

$$\begin{aligned} s_n(x) &= \frac{a_0}{2} + a_1 \cos \omega x + a_2 \cos 2\omega x + \cdots + a_n \cos n\omega x \\ &+ b_1 \sin \omega x + b_2 \sin 2\omega x + \cdots + b_n \sin n\omega x \end{aligned} \tag{7.103}$$

darzustellen. Man spricht von FOURIER-*Entwicklung.* Dabei gilt für die Kreisfrequenz $\omega = \dfrac{2\pi}{T}$. Im Falle $T = 2\pi$ ist $\omega = 1$.

Die beste Approximation von $f(x)$ in dem auf S. 416 angegebenen Sinne erreicht man mit einer Näherungsfunktion $s_n(x)$, wenn für die Koeffizienten a_k und b_k $(k = 0, 1, 2, \ldots, n)$ die FOURIER–Koeffizienten der gegebenen Funktion gewählt werden. Ihre Bestimmung geschieht analytisch mit Hilfe der EULER*schen Formeln*

$$\begin{aligned} a_k &= \frac{2}{T}\int_0^T f(x)\cos k\omega x\,dx = \frac{2}{T}\int_{x_0}^{x_0+T} f(x)\cos k\omega x\,dx \\ &= \frac{2}{T}\int_0^{T/2} [f(x) + f(-x)]\cos k\omega x\,dx\,, \end{aligned} \tag{7.104a}$$

und

$$\begin{aligned} b_k &= \frac{2}{T}\int_0^T f(x)\sin k\omega x\,dx = \frac{2}{T}\int_{x_0}^{x_0+T} f(x)\sin k\omega x\,dx \\ &= \frac{2}{T}\int_0^{T/2} [f(x) - f(-x)]\sin k\omega x\,dx\,, \end{aligned} \tag{7.104b}$$

oder näherungsweise mit Hilfe der *Methode der harmonischen Analyse* (s. S. 921).

2. FOURIER–Reihe

Wenn für ein System von x–Werten die Funktion $s_n(x)$ beim Übergang $n \to \infty$ gegen einen bestimmten Grenzwert $s(x)$ strebt, dann gibt es für diese x eine *konvergente* FOURIER-*Reihe* der gegebenen Funktion. Sie kann in der Form

$$\begin{aligned} s(x) &= \frac{a_0}{2} + a_1 \cos \omega x + a_2 \cos 2\omega x + \cdots + a_n \cos n\omega x + \cdots \\ &+ b_1 \sin \omega x + b_2 \sin 2\omega x + \cdots + b_n \sin n\omega x + \cdots \end{aligned} \tag{7.105a}$$

und auch in der Form

$$s(x) = \frac{a_0}{2} + A_1 \sin(\omega x + \varphi_1) + A_2 \sin(2\omega x + \varphi_2) + \cdots + A_n \sin(n\omega x + \varphi_n) + \cdots \tag{7.105b}$$

dargestellt werden, wobei im zweiten Falle gilt:

$$A_k = \sqrt{{a_k}^2 + {b_k}^2}, \quad \tan \varphi_k = \frac{a_k}{b_k}\,. \tag{7.105c}$$

3. Komplexe Darstellung der Fourier-Reihe

In vielen Fällen hat die komplexe Schreibweise Vorteile:

$$s(x) = \sum_{k=-\infty}^{+\infty} c_k e^{ik\omega x}, \tag{7.106a}$$

$$c_k = \frac{1}{T}\int_0^T f(x)e^{-ik\omega x}\,dx = \begin{cases} \frac{1}{2}a_0 & \text{für } k = 0, \\ \frac{1}{2}(a_k - ib_k) & \text{für } k > 0, \\ \frac{1}{2}(a_{-k} + ib_{-k}) & \text{für } k < 0. \end{cases} \tag{7.106b}$$

7.4.1.2 Wichtigste Eigenschaften von Fourier–Reihen

1. Mittlerer quadratischer Fehler einer Funktion

Wenn eine Funktion $f(x)$ durch eine trigonometrische Summe

$$s_n(x) = \frac{a_0}{2} + \sum_{k=1}^{n} a_k \cos k\omega x + \sum_{k=1}^{n} b_k \sin k\omega x, \tag{7.107a}$$

auch Fourier–*Summe* genannt, angenähert wird, dann ist der mittlere quadratische Fehler (s. S. 914, S. 922)

$$F = \frac{1}{T}\int_0^T [f(x) - s_n(x)]^2\,dx \tag{7.107b}$$

am kleinsten, wenn für a_k und b_k die Fourier–Koeffizienten (7.104a,b) der gegebenen Funktion zur Näherung benutzt werden.

2. Konvergenz einer Funktion im Mittel, Parsevalsche Gleichung

Die Fourier–Reihe konvergiert im Mittel gegen die gegebene Funktion, d.h., es gilt

$$\int_0^T [f(x) - s_n(x)]^2\,dx \to 0 \quad \text{für} \quad n \to \infty, \tag{7.108a}$$

wenn die Funktion beschränkt und im Intervall $0 < x < T$ stückweise stetig ist. Eine Folge der Konvergenz im Mittel ist die Parseval*sche Gleichung*:

$$\frac{2}{T}\int_0^T [f(x)]^2\,dx = \frac{a_0}{2} + \sum_{k=1}^{\infty} ({a_k}^2 + {b_k}^2). \tag{7.108b}$$

3. Dirichletsche Bedingungen

Wenn die Funktion $f(x)$ die Dirichletschen Bedingungen erfüllt, d.h. wenn

a) das Definitionsintervall in endlich viele Intervalle zerlegt werden kann, in denen die Funktion $f(x)$ stetig und monoton ist, und

b) an jeder Unstetigkeitsstelle von $f(x)$ die Werte $f(x+0)$ und $f(x-0)$ definiert sind,

dann konvergiert die Fourier–Reihe dieser Funktion. Der Summenwert der Reihe ist dort, wo $f(x)$ stetig ist, gleich $f(x)$, in den Unstetigkeitsstellen gleich $\frac{f(x-0)+f(x+0)}{2}$.

4. Asymptotisches Verhalten der Fourier–Koeffizienten

Wenn eine periodische Funktion $f(x)$ mit ihren Ableitungen bis zur k–ten Ordnung stetig ist, dann streben für $n \to \infty$ auch die Ausdrücke $a_n n^{k+1}$ und $b_n n^{k+1}$ gegen Null.

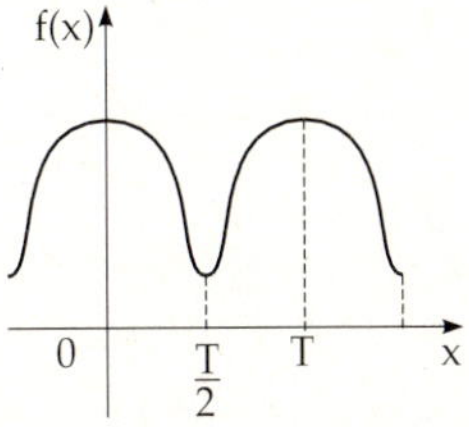

Abbildung 7.2

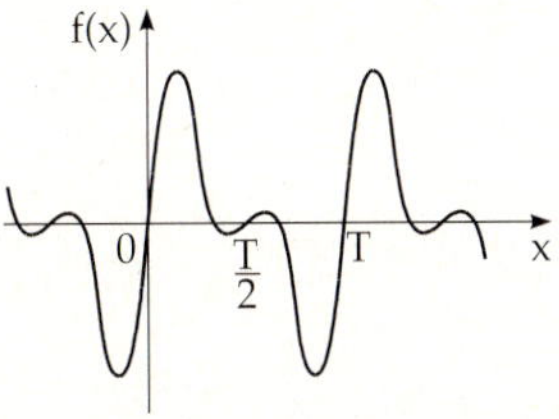

Abbildung 7.3

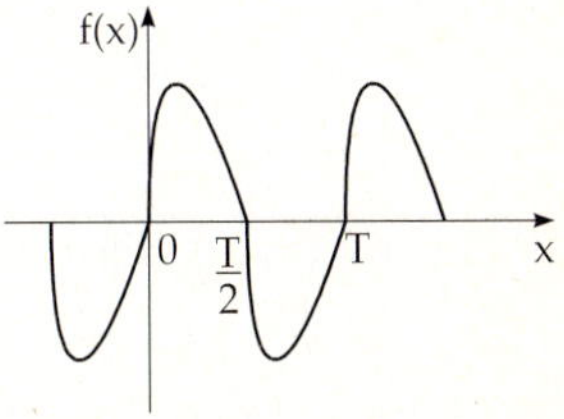

Abbildung 7.4

7.4.2 Koeffizientenbestimmung für symmetrische Funktionen

7.4.2.1 Symmetrien verschiedener Art

1. Symmetrie 1. Art Wenn $f(x)$ eine gerade Funktion ist, d.h. wenn $f(x) = f(-x)$ **(Abb.7.2)**, dann gilt für die Koeffizienten

$$a_k = \frac{4}{T} \int_0^{T/2} f(x) \cos k \frac{2\pi x}{T}\, dx\,, \quad b_k = 0 \qquad (k = 0, 1, 2, \ldots)\,. \tag{7.109}$$

2. Symmetrie 2. Art Wenn $f(x)$ eine ungerade Funktion ist, d.h. wenn $f(x) = -f(-x)$ **(Abb.7.3)**, dann gilt für die Koeffizienten

$$a_k = 0, \quad b_k = \frac{4}{T} \int_0^{T/2} f(x) \sin k \frac{2\pi x}{T}\, dx \qquad (k = 0, 1, 2, \ldots)\,. \tag{7.110}$$

3. Symmetrie 3. Art Wenn für $f(x + T/2) = -f(x)$ gilt **(Abb.7.4)**, dann ergeben sich die Koeffizienten zu

$$a_{2k+1} = \frac{4}{T} \int_0^{T/2} f(x) \cos(2k+1) \frac{2\pi x}{T}\, dx\,, \quad a_{2k} = 0\,, \tag{7.111a}$$

$$b_{2k+1} = \frac{4}{T} \int_0^{T/2} f(x) \sin(2k+1) \frac{2\pi x}{T}\, dx\,, \quad b_{2k} = 0 \quad (k = 0, 1, 2, \ldots)\,. \tag{7.111b}$$

4. Symmetrie 4. Art Wenn die Funktion $f(x)$ ungerade ist und außerdem der Symmetrie 3. Art genügt **(Abb.7.5a)**, dann gilt für die Koeffizienten

$$a_k = b_{2k} = 0\,, \quad b_{2k+1} = \frac{8}{T} \int_0^{T/4} f(x) \sin(2k+1) \frac{2\pi x}{T}\, dx \quad (k = 0, 1, 2, \ldots)\,. \tag{7.112}$$

Wenn die Funktion $f(x)$ gerade ist und außerdem der Symmetrie 3. Art genügt **(Abb.7.5b)**, dann gilt für die Koeffizienten

$$b_k = a_{2k} = 0\,, \quad a_{2k+1} = \frac{8}{T} \int_0^{T/4} f(x) \cos(2k+1) \frac{2\pi x}{T}\, dx \quad (k = 0, 1, 2, \ldots)\,. \tag{7.113}$$

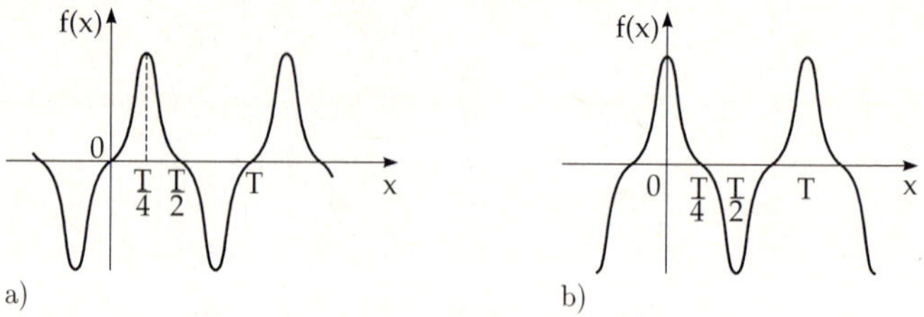

Abbildung 7.5

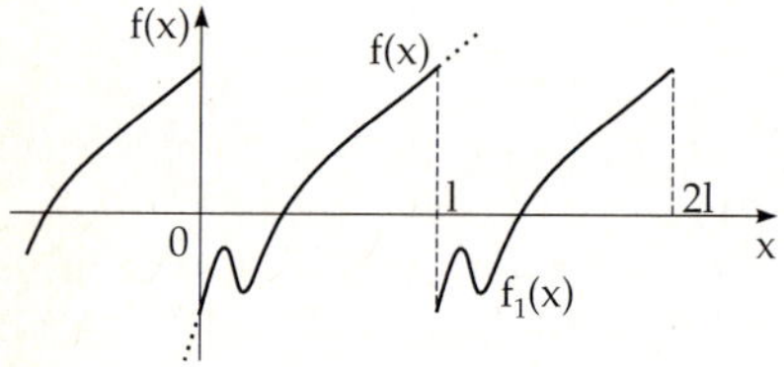

Abbildung 7.6

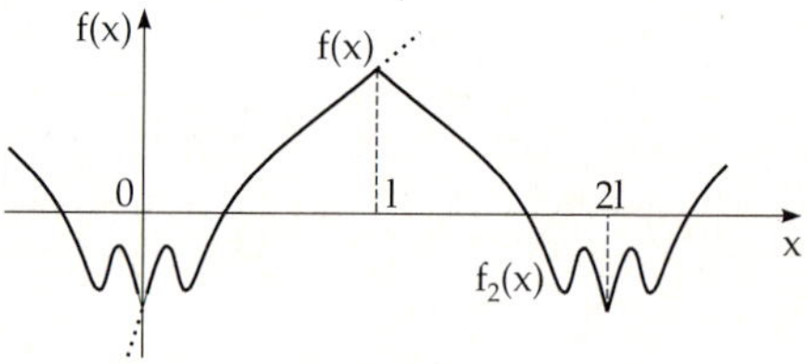

Abbildung 7.7

7.4.2.2 Formen der Entwicklung in eine FOURIER–Reihe

Jede Funktion $f(x)$, die in einem Intervall $0 \leq x \leq l$ die DIRICHLETschen Bedingungen erfüllt (s. S. 416), kann in diesem Intervall in konvergente Reihen folgender Formen entwickelt werden:

1. $$f_1(x) = \frac{a_0}{2} + a_1 \cos\frac{2\pi x}{l} + a_2 \cos 2\frac{2\pi x}{l} + \cdots + a_n \cos n\frac{2\pi x}{l} + \ldots$$
$$+ b_1 \sin\frac{2\pi x}{l} + b_2 \sin 2\frac{2\pi x}{l} + \cdots + b_n \sin n\frac{2\pi x}{l} + \ldots . \quad (7.114a)$$

Die Periode der Funktion $f_1(x)$ ist $T = l$; im Intervall $0 < x < l$ ist $f_1(x)$ identisch mit der Funktion $f(x)$ **(Abb.7.6)**. In den Unstetigkeitsstellen wird $f(x) = \frac{1}{2}[f(x-0) + f(x+0)]$ gesetzt. Die Entwicklungskoeffizienten werden mit Hilfe der EULERschen Formeln (7.104a,b) für $\omega = \frac{2\pi}{l}$ bestimmt.

2. $$f_2(x) = \frac{a_0}{2} + a_1 \cos\frac{\pi x}{l} + a_2 \cos 2\frac{\pi x}{l} + \cdots + a_n \cos n\frac{\pi x}{l} + \cdots . \quad (7.114b)$$

Die Periode der Funktion $f_2(x)$ ist $T = 2l$; im Intervall $0 \leq x \leq l$ ist $f_2(x)$ von der Symmetrie 1. Art und identisch mit $f(x)$ **(Abb.7.7)**. Die Entwicklungskoeffizienten für $f_2(x)$ werden nach den Formeln für den Fall der Symmetrie 1. Art mit $T = 2l$ bestimmt.

3. $$f_3(x) = b_1 \sin\frac{\pi x}{l} + b_2 \sin 2\frac{\pi x}{l} + \cdots + b_n \sin n\frac{\pi x}{l} + \cdots . \quad (7.114c)$$

Die Periode der Funktion $f_3(x)$ ist $T = 2l$; im Intervall $0 < x < l$ ist $f_3(x)$ von der Symmetrie 2. Art und identisch mit $f(x)$ **(Abb.7.8)**. Die Entwicklungskoeffizienten werden mit den Formeln für den Fall der Symmetrie 2. Art für $T = 2l$ bestimmt.

7.4.3 Koeffizientenbestimmung mit Hilfe numerischer Methoden

Wenn die periodische Funktion $f(x)$ kompliziert ist oder im Intervall $0 \leq x < T$ nur für ein diskretes System von Punkten $x_k = \frac{kT}{N}$ mit $k = 0, 1, 2, \ldots, N-1$ bekannt ist, muß die Berechnung der FOURIER–

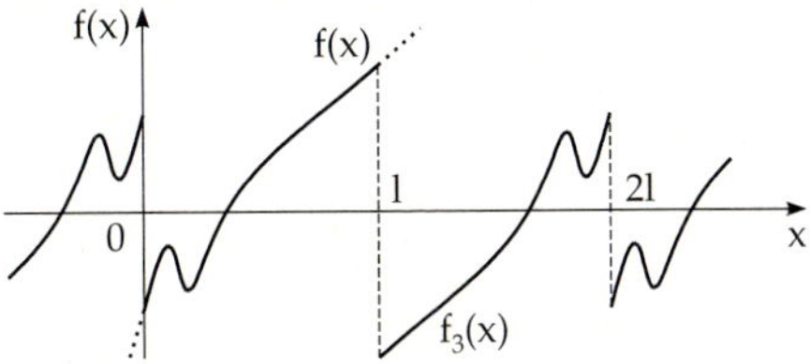

Abbildung 7.8

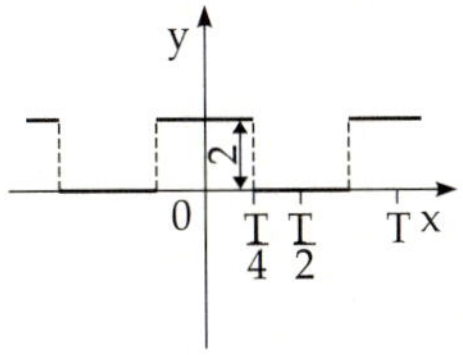

Abbildung 7.9

Koeffizienten näherungsweise erfolgen. Dabei kann z.B. bei der Auswertung von Meßergebnissen die Zahl N sehr groß sein. In diesen Fällen wendet man die Methoden der *numerischen harmonischen Analyse* an (s. S. 921).

7.4.4 Fourier–Reihe und Fourier–Integral

1. Fourier-Integral

Wenn die Funktion $f(x)$ in einem beliebigen endlichen Intervall die Dirichletschen Bedingungen erfüllt (s. S. 416) und außerdem das Integral $\int\limits_{-\infty}^{+\infty} |f(x)|\,dx$ konvergiert (s. S. 448), dann gilt für ihre Darstellung (Fourier–Integral):

$$f(x) = \frac{1}{2\pi}\int\limits_{-\infty}^{+\infty} e^{\mathrm{i}\omega x}\,d\omega \int\limits_{-\infty}^{+\infty} f(t)e^{-\mathrm{i}\omega t}\,dt = \frac{1}{\pi}\int\limits_{0}^{\infty} d\omega \int\limits_{-\infty}^{+\infty} f(t)\cos\omega(t-x)\,dt\,. \qquad (7.115\text{a})$$

In den Unstetigkeitsstellen setzt man

$$f(x) = \frac{1}{2}[f(x-0) + f(x+0)]\,. \qquad (7.115\text{b})$$

2. Grenzfall einer nichtperiodischen Funktion

Die Formel (7.115a) kann als Grenzfall der Entwicklung einer nichtperiodischen Funktion $f(x)$ in eine trigonometrische Reihe im Intervall $(-l, +l)$ für $l \to \infty$ aufgefaßt werden.

Mit Hilfe der Fourierschen Reihenentwicklung wird eine periodische Funktion mit der Periode T als Summe harmonischer Schwingungen mit den Frequenzen $\omega_n = n\frac{2\pi}{T}$ mit $n = 1, 2, \ldots$ und den Amplituden A_n dargestellt. Diese Darstellung beruht somit auf einem *diskreten Frequenzspektrum.*

Im Unterschied dazu wird mit Hilfe des Fourier–Integrals die nichtperiodische Funktion $f(x)$ als Summe unendlich vieler harmonischer Schwingungen mit stetig variierender Frequenz ω dargestellt. Das Fourier–Integral liefert somit eine Entwicklung der Funktion $f(x)$ in ein *kontinuierliches Frequenzspektrum.* Hierbei entspricht der Frequenz ω die Dichte des Spekrums:

$$g(\omega) = \frac{1}{2\pi}\int\limits_{-\infty}^{+\infty} f(t)e^{-\mathrm{i}\omega t}\,dt\,. \qquad (7.115\text{c})$$

Das Fourier–Integral ist von einfacherer Form, wenn die Funktion $f(x)$ entweder **a)** eine gerade oder **b)** eine ungerade Funktion ist:

$$\text{a)}\quad f(x) = \frac{2}{\pi}\int\limits_{0}^{\infty} \cos\omega x\,d\omega \int\limits_{0}^{\infty} f(t)\cos\omega t\,dt\,, \qquad (7.116\text{a})$$

$$\text{b)}\quad f(x) = \frac{2}{\pi} \int\limits_0^\infty \sin \omega x \, d\omega \int\limits_0^\infty f(t) \sin \omega t \, dt \,. \qquad (7.116\text{b})$$

■ Für die gerade Funktion $f(x) = e^{-|x|}$ ergeben sich die Dichte des Frequenzspektrums und die Darstellung der Funktion zu

$$g(\omega) = \frac{2}{\pi} \int_0^\infty e^{-t} \cos \omega t \, dt = \frac{2}{\pi} \frac{1}{\omega^2 + 1} \quad (7.117\text{a}) \qquad \text{und} \qquad e^{-|x|} = \frac{2}{\pi} \int_0^\infty \frac{\cos \omega x}{\omega^2 + 1} \, d\omega \,. \quad (7.117\text{b})$$

7.4.5 Hinweise zur Tabelle einiger Fourier–Entwicklungen

In **Tabelle 21.4** sind die FOURIER–Entwicklungen einiger einfacher Funktionen angegeben, die in einem bestimmten Intervall gegeben sind und darüber hinaus periodisch fortgesetzt werden. Der Kurvenverlauf der entwickelten Funktion ist graphisch dargestellt.

1. Anwendung von Koordinatentransformationen

Viele der einfachsten periodischen Funktionen können auf die in der **Tabelle 21.4** dargestellten Funktionen zurückgeführt werden, indem man entweder den Maßstab auf den Koordinatenachsen ändert oder den Koordinatenursprung verschiebt.

■ Eine Funktion $f(x) = f(-x)$, die durch die Bedingungen

$$y = \begin{cases} 2 & \text{für } 0 < x < \dfrac{T}{4}, \\ 0 & \text{für } \dfrac{T}{4} < x < \dfrac{T}{2} \end{cases} \qquad (7.118\text{a})$$

gegeben ist (**Abb.7.9**), kann auf die Form 5 in der **Tabelle 21.4** gebracht werden, indem $a = 1$ gesetzt wird und die neuen Variablen $Y = y - 1$ und $X = \dfrac{2\pi x}{T} + \dfrac{\pi}{2}$ eingeführt werden. Durch die Variablensubstitution in der Reihe 5 erhält man wegen $\sin(2n+1)\left(\dfrac{2\pi x}{T} + \dfrac{\pi}{2}\right) = (-1)^n \cos(2n+1)\dfrac{2\pi x}{T}$ für die darzustellende Funktion (7.118a) den Ausdruck

$$y = 1 + \frac{4}{\pi}\left(\cos\frac{2\pi x}{T} - \frac{1}{3}\cos 3\frac{2\pi x}{T} + \frac{1}{5}\cos 5\frac{2\pi x}{T} - \cdots\right). \qquad (7.118\text{b})$$

2. Nutzung der Reihenentwicklung komplexer Funktionen

Viele der in **Tabelle 21.4** angegebenen Formeln für die Entwicklung von Funktionen in trigonometrische Reihen können aus Potenzreihenentwicklungen für Funktionen einer komplexen Veränderlichen hergeleitet werden.

■ Die Entwicklung der Funktion

$$\frac{1}{1-z} = 1 + z + z^2 + \cdots \qquad (|z| < 1) \qquad (7.119)$$

liefert für

$$z = ae^{i\varphi} \qquad (7.120)$$

nach der Trennung von Real- und Imaginärteil

$$1 + a\cos\varphi + a^2\cos 2\varphi + \cdots + a^n \cos n\varphi + \cdots = \frac{1 - a\cos\varphi}{1 - 2a\cos\varphi + a^2},$$

$$a\sin\varphi + a^2\sin 2\varphi + \cdots + a^n \sin n\varphi + \cdots = \frac{a\sin\varphi}{1 - 2a\cos\varphi + a^2} \quad \text{für } |a| < 1\,. \qquad (7.121)$$

8 Integralrechnung

1. Integralrechnung und unbestimmtes Integral Die Integralrechnung stellt im folgenden Sinne die Umkehrung der Differentialrechnung dar: Während bei der Differentialrechnung zu einer gegebenen Funktion $f(x)$ die Ableitung $f'(x)$ zu bestimmen ist, wird in der Integralrechnung zu einer gegebenen Ableitung $f'(x)$ eine Funktion gesucht, deren Ableitung mit der vorgegebenen übereinstimmt. Dieser Prozeß ist nicht eindeutig und führt auf den Begriff des *unbestimmten Integrals.*

2. Bestimmtes Integral Geht man von der anschaulichen Aufgabenstellung der Integralrechnung aus, den Inhalt der Fläche unter der Kurve $y = f(x)$ zu bestimmen, indem man diesen z.B. durch hinreichend schmale Rechtecke approximiert **(Abb.8.1)**, dann kommt man zum Begriff des bestimmten Integrals.

3. Zusammenhang zwischen unbestimmtem und bestimmtem Integral Den Zusammenhang zwischen den genannten Integralarten vermittelt der *Hauptsatz der Integralrechnung* (s. S. 435).

8.1 Unbestimmtes Integral

8.1.1 Stammfunktion oder Integral

1. Definition Stammfunktion oder Integral einer gegebenen Funktion $y = f(x)$, die in einem zusammenhängenden Intervall $[a, b]$ definiert ist, wird eine differenzierbare Funktion $F(x)$ genannt, die in demselben Intervall definiert ist und deren Ableitung gleich $f(x)$ ist:

$$F'(x) = f(x). \tag{8.1}$$

Da bei der Differentiation einer Funktion eine additiv auftretende Konstante verschwindet, existieren zu einer gegebenen Funktion unendlich viele Stammfunktionen. Die Differenz zweier Stammfunktionen ist eine Konstante. Daher können die Bilder aller Stammfunktionen $F_1(x), F_2(x), \ldots, F_n(x)$ zu einer gegebenen Funktion durch Parallelverschiebung einer bestimmten Stammfunktion in Richtung der Ordinatenachse erzeugt werden **(Abb.8.2)**.

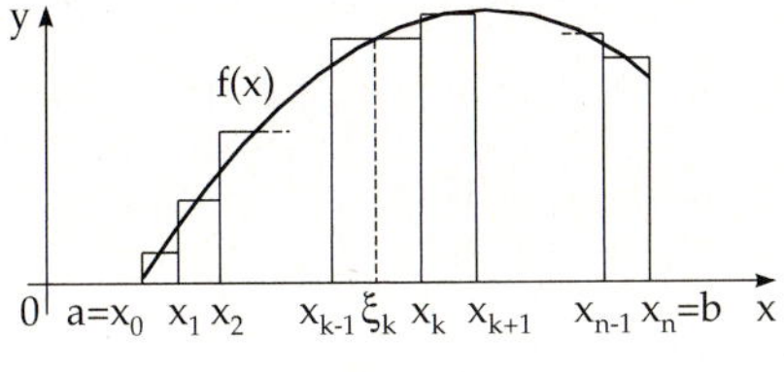

Abbildung 8.1

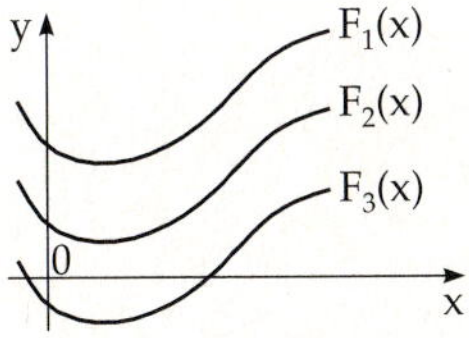

Abbildung 8.2

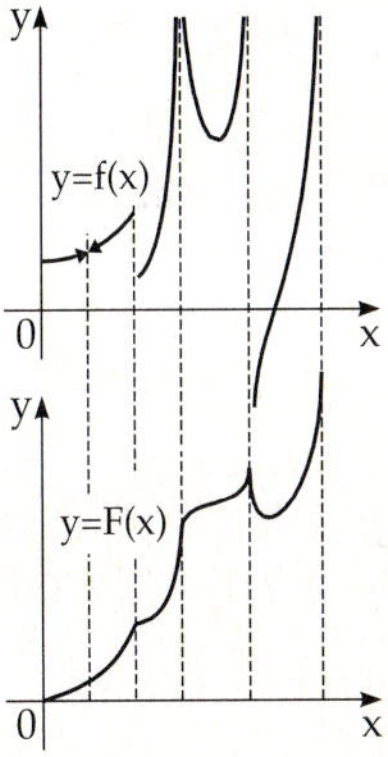

Abbildung 8.3

2. Existenz Jede in einem zusammenhängenden Intervall stetige Funktion besitzt dort eine Stammfunktion. Im Falle von Unstetigkeitsstellen wird das Intervall in Teilintervalle zerlegt, in denen die Ausgangsfunktion stetig ist **(Abb.8.3)**. Die gegebene Funktion $y = f(x)$ befindet sich im oberen Teil der Abbildung, die Stammfunktion $y = F(x)$ im unteren.

8.1.1.1 Unbestimmte Integrale

Das unbestimmte Integral einer gegebenen Funktion $f(x)$ ist der allgemeine Ausdruck

$$F(x) + C = \int f(x)\,dx\,. \tag{8.2}$$

Die Funktion $f(x)$ unter dem Integralzeichen $\int$ heißt *Integrand*, x ist die *Integrationsvariable*, C die *Integrationskonstante*. Es ist auch üblich, vor allem in der Physik, das Differential dx unmittelbar hinter das Integralzeichen und damit vor $f(x)$ zu setzen.

8.1.1.2 Integrale elementarer Funktionen

1. Grundintegrale Die Integration der elementaren Funktionen in analytischer Form wird auf eine Reihe von Grundintegralen zurückgeführt. Diese Grundintegrale können unmittelbar aus den Ableitungen bekannter elementarer Funktionen gewonnen werden, da das unbestimmte Integrieren einer Funktion $f(x)$ das Aufsuchen einer Stammfunktion $F(x)$ bedeutet.
Die in der **Tabelle 8.1** zusammengestellten Integrale ergeben sich aus der Umkehrung der wichtigsten Differentiationsformeln der **Tabelle 6.1** (Ableitungen elementarer Funktionen). Die Integrationskonstente C ist weggelassen worden.

2. Allgemeiner Fall Bei der Lösung von Integralen wird versucht, ein gegebenes Integral durch algebraische und trigonometrische Umformungen bzw. durch Anwendung von Integrationsregeln auf die Grundintegrale zurückzuführen. Die im Abschnitt Integrationsregeln (s. S. 422) angegebenen Integrationsmethoden ermöglichen die Integration von Funktionen, die eine elementare Stammfunktion besitzen. Die Integrationsergebnisse sind in der **Tabelle21.5** (Unbestimmte Integrale) zusammengestellt. Folgende Hinweise sind bei der Benutzung zu beachten:

a) Die Integrationskonstante wurde meist weggelassen. Ausgenommen sind einige Integrale, die in verschiedenen Formen mit verschiedenen beliebigen Konstanten darstellbar sind.

b) Tritt in der Stammfunktion ein Ausdruck auf, der $\ln f(x)$ enthält, dann ist darunter stets $\ln|f(x)|$ zu verstehen.

c) Wenn die Stammfunktion durch eine Potenzreihe dargestellt ist, kann die Funktion nicht elementar integriert werden.

Eine ausführlichere Zusammenstellung enthalten die Tabellenwerke dieser Taschenbuchserie Lit. [8.1] und [8.3].

1. Tabelle der Grundintegrale

Die in der Tabelle Grundintegrale zusammengestellten Integrale ergeben sich aus der Umkehrung der wichtigsten Differentiationsformeln der **Tabelle 6.1** (Ableitungen elementarer Funktionen). Die Integrationskonstente C ist weggelassen worden.

8.1.2 Integrationsregeln

Eine allgemeine Regel für die Berechnung eines Integrals mit einem Integranden aus beliebigen elementaren Funktionen kann nicht angegeben werden. Durch Üben kann man sich eine gewisse Routine im Integrieren aneignen. Heute setzt man zur Berechnung von Integralen meist Computer ein.

Die wichtigsten Integrationsregeln für unbestimmte Integrale, die anschließend erläutert werden, findet man zusammengefaßt in der **Tabelle 8.2** (Wichtige Integrationsregeln für unbestimmte Integrale).

1. Integrand mit konstantem Faktor

Ein konstanter Faktor im Integranden kann vor das Integralzeichen gezogen werden (*Konstantenregel*):

$$\int a\,f(x)\,dx = a \int f(x)\,dx\,. \tag{8.3}$$

2. Integration einer Summe oder Differenz

Das Integral einer Summe oder Differenz kann auf die Integrale der einzelnen Terme zurückgeführt werden (*Summenregel*):

$$\int (u + v - w)\, dx = \int u\, dx + \int v\, dx - \int w\, dx\,. \tag{8.4}$$

Die Variablen u, v, w sind Funktionen von x.

■ $\int (x+3)^2(x^2+1)\, dx = \int (x^4 + 6x^3 + 10x^2 + 6x + 9)\, dx = \frac{x^5}{5} + \frac{3}{2}x^4 + \frac{10}{3}x^3 + 3x^2 + 9x + C\,.$

Tabelle 8.1 Grundintegrale (Integrale der elementaren Funktionen)

Potenzen	**Exponentialfunktionen**
$\int x^n\, dx = \frac{x^{n+1}}{n+1} \quad (n \neq -1)$ $\int \frac{dx}{x} = \ln\lvert x\rvert$	$\int e^x\, dx = e^x$ $\int a^x\, dx = \frac{a^x}{\ln a}$
Trigonometrische Funktionen	Hyperbelfunktionen
$\int \sin x\, dx = -\cos x$ $\int \cos x\, dx = \sin x$ $\int \tan x\, dx = -\ln\lvert\cos x\rvert$ $\int \cot x\, dx = \ln\lvert\sin x\rvert$ $\int \frac{dx}{\cos^2 x} = \tan x$ $\int \frac{dx}{\sin^2 x} = -\cot x$	$\int \sinh x\, dx = \cosh x$ $\int \cosh x\, dx = \sinh x$ $\int \tanh x\, dx = \ln\lvert\cosh x\rvert$ $\int \coth x\, dx = \ln\lvert\sinh x\rvert$ $\int \frac{dx}{\cosh^2 x} = \tanh x$ $\int \frac{dx}{\sinh^2 x} = -\coth x$
Gebrochenrationale Funktionen	Irrationale Funktionen
$\int \frac{dx}{a^2+x^2} = \frac{1}{a}\arctan\frac{x}{a}$ $\int \frac{dx}{a^2-x^2} = \frac{1}{a}\operatorname{Artanh}\frac{x}{a} = \frac{1}{2a}\ln\left\lvert\frac{a+x}{a-x}\right\rvert$ (für $\lvert x\rvert < a$) $\int \frac{dx}{x^2-a^2} = -\frac{1}{a}\operatorname{Arcoth}\frac{x}{a} = \frac{1}{2a}\ln\left\lvert\frac{x-a}{x+a}\right\rvert$ (für $\lvert x\rvert > a$)	$\int \frac{dx}{\sqrt{a^2-x^2}} = \arcsin\frac{x}{a}$ $\int \frac{dx}{\sqrt{a^2+x^2}} = \operatorname{Arsinh}\frac{x}{a} = \ln\left\lvert x + \sqrt{x^2+a^2}\right\rvert$ $\int \frac{dx}{\sqrt{x^2-a^2}} = \operatorname{Arcosh}\frac{x}{a} = \ln\left\lvert x + \sqrt{x^2-a^2}\right\rvert$

3. Umformung des Integranden

Die Integration eines komplizierten Integranden läßt sich durch algebraische oder trigonometrische Umformung auf einfachere Integrale zurückführen.

■ $\int \sin 2x \cos x\, dx = \int \frac{1}{2}(\sin 3x + \sin x)\, dx\,.$

4. Lineare Transformation im Argument

Ist $\int f(x)\,dx = F(x)$ bekannt, z.B. aus einer Integraltafel, dann gilt:

$$\int f(ax)\,dx = \frac{1}{a}F(ax) + C\,, \qquad (8.5a) \qquad\qquad \int f(x+b)\,dx = F(x+b) + C\,, \qquad (8.5b)$$

$$\int f(ax+b)\,dx = \frac{1}{a}F(ax+b) + C\,. \qquad (8.5c)$$

■ **A:** $\int \sin ax\,dx = -\frac{1}{a}\cos ax + C\,.$ ■ **B:** $\int e^{ax+b}\,dx = \frac{1}{a}e^{ax+b} + C\,.$

■ **C:** $\int \frac{dx}{1+(x+a)^2} = \arctan(x+a) + C\,.$

5. Logarithmische Integration

Wenn der Integrand ein Bruch ist, in dem der Zähler die Ableitung des Nenners ist, dann ist das Integral gleich dem Logarithmus des Nenners:

$$\int \frac{f'(x)}{f(x)}\,dx = \int \frac{d\,f(x)}{f(x)} = \ln|f(x)| + C\,. \qquad (8.6)$$

■ $\int \frac{2x+3}{x^2+3x-5}\,dx = \ln(x^2+3x-5) + C\,.$

6. Substitutionsmethode

Ist $x = \varphi(t)$ bzw. $t = \psi(x)$ die Umkehrfunktion zu $x = \varphi(t)$, dann gilt

$$\int f(x)\,dx = \int f[\varphi(t)]\varphi'(t)\,dt \quad \text{bzw.} \quad \int f(x)\,dx = \int \frac{f(\varphi(t))}{\psi'(\varphi(t))}\,dt\,. \qquad (8.7)$$

■ **A:** $\int \frac{e^x-1}{e^x+1}\,dx$. Substitution $x = \ln t$, $(t > 0)$, $\frac{dx}{dt} = \frac{1}{t}$, danach Partialbruchzerlegung:

$$\int \frac{e^x-1}{e^x+1}\,dx = \int \frac{t-1}{t+1}\frac{dt}{t} = \int \left(\frac{2}{t+1} - \frac{1}{t}\right)dt = 2\ln(e^x+1) - x + C\,.$$

■ **B:** $\int \frac{x\,dx}{1+x^2}$. Substitution $1+x^2 = t$, $\frac{dt}{dx} = 2x$: $\int \frac{x\,dx}{1+x^2} = \int \frac{dt}{2t} = \frac{1}{2}\ln(1+x^2) + C\,.$

7. Partielle Integration

$$\int u(x)v'(x)\,dx = u(x)v(x) - \int u'(x)v(x)\,dx\,, \qquad (8.8)$$

wobei $u(x)$ und $v(x)$ stetige Ableitungen besitzen müssen.

■ Das Integral $\int xe^x\,dx$ kann durch partielle Integration gelöst werden, indem man $u = x$ und $v' = e^x$ setzt, was auf $u' = 1$ und $v = e^x$ führt: $\int xe^x\,dx = xe^x - \int e^x\,dx = (x-1)e^x + C\,.$

8. Nichtelementare Integrale

Integrale elementarer Funktionen sind nicht immer elementare Funktionen. Solche Integrale werden hauptsächlich mit Hilfe der folgenden drei Methoden gelöst, wobei die Stammfunktion in einer bestimmten Näherung berechnet wird:

1. **Wertetabellen** Integrale von besonderem theoretischen oder praktischen Interesse, die sich nicht durch elementare Funktionen ausdrücken lassen, können durch eine Wertetabelle dargestellt werden. Dabei wird die Integrationskonstante durch Festlegung der unteren Integrationsgrenze bestimmt. Solchen speziellen Funktionen werden meist besondere Namen und Zeichen zugeordnet. Beispiele sind:

■ **A:** *Integrallogarithmus* (s. S. 455):

$$\int_0^x \frac{dx}{\ln x} = \mathrm{Li}\,(x)\,. \tag{8.9}$$

■ **B:** *Elliptisches Integral erster Gattung* (s. S. 430):

$$\int_0^{\sin\varphi} \frac{dx}{\sqrt{(1-x^2)(1-k^2x^2)}} = F(k,\varphi)\,. \tag{8.10}$$

2. Integration einer Reihenentwicklung Der Integrand wird in eine Reihe entwickelt, die im Falle ihrer gleichmäßigen Konvergenz gliedweise integriert werden kann.

3. Graphische Integration ist eine dritte Näherungsmethode, die auf S. 440 behandelt wird.

Tabelle 8.2 Wichtige Integrationsregeln für unbestimmte Integrale

Regel	**Formel für die Integration**
Integrationskonstante	$\int f(x)\,dx = F(x) + C \qquad (C \text{ const})$
Integration und Differentiation	$F'(x) = \frac{dF}{dx} = f(x)$
Faktorregel	$\int \alpha f(x)\,dx = \alpha \int f(x)\,dx \qquad (\alpha \text{ const})$
Summenregel	$\int [u(x) \pm v(x)]\,dx = \int u(x)\,dx \pm \int v(x)\,dx$
Partielle Integration	$\int u(x)v'(x)\,dx = u(x)v(x) - \int u'(x)v(x)\,dx$
Substitutionsregel	$x = u(t)$ bzw. $t = v(x)$; u und v seien zueinander Umkehrfunktionen : $\int f(x)\,dx = \int f(u(t))u'(t)\,dt$ bzw. $\int f(x)\,dx = \int \frac{f(u(t))}{v'(u(t))}\,dt$
Spezielle Form des Integranden	1. $\int \frac{f'(x)}{f(x)}\,dx = \ln\lvert f(x)\rvert + C$ (logarithmische Integration) 2. $\int f'(x)f(x)\,dx = \frac{1}{2}f^2(x) + C$
Integration der Umkehrfunktion	u sei inverse Funktion zu v: $\int u(x)\,dx = xu(x) - F(u(x)) + C_1$ mit $F(x) = \int v(x)\,dx + C_2 \quad (C_1,\, C_2 \text{ const})$

8.1.3 Integration rationaler Funktionen

Integrale rationaler Funktionen können stets durch elementare Funktionen ausgedrückt werden.

8.1.3.1 Integrale ganzrationaler Funktionen (Polynome)

Integrale ganzrationaler Funktionen werden durch direkte gliedweise Integration berechnet:

$$\int (\,a_0x^n + a_1x^{n-1} + \cdots + a_{n-1}x + a_n)\,dx$$

$$= \frac{a_0}{n+1}x^{n+1} + \frac{a_1}{n}x^n + \cdots + \frac{a_{n-1}}{2}x^2 + a_n x + C\,. \tag{8.11}$$

8.1.3.2 Integrale gebrochenrationaler Funktionen

Integrale gebrochenrationaler Funktionen $\int \frac{P(x)}{Q(x)}\,dx$, wobei $P(x)$ und $Q(x)$ Polynome vom Grade m bzw. n sind, werden algebraisch auf eine leicht integrierbare Form gebracht. Dazu dient die folgende Verfahrensweise:

1. Kürzung des Bruches bis $P(x)$ und $Q(x)$ keine gemeinsamen Teiler mehr enthalten.

2. Abspaltung des ganzrationalen Teiles, wenn $m \geq n$ ist, indem $P(x)$ durch $Q(x)$ geteilt wird. Zu integrieren verbleiben dann ein Polynom und ein Bruch mit $m < n$.

3. Zerlegung des Nenners $Q(x)$ in lineare und quadratische Faktoren (s. S. 43):

$$Q(x) = a_0(x-\alpha)^k(x-\beta)^l \cdots (x^2+px+q)^r(x^2+p'x+q')^s \cdots \tag{8.12a}$$

$$\text{mit}\quad \frac{p^2}{4} - q < 0\,, \quad \frac{p'^2}{4} - q' < 0\,, \ldots \tag{8.12b}$$

4. Vorziehen des konstanten Koeffizienten a_0 vor das Integralzeichen.

5. Zerlegung in eine Summe von Partialbrüchen: Der so erhaltene echte Bruch, der nicht mehr gekürzt werden kann und dessen Nenner in seine irreduziblen Faktoren zerlegt ist, wird in eine Summe von Partialbrüchen zerlegt (s. S. 14), die leicht integriert werden können.

8.1.3.3 Vier Fälle bei der Partialbruchzerlegung

1. Fall: Alle Wurzeln des Nenners sind reell und einfach.

$$Q(x) = (x-\alpha)(x-\beta)\cdots(x-\lambda) \tag{8.13a}$$

a) Form der Zerlegung:

$$\frac{P(x)}{Q(x)} = \frac{A}{x-\alpha} + \frac{B}{x-\beta} + \cdots + \frac{L}{x-\lambda}\,. \tag{8.13b}$$

$$\text{mit}\quad A = \frac{P(\alpha)}{Q'(\alpha)},\quad B = \frac{P(\beta)}{Q'(\beta)}, \ldots, L = \frac{P(\lambda)}{Q'(\lambda)}\,. \tag{8.13c}$$

b) Die Zahlen $A, B, C, \ldots, L$ können auch mit Hilfe der Methode der unbestimmten Koeffizienten berechnet werden (s. S. 14).

c) Integration gemäß

$$\int \frac{A\,dx}{x-\alpha} = A\ln(x-\alpha)\,. \tag{8.13d}$$

■ $I = \int \frac{(2x+3)\,dx}{x^3+x^2-2x}$: $\quad \frac{2x+3}{x(x-1)(x+2)} = \frac{A}{x} + \frac{B}{x-1} + \frac{C}{x+2}$, $\quad A = \frac{P(0)}{Q'(0)} = \left(\frac{2x+3}{3x^2+2x-2}\right)_{x=0}$ $= -\frac{3}{2}$, $\quad B = \left(\frac{2x+3}{3x^2+2x-2}\right)_{x=1} = \frac{5}{3}$, $\quad C = \left(\frac{2x+3}{3x^2+2x-2}\right)_{x=-2} = -\frac{1}{6}$,

$$I = \int \left(\frac{-\frac{3}{2}}{x} + \frac{\frac{5}{3}}{x-1} + \frac{-\frac{1}{6}}{x+2}\right)dx = -\frac{3}{2}\ln x + \frac{5}{3}\ln(x-1) - \frac{1}{6}\ln(x+2) + C_1 = \ln\frac{C(x-1)^{5/3}}{x^{3/2}(x+2)^{1/6}}\,.$$

2. Fall: Alle Wurzeln des Nenners sind reell, einige von ihnen sind mehrfach.

$$Q(x) = (x-\alpha)^l(x-\beta)^m \cdots\,. \tag{8.14a}$$

a) Form der Zerlegung:

$$\frac{P(x)}{Q(x)} = \frac{A_1}{(x-\alpha)} + \frac{A_2}{(x-\alpha)^2} + \cdots + \frac{A_l}{(x-\alpha)^l}$$

$$+\frac{B_1}{(x-\beta)}+\frac{B_2}{(x-\beta)^2}+\cdots+\frac{B_m}{(x-\beta)^m}+\cdots. \tag{8.14b}$$

b) Berechnung der Konstanten $A_1, A_2, \ldots, A_n, B_1, B_2, \ldots, B_m$ mit Hilfe der Methode der unbestimmten Koeffizienten (s. S. 14).

c) Integration gemäß

$$\int \frac{A_1\,dx}{x-\alpha} = A_1 \ln(x-\alpha)\,, \quad \int \frac{A_k\,dx}{(x-\alpha)^k} = -\frac{A_k}{(k-1)(x-\alpha)^{k-1}} \quad (k>1)\,. \tag{8.14c}$$

■ $I=\int \frac{x^3+1}{x(x-1)^3}\,dx$: $\frac{x^3+1}{x(x-1)^3}=\frac{A}{x}+\frac{B_1}{x-1}+\frac{B_2}{(x-1)^2}+\frac{B_3}{(x-1)^3}$. Die Berechnung der Konstanten mit Hilfe der Methode der unbestimmten Koeffizienten ergibt $A+B_1=1,\ -3A-2B_1+B_2=0,$ $3A+B_1-B_2+B_3=0,\ -A=1;\ A=-1,\ B_1=2,\ B_2=1,\ B_3=2$. Die Integration erfolgt gemäß

$$I=\int\left[-\frac{1}{x}+\frac{2}{x-1}+\frac{1}{(x-1)^2}+\frac{2}{(x-1)^3}\right]dx = -\ln x + 2\ln(x-1) - \frac{1}{x-1} - \frac{1}{(x-1)^2} + C$$

$$= \ln\frac{(x-1)^2}{x} - \frac{x}{(x-1)^2} + C\,.$$

3. Fall: Einige Wurzeln des Nenners sind einfach komplex.

$$P(x)=(x-\alpha)^l(x-\beta)^m\ldots(x^2+px+q)(x^2+p'x+q')\ldots \tag{8.15a}$$

$$\text{mit}\quad \frac{p^2}{4}<q\,,\quad \frac{p'^2}{4}<q'\,,\ldots\,. \tag{8.15b}$$

a) Form der Zerlegung:

$$\frac{Q(x)}{P(x)}=\frac{A_1}{x-\alpha}+\frac{A_2}{(x-\alpha)^2}+\cdots+\frac{A_l}{(x-\alpha)^l}+\frac{B_1}{x-\beta}+\frac{B_2}{(x-\beta)^2}+\cdots+\frac{B_m}{(x-\beta)^m}$$
$$+\frac{Cx+D}{x^2+px+q}+\frac{Ex+F}{x^2+p'x+q'}+\cdots\,. \tag{8.15c}$$

b) Berechnung der Konstanten mit Hilfe der Methode der unbestimmten Koeffizienten (s. S. 14).

c) Integration des Ausdrucks $\frac{Cx+D}{x^2+px+q}$ gemäß

$$\int\frac{(Cx+D)\,dx}{x^2+px+q}=\frac{C}{2}\ln(x^2+px+q)+\frac{D-\frac{Cp}{2}}{\sqrt{q-\frac{p^2}{4}}}\arctan\frac{x+\frac{p}{2}}{\sqrt{q-\frac{p^2}{4}}}\,. \tag{8.15d}$$

■ $I=\int\frac{4\,dx}{x^3+4x}$: $\quad \frac{4}{x^3+4x}=\frac{A}{x}+\frac{Cx+D}{x^2+4}$. Die Methode der unbestimmten Koeffizienten liefert $A+C=0,\ D=0,\ 4A=4,\ A=1,\ C=-1,\ D=0$.

$I=\int\left(\frac{1}{x}-\frac{x}{x^2+4}\right)dx=\ln x-\frac{1}{2}\ln(x^2+4)+\ln C_1=\ln\frac{C_1x}{\sqrt{x^2+4}}$, wobei in diesem Falle das Glied mit der Funktion arctan fehlt.

4. Fall: Einige Wurzeln des Nenners sind mehrfach komplex.

$$P(x)=(x-\alpha)^k(x-\beta)^l\ldots(x^2+px+q)^m(x^2+p'x+q')^n\ldots\,. \tag{8.16a}$$

a) Form der Zerlegung:

$$\frac{P(x)}{Q(x)}=\frac{A_1}{x-\alpha}+\frac{A_2}{(x-\alpha)^2}+\cdots+\frac{B_1}{x-\beta}+\frac{B_2}{(x-\beta)^2}+\cdots+\frac{B_l}{(x-\beta)^l}$$
$$+\frac{C_1x+D_1}{x^2+px+q}+\frac{C_2x+D_2}{(x^2+px+q)^2}+\cdots+\frac{C_mx+D_m}{(x^2+px+q)^m}$$

$$+\frac{E_1x+F_1}{x^2+p'x+q'}+\frac{E_2x+F_2}{(x^2+p'x+q')^2}+\cdots+\frac{E_nx+F_n}{(x^2+p'x+q')^n}. \tag{8.16b}$$

b) Berechnung der Konstanten mit Hilfe der Methode der unbestimmten Koeffizienten.

c) Integration des Ausdrucks $\dfrac{C_mx+D_m}{(x^2+px+q)^m}$ mit $m>1$ in folgenden Schritten:

α) Umformung des Zählers gemäß

$$C_mx+D_m=\frac{C_m}{2}(2x+p)+\left(D_m-\frac{C_mp}{2}\right). \tag{8.16c}$$

β) Zerlegung des gesuchten Integrals in zwei Summanden, wobei sich der erste direkt integrieren läßt:

$$\int\frac{C_m}{2}\frac{(2x+p)\,dx}{(x^2+px+q)^m}=-\frac{C_m}{2(m-1)}\frac{1}{(x^2+px+q)^{m-1}}. \tag{8.16d}$$

γ) Der zweite Summand wird ohne den konstanten Faktor mit der folgenden Rekursionsformel berechnet:

$$\int\frac{dx}{(x^2+px+q)^m}=\frac{x+\frac{p}{2}}{2(m-1)\left(q-\frac{p^2}{4}\right)(x^2+px+q)^{m-1}}+\frac{2m-3}{2(m-1)\left(q-\frac{p^2}{4}\right)}\int\frac{dx}{(x^2+px+q)^{m-1}}. \tag{8.16e}$$

■ $I=\displaystyle\int\frac{2x^2+2x+13}{(x-2)(x^2+1)^2}\,dx$: $\dfrac{2x^2+2x+13}{(x-2)(x^2+1)^2}=\dfrac{A}{x-2}+\dfrac{C_1x+D_1}{x^2+1}+\dfrac{C_2x+D_2}{(x^2+1)^2}$.
Mit Hilfe der Methode der unbestimmten Koeffizienten ergibt sich das Gleichungssystem
$A+C_1=0$, $-2C_1+D_1=0$, $2A+C_1-2D_1+C_2=2$, $-2C_1+D_1-2C_2+D_2=2$,
$A-2D_1-2D_2=13$, woraus folgt $A=1$, $C_1=-1$, $D_1=-2$, $C_2=-3$, $D_2=-4$,
$I=\displaystyle\int\left(\frac{1}{x-2}-\frac{x+2}{x^2+1}-\frac{3x+4}{(x^2+1)^2}\right)dx$.

Da gemäß (8.16e) gilt $\displaystyle\int\frac{dx}{(x^2+1)^2}=\frac{x}{2(x^2+1)}+\frac{1}{2}\int\frac{dx}{x^2+1}=\frac{x}{2(x^2+1)}+\frac{1}{2}\arctan x$, ergibt sich

schließlich $I=\dfrac{3-4x}{2(x^2+1)}+\dfrac{1}{2}\ln\dfrac{(x-2)^2}{x^2+1}-4\arctan x+C$.

8.1.4 Integration irrationaler Funktionen

8.1.4.1 Substitution zur Rückführung auf Integrale rationaler Funktionen

Irrationale Funktionen können nicht immer elementar integriert werden. Die **Tabelle 21.5** enthält eine ganze Reihe von Integralen irrationaler Funktionen. In den einfachsten Fällen lassen sie sich durch Substitutionen, wie sie in **Tabelle 8.3** aufgeführt sind, auf Integrale rationaler Funktionen zurückführen.

Das Integral $\int R\,(x,\sqrt{ax^2+bx+c})\,dx$ kann auf eine der drei Formen

$$\int R\,(x,\sqrt{x^2+\alpha^2})\,dx\,, \tag{8.17a}$$

$$\int R\,(x,\sqrt{x^2-\alpha^2})\,dx\,, \tag{8.17b}$$

$$\int R\,(x,\sqrt{\alpha^2-x^2})\,dx \tag{8.17c}$$

gebracht werden, da sich das quadratische Polynom $ax^2 + bx + c$ stets als Summe oder Differenz zweier Quadrate darstellen läßt.

Tabelle 8.3 Substitutionen zur Integration irrationaler Funktionen I

Integral *	**Substitution**
$\int R\left(x, \sqrt[n]{\frac{ax+b}{cx+e}}\right)\,dx$	$\sqrt[n]{\frac{ax+b}{cx+e}} = t$
$\int R\left(x, \sqrt[n]{\frac{ax+b}{cx+e}}, \sqrt[m]{\frac{ax+b}{cx+e}}\right)\,dx$	$\sqrt[r]{\frac{ax+b}{cx+e}} = t$ wobei r das kleinste gemeinsame Vielfache der Zahlen $m, n, \ldots$ ist.
$\int R\left(x, \sqrt{ax^2+bx+c}\right)\,dx$	Eine der drei EULERschen *Substitutionen*:
1. Für $a > 0$ †	$\sqrt{ax^2+bx+c} = t - \sqrt{a}x$
2. Für $c > 0$	$\sqrt{ax^2+bx+c} = xt + \sqrt{c}$
3. Falls das Polynom $ax^2 + bx + c$ verschiedene reelle Wurzeln besitzt: $ax^2 + bx + c = a(x-\alpha)(x-\beta)$	$\sqrt{ax^2+bx+c} = t(x-\alpha)$
* Das Symbol R bezeichnet eine *rationale* Funktion in den Ausdrücken, vor denen es steht. Die Zahlen $n, m, \ldots$ sind ganz. † Ist $a < 0$ und hat das Polynom $ax^2 + bx + c$ komplexe Wurzeln, so ist der Integrand für keinen Wert von x definiert, da dann $\sqrt{ax^2+bx+c}$ für alle reellen Werte von x imaginär wird. In diesem Falle ist ein Integrieren nicht von Interesse.	

■ **A:** $4x^2+16x+17 = 4\left(x^2+4x+4+\frac{1}{4}\right) = 4\left[(x+2)^2+\left(\frac{1}{2}\right)^2\right] = 4\left[x_1^2+\left(\frac{1}{2}\right)^2\right]$ mit $x_1 = x+2$.

■ **B:** $x^2+3x+1 = x^2+3x+\frac{9}{4}-\frac{5}{4} = \left(x+\frac{3}{2}\right)^2 - \left(\frac{\sqrt{5}}{2}\right)^2 = x_1^2 - \left(\frac{\sqrt{5}}{2}\right)^2$ mit $x_1 = x+\frac{3}{2}$.

■ **C:** $-x^2+2x = 1-x^2+2x-1 = 1^2-(x-1)^2 = 1^2-x_1^2$ mit $x_1 = x-1$.

8.1.4.2 Rückführung auf Integrale rationaler Ausdrücke mit trigonometrischen und Hyperbelfunktionen

Die in **Tabelle 8.4** angegebenen Substitutionen führen auf Integrale rationaler Ausdrücke, die trigonometrische oder Hyperbelfunktionen enthalten (s. S. 431 und S. 433).

Tabelle 8.4 Substitutionen zur Integration irrationaler Funktionen II

Integral	**Substitution**
$\int R\left(x, \sqrt{x^2+\alpha^2}\right)\,dx$	$x = \alpha \sinh t$ oder $x = \alpha \tan t$
$\int R\left(x, \sqrt{x^2-\alpha^2}\right)\,dx$	$x = \alpha \cosh t$ oder $x = \alpha \sec t$
$\int R\left(x, \sqrt{\alpha^2-x^2}\right)\,dx$	$x = \alpha \sin t$ oder $x = \alpha \cos t$

8.1.4.3 Integration binomischer Integranden

Binomischer Integrand wird ein Ausdruck der Form

$$x^m(a+bx^n)^p \tag{8.18}$$

genannt, in dem a und b beliebige reelle Zahlen sind und m, n, p beliebige positive oder negative rationale Zahlen. Der *Satz von* TSCHEBYSCHEFF besagt, daß das Integral

$$\int x^m(a+bx^n)^p\,dx \tag{8.19}$$

nur in den folgenden drei Fällen durch Elementarfunktionen ausgedrückt werden kann:

1. Fall: Wenn p eine ganze Zahl ist, kann der Ausdruck $(a+bx^n)^p$ nach dem binomischen Lehrsatz entwickelt werden, so daß der Integrand nach Auflösen der Klammern eine Summe von Gliedern der Form cx^k darstellt, die sich leicht integrieren lassen.

2. Fall: Wenn $\dfrac{m+1}{n}$ eine ganze Zahl ist, kann das Integral (8.19) durch die Substitution $t=\sqrt[r]{a+bx^n}$, wobei r der Nenner des Bruches p ist, auf ein Integral einer rationalen Funktion zurückgeführt werden.

3. Fall: Wenn $\dfrac{m+1}{n}+p$ eine ganze Zahl ist, kann das Integral (8.19) durch die Substitution $t=\sqrt[r]{\dfrac{a+bx^n}{x^n}}$, wobei r der Nenner des Bruches p ist, auf ein Integral einer rationalen Funktion zurückgeführt werden.

■ **A:** $\displaystyle\int \frac{\sqrt[3]{1+\sqrt[4]{x}}}{\sqrt{x}}\,dx = \int x^{-1/2}\left(1+x^{1/4}\right)^{1/3}dx\,;\ m=-\frac{1}{2},\ n=\frac{1}{4},\ p=\frac{1}{3},\ \frac{m+1}{n}=2$, (Fall 2):

Substitution $t=\sqrt[3]{1+\sqrt[4]{x}}$, $x=(t^3-1)^4$, $dx=12t^2(t^3-1)^3\,dt\,;\ \displaystyle\int\frac{\sqrt[3]{1+\sqrt[4]{x}}}{\sqrt{x}}\,dx=12\int(t^6-t^3)\,dt$ $=\dfrac{3}{7}t^4(4t^3-7)+C\,.$

■ **B:** $\displaystyle\int\frac{x^3\,dx}{\sqrt[4]{1+x^3}}=\int x^3(1+x^3)^{-1/4}:\quad m=3,\quad n=3,\quad p=-\frac{1}{4};\quad \frac{m+1}{n}=\frac{4}{3},\quad \frac{m+1}{n}+p$ $=\dfrac{13}{12}$. Da keine der drei Bedingungen erfüllt ist, kann das Integral keine elementare Funktion sein.

8.1.4.4 Elliptische Integrale

Elliptische Integrale sind Integrale der Form

$$\int R\left(x,\sqrt{ax^3+bx^2+cx+e}\right)dx\,,\qquad \int R\left(x,\sqrt{ax^4+bx^3+cx^2+ex+f}\right)dx\,. \tag{8.20}$$

Sie lassen sich in der Regel nicht durch elementare Funktionen ausdrücken; wenn dies trotzdem gelingt, nennt man sie pseudoelliptisch. Ausgangspunkt für die Bezeichnung war das erstmalige Auftreten eines derartigen Integrals bei der Berechnung des Umfanges der Ellipse (s. S. 443). Die Umkehrung der elliptischen Integrale sind die elliptischen Funktionen (s. S. 700). Integrale der Art (8.20), die nicht elementar integrierbar sind, können durch eine Reihe von Umformungen auf elementare Funktionen und auf Integrale der folgenden drei Typen zurückgeführt werden (s. Lit. [21.1], [21.2], [21.6]):

$$\int\frac{dt}{\sqrt{(1-t^2)(1-k^2t^2)}}\,, \tag{8.21a}$$

$$\int\frac{(1-k^2t^2)\,dt}{\sqrt{(1-t^2)(1-k^2t^2)}}\,, \tag{8.21b}$$

$$\int\frac{dt}{(1+nt^2)\sqrt{(1-t^2)(1-k^2t^2)}}\qquad(0<k<1)\,. \tag{8.21c}$$

Mit Hilfe der Substitution $t = \sin\varphi$ $\left(0 < \varphi < \frac{\pi}{2}\right)$ können die Integrale (8.21a,b,c) auf die LEGENDRE-*sche Form* gebracht werden:

1. Elliptisches Integral 1. Gattung: $$\int \frac{d\varphi}{\sqrt{1-k^2\sin^2\varphi}}. \qquad (8.22a)$$

2. Elliptisches Integral 2. Gattung: $$\int \sqrt{1-k^2\sin^2\varphi}\,d\varphi. \qquad (8.22b)$$

3. Elliptisches Integral 3. Gattung: $$\int \frac{d\varphi}{(1+n\sin^2\varphi)\sqrt{1-k^2\sin^2\varphi}}. \qquad (8.22c)$$

Die dazugehörigen bestimmten Integrale mit der unteren Integrationsgrenze Null haben die folgenden Bezeichnungen erhalten:

I. $$\int_0^\varphi \frac{d\psi}{\sqrt{1-k^2\sin^2\psi}} = F(k,\varphi). \qquad (8.23a)$$ **II.** $$\int_0^\varphi \sqrt{1-k^2\sin^2\psi}\,d\psi = E(k,\varphi). \qquad (8.23b)$$

III. $$\int_0^\varphi \frac{d\psi}{(1+n\sin^2\psi)\sqrt{1-k^2\sin^2\psi}} = \Pi(n,k,\varphi) \qquad (0 < k < 1). \qquad (8.23c)$$

Man nennt diese Integrale *unvollständige elliptische Integrale* erster, zweiter und dritter Gattung. Für $\varphi = \dfrac{\pi}{2}$ heißen die Integrale I und II *vollständige elliptische Integrale*, und man kennzeichnet sie durch

I. $$K = F\left(k,\frac{\pi}{2}\right) = \int_0^{\frac{\pi}{2}} \frac{d\psi}{\sqrt{1-k^2\sin^2\psi}}, \qquad (8.24a)$$

II. $$E = E\left(k,\frac{\pi}{2}\right) = \int_0^{\frac{\pi}{2}} \sqrt{1-k^2\sin^2\psi}\,d\psi. \qquad (8.24b)$$

In den **Tabellen 21.7.1, 2, 3** sind für die unvollständigen und vollständigen elliptischen Integrale erster und zweiter Gattung F, E sowie K und E Wertetabellen angegeben.

■ Die Berechnung des Umfanges der Ellipse führt auf ein vollständiges elliptisches Integral 2. Gattung als Funktion der numerischen Exzentrizität e (s. S. 443). Für $a = 1,5$, $b = 1$ folgt $e = 0,74$. Wegen $e = k = 0,74$ liest man aus **Tabelle 21.7.3** ab: $\sin\alpha = 0,74$, d.h., $\alpha = 47°$ und $E(k,\frac{\pi}{2}) = E(0,74) = 1,33$. Daraus folgt $U = 4aE(0,74) = 4aE(\alpha = 47°) = 4 \cdot 1,33a = 7,98$. Die Berechnung mit der Näherungsformel (3.305c) liefert den Wert 7,93.

8.1.5 Integration trigonometrischer Funktionen

8.1.5.1 Substitution

Mit Hilfe der *Universalsubstitution*

$$t = \tan\frac{x}{2}, \quad \text{d.h.,} \quad dx = \frac{2\,dt}{1+t^2}, \quad \sin x = \frac{2t}{1+t^2}, \quad \cos x = \frac{1-t^2}{1+t^2}, \qquad (8.25)$$

läßt sich ein Integral der Form

$$\int R(\sin x, \cos x)\,dx \qquad (8.26)$$

auf ein Integral einer rationalen Funktion zurückführen, wobei mit R eine rationale Funktion des Ausdrucks bezeichnet ist, vor dem es steht. In einzelnen Fällen können einfachere Substitutionen eingesetzt werden. Wenn der Integrand in (8.26) nur gerade Potenzen der Funktionen $\sin x$ und $\cos x$ enthält, kann er durch die Substitution $t = \tan x$ wesentlich einfacher auf ein Integral einer rationalen Funktion zurückgeführt werden.

■ $$\int \frac{1+\sin x}{\sin x(1+\cos x)}\,dx = \int \frac{\left(1+\frac{2t}{1+t^2}\right)\frac{2}{1+t^2}}{\frac{2t}{1+t^2}\left(1+\frac{1-t^2}{1+t^2}\right)}\,dt = \frac{1}{2}\int\left(t+2+\frac{1}{t}\right)dt = \frac{t^2}{4}+t+\frac{1}{2}\ln t + C$$
$$= \frac{\tan^2\frac{x}{2}}{4} + \tan\frac{x}{2} + \frac{1}{2}\ln\tan\frac{x}{2} + C\,.$$

8.1.5.2 Vereinfachte Methoden

1. Fall:

$$\int R(\sin x)\cos x\,dx\,. \qquad \text{Substitution} \quad t = \sin x\,, \quad \cos x\,dx = dt\,. \tag{8.27}$$

2. Fall:

$$\int R(\cos x)\sin x\,dx\,. \qquad \text{Substitution} \quad t = \cos x\,, \quad \sin x\,dx = -dt\,. \tag{8.28}$$

3. Fall:

$$\int \sin^n x\,dx\,. \tag{8.29a}$$

a) $n = 2m+1$, ungerade:

$$\int \sin^n x\,dx = \int (1-\cos^2 x)^m \sin x\,dx = -\int (1-t^2)^m\,dt \qquad \text{mit} \quad t = \cos x\,. \tag{8.29b}$$

b) $n = 2m$, gerade:

$$\int \sin^n x\,dx = \int \left[\frac{1}{2}(1-\cos 2x)\right]^m dx = \frac{1}{2^{m+1}}\int (1-\cos t)^m\,dt \qquad \text{mit} \quad t = 2x\,. \tag{8.29c}$$

Die Potenz wird auf diese Weise halbiert. Nach Auflösen der Klammer für $(1-\cos t)^m$ wird gliedweise integriert.

4. Fall:

$$\int \cos^n x\,dx\,. \tag{8.30a}$$

a) $n = 2m+1$, ungerade:

$$\int \cos^n x\,dx = \int (1-\sin^2 x)^m \cos x\,dx = \int (1-t^2)^m\,dt \qquad \text{mit} \quad t = \sin x\,. \tag{8.30b}$$

b) $n = 2m$, gerade:

$$\int \cos^n x\,dx = \int \left[\frac{1}{2}(1+\cos 2x)\right]^m dx = \frac{1}{2^{m+1}}\int (1+\cos t)^m\,dt \qquad \text{mit} \quad t = 2x\,. \tag{8.30c}$$

Die Potenz wird auf diese Weise halbiert. Nach Auflösen der Klammer wird gliedweise integriert.

5. Fall:

$$\int \sin^n x \cos^m x\,dx\,. \tag{8.31a}$$

a) Eine der Zahlen m oder n ist ungerade: Zurückführung auf die Fälle 1 oder 2.

■ **A:** $\int \sin^2 x\cos^5 x\,dx = \int \sin^2 x\,(1-\sin^2 x)^2\cos x\,dx = \int t^2(1-t^2)^2\,dt$ mit $t = \sin x$.

■ B: $\displaystyle\int \frac{\sin x}{\sqrt{\cos x}} dx = -\int \frac{dt}{\sqrt{t}}$ mit $t = \cos x$.

b) Die Zahlen m und n sind beide gerade: Zurückführung auf die Fälle 3 oder 4 durch Halbierung der Potenz und Verwendung der trigonometrischen Formeln

$$\sin x \cos x = \frac{\sin 2x}{2}, \qquad \sin^2 x = \frac{1-\cos 2x}{2}, \qquad \cos^2 x = \frac{1+\cos 2x}{2}. \tag{8.31b}$$

■ $\displaystyle\int \sin^2 x \cos^4 x \, dx = \int (\sin x \cos x)^2 \cos^2 x \, dx = \frac{1}{8}\int \sin^2 2x (1+\cos 2x)\, dx = \frac{1}{8}\int \sin^2 2x \cos 2x \, dx + \frac{1}{16}\int (1-\cos 4x)\, dx = \frac{1}{48}\sin^3 2x + \frac{1}{16}x - \frac{1}{64}\sin 4x + C$.

6. Fall:

$$\int \tan^n x \, dx = \int \tan^{n-2} x (\sec^2 x - 1)\, dx = \int \tan^{n-2} x \, (\tan x)' \, dx - \int \tan^{n-2} x \, dx$$
$$= \frac{\tan^{n-1} x}{n-1} - \int \tan^{n-2} x \, dx. \tag{8.32a}$$

Durch Wiederholung dieses Verfahrens der Potenzverringerung ergibt sich für gerades n bzw. ungerades n schließlich das Integral

$$\int dx = x \qquad \text{bzw.} \qquad \int \tan x \, dx = -\ln \cos x. \tag{8.32b}$$

7. Fall:

$$\int \cot^n x \, dx. \tag{8.33}$$

Lösung durch Integration wie in Fall 6.

8. Hinweis: Tabelle 21.5 enthält eine ganze Reihe von Integralen mit trigonometrischen Funktionen.

8.1.6 Integration weiterer transzendenter Funktionen

8.1.6.1 Integrale mit Exponentialfunktionen

Integrale mit Exponentialfunktionen können in Integrale mit rationalen Funktionen im Integranden überführt werden, wenn sie in der Form

$$\int R(e^{mx}, e^{nx}, \ldots, e^{px})\, dx \tag{8.34a}$$

gegeben sind, wobei $m, n, p, \ldots$ rationale Zahlen sind. Dazu sind zwei Substitutionen erforderlich:

1. Substitution von $t = e^x$ führt auf ein Integral

$$\int \frac{1}{t} R(t^m, t^n, \ldots, t^p)\, dt. \tag{8.34b}$$

2. Substitution von $z = \sqrt[r]{t}$, wobei r das kleinste gemeinsame Vielfache der Nenner der Brüche $m, n, \ldots, p$ ist, führt auf ein Integral mit einer rationalen Funktion.

8.1.6.2 Integrale mit Hyperbelfunktionen

Integrale mit Hyperbelfunktionen, die die Funktionen $\sinh x$, $\cosh x$, $\tanh x$ und $\coth x$ im Integranden enthalten, werden gewöhnlich berechnet, indem die Hyperbelfunktionen durch Exponentialfunktionen ersetzt werden. Die meist auftretenden Fälle $\int \sinh^n x \, dx$, $\int \cosh^n x \, dx$, $\int \sinh^n x \cosh^m x \, dx$ werden mit Methoden integriert, wie sie bei den trigonometrischen Funktionen zur Anwendung kommen (s. S. 431).

8.1.6.3 Anwendung der partiellen Integration

Wenn der Integrand Logarithmen, inverse trigonometrische Funktionen, inverse Hyperbelfunktionen oder Produkte von x^m mit $\ln x, e^{ax}$, $\sin ax$ oder $\cos ax$ enthält, kann die Lösung durch einfache oder mehrfache Anwendung der partiellen Integration herbeigeführt werden.
In einigen Fällen führt die wiederholte Anwendung der partiellen Integration wieder auf das ursprünglich gegebene Integral. Dann wird seine Berechnung auf die Lösung einer algebraischen Gleichung zurückgeführt. Auf diese Weise werden z.B. die Integrale $\int e^{ax}\cos bx\,dx$, $\int e^{ax}\sin bx\,dx$ berechnet, wozu eine zweimalige partielle Integration erforderlich ist. Als Faktor u wird in beiden Fällen die Funktion des gleichen Typs gewählt, also entweder die Exponential- oder die trigonometrische Funktion.

Die partielle Integration wird auch in den Fällen $\int P(x)e^{ax}\,dx$, $\int P(x)\sin bx\,dx$, $\int P(x)\cos bx\,dx$ eingesetzt, wobei $P(x)$ ein Polynom ist.

8.1.6.4 Integrale transzendenter Funktionen

Die **Tabelle 21.5** enthält eine große Anzahl von Integralen transzendenter Funktionen.

8.2 Bestimmte Integrale

8.2.1 Grundbegriffe, Regeln und Sätze

8.2.1.1 Definition und Existenz des bestimmten Integrals

1. Definition

Das bestimmte Integral einer in einem abgeschlossenen Intervall $[a,b]$ definierten und beschränkten Funktion $y = f(x)$ ist eine Zahl, die als Grenzwert einer Summe definiert wird, wobei entweder $a < b$ (Fall A) oder $a > b$ (Fall B) sein kann. Die Forderung nach Abgeschlossenheit des Intervalls bedeutet, daß auch das Integrationsintervall beschränkt sein soll.

Bei einer Verallgemeinerung des Begriffs bestimmtes Integral (s. S. 447) werden auch Funktionen zugelassen, die in einem beliebigen zusammenhängenden Gebiet definiert sind, wie z.B. das offene oder halboffene Intervall, die Zahlenhalbachse oder die ganze Zahlengerade, oder aber auch in einem Gebiet, das nur stückweise zusammenhängend ist, d.h. überall, außer in endlich vielen Punkten. Integrale dieser verallgemeinerten Definition gehören zu den *uneigentlichen Integralen* (s. S. 447).

2. Grenzwertbildung

Der Grenzwert, der zum bestimmten Integral führt, wird wie folgt gebildet (**Abb.8.1**):

1. Schritt: Das Intervall $[a,b]$ wird durch $n-1$ beliebige Teilpunkte $x_1, x_2, \ldots, x_{n-1}$ in n *Elementarintervalle* zerlegt, die so gewählt sind, daß einer der folgenden Fälle gilt:

$$a = x_0 < x_1 < x_2 < \cdots < x_i < \cdots < x_{n-1} < x_n = b \quad \text{(Fall A)} \quad \text{oder} \tag{8.35a}$$

$$a = x_0 > x_1 > x_2 > \cdots > x_i > \cdots > x_{n-1} > x_n = b \quad \text{(Fall B)}. \tag{8.35b}$$

2. Schritt: Im Innern oder auf dem Rande jedes der Elementarintervalle wird in Übereinstimmung mit **Abb.8.4** eine Zahl ξ_i ausgewählt:

$$x_{i-1} \le \xi_i \le x_i \quad \text{(im Fall A)} \qquad \text{oder} \qquad x_{i-1} \ge \xi_i \ge x_i \quad \text{(im Fall B)}. \tag{8.35c}$$

3. Schritt: Die Werte $f(\xi_i)$ der Funktion $f(x)$ in diesen ausgewählten Punkten werden mit der zugehörigen Differenz $\Delta x_{i-1} = x_i - x_{i-1}$, d.h. mit den Längen der Teilintervalle multipliziert, die im Falle A mit positivem Vorzeichen, im Falle B mit negativem Vorzeichen zu nehmen sind. Auf diese Weise entsteht für den Fall A das Bild der **Abb.8.1**.

4. Schritt: Alle so gewonnenen n Produkte $f(\xi_i)\,\Delta x_{i-1}$ werden addiert.

5. Schritt: Von der auf diese Weise entstehenden Zerlegungs- oder Zwischensumme

$$\sum_{i=1}^{n} f(\xi_i)\,\Delta x_{i-1} \tag{8.36}$$

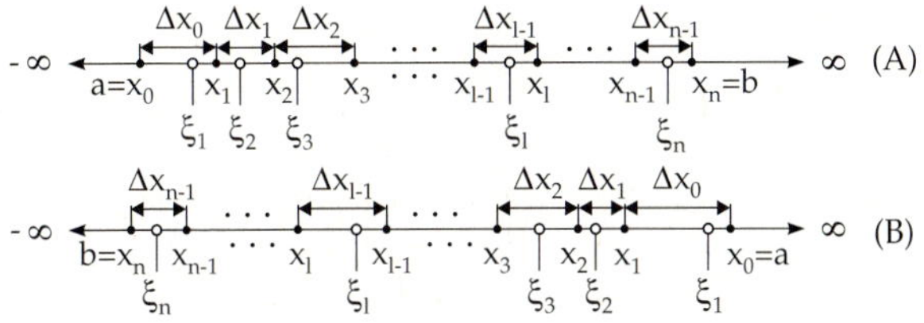

Abbildung 8.4

wird der Grenzwert für den Fall berechnet, daß die Länge der Elementarintervalle Δx_{i-1} gegen Null strebt und demzufolge ihre Anzahl gegen ∞. Auf Grund dieser Eigenschaft wird Δx_{i-1} auch als infinitesimale Größe bezeichnet.

Wenn dieser Grenzwert existiert und unabhängig ist von der Wahl der Zahlen x_i und ξ_i, heißt er das bestimmte RIEMANNsche Integral der betreffenden Funktion in dem gegebenen Intervall. Man schreibt dafür

$$\int_a^b f(x)\,dx = \lim_{\substack{\Delta x_{i-1}\to 0 \\ n\to\infty}} \sum_{i=1}^{n} f(\xi_i)\,\Delta x_{i-1}\,. \tag{8.37}$$

Die beiden Intervallgrenzen werden zu *Integrationsgrenzen*; sie legen das *Integrationsintervall* fest. Man nennt a die *obere*, b die *untere Integrationsgrenze*; x heißt *Integrationsvariable.*

3. Existenz des bestimmten Integrals

Das bestimmte Integral einer im Intervall $[a, b]$ stetigen Funktion ist stets definiert, d.h., der Grenzwert (8.37) existiert und ist unabhängig von der Wahl der Zahlen x_i und ξ_i. Auch für eine beschränkte Funktion, die im Intervall $[a, b]$ endlich viele Unstetigkeitsstellen besitzt, ist das bestimmte Integral definiert. Man nennt eine Funktion, deren bestimmtes Integral in einem gegebenen Intervall existiert, eine in diesem Intervall *integrierbare Funktion.*

8.2.1.2 Eigenschaften bestimmter Integrale

Die wichtigsten Eigenschaften der bestimmten Integrale, die im folgenden erläutert werden, findet man zusammengefaßt in der **Tabelle 8.5**.

1. Hauptsatz der Integralrechnung

Hauptsatz der Integralrechnung wird die Beziehung

$$\int_a^b f(x)\,dx = \int_a^b F'(x)\,dx = F(x)\,\Big|_a^b = F(b) - F(a) \tag{8.38}$$

genannt, mit der die Berechnung eines bestimmten Integrals auf die Berechnung des zugehörigen unbestimmten Integrals, d.h. auf die Ermittlung einer Stammfunktion zurückgeführt wird:

$$F(x) = \int f(x)\,dx + C\,. \tag{8.39}$$

2. Geometrische Interpretation und Vorzeichenregel

1. Fläche unter einer Kurve Für x in $[a, b]$ sei $f(x) \geq 0$. Dann läßt sich die Summe (8.36) als Gesamtinhalt vieler Rechtecke deuten **(Abb.8.1)**, durch die die Fläche unter der Kurve $y = f(x)$ angenähert wird. Demzufolge ergibt der Grenzwert dieser Summe und damit das bestimmte Integral den Inhalt der Fläche A, die von der Kurve $y = f(x)$, der x–Achse und den Parallelen $x = a$ und $x = b$

zur y–Achse begrenzt wird:

$$A = \int_a^b f(x)\,dx = F(b) - F(a) \qquad (a < b \quad \text{und} \quad f(x) \geq 0 \quad \text{für} \quad a \leq x \leq b). \tag{8.40}$$

2. Vorzeichen- oder Flächenregel Wenn die Funktion $y = f(x)$ im Integrationsintervall abschnittsweise positiv oder negativ ist **(Abb. 8.5)**, dann nehmen die Teilintegrale über den betreffenden Teilintervallen, also auch die Teilflächen, positive oder negative Werte an, so daß die Integration über das gesamte Intervall eine Flächendifferenz liefert.
In den folgenden **Abb.8.5a bis d** sind vier Fälle mit unterschiedlichen Möglichkeiten der Flächen–Vorzeichenbildung dargestellt.

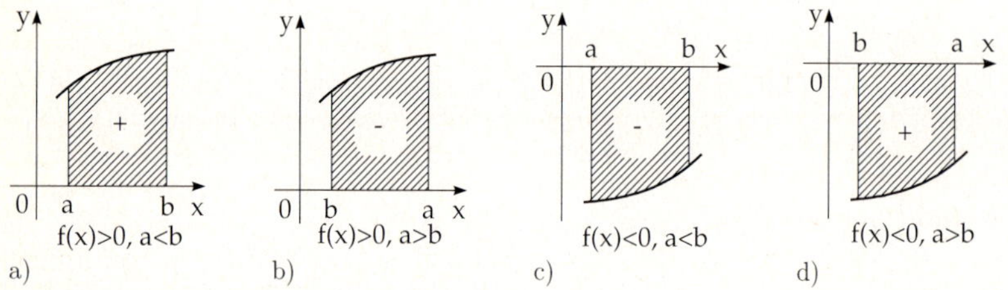

Abbildung 8.5

■ **A:** $\int_{x=0}^{x=\pi} \sin x\,dx$ (lies Integral von $x = 0$ bis $x = \pi$) $= (-\cos x|_0^\pi = (-\cos\pi + \cos 0) = 2$.

■ **B:** $\int_0^{x=2\pi} \sin x\,dx$ (lies Integral von $x = 0$ bis $x = 2\pi$) $= (-\cos|_0^{2\pi} = (-\cos 2\pi + \cos 0) = 0$.

3. Variable obere Integrationsgrenze

1. Partikulärintegral Wenn die obere Grenze des Integrals variabel gelassen wird **(Abb.8.6**, Fläche $ABCD$**)**, dann ist die Fläche eine Funktion der oberen Grenze des Integrals, das dann *Partikulärintegral* genannt wird. In diesem Falle eines variablen Flächeninhalts spricht man von einer Flächenfunktion in der Form

$$S(x) = \int_a^x f(\tilde{x})\,d\tilde{x} = F(x) - F(a) \qquad (a < b \quad \text{und} \quad f(x) \geq 0 \quad \text{für} \quad x \geq a). \tag{8.41}$$

2. Differentiation des bestimmten Integrals mit variabler obererGrenze Ein bestimmtes Integral mit variabler oberer Integrationsgrenze $\int_a^x f(t)\,dt$ ist eine stetige Funktion $F(x)$ dieser Integrationsgrenze, d.h. die Stammfunktion des Integranden. Um Verwechslungen mit der variablen Integrationsgrenze x zu vermeiden, wird hier bei der Darstellung des Integranden die Integrationsvariable mit t bezeichnet:

$$F'(x) = f(x) \qquad \text{oder} \qquad \frac{d}{dx}\int_a^x f(t)\,dt = f(x). \tag{8.42}$$

Die geometrische Bedeutung dieses Satzes besteht darin, daß die Ableitung einer variablen Fläche $A(x)$ gleich der variablen Endordinate NM ist **(Abb.8.9)**. Dabei sind sowohl die Fläche als auch die Ordinate gemäß Vorzeichenregel mit Vorzeichen zu nehmen **(Abb.8.5)**.

4. Zerlegung des Integrationsintervalls

Das Integrationsintervall $[a, b]$ kann in Teilintervalle zerlegt werden. Der Wert des bestimmten Integrals über das gesamte Intervall wird dann gemäß

$$\int_a^b f(x)\,dx = \int_a^c f(x)\,dx + \int_c^b f(x)\,dx \tag{8.43}$$

berechnet (*Intervallregel*). Besitzt der Integrand eine endliche Zahl von Sprungstellen, dann wird das Intervall durch sie in Teilintervalle aufgespaltet, in denen die Funktion stetig ist. Das Gesamtintegral kann mittels der Zerlegungsformel aus den Integralen über die Teilintervalle zusammengesetzt werden.

8.2.1.3 Weitere Sätze über Integrationsgrenzen

1. Unabhängigkeit von der Bezeichnung der Integrationsvariablen

Der Wert eines bestimmten Integrals ist unabhängig von der Bezeichnung der Integrationsvariablen:

$$\int_a^b f(x)\,dx = \int_a^b f(u)\,du = \int_a^b f(t)\,dt\,. \tag{8.44}$$

2. Gleiche Integrationsgrenzen

Der Wert des bestimmten Integrals ist Null, wenn die Integrationsgrenzen gleich sind:

$$\int_a^a f(x)\,dx = 0\,. \tag{8.45}$$

3. Vertauschung der Integrationsgrenzen

Eine Vertauschung der Integrationsgrenzen ändert das Vorzeichen des Integralwertes (*Vertauschungsregel*):

$$\int_a^b f(x)\,dx = -\int_b^a f(x)\,dx\,. \tag{8.46}$$

4. Mittelwertsatz und Mittelwert

1. Mittelwertsatz Wenn eine Funktion $f(x)$ im Intervall $[a, b]$ stetig ist, dann gibt es im Innern des Intervalls mindestens einen Wert ξ derart, daß im Falle A mit $a < \xi < b$ und im Falle B mit $a > \xi > b$ gilt:

$$\int_a^b f(x)\,dx = (b - a) f(\xi)\,. \tag{8.47}$$

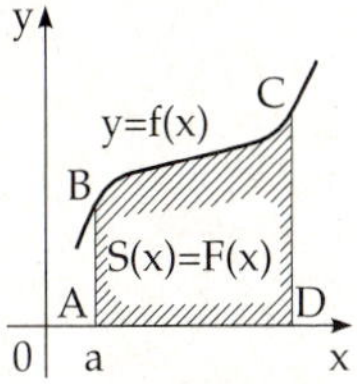

Abbildung 8.6

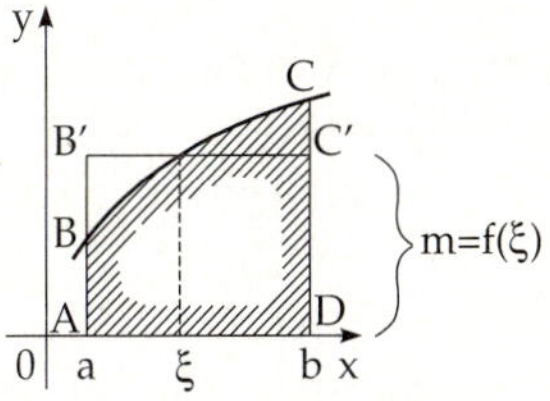

Abbildung 8.7

Der geometrische Sinn dieses Satzes besteht darin, daß es zwischen den Punkten a und b einen Punkt ξ gibt, für den der Flächeninhalt der Figur $ABCD$ gleich dem des Rechtecks $AB'C'D$ in **Abb.8.7** ist. Der Wert

$$m = \frac{1}{b-a} \int_a^b f(x)\,dx \tag{8.48}$$

heißt *Mittelwert* oder das *arithmetische Mittel der Funktion* $f(x)$ im Intervall $[a, b]$.

2. Verallgemeinerter Mittelwertsatz Sind die Funktionen $f(x)$ und $\varphi(x)$ im abgeschlossenen Intervall $[a, b]$ stetig und ändert $\varphi(x)$ in diesem Intervall sein Vorzeichen nicht, dann gilt:

$$\int_a^b f(x)\varphi(x)\,dx = f(\xi) \int_a^b \varphi(x)\,dx\,. \tag{8.49}$$

Tabelle 8.5 Wichtige Eigenschaften bestimmter Integrale

Eigenschaft	**Formel**
Hauptsatz der Integralrechnung	$\int_a^b f(x)\,dx = F(x)\,\vert_a^b = F(b) - F(a)$ mit $F(x) = \int f(x)\,dx + C$ bzw. $F'(x) = f(x)$
Vertauschungsregel	$\int_a^b f(x)\,dx = -\int_b^a f(x)\,dx$
Gleiche Integrationsgrenzen	$\int_a^a f(x)\,dx = 0$
Intervallregel	$\int_a^b f(x)\,dx = \int_a^c f(x)\,dx + \int_c^b f(x)\,dx$
Unabhängigkeit von der Bezeichnung der Integrationsvariablen	$\int_a^b f(x)\,dx = \int_a^b f(u)\,du = \int_a^b f(x)\,dx$
Differentiation nach variabler oberer Grenze	$\frac{d}{dx} \int_a^x f(x)\,dx = f(x)$
Mittelwertsatz der Integralrechnung	$\int_a^b f(x)\,dx = (b-a)f(\xi) \quad (a < \xi < b)$

5. Abschätzung des bestimmten Integrals

Der Wert eines bestimmten Integrals liegt zwischen den Produkten des kleinsten und des größten Funktionswertes m und M des Integranden im Intervall $[a, b]$ mit der Länge des Integrationsintervalls:

$$m(b-a) \leq \int_a^b f(x)\,dx \leq M(b-a)\,. \tag{8.50}$$

Die geometrische Bedeutung dieses Satzes ist an Hand der **Abb.8.8** zu erkennen.

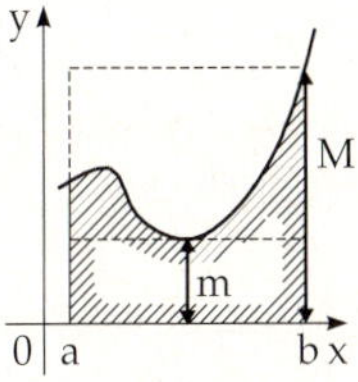

Abbildung 8.8

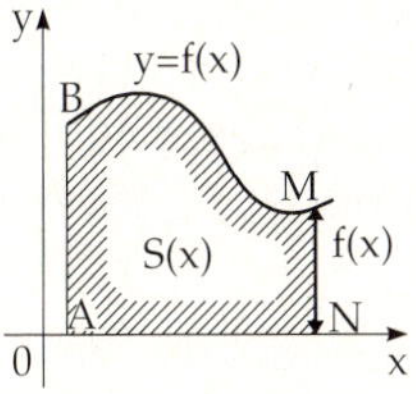

Abbildung 8.9

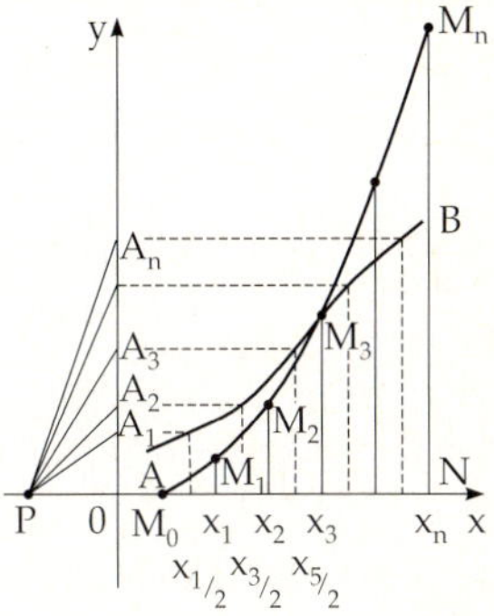

Abbildung 8.10

8.2.1.4 Berechnung bestimmter Integrale

1. Hauptmethode

Die Hauptmethode zur Berechnung eines bestimmten Integrals ist der Weg über den Hauptsatz der Integralrechnung, d.h. die Berechnung des unbestimmten Integrals (s. S. 435), z.B. unter Benutzung von **Tabelle 21.5**. Dabei ist darauf zu achten, ob beim Einsetzen der Grenzen uneigentliche Integrale entstehen.

Heute werden verbreitet Computeralgebrasysteme zur analytischen Berechnung von unbestimmten und bestimmter Integralen eingesetzt (s. Kapitel 20.1).

2. Umformung bestimmter Integrale

Durch geeignete Umformung können bestimmte Integrale in vielen Fällen mittels der Substitutionsregel und der Methode der partiellen Integration berechnet werden.

■ **A:** Einsatz der Substitutionsregel für $I = \int_0^a \sqrt{a^2 - x^2}\, dx$.

1. Substitutionsvariante: $x = \varphi(t) = a \sin t$, $t = \psi(x) = \arcsin \frac{x}{a}$, $\psi(0) = 0$, $\psi(a) = \frac{\pi}{2}$. Es ergibt sich:

$$I = \int_0^a \sqrt{a^2 - x^2}\, dx = \int_{\arcsin 0}^{\arcsin 1} a^2 \sqrt{1 - \sin^2 t} \cos t\, dt = a^2 \int_0^{\frac{\pi}{2}} \cos^2 t\, dt = a^2 \int_0^{\frac{\pi}{2}} \frac{1}{2}(1 + \cos 2t)\, dt.$$

2. Substitutionsvariante: $t = \varphi(z) = \frac{z}{2}$, $z = \psi(t) = 2t$, $\psi(0) = 0$, $\psi(\frac{\pi}{2}) = \pi$. Es ergibt sich:

$$I = \frac{a^2}{2} [t]_0^{\frac{\pi}{2}} + \frac{a^2}{4} \int_0^{\pi} \cos z\, dz = \frac{\pi a^2}{4} + \frac{a^2}{4} [\sin z]_0^{\pi} = \frac{\pi a^2}{4}.$$

■ **B:** Methode der partiellen Integration: $\int_0^1 x\, e^x\, dx = [x e^x]_0^1 - \int_0^1 e^x\, dx = e - (e - 1) = 1$.

3. Methoden zur Berechnung komplizierter Integrale

Wenn die Berechnung eines unbestimmten Integrals sehr kompliziert ist oder wenn es sich nicht durch elementare Funktionen ausdrücken läßt, dann ist es in einer Reihe von Fällen durch Anwendung verschiedener Methoden (manchmal „*Kunstgriffe*" genannt) trotzdem möglich, den Wert des Integrals zu berechnen. Dazu gehören die Integration von Funktionen mit komplexen Veränderlichen (s. die Beispiele auf S. 692 und 692 bis 695) oder der Satz über die Differentiation eines Integrals nach einem

Parameter (s. S. 453):

$$\frac{d}{dt}\int_a^b f(x,t)\,dx = \int_a^b \frac{\partial f(x,t)}{\partial t}dx\,. \tag{8.51}$$

■ $I = \int_0^1 \frac{x-1}{\ln x}\,dx$. Parametereinführung t: $F(t) = \int_0^1 \frac{x^t-1}{\ln x}\,dx$; $F(0) = 0$; $F(1) = I$. Anwendung von (8.51) auf $F(t)$: $\frac{dF}{dt} = \int_0^1 \frac{\partial}{\partial t}\left[\frac{x^t-1}{\ln x}\right]dx = \int_0^1 \frac{x^t \ln x}{\ln x}\,dx = \int_0^1 x^t\,dx = \left[\frac{1}{t+1}x^{t+1}\right]_0^1 = \frac{1}{t+1}$. Integration: $F(t) - F(0) = \int_0^t \frac{dt}{t+1} = [\ln(t+1)]_0^t = \ln(t+1)$. Ergebnis: $I = F(1) = \ln 2$.

4. Integration durch Reihenentwicklung

Wenn der Integrand $f(x)$ im Integrationsintervall $[a,b]$ in eine gleichmäßig konvergente Reihe

$$f(x) = \varphi_1(x) + \varphi_2(x) + \cdots + \varphi_n(x) + \cdots \tag{8.52}$$

entwickelt werden kann, dann läßt sich das Integral in der Form

$$\int f(x)\,dx = \int \varphi_1(x)\,dx + \int \varphi_2(x)\,dx + \cdots + \int \varphi_n(x)\,dx + \cdots \tag{8.53}$$

schreiben. Auf diese Weise kann das bestimmte Integral als konvergente numerische Reihe dargestellt werden:

$$\int_a^b f(x)\,dx = \int_a^b \varphi_1(x)\,dx + \int_a^b \varphi_2(x)\,dx + \cdots + \int_a^b \varphi_n(x)\,dx + \cdots\,. \tag{8.54}$$

Im Falle leicht zu integrierender Funktionen $\varphi_k(x)$, wenn z.B. $f(x)$ in eine Potenzreihe entwickelt werden kann, die im Intervall $[a,b]$ gleichmäßig konvergiert, kann das Integral $\int_a^b f(x)\,dx$ mit beliebiger Genauigkeit berechnet werden.

■ Das Integral $I = \int_0^{1/2} e^{-x^2}\,dx$ ist mit einer Genauigkeit von 0,0001 zu berechnen. Die Reihe $e^{-x^2} = 1 - \frac{x^2}{1!} + \frac{x^4}{2!} - \frac{x^6}{3!} + \frac{x^8}{4!} - \cdots$ konvergiert gemäß Satz von Abel (s. S. 409) in jedem beliebigen endlichen Intervall gleichmäßig, so daß $\int e^{-x^2}\,dx = x\left(1 - \frac{x^2}{1!\cdot 3} + \frac{x^4}{2!\cdot 5} - \frac{x^6}{3!\cdot 7} + \frac{x^8}{4!\cdot 9} - \cdots\right)$ gilt.

Damit folgt $I = \int_0^{1/2} e^{-x^2}\,dx = \frac{1}{2}\left(1 - \frac{1}{2^2\cdot 1!\cdot 3} + \frac{1}{2^4\cdot 2!\cdot 5} - \frac{1}{2^6\cdot 3!\cdot 7} + \frac{1}{2^8\cdot 4!\cdot 9} - \cdots\right)$ $= \frac{1}{2}\left(1 - \frac{1}{12} + \frac{1}{160} - \frac{1}{2688} + \frac{1}{55296} - \cdots\right)$. Um bei der Berechnung des Integrals eine Genauigkeit von 0,0001 zu erreichen, genügt es, in Übereinstimmung mit dem Satz von Leibniz über alternierende Reihen (s. S. 403) die ersten vier Glieder der Reihenentwicklung zu berechnen:

$I \approx \frac{1}{2}(1 - 0{,}08333 + 0{,}00625 - 0{,}00037) = \frac{1}{2}\cdot 0{,}92255 = 0{,}46127$, $\int_0^{1/2} e^{-x^2}\,dx = 0{,}4613$.

5. Graphische Integration

Die graphische Integration ist eine graphische Verfahrensweise, um die als Kurve AB (**Abb.8.10**) gegebene Funktion $y = f(x)$ zu integrieren, d.h. das Integral $\int_a^b f(x)\,dx$, das die Größe der Fläche M_0ABN angibt, graphisch zu berechnen:

1. Das Kurvenstück M_0N wird durch die Punkte

$$x_{1/2}, x_1, x_{3/2}, x_2, \ldots, x_{n-1}, x_{n-1/2} \tag{8.55a}$$

in $2n$ gleiche Teile eingeteilt, wobei das Ergebnis um so genauer ausfällt, je größer die Anzahl der Teilungspunkte ist.

2. In den Teilungspunkten

$$x_{1/2}, x_{3/2}, \ldots, x_{n-1/2} \tag{8.55b}$$

werden Lote bis zum Schnitt mit der Kurve errichtet. Die Ordinatenwerte der Strecken $OA_1, OA_2, \ldots,$ OA_n werden auf der y-Achse abgetragen.

3. Auf der negativen x-Achse wird eine Strecke OP von beliebiger Länge abgetragen, und der Punkt P wird mit den Punkten $A_1, A_2, \ldots, A_n$ verbunden.

4. Durch den Punkt M_0 wird die Strecke M_0M_1 parallel zu PA_1 bis zum Schnitt mit der zum Teilungspunkt x_1 gehörigen Ordinate gelegt, durch den Punkt M_1 die Strecke M_1M_2 parallel zu PA_2 bis zum Schnitt mit der zum Teilungspunkt x_2 gehörigen Ordinate usw., bis die letzte Ordinate im Punkt M_n erreicht ist.

Zahlenmäßig ist das zu berechnende Integral gleich dem Produkt aus den Längen der Strecken OP und NM_n:

$$\int_a^b f(x)\,dx = OP \cdot NM_n\,. \tag{8.56}$$

Mit Hilfe der beliebig wählbaren Strecke OP werden die Ausmaße der Zeichnung bestimmt; je kleiner die zulässigen Abmessungen der Zeichnung sind, desto größer ist OP zu wählen. Für $OP = 1$ ergibt sich $\int_a^b f(x)\,dx = NM_n$, und der Polygonzug $M_0, M_1, M_2, \ldots, M_n$ entspricht angenähert dem Kurvenbild der Stammfunktion von $f(x)$, d.h. dem unbestimmten Integral $\int f(x)\,dx$.

6. Planimeter und Integraphen

Planimeter sind Geräte zur Ermittlung des Flächeninhaltes beliebiger geschlossener ebener Kurven, also auch des bestimmten Integrals einer Funktion $y = f(x)$, die durch ihre Kurve gegeben ist. Spezielle Planimeter ermöglichen nicht nur die Berechnung des Integrals $\int y\,dx$, sondern auch der Integrale $\int y^2\,dx$ und $\int y^3\,dx$.

Integraphen sind Geräte, mit deren Hilfe das Kurvenbild einer Stammfunktion $Y = \int_a^x f(t)\,dt$ gezeichnet werden kann, wenn das Kurvenbild einer vorgegebenen Funktion $y = f(x)$ bekannt ist (s. Lit. [19.36]).

7. Numerische Integration

Wenn der Integrand eines bestimmten Integrals sehr kompliziert ist, sich nicht elementar integrieren läßt oder nur in Form von diskreten Funktionswerten vorliegt, z.B. als Wertetabelle, dann sind sogenannte Quadraturformeln und andere Methoden der numerischen Mathematik anzuwenden (s. S. 892).

8.2.2 Anwendungen bestimmter Integrale

8.2.2.1 Allgemeines Prinzip zur Anwendung des bestimmten Integrals

1. Zerlegung der zu berechnenden Größe in eine sehr große Anzahl hinreichend kleiner, d.h. inifinitesimaler Größen:

$$A = a_1 + a_2 + \cdots + a_n\,. \tag{8.57}$$

2. Ersetzen jeder dieser infinitesimalen Größen a_i durch eine Größe $\tilde{a}_i$, die in ihrer Form nur wenig von a_i abweicht und deren Berechnung nach einer bekannten Formel möglich ist. Dabei soll der Fehler $\alpha_i = a_i - \tilde{a}_i$ gegenüber a_i und $\tilde{a}_i$ eine infinitesimale Größe höherer Ordnung sein.

3. Darstellung der Größe $\tilde{a}_i$ durch eine Variable x und eine Funktion $f(x)$, die so gewählt werden, daß $\tilde{a}_i$ die Gestalt $f(x_i)\,\Delta x_i$ annimmt.

4. Berechnung der gesuchten Größe als Grenzwert der Summe

$$A = \lim_{n\to\infty} \sum_{i=1}^{n} \tilde{a}_i = \lim_{n\to\infty} \sum_{i=1}^{n} f(x_i)\Delta x_i = \int_a^b f(x)\,dx\,, \tag{8.58}$$

wobei $\Delta x_i \geq 0$ für alle i gelten muß. Mit a und b sind die Randwerte von x bezeichnet.

■ Berechnung des Rauminhalts einer Pyramide der Grundfläche S und der Höhe H **(Abb.8.11a-c)**:

a) Zerlegung des zu berechnenden Rauminhaltes V durch ebene Schnitte in Volumina dünner Pyramidenstümpfe **(Abb.8.11a)**: $V = v_1 + v_2 + \cdots + v_n$.

b) Ersetzen eines jeden Pyramidenstumpfes durch ein Prisma $\tilde{v}_i$ mit der gleichen Höhe und einer Grundfläche, die gleich der oberen Grundfläche des Pyramidenstumpfes ist **(Abb.8.11b)**. Die Volumenabweichung ist eine infinitesimale Größe von höherer Ordnung als v_i.

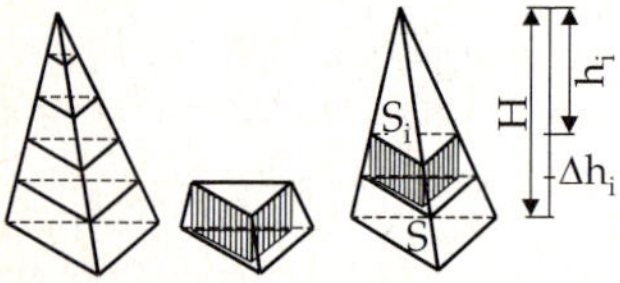

a) b) c)

Abbildung 8.11

c) Darstellung der Volumenformel $\tilde{v}_i$ in der Form $\tilde{v}_i = S_i\,\Delta h_i$, wobei h_i **(Abb.8.11c)** der Abstand der oberen Fläche von der Pyramidenspitze ist. Wegen $S_i : S = h_i^2 : H^2$ kann man schreiben: $\tilde{v}_i = \frac{Sh_i^2}{H^2}\,\Delta h_i$.

d) Berechnung des Grenzwertes der Summe

$$V = \lim_{n\to\infty} \sum_{i=1}^{n} \tilde{v}_i = \lim_{n\to\infty} \sum_{i=1}^{n} \frac{Sh_i^2}{H^2}\,\Delta h_i = \int_0^H \frac{Sh^2}{H^2}\,dh = \frac{SH}{3}\,.$$

8.2.2.2 Anwendungen in der Geometrie

1. Flächeninhalte ebener Flächen

1. Flächeninhalt eines zwischen den Punkten B und C krummlinig begrenzten Trapezes (Abb.8.12a) bei explizit ($y = f(x)$ und $a \leq x \leq b$) bzw. in Parameterform ($x = x(t),\ y = y(t),\ t_1 \leq t \leq t_2$) gegebener Kurvengleichung:

$$S_{ABCD} = \int_a^b f(x)\,dx = \int_{t_1}^{t_2} y(t)x'(t)\,dt\,. \tag{8.59a}$$

2. Flächeninhalt eines zwischen den Punkten G und H krummlinig begrenzten Trapezes (Abb.8.12b) bei explizit ($x = g(y)$ und $\alpha \leq y \leq \beta$) bzw. in Parameterform ($x = x(t),\ y = y(t),\ t_1 \leq t \leq t_2$) gegebener Kurvengleichung:

$$S_{EFGH} = \int_\alpha^\beta g(y)\,dy = \int_{t_1}^{t_2} x(t)y'(t)\,dt\,. \tag{8.59b}$$

3. Flächeninhalt eines Kurvensektors (Abb.8.12c), begrenzt durch ein Kurvenstück zwischen den Punkten K und L, das mit einer in Polarkoordinaten gegebenen Kurvengleichung ($\rho = \rho(\varphi)$, $\varphi_1 \leq \varphi \leq \varphi_2$) beschrieben wird:

$$S_{OKL} = \frac{1}{2}\int_{\varphi_1}^{\varphi_2} \rho^2\,d\varphi\,. \tag{8.59c}$$

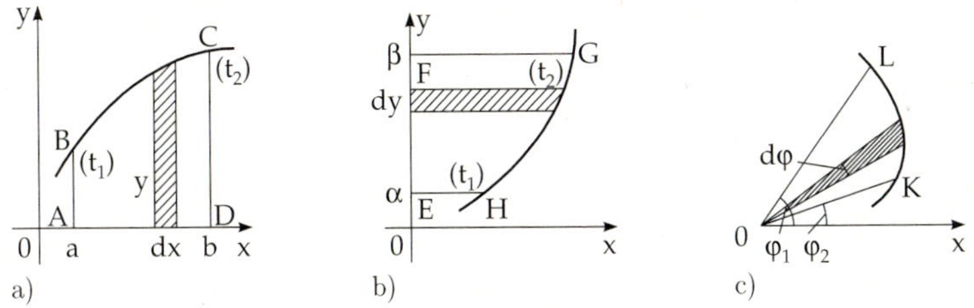

Abbildung 8.12

Flächeninhalte von komplizierteren Figuren werden mit Hilfe des Kurvenintegrals (s. S. 457) oder des Doppelintegrals (s. S. 466) berechnet.

2. Bogenlängen ebener Kurven

1. Bogenlänge einer Kurve zwischen zwei Punkten (I) A und B, die explizit ($y = f(x)$ bzw. $x = g(y)$) oder in Parameterform ($x = x(t)$, $y = y(t)$) gegeben ist **(Abb.8.13a)**:

$$L_{\overset{\frown}{AB}} = \int_a^b \sqrt{1 + [f'(x)]^2}\,dx = \int_\alpha^\beta \sqrt{[g'(y)]^2 + 1}\,dy = \int_{t_1}^{t_2} \sqrt{[x'(t)]^2 + [y'(t)]^2}\,dt \tag{8.60a}$$

Mit dem Differential der Bogenlänge dl ergibt sich

$$L = \int dl \qquad \text{mit} \qquad dl^2 = dx^2 + dy^2\,. \tag{8.60b}$$

■ Ellipsenumfang gemäß (8.60a): Mit den Substitutionen $x = x(t) = a \sin t$, $y = y(t) = b \cos t$ erhält man $L_{\overset{\frown}{AB}} = \int_{t_1}^{t_2} \sqrt{a^2 - (a^2 - b^2)\sin^2 t}\,dt = a \int_{t_1}^{t_2} \sqrt{1 - e^2 \sin^2 t}\,dt$, wobei $e = \sqrt{a^2 - b^2}/a$ die numerische Exzentrizität der Ellipse ist.
Mit den Integrationsgrenzen für den 1. Quadranten $t_1 = a$, $t_2 = 0$ gemäß $x = 0$, $y = b$ bzw. $x = a, y = 0$ gilt $L_{\overset{\frown}{AB}} = 4a \int_0^{\pi/2} \sqrt{1 - e^2 \sin^2 t}\,dt = a\,E(k, \frac{\pi}{2})$. Der Integralwert $E(k, \frac{\pi}{2})$ wird aus **Tabelle 21.7** ermittelt (s. Beispiel auf S. 431).

2. Bogenlänge einer Kurve zwischen zwei Punkten (II) C und D, gegeben in Polarkoordinaten ($\rho = \rho(\varphi)$) **(Abb.8.13b)**:

$$L_{\overset{\frown}{CD}} = \int_{\varphi_1}^{\varphi_2} \sqrt{\rho^2 + \left(\frac{d\rho}{d\varphi}\right)^2}\,d\varphi\,. \tag{8.60c}$$

Mit dem Differential der Bogenlänge dl ergibt sich

$$L = \int dl \qquad \text{mit} \qquad dl^2 = \rho^2 d\varphi^2 + d\rho^2\,. \tag{8.60d}$$

3. Mantelflächen von Rotationskörpern (s. auch 1. GULDINsche Regel, S. 447)

1. Flächeninhalt eines durch Rotation der Kurve $y = f(x)$ um die x–Achse entstehenden Mantels **(Abb.8.14a)**:

$$S = 2\pi \int_a^b y\,dl = 2\pi \int_a^b y(x)\sqrt{1 + \left(\frac{dy}{dx}\right)^2}\,dx\,. \tag{8.61a}$$

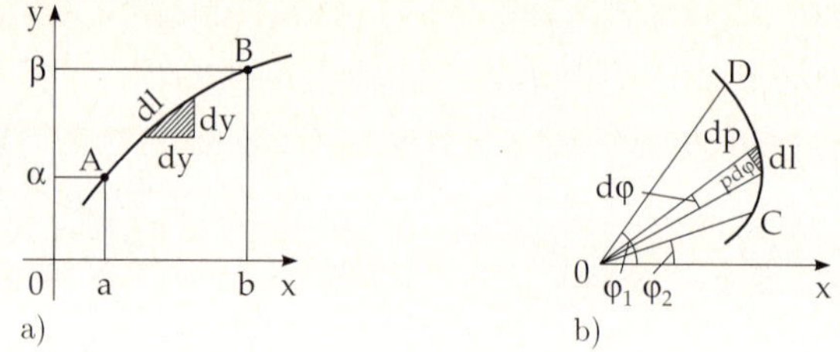

Abbildung 8.13

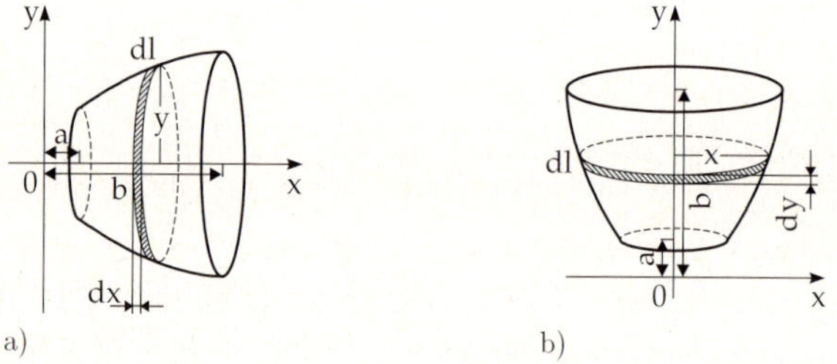

Abbildung 8.14

2. Flächeninhalt eines durch Rotation der Kurve $x = f(y)$ um die y–Achse entstehenden Mantels **(Abb.8.14b)**:

$$S = 2\pi \int_a^b x\,dl = 2\pi \int_a^b x(y)\sqrt{\left(1+\frac{dx}{dy}\right)^2}\,dy\,. \tag{8.61b}$$

Zur Berechnung von Flächen, die kompliziertere Körper begrenzen, s. Anwendung von Doppelintegralen, S. 469 und Anwendungen des Oberflächenintegrals 1. Art, S. 478. Allgemeine Formeln zur Berechnung von Flächen mit Hilfe von Doppelintegralen sind in der **Tabelle 8.4.1.3** (Anwendungen von Doppelintegralen) angegeben.

4. Volumina (s. auch 2. Guldinsche Regel, S. 447)

1. Volumen eines rotationssymmetrischen Körpers bei Drehung um die x–Achse **(Abb.8.14a)**:

$$V = \pi \int_a^b y^2\,dx\,. \tag{8.62a}$$

2. Volumen eines rotationssymmetrischen Körpers bei Drehung um die y–Achse **(Abb.8.14b)**:

$$V = \pi \int_a^b x^2\,dy\,. \tag{8.62b}$$

3. Volumen eines Körpers, wenn der Flächeninhalt seines senkrecht zur x–Achse gelegten Querschnitts **(Abb.8.15)** eine Funktion $S = f(x)$ ist:

$$V = \int_a^b f(x)\,dx\,. \tag{8.63}$$

Allgemeine Formeln zur Berechnung von Volumina mit Hilfe von Mehrfachintegralen sind in **Tabelle 8.4.1.3** (Anwendungen von Doppelintegralen, S. 474) und **Tabelle 8.4.2** (Anwendungen von Dreifachintegralen, S. 471)angegeben.

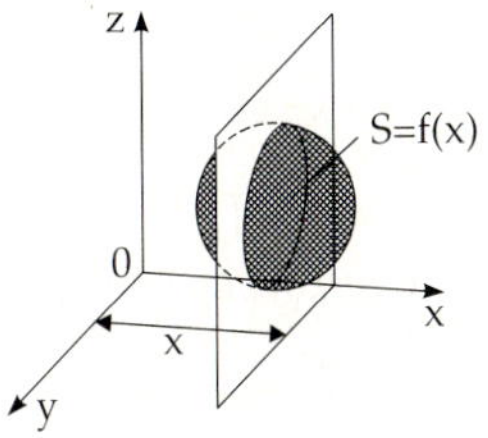

Abbildung 8.15

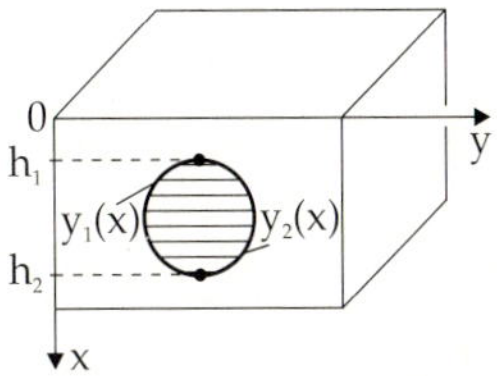

Abbildung 8.16

8.2.2.3 Anwendungen in Mechanik und Physik

1. Weg eines Punktes

Der Weg eines Punktes, zurückgelegt in der Zeit t_0 bis T , ergibt sich bei zeitabhängiger Geschwindigkeit $v = f(t)$ zu

$$s = \int_{t_0}^{T} v\,dt\,. \tag{8.64}$$

2. Arbeit

Die Arbeit bei Bewegung eines Körpers in einem Kraftfeld ist infolge des eingehenden Spalarproduktes richtungsabhängig. Sind Kraft- und Bewegungsrichtung konstant und fallen beide zusammen, dann kann die x–Achse in Kraft– bzw. Bewegungsrichtung gelegt werden. Ist der Betrag der Kraft $\vec{F}$ veränderlich, d.h. gilt $|\vec{F}| = f(x)$, dann erhält man für die Arbeit W , die zur Verschiebung des Körpers längs der x–Achse vom Punkt $x = a$ zum Punkt $x = b$ notwendig ist:

$$W = \int_{a}^{b} f(x)\,dx\,. \tag{8.65}$$

Im allgemeinen Fall, wenn Kraft- und Bewegungsrichtung nicht übeinstimmen, wird die Arbeit als Kurvenintegral (s. S. 464, Formel (8.130)) über das Skalarprodukt aus Kraft und Weg in jedem Punkt $\vec{\mathbf{r}}$ längs des vorgegebenen Weges berechnet.

3. Druck

In einer ruhenden Flüssigkeit mit der Dichte ϱ unterscheidet man den *Schweredruck* und den *Seitendruck*. Letzteren übt die Flüssigkeit auf eine Seite einer Platte aus, die senkrecht in sie eingetaucht ist. Beide nehmen mit der Tiefe zu.

1. **Schweredruck** Der Schweredruck p_h in einer Tiefe h beträgt:

$$p_h = \varrho p h\,, \tag{8.66}$$

wobei g die Fallbeschleunigung ist.

2. **Seitendruck** Der Seitendruck p_s z.B. auf den Deckel einer seitlichen Ausflußöffnung eines Flüssigkeitsbehälters mit dem Tiefenunterschied $h_1 - h_2$ **(Abb.8.16)**beträgt:

$$p_s = \varrho g \int_{h_1}^{h_2} x[y_2(x) - y_1(x)]\,dx\,. \tag{8.67}$$

Mit den Funktionen $y_1(x)$ und $y_2(x)$ wird der linke bzw. rechte Rand des Deckels beschrieben.

4. Trägheitsmomente

1. Trägheitsmoment eines Bogenstücks Das Trägheitsmoment einer homogenen Kurve $y = f(x)$ mit der konstanten Dichte ϱ im Intervall $[a, b]$ bezüglich der y–Achse **(Abb.8.17a)** ergibt sich zu:

$$I_y = \varrho \int_a^b x^2\, dl = \varrho \int_a^b x^2 \sqrt{1 + (y')^2}\, dx\,. \tag{8.68}$$

Ist die Dichte eine Funktion $\varrho(x)$, dann muß ihr analytischer Ausdruck in die Integration einbezogen werden.

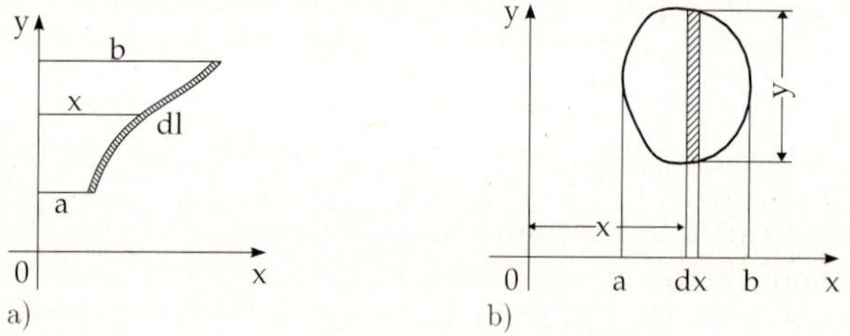

Abbildung 8.17

2. Trägheitsmoment einer ebenen Figur Das Trägheitsmoment einer homogenen ebenen Figur mit der Dichte ϱ bezüglich der y–Achse, wobei y gleichzeitig die Länge des zur y–Achse parallelen Schnittes ist **(Abb.8.17b)**, ergibt sich zu

$$I_y = \varrho \int_a^b x^2 y\, dx\,. \tag{8.69}$$

(S. auch **Tabelle 8.4.2.3** (Anwendungen von Doppelintegralen, S. 474). Im Falle der Ortsabhängigkeit der Dichte muß der analytische Ausdruck in die Integration einbezogen werden.

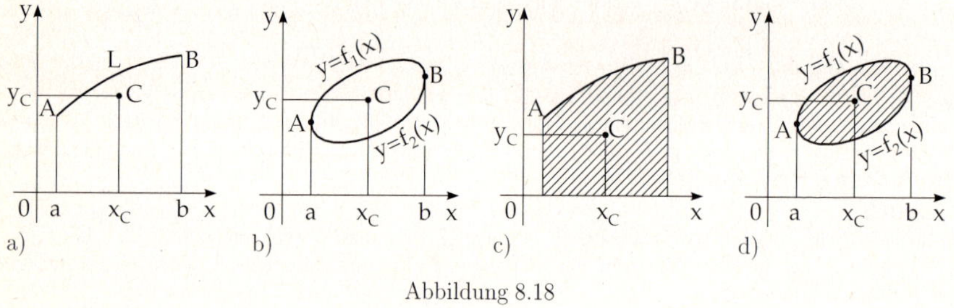

Abbildung 8.18

5. Schwerpunkte, Guldinsche Regeln

1. Schwerpunkt eines Bogenstückes Der Schwerpunkt C eines Bogenstückes einer homogenen ebenen Kurve $y = f(x)$ im Intervall $[a, b]$ mit der Länge L **(Abb.8.18a)** ergibt sich unter Berücksichtigung von (8.60a), S. 443 zu:

$$x_C = \frac{\int_a^b x\sqrt{1 + y'^2}\, dx}{L}\,, \qquad y_C = \frac{\int_a^b y\sqrt{1 + y'^2}\, dx}{L}\,. \tag{8.70}$$

2. Schwerpunkt einer geschlossenen Kurve Der Schwerpunkt C einer geschlossenen Kurve $y = f(x)$ **(Abb.8.18b)** mit den Gleichungen $y_1 = f_1(x)$ für den oberen und $y_2 = f_2(x)$ für den unteren Kurventeil und der Gesamtlänge L ergibt sich zu:

$$x_C = \frac{\int\limits_a^b x\left(\sqrt{1+(y_1')^2} + \sqrt{1+(y_2')^2}\right) dx}{L}, \qquad y_C = \frac{\int\limits_a^b \left(y_1\sqrt{1+(y_1')^2} + y_2\sqrt{1+(y_2')^2}\right) dx}{L}. \quad (8.71)$$

3. Erste GULDINsche Regel Die Oberfläche eines Körpers S, die bei Rotation eines ebenen Kurvenstückes um eine Achse entsteht, die in der Ebene dieser Kurve liegt und die Kurve nicht schneidet, ist gleich dem Produkt aus dem Umfang des Kreises, den der Schwerpunkt des Kurvenstückes bei der Rotation im Abstand y_C von der Umdrehungsachse beschreibt, also $2\pi y_C$, und der Länge des Kurvenstückes L:

$$S_{\text{rot}} = L\, 2\pi y_C\,. \quad (8.72)$$

4. Schwerpunkt eines Trapezes Der Schwerpunkt C eines homogenen, zwischen den Kurvenpunkten A und B krummlinig begrenzten Trapezes **(Abb.8.18c)** mit dem Flächeninhalt S des Trapezes und der Gleichung $y = f(x)$ des Kurvenstückes AB ergibt sich zu:

$$x_C = \frac{\int\limits_a^b x\, y\, dx}{S}, \qquad y_C = \frac{\frac{1}{2}\int\limits_a^b y^2\, dx}{S}. \quad (8.73)$$

5. Schwerpunkt einer beliebigen ebenen Figur Der Schwerpunkt C einer beliebigen ebenen Figur **(Abb.8.18d)** mit der Fläche S, oben und unten begrenzt durch Kurventeile mit den Gleichungen $y_1 = f_1(x)$ bzw. $y_2 = f_2(x)$, ergibt sich zu

$$x_C = \frac{\int\limits_a^b x(y_1 - y_2)\, dx}{S}, \qquad y_C = \frac{\frac{1}{2}\int\limits_a^b (y_1^2 - y_2^2)\, dx}{S}. \quad (8.74)$$

Formeln zur Berechnung von Schwerpunkten mit Hilfe von Mehrfachintegralen sind in **Tabelle 8.4.1.3** (Anwendung von Doppelintegralen, S. 470) und in **Tabelle 1.** (Anwendung von Dreifachintegralen, S. 475) angegeben.

6. Zweite GULDINsche Regel Der Rauminhalt eines Körpers V, der bei Rotation einer ebenen Figur um eine Achse entsteht, die in der Figurenebene liegt und die Figur nicht schneidet, ist gleich dem Produkt aus dem Umfang des Kreises, den der Schwerpunkt dieser Fläche bei der Rotation beschreibt, also $2\pi y_C$, und dem Flächeninhalt der Figur S:

$$V_{\text{rot}} = S \cdot 2\pi y_C\,. \quad (8.75)$$

8.2.3 Uneigentliche Integrale, Stieltjes– und Lebesgue–Integrale

8.2.3.1 Verallgemeinerungen des Integralbegriffs

Der Begriff des bestimmten Integrals (s. S. 434) ist als RIEMANN–Integral (s. S. 434) unter der Voraussetzung einer beschränkten Funktion $f(x)$ und eines abgeschlossenen Integrationsintervalls $[a, b]$ eingeführt worden. Diese beiden Voraussetzungen waren Ansatzpunkte für Verallgemeinerungen des RIEMANNschen Integralbegriffs. Im Folgenden werden einige genannt.

1. Uneigentliche Integrale

stellen eine Erweiterung des Integralbegriffs auf unbeschränkte Funktionen und auf unbeschränkte Integrationsintervalle dar. Sie werden in den anschließenden Abschnitten *Integrale mit unendlichen Integrationsgrenzen* und *Integrale mit unbeschränktem Integranden* behandelt.

2. STIELTJES–Integral für Funktionen einer Veränderlicher

Es wird von zwei endlichen Funktionen $f(x)$ und $g(x)$ ausgegangen, die auf dem endlichen Intervall $[a, b]$ definiert sind. Wie beim RIEMANN–Integral wird das Intervall in Elementarintervalle zerlegt, aber an Stelle der RIEMANNschen Zwischensumme (8.36) wird

$$\sum_{i=1}^{n} f(\xi_i)[g(x_i) - g(x_{i-1})] \tag{8.76}$$

gebildet. Wenn der Grenzwert von (8.76) für den Fall, daß die Länge der Elementarintervalle gegen Null strebt, existiert, und zwar unabhängig von der Wahl der Punkte x_i und ξ_i, dann wird dieser Grenzwert als *bestimmtes* STIELTJES– *Integral* bezeichnet (s. Lit. [8.16], [8.18]).

■ Für $g(x) = x$ geht das STIELTJES–Integral in das RIEMANN–Integral über.

3. LEBESGUE–Integral

Eine weitere Erweiterung des Integralbegriffs erfolgt im Zusammenhang mit der Maßtheorie (s. S. 632), in der das Maß einer Menge, Maßräume und meßbare Funktionen eingeführt werden. In der Funktionalanalysis wird das LEBESGUE–Integral (s. S. 634) auf der Basis dieser Begriffe definiert (s. Lit. [8.12]). Eine Verallgemeinerung gegenüber dem RIEMANN–Integral besteht z.B. darin, daß der Integrationsbereich eine Teilmenge des $\mathbb{R}^n$ sein kann und in meßbare Teilmengen zerlegt wird.

Die Bezeichnungen für die Verallgemeinerungen des Integralbegriffs sind nicht einheitlich (s. Lit. [8.16]).

8.2.3.2 Integrale mit unendlichen Integrationsgrenzen

1. Definitionen

a) Wenn das Integrationsgebiet die abgeschlossene Halbachse $[a, +\infty)$ ist, und wenn der Integrand dort definiert ist, dann gilt definitionsgemäß

$$\int_a^{+\infty} f(x)\,dx = \lim_{B\to\infty} \int_a^B f(x)\,dx\,. \tag{8.77}$$

Im Falle der Existenz des Grenzwertes spricht man von einem *konvergenten uneigentlichen Integral.* Im Falle der Nichtexistenz des Grenzwertes wird (8.77) als divergentes Integral bezeichnet.

b) Wenn das Definitionsgebiet einer Funktion die abgeschlossene Halbachse $(-\infty, b]$ oder die gesamte Zahlengerade $(-\infty, +\infty)$ ist, dann definiert man analog

$$\int_{-\infty}^{b} f(x)\,dx = \lim_{A\to-\infty} \int_A^b f(x)\,dx\,, \quad (8.78\text{a}) \qquad \int_{-\infty}^{+\infty} f(x)\,dx = \lim_{\substack{A\to-\infty\\ B\to\infty}} \int_A^B f(x)\,dx\,. \quad (8.78\text{b})$$

c) Beim Grenzübergang (8.78b) streben die Zahlen A und B unabhängig voneinander gegen unendlich. Wenn der Grenzwert (8.78b) dabei nicht existiert, dafür jedoch der Grenzwert

$$\lim_{A\to\infty} \int_{-A}^{+A} f(x)\,dx\,, \tag{8.78c}$$

dann heißt dieser Grenzwert (8.78c) *Hauptwert des uneigentlichen Integrals.*

2. Geometrische Bedeutung des Integrals mit unendlichen Integrationsgrenzen

Die Integrale (8.77), (8.78a) und (8.78b) sind die Flächeninhalte der Figuren, die in den **Abb.8.19** dargestellt sind.

■ **A:** $\displaystyle\int_1^\infty \frac{dx}{x} = \lim_{B\to\infty} \int_1^B \frac{dx}{x} = \lim_{B\to\infty} \ln B = \infty\,,$ (divergent).

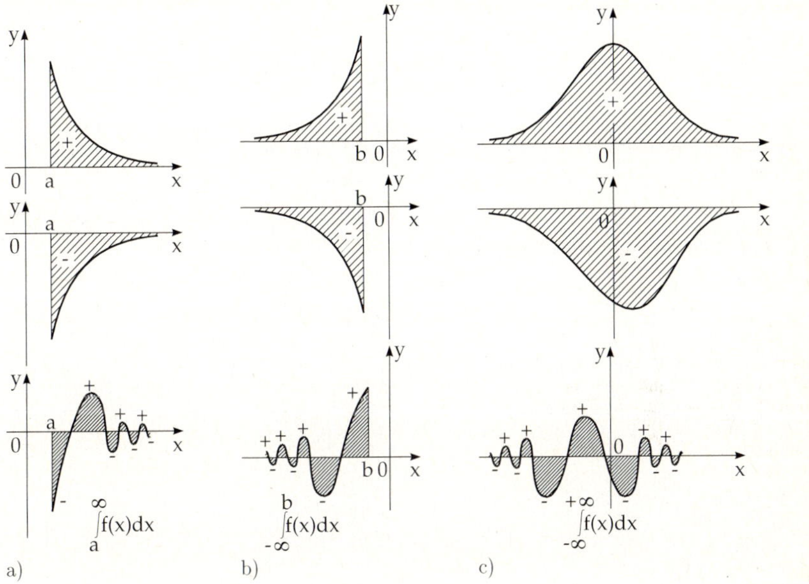

Abbildung 8.19

■ B: $\int_2^{\infty} \frac{dx}{x^2} = \lim_{B\to\infty} \int_2^{B} \frac{dx}{x^2} = \lim_{B\to\infty} \left(\frac{1}{2} - \frac{1}{B}\right) = \frac{1}{2}$, (konvergent).

■ C: $\int_{-\infty}^{+\infty} \frac{dx}{1+x^2} = \lim_{\substack{A\to-\infty\\B\to+\infty}} \int_A^B \frac{dx}{1+x^2} = \lim_{\substack{A\to-\infty\\B\to+\infty}} [\arctan B - \arctan A] = \frac{\pi}{2} - \left(-\frac{\pi}{2}\right) = \pi$, (konvergent).

3. Hinreichende Konvergenzkriterien

Wenn sich die unmittelbare Berechnung der Grenzwerte (8.77), (8.78a) und (8.78b) schwierig gestaltet oder wenn lediglich nach der Konvergenz oder Divergenz eines uneigentlichen Integrals gefragt ist, dann kann eines der folgenden hinreichenden Kriterien benutzt werden. Hier wird lediglich das Integral (8.77) betrachtet. Das Integral (8.78a) kann durch Substitution von x durch $-x$ auf das Integral vom Typ (8.77) zurückgeführt werden:

$$\int_{-\infty}^{a} f(x)\,dx = \int_{-a}^{+\infty} f(-x)\,dx\,. \tag{8.79}$$

Das Integral vom Typ (8.78b) wird in eine Summe aus zwei Integralen vom Typ (8.77) und vom Typ (8.78a) zerlegt:

$$\int_{-\infty}^{+\infty} f(x)\,dx = \int_{-\infty}^{c} f(x)\,dx + \int_{c}^{+\infty} f(x)\,dx\,, \tag{8.80}$$

wobei c eine beliebige Zahl ist.

1. Kriterium: Wenn das Integral

$$\int_a^{+\infty} |\, f(x) \,|\, dx \tag{8.81}$$

existiert, dann existiert auch das Integral (8.77). Das Integral (8.77) heißt in diesem Falle *absolut konvergent* und die Funktion $f(x)$ *absolut integrierbar* auf der Halbachse $[a, +\infty)$.

2. Kriterium: Wenn für die Funktionen $f(x)$ und $\varphi(x)$ mit

$f(x) > 0$ und $\varphi(x) > 0$ (8.82a) die Bedingung $f(x) \leq \varphi(x)$ für $a \leq x < +\infty$ (8.82b)

gilt, dann darf von der Konvergenz des Integrals

$\int_a^{+\infty} \varphi(x)\, dx$ (8.82c) auf die Konvergenz des Integrals $\int_a^{+\infty} f(x)\, dx$ (8.82d)

geschlossen werden und umgekehrt von der Divergenz des Integrals (8.82d) auf die Divergenz des Integrals (8.82c).

3. Kriterium: Wird

$$\varphi(x) = \frac{1}{x^\alpha} \tag{8.83a}$$

gesetzt und dabei beachtet, daß

$$\int_a^{+\infty} \frac{dx}{x^\alpha} = \frac{1}{(\alpha - 1)a^{\alpha-1}} \tag{8.83b}$$

für $\alpha > 1$ konvergiert und für $\alpha \leq 1$ divergiert, dann kann aus dem Konvergenzkriterium 2 ein weiteres hergeleitet werden:

Wenn $f(x)$ in $a \leq x < \infty$ eine positive Funktion ist und wenn eine Zahl $\alpha > 1$ existiert, so daß für hinreichend große x

$$f(x)\, x^\alpha < \infty \tag{8.83c}$$

gilt, dann konvergiert das Integral (8.77); wenn allerdings $f(x)$ positiv ist und eine Zahl $\alpha \leq 1$ existiert, so daß

$$f(x)\, x^\alpha > c > 0 \tag{8.83d}$$

von einer gewissen Stelle an gilt, dann divergiert das Integral (8.77).

■ $\int_0^{+\infty} \frac{x^{3/2}\, dx}{1 + x^2}$. Setzt man $\alpha = \frac{1}{2}$, dann ergibt sich $\frac{x^{3/2}}{1 + x^2}\, x^{1/2} = \frac{x^2}{1 + x^2} \to 1$. Das Integral ist divergent.

4. Zusammenhang zwischen uneigentlichen Integralen und unendlichen Reihen

Wenn $x_1, x_2, \ldots, x_n, \ldots$ eine beliebige, unbegrenzt wachsende unendliche Folge ist, d.h., wenn gilt

$$a < x_1 < x_2 < \cdots < x_n < \cdots \quad \text{mit} \quad \lim_{n \to +\infty} x_n = \infty\,, \tag{8.84a}$$

und wenn die Funktion $f(x)$ positiv für $a \leq x < \infty$ ist, dann kann die Frage nach der Konvergenz des Integrals (8.77) auf die Frage nach der Konvergenz der Reihe

$$\int_a^{x_1} f(x)\, dx + \int_{x_1}^{x_2} f(x)\, dx + \cdots + \int_{x_{n-1}}^{x_n} f(x)\, dx + \cdots \tag{8.84b}$$

zurückgeführt werden. Wenn die Reihe (8.84b) konvergiert, dann konvergiert auch das Integral (8.77) und es ist dann gleich der Summe der Reihe (8.84b). Divergiert die Reihe (8.84b), dann divergiert auch das Integral (8.77). Somit können die Konvergenzkriterien für Reihen auch zur Konvergenzuntersuchung von Integralen eingesetzt werden. Beim Integralkriterium für Reihen (s. S. 401) wird umgekehrt die Konvergenzuntersuchung der Reihen auf die Untersuchung der Konvergenz eines uneigentlichen Integrals zurückgeführt.

8.2.3.3 Integrale mit unbeschränktem Integranden

1. Definitionen

1. Rechts offenes oder abgeschlossenes Definitionsintervall Die Definition des uneigentlichen Integrals für eine Funktion $f(x)$, die ein rechts offenes Definitionsintervall $[a,b)$ oder ein abgeschlossenes Definitionsintervall $[a,b]$ besitzt, aber im Punkt b den Grenzwert $\lim_{x\to b} f(x) = \infty$ hat, lautet in beiden Fällen:

$$\int\limits_a^b f(x)\,dx = \lim_{\varepsilon\to 0} \int\limits_a^{b-\varepsilon} f(x)\,dx\,. \tag{8.85}$$

Wenn dieser Grenzwert existiert, dann existiert bzw. konvergiert auch das Integral (8.77), und man spricht von einem *konvergenten uneigentlichen Integral.* Existiert der Grenzwert nicht, dann existiert bzw. konvergiert auch das Integral nicht, und man spricht von einem *divergenten uneigentlichen Integral.*

2. Links offenes oder abgeschlossenes Definitionsintervall Die Definition des uneigentlichen Integrals für eine Funktion $f(x)$, die ein links offenes Definitionsintervall $(a,b]$ oder ein abgeschlossenes Definitionsintervall $[a,b]$ besitzt, aber im Punkt a den Grenzwert $\lim_{x\to a} f(x) = \infty$ hat, erfolgt in Analogie zur Definition (8.85). Es wird festgelegt:

$$\int\limits_a^b f(x)\,dx = \lim_{\varepsilon\to 0} \int\limits_{a+\varepsilon}^{b} f(x)\,dx\,. \tag{8.86}$$

3. Zwei halboffene angrenzende Definitionsintervalle Die Definition des uneigentlichen Integrals für eine Funktion $f(x)$, die im gesamten Intervall $[a,b]$ definiert ist, ausgenommen einen inneren Punkt c mit $a < c < b$, d.h., für eine Funktion $f(x)$, die in zwei angrenzenden halboffenen Intervallen $[a,c)$ und $(c,b]$ definiert ist, aber im Punkt c den Grenzwert $\lim_{x\to c} f(x) = \infty$ besitzt, lautet:

$$\int\limits_a^b f(x)\,dx = \lim_{\varepsilon\to 0} \int\limits_a^{c-\varepsilon} f(x)\,dx + \lim_{\delta\to 0} \int\limits_{c+\delta}^{b} f(x)\,dx\,. \tag{8.87a}$$

Dabei streben die Zahlen ε und δ unabhängig voneinander gegen Null. Wenn der Grenzwert (8.87a) nicht existiert, wohl aber

$$\lim_{\varepsilon\to 0}\left\{ \int\limits_a^{c-\varepsilon} f(x)\,dx + \int\limits_{c+\varepsilon}^{b} f(x)\,dx \right\}, \tag{8.87b}$$

dann heißt der Grenzwert (8.87b) der *Hauptwert des uneigentlichen Integrals* oder auch CAUCHY*scher Hauptwert.*

2. Geometrische Bedeutung

Die geometrische Bedeutung der Integrale unstetiger Funktionen (8.85), (8.86) und (8.87a) besteht darin, daß mit ihnen Flächen von Figuren ermittelt werden, die sich längs einer vertikalen Asymptote ins Unendliche erstrecken, wie sie in **Abb.8.20** dargestellt sind.

■ **A:** $\int_0^b \frac{dx}{\sqrt{x}}$; Fall (8.86), singulärer Punkt bei $x = 0$.

$$\int_0^b \frac{dx}{\sqrt{x}} = \lim_{\varepsilon\to 0} \int_\varepsilon^b \frac{dx}{\sqrt{x}} = \lim_{\varepsilon\to 0}(2\sqrt{b} - 2\sqrt{\varepsilon}) = 2\sqrt{b} \quad \text{(konvergent).}$$

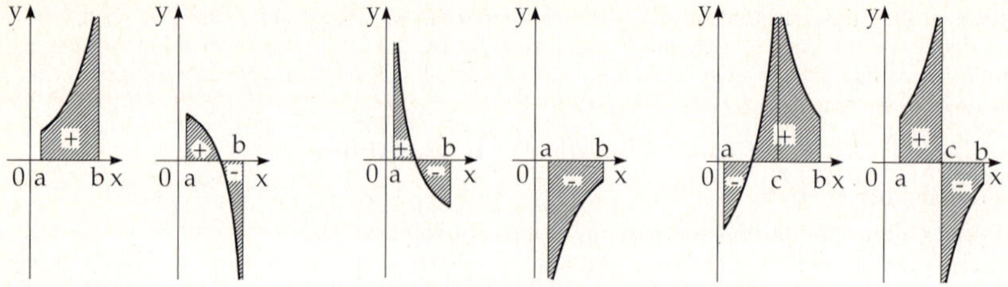

a) s. (8.85) b) s. (8.86) c) s. (8.87a)

Abbildung 8.20

■ **B:** $\int_0^{\pi/2} \tan x\, dx$; Fall (8.85), singulärer Punkt bei $x = \frac{\pi}{2}$.

$$\int_0^{\pi/2} \tan x\, dx = \lim_{\varepsilon\to 0} \int_0^{\pi/2-\varepsilon} \tan x\, dx = \lim_{\varepsilon\to 0} \left[\ln\cos 0 - \ln\cos\left(\frac{\pi}{2} - \varepsilon\right)\right] = \infty \quad \text{(divergent)}.$$

■ **C:** $\int_{-1}^{8} \frac{dx}{\sqrt[3]{x}}$; Fall (8.87a), singulärer Punkt bei $x = 0$.

$$\int_{-1}^{8} \frac{dx}{\sqrt[3]{x}} = \lim_{\varepsilon\to 0} \int_{-1}^{-\varepsilon} \frac{dx}{\sqrt[3]{x}} + \lim_{\delta\to 0} \int_{\delta}^{8} \frac{dx}{\sqrt[3]{x}} = \lim_{\varepsilon\to 0} \frac{3}{2}(\varepsilon^{2/3} - 1) + \lim_{\delta\to 0} \frac{3}{2}(4 - \delta^{2/3}) = \frac{9}{2} \text{ (konvergent)}.$$

■ **D:** $\int_{-2}^{2} \frac{2x\, dx}{x^2 - 1}$; Fall (8.87a), singulärer Punkt bei $x = \pm 1$.

$$\int_{-2}^{2} \frac{2x\, dx}{x^2 - 1} = \lim_{\varepsilon\to 0} \int_{-2}^{-1-\varepsilon} + \lim_{\substack{\delta\to 0\\ \nu\to 0}} \int_{-1+\delta}^{1-\nu} + \lim_{\gamma\to 0} \int_{1+\gamma}^{2}$$
$$= \lim_{\varepsilon\to 0} \ln(x^2 - 1)\,\Big|_{-2}^{-1-\varepsilon} + \cdots = \lim_{\varepsilon\to 0} [\ln(1 + 2\varepsilon + \varepsilon^2 - 1) - \ln 3] + \cdots = \infty \quad \text{(divergent)}.$$

3. Über die Anwendung des Hauptsatzes der Integralrechnung

1. Warnung Die Berechnung uneigentlicher Integrale vom Typ (8.87a) kann bei mechanischer Anwendung der Formel

$$\int_a^b f(x)\, dx = [F(x)]_a^b \quad \text{mit} \quad F'(x) = f(x) \tag{8.88}$$

(s. S. 434) ohne Berücksichtigung der singulären Punkte im Innern des Intervalls $[a, b]$ zu groben Fehlern führen.

■ **E:** So erhält man durch Anwendung des Hauptsatzes auf Beispiel **D**

$$\int_{-2}^{2} \frac{2x\, dx}{x^2 - 1} = \ln(x^2 - 1)\,\Big|_{-2}^{2} = \ln 3 - \ln 3 = 0,$$

während dieses Integral in Wirklichkeit divergiert.

2. Allgemeine Regel Der Hauptsatz der Integralrechnung darf auf den Fall (8.87a) nur angewendet werden, wenn die Stammfunktion von $f(x)$ im singulären Punkt stetig ist.

■ **F:** In Beispiel **D** ist die Funktion $\ln(x^2 - 1)$ für $x = \pm 1$ unstetig, so daß diese Bedingung nicht erfüllt ist. Hingegen ist in Beispiel **C** die Funktion $y = \frac{3}{2}\, x^{2/3}$ für $x = 0$ stetig, so daß der Hauptsatz auf Beispiel **C** angewendet werden kann:

$$\int_{-1}^{8} \frac{dx}{\sqrt[3]{x}} = \frac{3}{2}\, x^{2/3}\,\Big|_{-1}^{8} = \frac{3}{2}(8^{2/3} - 1^{2/3}) = \frac{9}{2}.$$

4. Hinreichende Bedingung für die Konvergenz eines uneigentlichen Integrals mit unbeschränktem Integranden

1. Wenn das Integral $\int_a^b \mid f(x) \mid \, dx$ existiert, dann existiert auch das Integral $\int_a^b f(x)\, dx$. Man spricht in diesem Falle vom *absolut konvergenten Integral* und von der *absolut integrierbaren Funktion* $f(x)$ in dem betreffenden Intervall.

2. Wenn die Funktion $f(x)$ in dem Intervall $[a, b)$ positiv ist, und wenn es eine Zahl $\alpha < 1$ derart gibt, daß für hinreichend nahe bei b gelegene x–Werte gilt

$$f(x)\,(b-x)^{\alpha} < \infty\,, \tag{8.89a}$$

dann konvergiert das Integral (8.87a). Wenn jedoch $f(x)$ im Intervall $[a, b)$ positiv ist und eine Zahl $\alpha > 1$ derart existiert, daß für hinreichend nahe bei b gelegene x–Werte gilt

$$f(x)\,(b-x)^{\alpha} > c > 0\,, \tag{8.89b}$$

dann divergiert das Integral (8.87a).

8.2.4 Parameterintegrale

8.2.4.1 Definition des Parameterintegrals

Das bestimmte Integral

$$\int\limits_a^b f(x, y)\, dx = F(y) \tag{8.90}$$

ist eine Funktion der Variablen y, die in diesem Zusammenhang Parameter genannt wird. In vielen Fällen ist die Funktion $F(y)$ nicht mehr elementar. Das Integral (8.90) kann ein gewöhnliches oder ein uneigentliches Integral mit unendlichen Integrationsgrenzen oder unbeschränkter Funktion $f(x, y)$ sein. Theoretische Betrachtungen zur Konvergenz uneigentlicher Integrale, die von einem Parameter abhängen (s. z.B. Lit. [8.4]).

■ **Gammafunktion** oder EULER**sches Integral zweiter Gattung** (s. S. 455):

$$\Gamma(y) = \int\limits_0^{\infty} x^{y-1} e^{-x}\, dx \qquad \text{(konvergent für } y > 0\text{)}\,. \tag{8.91}$$

8.2.4.2 Differentiation unter dem Integralzeichen

1. Satz Wenn die Funktion (8.90) im Intervall $c \le y \le e$ definiert ist und die Funktion $f(x, y)$ im Rechteck $a \le x \le b$, $c \le y \le e$ stetig ist und eine partielle Ableitung nach y besitzt, dann gilt bei beliebigem y im Intervall $[c, e]$:

$$\frac{d}{dy}\int\limits_a^b f(x, y)\, dx = \int\limits_a^b \frac{\partial f(x, y)}{\partial y}\, dx\,. \tag{8.92}$$

Man spricht vom *Differenzieren unter dem Integralzeichen.*

■ Für $y > 0$ beliebig: $\displaystyle\frac{d}{dy}\int_0^1 \arctan\frac{x}{y}\, dx = \int_0^1 \frac{\partial}{\partial y}\left(\arctan\frac{x}{y}\right) dx = -\int_0^1 \frac{x\, dx}{x^2+y^2} = \frac{1}{2}\ln\frac{y^2}{1+y^2}$.

Probe: $\displaystyle\int_0^1 \arctan\frac{x}{y}\, dx = \arctan\frac{1}{y} + \frac{1}{2}y\ln\frac{y^2}{1+y^2}\,;\ \frac{d}{dy}\left(\arctan\frac{1}{y} + \frac{1}{2}y\ln\frac{y^2}{1+y^2}\right) = \frac{1}{2}\ln\frac{y^2}{1+y^2}$.

Für $y = 0$ ist die Stetigkeitsbedingung nicht erfüllt, so daß hier keine Ableitung existiert.

2. Verallgemeinerung auf parameterabhängige Integrationsgrenzen Die Formel (8.92) kann verallgemeinert werden, wenn die Funktionen $\alpha(y)$ und $\beta(y)$ unter den gleichen Bedingungen, die für

(8.92) gefordert werden, im Intervall $[c, e]$ definiert, stetig und differenzierbar sind und wenn die Kurven $x = \alpha(y)$, $x = \beta(y)$ das Rechteck $a \leq x \leq b$, $c \leq y \leq e$ nicht verlassen:

$$\frac{d}{dy} \int\limits_{\alpha(y)}^{\beta(y)} f(x,y)\,dx = \int\limits_{\alpha(y)}^{\beta(y)} \frac{\partial f(x,y)}{\partial y}\,dx + \beta'(y)\, f(\beta(y), y) - \alpha'(y)\, f(\alpha(y), y)\,. \tag{8.93}$$

8.2.4.3 Integration unter dem Integralzeichen

Wenn die Funktion (8.90) im Intervall $[c, e]$ definiert und die Funktion $f(x, y)$ im Rechteck $a \leq x \leq b$, $c \leq y \leq e$ stetig ist, dann gilt:

$$\int\limits_c^e \left[\int\limits_a^b f(x,y)\,dx\right] dy = \int\limits_a^b \left[\int\limits_c^e f(x,y)\,dy\right] dx\,. \tag{8.94}$$

Man spricht in diesem Falle von *Integration unter dem Integralzeichen.*

■ **A:** Integration der Funktion $f(x, y) = x^y$ über das Rechteck $0 \leq x \leq 1$, $a \leq y \leq b$. Die Funktion x^y ist bei $x = 0$, $y = 0$ unstetig, für $a > 0$ ist sie stetig. Daher kann die Integrationsreihenfolge gemäß $\int_a^b \left[\int_0^1 x^y\,dx\right] dy = \int_0^1 \left[\int_a^b x^y\,dy\right] dx$ vertauscht werden. Links erhält man $\int_a^b \frac{dy}{1+y} = \ln\frac{1+b}{1+a}$, rechts $\int_0^1 \frac{x^b - x^a}{\ln x}\,dx$. Das unbestimmte Integral kann nicht durch elementare Funktionen ausgedrückt werden. Das bestimmte Integral ist allerdings bekannt, so daß sich ergibt:

$$\int_0^1 \frac{x^b - x^a}{\ln x}\,dx = \ln\frac{1+b}{1+a} \qquad (0 < a < b)\,.$$

■ **B:** Integration der Funktion $f(x, y) = \frac{y^2 - x^2}{(x^2 + y^2)^2}$ über das Rechteck $0 \leq x \leq 1$, $0 \leq y \leq 1$. Die Funktion ist im Punkt $(0, 0)$ unstetig, so daß die Formel (8.94) nicht anwendbar ist. Die Probe ergibt:

$$\int_0^1 \frac{y^2 - x^2}{(x^2+y^2)^2}\,dx = \frac{x}{x^2+y^2}\Big|_{x=0}^{x=1} = \frac{1}{1+y^2}\,; \qquad \int_0^1 \frac{dy}{1+y^2} = \arctan y\,\Big|_0^1 = \frac{\pi}{4}\,;$$

$$\int_0^1 \frac{y^2 - x^2}{(x^2+y^2)^2}\,dy = \frac{y}{x^2+y^2}\Big|_{y=0}^{y=1} = -\frac{1}{x^2+1}\,; \qquad -\int_0^1 \frac{dx}{x^2+1} = -\arctan x\,\Big|_0^1 = -\frac{\pi}{4}\,.$$

8.2.5 Integration durch Reihenentwicklung, spezielle nichtelementare Funktionen

Es ist nicht immer möglich, Integrale durch elementare Funktionen auszudrücken, auch wenn der Integrand eine elementare Funktion ist. In vielen Fällen lassen sich für solche *nichtelementaren Integrale* Reihenentwicklungen angeben. Läßt sich der Integrand in eine im Intervall $[a, b]$ gleichmäßig konvergierende Reihe entwickeln, so erhält man aus dieser durch gliedweise Integration eine ebenfalls gleichmäßig konvergente Reihe für das bestimmte Integral $\int_a^x f(t)\,dt$.

1. Integralsinus ($|x| < \infty$),(s. auch S. 694)

$$\operatorname{Si}(x) = \int\limits_0^x \frac{\sin t}{t}\,dt = \frac{\pi}{2} - \int\limits_x^\infty \frac{\sin t}{t}\,dt$$

$$= x - \frac{x^3}{3 \cdot 3!} + \frac{x^5}{5 \cdot 5!} - + \cdots + \frac{(-1)^n x^{2n+1}}{(2n+1)\cdot(2n+1)!} + \cdots \tag{8.95}$$

2. Integralkosinus ($0 < x < \infty$)

$$\mathrm{Ci}\,(x) = \int\limits_x^\infty \frac{\cos t}{t}\,dt = C + \ln x - \int\limits_0^x \frac{1-\cos t}{t}\,dt$$

$$= C + \ln x - \frac{x^2}{2\cdot 2!} + \frac{x^4}{4\cdot 4!} - + \cdots + \frac{(-1)^n x^{2n}}{2n\cdot(2n)!} + \cdots \tag{8.96a}$$

$$C = -\int\limits_0^\infty e^{-t}\ln t\,dt = 0,577215665 \qquad (\text{EULERsche Konstante}). \tag{8.96b}$$

3. Integrallogarithmus ($0 < x < 1$, für $1 < x < \infty$ als CAUCHYscher Hauptwert)

$$\mathrm{Li}\,(x) = \int\limits_0^x \frac{dt}{\ln t} = C + \ln|\ln x| + \ln x + \frac{(\ln x)^2}{2\cdot 2!} + \cdots + \frac{(\ln x)^n}{n\cdot n!} + \cdots \tag{8.97}$$

4. Integralexponentialfunktion ($-\infty < x < 0$, für $0 < x < \infty$ als CAUCHYscher Hauptwert)

$$\mathrm{Ei}\,(x) = \int\limits_{-\infty}^x \frac{e^t}{t}\,dt = C + \ln|x| + x + \frac{x^2}{2\cdot 2!} + \cdots + \frac{x^n}{n\cdot n!} + \cdots \tag{8.98a}$$

$$\mathrm{Ei}\,(\ln x) = \mathrm{Li}\,(x). \tag{8.98b}$$

5. GAUSSsches Fehlerintegral und Fehler–Funktion

Das GAUSSsche Fehlerintegral ist auf das Gebiet $|x| < \infty$ beschränkt. Es gelten die folgenden Definitionen und Beziehungen:

$$\Phi(x) = \frac{1}{\sqrt{2\pi}}\int\limits_{-\infty}^x e^{-\frac{t^2}{2}}\,dt, \tag{8.99a}$$

$$\lim_{x\to\infty}\Phi(x) = 1, \tag{8.99b}$$

$$\Phi_0(x) = \frac{1}{\sqrt{2\pi}}\int\limits_0^x e^{-\frac{t^2}{2}}\,dt = \Phi(x) - \frac{1}{2}. \tag{8.99c}$$

Die Funktion $\Phi(x)$ ist die Verteilungsfunktion der normierten Normalverteilung (s. S. 756) und liegt tabelliert vor **(Tabelle 21.15, s. S. 1087)**.

Die in der Statistik häufig verwendete Fehler–Funktion $\mathrm{erf}\,(x)$, auch Error–Funktion genannt (s. auch S. 756), steht mit dem GAUSSschen Fehlerintegral in einem engen Zusammenhang:

$$\mathrm{erf}\,(x) = \frac{2}{\sqrt{\pi}}\int\limits_0^x e^{-t^2}\,dt = 2\Phi_0(x\sqrt{2}), \tag{8.100a}$$

$$\lim_{x\to\infty}\mathrm{erf}\,(x) = 1, \tag{8.100b}$$

$$\mathrm{erf}\,(x) = \frac{2}{\sqrt{\pi}}\left(x - \frac{x^3}{1!\cdot 3} + \frac{x^5}{2!\cdot 5} - + \cdots + \frac{(-1)^n x^{2n+1}}{n!\cdot(2n+1)} + \cdots\right), \tag{8.100c}$$

$$\int\limits_0^x \mathrm{erf}\,(t)\,dt = x\,\mathrm{erf}\,(x) + \frac{1}{\sqrt{\pi}}\left(e^{-x^2} - 1\right), \tag{8.100d}$$

$$\frac{d\,\mathrm{erf}\,(x)}{dx} = \frac{2}{\sqrt{\pi}}e^{-x^2}. \tag{8.100e}$$

6. Gammafunktion und Fakultät

1. Definition Die *Gammafunktion*, das EULERsche Integral zweiter Gattung (8.91), ermöglicht eine Ausdehnung des Begriffs der Fakultät auf beliebige Zahlen x, auch auf komplexe Zahlen. Sie kann auf zweierlei Weise definiert werden:

$$\Gamma(x) = \int_0^\infty e^{-t} t^{x-1}\, dt \qquad (x > 0)\,, \tag{8.101a}$$

$$\Gamma(x) = \lim_{n\to\infty} \frac{n^x \cdot n!}{x(x+1)(x+2)\ldots(x+n)}\,. \tag{8.101b}$$

2. Eigenschaften der Gammafunktion

$$\Gamma(x+1) = x\Gamma(x)\,, \tag{8.102a}$$

$$\Gamma(n+1) = n! \qquad (n = 0, 1, 2, \ldots), \tag{8.102b}$$

$$\Gamma(x)\,\Gamma(1-x) = \frac{\pi}{\sin \pi x} \qquad (x \neq 0, \pm 1, \pm 2, \ldots)\,, \tag{8.102c}$$

$$\Gamma\left(\frac{1}{2}\right) = 2\int_0^\infty e^{-t^2}\, dt = \sqrt{\pi}\,, \tag{8.102d}$$

$$\Gamma\left(n + \frac{1}{2}\right) = \frac{(2n)!\sqrt{\pi}}{n! 2^{2n}} \qquad (n = 0, 1, 2, \ldots)\,, \tag{8.102e}$$

$$\Gamma\left(-n + \frac{1}{2}\right) = \frac{(-1)^n n! 2^{2n}\sqrt{\pi}}{(2n)!} \qquad (n = 0, 1, 2, \ldots)\,. \tag{8.102f}$$

Die gleichen Beziehungen gelten bei komplexem Argument z nur für $\mathrm{Re}\,(z) > 0$.

3. Verallgemeinerung des Begriffs der Fakultät Der zunächst nur für ganzzahlige positive n definierte Begriff der *Fakultät* (s. S. 11) erfährt über die Funktion

$$x! = \Gamma(x+1) \tag{8.103a}$$

seine Erweiterung auf beliebige reelle Zahlen. Es gelten die folgenden Beziehungen:

Für ganzzahliges positives x: $\qquad x! = 1 \cdot 2 \cdot 3 \cdots x\,,$ (8.103b)

für $x = 0$: $\qquad 0! = \Gamma(1) = 1\,,$ (8.103c)

für ganzzahliges negatives x: $\qquad x! = \pm\infty\,,$ (8.103d)

für $x = \frac{1}{2}$: $\qquad \left(\frac{1}{2}\right)! = \Gamma\left(\frac{3}{2}\right) = \frac{\sqrt{\pi}}{2}\,,$ (8.103e)

für $x = -\frac{1}{2}$: $\qquad \left(-\frac{1}{2}\right)! = \Gamma\left(\frac{1}{2}\right) = \sqrt{\pi}\,,$ (8.103f)

für $x = -\frac{3}{2}$: $\qquad \left(-\frac{3}{2}\right)! = \Gamma\left(-\frac{1}{2}\right) = -2\sqrt{\pi}\,.$ (8.103g)

Eine näherungsweise Berechnung der Fakultät für beliebig große Zahlen (> 10), auch gebrochene Zahlen n, kann mit Hilfe der STIRLINGSCHEN *Formel* erfolgen:

$$n! \approx \left(\frac{n}{e}\right)^n \sqrt{2\pi n}\left(1 + \frac{1}{12n} + \frac{1}{288n^2} + \cdots\right)\,, \tag{8.103h}$$

$$\ln(n!) \approx \left(n + \frac{1}{2}\right)\ln n - n + \ln\sqrt{2\pi}\,. \tag{8.103i}$$

Die Kurven der Funktionen $\Gamma(x)$ und $\pi(x)$ sind in **Abb.8.21** dargestellt. In **Tabelle 21.8** sind Zahlenwerte angegeben.

7. Elliptische Integrale

Für die vollständigen elliptischen Integrale (s. S. 431) gelten die folgenden Reihenentwicklungen:

$$K = \int_0^{\frac{\pi}{2}} \frac{d\vartheta}{\sqrt{1-k^2\sin^2\vartheta}} = \frac{\pi}{2}\left[1 + \left(\frac{1}{2}\right)^2 k^2 + \left(\frac{1\cdot 3}{2\cdot 4}\right)^2 k^4 + \left(\frac{1\cdot 3\cdot 5}{2\cdot 4\cdot 6}\right)^2 k^6 + \cdots\right], \tag{8.104}$$

$$E = \int_0^{\frac{\pi}{2}} \sqrt{1-k^2\sin^2\vartheta}\, d\vartheta = \frac{\pi}{2}\left[1 - \left(\frac{1}{2}\right)^2 \frac{k^2}{1} + \left(\frac{1\cdot 3}{2\cdot 4}\right)^2 \frac{k^4}{3} - \left(\frac{1\cdot 3\cdot 5}{2\cdot 4\cdot 6}\right)^2 \frac{k^6}{5} - \cdots\right] \tag{8.105}$$

mit $k^2 < 1$.

Zahlenwerte für die elliptischen Integrale sind in **Tabelle 21.7** angegeben.

8.3 Kurvenintegrale

Der Integralbegriff kann in verschiedene Richtungen verallgemeinert werden. Während das Integrationsgebiet des gewöhnlichen bestimmten Integrals ein Intervall auf der Zahlengeraden ist, wird beim *Kurven-*, auch *Linienintegral* genannt, ein Stück einer ebenen oder räumlichen Kurve als Integrationsgebiet gewählt, d.h., es werden Grenzwerte von Summen betrachtet, deren Summanden von einer Kurve, dem Integrationsweg, abhängen. Ist die Kurve, d.h. der Integrationsweg, geschlossen, dann wird das Kurven- zum *Umlaufintegral.* Man unterscheidet Kurvenintegrale erster, zweiter und allgemeiner Art.

8.3.1 Kurvenintegrale erster Art

8.3.1.1 Definitionen

Kurvenintegral 1. Art oder *Integral über eine Bogenlänge* wird das bestimmte Integral

$$\int_{(K)} f(x,y)\, ds \tag{8.106}$$

genannt, wobei $u = f(x,y)$ eine in einem zusammenhängenden Gebiet definierte Funktion von zwei Veränderlichen ist und die Integration über den Kurvenbogen $K \equiv \overset{\frown}{AB}$ einer ebenen, durch ihre Gleichung vorgegebenen Kurve durchgeführt wird. Das betreffende Bogenstück liegt in dem gleichen Gebiet und wird *Integrationsweg* genannt. Der Zahlenwert des Kurvenintegrals 1. Art wird auf die folgende Weise ermittelt **(Abb.8.22)**:

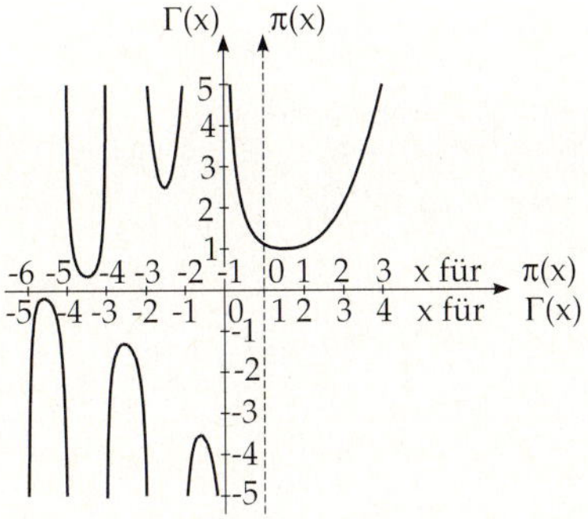

Abbildung 8.21

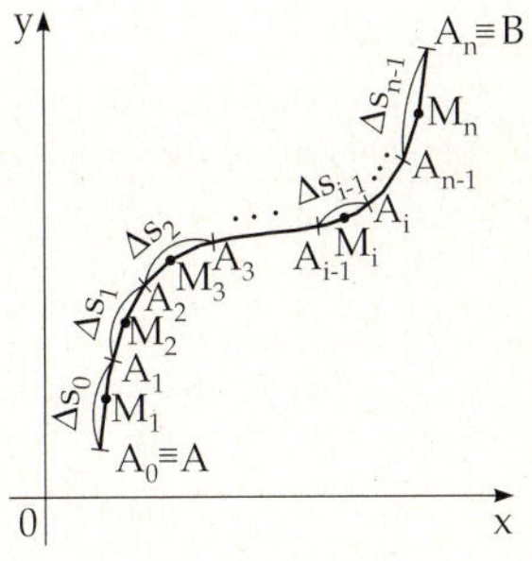

Abbildung 8.22

1. Zerlegung des Bogenstückes $\overset{\frown}{AB}$ in n Elemementarbogenstücke durch beliebig gewählte Punkte $A_1, A_2, \ldots, A_{n-1}$, beginnend beim Anfangspunkt $A \equiv A_0$ bis zum Endpunkt $B \equiv A_n$.

2. Auswahl beliebiger Punkte M_i im Innern oder auf dem Rande eines jeden Elementarbogenstückes $\overset{\frown}{A_{i-1}A_i}$ mit den Koordinaten ξ_i und η_i.

3. Multiplikation der Funktionswerte $f(\xi_i, \eta_i)$ in den gewählten Punkten i mit den positiv zu nehmenden Bogenlängen $\overset{\frown}{A_{i-1}A_i} = \Delta s_i$.

4. Addition aller so gewonnenen n Produkte $f(\xi_i, \eta_i)\Delta s_{i-1}$.

5. Berechnung des Grenzwertes der Summe

$$\sum_{i=1}^{n} f(\xi_i, \eta_i)\Delta s_{i-1} \tag{8.107a}$$

für den Fall, daß die Länge jedes Elementarbogenstückes Δs_{i-1} gegen Null geht, also n gegen ∞. Wenn der Grenzwert (8.107a) existiert und von der Wahl der Punkte A_i und M_i unabhängig ist, dann wird er *Kurvenintegral erster Art* genannt, und man schreibt

$$\int\limits_{(K)} f(x, y)\, ds = \lim_{\substack{\Delta s_i \to 0 \\ n \to \infty}} \sum_{i=1}^{n} f(\xi_i, \eta_i)\Delta s_{i-1}. \tag{8.107b}$$

In Analogie dazu wird das Kurvenintegral 1. Art für eine Funktion $u = f(x, y, z)$ von drei Veränderlichen definiert, dessen Integrationsweg das Bogenstück einer Raumkurve ist:

$$\int\limits_{(K)} f(x, y, z)\, ds = \lim_{\substack{\Delta s_i \to 0 \\ n \to \infty}} \sum_{i=1}^{n} f(\xi_i, \eta_i, \zeta_i)\Delta s_{i-1}. \tag{8.107c}$$

8.3.1.2 Existenzsatz

Das Kurvenintegral erster Art (8.107b) bzw. (8.107c) existiert, wenn die Funktion $f(x, y)$ bzw. $f(x, y, z)$ sowie die Kurve längs des Bogenstückes K stetig sind und die Kurve dort eine stetige Tangente besitzt. Anders formuliert: Es existieren in diesem Falle die genannten Grenzwerte, und sie sind unabhängig von der Wahl der Punkte A_i und M_i. Die Funktion $f(x, y, z)$ heißt in diesem Falle längs der Kurve K integrierbar.

8.3.1.3 Berechnung des Kurvenintegrals erster Art

Die Berechnung des Kurvenintegrals 1. Art erfolgt durch Zurückführung auf die Berechnung des bestimmten Integrals.

1. Vorgabe der Gleichung des Integrationsweges in Parameterform
Lauten die Gleichungen eines ebenen Integrationsweges $x = x(t)$ und $y = y(t)$, dann gilt

$$\int\limits_{(K)} f(x, y)\, ds = \int\limits_{t_0}^{T} f[x(t), y(t)]\sqrt{[x'(t)]^2 + [y'(t)]^2}\, dt, \tag{8.108a}$$

und im Falle eines räumlichen Integrationsweges mit $x = x(t)$, $y = y(t)$ und $z = z(t)$

$$\int\limits_{(K)} f(x, y, z)\, ds = \int\limits_{t_0}^{T} f[x(t), y(t), z(t)]\sqrt{[x'(t)]^2 + [y'(t)]^2 + [z'(t)]^2}\, dt, \tag{8.108b}$$

wobei t_0 der Wert des Parameters t im Punkt A und T sein Wert für den Punkt B ist. Die Punkte A und B werden so gewählt, daß die Bedingung $t_0 < T$ erfüllt ist.

2. Vorgabe der Gleichung des Integrationsweges in expliziter Form
Man setzt $t = x$ und erhält aus (8.108a) im ebenen Falle

$$\int_{(K)} f(x,y)\,ds = \int_a^b f[x,y(x)]\sqrt{1+[y'(x)]^2}\,dx\,, \tag{8.109a}$$

und aus (8.108b) im räumlichen Falle

$$\int_{(K)} f(x,y,z)\,ds = \int_a^b f[x,y(x),z(x)]\sqrt{1+[y'(x)]^2+[z'(x)]^2}\,dx\,. \tag{8.109b}$$

Dabei sind a und b die Abszissen der Punkte A und B, wobei die Bedingung $a < b$ erfüllt sein muß. Außerdem wird angenommen, daß jedem Punkt der Projektion des Kurvenstückes K auf die x–Achse dort eindeutig ein Punkt entspricht, d.h., daß jeder Kurvenpunkt eindeutig durch einen Abszissenpunkt bestimmt wird. Wenn das nicht der Fall ist, dann wird das Bogenstück in mehrere Teilintervalle zerlegt, von denen jedes die genannte Eigenschaft besitzt. Das Kurvenintegral über das gesamte Kurvenstück ist dann gleich der Summe der Kurvenintegrale über die Teilintervalle.

8.3.1.4 Anwendungen des Kurvenintegrals erster Art

Tabelle 8.6 Kurvenintegrale 1. Art

Länge eines Kurvenstückes K	$L = \int_{(K)} ds$
Masse eines inhom. Kurvenstücks K	$M = \int_{(K)} \varrho\,ds \quad (\varrho = f(x,y,z)$ Dichtefunktion)
Schwerpunktkoordinaten	$x_C = \frac{1}{L}\int_{(K)} x\varrho ds\,, \quad y_C = \frac{1}{L}\int_{(K)} y\varrho ds\,, \quad z_C = \frac{1}{L}\int_{(K)} z\varrho ds$
Trägheitsmomente einer ebenen Kurve in der x,y–Ebene	$I_x = \int_{(K)} x^2\varrho ds\,, \quad I_y = \int_{(K)} y^2\varrho ds$
Trägheitsmomente einer Raumkurve bezüglich der Koordinatenachsen	$I_x = \int_{(K)} (y^2+z^2)\varrho ds\,, \quad I_y = \int_{(K)} (x^2+z^2)\varrho ds\,,$ $I_z = \int_{(K)} (x^2+y^2)\varrho ds$
Im Falle homogener Kurven ist in den obigen Formeln $\varrho = 1$ einzusetzen.	

In **Tabelle 8.7** sind die zur Berechnung des Kurvenintegrals erforderlichen Kurvenelemente in verschiedenen Koordinaten angegeben.

Tabelle 8.7 Kurvenelemente

Ebene Kurve in der x, y–Ebene	Kartesische Koordinaten $x, y = y(x)$	$ds = \sqrt{1 + [y'(x)]^2}dx$
	Polarkoordinaten $\varphi, \rho = \rho(\varphi)$	$ds = \sqrt{\rho^2(\varphi) + [\rho'(\varphi)]^2}d\rho$
	Parameterdarstellung in kartesischen Koordinaten $x = x(t), y = y(t)$	$ds = \sqrt{[x'(t)]^2 + [y'(t)]^2}dt$
Raumkurve	Parameterdarstellung in kartesischen Koordinaten $x = x(t), y = y(t), z = z(t)$	$ds = \sqrt{[x'(t)]^2 + [y'(t)]^2 + [z'(t)]^2}dt$

8.3.2 Kurvenintegrale zweiter Art

1. Definitionen

Kurvenintegral zweiter Art oder *Integral über eine Projektion* (auf die x–, y– oder z–Achse) wird das bestimmte Integral

$$\int\limits_{(K)} f(x, y)\,dx \qquad (8.110a) \qquad \text{oder} \qquad \int\limits_{(K)} f(x, y, z)\,dx \qquad (8.110b)$$

genannt, wobei $f(x, y)$ bzw. $f(x, y, z)$ eine in einem zusammenhängenden Gebiet definierte Funktion von zwei bzw. drei Veränderlichen ist und die Integration über die Projektion eines ebenen oder räumlichen, durch seine Gleichung vorgegebenen Kurvenbogens $K \equiv \overset{\frown}{AB}$ auf die x–, y– oder z–Achse durchgeführt wird. Der Integrationsweg liegt in dem gleichen Gebiet. Das Kurvenintegral 2. Art wird ebenso gewonnen wie das Kurvenintegral 1. Art, jedoch mit dem Unterschied, daß beim dritten Schritt die Funktionswerte $f(\xi_i, \eta_i)$ bzw. $f(\xi_i, \eta_i, \zeta_i)$ nicht mit den Längen der Elementarbogenstücke $\overset{\frown}{A_{i-1}A_i}$ multipliziert werden, sondern mit ihren Projektionen auf eine der Koordinatenachsen **(Abb.8.23**, s. S. 462).

1. Projektion auf die x–Achse: Mit

$$\mathrm{Pr}_x\, \overset{\frown}{A_{i-1}A_i} = x_i - x_{i-1} = \Delta x_{i-1} \qquad (8.111)$$

ergibt sich

$$\int\limits_{(K)} f(x, y)\,dx = \lim_{\substack{\Delta x_{i-1}\to 0\\ n\to\infty}} \sum_{i=1}^{n} f(\xi_i, \eta_i)\,\Delta x_{i-1}\,, \qquad (8.112a)$$

$$\int\limits_{(K)} f(x, y, z)\,dx = \lim_{\substack{\Delta x_{i-1}\to 0\\ n\to\infty}} \sum_{i=1}^{n} f(\xi_i, \eta_i, \zeta_i)\,\Delta x_{i-1}\,. \qquad (8.112b)$$

2. Projektion auf die y–Achse:

$$\int\limits_{(K)} f(x, y)\,dy = \lim_{\substack{\Delta y_{i-1}\to 0\\ n\to\infty}} \sum_{i=1}^{n} f(\xi_i, \eta_i)\,\Delta y_{i-1}\,, \qquad (8.113a)$$

$$\int\limits_{(K)} f(x, y, z)\,dy = \lim_{\substack{\Delta y_{i-1}\to 0\\ n\to\infty}} \sum_{i=1}^{n} f(\xi_i, \eta_i, \zeta_i)\,\Delta y_{i-1}\,. \qquad (8.113b)$$

3. Projektion auf die z–Achse:

$$\int_{(K)} f(x,y,z)\,dz = \lim_{\substack{\Delta z_{i-1}\to 0\\ n\to\infty}} \sum_{i=1}^{n} f(\xi_i,\eta_i,\zeta_i)\,\Delta z_{i-1}\,. \tag{8.114}$$

2. Existenzsatz

Das Kurvenintegral zweiter Art (8.112a), (8.113a), (8.112b), (8.113b) und (8.114) existiert, wenn die Funktion $f(x,y)$ bzw. $f(x,y,z)$ sowie die Kurve längs des Bogenstückes K stetig sind und die Kurve dort eine stetige Tangente besitzt.

3. Berechnung der Kurvenintegrale zweiter Art

Die Berechnung des Kurvenintegrals 2. Art erfolgt durch Zurückführung auf die Berechnung des bestimmten Integrals.

1. Vorgabe der Gleichung des Integrationsweges in Parameterform
Mit den Parametergleichungen des Integrationsweges

$$x = x(t), \quad y = y(t) \quad \text{und (für die Raumkurve)} \quad z = z(t) \tag{8.115}$$

ergeben sich die folgenden Formeln:

$$\text{Für (8.112a):} \quad \int_{(K)} f(x,y)\,dx = \int_{t_0}^{T} f[x(t),y(t)]x'(t)\,dt\,. \tag{8.116a}$$

$$\text{Für (8.113a):} \quad \int_{(K)} f(x,y)\,dy = \int_{t_0}^{T} f[x(t),y(t)]y'(t)\,dt\,. \tag{8.116b}$$

$$\text{Für (8.112b):} \quad \int_{(K)} f(x,y,z)\,dx = \int_{t_0}^{T} f[x(t),y(t),z(t)]x'(t)\,dt\,. \tag{8.116c}$$

$$\text{Für (8.113b):} \quad \int_{(K)} f(x,y,z)\,dy = \int_{t_0}^{T} f[x(t),y(t),z(t)]y'(t)\,dt\,. \tag{8.116d}$$

$$\text{Für (8.114):} \quad \int_{(K)} f(x,y,z)\,dz = \int_{t_0}^{T} f[x(t),y(t),z(t)]z'(t)\,dt\,. \tag{8.116e}$$

Dabei sind t_0 bzw. T die Werte des Parameters t für den Anfangspunkt A bzw. den Endpunkt B des Bogenstückes. Hier wird im Gegensatz zum Kurvenintegral 1. Art die Forderung $t_0 < T$ nicht erhoben.

Achtung! Bei der Umkehrung des Integrationsweges, d.h. beim Vertauschen der Punkte A und B, ändern die Integrale ihr Vorzeichen.

2. Vorgabe der Gleichung des Integrationsweges in expliziter Form
Mit den Gleichungen

$$y = y(x) \qquad \text{bzw.} \qquad y = y(x)\,,\ z = z(x) \tag{8.117}$$

für den Integrationsweg im Falle einer ebenen bzw. räumlichen Kurve und mit den Abszissen a und b der Punkte A und B, wobei die Forderung $a < b$ nicht mehr unbedingt zu erfüllen ist, tritt in den Formeln (8.112a) bis (8.114) die Abszisse x an die Stelle des Parameters t.

8.3.3 Kurvenintegral allgemeiner Art

1. Definition

Kurvenintegral allgemeiner Art wird die Summe der Integrale 2. Art über alle Projektionen einer Kurve genannt. Wenn entlang des vorgegebenen Kurvenstückes K zwei Funktionen $P(x,y)$ und $Q(x,y)$ von zwei Veränderlichen oder drei Funktionen $P(x,y,z)$, $Q(x,y,z)$ und $R(x,y,z)$ von drei Veränderlichen definiert sind und die entsprechenden Kurvenintegrale 2. Art existieren, dann gelten für eine ebene bzw. eine Raumkurve die folgenden Formeln.

1. Ebene Kurve:

$$\int\limits_{(K)} (P\,dx + Q\,dy) = \int\limits_{(K)} P\,dx + \int\limits_{(K)} Q\,dy\,. \tag{8.118a}$$

2. Raumkurve:

$$\int\limits_{(K)} (P\,dx + Q\,dy + R\,dz) = \int\limits_{(K)} P\,dx + \int\limits_{(K)} Q\,dy + \int\limits_{(K)} R\,dz\,. \tag{8.118b}$$

Die vektorielle Darstellung des Kurvenintegrals allgemeiner Art und eine Anwendung in der Mechanik werden im Kapitel Vektoranalysis behandelt (s. S. 657).

2. Eigenschaften des Kurvenintegrals allgemeiner Art

1. Die Zerlegung des Integrationsweges mittels eines Teilungspunktes C, der auf der Kurve außerhalb des Bogenstückes $\overset{\frown}{AB}$ liegen kann **(Abb.8.24)**, führt zur Aufteilung des Integrals in zwei Teilintegrale:

$$\int\limits_{\overset{\frown}{AB}} (P\,dx + Q\,dy) = \int\limits_{\overset{\frown}{AC}} (P\,dx + Q\,dy) + \int\limits_{\overset{\frown}{CB}} (P\,dx + Q\,dy)\,.^* \tag{8.119}$$

2. Die Umkehrung der Durchlaufrichtung des Integrationsweges führt zum Vorzeichenwechsel des Integrals:

$$\int\limits_{\overset{\frown}{AB}} (P\,dx + Q\,dy) = -\int\limits_{\overset{\frown}{BA}} (P\,dx + Q\,dy)\,.^* \tag{8.120}$$

3. Wegabhängigkeit Im allgemeinen hängt der Wert des Kurvenintegrals sowohl vom Anfangs- und Endpunkt als auch vom Integrationsweg ab **(Abb.8.25)**:

$$\int\limits_{\overset{\frown}{ACB}} (P\,dx + Q\,dy) \neq \int\limits_{\overset{\frown}{ADB}} (P\,dx + Q\,dy)\,.^* \tag{8.121}$$

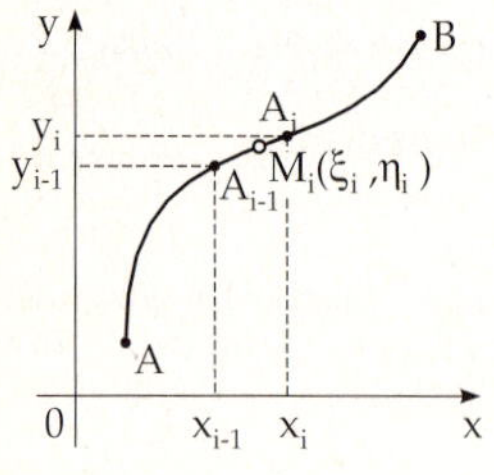

Abbildung 8.23

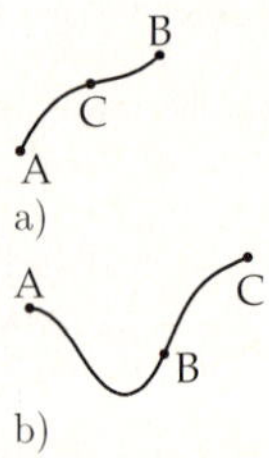

Abbildung 8.24

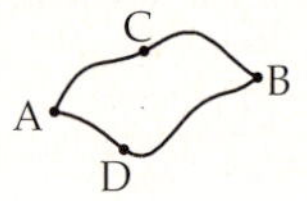

Abbildung 8.25

*Für den Fall dreier Veränderlicher gelten analoge Formeln.

■ **A:** $I = \int\limits_{(K)} (xy\,dx + yz\,dy + zx\,dz)$, wobei K ein Gang der Schraubenlinie $x = a\cos t,\ y = a\sin t,$ $z = bt$ (s. S. 241) von t_0 bis $T = 2\pi$ ist: $I = \int_0^{2\pi} (-a^3 \sin^2 t\cos t + a^2 bt \sin t \cos t + ab^2 t \cos t)\,dt = -\frac{\pi a^2 b}{2}$.

■ **B:** $I = \int\limits_{(K)} [y^2\,dx + (xy - x^2)\,dy]$, wobei K ein Bogen der Parabel $y^2 = 9x$ zwischen den Punkten $A(0,0)$ und $B(1,3)$ ist: $I = \int_0^3 \left[\frac{2}{9}y^3 + \left(\frac{y^3}{9} - \frac{y^4}{81}\right)\right] dy = 6\frac{3}{20}$.

3. Umlaufintegral

1. Begriff des Umlaufintegrals Ein *Umlauf integral* ist ein Kurvenintegral über einen geschlossenen Integrationsweg K, d.h., der Anfangspunkt A ist mit dem Endpunkt B identisch. Man schreibt dafür:

$$\oint\limits_{(K)} (P\,dx + Q\,dy) \qquad \text{oder} \qquad \oint\limits_{(K)} (P\,dx + Q\,dy) + R\,dz. \tag{8.122}$$

Im allgemeinen ist das Umlaufintegral verschieden von Null. Das gilt jedoch nicht, wenn die Integrabilitätsbedingung (s. S. 464) erfüllt ist oder wenn die Integration in einem konservativen Feld (s. S. 659) durchzuführen ist. (S. auch Verschwinden des Umlaufintegrals, S. 659.)

2. Die Berechnung des Flächeninhaltes einer ebenen Figur ist ein typisches Beispiel für die Anwendung des Umlaufintegrals in der Form

$$S = \frac{1}{2} \oint\limits_{(K)} (x\,dy - y\,dx), \tag{8.123}$$

wobei K die Randkurve der ebenen Figur ist. Der Integrationsweg wird positiv gerechnet, wenn er entgegengesetzt zum Drehsinn des Uhrzeigers verläuft.

8.3.4 Unabhängigkeit des Kurvenintegrals vom Integrationsweg

Die Bedingung für die Unabhängigkeit des Kurvenintegrals vom Integrationsweg wird auch *Integrabilität des vollständigen Differentials* genannt.

1. Zweidimensionaler Fall

Wenn das Kurvenintegral

$$\int [P(x,y)\,dx + Q(x,y)\,dy] \tag{8.124}$$

mit den stetigen Funktionen P und Q, die in einem einfach zusammenhängenden Gebiet definiert sind, nur vom Anfangspunkt A und vom Endpunkt B abhängen soll, nicht aber vom Integrationsweg, der beide Punkte verbindet, d.h. für beliebige A und B und beliebige Integrationswege ACB bzw. ADB **(Abb.8.25)** die Gleichung

$$\int\limits_{\overset{\frown}{ACB}} (P\,dx + Q\,dy) = \int\limits_{\overset{\frown}{ADB}} (P\,dx + Q\,dy) \tag{8.125}$$

gelten soll, dann ist notwendig und hinreichend, daß eine Funktion $U(x,y)$ von zwei Veränderlichen existiert, deren vollständiges Differential der Integrand des Kurvenintegrals ist:

$$P\,dx + Q\,dy = dU, \qquad (8.126\text{a}) \qquad\qquad \text{d.h., es gilt} \quad P = \frac{\partial U}{\partial x}, \qquad Q = \frac{\partial U}{\partial y}. \qquad (8.126\text{b})$$

Die Funktion $U(x,y)$ ist dann eine Stammfunktion des vollständigen Differentials (8.126a). In der Physik wird die Stammfunktion $U(x,y)$ als Potential in einem Vektorfeld gedeutet (s. S. 660).

2. Existenz der Stammfunktion

Notwendiges und hinreichendes Kriterium für die Existenz der *Stammfunktion*, die *Integrabilitätsbedingung* für den Ausdruck $P\,dx + Q\,dy$, ist die Gleichheit der partiellen Ableitungen

$$\frac{\partial P}{\partial y} = \frac{\partial Q}{\partial x}, \tag{8.127}$$

von denen gefordert werden muß, daß sie stetig sind.

3. Dreidimensionaler Fall

Die Bedingung für die Unabhängigkeit des Kurvenintegrals

$$\int [P(x,y,z)\,dx + Q(x,y,z)\,dy + R(x,y,z)\,dz] \tag{8.128}$$

vom Integrationsweg **(Abb.8.27)** lautet in Analogie zum zweidimensionalen Fall:
Es wird die Existenz einer Stammfunktion $U(x,y,z)$ gefordert, für die gilt

$$P\,dx + Q\,dy + R\,dz = dU\,, \tag{8.129a}$$

und damit

$$P = \frac{\partial U}{\partial x}, \quad Q = \frac{\partial U}{\partial y}, \quad R = \frac{\partial U}{\partial z}. \tag{8.129b}$$

Die Integrabilitätsbedingung besteht in diesem Falle aus den drei gleichzeitig zu erfüllenden Gleichungen

$$\frac{\partial Q}{\partial z} = \frac{\partial R}{\partial y}, \quad \frac{\partial R}{\partial x} = \frac{\partial P}{\partial z}, \quad \frac{\partial P}{\partial y} = \frac{\partial Q}{\partial x} \tag{8.129c}$$

für die partiellen Ableitungen, die ihrerseits stetig sein müssen.

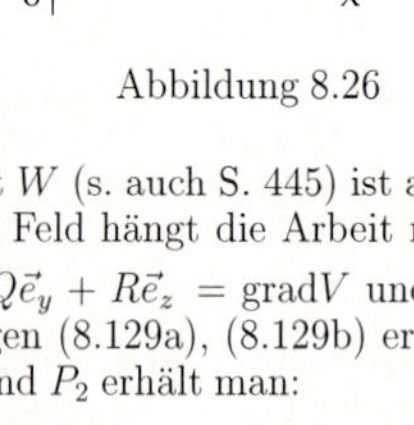

Abbildung 8.26

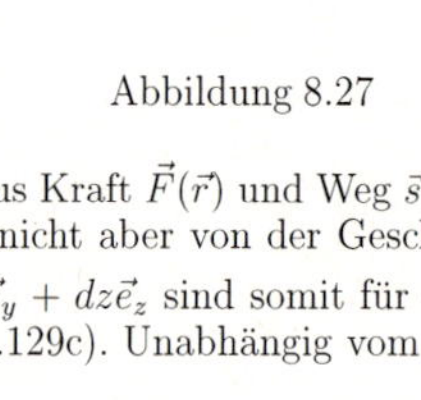

Abbildung 8.27

■ Die Arbeit W (s. auch S. 445) ist als Skalarprodukt aus Kraft $\vec{F}(\vec{r})$ und Weg $\vec{s}$ definiert. In einem konservativen Feld hängt die Arbeit nur vom Ort $\vec{r}$ ab, nicht aber von der Geschwindigkeit $\vec{v}$. Mit $\vec{F} = P\vec{e}_x + Q\vec{e}_y + R\vec{e}_z = \operatorname{grad} V$ und $\vec{ds} = dx\vec{e}_x + dy\vec{e}_y + dz\vec{e}_z$ sind somit für das Potential $V(\vec{r})$ die Beziehungen (8.129a), (8.129b) erfüllt, und es gilt (8.129c). Unabhängig vom Weg zwischen den Punkten P_1 und P_2 erhält man:

$$W = \int_{P_1}^{P_2} \vec{F}(\vec{r}) \cdot \vec{ds} = \int_{P_1}^{P_2} [P\,dx + Q\,dy + R\,dz] = V(P_2) - V(P_1)\,. \tag{8.130}$$

4. Berechnung der Stammfunktion

1. Zweidimensionaler Fall Wenn die Integrabilitätsbedingung (8.127) erfüllt ist, dann ist über einen beliebigen Integrationsweg innerhalb des Gültigkeitsbereiches von (8.127), der einen beliebigen festen Punkt $A(x_0, y_0)$ mit dem variablen Punkt $M(x,y)$ verbindet **(Abb.8.26)**, die Stammfunktion

$U(x,y)$ gleich dem Kurvenintegral

$$U = \int_{\widehat{AM}} (P\,dx + Q\,dy)\,. \tag{8.131}$$

Bei praktischen Rechnungen ist es bequem, einen zu den Koordinatenachsen parallelen Integrationsweg zu wählen, d.h. einen der beiden Abschnitte AKM oder ALM, wenn dieser nicht außerhalb des Gültigkeitsbereiches von (8.127) liegt. Somit gibt es zwei Formeln für die Berechnung der Stammfunktion $U(x,y)$ und des vollständigen Differentials $P\,dx + Q\,dy$:

$$U = U(x_0, y_0) + \int_{\overline{AK}} + \int_{\overline{KM}} = C + \int_{x_0}^{x} P(\xi, y_0)\,d\xi + \int_{y_0}^{y} Q(x_0, \eta)\,d\eta\,, \tag{8.132a}$$

$$U = U(x_0, y_0) + \int_{\overline{AL}} + \int_{\overline{LM}} = C + \int_{y_0}^{y} Q(x_0, \eta)\,d\eta + \int_{x_0}^{x} P(\xi, y_0)\,d\xi\,. \tag{8.132b}$$

2. Dreidimensionaler Fall (Abb.8.27) Ist die Bedingung (8.129c) erfüllt, dann kann die Stammfunktion für den Integrationsweg $AKLM$ mit der Formel

$$U = U(x_0, y_0, z_0) + \int_{\overline{AK}} + \int_{\overline{KL}} + \int_{\overline{LM}}$$

$$= \int_{x_0}^{x} P(\xi, y_0, z_0)\,d\xi + \int_{y_0}^{y} Q(x, \eta, z_0)\,d\eta + \int_{z_0}^{z} R(x, y, \xi)\,d\xi + C \tag{8.133}$$

berechnet werden. Für die anderen fünf möglichen Integrationswege mit Abschnitten, die parallel zu den Koordinatenachsen verlaufen, ergeben sich fünf weitere Formeln.

■ **A:** $P\,dx + Q\,dy = -\dfrac{y\,dx}{x^2+y^2} + \dfrac{x\,dy}{x^2+y^2}$. Die Bedingung (8.129c) ist erfüllt: $\dfrac{\partial P}{\partial y} = \dfrac{\partial Q}{\partial x} = \dfrac{y^2 - x^2}{(x^2+y^2)^2}$. Anwendung der Formel (8.132b) und Einsetzen von $x_0 = 0$, $y_0 = 1$ ($x_0 = 0$, $y_0 = 0$ darf nicht gewählt werden, da die Funktionen P und Q im Punkt $(0,0)$ unstetig sind) liefert $U = \int_1^y \dfrac{0 \cdot d\eta}{0^2 + \eta^2} + \int_0^x \dfrac{-y\,d\xi}{\xi^2 + y^2} + U(0,1) = -\arctan\dfrac{x}{y} + C = \arctan\dfrac{y}{x} + C_1$.

■ **B:** $P\,dx + Q\,dy + R\,dz = z\left(\dfrac{1}{x^2 y} - \dfrac{1}{x^2+z^2}\right) dx + \dfrac{z}{xy^2}\,dy + \left(\dfrac{x}{x^2+z^2} - \dfrac{1}{xy}\right) dz$. Die Bedingungen (8.129c) sind erfüllt. Anwendung von (8.133) und Einsetzen von $x_0 = 1$, $y_0 = 1$, $z_0 = 1$ liefert $U = \int_1^x 0 \cdot d\xi + \int_1^y 0 \cdot d\eta + \int_0^z \left(\dfrac{x}{x^2+\zeta^2} - \dfrac{1}{xy}\right) d\zeta + C = \arctan\dfrac{z}{x} - \dfrac{z}{xy} + C$.

5. Verschwinden des Umlaufintegrals

Das Umlaufintegral über eine ebene geschlossene Kurve, d.h. das Kurvenintegral von $P\,dx + Q\,dy$, ist gleich Null, wenn die Bedingung (8.127) erfüllt ist und wenn innerhalb der geschlossenen Kurve keine Punkte liegen, in denen eine der Funktionen P, Q, $\dfrac{\partial P}{\partial y}$ oder $\dfrac{\partial P}{\partial y}$ unstetig oder nicht definiert ist.

8.4 Mehrfachintegrale

Der Integralbegriff kann im Vergleich zum gewöhnlichen Integral und zum Kurvenintegral erweitert werden, indem die Dimension des Integrationsgebietes erhöht wird. Ist das Integrationsgebiet ein ebenes Flächenstück, dann spricht man vom Flächenintegral, ist es ein beliebiges räumliches Flächenstück, vom *Oberflächenintegral*, ist es ein Raumstück, vom *Volumenintegral*. Darüber hinaus sind für die verschiedensten Anwendungen andere spezielle Integralbezeichnungen üblich.

8.4.1 Doppelintegral

8.4.1.1 Begriff des Doppelintegrals

1. Definition

Als Doppelintegral einer Funktion von zwei Veränderlichen $u = f(x, y)$ über ein ebenes Flächenstück S wird der Ausdruck

$$\int_S f(x,y)\,dS = \iint_S f(x,y)\,dy\,dx \tag{8.134}$$

bezeichnet. Es handelt sich dabei um einen Zahlenwert, der auf die folgende Weise ermittelt wird **(Abb.8.28)**:

1. Beliebige Zerlegung des Flächenstückes S in n Elementarflächenstücke.

2. Auswahl eines beliebigen Punktes $M_i(x_i, y_i)$ im Innern oder auf dem Rande eines jeden Elementarflächenstückes.

3. Multiplikation des Funktionswertes von $u = f(x_i, y_i)$ in diesem Punkt mit dem Inhalt ΔS_i des entsprechenden Elementarflächenstückes.

4. Addition aller so gewonnenen Produkte $f(x_i, y_i)\Delta S_i$.

5. Berechnung des Grenzwertes der Summe

$$\sum_{i=1}^{n} f(x_i, y_i)\Delta S_i \tag{8.135a}$$

für den Fall, daß der Inhalt aller Elementarflächenstücke ΔS_i gegen Null geht, also ihre Anzahl n gegen ∞ . Dabei ist zu beachten, daß die Forderung, ΔS solle gegen Null streben, allein nicht genügt. Es muß sichergestellt sein, daß auch der Abstand der beiden am weitesten voneinander entfernten Punkte, d.h. der *Durchmesser des Elementarflächenstückes*, gegen Null geht, weil der Flächeninhalt eines Rechtecks auch zu Null wird, wenn eine seiner Seiten Null gesetzt wird, der Durchmesser aber endlich bleibt.

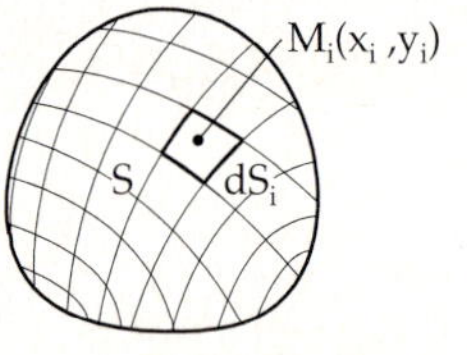

Abbildung 8.28

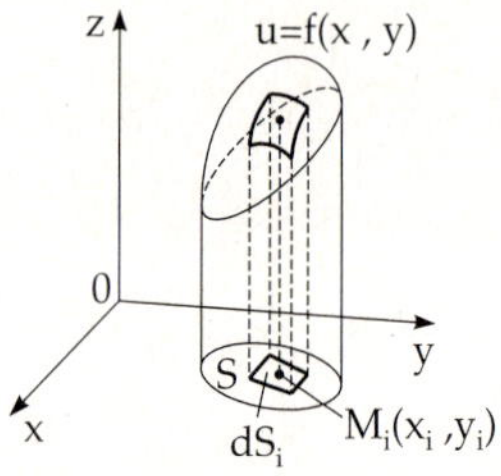

Abbildung 8.29

Wenn dieser Grenzwert existiert und von der Art der Einteilung des Flächenstückes S in Elementarflächenstücke sowie von der Wahl der Punkte $M_i(x_i, y_i)$ unabhängig ist, dann wird er Doppelintegral der Funktion u über das Flächenstück S , das Integrationsgebiet, genannt, und man schreibt:

$$\int_S f(x,y)\,dS = \lim_{\substack{\Delta S_i \to 0 \\ n\to\infty}} \sum_{i=1}^{n} f(x_i, y_i)\,dS\,. \tag{8.135b}$$

2. Existenzsatz

Das Doppelintegral (8.135b) existiert, wenn die Funktion $f(x, y)$ im gesamten Integrationsgebiet einschließlich seines Randes stetig ist.

3. Geometrische Bedeutung

Die geometrische Bedeutung des Doppelintegrals liegt neben der Möglichkeit der Berechnung einer Fläche auch darin, daß es die Berechnung des Rauminhaltes eines geraden Körpers ermöglicht, der vom Flächenstück S in der x,y–Ebene,von einer Mantelfläche, die parallel zur z–Achse verläuft, und von einem Teil der Fläche $u = f(x, y)$ begrenzt wird **(Abb.8.29)**. Jedes Glied $f(x_i, y_i)\Delta S_i$ der Summe (8.135b) entspricht der Elementarzelle einer prismatischen Säule mit der Grundfläche ΔS_i und der Höhe $f(x_i, y_i)$. Das Vorzeichen des Gesamtvolumens ist positiv bzw. negativ, je nachdem, ob der betreffende Teil der Fläche $u = f(x, y)$ über oder unter der x , y–Ebene liegt. Wenn er diese Ebene schneidet, dann ist das Volumen eine algebraische Summe der einzelnen Teilvolumina.

8.4.1.2 Berechnung des Doppelintegrals

Die Berechnung des Doppelintegrals wird auf die nacheinanderfolgende Berechnung zweier Integrale zurückgeführt, die je nach dem verwendeten Koordinatensystem verschieden aussieht.

1. Berechnung in kartesischen Koordinaten

Das Integrationsgebiet, das als Flächenstück aufgefaßt wird, teilt man mit Hilfe von Koordinatenlinien in infinitesimale Rechtecke ein **(Abb.8.30 a)**. Darauf erfolgt eine Summation aller Differentiale $f(x, y)dS$, beginnend mit allen Rechtecken längs jedes vertikalen Streifens, danach längs jedes horizontalen Streifens. Die analytische Formulierung lautet:

$$\int_S f(x,y)\,dS = \int_a^b \left[\int_{\varphi_1(x)}^{\varphi_2(x)} f(x,y)\,dy\right] dx = \int_a^b \int_{\varphi_1(x)}^{\varphi_2(x)} f(x,y)\,dy\,dx\,. \tag{8.136a}$$

Dabei sind $y = \varphi_2(x)$ und $y = \varphi_1(x)$ die Gleichungen der oberen bzw. unteren Randkurve $(\overset{\frown}{AB})_{oben}$ und $(\overset{\frown}{AB})_{unten}$ des Flächenstückes S . Mit a bzw. b sind die Abszissen der am weitesten links bzw. rechts liegenden Kurvenpunkte bezeichnet. Das Flächenelement in kartesischen Koordinaten berechnet sich gemäß

$$dS = dx\,dy\,. \tag{8.136b}$$

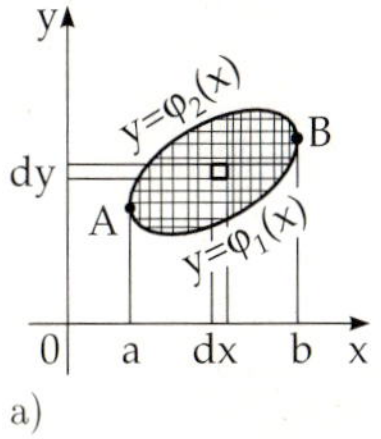

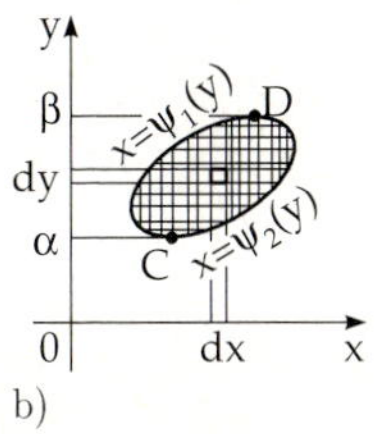

Abbildung 8.30

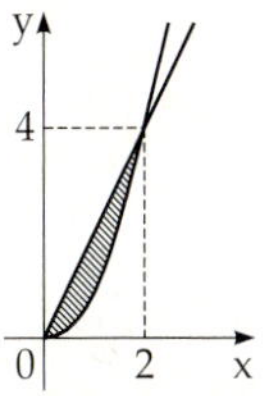

Abbildung 8.31

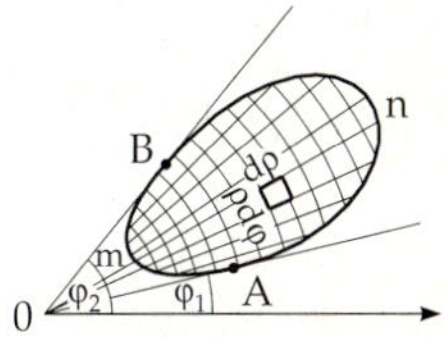

Abbildung 8.32

Bei der Ausführung der ersten Integration wird x konstant gehalten. Die eckigen Klammern in (8.136a) werden üblicherweise weggelassen, indem verabredungsgemäß das innere Integral der inneren Integrationsvariablen zugeordnet wird, das äußere der an zweiter Stelle stehenden Integrationsvariablen. In (8.136a) stehen die Differentialzeichen dx und dy am Ende des Integranden. Ebenso üblich ist es, diese Zeichen gleich hinter den Integralzeichen vor die Funktionen des Integranden zu setzen.
Man kann die Berechnung in kartesischen Koordinaten **(Abb.8.30b)** auch in der umgekehrten Reihenfolge ausführen:

$$\int_S f(x,y)\,dS = \int_\alpha^\beta \int_{\psi_1(y)}^{\psi_2(y)} f(x,y)\,dx\,dy\,. \tag{8.136c}$$

■ $A = \int\limits_S xy^2\, dS$, wobei S die Fläche zwischen der Parabel $y = x^2$ und der Geraden $y = 2x$ in **Abb.8.31** ist. $A = \int_0^2 \int_{x^2}^{2x} xy^2\, dy\, dx = \int_0^2 x\, dx \left[\frac{y^3}{3}\right]_{x^2}^{2x} = \frac{1}{3}\int_0^2 (8x^4 - x^7)\, dx = \frac{32}{5}$, oder

$$A = \int_0^4 \int_{y/2}^{\sqrt{y}} xy^2\, dx\, dy = \int_0^2 y^2\, dy \left[\frac{x^2}{2}\right]_{y/2}^{\sqrt{y}} = \frac{1}{2}\int_0^4 y^2 \left(y - \frac{y^2}{4}\right) dy = \frac{32}{5}.$$

2. Berechnung in Polarkoordinaten

Das Integrationsgebiet, die Fläche, wird durch Koordinatenlinien in infinitesimale Flächenstücke aufgeteilt, die jeweils durch zwei konzentrische Kreisbogen und zwei durch den Pol verlaufende Geraden begrenzt werden **(Abb.8.32)**. Mit einem Integranden in Polarkoordinaten gemäß $w = f(\rho, \varphi)$ hat das *Flächenelement in Polarkoordinaten* die Form

$$\rho\, d\rho\, d\varphi = dS\,. \tag{8.137a}$$

Summiert wird zuerst innerhalb jedes Kreissektors, dann über alle Sektoren:

$$\int\limits_S f(\rho, \varphi)\, dS = \int\limits_{\varphi_1}^{\varphi_2} \int\limits_{\rho_1(\varphi)}^{\rho_2(\varphi)} f(\rho, \varphi)\, \rho\, d\rho\, d\varphi, \tag{8.137b}$$

wobei $\rho = \rho_1(\varphi)$ und $\rho = \rho_2(\varphi)$ die Gleichungen der inneren bzw. äußeren Randkurve $(\overset{\frown}{AmB})$ bzw. $(\overset{\frown}{AnB})$ der Fläche S sind und φ_1 bzw. φ_2 die Polarwinkel der Tangenten, die das Flächenstück an seinen Rändern berühren. Die umgekehrte Integrationsreihenfolge wird selten verwendet.

■ $A = \int\limits_S \rho \sin^2\varphi\, dS$, wobei S die Fläche des Halbkreises $\rho = 3\cos\varphi$ ist **(Abb.8.33)**:

$$A = \int_0^{\pi/2} \int_0^{3\cos\varphi} \rho^2 \sin^2\varphi \cdot d\rho\, d\varphi = \int_0^{\pi/2} \sin^2\varphi\, d\varphi \left[\frac{\rho^3}{3}\right]_0^{3\cos\varphi} = 9\int_0^{\pi/2} \sin^2\varphi \cos^3\varphi\, d\varphi = \frac{6}{5}.$$

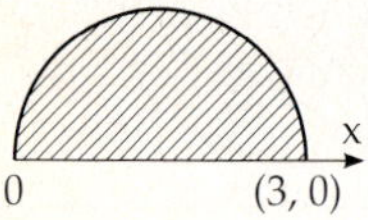

Abbildung 8.33

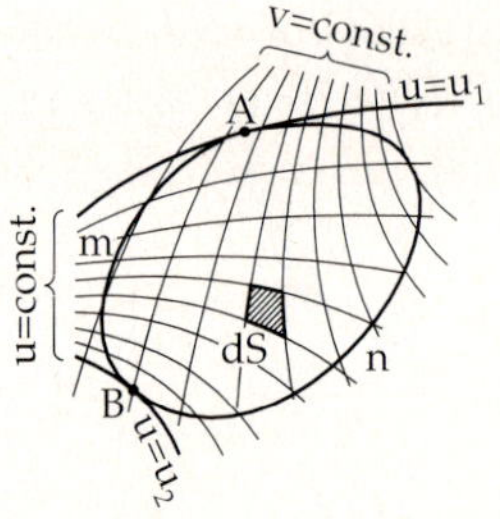

Abbildung 8.34

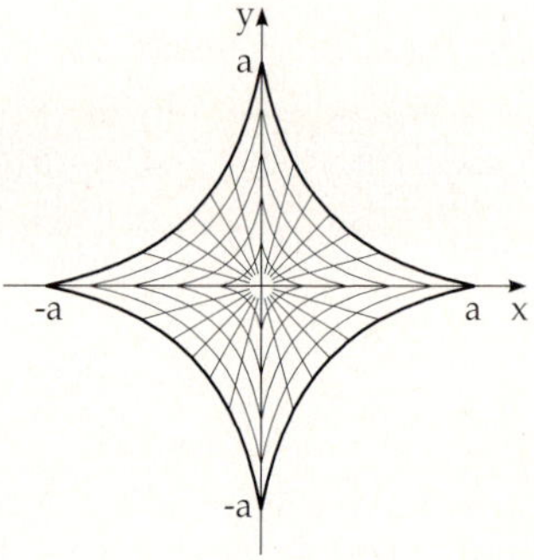

Abbildung 8.35

3. Berechnung in beliebigen krummlinigen Koordinaten u und v

Die Koordinaten sind durch die Beziehungen

$$x = x(u, v)\,, \quad y = y(u, v) \tag{8.138}$$

definiert (s. S. 242). Das Flächenstück wird durch die Koordinatenlinien $u = \text{const}$ und $v = \text{const}$ in infinitesimale Flächenelemente eingeteilt **(Abb.8.34)** und der Integrand in den Koordinaten u und v

ausgedrückt. Summiert wird zuerst längs eines Koordinatenstreifens, z.B. längs $v = \text{const}$, danach über alle Streifen:

$$\int\limits_S f(u,v)\,dS = \int\limits_{u_1}^{u_2}\int\limits_{v_1(u)}^{v_2(u)} f(u,v)|D|\,dv\,du\,. \tag{8.139}$$

Dabei sind $v = v_1(u)$ bzw. $v = v_2(u)$ die Gleichungen der inneren bzw. äußeren Randkurve $\overset{\frown}{AmB}$ und $\overset{\frown}{AnB}$ der Fläche S. Mit u_1 und u_2 werden die Koordinaten der beiden äußersten Linienbegrenzungen der Fläche S beschrieben. Mit $|D|$ ist der Absolutbetrag der *Funktionaldeterminante*

$$D = \frac{D(x,y)}{D(u,v)} = \begin{vmatrix} \dfrac{\partial x}{\partial u} & \dfrac{\partial x}{\partial v} \\ \dfrac{\partial y}{\partial u} & \dfrac{\partial y}{\partial v} \end{vmatrix} \tag{8.140a}$$

bezeichnet. Mit ihrer Hilfe wird das Flächenelement in krummlinigen Koordinaten beschrieben:

$$|D|\,dv\,du = dS\,. \tag{8.140b}$$

Die Formel (8.137b) ist ein Spezialfall von Formel (8.139) für die Polarkoordinaten $x = \rho\cos\varphi$, $y = \rho\sin\varphi$. Die Funktionaldeterminate ergibt sich hier zu $D = \rho$.
Man wählt die krummlinigen Koordinaten derart, daß die Grenzwerte des Integrals (8.139) möglichst einfach berechnet werden können.

■ $A = \int\limits_S f(x,y)\,dS$ ist für den Fall zu berechnen, daß S der Flächeninhalt der Astroide ist (s. S. 101), mit $x = a\cos^3 t$, $y = a\sin^3 t$ **(Abb.8.35)**. Zuerst werden die krummlinigen Koordinaten $x = u\cos^3 v$, $y = u\sin^3 v$ eingeführt, deren Koordinatenlinien $u = c_1$ eine Schar ähnlicher Astroiden mit den Gleichungen $x = c_1\cos^3 t$ und $y = c_1\sin^3 t$ darstellen. Die Koordinatenlinien $v = c_2$ sind dann Strahlen mit der Gleichung $y = kx$, wobei $k = \tan^3 c_2$ gilt. Damit ergibt sich

$$D = \begin{vmatrix} \cos^3 v & -3u\cos^2 v\sin v \\ \sin^3 v & 3u\sin^2 v\cos v \end{vmatrix} = 3u\sin^2 v\cos^2 v, \quad A = \int_0^a\int_0^{2\pi} f(x(u,v),y(u,v))\cdot 3u\sin^2 v\cos^2 v\,dv\,du\,.$$

8.4.1.3 Anwendungen von Doppelintegralen

Einige Anwendungen von Doppelintegralen sind in **Tabelle 8.9** zusammengestellt.

Die erforderlichen Flächenelemente in kartesischen Koordinaten und in Polarkoordinaten enthält die **Tabelle 8.8**

Tabelle 8.8 Ebene Flächenelemente

Koordinaten	**Flächenelemente**
Kartesische Koordinaten x, y	$dS = dx\,dy$
Polarkoordinaten ρ, φ	$dS = \rho\,d\rho\,d\varphi$
Beliebige krummlinige u, v–Koordinaten	$dS = \lvert D\rvert\,du\,dv$ D Funktionaldeterminante

Tabelle 8.9 Anwendungen von Doppelintegralen

Allgemeine Formel	Kartesischen Koordinaten	Polarkoordinaten
1. Flächeninhalt einer ebenen Figur:		
$S=\int\limits_S dS$	$=\iint dydx$	$=\iint \rho\, d\rho d\varphi$
2. Oberfläche:		
$S_O=\int\limits_S \frac{dS}{\cos\gamma}$	$=\iint \sqrt{1+\left(\frac{\partial z}{\partial x}\right)^2+\left(\frac{\partial z}{\partial y}\right)^2}\, dydx$	$=\iint \sqrt{\rho^2+\rho^2\left(\frac{\partial z}{\partial \rho}\right)^2+\left(\frac{\partial z}{\partial \varphi}\right)^2}\, d\rho d\varphi$
3. Volumen eines Zylinders:		
$V=\int\limits_S z\, dS$	$=\iint z\, dydx$	$=\iint z\rho\, d\rho d\varphi$
4. Trägheitsmoment einer ebenen Figur, bezogen auf die x–Achse:		
$I_x=\int\limits_S y^2\, dS$	$=\iint y^2\, dydx$	$=\iint \rho^3\sin^2\varphi\, d\rho d\varphi$
5. Trägheitsmoment einer ebenen Figur, bezogen auf den Pol 0:		
$I_0=\int\limits_S \rho^2\, dS$	$=\iint (x^2+y^2)\, dydx$	$=\iint \rho^3\, d\rho d\varphi$
6. Masse einer ebenen Figur mit der Dichtefunktion ϱ:		
$M=\int\limits_S \varrho\, dS$	$=\iint \varrho\, dydx$	$=\iint \varrho\rho\, d\rho d\varphi$
7. Die Koordinaten des Schwerpunktes einer homogenen ebenen Figur:		
$x_C=\frac{\int\limits_S x\, dS}{S}$	$=\frac{\iint x\, dydx}{\iint dydx}$	$=\frac{\iint \rho^2\cos\varphi\, d\rho d\varphi}{\iint \rho\, d\rho d\varphi}$
$y_C=\frac{\int\limits_S y\, dS}{S}$	$=\frac{\iint y\, dydx}{\iint dydx}$	$=\frac{\iint \rho^2\sin\varphi\, d\rho d\varphi}{\iint \rho\, d\rho d\varphi}$

8.4.2 Dreifachintegral

Das *Dreifachintegral* ist eine Erweiterung des Integralbegriffs auf ein dreidimensionales Integrationsgebiet. Man spricht daher auch vom *Volumenintegral.*

8.4.2.1 Begriff des Dreifachintegrals

1. Definition

Die Definition des Dreifachintegrals einer Funktion $f(x, y, z)$ von drei Variablen über einen dreidimensionalen Bereich, z.B. den Raumteil V, erfolgt in Analogie zur Definition des Doppelintegrals. Man schreibt:

$$\int\limits_V f(x,y,z)\,dV = \iiint\limits_V f(x,y,z)\,dz\,dy\,dx\,. \tag{8.141}$$

Das Volumen V **(Abb.8.36)** wird in Elementarvolumina zerlegt, mit denen Produkte der Art $f(x_i, y_i, z_i)\Delta V_i$ gebildet werden, wobei der Punkt $M_i(x_i, y_i, z_i)$ im Innern oder auf dem Rande eines Elementarvolumens liegen kann. Das Dreifachintegral ist dann der Grenzwert der Summe derartiger Produkte aller Elementarvolumina, in die das Volumen V zerlegt wurde, und zwar für den Fall, daß der Rauminhalt jedes Elementarvolumens gegen Null, d.h. ihre Anzahl gegen ∞ geht. Dabei ist wie beim Doppelintegral zu beachten, daß der Durchmesser des Elementarvolumens gegen Null strebt und nicht nur eine der möglichen Ausdehnungen. Es gilt dann:

$$\int\limits_V f(x,y,z)\,dV = \lim_{\substack{dV_i\to 0\\ n\to\infty}} \sum_{i=1}^{n} f(x_i, y_i, z_i)\,dV_i\,. \tag{8.142}$$

2. Existenzsatz

Der Existenzsatz für das Dreifachintegral ist ein vollständiges Analogon zum Existenzsatz für das Doppelintegral.

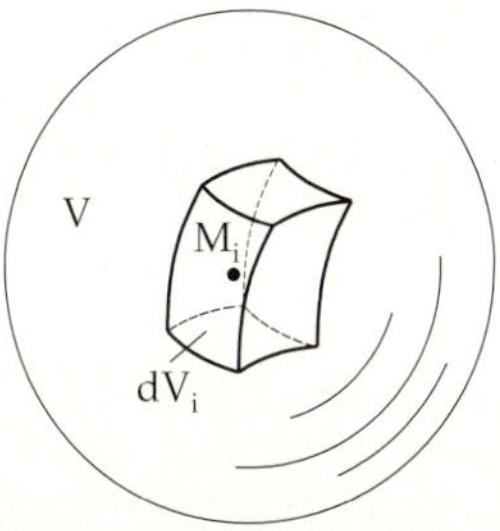

Abbildung 8.36

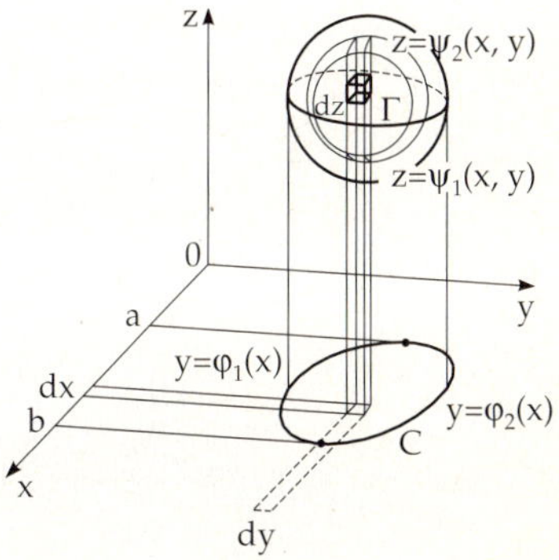

Abbildung 8.37

8.4.2.2 Berechnung des Dreifachintegrals

Die Berechnung des Dreifachintegrals wird auf die nacheinanderfolgende Berechnung dreier Integrale zurückgeführt, die je nach dem verwendeten Koordinatensystem unterschiedlich aussieht.

1. Berechnung in kartesischen Koordinaten

Das Integrationsgebiet, das hier als Volumen V aufgefaßt werden kann, teilt man mit Hilfe von Koordinatenflächen, die in diesem Falle Ebenen sind, in infinitesimale Parallelepipede ein **(Abb.8.37)**.

Dabei ist wie im Falle des Doppelintegrals zu beachten, daß der Durchmesser der Elementarzelle beim Grenzübergang gegen Null geht. Auf die Zerlegung folgt die Summation aller Differentiale $f(x,y,z)\,dV$, beginnend bei allen Parallelepipeden längs einer vertikalen Säule, d.h. Summation über z, danach aller Säulen längs jeder der vertikalen Schichten, d.h. Summation über y, und schließlich aller Schichten, d.h. Summation über x. Die analytische Formulierung lautet:

$$\int_V f(x,y,z)\,dV = \int_a^b \left\{ \int_{\varphi_1(x)}^{\varphi_2(x)} \left[\int_{\psi_1(x,y)}^{\psi_2(x,y)} f(x,y,z)\,dz \right] dy \right\} dx$$

$$= \int_a^b \int_{\varphi_1(x)}^{\varphi_2(x)} \int_{\psi_1(x,y)}^{\psi_2(x,y)} f(x,y,z)\,dz\,dy\,dx\,. \tag{8.143a}$$

Dabei sind $z = \psi_1(x,y)$ und $z = \psi_2(x,y)$ die Gleichungen der unteren und oberen Oberflächen des Volumens V, gerechnet von der Kurve C aus; $dx\,dy\,dz$ heißt Volumenelement, hier in kartesischen Koordinaten. Mit $y = \varphi_1(x)$ und $y = \varphi_2(x)$ sind die Funktionen bezeichnet, die die Projektionen C der Kurvenanteile von C auf die x, y–Ebene mit den Begrenzungspunkten $x = a$ und $x = b$ beschreiben. An das Integrationsgebiet müssen die folgenden Forderungen gestellt werden: Die Funktionen $\varphi_1(x)$ und $\varphi_2(x)$ sollen im Intervall $a \le x \le b$ existieren, stetig sein und der Ungleichung $\varphi_1(x) \le \varphi_2(x)$ genügen. Die Funktionen $\psi_1(x,y)$ und $\psi_2(x,y)$ sollen im Gebiet $a \le x \le b$, $\varphi_1(x) \le y \le \varphi_2(x)$ definiert und stetig sein und der Ungleichung $\psi_1(x,y) \le \psi_2(x,y)$ genügen. Derart sind alle die Punkte (x,y,z) in V enthalten, die den Bedingungen

$$a \le x \le b, \qquad \varphi_1(x) \le y \le \varphi_2(x)\,, \qquad \psi_1(x,y) \le z \le \psi_2(x,y) \tag{8.143b}$$

genügen.

■ Berechnung des Integrals $I = \int_V (y^2 + z^2)\,dV$ für eine Pyramide, die von den Koordinatenebenen und der Ebene $x + y + z = 1$ begrenzt wird:

$$I = \int_0^1 \int_0^{1-x} \int_0^{1-x-y} (y^2+z^2)\,dz\,dy\,dx = \int_0^1 \left\{ \int_0^{1-x} \left[\int_0^{1-x-y} (y^2+z^2)\,dz \right] dy \right\} dx = \frac{1}{30}\,.$$

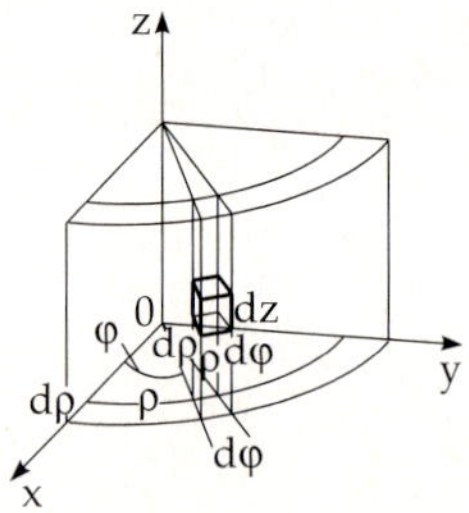

Abbildung 8.38

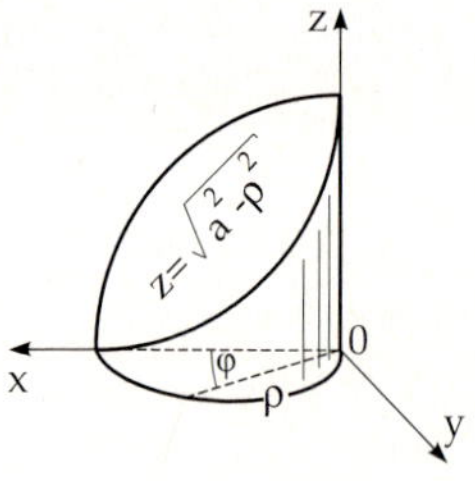

Abbildung 8.39

2. Berechnung in Zylinderkoordinaten

Das Integrationsgebiet wird mit Hilfe der Koordinatenflächen ρ = const, φ = const, z = const in infinitesimale Elementarzellen eingeteilt **(Abb.8.38)**. Das *Volumenelement in Zylinderkoordinaten* ist

$$dV = \rho\,dz\,d\rho\,d\varphi\,. \tag{8.144a}$$

Nach der Darstellung des Integranden $f(\rho, \varphi, z)$ lautet das Integral:

$$\int\limits_V f(\rho,\varphi,z)\,dV = \int\limits_{\varphi_1}^{\varphi_2}\int\limits_{\rho_1(\varphi)}^{\rho_2(\varphi)}\int\limits_{z_1(\rho,\varphi)}^{z_2(\rho,\varphi)} f(\rho,\varphi,z)\,\rho\,dz\,d\rho\,d\varphi\,. \tag{8.144b}$$

■ Das Integral $I = \int\limits_V dV$ ist für einen Körper zu berechnen **(Abb.8.39)**, dessen Volumen von der x,y–Ebene, der x,z–Ebene, dem Zylinder $x^2 + y^2 = ax$ und der Kugel $x^2 + y^2 + z^2 = a^2$ begrenzt wird: $z_1 = 0$, $z_2 = \sqrt{a^2 - x^2 - y^2} = \sqrt{a^2 - \rho^2}$; $\rho_1 = 0$, $\rho_2 = a\cos\varphi$; $\varphi_1 = 0$, $\varphi_2 = \frac{\pi}{2}$.
$I = \int_0^{\pi/2}\int_0^{a\cos\varphi}\int_0^{\sqrt{a^2-\rho^2}} \rho\,dz\,d\rho\,d\varphi = \int_0^{\pi/2}\left\{\int_0^{a\cos\varphi}\left[\int_0^{\sqrt{a^2-\rho^2}} dz\right]\rho\,d\rho\right\}d\varphi = \frac{a^3}{18}(3\pi - 4)$. Wegen $f(\rho,\varphi,z) = 1$ ist das Integral gleich dem Rauminhalt des Körpers.

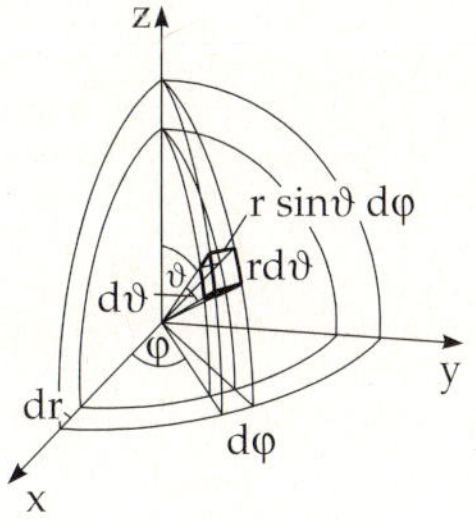

Abbildung 8.40

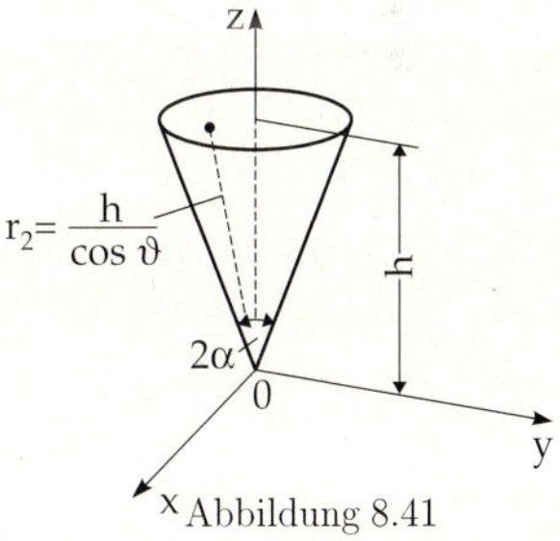

Abbildung 8.41

3. Berechnung in Kugelkoordinaten

Das Integrationsgebiet wird mit Hilfe der Koordinatenflächen r = const, φ = const, ϑ = const in infinitesimale Elementarzellen eingeteilt **(Abb.8.40)**. Das *Volumenelement in Kugelkoordinaten* ist

$$dV = r^2 \sin\vartheta\,dr\,d\vartheta\,d\varphi\,. \tag{8.145a}$$

Nachdem der Integrand in Kugelkoordinaten als $f(r, \varphi, \vartheta)$ dargestellt wurde, lautet das Integral:

$$\int\limits_V f(r,\varphi,\vartheta)\,dV = \int\limits_{\varphi_1}^{\varphi_2}\int\limits_{\vartheta_1(\varphi)}^{\vartheta_2(\varphi)}\int\limits_{r_1(\vartheta,\varphi)}^{r_2(\vartheta,\varphi)} f(r,\varphi,\vartheta)\,r^2\sin\vartheta\,dr\,d\vartheta\,\varphi\,. \tag{8.145b}$$

■ Das Integral $I = \int\limits_V \frac{\cos\vartheta}{r^2}\,dV$ ist für einen Kegel zu berechnen, dessen Spitze sich im Ursprung des Koordinatensystems befindet und der die z–Achse zur Symmetrieachse hat. Der Winkel in der Spitze beträgt 2α, die Höhe des Kegels ist h **(Abb.8.41)**. Weiter gilt: $r_1 = 0, r_2 = \frac{h}{\cos\vartheta}$; $\vartheta_1 = 0, \vartheta_2 = \alpha$; $\varphi_1 = 0, \varphi_2 = 2\pi$.
$I = \int_0^{2\pi}\int_0^{\alpha}\int_0^{h\cos\vartheta} \frac{\cos\vartheta}{r^2} r^2 \sin\vartheta\,dr\,d\vartheta\,d\varphi = \int_0^{2\pi}\left\{\int_0^{\alpha}\cos\vartheta\sin\vartheta\left[\int_0^{h\cos\vartheta} dr\right]d\vartheta\right\}d\varphi$

$= 2\pi\, h\, (1 - \cos\alpha)\,.$

4. Berechnung in beliebigen krummlinigen Koordinaten u, v und w

Die Koordinaten sind durch die Beziehungen

$$x = x(u,v,w)\,, \qquad y = y(u,v,w)\,, \qquad z = z(u,v,w) \tag{8.146}$$

definiert (s. S. 242). Das Integrationsgebiet wird durch die Koordinatenflächen $u = \text{const}$, $v = \text{const}$, $w = \text{const}$ in infinitesimale *Volumenelemente in beliebigen Koordinaten* eingeteilt:

$$dV = |D|\, du\, dv\, dw, \qquad \text{mit} \qquad D = \begin{vmatrix} \frac{\partial x}{\partial u} & \frac{\partial x}{\partial v} & \frac{\partial x}{\partial w} \\ \frac{\partial y}{\partial u} & \frac{\partial y}{\partial v} & \frac{\partial y}{\partial w} \\ \frac{\partial z}{\partial u} & \frac{\partial z}{\partial v} & \frac{\partial z}{\partial w} \end{vmatrix}, \tag{8.147a}$$

wobei D die Funktionaldeterminante ist. Drückt man den Integranden in den Koordinaten u, v, w aus, dann lautet das Integral:

$$\int\limits_V f(u,v,w)\, dV = \int\limits_{u_1}^{u_2} \int\limits_{v_1(u)}^{v_2(u)} \int\limits_{w_1(u,v)}^{w_2(u,v)} f(u,v,w)\, |D|\, dw\, dv\, du\,. \tag{8.147b}$$

Hinweis: Die Formeln (8.144b) und (8.145b) sind Spezialfälle von (8.147b).
Für Zylinderkoordinaten ist $D = \rho$, für Kugelkoordinaten ist $D = r^2 \sin\vartheta$.
Mit Vorteil werden immer solche krummlinigen Koordinaten verwendet, die eine möglichst einfache Berechnung der Grenzwerte des Integrals (8.147b) gestatten.

8.4.2.3 Anwendungen von Dreifachintegralen

Einige Anwendungen von Dreifachintegralen sind in **Tabelle 8.10** zusammengestellt.

Die erforderlichen Flächenelemente in verschiedenen Koordinaten enthält die **Tabelle 8.8**.

Die zu Berechnungen erforderlichen Volumenelemente enthält die **Tabelle 8.11** in verschiedenen Koordinaten.

8.5 Oberflächenintegrale

In Analogie zu den drei verschiedenen Kurvenintegralen (s. S.457) unterscheidet man Oberflächenintegrale erster, zweiter und allgemeiner Art.

8.5.1 Oberflächenintegrale erster Art

Oberflächenintegrale oder *Integrale über ein räumliches Flächenstück* stellen eine Verallgemeinerung des Doppelintegrals dar, ähnlich wie das Kurvenintegral 1. Art (s. S. 457) eine Verallgemeinerung des gewöhnlichen bestimmten Integrals ist.

8.5.1.1 Begriff des Oberflächenintegrals erster Art

1. Definition

Oberflächenintegral erster Art einer Funktion von drei Veränderlichen $u = f(x,y,z)$, die in einem zusammenhängenden Gebiet definiert sein muß, nennt man das Integral

$$\int\limits_S f(x,y,z)\, dS\,, \tag{8.148}$$

das über ein Flächenstück S in dem genannten Gebiet genommen wird.

Tabelle 8.10 Anwendungen von Dreifachintegralen

Allgemeine Formel	**Kartesische Koordinaten**	**Zylinderkoordinaten**	**Kugelkoordinaten**
1. Volumen eines Körpers			
$V = \int_V dV =$	$\iiint dz dy dx$	$\iiint \rho\, dz d\rho d\varphi$	$\iiint r^2 \sin\vartheta dr d\vartheta d\varphi$
2. Trägheitsmoment eines Körpers, bezogen auf die z–Achse			
$I_z = \int_V \rho^2 V =$	$\iiint (x^2 + y^2)\, dz dy dx$	$\iiint \rho^3\, dz d\rho d\varphi$	$\iiint r^4 \sin^3\vartheta dr d\vartheta d\varphi$
3. Masse eines Körpers mit der Dichtefunktion ϱ			
$M = \int_V \varrho\, dV =$	$\iiint \varrho\, dz dy dx$	$\iiint \varrho\rho\, dz d\rho d\varphi$	$\iiint \varrho r^2 \sin\vartheta dr d\vartheta d\varphi$
4. Die Koordinaten des Schwerpunktes eines homogenen Körpers			
$x_C = \dfrac{\int_V x\, dV}{V} =$	$\dfrac{\iiint x\, dz\, dy\, dx}{\iiint dz\, dy\, dx}$	$\dfrac{\iiint \rho^2 \cos\varphi\, d\rho\, d\varphi\, dz}{\iiint \rho d\rho\, d\varphi\, dz}$	$\dfrac{\iiint r^3 \rho \sin^2\vartheta \cos\varphi\, dr\, d\vartheta\, d\varphi}{\iiint r^2 \sin\vartheta dr\ d\vartheta\, d\varphi}$
$y_C = \dfrac{\int_V y\, dV}{V} =$	$\dfrac{\iiint y\, dz dy dx}{\iiint dz dy dx}$	$\dfrac{\iiint \rho^2 \sin\varphi\, d\rho\, d\varphi\, dz}{\iiint \rho\, d\rho\, d\varphi\, dz}$	$\dfrac{\iiint r^3 \sin^2\vartheta \sin\varphi\, dr\, d\vartheta d\varphi}{\iiint r^2 \sin\vartheta dr\ d\vartheta\, d\varphi}$
$z_C = \dfrac{\int_V z\, dV}{V} =$	$\dfrac{\iiint z\, dz dy dx}{\iiint dz dy dx}$	$\dfrac{\iiint \rho z\, d\rho\, d\varphi\, dz}{\iiint \rho\, d\rho\, d\varphi\, dz}$	$\dfrac{\iiint r^3 \sin\vartheta \cos\vartheta\, dr\, d\vartheta\, d\varphi}{\iiint r^2 \sin\vartheta dr\ d\vartheta\, d\varphi}$

Tabelle 8.11 Volumenelemente

Koordinaten	**Volumenelemente**
Kartesische Koordinaten x, y, z	$dV = dx\, dy\, dz$
Zylinderkoordinaten ρ, φ, z	$dV = \rho\, d\rho\, d\varphi\, dz$
Kugelkoordinaten r, ϑ, φ	$dV = r^2 \sin\vartheta\, dr\, d\vartheta\, d\varphi$
Beliebige krummlinige Koordinaten u, v, w	$dV = \|D\|\, du\, dv\, dw$ D Funktionaldeterminante

Der Zahlenwert des Oberflächenintegrals erster Art wird auf die folgende Weise ermittelt **(Abb.8.42)**:
für den Fall, daß der Inhalt aller Elementarflächenstücke ΔS_i gegen Null geht, also ihre Anzahl n gegen

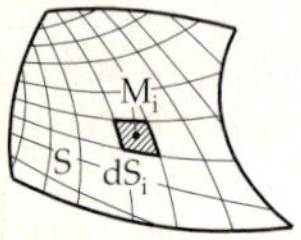

Abbildung 8.42

1. Beliebige Zerlegung des Flächenstückes S in n Elementarflächenstücke.
2. Auswahl eines beliebigen Punktes $M_i(x_i, y_i, z_i)$ im Innern oder auf dem Rande eines jeden Elementarflächenstückes.
3. Multiplikation des Funktionswertes von $f(x_i, y_i, z_i)$ in diesem Punkt mit dem Inhalt von ΔS_i des entsprechenden Elementarflächenstückes.
4. Addition aller so gewonnenen Produkte $f(x_i, y_i, z_i)\Delta S_i$.
5. Berechnung des Grenzwertes der Summe

$$\sum_{i=1}^{n} f(x_i, y_i, z_i)\, dS_i \tag{8.149a}$$

∞ . Dabei ist wieder zu beachten, daß der Durchmesser des Elementarflächenstückes gegen Null geht und nicht nur eine Ausdehnung (s. S. 466). Wenn dieser Grenzwert existiert und von der Art der Einteilung des Flächenstückes S in Elementarflächenstücke sowie von der Wahl der Punkte $M_i(x_i, y_i, z_i)$ unabhängig ist, dann wird er Oberflächenintegral 1. Art der Funktion u über das Flächenstück S genannt, und man schreibt:

$$\int_S f(x, y, z)\, dS = \lim_{\substack{dS_i \to 0 \\ n\to\infty}} \sum_{i=1}^{n} f(x_i, y_i, z_i)\, dS_i\,. \tag{8.149b}$$

2. Existenzsatz

Das Oberflächenintegral erster Art existiert, wenn die Funktion $f(x, y, z)$ in dem betrachteten Gebiet stetig ist und die Funktionen, die in der Gleichung der Fläche auftreten, in diesem Gebiet stetige Ableitungen besitzen.

8.5.1.2 Berechnung des Oberflächenintegrals erster Art

Die Berechnung des Oberflächenintegrals 1. Art wird auf die Berechnung des Doppelintegrals über einem ebenen Gebiet zurückgeführt (s. S. 466).

1. Explizite Darstellung der Fläche Ist die Fläche S durch die Gleichung

$$z = z(x, y) \tag{8.150}$$

explizit vorgegeben, dann gilt

$$\int_S f(x, y, z)\, dS = \iint_{S'} f[x, y, z(x, y)]\sqrt{1 + p^2 + q^2}\, dx\, dy\,, \tag{8.151a}$$

wobei S' die Projektion von S auf die x,y–Ebene ist und p und q die partiellen Ableitungen $p = \dfrac{\partial z}{\partial x}$, $q = \dfrac{\partial z}{\partial y}$ sind. Dabei wird vorausgesetzt, daß jedem Punkt der Fläche S in der x,y–Ebene eindeutig ein Punkt ihrer Projektion S' entspricht, d.h., der Flächenpunkt muß eindeutig durch seine Koordinaten definiert sein. Sollte das nicht der Fall sein, dann wird das Flächenstück S in einige Teilflächenstücke eingeteilt, so daß das Integral über die gesamte Fläche als algebraische Summe der Integrale über die Teilflächenstücke von S dargestellt werden kann. Ist die Fläche in Parameterform gegeben, dann entfällt diese Einschränkung.
Die Gleichung (8.151a) kann auch in der anderen Form

$$\int_S f(x, y, z)\, dS = \iint_{S_{xy}} f[x, y, z(x, y)]\frac{d\,S_{xy}}{\cos\gamma} \tag{8.151b}$$

dargestellt werden, weil die Gleichung der Flächennormalen von (8.150) die Form $\frac{X-x}{p} = \frac{Y-y}{q} = \frac{Z-z}{-1}$ hat (s. S. 244), so daß für den Winkel zwischen der Normalenrichtung und der z-Achse die Beziehung $\cos\gamma = \frac{1}{\sqrt{1+p^2+q^2}}$ besteht. Bei der Berechnung eines Oberflächenintegrals 1. Art faßt man diesen Winkel γ stets als spitzen Winkel auf, so daß immer $\cos\gamma > 0$ ist.

2. Parameterdarstellung der Fläche

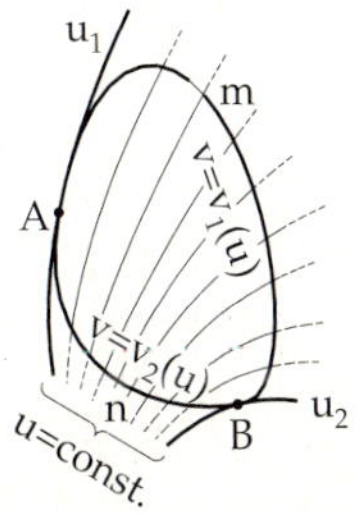

Abbildung 8.43

Ist die Fläche S implizit durch die Gleichungen

$$x = x(u,v), \qquad y = y(u,v), \qquad z = z(u,v) \tag{8.152a}$$

in Parameterform vorgegeben **(Abb.8.43)**, dann gilt

$$\int_S f(x,y,z)\,dS = \iint_\Delta f[x(u,v),y(u,v),z(u,v)]\sqrt{EG-F^2}\,du\,dv, \tag{8.152b}$$

wobei die Funktionen E, F und G die auf S. 244 angegebene Bedeutung besitzen. Für das *Flächenelement in Parameterform* gilt dann

$$\sqrt{EG-F^2}\,du\,dv = dS\,, \tag{8.152c}$$

während Δ der Variabilitätsbereich von u und v ist. Zur Berechnung des Integrals werden der Reihe nach die beiden Integrale für v und u integriert:

$$\int_S \Phi(u,v)\,dS = \int_{u_1}^{u_2}\int_{v_1(u)}^{v_2(u)} \Phi(u,v)\sqrt{EG-F^2}\,dv\,du\,, \quad \Phi = f[x(u,v),y(u,v),z(u,v)]\,. \tag{8.152d}$$

Dabei sind u_1 und u_2 die Koordinaten der äußersten Koordinatenlinien $u = \text{const}$, zwischen denen das Flächenstück S eingeschlossen ist **(Abb.8.43)**. Mit $v = v_1(u)$ und $v = v_2(u)$ sind die Gleichungen der Kurven AmB und AnB bezeichnet, die das Flächenstück S begrenzen.

Hinweis: Die Formel (8.151a) ist ein Spezialfall von (8.152b) für

$$u = x\,, \quad v = y\,, \quad E = 1+p^2\,, \quad F = pq\,, \quad G = 1+q^2\,. \tag{8.153}$$

3. Flächenelemente gekrümmter Flächen

Tabelle 8.12 Flächenelemente gekrümmter Flächen

Koordinaten	**Flächenelemente**
Kartesische Koordinaten $x, y, z = z(x,y)$	$dS = \sqrt{1 + (\frac{\partial z}{\partial x})^2 + (\frac{\partial z}{\partial y})^2}\,dx\,dy$
Zylindermantel R (konstanter Radius), Koordinaten φ, z	$dS = R\,d\varphi\,dz$
Kugeloberfläche R (konstanter Radius), Koordinaten $\vartheta\,, \varphi$	$dS = R^2 \sin\vartheta\,d\vartheta\,d\varphi$
Beliebige krummlinige Koordinaten u, v (E, F, G s. Differential des Bogens, S. 244)	$dS = \sqrt{EG-F^2}\,du\,dv$

8.5.1.3 Anwendungen des Oberflächenintegrals erster Art

1. Flächeninhalt eines gekrümmten Flächenstücks

$$S = \int_S dS\,. \tag{8.154}$$

2. Masse eines inhomogenen gekrümmten Flächenstückes S

Mit der koordinatenabhängigen Dichte $\varrho = f(x, y, z)$ gilt:

$$M_S = \int_S \varrho\, dS\,. \tag{8.155}$$

8.5.2 Oberflächenintegrale zweiter Art

Das *Oberflächenintegral zweiter Art*, auch *Integral über eine Projektion*, ist wie das Oberflächenintegral erster Art eine Erweiterung des Begriffs Doppelintegral.

8.5.2.1 Begriff des Oberflächenintegrals zweiter Art

1. Begriff einer orientierten Fläche

Eine Fläche besitzt gewöhnlich zwei Seiten, von denen man willkührlich eine als Außenseite bezeichnen kann. Nachdem die Außenseite gewählt ist, spricht man von einer *orientierten Fläche.* Flächen, für die sich nicht zwei Seiten angeben lassen, werden hier nicht betrachtet (s. Lit. [8.14]).

2. Projektion eines orientierten Flächenstückes auf eine Koordinatenebene

Wenn ein begrenztes Stück S einer orientierten Fläche auf eine Koordinatenebene projiziert wird, z.B. auf die x,y–Ebene, dann kann dieser Projektion $Pr_{xy}\,S$ auf die folgende Weise ein Vorzeichen zugeordnet werden **(Abb.8.44)**:

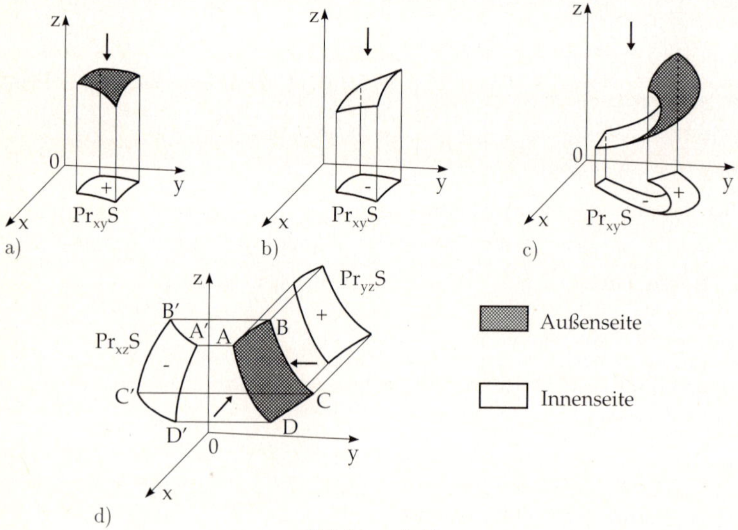

Abbildung 8.44

a) Fällt der Blick von der positiven Seite der z–Achse aus auf die x,y–Ebene und sieht man dabei die positive Seite des Flächenstückes S, dann gibt man der Projektion $Pr_{xy}S$ das positive Vorzeichen, im entgegengesetzten Falle das negative **(Abb.8.44 a,b)**.

b) Liegt das Flächenstück so, daß man zum Teil seine Innen- und zum Teil seine Außenseite sieht, dann ergibt sich $Pr_{xy}\,S$ als algebraische Summe der Projektionen dieser Teile, die einmal von der Innen-, zum anderen von der Außenseite zu sehen sind **(Abb.8.44 c)**.

Die **Abb.8.44d** zeigt die Projektionen des Flächenstückes S_{xz} und S_{yz} eines Flächenstückes S, von denen die eine negativ, die andere positiv zu nehmen ist.
Die Projektion einer geschlossenen orientierten Fläche ist gleich Null.

3. Definition des Oberflächenintegrals zweiter Art über eine Projektion auf eine Koordinatenebene

Oberflächenintegral zweiter Art einer Funktion von drei Veränderlichen $f(x,y,z)$, die in einem zusammenhängenden Gebiet definiert ist, nennt man das Integral

$$\int_S f(x,y,z)\,dx\,dy\,, \tag{8.156}$$

das über die Projektion auf die x,y–Ebene eines orientierten, in dem gleichen Gebiet liegenden Flächenstückes S genomen wird. Der Zahlenwert des Integrals wird ebenso gewonnen, wie der des Oberflächenintegrals 1. Art, ausgenommen den dritten Schritt, bei dem der Funktionswert $f(x_i,y_i,z_i)$ nicht mit dem Flächenelement ΔS_i, sondern mit dessen Projektion $Pr_{xy}\Delta S_i$, orientiert auf die x,y–Ebene, zu multiplizieren ist. Damit ergibt sich:

$$\int_S f(x,y,z)\,dx\,dy = \lim_{\substack{dS_i\to 0\\ n\to\infty}} \sum_{i=1}^{n} f(x_i,y_i,z_i)\,Pr_{xy}\,dS_i\,. \tag{8.157a}$$

In Analogie dazu werden die Oberflächenintegrale 2. Art über die Projektionen des orientierten Flächenstückes S auf die y,z– und die z,x–Ebene wie folgt berechnet:

$$\int_S f(x,y,z)\,dy\,dz = \lim_{\substack{dS_i\to 0\\ n\to\infty}} \sum_{i=1}^{n} f(x_i,y_i,z_i)\,Pr_{yz}\,dS_i\,, \tag{8.157b}$$

$$\int_S f(x,y,z)\,dz\,dx = \lim_{\substack{dS_i\to 0\\ n\to\infty}} \sum_{i=1}^{n} f(x_i,y_i,z_i)\,Pr_{zx}\,dS_i\,. \tag{8.157c}$$

4. Existenzsatz für das Oberflächenintegral zweiter Art

Die Oberflächenintegrale 2. Art (8.157a,b,c) existieren, wenn die Funktion $f(x,y,z)$ sowie die Funktionen, die die Gleichung der Fläche bilden, stetig sind und stetige Ableitungen besitzen.

8.5.2.2 Berechnung des Oberflächenintegrals zweiter Art

Als Hauptmethode wird die Zurückführung auf die Doppelintegrale betrachtet.

1. Explizite Vorgabe der Flächengleichung

Ist die Fläche S durch die Gleichung

$$z = \varphi(x,y) \tag{8.158}$$

explizit vorgegeben, dann wird das Integral (8.157c) nach der Formel

$$\int_S f(x,y,z)\,dx\,dy = \int_{Pr_{xy}S} f[x,y,\varphi(x,y)]\,dS_{xy} \tag{8.159a}$$

berechnet, wobei gilt: $S_{xy} = Pr_{xy}S$. Die Oberflächenintegrale der Funktion $f(x,y,z)$ über die Projektionen des Flächenstückes S auf die anderen Koordinatenebenen werden analog berechnet:

$$\int_S f(x,y,z)\,dy\,dz = \int_{Pr_{yz}S} f[\psi(y,z),y,z]\,dS_{yz}\,, \tag{8.159b}$$

wobei $x = \psi(y, z)$ die nach x aufgelöste Gleichung der Fläche S ist und $S_{yz} = Pr_{yz}S$ zu setzen ist.

$$\int_S f(x, y, z)\, dz\, dx = \int_{Pr_{zx}S} f[x, \chi(z, x), z]\, dS_{zx}\,, \tag{8.159c}$$

wobei $y = \chi(z, x)$ die nach y aufgelöste Gleichung der Fläche S ist und $S_{zx} = Pr_{zx}S$ zu setzen ist. Wenn die Orientierung der Fläche geändert wird, d.h., wenn die Außen- mit der Innenseite vertauscht wird, dann ändert das Integral über die Projektion sein Vorzeichen.

2. Vorgabe der Flächengleichung in Parameterform

Ist die Fläche S durch die Gleichungen

$$x = x(u, v)\,, \qquad y = y(u, v)\,, \qquad z = z(u, v) \tag{8.160}$$

in Parameterform vorgegeben, dann berechnet man die Integrale (8.157a,b,c) nach den folgenden Formeln:

$$\int_S f(x, y, z)\, dx\, dy = \int_\Delta f[x(u, v), y(u, v), z(u, v)] \frac{D(x, y)}{D(u, v)}\, du\, dv\,, \tag{8.161a}$$

$$\int_S f(x, y, z)\, dy\, dz = \int_\Delta f[x(u, v), y(u, v), z(u, v)] \frac{D(y, z)}{D(u, v)}\, du\, dv\,, \tag{8.161b}$$

$$\int_S f(x, y, z)\, dz\, dx = \int_\Delta f[x(u, v), y(u, v), z(u, v)] \frac{D(z, x)}{D(u, v)}\, du\, dv\,. \tag{8.161c}$$

Dabei sind die Ausdrücke $\frac{D(x, y)}{D(u, v)}, \frac{D(y, z)}{D(u, v)}, \frac{D(z, x)}{D(u, v)}$ die Funktionaldeterminanten der Funktionenpaare aus der Menge x, y, z, die von den Variablen u und v abhängen; Δ ist der Variabilitätsbereich von u und v des Flächenstückes S.

3. Oberflächenintegral allgemeiner Art

Wenn in einem zusammenhängenden Gebiet drei Funktionen mit den drei Veränderlichen $P(x, y, z)$, $Q(x, y, z)$, $R(x, y, z)$ und ein orientiertes Flächenstück S gegeben sind, dann wird als Oberflächenintegral allgemeiner Art die Summe der Integrale 2. Art über alle Projektionen bezeichnet:

$$\int_S (P\, dy\, dz + Q\, dz\, dx + R\, dx\, dy) = \int_S P\, dy\, dz + \int_S Q\, dz\, dx + \int_S R\, dx\, dy\,. \tag{8.162}$$

Die allgemeine Formel, mit deren Hilfe man das Oberflächenintegral allgemeiner Art auf das gewöhnliche Doppelintegral zurückführt, lautet:

$$\int_S (P\, dy\, dz + Q\, dz\, dx + R\, dx\, dy) = \int_\Delta \left[P\frac{D(y, z)}{D(u, v)} + Q\frac{D(z, x)}{D(u, v)} + R\frac{D(x, y)}{D(u, v)} \right] du\, dv\,, \tag{8.163}$$

wobei die Größen $\frac{D(x, y)}{D(u, v)}, \frac{D(y, z)}{D(u, v)}, \frac{D(z, x)}{D(u, v)}$ und Δ die oben angegebene Bedeutung besitzen.

Hinweis: Die vektorielle Darlegung der Theorie des Oberflächenintegrals allgemeiner Art ist im Kapitel Feldtheorie enthalten (s. S. 660).

4. Eigenschaften des Oberflächenintegrals

1. Wenn das Integrationsgebiet, d.h. das Flächenstück S, auf irgendeine Art in Teilflächenstücke S_1 und S_2 eingeteilt ist, dann gilt:

$$\int_S (P\, dy\, dz + Q\, dz\, dx + R\, dx\, dy) = \int_{S_1} (P\, dy\, dz + Q\, dz\, dx + R\, dx\, dy)$$

$$+ \int_{S_2} (P\, dy\, dz + Q\, dz\, dx + R\, dx\, dy)\,. \qquad (8.164)$$

2. Bei Vertauschung von Außen- und Innenseite der Fläche, d.h. bei Änderung der Orientierung der Fläche, ändert das Integral sein Vorzeichen:

$$\int_{S^+} (P\, dy\, dz + Q\, dz\, dx + R\, dx\, dy) = -\int_{S^-} (P\, dy\, dz + Q\, dz\, dx + R\, dx\, dy)\,, \qquad (8.165)$$

wobei mit S^+ und S^- ein und dieselbe Fläche bezeichnet ist, jedoch für entgegengesetzte Orientierung.

3. Im allgemeinen hängt das Oberflächenintegral sowohl von der das Flächenstück S begrenzenden Kurve als auch von der Fläche selbst ab. Daher sind die Integrale über die Flächen S_1 und S_2 für ein und dieselbe Begrenzungskurve C im allgemeinen verschieden **(Abb.8.45)**:

$$\int_{S_1} (P\, dy\, dz + Q\, dz\, dx + R\, dx\, dy)$$

$$\neq \int_{S_2} (P\, dy\, dz + Q\, dz\, dx + R\, dx\, dy)\,. \qquad (8.166)$$

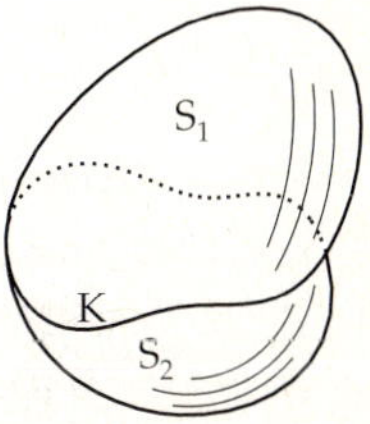

Abbildung 8.45

8.5.2.3 Eine Anwendung des Oberflächenintegrals

Das Volumen V eines Körpers, der von einer geschlossenen Fläche S begrenzt ist, kann als Oberflächenintegral

$$V = \frac{1}{3} \int_S (x\, dy\, dz + y\, dz\, dx + z\, dx\, dy) \qquad (8.167)$$

berechnet werden, wobei S so orientiert ist, daß die äußere Seite der Fläche positiv genommen wird.

9 Differentialgleichungen

1. Differentialgleichung wird eine Gleichung genannt, in der neben einer oder mehreren unabhängigen Veränderlichen und einer oder mehreren Funktionen dieser Veränderlichen auch noch die Ableitungen dieser Funktionen nach den unabhängigen Veränderlichen auftreten. Die Ordnung einer Differentialgleichung ist gleich der Ordnung der höchsten in ihr auftretenden Ableitung.

2. Gewöhnliche und partielle Differentialgleichungen unterscheiden sich nach der Anzahl der in ihnen enthaltenen unabhängigen Veränderlichen; im ersten Falle tritt nur eine auf, im zweiten mehrere.

■ **A:** $\left(\frac{dy}{dx}\right)^2 - xy^5\frac{dy}{dx} + \sin y = 0$; ■ **B:** $xd^2ydx - dy(dx)^2 = e^y(dy)^3$; ■ **C:** $\frac{\partial^2 z}{\partial x \partial y} = xyz\frac{\partial z}{\partial x}\frac{\partial z}{\partial y}$.

9.1 Gewöhnliche Differentialgleichungen

1. Allgemeine gewöhnliche Differentialgleichung n–ter Ordnung
in *impliziter Form* nennt man die Gleichung

$$F\left[x, y(x), y'(x), \ldots, y^{(n)}(x)\right] = 0. \tag{9.1}$$

Ist diese Gleichung nach $y^{(n)}(x)$ aufgelöst, dann hat man die *explizite Form* einer gewöhnlichen Differentialgleichung n–ter Ordnung.

2. Lösung oder Integral
einer Differentialgleichung ist jede Funktion, die ihr in einem Intervall $a \le x \le b$, das auch unendlich sein kann, genügt. Eine Lösung, die n willkürliche Konstanten $c_1, c_2, \ldots, c_n$ enthält, so daß ihr noch n zusätzliche Bedingungen auferlegt werden können, heißt *allgemeine Lösung* oder *allgemeines Integral.* Erteilt man jeder dieser Konstanten einen festen Zahlenwert, so erhält man ein *partikuläres Integral* oder eine *partikuläre Lösung.*

■ Die Differentialgleichung $-y'\sin x + y\cos x = 1$ hat die allgemeine Lösung $y = \cos x + c\sin x$. Für $c = 0$ ergibt sich die partikuläre Lösung $y = \cos x$.

9.1.1 Differentialgleichungen 1. Ordnung

9.1.1.1 Existenzsatz, Richtungsfeld

1. Existenz einer Lösung
Nach dem Existenzsatz von CAUCHY existiert für die Differentialgleichung

$$y' = f(x, y) \tag{9.2}$$

wenigstens eine Lösung, die an der Stelle $x = x_0$ den Wert y_0 annimmt und in einem gewissen Intervall um x_0 definiert und stetig ist, wenn die Funktion $f(x, y)$ in einer Umgebung G des Punktes (x_0, y_0), die durch $|x - x_0| < a$ und $|y - y_0| < b$ festgelegt ist, stetig ist.

2. LIPSCHITZ–Bedingung
LIPSCHITZ–*Bedingung* bezüglich y nennt man die Forderung

$$|f(x, y_1) - f(x, y_2)| \le N|y_1 - y_2| \tag{9.3}$$

für alle x, y_1, y_2 aus G, wobei N nicht von x, y_1 und y_2 abhängen darf. Ist sie erfüllt, dann ist die Lösung von (9.2) eindeutig und eine stetige Funktion von y_0. Die Erfüllung der LIPSCHITZ–Bedingung ist stets dann gegeben, wenn $f(x, y)$ in dem betrachteten Gebiet eine beschränkte partielle Ableitung $\partial f/\partial y$ besitzt. In 9.1.1.4 sind Fälle angeführt, in denen die Voraussetzungen des CAUCHYschen Existenzsatzes nicht erfüllt sind.

3. Richtungsfeld
Wenn durch den Punkt $M(x, y)$ die Kurve einer Lösung $y = \varphi(x)$ der Differentialgleichung $y' = f(x, y)$ geht, dann kann der Richtungsfaktor dy/dx der Tangente an die Kurve in diesem Punkt unmittelbar aus

der Differentialgleichung bestimmt werden. Damit definiert die Differentialgleichung in jedem Punkt die Richtung der Tangente an eine Lösungskurve. Die Gesamtheit dieser Richtungen (**Abb.9.1**) bildet das *Richtungsfeld.* Als Element des Richtungsfeldes bezeichnet man einen Punkt zusammen mit der in ihm gegebenen Richtung. Geometrisch betrachtet bedeutet die Integration einer Differentialgleichung erster Ordnung somit die Verbindung der Elemente des Richtungsfeldes zu *Integralkurven*, deren Tangenten in jedem Punkt eine Richtung besitzen, die mit der des Richtungsfeldes in dem betreffenden Punkt übereinstimmt.

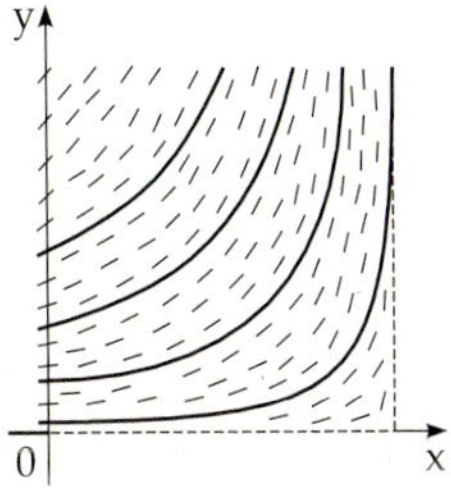

Abbildung 9.1

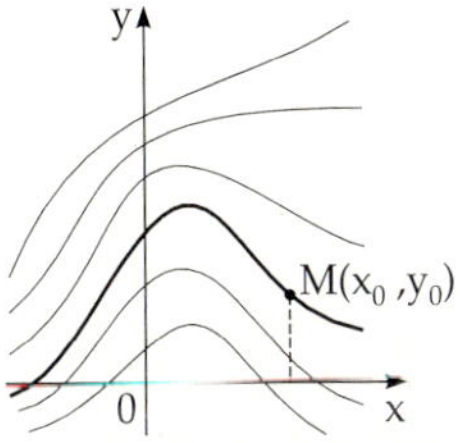

Abbildung 9.2

4. Vertikale Richtungen

Wenn in einem Feld vertikale Richtungen auftreten, d.h., wenn die Funktion $f(x, y)$ einen Pol besitzt, vertauscht man die Rolle der abhängigen und unabhängigen Variablen und faßt die Differentialgleichung

$$\frac{dx}{dy} = \frac{1}{f(x,y)} \tag{9.4}$$

als äquivalent zur vorgegebenen Differentialgleichung (9.2) auf. In den Gebieten, in denen die Bedingungen des Existenzsatzes für die Differentialgleichungen (9.2) oder (9.4) erfüllt sind, geht durch jeden Punkt $M(x_0, y_0)$ eine eindeutig bestimmte Integralkurve (**Abb.9.2**).

5. Allgemeines Integral

Die Gesamtheit aller Integralkurven hängt von einem Parameter ab und kann durch die Gleichung

$$F(x, y, C) = 0 \tag{9.5a}$$

der zugehörigen einparametrigen Kurvenschar beschrieben werden. Der Parameter C, die willkürliche Konstante, ist frei wählbar und unbedingter Bestandteil des allgemeinen Integrals jeder Differentialgleichung erster Ordnung. Ein partikuläres Integral $y = \varphi(x)$, das der Bedingung $y_0 = \varphi(x_0)$ genügt, kann aus dem allgemeinen Integral (9.5a) gewonnen werden, indem C aus der Gleichung

$$F(x_0, y_0, C) = 0\,. \tag{9.5b}$$

bestimmt wird.

9.1.1.2 Wichtige Integrationsmethoden

1. Trennung der Variablen

Wenn eine Differentialgleichung auf die Form

$$M(x)N(y)dx + P(x)Q(y)dy = 0 \tag{9.6a}$$

gebracht werden kann, dann kann sie auch in der Form

$$R(x)dx + S(y)dy = 0 \tag{9.6b}$$

dargestellt werden, in der die Variablen x und y voneinander getrennt in zwei Termen auftreten. Dazu ist die Gleichung (9.6a) durch $P(x)N(y)$ zu dividieren. Für das allgemeine Integral ergibt sich

$$\int \frac{M(x)}{P(x)}dx + \int \frac{Q(y)}{N(y)}dy = C. \tag{9.7}$$

Sollten für irgendwelche Werte $x = \overline{x}$ oder $y = \overline{y}$ die Funktionen $P(x)$ oder $N(y)$ Null werden, dann sind $x = \overline{x}$ und $y = \overline{y}$ ebenfalls Integrale der Differentialgleichung.

■ $xdy + ydx = 0$; $\int \frac{dy}{y} + \int \frac{dx}{x} = C$; $\ln y + \ln x = C = \ln c$; $yx = c$.

2. Homogene Gleichungen oder Ähnlichkeitsdifferentialgleichungen

Wenn $M(x,y)$ und $N(x,y)$ homogene Funktionen gleichen Grades sind (s. S. 121), dann kann in der Gleichung

$$M(x,y)dx + N(x,y)dy = 0 \tag{9.8}$$

die Trennung der Variablen durch die Substitution $u = y/x$ erreicht werden.

■ $x(x-y)y' + y^2 = 0$, $y = u(x)x$, $y' = u + u'x$ oder in Differentialschreibweise $y^2dx + x(x-y)dy = 0$, so daß $y = ux$, $dy = udx + xdu$, und $x^2(1-u)u' + x^2u = 0$, $\int (1-u)\,u\,du = \int dx\,x$. In Differentialschreibweise folgt $u^2x^2dx + x^2(1-u)(xdu + udx) = 0$, $\frac{dx}{x} + \frac{(1-u)du}{u} = 0$. Somit ist $\ln x + \ln u - u = C = \ln c$, $ux = ce^u$, $y = ce^{y/x}$. Wie man gemäß Punkt 9.1.1.2,**1.** (Trennung der Variablen, S. 483) erkennt, ist die Gerade $x = 0$ auch eine Integralkurve.

3. Exakte Differentialgleichung

Exakte Differentialgleichung wird eine Gleichung der Form

$$M(x,y)dx + N(x,y)dy = 0 \quad \text{bzw.} \quad N(x,y)y' + M(x,y) = 0 \tag{9.9a}$$

genannt, wenn eine Funktion $\Phi(x,y)$ existiert, die der Gleichung

$$M(x,y)dx + N(x,y)dy \equiv d\Phi(x,y) \tag{9.9b}$$

genügt, d.h. wenn die linke Seite von (9.9a) das totale Differential einer Funktion $\Phi(x,y)$ ist (s. S. 388). Die notwendige und hinreichende Bedingung dafür, daß die Gleichung (9.9a) eine exakte Differentialgleichung ist, besteht darin, daß die Funktionen $M(x,y)$ und $N(x,y)$ sowie ihre partiellen Ableitungen erster Ordnung in einem einfach zusammenhängenden Gebiet stetig sind und die Bedingung

$$\frac{\partial M}{\partial y} = \frac{\partial N}{\partial x} \tag{9.9c}$$

erfüllen. Das allgemeine Integral von (9.9a) ist in diesem Falle die Funktion

$$\Phi(x,y) = C \quad (C = \text{const}), \tag{9.9d}$$

die gemäß (8.132b), S. 465 als Integral

$$\Phi(x,y) = \int_{x_0}^{x} M(\xi, y)\,d\xi + \int_{y_0}^{y} N(x_0, \eta)\,d\eta \tag{9.9e}$$

berechnet werden kann, wobei x_0 und y_0 beliebig gewählt werden können.

■ Beispiele werden weiter unten behandelt.

4. Integrierender Faktor

Integrierender Faktor wird eine Funktion $\mu(x,y)$ genannt, wenn die Gleichung

$$Mdx + Ndy = 0 \tag{9.10a}$$

durch Multiplikation mit $\mu(x, y)$ in eine exakte Differentialgleichung übergeht. Der integrierende Faktor genügt der Differentialgleichung

$$N \frac{\partial \ln \mu}{\partial x} - M \frac{\partial \ln \mu}{\partial y} = \frac{\partial M}{\partial y} - \frac{\partial N}{\partial x}. \tag{9.10b}$$

Jede beliebige partikuläre Lösung dieser Gleichung ist ein integrierender Faktor. In vielen Fällen ist der integrierende Faktor $\mu(x, y)$ von der speziellen Form $\mu(x)$, $\mu(y)$, $\mu(xy)$ oder $\mu(x^2 + y^2)$.

■ Es ist die Differentialgleichung $(x^2 + y)dx - xdy = 0$ zu lösen. Die Gleichung für den integrierenden Faktor lautet $-x\frac{\partial \ln \mu}{\partial x} - (x^2 + y)\frac{\partial \ln \mu}{\partial y} = 2$. Ein integrierender Faktor, der von y unabhängig ist, ergibt sich aus $x\frac{\partial \ln \mu}{\partial x} = -2$ zu $\mu = \frac{1}{x^2}$. Multiplikation der gegebenen Differentialgleichung mit μ liefert $\left(1 + \frac{y}{x^2}\right) dx - \frac{1}{x}dy = 0$. Das allgemeine Integral für $x_0 = 1$, $y_0 = 0$ lautet dann:

$$\Phi(x, y) \equiv \int_1^x \left(1 + \frac{y}{\xi^2}\right) d\xi - \int_0^y d\eta = C \quad \text{oder} \quad x - \frac{y}{x} = C_1 .$$

5. Lineare Differentialgleichung erster Ordnung

Lineare Differentialgleichung erster Ordnung wird eine Gleichung der Form

$$y' + P(x)y = Q(x) \tag{9.11a}$$

genannt, in der die unbekannte Funktion und ihre Ableitung nur in der ersten Potenz, d.h. linear auftreten. Der integrierende Faktor ist hier

$$\mu = \exp\left(\int P\, dx\right), \tag{9.11b}$$

das allgemeine Integral ergibt sich gemäß

$$y = \exp\left(-\int P\, dx\right) \left[\int Q \exp\left(\int P\, dx\right) dx + C\right]. \tag{9.11c}$$

Wenn in dieser Formel das unbestimmte Integral überall durch das bestimmte Integral in den Grenzen x_0 und x ersetzt wird, dann gilt für die Lösung $y(x_0) = C$ (s. S. 435). Ist y_1 irgend eine partikuläre Lösung der Differentialgleichung, dann ergibt sich die allgemeine Lösung nach der Formel

$$y = y_1 + C \exp\left(-\int P\, dx\right). \tag{9.11d}$$

Sind zwei linear unabhängige partikuläre Lösungen $y_1(x)$ und $y_2(x)$ (s. S. 496) bekannt, dann erhält man die allgemeine Lösung ohne Integration gemäß

$$y = y_1 + C(y_2 - y_1). \tag{9.11e}$$

■ Es ist die Differentialgleichung $y' - y \tan x = \cos x$ mit den Anfangsbedingungen $x_0 = 0$, $y_0 = 0$ zu integrieren. Man berechnet $\exp\left(-\int_0^x \tan x\, dx\right) = \cos x$ und erhält gemäß (9.11c) die Lösung

$$y = \frac{1}{\cos x} \int_0^x \cos^2 x\, dx = \frac{1}{\cos x}\left[\frac{\sin x \cos x + x}{2}\right] = \frac{\sin x}{2} + \frac{x}{2\cos x}.$$

6. Bernoullische Differentialgleichung

Bernoullische Differentialgleichung wird die Gleichung

$$y' + P(x)y = Q(x)y^n \quad (n \neq 0, n \neq 1) \tag{9.12}$$

genannt, die sich durch Division mit y^n und Einführung der neuen Variablen $z = y^{-n+1}$ auf eine lineare Differentialgleichung zurückführen läßt.

■ Es ist die Differentialgleichung $y' - \frac{4y}{x} = x\sqrt{y}$ zu integrieren. Da $n = 1/2$, erhält man durch Division mit $\sqrt{y}$ und Einführung der neuen Variablen $z = \sqrt{y}$ die Gleichung $\frac{dz}{dx} - \frac{2z}{x} = \frac{x}{2}$. Nach der Formel für die Lösung einer linearen Differentialgleichung ist $\exp(\int P\,dx) = \frac{1}{x^2}$ und $z = x^2 \left[\int \frac{x}{2}\frac{1}{x^2}dx + C\right] = x^2\left[\frac{1}{2}\ln x + C\right]$. Somit ergibt sich $y = x^4\left(\frac{1}{2}\ln x + C\right)^2$.

7. RICCATIsche Differentialgleichung

RICCATI*sche Differentialgleichung* heißt die Gleichung

$$y' = P(x)y^2 + Q(x)y + R(x)\,, \tag{9.13a}$$

die im allgemeinen nicht durch Quadraturen gelöst werden kann, d.h. nicht durch endlich viele aufeinander folgende Integrationen. Ist aber eine partikuläre Lösung y_1 der RICCATIschen Differentialgleichung bekannt, dann läßt sich diese durch die Substitution

$$y = y_1 + \frac{1}{z} \tag{9.13b}$$

auf eine lineare Differentialgleichung für z zurückführen. Kennt man noch eine zweite Lösung y_2, so ist

$$z_1 = \frac{1}{y_2 - y_1} \tag{9.13c}$$

eine partikuläre Lösung der linearen Differentialgleichung für die Variable z, so daß sich ihre Integration vereinfacht. Sollten sogar drei Lösungen y_1, y_2 und y_3 bekannt sein, dann ist das allgemeine Integral der RICCATIschen Differentialgleichung

$$\frac{y - y_2}{y - y_1} : \frac{y_3 - y_2}{y_3 - y_1} = C\,. \tag{9.13d}$$

Durch die Substitution

$$y = \frac{u}{P(x)} + \beta(x) \tag{9.13e}$$

läßt sich die RICCATIsche Differentialgleichung stets in die Normalform

$$\frac{du}{dx} = u^2 + R(x) \tag{9.13f}$$

überführen. Mit der Substitution

$$y = -\frac{v'}{P(x)v} \tag{9.13g}$$

ergibt sich daraus die lineare Differentialgleichung 2. Ordnung (s. S. 503)

$$Pv'' - (P' + PQ)v' + P^2Rv = 0\,. \tag{9.13h}$$

■ Es ist die Differentialgleichung $y' + y^2 + \frac{1}{x}y - \frac{4}{x^2} = 0$ zu lösen. Man setzt $y = z + \beta(x)$, substituiert und erhält für den Koeffizienten der ersten Potenz von z den Ausdruck $2\beta + 1/x$, der zum Verschwinden gebracht wird, indem man $\beta(x) = -1/2x$ setzt. Somit ergibt sich $z' - z^2 - \frac{15}{4x^2} = 0$. Man sucht partikuläre Lösungen der Form $z_1 = \frac{a}{x}$ und findet durch Einsetzen $a_1 = -\frac{3}{2}$, $a_2 = \frac{5}{2}$, d.h. zwei partikuläre Lösungen $z_1 = -\frac{3}{2x}$, $z_2 = \frac{5}{2x}$. Die Substitution $z = \frac{1}{u} + z_1 = \frac{1}{u} - \frac{3}{2x}$ liefert $u' + \frac{3u}{x} = 1$. Durch Einsetzen der partikulären Lösung $u_1 = \frac{1}{z_2 - z_1} = \frac{x}{4}$ ergibt sich die allgemeine Lösung $u =$

$\frac{x}{4} + \frac{C}{x^3} = \frac{x^4 + C_1}{4x^3}$ und hiermit $y = \frac{1}{u} - \frac{3}{2x} - \frac{1}{2x} = \frac{2x^4 - 2C_1}{x^5 + C_1 x}$.

9.1.1.3 Implizite Differentialgleichungen

1. Lösung in Parameterform

Gegeben sei eine Differentialgleichung in der impliziten Form

$$F(x, y, y') = 0. \tag{9.14}$$

Ein Verfahren, zu einer Auflösung nach y' zu kommen, geht von dem Satz aus, daß durch einen Punkt $M(x_0, y_0)$ genau n Integralkurven verlaufen, wenn die folgenden Bedingungen erfüllt sind:

a) In dem Punkt $M(x_0, y_0)$ besitze die Gleichung $F(x_0, y_0, p) = 0$ mit $p = dy/dx$ n reelle Wurzeln $p_1, \ldots, p_n$.

b) Die Funktion $F(x, y, p)$ und ihre ersten Ableitungen seien für $x = x_0$, $y = y_0$, $p = p_i$ stetig, und es gelte $\partial F/\partial p \neq 0$.

Wenn sich eine gegebene Gleichung nach y' auflösen läßt, dann zerfällt sie in n Gleichungen von der eben beschriebenen Form, nach deren Lösung man n Integralkurvenscharen erhält. Sollte sich eine Gleichung in der Form $x = \varphi(y, y')$ oder $y = \psi(x, y')$ darstellen lassen, dann erhält man, indem $y' = p$ gesetzt und p als Hilfsveränderliche verstanden wird, durch Differentiation nach y bzw. x eine Gleichung in dp/dy bzw. dp/dx, die nach der Ableitung aufgelöst ist. Ihre Lösung zusammen mit der Ausgangsgleichung (9.14) ergibt dann die Lösung in Parameterform.

■ Es ist die Differentialgleichung $x = yy' + y'^2$ zu lösen. Man setzt $y' = p$ und erhält $x = py + p^2$. Differentiation nach y und Setzen von $\frac{dx}{dy} = \frac{1}{p}$ liefert $\frac{1}{p} = p + (y + 2p)\frac{dp}{dy}$ oder $\frac{dy}{dp} - \frac{py}{1-p^2} = \frac{2p^2}{1-p^2}$. Die Auflösung dieser in y linearen Gleichung ergibt $y = -p + \frac{c + \arcsin p}{\sqrt{1-p^2}}$. Einsetzen in die Ausgangsgleichung für x ergibt die Lösung in Parameterform.

2. LAGRANGEsche Differentialgleichung

LAGRANGE*sche Differentialgleichung* wird die Gleichung

$$a(y')x + b(y')y + c(y') = 0 \tag{9.14a}$$

genannt. Ihre Lösung kann stets durch die oben angegebene Methode berechnet werden. Wenn für $p = p_0$

$$a(p) + b(p)p = 0 \quad (9.14\text{b}) \qquad \text{gilt, dann ist } a(p_0)x + b(p_0)y + c(p_0) = 0 \quad (9.14\text{c})$$

ein singuläres Integral.

3. CLAIRAUTsche Differentialgleichung

CLAIRAUT*sche Differentialgleichung* heißt der Spezialfall der LAGRANGEschen Differentialgleichung, der sich für

$$a(p) + b(p)p \equiv 0 \tag{9.15a}$$

ergibt, und der stets auf die Form

$$y = y'x + f(y') \tag{9.15b}$$

gebracht werden kann. Die allgemeine Lösung lautet

$$y = Cx + f(C). \tag{9.15c}$$

Neben der allgemeinen Lösung besitzt die CLAIRAUTsche Differentialgleichung ein singuläres Integral, das man durch Elimination der Konstanten C aus den Gleichungen

$$y = Cx + f(C) \quad (9.15\text{d}) \qquad \text{und} \qquad 0 = x + f'(C) \quad (9.15\text{e})$$

erhält, wobei die zweite Gleichung aus der ersten durch Differentiation nach C gewonnen wird. Die geometrische Bedeutung der singulären Lösung besteht darin, daß sie die Einhüllende (s. S. 236) der lösenden Geradenschar darstellt (**Abb.9.3**).

■ Es ist die Differentialgleichung $y = xy' + y'^2$ zu lösen. Das allgemeine Integral ist $y = Cx + C^2$, das singuläre wird unter Zuhilfenahme der Gleichung $x + 2C = 0$ zur Elimination von C zu $x^2 + 4y = 0$ berechnet. Die **Abb.9.3** zeigt diesen Fall.

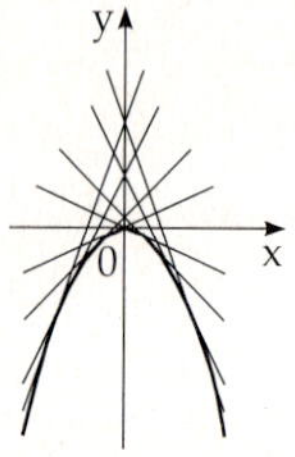

Abbildung 9.3

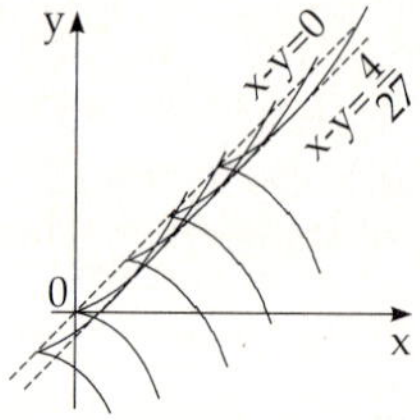

Abbildung 9.4

9.1.1.4 Singuläre Integrale und singuläre Punkte

1. Singuläres Element

Ein Element (x_0, y_0, y'_0) wird *singuläres Element* der Differentialgleichung genannt, wenn es außer der Differentialgleichung

$$F(x, y, y') = 0 \tag{9.16a}$$

auch der Gleichung

$$\frac{\partial F}{\partial y'} = 0 \tag{9.16b}$$

genügt.

2. Singuläres Integral

Eine Integralkurve aus singulären Elementen heißt eine *singuläre Integralkurve*, die Gleichung

$$\varphi(x, y) = 0 \tag{9.16c}$$

einer singulären Integralkurve wird ein *singuläres Integral* genannt. Die Einhüllenden der Integralkurven sind singuläre Integralkurven (**Abb.9.3**); sie bestehen ihrerseits ebenfalls aus singulären Elementen.

Die Eindeutigkeit der Lösung (s. Existenzsatz S. 482) geht für alle Punkte einer singulären Integralkurve verloren.

3. Bestimmung singulärer Integrale

Gewöhnlich kann ein singuläres Integral für keinen Wert der beliebigen Konstanten aus dem allgemeinen Integral ermittelt werden. Zur Bestimmung des singulären Integrals einer Differentialgleichung (9.16a) mit $p = y'$ muß die Gleichung

$$\frac{\partial F}{\partial p} = 0 \tag{9.16d}$$

hinzugezogen und p eliminiert werden. Wenn die so gewonnene Beziehung ein Integral der gegebenen Differentialgleichung ist, dann ist sie ein singuläres Integral. Die Gleichung des Integrals ist zuvor auf eine Form zu bringen, die keine mehrdeutigen Funktionen enthält, insbesondere keine Radikale, wobei auch die komplexen Funktionswerte zu berücksichtigen sind.

Radikale sind Ausdrücke, die durch Ineinanderschachtelung von algebraischen Gleichungen auftreten (s. S. 60). Wenn die Gleichung der Integralkurvenschar bekannt ist, d.h. das allgemeine Integral der gegebenen Differentialgleichung, dann kann die Bestimmung der Einhüllenden der Kurvenschar, die singuläre Integrale darstellen, mit den Methoden der Differentialgeometrie erfolgen (s. S. 236).

■ **A:** Es ist die Differentialgleichung $x - y - \frac{4}{9}p^2 + \frac{8}{27}p^3 = 0$ zu lösen. Die Berechnung der zusätzlichen Gleichung mit Hilfe von (9.16d) ergibt $-\frac{8}{9}p + \frac{8}{9}p^2 = 0$. Elimination von p liefert a) $x - y = 0$ und b) $x - y = \frac{4}{27}$, wobei a) keine, b) eine singuläre Lösung ist, ein Spezialfall der allgemeinen Lösung $(y - C)^2 = (x - C)^3$. Die Integralkurven von a) und b) zeigt die **Abb.9.4**.

■ **B:** Es ist die Differentialgleichung $y' - \ln|x| = 0$ zu lösen. Dazu wird die Gleichung auf die Form $e^p - |x| = 0$ gebracht. Außerdem ist $\frac{\partial F}{\partial p} \equiv e^p = 0$. Das singuläre Integral ergibt sich durch Elimination von p zu $x = 0$.

4. Singuläre Punkte einer Differentialgleichung

Singuläre Punkte einer Differentialgleichung sind Punkte, in denen die rechte Seite der Differentialgleichung

$$y' = f(x, y) \tag{9.17a}$$

nicht definiert ist. Diese Situation tritt z.B. in den Differentialgleichungen der folgenden Form auf:

1. Differentialgleichung mit gebrochenlinearem Quotienten

$$\frac{dy}{dx} = \frac{ax + by}{cx + ey} \quad (ae - bc \neq 0) \tag{9.17b}$$

besitzt im Punkt $(0, 0)$ einen *isolierten singulären Punkt*, da die Bedingungen des Existenzsatzes lediglich in jedem beliebig nahe an $(0, 0)$ gelegenen Punkt gelten, nicht aber in diesem selbst. Streng genommen sind die genannten Bedingungen in diesem Falle für alle Punkte nicht erfüllt, für die $cx + ey = 0$ ist. Die Erfüllung der Bedingungen kann dadurch erzwungen werden, daß die Rolle der abhängigen und unabhängigen Variablen vertauscht und die Gleichung

$$\frac{dx}{dy} = \frac{cx + ey}{ax + by} \tag{9.17c}$$

betrachtet wird.

Das Verhalten der Integralkurven in der Nähe des singulären Punktes hängt von den Wurzeln der *charakteristischen Gleichung*

$$\lambda^2 - (b + c)\lambda + bc - ae = 0 \tag{9.17d}$$

ab. Dabei können die folgenden Fälle unterschieden werden:

Fall 1: Wenn die Wurzeln reell sind und gleiches Vorzeichen besitzen, dann ist der singuläre Punkt ein *Knotenpunkt*. In der Umgebung des singulären Punktes verlaufen alle Integralkurven durch ihn hindurch und verfügen hier, sofern die Wurzeln nicht zusammenfallen, ausgenommen eine Integralkurve, über eine gemeinsame Tangente. Im Falle einer Doppelwurzel haben entweder alle Integralkurven eine gemeinsame Tangente, oder durch den singulären Punkt verläuft in jeder Richtung eine eindeutige Kurve.

■ **A:** Für die Differentialgleichung $\frac{dy}{dx} = \frac{2y}{x}$ lautet die charakteristische Gleichung $\lambda^2 - 3\lambda + 2 = 0$, $\lambda_1 = 2$, $\lambda_2 = 1$. Die Integralkurven gehorchen der Gleichung $y = Cx^2$ (**Abb.9.5**). Die Gerade $x = 0$ ist in der allgemeinen Lösung ebenfalls enthalten, was aus der Form $x^2 = C_1 y$ hervorgeht.

■ **B:** Die charakteristische Gleichung für $\frac{dy}{dx} = \frac{x + y}{x}$ lautet $\lambda^2 - 2\lambda + 1 = 0$, $\lambda_1 = \lambda_2 = 1$. Integralkurven sind $y = x \ln|x| + Cx$ (**Abb.9.6**). Der singuläre Punkt ist ein sogenannter *Knotenpunkt*.

■ **C:** Die charakteristische Gleichung für $\frac{dy}{dx} = \frac{y}{x}$ lautet $\lambda^2 - 2\lambda + 1 = 0$, $\lambda_1 = \lambda_2 = 1$. Integralkurven sind $y = Cx$ (**Abb.9.7**). Der singuläre Punkt ist ein sogenannter *Strahlpunkt*.

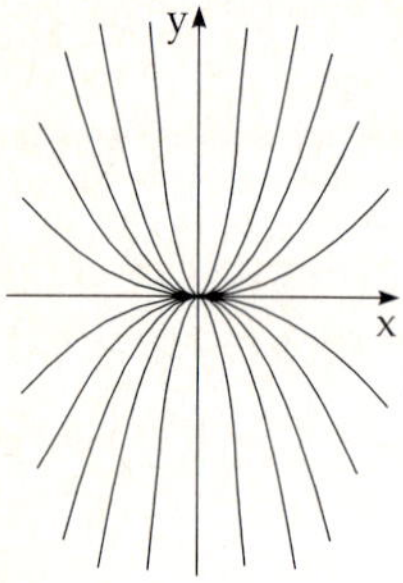

Abbildung 9.5

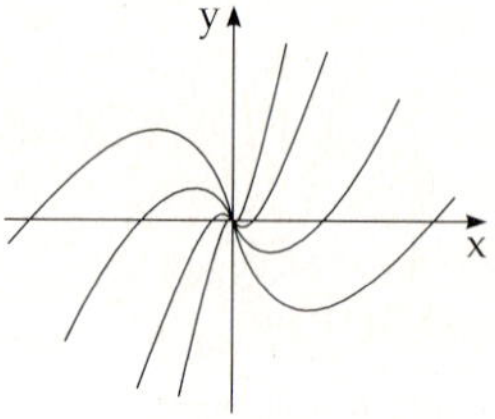

Abbildung 9.6

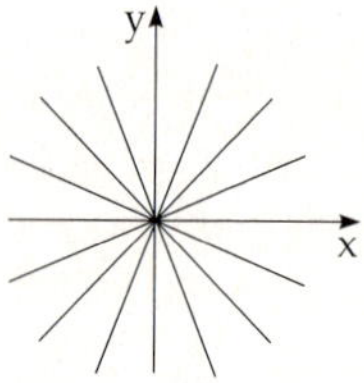

Abbildung 9.7

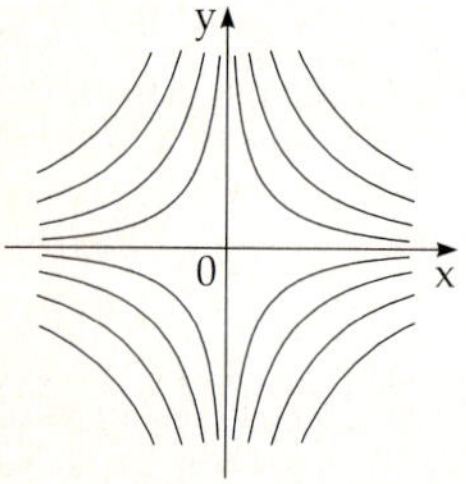

Abbildung 9.8

Fall 2: Wenn die Wurzeln reell sind und verschiedene Vorzeichen besitzen, ist der singuläre Punkt ein *Sattelpunkt*, durch den zwei Integralkurven verlaufen.

■ **D:** Die charakteristische Gleichung für $\frac{dy}{dx} = -\frac{y}{x}$ lautet $\lambda^2 - 1 = 0$, $\lambda_1 = +1$, $\lambda_2 = -1$. Integralkurven sind $xy = C$ **(Abb.9.8)**. Für $C = 0$ gibt es die partikulären Integrale $x = 0$, $y = 0$.

Fall 3: Wenn die Wurzeln konjugiert komplex sind, dann ist der singuläre Punkt ein *Strudelpunkt*, auf den sich die Integralkurven in unendlich vielen Windungen aufwinden.

■ **E:** Die charakteristische Gleichung für $\frac{dy}{dx} = \frac{x+y}{x-y}$ ist $\lambda^2 - 2\lambda + 2 = 0$, $\lambda_1 = 1 + \mathrm{i}$, $\lambda_2 = 1 - \mathrm{i}$. Integralkurven in Polarkoordinaten sind $r = Ce^{\varphi}$ **(Abb.9.9)**.

Fall 4: Wenn die Wurzeln rein imaginär sind, dann ist der singuläre Punkt ein *Wirbelpunkt*, der von der Schar geschlossener Integralkurven eingeschlossen wird.

■ **F:** Die charakteristische Gleichung für $\frac{dy}{dx} = -\frac{x}{y}$ ist $\lambda^2 + 1 = 0$, $\lambda_1 = \mathrm{i}$, $\lambda_2 = -\mathrm{i}$. Integralkurven sind $x^2 + y^2 = C$ **(Abb.9.10)**.

2. Differentialgleichung mit einem Quotienten aus zwei beliebigen Funktionen

$$\frac{dy}{dx} = \frac{P(x,y)}{Q(x,y)} \tag{9.18a}$$

besitzt singuläre Punkte für Werte der Variablen, für die

$$P(x,y) = Q(x,y) = 0 \tag{9.18b}$$

gilt. Wenn P und Q stetige Funktionen sind, die stetige partielle Ableitungen besitzen, dann kann (9.18a) in der Form

$$\frac{dy}{dx} = \frac{a(x-x_0) + b(y-y_0) + P_1(x,y)}{c(x-x_0) + e(y-y_0) + Q_1(x,y)} \tag{9.18c}$$

dargestellt werden. Dabei sind x_0 und y_0 die Koordinaten des singulären Punktes, und die Werte von $P_1(x,y)$ sowie $Q_1(x,y)$ müssen infinitesimal von höherer Ordnung im Vergleich zum Abstand des Punktes (x,y) zum singulären Punkt (x_0,y_0) sein. Unter diesen Voraussetzungen ist die Art der singulären Punkte der gegebenen Differentialgleichung die gleiche wie für den singulären Punkt der *Näherungs-*

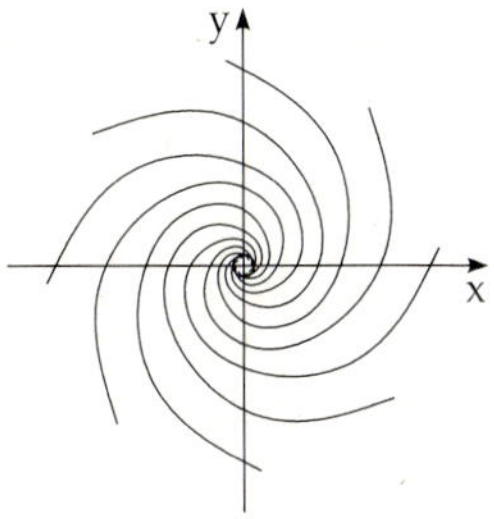

Abbildung 9.9

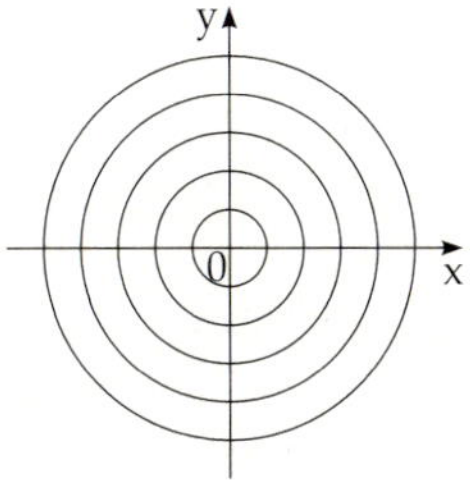

Abbildung 9.10

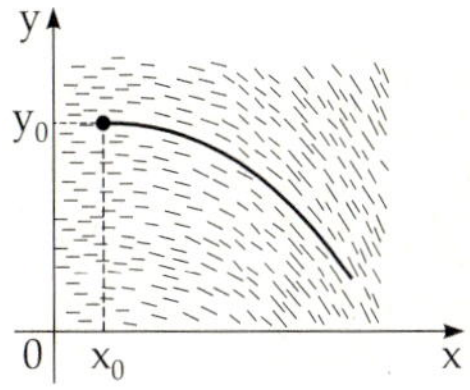

Abbildung 9.11

gleichung, die durch Weglassen von P_1 und Q_1 entsteht. Dazu gibt es die folgenden Ausnahmen:
a) Wenn der singuläre Punkt ein Wirbelpunkt ist, dann ist der singuläre Punkt der Ausgangsgleichung entweder ein Wirbelpunkt oder ein Strudelpunkt.

b) Wenn $ae - bc = 0$, d.h. $\frac{a}{c} = \frac{b}{e}$ oder $a = c = 0$ bzw. $a = b = 0$ ist, dann müssen, damit die Art des singulären Punktes bestimmt werden kann, Glieder höherer Ordnung in die Betrachtung einbezogen werden.

9.1.1.5 Näherungsmethoden zur Integration von Differentialgleichungen 1. Ordnung

1. Methode der schrittweisen Näherung nach Picard

Die Integration der Differentialgleichung

$$y' = f(x, y) \tag{9.19a}$$

mit den Anfangsbedingungen $y = y_0$ für $x = x_0$ liefert

$$y = y_0 + \int_{x_0}^{x} f(x, y)\, dx\,. \tag{9.19b}$$

Wird in die rechte Seite von (9.19b) anstelle von y eine angemessen ausgewählte Funktion $y_1(x)$ eingesetzt, dann ergibt sich eine neue Funktion $y_2(x)$, die sich von $y_1(x)$ unterscheidet, wenn nicht $y_1(x)$ bereits eine Lösung von (9.19a) ist. Nach Einsetzen von $y_2(x)$ in die rechte Seite von (9.19b) anstelle von y erhält man eine Funktion $y_3(x)$. Die durch Fortsetzen des Verfahrens gewonnene Funktionenfolge $y_1, y_2, y_3, \ldots$ konvergiert gegen die gesuchte Lösung in einem gewissen, den Punkt x_0 enthaltenden Intervall, wenn die Bedingungen des Existenzsatzes erfüllt sind (s. S. 482).
Diese Picard*sche Methode der schrittweisen Approximation* ist ein *Iterationsverfahren* (s. S. 878).

■ Es ist die Differentialgleichung $y' = e^x - y^2$ für die Anfangsbedingungen $x_0 = 0$, $y_0 = 0$ zu lösen. Umschreibung in die Integralform und Anwendung der sukzessiven Approximation, beginnend mit $y_0 = 0$, liefert: $y_1 = \int_0^x e^x\, dx = e^x - 1$, $\quad y_2 = \int_0^x \left[e^x - (e^x - 1)^2\right] dx = 3e^x - \frac{1}{2}e^{2x} - x - \frac{5}{2}$ usw.

2. Integration durch Reihenentwicklung

Die Taylor*sche* Reihenentwicklung der Lösung einer Differentialgleichung (s. S. 411) ist in der Form

$$y = y_0 + (x - x_0)y_0' + \frac{(x - x_0)^2}{2} y_0'' + \cdots + \frac{(x - x_0)^n}{n!} y_0^{(n)} + \cdots \tag{9.20}$$

darstellbar, wenn die Werte $y_0', y_0'', \ldots, y_0^{(n)}, \ldots$ aller Ableitungen der Lösungsfunktion für den Anfangswert x_0 der unabhängigen Variablen bekannt sind. Man kann sie durch sukzessives Differenzieren der Differentialgleichung und Einsetzen der Anfangsbedingungen bestimmen. Wenn die Differentiation der Differentialgleichung beliebig oft möglich ist, konvergiert die so gewonnene Reihe in einer gewissen Umgebung des Anfangswertes der unabhängigen Variablen. Man kann diese Methode auch bei der Lösung von Differentialgleichungen n-ter Ordnung einsetzen.

Häufig ist es vorteilhaft, die Lösung in der Form einer Reihe mit unbestimmten Koeffizienten anzusetzen, die mit Hilfe der Bedingung bestimmt werden, daß die Gleichung erfüllt wird, wenn man die Reihe einsetzt.

■ **A:** Zur Lösung der Differentialgleichung $y' = e^x - y^2$, $x_0 = 0$, $y_0 = 0$ kann $y = a_1x + a_2x^2 + a_3x^3 + \cdots + a_nx^n + \cdots$ gesetzt werden. Einsetzen in die Gleichung liefert unter Berücksichtigung von S^2 in Formel (7.88), S. 409

$$a_1 + 2a_2x + 3a_3x^2 + \cdots + \left[{a_1}^2x^2 + 2a_1a_2x^3 + ({a_2}^2 + 2a_1a_3)x^4 + \cdots\right] = 1 + x + \frac{x^2}{2} + \frac{x^3}{6} + \cdots .$$

Hieraus folgt durch Koeffizientenvergleich $a_1 = 1$, $2a_2 = 1$, $3a_3 + {a_1}^2 = \frac{1}{2}$, $4a_4 + 2a_1a_2 = \frac{1}{6}$ usw. Sukzessive Lösung dieser Gleichungen und Einsetzen der gefundenen Koeffizienten in die Reihe liefert $y = x + \frac{x^2}{2} - \frac{x^3}{6} - \frac{5}{24}x^4 + \cdots$.

■ **B:** Die gleiche Differentialgleichung mit den gleichen Anfangsbedingungen kann auch folgendermaßen gelöst werden: Man setzt in den Gleichungen $x = 0$ und erhält ${y_0}' = 1$. Außerdem ergibt sich $y'' = e^x - 2yy'$, ${y_0}'' = 1$, $y''' = e^x - 2y'^2 - 2yy''$, ${y_0}''' = -1$, $y^{(4)} = e^x - 6y'y'' - 2yy'''$, ${y_0}^{(4)} = -5$. Gemäß dem Satz von TAYLOR folgt $y = x + \frac{x^2}{2!} - \frac{x^3}{3!} - \frac{5x^4}{4!} + \cdots$.

3. Graphische Integration von Differentialgleichungen

Die graphische Integration von Differentialgleichungen ist ein Verfahren, das vom Begriff des Richtungsfeldes ausgeht (s. S. 482). Die Integralkurve wird durch einen vom gegebenen Anfangspunkt ausgehenden Polygonzug dargestellt **(Abb.9.11)**, der aus kurzen Teilstrecken zusammengesetzt wird. Die Richtungen der Teilstrecken stimmen jeweils mit der Richtung des Richtungsfeldes im Anfangspunkt der Teilstrecke überein. Dieser ist seinerseits zugleich Endpunkt der vorhergehenden Teilstrecke.

4. Numerische Integration

Die numerische Integration von Differentialgleichungen wird in Kapitel 19.4 ausführlich behandelt (s. S. 898). Auf die numerische Integration der Differentialgleichung $y' = f(x,y)$ ist man vor allem dann angewiesen, wenn sie nicht in den Spezialfällen enthalten ist, deren analytische Lösung in den vorausgehenden Abschnitten beschrieben worden ist, oder wenn $f(x,y)$ zu kompliziert ist. Das wird insbesondere dann der Fall sein, wenn $f(x,y)$ nichtlinear von y abhängt.

9.1.2 Differentialgleichungen höherer Ordnung und Systeme von Differentialgleichungen

9.1.2.1 Grundlegende Betrachtungen

1. Existenz einer Lösung

1. Zurückführung auf ein System von Differentialgleichungen Jede explizite Differentialgleichung n-ter Ordnung

$$y^{(n)} = f\left(x, y, y', \ldots, y^{(n-1)}\right) \tag{9.21a}$$

kann durch Einführung der neuen Variablen

$$y_1 = y', \quad y_2 = y'', \ldots, y_{n-1} = y^{(n-1)} \tag{9.21b}$$

auf ein System von n Differentialgleichungen 1. Ordnung

$$y_1 = y', \quad \frac{dy_1}{dx} = y_2, \ldots, \frac{dy_{n-1}}{dx} = f(x, y, y_1, \ldots, y_{n-1}) \tag{9.21c}$$

zurückgeführt werden.

2. Existenz eines Lösungssystems Das im Vergleich zu (9.21c) allgemeinere System von n Differentialgleichungen

$$\frac{dy_i}{dx} = f_i(x, y_1, y_2, \ldots, y_n) \qquad (i = 1, 2, \ldots, n) \tag{9.22a}$$

besitzt ein eindeutig bestimmtes Lösungssystem

$$y_i = y_i(x) \quad (i = 1, 2, \ldots, n)\,, \tag{9.22b}$$

das in einem Intervall $x_0 - h \leq x \leq x_0 + h$ definiert und stetig ist und für $x = x_0$ die vorgegebenen Anfangswerte $y_i(x_0) = {y_i}^0$ $(i = 1, 2, \ldots, n)$ annimmt, wenn die Funktionen $f_i(x, y_1, y_2, \ldots, y_n)$ bezüglich aller Variablen stetig sind und die folgende LIPSCHITZ–Bedingung erfüllen.

3. LIPSCHITZ–**Bedingung** Die Funktionen f_i müssen für die Werte x, y_i und $y_i + \Delta y_i$, die in einem gewissen Intervall in der Umgebung der gegebenen Anfangswerte liegen, den Ungleichungen

$$|f_i(x, y_1 + \Delta y_1, y_2 + \Delta y_2, \ldots, y_n + \Delta y_n) - f_i(x, y_1, y_2, \ldots, y_n)| \leq K\,(|\Delta y_1| + |\Delta y_2| + \cdots + |\Delta y_n|) \tag{9.23a}$$

mit einer gemeinsamen Konstanten K genügen (s. auch S. 482). Daraus folgt, vorausgesetzt die Funktion $f(x, y, y', \ldots, y^{(n-1)})$ ist stetig und erfüllt die LIPSCHITZ–Bedingung (9.23a), daß auch die Gleichung

$$y^{(n)} = f\left(x, y, y', \ldots, y^{(n-1)}\right) \tag{9.23b}$$

eine eindeutige Lösung besitzt, die die Anfangsbedingungen $y = y_0$, $y' = {y_0}', \ldots, y^{(n-1)} = {y_0}^{(n-1)}$ für $x = x_0$ erfüllt und zusammen mit ihren Ableitungen bis einschließlich der $(n-1)$–ten Ordnung stetig ist.

2. Allgemeine Lösung

1. Die allgemeine Lösung der Differentialgleichung (9.23b) enthält n unabhängige willkürliche Konstanten:

$$y = y(x, C_1, C_2, \ldots, C_n)\,. \tag{9.24a}$$

2. Geometrisch betrachtet, wird durch die Gleichung (9.24a) eine n–parametrige Schar von Integralkurven definiert. Jede einzelne dieser Integralkurven, d.h. das Kurvenbild der entsprechenden partikulären Lösung, kann durch spezielle Wahl der willkürlichen Konstanten $C_1, C_2, \ldots, C_n$ erhalten werden. Wenn das partikuläre Integral den oben angegebenen Anfangsbedingungen genügen soll, dann müssen die Werte $C_1, C_2, \ldots, C_n$ aus den folgenden Gleichungen ermittelt werden:

$$y(x_0, C_1, \ldots, C_n) = y_0\,,$$

$$\left[\frac{d}{dx}y(x, C_1, \dots, C_n)\right]_{x=x_0} = y_0{}' , \tag{9.24b}$$

$$\dots\dots\dots\dots\dots\dots\dots\dots\dots$$

$$\left[\frac{d^{n-1}}{dx^{n-1}}y(x, c_1, \dots, C_n)\right]_{x=x_0} = y_0{}^{(n-1)} .$$

Sollten diese Gleichungen für die willkürlichen Anfangswerte in einem bestimmten Gebiet einander widersprechen, dann ist die Lösung in diesem Gebiet nicht allgemein, d.h., die willkürlichen Konstanten sind nicht voneinander linear unabhängig.

3. Auch die allgemeine Lösung des Systems (9.22a) enthält n willkürliche Konstanten. Diese allgemeine Lösung läßt sich auf zweierlei Weise darstellen, entweder aufgelöst nach den unbekannten Funktionen

$$y_1 = F_1(x, C_1, \dots, C_n), \;\; y_2 = F_2(x, C_1, \dots, C_n), \dots, y_n = F_n(x, C_1, \dots, C_n) \tag{9.25a}$$

oder aufgelöst nach den willkürlichen Konstanten

$$\varphi_1(x, y_1, \dots, y_n) = C_1, \;\; \varphi_2(x, y_1, \dots, y_n) = C_2, \dots, \varphi_n(x, y_1, \dots, y_n) = C_n . \tag{9.25b}$$

Im Falle von (9.25b) ist jede Beziehung der Art

$$\varphi_i(x, y_1, \dots, y_n) = C_i \tag{9.25c}$$

ein *erstes Integral* des Systems (9.22a). Das erste Integral kann unabhängig vom allgemeinen Integral als Beziehung der Art (9.25c) definiert werden. Dabei wird davon ausgegangen, daß (9.25c) zur Identität wird, wenn anstelle der $y_1, y_2, \dots, y_n$ irgendeine partikuläre Lösung des gegebenen Systems mit einer durch diese partikuläre Lösung bestimmten willkürlichen Konstantenen C_i eingesetzt wird. Wenn irgendein erstes Integral der Form (9.25c) bekannt ist, dann genügt die Funktion $\varphi_i(x, y_1, \dots, y_n)$ der partiellen Differentialgleichung

$$\frac{\partial \varphi_i}{\partial x} + f_1(x, y_1, \dots, y_n)\frac{\partial \varphi_i}{\partial y_1} + \dots + f_n(x, y_1, \dots, y_n)\frac{\partial \varphi_i}{\partial y_n} = 0 . \tag{9.25d}$$

Umgekehrt, jede Lösung $\varphi_i(x, y_1, \dots, y_n)$ der Differentialgleichung (9.25d) liefert ein erstes Integral des Systems (9.22a) in der Form (9.25c). Das allgemeine Integral des Systems (9.22a) kann aus einem System von n ersten Integralen des Systems (9.22a) gebildet werden, für die die zugehörigen Funktionen $\varphi_i(x, y_1, \dots, y_n)$ $(i = 1, 2, \dots, n)$ linear unabhängig sind (s. S. 496).

9.1.2.2 Erniedrigung der Ordnung

Eine der wichtigsten Methoden zur Integration von Differentialgleichungen n-ter Ordnung

$$f\left(x, y, y', \dots, y^{(n)}\right) = 0 \tag{9.26}$$

ist die Substitution der Variablen, die auf einfachere Differentialgleichungen, insbesondere auf solche mit niedrigerer Ordnung führt. Man kann mehrere Fälle unterscheiden.

1. $\boldsymbol{f = f(y, y', \dots, y^{(n)})}$**,** $\boldsymbol{x}$ **tritt nicht explizit auf:**

$$f\left(y, y', \dots, y^{(n)}\right) = 0 . \tag{9.27a}$$

Durch die Substitution

$$\frac{dy}{dx} = p, \;\; \frac{d^2y}{dx^2} = p\frac{dp}{dy} \tag{9.27b}$$

kann die Ordnung der Differentialgleichung von n auf $(n-1)$ reduziert werden.

■ Die Verringerung der Ordnung um 1 erfolgt für die Differentialgleichung $yy'' - y'^2 = 0$ mit der Substitution $y' = p, p\,dp/dy = y''$, die auf $ypdp/dy - p^2 = 0$ und $y\,dp/dy - p = 0$ führt und damit auf $p = Cy = dy/dx$, $y = C_1 e^{Cx}$. Durch Kürzung mit p geht keine Lösung verloren, da $p = 0$ die Lösung $y = C_1$ liefert, die in der allgemeinen Lösung für $C = 0$ enthalten ist.

2. $f = f(x, y', \ldots, y^{(n)})$, y tritt nicht explizit auf:

$$f\left(x, y', \ldots, y^{(n)}\right) = 0\,. \tag{9.28a}$$

Die Ordnung der Differentialgleichung kann durch die Substitution

$$y' = p \tag{9.28b}$$

von n auf $(n-1)$ verringert werden. Wenn in der Ausgangsgleichung die ersten k Ableitungen fehlen, dann lautet die Substitution

$$y^{(k+1)} = p\,. \tag{9.28c}$$

■ Die Ordnung der Differentialgleichung $y'' - xy''' + (y''')^3 = 0$ wird durch die Substitution $y'' = p$ erniedrigt, so daß sich die CLAIRAUTsche Differentialgleichung $p - x\frac{dp}{dx} + \left(\frac{dp}{dx}\right)^3 = 0$ mit der allgemeinen Lösung $p = C_1 x + {C_1}^3$ ergibt. Daraus erhält man $y = \frac{C_1 x^3}{6} - \frac{{C_1}^3 x^2}{2} + C_2 x + C_3$. Aus der singulären Lösung der CLAIRAUTschen Differentialgleichung $p = \frac{2\sqrt{3}}{3} x^{3/2}$ erhält man die singuläre Lösung $y = \frac{8\sqrt{3}}{315} x^{7/2} + C_1 x + C_2$ der zu lösenden Differentialgleichung.

3. $f\left(x, y, y', \ldots, y^{(n)}\right)$ ist eine homogene Funktion (s. S. 121) in $y, y', y'', \ldots, y^{(n)}$:

$$f\left(x, y, y', \ldots, y^{(n)}\right) = 0. \tag{9.29a}$$

Eine Erniedrigung der Ordnung kann durch die Substitution

$$z = \frac{y'}{y}, \quad \text{d.h.} \quad y = e^{\int z\,dx} \tag{9.29b}$$

erreicht werden.

■ Die Differentialgleichung $yy'' - y'^2 = 0$ wird durch die Substitution $z = y'/y$ mit der Ableitung $\frac{dz}{dx} = \frac{yy'' - y'^2}{y^2}$ umgeformt. Die Ordnung wird dabei um eins erniedrigt. Man erhält $z = C_1$, woraus $\ln y = C_1 x + C_2$ folgt oder $y = Ce^{C_1 x}$ mit $\ln C = C_2$.

4. $f = f(x, y, y', \ldots, y^{(n)})$ ist eine Funktion von x allein:

$$y^{(n)} = f(x)\,. \tag{9.30a}$$

Die allgemeine Lösung erhält man durch n–malige Integration in der Form

$$y = C_1 + C_2 x + C_3 x^2 + \cdots + C_n x^{n-1} + \psi(x) \tag{9.30b}$$

mit

$$\psi(x) = \iint \cdots \int f(x)\,(dx)^n = \frac{1}{(n-1)!}\int_{x_0}^{x} f(t)(x-t)^{n-1}\,dt\,. \tag{9.30c}$$

Hierbei ist zu beachten, daß x_0 keine zusätzliche willkürliche Konstante ist, denn eine Änderung von x_0 zieht wegen

$$C_k = \frac{1}{(k-1)!} y^{(k-1)}(x_0) \tag{9.30d}$$

eine Änderung von $C_k$nach sich.

9.1.2.3 Lineare Differentialgleichungen n–ter Ordnung

1. Klassifizierungen

Eine Differentialgleichung der Form

$$y^{(n)} + a_1 y^{(n-1)} + a_2 y^{(n-2)} + \cdots + a_{n-1} y' + a_n y = F \tag{9.31}$$

heißt lineare Differentialgleichung n–ter Ordnung. Dabei sind F und die a_i Funktionen von x, die in einem gewissen Intervall stetig sein sollen. Wenn die $a_1, a_2, \ldots, a_n$ konstant sind, spricht man von einer *Differentialgleichung mit konstanten Koeffizienten*. Eine *homogene lineare Differentialgleichung* zeichnet sich durch $F \equiv 0$ aus, eine *inhomogene* durch $F \not\equiv 0$.

2. Fundamentalsystem von Lösungen

Ein System von n Lösungen $y_1, y_2, \ldots, y_n$ einer homogenen linearen Differentialgleichung wird *Fundamentalsystem* genannt, falls diese Funktionen in dem betrachteten Intervall *linear unabhängig* sind, also ihre Linearkombination $C_1 y_1 + C_2 y_2 + \cdots + C_n y_n$ für kein Wertesystem der $C_1, C_2, \ldots, C_n$, ausgenommen für $C_1 = C_2 = \cdots = C_n = 0$, identisch verschwindet, d.h. für alle x–Werte in dem betreffenden Intervall. Die Lösungen $y_1, y_2, \ldots, y_n$ einer linearen homogenen Differentialgleichung bilden genau dann ein Fundamentalsystem, wenn ihre WRONSKI-*Determinante*

$$W = \begin{vmatrix} y_1 & y_2 & \cdots & y_n \\ y_1' & y_2' & \cdots & y_n' \\ \cdots & \cdots & \cdots & \cdots \\ y_1^{(n-1)} & y_2^{(n-1)} & \cdots & y_n^{(n-1)} \end{vmatrix} \tag{9.32}$$

von Null verschieden ist. Für jedes Lösungssystem einer homogenen linearen Differentialgleichung gilt die *Formel von* LIOUVILLE:

$$W(x) = W(x_0) \exp\left(- \int\limits_{x_0}^{x} a_1(x)\, dx \right). \tag{9.33}$$

Aus (9.33) folgt, daß die WRONSKI–Determinante nur identisch verschwinden kann. Das bedeutet: Die n Lösungen $y_1, y_2, \ldots, y_n$ der homogenen linearen Differentialgleichung sind genau dann linear abhängig, wenn nur an einer einzigen Stelle x_0 des betrachteten Intervalls $W(x_0) = 0$ gilt. Wenn dagegen die Lösungen $y_1, y_2, \ldots, y_n$ ein Fundamentalsystem von Lösungen bilden, dann lautet die allgemeine Lösung der linearen homogenen Differentialgleichung (9.31)

$$y = C_1 y_1 + C_2 y_2 + \cdots + C_n y_n . \tag{9.34}$$

3. Erniedrigung der Ordnung

Wenn eine partikuläre Lösung y_1 einer homogenen Differentialgleichung bekannt ist, dann können die weiteren Lösungen durch den Ansatz

$$y = y_1(x) u(x) \tag{9.35}$$

aus einer homogenen linearen Differentialgleichung der Ordnung $n-1$ für $u'(x)$ bestimmt werden.

4. Superpositionssatz

Wenn y_1 und y_2 zwei Lösungen der Differentialgleichung (9.31) für verschiedene rechte Seiten F_1 und F_2 sind, dann ist ihre Summe $y = y_1 + y_2$ eine Lösung derselben Differentialgleichung mit der rechten Seite $F = F_1 + F_2$. Daraus folgt, daß es zur Berechnung der allgemeinen Lösung einer inhomogenen Differentialgleichung ausreicht, zu irgendeiner ihrer partikulären Lösungen die allgemeine Lösung der zugehörigen homogenen Differentialgleichung zu addieren.

5. Zerlegungssatz

Hat die inhomogene Differentialgleichung (9.31) reelle Koeffizienten und hat ihre rechte Seite die komplexe Form $F = F_1 + \mathrm{i}F_2$ mit den reellen Funktionen F_1 und F_2, dann ist auch die Lösung $y = y_1 + \mathrm{i}y_2$ komplex. Diese komplexe Lösung setzt sich aus den zwei reellen Lösungen y_1 und y_2 der zwei inhomogenen Differentialgleichungen (9.31) mit den zugehörigen rechten Seiten F_1 und F_2 zusammen.

6. Lösung der inhomogenen Differentialgleichung (9.31) mittels Quadraturen

Wenn das Fundamentalsystem von Lösungen der zugehörigen homogenen Differentialgleichung bekannt ist, stehen die folgenden zwei Lösungsverfahren zur Verfügung:

1. Methode der Variation der Konstanten Die gesuchte Lösung wird in der Form

$$y = C_1 y_1 + C_2 y_2 + \cdots + C_n y_n \tag{9.36a}$$

aufgeschrieben. Die $C_1, C_2, \ldots, C_n$ werden nicht als Konstanten aufgefaßt, sondern als Funktionen von x. Danach wird die Erfüllung der Gleichungen

$$\begin{aligned} C_1{}' y_1 + C_2{}' y_2 + \cdots + C_n{}' y_n &= 0\,, \\ C_1{}' y_1{}' + C_2{}' y_2{}' + \cdots + C_n{}' y_n{}' &= 0\,, \\ \cdots\cdots\cdots\cdots\cdots\cdots \\ C_1{}' y_1{}^{(n-2)} + C_2{}' y_2{}^{(n-2)} + \cdots + C_n{}' y_n{}^{(n-2)} &= 0 \end{aligned} \tag{9.36b}$$

gefordert. Einsetzen von y in (9.31) ergibt

$$C_1{}' y_1{}^{(n-1)} + C_2{}' y_2{}^{(n-1)} + \cdots + C_n{}' y_n{}^{(n-1)} = F\,. \tag{9.36c}$$

Darauf folgt die Lösung des linearen Gleichungssystems (9.36b) und (9.36c) zur Bestimmung der $C_1{}'$, $C_2{}',\ldots, C_n{}'$, deren Integrale die $C_1, C_2, \ldots, C_n$ liefern.

■ $y'' + \dfrac{x}{1-x} y' - \dfrac{1}{1-x} y = x - 1\,.$

In den Intervallen $x > 1$ bzw. $x < 1$ sind alle Voraussetzungen über die Koeffizienten erfüllt. Zuerst wird die homogene Gleichung $\overline{y}'' + \dfrac{x}{1-x}\overline{y}' - \dfrac{1}{1-x}\overline{y} = 0$ gelöst. Eine partikuläre Lösung ist $\varphi_1 = e^x$. Der Ansatz $\varphi_2 = e^x u(x)$ ergibt für $u'(x) = v(x)$ die Differentialgleichung $v' + \left(1 + \dfrac{1}{1-x}\right) v = 0$. Eine Lösung dieser Differentialgleichung ist $v(x) = (1-x)e^{-x}$, und somit ist $u(x) = \int v(x)\,dx = \int (1-x)e^{-x}\,dx = xe^{-x}$. Damit ergibt sich die zweite Lösung $\varphi_2 = x$. Die allgemeine Lösung der homogenen Gleichung ist daher $\overline{y}(x) = C_1 e^x + C_2 x$. Variation der Konstanten ergibt jetzt:

$$\begin{aligned} &y(x) = u_1(x)e^x + u_2(x)x\,, \\ &y'(x) = u_1(x)e^x + u_2(x) + u_1{}'(x)e^x + u_2{}'(x)x\,, \quad u_1{}'(x)e^x + u_2{}'(x)x = 0\,, \\ &y''(x) = u_1(x)e^x + u_1{}'(x)e^x + u_2{}'(x)\,, \quad u_1{}'(x)e^x + u_2{}'(x) = x - 1\,, \end{aligned}$$

also

$$u_1{}'(x) = xe^{-x}\,,\ u_2{}'(x) = -1\,, \quad \text{d.h.} \quad u_1(x) = -(1+x)e^{-x} + C_1\,,\ u_2(x) = -x + C_2\,.$$

Damit ist die allgemeine Lösung der inhomogenen Differentialgleichung:

$$y(x) = -(1+x^2) + C_1 e^x + (C_2 - 1)x = -(1+x^2) + C_1{}^* e^x + C_2{}^* x\,.$$

2. Methode von CAUCHY In der allgemeinen Lösung

$$y = C_1 y_1 + C_2 y_2 + \cdots + C_n y_n \tag{9.37a}$$

der zu (9.31) gehörenden homogenen Differentialgleichung werden die Konstanten derart bestimmt, daß für den beliebigen Parameter α die Gleichungen $y = 0$, $y' = 0, \ldots, y^{(n-2)} = 0$, $y^{(n-1)} = F(\alpha)$ erfüllt sind. Auf diese Weise erhält man eine spezielle Lösung der homogenen Differentialgleichung, die mit $\varphi(x, \alpha)$ bezeichnet werden soll, und

$$y = \int_{x_0}^{x} \varphi(x, \alpha)\,d\alpha \tag{9.37b}$$

ist dann eine partikuläre Lösung der inhomogenen Differentialgleichung (9.31), die an der Stelle $x = x_0$ gemeinsam mit ihren Ableitungen bis zur Ordnung $(n-1)$ einschließlich verschwindet.

■ Für die in **1.** mit der Methode der Variation der Konstanten gelöste Differentialgleichung $y = C_1 e^x + C_2 x$ folgt aus $y(\alpha) = C_1 e^\alpha + C_2 \alpha = 0$, $y'(\alpha) = C_1 e^\alpha + C_2 = \alpha - 1$ und damit $\varphi(x,\alpha) = \alpha e^{-\alpha} e^x - x$, so daß die partikuläre Lösung $y(x)$ der inhomogenen Differentialgleichung mit $y(x_0) = y'(x_0) = 0$ lautet: $y(x) = \int_{x_0}^{x} (\alpha e^{-\alpha} e^x - x)\, d\alpha = (x_0+1)e^{x-x_0} + (x_0-1)x - x^2 - 1$. Hieraus kann man auch die allgemeine Lösung $y(x) = C_1{}^* e^x + C_2{}^* x - (x^2+1)$ der inhomogenen Differentialgleichung gewinnen.

9.1.2.4 Lösung linearer Differentialgleichungen mit konstanten Koeffizienten

1. Operatorenschreibweise

Die Differentialgleichung (9.31) kann symbolisch in der Form

$$P_n(D)y \equiv \left(D^n + a_1 D^{n-1} + a_2 D^{n-2} + \cdots + a_{n-1} D + a_n\right) y = F \tag{9.38a}$$

geschrieben werden, wobei D ein Differentialoperator ist:

$$Dy = \frac{dy}{dx}, \quad D^k y = \frac{d^k y}{dx^k}. \tag{9.38b}$$

Wenn die Koeffizienten a_i konstant sind, dann ist $P_n(D)$ ein gewöhnliches Polynom n–ten Grades hinsichtlich des Operators D.

2. Lösungen der homogenen Differentialgleichung mit konstanten Koeffizienten

Das Aufsuchen der allgemeinen Lösung der homogenen Differentialgleichung (9.38a) mit $F = 0$, d.h.,

$$P_n(D)y = 0 \tag{9.39a}$$

erfordert die Bestimmung der Wurzeln $r_1, r_2, \ldots, r_n$ der charakteristischen Gleichung (s. S. 278)

$$P_n(r) = r^n + a_1 r^{n-1} + a_2 r^{n-2} + \cdots + a_{n-1} r + a_n = 0. \tag{9.39b}$$

Jede Wurzel r_i liefert eine Lösung $e^{r_i x}$ der Gleichung $P_n(D)y = 0$. Tritt eine Wurzel r_i mit der Vielfachheit k auf, dann sind $xe^{r_i x}$, $x^2 e^{r_i x}, \ldots, x^{k-1} e^{r_i x}$ ebenfalls Lösungen. Die Linearkombination aller dieser Lösungen ergibt die allgemeine Lösung der homogenen Differentialgleichung:

$$y = C_1 e^{r_1 x} + C_2 e^{r_2 x} + \cdots + e^{r_i x}\left(C_i + C_{i+1} x + \cdots + C_{i+k-1} x^{k-1}\right) + \cdots. \tag{9.39c}$$

Wenn die Koeffizienten a_i reell sind, können komplexe Wurzeln der charakteristischen Gleichung nur paarweise konjugiert komplex auftreten. In diesem Falle sind z.B. für $r_1 = \alpha + \mathrm{i}\beta$ und $r_2 = \alpha - \mathrm{i}\beta$ in den betreffenden Gliedern der allgemeinen Lösungen die Funktionen $e^{r_1 x}$ und $e^{r_2 x}$ durch $e^{\alpha x} \cos \beta x$ und $e^{\alpha x} \sin \beta x$ zu ersetzen. Die dabei entstehenden Ausdrücke der Form $C_1 \cos \beta x + C_2 \sin \beta x$ können auch in der Form $A \cos(\beta x + \varphi)$ mit den Konstanten A und φ dargestellt werden.

■ Zur Differentialgleichung $y^{(6)} + y^{(4)} - y'' - y = 0$ gehört die charakteristische Gleichung $r^6 + r^4 - r^2 - 1 = 0$ mit den Wurzeln $r_1 = 1$, $r_2 = -1$, $r_{3,4} = \mathrm{i}$, $r_{5,6} = -\mathrm{i}$. Die allgemeine Lösung kann in zwei Formen angegeben werden:

$$y = C_1 e^x + C_2 e^{-x} + (C_3 + C_4 x)\cos x + (C_5 + C_6 x)\sin x,$$

$$y = C_1 e^x + C_2 e^{-x} + A_1 \cos(x + \varphi_1) + x A_2 \cos(x + \varphi_2).$$

3. Satz von Hurwitz

Bei verschiedenen Anwendungen, z.B. in der Schwingungslehre, ist es wichtig festzustellen, ob eine beliebige Lösung einer homogenen Differentialgleichung mit konstanten Koeffizienten für $x \to +\infty$ gegen Null strebt. Das ist stets dann der Fall, wenn die Realteile aller Wurzeln der charakteristischen Gleichung

$$a_0 + a_1 x + a_2 x^2 + \cdots + a_n x^n = 0 \quad (a_0 > 0) \tag{9.40a}$$

negativ sind. Das wiederum ist nach dem *Satz von* HURWITZ dann und nur dann der Fall, wenn alle Determinanten

$$D_1 = a_1, \quad D_2 = \begin{vmatrix} a_1 & a_0 \\ a_3 & a_2 \end{vmatrix}, \quad D_3 = \begin{vmatrix} a_1 & a_0 & 0 \\ a_3 & a_2 & a_1 \\ a_5 & a_4 & a_3 \end{vmatrix}, \ldots$$

$$D_n = \begin{vmatrix} a_1 & a_0 & 0 & \ldots 0 \\ a_3 & a_2 & a_1 & \ldots 0 \\ \ldots & \ldots & \ldots & \ldots \\ a_{2n-1} & a_{2n-2} & a_{2n-3} & \ldots a_n \end{vmatrix} \quad (\text{mit } a_m = 0 \quad \text{für} \quad m > n) \tag{9.40b}$$

positiv sind.

4. Lösungen der inhomogenen Differentialgleichung mit konstanten Koeffizienten können durch Variation der Konstanten, mit der Methode von CAUCHY oder mit Hilfe der Operatorenmethode (s. S. 531) ermittelt werden. Eine partikuläre Lösung kann sehr schnell gefunden werden, wenn die rechte Seite von (9.31) eine spezielle Form hat.

1. Form: $\boldsymbol{F(x) = Ae^{\alpha x}, \quad P_n(\alpha) \neq 0.}$ (9.41a)

Eine partikuläre Lösung ist

$$y = \frac{Ae^{\alpha x}}{P_n(\alpha)}. \tag{9.41b}$$

Wenn α eine m–fache Wurzel der charakteristischen Gleichung ist, d.h. wenn gilt

$$P_n(\alpha) = P_n{}'(\alpha) = \ldots = P_n{}^{(m-1)}(\alpha) = 0, \tag{9.41c}$$

dann ist $y = \dfrac{Ax^m e^{\alpha x}}{P_n{}^{(m)}(\alpha)}$ eine partikuläre Lösung. Diese Formeln können durch Anwendung des Zerlegungssatzes auch verwendet werden, wenn

$$F(x) = Ae^{\alpha x}\cos\omega x \quad \text{oder} \quad Ae^{\alpha x}\sin\omega x \tag{9.41d}$$

ist. Die zugehörigen partikulären Lösungen ergeben sich als Real- bzw. Imaginärteil der Lösung derselben Differentialgleichung für

$$F(x) = Ae^{\alpha x}(\cos\omega x + \mathrm{i}\sin\omega x) = Ae^{(\alpha+\mathrm{i}\omega)x} \tag{9.41e}$$

auf der rechten Seite.

■ **A:** Für die Differentialgleichung $y'' - 6y' + 8y = e^{2x}$ ergeben sich die Polynome $P(D) = D^2 - 6D + 8$, $P(2) = 0$ und $P'(D) = 2D - 6$, $P'(2) = 2 \cdot 2 - 6 = -2$, so daß die Lösung lautet: $y = -\dfrac{xe^{2x}}{2}$.

■ **B:** Die Differentialgleichung $y'' + y' + y = e^x \sin x$ führt auf die Gleichung $(D^2 + D + 1)y = e^{(1+\mathrm{i})x}$. Aus ihrer Lösung $y = \dfrac{e^{(1+\mathrm{i})x}}{(1+\mathrm{i})^2 + (1+\mathrm{i}) + 1} = \dfrac{e^x(\cos x + \mathrm{i}\sin x)}{2 + 3\mathrm{i}}$ erhält man eine partikuläre Lösung $y_1 = \dfrac{e^x}{13}(2\sin x - 3\cos x)$ der Differentialgleichung. Dabei ist y_1 der Imaginärteil von y.

2. Form: $\boldsymbol{F(x) = Q_n(x)e^{\alpha x}}$, $\boldsymbol{Q_n(x)}$ **ist ein Polynom $\boldsymbol{n}$–ten Grades.** (9.42)

Eine partikuläre Lösung kann immer in der gleichen Form gefunden werden, d.h. als Ausdruck $y = R(x)e^{\alpha x}$. $R(x)$ ist ein mit x^m multipliziertes Polynom n–ten Grades, wenn α eine m–fache Wurzel der charakteristischen Gleichung ist. Geht man von einem Lösungsansatz mit unbestimmten Koeffizienten des Polynoms $R(x)$ aus und fordert man, daß er der gegebenen inhomogenen Differentialgleichung genügt, dann können die unbekannten Koeffizienten aus einem Satz linearer algebraischer Gleichungen bestimmt werden.

Die Methode ist besonders in den Fällen $F(x) = Q_n(x)$ für $\alpha = 0$ und $F(x) = Q_n(x)e^{rx}\cos\omega x$ oder $F(x) = Q_n(x)e^{rx}\sin\omega x$ für $\alpha = r \pm \mathrm{i}\omega$ anwendbar. Hier wird eine Lösung der Form

$y = x^m e^{rx}[M_n(x)\cos\omega x + N_n(x)\sin\omega x]$ gesucht.

■ Die Wurzeln der zur Differentialgleichung $y^{(4)} + 2y''' + y'' = 6x + 2x\sin x$ gehörenden charakteristischen Gleichung sind $k_1 = k_2 = 0$, $k_3 = k_4 = -1$. Da der Superpositionssatz gilt (s. S. 496), können die partiellen Lösungen der inhomogenen Differentialgleichung für die einzelnen Summanden der rechten Seite der Reihe nach gesucht werden. Für den ersten Summanden liefert das Einsetzen des Ansatzes $y_1 = x^2(ax+b)$ in die rechte Seite $12a + 2b + 6ax = 6x$, woraus folgt: $a = 1$ und $b = -6$. Für den zweiten Summanden liefert das gleiche Vorgehen $y_2 = (cx+d)\sin x + (fx+g)\cos x$. Die Koeffizientenbestimmung ergibt $(2g + 2f - 6c + 2fx)\sin x - (2c + 2d + 6f + 2cx)\cos x = 2x\sin x$, also $c = 0$, $d = -3$, $f = 1$, $g = -1$. Die allgemeine Lösung lautet folglich $y = c_1 + c_2x - 6x^2 + x^3 + (c_3x + c_4)e^{-x} - 3\sin x + (x-1)\cos x$.

3. EULERsche Differentialgleichung:
Die EULERsche Differentialgleichung

$$\sum_{k=0}^{n} a_k(cx+d)^k y^{(k)} = F(x) \tag{9.43a}$$

kann mit Hilfe der Substitution

$$cx + d = e^t \tag{9.43b}$$

auf eine lineare Differentialgleichung mit konstanten Koeffizienten zurückgeführt werden.

■ Die Differentialgleichung $x^2y'' - 5xy' + 8y = x^2$ ist ein Spezialfall der EULERschen Differentialgleichung für $k = 2$. Sie kann mit Hilfe der Substitution $x = e^t$ in die im Beispiel **A**, S. 499 untersuchte lineare Differentialgleichung $\dfrac{d^2y}{dt^2} - 6\dfrac{dy}{dt} + 8y = e^{2t}$ überführt werden. Die allgemeine Lösung ergibt sich zu $y = C_1e^{2t} + C_2e^{4t} - \dfrac{t}{2}e^{2t} = C_1x^2 + C_2x^4 - \dfrac{x^2}{2}\ln x$.

9.1.2.5 Systeme linearer Differentialgleichungen mit konstanten Koeffizienten

1. Normalform

Normalform nennt man den folgenden einfachen Fall eines Systems linearer Differentialgleichungen 1. Ordnung mit konstanten Koeffizienten:

$$\left.\begin{array}{l} y_1' = a_{11}y_1 + a_{12}y_2 + \cdots + a_{1n}y_n\,, \\ y_2' = a_{21}y_1 + a_{22}y_2 + \cdots + a_{2n}y_n\,, \\ \cdots\cdots\cdots\cdots\cdots\cdots\cdots\cdots \\ y_n' = a_{n1}y_1 + a_{n2}y_2 + \cdots + a_{nn}y_n\,. \end{array}\right\} \tag{9.44a}$$

Das Aufsuchen der allgemeinen Lösung eines derartigen Systems erfordert zuerst die Lösung der charakteristischen Gleichung

$$\begin{vmatrix} a_{11} - r & a_{12} & \ldots & a_{1n} \\ a_{21} & a_{22} - r & \ldots & a_{2n} \\ \multicolumn{4}{c}{\cdots\cdots\cdots\cdots\cdots\cdots} \\ a_{n1} & a_{n2} & \ldots & a_{nn} - r \end{vmatrix} = 0\,. \tag{9.44b}$$

Zu jeder einfachen Wurzel r_i dieser Gleichung gehört ein System partikulärer Lösungen

$$y_1 = A_1e^{r_ix}\,, \quad y_2 = A_2e^{r_ix}\,, \ldots, y_n = A_ne^{r_ix}\,, \tag{9.44c}$$

deren Koeffizienten A_k $(k = 1, 2, \ldots, n)$ aus dem System homogener linearer Gleichungen

$$\begin{array}{l} (a_{11} - r_i)A_1 + a_{12}A_2 + \cdots + a_{1n}A_n = 0\,, \\ \cdots\cdots\cdots\cdots\cdots\cdots\cdots\cdots\cdots \\ a_{n1}A_1 + a_{n2}A_2 + \cdots + (a_{nn} - r_i)A_n = 0 \end{array} \tag{9.44d}$$

zu bestimmen sind. Da auf diese Weise nur die Verhältnisse A_k bestimmt werden können (s. Triviale Lösung und Fundamentalsystem auf S. 272), ist in dem so gewonnenen System partikulärer Lösungen für jedes r_i eine willkürliche Konstante enthalten. Wenn alle Wurzeln der charakteristischen Gleichung verschieden sind, enthält die Summe aller dieser partikulären Lösungen n voneinander unabhängige willkürliche Konstanten, so daß sich damit die allgemeine Lösung des Systems ergibt. Wenn irgendein r_i eine m–fache Wurzel der charakteristischen Gleichung ist, dann entspricht dieser Wurzel ein System partikulärer Lösungen der Form

$$y_1 = A_1(x)e^{r_ix}, \quad y_2 = A_2(x)e^{r_ix}, \ldots, y_n = A_n(x)e^{r_ix}, \tag{9.44e}$$

in dem die $A_1(x), \ldots, A_n(x)$ Polynome sind, die maximal den Grad $m-1$ haben können. Diese Ausdrücke werden mit unbestimmten Koeffizienten in das System von Differentialgleichungen eingesetzt. Danach erfolgt eine Division durch e^{r_ix}, und die Koeffizienten gleicher Potenzen von x auf der linken und der rechten Seite werden gleichgesetzt. Dadurch entstehen lineare Gleichungen für die unbekannten Koeffizienten, von denen m frei wählbar sind. Die anderen Koeffizienten lassen sich durch diese ausdrücken. Auf diese Weise entsteht ein Lösungsanteil mit m beliebigen Konstanten. Der Grad der Polynome kann kleiner als $m-1$ sein.
Wenn speziell das System (9.44a) symmetrisch ist, d.h., wenn $a_{ik} = a_{ki}$ gilt, dann reicht es aus, die $A_i(x) = \text{const}$ zu setzen. Für komplexe Wurzeln der charakteristischen Gleichung können die betreffenden Glieder der allgemeinen Lösung genau so auf eine reelle Form gebracht werden, wie es für den Fall einer Differentialgleichung mit konstanten Koeffizienten gezeigt worden ist (s. S. 498).

■ Für das System $y_1{}' = 2y_1 + 2y_2 - y_3$, $y_2{}' = -2y_1 + 4y_2 + y_3$, $y_3{}' = -3y_1 + 8y_2 + 2y_3$ lautet die charakteristische Gleichung

$$\begin{vmatrix} 2-r & 2 & -1 \\ -2 & 4-r & 1 \\ -3 & 8 & 2-r \end{vmatrix} = -(r-6)(r-1)^2 = 0\,.$$

Für die einfache Wurzel $r_1 = 6$ erhält man $-4A_1 + 2A_2 - A_3 = 0$, $-2A_1 - 2A_2 + A_3 = 0$, $-3A_1 + 8A_2 - 4A_3 = 0$. Daraus folgt $A_1 = 0$, $A_2 = \frac{1}{2}A_3 = C_1$, $y_1 = 0$, $y_2 = C_1e^{6x}$, $y_3 = 2C_1e^{6x}$. Für die mehrfache Wurzel $r_2 = 1$ erhält man $y_1 = (P_1x + Q_1)e^x$, $y_2 = (P_2x + Q_2)e^x$, $y_3 = (P_3x + Q_3)e^x$. Einsetzen in die Gleichungen liefert

$$P_1x + (P_1 + Q_1) = (2P_1 + 2P_2 - P_3)x + (2Q_1 + 2Q_2 - Q_3)\,,$$
$$P_2x + (P_2 + Q_2) = (-2P_1 + 4P_2 + P_3)x + (-2Q_1 + 4Q_2 + Q_3)\,,$$
$$P_3x + (P_3 + Q_3) = (-3P_1 + 8P_2 + 2P_3)x + (-3Q_1 + 8Q_2 + 2Q_3)\,,$$

woraus folgt: $P_1 = 5C_2$, $P_2 = C_2$, $P_3 = 7C_2$, $Q_1 = 5C_3 - 6C_2$, $Q_2 = C_3$, $Q_3 = 7C_3 - 11C_2$. Die allgemeine Lösung lautet somit $y_1 = (5C_2x + 5C_3 - 6C_2)e^x$, $y_2 = C_1e^{6x} + (C_2x + C_3)e^x$, $y_3 = 2C_1e^{6x} + (7C_2x + 7C_3 - 11C_2)e^x$.

2. Homogene Systeme linearer Differentialgleichungen erster Ordnung mit konstanten Koeffizienten

besitzen die allgemeine Form

$$\sum_{k=1}^{n} a_{ik}y_k{}' + \sum_{k=1}^{n} b_{ik}y_k = 0 \quad (i = 1, 2, \ldots, n)\,. \tag{9.45a}$$

Wenn die Determinante nicht verschwindet, d.h.

$$\det(a_{ik}) \neq 0\,, \tag{9.45b}$$

dann läßt sich das System (9.45a) auf die Normalform (9.44a) bringen.
Der Fall $\det(a_{ik}) = 0$ bedarf zusätzlicher Betrachtungen (s. Lit.[9.26]).
Die Lösung kann auch von der allgemeinen Form aus und nach der gleichen Methode ermittelt werden, die bei der Normalform zur Anwendung kommt. Die charakteristische Gleichung hat dann die Form

$$|a_{ik}r + b_{ik}| = 0\,. \tag{9.45c}$$

Die Koeffizienten A_i in der Lösung (9.44c), die der einfachen Wurzel r_j entsprechen, werden in diesem Falle aus dem Gleichungssystem

$$\sum_{k=1}^{n}(a_{ik}r_j + b_{ik})A_k = 0 \quad (i = 1, 2, \ldots, n) \tag{9.45d}$$

bestimmt. Ansonsten entspricht die Lösungsmethode derselben, die im Falle der Normalform angewendet wurde.

■ Die charakteristische Gleichung des Systems der zwei Differentialgleichungen $5y_1{}' + 4y_1 - 2y_2{}' - y_2 = 0$, $y_1{}' + 8y_1 - 3y_2 = 0$ lautet:

$$\begin{vmatrix} 5r+4 & -2r-1 \\ r+8 & -3 \end{vmatrix} = 2r^2 + 2r - 4 = 0, \quad r_1 = 1, \quad r_2 = -2.$$

Die Koeffizienten A_1 und A_2 für $r_1 = 1$ erhält man aus $9A_1 - 3A_2 = 0$, $9A_1 - 3A_2 = 0$ bzw. $A_2 = 3A_1 = 3C_1$. Für $r_2 = -2$ ergibt sich analog $\overline{A}_2 = 2\overline{A}_1 = 2C_2$. Die allgemeine Lösung lautet somit $y_1 = C_1e^x + C_2e^{-2x}$, $y_2 = 3C_1e^x + 2C_2e^{-2x}$.

3. Inhomogene Systeme linearer Differerentialgleichungen 1. Ordnung

haben die allgemeine Form

$$\sum_{k=1}^{n} a_{ik}y_k{}' + \sum_{k=1}^{n} b_{ik}y_k = F_i(x) \quad (i = 1, 2, \ldots, n). \tag{9.46}$$

1. Superpositionssatz: Wenn $y_j{}^{(1)}$ und $y_j{}^{(2)}$ $(j = 1, 2, \ldots, n)$ Lösungen inhomogener Systeme sind, die sich nur durch ihre rechten Seiten $F_i^{(1)}$ bzw. $F_i^{(2)}$ unterscheiden, dann ist $y_j = y_j{}^{(1)} + y_j{}^{(2)}$ $(j = 1, 2, \ldots, n)$ auch eine Lösung dieses Systems, wobei aber für die rechten Seiten $F_i(x) = F_i^{(1)}(x) + F_i^{(2)}(x)$ gilt. Somit reicht es zur Gewinnung der allgemeinen Lösung des inhomogenen Systems aus, zur allgemeinen Lösung des zugehörigen homogenen Systems eine partikuläre Lösung des inhomogenen Systems zu addieren.

2. Die Variation der Konstanten kann z.B. benutzt werden, um eine partikuläre Lösung des inhomogenen Differentialgleichungssystems zu ermitteln. Dazu wird die allgemeine Lösung des homogenen Systems in das inhomogene System eingesetzt. Die Konstanten $C_1, C_2, \ldots, C_n$ werden zu den unbekannten Funktionen $C_1(x), C_2(x), \ldots, C_n(x)$. In den Ausdrücken für die Ableitungen $y_k{}'$ treten neue Glieder mit Ableitungen der neuen unbekannten Funktionen $C_k(x)$ auf. Beim Einsetzen in das gegebene System bleiben auf der linken Seite nur diese zusätzlichen Glieder übrig, weil sich die anderen gegenseitig kompensieren, denn die $y_1, y_2, \ldots, y_n$ sind voraussetzungsgemäß eine Lösung des homogenen Systems. Man erhält also für die $C_k{}'(x)$ ein inhomogenes System linearer algebraischer Gleichungen, das es zu lösen gilt. Nach n Integrationen findet man die Funktionen $C_1(x), C_2(x), \ldots, C_n(x)$. Einsetzen in die Lösung des homogenen Systems anstelle der Konstanten liefert die gesuchte partikuläre Lösung des inhomogenen Systems.

■ Für das System aus zwei inhomogenen Differentialgleichungen $5y_1{}' + 4y_1 - 2y_2{}' - y_2 = e^{-x}$, $y_1{}' + 8y_1 - 3y_2 = 5e^{-x}$ lautet die allgemeine Lösung des homogenen Systems (s. S. 501) $y_1 = C_1e^x + C_2e^{-2x}$, $y_2 = 3C_1e^x + 2C_2e^{-x}$. Einsetzen in die gegebenen Gleichungen und Auffassen von C_1 und C_2 als Funktionen von x ergibt $5C_1{}'e^x + 5C_2{}'e^{-2x} - 6C_1{}'e^x - 4C_2{}'e^{-2x} = e^{-x}$, $C_1{}'e^x + C_2{}'e^{-2x} = 5e^{-x}$ oder $C_2{}'e^{-2x} - C_1{}'e^{-x} = e^{-x}$, $C_1{}'e^x + C_2{}'e^{-2x} = 5e^{-x}$. Daraus folgt $2C_1{}'e^x = 4e^{-x}$, $C_1 = -e^{-2x} + \text{const}$, $2C_2{}'e^{-2x} = 6e^{-x}$, $C_2 = 3e^x + \text{const}$. Da eine partikuläre Lösung gesucht ist, werden alle Konstanten gleich Null gesetzt, was auf $y_1 = 2e^{-x}$, $y_2 = 3e^{-x}$ führt. Die allgemeine Lösung lautet somit $y_1 = 2e^{-x} + C_1e^x + C_2e^{-2x}$, $y_2 = 3e^{-x} + 3C_1e^x + 2C_2e^{-2x}$.

3. Die Methode der unbestimmten Koeffizienten ist besonders dann mit Vorteil einsetzbar, wenn die rechten Seiten aus speziellen Funktionen der Form $Q_n(x)e^{\alpha x}$ bestehen. Die Anwendung erfolgt in Analogie zu dem beschriebenen Fall der Differentialgleichungen n-ter Ordnung (s. S. 500).

4. Systeme zweiter Ordnung

Die angeführten Methoden können auch auf Systeme linearer Differentialgleichungen höherer Ordnung übertragen werden. Für das System

$$\sum_{k=1}^{n} a_{ik} y_k'' + \sum_{k=1}^{n} b_{ik} y_k' + \sum_{k=1}^{n} c_{ik} y_k = 0 \quad (i = 1, 2, \ldots, n) \tag{9.47}$$

können insbesondere auch partikuläre Lösungen der Form $y_i = A_i e^{r_i x}$ bestimmt werden. Dazu sind die r_i aus der charakteristischen Gleichung $|a_{ik} r^2 + b_{ik} r + c_{ik}| = 0$ und die A_i aus den zugehörigen linearen homogenen algebraischen Gleichungen zu ermitteln.

9.1.2.6 Lineare Differentialgleichungen zweiter Ordnung

Zu dieser Klasse von Differentialgleichungen gehören viele spezielle Differentialgleichungen, die in den Anwendungen vorkommen und in in diesem Abschnitt behandelt werden. Ausführliche Darstellungen der Eigenschaften dieser Differentialgleichungen und ihrer Lösungsfunktionen s. Lit. [9.26].

1. Allgemeine Methoden

1. Die Differentialgleichung

$$y'' + p(x)y' + q(x)y = F(x)\,. \tag{9.48a}$$

1. Die allgemeine Lösung der zugehörigen homogenen Differentialgleichung, d.h. $F(x) \equiv 0$, lautet

$$y = C_1 y_1 + C_2 y_2\,. \tag{9.48b}$$

Dabei sind y_1 und y_2 zwei linear unabhängige partikuläre Lösungen dieser Gleichung (s. S. 496). Wenn eine partikuläre Lösung y_1 bekannt ist, dann kann die zweite y_2 mit der aus der Formel (9.33) von LIOUVILLE folgenden Gleichung

$$y_2 = A y_1 \int \frac{\exp\left(-\int p\,dx\right)}{{y_1}^2}\,dx \tag{9.48c}$$

bestimmt werden, wobei A beliebig wählbar ist.

2. Eine partikuläre Lösung der inhomogenen Gleichung kann mit Hilfe der Formel

$$y = \frac{1}{A} \int\limits_{x_0}^{x} F(\xi) \exp\left(\int p(\xi)\,d\xi\right) [y_2(x) y_1(\xi) - y_1(x) y_2(\xi)]\,d\xi \tag{9.48d}$$

gewonnen werden, wobei y_1 und y_2 zwei partikuläre Lösungen der zugehörigen homogenen Differentialgleichung sind.

3. Eine partikuläre Lösung der inhomogenen Differentialgleichung kann auch durch Variation der Konstanten bestimmt werden (s. S. 497).

2. Die Differentialgleichung

$$s(x)y'' + p(x)y' + q(x)y = F(x) \tag{9.49a}$$

enthalte Funktionen $s(x)$, $p(x)$, $q(x)$ und $F(x)$, die Polynome sind oder Funktionen, die in einem gewissen Gebiet in konvergente Reihen nach Potenzen von $(x - x_0)$ entwickelt werden können, wobei $s(x_0) \neq 0$ sein muß. Die Lösungen dieser Differentialgleichung können dann ebenfalls nach Potenzen von $(x - x_0)$ in Reihen entwickelt werden, die in demselben Gebiet konvergieren. Ihre Bestimmung erfolgt mit Hilfe der Methode der unbestimmten Koeffizienten: Die gesuchte Lösung wird als Reihe der Form

$$y = a_0 + a_1(x - x_0) + a_2(x - x_0)^2 + \cdots \tag{9.49b}$$

angesetzt und in die Differentialgleichung (9.49a) eingesetzt. Gleichsetzen der Koeffizienten gleicher Potenzen von $(x - x_0)$ liefert Gleichungen zur Bestimmung der Koeffizienten $a_0, a_1, a_2, \ldots$.

■ Zur Lösung der Differentialgleichung $y'' + xy = 0$ wird $y = a_0 + a_1 x + a_2 x^2 + a_3 x^3 + \cdots$, $y' = a_1 + 2a_2 x + 3a_3 x^2 + \cdots$ und $y'' = 2a_2 + 6a_3 x + \cdots$ gesetzt. Man erhält $2a_2 = 0$, $6a_3 + a_0 = 0, \ldots$.

Die Lösung dieser Gleichungen liefert $a_2 = 0$, $a_3 = -\frac{a_0}{2\cdot 3}$, $a_4 = -\frac{a_1}{3\cdot 4}$, $a_5 = 0, \ldots$, so daß sich die Lösung zu $y = a_0\left(1 - \frac{x^3}{2\cdot 3} + \frac{x^6}{2\cdot 3\cdot 5\cdot 6} - \cdots\right) + a_1\left(x - \frac{x^4}{3\cdot 4} + \frac{x^7}{3\cdot 4\cdot 6\cdot 7} - \cdots\right)$ ergibt.

3. Die Differentialgleichung

$$x^2y'' + xp(x)y' + q(x)y = 0 \tag{9.50a}$$

kann für den Fall, daß sich die Funktionen $p(x)$ und $q(x)$ in konvergente Reihen von x entwickeln lassen, mit Hilfe der Methode der unbestimmten Koeffizienten gelöst werden. Die Lösungen haben die Form

$$y = x^r(a_0 + a_1x + a_2x^2 + \cdots), \tag{9.50b}$$

deren Exponenten r aus der *definierenden Gleichung*

$$r(r-1) + p(0)r + q(0) = 0 \tag{9.50c}$$

bestimmt werden. Wenn die Wurzeln dieser Gleichung verschieden sind und ihre Differenz nicht ganzzahlig ist, dann ergeben sich zwei unabhängige Lösungen von (9.50a). Anderenfalls liefert die Methode der unbestimmten Koeffizienten nur eine Lösung. Dann kann mit Hilfe von (9.48b) eine zweite Lösung ermittelt werden oder wenigstens eine Form gesucht werden, aus der eine Lösung mittels der Methode der unbestimmten Koeffizienten gewonnen werden kann.

■ Für die BESSELsche Differentialgleichung (9.51a) erhält man mit der Methode der unbestimmten Koeffizienten nur eine Lösung der Form $y_1 = \sum_{k=0}^{\infty} a_k x^{n+2k}$ $(a_0 \neq 0)$, die bis auf einen konstanten Faktor mit $J_n(x)$ übereinstimmt. Als zweite Lösung findet man wegen $\exp\left(-\int p\,dx\right) = \frac{1}{x}$ mit der Formel (9.48c)

$$y_2 = Ay_1\int \frac{dx}{x\cdot x^{2n}\left(\sum a_k x^{2k}\right)^2} = Ay_1\int \frac{\sum_{k=0}^{\infty} c_k x^{2k}}{x^{2n+1}}dx = By_1\ln x + x^{-n}\sum_{k=0}^{\infty} d_k x^{2k}.$$

Die Bestimmung der Koeffizienten c_k und d_k aus den a_k gestaltet sich schwierig. Man kann jedoch den letzten Ausdruck benutzen, um die Lösung mit der Methode der unbestimmten Koeffizienten zu ermitteln. Offensichtlich ist diese Form eine Reihenentwicklung der Funktion $Y_n(x)$ (9.52c).

2. BESSELsche Differentialgleichung

$$x^2y'' + xy' + (x^2 - n^2)y = 0. \tag{9.51a}$$

1. Definierende Gleichung ist in diesem Falle

$$r(r-1) + r - n^2 \equiv r^2 - n^2 = 0. \tag{9.51b}$$

Daraus folgt $r = \pm n$. Einsetzen von

$$y = x^n(a_0 + a_1x + \cdots) \tag{9.51c}$$

in diese Gleichung liefert für den zu Null gesetzten Koeffizienten x^{n+k} die Bestimmungsgleichung

$$k(2n+k)a_k + a_{k-2} = 0. \tag{9.51d}$$

Für $k = 1$ erhält man $(2n+1)a_1 = 0$. Für die Werte $2, 3, \ldots$ von k ergibt sich

$$a_{2m+1} = 0 \quad (m = 1, 2, \ldots), \quad a_2 = -\frac{a_0}{2(2n+2)},$$

$$a_4 = \frac{a_0}{2\cdot 4\cdot (2n+2)(2n+4)}, \ldots, \quad a_0 \text{ beliebig}. \tag{9.51e}$$

2. BESSEL– **oder Zylinderfunktionen** Die für $a_0 = \frac{1}{2^n\Gamma(n+1)}$ (Gammafunktion Γ s. S. 455) entstandene Reihe ist eine partikuläre Lösung der BESSELschen Differentialgleichung (9.51a) für ganzzahlige n. Sie definiert die BESSEL– oder *Zylinderfunktion* n–ter Ordnung erster Gattung

$$J_n(x) = \frac{x^n}{2^n\Gamma(n+1)}\left(1 - \frac{x^2}{2(2n+2)} + \frac{x^4}{2\cdot 4\cdot(2n+2)(2n+4)} - \cdots\right)$$

$$= \sum_{k=0}^{\infty} \frac{(-1)^k \left(\frac{x}{2}\right)^{n+2k}}{k!\Gamma(n+k+1)}. \qquad (9.52a)$$

Die Kurvenbilder der Funktionen J_0 und J_1 zeigt die **Abb.9.12**.
Die allgemeine Lösung der BESSELschen Differentialgleichung für nicht ganzzahlige n hat die Form

$$y = C_1 J_n(x) + C_2 J_{-n}(x), \qquad (9.52b)$$

wobei $J_{-n}(x)$ eine Reihe darstellt, die aus der Reihe für $J_n(x)$ durch Ersetzen von n durch $-n$ folgt. Für ganzzahliges n gilt $J_{-n}(x) = (-1)^n J_n(x)$. In der allgemeinen Lösung ist in diesem Falle $J_{-n}(x)$ durch die BESSELsche Funktion 2. Gattung

$$Y_n(x) = \lim_{m\to n} \frac{J_m(x)\cos m\pi - J_{-m}(x)}{\sin m\pi}, \qquad (9.52c)$$

auch WEBER*sche Funktion* genannt, zu ersetzen. Die Reihenentwicklung von $Y_n(x)$ s. z.B. Lit. [9.26]. Die Kurvenbilder der Funktionen Y_0 und Y_1 zeigt die **Abb.9.13**.

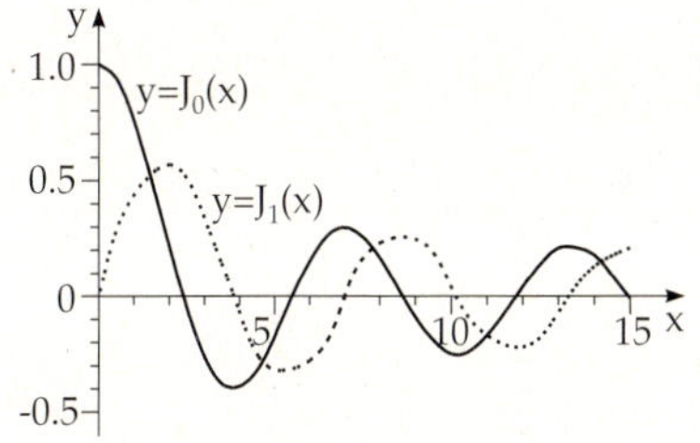

Abbildung 9.12

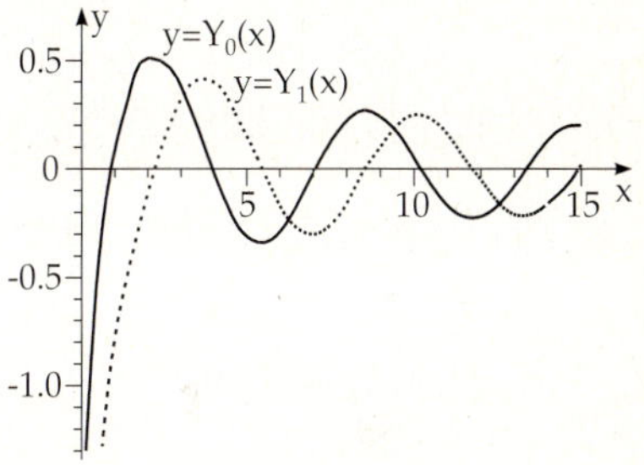

Abbildung 9.13

3. Bessel–Funktionen mit imaginären Variablen In manchen Anwendungen treten BESSEL–Funktionen mit rein imaginären Variablen auf. Dabei werden gewöhnlich die Produkte $\mathrm{i}^{-n} J_n(\mathrm{i}x)$ betrachtet, die mit $I_n(x)$ bezeichnet werden:

$$I_n(x) = \mathrm{i}^{-n} J_n(\mathrm{i}x) = \frac{\left(\frac{x}{2}\right)^n}{\Gamma(n+1)} + \frac{\left(\frac{x}{2}\right)^{n+2}}{1!\Gamma(n+2)} + \frac{\left(\frac{x}{2}\right)^{n+4}}{2!\Gamma(n+3)} + \cdots. \qquad (9.53a)$$

Hierbei handelt es sich um Lösungen der Differentialgleichung

$$x^2y'' + xy' - (x^2 + n^2)y = 0. \qquad (9.53b)$$

Eine zweite Lösung dieser Differentialgleichung ist die MACDONALD*sche Funktion*

$$K_n(x) = \frac{\pi}{2}\frac{I_{-n}(x) - I_n(x)}{\sin n\pi}. \qquad (9.53c)$$

Wenn n gegen eine ganze Zahl konvergiert, strebt dieser Ausdruck einem Grenzwert zu.
Die Funktionen $I_n(x)$ und $K_n(x)$ werden auch *modifizierte* BESSEL–*Funktionen* genannt.
Die Kurvenbilder der Funktionen I_0 und I_1 zeigt die **Abb. 9.14**, die der Funktionen K_0 und K_1 die **Abb. 9.15**. Werte der Funktionen $J_0(x)$, $J_1(x)$, $Y_0(x)$, $Y_1(x)$, $I_0(x)$, $I_1(x)$, $K_0(x)$, $K_1(x)$ enthalten die **Tabellen 21.9**.

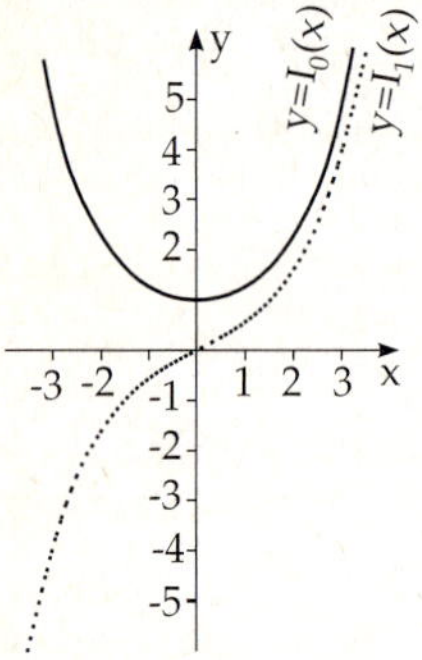

Abbildung 9.14

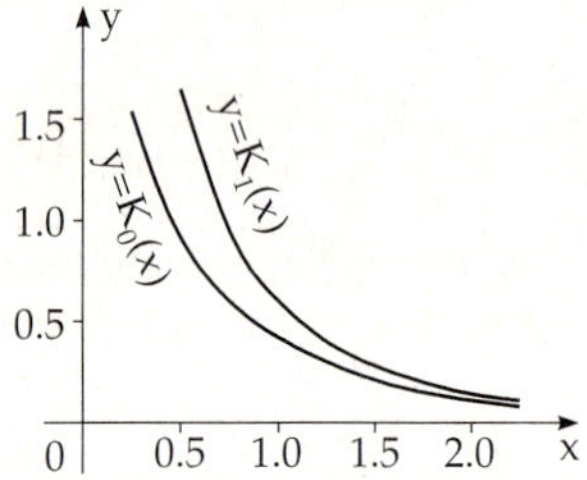

Abbildung 9.15

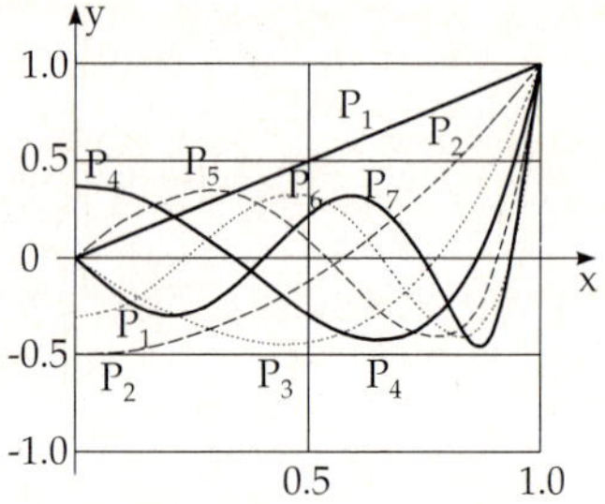

Abbildung 9.16

4. Formeln für die BESSEL–Funktionen $J_n(x)$

$$J_{n-1}(x) + J_{n+1}(x) = \frac{2n}{x} J_n(x)\,, \qquad \frac{dJ_n(x)}{dx} = -\frac{n}{x} J_n(x) + J_{n-1}(x)\,. \tag{9.54a}$$

Die gleichen Formeln gelten auch für die WEBER–Funktionen $Y_n(x)$:

$$I_{n-1}(x) - I_{n+1}(x) = \frac{2nI_n(x)}{x}\,, \qquad \frac{dI_n(x)}{dx} I_{n-1}(x) - \frac{n}{x} I_n(x)\,, \tag{9.54b}$$

$$K_{n+1}(x) - K_{n-1}(x) = \frac{2nK_n(x)}{x}\,, \qquad \frac{dK_n(x)}{dx} = -K_{n-1}(x) - \frac{n}{x} K_n(x)\,. \tag{9.54c}$$

Für ganzzahliges n gilt:

$$J_{2n}(x) = \frac{2}{\pi} \int\limits_0^{\pi/2} \cos(x \sin\varphi) \cos 2n\varphi \, d\varphi\,, \tag{9.54d}$$

$$J_{2n+1}(x) = \frac{2}{\pi} \int\limits_0^{\pi/2} \sin(x \sin\varphi) \sin(2n+1)\varphi \, d\varphi \tag{9.54e}$$

oder, in komplexer Form,

$$J_n(x) = \frac{(-i)^n}{\pi} \int\limits_0^{\pi} e^{ix\cos\varphi} \cos n\varphi \, d\varphi\,. \tag{9.54f}$$

Die $J_{n+1/2}(x)$ können durch elementare Funktionen ausgedrückt werden. Insbesondere gilt:

$$J_{1/2}(x) = \sqrt{\frac{2}{\pi x}} \sin x\,, \tag{9.55a}$$

$$J_{-1/2}(x) = \sqrt{\frac{2}{\pi x}} \cos x\,. \tag{9.55b}$$

Durch sukzessive Anwendung der Rekursionsformeln (9.54a) bis (9.54f) können die Ausdrücke für $J_{n+1/2}(x)$ für beliebige ganzzahlige n aufgeschrieben werden. Für große Werte von x ergeben sich die folgenden asymptotischen Formeln:

$$J_n(x) = \sqrt{\frac{2}{\pi x}} \left[\cos\left(x - \frac{n\pi}{2} - \frac{\pi}{4}\right) + O\left(\frac{1}{x}\right)\right], \tag{9.56a}$$

$$I_n(x) = \frac{e^x}{\sqrt{2\pi x}} \left[1 + O\left(\frac{1}{x}\right)\right], \tag{9.56b}$$

$$Y_n(x) = \sqrt{\frac{2}{\pi x}}\left[\sin\left(x - \frac{n\pi}{2} - \frac{\pi}{4}\right) + O\left(\frac{1}{x}\right)\right], \quad (9.56c) \qquad K_n(x) = \sqrt{\frac{\pi}{2x}}e^{-x}\left[1 + O\left(\frac{1}{x}\right)\right]. \quad (9.56d)$$

Der Ausdruck $O\left(\frac{1}{x}\right)$ bedeutet eine infinitesimale Größe der gleichen Ordnung wie $\frac{1}{x}$ (s. LANDAU–Symbole, S. 55).
Weitere Angaben über BESSEL–Funktionen s. Lit. [21.1].

3. LEGENDREsche Differentialgleichung

Bei Beschränkung auf den Fall reeller Veränderlicher und ganzzahliger Parameter $n = 0, 1, 2, \ldots$ hat die LEGENDREsche Differentialgleichung die Gestalt

$$(1 - x^2)y'' - 2xy' + n(n+1)y = 0 \quad \text{oder} \quad ((1 - x^2)y')' + n(n+1)y = 0. \tag{9.57a}$$

1. LEGENDREsche Polynome oder Kugelfunktionen 1. Art heißen die partikulären Lösungen der LEGENDREschen Differentialgleichung für ganzzahlige n, die sich über den Potenzreihenansatz $y = \sum_{\nu=0}^{\infty} a_\nu x^\nu$ ermitteln lassen:

$$P_n(x) = \frac{(2n)!}{2^n(n!)^2}\left[x^n - \frac{n(n-1)}{2(2n-1)}x^{n-2} + \frac{n(n-1)(n-2)(n-3)}{2\cdot 4(2n-1)(2n-3)}x^{n-4} - + \cdots\right]. \tag{9.57b}$$

$$(|x| < \infty).$$

$$P_n(x) = F\left(n+1, -n, 1; \frac{1-x}{2}\right) = \frac{1}{2^n n!}\frac{d^n(x^2-1)^n}{dx^n}, \tag{9.57c}$$

wobei mit F die hypergeometrische Reihe (s. S. 508) bezeichnet wird. Die ersten acht Polynome haben die folgende einfache Form (s. S. 1062):

$$P_0(x) = 1, \quad (9.57d) \quad P_1(x) = x, \quad (9.57e) \quad P_2(x) = \frac{1}{2}(3x^2 - 1), \quad (9.57f) \quad P_3(x) = \frac{1}{2}(5x^3 - 3x), \quad (9.57g)$$

$$P_4(x) = \frac{1}{8}(35x^4 - 30x^2 + 3), \quad (9.57h) \qquad P_5(x) = \frac{1}{8}(63x^5 - 70x^3 + 15x), \quad (9.57i)$$

$$P_6(x) = \frac{1}{16}(231x^6 - 315x^4 + 105x^2 - 5), \quad (9.57j) \qquad P_7(x) = \frac{1}{16}(429x^7 - 693x^5 + 315x^3 - 35x). \quad (9.57k)$$

Die Kurvenbilder von $P_n(x)$ für Werte von $n = 1$ bis $n = 7$ sind in **Abb.9.16** dargestellt. Zahlenwerte können leicht mit dem Taschenrechner berechnet oder in Tabellen nachgesehen werden.

2. Eigenschaften der LEGENDREschen Polynome 1. Art

a)
$$P_n(x) = \frac{1}{\pi}\int_0^\pi (x \pm \cos\varphi\sqrt{x^2-1})^n\, d\varphi = \frac{1}{\pi}\int_0^\pi \frac{d\varphi}{(x \pm \cos\varphi\sqrt{x^2-1})^{n+1}}. \tag{9.58a}$$

Das Vorzeichen kann in beiden Gleichungen beliebig genommen werden.

b) Rekursionsformel:

$$(n+1)P_{n+1}(x) = (2n+1)xP_n(x) - nP_{n-1}(x) \quad (n \geq 1), \tag{9.58b}$$

$$(x^2 - 1)\frac{dP_n(x)}{dx} = n[xP_n(x) - P_{n-1}(x)]. \tag{9.58c}$$

c) Orthogonalitätsrelation:

$$\int_{-1}^{1} P_n(x)P_m(x)\,dx = \begin{cases} 0 & \text{für } m \neq n\,, \\ \dfrac{2}{2n+1} & \text{für } m = n\,. \end{cases} \tag{9.58d}$$

d) Nullstellensatz: Alle n Nullstellen von $P_n(x)$ sind reell und einfach und liegen im Intervall $(-1, 1)$.
e) Erzeugende Funktion: Die LEGENDREschen Polynome 1. Art können auch als Reihenentwicklung der Funktion

$$\frac{1}{\sqrt{1-2rx+r^2}} = \sum_{n=0}^{\infty} P_n(x)r^n \tag{9.58e}$$

erzeugt werden.
Weitere Angaben über die LEGENDREschen Polynome 1. Art s. Lit. [21.1].

3. LEGENDREsche Funktionen oder Kugelfunktionen 2. Art Eine zweite partikuläre, von $P_n(x)$ linear unabhängige Lösung $Q_n(x)$ erhält man für $|x| > 1$ durch die Potenzreihenentwicklung $\sum\limits_{\nu=-\infty}^{-(n+1)} b_\nu x^\nu$:

$$Q_n(x) = \frac{2^n(n!)^2}{(2n+1)!} x^{-(n+1)} F\left(\frac{n+1}{2}, \frac{n+2}{2}, \frac{2n+3}{2}; \frac{1}{x^2}\right). \tag{9.59a}$$

Die für $|x| < 1$ gültige Darstellung von $Q_n(x)$ lautet:

$$Q_n(x) = \frac{2^n(n!)^2}{(2n+1)!}\left[x^{-(n+1)} + \frac{(n+1)(n+2)}{2(2n+3)}x^{-(n+3)} + \frac{(n+1)(n+2)(n+3)(n+4)}{2\cdot 4\cdot(2n+3)(2n+5)}x^{-(n+5)} + \cdots\right]. \tag{9.59b}$$

Man bezeichnet die Kugelfunktionen 1. und 2. Art auch als *zugeordnete* oder *assoziierte* LEGENDRE*sche Funktionen* (s. auch S. 541).

4. Hypergeometrische Differentialgleichung

Hypergeometrische Differentialgleichung heißt die Gleichung

$$x(1-x)\frac{d^2y}{dx^2} + [\gamma - (\alpha+\beta+1)x]\frac{dy}{dx} - \alpha\beta y = 0\,, \tag{9.60a}$$

in der die α, β und γ Parameter sind. Sie beinhaltet eine große Zahl wichtiger Spezialfälle.

a) Für $\alpha = n+1$, $\beta = -n$, $\gamma = 1$ und $x = \dfrac{1-z}{2}$ ergibt sich die LEGENDREsche Differentialgleichung.

b) Für $\gamma \neq 0$ oder γ ist keine ganze negative Zahl, ergibt sich als partikuläre Lösung die hypergeometrische Reihe :

$$F(\alpha,\beta,\gamma,x) = 1 + \frac{\alpha\cdot\beta}{1\cdot\gamma}x + \frac{\alpha(\alpha+1)\beta(\beta+1)}{1\cdot 2\cdot\gamma(\gamma+1)}x^2 + \cdots + \frac{\alpha(\alpha+1)\ldots(\alpha+n)\beta(\beta+1)\ldots(\beta+n)}{1\cdot 2\ldots(n+1)\cdot\gamma(\gamma+1)\ldots(\gamma+n)}x^{n+1} + \cdots\,, \tag{9.60b}$$

die für $|x| < 1$ absolut konvergiert. Die Konvergenz der hypergeometrischen Reihe hängt für $x = \pm 1$ von der Zahl $\delta = \gamma - \alpha - \beta$ ab. Für $x = 1$ konvergiert sie, falls $\delta > 0$ ist, für $\delta \leq 0$ divergiert sie. Für $x = -1$ ergibt $\delta < 0$ absolute Konvergenz, $-1 < \delta \leq 0$ bedingte Konvergenz und $\delta \leq -1$ Divergenz.

c) Für $2 - \gamma \neq 0$ oder ungleich einer ganzen negativen Zahl ergibt sich als partikuläre Lösung die Funktion

$$y = x^{1-\gamma}F(\alpha+1-\gamma, \beta+1-\gamma, 2-\gamma, x)\,. \tag{9.60c}$$

d) In einigen Fällen wird die hypergeometrische Reihe zu einer elementaren Funktion, z.B.:

$$F(1,\beta,\beta,x) = F(\alpha,1,\alpha,x) = \frac{1}{1-x}, \quad (9.61a) \qquad F(-n,\beta,\beta,-x) = (1+x)^n, \quad (9.61b)$$

$$F(1,1,2,-x) = \frac{\ln(1+x)}{x}, \quad (9.61c) \qquad F\left(\frac{1}{2},\frac{1}{2},\frac{3}{2},x^2\right) = \frac{\arcsin x}{x}, \quad (9.61d)$$

$$\lim_{\beta\to\infty} F\left(1,\beta,1,\frac{x}{\beta}\right) = e^x. \quad (9.61e)$$

5. LAGUERREsche Differentialgleichung

Bei Beschränkung auf ganzzahlige Parameter ($n = 0,1,2,\ldots$) und reelle Veränderliche hat die LAGUERRE*sche Differentialgleichung* die Form

$$xy'' + (\alpha + 1 - x)y' + ny = 0. \quad (9.62a)$$

Als partikuläre Lösungen ergeben sich die LAGUERRE*schen Polynome*

$$L_n^{(\alpha)}(x) = \frac{e^x x^{-\alpha}}{n!}\frac{d^n}{dx^n}(e^{-x}x^{n+\alpha}) = \sum_{k=0}^{n}\binom{n+\alpha}{n-k}\frac{(-x)^k}{k!}. \quad (9.62b)$$

Die Rekursionsformel für $n \ge 1$ lautet:

$$(n+1)L_{n+1}^{(\alpha)}(x) = (-x + 2n + \alpha + 1)L_n^{(\alpha)}(x) - (n+\alpha)L_{n-1}^{(\alpha)}(x), \quad (9.62c)$$

$$L_0^{(\alpha)}(x) = 1, \quad L_1^{(\alpha)} = 1 + \alpha - x. \quad (9.62d)$$

Als Orthogonalitätsrelation gilt für $\alpha > -1$:

$$\int_0^\infty e^{-x}x^\alpha L_m^{(\alpha)}(x)L_n^{(\alpha)}(x)\,dx = \begin{cases} 0 & \text{für } m \ne n, \\ \binom{n+\alpha}{n}\Gamma(1+\alpha) & \text{für } m = n. \end{cases} \quad (9.62e)$$

Mit Γ ist die Gammafunktion (s. S. 455) bezeichnet.

6. HERMITEsche Differentialgleichung

In der Literatur sind zwei Definitionsgleichungen gebräuchlich:

a) Definitionsgleichung zu Variante 1:

$$y'' - xy' + ny = 0 \quad (n = 0,1,2,\ldots). \quad (9.63a)$$

b) Definitionsgleichung zu Variante 2:

$$y'' - 2xy' + ny = 0 \quad (n = 0,1,2,\ldots). \quad (9.63b)$$

Partikuläre Lösungen sind die HERMITE*schen Polynome*, die enstsprechend in zwei Varianten auftreten, als $He_n(x)$ zu Definitionsgleichung 1 und als $H_n(x)$ zu Definitionsgleichung 2.

a) HERMITEsche Polynome zu Definitionsgleichung 1:

$$He_n(x) = (-1)^n e^{\frac{x^2}{2}}\frac{d^n}{dx^n}\left(e^{-\frac{x^2}{2}}\right)$$
$$= x^n - \binom{n}{2}x^{n-2} + 1\cdot 3\binom{n}{4}x^{n-4} - 1\cdot 3\cdot 5\binom{n}{6}x^{n-6} + \cdots \quad (n \in \mathbb{N}). \quad (9.63c)$$

Für $n \ge 1$ gelten die folgenden Rekursionsformeln:

$$He_{n+1}(x) = xHe_n(x) - nHe_{n-1}(x), \quad (9.63d) \qquad He_0(x) = 1, \quad He_1(x) = x. \quad (9.63e)$$

Die Orthogonalitätsrelation lautet:

$$\int_{-\infty}^{+\infty} e^{-x^2/2} He_m(x) He_n(x)\,dx = \begin{cases} 0 & \text{für } m \neq n\,, \\ n!\sqrt{2\pi} & \text{für } m = n\,. \end{cases} \tag{9.63f}$$

b) HERMITEsche Polynome zu Definitionsgleichung 2:

$$H_n(x) = (-1)^n\, e^{x^2} \frac{d^n}{dx^n}\left(e^{-x^2}\right) \quad (n \in \mathbb{N})\,. \tag{9.63g}$$

Der Zusammenhang mit den HERMITEschen Polynomen zur 1. Definitionsgleichung lautet:

$$He_n(x) = 2^{-n/2} H_n\left(\frac{x}{\sqrt{2}}\right) \quad (n \in \mathbb{N})\,. \tag{9.63h}$$

9.1.3 Randwertprobleme

9.1.3.1 Problemstellung

1. Begriff des Randwertproblems

Differentialgleichungen müssen in verschiedenen Anwendungen, z.B. in der mathematischen Physik (s. S. 532), als sogenannte *Randwertprobleme* gelöst werden. Darunter versteht man Probleme, bei denen die gesuchte Lösung in den Endpunkten eines Intervalls der unabhängigen Variablen vorgegebenen Bedingungen genügen muß. Eine Spezifizierung ist das lineare Randwertproblem, das vorliegt, wenn eine Lösung einer linearen Differentialgleichung gesucht wird, die linearen Randbedingungen genügt. Im folgenden wird die Betrachtung auf lineare Differentialgleichungen 2. Ordnung beschränkt, für die lineare Randbedingungen vorgegeben sind.

2. Selbstadjungierte Differentialgleichung

Selbstadjungierte Differentialgleichung wird die folgende wichtige Form der Differentialgleichungen 2. Ordnung genannt:

$$[py']' - qy + \lambda\varrho y = f\,. \tag{9.64a}$$

Als lineare Randbedingung werden die homogenen Bedingungen

$$A_0 y(a) + B_0 y'(a) = 0\,, \quad A_1 y(b) + B_1 y'(b) = 0 \tag{9.64b}$$

vorgegeben. Die Funktionen $p(x)$, $p'(x)$, $q(x)$, $\varrho(x)$ und $f(x)$ sollen in dem endlichen Intervall $a \leq x \leq b$ stetig sein. Im Falle eines unendlichen Intervalls ändern sich die Ergebnisse ganz wesentlich (s. Lit. [9.6]). Außerdem wird verlangt, daß $p(x) > p_0 > 0$, $\varrho(x) > \varrho_0 > 0$ gilt. Die Größe λ, ein Parameter der Differentialgleichung, ist konstant. Für $f = 0$ ergibt sich zum *inhomogenen Randwertproblem* das zugehörige *homogene Randwertproblem.*

Jede Differentialgleichung 2. Ordnung

$$Ay'' + By' + Cy + \lambda Ry = F \tag{9.64c}$$

kann, falls in $[a, b]$ $A \neq 0$ ist, durch Multiplikation mit p/A auf die selbstadjungierte Form (9.64a) gebracht werden. Dazu sind die Substitutionen

$$p = e^{\int \frac{B}{A}\,dx}\,, \quad q = -\frac{pC}{A}\,, \quad \varrho = \frac{pR}{A} \tag{9.64d}$$

erforderlich.

Um eine Lösung zu finden, die den inhomogenen Bedingungen

$$A_0 y(a) + B_0 y'(a) = C_0\,, \quad A_1 y(b) + B_1 y'(b) = C_1 \tag{9.64e}$$

genügt, geht man auf eine Aufgabe mit homogenen Bedingungen zurück, ändert aber die rechte Seite $f(x)$, indem die unbekannte Funktion mit Hilfe der Substitution $y = z + u$ ersetzt wird. Dabei ist u eine beliebige, zweimal differenzierbare Funktion, die die inhomogenen Randbedingungen erfüllt, während z eine neue unbekannte Funktion ist, die die zugehörigen homogenen Randbedingungen erfüllt.

3. STURM–LIOUVILLEsches Problem

Für einen festen Wert des Parameters λ gibt es zwei Fälle:

1. Das inhomogene Randwertproblem besitzt eine eindeutige Lösung bei beliebigem $f(x)$, während das zugehörige homogene Problem lediglich die triviale, identisch verschwindende Lösung besitzt, oder:

2. Das zugehörige homogene Problem besitzt nichttriviale, d.h. nicht verschwindende Lösungen. Dann ist das inhomogene Problem nicht für beliebige rechte Seiten lösbar; im Falle der Existenz einer Lösung ist diese nicht eindeutig bestimmt.

Die Werte des Parameters λ, für die der zweite Fall eintritt, d.h. das homogene Problem hat eine nichttriviale Lösung, werden *Eigenwerte des Randwertproblems* genannt, die zugehörigen nichttrivialen Lösungen, seine *Eigenfunktionen.* Die Aufgabe, die Eigenwerte und Eigenfunktionen der Differentialgleichung (9.64a) zu bestimmen, nennt man das STURM–LIOUVILLE*sche Problem.*

9.1.3.2 Haupteigenschaften der Eigenfunktionen und Eigenwerte

1. Die Eigenwerte eines Randwertproblems bilden eine monoton wachsende Folge reeller Zahlen

$$\lambda_0 < \lambda_1 < \lambda_2 < \cdots < \lambda_n < \cdots , \tag{9.65a}$$

die gegen unendlich strebt.

2. Die Eigenfunktion, die zum Eigenwert λ gehört, besitzt im Intervall $a < x < b$ genau n Nullstellen.

3. Sind $y(x)$ und $z(x)$ zwei Eigenfunktionen, die zu demselben Eigenwert λ gehören, dann unterscheiden sie sich nur durch einen konstanten Faktor c, d.h., es gilt:

$$z(x) = cy(x)\,. \tag{9.65b}$$

4. Für zwei Eigenfunktionen $y_1(x)$ und $y_2(x)$, die den verschiedenen Eigenwerten λ_1 und λ_2 entsprechen, gilt die *Orthogonalitätsrelation*

$$\int_a^b y_1(x)\, y_2(x)\, \varrho(x)\, dx = 0\,, \tag{9.65c}$$

wobei $\varrho(x)$ das *Gewicht der Orthogonalität* genannt wird.

5. Wenn in (9.64a) die Koeffizienten $p(x)$ und $q(x)$ durch $\tilde{p}(x) \geq p(x)$ und $\tilde{q}(x) \geq q(x)$ ersetzt werden, dann werden die Eigenwerte nicht kleiner, sondern es gilt $\tilde{\lambda}_n \geq \lambda_n$, wobei $\tilde{\lambda}_n$ und λ_n die n-ten Eigenwerte der geänderten bzw. ungeänderten Gleichung sind. Wenn jedoch der Koeffizient $\varrho(x)$ durch $\tilde{\varrho}(x) \geq \varrho(x)$ ersetzt wird, dann werden die Eigenwerte nicht größer, sondern es gilt $\tilde{\lambda}_n \leq \lambda_n$. Der n-te Eigenwert hängt hierbei stetig von den Koeffizienten der Gleichung ab, d.h., daß hinreichend kleinen Änderungen der Koeffizienten beliebig kleine Änderungen des n-ten Eigenwertes entsprechen.

6. Verkleinerungen des Intervalls $[a, b]$ ziehen keine Verkleinerung der Eigenwerte nach sich.

9.1.3.3 Entwicklung nach Eigenfunktionen

1. Normierung der Eigenfunktion

Zu jedem λ_n wird eine Eigenfunktion $\varphi_n(x)$ derart gewählt, daß gilt:

$$\int_a^b [\varphi_n(x)]^2 \varrho(x)\, dx = 1\,. \tag{9.66a}$$

Man spricht von einer *normierten Eigenfunktion.*

2. FOURIER–Entwicklung

Jeder im Intervall $[a, b]$ definierten Funktion $g(x)$ kann ihre FOURIER–*Reihe*

$$g(x) \sim \sum_{n=0}^{\infty} c_n \varphi_n(x)\,, \quad c_n = \int_a^b g(x)\, \varphi_n(x)\, \varrho(x)\, dx \tag{9.66b}$$

nach den Eigenwerten des zugehörigen Randwertproblems zugeordnet werden, sofern die Integrale in (9.66b) sinnvoll sind.

3. Entwicklungssatz

Die FOURIER-Reihe konvergiert absolut und gleichmäßig gegen $g(x)$, wenn die Funktion $g(x)$ eine stetige Ableitung besitzt und den Randbedingungen des zugehörigen Problems genügt.

4. PARSEVALsche Gleichung

Wenn das Integral auf der linken Seite einen Sinn hat, dann gilt stets

$$\int_a^b [g(x)]^2 \varrho(x)\,dx = \sum_{n=0}^{\infty} {c_n}^2 . \tag{9.66c}$$

Die FOURIER-Reihe der Funktion $g(x)$ konvergiert in diesem Falle im Mittel gegen $g(x)$, d.h., es gilt

$$\lim_{N\to\infty} \int_a^b \left[g(x) - \sum_{n=0}^{N} c_n \varphi_n(x) \right]^2 \varrho(x)\,dx = 0 . \tag{9.66d}$$

5. Singuläre Fälle

Randwertprobleme des betrachteten Typs treten bei Anwendungen der FOURIERschen Methode zur Lösung von Aufgaben der theoretischen Physik häufig auf, aber mit dem Unterschied, daß in den Endpunkten des Intervalls $[a, b]$ Singularitäten der Differentialgleichungen vorkommen können, z.B. das Verschwinden von $p(x)$. In solchen singulären Punkten werden den Lösungen gewisse Einschränkungen auferlegt wie z.B. Stetigkeit oder Endlichkeit oder unbeschränktes Wachstum, nicht höher als von einer bestimmten Ordnung. Solche Bedingungen spielen die Rolle von homogenen Randbedingungen (s. S. 534). Außerdem tritt der Fall auf, daß bei einigen Randwertproblemen homogene Randbedingungen zu untersuchen sind, die die Werte der Funktion und ihrer Ableitung in entgegengesetzten Endpunkten des Intervalls miteinander verknüpfen. Häufig sind dabei die Bedingungen

$$y(a) = y(b), \quad p(a)y'(a) = p(b)y'(b) \tag{9.67}$$

vertreten, die im Falle $p(a) = p(b)$ Periodizitätsbedingungen darstellen. Für Randwertprobleme mit diesen Bedingungen gilt alles, was oben ausgeführt wurde, ausgenommen die Behauptung (9.65b). Ausführliche Darstellungen der Problematik s. Lit. [9.6].

9.2 Partielle Differentialgleichungen

9.2.1 Partielle Differentialgleichungen 1. Ordnung

9.2.1.1 Lineare partielle Differentialgleichungen 1. Ordnung

1. Lineare und quasilineare partielle Differentialgleichungen

Die Gleichung

$$X_1 \frac{\partial z}{\partial x_1} + X_2 \frac{\partial z}{\partial x_2} + \cdots + X_n \frac{\partial z}{\partial x_n} = Y \qquad (9.68a)$$

heißt *lineare partielle Differentialgleichung erster Ordnung.* Mit z wird eine unbekannte Funktion der unabhängigen Variablen $x_1, \ldots, x_n$ bezeichnet, und die $X_1, \ldots, X_n, Y$ sind vorgegebene Funktionen dieser Variablen. Wenn die Funktionen $X_1, \ldots, X_n, Y$ auch noch von z abhängen, spricht man von einer *quasilinearen partiellen Differentialgleichung.* Im Falle

$$Y \equiv 0 \qquad (9.68b)$$

heißt die Gleichung homogen.

2. Integration der homogenen partiellen linearen Differentialgleichung

Die Integration der homogenen partiellen linearen Differentialgleichung ist der Integration des sogenannten *charakteristischen Systems*

$$\frac{dx_1}{X_1} = \frac{dx_2}{X_2} = \cdots = \frac{dx_n}{X_n} \qquad (9.69a)$$

äquivalent. Zur Lösung dieses Systems können zwei Wege eingeschlagen werden:

1. Man kann als unabhängige Variable ein beliebiges x_k auswählen, für das $X_k \neq 0$ gilt, so daß das System in die Form

$$\frac{dx_j}{dx_k} = \frac{X_j}{X_k} \quad (j = 1, \ldots, n) \qquad (9.69b)$$

übergeht.

2. Bequemer ist es, unter Beibehaltung der Symmetrie eine neue unabhängige Variable t einzuführen, indem

$$\frac{dx_j}{dt} = X_j \qquad (9.69c)$$

gesetzt wird.

Jedes erste Integral des Systems (9.69a) ist eine Lösung der homogenen linearen partiellen Differentialgleichung (9.68b) und umgekehrt, jede Lösung von (9.68b) ist ein erstes Integral von (9.69a) (s. S. 493). Wenn hierbei $n-1$ erste Integrale

$$\varphi_i(x_i, \ldots, x_n) = 0 \quad (i = 1, 2, \ldots, n-1) \qquad (9.69d)$$

unabhängig sind (s. S. 496), dann gilt

$$z = \Phi(\varphi_1, \ldots, \varphi_{n-1}) \,. \qquad (9.69e)$$

Dabei ist Φ eine beliebige Funktion der $n-1$ Argumente φ_i und eine allgemeine Lösung von (9.68b).

3. Integration der inhomogenen linearen und der quasilinearen partiellen Differentialgleichung

Zur Integration der inhomogenen linearen und der quasilinearen partiellen Differentialgleichung (9.68a) wird die Lösung z in der impliziten Form $V(x_1, \ldots, x_n, z) = C$ gesucht. Die Funktion V ist eine Lösung der homogenen linearen Differentialgleichung mit $n+1$ unabhängigen Veränderlichen

$$X_1 \frac{\partial V}{\partial x_1} + X_2 \frac{\partial V}{\partial x_2} + \cdots + X_n \frac{\partial V}{\partial x_n} + Y \frac{\partial V}{\partial z} = 0 \,, \qquad (9.70a)$$

deren charakteristisches System

$$\frac{dx_1}{X_1} = \frac{dx_2}{X_2} = \cdots = \frac{dx_n}{X_n} = \frac{dz}{Y} \tag{9.70b}$$

charakteristisches System der ursprünglichen Gleichung (9.68a) genannt wird.

4. Geometrische Darstellung und Charakteristik des Systems

Im Falle zweier unabhängiger Veränderlicher $x_1 = x$ und $x_2 = y$ mit

$$P(x,y,z)\frac{\partial z}{\partial x} + Q(x,y,z)\frac{\partial z}{\partial y} = R(x,y,z) \tag{9.71a}$$

ist die Lösung $z = f(x,y)$ eine Fläche im x,y,z–Raum, die *Integralfläche* der Differentialgleichung genannt wird. Die Gleichung (9.71a) bedeutet, daß in jedem Punkt der Integralfläche $z = f(x,y)$ der Normalenvektor $\left(\frac{\partial z}{\partial x}, \frac{\partial z}{\partial y}, -1\right)$ orthogonal zu dem in diesem Punkt gegebenen Vektor (P,Q,R) ist. Dabei nimmt das System (9.70b) die Form

$$\frac{dx}{P(x,y,z)} = \frac{dy}{Q(x,y,z)} = \frac{dz}{R(x,y,z)} \tag{9.71b}$$

an. Daraus folgt (s. S. 645), daß die *Integralkurven des Systems*, die auch die *Charakteristika des Systems* genannt werden, die Vektoren (P,Q,R) berühren. Daher liegt eine Charakteristik, die mit der Integralfläche $z = f(x,y)$ einen Punkt gemeinsam hat, ganz in dieser Fläche. Unter der Bedingung, daß der Existenzsatz von S. 493 gilt, verläuft durch jeden Punkt des Raumes eine Integralkurve des charakteristischen Systems, so daß die Integralkurven aus Charakteristiken bestehen.

5. CAUCHYsches Problem

Gegeben sind n Funktionen von $n-1$ unabhängigen Variablen $t_1, t_2, \ldots, t_{n-1}$:

$$x_1 = x_1(t_1,t_2,\ldots,t_{n-1}),\ x_2 = x_2(t_1,t_2,\ldots,t_{n-1}),\ldots,\ x_n = x_n(t_1,t_2,\ldots,t_{n-1}). \tag{9.72a}$$

Das CAUCHYsche Problem für die Differentialgleichung (9.68a) besteht darin, eine Lösung

$$z = \varphi(x_1,x_2,\ldots,x_n) \tag{9.72b}$$

zu bestimmen, die beim Einsetzen von (9.72a) in eine vorgegebene Funktion $\psi(t_1,t_2,\ldots,t_{n-1})$ ergibt:

$$\varphi[x_1(t_1,t_2,\ldots,t_{n-1}),\ x_2(t_1,t_2,\ldots,t_{n-1}),\ldots,\ x_n(t_1,t_2,\ldots,t_{n-1})] = \psi(t_1,t_2,\ldots,t_{n-1}). \tag{9.72c}$$

Im Falle zweier Variabler reduziert sich das Problem auf das Aufsuchen einer Integralfläche, die durch eine gegebene Kurve verläuft. Wenn diese Kurve eine stetige Tangente hat und in keinem Punkt eine Charakteristik berührt, dann besitzt das CAUCHYsche Problem in einer gewissen Umgebung dieser Kurve stets eine eindeutige Lösung. Dabei besteht die Integralfläche aus der Menge aller der Charakteristiken, die die gegebene Kurve schneiden. Eine exaktere Formulierung des Satzes über die Existenz der Lösung des CAUCHYschen Problems s. Lit. [9.26].

■ **A:** Für die lineare inhomogene partielle Differentialgleichung 1. Ordnung $(mz-ny)\frac{\partial z}{\partial x} + (nx - lz)\frac{\partial z}{\partial y} = ly - mx$ (l,m,n sind konstant) lauten die Gleichungen der Charakteristiken $\frac{dx}{mz-ny} = \frac{dy}{nx-lz} = \frac{dz}{ly-mx}$. Die Integrale dieses Systems lauten $lx+my+nz = C_1$, $x^2+y^2+z^2 = C_2$. Als Charakteristiken ergeben sich Kreise, deren Mittelpunkte auf einer durch den Koordinatenursprung verlaufenden Geraden liegen, die zu l,m,n proportionale Richtungskosinusse besitzt. Die Integralflächen sind Rotationsflächen mit dieser Geraden als Achse.

■ **B:** Es ist die Integralfläche der linearen inhomogenen Differentialgleichung 1. Ordnung $\frac{\partial z}{\partial x} + \frac{\partial z}{\partial y} = z$

zu bestimmen, die durch die Kurve $x = 0$, $z = \varphi(y)$ verläuft. Die Gleichungen der Charakteristiken lauten $\frac{dx}{1} = \frac{dy}{1} = \frac{dz}{z}$. Die durch den Punkt (x_0, y_0, z_0) verlaufenden Charakteristiken sind $y = x - x_0 + y_0$, $z = z_0 e^{x-x_0}$. Als Parameterdarstellung der gesuchten Integralfläche findet man $y = x + y_0$, $z = e^x \varphi(y_0)$, wenn $x_0 = 0$, $z_0 = \varphi(y_0)$ gesetzt wird. Die Elimination von y_0 führt auf $z = e^x \varphi(y - x)$.

9.2.1.2 Nichtlineare partielle Differentialgleichungen 1. Ordnung

1. Allgemeine Form der partiellen Differentialgleichung 1. Ordnung

wird die implizite Gleichung

$$F\left(x_1, \ldots, x_n, z, \frac{\partial z}{\partial x_1}, \ldots, \frac{\partial z}{\partial x_n}\right) = 0 \tag{9.73a}$$

genannt.

1. Vollständiges Integral heißt die Lösung

$$z = \varphi(x_1, \ldots, x_n; a_1, \ldots, a_n), \tag{9.73b}$$

die von n Parametern $a_1, \ldots, a_n$ abhängt und für deren Funktionaldeterminante (s. S. 122) mit den betrachteten Werten von $x_1, \ldots, x_n, z$ gelten muß:

$$\frac{\partial\left(\varphi'_{x_1}, \ldots, \varphi'_{x_n}\right)}{\partial(a_1, \ldots, a_n)} \neq 0. \tag{9.73c}$$

2. Charakteristische Streifen

Die Integration von (9.73a) wird auf die Integration des charakteristischen Systems

$$\frac{dx_1}{P_1} = \cdots = \frac{dx_n}{P_n} = \frac{dz}{p_1 P_1 + \cdots + p_n P_n} = \frac{-dp_1}{X_1 + p_1 Z} = \cdots = \frac{-dp_n}{X_n + p_n Z} \tag{9.73d}$$

mit

$$Z = \frac{\partial F}{\partial z},\quad X_i = \frac{\partial F}{\partial x_i},\quad p_i = \frac{\partial z}{\partial x_i},\quad P_i = \frac{\partial F}{\partial p_i} \quad (i = 1, \ldots, n) \tag{9.73e}$$

zurückgeführt. Die Lösungen des charakteristischen Systems, die die zusätzliche Bedingung

$$F(x_1, \ldots, x_n, z, p_1, \ldots, p_n) = 0 \tag{9.73f}$$

erfüllen, heißen *charakteristische Streifen*.

2. Kanonische Systeme von Differentialgleichungen

Manchmal ist es vorteilhafter, Differentialgleichungen zu betrachten, in denen die gesuchte Funktion z nicht explizit enthalten ist. Der Übergang zu einer derartigen Funktion kann durch Einführung einer zusätzlichen unabhängigen Veränderlichen $x_{n+1} = z$ und einer unbekannten Funktion $V(x_1, \ldots, x_n, x_{n+1})$ erreicht werden. Für diese Funktion wird über die Gleichung

$$V(x_1, \ldots, x_n, z) = C \tag{9.74a}$$

die gesuchte Funktion $z(x_1, x_2, \ldots, x_n)$ bestimmt. Dabei setzt man in (9.73a) anstelle von $\frac{\partial z}{\partial x_i}$ die Funktion $-\frac{\partial V}{\partial x_i} \Big/ \frac{\partial V}{\partial x_{n+1}}$ $(i = 1, \ldots, n)$ ein. Dann wird die Differentialgleichung (9.73a) nach einer beliebigen partiellen Ableitung von V aufgelöst. Die dazugehörige unabhängige Veränderliche wird nach entsprechender Änderung der Numerierung der übrigen Variablen mit x bezeichnet. Schließlich bringt man die Gleichung (9.73a) in die Form

$$p + H(x_1, \ldots, x_n, x, p_1, \ldots, p_n) = 0,\quad p = \frac{\partial V}{\partial x},\quad p_i = \frac{\partial V}{\partial x_i} \quad (i = 1, \ldots, n). \tag{9.74b}$$

Das System der charakteristischen Differentialgleichungen geht so über in

$$\frac{dx_i}{dx} = \frac{\partial H}{\partial p_i}, \quad \frac{dp_i}{dx} = -\frac{\partial H}{\partial x_i} \quad (i = 1, \ldots, n) \tag{9.74c}$$

und

$$\frac{dV}{dx} = p_1 \frac{\partial H}{\partial p_1} + \cdots + p_n \frac{\partial H}{\partial p_n} - H, \quad \frac{dp}{dx} = -\frac{\partial H}{\partial x}. \tag{9.74d}$$

Die Gleichungen (9.74c) stellen ein System von $2n$ gewöhnlichen Differentialgleichungen dar, das einer beliebigen Funktion $H(x_1, \ldots, x_n, x, p_1, \ldots, p_n)$ von $2n + 1$ Variablen entspricht. Man nennt es ein *kanonisches System* oder ein *Normalsystem von Differentialgleichungen.*

Viele Aufgaben der Mechanik und der theoretischen Physik führen auf Systeme dieser Art. Bei Kenntnis eines vollständigen Integrals

$$V = \varphi(x_1, \ldots, x_n, x, a_1, \ldots, a_n) + a \tag{9.74e}$$

der Gleichung (9.74b) kann die allgemeine Lösung des Normalsystems (9.74c) bestimmt werden, denn die Gleichungen $\frac{\partial \varphi}{\partial a_i} = b_i$, $\frac{\partial \varphi}{\partial x_i} = p_i$ $(i = 1, 2, \ldots, n)$ mit $2n$ willkürlichen Parametern a_i und b_i definieren eine $2n$–parametrige Lösung des Normalsystems (9.74c).

3. CLAIRAUTsche Differentialgleichung

Wenn die gegebene Differentialgleichung auf die Form

$$z = x_1 p_1 + x_2 p_2 + \cdots + x_n p_n + f(p_1, p_2, \ldots, p_n), \quad p_i = \frac{\partial z}{\partial x_i} \quad (i = 1, \ldots, n) \tag{9.75a}$$

gebracht werden kann, man spricht dann von CLAIRAUTscher Differentialgleichung, gestaltet sich die Bestimmung des vollständigen Integrals recht einfach, denn ein vollständiges Integral mit den frei wählbaren Parametern $a_1, a_2, \ldots, a_n$ ist

$$z = a_1 x_1 + a_2 x_2 + \cdots + a_n x_n + f(a_1, a_2, \ldots, a_n). \tag{9.75b}$$

■ **Zweikörperproblem** mit HAMILTON–Funktion: Die Bewegung zweier materieller Punkte, die der NEWTONschen Gravitationswechselwirkung unterliegen sollen, erfolgt in einer Ebene. Daher ist es vorteilhaft, einen der beiden Punkte in den Koordinatenursprung zu legen, so daß die Bewegungsgleichung die Form

$$\frac{d^2x}{dt^2} = \frac{\partial V}{\partial x}, \quad \frac{d^2y}{dt^2} = \frac{\partial V}{\partial y}; \quad V = \frac{k^2}{\sqrt{x^2 + y^2}} \tag{9.76a}$$

annimmt. Führt man die HAMILTON–Funktion

$$H = \frac{1}{2}(p^2 + q^2) - \frac{k^2}{\sqrt{x^2 + y^2}} \tag{9.76b}$$

ein, dann geht das System (9.76a) in das Normalsystem

$$\frac{dx}{dt} = \frac{\partial H}{\partial p}, \quad \frac{dy}{dt} = \frac{\partial H}{\partial q}, \quad \frac{dp}{dt} = -\frac{\partial H}{\partial x}, \quad \frac{dq}{dt} = -\frac{\partial H}{\partial y} \tag{9.76c}$$

mit

$$x, y, p = \frac{dx}{dt}, \quad q = \frac{dy}{dt} \tag{9.76d}$$

über. Die Differentialgleichung lautet nunmehr

$$\frac{\partial z}{\partial t} + \frac{1}{2}\left[\left(\frac{\partial z}{\partial x}\right)^2 + \left(\frac{\partial z}{\partial y}\right)^2\right] - \frac{k^2}{\sqrt{x^2 + y^2}} = 0. \tag{9.76e}$$

Bei Einführung von Polarkoordinaten ϱ, φ geht (9.76e) in eine neue Differentialgleichung über, deren Lösung in der Form

$$z = -at - b\varphi + c - \int_{\varrho_0}^{\varrho} \sqrt{2a + \frac{2k^2}{r} - \frac{b^2}{r^2}}\, dr \tag{9.76f}$$

mit den Parametern a, b, c dargestellt werden kann. Die allgemeine Lösung des Systems (9.76c) ergibt sich aus den Gleichungen

$$\frac{\partial z}{\partial a} = -t_0\,, \quad \frac{\partial z}{\partial b} = -\varphi_0\,. \tag{9.76g}$$

4. Differentialgleichungen 1. Ordnung mit zwei unabhängigen Veränderlichen

Für $x_1 = x, x_2 = y, p_1 = p, p_2 = q$ kann der charakteristische Streifen (s. S. 515) geometrisch als Kurve gedeutet werden, die sich dadurch auszeichnet, daß in jedem ihrer Punkte (x, y, z) ihre Tangentialebene $p(\xi - x) + q(\eta - y) = \zeta - z$ definiert ist. Dadurch kann die Aufgabe, die Integralfläche der Gleichung

$$f\left(x, y, z, \frac{\partial z}{\partial x}, \frac{\partial z}{\partial y}\right) = 0 \tag{9.77}$$

zu bestimmen, die durch eine gegebene Kurve hindurchgeht, also das CAUCHYsche Problem zu lösen, auf eine andere Aufgabe zurückgeführt werden: Durch die Punkte der Anfangskurve sind die charakteristischen Streifen hindurchzulegen, deren zugehörige Ebene diese Kurve tangiert. Man gewinnt die Werte p und q in den Punkten der Anfangskurve aus den Beziehungen $F(x, y, z, p, q) = 0$ und $p\,dx + q\,dy = dz$, die im Falle nichtlinearer Differentialgleichungen im allgemeinen mehrere Lösungen besitzen.

Damit sich bei Stellung des CAUCHYschen Problems eindeutige Lösungen ergeben, sind entlang der Anfangskurve zwei stetige Funktionen p und q festzulegen, die den beiden Beziehungen genügen.
Die Existenzbedingungen für die Lösung des CAUCHYschen Problems s. Lit. [9.26].

■ **A:** Für die partielle Differentialgleichung $pq = 1$ und die Anfangskurve $y = x^3$, $z = 2x^2$ kann entlang der Kurve $p = x$ und $q = 1/x$ gesetzt werden. Das charakteristische System besitzt die Form

$$\frac{dx}{dt} = q\,, \quad \frac{dy}{dt} = p\,, \quad \frac{dz}{dt} = 2pq\,, \quad \frac{dp}{dt} = 0\,, \quad \frac{dq}{dt} = 0\,.$$

Der charakteristische Streifen mit den Anfangswerten x_0, y_0, z_0, p_0 und q_0 für $t = 0$ genügt den Gleichungen $x = x_0 + q_0 t$, $y = y_0 + p_0 t$, $z = 2p_0 q_0 t + z_0$, $p = p_0$, $q = q_0$. Für den Fall $p_0 = x_0$, $q_0 = 1/x_0$ lautet die Gleichung der zum charakteristischen Streifen gehörenden Kurve, die durch den Punkt (x_0, y_0, z_0) der Anfangskurve verläuft,

$$x = x_0 + \frac{t}{x_0}\,, \quad y = {x_0}^3 + t x_0\,, \quad z = 2t + 2{x_0}^2\,.$$

Elimination der Parameter x_0 und t liefert $z^2 = 4xy$. Für andere zulässige Werte von p und q längs der Anfangskurve hätte sich eine andere Lösung ergeben.

Die Einhüllende einer einparametrigen Integralflächenschar ist ebenfalls eine Integralfläche. Unter Beachtung dieses Umstandes kann das CAUCHYsche Problem mit Hilfe des vollständigen Integrals gelöst werden. Dazu wird eine einparametrige Schar von Lösungen gesucht, die die Ebenen berühren, die in den Punkten der Anfangskurve gegebenen sind. Dann ist noch die Einhüllende dieser Schar zu bestimmen.

■ **B:** Für die CLAIRAUTsche Differentialgleichung $z - px - qy + pq = 0$ soll die Integralfläche bestimmt werden, die durch die Kurve $y = x$, $z = x^2$ verläuft. Das vollständige Integral der Differentialgleichung lautet $z = ax + by - ab$. Da entlang der Anfangskurve $p = q = x$ gilt, bestimmt man mit der Bedingung $a = b$ die erforderliche einparametrige Integralflächenschar. Nach Ermittlung der Einhüllenden erhält man $z = \frac{1}{4}(x + y)^2$.

5. Lineare partielle Differentialgleichungen 1. Ordnung in vollständigen Differentialen

Gleichungen dieser Art haben die Gestalt

$$dz = f_1 dx_1 + f_2 dx_2 + \cdots + f_n dx_n , \tag{9.78a}$$

wobei die $f_1, f_2, \ldots, f_n$ gegebene Funktionen der Variablen $x_1, x_2, \ldots, x_n, z$ sind. Man spricht von einer *vollständig integrierbaren Differentialgleichung*, wenn sich eine eindeutige Beziehung zwischen den $x_1, x_2, \ldots, x_n, z$ angeben läßt, die einen frei wählbaren konstanten Faktor enthält, und die auf die Gleichung (9.78a) führt. Dann existiert eine eindeutige Lösung $z = z(x_1, x_2, \ldots, x_n)$ von (9.78a), die für die Anfangswerte $x_1{}^0, \ldots, x_n{}^0$ der unabhängigen Veränderlichen einen vorgegebenen Wert z_0 ergibt. Daraus folgt für $n = 2$, $x_1 = x$, $x_2 = y$, daß durch jeden Raumpunkt eine und nur eine Integralfläche verläuft.

Vollständige Integrabilität gibt es für die Differentialgleichung (9.78a) dann und nur dann, wenn die $\frac{n(n-1)}{2}$ Beziehungen

$$\frac{\partial f_i}{\partial x_k} + f_k \frac{\partial f_i}{\partial z} = \frac{\partial f_k}{\partial x_i} + f_i \frac{\partial f_k}{\partial z} \quad (i, k = 1, \ldots, n) \tag{9.78b}$$

in allen Variablen $x_1, x_2, \ldots, x_n, z$ identisch erfüllt sind.

Wenn die Differentialgleichung in der symmetrischen Gestalt

$$f_1 dx_1 + \cdots + f_n dx_n = 0 \tag{9.78c}$$

gegeben ist, dann lautet die Bedingung für die vollständige Integrabilität für alle Kombinationen der Indizes i, j, k

$$f_i \left(\frac{\partial f_k}{\partial x_j} - \frac{\partial f_j}{\partial x_k} \right) + f_j \left(\frac{\partial f_i}{\partial x_k} - \frac{\partial f_k}{\partial x_i} \right) + f_k \left(\frac{\partial f_j}{\partial x_i} - \frac{\partial f_i}{\partial x_j} \right) = 0 . \tag{9.78d}$$

Liegt vollständige Integrabilität vor, dann kann die Auflösung der Differentialgleichung (9.78a) auf die Integration einer gewöhnlichen Differentialgleichung mit $n - 1$ Parametern zurückgeführt werden.

9.2.2 Lineare partielle Differentialgleichungen 2. Ordnung

9.2.2.1 Klassifikation und Eigenschaften der Differentialgleichungen 2. Ordnung mit zwei unabhängigen Veränderlichen

1. Allgemeine Form

einer linearen partiellen Differentialgleichung 2. Ordnung mit zwei unabhängigen Variablen x, y und einer unbekannten Funktion u heißt eine Gleichung der Gestalt

$$A\frac{\partial^2 u}{\partial x^2} + 2B\frac{\partial^2 u}{\partial x \partial y} + C\frac{\partial^2 u}{\partial y^2} + a\frac{\partial u}{\partial x} + b\frac{\partial u}{\partial y} + cu = f , \tag{9.79a}$$

wobei die Koeffizienten A, B, C, a, b, c und das freie Glied f bekannte Funktionen von x und y sind. Die Form der Lösung dieser Differentialgleichung hängt vom Vorzeichen der *Diskriminante*

$$\delta = AC - B^2 \tag{9.79b}$$

in einem betrachteten Gebiet ab. Man unterscheidet die folgenden Formen:

1. $\delta < 0$: hyperbolischer Typ;

2. $\delta = 0$: parabolischer Typ;

3. $\delta > 0$: elliptischer Typ;

4. δ ändert sein Vorzeichen: gemischter Typ.

Eine wichtige Eigenschaft der Diskriminante δ besteht darin, daß ihr Vorzeichen invariant ist gegen beliebige Transformationen der unabhängigen Variablen, z.B. bei der Einführung neuer Koordinaten in der x, y-Ebene. Somit ist auch der Typ der Differentialgleichung eine Invariante bezüglich der Wahl der unabhängigen Variablen.

2. Charakteristiken
der linearen partiellen Differentialgleichungen 2. Ordnung heißen die Integralkurven der Differentialgleichung

$$A dy^2 - 2B dx dy + C dx^2 = 0 \quad \text{oder} \quad \frac{dy}{dx} = \frac{B \pm \sqrt{-\delta}}{A}. \tag{9.80}$$

Zu den drei Typen von Differentialgleichungen können hinsichtlich der Charakteristiken die folgenden allgemeinen Aussagen getroffen werden:

1. Hyperbolischer Typ: Es existieren zwei Scharen reeller Charakteristiken.

2. Parabolischer Typ: Es existiert nur eine Schar reeller Charakteristiken.

3. Elliptischer Typ: Es existieren keine reellen Charakteristiken.

4. Eine Differentialgleichung, die sich aus (9.79a) durch Koordinatentransformationen ergibt, besitzt die gleichen Charakteristiken wie (9.79a).

5. Wenn die Schar der Charakteristiken mit einer Schar der Koordinatenlinien zusammenfällt, dann fehlt in (9.79a) das Glied mit der zweiten Ableitung der unbekannten Funktion nach der betreffenden unabhängigen Variablen. Im Falle der Differentialgleichung vom parabolischen Typ fehlt hierbei auch noch das Glied mit der gemischten Ableitung.

3. Normalform oder kanonische Form
Zur Transformation von (9.79a) in die Normalform der linearen partiellen Differentialgleichungen 2. Ordnung gibt es die folgenden Möglichkeiten:

1. Transformation in die Normalform: Die Differentialgleichung (9.79a) kann durch die Einführung neuer unabhängiger Veränderlicher

$$\xi = \varphi(x, y) \quad \text{und} \quad \eta = \psi(x, y) \tag{9.81a}$$

auf die Normalform gebracht werden, die in Übereinstimmung mit dem Vorzeichen der Diskriminante (9.79b) zu einem der drei betrachteten Typen gehört:

$$\frac{\partial^2 u}{\partial \xi^2} - \frac{\partial^2 u}{\partial \eta^2} + \cdots = 0, \quad \delta < 0, \quad \text{hyperbolischer Typ}; \tag{9.81b}$$

$$\frac{\partial^2 u}{\partial \eta^2} + \cdots = 0, \quad \delta = 0, \quad \text{parabolischer Typ}; \tag{9.81c}$$

$$\frac{\partial^2 u}{\partial \xi^2} + \frac{\partial^2 u}{\partial \eta^2} + \cdots = 0, \quad \delta > 0, \quad \text{elliptischer Typ}. \tag{9.81d}$$

Glieder, die keine partiellen Ableitungen 2. Ordnung der unbekannten Funktionen enthalten, sind durch Punkte angedeutet.

2. Transformation in die Normalform (9.81b) beim hyperbolischen Typ: Wenn im hyperbolischen Fall zwei Charakteristikenscharen als Koordinatenlinienscharen im neuen Koordinatensystem (9.81a) gewählt werden, d.h., wenn für die Gleichungen der Charakteristikenscharen $\xi_1 = \varphi(x, y)$, $\eta_1 = \psi(x, y)$, mit $\varphi(x, y) = \text{const}$, $\psi(x, y) = \text{const}$ gesetzt wird, dann geht (9.79a) über in

$$\frac{\partial^2 u}{\partial \xi_1 \partial \eta_1} + \cdots = 0. \tag{9.81e}$$

Diese Form heißt auch *Normalform der Differentialgleichung vom hyperbolischen Typ*. Von hier gelangt man zur Normalform (9.81b) mit Hilfe der Substitution

$$\xi = \xi_1 + \eta_1, \quad \eta = \xi_1 - \eta_1. \tag{9.81f}$$

3. Transformation in die Normalform (9.81c) beim parabolischen Typ: Für die Schar $\xi = \text{const}$ wird die einzige in diesem Falle gegebene Charakteristikenschar gewählt, wobei für η eine beliebige Funktion von x und y gewählt werden kann, die aber nicht von ξ abhängen darf.

4. Transformation in die Normalform (9.81d) beim elliptischen Typ: Wenn die Koeffizienten $A(x, y)$, $B(x, y)$, $C(x, y)$ analytische Funktionen (s. S. 669) sind, dann definiert die Gleichung der

Charakteristiken im elliptischen Falle zwei konjugiert komplexe Scharen von Kurven $\varphi(x,y) = \text{const}$, $\psi(x,y) = \text{const}$. Wird $\xi = \varphi + \psi$, $\eta = \mathrm{i}(\varphi - \psi)$ gesetzt, dann geht die Gleichung in die Normalform (9.81d) über.

4. Bezug auf die allgemeine Form

Alle Aussagen zur Klassifizierung und Transformation auf die Normalform gelten auch für Gleichungen der allgemeineren Form

$$A(x,y)\frac{\partial^2 u}{\partial x^2} + 2B(x,y)\frac{\partial^2 u}{\partial x \partial y} + C(x,y)\frac{\partial^2 u}{\partial y^2} + F\left(x, y, u, \frac{\partial u}{\partial x}, \frac{\partial u}{\partial y}\right) = 0\,, \tag{9.82}$$

in der die gesuchten Funktionen u und ihre partiellen Ableitungen $\partial u/\partial x$ und $\partial u/\partial y$ im Gegensatz zu (9.79a) nicht mehr nur linear auftreten.

9.2.2.2 Klassifikation und Eigenschaften der Differentialgleichungen 2. Ordnung mit mehr als zwei unabhängigen Veränderlichen

1. Allgemeine Form

Eine Differentialgleichung dieser Art hat die Gestalt

$$\sum_{i,k} a_{ik}\frac{\partial^2 u}{\partial x_i \partial x_k} + \cdots = 0\,, \tag{9.83a}$$

wobei die a_{ik} gegebene Funktionen der unabhängigen Variablen sind und die Punkte in (9.83a) Glieder bedeuten, in denen keine Ableitungen zweiter Ordnung der unbekannten Funktionen enthalten sind. Im allgemeinen kann die Differentialgleichung (9.83a) nicht durch Transformationen der unabhängigen Variablen auf eine einfache Normalform gebracht werden. Es gibt aber eine wichtige Klassifikation, die der in 9.2.2.1 eingeführten ähnlich ist (s. Lit. [9.6]).

2. Lineare partielle Differentialgleichungen 2. Ordnung mit konstanten Koeffizienten

Wenn die Koeffizienten a_{ik} in (9.83a) konstant sind, dann ist durch eine lineare homogene Transformation der unabhängigen Variablen eine Transformation auf die einfachere Normalform

$$\sum_{i} \kappa_i \frac{\partial^2 u}{\partial {x_i}^2} + \cdots = 0 \tag{9.83b}$$

möglich, in der sämtliche Koeffizienten κ_i gleich ± 1 oder 0 sind. Man kann mehrere charakteristische Fälle unterscheiden.

1. Elliptische Differentialgleichung Alle Koeffizienten κ_i sind von Null verschieden und haben dasselbe Vorzeichen. Dann handelt es sich um eine *elliptische Differentialgleichung.*

2. Hyperbolische und ultrahyperbolische Differentialgleichung Alle Koeffizienten κ_i sind von Null verschieden, aber einer hat ein zu allen übgrigen entgegengesetztes Vorzeichen. Dann handelt es sich um eine *hyperbolische Differentialgleichung.* Treten darüber hinaus von jeder Vorzeichenart wenigstens zwei auf, dann ist es eine *ultrahyperbolische Differentialgleichung.*

3. Parabolische Differentialgleichung Einer der Koeffizienten κ_i verschwindet, die übrigen sind verschieden von Null und haben gleiches Vorzeichen. Dann handelt es sich um eine *parabolische Differentialgleichung.*

4. Ein relativ einfach zu lösender Fall liegt vor, wenn nicht nur die Koeffizienten der höchsten Ableitungen der unbekannten Funktionen konstant sind, sondern auch die der ersten Ableitungen. Man kann dann die Glieder mit den ersten Ableitungen durch eine Variablensubstitution eliminieren, für die $\kappa_i \neq 0$ ist. Dazu setzt man

$$u = v e^{-\frac{1}{2}\sum \frac{b_k}{\kappa_k} x_k}\,, \tag{9.83c}$$

wobei b_k der Koeffizient von $\frac{\partial u}{\partial x_k}$ in (9.83b) ist und die Summation über alle $\kappa_i \neq 0$ zu erfolgen hat.
Auf diese Weise können alle elliptischen und hyperbolischen Differentialgleichungen mit konstanten Koeffizienten auf eine einfache Form gebracht werden:

a) **Elliptischer Fall:** $\Delta v + kv = g\,.$ (9.83d)

b) **Hyperbolischer Fall:** $\frac{\partial^2 v}{\partial t^2} - \Delta v + kv = g\,.$ (9.83e)

Mit Δ wird der LAPLACE–Operator

$$\Delta v = \frac{\partial^2 v}{\partial {x_1}^2} + \frac{\partial^2 v}{\partial {x_2}^2} + \cdots + \frac{\partial^2 v}{\partial {x_n}^2} \tag{9.83f}$$

bezeichnet.

9.2.2.3 Integrationsmethoden für lineare partielle Differentialgleichungen 2. Ordnung

1. Methode der Variablentrennung

Durch spezielle Substitutionen kann für viele Differentialgleichungen der Physik zwar nicht immer die Gesamtheit, jedoch eine Schar von Lösungen bestimmt werden, die von frei wählbaren Parametern abhängt. Lineare Differentialgleichungen, besonders 2. Ordnung, können oft mit Hilfe einer Substitution in der Form eines *Produktansatzes*

$$u(x_1, \ldots, x_n) = \varphi_1(x_1)\varphi_2(x_2)\ldots\varphi_n(x_n) \tag{9.84}$$

gelöst werden. Da das Ziel darin besteht, die Funktionen $\varphi_k(x_k)$ getrennt, d.h. jede für sich aus einer gewöhnlichen Differentialgleichung zu bestimmen, in der nur noch die eine Variable x_k enthalten ist, spricht man für (9.84) auch vom *Separationsansatz*. In vielen Fällen gelingt diese *Variablentrennung*, nachdem der Lösungsansatz (9.84) in die gegebene Differentialgleichung eingesetzt wurde. Wenn hierbei die Lösung der gegebenen Differentialgleichung gewissen homogenen Randbedingungen genügen soll, dann kann es ausreichend sein, daß nur ein Teil der Funktionen $\varphi_1(x_1)$, $\varphi_2(x_2), \ldots, \varphi_n(x_n)$ des Separationsansatzes bestimmte Randbedingungen zu erfüllen braucht.
Aus den so bestimmten Lösungen ergeben sich durch Summation, Differentiationen und Integrationen neue Lösungen. Die Parameter sind dabei so zu wählen, daß auch die restlichen Anfangs- und Randbedingungen erfüllt werden (s. Beispiele). Schließlich muß beachtet werden, daß die mit dieser Methode ermittelte Lösung, sei es in der Gestalt einer Reihe oder eines uneigentlichen Integrals, eine *formale Lösung* ist. Das bedeutet, daß noch zu prüfen ist, ob die Lösung einen physikalischen Sinn ergibt, d.h. z.B., ob sie konvergiert, ob sie die ursprüngliche Differentialgleichung und die Randbedingungen erfüllt, d.h. z.B., ob sie gliedweise differenzierbar ist und ob ein Grenzübergang bei Annäherung an den Rand existiert.

In den in diesem Abschnitt dargelegten Beispielen sind die Reihen und die uneigentlichen Integrale konvergent, wenn die Funktionen, die die Anfangsbedingungen definieren, entsprechenden Einschränkungen unterworfen werden, z.B. der Forderung nach Stetigkeit im ersten und zweiten Beispiel.

■ **A: Saitenschwingungsgleichung** wird die lineare partielle Differentialgleichung 2. Ordnung vom hyperbolischen Typ

$$\frac{\partial^2 u}{\partial t^2} = a^2 \frac{\partial^2 u}{\partial x^2} \tag{9.85a}$$

genannt, mit deren Hilfe die Schwingungen einer gespannten Saite beschrieben werden. Die Aufgabe besteht darin, diese Gleichung unter den Anfangs- und Randbedingungen

$$u\Big|_{t=0} = f(x)\,, \quad \frac{\partial u}{\partial t}\Big|_{t=0} = \varphi(x)\,, \quad u|_{x=0} = 0\,, \quad u|_{x=l} = 0 \tag{9.85b}$$

zu lösen.
Mit einem Separationsansatz der Form

$$u = X(x)T(t) \tag{9.85c}$$

liefert Einsetzen in die gegebene Differentialgleichung (9.85a) die Gleichung

$$\frac{T''}{a^2T} = \frac{X''}{X}. \tag{9.85d}$$

Die Variablen sind getrennt, denn da die linke Seite nicht von x und die rechte nicht von t abhängt, ist jede Seite für sich eine konstante Größe. Die Konstante wird negativ gewählt, da mit positiven Werten die Randbedingungen nicht erfüllt werden können, und mit $-\lambda^2$ bezeichnet. Man erhält die zwei linearen Differentialgleichungen

$$X'' + \lambda^2 X = 0, \quad (9.85e) \qquad T'' + a^2\lambda^2 T = 0. \quad (9.85f)$$

Aus den Randbedingungen folgt $X(0) = X(l) = 0$. Man sieht, daß $X(x)$ eine Eigenfunktion des STURM–LIOUVILLEschen Randwertproblems ist und λ^2 der zugehörige Eigenwert (s. S. 511). Integration der Differentialgleichung (9.85e) für X und Berücksichtigung der Randbedingungen ergibt

$$X(x) = C\sin\lambda x \quad \text{mit} \quad \sin\lambda l = 0, \quad \text{also mit} \quad \lambda = \frac{n\pi}{l} \quad (n = 1, 2, \ldots). \tag{9.85g}$$

Integration der Gleichung (9.85f) für T liefert eine partikuläre Lösung der ursprünglichen Differentialgleichung (9.85a):

$$u_n = \left(a_n \cos\frac{na\pi}{l}t + b_n \sin\frac{na\pi}{l}t\right)\sin\frac{n\pi}{l}x. \tag{9.85h}$$

Durch die Forderungen, daß für $t = 0$

$$u = \sum_{n=1}^{\infty} u_n \quad (9.85\text{i}) \qquad \text{zu } f(x) \text{ wird und} \quad \frac{\partial}{\partial t}\sum_{n=1}^{\infty} u_n \quad \text{zu } \varphi(x), \quad (9.85\text{j})$$

ergibt sich mit Hilfe einer FOURIER–Reihenentwicklung nach Sinusfunktionen (s. S. 415)

$$a_n = \frac{2}{l}\int_0^l f(x)\sin\frac{n\pi x}{l}dx, \quad b_n = \frac{2}{na\pi}\int_0^l \varphi(x)\sin\frac{n\pi x}{l}dx. \tag{9.85k}$$

■ **B: Stabschwingungsgleichung** wird die lineare partielle Differentialgleichung 2. Ordnung vom hyperbolischen Typ genannt, mit deren Hilfe die longitudinalen Schwingungen eines Stabes beschrieben werden, dessen eines Ende frei ist und auf dessen zweites, eingespanntes Ende im Anfangszeitpunkt eine konstante Kraft p wirkt. Zu lösen ist die gleiche Differentialgleichung wie im Beispiel **A** (S. 521), d.h.

$$\frac{\partial^2 u}{\partial t^2} = a^2\frac{\partial^2 u}{\partial x^2}, \tag{9.86a}$$

mit den gleichen Anfangs-, aber nunmehr inhomogenen Randbedingungen:

$$u\Big|_{t=0} = f(x), \quad \frac{\partial u}{\partial t}\Big|_{t=0} = \varphi(x), \quad (9.86\text{b}) \qquad \frac{\partial u}{\partial x}\Big|_{x=0} = 0 \quad (\text{freies Ende}), \quad (9.86\text{c})$$

$$\frac{\partial u}{\partial x}\Big|_{x=l} = kp. \tag{9.86d}$$

Diese Bedingungen können durch die homogenen Bedingungen

$$\frac{\partial z}{\partial x}\Big|_{x=0} = \frac{\partial z}{\partial x}\Big|_{x=l} = 0 \tag{9.86e}$$

ersetzt werden, indem für u die neue unbekannte Funktion

$$z = u - \frac{kpx^2}{2l} \tag{9.86f}$$

eingeführt wird. Allerdings wird dann die Differentialgleichung inhomogen:

$$\frac{\partial^2 z}{\partial t^2} = a^2 \frac{\partial^2 z}{\partial x^2} + \frac{a^2 kp}{l}. \tag{9.86g}$$

Die Lösung wird in Form der Summe $z = v + w$ gesucht. Dabei genügt v der homogenen Differentialgleichung sowie den Anfangs- und Randbedingungen für z, d.h.

$$z\bigg|_{t=0} = f(x) - \frac{kpx^2}{2}, \quad \frac{\partial z}{\partial t}\bigg|_{t=0} = \varphi(x). \tag{9.86h}$$

w genügt der inhomogenen Differentialgleichung und erfüllt die verschwindenden Anfangs- und Randbedingungen. Daraus ergibt sich $w = \dfrac{ka^2pt^2}{2l}$. Eingehen in die Differentialgleichung mit dem Produktansatz

$$v = X(x)T(t) \tag{9.86i}$$

ergibt wie in Beispiel **A** (S. 521) die separierten gewöhnlichen Differentialgleichungen

$$\frac{X''}{X} = \frac{T''}{a^2 T} = -\lambda^2. \tag{9.86j}$$

Integration der Differentialgleichung für X und Einsetzen der Randbedingungen $X'(0) = X'(l) = 0$ liefert die Eigenfunktionen

$$X_n = \cos\frac{n\pi x}{l} \tag{9.86k}$$

sowie die dazugehörigen Eigenwerte

$$\lambda_n{}^2 = \frac{n^2\pi^2}{l^2} \quad (n = 0, 1, 2, \ldots). \tag{9.86l}$$

Durch das gleiche Vorgehen wie in Beispiel **A** (S. 521) erhält man schließlich

$$u = \frac{ka^2pt^2}{2l} + \frac{kpx^2}{2l} + a_0 + \frac{a\pi}{l} b_0 t + \sum_{n=1}^{\infty} \left(a_n \cos\frac{an\pi t}{l} + \frac{b_n}{n} \sin\frac{an\pi t}{l} \right) \cos\frac{n\pi x}{l}, \tag{9.86m}$$

wobei a_n und b_n $(n = 0, 1, 2, \ldots)$ die Koeffizienten der FOURIER–Reihenentwicklung für die Funktionen $f(x) - \dfrac{kpx^2}{2}$ und $\dfrac{l}{a\pi}\varphi(x)$ im Intervall $(0, l)$ sind (s. S. 415).

■ **C: Membranschwingungsgleichung** für Schwingungen einer runden, am Rande eingespannten Membran.

Die Differentialgleichung ist linear, partiell und vom hyperbolischen Typ. Sie hat in kartesischen Koordinaten bzw. in Polarkoordinaten (s. S. 206) die Form

$$\frac{\partial^2 u}{\partial x^2} + \frac{\partial^2 u}{\partial y^2} = \frac{1}{a^2}\frac{\partial^2 u}{\partial t^2}, \tag{9.87a}$$

$$\frac{\partial^2 u}{\partial \rho^2} + \frac{1}{\rho}\frac{\partial u}{\partial \rho} + \frac{1}{\rho^2}\frac{\partial^2 u}{\partial \varphi^2} = \frac{1}{a^2}\frac{\partial^2 u}{\partial t^2}. \tag{9.87b}$$

Die Anfangs- und Randbedingungen lauten

$$u|_{t=0} = f(\rho, \varphi), \tag{9.87c}$$

$$\frac{\partial u}{\partial t}\bigg|_{t=0} = F(\rho, \varphi), \tag{9.87d}$$

$$u|_{\rho=R} = 0. \tag{9.87e}$$

Einsetzen des Produktansatzes für die drei Variablen

$$u = U(\rho)\Phi(\varphi)T(t) \tag{9.87f}$$

in die Differentialgleichung in Polarkoordinaten liefert

$$\frac{U''}{U} + \frac{U'}{\rho U} + \frac{\Phi''}{\rho^2 \Phi} = \frac{1}{a^2} \frac{T''}{T} . \tag{9.87g}$$

Daraus ergeben sich in Analogie zu den Beispielen **A** (S. 521) und **B** (S. 522) drei gewöhnliche Differentialgleichungen für die separierten Variablen:

$$T'' + a^2 \lambda^2 T = 0 , \tag{9.87h}$$

$$\frac{\rho^2 U'' + \rho U'}{U} + \lambda^2 \rho^2 = -\frac{\Phi''}{\Phi} = \nu^2 , \tag{9.87i}$$

$$\Phi'' + \nu^2 \Phi = 0 . \tag{9.87j}$$

Aus den Bedingungen $\Phi(0) = \Phi(2\pi)$, $\Phi'(0) = \Phi'(2\pi)$ folgt:

$$\Phi(\varphi) = a_n \cos n\varphi + b_n \sin n\varphi, \quad \nu^2 = n^2 \quad (n = 0, 1, 2, \dots) . \tag{9.87k}$$

Aus $[\rho U']' - \frac{n^2}{\rho} U = -\lambda^2 \rho U$ und $U(R) = 0$ werden U und λ bestimmt. Berücksichtigung der selbstverständlichen Bedingung der Beschränkung von $U(\rho)$ für $\rho = 0$ und Substitution von $\lambda\rho = z$ ergibt

$$z^2 U'' + z U' + (z^2 - n^2) U = 0 , \quad \text{d.h.} \quad U(\rho) = J_n(z) = J_n\left(\mu \frac{\rho}{R}\right) , \tag{9.87l}$$

wobei J_n die BESSELschen Funktionen sind (s. S. 504) mit $\lambda = \frac{\mu}{R}$ und $J_n(\mu) = 0$. Das Funktionensystem

$$U_{nk}(\rho) = J_n\left(\mu_{nk} \frac{\rho}{R}\right) \quad (k = 1, 2, \dots) \tag{9.87m}$$

mit μ_{nk} als k–te positive Nullstelle der Funktion $J_n(z)$ ist ein vollständiges System aller Eigenfunktionen des selbstadjungierten Problems vom STURM–LIOUVILLEschen Typ, die orthogonal mit dem Gewicht ρ sind.

Die Lösung der Aufgabe wird in der Gestalt der Doppelreihe

$$U = \sum_{n=0}^{\infty} \sum_{k=1}^{\infty} \left[(a_{nk} \cos n\varphi + b_{nk} \sin n\varphi) \cos \frac{a\mu_{nk} t}{R} + (c_{nk} \cos n\varphi + d_{nk} \sin n\varphi) \sin \frac{a\mu_{nk} t}{R} \right] J_n\left(\mu_{nk} \frac{\rho}{R}\right) \tag{9.87n}$$

angesetzt. Aus den Anfangsbedingungen folgt für $t = 0$

$$f(\rho, \varphi) = \sum_{n=0}^{\infty} \sum_{k=1}^{\infty} (a_{nk} \cos n\varphi + b_{nk} \sin n\varphi) J_n\left(\mu_{nk} \frac{\rho}{R}\right) , \tag{9.87o}$$

$$F(\rho, \varphi) = \sum_{n=0}^{\infty} \sum_{k=1}^{\infty} \frac{a\mu_{nk}}{R} (c_{nk} \cos n\varphi + d_{nk} \sin n\varphi) J_n\left(\mu_{nk} \frac{\rho}{R}\right) , \tag{9.87p}$$

woraus sich ergibt

$$a_{nk} = \frac{2}{\pi R^2 J_{n-1}^2(\mu_{nk})} \int_0^{2\pi} d\varphi \int_0^R f(\rho, \varphi) \cos n\varphi J_n\left(\mu_{nk} \frac{\rho}{R}\right) \rho \, d\rho, \tag{9.87q}$$

$$b_{nk} = \frac{2}{\pi R^2 J_{n-1}^2(\mu_{nk})} \int_0^{2\pi} d\varphi \int_0^R f(\rho, \varphi) \sin n\varphi J_n\left(\mu_{nk} \frac{\rho}{R}\right) \rho \, d\rho. \tag{9.87r}$$

Im Falle $n = 0$ ist die im Zähler stehende 2 durch eine 1 zu ersetzen. Zur Bestimmung der Koeffizienten c_{nk} und d_{nk} wird $f(\rho, \varphi)$ durch $F(\rho, \varphi)$ in den Formeln für a_{nk} und b_{nk} ersetzt und mit $\frac{R}{a\mu_{nk}}$ multipliziert.

■ **D: DIRICHLETsches Problem** (s. S. 667) für das Rechteck $0 \le x \le a\,,\, 0 \le y \le b$ **(Abb.9.17)**
Als Lösung der LAPLACEschen Differentialgleichung vom elliptischen Typ

$$\Delta u = 0 \tag{9.88a}$$

wird eine Funktion $u(x,y)$ gesucht, die auch die Randbedingungen

$$u(0,y) = \varphi_1(y)\,,\quad u(a,y) = \varphi_2(y)\,,\quad u(x,0) = \psi_1(x)\,,\quad u(x,b) = \psi_2(x) \tag{9.88b}$$

erfüllt.
Als erster Schritt wird eine partikuläre Lösung für die Randbedingungen $\varphi_1(y) = \varphi_2(y) = 0$ bestimmt. Einsetzen des Produktansatzes

$$u = X(x)Y(y) \tag{9.88c}$$

in (9.88a) ergibt die separierten Differentialgleichungen

$$\frac{X''}{X} = -\frac{Y''}{Y} = -\lambda^2 \tag{9.88d}$$

mit dem Eigenwert λ in Analogie zu den Aufgaben **A** (S. 521) bis **C** (S. 523). Da $X(0) = X(a) = 0$ gilt, ergibt sich

$$X = C\sin\lambda x\,,\quad \lambda = \frac{n\pi}{a} \quad (n = 1, 2, \ldots)\,. \tag{9.88e}$$

Im zweiten Schritt wird die allgemeine Lösung der Differentialgleichung

$$Y'' - \frac{n^2\pi^2}{a^2}Y = 0 \tag{9.88f}$$

in der Form

$$Y = a_n \sinh\frac{n\pi}{a}(b-y) + b_n \sinh\frac{n\pi}{a}y \tag{9.88g}$$

hingeschrieben. Daraus ergibt sich für die Randbedingungen $u(0,y) = u(a,y) = 0$ eine partikuläre Lösung von (9.88a) in der Form

$$u_n = \left[a_n \sinh\frac{n\pi}{a}(b-y) + b_n \sinh\frac{n\pi}{a}y\right]\sin\frac{n\pi}{a}x\,. \tag{9.88h}$$

Im dritten Schritt wird die allgemeine Lösung als Summe

$$u = \sum u_n \tag{9.88i}$$

angesetzt, so daß sich aus den Randbedingungen für $y = 0$ und $y = b$

$$u = \sum_{n=1}^{\infty}\left(a_n \sinh\frac{n\pi}{a}(b-y) + b_n \sinh\frac{n\pi}{a}y\right)\sin\frac{n\pi}{a}x \tag{9.88j}$$

mit den Koeffizienten

$$a_n = \frac{2}{a\sinh\dfrac{n\pi b}{a}}\int_0^a \psi_1(x)\sin\frac{n\pi}{a}x\cdot dx\,,\quad b_n = \frac{2}{a\sinh\dfrac{n\pi b}{a}}\int_0^a \psi_2(x)\sin\frac{n\pi}{a}x\cdot dx \tag{9.88k}$$

ergibt.
In Analogie dazu wird die Aufgabe für die Randbedingungen $\psi_1(x) = \psi_2(x) = 0$ gelöst, die in der Summe mit (9.88j) die allgemeine Lösung von (9.88a) und (9.88b) bildet.

■ **E: Wärmeleitungsgleichung** Die Wärmeausbreitung in einem homogenen Stab, dessen eines Ende im Unendlichen liegt, während das andere unter konstanter Temperatur gehalten wird, beschreibt die lineare partielle Differentialgleichung 2. Ordnung vom parabolischen Typ

$$\frac{\partial u}{\partial t} = a^2\frac{\partial^2 u}{\partial x^2}\,, \tag{9.89a}$$

die im Gebiet $0 \le x < +\infty\,,\, t \ge 0$ den Anfangs- und Randbedingungen

$$u|_{t=0} = f(x), \quad u|_{x=0} = 0 \tag{9.89b}$$

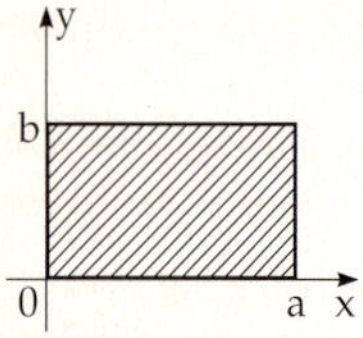

Abbildung 9.17

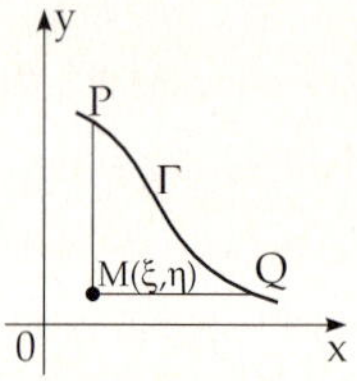

Abbildung 9.18

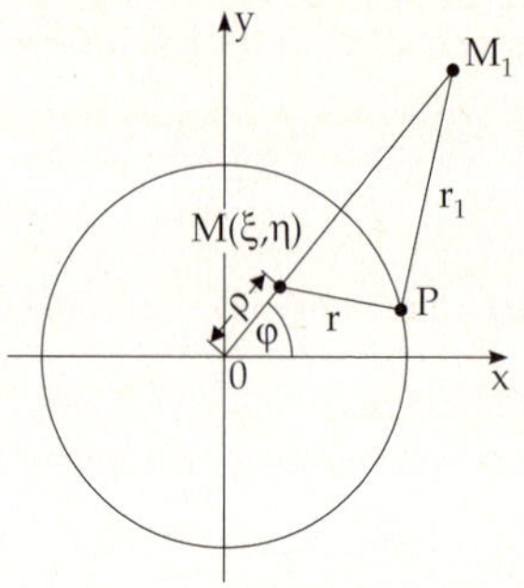

Abbildung 9.19

genügt. Dabei soll angenommen werden, daß die Temperatur im Unendlichen Null beträgt. Der Separationsansatz

$$u = X(x)T(t)\,, \tag{9.89c}$$

eingesetzt in (9.89a), liefert die separierten gewöhnlichen Differentialgleichungen

$$\frac{T'}{a^2T} = \frac{X''}{X} = -\lambda^2\,, \tag{9.89d}$$

deren Parameter λ in Analogie zu dem Vorgehen in den Beispielen **A** (S. 521) bis **D** (S. 525) eingeführt wird. Als Lösung für $T(t)$ erhält man

$$T(t) = C_\lambda e^{-\lambda^2 a^2 t}\,. \tag{9.89e}$$

Aus der Bedingung, daß die Lösungen für $T(t)$ und $X(x)$ getrennt sein sollen, folgt, daß $\lambda^2 \geq 0$ ist. Für $X(x)$ ergibt sich mit der Randbedingung $X(0) = 0$

$$X(x) = C \sin \lambda x \qquad (9.89\text{f}) \qquad\qquad \text{und somit} \quad u_\lambda = C_\lambda e^{-\lambda^2 a^2 t} \sin \lambda x\,, \qquad (9.89\text{g})$$

wobei λ eine beliebige reelle Zahl sein kann. Die Lösung kann daher in der Form

$$u(x,t) = \int_0^\infty C(\lambda) e^{-\lambda^2 a^2 t} \sin \lambda x \, d\lambda \tag{9.89h}$$

angesetzt werden. Aus der Anfangsbedingung $u|_{t=0} = f(x)$ folgt die Gleichung

$$f(x) = \int_0^\infty C(\lambda) \sin \lambda x \, d\lambda\,, \tag{9.89i}$$

die erfüllt ist, wenn für die Konstante

$$C(\lambda) = \frac{2}{\pi} \int_0^\infty f(s) \sin \lambda s \, ds \tag{9.89j}$$

gesetzt wird (s. S. 415). Einsetzen in (9.89i) ergibt

$$u(x,t) = \frac{2}{\pi} \int_0^\infty f(s) \left(\int_0^\infty e^{-\lambda^2 a^2 t} \sin \lambda s \sin \lambda x \, d\lambda \right) ds \tag{9.89k}$$

oder nach Ersetzen des Produkts der Sinus- durch eine Differenz von Kosinusfunktionen ((2.118), S. 79) und unter Benutzung von Formel (21.27) auf S. 1054 erhält man schließlich

$$u(x,t) = \int_0^\infty f(s) \frac{1}{2a\sqrt{\pi t}} \left[e^{-\frac{(x-s)^2}{4a^2t}} - e^{-\frac{(x+s)^2}{4a^2t}} \right] ds\,. \tag{9.891}$$

2. RIEMANNsche Methode zur Lösung des CAUCHYschen Problems der hyperbolischen Differentialgleichung

$$\frac{\partial^2 u}{\partial x \partial y} + a\frac{\partial u}{\partial x} + b\frac{\partial u}{\partial y} + cu = F \tag{9.90a}$$

1. RIEMANN**sche Funktion** heißt die Funktion $v(x,y;\xi,\eta)$, wobei ξ und η als Parameter aufgefaßt werden, die der zu (9.90a) konjugierten homogenen Differentialgleichung

$$\frac{\partial^2 v}{\partial x \partial y} - \frac{\partial (av)}{\partial x} - \frac{\partial (bv)}{\partial y} + cv = 0 \tag{9.90b}$$

und den Bedingungen

$$v(x,\eta;\xi,\eta) = \exp\left(\int_\xi^x b(s,\eta)\,ds\right), \quad v(\xi,y;\xi,\eta) = \exp\left(\int_\eta^y a(\xi,s)\,ds\right) \tag{9.90c}$$

genügt. Allgemein haben lineare Differentialgleichungen zweiter Ordnung und die zu ihnen konjugierten Differentialgleichung die folgende Form:

$$\sum_{i,k} a_{ik}\frac{\partial^2 u}{\partial x_i \partial x_k} + \sum_i b_i \frac{\partial u}{\partial x_i} + cu = f \quad (9.90\text{d}) \qquad \text{und} \qquad \sum_{i,k} \frac{\partial^2 (a_{ik}v)}{\partial x_i \partial x_k} - \sum_i \frac{\partial (b_i v)}{\partial x_i} + cv = 0\,. \tag{9.90e}$$

2. RIEMANN**sche Formel** wird die Integralformel genannt, mit deren Hilfe die Funktion $u(\xi,\eta)$ bestimmt wird, die der gegebenen Differentialgleichung (9.90a) genügt und die auf der vorgegebenen Kurve Γ **(Abb.9.18)** zusammen mit ihrer Ableitung nach der Richtung der Kurvennormalen (s. S. 224) vorgegebene Werte annimmt:

$$u(\xi,\eta) = \frac{1}{2}(uv)_P + \frac{1}{2}(uv)_Q - \int_{\overparen{QP}} \left[buv + \frac{1}{2}\left(v\frac{\partial u}{\partial x} - u\frac{\partial v}{\partial x}\right)\right] dx - \left[auv + \frac{1}{2}\left(v\frac{\partial u}{\partial y} - u\frac{\partial v}{\partial y}\right)\right] dy + \iint_{PMQ} Fv\,dx\,dy\,. \tag{9.90f}$$

Die glatte Kurve Γ **(Abb.9.18)** darf keine zu den Koordinatenachsen parallele Tangenten besitzen, d.h., sie darf die Charakteristiken nicht berühren. Das Kurvenintegral in dieser Formel kann berechnet werden, da aus den Werten der Funktion und ihrer Ableitung nach einer nichttangentialen Richtung längs des Kurvenbogens die Werte beider partieller Ableitungen ermittelbar sind.

Oft werden beim CAUCHYschen Problem anstelle der Normalenableitung auf der Kurve die Werte einer partiellen Ableitung der gesuchten Funktion vorgegeben, z.B. $\frac{\partial u}{\partial y}$. Dann wird eine andere Form der RIEMANNschen Formel verwendet:

$$u(\xi,\eta) = (uv)_P - \int_{\overparen{QP}} \left(buv - u\frac{\partial v}{\partial x}\right) dx - \left(auv + v\frac{\partial u}{\partial y}\right) dy + \iint_{PMQ} Fv\,dx\,dy\,. \tag{9.90g}$$

■ **Telegrafengleichung** nennt man die lineare partielle Differentialgleichung 2. Ordnung vom hyperbolischen Typ

$$a\frac{\partial^2 u}{\partial t^2} + 2b\frac{\partial u}{\partial t} + cu = \frac{\partial^2 u}{\partial x^2} \tag{9.91a}$$

mit den Konstanten $a > 0$, b und c, die das Fließen des elektrischen Stromes in Leitungen beschreibt. Sie stellt eine Verallgemeinerung der Saitenschwingungsgleichung dar.
Die unbekannte Funktion $u(x,t)$ wird durch die Substitution $u = ze^{-(b/a)t}$ ersetzt, so daß (9.91a) übergeht in

$$\frac{\partial^2 z}{\partial t^2} = m^2\frac{\partial^2 z}{\partial x^2} + n^2 z \quad \left(m^2 = \frac{1}{a},\ n^2 = \frac{b^2 - ac}{a^2}\right). \tag{9.91b}$$

Durch die Substitutionen der unabhängigen Variablen

$$\xi = \frac{n}{m}(mt + x), \quad \eta = \frac{n}{m}(mt - x) \tag{9.91c}$$

erhält man schließlich die Normalform

$$\frac{\partial^2 z}{\partial\xi\partial\eta} - \frac{z}{4} = 0 \tag{9.91d}$$

der linearen partiellen Differentialgleichung vom hyperbolischen Typ (s. S. 519). Dieser Differentialgleichung muß die RIEMANNsche Funktion $v(\xi,\eta;\xi_0,\eta_0)$ genügen und für $\xi = \xi_0$ sowie $\eta = \eta_0$ den Wert Eins annehmen. Wenn in $v = f(w)$ für w die Gestalt

$$w = (\xi - \xi_0)(\eta - \eta_0) \tag{9.91e}$$

gewählt wird, dann ist $f(w)$ eine Lösung der Differentialgleichung

$$w\frac{d^2 f}{dw^2} + \frac{df}{dw} - \frac{1}{4}f = 0 \tag{9.91f}$$

mit der Anfangsbedingung $f(0) = 1$. Die Substitution $w = \alpha^2$ überführt diese Differentialgleichung in die BESSELsche Differentialgleichung nullter Ordnung (s. S. 504)

$$\frac{d^2 f}{d\alpha^2} + \frac{1}{\alpha}\frac{df}{d\alpha} - f = 0, \tag{9.91g}$$

so daß die Lösung lautet

$$v = I_0\left[\sqrt{(\xi - \xi_0)(\eta - \eta_0)}\right]. \tag{9.91h}$$

Eine Lösung der ursprünglichen Differentialgleichung (9.91a) mit den Anfangsbedingungen

$$z\Big|_{t=0} = f(x), \quad \frac{\partial z}{\partial t}\Big|_{t=0} = g(x) \tag{9.91i}$$

kann erhalten werden, indem man den gefundenen Wert von v in die RIEMANNsche Formel einsetzt und zu den ursprünglichen Variablen zurückkehrt:

$$z(x,t) = \frac{1}{2}[f(x - mt) + f(x + mt)]$$

$$+\frac{1}{2}\int_{x-mt}^{x+mt}\left[g(s)\frac{I_0\left(\frac{n}{m}\sqrt{m^2t^2 - (s-x)^2}\right)}{m} - f(s)\frac{ntI_1\left(\frac{n}{m}\sqrt{m^2t^2 - (s-x)^2}\right)}{\sqrt{m^2t^2 - (s-x)^2}}\right]ds. \tag{9.91j}$$

3. GREENsche Methode zur Lösung von Randwertproblemen für elliptische Differentialgleichungen mit zwei unabhängigen Variablen

Diese Methode zeigt viel Ähnlichkeit mit der RIEMANNschen Methode zur Lösung des CAUCHYschen Problems für hyperbolische Differentialgleichungen.
Bei der Lösung der Aufgabe, eine Funktion $u(x, y)$ zu finden, die in einem vorgegebenen Gebiet der linearen partiellen Differentialgleichung 2. Ordnung vom elliptischen Typ

$$\frac{\partial^2 u}{\partial x^2} + \frac{\partial^2 u}{\partial y^2} + a\frac{\partial u}{\partial x} + b\frac{\partial u}{\partial y} + cu = f \tag{9.92a}$$

genügt und auf dem Rande dieses Gebiets vorgegebene Werte annimmt, wird als erster Schritt die GREEN*sche Funktion* $G(x, y, \xi, \eta)$ für dieses Gebiet bestimmt, wobei ξ und η als Parameter aufgefaßt werden. Die GREENsche Funktion muß die folgenden Bedingungen erfüllen:

1. Die Funktion $G(x, y; \xi, \eta)$ genügt im gegebenen Gebiet überall, ausgenommen den Punkt $x = \xi$, $y = \eta$ der homogenen konjugierten Differentialgleichung

$$\frac{\partial^2 G}{\partial x^2} + \frac{\partial^2 G}{\partial y^2} - \frac{\partial(aG)}{\partial x} - \frac{\partial(bG)}{\partial y} + cG = 0\,. \tag{9.92b}$$

2. Die Funktion $G(x, y; \xi, \eta)$ ist von der Form

$$U \ln\frac{1}{r} + V \tag{9.92c}$$

$$\text{mit} \quad r = \sqrt{(x-\xi)^2 + (y-\eta)^2}\,, \tag{9.92d}$$

wobei U im Punkt $x = \xi$, $y = \eta$ den Wert Eins hat und die Funktionen U und V im gesamten Gebiet zusammen mit ihren Ableitungen bis zur 2. Ordnung einschließlich stetig sein müssen.

3. Die Funktion $G(x, y; \xi, \eta)$ wird auf dem Rande des betrachteten Gebiets gleich Null.

Der zweite Schritt ist die Lösung des Randwertproblems mit Hilfe der GREENschen Funktion nach der Formel

$$u(\xi, \eta) = \frac{1}{2\pi}\int\limits_S u(x, y)\frac{\partial}{\partial n}G(x, y; \xi, \eta)\,ds - \frac{1}{2\pi}\iint\limits_D f(x, y)G(x, y; \xi, \eta)\,dx\,dy, \tag{9.92e}$$

wobei D das betrachtete Gebiet bedeutet, S dessen Rand, auf dem die Funktion gegeben ist und $\frac{\partial}{\partial n}$ die Ableitung nach der Richtung der Innennormalen des Randes.
Die Bedingung **3** hängt von der Art der zu lösenden Aufgabe ab. Wenn z.B. auf dem Rande des betrachteten Gebiets nicht die gesuchte Funktion selbst gegeben ist, sondern ihre Ableitung nach der Randnormalen, dann muß in Bedingung **3** die Forderung

$$\frac{\partial G}{\partial n} - (a\cos\alpha + b\cos\beta)G = 0 \tag{9.92f}$$

auf dem Rande erhoben werden. Mit α und β werden hierbei die Winkel bezeichnet, die die innere Normale des Randes mit den Koordinatenachsen bildet. Die Lösung lautet in diesem Falle

$$u(\xi, \eta) = -\frac{1}{2\pi}\int\limits_S \frac{\partial u}{\partial n}G\,ds - \frac{1}{2\pi}\iint\limits_D fG\,dx\,dy. \tag{9.92g}$$

4. GREENsche Methode zur Lösung von Randwertproblemen mit drei unabhängigen Variablen

Die Lösung der Differentialgleichung

$$\Delta u + a\frac{\partial u}{\partial x} + b\frac{\partial u}{\partial y} + c\frac{\partial u}{\partial z} + eu = f \tag{9.93a}$$

soll auf dem Rande des betrachteten Gebiets vorgegebene Werte annehmen. Dazu wird im ersten Schritt wieder die GREENschen Funktion konstruiert, aber mit dem Unterschied, daß sie nunmehr von den drei Parametern ξ, η und ζ abhängt. Die konjugierte Differentialgleichung, der die GREENsche Funktion genügt, ist von der Gestalt

$$\Delta G - \frac{\partial(aG)}{\partial x} - \frac{\partial(bG)}{\partial y} - \frac{\partial(cG)}{\partial z} + eG = 0\,. \tag{9.93b}$$

Gemäß Bedingung **2** wird von $G(x, y; \xi, \eta)$ die Form

$$U\frac{1}{r} + V \quad (9.93c) \qquad \text{mit} \quad r = \sqrt{(x-\xi)^2 + (y-\eta)^2 + (z-\zeta)^2} \quad (9.93d)$$

gefordert. Die Lösung der Aufgabe lautet

$$u(\xi, \eta, \zeta) = \frac{1}{4\pi} \iint\limits_S u \frac{\partial G}{\partial n}\, ds - \frac{1}{4\pi} \iiint\limits_D fG\, dx\, dy\, dz. \tag{9.93e}$$

Beiden Methoden, der RIEMANNschen und der GREENschen, ist gemein, daß zuerst eine spezielle Lösung der Differentialgleichung gesucht wird, mit deren Hilfe danach die Lösungen für beliebige Anfangs- und Randbedingungen bestimmt werden. Der entscheidende Unterschied zwischen der RIEMANNschen und der GREENschen Funktion besteht darin, daß die erste nur von der Gestalt der linken Seite der Differentialgleichung abhängt, die zweite jedoch auch noch vom betrachteten Gebiet. Die Ermittlung der GREENschen Funktion ist sogar in den Fällen, in denen ihre Existenz gesichert ist, ziemlich schwierig, so daß die GREENsche Methode vorwiegend zur Untersuchung theoretischer Probleme eingesetzt wird.

■ **A:** Konstruktion der GREENschen Funktion für das DIRICHLETsche Problem der LAPLACEschen Differentialgleichung (s. S. 667)

$$\Delta u = 0 \tag{9.94a}$$

für den Fall, daß das betrachtete Gebiet ein Kreis ist **(Abb.9.19)**.
Die GREENsche Funktion lautet

$$G(x, y; \xi, \eta) = \ln\frac{1}{r} + \ln\frac{\varrho r_1}{R}\,, \tag{9.94b}$$

wobei $r = \overline{MP}$, $\varrho = \overline{OM}$, $r_1 = \overline{M_1P}$ und R der Radius des betrachteten Kreises ist **(Abb.9.19)**. Die Punkte M und M_1 liegen in bezug auf den Kreis symmetrisch, d.h., beide Punkte liegen auf demselben Radiusstrahl, und es gilt

$$\overline{OM} \cdot \overline{OM_1} = R^2\,. \tag{9.94c}$$

Mit der angegebenen Formel (9.92e) zur Lösung des DIRICHLETschen Problems ergibt sich nach Einsetzen der Normalenableitung der GREENschen Funktion und einigen Umformungen das POISSONsche Integral

$$u(\xi, \eta) = \frac{1}{2\pi} \int_0^{2\pi} \frac{R^2 - \varrho^2}{R^2 + \varrho^2 - 2R\varrho\cos(\psi - \varphi)} u(\varphi)\, d\varphi\,. \tag{9.94d}$$

Die Bezeichnungen sind die gleichen wie oben. Mit $u(\varphi)$ werden die auf dem Kreisrand vorgegebenen Werte von u beschrieben. Für die Koordinaten des Punktes $M(\xi, \eta)$ gilt: $\xi = \varrho\cos\psi$, $\eta = \varrho\sin\psi$.

■ **B:** Konstruktion der GREENschen Funktion für das DIRICHLETsche Problem der LAPLACEschen Differentialgleichung (s. S. 667)

$$\Delta u = 0, \tag{9.95a}$$

für den Fall, daß das betrachtete Gebiet eine Kugel mit dem Radius R ist. Die GREENsche Funktion hat die Form

$$G(x, y, z; \xi, \eta, \zeta) = \frac{1}{r} - \frac{R}{r_1\varrho}\,, \tag{9.95b}$$

mit $\varrho = \sqrt{\xi^2 + \eta^2 + \zeta^2}$ als Abstand des Punktes (ξ, η, ζ) vom Kugelmittelpunkt, r als Abstand zwischen den Punkten (x, y, z) und (ξ, η, ζ) und r_1 als Abstand des Punktes (x, y, z) zum symmetrischen Punkt des Punktes (ξ, η, ζ) gemäß (9.94b), d.h. zum Punkt $\left(\frac{R\xi}{\varrho}, \frac{R\eta}{\varrho}, \frac{R\zeta}{\varrho}\right)$. Das POISSONsche Integral ergibt sich bei Beibehaltung der Bezeichnungen von Beispiel **A** (S. 521) zu

$$u(\xi, \eta, \zeta) = \frac{1}{4\pi} \iint_S \frac{R^2 - \varrho^2}{Rr^3} u \, ds \,. \tag{9.95c}$$

5. Operatorenmethoden

Operatorenmethoden sind nicht nur zur Lösung gewöhnlicher Differentialgleichungen geeignet, sondern sie werden auch mit Erfolg zur Lösung partieller Differentialgleichungen eingesetzt (s. S. 707). Sie beruhen auf einem Übergang von der gesuchten Funktion zu deren Transformierten (s. S. 705). Dazu wird die gesuchte Funktion als Funktion einer der unabhängigen Variablen aufgefaßt, und bezüglich dieser Variablen wird die Transformation durchgeführt. Die übrigen Variablen werden dabei als Parameter aufgefaßt. Die Differentialgleichung zur Bestimmung der Transformierten der gesuchten Funktion enthält dann eine unabhängige Variable weniger als die ursprüngliche Differentialgleichung. Im Spezialfall zweier unabhängiger Variabler in der ursprünglichen partiellen Differentialgleichung liefert dieses Verfahren eine gewöhnliche Differentialgleichung. Wenn aus der so gewonnenen Differentialgleichung die Transformierte der gesuchten Funktion bestimmt werden kann, dann ergibt sich die gesuchte Funktion entweder durch Anwendung der Umkehrformel oder durch Aufsuchen der Lösung in einer Tabelle der Transformierten.

6. Näherungsmethoden

Zur Lösung konkreter Aufgaben mit Hilfe partieller Differentialgleichungen werden oft verschiedene Näherungsverfahren eingesetzt. Dabei ist zwischen analytischen und numerischen Methoden zu unterscheiden.

1. Analytischen Methoden ermöglichen die Bestimmung angenäherter analytischer Ausdrükke für die gesuchte Funktion.

2. Numerischen Methoden liefern Näherungswerte der gesuchten Funktion für bestimmte Werte der unabhängigen Variablen. Dazu verwendet man folgende Methoden (s. S. 905):

a) Methode der finiten Differenzen, kurz *Differenzenverfahren* genannt: Die Differentialquotienten werden durch Differenzenquotienten ersetzt, so daß die Differentialgleichung einschließlich Anfangs- und Randbedingungen in ein System von algebraischen Gleichungen umgewandelt wird. Eine lineare Differentialgleichung mit linearen Anfangs- und Randbedingungen wird so zu einem System linearer Gleichungen.

b) Methode der finiten Elemente, kurz FEM, für Randwertaufgaben: Der Randwertaufgabe wird eine Variationsaufgabe zugeordnet. Die gesuchte Lösung wird durch einen Spline–Ansatz approximiert, nachdem das Definitionsgebiet der Randwertaufgabe in regelmäßige Teilgebiete zerlegt worden ist. Die Ansatzkoeffizienten werden durch Lösung einer Extremwertaufgabe bestimmt.

c) Randintegralgleichungsmethode für spezielle Randwertaufgaben: Die Randwertaufgabe wird als äquivalentes Integralgleichungsproblem über dem Rand des Definitionsgebietes der Randwertaufgabe formuliert. Dazu werden Integralsätze der Vektoranalysis, z.B. GREENsche Formeln, verwendet. Die verbleibenden Randintegrale werden mit Hilfe geeigneter Quadraturformeln numerisch gelöst.

3. Numerische Lösungen von Differentialgleichungen können auch auf experimentellem Wege ermittelt werden. Dabei macht man von der Tatsache Gebrauch, daß recht unterschiedliche physikalische Erscheinungen mit ein und derselben Differentialgleichung beschrieben werden können. Um ein gegebenes Problem auf diesem Wege zu lösen, wird ein technisches Modell konstruiert, mit dessen Hilfe das gegebene Problem simuliert werden kann und an dem im Experiment Messungen vorgenommen werden, deren Werte die gesuchte Funktion darstellen. Da solche Modelle oft bewußt so konstruiert sind, daß die Parameter in weiten Grenzen eingestellt werden können, ist es möglich, auch die Differentialgleichung in weiten Gebieten der unabhängigen Veränderlichen zu untersuchen.

9.2.3 Partielle Differentialgleichungen aus Naturwissenschaft und Technik

9.2.3.1 Problemstellungen und Randbedingungen

1. Problemstellungen

Die Modellierung und mathematische Erfassung verschiedener physikalischer Erscheinungen im Rahmen der klassischen theoretischen Physik, besonders in modellmäßig strukturlos oder kontinuierlich veränderlich angenäherten Medien, also in Gasen, strukturlos angenommenen Flüssigkeiten sowie Festkörpern und besonders in Feldern der klassischen Physik, führen auf partielle Differentialgleichungen, wie z.B. die Wellengleichung (s. S. 533) und die Wärmeleitungsgleichung (s. S. 534). Auch die nichtklassische theoretische Physik, die Quantenmechanik, die auf der Erkenntnis aufbaut, daß Medien und Felder diskontinuierliche Erscheinungen sind, wird von einer partiellen Differentialgleichung beherrscht, die geradezu eine dominierende Stellung einnimmt, von der SCHRÖDINGER–Gleichung. Besonders häufig treten lineare partielle Differentialgleichungen 2. Ordnung auf, die auch in den modernen Ingenieur- und Naturwissenschaften große Bedeutung erlangt haben.

2. Anfangs- und Randbedingungen

Die Lösung physikalischer, technischer und naturwissenschaftlicher Probleme erfordert gewöhnlich die Erfüllung zweier grundsätzlicher Anforderungen:

1. Die gesuchte Lösung hat nicht nur der Differentialgleichung zu genügen, sondern zusätzlich noch Anfangs- bzw. Randbedingungen. Dabei können Probleme auftreten, bei denen nur Anfangsbedingungen, nur Randbedingungen oder sowohl Anfangs- als auch Randbedingungen vorgegeben sind. Die Gesamtheit aller Bedingungen muß die Lösung der Differentialgleichung eindeutig festlegen.

2. Die gesuchte Lösung muß gegenüber kleinen Änderungen der Anfangs- und Randbedingungen stabil sein, d.h. sich beliebig wenig ändern, wenn die Änderungen dieser Bedingungen, oft auch *Störungen* genannt, hinreichend klein sind. Man sagt dann, daß eine *korrekte Problemstellung* vorliegt.

Erst wenn diese Bedingungen erfüllt sind, kann davon ausgegangen werden, daß das mathematische Modell des gegebenen Problems zur Beschreibung realer Erscheinungen geeignet ist.

Bei Differentialgleichungen des hyperbolischen Typs, auf die besonders Untersuchungen von Schwingungsvorgängen in kontinuierlichen Medien führen, ist z.B. das CAUCHYsche Problem korrekt gestellt. Dies bedeutet, daß auf einer Anfangsmannigfaltigkeit, d.h. auf einer Kurve oder Fläche, Werte der zu bestimmenden Funktion sowie ihrer Ableitungen in einer nichttangentialen, besonders der Normalenrichtung gegeben sind.

Bei den Differentialgleichungen des elliptischen Typs, auf die besonders Untersuchungen von stationären Vorgängen und von Gleichgewichtsproblemen in kontinuierlichen Medien führen, ist die Stellung des Randwertproblems, d.h. die Vorgabe der Werte der zu bestimmenden Funktion auf dem Rande des betrachteten Variabilitätsgebiets der unabhängigen Variablen, korrekt. Wenn das betrachtete Gebiet unbegrenzt ist, dann müssen von der zu bestimmenden Funktion geeignete Verhaltenseigenschaften beim unbegrenzten Wachstum der unabhängigen Variablen gefordert werden.

3. Inhomogene Bedingungen und inhomogene Differentialgleichungen

Die Lösung homogener oder inhomogener linearer partieller Differentialgleichungen bei inhomogenen Anfangs- oder Randbedingungen kann auf die Lösung einer Gleichung zurückgeführt werden, die sich von der gegebenen lediglich durch das die unbekannte Funktion nicht mehr enthaltende freie Glied unterscheidet, jetzt aber bei homogenen Bedingungen. Dazu reicht es aus, die zu bestimmende Funktion durch eine Differenz zwischen ihr und einer beliebigen, zweimal differenzierbaren Funktion zu ersetzen, die die gegebenen inhomogenen Bedingungen erfüllt.

Generell wird von der Erkenntnis Gebrauch gemacht, daß sich die Lösung einer linearen inhomogenen partiellen Differentialgleichung bei gegebenen inhomogenen Anfangs- oder Randbedingungen als Summe der Lösung der gleichen Differentialgleichung bei Nullbedingungen und der Lösung der entsprechenden homogenen Differentialgleichung bei den gegebenen Bedingungen darstellen läßt.

Zur Zurückführung der Lösung der linearen inhomogenen partiellen Differentialgleichung

$$\frac{\partial^2 u}{\partial t^2} - L[u] = g(x,t) \tag{9.96a}$$

bei den homogenen Anfangsbedingungen

$$u\Big|_{t=0} = 0\,, \quad \frac{\partial u}{\partial t}\Big|_{t=0} = 0 \tag{9.96b}$$

auf die Lösung des CAUCHYschen Problems für die zugehörige homogene Differentialgleichung wird

$$u = \int\limits_0^t \varphi(x,t;\tau)\,d\tau \tag{9.96c}$$

gesetzt. Dabei ist $\varphi(x,t;\tau)$ die Lösung der Differentialgleichung

$$\frac{\partial^2 u}{\partial t^2} - L[u] = 0\,, \tag{9.96d}$$

die den Randbedingungen

$$u\Big|_{t=\tau} = 0\,, \quad \frac{\partial u}{\partial t}\Big|_{t=\tau} = g(x,\tau) \tag{9.96e}$$

genügt. In diesen Gleichungen steht x symbolisch für die Gesamtheit der n Variablen $x_1, x_2, \ldots, x_n$ des n–dimensionalen Problems. Mit $L[u]$ wird dabei ein linearer Differentialausdruck bezeichnet, der die Ableitung $\frac{\partial u}{\partial t}$ enthalten darf, nicht aber höhere Ableitungen nach t.

9.2.3.2 Wellengleichung

Die Ausbreitung von Schwingungen als wellenförmige Erscheinung in einem homogenen Medium wird mit Hilfe der *Wellengleichung*

$$\frac{\partial^2 u}{\partial t^2} - a^2 \Delta u = Q(x,t) \tag{9.97a}$$

beschrieben, deren rechte Seite $Q(x,t)$ verschwindet, wenn keine Störungskräfte auftreten. Das Symbol x steht für die n Variablen $x_1, \ldots, x_n$ des n–dimensionalen Problems. Der LAPLACE–Operator Δ ist dann wie folgt definiert:

$$\Delta u = \frac{\partial^2 u}{\partial {x_1}^2} + \frac{\partial^2 u}{\partial {x_2}^2} + \cdots + \frac{\partial^2 u}{\partial {x_n}^2}\,. \tag{9.97b}$$

Die Lösung der Wellengleichung ist die *Wellenfunktion* u. Die Differentialgleichung (9.97a) ist vom hyperbolischen Typ.

1. Homogenes Problem Die Lösung des homogenen Problems mit $Q(x,t) = 0$ und den Anfangsbedingungen

$$u\Big|_{t=0} = \varphi(x)\,, \quad \frac{\partial u}{\partial t}\Big|_{t=0} = \psi(x) \tag{9.98}$$

wird für die Fälle $n = 1$ bis 3 durch die folgenden Integrale beschrieben.

a) $n = 3$ (KIRCHHOFFsche Formel):

$$u(x_1,x_2,x_3,t) = \frac{1}{4\pi a^2}\left[\iint\limits_{(S_{\text{at}})} \frac{\psi(\alpha_1,\alpha_2,\alpha_3)}{t}\,d\sigma + \frac{\partial}{\partial t}\iint\limits_{(S_{\text{at}})} \frac{\varphi(\alpha_1,\alpha_2,\alpha_3)}{t}\,d\sigma\right], \tag{9.99a}$$

wobei die Integration über die Kugeloberfläche S_{at} erfolgt, die mit $(\alpha_1 - x_1)^2 + (\alpha_2 - x_2)^2 + (\alpha_3 - x_3)^2 = a^2t^2$ angesetzt wird.

b) $n = 2$ (POISSONsche Formel):

$$u(x_1, x_2, t) = \frac{1}{2\pi a}\Bigg[\iint\limits_{(K_{at})} \frac{\psi(\alpha_1, \alpha_2)\, d\alpha_1 d\alpha_2}{\sqrt{a^2t^2 - (\alpha_1 - x_1)^2 - (\alpha_2 - x_2)^2}} + \frac{\partial}{\partial t} \iint\limits_{(K_{at})} \frac{\varphi(\alpha_1, \alpha_2)\, d\alpha_1 d\alpha_2}{\sqrt{a^2t^2 - (\alpha_1 - x_1)^2 - (\alpha_2 - x_2)^2}}\Bigg], \tag{9.99b}$$

wobei die Integration über den Kreis erfolgt, der mit $(\alpha_1 - x_1)^2 + (\alpha_2 - x_2)^2 \le a^2t^2$ angesetzt wird.

c) $n = 1$ (D'ALEMBERTsche Formel):

$$u(x_1, t) = \frac{\varphi(x_1 + at) + \varphi(x_1 - at)}{2} + \frac{1}{2a} \int\limits_{x_1 - at}^{x_1 - at} \psi(\alpha)\, d\alpha\,. \tag{9.99c}$$

2. Inhomogenes Problem Im Falle $Q(x, t) \neq 0$ sind auf den rechten Seiten der Formeln (9.99a,b,c) Korrekturglieder zu addieren:

a) $n = 3$ (Retardiertes Potential): Für ein Gebiet K, das durch $r \le at$ mit $r = \sqrt{(\xi_1 - x_1)^2 + (\xi_2 - x_2)^2 + (\xi_3 - x_3)^2}$ beschrieben wird, gilt:

$$\frac{1}{4\pi a^2} \iiint\limits_{(K)} \frac{Q\left(\xi_1, \xi_2, \xi_3, t - \dfrac{r}{a}\right)}{r}\, d\xi_1 d\xi_2 d\xi_3\,. \tag{9.100a}$$

b) $n = 2$:

$$\frac{1}{2\pi a} \iiint\limits_{(K)} \frac{Q(\xi_1, \xi_2, \tau)\, d\xi_1 d\xi_2 d\tau}{\sqrt{a^2(t - \tau)^2 - (\xi_1 - x_1)^2 - (\xi_2 - x_2)^2}}\,, \tag{9.100b}$$

wobei K ein Gebiet des ξ_1, ξ_2, τ–Raumes ist, das durch die Ungleichungen $0 \le \tau \le t$, $(\xi_1 - x_1)^2 + (\xi_2 - x_2)^2 \le a^2(t - \tau)^2$ definiert ist.

c) $n = 1$:

$$\frac{1}{2a} \iint\limits_{(T)} Q(\xi, \tau)\, d\xi d\tau\,, \tag{9.100c}$$

wobei T das Dreieck $0 \le \tau \le t$, $|\xi - x_1| \le a|t - \tau|$ bedeutet. In den angegebenen Formeln steht a für die Ausbreitungsgeschwindigkeit der Störung.

9.2.3.3 Wärmeleitungs– und Diffusionsgleichung für ein homogenes Medium

1. Dreidimensionale Wärmeleitungsgleichung

Die Ausbreitung der Wärme in einem homogenen Medium wird durch die lineare partielle Differentialgleichung zweiter Ordnung vom parabolischen Typ

$$\frac{\partial u}{\partial t} - a^2 \Delta u = Q(x, t) \tag{9.101a}$$

beschrieben, wobei Δ der LAPLACE–Operator ist, hier beschränkt auf maximal drei Ausbreitungsrichtungen x_1, x_2, x_3, beschreibbar auch durch den Ortsvektor $\vec{\mathbf{r}}$. Wenn der Wärmestrom weder Quellen noch Senken besitzt, verschwindet die rechte Seite wegen $Q(x, t) = 0$.
Das CAUCHYsche Problem kann folgendermaßen gestellt werden: Es ist eine für $t > 0$ beschränkte Lösung $u(x, t)$ zu suchen, wobei $u|_{t=0} = f(x)$ sein soll. Die Forderung nach der Beschränktheit sichert

gleichzeitig die Eindeutigkeit der Lösung.
Für die homogene Differentialgleichung mit $Q(x,t) = 0$ erhält man die *Wellenfunktion*

$$u(x_1,x_2,x_3,t) = \frac{1}{(2a\sqrt{\pi t})^n} \int\limits_{-\infty}^{+\infty}\int\limits_{-\infty}^{+\infty}\int\limits_{-\infty}^{+\infty} f(\alpha_1,\alpha_2,\alpha_3) \cdot \exp\left(-\frac{(x_1-\alpha_1)^2+(x_2-\alpha_2)^2+(x_3-\alpha_3)^2}{4a^2t}\right) d\alpha_1 d\alpha_2 d\alpha_3 \,. \qquad (9.101b)$$

Für die inhomogene Differentialgleichung mit $Q(x,t) \neq 0$ ist auf der rechten Seite von (9.101b) der folgende Ausdruck zu addieren:

$$\int\limits_0^t \left[\int\limits_{-\infty}^{+\infty}\int\limits_{-\infty}^{+\infty}\int\limits_{-\infty}^{+\infty} \frac{Q(\alpha_1,\alpha_2,\alpha_3)}{[2a\sqrt{\pi(t-\tau)}]^n} \cdot \exp\left(-\frac{(x_1-\alpha_1)^2+(x_2-\alpha_2)^2+(x_3-\alpha_3)^2}{4a^2(t-\tau)}\right) d\alpha_1 d\alpha_2 d\alpha_3 \right] d\tau \,. \qquad (9.101c)$$

Die Aufgabe, $u(x,t)$ für $t < 0$ zu bestimmen, wenn die Werte von $u(x,0)$ gegeben sind, kann so nicht gelöst werden, weil das CAUCHYsche Problem dann nicht mehr korrekt gestellt ist.
Da die Temperatur zur Wärmemenge proportional ist, setzt man oft $u = T(\vec{\mathbf{r}},t)$ (Temperaturfeld) und $a^2 = D_W$ (Wärmediffusionskonstante oder Temperaturleitzahl) und erhält

$$\frac{\partial T}{\partial t} - D_W \Delta T = Q_W(\vec{\mathbf{r}},t) \,. \qquad (9.101d)$$

2. Dreidimensionale Diffusionsgleichung
In Analogie zur Wärmeleitung wird die Ausbreitung einer Konzentration C in einem homogenen Medium durch die gleiche lineare partielle Differentialgleichung (9.101a) bzw. (9.101d) beschrieben, wobei D_W durch den *dreidimensionalen Diffusionskoeffizienten* D_C zu ersetzen ist. Die *Diffusionsgleichung* lautet:

$$\frac{\partial C}{\partial t} - D_C \Delta C = Q_C(\vec{\mathbf{r}},t) \,. \qquad (9.102)$$

Die Lösungen erhält man durch Symbolaustausch in den Wellengleichungen (9.101b) und (9.101c).

9.2.3.4 Potentialgleichung

Potentialgleichung oder POISSON*sche Differentialgleichung* (s. S. 667) wird die lineare partielle Differentialgleichung 2. Ordnung

$$\Delta u = -4\pi\varrho \qquad (9.103a)$$

genannt, die die Bestimmung des Potentials $u(x)$ eines skalaren Feldes ermöglicht, das von einer Punktfunktion $\varrho(x)$ erzeugt wird, wobei x für die Koordinaten x_1, x_2, x_3 steht und Δ der LAPLACE–Operator ist. Die Lösung, das Potential $u_M(x_1,x_2,x_3)$ im Punkt M, wird auf S. 667 behandelt.
Für die homogene Differentialgleichung mit $\varrho \equiv 0$ ergibt sich die LAPLACE*sche Differentialgleichung* (s. S. 667)

$$\Delta u = 0 \,. \qquad (9.103b)$$

Die Differentialgleichungen (9.103a und (9.103b) sind vom elliptischen Typ.

9.2.3.5 Schrödinger–Gleichung

1. Begriff der SCHRÖDINGER–Gleichung

1. Bestimmung und Abhängigkeiten Die SCHRÖDINGER–Gleichung, deren Lösungen, die *Wellenfunktionen* ψ, die Eigenschaften eines quantenmechanischen Systems beschreiben, also die Eigenschaften der Teilchenzustände zu berechnen gestatten, ist eine partielle Differentialgleichung mit Ableitungen der Wellenfunktion 2. Ordnung für die Raumkoordinaten und 1. Ordnung für die Zeitkoordinate:

$$\mathrm{i}\,\hbar\frac{\partial\psi}{\partial t} = -\frac{\hbar^2}{2m}\Delta\psi + U(x_1,x_2,x_3,t)\,\psi = \hat{H}\,\psi \tag{9.104a}$$

$$\hat{H} \equiv \frac{\hat{p}^2}{2m} + U(\vec{\mathbf{r}},t)\,,\quad \hat{p} \equiv \frac{\hbar}{\mathrm{i}}\frac{\partial}{\partial\vec{\mathbf{r}}} \equiv \frac{\hbar}{\mathrm{i}}\nabla\,. \tag{9.104b}$$

Hierbei sind Δ der LAPLACE–Operator, $\hbar = \frac{h}{2\pi}$ die reduzierte PLANCKsche Konstante, i die imaginäre Einheit und ∇ der Nablaoperator. Zwischen dem Impuls p eines freien Teilchens mit der Masse m und seiner Materiewellenlänge λ besteht die Beziehung $\lambda = h/p$.

2. Besonderheiten

- In der Quantenmechanik werden allen meßbaren Größen Operatoren zugeordnet. Der in (9.104a) und (9.104b) auftretende HAMILTON–Operator („*Hamiltonian*") $\hat{H}$, der an die Stelle der HAMILTON–Funktion des klassischen mechanischen Systems tritt (s. S. 516), stellt die Gesamtenergie des Systems dar, die in kinetische und potentielle Energie aufgeteilt wird. Der erste Term in $\hat{H}$ ist der Operator für die kinetische Energie, der zweite der für die potentielle Energie.

- Die imaginäre Einheit tritt in der SCHRÖDINGER–Gleichung explizit auf. Daher sind die Wellenfunktionen komplexe Funktionen. Für die Berechnung der beobachtbaren Größen sind die beiden reellen, in $\psi^{(1)}+\mathrm{i}\psi^{(2)}$, enthaltenen Funktionen erforderlich. Das Quadrat $|\Psi|^2$ der Wellenfunktion, das die Aufenthaltswahrscheinlichkeit dw des Teilchens in jedem beliebigen Raumelement dV des betrachteten Gebietes beschreibt, unterliegt speziellen zusätzlichen Bedingungen.

- Jede spezielle Lösung hängt außer vom Potential der *Wechselwirkung* (*Kraft*) von den Anfangs- und Randbedingungen des gegebenen Problems ab. Im allgemeinen handelt es sich um lineare Randwertprobleme 2. Ordnung, deren Lösungen nur für die Eigenwerte physikalisch sinnvoll sind. Sinnvolle Lösungen zeichnen sich dadurch aus, daß ihr Betragsquadrat überall eindeutig und regulär ist und im Unendlichen verschwindet.

- Auf Grund des *Welle–Teilchen–Dualismus* besitzen die Mikroteilchen gleichzeitig Wellen- und Teilcheneigenschaften, so daß die SCHRÖDINGER–Gleichung eine Wellengleichung (s. S. 533) für die DE-BROGLIEschen Materie–Wellen ist.

- Die Einschränkung auf nichtrelativistische Probleme bedeutet, daß die Teilchengeschwindigkeit v sehr viel kleiner sein muß als die Lichtgeschwindigkeit c ($v \ll c$).

Ausführliche Darstellungen der Anwendungen der SCHRÖDINGER–Gleichung sind in der Spezialliteratur der theoretischen Physik dargestellt (s. z.B. Lit. [9.6], [9.8], [9.16], [22.17]). In diesem Kapitel werden lediglich einige wichtige Beispiele betrachtet.

2. Zeitabhängige SCHRÖDINGER–Gleichung

Den allgemeinen nichtrelativistischen Fall eines spinlosen Teilchens mit der Masse m im orts- und zeitabhängigen Potentialfeld $U(x_1, x_2, x_3, t)$ beschreibt die zeitabhängige SCHRÖDINGER–Gleichung (9.104a). Die unter **1.** genannten speziellen Bedingungen, denen die Wellenfunktion genügen muß, lauten:

a) Die ψ–Funktion muß beschränkt und stetig sein.
b) Die partiellen Ableitungen $\partial\psi/\partial x_1$, $\partial\psi/\partial x_2$ und $\partial\psi/\partial x_3$ müssen stetig sein.
c) Die Funktion $|\psi|^2$ muß integrierbar sein, also muß

$$\iiint\limits_V |\psi(x_1,x_2,x_3,t)|^2\,dV < \infty \tag{9.105a}$$

gelten. Gemäß Normierungsbedingung muß die Wahrscheinlichkeit, das Teilchen im betrachteten Gebiet zu finden, gleich 1 sein. Dazu reicht (9.105a) aus, weil das Integral stets durch einen Faktor vor ψ

auf 1 gebracht werden kann.
Eine Lösung der zeitabhängigen SCHRÖDINGER–Gleichung hat die Form

$$\psi(x_1, x_2, x_3, t) = \Psi(x_1, x_2, x_3)e^{-\mathrm{i}\frac{E}{\hbar}t} . \tag{9.105b}$$

Der Zustand des Teilchens wird durch eine periodische Funktion von der Zeit mit der Kreisfrequenz $\omega = E/\hbar$ beschrieben. Wenn die Energie des Teilchens in dem Zustand den festen Wert $E = \text{const}$ besitzt, dann hängt die Wahrscheinlichkeit dw, es in einem Raumelement dV zu finden, nicht von der Zeit ab:

$$d\omega = |\psi|^2\, dV = \psi\psi^*\, dV . \tag{9.105c}$$

Man spricht vom *stationären Zustand* des Teilchens.

3. Zeitunabhängige SCHRÖDINGER–Gleichung

Wenn das Potential U nicht von der Zeit abhänget, d.h. $U = U(x_1, x_2, x_3)$, dann genügt zur Beschreibung der Zustände die Wellenfunktion $\Psi(x_1, x_2, x_3)$, der zeitunabhängigen SCHRÖDINGER–Gleichung. Man kann sie aus der zeitabhängigen SCHRÖDINGER–Gleichung (9.104a) mit dem Ansatz (9.105b) herleiten und erhält

$$\Delta\Psi + \frac{2m}{\hbar^2}(E - U)\Psi = 0 . \tag{9.106a}$$

In diesem ebenfalls nichtrelativistischen Fall ist

$$E = \frac{p^2}{2m} \tag{9.106b}$$

die Energie des Teilchens. Die Wellenfunktionen Ψ, die diese Differentialgleichung erfüllen, sind ihre *Eigenfunktionen*; sie existieren nur für bestimmte *Energieeigenwerte* E, die sich für das betrachtete Problem aus seinen spezifischen Randbedingungen ergeben. Die Gesamtheit der Eigenwerte bildet das *Energiespektrum* des Teilchens. Wenn U ein Potential endlicher Tiefe ist, das im Unendlichen verschwindet, dann bilden die negativen Eigenwerte ein *diskretes Spektrum*.

Ist das betrachtete Gebiet der gesamte Raum, dann kann als Randbedingung gefordert werden, daß Ψ im LEBESGUEschen Sinne (s. S. 634 und Lit. [8.11]) im gesamten Raum quadratisch integrabel sein muß. Ist das Gebiet endlich, z.B. eine Kugel oder ein Zylinder, dann kann als erste Randwertaufgabe z.B. $\Psi = 0$ für den Rand gefordert werden.
In dem speziellen Fall $U(x) = 0$ ergibt sich die HELMHOLTZ*sche Differentialgleichung*

$$\Delta\Psi + \lambda\Psi = 0 \tag{9.107a}$$

mit dem Eigenwert $\lambda = \dfrac{2mE}{\hbar^2}$. (9.107b)

Als Randbedingung wird hier oft $\Psi = 0$ am Rande gefordert. In einem endlichen Gebiet stellt (9.107a) die mathematische Ausgangsgleichung für akustische Schwingungen in gegebenen räumlichen Begrenzungen dar.

4. Kräftefreie Bewegung eines Teilchens in einem Quader

1. Problemstellung Ein Teilchen mit der Masse m bewege sich kräftefrei in einem Quader mit undurchlässigen Wänden der Kantenlänge a, b, c, so daß es sich in einem Potentialkasten befindet, der in alle drei Raumrichtungen wegen seiner Undurchlässigkeit unendlich hoch ist, d.h., die Aufenthaltswahrscheinlichkeit des Teilchens und damit die Wellenfunktion Ψ verschwinden außerhalb des Kastens. Die SCHRÖDINGER–Gleichung und die Randbedingungen lauten für dieses Problem

$$\frac{\partial^2\Psi}{\partial x^2} + \frac{\partial^2\Psi}{\partial y^2} + \frac{\partial^2\Psi}{\partial z^2} + \frac{2m}{\hbar^2}E\Psi = 0 , \tag{9.108a}$$

$$\Psi = 0 \quad \text{für} \quad \begin{cases} x = 0, & x = a, \\ y = 0, & y = b, \\ z = 0, & z = c. \end{cases} \tag{9.108b}$$

2. Lösungsansatz Mit dem *Separationsansatz*

$$\Psi(x, y, z) = \Psi_x(x)\,\Psi_y(y)\,\Psi_z(z) \tag{9.109a}$$

zur Variablentrennung ergibt sich nach Einsetzen in (9.108a)

$$\frac{1}{\Psi_x}\frac{d^2\Psi_x}{dx^2} + \frac{1}{\Psi_y}\frac{d^2\Psi_y}{dy^2} + \frac{1}{\Psi_z}\frac{d^2\Psi_z}{dz^2} = -\frac{2m}{\hbar^2}E = -B\,. \tag{9.109b}$$

Jedes der drei Glieder auf der linken Seite hängt nur von einer unabhängigen Variablen ab. Ihre Summe kann für beliebige x, y, z nur dann konstant gleich $-B$ sein, wenn jedes einzelne Glied für sich konstant ist. In diesem Falle kann die partielle Differentialgleichung in drei gewöhnliche Differentialgleichungen aufgespalten werden:

$$\frac{d^2\Psi_x}{dx^2} = -{k_x}^2\Psi_x\,,\quad \frac{d^2\Psi_y}{dy^2} = -{k_y}^2\Psi_y\,,\quad \frac{d^2\Psi_z}{dz^2} = -{k_z}^2\Psi_z\,. \tag{9.109c}$$

Zwischen den *Separationskonstanten* $-{k_x}^2$, $-{k_y}^2$, $-{k_z}^2$ besteht der Zusammenhang

$${k_x}^2 + {k_y}^2 + {k_z}^2 = B\,,\ (9.109\text{d}) \qquad \text{womit folgt} \quad E = \frac{\hbar^2}{2m}({k_x}^2 + {k_y}^2 + {k_z}^2)\,. \tag{9.109e}$$

3. Lösungen der drei Gleichungen (9.109c) sind die Funktionen

$$\Psi_x = A_x \sin k_x x,\ \ \Psi_y = A_y \sin k_y y\,,\ \ \Psi_z = A_z \sin k_z z \tag{9.110a}$$

mit den Konstanten A_x, A_y, A_z. Damit erfüllt Ψ die Randbedingungen $\Psi = 0$ für $x = 0$, $y = 0$ und $z = 0$. Um die Bedingung $\Psi = 0$ auch für $x = a$, $y = b$ und $z = c$ zu erfüllen, muß

$$\sin k_x a = \sin k_y b = \sin k_z c = 0 \tag{9.110b}$$

gelten, d.h., es müssen die Beziehungen

$$k_x = \frac{\pi n_x}{a},\ \ k_y = \frac{\pi n_y}{b},\ \ k_z = \frac{\pi n_z}{c} \tag{9.110c}$$

erfüllt sein, in denen n_x, n_y und n_z ganze Zahlen sind.
Für die Gesamtenergie erhält man damit

$$E_{n_x,n_y,n_z} = \frac{\hbar^2}{2m}\left[\left(\frac{n_x}{a}\right)^2 + \left(\frac{n_y}{b}\right)^2 + \left(\frac{n_z}{c}\right)^2\right] \quad (n_x, n_y, n_z = \pm 1, \pm 2, \ldots)\,, \tag{9.110d}$$

woraus folgt, daß Energieänderungen des Teilchens durch Austausch mit der Umgebung nicht kontinuierlich, sondern lediglich in Quanten möglich sind. Die Zahlen n_x, n_y und n_z, die zu den *Eigenwerten* der Energie gehören, werden *Quantenzahlen* genannt.
Nach der Berechnung des Konstantenprodukts $A_xA_yA_z$ aus der *Normierungsbedingung*

$$(A_xA_yA_z)^2 \int_0^a\!\!\int_0^b\!\!\int_0^c \sin^2\frac{\pi n_x x}{a}\,\sin^2\frac{\pi n_y y}{b}\,\sin^2\frac{\pi n_z z}{c}\,dx\,dy\,dz = 1 \tag{9.110e}$$

ergeben sich die vollständigen *Eigenfunktionen* des durch die drei Quantenzahlen charakterisierten Zustandes zu

$$\Psi_{n_x,n_y,n_z} = \sqrt{\frac{8}{abc}}\,\sin\frac{\pi n_x x}{a}\,\sin\frac{\pi n_y y}{b}\,\sin\frac{\pi n_z z}{c}\,. \tag{9.110f}$$

Die Eigenfunktionen verschwinden an den Wänden, wenn eine der drei Sinusfunktionen gleich Null ist. Außer an den Wänden ist das immer dann der Fall, wenn die Beziehungen

$$\begin{aligned} x &= \frac{a}{n_x},\ \frac{2a}{n_x}, \ldots,\ \frac{(n_x-1)a}{n_x}\,,\\ y &= \frac{b}{n_y},\ \frac{2b}{n_y}, \ldots,\ \frac{(n_y-1)b}{n_y}\,,\\ z &= \frac{c}{n_z},\ \frac{2c}{n_z}, \ldots,\ \frac{(n_z-1)c}{n_z} \end{aligned} \tag{9.110g}$$

erfüllt sind. Somit gibt es $n_x - 1$ bzw. $n_y - 1$ bzw. $n_z - 1$ Ebenen senkrecht zur x– bzw. y– bzw. z–Achse, in denen Ψ verschwindet. Diese Ebenen heißen *Knotenebenen*.

4. Spezialfall Würfel, Entartung Im Spezialfalle des Würfels mit $a = b = c$ kann sich ein Teilchen in Zuständen befinden, die durch unterschiedliche linear unabhängige Eigenfunktionen beschrieben werden und die gleiche Energie besitzen. Das ist der Fall, wenn die Summe ${n_x}^2 + {n_y}^2 + {n_z}^2$ in verschiedenen Zuständen den gleichen Wert hat. Man spricht dann von *entarteten Zuständen* und wenn es i Zustände mit gleicher Energie sind, von *i–facher Entartung*.
Die Quantenzahlen n_x, n_y und n_z können alle ganzen Zahlen durchlaufen, außer der Null. Letzteres würde bedeuten, daß die Wellenfunktion identisch Null ist, d.h., das Teilchen an keinem Ort innerhalb des Kastens existiert. Somit muß die Teilchenenergie endlich bleiben, selbst wenn die Temperatur des absoluten Nullpunktes erreicht ist. Diese *Nullpunktstranslationsenergie* beträgt für den Quader

$$E_0 = \frac{\hbar^2}{2m}\left(\frac{1}{a^2} + \frac{1}{b^2} + \frac{1}{c^2}\right). \tag{9.110h}$$

5. Teilchenbewegung im symmetrischen Zentralfeld (s. S. 640)

1. Problemstellung Das betrachtete Teilchen bewegt sich in einem radialsymmetrisch, zentralsymmetrischen Potential $V(r)$. Dieses Modell reproduziert die Bewegung eines Elektrons unter der elektrostatischen Anziehung eines positiv geladenen Kerns. Da es sich um ein kugelsymmetrisches Problem handelt, ist die Benutzung von Kugelkoordinaten zweckmäßig **(Abb.9.20)**. Es gelten dann die Beziehungen

$$\begin{aligned} r &= \sqrt{x^2 + y^2 + z^2}\,, & x &= r\sin\vartheta\cos\varphi\,, \\ \vartheta &= \arccos\frac{z}{r}\,, & y &= r\sin\vartheta\sin\varphi\,, \\ \varphi &= \arctan\frac{y}{x}\,, & z &= r\cos\vartheta\,, \end{aligned} \tag{9.111a}$$

wobei r der Betrag des Radiusvektors ist, ϑ der Winkel zwischen Radiusvektor und z–Achse (Polarwinkel) und φ der Winkel zwischen der Projektion des Radiusvektors auf die x, y–Ebene und der x–Achse (Azimutalwinkel). Für den LAPLACE–Operator ergibt sich

$$\Delta\Psi = \frac{\partial^2\Psi}{\partial r^2} + \frac{2}{r}\frac{\partial\Psi}{\partial r} + \frac{1}{r^2}\frac{\partial^2\Psi}{\partial\vartheta^2} + \frac{\cos\vartheta}{r^2\sin\vartheta}\frac{\partial\Psi}{\partial\vartheta} + \frac{1}{r^2\sin^2\vartheta}\frac{\partial^2\Psi}{\partial\varphi^2}\,, \tag{9.111b}$$

so daß die zeitunabhängige SCHRÖDINGER–Gleichung lautet:

$$\frac{1}{r^2}\frac{\partial}{\partial r}\left(r^2\frac{\partial\Psi}{\partial r}\right) + \frac{1}{r^2\sin\vartheta}\frac{\partial}{\partial\vartheta}\left(\sin\vartheta\frac{\partial\Psi}{\partial\vartheta}\right) + \frac{1}{r^2\sin^2\vartheta}\frac{\partial^2\Psi}{\partial\varphi^2} + \frac{2m}{\hbar^2}[E - V(r)]\Psi = 0\,. \tag{9.111c}$$

2. Lösungsansätze Eine Lösung wird mit dem Ansatz

$$\Psi(r,\vartheta,\varphi) = R_l(r)Y_l^m(\vartheta,\varphi) \tag{9.112a}$$

angestrebt, in dem R_l die nur vom Radius r abhängige radiale Wellenfunktion ist und $Y_l^m(\vartheta,\varphi)$ eine nur von den beiden Winkeln abhängige Wellenfunktion. Einsetzen von (9.112a) in (9.111c) liefert

$$\begin{aligned} &\frac{1}{r^2}\frac{\partial}{\partial\vartheta}\left(r^2\frac{\partial R_l}{\partial r}\right)Y_l^m + \frac{2m}{\hbar^2}[E - V(r)]R_lY_l^m \\ &= -\left\{\frac{1}{r^2\sin^2\vartheta}\frac{\partial}{\partial\vartheta}\left(\sin\vartheta\frac{\partial Y_l^m}{\partial\vartheta}\right)R_l + \frac{1}{r^2}\sin^2\vartheta\frac{\partial^2Y_L^m}{\partial\varphi^2}R_l\right\}. \end{aligned} \tag{9.112b}$$

Division durch $R_lY_l^m$ und Multiplikation mit r^2 ergibt

$$\frac{1}{R_l}\frac{d}{dr}\left(r^2\frac{dR_l}{dr}\right) + \frac{2mr^2}{\hbar^2}[E - V(r)] = -\frac{1}{Y_l^m}\left\{\frac{1}{\sin\vartheta}\frac{\partial}{\partial\vartheta}\left(\sin\vartheta\frac{\partial Y_l^m}{\partial\vartheta}\right) + \frac{1}{\sin^2\vartheta}\frac{\partial^2Y_l^m}{\partial\varphi^2}\right\}. \tag{9.112c}$$

Die Gleichung (9.112c) kann nur erfüllt werden, wenn eine unabhängige Variation der Radiuskoordinate r auf der linken Seite der Gleichung und der Winkelkoordinaten ϑ, φ auf der rechten dieselbe Separationskonstante ergeben, d.h., wenn die Seiten unabhängig voneinander sind und den gleichen konstanten Wert ergeben. Aus der partiellen Differentialgleichung ergeben sich dann zwei gewöhnliche

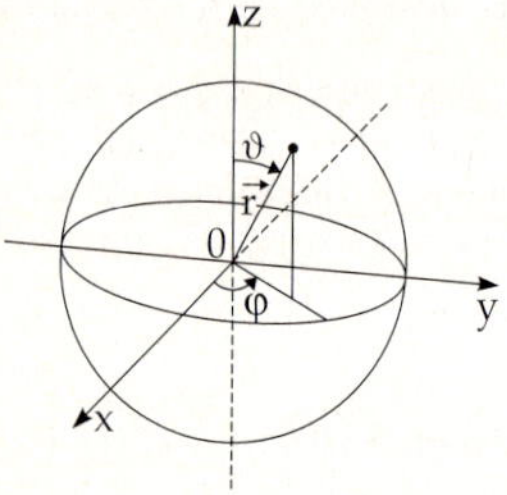

Abbildung 9.20

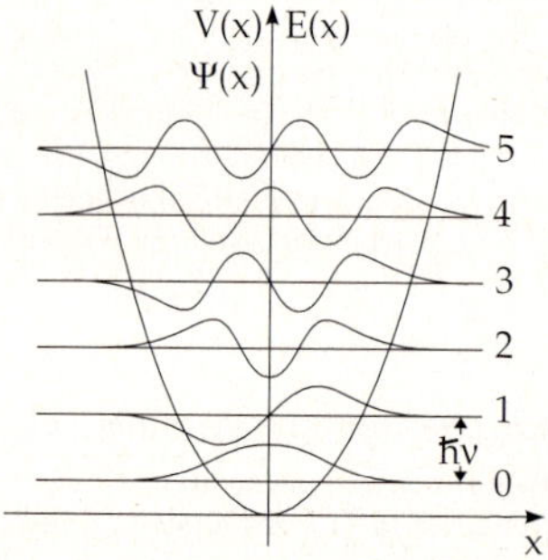

Abbildung 9.21

Differentialgleichungen. Wird die Separationskonstante praktischerweise gleich $l(l+1)$ gesetzt, dann erhält man die nur von r und vom Potential $V(r)$ abhängige sogenannte *Radialgleichung*:

$$\frac{1}{R_l r^2}\frac{d}{dr}\left(r^2\frac{dR_l}{dr}\right)+\frac{2m}{\hbar^2}\left[E-V(r)-\frac{l(l+1)\hbar^2}{2mr^2}\right]=0\,. \tag{9.112d}$$

Der winkelabhängige Anteil wird mit Hilfe des Ansatzes

$$Y_l^m(\vartheta,\varphi)=\Theta(\vartheta)\Phi(\varphi) \tag{9.112e}$$

ebenfalls separiert. Einsetzen von (9.112e) in (9.112c) liefert

$$\sin^2\vartheta\left\{\frac{1}{\Theta\sin\vartheta}\frac{d}{d\vartheta}\left(\sin\vartheta\frac{d\Theta}{d\vartheta}\right)+l(l+1)\right\}=-\frac{1}{\Phi}\frac{d^2\Phi}{d\varphi^2}\,. \tag{9.112f}$$

Bezeichnet man die Separationskonstante zweckmäßigerweise mit m^2, dann lautet die sogenannte *Polargleichung*

$$\frac{1}{\Theta\sin\vartheta}\frac{d}{d\vartheta}\left(\sin\vartheta\frac{d\Theta}{d\vartheta}\right)+l(l+1)-\frac{m^2}{\sin^2\vartheta}=0 \tag{9.112g}$$

und die *Azimutalgleichung*

$$\frac{d^2\Phi}{d\varphi^2}+m^2\Phi=0\,. \tag{9.112h}$$

Beide Gleichungen sind potentialunabhängig, gelten also für jedes zentralsymmetrische Potential. An die Lösung (9.112a) sind drei Forderungen zu stellen: Sie soll für $r\to\infty$ verschwinden, auf der Kugeloberfläche eindeutig sein und sich quadratisch integrieren lassen.

3. Lösung der Radialgleichung Die Radialgleichung (9.112d) enthält neben dem Potential $V(r)$ noch die Separationskonstante $l(l+1)$. Man substituiert

$$u_l(r)=r\cdot R_l(r)\,, \tag{9.113a}$$

weil das Quadrat der Funktion $u_l(r)$ die letztlich gesuchte Aufenthaltswahrscheinlichkeit $|u_l(r)|^2dr = |R_l(r)|^2r^2dr$ des Teilchens in einer Kugelschale zwischen r und $r+dr$ angibt. Die Substitution führt auf die eindimensionale SCHRÖDINGER–Gleichung

$$\frac{d^2u_l(r)}{dr^2} + \frac{2m}{\hbar^2}\left[E - V(r) - \frac{l(l+1)\hbar^2}{2mr^2}\right]u_l(r) = 0\,. \tag{9.113b}$$

Diese enthält das effektive Potential

$$V_{\text{eff}} = V(r) + V_l(l)\,, \tag{9.113c}$$

das aus zwei Anteilen besteht. Die Rotationsenergie

$$V_{\text{rot}}(l) = \frac{l(l+1)\hbar^2}{2mr^2} \tag{9.113d}$$

wird Zentrifugalpotential genannt.

Die physikalische Bedeutung von l als *Bahndrehimpuls–Quantenzahl* ergibt sich aus der Analogiebetrachtung zur klassischen Rotationsenergie

$$E_{rot} = \frac{1}{2}\Theta\vec{\omega}^2 = \frac{(\Theta\vec{\omega})^2}{2\Theta} = \frac{\vec{l}^{\,2}}{2\Theta} = \frac{\vec{l}^{\,2}}{2mr^2} \tag{9.113e}$$

eines rotierenden Teilchens mit dem Trägheitsmoment $\Theta = \mu r^2$ und dem Bahndrehimpuls $\vec{l} = \Theta\vec{\omega}$:

$$\vec{l}^{\,2} = l(l+1)\hbar^2\,, \quad \left|\vec{l}^{\,2}\right| = \hbar\sqrt{l(l+1)}\,. \tag{9.113f}$$

4. Lösung der Polargleichung Die Polargleichung (9.112g), die beide Separationskonstanten $l(l+1)$ und m^2 enthält, ist eine LEGENDREsche Differentialgleichung (9.57a). Ihre Lösung wird mit $\Theta_l^m(\vartheta)$ bezeichnet und kann durch einen Potenzreihenansatz ermittelt werden. Endliche, eindeutige und stetige Lösungen ergeben sich nur für $l(l+1) = 0, 2, 6, 12, \ldots$. Daher gilt für l und m:

$$l = 0, 1, 2, \ldots, \quad |m| \le l\,. \tag{9.114a}$$

Somit kann m insgesamt die $(2l+1)$ Werte

$$-l,\ (-l+1),\ (-l+2), \ldots,\ (l-2),\ (l-1),\ l \tag{9.114b}$$

durchlaufen.

Für $m \neq 0$ ergeben sich die zugeordneten LEGENDREschen Polynome, die wie folgt definiert sind:

$$P_l^m(\cos\vartheta) = \frac{(-1)^m}{2^l l!}(1-\cos^2\vartheta)^{m/2}\frac{d^{l+m}(\cos^2\vartheta - 1)^l}{(d\cos\vartheta)^{l+m}}\,. \tag{9.114c}$$

Als Spezialfall ($l = 0$, $m = n$, $\cos\vartheta = x$) erhält man die LEGENDREschen Polynome 1. Art (9.57c) auf S. 507. Die Normierung führt auf

$$\Theta_l^m(\vartheta) = \sqrt{\frac{2l+1}{2}\frac{(l-m)!}{(l+m)!}} \cdot P_l^m(\cos\vartheta) = N_l^m P_l^m(\cos\vartheta)\,. \tag{9.114d}$$

5. Lösung der Azimutalgleichung Da die Teilchenbewegung im Potential $V(r)$ auch im Falle der physikalischen Auszeichnung einer Raumrichtung, z.B. durch ein Magnetfeld, unabhängig vom Azimutalwinkel ist, spezifiziert man die allgemeine Lösung $\Phi = \alpha e^{\mathrm{i}m\varphi} + \beta e^{-\mathrm{i}m\varphi}$ durch die Festlegung

$$\Phi_m(\varphi) = Ae^{\pm\mathrm{i}m\varphi}\,, \tag{9.115a}$$

für die $|\Phi_m|^2$ unabhängig von φ ist. Aus der Forderung nach Eindeutigkeit

$$\Phi_m(\varphi + 2\pi) = \Phi_m(\varphi) \tag{9.115b}$$

folgt, daß m nur die Werte $0, \pm 1, \pm 2, \ldots$ annehmen darf.

Aus der Normierung

$$\int_0^{2\pi} |\Phi|^2\,d\varphi = 1 = |A|^2\int_0^{2\pi} d\varphi = 2\pi|A|^2 \tag{9.115c}$$

folgt:

$$\Phi_m(\varphi) = \frac{1}{\sqrt{2\pi}} e^{im\varphi} \quad (m = 0, \pm 1, \pm 2, \ldots). \qquad (9.115d)$$

Die Quantenzahl m wird *magnetische Quantenzahl* genannt.

6. Gesamtlösung für die Winkelabhängigkeit In Übereinstimmung mit (9.112e) sind die Lösungen für die Polar- und die Azimutalgleichungen miteinander zu multiplizieren:

$$Y_l^m(\vartheta, \varphi) = \Theta(\vartheta)\,\Phi(\varphi) = \frac{1}{\sqrt{2\pi}} N_l^m P_l^m(\cos\vartheta) e^{im\varphi}. \qquad (9.116a)$$

Die Funktionen $Y_l^m(\vartheta, \varphi)$ sind die sogenannten *Kugelflächenfunktionen.*

Wenn der Radiusvektor $\vec{\mathbf{r}}$ am Koordinatenursprung gespiegelt wird ($\vec{\mathbf{r}} \to -\vec{\mathbf{r}}$), gehen ϑ in $\pi - \vartheta$ und φ in $\varphi + \pi$ über, so daß sich das Vorzeichen von Y_l^m ändern kann:

$$Y_l^m(\pi - \vartheta, \varphi + \pi) = (-1)^l Y_l^m(\vartheta, \varphi). \qquad (9.116b)$$

Daraus ergibt sich die *Parität* der betrachteten Wellenfunktion zu

$$P = (-1)^l. \qquad (9.117a)$$

7. Parität Die Eigenschaft *Parität* dient der Charakterisierung des Verhaltens der Wellenfunktion bei *Rauminversion* $\vec{\mathbf{r}} \to -\vec{\mathbf{r}}$ (s. S. 268). Diese wird mit dem Inversions- oder Paritätsoperator $\mathbf{P}$ durchgeführt: $\mathbf{P}\Psi(\vec{\mathbf{r}}, t) = \Psi(-\vec{\mathbf{r}}, t)$. Bezeichnet man den Eigenwert des Operators mit P, dann muß eine zweimalige Anwendung von $\mathbf{P}$, d.h. $\mathbf{PP}\Psi(\vec{\mathbf{r}}, t)$, auf $PP\Psi(\vec{\mathbf{r}}, t) = \Psi(\vec{\mathbf{r}}, t)$ führen, also auf die ursprüngliche Wellenfunktion. Daraus folgt:

$$P^2 = 1, \quad P = \pm 1. \qquad (9.117b)$$

Man spricht von *gerader Wellenfunktion*, wenn sie bei Rauminversion ihr Vorzeichen nicht ändert, von *ungerader Wellenfunktion*, wenn sie es ändert.

6. Linearer harmonischer Oszillator

1. Problemstellung *Harmonische Schwingungen* entstehen, wenn die rücktreibende Kraft im Oszillator dem HOOKEschen Gesetz $F = -kx$ genügt. Für Schwingungsfrequenz, Schwingungskreisfrequenz und potentielle Energie ergeben sich:

$$\nu = \frac{1}{2\pi}\sqrt{\frac{k}{m}}, \quad (9.118a) \qquad \omega = \sqrt{\frac{k}{m}}, \quad (9.118b) \qquad E_{pot} = \frac{1}{2}kx^2 = \frac{\omega^2}{2}x^2. \quad (9.118c)$$

Durch Einsetzen in (9.107a) erhält die SCHRÖDINGER–Gleichung die Form

$$\frac{d^2\Psi}{dx^2} + \frac{2m}{\hbar^2}\left[E - \frac{\omega^2}{2}mx^2\right]\Psi = 0. \qquad (9.119a)$$

Mit Hilfe der Substitutionen

$$y = x\sqrt{\frac{m\omega}{\hbar}}, \quad (9.119b) \qquad \lambda = \frac{2E}{\hbar\omega}, \quad (9.119c)$$

wobei λ ein Parameter und nicht die Wellenlänge ist, kann (9.119a) in die einfachere Form der WEBERschen Differentialgleichung

$$\frac{d^2\Psi}{dy^2} + (\lambda - y^2)\Psi = 0 \qquad (9.119d)$$

übergeführt werden.

2. Lösungsansatz und Lösungsgang Für die WEBERsche Differentialgleichung erhält man mit Hilfe des Ansatzes

$$\Psi(y) = e^{-y^2/2} H(y) \qquad (9.120a)$$

eine Lösung. Differentiation führt auf

$$\frac{d^2\Psi}{dy^2} = e^{-y^2/2}\left[\frac{d^2H}{dy^2} - 2y\frac{dH}{dy} + (y^2-1)H\right]. \qquad (9.120b)$$

Einsetzen in die SCHRÖDINGER–Gleichung (9.119d) liefert

$$\frac{d^2H}{dy^2} - 2y\frac{dH}{dy} + (\lambda-1)H = 0. \qquad (9.120c)$$

Eine Lösung wird über den Reihenansatz

$$H = \sum_{i=0}^{\infty} a_i y^i \quad \text{mit} \quad \frac{dH}{dy} = \sum_{i=1}^{\infty} i a_i y^{i-1}, \quad \frac{d^2H}{dy^2} = \sum_{i=2}^{\infty} i(i-1)a_i y^{i-2} \qquad (9.121a)$$

bestimmt. Einsetzen von (9.121a) in (9.120c) ergibt

$$\sum_{i=2}^{\infty} i(i-1)a_i y^{i-2} - \sum_{i=1}^{\infty} 2i a_i y^i + \sum_{i=0}^{\infty} i(\lambda-1)a_i y^i = 0. \qquad (9.121b)$$

Durch Vergleich der Koeffizienten von y^j erhält man die Rekursionsformel

$$(j+2)(j+1)a_{j+2} = [2j - (\lambda-1)]a_j \quad (j = 0, 1, 2, \ldots). \qquad (9.121c)$$

Die Koeffizienten a_j für gerade Potenzen von y werden auf a_0 zurückgeführt, die Koeffizienten für ungerade Potenzen auf a_1. Damit sind a_0 und a_1 frei wählbar.

3. Physikalische Lösungen Gesucht ist die Aufenthaltswahrscheinlichkeit des betrachteten Teilchens in den verschiedenen Zuständen. Diese wird mit Hilfe einer physikalisch sinnvollen, d.h. normierbaren, für große Werte von y gegen null gehenden Eigenfunktion und quadratisch integrierbaren Wellenfunktion $\Psi(x)$ beschrieben.

Die Exponentialfunktion $\exp(-y^2/2)$ im Ansatz (9.120a) sorgt dafür, daß die Lösung $\Psi(y)$ für $y \to \infty$ gegen null strebt, wenn die Funktion $H(y)$ ein Polynom ist. Daher müssen die Koeffizienten a_j in (9.121a), beginnend von einem bestimmten n an, für alle $j > n$ verschwinden: $a_n \neq 0$, $a_{n+1} = a_{n+2} = a_{n+3} = \ldots = 0$. Mit $j = n$ lautet die Rekursionsformel (9.121c) jetzt

$$a_{n+2} = \frac{2n - (\lambda-1)}{(n+2)(n+1)} a_n. \qquad (9.122a)$$

Für $a_n \neq 0$, $a_{n+2} = 0$ kann sie nur erfüllt werden, wenn

$$2n - (\lambda-1) = 0, \quad \lambda = \frac{2E}{\hbar\omega} = 2n+1 \qquad (9.122b)$$

gesetzt wird. Somit verschwinden durch die angegebene Wahl von λ die Koeffizienten $a_{n+2}, a_{n+4}, \ldots$. Damit auch die Koeffizienten $a_{n+1}, a_{n+3}, \ldots$ verschwinden, muß $a_{n-1} = 0$ sein.

Für die spezielle Wahl $a_n = 2^n$, $a_{n-1} = 0$ erhält man die HERMITE*schen Polynome* der 2. Definitionsgleichung (s. S. (509)). Die ersten sechs lauten:

$$\begin{aligned} &n=0:\ H_0 = 1; \quad n=1:\ H_1 = 2y; \quad n=2:\ H_2 = -2+4y^2;\\ &n=3:\ H_3 = -12y + 8y^3; \quad n=4:\ H_4 = 12 - 48y^2 + 16y^4; \\ &n=5:\ H_5 = 120y - 160y^3 + 32y^5. \end{aligned} \qquad (9.122c)$$

Die Lösung $\Psi(y)$ für die *Schwingungsquantenzahl* n ergibt sich zu

$$\Psi_n = N_n e^{-y^2/2} H_n(y), \qquad (9.123a)$$

wobei N_n der Normierungsfaktor ist. Man erhält ihn aus der Normierungsbedingung $\int {\Psi_n}^2\,dy = 1$ zu

$${N_n}^2 = \frac{1}{2^n n!}\sqrt{\frac{\alpha}{\pi}} \quad \text{mit} \quad \sqrt{\alpha} = \frac{y}{x} = \sqrt{\frac{m\omega}{\hbar}}. \qquad (9.123b)$$

Für die Eigenwerte der Schwingungsenergie ergibt sich als *Quantisierungsbedingung* aus der Bedingung für den Abbruch der Reihe mit (9.119c)

$$E_n = \hbar\omega\left(n + \frac{1}{2}\right) \quad (n = 0, 1, 2, \ldots)\,. \tag{9.123c}$$

Das Spektrum der Energiezustände ist äquidistant. Der Summand $+1/2$ in der Klammer bedeutet, daß der quantenmechanische Oszillator im Unterschied zum klassischen auch im tiefsten energetischen Zustand mit $n = 0$ Energie besitzt, die*Nullpunktsschwingungsenergie.*
Die **Abb.9.21** zeigt eine graphische Darstellung des äquidistanten Spektrums der Energiezustände, die zugehörigen Wellenfunktionen Ψ_0 bis Ψ_5 sowie die Funktion der potentiellen Energie (9.118c). Die Punkte auf der Parabel der potentiellen Energie bezeichnen die Umkehrpunkte des klassischen Oszillators, die als Amplitude $a = \frac{1}{\omega}\sqrt{\frac{2E}{m}}$ aus der Energie $E = \frac{1}{2}m\omega^2 a^2$ berechnet werden. Die quantenmechanische Wahrscheinlichkeit, ein Teilchen im Intervall $(x, x + dx)$ zu finden, ist durch $dw_{qu} = |\Psi(x)|^2\,dx$ gegeben. Sie ist auch außerhalb dieser Punkte von 0 verschieden. So liefert z.B. $n = 1$, also $E = (3/2)\hbar\omega$, gemäß $dw_{qu} = 2\sqrt{\frac{\lambda}{\pi}}e^{-\lambda x^2}\,dx$, Maxima der Aufenthaltswahrscheinlichkeit bei

$$x_{max,qu} = \frac{\pm 1}{\sqrt{\lambda}} = \pm\sqrt{\frac{\hbar}{m\omega}}. \tag{9.123d}$$

Für den entsprechenden klassischen Oszillator ergibt sich

$$x_{max,kl} = \pm a = \pm\sqrt{\frac{2E}{m\omega^2}} = \pm\sqrt{\frac{3\hbar}{m\omega}}. \tag{9.123e}$$

Die quantenmechanische Verteilungsdichte nähert sich für große Werte der Quantenzahl n in ihrem Mittelwert der klassischen.

9.2.4 Nichtlineare partielle Differentialgleichungen, Solitonen

9.2.4.1 Physikalisch–mathematische Problemstellung

1. Begriff des Solitons

Solitonen — man spricht auch von solitären Wellen — sind physikalisch betrachtet impuls– oder auch stufenförmig lokalisierte Störungen eines nichtlinearen Mediums oder Feldes; die betreffende Energie ist auf ein enges Gebiet konzentriert. Sie treten auf:
• in Festkörpern, z.B. in anharmonischen Gittern, in JOSEPHSON–Kontakten, in Glasfasern und in quasi–eindimensionalen Leitern,
• in Flüssigkeiten als Oberflächenwellen oder Spinwellen,
• in Plasmen als LANGMUIR–Solitonen,
• in linearen Molekülen,
• in der klassischen und Quantenfeldtheorie.
Solitonen haben sowohl Teilchen– als auch Welleneigenschaften; sie sind zu jedem Zeitpunkt örtlich lokalisiert, und der Bereich der Lokalisierung, bzw. der Punkt, um den herum die Welle lokalisiert ist, bewegt sich wie ein freies Teilchen; insbesondere kann es auch ruhen. Ein Soliton besitzt eine permanente Ausbreitungsstruktur: Auf Grund einer Balance zwischen Nichtlinearität und Dispersion ändern sich Form und Geschwindigkeit nicht.
Mathematisch betrachtet, sind Solitonen spezielle Lösungen bestimmter nichtlinearer partieller Differentialgleichungen, die in Physik, Technik und angewandter Mathematik auftreten. Ihre Besonderheiten bestehen im Fehlen jeglicher Dissipation sowie darin, daß die nichtlinearen Terme nicht störungstheoretisch behandelt werden können.
Wichtige Beispiele dafür sind die:

a) KORTEWEG–DE–VRIES–**(KdV)–Gleichung** $\quad u_t + 6uu_x + u_{xxx} = 0\,,$ (9.124)

b) nichtlineare SCHRÖDINGER–(NLS)–**Gleichung** $\mathrm{i}\,u_t + u_{xx} \pm 2|u|^2 u = 0\,,$ (9.125)

c) Sinus–GORDON– (SG)–**Gleichung** $u_{tt} - u_{xx} + \sin u = 0\,.$ (9.126)

Mit x bzw. t als Index werden partielle Ableitungen bezeichnet, z.B. $u_{xx} = \partial^2 u/\partial x^2$.
In diesen Gleichungen wird der eindimensionale Fall betrachtet, d.h., es gilt $u = u(x,t)$, wobei x die Ortskoordinate und t die Zeit repräsentieren. Die Gleichungen sind in skalierter Form angegeben, d.h., die beiden unabhängigen Variablen x und t sind hier dimensionslose Größen. Bei praktischen Anwendungen sind sie mit den für das jeweilige Problem charakteristischen, dimensionsbehafteten Größen x_0 und t_0 zu multiplizieren. Analoges gilt für die Geschwindigkeit.

2. Wechselwirkung zwischen Solitonen
Treffen zwei Solitonen, die sich mit verschiedenen Geschwindigkeiten bewegen, aufeinander, so tauchen sie nach einer Wechselwirkung wieder auf, als hätten sie sich ungestört durchdrungen, d.h., Form und Geschwindigkeit jedes Solitons bleiben asymptotisch erhalten; es tritt lediglich eine Phasenverschiebung auf. Zwei Solitonen können miteinander wechselwirken, ohne sich zu zerstören. Daher spricht man von elastischer Wechselwirkung. Letztere ist äquivalent mit der Existenz einer N–Solitonen–Lösung, wobei N die Anzahl der Solitonen ist. Bei der Lösung einer Anfangswertaufgabe zeigt sich, daß ein vorgegebener Anfangsimpuls in Solitonen zerfällt, wobei deren Anzahl nicht von der Impulsform, sondern von der Impulsfläche abhängt.

3. Nichtlineare Evolutionsgleichungen
Unter einer *Evolutionsgleichung* versteht man eine Gleichung, die die zeitliche Entwicklung einer physikalischen Größe beschreibt. Beispiele für lineare Evolutionsgleichungen sind die Wellengleichung (s. S. 533), die Wärmeleitungsgleichung (s. S. 534) und die SCHRÖDINGER–Gleichung (s. S. 535). Die Lösungen der Evolutionsgleichungen werden auch *Evolutionsfunktionen* genannt.
Im Unterschied zu den linearen Evolutionsgleichungen enthalten die nichtlinearen Evolutionsgleichungen (9.124), (9.125) und (9.126) die nichtlinearen Terme $u\partial u/\partial x$, $|u|^2 u$ bzw. $\sin u$.

9.2.4.2 KORTEWEG–DE–VRIES–Gleichung

1. Auftreten
Die KdV–Gleichung tritt auf bei der Behandlung von
- Oberflächenwellen in flachem Wasser,
- anharmonischen Schwingungen in nichtlinearen Gittern,
- Problemen der Plasmaphysik und
- nichtlinearen elektrischen Netzwerken.

2. Gleichung und Lösungen
Die KdV–Gleichung für die Evolutionsfunktion u lautet

$$u_t + 6uu_x + u_{xxx} = 0\,. \tag{9.127}$$

Sie hat die Soliton–Lösung

$$u(x,t) = \frac{v}{2\cosh^2\left[\frac{1}{2}\sqrt{v}(x - vt - \varphi)\right]}\,. \tag{9.128}$$

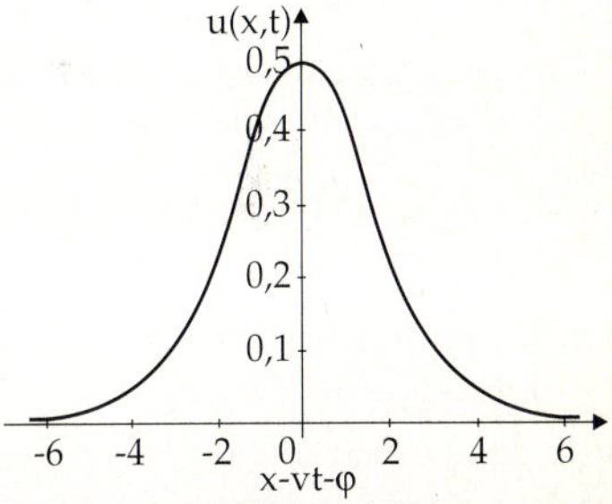

Abbildung 9.22

Dieses KdV–Soliton ist durch die zwei dimensionslosen Parameter v (> 0) und φ eindeutig bestimmt. In **(Abb.9.22)** ist $v = 1$ gewählt. Ein typisch nichtlinearer Effekt besteht darin, daß die Solitongeschwindigkeit v die Amplitude und die Breite des Solitons bestimmt: KdV–Solitonen mit größerer Amplitude und geringerer Breite bewegen sich schneller als solche mit kleinerer Amplitude und größerer Breite. Die Solitonphase φ beschreibt die Lage des Maximums des Solitons zur Zeit $t = 0$.

Die Gleichung (9.127) besitzt auch N–Solitonenlösungen. Eine solche N–Solitonenlösung läßt sich für $t \to \pm\infty$ asymptotisch durch lineare Überlagerung von Ein–Solitonlösungen darstellen:

$$u(x,t) \sim \sum_{n=1}^{N} u_n(x,t)\,. \tag{9.129}$$

Dabei ist jede Evolutionsfunktion $u_n(x,t)$ durch eine Geschwindigkeit v_n und eine Phase $\varphi_n^\pm$ gekennzeichnet. Die Anfangsphasen φ_n^- vor der Wechselwirkung oder dem Stoßprozeß unterscheiden sich von den Endphasen nach dem Stoß φ_n^+, während die Geschwindigkeiten $v_1, v_2, \ldots, v_N$ keine Änderung erfahren, d.h., es handelt sich um eine elastische Wechselwirkung.

Für $N = 2$ besitzt (9.127) eine 2–Solitonenlösung. Sie läßt sich für endliche Zeiten nicht durch lineare Überlagerung darstellen und lautet mit $k_n = \frac{1}{2}\sqrt{v_n}$ und $\alpha_n = \frac{1}{2}\sqrt{v_n}(x - v_n t - \varphi_n)$ $(n = 1, 2)$:

$$u(x,t) = 8\frac{k_1^2 e^{\alpha_1} + k_2^2 e^{\alpha_2} + (k_1 - k_2)^2 e^{(\alpha_1+\alpha_2)}\left[2 + \frac{1}{(k_1+k_2)^2}\left(k_1^2 e^{\alpha_1} + k_2^2 e^{\alpha_2}\right)\right]}{\left[1 + e^{\alpha_1} + e^{\alpha_2} + \left(\frac{k_1 - k_2}{k_1 + k_2}\right)^2 e^{(\alpha_1+\alpha_2)}\right]^2}. \tag{9.130}$$

Die Gleichung (9.130) beschreibt asymptotisch zwei für $t \to -\infty$ nicht wechselwirkende Solitonen mit den Geschwindigkeiten $v_1 = 4k_1^2$ und $v_2 = 4k_2^2$, die nach einem Wechselwirkungsprozeß für $t \to +\infty$ wieder asymptotisch in zwei nichtwechselwirkende Solitonen mit denselben Geschwindigkeiten übergehen.

Die nichtlineare Evolutionsgleichung

$$w_t + 6(w_x)^2 + w_{xxx} = 0 \tag{9.131a}$$

hat mit $w = \frac{F_x}{F}$

a) für $F(x,t) = 1 + e^{\alpha}$, $\alpha = \frac{1}{2}\sqrt{v}(x - vt - \varphi)$ (9.131b)

eine Solitonlösung und

b) für $F(x,t) = 1 + e^{\alpha_1} + e^{\alpha_2} + \left(\frac{k_1 - k_2}{k_1 + k_2}\right)^2 e^{(\alpha_1+\alpha_2)}$ (9.131c)

eine 2–Solitonenlösung. Mit $2w_x = u$ ergibt sich aus (9.131a) die KdV–Gleichung (9.127). Die Gleichung (9.130) und der sich mit (9.131c) ergebende Ausdruck für w sind Beispiele für eine nichtlineare Superposition.

Ersetzt man in (9.127) den Term $+6uu_x$ durch $-6uu_x$, so muß man die rechte Seite von (9.128) mit (-1) multiplizieren. Man spricht dann auch von einem *Antisoliton.*

9.2.4.3 Nichtlineare Schrödinger–Gleichung

1. Auftreten

Die NLS–Gleichung tritt auf

- in der nichtlinearen Optik, wo der Brechungsindex n von der elektrischen Feldstärke $\vec{\mathbf{E}}$ abhängig ist, wie z.B. beim Kerr–Effekt, bei dem $n(\vec{\mathbf{E}}) = n_0 + n_2|\vec{\mathbf{E}}|^2$ mit $n_0, n_2 =$ const gilt, und
- in der Hydrodynamik selbstgravitierender Scheiben, wo sie die Beschreibung von galaktischen Spiralarmen gestattet.

2. Gleichung und Lösungen

Die NLS–Gleichung für die Evolutionsfunktion u und ihre Solitonlösung lauten:

$$\mathrm{i}\, u_t + u_{xx} \pm 2|u|^2 u = 0\,, \tag{9.132}$$

$$u(x,t) = 2\eta\frac{e^{\mathrm{i}[2\xi x + 4(\xi^2-\eta^2)t - \chi]}}{\cosh[2\eta(x + 4\xi t - \varphi)]}. \tag{9.133}$$

Die **Abb.9.23** zeigt eine Darstellung des Realteiles von (9.133) mit $v = -4\xi, \eta = 1/2$ und $\xi = 2/5$.

Hier ist $u(x, t)$ komplex. Das NLS–Soliton ist durch die 4 dimensionslosen Parameter η, ξ, φ und χ charakterisiert. Die Einhüllende des Wellenpakets bewegt sich mit der Geschwindigkeit -4ξ, die Phasengeschwindigkeit der eingehüllten Welle ist $2(\eta^2 - \xi^2)/\xi$.
Im Unterschied zum KdV–Soliton (9.128) können hier die Amplitude (über η) und die Geschwindigkeit (über ξ) unabhängig voneinander gewählt werden.
Im Falle von N wechselwirkenden Solitonen werden diese durch $4N$ willkürlich wählbare Parameter charakterisiert: $\eta_n, \xi_n, \varphi_n, \chi_n \quad (n = 1, 2, \ldots, N)$. Falls die Solitonen verschiedene Geschwindigkeiten haben, zerfällt die N–Solitonenlösung asymptotisch für $t \pm \infty$ in eine Summe von N individuellen Solitonen der Form (9.133).

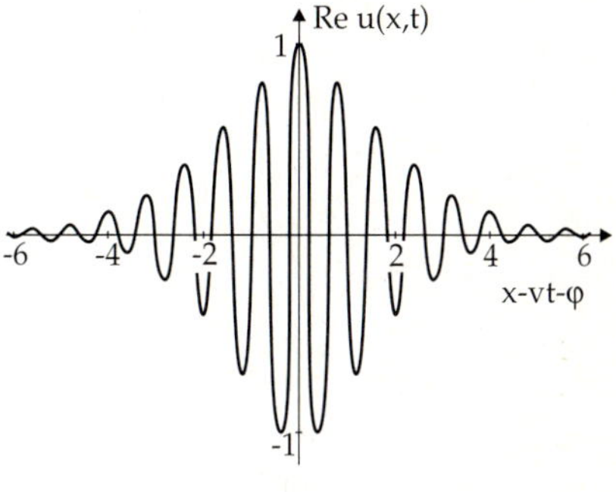

Abbildung 9.23

9.2.4.4 Sinus–GORDON–Gleichung

1. Auftreten

Die SG–Gleichung entsteht aus der BLOCH–Gleichung für räumlich inhomogene quantenmechanische 2–Niveau–Systeme. Sie beschreibt die Ausbreitung
- ultrakurzer Impulse in resonanten Lasermedien (selbstinduzierte Transparenz),
- des magnetischen Flusses in großflächigen JOSEPHSON–Kontakten, d.h. in Tunnelkontakten zwischen zwei Supraleitern und
- von Spinwellen in supraleitendem Helium–3 (^{3}He).

Die Solitonlösungen der SG–Gleichung können durch ein aus Pendeln und Federn bestehendes mechanisches Modell veranschaulicht werden. In der Nähe eines Punktes geht die Evolutionsfunktion stetig von 0 in einen konstanten Wert c über. Ausgehend vom englischen Wort kink für Stufe, nennt man daher die *SG–Solitonen* meist *Kink–Solitonen.* Wenn umgekehrt die Evolutionsfunktion von dem konstanten Wert c nach 0 übergeht, werden sogenannte *Antikink–Solitonen* beschrieben. Mit Hilfe derartiger Lösungen können auch Domänenwände beschrieben werden.

2. Gleichung und Lösungen

Die SG–Gleichung für die Evolutionsfunktion u lautet

$$u_{tt} - u_{xx} + \sin u = 0\,. \qquad (9.134)$$

Sie besitzt die folgenden Solitonlösungen:

1. Kink–Soliton

$$u(x, t) = 4 \arctan e^{\gamma(x - x_0 - vt)}\,, \qquad (9.135)$$

wobei $\gamma = \dfrac{1}{\sqrt{1 - v^2}}$ und $-1 < v < +1$ gilt.

In **Abb.9.24** ist das Kink–Soliton (9.135) der Gleichung (9.134) für $v = 1/2$ dargestellt. Das Kink–Soliton ist durch die zwei dimensionslosen Parameter v und x_0 bestimmt, die Geschwindigkeit ist unabhängig von der Amplitude, die Zeit- und die Ortsableitung sind gewöhnliche lokalisierte Solitonen:

$$-\frac{u_t}{v} = u_x = \frac{2\gamma}{\cosh \gamma(x - x_0 - vt)}\,. \qquad (9.136)$$

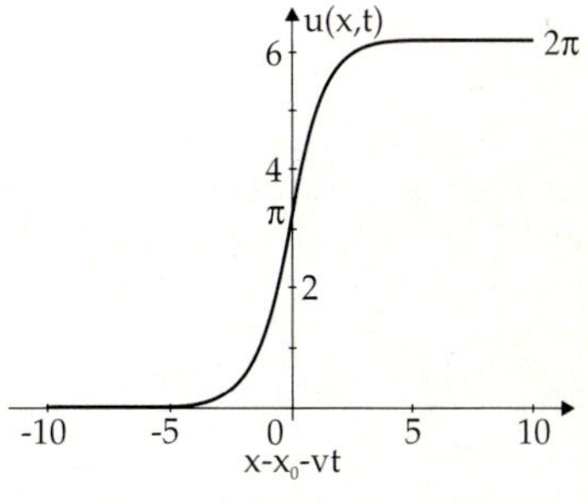

Abbildung 9.24

2. Antikink–Soliton

$$u(x,t) = 4\arctan e^{-\gamma(x-x_1-vt)}\,. \tag{9.137}$$

3. Kink–Antikink–Soliton Mit $v = 0$ entsteht aus (9.135, 9.137) ein statisches Kink–Antikink–Soliton:

$$u(x,t) = 4\arctan e^{\pm(x-x_0)}\,. \tag{9.138}$$

Weitere Lösungen von (9.134) sind:

4. Kink–Kink–Kollision

$$u(x,t) = 4\arctan\left[v\frac{\sinh\gamma x}{\cosh\gamma vt}\right]. \tag{9.139}$$

5. Kink–Antikink–Kollision

$$u(x,t) = 4\arctan\left[\frac{1}{v}\frac{\sinh\gamma vt}{\cosh\gamma x}\right]. \tag{9.140}$$

6. Doppel– oder Breather–Soliton, auch Kink–Antikink–Dublett

$$u(x,t) = 4\arctan\left[\frac{\sqrt{1-\omega^2}}{\omega}\frac{\sin\omega t}{\cosh\sqrt{1-\omega^2}x}\right]. \tag{9.141}$$

Die Gleichung (9.141) stellt eine stationäre Welle dar, deren Einhüllende mit der Frequenz ω moduliert ist.

7. Örtlich periodisches Kink–Gitter

$$u(x,t) = 2\arcsin\left[\pm\mathrm{sn}\left(\frac{x-vt}{k\sqrt{1-v^2}}, k\right)\right] + \pi\,. \tag{9.142a}$$

Zwischen Wellenlänge λ und Gitterkonstante k besteht die Beziehung

$$\lambda = 4K(k)k\sqrt{1-v^2}\,. \tag{9.142b}$$

Für $k = 1$, also $\lambda \to \infty$, ergibt sich

$$u(x,t) = 4\arctan e^{\pm\gamma(x-vt)}\,, \tag{9.142c}$$

d.h. wieder das Kink–Antikink–Soliton (9.135 und 9.137) mit $x_0 = 0$.

Hinweis: $\mathrm{sn}\,x$ ist eine JACOBIsche elliptische Funktion mit dem Modul k und der Periode K (s. S. 702):

$$\mathrm{sn}x = \sin\varphi(x,k)\,, \tag{9.143a}$$

$$x = \int\limits_0^{\sin\varphi(x,k)} \frac{dq}{\sqrt{(1-q^2)(1-k^2q^2)}}\,, \quad (9.143\text{b}) \qquad K(k) = \int\limits_0^{\pi/2} \frac{d\Theta}{\sqrt{1-k^2\sin^2\Theta}}\,. \quad (9.143\text{c})$$

Die Gleichung (9.143b) geht aus (14.101b), S. 702 durch die Substitution $\sin\psi = q$ hervor. Die Reihenentwicklung des vollständigen elliptischen Integrals ist als Gleichung (8.104), S. 457 angegeben.

9.2.4.5 Weitere nichtlineare Evolutionsgleichungen mit Solitonlösungen

1. Modifizierte KdV–Gleichung

$$u_t \pm 6u^2u_x + u_{xxx} = 0\,. \tag{9.144}$$

Die noch allgemeinere Gleichung

$$u_t + u^p u_x + u_{xxx} = 0 \tag{9.145}$$

hat das Soliton

$$u(x,t) = \left[\frac{\frac{1}{2}|v|(p+1)(p+2)}{\cosh^2\left(\frac{1}{2}p\sqrt{|v|}(x - vt - \varphi)\right)} \right]^{\frac{1}{p}} \tag{9.146}$$

als Lösung.

2. sinh–GORDON–Gleichung

$$u_{tt} - u_{xx} + \sinh u = 0\,. \tag{9.147}$$

3. BOUSSINESQ–Gleichung

$$u_{xx} - u_{tt} + (u^2)_{xx} + u_{xxxx} = 0\,. \tag{9.148}$$

Sie tritt bei der Beschreibung nichtlinearer elektrischer Netzwerke als Kontinuumsnäherung der Ladungs–Spannungs–Beziehung auf.

4. HIROTA–Gleichung

$$u_t + \mathrm{i}3\alpha|u|^2u_x + \beta u_{xx} + \mathrm{i}\sigma u_{xxx} + \delta|u|^2u = 0\,, \qquad \alpha\beta = \sigma\delta\,. \tag{9.149}$$

5. BURGERS–Gleichung

$$u_t - u_{xx} + uu_x = 0\,. \tag{9.150}$$

Sie tritt bei der modellmäßigen Beschreibung der Turbulenz auf. Mit der HOPF–COLE–Transformation wird sie in die Diffusionsgleichung, also eine lineare Differentialgleichung, überführt.

6. KADOMZEV–PEDVIASHWILI–Gleichung

Die Gleichung

$$(u_t + 6uu_x + u_{xxx})_x = u_{yy} \tag{9.151a}$$

hat das Soliton

$$u(x,y,t) = 2\frac{\partial^2}{\partial x^2}\ln\left[\frac{1}{k^2} + \left|x + \mathrm{i}ky - 3k^2t\right|^2\right] \tag{9.151b}$$

zur Lösung. Die Gleichung (9.151a) ist ein Beispiel für Solitonengleichungen mit einer größeren Zahl unabhängiger Variabler, z.B. zweier Ortsvariabler.

10 Variationsrechnung

10.1 Aufgabenstellung

1. Extremum eines Integralausdrucks In der Differentialrechnung besteht eine wichtige Aufgabe darin, festzustellen, für welche x–Werte eine vorgegebene Funktion $y(x)$ einen Extremwert hat. In der Variationsrechnung lautet die entsprechende Frage: Für welche Funktionen nimmt ein bestimmtes Integral, dessen Integrand von dieser Funktion und deren Ableitungen abhängt, einen Extremwert an? In der Variationsrechnung wird demzufolge ein ganzer Funktionsverlauf $y(x)$ gesucht, der einen Integralausdruck der Form

$$I[y] = \int_a^b F(x, y(x), y'(x), \ldots, y^{(n)}(x))dx \tag{10.1}$$

zum Extremum macht, wenn $y(x)$ eine bestimmte, genau charakterisierte Funktionenklasse durchläuft. Dabei können für die Funktionen $y(x)$ und deren Ableitungen noch zusätzliche Bedingungen, sogenannte *Rand-* und *Nebenbedingungen,* gestellt werden.

2. Integralausdrücke der Variationsrechnung An Stelle der unabhängigen Variablen x können in (10.1) auch mehrere Variablen stehen. Die auftretenden Ableitungen sind dann partielle Ableitungen, und das Integral in (10.1) entspricht einem mehrfachen Integral. In der Variationsrechnung werden hauptsächlich Aufgaben mit folgenden Integralausdrücken untersucht:

$$I[y] = \int_a^b F(x, y(x), y'(x))\, dx\,, \tag{10.2}$$

$$I[y_1, y_2, \ldots, y_n] = \int_a^b F(x, y_1(x), \ldots, y_n(x), y_1'(x), \ldots, y_n'(x))\, dx\,, \tag{10.3}$$

$$I[y] = \int_a^b F(x, y(x), y'(x), \ldots, y^{(n)}(x))\, dx\,, \tag{10.4}$$

$$I[u] = \iint_\Omega F(x, y, u, u_x, u_y)\, dx\, dy\,. \tag{10.5}$$

Die gesuchte Funktion ist $u = u(x, y)$, und Ω stellt einen ebenen Integrationsbereich dar.

$$I[u] = \iiint_R F(x, y, z, u, u_x, u_y, u_z)\, dx\, dy\, dz\,. \tag{10.6}$$

Die gesuchte Funktion ist $u = u(x, y, z)$, und R stellt einen räumlichen Integrationsbereich dar.
Für die Lösungen eines Variationsproblems können zusätzliche Randbedingungen vorgegeben sein, die im eindimensionalen Fall an den Intervallrändern a und b bzw. auf dem Rand des Integrationsgebietes Ω im zweidimensionalen Fall gelten sollen. Darüber hinaus können den Lösungen noch verschiedene Arten von Nebenbedingungen z.B. in Integralform oder als Differentialgleichung vorgeschrieben sein.
Ein Variationsproblem heißt von *erster* bzw. *höherer Ordnung* je nachdem, ob die Funktion F im Integralausdruck der Variationsaufgabe nur die erste Ableitung y' oder höhere Ableitungen $y^{(n)}$ $(n > 1)$ der Funktion y enthält.

3. Parameterdarstellung der Variationsaufgabe Ein Variationsproblem kann auch in *Parameterdarstellung* vorliegen. Für die Kurvendarstellung $x = x(t)$, $y = y(t)$ $(\alpha \leq t \leq \beta)$ hat dann z.B. der

Integralausdruck (10.2) die Form

$$I[x,y] = \int_{\alpha}^{\beta} F(x(t), y(t), \dot{x}(t), \dot{y}(t))\, dt\,. \tag{10.7}$$

10.2 Historische Aufgaben

10.2.1 Isoperimetrisches Problem

Das *allgemeine isoperimetrische Problem* besteht darin, unter allen ebenen Flächenstücken mit vorgegebenem Umfang das flächengrößte zu bestimmen. Die Lösung dieses Problems (ein Kreis mit dem vorgegebenen Umfang) soll auf die Königin DIDO zurückgehen, die der Sage nach bei der Gründung Karthagos nur soviel Land nehmen durfte, wie sie mit einer Stierhaut umschließen konnte. Sie schnitt die Haut in feine Streifen und legte sie zu einem Kreis zusammen.
Ein Spezialfall des allgemeinen isoperimetrischen Problems besteht in der Aufgabe, in einem kartesischen Koordinatensystem eine Verbindungskurve $y = y(x)$ der Punkte $A(a, 0)$ und $B(b, 0)$ zu finden, die eine vorgegebene Länge l hat und mit der Verbindungsstrecke $\overline{AB}$ die größte Fläche umschließt **(Abb.10.1)**. Die mathematische Formulierung lautet: Man bestimme eine einmal stetig differenzierbare Funktion $y(x)$, für die

$$I[y] = \int_{a}^{b} y(x)\, dx = \max \tag{10.8a}$$

gilt und die die Nebenbedingung

$$G[y] = \int_{a}^{b} \sqrt{1 + y'^2(x)}\, dx = l \tag{10.8b}$$

sowie die Randbedingungen

$$y(a) = y(b) = 0 \tag{10.8c}$$

erfüllt.

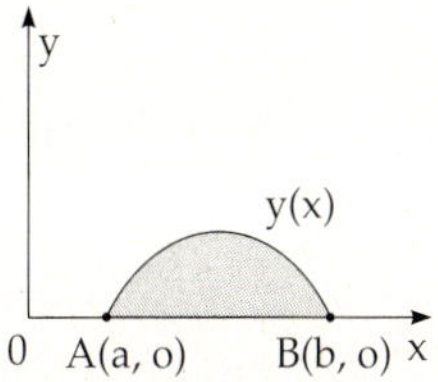

Abbildung 10.1

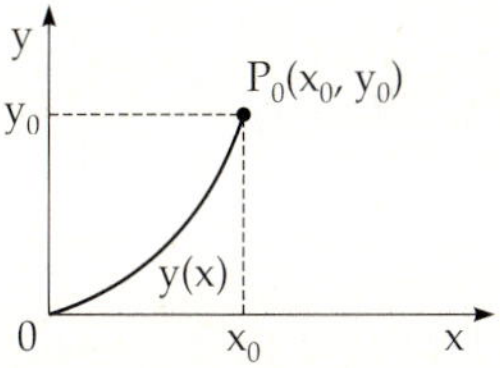

Abbildung 10.2

10.2.2 Brachistochronenproblem

Das Brachistochronenproblem wurde 1696 von J. BERNOULLI formuliert und beinhaltet die folgende Aufgabe: Der in einer vertikalen x, y–Ebene liegende Punkt $P_0(x_0, y_0)$ soll mit dem Koordinatenursprung durch eine Kurve $y = y(x)$ so verbunden werden, daß ein längs dieser Kurve sich bewegender Massepunkt allein unter dem Einfluß der Schwerkraft in der kürzesten Zeit von P_0 zum Ursprung gelangt **(Abb.10.2)**. Mit der Formel für die Fallzeit T ergibt sich die folgende mathematische Formulierung: Man bestimme eine einmal stetig differenzierbare Kurve $y = y(x)$, für die

$$T[y] = \int_{0}^{x_0} \frac{\sqrt{1 + y'^2}}{\sqrt{2g(y_0 - y)}}\, dx = \min \tag{10.9}$$

gilt (g Fallbeschleunigung) und die die Randbedingungen

$$y(0) = 0\,, \qquad y(x_0) = y_0 \tag{10.10}$$

erfüllt. Man beachte, daß in (10.9) für $x = x_0$ eine Singularität auftritt.

10.3 Variationsaufgaben mit Funktionen einer Veränderlichen

10.3.1 Einfache Variationsaufgabe und Extremale

Als *einfache Variationsaufgabe* soll die folgende Aufgabe bezeichnet werden: Es sind Extremwerte von Integralausdrücken der Form

$$I[y] = \int_a^b F(x, y(x), y'(x))\, dx \tag{10.11}$$

zu bestimmen, wenn $y(x)$ alle zweimal stetig differenzierbaren Funktionen, die den Randbedingungen $y(a) = A$ und $y(b) = B$ genügen, durchläuft. Die Werte a, b und A, B sowie die Funktion F sind gegeben.

Der Integralausdruck (10.11) ist ein Beispiel für ein sogenanntes *Funktional*, das dadurch gekennzeichnet ist, daß es jeder Funktion $y(x)$ aus einer bestimmten Funktionenklasse eine reelle Zahl zuordnet. Nimmt das Funktional $I[y]$ von (10.11) z.B. für die Funktion $y_0(x)$ ein relatives Maximum an, dann gilt

$$I[y_0] \geq I[y] \tag{10.12}$$

beim Vergleiche mit allen anderen zweimal stetig differenzierbaren Funktionen y, die den Randbedingungen genügen. Die Kurve $y = y_0(x)$ wird als *Extremale* bezeichnet. Manchmal werden auch alle Lösungen der EULERschen Differentialgleichung der Variationsrechnung als Extremalen bezeichnet.

10.3.2 Eulersche Differentialgleichung der Variationsrechnung

Für die Lösung der einfachen Variationsaufgabe erhält man eine notwendige Bedingung auf folgende Weise: Zur Extremalen $y_0(x)$, die durch (10.12) charakterisiert ist, konstruiert man sogenannte *Vergleichsfunktionen*

$$y(x) = y_0(x) + \epsilon\, \eta(x) \tag{10.13}$$

mit einer zweimal stetig differenzierbaren Funktion $\eta(x)$, die den speziellen Randbedingungen $\eta(a) = \eta(b) = 0$ genügt. Mit ϵ wird ein reeller Parameter bezeichnet. Setzt man (10.13) in (10.11) ein, dann erhält man an Stelle des Funktionals $I[y]$ die von ϵ abhängige Funktion

$$I(\epsilon) = \int_a^b F(x, y_0 + \epsilon\, \eta\,, y_0' + \epsilon\, \eta')\, dx\,, \tag{10.14}$$

und die Forderung, daß $y(x)$ das Funktional $I[y]$ zu einem Extremum macht, geht in die Bedingung über, daß $I(\epsilon)$ als Funktion von ϵ für $\epsilon = 0$ einen Extremwert hat. Aus einer Variationsaufgabe wird dadurch eine Extremwertaufgabe, für die die notwendige Bedingung

$$\frac{dI}{d\epsilon} = 0 \quad \text{für} \quad \epsilon = 0 \tag{10.15}$$

gelten muß.

Unter der Voraussetzung, daß der Integrand F als Funktion von drei unabhängigen Variablen entsprechend oft differenzierbar ist, erhält man mit Hilfe seiner TAYLOR–Entwicklung (s. S. 410)

$$I(\epsilon) = \int_a^b \left[F(x, y_0, y_0') + \frac{\partial F}{\partial y}(x, y_0, y_0')\epsilon\, \eta + \frac{\partial F}{\partial y'}(x, y_0, y_0')\epsilon\, \eta' + O(\epsilon^2) \right] dx\,. \tag{10.16}$$

Die notwendige Bedingung (10.15) führt auf

$$\int_a^b \eta \frac{\partial F}{\partial y}\, dx + \int_a^b \eta' \frac{\partial F}{\partial y'}\, dx = 0\,, \tag{10.17}$$

und daraus folgt durch partielle Integration und Berücksichtigung der Randbedingungen für $\eta(x)$:

$$\int_a^b \eta \left(\frac{\partial F}{\partial y} - \frac{d}{dx}\left(\frac{\partial F}{\partial y'}\right)\right) dx = 0\,. \tag{10.18}$$

Aus Stetigkeitsgründen und da das Integral in (10.18) für jede der in Frage kommenden Funktionen $\eta(x)$ verschwinden soll, muß

$$\frac{\partial F}{\partial y} - \frac{d}{dx}\left(\frac{\partial F}{\partial y'}\right) = 0 \tag{10.19}$$

gelten. Die Gleichung (10.19) stellt eine *notwendige Bedingung für die einfache Variationsaufgabe* dar und heißt EULER*sche Differentialgleichung der Variationsrechnung*. Die Differentialgleichung (10.19) kann man auch in der Form

$$\frac{\partial F}{\partial y} - \frac{\partial^2 F}{\partial x \partial y'} - \frac{\partial^2 F}{\partial y \partial y'} y' - \frac{\partial^2 F}{\partial y'^2} y'' = 0 \tag{10.20}$$

schreiben. Es handelt sich um eine gewöhnliche Differentialgleichung 2. Ordnung, wenn $F_{y'y'} \neq 0$ ist. Die EULERsche Differentialgleichung vereinfacht sich in folgenden Spezialfällen:

1. $F(x,y,y') = F(y')$, d.h., x und y treten nicht auf. Dann erhält man an Stelle von (10.19):

$$\frac{\partial F}{\partial y} = 0 \quad (10.21\text{a}) \qquad \text{und} \qquad \frac{d}{dx}\left(\frac{\partial F}{\partial y'}\right) = 0\,. \quad (10.21\text{b})$$

2. $F(x,y,y') = F(y,y')$, d.h., x tritt nicht auf. Man betrachtet

$$\frac{d}{dx}\left(F - y'\frac{\partial F}{\partial y'}\right) = \frac{\partial F}{\partial y} y' + \frac{\partial F}{\partial y'} y'' - y'' \frac{\partial F}{\partial y'} - y' \frac{d}{dx}\left(\frac{\partial F}{\partial y'}\right) = y'\left(\frac{\partial F}{\partial y} - \frac{d}{dx}\left(\frac{\partial F}{\partial y'}\right)\right) \tag{10.22a}$$

und erhält wegen (10.19)

$$\frac{d}{dx}\left(F - y'\frac{\partial F}{\partial y'}\right) = 0\,, \quad (10.22\text{b}) \qquad \text{d.h.} \qquad F - y'\frac{\partial F}{\partial y'} = c \quad (c = \text{const}) \quad (10.22\text{c})$$

als notwendige Bedingung für die Lösung der einfachen Variationsaufgabe im Falle $F = F(y, y')$.

■ **A:** Für die kürzeste Verbindungslinie zweier Punkte $P_1(a, A)$ und $P_2(b, B)$ in der x,y–Ebene muß gelten:

$$I[y] = \int_a^b \sqrt{1 + y'^2}\, dx = \min\,. \tag{10.23a}$$

Aus (10.21b) folgt für $F = F(y') = \sqrt{1 + y'^2}$

$$\frac{d}{dx}\left(\frac{\partial F}{\partial y'}\right) = \frac{y''}{\left(\sqrt{1 + y'^2}\right)^3} = 0\,, \tag{10.23b}$$

also $y'' = 0$, d.h., die kürzeste Verbindungslinie ist die Gerade.

■ **B:** Läßt man einen Kurvenbogen $y(x)$, der die Punkte $P_1(a, A)$ und $P_2(b, B)$ verbindet, um die x–Achse rotieren, dann entsteht eine Mantelfläche mit dem Flächeninhalt

$$I[y] = 2\pi \int_a^b y\sqrt{1 + y'^2}\, dx\,. \tag{10.24a}$$

Für welche Kurve $y(x)$ ist der Flächeninhalt am kleinsten? Mit $F = F(y, y') = 2\pi y\sqrt{1+y'^2}$ folgt aus (10.22c): $y = \frac{c}{2\pi}\sqrt{1+y'^2}$ oder $y'^2 = \left(\frac{y}{c_1}\right)^2 - 1$ mit $c_1 = \frac{c}{2\pi}$. Diese Differentialgleichung läßt sich durch Trennung der Variablen (s. S. 521) lösen, und man erhält

$$y = c_1 \cosh\left(\frac{x}{c_1} + c_2\right) \qquad (c_1,\ c_2 = \text{const}), \tag{10.24b}$$

die Gleichung der sogenannten *Kettenlinie* (s. S. 105). Die Konstanten c_1 und c_2 sind mit Hilfe der Randbedingungen $y(a) = A$ und $y(x) = B$ zu bestimmen. Das erfordert die Lösung eines nichtlinearen Gleichungssystems (s. S. 884), für dessen Lösbarkeit weitere Untersuchungen notwendig sind.

10.3.3 Variationsaufgaben mit Nebenbedingungen

Darunter versteht man im wesentlichen isoperimetrische Probleme (s. S. 551): Der einfachen Variationsaufgabe (s. S. 552), die durch das Funktional (10.11) gekennzeichnet ist, wird zusätzlich eine Nebenbedingung der Form

$$\int_a^b G(x, y(x), y'(x))dx = l \qquad (l = \text{const}) \tag{10.25}$$

auferlegt, wobei die Konstante l und die Funktion G gegeben sind. Eine Methode zur Lösung solcher Probleme geht auf LAGRANGE zurück (Extremwerte mit Nebenbedingungen in Gleichungsform). Man setzt

$$H(x, y(x), y'(x), \lambda) = F(x, y(x), y'(x)) + \lambda\,(G(x, y(x), y'(x)) - l)\ , \tag{10.26}$$

wobei λ ein Parameter ist, und behandelt jetzt die Aufgabe

$$\int_a^b H(x, y(x), y'(x), \lambda) = \text{Extrem!}, \tag{10.27}$$

also eine Extremwertaufgabe ohne Nebenbedingung. Die zugehörige *Euler*sche Differentialgleichung lautet:

$$\frac{\partial H}{\partial y} - \frac{d}{dx}\left(\frac{\partial H}{\partial y'}\right) = 0\,. \tag{10.28}$$

Ihre Lösung $y = y(x, \lambda)$ hängt noch von dem Parameter λ ab, der durch Einsetzen von $y(x, \lambda)$ in die Nebenbedingung (10.25) bestimmt werden kann.

■ Für das isoperimetrische Problem (10.2.1) erhält man

$$H(x, y(x), y'(x), \lambda) = y + \lambda\sqrt{1+y'^2}\,. \tag{10.29a}$$

Da in H die Variable x nicht vorkommt, erhält man an Stelle der EULERschen Differentialgleichung (10.28) analog zu (10.22c) die Differentialgleichung

$$y + \lambda\sqrt{1+y'^2} - \frac{\lambda y'^2}{\sqrt{1+y'^2}} = c_1 \qquad \text{bzw.} \quad y'^2 = \frac{\sqrt{\lambda^2 - (c_1 - y)^2}}{c_1 - y} \qquad (c_1 = \text{const}), \tag{10.29b}$$

deren Lösung die Kreisschar

$$(x - c_2)^2 + (y - c_1)^2 = \lambda^2 \qquad (c_1, c_2, \lambda \text{ const}) \tag{10.29c}$$

darstellt. Die Werte c_1, c_2 und λ sind aus den Bedingungen $y(a) = 0$, $y(b) = 0$ und der Forderung, daß der Kurvenbogen zwischen A und B die vorgeschriebene Länge l hat, zu bestimmen. Für λ ergibt sich eine nichtlineare Gleichung, die iterativ durch ein geeignetes Näherungsverfahren gelöst werden muß.

10.3.4 Variationsaufgaben mit höheren Ableitungen

Es werden zwei Aufgabenklassen betrachtet.

1. $\boldsymbol{F = F(x, y, y', y'')}$ **:** Die Variationsaufgabe lautet:

$$I[y] = \int_a^b F(x, y, y', y'')\, dx = \text{Extrem!} \qquad (10.30a)$$

mit den Randbedingungen

$$y(a) = A\,, \quad y(b) = B\,, \quad y'(a) = A'\,, \quad y'(b) = B'\,, \qquad (10.30b)$$

wobei die Zahlenwerte a, b, A, B, A' und B' sowie die Funktion F gegeben sind. Analog zu Abschnitt 10.3.2 werden Vergleichsfunktionen $y(x) = y_0(x) + \epsilon\,\eta(x)$ mit $\eta(a) = \eta(b) = \eta'(a) = \eta'(b) = 0$ eingeführt, und man erhält die EULER*sche Differentialgleichung*

$$\frac{\partial F}{\partial y} - \frac{d}{dx}\left(\frac{\partial F}{\partial y'}\right) + \frac{d^2}{dx^2}\left(\frac{\partial F}{\partial y''}\right) = 0 \qquad (10.31)$$

als notwendige Bedingung für die Lösung des Variationsproblems (10.30a). Die Differentialgleichung (10.31) stellt eine Differentialgleichung 4. Ordnung dar. Ihre allgemeine Lösung enthält 4 willkürliche Konstanten, die mit Hilfe der Randbedingungen (10.30b) bestimmt werden können.

■ Für das Problem

$$I[y] = \int_0^1 (y''^2 - \alpha y'^2 - \beta y^2)dx = \text{Extrem!} \qquad (10.32a)$$

mit gegebenen Konstanten α und β gilt $F = F(y, y', y'') = y''^2 - \alpha y'^2 - \beta y^2$. Daraus folgt $F_y = -2\beta y$, $F_{y'} = -2y'$, $F_{y''} = 2y''$, $\frac{d}{dx}(F_{y'}) = -2y''$, $\frac{d^2}{dx^2}(F_{y''}) = -2y^{(4)}$, und die EULERsche Differentialgleichung lautet:

$$y^{(4)} + \alpha y'' - \beta y = 0\,. \qquad (10.32b)$$

Das ist eine lineare Differentialgleichung 4. Ordnung mit konstanten Koeffizienten (s. S. 496).

2. $\boldsymbol{F = F(x, y, y', \ldots, y^{(n)})}$ **:** In diesem allgemeinen Fall, bei dem das Funktional $I[y]$ der Variationsaufgabe von den Ableitungen der gesuchten Funktion y bis zur Ordnung n $(n \geq 1)$ abhängen soll, lautet die zugehörige EULER*sche Differentialgleichung*

$$\frac{\partial F}{\partial y} - \frac{d}{dx}\left(\frac{\partial F}{\partial y'}\right) + \frac{d^2}{dx^2}\left(\frac{\partial F}{\partial y''}\right) - \cdots + (-1)^n \frac{d^n}{dx^n}\left(\frac{\partial F}{\partial y^{(n)}}\right) = 0\,, \qquad (10.33)$$

deren Lösung Randbedingungen analog zu (10.30b) bis zur Ordnung $n-1$ erfüllen müssen.

10.3.5 Variationsaufgaben mit mehreren gesuchten Funktionen

Das Funktional der Variationsaufgabe habe die Form

$$I[y_1, y_2, \ldots, y_n] = \int_a^b F(x, y_1, y_2, \ldots, y_n, y_1', y_2', \ldots, y_n')\, dx\,, \qquad (10.34)$$

wobei die gesuchten Funktionen $y_1(x), y_2(x), \ldots, y_n(x)$ für $x = a$ und $x = b$ vorgegebene Werte annehmen sollen. Man wählt n zweimal stetig differenzierbare Vergleichsfunktionen

$$y_i(x) = y_{i0}(x) + \epsilon_i \eta_i(x) \quad (i = 1, 2, \ldots, n)\,, \qquad (10.35)$$

wobei die Funktionen $\eta_i(x)$ in den Randpunkten verschwinden sollen.
Mit (10.35) geht (10.34) in $I(\epsilon_1, \epsilon_2, \ldots, \epsilon_n)$ über, und aus den notwendigen Bedingungen

$$\frac{\partial I}{\partial \epsilon_i} = 0 \quad (i = 1, 2, \ldots, n) \qquad (10.36)$$

für Extremwerte von Funktionen von mehreren Veränderlichen ergeben sich die n EULERschen Differentialgleichungen

$$\frac{\partial F}{\partial y_1} - \frac{d}{dx}\left(\frac{\partial F}{\partial y_1'}\right) = 0\,, \quad \frac{\partial F}{\partial y_2} - \frac{d}{dx}\left(\frac{\partial F}{\partial y_2'}\right) = 0\,, \quad \ldots, \quad \frac{\partial F}{\partial y_n} - \frac{d}{dx}\left(\frac{\partial F}{\partial y_n'}\right) = 0\,, \tag{10.37}$$

deren Lösungen $y_1(x), y_2(x), \ldots, y_n(x)$ die vorgegebenen Randbedingungen erfüllen müssen.

10.3.6 Variationsaufgaben in Parameterdarstellung

Bei manchen Variationsaufgaben ist es zweckmäßig, die Extremale nicht in der expliziten Form $y = y(x)$ anzugeben, sondern von deren Parameterdarstellung

$$x = x(t)\,, \quad y = y(t) \quad (t_1 \le t \le t_2) \tag{10.38}$$

auszugehen, wobei t_1 und t_2 die den Punkten (a, A) und (b, B) entsprechenden Parameterwerte sein sollen. Die einfache Variationsaufgabe (s. S. 552) lautet dann

$$I[x, y] = \int\limits_{t_1}^{t_2} F(x(t), y(t), \dot{x}(t), \dot{y}(t))dt = \text{Extrem!} \tag{10.39a}$$

mit den Randbedingungen

$$x(t_1) = a\,, \quad x(t_2) = b\,, \quad y(t_1) = A\,, \quad y(t_2) = B\,. \tag{10.39b}$$

Mit $\dot{x}$ und $\dot{y}$ werden, wie bei Parameterdarstellung üblich, die Ableitungen von x und y nach dem Parameter t bezeichnet.
Das Variationsproblem (10.39a) ist nur dann sinnvoll, wenn der Wert des Integrals von der Parameterdarstellung der Extremale unabhängig ist. Es gilt: Damit das Integral in (10.39a) von der Parameterdarstellung der Kurve, die die Punkte (a, A) und (b, B) verbindet, unabhängig ist, muß F eine positiv *homogene Funktion* sein, d.h., es muß

$$F(x, y, \mu\dot{x}, \mu\dot{y}) = \mu F(x, y, \dot{x}, \dot{y}) \quad (\mu > 0) \tag{10.40}$$

gelten.
Da die Variationsaufgabe (10.39a) als Spezialfall von (10.34) aufgefaßt werden kann, lauten die zugehörigen EULERschen Differentialgleichungen

$$\frac{\partial F}{\partial x} - \frac{d}{dt}\left(\frac{\partial F}{\partial \dot{x}}\right) = 0\,, \quad \frac{\partial F}{\partial y} - \frac{d}{dt}\left(\frac{\partial F}{\partial \dot{y}}\right) = 0\,. \tag{10.41}$$

Diese sind nicht unabhängig voneinander, sondern äquivalent der sogenannten WEIERSTRASSschen Form der EULERschen Differentialgleichung:

$$\frac{\partial^2 F}{\partial x \partial \dot{y}} - \frac{\partial^2 F}{\partial \dot{x} \partial y} + M(\dot{x}\ddot{y} - \ddot{x}\dot{y}) = 0 \tag{10.42a}$$

mit

$$M = \frac{1}{\dot{y}^2}\frac{\partial^2 F}{\partial \dot{x}^2} = -\frac{1}{\dot{x}\dot{y}}\frac{\partial^2 F}{\partial \dot{x}\partial \dot{y}} = \frac{1}{\dot{x}^2}\frac{\partial^2 F}{\partial \dot{y}^2}\,. \tag{10.42b}$$

Ausgehend von der Berechnung des Krümmungsradius R einer in Parameterdarstellung gegebenen Kurve (s. S. 223), erfolgt die Berechnung des *Krümmungsradius der Extremalen* unter Berücksichtigung von (10.42a) gemäß

$$R = \left|\frac{(\dot{x}^2 + \dot{y}^2)^{3/2}}{\dot{x}\ddot{y} - \ddot{x}\dot{y}}\right| = \left|\frac{M\,(\dot{x}^2 + \dot{y}^2)^{3/2}}{F_{\dot{x}y} - F_{x\dot{y}}}\right|\,. \tag{10.42c}$$

■ Das isoperimetrische Problem (10.8a bis 10.8c) (s. S. 551) lautet in Parameterdarstellung

$$I[x,y] = \int_{t_1}^{t_2} y(t)\dot{x}(t)dt = \max \quad (10.43a) \quad \text{mit} \quad G[x,y] = \int_{t_1}^{t_2} \sqrt{\dot{x}^2(t) + \dot{y}^2(t)}dt = l\,. \quad (10.43b)$$

Diese Variationsaufgabe mit Nebenbedingung geht gemäß (10.26) mit

$$H = H(x, y, \dot{x}, \dot{y}) = y\dot{x} + \lambda\sqrt{\dot{x}^2 + \dot{y}^2} \quad (10.43c)$$

in eine Variationsaufgabe ohne Nebenbedingung über. Man sieht, daß H die Bedingung (10.40) erfüllt, also eine positiv homogene Funktion vom Grade 1 ist. Weiterhin gilt

$$M = \frac{1}{\dot{y}^2} H_{\dot{x}\dot{x}} = \frac{\lambda}{(\dot{x}^2 + \dot{y}^2)^{3/2}}\,, \quad H_{\dot{x}y} = 1\,, \quad H_{x\dot{y}} = 0\,, \quad (10.43d)$$

so daß man aus (10.42c) für den Krümmungsradius $R = |\lambda|$ erhält. Da λ konstant ist, sind die Extremalen Kreise.

10.4 Variationsaufgaben mit Funktionen von mehreren Veränderlichen

10.4.1 Einfache Variationsaufgabe

Eine der einfachsten Aufgaben mit Funktion von mehreren Variablen stellt das folgende Variationsproblem für ein Doppelintegral dar:

$$I[u] = \iint_{(G)} F(x, y, u(x, y), u_x, u_y)\, dx\, dy = \text{Extrem!} \quad (10.44)$$

Dabei soll die gesuchte Funktion $u = u(x, y)$ auf dem Rand Γ des Bereiches G gegebene Werte annehmen. Analog zu 10.3.2 (S. 552) werden *Vergleichsfunktionen* der Form

$$u(x, y) = u_0(x, y) + \epsilon\eta(x, y) \quad (10.45)$$

angesetzt, wobei $u_0(x, y)$ eine Lösung der Variationsaufgabe (10.44) ist und die vorgegebenen Randwerte annimmt, während $\eta(x, y)$ die Bedingung

$$\eta(x, y) = 0 \quad \text{auf dem Rand } \Gamma \quad (10.46)$$

erfüllt und wie $u_0(x, y)$ entsprechend oft differenzierbar ist.
Die Größe ϵ ist ein Parameter. Durch $u = u(x, y)$ wird eine Fläche beschrieben, die der Lösungsfläche $u_0(x, y)$ benachbart ist. Mit (10.45) geht $I[u]$ in $I(\epsilon)$ über, d.h., aus der Variationsaufgabe (10.44) wird eine Extremwertaufgabe, die die notwendige Bedingung

$$\frac{dI}{d\epsilon} = 0 \quad \text{für} \quad \epsilon = 0 \quad (10.47)$$

erfüllen muß. Daraus folgt die EULER*sche Differentialgleichung*

$$\frac{\partial F}{\partial u} - \frac{\partial}{\partial x}\left(\frac{\partial F}{\partial u_x}\right) - \frac{\partial}{\partial y}\left(\frac{\partial F}{\partial u_y}\right) = 0 \quad (10.48)$$

als notwendige Bedingung für die Lösung der Variationsaufgabe (10.44).

■ Eine unbelastete Membran, die am Rand Γ eines Bereiches G der x, y–Ebene eingespannt ist, überdeckt eine Fläche mit dem Inhalt

$$I_1 = \iint_{(G)} dx\, dy\,. \quad (10.49a)$$

Wird die Membran durch eine Belastung so deformiert, daß jeder Punkt eine Auslenkung $u = u(x, y)$ in z–Richtung erfährt, dann wird ihr Flächeninhalt nach der Formel

$$I_2 = \iint\limits_{(G)} \sqrt{1 + u_x^2 + u_y^2}\, dx\, dy \tag{10.49b}$$

berechnet. Linearisiert man den Integranden in (10.49b) nach TAYLOR, dann erhält man die Beziehung

$$I_2 \approx I_1 + \frac{1}{2} \iint\limits_{(G)} \left(u_x^2 + u_y^2\right) dx\, dy\,. \tag{10.49c}$$

Für die potentielle Energie U der deformierten Membran gilt

$$U = \sigma(I_2 - I_1) = \frac{\sigma}{2} \iint\limits_{(G)} \left(u_x^2 + u_y^2\right) dx\, dy\,, \tag{10.49d}$$

wobei die Konstante σ als Spannung der Membran bezeichnet wird. Auf diese Weise entsteht das sogenannte DIRICHLET*sche Variationsproblem:* Die Funktion $u = u(x, y)$ ist so zu bestimmen, daß sie das Funktional

$$I[u] = \iint\limits_{(G)} \left(u_x^2 + u_y^2\right) dx\, dy \tag{10.49e}$$

zu einem Extremum macht und auf dem Rand Γ des ebenen Gebietes G verschwindet. Die zugehörige EULERsche Differentialgleichung lautet

$$\frac{\partial^2 u}{\partial x^2} + \frac{\partial^2 u}{\partial y^2} = 0\,. \tag{10.49f}$$

Es handelt sich um die LAPLACEsche Differentialgleichung für Funktionen von zwei Variablen (s. S. 667).

10.4.2 Allgemeinere Variationsaufgaben

Es sollen zwei Verallgemeinerungen der einfachen Variationsaufgabe betrachtet werden.

1. $F = F(x, y, u(x, y), u_x, u_y, u_{xx}, u_{xy}, u_{yy})$

Das Funktional der Variationsaufgabe hängt von partiellen Ableitungen höherer Ordnung der gesuchten Funktion $u(x, y)$ ab. Im vorliegenden Fall, in dem die partiellen Ableitungen bis zur 2. Ordnung einschließlich auftreten, lautet die EULERsche Differentialgleichung:

$$\frac{\partial F}{\partial u} - \frac{\partial}{\partial x}\left(\frac{\partial F}{\partial u_x}\right) - \frac{\partial}{\partial y}\left(\frac{\partial F}{\partial u_y}\right) + \frac{\partial^2}{\partial x^2}\left(\frac{\partial F}{\partial u_{xx}}\right) + \frac{\partial^2}{\partial x \partial y}\left(\frac{\partial F}{\partial u_{xy}}\right) + \frac{\partial^2}{\partial y^2}\left(\frac{\partial F}{\partial u_{yy}}\right) = 0\,. \tag{10.50}$$

2. $F = F(x_1, x_2, \ldots, x_n, u(x_1, \ldots, x_n), u_{x_1}, \ldots, u_{x_n})$

Im Falle einer Variationsaufgabe, bei der n unabhängige Variablen $x_1, x_2, \ldots, x_n$ auftreten, lautet die EULERsche Differentialgleichung:

$$\frac{\partial F}{\partial u} - \sum_{k=1}^{n} \frac{\partial}{\partial x_k}\left(\frac{\partial F}{\partial u_{x_k}}\right) = 0\,. \tag{10.51}$$

10.5 Numerische Lösung von Variationsaufgaben

Zur praktischen Lösung von Variationsproblemen werden im wesentlichen zwei Lösungswege verwendet.

1. Lösung der EULERschen Differentialgleichung und Anpassung der gefundenen Lösung an die Randbedingungen

Allerdings wird die exakte Lösung der EULERschen Differentialgleichung nur in den einfachsten Fällen möglich sein, so daß man numerische Methoden zur Lösung von Randwertaufgaben bei gewöhnlichen bzw. partiellen Differentialgleichungen einsetzen muß (s. S. 905 bzw. S. 948).

2. Direkte Methoden

Direkte Methoden gehen unmittelbar von der Variationsaufgabe aus und verwenden nicht die EULERsche Differentialgleichung. Das höchstwahrscheinlich älteste und bekannteste Verfahren dieser Art stellt das RITZ-*Verfahren* dar. Es gehört zu den sogenannten Ansatzverfahren, die zur genäherten Lösung von Differentialgleichungen verwendet werden (s. S. 903 bzw. S. 906), und soll an dem folgenden einfachen Beispiel demonstriert werden.

■ Das isoperimetrische Problem

$$\int_0^1 y'^2(x)dx = \text{Extremum!}(10.52a) \qquad \text{bei} \quad \int_0^1 y^2(x)dx = 1 \quad \text{und} \quad y(0) = y(1) = 0 \qquad (10.52b)$$

ist numerisch zu lösen. Das zugehörige Variationsproblem ohne Integralnebenbedingung lautet gemäß Abschnitt 10.3.3:

$$I[y] = \int_0^1 \left[y'^2(x)dx - \lambda y^2(x)\right] = \text{Extrem!} \qquad (10.52c)$$

Als Ansatz für die Näherungslösung wird

$$y(x) = a_1 x(x-1) + a_2 x^2(x-1) \qquad (10.52d)$$

gewählt. Die beiden Ansatzfunktionen $x(x-1)$ und $x^2(x-1)$ sind linear unabhängig und erfüllen beide die Randbedingungen. Mit (10.52d) geht (10.52c) in

$$I(a_1, a_1) = \frac{1}{3}a_1^2 + \frac{2}{15}a_2^2 + \frac{1}{3}a_1 a_2 - \lambda\left(\frac{1}{30}a_1^2 + \frac{1}{105}a_2^2 + \frac{1}{30}a_1 a_2\right) \qquad (10.52e)$$

über, und die notwendigen Bedingungen $\frac{\partial I}{\partial a_1} = \frac{\partial I}{\partial a_2} = 0$ ergeben das homogene lineare Gleichungssystem

$$\left(\frac{2}{3} - \frac{\lambda}{15}\right)a_1 + \left(\frac{1}{3} - \frac{\lambda}{30}\right)a_2 = 0\,, \qquad \left(\frac{1}{3} - \frac{\lambda}{30}\right)a_1 + \left(\frac{4}{15} - \frac{2\lambda}{105}\right)a_2 = 0\,. \qquad (10.52f)$$

Dieses System hat nichttriviale Lösungen, wenn die Koeffizientendeterminante verschwindet. Daraus folgt:

$$\lambda^2 - 52\lambda + 420 = 0\,, \quad \text{d.h.} \quad \lambda_1 = 10\,,\ \lambda_2 = 42\,. \qquad (10.52g)$$

Für $\lambda = \lambda_1 = 10$ erhält man aus (10.52f) $a_2 = 0$, a_1 beliebig, so daß die zu $\lambda_1 = 10$ gehörende, normierte Lösung lautet:

$$y = 5{,}48x(x-1)\,. \qquad (10.52h)$$

Zum Vergleich kann man die zur Variationsaufgabe (10.52f) gehörende EULERsche Differentialgleichung aufstellen. Man erhält die Randwertaufgabe

$$y'' + \lambda y = 0 \quad \text{mit} \quad y(0) = y(1) = 0 \qquad (10.52i)$$

mit den Eigenwerten $\lambda_k = k^2\pi^2$ $(k = 1, 2, \ldots)$ und den Eigenlösungen $y_k = c_k \sin k\pi x$. Für den Fall $k = 1$, d.h. $\lambda_1 = \pi^2 \approx 9{,}87$, ergibt sich die normierte Eigenlösung

$$y = \sqrt{2}\sin\pi x\,, \qquad (10.52j)$$

deren Verlauf sich nur unwesentlich von dem der Näherungslösung (10.52h) unterscheidet.

Hinweis: Beim heutigen Stand der Computer- und Software-Entwicklung sollte man zur numerischen Lösung von Variationsproblemen vor allem die *Methode der finiten Elemente* (FEM) einsetzen.
Die Grundzüge dieser Methode werden auf S. 907 bei der numerischen Behandlung von Differentialgleichungen beschrieben. Dort wird der Zusammenhang zwischen Differential- und Variationsgleichungen, der z.B. durch EULERsche Differentialgleichungen oder Bilinearformen gemäß (19.145a,b) vermittelt wird, ausgenutzt.

Auch die *Gradientenverfahren*, wie sie zur numerischen Behandlung von nichtlinearen Optimierungsaufgaben (s. S. 865) verwendet werden, können zur numerischen Lösung von Variationsaufgaben eingesetzt werden.

10.6 Ergänzungen

10.6.1 Erste und zweite Variation

Bei der Herleitung der EULERschen Differentialgleichung mit Hilfe von Vergleichsfunktionen (s. S. 552) wurde die TAYLOR–Entwicklung des Integranden von

$$I(\epsilon) = \int_a^b F(x, y_0 + \epsilon\eta, y_0' + \epsilon\eta')\, dx \tag{10.53}$$

nach den bezüglich ϵ linearen Gliedern abgebrochen. Berücksichtigt man auch die quadratischen Glieder, dann erhält man

$$I(\epsilon) - I(0) = \epsilon \int_a^b \left[\frac{\partial F}{\partial y}(x, y_0, y_0')\eta + \frac{\partial F}{\partial y'}(x, y_0, y_0')\eta'\right] dx \\ + \frac{\epsilon^2}{2} \int_a^b \left[\frac{\partial^2 F}{\partial y^2}(x, y_0, y_0')\eta^2 + 2\frac{\partial^2 F}{\partial y \partial y'}(x, y_0, y_0')\eta\eta' + \frac{\partial^2 F}{\partial y'^2}(x, y_0, y_0')\eta'^2 + O(\epsilon)\right] dx\,. \tag{10.54}$$

Bezeichnet man als

1. Variation δI des Funktionals $I[y]$ den Ausdruck

$$\delta I = \int_a^b \left[\frac{\partial F}{\partial y}(x, y_0, y_0')\eta + \frac{\partial F}{\partial y'}(x, y_0, y_0')\eta'\right] dx \quad \text{und als} \tag{10.55}$$

2. Variation $\delta^2 I$ des Funktionals $I[y]$ den Ausdruck

$$\delta^2 I = \int_a^b \left[\frac{\partial^2 F}{\partial y^2}(x, y_0, y_0')\eta^2 + 2\frac{\partial^2 F}{\partial y \partial y'}(x, y_0, y_0')\eta\eta' + \frac{\partial^2 F}{\partial y'^2}(x, y_0, y_0')\eta'^2\right] dx\,, \tag{10.56}$$

dann kann man schreiben:

$$I(\epsilon) - I(0) = \epsilon\, \delta I + \frac{\epsilon^2}{2}\delta^2 I\,. \tag{10.57}$$

Mit Hilfe dieser Variationen lassen sich die verschiedenen Optimalitätsbedingungen für das Funktional $I[y]$ formulieren (s. Lit. [10.6]).

10.6.2 Anwendungen in der Physik

Die Variationsrechnung spielt in der Physik eine entscheidende Rolle. So kann man die Grundgleichungen der NEWTONschen Mechanik aus einem Variationsprinzip herleiten und zur JACOBI–HAMILTONschen Theorie gelangen, aber auch in der Atomtheorie und der Quantenphysik hat die Variationsrechnung große Bedeutung. Dabei zeigte sich, daß eine Erweiterung und Verallgemeinerung der klassischen mathematischen Begriffe unbedingt notwendig ist. Deshalb muß heute die Variationsrechnung im Rahmen moderner mathematischer Disziplinen wie z.B. der Funktionalanalysis und der Optimierung betrachtet werden. In den voranstehenden Abschnitten konnte lediglich ein Einblick in den klassischen Teil der Variationsrechnung gegeben werden (s. Lit. [10.3], [10.4], [10.6]).

11 Lineare Integralgleichungen

11.1 Einführung und Klassifikation

1. Definitionen

Unter einer Integralgleichung versteht man eine Gleichung, bei der eine zu bestimmende Funktion auch im Integranden eines Integrals auftritt. Für die Behandlung von Integralgleichungen gibt es keine einheitliche Vorgehensweise. Lösungsverhalten sowie Lösungsverfahren hängen von der speziellen Gestalt der Integralgleichung ab.

Ist die gesuchte Funktion in allen Termen nur linear enthalten, dann spricht man von einer *linearen Integralgleichung*. Die allgemeine Form einer linearen Integralgleichung lautet:

$$g(x)\varphi(x) = f(x) + \lambda \int\limits_{a(x)}^{b(x)} K(x,y)\varphi(y)\,dy\,, \quad c \le x \le d\,. \tag{11.1}$$

Die Funktion $\varphi(x)$ ist zu bestimmen, die Funktion $K(x,y)$ heißt *Kern der Integralgleichung* und $f(x)$ ihre *Störfunktion*. Diese Funktionen können auch komplexe Werte annehmen. Verschwindet die Funktion $f(x)$ in dem betrachteten Bereich, d.h., ist $f(x) \equiv 0$, dann ist es eine *homogene Integralgleichung*, andernfalls eine *inhomogene*. Die Größe λ ist ein im allgemeinen *komplexwertiger Parameter*.

Zwei Spezialfälle von (11.1) haben besondere Bedeutung. Sind die Integrationsgrenzen unabhängig von x, also konstante Größen, d.h. $a(x) \equiv a$ und $b(x) \equiv b$, dann handelt es sich um eine FREDHOLMsche Integralgleichung (11.2a,11.2b).

Ist $a(x) \equiv a$ und $b(x) = x$, so spricht man von einer VOLTERRAschen Integralgleichung (11.2c, 11.2d).

Kommt die zu ermittelnde Funktion $\varphi(x)$ nur unter dem Integral vor, d.h. ist $g(x) \equiv 0$, dann liegt eine Integralgleichung *1. Art* vor (11.2a,11.2c). Eine Integralgleichung *2. Art* ist durch $g(x) \equiv 1$ gekennzeichnet (11.2b,11.2d).

$$0 = f(x) + \lambda \int\limits_a^b K(x,y)\varphi(y)\,dy\,, \tag{11.2a}$$

$$\varphi(x) = f(x) + \lambda \int\limits_a^b K(x,y)\varphi(y)\,dy\,, \tag{11.2b}$$

$$0 = f(x) + \lambda \int\limits_a^x K(x,y)\varphi(y)\,dy\,, \tag{11.2c}$$

$$\varphi(x) = f(x) + \lambda \int\limits_a^x K(x,y)\varphi(y)\,dy\,. \tag{11.2d}$$

2. Zusammenhang mit Differentialgleichungen

Es führen relativ wenige physikalische oder mechanische Aufgabenstellungen direkt auf eine Integralgleichung. Häufiger sind derartige Probleme mittels Differentialgleichungen beschreibbar. Die Bedeutung der Integralgleichungen ist in erster Linie darin zu sehen, daß sich eine Reihe von Differentialgleichungen einschließlich der zugehörigen Rand- und Anfangsbedingungen in eine Integralgleichung überführen lassen.

■ Aus der Anfangswertaufgabe $y'(x) = f(x,y)$ mit $x \ge x_0$ und $y(x_0) = y_0$ entsteht durch Integration in den Grenzen von x_0 bis x

$$y(x) = y_0 + \int_{x_0}^{x} f(\xi, y(\xi))\,d\xi\,. \tag{11.3}$$

Die gesuchte Funktion $y(x)$ tritt hier sowohl auf der linken Seite der Gleichung als auch im Integranden auf. Die Integralgleichung (11.3) ist linear, wenn die Funktion $f(\xi, y(\xi))$ die Form $f(\xi,\eta(\xi)) = a(\xi)\cdot y(\xi) + b(\xi)$ hat, d.h., die zugrundeliegende Differentialgleichung ist ebenfalls linear.

Hinweis: In diesem Kapitel 11 werden nur Integralgleichungen 1. und 2. Art vom FREDHOLMschen und VOLTERRAschen Typ sowie einige singuläre Intgralgleichungen betrachtet.

11.2 Fredholmsche Integralgleichungen 2. Art

11.2.1 Integralgleichungen mit ausgearteten Kernen

Wenn der *Kern* $K(x,y)$ *einer Integralgleichung* eine Summe endlich vieler Produkte zweier Funktionen ist, wobei jeweils die eine Funktion nur von x und die andere nur von y abhängt, so spricht man von einem *ausgearteten Kern* oder einem *Produktkern.*

1. Lösungsansatz im Falle von Produktkernen

Die Auflösung FREDHOLMscher Integralgleichungen 2. Art mit ausgearteten Kernen führt auf ein endlich dimensionales lineares Gleichungssystem. Man betrachte die Integralgleichung

$$\varphi(x) = f(x) + \lambda \int_a^b K(x,y)\varphi(y)\,dy \quad \text{mit} \tag{11.4a}$$

$$K(x,y) = \alpha_1(x)\beta_1(y) + \alpha_2(x)\beta_2(y) + \ldots + \alpha_n(x)\beta_n(y)\,. \tag{11.4b}$$

Die Funktionen $\alpha_1(x), \ldots, \alpha_n(x)$ und $\beta_1(x), \ldots, \beta_n(x)$ seien in dem Intervall $[a,b]$ definiert und dort als stetig vorausgesetzt. Weiterhin sollen die Funktionen $\alpha_1(x), \ldots, \alpha_n(x)$ voneinander linear unabhängig sein, d.h., die Beziehung

$$\sum_{k=1}^{n} c_k\,\alpha_k(x) \equiv 0 \tag{11.5}$$

mit konstanten Koeffizienten c_k ist nur mit $c_1 = c_2 = \ldots = c_n = 0$ für alle x aus $[a,b]$ erfüllt.
Aus (11.4a) und (11.4b) folgt:

$$\varphi(x) = f(x) + \lambda\alpha_1(x)\int_a^b \beta_1(y)\varphi(y)\,dy + \ldots + \lambda\alpha_n(x)\int_a^b \beta_n(y)\varphi(y)\,dy\,. \tag{11.6a}$$

Die auftretenden Integrale hängen nicht mehr von der Variablen x ab, sind also gewisse konstante Werte, die mit A_k bezeichnet werden sollen:

$$A_k = \int_a^b \beta_k(y)\varphi(y)\,dy\,, \qquad k = 1, \ldots, n\,. \tag{11.6b}$$

Die Lösungsfunktion $\varphi(x)$ setzt sich, falls sie existiert, additiv aus der Störfunktion $f(x)$ und einer Linearkombination der Funktionen $\alpha_1(x), \ldots, \alpha_n(x)$ zusammen:

$$\varphi(x) = f(x) + \lambda A_1\alpha_1(x) + \lambda A_2\alpha_2(x) + \ldots + \lambda A_n\alpha_n(x)\,. \tag{11.6c}$$

2. Bestimmung der Ansatzkoeffizienten

Die Koeffizienten $A_1, \ldots, A_n$ können auf folgende Weise bestimmt werden. Die Gleichung (11.6c) wird mit $\beta_k(x)$ multipliziert und anschließend bezüglich x in den Grenzen von a bis b integriert:

$$\int_a^b \beta_k(x)\varphi(x)\,dx = \int_a^b \beta_k(x)f(x)\,dx + \lambda A_1\int_a^b \beta_k(x)\alpha_1(x)\,dx + \ldots + \lambda A_n\int_a^b \beta_k(x)\alpha_n(x)\,dx\,. \tag{11.7a}$$

Die linke Seite dieser Gleichung ist nach (11.6b) gleich A_k. Mit den Abkürzungen

$$b_k = \int_a^b \beta_k(x)f(x)\,dx \quad \text{und} \quad c_{kj} = \int_a^b \beta_k(x)\alpha_j(x)\,dx \tag{11.7b}$$

erhält man für $k = 1, \ldots, n$:

$$A_k = b_k + \lambda c_{k1}A_1 + \lambda c_{k2}A_2 + \ldots + \lambda c_{kn}A_n\,. \tag{11.7c}$$

Es ist möglich, daß die Integrale nicht exakt ausgewertet werden können. In diesem Fall muß man eine Näherungsformel (s. S. 892) anwenden. Das lineare Gleichungssystem (11.7c) besteht aus n Gleichungen für die Unbekannten $A_1, \ldots, A_n$:

$$\begin{aligned} (1-\lambda c_{11})A_1 \quad & -\lambda c_{12}A_2 - \ldots & -\lambda c_{1n}A_n &= b_1, \\ -\lambda c_{21}A_1 \quad & +(1-\lambda c_{22})A_2 - \ldots & -\lambda c_{2n}A_n &= b_2, \\ \ldots\ldots & \ldots\ldots\ldots\ldots\ldots\ldots & & \\ -\lambda c_{n1}A_1 \quad & -\lambda c_{n2}A_2 - \ldots & +(1-\lambda c_{nn})A_n &= b_n. \end{aligned} \tag{11.7d}$$

3. Diskussion der Lösung, Eigenwerte und Eigenfunktionen

Aus der Theorie linearer Gleichungssysteme ist bekannt, daß (11.7d) genau dann eine eindeutig bestimmte Lösung für $A_1, \ldots, A_n$ besitzt, wenn die Koeffizientendeterminante nicht verschwindet:

$$\mathrm{D}(\lambda) = \begin{vmatrix} (1-\lambda c_{11}) & -\lambda c_{12} & \ldots & -\lambda c_{1n} \\ -\lambda c_{21} & (1-\lambda c_{22}) & \ldots & -\lambda c_{2n} \\ \ldots & \ldots & \ldots & \ldots \\ -\lambda c_{n1} & -\lambda c_{n2} & \ldots & (1-\lambda c_{nn}) \end{vmatrix} \neq 0. \tag{11.8}$$

Offenbar ist $\mathrm{D}(\lambda)$ nicht identisch gleich Null, denn es gilt $\mathrm{D}(0) = 1$. Darüber hinaus gibt es eine Zahl $R > 0$ mit $D(\lambda) \neq 0$ für $|\lambda| < R$. Für weitere Untersuchungen sind zwei Fälle zu unterscheiden.

1. $\mathrm{D}(\lambda) \neq 0$:

Es existiert genau eine Lösung der Integralgleichung, die durch (11.6c) gegeben ist, wobei sich die Koeffizienten $A_1, \ldots, A_n$ als Lösung des Gleichungssystems (11.7d) ergeben. Handelt es sich bei (11.4a) um eine homogene Integralgleichung, d.h., ist $f(x) \equiv 0$, dann ist $b_1 = b_2 = \ldots = b_n = 0$. Das dann homogene Gleichungssystem (11.7d) hat nur die triviale Lösung $A_1 = A_2 = \ldots = A_n = 0$. Die homogene Integralgleichung ist nur für $\varphi(x) \equiv 0$ erfüllt.

2. $\mathrm{D}(\lambda) = 0$:

$\mathrm{D}(\lambda)$ ist ein Polynom höchstens n–ten Grades und hat bekanntlich nicht mehr als n Wurzeln. Für diese Werte von λ hat das homogene Gleichungssystem (11.7d) mit $b_1 = b_2 = \ldots = b_n = 0$ außer der trivialen Lösung noch nicht verschwindende Lösungen, so daß auch die homogene Integralgleichung neben der trivialen Lösung $\varphi(x) \equiv 0$ noch weitere Lösungen der Form

$$\varphi(x) = C \cdot (A_1\alpha_1(x) + A_2\alpha_2(x) + \ldots + A_n\alpha_n(x)) \qquad (C \text{ beliebige Konstante})$$

hat. Aufgrund der linearen Unabhängigkeit der Funktionen $\alpha_1(x), \ldots, \alpha_n(x)$ ist $\varphi(x)$ nicht identisch Null. Die Nullstellen von $\mathrm{D}(\lambda)$ nennt man *Eigenwerte* der Integralgleichung. Die zugehörigen, nicht identisch verschwindenden Lösungen der homogenen Integralgleichung heißen die *Eigenfunktionen* zum Eigenwert λ. Zu einem Eigenwert können mehrere linear unabhängige Eigenfunktionen gehören. Für Integralgleichungen mit allgemeineren Kernen werden darüber hinaus alle diejenigen Zahlen λ als Eigenwerte bezeichnet, für die die homogene Integralgleichung nichttriviale Lösungen besitzt. In verschiedenen Arbeiten wird λ mit $\mathrm{D}(\lambda) = 0$ als charakteristische Zahl und $\mu = \dfrac{1}{\lambda}$ als Eigenwert bezeichnet.

Dies resultiert aus der Integralgleichungsform $\mu\varphi(x) = \displaystyle\int_a^b K(x,y)\varphi(y)\,dy$.

4. Transponierte Integralgleichung

Es bleibt noch zu untersuchen, unter welchen Bedingungen im Fall $\mathrm{D}(\lambda) = 0$ auch die inhomogene Integralgleichung eine Lösung besitzt. Zu diesem Zweck führt man die zu (11.4a) *transponierte Integralgleichung* ein:

$$\psi(x) = g(x) + \lambda \int_a^b K(y,x)\psi(y)\,dy. \tag{11.9a}$$

Es sei λ ein Eigenwert und $\varphi(x)$ eine Lösung der inhomogenen Integralgleichung (11.4a). Dann läßt sich zeigen, daß λ auch Eigenwert der transponierten Gleichung ist. Man multipliziert beide Seiten von (11.4a) mit irgendeiner Lösung $\psi(x)$ der homogenen transponierten Integralgleichung und integriert anschließend über x in den Grenzen von a bis b:

$$\int_a^b \varphi(x)\psi(x)\,dx = \int_a^b f(x)\psi(x)\,dx + \int_a^b \left(\lambda \int_a^b K(x,y)\psi(x)\,dx\right)\varphi(y)\,dy\,. \tag{11.9b}$$

Da $\psi(y) = \lambda \int_a^b K(x,y)\psi(x)\,dx$ vorausgesetzt war, erhält man die Forderung $\int_a^b f(x)\psi(x)\,dx = 0\,.$ Insgesamt gilt also: Die inhomogene Integralgleichung (11.4a) ist für einen Eigenwert λ genau dann lösbar, wenn die Störfunktion $f(x)$ *orthogonal* zu allen nichtverschwindenden Lösungen der homogenen transponierten Integralgleichung mit demselben λ ist. Diese Aussage ist nicht auf Integralgleichungen mit ausgearteten Kernen eingeschränkt, sondern gilt auch für Integralgleichungen mit allgemeineren Kernen.

■ **A:** $\varphi(x) = x + \int_{-1}^{+1} (x^2y + xy^2 - xy)\varphi(y)\,dy$, $\alpha_1(x) = x^2$, $\alpha_2(x) = x$, $\alpha_3(x) = -x$, $\beta_1(y) = y$, $\beta_2(y) = y^2$, $\beta_3(y) = y$. Die $\alpha_k(x)$ sind linear abhängig. Man formt deshalb die Integralgleichung um: $\varphi(x) = x + \int_{-1}^{+1} [x^2y + x(y^2 - y)]\varphi(y)\,dy$. Für diese Integralgleichung gilt: $\alpha_1(x) = x^2$, $\alpha_2(x) = x$, $\beta_1(y) = y$, $\beta_2(y) = y^2 - y$. Falls eine Lösung $\varphi(x)$ existiert, hat sie die Darstellung $\varphi(x) = x + A_1x^2 + A_2\,x$.

$c_{11} = \int_{-1}^{+1} x^3\,dx = 0$, $\quad c_{12} = \int_{-1}^{+1} x^2\,dx = \frac{2}{3}$, $\quad b_1 = \int_{-1}^{+1} x^2\,dx = \frac{2}{3}$,

$c_{21} = \int_{-1}^{+1} (x^4 - x^3)\,dx = \frac{2}{5}$, $\quad c_{22} = \int_{-1}^{+1} (x^3 - x^2)\,dx = -\frac{2}{3}$, $\quad b_2 = \int_{-1}^{+1} (x^3 - x^2)\,dx = -\frac{2}{3}$.

Damit lautet das System zur Bestimmung von A_1 und A_2: $A_1 - \frac{2}{3}A_2 = \frac{2}{3}$, $-\frac{2}{5}A_1 + \left(1 + \frac{2}{3}\right)A_2 = -\frac{2}{3}$.

Daraus ermittelt man $A_1 = \frac{10}{21}$, $A_2 = -\frac{2}{7}$ und $\varphi(x) = x + \frac{10}{21}x^2 - \frac{2}{7}x = \frac{10}{21}x^2 + \frac{5}{7}x$.

■ **B:** $\varphi(x) = x + \lambda \int_0^\pi \sin(x + y)\varphi(y)\,dy$, d.h.: $K(x,y) = \sin(x + y) = \sin x \cos y + \cos x \sin y$, $\varphi(x) = x + \lambda \sin x \int_0^\pi \cos y\,\varphi(y)\,dy + \lambda \cos x \int_0^\pi \sin y\,\varphi(y)\,dy$.

$c_{11} = \int_0^\pi \sin x \cos x\,dx = 0$, $\quad c_{12} = \int_0^\pi \cos^2 x\,dx = \frac{\pi}{2}$, $\quad b_1 = \int_0^\pi x \cos x\,dx = -2$,

$c_{21} = \int_0^\pi \sin^2 x\,dx = \frac{\pi}{2}$, $\quad c_{22} = \int_0^\pi \cos x \sin x\,dx = 0$, $\quad b_2 = \int_0^\pi x \sin x\,dx = \pi$.

Das System (11.7d) lautet also $A_1 - \lambda\frac{\pi}{2}A_2 = -2$, $-\lambda\frac{\pi}{2}A_1 + A_2 = \pi$. Es besitzt eine eindeutige Lösung für alle λ mit $D(\lambda) = \begin{vmatrix} 1 & -\lambda\frac{\pi}{2} \\ -\lambda\frac{\pi}{2} & 1 \end{vmatrix} = 1 - \lambda^2\frac{\pi^2}{4} \neq 0$. Dann ist $A_1 = \dfrac{\lambda\frac{\pi^2}{2} - 2}{1 - \lambda^2\frac{\pi^2}{4}}$, $A_2 = \dfrac{\pi(1 - \lambda)}{1 - \lambda^2\frac{\pi^2}{4}}$, und die Integralgleichung hat die Lösung $\varphi(x) = x + \dfrac{\lambda}{1 - \lambda^2\frac{\pi^2}{4}}\left[\left(\lambda\frac{\pi^2}{2} - 2\right)\sin x + \pi(1 - \lambda)\cos x\right]$. Die Eigenwerte der Integralgleichung sind $\lambda_1 = \frac{2}{\pi}$, $\quad \lambda_2 = -\frac{2}{\pi}$.

Die homogene Integralgleichung $\varphi(x) = \lambda_k \int_0^\pi \sin(x+y)\varphi(y)\,dy$ hat somit nichttriviale Lösungen der Form $\varphi_k(x) = \lambda_k(A_1 \sin x + A_2 \cos x)$ $(k = 1,2)$. Für $\lambda_1 = \frac{2}{\pi}$ ist $A_1 = A_2$, und mit einer beliebigen Konstanten A erhält man: $\varphi_1(x) = A(\sin x + \cos x)$. Entsprechend ermittelt man für $\lambda_2 = -\frac{2}{\pi}$: $\varphi_2(x) = B(\sin x - \cos x)$ mit einer beliebigen Konstanten B.

Hinweis: Das angegebene Lösungsverfahren ist besonders einfach, bleibt aber auf ausgeartete Kerne beschränkt. Die Methode kann jedoch auch für Integralgleichungen mit allgemeineren Kernen als Näherungsverfahren angewendet werden, indem man den Kern durch einen ausgearteten Kern hinreichend gut approximiert.

11.2.2 Methode der sukzessiven Approximation, Neumann–Reihe

1. Iterationsverfahren

Ähnlich dem PICARD*schen Iterationsverfahren* (s. S. 491) zur Lösung gewöhnlicher Differentialgleichungen soll eine Methode zur iterativen Bestimmung der Lösung einer FREDHOLMschen Integralgleichung 2. Art angegeben werden. Ausgehend von der Gleichung

$$\varphi(x) = f(x) + \lambda \int_a^b K(x,y)\varphi(y)\,dy\,, \tag{11.10}$$

wird sukzessiv eine Folge von Funktionen $\varphi_0(x)$, $\varphi_1(x)$, $\varphi_2(x)$, ... ermittelt. Als erste Iterierte setzt man $\varphi_0(x) = f(x)$. Alle folgenden $\varphi_n(x)$ erhält man mittels der Vorschrift:

$$\varphi_n(x) = f(x) + \lambda \int_a^b K(x,y)\varphi_{n-1}(y)\,dy \quad (n = 1,2,\ldots; \quad \varphi_0(x) = f(x))\,. \tag{11.11a}$$

Führt man die Schritte im einzelnen aus, so ist zunächst

$$\varphi_1(x) = f(x) + \lambda \int_a^b K(x,y)f(y)\,dy\,. \tag{11.11b}$$

Nach der angegebenen Iterationsvorschrift ist dieser Ausdruck anstelle von $\varphi(y)$ in die rechte Seite von (11.10) einzusetzen. Zur Vermeidung von Verwechslungen soll in (11.11b) die Integrationsvariable y in η umbenannt werden. Man erhält:

$$\varphi_2(x) = f(x) + \lambda \int_a^b K(x,y)\left[f(y) + \lambda \int_a^b K(y,\eta)f(\eta)\,d\eta\right] dy \tag{11.11c}$$

$$= f(x) + \lambda \int_a^b K(x,y)f(y)\,dy + \lambda^2 \int_a^b\int_a^b K(x,y)K(y,\eta)f(\eta)\,dy\,d\eta\,. \tag{11.11d}$$

Führt man die Bezeichnungen $K_1(x,y) = K(x,y)$ und $K_2(x,y) = \int_a^b K(x,\xi)K(\xi,y)\,d\xi$ ein und nennt η wieder y, so kann $\varphi_2(x)$ geschrieben werden als

$$\varphi_2(x) = f(x) + \lambda \int_a^b K_1(x,y)f(y)\,dy + \lambda^2 \int_a^b K_2(x,y)f(y)\,dy\,. \tag{11.11e}$$

Mit der Bezeichnung

$$K_n(x,y) = \int_a^b K(x,\xi)K_{n-1}(\xi,y)\,d\xi \qquad (n = 2,3,\ldots) \tag{11.11f}$$

erhält man auf analoge Weise die Darstellung für die n-te Iterierte $\varphi_n(x)$:

$$\varphi_n(x) = f(x) + \lambda \int_a^b K_1(x,y)f(y)\,dy + \ldots + \lambda^n \int_a^b K_n(x,y)f(y)\,dy\,. \tag{11.11g}$$

Der Ausdruck $K_n(x,y)$ wird als *n-ter iterierter Kern* von $K(x,y)$ bezeichnet.

2. Konvergenz der NEUMANNschen Reihe

Zur Ermittlung der Lösung $\varphi(x)$ ist die Potenzreihe bezüglich λ

$$f(x) + \sum_{n=1}^{\infty} \lambda^n \int_a^b K_n(x,y)f(y)\,dy\,, \tag{11.12}$$

die sogenannte NEUMANNsche Reihe, auf Konvergenz zu untersuchen. Sind die Funktionen $K(x,y)$ und $f(x)$ beschränkt, d.h., es gelte

$$|K(x,y)| < M \quad (a \le x \le b, \quad a \le y \le b) \quad \text{und} \quad |f(x)| < N \quad (a \le x \le b)\,, \tag{11.13a}$$

so bildet die Reihe

$$N \sum_{n=0}^{\infty} |\lambda M(b-a)|^n \tag{11.13b}$$

eine Majorante für die Potenzreihe (11.12). Diese geometrische Reihe konvergiert für

$$|\lambda| < \frac{1}{M(b-a)}\,. \tag{11.13c}$$

Die NEUMANNsche Reihe konvergiert also ebenfalls absolut und gleichmäßig für alle λ, die (11.13c) erfüllen. Durch eine schärfere Abschätzung der Glieder der NEUMANNschen Reihe kann das Konvergenzintervall noch genauer angegeben werden. Danach konvergiert die NEUMANNsche Reihe für

$$|\lambda| < \frac{1}{\sqrt{\int_a^b \int_a^b |K(x,y)|^2\,dx\,dy}}\,. \tag{11.13d}$$

Diese Einschränkung an den Parameter λ bedeutet nicht, daß für größere Werte von $|\lambda|$ generell keine Lösung existieren würde, sondern nur, daß die Lösung unter Umständen nicht durch die NEUMANNsche Reihe angegeben werden kann. Den Ausdruck

$$\Gamma(x,y;\lambda) = \sum_{n=1}^{\infty} \lambda^{n-1} K_n(x,y) \tag{11.14a}$$

bezeichnet man als *Resolvente* oder *lösenden Kern* der Integralgleichung. Die Resolvente ermöglicht eine Lösungsdarstellung durch

$$\varphi(x) = f(x) + \lambda \int_a^b \Gamma(x,y;\lambda)f(y)\,dy\,. \tag{11.14b}$$

■ Für die inhomogene FREDHOLMsche Integralgleichung 2. Art $\varphi(x) = x + \lambda \int_0^1 xy\,\varphi(y)\,dy$ erhält man $K_1(x,y) = xy\,,\ K_2(x,y) = \int_0^1 x\eta\,\eta y\,dy = \frac{1}{3}xy\,,\ K_3(x,y) = \frac{1}{9}xy\,, \ldots,\quad K_n(x,y) = \frac{xy}{3^{n-1}}$ und damit

$\Gamma(x,y;\lambda) = xy\left(\sum_{n=0}^{\infty}\frac{\lambda^n}{3^n}\right)$. Mit der Schranke (11.13c) konvergiert die Reihe sicher für $|\lambda| < 1$, wobei $|K(x,y)| \leq M = 1$ ist. Die Resolvente $\Gamma(x,y;\lambda) = \frac{xy}{\left(1-\frac{\lambda}{3}\right)}$ ist jedoch eine geometrische Reihe, die sogar für $|\lambda| < 3$ konvergiert. Damit erhält man aus (11.14b) $\varphi(x) = x + \lambda\int_0^1 \frac{xy^2}{\left(1-\frac{\lambda}{3}\right)}\,dy = \frac{x}{1-\frac{\lambda}{3}}$.

Hinweis: Ist für ein konkretes λ die Bedingung (11.13d) nicht erfüllt, so kann ein stetiger Kern in zwei stetige Kerne zerlegt werden durch $K(x,y) = K^1(x,y) + K^2(x,y)$, wobei $K^1(x,y)$ einen ausgearteten Kern darstellt und $K^2(x,y)$ so klein ist, daß (11.13d) für diesen Kern erfüllt ist. Auf diese Weise läßt sich für alle λ, die keine Eigenwerte sind, eine exakte Lösungsmethode herleiten.

11.2.3 Fredholmsche Lösungsmethode, Fredholmsche Sätze

11.2.3.1 Fredholmsche Lösungsmethode

1. Näherungslösung durch Diskretisierung

Eine FREDHOLMsche Integralgleichung 2. Art

$$\varphi(x) = f(x) + \lambda\int_a^b K(x,y)\varphi(y)\,dy \tag{11.15}$$

kann näherungsweise in Form eines linearen Gleichungssystems dargestellt werden. Es sei vorausgesetzt, daß die Funktionen $K(x,y)$ und $f(x)$ für $a \leq x \leq b$, $a \leq y \leq b$ stetig sind.
Das Integral in (11.15) soll durch die linksseitige Rechteckformel (s. S. 893) angenähert werden. Man könnte aber auch eine beliebige andere Quadraturformel (s. S. 892) anwenden. Mit den äquidistanten Punkten

$$y_k = a + (k-1)h \quad (k = 1,2,\cdots,n;\ h = \frac{b-a}{n}) \tag{11.16a}$$

erhält man die Näherung

$$\varphi(x) \approx f(x) + \lambda h\left[K(x,y_1)\varphi(y_1) + \ldots + K(x,y_n)\varphi(y_n)\right]. \tag{11.16b}$$

Man ersetzt in dieser Beziehung $\varphi(x)$ durch eine Funktion $\overline{\varphi}(x)$, die (11.16b) exakt erfüllt:

$$\overline{\varphi}(x) = f(x) + \lambda h\left[K(x,y_1)\overline{\varphi}(y_1) + \ldots + K(x,y_n)\overline{\varphi}(y_n)\right]. \tag{11.16c}$$

Zur Auswertung dieser Näherungslösung benötigt man die Funktionswerte der Funktion $\overline{\varphi}(x)$ in den Stützstellen $x_k = a+(k-1)h$. Setzt man in (11.16c) nacheinander $x = x_1, x = x_2, \ldots, x = x_n$, so erhält man ein lineares Gleichungssystem für die n gesuchten Funktionswerte $\overline{\varphi}(x_k)$. Mit den Abkürzungen

$$K_{jk} = K(x_j,y_k),\ \varphi_k = \overline{\varphi}(x_k),\ f_k = f(x_k) \tag{11.17a}$$

lautet dieses Gleichungssystem

$$\begin{array}{llll} (1-\lambda hK_{11})\varphi_1 & -\lambda hK_{12}\,\varphi_2 - \ldots & -\lambda hK_{1n}\,\varphi_n &= f_1, \\ -\lambda hK_{21}\,\varphi_1 & +(1-\lambda hK_{22})\varphi_2 - \ldots & -\lambda hK_{2n}\,\varphi_n &= f_2, \\ \ldots\ldots & \ldots\ldots & \ldots\ldots & \\ -\lambda hK_{n1}\,\varphi_1 & -\lambda hK_{n2}\,\varphi_2 - \ldots & +(1-\lambda hK_{nn})\varphi_n &= f_n. \end{array} \tag{11.17b}$$

Das System besitzt die Koeffizientendeterminante

$$\mathrm{D}_n(\lambda) = \begin{vmatrix} (1-\lambda hK_{11}) & -\lambda hK_{12} & \ldots & -\lambda hK_{1n} \\ -\lambda hK_{21} & (1-\lambda hK_{22}) & \ldots & -\lambda hK_{2n} \\ \ldots & \ldots & \ldots & \ldots \\ -\lambda hK_{n1} & -\lambda hK_{n2} & \ldots & (1-\lambda hK_{nn}) \end{vmatrix}. \tag{11.17c}$$

Diese Determinante hat dieselbe Struktur wie die Koeffizientendeterminante, die bei der Behandlung von Integralgleichungen mit ausgearteten Kernen auftritt. Das Gleichungssystem (11.17b) besitzt eine eindeutige Lösung für alle λ mit $\mathrm{D}_n(\lambda) \neq 0$. Diese Lösung besteht aus Näherungen für die Funktionswerte der gesuchten Funktion $\varphi(x)$ in den Stützstellen. Die Zahlen λ mit $\mathrm{D}_n(\lambda) = 0$ sind Näherungen für die Eigenwerte der Integralgleichung. Die Lösung von (11.17b) läßt sich als Quotient darstellen (s. CRAMERsche Regel, S. 274):

$$\varphi_k = \frac{\mathrm{D}_n^k(\lambda)}{\mathrm{D}_n(\lambda)} \approx \varphi(x_k), \quad k = 1, \ldots, n. \tag{11.18}$$

Dabei entsteht $\mathrm{D}_n^k(\lambda)$ aus $\mathrm{D}_n(\lambda)$, indem die k-te Spalte durch $f_1, f_2, \ldots, f_n$ ersetzt wird.

2. Bestimmung der Resolvente

Läßt man n gegen unendlich gehen, dann erhalten die Determinanten $\mathrm{D}_n^k(\lambda)$ und $\mathrm{D}_n(\lambda)$ unendlich viele Zeilen und Spalten. Die Determinante

$$\mathrm{D}(\lambda) = \lim_{n\to\infty} \mathrm{D}_n(\lambda) \tag{11.19a}$$

wird benutzt, um den lösenden Kern (Resolvente) $\Gamma(x, y; \lambda)$ (vgl. Abschnitt 11.2.2) in der Form

$$\Gamma(x, y; \lambda) = \frac{\mathrm{D}(x, y; \lambda)}{\mathrm{D}(\lambda)} \tag{11.19b}$$

darzustellen. Es gilt die Aussage, daß alle Nullstellen von $\mathrm{D}(\lambda)$ Polstellen von $\Gamma(x, y; \lambda)$ sind. Gleichzeitig sind die λ mit $\mathrm{D}(\lambda) = 0$ genau die Eigenwerte der Integralgleichung (11.15). In diesem Fall besitzt die homogene Integralgleichung nicht verschwindende Lösungen, die Eigenfunktionen zum Eigenwert λ. Die Kenntnis der Resolvente $\Gamma(x, y; \lambda)$ ermöglicht, falls $\mathrm{D}(\lambda) \neq 0$, eine explizite Lösungsdarstellung:

$$\varphi(x) = f(x) + \lambda \int_a^b \Gamma(x, y; \lambda) f(y)\, dy = f(x) + \frac{\lambda}{\mathrm{D}(\lambda)} \int_a^b \mathrm{D}(x, y; \lambda) f(y)\, dy. \tag{11.19c}$$

Zur Ermittlung der Resolvente nutzt man für die Funktionen $\mathrm{D}(x, y; \lambda)$ und $\mathrm{D}(\lambda)$ Potenzreihenentwicklungen bezüglich λ:

$$\Gamma(x, y; \lambda) = \frac{\mathrm{D}(x, y; \lambda)}{\mathrm{D}(\lambda)} = \frac{\sum\limits_{n=0}^{\infty} (-1)^n K_n(x, y) \cdot \lambda^n}{\sum\limits_{n=0}^{\infty} (-1)^n d_n \cdot \lambda^n}. \tag{11.20a}$$

Es ist dabei $d_0 = 1$, $K_0(x, y) = K(x, y)$. Die weiteren Koeffizienten lassen sich aus folgenden Rekursionsformeln gewinnen:

$$d_n = \frac{1}{n} \int_a^b K_{n-1}(x, x)\, dx, \quad K_n(x, y) = K(x, y) \cdot d_n - \int_a^b K(x, t) K_{n-1}(t, y)\, dt. \tag{11.20b}$$

■ **A:** $\varphi(x) = \sin x + \lambda \int_0^{\frac{\pi}{2}} \sin x \cos y\, \varphi(y)\, dy$. Die exakte Lösung dieser Integralgleichung lautet: $\varphi(x) = \dfrac{2}{2-\lambda} \sin x$. Für $n = 3$ mit $x_1 = 0$, $x_2 = \dfrac{\pi}{6}$, $x_3 = \dfrac{\pi}{3}$, $h = \dfrac{\pi}{6}$ erhält man

$$\mathrm{D}_3(\lambda) = \begin{vmatrix} 1 & 0 & 0 \\ -\dfrac{\lambda\pi}{12} & 1 - \dfrac{\sqrt{3}\lambda\pi}{24} & -\dfrac{\lambda\pi}{24} \\ -\dfrac{\sqrt{3}\lambda\pi}{12} & -\dfrac{3\lambda\pi}{24} & 1 - \dfrac{\sqrt{3}\lambda\pi}{24} \end{vmatrix} = \left(1 - \frac{\sqrt{3}\lambda\pi}{24}\right)^2 - \frac{\lambda^2\pi^2}{192} = 1 - \frac{\sqrt{3}\lambda\pi}{12}.\ \lambda = \frac{12}{\sqrt{3}\pi} \approx 2,205$$

ist eine Näherung für den exakten Eigenwert $\lambda = 2$. Aus der ersten Gleichung des Systems (11.17b) ermittelt man für $f_1 = 0$ das Ergebnis $\varphi_1 = 0$. Nach Einsetzen dieses Resultates lauten die zweite und dritte Gleichung: $\left(1-\frac{\sqrt{3}\lambda\pi}{24}\right)\varphi_2-\frac{\lambda\pi}{24}\varphi_3=\frac{1}{2},\quad -\frac{3\lambda\pi}{24}\varphi_2+\left(1-\frac{\sqrt{3}\lambda\pi}{24}\right)\varphi_3=\frac{\sqrt{3}}{2}$. Dieses System hat die Lösung $\varphi_2=\frac{1}{2-\frac{\sqrt{3}\pi}{6}\lambda}$, $\varphi_3=\frac{\sqrt{3}}{2-\frac{\sqrt{3}\pi}{6}\lambda}$. Speziell für $\lambda=1$ ist $\varphi_1=0$, $\varphi_2=0,915$, $\varphi_3=1,585$. Die exakten Lösungswerte lauten: $\varphi(0)=0$, $\varphi\left(\frac{\pi}{6}\right)=1$, $\varphi\left(\frac{\pi}{3}\right)=1,732$.

Um eine höhere Genauigkeit zu erreichen, muß die Anzahl der Stützstellen vergrößert werden.

■ **B:** $\varphi(x)=x+\lambda\int_0^1(4xy-x^2)\varphi(y)\,dy$; $d_0=1$, $K_0(x,y)=4xy-x^2$, $d_1=\int_0^1 3x^2\,dx=1$, $K_1(x,y)=4xy-x^2-\int_0^1(4xt-x^2)(4ty-t^2)\,dt=x+2x^2y-\frac{4}{3}x^2-\frac{4}{3}xy$, $d_2=\frac{1}{2}\int_0^1 K_1(x,x)\,dx=\frac{1}{18}$, $K_2(x,y)=\frac{1}{18}(4xy-x^2)-\int_0^1 K(x,t)K_1(t,y)\,dt=0$. Damit sind auch d_3, $K_3(x,y)$ und alle folgenden Größen d_k und $K_k(x,y)$ gleich Null. $\Gamma(x,y;\lambda)=\frac{4xy-x^2-\left[x+2x^2y-\frac{4}{3}x^2-\frac{4}{3}xy\right]\lambda}{1-\lambda+\frac{\lambda^2}{18}}$. Aus $1-\lambda+\frac{\lambda^2}{18}=0$ ermittelt man die 2 Eigenwerte $\lambda_{1,2}=9\pm3\sqrt{7}$. Falls λ kein Eigenwert ist, erhält man als Lösung $\varphi(x)=x+\lambda\int_0^1\Gamma(x,y;\lambda)f(y)\,dy=\frac{3x(2\lambda-3\lambda x+6)}{\lambda^2-18\lambda+18}$.

11.2.3.2 Fredholmsche Sätze

Zur FREDHOLMschen Integralgleichung 2. Art

$$\varphi(x)=f(x)+\lambda\int_a^b K(x,y)\varphi(y)\,dy \tag{11.21a}$$

ist durch

$$\psi(x)=g(x)+\lambda\int_a^b K(y,x)\psi(y)\,dy \tag{11.21b}$$

eine zugehörige transponierte Integralgleichung gegeben. Zu diesem Paar von Integralgleichungen lassen sich folgende Aussagen treffen (11.2.1).

1. Eine FREDHOLMsche Integralgleichung 2. Art besitzt nur abzählbar viele Eigenwerte, welche sich nur im Unendlichen häufen können, d.h., es existieren für jede reelle Zahl R nur endlich viele Eigenwerte λ mit $|\lambda|<R$.

2. Ist λ kein Eigenwert von (11.21a), dann sind beide inhomogene Integralgleichungen für beliebige Störfunktion $f(x)$ bzw. $g(x)$ eindeutig lösbar, und die zugehörigen homogenen Integralgleichungen besitzen nur die triviale Lösung.

3. Ist λ ein Eigenwert von (11.21a), dann ist λ auch Eigenwert der transponierten Gleichung (11.21b). Beide homogene Integralgleichungen haben dann nicht verschwindende Lösungen, und die Anzahl linear unabhängiger Eigenfunktionen stimmt für beide Gleichungen überein.

4. Eine inhomogene Integralgleichung ist genau dann lösbar, wenn die Störfunktion zu allen Lösungen der homogenen transponierten Integralgleichung orthogonal ist, d.h. falls für alle Lösungen der Integralgleichung

$$\psi(x) = \lambda \int_a^b K(x,y)\psi(y)\,dy \qquad (11.22a) \qquad \text{gilt} \quad \int_a^b f(x)\psi(x)\,dx = 0\,. \qquad (11.22b)$$

Aus diesen Sätzen folgt der FREDHOLM*sche Alternativsatz*: Entweder die inhomogene Integralgleichung ist für beliebige Störfunktion $f(x)$ lösbar oder die zugehörige homogene Gleichung besitzt nichttriviale Lösungen.

11.2.4 Numerische Verfahren für Fredholmsche Integralgleichungen 2. Art

Häufig wird eine FREDHOLMsche Integralgleichung 2. Art

$$\varphi(x) = f(x) + \lambda \int_a^b K(x,y)\varphi(y)\,dy \qquad (11.23)$$

mit einem der in 11.2.1, 11.2.2 und 11.2.3 beschriebenen Verfahren entweder gar nicht oder nur mit großem Aufwand exakt gelöst werden können. In einem solchen Fall müssen numerische Näherungsmethoden herangezogen werden. Es sollen im folgenden drei Verfahrensklassen zur numerischen Lösung von Integralgleichungen des Typs (11.23) vorgestellt werden.

11.2.4.1 Approximation des Integrals

1. Semidiskretes Problem

Zur Bearbeitung der Integralgleichung (11.23) wird das Integral durch einen Näherungsausdruck ersetzt. Derartige Näherungen bezeichnet man als *Quadraturformeln*. Sie haben die Form

$$\int_a^b f(x)\,dx \approx Q_{[a,b]}(f) = \sum_{k=1}^n \omega_k f(x_k)\,, \qquad (11.24)$$

d.h., anstelle des Integrals steht eine Summe mit Zahlen ω_k gewichteter Funktionswerte an den *Stützstellen* x_k. Die ω_k sind dabei (unabhängig von f) geeignet gewählt. Damit kann (11.23) näherungsweise geschrieben werden:

$$\varphi(x) \approx f(x) + \lambda Q_{[a,b]}(K(x,\cdot)\varphi(\cdot)) = f(x) + \lambda \sum_{k=1}^n \omega_k K(x,y_k)\varphi(y_k)\,. \qquad (11.25a)$$

Die Quadraturformel $Q_{[a,b]}(K(x,\cdot)\varphi(\cdot))$ hängt dabei noch von der Variablen x ab. Der Punkt im Argument der Funktion deutet an, daß die Quadraturformel bezüglich der unabhängigen Variablen y angewendet worden ist. Man geht über zur Gleichung

$$\overline{\varphi}(x) = f(x) + \lambda \sum_{k=1}^n \omega_k K(x,y_k)\overline{\varphi}(y_k)\,. \qquad (11.25b)$$

$\overline{\varphi}(x)$ bildet eine Approximation für die exakte Lösung $\varphi(x)$. Man bezeichnet (11.25b) als ein *semidiskretes Problem*, da bezüglich der Variablen y zu diskreten Werten übergegangen wurde, während die Variable x noch beliebig wählbar ist.

Wenn für eine Funktion $\overline{\varphi}(x)$ die Gleichung (11.25b) für alle $x \in [a,b]$ gilt, ist diese natürlich auch an den Stützstellen $x = x_k$ erfüllt:

$$\overline{\varphi}(x_k) = f(x_k) + \lambda \sum_{j=1}^n \omega_j K(x_k,y_j)\overline{\varphi}(y_j)\,, \quad k = 1,2,\ldots,n\,. \qquad (11.25c)$$

Dies ist ein lineares Gleichungssystem, bestehend aus n Gleichungen für die n Unbekannten $\overline{\varphi}(x_k)$. Durch Einsetzen dieser Lösungswerte in (11.25b) ist die Lösung des semidiskreten Problems gegeben. Die Genauigkeit und der Rechenaufwand dieses Verfahrens hängen von der Güte der Quadraturformel ab. Benutzt man z.B. die linksseitige Rechteckformel mit äquidistanten Stützstellen $y_k = x_k = a + h(k-1)$, $h = (b-a)/n$, $(k = 1, \ldots, n)$:

$$\int_a^b K(x,y)\overline{\varphi}(y)dy \approx \sum_{k=1}^{n} hK(x,y_k)\overline{\varphi}(y_k)\,, \tag{11.26a}$$

so erhält das System (11.25c) unter Verwendung der Bezeichnungen

$$K_{jk} = K(x_j, y_k), \quad f_k = f(x_k), \quad \varphi_k = \overline{\varphi}(x_k) \tag{11.26b}$$

die Form:

$$\begin{array}{llll} (1-\lambda hK_{11})\varphi_1 & -\lambda hK_{12}\,\varphi_2 - \;\ldots & -\lambda hK_{1n}\,\varphi_n & = f_1\,, \\ -\lambda hK_{21}\,\varphi_1 & +(1-\lambda hK_{22}\varphi_2) - \;\ldots & -\lambda hK_{2n}\,\varphi_n & = f_2\,, \\ \cdots\cdots & \cdots\cdots & \cdots\cdots & \cdots \\ -\lambda hK_{n1}\,\varphi_1 & -\lambda hK_{n2}\,\varphi_2 - \;\ldots & +(1-\lambda hK_{nn})\varphi_n & = f_n\,. \end{array} \tag{11.26c}$$

Genau dieses System wurde schon bei der Untersuchung der FREDHOLMschen Lösungsmethode (s. S. 567) hergeleitet. Da die linksseitige Rechteckformel aber nicht sehr genau ist, müssen für eine gute Approximation des Integrals eine große Anzahl von Stützstellen einbezogen werden, wodurch die Dimension des Gleichungssystems wächst. Es empfielt sich daher, geeignetere Quadraturformeln heranzuziehen.

2. NYSTRÖM–Verfahren

Beim NYSTRÖM–*Verfahren* verwendet man zur Approximation des Integrals die GAUSSschen Quadraturformeln (s. S. 894). Zu deren Herleitung betrachte man das Integral

$$I = \int_a^b f(x)\,dx\,. \tag{11.27a}$$

Man ersetzt den Integranden durch ein Polynom $p(x)$, welches die Funktion $f(x)$ in den Stützstellen x_k interpoliert:

$$p(x) = \sum_{k=1}^{n} L_k(x)f(x_k) \text{ mit } L_k(x) = \frac{(x-x_1)\ldots(x-x_{k-1})(x-x_{k+1})\ldots(x-x_n)}{(x_k-x_1)\ldots(x_k-x_{k-1})(x_k-x_{k+1})\ldots(x_k-x_n)}\,. \tag{11.27b}$$

Für das so definierte Polynom $p(x)$ gilt:

$$p(x_k) = f(x_k), \quad k = 1, \ldots, n\,.$$

Die Ersetzung des Integranden $f(x)$ durch $p(x)$ liefert die Quadraturformel

$$\int_a^b f(x)\,dx \approx \int_a^b p(x)\,dx = \sum_{k=1}^{n} f(x_k)\int_a^b L_k(x)\,dx \quad (11.27\text{c}) \qquad \text{mit} \quad \omega_k = \int_a^b L_k(x)\,dx\,. \quad (11.27\text{d})$$

Für die GAUSSschen Quadraturformeln ist die Wahl der Stützstellen nicht willkürlich, sondern erfolgt nach der Vorschrift:

$$x_k = \frac{a+b}{2} + \frac{b-a}{2}t_k, \quad k = 1, 2, \ldots, n\,. \tag{11.28a}$$

Die n Zahlen t_k sind die n Nullstellen des LEGENDREschen Polynoms 1. Art (s. S. 507)

$$P_n(t) = \frac{1}{2^n \cdot n!}\,\frac{d^n\left[(t^2-1)^n\right]}{dt^n}\,. \tag{11.28b}$$

Diese Nullstellen liegen alle im Intervall $[-1,+1]$. Die Koeffizienten ω_k können durch die Substitution $x - x_k = \frac{b-a}{2}(t - t_k)$ ermittelt werden:

$$\omega_k = \int_a^b L_k(x)\,dx = (b-a)\frac{1}{2}\int_{-1}^{1} \frac{(t-t_1)\dots(t-t_{k-1})(t-t_{k+1})\dots(t-t_n)}{(t_k-t_1)\dots(t_k-t_{k-1})(t_k-t_{k+1})\dots(t_k-t_n)}\,dt \qquad (11.29)$$

$$= (b-a)A_k\,.$$

In **Tabelle11.1** sind für $n = 1,\dots,6$ die Nullstellen der LEGENDREschen Polynome 1. Art sowie die Gewichte A_k angegeben.

Tabelle 11.1 Nullstellen der LEGENDREschen Polynome 1. Art

n	t	A	n	t	A
1	$t_1 = 0$	$A_1 = 1$	5	$t_1 = -0,9062$	$A_1 = 0,1185$
2	$t_1 = -0,5774$	$A_1 = 0,5$		$t_2 = -0,5384$	$A_2 = 0,2393$
	$t_2 = 0,5774$	$A_2 = 0,5$		$t_3 = 0$	$A_3 = 0,2844$
3	$t_1 = -0,7746$	$A_1 = 0,2778$		$t_4 = 0,5384$	$A_4 = 0,2393$
	$t_2 = 0$	$A_2 = 0,4444$		$t_5 = 0,9062$	$A_5 = 0,1185$
	$t_3 = 0,7746$	$A_3 = 0,2778$	6	$t_1 = -0,9324$	$A_1 = 0,0857$
4	$t_1 = -0,8612$	$A_1 = 0,1739$		$t_2 = -0,6612$	$A_2 = 0,1804$
	$t_2 = -0,3400$	$A_2 = 0,3261$		$t_3 = -0,2386$	$A_3 = 0,2340$
	$t_3 = 0,3400$	$A_3 = 0,3261$		$t_4 = 0,2386$	$A_4 = 0,2340$
	$t_4 = 0,8612$	$A_4 = 0,1739$		$t_5 = 0,6612$	$A_5 = 0,1804$
				$t_6 = 0,9324$	$A_6 = 0,0857$

■ Die Integralgleichung $\varphi(x) = \cos\pi x + \frac{x}{x^2+\pi^2}(\mathrm{e}^x+1) + \int_0^1 e^{xy}\varphi(y)\,dy$ ist näherungsweise nach dem NYSTRÖM–Verfahren für den Fall $n = 3$ zu lösen.

$n = 3:$ $x_1 = 0,1127,\quad x_2 = 0,5,\quad x_3 = 0,8873,$
$A_1 = 0,2778,\quad A_2 = 0,4444,\quad A_3 = 0,2778,$
$f_1 = 0,96214,\quad f_2 = 0,13087,\quad f_3 = -0,65251,$
$K_{11} = 1,01278,\quad K_{22} = 1,28403,\quad K_{33} = 2,19746,$
$K_{12} = K_{21} = 1,05797,\ K_{13} = K_{31} = 1,10517,\ K_{23} = K_{32} = 1,55838.$

Das Gleichungssystem (11.25c) zur Ermittlung von φ_1, φ_2 und φ_3 lautet:

$$0,71864\varphi_1 - 0,47016\varphi_2 - 0,30702\varphi_3 = 0,96214\,,$$
$$-0,29390\varphi_1 + 0,42938\varphi_2 - 0,43292\varphi_3 = 0,13087\,,$$
$$-0,30702\varphi_1 - 0,69254\varphi_2 + 0,38955\varphi_3 = -0,65251\,.$$

Lösung des Systems: $\varphi_1 = 0,93651$, $\varphi_2 = -0,00144$, $\varphi_3 = -0,93950$. Die Werte der exakten Lösung in den Stützstellen sind: $\varphi(x_1) = 0,93797$, $\varphi(x_2) = 0$, $\varphi(x_3) = -0,93797$.

11.2.4.2 Kernapproximation

Man ersetzt den Kern $K(x,y)$ durch einen Kern $\overline{K}(x,y)$ mit $\overline{K}(x,y) \approx K(x,y)$ für $a \le x \le b$, $a \le y \le b$. Diesen Kern wählt man so, daß die resultierende Integralgleichung

$$\overline{\varphi}(x) = f(x) + \lambda\int_a^b \overline{K}(x,y)\overline{\varphi}(y)\,dy \qquad (11.30)$$

möglichst einfach zu lösen ist.

1. Tensorprodukt–Approximation

Eine häufig verwendete Näherung für den Kern ist die *Tensorprodukt–Approximation* der Form

$$K(x,y) \approx \overline{K}(x,y) = \sum_{j=0}^{n} \sum_{k=0}^{n} d_{jk}\, \alpha_j(x) \beta_k(y) \tag{11.31a}$$

mit linear unabhängigen Funktionen $\alpha_0(x), \ldots, \alpha_n(x)$ bzw. $\beta_0(y), \ldots, \beta_n(y)$. Diese Funktionen werden vorgegeben, und die Koeffizienten d_{jk} können so bestimmt werden, daß die Doppelsumme den Kern in einem gewissen Sinne gut approximiert. Umformung von (11.31a) mit ausgeartetem Kern ergibt:

$$\overline{K}(x,y) = \sum_{j=0}^{n} \alpha_j(x) \left[\sum_{k=0}^{n} d_{jk} \beta_k(y) \right], \quad \delta_j(y) = \sum_{k=0}^{n} d_{jk} \beta_k(y) \; \overline{K}(x,y) = \sum_{j=0}^{n} \alpha_j(x) \delta_j(y) . \tag{11.31b}$$

Somit kann das in 11.2.1 vorgestellte Verfahren zur Lösung der Integralgleichung

$$\overline{\varphi}(x) = f(x) + \lambda \int_a^b \left[\sum_{j=0}^{n} \alpha_j(x) \delta_j(y) \right] \overline{\varphi}(y)\, dy \tag{11.31c}$$

zur Anwendung kommen. Bei der Auswahl der Funktionen $\alpha_0(x), \ldots \alpha_n(x)$ bzw. $\beta_0(y), \ldots, \beta_n(y)$ sollte beachtet werden, daß die Zahlen d_{jk} in (11.31a) einfach zu bestimmen sind und der Rechenaufwand zur Behandlung von (11.31c) gering bleibt.

2. Spezieller Spline–Ansatz

Für eine spezielle Kernapproximation auf dem Integrationsintervall $[a, b] = [0, 1]$ wird

$$\alpha_k(x) = \beta_k(x) = \begin{cases} 1 - n \left| x - \dfrac{k}{n} \right| & \text{für} \quad \dfrac{k-1}{n} \le x \le \dfrac{k+1}{n}, \\ 0 & \text{für} \quad \text{sonst} \end{cases} \tag{11.32}$$

gewählt. Die Funktion $\alpha_k(x)$ ist nur in dem Intervall $\left(\dfrac{k-1}{n}, \dfrac{k+1}{n} \right)$, dem sogenannten *Träger*, ungleich Null (**Abb.11.1**).

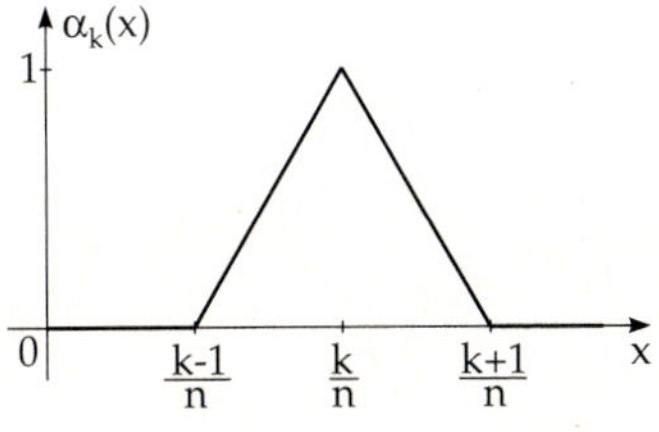

Abbildung 11.1

Zur Bestimmung der Koeffizienten d_{jk} in (11.31a) betrachte man $\overline{K}(x,y)$ an den Stellen $x = l/n$, $y = i/n$ $(l, i = 0, 1, \ldots, n)$. Dann gilt

$$\alpha_j\left(\frac{l}{n}\right) \alpha_k\left(\frac{i}{n}\right) = \begin{cases} 1 \text{ für } j = l,\ k = i, \\ 0 \text{ sonst} \end{cases} \tag{11.33}$$

und folglich $\overline{K}(l/n, i/n) = d_{li}$. Aus diesem Grund setzt man $d_{li} = \overline{K}\left(\dfrac{l}{n}, \dfrac{i}{n}\right) = K\left(\dfrac{l}{n}, \dfrac{i}{n}\right)$. Die Gleichung (11.31a) hat damit die Form

$$\overline{K}(x,y) = \sum_{j=0}^{n} \sum_{k=0}^{n} K\left(\frac{j}{n}, \frac{k}{n}\right) \alpha_j(x) \beta_k(y) . \tag{11.34}$$

Die Lösung von (11.31c) hat bekanntlich die Darstellung

$$\overline{\varphi}(x) = f(x) + A_0 \alpha_0(x) + \ldots + A_n \alpha_n(x) . \tag{11.35}$$

Der Ausdruck $A_0\alpha_0(x) + \ldots + A_n\alpha_n(x)$ ist dabei ein Polygonzug, der an der Stelle $x_k = k/n$ den Wert A_k annimmt. Bei der Lösung von (11.31c) nach dem Verfahren für ausgeartete Kerne ergibt sich ein lineares Gleichungssystem für die Zahlen $A_0, \ldots, A_n$:

$$\begin{aligned}
(1-\lambda c_{00})A_0 \quad & -\lambda c_{01}A_1 - \ \ldots \quad & -\lambda c_{0n}A_n = b_0\,, \\
-\lambda c_{10}A_0 + (1 & -\lambda c_{11}A_1) - \ \ldots \quad & -\lambda c_{1n}A_n = b_1\,, \\
\ldots\ldots\ldots\ldots & \ldots\ldots\ldots\ldots\ldots\ldots & \\
-\lambda c_{n0}A_0 \quad & -\lambda c_{n1}A_1 - \ \ldots + (1 & -\lambda c_{nn})A_n = b_n\,.
\end{aligned} \tag{11.36a}$$

Dabei ist

$$c_{jk} = \int_0^1 \delta_j(x)\alpha_k(x)\,dx = \int_0^1 \left[\sum_{i=0}^n K\left(\frac{j}{n},\frac{i}{n}\right)\alpha_j(x)\right]\alpha_k(x)\,dx$$

$$= K\left(\frac{j}{n},\frac{0}{n}\right)\int_0^1 \alpha_0(x)\alpha_k(x)\,dx + \ldots + K\left(\frac{j}{n},\frac{n}{n}\right)\int_0^1 \alpha_n(x)\alpha_k(x)\,dx\,. \tag{11.36b}$$

Für die Integrale ergibt sich

$$I_{jk} = \int_0^1 \alpha_j(x)\alpha_k(x)\,dx = \begin{cases} \dfrac{1}{3n} & \text{für} \quad j=0,\ k=0 \text{ und } j=n,\ k=n\,, \\ \dfrac{2}{3n} & \text{für} \quad j=k,\ 1 \le j < n\,, \\ \dfrac{1}{6n} & \text{für} \quad j=k+1,\ j=k-1\,, \\ 0 & \text{für} \quad \text{sonst}\ . \end{cases} \tag{11.36c}$$

Die Zahlen b_k in (11.36a) sind festgelegt durch

$$b_k = \int_0^1 f(x)\left[\sum_{j=0}^n K\left(\frac{k}{n},\frac{j}{n}\right)\alpha_j(x)\right]dx\,. \tag{11.36d}$$

Werden die Zahlen c_{jk} aus (11.36a) zur Matrix $\mathbf{C}$, die Werte $K(j/n, k/n)$ zur Matrix $\mathbf{B}$ und die Werte I_{jk} zur Matrix $\mathbf{A}$ zusammengefaßt, und wird aus den Zahlen $b_0, \ldots, b_n$ der Vektor $\underline{\mathbf{b}}$ und aus den gesuchten Zahlen $A_0, \ldots, A_n$ der Vektor $\underline{\mathbf{a}}$ gebildet, dann hat das Gleichungssystem (11.36a) in Matrizenschreibweise die Form

$$(I - \lambda\mathbf{C})\underline{\mathbf{a}} = (I - \lambda\mathbf{BA})\underline{\mathbf{a}} = \underline{\mathbf{b}}\,. \tag{11.36e}$$

Falls die Matrix $(I - \lambda\mathbf{BA})$ regulär ist, hat dieses System eine eindeutige Lösung $\underline{\mathbf{a}} = (A_0, \ldots, A_n)$.

11.2.4.3 Kollokationsmethode

Es werden n auf dem Intervall $[a,b]$ linear unabhängige Funktionen $\varphi_1(x), \ldots, \varphi_n(x)$ vorgegeben. Mit diesen Funktionen bildet man eine Ansatzfunktion $\overline{\varphi}(x)$ für die Lösung $\varphi(x)$:

$$\varphi(x) \approx \overline{\varphi}(x) = a_1\varphi_1(x) + a_2\varphi_2(x) + \ldots + a_n\varphi_n(x)\,. \tag{11.37a}$$

Die Aufgabe besteht in der Bestimmung der Koeffizienten $a_1, \ldots, a_n$. Für eine so definierte Funktion $\overline{\varphi}(x)$ wird es im allgemeinen keine Werte $a_1, \ldots, a_n$ geben, so daß damit die exakte Lösung der Integralgleichung (11.23) $\varphi(x) = \overline{\varphi}(x)$ vorliegt. Deshalb gibt man sich im Integrationsintervall n Stützstellen $x_1, \ldots, x_n$ vor und fordert, daß der Ansatz (11.37a) die Integralgleichung zumindest an diesen Stellen erfüllt:

$$\overline{\varphi}(x_k) = a_1\varphi_1(x_k) + \ldots + a_n\varphi_n(x_k) \tag{11.37b}$$

$$= f(x_k) + \lambda\int_a^b K(x_k, y)\,[a_1\varphi_1(y) + \ldots + a_n\varphi_n(y)]\,dy \quad (k = 1, \ldots, n)\,. \tag{11.37c}$$

Etwas umgeformt hat dieses Gleichungssystem die Gestalt:

$$\left[\varphi_1(x_k) - \lambda \int\limits_a^b K(x_k, y)\varphi_1(y)\,dy\right] a_1 + \ldots + \left[\varphi_n(x_k) - \lambda \int\limits_a^b K(x_k, y)\varphi_n(y)\,dy\right] a_n$$
$$= f(x_k) \quad (k = 1, \ldots, n)\,. \tag{11.37d}$$

Definiert man die Matrizen

$$\mathbf{A} = \begin{pmatrix} \varphi_1(x_1) & \cdots & \varphi_n(x_1) \\ \vdots & & \vdots \\ \varphi_1(x_n) & \cdots & \varphi_n(x_n) \end{pmatrix}, \quad \mathbf{B} = \begin{pmatrix} \beta_{11} & \cdots & \beta_{1n} \\ \vdots & & \vdots \\ \beta_{n1} & \cdots & \beta_{nn} \end{pmatrix} \text{ mit } \beta_{jk} = \int\limits_a^b K(x_j, y)\varphi_k(y)\,dy \tag{11.37e}$$

und die Vektoren

$$\underline{\mathbf{a}} = [a_1, \ldots,\ a_n]^\top, \quad \underline{\mathbf{b}} = [f(x_1), \ldots,\ f(x_n)]^\top\,, \tag{11.37f}$$

dann kann das Gleichungssystem zur Bestimmung der Zahlen $a_1, \ldots,\ a_n$ in Matrizenform angegeben werden:

$$(\mathbf{A} - \lambda\,\mathbf{B})\ \mathbf{a} = \mathbf{b}\,. \tag{11.37g}$$

■ $\varphi(x) = \frac{\sqrt{x}}{2} + \int_0^1 \sqrt{xy}\,\varphi(y)\,dy$. Ansatz: $\overline{\varphi}(x) = a_1x^2 + a_2x + a_3$, $\varphi_1(x) = x^2$, $\varphi_2(x) = x$, $\varphi_3(x) = 1$.
Stützstellen: $x_1 = 0, x_2 = 0{,}5, x_3 = 1$.

$$\mathbf{A} = \begin{pmatrix} 0 & 0 & 1 \\ \frac{1}{4} & \frac{1}{2} & 1 \\ 1 & 1 & 1 \end{pmatrix}, \quad \mathbf{B} = \begin{pmatrix} 0 & 0 & 0 \\ \frac{\sqrt{2}}{7} & \frac{\sqrt{2}}{5} & \frac{\sqrt{2}}{3} \\ \frac{2}{7} & \frac{2}{5} & \frac{2}{3} \end{pmatrix}, \quad \underline{\mathbf{b}} = \begin{pmatrix} 0 \\ \frac{1}{2\sqrt{2}} \\ \frac{1}{2} \end{pmatrix}.$$

Das Gleichungssystem lautet:

$$\begin{aligned} a_3 &= 0, \\ \left(\frac{1}{4} - \frac{\sqrt{2}}{7}\right) a_1 + \left(\frac{1}{2} - \frac{\sqrt{2}}{5}\right) a_2 + \left(1 - \frac{\sqrt{2}}{3}\right) a_3 &= \frac{1}{2\sqrt{2}}, \\ \frac{5}{7}\,a_1 \qquad\qquad + \frac{3}{5}\,a_2 \qquad\qquad + \frac{1}{3}\,a_3 &= \frac{1}{2}. \end{aligned}$$

Man erhält als Lösung dieses Systems $a_1 = -0{,}8197, a_2 = 1{,}8092, a_3 = 0$ und somit $\overline{\varphi}(x) = -0{,}8197\,x^2 + 1{,}8092\,x$, mit $\overline{\varphi}(0) = 0$, $\overline{\varphi}(0{,}5) = 0{,}6997$, $\overline{\varphi}(1) = 0{,}9895$.
Die exakte Lösung der Integralgleichung ist $\varphi(x) = \sqrt{x}$ mit $\varphi(0) = 0$, $\varphi(0{,}5) = 0{,}7071$, $\varphi(1) = 1$.
Soll in diesem Beispiel die Genauigkeit verbessert werden, dann empfiehlt es sich nicht, den Grad des Polynomansatzes zu erhöhen, da Polynome höheren Grades numerisch instabil sind. Es sind vielmehr verschiedene Spline–Funktionenansätze vorzuziehen, etwa der stückweise lineare Ansatz $\overline{\varphi}(x) = a_1\varphi_1(x) + a_2\varphi_2(x) + \ldots + a_n\varphi_n(x)$ mit den bereits in 11.2.4.2 angeführten Funktionen

$$\varphi_k(x) = \begin{cases} 1 - n\left|x - \frac{k}{n}\right| & \text{für } \frac{k-1}{n} \le x \le \frac{k+1}{n}, \\ 0 & \text{für sonst}\,. \end{cases}$$

Die Lösung $\varphi(x)$ wird in diesem Fall durch einen Polygonzug $\overline{\varphi}(x)$ angenähert.

Hinweis: Die Wahl der Lage der Stützstellen für das Kollokationsverfahren ist prinzipiell ohne Beschränkung. Ist jedoch bekannt, daß die Lösungsfunktion in einem Teilintervall stark oszilliert, dann sollten in diesem Intervall die Stützstellen dichter gelegt werden.

11.3 Fredholmsche Integralgleichungen 1. Art

11.3.1 Integralgleichungen mit ausgearteten Kernen

1. Formulierung der Aufgabe Zur Behandlung der FREDHOLMschen Integralgleichung 1. Art mit ausgeartetem Kern

$$f(x) = \int_a^b (\alpha_1(x)\beta_1(y) + \ldots + \alpha_n(x)\beta_n(y))\varphi(y)\,dy \qquad (c \le x \le d) \tag{11.38a}$$

werden wie in Abschnitt 11.2 die Konstanten

$$A_j = \int_a^b \beta_j(y)\varphi(y)\,dy \quad (j = 1, 2, \ldots, n) \tag{11.38b}$$

eingeführt. Die Gleichung (11.38a) besitzt die Darstellung

$$f(x) = A_1\alpha_1(x) + \ldots + A_n\alpha_n(x)\,, \tag{11.38c}$$

d.h., nur wenn $f(x)$ eine Linearkombination der Funktionen $\alpha_1(x), \ldots, \alpha_n(x)$ ist, hat die Integralgleichung eine Lösung. Ist diese Bedingung erfüllt, dann sind die Konstanten $A_1, \ldots, A_n$ bekannt.

2. Lösungsansatz Der Lösungsansatz

$$\varphi(x) = c_1\beta_1(x) + \ldots + c_n\beta_n(x) \tag{11.39a}$$

mit den unbekannten Koeffizienten $c_1, \ldots, c_n$ führt nach Einsetzen in (11.38b) auf die Beziehungen

$$A_i = c_1 \int_a^b \beta_i(y)\beta_1(y)\,dy + \ldots + c_n \int_a^b \beta_i(y)\beta_n(y)\,dy \qquad (i = 1, 2, \ldots, n)\,. \tag{11.39b}$$

Nach Einführung der Bezeichnung

$$K_{ij} = \int_a^b \beta_i(y)\beta_j(y)\,dy \tag{11.39c}$$

ergibt sich das folgende lineare Gleichungssystem zur Bestimmung der Koeffizienten $c_1, \ldots, c_n$:

$$\begin{aligned} K_{11}c_1 + \ldots + K_{1n}c_n &= A_1\,, \\ \vdots \qquad\quad \vdots \quad & \quad \vdots \\ K_{n1}c_1 + \ldots + K_{nn}c_n &= A_n\,. \end{aligned} \tag{11.39d}$$

3. Lösungen Die Koeffizientenmatrix ist regulär, wenn die lineare Unabhängigkeit (s. Abschnitt 12.1.3 der Funktionen $\beta_1, (y), \ldots, \beta_n(y)$ vorausgesetzt wird. Die so ermittelte Lösung (11.39a) ist jedoch nicht die einzige Lösung der Integralgleichung. Im Gegensatz zur Integralgleichung 2. Art mit ausgeartetem Kern ist die homogene Integralgleichung immer lösbar. Ist $\varphi^h(x)$ eine solche Lösung der homogenen Gleichung und $\varphi(x)$ eine Lösung von (11.38a), dann ist auch $\varphi(x) + \varphi^h(x)$ eine Lösung von (11.38a).

Um alle Lösungen der homogenen Gleichung zu bestimmen, wird die Gleichung (11.38c) mit $f(x) = 0$ betrachtet. Werden die Funktionen $\alpha_1(x), \ldots, \alpha_n(x)$ als linear unabhängig vorausgesetzt, dann ist die Gleichung genau dann erfüllt, wenn gilt:

$$A_j = \int_a^b \beta_j(y)\varphi(y)\,dy = 0 \qquad (j = 1, 2, \ldots, n)\,, \tag{11.40}$$

d.h., jede zu allen Funktionen $\beta_j(y)$ orthogonale Funktion $\varphi^h(y)$ löst die homogene Integralgleichung.

11.3.2 Begriffe, analytische Grundlagen

1. Lösungsansatz Eine Reihe von Verfahren zur Lösung von FREDHOLMschen Integralgleichungen 1. Art

$$f(x) = \int_a^b K(x,y)\varphi(y)\,dy \qquad (c \le x \le d) \tag{11.41}$$

geht von einer Darstellung der Lösung $\varphi(y)$ als Funktionenreihe bezüglich eines Funktionensystems $(\beta_n(y)) = \{\beta_1(y), \beta_2(y), \dots\}$ aus, d.h., es wird der Lösungsansatz

$$\varphi(y) = \sum_{j=1}^{\infty} c_j \beta_j(y) \tag{11.42}$$

mit zunächst unbestimmten Koeffizienten c_j gewählt. Bei der Wahl des Funktionensystems $(\beta_n(y))$ ist zu beachten, daß durch diese Funktionen der gesamte Raum der Lösungen erfaßt wird und die Koeffizienten c_j geeignet dargestellt werden können.

Aus Gründen der Übersichtlichkeit werden die nachfolgenden Ausführungen auf reellwertige Funktionen beschränkt. Alle Aussagen sind aber auf komplexwertige Funktionen übertragbar. Für die Begründung der darzulegenden Lösungsverfahren sind einige Forderungen an die Kernfunktion $K(x,y)$ zu stellen (s. Lit. [11.2], [11.10]). Diese Forderungen werden stets als erfüllt angesehen. Zunächst werden einige Hilfsmittel erläutert.

2. Quadratische Integrierbarkeit Eine Funktion $\psi(y)$ heißt *quadratisch integrierbar* im Intervall $[a,b]$, falls gilt:

$$\int_a^b |\psi(y)|^2\,dy < \infty\,. \tag{11.43}$$

Insbesondere ist jede in $[a,b]$ stetige Funktion auch quadratisch integrierbar. Der Funktionenraum aller in $[a,b]$ quadratisch integrierbaren Funktionen wird mit $L^2[a,b]$ bezeichnet.

3. Orthonormalsystem Zwei quadratisch integrierbare Funktionen $\beta_i(y), \beta_j(y), y \in [a,b]$ werden als orthogonal bezeichnet, falls gilt:

$$\int_a^b \beta_i(y)\beta_j(y)\,dy = 0\,. \tag{11.44a}$$

Ein Funktionensystem $(\beta_n(y))$ im Raum $L^2[a,b]$ wird als *Orthonormalsystem* bezeichnet, wenn die Beziehungen

$$\int_a^b \beta_i(y)\beta_j(y)\,dy = \begin{cases} 1 & \text{für} \quad i = j\,, \\ 0 & \text{für} \quad i \ne j \end{cases} \tag{11.44b}$$

erfüllt sind. Ein Orthonormalsystem ist überdies *vollständig*, wenn in $L^2[a,b]$ keine Funktion $\tilde{\beta}(y) \ne 0$ existiert, die zu allen Funktionen dieses Orthonormalsystems orthogonal ist. Ein vollständiges Orthonormalsystem besteht aus abzählbar vielen Funktionen, die eine *Basis* des Raumes $L^2[a,b]$ bilden. Um aus einem Funktionensystem $(\beta_n(y))$ ein Orthonormalsystem $(\beta_n^*(y))$ zu ermitteln, kann das SCHMIDT*sche Orthogonalisierungsverfahren* verwendet werden, das sukzessive für $n = 1, 2, \dots$ die Koeffizienten $b_{n1}, b_{n2}, \dots, b_{nn}$ derart bestimmt, daß

$$\beta_n^*(y) = \sum_{j=1}^{n} b_{nj}\beta_j(y) \tag{11.44c}$$

normiert und zu allen Funktionen $\beta_1^*(y), \dots, \beta_{n-1}^*(y)$ orthogonal ist.

4. FOURIER–Reihen Ist $(\beta_n(y))$ ein Orthonormalsystem und $\psi(y) \in L^2[a,b]$, dann heißt die Reihe

$$\sum_{j=1}^{\infty} d_j \beta_j(y) = \psi(y) \tag{11.45a}$$

die FOURIER–Reihe von $\psi(y)$ bezüglich $(\beta_n(y))$, und die Zahlen d_j sind die zugehörigen FOURIER–Koeffizienten. Für diese gilt auf Grund von (11.44b):

$$\int_a^b \beta_k(y)\psi(y)\,dy = \sum_{j=1}^{\infty} d_j \int_a^b \beta_j(y)\beta_k(y)\,dy = d_k\,. \tag{11.45b}$$

Ist $(\beta_n(y))$ vollständig, dann gilt die PARSEVALsche Gleichung

$$\int_a^b |\psi(y)|^2\,dy = \sum_{j=1}^{\infty} |d_j|^2. \tag{11.45c}$$

11.3.3 Zurückführung der Integralgleichung auf ein lineares Gleichungssystem

1. Problemstellung Es soll ein lineares Gleichungssystem zur Berechnung der FOURIER–Koeffizienten der Lösungsfunktion $\varphi(y)$ bezüglich eines Orthonormalsystems aufgestellt werden. Dazu wird ein vollständiges Orthonormalsystem $(\beta_n(y)), y \in [a,b]$ gewählt. Ein entsprechendes vollständiges Orthonormalsystem $(\alpha_n(x))$ möge auch für das Intervall $x \in [c,d]$ vorliegen. Bezüglich des Systems $(\alpha_n(x))$ besitzt die Funktion $f(x)$ die FOURIER–Reihe

$$f(x) = \sum_{i=1}^{\infty} f_i \alpha_i(x) \quad \text{mit} \quad f_i = \int_c^d \alpha_i(x) f(x)\,dx\,. \tag{11.46a}$$

Die Multiplikation der Integralgleichung (11.41) mit $\alpha_i(x)$ und die anschließende Integration bezüglich x in den Grenzen von c bis d liefert:

$$\begin{aligned} f_i &= \int_c^d \int_a^b K(x,y)\varphi(y)\alpha_i(x)\,dy\,dx \\ &= \int_a^b \left\{ \int_c^d K(x,y)\alpha_i(x)\,dx \right\} \varphi(y)\,dy \qquad (i = 1, 2, \ldots)\,. \end{aligned} \tag{11.46b}$$

Der Ausdruck in der geschweiften Klammer ist eine Funktion von y und möge die FOURIER–Darstellung

$$\int_c^d K(x,y)\alpha_i(x)\,dx = K_i(y) = \sum_{j=1}^{\infty} K_{ij}\beta_j(y) \tag{11.46c}$$

$$\text{mit} \quad K_{ij} = \int_a^b \int_c^d K(x,y)\alpha_i(x)\beta_j(y)\,dx\,dy$$

besitzen. Mit dem FOURIER–Reihenansatz

$$\varphi(y) = \sum_{k=1}^{\infty} c_k \beta_k(y) \tag{11.46d}$$

erhält man

$$f_i = \int_a^b \left\{ \sum_{j=1}^{\infty} K_{ij}\beta_j(y) \left(\sum_{k=1}^{\infty} c_k \beta_k(y) \right) \right\} dy$$

$$= \sum_{j=1}^{\infty}\sum_{k=1}^{\infty} K_{ij}c_k \int_a^b \beta_j(y)\beta_k(y)\,dy \quad (i = 1, 2, \ldots). \tag{11.46e}$$

Auf Grund der Orthonormaleigenschaft (11.44b) ergibt sich das lineare Gleichungssystem

$$f_i = \sum_{j=1}^{\infty} K_{ij}c_j \qquad (i = 1, 2, \ldots). \tag{11.46f}$$

Das ist ein System mit unendlich vielen Gleichungen zur Bestimmung der FOURIER–Koeffizienten $c_1, c_2, \ldots$. Die Koeffizientenmatrix

$$K = \begin{pmatrix} K_{11} & K_{12} & K_{13} & \cdots \\ K_{21} & K_{22} & K_{23} & \cdots \\ K_{31} & K_{32} & K_{33} & \cdots \\ \vdots & \vdots & \vdots & \end{pmatrix} \tag{11.46g}$$

wird als *Kernmatrix* bezeichnet. Die Zahlen f_i und K_{ij} $(i, j = 1, 2, \ldots)$ sind bekannte Größen, aber von der Wahl der Orthonormalsysteme abhängig.

■ $f(x) = \frac{1}{\pi}\int_0^{\pi} \frac{\sin y}{\cos y - \cos x}\varphi(y)\,dy\,,\ 0 \le x \le \pi$. Das Integral ist dabei im Sinne des CAUCHYschen Hauptwertes zu verstehen. Als vollständige Orthogonalsysteme verwendet man:

1. $\alpha_0(x) = \frac{1}{\sqrt{\pi}},\quad \alpha_i(x) = \sqrt{\frac{2}{\pi}}\cos ix\ \ (i = 1, 2. \ldots)$, **2.** $\beta_j(y) = \sqrt{\frac{2}{\pi}}\sin jy\ \ (j = 1, 2, \ldots)$.

Nach (11.46d) ergibt sich für die Koeffizienten der Kernmatrix:

$$K_{0j} = \frac{1}{\sqrt{\pi}}\frac{1}{\pi}\sqrt{\frac{2}{\pi}}\int_0^{\pi}\int_0^{\pi} \frac{\sin y \sin jy}{\cos y - \cos x}\,dx\,dy = 0 \ \ (j = 1, 2, \ldots),$$

$$K_{ij} = \frac{2}{\pi}\frac{1}{\pi}\int_0^{\pi}\int_0^{\pi} \frac{\sin y \sin iy \cos ix}{\cos y - \cos x}\,dx\,dy = \frac{2}{\pi^2}\int_0^{\pi} \sin y \sin iy \left\{\int_0^{\pi} \frac{\cos ix}{\cos y - \cos x}\,dx\right\} dy \ \ (i = 1, 2, \ldots).$$

Für das innere Integral gilt die Beziehung

$$\int_0^{\pi} \frac{\cos ix}{\cos y - \cos x}\,dx = -\pi\frac{\sin iy}{\sin y}. \tag{11.47}$$

Daraus folgt $K_{ij} = -\frac{2}{\pi}\int_0^{\pi} \sin jy \sin iy\,dy = \begin{cases} 0 & \text{für} \quad i \ne j\,, \\ -1 & \text{für} \quad i = j\,. \end{cases}$

Die FOURIER–Koeffizienten von $f(x)$ lauten gemäß (11.46a) $f_i = \int_0^{\pi} f(x)\alpha_i(x)\,dx \quad (i = 0, 1, 2, \ldots)$.

Das Gleichungssystem lautet: $\begin{pmatrix} 0 & 0 & 0 & \cdots \\ -1 & 0 & 0 & \cdots \\ 0 & -1 & 0 & \cdots \\ \vdots & & \vdots & \end{pmatrix}\begin{pmatrix} c_1 \\ c_2 \\ c_3 \\ \vdots \end{pmatrix} = \begin{pmatrix} f_0 \\ f_1 \\ f_2 \\ f_3 \\ \vdots \end{pmatrix}$. Auf Grund der ersten Gleichung besitzt das System nur dann eine Lösung, wenn gilt $f_0 = \int_0^{\pi} f(x)\alpha_0(x)\,dx = \frac{1}{\sqrt{\pi}}\int_0^{\pi} f(x)\,dx = 0$. Es ist dann $c_j = -f_j\ \ (j = 1, 2, \ldots)$, und $\varphi(y) = -\sqrt{\frac{2}{\pi}}\sum_{j=1}^{\infty} f_j \sin jy = \frac{1}{\pi}\int_0^{\pi} \frac{\sin y}{\cos y - \cos x} f(x)\,dx$.

11.3.4 Lösung der homogenen Integralgleichung 1. Art

Sind $\varphi(y)$ bzw. $\varphi^h(y)$ beliebige Lösungen der inhomogenen bzw. homogenen Integralgleichungen

$$f(x) = \int_a^b K(x,y)\varphi(y)\,dy \qquad (11.48a) \qquad \text{bzw.} \quad 0 = \int_a^b K(x,y)\varphi(y)\,dy\,, \qquad (11.48b)$$

dann ist auch die Summe $\varphi(y) + \varphi^h(y)$ eine Lösung der inhomogenen Integralgleichung. Deshalb sollen zunächst alle Lösungen der homogenen Integralgleichung bestimmt werden. Diese Aufgabe ist identisch mit der Ermittlung aller nichttrivialen Lösungen des linearen Gleichungssystems

$$\sum_{j=1}^{\infty} K_{ij}c_j = 0 \qquad (i = 1, 2, \ldots)\,. \tag{11.49}$$

Da dessen Auflösung mitunter schwierig ist, kann das folgende Verfahren zur Berechnung der homogenen Lösungen herangezogen werden.
Liegt ein vollständiges Orthonormalsystem $(\alpha_n(x))$ vor, dann werden die Funktionen

$$K_i(y) = \int_c^d K(x,y)\alpha_i(x)\,dx \qquad (i = 1, 2, \ldots) \tag{11.50a}$$

gebildet. Ist $\varphi^h(y)$ eine beliebige Lösung der homogenen Gleichung, d.h., es gilt

$$\int_a^b K(x,y)\varphi^h(y)\,dy = 0\,, \tag{11.50b}$$

dann ergibt sich nach Multiplikation dieser Gleichung mit $\alpha_i(x)$ und anschließender Integration bezüglich x

$$0 = \int_a^b \varphi^h(y) \int_c^d K(x,y)\alpha_i(x)\,dx\,dy = \int_a^b \varphi^h(y)K_i(y)\,dy \quad (i = 1, 2, \ldots)\,, \tag{11.50c}$$

d.h., eine beliebige Lösung $\varphi^h(y)$ der homogenen Gleichung muß orthogonal zu allen Funktionen $K_i(y)$ sein. Wird das System $(K_n(y))$ durch das, mit Hilfe einer Orthonormierung daraus hervorgehende System $(K_n^*(y))$ ersetzt, dann lautet die Bedingung (11.50c) jetzt:

$$\int_a^b \varphi^h(y)K_i^*(y)\,dy = 0\,. \tag{11.50d}$$

Wird das System $(K_n^*(y))$ zu einem vollständigen Orthonormalsystem ergänzt, dann erfüllt offensichtlich jede Linearkombination der ergänzten Funktionen die Bedingung (11.50d). Ist das Orthonormalsystem $(K_n^*(y))$ bereits vollständig, dann existiert nur die triviale Lösung $\varphi^h(y) = 0$.
In ganz entsprechender Weise kann auch das Lösungssystem der folgenden transponierten homogenen Integralgleichung bestimmt werden:

$$\int_c^d K(x,y)\psi(x)\,dx = 0\,. \tag{11.50e}$$

■ $\dfrac{1}{\pi}\displaystyle\int_0^\pi \dfrac{\sin x}{\cos y - \cos x}\varphi(y)\,dy = 0\,,\ 0 \le x \le \pi$. Orthonormalsystem: $\alpha_i(x) = \sqrt{\dfrac{2}{\pi}}\sin ix \ \ (i = 1, 2, \ldots)$, $K_i(y) = \sqrt{\dfrac{2}{\pi}}\dfrac{1}{\pi}\displaystyle\int_0^\pi \dfrac{\sin x \sin ix}{\cos y - \cos x}\,dx = \sqrt{\dfrac{2}{\pi}}\dfrac{1}{2\pi}\displaystyle\int_0^\pi \dfrac{\cos(i-1)x - \cos(i+1)x}{\cos y - \cos x}\,dx$. Zweimalige Anwendung von (11.47) ergibt $K_i(y) = -\sqrt{\frac{2}{\pi}}\frac{1}{2}\left(\frac{\sin(i-1)y - \sin(i+1)y}{\sin y}\right) = \sqrt{\frac{2}{\pi}}\cos iy \quad (i = 1, 2, \ldots)$. Das System $(K_n(y))$ ist bereits orthonormiert. Die Funktion $K_0(y) = \frac{1}{\sqrt{\pi}}$ vervollständigt dieses System. Die homogene Gleichung besitzt also nur die Lösungen $\varphi^h(y) = c\frac{1}{\sqrt{\pi}} = \tilde{c}$, ($c$ beliebig).

11.3.5 Konstruktion zweier spezieller Orthonormalsysteme zu einem gegebenen Kern

1. Prinzipielle Vorgehensweise

Im allgemeinen ist die Auflösung des in 11.3.3 aufgestellten unendlichen linearen Gleichungssystems nicht einfacher als die Lösung des Ausgangsproblems. Durch geeignete Wahl der Orthonormalsysteme $(\alpha_n(x))$ und $(\beta_n(y))$ kann jedoch die Struktur der Kernmatrix $\mathbf{K}$ so beeinflußt werden, daß sich das Gleichungssystem einfach lösen läßt. Das folgende Verfahren konstruiert zwei Orthonormalsysteme, die eine Kernmatrix liefern, deren Koeffizienten K_{ij} nur für $i = j$ und $i = j + 1$ ungleich Null sind.

Mit der Methode des voranstehenden Abschnittes werden zunächst zwei orthonormierte Lösungssysteme $(\beta_n^h(y))$ bzw. $(\alpha_n^h(x))$ der homogenen Integralgleichung bzw. der dazu transponierten homogenen Gleichung bestimmt, d.h., alle Lösungen dieser zwei Integralgleichungen lassen sich durch Linearkombination der Funktionen $\beta_n^h(y)$ bzw. $\alpha_n^h(x)$ darstellen. Diese Orthonormalsysteme sind nicht vollständig. Mit dem folgenden Verfahren werden diese Systeme durch schrittweises Hinzufügen von Funktionen $\alpha_j(x), \beta_j(y)$ $(j = 1, 2, \ldots)$ zu vollständigen Orthonormalsystemen ergänzt.

2. Algorithmus

Bestimmung einer normierten Funktion $\alpha_1(x)$, die zu allen Funktionen aus $(\alpha_n^h(x))$ orthogonal ist. Für $j = 1, 2, \ldots$ werden jeweils die folgenden Schritte durchlaufen:

1. Berechnung der Funktion $\beta_j(y)$ sowie einer Zahl ν_j aus

$$\nu_1\beta_1(y) = \int_c^d K(x,y)\alpha_1(x)\,dx \quad \text{bzw.} \tag{11.51a}$$

$$\nu_j\beta_j(y) = \int_c^d K(x,y)\alpha_j(x)\,dx - \mu_{j-1}\beta_{j-1}(y) \quad (j \neq 1), \tag{11.51b}$$

wobei ν_j immer ungleich Null und so zu bestimmen ist, daß $\beta_j(y)$ normiert ist. $\beta_j(y)$ ist orthogonal zu allen Funktionen $(\beta_n^h(y)), \beta_1(y), \ldots, \beta_{j-1}(y))$.

2. Bestimmung der Funktion $\alpha_{j+1}(x)$ sowie einer Zahl μ_j aus

$$\mu_j\alpha_{j+1}(x) = \int_a^b K(x,y)\beta_j(y)\,dy - \nu_j\alpha_j(x). \tag{11.51c}$$

Es können zwei Fälle eintreten:

a) $\mu_j \neq 0$: Die Funktion $\alpha_{j+1}(x)$ ist orthogonal zu allen Funktionen $(\alpha_n^h(x)), \alpha_1(x), \ldots, \alpha_j(x))$.

b) $\mu\ = 0$: Die Funktion $\alpha_{j+1}(x)$ ist nicht eindeutig bestimmt. Erneut werden zwei Fälle unterschieden:

b₁) Das System $(\alpha_n^h(x)), \alpha_1(x), \ldots, \alpha_j(x))$ ist vollständig. Dann ist auch das System $(\beta_n^h(y)), \beta_1(y), \ldots, \beta_j(y))$ vollständig, und das Verfahren ist beendet.

b₂) Das System $(\alpha_n^h(x)), \alpha_1(x), \ldots, \alpha_j(x))$ ist nicht vollständig. Dann wird eine beliebige, zu diesen Funktionen orthogonale Funktion $\alpha_{j+1}(x)$ gewählt.

Das Verfahren wird so lange wiederholt, bis die Orthonormalsysteme vollständig sind. Es ist möglich, daß im Algorithmus von einem gewissen Schritt ab auch nach abzählbar unendlich vielen weiteren

Schritten nicht der Fall **b)** eintritt. Ist die dabei erzeugte abzählbar unendliche Folge von Funktionen $(\alpha_n^h(x)), \alpha_1(x), \ldots)$ nicht vollständig, dann kann mit einer zu allen diesen Funktionen orthogonalen Funktion $\tilde{\alpha_1}(x)$ das Verfahren neu gestartet werden.

Werden die durch das Verfahren ermittelten Funktionen $\alpha_j(x), \beta_j(y)$ sowie die Zahlen ν_j, μ_j geeignet umbezeichnet, dann läßt sich die resultierende Kernmatrix $\mathbf{K}$ folgendermaßen darstellen:

$$\mathbf{K} = \begin{pmatrix} 0 & 0 & 0 & \cdots \\ 0 & \mathbf{K}^1 & 0 & \cdots \\ 0 & 0 & \mathbf{K}^2 & \cdots \\ \vdots & & \ldots & \vdots \end{pmatrix} \quad \text{mit} \quad \mathbf{K}^m = \begin{pmatrix} \nu_1^{(m)} & 0 & 0 & \cdots \\ \mu_1^{(m)} & \nu_2^{(m)} & 0 & \cdots \\ 0 & \mu_2^{(m)} & \nu_3^{(m)} & \cdots \\ \vdots & & \ldots & \vdots \end{pmatrix}. \tag{11.52}$$

Die Matrizen $\mathbf{K}^m$ $(m = 1, 2, \ldots)$ sind endlich, wenn im Algorithmus nach endlich vielen Schritten der Fall $\mu_j^{(m)} = 0$ eintritt. Dagegen sind sie unendlich, wenn für abzählbar unendlich viele Schritte j gilt: $\mu_j^{(m)} \neq 0$. Die Anzahl der Nullzeilen bzw. Nullspalten in $\mathbf{K}$ entspricht der Anzahl der Funktionen in den Systemen $(\alpha_n^h(x))$ bzw. $(\beta_n^h(y))$. Ein besonders einfacher Fall liegt vor, wenn die Matrizen $\mathbf{K}^m$ nur eine Zahl $\nu_1^{(m)} = \nu_m$ enthalten, also alle Zahlen $\mu_j^{(m)}$ gleich Null sind.
Mit den Bezeichnungen aus Abschnitt 11.3.3 ergibt sich für die Lösung des unendlichen Gleichungssystems unter der Voraussetzung von $f_j = 0$ für $\alpha_j(x) \in (\alpha_n^h(x))$:

$$c_j = \begin{cases} \dfrac{f_j}{\nu_j} & \text{für} \quad \beta_j(y) \notin (\beta_n^h(y)), \\ \text{beliebig} & \text{für} \quad \beta_j(y) \in (\beta_n^h(y)). \end{cases} \tag{11.53}$$

11.3.6 Iteratives Verfahren

Zur Lösung der Integralgleichung

$$f(x) = \int_a^b K(x,y)\varphi(y)\,dy \qquad (c \leq x \leq d), \tag{11.54a}$$

bildet man mit $\alpha_0(x) = f(x)$ für $n = 1, 2, \ldots$ die Funktionen

$$\beta_n(y) = \int_c^d K(x,y)\alpha_{n-1}(x)\,dx \quad (11.54\text{b}) \qquad \text{und} \qquad \alpha_n(x) = \int_a^b K(x,y)\beta_n(y)\,dy\,. \quad (11.54\text{c})$$

Existiert eine quadratisch integrierbare Lösung $\varphi(y)$ von (11.54a), dann gilt:

$$\begin{aligned} \int_a^b \varphi(y)\beta_n(y)\,dy &= \int_a^b \int_c^d \varphi(y)K(x,y)\alpha_{n-1}(x)\,dx\,dy \\ &= \int_c^d f(x)\alpha_{n-1}(x)\,dx \qquad (n = 1, 2, \ldots). \end{aligned} \tag{11.54d}$$

Durch Orthogonalisierung und Normierung der nach (11.54b,c) ermittelten Funktionensysteme erhält man die Orthonormalsysteme $(\alpha_n^*(x))$ und $(\beta_n^*(y))$. Wird hierzu das SCHMIDTsche Orthogonalisierungsverfahren verwendet, dann besitzt $\beta_n^*(y)$ die Darstellung

$$\beta_n^*(y) = \sum_{j=1}^{n} b_{nj}\beta_j(y) \qquad (n = 1, 2, \ldots). \tag{11.54e}$$

Es wird nun angenommen, daß die Lösung $\varphi(y)$ der Gleichung (11.54a) die Reihendarstellung

$$\varphi(y) = \sum_{j=1}^{\infty} c_n \beta_n^*(y) \tag{11.54f}$$

besitzt. In diesem Fall gilt für die Koeffizienten c_n unter Beachtung von (11.54d):

$$c_n = \int_a^b \varphi(y)\beta_n^*(y)\,dy = \sum_{j=1}^{n} b_{nj} \int_a^b \varphi(y)\beta_j(y)\,dy = \sum_{j=1}^{n} b_{nj} \int_c^d f(x)\alpha_{j-1}(x)\,dx\,. \tag{11.54g}$$

Für die Existenz einer Lösungsdarstellung (11.54f) sind die folgenden Bedingungen notwendig und hinreichend:

1. $$\int_c^d [f(x)]^2\,dx = \sum_{n=1}^{\infty} \left| \int_c^d f(x)\alpha_n^*(x)\,dx \right|^2, \tag{11.55a}$$ **2.** $$\sum_{n=1}^{\infty} |c_n|^2 < \infty\,. \tag{11.55b}$$

11.4 Volterrasche Integralgleichungen

11.4.1 Theoretische Grundlagen

Eine VOLTERRAsche Integralgleichung 2. Art hat die Gestalt

$$\varphi(x) = f(x) + \int_a^x K(x,y)\varphi(y)\,dy\,. \tag{11.56}$$

Die Lösungsfunktion $\varphi(x)$ ist für Argumente x aus dem abgeschlossenen Intervall $I = [a,b]$ bzw. aus dem halboffenen Intervall $I = [a,\infty)$ gesucht. Man kann folgende Aussage über die Lösung der VOLTERRAschen Integralgleichung 2. Art treffen. Sind die Funktionen $f(x)$ für $x \in I$ und $K(x,y)$ auf dem Dreiecksbereich $x \in I$ und $y \in [a, x$ als stetig vorausgesetzt, dann existiert *genau eine*, für $x \in I$ stetige Lösung $\varphi(x)$ der Integralgleichung. Für diese Lösung gilt:

$$\varphi(a) = f(a)\,. \tag{11.57}$$

In vielen Fällen können VOLTERRAsche Integralgleichungen 1. Art in Integralgleichungen 2. Art überführt werden. Die Aussagen zur Existenz und Eindeutigkeit der Lösung gelten dann in modifizierter Form.

1. Umwandlung durch Differentiation Setzt man $\varphi(x)$, $K(x,y)$ und $K_x(x,y)$ als stetig voraus, dann kann die Integralgleichung 1. Art

$$f(x) = \int_a^x K(x,y)\varphi(y)\,dy \tag{11.58a}$$

durch Differentiation nach dem Parameter x überführt werden in

$$f'(x) = K(x,x)\varphi(x) + \int_a^x \frac{\partial}{\partial x} K(x,y)\varphi(y)\,dy\,. \tag{11.58b}$$

Ist $K(x,x) \neq 0$ für alle $x \in I$, dann ist die Division der Gleichung durch $K(x,x)$ möglich, wodurch eine Integralgleichung 2. Art entsteht.

2. Umwandlung durch partielle Integration Unter der Voraussetzung der Stetigkeit von $\varphi(x)$, $K(x,y)$ und $K_y(x,y)$ kann das Integral in (11.58a) mittels partieller Integration ausgewertet werden. Mit der Substitution

$$\int_a^x \varphi(y)\,dy = \psi(x) \tag{11.59a}$$

ergibt sich

$$f(x) = [K(x,y)\psi(y)]_{y=a}^{y=x} - \int_a^x \left(\frac{\partial}{\partial y}K(x,y)\right)\psi(y)\,dy$$

$$= \quad K(x,x)\psi(x) - \int_a^x \left(\frac{\partial}{\partial y}K(x,y)\right)\psi(y)\,dy\,. \qquad (11.59b)$$

Ist $K(x,x) \neq 0$ für $x \in I$, dann führt die Division durch $K(x,x)$ auf die Integralgleichung 2. Art

$$\psi(x) = \frac{f(x)}{K(x,x)} + \frac{1}{K(x,x)}\int_a^x \left(\frac{\partial}{\partial y}K(x,y)\right)\psi(y)\,dy\,, \qquad (11.59c)$$

aus deren Lösung $\psi(x)$ durch Differentiation die Lösung $\varphi(x)$ von (11.58a) ermittelt werden kann.

11.4.2 Lösung durch Differentiation

Für einige Klassen VOLTERRAscher Integralgleichungen gelingt es, durch Differentiation der Gleichung nach dem Parameter x das Integral zu beseitigen bzw. geeignet zu substituieren. Wird die Stetigkeit von $K(x,y)$, $K_x(x,y)$ und $\varphi(x)$ sowie im Fall einer Integralgleichung 2. Art die Differenzierbarkeit von $\varphi(x)$ vorausgesetzt, so ergibt die Differentiation von

$$f(x) = \int_a^x K(x,y)\varphi(y)\,dy \quad \text{bzw.} \quad (11.60a) \qquad\qquad \varphi(x) = f(x) + \int_a^x K(x,y)\varphi(y)\,dy \quad (11.60b)$$

nach dem Parameter x:

$$f'(x) = K(x,x)\varphi(x) + \int_a^x \frac{\partial}{\partial x}K(x,y)\,\varphi(y)\,dy \quad \text{bzw.} \qquad (11.60c)$$

$$\varphi'(x) = f'(x) + K(x,x)\varphi(x) + \int_a^x \frac{\partial}{\partial x}K(x,y)\,\varphi(y)\,dy\,. \qquad (11.60d)$$

■ Gesucht ist eine Funktion $\varphi(x)$ für $x \in \left[0, \frac{\pi}{2}\right)$ als Lösung von $\int_0^x \cos(x-2y)\varphi(y)\,dy = \frac{1}{2}x\sin x$ (I). Zweimaliges Ableiten nach x liefert $\varphi(x)\cos x - \int_0^x \sin(x-2y)\varphi(y)\,dy = \frac{1}{2}(\sin x + x\cos x)$ (IIa), $\varphi'(x)\cos x - \int_0^x \cos(x-2y)\varphi(y)\,dy = \cos x - \frac{1}{2}x\sin x$ (IIb). Das in der letzten Zeile auftretende Integral entspricht der linken Seite der Integralgleichung (I). Das ergibt $\varphi'(x)\cos x = \cos x$ und, da $\cos x \neq 0$ für $x \in \left[0, \frac{\pi}{2}\right)$, $\varphi'(x) = 1$, also $\varphi(x) = x + C$.

Zur Bestimmung der Konstanten C setzt man in (IIa) $x = 0$: $\varphi(0) = 0$. Somit ist $C = 0$, und die Lösung von (I) lautet: $\varphi(x) = x$.

Hinweis: Ist der Kern einer VOLTERRAschen Integralgleichung ein Polynom, so gelingt es mit der Methode der Differentiation immer, die Integralgleichung in eine lineare Differentialgleichung zu überführen. Ist dabei n der Grad der höchsten im Kern auftretenden x–Potenz, so erhält man durch $(n+1)$–maliges Differenzieren nach x eine Differentialgleichung der Ordnung n im Falle einer Integralgleichung 1. Art bzw. der Ordnung $n+1$ für eine Integralgleichung 2. Art. Dabei wird vorausgesetzt, daß sowohl $\varphi(x)$ als auch $f(x)$ entsprechend oft differenzierbar sind.

■ $\int_0^x [2(x-y)^2 + 1]\varphi(y)\,dy = x^3$ (I'). Dreimaliges Differenzieren nach x ergibt $\varphi(x) + 4\int_0^x (x -$

$y)\varphi(y)\,dy = 3x^2$ (II'a), $\varphi'(x) + 4\int_0^x \varphi(y)\,dy = 6x$ (II'b), $\varphi''(x) + 4\varphi(x) = 6$ (II'c). Die allgemeine Lösung dieser Differentialgleichung lautet $\varphi(x) = A\sin 2x + B\cos 2x + \frac{3}{2}$. Setzt man in (II'a) bzw. (II'b) $x = 0$ ein, so erhält man $\varphi(0) = 0$, $\varphi'(0) = 0$ und somit $A = 0$, $B = -1,5$. Die Lösung der Integralgleichung (I') ist also $\varphi(x) = \frac{3}{2}(1 - \cos 2x)$.

11.4.3 Neumannsche Reihe zur Lösung der Volterraschen Integralgleichungen 2. Art

Die Lösung einer VOLTERRAschen Integralgleichung 2. Art kann mittels der NEUMANNschen Reihe (vgl. Abschnitt 11.2.3) dargestellt werden. Liegt die Gleichung

$$\varphi(x) = f(x) + \lambda \int_a^x K(x,y)\varphi(y)\,dy \tag{11.61}$$

vor, so wird formal gesetzt:

$$\overline{K}(x,y) = \begin{cases} K(x,y) & \text{für } y \le x, \\ 0 & \text{für } y > x. \end{cases} \tag{11.62a}$$

Damit ist (11.61) identisch mit der FREDHOLMschen Integralgleichung

$$\varphi(x) = f(x) + \lambda \int_a^b \overline{K}(x,y)\varphi(y)\,dy, \tag{11.62b}$$

wobei auch $b = \infty$ gelten kann. Die Lösung besitzt die Darstellung

$$\varphi(x) = f(x) + \sum_{n=1}^{\infty} \lambda^n \int_a^b K_n(x,y) f(y)\,dy. \tag{11.62c}$$

Die *iterierten Kerne* $K_1, K_2, \ldots$ sind durch die folgenden Gleichungen definiert:

$$K_1(x,y) = \overline{K}(x,y),\, K_2(x,y) = \int_a^b \overline{K}(x,\eta)\overline{K}(\eta,y)\,d\eta = \int_y^x K(x,\eta)K(\eta,y)\,d\eta, \ldots \tag{11.62d}$$

und allgemein:

$$K_n(x,y) = \int_y^x K(x,\eta)K_{n-1}(\eta,y)\,d\eta. \tag{11.62e}$$

Für die iterierten Kerne gilt ebenfalls $K_j(x,y) \equiv 0$ für $y > x$ $(j = 1, 2, \ldots)$. Falls eine Lösung von (11.61) existiert, konvergiert die NEUMANNsche Reihe (im Gegensatz zum Fall einer FREDHOLMschen Integralgleichung) für beliebige Parameter λ stets gegen diese Lösung.

■ $\varphi(x) = 1 + \lambda\int_0^x e^{x-y}\varphi(y)\,dy$. $K_1(x,y) = K(x,y) = e^{x-y}$, $K_2(x,y) = \int_y^x e^{x-\eta}e^{\eta-y}\,d\eta = e^{x-y}(x - y), \ldots,$ $K_n(x,y) = \frac{e^{x-y}}{(n-1)!}(x-y)^{n-1}$.

Ermittlung der Resolvente: $\Gamma(x,y;\lambda) = e^{x-y}\sum_{n=0}^{\infty}\frac{\lambda^n}{n!}(x-y)^n = e^{(x-y)(\lambda+1)}$. Die angegebene Reihe konvergiert bekanntlich für alle Parameter λ.

Man erhält $\varphi(x) = 1 + \lambda \int_0^x \mathrm{e}^{(x-y)(\lambda+1)}\,dy = 1 + \lambda \mathrm{e}^{(\lambda+1)x} \int_0^x \mathrm{e}^{-(\lambda+1)y}\,dy$, speziell für $\lambda = -1$: $\varphi(x) = 1 - x$, $\lambda \neq -1$: $\varphi(x) = \dfrac{1}{\lambda+1}\left(1 + \lambda \mathrm{e}^{(\lambda+1)x}\right)$.

11.4.4 Volterrasche Integralgleichungen vom Faltungstyp

Besitzt der Kern einer VOLTERRAschen Integralgleichung die spezielle Form

$$k(x,y) = \begin{cases} k(x-y) & \text{für } 0 \le y \le x\,, \\ 0 & \text{für } 0 \le x < y\,, \end{cases} \tag{11.63a}$$

dann können zur Lösung der Gleichungen

$$\int_0^x k(x-y)\varphi(y)\,dy = f(x) \quad (11.63\text{b}) \qquad \text{bzw.} \qquad \varphi(x) = f(x) + \int_0^x k(x-y)\varphi(y)\,dy \quad (11.63\text{c})$$

die Eigenschaften der LAPLACE–Transformation genutzt werden. Falls die LAPLACE–Transformierten $\mathcal{L}\{\varphi(x)\} = \Phi(p)$, $\mathcal{L}\{f(x)\} = F(p)$ und $\mathcal{L}\{k(x)\} = K(p)$ existieren, dann lauten die transformierten Probleme unter Beachtung des Faltungssatzes (s. S. 711)

$$K(p)\Phi(p) = F(p) \quad (11.64\text{a}) \qquad \text{bzw.} \qquad \Phi(p) = F(p) + K(p)\Phi(p). \quad (11.64\text{b})$$

Daraus folgt sofort:

$$\Phi(p) = \frac{F(p)}{K(p)} \quad (11.64\text{c}) \qquad \text{bzw.} \qquad \Phi(p) = \frac{F(p)}{1-K(p)}\,. \quad (11.64\text{d})$$

Die Rücktransformation liefert die Lösung $\varphi(x)$ des Ausgangsproblems. Durch Umformung des Ausdrucks für die LAPLACE–Transformierte der Lösung der Integralgleichung 2. Art gemäß

$$\Phi(p) = \frac{F(p)}{1-K(p)} = F(p) + \frac{K(p)}{1-K(p)}F(p) \tag{11.64e}$$

ergibt sich, falls der Ausdruck

$$\frac{K(p)}{1-K(p)} = H(p) \tag{11.64f}$$

die Transformierte einer Funktion $h(x)$ ist, die Lösungsdarstellung

$$\varphi(x) = f(x) + \int_0^x h(x-y)f(y)\,dy\,. \tag{11.64g}$$

Die Funktion $h(x-y)$ ist der lösende Kern der Integralgleichung.

■ $\varphi(x) = f(x) + \int_0^x e^{x-y}\varphi(y)\,dy$: $\Phi(p) = F(p) + \dfrac{1}{p-1}\Phi(p)$, d.h., $\Phi(p) = \dfrac{p-1}{p-2}F(p)$. Die Rücktransformation liefert $\varphi(x)$. Aus $H(p) = \dfrac{1}{p-2}$ folgt $h(x) = e^{2x}$. Nach (11.64g) ergibt sich die Lösungsdarstellung $\varphi(x) = f(x) + \int_0^x e^{2(x-y)} f(y)\,dy$.

11.4.5 Numerische Behandlung Volterrascher Integralgleichungen 2. Art

Gesucht ist die Lösung der Gleichung

$$\varphi(x) = f(x) + \int_a^x K(x,y)\varphi(y)\,dy \tag{11.65}$$

für x aus dem Intervall $I = [a, b]$. Numerische Lösungsansätze bestehen darin, das Integral durch eine Quadraturformel zu approximieren:

$$\int_a^x K(x, y)\varphi(y)\,dy \approx Q_{[a,x]}(K(x, .)\varphi(.)) . \tag{11.66a}$$

Das Integrationsintervall und somit die Quadraturformel sind von x abhängig. Das wird durch den Index $[a, x]$ von $Q_{[a,x]}(\cdots)$ zum Ausdruck gebracht. Man erhält als Näherungsausdruck für (11.65)

$$\overline{\varphi}(x) = f(x) + Q_{[a,x]}(K(x, .)\overline{\varphi}(.)) . \tag{11.66b}$$

Die Funktion $\overline{\varphi}(x)$ ist eine Näherung für die Lösung von (11.65). Die Anzahl und Lage der Stützstellen der Quadraturformel ist von x abhängig, wodurch deren Wahl stark eingeschränkt ist. Ist ξ eine Stützstelle von $Q_{[a,x]}(K(x, .)\overline{\varphi}(.))$, so müssen $(K(x, \xi)\overline{\varphi}(\xi))$ und insbesondere $\overline{\varphi}(\xi)$ bekannt sein. Dies erfordert aber zuvor eine Auswertung der rechten Seite von (11.66b) für $x = \xi$, was einer Quadratur über dem Intervall $[a, \xi]$ entspricht. Aus diesem Grund ist die Verwendung der häufig bevorzugten GAUSSschen Quadraturformeln nicht möglich.
Man löst das Problem durch die Wahl von Stützstellen $a = x_0 < x_1 < \ldots < x_k < \ldots$ und verwendet Quadraturformeln $Q_{[a,x_n]}$ mit Stützstellen $x_0, x_1, \ldots, x_n$. Die Funktionswerte in den Stützstellen werden abkürzend bezeichnet durch $\varphi_k = \overline{\varphi}(x_k) \quad (k = 0, 1, 2, \ldots)$. Für φ_0 erhält man (vgl. 11.3.1)

$$\varphi_0 = f(x_0) = f(a) , \tag{11.66c}$$ und damit: $$\varphi_1 = f(x_1) + Q_{[a,x_1]}(K(x_1, .)\overline{\varphi}(.)) . \tag{11.66d}$$

Dabei hat $Q_{[a,x_1]}$ die Stützstellen x_0 und x_1 und folglich die Gestalt

$$Q_{[a,x_1]}(K(x_1, .)\overline{\varphi}(.) = w_0 K(x_1, x_0)\varphi_0 + w_1 K(x_1, x_1)\varphi_1 \tag{11.66e}$$

mit geeigneten Koeffizienten w_0 und w_1. Setzt man dieses Verfahren fort, kann man die φ_k nacheinander aus der allgemeinen Beziehung

$$\varphi_k = f(x_k) + Q_{[a,x_k]}(K(x_k, .)\overline{\varphi}(.)), \quad k = 1, 2, 3, \ldots \tag{11.66f}$$

bestimmen. Die Quadraturformeln $Q_{[a,x_k]}$ haben folgende Form:

$$Q_{[a,x_k]}(K(x_k, .)\overline{\varphi}(.) = \sum_{j=0}^{k} w_{jk} K(x_k, x_j)\varphi_j . \tag{11.66g}$$

Damit lautet (11.66f):

$$\varphi_k = f(x_k) + \sum_{j=0}^{k} w_{jk} K(x_k, x_j)\varphi_j . \tag{11.66h}$$

Die einfachste Quadraturformel ist die *linksseitige Rechteckformel* (s. S. 893). Dabei ist

$$w_{jk} = x_{j+1} - x_j \quad \text{für } j < k \quad \text{und} \quad w_{kk} = 0 . \tag{11.66i}$$

Man erhält damit das System

$$\begin{aligned} \varphi_0 &= f(a) , \\ \varphi_1 &= f(x_1) + (x_1 - x_0)K(x_1, x_0)\varphi_0 , \\ \varphi_2 &= f(x_2) + (x_1 - x_0)K(x_2, x_0)\varphi_0 + (x_2 - x_1)K(x_2, x_1)\varphi_1 \end{aligned} \tag{11.67a}$$

und allgemein

$$\varphi_k = f(x_k) + \sum_{j=0}^{k-1} (x_{j+1} - x_j)K(x_k, x_j)\varphi_j . \tag{11.67b}$$

Eine etwas genauere Approximation des Integrals gewährleistet die *Trapezformel* (s. S. 893). Die Stützstellen seien zur Vereinfachung äquidistant, $x_k = a + kh, \ k = 0, 1, 2, \ldots$:

$$\int_a^b g(x)\,dx \approx \frac{h}{2}\left[g(x_0) + 2\sum_{j=1}^{k-1} g(x_j) + g(x_k)\right] . \tag{11.67c}$$

Angewandt auf (11.66f), ergibt das:

$$\varphi_0 = f(a)\,, \tag{11.67d}$$

$$\varphi_k = f(x_k) + \frac{h}{2}\left[K(x_k, x_0)\varphi_0 + K(x_k, x_k)\varphi_k + 2\sum_{j=1}^{k-1} K(x_k, x_j)\varphi_j\right]. \tag{11.67e}$$

Die jeweils zu berechnende Größe kommt dabei auch auf der rechten Seite vor. Die Gleichungen sind aber leicht nach den gesuchten Funktionswerten umzustellen.

Hinweis: Mit der angeführten Methode können auch nichtlineare Integralgleichungen näherungsweise gelöst werden. In diesem Fall wird bei Anwendung der Trapezformel zur Bestimmung der φ_k jedesmal die Lösung einer nichtlinearen Gleichung erforderlich sein. Dies kann man umgehen, wenn man die Trapezformel nur auf das Intervall $[a, x_{k-1}]$ anwendet und das Intervall $[x_{k-1}, x_k]$ mit der linksseitigen Rechteckformel behandelt. Ist h genügend klein, wird dieser Quadraturfehler die Lösung nicht sehr beeinflussen.

■ Die Integralgleichung $\varphi(x) = 2 + \int_0^x (x-y)\varphi(y)\,dy$ soll nach der Vorschrift (11.66f) mit der linksseitigen Rechteckformel näherungsweise gelöst werden. Als Stützstellen werden die äquidistanten Werte $x_k = k \cdot 0,1$ zugrunde gelegt, d.h. $h = 0,1$.

$$\begin{aligned}
\varphi_0 &= 2,\\
\varphi_1 &= f(x_1) + hK(x_1, x_0)\varphi_0\\
&= 2 + 0,1 \cdot 0,1 \cdot 2 = 2,02,\\
\varphi_2 &= f(x_2) + h(K(x_2, x_0)\varphi_0 + K(x_2, x_1)\varphi_1)\\
&= 2 + 0,1(0,2 \cdot 2 + 0,1 \cdot 2,02) = 2,0602
\end{aligned}$$

usw.

x	exakt	Rechteckformel	Trapezformel
0,2	2,0401	2,0602	2,0401
0,4	2,1621	2,2030	2,1620
0,6	2,3709	2,4342	2,3706
0,8	2,6749	2,7629	2,6743
1,0	3,0862	3,2025	3,0852

In der Tabelle sind zum Vergleich die Werte der exakten Lösung sowie der Näherungslösungen, die mittels linksseitiger Rechteckformel und Trapezformel ermittelt wurden, aufgeführt. Die Berechnung erfolgte mit der Schrittweite $h = 0,1$.

11.5 Singuläre Integralgleichungen

Eine *singuläre Integralgleichung* liegt vor, wenn der Integrationsbereich des die Gleichung bestimmenden Integrals unbeschränkt ist oder der Kern Singularitäten innerhalb des Integrationsbereiches besitzt. Es wird vorausgesetzt, daß die auftretenden Integrale als uneigentliche Integrale oder als CAUCHYsche Hauptwerte existieren (s. S. 447ff.). Singuläre Integralgleichungen unterscheiden sich in Eigenschaften und Lösungsverhalten stark von „gewöhnlichen" Integralgleichungen. In den folgenden Abschnitten werden nur einige spezielle Problemstellungen betrachtet. Umfassendere Darstellungen s. Lit. [11.2], [11.9].

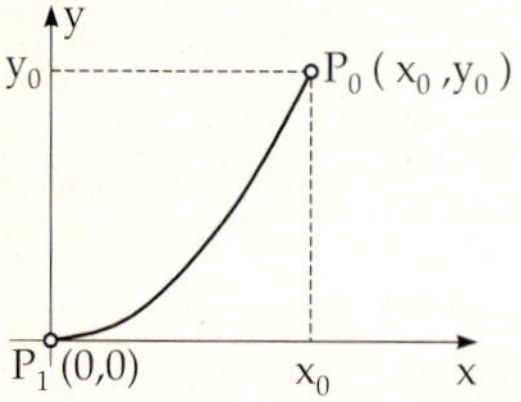

Abbildung 11.2

11.5.1 Abelsche Integralgleichung

Eine der ersten Anwendungen von Integralgleichungen auf physikalische Probleme wurde von ABEL untersucht. In einer vertikalen Ebene bewege sich ein Massenpunkt entlang einer gewissen Kurve nur unter dem Einfluß der Schwerkraft vom Punkt $P_0(x_0, y_0)$ zum Punkt $P_1(0,0)$ (**Abb.11.2**).

Die Geschwindigkeit des Teilchens in einem Punkt der Kurve beträgt

$$v = \frac{ds}{dt} = \sqrt{2g(y_0 - y)}\,. \tag{11.68}$$

Durch Integration ermittelt man die Fallzeit in Abhängigkeit von y_0:

$$T(y_0) = \int_0^l \frac{ds}{\sqrt{2g(y_0 - y)}} . \tag{11.69a}$$

Stellt man s als Funktion von y durch $s = f(y)$ dar, so ist

$$T(y_0) = \int_0^{y_0} \frac{1}{\sqrt{2g}} \cdot \frac{f'(y)}{\sqrt{y_0 - y}}\, dy . \tag{11.69b}$$

Es besteht nun die Aufgabe, zu gegebener Fallzeit die Gestalt der Kurve als Funktion von y_0 zu bestimmen. Mit den Ersetzungen

$$\sqrt{2g} \cdot T(y_0) = F(y_0) \quad \text{und} \quad f'(y) = \varphi(y) \tag{11.69c}$$

erhält man, indem noch die Variable y_0 in x umbenannt wird, die VOLTERRAsche Integralgleichung 1. Art

$$F(x) = \int_0^x \frac{\varphi(y)}{\sqrt{x - y}}\, dy . \tag{11.69d}$$

Es soll die etwas allgemeinere Gleichung

$$f(x) = \int_a^x \frac{\varphi(y)}{(x - y)^\alpha}\, dy \qquad \text{mit} \quad 0 < \alpha < 1 \tag{11.70}$$

behandelt werden. Der Kern dieser Gleichung ist für $y = x$ nicht beschränkt. In (11.70) werden formal die Variable y in ξ und die Variable x in y umbenannt. Damit wird erreicht, daß sich die Lösung in der Form $\varphi = \varphi(x)$ ergibt. Die Multiplikation beider Seiten der Gleichung (11.70) mit dem Term $\dfrac{1}{(x-y)^{1-\alpha}}$ und die anschließende Integration nach y in den Grenzen von a bis x führt auf die Gleichung

$$\int_a^x \frac{1}{(x - y)^{1-\alpha}} \left(\int_a^y \frac{\varphi(\xi)}{(y - \xi)^\alpha}\, d\xi \right) dy = \int_a^x \frac{f(y)}{(x - y)^{1-\alpha}}\, dy . \tag{11.71a}$$

Die Vertauschung der Integrationsreihenfolge auf der linken Seite dieser Gleichung ergibt

$$\int_a^x \varphi(\xi) \left\{ \int_\xi^x \frac{dy}{(x - y)^{1-\alpha}(y - \xi)^\alpha} \right\} d\xi = \int_a^x \frac{f(y)}{(x - y)^{1-\alpha}}\, dy . \tag{11.71b}$$

Das innere Integral ist mit der Substitution $y = \xi + (x - \xi)u$ auswertbar:

$$\int_\xi^x \frac{dy}{(x - y)^{1-\alpha}(y - \xi)^\alpha} = \int_0^1 \frac{du}{u^\alpha (1 - u)^{1-\alpha}} = \frac{\pi}{\sin(\alpha\pi)} . \tag{11.71c}$$

Der gewonnene Ausdruck wird in (11.71b) eingesetzt. Die gesuchte Funktion $\varphi(x)$ wird durch anschliessende Differentiation nach x bestimmt:

$$\varphi(x) = \frac{\sin(\alpha\pi)}{\pi} \frac{d}{dx} \int_a^x \frac{f(y)}{(x - y)^{1-\alpha}}\, dy . \tag{11.71d}$$

■ $x = \int_0^x \frac{\varphi(y)}{\sqrt{x - y}}\, dy , \quad \varphi(x) = \frac{1}{\pi} \frac{d}{dx} \int_0^x \frac{y}{\sqrt{x - y}}\, dy = \frac{2}{\pi}\sqrt{x} .$

11.5.2 Singuläre Integralgleichungen mit Cauchy–Kernen

11.5.2.1 Formulierung der Aufgabe

Gegeben ist die Integralgleichung

$$a(x)\varphi(x) + \frac{1}{\pi\,\mathrm{i}} \int_\Gamma \frac{K(x,y)}{y-x} \varphi(y)\,dy = f(x)\,, \quad x \in \Gamma\,. \tag{11.72}$$

Γ ist ein System endlich vieler glatter, doppelpunktfreier, geschlossener Kurven in der komplexen Ebene, die ein zusammenhängendes Innengebiet S^+ mit $0 \in S^+$ und ein Außengebiet S^- bilden. Dabei liegt S^+ beim Durchlauf zur Linken von Γ. Für die Betrachtung von Kurvensystemen, bestehend aus stückweise glatten, offenen oder geschlossenen Kurven s. Lit. [11.2]. Eine Funktion $u(x)$ ist auf Γ HÖLDER–*stetig*, falls für beliebige Paare $x_1,\ x_2 \in \Gamma$ gilt:

$$|u(x_1) - u(x_2)| < K|x_1 - x_2|^\beta\,, \quad 0 < \beta \le 1\,, \quad K > 0\,. \tag{11.73}$$

Die Funktionen $a(x)$, $f(x)$ und $\varphi(x)$ werden als HÖLDER–stetig mit dem Exponenten β_1 und $K(x,y)$ bezüglich beider Argumente HÖLDER–stetig mit dem Exponenten $\beta_2 > \beta_1$ angenommen. Der Kern $K(x,y)(y-x)^{-1}$ hat für $x = y$ eine starke Singularität. Das Integral existiert aber als CAUCHYscher Hauptwert. Mit $K(x,x) = b(x)$ und $k(x,y) = (K(x,y) - K(x,x))/(y-x)$ ergibt sich (11.72) in der Form

$$(\mathcal{L}\varphi)(x) := a(x)\varphi(x) + \frac{b(x)}{\pi\,\mathrm{i}} \int_\Gamma \frac{\varphi(y)}{y-x}\,dy + \frac{1}{\pi\,\mathrm{i}} \int_\Gamma k(x,y)\varphi(y)\,dy = f(x)\,, \quad x \in \Gamma\,. \tag{11.74a}$$

Der Ausdruck $(\mathcal{L}\varphi)(x)$ beschreibt in verkürzter Form die linke Seite der Integralgleichung. $\mathcal{L}$ ist ein singulärer Operator. Die Kernfunktion $k(x,y)$ ist nur schwach singulär. Es gelte zusätzlich die Normalitätsbedingung $a(x)^2 - b(x)^2 \neq 0$, $x \in \Gamma$. Die Gleichung

$$(\mathcal{L}_0\varphi)(x) = a(x)\varphi(x) + \frac{b(x)}{\pi\,\mathrm{i}} \int_\Gamma \frac{\varphi(y)}{y-x}dy = f(x)\,, \quad x \in \Gamma \tag{11.74b}$$

ist die zu (11.74a) zugeordnete *charakteristische Gleichung.* Der Operator $\mathcal{L}_0$ ist der charakteristische Teil des Operators $\mathcal{L}$. Die zu (11.74a) transponierte Integralgleichung lautet:

$$(\mathcal{L}^\top\psi)(y) = a(y)\psi(y) - \frac{b(y)}{\pi\,\mathrm{i}} \int_\Gamma \frac{\psi(x)dx}{x-y} + \frac{1}{\pi\,\mathrm{i}} \int_\Gamma \left(k(x,y) - \frac{b(x)-b(y)}{x-y}\right)\psi(x)\,dx$$
$$= g(y)\,, \quad y \in \Gamma\,. \tag{11.74c}$$

11.5.2.2 Existenz einer Lösung

Die Gleichung $(\mathcal{L}\varphi)(x) = f(x)$ besitzt genau dann eine Lösung $\varphi(x)$, wenn für alle Lösungen $\psi(y)$ der homogenen transponierten Gleichung $(\mathcal{L}^\top\psi)(y) = 0$ die Orthogonalitätsbedingung

$$\int_\Gamma f(y)\psi(y)\,dy = 0 \tag{11.75a}$$

erfüllt ist. Entsprechend besitzt die transponierte Gleichung $(\mathcal{L}^\top\psi)(y) = g(y)$ genau dann eine Lösung, wenn für alle Lösungen $\varphi(x)$ der homogenen Gleichung $(\mathcal{L}\varphi)(x) = 0$ gilt:

$$\int_\Gamma g(x)\varphi(x)\,dx = 0\,. \tag{11.75b}$$

11.5.2.3 Eigenschaften des Cauchy–Integrals

Die Funktion

$$\Phi(z) = \frac{1}{2\pi\,\mathrm{i}} \int_\Gamma \frac{\varphi(y)}{y-z}\,dy\,, \quad z \in \mathbb{C} \tag{11.76a}$$

heißt CAUCHY-*Integral* über Γ. Für $z \notin \Gamma$ existiert das Integral im gewöhnlichen Sinne und stellt eine holomorphe Funktion dar (s. S. 669). Es gilt $\Phi(\infty) = 0$. Für $z = x \in \Gamma$ sei unter (11.76a) der CAUCHYsche Hauptwert

$$(\mathcal{H}\varphi)(x) = \frac{1}{2\pi\,\mathrm{i}} \int_\Gamma \frac{\varphi(y)}{y - x}\, dy \quad x \in \Gamma\,, \tag{11.76b}$$

verstanden. Das CAUCHY-Integral $\Phi(z)$ ist von S^+ bzw. S^- stetig auf Γ fortsetzbar. Die Grenzwerte bei Annäherung von z an $x \in \Gamma$ werden mit $\Phi^+(x)$ bzw. $\Phi^-(x)$ bezeichnet. Es gelten die Formeln von PLEMELJ und SOCHOZKI :

$$\Phi^+(x) = \frac{1}{2}\varphi(x) + (\mathcal{H}\varphi)(x)\,, \qquad \Phi^-(x) = -\frac{1}{2}\varphi(x) + (\mathcal{H}\varphi)(x)\,. \tag{11.76c}$$

11.5.2.4 Hilbertsches Randwertproblem

1. Zusammenhang

Mit der Lösung der charakteristischen Integralgleichung hängt das HILBERTsche Randwertproblem eng zusammen. Ist $\varphi(x)$ eine Lösung von (11.74b), dann ist (11.76a) eine in S^+ und S^- holomorphe Funktion mit $\Phi(\infty) = 0$. Gemäß der Formeln von PLEMELJ und SOCHOZKI (11.76c) gilt:

$$\varphi(x) = \Phi^+(x) - \Phi^-(x)\,, \qquad 2(\mathcal{H}\varphi)(x) = \Phi^+(x) + \Phi^-(x)\,, \quad x \in \Gamma\,. \tag{11.77a}$$

Die charakteristische Integralgleichung lautet mit

$$G(x) = \frac{a(x) - b(x)}{a(x) + b(x)} \quad \text{und} \quad g(x) = \frac{f(x)}{a(x) + b(x)}\,, \tag{11.77b}$$

$$\Phi^+(x) = G(x)\Phi^-(x) + g(x)\,, \qquad x \in \Gamma\,. \tag{11.77c}$$

2. HILBERTsches Randwertproblem

Gesucht ist eine in S^+ und S^- holomorphe, im Unendlichen verschwindende Funktion $\Phi(z)$, die auf Γ die Randbedingung (11.77c) erfüllt. Eine Lösung $\Phi(z)$ des HILBERTschen Problems ist in der Form (11.76a) darstellbar. Zufolge der ersten Gleichung von (11.77a) ist damit eine Lösung $\varphi(x)$ der charakteristischen Integralgleichung bestimmt.

11.5.2.5 Lösung des Hilbertschen Randwertproblems

1. Homogene Randbedingungen

$$\Phi^+(x) = G(x)\Phi^-(x)\,, \qquad x \in \Gamma\,. \tag{11.78}$$

Die Funktion $\log G(x)$ ändert ihren Wert bei einmaligem Durchlauf der Kurve Γ_l um den Wert $2\pi\,\mathrm{i}\lambda_l$, wobei λ_l eine ganze Zahl ist. Die Wertänderung von $\log G(x)$ bei einmaligem Durchlauf des gesamten Kurvensystems Γ beträgt dann

$$\sum_{l=0}^{n} 2\pi\,\mathrm{i}\,\lambda_l = 2\pi\,\mathrm{i}\,\kappa\,. \tag{11.79a}$$

Die Zahl $\kappa = \sum_{l=0}^{n} \lambda_l$ wird als *Index des* HILBERT*schen Problems* bezeichnet. Es wird die Funktion

$$G_0(x) = (x - a_0)^{-\kappa}\Pi(x)G(x) \tag{11.79b}$$

mit

$$\Pi(x) = (x - a_1)^{\lambda_1}(x - a_2)^{\lambda_2} \cdots (x - a_n)^{\lambda_n} \tag{11.79c}$$

gebildet, wobei $a_0 \in S^+$ und a_l $(l = 1, \ldots, n)$, aus dem Inneren von Γ_l beliebig, aber fest gewählt sind. Ist $\Gamma = \Gamma_0$ eine einfache geschlossene Kurve $(n = 0)$, dann wird $\Pi(x) = 1$ gesetzt. Mit

$$I(z) := \frac{1}{2\pi\,\mathrm{i}} \int_\Gamma \frac{\log G_0(y)}{y - z}\, dy \tag{11.79d}$$

erhält man folgende spezielle Lösung des homogenen HILBERTschen Problems, auch Grundlösung genannt:

$$X(z) = \begin{cases} \Pi^{-1}(z) \exp I(z) & \text{für} \quad z \in S^+ , \\ (z - a_0)^{-\kappa} \exp I(z) & \text{für} \quad z \in S^- . \end{cases} \tag{11.79e}$$

Die allgemeinste Lösung des homogenen HILBERTschen Problems, die nicht im Unendlichen verschwindet, lautet für $\kappa > 0$

$$\Phi_h(z) = X(z) P_{\kappa-1}(z) , \qquad z \in \mathbb{C} \tag{11.80}$$

mit einem beliebigen Polynom $P_{\kappa-1}(z)$ höchstens $(\kappa-1)$–ten Grades. Für $\kappa \leq 0$ existiert nur die triviale Lösung $\Phi_h(z) = 0$. Im Falle $\kappa > 0$ besitzt das homogene HILBERTsche Problem κ linear unabhängige, im Unendlichen verschwindende Lösungen.

2. Inhomogene Randbedingungen

Die Lösung des inhomogenen HILBERTschen Problems lautet:

$$\Phi(z) = X(z) R(z) + \Phi_h(z) \tag{11.81}$$

mit

$$R(z) = \frac{1}{2\pi \mathrm{i}} \int\limits_{\Gamma} \frac{g(y)dy}{X^+(y)(y-z)} . \tag{11.82}$$

Ist $\kappa < 0$, dann müssen für die Existenz einer Lösung überdies die Forderungen

$$\int\limits_{\Gamma} \frac{y^k g(y)dy}{X^+(y)} = 0 \qquad (k = 0, 1, \ldots, -\kappa - 1) \tag{11.83}$$

erfüllt sein.

11.5.2.6 Lösung der charakteristischen Integralgleichung

1. Homogene charakteristische Integralgleichung

Ist $\Phi_h(z)$ die Lösung des zugeordneten homogenen HILBERTschen Problems, dann folgt aus (11.77a) die Lösungsdarstellung der homogenen Integralgleichung

$$\varphi_h(x) = \Phi_h^+(x) - \Phi_h^-(x) , \quad x \in \Gamma . \tag{11.84a}$$

Für $\kappa \leq 0$ existiert nur die triviale Lösung $\varphi_h(x) = 0$. Für $\kappa > 0$ lautet die allgemeine Lösung

$$\varphi_h(x) = [X^+(x) - X^-(x)] P_{\kappa-1}(x) \tag{11.84b}$$

mit einem Polynom $P_{\kappa-1}$ höchstens vom Grad $\kappa - 1$.

2. Inhomogene charakteristische Integralgleichung

Ist $\Phi(z)$ die allgemeine Lösung des inhomogenen HILBERTschen Problems, dann kann die Lösung der inhomogenen Integralgleichung nach (11.77a) bestimmt werden:

$$\varphi(x) = \Phi^+(x) - \Phi^-(x) \tag{11.85a}$$

$$= X^+(x) R^+(x) - X^-(x) R^-(x) + \Phi_h^+(x) - \Phi_h^-(x) , \quad x \in \Gamma . \tag{11.85b}$$

Die Anwendung der Formeln von PLEMELJ und SOCHOZKI (11.76c) auf $R(z)$ ergibt

$$R^+(x) = \frac{1}{2} \frac{g(x)}{X^+(x)} + \left(\mathcal{H} \frac{g}{X^+}\right)(x) , \quad R^-(x) = -\frac{1}{2} \frac{g(x)}{X^+(x)} + \left(\mathcal{H} \frac{g}{X^+}\right)(x) . \tag{11.85c}$$

Einsetzen von (11.85c) in (11.85a) liefert schließlich unter Beachtung von (11.76b) und $g(x) = f(x)/(a(x) + b(x))$ die Lösungsdarstellung:

$$\varphi(x) = \frac{X^+(x) + X^-(x)}{2(a(x) + b(x)) X^+(x)} f(x)$$
$$+ (X^+(x) - X^-(x)) \frac{1}{2\pi \mathrm{i}} \int\limits_{\Gamma} \frac{f(y)}{(a(y) + b(y)) X^+(y)(y - x)} dy + \varphi_h(x) , \quad x \in \Gamma . \tag{11.86a}$$

Entsprechend (11.83) müssen im Fall $\kappa < 0$ für die Existenz einer Lösung zusätzlich die folgenden Bedingungen erfüllt sein:

$$\int_\Gamma \frac{y^k f(y)}{(a(y)+b(y))X^+(y)}\,dy = 0 \qquad (k = 0, 1, \ldots, -\kappa - 1)\,. \tag{11.87}$$

■ Gegeben ist die charakteristische Integralgleichung $a\varphi(x) + \dfrac{b}{\pi\,\mathrm{i}} \displaystyle\int_\Gamma \frac{\varphi(y)}{y-x}\,dy = f(x)$ mit den konstanten Koeffizienten a und b. Mit Γ ist eine einfache, geschlossene Kurve bezeichnet, d.h. $\Gamma = \Gamma_0$ $(n = 0)$. Aus (11.77b) folgt $G = \dfrac{a-b}{a+b}$ und $g(x) = \dfrac{f(x)}{a+b}$. Da G eine Konstante ist, ist folglich $\kappa = 0$. Somit ist

$\Pi(x) = 1$ und $G_0 = G = \dfrac{a-b}{a+b}$. $\quad I(z) = \log\dfrac{a-b}{a+b}\dfrac{1}{2\pi i}\displaystyle\int_\Gamma \frac{1}{y-z}dy = \begin{cases} \log\dfrac{a-b}{a+b}, & z \in S^+, \\ 0, & z \in S^-. \end{cases}$

$$X(z) = \begin{cases} \dfrac{a-b}{a+b}, & z \in S^+, \\ 1, & z \in S^-, \end{cases} \qquad \text{d.h.} \quad X^+ = \frac{a-b}{a+b}, \; X^- = 1\,.$$

Da $\kappa = 0$ ist, besitzt das homogene HILBERTsche Randwertproblem nur $\Phi_h(z) = 0$ als im Unendlichen verschwindende Lösung. Gemäß der Lösungsdarstellung (11.86a) folgt

$$\varphi(x) = \frac{X^+ + X^-}{2(a+b)X^+} f(x) + \frac{X^+ - X^-}{2(a+b)X^+} \frac{1}{\pi\,\mathrm{i}} \int_\Gamma \frac{f(y)}{y-x}\,dy = \frac{a}{a^2-b^2} f(x) - \frac{b}{a^2-b^2}\frac{1}{\pi\,\mathrm{i}} \int_\Gamma \frac{f(y)}{y-x}dy\,.$$

12 Funktionalanalysis

1. Die Funktionalanalysis entstand, als man erkannte, daß viele Probleme aus verschiedenen Disziplinen, z.B. aus den Natur- und Technikwissenschaften und aus der Ökonomie, gemeinsame Strukturen aufweisen. Man entdeckte allgemeingültige Prinzipien, die in enger Wechselwirkung mit der mathematischen Analysis, der linearen Algebra, der Geometrie sowie anderer Gebiete der Mathematik entstanden und entwickelte eine einheitliche Begriffswelt.

2. Unendlichdimensionale Räume Viele Probleme, deren mathematische Formulierung auf unendliche Gleichungs- und Ungleichungssysteme, Differential- oder Integralgleichungen, Approximations-, Variations- und Optimierungsprobleme u.a. führt, sprengen den viel zu engen Rahmen des endlichdimensionalen Raumes und verlangen als natürliche Grundlage einen unendlichdimensionalen Raum, in dem sie im allgemeinen mit Hilfe einer Operatorenbeziehung formuliert, untersucht und gelöst werden können.

3. Lineare und nichtlineare Operatoren Waren es am Anfang der Formierung der Funktionalanalysis – etwa in der ersten Hälfte dieses Jahrhunderts – vorwiegend lineare oder linearisierte Probleme, die die Entwicklung einer Theorie linearer Operatoren motivierten, so bestimmen in den letzten Jahrzehnten, hauptsächlich aus den Erfordernissen praktischer Anwendungen der Funktionalanalysis resultierend, auch immer mehr nichtlineare Phänomene und ihr Zusammenspiel mit den gut entwickelten linearen Methoden das aktuelle Bild der Funktionalanalysis, was zur Herausbildung der Theorie nichtlinearer Operatoren führte. Charakteristisch ist eine zunehmende Orientierung auf Anwendungen bei der Lösung von Differentialgleichungen, bei den numerischen Methoden, in der Optimierung usw., wodurch Denkweisen und Methoden der Funktionalanalysis für Ingenieure und andere Anwender unverzichtbar werden.

4. Grundstrukturen Im vorliegenden Kapitel können nur die Grundstrukturen umrissen werden: die gebräuchlichsten Typen von Räumen und einige wenige Klassen von Operatoren in diesen Räumen. Die abstrakte Begriffswelt wird an einigen Beispielen erläutert, die auch in anderen Kapiteln, teilweise eigenständig erörtert worden sind, deren Lösbarkeit oder Eindeutigkeit der Lösung dort aber nur postuliert oder im Einzelfalle speziell gezeigt werden konnte. Es wird ersichtlich, daß die Funktionalanalysis für derartige und weitere Fragestellungen aus ihrem abstrakten Verständnis heraus eine ganze Reihe von allgemeinen Zusammenhängen in der Form mathematischer Sätze zur Verfügung stellt, die den Anwender in die Lage versetzen, die Lösung konkreter Probleme in Angriff zu nehmen.

12.1 Vektorräume

12.1.1 Begriff des Vektorraumes

Eine nichtleere Menge V heißt *Vektorraum* oder *linearer Raum* über dem Körper $\mathbb{K}$ der Skalaren, wenn auf V die beiden Operationen – Addition der Elemente und Vielfachenbildung mit Koeffizienten aus $\mathbb{K}$ – wie folgt erklärt sind:

1. Für je zwei Elemente $x, y \in \mathrm{V}$ gibt es ein Element $z = x + y \in \mathrm{V}$, ihre *Summe*,

2. für jedes $x \in \mathrm{V}$ und jeden Skalar (Zahl) $\alpha \in \mathbb{K}$ gibt es ein Element $\alpha x \in \mathrm{V}$, das *Produkt* aus x und dem Skalar α (oder besser, das α–Vielfache des Elements x),

so daß die folgenden Eigenschaften, die *Vektorraumaxiome*, für beliebige Elemente $x, y, z \in \mathrm{V}$ und Skalare $\alpha, \beta \in \mathbb{K}$ erfüllt sind:

(V1) $x + (y + z) = (x + y) + z\,.$ (12.1)

(V2) $x + y = y + x\,.$ (12.2)

(V3) Es existiert ein Element $0 \in \mathrm{V}$, das Nullelement, so daß $x + 0 = x$ gilt. (12.3)

(V4) $\alpha(\beta x) = (\alpha\beta)x\,.$ (12.4)

(V5) $1 \cdot x = x\,, \qquad 0 \cdot x = 0\,.$ (12.5)

(V6) $\alpha(x + y) = \alpha x + \alpha y\,.$ (12.6)

(V7) $(\alpha + \beta)x = \alpha x + \beta x\,.$ (12.7)

V heißt reeller bzw. komplexer Vektorraum, je nachdem, ob $\mathbb{K}$ der Körper $\mathbb{R}$ bzw. $\mathbb{C}$ der reellen bzw. der komplexen Zahlen ist. Die Elemente von V nennt man Punkte oder, in Anlehnung an die Lineare Algebra, auch *Vektoren*, wobei in der Funktionalanalysis, ohne die Verständlichkeit oder die Übersichtlichkeit zu beeinträchtigen, auf die Kennzeichnung $\vec{x}$ oder $\underline{x}$ verzichtet wird.

In einem Vektorraum V gibt es zu jedem $x \in$ V ein eindeutig bestimmtes „gegenüberliegendes" Element $-x \in$ V, so daß $x + (-x) = 0$ gilt, indem man $-x = (-1)x$ setzt. Somit ist auf V auch die Differenz $x - y$ zweier beliebiger Vektoren $x, y \in$ V als $x - y = x + (-y)$ erklärt. Daraus ergibt sich die eindeutige Lösbarkeit der Gleichung $x + y = z$ für vorgegebene Elemente y und z. Die Lösung ist dann gleich $x = z - y$. Aus den Axiomen **(V1)** bis **(V7)** ergeben sich die folgenden Eigenschaften:

- das Nullelement ist eindeutig definiert,
- falls $\alpha x = \beta x$ und $x \neq 0$, dann $\alpha = \beta$,
- falls $\alpha x = \alpha y$ und $\alpha \neq 0$, dann $x = y$,
- $-(\alpha x) = \alpha \cdot (-x)$.

12.1.2 Lineare und affin–lineare Teilmengen

1. Lineare Teilmenge

Linearer Unterraum, lineare Mannigfaltigkeit oder *linearer Teilraum* eines Vektorraums V heißt eine nichtleere Teilmenge V_0, wenn mit zwei beliebigen Elementen $x, y \in V_0$ und zwei beliebigen Skalaren $\alpha, \beta \in \mathbb{K}$ ihre Linearkombination $\alpha x + \beta y$ in V_0 liegt. V_0 ist selbst wieder ein Vektorraum, genügt also den Axiomen **(V1)** bis **(V7)**. Der Teilraum V_0 kann auch nur aus dem Nullelement bestehen, in diesem Falle heißt er trivial.

2. Affiner Teilraum

Eine Teilmenge eines Vektorraumes V der Gestalt

$$\{x_0 + y : y \in V_0\}, \tag{12.8}$$

wobei $x_0 \in$ V ein fixiertes Element und V_0 ein linearer Teilraum ist, heißt *affin–linearer Teilraum* oder affine Mannigfaltigkeit, die man (im Falle von $x_0 \neq 0$) als Verallgemeinerung einer nicht durch den Nullpunkt verlaufenden Geraden oder Ebene ansehen kann.

3. Lineare Hülle

Der Durchschnitt einer beliebigen Anzahl linearer Teilräume in V ist wiederum ein linearer Teilraum. Demzufolge existiert für jede nichtleere Teilmenge $E \subset$ V ein kleinster linearer Teilraum $lin(E)$ oder $[E]$ in V, der E enthält, nämlich der Durchschnitt aller linearen Teilräume, in denen E enthalten ist. Die Menge $lin(E)$ heißt *lineare Hülle* der Menge E. Sie ist mit der Menge aller (endlichen) Linearkombinationen

$$\alpha_1 x_1 + \alpha_2 x_2 + \ldots + \alpha_n x_n\,, \tag{12.9}$$

die aus Elementen $x_1, x_2, \ldots, x_n \in E$ und Skalaren $\alpha_1, \alpha_2, \ldots, \alpha_n \in \mathbb{K}$ gebildet werden, identisch.

4. Beispiele für Vektorräume von Folgen

■ **A Vektorraum $\mathbb{K}^n$:** Seien n eine fixierte natürliche Zahl und V die Menge aller n–Tupel, d.h. aller endlichen aus n Gliedern bestehenden Folgen von Skalaren $\{(\xi_1, \ldots, \xi_n) : \quad \xi_i \in \mathbb{K},\ i = 1, \ldots, n\}$. Die Operationen seien komponenten- oder gliedweise erklärt, d.h., sind $x = (\xi_1, \ldots, \xi_n)$ und $y = (\eta_1, \ldots, \eta_n)$ zwei beliebige Elemente aus V und α ein beliebiger Skalar, d.h. $\alpha \in \mathbb{K}$, dann setzt man

$$x + y = (\xi_1 + \eta_1, \ldots, \xi_n + \eta_n)\,, \text{(12.10a)} \qquad \alpha \cdot x = (\alpha\xi_1, \ldots, \alpha\xi_n)\,. \text{(12.10b)}$$

Auf diese Weise erhält man den Vektorraum $\mathbb{K}^n$, insbesondere also für $n = 1$ die linearen Räume $\mathbb{R}$ oder $\mathbb{C}$.

Dieses Beispiel kann in zweierlei Hinsicht verallgemeinert werden (s. Beispiele **B** und **C**):

■ **B Vektorraum s aller Zahlenfolgen:** Nimmt man als Elemente unendliche Folgen $x = \{\xi_n\}_{n=1}^{\infty}$, $\xi_n \in \mathbb{K}$ und behält die gliedweise erklärten Operationen gemäß (12.10a) und (12.10b) bei, so erhält man den Vektorraum **s** aller Zahlenfolgen.

■ **C Vektorraum φ (auch $\mathbf{c_{00}}$) aller finiten Zahlenfolgen:** Es sei V die Menge aller Elemente aus **s**, die nur endlich viele von Null verschiedene Glieder besitzen. Die Anzahl der von Null verschiedenen Glieder ist im allgemeinen individuell vom Element abhängig. Der so entstehende – wieder mit den gliedweise erklärten Operationen versehene – Vektorraum wird mit φ oder auch mit $\mathbf{c_{00}}$ bezeichnet und heißt Raum aller *finiten* Zahlenfolgen.

■ **D Vektorraum m aller beschränkten Folgen:** Eine Folge $x = \{\xi_n\}_{n=1}^{\infty}$ gehört zu **m** genau dann, wenn $\exists C_x > 0$ mit $|\xi_n| \le C_x$, $\forall\, n = 1, 2, \ldots$. Man trifft häufig auch die Bezeichnung $\mathbf{l}^{\infty}$ für diesen Vektorraum.

■ **E Vektorraum c aller konvergenten Folgen:** Es gilt $x = \{\xi_n\}_{n=1}^{\infty} \in \mathbf{c}$ genau dann, wenn es eine solche Zahl $\xi_0 \in \mathbb{K}$ gibt mit der Eigenschaft, daß für $\forall\, \varepsilon > 0$ ein Index $n_0 = n_0(\varepsilon)$ existiert, so daß für alle $n > n_0$ gilt $|\xi_n - \xi_0| < \varepsilon$ (s. S. 398).

■ **F Vektorraum $\mathbf{c_0}$ aller Nullfolgen:** Der Vektorraum $\mathbf{c_0}$ aller Nullfolgen, d.h. der Teilraum von **c**, der aus allen zu Null ($\xi_0 = 0$) konvergenten Folgen besteht.

■ **G Vektorraum $\mathbf{l}^p$:** Mit $\mathbf{l}^p$ $(1 \le p < \infty)$ ist der Vektorraum aller Folgen $x = \{\xi_n\}_{n=1}^{\infty}$ bezeichnet, für die die Reihe $\sum_{n=1}^{\infty} |\xi_n|^p$ konvergiert.
Daß die Summe zweier Folgen aus $\mathbf{l}^p$ wieder eine Folge aus $\mathbf{l}^p$ ist, d.h. eine konvergente Reihe aus den p–ten Potenzen der Absolutbeträge ihrer Glieder besitzt, folgt aus der MINKOWSKIschen Ungleichung (s. S. 31).

Hinweis: Für die in den Beispielen **A** bis **G** eingeführten Vektorräume von Folgen gelten die folgenden Inklusionen:

$$\varphi \subset \mathbf{c_0} \subset \mathbf{c} \subset \mathbf{m} \subset \mathbf{s} \quad \text{und} \quad \varphi \subset \mathbf{l}^p \subset \mathbf{l}^q \subset \mathbf{c_0}, \quad \text{wobei} \quad 1 \le p < q < \infty\,. \tag{12.11}$$

5. Beispiele für Vektorräume von Funktionen

■ **A Vektorraum $\mathcal{F}(T)$:** Sei V die Menge aller reell- oder komplexwertigen Funktionen auf einer Menge T, wobei für Funktionen die Operationen punktweise erklärt werden, d.h., sind $x = x(t)$ und $y = y(t)$ zwei beliebige Elemente aus V und α ein beliebiger Skalar, d.h. $\alpha \in \mathbb{K}$, dann definiert man die Elemente $x + y$ und $\alpha \cdot x$ wie folgt:

$$x + y = (x + y)(t) = x(t) + y(t) \quad \forall\, t \in T\,, \tag{12.12a}$$

$$\alpha \cdot x = (\alpha x)(t) = \alpha \cdot x(t) \quad \forall\, t \in T\,. \tag{12.12b}$$

Der auf diese Weise erhaltene Vektorraum wird mit $\mathcal{F}(T)$ bezeichnet.
Teilräume dieses Vektorraumes sind u.a. die Räume in den folgenden Beispielen.

■ **B Vektorraum $\mathcal{B}(T)$ oder $\mathcal{M}(\mathbb{N})$:** Der Raum $\mathcal{B}(T)$ aller auf der Menge T beschränkten Funktionen. Häufig wird dieser Vektorraum auch mit $\mathcal{M}(T)$ bezeichnet. Im Falle von $T = \mathbb{N}$ erhält man den Raum $\mathcal{M}(\mathbb{N}) = \mathbf{m}$ aus Beispiel **D** im vorigen Abschnitt.

■ **C Vektorraum $\mathcal{C}([a,b])$:** Die Menge $\mathcal{C}([a,b])$ aller auf dem Intervall $[a,b]$ stetigen Funktionen (s. S. 56), wobei hier $T = [a,b]$ betrachtet wurde.

■ **D Vektorraum $\mathcal{C}^{(k)}([a,b])$:** Sei $k \in \mathbb{N}$, $k \ge 1$. Die Menge $\mathcal{C}^{(k)}([a,b])$ aller Funktionen, die auf dem Intervall $[a,b]$ k–mal stetig differenzierbar sind (s. S. 372–377), ist ein Vektorraum. In den Randpunkten a und b des Intervalls $[a,b]$ sind die Ableitungen als rechts- bzw. linksseitige zu verstehen.

Hinweis: Für die in den Beispielen **A** bis **D** dieses Abschnitts bereitgestellten Vektorräume gelten im Falle von $T = [a,b]$ die Teilraumbeziehungen

$$\mathcal{C}^{(k)}([a,b]) \subset \mathcal{C}([a,b]) \subset \mathcal{B}([a,b]) \subset \mathcal{F}([a,b])\,. \tag{12.13}$$

■ **E Vektorraum $\mathcal{C}(\mathrm{T})$:** Für einen beliebig fixierten Punkt $t_0 \in [a,b]$ bildet die Menge $\{x \in \mathcal{C}(T)\colon x(t_0) = 0\}$ einen linearen Teilraum von $\mathcal{C}(\mathrm{T})$.

12.1.3 Linear unabhängige Elemente

1. Lineare Unabhängigkeit

Eine endliche Teilmenge $\{x_1, \ldots, x_n\}$ eines Vektorraumes V heißt *linear unabhängig*, wenn aus

$$\alpha_1 x_1 + \cdots + \alpha_n x_n = 0 \quad \text{immer} \quad \alpha_1 = \cdots = \alpha_n = 0 \tag{12.14}$$

folgt. Anderenfalls heißt sie *linear abhängig*. Hat man $\alpha_1 = \cdots = \alpha_n = 0$ und $x_1, \ldots, x_n$ beliebige Vektoren aus V, dann ist aufgrund der Vektorraumaxiome $\alpha_1 x_1 + \cdots + \alpha_n x_n$ trivialerweise das Nullelement von V. Lineare Unabhängigkeit der Vektoren $x_1, \ldots, x_n$ bedeutet die Darstellung des Nullelements $0 = \alpha_1 x_1 + \cdots + \alpha_n x_n$ ausschließlich nur mit $\alpha_1 = \cdots = \alpha_n = 0$. Dieser wichtige Begriff ist aus der linearen Algebra gut bekannt (s. S. 306) und diente bereits zur Definition eines Fundamentalsystems von Lösungen für homogene Differentialgleichungen (s. S. 496). Eine unendliche Teilmenge $E \subset$ V heißt *linear unabhängig*, wenn jede endliche Teilmenge von E linear unabhängig ist. Anderenfalls heißt E wieder *linear abhängig*.

■ Bezeichnet man mit e_k die Folge, deren Glieder bis auf das k–te alle gleich 0 sind und das k–te Glied gleich 1 ist, dann liegt e_k im Raum φ und demzufolge in jedem Folgenraum. Die Menge $\{e_1, e_2, \ldots\}$ ist linear unabhängig in allen diesen Räumen. Im Raum $\mathcal{C}([0,\pi])$ ist z.B. das Funktionensystem

$$1, \ \sin nt\,, \ \cos nt \quad (n = 1, 2, 3, \ldots)$$

linear unabhängig, wohingegen die Funktionen $1, \cos 2t, \cos^2 t$ linear abhängig sind (s. 2.93, S. 78).

2. Basis und Dimension eines Vektorraumes

Eine linear unabhängige Teilmenge B aus V, die den gesamten Raum V erzeugt, d.h. für die $lin(B) =$ V gilt, nennt man *(algebraische) Basis* oder HAMEL*sche Basis* des Vektorraumes V (s. S. 306). Also ist $B = \{x_\xi : \xi \in \Xi\}$ genau dann eine Basis von V, wenn sich jeder Vektor $x \in$ V in der Form $x = \sum_{\xi \in \Xi} \alpha_\xi x_\xi$ darstellen läßt, wobei die Koeffizienten α_ξ eindeutig bestimmt sind und lediglich eine endliche (von x abhängige) Anzahl von ihnen von Null verschieden ist. Jeder nichttriviale Vektorraum V (d.h. V $\neq \{0\}$) besitzt wenigstens eine algebraische Basis, und zu jeder linear unabhängigen Teilmenge E aus V gibt es eine algebraische Basis von V, die E enthält.

Ein Vektorraum V heißt *m–dimensional* oder von der *Dimension m*, wenn es in ihm eine Basis aus m Vektoren gibt. Das bedeutet, es existieren in V m linear unabhängige Vektoren, und jedes System von $m+1$ Vektoren ist linear abhängig.

Ein Vektorraum heißt *unendlichdimensional*, wenn er keine endliche Basis besitzt, d.h., wenn es für jede natürliche Zahl m in V stets m linear unabhängige Vektoren gibt.

Bis auf den Raum $\mathbb{K}^n$, dessen Dimension gleich n ist, sind alle anderen Vektorräume in den Beispielen B bis L unendlichdimensional. Der Teilraum $lin(\{1, t, t^2\}) \subset \mathcal{C}([a,b])$ ist dreidimensional. Wie im endlichdimensionalen Falle haben auch in einem unendlichdimensionalen Vektorraum V zwei Basen stets die gleiche Mächtigkeit (Kardinalzahl), die man mit $dim(\mathrm{V})$ bezeichnet. Die Dimension ist somit eine Invariante des Vektorraumes, hängt also nicht von der konkreten Auswahl einer algebraischen Basis ab.

12.1.4 Konvexe Teilmengen und konvexe Hülle

12.1.4.1 Konvexe Mengen

Eine Teilmenge C eines reellen Vektorraumes V heißt *konvex*, wenn für jedes Paar von Vektoren $x, y \in C$ alle Vektoren der Form $\lambda x + (1-\lambda)y$, $\quad 0 \leq \lambda \leq 1$ ebenfalls zu C gehören. Mit anderen Worten, die Menge C ist konvex, wenn sie mit je zwei Elementen die gesamte Verbindungsstrecke

$$\{\lambda x + (1-\lambda)y : \ 0 \leq \lambda \leq 1\}\,, \tag{12.15}$$

auch Intervall genannt, zwischen x und y enthält (Beispiele konvexer Mengen in $\mathbb{R}^2$ s. die mit A und B bezeichneten Mengen in der **Abb.12.5**).

Der Durchschnitt beliebig vieler konvexer Mengen ist wieder eine konvexe Menge, wobei vereinbarungsgemäß die leere Menge als konvex angesehen wird. Demzufolge existiert zu jeder Teilmenge $E \subset$ V eine kleinste konvexe Menge, die E enthält, nämlich der Durchschnitt aller konvexen und E enthaltenden

Teilmengen von V. Sie heißt *konvexe Hülle* der Menge E und wird mit $co(E)$ bezeichnet. $co(E)$ ist mit der Menge aller *konvexen* Linearkombinationen von Elementen aus E identisch, d.h., $co(E)$ besteht aus allen Elementen der Form $\lambda_1 x_1 + \cdots + \lambda_n x_n$, wobei $x_1, \ldots, x_n$ beliebige Elemente aus E sind und $\lambda_i \in [0,1]$ der Gleichung $\lambda_1 + \cdots + \lambda_n = 1$ genügen. Lineare und affine Teilräume sind stets konvex.

12.1.4.2 Kegel

Eine nichtleere Teilmenge K eines (reellen) Vektorraums V nennt man einen *(konvexen) Kegel*, wenn sie den folgenden Bedingungen genügt:

1. K ist eine konvexe Menge.
2. Aus $x \in K$ und $\lambda \geq 0$ folgt $\lambda x \in K$.
3. Aus $x \in K$ und $-x \in K$ folgt $x = 0$.

Ein Kegel ist auch durch **3.** zusammen mit

$$\text{aus} \quad x, y \in K \quad \text{und} \quad \lambda, \mu \geq 0 \quad \text{folgt} \quad \lambda x + \mu y \in K \tag{12.16}$$

charakterisiert.

■ **A:** Die Menge $\mathbb{R}^n_+$ aller Vektoren $x = (\xi_1, \ldots, \xi_n)$ mit nichtnegativen Komponenten ist ein Kegel in $\mathbb{R}^n$.

■ **B:** Die Menge C_+ aller reellen stetigen Funktionen auf $[a,b]$ mit nichtnegativen Werten ist ein Kegel im Raum $\mathcal{C}([a,b])$.

■ **C:** Die Menge aller reellen Zahlenfolgen $\{\xi_n\}_{n=1}^\infty$ mit nichtnegativen Gliedern (also $\xi_n \geq 0$, $\forall n$) ist ein Kegel in **s**. Analog ergeben sich Kegel in den Vektorräumen der Beispiele **C** bis **G** von S. 595, wenn man jeweils die Menge der nichtnegativen Folgen in diesen Räumen betrachtet.

■ **D:** Die Menge $C \subset \mathbf{l}^p$ $(1 \leq p < \infty)$, bestehend aus allen Folgen $\{\xi_n\}_{n=1}^\infty$, für die

$$\sum_{n=1}^{\infty} |\xi_n|^p \leq a \quad (a > 0) \tag{12.17}$$

gilt, ist eine konvexe Menge in $\mathbf{l}^p$, die offenbar kein Kegel ist.

■ **E:** Beispiele aus $\mathbb{R}^2$ s. **Abb.12.1**: a) konvexe Menge, kein Kegel, b) nicht konvexe Menge, c) konvexe Hülle.

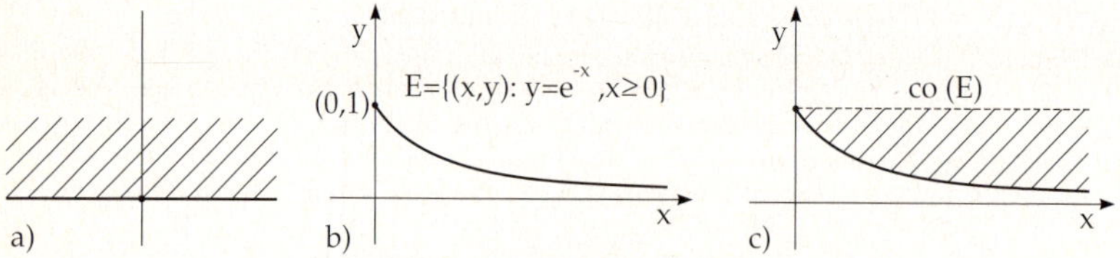

Abbildung 12.1

12.1.5 Lineare Operatoren und Funktionale

12.1.5.1 Abbildungen

Eine Abbildung $T\colon D \longrightarrow$ Y der Menge $D \subset$ X in die Menge Y heißt

- *injektiv*, wenn

$$T(x) = T(y) \Longrightarrow x = y, \tag{12.18}$$

- *surjektiv*, wenn für

$$\forall y \in \mathrm{Y} \quad \text{ein} \quad x \in D \quad \text{mit} \quad T(x) = y \quad \text{existiert}, \tag{12.19}$$

• *bijektiv,* wenn T sowohl injektiv als auch surjektiv ist. D wird *Definitionsbereich* des Operators T genannt und mit D_T oder $D(T)$ bezeichnet, während die Teilmenge $\{y \in \mathrm{Y}\colon\ \exists x \in D_T \text{ mit } Tx = y\}$ aus Y *Wertebereich* des Operators T heißt und mit $\mathcal{R}(T)$ oder $Im(T)$ bezeichnet wird.

12.1.5.2 Homomorphismus und Endomorphismus

Seien X und Y zwei Vektorräume über ein und demselben Körper $\mathbb{K}$ und D eine lineare Teilmenge aus X. Eine Abbildung $T : D \longrightarrow \mathrm{Y}$ heißt *linear, lineare Transformation, linearer Operator* oder *Homomorphismus,* wenn für beliebige $x, y \in D$ und $\alpha, \beta \in \mathbb{K}$ stets gilt:

$$T(\alpha x + \beta y) = \alpha Tx + \beta Ty\,. \tag{12.20}$$

Für einen linearen Operator T bevorzugt man in Anlehnung an lineare Funktionen die Bezeichnung Tx, während für allgemeine Operatoren $T(x)$ steht. $N(T) = \{x \in \mathrm{X} : Tx = 0\}$ ist der *Nullraum* oder *Kern* des Operators T und wird mit $Ker(T)$ bezeichnet. Als *Endomorphismus* von X bezeichnet man eine lineare Abbildung des Vektorraumes X in sich. Ist T eine injektive lineare Abbildung, so ist die aus $\mathcal{R}(T)$ durch

$$y \longmapsto x\,, \text{ so daß } Tx = y\,,\ y \in \mathcal{R}(T) \tag{12.21}$$

definierte Abbildung $T^{-1}\colon\ \mathcal{R}(T) \longrightarrow \mathrm{X}$ linear und heißt *Inverse* oder Umkehrabbildung von T. Ist Y der Vektorraum $\mathbb{K}$, so nennt man eine lineare Abbildung $f\colon \mathrm{X} \longrightarrow \mathbb{K}$ ein *lineares Funktional* oder eine *Linearform.*

12.1.5.3 Isomorphe Vektorräume

Eine bijektive lineare Abbildung $T\colon \mathrm{X} \longrightarrow \mathrm{Y}$ heißt *Isomorphismus* der Vektorräume X und Y. Die Räume nennt man im Falle der Existenz eines Isomorphismus *isomorph.*

12.1.6 Komplexifikation reeller Vektorräume

Jeden reellen Vektorraum V kann man zu einem komplexen Vektorraum $\tilde{\mathrm{V}}$ erweitern. Die Menge $\tilde{\mathrm{V}}$ besteht aus allen Paaren (x, y) mit $x, y \in \mathrm{V}$. Die Operationen (Addition und Vielfaches mit einer komplexen Zahl $a + ib \in \mathbb{C}$) werden für diese Paare wie folgt festgelegt:

$$(x_1, y_1) + (x_2, y_2) = (x_1 + x_2, y_1 + y_2)\,, \tag{12.22a}$$

$$(a + \mathrm{i}b)(x, y) = (ax - by, bx + ay)\,. \tag{12.22b}$$

Da insbesondere

$$(x, y) = (x, 0) + (0, y) \quad \text{und} \quad \mathrm{i}(y, 0) = (0 + \mathrm{i}1)(y, 0) = (0 \cdot y - 1 \cdot 0, 1y + 0 \cdot 0) = (0, y) \tag{12.23}$$

gilt, kann für das Paar (x, y) nun auch $x + \mathrm{i}y$ geschrieben werden. Die Menge $\tilde{\mathrm{V}}$ ist damit ein komplexer Vektorraum, in dem die Menge V mit dem linearen Teilraum $\tilde{\mathrm{V}}_0 = \{(x, 0)\colon x \in \mathrm{V}\}$ identifiziert wird, also x als $(x, 0)$ oder als $x + \mathrm{i}0$ aufgefaßt wird.
Die beschriebene Prozedur nennt man *Komplexifikation* des Vektorraums V. Eine linear unabhängige Teilmenge in V ist auch in $\tilde{\mathrm{V}}$ linear unabhängig. Gleiches gilt für eine Basis in V, woraus sich $dim(\mathrm{V}) = dim(\tilde{\mathrm{V}})$ ergibt.

12.1.7 Geordnete Vektorräume

12.1.7.1 Kegel und Halbordnung

Ist in einem reellen Vektorraum V ein Kegel K fixiert, so kann für gewisse Paare von Vektoren aus V eine *Ordnungsrelation* eingeführt werden, indem man für $x, y \in \mathrm{V}$ mit $x - y \in K$ einfach $x \geq y$ oder $y \leq x$ schreibt und sagt, daß x *größer oder gleich* y bzw. y kleiner oder gleich x ist. Man nennt V oder genauer des Paar (V, K) einen durch den Kegel K *geordneten* oder *teilweise geordneten Vektorraum.* Ein Element x nennt man dann *positiv,* wenn $x \geq 0$ oder, gleichbedeutend damit, $x \in K$ gilt. Außerdem ist

$$K = \{x \in \mathrm{V}\colon x \geq 0\}\,. \tag{12.24}$$

Bereits am Beispiel des mit dem ersten Quadranten als Kegel $K(=\mathbb{R}^2_+)$ geordneten Vektorraumes $\mathbb{R}^2$ wird eine typische Erscheinung in geordneten Vektorräumen ersichtlich, auf die mit den Begriffen „Halbordnung“ oder „teilweise“ bereits hingewiesen wurde, nämlich, daß nicht beliebige zwei Vektoren vergleichbar sein müssen. Die aus den Vektoren $x=(1,-1)$ und $y=(0,2)$ gebildeten Differenzen, also die Vektoren $x-y=(1,-3)$ und $y-x=(-1,3)$, liegen nicht in K, so daß weder $x \geq y$ noch $x \leq y$ gilt. Die durch einen Kegel in einem Vektorraum eingeführte Ordnung ist also lediglich eine teilweise oder partielle.
Es läßt sich zeigen, daß die Relation $\geq$ die folgenden Eigenschaften besitzt:

(O1) $x \geq x \;\forall x \in \mathrm{V}$ (Reflexivität). (12.25)

(O2) Aus $x \geq y$ und $y \geq z$ folgt $x \geq z$ (Transitivität). (12.26)

(O3) Aus $x \geq y$ und $\alpha \geq 0$, $\alpha \in \mathbb{R}$ folgt $\alpha x \geq \alpha y$. (12.27)

(O4) Aus $x_1 \geq y_1$ und $x_2 \geq y_2$ folgt $x_1 + x_2 \geq y_1 + y_2$. (12.28)

Umgekehrt, ist ein Vektorraum V mit einer Ordnungsrelation versehen, d.h., für gewisse Paare seiner Elemente ist eine binäre Operation $\geq$ erklärt, die den Axiomen **(O1)** bis **(O4)** genügt, dann setzt man

$$\mathrm{V}_+ = \{x \in \mathrm{V}\colon x \geq 0\} \tag{12.29}$$

und kann zeigen, daß V_+ ein Kegel ist. Die jetzt durch V_+ in V einführbare Ordnung $\geq_{V_+}$ ist identisch mit der vorhandenen Ordnung $\geq$; folglich sind die beiden aufgezeigten Möglichkeiten der Einführung einer Ordnung in einem Vektorraum äquivalent.
Ein Kegel $K \subset \mathrm{X}$ heißt *erzeugend*, wenn jedes Element $x \in \mathrm{X}$ als $x = u - v$ mit $u, v \in K$ dargestellt werden kann. Man schreibt dafür auch $\mathrm{X} = K\text{-}K$.

■ **A:** Die Ordnung im Raum **s** (s. S. 595) wird durch den Kegel

$$K = \{x = \{\xi_n\}_{n=1}^{\infty} : \xi_n \geq 0 \quad \forall n\} \tag{12.30}$$

(s. Beispiel **C** aus (12.1.4)) eingeführt. In den Folgenräumen (s. (12.11)) betrachtet man die natürliche koordinatenweise Ordnung. Sie ergibt sich mit Hilfe des Kegels, den man in einem solchen Raum als Durchschnitt von K (s. (12.30)) mit dem jeweiligen Raum erhält. Die positiven Elemente in diesen geordneten Vektorräumen sind dann jeweils die Folgen mit nichtnegativen Gliedern. Selbstverständlich können auch andere Kegel und damit auch von der natürlichen Halbordnung verschiedene Ordnungen in diesen Räumen betrachtet werden (s. Lit. [12.20], [12.22]).

■ **B:** In den reellen Funktionenräumen $\mathcal{F}(T)$, $\mathcal{B}(T)$, $\mathcal{C}(T)$ und $\mathcal{C}^{(k)}([a,b])$ (s. S. 596) erklärt man $x \geq y$ für zwei Funktionen x und y durch $x(t) \geq y(t)\;\forall t \in T$ bzw. $\forall t \in [a,b]$ die natürliche Ordnung, in der $x \geq 0$ gerade für eine auf T überall nichtnegative Funktion x steht. Die entsprechenden Kegel bezeichnet man üblicherweise wieder mit $\mathcal{F}_+(T)$, $\mathcal{B}_+(T)$ usw. Es ist also beispielsweise $C_+ = C_+(T) = \mathcal{F}_+(T) \cap \mathcal{C}(T)$.

12.1.7.2 Ordnungsbeschränkte Mengen

Sei E eine beliebige nichtleere Menge eines geordneten Vektorraumes V. Ein Element $z \in \mathrm{V}$, für das $x \leq z$, $\forall x \in E$ gilt, heißt *obere Schranke* der Menge E. Eine *untere Schranke* für E ist ein Element $u \in \mathrm{V}$ mit $u \leq x$, $\forall x \in E$. Für zwei Elemente $x, y \in \mathrm{V}$ mit $x \leq y$ definiert man die Menge

$$[x,y] = \{v \in \mathrm{V}\colon x \leq v \leq y\} \tag{12.31}$$

und nennt sie *Ordnungsintervall* oder (0)–*Intervall*.
Offenbar sind x bzw. y untere bzw. obere Schranke der Menge $[x,y]$, wobei diese der Menge sogar angehören. Eine Menge $E \subset \mathrm{V}$ heißt nun *ordnungs-* oder einfach (0)–*beschränkt,* wenn E Teilmenge eines Ordnungsintervalls ist, d.h., wenn zwei Elemente $u, z \in \mathrm{V}$ existieren, so daß $u \leq x \leq z$, $\forall x \in E$ oder, was äquivalent dazu ist, $E \subset [u,z]$ gilt. Eine *von oben beschränkte* bzw. *von unten beschränkte*

Menge ist eine Menge, für die eine obere bzw. eine untere Schranke in V existiert.

12.1.7.3 Positive Operatoren

Ein linearer Operator (s. Lit. [12.2], [12.20]) $T\colon \mathrm{X} \longrightarrow \mathrm{Y}$ des geordneten Vektorraums $\mathrm{X} = (\mathrm{X}, \mathrm{X}_+)$ in den geordneten Vektorraum $\mathrm{Y} = (\mathrm{Y}, \mathrm{Y}_+)$ heißt *positiv*, wenn gilt:

$$T(\mathrm{X}_+) \subset \mathrm{Y}_+ , \quad \text{d.h.} \quad Tx \geq 0 \quad \text{für alle} \quad x \geq 0 . \tag{12.32}$$

12.1.7.4 Vektorverbände

1. Vektorverband

Im Vektorraum $\mathbb{R}^1$ der reellen Zahlen sind die Begriffe (0)–Beschränktheit und Beschränktheit (im herkömmlichen Sinne) identisch. Es ist bekannt, daß jede von oben beschränkte Menge reeller Zahlen in $\mathbb{R}^1$ ihr Supremum – die kleinste aller oberen Schranken – besitzt. In einem allgemeinen Vektorraum kann die Existenz von Supremum und Infimum im allgemeinen nicht einmal für endliche Teilmengen nachgewiesen, sondern muß per Axiom gefordert werden. Ein geordneter Vektorraum V heißt *Vektorverband* oder *linearer Verband* (in der englischsprachigen Literatur auch RIESZ *space* bzw. *vector lattice*, in der russischsprachigen Literatur auch *K-Lineal*), wenn für zwei beliebige Elemente $x, y \in \mathrm{V}$ ein Element $z \in \mathrm{V}$ mit den folgenden Eigenschaften existiert:

1. $x \leq z$ und $y \leq z$,
2. ist $u \in \mathrm{V}$ mit $x \leq u$ und $y \leq u$, dann gilt $z \leq u$.

Ein solches Element z ist eindeutig bestimmt, wird mit $x \vee y$ bezeichnet und das *Supremum* von x und y (genauer: Supremum der aus den Elementen x und y bestehenden Menge) genannt. In einem Vektorverband existiert zu je zwei Elementen x und y auch stets das Infimum, das mit $x \wedge y$ bezeichnet wird. Zu Anwendungen positiver Operatoren in Vektorverbänden s. u. a. Lit. [12.3].

■ **A:** Im Vektorverband $\mathcal{F}([a,b])$ (s. S. 596) wird das Supremum von zwei Funktionen x, y punktweise nach der Formel

$$(x \vee y)(t) = \max\{x(t), y(t)\} \quad \forall\, t \in [a,b] \tag{12.33}$$

berechnet.
Im Falle von $[a,b] = [0,1]$, $x(t) = 1 - \frac{3}{2}t$ und $y(t) = t^2$ **(Abb.12.2)** ergibt sich für

$$(x \vee y)(t) = \begin{cases} 1 - \frac{3}{2}t, & \text{falls} \quad 0 \leq t \leq \frac{1}{2}, \\ t^2, & \text{falls} \quad \frac{1}{2} \leq t \leq 1 . \end{cases} \tag{12.34}$$

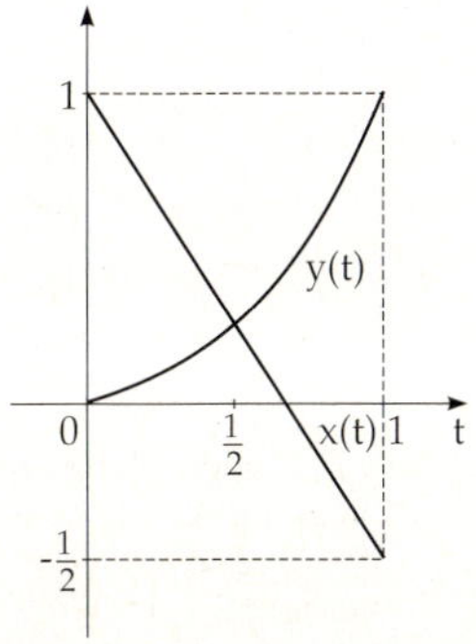

Abbildung 12.2

■ **B:** Die Räume $\mathcal{C}([a,b])$ und $\mathcal{B}([a,b])$ (s. S. 596) sind ebenfalls Vektorverbände, während der geordnete Raum $\mathcal{C}^{(1)}([a,b])$ kein Vektorverband ist, da das Minimum oder Maximum zweier Funktionen im allgemeinen eine Funktion sein kann, die nicht in jedem Punkt aus $[a,b]$ differenzierbar zu sein braucht.

Ein linearer Operator $T : \mathrm{X} \longrightarrow \mathrm{Y}$ des Vektorverbandes X in einen Vektorverband Y heißt *Vektorverbandshomomorphismus* oder *Homomorphismus der Vektorverbände*, wenn für alle $x_1, x_2 \in \mathrm{X}$ gilt:

$$T(x_1 \vee x_2) = Tx_1 \vee Tx_2 \quad \text{und} \quad T(x_1 \wedge x_2) = Tx_1 \wedge Tx_2 . \tag{12.35}$$

2. Positiver und negativer Teil, Modul eines Elements

Für ein beliebiges Element x eines Vektorverbandes V heißen die Elemente

$$x_+ = x \vee 0 , \quad x_- = (-x) \vee 0 \quad \text{und} \quad |x| = x_+ + x_- \tag{12.36}$$

positiver Teil, *negativer Teil* und *Modul* des Elements x. Für jedes Element $x \in \mathrm{V}$ sind die drei Elemente $x_+, x_-, |x|$ positiv, wobei die folgenden Beziehungen gelten:

$$x \leq x_+ \leq |x| , \qquad x = x_+ - x_- , \qquad x_+ \wedge x_- = 0 , \qquad |x| = x \vee (-x) , \tag{12.37a}$$

$$(x+y)_+ \le x_+ + y_+\,, \qquad (x+y)_- \le x_- + y_-\,, \qquad |x+y| \le |x| + |y|\,, \tag{12.37b}$$

$$\text{aus} \quad x \le y \quad \text{folgen} \quad x_+ \le y_+ \quad \text{und} \quad x_- \ge y_- \tag{12.37c}$$

sowie bei beliebigem $\alpha \ge 0$

$$(\alpha\, x)_+ = \alpha\, x_+\,, \qquad (\alpha\, x)_- = \alpha\, x_-\,, \qquad |\alpha\, x| = \alpha |x|\,. \tag{12.37d}$$

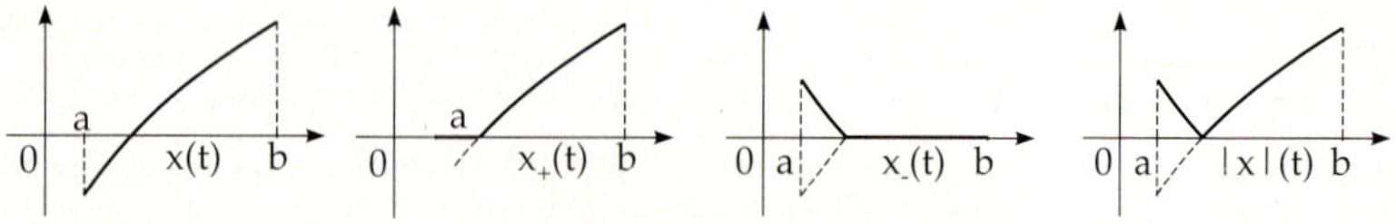

Abbildung 12.3

In den Vektorverbänden $\mathcal{F}([a,b])$ und $\mathcal{C}([a,b])$ erhält man für eine Funktion $x(t)$ ihren positiven und negativen Teil sowie ihren Modul mit Hilfe der folgenden Formeln **(Abb.12.3)**:

$$x_+(t) = \begin{cases} x(t), & \text{falls } x(t) \ge 0\,, \\ 0, & \text{falls } x(t) < 0\,, \end{cases} \tag{12.38a}$$

$$x_-(t) = \begin{cases} 0, & \text{falls } x(t) > 0\,, \\ -x(t), & \text{falls } x(t) \le 0\,, \end{cases} \quad (12.38\text{b}) \qquad |x|(t) = |x(t)| \quad \forall\, t \in [a,b]\,. \tag{12.38c}$$

12.2 Metrische Räume

12.2.1 Begriff des metrischen Raumes

Auf einer Menge X sei jedem Paar von Elementen $x, y \in \mathrm{X}$ eine reelle Zahl $\rho(x,y)$ zugeordnet, so daß für beliebige Elemente $x, y, z \in \mathrm{X}$ die folgenden Eigenschaften, die *Axiome des metrischen Raumes*, erfüllt sind:

(M1) $\rho(x,y) \ge 0$ und $\rho(x,y) = 0$ genau dann, wenn $x = y$ (Nichtnegativität), (12.39)

(M2) $\rho(x,y) = \rho(y,x)$ (Symmetrie), (12.40)

(M3) $\rho(x,y) \le \rho(x,z) + \rho(z,y)$ (Dreiecksungleichung). (12.41)

Eine Funktion $\rho : \mathrm{X} \times \mathrm{X} \to \mathbb{R}^1_+$ mit den Eigenschaften **(M1)** bis **(M3)** heißt *Metrik*, *Distanz* oder *Abstand* auf der Menge X, und das Paar $\mathrm{X} = (\mathrm{X}, \rho)$ heißt *metrischer Raum.* Jede Teilmenge Y eines metrischen Raumes $\mathrm{X} = (\mathrm{X}, \rho)$ kann auf natürliche Weise in einen (selbständigen) metrischen Raum verwandelt werden, indem man die Metrik ρ des Raumes X auf die Menge Y einschränkt, d.h. nur auf der Menge $\mathrm{Y} \times \mathrm{Y}$ betrachtet. Der Raum (Y, ρ) heißt *Teilraum* des metrischen Raumes X.

■ **A:** Die Mengen $\mathbb{R}^n$ und $\mathbb{C}^n$, versehen mit der *euklidischen Metrik*

$$\rho(x,y) = \sqrt{\sum_{k=1}^{n} |\xi_k - \eta_k|^2} \tag{12.42}$$

für zwei Punkte $x = (\xi_1, \ldots, \xi_n)$ und $y = (\eta_1, \ldots \eta_n)$, sind metrische Räume.

■ **B:** Hat man in der Menge $\mathbb{R}^n$ für einen Wert (d.h. Vektor) x einen Näherungswert, etwa den Vektor $\tilde{x} = (\tilde{\xi}_1, \ldots, \tilde{\xi}_n)$, dann ist die Größe oder Abweichung $\max_{1\le k\le n} |\xi_k - \tilde{\xi}_k|$ von Interesse. Diesen Sachverhalt berücksichtigt die Metrik

$$\rho(x,y) = \max_{1\le k\le n} |\xi_k - \eta_k|\,. \tag{12.43}$$

Die Metriken (12.42) und (12.43) ergeben für den Fall $n = 1$ jeweils den Absolutbetrag $|x - y|$ in den Mengen $\mathbb{R} = \mathbb{R}^1$ und $\mathbb{C}$ der reellen bzw. der komplexen Zahlen.

■ **C:** Endliche 0–1–Folgen, z.B. 1110 und 010110, nennt man in der Kodierung *Wörter*. Zählt man die Stellen, an denen sich zwei gleich lange Wörter (der Länge n) unterscheiden, also $x = (\xi_1, \ldots, \xi_n)$, $y = (\eta_1, \ldots, \eta_n)$, $\xi_k, \eta_k \in \{0, 1\}$, $\varrho(x, y) =$ Anzahl der $k \in \{1, \ldots, n\}$ mit $\xi_k \neq \eta_k$, dann entsteht in der Menge aller Wörter der Länge n eine Metrik, der HAMMING–Abstand, z.B. $\varrho((1110), (0100))$.

■ **D:** In der Menge **m** und ihren Teilmengen **c** und $\mathbf{c_0}$ (s. (12.11)) definiert man eine Metrik durch

$$\rho(x, y) = \sup_k |\xi_k - \eta_k|. \tag{12.44}$$

■ **E:** In der Menge $\mathbf{l}^p$ $(1 \leq p < \infty)$ der Folgen mit absolut konvergenter Reihe $\sum_{n=1}^{\infty} |\xi_n|^p$ betrachtet man die folgende Metrik:

$$\rho(x, y) = \sqrt[p]{\sum_{n=1}^{\infty} |\xi_n - \eta_n|^p}. \tag{12.45}$$

■ **F:** In der Menge $\mathcal{C}([a, b])$ betrachtet man die Metrik

$$\rho(x, y) = \max_{t \in [a,b]} |x(t) - y(t)|. \tag{12.46}$$

■ **G:** In der Menge $\mathcal{C}^{(k)}([a, b])$ definiert man als Metrik:

$$\rho(x, y) = \sum_{l=0}^{k} \max_{t \in [a,b]} |x^{(l)}(t) - y^{(l)}(t)|. \tag{12.47}$$

■ **H:** In der Menge $L^p(\Omega)$ $(1 \leq p < \infty)$ aller Äquivalenzklassen von fast überall auf einem beschränkten Gebiet $\Omega \subset \mathbb{R}^n$ definierten LEBESGUE–meßbaren, zur p–ten Potenz summierbaren Funktionen (s. Abschnitt 12.9) ist eine Metrik definiert durch

$$\rho(x, y) = \sqrt[p]{\int_{\Omega} |x(t) - y(t)|^p \, d\mu}. \tag{12.48}$$

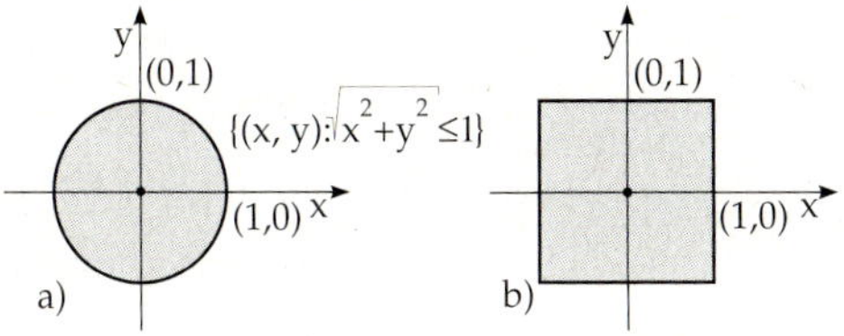

Abbildung 12.4

12.2.1.1 Kugeln und Umgebungen

In einem metrischen Raum $\mathrm{X} = (\mathrm{X}, \rho)$, dessen Elemente auch Punkte heißen, nennt man für eine reelle Zahl $r > 0$ und einen fixierten Punkt x_0 die Mengen

$$B(x_0; r) = \{x \in \mathrm{X} : \rho(x, x_0) < r\}, \quad (12.49) \qquad \overline{B}(x_0; r) = \{x \in \mathrm{X} : \rho(x, x_0) \leq r\} \quad (12.50)$$

offene bzw. *abgeschlossene Kugel* mit dem Radius r und dem Zentrum x_0.
Im Vektorraum $\mathbb{R}^2$ ergeben sich mit den Metriken (12.42) und (12.43) für $x_0 = 0$ und $r = 1$ als Kugeln die in den **Abb.12.4a,b** dargestellten Mengen.
Eine Teilmenge U eines metrischen Raumes $\mathrm{X} = (\mathrm{X}, \rho)$ heißt *Umgebung* des Punktes x_0, wenn x_0 mit einer ganzen offenen Kugel zu U gehört, also es $\exists r > 0$, so daß $B(x_0; r) \subset U$ gilt. Eine Umgebung U des Punktes x bezeichnet man auch mit $U(x)$. Offenbar ist jede Kugel auch Umgebung ihres Zentrums; eine offene Kugel ist sogar Umgebung jedes ihrer Punkte. Man nennt einen Punkt x_0 *inneren Punkt* einer Menge $A \subset \mathrm{X}$, wenn x_0 mit einer Umgebung zu A gehört, also es existiert eine Umgebung U von x_0 mit

$x_0 \in U \subset A$. Schließlich heißt eine Teilmenge eines metrischen Raumes *offen*, wenn alle ihre Punkte innere Punkte sind.
Die (bisher nur so benannten) offenen Kugeln in jedem beliebigen metrischen Raum, insbesondere alle offenen Intervalle aus $\mathbb{R}$, sind die Prototypen offener Mengen. Die Gesamtheit aller offenen Mengen genügt den folgenden *Axiomen der offenen Mengen*:

- Sind G_α für $\forall \alpha \in I$ offen, dann ist auch die Menge $\bigcup_{\alpha \in I} G_\alpha$ offen.
- Sind $G_1, G_2, \ldots, G_n$ endlich viele, beliebige offene Mengen, dann ist auch die Menge $\bigcap_{k=1}^{n} G_k$ offen.
- Die leere Menge $\emptyset$ ist vereinbarungsgemäß offen.

Man nennt eine Teilmenge A eines metrischen Raumes *beschränkt*, wenn für ein gewisses Element x_0 (das nicht unbedingt der Menge A angehören muß) und eine gewisse Zahl $R > 0$ die Menge A in der Kugel $B(x_0; R)$ liegt, wofür man auch $\rho(x, x_0) < R \quad (\forall\, x \in A)$ schreibt.

12.2.1.2 Konvergenz von Folgen im metrischen Raum

Seien $\mathrm{X} = (\mathrm{X}, \rho)$ ein metrischer Raum, $x_0 \in \mathrm{X}$ ein Punkt und $\{x_n\}_{n=1}^{\infty}$, $x_n \in \mathrm{X}$ eine Folge von Elementen in X.
Die Folge $\{x_n\}_{n=1}^{\infty}$ heißt zum Punkt x_0 *konvergent*, wenn es zu jeder Umgebung $U(x_0)$ einen Index $n_0 = n_0(U)$ gibt, so daß $\forall\, n > n_0$ die Beziehung $x_n \in U$ gilt. Man schreibt für diesen Sachverhalt gewöhnlich

$$x_n \longrightarrow x_0 \quad (n \to \infty) \qquad \text{oder} \qquad \lim_{n\to\infty} x_n = x \tag{12.51}$$

und nennt x_0 den *Grenzwert* der Folge $\{x_n\}_{n=1}^{\infty}$. Der Grenzwert einer Folge ist eindeutig bestimmt. Anstelle einer beliebigen (allgemeinen) Umgebung des Punktes x_0 genügt es, lediglich offene Kugeln mit beliebig kleinem Radius heranzuziehen, so daß (12.51) äquivalent zu Folgendem ist: Für $\forall\, \varepsilon > 0$ (man hat dabei sofort die offene Kugel $B(x_0; \varepsilon)$ im Sinn) gibt es einen Index $n_0 = n_0(\varepsilon)$, so daß $\forall\, n > n_0$ die Ungleichung $\rho(x_n, x_0) < \varepsilon$ gilt. Damit bedeutet (12.51) genau $\rho(x_n, x_0) \longrightarrow 0$.
Mit den eingeführten Begriffen hat man die Möglichkeit, in konkreten metrischen Räumen den Abstand zwischen zwei Punkten anzugeben und die Konvergenz von Punktfolgen zu untersuchen, was etwa bei numerischen Verfahren oder bei der Approximation von Funktionen durch solche einer bestimmten Klasse (s. z.B. S. 912) von Bedeutung ist.
Im Raum $\mathbb{R}^n$ erweist sich die mittels einer der angegebenen Metriken festgelegte Konvergenz gerade als koordinatenweise Konvergenz.
In den Räumen $\mathcal{B}([a,b])$ und $\mathcal{C}([a,b])$ ist die durch (12.45) eingeführte Konvergenz genau die gleichmäßige Konvergenz der Funktionenfolge auf der Menge $[a,b]$ (s. 7.3.2).
Im Raum $L^2(\Omega)$ ergibt sich die Konvergenz im (quadratischen) Mittel, d.h. $x_n \to x_0$ genau dann, wenn

$$\int\limits_{\Omega} |x_n - x_0|^2 \, d\mu \longrightarrow 0 \quad \text{für} \quad n \longrightarrow \infty\,. \tag{12.52}$$

12.2.1.3 Abgeschlossene Mengen und Abschließung

1. Abgeschlossene Menge

Eine Teilmenge F eines metrischen Raumes X heißt *abgeschlossen*, wenn $\mathrm{X} \setminus F$ eine offene Menge ist. Jede abgeschlossene Kugel in einem metrischen Raum, insbesondere jedes Intervall der Typen $[a,b]$, $[a,\infty)$, $(-\infty, a]$ in $\mathbb{R}$, ist eine abgeschlossene Menge.
Dual zu den Axiomen der offenen Mengen erfüllt die Gesamtheit aller abgeschlossenen Mengen eines metrischen Raumes folgende Eigenschaften:

- Sind F_α für $\forall \alpha \in I$ abgeschlossen, dann ist auch die Menge $\bigcap_{\alpha \in I} F_\alpha$ abgeschlossen.
- Sind $F_1, \ldots, F_n$ endlich viele, beliebig abgeschlossene Mengen, dann ist auch die Menge $\bigcup_{k=1}^{n} F_k$ abgeschlossen.
- Die leere Menge $\emptyset$ ist vereinbarungsgemäß abgeschlossen.

Die Mengen $\emptyset$ und X sind sowohl offen als auch abgeschlossen.

Ein Punkt x_0 des metrischen Raumes X heißt *Berührungspunkt* der Menge $A \subset X$, wenn für jede Umgebung $U(x_0)$

$$U(x_0) \cap A \neq \emptyset \tag{12.53}$$

gilt. Besteht dieser Durchschnitt darüber hinaus jeweils nicht nur aus dem einen Punkt x_0, dann heißt x_0 *Häufungspunkt* der Menge A. Ein Berührungspunkt, der kein Häufungspunkt ist, heißt *isolierter* Punkt.

Ein Häufungspunkt von A muß somit nicht unbedingt zur Menge A gehören, z.B. der Punkt a im Verhältnis zur Menge $A = (a, b]$, während ein isolierter Punkt notwendigerweise zur Menge A gehören muß.
Ein Punkt x_0 ist genau dann Berührungspunkt der Menge A, wenn es eine Folge $\{x_n\}_{n=1}^{\infty}$ von Elementen x_n aus A gibt, die zu x_0 konvergiert, wobei $x_n = x_0$, $\forall\, n \geq n_0$ im Falle eines isolierten Punktes x_0 gesetzt wird.

2. Abschließung

Jede Teilmenge A eines metrischen Raumes X liegt offenbar in der abgeschlossenen Menge X. Es existiert immer eine kleinste abgeschlossene Menge, die A enthält, nämlich der Durchschnitt aller abgeschlossenen Mengen aus X, die A enthalten. Diese Menge heißt *abgeschlossene Hülle* oder *Abschließung* der Menge A und wird gewöhnlich mit $\overline{A}$ bezeichnet. $\overline{A}$ ist mit der Menge aller Berührungspunkte von A identisch; man erhält $\overline{A}$ aus der Menge A durch Hinzufügen aller ihrer Häufungspunkte. Abgeschlossene Mengen sind gerade solche Mengen A, für die $A = \overline{A}$ gilt. Demzufolge erlauben sie eine Charakterisierung durch Folgen in folgender Weise: A ist abgeschlossen genau dann, wenn für eine beliebige Folge $\{x_n\}_{n=1}^{\infty}$ von Elementen aus A, die im Raum X zu einem Element x_0 $(\in X)$ konvergiert, der Grenzwert x_0 zu A gehört.

12.2.1.4 Dichte Teilmengen und separable metrische Räume

Eine Teilmenge A eines metrischen Raumes X heißt *überall dicht*, wenn $\overline{A} = X$ gilt, mit anderen Worten, jeder Punkt $x \in X$ ist Berührungspunkt der Menge A. Das bedeutet, für jedes $x \in X$ gibt es eine Folge $\{x_n\}$ von Elementen aus A mit $x_n \longrightarrow x$.

■ Nach dem WEIERSTRASSschen Approximationssatz kann jede auf einem abgeschlossenem und beschränktem Intervall $[a, b]$ stetige Funktion beliebig genau in der Metrik des Raumes $\mathcal{C}([a, b])$, also gleichmäßig, durch Polynome genähert werden. Diesen Satz kann man nunmehr wie folgt formulieren: Die Menge der Polynome auf $[a, b]$ ist überall dicht in $\mathcal{C}([a, b])$.

■ Weitere Beispiele für überall dichte Mengen im Raum $\mathbb{R}$ sind die Mengen aller rationalen Zahlen $\mathbb{Q}$ und aller irrationalen Zahlen.

Ein metrischer Raum X heißt *separabel*, wenn in X eine abzählbare überall dichte Teilmenge existiert. Eine abzählbare überall dichte Teilmenge in $\mathbb{R}^n$ ist zum Beispiel die Menge aller Vektoren mit rationalen Komponenten. Separabel ist auch der Raum $\mathbf{l} = \mathbf{l}^1$, eine abzählbare überall dichte Teilmenge ist z.B. die Menge aller Elemente der Form $x = (r_1, r_2, \ldots, r_N, 0, 0, \ldots)$, wobei r_i rationale Zahlen und $N = N(x)$ eine beliebige natürliche Zahl ist. Der Raum $\mathbf{m}$ ist nicht separabel.

12.2.2 Vollständige metrische Räume

12.2.2.1 Cauchy–Folge

Sei $X = (X, \rho)$ ein metrischer Raum. Die Folge $\{x_n\}_{n=1}^{\infty}$ mit $x_n \in X$, $\forall\, n$ heißt CAUCHY–*Folge, fundamentale Folge* oder manchmal auch noch *konvergent in sich*, wenn es für $\forall\, \varepsilon > 0$ einen Index $n_0 = n_0(\varepsilon)$ gibt, so daß $\forall n, m > n_0$ die Ungleichung

$$\rho(x_n, x_m) < \varepsilon \tag{12.54}$$

gilt. Jede CAUCHY–Folge ist eine beschränkte Menge. Weiter gilt, daß jede konvergente Folge eine CAUCHY–Folge ist. Die Umkehrung gilt im allgemeinen **nicht**, wie das folgende Beispiel zeigt.

■ Betrachtet man im Raum $\mathbf{l}^1$ die Metrik (12.44) des Raumes $\mathbf{m}$ sowie die offensichtlich für alle $n =$

$1, 2, \ldots$ in $\mathbf{l}^1$ liegenden Elemente $x^{(n)} = (1, \frac{1}{2}, \frac{1}{3}, \ldots, \frac{1}{n}, 0, 0, \ldots)$, dann ist die Folge $\{x^{(n)}\}_{n=1}^{\infty}$ eine CAUCHY-Folge in diesem Raum. Würde die Folge $\{x^{(n)}\}$ konvergieren, dann müßte sie auch koordinatenweise konvergieren, und zwar zu dem Element $x^{(0)} = (1, \frac{1}{2}, \frac{1}{3}, \ldots, \frac{1}{n}, \frac{1}{n+1}, \ldots)$. $x^{(0)}$ liegt aber wegen $\sum_{n=1}^{\infty} \frac{1}{n} = +\infty$ (s. S. 399, harmonische Reihe) nicht in $\mathbf{l}^1$.

12.2.2.2 Vollständiger metrischer Raum

Ein metrischer Raum heißt *vollständig*, wenn in ihm jede CAUCHY-Folge konvergiert. Die vollständigen metrischen Räume sind also gerade diejenigen, in denen das von den reellen Zahlen her bekannte CAUCHY*sche Prinzip* gilt: Eine Folge konvergiert genau dann, wenn sie eine CAUCHY-Folge ist. Jeder abgeschlossene Teilraum eines vollständigen metrischen Raumes ist (als selbständiger metrischer Raum aufgefaßt) vollständig. In gewisser Weise gilt die Umkehrung: Ist ein Teilraum Y eines (nicht notwendigerweise vollständigen) metrischen Raumes X vollständig, so ist die Menge Y in X abgeschlossen.

■ Vollständig metrische Räume sind z.B.: $\mathbf{m}$, $\mathbf{l}^p$ $(1 \le p < \infty)$, $\mathbf{c}$, $\mathcal{B}(T)$, $\mathcal{C}([a,b])$, $\mathcal{C}^{(k)}([a,b])$, $L^p(a,b)$ $(1 \le p < \infty)$.

12.2.2.3 Einige fundamentale Sätze in vollständigen metrischen Räumen

Die Wichtigkeit vollständiger metrischer Räume resultiert u.a. auch aus der Gültigkeit einer ganzen Reihe bedeutender Sätze und Prinzipien, die aus der reellen Analysis bekannt und nützlich sind und die man gern für den Fall unendlichdimensionaler Räume zur Verfügung haben möchte.

1. Kugelschachtelungssatz Sei X ein vollständiger metrischer Raum. Ist

$$\overline{B}(x_1; r_1) \supset \overline{B}(x_2; r_2) \supset \cdots \supset \overline{B}(x_n; r_n) \supset \cdots \tag{12.55}$$

eine Folge von ineinandergeschachtelten abgeschlossenen Kugeln mit $r_n \longrightarrow 0$, dann ist der Durchschnitt aller dieser Kugeln nichtleer und besteht nur aus einem einzigen Punkt. Gilt dieser Satz in einem metrischen Raum, so ist dieser vollständig.

2. BAIREscher Kategoriensatz Sei X ein vollständiger metrischer Raum und $\{F_k\}_{k=1}^{\infty}$ eine Folge von abgeschlossenen Mengen in X mit $\bigcup_{k=1}^{\infty} F_k = \mathrm{X}$. Dann existiert mindestens ein Index k_0, für den die Menge F_{k_0} einen inneren Punkt enthält.

3. BANACHscher Fixpunktsatz Sei F eine nichtleere abgeschlossene Teilmenge eines vollständigen metrischen Raumes (X, ρ). Sei $T\colon \mathrm{X} \longrightarrow \mathrm{X}$ ein kontraktiver Operator auf F, d.h., es existiert eine Konstante $q \in (0,1)$, so daß gilt

$$\rho(Tx, Ty) \le q\,\rho(x,y) \quad \text{für alle} \quad x, y \in F. \tag{12.56}$$

Dann gilt:
1. Für einen beliebigen Startpunkt $x_0 \in F$ ist das Iterationsverfahren

$$x_{n+1} := Tx_n \quad (n = 0, 1, 2, \ldots) \tag{12.57}$$

unbeschränkt ausführbar, d.h., für jedes n gilt $x_n \in F$.
2. Die Iterationsfolge $\{x_n\}_{n=0}^{\infty}$ konvergiert gegen ein Element $x^* \in F$.
3. Es gilt

$$Tx^* = x^*, \quad \text{d.h.,} \quad x^* \text{ ist ein Fixpunkt des Operators } T. \tag{12.58}$$

4. Der einzige Fixpunkt von T in F ist x^*.
5. Es gilt die Fehlerabschätzung

$$\rho(x^*, x_n) \le \frac{q^n}{1-q}\rho(x_1, x_0). \tag{12.59}$$

Im Zusammenhang mit dem BANACHschen *Fixpunktsatz* spricht man vom *Prinzip der kontrahierenden Abbildung* oder dem *Kontraktionsprinzip*.

12.2.2.4 Einige Anwendungen des Kontraktionsprinzips

1. Iterationsverfahren zur Lösung linearer Gleichungssysteme

Das gegebene lineare (n, n)–Gleichungssystem

$$\begin{array}{l} a_{11}x_1 + a_{12}x_2 + \ldots + a_{1n}x_1 = b_1 , \\ a_{21}x_1 + a_{22}x_2 + \ldots + a_{2n}x_n = b_2 , \\ \ldots\ldots\ldots\ldots\ldots\ldots\ldots\ldots \\ a_{n1}x_1 + a_{n2}x_2 + \ldots + a_{nn}x_n = b_n \end{array} \qquad (12.60\text{a})$$

geht durch Umformung gemäß (19.2.1) in das äquivalente Gleichungssystem

$$\begin{array}{l} x_1 - (1 - a_{11})x_1 \quad + a_{12}x_2 + \cdots \quad + a_{1n}x_n = b_1 , \\ x_2 \quad - a_{21}x_1 - (1 - a_{22})x_2 + \cdots \quad + a_{2n}x_n = b_2 , \\ \ldots\ldots\ldots\ldots\ldots\ldots\ldots\ldots\ldots\ldots\ldots\ldots \\ x_n \quad - a_{n1}x_1 \quad + a_{n2}x_2 + \cdots - (1 - a_{nn})x_n = b_n \end{array} \qquad (12.60\text{b})$$

über. Dieses läßt sich mit dem Operator $T\colon\ \mathbb{K}^n \to \mathbb{K}^n$, definiert durch

$$Tx = \left(x_1 - \sum_{k=1}^{n} a_{1k}x_k + b_1, \ldots, x_n - \sum_{k=1}^{n} a_{nk}x_k + b_n \right)^{\mathrm{T}} , \qquad (12.61)$$

in das Fixpunktproblem

$$x = Tx \qquad (12.62)$$

überführen, das im metrischen Raum $\mathbb{K}^n$, versehen mit einer geeigneten Metrik, der euklidischen (12.42), der Metrik (12.43) oder der Metrik $\rho(x, y) = \sum_{k=1}^{n} |x_k - y_k|$ (vgl. mit (12.45)), betrachtet wird. Ist eine der Zahlen

$$\sqrt{\sum_{j,k=1}^{n} |a_{jk}|^2}, \qquad \max_{1\le j\le n} \sum_{k=1}^{n} |a_{jk}|, \qquad \max_{1\le k\le n} \sum_{j=1}^{n} |a_{jk}| \qquad (12.63)$$

kleiner als 1 , dann erweist sich T als kontrahierender Operator und besitzt nach dem BANACHschen Fixpunktsatz genau einen Fixpunkt, der der komponentenweise Grenzwert der Iterationsfolge mit beliebigem Startpunkt aus $\mathbb{K}^n$ ist.

2. FREDHOLMsche Integralgleichungen

Die FREDHOLMsche Integralgleichung (s. 11.2)

$$\varphi(x) - \int_a^b K(x, y)\varphi(y)\, dy = f(x) , \quad x \in [a, b] \qquad (12.64)$$

mit stetigem Kern und stetiger rechter Seite kann man iterativ lösen, indem sie mit Hilfe des Operators $T\colon\ \mathcal{C}([a, b]) \longrightarrow \mathcal{C}([a, b])$, definiert durch

$$T\varphi(x) = \int_a^b K(x, y)\varphi(y)\, dy + f(x) \quad \forall\, \varphi \in \mathcal{C}([a, b]) , \qquad (12.65)$$

in ein Fixpunktproblem $T\varphi = \varphi$ im metrischen Raum $\mathcal{C}([a, b])$ (Beispiel **A** aus Abschnitt 12.1.24.) überführt und der Fixpunktsatz angewendet wird, vorausgesetzt, es gilt $\max_{a\le x\le b} \int_a^b |K(x, y)|\, dy < 1$. Die eindeutige Lösung erhält man als gleichmäßigen Grenzwert der Iterationsfolge $\{T^n\varphi_0\}_{n=1}^{\infty}$, beginnend mit einer beliebigen Funktion $\varphi_0(x) \in \mathcal{C}([a, b])$.

3. VOLTERRAsche Integralgleichungen
Die VOLTERRAsche Integralgleichung (s. 11.4)

$$\varphi(x) - \int_a^x K(x,y)\varphi(y)\,dy = f(x)\,, \quad x \in [a,b] \tag{12.66}$$

mit stetigem Kern und stetiger rechter Seite kann man mit Hilfe des VOLTERRAschen Integraloperators

$$(V\varphi)(x) := \int_a^x K(x,y)\varphi(y)\,dy \quad \forall\, \varphi \in \mathcal{C}([a,b]) \tag{12.67}$$

und $T\varphi = f + V\varphi$ als das Fixpunktproblem $T\varphi = \varphi$ im Raum $\mathcal{C}([a,b])$ unter Anwendung des Fixpunktsatzes behandeln.

4. Satz von PICARD–LINDELÖF
Es werde die Differentialgleichung

$$\dot{x} = f(t,x) \tag{12.68}$$

mit einer stetigen Abbildung $f\colon I \times G \longrightarrow \mathbb{R}^n$ betrachtet, wobei I ein offenes Intervall aus $\mathbb{R}$ und G eine offene Teilmenge aus $\mathbb{R}^n$ sind. Die Abbildung f genüge bezüglich x einer LIPSCHITZ–Bedingung (s. S. 482), d.h., es gibt eine positive Konstante L mit

$$\varrho(f(t,x_1), f(t,x_2)) \le L\varrho(x_1,x_2) \quad \forall\, (t,x_1),(t,x_2) \in I \times G\,, \tag{12.69}$$

wobei ϱ die euklidische Metrik in $\mathbb{R}^n$ bezeichnet (unter Verwendung der Norm, s. 12.3.1, gilt die Beziehung (12.79) $\varrho(x,y) = \|x-y\|\ \forall\, x,y \in \mathbb{R}^n$). Sei $(t_0,x_0) \in I \times G$ ein beliebiger Punkt. Dann gibt es Zahlen $\beta > 0$ und $r > 0$, so daß die Menge $\Omega = \{(t,x) \in \mathbb{R} \times \mathbb{R}^n\colon |t-t_0| \le \beta,\ \varrho(x,x_0) \le r\}$ in $I \times G$ liegt. Seien $M = \max_\Omega \varrho(f(t,x),0)$ und $\alpha = \min\{\beta, \frac{r}{M}\}$. Dann existiert eine Zahl $b > 0$, so daß für jedes $\tilde{x} \in B$ mit $B = \{x \in \mathbb{R}^n\colon \varrho(x,x_0) \le b\}$ das Anfangswertproblem

$$\dot{x} = f(t,x)\,, \quad x(t_0) = \tilde{x} \tag{12.70}$$

genau eine (lokale) Lösung $\varphi(t,\tilde{x})$ besitzt, d.h. $\dot{\varphi}(t,\tilde{x}) = f(t,\varphi(t,\tilde{x}))$ für $\forall\, t : |t-t_0| \le \alpha$ und $\varphi(t_0,\tilde{x}) = \tilde{x}$. Die Lösung dieses Anfangswertproblems ist äquivalent zur Lösung der Integralgleichung

$$\varphi(t,\tilde{x}) = \tilde{x} + \int_{t_0}^t f(s,\varphi(s,\tilde{x}))\,ds\,, \quad t \in [t_0-\alpha, t_0+\alpha]\,. \tag{12.71}$$

Bezeichnet jetzt X die abgeschlossene Kugel $\{\varphi(t,x)\colon d(\varphi(t,x),x_0) \le r\}$ des in der Metrik

$$d(\varphi,\psi) = \max_{(t,x)\in\{|t-t_0|\le\alpha\}\times B} \varrho(\varphi(t,x),\psi(t,x)) \tag{12.72}$$

vollständigen metrischen Raumes $\mathcal{C}([t_0-\alpha,t_0+\alpha] \times B\,;\ \mathbb{R}^n)$, dann ist X mit der induzierten Metrik selbst ein vollständiger metrischer Raum. Ist T: X $\longrightarrow$ X der durch

$$T\varphi(t,x) = \tilde{x} + \int_{t_0}^t f(s,\varphi(s,\tilde{x}))\,ds \tag{12.73}$$

definierte Operator, dann ergibt sich die Lösung der Integralgleichung (12.71) als eindeutiger Fixpunkt des Operators T, der sogar iterativ erzeugt werden kann.

12.2.2.5 Vervollständigung eines metrischen Raumes

Jeder beliebige, also im allgemeinen nicht vollständige metrische Raum X kann vervollständigt werden; genauer, es existiert ein metrischer Raum $\tilde{\mathrm{X}}$ mit folgenden Eigenschaften:

1. $\tilde{\mathrm{X}}$ enthält einen zu X isometrischen (s. 12.2.3,**2.**, S. 609) Teilraum Y.

2. Y ist überall dicht in $\tilde{\mathrm{X}}$.

3. $\tilde{\mathrm{X}}$ ist ein vollständiger metrischer Raum.

4. Ist Z ein beliebiger metrischer Raum mit den Eigenschaften **1.** bis **3.**, dann sind Z und $\tilde{\mathrm{X}}$ isometrisch. Der dadurch bis auf Isometrie eindeutig bestimmte vollständige metrische Raum heißt die *Vervollständigung* des Raumes X.

12.2.3 Stetige Operatoren

1. Stetige Operatoren

Sei $T: \mathrm{X} \longrightarrow \mathrm{Y}$ eine Abbildung des metrischen Raumes $\mathrm{X} = (\mathrm{X}, \rho)$ in den metrischen Raum $\mathrm{Y} = (\mathrm{Y}, \varrho)$. T heißt *stetig im Punkt* $x_0 \in \mathrm{X}$, wenn für jede Umgebung $V = V(y_0)$ des Punktes $y_0 = T(x_0)$ eine Umgebung $U = U(x_0)$ existiert, so daß gilt:

$$T(x) \in V \quad \forall\, x \in U\,. \tag{12.74}$$

T heißt *stetig auf der Menge* $A \subset \mathrm{X}$, wenn T in jedem Punkt der Menge A stetig ist. Äquivalente Eigenschaften zur Stetigkeit auf X sind:

a) Für einen beliebigen Punkt $x \in \mathrm{X}$ und eine beliebige Folge $\{x_n\}_{n=1}^{\infty}$, $x_n \in \mathrm{X}$ mit $x_n \longrightarrow x$ gilt stets $T(x_n) \longrightarrow T(x)$, also $\rho(x_n, x_0) \to 0$ impliziert $\varrho(T(x_n), T(x_0)) \to 0$.

b) Für eine beliebige offene Teilmenge $G \subset \mathrm{Y}$ ist das Urbild $T^{-1}(G)$ eine offene Teilmenge in X.

c) Für eine beliebige abgeschlossene Teilmenge $F \subset \mathrm{Y}$ ist das Urbild $T^{-1}(F)$ eine abgeschlossene Teilmenge in X.

d) Für eine beliebige Teilmenge $A \subset \mathrm{X}$ gilt $T(\overline{A}) \subset \overline{T(A)}$.

2. Isometrische Räume

Existiert für zwei metrische Räume $\mathrm{X} = (\mathrm{X}, \rho)$ und $\mathrm{Y} = (\mathrm{Y}, \varrho)$ eine bijektive Abbildung T mit der Eigenschaft

$$\rho(x, y) = \varrho(T(x), T(y)) \quad \forall\, x, y \in \mathrm{X}, \tag{12.75}$$

dann heißen die Räume x und Y *isometrisch* und T eine *Isometrie*.

12.3 Normierte Räume

12.3.1 Begriff des normierten Raumes

12.3.1.1 Axiome des normierten Raumes

Sei X ein Vektorraum über dem Körper $\mathbb{K}$. Eine Funktion $\|\cdot\|: \mathrm{X} \times \mathrm{X} \longrightarrow \mathbb{R}^1_+$ heißt *Norm* auf dem Vektorraum X und das Paar $\mathrm{X} = (\mathrm{X}, \|\cdot\|)$ *normierter Raum* über dem Körper $\mathbb{K}$, wenn für beliebige Elemente $x, y \in \mathrm{X}$ und beliebiges $\alpha \in \mathbb{K}$ die folgenden Eigenschaften, die *Axiome des normierten Raumes*, erfüllt sind:

$$\textbf{(N1)} \quad \|x\| \geq 0 \quad \text{und} \quad \|x\| = 0 \quad \text{genau dann, wenn } x = 0\,, \tag{12.76}$$

$$\textbf{(N2)} \quad \|\alpha x\| = |\alpha| \cdot \|x\| \qquad \text{(Homogenität)}\,, \tag{12.77}$$

$$\textbf{(N3)} \quad \|x + y\| \leq \|x\| + \|y\| \qquad \text{(Dreiecksungleichung)}\,. \tag{12.78}$$

Mit Hilfe der Festlegung

$$\rho(x, y) = \|x - y\|, \quad x, y \in \mathrm{X} \tag{12.79}$$

kann jeder normierte Raum in einen metrischen Raum so umgewandelt werden, daß die Metrik (12.79) zusätzlich noch die mit der Struktur des Vektorraums verträglichen Eigenschaften

$$\rho(x + z, y + z) = \rho(x, y)\,, \tag{12.80a}$$

$$\rho(\alpha x, \alpha y) = |\alpha| \rho(x, y), \quad \alpha \in \mathbb{K} \tag{12.80b}$$

besitzt. Somit stehen in einem normierten Raum sowohl die Eigenschaften eines Vektorraums als auch die eines metrischen Raumes – durch (12.80a) und (12.80b) *verträglich*, aufeinander abgestimmt – zur Verfügung. Daraus ergeben sich einerseits, daß man die meisten lokalen auf einen Punkt bezogenen Untersuchungen mit den *Einheitskugeln*

$$B(0; 1) = \{x \in \mathrm{X}: \|x\| < 1\} \quad \text{und} \quad \overline{B}(0; 1) = \{x \in \mathrm{X}: \|x\| \leq 1\} \tag{12.81}$$

vornehmen kann, da sich

$$B(x;r) = \{y \in \mathrm{X} : \|y - x\| < r\} = x + rB(0;1) \quad \forall\, x \in X \quad \text{und} \quad \forall\, r > 0 \tag{12.82}$$

ergibt und andererseits die Stetigkeit der Operationen des zugrunde liegenden Vektorraumes, d.h., aus

$$x_n \to x, \quad y_n \to y, \quad \alpha_n \to \alpha \quad \text{folgen} \quad x_n + y_n \to x + y\,, \quad \alpha_n x_n \to \alpha x\,, \quad \|x_n\| \to \|x\|\,. \tag{12.83}$$

Für konvergente Folgen schreibt man anstelle von (12.51) in normierten Räumen

$$\|x_n - x_0\| \longrightarrow 0 \quad (n \to \infty)\,. \tag{12.84}$$

12.3.1.2 Einige Eigenschaften normierter Räume

In der Klasse aller linearen metrischen Räume sind gerade diejenigen *normierbar*, d.h., mit Hilfe der Metrik kann durch $\|x\| = \rho(x,0)$ eine Norm eingeführt werden, deren Metrik den Bedingungen (12.80a) und (12.80b) genügt.

Zwei normierte Räume X und Y heißen *normisomorph*, wenn es eine bijektive, lineare Abbildung T: X $\longrightarrow Y$ mit $\|Tx\| = \|x\|$ gibt. Seien $\|\cdot\|_1$ und $\|\cdot\|_2$ zwei Normen auf einem Vektorraum X, die X zu dem normierten Raum X_1 bzw. X_2 machen. Die Norm $\|\cdot\|_1$ heißt *stärker* als die Norm $\|\cdot\|_2$, wenn es eine Zahl $\gamma > 0$ mit $\|x\|_2 \le \gamma\|x\|_1 \quad \forall\, x \in \mathrm{X}$ gibt. In diesem Falle impliziert die Konvergenz einer Folge $\{x_n\}_{n=1}^{\infty}$ zu x im Sinne der Norm $\|\cdot\|_1$, also $\|x_n - x\|_1 \longrightarrow 0$, ihre Konvergenz zu x im Sinne der Norm $\|\cdot\|_2$, also $\|x_n - x\|_2 \longrightarrow 0$.

Zwei Normen $\|\cdot\|$ und $|||\cdot|||$ nennt man *äquivalent*, wenn es zwei Zahlen $\gamma_1 > 0$, $\gamma_2 > 0$ gibt, so daß für $\forall\, x \in \mathrm{X}\ \gamma_1\|x\| \le |||x||| \le \gamma_2\|x\|$ gilt. Auf einem endlichdimensionalen Vektorraum sind alle Normen äquivalent.

Unter einem *Teilraum eines normierten Raums* versteht man einen abgeschlossenen linearen Teilraum.

12.3.2 Banach–Räume

Ein vollständiger normierter Raum heißt BANACH–*Raum*. Jeder normierte Raum X kann zu einem BANACH–Raum $\tilde{\mathrm{X}}$ auf der Grundlage der Vervollständigungsprozedur aus 12.2.2.5 und der natürlichen Fortsetzung seiner algebraischen Operationen und der Norm auf $\tilde{\mathrm{X}}$ vervollständigt werden.

12.3.2.1 Reihen in normierten Räumen

In einem normierten Raum kann man *Reihen* von Elementen

$$x_1 + x_2 + \ldots \tag{12.85}$$

betrachten. Eine Reihe heißt *konvergent*, wenn die Folge der Partialsummen einen Grenzwert besitzt:

$$\lim_{k\to\infty} \sum_{n=1}^{k} x_n = s\,, \quad x_n \in \mathrm{X}\,. \tag{12.86}$$

Der Grenzwert s heißt dann *Summe* der Reihe, wofür man auch $s = \sum_{n=1}^{\infty} x_n$ schreibt. Eine Reihe $\sum_{n=1}^{\infty} x_n$ heißt *absolut konvergent*, wenn die Zahlenreihe $\sum_{n=1}^{\infty} \|x_n\|$ konvergiert. Im BANACH–Raum ist jede absolut konvergente Reihe konvergent, wobei für ihre Summe $\|s\| \le \sum_{n=1}^{\infty} \|x_n\|$ gilt.

12.3.2.2 Beispiele von Banach–Räumen

■ **A** : $\mathbb{K}^n$ mit $\|x\| = \left(\sum_{k=1}^{n} |\xi_k|^p\right)^{\frac{1}{p}}$, wenn $1 \le p < \infty$,

$$\|x\| = \max_{1\le k\le n} |\xi_k|\,, \quad \text{wenn } p = \infty\,. \tag{12.87a}$$

Die so entstehenden normierten Räume auf ein und demselben Vektorraum $\mathbb{K}^n$ bezeichnet man oft mit $\mathbf{l}^p(n)$ $(1 \le p \le \infty)$ und nennt sie für $1 \le p < \infty$ im Falle von $\mathbb{K} = \mathbb{R}$ *euklidische Räume* und im Falle von $\mathbb{K} = \mathbb{C}$ *unitäre Räume*.

■ **B** : $\mathbf{m}$ mit $\|x\| = \sup_k |\xi_k|\,. \tag{12.87b}$

■ C : $\mathbf{c}$ und $\mathbf{c}_0$ mit der Norm aus $\mathbf{m}$. (12.87c)

■ D : $\mathbf{l}^p$ mit $\|x\| = \left(\sum_{n=1}^{\infty} |\xi_n|^p\right)^{\frac{1}{p}} \quad (1 \leq p < \infty)$. (12.87d)

■ E : $\mathcal{C}([a,b])$ mit $\|x\| = \max_{t\in[a,b]} |x(t)|$. (12.87e)

■ F : $L^p((a,b))$ $(1 \leq p < \infty)$ mit $\|x\| = \left\{\int_a^b |x(t)|^p \, dt\right\}^{\frac{1}{p}}$. (12.87f)

■ G : $\mathcal{C}^{(k)}([a,b])$ mit $\|x(t)\| = \sum_{l=0}^{k} \max_{t\in[a,b]} |x^{(l)}(t)|$. (12.87g)

12.3.2.3 Sobolew–Räume

Sei $\Omega \subset \mathbb{R}^n$ ein beschränktes Gebiet, d.h. eine offene zusammenhängende Menge, mit hinreichend glattem Rand $\partial\Omega$. Für $n = 1$ oder $n = 2, 3$ stelle man sich Ω etwa als ein Intervall (a, b) oder eine konvexe Menge vor. Eine Funktion $f\colon \overline{\Omega} \longrightarrow \mathbb{R}$ nennt man k–mal stetig differenzierbar in dem abgeschlossenen Gebiet $\overline{\Omega}$, wenn f auf Ω k–mal stetig differenzierbar ist und jede ihrer partiellen Ableitungen einen Grenzwert besitzt, d.h., wenn x zu einem beliebigen Randpunkt von Ω konvergiert. Mit anderen Worten, jede ihrer partiellen Ableitungen ist stetig auf den Rand von Ω fortsetzbar. In diesem Vektorraum wird (für $p \in [1,\infty)$) und dem LEBESGUE–Maß λ im $\mathbb{R}^n$ (s. S. 633) die folgende Norm eingeführt:

$$\|f\|_{k,p} = \|f\| = \left\{\int_{\overline{\Omega}} |f(x)|^p \, d\lambda + \sum_{1\leq|\alpha|\leq k} \int_{\overline{\Omega}} |D^\alpha f|^p \, d\lambda\right\}^{\frac{1}{p}}. \tag{12.88}$$

Der entstandene normierte Raum wird mit $\tilde{W}^{k,p}(\Omega)$ bezeichnet (im Unterschied zu dem mit einer ganz anderen Norm versehenen Raum $\mathcal{C}^{(k)}([a,b])$). Hier bedeutet α einen *Multiindex*, d.h. ein geordnetes n–Tupel $(\alpha_1,\ldots,\alpha_n)$ von nichtnegativen ganzen Zahlen, wobei die Summe der Komponenten von α mit $|\alpha| = \alpha_1+\alpha_2+\cdots+\alpha_n$ bezeichnet wird. Für eine Funktion $f(x) = f(\xi_1,\ldots,\xi_n)$ mit $x = (\xi_1,\ldots,\xi_n) \in \overline{\Omega}$ nutzt man – wie in (12.88) – die verkürzte Schreibweise

$$D^\alpha f = \frac{\partial^{|\alpha|} f}{\partial\xi_1^{\alpha_1}\cdots\partial\xi_n^{\alpha_n}} \quad \text{mit} \quad x^\alpha = \xi_1^{\alpha_1}\ldots\xi_n^{\alpha_n}. \tag{12.89}$$

Der normierte Raum $\tilde{W}^{k,p}(\Omega)$ ist nicht vollständig. Seine Vervollständigung wird mit $W^{k,p}(\Omega)$ oder im Falle von $p = 2$ mit $\mathbb{H}^k(\Omega)$ bezeichnet und heißt SOBOLEW–*Raum*.

12.3.3 Geordnete normierte Räume

1. Kegel im normierten Raum

Sei X ein reeller normierter Raum mit der Norm $\|\cdot\|$. Ein Kegel $X_+ \subset X$ heißt *solid*, wenn X_+ eine Kugel (mit positivem Radius) enthält.

■ Die üblichen Kegel in den Räumen $\mathbb{R}$, $\mathcal{C}([a,b])$, $\mathbf{c}$ sind solid, die in den Räumen $L^p([a,b])$ und $\mathbf{l}^p$ $(1 \leq p < \infty)$ nicht.

Ein Kegel X_+ heißt *normal*, wenn die Norm in X *semimonoton* ist, d.h., es existiert eine Konstante $M > 0$, so daß

$$0 \leq x \leq y \Longrightarrow \|x\| \leq M\|y\| \tag{12.90}$$

gilt. Ist X ein mit Hilfe eines Kegels X_+ geordneter BANACH–Raum, dann ist jedes (0)–Intervall genau dann normbeschränkt, wenn der Kegel X_+ normal ist.

■ Die Kegel der Vektoren mit nichtnegativen Komponenten und der nichtnegativen Funktionen in den Räumen $\mathbb{R}^n$, $\mathbf{m}$, $\mathbf{c}$, $\mathbf{c}_0$, $\mathcal{C}$, $\mathbf{l}^p$ und L^p sind normal.

Ein Kegel heißt *regulär*, wenn jede monoton wachsende, von oben beschränkte Folge

$$x_1 \le x_2 \le \cdots \le x_n \le \cdots \le z \tag{12.91}$$

eine CAUCHY–Folge in X ist. In einem BANACH–Raum ist jeder abgeschlossene reguläre Kegel normal.

■ Die Kegel in $\mathbb{R}^n$, $\mathbf{l}^p$ und L^p für $1 \le p < \infty$ sind regulär, die in $\mathcal{C}$ und $\mathbf{m}$ nicht.

2. Normierte Vektorverbände und BANACH–Verbände

Sei X ein Vektorverband, der gleichzeitig ein normierter Raum ist. X heißt *normierter Verband* oder *normierter Vektorverband* (s. Lit. [12.18], [12.22], [12.25], [12.26]), wenn die Norm der Bedingung

$$|x| \le |y| \quad \text{impliziert} \quad \|x\| \le \|y\| \quad \forall\, x, y \in \mathrm{X} \qquad \text{(Monotonie der Norm)} \tag{12.92}$$

genügt. Ein vollständiger (bezüglich der Norm) normierter Verband heißt BANACH–*Verband*.

■ Die Räume $\mathcal{C}([a,b])$, L^p, $\mathbf{l}^p$, $\mathcal{B}([a,b])$ sind BANACH–Verbände.

12.3.4 Normierte Algebren

Ein Vektorraum X über $\mathbb{K}$ heißt eine *Algebra*, wenn zusätzlich zu den Operationen, die im Vektorraum X erklärt sind und den Axiomen **(V1)** bis **(V7)** (s. 12.1.1) genügen, für je zwei Elemente $x, y \in \mathrm{X}$ ihr Produkt $x \cdot y \in \mathrm{X}$ oder in der vereinfachten Schreibweise, xy, erklärt ist, so daß für beliebige $x, y, z \in \mathrm{X}$ und $\alpha \in \mathbb{K}$ die folgenden Eigenschaften erfüllt sind:

$$\textbf{(A1)} \quad x(yz) = (xy)z\,, \tag{12.93}$$

$$\textbf{(A2)} \quad x(y+z) = xy + xz\,, \tag{12.94}$$

$$\textbf{(A3)} \quad (x+y)z = xz + yz\,, \tag{12.95}$$

$$\textbf{(A4)} \quad \alpha(xy) = (\alpha x)y = x(\alpha y)\,. \tag{12.96}$$

Eine Algebra ist *kommutativ*, wenn stets $xy = yx$ gilt. Ein linearer Operator (s. 12.20) $T\colon \mathrm{X} \longrightarrow \mathrm{Y}$ der Algebra X in die Algebra Y heißt *Algebren–Homomorphismus*, wenn für alle $x_1, x_2 \in \mathrm{X}$ gilt:

$$T(x_1 \cdot x_2) = Tx_1 \cdot Tx_2\,. \tag{12.97}$$

Eine Algebra X heißt *normierte Algebra* bzw. eine BANACH–*Algebra*, wenn sie ein normierter Vektorraum bzw. ein BANACH–Raum ist und die Norm die (zusätzliche) Eigenschaft

$$\|x \cdot y\| \le \|x\| \cdot \|y\| \tag{12.98}$$

besitzt. In einer normierten Algebra sind alle Operationen stetig, d.h., außer (12.83) gilt für $x_n \longrightarrow x$ und $y_n \longrightarrow y$ auch noch $x_n y_n \longrightarrow xy$ (s. Lit. [12.23]).

Jede normierte Algebra kann zu einer BANACH–Algebra vervollständigt werden, indem man das Produkt auf ihre Normvervollständigung unter Berücksichtigung von (12.98) fortsetzt.

■ **A:** $\mathcal{C}([a,b])$ mit der Norm (12.87e) und der für stetige Funktionen üblichen (punktweisen) Multiplikation.

■ **B:** Der Vektorraum $W([0,2\pi])$ aller in eine absolut konvergente FOURIER–Reihe zerlegbaren komplexen auf $[0,2\pi]$ stetigen Funktionen $x(t)$, d.h.

$$x(t) = \sum_{n=-\infty}^{\infty} c_n e^{int}\,, \tag{12.99}$$

mit der Norm $\|x\| = \sum_{n=-\infty}^{\infty} |c_n|$ und der gewöhnlichen Multiplikation.

■ **C:** Der Raum $L(\mathrm{X})$ aller beschränkten linearen Operatoren auf dem normierten Raum X mit der Operatorennorm und den üblichen algebraischen Operationen (s. 12.5.1.2), wobei unter dem Produkt $T \cdot S$ zweier Operatoren die Nacheinanderausführung, also der durch $TS(x) = T(S(x))$, $x \in \mathrm{X}$ definierte Operator verstanden wird.

■ **D:** Der Raum $L^1(-\infty, \infty)$ aller absolut summierbaren meßbaren Funktionen auf der reellen Achse (s. 12.9) mit der Norm

$$\|x\| = \int_{-\infty}^{\infty} |x(t)|\, dt\,, \tag{12.100}$$

wenn man für die Multiplikation von zwei Funktionen die Faltung $(x * y)(t) = \int_{-\infty}^{\infty} x(t-s)y(s)\, ds$ verwendet.

12.4 Hilbert–Räume

12.4.1 Begriff des Hilbert–Raumes

12.4.1.1 Skalarprodukt

Ein Vektorraum V über dem Körper $\mathbb{K}$ (meistens wird $\mathbb{K} = \mathbb{C}$ betrachtet) heißt *Raum mit Skalarprodukt* oder *Innenproduktraum* oder Prä–HILBERT–Raum, wenn jedem Paar von Elementen $x, y \in$ V eine Zahl $(x, y) \in \mathbb{K}$, das *Skalarprodukt* von x und y, zugeordnet ist, so daß für beliebige Elemente $x, y, z \in$ V und beliebiges $\alpha \in \mathbb{K}$ die folgenden Bedingungen, die *Axiome des Skalarprodukts*, erfüllt sind:

(H1) $(x, x) \geq 0$, (insbesondere (x, x) reell) und $(x, x) = 0$ genau dann, wenn $x = 0$, (12.101)

(H2) $(\alpha x, y) = \alpha(x, y)$, (12.102)

(H3) $(x + y, z) = (x, z) + (y, z)$, (12.103)

(H4) $(x, y) = \overline{(y, x)}$. (12.104)

(Mit $\overline{\omega}$ ist die zu ω konjugiert komplexe Zahl bezeichnet, die in (1.129c) durch ω^* gekennzeichnet wurde.)
Im Falle von $\mathbb{K} = \mathbb{R}$, also eines reellen Vektorraums, ist **(H4)** einfach die Kommutativitätsforderung für das Skalarprodukt. Aus den Axiomen ergeben sich sofort zusätzlich noch die Eigenschaften

$$(x, \alpha y) = \bar{\alpha}(x, y) \quad \text{und} \quad (x, y + z) = (x, y) + (x, z)\,. \tag{12.105}$$

12.4.1.2 Unitäre Räume und einige ihrer Eigenschaften

Mit Hilfe des Skalarprodukts kann man in einem Prä–HILBERT–Raum durch die Festlegung

$$\|x\| = \sqrt{(x, x)} \tag{12.106}$$

eine Norm erzeugen. Ein normierter Raum $\mathbb{H} = (\mathbb{H}, \|\cdot\|)$ heißt *unitär*, wenn man in ihm ein Skalarprodukt einführen kann, das mit der Norm durch (12.106) verknüpft ist. Im unitären Raum gelten aufgrund des Vorhandenseins des Skalarprodukts und der Verknüpfung (12.106) die folgenden bemerkenswerten Eigenschaften:

1. Dreiecksungleichung:

$$\|x + y\|^2 \leq (\|x\| + \|y\|)^2\,. \tag{12.107}$$

2. CAUCHY–SCHWARZ–**Ungleichung oder** SCHWARZ–BUNJAKOWSKI–**Ungleichung:**

$$|(x, y)| \leq \sqrt{(x, x)}\sqrt{(y, y)}\,. \tag{12.108}$$

3. Parallelogrammgleichung: In der Klasse aller normierten Räume charakterisiert sie die unitären Räume.

$$\|x + y\|^2 + \|x - y\|^2 = 2\left(\|x\|^2 + \|y\|^2\right)\,. \tag{12.109}$$

4. Stetigkeit des Skalarprodukts:

$$x_n \to x,\ y_n \to y \quad \text{impliziert} \quad (x_n, y_n) \to (x, y)\,. \tag{12.110}$$

12.4.1.3 Hilbert–Raum

Ein vollständiger unitärer Raum heißt HILBERT–*Raum*. Als BANACH–Räume besitzen die HILBERT–Räume auch deren Eigenschaften (s. Abschnitte 12.3.1, 12.3.1.2, 12.3.2). Hinzu kommen noch die eines unitären Raumes (12.4.1.2). Unter einem Teilraum eines HILBERT–Raumes versteht man einen abgeschlossenen linearen Teilraum.

■ **A:** $\mathrm{l}^2(n)$, l^2 und $L^2([a,b])$ mit den Skalarprodukten

$$(x,y) = \sum_{k=1}^{n} \xi_k \overline{\eta_k}\,, \quad (x,y) = \sum_{k=1}^{\infty} \xi_k \overline{\eta_k} \quad \text{und} \quad (x,y) = \int_a^b x(t)\overline{y(t)}\,dt\,. \tag{12.111}$$

■ **B:** Der Raum $\mathbb{H}^2(\Omega)$ mit dem Skalarprodukt

$$(f,g) = \int_\Omega f(x)\overline{g(x)}\,dx + \sum_{1\le|\alpha|\le k} \int_\Omega D^\alpha f(x)\overline{D^\alpha g(x)}\,dx\,. \tag{12.112}$$

■ **C:** Sei $\varphi(t)$ eine auf $[a,b]$ meßbare und positive Funktion. Der komplexe Raum $L^2([a,b],\varphi)$ aller meßbaren Funktionen, die auf $[a,b]$ mit dem *Gewicht* φ quadratisch summierbar sind, wird ein HILBERT–Raum, wenn das folgende Skalarprodukt betrachtet wird:

$$(x,y) = \int_a^b x(t)\overline{y(t)}\varphi(t)\,dt\,. \tag{12.113}$$

12.4.2 Orthogonalität

Zwei Elemente x, y eines HILBERT–Raumes (die Begriffe dieses Abschnitts haben auch in Prä–HILBERT–Räumen bzw. in unitären Räumen Sinn) $\mathbb{H}$ heißen *orthogonal* (man schreibt dafür $x \perp y$), wenn $(x,y) = 0$. Für eine beliebige Teilmenge $A \subset \mathbb{H}$ ist die Menge

$$A^\perp = \{x \in \mathbb{H}\colon (x,y) = 0 \quad \forall\, y \in A\} \tag{12.114}$$

aller Vektoren, die zu jedem Vektor aus A orthogonal sind, ein (abgeschlossener linearer) Teilraum von $\mathbb{H}$ und heißt *Orthogonalraum* zu A oder *orthogonales Komplement* von A. Man schreibt $A \perp B$, wenn $(x,y) = 0\ \forall\, x \in A$ und $\forall\, y \in B$ gilt. Besteht A nur aus dem Element x, dann schreibt man $x \perp B$.

12.4.2.1 Eigenschaften der Orthogonalität

Der Nullvektor ist zu jedem Vektor aus $\mathbb{H}$ orthogonal. Es gilt:
a) $x \perp y$ und $x \perp z$ impliziert $x \perp (\alpha y + \beta z)$.
b) Aus $x \perp y_n$ und $y_n \to y$ folgt $x \perp y$.
c) $x \perp A$ genau dann, wenn $x \perp \overline{lin(A)}$, wobei $\overline{lin(A)}$ die abgeschlossene lineare Hülle der Menge A bezeichnet.
d) Ist $x \perp A$ und A eine *fundamentale* Menge, d.h., $\overline{lin(A)}$ ist überall dicht in $\mathbb{H}$, dann ist $x = 0$.
e) Satz des PYTHAGORAS: Sind die Elemente $x_1, \ldots, x_n$ paarweise orthogonal, also $x_k \perp x_l$ für $k \neq l$, dann ist

$$\|\sum_{k=1}^{n} x_k\|^2 = \sum_{k=1}^{n} \|x_k\|^2\,. \tag{12.115}$$

f) Projektionssatz: Ist $\mathbb{H}_0$ ein Teilraum von $\mathbb{H}$, dann ist jeder Vektor $x \in \mathbb{H}$ eindeutig in der Form

$$x = x' + x'', \quad x' \in \mathbb{H}_0\,,\ x'' \perp \mathbb{H}_0 \tag{12.116}$$

darstellbar.
g) Approximationsproblem: Weiter gilt $\|x'\| = \rho(x, \mathbb{H}_0) = \inf_{y\in\mathbb{H}_0}\{\|x-y\|\}$, so daß

$$\|x - y\| \to \inf \quad y \in \mathbb{H}_0 \tag{12.117}$$

in $\mathbb{H}_0$ mit x' eindeutig lösbar ist. $\mathbb{H}_0$ kann dabei sogar durch eine konvexe, abgeschlossene nichtleere Teilmenge aus $\mathbb{H}$ ersetzt werden.

Das Element x' heißt *Projektion* des Elements x auf $\mathbb{H}_0$, besitzt den kleinsten Abstand von x (zu $\mathbb{H}_0$), und der Raum $\mathbb{H}$ ist orthogonal zerlegbar: $\mathbb{H} = \mathbb{H}_0 \oplus \mathbb{H}_0^{\perp}$.

12.4.2.2 Orthogonale Systeme

Eine Menge $\{x_\xi\}$: $\xi \in \Xi\}$ von Vektoren aus $\mathbb{H}$ heißt *orthogonales* System, wenn es den Nullvektor nicht enthält und $x_\xi \perp x_\eta$, $\xi \neq \eta$, also $(x_\xi, x_\eta) = \delta_{\xi\eta}$ gilt, wobei

$$\delta_{\xi\eta} = \begin{cases} 1 & \text{für} \quad \xi = \eta, \\ 0 & \text{für} \quad \xi \neq \eta \end{cases} \tag{12.118}$$

das KRONECKER–Symbol bezeichnet. Ein orthogonales System heißt *orthonormal* oder *orthonormiert*, wenn auch noch $\|x_\xi\| = 1 \ \forall \xi$ gilt.
In einem separablen HILBERT–Raum kann ein orthogonales System aus höchstens abzählbar vielen Elementen bestehen. Im weiteren ist daher stets $\Xi = \mathbb{N}$.

■ **A:** Das System

$$\frac{1}{\sqrt{2\pi}}, \ \frac{1}{\sqrt{\pi}}\cos t, \ \frac{1}{\sqrt{\pi}}\sin t, \ \frac{1}{\sqrt{\pi}}\cos 2t, \ \frac{1}{\sqrt{\pi}}\sin 2t, \ \ldots \tag{12.119}$$

im reellen Raum $L^2([-\pi, \pi])$ und das System

$$\frac{1}{\sqrt{2\pi}} e^{int} \quad (n = 0, \pm 1, \pm 2, \ldots) \tag{12.120}$$

im komplexen Raum $L^2([-\pi, \pi])$ sind orthonormale Systeme. Diese beiden Systeme heißen *trigonometrisch*.

■ **B:** Die LEGENDREschen Polynome 1. Art (s. S. 507)

$$P_n(t) = \frac{d^n}{dt^n}[(t^2 - 1)^n] \quad (n = 0, 1, \ldots) \tag{12.121}$$

bilden ein orthogonales System von Elementen im Raum $L^2([-1, 1])$. Das entsprechende orthonormale System ist dann

$$\tilde{P}_n(t) = \sqrt{n + \frac{1}{2}} \, \frac{1}{(2n)!!} \, P_n(t). \tag{12.122}$$

■ **C:** Die HERMITEschen Funktionen (s. S. 509, 543) gemäß der 2. Definition der HERMITEschen Differentialgleichung (9.63b)

$$H_n(t) = e^{t^2} \frac{d^n}{dt^n} e^{-t^2} \quad (n = 0, 1, \ldots) \tag{12.123}$$

bilden ein orthogonales System im Raum $L^2((-\infty, \infty))$.

■ **D:** Im Raum $L^2((0, \infty))$ bilden die LAGUERREschen Funktionen ein orthogonales System (s. S. 509). Jedes orthogonale System ist linear unabhängig, denn der Nullvektor war von vornherein ausgeschlossen worden. Umgekehrt, hat man ein System $x_1, x_2, \ldots x_n, \ldots$ von linear unabhängigen Elementen in einem HILBERT–Raum $\mathbb{H}$, dann existieren nach dem GRAM–SCHMIDTschen *Orthogonalisierungsverfahren* Vektoren $e_1, e_2, \ldots, e_n, \ldots$, die ein orthonormales System bilden und die bis auf einen Faktor mit Modul 1 eindeutig bestimmt sind.

12.4.3 Fourier–Reihen im Hilbert–Raum

12.4.3.1 Bestapproximation

Seien jetzt $\mathbb{H}$ ein separabler HILBERT–Raum und

$$\{e_n \colon n = 1, 2, \ldots\} \tag{12.124}$$

ein fixiertes orthonormales System in $\mathbb{H}$. Für ein Element $x \in \mathbb{H}$ heißen die Zahlen $c_n = (x, e_n)$ FOURIER-*Koeffizienten* des Elements x bezüglich des Systems (12.124). Die (formale) Reihe

$$\sum_{n=1}^{\infty} c_n e_n \tag{12.125}$$

nennt man FOURIER-*Reihe* des Elements x bezüglich des Systems (12.124), (s. S. 415). Die n-te Partialsumme der FOURIER-Reihe eines Elements x besitzt die Eigenschaft der *Bestapproximation*, d.h., bei festem n ergibt unter allen Vektoren aus $\mathbb{H}_n = lin(\{e_1, \ldots, e_n\})$ die n-te Partialsumme der FOURIER-Reihe, also das Element

$$\sigma_n = \sum_{k=1}^{n} (x, e_n) e_n \,, \tag{12.126}$$

den kleinsten Wert für $\|x - \sum_{k=1}^{n} \alpha_k e_k\|$. σ_n ist orthogonal zu $\mathbb{H}_n$, und es gilt die BESSELsche Ungleichung

$$\sum_{n=1}^{\infty} |c_n|^2 \leq \|x\|^2 \,, \quad c_n = (x, e_n) \quad (n = 1, 2, \ldots) \,. \tag{12.127}$$

12.4.3.2 Parsevalsche Gleichung, Satz von Riesz–Fischer

Die FOURIER-Reihe eines beliebigen Elements $x \in \mathbb{H}$ konvergiert stets, und zwar zur Projektion des Elements x auf den Teilraum $\mathbb{H}_0 = \overline{lin(\{e_n\}_{n=1}^{\infty})}$. Hat ein Element $x \in \mathbb{H}$ die Darstellung $x = \sum_{n=1}^{\infty} \alpha_n e_n$, dann sind α_n die FOURIER-Koeffizienten von x. Ist $\{\alpha_n\}_{n=1}^{\infty}$ eine beliebige Zahlenfolge mit der Eigenschaft $\sum_{n=1}^{\infty} |\alpha_n|^2 < \infty$, dann existiert in $\mathbb{H}$ genau ein Element x, dessen FOURIER-Koeffizienten gerade die Zahlen α_n sind und für das die *Abgeschlossenheitsrelation* oder PARSEVALsche Gleichung

$$\sum_{n=1}^{\infty} |(x, e_n)|^2 = \sum_{n=1}^{\infty} |\alpha_n|^2 = \|x\|^2 \tag{12.128}$$

gilt (*Satz von* RIESZ-FISCHER).

Ein orthonormales System $\{e_n\}$ in $\mathbb{H}$ heißt *vollständig*, wenn es keinen vom Nullvektor verschiedenen Vektor y gibt, der zu allen Vektoren e_n orthogonal ist; es heißt *Basis*, wenn jeder Vektor $x \in \mathbb{H}$ als $x = \sum_{n=1}^{\infty} \alpha_n e_n$ dargestellt werden kann, d.h. $\alpha_n = (x, e_n)$, und x ist gleich der Summe seiner FOURIER-Reihe. In letzterem Falle sagt man auch, x hat eine FOURIER-Entwicklung. Die folgenden Aussagen sind äquivalent:

a) $\{e_n\}$ ist eine fundamentale Menge in $\mathbb{H}$.
b) $\{e_n\}$ ist vollständig in $\mathbb{H}$.
c) $\{e_n\}$ ist eine Basis in $\mathbb{H}$.
d) Für $\forall\, x, y \in \mathbb{H}$ mit den entsprechenden FOURIER-Koeffizienten c_n und d_n $(n = 1, 2, \ldots)$ gilt:

$$(x, y) = \sum_{n=1}^{\infty} c_n \overline{d_n} \,. \tag{12.129}$$

e) Für jeden Vektor $x \in \mathbb{H}$ gilt die PARSEVALsche Gleichung (12.128).

■ **A:** Das trigonometrische System (12.119) ist eine Basis im Raum $L^2([-\pi, \pi])$.

■ **B:** Das System der normierten LEGENDREschen Polynome (12.122) $\tilde{P}_n(t)$ $(n = 0, 1, \ldots)$ ist vollständig und bildet demzufolge eine Basis im Raum $L^2([-1, 1])$.

12.4.4 Existenz einer Basis. Isomorphe Hilbert–Räume

In jedem separablen HILBERT-Raum existiert eine Basis. Daraus ergibt sich, daß jedes orthonormale System zu einer Basis ergänzt werden kann.

Zwei HILBERT-Räume $\mathbb{H}_1$ und $\mathbb{H}_2$ heißen *isomorph* wenn es eine lineare, bijektive Abbildung $T\colon \mathbb{H}_1 \longrightarrow$

$\mathbb{H}_2$ mit der Eigenschaft $(Tx, Ty)_{\mathbb{H}_1} = (x, y)_{\mathbb{H}_2}$ (also Skalarprodukt erhaltend) gibt. Es gilt: Zwei beliebige unendlichdimensionale separable HILBERT–Räume sind isomorph, also insbesondere ist jeder solche Raum isomorph zu dem Raum $\mathbf{l}^2$.

12.5 Stetige lineare Operatoren und Funktionale

12.5.1 Beschränktheit, Norm und Stetigkeit linearer Operatoren

12.5.1.1 Beschränktheit und Norm linearer Operatoren

Seien $\mathrm{X} = (\mathrm{X}, \|\cdot\|)$ und $\mathrm{Y} = (\mathrm{Y}, \|\cdot\|)$ normierte Räume. Die Kennzeichnung der Norm im Raum X, etwa durch $\|\cdot\|_X$, wird im weiteren weggelassen, da aus dem jeweiligen Kontext erkenntlich ist, in welchem Raum die Norm betrachtet wird. Ein beliebiger Operator $T\colon\ \mathrm{X} \longrightarrow \mathrm{Y}$ heißt *beschränkt*, wenn eine reelle Zahl $\lambda > 0$ existiert mit

$$\|T(x)\| \leq \lambda \|x\| \quad (\forall\, x \in \mathrm{X}). \tag{12.130}$$

Ein beschränkter Operator mit der Konstanten λ „dehnt" jeden Vektor höchstens um das λ–fache und überführt jede beschränkte Menge aus X in eine beschränkte Menge aus Y, insbesondere ist das Bild der Einheitskugel aus X in Y beschränkt. Für die Beschränktheit eines linearen Operators ist die letzte Eigenschaft charakteristisch. Ein linearer Operator ist genau dann stetig (s. 12.2.3), wenn er beschränkt ist.

Die kleinste Konstante λ, für die (12.130) noch gilt, heißt *Norm des Operators* T und wird mit $\|T\|$ bezeichnet, d.h.

$$\|T\| := \inf\{\lambda > 0 : \|Tx\| \leq \lambda\|x\|,\ x \in \mathrm{X}\}. \tag{12.131}$$

Für einen stetigen linearen Operator gelten

$$\|T\| = \sup_{\|x\|\leq 1} \|Tx\| = \sup_{\|x\|<1} \|Tx\| = \sup_{\|x\|=1} \|Tx\| \tag{12.132}$$

und außerdem die Abschätzung

$$\|Tx\| \leq \|T\| \cdot \|x\| \quad (\forall\, x \in \mathrm{X}). \tag{12.133}$$

■ Im Raum $\mathcal{C}([a, b])$ mit der Norm (12.87d) ist der mittels der auf dem Quadrat $\{a \leq s, t \leq b\}$ stetigen komplexwertigen Funktion $K(s, t)$ definierte Operator

$$(Tx)(s) = y(s) = \int_a^b K(s, t)x(t)\, dt \quad (s \in [a, b]) \tag{12.134}$$

ein beschränkter linearer Operator, der $\mathcal{C}([a, b])$ in $\mathcal{C}([a, b])$ abbildet. Für seine Norm gilt

$$\|T\| = \max_{s\in[a,b]} \int_a^b |K(s, t)|\, dt. \tag{12.135}$$

12.5.1.2 Raum linearer stetiger Operatoren

Für zwei lineare (stetige) Operatoren $S, T\colon\ \mathrm{X} \longrightarrow \mathrm{Y}$ sind die Summe $S + T$ und das Vielfache αT punktweise erklärt:

$$U(x) = S(x) + T(x), \qquad (\alpha T)(x) = \alpha \cdot T(x), \quad \forall\, x \in \mathrm{X} \quad \forall\, \alpha \in \mathbb{K}. \tag{12.136}$$

Die Menge $L(\mathrm{X}, \mathrm{Y})$, häufig auch mit $B(\mathrm{X}, \mathrm{Y})$ bezeichnet, aller linearen stetigen Operatoren T aus X in Y wird so ein Vektorraum, auf dem sich $\|T\|$ (12.131) als Norm erweist. Dadurch wird $L(\mathrm{X}, \mathrm{Y})$ ein normierter Raum und, falls Y ein BANACH–Raum ist, sogar ein BANACH–Raum. Insbesondere sind also die Axiome **(V1)** bis **(V7)** und **(N1)** bis **(N3)** erfüllt.

Ist $\mathrm{Y} = \mathrm{X}$, dann kann man für zwei beliebige Elemente $S, T \in L(\mathrm{X}, \mathrm{X}) = L(\mathrm{X}) = B(\mathrm{X})$ durch

$$(ST)(x) = S(Tx) \quad (\forall\, x \in \mathrm{X}) \tag{12.137}$$

das Produkt definieren, das den Axiomen **(A1)** bis **(A4)** aus 12.3.4 sowie der Verträglichkeitsbedingung (12.98) mit der Norm genügt und so $L(\mathrm{X})$ zu einer (im allgemeinen nichtkommutativen) normierten und, falls X BANACH–Raum ist, zu einer BANACH–Algebra macht. Damit sind für jeden Operator $T \in L(\mathrm{X})$ die Potenzen

$$T^0 = I,\ T^n = T^{n-1}T \quad (n = 1, 2, \ldots) \tag{12.138}$$

definiert, wobei I der identische Operator $Ix = x \quad (\forall\, x \in \mathrm{X})$ ist. Es gilt

$$\|T^n\| \leq \|T\|^n \quad (n = 0, 1, \ldots), \tag{12.139}$$

und außerdem existiert stets der (endliche) Grenzwert

$$r(T) = \lim_{n\to\infty} \sqrt[n]{\|T^n\|}\,, \tag{12.140}$$

der *Spektralradius* des Operators T heißt und den Beziehungen

$$r(T) \leq \|T\|, \quad r(T^n) = [r(T)]^n\,, \quad r(\alpha T) = |\alpha| r(T), \quad r(T) = r(T^*) \tag{12.141}$$

genügt, wobei T^* der zu T adjungierte Operator ist (s. 12.6 und (12.157)). Im Falle der Vollständigkeit von $L(\mathrm{X})$ hat der Operator $(\lambda I - T)^{-1}$ für $|\lambda| > r(T)$ die Darstellung in Form der NEUMANNschen Reihe

$$(\lambda I - T)^{-1} = \lambda^{-1} I + \lambda^{-2} T + \ldots + \lambda^{-n} T^{n-1} + \ldots, \tag{12.142}$$

die für $|\lambda| > r(T)$ in der Operatornorm von $L(\mathrm{X})$ konvergiert.

12.5.1.3 Konvergenz von Operatorenfolgen

1. Punktweise Konvergenz einer Folge von linearen stetigen Operatoren $T_n\colon \mathrm{X} \longrightarrow \mathrm{Y}$ zu einem Operator $T\colon \mathrm{X} \longrightarrow \mathrm{Y}$ liegt vor, wenn in Y gilt:

$$T_n x \longrightarrow Tx \qquad (\forall\, x \in \mathrm{X})\,. \tag{12.143}$$

2. Gleichmäßige Konvergenz Die übliche Norm–Konvergenz einer Folge von Operatoren $\{T_n\}_{n=1}^{\infty}$ im Raum $L(\mathrm{X}, \mathrm{Y})$ zu T, also

$$\|T_n - T\| = \sup_{\|x\|\leq 1} \|T_n x - Tx\| \longrightarrow 0 \qquad (n \to \infty) \tag{12.144}$$

ist die *gleichmäßige* Konvergenz auf der Einheitskugel von X. Sie impliziert die punktweise Konvergenz, während die Umkehrung im allgemeinen nicht gilt.

3. Anwendungen Konvergenz von Quadraturformeln, wenn die Anzahl n der Stützstellen gegen ∞ geht, Permanenzprinzip von Summations- und Limitierungsverfahren u.a.

12.5.2 Lineare stetige Operatoren in Banach–Räumen

Die Räume X und Y seien jetzt als BANACH–Räume vorausgesetzt.

1. Satz von BANACH–STEINHAUS (Prinzip der gleichmäßigen Beschränkheit) Der Satz charakterisiert die punktweise Konvergenz einer Folge von linearen stetigen Operatoren zu einem linearen stetigen Operator durch die beiden Bedingungen:

a) Für jedes Element aus einer überall dichten Teilmenge $D \subset \mathrm{X}$ hat die Folge $\{T_n x\}$ einen Grenzwert in Y und

b) mit einer Konstanten C gilt $\|T_n\| \leq C\,,\ \forall\, n$.

2. Satz von der offenen Abbildung Der Satz besagt, daß ein linearer stetiger Operator, der X auf Y abbildet, *offen* ist, d.h., das Bild $T(G)$ ist eine offene Menge in Y für jede offene Menge G aus X.

3. Satz vom abgeschlossenen Graphen (Closed Graph Theorem) Ein Operator $T\colon D_T \longrightarrow \mathrm{Y}$ mit $D_T \subset \mathrm{X}$ heißt *abgeschlossen*, wenn aus $x_n \in D_T$, $x_n \to x_0$ in X und $Tx_n \to y_0$ in Y stets $x_0 \in D_T$ und $y_0 = Tx_0$ folgen. Notwendig und hinreichend dafür ist die Abgeschlossenheit des Graphen des Operators T im Raum $\mathrm{X} \times \mathrm{Y}$, d.h. der Menge

$$\Gamma_T = \{(x, Tx)\colon\ x \in D_T\}\,, \tag{12.145}$$

wobei (x, y) hier die Bezeichnung für ein Element der Menge $\mathrm{X} \times \mathrm{Y}$ ist. Es gilt: Ist T ein abgeschlossener Operator mit abgeschlossenem Definitionsbereich D_T, dann ist T stetig.

4. Satz von HELLINGER und TOEPLITZ Sei T ein linearer Operator in einem HILBERT–Raum $\mathbb{H}$. Wenn $(x, Ty) = (Tx, y)$ für alle $x, y \in \mathbb{H}$ gilt, so ist T stetig.

5. Satz von KREIN und LOSANOWSKIJ über die Stetigkeit positiver linearer Operatoren Sind $X = (X, X_+, \|\cdot\|)$ und $Y = (Y, Y_+, \|\cdot\|)$ geordnete normierte Räume, wobei X_+ ein erzeugender Kegel ist, dann ist die Menge $L_+(X, Y)$ aller positiven linearen und stetigen Operatoren T, d.h. $T(X_+) \subset Y_+$, ein Kegel in $L(X, Y)$. Dann besagt der *Satz von* M.G. KREIN, G.J. LOSANOWSKIJ (s. Lit. [12.20]): Sind X und Y geordnete BANACH–Räume mit abgeschlossenen Kegeln X_+ und Y_+ und erzeugendem X_+, dann folgt aus der Positivität eines linearen Operators seine Stetigkeit.

6. Inverser Operator Seien X und Y beliebige normierte Räume und $T\colon X \longrightarrow Y$ ein linearer, nicht unbedingt stetiger Operator. Dann besitzt T einen stetigen Inversen $T^{-1}\colon Y \longrightarrow X$, wenn $TX = Y$ und mit einer Konstanten $m > 0$ für alle $x \in X$ die Abschätzung $\|Tx\| \geq m\|x\|$ gilt. Man hat dann sogar $\|T^{-1}\| \leq \dfrac{1}{m}$.

Im Falle von BANACH–Räumen X, Y gilt der

7. Satz von BANACH über die Stetigkeit des inversen Operators Ist T ein linearer stetiger bijektiver Operator von X auf Y, dann ist der inverse Operator T^{-1} stetig.

Als wichtige Anwendungen ergeben sich daraus beispielsweise die Stetigkeit von $(\lambda I - T)^{-1}$ bei Injektivität und Surjektivität von $\lambda I - T$, was bei der Untersuchung des Spektrums eines Operators (s. 12.5.3.2) von Bedeutung ist, sowie die

8. Stetige Abhängigkeit der Lösung sowohl von der rechten Seite als auch von den Anfangswerten bei Anfangswertproblemen für lineare Differentialgleichungen. Das soll an der folgenden Anfangswertaufgabe gezeigt werden.

■ Das Anfangswertproblem

$$\ddot{x}(t) + p_1(t)\dot{x}(t) + p_2(t)x(t) = q(t), \quad t \in [a,b], \qquad x(t_0) = \xi,\ \dot{x}(t_0) = \dot{\xi}, \quad t_0 \in [a,b] \tag{12.146a}$$

mit den Koeffizienten $p_1(t), p_2(t) \in \mathcal{C}([a,b])$ besitzt für jede rechte Seite $q(t) \in \mathcal{C}([a,b])$ und jedes Zahlenpaar $\xi,\ \dot{\xi}$ genau eine Lösung x aus $\mathcal{C}^2([a,b])$, die im folgenden Sinne *stetig* von $q(t)$, ξ und $\dot{\xi}$ abhängt. Sind $q_n(t) \in \mathcal{C}([a,b])$ und gilt für $\forall\, n$

$$\ddot{x}_n(t) + p_1(t)\dot{x}_n(t) + p_2(t)x_n(t) = q_n(t), \quad x_n(a) = \xi_n,\ \dot{x}_n(a) = \dot{\xi}_n, \tag{12.146b}$$

dann gilt:

$$\left.\begin{array}{l} q_n(t) \to q_0(t) \quad \text{in} \quad \mathcal{C}([a,b]), \\ \xi_n \to \xi, \\ \dot{\xi}_n \to \dot{\xi} \end{array}\right\} \quad \text{impliziert } x_n \to x \text{ im Raum } \mathcal{C}^2([a,b]). \tag{12.146c}$$

9. Methode der sukzessiven Approximation zur Lösung einer Gleichung der Form

$$x - Tx = y \tag{12.147}$$

mit einem stetigen linearen Operator T im BANACH–Raum X bei vorgegebenem y. Sie besteht darin, ausgehend von einer beliebigen Anfangsnäherung x_0, eine Folge $\{x_n\}$ von Näherungslösungen nach der Vorschrift

$$x_{n+1} = y + Tx_n \qquad (n = 0, 1, \ldots) \tag{12.148}$$

zu erzeugen, die in X zur Lösung x^* von (12.147) konvergiert. Die Konvergenz der Methode, also $x_n \to x^*$, basiert auf der Konvergenz der Reihe (12.142) mit $\lambda = 1$.

Sei $\|T\| \leq q < 1$. Dann gelten die folgenden Aussagen:

a) Der Operator $I - T$ besitzt einen stetigen Inversen mit $\|(I-T)^{-1}\| \leq \dfrac{1}{1-q}$ und die Gleichung (12.147) hat genau eine Lösung für beliebiges y.

b) Die Reihe (12.142) konvergiert und ihre Summe ist der Operator $(I - T)^{-1}$.

c) Das Verfahren (12.148) konvergiert für einen beliebigen Anfangswert x_0 zur eindeutigen Lösung x^* der Gleichung (12.147), falls die Reihe (12.142) konvergiert. Dabei gilt die Abschätzung

$$\|x_n - x^*\| \leq \frac{q^n}{1-q}\|Tx_0 - x_0\| \qquad (n = 1, 2, \ldots). \tag{12.149}$$

Analog (s. Kapitel 11 und Lit. [12.9]) behandelt man Gleichungen der Typen

$$x - \mu T x = y\,, \qquad \lambda x - Tx = y\,, \qquad \mu\,, \lambda \in \mathbb{K}\,. \tag{12.150}$$

12.5.3 Elemente der Spektraltheorie linearer Operatoren

12.5.3.1 Resolventenmenge und Resolvente eines Operators

Bei Untersuchungen zur Lösbarkeit von Gleichungen ist man bestrebt, das Problem auf die Form

$$(I - T)x = y \tag{12.151}$$

mit einem Operator T von möglichst kleiner Norm zu bringen, da diese wegen (12.141) und (12.142) für eine funktionalanalytische Behandlung besonders zugänglich ist. Um mit der Theorie auch große Werte von $\|T\|$ zu erfassen, untersucht man in einem komplexen BANACH–Raum X die gesamte Schar von Gleichungen

$$(\lambda I - T)x = y \qquad (x \in \mathrm{X})\,, \quad (\lambda \in \mathbb{C})\,. \tag{12.152}$$

Sei T ein linearer, im allgemeinen unbeschränkter Operator im BANACH–Raum X. Die Menge $\varrho(T)$ aller komplexen Zahlen, für die $(\lambda I - T)^{-1} \in B(\mathrm{X}) = L(\mathrm{X})$ gilt, heißt *Resolventenmenge* und der Operator $R_\lambda = R_\lambda(T) = (\lambda I - T)^{-1}$ *Resolvente.* Sei jetzt T ein beschränkter linearer Operator in einem komplexen BANACH–Raum X. Dann gelten die Aussagen:

1. Die Menge $\varrho(T)$ ist offen. Genauer, ist $\lambda_0 \in \varrho(T)$ und genügt $\lambda \in \mathbb{C}$ der Ungleichung

$$|\lambda - \lambda_0| < \frac{1}{\|R_{\lambda_0}\|}\,, \tag{12.153}$$

dann existiert R_λ, und es gilt

$$R_\lambda = R_{\lambda_0} + (\lambda - \lambda_0)R_{\lambda_0}^2 + (\lambda - \lambda_0)^2 R_{\lambda_0}^3 + \ldots = \sum_{k=1}^{\infty} (\lambda - \lambda_0)^{k-1} R_{\lambda_0}^k\,. \tag{12.154}$$

2. $\{\lambda \in \mathbb{C} : |\lambda| > \|T\|\} \subset \varrho(T)$. Genauer, für $\forall\, \lambda \in \mathbb{C}$ mit $|\lambda| > \|T\|$ existiert R_λ und

$$R_\lambda = -\frac{I}{\lambda} - \frac{T}{\lambda^2} - \frac{T^2}{\lambda^3} - \ldots \tag{12.155}$$

3. $\|R_\lambda - R_{\lambda_0}\| \to 0$, wenn $\lambda \to \lambda_0$ $\quad (\lambda, \lambda_0 \in \varrho(T))$, und $\|R_\lambda\| \to 0$, wenn $\lambda \to \infty$ $\quad (\lambda \in \varrho(T))$.

4. $\left\| \dfrac{R_\lambda - R_{\lambda_0}}{\lambda - \lambda_0} - R_{\lambda_0}^2 \right\| \longrightarrow 0$, wenn $\lambda \to \lambda_0$.

5. Für ein beliebiges Funktional $f \in \mathrm{X}^*$ und beliebiges $x \in \mathrm{X}$ ist $F(\lambda) = f(R_\lambda(x))$ eine holomorphe Funktion auf $\varrho(T)$.

6. Für beliebige λ, $\mu \in \varrho(T)$, $\lambda \neq \mu$ gilt:

$$R_\lambda R_\mu = R_\mu R_\lambda = \frac{R_\lambda - R_\mu}{\lambda - \mu}\,. \tag{12.156}$$

12.5.3.2 Spektrum eines Operators

1. Spektrum, Definition

Die Menge $\sigma(T) = \mathbb{C} \setminus \varrho(T)$ heißt *Spektrum* des Operators T. Da $I - T$ offenbar genau dann einen stetigen Inversen (und demzufolge die Gleichung (12.151) immer eine Lösung, die stetig von der rechten Seite abhängt) besitzt, wenn $1 \in \varrho(T)$, ist eine möglichst umfassende Kenntnis des Spektrums $\sigma(T)$ des Operators erforderlich. Aus den Eigenschaften der Resolventenmenge folgt sofort, daß das Spektrum $\sigma(T)$ eine abgeschlossene Teilmenge von $\mathbb{C}$ ist, die im Kreis $\{\lambda\colon |\lambda| \leq \|T\|\}$ liegt, wobei in vielen Fällen $\sigma(T)$ deutlich kleiner als dieser Kreis ist. Für jeden linearen stetigen Operator auf einem komplexen BANACH–Raum ist das Spektrum nicht leer, und es gilt die Formel

$$r(T) = \sup_{\lambda \in \sigma(T)} |\lambda|\,. \tag{12.157}$$

Genauere Angaben über das Spektrum sind für viele gebräuchliche Klassen von Operatoren möglich. Ist T ein Operator in einem endlichdimensionalen Raum X und hat die Gleichung $(\lambda I - T)x = 0$ nur

die triviale Lösung (d.h., $\lambda I - T$ ist injektiv), dann folgt bereits $\lambda \in \varrho(T)$ (d.h., $\lambda I - T$ ist surjektiv). Hat diese Gleichung in irgendeinem BANACH–Raum eine nichttriviale Lösung, dann ist der Operator $\lambda I - T$ nicht injektiv und $(\lambda I - T)^{-1}$ im allgemeinen nicht definiert.
Die Zahl $\lambda \in \mathbb{C}$ heißt *Eigenwert* des linearen Operators T, wenn die Gleichung $\lambda x = Tx$ eine nichttriviale Lösung besitzt. Alle diese Lösungen heißen *Eigenvektoren* oder, falls X ein Funktionenraum ist (was in Anwendungen offenbar zutrifft), *Eigenfunktionen* des Operators T zu λ. Der von ihnen aufgespannte Teilraum heißt der *Eigenraum* zu λ. Die Menge $\sigma_p(T)$ aller Eigenwerte von T heißt *Punktspektrum* des Operators T.

2. Vergleich mit der linearen Algebra, Residualspektrum

Ein wesentlicher Unterschied zwischen dem endlichdimensionalen Fall, der im wesentlichen in der Linearen Algebra betrachtet wird, und der Situation im unendlichdimensionalen Fall, mit dem sich die Funktionalanalysis befaßt, besteht zumindest an dieser Stelle darin, daß in ersterem stets $\sigma(T) = \sigma_p(T)$ gilt, während in letzterem das Spektrum in der Regel Punkte enthält, die keine Eigenwerte von T sind. Ist $\lambda I - T$ injektiv **und** surjektiv, dann gilt wegen des Satzes über die Stetigkeit des Inversen (s. S. 619) $\lambda \in \varrho(T)$. Im Kontrast zum endlichdimensionalen Fall, bei dem die Surjektivität automatisch aus der Injektivität folgt, muß im unendlichdimensionalen Falle weitaus differenzierter vorgegangen werden.

Die Menge $\sigma_c(T)$ aller $\lambda \in \sigma(T)$, für die $\lambda I - T$ injektiv und $Im(\lambda I - T)$ dicht in X liegt, heißt *stetiges* oder *kontinuierliches* Spektrum und die Menge $\sigma_r(T)$ aller der λ, mit injektivem $\lambda I - T$ und nichtdichtem Wertebereich, heißt *Rest-* oder *Residualspektrum* des Operators T.

Für einen beschränkten linearen Operator T im komplexen BANACH–Raum X gilt die disjunkte Vereinigung

$$\sigma(T) = \sigma_p(T) \cup \sigma_c(T) \cup \sigma_r(T). \tag{12.158}$$

12.5.4 Stetige lineare Funktionale

12.5.4.1 Definition

Für $\mathrm{Y} = \mathbb{K}$ nennt man eine lineare Abbildung *lineares Funktional* oder *Linearform*. Im weiteren wird in einem HILBERT–Raum der komplexe, in allen anderen Situationen fast ausschließlich der reelle Fall betrachtet. Der BANACH–Raum $L(\mathrm{X}, \mathbb{K})$ aller stetigen linearen Funktionale heißt *Dual*, *Dualraum* oder *adjungierter Raum* von X und wird mit X^* (manchmal auch mit X') bezeichnet. Der Wert (aus $\mathbb{K}$) eines linearen stetigen Funktionals $f \in \mathrm{X}^*$ auf einem Element $x \in \mathrm{X}$ wird mit $f(x)$, häufig aber auch – um den für die Dualitätstheorie ausschlaggebenden Gedanken der bilinearen Verknüpfung von X und X^* hervorzuheben – mit (x, f) bezeichnet (vgl. auch mit dem Satz von RIESZ über die linearen stetigen Funktionale im HILBERT–Raum im nächsten Abschnitt).

■ **A:** Seien $t_1, t_2, \ldots, t_n$ fixierte Punkte des Intervals $[a, b]$ und $c_1, c_2, \ldots, c_n$ reelle Zahlen. Durch

$$f(x) = \sum_{k=1}^{n} c_k x(t_k) \tag{12.159}$$

ist ein lineares stetiges Funktional auf dem Raum $\mathcal{C}([a, b])$ mit der Norm $\|f\| = \sum_{k=1}^{n} |c_k|$ definiert. Ein Spezialfall von (12.159) ist für ein fixiertes $t \in [a, b]$ das δ–Funktional

$$\delta_t(x) = x(t) \qquad (x \in \mathcal{C}([a, b]))\,. \tag{12.160}$$

■ **B:** Mit einer auf $[a, b]$ summierbaren Funktion $\varphi(t)$ (12.9.3.1) ist

$$f(x) = \int_a^b \varphi(t) x(t)\, dt \tag{12.161}$$

ein lineares stetiges Funktional auf $\mathcal{C}([a, b])$ und auf $\mathcal{B}([a, b])$ jeweils mit der Norm $\|f\| = \int_a^b |\varphi(t)| dt$.

12.5.4.2 Stetige lineare Funktionale im Hilbert–Raum, Satz von Riesz

Im HILBERT–Raum $\mathbb{H}$ definiert jedes Element $y \in \mathbb{H}$ mittels $f(x) = (x, y)$ ein lineares stetiges Funktional mit der Norm $\|f\| = \|y\|$. Andererseits, ist f ein lineares stetiges Funktional auf $\mathbb{H}$, dann existiert genau ein Element $y \in \mathbb{H}$, so daß gilt:

$$f(x) = (x, y) \qquad (\forall\, x \in \mathbb{H}). \tag{12.162}$$

Die Räume $\mathbb{H}$ und $\mathbb{H}^*$ sind nach diesem Satz isomorph, weshalb man sie identifiziert.
Der Satz von RIESZ enthält einen Hinweis darauf, wie man die *Orthogonalität in einem beliebigen normierten Raum* einführen kann. Seien $A \subset \mathrm{X}$ und $A^* \subset \mathrm{X}^*$. Dann nennt man die Mengen

$$A^\perp = \{f \in \mathrm{X}: f(x) = 0 \quad \forall\, x \in A^*\} \quad \text{und} \quad A^{*\perp} = \{x \in \mathrm{X}: f(x) = 0 \quad \forall\, f \in B\} \tag{12.163}$$

jeweils das *orthogonale Komplement* oder den *Annulator* zu A bzw. A^*.

12.5.4.3 Stetige lineare Funktionale in L^p

Sei $p \geq 1$. Man nennt q den zu p *konjugierten Exponenten*, wenn $\frac{1}{p} + \frac{1}{q} = 1$ gilt, wobei man $q = \infty$ im Falle $p = 1$ setzt.

■ Aufgrund der HÖLDERschen Ungleichung für Integrale (s. S. 31) kann das Funktional (12.161) auch auf den Räumen $L^p([a, b])$ $(1 \leq p \leq \infty)$ (s. Abschnitt 12.9.4) betrachtet werden, falls $\varphi \in L^q([a, b])$ mit $\frac{1}{p} + \frac{1}{q} = 1$ ist. Seine Norm ist dann

$$\|f\| = \|\varphi\| = \begin{cases} \left[\int_a^b |\varphi(t)|^q dt\right]^{\frac{1}{q}}, & \text{falls} \quad 1 < p \leq \infty, \\ \operatorname{vrai\,sup}_{t\in[a,b]} |\varphi(t)|, & \text{falls} \quad p = 1 \end{cases} \tag{12.164}$$

(bezüglich der Definition von $\operatorname{vrai\,sup} |\varphi|$ s. (12.211), S. 635). Zu jedem linearen stetigen Funktional f im Raum $L^p([a, b])$ gibt es ein (bis auf seine Äquivalenzklasse) eindeutig bestimmtes Element $y \in L^q([a, b])$, so daß

$$f(x) = (x, y) = \int_a^b x(t)\overline{y(t)}dt, \quad x \in L^p \quad \text{und} \quad \|f\| = \|y\|_q = \left(\int_a^b |y(t)|^q dt\right)^{\frac{1}{q}} \tag{12.165}$$

gelten. Für den Fall $p = \infty$ s. Lit. [12.18].

12.5.5 Fortsetzung von linearen Funktionalen

1. Halbnorm Eine Abbildung $p\colon \mathrm{X} \longrightarrow \mathbb{R}$ eines Vektorraumes X heißt *Halbnorm*, wenn sie die folgenden Eigenschaften besitzt:

(HN1) $p(x) \geq 0$, (12.166)

(HN2) $p(\alpha x) = |\alpha| p(x)$, (12.167)

(HN3) $p(x + y) \leq p(x) + p(y)$. (12.168)

Ein Vergleich mit Abschnitt 12.3.1 zeigt, daß eine Halbnorm genau dann eine Norm ist, wenn $p(x) = 0$ nur für $x = 0$ gilt.

Sowohl für theoretische innermathematische Fragestellungen als auch für praktische Belange in vielen Anwendungen der Mathematik hat sich das Problem der Erweiterung eines auf einem linearen Teilraum $\mathrm{X}_0 \subset \mathrm{X}$ gegebenen linearen Funktionals auf den gesamten Raum – um triviale und uninteressante Fälle auszuschließen – unter Beibehaltung gewisser „guter“ Eigenschaften als eines der fundamentalsten Ergebnisse herauskristallisiert. Die Lösung dieses Problems wird garantiert durch den

2. Fortsetzungssatz von HAHN–BANACH (analytische Form) Sei X ein Vektorraum über $\mathbb{K}$ und p eine Halbnorm auf X. Seien X_0 ein linearer (komplexer, falls $\mathbb{K} = \mathbb{C}$ und reeller, falls $\mathbb{K} = \mathbb{R}$) Teilraum von X und f_0 ein lineares (komplexwertiges, falls $\mathbb{K} = \mathbb{C}$ und reellwertiges, falls $\mathbb{K} = \mathbb{R}$) Funktional auf X_0, welches der Bedingung

$$|f_0(x)| \leq p(x) \qquad (\forall\, x \in \mathrm{X}_0) \tag{12.169}$$

genügt. Dann existiert ein lineares Funktional f auf X mit folgenden Eigenschaften:

$$f(x) = f_0(x) \qquad (\forall\, x \in \mathrm{X}_0), \qquad |f(x)| \leq p(x) \qquad (\forall\, x \in \mathrm{X}). \tag{12.170}$$

Somit ist f die Fortsetzung des Funktionals f_0 auf den gesamten Raum X unter Beibehaltung der Abschätzung (12.169).
Wenn X_0 ein linearer Teilraum eines normierten Raumes X ist und f_0 ein stetiges lineares Funktional auf X_0, dann ist $p(x) = \|f_0\| \cdot \|x\|$ eine Halbnorm auf X mit (12.169), so daß sich sofort die Variante des Satzes von HAHN–BANACH über die Fortsetzung *stetiger* linearer Funktionale ergibt.
Zwei wichtige Konsequenzen aus letzterem sind die „Reichhaltigkeit" des dualen zu einem normierten Raum: Für jedes Element $x \neq 0$ gibt es ein Funktional $f \in X^*$ mit $f(x) = \|x\|$ und $\|f\| = 1$ sowie den folgenden Sachverhalt: Für jeden linearen Teilraum $X_0 \subset X$ und $x_0 \notin X_0$ mit dem Abstand $d = \inf_{x \in X_0} \|x - x_0\| > 0$ gibt es ein $f \in X^*$ mit

$$f(x) = 0 \ (\forall\, x \in X_0), \qquad f(x_0) = 1 \quad \text{und} \quad \|f\| = \frac{1}{d}. \tag{12.171}$$

12.5.6 Trennung konvexer Mengen

1. Hyperebenen Eine von X verschiedene lineare Teilmenge L des (reellen) Vektorraumes X heißt *Hyperteilraum* oder Hyperebene durch 0 wenn ein $x_0 \in X$ existiert, mit dem $X = lin(x_0, L)$ gilt. Mengen der Gestalt $x + L$ sind affin–lineare Mannigfaltigkeiten (s. Abschnitt 12.1.2). Ist dabei L ein Hyperteilraum, so nennt man sie *Hyperebenen.*
Es besteht der folgende enge Zusammenhang zwischen Hyperebenen und linearen Funktionalen: Einerseits ist der Kern $f^{-1}(0) = \{x \in X\colon f(x) = 0\}$ eines linearen Funktionals f auf X ein Hyperteilraum in X, und für jede Zahl $\lambda \in \mathbb{R}$ existiert ein $x_\lambda \in X$ mit $f(x_\lambda) = \lambda$ und $f^{-1}(\lambda) = x_\lambda + f^{-1}(0)$. Andererseits existiert zu einem Hyperteilraum $L \subset X$, einem $x_0 \notin L$ und $\lambda \neq 0$, $\lambda \in \mathbb{R}$ stets ein eindeutig bestimmtes lineares Funktional f auf X mit $f^{-1}(0) = L$ und $f(x_0) = \lambda$. Die Abgeschlossenheit von $f^{-1}(0)$ im Falle eines normierten Raums X ist äquivalent zur Stetigkeit des Funktionals f.

2. Geometrische Form des Satzes von HAHN–BANACH Seien X ein normierter Raum, $x_0 \in X$ und L ein linearer Teilraum von X. Dann gibt es zu jeder nichtleeren konvexen offenen Menge K, die sich mit der affin–linearen Mannigfaltigkeit $\{x_0 + L\}$ nicht schneidet, eine abgeschlossene Hyperebene H mit $\{x_0 + L\} \subset H$ und $H \cap K = \emptyset$.

3. Trennung konvexer Mengen Man nennt zwei Teilmengen A, B eines reellen normierten Raumes X durch eine Hyperebene *trennbar*, wenn ein Funktional $f \in X^*$ existiert, so daß gilt:

$$\sup_{x \in A} f(x) \leq \inf_{y \in B} f(y). \tag{12.172}$$

$f^{-1}(\alpha)$ mit $\alpha = \sup_{x \in A} f(x)$ ist dann die trennende Hyperebene, was nichts anderes besagt, als daß die Mengen in den verschiedenen Halbräumen

$$\{x \in X\colon f(x) \leq \alpha\} \qquad \text{und} \qquad \{x \in X\colon f(x) \geq \alpha\} \tag{12.173}$$

liegen. In den **Abb-en.12.5b,c** sind zwei Fälle der Trennung durch eine Hyperebene dargestellt.
Entscheidend für die Trennung zweier Mengen ist weniger ihre Disjunktheit. In **Abb.12.5a** sind zwei Mengen E und B dargestellt, die nicht trennbar sind, obwohl E und B disjunkt sind und B konvex. Vielmehr ist die Konvexität der Mengen von Bedeutung, da nicht ausgeschlossen ist, daß beide zu trennenden Mengen gemeinsame Punkte besitzen, durch die die Hyperebene verläuft.
Es gilt: Ist A eine konvexe Menge eines normierten Raumes X mit nichtleerem Inneren $Int(A)$ und $B \subset X$ eine nichtleere konvexe Menge mit $Int(A) \cap B = \emptyset$, dann sind A und B trennbar. Ein (reelles lineares) Funktional $f \in X^*$ heißt *Stützfunktional* an die Menge A im Punkt $x_0 \in A$, wenn es eine solche Zahl $\lambda \in \mathbb{R}$ gibt, für die $f(x_0) = \lambda$ und $A \subset \{x \in X : f(x) \leq \lambda\}$ gilt. $f^{-1}(\lambda)$ heißt dann *Stützhyperebene* im Punkt x_0 an A.
Für eine konvexe Menge K mit nichtleerem Inneren existiert in jedem ihrer Randpunkte ein Stützfunktional.

Hinweis: Auf der Trennbarkeit konvexer Mengen beruht der Beweis der KUHN–TUCKER–Bedingungen (s. Abschnitt 18.2, S. 857), aus denen sich praktische Verfahren zur Bestimmung des Minimums eines konvexen Optimierungsproblems herleiten lassen (s. Lit. [12.5]).

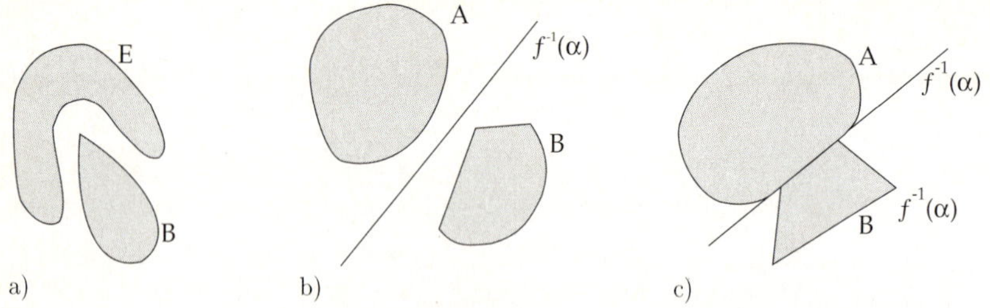

Abbildung 12.5

12.5.7 Bidualer Raum und reflexive Räume

Der duale Raum X^* eines normierten Raums X ist mit $\|f\| = \sup_{\|x\| \le 1} |f(x)|$ ebenfalls ein normierter Raum, so daß $(X^*)^* = X^{**}$, der *Bidual* oder der *zweite adjungierte Raum* zu X, betrachtet werden kann. Die *kanonische Einbettung*

$$J\colon X \longrightarrow X^{**} \quad \text{mit} \quad Jx = F_x\,, \text{ wobei } \quad F_x(f) = f(x) \qquad (\forall\, f \in X^*) \tag{12.174}$$

erweist sich als Normisomorphie (s. 12.3.1), weswegen X mit dem Teilraum $J(X) \subset X^{**}$ identifiziert wird. Ein BANACH–Raum heißt *reflexiv*, wenn $J(X) = X^{**}$ gilt, die kanonische Einbettung also eine surjektive Normisomorphie ist.

■ Alle endlichdimensionalen BANACH–Räume sowie alle HILBERT–Räume sind reflexiv, ebenso die Räume L^p $(1 \le p < \infty)$, während $\mathcal{C}([a,b])$, $L^1([0,1])$, $\mathbf{c_0}$ Beispiele nichtreflexiver Räume sind.

12.6 Adjungierte Operatoren in normierten Räumen

12.6.1 Adjungierter Operator zu einem beschränkten Operator

Für einen linearen stetigen Operator $T\colon X \longrightarrow Y$ (X, Y normierte Räume) ordnet man jedem $g \in Y^*$ durch $f(x) = g(Tx)$ $\forall\, x \in X$ ein Funktional $f \in X^*$ zu. Auf diese Weise entsteht ein linearer stetiger Operator

$$T^*\colon Y^* \longrightarrow X^*\,, \qquad (T^*g)(x) = g(Tx) \qquad (\forall\, g \in Y^* \qquad \forall\, x \in X)\,, \tag{12.175}$$

der *adjungierter* Operator zu T heißt und die folgenden Eigenschaften besitzt:
$(T+S)^* = T^* + S^*$, $(ST)^* = S^*T^*$, $\|T^*\| = \|T\|$, wobei für die linearen stetigen Operatoren $T\colon X \to Y$ und $S\colon Y \to Z$ (X, Y, Z normierte Räume) der Operator $ST\colon X \to Z$ auf natürliche Weise durch $ST(x) = S(T(x))$ definiert ist. Mit den in den Abschnitten 12.1.5 und 12.5.4.2 eingeführten Bezeichnungen bestehen für einen Operator $T \in B(X, Y)$ die folgenden Identitäten:

$$\overline{Im(T)} = Ker(T^*)^{\perp}\,, \qquad \overline{Im(T^*)} = Ker(T)^{\perp}\,, \tag{12.176}$$

wobei die Abgeschlossenheit von $Im(T)$ die Abgeschlossenheit von $Im(T^*)$ impliziert.

Der Operator T^{**}, den man als $(T^*)^*$ aus T^* gewinnt, hat die Eigenschaft: Ist $F_x \in X^{**}$, dann ist $T^{**}F_x = F_{Tx} \in Y^{**}$. Der Operator $T^{**}\colon X^{**} \to Y^{**}$ ist also eine Erweiterung von T.

Im HILBERT–Raum $\mathbb{H}$ kann auf Grund des RIESZschen Satzes der adjungierte Operator mit Hilfe des Skalarprodukts $(Tx, y) = (x, T^*y)$, $x, y \in \mathbb{H}$ eingeführt werden, wobei sich wegen der Identifizierung von $\mathbb{H}$ und $\mathbb{H}^{**}$ neben $(\lambda T)^* = \overline{\lambda} T^*$ und $I^* = I$ sogar $T^{**} = T$ ergibt. Ist T bijektiv, so ist es auch T^*, und es gilt $(T^*)^{-1} = (T^{-1})^*$. Für die Resolventen von T und T^* gilt die Beziehung

$$[R_\lambda(T)]^* = R_{\overline{\lambda}}(T^*)\,, \tag{12.177}$$

woraus sich für das Spektrum des adjungierten Operators $\sigma(T^*) = \{\overline{\lambda}\colon \lambda \in \sigma(T)\}$ ergibt.

■ **A:** Sei T ein Integraloperator mit stetigem Kern

$$(Tx)(s) = \int_a^b K(s,t)x(t)\,dt\,, \tag{12.178}$$

der im Raum $L^p([a,b])$ $(1 < p < \infty)$ betrachtet wird. Der zu T adjungierte Operator ist ebenfalls ein Integraloperator

$$(T^*g)(t) = \int_a^b K^*(t,s)y_g(s)\,ds \tag{12.179}$$

mit dem Kern $K^*(s,t) = K(t,s)$, wobei y_g das gemäß (12.165) zu $g \in (L^p)^*$ existierende Element aus L^q ist.

■ **B:** Im endlichdimensionalen komplexen Raum ist der adjungierte zu einem durch die Matrix $A = (a_{ij})$ repräsentierten Operator gerade durch die Matrix A^* mit $a^*_{ij} = \overline{a_{ji}}$ definiert.

12.6.2 Adjungierter Operator zu einem unbeschränkten Operator

Seien X und Y reelle normierte Räume und T ein linearer (nicht unbedingt beschränkter) Operator mit dem (linearen) Definitionsbereich $D(T) \subset \mathrm{X}$ und Werten in Y. Für ein fixiertes Funktional $g \in \mathrm{Y}^*$ ist dann der Ausdruck $g(Tx)$, der offenbar linear von x abhängt, sinnvoll, so daß die Frage nach der Existenz eines wohlbestimmten Funktionals $f \in \mathrm{X}^*$ mit der Eigenschaft

$$f(x) = g(Tx) \quad \forall\, x \in D(T) \tag{12.180}$$

steht. Sei $D^* \subset \mathrm{Y}^*$ die Menge aller der $g \in \mathrm{Y}^*$, für die bei einem gewissen $f \in \mathrm{X}^*$ die Darstellung (12.180) gilt. Ist $\overline{D(T)} = \mathrm{X}$, dann ist f zu vorgegebenem g eindeutig bestimmt, so daß ein linearer Operator $f = T^*g$ mit $D(T^*) = D^*$ als Definitionsbereich entsteht. Für beliebige $x \in D(T)$ und $g \in \mathrm{Y}^*$ gilt dann

$$g(Tx) = (T^*g)(x) \qquad (\forall\, x \in \mathrm{X} \quad \forall\, g \in D(T^*))\,. \tag{12.181}$$

Der Operator T^* ist sogar abgeschlossen und heißt *adjungiert* zu T. Die Natürlichkeit dieses allgemeinen Zugangs ergibt sich daraus, daß $D(T^*) = \mathrm{Y}^*$ genau dann gilt, wenn T auf $D(T)$ beschränkt ist. In diesem Falle ist $T^* \in B(\mathrm{Y}^*, \mathrm{X}^*)$ und $\|T^*\| = \|T\|$.

12.6.3 Selbstadjungierte Operatoren

Ein Operator $T \in B(\mathbb{H})$ heißt *selbstadjungiert*, wenn $T^* = T$. In diesem Falle ist $\forall\, x \in \mathbb{H}$ die Zahl (Tx,x) reell. Es gelten

$$\|T\| = \sup_{\|x\|=1} |(Tx,x)| \tag{12.182}$$

und mit $m = m(T) = \inf_{\|x\|=1}(Tx,x)$ und $M = M(T) = \sup_{\|x\|=1}(Tx,x)$

$$m(T)\|x\|^2 \le (Tx,x) \le M(T)\|x\|^2 \quad \text{und} \quad \|T\| = r(T) = \max\{|m|, M\}\,. \tag{12.183}$$

Das Spektrum eines selbstadjungierten (beschränkten) Operators liegt im Intervall $[m, M]$, wobei gilt: $m, M \in \sigma(T)$.

12.6.3.1 Positiv definite Operatoren

In der Menge aller selbstadjungierten Operatoren aus $B(\mathbb{H})$ kann durch

$$T \ge 0 \quad \text{genau dann, wenn} \quad (Tx,x) \ge 0 \quad (\forall\, x \in \mathbb{H})\,, \tag{12.184}$$

eine partielle Ordnung eingeführt werden, wobei ein Operator T mit $T \ge 0$ *positiv* (*definit*) heißt. Für einen selbstadjungierten Operator T gilt (mit Hilfe von **(H1)** aus 12.4.1.1) $(T^2x,x) = (Tx,Tx) \ge 0$, so daß T^2 positiv definit ist. Jeder positiv definite Operator T besitzt seine Wurzel, d.h., es existiert genau ein positiv definiter Operator W mit $W^2 = T$. Darüber hinaus ist der Vektorraum der selbstadjungierten Operatoren ein Vektorverband (s. Abschnitt 12.1.7.4), wobei die Operatoren

$$|T| = \sqrt{T^2}\,, \quad T^+ = \frac{1}{2}(|T| + T)\,, \quad T^- = \frac{1}{2}(|T| - T) \tag{12.185}$$

für die Spektralzerlegung und Spektral- bzw. Integraldarstellung von selbstadjungierten Operatoren mit Hilfe eines STIELTJES–Integrals Bedeutung erlangen (s. S. 447 sowie Lit. [12.1], [12.12], [12.13], [12.15], [12.18], [12.21]).

12.6.3.2 Projektoren im Hilbert–Raum

Sei $\mathbb{H}_0$ ein Teilraum eines HILBERT–Raums $\mathbb{H}$. Dann ist nach dem Projektionssatz (s. Abschnitt 12.4.2) für jedes $x \in \mathbb{H}$ seine Projektion x' auf $\mathbb{H}_0$ und demzufolge ein Operator P mit $Px = x'$ von $\mathbb{H}$ auf $\mathbb{H}_0$ definiert. P heißt *Projektor* auf $\mathbb{H}_0$. Offenbar ist P linear, stetig, und es gilt $\|P\| = 1$. Ein stetiger linearer Operator P in $\mathbb{H}$ ist genau dann ein Projektor (auf einen geeigneten Unterrraum), wenn gilt:
a) $P = P^*$, d.h., P ist selbstadjungiert, und
b) $P^2 = P$, d.h., P ist *idempotent*.

12.7 Kompakte Mengen und kompakte Operatoren

12.7.1 Kompakte Teilmengen in normierten Räumen

Eine Teilmenge A eines normierten Raumes ‡ X heißt
• *kompakt*, wenn jede Folge von Elementen aus A eine konvergente Teilfolge enthält, deren Grenzwert in A liegt,
• *relativkompakt* oder *präkompakt*, wenn ihre Abschließung (s. Abschnitt 12.2.1.3) kompakt ist, d.h., jede Folge von Elementen aus A enthält eine (nicht unbedingt zu einem Element aus A) konvergente Teilfolge.
In der Analysis ist dies gerade der Satz von BOLZANO–WEIERSTRASS, weshalb man sagt, eine solche Menge besitze die BOLZANO–WEIERSTRASS-*Eigenschaft*.
Jede kompakte Menge ist abgeschlossen und beschränkt. Umgekehrt, ist der Raum X endlichdimensional, dann ist jede solche Menge auch kompakt. Die abgeschlossene Einheitskugel im normierten Raum X ist genau dann kompakt, wenn X endlichdimensional ist. Zur Charakterisierung von relativkompakten Mengen in metrischen Räumen (Satz von HAUSDORFF über die Existenz eines endlichen ε–Netzes) sowie in den Räumen **s** , $\mathcal{C}$ (Satz von ARZELA–ASCOLI) und $\boldsymbol{L^p}$ $(1 < p < \infty)$ s. Lit. [12.18].

12.7.2 Kompakte Operatoren

12.7.2.1 Begriff des kompakten Operators

Ein beliebiger Operator T: X $\longrightarrow$ Y des normierten Raums X in den normierten Raum Y heißt *kompakt*, wenn das Bild $T(A)$ jeder beschränkten Menge $A \subset$ X eine relativkompakte Menge in Y ist. Ist der Operator T zudem noch stetig, dann heißt er *vollstetig*. Jeder kompakte *lineare* Operator ist beschränkt und demzufolge vollstetig. Für die Kompaktheit eines linearen Operators genügt es zu fordern, daß er die Einheitskugel aus X in eine relativkompakte Menge in Y überführt.

12.7.2.2 Eigenschaften linearer kompakter Operatoren

Eine sequentielle Charakteristik der Kompaktheit eines Operators aus $B(\mathrm{X}, \mathrm{Y})$ ist die folgende: Für jede beschränkte Folge $\{x_n\}_{n=1}^{\infty}$ aus X enthält die Folge $\{Tx_n\}_{n=1}^{\infty}$ eine konvergente Teilfolge. Eine Linearkombination kompakter Operatoren ist wieder kompakt. Ist einer der Operatoren $U \in B(\mathrm{W}, \mathrm{X})$, $T \in B(\mathrm{X}, \mathrm{Y})$, $S \in B(\mathrm{Y}, \mathrm{Z})$ kompakt, dann sind es auch die Operatoren TU und ST . Falls Y ein BANACH–Raum ist, hat man die folgenden wichtigen Aussagen.

1. Konvergenz Konvergiert eine Folge von kompakten Operatoren $\{T_n\}_{n=1}^{\infty}$ im Raum $B(\mathrm{X}, \mathrm{Y})$, dann ist der Grenzwert ebenfalls ein kompakter Operator.

2. Satz von SCHAUDER Ist T ein linearer stetiger Operator, dann sind T und T^* gleichzeitig kompakt (oder nicht).

3. Spektraleigenschaften eines kompakten Operators T in einem (unendlichdimensionalen) BANACH–Raum X: Die Null gehört zum Spektrum. Jeder von Null verschiedene Punkt des Spektrums

‡Für die eingeführten Begriffe genügt es, X als metrischen (oder noch allgemeineren) Raum vorauszusetzen. Diese Allgemeinheit wird im weiteren aber nicht erforderlich sein.

$\sigma(T)$ ist ein Eigenwert mit endlichdimensionalem Eigenraum $X_\lambda = \{x \in X: (\lambda I - T)x = 0\}$, und $\forall\, \varepsilon > 0$ liegen außerhalb des Kreises $\{|\lambda| \leq \varepsilon\}$ stets nur endlich viele Eigenwerte von T, wobei einzig die Null Häufungspunkt der Menge der Eigenwerte sein kann. Ist $\lambda = 0$ kein Eigenwert von T, dann ist T^{-1} im Falle seiner Existenz unbeschränkt.

12.7.2.3 Schwache Konvergenz von Elementen

Eine Folge $\{x_n\}_{n=1}^{\infty}$ von Elementen des normierten Raumes X heißt *schwach konvergent* zu einem Element x_0, wenn $\forall\, f \in X^*$ die Beziehung $f(x_n) \rightarrow f(x_0)$ gilt (Schreibweise: $x_n \rightharpoonup x_0$).
Offenbar hat man: $x_n \rightarrow x_0$ impliziert $x_n \rightharpoonup x_0$. Ist Y ein weiterer normierter Raum und $T\colon X \longrightarrow Y$ ein stetiger linearer Operator, dann gilt:

a) $x_n \rightharpoonup x_0$ impliziert $Tx_n \rightharpoonup Tx_0$,

b) ist T kompakt, dann impliziert $x_n \rightharpoonup x_0$ sogar $Tx_n \rightarrow Tx_0$.

■ **A:** Jeder endlichdimensionale Operator ist kompakt. Daraus folgt, daß der identische Operator in einem unendlichdimensionalen Raum nie kompakt sein kann (s. 12.7.1).

■ **B:** Sei $X = l^2$ und T der durch die unendliche Matrix

$$\begin{pmatrix} t_{11} & t_{12} & t_{13} & \cdots \\ t_{21} & t_{22} & t_{23} & \cdots \\ t_{31} & \cdot & \cdot & \cdots \\ \cdot & \cdot & \cdot & \cdots \\ \cdot & \cdot & \cdot & \cdots \end{pmatrix} \quad \text{mit} \quad Tx = \left(\sum_{k=1}^{\infty} t_{1k}x_k, \ldots, \sum_{k=1}^{\infty} t_{nk}x_k, \ldots \right) \tag{12.186}$$

gegebene Operator in l^2. Gilt $\sum_{k,n=1}^{\infty} |t_{nk}|^2 = M < \infty$, dann ist T ein kompakter Operator von l^2 in l^2 mit $\|T\| \leq M$.

■ **C:** Der Integraloperator (12.134) erweist sich als kompakter Operator in den Räumen $\mathcal{C}([a,b])$ und $\boldsymbol{L^p}\ (a,b)\ (1 < p < \infty)$.

12.7.3 Fredholmsche Alternative

Sei T ein kompakter linearer Operator in einem BANACH–Raum X. Es werden die folgenden Gleichungen 2. Art mit einem Parameter $\lambda \neq 0$ betrachtet:

$$x - \lambda Tx = y, \qquad x - \lambda Tx = 0, \tag{12.187a}$$

$$f - \lambda T^* f = g, \qquad f - \lambda T^* f = 0. \tag{12.187b}$$

Es gelten:

1. $\dim(Ker(I - \lambda T)) = \dim(Ker(I - \lambda T^*))$, d.h., die homogenen Gleichungen haben stets dieselbe endliche Anzahl von linear unabhängigen Lösungen.

2. $Im(\lambda I - T) = Ker(\lambda I - T^*)^{\perp}$ und[§] $Im(\lambda I - T^*) = Ker(\lambda I - T)^{\perp}$.

3. $Im(\lambda I - T) = X$ genau dann, wenn $Ker(\lambda I - T) = 0$.

4. Die FREDHOLMsche *Alternative* (auch RIESZ–SCHAUDER–Theorem genannt), d.h.:

a) Endweder die homogene Gleichung besitzt nur die triviale Lösung. In diesem Falle gilt $\lambda \in \varrho(T)$, der Operator $(\lambda I - T)^{-1}$ ist beschränkt, und die inhomogene Gleichung besitzt genau eine Lösung $x = (\lambda I - T)^{-1}y$ für beliebiges $y \in X$.

b) Oder die homogene Gleichung besitzt wenigstens eine nichttriviale Lösung. In diesem Falle gilt: λ ist ein Eigenwert von T, also $\lambda \in \sigma(T)$, und die inhomogene Gleichung besitzt eine (nicht eindeutige) Lösung genau dann, wenn die rechte Seite y der Bedingung $f(y) = 0$ für jede Lösung f der adjungierten Gleichung $T^* f = \lambda f$ genügt. In letzterem Fall erhält man jede Lösung der inhomogenen Gleichung in der Form $x = x_0 + h$, wobei x_0 eine feste Lösung der inhomogenen Gleichung und $h \in Ker(\lambda I - T)$ ist.

Lineare Gleichungen der Gestalt $Tx = y$ mit kompaktem Operator T nennt man von 1. Art. Ihre Behandlung ist im allgemeinen etwas schwieriger (s. Lit. [12.12], [12.21]).

[§] Hier ist die Orthogonalität im BANACH–Raum (s. 12.5.4.2) gemeint.

12.7.4 Kompakte Operatoren im Hilbert–Raum

Sei $T : \mathbb{H} \longrightarrow \mathbb{H}$ ein kompakter Operator. Dann ist T Grenzwert (in $B(\mathbb{H})$) einer Folge von endlichdimensionalen Operatoren. Die Nähe zum endlichdimensionalen Fall ersieht man u.a aus folgendem:
Ist C ein endlichdimensionaler Operator und $T = I - C$, dann folgt aus der Injektivität von T die Existenz von T^{-1} und $T^{-1} \in B(\mathbb{H})$.
Ist C ein kompakter Operator, dann sind äquivalent:

1. es $\exists T^{-1}$ und ist stetig,

2. $x \neq 0 \Rightarrow Tx \neq 0$, d.h., T ist injektiv,

3. $T(\mathbb{H}) = \mathbb{H}$, d.h., T ist surjektiv.

12.7.5 Kompakte selbstadjungierte Operatoren

1. Eigenwerte Ein kompakter selbstadjungierter Operator $T \neq 0$ besitzt wenigstens einen (von Null verschiedenen) Eigenwert. Genauer, T hat immer einen Eigenwert λ mit $|\lambda| = \|T\|$.
T hat die Darstellung $T = \sum_k \lambda_k P_{\lambda_k}$, wobei λ_k die verschiedenen Eigenwerte von T und P_λ den Projektor auf den Eigenraum $\mathbb{H}_\lambda$ bezeichnen. Man sagt in diesem Zusammenhang auch, daß der Operator T diagonalisiert werden kann. Daraus ergibt sich $Tx = \sum_k \lambda_k (x, e_k) e_k$ für jedes $x \in \mathbb{H}$, wobei $\{e_k\}$ das orthonormierte System der Eigenvektoren von T ist.

2. Satz von Hilbert–Schmidt Ist T ein kompakter selbstadjungierter Operator im separablen Hilbert–Raum $\mathbb{H}$, dann gibt es in $\mathbb{H}$ eine Basis aus den Eigenvektoren von T.
Die sogenannten Spektral-(abbildungs-)sätze (s. Lit. [12.9], [12.11], [12.13], [12.15], [12.16], [12.21]) kann man als die Verallgemeinerung des Satzes von Hilbert–Schmidt auf den nichtkompakten Fall selbstadjungierter (beschränkter oder unbeschränkter) Operatoren auffassen.

12.8 Nichtlineare Operatoren

In der Lösungstheorie nichtlinearer Operatorengleichungen zieht man im wesentlichen Methoden heran, die auf den folgenden Prinzipien beruhen.
1. Prinzip der kontrahierenden Abbildung, Banachscher Fixpunktsatz (s. Abschnitte 12.2.2.3 und 12.2.2.4. Zu weiteren Modifizierungen und Varianten dieses Prinzips s. Lit. [12.9], [12.12], [12.15], [12.21].
2. Verallgemeinerung des Newton–Verfahrens (s. Abschnitte 18.2.5.2 und 19.1.1.2) auf den unendlich dimensionalen Fall.
3. Schaudersches Fixpunktprinzip.
4. Leray–Schauder–Theorie.
Mit Methoden, die auf den Prinzipien **1** und **2** basieren, ergeben sich umfassende Informationen über die Lösung, wie Existenz, Eindeutigkeit, Konstruktivität u.a., während die Untersuchungsmethoden, die auf den Prinzipien 3 und 4 basieren, im allgemeinen „nur" die qualitative Aussage der Existenz einer Lösung gestatten. Bei zusätzlichen Eigenschaften des Operators s. jedoch 12.8.6 und 12.8.7.

12.8.1 Beispiele nichtlinearer Operatoren

Für nichtlineare Operatoren gilt der in Abschnitt 12.5.1 für den linearen Fall erwähnte Zusammenhang zwischen Stetigkeit und Beschränktheit im allgemeinen nicht mehr. Bei der Behandlung nichtlinearer Operatorengleichungen, z.B. nichtlinearer Randwertprobleme oder Integralgleichungen, treten häufig die folgenden nichtlinearen Operatoren auf.

1. Nemytskij–Operator Seien Ω eine meßbare Teilmenge aus $\mathbb{R}^n$ (12.9.1) und $f\colon\ \Omega \times \mathbb{R} \longrightarrow \mathbb{R}$ eine Funktion von zwei Variablen $f(x, s)$, die bezüglich x für fast alle s stetig und bezüglich s für alle x meßbar ist (Caratheodory–Bedingungen). Der nichtlineare Operator $\mathcal{N}$ auf $\mathcal{F}(\Omega)$

$$(\mathcal{N}u)(x) = f[x, u(x)] \quad (x \in \Omega) \tag{12.188}$$

heißt Nemytskij–*Operator*. Er ist stetig und beschränkt, falls er aus $L^p(\Omega)$ in $L^q(\Omega)$ mit $\frac{1}{p} + \frac{1}{q} = 1$ abbildet. Dies ist zum Beispiel der Fall, wenn

$$|f(x, s)| \leq a(x) + b|s|^{\frac{p}{q}} \quad \text{mit} \quad a(x) \in L^q(\Omega) \qquad (b > 0) \tag{12.189}$$

gilt oder $f\colon \Omega \times \mathbb{R} \longrightarrow \mathbb{R}$ stetig ist. Nur in Ausnahmefällen ist der Operator $\mathcal{N}$ kompakt.

2. HAMMERSTEIN–**Operator** Seien Ω eine kompakte Teilmenge aus $\mathbb{R}^n$, f eine den CARATHEODORY–Bedingungen genügende und $K(x,y)$ eine stetige Funktion auf $\Omega \times \Omega$. Der nichtlineare Operator $\mathcal{H}$ auf $\mathcal{F}(\Omega)$

$$(\mathcal{H}u)(x) = \int_\Omega K(x,y) f[y, u(y)]\, dy \quad (x \in \Omega) \tag{12.190}$$

heißt HAMMERSTEIN-*Operator*. Mit dem linearen von K als Kern erzeugten Integraloperator $\mathcal{K}$

$$(\mathcal{K}u)(x) = \int_\Omega K(x,y) u(y)\, dy \quad (x \in \Omega) \tag{12.191}$$

kann $\mathcal{H}$ in der Form $\mathcal{H} = \mathcal{K} \cdot \mathcal{N}$ geschrieben werden. Genügt nun der Kern $K(x,y)$ der Bedingung

$$\int_{\Omega\times\Omega} |K(x,y)|^q \, dx\, dy < \infty \tag{12.192}$$

und die Funktion f der Bedingung (12.189), dann ist $\mathcal{H}$ ein stetiger und kompakter Operator auf $L^p(\Omega)$.

3. URYSOHN–**Operator** Seien $\Omega \subset \mathbb{R}^n$ meßbar und $K(x,y,s)\colon \Omega \times \Omega \times \mathbb{R} \longrightarrow \mathbb{R}$ eine Funktion von drei Variablen, dann heißt der nichtlineare Operator $\mathcal{U}$ auf $\mathcal{F}(\Omega)$

$$(\mathcal{U}u)(x) = \int_\Omega K[x, y, u(y)]\, dy \quad (x \in \Omega) \tag{12.193}$$

URYSOHN-Operator. Erfüllt der Kern K die entsprechenden Bedingungen, dann ist $\mathcal{U}$ ein stetiger und kompakter Operator in $\mathcal{C}(\Omega)$ bzw. in $L^p(\Omega)$.

12.8.2 Differenzierbarkeit nichtlinearer Operatoren

Seien X, Y BANACH–Räume, $D \subset$ X eine offene Menge und $T : D \longrightarrow$ Y. Der Operator T heißt FRÉCHET–*differenzierbar* im Punkt $x \in D$, wenn ein (im allgemeinen von der Stelle x abhängiger, linearer stetiger) Operator $L \in B(\mathrm{X}, \mathrm{Y})$ existiert, so daß

$$T(x+h) - T(x) = Lh + \omega(h) \quad \text{mit} \quad \|\omega(h)\| = o(\|h\|) \tag{12.194}$$

oder in äquivalenter Schreibweise

$$\lim_{\|h\|\to 0} \frac{\|T(x+h) - T(x) - Lh\|}{\|h\|} = 0 \tag{12.195}$$

gilt, d.h. $\forall\, \varepsilon > 0\ \exists \delta > 0$, so daß $\|h\| < \delta$ die Ungleichung $\|T(x+h) - T(x) - Lh\| \le \varepsilon \|h\|$ impliziert. Der Operator L, den man gewöhnlich mit $T'(x)$, $T'(x,\cdot)$ oder $T'(x)(\cdot)$ bezeichnet, heißt FRÉCHET–*Ableitung* des Operators T im Punkt x. Den Wert $dT(x;h) = T'(x)h$ nennt man FRÉCHET-*Differential* des Operators T im Punkt x (für den Zuwachs h). In jedem Falle ist die Abhängigkeit des Operators von der Stelle x erkennbar, die letzteren Bezeichnungen „weisen den Platz für das Argument aus“, auf das der Operator angewendet werden kann.
Aus der Differenzierbarkeit eines Operators in einem Punkt folgt seine Stetigkeit in diesem Punkt. Ist $T \in B(\mathrm{X}, \mathrm{Y})$, also selbst bereits linear und stetig, dann ist T in jedem Punkt x differenzierbar, und die Ableitung ist gleich T.

12.8.3 Newton–Verfahren

Seien X, D wie im vorhergehenden Abschnitt und $T\colon D \longrightarrow$ X. Unter der Voraussetzung der Differenzierbarkeit von T in jedem Punkt der Menge D ist ein Operator $T'\colon D \longrightarrow B(\mathrm{X}, \mathrm{Y})$ definiert, der jedem $x \in D$ das Element $T'(x) \in B(\mathrm{X}, \mathrm{Y})$ zuordnet. Der Operator T' sei auf D stetig (in der Operatornorm); in diesem Falle sagt man, T ist stetig differenzierbar auf D. Die Menge D enthalte eine Lösung x^* der Gleichung

$$T(x) = 0\,. \tag{12.196}$$

Weiter sei vorausgesetzt, daß für $\forall\, x \in D$ der Operator $T'(x)$ stetig invertierbar ist, also $[T'(x)]^{-1}$ in $B(\mathrm{Y}, \mathrm{X})$ liegt. Für ein beliebiges Element $x_0 \in D$ vermutet man wegen (12.194), daß die Elemente $T(x_0) = T(x_0) - T(x^*)$ und $T'(x_0)(x_0 - x^*)$ „nahe“ beieinander liegen und demzufolge die Lösung der *linearen* Gleichung, also (unter den gemachten Voraussetzungen)

$$x_1 = x_0 - [T'(x_0)]^{-1}T(x_0)\,, \tag{12.197}$$

das gesuchte Element x^* approximiert. Auf diese Weise konstruiert man, ausgehend von x_0, die sogenannte NEWTONsche Näherungsfolge

$$x_{n+1} = x_n - [T'(x_n)]^{-1}T(x_n) \quad (n = 0, 1, \ldots)\,. \tag{12.198}$$

Die Begründung für das beschriebene Vorgehen wird durch eine Reihe von Sätzen, die sich im Allgemeinheitsgrad oder in der Anpassung an spezielle Situationen der gemachten Voraussetzungen unterscheiden, geliefert, von denen exemplarisch nur der folgende zitiert werden soll, aus dem die wesentlichen Eigenschaften und Vorteile des Verfahrens erkennbar werden:
Es gibt zu $\forall\, \varepsilon \in (0, 1)$ eine Kugel $B = B(x_0; \delta)$, $\delta = \delta(\varepsilon)$, so daß alle x_n in B liegen und die NEWTON-Folge zur Lösung x^* von (12.196) konvergiert. Darüber hinaus gilt $\|x_n - x_0\| \le \varepsilon^n \|x_0 - x^*\|$.
Das *modifizierte* NEWTON-*Verfahren* erhält man, wenn man in der Formel (12.198) stets den Operator $[T'(x_0)]^{-1}$ anstelle von $[T'(x_n)]^{-1}$ benutzt. Für weitere Abschätzungen der Konvergenzgeschwindigkeit und zur (im allgemeinen sensiblen) Abhängigkeit des Verfahrens vom Startpunkt x_0 s. Lit. [12.7], [12.13], [12.15], [12.21].

12.8.4 Schaudersches Fixpunktprinzip

Sei T ein nichtlinearer Operator, der auf einer Menge D eines BANACH-Raumes X definiert ist und in X abbildet. Die nichttriviale Frage nach der Existenz wenigstens einer Lösung der Gleichung $x = T(x)$ wird wie folgt beantwortet: Ist $\mathrm{X} = \mathbb{R}$ und $D = [-1, 1]$, dann hat bekanntlich jede stetige Funktion, die D in D abbildet, einen Fixpunkt in D. Ist X ein beliebiger *endlichdimensionaler* normierter Raum ($\dim \mathrm{X} \ge 2$), dann gilt der BROUWERsche Fixpunktsatz.

1. BROUWERscher Fixpunktsatz Sei D eine nichtleere abgeschlossene beschränkte konvexe Menge eines endlichdimensionalen normierten Raumes. Ist T ein stetiger Operator, der D in sich abbildet, dann hat T (wenigstens) einen Fixpunkt in D. Die Antwort im Falle eines beliebigen unendlichdimensionalen BANACH-Raumes gibt der SCHAUDERsche Fixpunktsatz.

2. SCHAUDERscher Fixpunktsatz Sei D eine nichtleere abgeschlossene beschränkte konvexe Menge eines BANACH-Raumes. Ist der Operator $T\colon D \longrightarrow \mathrm{X}$ stetig und kompakt (also vollstetig) und bildet D in sich ab, dann hat T (wenigstens) einen Fixpunkt in D.
Mit Hilfe dieses Satzes kann man beispielsweise zeigen, daß das Anfangswertproblem (12.68) für $t \ge 0$ immer noch eine lokale Lösung besitzt, wenn die rechte Seite lediglich als stetig vorausgesetzt wird.

12.8.5 Leray–Schauder–Theorie

Für die Existenz von Lösungen der Gleichungen $x = T(x)$ und $(I + T)(x) = y$, mit jeweils vollstetigem Operator T, ist auf der Grundlage tiefliegender Eigenschaften des Abbildungsgrades ein weiteres Prinzip entdeckt worden, das etwa für Existenzbeweise bei nichtlinearen Randwertproblemen erfolgreich eingesetzt wird. Die hier angeführten Resultate dieser Theorie sind für praktische Belange vielfach die geeignetsten, wobei Formulierungen gewählt wurden, die ohne Erwähnung des Abbildungsgrades auskommen.

1. Satz von LERAY–SCHAUDER Seien D eine offene beschränkte Menge eines rellen BANACH-Raumes X und $T\colon \overline{D} \longrightarrow \mathrm{X}$ ein vollstetiger Operator. Sei $y \in D$ ein solcher Punkt, daß $x + \lambda T(x) \ne y$ für alle $x \in \partial D$ und $\lambda \in [0, 1]$ gilt, wobei ∂D den Rand der Menge D bezeichnet. Dann hat die Gleichung $(I + T)(x) = y$ wenigstens eine Lösung.
In Anwendungen erweist sich häufig auch die folgende Variante dieses Satzes als vorteilhaft: Sei T ein vollstetiger Operator auf dem BANACH-Raum X. Wenn die Lösungen der Gleichungsschar

$$x = \lambda T(x) \quad (\lambda \in [0, 1]) \tag{12.199}$$

eine gleichmäßige Aprioriabschätzung gestatten, d.h. $\exists c > 0$, so daß $\forall\, \lambda$ und $\forall\, x$, die (12.199) genügen, die Ungleichung $\|x\| \le c$ gilt, dann besitzt die Gleichung $x = T(x)$ eine Lösung.

12.8.6 Positive nichtlineare Operatoren

Der erfolgreiche Einsatz des SCHAUDERschen Fixpunktsatzes erfordert die Auswahl einer Menge mit den entsprechenden Eigenschaften, die vom betrachteten Operator in sich abgebildet wird. In Anwendungen, insbesondere in der Lösungstheorie nichtlinearer Randwertprobleme, handelt es sich meistens um geordnete normierte (aus Funktionen bestehende) Räume und nicht selten um positive, d.h. den betreffenden Kegel invariant lassende, oder *isoton wachsende* Operatoren, d.h. solche T, für die $x \leq y \Rightarrow T(x) \leq T(y)$ gilt. Wenn Verwechslungen (s. etwa Abschnitt 12.8.7) ausgeschlossen sind, nennt man solche Operatoren auch *monoton*.
Seien jetzt $\mathrm{X} = (\mathrm{X}, \mathrm{X}_+, \|\cdot\|)$ ein geordneter BANACH–Raum mit abgeschlossenen Kegel X_+ und $[a, b]$ ein Ordnungsintervall aus X. Ist X_+ normal und gilt $T([a, b]) \subset [a, b]$ für einen vollstetigen (nicht notwendigerweise isotonen) Operator T, dann besitzt T wenigstens einen Fixpunkt in $[a, b]$ **(Abb.12.6b)**.

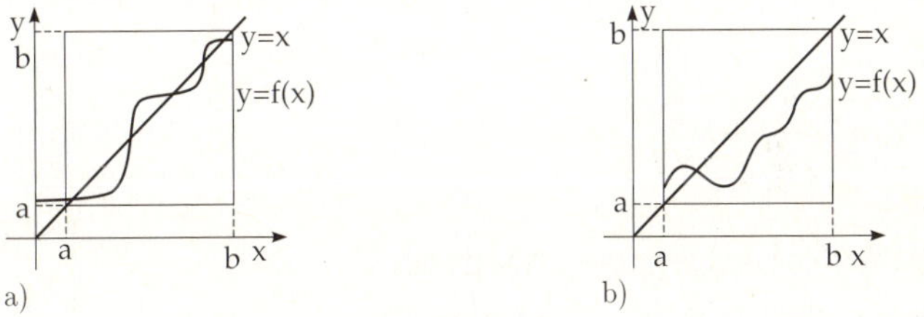

Abbildung 12.6

Ein weiterer Vorteil der Betrachtungen in geordneten Räumen besteht darin, daß für einen isoton wachsenden Operator T, der auf einem (0)–Interval $[a, b]$ des Raumes X definiert ist und (lediglich) die Eckpunkte a, b in $[a, b]$ abbildet, also den beiden Bedingungen $T(a) \geq a$ und $T(b) \leq b$ genügt, automatisch $T([a, b]) \subset [a, b]$ gilt. Darüber hinaus sind die beiden durch

$$x_0 = a \quad \text{und} \quad x_{n+1} = T(x_n) \quad (n \geq 0) \qquad \text{bzw.} \quad y_0 = b \quad \text{und} \quad y_{n+1} = T(y_n) \quad (n \geq 0) \tag{12.200}$$

wohldefinierten (d.h. $x_n, y_n \in [a, b]$, $n \geq 0$) Folgen monoton wachsend bzw. fallend, d.h. $a = x_0 \leq x_1 \leq \ldots \leq x_n \leq \ldots$ und $b = y_0 \geq y_1 \geq \ldots y_n \geq \ldots$. Ein Fixpunkt x_* bzw. x^* des Operators T heißt *minimal* bzw. *maximal*, wenn für jeden Fixpunkt z von T die Ungleichung $x_* \leq z$ bzw. $z \leq x^*$ gilt.
Es gelten nun die folgenden Aussagen (**Abb.12.6a)**): Seien X ein geordneter BANACH–Raum mit abgeschlossenem Kegel X_+ und $T : D \longrightarrow \mathrm{X}$, $D \subset \mathrm{X}$ ein stetiger isoton wachsender Operator. Sei $[a, b] \subset D$ mit $T(a) \geq a$ und $T(b) \leq b$. Dann gilt $T([a, b]) \subset [a, b]$, und der Operator T besitzt einen Fixpunkt in $[a, b]$, wenn eine der folgenden Bedingungen erfüllt ist:
a) X_+ ist normal und T kompakt;
b) X_+ ist regulär.
Die wie in (12.200) definierten Folgen $\{x_n\}_{n=0}^{\infty}$ und $\{y_n\}_{n=0}^{\infty}$ konvergieren dann zum minimalen bzw. maximalen Fixpunkt von T in $[a, b]$.

Das Konzept der *Ober- und Unterlösungen* basiert auf diesen Resultaten (s. Lit. [12.17], [12.13], [12.14]).

12.8.7 Monotone Operatoren in Banach–Räumen

1. Spezielle Eigenschaften Ein beliebiger Operator $T\colon D \subset \mathrm{X} \longrightarrow \mathrm{Y}$ (X, Y normierte Räume) heißt *demistetig* im Punkt $x_0 \in D$, wenn für jede (in der Norm von X) zu x_0 konvergente Folge $\{x_n\}_{n=1}^{\infty} \subset D$ die Folge $\{T(x_n)\}_{n=1}^{\infty}$ in Y schwach zu $T(x_0)$ konvergiert. T heißt *demistetig* auf der Menge D, wenn T in jedem Punkt von D demistetig ist.

In diesem Abschnitt wird eine andere Verallgemeinerung des aus der reellen Analysis bekannten Monotoniebegriffs eingeführt. Seien jetzt X ein reeller BANACH–Raum, X^* sein Dual, $D \subset \mathrm{X}$ und $T\colon D \longrightarrow \mathrm{X}^*$ ein nichtlinearer Operator. Dann heißt T *monoton*, wenn für $\forall\, x, y \in D$ die Ungleichung $(T(x) - T(y), x - y) \geq 0$ gilt. Ist $\mathrm{X} = \mathbb{H}$ ein HILBERT–Raum, dann ist das Skalarprodukt gemeint, während im

Falle eines BANACH–Raumes bezüglich der Bezeichnung auf Abschnitt 12.5.5 verwiesen wird. Der Operator T heißt *streng monoton*, wenn es eine Konstante $c > 0$ gibt, so daß $(T(x)-T(y), x-y) > c\|x-y\|^2$ für $\forall\, x, y \in D$ gilt. Ein Operator $T\colon \mathrm{X} \longrightarrow \mathrm{X}^*$ heißt *koerzitiv*, wenn $\lim_{\|x\|\to\infty} \dfrac{(T(x), x)}{\|x\|} = \infty$ gilt.

2. Existenzaussagen für Lösungen von Operatorengleichungen mit monotonem Operator können hier nur exemplarisch angegeben werden: Ist der Operator T, der einen reellen separablen BANACH–Raum X in X^*, $(D_T = \mathrm{X})$ abbildet, monoton, demistetig und koerzitiv, dann hat die Gleichung $T(x) = f$ für beliebiges $f \in \mathrm{X}^*$ eine Lösung.
Ist zudem der Operator T streng monoton, dann ist die Lösung sogar eindeutig, in diesem Falle existiert also der inverse Operator T^{-1}.
Für einen monotonen demistetigen Operator $T\colon \mathbb{H} \longrightarrow \mathbb{H}$ im HILBERT–Raum $\mathbb{H}$ mit $D_T = \mathbb{H}$ gilt $Im(I+T) = \mathbb{H}$, wobei $(I+T)^{-1}$ stetig ist. Wenn T als streng monoton vorausgesetzt wird, dann ist T^{-1} bijektiv mit stetigem T^{-1}.
Konstruktive Näherungsmethoden für die Lösung der Gleichung $T(x) = 0$ mit monotonem Operator T im HILBERT–Raum basieren auf der Idee des GALERKIN–Verfahrens (s. 19.4.2.2 oder Lit. [12.11], [12.21]). Mit dieser Theorie kann man mehrdeutige Operatoren $T\colon \mathrm{X} \longrightarrow 2^{X^*}$ behandeln, auf die der Monotoniebegriff durch $(f-g, x-y) \geq 0$, $\forall\, x, y \in D_T$ und $f \in T(x), g \in T(y)$ verallgemeinert wird (s. Lit. [12.14]).

12.9 Maß und Lebesgue–Integral

12.9.1 Sigma–Algebren und Maße

Ausgangspunkt für den Begriff eines Maßes ist eine Verallgemeinerung der Begriffe der Länge eines Intervalls in $\mathbb{R}$, des Flächeninhalts und des Volumens einiger Teilmengen aus $\mathbb{R}^2$ und $\mathbb{R}^3$. Diese Verallgemeinerung wird benötigt, um möglichst viele Mengen „messen“ zu können und möglichst viele Funktionen „integrierbar zu machen“. Beispielsweise hat das Volumen eines n–dimensionalen Quaders

$$Q = \{x \in \mathbb{R}^n\colon a_k \leq x_k \leq b_k \quad (k = 1, 2, \ldots, n)\} \qquad \text{den Wert} \quad \prod_{k=1}^{n} (b_k - a_k)\,. \tag{12.201}$$

1. σ–Algebra
Sei X eine beliebige Menge. Ein nichtleeres System $\mathcal{A}$ von Teilmengen aus X heißt *σ-Algebra,* wenn gilt:

a) $A \in \mathcal{A}$ impliziert $\mathrm{X} \setminus A \in \mathcal{A}$ und (12.202a)

b) $A_1, A_2, \ldots, A_n, \ldots \in \mathcal{A}$ impliziert $\displaystyle\bigcup_{n=1}^{\infty} A_n \in \mathcal{A}$. (12.202b)

Jede σ–Algebra enthält die Mengen $\emptyset$ und X mit abzählbar vielen Mengen auch deren Durchschnitt sowie mit zwei Mengen auch jeweils deren Differenzmengen.
Im weiteren bezeichne $\overline{\mathbb{R}}$ die durch die Elemente $\{-\infty\}$ und $\{+\infty\}$ erweiterte Menge (erweiterte Zahlengerade) $\mathbb{R}$, wobei die Rechenregeln und Ordnungseigenschaften aus $\mathbb{R}$ in natürlicher Weise auf $\overline{\mathbb{R}}$ übertragen werden. Die Ausdrücke $(\pm\infty)+(\mp\infty)$ und $\dfrac{\infty}{\infty}$ sind dabei nicht zugelassen, während $0\cdot(+\infty)$ und $0\cdot(-\infty)$ den Wert 0 erhalten.

2. Maß
Eine auf einer σ–Algebra $\mathcal{A}$ definierte Funktion $\mu\colon \mathcal{A} \longrightarrow \overline{\mathbb{R}}_+ = \mathbb{R} \cup +\infty$ heißt *Maß*, wenn

a) $\mu(A) \geq 0 \quad (\forall\, A \in \mathcal{A})$, (12.203a)

b) $\mu(\emptyset) = 0$, (12.203b)

c) $A_1, A_2, \ldots A_n, \ldots \in \mathcal{A}$, $A_k \cap A_l = \emptyset \;(k \neq l)$ impliziert $\mu\left(\displaystyle\bigcup_{n=1}^{\infty} A_n\right) = \displaystyle\sum_{n=1}^{\infty} \mu(A_n)$. (12.203c)

Die Eigenschaft c) heißt *σ–Additivität* des Maßes. Ist μ ein Maß auf $\mathcal{A}$ und sind $A, B \in \mathcal{A}$, $A \subset B$, dann ist $\mu(A) \leq \mu(B)$ (Monotonie). Wenn $A_n \in \mathcal{A}$ $(n = 1, 2, \ldots)$ und $A_1 \subset A_2 \subset \cdots$, dann $\mu\left(\bigcup_{n=1}^{\infty} A_n\right) = \lim_{n\to\infty} \mu(A_n)$ (Stetigkeit von unten).
Seien $\mathcal{A}$ eine σ–Algebra von Teilmengen aus X und μ ein Maß auf $\mathcal{A}$. Das Tripel $\mathrm{X} = (\mathrm{X}, \mathcal{A}, \mu)$ heißt *Maßraum*, und die Mengen aus $\mathcal{A}$ heißen *meßbar* oder *$\mathcal{A}$–meßbar*.

■ **A:** Seien X eine endliche Menge $\{x_1, x_2, \ldots, x_N\}$, $\mathcal{A}$ die σ–Algebra aller Teilmengen von X, und sei jedem x_k $(k = 1, \ldots, N)$ eine nichtnegative Zahl p_k zugeordnet. Dann ist die für jede Menge $A \in \mathcal{A}$, $A = \{x_{n_1}, x_{n_2}, \ldots, x_{n_k}\}$ durch $\mu(A) = p_{n_1} + p_{n_2} + \cdots + p_{n_k}$ auf $\mathcal{A}$ definierte Funktion ein Maß, das (wegen $\mu(\mathrm{X}) = p_1 + \cdots + p_N < \infty$) nur endliche Werte annehmende sogenannte Zählmaß.

■ **B:** DIRAC–**Maß:** Seien $\mathcal{A}$ eine σ–Algebra von Teilmengen einer Menge X und a ein beliebig fixierter Punkt aus X. Durch

$$\delta_a(A) = \begin{cases} 1, & \text{falls} \quad a \in A, \\ 0, & \text{falls} \quad a \notin A \end{cases}$$

ist auf $\mathcal{A}$ ein Maß definiert. Es heißt (auf a konzentrierte) *δ–Funktion*. Offensichtlich gilt $\delta_a(A) = \delta_a(\chi_A) = \chi_A(a)$, (s. Abschnitt 12.5.4), wobei χ_A die charakteristische Funktion der Menge A bezeichnet.

■ **C:** LEBESGUE–**Maß:** Seien X ein metrischer Raum und $\mathcal{B}(\mathrm{X})$ die kleinste σ–Algebra von Teilmengen aus X, die alle offenen Mengen von X enthält. $\mathcal{B}(\mathrm{X})$ existiert als der Durchschnitt aller σ–Algebren, die die Gesamtheit aller offenen Mengen enthalten, und heißt die BOREL*sche σ–Algebra* von X. Jedes Element aus $\mathcal{B}(\mathrm{X})$ heißt BOREL–*Menge* (s. Lit. [12.6]).

Sei jetzt $\mathrm{X} = \mathbb{R}^n$ $(n \geq 1)$. Mit Hilfe einer Erweiterungsprozedur kann man eine σ–Algebra und darauf ein Maß konstruieren, das auf der Menge aller Quader aus $\mathbb{R}^n$ mit dem Volumen übereinstimmt. Genauer: Es existiert eine eindeutig bestimmte σ–Algebra $\mathcal{A}$ von Teilmengen aus $\mathbb{R}^n$ und ein eindeutig bestimmtes Maß λ auf $\mathcal{A}$ mit den folgenden Eigenschaften:

a) Jede offene Menge aus $\mathbb{R}^n$ gehört zu $\mathcal{A}$, mit anderen Worten: $\mathcal{B}(\mathbb{R}^n) \subset \mathcal{A}$.

b) Aus $A \in \mathcal{A}$, $\lambda(A) = 0$ und $B \subset A$ folgen $B \in \mathcal{A}$ und $\lambda(B) = 0$.

c) Ist Q ein Quader, dann ist $Q \in \mathcal{A}$, und es gilt $\lambda(Q) = \prod_{k=1}^{n}(b_k - a_k)$.

d) λ ist translationsinvariant, d.h., für jeden Vektor $x \in \mathbb{R}^n$ und jede Menge $A \in \mathcal{A}$ gelten $x + A = \{x + y \colon y \in A\} \in \mathcal{A}$ und $\lambda(x + A) = \lambda(A)$.

Die Elemente aus $\mathcal{A}$ heißen LEBESGUE–*meßbare* Teilmengen von $\mathbb{R}^n$. λ ist das (n–dimensionale) LEBESGUE–*Maß* in $\mathbb{R}^n$.

Hinweis: Man sagt in der Maß- und Integrationstheorie, daß eine Behauptung (Eigenschaft, Bedingung) bezüglich eines Maßes μ *fast überall* oder *μ–fast überall* auf einer Menge X gilt, wenn die Menge, auf der sie nicht erfüllt ist, das Maß Null hat. Man schreibt dafür f.ü. bzw. μ–f.ü.[¶] Also, ist etwa λ das LEBESGUE–Maß auf $\mathbb{R}$, sind A, B zwei disjunkte Mengen mit $\mathbb{R} = A \cup B$ und ist f eine Funktion auf $\mathbb{R}$ mit $f(x) = 1\ \forall x \in A$ und $f(x) = 0\ \forall\, x \in B$, dann ist $f = 1$, λ–f.ü. auf $\mathbb{R}$ genau dann, wenn $\lambda(B) = 0$.

12.9.2 Meßbare Funktionen

12.9.2.1 Meßbare Funktion

Sei $\mathcal{A}$ eine σ–Algebra von Teilmengen einer Menge X. Eine Funktion $f \colon \mathrm{X} \longrightarrow \overline{\mathbb{R}}$ heißt *meßbar*, wenn für beliebiges $\alpha \in \mathbb{R}$ die Menge $f^{-1}((\alpha, +\infty]) = \{x : x \in \mathrm{X},\ f(x) > \alpha\}$ in $\mathcal{A}$ liegt.
Eine komplexwertige Funktion $g + ih$ heißt meßbar, wenn beide Funktionen g und h meßbar sind.
Ist $\mathcal{A}$ die σ–Algebra der LEBESGUE–meßbaren Mengen aus $\mathbb{R}^n$ und $f \colon \mathbb{R}^n \longrightarrow \mathbb{R}$ eine stetige Funktion, dann ist die Menge $f^{-1}((\alpha, +\infty]) = f^{-1}((\alpha, +\infty))$ nach (12.2.3) für jedes $\alpha \in \mathbb{R}$ offen und f damit meßbar.

[¶] Hier und im weiteren ist f.ü. eine Abkürzung für „fast überall“.

12.9.2.2 Eigenschaften der Klasse der meßbaren Funktionen

Der Begriff der meßbaren Funktion erfordert kein Maß, sondern eine σ–Algebra. Seien $\mathcal{A}$ eine σ–Algebra von Teilmengen der Menge X und $f, g, f_n : \mathrm{X} \longrightarrow \overline{\mathbb{R}}$ meßbare Funktionen. Dann sind auch die folgenden Funktionen (s. 12.1.7.4) meßbar:
a) αf für jedes $\alpha \in \mathbb{R}$; $f \cdot g$;
b) f_+, f_-, $|f|$, $f \vee g$ und $f \wedge g$;
c) $f + g$, falls in keinem Punkt von X ein Ausdruck der Form $(\pm\infty) + (\mp\infty)$ vorkommt;
d) $\sup f_n$, $\inf f_n$, $\limsup f_n (= \lim_{n\to\infty} \sup_{k\geq n} f_k)$, $\liminf f_n$;
e) der punktweise Grenzwert $\lim f_n$, im Falle seiner Existenz.
Eine Funktion $f\colon \mathrm{X} \longrightarrow \mathbb{R}$ heißt *elementar* oder *simpel*, wenn es eine (endliche) Anzahl von paarweise disjunkten Mengen $A_1, \ldots, A_n \in \mathcal{A}$ und reelle Zahlen $\alpha_1, \ldots, \alpha_n$ gibt, so daß $f = \sum_{k=1}^{n} \alpha_k \chi_k$ gilt, wobei χ_k die charakteristische Funktion der Menge A_k bezeichnet. Offenbar ist jede charakteristische Funktion einer meßbaren Menge und somit jede elementare Funktion meßbar. Interessant ist, daß jede meßbare Funktion beliebig genau durch Elementarfunktionen approximiert werden kann: Für jede meßbare Funktion $f \geq 0$ existiert eine monoton wachsende Folge von nichtnegativen Elementarfunktionen, die punktweise zu f konvergiert.

12.9.3 Integration

12.9.3.1 Definition des Integrals

Sei $\mathrm{X} = (\mathrm{X}, \mathcal{A}, \mu)$. Das Integral $\int_X f\,d\mu$ (oder auch mit $\int f\,d\mu$ bezeichnet) für meßbare Funktionen f wird schrittweise wie folgt definiert:

1. Mit f sei eine Elementarfunktion $f = \sum\limits_{k=1}^{n} \alpha_k \chi_k$ bezeichnet. Dann setzt man

$$\int f\,d\mu = \sum_{k=1}^{n} \alpha_k \mu(A_k)\,. \tag{12.204}$$

2. Ist $f\colon \mathrm{X} \longrightarrow \overline{\mathbb{R}}$ $(f \geq 0)$, dann setzt man

$$\int f\,d\mu = \sup\left\{\int g\,d\mu : \quad g \text{ Elementarfunktion mit } \quad 0 \leq g(x) \leq f(x),\ \forall x \in \mathrm{X}\right\}. \tag{12.205}$$

3. Ist $f\colon \mathrm{X} \longrightarrow \overline{\mathbb{R}}$ und f_+, f_- positiver bzw. negativer Teil von f , dann setzt man

$$\int f\,d\mu = \int f_+\,d\mu - \int f_-\,d\mu \tag{12.206}$$

unter der Bedingung, daß wenigstens eines der Integrale auf der rechten Seite endlich ist, um den unbestimmten Ausdruck $\infty - \infty$ zu vermeiden.
4. Für eine komplexwertige Funktion $f = g + \mathrm{i}h$ setzt man, falls für die Funktionen g, h die nach (12.206) definierten Integrale endlich sind,

$$\int f\,d\mu = \int g\,d\mu + \mathrm{i}\int h\,d\mu\,. \tag{12.207}$$

5. Kann für eine meßbare Menge A und eine Funktion f nach den angegebenen Festlegungen das Integral der Funktion $f\chi_A$ definiert werden, dann setzt man

$$\int\limits_A f\,d\mu = \int f\chi_A\,d\mu\,. \tag{12.208}$$

Das Integral einer meßbaren Funktion ist im allgemeinen eine Zahl aus $\overline{\mathbb{R}}$. Eine Funktion $f\colon \mathrm{X} \longrightarrow \overline{\mathbb{R}}$ nennt man *integrierbar* oder *summierbar* über X bezüglich μ , wenn sie meßbar ist und $\int |f|\,d\mu < \infty$ gilt.

12.9.3.2 Einige Eigenschaften des Integrals

Sei $(\mathrm{X}, \mathcal{A}, \mu)$ ein Maßraum und seien $f, g : \mathrm{X} \longrightarrow \overline{\mathbb{R}}$ meßbare Funktionen und $\alpha, \beta \in \mathbb{R}$.
1. Ist f integrierbar, dann ist f f.ü. endlich, d.h. $\mu\{x \in \mathrm{X}\colon |f(x)| = +\infty\} = 0$.

2. Ist f integrierbar, dann gilt $|\int f\,d\mu| \le \int |f|\,d\mu$.

3. Ist f integrierbar und $f \ge 0$, dann gilt $\int f\,d\mu \ge 0$.

4. Ist $0 \le g(x) \le f(x)$ auf X und f integrierbar, dann ist g integrierbar, und es gilt $\int g\,d\mu \le \int f\,d\mu$.

5. Sind f, g integrierbar, dann ist $\alpha f+\beta g$ integrierbar, und es gilt $\int(\alpha f+\beta g)\,d\mu = \alpha\int f\,d\mu+\beta\int g\,d\mu$.

6. Sind f, g integrierbar auf $A \in \mathcal{A}$ mit $\int_A f\,d\mu = \int_A g\,d\mu$, dann gilt $f = g$ μ–f.ü. auf A.

Ist $\mathrm{X} = \mathbb{R}^n$ und λ das LEBESGUE–Maß, dann spricht man vom (n–dimensionalen) LEBESGUE–*Integral* (s. auch S. 448). Im Falle $n = 1$ und $A = [a, b]$ ist für jede stetige Funktion f auf $[a, b]$ sowohl das RIEMANN–Integral $\int_a^b f(x)\,dx$ (s. S. 434) als auch das LEBESGUE–Integral $\int_{[a,b]} f\,d\lambda$ definiert. Beide Werte sind endlich und stimmen überein. Mehr noch, ist f eine auf $[a, b]$ beschränkte RIEMANN–integrierbare Funktion, dann ist sie auch LEBESGUE–integrierbar (integrierbar im LEBESGUEschen Sinne), wobei die Werte beider Integrale identisch sind (Natürlichkeit des LEBESGUE–Integrals).
Die Menge der LEBESGUE–integrierbaren Funktionen ist aber wesentlich umfassender und besitzt eine Reihe von Vorteilen, die sich insbesondere bei Grenzübergängen unter dem Integral zeigen.

12.9.3.3 Konvergenzsätze

1. Satz von B. LEVI über die monotone Konvergenz Sei $\{f_n\}_{n=1}^{\infty}$ eine f.ü. monoton wachsende Folge nichtnegativer integrierbarer Funktionen mit Werten in $\overline{\mathbb{R}}$. Dann gilt $\lim\int f_n\,d\mu = \int \lim f_n\,d\mu$.

2. Satz von FATOU Sei $\{f_n\}$ eine Folge nichtnegativer $\overline{\mathbb{R}}$–wertiger meßbarer Funktionen. Dann gilt $\int \liminf f_n\,d\mu \le \liminf \int f_n\,d\mu$.

3. Satz von LEBESGUE über dominante oder majorisierte Konvergenz Sei $\{f_n\}$ eine Folge von meßbaren Funktionen, die auf X f.ü. konvergiert. Wenn es eine solche integrierbare Funktion g mit $|f_n| \le g$ f.ü. gibt, dann ist f integrierbar und $\lim\int f_n\,d\mu = \int(\lim f_n)\,d\mu$.

1. Satz von RADON–NIKODYM

1. Voraussetzungen Seien $(\mathrm{X}, \mathcal{A}, \mu)$ ein σ–endlicher Maßraum, d.h., es existiert eine Folge $\{A_n\}$, $A_n \in \mathcal{A}$, so daß $\mathrm{X} = \bigcup_{n=1}^{\infty} A_n$ und $\mu(A_n) < \infty$, $\forall\, n$ gilt. In diesem Falle heißt das Maß σ–*endlich.* Es heißt *endlich*, wenn $\mu(\mathrm{X}) < \infty$, und *Wahrscheinlichkeitsmaß*, wenn $\mu(\mathrm{X}) = 1$ gilt. Eine auf $\mathcal{A}$ gegebene reelle Funktion φ heißt *absolutstetig* bezüglich μ, wenn $\mu(A) = 0$ die Gleichung $\varphi(A) = 0$ impliziert. Die Bezeichnung dafür ist $\varphi \prec \mu$.
Für eine integrierbare Funktion f ist die auf $\mathcal{A}$ definierte Funktion $\varphi(A) = \int_A f\,d\mu$ σ–additiv und absolutstetig bezüglich des Maßes μ. Fundamental für viele theoretische Untersuchungen und praktische Anwendungen ist die Umkehrung dieses Fakts:

2. Satz von RADON–NIKODYM Seien eine σ–additive Funktion φ und ein Maß μ auf einer σ–Algebra $\mathcal{A}$ gegeben und sei $\varphi \prec \mu$. Dann existiert eine μ–integrierbare Funktion f so, daß für jede Menge $A \in \mathcal{A}$ die Beziehung

$$\varphi(A) = \int\limits_A f\,d\mu \tag{12.209}$$

gilt. Die Funktion f ist dabei bis auf ihre Äquivalenzklasse eindeutig bestimmt, und φ ist nichtnegativ genau dann, wenn $f \ge 0$ μ–f.ü.

12.9.4 L^p–Räume

Sei $(\mathrm{X}, \mathcal{A}, \mu)$ ein Maßraum und p eine reelle Zahl $1 \le p < \infty$. Für eine meßbare Funktion f ist $|f|^p$ ebenfalls meßbar, so daß

$$N_p(f) = \left(\int |f|^p\,d\mu\right)^{\frac{1}{p}} \tag{12.210}$$

definiert (und möglicherweise gleich $+\infty$) ist. Eine meßbare Funktion $f\colon \mathrm{X} \longrightarrow \overline{\mathbb{R}}$ heißt zur p–ten *Potenz integrierbar*, p–fach *integrierbar* oder p–fach *summierbar*, wenn $N_p(f) < +\infty$ gilt oder, äquivalent dazu, wenn $|f|^p$ integrierbar ist.

Für jedes p mit $1 \le p < +\infty$ bezeichnet man mit $\mathcal{L}^p(\mu)$ oder $\mathcal{L}^p(\mathrm{X})$ oder ganz ausführlich mit

$\mathcal{L}^p(\mathrm{X}, \mathcal{A}, \mu)$ die Menge aller zur p–ten Potenz bezüglich μ auf X summierbaren Funktionen, wobei für $p = 1$ die vereinfachte Bezeichnung $\mathcal{L}(\mathrm{X})$ vereinbart wird und für $p = 2$ die Funktionen *quadratisch summierbar* heißen.

Mit $\mathcal{L}^\infty(\mu)$ bezeichnet man die Menge aller meßbaren μ–f.ü. beschränkten Funktionen auf X und definiert das wesentliche Supremum einer Funktion f als

$$N_\infty(f) = \text{vrai sup} f = \inf\{a \in \mathbb{R} : |f(x)| \le a \ \ \mu\text{–f.ü.}\}. \qquad (12.211)$$

Mit den üblichen Operationen für meßbare Funktionen und unter Berücksichtigung der MINKOWSKI–Ungleichung für Integrale (s. S. 31) ist $\mathcal{L}^p(\mu)$ für alle p, $1 \le p \le \infty$, ein Vektorraum und $N_p(\cdot)$ eine Halbnorm auf $\mathcal{L}^p$. Mit der Vereinbarung, $f \le g$ zu schreiben, wenn $f(x) \le g(x)$, μ–f.ü. gilt, wird $\mathcal{L}^p$ sogar ein Vektorverband. Zwei Funktionen $f, g \in \mathcal{L}^p(\mu)$ nennt man *äquivalent* (oder deklariert man als gleich), wenn $f = g$ μ–f.ü. auf X. Auf diese Weise werden Funktionen, die μ–f.ü. übereinstimmen, identifiziert. Somit gewinnt man (mittels Faktorisierung der Menge $\mathcal{L}^p(\mathrm{X})$ nach dem linearen Teilraum $N_p^{-1}(0)$) eine Menge von Äquivalenzklassen, auf die kanonisch die algebraischen Operationen und die Ordnung übertragen werden können, so daß sich wieder ein Vektorverband ergibt, der jetzt mit $L^p(\mathrm{X}, \mu)$ oder $L^p(\mu)$ (und entsprechend ausführlicher) bezeichnet wird. Seine Elemente heißen nach wie vor Funktionen, obwohl sie in Wirklichkeit Klassen äquivalenter Funktionen sind.

Von Bedeutung ist nun, daß $\|\hat{f}\|_p = N_p(f)$ auf $L^p(\mu)$ eine Norm ist ($\hat{f}$ steht dabei für die aus der Funktion f hervorgegange Äquivalenzklasse, die im weiteren einfach wieder mit f bezeichnet wird), und $(L^p(\mu), \|f\|_p)$ für alle p mit $1 \le p \le +\infty$ ein BANACH–Verband mit vielen guten Verträglichkeitsbedingungen zwischen Norm und Ordnung, bei $p = 2$ mit $(f, g) = \int f\overline{g}\, d\mu$ als Skalarprodukt sogar ein HILBERT–Raum wird (s. Lit. [12.15]).

Häufig wird für eine meßbare Teilmenge $\Omega \subset \mathbb{R}^n$ der Raum $L^p(\Omega)$ betrachtet. Seine Definition bereitet wegen Schritt 5 bei der Einführung des Integrals aber keine Schwierigkeiten.

Die Räume $L^p(\Omega, \lambda)$ ergeben sich auch als Vervollständigung (s. 12.2.2.5 und 12.3.2) des mit der Integralnorm $\|x\|_p = (\int |x|^p \, d\lambda)^{\frac{1}{p}}$ $(1 \le p < \infty)$ versehenen nichtvollständigen normierten Raumes $\mathcal{C}(\Omega)$ aller stetigen Funktionen auf der Menge $\Omega \subset \mathbb{R}^n$ (s. Lit. [12.21]).

Sei X eine Menge von endlichem Maß, d.h. $\mu(\mathrm{X}) < +\infty$, und gelte für p_1, p_2 die Beziehung $1 \le p_1 < p_2 \le +\infty$. Dann gelten $L^{p_2}(\mathrm{X}, \mu) \subset L^{p_1}(\mathrm{X}, \mu)$ und mit einer nicht von x abhängenden Konstanten $C = C(p_1, p_2, \mu(\mathrm{X})) > 0$ für $x \in L^{p_2}$ die Abschätzung $\|x\|_1 \le C\|x\|_2$, wobei $\|x\|_k$ die Norm des Raumes $L^{p_k}(\mathrm{X}, \mu)$ $(k = 1, 2)$ bezeichnet.

12.9.5 Distributionen

12.9.5.1 Formel der partiellen Integration

Für ein beliebiges (offenes) Gebiet $\Omega \subseteq \mathbb{R}^n$ bezeichnet $\mathcal{C}_0^\infty(\Omega)$ die Menge aller in Ω beliebig oft differenzierbaren Funktionen φ mit kompaktem Träger, d.h., die Menge $\text{supp}(\varphi) = \overline{\{x \in \Omega : \varphi(x) \ne 0\}}$ ist kompakt in $\mathbb{R}^n$ und liegt in Ω, während mit $L^1_{loc}(\Omega)$ die Menge aller bezüglich des LEBESGUE–Maßes im $\mathbb{R}^n$ *lokalsummierbaren* Funktionen, d.h. aller (Klassen von äquivalenten) auf Ω meßbaren Funktionen f mit $\int_\omega |f| \, d\lambda < +\infty$ für jedes beschränkte Gebiet $\omega \subset \Omega$, bezeichnet wird.
Die beiden Mengen sind (mit den natürlichen algebraischen Operationen) Vektorräume.
Es gilt $L^p(\Omega) \subset L^1_{loc}(\Omega)$ für $1 \le p \le \infty$ und für beschränktes Ω auch $L^1_{loc}(\Omega) = L^1(\Omega)$. Faßt man die Elemente aus $\mathcal{C}^k(\overline{\Omega})$ als die von ihnen in $L^p(\Omega)$ erzeugten Klassen auf, so gilt bei beschränktem Ω die Inklusion $\mathcal{C}^k(\overline{\Omega}) \subset L^p(\Omega)$, wobei $\mathcal{C}^k(\overline{\Omega})$ sogar dicht liegt. Ist Ω unbeschränkt, so liegt (in diesem Sinn) die Menge $\mathcal{C}_0^\infty(\Omega)$ dicht in $L^p(\Omega)$.

Die Formel der partiellen Integration hat für eine vorgegebene feste Funktion $f \in \mathcal{C}^k(\overline{\Omega})$ und eine beliebige Funktion $\varphi \in \mathcal{C}_0^\infty(\Omega)$ wegen $D^\alpha\varphi\,|_{\partial\Omega} = 0$ die Gestalt

$$\int\limits_\Omega f(x) D^\alpha \varphi(x) \, d\lambda = (-1)^{|\alpha|} \int\limits_\Omega \varphi(x) D^\alpha f(x) \, d\lambda \qquad (12.212)$$

für $\forall\,\alpha$ mit $|\alpha| \le k$, die man als Ausgangspunkt für den Begriff der verallgemeinerten Ableitung einer Funktion $f \in L^1_{loc}(\Omega)$ nehmen kann.

12.9.5.2 Verallgemeinerte Ableitung

Sei $f \in L^1_{loc}(\Omega)$. Wenn es eine Funktion g aus $L^1_{loc}(\Omega)$ gibt, so daß für $\forall\,\varphi \in C_0^\infty(\Omega)$ bezüglich eines Multiindex α die Gleichung

$$\int\limits_\Omega f(x) D^\alpha \varphi(x)\, d\lambda = (-1)^{|\alpha|} \int_\Omega g(x)\varphi(x)\, d\lambda \tag{12.213}$$

gilt, dann heißt g *verallgemeinerte Ableitung*, *Ableitung* im Sinne von SOBOLEW oder *Distributionsableitung* der Ordnung α von f, wofür man, wie im klassischen Falle, $g = D^\alpha f$ schreibt.
Im Vektorraum $C_0^\infty(\Omega)$ definiert man die Konvergenz einer Folge $\{\varphi_k\}_{k=1}^\infty$ zu $\varphi \in C_0^\infty(\Omega)$ wie folgt:

$$\varphi_k \longrightarrow \varphi \text{ genau dann, wenn } \begin{cases} \text{(a) } \exists \text{ eine kompakte Menge } K \subset \Omega \text{ mit } \operatorname{supp}(\varphi_k) \subset K\ \forall n \\ \text{(b) } D^\alpha\varphi_k \to D^\alpha\varphi \text{ gleichmäßig auf } K \text{ für jeden Multiindex } \alpha. \end{cases} \tag{12.214}$$

Die Menge $C_0^\infty(\Omega)$ mit dieser Konvergenz von Folgen nennt man Grundraum, bezeichnet ihn mit $\mathcal{D}(\Omega)$ und nennt seine Elemente häufig Testfunktionen.

12.9.5.3 Distribution

Ein lineares Funktional ℓ auf $\mathcal{D}(\Omega)$, das im folgenden Sinne stetig (s. S. 609) ist:

$$\varphi_k,\ \varphi \in \mathcal{D}(\Omega) \text{ und } \varphi_k \longrightarrow \varphi \quad \text{implizieren} \quad \ell(\varphi_k) \longrightarrow \ell(\varphi) \tag{12.215}$$

heißt *verallgemeinerte Funktion* oder *Distribution.*

■ **A:** Ist $f \in L^1_{loc}(\Omega)$, dann ist

$$\ell_f(\varphi) = (f,\varphi) = \int\limits_\Omega f(x)\varphi(x)\, d\lambda, \quad \varphi \in \mathcal{D}(\Omega) \tag{12.216}$$

eine Distribution. Derartige mit Hilfe von lokalsummierbaren Funktionen gemäß (12.216) erzeugte Distributionen nennt man *regulär.* Zwei reguläre Distributionen sind genau dann gleich, d.h. $\ell_f(\varphi) = \ell_g(\varphi)\ \forall\,\varphi \in \mathcal{D}(\Omega)$, wenn $f = g$ f.ü. bezüglich λ.

■ **B:** Sei $a \in \Omega$ ein beliebig fixierter Punkt. Dann ist $\ell_{\delta_a}(\varphi) = \varphi(a)$, $\varphi \in \mathcal{D}(\Omega)$ ebenfalls ein lineares stetiges Funktional auf $\mathcal{D}(\Omega)$, also eine Distribution, die man DIRACsche Distribution, δ–Distribution oder δ–Funktion nennt.
Da ℓ_{δ_a} von keiner lokalsummierbaren Funktion erzeugt werden kann (s. Lit. [12.12], [12.28]), stellt sie ein Beispiel einer nichtregulären Distribution dar.

Die Gesamtheit aller Distributionen bezeichnet man mit $\mathcal{D}'(\Omega)$. Aus einer allgemeineren als der in (12.5.4) angedeuteten Dualitätstheorie ergibt sich $\mathcal{D}'(\Omega)$ als der Dualraum von $\mathcal{D}(\Omega)$. Streng genommen wäre also $\mathcal{D}^*(\Omega)$ zu schreiben. Im Raum $\mathcal{D}'(\Omega)$ lassen sich viele Operationen unter seinen Elementen und mit Funktionen aus $C^\infty(\Omega)$ definieren, u.a. die Ableitung einer Distribution oder die Faltung zweier Distributionen, die ihn nicht nur für theoretische Untersuchungen, sondern vor allem auch für viele Anwendungen aus Elektrotechnik, Mechanik usw. prädestinieren.
Wegen eines Überblicks und einfacher Beispiele für zahlreiche Verwendungsmöglichkeiten verallgemeinerter Funktionen s. Lit. [12.12], [12.28]. Hier wird lediglich der Begriff der Ableitung einer verallgemeinerten Funktion betrachtet.

12.9.5.4 Ableitung einer Distribution

Ist ℓ eine gegebene Distribution, dann heißt die Distribution $D^\alpha\ell$, definiert durch

$$(D^\alpha\ell)(\varphi) = (-1)^{|\alpha|}\ell(D^\alpha\varphi), \qquad (\varphi \in D(\Omega)), \tag{12.217}$$

die *distributionelle Ableitung* der Ordnung α von ℓ.
Seien f eine stetig differenzierbare Funktion, etwa auf $\mathbb{R}$ (damit ist f lokalsummierbar auf $\mathbb{R}$ und f

als Distribution auffaßbar), f' ihre klassische Ableitung und $D^1 f$ ihre distributionelle Ableitung der Ordnung 1. Dann gilt:

$$(D^1 f, \varphi) = \int_{\mathbb{R}} f'(x)\varphi(x)\,dx\,, \tag{12.218a}$$

woraus durch partielle Integration

$$(D^1 f, \varphi) = -\int_{\mathbb{R}} f(x)\varphi'(x)\,dx = -(f, \varphi') \tag{12.218b}$$

folgt. Im Falle einer regulären Distribution ℓ_f mit $f \in L^1_{loc}(\Omega)$ erhält man wegen

$$(D^\alpha \ell_f)(\varphi) = (-1)^{|\alpha|}\ell_f(D^\alpha \varphi) = (-1)^{|\alpha|}\int_\Omega f(x) D^\alpha \varphi\, d\lambda \tag{12.219}$$

die verallgemeinerte Ableitung der Funktion f im Sinne von SOBOLEW (s. (12.213)).

■ **A:** Für die der offenbar lokalsummierbaren HEAVISIDE–Funktion

$$\Theta(x) = \begin{cases} 1\,, & \text{für } x \geq 0\,, \\ 0\,, & \text{für } x < 0 \end{cases} \tag{12.220}$$

zugeordnete reguläre Distribution erhält man als Ableitung die nichtreguläre δ–Distribution.

■ **B:** Bei der mathematischen Modellierung von technischen und physikalischen Problemen treten häufig (in gewisser Hinsicht idealisierte) auf einen Punkt konzentrierte Einwirkungen, wie „punktförmige" Kräfte, Nadelimpulse, Stoßvorgänge usw. auf, die mathematisch ihren Ausdruck in der Verwendung der δ– oder HEAVISIDE–Funktion finden, beispielsweise in der Form $m\delta_a$ als Massendichte für eine im Punkt a $(0 \leq a \leq l)$ eines Balkens der Länge l konzentrierte Punktmasse m.
Die Bewegungsgleichung eines Feder–Masse–Systems, auf das zum Zeitpunkt t_0 eine momentane äußere Kraft der Größe F einwirkt, hat die Form $\ddot{x} + \omega^2 x = F\delta_{t_0}$. Mit den Anfangsbedingungen $x(0) = \dot{x}(0) = 0$ ist $x(t) = \frac{F}{\omega}\sin(\omega(t - t_0))\Theta(t - t_0)$ die Lösung.

13 Vektoranalysis und Feldtheorie

13.1 Grundbegriffe der Feldtheorie

13.1.1 Vektorfunktion einer skalaren Variablen

13.1.1.1 Definitionen

1. Vektorfunktion einer skalaren Variablen t wird ein Vektor $\vec{a}$ genannt, wenn seine Komponenten Funktionen von t sind:

$$\vec{a} = \vec{a}(t) = a_x(t)\vec{e}_x + a_y(t)\vec{e}_y + a_z(t)\vec{e}_z\,. \tag{13.1}$$

Die Begriffe Grenzwert, Stetigkeit und Differenzierbarkeit lassen sich von den Komponenten des Vektors $\vec{a}(t)$ auf den Vektor selbst übertragen.

2. Hodograph einer Vektorfunktion Faßt man die Vektorfunktion $\vec{a}(t)$ als Orts- oder Radiusvektor $\vec{r} = \vec{r}(t)$ eines Punktes M auf, dann beschreibt dieser bei Änderung von t eine Raumkurve **(Abb.13.1)**. Man bezeichnet diese Raumkurve auch als *Hodograph* der Vektorfunktion $\vec{a}(t)$.

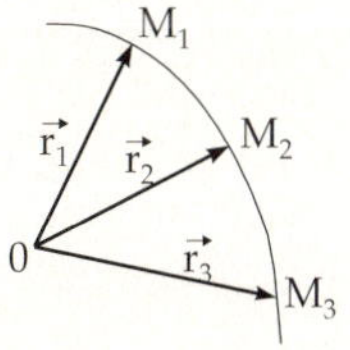

Abbildung 13.1

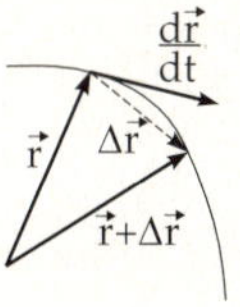

Abbildung 13.2

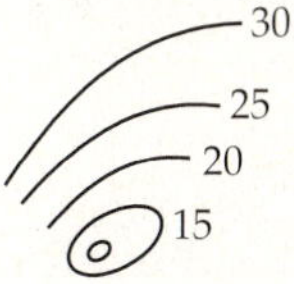

Abbildung 13.3

13.1.1.2 Ableitung einer Vektorfunktion

Die Ableitung von (13.1) nach t ist eine neue Vektorfunktion von t:

$$\frac{d\vec{a}}{dt} = \lim_{\Delta t \to 0} \frac{\vec{a}(t+\Delta t) - \vec{a}(t)}{\Delta t}\,. \tag{13.2}$$

Die Ableitung $\dfrac{d\vec{r}}{dt}$ des Radiusvektors stellt geometrisch betrachtet einen Vektor dar, der in die Richtung der Tangente des Hodographen im Punkt M weist **(Abb.13.2)**. Seine Länge hängt von der Wahl des Parameters t ab. Wenn t die Zeit ist, dann beschreibt $\vec{r}(t)$ die Bewegung des Punktes M im Raum, während $\dfrac{d\vec{r}}{dt}$ Größe und Richtung der Geschwindigkeit dieser Bewegung angibt. Ist $t = s$ die Bogenlänge der Raumkurve, gemessen von einem bestimmten Kurvenpunkt an, dann gilt $\left|\dfrac{d\vec{r}}{ds}\right| = 1$.

13.1.1.3 Differentiationsregeln für Vektoren

$$\frac{d}{dt}\,(\vec{a} \pm \vec{b} \pm \vec{c}) = \frac{d\vec{a}}{dt} \pm \frac{d\vec{b}}{dt} \pm \frac{d\vec{c}}{dt}\,, \tag{13.3a}$$

$$\frac{d}{dt}\,(\varphi\vec{a}) = \frac{d\varphi}{dt}\vec{a} + \varphi\frac{d\vec{a}}{dt} \qquad (\varphi - \text{skalare Funktion von } t), \tag{13.3b}$$

$$\frac{d}{dt}\,(\vec{a}\vec{b}) = \frac{d\vec{a}}{dt}\vec{b} + \vec{a}\frac{d\vec{b}}{dt}\,, \tag{13.3c}$$

$$\frac{d}{dt}\,(\vec{a} \times \vec{b}) = \frac{d\vec{a}}{dt} \times \vec{b} + \vec{a} \times \frac{d\vec{b}}{dt} \qquad (\text{die Faktoren dürfen nicht vertauscht werden}), \tag{13.3d}$$

$$\frac{d}{dt}\,\vec{\mathbf{a}}[\varphi(t)] = \frac{d\vec{\mathbf{a}}}{d\varphi}\cdot\frac{d\varphi}{dt} \qquad \text{(Kettenregel).} \tag{13.3e}$$

Ist $|\vec{\mathbf{a}}(t)| = \text{const}$, d.h. $\vec{\mathbf{a}}^2(t) = \vec{\mathbf{a}}(t)\cdot\vec{\mathbf{a}}(t) = \text{const}$, dann folgt aus (13.3c) $\vec{\mathbf{a}}\cdot\frac{d\vec{\mathbf{a}}}{dt} = 0$, d.h., $\frac{d\vec{\mathbf{a}}}{dt}$ und $\vec{\mathbf{a}}$ stehen senkrecht zueinander. Beispiele für diesen Sachverhalt sind:

■ **A:** Radius- und Tangentenvektor eines Kreises in der Ebene und

■ **B:** Orts- und Tangentenvektor einer Kurve auf der Kugel. Der Hodograph ist dann eine *sphärische Kurve*.

13.1.1.4 Taylor–Entwicklung für Vektorfunktionen

$$\vec{\mathbf{a}}(t+h) = \vec{\mathbf{a}}(t) + h\frac{d\vec{\mathbf{a}}}{dt} + \frac{h^2}{2}\frac{d^2\vec{\mathbf{a}}}{dt^2} + \cdots + \frac{h^n}{n!}\frac{d^n\vec{\mathbf{a}}}{dt^n}\,. \tag{13.4}$$

Die Entwicklung einer Vektorfunktion in eine TAYLOR–Reihe hat nur Sinn, wenn die Reihe konvergiert. Die Konvergenz dieser Reihe wird ebenso wie die jeder beliebigen anderen Reihe mit vektoriellen Gliedern nach der gleichen Methode bestimmt wie die Konvergenz einer Reihe mit komplexen Gliedern (s. S. 689). Man kann die Konvergenz einer Reihe mit vektoriellen Gliedern auf die Konvergenz von Reihen mit skalaren Gliedern zurückführen.
Das Differential einer Vektorfunktion $\vec{\mathbf{a}}(t)$ wird definiert durch:

$$d\vec{\mathbf{a}} = \frac{d\vec{\mathbf{a}}}{dt}\Delta t\,. \tag{13.5}$$

13.1.2 Skalarfelder

13.1.2.1 Skalares Feld oder skalare Punktfunktion

Wird jedem Punkt M eines Raumteiles ein Zahlenwert (Skalar) U zugeordnet, dann schreibt man

$$U = U(M) \tag{13.6a}$$

und bezeichnet (13.6a) als *Skalarfeld.*

■ Beispiele für Skalarfelder sind Temperatur, Dichte, Potential usw. eines Körpers.

Man kann ein skalares Feld $U = U(M)$ auch durch

$$U = U(\vec{\mathbf{r}}) \tag{13.6b}$$

beschreiben, wobei $\vec{\mathbf{r}}$ der Ortsvektor des Punktes M bei fest gewähltem Pol 0 ist (s. S. 177).

13.1.2.2 Wichtige Fälle skalarer Felder

1. Ebenes Feld wird ein Feld genannt, das ausschließlich für die Punkte einer Ebene im Raum definiert ist.

2. Zentralfeld Wenn eine Funktion in allen Punkten M gleichen Abstandes von einem Mittelpunkt $C(\vec{\mathbf{r}}_1)$, dem Feldpol, gleiche Werte annimmt, dann spricht man von einem *zentralsymmetrischen Feld* oder auch *Zentral- bzw. Kugelfeld.* Die Funktion U hängt dann lediglich vom Abstand $\overline{CM} = |\vec{\mathbf{r}}|$ ab:

$$U = f(|\vec{\mathbf{r}}|)\,. \tag{13.7a}$$

■ Das Feld der Intensität einer punktförmigen Strahlungsquelle, z.B. das Feld der Lichtstärke, wird mit $|\vec{\mathbf{r}}|$ als Abstand von der Strahlungsquelle beschrieben durch:

$$U = \frac{c}{r^2}\,. \tag{13.7b}$$

3. Axialfeld Wenn eine Funktion in allen Punkten gleichen Abstandes von einer Geraden, der Feldachse, den gleichen Wert besitzt, dann spricht man von einem *zylindersymmetrischen* bzw. *axialsymmetrischen Feld*, oder kurz von einem *Axialfeld*.

13.1.2.3 Koordinatendarstellung von Skalarfeldern

Wenn die Punkte eines Raumteiles durch ihre Koordinaten gegeben werden, z.B. durch kartesische, Zylinder- oder Kugelkoordinaten, dann erhält man zur Beschreibung des zugehörigen skalaren Feldes (13.6a) im allgemeinen eine Funktion dreier Veränderlicher:

$$U = \Phi(x, y, z), \qquad U = \Psi(\rho, \varphi, z) \qquad \text{oder} \qquad U = X(r, \vartheta, \varphi). \tag{13.8a}$$

Im Falle eines ebenen Feldes genügt eine Funktion zweier Veränderlicher. Für kartesische oder Polarkoordinaten hat sie die Form:

$$U = \Phi(x, y) \qquad \text{oder} \qquad U = \Psi(\rho, \varphi). \tag{13.8b}$$

Es wird vorausgesetzt, daß die Funktionen in (13.8a) und (13.8b) im allgemeinen stetig sind, ausgenommen einige Unstetigkeitspunkte, -kurven oder -flächen. Die Funktionen lauten

a) für ein Zentralfeld: $U = U(\sqrt{x^2 + y^2 + z^2}) = U(\sqrt{\rho^2 + z^2}) = U(r)$,

b) für ein Axialfeld: $U = U(\sqrt{x^2 + y^2}) = U(\rho) = U(r \sin\vartheta)$. (13.9a)

Die Untersuchung von zentralen Feldern führt man am besten unter Zuhilfenahme von Kugelkoordinaten durch, von axialen Feldern mit Hilfe von Zylinderkoordinaten.

13.1.2.4 Niveauflächen und Niveaulinien

1. Niveaufläche nennt man die Gesamtheit aller Punkte im Raum, für die die Funktion (13.6a) einen konstanten Wert

$$U = \text{const} \tag{13.10a}$$

annimmt. Unterschiedliche Konstanten $U_0, U_1, U_2, \ldots$ liefern unterschiedliche Niveauflächen. Durch jeden Punkt verläuft genau eine Niveaufläche, ausgenommen Punkte, in denen die Funktion nicht eindeutig definiert ist. In den drei bisher benutzten Koordinatensystemen lauten die Niveauflächengleichungen:

$$U = \phi(x, y, z) = \text{const}, \qquad U = \Psi(\rho, \varphi, z) = \text{const}, \qquad U = X(r, \vartheta, \varphi) = \text{const}. \tag{13.10b}$$

■ Beispiele für Nineauflächen verschiedener Felder:

A: $U = \vec{\mathbf{c}}\,\vec{\mathbf{r}} = c_x x + c_y y + c_z z$:	Parallele Ebenen.
B: $U = x^2 + 2y^2 + 4z^2$:	Ähnliche Ellipsoide in Ähnlichkeitslage.
C: Zentralfeld:	Konzentrische Kugeln.
D: Axialfeld:	Koaxiale Zylinder.

2. Niveaulinien ergeben sich in ebenen Feldern anstelle der Niveauflächen. Sie genügen der Gleichung

$$U = \text{const}. \tag{13.11}$$

Es ist üblich, die Niveaulinien in bestimmten gleichmäßigen U–Abständen darzustellen, wobei der betreffende U–Wert an die zugehörige U–Linie geschrieben wird **(Abb.13.3)**.

■ Bekannte Beispiele sind die Isobaren auf Wetterkarten und die Höhenlinien auf geographischen Karten.

In speziellen Fällen können die Niveauflächen in Punkte oder Linien entarten, die Niveaulinien in isolierte Punkte.

■ Die Niveaulinien der Felder a) $U = xy$, b) $U = \dfrac{y}{x^2}$, c) $U = r^2$, d) $U = \dfrac{1}{r}$ sind in **Abb.13.4** dargestellt.

13.1.3 Vektorfelder

13.1.3.1 Vektorielles Feld oder vektorielle Punktfunktion

Wird jedem Punkt M eines Raumteiles ein Vektor $\vec{\mathbf{V}}$ zugeordnet, so schreibt man

$$\vec{\mathbf{V}} = \vec{\mathbf{V}}(M) \tag{13.12a}$$

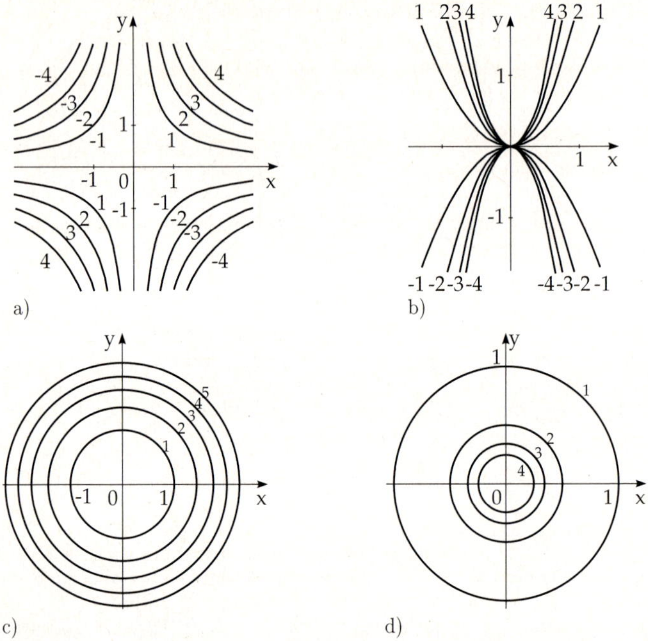

Abbildung 13.4

und bezeichnet (13.12a) als *Vektorfeld*.

■ Beispiele für Vektorfelder sind das Geschwindigkeitsfeld der Teilchen einer strömenden Flüssigkeit sowie Kraft- und Feldstärkefelder.

Ein Vektorfeld $\vec{\mathbf{V}} = \vec{\mathbf{V}}(M)$ kann auch durch

$$\vec{\mathbf{V}} = \vec{\mathbf{V}}(\vec{\mathbf{r}}) \tag{13.12b}$$

beschrieben werden, wobei $\vec{\mathbf{r}}$ der Ortsvektor des Punktes M bei fest gewähltem Pol 0 ist. Ein ebenes Vektorfeld zeichnet sich dadurch aus, daß alle $\vec{\mathbf{r}}$–Werte und alle $\vec{\mathbf{V}}$–Werte jeweils in einer Ebene liegen (s. S. 186).

13.1.3.2 Wichtige Fälle vektorieller Felder

1. Zentrales Vektorfeld Alle Vektoren $\vec{\mathbf{V}}$ liegen auf Geraden, die durch einen bestimmten Punkt, das *Zentrum*, verlaufen **(Abb.13.5a)**. Wird der Koordinatenursprung in das Zentrum gelegt, dann kann das Feld mit Hilfe von

$$\vec{\mathbf{V}} = f(\vec{\mathbf{r}}) \cdot \vec{\mathbf{r}} \tag{13.13a}$$

definiert werden, da alle Vektoren die Richtung des Radiusvektors $\vec{\mathbf{r}}$ besitzen. Oft ist es von Vorteil, dieses Feld durch die Formel

$$\vec{\mathbf{V}} = \varphi(\vec{\mathbf{r}})\frac{\vec{\mathbf{r}}}{r} \tag{13.13b}$$

zu beschreiben, wobei $\varphi(\vec{\mathbf{r}})$ die Länge des Vektors $\vec{\mathbf{V}}$ angibt und $\dfrac{\vec{\mathbf{r}}}{r}$ der Einheitsvektor ist.

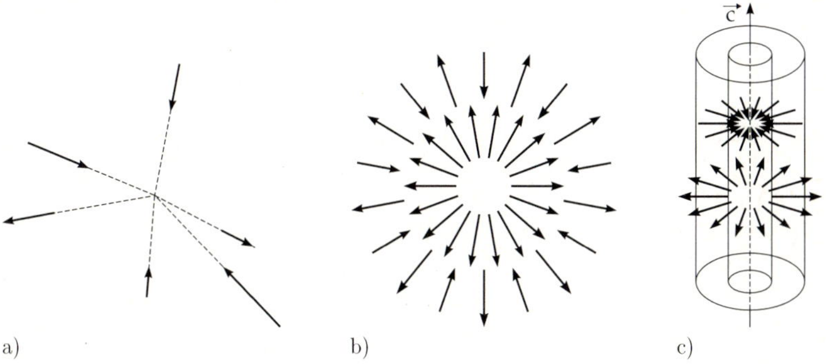

Abbildung 13.5

2. Sphärisches Vektorfeld Das sphärisches Vektorfeld ist der Spezialfall des zentralen Vektorfeldes, in dem die Länge des Vektors $\vec{\mathbf{V}}$ nur vom Abstand $|\vec{\mathbf{r}}|$ abhängt **(Abb.13.5b)**.

■ Beispiele sind das NEWTON*sche* und das COULOMB*sche Kraftfeld* einer Punktmasse bzw. einer elektrischen Punktladung:

$$\vec{\mathbf{V}} = \frac{c}{r^3}\vec{\mathbf{r}} = \frac{c}{r^2}\frac{\vec{\mathbf{r}}}{r}\,. \tag{13.14}$$

Der Spezialfall eines ebenen sphärischen Vektorfeldes wird *Kreisfeld* genannt.

3. Zylindrisches Vektorfeld

a) Alle Vektoren $\vec{\mathbf{V}}$ liegen auf Geraden, die auf einer bestimmten Geraden, der Achse, senkrecht stehen und durch diese hindurchgehen, und

b) alle Vektoren $\vec{\mathbf{V}}$ für Punkte, die gleichen Abstand von der Achse haben, besitzen gleiche Beträge und sind entweder auf die Achse hin- oder von ihr weggerichtet **(Abb.13.5c)**. Wird der Koordinatenursprung auf die durch den Vektor $\vec{\mathbf{c}}$ bestimmte Achse gelegt, dann kann dieses Feld durch die Formel

$$\vec{\mathbf{V}} = \varphi(\rho)\frac{\vec{\mathbf{r}}^*}{\rho} \tag{13.15a}$$

beschrieben werden. Dabei ist $\vec{\mathbf{r}}^*$ die Projektion von $\vec{\mathbf{r}}$ auf die auf der Achse senkrecht stehende Ebene:

$$\vec{\mathbf{r}}^* = \vec{\mathbf{c}} \times (\vec{\mathbf{r}} \times \vec{\mathbf{c}})\,. \tag{13.15b}$$

Jeder Schnitt dieses Feldes mit Ebenen, die senkrecht auf der Achse stehen, ergibt gleichartige Kreisfelder.

13.1.3.3 Koordinatendarstellung von Vektorfeldern

1. Vektorfeld in kartesischen Koordinaten Das Vektorfeld (13.12a) kann mit Hilfe dreier skalarer Felder $V_1(\vec{\mathbf{r}})$, $V_2(\vec{\mathbf{r}})$ und $V_3(\vec{\mathbf{r}})$ definiert werden, die als Koeffizienten des Vektors $\vec{\mathbf{V}}$ bei seiner Zerlegung in drei beliebige inkomplanare Vektoren $\vec{\mathbf{e}}_1$, $\vec{\mathbf{e}}_2$ und $\vec{\mathbf{e}}_3$ aufzufassen sind:

$$\vec{\mathbf{V}} = V_1\vec{\mathbf{e}}_1 + V_2\vec{\mathbf{e}}_2 + V_3\vec{\mathbf{e}}_3\,. \tag{13.16a}$$

Wählt man für diese drei Vektoren die Einheitsvektoren der drei Koordinatenachsen $\vec{\mathbf{i}}$, $\vec{\mathbf{j}}$ und $\vec{\mathbf{k}}$, und drückt man die Koeffizienten V_1, V_2, V_3 in kartesischen Koordinaten aus, dann gilt:

$$\vec{\mathbf{V}} = V_x(x,y,z)\vec{\mathbf{i}} + V_y(x,y,z)\vec{\mathbf{j}} + V_z(x,y,z)\vec{\mathbf{k}}\,. \tag{13.16b}$$

Somit kann das Vektorfeld mit Hilfe dreier skalarer Funktionen von drei skalaren Veränderlichen definiert werden.

2. Vektorfeld in Zylinder- und Kugelkoordinaten Die Einheitsvektoren der Zylinder- und Kugelkoordinaten

$$\vec{\mathbf{e}}_\rho\,,\quad \vec{\mathbf{e}}_\varphi\,,\quad \vec{\mathbf{e}}_z\,(=\vec{\mathbf{k}})\,,\qquad \text{bzw.}\qquad \vec{\mathbf{e}}_r\,(=\frac{\vec{\mathbf{r}}}{r}),\quad \vec{\mathbf{e}}_\vartheta,\quad \vec{\mathbf{e}}_\varphi \tag{13.17a}$$

sind Tangenten an die Koordinatenlinien in jedem Punkt **(Abb.13.6, 13.7)** und bilden in dieser Reihenfolge jeweils ein orthogonales Rechtssystem. Die Koeffizienten müssen dann als Funktionen der entsprechenden Koordinaten gegeben sein:

$$\vec{\mathbf{V}} = V_\rho(\rho,\varphi,z)\vec{\mathbf{e}}_\rho + V_\varphi(\rho,\varphi,z)\vec{\mathbf{e}}_\varphi + V_z(\rho,\varphi,z)\vec{\mathbf{e}}_z\,, \tag{13.17b}$$

$$\vec{\mathbf{V}} = V_r(r,\varphi,\vartheta)\vec{\mathbf{e}}_r + V_\varphi(r,\varphi,\vartheta)\vec{\mathbf{e}}_\varphi + V_\vartheta(r,\varphi,\vartheta)\vec{\mathbf{e}}_\vartheta. \tag{13.17c}$$

Beim Übergang von einem Punkt zu einem anderen ändern zwar die Koordinatenvektoren ihre Richtung, sie stehen aber stets senkrecht aufeinander.

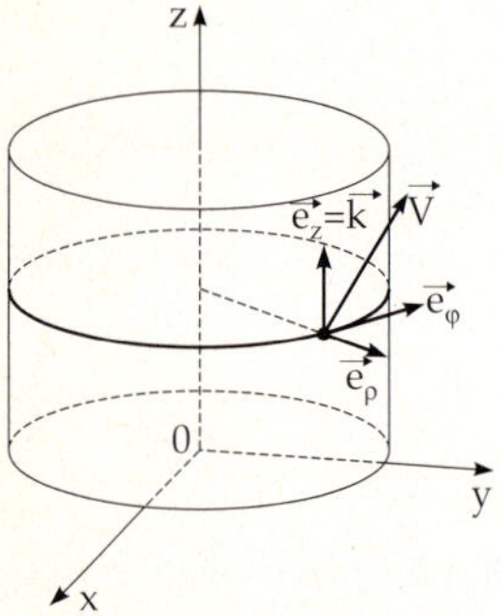

Abbildung 13.6

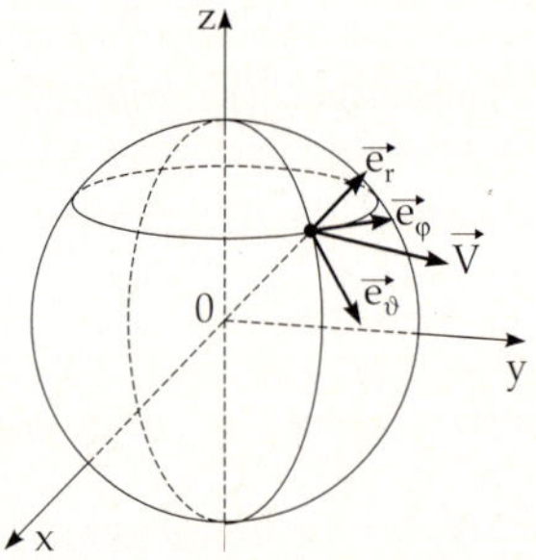

Abbildung 13.7

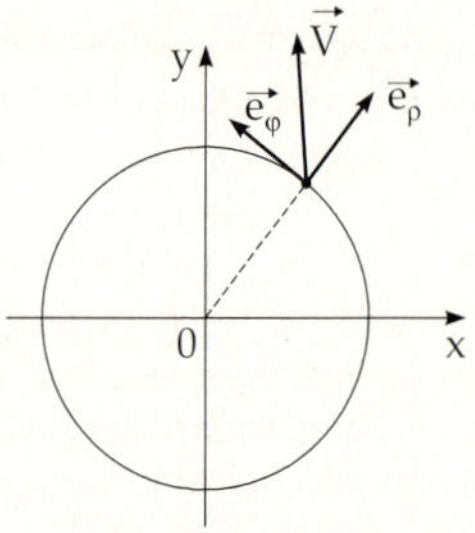

Abbildung 13.8

13.1.3.4 Übergang von einem Koordinatensystem zu einem anderen

Siehe auch **Tabelle 13.1**.

1. Darstellung der kartesischen Koordinaten durch Zylinderkoordinaten

$$V_x = V_\rho\cos\varphi - V_\varphi\sin\varphi\,,\qquad V_y = V_\rho\sin\varphi + V_\varphi\cos\varphi\,,\qquad V_z = V_z\,. \tag{13.18}$$

2. Darstellung der Zylinderkoordinaten durch kartesische Koordinaten

$$V_\rho = V_x\cos\varphi + V_y\sin\varphi\,,\qquad V_\varphi = -V_x\sin\varphi + V_y\cos\varphi\,,\qquad V_z = V_z\,. \tag{13.19}$$

3. Darstellung der kartesischen Koordinaten durch Kugelkoordinaten

$$\begin{aligned} V_x &= V_r\sin\vartheta\cos\varphi - V_\varphi\sin\varphi + V_\vartheta\cos\varphi\cos\vartheta\,,\\ V_y &= V_r\sin\vartheta\sin\varphi + V_\varphi\cos\varphi + V_\vartheta\sin\varphi\cos\vartheta\,,\\ V_z &= V_r\cos\vartheta - V_\vartheta\sin\vartheta\,. \end{aligned} \tag{13.20}$$

4. Darstellung der Kugelkoordinaten durch kartesische Koordinaten

$$\begin{aligned} V_r &= V_x\sin\vartheta\cos\varphi + V_y\sin\vartheta\sin\varphi + V_z\cos\vartheta\,,\\ V_\vartheta &= V_x\cos\vartheta\cos\varphi + V_y\cos\vartheta\sin\varphi - V_z\sin\vartheta\,,\\ V_\varphi &= -V_x\sin\varphi + V_y\cos\varphi\,. \end{aligned} \tag{13.21}$$

5. Darstellung des sphärischen Vektorfeldes durch kartesische Koordinaten

$$\vec{\mathbf{V}} = \varphi(\sqrt{x^2+y^2+z^2})(x\vec{\mathbf{i}} + y\vec{\mathbf{j}} + z\vec{\mathbf{k}})\,. \tag{13.22}$$

6. Darstellung des zylindrischen Vektorfeldes durch kartesische Koordinaten

$$\vec{\mathbf{V}} = \varphi(\sqrt{x^2 + y^2})(x\vec{\mathbf{i}} + y\vec{\mathbf{j}}) \,. \tag{13.23}$$

Untersuchungen in Kugelfeldern führt man vorteilhafterweise unter Verwendung von Kugelkoordinaten durch, d.h. mit $\vec{\mathbf{V}} = V(r)\vec{\mathbf{e}}_r$, Untersuchungen in Zylinderfeldern unter Verwendung von Zylinderkoordinaten, d.h. mit $\vec{\mathbf{V}} = V(\varphi)\vec{\mathbf{e}}_\varphi$. Für ebene Felder **(Abb.13.8)** gilt

$$\vec{\mathbf{V}} = V_x(x,y)\vec{\mathbf{i}} + V_y(x,y)\vec{\mathbf{j}} = V_\rho(x,y)\vec{\mathbf{e}}_\rho + V_\varphi(x,y)\vec{\mathbf{e}}_\varphi \,, \tag{13.24}$$

für Kreisfelder

$$\vec{\mathbf{V}} = \varphi(\sqrt{x^2 + y^2})(x\vec{\mathbf{i}} + y\vec{\mathbf{j}}) = \varphi(\rho)\vec{\mathbf{e}}_\rho \,. \tag{13.25}$$

Tabelle 13.1 Zusammenhang zwischen den Komponenten eines Vektors in kartesischen, Zylinder- und Kugelkoordinaten

Kartesische Koordinaten	Zylinderkoordinaten	Kugelkoordinaten
$\vec{\mathbf{V}} = V_x\vec{\mathbf{e}}_\mathbf{x} + V_y\vec{\mathbf{e}}_\mathbf{y} + V_z\vec{\mathbf{e}}_\mathbf{z}$	$V_\rho\vec{\mathbf{e}}_\rho + V_\varphi\vec{\mathbf{e}}_\varphi + V_z\vec{\mathbf{e}}_\mathbf{z}$	$V_r\vec{\mathbf{e}}_\mathbf{r} + V_\vartheta\vec{\mathbf{e}}_\vartheta + V_\varphi\vec{\mathbf{e}}_\varphi$
V_x	$= V_\rho \cos\varphi - V_\varphi \sin\varphi$	$= V_r \sin\vartheta \cos\varphi + V_\vartheta \cos\vartheta \cos\varphi - V_\varphi \sin\varphi$
V_y	$= V_\rho \sin\varphi + V_\varphi \cos\varphi$	$= V_r \sin\vartheta \sin\varphi + V_\vartheta \cos\vartheta \sin\varphi + V_\varphi \cos\varphi$
V_z	$= V_z$	$= V_r \cos\vartheta - V_\vartheta \sin\vartheta$
$V_x \cos\varphi + V_y \sin\varphi$	$= V_\rho$	$= V_r \sin\vartheta + V_\vartheta \cos\vartheta$
$-V_x \sin\varphi + V_y \cos\varphi$	$= V_\varphi$	$= V_\varphi$
V_z	$= V_z$	$= V_r \cos\vartheta - V_\vartheta \sin\vartheta$
$V_x \sin\vartheta \cos\varphi + V_y \sin\vartheta \sin\varphi + V_z \cos\vartheta$	$= V_\rho \sin\vartheta + V_z \cos\vartheta$	$= V_r$
$V_x \cos\vartheta \cos\varphi + V_y \cos\vartheta \sin\varphi - V_z \sin\varphi$	$= V_\rho \cos\vartheta - V_z \sin\vartheta$	$= V_\vartheta$
$-V_x \sin\varphi + V_y \cos\varphi$	$= V_\varphi$	$= V_\varphi$

13.1.3.5 Feldlinien

Für das Vektorfeld $\vec{\mathbf{V}}(\vec{\mathbf{r}})$ **(Abb.13.9)** heißt eine Kurve C *Feldlinie*, wenn der Vektor $\vec{\mathbf{V}}(\vec{\mathbf{r}})$ in jedem Kurvenpunkt M ein Tangentenvektor ist. Durch jeden Punkt eines Feldes verläuft eine Feldlinie. Die Feldlinien schneiden einander nicht, ausgenommen solche Punkte, in denen die Funktion $\vec{\mathbf{V}}$ nicht definiert ist oder verschwindet. Die Differentialgleichungen der Feldlinien eines Vektorfeldes $\vec{\mathbf{V}}$, das in kartesischen Koordinaten gegeben ist, lauten

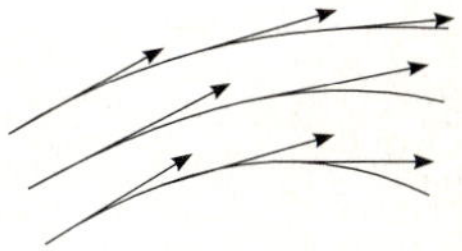

Abbildung 13.9

a) allgemein: $\dfrac{dx}{V_x} = \dfrac{dy}{V_y} = \dfrac{dz}{V_z}$, (13.26a) **b) für ein ebenes Feld:** $\dfrac{dx}{V_x} = \dfrac{dy}{V_y}$. (13.26b)

Zur Lösung dieser Differentialgleichungen s. S. 483 bzw. 513.

■ **A:** Die Feldlinien eines Zentralfeldes sind Geraden, die vom Zentrum zum Feldpunkt verlaufen.

■ **B:** Die Feldlinien des Vektorfeldes $\vec{\mathbf{V}} = \vec{\mathbf{c}} \times \vec{\mathbf{r}}$ sind Kreise, die in einer senkrecht auf dem Vektor $\vec{\mathbf{c}}$ stehenden Ebene liegen. Ihr Mittelpunkt liegt auf einer zu $\vec{\mathbf{c}}$ parallelen Achse.

13.2 Räumliche Differentialoperationen

13.2.1 Richtungs- und Volumenableitung

13.2.1.1 Richtungsableitung eines skalaren Feldes

Die Richtungsableitung des skalaren Feldes $U = U(\vec{\mathbf{r}})$ in einem Punkt M mit dem Ortsvektor $\vec{\mathbf{r}}$ nach einem Vektor $\vec{\mathbf{c}}$ (**Abb.13.10**) ist definiert als Grenzwert des Quotienten

$$\frac{\partial U}{\partial \vec{\mathbf{c}}} = \lim_{\varepsilon \to 0} \frac{U(\vec{\mathbf{r}} + \varepsilon\vec{\mathbf{c}}) - U(\vec{\mathbf{r}})}{\varepsilon} . \tag{13.27}$$

Wenn die Ableitung des Feldes $U = U(\vec{\mathbf{r}})$ in einem Punkt $\vec{\mathbf{r}}$ nach der Richtung des Einheitsvektors $\vec{\mathbf{c}}^0$ von $\vec{\mathbf{c}}$ mit $\dfrac{\partial U}{\partial \vec{\mathbf{c}}^0}$ bezeichnet wird, dann besteht zwischen den Ableitungen der Funktion nach dem Vektor $\vec{\mathbf{c}}$ und nach seinem Einheitsvektor $\vec{\mathbf{c}}^0$ in ein und demselben Punkt die Beziehung

$$\frac{\partial U}{\partial \vec{\mathbf{c}}} = |\vec{\mathbf{c}}| \frac{\partial U}{\partial \vec{\mathbf{c}}^0} . \tag{13.28}$$

Die Ableitung $\dfrac{\partial U}{\partial \vec{\mathbf{c}}^0}$ nach dem Einheitsvektor ist ein Maß für die Stärke, mit der die Funktion U in Richtung $\vec{\mathbf{c}}^0$ vom Punkt $\vec{\mathbf{r}}$ aus anwächst. Unter allen Ableitungen in einem Punkt nach den verschiedenen Richtungen der Einheitsvektoren besitzt die Ableitung $\dfrac{\partial U}{\partial \vec{\mathbf{n}}}$ den größten Wert. Dabei ist $\vec{\mathbf{n}}$ der Normaleneinheitsvektor zur Niveaufläche, auf der der Punkt $\vec{\mathbf{r}}$ liegt. Zwischen den Richtungsableitungen bezüglich $\vec{\mathbf{n}}$ und einer beliebigen Richtung $\vec{\mathbf{c}}^0$ besteht der Zusammenhang

$$\frac{\partial U}{\partial \vec{\mathbf{c}}^0} = \frac{\partial U}{\partial \vec{\mathbf{n}}} \cos(\vec{\mathbf{c}}^0, \vec{\mathbf{n}}) = \frac{\partial U}{\partial \vec{\mathbf{n}}} \cos\varphi . \tag{13.29}$$

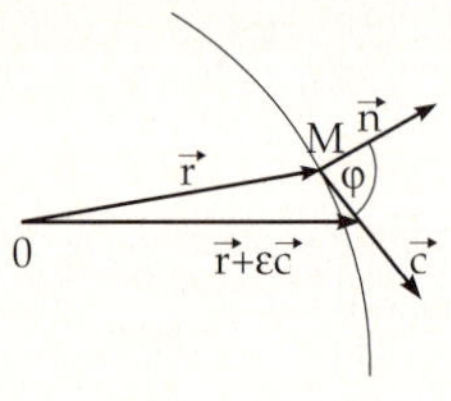

Abbildung 13.10

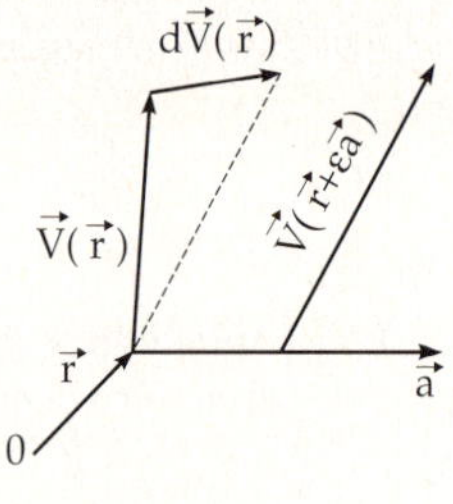

Abbildung 13.11

13.2.1.2 Richtungsableitung eines vektoriellen Feldes

In Analogie zur Richtungsableitung eines skalaren Feldes gibt es die Richtungsableitung eines Vektorfeldes. Die Richtungsableitung des Vektorfeldes $\vec{\mathbf{V}} = \vec{\mathbf{V}}(\vec{\mathbf{r}})$ in einem Punkt M mit dem Ortsvektor $\vec{\mathbf{r}}$ (**Abb.13.11**) nach einem Vektor $\vec{\mathbf{a}}$ ist definiert als Grenzwert des Quotienten

$$\frac{\partial \vec{\mathbf{V}}}{\partial \vec{\mathbf{a}}} = \lim_{\varepsilon \to 0} \frac{\vec{\mathbf{V}}(\vec{\mathbf{r}} + \varepsilon\vec{\mathbf{a}}) - \vec{\mathbf{V}}(\vec{\mathbf{r}})}{\varepsilon} . \tag{13.30}$$

Wenn die Ableitung des Vektorfeldes $\vec{\mathbf{V}} = \vec{\mathbf{V}}(\vec{\mathbf{r}})$ in einem Punkt $\vec{\mathbf{r}}$ nach der Richtung des Einheitsvektors $\vec{\mathbf{a}}^0$ von $\vec{\mathbf{a}}$ mit $\dfrac{\partial \vec{\mathbf{V}}}{\partial \vec{\mathbf{a}}^0}$ bezeichnet wird, dann gilt:

$$\frac{\partial \vec{\mathbf{V}}}{\partial \vec{\mathbf{a}}} = |\vec{\mathbf{a}}| \frac{\partial \vec{\mathbf{V}}}{\partial \vec{\mathbf{a}}^0} \,. \tag{13.31}$$

In kartesischen Koordinaten, d.h. $\vec{\mathbf{V}} = V_x \vec{\mathbf{e}}_x + V_y \vec{\mathbf{e}}_y + V_z \vec{\mathbf{e}}_z$, $\vec{\mathbf{a}} = a_x \vec{\mathbf{e}}_x + a_y \vec{\mathbf{e}}_y + a_z \vec{\mathbf{e}}_z$, gilt:

$$(\vec{\mathbf{a}} \cdot \operatorname{grad}) \vec{\mathbf{V}} = (\vec{\mathbf{a}} \cdot \operatorname{grad} V_x) \vec{\mathbf{e}}_{\mathbf{x}} + (\vec{\mathbf{a}} \cdot \operatorname{grad} V_y) \vec{\mathbf{e}}_{\mathbf{y}} + (\vec{\mathbf{a}} \cdot \operatorname{grad} V_z) \vec{\mathbf{e}}_{\mathbf{z}} \,. \tag{13.32a}$$

In allgemeinen Koordinaten gilt:

$$(\vec{\mathbf{a}} \cdot \operatorname{grad}) \vec{\mathbf{V}} = \frac{1}{2} (\operatorname{rot} (\vec{\mathbf{V}} \times \vec{\mathbf{a}}) + \operatorname{grad} (\vec{\mathbf{a}} \cdot \vec{\mathbf{V}}) + \vec{\mathbf{a}} \cdot \operatorname{div} \vec{\mathbf{V}} - \vec{\mathbf{V}} \cdot \operatorname{div} \vec{\mathbf{a}} - \vec{\mathbf{a}} \times \operatorname{rot} \vec{\mathbf{V}} - \vec{\mathbf{V}} \times \operatorname{rot} \vec{\mathbf{a}}) \,. \tag{13.32b}$$

13.2.1.3 Volumenableitung oder räumliche Ableitung

Als Volumenableitung eines Skalarfeldes $U = U(\vec{\mathbf{r}})$ oder eines Vektorfeldes $\vec{\mathbf{V}}$ in einem Punkt $\vec{\mathbf{r}}$ werden drei Größen bezeichnet,die folgendermaßen gewonnen werden:

1. Einhüllung des Punktes $\vec{\mathbf{r}}$ des Skalarfeldes oder des Vektorfeldes durch ein geschlossene Fläche Σ. Diese Fläche lasse sich vektoriell durch die Parameterdarstellung $\vec{\mathbf{r}} = \vec{\mathbf{r}}(u, v) = x(u, v)\vec{\mathbf{e}}_{\mathbf{x}} + y(u, v)\vec{\mathbf{e}}_{\mathbf{y}} + z(u, v)\vec{\mathbf{e}}_{\mathbf{z}}$ beschreiben, so daß das zugehörige vektorielle Flächenelement

$$d\vec{\mathbf{S}} = \frac{\partial \vec{\mathbf{r}}}{\partial u} \times \frac{\partial r}{\partial v} \, du \, dv \tag{13.33a}$$

lautet.

2. Integration über die geschlossene Fläche Σ. Dabei werden die folgenden drei Typen von Integralen betrachtet:

$$\oiint\limits_{(\Sigma)} U \, dS \,, \qquad \oiint\limits_{(\Sigma)} \vec{\mathbf{V}} \cdot d\vec{\mathbf{S}} \,, \qquad \oiint\limits_{(\Sigma)} \vec{\mathbf{V}} \times d\vec{\mathbf{S}} \,. \tag{13.33b}$$

3. Bestimmung der Grenzwerte

$$\lim_{V \to 0} \frac{1}{V} \oiint\limits_{(\Sigma)} U \, dS \,, \quad \lim_{V \to 0} \frac{1}{V} \oiint\limits_{(\Sigma)} \vec{\mathbf{V}} \cdot d\vec{\mathbf{S}} \,, \quad \lim_{V \to 0} \frac{1}{V} \oiint\limits_{(\Sigma)} \vec{\mathbf{V}} \times d\vec{\mathbf{S}} \,. \tag{13.33c}$$

Dabei wird mit V das Volumen des Raumteiles bezeichnet, der den Punkt $\vec{\mathbf{r}}$ im Innern enthält und dessen Oberfläche die geschlossene Fläche Σ ist.

Die Grenzwerte (13.33c) werden als Volumenableitungen bezeichnet und führen in der angegebenen Reihenfolge auf die Begriffe *Gradient* eines Skalarfeldes sowie *Divergenz* und *Rotation* eines Vektorfeldes.

13.2.2 Gradient eines Skalarfeldes

13.2.2.1 Definition des Gradienten

Gradient wird ein Vektor genannt, der jedem Punkt eines Skalarfeldes $U = U(\vec{\mathbf{r}})$ zugeordnet werden kann (in Zeichen $\operatorname{grad} U$), und der die folgenden Eigenschaften hat:

1. $\operatorname{grad} U$ hat die Richtung der Normalen der jeweiligen Niveaufläche $U = \text{const}$,

2. $\operatorname{grad} U$ ist in Richtung wachsender Funktionswerte von U orientiert,

3. $|\operatorname{grad} U| = \dfrac{\partial U}{\partial \vec{\mathbf{n}}}$, d.h., der Betrag von $\operatorname{grad} U$ stimmt mit der Richtungsableitung der Funktion U in Normalenrichtung überein.

In den folgenden zwei Abschnitten werden zwei verschiedene Definitionen betrachtet.

13.2.2.2 Gradient und Richtungsableitung

Die *Richtungsableitung* der skalaren Feldfunktion U nach dem Einheitsvektor $\vec{\mathbf{c}}^0$ ist gleich der Projektion des Vektors $\operatorname{grad} U$ auf die Richtung des Einheitsvektors $\vec{\mathbf{c}}^0$:

$$\frac{\partial U}{\partial \vec{\mathbf{c}}^0} = \vec{\mathbf{c}}^0 \cdot \operatorname{grad} U\,, \tag{13.34}$$

d.h., die Richtungsableitung ist als Skalarprodukt des Richtungsvektors mit dem Gradienten des Feldes beschreibbar.

13.2.2.3 Gradient und Volumenableitung

Jedem Punkt $\vec{\mathbf{r}}$ eines skalaren Feldes $U = U(\vec{\mathbf{r}})$ kann der Vektor *Gradient* U als *Volumenableitung* des skalaren Feldes zugeordnet werden:

$$\operatorname{grad} U = \lim_{V \to 0} \frac{\displaystyle\oiint_{(\Sigma)} U \, d\vec{\mathbf{S}}}{V}\,. \tag{13.35}$$

Dabei ist V das Volumen eines Raumteiles, der den betrachteten Punkt $\vec{\mathbf{r}}$ enthält und die geschlossene Fläche Σ zur Oberfläche hat.

13.2.2.4 Weitere Eigenschaften des Gradienten

1. Der absolute Betrag des Gradienten ist in den Punkten größer, in deren Umgebung die Feldliniendichte größer ist.
2. Der Gradient verschwindet ($\operatorname{grad} U = 0$), wenn sich in dem betrachteten Feldpunkt ein Maximum oder Minimum von U befindet. Dort entarten die Niveauflächen bzw. Niveaulinien zu einem Punkt.

13.2.2.5 Gradient des Skalarfeldes in verschiedenen Koordinaten

1. Gradient in kartesischen Koordinaten

$$\operatorname{grad} U = \frac{\partial U(x,y,z)}{\partial x}\vec{\mathbf{i}} + \frac{\partial U(x,y,z)}{\partial y}\vec{\mathbf{j}} + \frac{\partial U(x,y,z)}{\partial z}\vec{\mathbf{k}}\,. \tag{13.36}$$

2. Gradient in Zylinderkoordinaten ($x = \rho\cos\varphi\,,\ y = \rho\sin\varphi\,,\ z = z$)

$$\operatorname{grad} U = \operatorname{grad}_\rho U \vec{\mathbf{e}}_\rho + \operatorname{grad}_\varphi U \vec{\mathbf{e}}_\varphi + \operatorname{grad}_z U \vec{\mathbf{e}}_z \qquad \text{mit} \tag{13.37a}$$

$$\operatorname{grad}_\rho U = \frac{\partial U}{\partial \rho}, \quad \operatorname{grad}_\varphi U = \frac{1}{\rho}\frac{\partial U}{\partial \varphi}, \quad \operatorname{grad}_z U = \frac{\partial U}{\partial z}\,. \tag{13.37b}$$

3. Gradient in Kugelkoordinaten ($x = r\sin\vartheta\cos\varphi\,,\ y = r\sin\vartheta\sin\varphi\,,\ z = r\cos\vartheta$)

$$\operatorname{grad} U = \operatorname{grad}_r U \vec{\mathbf{e}}_r + \operatorname{grad}_\vartheta U \vec{\mathbf{e}}_\vartheta + \operatorname{grad}_\varphi U \vec{\mathbf{e}}_\varphi \qquad \text{mit} \tag{13.38a}$$

$$\operatorname{grad}_r U = \frac{\partial U}{\partial r}, \quad \operatorname{grad}_\vartheta U = \frac{1}{r}\frac{\partial U}{\partial \vartheta}, \quad \operatorname{grad}_\varphi U = \frac{1}{r\sin\vartheta}\frac{\partial U}{\partial \varphi}\,. \tag{13.38b}$$

4. Gradient in allgemeinen orthogonalen Koordinaten (ξ, η, ζ)

Mit $\vec{\mathbf{r}}(\xi,\eta,\zeta) = x(\xi,\eta,\zeta)\vec{\mathbf{i}} + y(\xi,\eta,\zeta)\vec{\mathbf{j}} + z(\xi,\eta,\zeta)\vec{\mathbf{k}}$ gilt:

$$\operatorname{grad} U = \operatorname{grad}_\xi U \vec{\mathbf{e}}_\xi + \operatorname{grad}_\eta U \vec{\mathbf{e}}_\eta + \operatorname{grad}_\zeta U \vec{\mathbf{e}}_\zeta\,, \qquad \text{wobei sich ergibt:} \tag{13.39a}$$

$$\operatorname{grad}_\xi U = \frac{1}{\left|\frac{\partial \vec{\mathbf{r}}}{\partial \xi}\right|}\frac{\partial U}{\partial \xi}, \quad \operatorname{grad}_\eta U = \frac{1}{\left|\frac{\partial \vec{\mathbf{r}}}{\partial \eta}\right|}\frac{\partial U}{\partial \eta}, \quad \operatorname{grad}_\zeta U = \frac{1}{\left|\frac{\partial \vec{\mathbf{r}}}{\partial \zeta}\right|}\frac{\partial U}{\partial \zeta}\,. \tag{13.39b}$$

13.2.2.6 Rechenregeln

Im folgenden wird angenommen, daß $\vec{\mathbf{c}}$ und c konstant sind.

$$\operatorname{grad} c = 0, \quad \operatorname{grad}(U_1 + U_2) = \operatorname{grad} U_1 + \operatorname{grad} U_2, \quad \operatorname{grad}(cU) = c \operatorname{grad} U. \tag{13.40}$$

$$\operatorname{grad}(U_1U_2) = U_1\operatorname{grad}U_2 + U_2\operatorname{grad}U_1, \quad \operatorname{grad}\varphi(U) = \frac{d\varphi}{dU}\operatorname{grad}U. \tag{13.41}$$

$$\operatorname{grad}(\vec{\mathbf{V}}_1\vec{\mathbf{V}}_2) = (\vec{\mathbf{V}}_1\cdot\operatorname{grad})\vec{\mathbf{V}}_2 + (\vec{\mathbf{V}}_2\cdot\operatorname{grad})\vec{\mathbf{V}}_1 + \vec{\mathbf{V}}_1\times\operatorname{rot}\vec{\mathbf{V}}_2 + \vec{\mathbf{V}}_2\times\operatorname{rot}\vec{\mathbf{V}}_1. \tag{13.42}$$

$$\operatorname{grad}(\vec{\mathbf{r}}\cdot\vec{\mathbf{c}}) = \vec{\mathbf{c}}. \tag{13.43}$$

1. Differential eines skalaren Feldes als totales Differential der Funktion U

$$dU = \operatorname{grad}U\,d\vec{\mathbf{r}} = \frac{\partial U}{\partial x}dx + \frac{\partial U}{\partial y}dy + \frac{\partial U}{\partial z}dz. \tag{13.44}$$

2. Ableitung einer Funktion U längs einer Raumkurve $\vec{\mathbf{r}}(t)$

$$\frac{dU}{dt} = \frac{\partial U}{\partial x}\frac{dx}{dt} + \frac{\partial U}{\partial y}\frac{dy}{dt} + \frac{\partial U}{\partial z}\frac{dz}{dt}. \tag{13.45a}$$

3. Gradient des Zentralfeldes

$$\operatorname{grad}U(r) = U'(r)\frac{\vec{\mathbf{r}}}{r} \quad \text{(Kugelfeld)}, \tag{13.46a}$$

$$\operatorname{grad}r = \frac{\vec{\mathbf{r}}}{r} \quad \text{(Feld von Einheitsvektoren)}. \tag{13.46b}$$

13.2.3 Vektorgradient

Der Zusammenhang (13.32a) legt die Bezeichnung

$$\frac{\partial\vec{\mathbf{V}}}{\partial\vec{\mathbf{a}}} = \vec{\mathbf{a}}\cdot\operatorname{grad}(V_x\vec{\mathbf{e}}_x + V_y\vec{\mathbf{e}}_y + V_z\vec{\mathbf{e}}_z) = \vec{\mathbf{a}}\cdot\operatorname{grad}\vec{\mathbf{V}} \tag{13.47a}$$

nahe, wobei $\operatorname{grad}\vec{\mathbf{V}}$ *Vektorgradient* heißt. Aus der Matrizenschreibweise von (13.47a) folgt, daß der Vektorgradient als Tensor mit Hilfe einer Matrix darstellbar ist:

$$(\vec{\mathbf{a}}\cdot\operatorname{grad})\vec{\mathbf{V}} = \begin{pmatrix} \frac{\partial V_x}{\partial x} & \frac{\partial V_x}{\partial y} & \frac{\partial V_x}{\partial z} \\ \frac{\partial V_y}{\partial x} & \frac{\partial V_y}{\partial y} & \frac{\partial V_y}{\partial z} \\ \frac{\partial V_z}{\partial x} & \frac{\partial V_z}{\partial y} & \frac{\partial V_z}{\partial z} \end{pmatrix}\begin{pmatrix} a_x \\ a_y \\ a_z \end{pmatrix}, \quad (13.47b) \qquad \operatorname{grad}\vec{\mathbf{V}} = \begin{pmatrix} \frac{\partial V_x}{\partial x} & \frac{\partial V_x}{\partial y} & \frac{\partial V_x}{\partial z} \\ \frac{\partial V_y}{\partial x} & \frac{\partial V_y}{\partial y} & \frac{\partial V_y}{\partial z} \\ \frac{\partial V_z}{\partial x} & \frac{\partial V_z}{\partial y} & \frac{\partial V_z}{\partial z} \end{pmatrix}. \quad (13.47c)$$

Tensoren dieser Art spielen in den Ingenieurwissenschaften eine Rolle, z.B. bei der Beschreibung von Spannungen (S. 262) und Elastizitäten (S. 262).

13.2.4 Divergenz des Vektorfeldes

13.2.4.1 Definition der Divergenz

Zu einem Vektorfeld $\vec{\mathbf{V}}(\vec{\mathbf{r}})$ läßt sich ein skalares Feld, das Feld seiner *Divergenz*, angeben. Im Punkt $\vec{\mathbf{r}}$ ist die Divergenz als Volumenableitung des Vektorfeldes definiert:

$$\operatorname{div}\vec{\mathbf{V}} = \lim_{V\to 0}\frac{\oiint\limits_{(\Sigma)}\vec{\mathbf{V}}\cdot d\vec{\mathbf{S}}}{V}. \tag{13.48}$$

Man bezeichnet die Divergenz eines Vektorfeldes auch als spezifische Ergiebigkeit oder Quelldichte, denn sie gibt, falls $\vec{\mathbf{V}}$ ein Strömungsfeld beschreibt, die Flüssigkeitsmenge an, die in dem betreffenden Punkt des Feldes $\vec{\mathbf{V}}$ je Volumen- und Zeiteinheit neu entsteht. Im Fall $\operatorname{div}\vec{\mathbf{V}} > 0$ spricht man vom Vorhandensein einer *Quelle*, im Fall $\operatorname{div}\vec{\mathbf{V}} < 0$ vom Vorhandensein einer *Senke*.

13.2.4.2 Divergenz in verschiedenen Koordinaten

1. Divergenz in kartesischen Koordinaten

$$\operatorname{div}\vec{\mathbf{V}} = \frac{\partial V_x}{\partial x} + \frac{\partial V_y}{\partial y} + \frac{\partial V_z}{\partial z} \quad (13.49a) \qquad \text{mit} \quad \vec{\mathbf{V}}(x,y,z) = V_x\vec{\mathbf{i}} + V_y\vec{\mathbf{j}} + V_z\vec{\mathbf{k}}\,. \quad (13.49b)$$

Das Skalarfeld $\operatorname{div}\vec{\mathbf{V}}$ ist durch das Skalarprodukt aus Nablaoperator und Vektor $\vec{\mathbf{V}}$ gemäß

$$\operatorname{div}\vec{\mathbf{V}} = \nabla\cdot\vec{\mathbf{V}} \qquad (13.49c)$$

darstellbar und zeichnet sich daher durch Translations- und Drehungsinvarianz, also skalare Invarianz aus (s. S. 264).

2. Divergenz in Zylinderkoordinaten

$$\operatorname{div}\vec{\mathbf{V}} = \frac{1}{\rho}\frac{\partial(\rho V_\rho)}{\partial\rho} + \frac{1}{\rho}\frac{\partial V_\varphi}{\partial\varphi} + \frac{\partial V_z}{\partial z} \quad (13.50a) \quad \text{mit} \quad \vec{\mathbf{V}}(\rho,\varphi,z) = V_\rho\vec{\mathbf{e}}_\rho + V_\varphi\vec{\mathbf{e}}_\varphi + V_z\vec{\mathbf{e}}_z\,. \quad (13.50b)$$

3. Divergenz in Kugelkoordinaten

$$\operatorname{div}\vec{\mathbf{V}} = \frac{1}{r^2}\frac{\partial(r^2V_r)}{\partial r} + \frac{1}{r\sin\vartheta}\frac{\partial(\sin\vartheta V_\vartheta)}{\partial\vartheta} + \frac{1}{r\sin\vartheta}\frac{\partial V_\varphi}{\partial\varphi} \qquad (13.51a)$$

$$\text{mit} \quad \vec{\mathbf{V}}(r,\vartheta,\varphi) = V_r\vec{\mathbf{e}}_r + V_\vartheta\vec{\mathbf{e}}_\vartheta + V_\varphi\vec{\mathbf{e}}_\varphi\,. \qquad (13.51b)$$

4. Divergenz in allgemeinen orthogonalen Koordinaten

$$\operatorname{div}\vec{\mathbf{V}} = \frac{1}{\mathrm{D}}\left\{\frac{\partial}{\partial\xi}\left(\left|\frac{\partial\vec{\mathbf{r}}}{\partial\eta}\right|\left|\frac{\partial\vec{\mathbf{r}}}{\partial\zeta}\right|V_\xi\right) + \frac{\partial}{\partial\eta}\left(\left|\frac{\partial\vec{\mathbf{r}}}{\partial\zeta}\right|\left|\frac{\partial\vec{\mathbf{r}}}{\partial\xi}\right|V_\eta\right) + \frac{\partial}{\partial\zeta}\left(\left|\frac{\partial\vec{\mathbf{r}}}{\partial\xi}\right|\left|\frac{\partial\vec{\mathbf{r}}}{\partial\eta}\right|V_\zeta\right)\right\} \qquad (13.52a)$$

$$\text{mit} \quad \vec{\mathbf{r}}(\xi,\eta,\zeta) = x(\xi,\eta,\zeta)\vec{\mathbf{i}} + y(\xi,\eta,\zeta)\vec{\mathbf{j}} + z(\xi,\eta,\zeta)\vec{\mathbf{k}}\,, \qquad (13.52b)$$

$$\mathrm{D} = \left|\left(\frac{\partial\vec{\mathbf{r}}}{\xi}\frac{\partial\vec{\mathbf{r}}}{\eta}\frac{\partial\vec{\mathbf{r}}}{\zeta}\right)\right| = \left|\frac{\partial\vec{\mathbf{r}}}{\xi}\right|\cdot\left|\frac{\partial\vec{\mathbf{r}}}{\eta}\right|\cdot\left|\frac{\partial\vec{\mathbf{r}}}{\zeta}\right|, \qquad (13.52c)$$

$$\text{und} \quad \vec{\mathbf{V}}(\xi,\eta,\zeta) = V_\xi\vec{\mathbf{e}}_\xi + V_\eta\vec{\mathbf{e}}_\eta + V_\zeta\vec{\mathbf{e}}_\zeta\,. \qquad (13.52d)$$

$$\mathrm{D} = \det\begin{pmatrix} \frac{\partial x}{\partial\xi} & \frac{\partial x}{\partial\eta} & \frac{\partial x}{\partial\zeta} \\ \frac{\partial y}{\partial\xi} & \frac{\partial y}{\partial\eta} & \frac{\partial y}{\partial\zeta} \\ \frac{\partial z}{\partial\xi} & \frac{\partial z}{\partial\eta} & \frac{\partial z}{\partial\zeta} \end{pmatrix}. \qquad (13.52e)$$

Hierbei ist D die JACOBI*sche Determinante* oder *Funktionaldeterminante.*

13.2.4.3 Regeln zur Berechnung der Divergenz

$$\operatorname{div}\vec{\mathbf{c}} = 0\,, \quad \operatorname{div}(\vec{\mathbf{V}}_1 + \vec{\mathbf{V}}_2) = \operatorname{div}\vec{\mathbf{V}}_1 + \operatorname{div}\vec{\mathbf{V}}_2\,, \quad \operatorname{div}(c\vec{\mathbf{V}}) = c\operatorname{div}\vec{\mathbf{V}}\,. \qquad (13.53)$$

$$\operatorname{div}(U\vec{\mathbf{V}}) = U\operatorname{div}\vec{\mathbf{V}} + \vec{\mathbf{V}}\operatorname{grad}U \qquad \left(\text{insbesondere } \operatorname{div}(\vec{\mathbf{r}}\vec{\mathbf{c}}) = \frac{\vec{\mathbf{r}}\vec{\mathbf{c}}}{r}\right). \qquad (13.54)$$

$$\operatorname{div}(\vec{\mathbf{V}}_1\times\vec{\mathbf{V}}_2) = \vec{\mathbf{V}}_2\operatorname{rot}\vec{\mathbf{V}}_1 - \vec{\mathbf{V}}_1\operatorname{rot}\vec{\mathbf{V}}_2\,. \qquad (13.55)$$

13.2.4.4 Divergenz eines Zentralfeldes

$$\operatorname{div}\vec{\mathbf{r}} = 3\,, \quad \operatorname{div}\varphi(r)\vec{\mathbf{r}} = 3\varphi(r) + r\varphi'(r)\,. \qquad (13.56)$$

13.2.5 Rotation des Vektorfeldes

13.2.5.1 Definitionen der Rotation

1. Definition Zu einem Vektorfeld $\vec{\mathbf{V}}(\vec{\mathbf{r}})$ läßt sich durch Bildung der negativ genommenen Volumenableitung ein vektorielles Feld, das Feld seiner Rotation, bilden (in Zeichen: $\operatorname{rot}\vec{\mathbf{V}}$, $\operatorname{curl}\vec{\mathbf{V}}$ oder mit Hilfe des Nablaoperators $\nabla \times \vec{\mathbf{V}}$):

$$\operatorname{rot} \vec{\mathbf{V}} = -\lim_{V \to 0} \frac{\oiint\limits_{(\Sigma)} \vec{\mathbf{V}} \times d\vec{\mathbf{S}}}{V} = \lim_{V \to 0} \frac{\oiint\limits_{(\Sigma)} d\vec{\mathbf{S}} \times \vec{\mathbf{V}}}{V}. \tag{13.57}$$

2. Definition Zu einem Vektorfeld $\vec{\mathbf{V}}(\vec{\mathbf{r}})$ läßt sich ein zweites Vektorfeld, seine Rotation bilden, indem die folgenden Schritte durchgeführt werden:

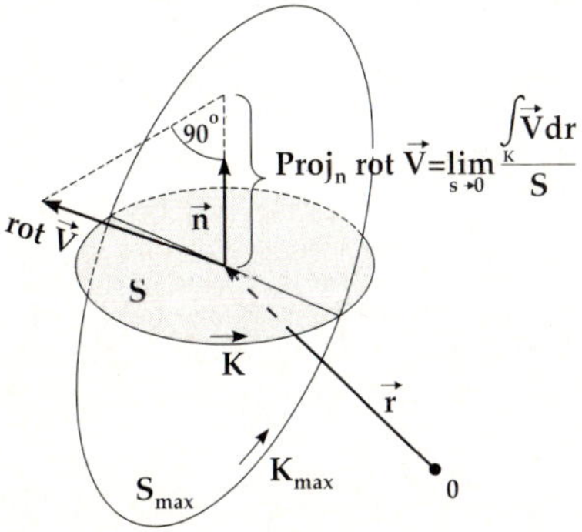

Abbildung 13.12

a) Aufspannen eines kleinen Flächenstückes $\vec{\mathbf{S}}$ **(Abb.13.12)** um den Punkt $\vec{\mathbf{r}}$. Dieses Flächenstück soll durch den Vektor $\vec{\mathbf{S}}$ beschrieben werden, der in die Richtung der Normalen $\vec{\mathbf{n}}$ zeigt und dessen Betrag gleich dem Inhalt des Flächenstückes ist. Der Rand des Flächenstückes sei mit K bezeichnet.

b) Berechnung des Umlaufintegrals $\oint\limits_{(K)} \vec{\mathbf{V}} \cdot d\vec{\mathbf{r}}$ längs der Randkurve K dieses Flächenstücks.

c) Untersuchung des Grenzwertes

$$\lim_{S \to 0} \frac{1}{S} \oint\limits_{(K)} \vec{\mathbf{V}} \cdot d\vec{\mathbf{r}},$$

wobei die Lage des Flächenstückes ungeändert bleibt.

d) Änderung der Lage des Flächenstückes mit dem Ziel, einen Maximalwert des gewonnenen Grenzwertes zu ermitteln.

e) Bestimmung des Vektors rot $\vec{\mathbf{r}}$ im Punkt $\vec{\mathbf{r}}$, dessen Betrag gleich dem gefundenen Maximalwert ist und dessen Richtung mit der Normalen des Flächenstückes zusammenfällt. Es gilt dann:

$$\left|\operatorname{rot} \vec{\mathbf{V}}\right| = \lim_{S \to 0} \frac{\oint\limits_{(K_{\max})} \vec{\mathbf{V}}\, d\vec{\mathbf{r}}}{S_{\max}}. \tag{13.58a}$$

Die Projektion von rot $\vec{\mathbf{V}}$ auf die Flächennormale $\vec{\mathbf{n}}$ des Flächenstücks mit dem Inhalt S, d.h. die Komponente des Vektors rot $\vec{\mathbf{V}}$ in beliebig vorgegebener Richtung $\vec{\mathbf{n}}\,\vec{\mathbf{l}}$ ergibt sich zu

$$\operatorname{rot}_l \vec{\mathbf{V}} = \lim_{S \to 0} \frac{\oint\limits_{(K)} \vec{\mathbf{V}} \cdot d\vec{\mathbf{r}}}{S}. \tag{13.58b}$$

Die Feldlinien des Feldes rot $\vec{\mathbf{V}}$ werden *Wirbellinien des Vektorfeldes* $\vec{\mathbf{V}}$ genannt.

13.2.5.2 Rotation in verschiedenen Koordinaten

1. Rotation in kartesischen Koordinaten

$$\operatorname{rot} \vec{\mathbf{V}} = \vec{\mathbf{i}} \left(\frac{\partial V_z}{\partial y} - \frac{\partial V_y}{\partial z} \right) + \vec{\mathbf{j}} \left(\frac{\partial V_x}{\partial z} - \frac{\partial V_z}{\partial x} \right) + \vec{\mathbf{k}} \left(\frac{\partial V_y}{\partial x} - \frac{\partial V_x}{\partial y} \right) = \begin{vmatrix} \vec{\mathbf{i}} & \vec{\mathbf{j}} & \vec{\mathbf{k}} \\ \frac{\partial}{\partial x} & \frac{\partial}{\partial y} & \frac{\partial}{\partial z} \\ V_x & V_y & V_z \end{vmatrix}. \tag{13.59a}$$

Das Vektorfeld rot $\vec{\mathbf{V}}$ ist durch das Vektorprodukt aus Nablaoperator und Vektor $\vec{\mathbf{V}}$ gemäß

$$\operatorname{rot}\vec{\mathbf{V}} = \nabla \times \vec{\mathbf{V}} \tag{13.59b}$$

darstellbar.

2. Rotation in Zylinderkoordinaten

$$\operatorname{rot}\vec{\mathbf{V}} = \operatorname{rot}_\rho\vec{\mathbf{V}}\vec{\mathbf{e}}_\rho + \operatorname{rot}_\varphi\vec{\mathbf{V}}\vec{\mathbf{e}}_\varphi + \operatorname{rot}_z\vec{\mathbf{V}}\vec{\mathbf{e}}_z \quad \text{mit} \tag{13.60a}$$

$$\operatorname{rot}_\rho\vec{\mathbf{V}} = \frac{1}{\rho}\frac{\partial V_z}{\partial\varphi} - \frac{\partial V_\varphi}{\partial z}, \quad \operatorname{rot}_\varphi\vec{\mathbf{V}} = \frac{\partial V_\rho}{\partial z} - \frac{\partial V_z}{\partial\rho}, \quad \operatorname{rot}_z\vec{\mathbf{V}} = \frac{1}{\rho}\left\{\frac{\partial}{\partial\rho}(\rho V_\varphi) - \frac{\partial V_\rho}{\partial\varphi}\right\}. \tag{13.60b}$$

3. Rotation in Kugelkoordinaten

$$\operatorname{rot}\vec{\mathbf{V}} = \operatorname{rot}_r\vec{\mathbf{V}}\vec{\mathbf{e}}_r + \operatorname{rot}_\vartheta\vec{\mathbf{V}}\vec{\mathbf{e}}_\vartheta + \operatorname{rot}_\varphi\vec{\mathbf{V}}\vec{\mathbf{e}}_\varphi \quad \text{mit} \tag{13.61a}$$

$$\left.\begin{aligned}
\operatorname{rot}_r\vec{\mathbf{V}} &= \frac{1}{r\sin\vartheta}\left\{\frac{\partial}{\partial\vartheta}(\sin\vartheta V_\varphi) - \frac{\partial V_\vartheta}{\partial\varphi}\right\},\\
\operatorname{rot}_\vartheta\vec{\mathbf{V}} &= \frac{1}{r\sin\vartheta}\frac{\partial V_r}{\partial\varphi} - \frac{1}{r}\frac{\partial}{\partial r}(rV_\varphi),\\
\operatorname{rot}_\varphi\vec{\mathbf{V}} &= \frac{1}{r}\left\{\frac{\partial}{\partial r}(rV_\vartheta) - \frac{V_r}{\partial\vartheta}\right\}.
\end{aligned}\right\} \tag{13.61b}$$

4. Rotation in allgemeinen orthogonalen Koordinaten

$$\operatorname{rot}\vec{\mathbf{V}} = \operatorname{rot}_\xi\vec{\mathbf{V}}\vec{\mathbf{e}}_\xi + \operatorname{rot}_\eta\vec{\mathbf{V}}\vec{\mathbf{e}}_\eta + \operatorname{rot}_\zeta\vec{\mathbf{V}}\vec{\mathbf{e}}_\zeta \quad \text{mit} \tag{13.62a}$$

$$\left.\begin{aligned}
\operatorname{rot}_\xi\vec{\mathbf{V}} &= \frac{1}{\mathrm{D}}\left|\frac{\partial\vec{\mathbf{r}}}{\partial\xi}\right|\left[\frac{\partial}{\partial\eta}\left(\left|\frac{\partial\vec{\mathbf{r}}}{\partial\zeta}\right|V_\zeta\right) - \frac{\partial}{\partial\zeta}\left(\left|\frac{\partial\vec{\mathbf{r}}}{\partial\eta}\right|V_\eta\right)\right],\\
\operatorname{rot}_\eta\vec{\mathbf{V}} &= \frac{1}{\mathrm{D}}\left|\frac{\partial\vec{\mathbf{r}}}{\partial\eta}\right|\left[\frac{\partial}{\partial\zeta}\left(\left|\frac{\partial\vec{\mathbf{r}}}{\partial\xi}\right|V_\xi\right) - \frac{\partial}{\partial\xi}\left(\left|\frac{\partial\vec{\mathbf{r}}}{\partial\zeta}\right|V_\zeta\right)\right],\\
\operatorname{rot}_\zeta\vec{\mathbf{V}} &= \frac{1}{\mathrm{D}}\left|\frac{\partial\vec{\mathbf{r}}}{\partial\zeta}\right|\left[\frac{\partial}{\partial\xi}\left(\left|\frac{\partial\vec{\mathbf{r}}}{\partial\eta}\right|V_\eta\right) - \frac{\partial}{\partial\eta}\left(\left|\frac{\partial\vec{\mathbf{r}}}{\partial\xi}\right|V_\xi\right)\right],
\end{aligned}\right\} \tag{13.62b}$$

$$\vec{\mathbf{r}}(\xi,\eta,\zeta) = x(\xi,\eta,\zeta)\vec{\mathbf{i}} + y(\xi,\eta,\zeta)\vec{\mathbf{j}} + z(\xi,\eta,\zeta)\vec{\mathbf{k}}; \qquad \mathrm{D} = \left|\frac{\partial\vec{\mathbf{r}}}{\partial\xi}\right|\cdot\left|\frac{\partial\vec{\mathbf{r}}}{\partial\eta}\right|\cdot\left|\frac{\partial\vec{\mathbf{r}}}{\partial\zeta}\right|. \tag{13.62c}$$

13.2.5.3 Regeln zur Berechnung der Rotation

$$\operatorname{rot}(\vec{\mathbf{V}}_1 + \vec{\mathbf{V}}_2) = \operatorname{rot}\vec{\mathbf{V}}_1 + \operatorname{rot}\vec{\mathbf{V}}_2, \quad \operatorname{rot}(c\vec{\mathbf{V}}) = c\operatorname{rot}\vec{\mathbf{V}}. \tag{13.63}$$

$$\operatorname{rot}(U\vec{\mathbf{V}}) = U\operatorname{rot}\vec{\mathbf{V}} + \operatorname{grad}U \times \vec{\mathbf{V}}. \tag{13.64}$$

$$\operatorname{rot}(\vec{\mathbf{V}}_1 \times \vec{\mathbf{V}}_2) = (\vec{\mathbf{V}}_2\operatorname{grad})\vec{\mathbf{V}}_1 - (\vec{\mathbf{V}}_1\operatorname{grad})\vec{\mathbf{V}}_2 + \vec{\mathbf{V}}_1\operatorname{div}\vec{\mathbf{V}}_2 - \vec{\mathbf{V}}_2\operatorname{div}\vec{\mathbf{V}}_1. \tag{13.65}$$

13.2.5.4 Rotation des Potentialfeldes

Aus dem Integralsatz von STOKES (s. S. 663) folgt, daß die Rotation eines Potentialfeldes gleich Null ist:

$$\operatorname{rot}\vec{\mathbf{V}} = \operatorname{rot}(\operatorname{grad}\mathrm{U}) = \vec{\mathbf{0}}. \tag{13.66a}$$

Das folgt auch aus (13.59a) für $\vec{\mathbf{V}} = \operatorname{grad}U$, wenn die Voraussetzungen des SCHWARZschen Vertauschungssatzes erfüllt sind (s. S. 389).

■ Für $\vec{\mathbf{r}} = x\vec{\mathbf{i}} + y\vec{\mathbf{j}} + z\vec{\mathbf{k}}$ mit $r = |\vec{\mathbf{r}}| = \sqrt{x^2+y^2+z^2}$ gilt: rot $\vec{\mathbf{r}} = 0$ und rot $(\varphi(r)\vec{\mathbf{r}}) = \vec{\mathbf{0}}$, wobei $\varphi(r)$ eine differenzierbare Funktion von r ist.

13.2.6 Nablaoperator, Laplace–Operator

13.2.6.1 Nablaoperator

Nablaoperator wird ein symbolischer Vektor ∇ genannt, der häufig zur Darstellung von räumlichen Differentialoperationen benutzt wird und dessen Einführung Berechnungen in der Vektoranalysis vereinfacht. Für die Operatoren *Gradient, Vektorgradient, Divergenz* und *Rotation* gilt:

$$\operatorname{grad} U = \nabla U \quad (\text{Gradient von } U \text{ (s. S. 647)}), \tag{13.67a}$$

$$\operatorname{grad} \vec{\mathbf{V}} = \nabla \vec{\mathbf{V}} \quad (\text{Vektogradient von } \vec{\mathbf{V}} \text{ (s. S. 649)}), \tag{13.67b}$$

$$\operatorname{div} \vec{\mathbf{V}} = \nabla \cdot \vec{\mathbf{V}} \quad (\text{Divergenz von } \vec{\mathbf{V}} \text{ (s. S. 649)}), \tag{13.67c}$$

$$\operatorname{rot} \vec{\mathbf{V}} = \nabla \times \vec{\mathbf{V}} \quad (\text{Rotation von } \vec{\mathbf{V}} \text{ (s. S. 651)}). \tag{13.67d}$$

In kartesischen Koordinaten gilt:

$$\nabla = \frac{\partial}{\partial x}\vec{\mathbf{i}} + \frac{\partial}{\partial y}\vec{\mathbf{j}} + \frac{\partial}{\partial z}\vec{\mathbf{k}}. \tag{13.67e}$$

Die Komponenten des Nablaoperators sind als partielle Ableitungsoperatoren aufzufassen, d.h., das Symbol $\frac{\partial}{\partial x}$ schreibt die partielle Ableitung nach x vor, wobei die anderen Variablen als Konstanten betrachtet werden. Die Formeln für die *räumlichen Differentialoperatoren* in kartesischen Koordinaten ergeben sich durch formale Multiplikation dieses Vektoroperators mit dem Skalar U oder dem Vektor $\vec{\mathbf{V}}$.

13.2.6.2 Rechenregeln für den Nablaoperator

1. Wenn ∇ vor einer Linearkombination $\sum a_i X_i$ steht, in der die a_i Konstanten und die X_i Punktfunktionen sind, und zwar unabhängig davon, ob es sich um skalare oder vektorielle Funktionen handelt, dann gilt:

$$\nabla\left(\sum a_i X_i\right) = \sum a_i \nabla X_i. \tag{13.68}$$

2. Wenn ∇ vor einem Produkt aus skalaren oder vektoriellen Funktionen steht, dann wird der Operator auf jede dieser Funktionen nacheinander angewendet, über die der Operation unterworfene Funktion wird das Zeichen $\downarrow$ gesetzt und anschließend das Ergebnis gemäß

$$\nabla(XYZ) = \nabla(\overset{\downarrow}{X}YZ) + \nabla(X\overset{\downarrow}{Y}Z) + \nabla(XY\overset{\downarrow}{Z}) \tag{13.69}$$

addiert. Daraufhin werden die auf diese Weise erhaltenen Produkte nach den Regeln der Vektoralgebra derart umgeformt, daß nach dem Operator ∇ nur der mit dem Zeichen $\downarrow$ gekennzeichnete Faktor steht. Nach Abschluß der Rechnung wird das Zeichen weggelassen.

■ **A:** $\operatorname{div}(U\vec{\mathbf{V}}) = \nabla(U\vec{\mathbf{V}}) = \nabla(\overset{\downarrow}{U}\vec{\mathbf{V}}) + \nabla(U\overset{\downarrow}{\vec{\mathbf{V}}}) = \vec{\mathbf{V}} \cdot \nabla U + U \cdot \nabla\vec{\mathbf{V}} = \vec{\mathbf{V}} \operatorname{grad} U + U \operatorname{div} \vec{\mathbf{V}}$.

■ **B:** $\operatorname{grad}(\vec{\mathbf{V}}_1\vec{\mathbf{V}}_2) = \nabla(\vec{\mathbf{V}}_1\vec{\mathbf{V}}_2) = \nabla(\overset{\downarrow}{\vec{\mathbf{V}}_1}\vec{\mathbf{V}}_2) + \nabla(\vec{\mathbf{V}}_1\overset{\downarrow}{\vec{\mathbf{V}}_2})$. Gemäß $\vec{\mathbf{b}}(\vec{\mathbf{a}}\vec{\mathbf{c}}) = (\vec{\mathbf{a}}\vec{\mathbf{b}})\vec{\mathbf{c}} + \vec{\mathbf{a}} \times (\vec{\mathbf{b}} \times \vec{\mathbf{c}})$ erhält man: $\operatorname{grad}(\vec{\mathbf{V}}_1\vec{\mathbf{V}}_2) = (\vec{\mathbf{V}}_2\nabla)\vec{\mathbf{V}}_1 + \vec{\mathbf{V}}_2 \times (\nabla \times \vec{\mathbf{V}}_1) + (\vec{\mathbf{V}}_1\nabla)\vec{\mathbf{V}}_2 + \vec{\mathbf{V}}_1 \times (\nabla \times \vec{\mathbf{V}}_2)$

$= (\vec{\mathbf{V}}_2 \operatorname{grad})\vec{\mathbf{V}}_1 + \vec{\mathbf{V}}_2 \times \operatorname{rot}\vec{\mathbf{V}}_1 + (\vec{\mathbf{V}}_1 \operatorname{grad})\vec{\mathbf{V}}_2 + \vec{\mathbf{V}}_1 \times \operatorname{rot}\vec{\mathbf{V}}_2$.

13.2.6.3 Vektorgradient

Der Vektorgradient $\operatorname{grad}\vec{\mathbf{V}}$ kann mit Hilfe des Nablaoperators gemäß

$$\operatorname{grad}\vec{\mathbf{V}} = \nabla\vec{\mathbf{V}} \tag{13.70a}$$

dargestellt werden. Für den im Zusammenhang mit dem Vektorgradienten vorkommenden Ausdruck $(\vec{a}\nabla)\cdot\vec{V}$ gilt:

$$2(\vec{a}\nabla)\cdot\vec{V} = \operatorname{rot}(\vec{V}\times\vec{a}) + \operatorname{grad}(\vec{a}\vec{V}) + \vec{a}\operatorname{div}\vec{V} - \vec{V}\operatorname{div}\vec{a} - \vec{a}\times\operatorname{rot}\vec{V} - \vec{V}\times\operatorname{rot}\vec{a}\,. \qquad (13.70b)$$

Außerdem gilt für $\vec{r} = x\vec{i} + y\vec{j} + z\vec{k}$:

$$(\vec{a}\cdot\nabla)\vec{r} = \vec{a}\,. \qquad (13.70c)$$

13.2.6.4 Zweifache Anwendung des Nablaoperators

Es gilt für jedes Feld $\vec{V}$:

1. $\nabla(\nabla\times\vec{V}) = \operatorname{div}\operatorname{rot}\vec{V} = 0\,,$ (13.71)

2. $\nabla\times(\nabla U) = \operatorname{rot}\operatorname{grad} U = \vec{0}\,,$ (13.72)

3. $\nabla(\nabla U) = \operatorname{div}\operatorname{grad} U = \Delta U\,.$ (13.73)

13.2.6.5 Laplace–Operator

1. Definition

Das Skalarprodukt des Nablaoperators mit sich selbst wird LAPLACE–Operator genannt:

$$\Delta = \nabla\cdot\nabla = \nabla^2\,. \qquad (13.74)$$

Der LAPLACE–Operator ist kein Vektor. Er schreibt die Summierung der zweiten partiellen Ableitungen vor und kann sowohl auf skalare als auch auf vektorielle Funktionen angewandt werden. Der LAPLACE–Operator ist ein *skalar invarianter Vektor*, d.h., seine Form bleibt bei Translation und/oder Rotation des Koordinatensystems unverändert.

2. Darstellung des LAPLACE–Operators in verschiedenen Koordinaten

In den folgenden Formeln erfolgt die Anwendung des LAPLACE–Operators auf die skalare Ortsfunktion $U(\vec{r})$. Das Ergebnis der Anwendung ist dann ein Skalar. Bei Anwendungen auf vektorielle Ortsfunktionen $\vec{V}(\vec{r})$ ist das Ergebnis der Anwendung $\Delta\vec{V}$ ein Vektor mit den Komponenten ΔV_x, ΔV_y, ΔV_z.

1. LAPLACE–Operator in kartesischen Koordinaten

$$\Delta U(x,y,z) = \frac{\partial^2 U}{\partial x^2} + \frac{\partial^2 U}{\partial y^2} + \frac{\partial^2 U}{\partial z^2}\,. \qquad (13.75)$$

2. LAPLACE–Operator in Zylinderkoordinaten

$$\Delta U(\rho,\varphi,z) = \frac{1}{\rho}\frac{\partial}{\partial\rho}\left(\rho\frac{\partial U}{\partial\rho}\right) + \frac{1}{\rho^2}\frac{\partial^2 U}{\partial\varphi^2} + \frac{\partial^2 U}{\partial z^2}\,. \qquad (13.76)$$

3. LAPLACE–Operator in Kugelkoordinaten

$$\Delta U(r,\vartheta,\varphi) = \frac{1}{r^2}\frac{\partial}{\partial r}\left(r^2\frac{\partial U}{\partial r}\right) + \frac{1}{r^2\sin\vartheta}\frac{\partial}{\partial\vartheta}\left(\sin\vartheta\frac{\partial U}{\partial\vartheta}\right) + \frac{1}{r^2\sin^2\vartheta}\frac{\partial^2 U}{\partial\varphi^2}\,. \qquad (13.77)$$

4. LAPLACE–Operator in allgemeinen orthogonalen Koordinaten

$$\Delta U(\xi,\eta,\zeta) = \frac{1}{D}\left[\frac{\partial}{\partial\xi}\left(\frac{D}{\left|\frac{\partial\vec{r}}{\partial\xi}\right|^2}\frac{\partial U}{\partial\xi}\right) + \frac{\partial}{\partial\eta}\left(\frac{D}{\left|\frac{\partial\vec{r}}{\partial\eta}\right|^2}\frac{\partial U}{\partial\eta}\right) + \frac{\partial}{\partial\zeta}\left(\frac{D}{\left|\frac{\partial\vec{r}}{\partial\zeta}\right|^2}\frac{\partial U}{\partial\zeta}\right)\right] \quad \text{mit} \qquad (13.78a)$$

$$\vec{r}(\xi,\eta,\zeta) = x(\xi,\eta,\zeta)\vec{i} + y(\xi,\eta,\zeta)\vec{j} + z(\xi,\eta,\zeta)\vec{k}\,, \quad (13.78b) \qquad D = \left|\frac{\partial\vec{r}}{\partial\xi}\right|\cdot\left|\frac{\partial\vec{r}}{\partial\eta}\right|\cdot\left|\frac{\partial\vec{r}}{\partial\zeta}\right|\,. \quad (13.78c)$$

3. Spezielle Verknüpfungen von Nablaoperator und LAPLACE–Operator

$$\nabla(\nabla\vec{\mathbf{V}}) = \operatorname{grad}\operatorname{div}\vec{\mathbf{V}}, \tag{13.79}$$

$$\nabla\times(\nabla\times\vec{\mathbf{V}}) = \operatorname{rot}\operatorname{rot}\vec{\mathbf{V}}, \tag{13.80}$$

$$\nabla(\nabla\vec{\mathbf{V}}) - \nabla\times(\nabla\times\vec{\mathbf{V}}) = \Delta\vec{\mathbf{V}}, \tag{13.81}$$

wobei

$$\Delta\vec{\mathbf{V}} = (\nabla\nabla)\vec{\mathbf{V}} = \Delta V_x\vec{\mathbf{i}} + \Delta V_y\vec{\mathbf{j}} + \Delta V_z\vec{\mathbf{k}} = \left(\frac{\partial^2 V_x}{\partial x^2} + \frac{\partial^2 V_x}{\partial y^2} + \frac{\partial^2 V_x}{\partial z^2}\right)\vec{\mathbf{i}}$$
$$+ \left(\frac{\partial^2 V_y}{\partial x^2} + \frac{\partial^2 V_y}{\partial y^2} + \frac{\partial^2 V_y}{\partial z^2}\right)\vec{\mathbf{j}} + \left(\frac{\partial^2 V_z}{\partial x^2} + \frac{\partial^2 V_z}{\partial y^2} + \frac{\partial^2 V_z}{\partial z^2}\right)\vec{\mathbf{k}}. \tag{13.82}$$

13.2.7 Übersicht zu den räumlichen Differentialoperationen

13.2.7.1 Vektoranalytische Ausdrücke in kartesischen, Zylinder– und Kugelkoordinaten

Tabelle 13.2 Vektoranalytische Ausdrücke in kartesischen, Zylinder– und Kugelkoordinaten

	Kartesische Koordinaten	Zylinderkoordinaten	Kugelkoordinaten
$d\vec{s} = d\vec{r}$	$\vec{\mathbf{e_x}}dx + \vec{\mathbf{e_y}}dy + \vec{\mathbf{e_z}}dz$	$\vec{\mathbf{e}}_\rho d\rho + \vec{\mathbf{e}}_\varphi \rho d\varphi + \vec{\mathbf{e_v}}dz$	$\vec{\mathbf{e_r}}dr + \vec{\mathbf{e}}_\vartheta r d\vartheta + \vec{\mathbf{e}}_\varphi r\sin\vartheta d\varphi$
grad$U$	$\vec{\mathbf{e_x}}\frac{\partial U}{\partial x} + \vec{\mathbf{e_y}}\frac{\partial U}{\partial y} + \vec{\mathbf{e_z}}\frac{\partial U}{\partial z}$	$\vec{\mathbf{e}}_\rho\frac{\partial U}{\partial \rho} + \vec{\mathbf{e}}_\varphi\frac{1}{\rho}\frac{\partial U}{\partial \varphi} + \vec{\mathbf{e_z}}\frac{\partial U}{\partial z}$	$\vec{\mathbf{e_r}}\frac{\partial U}{\partial r} + \vec{\mathbf{e}}_\vartheta\frac{1}{r}\frac{\partial U}{\partial \vartheta} + \vec{\mathbf{e}}_\varphi\frac{1}{r\sin\vartheta}\frac{\partial U}{\partial \varphi}$
div$\vec{V}$	$\frac{\partial V_x}{\partial x} + \frac{\partial V_y}{\partial y} + \frac{\partial V_z}{\partial z}$	$\frac{1}{\rho}\frac{\partial}{\partial \rho}(\rho V_\rho) + \frac{1}{\rho}\frac{\partial V_\varphi}{\partial \varphi} + \frac{\partial V_z}{\partial z}$	$\frac{1}{r^2}\frac{\partial}{\partial r}(r^2 V_r) + \frac{1}{r\sin\vartheta}\frac{\partial}{\partial\vartheta}(V_\vartheta\sin\vartheta)$ $+\frac{1}{r\sin\vartheta}\frac{\partial V_\varphi}{\partial\varphi}$
rot$\vec{V}$	$\vec{\mathbf{e_x}}\left(\frac{\partial V_z}{\partial y} - \frac{\partial V_y}{\partial z}\right)$ $+\vec{\mathbf{e_y}}\left(\frac{\partial V_x}{\partial z} - \frac{\partial V_z}{\partial x}\right)$ $+\vec{\mathbf{e_z}}\left(\frac{\partial V_y}{\partial x} - \frac{\partial V_x}{\partial y}\right)$	$\vec{\mathbf{e}}_\rho\left(\frac{1}{\rho}\frac{\partial V_z}{\partial \varphi} - \frac{\partial V_\varphi}{\partial z}\right)$ $+\vec{\mathbf{e}}_\varphi\left(\frac{\partial V_\rho}{\partial z} - \frac{\partial V_z}{\partial \rho}\right)$ $+\vec{\mathbf{e_z}}\left(\frac{1}{\rho}\frac{\partial}{\partial\rho}(\rho V_\varphi) - \frac{1}{\rho}\frac{\partial V_\rho}{\partial\varphi}\right)$	$\vec{\mathbf{e_r}}\frac{1}{r\sin\vartheta}\left[\frac{\partial}{\partial\vartheta}(V_\varphi\sin\vartheta) - \frac{\partial V_\vartheta}{\partial\varphi}\right]$ $+\vec{\mathbf{e}}_\vartheta\frac{1}{r}\left[\frac{1}{\sin\vartheta}\frac{\partial V_r}{\partial\varphi} - \frac{\partial}{\partial r}(rV_\varphi)\right]$ $+\vec{\mathbf{e}}_\varphi\frac{1}{r}\left[\frac{\partial}{\partial r}(rV_\vartheta) - \frac{\partial V_r}{\partial\vartheta}\right]$
ΔU	$\frac{\partial^2 U}{\partial x^2} + \frac{\partial^2 U}{\partial y^2} + \frac{\partial^2 U}{\partial z^2}$	$\frac{1}{\rho}\frac{\partial}{\partial\rho}\left(\rho\frac{\partial U}{\partial\rho}\right) + \frac{1}{\rho^2}\frac{\partial^2 U}{\partial\varphi^2}$ $+\frac{\partial^2 U}{\partial z^2}$	$\frac{1}{r^2}\frac{\partial}{\partial r}\left(r^2\frac{\partial U}{\partial r}\right)$ $+\frac{1}{r^2\sin\vartheta}\frac{\partial}{\partial\vartheta}\left(\sin\vartheta\frac{\partial U}{\partial\vartheta}\right)$ $+\frac{1}{r^2\sin^2\vartheta\frac{\partial^2 U}{\partial\varphi^2}}$

13.2.7.2 Prinzipielle Verknüpfungen und Ergebnisse für Differentialoperatoren

Tabelle 13.3 Prinzipielle Verknüpfungen bei den Differentialoperatoren

Operator	Symbol	Verknüpfung	Argument	Ergebnis	Bedeutung
Gradient	$\operatorname{grad} U$	∇U	Skalar	Vektor	maximaler Anstieg
Vektorgradient	$\operatorname{grad} \vec{\mathbf{V}}$	$\nabla \vec{\mathbf{V}}$	Vektor	Tensor 2. Stufe	
Divergenz	$\operatorname{div} \vec{\mathbf{V}}$	$\nabla \cdot \vec{\mathbf{V}}$	Vektor	Skalar	Quellen bzw. Senken
Rotation	$\operatorname{rot} \vec{\mathbf{V}}$	$\nabla \times \vec{\mathbf{V}}$	Vektor	Vektor	Wirbel
LAPLACE-	ΔU	$(\nabla \cdot \nabla) U$	Skalar	Skalar	Potentialfeld-
Operator	$\Delta \vec{\mathbf{V}}$	$(\nabla \cdot \nabla) \vec{\mathbf{V}}$	Vektor	Vektor	quellen

13.2.7.3 Rechenregeln für Differentialoperatoren

$$\operatorname{grad}(U_1 + U_2) = \operatorname{grad} U_1 + \operatorname{grad} U_2 \qquad (U,\ U_1,\ U_2 \text{ skalare Funktionen}). \tag{13.83}$$

$$\operatorname{grad}(cU) = c \operatorname{grad} U \qquad (c \text{ Konstante}). \tag{13.84}$$

$$\operatorname{grad}(U_1 U_2) = U_1 \operatorname{grad} U_2 + U_2 \operatorname{grad} U_1 . \tag{13.85}$$

$$\operatorname{grad} F(U) = F'(U) \operatorname{grad} U. \tag{13.86}$$

$$\operatorname{div}(\vec{\mathbf{V}}_1 + \vec{\mathbf{V}}_2) = \operatorname{div} \vec{\mathbf{V}}_1 + \operatorname{div} \vec{\mathbf{V}}_2 \qquad (\vec{\mathbf{V}},\ \vec{\mathbf{V}}_1,\ \vec{\mathbf{V}}_2 \text{ vektorielle Funktionen}). \tag{13.87}$$

$$\operatorname{div}(c\vec{\mathbf{V}}) = c \operatorname{div} \vec{\mathbf{V}}. \tag{13.88}$$

$$\operatorname{div}(U\vec{\mathbf{V}}) = \vec{\mathbf{V}} \cdot \operatorname{grad} U + U \operatorname{div} \vec{\mathbf{V}}. \tag{13.89}$$

$$\operatorname{rot}(\vec{\mathbf{V}}_1 + \vec{\mathbf{V}}_2) = \operatorname{rot} \vec{\mathbf{V}}_1 + \operatorname{rot} \vec{\mathbf{V}}_2 . \tag{13.90}$$

$$\operatorname{rot}(c\vec{\mathbf{V}}) = c \operatorname{rot} \vec{\mathbf{V}}. \tag{13.91}$$

$$\operatorname{rot}(U\vec{\mathbf{V}}) = U \operatorname{rot} \vec{\mathbf{V}} - \vec{\mathbf{V}} \times \operatorname{grad} U. \tag{13.92}$$

$$\operatorname{div} \operatorname{rot} \vec{\mathbf{V}} \equiv 0. \tag{13.93}$$

$$\operatorname{rot} \operatorname{grad} U \equiv \vec{\mathbf{0}} \qquad (\text{Nullvektor}). \tag{13.94}$$

$$\operatorname{div} \operatorname{grad} U = \Delta U. \tag{13.95}$$

$$\operatorname{rot} \operatorname{rot} \vec{\mathbf{V}} = \operatorname{grad} \operatorname{div} \vec{\mathbf{V}} - \Delta \vec{\mathbf{V}}. \tag{13.96}$$

$$\operatorname{div}(\vec{\mathbf{V}}_1 \times \vec{\mathbf{V}}_2) = \vec{\mathbf{V}}_2 \cdot \operatorname{rot} \vec{\mathbf{V}}_1 - \vec{\mathbf{V}}_1 \cdot \operatorname{rot} \vec{\mathbf{V}}_2 . \tag{13.97}$$

13.3 Integration in Vektorfeldern

Integrationen in Vektorfeldern erfolgen meist in kartesischen, Zylinder- und Kugelkoordinaten. Oft ist über Kurven, Flächen oder Volumina zu integrieren. Die dazu erforderlichen Linien-, Flächen- und Volumenelemente sind in **Tabelle 13.4** zusammengestellt.

Tabelle 13.4 Linien-, Flächen- und Volumenelemente in kartesischen, Zylinder- und Kugelkoordinaten

	Kartesische Koordinaten	Zylinderkoordinaten	Kugekkoordinaten
$d\vec{r}$	$\vec{\mathbf{e}}_{\mathbf{x}}dx + \vec{\mathbf{e}}_{\mathbf{y}}dy + \vec{\mathbf{e}}_{\mathbf{z}}dz$	$\vec{\mathbf{e}}_{\rho}d\rho + \vec{\mathbf{e}}_{\varphi}\rho d\varphi + \vec{\mathbf{e}}_{\mathbf{z}}dz$	$\vec{\mathbf{e}}_{\mathbf{r}}dr + \vec{\mathbf{e}}_{\vartheta}rd\vartheta + \vec{\mathbf{e}}_{\varphi}r\sin\vartheta d\varphi$
$d\vec{S}$	$\vec{\mathbf{e}}_{\mathbf{x}}dydz + \vec{\mathbf{e}}_{\mathbf{y}}dxdz + \vec{\mathbf{e}}_{\mathbf{z}}dxdy$	$\vec{\mathbf{e}}_{\rho}\rho d\varphi dz + \vec{\mathbf{e}}_{\varphi}d\rho dz + \vec{\mathbf{e}}_{\mathbf{z}}\rho d\rho d\varphi$	$\vec{\mathbf{e}}_{\mathbf{r}}r^2\sin\vartheta d\vartheta d\varphi$ $+\vec{\mathbf{e}}_{\vartheta}r\sin\vartheta drd\varphi$ $+\vec{\mathbf{e}}_{\varphi}rdrd\vartheta d\varphi$
$dv^{*)}$	$dxdydz$	$\rho d\rho d\varphi dz$	$r^2\sin\vartheta drd\vartheta d\varphi$
	$\vec{\mathbf{e}}_{\mathbf{x}} = \vec{\mathbf{e}}_{\mathbf{y}} \times \vec{\mathbf{e}}_{\mathbf{z}}$ $\vec{\mathbf{e}}_{\mathbf{y}} = \vec{\mathbf{e}}_{\mathbf{z}} \times \vec{\mathbf{e}}_{\mathbf{x}}$ $\vec{\mathbf{e}}_{\mathbf{z}} = \vec{\mathbf{e}}_{\mathbf{x}} \times \vec{\mathbf{e}}_{\mathbf{y}}$	$\vec{\mathbf{e}}_{\rho} = \vec{\mathbf{e}}_{\varphi} \times \vec{\mathbf{e}}_{\mathbf{z}}$ $\vec{\mathbf{e}}_{\varphi} = \vec{\mathbf{e}}_{\mathbf{z}} \times \vec{\mathbf{e}}_{\rho}$ $\vec{\mathbf{e}}_{\mathbf{z}} = \vec{\mathbf{e}}_{\rho} \times \vec{\mathbf{e}}_{\varphi}$	$\vec{\mathbf{e}}_{\mathbf{r}} = \vec{\mathbf{e}}_{\vartheta} \times \vec{\mathbf{e}}_{\varphi}$ $\vec{\mathbf{e}}_{\vartheta} = \vec{\mathbf{e}}_{\varphi} \times \vec{\mathbf{e}}_{\mathbf{r}}$ $\vec{\mathbf{e}}_{\varphi} = \vec{\mathbf{e}}_{\mathbf{r}} \times \vec{\mathbf{e}}_{\vartheta}$
	$\vec{\mathbf{e}}_{\mathbf{i}} \cdot \vec{\mathbf{e}}_{\mathbf{j}} = \begin{cases} 0 & i \neq j \\ 1 & i = j \end{cases}$	$\vec{\mathbf{e}}_{\mathbf{i}} \cdot \vec{\mathbf{e}}_{\mathbf{j}} = \begin{cases} 0 & i \neq j \\ 1 & i = j \end{cases}$	$\vec{\mathbf{e}}_{\mathbf{i}} \cdot \vec{\mathbf{e}}_{\mathbf{j}} = \begin{cases} 0 & i \neq j \\ 1 & i = j \end{cases}$
	Die Indizes i und j stehen stellvertretend für x, y, z bzw. ρ, φ, z bzw. r, ϑ, φ.		
*)	Für das Volumen wurde hier abweichend von der üblichen Praxis das Symbol v gewählt, um Verwechlungen mit dem Betrag der Vektorfunktion $\|\vec{\mathbf{V}}\| = V$ zu vermeiden.		

13.3.1 Kurvenintegral und Potential im Vektorfeld

13.3.1.1 Kurvenintegral im Vektorfeld

1. Definition Kurven- oder Linienintegral einer Vektorfunktion $\vec{\mathbf{V}}(\vec{\mathbf{r}})$, genommen über ein Bogenstück $\overset{\frown}{AB}$ **(Abb.13.13)**, nennt man den Skalar

$$P = \int\limits_{\overset{\frown}{AB}} \vec{\mathbf{V}}(\vec{\mathbf{r}})\, d\vec{\mathbf{r}}\,. \tag{13.98a}$$

2. Berechnung dieses Kurvenintegrals in fünf Schritten

1. Einteilung des Weges $\overset{\frown}{AB}$ **(Abb.13.13)** durch Zwischenpunkte $A_1(\vec{\mathbf{r}}_1)$, $A_2(\vec{\mathbf{r}}_2), \ldots, A_{n-1}(\vec{\mathbf{r}}_{n-1})$ $(A \equiv A_0, B \equiv A_n)$ in n kleinere Teilbogenstücke, die durch die Vektoren $\vec{\mathbf{r}}_i - \vec{\mathbf{r}}_{i-1} = \Delta\vec{\mathbf{r}}_{i-1}$ angenähert werden.

2. Wahl von Punkten M_i mit den Radiusvektoren $\tilde{\vec{\mathbf{r}}}_i$, die im Innern oder auf dem Rande eines jeden Teilbogenstückes liegen können.

3. Skalare Multiplikation der Funktionswerte $\vec{\mathbf{V}}(\tilde{\vec{\mathbf{r}}}_i)$ in den so ausgewählten Punkten mit $\Delta\vec{\mathbf{r}}_{i-1}$.

4. Addition aller auf diese Weise erhaltenen n Produkte.

5. Berechnung des Grenzwertes der erhaltenen Summe $\sum\limits_{i=1}^{n} \vec{\mathbf{V}}(\tilde{\vec{\mathbf{r}}}_i)\Delta\vec{\mathbf{r}}_{i-1}$ für $\Delta\vec{\mathbf{r}}_{i-1} \to 0$, also für $n \to \infty$.

Wenn der Grenzwert existiert und von der Wahl der Punkte A_i und M_i unabhängig ist, dann wird er als Kurvenintegral

$$\int\limits_{\widehat{AB}} \vec{\mathbf{V}}\, d\vec{\mathbf{r}} = \lim_{\substack{\Delta\vec{\mathbf{r}}\to 0\\ n\to\infty}} \sum_{i=1}^{n} \tilde{\vec{\mathbf{V}}}(\vec{\mathbf{r}}_i)\Delta\vec{\mathbf{r}}_{i-1} \tag{13.98b}$$

bezeichnet. Die Existenz des Kurvenintegrals (13.98a,b) ist gesichert, wenn die Vektorfunktion $\vec{\mathbf{V}}(\vec{\mathbf{r}})$ und das Bogenstück $\widehat{AB}$ stetig sind und wenn letzteres stetige Tangenten besitzt. Eine Vektorfunktion $\vec{\mathbf{V}}(\vec{\mathbf{r}})$ ist stetig, wenn die zu ihrer Beschreibung notwendigen drei skalaren Funktionen, ihre Komponenten, stetig sind.

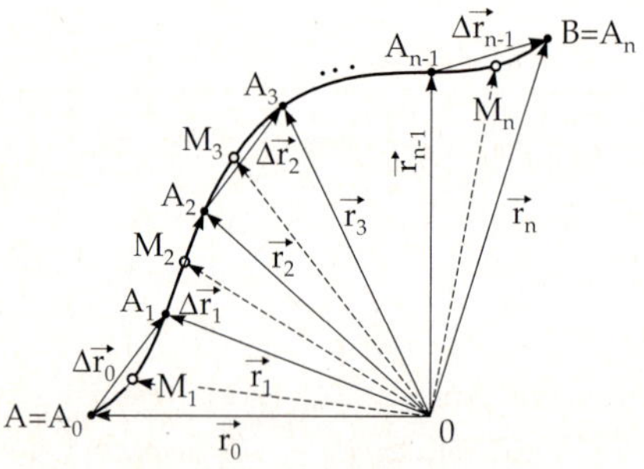

Abbildung 13.13

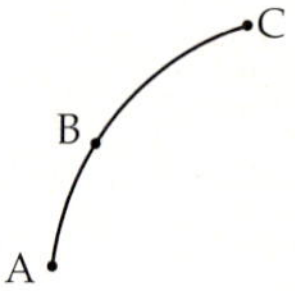

Abbildung 13.14

13.3.1.2 Bedeutung des Kurvenintegrals in der Mechanik

Wenn $\vec{\mathbf{V}}(\vec{\mathbf{r}})$ ein Kraftfeld darstellt, d.h. $\vec{\mathbf{V}}(\vec{\mathbf{r}}) = \vec{\mathbf{F}}(\vec{\mathbf{r}})$, dann ist (13.98a) die Arbeit, die die Kraft $\vec{\mathbf{F}}$ verrichtet, wenn ein Massenpunkt m längs des Weges $\widehat{AB}$ bewegt wird **(Abb. 13.13,13.14)**.

13.3.1.3 Eigenschaften des Kurvenintegrals

$$\int\limits_{\widehat{ABC}} \vec{\mathbf{V}}(\vec{\mathbf{r}})\, d\vec{\mathbf{r}} = \int\limits_{\widehat{AB}} \vec{\mathbf{V}}(\vec{\mathbf{r}})\, d\vec{\mathbf{r}} + \int\limits_{\widehat{BC}} \vec{\mathbf{V}}(\vec{\mathbf{r}})\, d\vec{\mathbf{r}}\,. \tag{13.99}$$

$$\int\limits_{\widehat{AB}} \vec{\mathbf{V}}(\vec{\mathbf{r}})\, d\vec{\mathbf{r}} = -\int\limits_{\widehat{BA}} \vec{\mathbf{V}}(\vec{\mathbf{r}})\, d\vec{\mathbf{r}} \qquad \textbf{(Abb. 13.14)}\,. \tag{13.100}$$

$$\int\limits_{\widehat{AB}} \left[\vec{\mathbf{V}}(\vec{\mathbf{r}}) + \vec{\mathbf{W}}(\vec{\mathbf{r}})\right] d\vec{\mathbf{r}} = \int\limits_{\widehat{AB}} \vec{\mathbf{V}}(\vec{\mathbf{r}})\, d\vec{\mathbf{r}} + \int\limits_{\widehat{AB}} \vec{\mathbf{W}}(\vec{\mathbf{r}})\, d\vec{\mathbf{r}}\,. \tag{13.101}$$

$$\int\limits_{\widehat{AB}} c\vec{\mathbf{V}}(\vec{\mathbf{r}})\, d\vec{\mathbf{r}} = c\int\limits_{\widehat{AB}} \vec{\mathbf{V}}(\vec{\mathbf{r}})\, d\vec{\mathbf{r}}\,. \tag{13.102}$$

13.3.1.4 Kurvenintegral als Kurvenintegral 2. Gattung allgemeiner Art

In kartesischen Koordinaten gilt:

$$\int_{\widehat{AB}} \vec{\mathbf{V}}(\vec{\mathbf{r}})\, d\vec{\mathbf{r}} = \int_{\widehat{AB}} (V_x\, dx + V_y\, dy + V_z\, dz)\ . \tag{13.103}$$

13.3.1.5 Umlaufintegral eines Vektorfeldes

Umlaufintegral eines Vektorfeldes nennt man ein Kurvenintegral dieses Feldes, das über einen geschlossenen Integrationsweg genommen wird. Wird der skalare Wert mit P und der Weg auf der geschlossenen Kurve mit K bezeichnet, dann gilt:

$$P = \oint_{(K)} \vec{\mathbf{V}}(\vec{\mathbf{r}})\, d\vec{\mathbf{r}}\,. \tag{13.104}$$

13.3.1.6 Konservatives oder Potentialfeld

1. Definition Von einem *konservativen Feld* oder einem *Potentialfeld* spricht man, wenn der Wert P des Kurvenintegrals (13.98a) in einem Vektorfeld nur von der Lage der Punkte A und B abhängt und nicht vom konkreten Integrationsweg zwischen diesen beiden Punkten.
Der Zahlenwert des Umlaufintegrals in einem konservativen Feld ist stets gleich Null:

$$\oint \vec{\mathbf{V}}(\vec{\mathbf{r}})\, d\vec{\mathbf{r}} = 0\,. \tag{13.105}$$

Ein konservatives Feld zeichnet sich immer durch Wirbelfreiheit aus:

$$\operatorname{rot} \vec{\mathbf{V}} = \vec{\mathbf{0}}\,. \tag{13.106}$$

Umgekehrt ist diese Gleichung die notwendige und hinreichende Bedingung dafür, daß das Feld konservativ ist. Dazu muß weiterhin vorausgesetzt werden, daß die partiellen Ableitungen der Feldfunktion nach den enthaltenen Koordinaten stetig sind und der Definitionsbereich von $\vec{\mathbf{V}}$ einfach zusammenhängend ist. Für ein dreidimensionales Feld hat dieser, *Integrabilitätsbedingung* genannte Zusammenhang (s. S. 464) in kartesischen Koordinaten die Form

$$\frac{\partial V_x}{\partial y} = \frac{\partial V_y}{\partial x}, \quad \frac{\partial V_y}{\partial z} = \frac{\partial V_z}{\partial y}, \quad \frac{\partial V_z}{\partial x} = \frac{\partial V_x}{\partial z}\,. \tag{13.107}$$

2. Potential eines konservativen Feldes, seine Potentialfunktion oder kurz sein Potential nennt man die skalare Stammfunktion

$$\varphi(\vec{\mathbf{r}}) = \int_{\vec{\mathbf{r}}_0}^{\vec{\mathbf{r}}} \vec{\mathbf{V}}(\vec{\mathbf{r}})\, d\vec{\mathbf{r}}\,. \tag{13.108a}$$

Sie ergibt sich in einem konservativem Feld bei fixiertem Anfangspunkt $A(\vec{\mathbf{r}}_0)$ und veränderlichem Endpunkt $B(\vec{\mathbf{r}})$ als Integral

$$\varphi(\vec{\mathbf{r}}) = \int_{\widehat{AB}} \vec{\mathbf{V}}(\vec{\mathbf{r}})\, d\vec{\mathbf{r}}\,. \tag{13.108b}$$

Zu beachten ist, daß im Unterschied dazu in der Physik als Potential $\varphi^*(\vec{\mathbf{r}})$ einer Funktion $\vec{\mathbf{V}}(\vec{\mathbf{r}})$ im Punkt $\vec{\mathbf{r}}$ eine Größe verstanden wird, die das entgegengesetzte Vorzeichen besitzt:

$$\varphi^*(\vec{\mathbf{r}}) = -\int_{\vec{\mathbf{r}}_0}^{\vec{\mathbf{r}}} \vec{\mathbf{V}}(\vec{\mathbf{r}})\, d\vec{\mathbf{r}} = -\varphi(\vec{\mathbf{r}})\,. \tag{13.109}$$

3. Zusammenhang zwischen Gradient, Kurvenintegral und Potential Wenn die Beziehung $\vec{\mathbf{V}}(\vec{\mathbf{r}}) = \operatorname{grad} U(\vec{\mathbf{r}})$ gilt, dann ist $U(\vec{\mathbf{r}})$ das Potential des Feldes $\vec{\mathbf{V}}(\vec{\mathbf{r}})$, und umgekehrt ist $\vec{\mathbf{V}}(\vec{\mathbf{r}})$ ein Po-

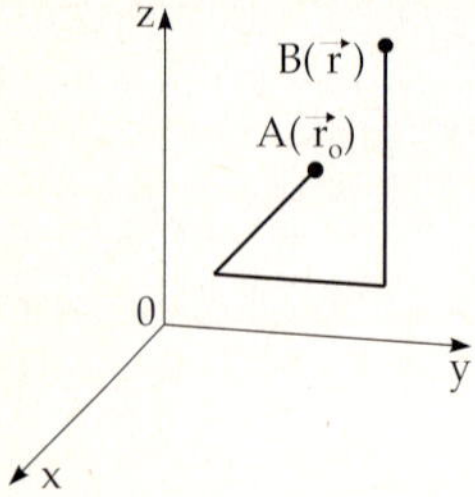

Abbildung 13.15

$$dU = V_x\,dx + V_y\,dy + V_z\,dz\,. \tag{13.110a}$$

Dabei müssen die Koeffizienten V_x, V_y, V_z der Integrabilitätsbedingung (13.107) genügen. Die Bestimmung von U erfolgt über das Gleichungssystem

$$\frac{\partial U}{\partial x} = V_x\,, \qquad \frac{\partial U}{\partial y} = V_y\,, \qquad \frac{\partial U}{\partial z} = V_z\,. \tag{13.110b}$$

Praktischerweise berechnet man das Potential durch Integration über drei zu den Koordinatenachsen parallele, Anfangs- und Endpunkt der Integration miteinander verbindende Strecken **(Abb.13.15)**:

$$U = \int\limits_{\vec{\mathbf{r}}_0}^{\vec{\mathbf{r}}} \vec{\mathbf{V}}\,d\vec{\mathbf{r}} = U(x_0, y_0, z_0) + \int_{x_0}^{x} V_x(x, y_0, z_0)\,dx + \int_{y_0}^{y} V_y(x, y, z_0)\,dy + \int_{z_0}^{z} V_z(x, y, z)\,dz\,. \tag{13.111}$$

tentialfeld oder konservatives Feld. In der Physik ist in Übereinstimmung mit (13.109) das negative Vorzeichen zu berücksichtigen.

4. Berechnung des Potentials eines konservativen Feldes Ist die Funktion $\vec{\mathbf{V}}(\vec{\mathbf{r}})$ in kartesischen Koordinaten gegeben, $\vec{\mathbf{V}} = V_x\vec{\mathbf{i}} + V_y\vec{\mathbf{j}} + V_z\vec{\mathbf{k}}$, dann gilt für das vollständige Differential ihrer Potentialfunktion:

13.3.2 Oberflächenintegrale

13.3.2.1 Vektor eines ebenen Flächenstückes

Die vektorielle Darstellung des Oberflächenintegrals 2. Gattung allgemeiner Art (s. S. 480) erfordert die Zuordnung eines Vektors $\vec{\mathbf{S}}$ zu einem ebenen Flächenstück S, der senkrecht auf dieser Fläche steht und dessen Betrag gleich dem Flächeninhalt von S ist. Den Fall eines ebenen Flächenstückes zeigt die **Abb.13.16a**. Die positive Richtung von S wird gemäß der *Rechten–Hand–Regel* (auch *Rechtsschraube* genannt) mit dem der geschlossenen Umrandungskurve K bei gegebenen Umlaufsinn festgelegt: Blickt man vom Vektorursprung in Richtung Vektorspitze, dann soll der *Drehsinn der Umrandungskurve* mit dem des Uhrzeigers übereinstimmen. Durch diese Wahl des positiven Umlaufsinnes auf der Umrandungskurve wird gleichzeitig festgelegt, welche Fläche die Außenseite ist, d.h. die Seite, von der aus der Vektor abgetragen wird. Diese Festlegungen können auf beliebig gekrümmte Flächenstücke übertragen werden, die von einer geschlossenen Randkurve eingegrenzt werden **(Abb.13.16b,c)**.

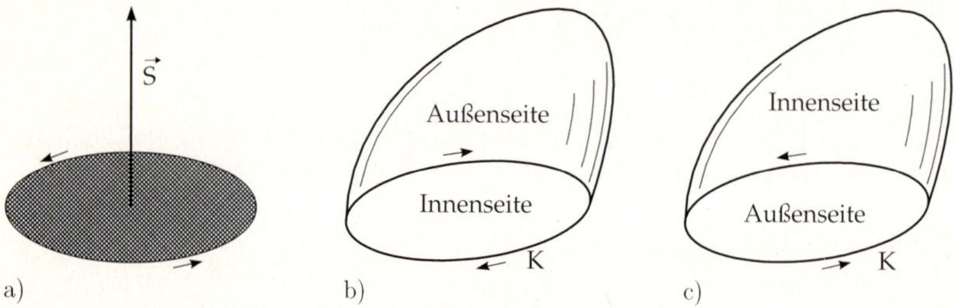

Abbildung 13.16

13.3.2.2 Berechnung von Oberflächenintegralen

Die Berechnung von Oberflächenintegralen in Skalar- oder Vektorfeldern kann unabhängig davon, ob S von einer geschlossenen Kurve umrandet ist oder selbst eine geschlossene Fläche darstellt, in fünf Schritten erfolgen:

1. Einteilung des Flächenstückes S, auf dem die Außenseite durch den Umlaufsinn der Umrandungskurve bestimmt ist **(Abb.13.17)**, in beliebige n Teilflächenstücke dS_i derart, daß jedes dieser Teilflächenstücke durch ein ebenes Flächenstück angenähert werden kann. Jedem Flächenstück dS_i wird gemäß (13.33a) der Vektor $d\vec{\mathbf{S}}_\mathbf{i}$ zugeordnet. Im Falle einer geschlossenen Fläche wird der positive Umlaufsinn der Randkurve so festgelegt, daß die positive Seite, auf der der Vektor $d\vec{\mathbf{S}}_\mathbf{i}$ beginnt, die Außenfläche ist.

2. Auswahl eines beliebigen Punktes mit dem Ortsvektor $\vec{\mathbf{r}}_\mathbf{i}$ im Innern oder auf dem Rande jedes Teilflächenstückes.

3. Bildung des Produktes $U(\vec{\mathbf{r}}_\mathbf{i})\, d\vec{\mathbf{S}}_\mathbf{i}$ im Falle des skalaren Feldes und $\vec{\mathbf{V}}(\vec{\mathbf{r}}_\mathbf{i}) \cdot d\vec{\mathbf{S}}_\mathbf{i}$ oder $\vec{\mathbf{V}}(\vec{\mathbf{r}}_\mathbf{i}) \times d\vec{\mathbf{S}}_\mathbf{i}$ im Falle eines vektoriellen Feldes.

4. Addition der für die Teilflächenstücke gebildeten Produkte.

5. Bildung des Grenzüberganges $d\vec{\mathbf{S}}_\mathbf{i} \to 0$ für $n \to \infty$. Dabei sollen die Teilflächenstücke in dem auf S. 466 für die Berechnung des Doppelintegrals angegebenen Sinne gegen Null streben.

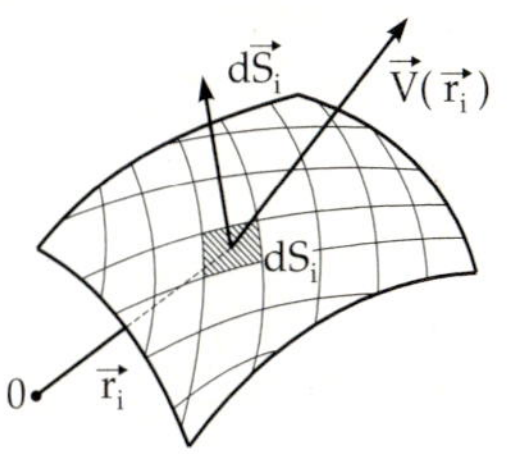

Abbildung 13.17

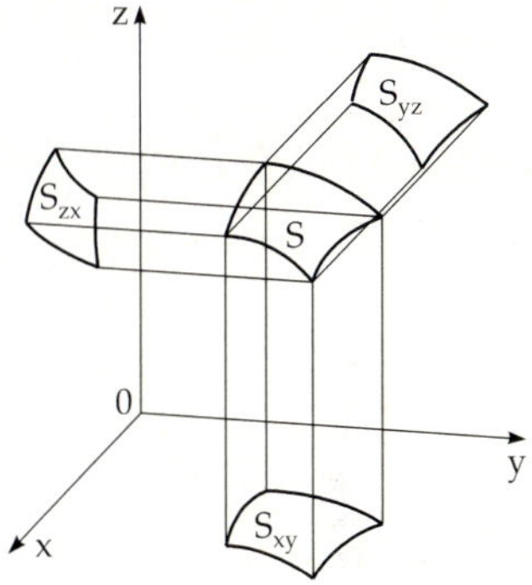

Abbildung 13.18

13.3.2.3 Oberflächenintegrale und Fluß von Feldern

1. Fluß eines skalaren Feldes

$$\vec{\mathbf{P}} = \lim_{\substack{dS_i \to 0 \\ n \to \infty}} \sum_{i=1}^{n} U(\vec{\mathbf{r}}_i)\, d\vec{\mathbf{S}}_i = \int_{(S)} U(\vec{\mathbf{r}})\, d\vec{\mathbf{S}}\,. \tag{13.112}$$

2. Skalarer Fluß eines Vektorfeldes

$$Q = \lim_{\substack{dS_i \to 0 \\ n \to \infty}} \sum_{i=1}^{n} \vec{\mathbf{V}}(\vec{\mathbf{r}}_i) \cdot d\vec{\mathbf{S}}_i = \int_{(S)} \vec{\mathbf{V}}(\vec{\mathbf{r}}) \cdot d\vec{\mathbf{S}}\,. \tag{13.113}$$

3. Vektorfluß eines Vektorfeldes

$$\vec{\mathbf{R}} = \lim_{\substack{dS_i \to 0 \\ n \to \infty}} \sum_{i=1}^{n} \vec{\mathbf{V}}(\vec{\mathbf{r}}_i) \times d\vec{\mathbf{S}}_i = \int_{(S)} \vec{\mathbf{V}}(\vec{\mathbf{r}}) \times d\vec{\mathbf{S}}. \tag{13.114}$$

13.3.2.4 Oberflächenintegrale in kartesischen Koordinaten als Oberflächenintegrale 2. Art

$$\int_{(S)} U\, d\vec{\mathbf{S}} = \iint_{(S_{yz})} U\, dy\, dz\, \vec{\mathbf{i}} + \iint_{(S_{zx})} U\, dz\, dx\, \vec{\mathbf{j}} + \iint_{(S_{xy})} U\, dx\, dy\, \vec{\mathbf{k}}. \tag{13.115}$$

$$\int_{(S)} \vec{\mathbf{V}} \cdot d\vec{\mathbf{S}} = \iint_{(S_{yz})} V_x\, dy\, dz + \iint_{(S_{zx})} V_y\, dz\, dx + \iint_{(S_{xy})} V_z\, dx\, dy. \tag{13.116}$$

$$\int_{(S)} \vec{\mathbf{V}} \times d\vec{\mathbf{S}} = \iint_{(S_{yz})} (V_z\vec{\mathbf{j}} - V_y\vec{\mathbf{k}})\, dy\, dz + \iint_{(S_{zx})} (V_x\vec{\mathbf{k}} - V_z\vec{\mathbf{i}})\, dz\, dx + \iint_{(S_{xy})} (V_y\vec{\mathbf{i}} - V_x\vec{\mathbf{j}})\, dx\, dy. \tag{13.117}$$

Die Existenzsätze für diese Integrale können in Analogie zu dem auf S. 479 angegebenen formuliert werden.

Bei der Berechnung der Zweifachintegrale werden zunächst die Projektionen von S auf die Koordinatenebenen gebildet **(Abb.13.18)**, wobei eine der Variablen x, y oder z durch die beiden anderen mit Hilfe der Flächengleichung für S ausgedrückt werden muß.

Hinweis: Integrale über eine geschlossene Fläche werden durch die Darstellungsweise

$$\oint_{(S)} U\, d\vec{\mathbf{S}} = \oiint_{(S)} U\, d\vec{\mathbf{S}}, \qquad \oint_{(S)} \vec{\mathbf{V}}\, d\vec{\mathbf{S}} = \oiint_{(S)} \vec{\mathbf{V}}\, d\vec{\mathbf{S}}, \qquad \oint_{(S)} \vec{\mathbf{V}} \times d\vec{\mathbf{S}} = \oiint_{(S)} \vec{\mathbf{V}} \times d\vec{\mathbf{S}}. \tag{13.118}$$

gekennzeichnet.

■ **A:** Es ist $\vec{\mathbf{V}} = \int_{(S)} xyz\, d\vec{\mathbf{S}}$ zu berechnen, wobei über das Ebenenstück $x + y + z = 1$ zu integrieren ist, das zwischen den drei Koordinatenebenen eingeschlossen ist. Die obere Seite soll die positive sein:
$\vec{\mathbf{P}} = \iint_{(S_{yz})} (1 - y - z)yz\, dy\, dz\, \vec{\mathbf{i}} + \iint_{(S_{zx})} (1 - x - z)xz\, dz\, dx\, \vec{\mathbf{j}} + \iint_{(S_{xy})} (1 - x - y)xy\, dx\, dy\, \vec{\mathbf{k}}$;
$\iint_{(S_{yz})} (1 - y - z)yz\, dy\, dz = \int_0^1 \int_0^{1-z} (1 - y - z)yz\, dy\, dz = \frac{1}{120}$. In Analogie dazu berechnet man die beiden anderen Integrale. Das Ergebnis lautet: $\vec{\mathbf{P}} = \frac{1}{120}(\vec{\mathbf{i}} + \vec{\mathbf{j}} + \vec{\mathbf{k}})$.

■ **B:** Es ist $Q = \int_{(S)} \vec{\mathbf{r}}\, d\vec{\mathbf{S}} = \iint_{(S_{yz})} x\, dy\, dz + \iint_{(S_{zx})} y\, dz\, dx + \iint_{(S_{xy})} z\, dx\, dy$ über das gleiche Ebenenstück wie in **A** zu integrieren: $\iint_{(S_{yz})} x\, dy\, dz = \int_0^1 \int_0^{1-x} (1 - x - y)\, dy\, dx = \frac{1}{6}$. Die beiden anderen Integrale werden in Analogie dazu berechnet. Das Ergebnis lautet: $Q = \frac{1}{6} + \frac{1}{6} + \frac{1}{6} = \frac{1}{2}$.

■ **C:** Es ist $\vec{\mathbf{R}} = \int_{(S)} \vec{\mathbf{r}} \times d\vec{\mathbf{S}} = \int_{(S)} (x\vec{\mathbf{i}} + y\vec{\mathbf{j}} + z\vec{\mathbf{k}}) \times (dy\, dz\, \vec{\mathbf{i}} + dz\, dx\, \vec{\mathbf{j}} + dx\, dy\, \vec{\mathbf{k}})$ zu berechnen, wobei über das gleiche Ebenenstück wie in **A** zu integrieren ist: Die Ausführung der Rechnung liefert $\vec{\mathbf{R}} = 0$.

13.3.3 Integralsätze

13.3.3.1 Integralsatz und Integralformel von Gauss

1. Integralsatz von Gauss

Der Integralsatz von Gauss liefert den Zusammenhang zwischen einem Volumenintegral über ein Volumen v, das von einem Feld $\vec{\mathbf{V}}$ durchsetzt ist, und einem Oberflächenintegral über die dieses Volumen umschließende Fläche S. Die Orientierung der Fläche sei so festgelegt (s. S. 478), daß die Außenseite die positive Seite ist. Die vektorielle Feldfunktion $\vec{\mathbf{V}}$ soll stetig sein, ihre ersten partiellen Ableitungen sollen existieren und stetig sein.

$$\oint\limits_{(S)} \vec{\mathbf{V}}\, d\vec{\mathbf{S}} = \iiint\limits_{(v)} \operatorname{div} \vec{\mathbf{V}}\, dv . \tag{13.119a}$$

Der skalare Fluß des Feldes $\vec{\mathbf{V}}$ durch die geschlossene Fläche S ist gleich dem Integral der Divergenz von $\vec{\mathbf{V}}$ über das von S umschlossene Volumen v. In kartesischen Koordinaten gilt:

$$\oiint\limits_{(S)} (V_x\, dy\, dz + V_y\, dz\, dx + V_z\, dx\, dy) = \iiint\limits_{(v)} \left(\frac{\partial V_x}{\partial x} + \frac{\partial V_y}{\partial y} + \frac{\partial V_z}{\partial z} \right) dx\, dy\, dz . \tag{13.119b}$$

2. Integralformel von Gauss

Im ebenen Falle der Einschränkung auf die x, y–Ebene geht der Integralsatz von Gauss in die Integralformel von Gauss über. Sie liefert den Zusammenhang zwischen einem Linienintegral und dem dazugehörigen Flächenintegral:

$$\iint\limits_{(B)} \left[\frac{\partial Q(x,y)}{\partial x} - \frac{\partial P(x,y)}{\partial y} \right] dx\, dy = \oint\limits_{(K)} [P(x,y)\, dx + Q(x,y)\, dy] . \tag{13.120}$$

Mit B ist eine ebene Fläche bezeichnet, die die Berandung K besitzt. P und Q sind stetige Funktionen mit stetigen partiellen Ableitungen 1. Ordnung.

3. Sektorformel

Sektorformel wird ein wichtiger Spezialfall der Gaussschen Integralformel genannt, mit dessen Hilfe ebene Flächen berechnet werden können. Für $Q = x$, $P = -y$ folgt:

$$F = \iint\limits_{(B)} dx\, dy = \frac{1}{2} \oint\limits_{(K)} [x\, dy - y\, dx] . \tag{13.121}$$

13.3.3.2 Integralsatz von Stokes

Der Integralsatz von Stokes liefert den Zusammenhang zwischen einem Oberflächenintegral über die gekrümmte und orientierte Fläche S, in der das Vektorfeld $\vec{\mathbf{V}}$ definiert ist, und dem Umlaufintegral über die Randkurve K der Fläche S. Der Umlaufsinn von K wird so gewählt, daß der Umlaufsinn der Berandung des Oberflächenelements mit der Flächennormalen eine *Rechtsschraube* bildet (s. S. 660). Die vektorielle Feldfunktion $\vec{\mathbf{V}}$ sei stetig und besitze stetige partielle Ableitungen 1. Ordnung.

$$\iint\limits_{(S)} \operatorname{rot} \vec{\mathbf{V}} \cdot d\vec{\mathbf{S}} = \oint\limits_{(K)} \vec{\mathbf{V}} \cdot d\vec{\mathbf{r}}. \tag{13.122a}$$

Der vektorielle Fluß der Rotation durch eine Fläche S, die von der geschlossenen Kurve K umrandet wird, ist gleich dem Umlaufintegral des vektoriellen Feldes $\vec{\mathbf{V}}$ über die Kurve K.
In kartesischen Koordinaten gilt:

$$\oint\limits_{(K)} (V_x\, dx + V_y\, dy + V_z\, dz)$$

$$= \iint\limits_{(S)} \left[\left(\frac{\partial V_z}{\partial y} - \frac{\partial V_y}{\partial z} \right) dy\, dz + \left(\frac{\partial V_x}{\partial z} - \frac{\partial V_z}{\partial x} \right) dz\, dx \left(\frac{\partial V_y}{\partial x} - \frac{\partial V_x}{\partial y} \right) dx\, dy \right]. \tag{13.122b}$$

Im ebenen Falle geht der Integralsatz von Stokes ebenso wie der von Gauss in die Integralformel (13.120) von Gauss über.

13.3.3.3 Integralsätze von Green

Die GREENschen Integralsätze liefern Zusammenhänge zwischen jeweils einem Raum- und einem Flächenintegral. Sie ergeben sich aus der Anwendung des GAUSSschen Satzes auf die Funktion $\vec{\mathbf{V}} = U_1 \operatorname{grad} U_2$, wobei U_1 und U_2 skalare Feldfunktionen sind und v das von der Fläche S eingeschlossene Volumen.

$$\iiint\limits_{(v)} (U_1 \Delta U_2 + \operatorname{grad} U_2 \cdot \operatorname{grad} U_1)\, dv = \oiint\limits_{(S)} U_1 \operatorname{grad} U_2 \cdot d\vec{\mathbf{S}}\,, \tag{13.123}$$

$$\iiint\limits_{(v)} (U_1 \Delta U_2 - U_2 \Delta U_1)\, dv = \oiint\limits_{(S)} (U_1 \operatorname{grad} U_2 - U_2 \operatorname{grad} U_1) \cdot d\vec{\mathbf{S}}\,. \tag{13.124}$$

Speziell für $U_1 = 1$ gilt:

$$\iiint\limits_{(v)} \Delta U\, dv = \oiint\limits_{(S)} \operatorname{grad} U \cdot d\vec{\mathbf{S}}\,. \tag{13.125}$$

In kartesischen Koordinaten hat der 3. GREENsche Satz die folgende Form:

$$\iiint\limits_{(v)} \left(\frac{\partial^2 U}{\partial x^2} + \frac{\partial^2 U}{\partial y^2} + \frac{\partial^2 U}{\partial z^2} \right) dv = \oiint\limits_{(S)} \left(\frac{\partial U}{\partial x}\, dy\, dz + \frac{\partial U}{\partial y}\, dz\, dx + \frac{\partial U}{\partial z}\, dx\, dy \right). \tag{13.126}$$

■ **A:** Berechnung des Linienintegrals $I = \oint\limits_{(K)} (x^2 y^3\, dx + dy + z\, dz)$ mit K als Schnittkurve zwischen dem Zylinder $x^2 + y^2 = a^2$ und der Ebene $z = 0$. Nach dem Satz von STOKES erhält man:

$I = \oint\limits_{(K)} \vec{\mathbf{V}}\, d\vec{\mathbf{r}} = \iint\limits_{(S)} \operatorname{rot} \vec{\mathbf{V}}\, d\vec{\mathbf{S}} = -\iint\limits_{(S)^*} 3x^2 y^2\, dx\, dy = -3 \int\limits_{\varphi=0}^{2\pi} \int\limits_{r=0}^{a} r^5 \cos^2\varphi \sin^2\varphi\, dr\, d\varphi = -\frac{a^6}{8}\pi$ mit $\operatorname{rot} \vec{\mathbf{V}} = -3x^2 y^2 \vec{\mathbf{k}}$, $d\vec{\mathbf{S}} = \vec{\mathbf{k}}\, dx\, dy$ und der Kreisfläche S^*: $x^2 + y^2 \le a^2$.

■ **B:** Gesucht ist der Fluß $I = \oint\limits_{(S)} \vec{\mathbf{V}}\, d\vec{\mathbf{S}}$ im Strömungsfeld $\vec{\mathbf{V}} = x^3 \vec{\mathbf{i}} + y^3 \vec{\mathbf{j}} + z^3 \vec{\mathbf{k}}$ durch die Oberfläche Σ der Kugel $x^2 + y^2 + z^2 = a^2$. Der Satz von GAUSS liefert:

$$I = \oint\limits_{(S)} \vec{\mathbf{V}}\, d\vec{\mathbf{S}} = \iiint\limits_{(v)} \operatorname{div} \vec{\mathbf{V}}\, dv = 3 \iiint\limits_{(v)} (x^2 + y^2 + z^2)\, dx\, dy\, dz = 3 \int\limits_{\varphi=0}^{2\pi} \int\limits_{\delta=0}^{\pi} \int\limits_{r=0}^{a} r^4 \sin\delta\, dr\, d\delta\, d\varphi = \frac{12}{5} a^5 \pi\,.$$

■ **C:** Wärmeleitungsgleichung: Die zeitliche Änderung des Wärmeinhaltes Q eines Raumteiles v, der keine Wärmequellen enthalten soll, ergibt sich zu: $\frac{dQ}{dt} = \iiint\limits_{(v)} c\varrho \frac{\partial T}{\partial t}\, dv$ (c spezifische Wärmekapazität, ϱ Dichte, T Temperatur), während die damit verbundene zeitliche Änderung des Wärmeflusses durch die Oberfläche S von v durch $\frac{dQ}{dt} = \iint\limits_{(S)} \lambda \operatorname{grad} T \cdot d\vec{\mathbf{S}}$ (λ Wärmeleitzahl) angegeben wird. Anwendung des Satzes von GAUSS auf das Oberflächenintegral ergibt aus $\iiint\limits_{(v)} \left[c\varrho \frac{\partial T}{\partial t} - \operatorname{div}(\lambda \operatorname{grad} T) \right] dv = 0$ die Wärmeleitungsgleichung $c\lambda \frac{\partial T}{\partial t} = \operatorname{div}(\lambda \operatorname{grad} T)$, die im Falle eines homogenen Körpers (c, ϱ, λ Konstanten) die Gestalt $\frac{\partial T}{\partial t} = a^2 \Delta T$ hat.

13.4 Berechnung von Feldern

13.4.1 Reines Quellenfeld

Reines Quellenfeld oder *wirbelfreies Quellenfeld* wird ein Feld $\vec{\mathbf{V}}_1$ genannt, dessen Rotation überall Null ist. Ist die *Quelldichte* $q(\vec{\mathbf{r}})$, dann gilt:

$$\operatorname{div}\vec{\mathbf{V}}_1 = q(\vec{\mathbf{r}}), \qquad \operatorname{rot}\vec{\mathbf{V}}_1 = \vec{\mathbf{0}}. \tag{13.127}$$

In diesem Falle besitzt das Feld ein Potential U, das in jedem beliebigen Punkt P bestimmt ist durch die POISSON*sche Differentialgleichung*

$$\vec{\mathbf{V}}_1 = \operatorname{grad} U, \qquad \operatorname{div}\operatorname{grad} U = \Delta U = q(\vec{\mathbf{r}}). \tag{13.128a}$$

(In der Physik gilt meist $\vec{\mathbf{V}}_1 = -\operatorname{grad} U$.) Die Berechnung von U erfolgt über

$$U = -\frac{1}{4\pi}\iiint\limits_{(v)} \frac{\operatorname{div}\vec{\mathbf{V}}(\vec{\mathbf{r}}^*)\,dv(\vec{\mathbf{r}}^*)}{|\vec{\mathbf{r}}-\vec{\mathbf{r}}^*|}. \tag{13.128b}$$

Die Integration erfaßt den gesamten Raum **(Abb.13.19)**. Die Divergenz von $\vec{\mathbf{V}}$ muß differenzierbar sein und für sehr große Abstände hinreichend schnell abnehmen.

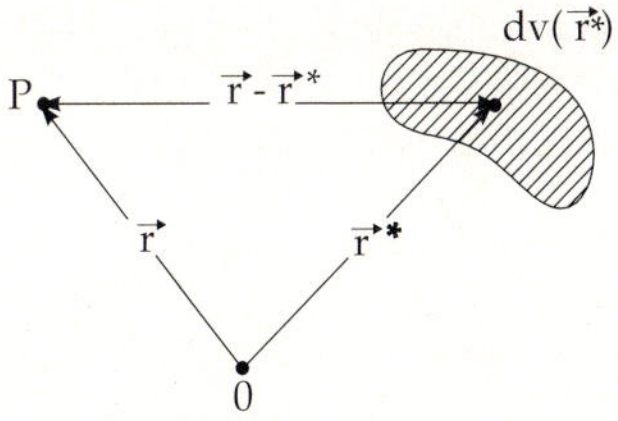

Abbildung 13.19

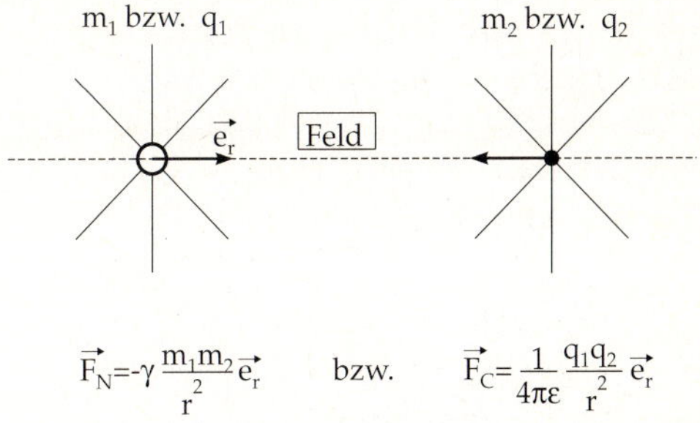

Abbildung 13.20

13.4.2 Reines Wirbelfeld oder quellenfreies Wirbelfeld

Reines Wirbelfeld wird ein Feld $\vec{\mathbf{V}}_2$ genannt, manchmal auch *solenoides Vektorfeld*, dessen Divergenz überall gleich Null ist; dieses Feld ist also quellenfrei. Ist die *Wirbeldichte* $\vec{\mathbf{w}}(\vec{\mathbf{r}})$, dann gilt:

$$\operatorname{div}\vec{\mathbf{V}}_2 = 0, \qquad \operatorname{rot}\vec{\mathbf{V}}_2 = \vec{\mathbf{w}}(\vec{\mathbf{r}}). \tag{13.129a}$$

Die Wirbeldichte $\vec{\mathbf{w}}(\vec{\mathbf{r}})$ kann nicht beliebig gegeben sein, sondern muß der Gleichung $\operatorname{div}\vec{\mathbf{w}} = 0$ genügen. Mit dem Ansatz

$$\vec{\mathbf{V}}_2(\vec{\mathbf{r}}) = \operatorname{rot}\vec{\mathbf{A}}(\vec{\mathbf{r}}), \qquad \operatorname{div}\vec{\mathbf{A}} = 0, \quad \text{d.h.} \quad \operatorname{rot}\operatorname{rot}\vec{\mathbf{A}} = \vec{\mathbf{w}} \tag{13.129b}$$

ergibt sich gemäß (13.96)

$$\operatorname{grad}\operatorname{div}\vec{\mathbf{A}} - \Delta\vec{\mathbf{A}} = \vec{\mathbf{w}}, \quad \text{d.h.} \quad \Delta\vec{\mathbf{A}} = -\vec{\mathbf{w}}. \tag{13.129c}$$

Somit genügt $\vec{\mathbf{A}}(\vec{\mathbf{r}})$ formal der POISSONschen Differentialgleichung wie das Potential U eines wirbelfreien Feldes $\vec{\mathbf{V}}_1$ und heißt deshalb *Vektorpotential.* Für jeden beliebigen Punkt P gilt dann

$$\vec{\mathbf{V}}_2 = \operatorname{rot}\vec{\mathbf{A}} \qquad \text{mit} \quad \vec{\mathbf{A}} = \frac{1}{4\pi}\iiint\limits_{(v)} \frac{\vec{\mathbf{w}}(\vec{\mathbf{r}}^*)}{|\vec{\mathbf{r}}-\vec{\mathbf{r}}^*|}\,dv(\vec{\mathbf{r}}^*). \tag{13.129d}$$

Die Bedeutung von $\vec{\mathbf{r}}$ ist die gleiche wie in (13.128b); die Integration erfolgt über den gesamten Raum.

13.4.3 Vektorfelder mit punktförmigen Quellen

13.4.3.1 Coulomb–Feld der Punktladung

Das COULOMB-*Feld* ist ein wichtiges Beispiel für ein wirbelfreies Feld, das überall, ausgenommen den Ort der Punktladung, den Quellort, auch solenoid, d.h. quellenfrei ist **(Abb.13.20)**. Die Feld- und die Potentialgleichungen lauten:

$$\vec{\mathbf{E}} = \frac{e}{r^3}\vec{\mathbf{r}}\,, \qquad U = -\frac{e}{r} \quad \text{in der Physik auch} \quad \frac{e}{r}\,. \tag{13.130a}$$

Der skalare Fluß ist $4\pi e$ bzw. 0, je nachdem, ob die Fläche S eine Quelle e einschließt oder nicht:

$$\oint\limits_{(S)} \vec{\mathbf{E}}\,d\vec{\mathbf{S}} = \begin{cases} 4\pi e\,, \\ 0\,. \end{cases} \tag{13.130b}$$

Die Größe e wird *Ergiebigkeit* oder *Intensität* der Quelle genannt.

13.4.3.2 Gravitationsfeld der Punktmasse

Das Gravitationsfeld der Punktmasse ist ein zweites Beispiel für ein wirbelfreies und gleichzeitig überall, außer am Ort der Punktmasse, solenoides Feld. Man spricht auch vom NEWTONschen Feld. Alle Überlegungen, die für das COULOMB–Feld gelten, sind analog auf das NEWTONsche Feld anwendbar.

13.4.4 Superposition von Feldern

13.4.4.1 Diskrete Quellenverteilung

In Analogie zur Überlagerung physikalischer Felder überlagern sich auch die Vektorfelder der Mathematik. Der *Superpositionssatz* lautet: Haben die Vektorfelder $\vec{\mathbf{V}}_\nu$ die Potentiale U_ν, so hat das Vektorfeld $\vec{\mathbf{V}} = \Sigma\vec{\mathbf{V}}_\nu$ das Potential $U = \Sigma U_\nu$.

Für n diskrete Quellpunkte mit den Ergiebigkeiten e_ν ($\nu = 1, 2, \ldots, n$), deren Felder sich überlagern, kann man daher das resultierende Feld durch algebraische Addition der Potentiale U_ν bestimmen:

$$\vec{\mathbf{V}}(\vec{\mathbf{r}}) = -\operatorname{grad} \sum_{\nu=1}^{n} U_\nu \qquad \text{mit} \qquad U_\nu = \frac{e_\nu}{|\vec{\mathbf{r}} - \vec{\mathbf{r}}_\nu|}\,. \tag{13.131a}$$

Dabei ist $\vec{\mathbf{r}}$ wieder der Ortsvektor des Aufpunktes, während $\vec{\mathbf{r}}_\nu$ die Ortsvektoren der Quellpunkte sind.
Treten wirbelfreie Felder $\vec{\mathbf{V}}_1$ und quellenfreie Felder $\vec{\mathbf{V}}_2$ gemeinsam auf und handelt es sich dabei um überall stetige Felder, dann gilt:

$$\vec{\mathbf{V}} = \vec{\mathbf{V}}_1 + \vec{\mathbf{V}}_2 = -\frac{1}{4\pi}\left[\operatorname{grad} \iiint\limits_{(v)} \frac{q(\vec{\mathbf{r}}^*)}{|\vec{\mathbf{r}} - \vec{\mathbf{r}}^*|}\,dv(\vec{\mathbf{r}}^*) - \operatorname{rot} \iiint\limits_{(v)} \frac{\vec{\mathbf{w}}(\vec{\mathbf{r}}^*)}{|\vec{\mathbf{r}} - \vec{\mathbf{r}}^*|}\,dv(\vec{\mathbf{r}}^*)\right]. \tag{13.131b}$$

Erstreckt sich das Vektorfeld ins Unendliche, dann ist die Bestimmung von $\vec{\mathbf{V}}(\vec{\mathbf{r}})$ eindeutig, wenn $\vec{\mathbf{V}}(\vec{\mathbf{r}})$ für $r = |\vec{\mathbf{r}}| \to \infty$ genügend stark verschwindet.

13.4.4.2 Kontinuierliche Quellenverteilung

Wenn die Quellen über Linien, Flächen oder räumliche Bereiche kontinuierlich verteilt sind, dann treten an die Stelle der endlichen Ergiebigkeiten e_ν infinitesimale, die der Dichte der Quellverteilung entsprechen, und an die Stelle der Summen Integrale über die Quellbereiche. Im Falle einer stetigen räumlichen Verteilung der Quellergiebigkeit ist die Quelldichte $q(\vec{\mathbf{r}}) = \operatorname{div}\vec{\mathbf{V}}$.

Ähnliches gilt für das Potential eines durch Wirbel erzeugten Feldes. Im Falle einer stetigen räumlichen Wirbelverteilung ist die *Wirbelflußdichte* durch $\vec{\mathbf{w}}(\vec{\mathbf{r}}) = \operatorname{rot}\vec{\mathbf{V}}$ festgelegt.

13.4.4.3 Zusammenfassung

Ein Vektorfeld ist durch die Angabe seiner Quellen und Wirbel im gesamten Raum vollständig und eindeutig bestimmt, falls alle diese Quellen und Wirbel im Endlichen liegen.

13.5 Differentialgleichungen der Feldtheorie

13.5.1 Laplacesche Differentialgleichung

Die Aufgabe der Bestimmung des Potentials U eines Vektorfeldes $\vec{\mathbf{V}}_1 = \operatorname{grad} U$, in dem keine Quellen enthalten sind, führt gemäß (13.127) mit $q(\vec{\mathbf{r}}) = 0$ auf

$$\operatorname{div} \vec{\mathbf{V}}_1 = \operatorname{div} \operatorname{grad} U = \Delta U = 0\,, \tag{13.132a}$$

d.h. auf die LAPLACE*sche Differentialgleichung.* In kartesischen Koordinaten gilt:

$$\Delta U = \frac{\partial^2 U}{\partial x^2} + \frac{\partial^2 U}{\partial y^2} + \frac{\partial^2 U}{\partial z^2} = 0\,. \tag{13.132b}$$

Alle Funktionen, die dieser Differentialgleichung genügen, stetig sind und stetige partielle Ableitungen erster und zweiter Ordnung besitzen, werden LAPLACE*sche* oder *harmonische Funktionen* genannt.
Es werden drei grundlegende Fälle von Randwertaufgaben unterschieden:

1. Randwertaufgabe (für das Innengebiet) oder DIRICHLET*sches Problem*: Gesucht wird eine Funktion $U(x, y, z)$, die im Inneren eines gegebenen räumlichen bzw. ebenen Gebietes harmonisch ist und auf dem Rand des Gebietes vorgegebene Werte annimmt.

2. Randwertaufgabe (für das Innengebiet) oder NEUMANN*sches Problem*: Gesucht wird eine Funktion $U(x, y, z)$, die im Inneren eines gegebenen Gebietes harmonisch ist und deren Normalenableitung $\dfrac{\partial U}{\partial n}$ auf dem Rand des Gebietes vorgegebene Werte annimmt.

3. Randwertaufgabe (für das Innengebiet): Gesucht wird eine Funktion $U(x, y, z)$, die im Inneren eines Gebietes harmonisch ist, wobei auf dem Rand des Gebietes der Ausdruck
$\alpha U + \beta \dfrac{\partial U}{\partial n}$ $\quad(\alpha, \beta = \text{const}\,, \quad \alpha^2 + \beta^2 \neq 0)$ vorgegebene Werte annimmt.

13.5.2 Poissonsche Differentialgleichung

Die Aufgabe der Bestimmung des Potentials U eines Vektorfeldes $\vec{\mathbf{V}}_1 = \operatorname{grad} U$, in dem Quellen enthalten sind, führt gemäß (13.127) mit $q(\vec{\mathbf{r}}) \neq 0$ auf

$$\operatorname{div} \vec{\mathbf{V}}_1 = \operatorname{div} \operatorname{grad} U = \Delta U = q(\vec{\mathbf{r}}) \neq 0\,, \tag{13.133a}$$

d.h. auf die POISSON*sche Differentialgleichung.* In kartesischen Koordinaten gilt:

$$\Delta U = \frac{\partial^2 U}{\partial x^2} + \frac{\partial^2 U}{\partial y^2} + \frac{\partial^2 U}{\partial z^2}\,. \tag{13.133b}$$

Die LAPLACEsche Differentialgleichung (13.132b) ist somit ein Spezialfall der POISSONschen Differentialgleichung (13.133b).
Die Lösung ist das NEWTON–Potential (für Punktmassen) oder das COULOMB–Potential (für Punktladungen)

$$U = -\frac{1}{4\pi} \iiint\limits_{(v)} \frac{q(\vec{\mathbf{r}}^*)\, dv(\vec{\mathbf{r}}^*)}{|\vec{\mathbf{r}} - \vec{\mathbf{r}}^*|}\,, \tag{13.133c}$$

deren Potential $U(\vec{\mathbf{r}})$ für größer werdende $\vec{\mathbf{r}}$–Werte hinreichend stark gegen Null strebt (s. Lit. [13.1]).
Zur POISSONschen Differentialgleichung können die gleichen drei Randwertbedingungen wie für die Lösung der LAPLACEschen Differentialgleichung formuliert werden. Die erste und dritte Randwertaufgabe sind eindeutig lösbar, an die zweite müssen noch spezielle Bedingungen gestellt werden (s. Lit. [9.6]).

14 Funktionentheorie

14.1 Funktionen einer komplexen Veränderlichen

14.1.1 Stetigkeit, Differenzierbarkeit

14.1.1.1 Definition der komplexen Funktion

Analog zu den reellen Funktionen kann man komplexen Werten $z = x + \mathrm{i}\,y$ ebenfalls komplexe Werte $w = u + \mathrm{i}\,v$ zuordnen, wobei $u = u(x, y)$ und $v = v(x, y)$ Funktionen zweier reeller Veränderlicher sind. Man schreibt $w = f(z)$. Durch die Funktion $w = f(z)$ wird die komplexe z–Ebene in die komplexe w–Ebene abgebildet.
Die Begriffe Grenzwert, Stetigkeit und Ableitung einer Funktion $w = f(z)$ einer komplexen Veränderlichen werden formal in Analogie zu den Funktionen einer reellen Veränderlichen definiert.

14.1.1.2 Grenzwert der komplexen Funktion

Grenzwert einer Funktion $f(z)$ heißt eine komplexe Zahl A, wenn für z gegen z_0 die Funktion $f(z)$ gegen w_0 strebt:

$$w_0 = \lim_{z \to z_0} f(z)\,. \tag{14.1a}$$

Dazu ist erforderlich, daß sich eine beliebig kleine positive Zahl ε angeben läßt, für die es eine reelle positive Zahl δ derart gibt, daß für jede beliebige komplexe Zahl z, ausgenommen höchstens die Zahl z_0 selbst, die Ungleichungen

$$|z_0 - z| < \delta\,, \quad (14.1\text{b}) \qquad |w_0 - f(z)| < \varepsilon \quad (14.1\text{c})$$

erfüllt sind. Die geometrische Bedeutung geht aus **Abb.14.1** hervor: Einem beliebigen Punkt z, ausgenommen höchstens den Punkt z_0 selbst, der innerhalb eines Kreises mit dem Mittelpunkt z_0 und dem Radius δ liegt, entspricht in der w–Ebene, in die die Funktion $w = f(z)$ abbildet, ein Punkt w, der in einem Kreis mit dem Mittelpunkt w_0 und dem Radius ε liegt. Die Flächen mit den beliebig kleinen Radien nennt man auch die beliebig kleinen Umgebungen $U_\varepsilon(w_0)$ und $U_\delta(z_0)$.

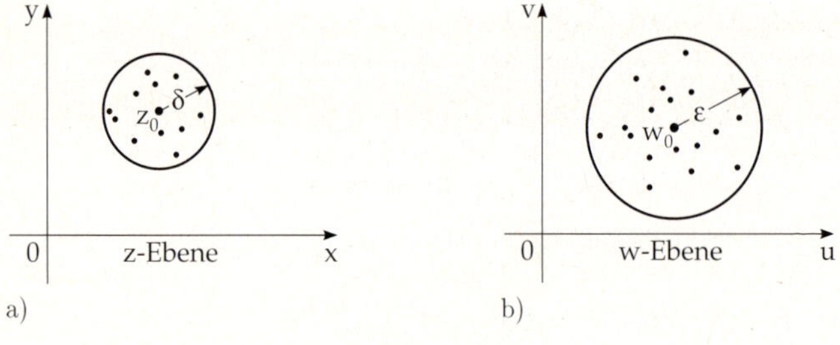

Abbildung 14.1

14.1.1.3 Stetigkeit der komplexen Funktion

Eine Funktion $w = f(z)$ heißt an der Stelle z_0 stetig, wenn es zu jeder vorgegebenen, beliebig kleinen Umgebung $U_\varepsilon(w_0)$ eines Punktes $w_0 = f(z_0)$ der w–Ebene eine Umgebung $U_\delta(z_0)$ des Punktes z_0 der z–Ebene gibt, deren durch $w = f(z)$ vermittelte Bildpunkte ganz in $U_\varepsilon(w_0)$ liegen. Wie in **Abb.14.1** dargestellt, ist $U_\varepsilon(w_0)$ z.B. ein Kreis mit dem Radius ε um den Punkt w_0. Es gilt dann

$$\lim_{z \to z_0} f(z) = f(z_0) \qquad \text{oder} \qquad \lim_{\delta \to 0} f(z_0 + \delta) = f(z_0)\,. \tag{14.2}$$

Der Grenzwert der Funktion w ist gleich dem Funktionswert der unabhängigen Variablen.

14.1.1.4 Differenzierbarkeit der komplexen Funktion

Eine Funktion $w = f(z)$ heißt an der Stelle z differenzierbar, wenn der Differenzenquotient

$$\frac{\Delta w}{\Delta z} = \frac{f(z + \Delta z) - f(z)}{\Delta z} \tag{14.3}$$

für $\Delta z \to 0$ einem vom Annäherungsweg unabhängigen Grenzwert zustrebt. Dieser Grenzwert wird mit $f'(z)$ bezeichnet und Ableitung der Funktion $f(z)$ genannt.

■ Die Funktion $f(z) = \mathrm{Re}\, z = x$ ist im Punkt $z = z_0$ nicht differenzierbar, denn bei Annäherung an den Punkt z_0 längs einer Parallelen zur x–Achse strebt der Differenzenquotient gegen den Wert Eins, dagegen bei Annäherung längs einer Parallelen zur y–Achse gegen den Wert Null.

14.1.2 Analytische Funktionen

14.1.2.1 Definition der analytischen Funktion

Eine Funktion $f(z)$ heißt in einem Gebiet G *analytisch*, *regulär* oder *holomorph*, wenn sie in allen Punkten von G differenzierbar ist. Randpunkte von G, in denen $f'(z)$ nicht existiert, sind singuläre Punkte von $f(z)$.

Die Funktion $f(z) = u(x, y) + \mathrm{i}v(x, y)$ ist genau dann in G differenzierbar, wenn u und v stetige partielle Ableitungen nach x und y in G besitzen und dort die CAUCHY–RIEMANN*schen Differentialgleichungen* gelten:

$$\frac{\partial u}{\partial x} = \frac{\partial v}{\partial y}, \quad \frac{\partial u}{\partial y} = -\frac{\partial v}{\partial x}. \tag{14.4}$$

Real- und Imaginärteil einer analytischen Funktion genügen für sich der LAPLACEschen Differentialgleichung:

$$\Delta u(x, y) = \frac{\partial^2 u}{\partial x^2} + \frac{\partial^2 u}{\partial y^2} = 0, \tag{14.5a}$$

$$\Delta v(x, y) = \frac{\partial^2 v}{\partial x^2} + \frac{\partial^2 v}{\partial y^2} = 0. \tag{14.5b}$$

Die Ableitungen der elementaren Funktionen einer komplexen Veränderlichen werden nach den gleichen Formeln berechnet wie die Ableitungen der entsprechenden Funktionen einer reellen Veränderlichen.

■ **A:** $f(z) = z^3, \quad f'(z) = 3z^2;$ ■ **B:** $f(z) = \sin z, \quad f'(z) = \cos z.$

14.1.2.2 Beispiele analytischer Funktionen

1. Funktionenklassen Die elementaren algebraischen und transzendenten Funktionen sind mit Ausnahme einzelner isolierter singulärer Punkte in der gesamten z–Ebene analytisch. Sie besitzen in allen regulären Punkten Ableitungen beliebig hoher Ordnung.

■ **A:** Die Funktion $w = z^2$ mit $u = x^2 - y^2$, $v = 2xy$ ist überall analytisch.

■ **B:** Die Funktion $w = u + \mathrm{i}v$, definiert durch die Gleichungen $u = 2x + y$, $v = x + 2y$, ist in keinem Punkt analytisch.

■ **C:** Die Funktion $f(z) = z^3$ mit $f'(z) = 3z^2$ ist analytisch.

■ **D:** Die Funktion $f(z) = \sin z$ mit $f'(z) = \cos z$ ist analytisch.

2. Ermittlung der Funktionen u oder v Wenn die Funktionen u und v jede für sich der LAPLACEschen Differentialgleichung genügen, sind sie *harmonische Funktionen* (s. S. 667). Ist eine der beiden harmonischen Funktionen bekannt, z.B. u, dann kann die zweite bis auf eine additive Konstante als konjugierte harmonische Funktion v mit Hilfe der CAUCHY–RIEMANNschen Differentialgleichung ermittelt werden:

$$v = \int \frac{\partial u}{\partial x}\, dy + \varphi(x) \quad \text{mit} \quad \frac{d\varphi}{dx} = -\left(\frac{\partial u}{\partial y} + \frac{\partial}{\partial x}\int \frac{\partial u}{\partial x}\, dy\right). \tag{14.6}$$

Analog kann u ermittelt werden, wenn v bekannt ist.

14.1.2.3 Eigenschaften analytischer Funktionen

1. Betrag einer analytischen Funktion Für den Betrag oder Absolutbetrag einer analytischen Funktion, auch *Modul* genannt, gilt:

$$|w| = |f(z)| = \sqrt{[u(x,y)]^2 + [v(x,y)]^2} = \varphi(x,y)\,. \tag{14.7}$$

Die Fläche $|w| = \varphi(x,y)$ heißt ihr *Relief*, d.h., $|w|$ ist die Applikate zu jedem Punkt $z = x + \mathrm{i}\,y$, also der Abstand von der z–Ebene.

■ **A:** Der Modul der Funktion $\sin z = \sin x \cosh y + \mathrm{i} \cos x \sinh y$ beträgt $|\sin z| = \sqrt{\sin^2 x + \sinh^2 y}$. Das Relief zeigt die **Abb.14.2a**.

■ **B:** Das Relief der Funktion $w = e^{1/z}$ zeigt die **Abb.14.2b**.

Die Reliefs vieler analytischer Funktionen sind in Lit. [14.10] abgebildet.

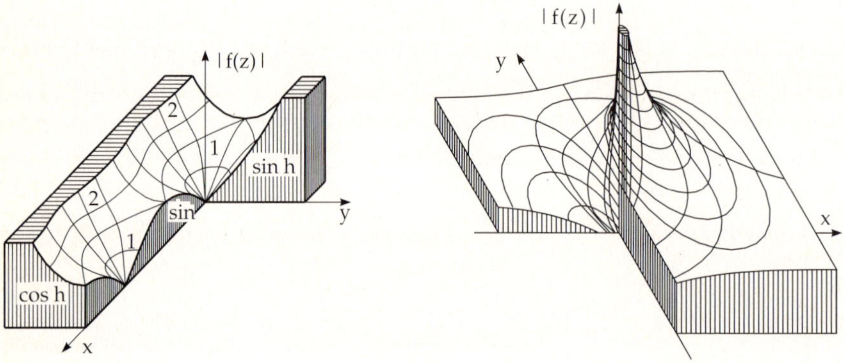

a) b)

Abbildung 14.2

2. Nullstellen Da der Absolutbetrag einer Funktion positiv ist, liegt das Relief stets oberhalb der z–Ebene, ausgenommen alle Punkte, in denen gilt: $|f(z)| = 0$, also $f(z) = 0$. Man nennt z–Werte, für die $f(z) = 0$ ist, die *Nullstellen der Funktion* $f(z)$.

3. Beschränktheit Eine Funktion heißt in einem gegebenen Gebiet *beschränkt*, wenn die Bedingung $|f(z)| < N$ erfüllt werden kann, wobei N eine konstante positive Zahl N ist. Im entgegengesetzten Falle, wenn es keine derartige Zahl N gibt, heißt die Funktion nicht beschränkt.

4. Satz über den Maximalwert Wenn $w = f(z)$ in einem abgeschlossenen Gebiet eine analytische Funktion ist, dann liegt das Maximum ihres Betrages auf dem Rande.

5. Satz über die Konstanz (*Satz von* LIOUVILLE) Wenn $w = f(z)$ in der gesamten Ebene analytisch und beschränkt ist, dann ist diese Funktion eine Konstante: $f(z) = \text{const}$.

14.1.2.4 Singuläre Punkte

Wenn eine Funktion $w = f(z)$ in der Umgebung eines Punktes $z = a$ analytisch und beschränkt ist, d.h. im Innern eines beliebig kleinen Kreises mit dem Mittelpunkt a, ausgenommen höchstens a selbst, dann sind hinsichtlich der Singularität die folgenden Fälle möglich:

1. Es gilt $f(a) = \lim\limits_{z \to a} f(z)$, d.h., die Funktion $f(z)$ ist auch im Punkt a analytisch.

2. Die Funktion $f(a)$ besitzt einen anderen Wert oder sie ist im Punkt a nicht definiert, d.h., der Punkt a ist singulär. Man spricht aber von *hebbarer Singulärität*, weil die Funktion $f(z)$ beim Einsetzen des

Wertes $\lim_{z \to a} f(z)$ im Punkt a analytisch wird. (Analogie zur hebbaren Unstetigkeit einer Funktion einer reellen Veränderlichen s. S. 57.)

3. Wenn die Funktion $w = f(z)$ in der Umgebung des Punktes $z = a$ zwar analytisch, aber nicht beschränkt ist, dann handelt es sich um einen singulären Punkt a.

4. Gilt bei Annäherung von z an den Punkt a auf beliebigem Wege $|f(z)| \to \infty$, dann nennt man den Punkt a einen *Pol* und schreibt $f(a) = \infty$. Über Pole verschiedener Ordnung s. S. 691.

5. Wenn $|f(z)|$ bei Annäherung an einen Punkt a keinem Grenzwert zustrebt, sondern je nach der Wahl der Ausgangspunkte z_n, von denen aus die Annnäherung an a erfolgt, die Folgen $f(z_1), f(z_2), \ldots, f(z_n), \ldots$ verschiedene Grenzwerte besitzen, dann spricht man von einem *wesentlich singulären Punkt*. In diesem Falle gibt es Möglichkeiten der Annäherung von z an den Punkt a, die zur Konvergenz von $f(z)$ gegen eine beliebig vorgegebene komplexe Zahl führen.

■ **A:** Die Funktion $w = \dfrac{1}{z-a}$ besitzt im Punkt a einen Pol.

■ **B:** Die Funktion $w = e^{1/z}$ besitzt im Punkt 0 einen wesentlich singulären Punkt **(Abb.14.2,b)**.

14.1.3 Konforme Abbildung

14.1.3.1 Begriff und Eigenschaften der konformen Abbildung

1. Definition Unter einer konformen Abbildung versteht man die Abbildung der z– in die w–Ebene mit Hilfe einer analytischen Funktion $w = f(z)$ in allen Punkten z, in denen $f'(z) \neq 0$ ist.

$$w = f(z) = u + \mathrm{i}v\,, \quad f'(z) \neq 0\,. \tag{14.8}$$

Die konforme Abbildung besitzt die folgende Haupteigenschaft:

Alle Linienelemente $dz = \begin{pmatrix} dx \\ dy \end{pmatrix}$ im Punkt z erfahren bei der Überführung in Linienelemente $dw = \begin{pmatrix} du \\ dv \end{pmatrix}$ im Punkt w dieselbe Streckung im Verhältnis $\sigma = |f'(z)|$ und dieselbe Drehung um den Winkel $\alpha = \arccos f'(z)$. Dadurch werden geometrische Gebilde in einem infinitesimalen Gebiet in ähnliche Figuren transformiert, behalten also ihre Form bei **(Abb.14.3)**. Geometrische Gebilde endlicher Abmessungen werden zwar verzerrt dargestellt, die Schnittwinkel zwischen den Kurven bleiben aber erhalten, u.a. auch die Orthogonalität der Kurvenscharen **(Abb.14.4)**.

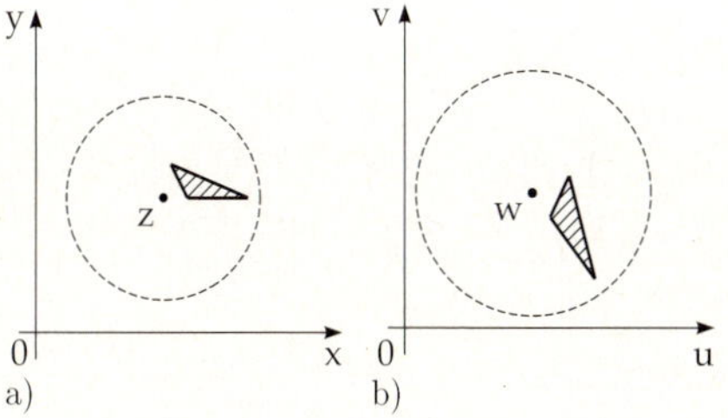

Abbildung 14.3

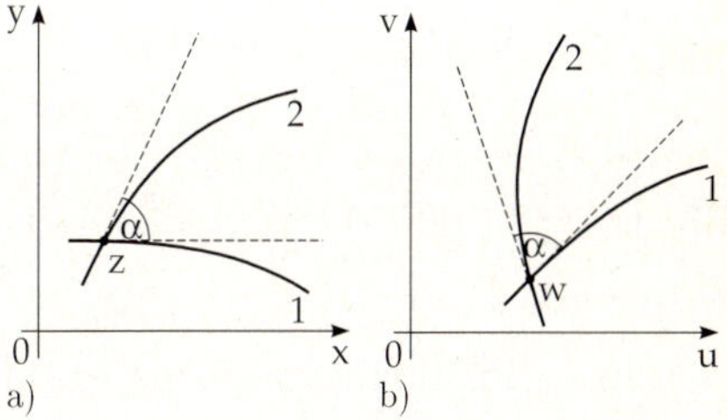

Abbildung 14.4

Hinweis: Konforme Abbildungen haben in der Physik, Elektrotechnik, Hydro- und Aerodynamik sowie in anderen Anwendungsgebieten der Mathematik weite Verbreitung gefunden.

2. Konforme Abbildung durch affine Differentialtransformation Die Zuordnung zwischen dz und dw geschieht durch die affine Differentialtransformation

$$du = \frac{\partial u}{\partial x}\,dx + \frac{\partial u}{\partial y}\,dy\,, \qquad dv = \frac{\partial v}{\partial x}\,dx + \frac{\partial v}{\partial y}\,dy \tag{14.9a}$$

und in Matrizenschreibweise

$$dw = \mathbf{A}\,dz \qquad \text{mit} \qquad \mathbf{A} = \begin{pmatrix} u_x & u_y \\ v_x & v_y \end{pmatrix}. \tag{14.9b}$$

Wegen der CAUCHY–RIEMANNschen Differentialgleichungen hat **A** die Gestalt der Drehungs–Streckungsmatrix (s. S. 187):

$$\mathbf{A} = \begin{pmatrix} u_x & -v_x \\ v_x & u_x \end{pmatrix} = \sigma \begin{pmatrix} \cos\alpha & -\sin\alpha \\ \sin\alpha & \cos\alpha \end{pmatrix}, \tag{14.10a}$$

$$u_x = v_y = \sigma\cos\alpha\,, \tag{14.10b}$$

$$\sigma = |f'(z)| = \sqrt{u_x^2 + u_y^2} = \sqrt{v_x^2 + v_y^2}\,, \tag{14.10c}$$

$$-u_y = v_x = \sigma\sin\alpha\,, \tag{14.10d}$$

$$\alpha = \arccos f'(z) = \arccos(u_x + \mathrm{i}v_x)\,. \tag{14.10e}$$

3. Orthogonale Systeme Die Koordinatenlinien $x = \text{const}$ und $y = \text{const}$ der z–Ebene werden durch konforme Abbildungen in zwei orthogonale Kurvenscharen transformiert. Allgemein kann mit Hilfe der analytischen Funktionen eine Vielfalt orthogonaler Systeme krummliniger Koordinaten generiert werden. In der Umkehrung gilt, daß zu jeder konformen Abbildung ein orthogonales Kurvennetz existiert, das in ein orthogonales kartesisches Koordinatensystem abgebildet wird.

■ **A:** Im Falle $u = 2x + y\,,\ v = x + 2y$ **(Abb.14.5)** ist die Orthogonalität gestört.

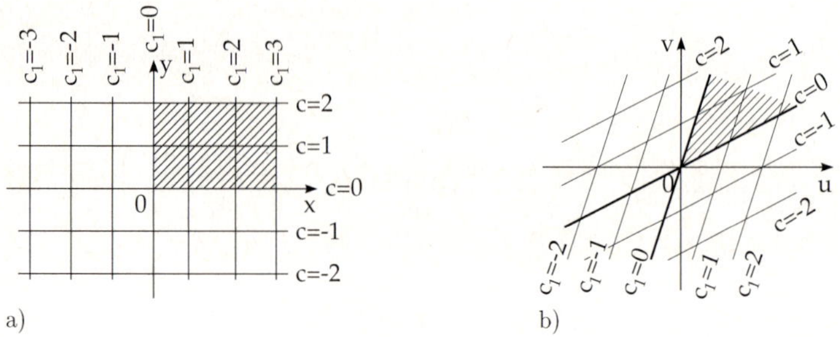

Abbildung 14.5

■ **B:** Im Falle $w = z^2$ bleibt die Orthogonalität erhalten, ausgenommen den Punkt $z = 0$ wegen $w' = 0$. Die Koordinatenlinien gehen in zwei Scharen konfokaler Parabeln über **(Abb.14.6)**, der 1. Quadrant der z–Ebene in die obere Hälfte der w–Ebene.

14.1.3.2 Einfachste konforme Abbildungen

In diesem Abschnitt werden neben den Transformationen und ihren wichtigsten Eigenschaften die Kurvenbilder *isometrischer Netze* angegeben, d.h. solcher Netze, die in ein orthogonales kartesisches Netz übergehen. Dabei sind die Ränder solcher z–Gebiete durch Schraffur gekennzeichnet, die auf die obere Hälfte der w–Ebene abgebildet werden. Schwarz dargestellte Gebiete gehen durch die konforme Abbildung in ein Quadrat der w–Ebene mit den Koordinateneckpunkten $(0,0)$, $(0,1)$, $(1,0)$ und $(1,1)$ über **(Abb.14.7)**.

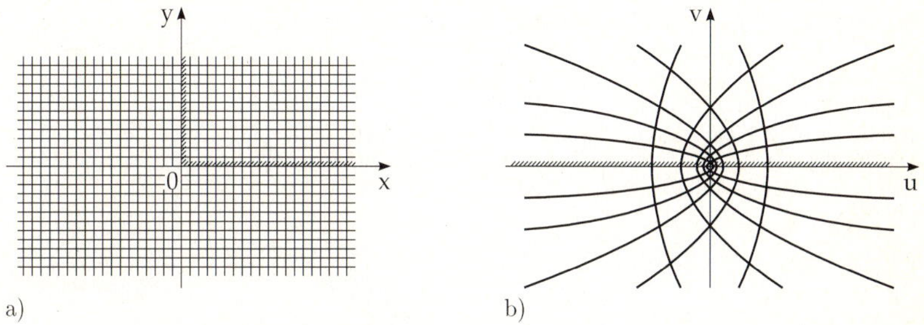

Abbildung 14.6

1. Lineare Funktion

Für die konforme Abbildung in der Form der linearen Transformation

$$w = az + b \tag{14.11a}$$

kann die Transformation in den drei Schritten durchgeführt werden:

a) Drehung der Ebene um den Winkel $\alpha = \arccos a$ gemäß: $w_1 = e^{i\alpha} z\,,$ (14.11b)

b) Streckung mit dem Faktor $|a|$: $w_2 = |a| w_1\,,$ (14.11c)

c) Parallelverschiebung um b: $w = w_2 + b\,.$ (14.11d)

Insgesamt geht dabei jede Figur in eine geometrisch ähnliche Figur über. Die Punkte $z_1 = \infty$ und $z_2 = \dfrac{b}{1-a}$ für $a \neq 1\,,\ b \neq 0$ gehen in sich selbst über und heißen deshalb *Fixpunkte*. Die **Abb.14.8** zeigt das orthogonale Netz, das in das orthogonale kartesische Netz übergeht.

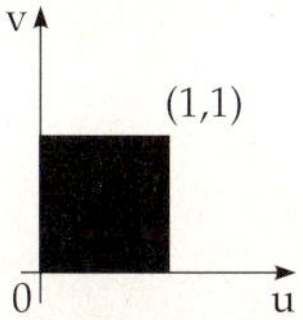

Abbildung 14.7

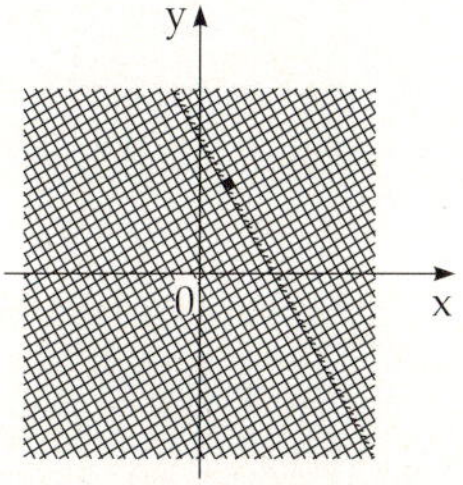

Abbildung 14.8

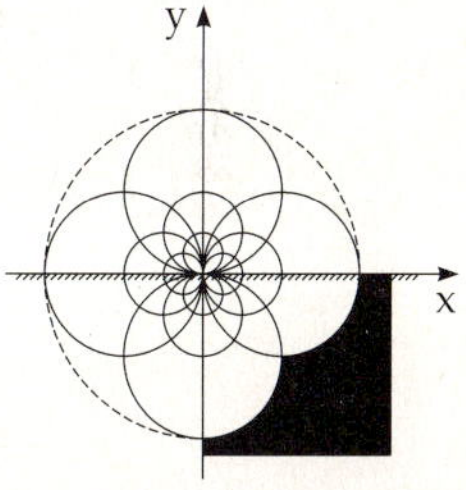

Abbildung 14.9

2. Inversion

Bei der Inversion genannten konformen Abbildung

$$w = \frac{1}{z} \tag{14.12}$$

geht ein Punkt z der z–Ebene mit dem Radius r in einen Punkt w der w–Ebene mit dem Radius $1/r$ über, ein Winkel φ in einen Winkel $-\varphi$. Die orthogonalen Netze der Transformation zeigt die **Abb.14.9**. Daraus folgt, daß die Transformation eine Spiegelung an einem Kreis mit dem Radius r bewirkt. Die **Abb.14.10** zeigt die Spiegelung am Einheitskreis.

Bei der Inversion geht ein Punkt M_1 mit dem Radius r_1 innerhalb des Kreises mit dem Radius r in einen

Punkt M_2 über, der auf der Verlängerung des gleichen Radiusvektors $\overrightarrow{OM_1}$ außerhalb des Kreises liegt und den Abstand $\overline{OM_2} = r_2 = r^2/r_1$ vom Mittelpunkt O hat. Der Einheitskreis der z–Ebene geht in den Einheitskreis der w–Ebene mit $|w| = 1/|z|$ über **(Abb.14.11)**.
Allgemein gehen Kreise in Kreise über, wobei Geraden als Grenzfälle mit $r \to \infty$ zu den Kreisen gerechnet werden. Punkte, die im Innern des Kreises liegen, werden zu äußeren Punkten und umgekehrt. Der Punkt $z = 0$ geht in $w = \infty$ über, d.h., die Konformität ist hier gestört.
Die *Fixpunkte* der konformen Abbildung sind $z = -1$ und $z = 1$.

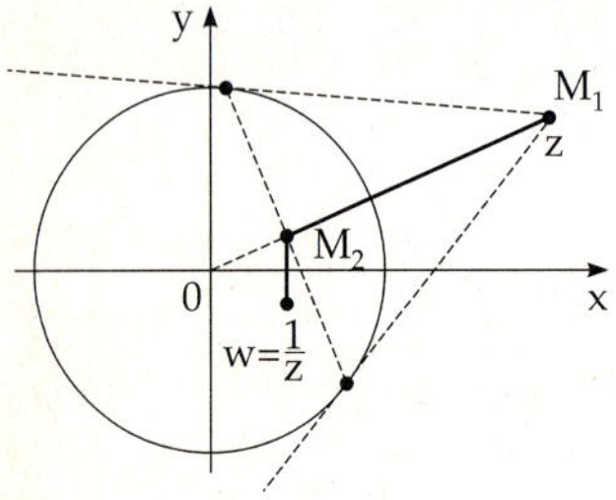

Abbildung 14.10

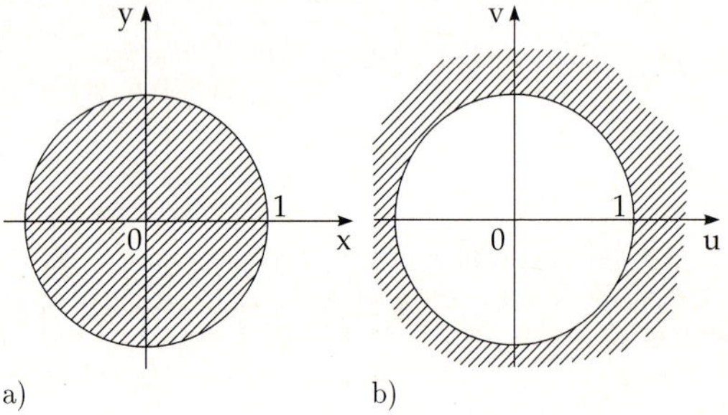

Abbildung 14.11

3. Gebrochenlineare Funktion

Für die konforme Abbildung in der Form der gebrochenlinearen Funktion

$$w = \frac{az + b}{cz + d} \qquad (14.13a)$$

kann die Transformation in drei Schritten zerlegt werden:

a) Lineare Funktion: $w_1 = cz + d\,,$ (14.13b)

b) Inversion: $w_2 = \dfrac{1}{w_1}\,,$ (14.13c)

c) Lineare Funktion: $w = \dfrac{a}{c} + \dfrac{bc - ad}{c}\, w_2\,.$ (14.13d)

Es werden wieder Kreise in Kreise überführt (*Kreisverwandtschaft*), wobei Geraden als Kreise mit $r \to \infty$ aufgefaßt werden.
Fixpunkte dieser konformen Abbildung sind die beiden Punkte, die der quadratischen Gleichung $z = \dfrac{az + b}{cz + d}$ genügen.
Sind die Punkte z_1 und z_2 Spiegelpunkte in bezug auf den Kreis K_1 der z–Ebene, dann sind ihre Bildpunkte w_1 und w_2 in der w–Ebene ebenfalls Spiegelpunkte in bezug auf den Bildkreis K_2 von K_1.
Das orthogonale Netz, das in das orthogonale kartesische Netz zurückführt, ist in **Abb.14.12** dargestellt.

4. Quadratische Funktion

Die konforme Abbildung mittels der quadratischen Funktion

$$w = z^2 \qquad (14.14a)$$

lautet in Polarkoordinaten und als Funktion von x und y:

$$w = \rho^2\, e^{i2\varphi}\,, \quad (14.14b) \qquad w = u + i\,v = x^2 - y^2 + 2i\,xy\,. \quad (14.14c)$$

Aus der Darstellung in Polarkoordinaten ist ersichtlich, daß bereits die obere Hälfte der z–Ebene auf

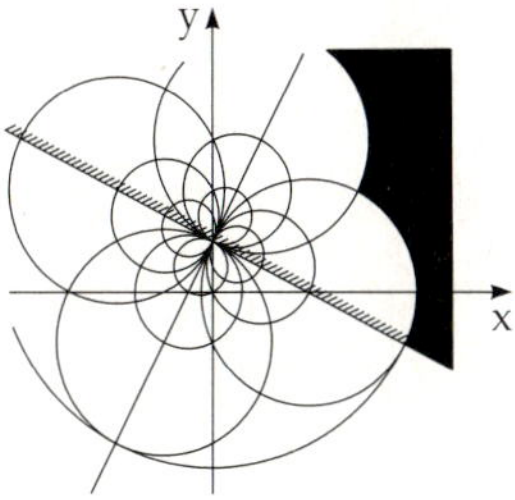

Abbildung 14.12

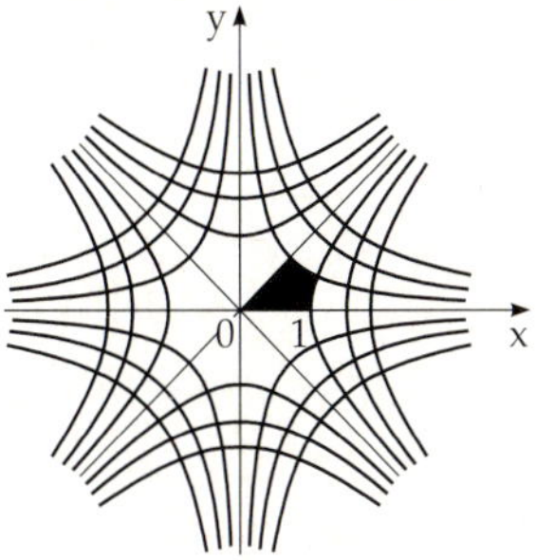

Abbildung 14.13

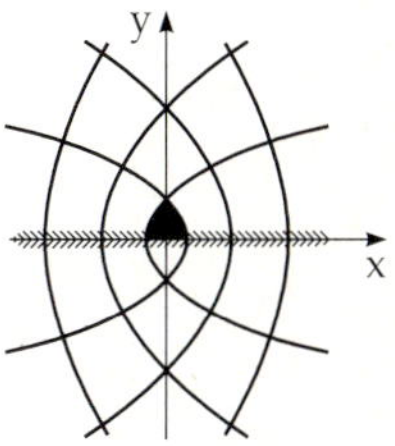

Abbildung 14.14

die volle w–Ebene abgebildet wird, d.h., die gesamte z–Ebene geht in die zweifach überdeckte w–Ebene über.
Die Darstellung in kartesischen Koordinaten zeigt, daß die Koordinaten der w–Ebene $u = \text{const}$ und $v = \text{const}$ aus den in der z–Ebene zueinander orthogonalen Hyperbelscharen $x^2 - y^2 = u$ und $2xy = v$ hervorgehen **(Abb.14.13)**.
Fixpunkte dieser konformen Abbildung sind $z = 0$ und $z = 1$. An der Stelle $z = 0$ ist die Abbildung nicht konform.

5. Quadratwurzel

Die konforme Abbildung in der Form der Quadratwurzel aus z,

$$w = \sqrt{z}\,, \tag{14.15}$$

überführt die gesamte z–Ebene entweder in die obere oder untere Halbebene der w–Ebene, d.h., die Funktion ist doppeldeutig. Die Koordinaten der w–Ebene gehen aus zwei zueinander orthogonalen Scharen konfokaler Parabeln mit dem Brennpunkt im Nullpunkt der z–Ebene und mit der positiven bzw. negativen reellen Koordinatenhalbachse als Achse hervor **(Abb.14.14)**.
Fixpunkte der Abbildung sind $z = 0$ und $z = 1$. Im Punkt $z = 0$ ist die Abbildung nicht konform.

6. Summe aus linearer und gebrochenlinearer Funktion

Die konforme Abbildung

$$w = \frac{k}{2}\left(z + \frac{1}{z}\right), \quad k = \text{const} > \mathbf{0} \tag{14.16a}$$

kann mit Hilfe der Polarkoordinatendarstellung $z = \rho\, e^{\mathrm{i}\varphi}$ und Trennung von Real- und Imaginärteil gemäß (14.8) zu

$$u = \frac{k}{2}\left(\rho + \frac{1}{\rho}\right)\cos\varphi\,, \quad v = \frac{k}{2}\left(\rho - \frac{1}{\rho}\right)\sin\varphi \tag{14.16b}$$

umgeformt werden. Kreise mit $\rho = \rho_0 = \text{const}$ der z–Ebene **(Abb.14.15a)** gehen in die konfokalen Ellipsen

$$\frac{u^2}{a^2} + \frac{v^2}{b^2} = 1 \quad \text{mit} \quad a = \frac{k}{2}\left(\rho_0 + \frac{1}{\rho_0}\right), \quad b = \frac{k}{2}\left|\rho_0 - \frac{1}{\rho_0}\right| \tag{14.16c}$$

der w–Ebene über **(Abb.14.15b)**. Brennpunkte sind die Punkte $\pm k$ der reellen Achse. Für den Einheitskreis mit $\rho = \rho_0 = 1$ entartet die Ellipse der w–Ebene in die zweifach durchlaufene Strecke $(-k, +k)$ der reellen Achse. Sowohl das Innere als auch das Äußere des Einheitskreises wird auf die volle w–Ebene mit dem Schnitt $(-k, +k)$ abgebildet, so daß die Umkehrfunktion zweideutig ist:

$$z = \frac{w + \sqrt{w^2 - k^2}}{k}. \tag{14.16d}$$

Die Geraden $\varphi = \varphi_0$ der z–Ebene **(Abb.14.15c)** werden in die konfokalen Hyperbeln

$$\frac{u^2}{\alpha^2} - \frac{v^2}{\beta^2} = 1 \quad \text{mit} \quad \alpha = k\cos\varphi_0\,, \quad \beta = k\sin\varphi_0 \tag{14.16e}$$

mit den Brennpunkten $\pm k$ abgebildet **(Abb.14.15d)**. Die den Koordinatenhalbachsen der z–Ebene $\left(\varphi = 0\,,\ \frac{\pi}{2}\,,\ \pi\,,\ \frac{3}{2}\pi\right)$ entsprechenden Hyperbeln arten in die Achse $u = 0$ und in die hin und zurück durchlaufenen Intervalle $(-\infty, +\infty)$ der reellen Achse aus.

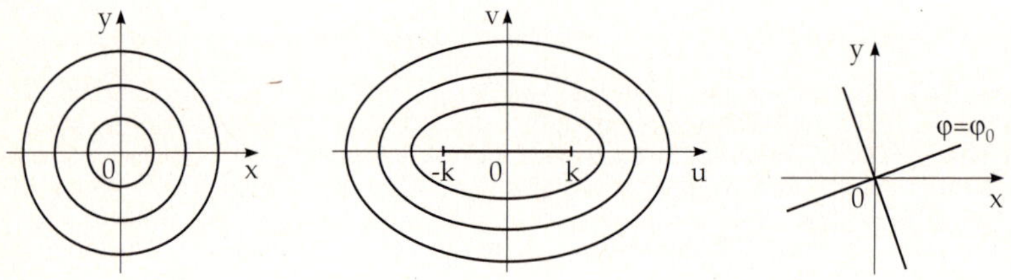

a) b) c)

Abbildung 14.15

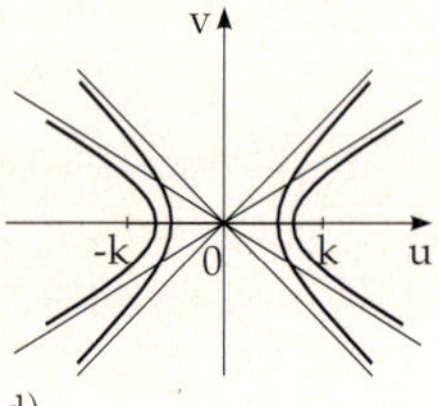

d)

Abbildung 14.15

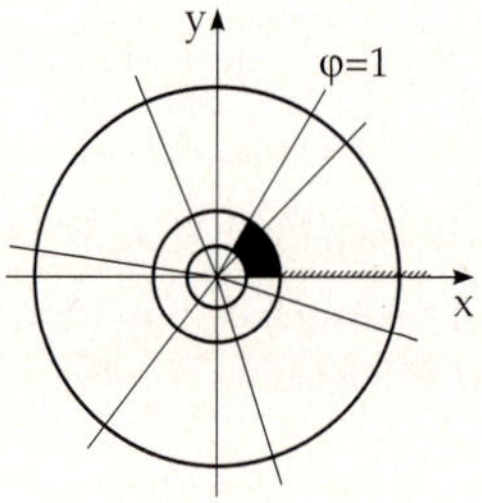

Abbildung 14.16

7. Logarithmus

Die konforme Abbildung in der Form der Logarithmusfunktion

$$w = \operatorname{Ln} z \tag{14.17a}$$

lautet in Polarkoordinaten:

$$u = \ln\rho\,, \quad v = \varphi + 2k\pi \qquad (k = 0, \pm 1, \pm 2, \ldots). \tag{14.17b}$$

Aus der Darstellung in Polarkoordinaten erkennt man, daß die Koordinatenlinien $u = \text{const}$ und $v = \text{const}$ aus den konzentrischen Kreisen um den Nullpunkt der z–Ebene und aus den Strahlen, die durch den Nullpunkt der z–Ebene verlaufen, hervorgehen **(Abb.14.16)**. Das isometrische Netz ist ein polares Netz.

Die Logarithmusfunktion $\operatorname{Ln} z$ ist unendlich vieldeutig (s. (14.73c)).

Beschränkt man sich auf den Hauptwert von $\ln z$ in $(-\pi < v \le +\pi)$, dann geht die gesamte z–Ebene in einen Streifen der w–Ebene über, der von den Geraden $v = \pm\pi$ begrenzt wird, wobei die letztere mit eingeschlossen ist.

8. Exponentialfunktion

Die konforme Abbildung in der Form der Exponentialfunktion (s. auch S. 696)

$$w = e^z \tag{14.18a}$$

lautet in Polarkoordinaten:

$$w = \rho e^{i\psi} . \tag{14.18b}$$

Mit $z = x + iy$ folgt:

$$\rho = e^x \quad \text{und} \quad \psi = y . \tag{14.18c}$$

Wenn y die Werte von $-\pi$ bis $+\pi$ durchläuft und x von $-\infty$ bis $+\infty$ variiert, dann durchläuft ρ die Werte 0 bis ∞ und ψ von $-\pi$ bis π . Ein Parallelstreifen der Breite 2π der z–Ebene wird auf die gesamte w–Ebene abgebildet **(Abb.14.17)**.

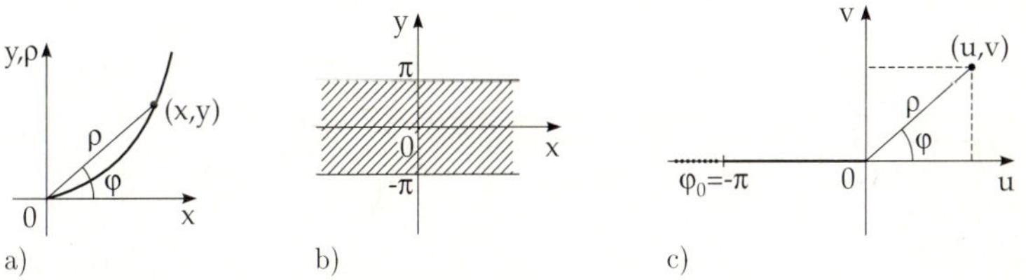

Abbildung 14.17

9. SCHWARZ–CHRISTOFFELsche Formel

Durch die SCHWARZ–CHRISTOFFELsche Formel

$$z = C_1 \int_0^w \frac{dt}{(t-w_1)^{\alpha_1}(t-w_2)^{\alpha_2}\cdots(t-w_n)^{\alpha_n}} + C_2 \tag{14.19a}$$

wird das Innere eines Polygons mit den n Außenwinkeln $\alpha_1\pi$, $\alpha_2\pi, \ldots,$ $\alpha_n\pi$ der z–Ebene auf die obere w–Halbebene abgebildet **(Abb.14.18,a,b)**. Mit w_i sind die den Ecken des Polygons zugeordneten Punkte der reellen Achse der w–Ebene bezeichnet, mit t die Integrationsvariable. Der orientierte, also durch eine Richtung ausgezeichnete Rand des Polygons geht bei der Abbildung in die orientierte reelle Achse der w–Ebene über. Für große Werte von t verhält sich der Integrand wie $1/t^2$ und ist im Unendlichen regulär.

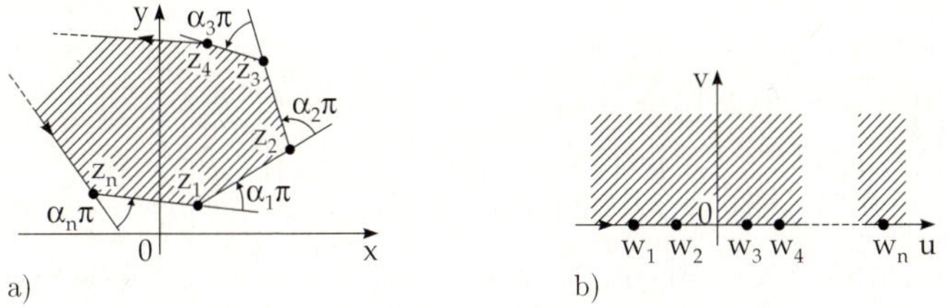

Abbildung 14.18

Da die Summe aller Außenwinkel eines n–Ecks gleich 2π ist, gilt:

$$\sum_{\nu=1}^{n} \alpha_\nu = 2 . \tag{14.19b}$$

Die komplexen Konstanten C_1 und C_2 bewirken eine Drehstreckung und eine Verschiebung, hängen aber nicht von der Form, sondern nur von Größe und Lage des Polygons in der z–Ebene ab.

Drei Punkte der z–Ebene (z_1, z_2, z_3) dürfen frei drei beliebigen Punkten der w–Ebene (w_1, w_2, w_3) zugeordnet werden. Ordnet man einem Eckpunkt des Polygons in der z–Ebene, z.B. $z = z_1$, einen unendlich fernen Punkt der w–Ebene, also $w_1 = \pm\infty$ zu, dann ist der Faktor $(t-w_1)^{\alpha_1}$ wegzulassen. Wenn das Polygon ausartet, z.B. dadurch, daß sich ein Eckpunkt im Unendlichen befindet, dann ist der zugehörige Außenwinkel gleich π, also $\alpha_\infty = 1$, d.h., das Polygon wird zum Halbstreifen.

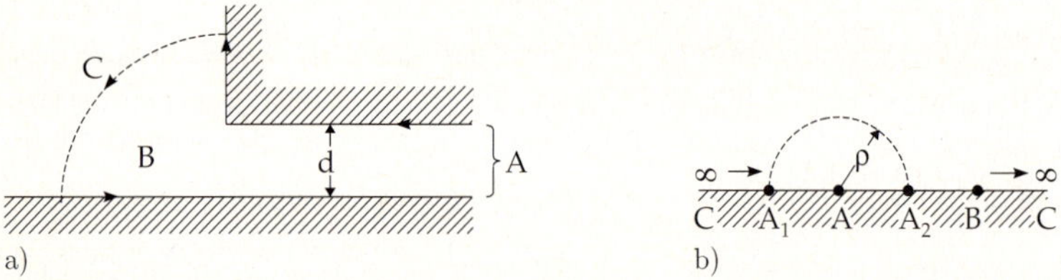

Abbildung 14.19

■ **A:** Für die Abbildung des in **Abb.14.19a** skizzierten Gebietes der z–Ebene wird die in der nebenstehenden Tabelle für $\sum \alpha_\nu = 2$ angegebene Zuordnung dreier Punkte gewählt **(Abb.14.19a,b)**. Die Abbildungsformel lautet:

	z_ν	α_ν	w_ν
A	∞	1	-1
B	0	$-1/2$	0
C	∞	$3/2$	∞

$$z = C_1 \int_0^w \frac{dt}{(t+1)t^{-1/2}} = 2C_1\left(\sqrt{w} - \arctan\sqrt{w}\right) = \mathrm{i}\frac{2d}{\pi}\left(\sqrt{w} - \arctan\sqrt{w}\right).$$

Bei der Bestimmung von C_1 ist $t = \rho e^{\mathrm{i}\varphi} - 1$ zu setzen: $\mathrm{i}d = C_1 \lim_{\rho\to 0} \int_\pi^0 \frac{\left(-1+\rho e^{\mathrm{i}\varphi}\right)^{1/2} \mathrm{i}\rho e^{\mathrm{i}\varphi} d\varphi}{\rho e^{\mathrm{i}\varphi}} = C_1\pi$, d.h., $C_1 = \mathrm{i}\frac{d}{\pi}$.

Daß die Konstante $C_2 = 0$ ist, geht aus der Zuordnung „$z = 0 \to w = 0$" hervor.

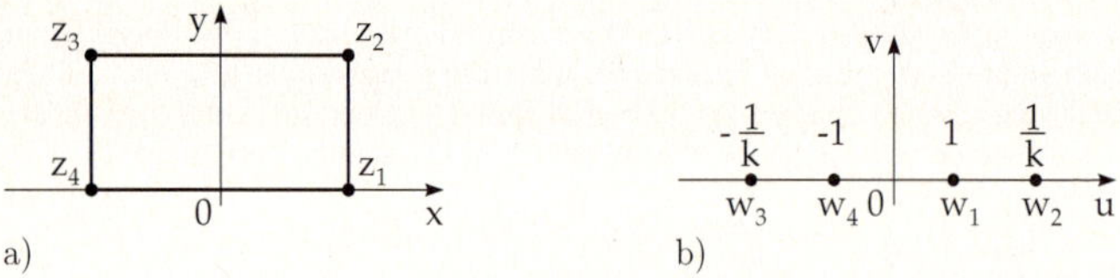

Abbildung 14.20

■ **B:** Abbildung eines Rechtecks. Eckpunkte des abzubildenden Rechtecks seien $z_{1,4} = \pm K$, $z_{2,3} = \pm K + \mathrm{i}K'$. Die Punkte z_1 und z_2 sollen in die Punkte $w_1 = 1$ und $w_2 = 1/k$ mit $(0 < k < 1)$ der reellen Achse übergehen, z_4 und z_3 sind Spiegelpunkte zu z_1 und z_2 bezüglich der imaginären Achse. Nach dem SCHWARZschen Spiegelungsprinzip (s. S. 679) müssen ihnen die Punkte $w_4 = -1$ und $w_3 = -1/k$ entsprechen **(Abb.14.20a,b)**. Damit lautet die Abbildungsformel für ein Rechteck ($\alpha_1 = \alpha_2 = \alpha_3 = \alpha_4 = 1/2$) der oben skizzierten Lage: $z = C_1 \int_0^w \frac{dt}{\sqrt{(t-w_1)(t-w_2)(t-w_3)(t-w_4)}} = C_1 \int_0^w \frac{dt}{\sqrt{(t^2-1)\left(t^2 - \frac{1}{k^2}\right)}}$. Punkt $z = 0$ entspricht Punkt $w = 0$ und Punkt $z = \mathrm{i}K$ Punkt $w = \infty$.

Mit $C_1 = 1/k$ wird $z = \int_0^w \frac{dt}{\sqrt{(1-t^2)(1-k^2t^2)}} = \int_0^\varphi \frac{d\vartheta}{\sqrt{1-k^2\sin^2\vartheta}} = F(\varphi, k)$ (Substitution: $t = \sin\vartheta$, $w = \sin\varphi$). $F(\varphi\,, k)$ ist das elliptische Integral 1. Gattung (s. S. 430).
Daß die Konstante $C_2 = 0$ ist, geht aus der Zuordnung „$z = 0 \rightarrow w = 0$" hervor.

14.1.3.3 Schwarzsches Spiegelungsprinzip

1. Sachverhalt Ist eine komplexe Funktion $f(z)$ in einem Gebiet G analytisch, zu dessen Rand ein Stück einer Geraden g_1 gehört, ist sie auf g_1 stetig und bildet sie die Gerade g_1 auf eine Gerade g_1' ab, dann werden Punkte, die symmetrisch zu g_1 liegen, auf Punkte abgebildet, die symmetrisch zu g_1' liegen (**Abb.14.21**).

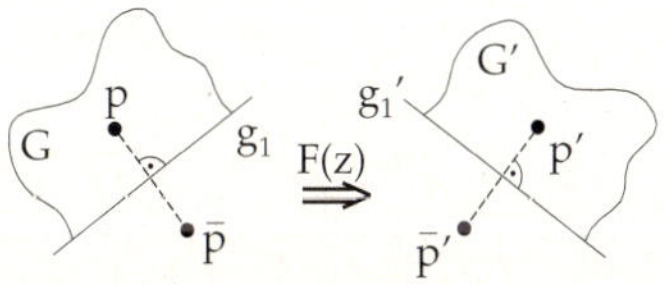

Abbildung 14.21

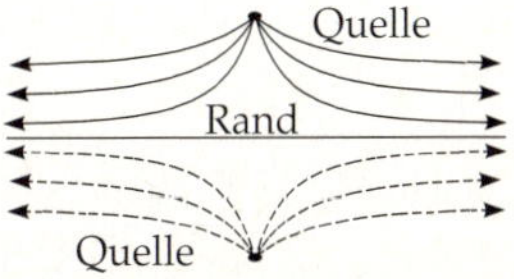

Abbildung 14.22

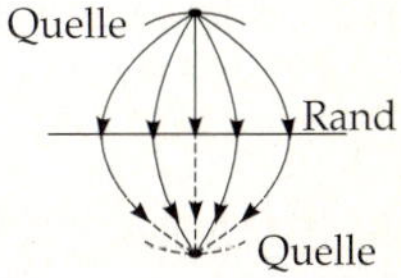

Abbildung 14.23

2. Anwendungen Die Anwendung dieses Prinzips vereinfacht die Berechnung und Darstellung von ebenen Feldern mit geradlinigen Begrenzungen: Ist der gerade Rand eine Stromlinie (isolierender Rand in **Abb.14.22**), dann sind alle Quellen als Quellen, alle Senken als Senken und alle Wirbel als entgegengesetzt drehende Wirbel zu spiegeln. Ist der gerade Rand eine Potentiallinie (stark leitender Rand in **Abb.14.23**), dann sind alle Quellen als Senken, alle Senken als Quellen und alle Wirbel als gleichsinnig drehende Wirbel zu spiegeln.

14.1.3.4 Komplexe Potentiale

1. Begriff des komplexen Potentials Es wird ein Feld $\vec{\mathbf{V}} = \vec{\mathbf{V}}(x, y)$ in der x, y–Ebene mit den stetigen und differenzierbaren Komponenten $V_x(x, y)$ und $V_y(x, y)$ des Vektors $\vec{\mathbf{V}}$ für den quellenfreien und den wirbelfreien Fall betrachtet.

a) Quellenfreies Feld mit div $\vec{\mathbf{V}} = 0$, d.h., $\frac{\partial v_x}{\partial x} + \frac{\partial v_y}{\partial y} = 0$: Die Integrabilitätsbedingung lautet für diese Differentialgleichung mit der *Feld-* oder *Stromfunktion* $\Psi(x, y)$

$$d\Psi = -v_y\,dx + v_x\,dy = 0\,, \quad (14.20a) \qquad \text{und es gilt} \quad v_x = \frac{\partial\Psi}{\partial y}\,, \qquad v_y = -\frac{\partial\Psi}{\partial x}\,. \qquad (14.20b)$$

Für zwei Punkte P_1, P_2 des Feldes $\vec{\mathbf{V}}$ ist die Differenz $\Psi(P_2) - \Psi(P_1)$ ein Maß für den Vektorfluß durch eine Kurve, die die Punkte P_1 und P_2 verbindet, falls diese Kurve ganz im Feld verläuft.

b) Wirbelfreies Feld mit rot $\vec{\mathbf{V}} = 0$, d.h., $\frac{\partial v_y}{\partial x} - \frac{\partial v_x}{\partial y} = 0$: Die Integrabiltätsbedingung lautet für diese Differentialgleichung mit der Potentialfunktion $\Phi(x, y)$

$$d\Phi = v_x\,dx + v_y\,dy = 0\,, \quad (14.21a) \qquad \text{und es gilt} \quad v_x = \frac{\partial\Phi}{\partial x}\,, \qquad v_y = \frac{\partial\Phi}{\partial y}\,. \qquad (14.21b)$$

Die Funktionen Φ und Ψ genügen den CAUCHY- RIEMANNschen Differentialgleichungen (s. S. 669) und jede für sich erfüllt die LAPLACEsche Differentialgleichung ($\Delta\Phi = 0$, $\Delta\Psi = 0$). Man faßt Φ und Ψ zu der analytischen Funktion

$$W = f(z) = \Phi(x, y) + \mathrm{i}\,\Psi(x, y) \qquad (14.22)$$

zusammen und bezeichnet diese Funktion als komplexes Potential des Feldes $\vec{\mathbf{V}}$.

Danach ist $-\Phi(x, y)$ das Potential des Vektorfeldes $\vec{\mathbf{V}}$ im Sinne der in der Physik und Elektrotechnik üblichen Bezeichnungsweise (s. S. 659). Die Linien Ψ und Φ bilden ein orthogonales Netz. Für die Ableitung des komplexen Potentials und den Feldvektor $\vec{\mathbf{V}}$ gelten die Beziehungen:

$$\frac{dW}{dz} = \frac{\partial \Phi}{\partial x} - \mathrm{i}\frac{\partial \Phi}{\partial y} = v_x - \mathrm{i}v_y\,, \qquad \overline{\frac{dW}{dz}} = \overline{f'(z)} = v_x + \mathrm{i}v_y\,. \tag{14.23}$$

2. Komplexes Potential des homogenen Feldes Die Funktion

$$W = az \tag{14.24}$$

liefert bei reellem a das komplexe Potential eines Feldes, dessen Potentiallinien parallel zur y–Achse und dessen Feldlinien parallel zur x–Achse verlaufen **(Abb.14.24)**. Für komplexes a ergibt sich lediglich eine Drehung des Feldes **(Abb.14.25)**.

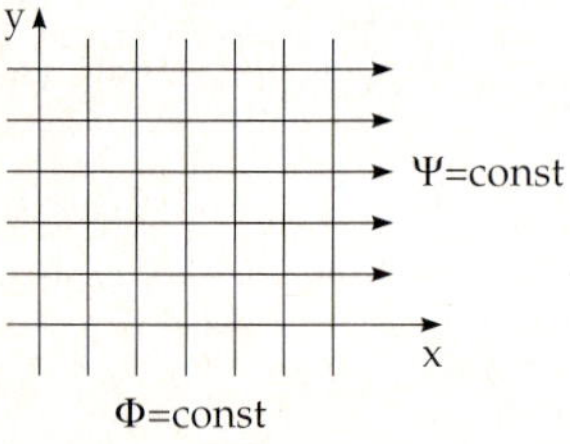

Abbildung 14.24

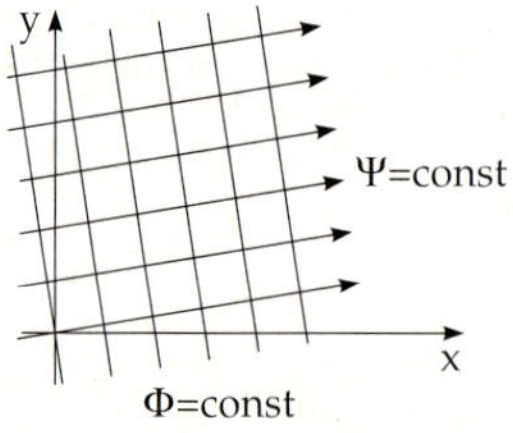

Abbildung 14.25

3. Komplexes Potential von Quelle und Senke Das komplexe Potential eines Feldes, das durch eine Quelle der Ergiebigkeit $e > 0$ im Punkt $z = z_0$ erzeugt wird, lautet:

$$W = \frac{e}{2\pi}\ln(z - z_0)\,. \tag{14.25}$$

Für eine Senke der gleichen Intensität gilt:

$$W = -\frac{e}{2\pi}\ln(z - z_0)\,. \tag{14.26}$$

Die Feldlinien verlaufen radial vom Punkt $z = z_0$ aus, während die Potentiallinien konzentrische Kreise um den Punkt z_0 bilden **(Abb.14.26)**.

4. Komplexes Potential eines Quelle–Senke–Systems Für eine Quelle im Punkt z_1 und eine Senke im Punkt z_2, beide mit gleicher Intensität, erhält man durch Überlagerung das komplexe Potential

$$W = \frac{e}{2\pi}\ln\frac{z - z_1}{z - z_2}\,. \tag{14.27}$$

Die Potentiallinien $\Phi = \text{const}$ bilden *Apollonische Kreise* bezüglich z_1 und z_2, die Feldlinien $\Psi = \text{const}$ stellen Kreise durch z_1 und z_2 dar **(Abb.14.27)**.

5. Komplexes Potential des Dipols Das komplexe Potential eines Dipols $M > 0$ im Punkt z_0, dessen Achse mit der reellen Achse den Winkel α bildet **(Abb.14.28)**, lautet:

$$W = \frac{M e^{\mathrm{i}\alpha}}{2\pi(z - z_0)}\,. \tag{14.28}$$

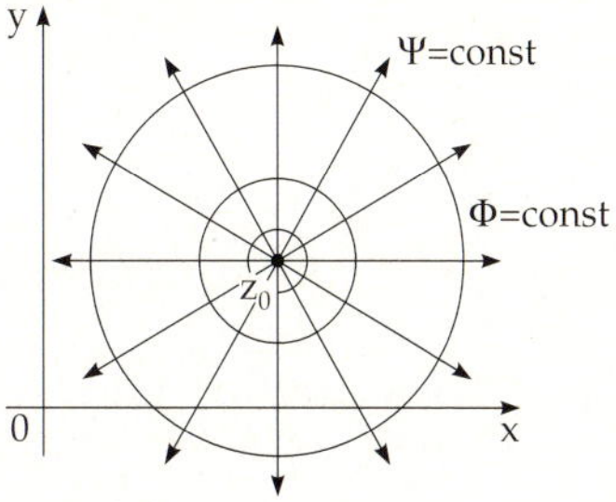

Abbildung 14.26

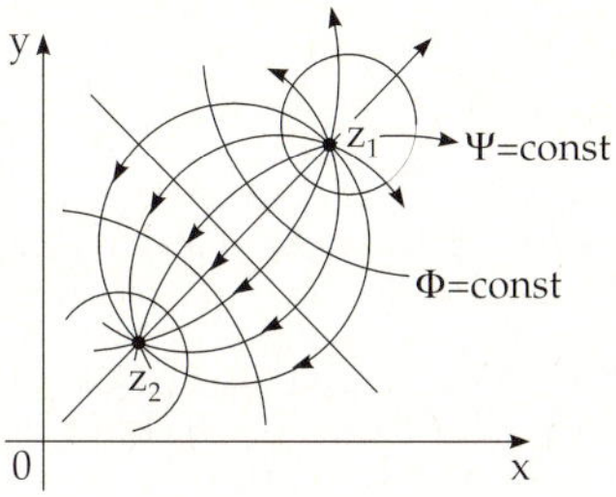

Abbildung 14.27

6. Komplexes Potential eines Wirbels Wenn $|\Gamma|$ die Intensität des Wirbels mit Γ reell ist und sich sein Zentrum im Punkt z_0 befindet, gilt:

$$W = \frac{\Gamma}{2\pi \mathrm{i}} \ln(z - z_0) . \tag{14.29}$$

Im Vergleich zu **Abb.14.26** sind die Rollen von Feld- und Potentiallinien vertauscht. Für komplexes Γ ergibt (14.29) das Potential einer Wirbelquelle, deren Feld- und Potentiallinien je eine Spiralenschar liefern, die zueinander orthogonal verlaufen **(Abb.14.29)**.

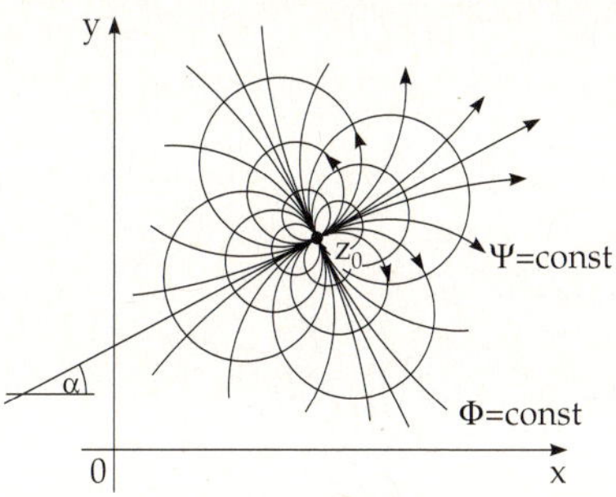

Abbildung 14.28

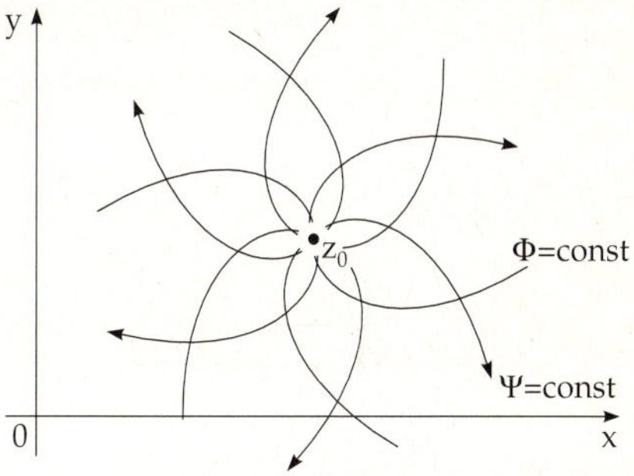

Abbildung 14.29

14.1.3.5 Superpositionsprinzip

1. Superposition komplexer Potentiale

Ein von mehreren Quellen, Senken und Wirbeln erzeugtes Feld ergibt sich rechnerisch durch additive Überlagerung der durch sie erzeugten Einzelfelder, d.h. durch Addition ihrer komplexen Potentiale bzw. Stromfunktionen. Mathematisch gesehen ist das durch die Linearität der LAPLACEschen Differentialgleichung $\Delta\Phi = 0$ und $\Delta\Psi = 0$ möglich.

2. Erzeugung neuer Felder

1. Integration Die Erzeugung neuer Felder aus den komplexen Grundpotentialen kann außer durch Addition auch durch Integration mit Hilfe von Belegungsfunktionen erfolgen.

■ Auf einem Linienstück l sei eine Wirbelbelegung mit der Dichte $\varrho(s)$ vorgegeben. Für die Ableitung des komplexen Potentials ergibt sich dann ein Integral vom CAUCHYschen Typ (s. S. 687):

$$\frac{dw}{dz} = \frac{1}{2\pi \mathrm{i}} \int_l \frac{\varrho(s)\, ds}{z - \zeta(s)} = \frac{1}{2\pi \mathrm{i}} \int_l \frac{\varrho^*(\zeta)}{z - \zeta} d\zeta\,, \tag{14.30}$$

wobei $\zeta(s)$ die komplexe Parameterdarstellung der Kurve l mit der Bogenlänge s als Parameter ist.

2. MAXWELL**sches Diagonalverfahren** Sind zwei Felder mit den Potentialen Φ_1 und Φ_2 zu überlagern, dann zeichnet man ihre Potentiallinienbilder $[[\Phi_1]]$ und $[[\Phi_2]]$ derart, daß von einer Potentiallinie zur nächsten der Wert des Potentials in beiden Systemen um denselben Wert h springt, und orientiert die Linien so, daß die höheren Φ–Werte jeweils zur Linken liegen. In dem von $[[\Phi_1]]$ und $[[\Phi_2]]$ gebildeten Netz ergeben die Linien, die im Zuge der Maschendiagonalen verlaufen, das Potentiallinienbild $[[\Phi]]$ eines Feldes, dessen Potential $\Phi = \Phi_1 + \Phi_2$ oder $\Phi = \Phi_1 - \Phi_2$ ist. Das Bild $[[\Phi_1 + \Phi_2]]$ erhält man, wenn die orientierten Maschenseiten gemäß **Abb.14.30a** wie Vektoren addiert werden, das Bild $[[\Phi_1 - \Phi_2]]$, wenn sie wie Vektoren subtrahiert werden **(Abb.14.30,b)**. Im zusammengesetzten Bild springt der Wert des Potentials beim Übergang von einer Potentiallinie zur nächsten um den Wert h (*Stufenwert*).

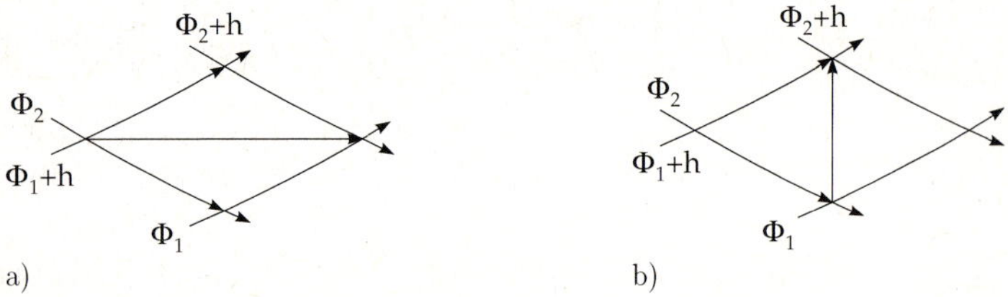

Abbildung 14.30

■ Feld- und Potentiallinienbild einer Quelle und einer Senke mit dem Intensitätsverhältnis $|e_1|/|e_2| = 3/2$ **(Abb.14.31a,b)**.

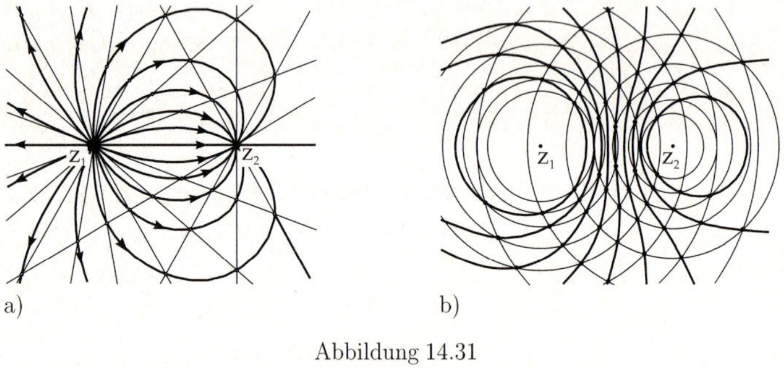

Abbildung 14.31

14.1.3.6 Beliebige Abbildung der komplexen Zahlenebene

Eine Funktion

$$w = f(z = x + \mathrm{i}\,y) = u(x, y) + \mathrm{i}\,v(x, y) \tag{14.31a}$$

gilt als definiert, wenn die zwei Funktionen $u = u(x, y)$ und $v = v(x, y)$ reeller Veränderlicher definiert und bekannt sind. Die Funktion $f(z)$ braucht nicht analytisch zu sein, wie das bei der konformen Abbildung gefordert wird. Die Funktion w definiert eine neue komplexe Zahlenebene. Man sagt, sie bildet die z–Ebene in die w–Ebene ab, d.h., jeder Punkt z_ν wird in einem ihm entsprechenden Punkt

w_ν abgebildet.

a) Transformation der Koordinatenlinien Koordinatenlinien transformieren sich gemäß:

$$y = c \longrightarrow u = u(x, c), \quad v = v(x, c), \quad x \text{ ist Parameter};$$
$$x = c_1 \longrightarrow u = u(c_1, y), \quad v = v(c_1, y), \quad y \text{ ist Parameter}. \tag{14.31b}$$

b) Transformation geometrischer Gebilde Geometrische Gebilde wie Kurven oder Gebiete der z–Ebene transformieren sich zu Kurven oder Gebieten der w–Ebene, also zu gleichartigen geometrischen Gebilden:

$$x = x(t), \quad y = y(t) \quad \rightarrow \quad u = u(x(t), y(t)), \quad v = v(x(t), y(t)), \quad t \text{ ist Parameter}. \tag{14.31c}$$

■ Für $u = 2x + y$, $v = x + 2y$ gehen die Geraden $y = c$ über in $u = 2x + c$, $v = x + 2c$, also in die Geraden $v = \frac{u}{2} + \frac{3}{2}c$. Die Geraden $x = c_1$ gehen über in die Geraden $v = 2u - 3c_1$ **(Abb.14.5)**. Die schraffierte Fläche in **Abb.14.5a** wird auf die schraffierte Fläche in **Abb.14.5b** abgebildet.

c) RIEMANNsche Fläche Ist die Funktion $w = f(z)$ mehrdeutig, wie z.B. die Funktionen $\sqrt[n]{z}$, $\operatorname{Ln} z$, $\operatorname{Arcsin} z$, $\operatorname{Arctan} z$, so erfolgt die Abbildung auf eine entsprechende Anzahl übereinander liegender Ebenen. Jedem Funktionswert der z–Ebene entspricht ein Punkt auf einer dieser Ebenen. Die Ebenen sind durch Kurven miteinander verbunden; ihre Gesamtheit wird *mehrblättrige* RIEMANN*sche Fläche* genannt (s. Lit. [14.16]).

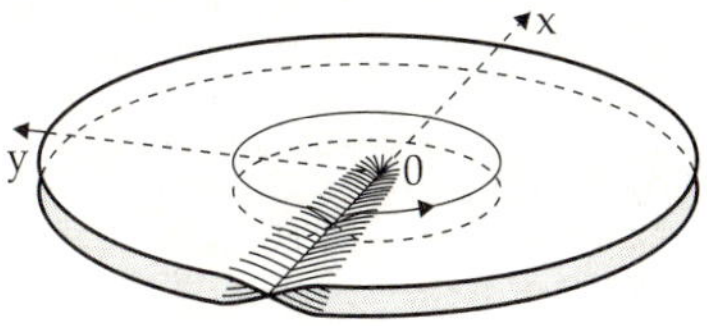

Abbildung 14.32

■ $w = \sqrt{z}$: Überstreicht der Radiusvektor $z = re^{i\varphi}$ die volle z–Ebene, d.h. $0 \le \varphi < 2\pi$, dann überstreicht der zugehörige Radiusvektor $w = \varrho e^{i\psi} = \sqrt{r}e^{i/2}$, d.h. $0 \le \psi < 2\pi$, nur die obere w–Halbebene. Erst bei einem zweiten Durchlauf der z–Ebene wird die volle w–Ebene durchlaufen. Diese Zweideutigkeit von $w = \sqrt{z}$ bezüglich z wird dadurch behoben, daß man zwei z–Ebenen übereinanderlegt und längs der aufgeschnittenen negativen reellen Achse gemäß **Abb.14.32** miteinander verbindet. Die so entstehende Fläche heißt RIEMANNsche Fläche der Funktion $w = \sqrt{z}$. Der Nullpunkt heißt Verzweigungspunkt. Der Wertevorrat von $w = \sqrt{z}$ liegt in entsprechender Weise auf der zweiblättrigen RIEMANNschen Fläche ausgebreitet.

14.2 Integration im Komplexen

14.2.1 Bestimmtes und unbestimmtes Integral

14.2.1.1 Definition des Integrals im Komplexen

1. Bestimmtes komplexes Integral Die Funktion $f(z)$ sei stetig in einem Gebiet G, in dem eine Kurve K die Punkte A und B verbinden soll. Die Kurve K wird zwischen den Punkten A und B durch beliebige Teilpunkte z_i in n Teilbogen zerlegt **(Abb.14.33)**. Auf jedem Teilbogenstück greift man einen Punkt ξ_i heraus und bildet

$$\sum_{i=1}^{n} f(\xi_i)\,\Delta z_i \quad \text{mit} \quad \Delta z_i = z_i - z_{i-1}. \tag{14.32a}$$

Existiert der Grenzwert

$$\lim_{n\to\infty} \sum_{i=1}^{n} f(\xi_i)\,\Delta z_i \tag{14.32b}$$

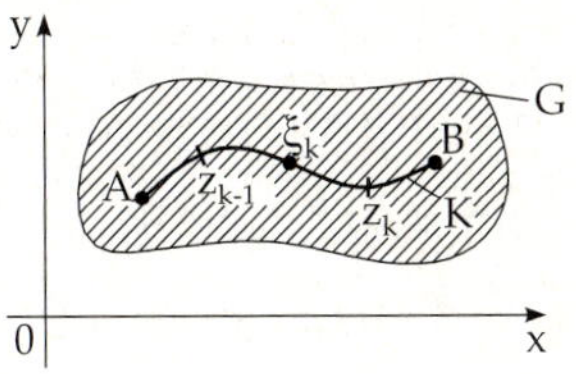

Abbildung 14.33

für $\Delta z_i \to 0$ und $n \to \infty$ unabhängig von der Wahl der Zwischenpunkte ξ_i, dann wird durch diesen Grenzwert das *bestimmte komplexe Integral*

$$I = \int_{\widehat{AB}} f(z)\,dz = (K)\int_A^B f(z)\,dz \tag{14.33}$$

längs der Kurve K zwischen den Punkten A und B, dem Integrationsweg, definiert.

2. Unbestimmtes komplexes Integral Ist das bestimmte Integral vom Integrationsweg unabhängig (s. S. 685), so gilt:

$$F(z) = \int f(z)\,dz + C \quad \text{mit} \quad F'(z) = f(z)\,. \tag{14.34}$$

Dabei ist C eine im allgemeinen komplexe Integrationskonstante. Die Funktion $F(z)$ wird *unbestimmtes komplexes Integral* genannt.
Die unbestimmten Integrale der elementaren Funktionen einer komplexen Veränderlichen werden nach den gleichen Formeln berechnet wie die Integrale der entsprechenden Elementarfunktionen einer reellen Veränderlichen.

■ **A:** $\int \sin z\,dz = -\cos z + C\,.$ ■ **B:** $\int e^z\,dz = e^z + C\,.$

3. Zusammenhang von bestimmtem und unbestimmtem komplexen Integral Der Zusammenhang zwischen dem bestimmten und unbestimmten komplexen Integral wird durch die Formel

$$\int_{\widehat{AB}} f(z)\,dz = \int_A^B f(z)\,dz = F(z_B) - F(z_A) \tag{14.35}$$

vermittelt.

14.2.1.2 Eigenschaften und Berechnung komplexer Integrale

1. Vergleich mit dem Kurvenintegral 2. Art Das bestimmte komplexe Integral besitzt die gleichen Eigenschaften wie das Kurvenintegral 2. Art (s. S. 460):

a) Umkehrung der Richtung des Integrationesweges führt zur Vorzeichenänderung des Integrals.

b) Bei Zerlegung des Integrationsweges in mehrere Teilabschnitte ist der Wert des gesamten Integrals gleich der Summe der Integralwerte über die einzelnen Teilwege.

2. Abschätzung des Integralwertes Wenn die Funktion $f(z)$ für die z–Werte des Integrationsweges $\widehat{AB}$ mit der Länge s eine positive Zahl M nicht übertrifft, dann gilt:

$$\left| \int_{\widehat{AB}} f(z)\,dz \right| \le Ms \quad \text{mit} \quad |f(z)| \le M\,. \tag{14.36}$$

3. Berechnung komplexer Integrale in Parameterdarstellung Sind der Integrationsweg $\widehat{AB}$ (oder die Kurve K) in der Form

$$x = x(t)\,, \qquad y = y(t) \tag{14.37}$$

und die t–Werte für den Anfangs- und den Endpunkt als t_A und t_B gegeben, dann kann das komplexe bestimmte Integral über zwei reelle Kurvenintegrale berechnet werden. Dazu wird der Integrand in Real- und Imaginärteil aufgespaltet, und man erhält:

$$(K)\int_A^B f(z)\,dz = \int_A^B (u\,dx - v\,dy) + \mathrm{i}\int_A^B (v\,dx + u\,dy)$$

$$= \int_{t_0}^{t_1} [u(t)x'(t) - v(t)y'(t)]\,dt + \mathrm{i}\int_{t_0}^{t_1} [v(t)x'(t) + u(t)y'(t)]\,dt \tag{14.38a}$$

mit $f(z) = u(x,y) + \mathrm{i}v(x,y)\,,\quad z = x + \mathrm{i}\,y\,.$ (14.38b)

Die Schreibweise $(K)\int_A^B f(z)\,dz$ bedeutet, daß das bestimmte komplexe Integral längs der Kurve K zwischen den Punkten A und B zu berechnen ist. Häufig wird für denselben Sachverhalt die Schreibweise $\int\limits_{(K)} f(z)\,dz$ bzw. $\int\limits_{\overset{\frown}{AB}} f(z)\,dz$ verwendet.

■ $I = \int\limits_{(K)} (z - z_0)^n\,dz \quad (n \in \mathbb{Z})$. Die Kurve K sei ein Kreis mit dem Radius r_0 um den Punkt z_0: $x = x_0 + r_0\cos t\,,\ y = y_0 + r_0 \sin t$ mit $(0 \le t \le 2\pi)$. Dann gilt für alle Punkte z der Kurve K: $z = x + \mathrm{i}\,y = z_0 + r_0(\cos t + \mathrm{i}\sin t)\,,\ dz = r_0(-\sin t + \mathrm{i}\cos t)\,dt$. Durch Einsetzen dieser Werte und eine Umformung nach der Formel von MOIVRE erhält man: $I = r_0^{n+1}\int_0^{2\pi}(\cos nt + \mathrm{i}\sin nt)(-\sin t + \mathrm{i}\cos t)\,dt$ $= r_0^{n+1}\int_0^{2\pi}[\mathrm{i}\cos(n+1)t - \sin(n+1)t]\,dt = \begin{cases} 0 & \text{für } n \neq -1\,, \\ 2\pi\mathrm{i} & \text{für } n = -1\,. \end{cases}$

4. Unabhängigkeit vom Integrationsweg Das Integral (14.33) einer Funktion einer komplexen Veränderlichen, die in einem einfach zusammenhängenden Gebiet definiert ist und die zwei feste Punkte $A(z_A)$ und $B(z_B)$ miteinander verbindet, kann unabhängig vom Integrationsweg sein. Notwendige und hinreichende Bedingung dafür ist, daß die Funktion in diesem Gebiet analytisch ist, d.h., daß sie den CAUCHY–RIEMANNschen Differentialgleichungen (14.4) genügt. Dann gilt (14.35). Ein *einfach zusammenhängendes Gebiet* besitzt eine einzige geschlossene, doppelpunktfreie Randkurve.

5. Komplexes Integral über einen geschlossenen Weg Wenn die Integration einer Funktion $f(z)$, die in einem einfach zusammenhängenden Gebiet analytisch ist, über einen geschlossenen Integrationsweg K erfolgt, der dieses Gebiet begrenzt, dann ist der Wert des Integrals gemäß dem Integralsatz von CAUCHY gleich Null (s. S. 685):

$$\oint f(z)\,dz = 0\,. \tag{14.39}$$

Wenn dieses Gebiet singuläre Punkte enthält, dann ist der Wert des Integrals mit Hilfe des Residuensatzes zu berechnen (s. S. 692).

■ Für die Funktion $f(z) = \dfrac{1}{z-a}$ mit einem singulären Punkt bei $z = a$ ergibt sich der Wert des Integrals für den geschlossenen, im Gegenuhrzeigersinn durchlaufenen Weg **(Abb.14.34)** zu $\oint\limits_{(K)} \dfrac{dz}{z-a} =$ $2\pi\mathrm{i}$.

14.2.2 Integralsatz von Cauchy, Hauptsatz der Funktionentheorie

14.2.2.1 Integralsatz von Cauchy für einfach zusammenhängende Gebiete

Wenn eine Funktion $f(z)$ in einem einfach zusammenhängenden Gebiet analytisch ist, dann gelten die folgenden zwei äquivalenten Aussagen:

a) Das über eine geschlossene Kurve K erstreckte Integral ist gleich Null:

$$\oint f(z)\,dz = 0\,. \tag{14.40}$$

b) Der Wert des Integrals $\int_A^B f(z)\,dz$ ist unabhängig von der die Punkte A und B verbindenden Kurve.
Dieser Sachverhalt wird *Integralsatz von* CAUCHY, auch *Hauptsatz der Funktionentheorie* genannt.

14.2.2.2 Integralsatz von Cauchy für mehrfach zusammenhängende Gebiete

Wenn K, K_1, K_2, ..., K_n einfach geschlossene Kurven derart sind, daß die Kurve K alle K_ν ($\nu = 1, 2, \ldots, n$) einschließt, aber die K_ν sich nicht gegenseitig einschließen oder schneiden, und wenn ferner $f(z)$ in einem Gebiet G analytisch ist, das alle K_ν und das Gebiet zwischen K und den K_ν enthält, d.h. mindestens in dem in **Abb.14.35** schraffiert gezeichneten Gebiet, dann gilt

$$\oint_{(K)} f(z)\,dz = \oint_{(K_1)} f(z)\,dz + \oint_{(K_2)} f(z)\,dz + \ldots + \oint_{(K_n)} f(z)\,dz\,, \tag{14.41}$$

falls die Kurven K, K_1, ..., K_n sämtlich im gleichen Sinne, z.B. gegen den Uhrzeigersinn, durchlaufen werden.
Dieser Satz dient zur Berechnung von Integralen über geschlossene Kurven K, die auch singuläre Punkte der Funktion $f(z)$ einschließen (s. S. 692).

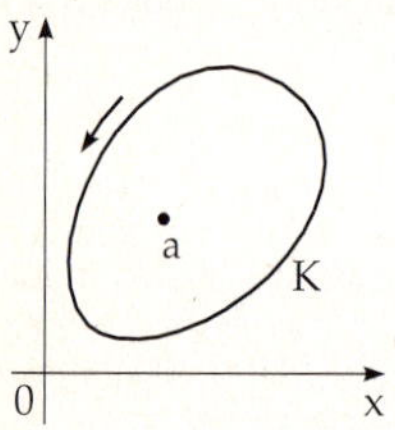

Abbildung 14.34

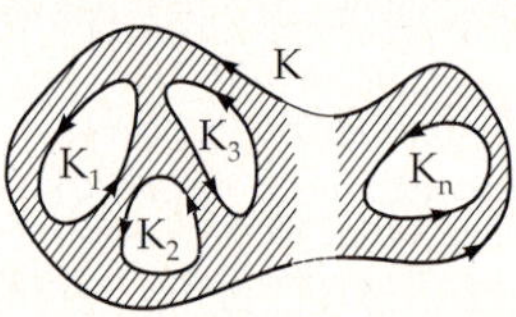

Abbildung 14.35

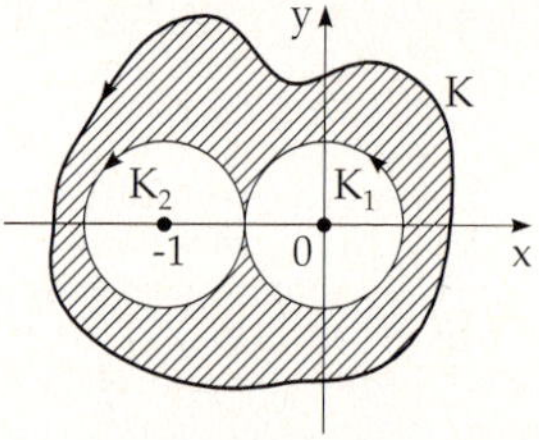

Abbildung 14.36

■ Das Integral $\oint_{(K)} \frac{z-1}{z(z+1)}\,dz$ ist zu berechnen, wobei K eine den Nullpunkt und den Punkt $z = -1$ umschließende Kurve sein soll **(Abb.14.36)**. Nach dem Integralsatz von CAUCHY kann man zunächst das Integral über K durch die Summe der Integrale über K_1 und K_2 ersetzen, wobei K_1 ein Kreis um den Nullpunkt mit dem Radius $r_1 = 1/2$ und K_2 ein Kreis um den Punkt $z = -1$ mit dem Radius $r_2 = 1/2$ sein soll. Der Integrand läßt sich durch Partialbruchzerlegung vereinfachen, und man erhält: $\oint_{(K)} \frac{z-1}{z(z+1)}\,dz = \oint_{(K_1)} \frac{2\,dz}{z+1} + \oint_{(K_2)} \frac{2\,dz}{z+1} - \oint_{(K_1)} \frac{dz}{z} - \oint_{(K_2)} \frac{dz}{z} = 0 + 4\pi\mathrm{i} - 2\pi\mathrm{i} - 0 = 2\pi\mathrm{i}$. (Zur Integration vergleiche man das Beispiel auf S. 685.)

14.2.3 Integralformeln von Cauchy

14.2.3.1 Analytische Funktion innerhalb eines Gebietes

Ist $f(z)$ auf einer geschlossenen Kurve K und in dem von ihr umschlossenen einfach zusammenhängenden Gebiet analytisch, dann gilt für jeden inneren Punkt z dieses Gebietes **(Abb.14.37)** die Darstellung

$$f(z) = \frac{1}{2\pi\mathrm{i}} \oint_{(K)} \frac{f(\xi)}{\xi - z}\,d\xi \qquad (\text{CAUCHY}\textit{sche Integralformel})\,, \tag{14.42}$$

wenn ξ die Kurve K im Gegenuhrzeigersinn durchläuft. Somit lassen sich die Funktionswerte einer analytischen Funktion im Innern eines Gebietes durch die Funktionswerte auf dem Rande des Gebietes

ausdrücken.
Aus (14.42) ergeben sich Existenz und Integraldarstellung der n-ten Ableitung einer in einem Gebiet G analytischen Funktion:

$$f^{(n)}(z) = \frac{n!}{2\pi \mathrm{i}} \oint\limits_{(K)} \frac{f(\xi)}{(\xi - z)^{n+1}}\, d\xi\,. \tag{14.43}$$

Eine analytische Funktion ist demnach beliebig oft differenzierbar. Im Unterschied dazu folgt im Reellen aus der einmaligen Differenzierbarkeit nicht die wiederholte Differenzierbarkeit.
Die Gleichungen (14.42) und (14.43) werden CAUCHY*sche Integralformeln* genannt.

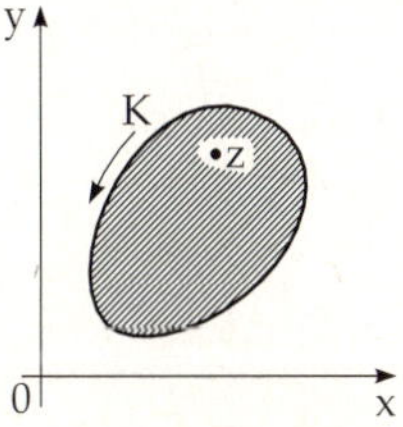

Abbildung 14.37

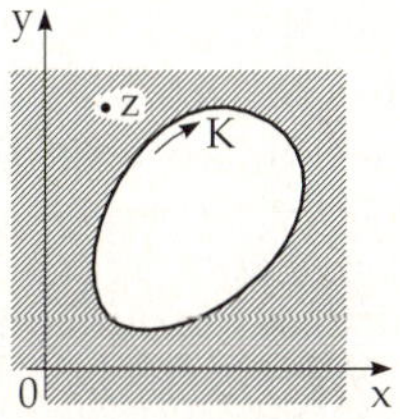

Abbildung 14.38

14.2.3.2 Analytische Funktion außerhalb eines Gebietes

Wenn eine Funktion $f(z)$ im gesamten Teil der Ebene außerhalb des geschlossenen Integrationsweges K analytisch ist, dann werden die Werte der Funktion $f(z)$ und ihrer Ableitungen in einem Punkt z dieses Gebietes mit Hilfe der gleichen CAUCHYschen Formeln (14.42, 14.43) dargestellt, aber die Kurve des geschlossenen Integrationsweges K ist nunmehr im Uhrzeigersinn zu durchlaufen **(Abb.14.38)**.
Mit Hilfe der CAUCHYschen Integralformeln können die Werte einiger bestimmter reeller Integrale berechnet werden (s. S. 692).

14.3 Potenzreihenentwicklung analytischer Funktionen

14.3.1 Konvergenz von Reihen mit komplexen Gliedern

14.3.1.1 Konvergenz einer Zahlenfolge mit komplexen Gliedern

Eine unendliche Folge komplexer Zahlen $z_1, z_2, \ldots, z_n, \ldots$ hat den Grenzwert z $\left(z = \lim\limits_{n\to\infty} z_n\right)$, wenn, beginnend bei einem gewissen n, die Ungleichung $|z - z_n| < \varepsilon$ für eine beliebig kleine positive Zahl ε erfüllt werden kann. D.h. von einem gewissen n an liegen alle Punkte, die die Zahlen $z_n, z_{n+1}, \ldots$ darstellen, innerhalb eines Kreises mit dem Radius ε und dem Mittelpunkt in z.

■ Der Grenzwert $\lim\limits_{n\to\infty} \{\sqrt[n]{a}\} = 1$ gilt für beliebiges a. Unter dem Ausdruck $\{\sqrt[n]{a}\}$ versteht man den Wert der Wurzel, der das kleinste Argument besitzt **(Abb.14.39)**.

14.3.1.2 Konvergenz einer unendlichen Reihe mit komplexen Gliedern

Eine Reihe $a_1 + a_2 + \cdots + a_n + \cdots$ konvergiert gegen eine Zahl s, die Summe der Reihe, wenn gilt:

$$s = \lim_{n\to\infty} (a_1 + a_2 + \cdots + a_n)\,. \tag{14.44}$$

Verbindet man die Punkte, die durch die Zahlen $s_n = a_1 + a_2 + \cdots + a_n$ in der z-Ebene gegeben sind, durch einen Polygonzug miteinander, dann bedeutet Konvergenz der Reihe die Annäherung des Polygonzugendes an die Zahl s.

■ **A:** $\mathrm{i} + \frac{\mathrm{i}^2}{2} + \frac{\mathrm{i}^3}{3} + \frac{\mathrm{i}^4}{4} + \cdots$. ■ **B:** $\mathrm{i} + \frac{\mathrm{i}^2}{2} + \frac{\mathrm{i}^3}{2^2} + \cdots$ **(Abb.14.40)**.

Man spricht von *absoluter Konvergenz* (■ **B**), wenn auch die Reihe der Absolutbeträge ihrer Glieder

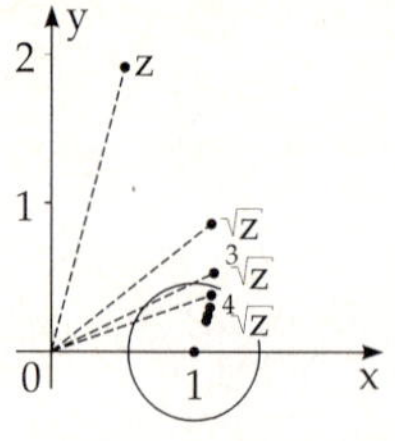

Abbildung 14.39

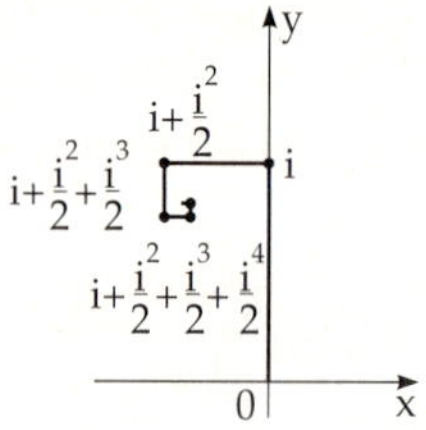

Abbildung 14.40

$|a_1| + |a_2| + |a_3| + \cdots$ konvergiert, von *bedingter Konvergenz* (■ **A**), wenn die Reihe konvergiert, die Reihe ihrer Absolutglieder jedoch divergiert.
Wenn die Glieder einer Reihe gemäß

$$f_1(z) + f_2(z) + \cdots + f_n(z) + \cdots \tag{14.45}$$

variable Funktionen $f_i(z)$ sind, dann wird durch die Reihe für die z–Werte eine Funktion von z definiert, für die die Reihe konvergiert.

14.3.1.3 Potenzreihen im Komplexen

1. Konvergenz Eine Potenzreihe im Komplexen hat die Gestalt

$$P(z - z_0) = a_0 + a_1(z - z_0) + a_2(z - z_0)^2 + \cdots + a_n(z - z_0)^n + \cdots , \tag{14.46a}$$

wobei z_0 ein fester Punkt der Zahlenebene ist und die Koeffizienten a_ν reelle oder komplexe Konstanten sind. Für $z_0 = 0$ geht die Potenzreihe in die Form

$$P(z) = a_0 + a_1 z + a_2 z^2 + \cdots + a_n z^n + \cdots \tag{14.46b}$$

über. Konvergiert die Potenzreihe $P(z - z_0)$ für einen Wert z_1, dann konvergiert sie absolut und gleichmäßig für alle Punkte z jedes abgeschlossenen Kreises innerhalb des Kreises um z_0 mit dem Radius $r = |z_1 - z_0|$.

2. Konvergenzkreis Die Grenze zwischen dem Konvergenzbereich und dem Divergenzbereich einer Potenzreihe ist ein eindeutig bestimmter Kreis, der Konvergenzkreis. Man bestimmt seinen Radius wie im Reellen, falls die Grenzwerte

$$r = \lim_{n\to\infty} \frac{1}{\sqrt[n]{|a_n|}} \qquad \text{oder} \qquad r = \lim_{n\to\infty} \left| \frac{a_n}{a_{n+1}} \right| \tag{14.47}$$

existieren. Wenn die Reihe überall divergiert, ausgenommen den Punkt $z = z_0$, dann ist $r = 0$, konvergiert sie überall, dann ist $r = \infty$. Das Verhalten der Potenzreihe für Punkte auf dem Rand des Konvergenzkreises ist von Fall zu Fall zu untersuchen.

■ Die Potenzreihe $P(z) = \sum\limits_{n=1}^{\infty} \frac{z^n}{n}$ mit dem Konvergenzkreisradius $r = 1$ divergiert für $z = 1$ (harmonische Reihe) und konvergiert für $z = -1$ (nach dem Kriterium von LEIBNIZ für alternierende Reihen). Auch für alle weiteren Punkte des Einheitskreises $|z| = 1$ mit Ausnahme des Punktes $z = 1$ ist die Reihe konvergent.

3. Ableitungen von Potenzreihen und Konvergenzkreis Jede Potenzreihe stellt innerhalb ihres Konvergenzkreises eine analytische Funktion $f(z)$ dar. Die Ableitungen dieser Funktion erhält man durch gliedweise Differentiation der Potenzreihe. Die abgeleiteten Reihen haben denselben Konvergenzkreisradius wie die ursprüngliche Reihe.

4. Integrale von Potenzreihen und Konvergenzkreis Die Potenzreihenentwicklung des Integrals $\int_{z_0}^{z} f(\xi)\, d\xi$ erhält man durch gliedweise Integration der Potenzreihe von $f(z)$. Der Konvergenzradius bleibt dabei erhalten.

14.3.2 Taylor–Reihe

Jede im Innern eines Gebietes G analytische Funktion $f(z)$ kann für jeden Punkt z_0 in G eindeutig in eine Potenzreihe der Form

$$f(z) = \sum_{n=0}^{\infty} a_n (z - z_0)^n \qquad \text{(TAYLOR-}\textit{Reihe}\text{)} \tag{14.48a}$$

entwickelt werden, wobei der Konvergenzkreis der größte Kreis um z_0 ist, der noch ganz dem Gebiet G angehört **(Abb.14.41)**. Für die im allgemeinen komplexen Koeffizienten a_n der Potenzreihe gilt:

$$a_n = \frac{f^{(n)}(z_0)}{n!}. \tag{14.48b}$$

Die TAYLOR–Reihe kann daher in der Form

$$f(z) = f(z_0) + \frac{f'(z_0)}{1!}(z - z_0) + \frac{f''(z_0)}{2!}(z - z_0)^2 + \cdots + \frac{f^{(n)}(z_0)}{n!}(z - z_0)^n + \cdots \tag{14.48c}$$

geschrieben werden. Innerhalb ihres Konvergenzkreises ist jede Potenzreihe die TAYLOR–Entwicklung ihrer Summenfunktion.

■ Beispiele für TAYLOR–Entwicklungen sind die Reihendarstellungen der Funktionen e^z, $\sin z$, $\cos z$, $\sinh z$ und $\cosh z$ in 14.5.2.

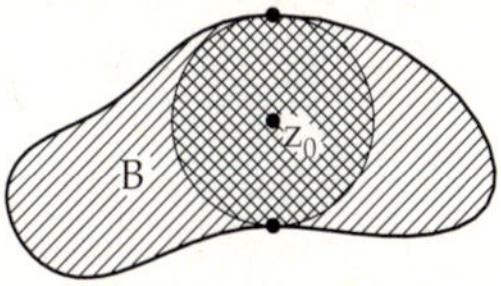

Abbildung 14.41

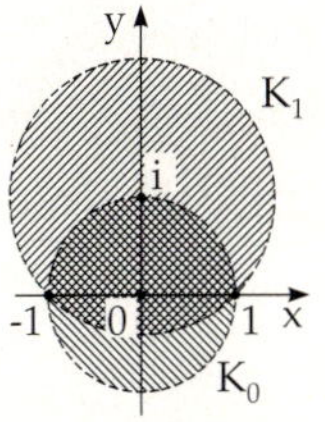

Abbildung 14.42

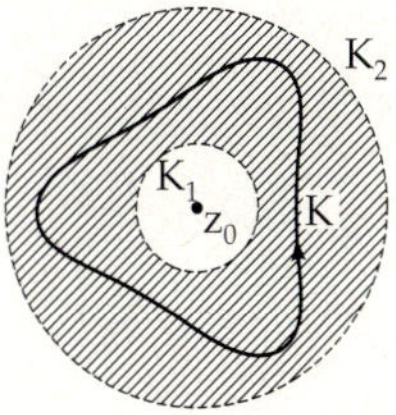

Abbildung 14.43

14.3.3 Prinzip der analytischen Fortsetzung

Es wird der Fall betrachtet, daß die Konvergenzkreise K_0 um z_0 und K_1 um z_1 zweier Potenzreihen

$$f_0(z) = \sum_{n=0}^{\infty} a_n (z - z_0)^n \qquad \text{und} \qquad f_1(z) = \sum_{n=0}^{\infty} b_n (z - z_1)^n \tag{14.49a}$$

ein gewisses Gebiet gemeinsam haben **(Abb.14.42)** und daß in diesem gilt:

$$f_0(z) = f_1(z). \tag{14.49b}$$

Dann sind die beiden Potenzreihen die zu den Punkten z_0 und z_1 gehörenden TAYLOR–Entwicklungen ein- und derselben analytischen Funktion $f(z)$. Die Funktion $f_1(z)$ heißt *analytische Fortsetzung* der nur in K_0 definierten Funktion $f_0(z)$ in das Gebiet K_1 hinein.

■ Die geometrischen Reihen $f_0(z) = \sum\limits_{n=0}^{\infty} z^n$ mit dem Konvergenzkreis K_0 $(r_0 = 1)$ um $z_0 = 0$ und $f_1(z) = \dfrac{1}{1-\mathrm{i}} \sum\limits_{n=0}^{\infty} \left(\dfrac{z-\mathrm{i}}{1-\mathrm{i}}\right)^n$ mit dem Konvergenzkreis K_1 $(r_1 = \sqrt{2})$ um $z_1 = \mathrm{i}$ haben jede in ihrem Konvergenzkreis und in dem gemeisamen (in **Abb.14.42** doppelt schraffierten) Konvergenzgebiet dieselbe für $z \neq 1$ analytische Funktion $f(z) = 1/(1 - z)$ als Summe. Daher ist $f_1(z)$ analytische Fortsetzung von $f_0(z)$ aus K_0 in K_1 hinein (und umgekehrt).

14.3.4 Laurent–Entwicklung

Jede Funktion $f(z)$, die im Innern eines Kreisringes zwischen zwei konzentrischen Kreisen mit dem Mittelpunkt z_0 und den Radien r_1 und r_2 analytisch ist, kann in eine verallgemeinerte Potenzreihe, die LAURENT–Reihe, entwickelt werden:

$$f(z) = \sum_{n=-\infty}^{\infty} a_n (z-z_0)^n = \cdots + \frac{a_{-k}}{(z-z_0)^k} + \frac{a_{-k+1}}{(z-z_0)^{k-1}} + \cdots$$

$$+ \frac{a_{-1}}{z-z_0} + a_0 + a_1(z-z_0) + a_2(z-z_0)^2 + \cdots + a_k(z-z_0)^k + \cdots . \tag{14.50a}$$

Die im allgemeinen komplexen Koeffizienten a_n sind eindeutig durch die Formel

$$a_n = \frac{1}{2\pi\mathrm{i}} \oint_{(K)} \frac{f(\xi)}{(\xi - z_0)^{n+1}}\, d\xi \qquad (n = 0, \pm 1, \pm 2, \ldots) \tag{14.50b}$$

bestimmt. Mit K ist irgendein geschlossener Integrationsweg bezeichnet, der innerhalb des Kreisringgebiets $r_1 < |z| < r_2$ liegt und im Gegenuhrzeigersinn durchlaufen wird **(Abb.14.43)**. Ist das Gebiet G der Funktion $f(z)$ umfassender als der Kreisring, dann ist der Konvergenzbereich der LAURENT-*Reihe* der größte in G enthaltene Kreisring um z_0.

■ Für die Funktion $f(z) = \frac{1}{(z-1)(z-2)}$, die im Ringgebiet $1 < |z| < 2$ analytisch ist, soll eine Potenzreihenentwicklung angegeben werden. Dazu kann man die Funktion $f(z)$ durch Partialbruchzerlegung auf die Form $f(z) = \frac{1}{z-2} - \frac{1}{z-1}$ bringen. Durch einfache Umformung können diese beiden Terme als geometrische Reihen dargestellt werden, die gemeinsam in dem Ringgebiet $1 < |z| < 2$ konvergieren. Man erhält:

$$f(z) = \frac{1}{(z-1)(z-2)} = -\frac{1}{z\left(1-\frac{1}{z}\right)} - \frac{1}{2\left(1-\frac{z}{2}\right)} = -\underbrace{\sum_{n=1}^{\infty} \frac{1}{z^n}}_{|z|>1} - \frac{1}{2}\underbrace{\sum_{n=0}^{\infty}\left(\frac{z}{2}\right)^n}_{|z|<2}.$$

14.3.5 Isolierte singuläre Stellen und der Residuensatz

14.3.5.1 Isolierte singuläre Stellen

Wenn eine Funktion $f(z)$ in der Umgebung eines Punktes z_0 analytisch ist, nicht aber in z_0 selbst, dann heißt z_0 eine *isolierte singuläre Stelle* der Funktion $f(z)$. Ist $f(z)$ in der Umgebung von z_0 in die LAURENT–Reihe

$$f(z) = \sum_{n=-\infty}^{\infty} a_n (z-z_0)^n \tag{14.51}$$

entwickelbar, dann können die isolierten singulären Stellen nach dem Verhalten der LAURENT–Reihen eingeteilt werden:

1. Enthält die LAURENT–Reihe keine Glieder mit negativen Potenzen von $(z-z_0)$, wobei $a_n = 0$ für $n < 0$ gilt, dann geht die LAURENT–Entwicklung in die TAYLOR–Reihe mit den aus der CAUCHYschen Integralformel folgenden Koeffizienten

$$a_n = \frac{1}{2\pi\mathrm{i}} \oint_{(K)} (\xi - z_0)^{-n-1} f(\xi)\, d\xi = \frac{f^{(n)}(z_0)}{n!} \tag{14.52}$$

über. Die Funktion $f(z)$ ist dann auch im Punkt z_0 analytisch, selbst wenn $f(z_0) = a_0$ ist oder wenn z_0 eine hebbare Singularität ist.

2. Enthält die LAURENT–Reihe endlich viele Glieder mit negativen Potenzen von $(z-z_0)$, wobei gelten soll $a_m \neq 0$, alle $a_n = 0$ für $n < m < 0$, dann spricht man von einer *außerwesentlichen Singularität* im Punkt z_0 oder einem *Pol der Ordnung* m oder *Pol der Vielfachheit* m; durch Multiplikation mit $(z - z_0)^m$, aber keiner niedrigeren Potenz, geht $f(z)$ in eine Funktion über, die in z_0 und Umgebung analytisch ist.

■ $f(z) = \frac{1}{2}\left(z + \frac{1}{z}\right)$ hat an der Stelle $z = 0$ einen Pol 1. Ordnung.

3. Enthält die LAURENT–Reihe unendlich viele Glieder mit negativen Potenzen von $(z - z_0)$, dann ist z_0 ein *wesentlich singulärer Punkt* der Funktion $f(z)$.
Bei Annäherung an einen Pol wächst $|f(z)|$ über alle Grenzen. Bei Annäherung an eine wesentlich singuläre Stelle kommt $f(z)$ jeder beliebigen komplexen Zahl c beliebig nahe.

■ Die Funktion $f(z) = e^{1/z}$, deren LAURENT–Reihe $f(z) = \sum\limits_{n=0}^{\infty} \frac{1}{n!}\frac{1}{z^n}$ lautet, hat an der Stelle $z = 0$ eine wesentliche Singularität.

14.3.5.2 Meromorphe Funktionen

Hat eine sonst holomorphe Funktion für endliche Werte von z nur Pole als singuläre Stellen, dann heißt sie *meromorph.* Eine meromorphe Funktion läßt sich immer als Quotient analytischer Funktionen darstellen.

■ Beispiele für in der ganzen Ebene meromorphe Funktionen sind die rationalen Funktionen, die nur eine endliche Zahl von Polen besitzen, sowie solche transzententen Funktionen, wie $\tan z$ und $\cot z$.

14.3.5.3 Elliptische Funktionen

sind doppelperiodische Funktionen, deren einzige Singularitäten Pole sind, d.h., es sind meromorphe Funktionen mit zwei unabhängigen Perioden (s. S. 700). Sind die beiden Perioden ω_1 und ω_2, die in einem nichtreellen Verhältnis stehen, dann gilt:

$$f(z + m\omega_1 + n\omega_2) = f(z) \quad (m, n = 0, \pm 1, \pm 2, \ldots, \operatorname{Im}(\frac{\omega_1}{\omega_2}) \neq 0). \tag{14.53}$$

Der Wertevorrat von $f(z)$ liegt in einem Periodenparallelogramm mit den Punkten $0, \omega_1, \omega_1 + \omega_2, \omega_2$.

14.3.5.4 Residuum

Den Koeffizienten a_{-1} der Potenz $(z - z_0)^{-1}$ in der LAURENT–Entwicklung von $f(z)$ bezeichnet man als *Residuum der Funktion* $f(z)$ im singulären Punkt z_0:

$$a_{-1} = \operatorname{Res} f(z)|_{z=z_0} = \frac{1}{2\pi i} \oint\limits_{(K)} f(\xi)\, d\xi . \tag{14.54a}$$

Das zu einem Pol m–ter Ordnung gehörende Residuum kann mit der Formel

$$a_{-1} = \operatorname{Res} f(z)|_{z=z_0} = \lim_{z \to z_0} \frac{1}{(m-1)!} \frac{d^{m-1}}{dz^{m-1}} [f(z)(z - z_0)^m] \tag{14.54b}$$

berechnet werden.
Wenn die Funktion als Quotient gemäß $f(z) = \varphi(z)/\psi(z)$ dargestellt werden kann, wobei die Funktionen $\varphi(z)$ und $\psi(z)$ im Punkt $z = z_0$ analytisch und z_0 eine einfache Wurzel der Gleichung $\psi(z) = 0$ sein soll, so daß $\psi(z_0) = 0$, $\psi'(z_0) \neq 0$ ist, dann ist der Punkt $z = z_0$ ein Pol 1. Ordnung der Funktion $f(z)$. Mit (14.54b) ergibt sich:

$$\operatorname{Res} \left[\frac{\varphi(z)}{\psi(z)}\right]_{z=z_0} = \frac{\varphi(z_0)}{\psi'(z_0)} . \tag{14.54c}$$

Wenn z_0 eine m–fache Wurzel der Gleichung $\psi(z) = 0$ ist, d.h., wenn $\psi(z_0) = \psi'(z_0) = \cdots = \psi^{(m-1)}(z_0) = 0$, $\psi^{(m)}(z_0) \neq 0$ ist, dann ist der Punkt $z = z_0$ ein m–facher Pol der Funktion $f(z)$.

14.3.5.5 Residuensatz

Mit Hilfe der Residuen kann man den Wert eines Integrals über einen geschlossenen Weg berechnen, der isolierte singuläre Punkte umschließt **(Abb.14.44)**.

Ist die Funktion $f(z)$ in einem einfach zusammenhängenden Gebiet G, das von der geschlossenen Kurve K begrenzt wird, mit Ausnahme der endlich vielen Punkte $z_0, z_1, z_2, \ldots, z_n$ eindeutig und analytisch, dann ist der Wert des im Gegenuhrzeigersinn über den geschlossenen Weg genommenen Integrals gleich dem Produkt aus $2\pi\mathrm{i}$ und der Summe der Residuen in allen diesen singulären Punkten:

$$\oint_{(K)} f(z)\,dz = 2\pi\mathrm{i}\sum_{k=0}^{n} \operatorname{Res} f(z)\,|_{z=z_k}. \tag{14.55}$$

■ Die Funktion $f(z) = e^z/(z^2+1)$ hat die Pole 1. Ordnung $z_{1,2} = \pm\mathrm{i}$. Die zugehörigen Residuen haben die Summe $\sin 1$. Daher gilt, wenn K ein Kreis um den Nullpunkt mit dem Radius $r > 1$ ist, $\displaystyle\oint_{(K)} \frac{e^z}{z^2+1}\,dz = 2\pi\mathrm{i}\sin 1$.

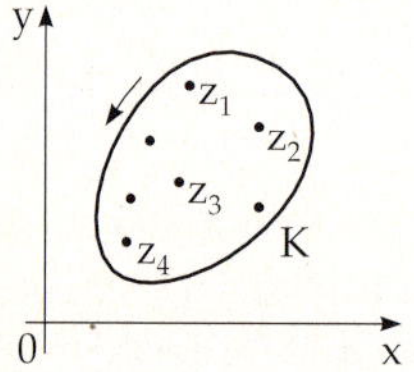

Abbildung 14.44

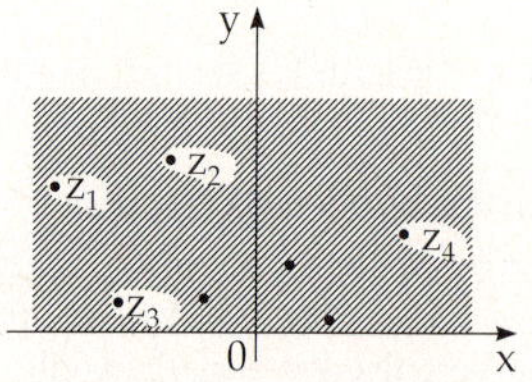

Abbildung 14.45

14.4 Berechnung reeller Integrale durch Integration im Komplexen

14.4.1 Anwendung der Cauchyschen Integralformeln

Mit Hilfe der CAUCHYschen Integralformeln kann man die Werte einiger bestimmter reeller Integrale bestimmen.

■ Die Funktion $f(z) = e^z$, die in der gesamten z–Ebene analytisch ist, wird gemäß CAUCHYscher Integralformel (14.42) dargestellt, wobei der Integrationsweg K ein Kreis mit dem Mittelpunkt in z und dem Radius r sein soll. Die Kreisgleichung lautet $\xi = z + re^{\mathrm{i}\varphi}$. Man erhält gemäß (14.42)

$$e^z = \frac{n!}{2\pi\mathrm{i}}\oint_{(K)} \frac{e^\xi}{(\xi - z)^{n+1}}\,d\xi = \frac{n!}{2\pi\mathrm{i}}\int_{\varphi=0}^{\varphi=2\pi} \frac{e^{(z+re^{\mathrm{i}\varphi})}}{r^{n+1}e^{\mathrm{i}\varphi(n+1)}}\mathrm{i}re^{\mathrm{i}\varphi}\,d\varphi = \frac{n!}{2\pi r^n}\int_0^{2\pi} e^{z+r\cos\varphi+\mathrm{i}r\sin\varphi-\mathrm{i}n\varphi}\,d\varphi,$$ so

daß

$$\frac{2\pi r^n}{n!} = \int_0^{2\pi} e^{r\cos\varphi+\mathrm{i}(r\sin\varphi-n\varphi)}\,d\varphi = \int_0^{2\pi} e^{r\cos\varphi}[\cos(r\sin\varphi-n\varphi)]\,d\varphi + \mathrm{i}\int_0^{2\pi} e^{r\cos\varphi}[\sin(r\sin\varphi-n\varphi)]\,d\varphi.$$

Da der Imaginärteil gleich Null ist, ergibt sich $\displaystyle\int_0^{2\pi} e^{r\cos\varphi}\cos(r\sin\varphi - n\varphi)\,d\varphi = \frac{2\pi r^n}{n!}$.

14.4.2 Anwendung des Residuensatzes

Mit Hilfe des Residuensatzes können eine Reihe bestimmter Integrale von Funktionen einer Veränderlichen berechnet werden. Wenn $f(z)$ eine Funktion ist, die in der gesamten oberen Halbebene einschließlich der reellen Achse analytisch ist, ausgenommen die singulären Punkte $z_1, z_2, \dots, z_n$, die oberhalb der reellen Achse liegen sollen **(Abb.14.45)**, und wenn eine Wurzel der Gleichung $f(1/z = 0$ von der Vielfachheit $m > 2$ ist (s. S. 42), dann gilt:

$$\int_{-\infty}^{+\infty} f(x)\,dx = 2\pi\mathrm{i}\sum_{i=1}^{n} \mathrm{Res}\, f(z)|_{z=z_0}\,. \tag{14.56}$$

■ Berechnung des Integrals $\int_{-\infty}^{+\infty} \frac{dx}{(1+x^2)^3}$: Die Gleichung $f\left(\frac{1}{x}\right) = \frac{1}{\left(1+\frac{1}{x^2}\right)^3} = \frac{x^6}{(x^2+1)^3} = 0$ besitzt die sechsfache Wurzel $x = 0$. Die Funktion $w = \frac{1}{(1+z^2)^3}$ hat in der oberen Halbebene den einzigen singulären Punkt $z = \mathrm{i}$, der ein Pol mit der Vielfachheit 3 ist, denn die Gleichung $(1+z^2)^3 = 0$ hat zwei dreifache Wurzeln bei i und $-\mathrm{i}$. Das Residuum berechnet sich gemäß (14.54b) zu $\mathrm{Res}\,\frac{1}{(1+z^2)^3|_{z=\mathrm{i}}} = \frac{1}{2!}\frac{d^2}{dz^2}\left[\frac{(z-\mathrm{i})^3}{(1+z^2)^3}\right]_{z=\mathrm{i}}$. Aus $\frac{d^2}{dz^2}\left(\frac{z-\mathrm{i}}{1+z^2}\right)^3 = \frac{d^2}{dz^2}(z+\mathrm{i})^{-3} = 12(z+\mathrm{i})^{-5}$ folgt $\mathrm{Res}\,\frac{1}{(1+z^2)^3|_{z=\mathrm{i}}} = 6(z+\mathrm{i})^{-5}|_{z=\mathrm{i}} = \frac{6}{(2\mathrm{i})^5} = -\frac{3}{16}\mathrm{i}$, und mit (14.56): $\int_{-\infty}^{+\infty} f(x)\,dx = 2\pi\mathrm{i}\left(-\frac{3}{16}\mathrm{i}\right) = \frac{3}{8}\pi$. Weitere Anwendungen der Residuentheorie s. z.B. Lit. [14.18].

14.4.3 Anwendungen des Lemmas von Jordan

14.4.3.1 Lemma von Jordan

In vielen Fällen lassen sich reelle uneigentliche Integrale mit unbeschränktem Integrationsgebiet durch komplexe Integrale über geschlossene Wege berechnen. Um dabei immer wiederkehrende Abschätzungen zu vermeiden, benutzt man das *Lemma von* JORDAN, das sich auf uneigentliche Integrale der Form

$$\int_{(K_R)} f(z)e^{\mathrm{i}\alpha z}\,dz \tag{14.57a}$$

bezieht, wobei K_R der in der oberen Halbebene der z–Ebene gelegene Halbkreisbogen um den Nullpunkt mit dem Radius R ist **(Abb.14.46)**. Das Lemma von JORDAN unterscheidet folgende Fälle:

a)$\boldsymbol{\alpha > 0}$: Strebt $f(z)$ in der oberen Halbebene und auf der reellen Achse für $z \to \infty$ gleichmäßig gegen Null und ist $\alpha > 0$ eine positive Zahl, dann gilt für $R \to \infty$

$$\int_{(K_R)} f(z)e^{\mathrm{i}\alpha z}\,dz \to 0\,. \tag{14.57b}$$

b)$\boldsymbol{\alpha = 0}$: Strebt der Ausdruck $z\,f(z)$ für $z \to \infty$ gleichmäßig gegen Null, dann gilt diese Aussage auch im Falle $\alpha = 0$.

c)$\boldsymbol{\alpha < 0}$: Liegt der Halbkreis unterhalb der reellen Achse, dann gilt die enstsprechende Aussage auch für $\alpha < 0$.

d) Der Satz gilt auch, wenn es sich statt um einen vollen Halbkreis um einen Teilbogen handelt.

e) Der entsprechende Sachverhalt liegt für Integrale der Form

$$\int_{(K_R^*)} f(z)e^{\alpha z}\,dz \quad \text{mit} \quad \alpha > 0 \tag{14.57c}$$

vor, wenn K_R^* einen Halbkreis bzw. Teilbogen in der linken Halbebene mit $\alpha > 0$ darstellt, bzw. in der rechten mit $\alpha < 0$.

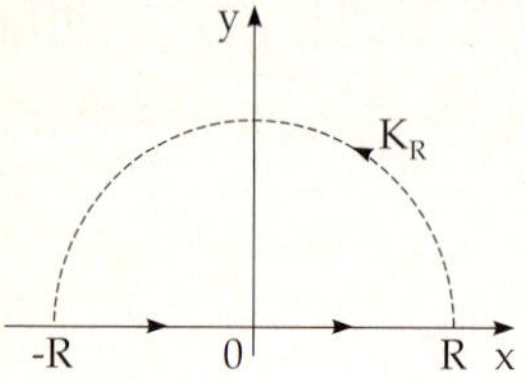

Abbildung 14.46

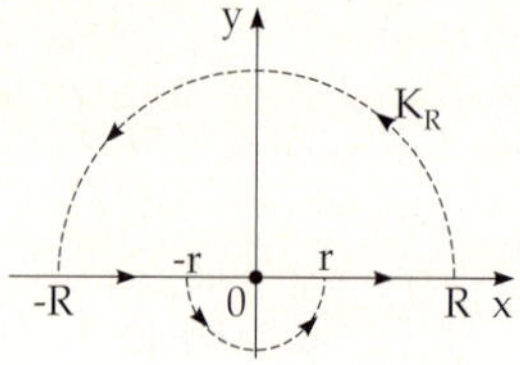

Abbildung 14.47

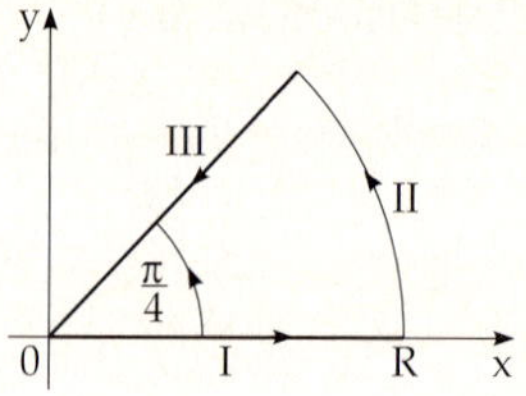

Abbildung 14.48

14.4.3.2 Beispiele zum Lemma von Jordan

1. Berechnung des Integrals $\int\limits_0^\infty \frac{x\sin\alpha x}{x^2+a^2}\,dx$.

Dem gesuchten reellen Integral wird auf folgende Weise ein komplexes Integral zugeordnet:

$$2\mathrm{i}\int\limits_0^R \underbrace{\frac{x\sin\alpha x}{x^2+a^2}}_{\text{gerade Funktion}}dx = \mathrm{i}\int\limits_{-R}^R \frac{x\sin\alpha x}{x^2+a^2}\,dx + \underbrace{\int\limits_{-R}^R \frac{x\cos\alpha x}{x^2+a^2}\,dx}_{=\,0\text{, da Integrand ungerade Funktion}} = \int\limits_{-R}^R \frac{x e^{\mathrm{i}\alpha x}}{x^2+a^2}\,dx\,.$$

Das letzte dieser Integrale ist Bestandteil des komplexen Integrals $\oint\limits_{(K)} \frac{z e^{\mathrm{i}\alpha z}}{z^2+a^2}\,dz$. Die Kurve K besteht aus dem oben definierten Halbkreisbogen K_R und dem Stück der reellen Achse $-R$ und R $(R > |a|)$. Der komplexe Integrand hat in der oberen Halbebene nur die singuläre Stelle $z = a\mathrm{i}$. Nach dem Residuensatz gilt: $I = \oint\limits_{(K)} \frac{z e^{\mathrm{i}\alpha z}}{z^2+a^2}\,dz = 2\pi\mathrm{i}\lim\limits_{z\to a\mathrm{i}}\left[\frac{z e^{\mathrm{i}\alpha z}}{z^2+a^2}(z-a\mathrm{i})\right] = 2\pi\mathrm{i}\lim\limits_{z\to a\mathrm{i}}\frac{z e^{\mathrm{i}\alpha z}}{z+a\mathrm{i}} = \pi\mathrm{i}e^{-\alpha a}$, so daß

$I = \int\limits_{(K_R)} \frac{z e^{\mathrm{i}\alpha z}}{z^2+a^2}\,dz + \int\limits_{-R}^R \frac{x e^{\mathrm{i}\alpha x}}{x^2+a^2}\,dx = \pi\mathrm{i}e^{-\alpha a}$. Aus $\lim\limits_{R\to\infty} I$ ergibt sich unter Beachtung des Lemmas von JORDAN: $\int\limits_0^\infty \frac{x\sin\alpha x}{x^2+a^2}\,dx = \frac{\pi}{2}e^{-\alpha a} \quad (\alpha > 0,\ a \ge 0)$.

Auf ähnliche Weise wurden weitere Integrale der **Tabelle 21.6** berechnet.

2. Integralsinus

Integralsinus nennt man das Integral $\int\limits_0^\infty \frac{\sin x}{x}\,dx$ (s. auch S. 454). Untersucht wird in Analogie zum vorangegangenen Beispiel das komplexe Integral $\int\limits_K \frac{e^{\mathrm{i}z}}{z}\,dz$ mit der Kurve K gemäß **Abb.14.47**. Der Integrand des komplexen Integrals hat an der Stelle $z = 0$ einen Pol 1. Ordnung, so daß

$I = 2\pi\mathrm{i}\lim_{z\to 0}\left[\frac{e^{\mathrm{i}z}}{z}z\right] = 2\pi\mathrm{i}$, also $I = 2\mathrm{i}\int\limits_r^R \frac{\sin x}{x}\,dx + \mathrm{i}\int\limits_\pi^{2\pi} e^{\mathrm{i}r(\cos\varphi+\mathrm{i}\sin\varphi)}\,d\varphi + \int\limits_{K_R} \frac{e^{\mathrm{i}z}}{z}\,dz = 2\pi\mathrm{i}$. Führt man die Grenzübergänge $R\to\infty$, $r\to 0$ durch, wobei der Integrand des zweiten Integrals für $r\to 0$ bezüglich φ gleichmäßig gegen 1 konvergiert (d.h., der Grenzübergang $r\to 0$ kann unter dem Integralzeichen vollzogen werden), dann erhält man unter Beachtung des Lemmas von JORDAN:

$$2\mathrm{i}\int\limits_0^\infty \frac{\sin x}{x}\,dx + \pi\mathrm{i} = 2\pi\mathrm{i}\,, \quad \text{also} \quad \int\limits_0^\infty \frac{\sin x}{x}\,dx = \frac{\pi}{2}\,. \tag{14.58}$$

3. Sprungfunktion

Unstetige, reelle Funktionen kann man mit Hilfe komplexer Integrale (sog. „*Hakenintegrale*" nach der Form des Integrationsweges) darstellen. Die *Sprungfunktion* ist ein Beispiel.

$$F(t) = \frac{1}{2\pi\mathrm{i}} \int\limits_{-\smile\to} \frac{e^{\mathrm{i}tz}}{z}\,dz = \begin{cases} 1 & \text{für } t > 0\,, \\ 1/2 & \text{für } t = 0\,, \\ 0 & \text{für } t < 0\,. \end{cases} \tag{14.59}$$

Das Symbol $-\smile\to$ bezeichnet einen Integrationsweg längs der reellen Achse ($|\,R\,| \to \infty$) unter Umgehung des Nullpunktes **(Abb.14.47)**.

Deutet man t als Zeit, dann stellt die Funktion $\Phi(t) = cF(t - t_0)$ eine Größe dar, die zur Zeit $t = t_0$ von 0 über den Wert $c/2$ auf den Wert c springt. Sie wird als Sprungfunktion bezeichnet oder auch HEAVISIDE-*Funktion* und in der Elektrotechnik zur Darstellung plötzlich auftretender Strom- oder Spannungsstöße verwendet.

4. Rechteckimpuls

Ein weiteres Beispiel für die Anwendung des Hakenintegrals und des Lemmas von JORDAN ist die Darstellung des Rechteckimpulses:

$$\Psi(t) = \begin{cases} 0 & \text{für } t < a \text{ und } t > b\,, \\ 1 & \text{für } a < t < b\,, \\ 1/2 & \text{für } t = a \text{ und } t = b\,. \end{cases} \tag{14.60a}$$

$$\Psi(t) = \frac{1}{2\pi\mathrm{i}} \int\limits_{-\smile\to} \frac{e^{\mathrm{i}(b-t)z}}{z}\,dz - \frac{1}{2\pi\mathrm{i}} \int\limits_{-\smile\to} \frac{e^{\mathrm{i}(a-t)z}}{z}\,dz\,. \tag{14.60b}$$

5. FRESNELsche Integrale

Zur Herleitung der FRESNEL*schen Integrale*

$$\int\limits_0^\infty \sin(x^2)\,dx = \int\limits_0^\infty \cos(x^2)\,dx = \frac{1}{2}\sqrt{\pi/2} \tag{14.61}$$

wird das Integral $I = \int\limits_K e^{-z^2}\,dz$ mit dem in **Abb.14.48** skizzierten geschlossenen Integrationsweg untersucht. Nach dem Integralsatz von CAUCHY gilt: $I = I_{\mathrm{I}} + I_{\mathrm{II}} + I_{\mathrm{III}} = 0$ mit $I_{\mathrm{I}} = \int_0^R e^{-x^2}\,dx$, $I_{\mathrm{II}} = \mathrm{i}R\int_0^{\pi/4} e^{-R^2(\cos 2\varphi + \mathrm{i}\sin 2\varphi) + \mathrm{i}\varphi)}d\varphi$, $I_{\mathrm{III}} = e^{\frac{\mathrm{i}\pi}{4}} \int_R^0 e^{\mathrm{i}r^2}dr = \frac{1}{2}\sqrt{2}(1+\mathrm{i})\left[\mathrm{i}\int_0^R \sin r^2\,dr - \int_0^R \cos r^2\,dr\right]$.

Abschätzung von I_{II}: Unter Beachtung von $|\mathrm{i}| = |e^{\mathrm{i}\tau}| = 1$ (τ reell) gilt: $|I_{\mathrm{II}}| < R\int_0^{\pi/4} e^{-R^2\cos 2\varphi}\,d\varphi =$ $\frac{R}{2}\int_0^\alpha e^{-R^2\cos\varphi}\,d\varphi + \frac{R}{2}\int_\alpha^{\pi/2} e^{-R^2\cos\varphi}\,d\varphi < \frac{R}{2}\int_0^\alpha e^{-R^2\cos\alpha}\,d\varphi + \frac{R}{2}\int_\alpha^{\pi/2} \frac{\sin\varphi}{\sin\alpha} e^{-R^2\cos\varphi}\,d\varphi$ $< \frac{\alpha R}{2} e^{-R^2\cos\alpha} + \frac{1 - e^{-R^2\cos\alpha}}{2R\sin\alpha} \quad \left(0 < \alpha < \frac{\pi}{2}\right)$. Führt man den Grenzübergang $\lim\limits_{R\to\infty} I$ durch, dann lassen sich die Integrale I_{I} und I_{II} auswerten: $\lim_{R\to\infty} I_{\mathrm{I}} = \frac{1}{2}\sqrt{\pi}$, $\lim\limits_{R\to\infty} I_{\mathrm{II}} = 0$, und durch Trennung von Real- und Imaginärteil erhält man die angegebenen Formeln (14.61).

14.5 Algebraische und elementare transzendente Funktionen

14.5.1 Algebraische Funktionen

1. Definition Von einer algebraischen Funktion spricht man, wenn die Funktion das Ergebnis endlich vieler algebraischer Operationen mit diesen Veränderlichen und eventuell noch mit endlich vielen Konstanten ist. Ganz allgemein kann eine komplexe algebraische Funktion $w(z)$ wie ihr reelles Analogon implizit als Polynom

$$a_1 z^{m_1} w^{n_1} + a_2 z^{m_2} w^{n_2} + \cdots + a_k z^{m_k} w^{n_k} = 0 \qquad (14.62)$$

definiert werden. Solche Funktionen müssen sich durchaus nicht immer nach w auflösen lassen.

2. Beispiele algebraischer Funktionen

Lineare Funktion: $w = az + b\,,$ (14.63) Inverse Funktion: $w = \dfrac{1}{z}\,,$ (14.64)

Quadratische Funktion: $w = z^2\,,$ (14.65) Quadratwurzelfunktion: $w = \sqrt{z^2 - a^2}\,,$ (14.66)

Gebrochen lineare Funktion: $w = \dfrac{z + \mathrm{i}}{z - \mathrm{i}}\,.$ (14.67)

14.5.2 Elementare transzendente Funktionen

Die komplexen transzendenten Funktionen werden ebenso wie die algebraischen Funktionen in Analogie zu den entsprechenden reellen transzendenten Funktionen definiert. Eine ausführliche Darstellung findet man in Lit. [21.1] oder [21.10].

1. Natürliche Exponentialfunktion

$$e^z = 1 + \frac{z}{1!} + \frac{z^2}{2!} + \frac{z^3}{3!} + \cdots\,. \qquad (14.68)$$

Die Reihe konvergiert in der gesamten z–Ebene.

a) Rein imaginärer Exponent iy: Gemäß der EULER*schen Relation* (s. S. 35) gilt:

$$e^{\mathrm{i}y} = \cos y + \mathrm{i}\sin y \quad \text{mit} \quad e^{\pi\mathrm{i}} = -1\,. \qquad (14.69)$$

b) Allgemeiner Fall $z = x + \mathrm{i}\,y$:

$$e^z = e^{x+\mathrm{i}y} = e^x e^{\mathrm{i}y} = e^x(\cos y + \mathrm{i}\sin y)\,, \qquad \text{d.h.,} \qquad (14.70\text{a})$$

$$\mathrm{Re}\,(e^z) = e^x \cos y\,, \quad \mathrm{Im}\,(e^z) = e^x \sin y\,, \quad |e^z| = e^x\,, \quad \arg(e^z) = y\,. \qquad (14.70\text{b})$$

c) Exponentialform einer komplexen Zahl (s. S. 35):

$$a + \mathrm{i}b = \varrho e^{\mathrm{i}\varphi}\,. \qquad (14.71\text{a})$$

Die Periode der Funktion e^z ist $2\pi\,\mathrm{i}$: $e^z = e^{z+2k\pi\,\mathrm{i}}\,.$ (14.71b)

Speziell gilt: $e^0 = e^{2k\pi\,\mathrm{i}} = 1\,, \qquad e^{(2k+1)\pi\mathrm{i}} = -1\,.$ (14.71c)

d) EULER*sche Relation für komplexe Zahlen*:

$e^{\mathrm{i}z} = \cos z + \mathrm{i}\sin z\,,$ (14.72a) $\qquad e^{-\mathrm{i}z} = \cos z - \mathrm{i}\sin z\,.$ (14.72b)

2. Natürlicher Logarithmus

$$w = \mathrm{Ln}\,z\,, \quad \text{falls} \quad z = e^w\,. \qquad (14.73\text{a})$$

Wegen $z = \varrho e^{\mathrm{i}\,\varphi}$ kann man schreiben:

$$\mathrm{Ln}\,z = \ln\varrho + \mathrm{i}\,(\varphi + 2k\pi) \quad \text{und} \qquad (14.73\text{b})$$

$$\mathrm{Re}\,(\mathrm{Ln}\,z) = \ln\varrho\,, \quad \mathrm{Im}\,(\mathrm{Ln}\,z) = \varphi + 2k\,\pi \qquad (k = 0, \pm 1, \pm 2, \ldots)\,. \qquad (14.73\text{c})$$

Da $\operatorname{Ln} z$ eine mehrdeutige periodische Funktion ist (s. S. 83), gibt man gewöhnlich nur den *Hauptwert des Logarithmus* $\ln z$ an:

$$\ln z = \ln \varrho + \mathrm{i}\varphi \qquad (-\pi < \varphi \le +\pi)\,. \tag{14.73d}$$

Die Funktion $\operatorname{Ln} z$ ist für alle komplexen Zahlen definiert, ausgenommen die Null.

3. Allgemeine Exponentialfunktion

$$a^z = e^{z \operatorname{Ln} a}\,. \tag{14.74a}$$

Mit $(a \neq 0)$ ist a^z eine mehrdeutige periodische Funktion mit dem Hauptwert

$$a^z = e^{z \ln a}\,. \tag{14.74b}$$

4. Trigonometrische Funktionen und Hyperbelfunktionen

$$\sin z = \frac{e^{\mathrm{i}z} - e^{-\mathrm{i}z}}{2\mathrm{i}} = z - \frac{z^3}{3!} + \frac{z^5}{5!} - \cdots\,, \tag{14.75a}$$

$$\cos z = \frac{e^{\mathrm{i}z} + e^{-\mathrm{i}z}}{2} = 1 - \frac{z^2}{2!} + \frac{z^4}{4!} - \cdots\,, \tag{14.75b}$$

$$\sinh z = \frac{e^{z} - e^{-z}}{2} = z + \frac{z^3}{3!} + \frac{z^5}{5!} + \cdots\,, \tag{14.76a}$$

$$\cosh z = \frac{e^{z} + e^{-z}}{2} = 1 + \frac{z^2}{2!} + \frac{z^4}{4!} + \cdots\,. \tag{14.76b}$$

Alle vier Reihen konvergieren in der gesamten Ebene, alle vier Funktionen sind periodisch. Die Periode der Funktionen (14.75a,b) ist 2π, die der Funktionen (14.76a,b) $2\pi\,\mathrm{i}$.
Für rein imaginäres Argument lauten die Ausdrücke dieser Funktionen:

$$\sin \mathrm{i}y = \mathrm{i}\sinh y\,, \tag{14.77a}$$ $$\cos \mathrm{i}y = \cosh y\,, \tag{14.77b}$$

$$\sinh \mathrm{i}y = \mathrm{i}\sin y\,, \tag{14.78a}$$ $$\cosh \mathrm{i}y = \cos y\,. \tag{14.78b}$$

Die Umrechnungsformeln für die trigonometrischen Funktionen und die Hyperbelfunktionen einer reellen Veränderlichen (2.7.2), (2.9.3) gelten auch für Funktionen einer komplexen Veränderlichen. So erfolgt die Berechnung der Funktionen $\sin z$, $\cos z$, $\sinh z$ und $\cosh z$ für das Argument $z = x + \mathrm{i}\,y$ mit Hilfe der Formeln $\sin(a+b)$, $\cos(a+b)$, $\sinh(a+b)$ und $\cosh(a+b)$.

■ $$\cos(x + \mathrm{i}y) = \cos x \cos \mathrm{i}y - \sin x \sin \mathrm{i}y = \cos x \cosh y - \mathrm{i} \sin x \sinh y\,. \tag{14.79}$$

Daraus folgt:

$$\operatorname{Re}(\cos z) = \cos \operatorname{Re}(z)\, \cosh \operatorname{Im}(z)\,, \tag{14.80a}$$

$$\operatorname{Im}(\cos z) = -\sin \operatorname{Re}(z)\, \sinh \operatorname{Im}(z)\,. \tag{14.80b}$$

Die Funktionen $\tan z$, $\cot z$, $\tanh z$ und $\coth z$ werden mit Hilfe der folgenden Formeln bestimmt:

$$\tan z = \frac{\sin z}{\cos z}\,, \quad \cot z = \frac{\cos z}{\sin z}\,, \tag{14.81a}$$ $$\tanh z = \frac{\sinh z}{\cosh z}\,, \quad \coth z = \frac{\cosh z}{\sinh z}\,. \tag{14.81b}$$

5. Inverse trigonometrische Funktionen und inverse Hyperbelfunktionen Diese Funktionen sind ebenso wie ihr reelles Analogon vieldeutig und können mit Hilfe des Logarithmus durch die folgenden Formeln dargestellt werden:

$$\operatorname{Arcsin} z = -\mathrm{i} \operatorname{Ln}\left(\mathrm{i}\,z + \sqrt{1 - z^2}\right), \tag{14.82a}$$ $$\operatorname{Arsinh} z = \operatorname{Ln}\left(z + \sqrt{z^2 + 1}\right), \tag{14.82b}$$

$$\operatorname{Arccos} z = -\mathrm{i} \operatorname{Ln}\left(z + \sqrt{z^2 - 1}\right), \tag{14.83a}$$ $$\operatorname{Arcosh} z = \operatorname{Ln}\left(z + \sqrt{z^2 - 1}\right), \tag{14.83b}$$

$$\operatorname{Arctan} z = \frac{1}{2\mathrm{i}} \operatorname{Ln} \frac{1 + \mathrm{i}\,z}{1 - \mathrm{i}\,z}\,, \tag{14.84a}$$ $$\operatorname{Artanh} z = \frac{1}{2} \operatorname{Ln} \frac{1 + z}{1 - z}\,, \tag{14.84b}$$

$$\operatorname{Arccot} z = -\frac{1}{2\mathrm{i}} \operatorname{Ln} \frac{\mathrm{i}\,z+1}{\mathrm{i}\,z-1}, \quad (14.85\mathrm{a}) \qquad \operatorname{Arcoth} z = \frac{1}{2} \operatorname{Ln} \frac{z+1}{z-1}. \quad (14.85\mathrm{b})$$

Die *Hauptwerte* der inversen trigonometrischen und inversen Hyperbelfunktionen drückt man mit denselben Formeln und mit Hilfe des Hauptwertes des Logarithmus $\ln z$ aus:

$$\arcsin z = -\mathrm{i}\,\ln(\mathrm{i}\,z + \sqrt{1-z^2}), \quad (14.86\mathrm{a}) \qquad \operatorname{Arsinh} z = \ln(z + \sqrt{z^2+1}), \quad (14.86\mathrm{b})$$

$$\arccos z = -\mathrm{i}\,\ln(z + \sqrt{z^2-1}), \quad (14.87\mathrm{a}) \qquad \operatorname{Arcosh} z = \ln(z + \sqrt{z^2-1}), \quad (14.87\mathrm{b})$$

$$\arctan z = \frac{1}{2\mathrm{i}} \ln \frac{1+\mathrm{i}z}{1-\mathrm{i}z}, \quad (14.88\mathrm{a}) \qquad \operatorname{Artanh} z = \frac{1}{2} \ln \frac{1+z}{1-z}, \quad (14.88\mathrm{b})$$

$$\operatorname{arccot} z = -\frac{1}{2\mathrm{i}} \ln \frac{\mathrm{i}z+1}{\mathrm{i}z-1}, \quad (14.89\mathrm{a}) \qquad \operatorname{Arcoth} z = \frac{1}{2} \ln \frac{z+1}{z-1}. \quad (14.89\mathrm{b})$$

6. Real- und Imaginärteile der trigonometrischen und Hyperbelfunktionen

Tabelle 14.1 Real- und Imaginärteile der trigonometrischen und Hyperbelfunktionen

Funktion $w = f(x+\mathrm{i}y)$	Realteil $\operatorname{Re}(w)$	Imaginärteil $\operatorname{Im}(w)$
$\sin(x \pm \mathrm{i}y)$	$\sin x \cosh y$	$\pm \cos x \sinh y$
$\cos(x \pm \mathrm{i}y)$	$\cos x \cosh y$	$\mp \sin x \sinh y$
$\tan(x \pm \mathrm{i}y)$	$\dfrac{\sin 2x}{\cos 2x + \cosh 2y}$	$\pm\dfrac{\sinh 2y}{\cos 2x + \cosh 2y}$
$\sinh(x \pm \mathrm{i}y)$	$\sinh x \cos y$	$\pm \cosh x \sin y$
$\cosh(x \pm \mathrm{i}y)$	$\cosh x \cos y$	$\pm \sinh x \sin y$
$\tanh(x \pm \mathrm{i}y)$	$\dfrac{\sinh 2x}{\cosh 2x + \cos 2y}$	$\pm\dfrac{\sin 2y}{\cosh 2x + \cos 2y}$

7. Absolutbeträge und Argumente der trigonometrischen und Hyperbelfunktionen

Tabelle 14.2 Absolutbeträge und Argumente der trigonometrischen und Hyperbelfunktionen

Funktion $w = f(x+iy)$	Betrag $\lvert w \rvert$	Argument $\arg w$
$\sin(x \pm \mathrm{i}y)$	$\sqrt{\sin^2 x + \sinh^2 y}$	$\pm \arctan(\cot x \, \tanh y)$
$\cos(x \pm \mathrm{i}y)$	$\sqrt{\cos^2 x + \sinh^2 y}$	$\mp \arctan(\tan x \, \tanh y)$
$\sinh(x \pm \mathrm{i}y)$	$\sqrt{\sinh^2 x + \sin^2 y}$	$\pm \arctan(\coth x \, \tan y)$
$\cosh(x \pm \mathrm{i}y)$	$\sqrt{\sinh^2 x + \cos^2 y}$	$\pm \arctan(\tanh x \, \tan y)$

14.5.3 Beschreibung von Kurven in komplexer Form

Eine komplexe Funktion von einer reellen Veränderlichen t kann auch in Parameterform dargestellt werden:

$$z = x(t) + \mathrm{i}y(t) = f(t)\,. \tag{14.90}$$

Bei Änderungen von t durchlaufen die Punkte z eine Kurve $z(t)$. Im folgenden sind die Gleichungen und dazugehörigen graphischen Bilder für Gerade, Kreis, Hyperbel, Ellipse und logarithmische Spirale angegeben.

1. Gerade

a) Gerade durch einen Punkt (z_1, φ, (Abb.14.49a)):

$$z = z_1 + te^{\mathrm{i}}\varphi\,. \tag{14.91a}$$

b) Gerade durch zwei Punkte (z_1, z_2, (Abb.14.49b)):

$$z = z_1 + t(z_2 - z_1)\,. \tag{14.91b}$$

2. Kreis

a) Kreis, Radius r, Mittelpunkt im Koordinatenursprung (Abb.14.50a):

$$z = re^{\mathrm{i}t}\,. \tag{14.92a}$$

b) Kreis, Radius r, Mittelpunkt im Punkt z_1 (Abb.14.50b):

$$z = z_1 + re^{\mathrm{i}t}\,. \tag{14.92b}$$

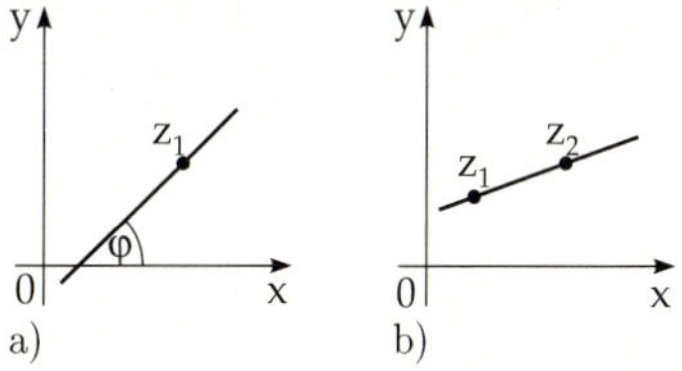

Abbildung 14.49

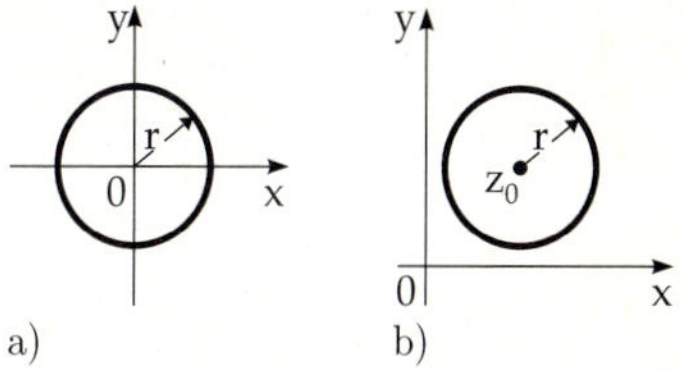

Abbildung 14.50

3. Hyperbel, Normalform $\dfrac{x^2}{a^2} + \dfrac{y^2}{b^2} = 1$ (Abb.14.51):

$$z = a\cosh t + \mathrm{i}b\sinh t \tag{14.93a}$$

oder

$$z = ce^{t} + \bar{c}e^{-t}\,, \tag{14.93b}$$

wobei c und $\bar{c}$ konjugiert komplexe Zahlen sind:

$$c = \frac{a + \mathrm{i}b}{2}\,, \quad \bar{c} = \frac{a - \mathrm{i}b}{2}\,. \tag{14.93c}$$

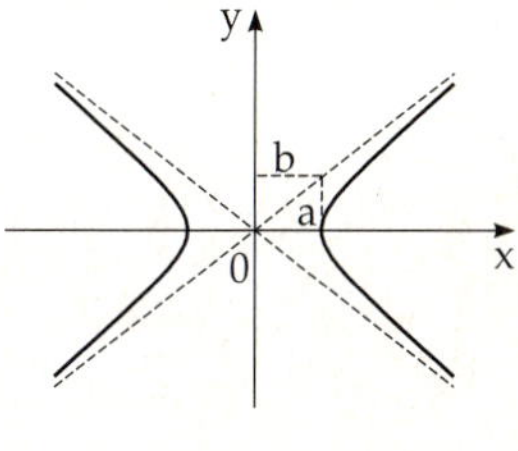

Abbildung 14.51

4. Ellipse

a) Ellipse, Normalform $\dfrac{x^2}{a^2} + \dfrac{y^2}{b^2} = 1$ (Abb.14.52a):

$$z = a\cos t + \mathrm{i}b\sin t \tag{14.94a}$$

oder

$$z = ce^{\mathrm{i}t} + de^{-\mathrm{i}t} \tag{14.94b}$$

mit

$$c = \frac{a+b}{2}, \quad d = \frac{a-b}{2}, \tag{14.94c}$$

d.h., c und d sind beliebige reelle Zahlen.

b) Ellipse, allgemeine Form (Abb.14.52b): Der Mittelpunkt befindet sich im Punkt z_1, die Achsen sind um einen Winkel gedreht.

$$z = z_1 + ce^{\mathrm{i}t} + de^{-\mathrm{i}t}. \tag{14.95}$$

Mit c und d sind beliebige komplexe Zahlen bezeichnet, die die Länge der Ellipsenachsen und ihre Drehung bestimmen.

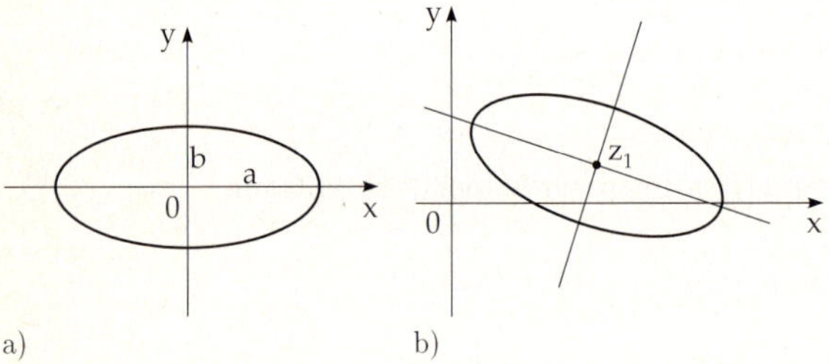

Abbildung 14.52

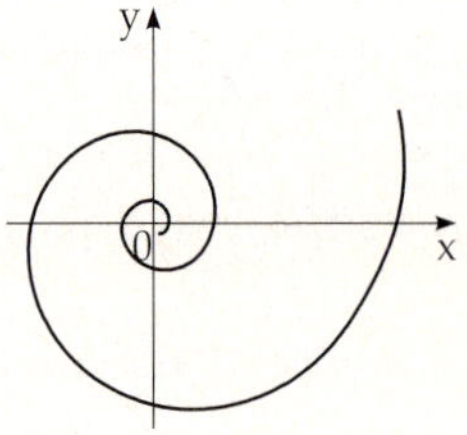

Abbildung 14.53

5. Logarithmische Spirale (Abb.14.53):

$$z = ae^{\mathrm{i}b}, \tag{14.96}$$

wobei a und b beliebige komplexe Zahlen sind.

14.6 Elliptische Funktionen

14.6.1 Zusammenhang mit elliptischen Integralen

Integrale der Form (8.20), mit dem Integranden $R(x, \sqrt{P(x)})$, lassen sich, abgesehen von Ausnahmefällen, nicht in geschlossener Form integrieren, wenn $P(x)$ ein Polynom dritten oder vierten Grades ist, sondern sind als elliptische Integrale numerisch zu berechnen (s. S. 430). Die Umkehrfunktionen der elliptischen Integrale sind die *elliptischen Funktionen.* Sie sind den trigonometrischen Funktionen ähnlich und können als deren Verallgemeinerung angesehen werden. Um das am speziellen Fall zu zeigen, wird

$$\int_0^u (1-t^2)^{-\frac{1}{2}}\, dt = x \qquad (|u| \le 1) \tag{14.97}$$

gesetzt und beachtet, daß

a) zwischen der trigonometrischen Funktion $u = \sin x$ und dem Hauptwert ihrer Umkehrfunktion der Zusammenhang

$$u = \sin x \Leftrightarrow x = \arcsin u \quad \text{für} \quad -\frac{\pi}{2} \le x \le \frac{\pi}{2}, \ -1 \le u \le 1 \tag{14.98}$$

besteht und daß

b) das Integral (14.97) gleich $\arcsin u$ ist. Die Sinusfunktion kann somit als Umkehrfunktion des Integrals (14.97) aufgefaßt werden. Analoges gilt für die elliptischen Integrale.

■ Die Schwingungsdauer des *mathematischen Pendels* mit der an einem masselosen, nicht dehnbaren Faden der Länge l befestigten Masse m **(Abb.14.54)** kann mit Hilfe einer nichtlinearen Differentialgleichung 2. Ordnung, die sich als Bewegungsgleichung aus dem Gleichgewicht der an der Masse angreifenden Kräfte ergibt, berechnet werden:

$$\frac{d^2\vartheta}{dt^2} + \frac{g}{l}\sin\vartheta = 0 \text{ mit } \vartheta(0) = \vartheta_0\,,\ \dot{\vartheta}(0) = 0 \quad \text{oder} \quad \frac{d}{dt}\left[\left(\frac{d\vartheta}{dt}\right)^2\right] = 2\,\frac{g}{l}\,\frac{d}{dt}(\cos\vartheta)\,. \qquad (14.99a)$$

Zwischen Pendellänge l und Auslenkung s aus der Ruhelage besteht der Zusammenhang $s = l\vartheta$, also $\dot{s} = l\dot{\vartheta}$ und $\ddot{s} = l\ddot{\vartheta}$. Die an der Masse angreifende Kraft $F = mg$, wobei g die Fallbeschleunigung ist, spaltet, bezogen auf die Bahnkurve, in eine Normalkomponente F_N und eine Tangentialkomponente F_T auf **(Abb.14.54)**. Die Normalkomponente $F_N = mg\cos\vartheta$ wird von der Fadenspannung im Gleichgewicht gehalten. Da sie senkrecht auf der Bewegungsrichtung steht, liefert sie keinen Beitrag zur Bewegungsgleichung. Die Tangentialkomponente F_T steht mit der entgegengesetzt gleich großen Tangentialkraft im Gleichgewicht: $F_T = m\ddot{s} = ml\ddot{\vartheta} = -mg\sin\vartheta$. Die Tangentialkomponente zeigt immer zur Ruhelage hin.
Durch Trennung der Variablen erhält man:

$$t - t_0 = \sqrt{\frac{l}{g}}\int_0^{\vartheta}\frac{d\Theta}{\sqrt{2(\cos\Theta - \cos\vartheta_0)}}\,. \qquad (14.99b)$$

Dabei bedeutet t_0 die Zeit, bei der das Pendel zum ersten Mal durch die tiefste Lage geht, d.h., es gilt $\vartheta(t_0) = 0$. Mit Θ ist die Integrationsvariable bezeichnet. Nach einigen Umformungen mit Hilfe der Substitution $\sin\frac{\Theta}{2} = k\sin\psi$, $k = \sin\frac{\Theta}{2}$ erhält man die Gleichung

$$t - t_0 = \sqrt{\frac{l}{g}}\int_0^{\varphi}\frac{d\psi}{\sqrt{1 - k^2\sin^2\psi}} = \sqrt{\frac{l}{g}}\,F(k,\varphi)\,. \qquad (14.99c)$$

Dabei ist $F(k,\varphi)$ ein elliptisches Integral 1. Gattung (s. (8.23a), S. 431). Der Ausschlagwinkel $\vartheta = \vartheta(t)$ ist eine periodische Funktion der Periode $2T$ mit

$$T = \sqrt{\frac{l}{g}}\,F\left(k,\frac{\pi}{2}\right) = \sqrt{\frac{l}{g}}K\,, \qquad (14.99d)$$

wobei K ein vollständiges elliptisches Integral 1. Gattung darstellt **(Tabelle 21.7)**. Mit T ist die *Schwingungsdauer* des Pendels bezeichnet, d.h. die Zeit zwischen zwei Umkehrpunkten, für die $\frac{d\vartheta}{dt} = 0$ gilt. Für kleine Auslenkungen mit $\sin\vartheta \approx \vartheta$ wird $T = 2\pi\sqrt{l/g}$.

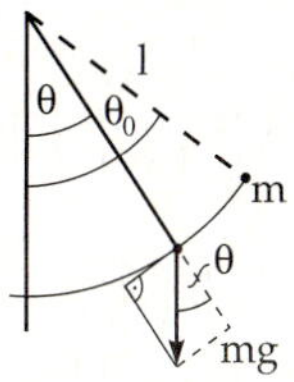

Abbildung 14.54

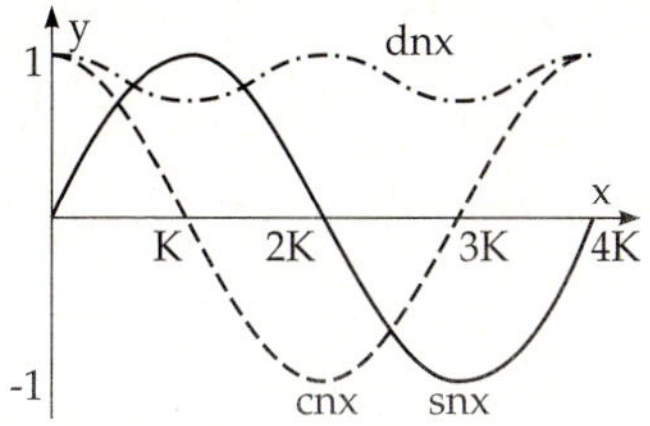

Abbildung 14.55

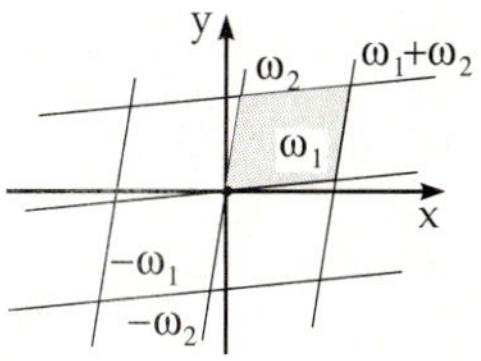

Abbildung 14.56

14.6.2 Jacobische Funktionen

1. Definition

Aus der Darstellung (8.22a) und (8.23a) für das elliptische Integral 1. Gattung $F(k, \varphi)$ folgt für $0 < k < 1$

$$\frac{dF}{d\varphi} = (1 - k^2 \sin^2 \varphi)^{-\frac{1}{2}} > 0\,, \tag{14.100}$$

d.h., $F(k, \varphi)$ ist bezüglich φ streng monoton, so daß die zu

$$u = \int\limits_0^\varphi \frac{d\psi}{\sqrt{1 - k^2 \sin^2 \psi}} = u(\varphi) \quad (14.101a) \qquad \text{inverse Funktion } \varphi = \operatorname{am}(k, u) = \varphi(u) \ (14.101b)$$

existiert. Sie wird als *Amplitudenfunktion* bezeichnet. Mit ihrer Hilfe werden die sogenannten JACOBI*schen Funktionen* wie folgt definiert:

$$\operatorname{sn} u = \sin \varphi = \sin \operatorname{am}(k, u) \quad \text{(sinus amplitudinus)}\,, \tag{14.102a}$$

$$\operatorname{cn} u = \cos \varphi = \cos \operatorname{am}(k, u) \quad \text{(cosinus amplitudinus)}\,, \tag{14.102b}$$

$$\operatorname{dn} u = \sqrt{1 - k^2 \operatorname{sn}^2 u} \quad \text{(delta amplitudinus)}\,. \tag{14.102c}$$

2. Doppelperiodische Funktionen

Man kann die JACOBIschen Funktionen in die komplexe z–Ebene analytisch fortsetzen. Die Funktionen $\operatorname{sn} z$, $\operatorname{cn} z$ und $\operatorname{dn} z$ sind dann *meromorphe* Funktionen (s. S. 691), d.h., sie besitzen außer Polstellen keine weiteren Singularitäten. Außerdem sind sie *doppelperiodisch*: Jede dieser Funktionen $f(z)$ hat genau 2 Perioden ω_1 und ω_2 mit

$$f(z + \omega_1) = f(z)\,, \quad f(z + \omega_2) = f(z)\,. \tag{14.103}$$

Dabei sind ω_1 und ω_2 zwei beliebige komplexe Zahlen, deren Quotient nicht reell ist. Aus (14.103) folgt die allgemeine Formel

$$f(z + m\omega_1 + n\omega_2) = f(z)\,, \tag{14.104}$$

wobei m und n beliebige ganze Zahlen sind. Meromorphe doppelperiodische Funktionen heißen *elliptische Funktionen.* Die Menge

$$\{z_0 + \alpha_1\omega_1 + \alpha_2\omega_2\colon\ 0 \le \alpha_1, \alpha_2 < 1\} \tag{14.105}$$

mit beliebigen festen $z_0 \in \mathbb{C}$ heißt *Periodenparallelogramm* der elliptischen Funktion. Ist diese im Periodenparallelogramm **(Abb.14.56)** beschränkt, dann ist sie eine Konstante.

■ Die JACOBIschen Funktionen (14.102a) und (14.102b) sind elliptische Funktionen. Die Amplitudenfunktion (14.101b) ist keine elliptische Funktion.

3. Eigenschaften der JACOBIschen Funktionen

Mit den Substitutionen

$$k'^2 = 1 - k^2\,, \quad K' = F\left(k', \frac{\pi}{2}\right)\,, \ K = F\left(k, \frac{\pi}{2}\right) \tag{14.106}$$

lassen sich für die JACOBIschen Funktionen die in **Tabelle 14.3** aufgeführten Eigenschaften angeben, wobei m und n beliebige ganze Zahlen sind. Den Verlauf von $\operatorname{sn} z$, $\operatorname{cn} z$ und $\operatorname{dn} z$ findet man in **Abb.14.55**. Außerhalb ihrer Polstellen gelten für die JACOBIschen Funktionen die folgenden Beziehungen:

1. $$\operatorname{sn}^2 z + \operatorname{cn}^2 z = 1\,, \quad k^2 \operatorname{sn}^2 z + \operatorname{dn}^2 z = 1\,, \tag{14.107}$$

2. $$\operatorname{sn}(u + v) = \frac{(\operatorname{sn} u)(\operatorname{cn} v)(\operatorname{dn} v) + (\operatorname{sn} v)(\operatorname{cn} u)(\operatorname{dn} u)}{1 - k^2(\operatorname{sn}^2 u)(\operatorname{sn}^2 v)}\,, \tag{14.108a}$$

Tabelle 14.3 Perioden, Nullstellen und Pole der JACOBIschen Funktionen

	Perioden ω_1, ω_2	Nullstellen	Pole
$\mathrm{sn}z$	$4K, 2\mathrm{i}K'$	$2mK + 2n\mathrm{i}K'$	$2mK + (2n+1)\mathrm{i}K'$ (für sn, cn)
$\mathrm{cn}z$	$4K, 2(K + \mathrm{i}K')$	$(2m+1)K + 2n\mathrm{i}K'$	
$\mathrm{dn}z$	$2K, 4\mathrm{i}K'$	$(2m+1)K + (2n+1)\mathrm{i}K'$	

$$\mathrm{cn}(u+v) = \frac{(\mathrm{cn}u)(\mathrm{cn}v) - (\mathrm{sn}u)(\mathrm{dn}u)(\mathrm{sn}v)(\mathrm{dn}v)}{1 - k^2(\mathrm{sn}^2 u)(\mathrm{sn}^2 v)}, \tag{14.108b}$$

$$\mathrm{dn}(u+v) = \frac{(\mathrm{dn}u)(\mathrm{dn}v) - k^2(\mathrm{sn}u)(\mathrm{cn}u)(\mathrm{sn}v)(\mathrm{cn}v)}{1 - k^2(\mathrm{sn}^2 u)(\mathrm{sn}^2 v)}, \tag{14.108c}$$

3. $(\mathrm{sn}z)' = (\mathrm{cn}z)(\mathrm{dn}z)$, (14.109a) $\quad (\mathrm{cn}z)' = -(\mathrm{sn}z)(\mathrm{dn}z)$, (14.109b)

$$(\mathrm{dn}z)' = -k^2(\mathrm{sn}z)(\mathrm{cn}z). \tag{14.109c}$$

Weitere Eigenschaften der JACOBIschen und weiterer elliptischer Funktionen s. Lit. [14.12], [14.18].

14.6.3 Thetafunktionen

Zur Berechnung der JACOBIschen Funktionen verwendet man die *Thetafunktionen*

$$\vartheta_1(z,q) = 2q^{\frac{1}{4}} \sum_{n=0}^{\infty} (-1)^n q^{n(n+1)} \sin(2n+1)z, \tag{14.110a}$$

$$\vartheta_2(z,q) = 2q^{\frac{1}{4}} \sum_{n=0}^{\infty} q^{n(n+1)} \cos(2n+1)z, \tag{14.110b}$$

$$\vartheta_3(z,q) = 1 + 2\sum_{n=1}^{\infty} q^{n^2} \cos 2nz, \tag{14.110c}$$

$$\vartheta_4(z,q) = 1 + 2\sum_{n=1}^{\infty} (-1)^n q^{n^2} \cos 2nz. \tag{14.110d}$$

Ist $|q| < 1$ (q komplex), dann konvergiern die Reihen (14.110a) bis (14.110d) für alle komplexen Argumente z. Bei konstantem q verwendet man häufig die Abkürzungen

$$\vartheta_k(z) := \vartheta_k(\pi z, q) \quad (k = 1,2,3,4). \tag{14.111}$$

Damit haben die JACOBIschen Funktionen die folgenden Darstellungen:

$$\mathrm{sn}z = 2K\frac{\vartheta_4(0)}{\vartheta_1'(0)} \frac{\vartheta_1\left(\frac{z}{2K}\right)}{\vartheta_4\left(\frac{z}{2K}\right)}, \quad (14.112\mathrm{a}) \qquad \mathrm{cn}z = \frac{\vartheta_4(0)}{\vartheta_2(0)} \frac{\vartheta_2\left(\frac{z}{2K}\right)}{\vartheta_4\left(\frac{z}{2K}\right)}, \quad (14.112\mathrm{b})$$

$$\mathrm{dn}z = \frac{\vartheta_4(0)}{\vartheta_3(0)} \frac{\vartheta_3\left(\frac{z}{2K}\right)}{\vartheta_4\left(\frac{z}{2K}\right)}, \quad (14.112\mathrm{c}) \qquad \text{mit} \quad q = \exp\left(-\pi\frac{K'}{K}\right), \quad k = \left(\frac{\vartheta_2(0)}{\vartheta_3(0)}\right)^2 \quad (14.112\mathrm{d})$$

und K, K' gemäß (14.106).

14.6.4 Weierstrasssche Funktionen

Von WEIERSTRASS sind die Funktionen

$$\wp(z) = \wp(z, \omega_1, \omega_2)\,, \quad (14.113a) \qquad \zeta(z) = \zeta(z, \omega_1, \omega_2)\,, \quad (14.113b)$$

$$\sigma(z) = \sigma(z, \omega_1, \omega_2)\,, \quad (14.113c)$$

eingeführt worden, wobei ω_1 und ω_2 zwei beliebige komplexe Zahlen darstellen, deren Quotient nicht reell ist. Man setzt

$$\omega_{mn} = 2(m\omega_1 + n\omega_2)\,, \quad (14.114a)$$

wobei m und n beliebige ganze Zahlen sind, und definiert

$$\wp(z, \omega_1, \omega_2) = z^{-2} + \sum_{m,n}{}' \left[(z - \omega_{mn})^{-2} - \omega_{mn}^{-2}\right]. \quad (14.114b)$$

Dabei deutet der Strich am Summenzeichen an, daß das Wertepaar $m = n = 0$ ausgenommen ist. Die Funktion $\wp(z, \omega_1, \omega_2)$ hat folgende Eigenschaften:

1. Sie ist eine elliptische Funktion mit den Perioden ω_1 und ω_2 .

2. Die Reihe (14.114b) konvergiert für alle $z \neq \omega_{mn}$.

3. Die Funktion $\wp(z, \omega_1, \omega_2)$ genügt der Differentialgleichung

$$\wp'^2 = 4\wp^3 - g_2\wp - g_3 \quad (14.115a) \qquad \text{mit } g_2 = 60 \sum_{m,n}{}' \omega_{mn}^{-4}\,, \quad g_3 = 140 \sum_{m,n}{}' \omega_{mn}^{-6}\,. \quad (14.115b)$$

Die Größen g_2 und g_3 werden als *Invarianten* von $\wp(z, \omega_1, \omega_2)$ bezeichnet.

4. Die Funktion $u = \wp(z, \omega_1, \omega_2)$ ist die Umkehrfunktion zu dem Integral

$$z = \int_u^\infty \frac{dt}{\sqrt{4t^3 - g_2 t - g_3}}\,. \quad (14.116)$$

5. $$\wp(u + v) = \frac{1}{4}\left[\frac{\wp'(u) - \wp'(v)}{\wp(u) - \wp(v)}\right]^2 - \wp(u) - \wp(v)\,. \quad (14.117)$$

Die WEIERSTRASSschen Funktionen

$$\zeta(z) = z^{-1} + \sum_{m,n}{}' \left[(z - \omega_{mn})^{-1} + \omega_{mn}^{-1} + \omega_{mn}^{-2} z\right], \quad (14.118a)$$

$$\sigma(z) = z \exp\left(\int_0^z \left[\zeta(t) - t^{-1}\right] dt\right) = z \prod_{m,n}{}' \left(1 - \frac{z}{\omega_{mn}}\right) \exp\left(\frac{z}{\omega_{mn}} + \frac{z^2}{2\omega_{mn}^2}\right) \quad (14.118b)$$

sind nicht doppelperiodisch, also keine elliptischen Funktionen. Es gelten folgende Beziehungen:

1. $$\zeta'(z) = -\wp(z)\,, \quad \zeta(z) = (\ln \sigma(z))\,, \quad (14.119)$$

2. $$\zeta(-z) = -\zeta(z)\,, \quad \sigma(-z) = -\sigma(z)\,, \quad (14.120)$$

3. $$\zeta(z + 2\omega_1) = \zeta(z) + 2\zeta(\omega_1)\,, \quad \zeta(z + 2\omega_2) = \zeta(z) + 2\zeta(\omega_2)\,, \quad (14.121)$$

4. $$\zeta(u + v) = \zeta(u) + \zeta(v) + \frac{1}{2}\frac{\wp'(u) - \wp'(v)}{\wp(u) - \wp(v)}\,. \quad (14.122)$$

5. Jede elliptische Funktion ist eine rationale Funktion der WEIERSTRASSschen Funktionen $\wp(z)$ und $\zeta(z)$.

15 Integraltransformationen

15.1 Begriff der Integraltransformation

15.1.1 Allgemeine Definition der Integraltransformationen

Unter einer *Integraltransformation* versteht man einen Zusammenhang zwischen zwei Funktionen $f(t)$ und $F(p)$ der Form

$$F(p) = \int\limits_{-\infty}^{+\infty} K(p,t) f(t)\, dt\,. \tag{15.1a}$$

Die Funktion $f(t)$ heißt *Originalfunktion*, ihr Definitionsbereich *Originalbereich*. Die Funktion $F(p)$ nennt man *Bildfunktion*, ihren Definitionsbereich *Bildbereich*.
Die Funktion $K(p,t)$ heißt der *Kern* der Transformation. Während es sich bei t um eine reelle Veränderliche handelt, ist $p = \sigma + \mathrm{i}\omega$ eine komplexe Variable.
Eine abgekürzte Schreibweise erhält man durch Einführung des Symbols $\mathcal{T}$ für die Integraltransformation mit dem Kern $K(p,t)$:

$$F(p) = \mathcal{T}\{f(t)\}\,. \tag{15.1b}$$

Man spricht kurz von $\mathcal{T}$–Transformation.

15.1.2 Spezielle Integraltransformationen

Für unterschiedliche Kerne $K(p,t)$ und unterschiedliche Definitionsbereiche erhält man unterschiedliche Integraltransformationen. Die verbreitetsten sind die LAPLACE–Transformation, die LAPLACE–CARSON–Transformation sowie die FOURIER–Transformation. In **Tabelle 15.1** ist ein Überblick über Integraltransformationen von Funktionen einer Veränderlichen gegeben. Hinzu kommen heute vor allem bei der Bilderkennung oder bei der Charakterisierung von Signalen noch weitere Transformationen wie die *Wavelet–Transformation*, die GABOR–*Transformation* und die WALSH–*Transformation* (s. S. 738ff.).

15.1.3 Umkehrtransformationen

In den Anwendungen ist die Rücktransformation einer Bildfunktion in die Originalfunktion von unmittelbarem Interesse. Man spricht auch von *Umkehrtransformation* oder *inverser Transformation*. Bei Benutzung des Symbols $\mathcal{T}^{-1}$ schreibt sich die Umkehrung der Integraltransformation (15.1a) gemäß

$$f(t) = \mathcal{T}^{-1}\{F(p)\}\,. \tag{15.2a}$$

Der Operator $\mathcal{T}^{-1}$ heißt der zu $\mathcal{T}$ *inverse Operator*, so daß gilt:

$$\mathcal{T}^{-1}\{\mathcal{T}\{f(t)\}\} = f(t)\,. \tag{15.2b}$$

Die Bestimmung der Umkehrtransformation bedeutet, die Lösung der Integralgleichung (15.1a) zu suchen, in der die Funktion $F(p)$ gegeben ist und die Funktion $f(t)$ gesucht wird. Wenn eine Lösung existiert, kann sie in der Form

$$f(t) = \mathcal{T}^{-1}\{F(p)\} \tag{15.2c}$$

geschrieben werden. Die explizite Bestimmung der *inversen Operatoren* für die verschiedenen Integraltransformationen, d.h. für verschiedene Kerne $K(p,t)$, gehört zu den grundlegenden Problemen der Theorie der Integraltransformationen. Der Anwender benutzt zur Lösung seiner Probleme vor allem die in entsprechenden Tabellen angegebenen *Korrespondenzen* von zusammengehörigen Bild- und Originalfunktionen (**Tabelle 21.11, 21.12 und 21.13**).

15.1.4 Linearität der Integraltransformationen

Sind $f_1(t)$ und $f_2(t)$ transformierbare Funktionen, dann gilt

$$\mathcal{T}\{k_1 f_1(t) + k_2 f_2(t)\} = k_1\mathcal{T}\{f_1(t)\} + k_2\mathcal{T}\{f_2(t)\}\,, \tag{15.3}$$

Tabelle 15.1 Übersicht über Integraltransformationen von Funktionen einer Veränderlichen

Transformation	Kern $K(p,t)$	Symbol	Bemerkung
LAPLACE–Transformation	$\begin{cases} 0 & \text{für } t<0 \\ e^{-pt} & \text{für } t>0 \end{cases}$	$\mathcal{L}\{f(t)\} = \int\limits_0^\infty e^{-pt} f(t)dt$	$p = \sigma + \mathrm{i}\omega$
Zweiseitige LAPLACE–Transformation	e^{-pt}	$\mathcal{L}_{\mathrm{II}}\{f(t)\} = \int\limits_{-\infty}^{+\infty} e^{-pt} f(t)dt$	$\mathcal{L}_{\mathrm{II}}\{f(t)1(t)\} = \mathcal{L}\{f(t)\}$ wobei $1(t) = \begin{cases} 0 \text{ für } t<0 \\ 1 \text{ für } t>0 \end{cases}$
Endliche LAPLACE–Transformation	$\begin{cases} 0 & \text{für } t<0 \\ e^{-pt} & \text{für } 0<t<a \\ 0 & \text{für } t>a \end{cases}$	$\mathcal{L}_a\{f(t)\} = \int\limits_0^a e^{-pt} f(t)dt$	
LAPLACE–CARSON–Transformation	$\begin{cases} 0 & \text{für } t<0 \\ pe^{-pt} & \text{für } t>0 \end{cases}$	$\mathcal{C}\{f(t)\} = \int\limits_0^\infty pe^{-pt} f(t)dt$	Die CARSON–Transformation kann auch als zweiseitige oder endliche Transformation auftreten.
FOURIER–Transformation	$e^{-\mathrm{i}\omega t}$	$\mathcal{F}\{f(t)\} = \int\limits_{-\infty}^{+\infty} e^{-\mathrm{i}\omega t} f(t)dt$	$p = \sigma + \mathrm{i}\omega \quad \sigma = 0$
Einseitige FOURIER–Transformation	$\begin{cases} 0 & \text{für } t<0 \\ e^{-\mathrm{i}\omega t} & \text{für } t>0 \end{cases}$	$\mathcal{F}_{\mathrm{I}}\{f(t)\} = \int\limits_0^\infty e^{-\mathrm{i}\omega t} f(t)dt$	$p = \sigma + \mathrm{i}\omega \quad \sigma = 0$
Endliche FOURIER–Transformation	$\begin{cases} 0 & \text{für } t<0 \\ e^{-\mathrm{i}\omega t} & \text{für } 0<t<a \\ 0 & \text{für } t>a \end{cases}$	$\mathcal{F}_a\{f(t)\} = \int\limits_0^a e^{-\mathrm{i}\omega t} f(t)dt$	$p = \sigma + \mathrm{i}\omega \quad \sigma = 0$
FOURIER–Kosinus–Transformation	$\begin{cases} 0 & \text{für } t<0 \\ \mathrm{Re}\,[e^{\mathrm{i}\omega t}] & \text{für } t>0 \end{cases}$	$\mathcal{F}_c\{f(t)\} = \int\limits_0^\infty f(t)\cos\omega t\, dt$	$p = \sigma + \mathrm{i}\omega \quad \sigma = 0$
FOURIER–Sinus–Transformation	$\begin{cases} 0 & \text{für } t<0 \\ \mathrm{Im}\,[e^{\mathrm{i}\omega t}] & \text{für } t>0 \end{cases}$	$\mathcal{F}_s\{f(t)\} = \int\limits_0^\infty f(t)\sin\omega t\, dt$	$p = \sigma + \mathrm{i}\omega \quad \sigma = 0$
MELLIN–Transformation	$\begin{cases} 0 & \text{für } t<0 \\ t^{p-1} & \text{für } t>0 \end{cases}$	$\mathcal{M}\{f(t)\} = \int\limits_0^\infty t^{p-1} f(t)dt$	
HANKEL–Transformation ν–ter Ordnung	$\begin{cases} 0 & \text{für } t<0 \\ tJ_\nu(\sigma t) & \text{für } t>0 \end{cases}$	$\mathcal{H}_\nu\{f(t)\} = \int\limits_0^\infty tJ_\nu(\sigma t) f(t)dt$	$p = \sigma + \mathrm{i}\omega \quad \omega = 0$ $J_\nu(\sigma t) =$ BESSEL–Funktion erster Art ν–ter Ordnung
STIELTJES–Transformation	$\begin{cases} 0 & \text{für } t<0 \\ \dfrac{1}{p+t} & \text{für } t>0 \end{cases}$	$\mathcal{S}\{f(t)\} = \int\limits_0^\infty \dfrac{f(t)}{p+t} dt$	

wobei k_1 und k_2 beliebige Zahlen sein können. Das bedeutet, daß eine Integraltransformation eine lineare Operation auf der Menge T der $\mathcal{T}$–transformierbaren Funktionen darstellt.

15.1.5 Integraltransformationen für Funktionen von mehreren Veränderlichen

Integraltransformationen für Funktionen von mehreren Veränderlichen werden auch *Mehrfach–Integraltransformationen* genannt (s. Lit. [15.16]). Am verbreitetsten sind die zweifache LAPLACE–Transformation, d.h. die LAPLACE–Transformation für eine Funktion von zwei Veränderlichen, die zweifache LAPLACE–CARSON–Transformation und die zweifache FOURIER–Transformation. Mit dem Symbol $\mathcal{L}$ für die LAPLACE–Transformation lautet die Definitionsgleichung

$$F(p,q) = \mathcal{L}^2\{f(x,y)\} \equiv \iint e^{-px-qy} f(x,y)\,dx\,dy\,. \tag{15.4}$$

15.1.6 Anwendungen der Integraltransformationen

1. Prinzipielle Bedeutung Neben der großen theoretischen Bedeutung, die Integraltransformationen in solchen grundlegenden Gebieten der Mathematik wie der Theorie der Integralgleichungen und der Theorie der linearen Operatoren besitzen, haben sie ein breites Anwendungsfeld bei der Lösung praktischer Probleme in Physik und Technik gefunden. Methoden mit dem Einsatz von Integraltransformationen werden häufig *Operatorenmethoden* genannt. Sie eignen sich zur Lösung von gewöhnlichen und partiellen Differentialgleichungen, von Integralgleichungen und Differenzengleichungen.

2. Schema der Operatorenmethode Das allgemeine Schema des Einsatzes der Operatorenmethode mit Integraltransformation ist in **Abb.15.1** dargestellt. Die Lösung eines Problems wird nicht auf direktem Wege durch unmittelbare Lösung der Ausgangsgleichung gesucht; man strebt sie vielmehr über eine Integraltransformation an. Die Rücktransformation der Lösung der transformierten Lösung führt dann auf die Lösung der Ausgangsgleichung.

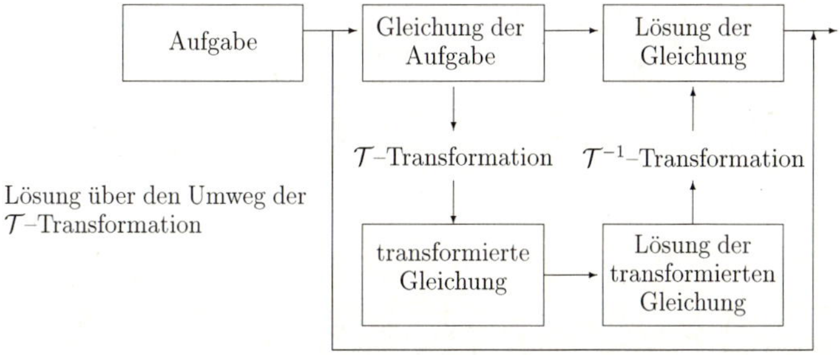

Abbildung 15.1

Die Anwendung der Operatorenmethode zur Lösung gewöhnlicher Differentialgleichungen besteht in den folgenden drei Schritten:

1. Übergang von einer Differentialgleichung für die unbekannte Funktion zu einer Gleichung für ihre Transformierte.

2. Auflösung der erhaltenen Gleichung im Bildbereich, die im allgemeinen keine Differentialgleichung mehr ist, sondern eine algebraische Gleichung, nach der Bildfunktion.

3. Rücktransformation der Bildfunktion mit Hilfe von $\mathcal{T}^{-1}$ in den Originalbereich, d.h. Bestimmung der Originalfunktion.

Die Schwierigkeit der Operatorenmethode liegt oft nicht in der Lösung der Gleichung, sondern im Übergang von der Funktion zur Transformierten und umgekehrt.

15.2 Laplace–Transformation

15.2.1 Eigenschaften der Laplace–Transformation

15.2.1.1 Laplace–Transformierte, Original- und Bildbereich

1. Definition der LAPLACE–Transformation Die LAPLACE–Transformation

$$\mathcal{L}\{f(t)\} = \int_0^\infty e^{-pt} f(t)\, dt = F(p) \tag{15.5}$$

ordnet einer gegebenen Funktion $f(t)$ der reellen Veränderlichen t, *Originalfunktion* genannt, eine andere Funktion $F(p)$ der komplexen Veränderlichen p zu, die *Bildfunktion* genannt wird. Dabei wird vorausgesetzt, daß die Originalfunktion $f(t)$ in ihrem Definitionsbereich $t \geq 0$, dem *Originalbereich*, stückweise glatt ist und für $t \to \infty$ nicht stärker als $e^{\alpha t}$ mit $\alpha > 0$ gegen ∞ strebt. Der Definitionsbereich der Bildfunktion $F(p)$ wird *Bildbereich* genannt.
Häufig wird in der Literatur die LAPLACE–Transformierte auch in der WAGNERschen oder LAPLACE–CARSONschen Form

$$\mathcal{L}_W\{f(t)\} = p\int_0^\infty e^{-pt} f(t)\, dt = p\,F(p) \tag{15.6}$$

eingeführt (s. Lit. [15.17]).

2. Konvergenz Das LAPLACE–Integral $\mathcal{L}\{f(t)\}$ konvergiert in der rechten Halbebene $\mathrm{Re}\,p > \alpha$ **(Abb.15.2)**. Die Bildfunktion $F(p)$ ist dann dort eine analytische Funktion mit den Eigenschaften

1. $$\lim_{\mathrm{Re}\,p\to\infty} F(p) = 0\,. \tag{15.7a}$$

Jede Bildfunktion muß diese notwendige Bedingung erfüllen.

2. $$\lim_{\substack{p\to 0\\(p\to\infty)}} p\,F(p) = A\,, \tag{15.7b}$$

falls die Originalfunktion $f(t)$ einen endlichen Grenzwert $\lim\limits_{\substack{t\to\infty\\(t\to 0)}} f(t) = A$ besitzt.

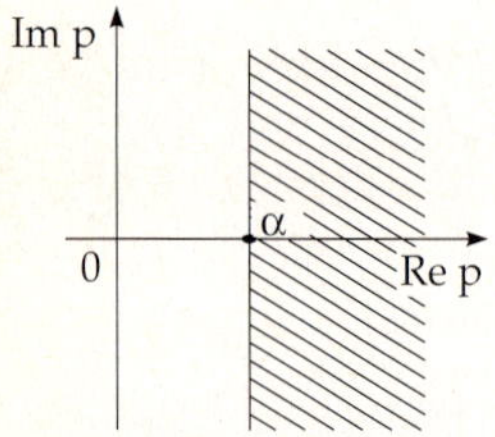

Abbildung 15.2

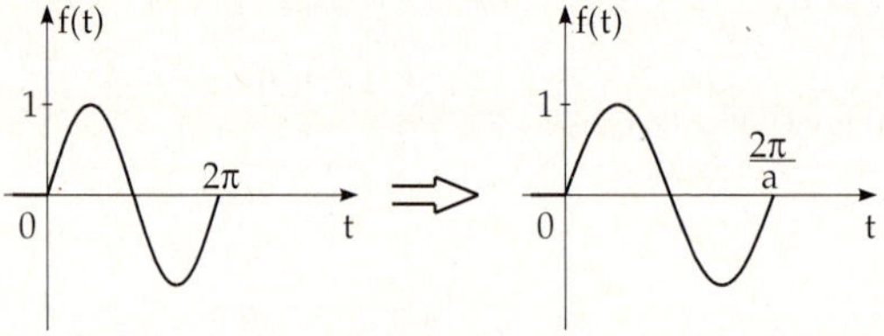

Abbildung 15.3

3. Inverse LAPLACE–Transformation (Rücktransformation) Aus der Bildfunktion erhält man die Originalfunktion mit Hilfe der *Umkehrformel*

$$\mathcal{L}^{-1}\{F(p)\} = \frac{1}{2\pi \mathrm{i}} \int_{c-\mathrm{i}\infty}^{c+\mathrm{i}\infty} e^{pt} F(p)\, dp = \begin{cases} f(t) & \text{für } t > 0\,,\\ 0 & \text{für } t < 0\,. \end{cases} \tag{15.8}$$

Der Integrationsweg dieses komplexen Integrals ist die Parallele $\mathrm{Re}\,p = c$ zur imaginären Achse, wobei $\mathrm{Re}\,p = c > \alpha$ gilt. Ist die Stelle $t = 0$ eine Sprungstelle, d.h. ist $\lim\limits_{t\to +0} f(t) \neq 0$, dann gibt das Integral dort den Mittelwert $\frac{1}{2} f(+0)$ an.

15.2.1.2 Rechenregeln zur Laplace–Transformation

Unter Rechenregeln versteht man im Zusammenhang mit Integraltransformationen die Abbildung von Operationen im Originalbereich auf andere Operationen im Bildbereich.
Im folgenden werden Originalfunktionen stets mit kleinen Buchstaben bezeichnet, die jeweils zugehörigen Bildfunktionen mit den entsprechenden großen Buchstaben.

1. Additions- oder Linearitätssatz

Die LAPLACE–Transformation einer Summe ist gleich der Summe der LAPLACE–Transformierten, wobei konstante Faktoren vor das LAPLACE–Integral gezogen werden können ($\lambda_1, \dots, \lambda_n$ Konstanten):

$$\mathcal{L}\{\lambda_1 f_1(t) + \lambda_2 f_2(t) + \cdots + \lambda_n f_n(t)\} = \lambda_1 F_1(p) + \lambda_2 F_2(p) + \cdots + \lambda_n F_n(p)\,. \tag{15.9}$$

2. Ähnlichkeitssätze

Die LAPLACE–Transformierte von $f(at)$ ($a > 0$, a reell) ergibt eine LAPLACE–Transformierte, die gleich der Transformierten der durch a dividierten Originalfunktion ist, aber mit dem Argument p/a:

$$\mathcal{L}\{f(at)\} = \frac{1}{a} F\left(\frac{p}{a}\right) \quad (a > 0,\ \text{reell}). \tag{15.10a}$$

In Analogie dazu gilt für die Rücktransformation

$$F(ap) = \frac{1}{a} \mathcal{L}\left\{f\left(\frac{t}{a}\right)\right\}. \tag{15.10b}$$

Die **Abb.15.3** zeigt die Anwendung des Ähnlichkeitssatzes am Beispiel einer Sinusfunktion.

3. Verschiebungssätze

1. Verschiebung nach rechts Die LAPLACE–Transformierte einer um a ($a > 0$) nach rechts verschobenen Originalfunktion ist gleich der LAPLACE–Transformierten der nicht verschobenen Originalfunktion, multipliziert mit dem Faktor e^{-ap}:

$$\mathcal{L}\{f(t-a)\} = e^{-ap} F(p)\,. \tag{15.11a}$$

2. Verschiebung nach links Die LAPLACE–Transformierte einer um a nach links verschobenen Originalfunktion ist gleich der mit dem Faktor e^{ap} multiplizierten Differenz aus der LAPLACE–Transformierten der nicht verschobenen Originalfunktion und dem Integral $\int\limits_0^a f(t)\, e^{-pt}\, dt$:

$$\mathcal{L}\{f(t+a)\} = e^{ap}\left[F(p) - \int_0^a e^{-pt} f(t)\, dt\right]. \tag{15.11b}$$

Die **Abb.15.4 und 15.5** zeigen die Rechtsverschiebung einer Kosinusfunktion und die Linksverschiebung einer Geraden.

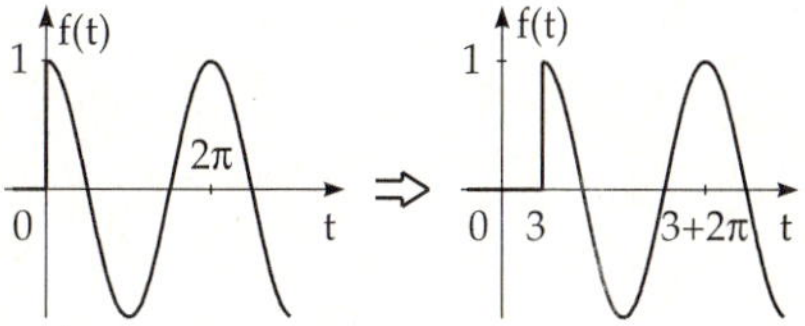

Abbildung 15.4

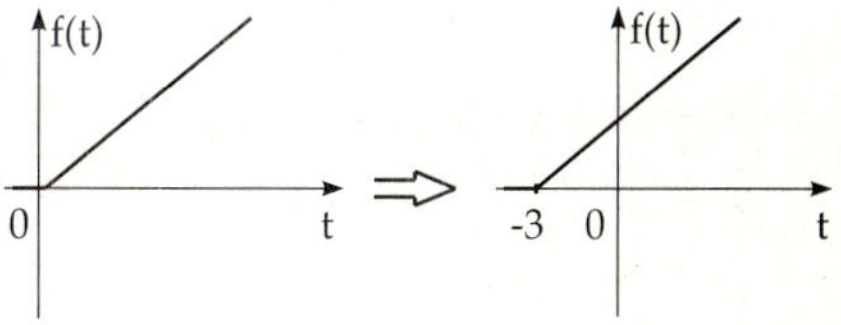

Abbildung 15.5

4. Dämpfungssatz

Die LAPLACE–Transformierte einer mit dem Faktor e^{-bt} gedämpften Originalfunktion ist gleich der LAPLACE–Transformierten mit dem Argument $p + b$ (b beliebig komplex):

$$\mathcal{L}\{e^{-bt} f(t)\} = F(p+b)\,. \tag{15.12}$$

5. Differentiation im Originalbereich

Wenn die Ableitungen $f'(t), f''(t), \ldots, f^{(n)}(t)$ für $t > 0$ existieren und die höchste auftretende Ableitung von $f(t)$ eine Bildfunktion besitzt, dann haben auch die niedrigeren Ableitungen einschließlich $f(t)$ eine Bildfunktion, und es gilt:

$$\left.\begin{aligned} \mathcal{L}\{f'(t)\} &= p\,F(p) - f(+0), \\ \mathcal{L}\{f''(t)\} &= p^2\,F(p) - f(+0)\,p - f'(+0), \\ &\ldots\ldots\ldots\ldots\ldots\ldots\ldots\ldots \\ \mathcal{L}\{f^{(n)}(t)\} &= p^n\,F(p) - f(+0)\,p^{n-1} - f'(+0)\,p^{n-2} - \cdots \\ &\quad - f^{(n-2)}(+0)\,p - f^{(n-1)}(+0) \text{ mit} \\ f^{(\nu)}(+0) &= \lim_{t\to+0} f^{(\nu)}(t)\,. \end{aligned}\right\} \tag{15.13}$$

Aus der Gleichung (15.13) ergibt sich die folgende Darstellung des LAPLACE–Integrals, die zur genäherten Berechnung von LAPLACE–Integralen genutzt werden kann:

$$\mathcal{L}\{f(t)\} = \frac{f(+0)}{p} + \frac{f'(+0)}{p^2} + \frac{f''(+0)}{p^3} + \cdots + \frac{1}{p^n}\mathcal{L}\{f^{(n)}(t)\}\,. \tag{15.14}$$

6. Differentiation im Bildbereich

$$\mathcal{L}\{t^n f(t)\} = (-1)^n F^{(n)}(p)\,. \tag{15.15}$$

Die n–te Ableitung der Bildfunktion ist gleich der LAPLACE–Transformierten der mit $(-t)^n$ multiplizierten Originalfunktion $f(t)$:

$$\mathcal{L}\{(-1)^n\,t^n\,f(t)\} = F^{(n)}(p) \qquad (n = 1, 2, \ldots)\,. \tag{15.16}$$

7. Integration im Originalbereich

Die Bildfunktion eines Integrals über die Originalfunktion ist gleich der Bildfunktion der Originalfunktion, multipliziert mit $1/p^n$ $(n > 0)$:

$$\mathcal{L}\left\{\int_0^t d\tau_1 \int_0^{\tau_1} d\tau_2 \ldots \int_0^{\tau_{n-0}} f(\tau_n)\,d\tau_n\right\} = \frac{1}{(n-1)!}\,\mathcal{L}\left\{\int_0^t (t-\tau)^{(n-1)}\,f(\tau)\,d\tau\right\} = \frac{1}{p^n}F(p)\,. \tag{15.17a}$$

Im Spezialfall des gewöhnlichen einfachen Integrals gilt:

$$\mathcal{L}\left\{\int_0^t f(\tau)\,d\tau\right\} = \frac{1}{p}F(p)\,. \tag{15.17b}$$

Im Originalbereich heben sich Differentiation und Integration gegenseitig auf, wenn die Anfangswerte verschwinden.

8. Integration im Bildbereich

$$\mathcal{L}\left\{\frac{f(t)}{t^n}\right\} = \int_p^\infty dp_1 \int_{p_1}^\infty dp_2 \ldots \int_{p_{n-1}}^\infty F(p_n)\,dp_n = \frac{1}{(n-1)!}\int_p^\infty (z-p)^{n-1}F(z)\,dz\,. \tag{15.18a}$$

Diese Formel gilt nur, wenn $f(t)/t^n$ eine LAPLACE–Transformierte besitzt. Dazu muß $f(x)$ für $t \to 0$ genügend stark gegen Null streben. Als Integrationsweg kann ein beliebiger, von p ausgehender Strahl gewählt werden, der mit der reellen Achse einen spitzen Winkel bildet.
Im Spezialfall des gewöhnlichen einfachen Integrals gilt:

$$\mathcal{L}\left\{\frac{f(t)}{t}\right\} = \int_p^\infty f(z)\,dz\,. \tag{15.18b}$$

9. Divisionssatz

$$\mathcal{L}\left\{\frac{f(t)}{t}\right\} = \int_s^\infty F(u)\,du\,. \tag{15.19}$$

Damit das Integral existiert, muß der Grenzwert $\lim\limits_{t\to 0}\dfrac{f(t)}{t}$ existieren.

10. Differentiation und Integration nach einem Parameter

$$\mathcal{L}\left\{\frac{\partial f(t,\alpha)}{\partial \alpha}\right\} = \frac{\partial F(p,\alpha)}{\partial \alpha}\,, \tag{15.20a}$$

$$\mathcal{L}\left\{\int_{\alpha_1}^{\alpha_2} f(t,\alpha)\,d\alpha\right\} = \int_{\alpha_1}^{\alpha_2} F(t,\alpha)\,d\alpha\,. \tag{15.20b}$$

Mit Hilfe dieser Formeln kann man manchmal LAPLACE–Integrale aus bereits bekannten berechnen.

11. Faltung

1. Faltung im Originalbereich Als Faltung zweier Funktionen $f_1(x)$ und $f_2(x)$ bezeichnet man das Integral

$$f_1 * f_2 = \int_0^t f_1(\tau)\cdot f_2(t-\tau)\,d\tau\,. \tag{15.21}$$

Die Gleichung (15.21) wird auch *einseitige Faltung* im Intervall $(0,t)$ genannt. Eine *zweiseitige Faltung* tritt bei der FOURIER–Transformation (Faltung im Intervall $(-\infty,\infty)$) auf (S. 727).
Die Faltung (15.21) besitzt die Eigenschaften

a) Kommutatives Gesetz: $\quad f_1 * f_2 = f_2 * f_1\,, \qquad (15.22a)$

b) Assoziatives Gesetz: $\quad (f_1 * f_2) * f_3 = f_1 * (f_2 * f_3)\,, \qquad (15.22b)$

c) Distributives Gesetz: $\quad (f_1 + f_2) * f_3 = f_1 * f_3 + f_2 * f_3\,. \qquad (15.22c)$

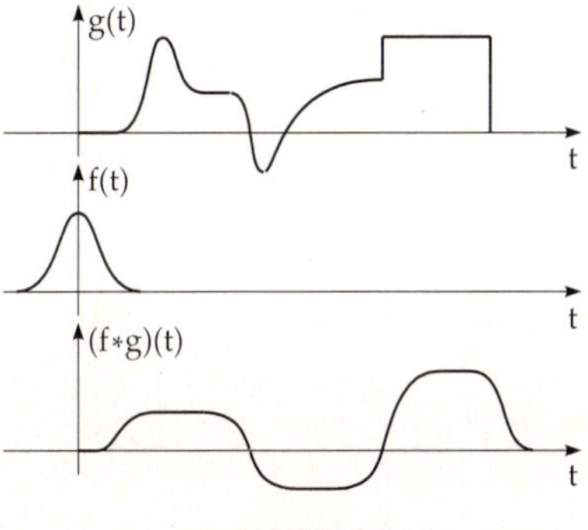

Abbildung 15.6

Im Bildbereich entspricht der Faltung die gewöhnliche Multiplikation:

$$\mathcal{L}\{f_1 * f_2\} = F_1(p)\cdot F_2(p)\,. \tag{15.23}$$

In **Abb.15.6** ist die Faltung zweier Funktionen graphisch dargestellt. Man kann den Faltungssatz zur Bestimmung der Originalfunktion wie folgt benutzen:

1. Faktorisierung der Bildfunktion $F(p) = F_1(p)\cdot F_2(p)$.

2. Ermittlung der Originalfunktionen $f_1(t)$ und $f_2(t)$ der Bildfunktionen $F_1(p)$ und $F_2(p)$ gemäß Tabelle.

3. Bildung der Originalfunktion durch Faltung von $f_1(t)$ mit $f_2(t)$ im Originalbereich gemäß $f(t) = f_1(t) * f_2(t)$, die zur gegebenen Bildfunktion $F(p)$ gehört.

2. Faltung im Bildbereich (komplexe Faltung)

$$\mathcal{L}\{f_1(t)\cdot f_2(t)\} = \begin{cases} \dfrac{1}{2\pi \mathrm{i}} \displaystyle\int_{x_1-\mathrm{i}\infty}^{x_1+\mathrm{i}\infty} F_1(z)\cdot F_2(p-z)\,dz\,, \\[2ex] \dfrac{1}{2\pi \mathrm{i}} \displaystyle\int_{x_2-\mathrm{i}\infty}^{x_2+\mathrm{i}\infty} F_1(p-z)\cdot F_2(p)\,dz\,. \end{cases} \tag{15.24}$$

Die Integration erfolgt längs einer Parallelen zur imaginären Achse. Im ersten Integral müssen x_1 und p so gewählt werden, daß z in der Konvergenzhalbebene von $\mathcal{L}\{f_1\}$ liegt und $p - z$ in der Konvergenzhalbebene von $\mathcal{L}\{f_2\}$. Entsprechendes gilt für das zweite Integral.

15.2.1.3 Bildfunktionen spezieller Funktionen

1. Sprungfunktion Der Einheitssprung bei $t = t_0$ wird durch die Sprungfunktion **(Abb.15.7)** (s. auch S. 695), auch HEAVISIDE*sche Einheitsfunktion* genannt,

$$u(t - t_0) = \begin{cases} 1 \text{ für } t > t_0\,, \\ 0 \text{ für } t < t_0 \end{cases} \quad (t_0 > 0) \tag{15.25}$$

vermittelt.

■ **A:** $f(t) = u(t - t_0)\sin\omega t, \qquad F(p) = e^{-t_0 p}\dfrac{\omega\,\cos\omega\,t_0 + p\,\sin\omega\,t_0}{p^2 + \omega^2}$ **(Abb.15.8)**.

■ **B:** $f(t) = u(t - t_0)\sin\omega\,(t - t_0), \qquad F(p) = e^{-t_0 p}\dfrac{\omega}{p^2 + \omega^2}$ **(Abb.15.9)**.

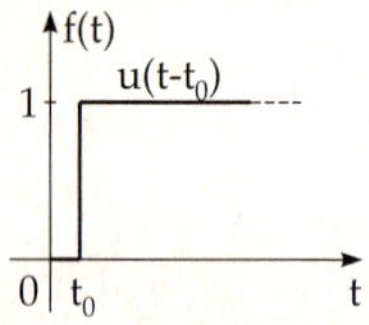

Abbildung 15.7

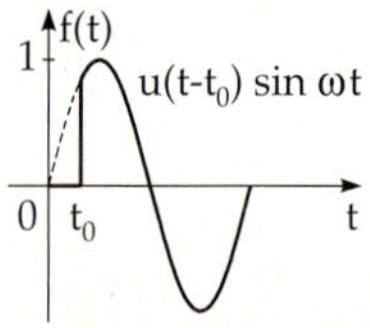

Abbildung 15.8

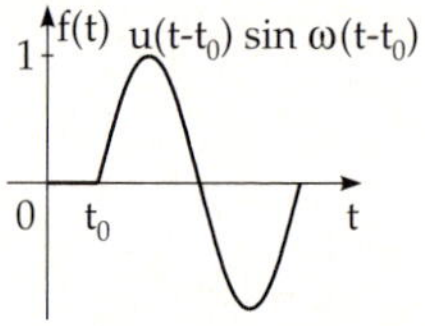

Abbildung 15.9

2. Rechteckimpuls Ein Rechteckimpuls der Höhe 1 und der Breite T **(Abb.15.10)** entsteht durch Überlagerung zweier Sprungfunktionen in der Form

$$u_T(t - t_0) = u(t - t_0) - u(t - t_0 - T) = \begin{cases} 0 & \text{für } t < t_0\,, \\ 1 & \text{für } t_0 < t < t_0 + T\,, \\ 0 & \text{für } t > t_0 + T\,; \end{cases} \tag{15.26}$$

$$\mathcal{L}\{u_T(t - t_0)\} = \frac{e^{-t_0 p}(1 - e^{-Tp})}{p}\,. \tag{15.27}$$

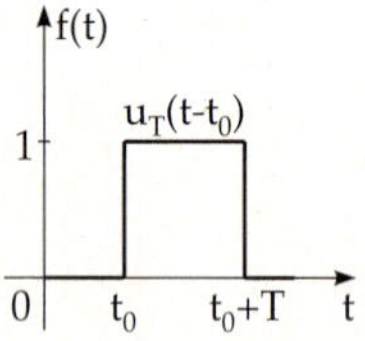

Abbildung 15.10

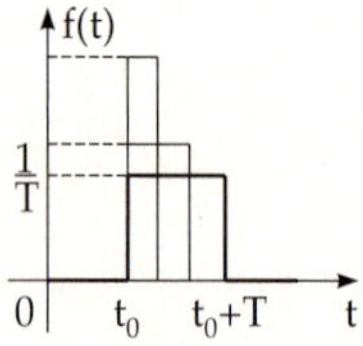

Abbildung 15.11

3. Impulsfunktion (DIRAC*sche* δ –Funktion) (s. auch S. 638) Die Impulsfunktion $\delta(t - t_0)$ ist anschaulich als Grenzfall eines Rechteckimpulses der Breite T und der Höhe $1/T$ an der Stelle $t = t_0$ interpretierbar **(Abb.15.11)**:

$$\delta(t - t_0) = \lim_{T\to 0}\frac{1}{T}[u(t - t_0) - u(t - t_0 - T)]\,. \tag{15.28}$$

Für eine stetige Funktion $h(t)$ gilt:

$$\int_a^b h(t)\,\delta(t-t_0)\,dt = \begin{cases} h(t_0)\,, & \text{falls } t_0 \text{ innerhalb } (a,b)\,,\\ 0, & \text{falls } t_0 \text{ außerhalb } (a,b)\,. \end{cases} \qquad (15.29)$$

Beziehungen der Art

$$\delta(t-t_0) = \frac{du(t-t_0)}{dt}, \qquad \mathcal{L}\{\,\delta(t-t_0)\} = e^{-t_0 p} \qquad (t_0 \geq 0) \qquad (15.30)$$

werden im allgemeineren Sinne in der *Distributionstheorie* untersucht (s. S. 637).

1. Stückweise differenzierbare Funktionen

Die Bildfunktionen stückweise differenzierbarer Funktionen lassen sich mit Hilfe der δ–Funktion leicht angeben:
Wenn $f(t)$ stückweise differenzierbar ist und an den Stellen t_ν $(\nu = 1, 2, ..., n)$ die Sprünge a_ν hat, dann ist ihre erste Ableitung in der Form

$$\frac{df(t)}{dt} = f_s'(t) + a_1\delta(t-t_1) + a_2\delta(t-t_2) + \cdots + a_n\delta(t-t_n) \qquad (15.31)$$

darstellbar, wobei in den Bereichen, in denen $f(t)$ differenzierbar ist, $f_s'(t)$ die gewöhnliche Ableitung von $f(t)$ bedeutet.
Wenn Sprünge erst in den Ableitungen auftreten, gelten für diese ganz entsprechende Formeln. Auf diese Weise lassen sich die Bildfunktionen zu Kurvenzügen, die sich aus Parabelbögen beliebig hoher Ordnung zusammensetzen (empirisch gefundene Kurven wird man meist durch solche einfachen Funktionen annähern), ohne großen Rechenaufwand angeben. Bei formaler Anwendung von (15.13) sind im Falle einer Sprungstelle die Werte $f(+0), f'(+0), \ldots$ gleich Null zu setzen.

■ **A:** $f(t) = \begin{cases} at + b \text{ für } 0 < t < t_0\,, \\ 0 \qquad \text{sonst}\,, \end{cases}$ **(Abb.15.12)**; $f'(t) = a\,u_{t_0}(t) + b\,\delta(t) - (at_0 + b)\,\delta(t-t_0)\,;$

$$\mathcal{L}\{f'(t)\} = \frac{a}{p}(1-e^{-t_0 p}) + b - (at_0+b)\,e^{-t_0 p}\,; \quad \mathcal{L}\{f(t)\} = \frac{1}{p}\left[\frac{a}{p} + b - e^{-t_0 p}\left(\frac{a}{p} + at_0 + b\right)\right].$$

■ **B:**

$$f(t) = \begin{cases} t & \text{für } 0 < t < t_0\,,\\ 2t_0 - t & \text{für } t_0 < t < 2t_0\,,\\ 0 & \text{für } t > 2t_0\,, \end{cases} \textbf{(Abb.15.13)}\;;\; f'(t) = \begin{cases} 1 & \text{für } 0 < t < t_0\,,\\ -1 & \text{für } t_0 < t < 2t_0\,,\\ 0 & \text{für } t > 2t_0\,, \end{cases} \textbf{(Abb.15.14)};$$

$$f''(t) = \delta(t) - \delta(t-t_0) - \delta(t-t_0) + \delta(t-2t_0)\,; \quad \mathcal{L}\{f''(t)\} = 1 - 2e^{-t_0 p} + e^{-2t_0 p}\,; \quad \mathcal{L}\{f(t)\} = \frac{(1-e^{-t_0 p})^2}{p^2}\,.$$

■ **C:** $f(t) = \begin{cases} E\,t/t_0 & \text{für} \quad 0 < t < t_0\,,\\ E & \text{für} \quad t_0 < t < T - t_0\,,\\ -E(t-T)/t_0 & \text{für} \quad T - t_0 < t < T\,,\\ 0 & \text{sonst}\,, \end{cases}$ **(Abb.15.15)**;

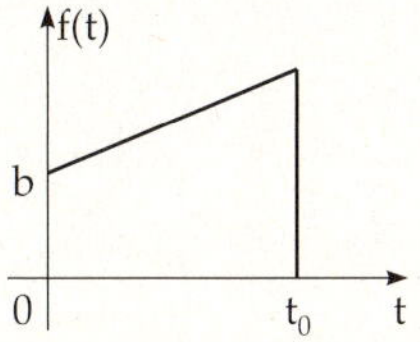

Abbildung 15.12

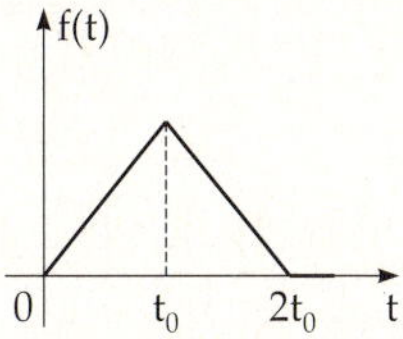

Abbildung 15.13

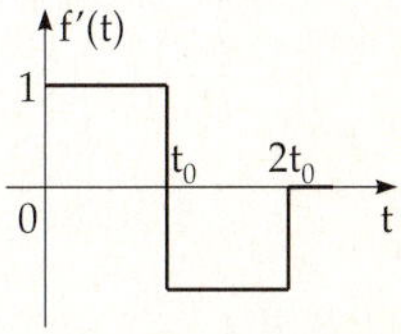

Abbildung 15.14

$$f'(t) = \begin{cases} E/t_0 & \text{für} \quad 0 < t < t_0\,, \\ 0 & \text{für} \quad t_0 < t < T - t_0,\ (t > T)\,, \\ -E/t_0 & \text{für} \quad T - t_0 < t < T\,, \\ 0 & \text{sonst}\,, \end{cases} \quad \textbf{(Abb.15.16)};$$

$$f''(t) = \frac{E}{t_0}\delta(t) - \frac{E}{t_0}\delta(t-t_0) - \frac{E}{t_0}\delta(t-T+t_0) + \frac{E}{t_0}\delta(t-T)\,; \quad \mathcal{L}\{f''(t)\} = \frac{E}{t_0}\left[1 - e^{-t_0 p} - e^{-(T-t_0)p} + e^{-Tp}\right];$$

$$\mathcal{L}\{f(t)\} = \frac{E}{t_0}\,\frac{(1 - e^{-t_0 p})(1 - e^{-(T-t_0)p})}{p^2}\,.$$

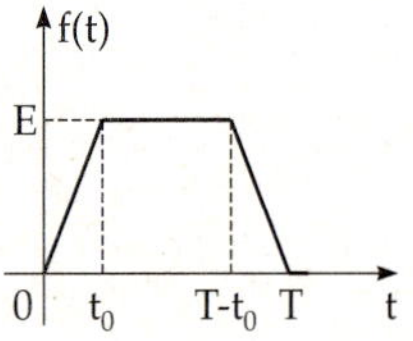

Abbildung 15.15

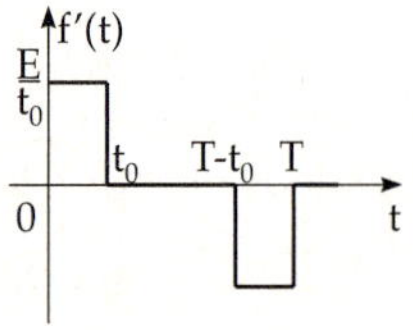

Abbildung 15.16

■ **D:**

$$f(t) = \begin{cases} t - t^2 & \text{für} \quad 0 < t < 1\,, \\ 0 & \text{sonst}\,, \end{cases} \quad \textbf{(Abb.15.17)}; \quad f'(t) = \begin{cases} 1 - 2t & \text{für} \quad 0 < t < 1\,, \\ 0 & \text{sonst}\,, \end{cases} \quad \textbf{(Abb.15.18)};$$

$$f''(t) = -2u_1(t) + \delta(t) + \delta(t-1)\,;$$

$$\mathcal{L}\{f''(t)\} = -\frac{2}{p}(1 - e^{-p}) + 1 + e^{-p}\,; \quad \mathcal{L}\{f(t)\} = \frac{1 + e^{-p}}{p^2} - \frac{2\,(1 - e^{-p})}{p^3}\,.$$

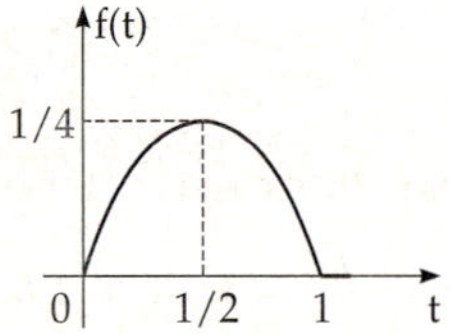

Abbildung 15.17

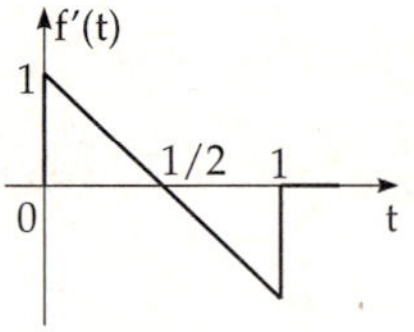

Abbildung 15.18

1. Periodische Funktionen Die Bildfunktion einer periodischen Funktion $f^*(t)$ mit der Periode T, die durch periodische Fortsetzung einer Funktion $f(t)$ entsteht, ergibt sich aus der LAPLACE-Transformierten von $f(t)$, multipliziert mit dem *Periodisierungsfaktor*

$$(1 - e^{-Tp})^{-1}\,. \tag{15.32}$$

■ **A:** Die periodische Fortsetzung von $f(t)$ aus Beispiel **B** (s. oben) mit der Periode $T = 2t_0$ ergibt $f^*(t)$ mit $\mathcal{L}\{f^*(t)\} = \dfrac{(1 - e^{-t_0 p})^2}{p^2} \cdot \dfrac{1}{1 - e^{-2t_0 p}} = \dfrac{1 - e^{-t_0 p}}{p^2(1 + e^{-t_0 p})}$.

■ **B:** Die periodische Fortsetzung von $f(t)$ aus Beispiel **C** (s. oben) mit der Periode T ergibt $f^*(t)$ mit

$$\mathcal{L}\{f^*(t)\} = \frac{E\,(1-e^{-t_0 p})\,(1-e^{-(T-t_0)p})}{t_0\,p^2\,(1-e^{-Tp})}\,.$$

15.2.1.4 Diracsche δ–Funktion und Distributionen

Bei der Beschreibung gewisser technischer Systeme durch lineare Differentialgleichungen treten häufig $u(t)$ und $\delta(t)$ als Stör- oder Eingangsfunktion auf, obwohl die auf S. 708 geforderten Voraussetzungen für die eindeutige Lösbarkeit nicht erfüllt sind: $u(t)$ ist unstetig, $\delta(t)$ ist im Sinne der klassischen Analysis nicht definierbar.
Einen Ausweg zeigt die Distributionstheorie durch die Einführung der sogenannten *verallgemeinerte Funktionen (Distributionen)*, unter die sich z.B. die bekannten stetigen, reellen Funktionen und $\delta(t)$ einordnen lassen, wobei die notwendigen Differenzierbarkeitseigenschaften gewährleistet sind. Die Distributionen gestatten verschiedene Darstellungen. Zu den bekanntesten gehört die von L. SCHWARTZ eingeführte stetige reelle Linearform (s. Lit. [12.14]).
Den periodischen Distributionen lassen sich analog zu den reellen Funktionen FOURIER–Koeffizienten und FOURIER–Reihen eindeutig zuordnen (s. S. 415).

1. Approximationen der δ–Funktion

Analog zu (15.28) kann die Impulsfunktion $\delta(t)$ durch einen Rechteckimpuls der Breite ε und der Höhe $1/\varepsilon$ $(\varepsilon > 0)$ approximiert werden:

$$f(t,\varepsilon) = \begin{cases} 1/\varepsilon & \text{für } |t < \varepsilon/2\,, \\ 0 & \text{für } |t| \geq \varepsilon/2\,. \end{cases} \qquad (15.33a)$$

Weitere Beispiele für die Approximation von $\delta(t)$ sind Glockenkurven (s. S. 70) und LORENTZ–Funktionen (s. S. 93):

$$f(t,\varepsilon) = \frac{1}{\varepsilon\sqrt{2\pi}} e^{-\frac{t^2}{2\varepsilon^2}} \quad (\varepsilon > 0)\,, \qquad (15.33b)$$

$$f(t,\varepsilon) = \frac{\varepsilon/\pi}{t^2+\varepsilon^2} \qquad (\varepsilon > 0)\,. \qquad (15.33c)$$

Allen diesen Funktionen sind die folgenden Eigenschaften gemeinsam:

1. $$\int\limits_{-\infty}^{\infty} f(t,\varepsilon)\,dt = 1\,. \qquad (15.34a)$$

2. $f(-t,\varepsilon) = f(t,\varepsilon)\,,$ d.h., es sind gerade Funktionen. (15.34b)

3. $$\lim_{\varepsilon\to 0} f(t,\varepsilon) = \begin{cases} \infty & \text{für } t = 0\,, \\ 0 & \text{für } t \neq 0\,. \end{cases} \qquad (15.34c)$$

2. Eigenschaften der δ–Funktion

Wichtige Eigenschaften der δ–Funktion im Hinblick auf ihre Anwendung sind:

1. $$\int\limits_{x-a}^{x+a} f(t)\delta(x-t)\,dt = f(x) \quad (f \text{ stetig}\,,\ a > 0)\,. \qquad (15.35)$$

2. $$\delta(\alpha x) = \frac{1}{\alpha}\delta(x) \quad (\alpha > 0)\,. \qquad (15.36)$$

3. $$\delta\,(g(x)) = \sum_{i=1}^{n} \frac{1}{|g'(x_i)|}\delta(x-x_i) \quad \text{mit } g(x_i) = 0 \text{ und } g'(x_i) \neq 0 \ \ (i = 1, 2, \ldots, n)\,. \qquad (15.37)$$

Dabei sind sämtliche Nullstellen von $g(x)$ zu berücksichtigen.

4. n**–te Ableitung der** δ**–Funktion:** Nach n–maliger partieller Integration erhält man aus

$$f^{(n)}(x) = \int\limits_{x-a}^{x+a} f^{(n)}(t)\,\delta(x-t)\,dt \tag{15.38a}$$

eine Vorschrift für die n–te Ableitung der δ–Funktion:

$$(-1)^n f^{(n)}(x) = \int\limits_{x-a}^{x+a} f(t)\,\delta^{(n)}(x-t)\,dt\,. \tag{15.38b}$$

5. FOURIER**–Transformation der** δ**–Funktion:** Die FOURIER–Transformation der δ–Funktion lautet

$$\mathcal{F}\{\delta(t)\} = \frac{1}{\sqrt{2\pi}}\,. \tag{15.39a}$$

Die Rücktransformation liefert für die δ–Funktion eine weitere Darstellung; und zwar in Form eines uneigentlichen Integrals:

$$\delta(t) = \frac{1}{2\pi}\int\limits_{-\infty}^{\infty} e^{\mathrm{i}\omega t}\,d\omega\,. \tag{15.39b}$$

15.2.2 Rücktransformation in den Originalbereich

Für die Rücktransformation in den Originalbereich stehen folgende Wege zur Verfügung:

1. Benutzung einer Tabelle zusammengehöriger Original- und Bildfunktionen, auch Korrespondenzen genannt (s. **Tabelle 21.11**, S. 1063).

2. Zurückführung auf bekannte Korrespondenzen durch Umformung (s. 15.2.2.2, S. 716 und 15.2.2.3, S. 717).

3. Auswertung der Umkehrformel (s. 15.2.2.4, S. 718).

15.2.2.1 Rücktransformation mit Hilfe von Tabellen

Die Benutzung der Tafeln wird hier an einem Beispiel aus **Tabelle 21.11**, S. 1063 demonstriert. Weitere ausführliche Tafeln sind in Lit. [12.3] enthalten.

■ $F(p) = \dfrac{1}{(p+c)(p^2+\omega^2)} = F_1(p)\,\cdot\,F_2(p)\,,\ \mathcal{L}^{-1}\{F_1(p)\} = \mathcal{L}^{-1}\left\{\dfrac{1}{p^2+\omega^2}\right\} = \dfrac{1}{\omega}\sin\omega t = f_1(t)\,,$

$\mathcal{L}^{-1}\{F_2(p)\} = \mathcal{L}^{-1}\left\{\dfrac{1}{p+c}\right\} = e^{-ct} = f_2(t)$. Durch Anwendung des Faltungssatzes (15.23) erhält man

$$\begin{aligned} f(t) &= \mathcal{L}^{-1}\{F_1(p)\,\cdot\,F_2(p)\} \\ &= \int_0^t f_1(\tau)\,\cdot\,f_2(t-\tau)\,d\tau = \int_0^t e^{-c(t-\tau)}\frac{\sin\omega\tau}{\omega}\,d\tau = \frac{1}{c^2+\omega^2}\left(\frac{c\sin\omega t - \omega\cos\omega t}{\omega} + e^{-ct}\right). \end{aligned}$$

15.2.2.2 Partialbruchzerlegung

1. Prinzip Häufig treten in den Anwendungen Bildfunktionen der Form $F(p) = H(p)/G(p)$ auf, wobei $G(p)$ ein Polynom in p darstellt. Hat man die Originalfunktionen zu $H(p)$ und $1/G(p)$ gefunden, dann erhält man die gesuchten Originalfunktionen zu $F(p)$ durch Anwendung des Faltungssatzes.

2. Einfache reelle Nullstellen von $G(p)$ Hat die Bildfunktion $1/G(p)$ nur einfache Pole p_ν $(\nu = 1, 2, \ldots, n)$, dann gilt für sie die Partialbruchzerlegung

$$\frac{1}{G(p)} = \sum_{\nu=1}^{n} \frac{1}{G'(p_\nu)(p-p_\nu)}\,. \tag{15.40}$$

Daher lautet die zugehörige Originalfunktion

$$q(t) = \mathcal{L}^{-1}\left\{\frac{1}{G(p)}\right\} \sum_{\nu=1}^{n} \frac{1}{G'(p_\nu)} e^{p_\nu t}. \tag{15.41}$$

3. HEAVYSIDEscher Entwicklungssatz Ist die Zählerfunktion $H(p)$ ebenfalls ein Polynom von p, aber von niedrigerem Grade als $G(p)$, dann erhält man die Originalfunktion zu $F(p)$ mit Hilfe der nach HEAVYSIDE benannten Formel

$$f(t) = \sum_{\nu=1}^{n} \frac{H(p_\nu)}{G'(p_\nu)} e^{p_\nu t}. \tag{15.42}$$

4. Komplexe Nullstellen Treten komplexe Wurzeln im Nenner auf, dann kann man den HEAVYSIDEschen Entwicklungssatz in der gleichen Weise anwenden. Man kann auch jeweils konjugiert komplexe Glieder, die im Falle komplexer Nullstellen stets vorhanden sein müssen, zu einem quadratischen Ausdruck zusammenfassen, dessen Rücktransformation wie auch im Falle mehrfacher Nullstellen von $G(p)$ mit Hilfe der Tabelle der Korrespondenzen durchgeführt werden kann.

■ $F(p) = \dfrac{1}{(p+c)(p^2+\omega^2)}$, d.h., $H(p) = 1$, $G(p) = (p+c)(p^2+\omega^2)$, $G'(p) = 3p^2 + 2pc + \omega^2$. Die Pole $p_1 = -c$, $p_2 = \mathrm{i}\omega$, $p_3 = -\mathrm{i}\omega$ sind sämtlich einfach. Nach dem HEAVISIDEschen Satz erhält man $f(t) = \dfrac{1}{\omega^2+c^2} e^{-ct} - \dfrac{1}{2\omega(\omega - \mathrm{i}c)} e^{\mathrm{i}\omega t} - \dfrac{1}{2\omega(\omega + \mathrm{i}c)} e^{-\mathrm{i}\omega t}$ oder durch Partialbruchzerlegung und Korrespondenztafel $F(p) = \dfrac{1}{\omega^2+c^2}\left[\dfrac{1}{p+c} + \dfrac{c-p}{p^2+\omega^2}\right]$, $f(t) = \dfrac{1}{\omega^2+c^2}\left[e^{-ct} + \dfrac{c}{\omega}\sin\omega t - \cos\omega t\right]$. Die beiden Ausdrücke für $f(t)$ sind identisch.

15.2.2.3 Reihenentwicklungen

Um $f(t)$ aus $F(p)$ zu gewinnen, versucht man bisweilen, $F(p)$ in eine Reihe $F(p) = \sum\limits_{n=0}^{\infty} F_n(p)$ zu entwickeln, deren Glieder $F_n(p)$ bekannte Bildfunktionen sind, d.h. $F_n(p) = \mathcal{L}[f_n(t)]$.

1. $F(p)$ – eine absolut konvergente Reihe Wenn $F(p)$ in eine für $|p| > R$ absolut konvergente Reihe der Form

$$F(p) = \sum_{n=0}^{\infty} \frac{a_n}{p^{\lambda_n}} \tag{15.43}$$

entwickelt werden kann, wobei die λ_n eine beliebig aufsteigende Zahlenfolge $0 < \lambda_0 < \lambda_1 < \cdots < \lambda_n < \cdots < \cdots \to \infty$ bilden, so ist eine gliedweise Rücktransformation möglich:

$$f(t) = \sum_{n=0}^{\infty} a_n \frac{t^{\lambda_n - 1}}{\Gamma(\lambda_n)}. \tag{15.44}$$

Mit Γ ist die Gammafunktion (s. S. 455) bezeichnet. Speziell erhält man für $\lambda_n = n+1$, d.h. $F(p) = \sum\limits_{n=0}^{\infty} \dfrac{a_{n+1}}{p^{n+1}}$, die Reihe $f(t) = \sum\limits_{n=0}^{\infty} \dfrac{a_{n+1}}{n!} t^n$, die für alle reellen und komplexen t konvergiert. Außerdem ist eine Abschätzung in der Form $|f(t)| < C\, e^{c|t|}$, (C, c reelle Konstanten) möglich.

■ $F(p) = \dfrac{1}{\sqrt{1+p^2}} = \dfrac{1}{p}\left(1 + \dfrac{1}{p^2}\right)^{-1/2} = \sum\limits_{n=0}^{\infty} \dbinom{-\frac{1}{2}}{n} \dfrac{1}{p^{2n+1}}$. Nach gliedweiser Transformation in den Oberbereich erhält man $f(t) = \sum\limits_{n=0}^{\infty} \dbinom{-\frac{1}{2}}{n} \dfrac{t^{2n}}{(2n)!} = \sum\limits_{n=0}^{\infty} \dfrac{(-1)^n}{(n!)^2}\left(\dfrac{t}{2}\right)^{2n} = J_0(t)$ (BESSEL–Funktion 0–ter Ordnung).

2. $F(p)$ – eine meromorphe Funktion Ist $F(p)$ ist eine *meromorphe Funktion*, die sich als Quotient zweier ganzer, also in überall konvergente Potenzreihen entwickelbare Funktionen ohne gemeinsame Nullstellen darstellen läßt, und die daher in eine Summe aus einer ganzen Funktion und unendlich vielen Partialbrüchen zerlegbar ist, dann gilt der Zusammenhang

$$\frac{1}{2\pi \mathrm{i}} \int_{c-\mathrm{i}y_n}^{c+\mathrm{i}y_n} e^{tp} F(p)\, dp = \sum_{\nu=1}^{n} b_\nu e^{p_\nu t} - \frac{1}{2\pi \mathrm{i}} \int_{(K_n)} e^{tp} F(p)\, dp\,. \tag{15.45}$$

Dabei sind die p_ν ($\nu = 1, 2, \ldots, n$) Pole 1. Ordnung der Funktion $F(p)$, die b_ν die zugehörigen Residuen (s. S. 691), die y_ν gewisse Ordinaten und K_ν gewisse Kurvenzüge, etwa Halbkreise in der in **Abb.15.19** angedeuteten Art. Die Lösung $f(t)$ erhält man in der Form

$$f(t) = \sum_{\nu=1}^{\infty} b_\nu e^{p_\nu t}, \qquad \text{wenn} \qquad \frac{1}{2\pi \mathrm{i}} \int_{(K_n)} e^{tp} F(p)\, dp \to 0 \tag{15.46}$$

für $y \to \infty$ strebt, was allerdings nicht immer leicht nachzuweisen ist.

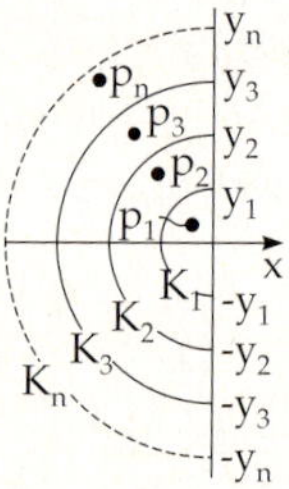

Abbildung 15.19

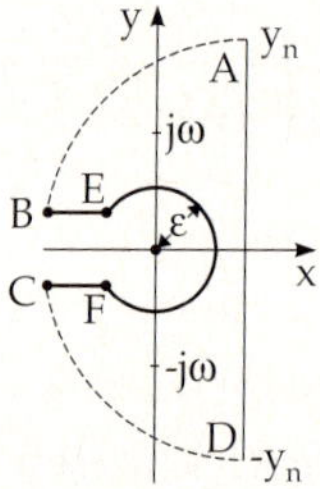

Abbildung 15.20

In manchen Fällen, wenn z.B. der rationale Anteil der meromorphen Funktion $F(p)$ identisch Null ist, bedeutet das eben gewonnene Ergebnis eine formale Übertragung des HEAVYSIDEschen Entwicklungssatzes auf meromorphe Funktionen.

15.2.2.4 Umkehrintegral

Die Umkehrformel

$$f(t) = \lim_{y_n \to \infty} \frac{1}{2\pi \mathrm{i}} \int_{c-\mathrm{i}y_n}^{c+\mathrm{i}y_n} e^{tp} F(p)\, dp \tag{15.47}$$

stellt ein Integral mit komplexem Weg über eine in gewissen Gebieten analytische Funktion dar, auf das solche Methoden der Integration im Komplexen wie die Residuenrechnung oder die Verformung des Integrationsweges nach dem Satz von CAUCHY anwendbar sind.

■ $F(p) = \dfrac{p}{p^2 + \omega^2} e^{-\sqrt{p\alpha}}$ ist wegen des Anteiles $\sqrt{p}$ doppeldeutig. Deshalb wird folgender Integrationsweg gewählt **(Abb.15.20)**: $\dfrac{1}{2\pi \mathrm{i}} \oint_{(K)} e^{tp} \dfrac{p}{p^2 + \omega^2} e^{-\sqrt{p\alpha}}\, dp = \int_{\widehat{AB}} \cdots \int_{\widehat{CD}} \cdots \int_{\widehat{EF}} \cdots \int_{\overline{DA}} \cdots \int_{\overline{BE}} \cdots \int_{\overline{FC}} \cdots =$ $\sum \operatorname{Res} e^{tp} F(p) = e^{-\alpha\sqrt{\omega/2}} \cos(\omega t - \alpha\sqrt{\omega/2})$. Nach dem Lemma von JORDAN (s. S. 693) verschwinden die Integralteile über $\widehat{AB}$ und $\widehat{CD}$ für $y_n \to \infty$. Auf dem Kreisbogen $\widehat{EF}$ (Radius ε) bleibt der Integrand beschränkt, und die Länge des Integrationsweges konvergiert gegen Null für $\varepsilon \to 0$; daher verschwindet dieser Integralbeitrag. Es bleibt das Integral über die beiden horizontalen Strecken $\overline{BE}$

und $\overline{FC}$ zu untersuchen, wobei das obere $(p = re^{i\pi})$ und untere $(p = re^{-i\pi})$ Ufer der negativen reellen Achse zu berücksichtigen sind:

$$\int_{-\infty}^{0} F(p)e^{tp}\,dp = -\int_{0}^{\infty} e^{-tr}\frac{r}{r^2+\omega^2}e^{-i\alpha\sqrt{r}}\,dr, \qquad \int_{0}^{-\infty} F(p)e^{tp}\,dp = \int_{0}^{\infty} e^{-tr}\frac{r}{r^2+\omega^2}e^{i\alpha\sqrt{r}}\,dr\,.$$

Damit erhält man endgültig:

$$f(t) = e^{-\alpha\sqrt{\omega/2}}\cos\left(\omega t - \alpha\sqrt{\frac{\omega}{2}}\right) - \tfrac{1}{\pi}\int_{0}^{\infty} e^{-tr}\frac{r\sin\alpha\sqrt{r}}{r^2+\omega^2}\,dr\,.$$

15.2.3 Lösung von Differentialgleichungen mit Hilfe der Laplace–Transformation

Schon aus den Rechenregeln für die LAPLACE–Transformation (s. S. 709) ist zu erkennen, daß durch Anwendung der LAPLACE–Transformation komplizierte Operationen im Originalbereich wie Differentiation oder Integration durch einfache algebraische Operationen im Bildbereich ersetzt werden können. Dabei müssen allerdings, z.B. bei der Differentiation, noch Anfangsbedingungen berücksichtigt werden. Von dieser Tatsache macht man bei der Lösung von Differentialgleichungen Gebrauch.

15.2.3.1 Gewöhnliche Differentialgleichungen mit konstanten Koeffizienten

1. Prinzip Die Differentialgleichung n–ter Ordnung

$$y^{(n)}(t) + c_{n-1}\,y^{(n-1)}(t) + \cdots + c_1\,y'(t) + c_0\,y(t) = f(t) \tag{15.48a}$$

mit den Anfangswerten $y(+0) = y_0$, $y'(+0) = y'_0, \ldots, y^{(n-1)}(+0) = y_0^{(n-1)}$ geht durch LAPLACE–Transformation in die Gleichung

$$\sum_{k=0}^{n} c_k p^k Y(p) - \sum_{k=1}^{n} c_k \sum_{\nu=0}^{k-1} p^{k-\nu-1} y_0^{(\nu)} = F(p) \qquad (c_n = 1) \tag{15.48b}$$

über. Dabei ist $G(p) = \sum\limits_{k=0}^{n} c_k p^k = 0$ die charakteristische Gleichung der Differentialgleichung (s. S. 278).

2. Differentialgleichung 1. Ordnung Original- und Bildgleichung lauten:

$$y'(t) + c_0 y(t) = f(t)\,, \quad y(+0) = y_0\,, \qquad (15.49a) \qquad (p + c_0)\,Y(p) - y_0 = F(p)\,, \qquad (15.49b)$$

wobei $c_0 = \text{const}$. Für $Y(p)$ ergibt sich dann

$$Y(p) = \frac{F(p) + y_0}{p + c_0}\,. \tag{15.49c}$$

Spezialfall: Für $f(t) = \lambda\,e^{\mu t}$ $\quad(\lambda\,,\mu$ const) erhält man (15.50a)

$$Y(p) = \frac{\lambda}{(p-\mu)(p+c_0)} + \frac{y_0}{p+c_0}\,, \tag{15.50b}$$

$$y(t) = \frac{\lambda}{\mu + c_0}e^{\mu t} + \left(y_0 - \frac{\lambda}{\mu + c_0}\right)e^{-c_0 t}\,. \tag{15.50c}$$

3. Differentialgleichung 2. Ordnung Original- und Bildgleichung lauten:

$$y''(t) + 2ay'(t) + by(t) = f(t)\,, \qquad y(+0) = y_0, \qquad y'(+0) = y'_0\,. \tag{15.51a}$$

$$(p^2 + 2ap + b)\,Y(p) - 2ay_0 - (py_0 + y'_0) = F(p)\,. \tag{15.51b}$$

Für $Y(p)$ ergibt sich dann

$$Y(p) = \frac{F(p) + (2a + p)\,y_0 + y'_0}{p^2 + 2ap + b}\,. \tag{15.51c}$$

Fallunterscheidungen:

a) $b < a^2$: $G(p) = (p - \alpha_1)(p - \alpha_2)$ $(\alpha_1,\ \alpha_2 \text{ reell},\ \alpha_1 \neq \alpha_2)$, (15.52a)

$$q(t) = \frac{1}{\alpha_1 - \alpha_2}(e^{\alpha_1 t} - e^{\alpha_2 t}). \tag{15.52b}$$

b) $b = a^2$: $G(p) = (p - \alpha)^2$, (15.53a) $q(t) = t\, e^{\alpha t}$. (15.53b)

c) $b > a^2$: $G(p)$ hat komplexe Nullstellen, (15.54a)

$$q(t) = \frac{1}{\sqrt{b - a^2}}\, e^{-at} \sin \sqrt{b - a^2}\, t. \tag{15.54b}$$

Die Lösung $y(t)$ erhält man dann durch Faltung der Originalfunktionen des Zählers von $Y(p)$ mit $q(t)$. Die Anwendung der Faltung wird man zu vermeiden und die rechte Seite möglichst direkt zu transformieren suchen.

■ Die Bildgleichung für die Differentialgleichung $y''(t) + 2y'(t) + 10y(t) = 37\cos 3t + 9e^{-t}$ mit $y_0 = 1$ und $y_0' = 0$ lautet $Y(p) = \dfrac{p+2}{p^2 + 2p + 10} + \dfrac{37p}{(p^2+9)(p^2+2p+10)} + \dfrac{9}{(p+1)(p^2+2p+10)}$. Durch Partialbruchzerlegung des zweiten und dritten Terms der rechten Seite, wobei man die quadratischen Ausdrücke nicht in Linearfaktoren zerlegt, erhält man die Darstellung $Y(p) = \dfrac{-p}{p^2+2p+10} - \dfrac{19}{(p^2+2p+10)} + \dfrac{p}{(p^2+9)} + \dfrac{18}{(p^2+9)} + \dfrac{1}{(p+1)}$ und nach gliedweiser Transformation (s. Tafel der Korrespondenzen, S. 1063) die Lösung $y(t) = (-\cos 3t - 6\sin 3t)e^{-t} + \cos 3t + 6\sin 3t + e^{-t}$.

4. Differentialgleichung n–ter Ordnung Die charakteristische Gleichung $G(p) = 0$ dieser Differentialgleichung habe nur einfache Wurzeln $\alpha_1, \alpha_2, \ldots, \alpha_n$, von denen keine gleich Null ist. Für die Störfunktion $f(t)$ können zwei Fälle betrachtet werden.

1. Ist die Störfunktion $f(t)$ gleich der in der Praxis häufig auftretenden Sprungfunktion $u(t)$, dann lautet die Lösung:

$$u(t) = \begin{cases} 1 & \text{für } t > 0, \\ 0 & \text{für } t < 0, \end{cases} \tag{15.55a}$$

$$y(t) = \frac{1}{G(0)} + \sum_{\nu=1}^{n} \frac{1}{\alpha_\nu G'(\alpha_\nu)} e^{\alpha_\nu t}. \tag{15.55b}$$

2. Für eine allgemeine Störfunktion $f(t)$ erhält man die Lösung $\tilde{y}(t)$ aus (15.55b) mit Hilfe der DUHAMELschen Formel:

$$\tilde{y}(t) = \frac{d}{dt}\int_0^t y(t-\tau) f(\tau)\, d\tau = \frac{d}{dt}[y * f]. \tag{15.56}$$

15.2.3.2 Gewöhnliche Differentialgleichungen mit veränderlichen Koeffizienten

Differentialgleichungen, deren Koeffizienten Polynome in t sind, eignen sich besonders für die Anwendung der LAPLACE–Transformation. Nach Anwendung der Gleichung (15.16) erhält man zwar im Bildbereich wieder eine Differentialgleichung, ihre Ordnung kann jedoch niedriger sein.

Sind speziell die Koeffizienten Polynome 1. Grades, dann ist die Differentialgleichung im Bildbereich von 1. Ordnung und dadurch meist leicht lösbar.

■ BESSELsche Differentialgleichung 0. Ordnung: $t\dfrac{d^2 f}{dt^2} + \dfrac{df}{dt} + tf = 0$ (s. (9.51a) für $n = 0$). Die Transformation im Bildbereich ergibt

$$-\frac{d}{dp}[p^2F(p) - pf(0) - f'(0)] + pF(p) - f(0) - \frac{dF(p)}{dp} = 0 \quad \text{oder} \quad \frac{dF}{dp} = -\frac{p}{p^2+1}F(p)\,.$$

Trennung der Veränderlichen und Integration liefert $\log F(p) = -\int \frac{p\,dp}{p^2+1} = -\log\sqrt{p^2+1} + \log C$,

$F(p) = \frac{C}{\sqrt{p^2+1}}$ (C Integrationskonstante), $F(t) = C J_0(t)$ (s. Beispiel S. 717).

15.2.3.3 Partielle Differentialgleichungen

1. Allgemeine Vorgehensweise
Die Lösung einer partiellen Differentialgleichung ist eine Funktion mindestens zweier Variabler: $u = u(x,t)$. Da die LAPLACE–Transformation eine Integration bezüglich einer Variablen darstellt, ist die andere Variable bei der Transformation als konstant zu betrachten:

$$\mathcal{L}\{u(x,t)\} = \int_0^\infty e^{-pt}u(x,t)\,dt = U(x,p)\,. \tag{15.57}$$

Auch bei der Transformation von Ableitungen bleibt x fest:

$$\begin{aligned} \mathcal{L}\left\{\frac{\partial u(x,t)}{\partial t}\right\} &= p\,\mathcal{L}\{u(x,t)\} - u(x,+0)\,,\\ \mathcal{L}\left\{\frac{\partial^2 u(x,t)}{\partial t^2}\right\} &= p^2\mathcal{L}\{u(x,t)\} - u(x,+0)p - u_t(x,+0)\,. \end{aligned} \tag{15.58}$$

Für die Ableitungen nach x ist vorauszusetzen, daß sie mit dem LAPLACE–Integral vertauschbar sind:

$$\mathcal{L}\left\{\frac{\partial u(x,t)}{\partial t}\right\} = \frac{\partial}{\partial x}\mathcal{L}\{u(x,t)\} - \frac{\partial}{\partial x}U(x,p)\,. \tag{15.59}$$

Damit erhält man im Unterbereich eine gewöhnliche Differentialgleichung. Außerdem sind die Rand- und Anfangsbedingungen in den Bildbereich zu transformieren.

2. Lösung der eindimensionalen Wärmeleitungsgleichung für ein homogenes Medium

1. Problemstellung Die eindimensionale Wärmeleitungsgleichung mit verschwindendem Störglied und für ein homogenes Medium sei in der Form

$$u_{xx} - a^{-2}u_t = u_{xx} - u_y = 0 \tag{15.60a}$$

in dem Grundgebiet $0 < t < \infty$, $0 < x < l$ und mit den Anfangs- und Randbedingungen

$$u(x,+0) = u_0(x)\,, \quad u(+0,t) = a_0(t)\,, \quad u(l-0,t) = a_1(t) \tag{15.60b}$$

gegeben. Die Zeitkoordinate wurde durch die Substitution $y = at$ ersetzt. Wie die dreidimensionale Wärmeleitungsgleichung (9.2.3.3) auf S. 534, so ist auch (15.60a) vom parabolischen Typ.

2. LAPLACE–Transformation Die Bildgleichung lautet

$$\frac{d^2U}{dx^2} = pU - u_0(x)\,, \tag{15.61a}$$

die Randbedingungen sind

$$U(+0,p) = A_0(p)\,, \quad U(l-0,p) = A_1(p)\,. \tag{15.61b}$$

Die Lösung der Bildgleichung lautet dann

$$U(x,p) = c_1e^{x\sqrt{p}} + c_2e^{-x\sqrt{p}}\,. \tag{15.61c}$$

Es ist von Vorteil, zunächst zwei Partikulärlösungen U_1 und U_2 mit der Eigenschaft

$$U_1(0,p) = 1\,, \quad U_1(l,p) = 0\,, \qquad (15.62a) \qquad U_2(0,p) = 0\,, \quad U_2(l,p) = 1\,, \qquad (15.62b)$$

herzustellen, d.h.

$$U_1(x,p) = \frac{e^{(l-x)\sqrt{p}} - e^{-(l-x)\sqrt{p}}}{e^{l\sqrt{p}} - e^{-l\sqrt{p}}}, \quad (15.62c) \qquad U_2(x,p) = \frac{e^{x\sqrt{p}} - e^{-x\sqrt{p}}}{e^{l\sqrt{p}} - e^{-l\sqrt{p}}}. \quad (15.62d)$$

Die gesuchte Lösung der Bildgleichung hat dann die Form

$$U(x,p) = A_0(p)\,U_1(x,p) + A_1(p)\,U_2(x,p). \quad (15.63)$$

3. Rücktransformation Die Rücktransformation ist im Falle $l \to \infty$ besonders einfach und liefert:

$$U(x,p) = a_0(p)e^{-x\sqrt{p}}, \quad (15.64a) \qquad u(x,t) = \frac{x}{2\sqrt{\pi}} \int_0^t \frac{a_0(t-\tau)}{\tau^{3/2}} \exp\left(-\frac{x^2}{4\tau}\right) d\tau. \quad (15.64b)$$

15.3 Fourier–Transformation

15.3.1 Eigenschaften der Fourier–Transformation

15.3.1.1 Fourier–Integral

1. FOURIER–Integral in komplexer Darstellung Grundlage der FOURIER–Transformation ist das FOURIER–Integral, auch *Integralformel von* FOURIER genannt: Falls eine nichtperiodische Funktion $f(t)$ in einem beliebigen endlichen Intervall den DIRICHLETschen Bedingungen genügt (s. S. 416) und außerdem das Integral

$$\int_{-\infty}^{+\infty} |f(t)|\,dt \quad (15.65a)$$

konvergiert, dann gilt

$$f(t) = \frac{1}{2\pi} \int_{-\infty}^{+\infty} \int_{-\infty}^{+\infty} e^{i\omega(t-\tau)} f(\tau)\,d\omega\,d\tau \quad (15.65b)$$

in jedem Punkt, in dem die Funktion $f(t)$ stetig ist, und

$$\frac{f(t+0)+f(t-0)}{2} = \frac{1}{\pi} \int_0^{\infty} d\omega \int_{-\infty}^{+\infty} f(\tau) \cos\omega\,(t-\tau)\,d\tau \quad (15.65c)$$

in den Unstetigkeitsstellen.

2. Äquivalente Darstellungen Andere äquivalente Formen der Darstellung des FOURIER–Integrals (15.65b) sind:

1. $$f(t) = \frac{1}{2\pi} \int_{-\infty}^{+\infty} \int_{-\infty}^{+\infty} f(\tau) \cos[\omega(t-\tau)]\,d\omega\,d\tau. \quad (15.66)$$

2. $$f(t) = \int_0^{\infty} [\,a(\omega)\cos\omega t + b(\omega)\sin\omega t\,]\,d\omega \quad (15.67a)$$ mit den Koeffizienten

$$a(\omega) = \frac{1}{\pi} \int_{-\infty}^{+\infty} f(t)\cos\omega t\,dt, \quad (15.67b) \qquad b(\omega) = \frac{1}{\pi} \int_{-\infty}^{+\infty} f(t)\sin\omega t\,dt. \quad (15.67c)$$

3. $$f(t) = \int_0^{\infty} A(\omega)\cos[\,\omega t + \psi(\omega)\,]\,d\omega. \quad (15.68)$$

4. $$f(t) = \int_0^{\infty} A(\omega)\sin[\,\omega t + \varphi(\omega)\,]\,d\omega. \quad (15.69)$$

Dabei gelten die folgenden Beziehungen:

$$A(\omega) = \sqrt{a^2(\omega) + b^2(\omega)}, \quad (15.70a) \qquad \varphi(\omega) = \psi(\omega) + \frac{\pi}{2}, \quad (15.70b)$$

$$\cos\psi(\omega) = \frac{a(\omega)}{A(\omega)}, \quad (15.70c) \qquad \sin\psi(\omega) = \frac{b(\omega)}{A(\omega)}, \quad (15.70d)$$

$$\cos\varphi(\omega) = \frac{b(\omega)}{A(\omega)}, \quad (15.70e) \qquad \sin\varphi(\omega) = \frac{a(\omega)}{A(\omega)}. \quad (15.70f)$$

15.3.1.2 Fourier–Transformation und Umkehrtransformation

1. Definition der Fourier–Transformation

Die Fourier–Transformation ist eine Integraltransformation der Form (15.1a), die aus dem Fourier–Integral (15.65b) dadurch entsteht, daß man

$$F(\omega) = \int_{-\infty}^{+\infty} e^{-i\omega\tau} f(\tau)\, d\tau \tag{15.71}$$

substituiert. Damit erhält man den folgenden Zusammenhang zwischen der reellen Originalfunktion $f(t)$ und der im allgemeinen komplexen Bildfunktion $F(\omega)$:

$$f(t) = \frac{1}{2\pi} \int_{-\infty}^{+\infty} e^{i\omega t} F(\omega)\, d\omega\,. \tag{15.72}$$

In der Kurzschreibweise verwendet man das Zeichen $\mathcal{F}$:

$$F(\omega) = \mathcal{F}\{\, f(t)\,\} \equiv \int_{-\infty}^{+\infty} e^{-i\omega t} f(t)\, dt\,. \tag{15.73}$$

Die Originalfunktion $f(t)$ heißt Fourier–transformierbar, wenn das Integral (15.71), also ein uneigentliches Integral mit dem Parameter ω, existiert. Wenn das Fourier–Integral nicht als gewöhnliches uneigentliches Integral existiert, ist es als Cauchyscher Hauptwert zu verstehen (s. S. 451). Die Bildfunktion $F(\omega)$ nennt man auch Fourier–*Transformierte*; sie ist beschränkt, stetig und strebt für $|\omega| \to \infty$ gegen Null:

$$\lim_{|\omega|\to\infty} F(\omega) = 0\,. \tag{15.74}$$

Existenz und Beschränktheit von $F(\omega)$ folgen direkt aus der offensichtlich gültigen Ungleichung

$$|F(\omega)| \le \int_{-\infty}^{+\infty} |e^{-i\omega t} f(t)|\, dt \le \int_{-\infty}^{+\infty} |f(t)|\, dt\,. \tag{15.75}$$

Für die Stetigkeit von $F(\omega)$ und die Eigenschaft $F(\omega) \to 0$ für $|\omega| \to \infty$ ist die Existenz der Fourier–Transformierten eine hinreichende Bedingung. Diese Aussage wird häufig in folgender Form benutzt: Wenn die Funktion $f(t)$ in $(-\infty\,,\, \infty)$ absolut integrierbar ist, dann ist ihre Fourier–Transformierte eine stetige Funktion von ω, und es gilt (15.74).

Die folgenden Funktionen sind nicht Fourier–transformierbar: Konstante Funktionen, beliebige periodische Funktionen (z.B. $\sin\omega t, \cos\omega t$), Potenzfunktionen, Polynome, Exponentialfunktionen (z.B. $e^{\alpha t}$, Hyperbelfunktionen).

2. Fourier–Sinus- und Fourier–Kosinus–Transformation

In der Fourier–Transformation (15.73) kann der Integrand in Sinus- und Kosinusfunktionen zerlegt werden. Dann ergibt sich die Sinus– bzw. Kosinus–Fourier–Transformation.

1. Fourier–Sinus–Transformation

$$F_s(\omega) = \mathcal{F}_s\{\, f(t)\,\} = \int_0^{\infty} f(t)\sin(\omega t)\, dt\,. \tag{15.76a}$$

2. FOURIER–Kosinus–Transformation

$$F_c(\omega) = \mathcal{F}_c\{ f(t) \} = \int\limits_0^{\infty} f(t) \cos(\omega t)\, dt\,. \tag{15.76b}$$

3. Umrechnungsformeln Zwischen der FOURIER–Sinus– (15.76a) und der FOURIER–Kosinus–Transformation (15.76b) einerseit und der FOURIER–Transformation (15.73) andererseits bestehen die folgenden Umrechnungsformeln:

$$F(\omega) = \mathcal{F}\{ f(t) \} = \mathcal{F}_c\{ f(t) + f(-t) \} - \mathrm{i}\mathcal{F}_s\{ f(t) - f(-t) \}, \tag{15.77a}$$

$$F_s(\omega) = \frac{\mathrm{i}}{2}\mathcal{F}\{ f(|t|)\operatorname{sign} t \}, \quad (15.77\text{b}) \qquad F_c(\omega) = \frac{1}{2}\mathcal{F}\{ f(t) \}. \quad (15.77\text{c})$$

Für gerade bzw. ungerade Funktionen f(t) ergibt sich die Darstellung

$$f(t) \text{ gerade:} \quad \mathcal{F}\{ f(t) \} = 2\mathcal{F}_c\{ f(t) \}, \tag{15.77d}$$

$$f(t) \text{ ungerade:} \quad \mathcal{F}\{ f(t) \} = -2\mathrm{i}\mathcal{F}_s\{ f(t) \}. \tag{15.77e}$$

3. Exponentielle FOURIER–Transformation

Im Unterschied zu $F(\omega)$ gemäß (15.73) wird

$$F_e(\omega) = \frac{1}{2}\int\limits_{-\infty}^{+\infty} e^{\mathrm{i}\omega t} f(t)\, dt \tag{15.78}$$

exponentielle FOURIER–*Transformation* genannt. Es gilt

$$F(\omega) = 2F_e(-\omega)\,. \tag{15.79}$$

4. Tabellen der FOURIER–Transformation

Auf Grund der Formeln (15.77a,b,c) brauchen entweder keine speziellen Tabellen für Korrespondenzen der FOURIER–Sinus– und FOURIER–Kosinus–Transformation bereitgestellt zu werden, oder man tabelliert die FOURIER–Sinus– und FOURIER–Kosinus–Transformationen und berechnet daraus mit Hilfe von (15.77a,b,c) $F(\omega)$. In **Tabelle 21.12.1** (s. S. 1069) und **Tabelle 21.12.2** (s. S. 1075) sind die FOURIER–Sinus–Transformation $\mathcal{F}_s$ und die FOURIER–Kosinus–Transformation $\mathcal{F}_c$ tabelliert und für einige Funktionen die exponentiellen $F(\omega)$ (**Tabelle 21.12.3**, S. 1081).

■ Die Funktion des unipolaren Rechteckimpulses $f(t) = 1$ für $|t| < t_0$, $f(t) = 0$ für $|t| > t_0$ (A.1) **(Abb.15.21)** erfüllt die Voraussetzungen der Definition des FOURIER–Integrals (15.65a). Man erhält für die Koeffizienten gemäß (15.67b,c) $a(\omega) = \frac{1}{\pi}\int_{-t_0}^{+t_0} \cos\omega t\, dt = \frac{2}{\pi\omega}\sin\omega t_0$ und $b(\omega) = \frac{1}{\pi}\int_{-t_0}^{+t_0} \sin\omega t\, dt = 0$ (A.2) und damit gemäß (15.67a) $f(t) = \frac{2}{\pi}\int_0^{\infty}\frac{\sin\omega t_0 \cos\omega t}{\omega}\, d\omega$ (A.3). Bei Berücksichtigung der Sprungstellen erhält man gemäß (15.65c)

$f(t) = \dfrac{f(t+0) + f(t-0)}{2}\displaystyle\int_{-\infty}^{+\infty} e^{\mathrm{i}\omega t} F(\omega)\, d\omega$ (A.4).

5. Spektralinterpretation der FOURIER–Transformation

In Analogie zur FOURIER–Reihe einer periodischen Funktion erfährt das FOURIER–Integral für eine nichtperiodische Funktion eine einfache physikalische Interpretation. Eine Funktion $f(t)$, für die das FOURIER–Integral existiert, kann gemäß (15.68) und (15.69) als Summe sinusoidaler Schwingungen mit der sich stetig ändernden Frequenz ω in der Form

$$A(\omega)\, d\omega \,\sin[\omega t + \varphi(\omega)], \quad (15.80\text{a}) \qquad A(\omega)\, d\omega \,\cos[\omega t + \psi(\omega)] \quad (15.80\text{b})$$

dargestellt werden. Der Ausdruck $A(\omega)\, d\omega$ gibt die Amplitude der Teilschwingungen an und $\varphi(\omega)$ und $\psi(\omega)$ deren Phasen. Für die komplexe Schreibweise trifft die gleiche Interpretation zu: Die Funktion

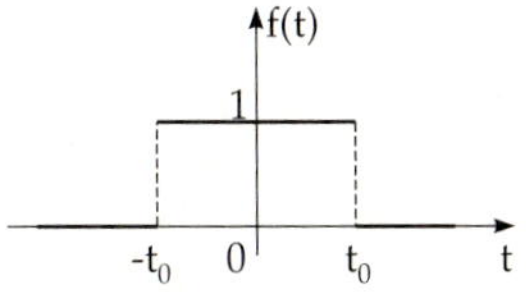

Abbildung 15.21

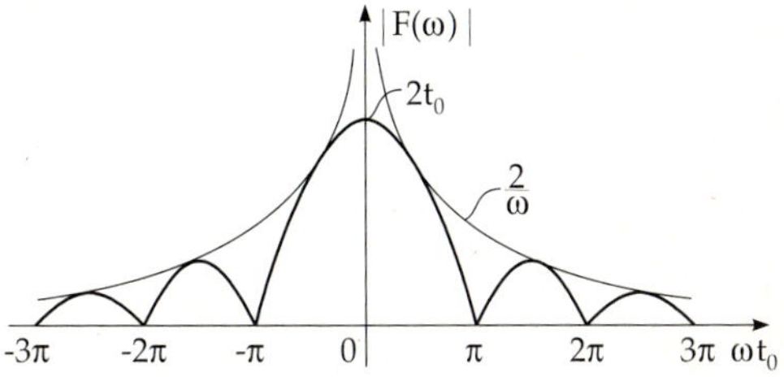

Abbildung 15.22

$f(t)$ ist eine Summe (bzw. Integral) von ω abhängigen Summanden des Typs

$$\frac{1}{2\pi} F(\omega)\, d\omega\, e^{\mathrm{i}\omega t}, \tag{15.81}$$

wobei die Größe $\frac{1}{2\pi} F(\omega)$ sowohl die Amplitude als auch die Phase aller Teilvorgänge festlegt.
Diese *spektrale Interpretation* des FOURIER–Integrals und der FOURIER–Transformation bedeutet einen großen Vorteil für die Anwendung in Physik und Technik. Die Bildfunktion

$$F(\omega) = |F(\omega)| e^{\mathrm{i}\psi(\omega)} \qquad \text{bzw.} \qquad |F(\omega)|\, e^{\mathrm{i}\varphi(\omega)} \tag{15.82a}$$

nennt man *Spektrum oder Frequenzspektrum der Funktion* $f(t)$, die Größe

$$|F(\omega)| = \pi\, A(\omega) \tag{15.82b}$$

das *Amplitudenspektrum* und $\varphi(\omega)$ bzw. $\psi(\omega)$ das *Phasenspektrum* der Funktion $f(t)$. Zwischen dem Spektrum $F(\omega)$ und den Koeffizienten (15.67b,c) besteht die Beziehung

$$F(\omega) = \pi[\, a(\omega) - \mathrm{i}b(\omega)\,], \tag{15.83}$$

woraus sich die folgenden Aussagen ergeben:
1. Ist $f(t)$ eine reelle Funktion, dann ist das Amplitudenspektrum $F(\omega)$ eine gerade und das Phasenspektrum eine ungerade Funktion von ω.
2. Ist $f(t)$ eine reelle und gerade Funktion, dann ist ihr Spektrum $F(\omega)$ reell, ist $f(t)$ reell und ungerade, dann ist das Spektrum $F(\omega)$ imaginär.

■ Setzt man das Ergebnis (A.2) für den unipolaren Rechteckimpuls auf S. 724 in (15.83) ein, dann ergibt sich für die Bildfunktion $F(\omega)$ und für das Amplitudenspektrum $|F(\omega)|$ **(Abb.15.22)**
$F(\omega) = \mathcal{F}[\, f(t)\,] = \pi a(\omega) = 2\frac{\sin\, \omega\, t_0}{\omega}$ (A.3), $|F(\omega)| = 2\left|\frac{\sin\, \omega\, t_0}{\omega}\right|$ (A.4). Die Berührungspunkte des Amplitudenspektrums $|f(\omega)|$ mit der Hyperbel $\frac{2}{\omega}$ ergeben sich für $\omega\ t_0 = \pm(2n+1)\frac{\pi}{2}$ $(n = 0, 1, 2, \ldots)$.

15.3.1.3 Rechenregeln zur Fourier–Transformation

Wie bei der LAPLACE–Transformation bereits bemerkt, versteht man unter Rechenregeln im Zusammenhang mit Integraltransformationen die Abbildung gewisser Operationen im Originalbereich auf andere Operationen im Bildbereich. Wenn vorausgesetzt wird, daß die beiden Funktionen $f(t)$ und $g(t)$ im Intervall $(-\infty\,,\ \infty)$ absolut integrierbar sind und ihre FOURIER–Transformierten

$$F(\omega) = \mathcal{F}\{\, f(t)\,\} \qquad \text{und} \qquad G(\omega) = \mathcal{F}\{\, g(t)\,\} \tag{15.84}$$

gebildet werden können, dann gelten die im folgenden formulierten Regeln.

1. Additions- oder Linearitätssatz

Sind α und β zwei Koeffizienten aus $(-\infty, \infty)$, dann gilt:

$$\mathcal{F}\{\, \alpha f(t) + \beta g(t)\,\} = \alpha F(\omega) + \beta G(\omega)\,. \tag{15.85}$$

2. Ähnlichkeitssatz oder Maßstabsveränderung

Für $\alpha \neq 0$ und reell gilt

$$\mathcal{F}\{\, f(t/\alpha)\,\} = |\alpha|\, F(\alpha\omega)\,. \tag{15.86}$$

3. Verschiebungssatz

Für $\alpha \neq 0$, reell und β reell gilt

$$\mathcal{F}\{\, f(\alpha t + \beta)\,\} = (1/\alpha)\, e^{i\beta\omega/\alpha} F(\omega/\alpha) \qquad \text{oder} \tag{15.87a}$$

$$\mathcal{F}\{\, f(t - t_0)\,\} = e^{-i\omega t_0} F(\omega)\,. \tag{15.87b}$$

Ersetzt man in (15.87b) t_0 durch $-t_0$, dann ergibt sich

$$\mathcal{F}\{\, f(t + t_0)\,\} = e^{i\omega t_0} F(\omega)\,. \tag{15.87c}$$

4. Dämpfungssatz

Für $\alpha > 0$, reell und β in $(-\infty, \infty)$ gilt

$$\mathcal{F}\{\, e^{i\beta t} f(\alpha t)\,\} = (1/\alpha) F((\omega - \beta)/\alpha) \qquad \text{oder} \tag{15.88a}$$

$$\mathcal{F}\{\, e^{i\omega_0 t} f(t)\,\} = F(\omega - \omega_0)\,. \tag{15.88b}$$

5. Differentiation im Bildbereich

Ist $t^n f(t)$ FOURIER–transformierbar, dann gilt

$$\mathcal{F}\{t^n f(t)\} = i^n F^{(n)}(\omega)\,, \tag{15.89}$$

wobei mit $F^{(n)}(\omega)$ die n–te Ableitung von $F(\omega)$ bezeichnet ist.

6. Differentiation im Originalbereich

1. Erste Ableitung Ist eine Funktion $f(t)$ stetig und absolut integrierbar in $(-\infty, \infty)$ und strebt sie für $t \to \pm\infty$ gegen Null und existiert, ausgenommen gewisse Punkte, überall die Ableitung $f'(t)$, die in $(-\infty, \infty)$ absolut integrierbar sein muß, dann gilt

$$\mathcal{F}\{\, f'(t)\,\} = i\omega\, \mathcal{F}\{\, f(t)\,\}\,. \tag{15.90a}$$

2. n–te Ableitung Stellt man in der Verallgemeinerung des Satzes für die 1. Ableitung an alle weiteren Ableitungen bis zur $(n-1)$–ten $f^{(n-1)}$ die gleichen Anforderungen, dann gilt

$$\mathcal{F}\{\, f^{(n)}(t)\,\} = (i\omega)^n \mathcal{F}\{\, f(t)\,\}\,. \tag{15.90b}$$

Diese Differentiationsregeln werden bei der Lösung von Differentialgleichungen angewendet (s. S. 729).

7. Integration im Bildbereich

Wenn die Funktion $t^n f(t)$ in $(-\infty, \infty)$ absolut integrierbar ist, dann besitzt die FOURIER–Transformierte der Funktion $f(t)$ n stetige Ableitungen, die mit Hilfe von

$$\frac{d^k F(\omega)}{d\omega^k} = \int\limits_{-\infty}^{+\infty} \frac{\partial^k}{\partial\omega^k}\left[e^{-i\omega t} f(t)\right] dt = (-1)^k \int\limits_{-\infty}^{+\infty} e^{-i\omega t} t^k f(t)\, dt \tag{15.91a}$$

bestimmt werden. Dabei ist $k = 1, 2, \ldots, n$, und es gilt:

$$\lim_{\omega \to \pm\infty} \frac{d^k F(\omega)}{d\omega^k} = 0\,. \tag{15.91b}$$

Unter den gemachten Voraussetzungen folgt aus diesen Beziehungen

$$\mathcal{F}\{\, t^n f(t)\,\} = i^n \frac{d^n F(\omega)}{d\omega^n}\,. \tag{15.91c}$$

8. Integration im Originalbereich und PARSEVALsche Formel

1. Integrationssatz Wenn die Voraussetzung

$$\int\limits_{-\infty}^{+\infty} f(t)\,dt = 0 \qquad (15.92a) \qquad \text{erfüllt ist, dann gilt} \quad \mathcal{F}\left\{\int\limits_{-\infty}^{t} f(t)\,dt\right\} = \frac{1}{\mathrm{i}\omega}F(\omega)\,. \qquad (15.92b)$$

2. PARSEVALsche Formel Wenn die Funktion $f(t)$ sowie ihre Quadrate im Intervall $(-\infty, \infty)$ integrierbar ist, dann gilt

$$\int\limits_{-\infty}^{+\infty} |f(t)|^2\,dt = \frac{1}{2\pi}\int\limits_{-\infty}^{+\infty} |F(\omega)|^2\,d\omega\,. \qquad (15.93)$$

9. Faltung

Die *zweiseitige Faltung*

$$f_1(t) * f_2(t) = \int\limits_{-\infty}^{+\infty} f_1(\tau)f_2(t-\tau)\,d\tau \qquad (15.94)$$

bezieht sich auf das Intervall $(-\infty, \infty)$ und existiert unter der Voraussetzung, daß die Funktionen $f_1(t)$ und $f_2(t)$ im Intervall $(-\infty, \infty)$ absolut integrierbar sind. Wenn $f_1(t)$ und $f_2(t)$ beide für $t < 0$ verschwinden, dann ergibt sich aus (15.94) die *einseitige Faltung*

$$f_1(t) * f_2(t) = \begin{cases} \int\limits_0^t f_1(\tau)f_2(t-\tau)\,d\tau & \text{für } t \geq 0\,, \\ 0 & \text{für } t < 0\,. \end{cases} \qquad (15.95)$$

Diese ist somit ein Spezialfall der zweiseitigen Faltung. Während die FOURIER–Transformation die zweiseitige Faltung benutzt, verwendet die LAPLACE–Transformation die einseitige Faltung.
Für die FOURIER–Transformation der zweiseitigen Faltung gilt

$$\mathcal{F}\{\, f_1(t) * f_2(t)\,\} = \mathcal{F}\{\, f_1(t)\,\} \cdot \mathcal{F}\{\, f_2(t)\,\}\,, \qquad (15.96)$$

wenn die Integrale

$$\int\limits_{-\infty}^{+\infty} |f_1(t)|^2\,dt \qquad \text{und} \qquad \int\limits_{-\infty}^{+\infty} |f_2(t)|^2\,dt \qquad (15.97)$$

existieren, d.h., die Funktionen und ihre Quadrate im Intervall $(-\infty, \infty)$ integrierbar sind.

■ Es ist die zweiseitige Faltung $\psi(t) = f(t) * f(t) = \int_{-\infty}^{+\infty} f(\tau)f(t-\tau)\,d\tau$ (A.1) für die Funktion des unipolaren Rechteckimpulses (A.1) auf S. 724 zu berechnen.
Da $\psi(t) = \int_{-t_0}^{t_0} f(t-\tau)\,d\tau = \int_{t-t_0}^{t+t_0} f(\tau)\,d\tau$ (A.2) gilt, ergibt sich für $t < -2t_0$ und $t > 2t_0$ $\quad \psi(\omega) = 0$ und für $-2t_0 \leq t \leq 0 \quad \psi(t) = \int_{-t_0}^{t+t_0} d\tau = t + 2t_0\,.$ (A.3)
In Analogie dazu ergibt sich für $0 < t \leq 2t_0$: $\quad \psi(t) = \int_{t-t_0}^{t_0} d\tau = -t + 2t_0\,.$ (A.4)
Zusammengefaßt erhält man für diese Faltung **(Abb.15.23)**

$$\psi(t) = f(t) * f(t) = \begin{cases} t + 2t_0 & \text{für} \quad -2t_0 \leq t \leq 0\,, \\ -t + 2t_0 & \text{für} \quad 0 < t \leq 2t_0\,, \\ 0 & \text{für} \quad |t| > 2t_0\,. \end{cases} \qquad (A.5)$$

Für die FOURIER–Transformierte erhält man mit (A.1) aus dem Beispiel für den unipolaren Recht-

eckimpuls (S. 724 und **Abb.15.21**) $\Psi(\omega) = \mathcal{F}\{\psi(t)\} = \mathcal{F}\{f(t) * f(t) = [F(\omega)]^2 = 4\frac{\sin^2 \omega t_0}{\omega^2}$ (A.6)
und für das Amplitudenspektrum der Funktion
$f(t)$ $|F(\omega)| = 2\left|\frac{\sin \omega t_0}{\omega}\right|$ und $|F(\omega)|^2 = 4\frac{\sin^2 \omega t_0}{\omega^2}$. (A.7)

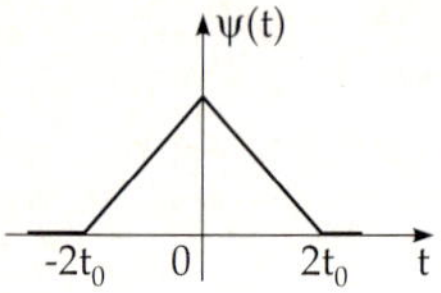

Abbildung 15.23

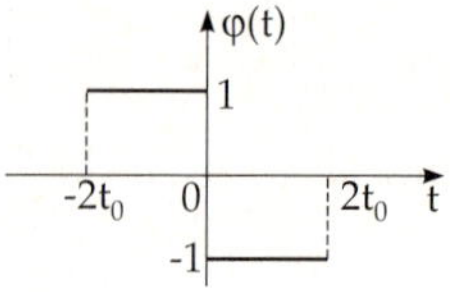

Abbildung 15.24

10. Vergleich von FOURIER- und LAPLACE–Transformation
Zwischen FOURIER– und LAPLACE–Transformation besteht ein enger Zusammenhang, der dadurch gegeben ist, daß sich die FOURIER–Transformation als Spezialfall der LAPLACE–Transformation für den Fall $p = \mathrm{i}\omega$ ergibt. Daraus folgt, daß jede FOURIER–transformierbare Funktion auch LAPLACE–transformierbar ist, während das Umgekehrte nur für einen kleineren Kreis von Funktionen $f(t)$ möglich ist. **Tabelle 15.2** enthält einen Vergleich einer Reihe von Eigenschaften der beiden Integraltransformationen.

Tabelle 15.2 Vergleich der Eigenschaften von FOURIER– und LAPLACE–Transformation

FOURIER–Transformation	LAPLACE–Transformation
$F(\omega) = \mathcal{F}\{f(t)\} = \int\limits_{-\infty}^{+\infty} e^{-\mathrm{i}\omega t} f(t)\,dt$ ω ist reell, physikalisch deutbar, z.B. als Frequenz.	$F(p) = \mathcal{L}\{f(t), p\} = \int\limits_{0}^{\infty} e^{-pt} f(t)\,dt$ p ist komplex, $p = r + \mathrm{i}x$.
Ein Verschiebungssatz.	Zwei Verschiebungssätze.
Intervall: $(-\infty, +\infty)$ Lösung von Differentialgleichungen, die Probleme mit diesem zweiseitigem Definitionsbereich beschreiben, z.B. die Wellen–Gleichung.	Intervall: $[0, \infty)$ Lösung von Differentialgleichungen, die Probleme mit diesem einseitigen Definitionsbereich beschreiben, z.B. die Wärmeleitungs–Gleichung.
Differentiationssatz enthält keine Anfangswerte.	Differentiationssatz enthält Anfangswerte.
Konvergenz des FOURIER–Integrals hängt nur von $f(t)$ ab.	Konvergenz des LAPLACE–Integrals wird durch den Faktor e^{-pt} verbessert.
Genügt der zweiseitigen Faltung.	Genügt der einseitigen Faltung.

15.3.1.4 Bildfunktionen spezieller Funktionen

■ **A:** Welche Bildfunktion gehört zur Originalfunktion $f(t) = e^{-a|t|}$, $\mathrm{Re}\, a > 0$ (A.1)? Unter Berücksichtigung von $|t| = -t$ für $t < 0$ und $|t| = t$ für $t > 0$ findet man mit (15.73): $\int_{-A}^{+A} e^{-\mathrm{i}\omega t - a|t|} dt =$
$\int_{-A}^{0} e^{-(\mathrm{i}\omega - a)t}\, dt + \int_{0}^{+A} e^{-(\mathrm{i}\omega + a)t}\, dt = -\frac{e^{-(\mathrm{i}\omega - a)t}}{\mathrm{i}\omega - a}\Big|_{-A}^{0} - \frac{e^{-(\mathrm{i}\omega + a)t}}{\mathrm{i}\omega + a}\Big|_{0}^{+A} = \frac{-1 + e^{(\mathrm{i}\omega - a)A}}{\mathrm{i}\omega - a} + \frac{1 - e^{-(\mathrm{i}\omega + a)A}}{\mathrm{i}\omega + a}$
(A.2). Da $|e^{-aA}| \le e^{-A\,\mathrm{Re}\, a}$ und $\mathrm{Re}\, a > 0$ ist, existiert der Grenzwert für $A \to \infty$, so daß sich ergibt $F(\omega) = \mathcal{F}\{e^{-a|t|}\} = \frac{2a}{a^2 + \omega^2}$ (A.3).

■ **B:** Welche Bildfunktion gehört zur Originalfunktion $f(t) = e^{-at}$, $\mathrm{Re}\, a > 0$? Die Funktion ist nicht

FOURIER–transformierbar, weil der Grenzwert $A \to \infty$ nicht existiert.

■ **C:** Es ist die FOURIER–Transformierte für den bipolaren Rechteckimpuls **(Abb.15.24)**

$$\varphi(t) = \begin{cases} 1 & \text{für } -2t_0 < t < 0\,, \\ -1 & \text{für } 0 < t < 2t_0\,, \\ 0 & \text{für } |t| > 2t_0 \end{cases} \quad \text{(C.1)}$$

gesucht, wobei $\varphi(t)$ durch die im Beispiel auf S. 724 für den unipolaren Rechteckimpuls als (A.1) angegebene Gleichung ausgedrückt werden soll. Es ist $\varphi(t) = f(t+t_0) - f(t-t_0)$ (C.2). Durch die FOURIER–Transformation gemäß (15.87b, 15.87c) erhält man $\Phi(\omega) = \mathcal{F}\{\,\varphi(t)\,\} = e^{\mathrm{i}\omega t_0}F(\omega) - e^{-\mathrm{i}\omega t_0}F(\omega)$, (C.3) woraus mit (A.1) folgt: $\phi(\omega) = (e^{\mathrm{i}\omega t_0} - e^{-\mathrm{i}\omega t_0})\dfrac{2\sin\omega t_0}{\omega} = 4\mathrm{i}\dfrac{\sin^2\omega t_0}{\omega}$ (C.4).

■ **D:** Bildfunktion einer gedämpften Schwingung: Die in **Abb.15.25a** dargestellte gedämpfte Schwingung wird durch die Funktion $f(t) = \begin{cases} 0 & \text{für } t < 0\,, \\ e^{-\alpha t}\cos\omega_0 t & \text{für } t \geq 0 \end{cases}$ beschrieben. Zur Vereinfachung der Rechnung wird die FOURIER–Transformation der komplexen Funktion $f^*(t) = e^{(-\alpha+\mathrm{i}\omega_0)t}$ ermittelt. Es gilt $f(t) = \mathrm{Re}\,(f^*(t))$. Die FOURIER–Transformation liefert $\mathcal{F}\{\,f^*(t)\,\} = \int_0^\infty e^{-\mathrm{i}\omega t}e^{(-\alpha+\mathrm{i}\omega_0)t}\,dt = \int_0^\infty e^{(-\alpha+(\omega-\omega_0)\mathrm{i}\,t}\,dt = \left.\dfrac{e^{-\alpha t}e^{\mathrm{i}(\omega-\omega_0)t}}{-\alpha+\mathrm{i}(\omega_0-\omega)}\right|_0^\infty = \dfrac{1}{\alpha-\mathrm{i}\omega_0-\omega)} = \dfrac{\alpha+\mathrm{i}(\omega_0-\omega)}{\alpha^2+(\omega-\omega_0)^2}$. Das Ergebnis ist die LORENTZ– oder BREIT–WIGNER–Kurve (s. auch S. 93) $\mathcal{F}\{\,f(t)\,\} = \dfrac{\alpha}{\alpha^2+(\omega-\omega_0)^2}$ **(Abb.15.25b)**. Einer gedämpften Schwingung im Zeitbereich entspricht ein einziger Peak im Frequenzbereich.

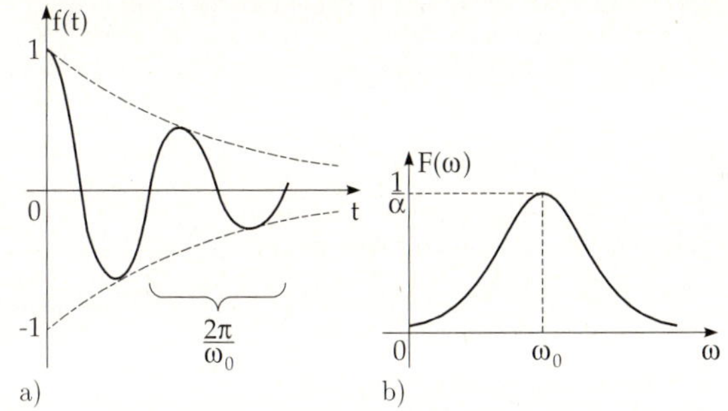

Abbildung 15.25

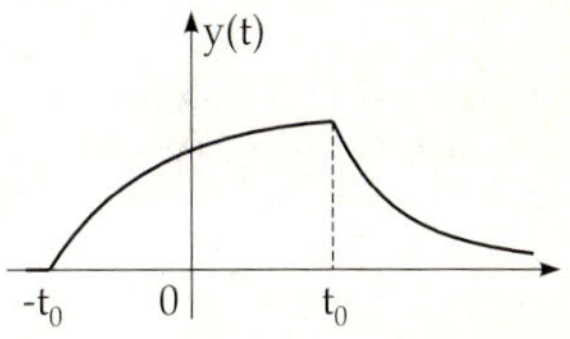

Abbildung 15.26

15.3.2 Lösung von Differentialgleichungen mit Hilfe der Fourier–Transformation

Ein wichtiger Anwendungsbereich der FOURIER–Transformation ist analog zur LAPLACE–Transformation die Lösung von Differentialgleichungen, weil diese durch die genannten Integraltransformationen eine einfache Form erhalten. Im Falle von gewöhnlichen Differentialgleichungen entstehen algebraische Gleichungen, im Falle von partiellen Differentialgleichungen gewöhnliche.

15.3.2.1 Gewöhnliche lineare Differentialgleichungen

Die Differentialgleichung

$$y'(t) + a\,y(t) = f(t) \qquad \text{mit} \quad f(t) = \begin{cases} 1 & \text{für } |t| < t_0\,, \\ 0 & \text{für } |t| \geq t_0\,, \end{cases} \tag{15.98a}$$

d.h. mit der Funktion $f(t)$ von **Abb.15.21**, wird durch die FOURIER–Transformation

$$\mathcal{F}\{y(t)\} = Y(\omega) \qquad (15.98b)$$

in die algebraische Gleichung

$$\mathrm{i}\omega Y + aY = \frac{2\sin\omega t_0}{\omega} \qquad (15.98c)$$ überführt, so daß sich $$Y(\omega) = 2\frac{\sin\omega t_0}{\omega(a+\mathrm{i}\omega)} \qquad (15.98d)$$

ergibt. Die Rücktransformation führt auf

$$y(t) = \mathcal{F}^{-1}\{Y(\omega)\} = \mathcal{F}^{-1}\left\{2\frac{\sin\omega t_0}{\omega(a+\mathrm{i}\omega)}\right\} = \frac{1}{\pi}\int\limits_{-\infty}^{+\infty}\frac{e^{\mathrm{i}\omega t}\sin\omega t_0}{\omega(a+\mathrm{i}\omega)}\,d\omega \qquad (15.98e)$$

und

$$y(t) = \begin{cases} 0 & \text{für } -\infty < t < -t_0\,, \\ \frac{1}{a}\left[1 - e^{-a(t+t_0)}\right] & \text{für } -t_0 \le t \le +t_0\,, \\ \frac{1}{a}\left[e^{-a(t-t_0)} - e^{-a(t-t_0)}\right] & \text{für } \quad t_0 < t < \infty\,. \end{cases} \qquad (15.98f)$$

Die Funktion (15.98f) ist in **Abb.15.26** graphisch dargestellt.

15.3.2.2 Partielle Differentialgleichungen

1. Allgemeine Vorgehensweise

Die Lösung einer partiellen Differentialgleichung ist eine Funktion mindestens zweier Variablen: $u = u(x,t)$. Da die FOURIER–Transformation eine Integration bezüglich einer Variablen darstellt, ist die andere Variable bei der Transformation als konstant zu betrachten. Hier wird x variabel und t fest gewählt:

$$\mathcal{F}\{u(x,t)\} = \int\limits_{-\infty}^{+\infty} e^{-\mathrm{i}\omega\tau}u(x,\tau)\,d\tau = U(x,\omega)\,. \qquad (15.99)$$

Auch bei der Transformation von Ableitungen bleibt eine Variable fest, hier wieder t:

$$\mathcal{F}\left\{\frac{\partial^{(n)}u(x,t)}{\partial t^n}\right\} = (\mathrm{i}\omega)^n\mathcal{F}\{u(x,t)\}\,. \qquad (15.100)$$

Für die Ableitungen nach x ist vorauszusetzen, daß sie mit dem FOURIER–Integral vertauschbar sind:

$$\mathcal{F}\left\{\frac{\partial u(x,t)}{\partial x}\right\} = \frac{\partial}{\partial x}[u(x,t)] = \frac{\partial}{\partial x}U(x,\omega)\,. \qquad (15.101)$$

Damit erhält man im Bildbereich eine gewöhnliche Differentialgleichung. Außerdem sind die Rand- und Anfangsbedingungen in den Bildbereich zu transformieren.

2. Lösung der eindimensionalen Wellengleichung für ein homogenes Medium

1. Problemstellung Die eindimensionale Wellengleichung mit verschwindendem Störglied und für ein homogenes Medium lautet:

$$u_{xx} - u_{tt} = 0\,. \qquad (15.102a)$$

Wie die dreidimensionale Wellengleichung (9.2.3.2) auf S. 533, so ist auch (15.102a) eine partielle Differentialgleichung vom hyperbolischen Typ. Das CAUCHYsche Problem sei durch die Anfangsbedingungen

$$u(x,0) = f(x) \quad (-\infty < x < \infty)\,, \quad u_t(x,0) = g(x) \quad (0 \le t < \infty) \qquad (15.102b)$$

korrekt gestellt.

2. FOURIER–**Transformation** Zur Lösung wird die FOURIER–Transformation bezüglich x durchgeführt, wobei die Zeitkoordinate konstant gehalten wird:

$$\mathcal{F}\{u(x,t)\} = U(\omega, t)\,. \tag{15.103a}$$

Daraus ergibt sich:

$$(\mathrm{i}\omega)^2 u(\omega,t) - \frac{d^2u(\omega,t)}{dt^2} = 0 \qquad \text{mit} \tag{15.103b}$$

$$\mathcal{F}\{u(x,0)\} = u(\omega,0) = \mathcal{F}\{f(x)\} = F(\omega)\,, \tag{15.103c}$$

$$\mathcal{F}\{u_t(x,0)\} = u'(\omega,0) = \mathcal{F}\{g(x)\} = G(\omega)\,. \tag{15.103d}$$

$$\omega^2 u + u'' = 0\,. \tag{15.103e}$$

Das Ergebnis ist eine gewöhnliche Differentialgleichung für die nun wieder als Veränderliche zu betrachtende Zeitkoordinate t mit dem Parameter ω der Bildfunktion.

Die allgemeine Lösung dieser bekannten Differentialgleichung mit konstanten Koeffizienten lautet

$$u(\omega,t) = C_1 e^{\mathrm{i}\omega t} + C_2 e^{-\mathrm{i}\omega t}\,. \tag{15.104a}$$

Mit Hilfe der Anfangsbedingungen

$$u(\omega,0) = C_1 + C_2 = F(\omega)\,, \quad u'(\omega,0) = \mathrm{i}\omega\, C_1 - \mathrm{i}\omega\, C_2 = G(\omega) \tag{15.104b}$$

lassen sich die Konstanten C_1 und C_2 bestimmen:

$$C_1 = \frac{1}{2}[\,F(\omega) + \frac{1}{\mathrm{i}\omega}G(\omega)\,]\,, \quad C_2 = \frac{1}{2}[\,F(\omega) - \frac{1}{\mathrm{i}\omega}G(\omega)\,]\,. \tag{15.104c}$$

Die Lösung ergibt sich zu

$$u(\omega,t) = \frac{1}{2}[\,F(\omega) + \frac{1}{\mathrm{i}\omega}G(\omega)\,]e^{\mathrm{i}\omega t} + \frac{1}{2}[\,F(\omega) - \frac{1}{\mathrm{i}\omega}G(\omega)\,]e^{-\mathrm{i}\omega t}\,. \tag{15.104d}$$

3. Rücktransformation Zur Rücktransformation der Funktion $F(\omega)$ kann der Verschiebungssatz,

$$\mathcal{F}\{f(ax+b)\} = 1/a \cdot e^{\mathrm{i}b\omega/a}F(\omega/a)\,, \tag{15.105a}$$

mit Vorteil eingesetzt werden, woraus sich ergibt

$$\mathcal{F}^{-1}\{e^{\mathrm{i}\omega t}F(\omega)\} = f(x+t)\,, \quad \mathcal{F}^{-1}[e^{-\mathrm{i}\omega t}F(\omega)] = f(x-t)\,. \tag{15.105b}$$

Die Anwendung der Integrationsregel

$$\mathcal{F}\left\{\int\limits_{-\infty}^{x} f(\tau)\,d\tau\right\} = \frac{1}{\mathrm{i}\omega}F(\omega) \qquad \text{liefert} \tag{15.105c}$$

$$\mathcal{F}^{-1}\left\{\frac{1}{\mathrm{i}\omega}G(\omega)e^{\mathrm{i}\omega t}\right\} = \int\limits_{-\infty}^{x} \mathcal{F}^{-1}\{G(\omega)e^{\mathrm{i}\omega t}\}\,d\tau = \int\limits_{-\infty}^{x} g\,(\tau+t)\,d\tau = \int\limits_{-\infty}^{x+t} g\,(z)\,dz \tag{15.105d}$$

nach Substitution $s + t = z$ und analog

$$\mathcal{F}^{-1}\left\{-\frac{1}{\mathrm{i}\omega}G(\omega)e^{-\mathrm{i}\omega t}\right\} = -\int\limits_{-\infty}^{x-t} g\,(z)\,dz\,. \tag{15.105e}$$

Die endgültige Lösung im Originalbereich lautet somit

$$u(x,t) = \frac{1}{2}f(x+t) + \frac{1}{2}f(x-t) + \int\limits_{x-t}^{x+t} g\,(z)\,dz\,. \tag{15.106}$$

15.4 Z–Transformation

In Natur und Technik kann man zwischen kontinuierlichen und diskreten Vorgängen unterscheiden. Während sich von den kontinuierlichen Vorgängen viele durch Differentialgleichungen beschreiben lassen, führen diskrete Vorgänge häufig auf *Differenzengleichungen.* Zur Lösung von Differentialgleichungen eignen sich besonders FOURIER– und LAPLACE–Transformationen, zur Lösung von Differenzengleichungen wurden andere, angepaßte Operatorenmethoden entwickelt. Die bekannteste ist die Z–Transformation, die in engem Zusammenhang mit der LAPLACE–Transformation steht.

15.4.1 Eigenschaften der Z–Transformation

15.4.1.1 Diskrete Funktionen

Ist eine Funktion $f(t)$ $(0 \le t < \infty)$ nur für diskrete Argumente $t_n = nT$ $(n = 0, 1, 2, \ldots ;\ T > 0,\ T$ const) bekannt, so setzt man $f(nT) = f_n$ und bildet die Folge $\{f_n\}$. Eine solche entsteht z.B. in der Elektrotechnik durch „Abtastung" einer Funktion $f(t)$ in den diskreten Zeitpunkten t_n. Ihre Wiedergabe erfolgt dann häufig als *Treppenfunktion* **(Abb.15.27)**.

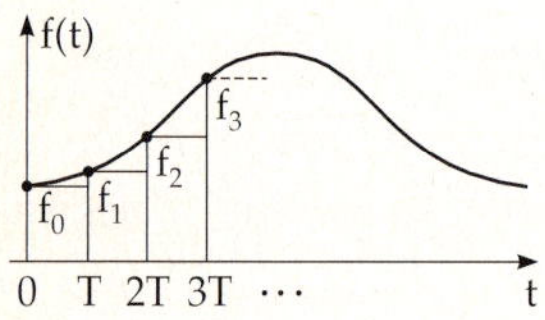

Abbildung 15.27

Die Folge $\{f_n\}$ und die nur für diskrete Argumente definierte Funktion $f(nT)$, die als *diskrete Funktion* bezeichnet wird, sind äquivalent. Für die Folge $\{f_n\}$ wird keine Konvergenz für $n \to \infty$ gefordert.

15.4.1.2 Definition der Z–Transformation

1. Originalfolge und Bildfunktion Der Folge $\{f_n\}$ wird die unendliche Reihe

$$F(z) = \sum_{n=0}^{\infty} f_n \left(\frac{1}{z}\right)^n \tag{15.107}$$

zugeordnet. Falls diese Reihe konvergiert, sagt man, die Folge $\{f_n\}$ ist *Z–transformierbar*, und schreibt

$$F(z) = \mathcal{Z}\{f_n\}. \tag{15.108}$$

Man nennt $\{f_n\}$ *Originalfolge*, $F(z)$ *Bildfunktion.* Mit z ist eine komplexe Variable bezeichnet, mit $F(z)$ eine komplexwertige Funktion.

■ $f_n = 1$ $(n = 0, 1, 2, \ldots)$. Die zugehörige unendliche Reihe lautet

$$F(z) = \sum_{n=0}^{\infty} \left(\frac{1}{z}\right)^n. \tag{15.109}$$

Sie stellt bezüglich $1/z$ eine geometrische Reihe dar, die für $\left|\frac{1}{z}\right| < 1$ gegen die Reihensumme $F(z) = \frac{z}{z-1}$ konvergiert, für $\left|\frac{1}{z}\right| > 1$ aber divergiert. Das bedeutet, die Folge $\{1\}$ ist Z–transformierbar für $\left|\frac{1}{z}\right| < 1$, d.h. für alle Punkte außerhalb des Einheitskreises $|z| = 1$ der z–Ebene.

2. Eigenschaften Da die Bildfunktion $F(z)$ gemäß (15.107) eine Potenzreihe bezüglich der komplexen Veränderlichen $1/z$ ist, folgt aus den Eigenschaften von Potenzreihen im Komplexen (s. S. 688):

a) Für eine Z–transformierbare Folge $\{f_n\}$ gibt es eine reelle Zahl R, so daß die Reihe (15.107) absolut konvergiert für $|z| > 1/R$ und divergiert für $|z| < 1/R$. Für $|z| \ge 1/R_0 > 1/R$ ist die Reihe sogar gleichmäßig konvergent. R ist der Konvergenzradius der Potenzreihe (15.107) bezüglich $1/z$. Konvergiert die Reihe für alle $|z| > 0$, so setzt man $R = \infty$. Für nicht Z–transformierbare Folgen setzt man $R = 0$.

b) Ist $\{f_n\}$ Z–transformierbar für $|z| > 1/R$, dann ist die zugehörige Bildfunktion $F(z)$ eine analytische Funktion für $|z| > 1/R$ und gleichzeitig die einzige Bildfunktion von $\{f_n\}$. Für die Umkehrung gilt: Ist

$F(z)$ eine analytische Funktion für $|z| > 1/R$ und auch für $z = \infty$ regulär, dann gibt es zu $F(z)$ genau eine Originalfolge $\{f_n\}$. Dabei heißt $F(z)$ regulär für $z = \infty$, wenn $F(z)$ eine Potenzreihenentwicklung der Form (15.107) besitzt und $F(\infty) = f_0$ gilt.

3. Grenzwertsätze Analog zu den Grenzwerteigenschaften der Bildfunktion der LAPLACE–Transformation ((15.7b), S. 708) gelten für die Z–Transformation die folgenden Grenzwertsätze:

a) Wenn $F(z) = \mathcal{Z}\{f_n\}$ existiert, dann ist

$$f_0 = \lim_{z\to\infty} F(z) . \tag{15.110}$$

Dabei kann z auf der reellen Achse oder längs eines beliebigen Weges nach ∞ verlaufen. Da die Reihen

$$\mathcal{Z}\{F(z) - f_0\} = f_1 + f_2\frac{1}{z} + f_3\frac{1}{z^2} + \cdots , \tag{15.111}$$

$$\mathcal{Z}^2\left\{F(z) - f_0 - f_1\frac{1}{z}\right\} = f_2 + f_3\frac{1}{z} + f_4\frac{1}{z^2} + \cdots , \tag{15.112}$$

$$\vdots \qquad\qquad \vdots \qquad\qquad \vdots$$

offensichtlich ebenfalls Z–Transformierte sind, erhält man analog zu (15.110):

$$f_1 = \lim_{z\to\infty} \mathcal{Z}\{F(z) - f_0\}, \qquad f_2 = \lim_{z\to\infty} \mathcal{Z}^2\left\{f(z) - f_0 - f_1\frac{1}{z}\right\}, \ldots \tag{15.113}$$

Auf diese Weise kann man die Originalfunktion $\{f_n\}$ aus ihrer Bildfunktion $F(z)$ bestimmen.

b) Wenn $\lim\limits_{n\to\infty} f_n$ existiert, so ist

$$\lim_{n\to\infty} f_n = \lim_{z\to 1+0} (z-1)F(z) . \tag{15.114}$$

Man kann den Wert von $\lim\limits_{n\to\infty} f_n$ aus (15.114) aber nur ermitteln, wenn man weiß, daß der Grenzwert existiert, denn die obige Aussage ist nicht umkehrbar.

■ $f_n = (-1)^n$ $(n = 0, 1, 2, \ldots)$. Daraus folgt $\mathcal{Z}\{f_n\} = \dfrac{z}{z+1}$ und $\lim\limits_{z\to 1+0}(z-1)\dfrac{1}{z+1} = 0$, aber $\lim\limits_{n\to\infty}(-1)^n$ existiert nicht.

15.4.1.3 Rechenregeln

Für die Anwendung der Z–Transformation ist es wichtig zu wissen, wie sich gewisse Operationen an den Originalfolgen in entsprechenden Operationen an den Bildfunktionen widerspiegeln und umgekehrt. Im folgenden sei $F(z) = \mathcal{Z}\{f_n\}$ für $|z| > 1/R$.

1. Translation

Man unterscheidet eine Vorwärts- und eine Rückwärtsverschiebung.

1. Erster Verschiebungssatz: $\quad \mathcal{Z}\{f_{n-k}\} = z^{-k}F(z) \qquad (k = 0, 1, 2, \ldots)$, (15.115)

dabei wird $f_{n-k} = 0$ für $n - k < 0$ festgelegt.

2. Zweiter Verschiebungssatz: $\quad \mathcal{Z}\{f_{n+k}\} = z^k\left[F(z) - \sum\limits_{\nu=0}^{k-1} f_\nu \left(\dfrac{1}{z}\right)^\nu\right] \qquad (k = 1, 2, \ldots)$. (15.116)

2. Summation

Für $|z| > \max\left(1, \dfrac{1}{R}\right)$ gilt:

$$\mathcal{Z}\left\{\sum_{\nu=0}^{n-1} f_\nu\right\} = \frac{1}{z-1}F(z) . \tag{15.117}$$

3. Differenzenbildung

Für die *Differenzen*

$$\Delta f_n = f_{n+1} - f_n , \quad \Delta^m f_n = \Delta(\Delta^{m-1} f_n) \qquad (m = 1, 2, \ldots ;\ \Delta^0 f_n = f_n) \tag{15.118}$$

gilt die Regel:

$$\begin{aligned} \mathcal{Z}\{\Delta f_n\} &= (z-1)F(z) - zf_0\,, \\ \mathcal{Z}\{\Delta^2 f_n\} &= (z-1)^2F(z) - z(z-1)f_0 - z\Delta f_0\,, \\ \vdots \quad &= \quad \vdots \\ \mathcal{Z}\{\Delta^k f_n\} &= (z-1)^kF(z) - z\sum_{\nu=0}^{k-1}(z-1)^{k-\nu-1}\Delta^\nu f_0\,. \end{aligned} \tag{15.119}$$

4. Dämpfung

Für $\alpha \neq 0$ beliebig komplex, $|z| > \dfrac{|\lambda|}{R}$ gilt:

$$\mathcal{Z}\{\lambda^n f_n\} = F\left(\frac{z}{\lambda}\right). \tag{15.120}$$

5. Faltung

Als *Faltung* zweier Folgen $\{f_n\}$ und $\{g_n\}$ bezeichnet man die Operation

$$f_n * g_n = \sum_{\nu=0}^{n} f_\nu\, g_{n-\nu}\,. \tag{15.121}$$

Existieren die Z–Transformierten $\mathcal{Z}\{f_n\} = F(z)$ für $|\lambda| > 1/R_1$ und $\mathcal{Z}\{g_n\} = G(z)$ für $|z| > 1/R_2$, dann gilt

$$\mathcal{Z}\{f_n * g_n\} = F(z)G(z) \tag{15.122}$$

für $|z| > \max\left(\dfrac{1}{R_1}, \dfrac{1}{R_2}\right)$. Die Beziehung (15.122) wird auch als *Faltungssatz* der Z–Transformation bezeichnet. Er entspricht der Vorschrift für die Multiplikation zweier Potenzreihen.

6. Differentiation der Bildfunktion

$$\mathcal{Z}\{nf_n\} = -z\frac{dF(z)}{dz}\,. \tag{15.123}$$

Durch wiederholte Anwendung von (15.123) lassen sich auch Ableitungen höherer Ordnung von $F(z)$ bestimmen.

7. Integration der Bildfunktion

Unter der Voraussetzung $f_0 = 0$ gilt

$$\mathcal{Z}\left\{\frac{f_n}{n}\right\} = \int_z^\infty \frac{F(\xi)}{\xi}\,d\xi\,. \tag{15.124}$$

15.4.1.4 Zusammenhang mit der Laplace–Transformation

Beschreibt man eine diskrete Funktion $f(t)$ (s. S. 732) als Treppenfunktion, dann gilt

$$f(t) = f(nT) = f_n \qquad \text{für} \quad nT \le t < (n+1)T \quad (n = 0, 1, 2, \ldots\,;\ T > 0\,,\ T\ \text{const})\,. \tag{15.125}$$

Auf diese stückweise konstante Funktion läßt sich die LAPLACE–Transformation (s. S. 708) anwenden, und man erhält für $T = 1$:

$$\mathcal{L}\{f(t)\} = F(p) = \sum_{n=0}^\infty \int_n^{n+1} f_n e^{-pt}\,dt = \sum_{n=0}^\infty f_n \frac{e^{-np} - e^{-(n+1)p}}{p} = \frac{1-e^{-p}}{p}\sum_{n=0}^\infty f_n e^{-np}\,. \tag{15.126}$$

Die unendliche Reihe in (15.126) wird auch als *diskrete* LAPLACE–*Transformation* bezeichnet und mit dem Symbol $\mathcal{D}$ gekennzeichnet:

$$\mathcal{D}\{f(t)\} = \mathcal{D}\{f_n\} = \sum_{n=0}^\infty f_n e^{-np}\,. \tag{15.127}$$

Setzt man in (15.127) $e^p = z$, dann stellt $\mathcal{D}\{f_n\}$ eine Reihe nach absteigenden Potenzen von z dar, eine sogenannte LAURENT-*Reihe* (s. S. 690). Mit der Substitution $e^p = z$, die zu dem Namen Z–Transformation geführt hat, erhält man schließlich aus (15.126) den folgenden Zusammenhang zwischen LAPLACE- und Z–Transformation im Falle von Treppenfunktionen:

$$pF(p) = \left(1 - \frac{1}{z}\right) F(z) \quad (15.128a) \qquad \text{bzw.} \quad p\mathcal{L}\{f(t)\} = \left(1 - \frac{1}{z}\right) \mathcal{Z}\{f_n\}. \quad (15.128b)$$

Auf diese Weise lassen sich Korrespondenzen der Z–Transformation (s. **Tabelle 21.13**, S. 1082) in Korrespondenzen der LAPLACE–Transformation (s. **Tabelle 21.11**, S. 1063) für Treppenfunktionen umrechnen und umgekehrt.

15.4.1.5 Umkehrung der Z–Transformation

Die Umkehrung der Z–Transformation oder kurz Rücktransformation besteht darin, zu einer gegebenen Bildfunktion $F(z)$ die zugehörige, eindeutige Originalfolge $\{f_n\}$ zu finden. Man schreibt dann

$$\mathcal{Z}^{-1}\{F(z)\} = \{f_n\}. \tag{15.129}$$

Für die Rücktransformation gibt es verschiedene Möglichkeiten.

1. Benutzung von Tabellen Wenn die Funktion $F(z)$ in der Tabelle explizit nicht vorkommt, kann man versuchen, durch Umformungen und durch Anwendung der Rechenregeln zu Funktionen zu gelangen, die in **Tabelle 21.13** vorhanden sind.

2. LAURENT-Reihe von $F(z)$ Wegen der Definition (15.107) gelingt eine Rücktransformation sofort, wenn für $F(z)$ eine Reihenentwicklung in $1/z$ bekannt ist oder sich ermitteln läßt.

3. TAYLOR–Reihe von $F\left(\frac{1}{z}\right)$ Da $F\left(\frac{1}{z}\right)$ eine Reihe nach aufsteigenden Potenzen von z ist, ergibt sich wegen (15.107) nach der TAYLOR–Formel

$$f_n = \frac{1}{n!} \frac{d^n}{dz^n} F\left(\frac{1}{z}\right)\bigg|_{z=0} \quad (n = 0, 1, 2, \ldots). \tag{15.130}$$

4. Anwendung eines Grenzwertsatzes Mit Hilfe der Grenzwerte (15.110) und (15.113) kann man die Originalfolge $\{f_n\}$ aus ihrer Bildfunktion $F(z)$ unmittelbar bestimmen.

■ $F(z) = \dfrac{2z}{(z-2)(z-1)^2}$. Es sollen die voranstehenden vier Methoden angewendet werden.

1. Durch Partialbruchzerlegung (s. S. 14) von $F(z)/z$ erhält man Funktionen, die in der **Tabelle 21.13** enthalten sind.

$$\frac{F(z)}{z} = \frac{2}{(z-2)(z-1)^2} = \frac{A}{z-2} + \frac{B}{(z-1)^2} + \frac{C}{z-1}. \qquad \text{Daraus folgt}$$

$$F(z) = \frac{2z}{z-2} - \frac{2z}{(z-1)^2} - \frac{2z}{z-1} \qquad \text{und} \qquad \{f_n\} = 2(2^n - n - 1) \quad \text{für } n \geq 0.$$

2. Durch Division geht $F(z)$ in die folgende Reihe nach absteigenden Potenzen von z über:

$$F(z) = \frac{2z}{z^3 - 4z^2 + 5z - 2} = 2\frac{1}{z^2} + 8\frac{1}{z^3} + 22\frac{1}{z^4} + 52\frac{1}{z^5} + 114\frac{1}{z^6} + \ldots \tag{15.131}$$

Daraus liest man unmittelbar $f_0 = f_1 = 0,\ f_2 = 2,\ f_3 = 8,\ f_4 = 22,\ f_5 = 52,\ f_6 = 114,\ \ldots$ ab, aber man erhält keinen geschlossenen Ausdruck für das allgemeine Glied f_n.

3. Zur Bildung von $F\left(\frac{1}{z}\right)$ und den in (15.130) benötigten Ableitungen geht man zweckmäßigerweise von der Partialbruchzerlegung von $F(z)$ aus und erhält:

$$\begin{aligned}
F\left(\frac{1}{z}\right) &= \frac{2}{1-2z} - \frac{2z}{(1-z)^2} - \frac{2}{1-z}, & \text{d.h.} \quad & F\left(\frac{1}{z}\right) = 0 & \text{für } z = 0, \\
\frac{dF\left(\frac{1}{z}\right)}{dz} &= \frac{4}{(1-2z)^2} - \frac{4z}{(1-z)^3} - \frac{4}{(1-z)^2}, & \text{d.h.} \quad & \frac{dF\left(\frac{1}{z}\right)}{dz} = 0 & \text{für } z = 0, \\
\frac{d^2F\left(\frac{1}{z}\right)}{dz^2} &= \frac{16}{(1-2z)^3} - \frac{12z}{(1-z)^4} - \frac{12}{(1-z)^3}, & \text{d.h.} \quad & \frac{d^2F\left(\frac{1}{z}\right)}{dz^2} = 4 & \text{für } z = 0, \\
\frac{d^3F\left(\frac{1}{z}\right)}{dz^3} &= \frac{96}{(1-2z)^4} - \frac{48z}{(1-z)^5} - \frac{48}{(1-z)^4}, & \text{d.h.} \quad & \frac{d^3F\left(\frac{1}{z}\right)}{dz^3} = 48 & \text{für } z = 0, \\
&\vdots & & \vdots & \vdots
\end{aligned}$$

unter Berücksichtigung der Fakultäten in (15.130) ergibt sich $f_0,\ f_1,\ f_2,\ f_3,\ \ldots$.

4. Die Anwendung der Grenzwertsätze (s. S. 733) unter Beachtung der BERNOULLI*schen Regel* (s. S. 53) ergibt:

$$f_0 = \lim_{z\to\infty} F(z) = \lim_{z\to\infty} \frac{2z}{z^3 - 4z^2 + 5z - 2} = 0,$$

$$f_1 = \lim_{z\to\infty} z(F(z) - f_0) = \lim_{z\to\infty} \frac{2z^2}{z^3 - 4z^2 + 5z - 2} = 0,$$

$$f_2 = \lim_{z\to\infty} z^2\left(F(z) - f_0 - f_1\frac{1}{z}\right) = \lim_{z\to\infty} \frac{2z^3}{z^3 - 4z^2 + 5z - 2} = 2,$$

$$f_3 = \lim_{z\to\infty} z^3\left(F(z) - f_0 - f_1\frac{1}{z} - f_2\frac{1}{z^2}\right) = \lim_{z\to\infty} z^3\left(\frac{2z}{z^3 - 4z^2 + 5z - 2} - \frac{2}{z^2}\right) = 8, \ \ldots$$

Auf diese Weise läßt sich die Originalfolge $\{f_n\}$ sukzessiv bestimmen.

15.4.2 Anwendungen der Z–Transformation

15.4.2.1 Allgemeine Lösung linearer Differenzengleichungen

Eine lineare Differenzengleichung k–ter Ordnung mit konstanten Koeffizienten hat die Form

$$a_k y_{n+k} + a_{k-1} y_{n+k-1} + \cdots + a_2 y_{n+2} + a_1 y_{n+1} + a_0 y_n = g_n \qquad (n = 0,\ 1,\ 2\ \ldots). \tag{15.132}$$

Dabei ist k eine natürliche Zahl. Die Koeffizienten a_i $(i = 0, 1, \ldots, k)$ sind gegebene reelle oder komplexe Zahlen und hängen nicht von n ab. Es gelte $a_0 \neq 0$ und $a_k \neq 0$. Die Folge $\{g_n\}$ ist gegeben, die Folge $\{y_n\}$ ist gesucht.

Zur Festlegung einer bestimmten Lösung von (15.132) werden die Werte $y_0, y_1, \ldots, y_{k-1}$ vorgegeben. Dann kann man aus (15.132) für $n = 0$ den nächsten Wert y_k ausrechnen. Aus $y_1,\ y_2,\ \ldots,\ y_k$ ergibt sich dann aus (15.132) für $n = 1$ der Wert y_{k-1}. Auf diese Weise kann man alle Werte y_n rekursiv ausrechnen. Mit Hilfe der Z–Transformation läßt sich jedoch für y_n eine allgemeine Darstellung angeben. Dazu wendet man den 2. Verschiebungssatz (15.116) auf (15.132) an und erhält:

$$a_k z^k\left[Y(z) - y_0 - y_1 z^{-1} - \cdots - y_{k-1} z^{-(k-1)}\right] + \cdots + a_1 z[Y(z) - y_0] + a_0 Y(z) = G(z). \tag{15.133}$$

Dabei bedeutet $Y(z) = Z(y_n)$ $G(z) = Z(g_n)$. Setzt man weiterhin $a_k z^k + a_{k-1} y^{k-1} + \cdots + a_1 z + a_0 = p(z)$, so lautet die Lösung der sogenannten Bildgleichung (15.133)

$$Y(z) = \frac{1}{p(z)} G(z) + \frac{1}{p(z)} \sum_{i=0}^{k-1} y_i \sum_{j=i+1}^{k} a_j z^{j-i}. \tag{15.134}$$

Wie bei der Behandlung von linearen Differentialgleichungen mit der LAPLACE–Transformation hat man auch bei der Z–Transformation den Vorteil, daß die Anfangswerte in die Bildgleichung eingehen und daher bei der Lösung automatisch berücksichtigt werden. Aus (15.134) gewinnt man dann die gesuchte Lösung $\{y_n\} = \mathcal{Z}^{-1}\{Y(z)\}$ durch Rücktransformation gemäß 15.4.1.5.

15.4.2.2 Differenzengleichung zweiter Ordnung (Anfangswertaufgabe)

Die Differenzengleichung zweiter Ordnung lautet:

$$y_{n+2} + a_1 y_{n+1} + a_0 y_n = g_n \,. \tag{15.135}$$

Als Anfangswerte sind y_0 und y_1 gegeben. Mit Hilfe des 2. Verschiebungssatzes erhält man zu (15.135) die Bildgleichung

$$z^2\left[Y(z) - y_0 - y_1\frac{1}{z}\right] + a_1 z[Y(z) - y_0] + a_0 Y(z) = G(z) \,. \tag{15.136}$$

Setzt man $z^2 + a_1 z + a_0 = p(z)$, dann lautet die Bildfunktion

$$Y(z) = \frac{1}{p(z)}G(z) + y_0\frac{z(z+a_1)}{p(z)} + y_1\frac{z}{p(z)} \,. \tag{15.137}$$

Das Polynom $p(z)$ habe die Nullstellen α_1 und α_2 , für die $\alpha_1 \neq 0$ und $\alpha_2 \neq 0$ gelte, weil sonst $a_0 = 0$ wäre und sich die Differenzengleichung auf eine solche 1. Ordnung reduzieren würde. Durch Partialbruchzerlegung und Anwendung der **Tabelle 21.13** der Z–Transformation ergibt sich aus

$$\frac{z}{p(z)} = \begin{cases} \dfrac{1}{\alpha_1 - \alpha_2}\left(\dfrac{z}{z-\alpha_1} - \dfrac{z}{z-\alpha_2}\right) & \text{für } \alpha_1 \neq \alpha_2 \,, \\ \dfrac{z}{(z-\alpha_1)^2} & \text{für } \alpha_1 = \alpha_2 \,, \end{cases}$$

$$\mathcal{Z}^{-1}\left\{\frac{z}{p(z)}\right\} = \{p_n\} = \begin{cases} \dfrac{\alpha_1^n - \alpha_2^n}{\alpha_1 - \alpha_2} & \text{für } \alpha_1 \neq \alpha_2 \,, \\ n\alpha_1^{n-1} & \text{für } \alpha_1 = \alpha_2 \,. \end{cases} \tag{15.138a}$$

Wegen $p_0 = 0$ ist nach dem zweitem Verschiebungssatz

$$\mathcal{Z}^{-1}\left\{\frac{z^2}{p(z)}\right\} = \mathcal{Z}^{-1}\left\{z\,\frac{z}{p(z)}\right\} = \{p_{n+1}\} \tag{15.138b}$$

und nach dem 1. Verschiebungssatz

$$\mathcal{Z}^{-1}\left\{\frac{1}{p(z)}\right\} = \mathcal{Z}^{-1}\left\{\frac{1}{z}\,\frac{z}{p(z)}\right\} = \{p_{n-1}\} \,. \tag{15.138c}$$

Dabei ist $p_{-1} = 0$ zu setzen. Mit Hilfe des Faltungssatzes erhält man die Originalfolge mit

$$y_n = \sum_{\nu=0}^{n} p_{n-1} g_{n-\nu} + y_0(p_{n+1} + a_1 p_n) + y_1 p_1 \,. \tag{15.138d}$$

Wegen $p_{-1} = p_0 = 0$ ergibt sich daraus mit (15.138a)

$$y_n = \sum_{\nu=2}^{n} g_{n-\nu}\frac{\alpha_1^{\nu-1} - \alpha_2^{\nu-1}}{\alpha_1 - \alpha_2} - y_0\left(\frac{\alpha_1^{n+1} - \alpha_2^{n+1}}{\alpha_1 - \alpha_2} + a_1\frac{\alpha_1^n - \alpha_2^n}{\alpha_1 - \alpha_2}\right) + y_1\frac{\alpha_1^n - \alpha_2^n}{\alpha_1 - \alpha_2} \,. \tag{15.138e}$$

Diese Form läßt sich noch wegen $a_1 = -(\alpha_1 + \alpha_2)$ und $a_0 = \alpha_1\alpha_2$ (s. Wurzelsätze von VIETA) noch zu

$$y_n = \sum_{\nu=2}^{n} g_{n-\nu}\frac{\alpha_1^{\nu-1} - \alpha_2^{\nu-1}}{\alpha_1 - \alpha_2} - y_0 a_0\frac{\alpha_1^{n-1} - \alpha_2^{n-1}}{\alpha_1 - \alpha_2} + y_1\frac{\alpha_1^n - \alpha_2^n}{\alpha_1 - \alpha_2} \tag{15.138f}$$

vereinfachen. Für $\alpha_1 = \alpha_2$ erhält man analog

$$y_n = \sum_{\nu=2}^{n} g_{n-\nu}(\nu - 1)\alpha_1^{\nu-2} - y_0 a_0 (n-1)\alpha_1^{n-2} + y_1 n \alpha_1^{n-1} . \tag{15.138g}$$

Bei der Differenzengleichung 2. Ordnung läßt sich die Rücktransformation der Bildfunktion $Y(z)$ auch ohne Partialbruchzerlegung durchführen, wenn man Korrespondenzen wie z.B.

$$\mathcal{Z}^{-1}\left\{\frac{z}{z^2 - 2az\cosh b + a^2}\right\} = a^{n-1}\frac{\sinh bn}{\sinh n} \tag{15.139}$$

benutzt und auch hier den 2. Verschiebungssatz anwendet. Mit der Substitution $a_1 = -2a\cosh b$, $a_0 = a^2$ lautet die Originalfolge zu (15.137):

$$y_n = \frac{1}{\sinh b}\left[\sum_{\nu=2}^{n} g_{n-\nu} a^{\nu-2}\sinh(\nu-1)b - y_0 a^n \sinh(n-1)b + y_1 a^{n-1}\sinh nb\right] . \tag{15.140}$$

Diese Formel ist günstig für eine numerische Auswertung besonders dann, wenn a_0 und a_1 komplexe Zahlen sind. Die hyperbolischen Funktionen sind auch für komplexe Argumente definiert.

15.4.2.3 Differenzengleichung zweiter Ordnung (Randwertaufgabe)

In den Anwendungen kommt es häufig vor, daß die Werte y_n der Differenzengleichung nur für endlich viele Indizes $0 \le n \le N$ gesucht sind. Im Falle einer Differenzengleichung 2. Ordnung (15.135) werden dann in der Regel die beiden *Randwerte* y_0 und y_N vorgegeben. Zur Lösung dieser Randwertaufgabe geht man von der Lösung (15.138f) der entsprechenden Anfangswertaufgabe aus, wobei an Stelle des unbekannten Wertes y_1 jetzt y_N einzuführen ist. Dazu setzt man in (15.138f) $n = N$, dann kann man y_1 in Abhängigkeit von y_0 und y_N ausrechnen:

$$y_1 = \frac{1}{\alpha_1^N - \alpha_2^N}\left[y_0 a_0(\alpha_1^{N-1} - \alpha_2^{N-1}) + y_N(\alpha_1 - \alpha_2) - \sum_{\nu=2}^{N}(\alpha_1^{\nu-1} - \alpha_2^{\nu-1})g_{N-\nu}\right] . \tag{15.141}$$

Man setzt diesen Wert in (15.138f) ein und erhält

$$\begin{aligned} y_1 = {} & \frac{1}{\alpha_1 - \alpha_2}\sum_{\nu=2}^{n}(\alpha_1^{\nu-1} - \alpha_2^{\nu-1})g_{n-\nu} - \frac{1}{\alpha_1 - \alpha_2}\frac{\alpha_1^n - \alpha_2^n}{\alpha_1^N - \alpha_2^N}\sum_{\nu=2}^{N}(\alpha_1^{\nu-1} - \alpha_2^{\nu-1})g_{N-\nu} \\ & + \frac{1}{\alpha_1^N - \alpha_2^N}[y_0(\alpha_1^N\alpha_2^n - \alpha_1^n\alpha_2^N) + y_N(\alpha_1^n - \alpha_2^n)]. \end{aligned} \tag{15.142}$$

Die Lösung (15.142) hat nur dann einen Sinn, wenn $\alpha_1^N - \alpha_2^N \neq 0$ gilt. Andernfalls hat das Randwertproblem keine allgemeine Lösung, sondern es treten in Analogie zu den Randwertaufgaben bei Differentialgleichungen Eigenwerte und Eigenfunktionen auf.

15.5 Wavelet–Transformation

15.5.1 Signale

Geht von einem physikalischen Objekt eine Wirkung aus, die sich ausbreitet und mathematisch z.B. durch eine Funktion oder eine Zahlenfolge beschreiben läßt, dann spricht man von einem *Signal*.
Unter *Signalanalyse* versteht man die Chrakterisierung eines Signals durch eine Größe, die für das Signal typisch ist. Mathematisch bedeutet das: Die Funktion oder Zahlenfolge, die das Signal beschreibt, wird auf eine andere Funktion oder Zahlenfolge abgebildet, die die typische Eigenschaft des Signals besonders gut erkennen läßt. Bei solchen Abbildungen können allerdings auch Informationen verloren gehen.
Die Umkehrung der Signalanalyse, d.h. die Wiedergewinnung des Ausgangssignals, wird als *Signalsynthese* bezeichnet.

Der Zusammenhang zwischen Signalanalyse und Signalsynthese wird am Beispiel der FOURIER–Transformation besonders deutlich: Ein Signal $f(t)$ (t Zeit) werde durch die Frequenzen ω, die in ihm enthalten sind, charakterisiert. Dann beschreibt die Formel (15.143a) die Signalanalyse, die Formel (15.143b) die Signalsynthese:

$$F(\omega) = \int_{-\infty}^{\infty} e^{-\mathrm{i}\omega t} f(t)\,dt \qquad (15.143\text{a}) \qquad f(t) = \frac{1}{2\pi}\int_{-\infty}^{\infty} e^{\mathrm{i}\omega t} f(t)\,dt F(\omega)\,d\omega\,. \quad (15.143\text{b})$$

15.5.2 Wavelets

Der FOURIER–Transformation fehlt eine Lokalisierungseigenschaft, d.h. ändert sich ein Signal an einer Stelle, dann ändert sich die Transformierte überall, ohne daß durch „einfaches Hinsehen" die Stelle der Änderung gefunden werden kann. Der Grund liegt darin, daß die FOURIER–Transformation ein Signal in *ebene Wellen* zerlegt. Diese werden durch trigonometrische Funktionen beschrieben, die beliebig lange mit der derselben Periode schwingen. Bei der Wavelet–Transformation dagegen wird eine fast beliebig wählbare Funktion ψ, das *Wavelet* (kleine lokalisierte Welle), zur Analyse eines Signals verschoben und gestaucht.

Beispiele sind das HAAR–Wavelet **(Abb.15.28a)** und der Mexikanischer Hut **(Abb.15.28b)**.

■ **A** HAAR–Wavelet:

$$\psi = \begin{cases} 1 & \text{für} \quad 0 \le x < \frac{1}{2}\,, \\ -1 & \text{für} \quad \frac{1}{2} \le x \le 1\,, \\ 0 & \text{sonst}. \end{cases} \qquad (15.144)$$

■ **B** Mexikanischer Hut:

$$\psi(x) = -\frac{d^2}{dx^2} e^{-x^2/2} \qquad (15.145)$$

$$= (1 - x^2) e^{-x^2/2}\,. \qquad (15.146)$$

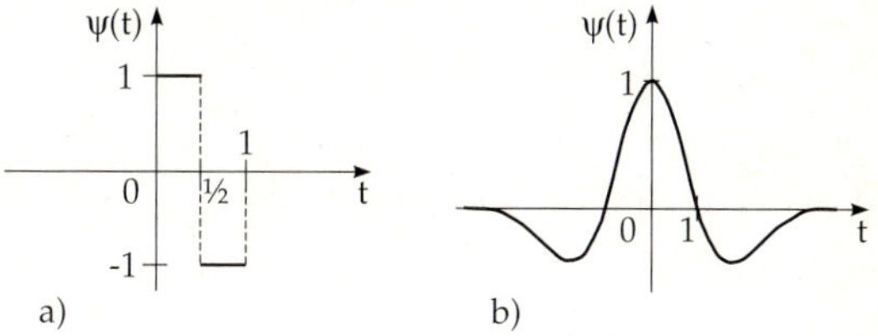

Abbildung 15.28

Allgemein gilt: Als Wavelet kommem alle Funktionen ψ in Frage, die quadratisch integrierbar sind und deren FOURIER–Transformierte $\Psi(\omega)$ gemäß (15.143a) zu einem positiven endlichen Integral

$$\int_{-\infty}^{\infty} \frac{|\Psi(\omega)|}{|\omega|}\,d\omega \qquad (15.147)$$

führen. Im Zusammenhang mit Wavelets sind die folgenden Eigenschaften und Definitionen wichtig:

1. Für den Mittelwert von Wavelets gilt:

$$\int_{-\infty}^{\infty} \psi(t)\,dt = 0\,. \qquad (15.148)$$

2. Als k–tes Moment eines Wavelets ψ bezeichnet man das Integral

$$\mu_k = \int_{-\infty}^{\infty} t^k \psi(t)\,dt\,. \qquad (15.149)$$

Die kleinste positive natürliche Zahl n, für die $\mu_n \neq 0$ gilt, heißt *Ordnung* des Wavelets ψ.

■ Für das HAAR–Wavelet (15.144) gilt $n = 1$, für den mexikanischen Hut (15.146) $n = 2$.

3. Falls $\mu_k = 0$ für alle k gilt, ist ψ von unendlicher Ordnung. Wavelets mit beschränktem Träger haben stets eine endliche Ordnung.

4. Ein Wavelet der Ordnung n ist orthogonal zu allen Polynomen vom Grade $\leq n-1$.

15.5.3 Wavelet–Transformation

Zu einem Wavelet $\psi(t)$ kann man mit Hilfe eines Parameters a eine ganze Schar von Funktionen bilden:

$$\psi_a(t) = \frac{1}{\sqrt{|a|}}\psi(\frac{t}{a}) \qquad (a \neq 0). \tag{15.150}$$

Im Falle $|a| > 0$ wird die Ausgangsfunktion $\psi(t)$ gestaucht. Im Falle $a < 0$ wird zusätzlich eine Spiegelung vorgenommen. Der Faktor $1/\sqrt{|a|}$ ist ein Skalierungsfaktor.

Mit Hilfe eines zweiten Parameters b können die Funktionen $\psi_a(t)$ noch verschoben werden. Man erhält dann die zweiparametrige Kurvenschar

$$\psi_{a,b} = \frac{1}{\sqrt{|a|}}\psi\left(\frac{t-b}{a}\right) \qquad (a, b \text{ reell};\ a \neq 0). \tag{15.151}$$

Der reelle Verschiebunbgsparameter b charakterisiert den Zeitpunkt (bzw. den Ort), während der Parameter a die Ausdehnung der Funktion $\psi_{a,b}(t)$ angibt. Die Funktion $\psi_{a,b}(t)$ wird im Zusammenhang mit der *Wavelet–Transformation* als *Basisfunktion* bezeichnet.

Die Wavelet–Transformation einer Funktion $f(t)$ ist wie folgt definiert:

$$\mathcal{L}_\psi f(a,b) = c\int\limits_{-\infty}^{\infty} f(t)\psi_{a,b}(t)\,dt = \frac{c}{\sqrt{|a|}}\int\limits_{-\infty}^{\infty} f(t)\psi\left(\frac{t-b}{a}\right)dt. \tag{15.152a}$$

Für die Rücktransformation gilt:

$$f(t) = c\int\limits_{-\infty}^{\infty}\int\limits_{-\infty}^{\infty} \mathcal{L}_\psi f(t)\psi_{a,b}(t)\frac{1}{a^2}\,da\,db. \tag{15.152b}$$

Dabei ist c eine Konstante, die vom speziellen Wavelet ψ abhängt.

■ Unter Verwendung des HAAR–Wavlets (15.146) erhält man

$$\psi\left(\frac{t-b}{a}\right) = \begin{cases} 1 & \text{für } b \leq t < b + a/2, \\ -1 & \text{für } b + a/2 \leq t < b + a, \\ 0 & \text{sonst} \end{cases}$$

und damit

$$\begin{aligned} \mathcal{L}_\psi f(a,b) &= \frac{1}{\sqrt{|a|}}\left(\int_b^{b+a/2} f(t)\,dt - \int_{b+a/2}^{b+a} f(t)\,dt\right) \\ &= \frac{\sqrt{|a|}}{2}\left(\frac{2}{a}\int_b^{b+a/2} f(t)\,dt - \frac{2}{a}\int_{b+a/2}^{b+a} f(t)\,dt\right). \end{aligned} \tag{15.153}$$

Der Wert $\mathcal{L}_\psi f(a,b)$ gemäß (15.153) stellt eine Differenz von Mittelwerten der Funktion $f(t)$ über zwei benachbarten Intervallen der Länge $\frac{|a|}{2}$ um den Punkt b dar.

Bemerkungen:

1. In den Anwendungen spielt die *dyadische Wavelet–Transformation* eine große Rolle. Als Basisfunktionen verwendet sie die Funktionen

$$\psi_{i,j}(t) = \frac{1}{\sqrt{2^i}}\psi\left(\frac{t-2^i j}{2^i}\right), \tag{15.154}$$

d.h. die verschiedenen Basisfunktionen ergeben sich aus einem Wavelet $\psi(t)$ durch Verdoppeln oder Halbieren der Breite und durch Verschieben um ganzzahlige Vielfache der Breite.

2. Als *orthogonales Wavelet* bezeichnet man ein Wavelet $\psi(t)$, bei dem die gemäß (15.154) erzeugten Basisfunktionen eine orthogonale Basis bilden.

3. Besonders gute numerische Eigenschaften haben DAUBECHIES–Wavelets. Das sind orthogonale Wavelets mit einem kompakten Träger, d.h. sie sind nur auf einem Teil der Zeitachse von Null verschieden. Für sie gibt es aber keine geschlossene Darstellung (s. Lit. [15.11]).

15.5.4 Diskrete Wavelet–Transformation

15.5.4.1 Schnelle Wavelet–Transformation

Man kann davon ausgehen, daß die Integraldarstellung (15.152b) hochgradig redundant ist und somit das Doppelintegral ohne Informationsverlust durch eine Doppelsumme ersetzt werden kann. Das wird bei der konkreten Anwendung der Wavelet–Transformation berücksichtigt. Man benötigt dazu:

1. eine effiziente Berechnung der Transformation, was auf das Konzept der *Multi–Skalen–Analyse* führt sowie

2. eine effiziente Berechnung der Rücktransformation, d.h. eine effiziente Rekonstruktion von Signalen aus ihrer Wavelet–Transformation, was auf das Konzept der *Frames* führt.

Für beide Konzepte muß auf die Literatur verwiesen werden (s. Lit. [15.11], [15.2]).

Hinweis: Der große Erfolg der Wavelets in den verschiedenen Anwendungsgebieten, z.B.

• bei der Berechnung physikalischer Größen aus Meßreihen,
• bei der Bild- oder Spracherkennung sowie
• bei der Datenkompression im Rahmen der Nachrichtenübertragung

beruht auf seinen „schnellen Algorithmen". Analog zur **FFT** (**F**ast **F**OURIER–**T**ransformation, s. S. 922) spricht man hier von **FWT** (**F**ast **W**avelet–**T**ransformation).

15.5.4.2 Diskrete Haar–Wavelet–Transformation

Als Beispiel für eine diskrete Wavelet–Transformation wird die HAAR–Wavelet–Transformation beschrieben: Von einem Signal sind die Werte f_i $(i = 1, 2, \ldots, N)$ gegeben. Aus diesen werden die Detailwerte d_i $(i = 1, 2, \ldots, N/2)$ wie folgt berechnet:

$$s_i = \frac{1}{\sqrt{2}}(f_{2i-1} + f_{2i}), \quad d_i = \frac{1}{\sqrt{2}}(f_{2i-1} - f_{2i}). \tag{15.155}$$

Die Werte d_i werden abgespeichert, während auf die Werte s_i die Vorschrift (15.155) angewendet wird, d.h. in (15.155) werden die Werte f_i durch die Werte s_i ersetzt.. Diese Vorgehensweise wird fortgesetzt, so daß sich aus

$$s_i^{(n+1)} = \frac{1}{\sqrt{2}}\left(s_{2i-1}^{(n)} + s_{2i}^{(n)}\right), \quad d_i^{(n+1)} = \frac{1}{\sqrt{2}}\left(s_{2i-1}^{(n)} - s_{2i}^{(n)}\right) \tag{15.156}$$

schließlich eine Folge von Detailvektoren mit den Komponenten $d_i^{(n)}$ ergibt. Jeder Detailvektor enthält Informationen über Eigenschaften des Signals.

Hinweis: Für große Werte von N konvergiert die diskrete Wavelet–Transformation gegen die Integral–Wavelet–Transformation (15.152a).

15.5.5 Gabor–Transformation

Zeit–Frequenz–Analyse nennt man die Charakterisierung eines Signals bezüglich der in ihm enthaltenen Frequenzen und der Zeitpunkte, zu denen diese Frequenzen auftreten. Dazu wird das Signal in zeitliche Abschnitte (Fenster) aufgeteilt und anschließend nach FOURIER transformiert. Man spricht deshalb auch von einer „gefensterten FOURIER–Transformation" **FWT** (**W**indowed **F**OURIER–**T**ransformation).

Die Fensterfunktion ist so zu wählen, daß sie ein Signal außerhalb eines Fensters ausblendet. Von GABOR wurde als Fensterfunktion

$$g(t) = \frac{1}{\sqrt{2\pi}\sigma} e^{-\frac{t^2}{2\sigma^2}} \tag{15.157}$$

verwendet **(Abb.15.29)**. Diese Wahl kann damit erklärt werden, daß $g(t)$ mit der „Gesamtmasse 1" um den Punkt $t = 0$ konzentriert ist und die Fensterbreite als konstant (etwa 2σ) angesehen werden kann.

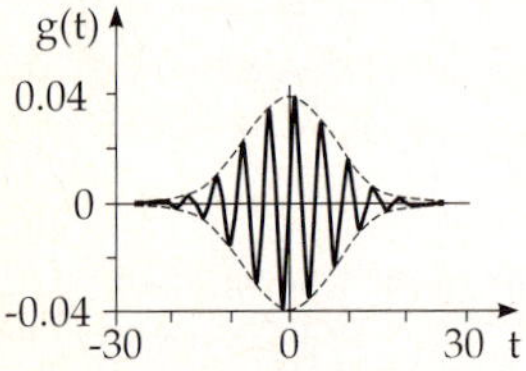

Abbildung 15.29

Die GABOR-*Transformation* einer Funktion $f(t)$ ist dann von der Form

$$\mathcal{G}f(\omega, s) = \int\limits_{-\infty}^{\infty} f(t)g(t-s)e^{-\omega t}\,dt\,. \tag{15.158}$$

Sie gibt an, mit welcher komplexen Amplitude die Grundschwingung $e^{i\omega t}$ während des Zeitintervalls $[s-\sigma, s+\sigma]$ in f vertreten ist, d.h., tritt die Frequenz ω in diesem Intervall auf, dann besitzt sie die Amplitude $|\mathcal{G}f(\omega, s)|$.

15.6 WALSH–Funktionen

15.6.1 Treppenfunktionen

Bei der Approximation von Funktionen spielen orthogonale Funktionensysteme, z.B. spezielle Polynome oder trigonometrische Funktionen, eine wichtige Rolle, weil sie glatt, d.h. hinreichend oft differenzierbar in dem betrachteten Intervall sind. Es gibt aber auch Probleme, z.B. die Übertragung der Bildpunkte eines gerasterten Bildes, für deren mathematische Behandlung glatte Funktionen nicht geeignet sind, sondern sich *Treppenfunktionen*, also stückweise konstante Funktionen besser eignen. WALSH–Funktionen sind sehr einfache Treppenfunktionen. Sie nehmen nur die zwei Funktionswerte $+1$ und -1 an. Diese zwei Funktionswerte entsprechen zwei Zuständen, so daß WALSH–Funktionen besonders einfach in Computern realisiert werden können.

15.6.2 WALSH–Systeme

Analog zu den trigonometrischen Funktionen werden periodische Treppenfunktionen betrachtet. Man verwendet das Intervall $I = [0, 1)$ als Periodenintervall und unterteilt es in 2^n gleichlange Teilintervalle. Sei S_n die Menge der periodischen Treppenfunktionen mit der Periode 1 über einer solchen Intervallteilung. Die zu S_n gehörenden Treppenfunktionen kann man als Vektoren eines endlichdimensionalen Vektorraumes auffassen, denn jede Funktion $g \in S_n$ wird durch ihre Werte $g_0, g_1, g_2, \ldots, g_{2n-1}$ in den Teilintervallen bestimmt und kann demzufolge als Vektor aufgefaßt werden:

$$\underline{\mathbf{g}}^{\mathrm{T}} = (g_0, g_1, g_2, \ldots, g_{2n-1})\,. \tag{15.159}$$

Die zu S_n gehörenden WALSH–Funktionen bilden mit einem geeigneten Skalarprodukt eine orthogonale Basis in diesem Raum. Die Basisvektoren können auf verschiedene Weise numeriert werden, so daß man sehr viele WALSH–Systeme erhält, die aber alle dieselben Funktionen enthalten. Es zeigt sich aber, daß drei Systeme zu bevorzugen sind: WALSH–KRONECKER–Funktionen, WALSH–KACZMARZ–Funktionen und WALSH–PALEY–Funktionen.

In Analogie zur FOURIER–Transformation wird die WALSH–*Transformation* aufgebaut, wobei die Rolle der trigonometrischen Funktionen von den WALSH–Funktionen übernommen wird. Man erhält z.B. WALSH–Reihen, WALSH–Polynome, WALSH–Sinus- und WALSH–Kosinus–Transformationen, WALSH–Integrale, und analog zur schnellen FOURIER–Transfornmation gibt es die schnelle WALSH–Transformation. Für eine Einführung in Theorie und Anwendung der WALSH–Funktionen s. Lit. [15.7].

16 Wahrscheinlichkeitsrechnung und mathematische Statistik

Wahrscheinlichkeitsrechnung und mathematische Statistik befassen sich mit den Gesetzmäßigkeiten des zufälligen Eintretens bestimmter Ereignisse aus einer vorgegebenen Ereignismenge bei Versuchen im allgemeinsten Sinne. Dabei wird vorausgesetzt, daß diese Versuche unter unveränderten Bedingungen beliebig oft wiederholt werden können. Ihre Anwendung finden diese Gebiete der Mathematik bei der statistischen Beurteilung von Massenerscheinungen. Die mathematische Behandlung von *Zufallserscheinungen* wird auch unter dem Begriff *Stochastik* zusammengefaßt.

16.1 Kombinatorik

Aus den Elementen einer Menge lassen sich häufig auf eine bestimmte Weise neue Mengen zusammenstellen. Die Art und Weise einer solchen Zusammenstellung führt auf die Begriffe *Permutation* (Anordnung), *Kombination* (Auswahl) und *Variation*. Beim Begriff der Variation werden Anordnung und Auswahl vereinigt, indem bei der Auswahl von Elementen auf deren Reihenfolge geachtet wird.
Die Grundaufgabe der Kombinatorik besteht darin, die Anzahl der Auswahl- oder Anordnungsmöglichkeiten zu ermitteln.

16.1.1 Permutationen

1. Definition

Permutation P_n nennt man eine Anordnung von n Elementen in einer bestimmten Reihenfolge.

2. Anzahl der Permutationen ohne Wiederholung

Für die Anzahl P_n der Permutationen von n verschiedenen Elementen gilt

$$P_n = n!\,. \tag{16.1}$$

■ In einem Hörsaal wurde eine Reihe mit 16 Sitzplätzen von genau 16 Studenten besetzt. Es gibt 16! Möglichkeiten für die Sitzordnung.

3. Anzahl der Permutationen mit Wiederholung

Für die Anzahl $P_n{}^{(k)}$ der Permutationen von n Elementen, darunter k gleichen $(k \leq n)$, gilt

$$P_n{}^{(k)} = \frac{n!}{k!}\,. \tag{16.2}$$

■ Eine Reihe von 16 Sitzplätzen im Hörsaal wird von 16 Studenten mit ihren Taschen belegt. Unter den 16 Taschen befinden sich 4 gleiche. Dann gibt es 16!/4! Möglichkeiten für die Anordnung der Taschen.

4. Verallgemeinerung

Für die Anzahl $P_n{}^{(k_1,k_2,\ldots,k_m)}$ der Permutationen von n Elementen, eingeteilt in m Gruppen mit jeweils $k_1, k_2, \ldots, k_m$ gleichen Elementen $(k_1 + k_2 + \ldots + k_m = n)$, gilt

$$P_n{}^{(k_1,k_2,\ldots,k_m)} = \frac{n!}{k_1!k_2!\ldots k_m!}\,. \tag{16.3}$$

■ Aus den fünf Ziffern 4, 4, 5, 5, 5 können $P_2{}^{(2,3)} = \dfrac{5!}{2!3!} = 10$ verschiedene fünfstellige Zahlen gebildet werden.

16.1.2 Kombinationen

1. Definition

Kombination nennt man eine Auswahl von k Elementen aus n Elementen ohne Beachtung der Reihenfolge. Man spricht auch von einer Kombination k-ter Klasse und unterscheidet zwischen Kombinationen ohne und mit Wiederholung.

2. Anzahl der Kombinationen ohne Wiederholung

Für die Anzahl $C_n{}^{(k)}$ der Möglichkeiten, aus n verschiedenen Elementen k Elemente ohne Beachtung der Reihenfolge auszuwählen, gilt

$$C_n{}^{(k)} = \binom{n}{k} \qquad (k \leq n)\,, \tag{16.4}$$

wobei jedes der n Elemente höchstens einmal in einer Kombination auftreten darf. Man spricht deshalb auch von einer Kombination ohne Wiederholung.

■ Es gibt $\binom{30}{4} = 27405$ Möglichkeiten, aus 30 Teilnehmern einer Wahlversammlung einen 4köpfigen Wahlvorstand ohne Zuordnung der Funktionen zusammenzustellen.

3. Anzahl der Kombinationen mit Wiederholung

Für die Anzahl der Möglichkeiten, aus n verschiedenen Elementen k Elemente ohne Beachtung der Reihenfolge, aber bei Zulassung beliebig vieler Wiederholungen jedes der Elemente auszuwählen, gilt

$$C_n{}^{(k)} = \binom{n+k-1}{k}\,. \tag{16.5}$$

Eine andere Formulierung lautet, daß die Anzahl der Möglichkeiten betrachtet wird, aus n verschiedenen Elementen je k zusammenzustellen, wobei die k Elemente nicht verschieden zu sein brauchen.

■ Mit k Würfeln sind $C_6{}^{(k)} = \binom{k+6-1}{k}$ verschiedene Würfe möglich. Für 2 Würfel gilt demzufolge $C_6{}^{(2)} = \binom{7}{2} = 21\,.$

16.1.3 Variationen

1. Definition

Variation nennt man eine Auswahl von k Elementen aus n verschiedenen Elementen unter Beachtung der Reihenfolge. Das bedeutet: Variationen sind Kombinationen mit Beachtung der Reihenfolge. Deshalb ist auch bei den Variationen zwischen Variation ohne und mit Wiederholung zu unterscheiden.

2. Anzahl der Variationen ohne Wiederholung

Für die Anzahl $V_n{}^{(k)}$ der Möglichkeiten, aus n verschiedenen Elementen k unter Beachtung der Reihenfolge auszuwählen, gilt

$$V_n{}^{(k)} = k!\binom{n}{k} = n(n-1)(n-2)\ldots(n-k+1) \qquad (k \leq n)\,. \tag{16.6}$$

■ Wieviel Möglichkeiten gibt es, in einer Wahlversammlung mit 30 Teilnehmern einen 4köpfigen Wahlvorstand, bestehend aus dem Vorsitzenden, seinem Stellvertreter und dem 1. und 2. Wahlhelfer zusammenzustellen? Die Antwort lautet $\binom{30}{4}4! = 657720\,.$

3. Anzahl der Variationen mit Wiederholung

Wenn von den n verschiedenen Ausgangselementen in einer Variation einzelne auch mehrfach auftreten dürfen, dann spricht man von einer Variation mit Wiederholung. Für ihre Anzahl gilt

$$V_n{}^{(k)} = n^k\,. \tag{16.7}$$

■ **A:** Beim Fußball–Toto sind für 12 Spiele 3^{12} verschiedene Tips möglich.

■ **B:** Mit der digitalen Einheit Byte, die aus 8 Bits besteht, können $2^8 = 256$ verschiedene Zeichen dargestellt werden, was in der bekannten ASCII–Tabelle zum Ausdruck kommt.

16.1.4 Zusammenstellung der Formeln der Kombinatorik

Tabelle 16.1 Zusammenstellung der Formeln der Kombinatorik

Art der Auswahl bzw. Zusammenstellung von k aus n Elementen	Anzahl der Möglichkeiten ohne Wiederholungen ($k \le n$)	Anzahl der Möglichkeiten mit Wiederholungen ($k \le n$)
Permutationen	$P_n = n!\ (n = k)$	$P_n(k) = \dfrac{n!}{k!}$
Kombinationen	$C_n{}^{(k)} = \dbinom{n}{k}$	$C_n{}^{(k)} = \dbinom{n+k-1}{k}$
Variationen	$V_n{}^{(k)} = k!\dbinom{n}{k}$	$V_n{}^{(k)} = n^k$

16.2 Wahrscheinlichkeitsrechnung

16.2.1 Ereignisse, Häufigkeiten und Wahrscheinlichkeiten

16.2.1.1 Ereignisse

1. Ereignisarten

Alle Ergebnisse eines Versuches, bei dem bestimmte Bedingungen eingehalten werden und bei dessen Ablauf das Resultat im Rahmen verschiedener Möglichkeiten ungewiß ist, werden in der Wahrscheinlichkeitsrechnung als *Ereignisse* bezeichnet und in der sogenannten *Ereignismenge* **A** zusammengefaßt. Man unterscheidet das *sichere*, das *unmögliche* und das *zufällige Ereignis*.

Das sichere Ereignis tritt bei jeder Wiederholung eines gegebenen Versuches innerhalb einer Ereignismenge ein, das unmögliche bei keinem Versuch; das zufällige Ereignis kann eintreten oder auch nicht. Alle möglichen einander ausschließenden Ausgänge eines Versuches heißen seine *Elementarereignisse*. Bezeichnet man die Ereignisse innerhalb einer Ereignismenge **A** mit $A, B, C, \ldots$, insbesondere das sichere Ereignis mit I, das unmögliche Ereignis mit O, so gelten die in **Tabelle 16.2** definierten Verknüpfungen.

2. Rechenregeln

Es gelten die folgenden Rechenregeln, die den Rechenregeln der Schaltalgebra (BOOLEsche Algebra) analog sind:

1. a) $A + B = B + A\,,$ (16.8) **1. b)** $AB = BA\,.$ (16.9)

2. a) $A + A = A\,,$ (16.10) **2. b)** $AA = A\,.$ (16.11)

3. a) $A + (B + C) = (A + B) + C\,,$ (16.12) **3. b)** $A(BC) = (AB)C\,.$ (16.13)

4. a) $A + \overline{A} = I\,,$ (16.14) **4. b)** $A\overline{A} = O\,.$ (16.15)

5. a) $A(B + C) = AB + AC\,,$ (16.16) **5. b)** $A + BC = (A + B)(A + C)\,.$ (16.17)

6. a) $\overline{A + B} = \overline{A}\,\overline{B}\,,$ (16.18) **6. b)** $\overline{AB} = \overline{A} + \overline{B}\,.$ (16.19)

7. a) $B - A = B\overline{A}\,,$ (16.20) **7. b)** $\overline{A} = I - A\,.$ (16.21)

8. a) $A(B - C) = AB - AC\,,$ (16.22) **8. b)** $AB - C = (A - C)(B - C)\,.$ (16.23)

Tabelle 16.2 Verknüpfungen zwischen Ereignissen

Bezeichnung	Schreibweise	Bedeutung
1. Entgegengesetztes Ereignis zu A:	$\overline{A}$	$\overline{A}$ tritt genau dann ein, wenn A nicht eintritt.
2. Summe der Ereignisse A und B:	$A+B$	$A+B$ tritt genau dann ein, wenn entweder A oder B eintritt, oder wenn beide Ereignisse zusammen eintreten.
3. Produkt der Ereignisse A und B:	AB	AB tritt genau dann ein, wenn sowohl A als auch B eintritt.
4. Differenz der Ereignisse A und B:	$A-B$	$A-B$ tritt genau dann ein, wenn A eintritt und B nicht eintritt.
5. Aufeinander folgende Ereignisse:	$A \subseteq B$	$A \subseteq B$ heißt, daß das Eintreten des Ereignisses A das Eintreten des Ereignisses B zur Folge hat.
6. Elementares Ereignis:	E	E läßt sich nicht als Summe $A+B$ mit $E \neq A$ und $E \neq B$ darstellen.
7. Zusammengesetztes Ereignis:		Ereignis ist nicht elementar.
8. Einander ausschließende Ereignisse A und B:	$AB = O$	Die Ereignisse A und B können nicht gemeinsam auftreten.

9. a) $O \subseteq A\,,$ (16.24) **9. b)** $A \subseteq I\,.$ (16.25)

10. a) Aus $A \subseteq B$ folgt $A = AB$ und (16.26) **10. b)** $B = A + B\overline{A}$ und umgekehrt. (16.27)

Vollständiges System: Ein System von n Ereignissen A_i $(i = 1, 2, \ldots, n)$ heißt vollständig, wenn gilt:

11. a) $A_i A_k = O \;\; (i \neq k)$ und (16.28) **11. b)** $A_1 + A_2 + \cdots + A_k = I\,.$ (16.29)

■ **A:** Werfen zweier Münzen.
Elementarereignisse: Siehe nebenstehende Tabelle

	Zahl	Wappen
1. Münze	A_{11}	A_{12}
2. Münze	A_{21}	A_{22}

Zusammengesetzte Ereignisse:
1. Erste Münze zeigt Zahl oder Wappen: $A_{11} + A_{12} = I\,.$
2. Gleichzeitiges Auftreten von Zahl und Wappen bei der ersten Münze: $A_{11}A_{12} = O\,.$
3. Erste Münze Zahl, zweite Münze Wappen: $A_{11}A_{22}\,.$

■ **B:** Brenndauer von Glühlampen.
Elementarereignis A_n: Die Brenndauer t genügt der Ungleichung $(n-1)\Delta t < t \leq n\Delta t$ $(n = 1, 2, \ldots,$ $\Delta t > 0$, beliebige Zeiteinheit).
Zusammengesetztes Ereignis A: Die Brenndauer ist höchstens gleich $n\Delta t$, d.h. $A = \sum\limits_{\nu=1}^{n} A_\nu$.

16.2.1.2 Häufigkeiten und Wahrscheinlichkeiten

1. Häufigkeiten

Es sei A ein Ereignis der zu einem Versuch gehörenden Ereignismenge $\mathbf{A}$. Tritt bei n–maliger Wiederholung des Versuches das Ereignis A n_A–mal ein, so heißt n_A die *Häufigkeit*, $n_A/n = h_A$ die *relative Häufigkeit* des Ereignisses A. Die relative Häufigkeit genügt gewissen einfachen Gesetzmäßigkeiten, die man als Grundlage für eine axiomatische Definition des Begriffes Wahrscheinlichkeit $P(A)$ des Ereignisses A in der Ereignismenge $\mathbf{A}$ benutzt. (Der Buchstabe P steht für „probability“, das englische Wort für Wahrscheinlichkeit.)

2. Definition der Wahrscheinlichkeit

1. Für jedes Ereignis $A \in \mathbf{A}$ gilt:

$$0 \leq h_A \leq 1, \quad 0 \leq P(A) \leq 1. \tag{16.30}$$

2. Für das unmögliche Ereignis O und das sichere Ereignis I gilt:

$$h_O = 0, \; h_I = 1, \quad P(O) = 0, \; P(I) = 1. \tag{16.31}$$

3. Schließen die Ereignisse $A \in \mathbf{A}$ und $B \in \mathbf{A}$ einander aus ($AB = O$), so ist

$$h_{A+B} = h_A + h_B, \quad P(A+B) = P(A) + P(B). \tag{16.32}$$

3. Rechenregeln für Wahrscheinlichkeiten

1. Aus $B \subseteq A$ folgt $P(B) \leq P(A)$. (16.33)

2. $P(A) + P(\overline{A}) = 1$. (16.34)

3. Für endlich viele, paarweise einander ausschließende Ereignisse A_i $(i = 1, \ldots, n;\; A_iA_k = O,\; i \neq k)$, gilt:

$$P(A_1 + \cdots + A_n) = P(A_1) + \cdots + P(A_n). \tag{16.35}$$

4a. Für beliebige Ereignisse A_i $(i = 1, \ldots, n)$ gilt

$$\begin{aligned} P(A_1 + \cdots + A_n) = {} & P(A_1) + \cdots + P(A_n) - P(A_1A_2) - \cdots - P(A_1A_n) \\ & - P(A_2A_3) - \cdots - P(A_2A_n) - \cdots - P(A_{n-1}A_n) \\ & + P(A_1A_2A_3) + \cdots + P(A_1A_2A_n) + \cdots + P(A_{n-2}A_{n-1}A_n) - \\ & \vdots \\ & + (-1)^{n-1}P(A_1A_2\ldots A_n). \end{aligned} \tag{16.36a}$$

4b. Speziell für $n = 2$: $\quad P(A_1 + A_2) = P(A_1) + P(A_2) - P(A_1A_2)$. (16.36b)

5. Gleichwahrscheinliche Ereignisse: Sind alle Ereignisse A_i $(i = 1, 2, \ldots, n)$ eines vollständigen Ereignissystems gleichwahrscheinlich, so gilt:

$$P(A_i) = \frac{1}{n}. \tag{16.37}$$

6. Ist A als Summe von m $(m \leq n)$ der Ereignisse A_i $(i = 1, 2, \ldots, n)$ darstellbar, so sagt man, daß m Ereignisse für das Eintreten von A günstig sind, und es gilt dann:

$$P(A) = \frac{m}{n}. \tag{16.38}$$

4. Beispiele für Wahrscheinlichkeiten

■ **A:** Für die Wahrscheinlichkeit $P(A)$, mit einem idealen Würfel eine 2 zu würfeln, gilt: $P(A) = \frac{1}{6}$.

■ **B:** Wie groß ist die Chance, beim Zahlenlotto „6 aus 49" vier richtige zu tippen?
Es gibt $\binom{6}{4}$ Möglichkeiten für 4 richtige von 6 gezogenen Zahlen. Dann bleiben noch $\binom{49-6}{6-4} = \binom{43}{2}$ Möglichkeiten für die falschen Zahlen. Insgesamt können $\binom{49}{6}$ verschiedene Tips abgegeben werden. Somit erhält man für die Wahrscheinlichkeit $P(A_4)$, einen Vierer zu tippen:

$$P(A_4) = \frac{\binom{6}{4}\binom{43}{2}}{\binom{49}{6}} = \frac{15 \cdot 903}{13 \cdot 983 \cdot 816} = \frac{13545}{13 \cdot 983 \cdot 816} = 0{,}0968\,\%.$$

Analog erhält man für die Wahrscheinlickeit $P(A_6)$, 6 Richtige zu treffen:

$$P(A_6) = \frac{1}{\binom{49}{6}} = 0{,}715 \cdot 10^{-7} = 7{,}15 \cdot 10^{-6}\,\%.$$

■ **C:** Wie groß ist die Wahrscheinlichkeit $P(A)$ dafür, daß unter k Personen 2 am gleichen Tag Geburtstag haben, wobei die Geburtsjahre nicht übereinstimmen müssen ?
Man betrchtet zunächst $\overline{A}$: Alle k Personen haben an verschiedenen Tagen Geburtstag. Es gilt:

$$P(\overline{A}) = \frac{365}{365} \cdot \frac{365-1}{365} \cdot \frac{365-2}{365} \cdot \ldots \cdot \frac{365-k+1}{365} .$$

Daraus folgt:

$$P(A) = 1 - P(\overline{A}) = 1 - \frac{365 \cdot 364 \cdot 363 \cdot \ldots \cdot (365-k+1)}{365^k} .$$

Numerische Auswertung dieser Formel:

k	10	20	23	30	60
P(A)	0,117	0,411	0,507	0,706	0,994

Man sieht, ab 23 Personen ist die Wahrscheinlichkeit, daß davon 2 am gleichen Tag Gebutstag haben, größer als 50 % .

16.2.1.3 Bedingte Wahrscheinlichkeiten, Satz von Bayes

1. Bedingte Wahrscheinlichkeit

Die Wahrscheinlichkeit für das Eintreten des Ereignisses B unter der Bedingung, daß das Ereignis A bereits eigetreten ist, die sogenannte *bedingte Wahrscheinlichkeit* $P(B/A)$ oder $P_A(B)$, wird definiert durch

$$P(B/A) = \frac{P(AB)}{P(A)}, \quad P(A) \neq 0 . \qquad (16.39)$$

Es gilt:

1. Falls $P(A) \neq 0$ und $P(B) \neq 0$, so ist

$$\frac{P(B/A)}{P(B)} = \frac{P(A/B)}{P(A)} . \qquad (16.40a)$$

2. Falls $P(A_1A_2A_3 \ldots A_n) \neq 0$, so ist

$$P(A_1A_2 \ldots A_n) = P(A_1)P(A_2/A_1) \ldots P(A_n/A_1A_2 \ldots A_{n-1}) . \qquad (16.40b)$$

2. Unabhängige Ereignisse

Unabhängige Ereignisse A und B liegen vor, wenn

$$P(A/B) = P(A) \quad \text{und} \quad P(B/A) = P(B) \qquad (16.41a)$$

erfüllt ist. Für sie gilt

$$P(AB) = P(A)P(B). \qquad (16.41b)$$

3. Ereignisse in einem vollständigen Ereignissystem

Wenn $\mathbf{A}$ eine Ereignismenge und die Ereignisse $B_i \in \mathbf{A}$ mit $P(B_i) > 0$ $(i = 1, 2, \ldots, n)$ ein vollständiges Ereignissystem bilden, dann gilt für jedes Ereignis $A \in \mathbf{A}$:

1. Satz von der vollständigen Wahrscheinlichkeit

$$P(A) = \sum_{i=1}^{n} P(A/B_i)P(B_i) . \qquad (16.42)$$

2. Satz von Bayes

$$P(B_k/A) = \frac{P(A/B_k)P(B_k)}{\sum\limits_{i=1}^{n} P(A/B_i)P(B_i)} . \qquad (16.43)$$

■ Von 3 gleichartigen Maschinen eines Betriebes produziert die erste 20 %, die zweite 30 % und die dritte 50 % der Gesamtproduktion. Dabei verursacht die erste 5 %, die zweite 4 % und die dritte 2 % Ausschuß ihrer eigenen Produktion. Zwei typische Fragen der Qualitätskontrolle sind dann:

a) Mit welcher Wahrscheinlichkeit ist ein zufällig dem Lager entnommenes Stück Ausschuß?
b) Wie groß ist die Wahrscheinlichkeit dafür, daß ein zufällig gefundenes Ausschußstück z.B. von der ersten Maschine produziert wurde?
Man wählt folgende Bezeichnungen:
•A_i: Produkt der i–ten Maschine ($i = 1, 2, 3$) mit $P(A_1) = 0{,}2$, $P(A_2) = 0{,}3$, $P(A_3) = 0{,}5$. Weiter gilt:
•$A_iA_j = 0$, $A_1 + A_2 + A_3 = I$.
•A: Ausschußstück aus der gesamten Produktion.
•$P(A/A_1)$ Ausschußwahrscheinlichkeit der ersten Maschine $0{,}05$; analog gilt $P(A/A_2) = 0{,}04$ und $P(A/A_3) = 0{,}02$.
Damit können die gestellten Fragen wie folgt beantwortet werden:

a) $$P(A) = P(A_1)P(A/A_1) + P(A_2)P(A/A_2) + P(A_3)P(A/A_3) = 0{,}2 \cdot 0{,}05 + 0{,}3 \cdot 0{,}04 + 0{,}5 \cdot 0{,}02 = 0{,}032\,.$$

b) $$P(A_1/A) = P(A_1)\frac{P(A/A_1)}{P(A)} = 0{,}2\frac{0{,}05}{0{,}032} = 0{,}31\,.$$

16.2.2 Zufallsgrößen, Verteilungsfunktion

Um die Methoden der Analysis in der Wahrscheinlichkeitsrechnung einsetzen zu können, braucht man die Begriffe Variable und Funktion.

16.2.2.1 Zufallsveränderliche

Eine Menge von Elementarereignissen möge sich dadurch beschreiben lassen, daß eine Größe X unter Zufallsbedingungen Werte x aus einem reellen Bereich R annehmen kann. D.h., jedes zufällige Ereignis eines gewissen Versuches soll durch eine reelle Zahl x charakterisiert werden. Dann werden alle zufälligen Ereignisse dieses Versuches durch die Variable X beschrieben, die *Zufallsgröße* oder *Zufallsveränderliche* genannt wird.

Besteht R aus endlich oder abzählbar unendlich vielen Werten, dann spricht man von einer *diskreten Zufallsgröße*; besteht R aus der ganzen reellen Zahlengeraden oder aus Teilintervallen, dann spricht man von einer *kontinuierlichen Zufallsgröße*.

■ **A:** Ordnet man im Beispiel **A**, S. 746 den Ereignissen A_{11}, A_{12}, A_{21} bzw. A_{22} die Werte 1, 2, 3 bzw. 4 zu, so ist damit eine diskrete Zufallsgröße X definiert.

■ **B:** Die Brenndauer T einer aus einem Produktionsvorrat willkürlich herausgegriffenen Glühlampe ist eine kontinuierliche Zufallsveränderliche. Das Elementarereignis $T = t$ tritt ein, wenn die Brenndauer T gleich der Zeit t ist.

16.2.2.2 Verteilungsfunktion

1. Verteilungsfunktion und ihre Eigenschaften

Die Verteilung der Zufallsveränderlichen X wird durch die Verteilungsfunktion beschrieben:

$$F(x) = P(X \le x) \quad \text{für} \quad -\infty < x < \infty\,. \tag{16.44}$$

Sie gibt an, mit welcher Wahrscheinlichkeit die Zufallsgröße X einen Wert zwischen $-\infty$ und x annimmt. Die Verteilungsfunktion hat die folgenden Eigenschaften:

1. $F(-\infty) = 0$, $F(+\infty) = 1$.

2. $F(x)$ ist eine nicht fallende Funktion von x.

3. $F(x)$ ist rechtsseitig stetig.

Hinweis: In verschiedenen Darstellungen wird auch, abweichend von der DIN–Vorschrift, die Definition $F(x) = P(X < x)$ verwendet.

2. Verteilungsfunktion bei diskreten und kontinuierlichen Verteilungsfunktionen

Diskrete Zufallsgröße: Eine diskrete Zufallsveränderliche X, die die Werte x_i $(i = 1, 2, \ldots)$ mit den Wahrscheinlichkeiten $P(X = x_i) = p_i$ $(i = 1, 2, \ldots)$ annimmt, hat die Verteilungsfunktion

$$F(x) = \sum_{x_i \le x} p_i \,. \tag{16.45}$$

Kontinuierliche Zufallsgröße: Bei einer kontinuierlichen Zufallsgröße ist die Wahrscheinlichkeit dafür, daß sie einen bestimmten Wert x_i annimmt, gleich 0. Man betrachtet daher die Wahrscheinlichkeit dafür, daß X in einem endlichen Intervall $[a, b]$ liegt. Läßt sich diese mit Hilfe einer Funktion $f(t)$, der *Wahrscheinlichkeitsdichte*, in der Form

$$P(a \le X \le b) = \int_a^b f(t)\,dt \tag{16.46}$$

darstellen, dann spricht man von einer *stetigen Verteilungsfunktion*

$$F(x) = P(X \le x) = \int_{-\infty}^{x} f(t)\,dt \tag{16.47}$$

und einer *stetigen Zufallsgröße.*

3. Flächeninterpretation der Wahrscheinlichkeit

Durch die Einführung der Verteilungsfunktion und der Wahrscheinlichkeitsdichte in (16.44) kann die Wahrscheinlichkeit $P(X \le x) = F(x)$ als Flächeninhalt interpretiert werden, und zwar als Inhalt der Fläche zwischen Dichtefunktion $f(t)$ und der Abszisse im Intervall $-\infty < t \le x$ (**Abb.16.1a**). Häufig

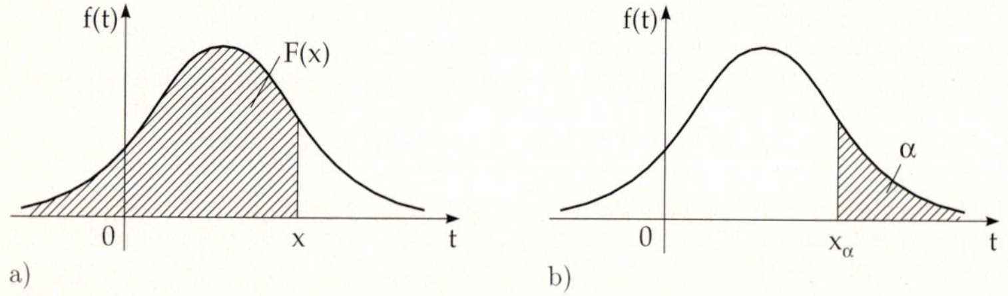

Abbildung 16.1

wird eine Wahrscheinlichkeit α vorgegeben. Gilt

$$P(X > x) = \alpha \,, \tag{16.48}$$

dann nennt man die zugehörige Abszisse $x = x_\alpha$ *Quantil* oder auch *Fraktil* der Verteilung (**Abb. 16.1b**).

Das bedeutet: Der Flächeninhalt unter der Dichtefunktion $f(x)$ rechts von x_α ist gleich α.

Hinweis: In der Literatur wird allerdings auch die Fläche links von x_α zur Definition des Quantils verwendet.

In der mathematischen Statistik wird für kleine Werte α (z.B. $\alpha = 5\%$ oder $\alpha = 1\%$) manchmal der Begriff *Irrtumswahrscheinlichkeit* verwendet. Die dazugehörigen Quantile sind für die wichtigsten praktischen Verteilungen tabelliert worden (**Tabellen 21.14** bis **Tabelle 21.18**).

16.2.2.3 Erwartungswert und Streuung, Tschebyscheffsche Ungleichung

Zur groben Charakterisierung einer Verteilung werden vor allem die beiden Parameter μ (Mittelwert) und σ^2 (Streuung) einer Zufallsgröße X verwendet. In Anlehnung an die Mechanik kann dabei der Mittelwert als Abszisse des Schwerpunktes einer Fläche interpretiert werden, die von der Kurve der Dichtefunktion $f(x)$ und der x–Achse begrenzt wird. Die Streuung stellt dann ein Maß für die Abweichung der Zufallsgröße X vom Mittelwert μ dar.

1. Erwartungswert

Wenn $g(X)$ eine eindeutige Funktion der Zufallsveränderlichen X ist, so ist auch $g(X)$ eine Zufallsveränderliche. Als ihr *Erwartungswert* wird definiert:

1. Diskreter Fall: $$E(g(X)) = \sum_k g(x_k)p_k \,. \tag{16.49a}$$

2. Stetiger Fall: $$E(g(X)) = \int_{-\infty}^{+\infty} g(x)f(x)\,dx \,. \tag{16.49b}$$

Vorauszusetzen ist dabei die Konvergenz der Reihe $\sum_{k=1}^{\infty} |g(x_k)|p_k$ bzw. des Integrals $\int_{-\infty}^{+\infty} |g(x)|f(x)\,dx$.

Den Erwartungswert der Zufallsgröße X selbst erhält man mit $g(X) = X$ zu

$$\mu_X = E(X) = \sum_k x_k p_k \quad \text{bzw.} \quad \int_{-\infty}^{+\infty} x f(x)\,dx \,, \tag{16.50a}$$

so daß wegen (16.49a,b) u. a. auch gilt:

$$E(aX + b) = a\mu_X + b \quad (a, b \text{ const}) \,. \tag{16.50b}$$

2. Momente n–ter Ordnung

Man führt weiter ein:

1. das *Moment n–ter Ordnung* $E(X^n)$, (16.51a)

2. das *zentrale Moment n–ter Ordnung* $E((X - \mu_X)^n)$. (16.51b)

3. Streuung und Standardabweichung

Speziell für $n = 2$ wurden die äquivalenten Ausdrücke *Streuung*, *Varianz* und *Dispersion* eingeführt:

$$E((X - \mu_X)^2) = D^2(X) = \sigma_X^2 = \begin{cases} \sum\limits_k (x_k - \mu_X)^2 p_k & \text{bzw.} \\ \int\limits_{-\infty}^{+\infty} (x - \mu_X)^2 f(x)\,dx \,. \end{cases} \tag{16.52}$$

Die Größe σ_X wird *Standardabweichung* genannt. Es gelten die folgenden Beziehungen:

$$D^2(X) = \sigma_X^2 = E(X^2) - \mu_X^2 \,, \quad D^2(aX + b) = a^2 D^2(X) \,. \tag{16.53}$$

4. Gewogenes und arithmetisches Mittel

Bei Anwendung auf den diskreten Fall ergibt sich als Erwartungswert das *gewogene Mittel*

$$E(X) = p_1x_1 + \ldots + p_nx_n \tag{16.54}$$

der Werte $x_1, \ldots, x_n$ mit den Wahrscheinlichkeiten p_k $(k = 1, \ldots n)$, *Gewichte* genannt. Bei Gleichverteilung ist $p_1 = p_2 = \ldots = p_n = 1/n$, und $E(X)$ wird zum arithmetischen Mittel der Werte x_k :

$$E(X) = \frac{x_1 + x_2 + \ldots + x_n}{n} \,. \tag{16.55}$$

Bei Anwendung auf den kontinuierlichen Fall erhält man bei Gleichverteilung über dem endlichen Intervall $[a, b]$ die Dichtefunktion

$$f(x) = \begin{cases} \dfrac{1}{b - a} & \text{für } a \le x \le b \,, \\ 0 & \text{sonst} \,, \end{cases} \tag{16.56}$$

und daraus folgt:

$$E(X) = \frac{1}{b-a}\int_a^b x\,dx = \frac{a+b}{2}, \quad \sigma_X^2 = \frac{(b-a)^2}{12}. \tag{16.57}$$

5. TSCHEBYSCHEFFsche Ungleichung

Hat die Zufallsveränderliche X den Erwartungswert μ und die Standardabweichung σ, so gilt für beliebiges $\lambda > 0$ die TSCHEBYSCHEFF*sche Ungleichung*:

$$P(|X-\mu| \geq \lambda\sigma) \leq \frac{1}{\lambda^2}. \tag{16.58}$$

Danach ist es sehr unwahrscheinlich, daß Werte der Zufallsveränderlichen X um ein Vielfaches der Standardabweichung vom Erwartungswert μ entfernt liegen (λ groß).

16.2.2.4 Mehrdimensionale Zufallsveränderliche

Ein *Zufallsvektor* $\mathbf{X} = (X_1, X_2, \ldots, X_n)$ liegt vor, wenn jedes Elementarereignis darin besteht, daß n Zufallsveränderliche $X_1, \ldots, X_n$ n reelle Zahlenwerte $x_1, \ldots, x_n$ annehmen. (S. auch Zufallsvektor, S. 763) Die zugehörige Verteilungsfunktion wird durch

$$F(x_1, \ldots, x_n) = P(X_1 \leq x_1, \ldots, X_n \leq x_n) \tag{16.59}$$

beschrieben. Sie heißt stetig, wenn eine Funktion $f(t_1, \ldots, t_n)$ existiert, so daß

$$F(x_1, \ldots, x_n) = \int_{-\infty}^{x_1} \cdots \int_{-\infty}^{x_n} f(t_1, \ldots, t_n)\, dt_1 \ldots dt_n \tag{16.60}$$

gilt. Die Funktion $f(t_1, \ldots, t_n)$ heißt die Dichte der Verteilung oder *Verteilungsdichte*. Läßt man einige der Variablen $x_1, \ldots, x_n$ nach Unendlich streben, so erhält man sogenannte *Randverteilungen*. Genauere Untersuchungen und Beispiele findet man in Lit. [16.4] und [16.25].

Von *unabhängigen Zufallsveränderlichen* $X_1, \ldots, X_n$ spricht man, wenn gilt:

$$F(x_1, \ldots, x_n) = F_1(x_1)F_2(x_2)\ldots F_n(x_n), \quad f(t_1, \ldots, t_n) = f_1(t_1)\ldots f_n(t_n). \tag{16.61}$$

16.2.3 Diskrete Verteilungen

1. Zweistufige Grundgesamtheit und Urnenmodell

Handelt es sich um eine zweistufige Grundgesamtheit mit zwei Klassen von Elementen, von denen die eine Klasse M Elemente mit der Eigenschaft A enthält, die andere $N - M$ Elemente, die die Eigenschaft A nicht besitzen, dann lassen sich bei der Frage nach den Wahrscheinlichkeiten $P(A) = p$ und $P(\overline{A}) = 1 - p$ zwei Fälle der zufälligen Entnahme von Elementen betrachten, der eine mit Zurücklegen der n gezogenen Elemente, der andere ohne Zurücklegen der gezogenen n Elemente. Die gezogenen n Elemente, darunter k mit der Eigenschaft A, werden *Stichprobe* genannt, n ist der *Umfang der Stichprobe*. Man kann diesen Sachverhalt mit Hilfe des Urnenmodells illustrieren.

2. Urnenmodell

In einem Gefäß befindet sich eine große Anzahl schwarzer und weißer Kugeln. Gefragt ist nach der Wahrscheinlichkeit dafür, daß sich unter n gezogenen Kugeln k schwarze befinden. Wird jede gezogene Kugel nach der Feststellung ihrer Farbe wieder zurückgelegt, dann ergibt sich für die Wahrscheinlichkeit dafür, daß sich unter den gezogenen n Kugeln k schwarze befinden, eine *Binomialverteilung*. Werden die gezogenen n Kugeln nicht zurückgelegt, dann ergibt sich eine *hypergeometrische Verteilung*.

16.2.3.1 Binomialverteilung

Sind bei einem Versuch nur die beiden Ereignisse A und $\overline{A}$ möglich und sind die zugehörigen Wahrscheinlichkeiten $P(A) = p$ und $P(\overline{A}) = 1 - p$, so ist

$$W_p^n(k) = \binom{n}{k} p^k (1-p)^{n-k} \quad (k = 0, 1, 2, \ldots, n) \tag{16.62}$$

die Wahrscheinlichkeit dafür, daß bei n-maliger Wiederholung des Versuches das Ereignis A genau k-mal eintritt.
Bei jedem Ziehen eines Elements aus der Grundgesamtheit gilt

$$P(A) = \frac{M}{N}, \quad P(\overline{A}) = \frac{N-M}{N} = 1 - p = q\,. \tag{16.63}$$

Die Wahrscheinlichkeit, bei den ersten k Ziehungen ein Element mit der Eigenschaft A zu ziehen und bei den darauffolgenden $n-k$ ein Element mit der Eigenschaft $\overline{A}$, ist $p^k(1-p)^{n-k}$. Dabei ist die Reihenfolge der Ziehung der Elemente ohne Bedeutung, da die Kombinationen

$$\binom{n}{k} = \frac{n!}{k!(n-k)!} \tag{16.64}$$

die gleiche Wahrscheinlichkeit haben und auch zu einer Stichprobe mit dem Umfang n mit k Elementen der Eigenschaft A führen.
Eine Zufallsveränderliche X_n, bei der $P(X_n = k) = W_p^n(k)$ ist, heißt *binomialverteilt* mit den Parametern n, p. Es gilt:

1. Erwartungswert und Streuung

$$E(X_n) = \mu = n \cdot p\,, \tag{16.65a}$$

$$D^2(X_n) = \sigma^2 = n \cdot p(1-p)\,. \tag{16.65b}$$

2. Ist X_n binomialverteilt, so ist

$$\lim_{n\to\infty} P\left(\frac{X_n - E(X_n)}{D(X_n)} \le \lambda\right) = \frac{1}{\sqrt{2\pi}} \int\limits_{-\infty}^{\lambda} \exp\left(\frac{-t^2}{2}\right) dt\,. \tag{16.65c}$$

Demnach läßt sich die Binomialverteilung für große n näherungsweise durch eine Normalverteilung mit den Parametern $\mu_X = E(X_n)$ und $\sigma^2 = D^2(X_n)$ ersetzen. Dies ist mit im allgemeinen ausreichender Genauigkeit möglich, wenn $np > 4$ und $n(1-p) > 4$ ist.

3. Rekursionsformel Für praktische Rechnungen ist die folgende Rekursionsformel der Binomialverteilung nützlich:

$$W_p^n(k+1) = \frac{n-k}{k+1} \cdot \frac{p}{q} \cdot W_p^n(k)\,. \tag{16.65d}$$

4. Sind X_n und X_m mit den Parametern n, p bzw. m, p binomialverteilte Zufallsveränderliche, so ist die Zufallsveränderliche $X = X_n + X_m$ ebenfalls binomialverteilt, und zwar mit den Parametern $n+m$, p.
In **Abb.16.2a,b,c** sind drei Binomialverteilungen für die Fälle $n = 5$, $p = 0,5\,;\ 0,25$ und $0,1$ dargestellt. Die Abbildung zeigt auch, daß sich in Übereinstimmung mit der Symmetrie der Binomialkoeffizienten für $p = q = 0,5$ eine Symmetrie der Binomialverteilung ergibt. Mit der Entfernung des Wertes p von $0,5$ nimmt diese Symmetrie ab.

16.2.3.2 Hypergeometrische Verteilung

Wie bei der Betrachtung der Binomialverteilung liege eine zweistufige Grundgesamtheit mit zwei Klassen von Elementen vor, von denen die eine Klasse M Elemente mit der Eigenschaft A enthält, die andere $N-M$ Elemente, die die Eigenschaft A nicht besitzen. Im Unterschied zu dem auf die Binomialverteilung führenden Fall mit Zurücklegen der gezogenen Kugeln des Urnenmodells wird jetzt der Fall ohne Zurücklegen betrachtet.
Die Wahrscheinlichkeit dafür, daß sich unter n gezogenen Kugeln k schwarze befinden, ist durch

$$P(X=k) = W_{M,N}^n(k) = \frac{\binom{M}{k}\binom{N-M}{n-k}}{\binom{N}{n}} \tag{16.66a}$$

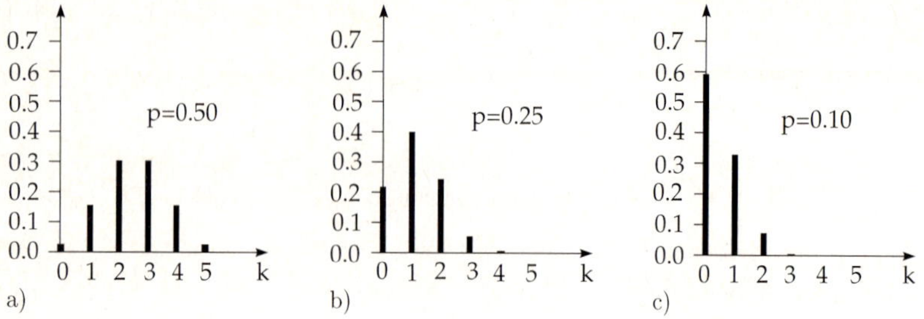

Abbildung 16.2

mit

$$0 \le k \le n\,, \quad k \le M\,, \quad n-k \le N-M\,. \tag{16.66b}$$

gegeben. Die Wahrscheinlichkeiten p und q berechnet man gemäß (16.63).
Eine Zufallsgröße X, die der Verteilung (16.66a) genügt, heißt *hypergeometrisch* verteilt. Es gilt

1. Erwartungswert und Streuung

$$\mu = E(X) = \sum_{k=0}^{n} k \frac{\binom{M}{k}\binom{N-M}{n-k}}{\binom{N}{k}} = n\frac{M}{N}\,, \tag{16.67a}$$

$$\sigma^2 = D^2(X) = E(X^2) - [E(X)]^2 = \sum_{k=0}^{n} k^2 \frac{\binom{M}{k}\binom{N-M}{n-k}}{\binom{N}{k}} - \left(n\frac{M}{N}\right)^2$$

$$= n\frac{M}{N}\left(1-\frac{M}{N}\right)\frac{N-n}{N-1}\,. \tag{16.67b}$$

2. Rekursionsformel

$$P(X=k+1) = W^n_{M,N}(k+1) = \frac{(n-k)(M-k)}{(k+1)(N-M-n+k+1)}P(X=k)\,. \tag{16.67c}$$

In **Abb.16.3a,b,c** sind drei hypergeometrische Verteilungen für die Fälle $N = 100$, $M = 50$, 25 und 10 für $n = 5$ dargestellt, was den Fällen $p = 0,5$; $0,25$ und $0,1$ der **Abb. 16.2a,b,c** entspricht. In diesen Beispielen sind keine signifikanten Unterschiede zwischen Binomial– und hypergeometrischer Verteilung zu erkennen.

16.2.3.3 Poisson–Verteilung

Die Verteilung einer diskreten Zufallsveränderlichen X, bei der

$$P(X=k) = \frac{\lambda^k}{k!}e^{-\lambda} \qquad (k = 0, 1, 2, \ldots;\ \lambda > 0) \tag{16.68}$$

ist, heißt POISSON–*Verteilung* mit den Parametern λ. Es gilt

1. Erwartungswert und Streuung

$$E(X) = \lambda\,, \quad (16.69a) \qquad D^2(X) = \lambda\,. \quad (16.69b)$$

Eine Zufallsveränderliche X_n, bei der (16.69a,b) gilt, heißt POISSON–*verteilt*.

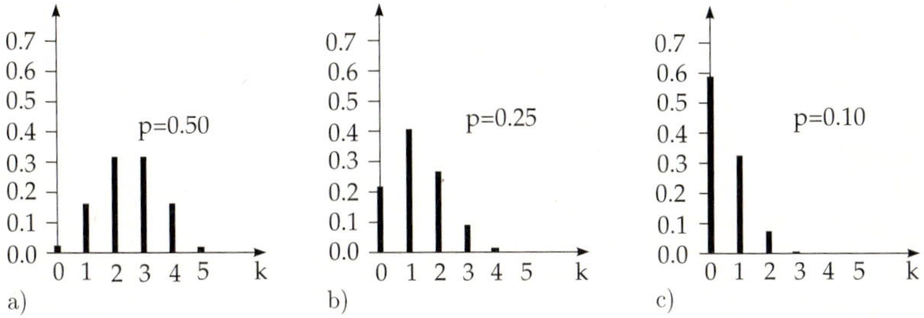

Abbildung 16.3

2. Sind X_1 und X_2 unabhängige, POISSON–verteilte Zufallsveränderliche mit den Parametern λ_1 bzw. λ_2, so ist auch $X = X_1 + X_2$ eine poissonverteilte Zufallsveränderliche mit dem Parameter $\lambda = \lambda_1 + \lambda_2$.

3. Rekursionsformel

$$P\left(\frac{k+1}{\lambda}\right) = \frac{\lambda}{k+1} P\left(\frac{k}{\lambda}\right). \tag{16.69c}$$

Die POISSON–Verteilung geht aus einer Folge von binomialverteilten Zufallsveränderlichen X_n mit den Parametern n, p durch den Grenzübergang $n \to \infty$ hervor, wenn man p $(p \to 0)$ mit n so variiert, daß $np = k = \text{const}$ bleibt. Für $p \leq 0,08$, $n \geq 1500p$ kann die Binomialverteilung mit im allgemeinen ausreichender Genauigkeit durch die POISSON–Verteilung ersetzt werden, deren Auswertung einfacher ist.

Zahlenwerte für die POISSON–Verteilung enthält die **Tabelle 21.14**, S. 1085. In **Abb.16.4a,b,c** sind drei POISSON–Verteilungen für $\lambda = np = 2,5$; $1,25$ und $0,5$ dargestellt, d.h. für Parameter, die denen der **Abb.16.2** und **Abb.16.3** entsprechen.

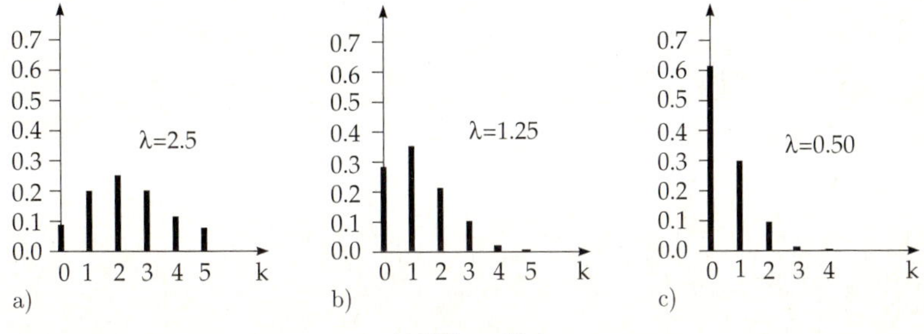

Abbildung 16.4

16.2.4 Stetige Verteilungen

16.2.4.1 Normalverteilung

1. Verteilungsfunktion und Dichte Eine Zufallsveränderliche X mit der Verteilungsfunktion

$$P(X \leq x) = F(x) = \frac{1}{\sigma\sqrt{2\pi}} \int_{-\infty}^{x} e^{-\frac{(t-\mu)^2}{2\sigma^2}}\, dt \tag{16.70}$$

heißt *normalverteilt*, genauer $(\mu\,,\sigma)$–*normalverteilt*. Die Funktion

$$f(t) = \frac{1}{\sigma\sqrt{2\pi}} e^{-\frac{(t-\mu)^2}{2\sigma^2}} \tag{16.71}$$

heißt die Dichte der Normalverteilung. Sie nimmt an der Stelle $t = \mu$ ihr Maximum an und hat Wendepunkte bei $\mu \pm \sigma$ (s. (2.54) und **Abb.16.5a**).

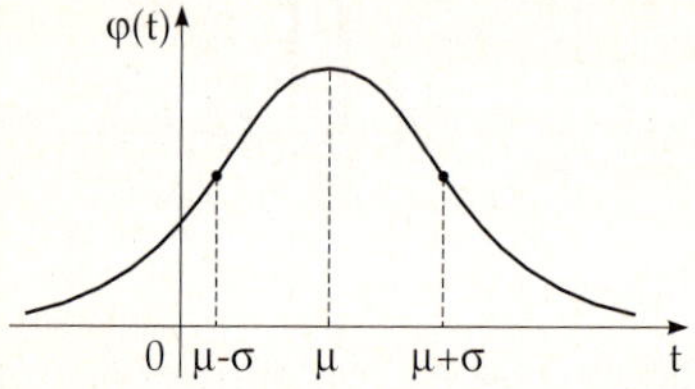

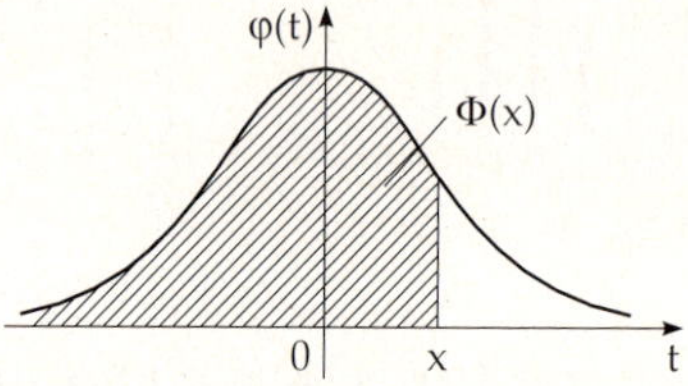

Abbildung 16.5

2. Erwartungswert und Streuung ergeben sich für die Parameter μ und σ^2 der Normalverteilung zu:

$$E(X) = \frac{1}{\sigma\sqrt{2\pi}} \int\limits_{-\infty}^{+\infty} x e^{-\frac{(x-\mu)^2}{2\sigma^2}}\, dx = \mu \tag{16.72a}$$

und

$$D(X) = E[(X-\mu)^2] = \frac{1}{\sigma\sqrt{2\pi}} \int\limits_{-\infty}^{+\infty} (x-\mu)^2 e^{-\frac{(x-\mu)^2}{2\sigma^2}}\, dx = \sigma^2 . \tag{16.72b}$$

Sind die Zufallsveränderlichen X_1 und X_2 unabhängig und normalverteilt mit den Parametern $\mu_1\,,\sigma_1$ bzw. $\mu_2\,,\sigma_2$, so ist auch die Zufallsveränderliche $X = k_1X_1 + k_2X_2$ (k_1, k_2 reell, const) normalverteilt mit den Parametern $\mu = k_1\mu_1 + k_2\mu_2\,,\ \sigma = \sqrt{{k_1}^2{\sigma_1}^2 + {k_2}^2{\sigma_2}^2}$.
Die Berechnung der Wahrscheinlichkeit $P(a \le X \le b)$ erfolgt mit Hilfe der normierten Normalverteilung $\Phi(x)$ gemäß

$$P(a \le X \le b) = \Phi\left(\frac{b-\mu}{\sigma}\right) - \Phi\left(\frac{a-\mu}{\sigma}\right). \tag{16.73}$$

16.2.4.2 Normierte Normalverteilung, Gaußsches Fehlerintegral

1. Verteilungsfunktion und Dichte Aus (16.70) erhält man für $\mu = 0$ und $\sigma^2 = 1$ die Verteilungsfunktion

$$P(X \le x) = \Phi(x) = \frac{1}{\sqrt{2\pi}} \int\limits_{-\infty}^{x} e^{-\frac{t^2}{2}}\, dt = \int\limits_{-\infty}^{x} \varphi(t)\, dt \tag{16.74a}$$

der *normierten Normalverteilung*. Ihre Dichtefunktion

$$\varphi(t) = \frac{1}{\sqrt{2\pi}} e^{-\frac{t^2}{2}} \tag{16.74b}$$

beschreibt die GAUSS*sche Glockenkurve* (**Abb.16.5b**).
Die $(0,1)$–Normalverteilung $\Phi(x)$ liegt tabelliert vor (**Tabelle 21.15**, S. 1087), und zwar hier nur für positive Argumente x, da für negative Argumente der Zusammenhang

$$\Phi(-x) = 1 - \Phi(x) \tag{16.75}$$

genutzt werden kann.

2. Wahrscheinlichkeitsintegral Das Integral $\Phi(x)$ wird auch *Wahrscheinlichkeitsintegral* oder GAUSS*sches Fehlerintegral* genannt. In der Literatur findet man dafür auch die folgenden Definitionen:

$$\Phi_0(x) = \frac{1}{\sqrt{2\pi}} \int_0^x e^{-\frac{t^2}{2}}\, dt = \Phi(x) - \frac{1}{2}, \tag{16.76a}$$

$$\operatorname{erf}(x) = \frac{2}{\sqrt{\pi}} \int_0^x e^{-t^2}\, dt = 2 \cdot \Phi_0(\sqrt{2}x). \tag{16.76b}$$

16.2.4.3 Logarithmische Normalverteilung

1. Verteilungsfunktion und Dichte Die stetige Zufallsgröße X, die alle positiven Werte annehmen kann, besitzt eine *logarithmische Normalverteilung* (auch *Lognormalverteilung* genannt) mit den Parametern μ_L und σ_L^2, wenn die Zufallsgröße Y mit

$$Y = \log X \tag{16.77}$$

normalverteilt ist mit den Parametern μ_L und σ_L^2. Die Zufallsgröße X hat demzufolge die Dichte

$$f(x) = \begin{cases} 0 & \text{für} \quad x \le 0, \\ \dfrac{\log e}{x\sigma_L\sqrt{2\pi}} \exp\left(-\dfrac{(\log x - \mu_L)^2}{2\sigma_L^2}\right) & \text{für} \quad x > 0, \end{cases} \tag{16.78}$$

und die Verteilungsfunktion

$$F(x) = \begin{cases} 0 & \text{für} \quad x \le 0, \\ \dfrac{1}{\sigma_L\sqrt{2\pi}} \displaystyle\int_{-\infty}^{\log x} \exp\left(-\dfrac{(t - \mu_L)^2}{2\sigma_L^2}\right) dt & \text{für} \quad x > 0. \end{cases} \tag{16.79}$$

Bei praktischen Anwendungen wird als Logarithmus entweder der natürliche oder der dekadische Logarithmus verwendet.

2. Erwartungswert und Streuung Für Erwartungswert und Streuung der Lognormalverteilung erhält man, wenn der natürliche Logarithmus verwendet wird:

$$\mu = \exp\left(\mu_L + \frac{\sigma_L^2}{2}\right), \qquad \sigma^2 = \left(\exp \sigma_L^2 - 1\right) \exp\left(2\mu_L + \sigma_L^2\right). \tag{16.80}$$

3. Bemerkungen

a) Die Dichtefunktion der Lognormalverteilung ist links durch Null begrenzt und läuft rechts flach aus. Die **Abb.16.6** zeigt die Dichte der Lognormalverteilung für verschiedene Werte von μ_L und σ_L. Dabei wurde der natürliche Logarithmus verwendet.

b) Man beachte: μ_L und σ_L^2 sind Erwartungswert und Streuung der transformierten Zufallsgröße $Y = \log X$, während μ und σ^2 gemäß (16.80) Erwartungswert und Streuung der Zufallsgröße X sind.

c) Die Verteilungsfunktion $f(x)$ der Lognormalverteilung kann mit Hilfe der Verteilungsfunktion $\Phi(x)$ der normierten Normalverteilung (s. (16.74a), S. 756) berechnet werden, denn es gilt:

$$F(x) = \Phi\left(\frac{\log x - \mu_L}{\sigma_L}\right). \tag{16.81}$$

d) Die Lognormalverteilung wird häufig bei Lebensdaueranalysen von ökonomischen, technischen und biologischen Vorgängen angewendet.

e) Während die Normalverteilung mit der additiven Überlagerung einer großen Anzahl voneinander unabhängiger zufälliger Ereignisse in Zusammenhang gebracht werden kann, ist es bei der Lognormalverteilung das multiplikative Zusammenwirken vieler zufälliger Einflüsse.

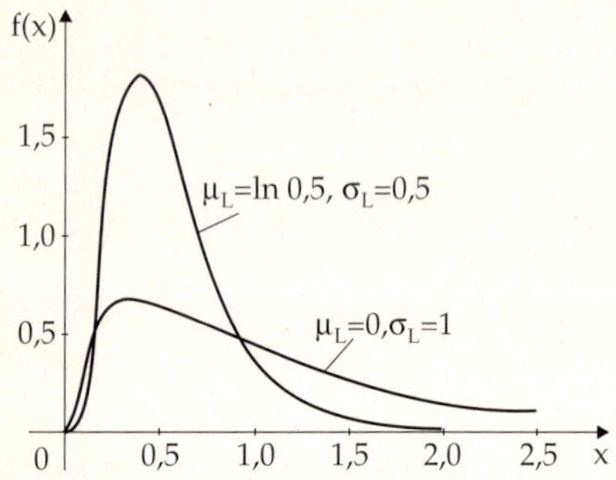

Abbildung 16.6

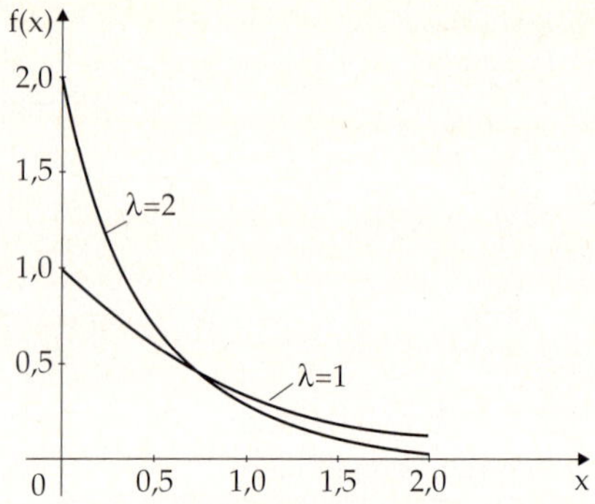

Abbildung 16.7

16.2.4.4 Exponentialverteilung

1. Dichte und Verteilungsfunktion Eine stetige Zufallsgröße X genügt der *Exponentialverteilung* mit dem Parameter λ $(\lambda > 0)$, wenn sie die Dichte (s. **Abb.16.7**)

$$f(x) = \begin{cases} 0 & \text{für} \quad x < 0\,, \\ \lambda e^{-\lambda x} & \text{für} \quad x \geq 0 \end{cases} \tag{16.82}$$

und damit die Verteilungsfunktion

$$F(x) = \int\limits_{-\infty}^{x} f(t)dt = \begin{cases} 0 & \text{für} \quad x \leqslant 0\,, \\ 1 - e^{-\lambda x} & \text{für} \quad x \geq 0 \end{cases} \tag{16.83}$$

hat.

2. Erwartungswert und Streuung der Exponentialverteilung sind:

$$\mu = \frac{1}{\lambda}\,, \qquad \sigma^2 = \frac{1}{\lambda^2}\,. \tag{16.84}$$

Angewendet wird die Exponentialverteilung zur Beschreibung folgender Vorgänge: Dauer von Telefongesprächen, Lebensdauer des radioaktiven Zerfalls, Arbeitszeit einer Maschine zwischen zwei Stillständen, Lebensdauer von Bauelementen oder Lebewesen.

16.2.4.5 Weibull–Verteilung

1. Dichte und Verteilungsfunktion Die stetige Zufallsgröße X genügt einer WEIBULL–Verteilung mit den Parametern α und β $(\alpha > 0\,, \beta > 0)$, wenn ihre Dichte durch

$$f(x) = \begin{cases} 0 & \text{für} \quad x < 0\,, \\ \dfrac{\alpha}{\beta}\left(\dfrac{x}{\beta}\right)^{\alpha-1} \exp\left(-\dfrac{x}{\beta}\right)^{\alpha} & \text{für} \quad x \geq 0 \end{cases} \tag{16.85}$$

und ihre Verteilungsfunktion durch

$$F(x) = \begin{cases} 0 & \text{für} \quad x < 0\,, \\ 1 - \exp\left(-\frac{x}{\beta}\right)^{\alpha} & \text{für} \quad x \geq 0 \end{cases} \tag{16.86}$$

gegeben sind.

2. Erwartungswert und Streuung

$$\mu = \beta \Gamma\left(1+\frac{1}{\alpha}\right), \qquad \sigma^2 = \beta^2\left[\Gamma\left(1+\frac{2}{\alpha}\right) - \Gamma^2\left(1+\frac{1}{\alpha}\right)\right]. \tag{16.87}$$

Mit $\Gamma(x)$ wird dabei die Gammafunktion (8.101a), S. 456 bezeichnet:

$$\Gamma(x) = \int\limits_0^\infty t^{x-1}e^{-t}\,dt \quad \text{für} \quad x > 0. \tag{16.88}$$

In (16.85) ist α der Formparameter und β der Maßstabsparameter **(Abb.16.8, Abb.16.9)**.

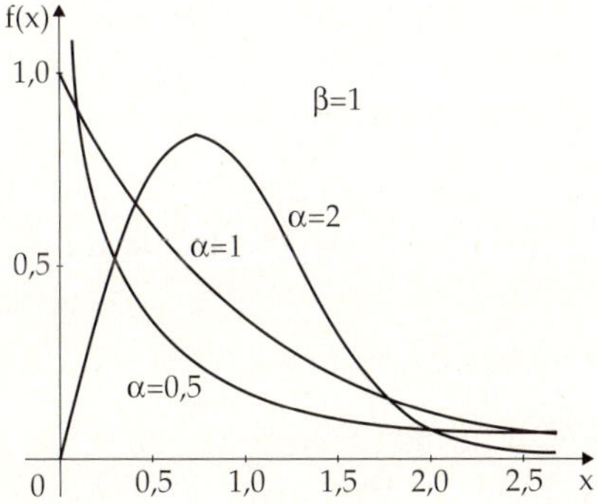

Abbildung 16.8

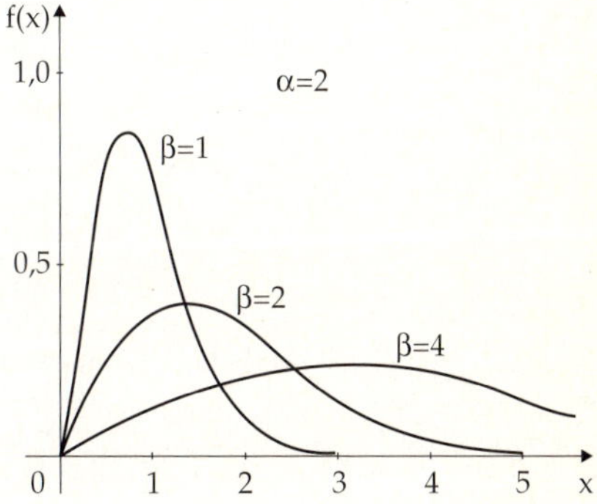

Abbildung 16.9

Bemerkungen:

a) Für $\alpha = 1$ geht die WEIBULL–Verteilung in die Exponentialverteilung mit dem Parameter $\lambda = \dfrac{1}{\beta}$ über.

b) Die WEIBULL–Verteilung gibt es auch als dreiparametrige Verteilung, wenn zusätzlich der Parameter γ als sogenannter Lageparameter eingeführt wird. Die Verteilungsfunktion lautet dann:

$$F(x) = 1 - \exp\left[-\left(\frac{x-\gamma}{\beta}\right)^\alpha\right]. \tag{16.89}$$

c) Die WEIBULL–Verteilung wird besonders in der Zuverlässigkeitstheorie angewendet, weil sie in sehr flexibler Weise die Funktionsdauer von Bauteilen oder Baugruppen beschreiben kann.

16.2.4.6 χ^2–Verteilung

Es seien $X_1, X_2, \dots, X_n$ n unabhängige, $(0,1)$–normalverteilte Zufallsveränderliche. Dann heißt die Verteilung der Zufallsveränderlichen

$$\chi^2 = {X_1}^2 + {X_2}^2 + \cdots + {X_n}^2 \tag{16.90}$$

χ^2–Verteilung mit dem Freiheitsgrad n. Ihre Verteilungsfunktion wird mit $F_{\chi^2}(x)$ bezeichnet, die zugehörige Dichtefunktion mit $f_{\chi^2}(x)$. Es gilt:

1. Dichte und Verteilungsfuntion

$$F_{\chi^2}(x) = P(\chi^2 \le x) = \frac{1}{2^{n/2}\Gamma\left(\frac{n}{2}\right)} \int\limits_0^x v^{\frac{n}{2}-1} e^{-\frac{v}{2}}\,dv \quad (x > 0). \tag{16.91}$$

2. Erwartungswert und Streuung

$$E(\chi^2) = n\,, \quad (16.92a) \qquad D^2(\chi^2) = 2n\,. \quad (16.92b)$$

3. Sind X_1 und X_2 unabhängige Zufallsveränderliche, die je einer χ^2–Verteilung mit n bzw. m Freiheitsgraden genügen, so ist die Zufallsveränderliche $X = X_1 + X_2$ χ^2–verteilt mit $n + m$ Freiheitsgraden.

4. Sind $X_1, X_2, \ldots, X_n$ unabhängige, $(0, \sigma)$–normalverteilte Zufallsveränderliche, so besitzt

$$X = \sum_{i=1}^{n} {X_i}^2 \quad \text{die Dichte} \quad f(x) = \frac{1}{\sigma^2} f_{\chi^2}\left(\frac{x}{\sigma^2}\right), \quad (16.93)$$

$$X = \frac{1}{n}\sum_{i=1}^{n} {X_i}^2 \quad \text{die Dichte} \quad f(x) = \frac{n}{\sigma^2} f_{\chi^2}\left(\frac{nx}{\sigma^2}\right), \quad (16.94)$$

$$X = \sqrt{\frac{1}{n}\sum_{i=1}^{n} {X_i}^2} \quad \text{die Dichte} \quad f(x) = \frac{2x}{\sigma^2} f_{\chi^2}\left(\frac{x^2}{\sigma^2}\right). \quad (16.95)$$

5. Für die Quantile (s. S. 750) $\chi^2_{\alpha,m}$ der χ^2–Verteilung mit dem Freiheitsgrad m (**Abb.16.10**) gilt

$$P(X \ge \chi^2_{\alpha,m}) = \alpha\,. \quad (16.96)$$

Quantile der χ^2–Verteilung sind in **Tabelle 21.16**, S. 1089, zu finden.

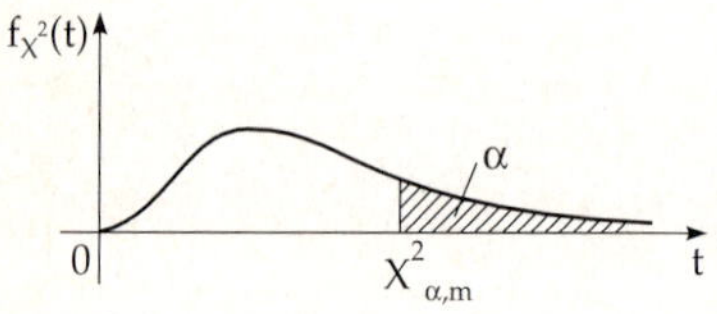

Abbildung 16.10

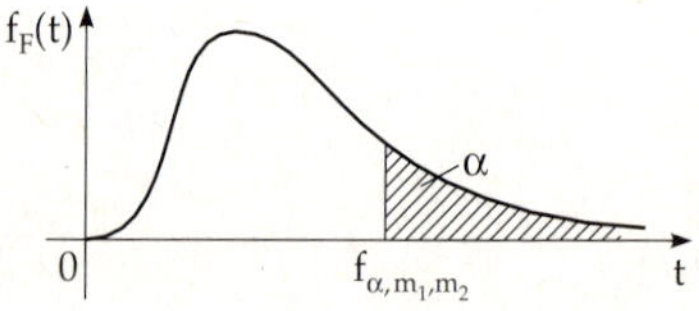

Abbildung 16.11

16.2.4.7 Fisher–Verteilung

Sind X_1 und X_2 unabhängige, χ^2–verteilte Zufallsveränderliche mit m_1 bzw. m_2 Freiheitsgraden, dann heißt die Verteilung der Zufallsveränderlichen

$$F_{m_1,m_2} = \frac{X_1}{m_1} \Big/ \frac{X_2}{m_2} \quad (16.97)$$

FISHER–Verteilung oder *F–Verteilung* mit den Freiheitsgraden m_1, m_2.

1. Dichtefunktion

$$f_{m_1,m_2}(u) = \begin{cases} \left(\frac{m_1}{2}\right)^{m_1/2} \left(\frac{m_2}{2}\right)^{m_2/2} \dfrac{\Gamma\left(\frac{m_1}{2} + \frac{m_2}{2}\right)}{\Gamma\left(\frac{m_1}{2}\right)\Gamma\left(\frac{m_2}{2}\right)} \dfrac{u^{\frac{m_1}{2} - 1}}{\left(\frac{m_1}{2}u + \frac{m_2}{2}\right)^{\frac{m_1}{2} + \frac{m_2}{2}}} & \text{für } u > 0\,, \\ 0 & \text{für } u \le 0\,. \end{cases} \quad (16.98)$$

2. Erwartungswert und Streuung

$$E(F_{m_1,m_2}) = \frac{m_2}{m_2 - 2}\,, \quad (16.99a) \qquad D^2(F_{m_1,m_2}) = \frac{2{m_2}^2(m_1 + m_2 - 2)}{m_1(m_2 - 2)^2(m_2 - 4)}\,. \quad (16.99b)$$

3. Quantile Die Quantile (s. S. 750) t_{α,m_1,m_2} der FISHER–Verteilung (**Abb.16.11**) sind in **Tabelle 21.17**, S. 1090 zu finden.

16.2.4.8 STUDENT–Verteilung

Ist X eine $(0,1)$–normalverteilte Zufallsveränderliche und Y eine von X unabhängige Zufallsveränderliche, die χ^2–verteilt ist mit $m = n - 1$ Freiheitsgraden, so heißt die Verteilung der Zufallsgröße T

$$T = \frac{X}{\sqrt{Y/m}} \tag{16.100}$$

STUDENT–*Verteilung* oder t–*Verteilung* mit m Freiheitsgraden.

1. Verteilungsfunktion und Dichte Die Verteilungsfunktion wird mit $F_S(t)$, die zugehörige Dichte mit $f_S(t)$ bezeichnet.

$$P(T \le t) = F_S(t) = \int_{-\infty}^{t} f_S(v)\,dv = \frac{1}{\sqrt{m\pi}} \frac{\Gamma\left(\frac{m+1}{2}\right)}{\Gamma\left(\frac{m}{2}\right)} \int_{-\infty}^{t} \frac{dv}{\left(1 + \frac{v^2}{m}\right)^{\frac{m+1}{2}}}. \tag{16.101}$$

2. Erwartungswert und Streuung

$$E(T) = 0, \tag{16.102a}$$

$$D^2(T) = \frac{m}{m-2} \quad (m > 2). \tag{16.102b}$$

3. Quantile Für die Quantile $t_{\alpha,m}$ bzw. $t_{\alpha/2,m}$ der t–Verteilung (**Abb.16.12a,b**) gilt

$$P(X > t_{\alpha,m}) = \alpha \tag{16.103a}$$

oder

$$P(|X| > t_{\alpha/2,m}) = \alpha. \tag{16.103b}$$

Die Quantile der STUDENT–Verteilung sind in **Tabelle 21.18**, S. 1092 zu finden.
Das Einsatzgebiet der STUDENT–Verteilung, die von GOSSET unter dem Pseudonym STUDENT eingeführt wurde, sind Stichproben mit geringem Umfang n, für die nur Schätzwerte des Mittelwertes und der Standardabweichung angegeben werden können. Die Standardabweichung der Grundgesamtheit ist in (16.102b) nicht mehr enthalten.

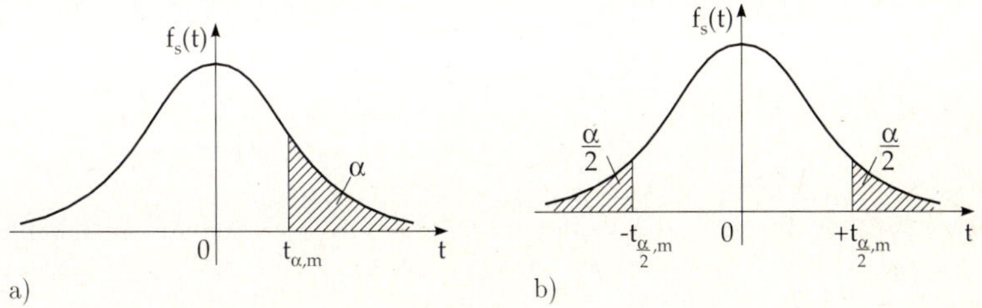

Abbildung 16.12

16.2.5 Gesetze der großen Zahlen, Grenzwertsätze

Die Gesetze der großen Zahlen geben Zusammenhänge zwischen der relativen Häufigkeit n_A/n eines zufälligen Ereignisses A und deren Wahrscheinlichkeit $P(A)$ bei einer großen Anzahl von Wiederholungen des Versuches wieder.

1. Gesetz der großen Zahlen von BERNOULLI

Bei beliebig vorgegebenen Zahlen $\varepsilon > 0$ und $\eta > 0$ ist

$$P\left(\left|\frac{n_A}{n} - P(A)\right| < \varepsilon\right) \geq 1 - \eta\,, \qquad (16.104a) \qquad \text{wenn} \quad n \geq \frac{1}{4\varepsilon^2\eta}\,. \qquad (16.104b)$$

Weitere Gesetze dieser Art s. Lit. [16.8], [16.20].

■ Wievielmal muß man würfeln, um mit einer Wahrscheinlichkeit von mindestens 95 % darauf schließen zu können, daß sich die Wahrscheinlichkeit des Auftretens der Augenzahl Sechs von der beobachteten relativen Häufigkeit höchstens um den Betrag 0,01 unterscheidet?
Es ist $\varepsilon = 0{,}01$ und $\eta = 0{,}05$, also $4\varepsilon^2\eta = 2\cdot 10^{-5}$, und somit muß nach dem BERNOULLIschen Gesetz der großen Zahlen $n \geq 5 \cdot 10^4$ sein. Diese Zahl ist sehr groß. Man kann n verkleinern, wenn man die Verteilungsfunktion kennt (s. Lit. [16.10]).

2. Grenzwertsatz von LINDEBERG–LEVY

Wenn die unabhängigen Zufallsveränderlichen $X_1, \ldots, X_n$ derselben Verteilung mit dem Erwartungswert μ und der Streuung σ^2 genügen, dann strebt die Verteilungsfunktion $F_n(y)$ der zufälligen Veränderlichen

$$Y_n = \frac{\frac{1}{n}\sum_{i=1}^{n} X_i - \mu}{\sigma/\sqrt{n}} \qquad (16.105)$$

für $n \to \infty$ gegen eine $(0,1)$–Normalverteilung, d.h., es ist

$$\lim_{n\to\infty} F_n(y) = \frac{1}{\sqrt{2\pi}} \int_{-\infty}^{y} e^{-\frac{t^2}{2}}\, dt\,. \qquad (16.106)$$

Die Ersetzung von $F_n(y)$ durch die $(0,1)$–Normalverteilung ist praktisch für $n > 30$ möglich (s. Lit. [16.1].
Weitere Grenzwertsätze s. Lit. [16.8], [16.10], [16.20].

■ Einer laufenden Produktion von Widerständen werden 100 Stück entnommen. Es sei bekannt, daß sämtliche Widerstandswerte unabhängig sind und derselben Verteilung mit der Streuung $\sigma^2 = 150$ genügen. Der Mittelwert der 100 Widerstände sei $\overline{x} = 1050\,\Omega$. In welchem Bereich liegt mit einer Wahrscheinlichkeit von 99 % der Erwartungswert μ der Verteilung?
Es ist $P(|Y| \leq \lambda) = P(-\lambda \leq Y \leq \lambda) = P(Y \leq \lambda) - P(Y < -\lambda)$. Man kann annehmen (s. (16.105)), daß die Zufallsveränderliche $Y = \dfrac{\overline{X} - \mu}{\sigma/\sqrt{n}}$ einer $(0,1)$–Normalverteilung genügt. Somit ist $P(Y \leq -\lambda) = 1 - P(Y \leq \lambda)$ und damit $P(|Y| \leq \lambda) = 2P(Y \leq \lambda) - 1$.
Diese Wahrscheinlichkeit soll 99 % sein. Damit gilt $P(Y \leq \lambda) = \Phi(\lambda) = 0{,}995$. Aus der **Tabelle 21.15**, S. 1087 für die normierte Normalverteilung entnimmt man dazu $\lambda = 2{,}58$. Wegen $\sigma/\sqrt{100} = 1{,}225$ gilt daher mit der Wahrscheinlichkeit 99 %: $|1050 - \mu| < 2{,}58 \cdot 1{,}225$, d.h. $1046{,}8\,\Omega < \mu < 1053{,}2\,\Omega$.

16.3 Mathematische Statistik

Die mathematische Statistik stellt eine Anwendung der Wahrscheinlichkeitstheorie auf konkrete Massenerscheinungen dar. Ihre Sätze ermöglichen Wahrscheinlichkeitsaussagen über Eigenschaften einer bestimmten Menge aus den Ergebnissen von Versuchen, deren Anzahl aus ökonomischen Gründen möglichst klein zu halten ist.

16.3.1 Stichprobenfunktionen

16.3.1.1 Grundgesamtheit, Stichproben, Zufallsvektor

1. Grundgesamtheit

Grundgesamtheit nennt man eine Menge von Elementen, die auf gewisse Merkmale hin untersucht werden sollen. Man kann darunter eine Gesamtheit gleichartiger Elemente verstehen, z.B. alle Stücke einer bestimmten Produktion oder alle Meßwerte einer Meßreihe, die bei ständiger Wiederholung desselben Versuchs auftreten können. Die Anzahl N der Elemente einer Grundgesamtheit kann sehr groß, sogar unendlich sein.

2. Stichprobe

Um nicht die gesamte Grundgesamtheit auf die betreffenden Merkmale hin untersuchen zu müssen, entnimmt man ihr eine Teilmenge, eine sogenannte *Stichprobe*, vom Umfang n $(n \leq N)$. Erfolgt die Auswahl zufallsgemäß, d.h., jedes Element der Grundgesamtheit muß die gleiche Chance haben, ausgewählt zu werden, dann spricht man von einer *zufälligen Stichprobe.* Die zufällige Auswahl kann durch Mischen oder blindes Ziehen bzw. durch Festlegung der auszuwählenden Elemente mit Hilfe von *Zufallszahlen* erfolgen.

3. Zufällige Auswahl mit Hilfe von Zufallszahlen

Bei gehortetem oder geschichtetem Material, z.B. Betonplatten, ist eine zufällige Entnahme besonders schwierig oder sogar unmöglich. Dann kann eine Tafel von Zufallszahlen (s. **Tabelle 21.19**, S. 1093) verwendet werden.

Auf dem Intervall $[0, 1]$ kann man mit vielen Taschenrechnern gleichmäß verteilte Zufallszahlen erzeugen, indem man z.B. mit der Taste RAN völlig regellos angeordnete Zahlen zwischen $0,00\ldots0$ und $0,99\ldots9$ aufruft. Daraus lassen sich durch Aneinanderreihen der Ziffern nach dem Komma mehrstellige Zufallszahlen bilden.

Häufig werden Zufallszahlen auch in Tabellen angegeben. In der **Tabelle 21.19**, S. 1093) sind zweistellige Zufallszahlen angegeben, die auch zu mehrstelligen Zufallszahlen zusammengefaßt werden können.

■ Aus einer Lieferung von 70 gestapelten Rohren soll eine zufällige Stichprobe vom Umfang 10 entnommen werden. Dazu werden die Rohre von 00 bis 69 numeriert. Mit Hilfe einer zweistelligen Zufallszahlentafel wird das System festgelegt, nach dem die Auswahl geschehen soll, z.B. horizontal, vertikal oder diagonal. Sollten sich dabei Zufallszahlen wiederholen oder treten Zahlen auf, die größer als 69 sind, dann werden diese weggelassen. Die Rohre mit den Nummern der entsprechenden Zufallszahlen gehören dann zur Stichprobe. Steht nur eine Tafel mehrstelliger Zufallszahlen zur Verfügung, dann werden bestimmte Zweiergruppen ausgewählt.

4. Zufallsvektor

Eine Zufallsgröße X wird durch ihre Verteilungsfunktion und deren Parameter charakterisiert, wobei die Verteilungsfunktion ihrerseits durch die Eigenschaften der Grundgesamtheit bestimmt ist. Diese sind aber bei Beginn einer statistischen Untersuchung nicht bekannt, so daß man möglichst viele Informationen mit Hilfe von Stichproben gewinnen muß. In der Regel wird man sich nicht auf eine Stichprobe beschränken, sondern mehrere Stichproben, praktischerweise vom gleichen Umfang n, untersuchen. Dabei zeigt sich, daß die Realisierungen von Stichprobe zu Stichprobe unterschiedlich ausfallen, d.h. der 1. Wert der 1. Stichprobe von 1. Wert der 2. Stichprobe verschieden sein wird usw. Damit ist die Variable 1. Wert der Stichprobe ebenfalls eine Zufallsgröße, die mit X_1 bezeichnet wird. Analog kann man für den $2., 3., \ldots, n$–ten Stichprobenwert die Zufallsgröße $X_2, X_3, \ldots X_n$ einführen, die man auch *Stichprobenvariable* nennt. Zusammengefaßt erhält man den *Zufallsvektor*

$$\mathbf{X} = (X_1, X_2, \ldots, X_n)\,.$$

Jede konkrete Stichprobe vom Umfang n mit den Elementen x_i, die einer Grundgesamtheit entnommen wurden, kann als Vektor

$$\mathbf{x} = (x_1, x_2, \ldots, x_n)$$

zusammengefaßt und als eine Realisierung des Zufallsvektors angesehen werden.

16.3.1.2 Stichprobenfunktionen

So wie sich die konkreten Stichproben unterscheiden, sind auch die arithmetischen Mittel $\overline{x}$ von Stichprobe zu Stichprobe zufallsbedingt unterschiedlich. Sie können als Realisierungen einer neuen Zufallsgröße aufgefaßt werden, die mit $\overline{X}$ bezeichnet wird und von den *Stichprobenvariablen* $X_1, X_2, \ldots, X_n$ abhängt.

$$\begin{array}{rllll} \text{1. Stichprobe:} & x_{11}, & x_{12}, & \ldots\ x_{1n} & \text{mit Mittelwert } \overline{x}_1\,. \\ \text{2. Stichprobe:} & x_{21}, & x_{22}, & \ldots\ x_{2n} & \text{mit Mittelwert } \overline{x}_2\,. \\ \vdots & \vdots & \vdots & \vdots\ \ \vdots & \vdots \\ m\text{–te Stichprobe:} & x_{m1}, & x_{m2}, & \ldots\ x_{nn} & \text{mit Mittelwert } \overline{x}_m\,. \end{array} \tag{16.107}$$

Mit x_{ij} $(i = 1, 2, \ldots, m;\ \ j = 1, 2, \ldots, n)$ wird die Realisierung der j–ten Stichprobenvariablen in der i–ten Stichprobe bezeichnet.
Eine Funktion des Zufallsvektors $\mathbf{X} = (X_1, X_2, \ldots, X_n)$ ist wieder eine Zufallsgröße und heißt *Stichprobenfunktion*. Die wichtigsten Stichprobenfunktionen sind Mittelwert, Streuung, Median und Spannweite.

1. Mittelwert

Der Mittelwert $\overline{X}$ der Zufallsveränderlichen X_i lautet:

$$\overline{X} = \frac{1}{n}\sum_{i=1}^{n} X_i\,. \tag{16.108a}$$

Im konkreten Fall lautet der Mittelwert $\overline{x}$ zur Stichprobe $(x_1, x_2, \ldots, x_n)$

$$\overline{x} = \frac{1}{n}\sum_{i=1}^{n} x_i\,. \tag{16.108b}$$

Häufig ist es vorteilhaft, zur Berechnung des Mittelwertes einen *Schätzwert* x_0 einzuführen, der beliebig gewählt werden kann, aber nach Möglichkeit in der Nähe des zu erwartenden Mittelwertes $\overline{x}$ liegen soll. Wenn z.B. in großen Meßreihen die x_i mehrstellige Zahlen sind, bei denen sich lediglich die letzten Stellen von Meßwert zu Meßwert ändern, ist es einfacher, mit den kleineren Zahlen

$$z_i = x_i - x_0 \tag{16.108c}$$

zu rechnen. Es gilt dann

$$\overline{x} = x_0 + \frac{1}{n}\sum_{i=1}^{n} z_i = x_0 + \overline{z}\,. \tag{16.108d}$$

2. Streuung

Die Streuung S^2 der Zufallsveränderlichen X_i mit dem Mittelwert $\overline{X}$ lautet:

$$S^2 = \frac{1}{n-1}\sum_{i=1}^{n}(X_i - \overline{X})^2\,. \tag{16.109a}$$

Im konkreten Fall lautet die Streuung s^2 zur Stichprobe $(x_1, x_2, \ldots, x_n)$

$$s^2 = \frac{1}{n-1}\sum_{i=1}^{n}(x_i - \overline{x})^2\,. \tag{16.109b}$$

Mit dem Schätzwert x_0 ergibt sich

$$s^2 = \frac{\sum\limits_{i=1}^{n} {z_i}^2 - \overline{z}\sum\limits_{i=1}^{n} z_i}{n-1} = \frac{\sum\limits_{i=1}^{n} {z_i}^2 - n(\overline{x} - x_0)^2}{n-1}\,. \tag{16.109c}$$

Für $\overline{x} = x_0$ wird wegen $\overline{z} = 0$ die Korrektur $\overline{z} \sum_{i=1}^{n} z_i = 0$.

3. Median (Zentralwert)

Sind n Elemente einer Stichprobe der Größe nach geordnet, so heißt *Median* $\tilde{X}$ im Falle n ungerade der an $\frac{n+1}{2}$-ter Stelle stehende Wert, im Falle n gerade der Mittelwert aus den an $\frac{n}{2}$-ter und $\left(\frac{n}{2}+1\right)$-ter Stelle stehenden Werten.
Im konkreten Fall lautet der Median $\tilde{x}$ zur Stichprobe $(x_1, x_2, \ldots, x_n)$, deren Elemente der Größe nach geordnet sind

$$\tilde{x} = \begin{cases} x_{m+1}, & \text{falls } n = 2m+1, \\ \frac{x_{m+1} + x_m}{2}, & \text{falls } n = 2m. \end{cases} \tag{16.110}$$

4. Spannweite

$$R = \max_i X_i - \min_i X_i \qquad (i = 1, 2, \ldots, n). \tag{16.111a}$$

Im konkreten Fall lautet die Spannweite R zur Stichprobe $(x_1, x_2, \ldots, x_n)$

$$R = x_{\max} - x_{\min} = \max_i X_i - \min_i X_i \qquad (i = 1, 2, \ldots, n). \tag{16.111b}$$

Jede spezielle Realisierung einer Stichprobenfunktion wird mit Ausnahme der Spannweite R mit kleinen Buchstaben bezeichnet, d.h., im konkreten Fall werden zur Stichprobe $(x_1, x_2, \ldots, x_n)$ die Werte x, s^2, $\tilde{x}$ und R berechnet.

i	X_i	i	X_i	i	X_i
1	1,01	6	1,00	11	1,00
2	1,02	7	0,99	12	1,00
3	1,00	8	1,01	13	1,02
4	0,98	9	1,01	14	1,00
5	0,99	10	1,00	15	1,01

■ Der laufenden Produktion von permanentdynamischen Lautsprechern wird eine Stichprobe von 15 Lautsprechern entnommen. Das interessierende Merkmal X sei die Luftspaltinduktion B, gemessen in Tesla. Daraus berechnet man:
$\overline{x} = 1,0027$ bzw. $\overline{x} = 1,0027$ mit $x_0 = 1,00$;
$s^2 = 1,2095 \cdot 10^{-4}$ bzw. $s^2 = 1,2076 \cdot 10^{-4}$ mit $x_0 = 1,00$;
$\tilde{x} = 1,00$; $R = 0,04$.

16.3.2 Beschreibende Statistik

16.3.2.1 Statistische Erfassung gegebener Meßwerte

Um eine Eigenschaft eines Elements statistisch zu untersuchen, ist diese durch eine Zufallsgröße X zu charakterisieren. In der Regel bilden dann n Meß- oder Beobachtungsparameter x_i des Merkmals X den Ausgangspunkt für eine statistische Untersuchung, die vor allem darin besteht, Angaben über die Verteilung von X zu machen.
Jede Meßreihe vom Umfang n kann in diesem Zusammenhang als eine zufällige Stichprobe aus einer unendlichen Grundgesamtheit aufgefaßt werden, die entsteht, wenn der Versuch oder die Messung unter gleichen Bedingungen unendlich oft wiederholt würde.
Da der Umfang n einer Meßreihe sehr groß sein kann, geht man zur statistischen Erfassung der Daten wie folgt vor:

1. Protokoll, Urliste Protokollierung der Meß- oder Beobachtungswerte x_i, die eine Stichprobe oder Meßreihe darstellen, in einem Meßprotokoll, der *Urliste*.

2. Intervalle oder Klassen Einteilung der gegebenen n Meßwerte x_i $(i = 1, 2, \ldots, n)$ in k Intervalle, auch *Klassen* genannt, der Breite h. Man wählt ca. 10 bis 20 Klassen und ordnet die n Meßwerte in diese Klassen ein. Es entsteht die *Strichliste*.

3. Häufigkeiten und Häufigkeitsverteilung Eintragen der *absoluten Häufigkeiten* h_j $(j = 1, 2, \ldots, k)$, d.h. der Anzahl n_i von Meßwerten (Besetzungszahl), die auf ein bestimmtes Meßintervall Δx_i entfallen und Bestimmung der *relativen Häufigkeiten* h_j/n (in %). Werden die Werte h_j/n als

Rechtecke über den Klassen aufgetragen, dann ergibt die graphische Darstellung der so entstehenden *Häufigkeitsverteilung* ein *Histogramm* (**Abb.16.13a**). Die Werte h_j/n können als empirische Werte der Wahrscheinlichkeitsdichte $f(x)$ interpretiert werden.

4. Summenhäufigkeiten Durch Summation der absoluten bzw. relativen Häufigkeiten erhält man die *absoluten* bzw. *relativen Summenhäufigkeiten*

$$F_j = \frac{h_1 + h_2 + \cdots + h_j}{n} \% \quad (j = 1, 2, \ldots, k). \tag{16.112}$$

Werden die Werte F_j in den oberen Klassengrenzen aufgetragen und als Parallele nach rechts fortgesetzt, dann ergibt sich eine graphische Darstellung für die empirische Verteilungsfunktion, die als Näherung für die unbekannte Verteilungsfunktion $F(x)$ aufgefaßt werden kann (**Abb.16.13b**).

■ Bei einem Versuch wurden $n = 125$ Messungen durchgeführt. Die Meßergebnisse streuten über den Bereich 50 bis 270, so daß sich eine Einteilung in $k = 11$ Klassen der Breite $h = 20$ als zweckmäßig erwies. Es ergab sich die nebenstehende *Häufigkeitstabelle* **Tabelle 16.3**.

Tabelle 16.3 Häufigkeitstabelle

Klasse	h_i	$h_i/n(\%)$	$F_i\ (\%)$
50 – 70	1	0,8	0,8
71 – 90	1	0,8	1,6
91 – 110	2	1,6	3,2
111 – 130	9	7,2	10,4
131 – 150	15	12,0	22,4
151 – 170	22	17,6	40,0
171 – 190	30	24,0	64,0
191 – 210	27	21,6	85,6
211 – 230	9	7,2	92,8
231 – 250	6	4,8	97,6
251 – 270	3	2,4	100,0

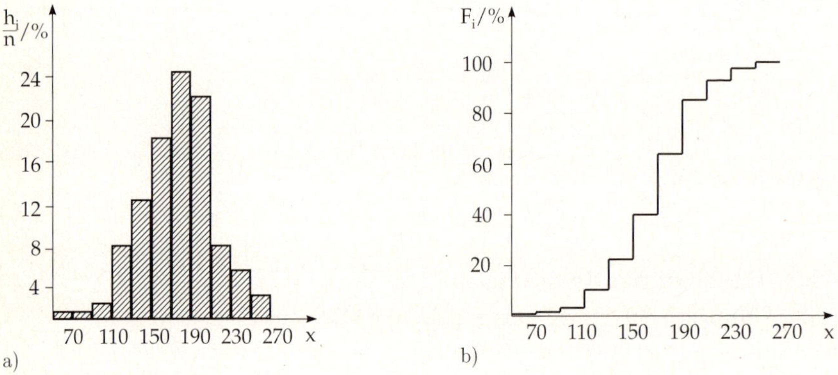

Abbildung 16.13

16.3.2.2 Statistische Parameter

Nachdem die Meßwerte gemäß 16.3.2.1 bearbeitet worden sind, können die folgenden Parameter zur Charakterisierung der Verteilung, die den Meßwerten zu Grunde liegt, bestimmt werden:

1. Mittelwert

Wenn sämtliche Meßwerte unmittelbar berücksichtigt werden, gilt

$$\overline{x} = \frac{1}{n}\sum_{i=1}^{n} x_i\,. \tag{16.113a}$$

Wenn die Mittelwerte $\overline{x}_j$ und Häufigkeiten h_j der Klassen j benutzt werden, gilt

$$\overline{x} = \frac{1}{n}\sum_{j=1}^{k} h_j\overline{x}_j\,. \tag{16.113b}$$

2. Streuung
Wenn sämtliche Meßwerte unmittelbar berücksichtigt werden, gilt

$$s^2 = \frac{1}{n-1} \sum_{i=1}^{n} (x_i - \overline{x})^2 . \tag{16.114a}$$

Wenn die Mittelwerte $\overline{x}_j$ und Häufigkeiten h_j der Klassen j benutzt werden, gilt

$$s^2 = \frac{1}{n-1} \sum_{j=1}^{k} h_j (\overline{x}_j - \overline{x})^2 . \tag{16.114b}$$

Häufig wird auch die *Klassenmitte* u_j an Stelle von $\overline{x}_j$ benutzt.

3. Median
Dieser Parameter $\tilde{x}$ ist definiert durch

$$P(X < x) = \frac{1}{2} \tag{16.115a}$$

und wird im diskreten Falle durch

$$\tilde{x} = \begin{cases} x_{m+1} \,, & \text{falls } n = 2m+1 \,, \\ \dfrac{x_{m+1} + x_m}{2} \,, & \text{falls } n = 2m \,, \end{cases} \tag{16.115b}$$

bestimmt.

4. Spannweite

$$R = x_{\max} - x_{\min} . \tag{16.116}$$

5. Modalwert oder Dichtemittel
heißt der Meßwert, der in einer Häufigkeitsverteilung am häufigsten auftritt. Er wird mit D bezeichnet.

16.3.3 Wichtige Prüfverfahren

Eine der Hauptaufgaben der mathematischen Statistik besteht darin, aus Stichproben Rückschlüsse auf die Grundgesamtheit zu ziehen. Da
1. eine Verteilung ganz wesentlich durch die Parameter μ und σ^2 charakterisiert werden kann (im Falle von Meßwerten würde man sich unter μ den exakten Wert oder den Sollwert und unter σ^2 ein Maß für die Abweichung von diesem Sollwert vorstellen),
2. bei der Verteilung von Beobachtungs- und Meßwerten die GAUSSsche Normalverteilung das entscheidende mathematische Modell darstellt,
stehen bei den Prüfverfahren die folgenden zwei Fragen im Vordergrund:
1. Liegt den Meßwerten eine Normalverteilung zu Grunde?
2. Wie gut geben die Stichprobenparameter $\overline{x}$ und s^2 die Grundgesamtheit wieder?

16.3.3.1 Prüfen auf Normalverteilung

In der mathematischen Statistik sind verschiedene Tests zum Prüfen auf Normalverteilung entwickelt worden. Von den beiden gebräuchlichsten wird einer graphisch mit Hilfe von Wahrscheinlichkeitspapier durchgeführt, der andere erfolgt rechnerisch als „χ^2–Test“.

1. Prüfen mit Hilfe des Wahrscheinlichkeitspapiers

1. Prinzip des Wahrscheinlichkeitspapiers In einem rechtwinkligen Koordinatensystem ist die x–Achse gleichabständig unterteilt, während die y–Achse die folgende Skala darstellt: Sie ist gleichabständig bezüglich Z unterteilt, wird aber mit

$$y = \Phi(Z) = \frac{1}{\sqrt{2\pi}} \int_{-\infty}^{Z} e^{-\frac{t^2}{2}} \, dt \tag{16.117}$$

beziffert. Falls eine Zufallsgröße X einer Normalverteilung mit Mittelwert μ und Streuung σ^2 genügt, dann gilt für ihre Verteilungsfunktion (s. S. 756)

$$F(x) = \Phi\left(\frac{x-\mu}{\sigma}\right) = \Phi(Z)\,, \qquad (16.118a)$$

d.h., es muß

$$Z = \frac{x-\mu}{\sigma} \qquad (16.118b)$$

Z	x
0	μ
1	$\mu+\sigma$
-1	$\mu-\sigma$

gelten und damit ein linearer Zusammenhang zwischen x und Z bestehen. Aus der Substitution (16.118b) liest man außerdem die nebenstehende Zuordnung ab.

2. Anwendung des Wahrscheinlichkeitspapiers

Entnimmt man einer normalverteilten Grundgesamtheit eine Stichprobe, berechnet deren relative Summationshäufigkeiten gemäß (16.112) und trägt diese in das Wahrscheinlichkeitspapier als Ordinaten zu den entsprechenden oberen Klassengrenzen als Abszissen ein, dann liegen diese Punkte annähernd (bis auf zufällige Abweichungen) auf einer Geraden (**Abb.16.14**).

Aus der **Abb.16.14** ist ersichtlich, daß für das vorliegende Beispiel eine Normalverteilung angenommen werden kann. Außerdem liest man ab: $\mu \approx 176\,,\quad \sigma \approx 37,5\,.$

Hinweis: Die Werte F_i der relativen Summenhäufigkeiten lassen sich einfacher in das Wahrscheinlichkeitspapier eintragen, wenn dessen Bezifferung der Ordinate bezüglich y gleichabständig ist, was ungleichabständige Ordinaten zur Folge hat.

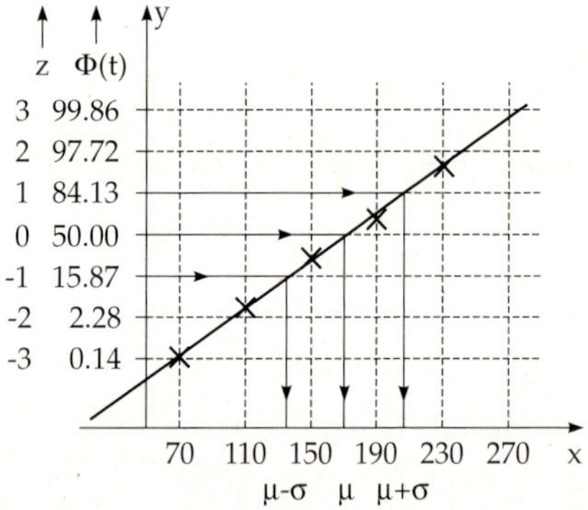

Abbildung 16.14

2. χ^2–Test

Es ist zu prüfen, ob eine Zufallsgröße X einer Normalverteilung genügt. Daher wird der Wertebereich von X in k Klassen eingeteilt und die obere Grenze der j–ten Klasse ($j = 1, 2, \ldots, k$) mit ξ_j bezeichnet. Die „theoretische" Wahrscheinlichkeit, daß X in die j–te Klasse fällt, sei p_j, d.h., es gilt

$$p_j = F(\xi_j) - F(\xi_{j-1})\,, \qquad (16.119a)$$

wobei $F(X)$ die Verteilungsfunktion von X ist ($j = 1, 2, \ldots, k$; ξ_0 ist die untere Grenze der 1. Klasse mit $F(\xi_0) = 0$). Da X normalverteilt sein soll, muß

$$F(\xi_j) = \Phi\left(\frac{\xi_j-\mu}{\sigma}\right) \qquad (16.119b)$$

sein. Mit $\Phi(x)$ ist die Verteilungsfunktion der normierten GAUSSschen Normalverteilung bezeichnet (s. S. 756). Die Parameter μ und σ^2 der Grundgesamtheit sind in der Regel nicht bekannt. Deshalb werden $\overline{x}$ und s^2 als Näherungswerte einer Stichprobe verwendet.

Wurde der Grundgesamtheit eine Stichprobe $(x_1, x_2, \ldots, x_n)$ vom Umfang n entnommen und deren Häufigkeit h_j bezüglich der oben festgelegten Klasseneinteilung ermittelt, dann genügt die Zufallsgröße

$$\chi_S^2 = \sum_{j=1}^{k} \frac{(h_j - np_j)^2}{np_j} \qquad (16.119c)$$

näherungsweise einer χ^2–Verteilung mit $m = n - 1$ Freiheitsgraden. Dazu ist notwendig, daß $np_j \geq 5$ gilt, was durch Zusammenfassen einiger Klassen erreicht werden kann.

Die Prüfung auf Normalverteilung (man spricht auch von χ^2 *-Anpassungstest*) besteht darin, daß man nach Vorgabe einer *statistischen Sicherheit* $1-\alpha$ oder *Irrtumswahrscheinlichkeit* α das Quantil $\chi^2_{\alpha;k-1}$ der **Tabelle 21.16** entnimmt, für das $P(\chi^2 \geq \chi^2_{\alpha;k-1}) = \alpha$ gilt.
Ergibt sich für den nach (16.119c) ermittelten speziellen Wert χ^2_S

$$\chi^2_S < \chi^2_{\alpha;k-1}, \tag{16.119d}$$

dann besteht kein Widerspruch zu der Annahme, daß die Stichprobe aus einer Grundgesamtheit stammt, die normalverteilt ist.

■ Dem folgenden χ^2–Test liegen die Zahlenwerte des Beispiels von S. 766 zu Grunde. Ausgangspunkt ist eine Stichprobe vom Umfang $n = 125$, aus der bereits Mittelwert $x = 176,32$ und Streuung $s^2 = 36,70$ ermittelt worden sind. Diese Werte werden als Schätzwerte für die unbekannten Parameter μ und σ^2 der Grundgesamtheit verwendet. Damit kann die Testgröße χ^2_S gemäß (16.119c) unter Beachtung von (16.119a) und (16.119b), wie in **Tabelle 16.4** dargestellt, ermittelt werden.

Tabelle 16.4 χ^2–Test

ξ_j	h_j		$\frac{\xi_j-\mu}{\sigma}$	$\Phi\left(\frac{\xi_j-\mu}{\sigma}\right)$	p_j	np_j		$\frac{(h_j-np_j)^2}{np_j}$
70	1	13	−2,90	0,0019	0,0019	0,2375	12,9750	0,00005
90	1		−2,35	0,0094	0,0075	0,9375		
110	2		−1,81	0,0351	0,0257	3,2125		
130	9		−1,26	0,1038	0,0687	8,5857		
150	15		−0,72	0,2358	0,1320	16,6500		0,1635
170	22		−0,17	0,4325	0,1967	24,5875		0,2723
190	30		0,37	0,6443	0,2118	26,4750		0,4693
210	27		0,92	0,8212	0,1769	22,1125		1,0803
230	9		1,46	0,9279	0,1067	13,3375		1,4106
250	6	9	2,01	0,9778	0,0499	6,2375	8,3375	0,0526
270	3		2,55	0,9946	0,0168	2,1000		
								$\chi^2_S = 3,4486$

Aus der letzten Spalte folgt $\chi^2_S = 3,4486$. Wegen der Forderung $np_j \geq 5$ reduziert sich die Anzahl der Klassen von $k = 11$ auf $k^* = k - 4 = 7$. Da zur Berechnung der theoretischen Häufigkeit np_j die beiden Schätzwerte $\overline{x}$ und s^2 der Stichprobe an Stelle von μ und σ^2 der Grundgesamtheit verwendet werden, verringert sich die Anzahl der Freiheitsgrade der betreffenden χ^2–Verteilung um weitere zwei. Damit muß als kritischer Wert das Quantil $\chi^2_{\alpha;k^*-1-2}$ verwendet werden. Für $\alpha = 0,05$ erhält man aus **Tabelle 21.16** $\chi^2_{0,05;4} = 9,5$, so daß wegen $\chi^2_S < \chi^2_{0,05;4}$ kein Widerspruch zu der Annahme besteht, daß die Grundgesamtheit normalverteilt ist.

16.3.3.2 Verteilung der Stichprobenmittelwerte

Es sei X eine kontinuierliche Zufallsgröße. Der zugehörigen Grundgesamtheit kann man beliebig viele Stichproben vom Umfang n entnehmen. Dann beschreiben die zugehörigen Stichprobenmittelwerte eine neue Zufallsgröße $\overline{X}$, die ebenfalls kontinuierlich ist. Für deren statistische Sicherheit und Normalverteilung gelten die im folgenden dargelegten Aussagen.

1. Statistische Sicherheit des Stichprobenmittelwertes

Wenn X normalverteilt ist mit den Parametern μ und σ^2, dann ist $\overline{X}$ normalverteilt mit den Parametern μ und σ^2/n, d.h., die Dichtefunktion $\overline{f}(x)$ von $\overline{X}$ ist stärker um den Mittelwert μ konzentriert als die Dichtefunktion $f(x)$ der Grundgesamtheit. Es gilt für einen vorgegebenen Wert $\varepsilon > 0$:

$$P(|X-\mu| \leq \varepsilon) = 2\Phi\left(\frac{\varepsilon}{\sigma}\right) - 1\,, \quad P(|\overline{X}-\mu| \leq \varepsilon) = 2\Phi\left(\frac{\varepsilon\sqrt{n}}{\sigma}\right) - 1\,. \tag{16.120}$$

Daraus folgt, daß mit wachsendem Umfang n der Stichprobe die Wahrscheinlichkeit größer wird, daß der Stichprobenmittelwert eine gute Näherung für μ ist.

■ Für $\varepsilon = \frac{1}{2}\sigma$ erhält man aus (16.120) $P\left(|\overline{X}-\mu| \leq \frac{1}{2}\sigma\right) = 2\Phi\left(\frac{1}{2}\sqrt{n}\right) - 1$, und für verschiedene Werte von n folgen daraus die Werte in **Tabelle 16.5**. Man liest aus **Tabelle 16.5** z.B. ab, daß bei einer Stichprobe vom Umfang $n = 49$ der Stichprobenmittelwert x mit einer Sicherheit von 99,95 % um höchstens $\pm\frac{1}{2}\sigma$ vom Mittelwert μ der Grundgesamtheit abweicht.

Tabelle 16.5 Statistische Sicherheit des Stichprobenmittelwertes

n	$P\left(\lvert X-\mu\rvert \leq \frac{1}{2}\sigma\right)$
1	38,29 %
4	68,27 %
16	95,45 %
25	98,76 %
49	99,96 %

2. Normalverteilung der Stichprobenmittelwerte

Die Zufallsgröße $\overline{X}$ ist auch annähernd normalverteilt mit den Parametern μ und σ^2/n, wenn die dazugehörige Grundgesamtheit einer beliebigen Verteilung mit Mittelwert μ und Streuung σ^2 genügt.

16.3.3.3 Vertrauensgrenzen für den Mittelwert

1. Vertrauensgrenzen für den Mittelwert bei bekannter Streuung σ^2

Es sei X eine kontinuierliche Zufallsgröße, normalverteilt mit den Parametern μ und σ^2. Nach 16.3.3.2 ist dann $\overline{X}$ ebenfalls eine kontinuierliche Zufallsgröße, normalverteilt mit den Parametern μ und σ^2/n. Durch die Substitution

$$\overline{Z} = \frac{\overline{X}-\mu}{\sigma}\sqrt{n} \tag{16.121}$$

erhält man eine Zufallsgröße $\overline{Z}$, die der normierten Normalverteilung genügt. Für diese gilt

$$P(|\overline{Z}| \leq \varepsilon) = \int_{-\varepsilon}^{\varepsilon} \varphi(x)\,dx = 2\Phi(\varepsilon) - 1\,. \tag{16.122}$$

Gibt man jetzt eine Irrtumswahrscheinlichkeit α vor und verlangt

$$P(|\overline{Z}| \leq \varepsilon) = 1 - \alpha\,, \tag{16.123}$$

dann kann man $\varepsilon = \varepsilon(\alpha)$ aus (16.122) numerisch bestimmen bzw. aus der **Tabelle 21.15** der normierten Normalverteilung ablesen und erhält aus $|\overline{Z}| \leq \varepsilon(\alpha)$ unter Beachtung von (16.121) die Beziehung

$$\mu = \overline{x} \pm \frac{\sigma}{\sqrt{n}}\varepsilon(\alpha)\,. \tag{16.124}$$

Die Werte $\overline{x} \pm \frac{\sigma}{\sqrt{n}}\varepsilon(\alpha)$ in (16.124) heißen *Vertrauensgrenzen für den Mittelwert* μ der Grundgesamtheit bei bekannter Streuung σ^2 und vorgegebener Irrtumswahrscheinlichkeit α. Man kann auch sagen: Der Mittelwert μ liegt mit der statistischen Sicherheit $1-\alpha$ zwischen den Vertrauensgrenzen (16.124).

Hinweis: Ist der Stichprobenumfang hinreichend groß ($n > 100$), dann kann in (16.124) an Stelle der in der Regel unbekannten Streuung σ^2 der Grundgesamtheit die Stichprobenstreuung s^2 verwendet werden. Anderenfalls müssen die Vertrauensgrenzen mit Hilfe der t–Verteilung gemäß (16.127) ermittelt werden.

2. Vertrauensgrenzen für den Mittelwert bei unbekannter Streuung σ^2

Wenn die Streuung σ^2 der Grundgesamtheit unbekannt ist, dann ersetzt man sie durch die Stichprobenstreuung s^2 und erhält an Stelle von (16.121) die Zufallsvariable

$$T = \frac{\overline{X} - \mu}{s}\sqrt{n}, \tag{16.125}$$

die der t–Verteilung (s. S. 761) mit $m = n - 1$ Freiheitsgraden genügt. Dabei ist n der Umfang der Stichprobe. Mit einer vorgegebenen Irrtumswahrscheinlichkeit α gilt dann

$$P(|T| \le \varepsilon) = \int\limits_{-\varepsilon}^{\varepsilon} f_t(x)\,dx = P\left(\frac{|\overline{X} - \mu|}{s}\sqrt{n} \le \varepsilon\right) = 1 - \alpha. \tag{16.126}$$

Aus (16.126) folgt $\varepsilon = \varepsilon(\alpha, n) = t_{\alpha/2;n-1}$, wobei $t_{\alpha/2;n-1}$ das Quantil der t–Verteilung (mit $n - 1$ Freiheitsgraden) zur Irrtumswahrscheinlichkeit $\alpha/2$ darstellt (**Tabelle 21.18**). Aus $|T| = t_{\alpha/2;n-1}$ folgt

$$\mu = \overline{x} \pm \frac{s}{\sqrt{n}} t_{\alpha/2;n-1}\,. \tag{16.127}$$

Die Werte $\overline{x} \pm \dfrac{s}{\sqrt{n}} t_{\alpha/2;n-1}$ heißen *Vertrauensgrenzen für den Mittelwert* μ der Grundgesamtheit bei unbekannter Streuung σ^2 und vorgegebener Irrtumswahrscheinlichkeit α.

■ Eine Stichprobe bestehe aus den folgenden 6 Meßwerten: 0,842; 0,846; 0,835; 0,839; 0,843; 0,838. Daraus erhält man $\overline{x} = 0,8405$ und $s = 0,00394$.
Wie groß ist höchstens die Abweichung des Stichprobenmittelwertes $\overline{x}$ vom Mittelwert μ der Grundgesamtheit, wenn eine Irrtumswahrscheinlichkeit α von 5 % bzw. 1 % zugelassen wird?

1. $\alpha = 0,05$: Aus **Tabelle 21.18** liest man $t_{\alpha/2;5} = 2,57$ ab und erhält $|\overline{X} - \mu| \le 2,57 \cdot 0,00394/\sqrt{6} = 0,0042$, d.h., mit 95 % Wahrscheinlichkeit weicht der Stichprobenmittelwert $\overline{x} = 0,8405$ höchstens um $\pm 0,0042$ vom Mittelwert μ ab.

2. $\alpha = 0,01$: $t_{\alpha/2;5} = 4,03$; $|\overline{X} - \mu| \le 4,03 \cdot 0,00394/\sqrt{6} = 0,0065$, d.h., mit 99 % Sicherheit weicht $\overline{x}$ um höchstens $\pm 0,0065$ von μ ab.

16.3.3.4 Vertrauensgrenzen für die Streuung

Die Zufallsgröße X sei normalverteilt mit den Parametern μ und σ^2. Dann genügt die neue Zufallsgröße

$$\chi^2 = (n-1)\frac{s^2}{\sigma^2} \tag{16.128}$$

einer χ^2–Verteilung mit $m = n - 1$ Freiheitsgraden, wobei n der Umfang einer Stichprobe ist und s^2 deren Streuung. Aus **Abb.16.15**, in der $f_{\chi^2}(x)$ die Wahrscheinlichkeitsdichte der χ^2–Verteilung bedeutet, folgt

$$P(\chi^2 < \chi_u^2) = P(\chi^2 > \chi_0^2) = \frac{\alpha}{2}, \tag{16.129}$$

d.h., mit den Quantilen der χ^2–Verteilung besteht der Zusammenhang (**Tabelle 21.16**):

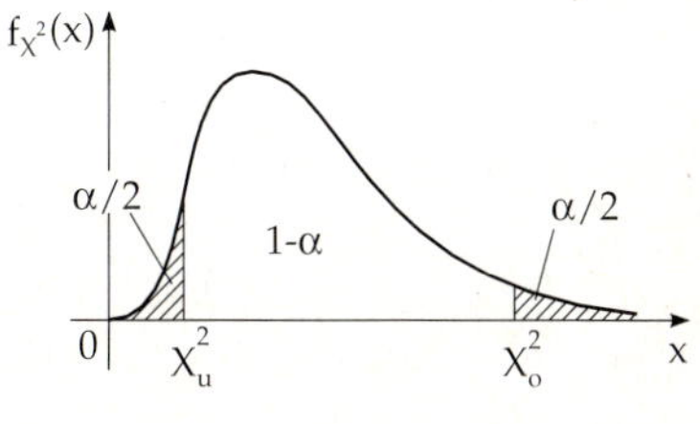

Abbildung 16.15

$$\chi_u^2 = \chi^2_{1-\alpha/2;n-1}, \quad \chi_0^2 = \chi^2_{\alpha/2;n-1}\,. \tag{16.130}$$

Unter Beachtung von (16.128) erhält man damit die folgende Abschätzung für die unbekannte Streuung σ^2 der Grundgesamtheit bei einer Irrtumswahrscheinlichkeit α:

$$\frac{(n-1)s^2}{\chi^2_{\alpha/2;n-1}} \le \sigma^2 \le \frac{(n-1)s^2}{\chi^2_{1-\alpha/2;n-1}}\,. \tag{16.131}$$

Das durch (16.131) beschriebene Vertrauensintervall für σ^2 wird bei kleinem Stichprobenumfang noch sehr grob sein.

■ Für die Zahlenwerte des Beispiels auf S. 771 und $\alpha = 5\%$ liest man aus **Tabelle 21.16** $\chi^2_{0,025;5} = 0,831$ und $\chi^2_{0,975;5} = 12,8$ ab, so daß aus (16.131) folgt: $0,625 \cdot s \le \sigma \le 2,453 \cdot s$ mit $s = 0,00394$.

16.3.3.5 Prinzip der Prüfverfahren

Ein statistisches Prüfverfahren hat grundsätzlich folgenden Aufbau:

1. Es wird eine Hypothese H aufgestellt, daß die Stichprobe einer Grundgesamtheit von vorgegebenen Eigenschaften angehört, z.B.
H: Grundgesamtheit ist normalverteilt mit den Parametern μ und σ^2 oder
H: Für das unbekannte μ wird ein Näherungswert μ_0, in diesem Zusammenhang auch *Schätzwert* genannt, eingesetzt, der z.B. durch Rundung des Stichprobenmittelwertes $\overline{x}$ gewonnen wird.

2. Man ermittelt in der angenommenen Grundgesamtheit ein Vertrauensintervall B (im allgemeinen mit Hilfe von Tabellen), in dem der Wert einer bestimmten Stichprobenfunktion mit einer vorgegebenen Sicherheit (z.B. $\alpha = 0,01$ oder $\alpha = 0,05$) liegt.

3. Man berechnet den Wert der Stichprobenfunktion und lehnt die Hypothese ab, wenn dieser Wert nicht in B liegt.

■ Prüfen des Mittelwertes mit der Hypothese H: $\mu = \mu_0$ bei vorgegebener Irrtumswahrscheinlichkeit α.

Nach 16.3.3.3 genügt die Zufallsgröße $T = \dfrac{\overline{X} - \mu}{s}\sqrt{n}$ einer t–Verteilung mit $m = n-1$ Freiheitsgraden.

Daraus folgt, daß man die Hypothese ablehnen muß, wenn μ_0 nicht in dem durch (16.127) festgelegten Vertrauensintervall liegt, d.h., wenn sich

$$|\overline{X} - \mu_0| \ge \frac{s}{\sqrt{n}} t_{\alpha;n-1} \tag{16.132}$$

ergibt. Man sagt dann, es handelt sich um eine *signifikante Abweichung* und spricht von *Signifikanz*. Weitere Angaben über die Durchführung von Prüfverfahren s. Lit. [16.23].

16.3.4 Korrelation und Regression

Bei der *Korrelationsanalyse* geht es um die Feststellung von Abhängigkeiten zwischen zwei oder mehreren Merkmalen einer Grundgesamtheit an Hand von Meßwerten. Mit Hilfe der *Regressionsanalyse* wird dann die Form der Abhängigkeit zwischen diesen Merkmalen untersucht.

16.3.4.1 Lineare Korrelation bei zwei meßbaren Merkmalen

1. Zweidimensionale Zufallsgrößen

Zwei Merkmale X und Y sollen zu einer zweidimensionalen Zufallsgröße (X, Y) mit folgenden Verteilungsfunktionen zusammengefaßt werden:

$$F(x, y) = P(X \le x, Y \le y) = \int_{-\infty}^{x}\int_{-\infty}^{y} f(x, y)\,dx\,dy\,, \tag{16.133a}$$

$$F_1(x) = P(X \le x, Y < \infty)\,, \quad F_2(y) = P(X < \infty, Y \le y). \tag{16.133b}$$

Die Zufallsgrößen X und Y heißen *unabhängig voneinander*, wenn

$$F(x, y) = F_1(x) \cdot F_2(y) \tag{16.134}$$

gilt. Die wichtigsten Parameter einer zweidimensionalen Verteilung sind:

1. Mittelwerte

$$\mu_X = E(X) = \int_{-\infty}^{\infty}\int_{-\infty}^{\infty} x\,f(x, y)\,dx\,dy\,, \tag{16.135a}$$

$$\mu_Y = E(Y) = \int_{-\infty}^{\infty}\int_{-\infty}^{\infty} y\, f(x,y)\, dx\, dy\,. \tag{16.135b}$$

2. Streuungen

$$\sigma_X^2 = E((X-\mu_X)^2)\,, \tag{16.136a}$$

$$\sigma_Y^2 = E((Y-\mu_Y)^2)\,. \tag{16.136b}$$

3. Kovarianz

$$\sigma_{XY} = E\left((X-\mu_X)(Y-\mu_Y)\right)\,. \tag{16.137}$$

4. Korrelationskoeffizient

$$\varrho_{XY} = \frac{\sigma_{XY}}{\sigma_X\sigma_Y}\,. \tag{16.138}$$

Der Korrelationskoeffizient ist ein Maß für die Abhängigkeit von X und Y , denn es gilt:
Alle Punkte (X, Y) liegen genau dann mit der Wahrscheinlichkeit 1 auf einer Geraden, wenn $\varrho_{XY}^2 = 1$ ist. Wenn X und Y unabhängige Zufallsveränderliche sind, dann ist $\varrho_{XY} = 0$. Aus $\varrho_{XY} = 0$ kann man nur dann auf die Unabhängigkeit der Merkmale X und Y schließen, wenn diese einer *zweidimensionalen Normalverteilung* genügen, die durch die folgende Dichtefunktion definiert ist:

$$f(x,y) = \frac{1}{2\pi\sigma_X\sigma_Y\sqrt{1-\varrho_{XY}^2}} \exp\left[-\frac{1}{2(1-\varrho_{XY}^2)}\left(\frac{(x-\mu_X)^2}{\sigma_X^2} - 2\frac{\varrho_{XY}(x-\mu_X)(y-\mu_Y)}{\sigma_X\sigma_Y} + \frac{(y-\mu_Y)^2}{\sigma_Y^2}\right)\right]. \tag{16.139}$$

2. Test auf Unabhängigkeit zweier Merkmale

Bei praktischen Aufgaben ist zu untersuchen, ob eine Stichprobe, die aus n Meßpunkten (x_i, y_i) $(i = 12,\ldots,n)$ besteht, aus einer zweidimensionalen, normalverteilten Grundgesamtheit mit dem Korrelationskoeffizienten $\varrho_{XY} = 0$ stammt, so daß die beiden Zufallsgrößen X und Y als unabhängig angesehen werden können. Der Test läuft wie folgt ab:
1. Aufstellen der Hypothese H: $\varrho_{XY} = 0$.
2. Vorgabe einer Irrtumswahrscheinlichkeit α und Ermittlung des Quantils $t_{\alpha,m}$ der t–Verteilung aus **Tabelle 21.18** für $m = n - 2$.
3. Berechnung der Testgröße

$$t = \frac{r_{xy}\sqrt{n-2}}{\sqrt{1-r_{xy}^2}} \tag{16.140a}$$

mit

$$r_{xy} = \frac{\sum\limits_{i=1}^{n}(x_i-\overline{x})(y_i-\overline{y})}{\sqrt{\sum\limits_{i=1}^{n}(x_i-\overline{x})^2\sum\limits_{i=1}^{n}(y_i-\overline{y})^2}}\,. \tag{16.140b}$$

4. Ablehnung der Hypothese, falls $|t| \geq t_{\alpha,m}$ ist. Die Größe r_{xy} heißt *empirischer Korrelationskoeffizient.*

16.3.4.2 Lineare Regression bei zwei meßbaren Merkmalen

1. Bestimmung der Regressionsgeraden

Wenn zwischen den Merkmalen X und Y mit Hilfe des Korrelationskoeffizienten eine Abhängigkeit festgestellt wurde, dann besteht die nächste Aufgabe in der Ermittlung des funktionalen Zusammenhanges $Y = f(X)$. Im einfachsten Falle der *linearen Regression* wird dabei vorausgesetzt, daß bei beliebigem, aber festem x–Wert die Zufallsgröße Y in der Grundgesamtheit normalverteilt ist mit dem Erwartungswert

$$E(Y) = a + bx \tag{16.141}$$

und der von x unabhängigen Streuung σ^2 . Die Beziehung (16.141) bedeutet, daß die Zufallsgröße Y im Mittel von dem festen x–Wert linear abhängt. Für die in der Regel unbekannten Parameter a , b und σ^2 der Grundgesamtheit werden mit Hilfe der Stichprobenwerte (x_i, y_i) $(i = 1, 2, \ldots, n)$ Näherungswerte nach der *Fehlerquadratmethode* bestimmt. Aus der Forderung

$$\sum_{i=1}^{n}[y_i - (a + bx_i)]^2 = \min \tag{16.142}$$

erhält man für a, b und σ^2 die Schätzwerte (Näherungswerte)

$$\tilde{b} = \frac{\sum\limits_{i=1}^{n}(x_i - \overline{x})(y_i - \overline{y})}{\sum\limits_{i=1}^{n}(x_i - \overline{x})^2}, \quad \tilde{a} = \overline{y} - \tilde{b}\overline{x}, \quad \tilde{\sigma}^2 = \frac{n-1}{n-2}s_y^2(1 - r_{xy}^2) \tag{16.143a}$$

mit

$$\overline{x} = \frac{1}{n}\sum_{i=1}^{n} x_i, \quad \overline{y} = \frac{1}{n}\sum_{i=1}^{n} y_i, \quad s_y^2 = \frac{1}{n-1}\sum_{i=1}^{n}(y_i - \overline{y})^2 \tag{16.143b}$$

und dem empirischen Korrelationskoeffizienten r_{xy} gemäß (16.140b). Die Koeffizienten $\tilde{a}$ und $\tilde{b}$ nennt man *Regressionskoeffizienten*. Die Gerade $y(x) = \tilde{a} + \tilde{b}x$ heißt *Regressionsgerade* .

2. Vertrauensgrenzen für den Regressionskoeffizienten

Nach der Bestimmung der Regressionskoeffizienten $\tilde{a}$ und $\tilde{b}$ erhebt sich die Frage, wie gut diese Schätzwerte die theoretischen Parameter a und b wiedergeben. Dazu bildet man die Testgrößen

$$t_b = (\tilde{b} - b)\frac{s_x\sqrt{n-2}}{s_y\sqrt{1 - r_{xy}^2}} \quad (16.144a) \qquad \text{mit} \quad t_a = (\tilde{a} - a)\frac{s_x\sqrt{n-2}}{s_y\sqrt{1 - r_{xy}^2}}\,\frac{\sqrt{n}}{\sqrt{\sum\limits_{i=1}^{n} {x_i}^2}}. \tag{16.144b}$$

Diese stellen die Realisierung von Zufallsgrößen dar, die einer t–Verteilung mit $m = n - 2$ Freiheitsgraden genügen. Demzufolge kann man zu einer vorgegebenen Irrtumswahrscheinlichkeit α das Quantil $t_{\alpha;m}$ aus **Tabelle 21.18** ablesen, und aus $P(\,|t| < t_{\alpha;m}) = 1 - \alpha$ folgt für $t = t_a$ bzw. $t = t_b$:

$$|\tilde{b} - b| < t_{\alpha;n-2}\frac{s_y\sqrt{1 - r_{xy}^2}}{s_x\sqrt{n-2}}, \quad (16.145a) \qquad |\tilde{a} - a| < t_{\alpha;n-2}\frac{s_y\sqrt{1 - r_{xy}^2}\cdot\sqrt{\sum\limits_{i=1}^{n} {x_i}^2}}{s_x\sqrt{n-2}\cdot\sqrt{n}}. \tag{16.145b}$$

Mit Hilfe der durch (16.145a,b) beschriebenen sogenannten *Konfidenzintervalle* für a und b kann man auch einen *Konfidenzbereich* für die unbekannte Regressionsgerade $y = a + bx$ angeben (s. Lit. [16.4], [16.25]).

16.3.4.3 Mehrdimensionale Regression

1. Funktionaler Zusammenhang

Zwischen den Merkmalen X_1, $X_2, \ldots$, X_n und Y bestehe ein funktionaler Zusammenhang, der durch die theoretische Regressionsfunktion

$$y = f(x_1, x_2, \ldots, x_n) = \sum_{j=0}^{s} a_j g_j(x_1, x_2, \ldots, x_n) \tag{16.146}$$

beschrieben werden soll. Die Funktionen $g_j(x_1, x_2, \ldots, x_n)$ sind bekannte Funktionen von n unabhängigen Variablen. Die Koeffizienten a_j sind konstant und treten in (16.146) linear auf. Man spricht deshalb im Falle von (16.146) auch von *linearer Regression*, obwohl die Funktionen g_j beliebig sein können.

■ Die Funktion $f(x_1, x_2) = a_0 + a_1x_1 + a_2x_2 + a_3{x_1}^2 + a_4{x_2}^2 + a_5x_1x_2$, ein vollständiges quadratisches Polynom in zwei Variablen mit $g_0 = 1$, $g_1 = x_1$, $g_2 = x_2$, $g_3 = {x_1}^2$, $g_4 = {x_2}^2$ und $g_5 = x_1x_2$, ist ein Beispiel für eine theoretische Regressionsfunktion der linearen Regression.

2. Vektorschreibweise

Es ist zweckmäßig, im mehrdimensionalen Fall zur vektoriellen Schreibweise

$$\underline{\mathbf{x}} = (x_1, x_2, \ldots, x_n)^{\mathbf{T}} \tag{16.147}$$

überzugehen, so daß (16.146) jetzt lautet:

$$y = f(\underline{\mathbf{x}}) = \sum_{j=0}^{s} a_j g_j(\underline{\mathbf{x}}) \, . \tag{16.148}$$

3. Lösungsansatz und Normalgleichungssystem

Der theoretische Zusammenhang (16.146) wird durch Meßwerte

$$(\underline{\mathbf{x}}^{(i)}, f_i)\,, \quad (i = 1, 2, \ldots, N) \tag{16.149a}$$

auf Grund zufälliger Meßfehler nicht exakt wiedergegeben. Man macht deshalb den Ansatz

$$y = \tilde{f}(\underline{\mathbf{x}}) = \sum_{j=0}^{s} \tilde{a}_j g_j(\underline{\mathbf{x}}) \tag{16.149b}$$

und bestimmt nach der Fehlerquadratmethode (s. S. 774) gemäß

$$\sum_{i=1}^{N} \left[f_i - \tilde{f}\left(\underline{\mathbf{x}}^{(i)}\right) \right]^2 = \min \tag{16.149c}$$

die Koeffizienten $\tilde{a}_j$, die als Schätzwerte für die theoretischen Koeffizienten a_j dienen. Mit den Bezeichnungen

$$\underline{\tilde{\mathbf{a}}} = \begin{pmatrix} \tilde{a}_0 \\ \tilde{a}_1 \\ \vdots \\ \tilde{a}_s \end{pmatrix}, \quad \underline{\mathbf{f}} = \begin{pmatrix} f_1 \\ f_2 \\ \vdots \\ f_N \end{pmatrix}, \quad \mathbf{G} = \begin{pmatrix} g_0\left(\underline{\mathbf{x}}^{(1)}\right) & g_1\left(\underline{\mathbf{x}}^{(1)}\right) & \ldots & g_s\left(\underline{\mathbf{x}}^{(1)}\right) \\ g_0\left(\underline{\mathbf{x}}^{(2)}\right) & g_1\left(\underline{\mathbf{x}}^{(2)}\right) & \ldots & g_s\left(\underline{\mathbf{x}}^{(2)}\right) \\ \vdots & \vdots & \ddots & \vdots \\ g_0\left(\underline{\mathbf{x}}^{(N)}\right) & g_1\left(\underline{\mathbf{x}}^{(N)}\right) & \ldots & g_s\left(\underline{\mathbf{x}}^{(N)}\right) \end{pmatrix} \tag{16.149d}$$

erhält man aus der Forderung (16.149c) das sogenannte *Normalgleichungssystem*

$$\mathbf{G}^{\mathbf{T}}\mathbf{G}\underline{\tilde{\mathbf{a}}} = \mathbf{G}^{\mathbf{T}}\underline{\mathbf{f}} \tag{16.149e}$$

zur Bestimmung von $\underline{\tilde{\mathbf{a}}}$. Die Matrix $\mathbf{G}^{\mathbf{T}}\mathbf{G}$ ist symmetrisch, so daß sich zur Lösung von (16.149e) das CHOLESKY–Verfahren (s. S. 887) besonders eignet.

■ Mit Hilfe einer Stichprobe, deren Ergebnisse die folgende Wertetabelle enthält, sind die Koeffizienten der Regressionsfunktion

x_1	5	3	5	3
x_2	0,5	0,5	0,3	0,3
$f(x_1, x_2)$	1,5	3,5	6,2	3,2

$$\tilde{f}(x_1, x_2) = a_0 + a_1 x_1 + a_2 x_2 \tag{16.150}$$

zu bestimmen. Aus (16.149d) folgt

$$\underline{\tilde{\mathbf{a}}} = \begin{pmatrix} \tilde{a}_0 \\ \tilde{a}_1 \\ \tilde{a}_2 \end{pmatrix}, \quad \underline{\mathbf{f}} = \begin{pmatrix} 1,5 \\ 3,5 \\ 6,2 \\ 3,2 \end{pmatrix}, \quad \mathbf{G} = \begin{pmatrix} 1 & 5 & 0,5 \\ 1 & 3 & 0,5 \\ 1 & 5 & 0,3 \\ 1 & 3 & 0,3 \end{pmatrix} \tag{16.151}$$

und (16.149e) lautet

$$\begin{aligned} 4\tilde{a}_0 + 16\,\tilde{a}_1 + 1,6\,\tilde{a}_2 &= 14,4\,, \\ 16\tilde{a}_0 + 68\,\tilde{a}_1 + 6,4\,\tilde{a}_2 &= 58,6\,, \\ 1,6\tilde{a}_0 + 6,4\tilde{a}_1 + 0,68\tilde{a}_2 &= 5,32\,, \end{aligned} \qquad \text{d.h.} \qquad \begin{aligned} \tilde{a}_0 &= 7,0\,, \\ \tilde{a}_1 &= 0,25\,, \\ \tilde{a}_2 &= -11\,. \end{aligned} \tag{16.152}$$

4. Hinweise

1. Zur Bestimmung der Regressionskoeffizienten hätte man auch von der Interpolationsbedingung $\tilde{f}\left(\underline{\mathbf{x}}^{(i)}\right) = f_i \ (i = 1, 2, \ldots, N)$, d.h. von

$$\mathbf{G}\underline{\tilde{\mathbf{a}}} = \underline{\mathbf{f}} \tag{16.153}$$

ausgehen können. Im Falle $s < N$ stellt (16.153) ein überbestimmtes lineares Gleichungssystem dar, zu dessen genäherter Lösung das HOUSEHOLDER–Verfahren (s. S. 915) verwendet werden kann. Der Übergang von (16.153), d.h. Multiplikation von (16.153) mit $\mathbf{G}^\mathrm{T}$ wird auch als GAUSS–*Transformation* bezeichnet. Wenn die Spalten der Matrix $\mathbf{G}$ linear unabhängig sind, also Rang $\mathbf{G} = s + 1$ ist, dann hat das Normalgleichungssystem (16.149e) eine eindeutige Lösung, die mit der nach HOUSEHOLDER ermittelten Näherungslösung von (16.153) übereinstimmt.

2. Auch im mehrdimensionalen Fall lassen sich mit Hilfe der t–Verteilung Vertrauensgrenzen für die Regressionskoeffizienten analog zu (16.145a,b) angeben (s. Lit. [16.9]).

3. Mit Hilfe der F–Verteilung (s. S. 760) kann man einen sogenannten *Adäquatheitstest* für den Ansatz (16.149b) durchführen. Dieser Test gibt Auskunft darüber, ob ein Ansatz der Form (16.149b), aber mit weniger Gliedern, schon eine hinreichend gute Approximation der theoretischen Regressionsfunktion (16.146) liefert (s. Lit. [16.9]).

16.3.5 Monte–Carlo–Methode

16.3.5.1 Simulation

Unter Simulation versteht man die Untersuchung eines Prozesses oder Systems mit Hilfe eines Ersatzsystems. Als Ersatzsysteme verwendet man in der Regel mathematische Modelle, die den zu untersuchenden Prozeß beschreiben und auf einem Computer ausgewertet werden können. Man spricht dann von *digitaler Simulation*. Sind bei einer solchen Simulation gewisse Größen zufällig auszuwählen, dann spricht man von einer *Monte–Carlo–Simulation* oder einer zufallsbedingten Simulation. Die dabei notwendige zufällige Auswahl kann mit Hilfe von *Zufallszahlen* erfolgen.

16.3.5.2 Zufallszahlen

Zufallszahlen sind Realisierungen von Zufallsgrößen (s. 16.2.2), die bestimmten Verteilungen genügen. Auf diese Weise kann man verschiedene Arten von Zufallszahlen unterscheiden.

1. Gleichverteilte Zufallszahlen

Man versteht darunter die im Intervall $[0, 1]$ gleichverteilten Zufallszahlen, die als Realisierung einer Zufallsgröße X mit der folgenden Dichtefunktion $f_0(x)$ und der folgenden Verteilungsfunktion $F_0(x)$ interpretiert werden:

$$f_0(x) = \begin{cases} 1 & \text{für} \quad 0 \le x \le 1\,, \\ 0 & \text{sonst}\,; \end{cases} \qquad F_0(x) = \begin{cases} 0 & \text{für} \quad 0 \le x\,, \\ 1 & \text{für} \quad 0 < x \le 1\,, \\ 1 & \text{für} \quad x \ge 1\,. \end{cases} \tag{16.154}$$

1. Methode der mittleren Ziffern von Quadraten Eine einfache Methode zur Erzeugung von Zufallszahlen wurde von J. v. NEUMANN vorgeschlagen. Sie wird auch *Methode der mittleren Ziffern von Quadraten* genannt und geht von einer ganzen Zahl z aus, die aus $2n$ Ziffern besteht. Dann bildet man z^2 und erhält eine ganze Zahl, die aus $4n$ Ziffern besteht. Von dieser streicht man die ersten und die letzten n Ziffern weg, so daß man wieder eine $2n$–ziffrige Zahl erhält. Diese Vorgehensweise wird wiederholt. Setzt man vor die so ermittelten Zahlen „0,“, dann erhält man $2n$–stellige Dezimalzahlen, die als Zufallszahlen benutzt werden können. Die Anzahl $2n$ richtet sich nach der Stellenzahl des zur Verfügung stehenden Computers. Man wählt z.B. $2n = 10$. Dieser Algorithmus hat sich bei praktischen Anwendungen nicht bewährt. Er lieferte mehr kleine Werte, als in der Regel gebraucht wurden. Deshalb wurden verschiedene andere Methoden entwickelt.

2. Kongruenzmethode Stark verbreitet ist die *Kongruenzmethode*: Eine Folge ganzer Zahlen z_i $(i = 0, 1, 2, \ldots)$ wird nach der Rekurtionsformel

$$z_{i+1} \equiv c \cdot z_i \mod m \tag{16.155}$$

berechnet. Dabei ist z_0 eine beliebige positive Zahl. Mit c und m sind ebenfalls ganze positive Zahlen bezeichnet, die geeignet zu wählen sind. Für z_{i+1} ist die kleinste nicht negative ganze Zahl zu nehmen, die der Kongruenz (16.155) genügt. Die Zahlen z_i/m liegen zwischen 0 und 1 und können als gleichverteilte Zufallszahlen dienen.

3. Hinweise

a) Man wählt $m = 2^r$, wobei r die Zahl der Bits eines Computerwortes darstellt, z.B. $r = 40$. Die Zahl c ist in der Größenordnung von $\sqrt{m}$ zu wählen.

b) Zahlen, die nach einer bestimmten Formel gewonnen werden und die Werte einer Zufallsgröße X simulieren sollen, nennt man *Pseudozufallszahlen.*

c) Zufallszahlen kann man schon mit dem Taschenrechner erzeugen, und zwar in der Regel unter dem Befehl „ran"(Abkürzung für Zufall, Englisch random).

2. Zufallszahlen mit anderen Verteilungen

Zur Erzeugung von Zufallszahlen mit einer beliebigen Verteilungsfunktion $F(x)$ geht man wie folgt vor:
Ausgangspunkt ist eine Folge gleichverteilter Zufallszahlen $\xi_1, \xi_2, \ldots$. Aus ihnen berechnet man die Zahlen $\eta_i = F^{-1}(\xi_i)$ für $i = 1, 2, \ldots$. Dabei ist $F^{-1}(x)$ die Umkehrfunktion zur Verteilungsfunktion $F(x)$. Dann gilt:

$$P(\eta_i \leq x) = P(F^{-1}(\xi_i) \leq x) = P(\xi_i \leq F(x)) = \int_0^{F(x)} f_0(t)\,dt = F(x), \tag{16.156}$$

d.h., die Zufallszahlen $\eta_1, \eta_2, \ldots$ genügen einer Verteilung mit der Verteilungsfunktion $F(x)$, die stetig und monoton sein muß.

3. Tabelle und Anwendung von Zufallszahlen

1. Erzeugung Eine Tabelle von Zufallszahlen könnte man auf folgende Weise erzeugen: Auf zehn gleichen Chips sei jeweils eine der zehn Ziffern $0, 1, 2, \ldots, 9$ eingeprägt. Diese zehn Chips werden in einem Gefäß gut gemischt. Danach wird ein Chip gezogen und seine Ziffer in einer Tabelle festgehalten. Der Chip wird wieder in das Gefäß zurückgelegt. Es wird erneut gemischt und die Ziehung wiederholt. Auf diese Weise entsteht eine Reihe von Zufallszahlen, die aus Gründen der Übersichtlichkeit z.B. in Gruppen zu je vier zusammengefaßt werden (s. **Tabelle 21.19**).

Die Verfahren, nach denen Zufallszahlen aufgestellt werden, müssen sichern, daß die Ziffern $0, 1, 2, \ldots, 9$ an jeder Stelle der vierstelligen Zahlen gleichwahrscheinlich sind.

2. Anwendung von Zufallszahlen Die Anwendung einer Tabelle von Zufallszahlen soll an einem Beispiel demonstriert werden. Von $N = 250$ Untersuchungsobjekten sollen $n = 20$ zufällig ausgewählt werden. Dazu werden die Objekte von 000 bis 249 durchnumeriert. In der **Tabelle 21.19** wird willkührlich in irgend einer Spalte oder Zeile eine Zahl ausgewählt und eine Vorschrift festgelegt, nach der die Auswahl der übrigen 19 Zufallszahlen erfolgen soll, z.B. vertikal, horizontal oder diagonal. Von den Zufallszahlen werden nur die ersten drei Ziffern berücksichtigt. Von den so entstehenden 3–stelligen Zufallszahlen werden nur die verwendet, die kleiner als 250 sind.

16.3.5.3 Beispiel für eine Monte–Carlo–Simulation

Die genäherte Berechnung des bestimmten Integrals

$$I = \int_0^1 g(x)dx \tag{16.157}$$

unter Benutzung von gleichverteilten Zufallszahlen soll als Beispiel für eine zufallsbedingte Simulation behandelt werden. Im folgenden werden zwei Lösungsmöglichkeiten betrachtet.

1. Benutzung der relativen Häufigkeit

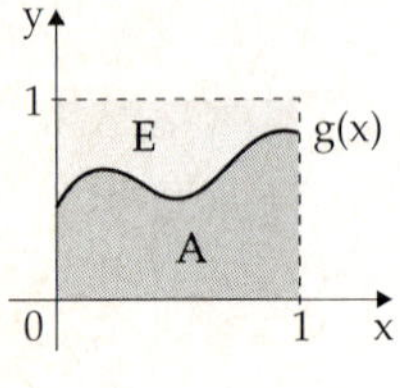

Abbildung 16.16

Es soll angenommen werden, daß $0 \leq g(x) \leq 1$ gilt. Dies läßt sich stetes durch eine Transformation (s. (16.162), S. 778) erreichen. Dann gibt das Integral I den Inhalt einer Fläche an, die ganz im Einheitsquadrat E liegt **(Abb.16.16)**. Von einer Folge gleichverteilter Zufallszahlen aus dem Intervall $[0, 1]$ faßt man je zwei zu den Koordinaten eines Punktes des Einheitsquadrates E zusammen und erzeugt auf diese Weise n Punkte P_i $(i = 1, 2, \ldots, n)$. Bezeichnet man mit m die Anzahl der Punkte, die innerhalb oder auf dem Rand der Fläche A liegen, dann gilt unter Beachtung des Begriffes der relativen Häufigkeit (s. S. 746):

$$\int_0^1 g(x)dx \approx \frac{m}{n}. \tag{16.158}$$

Um mit Hilfe von (16.158) eine bestimmte Genauigkeit zu erreichen, ist eine sehr große Anzahl von Zufahlszahlen notwendig. Deshalb hat man nach Möglichkeiten zur Erhöhung der Effektivität gesucht. Eine davon stellt die folgende Monte–Carlo–Methode dar, weitere findet man in Lit. [16.18].

2. Benutzung des Mittelwertes

Zu Berechnung von (16.157) geht man von n gleichverteilten Zufallszahlen $\xi_1, \xi_2, \ldots, \xi_n$ als Realisierung der gleichverteilten Zufallsgröße X aus. Dann sind die Werte $g_i = g(\xi_i)$ $(i = 1, 2, \ldots, n)$ Realisierungen der Zufallsgröße $g(X)$, für deren Erwartungswert sich nach Formel (16.49a,b), S. 751 ergibt:

$$E(g(X)) = \int_{-\infty}^{\infty} g(x) f_0(x)dx = \int_0^1 g(x)dx \approx \frac{1}{n}\sum_{i=1}^{n} g_i\,. \tag{16.159}$$

Diese Vorgehensweise, die die Formel für den Mittelwert einer Stichprobe verwendet, wird auch als *gewöhnliche Monte–Carlo–Methode* bezeichnet.

16.3.5.4 Anwendungen der Monte–Carlo–Methode in der numerischen Mathematik

1. Berechnung mehrfacher Integrale

Zunächst soll für Funktionen einer Variablen die Transformation des bestimmten Integrals

$$I^* = \int_a^b h(x)dx \tag{16.160}$$

auf einen Ausdruck gezeigt werden, der das Integral

$$I = \int_0^1 g(x)dx \quad \text{mit} \quad 0 \leq g(x) \leq 1 \tag{16.161}$$

enthält. Danach kann die Monte–Carlo–Methode gemäß 16.3.5.3 angewendet werden. Man substituiert wie folgt:

$$x = a + (b-a)u\,, \qquad m = \min_{x\in[a,b]} h(x)\,, \qquad M = \max_{x\in[a,b]} h(x)\,. \tag{16.162}$$

Dadurch geht (16.160) über in

$$I^* = (M-m)(b-a)\int_0^1 \frac{h(a+(b-a)u)-m}{M-m}du + (b-a)m\,, \tag{16.163}$$

wobei der Integrand $\dfrac{h(a+(b-a)u)-m}{M-m} = g(u)$ der Bedingung $0 \leq g(u) \leq 1$ genügt.

■ Die näherungsweise Berechnung mehrfacher Integrale mit Hilfe der Monte–Carlo–Methode wird am Beispiel des Doppelintegrals

$$V = \iint\limits_S h(x, y)\, dx\, dy \quad \text{mit} \quad h(x, y) \geq 0 \tag{16.164}$$

gezeigt. Mit S wird ein ebenes Flächenstück bezeichnet, das durch die Ungleichungen $a \leq x \leq b$ und $\varphi_1(x) \leq y \leq \varphi_2(x)$ beschrieben sein soll. Mit $\varphi_1(x)$ und $\varphi_2(x)$ sind gegebene Funktionen bezeichnet. Dann kann V als Volumen eines zylinderischen Körpers K aufgefaßt werden, der senkrecht auf der x, y–Ebene steht und für dessen Deckfläche $0 \leq z \leq h(x, y)$ gilt. Dieser Körper liege in dem Quader Q, der durch die Ungleichungen $a \leq x \leq b,\ c \leq y \leq d,\ 0 \leq z \leq e \quad (a, b, c, d, e \text{ const})$ beschrieben wird. Nach einer Transformation analog zu (16.162) erhält man aus (16.164) einen Ausdruck, der das Integral

$$V^* = \iint\limits_{S^*} g(u, v)\, du\, dv \quad \text{mit} \quad 0 \leq g(u, v) \leq 1 \tag{16.165}$$

enthält, wobei V^* als Volumen eines Körpers K^* im dreidimensionalen Einheitswürfel aufgefaßt werden kann.
Das Integral (16.165) wird näherungsweise nach der Monte–Carlo–Methode wie folgt berechnet:
Von einer Folge von Zufallszahlen, die im Intervall $[0, 1]$ gleichverteilt sein sollen, faßt man je 3 als Koordinaten eines Punktes P_i $(i = 1, 2, \ldots, n)$ des Einheitswürfels auf und prüft, ob P_i dem Körper K^* angehört. Ist das für m Punkte der Fall, dann gilt analog zu (16.158)

$$V^* \approx \frac{m}{n}\,. \tag{16.166}$$

Hinweis: Bei bestimmten Integralen mit einer Integratisionsveränderlichen sollte man die in Abschnitt 19.3 beschriebenen Verfahren anwenden. Bei der Berechnung mehrfacher Integrale ist dagegen die Anwendung der Monte–Carlo–Methode durchaus zweckmäßig.

2. Lösung partieller Differentialgleichungen

Mit Hilfe von *Irrfahrtsprozessen* wird die Monte–Carlo–Methode zur genäherten Lösung von partiellen Differentialgleichungen realisiert. Als Beispiel wird die folgende Randwertaufgabe betrachtet:

$$\Delta u = \frac{\partial^2 u}{\partial x^2} + \frac{\partial^2 u}{\partial y^2} = 0 \quad \text{für} \quad (x, y) \in G\,, \tag{16.167a}$$

$$u(x, y) = f(x, y) \quad \text{für} \quad (x, y) \in \Gamma\,. \tag{16.167b}$$

Hierbei ist G ein einfach zusammenhängendes Gebiet der x, y–Ebene; mit Γ ist der Rand von G bezeichnet **(Abb.16.17)**. Wie bei den Differenzenmethoden in Abschnitt 19.5.1 wird G mit einem quadratischen Gitter überzogen, bei dem ohne Beschränkung der Allgemeinheit die Schrittweite $b = 1$ gewählt werden soll.
Auf diese Weise entstehen innere Gitterpunkte $P(x, y)$ und Randpunkte R_i. Von den Randpunkten R_i, die auch Gitterpunkte sind, wird zunächst zur Vereinfachung angenommen, daß sie tatsächlich auf dem Rand Γ von G liegen, d.h., es soll gelten:

$$u(R_i) = f(R_i) \quad (i = 1, 2, \ldots, N) \tag{16.168}$$

Lösungsprinzip: Man stellt sich vor, daß ein Teilchen von einem inneren Punkt $P(x, y)$ aus zu einer *Irrfahrt* startet.

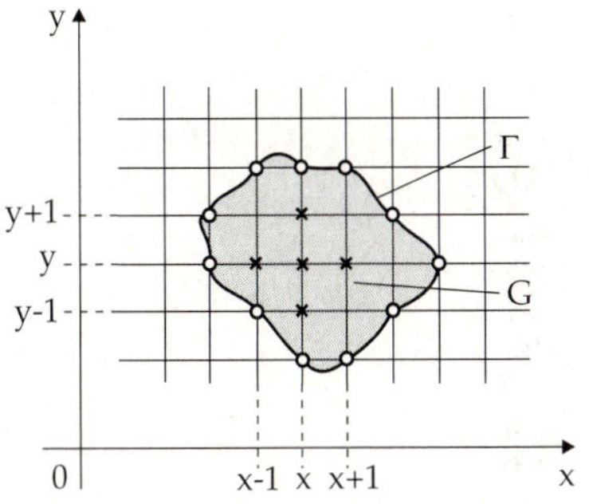

Abbildung 16.17

Das bedeutet:

1. Das Teilchen bewegt sich von $P(x, y)$ aus zufällig zu einem der 4 Nachbarpunkte des Gitters. Jedem dieser 4 Gitterpunkte wird die Wahrscheinlichkeit $1/4$ für eine Bewegung zu diesem Punkt zugeordnet.
2. Erreicht das Teilchen einen Randpunkt R_i, dann endet dort die Irrfahrt mit der Wahrscheinlichkeit 1.

Es läßt sich zeigen, daß ein Teilchen nach endlich vielen Schritten von einem inneren Punkt P aus einen Randpunkt R_i erreicht. Mit

$$p(P, R_i) = p((x, y), R_i) \tag{16.169}$$

wird die Wahrscheinlichkeit bezeichnet, daß eine Irrfahrt vom Punkt $P(x, y)$ aus in dem Randpunkt R_i endet. Dann gilt

$$p(R_i, R_i) = 1\,, \quad p(R_i, R_j) = 0 \quad \text{für} \quad i \neq j \tag{16.170}$$

und

$$p((x, y), R_i) = \frac{1}{4}[p((x-1, y), R_i) + p((x+1, y), R_i) + p((x, y-1), R_i) + p((x, y+1), R_i)]\,. \tag{16.171}$$

Die Gleichung (16.171) stellt eine Differenzengleichung für $p((x, y), R_i)$ dar. Werden n Irrfahrten vom Punkt $P(x, y)$ aus durchgeführt, von denen m_i im Punkt R_i enden $(m_i \leq n)$, dann gilt

$$p((x, y), R_i)) \approx \frac{m_i}{n}\,. \tag{16.172}$$

Die Gleichung (16.172) gibt eine Näherungslösung der Differentialgleichung (16.167a) unter der Bedingung (16.168) an. Die Randbedingung (16.167b) wird dagegen berücksichtigt, indem man

$$v(P) = v(x, y) = \sum_{i=1}^{N} f(R_i) p((x, y), R_i) \tag{16.173}$$

setzt; denn wegen (16.171) gilt $v(R_j) = \sum_{i=1}^{N} f(R_i) p(R_j, R_i) = f(R_j)$.
Zur Berechnung von $v(x, y)$ wird (16.171) mit $f(R_i)$ multipliziert. Nach Summation erhält man die folgende Differenzengleichung für $v(x, y)$:

$$v(x, y) = \frac{1}{4}[v(x-1, y) + v(x+1, y) + v(x, y-1) + v(x, y+1)]. \tag{16.174}$$

Werden n Irrfahrten vom inneren Punkt $P(x, y)$ aus durchgeführt, von denen m_j im Randpunkt R_i $(i = 1, 2, \ldots, N)$ enden, dann erhält man durch

$$v(x, y) \approx \frac{1}{n} \sum_{i=1}^{n} m_i f(R_i) \tag{16.175}$$

einen Näherungswert im Punkt $P(x, y)$ des Randwertproblems (16.167a,b).

16.3.5.5 Weitere Anwendungen der Monte–Carlo–Methode

Die Monte–Carlo–Methode als zufallsbedingte Simulationsmethode (man spricht häufig auch von der *Methode der statistischen Versuche*) wird in den verschiedensten Disziplinen angewendet. Als Beispiele seien genannt:

- Kerntechnik: Untersuchung des Neutronendurchganges durch eine Materialschicht (z.B. Berechnung des biologischen Schutzes);
- Nachrichtentechnik: Trennung von Signal und Störung;
- Operations Research: Reihenfolgeprobleme, Ablaufplanung, Lagerhaltung, Bedienungsmodelle.

Zur Lösung derartiger spezieller Probleme muß auf die Literatur verwiesen werden (s. z.B. Lit. [16.18], [16.22]).

16.4 Theorie der Meßfehler

Bei jeder wissenschaftlichen Messung — unabhängig davon, wie sorgfältig sie durchgeführt wird — sind *Beobachtungs-* oder *Meßwerte* mit unvermeidlichen *Meßfehlern* behaftet. Nach DIN werden die Meßfehler, also alle während einer Messung auftretenden Fehler, *Abweichungen* genannt. *Unsicherheiten* nennt man dagegen die Fehler bei der Angabe von Meßergebnissen. Mit diesen beiden Begriffen kann man die Zielstellung der Theorie der Meßfehler wie folgt formulieren:
1. Die Abweichungen sind so klein wie möglich zu halten, d.h., für den Wert, der durch die Messung bestimmt werden soll, ist eine möglichst gute Näherung zu ermitteln. Dafür eignet sich besonders die *Ausgleichsrechnung*, die auf GAUSS zurückgeht und die im wesentlichen aus der *Fehlerquadratmethode* besteht.
2. Die Unsicherheit ist so gut wie möglich abzuschätzen oder zu berechnen, wozu die *Methoden der mathematischen Statistik* eingesetzt werden.

16.4.1 Meßfehler und ihre Verteilung

16.4.1.1 Meßfehlereinteilung nach qualitativen Merkmalen

Teilt man die Meßfehler nach ihrer Ursache ein, dann können die folgenden drei Meßfehlerarten unterschieden werden:
1. Grobe Meßfehler beruhen auf falschen Ablesungen und Verwechslungen.
2. Systematische Meßfehler beruhen auf falsch geeichten oder schlecht justierten Meßgeräten und auf der Art der Meßmethode, wobei die Art des Ablesens sowie systemimmanente Meßfehler eine Rolle spielen können. Sie sind nicht immer vermeidbar.
3. Statistische oder zufällige Meßfehler beruhen einerseits auf nicht oder nur wenig beeinflußbaren zufälligen Veränderungen der Meßbedingungen sowie andererseits auf der Zufälligkeit gewisser Eigenschaften der betrachteten Ereignisse.

In der Theorie der Meßfehler geht man davon aus, daß alle groben und systematischen Meßfehler ausgeschlossen werden und lediglich die statistischen Eigenschaften und zufälligen Meßfehler in die Berechnung der Unsicherheiten eingehen.

16.4.1.2 Meßfehlerverteilungsdichte

1. Meßprotokoll

Die Berechnung der Unsicherheiten setzt voraus, daß die Meßergebnisse in einem *Meßprotokoll* als *Urliste* tabelliert und durch die Angabe der relativen Häufigkeiten oder der Dichtefunktion $f(x)$ bzw. durch die Angabe der relativen Summenhäufigkeiten oder der Verteilungsfunktion $F(x)$ verfügbar sind (s. 16.3.2.1). Unter der Variablen x ist die Realisierung der Zufallsveränderlichen X zu verstehen, durch welche die zu bestimmende Größe beschrieben wird.

2. Fehlerverteilungsdichte

Spezielle Annahmen über die Eigenschaften der Meßfehler bedingen bestimmte Eigenschaften der Dichtefunktion der Fehlerverteilung:

1. Stetige Dichtefunktion Da zufällige Meßfehler beliebige Werte aus einem bestimmten Intervall annehmen können, sind sie durch eine stetige Dichte $f(x)$ zu beschreiben.

2. Gerade Dichtefunktion Wenn Meßfehler mit gleichem Absolutbetrag, aber verschiedenem Vorzeichen gleichwahrscheinlich sind, muß die Dichtefunktion eine gerade Funktion sein: $f(-x) = f(x)$.

3. Monoton fallende Dichtefunktion Wenn Meßfehler mit großem Absolutbetrag weniger wahrscheinlich sind als Fehler mit kleinem Absolutbetrag, muß $f(x)$ für $x > 0$ eine monoton fallende Funktion sein.

4. Endlicher Erwartungswert Der Erwartungswert des Absolutbetrages des Fehlers muß eine endliche Größe sein, d.h., es muß gelten:

$$E(|X|) = 2\int_0^\infty x f(x)\,dx < \infty . \tag{16.176}$$

Durch Zugrundelegung unterschiedlicher Fehlereigenschaften kommt man zu verschiedenen Fehlerdichtefunktionen.

3. Fehlernormalverteilung

1. Dichte und Verteilungsfunktion In den meisten Fällen der Praxis kann davon ausgegangen werden, daß die Meßfehler normalverteilt sind, und zwar mit dem Mittelwert $\mu = 0$ und einer Streuung σ^2, d.h., für die Dichtefunktion $f(x)$ und die Verteilungsfunktion $F(x)$ von Meßfehlern soll gelten:

$$f(x) = \frac{1}{\sigma\sqrt{2\pi}} e^{-\frac{x^2}{2\sigma^2}} \quad (16.177a) \qquad \text{und} \qquad F(x) = \frac{1}{\sigma\sqrt{2\pi}} \int_{-\infty}^{x} e^{-\frac{t^2}{2\sigma^2}}\, dt = \Phi\left(\frac{x}{\sigma}\right). \qquad (16.177b)$$

Dabei ist $\Phi(x)$ die Verteilungsfunktion der normierten Normalverteilung (s. (16.74a) und **Tabelle 21.15**). Im Falle von (16.177a,b) spricht man auch von der *Fehlernormalverteilung.*

In **Abb.16.18** ist die Dichte der Fehlernormalverteilung (16.177a) mit Wende- und Schwerpunkt dargestellt, in **Abb.16.19** das Verhalten bei drei verschiedenen Werten der Streuung. Die Wendepunkte liegen bei den Abszissenwerten $\pm\sigma$, die Schwerpunkte der Flächenhälften bei $\pm\eta$. Der Maximalwert der Kurve bei $x = 0$ beträgt $1/(\sigma\sqrt{2\pi})$. Mit wachsendem σ^2 verbreitert sich die Kurve, wobei der Flächeninhalt unter ihr konstant gleich Eins bleibt. Die Verteilung besagt, daß, gemessen am absoluten Betrag, kleine Fehler häufig vorkommen, große selten.

4. Parameter zur Charakterisierung der Fehlernormalverteilung

Zur Charakterisierung der Fehlernormalverteilung werden außer der Streuung σ^2 bzw. der Standardabweichung σ, auch mittlerer quadratischer Fehler genannt, noch andere Parameter verwendet, wie das Genauigkeitsmaß h, der *mittlere Fehler* η und der *wahrscheinliche Fehler* γ.

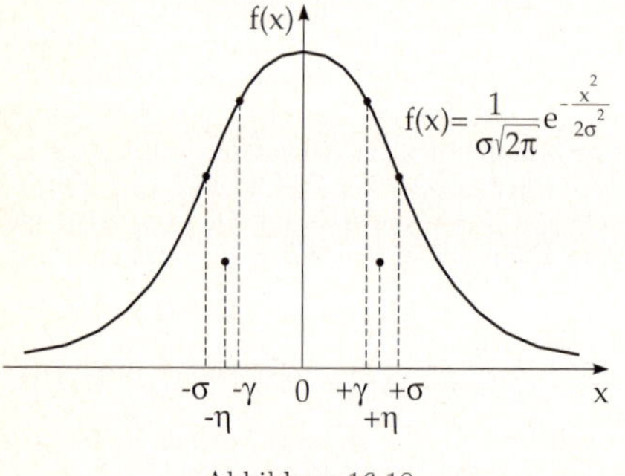

Abbildung 16.18

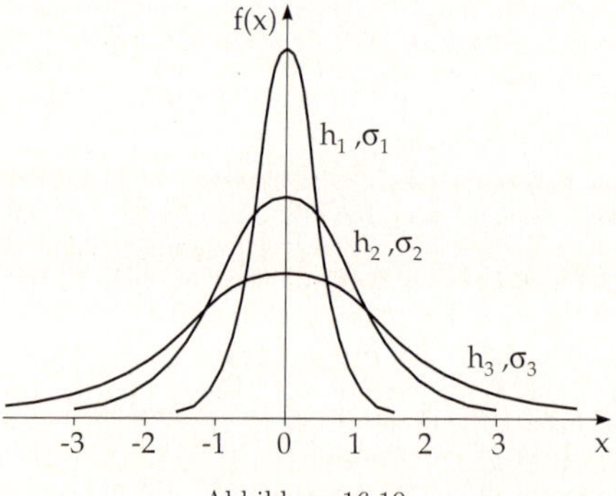

Abbildung 16.19

1. Genauigkeitsmaß Neben der Streuung σ^2 wird zur Charakterisierung der Breite der Normalverteilung auch der Begriff *Genauigkeitsmaß* oder *Genauigkeit*

$$h = \frac{1}{\sigma\sqrt{2\pi}} \qquad (16.178)$$

benutzt. Je schmaler die GAUSS–Kurve ist, desto größer ist die Genauigkeit (**Abb.16.19**). Wenn für σ die experimentell mit Hilfe von Meßwerten ermittelte Größe $\tilde{\sigma}$ bzw. $\tilde{\sigma}_x$ eingesetzt wird, charakterisiert das Genauigkeitsmaß die Genauigkeit der Meßmethode.

2. Einfacher mittlerer Fehler Der Erwartungswert des absoluten Betrages des Fehlers η ergibt sich zu

$$\eta = E(|X|) = 2\int_0^\infty x f(x)\,dx\,. \qquad (16.179)$$

3. Wahrscheinlicher Fehler Die Schranke γ des absoluten Betrages des Fehlers mit der Eigenschaft

$$P(|X| \le \gamma) = \frac{1}{2}\,. \qquad (16.180a)$$

heißt *wahrscheinlicher Fehler*. Daraus folgt

$$\int_{-\gamma}^{+\gamma} f(x)\,dx = 2\Phi\left(\frac{\gamma}{\sigma}\right) - 1 = \frac{1}{2}\,, \qquad (16.180b)$$

wobei $\Phi(x)$ die Verteilungsfunktion der normierten Normalverteilung ist.

4. Vorgabe einer Fehlergrenze Wenn eine obere Fehlergrenze $a > 0$ vorgegeben wird, die nicht überschritten werden soll, dann kann mit der Formel

$$P(|X| \le a) = 2\Phi\left(\frac{a}{\sigma}\right) - 1 \qquad (16.181)$$

die Wahrscheinlichkeit ausgerechnet werden, mit der der Fehler in das Intervall $[-a, a]$ fällt.

5. Zusammenhang zwischen Standartabweichung, mittlerem und wahrscheinlichem Fehler sowie Genauigkeit Im Falle der Fehlernormalverteilung gelten unter Benutzung des Zahlenfaktors $\varrho = 0,4769$ die folgenden Zusammenhänge:

$$\eta = \frac{1}{\sqrt{\pi}h} = \sqrt{\frac{2}{\pi}}\sigma = \frac{\gamma}{\varrho\sqrt{\pi}}\,, \qquad \sigma = \frac{1}{\sqrt{2}h} = \sqrt{\frac{\pi}{2}}\eta = \frac{\gamma}{\sqrt{2}\varrho}\,, \qquad (16.182a)$$

$$\gamma = \frac{\varrho}{h} = \varrho\sqrt{2}\sigma = \varrho\sqrt{\pi}\eta\,, \qquad h = \frac{1}{\sqrt{\pi}\eta} = \frac{1}{\sqrt{2}\sigma} = \frac{\varrho}{\gamma} \qquad (16.182b)$$

sowie

$$\Phi(\varrho\sqrt{2}) = \frac{1}{2}\,. \qquad (16.183)$$

16.4.1.3 Meßfehlereinteilung nach quantitativen Merkmalen

1. Wahrer Wert und seine Näherungen

Der wahre Wert x_w einer meßbaren Größe ist im allgemeinen unbekannt. Als Schätzwert für x_w wird man den Erwartungswert der Zufallsvariablen wählen, deren Realisierung durch die Meßwerte x_i ($i = 1, 2, \ldots, n$) erfolgt. Demzufolge bieten sich als Näherungswerte für x_w die folgenden Mittelwerte an:

1. Gleichgewichteter Mittelwert:

$$\overline{x} = \frac{1}{n}\sum_{i=1}^{n} x_i \quad (16.184a) \qquad \text{bzw.} \qquad \overline{x} = \sum_{j=1}^{k} h_j \overline{x}_j\,, \quad (16.184b)$$

wenn die Meßwerte in k Klassen mit den absoluten Häufigkeiten h_j und den Klassenmittelwerten $\overline{x}_j$ ($j = 1, 2, \ldots, k$) eingeteilt worden sind.

2. Gewichteter Mittelwert:

$$\overline{x}^{(g)} = \sum_{i=1}^{n} g_i x_i \Big/ \sum_{i=1}^{n} g_i\,. \qquad (16.185)$$

Dabei sind die einzelnen Meßwerte mit dem *Gewichtsfaktor* g_i ($g_i > 0$) gewichtet worden (s. S. 787).

2. Fehler der Einzelmessung einer Meßreihe

1. Wahrer Fehler der Einzelmessung einer Meßreihe wird die Abweichung des Meßergebnisses vom wahren Wert x_w genannt. Da dieser meist unbekannt ist, bleibt auch der *wahre Fehler* ε_i der i–ten Messung mit dem Ergebnis x_i unbekannt:

$$\varepsilon_i = x_w - x_i. \qquad (16.186a)$$

2. Scheinbarer Fehler der Einzelmessung einer Meßreihe wird die Abweichung des Meßergebnisses x_i vom arithmetischen Mittelwert genannt:

$$v_i = \overline{x} - x_i\,. \qquad (16.186b)$$

3. Mittlerer quadratischer Fehler der Einzelmessung oder Standardabweichung der Einzelmessung Da der Erwartungswert der Summe der wahren Fehler ε_i und der Erwartungswert der Summe der scheinbaren Fehler v_i von n Messungen einer Größe verschwindet, werden die verschiedenen Fehler mit Hilfe der Fehlerquadratsummen berechnet:

$$\varepsilon^2 = \sum_{i=1}^{n} {\varepsilon_i}^2\,, \qquad (16.187a) \qquad\qquad v^2 = \sum_{i=1}^{n} {v_i}^2\,. \qquad (16.187b)$$

Für die praktische Auswertung ist nur (16.187b) von Interesse, weil nur die Werte v_i aus den Meßergebnissen ermittelt werden können. Deshalb definiert man

$$\tilde{\sigma} = \sqrt{\sum_{i=1}^{n} {v_i}^2 \Big/ (n-1)} \qquad (16.188)$$

als mittleren quadratischen Fehler der Einzelmessung der Meßreihe. Der Wert $\tilde{\sigma}$ ist ein Näherungswert für die Standardabweichung σ der Fehlerverteilung.
Im Falle der Fehlernormalverteilung gilt für $\tilde{\sigma} = \sigma$:

$$P(|\varepsilon| \le \tilde{\sigma}) = 2\Phi(1) - 1 = 0,68\,. \qquad (16.189)$$

Das bedeutet: Die Wahrscheinlichkeit, daß der wahre Fehler betragsmäßig den Wert σ nicht übersteigt, beträgt ca. 68 %.

4. Wahrscheinlicher Fehler ist die Bezeichnung für eine Zahl γ, für die gilt:

$$P(|\varepsilon| \le \gamma) = \frac{1}{2}\,. \qquad (16.190)$$

Das bedeutet: Die Wahrscheinlichkeit, daß der Fehler den Wert γ nicht übersteigt, beträgt in diesem Falle 50 %. Die Abszissenwerte $\pm\gamma$ teilen die linke und rechte Fläche unter der Dichtefunktion in je zwei gleich große Hälften (**Abb.16.18**).
Im Falle der Fehlernormalverteilung besteht zwischen $\tilde{\gamma}$ und $\tilde{\sigma}$ der Zusammenhang

$$\tilde{\gamma} = 0,6745\tilde{\sigma} \approx \frac{2}{3}\tilde{\sigma} = \frac{2}{3}\sqrt{\sum_{i=1}^{n} {v_i}^2 \Big/ (n-1)}\,. \qquad (16.191)$$

5. Mittlerer Fehler ist die Bezeichnung für eine Zahl η, die als Erwartungswert des absoluten Betrages des Fehlers definiert wird:

$$\tilde{\eta} = E(|\varepsilon|) = 2\int_0^{\infty} x f(x)\,dx\,. \qquad (16.192)$$

Im Falle der Fehlernormalverteilung ergibt sich $\eta = 0,798$. Auf Grund der Beziehung

$$P(|\varepsilon| \le \eta) = 2\Phi\left(\frac{\eta}{\sigma}\right) - 1 = 0,576 \qquad (16.193)$$

folgt daraus: Die Wahrscheinlichkeit, daß der Fehler den Wert η nicht übersteigt, beträgt ca. 57,6 %. Bei den Abszissenwerten $\pm\eta$ liegen die Schwerpunkte der rechten bzw. linken Fläche unter der Dichte-

funktion (**Abb.16.18**).
Im Falle der Fehlernormalverteilung gilt

$$\tilde{\eta} = \sqrt{\frac{2}{\pi}}\tilde{\sigma} = 0,7978\tilde{\sigma} \approx 0,8\tilde{\sigma} = 0,8\sqrt{\sum_{i=1}^{n} {v_i}^2 \Big/ (n-1)}\,. \tag{16.194}$$

3. Fehler des arithmetischen Mittelwertes einer Meßreihe

Die Fehler des arithmetischen Mittelwertes $\overline{x}$ einer Meßreihe werden mit Hilfe der Fehler der Einzelmessung wie folgt definiert:

1. Mittlerer quadratischer Fehler oder Standardabweichung

$$\tilde{\sigma}_{AM} = \sqrt{\sum_{i=1}^{n} {v_i}^2 \Big/ n(n-1)} = \frac{\tilde{\sigma}}{\sqrt{n}}\,. \tag{16.195}$$

2. Wahrscheinlicher Fehler

$$\tilde{\gamma}_{AM} \approx \frac{2}{3}\sqrt{\sum_{i=1}^{n} {v_i}^2 \Big/ n(n-1)} = \frac{2}{3}\frac{\tilde{\sigma}}{\sqrt{n}}\,. \tag{16.196}$$

3. Mittlerer Fehler

$$\tilde{\eta}_{AM} \approx 0,8\sqrt{\sum_{i=1}^{n} {v_i}^2 \Big/ n(n-1)} = 0,8\frac{\tilde{\sigma}}{\sqrt{n}}\,. \tag{16.197}$$

4. Sättigung des erreichbaren Fehlerniveaus Da die drei definierten Fehler (16.195–16.197) des arithmetischen Mittels proportional zum entsprechenden Fehler der Einzelmessung (16.188, 16.191 und 16.194) und umgekehrt proportional zur Wurzel aus n sind, ist es nicht sinnvoll, mit der Anzahl der Einzelmessungen über einen gewissen Wert hinauszugehen. Eine merkliche Verringerung des Fehlers kann nur durch Verbesserung des Genauigkeitsmaßes h der Meßmethode (16.178) erreicht werden.

4. Absoluter und relativer Fehler

1. Absolute Unsicherheit, absoluter Fehler Die Unsicherheit eines Meßergebnisses, angegeben als Fehler ε_i, v_i, σ_i, γ_i oder η_i bzw. ε, v, σ, γ oder η, ist ein Maß für die Zuverlässigkeit der Messungen. Der Begriff der *absoluten Unsicherheit*, angegeben als *absoluter Fehler*, steht für alle diese Fehlergrößen und die ihnen entsprechenden Ergebnisse von Fehlerfortpflanzungsrechnungen (s. S. 788). Sie zeichnen sich durch die gleiche Dimension aus wie die zu messende Größe. Der absolute Fehler wurde eingeführt, um Verwechslungen mit dem Begriff des relativen Fehlers zu vermeiden. Als Formelzeichen wird häufig Δx_i bzw. Δx verwendet. Das Wort „absolut" hat hier eine andere Bedeutung als im Begriff Absolutwert: Es bezieht sich lediglich auf den Zahlenwert der Meßgröße (z.B. Länge, Ladung, Energie), ohne auf ihr Vorzeichen Bezug zu nehmen.

2. Relative Unsicherheit, relativer Fehler Die *relative Unsicherheit*, angegeben durch den *relativen Fehler*, ist ein Maß für die Qualität der Messungen, bezogen auf den Zahlenwert der Meßgröße im oben definierten Sinne. Im Unterschied zum absoluten Fehler ist der *relative Fehler* dimensionslos, weil er als Quotient aus dem absoluten Fehler und dem Zahlenwert der Meßgröße gebildet wird. Ist letzterer nicht bekannt, dann setzt man den Mittelwert der Meßgröße x ein:

$$\delta x_i = \frac{\Delta x_i}{x}\,. \tag{16.198a}$$

Der relative Fehler wird meist in Prozenten angegeben und heißt daher auch *prozentualer Fehler*:

$$\delta x_i/\% = \delta x_i \cdot 100\,\%\,. \tag{16.198b}$$

5. Absoluter und relativer Maximalfehler

1. Absoluter Maximalfehler Ist die zu bestimmende Größe eine Funktion der Meßgrößen, dann muß der resultierende absolute Fehler unter Berücksichtigung dieser Funktion berechnet werden. Das geschieht entweder mit Hilfe des Fehlerfortpflanzungsgesetzes, wodurch ein Ausgleich der Messungen vorgenommen wird, weil nach der Fehlerquadratmethode ein Minimum von $\sum(x_i - x)^2$ gesucht wird, oder man verzichtet auf den Ausgleich der Meßwerte und berechnet lediglich eine obere Fehlerschranke, die *absoluter Maximalfehler* $\Delta z_{\max}$ genannt wird. Für den Fall, daß es sich um n unabhängige Veränderliche x_i handelt, gilt:

$$\Delta z_{\max} = \sum_{i=1}^{n} \left| \frac{\partial}{\partial x_i} f(x_1, x_2, \ldots, x_n) \right| \Delta x_i \,, \tag{16.199}$$

wobei für die x_i der jeweilige Mittelwert $\overline{x}_i$ einzusetzen ist.

2. Relativer Maximalfehler Der relative Maximalfehler wird gebildet, indem der absolute Maximalfehler durch den Zahlenwert der Meßgröße (meist ist das der Mittelwert z) dividiert wird:

$$\delta z_{\max} = \frac{\Delta z_{\max}}{z} \,. \tag{16.200}$$

16.4.1.4 Angabe von Meßergebnissen mit Fehlergrenzen

Eine realistische Einschätzung eines Meßergebnisses ist nur möglich, wenn der zu erwartende Fehler mit angegeben wird; Fehlerangaben sind unverzichtbarer Bestandteil eines Meßergebnisses. Aus den Angaben muß zu erkennen sein, welche Fehlerart mit welchen Vertrauensgrenzen und bei welcher Irrtumswahrscheinlichkeit angegeben wird.

1. Angabe der definierten Fehler Die Angabe des Meßergebnisses erfolgt für die Einzelmessung in der Form

$$x = x_i \pm \Delta x = x_i \pm \tilde{\sigma}, \tag{16.201a}$$

für den Mittelwert in der Form

$$x = \overline{x} \pm \Delta x_{AM} = \overline{x} \pm \tilde{\sigma}_{AM}. \tag{16.201b}$$

Dabei wurde für Δx jeweils die mit Abstand am häufigsten verwendete Standardabweichung eingesetzt. Es können aber auch $\tilde{\gamma}$ und $\tilde{\eta}$ benutzt werden.

2. Vorgabe beliebiger Vertrauensgrenzen Die Größe $t = \dfrac{x - x_w}{\sigma}$ genügt gemäß (16.100) im Falle einer $N(\mu, \sigma)$ verteilten Grundgesamtheit der t–Verteilung (16.101) mit dem Freiheitsgrad $f = n - 1$. Für eine geforderte Irrtumswahrscheinlichkeit α oder statistische Sicherheit $S = 1 - \alpha$ ergeben sich für den unbekannten wahren Wert $x_w = \mu$ mit Hilfe der t–Fraktile $t_{\alpha;f}$ die Vertrauensgrenzen

$$\mu = \overline{x} \pm t_{\alpha;f} \cdot \tilde{\sigma}_{AM}. \tag{16.202}$$

Somit liegt der wahre Wert x_w mit der statistischen Sicherheit $S = 1 - \alpha$, d.h. mit der Wahrscheinlichkeit $1 - \alpha$, innerhalb dieses Intervalls mit den angegebenen Vertrauensgrenzen.
Meist ist man daran interessiert, den Meßreihenumfang n so gering wie möglich zu halten. Das Vertrauensintervall $2t_{\alpha;f}\tilde{\sigma}_{AM}$ ist um so enger, je kleiner $1 - \alpha$ gewählt wird und je größer die Anzahl n der Messungen ist. Da $\tilde{\sigma}_{AM}$ mit $1/\sqrt{n}$ abnimmt und die Fraktile $t_{\alpha,f}$ mit $f = n - 1$ abnehmen (bei n von 5 bis 10 ebenfalls mit $1/\sqrt{n}$ (s. **Tabelle 21.18**), verringert sich die Breite des Vertrauensintervalls hier mit $1/n$.

16.4.1.5 Fehlerrechnung für direkte Messungen gleicher Genauigkeit

Bei direkten Messungen gleicher Genauigkeit, d.h., wenn für alle n Messungen die gleiche Streuung σ_i realisiert werden kann, spricht man von Messungen mit gleicher Genauigkeit $h = \text{const}$. In diesem Falle führt die Methode der kleinsten Quadrate auf die in (16.188, 16.191 und 16.193) angegebenen Fehlergrößen.

■ Es ist das Endergebnis für eine Meßreihe anzugeben (s. nachfolgende Tabelle), die aus $n = 10$ direkten Messungen gleicher Genauigkeit besteht.

x_i	1,592	1,581	1,574	1,566	1,603	1,580	1,591	1,583	1,571	1,559
$v_i \cdot 10^3$	− 12	− 1	+ 6	+ 14	− 23	0	− 11	− 3	+ 9	+ 21
$v_i{}^2 \cdot 10^6$	144	1	36	196	529	0	121	9	81	441

$$\overline{x} = 1,580\,,\ \tilde{\sigma}_i = \sqrt{\sum_{i=1}^{n} {v_i}^2/(n-1)} = 0,0131\,,\ \tilde{\sigma}_{AM} = \tilde{\sigma}_i\sqrt{n} = 0,041\,;$$

Endergebnis: $\overline{x} = x \pm \tilde{\sigma}_{AM} = 1,580 \pm 0,041$.

16.4.1.6 Fehlerrechnung für direkte Messungen ungleicher Genauigkeit

1. Gewicht einer Messung

Wenn die direkten Meßergebnisse x_i aus verschiedenen Meßverfahren stammen oder Mittelwerte von Einzelmessungen darstellen, die zu dem gleichen Mittelwert $\overline{x}$ mit verschiedenen Streuungen $\tilde{\sigma}_i{}^2$ gehören, setzt man an die Stelle des gleichgewogenen Mittels das *gewogene Mittel*

$$\overline{x}^{(g)} = \sum_{i=1}^{n} g_i x_i \Big/ \sum_{i=1}^{n} g_i \tag{16.203}$$

und an die Stelle der Streuungen $\sigma_i{}^2$ die Streuungsverhältnisse

$$g_i = \frac{\tilde{\sigma}^2}{\tilde{\sigma}_i{}^2}\,. \tag{16.204}$$

Für $\tilde{\sigma}$ steht ein beliebiger Wert $\tilde{\sigma}_i$ (meist der mit dem geringsten Fehler), der aus dem Zahlenbereich der Meßwerte ausgewählt wird. Er dient als Standardabweichung der Gewichtseinheit, d.h., für $\tilde{\sigma}_i = \tilde{\sigma}$ ist $g_i = 1$. Aus (16.202) folgt: Das Gewicht einer Messung ist um so größer, je kleiner ihr Fehler $\tilde{\sigma}_i$ ist.

2. Standardabweichungen

Die Standardabweichung der Gewichtseinheit ergibt sich als Schätzwert zu

$$\tilde{\sigma}^{(g)} = \sqrt{\sum_{i=1}^{n} g_i {v_i}^2 \Big/ (n-1)}\,. \tag{16.205}$$

Es ist darauf zu achten, daß $\tilde{\sigma}^{(g)} < \tilde{\sigma}$ ist, im entgegengesetzten Falle $\tilde{\sigma}^{(g)} > \tilde{\sigma}$ sind x_i mit systematischen Abweichungen enthalten.
Die Standardabweichung der Einzelmessung lautet

$$\tilde{\sigma}_i{}^{(g)} = \frac{\tilde{\sigma}^{(g)}}{\sqrt{g_i}} = \frac{\tilde{\sigma}^{(g)}}{\tilde{\sigma}}\tilde{\sigma}_i\,, \tag{16.206}$$

wobei $\tilde{\sigma}_i{}^{(g)} < \tilde{\sigma}_i$ erwartet werden kann.
Die Standardabweichung des gewogenen arithmetischen Mittels lautet:

$$\tilde{\sigma}^{(g)}_{AM} = \tilde{\sigma}^{(g)} \Big/ \sqrt{\sum_{i=1}^{n} g_i} = \sqrt{\sum_{i=1}^{n} g_i {v_i}^2 \Big/ (n-1) \sum_{i=1}^{n} g_i}\,. \tag{16.207}$$

3. Fehlerangabe

Die Fehlerangaben können wie in 16.4.1.4 dargestellt, entweder mit Hilfe der definierten Fehler oder mit Hilfe der t–Fraktile des Freiheitsgrades f erfolgen.

■ Es ist das Endergebnis für $n = 5$ $(i = 1, 2, \ldots, 5)$ Meßreihen mit den verschiedenen Mittelwerten $\overline{x}_i$ und den verschiedenen Standardabweichungen $\tilde{\sigma}_{AM_i}$ anzugeben. Eine der Meßreihen stammt aus dem Beispiel auf S. 786 mit 10 direkten Messungen gleicher Genauigkeit.

$\overline{x}_i$	$\tilde{\sigma}_{AM_i}$	$\tilde{\sigma}^2_{AM_i}$	g_i	z_i	$g_i z_i$	${z_i}^2$	$g_i {z_i}^2$
1,573	0,010	$1{,}0\cdot10^{-4}$	0,81	$-1{,}2\cdot10^{-2}$	$-9{,}7\cdot10^{-3}$	$1{,}44\cdot10^{-4}$	$1{,}16\cdot10^{-4}$
1,580	0,004	$1{,}6\cdot10^{-5}$	5,06	$-5{,}0\cdot10^{-3}$	$-2{,}5\cdot10^{-2}$	$2{,}50\cdot10^{-5}$	$1{,}26\cdot10^{-4}$
1,582	0,005	$2{,}5\cdot10^{-5}$	3,24	$-3{,}0\cdot10^{-3}$	$-9{,}7\cdot10^{-3}$	$9{,}0\cdot10^{-6}$	$2{,}91\cdot10^{-5}$
1,589	0,009	$8{,}1\cdot10^{-5}$	1,00	$+4{,}0\cdot10^{-3}$	$4{,}0\cdot10^{-3}$	$1{,}6\cdot10^{-5}$	$1{,}6\cdot10^{-5}$
1,591	0,011	$1{,}21\cdot10^{-4}$	0,66	$+6{,}0\cdot10^{-3}$	$3{,}9\cdot10^{-3}$	$3{,}6\cdot10^{-5}$	$2{,}37\cdot10^{-5}$
$(\overline{x}_i)_m$	$\tilde{\sigma}$		$\sum_{i=1}^{n} g_i$		$\sum_{i=1}^{n} g_i z_i$		$\sum_{i=1}^{n} g_i {z_i}^2$
=1,583	=0,009		=10,7		$=3{,}6\cdot10^{-2}$		$=3{,}1\cdot10^{-4}$

Man berechnet $(\overline{x}_i)_m = 1,5830$ und wählt $x_0 = 1,585$ sowie $\tilde{\sigma} = 0,009$. Mit $z_i = x_i - x_0$, $g_i = \tilde{\sigma}^2/{\tilde{\sigma}_i}^2$ berechnet man $\overline{z} = -0,0036$ und erhält $\overline{x} = x_0 + \overline{z} = 1,582$. Für die Standardabweichungen ergibt sich $\tilde{\sigma}^{(g)} = \sqrt{\sum_{i=1}^{n} g_i {v_i}^2 \Big/ (n-1)} = 0,0088 < \tilde{\sigma}$ und $\tilde{\sigma_x} = \tilde{\sigma}_{AM} = 0,0027$. Das Endergebnis lautet $x = \overline{x} \pm \tilde{\sigma_x} = 1,585 \pm 0,0027$.

16.4.2 Fehlerfortpflanzung und Fehleranalyse

Häufig gehen die gemessenen Größen über eine funktionale Abhängigkeit in ein Endresultat ein. Wenn die Fehler klein sind, kann eine TAYLOR–Entwicklung nach den Fehlern durchgeführt werden, in der man die Glieder 2. Ordnung vernachlässigt. Man spricht dann von *Fehlerfortpflanzung*.

16.4.2.1 Gaußsches Fehlerfortpflanzungsgesetz

1. Problemstellung

Zu bestimmen sind Zahlenwert und Fehler einer Größe z, die über die Funktion $z = f(x_1, x_2, \ldots, x_k)$ von den unabhängigen Variablen x_j $(j = 1, 2, \ldots, k)$ abhängt. Die Werte x_j können als Realisierungen von Zufallsgrößen angesehen werden und lassen sich als Mittelwerte $\overline{x}_j$ je einer Meßreihe mit n_j Meßwerten bestimmen. Ihre Streuung ist ${\sigma_j}^2$. Es ist zu untersuchen, wie sich die Fehler der Variablen auf die Funktion $f(x_1, x_2, \ldots, x_k)$ auswirken. Die Funktion $f(x_1, x_2, \ldots, x_k)$ muß differenzierbar sein, ihre Variablen müssen stochastisch unabhängig sein, sie dürfen aber beliebigen Verteilungen mit unterschiedlichen Streuungen ${\sigma_j}^2$ genügen.

2. TAYLOR–Entwicklung

Da die Fehler relativ kleine Änderungen der unabhängigen Variablen darstellen, kann die Funktion $f(x_1, x_2, \ldots, x_k)$ in der Nähe der Mittelwerte $\overline{x}_j$ durch den Linearanteil ihrer TAYLOR–Entwicklung mit den Koeffizienten a_j angenähert werden, so daß für ihren Fehler Δf gilt:

$$\Delta f = f(x_1, x_2, \ldots, x_k) - f(\overline{x}_1, \overline{x}_2, \ldots, \overline{x}_k), \tag{16.208a}$$

$$\Delta f \approx df = \frac{\partial f}{\partial x_1} dx_1 + \frac{\partial f}{\partial x_2} dx_2 + \cdots + \frac{\partial f}{\partial x_k} dx_k = \sum_{j=1}^{k} \frac{\partial f}{\partial x_j} dx_j = \sum_{j=1}^{k} a_j dx_j, \tag{16.208b}$$

wobei die partiellen Ableitungen $\partial f / \partial x_j$ an der Stelle $(x_1 x_2, \ldots, x_k)$ zu nehmen sind.
Streuung und Standardabweichung der Funktion ergeben sich zu

$${\sigma_f}^2 = {a_1}^2 {\sigma_{x_1}}^2 + {a_2}^2 {\sigma_{x_2}}^2 + \cdots + {a_k}^2 {\sigma_{x_k}}^2 = \sum_{j=1}^{k} {a_j}^2 {\sigma_{x_j}}^2. \tag{16.209}$$

3. Näherung für die Streuung ${\sigma_f}^2$

Da die Streuungen der unabhängigen Variablen x_j unbekannt sind, ersetzt man sie durch Streuungen ihrer Mittelwerte, die aus den Meßwerten x_{jl} $(l = 1, 2, \ldots, n_{jl})$ der einzelnen Variablen wie folgt ermittelt werden:

$$\tilde{\sigma}^2_{\overline{x}_j} = \frac{\sum\limits_{l=1}^{n_j} (x_{jl} - \overline{x}_j)^2}{n_j(n_j - 1)} . \tag{16.210}$$

Mit diesen Werten bildet man als Näherung für ${\sigma_f}^2$:

$$\tilde{\sigma_f}^2 = \sum_{j=1}^{k} {a_j}^2 \tilde{\sigma}^2_{\overline{x}_j} . \tag{16.211}$$

Formel (16.211) wird GAUSS*sches Fehlerfortpflanzungsgesetz* genannt.

4. Spezialfälle

1. Linearer Fall Ein häufig auftretender Fall ist die Addition der Fehlerbeiträge linear eingehender Fehlergrößen mit $a_j = 1$:

$$\tilde{\sigma_f} = \sqrt{\tilde{\sigma_1}^2 + \tilde{\sigma_2}^2 + \cdots + \tilde{\sigma_k}^2} . \tag{16.212}$$

■ Am Ausgang des Impulsverstärkers eines Detektorkanals zur Spektrometrierung von Strahlungen wird eine Impulsbreite festgestellt, die auf drei Anteile zurückgeführt werden kann: 1. Statistische Energieverteilung der Strahlung des zu spektrometrierenden Übergangs einer Energie E_0, charakterisiert durch $\tilde{\sigma}_{\text{Str}}$, 2. statistische Umsetzungsprozesse im Detektor mit $\tilde{\sigma}_{\text{Det}}$, 3. elektronisches Rauschen des Verstärkers der Detektorimpulse $\tilde{\sigma}_{\text{el}}$. Für die Gesamtimpulsbreite ergibt sich

$$\sigma_f = \sqrt{\tilde{\sigma}^2_{\text{Str}} + \tilde{\sigma}^2_{\text{Det}} + \tilde{\sigma}^2_{\text{el}}} . \tag{16.213}$$

2. Potenzgesetz Oft treten die Variablen x_j in der folgenden Form auf:

$$z = f(x_1, x_2, \ldots x_k) = a{x_1}^{b_1} \cdot {x_2}^{b_2} \ldots {x_k}^{b_k} . \tag{16.214}$$

Durch logarithmische Differentiation ergibt sich der relative Fehler zu

$$\frac{df}{f} = b_1 \frac{dx_1}{x_1} + b_2 \frac{dx_2}{x_2} + \cdots + b_k \frac{dx_k}{x_k} , \tag{16.215}$$

woraus nach dem Fehlerfortpflanzungsgesetz für den mittleren relativen Fehler folgt:

$$\frac{\tilde{\sigma_f}}{f} = \sqrt{\sum_{j=1}^{k} \left(b_j \frac{\tilde{\sigma}_{\overline{x}_j}}{\overline{x}_j} \right)^2} . \tag{16.216}$$

■ Die Funktion $f(x_1, x_2, x_3)$ habe die Form $f(x_1, x_2, x_3) = \sqrt{x_1} + {x_2}^2 + {x_3}^3$, die Standardabweichungen sind σ_{x_1}, σ_{x_2} und σ_{x_3}.
Der relative Fehler ergibt sich dann zu

$$\delta z = \frac{\tilde{\sigma_f}}{f} = \sqrt{\left(\frac{1}{2} \frac{\tilde{\sigma_{x_1}}}{x_1} \right) + \left(2 \frac{\tilde{\sigma_{x_2}}}{x_2} \right)^2 + \left(3 \frac{\tilde{\sigma_{x_3}}}{x_3} \right)^2} .$$

5. Unterschied zum Maximalfehler

Die Angabe des absoluten oder relativen Maximalfehlers (16.199, 16.200) bedeutet, daß kein Ausgleich zwischen den Meßergebnissen durchgeführt wird. Bei der Ermittlung des absoluten oder relativen Fehlers mit Hilfe des Fehlerfortpflanzungsgesetzes (16.211) oder (16.214) wird mit einer vorgegebenen Wahrscheinlichkeit innerhalb eines festgelegten Vertrauensintervalls zwischen den Meßergebnissen x_j ausgeglichen. Die Vorgehensweise erfolgt in der in 16.4.1.4 angegebenen Weise.

16.4.2.2 Fehleranalyse

Unter *Fehleranalyse* versteht man allgemein die Analyse der Fortpflanzung von Fehlern bei der Berechnung einer Funktion $\varphi(x_i)$, wenn Größen höherer Ordnung vernachlässigt werden. Im Rahmen der

Theorie der Fehleranalyse wird mit Hilfe eines Algorithmus untersucht, wie sich ein Eingangsfehler Δx_i im Endergebnis $\varphi(x_i)$ auswirkt. Man spricht in diesem Zusammenhang auch von differentieller Fehleranalyse.
In der numerischen Mathematik versteht man unter Fehleranalyse die Untersuchung des Einflusses von Verfahrens-, Rundungs- und Eingangsfehlern auf das Ergebnis (s. Lit. [19.27], [19.31]).

17 Dynamische Systeme und Chaos

17.1 Gewöhnliche Differentialgleichungen und Abbildungen

17.1.1 Dynamische Systeme

17.1.1.1 Grundbegriffe

1. Typen dynamischer Systeme, Orbits

Ein *dynamisches System* ist ein mathematisches Objekt zur Beschreibung der Zeitentwicklung physikalischer, biologischer und anderer real existierender Systeme. Es wird definiert durch einen *Phasenraum* M, der im weiteren oft der $\mathbb{R}^n$, eine Teilmenge davon oder ein metrischer Raum ist, und eine einparametrige Familie von Abbildungen $\varphi^t\colon M \to M$, wobei der Parameter t (*Zeit*) aus $\mathbb{R}$ (*zeitkontinuierlich*) oder $\mathbb{Z}$ bzw. $\mathbb{Z}_+$ (*zeitdiskret*) ist. Für beliebiges $x \in M$ muß dabei

a) $\varphi^0(x) = x$ und

b) $\varphi^t(\varphi^s(x)) = \varphi^{t+s}(x)$ für alle t, s gelten. Die Abbildung φ^1 wird kurz als φ geschrieben.

Im weiteren wird die Zeitmenge mit Γ bezeichnet. Dabei kann $\Gamma = \mathbb{R}, \Gamma = \mathbb{R}_+, \Gamma = \mathbb{Z}$ oder $\Gamma = \mathbb{Z}_+$ sein. Ist $\Gamma = \mathbb{R}$, so nennt man das dynamische System auch *Fluß*; ist $\Gamma = \mathbb{Z}$ oder $\Gamma = \mathbb{Z}_+$, liegt ein *diskretes* dynamisches System vor. Da bei $\Gamma = \mathbb{R}$ und $\Gamma = \mathbb{Z}$ wegen **a)** und **b)** für jedes $t \in \Gamma$ neben φ^t auch die inverse Abbildung $(\varphi^t)^{-1} = \varphi^{-t}$ existiert, spricht man hier von *invertierbaren* dynamischen Systemen.

Ist das dynamische System nicht invertierbar, versteht man für eine beliebige Menge $A \subset M$ und beliebiges $t > 0$ unter $\varphi^{-t}(A)$ das Urbild von A bzgl. φ^t, d.h. die Menge $\varphi^{-t}(A) = \{x \in M\colon \varphi^t(x) \in A\}$. Ist für jedes $t \in \Gamma$ die Abbildung $\varphi^t\colon M \to M$ stetig bzw. k–mal stetig differenzierbar (dabei sei $M \subset \mathbb{R}^n$), so heißt das dynamische System *stetig* bzw. *C^k–glatt*.

Für beliebiges festes $x \in M$ definiert die Abbildung $t \longmapsto \varphi^t(x)$, $t \in \Gamma$, eine *Bewegung* des dynamischen Systems mit Anfang x zur Zeit $t = 0$. Das Bild $\gamma(x)$ einer Bewegung mit Anfang x ist der *Orbit* (oder die *Trajektorie*) durch x, d.h. $\gamma(x) = \{\varphi^t(x)\}_{t\in\Gamma}$. Analog wird der *positive Semiorbit* durch x als $\gamma^+(x) = \{\varphi^t(x)\}_{t\geq 0}$ und, falls $\Gamma \neq \mathbb{R}_+$ oder $\Gamma \neq \mathbb{Z}_+$ ist, der *negative Semiorbit* durch x als $\gamma^-(x) = \{\varphi^t(x)\}_{t\leq 0}$ definiert.

Der Orbit $\gamma(x)$ heißt *Ruhelage*, wenn $\gamma(x) = x$ ist, und *T-periodisch*, wenn ein $T \in \Gamma$ existiert, so daß $\varphi^{t+T}(x) = \varphi^t(x)$ für alle $t \in \Gamma$ und $T \in \Gamma$ die kleinste positive Zahl mit dieser Eigenschaft ist. Die Zahl T heißt *Periode*.

2. Fluß einer Differentialgleichung

Gegeben sei eine gewöhnliche Differentialgleichung

$$\dot{x} = f(x), \tag{17.1}$$

wobei $f\colon M \to \mathbb{R}^n$ (*Vektorfeld*) eine r–mal stetig differenzierbare Abbildung ist und $M = \mathbb{R}^n$ oder eine offene Teilmenge des $\mathbb{R}^n$ darstellt. Im weiteren wird im $\mathbb{R}^n$ stets die EUKLIDische Norm $\|\cdot\|$ benutzt, d.h., für beliebiges $x \in \mathbb{R}^n$, $x = (x_1, \ldots, x_n)$, ist $\|x\| = \sqrt{\sum_{i=1}^n x_i^2}$. Schreibt man die Abbildung f in Komponenten als $f = (f_1, \ldots, f_n)$, so ist (17.1) das System aus den n skalaren Differentialgleichungen $\dot{x}_i = f_i(x_1, \ldots, x_n)$, $i = 1, 2, \ldots, n$.

Die Sätze über die lokal eindeutige Lösbarkeit von PICARD–LINDELÖF und über die *r–malige Differenzierbarkeit nach den Anfangsbedingungen* (s. Lit. [17.6]) garantieren, daß für jedes $x_0 \in M$ eine Zahl $\varepsilon > 0$, eine Kugel $B_\delta(x_0) = \{x\colon \|x - x_0\| < \delta\}$ aus M und eine Abbildung $\varphi\colon (-\varepsilon, \varepsilon) \times B_\delta(x_0) \to M$ existieren, so daß gilt:

1. $\varphi(\cdot, \cdot)$ ist $(r+1)$–mal stetig differenzierbar bzgl. des ersten Arguments (Zeit) und r–mal stetig differenzierbar bzgl. des zweiten Arguments (Ortsvariable).

2. $\varphi(\cdot, x)$ ist für jedes fixierte $x \in B_\delta(x_0)$ eine *lokal eindeutige Lösung* von (17.1) auf dem Zeitintervall $(-\varepsilon, \varepsilon)$ mit Anfang x zur Zeit $t = 0$, d.h., es gilt $\dfrac{\partial \varphi}{\partial t}(t, x) = \dot{\varphi}(t, x) = f(\varphi(t, x))$ für alle $t \in (-\varepsilon, \varepsilon)$,

$\varphi(0,x) = x$, und jede andere Lösung mit Anfang x zur Zeit $t = 0$ stimmt für kleine Zeiten $|t|$ mit $\varphi(t,x)$ überein.

Alle lokalen Lösungen von (17.1) seien eindeutig auf ganz $\mathbb{R}$ fortsetzbar. Dann gibt es zu jeder Differentialgleichung (17.1) eine Abbildung $\varphi\colon \mathbb{R} \times M \to M$ mit folgenden Eigenschaften:
1. $\varphi(0,x) = x$ für alle $x \in M$.
2. $\varphi(t+s,x) = \varphi(t,\varphi(s,x))$ für alle $t,\ s \in \mathbb{R}$ und alle $x \in M$.
3. $\varphi(\cdot,\cdot)$ ist bzgl. des ersten Arguments $(r+1)$–mal und bzgl. des zweiten Arguments r–mal stetig differenzierbar.
4. $\varphi(\cdot,x)$ ist für jedes fixierte $x \in M$ eine Lösung von (17.1) auf ganz $\mathbb{R}$.

Der zu (17.1) gehörige C^r–glatte Fluß läßt sich dann durch die Beziehung $\varphi^t := \varphi(t,\cdot)$ definieren. Die Bewegungen $\varphi(\cdot,x)\colon \mathbb{R} \to M$ eines Flusses von (17.1) heißen *Integralkurven.*

■ Das System

$$\dot{x} = \sigma(y-x), \quad \dot{y} = rx - y - xz \quad \dot{z} = xy - bz \tag{17.2}$$

heißt LORENZ–*System der konvektiven Turbulenz* (s. auch S.821). Dabei sind $\sigma > 0$, $r > 0$ und $b > 0$ Parameter. Dem LORENZ–System entspricht ein C^∞–Fluß in $M = \mathbb{R}^3$.

3. Diskrete dynamische Systeme

Gegeben sei die Differenzengleichung

$$x_{t+1} = \varphi(x_t), \tag{17.3}$$

die auch als Zuordnung $x \longmapsto \varphi(x)$ geschrieben werden kann. Dabei ist $\varphi: M \to M$ eine stetige oder r–mal stetig differenzierbare Abbildung, wobei im letzten Fall $M \subset \mathbb{R}^n$ sei. Ist φ invertierbar, so definiert (17.3) durch die Festlegung

$$\varphi^t = \underbrace{\varphi\circ\cdots\circ\varphi}_{t\text{–mal}}, \text{ falls } t > 0, \qquad \varphi^t = \underbrace{\varphi^{-1}\circ\cdots\circ\varphi^{-1}}_{-t\text{–mal}}, \quad \text{falls } t < 0,\ \varphi^0 = id \tag{17.4}$$

ein invertierbares diskretes dynamisches System. Ist φ nicht invertierbar, so sind die Abbildungen φ^t nur für $t \geq 0$ erklärt.

■ **A:** Die Differenzengleichung

$$x_{t+1} = \alpha x_t(1 - x_t), \quad t = 0, 1, \ldots, \tag{17.5}$$

mit einem Parameter $\alpha \in (0,4]$ heißt *logistische Gleichung.* Hierbei ist $M = [0,1]$, und $\varphi\colon [0,1] \to [0,1]$ ist bei fixiertem α die Funktion $\varphi(x) = \alpha x(1-x)$. Offenbar ist φ unendlich oft differenzierbar, aber nicht umkehrbar. Also definiert (17.5) kein invertierbares dynamisches System.

■ **B:** Die Differenzengleichung

$$x_{t+1} = y_t + 1 - a x_t^2, \quad y_{t+1} = b x_t, \quad t = 0, \pm 1, \ldots, \tag{17.6}$$

mit Parametern $a > 0$ und $b \neq 0$ heißt HÉNON–*Abbildung.* Die (17.6) entsprechende Abbildung $\varphi\colon \mathbb{R}^2 \to \mathbb{R}^2$ ist durch $\varphi(x,y) = (y+1-ax^2\ bx)$ definiert, unendlich oft differenzierbar und umkehrbar.

4. Volumenschrumpfende und volumenerhaltende Systeme

Das invertierbare dynamische System $\{\varphi^t\}_{t\in\Gamma}$ auf $M \subset \mathbb{R}^n$ heißt *volumenschrumpfend* oder *dissipativ* (bzw. *volumenerhaltend* oder *konservativ*), wenn für jede Menge $A \subset M$ mit einem positiven n–dimensionalen Volumen $\mathrm{vol}(A)$ und jedes $t > 0\,(t \in \Gamma)$ die Beziehung $\mathrm{vol}(\varphi^t(A)) < \mathrm{vol}(A)$ bzw. $\mathrm{vol}(\varphi^t(A)) = \mathrm{vol}(A)$ gilt.

■ **A:** Sei φ in (17.3) ein C^r*–Diffeomorphismus* (d.h.: $\varphi\colon M \to M$ ist invertierbar, $M \subset \mathbb{R}^n$ offen, φ und φ^{-1} sind C^r–glatte Abbildungen) und sei $D\varphi(x)$ die JACOBI–Matrix von φ in $x \in M$. Dann ist das diskrete System (17.3) dissipativ, falls $|\det D\varphi(x)| < 1$ für alle $x \in M$ ist, und konservativ, falls $|\det D\varphi(x)| \equiv 1$ in M ist.

■ **B:** Für das System (17.6) ist $D\varphi(x,y) = \begin{pmatrix} -2ax & 1 \\ b & 0 \end{pmatrix}$ und damit $|\det D\varphi(x,y)| \equiv b$. Also ist (17.6)

dissipativ, falls $|b| < 1$, und konservativ, falls $|b| = 1$.
Die HÉNON–Abbildung läßt sich aus drei Teilabbildungen zusammensetzen **(Abb.17.1)**: Zunächst wird der Ausgangsbereich durch die Abbildung $x' = x, y' = y + 1 - ax^2$ flächenerhaltend gedehnt und gebogen, dann durch $x'' = bx', y'' = y'$ in Richtung der x'–Achse kontrahiert (bei $|b| < 1$) und abschließend durch die Abbildung $x''' = y''$, $y''' = x''$ an der Geraden $y'' = x''$ gespiegelt.

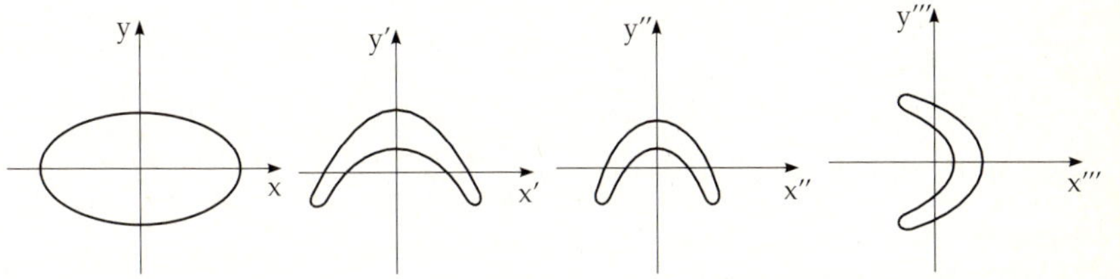

Abbildung 17.1

17.1.1.2 Invariante Mengen

1. α–und ω–Grenzmenge, absorbierende Menge

Sei $\{\varphi^t\}_{t\in\Gamma}$ ein dynamisches System auf M. Die Menge $A \subset M$ heißt *invariant unter* $\{\varphi^t\}$, falls $\varphi^t(A) = A$ für alle $t \in \Gamma$ ist, und *positiv invariant unter* $\{\varphi^t\}$, falls $\varphi^t(A) \subset A$ für alle $t \geq 0$ aus Γ ist.
Für jedes $x \in M$ ist die ω–*Grenzmenge* des Orbits durch x die Menge

$$\omega(x) = \{y \in M\colon \exists\, t_n \in \Gamma, \quad t_n \to +\infty, \quad \varphi^{t_n}(x) \to y \quad \text{für } n \to +\infty\}. \tag{17.7}$$

Die Elemente von $\omega(x)$ heißen ω–*Grenzpunkte* des Orbits. Liegt ein invertierbares dynamisches System vor, so heißt für jedes $x \in M$ die Menge

$$\alpha(x) = \{y \in M\colon \exists\, t_n \in \Gamma, \quad t_n \to -\infty, \quad \varphi^{t_n}(x) \to y \quad \text{für } n \to +\infty\} \tag{17.8}$$

α–*Grenzmenge des Orbits durch* x; die Elemente von $\alpha(x)$ heißen α–*Grenzpunkte* des Orbits.
Die lokale Eigenschaft des Volumenschrumpfens führt bei vielen Systemen zur Existenz einer beschränkten Menge im Phasenraum, in die alle Orbits für wachsende Zeiten gelangen und dort verbleiben. Eine beschränkte, offene und zusammenhängende Menge $U \subset M$ heißt *absorbierend* bzgl. $\{\varphi^t\}_{t\in\Gamma}$, falls $\varphi^t(\overline{U}) \subset U$ für alle positiven t aus Γ ist. ($\overline{U}$ ist die Abschließung von U.)

■ Gegeben sei in der Ebene das Differentialgleichungssystem

$$\dot{x} = -y + x\,(1 - x^2 - y^2), \quad \dot{y} = x + y\,(1 - x^2 - y^2). \tag{17.9a}$$

Unter Verwendung von Polarkoordinaten $x = r\cos\vartheta$, $y = r\sin\vartheta$ läßt sich die Lösung von (17.9a) mit Anfang (r_0, ϑ_0) zur Zeit $t = 0$ in der Form

$$r(t, r_0) = [1 + (r_0^{-2} - 1)\,e^{-2t}]^{-1/2}, \quad \vartheta(t, \vartheta_0) = t + \vartheta_0 \tag{17.9b}$$

schreiben. Aus dieser Lösungsdarstellung folgt, daß der Fluß von (17.9a) einen 2π–periodischen Orbit besitzt, der als $\gamma((1,0)) = \{(\cos t, \sin t), t \in [0, 2\pi]\}$ dargestellt werden kann. Für die Grenzmengen der Orbits durch p gilt:

$$\alpha(p) = \begin{cases} (0,0) & \|\,p\,\| < 1, \\ \gamma((1,0)), & \|\,p\,\| = 1, \\ \emptyset, & \|\,p\,\| > 1 \end{cases} \qquad \text{und} \qquad \omega(p) = \begin{cases} \gamma((1,0))\,, & p \neq (0,0)\,, \\ (0,0) & \\ \quad ,, & p = (0,0)\,. \end{cases}$$

Jede offene Kugel $B_r = \{(x,y)\colon x^2 + y^2 < r^2\}$ mit $r > 1$ ist eine absorbierende Menge für (17.9a).

2. Stabilität von invarianten Mengen

Sei A eine unter dem dynamischen System $\{\varphi^t\}_{t\in\Gamma}$ auf (M, ρ) invariante Menge. Die Menge A heißt *stabil*, wenn jede Umgebung U von A eine andere Umgebung $U_1 \subset U$ von A enthält, so daß $\varphi^t(U_1) \subset U$

für alle $t > 0$ gilt. Die unter $\{\varphi^t\}$ invariante Menge A heißt *asymptotisch stabil,* wenn sie stabil ist und folgende Beziehung gilt:

$$\exists\, \Delta > 0 \quad \left.\begin{matrix} \forall x \in M \\ \operatorname{dist}(x, A) < \Delta \end{matrix}\right\}: \quad \operatorname{dist}(\varphi^t(x), A) \longrightarrow 0 \quad \text{für} \quad t \to +\infty. \tag{17.10}$$

Dabei ist dist $(x, A) = \inf\limits_{y \in A} \rho(x, y)$.

3. Kompakte Mengen

Sei (M, ρ) ein metrischer Raum. Ein Mengensystem $\{U_i\}_{i \in \mathrm{I}}$ aus offenen Mengen heißt *offene Überdeckung* von M, wenn jeder Punkt aus M in mindestens einem U_i liegt. Der metrische Raum (M, ρ) heißt *kompakt*, wenn aus jeder offenen Überdeckung $\{U_i\}_{i \in \mathrm{I}}$ von M endlich viele $U_{i_1}, \ldots, U_{i_r}$ ausgewählt werden können, so daß $M = U_{i_1} \cup \cdots \cup U_{i_r}$ ist. Die Menge $K \subset M$ heißt kompakt, wenn sie als Teilraum kompakt ist.

4. Attraktor, Einzugsgebiet

Sei $\{\varphi^t\}_{t \in \Gamma}$ ein dynamisches System auf (M, ρ) und A eine unter $\{\varphi^t\}$ invariante Menge. Dann heißt $W(A) = \{x \in M \colon \omega(x) \subset A\}$ *Einzugsgebiet* von A.
Eine kompakte Menge $\Lambda \subset M$ heißt *Attraktor* von $\{\varphi^t\}_{t \in \Gamma}$ auf M, wenn Λ invariant unter $\{\varphi^t\}$ ist und es eine offene Umgebung U von Λ gibt, so daß $\omega(x) = \Lambda$ für fast alle (im Sinne des LEBESGUE–Maßes) $x \in U$ gilt.

■ $\Lambda = \gamma((1, 0))$ ist ein Attraktor des Flusses von (17.9a). Dabei ist $W(\Lambda) = \mathbb{R}^2 \setminus \{(0, 0)\}$.
Für manche dynamischen Systeme ist ein allgemeinerer Attraktorbegriff sinnvoll. So gibt es invariante Mengen Λ, die in jeder Umgebung periodische Orbits besitzen, die nicht von Λ angezogen werden (z.B. der FEIGENBAUM–Attraktor). Die Menge Λ muß auch nicht unbedingt durch eine einzige ω–Grenzmenge aufgespannt werden.
Eine kompakte Menge Λ heißt *Attraktor im Sinne von* MILNOR von $\{\varphi^t\}_{t \in \Gamma}$ auf M, wenn Λ invariant unter $\{\varphi^t\}$ ist und das Einzugsgebiet von Λ eine Menge mit positivem LEBESGUE–Maß enthält.

17.1.2 Qualitative Theorie gewöhnlicher Differentialgleichungen

17.1.2.1 Existenz des Flusses und Phasenraumstruktur

1. Fortsetzbarkeit der Lösungen

Neben der Differentialgleichung (17.1), die wir *autonom* nennen, treten auch Differentialgleichungen auf, deren rechte Seite explizit von der Zeit abhängt und die deshalb *nichtautonom* heißen:

$$\dot{x} = f(t, x). \tag{17.11}$$

Dabei sei $f \colon \mathbb{R} \times M \to M$ mit $M \subset \mathbb{R}^n$ eine C^r–Abbildung. Durch die neue Variable $x_{n+1} := t$ läßt sich (17.11) als autonome Differentialgleichung $\dot{x} = f(x_{n+1}, x)$, $\dot{x}_{n+1} = 1$ interpretieren. Die Lösung von (17.11) mit Anfang x_0 zur Zeit t_0 wird mit $\varphi(\cdot, t_0, x_0)$ bezeichnet.
Um die globale Existenz der Lösungen und damit die Existenz eines Flusses von (17.1) zu zeigen, sind folgende Sätze oft hilfreich.

1. **Kriterium von** WINTNER **und** CONTI Ist in (17.1) $M = \mathbb{R}^n$ und existiert eine stetige Funktion $\omega \colon [0, +\infty) \to [1, +\infty)$, so daß $\|f(x)\| \le \omega\,(\|x\|)$ für alle $x \in \mathbb{R}^n$ gilt und ist $\int\limits_0^{+\infty} \frac{1}{\omega(r)} dr = +\infty$, so läßt sich jede Lösung von (17.1) auf ganz $\mathbb{R}_+$ fortsetzen.

■ Für das Kriterium von WINTNER und CONTI sind folgende Funktionen geeignet: $\omega(r) = Cr + 1$ und $\omega(r) = C\, r |\ln r| + 1$, wobei $C > 0$ eine Konstante ist.

2. **Fortsetzungsprinzip** Bleibt eine Lösung von (17.1) für wachsende Zeiten beschränkt, so existiert sie für alle positiven Zeiten und damit auf ganz $\mathbb{R}_+$.

Voraussetzung: Im weiteren wird stets die Existenz eines Flusses $\{\varphi^t\}_{t \in \mathbb{R}}$ von (17.1) vorausgesetzt.

2. Phasenporträt

a) Ist $\varphi(t)$ eine Lösung von (17.1), so ist mit einer beliebigen Konstanten c die Funktion $\varphi(t+c)$ ebenfalls eine Lösung.
b) Zwei beliebige Orbits von (17.1) haben keinen gemeinsamen Punkt oder stimmen überein. Der Phasenraum von (17.1) zerfällt also in disjunkte Orbits. Die Zerlegung des Phasenraumes in disjunkte Orbits heißt *Phasenporträt.*
c) Jeder Orbit, verschieden von einer Ruhelage, ist eine reguläre glatte Kurve, die geschlossen oder nicht geschlossen sein kann.

3. Satz von Liouville

Seien $\{\varphi^t\}_{t\in\mathbb{R}}$ der Fluß von (17.1), $D \subset M \subset \mathbb{R}^n$ eine beliebige beschränkte und meßbare Menge, $D_t := \varphi^t(D)$ und $V_t :=$ vol(D_t) das n–dimensionale Volumen von D_t **(Abb.17.2a)**. Dann gilt für

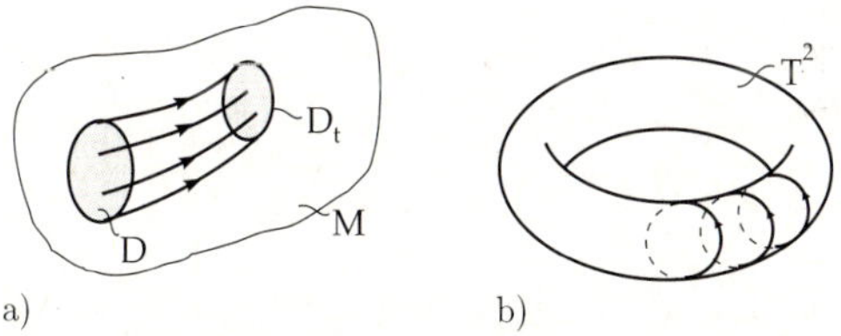

Abbildung 17.2

beliebiges $t \in \mathbb{R}$ die Beziehung $\frac{d}{dt} V_t = \int_{D_t} \operatorname{div} f(x)\, dx$. Für $n = 3$ lautet der Satz von Liouville:

$$\frac{d}{dt} V_t = \iiint_{D_t} \operatorname{div} f(x_1, x_2, x_3)\, dx_1\, dx_2\, dx_3\,. \tag{17.12}$$

Folgerung: Gilt für (17.1) $\operatorname{div} f(x) < 0$ in M, so ist der Fluß von (17.1) volumenschrumpfend. Gilt $\operatorname{div} f(x) \equiv 0$ in M, so ist der Fluß von (17.1) volumenerhaltend.

■ **A:** Für das Lorenz–System (17.2) ist $\operatorname{div} f(x,y,z) \equiv -(\sigma + 1 + b)$. Wegen $\sigma > 0$ und $b > 0$ ist also $\operatorname{div} f(x,y,z) < 0$. Mit dem Satz von Liouville folgt für eine beliebige beschränkte und meßbare Menge $D \subset \mathbb{R}^3$ offenbar $\frac{d}{dt} V_t = \iiint_{D_t} -(\sigma + 1 + b)\, dx_1\, dx_2\, dx_3 = -(\sigma + 1 + b)\, V_t$. Für die lineare Differentialgleichung $\dot{V}_t = -(\sigma + 1 + b)\, V_t$ lautet die Lösung $V_t = V_0 \cdot e^{-(\sigma+1+b)t}$, so daß $V_t \to 0$ für $t \to +\infty$ folgt.

■ **B:** Sei $U \subset \mathbb{R}^n \times \mathbb{R}^n$ eine offene Teilmenge und $H\colon U \to \mathbb{R}$ eine C^2–Funktion. Dann heißt $\dot{x}_i = \frac{\partial H}{\partial y_i}(x,y), \quad \dot{y}_i = -\frac{\partial H}{\partial x_i}(x,y) \quad (i = 1, 2, \ldots, n)$ Hamiltonsche *Differentialgleichung.* Die Funktion H heißt Hamilton–*Funktion* des Systems. Bezeichnet f die rechte Seite dieser Differentialgleichung, so gilt offenbar
$\operatorname{div} f(x,y) = \sum_{i=1}^{n} \left[\frac{\partial^2 H}{\partial x_i \partial y_i}(x,y) - \frac{\partial^2 H}{\partial y_i \partial x_i}(x,y) \right] \equiv 0$. Hamiltonsche Differentialgleichungen sind also

volumenerhaltend.

17.1.2.2 Lineare Differentialgleichungen

1. Allgemeine Aussagen

Es sei $A(t) = [a_{ij}(t)]_{i,j=1}^n$ eine Matrix–Funktion auf $\mathbb{R}$, wobei jede Komponente $a_{ij}\colon \mathbb{R} \to \mathbb{R}$ als stetige Funktion vorausgesetzt wird, und es sei $b\colon \mathbb{R} \to \mathbb{R}^n$ eine stetige Vektorfunktion auf $\mathbb{R}$. Dann heißt

$$\dot{x} = A(t)x + b(t) \tag{17.13a}$$

inhomogene lineare Differentialgleichung 1. *Ordnung* im $\mathbb{R}^n$ und

$$\dot{x} = A(t)x \tag{17.13b}$$

die zugehörige *homogene lineare Differentialgleichung erster Ordnung.* Jede Lösung von (17.13a) existiert auf ganz $\mathbb{R}$. Die Gesamtheit aller Lösungen von (17.13b) bildet einen n–dimensionalen Untervektorraum L_H der C^1–glatten Vektorfunktionen über $\mathbb{R}$ (*Hauptsatz über homogene lineare Differentialgleichungen*). Die Gesamtheit aller Lösungen L_I von (17.13a) ist ein n–dimensionaler affiner Unterraum der C^1–glatten Vektorfunktionen über $\mathbb{R}$ in der Form $L_I = \varphi_0 + L_H$, wobei φ_0 eine beliebige Lösung von (17.13a) ist (*Hauptsatz über inhomogene lineare Differentialgleichungen*). Seien $\varphi_1, \dots, \varphi_n$ beliebige Lösungen von (17.13b) und $\Phi = [\varphi_1, \dots, \varphi_n]$ die zugehörige *Lösungsmatrix.* Dann genügt Φ auf $\mathbb{R}$ der *Matrix–Differentialgleichung* $\dot{Z}(t) = A(t)Z(t)$, wobei $Z \in \mathbb{R}^{n \cdot n}$ ist. Bilden die Lösungen $\varphi_1, \dots, \varphi_n$ eine Basis von L_H, so heißt $\Phi = [\varphi_1, \dots, \varphi_n]$ *Fundamentalmatrix* von (17.13b). Bezüglich einer Lösungsmatrix Φ von (17.13b) ist $W(t) = \det \Phi(t)$ die WRONSKI–*Determinante.* Für sie gilt die *Formel von* LIOUVILLE:

$$\dot{W}(t) = \operatorname{Sp} A(t)\, W(t) \quad (t \in \mathbb{R})\,. \tag{17.13c}$$

Für eine Lösungsmatrix ist $W(t) \equiv 0$ auf $\mathbb{R}$ oder $W(t) \neq 0$ für alle $t \in \mathbb{R}$. Das System $\varphi_1, \dots, \varphi_n$ ist also genau dann eine Basis von L_H, wenn $\det[\varphi_1(t), \dots, \varphi_n(t)] \neq 0$ für ein t (und damit für alle) ist. Sei Φ eine beliebige Fundamentalmatrix von (17.13b). Dann läßt sich die Lösung φ von (17.13a) mit Anfang p zur Zeit $t = \tau$ in der Form

$$\varphi(t) = \Phi(t)\Phi(\tau)^{-1}\, p + \int_\tau^t \Phi(t)\Phi(s)^{-1}\, b(s)ds \quad (t \in \mathbb{R}) \tag{17.13d}$$

darstellen *(Satz über die Variation der Konstanten).*

2. Autonome lineare Differentialgleichungen

Gegeben sei im $\mathbb{R}^n$ die Differentialgleichung

$$\dot{x} = A\,x, \tag{17.14}$$

wobei A eine konstante Matrix vom Typ (n, n) ist.

Die *Operator–Norm* (s. auch S. 617) einer Matrix A ist durch

$\|A\| = \max\{\|A\,x\|,\ x \in \mathbb{R}^n,\ \|x\| \le 1\}$ gegeben, wobei für die Vektoren des $\mathbb{R}^n$ wieder die EUKLIDische Norm vereinbart sei.

Seien A und B zwei beliebige Matrizen vom Typ (n, n) . Dann gilt:

a) $\|A + B\| \le \|A\| + \|B\|$; **b)** $\|\lambda A\| = |\lambda|\,\|A\|$ $(\lambda \in \mathbb{R})$;

c) $\|Ax\| \le \|A\|\|x\|$ $(x \in \mathbb{R}^n)$; **d)** $\|AB\| \le \|A\|\|B\|$;

e) $\|A\| = \sqrt{\lambda_{\max}}$, wobei $\lambda_{\max}$ der größte Eigenwert von A^TA ist.

Die Fundamentalmatrix mit Anfang E_n zur Zeit $t = 0$ von (17.14) ist die *Matrix–Exponentialfunktion*

$$e^{At} = E_n + \frac{At}{1!} + \frac{A^2t^2}{2!} + \cdots = \sum_{i=0}^{\infty} \frac{A^it^i}{i!} \tag{17.15}$$

mit folgenden Eigenschaften:

a) Die Reihe für e^{At} konvergiert bezüglich t auf einem beliebigen kompakten Zeitintervall gleichmäßig und für jedes t absolut;

b) $\|e^{At}\| \le e^{\|A\|t} \quad (t \ge 0)$;

c) $\dfrac{d}{dt}(e^{At}) = (e^{At})^{\cdot} = Ae^{At} = e^{At}A \quad (t \in \mathbb{R})$;

d) $e^{(t+s)A} = e^{tA}\,e^{sA} \quad (s, t \in \mathbb{R})$;

e) e^{At} ist für alle t regulär und $(e^{At})^{-1} = e^{-At}$;

f) sind A und B kommutative Matrizen vom Typ (n, n), d.h. gilt $AB = BA$, so ist $B\,e^A = e^A\,B$ und $e^{A+B} = e^A\,e^B$;

g) sind A und B Matrizen vom Typ (n, n) und ist B regulär, so ist $e^{BAB^{-1}} = B\,e^A\,B^{-1}$.

3. Lineare Differentialgleichungen mit periodischen Koeffizienten

Betrachtet wird die homogene lineare Differentialgleichung (17.13b), wobei $A(t) = [a_{ij}(t)]_{i,j=1}^n$ eine *T-periodische Matrix-Funktion* ist, d.h., es gilt $a_{ij}(t) = a_{ij}(t+T) \quad (\forall t \in \mathbb{R},\ i, j = 1, \ldots, n)$. In diesem Falle nennt man (17.13b) eine *lineare T-periodische Differentialgleichung*. Dann läßt sich jede Fundamentalmatrix Φ von (17.13b) in der Form $\Phi(t) = G(t)e^{tR}$ darstellen, wobei $G(t)$ eine glatte, reguläre T-periodische Matrix-Funktion ist und R eine konstante Matrix vom Typ (n, n) darstellt (*Satz von* FLOQUET). Sei $\Phi(t)$ die bei $t = 0$ normierte Fundamentalmatrix ($\Phi(0) = E_n$) der T-periodischen Differentialgleichung (17.13b) und $\Phi(t) = G(t)e^{tR}$ eine Darstellung laut Satz von FLOQUET. Die Matrix $\Phi(T) = e^{RT}$ heißt *Monodromie-Matrix* von (17.13b); die Eigenwerte ρ_j von $\Phi(T)$ sind die *Multiplikatoren* von (17.13b). Eine Zahl $\rho \in \mathbb{C}$ ist genau dann Multiplikator von (17.13b), wenn es eine Lösung φ von (17.13b) gibt, so daß $\varphi(t+T) = \rho\,\varphi(t) \quad (t \in \mathbb{R})$ gilt.

17.1.2.3 Stabilitätstheorie

1. LYAPUNOV–Stabilität und orbitale Stabilität

Betrachtet wird die nichtautonome Differentialgleichung (17.11). Die Lösung $\varphi(t, t_0, x_0)$ von (17.11) heißt LYAPUNOV-*stabil*, wenn gilt:

$$\forall t_1 \ge t_0\ \forall \varepsilon > 0\ \ \exists \delta = \delta(\varepsilon, t_1) \quad \left.\begin{matrix} \forall x_1 \in M \\ \|x_1 - \varphi(t_1, t_0, x_0)\| < \delta \end{matrix}\right\}: \|\varphi(t, t_1, x_1) - \varphi(t, t_0, x_0)\| < \varepsilon \quad \forall t \ge t_1 . \tag{17.16a}$$

Die Lösung $\varphi(t, t_0, x_0)$ heißt *asymptotisch stabil im Sinne von* LYAPUNOV, wenn sie stabil ist und gilt:

$$\forall t_1 \ge t_0\ \exists \Delta = \Delta(t_1) \quad \left.\begin{matrix} \forall x_1 \in M \\ \|x_1 - \varphi(t_1, t_0, x_0)\| < \Delta \end{matrix}\right\}: \|\varphi(t, t_1, x_1) - \varphi(t, t_0, x_0)\| \to 0 \quad \text{für } t \to +\infty . \tag{17.16b}$$

Für die autonome Differentialgleichung (17.1) läßt sich neben der LYAPUNOV-Stabilität der Lösungen auch die orbitale Stabilität betrachten. Die Lösung $\varphi(t, x_0)$ von (17.1) heißt *orbital stabil* (*asymptotisch orbital stabil*), wenn der Orbit $\gamma(x_0) = \{\varphi(t, x_0),\ t \in \mathbb{R}\}$ stabil (asymptotisch stabil) im Sinne einer invarianten Menge ist. Eine Lösung von (17.1), die eine Ruhelage repräsentiert, ist genau dann LYAPUNOV-stabil, wenn sie orbital stabil ist. Schon für periodische Lösungen von (17.1) können sich beide Stabilitätsarten unterscheiden.

■ Gegeben sei ein Fluß in $\mathbb{R}^3$, der den Torus T^2 als invariante Menge besitzt. Lokal sei in Winkelkoordinaten der Fluß beschrieben durch $\dot{\Theta}_1 = 0$, $\dot{\Theta}_2 = f_2(\Theta_1)$, wobei $f_2\colon \mathbb{R} \to \mathbb{R}$ eine 2π-periodische glatte Funktion sei, für die gilt:

$$\forall \Theta_1 \in \mathbb{R} \quad \exists U_{\Theta_1} \text{ (Umgebung von} \Theta_1) \quad \left.\begin{matrix} \forall \delta_1, \delta_2 \in U_{\Theta_1} \\ \delta_1 \ne \delta_2 \end{matrix}\right\}: f_2(\delta_1) \ne f_2(\delta_2).$$

Eine beliebige Lösung mit Anfang $(\Theta_1(0), \Theta_2(0))$ auf dem Torus ist gegeben durch

$$\Theta_1(t) \equiv \Theta_1(0), \quad \Theta_2(t) = \Theta_2(0) + f_2(\Theta_1(0)t \quad (t \in \mathbb{R}).$$

An dieser Darstellung erkennt man, daß jede Lösung orbital stabil ist, aber nicht LYAPUNOV–stabil **(Abb.17.2b)**.

2. Satz von LYAPUNOV über asymptotische Stabilität:

Eine skalarwertige Funktion V heißt *positiv definit* in einer Umgebung U des Punktes $p \in M \subset \mathbb{R}^n$, wenn gilt:
1. $V\colon U \subset M \to \mathbb{R}$ ist stetig;
2. $V(x) > 0$ für alle $x \in U \setminus \{p\}$ und $V(p) = 0$.
Sei $U \subset M$ eine offene Teilmenge und $V : U \to \mathbb{R}$ eine stetige Funktion. Die Funktion V heißt LYAPUNOV–*Funktion* von (17.1) in U, falls $V(\varphi(t))$ nicht wächst, solange für die Lösung $\varphi(t) \in U$ gilt. Sei $V\colon U \to \mathbb{R}$ eine LYAPUNOV–Funktion von (17.1) und sei V positiv definit in einer Umgebung U von p. Dann ist p stabil. Gilt außerdem, daß aus $V(\varphi(t, x_0)) = \text{const}$ $(t \geq 0)$ für eine Lösung φ von (17.1) mit $\varphi(t, x) \in U$ $\quad(t \geq 0)$ immer $\varphi(t, x_0) \equiv p$ folgt, so ist die Ruhelage p sogar asymptotisch stabil.

■ Der Punkt $(0, 0)$ ist Ruhelage der ebenen Differentialgleichung $\dot{x} = y$, $\dot{y} = -x - x^2 y$. Mit $V(x, y) = x^2 + y^2$ liegt eine Funktion vor, die positiv definit in jeder Umgebung von $(0, 0)$ ist und für deren Ableitung entlang einer beliebigen Lösung $\dfrac{d}{dt}V(x(t), y(t)) = -2x(t)^2 y(t)^2 < 0$ für $x(t)y(t) \neq 0$ gilt. Also ist $(0, 0)$ asymptotisch stabil.

3. Klassifizierung und Stabilität der Ruhelagen

Sei x_0 eine Ruhelage von (17.1). Das lokale Verhalten der Orbits von (17.1) nahe x_0 wird, unter gewissen Voraussetzungen, durch die *Variationsgleichung* $\dot{y} = D\,f(x_0)y$ beschrieben, wobei $Df(x_0)$ die JACOBI–Matrix von f in x_0 ist. Besitzt $Df\,(x_0)$ keinen Eigenwert λ_j mit Re $\lambda_j = 0$, so heißt die Ruhelage x_0 *hyperbolisch*. Die hyperbolische Ruhelage x_0 ist vom Typ (m, k), wenn $Df\,(x_0)$ genau m Eigenwerte mit negativem Realteil und $k = n - m$ Eigenwerte mit positivem Realteil besitzt. Die hyperbolische Ruhelage vom Typ (m, k) heißt *Senke*, wenn $m = n$ ist, *Quelle*, wenn $k = n$ ist, und *Sattel*, wenn $m \neq 0$ und $k \neq 0$ ist **(Abb.17.3)**. Eine Senke ist asymptotisch stabil; Quellen und Sattel sind instabil (*Satz über Stabilität in der ersten Näherung*). Im Rahmen der drei topologischen Grundtypen von hyperbolischen Ruhelagen (Senke, Quelle und Sattelpunkte) sind weitere algebraische Unterscheidungen üblich. So heißt eine Senke (Quelle) *stabiler Knoten* (*instabiler Knoten*), wenn alle Eigenwerte der JACOBI–Matrix reell sind, und *stabiler Strudel* (*instabiler Strudel*), wenn Eigenwerte mit nicht verschwindendem Imaginärteil vorliegen. Für $n = 3$ ergibt sich daraus eine Einteilung der Sattelpunkte im Sattelknoten und Sattelstrudel.

Typ der Ruhelage	Senke	Quelle	Sattelpunkt
Eigenwerte der JACOBI–Matrix	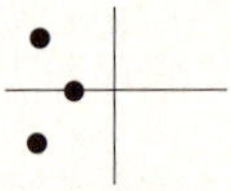	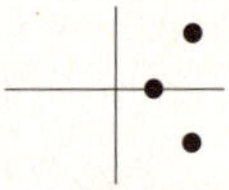	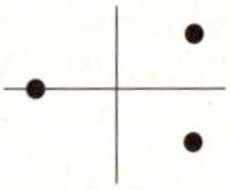
Phasenporträt			

Abbildung 17.3

4. Stabilität periodischer Orbits

Sei $\varphi(t,x_0)$ eine T–periodische Lösung von (17.1) und $\gamma(x_0) = \{\varphi(t,x_0),\ t \in [0,T]\}$ ihr Orbit. Das Phasenporträt nahe $\gamma(x_0)$ wird, unter gewissen Voraussetzungen, durch die *Variationsgleichung* $\dot{y} = D\,f(\varphi(t,x_0))\,y$ beschrieben. Da $A(t) = D\,f(\varphi(t,x_0))$ eine T–periodische stetige Matrixfunktion vom Typ (n,n) ist, folgt aus dem Satz von FLOQUET, daß die bei $t=0$ normierte Fundamentalmatrix $\Phi_{x_0}(t)$ der Variationsgleichung als $\Phi_{x_0}(t) = G(t)e^{Rt}$ darstellbar ist, wobei G eine T–periodische reguläre glatte Matrixfunktion mit $G(0) = E_n$ ist und R eine konstante Matrix vom Typ (n,n) darstellt, die nicht eindeutig festliegt. Die Matrix $\Phi_{x_0}(T) = e^{RT}$ heißt *Monodromie–Matrix des periodischen Orbits* $\gamma(x_0)$, die Eigenwerte $\rho_1,\ldots,\rho_n$ von e^{RT} sind die *Multiplikatoren des periodischen Orbits* $\gamma(x_0)$. Wird der Orbit $\gamma(x_0)$ durch eine andere Lösung $\varphi(t,x_1)$ repräsentiert, d.h.ist $\gamma(x_0) = \gamma(x_1)$, so stimmen die Multiplikatoren von $\gamma(x_0)$ und $\gamma(x_1)$ überein. Einer der Multiplikatoren eines periodischen Orbits ist immer gleich Eins (*Satz von* ANDRONOV–WITT).

Seien $\rho_1,\ldots,\rho_{n-1},\rho_n = 1$ die Multiplikatoren des periodischen Orbits $\gamma(x_0)$ und sei $\Phi_{x_0}(T)$ die Monodromie–Matrix von $\gamma(x_0)$. Dann gilt

$$\sum_{j=1}^{n} \rho_j = \mathrm{Sp}\Phi_{x_0}(T) \text{ und } \prod_{j=1}^{n} \rho_j = \det \Phi_{x_0}(T) = e^{\int_0^T \mathrm{Sp}Df(\varphi(t,x_0))dt}$$
$$= e^{\int_0^T \mathrm{div} f(\varphi(t,x_0))dt}. \tag{17.17}$$

Ist also $n=2$, so ist $\rho_2 = 1$ und $\rho_1 = e^{\int_0^T \mathrm{div} f(\varphi(t,x_0))dt}$.

■ Sei $\varphi(t,(1,0)) = (\cos t, \sin t)$ eine 2π–periodische Lösung von (17.9a). Die Matrix $A(t)$ der Variationsgleichung lautet

$$A(t) = Df(\varphi(t,(1,0))) = \begin{pmatrix} -2\cos^2 t & -1-\sin 2t \\ 1-\sin 2t & -2\sin^2 t \end{pmatrix}.$$

Die bei $t=0$ normierte Fundamentalmatrix $\Phi_{(1,0)}(t)$ ist

$$\Phi_{(1,0)}(t) = \begin{pmatrix} e^{-2t}\cos t & -\sin t \\ e^{-2t}\sin t & \cos t \end{pmatrix} = \begin{pmatrix} \cos t & -\sin t \\ \sin t & \cos t \end{pmatrix} \begin{pmatrix} e^{-2t} & 0 \\ 0 & 1 \end{pmatrix},$$

wobei das letzte Produkt eine FLOQUET–Darstellung von $\Phi_{(1,0)}(t)$ darstellt. Also ist $\rho_1 = e^{-4\pi}$ und $\rho_2 = 1$. Die Multiplikatoren lassen sich auch ohne FLOQUET–Darstellung bestimmen. Für System (17.9a) ist $\mathrm{div} f(x,y) = 2 - 4x^2 - 4y^2$. Damit ergibt sich $\mathrm{div} f(\cos t, \sin t) \equiv -2$. Nach obiger Formel ist $\rho_1 = e^{\int_0^{2\pi} -2dt} = e^{-4\pi}$.

5. Klassifizierung periodischer Orbits

Hat der periodische Orbit γ von (17.1) außer $\rho_n = 1$ keinen weiteren Multiplikator auf dem komplexen Einheitskreis, so heißt γ *hyperbolisch.* Der hyperbolische periodische Orbit heißt vom *Typ* (m,k), wenn m Multiplikatoren innerhalb und $k = n-1$ Multiplikatoren außerhalb des Einheitskreises liegen. Ist $m > 0$ und $k > 0$, so heißt der periodische Orbit vom Typ (m,k) *sattelartig.*

Nach einem Satz von ANDRONOV und WITT ist ein hyperbolischer periodischer Orbit γ von (17.1) vom Typ $(n-1,0)$ asymptotisch stabil. Hyperbolische periodische Orbits vom Typ (m,k) mit $k > 0$ sind instabil.

■ **A:** Ein periodischer Orbit $\gamma = \{\varphi(t), t \in [0,T]\}$ in der Ebene mit den Multiplikatoren ρ_1 und $\rho_2 = 1$ ist asymptotisch stabil, wenn $|\rho_1| < 1$, d.h. wenn $\int_0^T \mathrm{div} f(\varphi(t))\,dt < 0$ ist.

■ **B:** Liegt außer $\rho_n = 1$ noch ein weiterer Multiplikator auf dem komplexen Einheitskreis, so ist der Satz von ANDRONOV–WITT nicht anwendbar. Zur Stabilitätsanalyse des periodischen Orbits reichen die Informationen über die Multiplikatoren nicht aus.

■ **C:** Als Beispiel sei das ebene System $\dot{x} = -y + x\,f(x^2+y^2)$, $\dot{y} = x + y\,f(x^2+y^2)$ mit der glatten Funktion $f\colon (0,+\infty) \to \mathbb{R}$ gegeben, die zusätzlich den Eigenschaften $f(1) = f'(1) = 0$ und $f(r)(r-1) < 0$ für alle $r \neq 1, r > 0$, genügt. Offenbar ist $\varphi(t) = (\cos t, \sin t)$ eine 2π–periodische

Lösung des betrachteten Systems und

$\Phi_{(1,0)}(t) = \begin{pmatrix} \cos t & -\sin t \\ \sin t & \cos t \end{pmatrix} \begin{pmatrix} 1 & 0 \\ 0 & 1 \end{pmatrix}$ die FLOQUET–Darstellung der Fundamentalmatrix. Aus ihr erkennt man, daß $\rho_1 = \rho_2 = 1$ ist. Die Verwendung von Polarkoordinaten führt zum System $\dot{r} = rf(r^2)$, $\dot{\vartheta} = 1$. Aus dieser Darstellung folgt sofort, daß der periodische Orbit $\gamma((1,0))$ asymptotisch stabil ist.

6. Eigenschaften von Grenzmengen, Grenzzyklen

Die in (17.1.1.2) definierten α– und ω–Grenzmengen besitzen für den Fluß der Differentialgleichung (17.1) mit $M \subset \mathbb{R}^n$ die folgenden Eigenschaften. Sei $x \in M$ ein beliebiger Punkt. Dann gilt:

a) Die Mengen $\alpha(x)$ und $\omega(x)$ sind abgeschlossen.

b) Ist $\gamma^+(x)$ bzw. $\gamma^-(x)$ beschränkt, so ist $\omega(x) \neq \emptyset$ bzw. $\alpha(x) \neq \emptyset$. Außerdem ist $\omega(x)$ bzw. $\alpha(x)$ in diesem Fall invariant unter dem Fluß von (17.1) und zusammenhängend.

■ Ist z.B. $\gamma^+(x)$ unbeschränkt, dann muß $\omega(x)$ nicht unbedingt zusammenhängend sein **(Abb.17.4a)**.

Für eine ebene autonome Differentialgleichung (17.1) (d.h. $M \subset \mathbb{R}^2$) gilt der

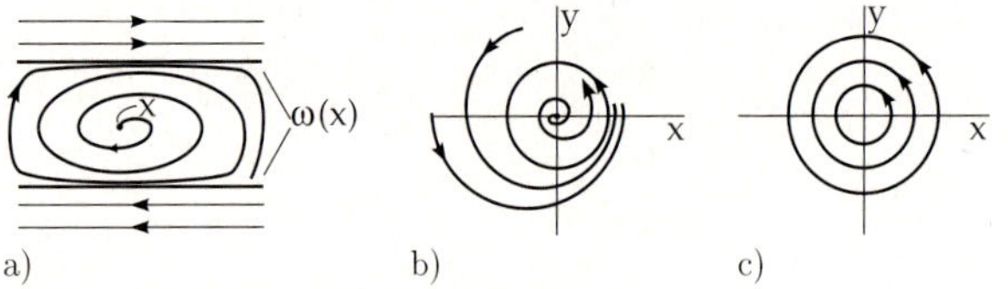

Abbildung 17.4

Satz von POINCARÉ–BENDIXSON: Sei $\varphi(\cdot, p)$ eine nicht periodische Lösung von (17.1), für die $\gamma^+(p)$ beschränkt ist. Enthält $\omega(p)$ keine Ruhelagen von (17.1), so ist $\omega(p)$ ein periodischer Orbit von (17.1).

Für autonome Differentialgleichungen in der Ebene sind also Attraktoren, die komplizierter als eine Ruhelage oder ein periodischer Orbit sind, nicht möglich.

Ein periodischer Orbit γ von (17.1) heißt *Grenzzyklus*, wenn es ein $x \notin \gamma$ gibt, so daß entweder $\gamma \subset \omega(x)$ oder $\gamma \subset \alpha(x)$ gilt. Ein Grenzzyklus heißt *stabiler Grenzzyklus*, wenn eine Umgebung U von γ existiert, so daß $\gamma = \omega(x)$ für alle $x \in U$ ist, und *instabiler Grenzzyklus*, wenn eine Umgebung U von γ existiert, so daß $\gamma = \alpha(x)$ für alle $x \in U$ ist.

■ **A:** Für den Fluß von (17.9a) gilt für den periodischen Orbit $\gamma = \{(\cos t, \sin t), t \in [0, 2\pi)\}$ die Eigenschaft $\gamma = \omega(p)$ für alle $p \neq (0,0)$. Also ist $U = \mathbb{R}^2 \setminus \{0, 0\}$ eine Umgebung von γ, mit der γ zum stabilen Grenzzyklus wird **(Abb.17.4b)**.

■ **B:** Für die lineare Differentialgleichung $\dot{x} = -y$, $\dot{y} = x$ ist dagegen $\gamma = \{(\cos t, \sin t), t \in [0, 2\pi]\}$ ein periodischer Orbit, aber kein Grenzzyklus **(Abb.17.4c)**.

7. m–dimensionale eingebettete Tori als invariante Mengen

Eine Differentialgleichung (17.1) kann einen m–dimensionalen Torus als invariante Menge besitzen. Ein in den Phasenraum $M \subset \mathbb{R}^n$ *eingebetteter m–dimensionaler Torus* T^m wird durch eine differenzierbare Abbildung $g\colon \mathbb{R}^m \to \mathbb{R}^n$, die als Funktion $(\Theta_1, \ldots, \Theta_m) \mapsto g(\Theta_1, \ldots, \Theta_m)$ in jeder Koordinate Θ_i als 2π–periodisch vorausgesetzt wird, definiert.

■ In einfachen Fällen läßt sich die Bewegung des Systems (17.1) auf dem Torus in Winkelkoordinaten durch die Differentialgleichungen $\dot{\Theta}_i = \omega_i \quad (i = 1, 2, \ldots, m)$ beschreiben. Die Lösung dieses Systems mit Anfang $(\Theta_1(0), \ldots, \Theta_m(0))$ zur Zeit $t = 0$ ist $\Theta_i(t) = \omega_i t + \Theta_i(0) \quad (i = 1, 2, \ldots, m; t \in \mathbb{R})$.

Eine stetige Funktion $f\colon \mathbb{R} \to \mathbb{R}^n$ heißt *quasiperiodisch*, wenn f eine Darstellung in der Form $f(t) = g(\omega_1 t, \omega_2 t, \ldots, \omega_n t)$, wobei g wieder wie oben eine differenzierbare Funktion, die 2π–periodisch in jeder Komponente ist, besitzt und die Frequenzen ω_i *inkommensurabel* sind, d.h. es keine ganzen Zahlen n_i mit $\sum\limits_{i=1}^{m} n_i^2 > 0$ gibt, so daß $n_1\omega_1 + \cdots + n_m\omega_m = 0$ ist.

17.1.2.4 Invariante Mannigfaltigkeiten

1. Definition, Separatrixflächen

Sei γ eine hyperbolische Ruhelage oder ein hyperbolischer periodischer Orbit von (17.1). Die *stabile Mannigfaltigkeit* $W^s(\gamma)$ (*instabile Mannigfaltigkeit* $W^u(\gamma)$) von γ ist die Menge aller der Punkte des Phasenraumes, durch die Orbits verlaufen, die für $t \to +\infty$ $(t \to -\infty)$ gegen γ streben:

$$W^s(\gamma) = \{x \in M: \omega(x) = \gamma\} \text{ und } W^u(\gamma) = \{x \in M: \alpha(x) = \gamma\}. \tag{17.18}$$

Stabile bzw. instabile Mannigfaltigkeiten bezeichnet man auch als *Separatrixflächen.*

■ In der Ebene wird die Differentialgleichung

$$\dot{x} = -x, \quad \dot{y} = y + x^2 \tag{17.19a}$$

betrachtet. Die Lösung von (17.19a) mit Anfang (x_0, y_0) zur Zeit $t = 0$ ist durch

$$\varphi(t, x_0, y_0) = (e^{-t}x_0, e^t y_0 + \frac{x_0^2}{3}(e^t - e^{-2t})) \tag{17.19b}$$

explizit gegeben. Für die stabile bzw. instabile Mannigfaltigkeit der Ruhelage $(0,0)$ von (17.19a) erhält man:

$W^s((0,0)) = \{(x_0, y_0): \lim_{t\to+\infty} \varphi(t, x_0, y_0) = (0,0)\} = \{(x_0, y_0): y_0 + \frac{x_0^2}{3} = 0\}$,
$W^u((0,0)) = \{(x_0, y_0): \lim_{t\to-\infty} \varphi(t, x_0, y_0) = (0,0)\} = \{(x_0, y_0): x_0 = 0,\ y_0 \in \mathbb{R}\}$ **(Abb.17.5a)**. Es

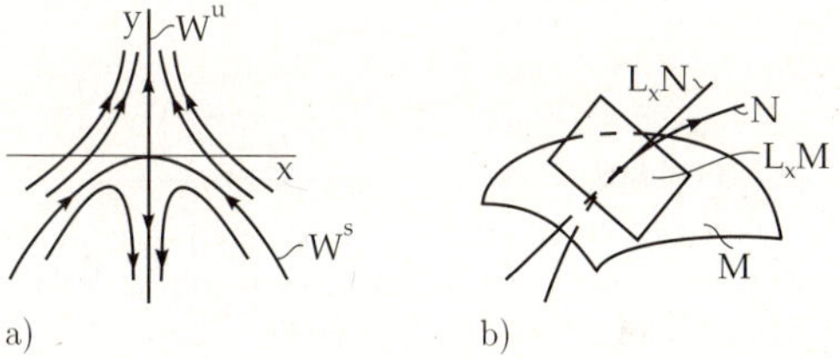

Abbildung 17.5

seien M und N zwei glatte Flächen des $\mathbb{R}^n$ und L_xM bzw. L_xN die entsprechenden Tangentialebenen durch x an M bzw. N. Die Flächen M und N heißen *transversal* zueinander, wenn für alle $x \in M \cap N$ die folgende Beziehung gilt:

$$\dim L_xM + \dim L_xN - n = \dim (L_xM \cap L_xN).$$

■ Für den in **Abb.17.5b** dargestellten Schnitt gilt $\dim L_xM = 2$, $\dim L_xN = 1$ und $\dim(L_xM \cap L_xN) = 0$. Also ist der in **Abb.17.5b** dargestellte Schnitt transversal.

2. Satz von HADAMARD und PERRON

Wichtige Eigenschaften der Separatrixflächen werden durch den *Satz von* HADAMARD *und* PERRON beschrieben:

Sei γ eine hyperbolische Ruhelage oder ein hyperbolischer periodischer Orbit von (17.1).

a) $W^s(\gamma)$ und $W^u(\gamma)$ sind verallgemeinerte C^r-Flächen (d.h. immersierte C^r-Mannigfaltigkeiten), die lokal wie C^r-glatte Elementarflächen aussehen. Jeder Orbit von (17.1), der für $t \to +\infty$ oder $t \to -\infty$ nicht gegen γ strebt, verläßt eine hinreichend kleine Umgebung von γ für $t \to +\infty$ oder $t \to -\infty$.

b) Ist $\gamma = x_0$ eine Ruhelage vom Typ (m, k), so sind $W^s(x_0)$ und $W^u(x_0)$ Flächen der Dimension m bzw. k. Die Fläche $W^s(x_0)$ bzw. $W^u(x_0)$ tangiert in x_0 den *stabilen Untervektorraum*

$$E^s = \{y \in \mathbb{R}^n: e^{Df(x_0)t}y \to 0 \text{ für } t \to +\infty\} \text{ von } \dot{y} = Df(x_0)y \tag{17.20a}$$

bzw. den *instabilen Untervektorraum*

$$E^u = \{y \in \mathbb{R}^n: e^{Df(x_0)t}y \to 0 \text{ für } t \to -\infty\} \text{ von } \dot{y} = Df(x_0)y. \tag{17.20b}$$

c) Ist γ ein hyperbolischer periodischer Orbit vom Typ (m, k), so sind $W^s(\gamma)$ und $W^u(\gamma)$ Flächen der Dimension $m+1$ bzw. $k+1$, die sich längs γ transversal schneiden **(Abb.17.6a)**.

■ **A:** Für die Bestimmung einer lokalen stabilen Mannigfaltigkeit der Ruhelage $(0,0)$ der Differentialgleichung (17.19a) wird der folgende Ansatz benutzt:
$W^s_{loc}((0,0)) = \{(x,y): y = h(x), |x| < \Delta, h: (-\Delta, \Delta) \to \mathbb{R}$ differenzierbar$\}$. Sei $(x(t), y(t))$ eine Lösung von (17.19a), die in $W^s_{loc}((0,0))$ liegt. Aufgrund der Invarianz für zu t benachbarten Zeiten s ergibt sich $y(s) = h(x(s))$. Durch Differentiation und Darstellung von $\dot{x}$ und $\dot{y}$ über das System (17.19a) ergibt sich für die unbekannte Funktion $h(x)$ das Anfangswertproblem $h'(x)(-x) = h(x) + x^2, h(0) = 0$.
Über den Reihenansatz $h(x) = \frac{a_2}{2}x^2 + \frac{a_3}{3!}x^3 + \cdots$, in dem $h'(0) = 0$ beachtet wurde, ergibt sich durch Einsetzen und Koeffizientenvergleich $a_2 = -\frac{2}{3}$ und $a_k = 0$ für $k \geq 3$.

■ **B:** Für das System

$$\dot{x} = -y + x(1 - x^2 - y^2), \; \dot{y} = x + y(1 - x^2 - y^2), \; \dot{z} = \alpha z, \qquad (17.21)$$

mit einem Parameter $\alpha > 0$ ist $\gamma = \{(\cos t, \sin t, 0),\ t \in [0, 2\pi]\}$ ein periodischer Orbit mit den Multiplikatoren $\rho_1 = e^{-4\pi}$, $\rho_2 = e^{\alpha 2\pi}$ und $\rho_3 = 1$.
In Zylinderkoordinaten $x = r\cos\vartheta, y = r\sin\vartheta, z = z$ hat die Lösung von (17.21) mit Anfang (r_0, ϑ_0, z_0) zur Zeit $t = 0$ die Darstellung $(r(t, r_0), \vartheta(t, \vartheta_0), e^{\alpha t} z_0)$, wobei $r(t, r_0)$ und $\vartheta(t, \vartheta_0)$ die Lösung von (17.9a) in Polarkoordinaten ist. Damit ist

$$W^s(\gamma) = \{(x,y,z) \colon z = 0\} \setminus \{(0,0,0)\} \quad \text{und} \quad W^u(\gamma) = \{(x,y,z) \colon x^2 + y^2 = 1\} \quad \text{(Zylinder)}.$$

Die beiden Separatrixflächen sind in **Abb.17.6b** zu sehen.

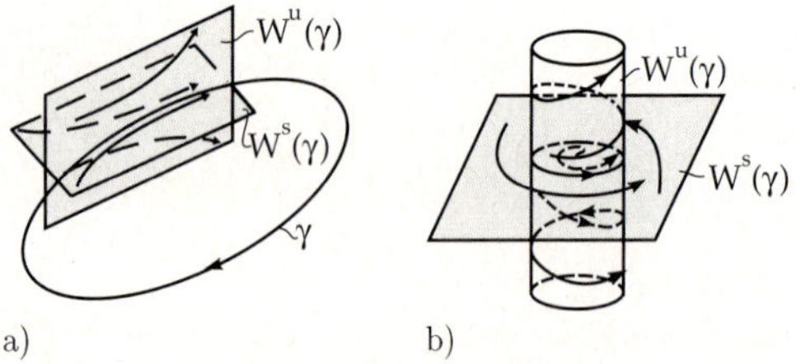

Abbildung 17.6

3. Lokale Phasenporträts nahe Ruhelagen für $n = 3$

Wir betrachten die Differentialgleichung (17.1) mit der hyperbolischen Ruhelage 0 für $n = 3$. Sei $A = Df(0)$ und $\det[\lambda E - A] = \lambda^3 + p\lambda^2 + q\lambda + r$ das charakteristische Polynom von A. Mit den Bezeichnungen $\delta = pq - r$ und $\Delta = -p^2q^2 + 4p^3r + 4q^3 - 18pqr + 27r^2$ (Diskriminante des charakteristischen Polynoms) sind die verschiedenen Ruhelagetypen in **Tabelle17.1** aufgeführt.

4. Homokline und heterokline Orbits

Es seien γ_1 und γ_2 zwei hyperbolische Ruhelagen oder periodische Orbits von (17.1). Die Separatrixflächen $W^s(\gamma_1)$ und $W^s(\gamma_2)$ können sich schneiden. Der Schnitt besteht dann aus ganzen Orbits. Für zwei Ruhelagen oder periodische Orbits heißt jeder Orbit $\gamma \subset W^s(\gamma_1) \cap W^u(\gamma_2)$ *heteroklin*, falls $\gamma_1 \neq \gamma_2$ ist **(Abb.17.7a)**, und *homoklin*, falls $\gamma_1 = \gamma_2$. Homokline Orbits von Ruhelagen heißen auch *Separatrixschleifen* **(Abb.17.7b)**.

Tabelle 17.1 Ruhelagetypen im dreidimensionalen Phasenraum

Parameter-bereich	Δ	Typ der Ruhelage	Nullstellen des char. Polynoms	Dimension von W^s bzw. W^u
$\delta > 0\,;\, q > 0\,,\, r > 0$	$\Delta < 0$	Stabiler Knoten	$\operatorname{Im}\lambda j = 0$ $\lambda_j < 0,\ j = 1,2,3$	$\dim W^s = 3\,,\ \dim W^u = 0$
	$\Delta > 0$	Stabiler Strudel	$\operatorname{Re}\lambda_{1,2} < 0$ $\lambda_3 < 0$	

$\Delta < 0$:

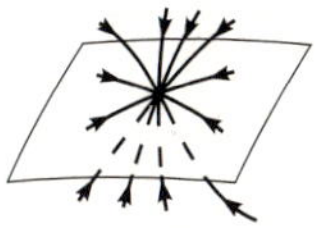

$\Delta > 0$:

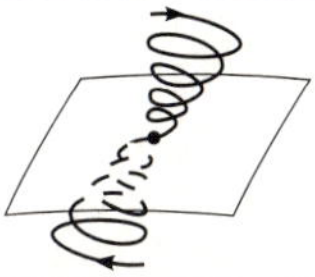

Parameter-bereich	Δ	Typ der Ruhelage	Nullstellen des char. Polynoms	Dimension von W^s bzw. W^u
$\delta < 0\,;\, r < 0\,,\, q > 0$	$\Delta < 0$	Instabiler Knoten	$\operatorname{Im}\lambda j = 0$ $\lambda_j > 0,\ j = 1,2,3$	$\dim W^s = 0\,,\ \dim W^u = 3$
	$\Delta > 0$	Instabiler Strudel	$\operatorname{Re}\lambda_{1,2} > 0$ $\lambda_3 > 0$	

$\Delta < 0$:

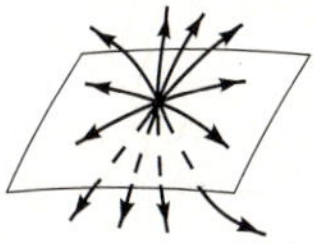

$\Delta > 0$:

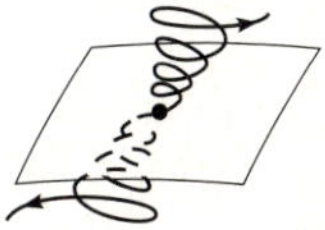

Parameter-bereich	Δ	Typ der Ruhelage	Nullstellen des char. Polynoms	Dimension von W^s bzw. W^u
$\delta > 0\,; r < 0\,,\, q \le 0$ oder $r < 0\,,\, q > 0$	$\Delta < 0$	Sattel-knoten	$\operatorname{Im}\lambda_j = 0$ $\lambda_{1,2} < 0\,,\ \lambda_3 > 0$	$\dim W^s = 2\,,\ \dim W^u = 1$
	$\Delta > 0$	Sattel-strudel	$\operatorname{Re}\lambda_{1,2} < 0$ $\lambda_3 > 0$	

$\Delta < 0$:

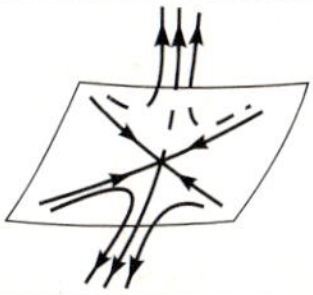

$\Delta > 0$:

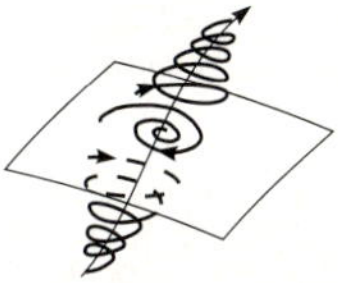

Parameter-bereich	Δ	Typ der Ruhelage	Nullstellen des char. Polynoms	Dimension von W^s bzw. W^u
$\delta < 0\,; r > 0\,,\, q \le 0$ oder $r > 0\,,\, q > 0$	$\Delta < 0$	Sattel-knoten	$\operatorname{Im}\lambda_j = 0$ $\lambda_{1,2} > 0\,,\ \lambda_3 < 0$	$\dim W^s = 1\,,\ \dim W^u = 2$
	$\Delta > 0$	Sattel-strudel	$\operatorname{Re}\lambda_{1,2} > 0$ $\lambda_3 < 0$	

$\Delta < 0$:

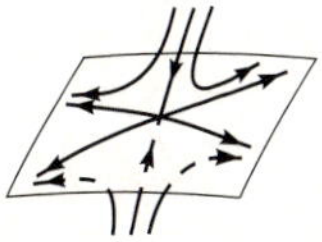

$\Delta > 0$:

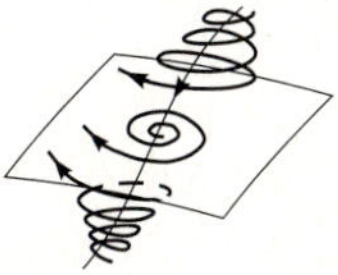

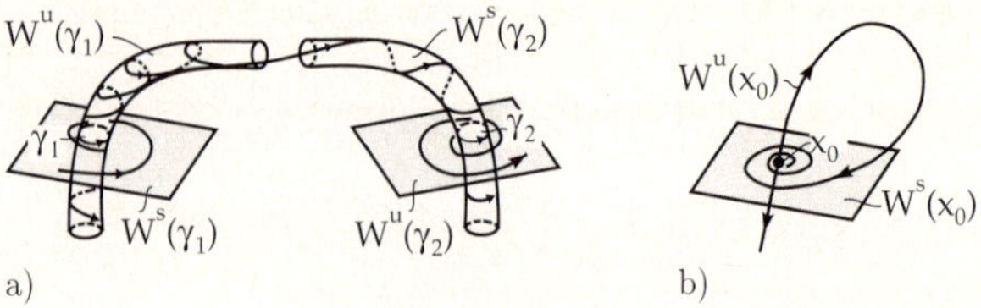

Abbildung 17.7

■ Das LORENZ–System (17.2) wird bei festen Parametern $\sigma = 10, b = \frac{8}{3}$ und veränderlichem r betrachtet. Die Ruhelage $(0,0,0)$ von (17.2) ist für $1 < r < 13.926\ldots$ ein Sattel, der durch eine zweidimensionale stabile Mannigfaltigkeit W^s und eine eindimensionale instabile Mannigfaltigkeit W^u charakterisiert wird. Bei $r = 13.926\ldots$ bilden sich in $(0,0,0)$ zwei Separatrixschleifen, d.h., die beiden Äste der instabilen Mannigfaltigkeit kehren für $t \to +\infty$ über die stabile Mannigfaltigkeit in den Ursprung zurück (s. Lit. [17.4], [17.14]).

17.1.2.5 Poincaré–Abbildung

1. POINCARÉ–Abbildung für autonome Differentialgleichungen

Sei $\gamma = \{\varphi(t, x_0),\ t \in [0, T]\}$ ein T–periodischer Orbit von (17.1) und $\sum$ eine $(n-1)$–dimensionale glatte Hyperfläche, die in x_0 den Orbit γ transversal schneidet **(Abb.17.8a)**.

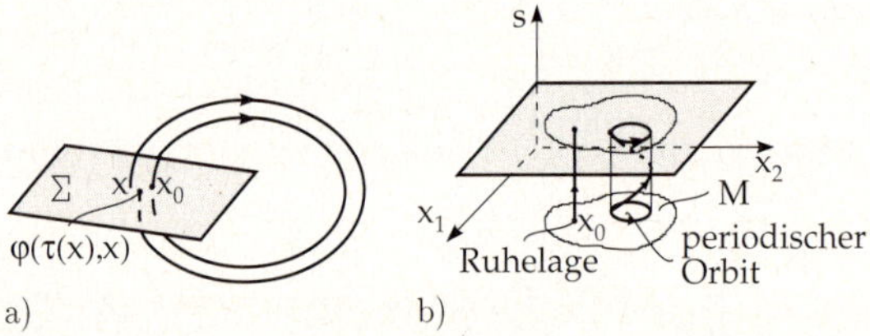

Abbildung 17.8

Dann gibt es eine Umgebung U von x_0 und eine glatte Funktion $\tau : U \to \mathbb{R}$ mit $\tau(x_0) = T$ und $\varphi(\tau(x), x) \in \sum$ für alle $x \in U$. Die Abbildung $P\colon U \cap \sum \to \sum$ mit $P(x) = \varphi(\tau(x), x)$ heißt POINCARÉ-*Abbildung* für γ in x_0. Ist die rechte Seite f von (17.1) r–mal stetig differenzierbar, so ist P ebenfalls so oft differenzierbar. Die Eigenwerte der JACOBI–Matrix $DP(x_0)$ sind die *Multiplikatoren* $\rho_1, \ldots, \rho_{n-1}$ *des periodischen Orbits*, hängen also nicht von der Wahl des x_0 auf γ und der Wahl der transversalen Fläche ab. Der POINCARÉ–Abbildung kann ein System (17.3) in $M = U$ zugeordnet werden, das erklärt ist, solange die Bildpunkte in U bleiben. Den Ruhelagen dieses diskreten Systems entsprechen periodische Orbits von (17.1), und der Stabilität dieser Ruhelagen entspricht die Stabilität der periodischen Orbits von (17.1).

■ Für das System (17.9a) wird in Polarkoordinaten die transversale Hyperebene

$$\sum = \{(r, \vartheta)\colon r > 0, \vartheta = \vartheta_0\}$$

betrachtet. Für diese Ebene kann $U = \sum$ gewählt werden. Offenbar ist $\tau(r) = 2\pi$ $(\forall r > 0)$ und damit

$$P(r) = [1 + (r^{-2} - 1)\, e^{-4\pi}]^{-1/2},$$

wobei die Lösungsdarstellung von (17.9a) genutzt wurde. Es gilt weiter $P(\sum) = \sum$, $P(1) = 1$ und $P'(1) = e^{-4\pi} < 1$.

2. Poincaré–**Abbildung für nichtautonome zeitperiodische Differentialgleichungen**

Eine nichtautonome Differentialgleichung (17.11), deren rechte Seite f bzgl. t die Periode T besitzt, d.h., für die $f(t+T, x) = f(t,x) \forall t \in \mathbb{R}, \forall x \in M$ gilt, wird interpretiert als autonome Differentialgleichung $\dot{x} = f(s,x)$, $\dot{s} = 1$ mit zylindrischem Phasenraum $M \times \{s \bmod T\}$. Sei $s_0 \in \{s \bmod T\}$ beliebig. Dann ist $\sum = M \times \{s_0\}$ eine transversale Ebene (**Abb.17.8b**). Die Poincaré–Abbildung ist global als $P\colon \sum \to \sum$ über $x_0 \longmapsto \varphi(s_0 + T, s_0, x_0)$ gegeben, wobei $\varphi(t, s_0, x_0)$ die Lösung von (17.11) mit Anfang x_0 zur Zeit s_0 ist.

17.1.2.6 Topologische Äquivalenz von Differentialgleichungen

1. Definition

Gegeben sei neben (17.1) mit dem zugehörigen Fluß $\{\varphi^t\}_{t\in\mathrm{R}}$ eine weitere autonome Differentialgleichung

$$\dot{x} = g(x), \tag{17.22}$$

wobei $g\colon N \to \mathbb{R}^n$ eine auf der offenen Menge $N \subset \mathbb{R}^n$ gegebene C^r–Abbildung ist. Der Fluß $\{\psi^t\}_{t\in\mathrm{R}}$ von (17.22) möge ebenfalls existieren.

Die Differentialgleichungen (17.1) und (17.22) (bzw. deren Flüsse) heißen *topologisch äquivalent*, wenn es einen *Homöomorphismus* $h: M \to N$ gibt, (d.h., h ist bijektiv, h und h^{-1} sind stetig), der die Orbits von (17.1) in Orbits von (17.22) unter Beibehaltung der Orientierung, aber nicht unbedingt der Parametrisierung überführt. Die Systeme (17.1) und (17.22) sind also topologisch äquivalent, wenn es neben dem Homöomorphismus $h\colon M \to N$ eine stetige Abbildung $\tau\colon \mathbb{R} \times M \to \mathbb{R}$ gibt, die bei jedem fixierten $x \in M$ streng monoton wachsend ist, $\mathbb{R}$ auf $\mathbb{R}$ abbildet, für die $\tau(0,x) = 0$ für alle $x \in M$ ist und die der Beziehung $h(\varphi^t(x)) = \psi^{\tau(t,x)}(h(x))$ für alle $x \in M$ und $t \in \mathbb{R}$ genügt.

Bei topologischer Äquivalenz gehen Ruhelagen von (17.1) in Ruhelagen von (17.22) und periodische Orbits von (17.1) in periodische Orbits von (17.22) über, wobei die Perioden nicht unbedingt übereinstimmen. Sind also zwei Systeme (17.1) und (17.22) topologisch äquivalent, so stimmt die topologische Struktur der Zerlegung des Phasenraumes in Orbits überein. Sind zwei Systeme (17.1) und (17.22) topologisch äquivalent über den Homöomorphismus $h\colon M \to N$ und erhält h sogar die Parametrisierung, d.h., gilt $h(\varphi^t(x)) = \psi^t(h(x)) \;\forall t, x$, so heißen (17.1) und (17.22) *topologisch konjugiert.*

Topologische Äquivalenz bzw. Konjugiertheit kann sich auch auf Teilmengen der Phasenräume M und N beziehen. Ist z.B. (17.1) auf $U_1 \subset M$ und (17.22) auf $U_2 \subset N$ definiert, so heißt (17.1) *auf* U_1 *topologisch äquivalent zu* (17.22) *auf* U_2, wenn ein Homöomorphismus $h\colon U_1 \to U_2$ existiert, der die Schnitte der Orbits von (17.1) mit U_1 in Schnitte der Orbits von (17.22) mit U_2 unter Beibehaltung der Orientierung überführt.

■ **A:** Homöomorphismen für (17.1) und (17.22) sind Abbildungen, bei denen z.B. Strecken und Stauchen der Orbits erlaubt ist, Aufschneiden und Schließen der Orbits dagegen nicht. Die zu den Phasenporträts von **Abb.17.9a** und **Abb.17.9b** gehörenden Flüsse sind topologisch äquivalent; die zu **Abb.17.9a** und **Abb.17.9c** gehörenden Flüsse dagegen nicht.

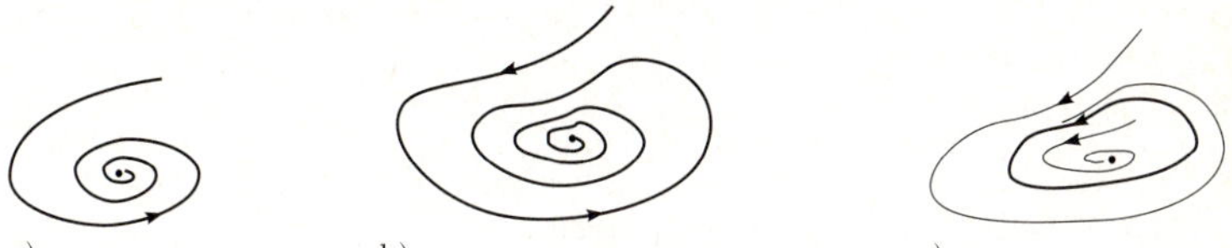

a) b) c)

■ **B:** Gegeben seien die beiden linearen ebenen Differentialgleichungen (s. Lit. [17.19])

$\dot{x} = Ax$ und $\dot{x} = Bx$ mit $A = \begin{pmatrix} -1 & -3 \\ -3 & -1 \end{pmatrix}$ und $B = \begin{pmatrix} 4 & 0 \\ 0 & -8 \end{pmatrix}$. Die Phasenporträts dieser

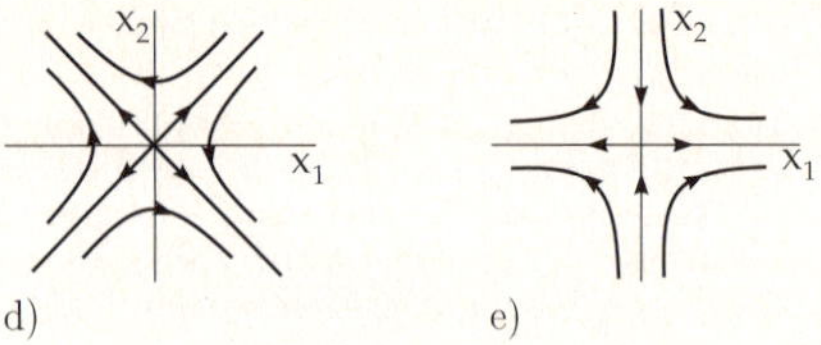

Abbildung 17.9

Systeme nahe (0, 0) sind in **Abb.17.9d** bzw. **Abb.17.9e** zu sehen.

Der Homöomorphismus $h\colon \mathbb{R}^2 \to \mathbb{R}^2$ mit $h(x) = Rx$, wobei $R = \frac{1}{\sqrt{2}}\begin{pmatrix} 1 & -1 \\ 1 & 1 \end{pmatrix}$ ist, und die Funktion $\tau\colon \mathbb{R} \times \mathbb{R}^2 \to \mathbb{R}$ mit $\tau(t,x) = \frac{1}{2}\,t$ überführen die Orbits des ersten Systems in Orbits des zweiten Systems, so daß eine topologische Äquivalenz vorliegt.

2. Satz von Grobman und Hartman

Sei p eine hyperbolische Ruhelage von (17.1). Dann ist die Differentialgleichung (17.1) nahe p topologisch äquivalent zu ihrer Linearisierung $\dot{y} = Df(p)y$.

17.1.3 Diskrete dynamische Systeme

17.1.3.1 Ruhelagen, periodische Orbits und Grenzmengen

1. Typen der Ruhelagen

Es sei x_0 eine Ruhelage von (17.3) mit $M \subset \mathbb{R}^n$. Das lokale Verhalten der Iteration (17.3) nahe x_0 wird, unter gewissen Voraussetzungen, durch die *Variationsgleichung* $y_{t+1} = D\varphi(x_0)y_t,\ t \in \Gamma$, bestimmt. Besitzt $D\varphi(x_0)$ keinen Eigenwert λ_i mit $|\lambda_i| = 1$, so heißt die Ruhelage x_0, analog zum Differentialgleichungfall, *hyperbolisch.* Die hyperbolische Ruhelage x_0 ist *vom Typ* (m, k), wenn $Df(x_0)$ genau m Eigenwerte innerhalb und $k = n - m$ Eigenwerte außerhalb des komplexen Einheitskreises besitzt. Die hyperbolische Ruhelage vom Typ (m, k) heißt für $m = n$ *Senke*, für $k = n$ *Quelle* und für $m > 0$ und $k > 0$ *Sattel.* Eine Senke ist asymptotisch stabil; Quellen und Sattel sind instabil (*Satz über Stabilität in der ersten Näherung für diskrete Systeme*).

2. Periodische Orbits

Sei $\gamma(x_0) = \{\varphi^k(x_0),\ k = 0, \cdots, T-1\}$ ein T–periodischer Orbit ($T \geq 2$) von (17.3). Dann heißt $\gamma(x_0)$ *hyperbolisch*, wenn x_0 eine hyperbolische Ruhelage der Abbildung φ^T ist.
Die Matrix $D\varphi^T(x_0) = D\varphi^T(\varphi^{T-1}(x_0)) \cdots D\varphi(x_0)$ heißt *Monodromie*–Matrix; die Eigenwerte ρ_i von $D\varphi^T(x_0)$ sind die *Multiplikatoren* von $\gamma(x_0)$.

Sind alle Multiplikatoren ρ_i von $\gamma(x_0)$ vom Betrag kleiner 1, so ist der periodische Orbit $\gamma(x_0)$ asymptotisch stabil.

3. Eigenschaften der ω–Grenzmenge

Jede ω–Grenzmenge $\omega(x)$ von (17.3) mit $M = \mathbb{R}^n$ ist abgeschlossen, und es gilt $\omega(\varphi(x)) = \omega(x)$. Ist der Semiorbit $\gamma^+(x)$ beschränkt, so ist $\omega(x) \neq \emptyset$ und $\omega(x)$ ist invariant unter φ. Analoge Eigenschaften gelten für α–Grenzmengen.

■ Gegeben sei auf $\mathbb{R}$ die Differenzengleichung $x_{t+1} = -x_t,\ t = 0, \pm 1, \cdots$, mit $\varphi(x) = -x$. Offenbar sind für $x = 1$ die Beziehungen $\omega(1) = \{1, -1\}$, $\omega(\varphi(1)) = \omega(-1) = \omega(1)$, und $\varphi(\omega(1)) = \omega(1)$ erfüllt. Zu beachten ist, daß $\omega(1)$, im Unterschied zum Differentialgleichungsfall, nicht zusammenhängend ist.

17.1.3.2 Invariante Mannigfaltigkeiten

1. Separatrixflächen

Sei x_0 eine Ruhelage von (17.3). Dann heißt $W^s(x_0) = \{y \in M : \varphi^i(y) \to x_0 \text{ für } i \to +\infty\}$ *stabile Mannigfaltigkeit* und $W^u(x_0) = \{y \in M : \varphi^i(y) \to x_0 \text{ für } i \to -\infty\}$ *instabile Mannigfaltigkeit* von x_0. Stabile und instabile Mannigfaltigkeiten heißen auch *Separatrixflächen.*

2. Satz von HADAMARD und PERRON

Der Satz von HADAMARD und PERRON für diskrete Systeme in $M \subset \mathbb{R}^n$ beschreibt Eigenschaften der Separatrixflächen:

Ist x_0 eine hyperbolische Ruhelage von (17.3) vom Typ (m, k), so sind $W^s(x_0)$ und $W^u(x_0)$ verallgemeinerte C^r-glatte Flächen der Dimension m bzw. k, die lokal wie C^r-glatte Elementarflächen aussehen. Die Orbits von (17.3), die für $i \to +\infty$ oder $i \to -\infty$ nicht gegen x_0 streben, verlassen hinreichend kleine Umgebungen von x_0 für $i \to +\infty$ oder $i \to -\infty$. Die Fläche $W^s(x_0)$ bzw. $W^u(x_0)$ tangiert in x_0 den *stabilen Untervektorraum* $E^s = \{y \in \mathbb{R}^n : [D\varphi(x_0)]^i\, y \to 0 \text{ für } i \to -\infty\}$ von $y_{i+1} = D\varphi(x_0)y_i$ bzw. den *instabilen Untervektorraum* $E^u = \{y \in \mathbb{R}^n : [D\varphi(x_0)]^i y \to 0 \text{ für } i \to -\infty\}$.

■ Es wird das folgende zeitdiskrete dynamische System aus der Familie der HÉNON–Abbildungen betrachtet:

$$x_{i+1} = x_i^2 + y_i - 2,\ y_{i+1} = x_i,\ i \in \mathbb{Z}\,. \tag{17.23}$$

Die beiden hyperbolischen Ruhelagen von (17.23) sind

$P_1 = (\sqrt{2}, \sqrt{2})$ und $P_2 = (-\sqrt{2}, -\sqrt{2})$.

Bestimmung der lokalen stabilen und instabilen Mannigfaltigkeiten von P_1: Mit der Variablentransformation $x_i = \xi_i + \sqrt{2}$, $y_i = \eta_i + \sqrt{2}$ geht (17.23) in das System $\xi_{i+1} = \xi_i^2 + 2\sqrt{2}\,\xi_i + \eta_i$, $\eta_{i+1} = \xi_i$ mit der Ruhelage $(0,0)$ über. Den Eigenwerten $\lambda_{1,2} = \sqrt{2} \pm \sqrt{3}$ der JACOBI–Matrix $Df((0,0))$ entsprechen die Eigenvektoren $a_1 = (\sqrt{2} + \sqrt{3},\ 1)$ bzw. $a_2 = (\sqrt{2} - \sqrt{3},\ 1)$, so daß $E^s = \{ta_2, t \in \mathbb{R}\}$ und $E^u = \{ta_1, t \in \mathbb{R}\}$ ist. In dem Ansatz $W^u_{loc}((0,0)) = \{(\xi,\eta)\colon \eta = \beta(\xi),\ |\xi| < \Delta, \beta\colon (-\Delta,\Delta) \to \mathbb{R}$ differenzierbar $\}$ wird β als Potenzreihe $\beta(\xi) = (\sqrt{3} - \sqrt{2})\,\xi + k\xi^2 + \cdots$ gesucht. Aus $(\xi_i, \eta_i) \in W^u_{loc}((0,0))$ folgt $(\xi_{i+1}, \eta_{i+1}) \in W^u_{loc}((0,0))$. Dies führt zu einer Bestimmungsgleichung für die Koeffizienten der Zerlegung von β, wobei $k < 0$ ist. Der prinzipielle Verlauf der stabilen und instabilen Mannigfaltigkeit ist in **Abb.17.10a** zu sehen (s. Lit. [17.6]).

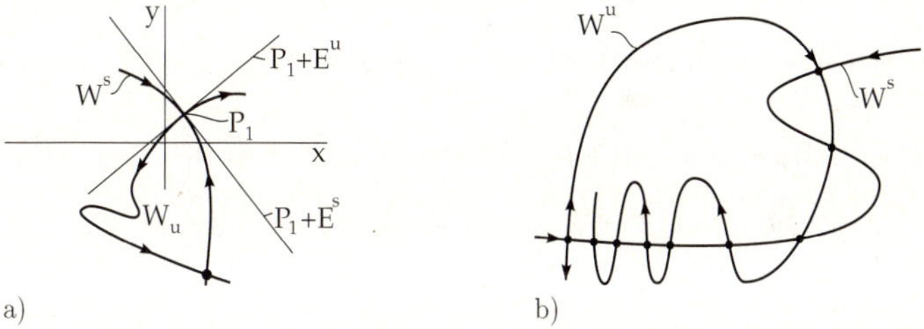

Abbildung 17.10

3. Transversale homokline Punkte

Die Separatrixflächen $W^s(x_0)$ und $W^u(x_0)$ einer hyperbolischen Ruhelage x_0 von (17.3) können sich schneiden. Ist der Schnitt $W^s(x_0) \cap W^u(x_0)$ transversal, so heißt jeder Punkt $y \in W^s(x_0) \cap W^u(x_0)$ *transversaler homokliner Punkt*.

Dabei gilt: Ist y transversaler homokliner Punkt, so besteht der Orbit $\{\varphi^i(y)\}$ des invertierbaren Systems (17.3) nur aus transversalen homoklinen Punkten **(Abb.17.10b)**.

17.1.3.3 Topologische Konjugiertheit von diskreten Systemen

1. Definition

Gegeben sei neben (17.3) ein weiteres diskretes System

$$x_{t+1} = \psi(x_t) \tag{17.24}$$

mit $\psi : N \to N$, wobei $N \subset \mathbb{R}^n$ eine beliebige Menge ist und ψ stetig ist (M und N können auch allgemein metrische Räume sein). Die diskreten Systeme (17.3) und (17.24) (bzw. die Abbildungen φ

und ψ) heißen *topologisch konjugiert*, wenn ein Homöomorphismus (*konjugierender Homöomorphismus*) $h\colon M \to N$ existiert, so daß $\varphi = h^{-1} \circ \psi \circ h$ ist. Sind (17.3) und (17.24) topologisch konjugiert, so überführt der konjugierende Homöomorphismus h die Orbits von (17.3) in Orbits von (17.24).

2. Satz von GROBMAN und HARTMAN

Ist φ in (17.3) ein Diffeomorphismus $\varphi\colon \mathbb{R}^n \to \mathbb{R}^n$, x_0 eine hyperbolische Ruhelage von (17.3), so ist (17.3) nahe x_0 topologisch konjugiert zur Linearisierung $y_{t+1} = D\varphi(x_0)y_t$.

17.1.4 Strukturelle Stabilität (Robustheit)

17.1.4.1 Strukturstabile Differentialgleichungen

1. Definition

Die Differentialgleichung (17.1), d.h. das Vektorfeld $f\colon M \to \mathbb{R}^n$, heißt *strukturstabil* (oder *robust*), wenn bei kleinen Störungen von f topologisch äquivalente Differentialgleichungen entstehen. Die präzise Definition der Strukturstabilität erfordert einen Abstandsbegriff zwischen zwei Vektorfeldern auf M. Wir beschränken uns auf die Betrachtung solcher glatter Vektorfelder auf M, die alle eine feste offene, beschränkte und zusammenhängende Menge $U \subset M$ als absorbierende Menge besitzen. Der Rand ∂U von U sei eine glatte $(n-1)$–dimensionale Hyperfläche und sei darstellbar als $\partial U = \{x \in \mathbb{R}^n\colon h(x) = 0\}$, wobei $h\colon \mathbb{R}^n \to \mathbb{R}$ eine C^1–Funktion mit grad $h(x) \neq 0$ in einer Umgebung von ∂U ist. Sei $X^1(U)$ der metrische Raum aller glatten Vektorfelder auf M, versehen mit der C^1*–Metrik*

$$\rho(f,g) = \sup_{x\in U} \| f(x) - g(x)\| + \sup_{x\in U} \| Df(x) - Dg(x)\|\,. \tag{17.25}$$

(Im ersten Term der rechten Seite bedeutet $\|\cdot\|$ die EUKLIDische Vektornorm, im zweiten die Operatornorm.) Diejenigen glatten Vektorfelder f, die transversal den Rand ∂U in Richtung U schneiden, d.h., für die grad $h(x)^T f(x) \neq 0$, $(x \in \partial U)$ und $\varphi^t(x) \in U$ $(x \in \partial U, t > 0)$ gilt, bilden die Menge $X^1_+(U) \subset X^1(U)$. Das Vektorfeld $f \in X^1_+(U)$ heißt *strukturstabil*, wenn es ein $\delta > 0$ gibt, so daß jedes andere Vektorfeld $g \in X^1_+(U)$ mit $\rho(f,g) < \delta$ topologisch äquivalent zu f ist.

■ Betrachtet wird die ebene Differentialgleichung $g(\cdot,\alpha)$

$$\dot{x} = -y + x(\alpha - x^2 - y^2), \quad \dot{y} = x + y(\alpha - x^2 - y^2) \tag{17.26}$$

mit einem Parameter α, wobei $|\alpha| < 1$ sei. Die Differentialgleichung g gehört z.B. zu $X^1_+(U)$ mit $U = \{(x,y)\colon x^2 + y^2 < 2\}$ **(Abb.17.11a)**. Offenbar gilt $\rho(g(\cdot,0), g(\cdot,\alpha)) = |\alpha|(\sqrt{2}+1)$. Das Vektorfeld $g(\cdot,0)$ ist strukturell instabil, da beliebig nahe von $g(\cdot,0)$ Vektorfelder existieren, die topologisch nicht äquivalent zu $g(\cdot,0)$ sind **(Abb.17.11b,c)**. Dies wird klar, wenn man zur Polarkoordinatendarstellung $\dot{r} = -r^3 + \alpha r, \dot{\vartheta} = 1$ von (17.26) übergeht. Für $\alpha > 0$ existiert immer der stabile Grenzzyklus $r = \sqrt{\alpha}$.

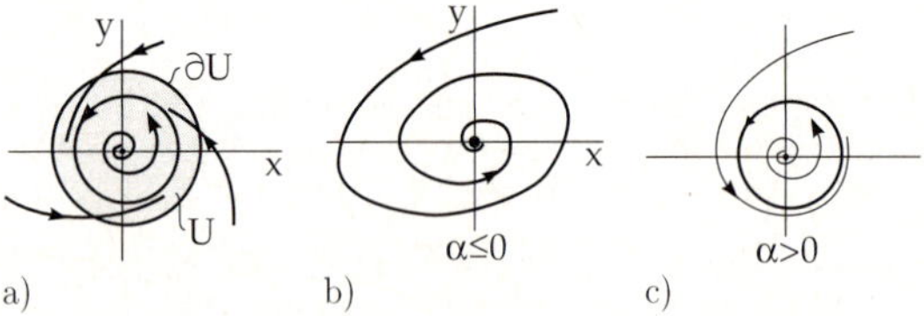

Abbildung 17.11

2. Strukturstabile Systeme in der Ebene

Die ebene Differentialgleichung (17.1) mit $f \in X^1_+(U)$ sei strukturstabil. Dann gilt:

a) (17.1) hat nur eine endliche Anzahl von Ruhelagen und periodischer Orbits.

b) Alle ω–Grenzmengen $\omega(x)$ mit $x \in \overline{U}$ von (17.1) bestehen nur aus Ruhelagen und periodischen Orbits.

Satz von ANDRONOV und PONTRYAGIN: Die ebene Differentialgleichung (17.1) mit $f \in X^1_+(U)$ ist genau dann strukturstabil, wenn gilt:
a) Alle Ruhelagen und periodische Orbits in $\overline{U}$ sind hyperbolisch.
b) Es gibt keine Separatrizen (d.h. heterokline und homokline Orbits), die aus einem Sattel kommen und in einen Sattel münden.

17.1.4.2 Strukturstabile diskrete Systeme

Im Falle von diskreten Systemen (17.3), d.h. von Abbildungen $\varphi: M \to M$, sei $U \subset M \subset \mathbb{R}^n$ eine beschränkte, offene und zusammenhängende Menge mit glattem Rand. Sei $\text{Diff}^1(U)$ der metrische Raum aller Diffeomorphismen auf M, versehen mit der bezüglich U definierten C^1–Metrik. Die Menge $\text{Diff}^1_+(U) \subset \text{Diff}(U)$ bestehe aus denjenigen Diffeomorphismen φ, für die $\varphi(\overline{U}) \subset U$ gilt. Die Abbildung $\varphi \in \text{Diff}^1_+(U)$ (und damit das dynamische System (17.3)) heißt *strukturstabil*, wenn es ein $\delta > 0$ gibt, so daß jede andere Abbildung $\psi \in \text{Diff}^1_+(U)$ mit $\rho(\varphi, \psi) < \delta$ topologisch konjugiert zu φ ist.

17.1.4.3 Generische Eigenschaften

1. Definition

Eine Eigenschaft von Elementen eines metrischen Raumes (M, ρ) heißt *generisch* (oder *typisch*), wenn die Gesamtheit der Elemente B von M mit dieser Eigenschaft eine *Menge der zweiten* BAIRE*schen Kategorie* bildet, d.h. darstellbar ist als $B = \bigcap_{m=1,2\dots} B_m$, wobei jede Menge B_m offen und dicht in M ist.

■ **A:** Die Mengen $\mathbb{R}$ und $\mathbb{I} \subset \mathbb{R}$ (irrationale Zahlen) sind Mengen der zweiten BAIREschen Kategorie, $\mathbb{Q} \subset \mathbb{R}$ dagegen nicht.

■ **B:** Dichtheit allein als Merkmal des „Typischen“ reicht nicht aus: $\mathbb{Q} \subset \mathbb{R}$ und $\mathbb{I} \subset \mathbb{R}$ sind beide dicht, können aber nicht gleichzeitig typisch sein.

■ **C:** Zwischen LEBESGUE–Maß λ (s. S. 633) einer Menge aus $\mathbb{R}$ und der BAIREschen Kategorie dieser Menge besteht kein Zusammenhang. So ist (s. Lit. [17.7]) die Menge $B = \bigcap_{k=1,2,\dots} B_k$ mit $B_k = \bigcup_{n\ge 0} \left(a_n - \frac{1}{k\,2^n}, a_n + \frac{1}{k\,2^n}\right)$, wobei $\mathbb{Q} = \{a_n\}_{n=0}^{\infty}$ die rationalen Zahlen darstellt, eine Menge der zweiten BAIREschen Kategorie. Andererseits gilt wegen $B_k \supset B_{k+1}$ und $\lambda(B_k) < +\infty$ auch $\lambda(B) = \lim\limits_{k\to\infty} \lambda(B_k) \le \lim\limits_{k\to\infty} \frac{2}{k}\,\frac{1}{1 - 1/2} = 0$.

2. Generische Eigenschaften von ebenen Systemen, HAMILTON–Systeme

Für ebene Differentialgleichungen ist die Menge aller strukturstabilen Systeme aus $X^1_+(U)$ offen und dicht in $X^1_+(U)$. Strukturstabile Systeme sind für die Ebene also typisch. Typisch ist also auch, daß jeder Orbit eines ebenen Systems aus $X^1_+(U)$ für wachsende Zeiten gegen eine endliche Anzahl von Ruhelagen und periodischer Orbits geht. Quasiperiodische Orbits sind nicht typisch. Unter bestimmten Voraussetzungen bleiben aber bei HAMILTON–Systemen quasiperiodische Orbits bei kleinen Störungen der Differentialgleichung erhalten. HAMILTON–Systeme sind also keine typischen Systeme.

■ Gegeben sei im $\mathbb{R}^4$ das HAMILTON–System (in Winkel–Wirkungsvariablen)

$$\dot{j}_1 = 0,\ \dot{j}_2 = 0,\ \dot{\Theta}_1 = \frac{\partial H_0}{\partial j_1},\ \dot{\Theta}_2 = \frac{\partial H_0}{\partial j_2},$$

wobei die HAMILTON–Funktion $H_0(j_1, j_2)$ analytisch ist. Offenbar hat dieses System die Lösungen $j_1 = c_1, j_2 = c_2, \Theta_1 = \omega_1 t + c_3,\ \Theta_2 = \omega_2 t + c_4$ mit Konstanten $c_1, \dots, c_4$, wobei ω_1 und ω_2 von c_1 und c_2 abhängen können. Die Beziehung $(j_1, j_2) = (c_1, c_2)$ definiert einen invarianten Torus T^2. Es wird nun anstelle von H_0 die gestörte HAMILTON–Funktion

$$H_0(j_1, j_2) + \varepsilon H_1(j_1, j_2, \Theta_1, \Theta_2)$$

betrachtet, wobei H_1 analytisch und $\varepsilon > 0$ ein kleiner Parameter sei.

Das *Theorem von* KOLMOGOROV–ARNOLD–MOSER (KAM–*Theorem*) sagt in dieser Situation aus, daß, falls H_0 nichtdegeneriert ist, d.h. $\det\left(\frac{\partial^2 H_0}{\partial^2 j_k}\right) \neq 0$ gilt, für hinreichend kleine $\varepsilon > 0$ im gestörten HAMILTON–System die Mehrzahl der invarianten nichtresonanten Tori nicht verschwindet, sondern nur leicht deformiert wird. Mehrzahl ist in dem Sinne zu verstehen, daß das LEBESGUE–Maß der bezüglich der Tori gebildeten Komplementmenge gegen Null geht, wenn ε gegen 0 geht. Ein oben definierter Torus, charakterisiert durch ω_1 und ω_2, heißt nichtresonant, wenn es eine Konstante $c > 0$ gibt, so daß für alle positiven ganzen Zahlen p und q die Ungleichung $\left|\frac{\omega_1}{\omega_2} - \frac{p}{q}\right| \geq \frac{c}{q^{2.5}}$ gilt.

3. Nichtwandernde Punkte, MORSE–SMALE–Systeme

Sei $\{\varphi^t\}_{t\in\mathrm{R}}$ ein dynamisches System auf der n–dimensionalen kompakten orientierbaren Mannigfaltigkeit M. Der Punkt $p \in M$ heißt *nichtwandernd* bezüglich $\{\varphi^t\}$, wenn für eine beliebige Umgebung $U_p \subset M$ von p gilt:

$$\forall T > 0 \quad \exists t, \quad |t| \geq T: \quad \varphi^t(U_p) \cap U_p \neq \emptyset . \tag{17.27}$$

■ Ruhelagen und periodische Orbits bestehen nur aus nichtwandernden Punkten.

Die Menge $\Omega(\varphi^t)$ aller nichtwandernden Punkte des von (17.1) erzeugten dynamischen Systems ist abgeschlossen, invariant unter $\{\varphi^t\}$ und enthält alle periodischen Orbits und alle ω–Grenzmengen von Punkten aus M.

Das dynamische System $\{\varphi^t\}_{t\in\mathrm{R}}$ auf M, erzeugt durch ein glattes Vektorfeld, heißt MORSE–SMALE–System, wenn folgende Bedingungen erfüllt sind:

1. Das System hat endlich viele Ruhelagen und periodische Orbits und alle sind hyperbolisch.

2. Alle stabilen und instabilen Mannigfaltigkeiten von Ruhelagen bzw. periodischen Orbits sind transversal zueinander.

3. Die Menge aller nichtwanderenden Punkte besteht nur aus Ruhelagen und periodischen Orbits.

Satz von PALIS und SMALE: MORSE-SMALE–Systeme sind strukturstabil.

Die Umkehrung des Satzes von PALIS und SMALE gilt nicht: Es existieren für $n \geq 3$ strukturstabile Systeme mit unendlich vielen periodischen Orbits.

Für $n \geq 3$ sind strukturstabile Systeme nicht typisch.

17.2 Quantitative Beschreibung von Attraktoren

17.2.1 Wahrscheinlichkeitsmaße auf Attraktoren

17.2.1.1 Invariantes Maß

1. Definition, auf dem Attraktor konzentrierte Maße

Gegeben sei das dynamische System $\{\varphi^t\}_{t\in\Gamma}$ auf (M, ρ). Sei $\mathcal{B}$ die σ–Algebra der BOREL–Mengen auf M und sei $\mu\colon \mathcal{B} \to [0, +\infty]$ ein Maß auf $\mathcal{B}$. Jede Abbildung φ^t wird als μ–meßbar vorausgesetzt. Das Maß μ heißt *invariant* unter $\{\varphi^t\}_{t\in\Gamma}$, wenn $\mu(\varphi^{-t}(A)) = \mu(A)$ für alle $A \in \mathcal{B}$ und $t > 0$ gilt. Ist das dynamische System $\{\varphi^t\}_{t\in\Gamma}$ invertierbar, so läßt sich die Eigenschaft eines Maßes, invariant unter dem dynamischen System zu sein, auch als $\mu(\varphi^t(A)) = \mu(A) \quad (A \in \mathcal{B}, t > 0)$ ausdrücken. Das Maß μ heißt *auf der* BOREL–*Menge* $A \subset M$ *konzentriert*, wenn $\mu(M \setminus A) = 0$ ist. Ist also Λ ein Attraktor von $\{\varphi^t\}_{t\in\Gamma}$ und μ ein unter $\{\varphi^t\}$ invariantes Maß, so ist dieses auf Λ konzentriert, wenn $\mu(B) = 0$ für jede BOREL–Menge B mit $\Lambda \cap B = \emptyset$ ist.

Der *Träger* eines Maßes $\mu\colon \mathcal{B} \to [0, +\infty]$, bezeichnet mit supp μ, ist die kleinste abgeschlossene Teilmenge von M, auf der das Maß μ konzentriert ist.

■ **A:** Betrachtet wird auf $M = [0, 1]$ die *Modulo–Abbildung*

$$x_{t+1} = 2x_t \pmod 1 . \tag{17.28}$$

In diesem Fall ist $\varphi\colon [0,1] \to [0,1]$ mit $\varphi(x) = \begin{cases} 2x, & 0 \le x \le 1/2\,, \\ 2x-1, & 1/2 < x \le 1\,. \end{cases}$

Anhand der Definition sieht man, daß das LEBESGUE–Maß invariant unter der Modulo–Abbildung ist. Schreibt man eine Zahl $x \in [0,1)$ als Dualzahl $x = \sum\limits_{n=1}^{\infty} a_n \cdot 2^{-n}$ $(a_n = 0 \text{ oder } 1)$, so kann man diese Darstellung mit $x = .\,a_1a_2a_3\ldots$ identifizieren. Das Ergebnis der Operation $2x(\mathrm{mod}1)$ läßt sich schreiben als $.\,a'_1a'_2a'_3\ldots$ mit $a'_i = a_{i+1}$, d.h., alle Ziffern a_k werden um eine Stelle nach links verschoben und die erste Ziffer fällt weg.

■ **B:** Die Abbildung $\Psi\colon [0,1] \to [0,1]$ mit

$$\Psi(y) = \begin{cases} 2y, & 0 \le y < 1/2, \\ 2(1-y), & 1/2 \le y \le 1 \end{cases} \tag{17.29}$$

heißt *Zelt–Abbildung* und hat ebenfalls das LEBESGUE–Maß als invariantes Maß. Der Homöomorphismus $h\colon [0,1) \to [0,1)$ mit $y = \frac{2}{\pi}\arcsin\sqrt{x}$ überführt die Abbildung φ aus (17.5) mit $\alpha = 4$ in (17.29). Damit besitzt (17.5) bei $\alpha = 4$ ebenfalls ein invariantes Maß, das absolut stetig ist. Für die Dichten $\rho_1(y) \equiv 1$ von (17.29) und $\rho(x)$ von (17.5) bei $\alpha = 4$ gilt dabei $\rho_1(y) = \rho(h^{-1}(y))\,|(h^{-1})'(y)|$. Hieraus ergibt sich sofort $\rho(x) = \dfrac{1}{\pi\sqrt{x(1-x)}}$.

■ **C:** Ist x_0 ein stabiler Periodenpunkt der Periode T des invertierbaren diskreten dynamischen Systems $\{\varphi^i\}$, so ist $\mu = \dfrac{1}{T}\sum\limits_{i=0}^{T-1} \delta_{\varphi^i(x_0)}$ ein invariantes Wahrscheinlichkeitsmaß für $\{\varphi^i\}$. Dabei ist δ_{x_0} das in x_0 konzentrierte DIRAC–Maß.

2. Natürliches Maß

Sei Λ ein Attraktor von $\{\varphi^t\}_{t\in\Gamma}$ in M mit Einzugsgebiet W. Für eine beliebige BOREL–Menge $A \subset W$ und einen beliebigen Punkt $x_0 \in W$ wird die folgende Größe gebildet:

$$\mu(A;x_0) := \lim_{T\to\infty} \frac{t(T,A,x_0)}{T}\,. \tag{17.30}$$

Dabei ist $t(T,A,x_0)$ jeweils der Teil der Gesamtzeit $T > 0$, in dem der Orbitabschnitt $\{\varphi^t(x_0)\}_{t=0}^{T}$ in der Menge A liegt. Wenn für λ–fast alle x_0 aus W sogar $\mu(A;x_0) = \alpha$ ist, wird $\mu(A) := \mu(A;x_0)$ gesetzt. Da fast alle Orbits mit Anfang $x_0 \in W$ für $t \to +\infty$ gegen Λ streben, ist μ ein Wahrscheinlichkeitsmaß, das auf Λ konzentriert ist.

17.2.1.2 Elemente der Ergodentheorie

1. Ergodische dynamische Systeme

Ein dynamisches System $\{\varphi^t\}_{t\in\Gamma}$ auf (M,ρ) mit invariantem Maß μ heißt *ergodisch* (man sagt auch, das Maß ist ergodisch), wenn für jede BOREL–Menge A mit $\varphi^{-t}(A) = A$ $(\forall\, t > 0)$ entweder $\mu(A) = 0$ oder $\mu(M \setminus A) = 0$ ist.

Ist $\{\varphi^t\}$ ein diskretes dynamisches System (17.3), $\varphi\colon M \to M$ ein Homöomorphismus, M ein kompakter metrischer Raum, so existiert immer ein invariantes ergodisches Maß.

■ **A:** Gegeben sei die *Rotationsabbildung des Kreises* S^1

$$x_{t+1} = x_t + \Phi \quad (\mathrm{mod}2\pi)\,, \quad t = 0,1,\ldots\,, \tag{17.31}$$

mit $\varphi\colon [0,2\pi) \to [0,2\pi)$, definiert durch $\varphi(x) = x + \Phi\ (\mathrm{mod}2\pi)$. Das LEBESGUE–Maß ist invariant unter φ. Ist $\dfrac{\Phi}{2\pi}$ irrational, so ist (17.31) ergodisch; ist $\dfrac{\Phi}{2\pi}$ rational, so ist (17.31) nicht ergodisch.

■ **B:** Dynamische Systeme mit stabilen Ruhelagen oder stabilen periodischen Orbits als Attraktoren sind bezüglich des natürlichen Maßes ergodisch.

Ergodensatz von BIRKHOFF: Das dynamische System $\{\varphi^t\}_{t\in\Gamma}$ sei ergodisch bezüglich des invarianten Wahrscheinlichkeitsmaßes μ. Dann stimmen für jede integrierbare Funktion $h \in L^1(M, \mathcal{B}, \mu)$ die Zeitmittel entlang des positiven Semiorbits $\{\varphi^t(x_0)\}_{t=0}^{\infty}$, d.h. $\overline{h}(x_0) = \lim\limits_{T\to+\infty} \frac{1}{T}\int_0^T h(\varphi^t(x_0))\,dt$ für Flüsse und $\overline{h}(x_0) = \lim\limits_{n\to\infty} \frac{1}{n}\sum\limits_{i=0}^{n-1} h(\varphi^i(x_0))$ für diskrete Systeme, für μ–fast alle Punkte $x_0 \in M$ mit dem Raummittel $\int\limits_M h\,d\mu$ überein.

2. Physikalische oder SBR–Maße

Die Aussage des Ergodensatzes ist nur dann brauchbar, wenn der Träger des Maßes μ möglichst groß ist. Seien $\varphi\colon M \to M$ eine stetige Abbildung, $\mu\colon \mathcal{B} \to \mathbb{R}$ ein invariantes Maß. Man sagt (s. Lit. [17.9]), daß μ ein SBR–*Maß* ist (nach SINAI, BOWEN und RUELLE), wenn für jede stetige Funktion $h\colon M \to \mathbb{R}$ die Menge aller der Punkte $x_0 \in M$, für die

$$\lim_{n\to\infty} \frac{1}{n}\sum_{i=0}^{n-1} h(\varphi^i(x_0)) = \int\limits_M h\,d\mu \qquad (17.32a)$$

gilt, ein positives LEBESGUE–Maß hat. Dafür ist ausreichend, daß die Folge der Maße

$$\mu_n := \frac{1}{n}\sum_{i=0}^{n-1} \delta_{\varphi^i(x)} \qquad (17.32b)$$

für fast alle $x \in M$ schwach gegen μ konvergiert, d.h. für jede stetige Funktion $\int\limits_M h\,d\mu_n \to \int\limits_M h d\mu$ für $n \to +\infty$ gilt.

■ Für einige wichtige Attraktoren, so für den HÉNON–Attraktor, wurde die Existenz eines SBR–Maßes nachgewiesen.

3. Mischende dynamische Systeme

Ein dynamisches System $\{\varphi^t\}_{t\in\Gamma}$ auf (M, ρ) mit invariantem Wahrscheinlichkeitsmaß μ heißt *mischend*, wenn $\lim\limits_{t\to+\infty} \mu(A \cap \varphi^{-t}(B)) = \mu(A)\mu(B)$ für beliebige BOREL–Mengen $A, B \subset M$ gilt. Für ein mischendes System hängt also das Maß der Menge aller Punkte, die bei $t = 0$ in A und für große t in B liegen, nur vom Produkt $\mu(A)\mu(B)$ ab.
Ein mischendes System ist auch ergodisch: Seien $\{\varphi^t\}$ ein mischendes System und A eine BOREL–Menge mit $\varphi^{-t}(A) = A$ $(t > 0)$. Dann gilt $\mu(A)^2 = \lim\limits_{t\to\infty} \mu(\varphi^{-t}(A) \cap A) = \mu(A)$ und $\mu(A)$ ist 0 oder 1.

Ein Fluß $\{\varphi^t\}$ von (17.1) ist genau dann mischend, wenn für beliebige quadratisch integrierbare Funktionen $g, h \in L^2(M, \mathcal{B}, \mu)$ die Beziehung

$$\lim_{t\to+\infty} \int\limits_M [g(\varphi^t(x)) - \overline{g}][h(x) - \overline{h}]\,d\mu = 0 \qquad (17.33)$$

gilt. Dabei bezeichnen $\overline{g}$ und $\overline{h}$ die räumlichen Mittel, die durch die zeitlichen Mittel ersetzt werden.

■ Die Modulo–Abbildung (17.28) ist mischend. Die Rotationsabbildung (17.31) ist bezüglich des Wahrscheinlichkeitsmaßes $\frac{\lambda}{2\pi}$ nicht mischend.

4. Autokorrelationsfunktion

Das dynamische System $\{\varphi^t\}_{t\in\Gamma}$ auf M mit invariantem Maß μ sei ergodisch. Es seien $h\colon M \to \mathbb{R}$ eine beliebige stetige Funktion, $\{\varphi^t(x)\}_{t\geq 0}$ ein beliebiger Semiorbit und das räumliche Mittel $\overline{h}$ sei ersetzt durch das zeitliche Mittel, d.h. durch $\lim\limits_{T\to\infty} \frac{1}{T}\int_0^T h(\varphi^t(x))\,dt$ im zeitkontinuierlichen Fall und durch $\lim\limits_{n\to\infty} \frac{1}{n}\sum_{i=0}^{n-1} h(\varphi^i(x))$ im zeitdiskreten Fall. Bezüglich h wird die *Autokorrelationsfunktion* längs des

Semiorbits $\{\varphi^t(x)\}_{t\geq 0}$ zu einem Zeitpunkt $\tau \geq 0$ für einen Fluß durch

$$C_h(\tau) = \lim_{T\to\infty} \frac{1}{T} \int_0^T h\left(\varphi^{t+\tau}(x)\right) h\left(\varphi^t(x)\right) dt - \overline{h}^{\,2} \tag{17.34a}$$

und für ein diskretes System durch

$$C_h(\tau) = \lim_{n\to\infty} \frac{1}{n} \sum_{i=0}^{n-1} h\left(\varphi^{i+\tau}(x)\right) h\left(\varphi^i(x)\right) - \overline{h}^{\,2} \tag{17.34b}$$

definiert. Die Autokorrelationsfunktion wird auch für negative Zeiten erklärt, indem $C_h(\cdot)$ als gerade Funktion auf $\mathbb{R}$ bzw. $\mathbb{Z}$ aufgefaßt wird.

Periodische oder quasiperiodische Orbits führen zu einem periodischen bzw. quasiperiodischen Verhalten von C_h. Ein schneller Abfall von $C_h(\tau)$ für wachsende τ und beliebiger Testfunktion h deutet auf chaotisches Verhalten hin. Fällt $C_h(\tau)$ für wachsende τ sogar mit exponentieller Geschwindigkeit, so ist dies ein Anzeichen für mischendes Verhalten.

5. Leistungsspektrum

Die FOURIER–Transformierte von $C_h(\tau)$ heißt *Leistungsspektrum* (s. auch S. 724) und wird mit $P_h(\omega)$ bezeichnet. Im zeitkontinuierlichen Fall ist, unter der Voraussetzung $\int_{-\infty}^{+\infty} |C_h(\tau)| d\tau < \infty$,

$$P_h(\omega) = \int_{-\infty}^{+\infty} C_h(\tau) e^{-\mathrm{i}\omega\tau}\, d\tau = 2 \int_0^{\infty} C_h(\tau) \cos(\omega\tau)\, d\tau\,. \tag{17.35a}$$

Im zeitdiskreten Fall ist, falls $\sum_{k=-\infty}^{+\infty} |C_h(k)| < +\infty$ gilt,

$$P_h(\omega) = C_h(0) + 2 \sum_{k=1}^{\infty} C_h(k) \cos \omega k\,. \tag{17.35b}$$

Liegt die absolute Integrierbarkeit bzw. Summierbarkeit von $C_h(\cdot)$ nicht vor, kann in wichtigen Fällen P_h als Distribution aufgefaßt werden. Periodischen Bewegungen eines dynamischen System entspricht ein Leistungsspektrum, das durch äquidistante Impulse charakterisiert ist. Bei quasiperiodischen Bewegungen treten im Leistungsspektrum Impulse auf, die sich aus ganzzahligen Linearkombinationen der Grundimpulse der quasiperiodischen Bewegung ergeben. Ein „breitbandiges Spektrum mit einzelnen Spitzen" kann dagegen als Indikator für chaotisches Verhalten gelten.

■ **A:** Seien φ ein T–periodischer Orbit von (17.1), h eine Testfunktion, so daß das zeitliche Mittel von $h(\varphi(t))$ Null ist, und habe $h(\varphi(t))$ die FOURIER–Darstellung $h(\varphi(t)) = \sum_{k=-\infty}^{+\infty} \alpha_k e^{\mathrm{i}k\omega_0 t}$ mit $\omega_0 = \frac{2\pi}{T}$. Dann ist $C_h(\tau) = \sum_{k=-\infty}^{+\infty} |\alpha_k|^2 \cos(k\omega_0\tau)$ und $P_h(\omega) = 2\pi \sum_{k=-\infty}^{+\infty} |\alpha_k|^2 \delta(\omega - k\omega_0)$, wobei δ die δ–Distribution bezeichnet.

■ **B:** Seien φ ein quasiperiodischer Orbit von (17.1), h eine Testfunktion, so daß das zeitliche Mittel entlang φ Null ist, und habe $h(\varphi(t))$ die Darstellung (zweifache FOURIER–Reihe) $h(\varphi(t)) = \sum_{k_1=-\infty}^{+\infty} \sum_{k_2=-\infty}^{+\infty} \alpha_{k_1 k_2} e^{\mathrm{i}(k_1\omega_1 + k_2\omega_2)t}$. Dann ist $C_h(\tau) = \sum_{k_1=-\infty}^{+\infty} \sum_{k_2=-\infty}^{+\infty} |\alpha_{k_1 k_2}|^2 \cos(k_1\omega_1 + k_2\omega_2)\tau$ und $P_h(\omega) = 2\pi \sum_{k_1=-\infty}^{+\infty} \sum_{k_2=-\infty}^{+\infty} |\alpha_{k_1 k_2}|^2 \delta(\omega - k_1\omega_1 - k_2\omega_2)$.

17.2.2 Entropien

17.2.2.1 Topologische Entropie

Sei (M, ρ) ein kompakter metrischer Raum und $\{\varphi^k\}_{k\in\Gamma}$ ein stetiges dynamisches System mit diskreter Zeit auf M . Für beliebiges $n \in \mathbb{N}$ wird eine Abstandsfunktion ρ_n auf M durch

$$\rho_n(x, y) := \max_{0\leq i\leq n} \rho\left(\varphi^i(x), \varphi^i(y)\right) \tag{17.36}$$

definiert. Sei weiter $N(\varepsilon, \rho_n)$ die größte Anzahl von Punkten aus M , die mindestens einen Abstand in der Metrik ρ_n von ε zueinander haben. Die *topologische Entropie* des diskreten dynamischen Systems

(17.3) bzw. der Abbildung φ ist $h(\varphi) = \lim_{\varepsilon \to 0} \limsup_{n \to \infty} \frac{1}{n} \ln N(\varepsilon, \rho_n)$. Die topologische Entropie ist ein Maß für die Komplexität der Abbildung. Sei (M_1, ρ_1) ein weiterer kompakter metrischer Raum und φ_1: $M_1 \to M_1$ eine stetige Abbildung. Sind dann die beiden Abbildungen φ und φ_1 topologisch konjugiert, so stimmen ihre topologischen Entropien überein. Insbesondere hängt die topologische Entropie nicht von der Metrik ab. Für beliebiges $n \in \mathbb{N}$ gilt $h(\varphi^n) = nh(\varphi)$. Ist φ sogar ein Homöomorphismus, so gilt $h(\varphi^k) = |k|\, h(\varphi)$ für alle $k \in \mathbb{Z}$. Auf Grund der letzten Eigenschaft definiert man für einen Fluß $\varphi^t = \varphi(t, \cdot)$ von (17.1) auf $M \subset \mathbb{R}^n$ die topologische Entropie über $h(\varphi^t) := h(\varphi^1)$.

17.2.2.2 Metrische Entropie

Sei $\{\varphi^t\}_{t \in \Gamma}$ ein dynamisches System auf M mit dem Attraktor Λ und einem auf Λ konzentrierten invarianten Wahrscheinlichkeitsmaß μ. Für beliebiges $\varepsilon > 0$ seien $Q_1(\varepsilon), \ldots, Q_{n(\varepsilon)}(\varepsilon)$ die Würfel der Form $\{(x_1, \ldots, x_n) : k_i\varepsilon \le x_i < (k_i + 1)\varepsilon \ (i = 1, 2, \ldots, n)\}$ mit $k_i \in \mathbb{Z}$, für die $\mu(Q_i) > 0$ ist. Für beliebiges x aus einem Q_i wird der Semiorbit $\{\varphi^t(x)\}_{t=0}^{\infty}$ für wachsende t verfolgt. In Zeitabständen von $\tau > 0$ ($\tau = 1$ in diskreten Systemen) werden jeweils N–mal hintereinander die Nummern $i_1, \ldots, i_N$ der Würfel notiert, in denen sich der Semiorbit befindet. Sei $E_{i_1 \ldots i_N}$ die Menge aller Startwerte nahe Λ, deren Semiorbits zu den Zeitpunkten $t_i = i\tau \ (i = 1, 2, \ldots, N)$, jeweils in $Q_{i_1}, \ldots, Q_{i_N}$ liegen und sei $p(i_1, \cdots, i_N) = \mu(E_{i_1, \cdots, i_N})$ die Wahrscheinlichkeit dafür, daß ein (typischer) Startwert in $E_{i_1, \cdots, i_N}$ liegt.
Die Entropie gibt den Zuwachs an Information an, den ein Versuch im Mittel liefert, der anzeigt, welches Ereignis aus einer endlichen Anzahl disjunkter Ereignisse wirklich eingetreten ist. In der vorliegenden Situation ist dies

$$H_N = - \sum_{(i_1, \cdots, i_N)} p(i_1, \cdots, i_N) \ln p\,(i_1, \cdots, i_N), \tag{17.37}$$

wobei über alle Symbolfolgen $(i_1, \cdots, i_N)$ der Länge N summiert wird, die durch Orbits in der oben beschriebenen Weise realisiert werden.
Die *metrische Entropie* oder KOLMOGOROV–SINAI–*Entropie* h_μ des Attraktors Λ von $\{\varphi^t\}$ bezüglich des invarianten Maßes μ ist die Größe $h_\mu = \lim_{\tau \to 0} \lim_{N \to \infty} \frac{H_N}{\tau N}$. (Für diskrete Systeme entfällt der Grenzwert für $\tau \to \infty$.) Für die topologische Entropie $h(\varphi)$ von φ: $\Lambda \to \Lambda$ gilt $h_\mu \le h(\varphi)$. In vielen Fällen ist $h(\varphi) = \sup\{h_\mu$: μ–invariantes Wahrscheinlichkeitsmaß auf $\Lambda\}$.

■ **A:** Sei $\Lambda = \{x_0\}$ eine stabile Ruhelage von (17.1) als Attraktor, versehen mit dem in x_0 konzentrierten natürlichen Maß μ. Bezüglich dieses Attraktors ist $h_\mu = 0$.

■ **B:** Für die Shift–Abbildung (17.28) gilt $h(\varphi) = h_\mu = \ln 2$, wobei μ das invariante LEBESGUE–Maß sei.

17.2.3 Lyapunov-Exponenten

1. Singulärwerte einer Matrix

Sei L eine beliebige Matrix vom Typ (n, n). Die *Singulärwerte* $\sigma_1 \ge \sigma_2 \ge \cdots \ge \sigma_n$ von L sind die nichtnegativen Wurzeln der Eigenwerte $\alpha_1 \ge \cdots \ge \alpha_n \ge 0$ der positivsemidefiniten Matrix $L^T L$. Die Eigenwerte α_i sind, ihrer Vielfachheit entsprechend, angeführt.
Die Singulärwerte lassen sich geometrisch interpretieren. Ist K_ε eine Kugel mit Mittelpunkt in 0 und Radius $\varepsilon > 0$, so ist das Bild $L(K_\varepsilon)$ ein Ellipsoid mit den Halbachsenlängen $\sigma_i\varepsilon \ (i = 1, 2, \ldots, n)$ **(Abb.17.12a)**.

2. Definition der LYAPUNOV–Exponenten

Sei $\{\varphi^t\}_{t \in \Gamma}$ ein glattes dynamisches System auf $M \subset \mathbb{R}^n$, das einen Attraktor Λ mit einem dort konzentrierten invarianten ergodischen Wahrscheinlichkeitsmaß μ hat. Für beliebige $t \ge 0$ und $x \in \Lambda$ seien $\sigma_1(t, x) \ge \cdots \ge \sigma_n(t, x)$ die Singulärwerte der JACOBI–Matrix $D\varphi^t(x)$ von φ^t im Punkt x. Dann existiert eine Folge von Zahlen $\lambda_1 \ge \cdots \ge \lambda_n$, die LYAPUNOV–*Exponenten*, so daß $\frac{1}{t} \ln \sigma_i(t, x) \to \lambda_i$ für

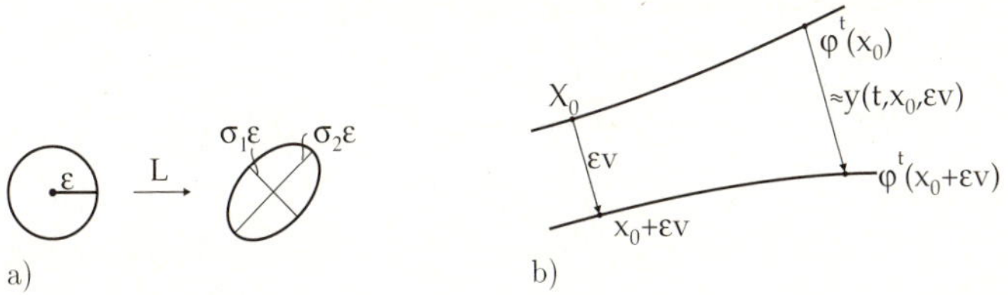

Abbildung 17.12

$t \to +\infty$ μ–fast überall im Sinne von L^1 gilt. Nach dem Satz von OSELEDEC existiert μ–fast überall eine Folge von Teilräumen des $\mathbb{R}^n$

$$\mathbb{R}^n = E^x_{s_1} \supset E^x_{s_2} \supset \cdots \supset E^x_{s_{r+1}} = \{0\}, \tag{17.38}$$

so daß für μ–fast alle x die Größe $\frac{1}{t} \ln \|D\varphi^t(x)v\|$ gleichmäßig bezüglich $v \in E^x_{s_j} \setminus E^x_{s_{j+1}}$ gegen ein Element $\lambda_{s_j} \in \{\lambda_1, \ldots, \lambda_n\}$ strebt.

3. Berechnung der LYAPUNOV–Exponenten

Die Formel $\chi_i(x) = \limsup\limits_{t\to\infty} \frac{1}{t} \ln \sigma_i(t,x)$, wobei $\sigma_i(t,x)$ wieder als Halbachsenlängen eines aus der Einheitskugel mit Mittelpunkt x durch Deformation mit $D\varphi^t(x)$ hervorgegangenen Ellipsoids interpretiert werden können, kann zur Berechnung der LYAPUNOV–Exponenten benutzt werden, wenn außerdem noch Reorthonormalisierungsverfahren, wie das von HOUSHOLDER, herangezogen werden. Die Funktion $y(t,x,v) = D\varphi^t(x)v$ ist Lösung der zum Semiorbit $\gamma^+(x)$ des Flusses $\{\varphi^t\}$ gehörigen Variationsgleichung mit Anfang v zur Zeit $t = 0$. In der Tat, ist $\{\varphi^t\}_{t\in\mathbb{R}}$ der Fluß von (17.1), so lautet die Variationsgleichung $\dot{y} = Df(\varphi^t(x))y$. Die Lösung dieser Gleichung mit Anfang v zur Zeit $t = 0$ ist darstellbar als $y(t,x,v) = \Phi_x(t)v$, wobei $\Phi_x(t)$ die bei $t = 0$ normierte Fundamentalmatrix der Variationsgleichung ist, die, nach dem Satz über die Differenzierbarkeit nach den Anfangszuständen (s. S. 791), Lösung der Matrix–Differentialgleichung $\dot{Z} = Df(\varphi^t(x))Z$ mit Anfang $Z(0) = E_n$ ist.

Die Zahl $\chi(x,v) = \limsup\limits_{t\to\infty} \dfrac{1}{t} \ln \|D\varphi^t(x)v\|$ beschreibt das Verhalten der Orbits $\gamma(x+\varepsilon v), 0 < \varepsilon \ll 1$, mit Anfang $x + \varepsilon v$ bezüglich des Ausgangsorbits $\gamma(x)$ in der Richtung v. Ist $\chi(x,v) < 0$, so heißt dies, daß in Richtung v für wachsende t eine Annäherung der Orbits stattfindet; ist dagegen $\chi(x,v) > 0$, so entfernen sich die Orbits **(Abb.17.12b)**.

Für die Summe aller LYAPUNOV–Exponenten von $\{\varphi^t\}_{t\in\Gamma}$ mit dem Attraktor Λ und dem dort konzentrierten invarianten Maß μ gilt für μ–fast alle $x \in \Lambda$ im Falle eines Flusses von (17.1)

$$\sum_{i=1}^{n} \lambda_i = \lim_{t\to\infty} \frac{1}{t} \int_0^t \operatorname{div} f(\varphi^s(x))\, ds \tag{17.39a}$$

und für ein diskretes System (17.3)

$$\sum_{i=1}^{n} \lambda_i = \lim_{k\to\infty} \frac{1}{k} \sum_{i=0}^{k-1} \ln |\det D\varphi(\varphi^i(x))|. \tag{17.39b}$$

In dissipativen Systemen gilt also $\sum_{i=1}^n \lambda_i < 0$. Dies, zusammen mit der Tatsache, daß für Flüsse einer der LYAPUNOV–Exponenten Null ist, falls der Attraktor keine Ruhelage ist, gestattet Vereinfachungen bei der Berechnung der LYAPUNOV–Exponenten (s. Lit. [17.16]).

■ **A:** Sei x_0 eine Ruhelage des Flusses von (17.1) und seien α_i die Eigenwerte der JACOBI–Matrix in x_0. Mit dem in x_0 konzentrierten Maß gilt für die LYAPUNOV–Exponenten $\lambda_i = \operatorname{Re}\alpha_i$ $(i = 1, 2, \ldots, n)$.

■ **B:** Sei $\gamma(x_0) = \{\varphi^t(x_0),\ t \in [0,T]\}$ ein T–periodischer Orbit von (17.1) und es seien ρ_i die Multiplikatoren von $\gamma(x_0)$. Mit dem in $\gamma(x_0)$ konzentrierten Maß gilt $\lambda_i = \frac{1}{T} \ln |\rho_i|$ für $i = 1, 2 \ldots, n$.

4. Metrische Entropie und LYAPUNOV–Exponenten

Ist $\{\varphi^t\}_{t\in\Gamma}$ ein dynamisches System auf $M \subset \mathbb{R}^n$ mit dem Attraktor Λ und einem auf Λ konzentrierten ergodischen Wahrscheinlichkeitsmaß μ, so gilt für die metrische Entropie h_μ die Ungleichung $h_\mu \leq \sum\limits_{\lambda_i>0} \lambda_i$, wobei die LYAPUNOV–Exponenten entsprechend ihrer Vielfachheit aufgeführt werden.
Die Gleichheit $h_\mu = \sum\limits_{\lambda_i>0} \lambda_i$ (PESINsche Formel) gilt im allgemeinen nicht. Ist das Maß μ allerdings absolut stetig bezüglich des LEBESGUE–Maßes und $\varphi\colon M \to M$ ein C^2–Diffeomorphismus, so gilt die PESINsche Formel.

17.2.4 Dimensionen

17.2.4.1 Metrische Dimensionen

1. Fraktale

Attraktoren oder andere invariante Mengen von dynamischen Systemen können geometrisch komplizierter als Punkt, Linie oder Torus aufgebaut sein. *Fraktale* sind, auch unabhängig von einer Dynamik, Mengen, die sich durch eines oder mehrere Merkmale wie Ausfransung, Porösität, Komplexität, Selbstähnlichkeit auszeichnen. Da der übliche Dimensionsbegriff, wie er für glatte Flächen und Kurven gebraucht wird, für Fraktale nicht anwendbar ist, müssen verallgemeinerte Definitionen der Dimension herangezogen werden. Eine ausführlichere Darstellung der Dimensionstheorie s. Lit. [17.9], [17.5].

■ Das Intervall $G_0 = [0, 1]$ wird in drei Teilintervalle gleicher Länge geteilt und das mittlere offene Drittel entfernt, so daß die Menge $G_1 = [0, \frac{1}{3}] \cup [\frac{2}{3}, 1]$ entsteht. Dann werden von den beiden Teilintervallen von G_1 die jeweils mittleren offenen Drittel entfernt, so daß die Menge $G_2 = \left[0, \frac{1}{9}\right] \cup \left[\frac{2}{9}, \frac{1}{3}\right] \cup \left[\frac{2}{3}, \frac{7}{9}\right] \cup \left[\frac{8}{9}, 1\right.$ entsteht. Diese Prozedur wird mit G_k fortgesetzt, indem aus jedem Teilintervall von G_{k-1} das mittlere offene Drittel entfernt wird. Dadurch entsteht eine Folge von Mengen $G_0 \supset G_1 \supset \cdots \supset G_n \supset \cdots$, wobei jedes G_n aus 2^n Intervallen der Länge $\frac{1}{3^n}$ besteht.
Die CANTOR–*Menge* C ist definiert als Menge aller der Punkte, die allen G_n angehören, d.h., $C = \bigcap\limits_{n=1}^{\infty} G_n$. Die Menge C ist kompakt, überabzählbar, hat das LEBESGUE–Maß Null und ist perfekt (d.h., C ist abgeschlossen und jeder Punkt ist Häufungspunkt). Die CANTOR–Menge kann als Beispiel für ein Fraktal dienen.

2. HAUSDORFF–Dimension

Die Motivation für diese Dimension ergibt sich aus der Volumenberechnung durch das LEBESGUE–Maß. Wird eine beschränkte Menge $A \subset \mathbb{R}^3$ mit einer Überdeckung aus einer endlichen Anzahl Kugeln B_{r_i} mit Radius $r_i \leq \varepsilon$ versehen, so daß also $\bigcup_i B_{r_i} \supset A$ gilt, erhält man für A das „Rohvolumen" $\sum\limits_i \frac{4}{3}\pi r_i^3$.
Bildet man nun über alle endlichen Überdeckungen von A durch Kugeln mit Radius $r_i \leq \varepsilon$ die Größe $\mu_\varepsilon(A) = \inf\{\sum\limits_i \frac{4}{3}\pi r_i^3\}$ und läßt ε gegen Null gehen, so ergibt sich das äußere LEBESGUE–Maß $\overline{\lambda}(A)$ von A, das für meßbare Mengen mit dem Volumen $\mathrm{vol}(A)$ übereinstimmt.
Es seien M der EUKLIDische Raum $\mathbb{R}^n$ oder, allgemeiner, ein separabler metrischer Raum mit Metrik ρ und $A \subset M$ eine Teilmenge. Für beliebige Parameter $d \geq 0$ und $\varepsilon > 0$ wird die Größe

$$\mu_{d,\varepsilon}(A) = \inf\left\{\sum_i (\mathrm{diam} B_i)^d : A \subset \bigcup B_i\,,\ \mathrm{diam} B_i \leq \varepsilon\right\} \tag{17.40a}$$

gebildet, wobei $B_i \subset M$ beliebige Teilmengen mit Durchmesser $\mathrm{diam} B_i = \sup\limits_{x,y\in B_i} \rho(x,y)$ sind.
Das äußere HAUSDORFF–*Maß zur Dimension d von A* wird durch

$$\mu_d(A) = \lim_{\varepsilon\to 0} \mu_{d,\varepsilon}(A) = \sup_{\varepsilon>0} \mu_{d,\varepsilon}(A) \tag{17.40b}$$

definiert und kann endlich oder unendlich sein. Die HAUSDORFF–*Dimension* $d_H(A)$ der Menge A ist dann der (einzige) kritische Wert des HAUSDORFF–Maßes:

$$d_H(A) = \begin{cases} +\infty\,, & \text{falls } \mu_d(A) \neq 0 \text{ für alle } d \geq 0 \text{ ist}\,, \\ \inf\{d \geq 0\colon \mu_d(A) = 0\}\,. \end{cases} \tag{17.40c}$$

Bemerkung: Die Größen $\mu_{d,\varepsilon}(A)$ können auch mit Hilfe von Überdeckungen aus Kugeln vom Radius $r_i \leq \varepsilon$ oder, im Falle des $\mathbb{R}^n$, aus Würfeln der Kantenlänge $\leq \varepsilon$ gebildet werden.

Wichtige Eigenschaften der HAUSDORFF–*Dimension*:

(HD1) $d_H(\emptyset) = 0$.

(HD2) Ist $A \subset \mathbb{R}^n$, so gilt $0 \leq d_H(A) \leq n$.

(HD3) Aus $A \subset B$ folgt $d_H(A) \leq d_H(B)$.

(HD4) Ist $A = \bigcup_{i=1}^{\infty} A_i$, so gilt $d_H(A) = \sup_i d_H(A_i)$.

(HD5) Ist A endlich oder abzählbar, so ist $d_H(A) = 0$.

(HD6) Ist $\varphi\colon M \to M$ LIPSCHITZ–stetig (d.h. existiert eine Konstante $L > 0$ mit $\rho(\varphi(x), \varphi(y)) \leq L\rho(x,y), \forall x, y \in M$), so gilt $d_H(\varphi(A)) \leq d_H(A)$. Existiert die inverse Abbildung φ^{-1} und ist diese ebenfalls LIPSCHITZ–stetig, so ist sogar $d_H(A) = d_H(\varphi(A))$.

■ Für die Menge $\mathbb{Q}$ aller rationalen Zahlen gilt wegen **(HD5)** $d_H(\mathbb{Q}) = 0$. Für die CANTOR–Menge C ist $d_H(C) = \dfrac{\ln 2}{\ln 3} \approx 0.6309\ldots$.

3. Kapazitätsdimension

Sei A eine kompakte Menge des metrischen Raumes (M, ρ) und sei $N_\varepsilon(A)$ die minimale Anzahl von Mengen vom Durchmesser $\leq \varepsilon$, die nötig ist, um A zu überdecken. Die Größe

$$\overline{d}_C(A) = \limsup_{\varepsilon \to 0} \frac{\ln N_\varepsilon(A)}{\ln \frac{1}{\varepsilon}} \tag{17.41a}$$

heißt *obere Kapazitätsdimension*, die Größe

$$\underline{d}_C(A) = \liminf_{\varepsilon \to 0} \frac{\ln N_\varepsilon(A)}{\ln \frac{1}{\varepsilon}} \tag{17.41b}$$

heißt *untere Kapazitätsdimension* von A. Gilt $\overline{d}_C(A) = \underline{d}_C(A) := d_C(A)$, so heißt $d_C(A)$ *Kapazitätsdimension* von A. Im $\mathbb{R}^n$ kann die Kapazitätsdimension auch für beschränkte Mengen betrachtet werden, die nicht abgeschlossen sind.

Für eine beschränkte Menge $A \subset \mathbb{R}^n$ kann in den obigen Definitionen die Zahl $N_\varepsilon(A)$ auch folgendermaßen definiert werden: Der $\mathbb{R}^n$ wird mit einem Gitter aus n–dimensionalen Würfeln der Seitenlänge ε überdeckt. Dann kann für $N_\varepsilon(A)$ die Anzahl der Würfel des Gitters, die A schneiden, genommen werden.

Wichtige Eigenschaften der Kapazitätsdimension:

(KD1) Es gilt immer $d_H(A) \leq d_C(A)$.

(KD2) Für m–dimensionale Flächen $F \subset \mathbb{R}^n$ ist $d_H(F) = d_C(F) = m$.

(KD3) Mit der Abschließung $\overline{A}$ von A gilt $d_C(A) = d_C(\overline{A})$, während oft $d_H(A) < d_H(\overline{A})$ ist.

(KD4) Ist $A = \bigcup\limits_n A_n$ so gilt für die Kapazitätsdimension im allgemeinen nicht $d_C(A) = \sup\limits_n d_C(A_n)$.

■ Sei $A = \{0, 1, \frac{1}{2}, \frac{1}{3}, \ldots\}$. Dann gilt $d_H(A) = 0$ und $d_C(A) = \dfrac{1}{2}$.

Ist A die Menge aller rationalen Punkte in $[0,1]$, so gilt wegen **KD2** und **KD3** $d_c(A) = 1$. Andererseits ist $d_H(A) = 0$.

4. Selbstähnlichkeit

Einer Reihe geometrischer Figuren, die man *selbstähnlich* nennt, liegt folgende Entstehungsprozedur zugrunde: Eine Ausgangsfigur wird durch eine neue Figur ersetzt, die aus p mit dem Faktor $q > 1$ linear skalierten Kopien der Ausgangsfigur besteht. Alle im k–ten Schritt vorhandenen k–fach skalierten

Ausgangsfiguren werden jeweils wie im ersten Schritt behandelt.

■ **A:** CANTOR–Menge: $p = 2$, $q = 3$.

■ **B:** KOCHsche Kurve: $p = 4$, $q = 3$. Die ersten 3 Schritte sind in **Abb.17.13** zu sehen.

■ **C:** SIERPINSKI–Drachen: $p = 3$, $q = 2$. Die ersten 3 Schritte zeigt **Abb.17.14**. (Die weißen Dreiecke werden jeweils entfernt.)

■ **D:** SIERPINSKI–Teppich: $p = 8$, $q = 3$. Die ersten 3 Schritte zeigt **Abb.17.15**. (Die weißen Quadrate werden entfernt.)

Für die unter $A - D$ genannten Mengen gilt $d_C = d_H = \dfrac{\ln p}{\ln q}$.

Abbildung 17.13

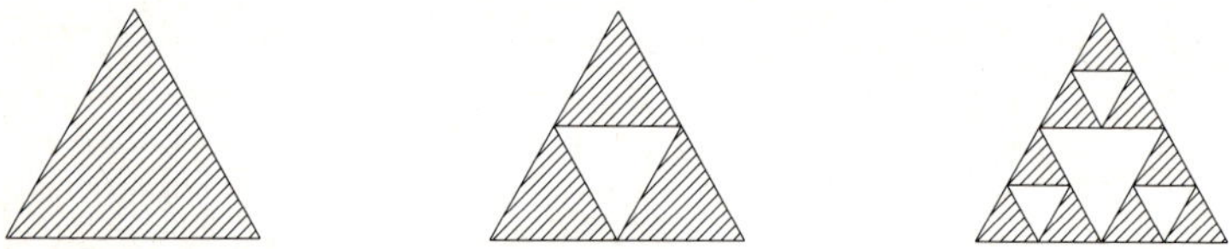

Abbildung 17.14

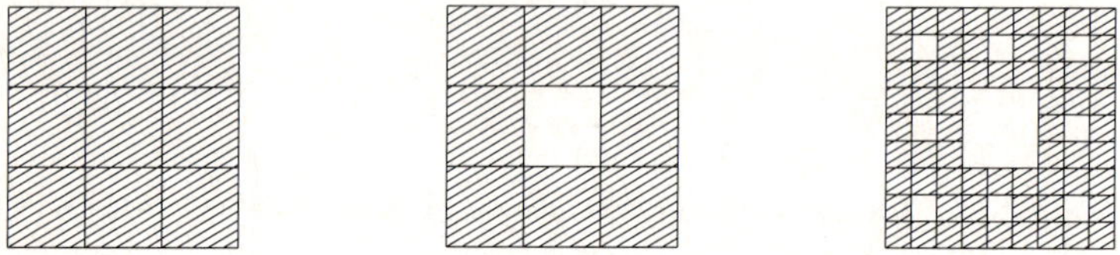

Abbildung 17.15

17.2.4.2 Auf invariante Maße zurückgehende Dimensionen

1. Dimension eines Maßes

Sei μ ein Wahrscheinlichkeitsmaß in (M, ρ), konzentriert auf Λ. Ist $x \in \Lambda$ ein beliebiger Punkt, $B_\delta(x)$ die Kugel mit Radius δ und Mittelpunkt x, so bezeichnen

$$\overline{d}_\mu(x) = \limsup_{\delta \to 0} \frac{\ln \mu(B_\delta(x))}{\ln \delta} \tag{17.42a}$$

die *obere* und

$$\underline{d}_\mu(x) = \liminf_{\delta \to 0} \frac{\ln \mu(B_\delta(x))}{\ln \delta} \tag{17.42b}$$

die *untere punktweise Dimension*.

Ist $\underline{d}_\mu(x) = \overline{d}_\mu(x) := d_\mu(x)$, so heißt $d_\mu(x)$ *Dimension des Maßes* μ in x.

Satz von YOUNG: Gilt für μ–fast alle $x \in \Lambda$ die Beziehung $d_\mu(x) = \alpha$, so ist $\alpha = d_H(\mu) := \inf\limits_{X \subset \Lambda,\, \mu(X)=1} d_H(X)$. Die Größe $d_H(\mu)$ heißt HAUSDORFF–*Dimension des Maßes* μ.

■ Es sei $M = \mathbb{R}^n$ und es sei $\Lambda \subset \mathbb{R}^n$ eine kompakte Kugel mit dem LEBESGUE–Maß $\lambda(\Lambda) > 0$. Für die Einschränkung von μ auf Λ gelte $\mu_\Lambda = \dfrac{\lambda}{\lambda(\Lambda)}$. Dann ist $\mu(B_\delta(x)) \sim \delta^n$ und $d_H(\mu) = n$.

2. Informationsdimension

Der Attraktor Λ von $\{\varphi^t\}_{t\in\Gamma}$ sei wie in (17.2.2.2) mit Würfeln $Q_1(\varepsilon), \ldots, Q_{n(\varepsilon)}(\varepsilon)$ der Seitenlänge ε überdeckt. Sei μ ein invariantes Wahrscheinlichkeitsmaß auf Λ.
Die *Entropie* der Zerlegung $Q_1(\varepsilon), \ldots, Q_{n(\varepsilon)}(\varepsilon)$ ist

$$H(\varepsilon) = -\sum_{i=1}^{n(\varepsilon)} p_i(\varepsilon) \ln p_i(\varepsilon), \quad \text{wobei} \quad p_i(\varepsilon) = \mu(Q_i(\varepsilon)), i = 1, \ldots, n(\varepsilon) \text{ gesetzt wurde.} \tag{17.43}$$

Existiert der Grenzwert $d_I(\mu) = -\lim\limits_{\varepsilon\to 0} \dfrac{H(\varepsilon)}{\ln \varepsilon}$, so hat diese Größe die Eigenschaft einer Dimension und wird *Informationsdimension* genannt.

Satz von YOUNG: Gilt für μ–fast alle $x \in \Lambda$ die Beziehung $d_\mu(x) = \alpha$, so ist $\alpha = d_H(\mu) = d_I(\mu)$.

■ **A:** Das Maß μ sei auf einer Ruhelage x_0 von $\{\varphi^t\}$ konzentriert. Da für $\varepsilon > 0$ immer $H_\varepsilon(\mu) = -1 \ln 1 = 0$ ist, gilt $d_I(\mu) = 0$.

■ **B:** Das Maß μ sei auf einem Grenzzyklus von $\{\varphi^t\}$ konzentriert. Für $\varepsilon > 0$ ist $H_\varepsilon(\mu) = -\ln \varepsilon$ und deshalb $d_I(\mu) = 1$.

3. Korrelationsdimension

Sei $\{y_i\}_{i=1}^\infty$ eine Folge von Punkten des Attraktors $\Lambda \subset \mathbb{R}^n$ von $\{\varphi^t\}_{t\in\Gamma}$, μ ein invariantes Wahrscheinlichkeitsmaß auf Λ und sei $m \in \mathbb{N}$ beliebig. Für Vektoren $x_i := (y_i, \ldots, y_{i+m})$ sei der Abstand $\operatorname{dist}(x_i, x_j) := \max\limits_{0\le s\le m} \|y_{i+s} - y_{j+s}\|$, wobei $\|\cdot\|$ die Euklidische Vektornorm ist, definiert. Wird mit Θ die HEAVISIDE–Funktion $\Theta(x) = \begin{cases} 0, & x \le 0, \\ 1, & x > 0, \end{cases}$ bezeichnet, so heißt der Ausdruck

$$\begin{aligned} C^m(\varepsilon) &= \limsup_{N\to+\infty} \frac{1}{N^2} \operatorname{card}\{(x_i, x_j) \colon \operatorname{dist}(x_i, x_j) < \varepsilon\} \\ &= \limsup_{N\to\infty} \frac{1}{N^2} \sum_{i,j=1}^{N} \Theta\left(\varepsilon - \operatorname{dist}(x_i, x_j)\right) \end{aligned} \tag{17.44a}$$

Korrelationsintegral. Die Größe

$$d_K = \lim_{\varepsilon\to 0} \frac{\ln C^m(\varepsilon)}{\ln \varepsilon} \tag{17.44b}$$

(falls diese existiert) ist die *Korrelationsdimension.*

4. Verallgemeinerte Dimension

Der Attraktor Λ von $\{\varphi^t\}_{t\in\Gamma}$ auf M mit invariantem Wahrscheinlichkeitsmaß μ wird wie in (17.2.2.2) mit Würfeln der Seitenlänge ε überdeckt. Für einen beliebigen Parameter $q \in \mathbb{R}, q \neq 1$, heißt

$$H_q(\varepsilon) = \frac{1}{1-q} \ln \sum_{i=1}^{n(\varepsilon)} p_i(\varepsilon)^q \quad \text{mit} \quad p_i(\varepsilon) = \mu(Q_i(\varepsilon)) \tag{17.45a}$$

verallgemeinerte Entropie q–ter *Ordnung* bezüglich der Zerlegung $Q_1(\varepsilon), \ldots, Q_{n(\varepsilon)}(\varepsilon)$.
Die RÉNYI–*Dimension* q–ter Ordnung ist

$$d_q = -\lim_{\varepsilon\to 0} \frac{H_q(\varepsilon)}{\ln \varepsilon}, \tag{17.45b}$$

falls dieser Grenzwert existiert.

Sonderfälle der Rényi–Dimension:

1. $q = 0$: $d_0 = d_C(\operatorname{supp}\mu)$; (17.46a)

2. $q = 1$: $d_1 := \lim_{q \to 1} d_q = d_I(\mu)$; (17.46b)

3. $q = 2$: $d_2 = d_K$. (17.46c)

5. Lyapunov–Dimension

Sei $\{\varphi^t\}_{t \in \Gamma}$ ein glattes dynamisches System auf $M \subset \mathbb{R}^n$ mit Attraktor Λ (bzw. invarianter Menge) und mit auf Λ konzentriertem invariantem ergodischem Wahrscheinlichkeitsmaß. Sind $\lambda_1 \geq \lambda_2 \geq \cdots \geq \lambda_n$ die Lyapunov–Exponenten bezüglich μ und ist k der größte Index, für den $\sum_{i=1}^{k} \lambda_i \geq 0$ und $\sum_{i=1}^{k+1} \lambda_i < 0$ ist, so heißt die Größe

$$d_L(\mu) = k + \frac{\sum_{i=1}^{k} \lambda_i}{|\lambda_{k+1}|} \tag{17.47}$$

Lyapunov–*Dimension des Maßes* μ.

Ist $\sum_{i=1}^{n} \lambda_i \geq 0$, so wird $d_L(\mu) = n$ gesetzt; ist $\lambda_1 < 0$, wird $d_L(\mu) = 0$ definiert.

Satz von Ledrappier: Es seien $\{\varphi^t\}$ ein diskretes System (17.3) auf $M \subset \mathbb{R}^n$ mit einer C^2–Funktion φ und μ, wie oben, ein auf dem Attraktor Λ von $\{\varphi^t\}$ konzentriertes invariantes ergodisches Wahrscheinlichkeitsmaß. Dann gilt $d_H(\mu) \leq d_L(\mu)$,

■ **A:** Der Attraktor $\Lambda \subset \mathbb{R}^2$ eines glatten dynamischen Systems $\{\varphi^t\}$ werde mit N_ε Quadraten der Seitenlänge ε überdeckt. Es seien $\sigma_1 > 1 > \sigma_2$ die gemittelten Singulärwerte von $D\varphi$. Dann gilt für das d_C–dimensionale Volumen des Attraktors $m_{d_C} \simeq N\varepsilon \cdot \varepsilon^{d_C}$. Aus jedem Quadrat der Seitenlänge ε entsteht unter φ näherungsweise ein Parallelogramm mit $\sigma_2\varepsilon$ und $\sigma_1\varepsilon$ als Seitenlänge. Nimmt man Überdeckungen aus Rhomben mit der Seitenlänge $\sigma_2\varepsilon$, so ist $N_{\sigma_2\varepsilon} \simeq N_\varepsilon \dfrac{\sigma_1}{\sigma_2}$. Aus der Beziehung $N_\varepsilon \varepsilon^{d_C} \simeq N_{\sigma_2\varepsilon}(\varepsilon\sigma_2)^{d_C}$ erhält man sofort $d_C \simeq 1 - \dfrac{\ln\sigma_1}{\ln\sigma_2} = 1 + \dfrac{\lambda_1}{|\lambda_2|}$. Diese heuristischen Überlegungen geben also einen Hinweis auf die Herkunft der Formel für die Lyapunov–Dimension.

■ **B:** Gegeben sei das Hénon–System(17.6) mit $a = 1,4$ und $b = 0,3$. Das System (17.6) besitzt bei diesen Parametern einen Attraktor Λ (Hénon–*Attraktor*) mit komplizierter Struktur. Die numerisch bestimmte Kapazitätsdimension ist $d_C(\Lambda) \simeq 1,26$. Für den Hénon–Attraktor Λ läßt sich ein SBR–Maß nachweisen. Für die Lyapunov–Exponenten λ_1 und λ_2 gilt $\lambda_1 + \lambda_2 = \ln|\det D\varphi(x)| = \ln b = \ln 0,3 \simeq -1,204$. Mit dem numerisch ermittelten Wert $\lambda_1 \simeq 0,42$ ergibt sich $\lambda_2 \simeq -1,62$. Damit ist $d_L(\mu) \simeq 1 + \dfrac{0,42}{1,62} \simeq 1,26$.

17.2.4.3 Lokale Hausdorff–Dimension nach Douady–Oesterlé

Sei $\{\varphi^t\}_{t \in \Gamma}$ ein glattes dynamisches System auf $M \subset \mathbb{R}^n$ und Λ eine kompakte invariante Menge. Ein beliebiges $t_0 \geq 0$ werde fixiert und $\Phi := \varphi^{t_0}$ gesetzt.

Satz von Douady und Oesterlé: Seien $\sigma_1(x) \geq \cdots \geq \sigma_n(x)$ die Singulärwerte von $D\Phi(x)$ und sei $d \in (0, n]$ eine Zahl in der Darstellung $d = d_0 + s$ mit $d_0 \in \{0, 1, \ldots, n-1\}$ und $s \in [0, 1]$.
Ist $\sup_{x \in \Lambda} [\sigma_1(x)\sigma_2(x)\ldots\sigma_{d_0}(x)\sigma_{d_0+1}^s(x)] < 1$, so gilt $d_H(\Lambda)] < d$.

Spezielle Version für Differentialgleichungen: Seien $\{\varphi^t\}_{t \in \mathbb{R}}$ der Fluß von (17.1), Λ eine kompakte invariante Menge und seien $\alpha_1(x) \geq \cdots \geq \alpha_n(x)$ die Eigenwerte der *symmetrisierten* Jacobi–*Matrix* $\frac{1}{2}[Df(x)^T + Df(x)]$ in einem beliebigen Punkt $x \in \Lambda$. Ist $d \in (0, n]$ eine Zahl in der Form $d = d_0 + s$ mit $d_0 \in \{0, \ldots, n-1\}$ sowie $s \in [0, 1]$ und gilt $\sup_{x \in \Lambda}[\alpha_1(x) + \cdots + \alpha_{d_0}(x) + s\alpha_{d_0+1}(x)] < 0$, so ist

$d_H(\Lambda) < d$. Die Größe

$$d_{D0}(x) = \begin{cases} 0\,, \text{ falls } \alpha_1(x) < 0\,, \\ \sup\{d\colon 0 \le d \le n\,,\ \alpha_1(x) + \cdots + \alpha_{[d]}(x) + (d-[d])\alpha_{[d]+1}(x) \ge 0\} & \text{sonst}, \end{cases} \tag{17.48}$$

wobei $x \in \Lambda$ beliebig ist und $[d]$ den ganzzahligen Anteil von d bedeutet, heißt DOUADY–OESTERLÉ–*Dimension* im Punkt x. Unter den Voraussetzungen des oben formulierten Satzes von DOUADY–OESTERLÉ für Differentialgleichungen gilt dann $d_H(\Lambda) \le \sup\limits_{x\in\Lambda} d_{DO}(x)$.

■ Das LORENZ–System (17.2) besitzt für $\sigma = 10$, $b = \frac{8}{3}$, $r = 28$ einen Attraktor Λ (LORENZ–*Attraktor*) mit der numerisch ermittelten Dimension $d_H(\Lambda) \approx 2{,}06$ (**Abb.17.16**, erzeugt mit Mathematica) Mit dem Satz von DOUADY–OESTERLÉ erhält man für beliebige $b > 1, \sigma > 0$ und $r > 0$ die Abschätzung $d_H(\Lambda) \le 3 - \dfrac{\sigma + b + 1}{\kappa}$ mit

$$\kappa = \frac{1}{2}\left[\sigma + b + \sqrt{(\sigma-b)^2 + \left(\frac{b}{\sqrt{b-1}} + 2\right)\sigma r}\right].$$

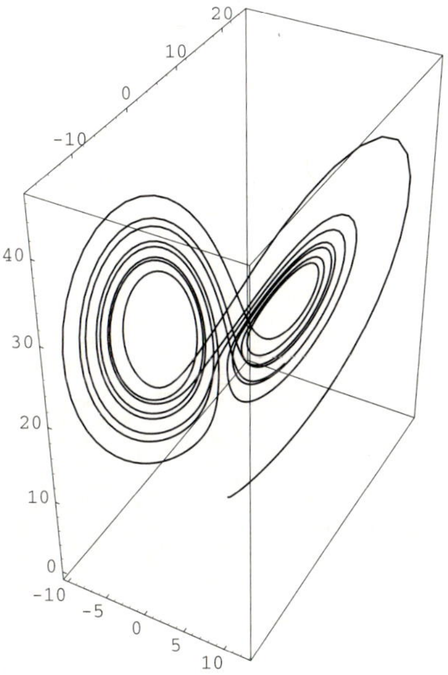

Abbildung 17.16

17.2.4.4 Beispiele von Attraktoren

■ **A:** Die *Hufeisenabbildung* φ tritt in Verbindung mit POINCARÉ–Abbildungen auf, die transversale Schnitte von stabilen und instabilen Mannigfaltigkeiten beinhalten. Das Einheitsquadrat $M = [0,1] \times [0,1]$ wird zunächst in einer Koordinatenrichtung linear gestreckt und in der anderen Richtung gestaucht. Anschließend wird das erhaltene Rechteck in der Mitte gebogen (**Abb.17.17**). Wiederholt man diese Prozedur ständig, entsteht eine Folge von Mengen $M \supset \varphi(M) \supset \cdots$, für die $\Lambda = \bigcap\limits_{k=0}^{\infty} \varphi^k(M)$ eine kompakte unter φ invariante Menge darstellt, die alle Punkte aus M anzieht. Mit Ausnahme eines Punktes läßt sich Λ lokal als Produkt „Linie × CANTOR–Menge“ beschreiben.

Abbildung 17.17

■ **B:** Sei $\alpha \in (0, \frac{1}{2})$ ein Parameter und $M = [0,1] \times [0,1]$ das Einheitsquadrat. Die Abbildung $\varphi\colon M \to M$ mit

$$\varphi(x,y) = \begin{cases} (2x, \alpha y)\,, & \text{falls } 0 \le x \le 1/2\,,\ y \in [0,1]\,, \\ (2x-1, \alpha y + 1/2), & \text{falls } 1/2 < x \le 1\,,\ y \in [0,1] \end{cases}$$

heißt dissipative *Bäcker–Abbildung*. Zwei Iterationen der *Bäcker*–Abbildung sind in **Abb.17.18** dargestellt. Man erkennt die entstehende „*Blätterteigstruktur*".

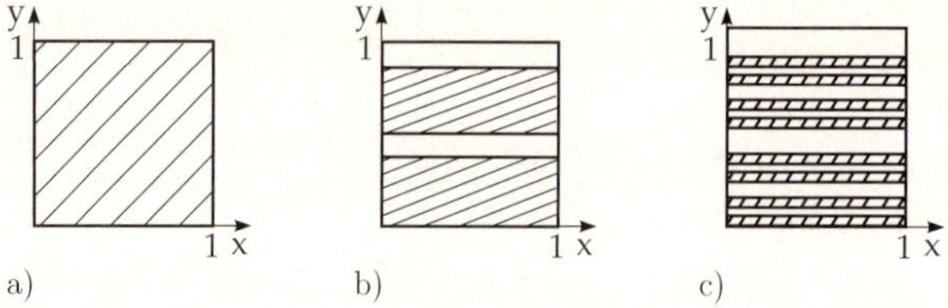

Abbildung 17.18

Die Menge $\Lambda = \bigcap_{k=0}^{\infty} \varphi^k(M)$ ist invariant unter φ und alle Punkte aus M werden von Λ angezogen. Der Wert für die HAUSDORFF–Dimension ist $d_H(\Lambda) = 1 + \dfrac{\ln 2}{-\ln\alpha}$. Für das dynamische System $\{\varphi^k\}$ existiert auf M ein invariantes Maß μ, verschieden vom LEBESGUE–Maß. In den Punkten, wo die Ableitungen existieren, erhält man die JACOBI–Matrizen $D\varphi^k((x,y)) = \begin{pmatrix} 2^k & 0 \\ 0 & \alpha^k \end{pmatrix}$. Hieraus ergeben sich die Singulärwerte $\sigma_1(k,(x,y)) = 2^k, \sigma_2(k,(x,y)) = \alpha^k$ und, demzufolge, die LYAPUNOV–Exponenten (bezüglich des invarianten Maßes μ) $\lambda_1 = \ln 2, \lambda_2 = \ln\alpha$. Damit gilt für die LYAPUNOV–Dimension $d_L(\mu) = 1 + \dfrac{\ln 2}{-\ln\alpha} = d_H(\Lambda)$. PESINsche Formel für die metrische Entropie stimmt hier, d.h., es gilt $h_\mu = \sum\limits_{\lambda_i > 0} \lambda_i = \ln 2$.

■ **C:** Gegeben sei ein Volltorus T mit den lokalen Koordinaten (Θ, x, y), wie er in **Abb.17.19a** zu sehen ist.

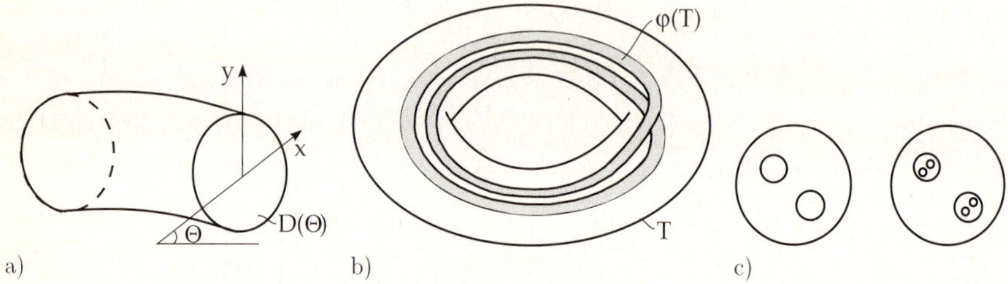

Abbildung 17.19

Eine Abbildung $\varphi: T \to T$ wird durch

$$\Theta_{k+1} = 2\Theta_k\,, \quad \begin{pmatrix} x_{k+1} \\ y_{k+1} \end{pmatrix} = \frac{1}{2}\begin{pmatrix} \cos\Theta_k \\ \sin\Theta_k \end{pmatrix} + \alpha \begin{pmatrix} x_k \\ y_k \end{pmatrix} \quad (k = 0, 1, \ldots,)$$

mit einem Parameter $\alpha \in (0, 1/2)$ erklärt. Das Bild $\varphi(T)$, zusammen mit den Schnitten $\varphi(T) \cap D(\Theta)$ und $\varphi^2(T) \cap D(\Theta)$, ist in **Abb.17.19b** und **Abb.17.19c** zu sehen. Im Ergebnis der Iterationen entsteht die Menge $\Lambda = \bigcap_{k=0}^{\infty} \varphi^k(T)$, die *Solenoid* heißt. Der Attraktor Λ besteht in Längsrichtung aus einem Kontinuum von Kurven, von denen jede dicht in Λ ist und die alle instabil sind. Der Schnitt von Λ

transversal zu diesen Kurven ist eine CANTOR–Menge.
Für die HAUSDORFF–Dimension gilt $d_H(\Lambda) = 1 - \frac{\ln 2}{\ln \alpha}$. Die Menge Λ besitzt eine ganze Umgebung als Einzugsgebiet. Außerdem ist der Attraktor Λ strukturstabil, d.h., die oben formulierten qualitativen Eigenschaften ändern sich nicht bei C^1–kleinen Störungen von φ.

■ **D:** Das Solenoid ist ein Beispiel für einen *hyperbolischen Attraktor*.

17.2.5 Seltsame Attraktoren und Chaos

1. Chaotischer Attraktor

Sei $\{\varphi^t\}_{t\in\Gamma}$ ein dynamisches System im metrischen Raum (M, ρ). Der Attraktor Λ dieses Systems heißt *chaotisch,* wenn auf Λ eine *sensitive Abhängigkeit von den Anfangszuständen* vorliegt.
Die Eigenschaft „sensitive Abhängigkeit von den Anfangszuständen" wird in unterschiedlicher Weise präzisiert. Sie ist z.B. gegeben, wenn eine der beiden folgenden Bedingungen erfüllt ist:
a) Alle Bewegungen von $\{\varphi^t\}$ auf Λ sind in gewisser Weise instabil.
b) Der größte LYAPUNOV–Exponent von $\{\varphi^t\}$ bzgl. eines auf Λ konzentrierten invarianten ergodischen Wahrscheinlichkeitsmaßes ist positiv.

■ Sensitive Abhängigkeit im Sinne von **a)** liegt beim Solenoid vor. Die Eigenschaft **b)** ist z.B. beim HÉNON–Attraktor zu finden.

2. Fraktale und seltsame Attraktoren

Ein Attraktor Λ von $\{\varphi^t\}_{t\in\Gamma}$ heißt *fraktal,* wenn er weder eine endliche Anzahl von Punkten, eine stückweise differenzierbare Kurve oder Fläche noch eine Menge, die von einer geschlossenen stückweise differenzierbaren Fläche umgeben wird, darstellt. Ein Attraktor heißt *seltsam,* wenn er chaotisch, fraktal oder beides ist. Die Begriffe chaotisch, fraktal und seltsam werden für kompakte invariante Mengen, die keine Attraktoren sind, analog benutzt. Ein dynamisches System heißt *chaotisch,* wenn es eine kompakte invariante chaotische Menge besitzt.

■ Im Einheitsquadrat wird die Abbildung

$$x_{n+1} = 2x_n + y_n \pmod 1\,, \quad y_{n+1} = x_n + y_n \pmod 1 \tag{17.49}$$

(ANOSOV–*Diffeomorphismus*) betrachtet. Das System ist in Wirklichkeit auf dem Torus T^2 als adäquater Phasenraum definiert. Es ist konservativ, besitzt das LEBESGUE–Maß als invariantes Maß, hat abzählbar unendlich viele periodische Orbits, deren Vereinigung dicht liegt, und ist mischend.
Andererseits ist $\Lambda = T^2$ eine invariante Menge mit ganzzahliger Dimension 2.

3. Chaotisches System nach DEVANEY

Sei $\{\varphi^t\}_{t\in\Gamma}$ ein dynamisches System im metrischen Raum (M, ρ) mit kompakter invarianter Menge Λ. Das System $\{\varphi^t\}_{t\in\Gamma}$ (bzw. die Menge Λ) heißt *chaotisch im Sinne* von DEVANEY, wenn gilt: **a)** $\{\varphi^t\}_{t\in\Gamma}$ ist *topologisch transitiv* auf Λ, d.h., es gibt einen positiven Semiorbit, der dicht in λ liegt.
b) Die periodischen Orbits von $\{\varphi^t\}_{t\in\Gamma}$ liegen dicht in Λ.
c) $\{\varphi^t\}_{t\in\Gamma}$ ist auf Λ *sensitiv bezüglich der Anfangswerte im Sinne von* GUCKENHEIMER, d.h.,

$$\exists\,\varepsilon > 0 \quad \forall\, x \in \Lambda \quad \forall\, \delta > 0 \quad \exists\, y \in \Lambda \cap U_\delta(x) = \{z\colon \rho(x,z) < \delta\}$$
$$\exists\, t \ge 0\colon \rho(\varphi^t(x), \varphi^t(y)) \ge \varepsilon\,. \tag{17.50}$$

■ Gegeben sei der Raum der 0–1–Folgen

$$\sum = \{s = s_0 s_1 s_2 \ldots s_i \in \{0,1\} \quad (i = 0, 1 \ldots)\}\,.$$

Für zwei Folgen $s = s_0 s_1 s_2 \ldots$ und $s' = s'_0 s'_1 s'_2 \ldots$ sei der Abstand gemäß

$$\rho(s, s') = \begin{cases} 0, & \text{falls} \quad s = s', \\ 2^{-j}, & \text{falls} \quad s \ne s' \end{cases}$$

definiert, wobei j der kleinste Index mit $s_j \ne s'_j$ ist. Damit wird $(\sum, \rho)$ ein vollständiger metrischer Raum, der außerdem kompakt ist.
Die Abbildung $\rho\colon s = s_0 s_1 s_2 \ldots \longmapsto \sigma(s) = s' = s_1 s_2 s_3 \ldots$ heißt BERNOULLI–*Shift–Abbildung.*
Die Shift–Abbildung ist chaotisch im Sinne von DEVANEY.

17.2.6 Chaos in eindimensionalen Abbildungen

Für stetige Abbildungen eines kompakten Intervalls in sich gibt es zahlreiche hinreichende Bedingungen für die Existenz chaotischer invarianter Mengen. Drei Beispiele sollen genannt werden.

Satz von SHINAI: Sei $\varphi\colon I \to I$ eine stetige Abbildung eines kompakten Intervalls I (z.B. $I = [0,1]$) in sich. Dann ist das System $\{\varphi^k\}$ auf I genau dann chaotisch im Sinne von DEVANEY, wenn die topologische Entropie von φ auf I, d.h. $h(\varphi)$, positiv ist.

Satz von SHARKOVSKY: Die positiven ganzen Zahlen seien folgendermaßen geordnet:

$$3 \succ 5 \succ 7 \succ \ldots \succ 2\cdot 3 \succ 2\cdot 5 \succ \ldots \succ 2^2\cdot 3 \succ 2^2\cdot 5 \succ \ldots\ldots \succ 2^3 \succ 2^2 \succ 2 \succ 1\,. \qquad (17.51)$$

Sei $\varphi : I \to I$ eine stetige Abbildung eines kompakten Intervalls in sich und habe $\{\varphi^k\}$ auf I einen n–periodischen Orbit. Dann hat $\{\varphi^k\}$ auch einen m–periodischen Orbit, wenn $n \succ m$ ist.

Satz von BLOCK, GUCKENHEIMER **und** MISIURIEWICZ: Sei $\varphi\colon I \to I$ eine stetige Abbildung des kompakten Intervalls I in sich, so daß $\{\varphi^k\}$ einen $2^n m$–periodischen Orbit ($m > 1$, ungerade) besitzt. Dann ist $h(\varphi) \geq \dfrac{\ln 2}{2^{n+1}}$.

17.3 Bifurkationstheorie und Wege zum Chaos

17.3.1 Bifurkationen in Morse–Smale–Systemen

Gegeben sei auf $M \subset \mathbb{R}^n$ ein von einer Differentialgleichung oder einer Abbildung erzeugtes dynamisches System $\{\varphi_\varepsilon^t\}_{t\in\Gamma}$, das zusätzlich von einem Parameter $\varepsilon \in V \subset \mathbb{R}^l$ abhängt. Jede Änderung der topologischen Struktur des Phasenporträts des dynamischen Systems bei kleiner Änderung des Parameters heißt *Bifurkation*. Der Parameter $\varepsilon = 0 \in V$ heißt *Bifurkationswert*, wenn in jeder Umgebung von 0 Parameterwerte $\varepsilon \in V$ existieren, so daß die dynamischen Systeme $\{\varphi_\varepsilon^t\}$ und $\{\varphi_0^t\}$ auf M topologisch nicht äquivalent bzw. nicht konjugiert sind. Die kleinste Dimension eines Parameterraumes, bei der eine Bifurkation beobachtbar ist, heißt *Kodimension* der Bifurkation.

Man unterscheidet *lokale* Bifurkationen, die nahe einzelner Orbits des dynamischen Systems ablaufen, und *globale* Bifurkationen, die sofort einen großen Teil des Phasenraumes betreffen.

17.3.1.1 Lokale Bifurkationen nahe Ruhelagen

1. Satz über die Zentrumsmannigfaltigkeit

Betrachtet wird eine parameterabhängige Differentialgleichung

$$\dot{x} = f(x,\varepsilon) \quad \text{bzw.} \quad \dot{x}_i = f_i(x_1,\ldots,x_n,\varepsilon_1,\ldots,\varepsilon_l) \quad (i = 1,2,\ldots,n) \qquad (17.52)$$

mit $f\colon M \times V \to \mathbb{R}^n$, wobei $M \subset \mathbb{R}^n$ und $V \subset \mathbb{R}^l$ offene Mengen darstellen und f als r–mal stetig differenzierbar vorausgesetzt wird. Die Gleichung (17.52) läßt sich als parameterfreie Differentialgleichung $\dot{x} = f(x,\varepsilon)$, $\dot{\varepsilon} = 0$ im Phasenraum $M \times V$ interpretieren. Aus dem Satz von PICARD–LINDELÖF und dem Satz über die Differenzierbarkeit nach den Anfangswerten (s. S. 791) folgt, daß (17.52) für beliebige $p \in M$ und $\varepsilon \in V$ eine lokal eindeutige Lösung $\varphi(\cdot,p,\varepsilon)$ mit Anfang p zur Zeit $t = 0$ besitzt, die bezüglich p und ε dann r–mal stetig differenzierbar ist. Alle Lösungen mögen auf ganz $\mathbb{R}$ existieren.

Es wird weiter vorausgesetzt, daß System (17.52) bei $\varepsilon = 0$ die Ruhelage $x = 0$ besitzt, d.h., es gelte $f(0,0) = 0$. Es seien $\lambda_1,\ldots,\lambda_s$ die Eigenwerte von $D_x f(0,0) = \left[\dfrac{\partial f_i}{\partial x_j}(0,0)\right]_{i,j=1}^n$ mit $\mathrm{Re}\lambda_j = 0$. Außerdem habe $D_x f(0,0)$ genau m Eigenwerte mit negativem und $k = n - s - m$ Eigenwerte mit positivem Realteil.

Nach dem *Satz über die Zentrumsmannigfaltigkeit* für Differentialgleichungen (*Satz von* SHOSHITAISHVILI) (s. Lit. [17.12]) ist die Differentialgleichung (17.52) für ε mit hinreichend kleiner Norm $\|\varepsilon\|$ in einer Umgebung von 0 topologisch äquivalent zu einem System

$$\dot{x} = F(x,\varepsilon) \equiv Ax + g(x,\varepsilon)\,, \quad \dot{y} = -y\,, \quad \dot{z} = z \qquad (17.53)$$

mit $x \in \mathbb{R}^s$, $y \in \mathbb{R}^m$ und $z \in \mathbb{R}^k$, wobei A eine Matrix vom Typ (s,s) ist, die $\lambda_1, \ldots, \lambda_s$ als Eigenwerte hat, und g eine C^r–Funktion mit $g(0,0) = 0$ sowie $D_x g(0,0) = 0$ darstellt.
Aus der Darstellung (17.53) folgt, daß Bifurkationen von (17.52) in einer Umgebung von 0 ausschließlich durch die Differentialgleichung

$$\dot{x} = F(x, \varepsilon) \tag{17.54}$$

beschrieben werden. Die Gleichung (17.54) stellt die auf die *lokale Zentrumsmannigfaltigkeit* $W^c_{loc} = \{x, y, z \colon y = 0, z = 0\}$ von (17.53) *reduzierte Differentialgleichung* dar. Die reduzierte Differentialgleichung (17.54) kann oft durch eine nichtlineare parameterabhängige Koordinatentransformation, die die topologische Struktur ihres Phasenporträts nahe der untersuchten Ruhelage nicht ändert, auf eine relativ einfache Form (z.B. mit Polynomen auf der rechten Seite) gebracht werden, die *Normalform* heißt. Eine Normalform läßt sich nicht eindeutig bestimmen; in der Regel wird eine Bifurkation durch unterschiedliche Normalformen äquivalent beschrieben.

2. Sattelknoten–Bifurkation und transkritische Bifurkation

Gegeben sei (17.52) mit $l = 1$, wobei f mindestens zweimal stetig differenzierbar ist und $D_x f(0,0)$ den Eigenwert $\lambda_1 = 0$ und $n-1$ Eigenwerte λ_j mit $\mathrm{Re}\lambda_j \neq 0$ habe. Nach dem Satz über die Zentrumsmannigfaltigkeit werden in diesem Fall alle Bifurkationen von (17.52) nahe 0 durch eine eindimensionale reduzierte Differentialgleichung (17.54) beschrieben. Offenbar ist dabei $F(0,0) = \dfrac{\partial F}{\partial x}(0,0) = 0$. Wird zusätzlich $\dfrac{\partial^2}{\partial x^2}F(0,0) \neq 0$ und $\dfrac{\partial F}{\partial \varepsilon}(0,0) \neq 0$ vorausgesetzt und die rechte Seite von (17.54) nach der TAYLOR–Formel entwickelt, so läßt sich diese Darstellung nach Lit. [17.13] durch Koordinatentransformation umformen zur Normalform

$$\dot{x} = \alpha + x^2 + \cdots \tag{17.55}$$

(bei $\dfrac{\partial^2 F}{\partial x^2}(0,0) > 0$) bzw. $\dot{x} = \alpha - x^2 + \cdots$ (bei $\dfrac{\partial^2 F}{\partial x^2}(0,0) < 0$), wobei $\alpha = \alpha(\varepsilon)$ eine differenzierbare Funktion mit $\alpha(0) = 0$ ist und die Punkte Terme höherer Ordnung bedeuten. Für $\alpha < 0$ hat (17.55) nahe $x = 0$ zwei Ruhelagen, von denen eine stabil, die andere instabil ist. Bei $\alpha = 0$ verschmelzen diese zur Ruhelage $x = 0$, die instabil ist. Für $\alpha > 0$ hat (17.55) keine Ruhelage nahe 0 **(Abb. 17.20b)**.

Die Übertragung auf den mehrdimensionalen Fall liefert eine *Sattelknoten–Bifurkation* nahe 0 in (17.52). Für $n = 2$ und $\lambda_1 = 0, \lambda_2 < 0$ ist diese Bifurkation in **Abb.17.20** zu sehen. Die Darstellung der Sattelknoten–Bifurkation im erweiterten Phasenraum ist in **Abb.17.20a** zu sehen. Für hinreichend glatte Vektorfelder (17.52) sind Sattelknoten-Bifurkationen generisch.

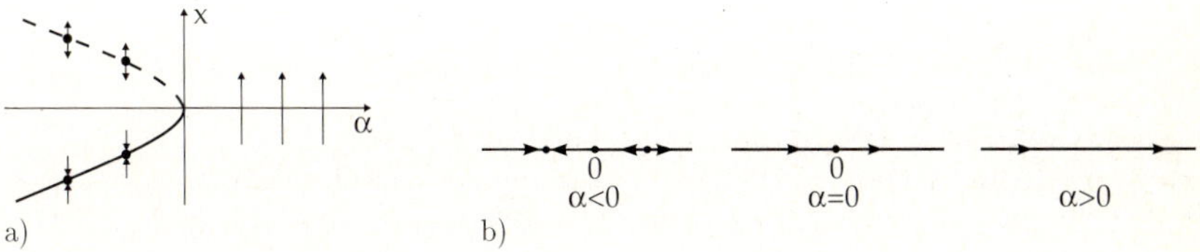

Abbildung 17.20

Wird in den Bedingungen an F für eine Sattelknoten–Bifurkation die Voraussetzung $\dfrac{\partial F}{\partial \varepsilon}(0,0) \neq 0$ durch die Forderungen $\dfrac{\partial F}{\partial \varepsilon}(0,0) = 0$ und $\dfrac{\partial^2 F}{\partial x \partial \varepsilon}(0,0) \neq 0$ ersetzt, so ergibt sich aus (17.54) die verkürzte Normalform (ohne Glieder höherer Ordnung) $\dot{x} = \alpha x - x^2$ einer *transkritischen Bifurkation*. Für $n = 2$ und $\lambda_2 < 0$ ist die transkritische Bifurkation, zusammen mit dem Bifurkationsdiagramm, in

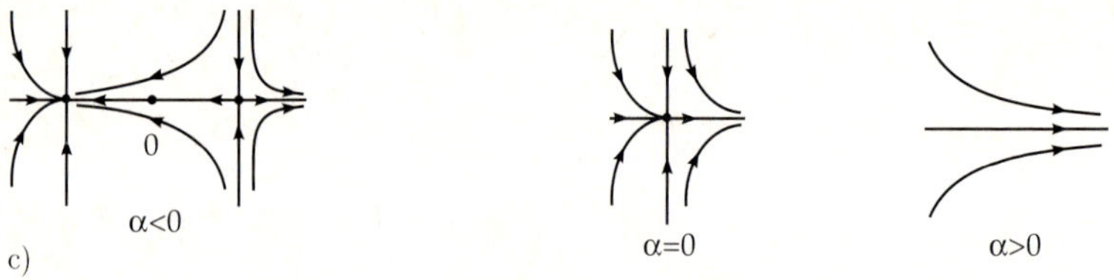

Abbildung 17.20

Abb.17.21 zu sehen. Sattelknoten- und transkritische Bifurkation gehören zu den Kodimension–1–Bifurktionen.

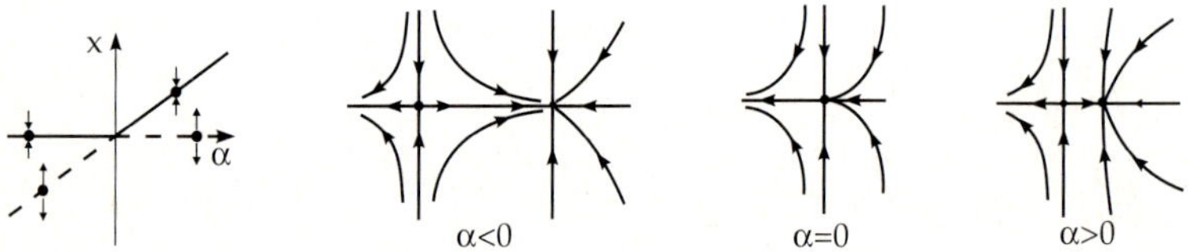

Abbildung 17.21

3. Hopf–Bifurkation

Gegeben sei (17.52), mit $n \geq 2$, $l = 1$ und $r \geq 4$. Für alle ε mit $|\varepsilon| \leq \varepsilon_0$ ($\varepsilon_0 > 0$ hinreichend klein) gelte $f(0, \varepsilon) = 0$. Die JACOBI–Matrix $D_x f(0,0)$ habe die Eigenwerte $\lambda_1 = \overline{\lambda_2} = \mathrm{i}\omega$ mit $\omega \neq 0$ und $n-2$ Eigenwerte λ_j mit $\mathrm{Re}\lambda_j \neq 0$. Nach dem Satz über die Zentrumsmannigfaltigkeit wird die Bifurkation durch eine zweidimensionale reduzierte Differentialgleichung (17.54) in der Form

$$\dot{x} = \alpha(\varepsilon)x - \omega(\varepsilon)y + g_1(x, y, \varepsilon), \quad \dot{y} = \omega(\varepsilon)x + \alpha(\varepsilon)y + g_2(x, y, \varepsilon) \tag{17.56}$$

beschrieben, wobei α, ω, g_1 und g_2 differenzierbare Funktionen sind und $\omega(0) = \omega$ sowie $\alpha(0) = 0$ gilt. Durch eine nichtlineare Koordinatentransformation im Komplexen und Einführung von Polarkoordinaten (r, ϑ) läßt sich (17.56) auf die Normalform

$$\dot{r} = \alpha(\varepsilon)r + a(\varepsilon)r^3 + \cdots, \quad \dot{\vartheta} = \omega(\varepsilon) + b(\varepsilon)r^2 + \cdots \tag{17.57}$$

bringen, in der mit Punkten die Glieder höherer Ordnung angedeutet werden. Die TAYLOR–Entwicklung der Koeffizientenfunktionen von (17.57) führt auf die verkürzte Normalform

$$\dot{r} = \alpha'(0)\varepsilon r + a(0)r^3, \quad \dot{\vartheta} = \omega(0) + \omega'(0)\varepsilon + b(0)r^2\,. \tag{17.58}$$

Der Satz von ANDRONOV und HOPF garantiert, daß (17.58) die Bifurkationen von (17.57) nahe der Ruhelage bei $\varepsilon = 0$ beschreibt.

Unter der Annahme $\alpha'(0) > 0$ ergeben sich für (17.58) folgende Fälle:

1. $a(0) < 0$ **(Abb.17.22a).**

(a) $\varepsilon > 0$: Stabiler Grenzzyklus und instabile Ruhelage.

(b) $\varepsilon = 0$: Zyklus und Ruhelage verschmelzen in eine stabile Ruhelage.

(c) $\varepsilon < 0$: Alle Orbits nahe $(0,0)$ streben wie in (b) für $t \to +\infty$ spiralartig gegen die Ruhelage $(0,0)$.

2. $a(0) > 0$ **(Abb.17.22b).**

(a) $\varepsilon < 0$: Instabiler Grenzzyklus.

(b) $\varepsilon = 0$: Zyklus und Ruhelage verschmelzen in eine instabile Ruhelage.

(c) $\varepsilon > 0$: Spiralartige instabile Ruhelage wie in (b).

Die Interpretation der obigen Fälle für das Ausgangssystem (17.52) zeigt die Bifurkation eines Grenzzyklus aus einer zusammengesetzten Ruhelage (*zusammengesetzter Strudel der Vielfachheit 1*), die

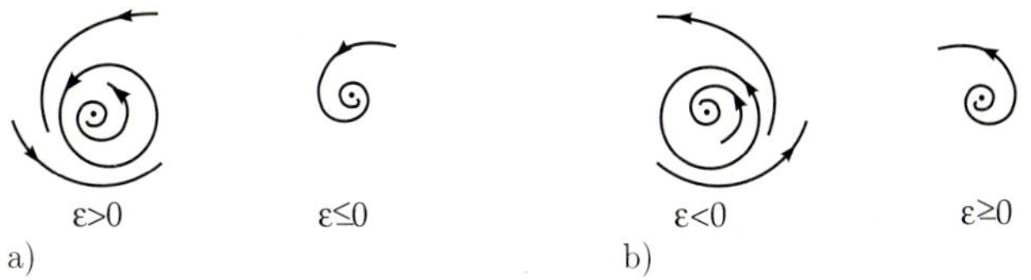

Abbildung 17.22

Hopf–*Bifurkation* (oder auch Andronov–Hopf– *Bifurkation*) genannt wird. Der Fall $a(0) < 0$ heißt dabei *superkritisch*, der Fall $a(0) > 0$ *subkritisch* (unter der Annahme $\alpha'(0) > 0$). Für $n = 3, \lambda_1 = \overline{\lambda_2} =$ i, $\lambda_3 < 0, \alpha'(0) > 0$ und $a(0) < 0$ ist die Situation auf **Abb.17.23** zu sehen.

Abbildung 17.23

Hopf–Bifurkationen sind generisch und gehören zu den Kodimension–1–Bifurkationen. Die angeführten Fallunterscheidungen illustrieren die Tatsache, daß eine superkritische Hopf–Bifurkation unter den oben formulierten Voraussetzungen anhand der Stabilität eines Strudels erkannt werden kann: Die Eigenwerte $\lambda_1(\varepsilon)$ und $\lambda_2(\varepsilon)$ der Jacobi–Matrix der rechten Seite von (17.52) in 0 bei $\varepsilon = 0$ seien rein imaginär, und für die restlichen Eigenwerte λ_j gelte $\mathrm{Re}\lambda_j \neq 0$. Sei weiter $\frac{d}{d\varepsilon}\,\mathrm{Re}\lambda_1(\varepsilon)_{|\varepsilon=0} > 0$ und sei 0 ein asymptotisch stabiler Strudel für (17.52) bei $\varepsilon = 0$. Dann findet in (17.52) bei $\varepsilon = 0$ eine superkritische Hopf–Bifurkation statt.

■ Die Van–der–Polsche Differentialgleichung $\ddot{x} + \varepsilon(x^2 - 1)\dot{x} + x = 0$ mit dem Parameter ε kann als ebene Differentialgleichung

$$\dot{x} = y\,, \quad \dot{y} = -\varepsilon(x^2 - 1)y - x \tag{17.59}$$

geschrieben werden. Bei $\varepsilon = 0$ geht (17.59) in die Gleichung des harmonischen Oszillators über und hat deshalb nur periodische Lösungen und eine Ruhelage, die stabil, aber nicht asymptotisch stabil ist. Mit der Transformation $u = \sqrt{\varepsilon}\,x$, $v = \sqrt{\varepsilon}\,y$ für $\varepsilon > 0$ geht (17.59) in die ebene Differentialgleichung

$$\dot{u} = v, \quad \dot{v} = -u - (u^2 - \varepsilon)v \tag{17.60}$$

über.

Für die Eigenwerte der Jacobi–Matrix in der Ruhelage $(0,0)$ von (17.60) gilt: $\lambda_{1,2}(\varepsilon) = \frac{\varepsilon}{2} \pm \sqrt{\frac{\varepsilon^2}{4} - 1}$ und damit $\lambda_{1,2}(0) = \pm\mathrm{i}$ sowie $\frac{d}{d\varepsilon}\,\mathrm{Re}\lambda_1(\varepsilon)_{|\varepsilon=0} = \frac{1}{2} > 0$.

Wie im Beispiel von 17.1.2.3,1. gezeigt wurde, ist $(0,0)$ eine asymptotisch stabile Ruhelage von (17.60) bei $\varepsilon = 0$. Bei $\varepsilon = 0$ findet eine superkritische Hopf–Bifurkation statt, und $(0,0)$ ist für kleine $\varepsilon > 0$ ein instabiler Strudel, der von einem Grenzzyklus umgeben ist, dessen Amplitude mit ε wächst.

4. Bifurkationen in zweiparametrigen Differentialgleichungen

1. Spitzen–Bifurkation Gegeben sei die Differentialgleichung (17.52) mit $r \geq 4$ und $l = 2$. Die JACOBI–Matrix $D_x f(0,0)$ habe den Eigenwert $\lambda_1 = 0$ und $n-1$ Eigenwerte λ_j mit $\mathrm{Re}\lambda_j \neq 0$. Für die reduzierte Differentialgleichung (17.54) gelte $F(0,0) = \frac{\partial F}{\partial x}(0,0) = \frac{\partial^2 F}{\partial x^2}(0,0) = 0$ und $l_3 := \frac{\partial^3 F}{\partial x^3}(0,0) \neq 0$. Die TAYLOR–Zerlegung von F nahe $(0,0)$ führt auf die verkürzte Normalform (ohne Glieder höherer Ordnung, s. Lit. [17.1])

$$\dot{x} = \alpha_1 + \alpha_2 x + \operatorname{sign} l_3 x^3 \qquad (17.61)$$

mit den Parametern α_1 und α_2. Die Menge $\{(\alpha_1, \alpha_2, x)\colon \alpha_1 + \alpha_2 x + \operatorname{sign} l_3 x^3 = 0\}$ stellt im erweiterten Phasenraum eine Fläche dar und wird *Falte* genannt **(Abb.17.24a)**.

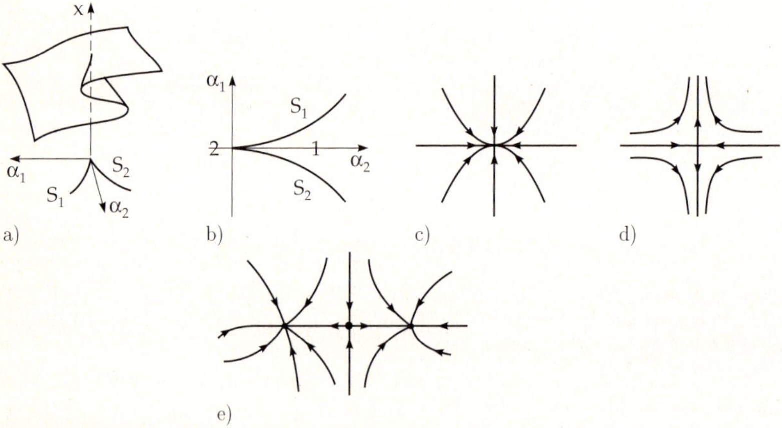

Abbildung 17.24

Im weiteren sei $l_3 < 0$. Die nicht hyperbolischen Ruhelagen von (17.61) werden durch das Gleichungssystem $\alpha_1 + \alpha_2 x - x^3 = 0$, $\alpha_2 - 3x^2 = 0$ definiert und liegen auf den Kurven S_1 und S_2, die durch die Menge $\{(\alpha_1, \alpha_2)\colon 27\alpha_1^2 - 4\alpha_2^3 = 0\}$ bestimmt werden und zusammen eine *Spitze* (cusp) bilden **(Abb.17.24b)**. Bei $(\alpha_1, \alpha_2) = (0,0)$ ist die Ruhelage 0 von (17.61) stabil. Das Phasenporträt von (17.52) nahe 0, z.B. für $n = 2$, $l_3 < 0$ und $\lambda_1 = 0$ ist, für $\lambda_2 < 0$ (*dreifach zusammengesetzter Knoten*) in **Abb.17.24c** und für $\lambda_2 > 0$ (*dreifach zusammengesetzter Sattel*) in **Abb.17.24d** zu sehen (s. Lit. [17.13]).

Beim Übergang von $(\alpha_1, \alpha_2 = (0,0)$ in das Innere des Gebietes 1 **(Abb.17.24b)** spaltet sich die nicht hyperbolische Ruhelage 0 von (17.52) vom Typ eines zusammengesetzten Knotens in drei hyperbolische Ruhelagen (zwei stabile Knoten und ein Sattel) auf (*superkritische Gabelbifurkation*).
Im Falle des zweidimensionalen Phasenraumes von (17.52) sind die Phasenporträts in **Abb.17.24c,e** zu sehen. Beim Durchqueren des Parameterpaares von $S_i \setminus \{(0,0)\}$ $(i = 1,2)$ aus 1 in 2 bildet sich eine zweifach zusammengesetzte Ruhelage vom Sattelknoten–Typ, die sich anschließend aufhebt. Eine stabile hyperbolische Ruhelage verbleibt.

2. BOGDANOV–TAKENS–Bifurkation Für (17.52) gelte $n \geq 2$, $l = 2$, $r \geq 2$, und die Matrix $D_x f(0,0)$ habe die beiden Eigenwerte $\lambda_1 = \lambda_2 = 0$ und $n-2$ Eigenwerte λ_j mit $\mathrm{Re}\lambda_j \neq 0$. Die reduzierte zweidimensionale Differentialgleichung (17.54) sei topologisch äquivalent zum ebenen System

$$\dot{x} = y, \quad \dot{y} = \alpha_1 + \alpha_2 x + x^2 - xy. \qquad (17.62)$$

Dann findet auf der Kurve $S_1 = \{(\alpha_1, \alpha_2): \alpha_2^2 - 4\alpha_1 = 0\}$ eine Sattelknoten–Bifurkation statt. Auf $S_2 = \{(\alpha_1, \alpha_2): \alpha_1 = 0, \alpha_2 < 0\}$ entsteht beim Übergang aus dem Gebiet $\alpha_1 < 0$ in das Gebiet $\alpha_1 > 0$ durch eine HOPF–Bifurkation ein stabiler Grenzzyklus und auf $S_3 = \{(\alpha_1, \alpha_2): \alpha_1 = -k\alpha_2^2 + \cdots\}$ $(k > 0$, const) existiert für das Ausgangssystem eine Separatrixschleife **(Abb.17.25)**, die im Gebiet 3 in einen stabilen Grenzzyklus bifurkiert (s. Lit. [17.1], [17.17]).
Diese Bifurkation ist von globaler Natur und wird als *Entstehung eines einzigen periodischen Orbits aus dem homoklinen Orbit eines Sattels* oder *Auflösung einer Separatrixschleife* bezeichnet.

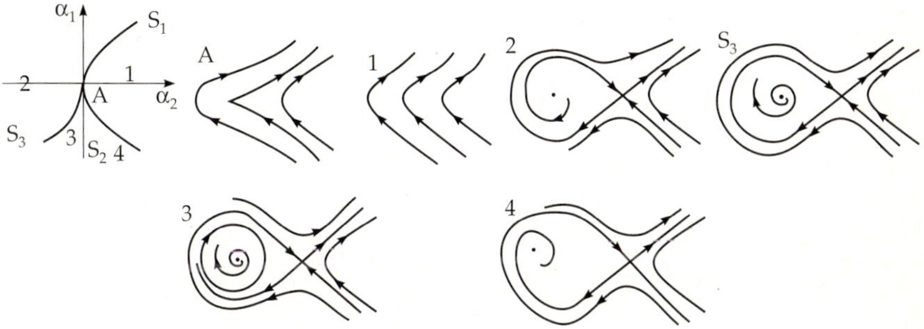

Abbildung 17.25

3. Verallgemeinerte HOPF**–Bifurkation** Für (17.52) seien die Voraussetzungen der HOPF–Bifurkation mit $r \geq 6$ erfüllt und die zweidimensionale reduzierte Differentialgleichung habe nach einer Koordinatentransformation in Polarkoordinaten die Normalform $\dot{r} = \varepsilon_1 r + \varepsilon_2 r^3 - r^5 + \cdots$, $\dot{\vartheta} = 1 + \cdots$. Das Bifurkationsdiagramm **(Abb.17.26)** dieses Systems enthält die Linie $S_1 = \{(\varepsilon_1, \varepsilon_2): \varepsilon_1 = 0, \varepsilon_2 \neq 0\}$, deren Punkte HOPF–Bifurkationen repräsentieren (s. Lit. [17.1]). Im Gebiet 3 existieren zwei periodische Orbits, von denen einer stabil, der andere instabil ist. Auf der Kurve $S_2 = \{(\varepsilon_1, \varepsilon_2): \varepsilon_2^2 + 4\varepsilon_2 > 0, \varepsilon_1 < 0\}$ verschmelzen diese beiden nicht hyperbolischen Zyklen in einen zusammengesetzten Zyklus, der im Gebiet 2 verschwindet.

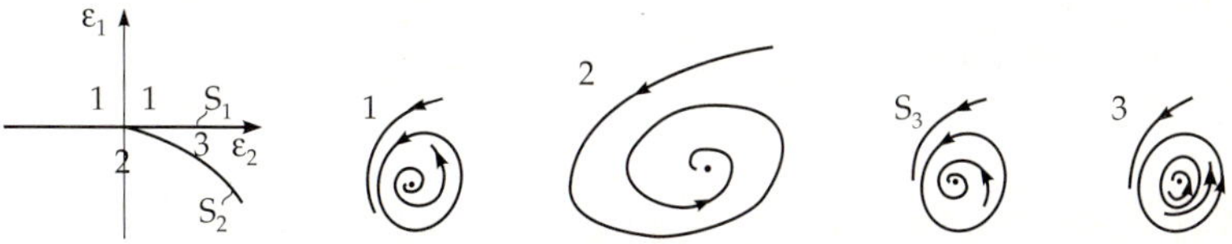

Abbildung 17.26

5. Symmetriebrechung

Manche Differentialgleichungen (17.52) besitzen *Symmetrien* im folgenden Sinne: Es existiert eine lineare Transformation T (oder sogar eine Gruppe von Transformationen), so daß $f(Tx, \varepsilon) = T\,f(x, \varepsilon)$ für alle $x \in M$ und $\varepsilon \in V$ ist. Ein Orbit γ von (17.52) heißt *symmetrisch bezüglich* T, falls $T\gamma = \gamma$ ist. Von einer *symmetriebrechenden* Bifurkation bei $\varepsilon = 0$ spricht man z.B. in (17.52) (bei $l = 1$), wenn für $\varepsilon < 0$ eine stabile Ruhelage oder ein stabiler Grenzzyklus vorliegt, die jeweils symmetrisch bezüglich T sind, und bei $\varepsilon = 0$ zwei weitere stabile Ruhelagen oder Grenzzyklen entstehen, die nicht mehr symmetrisch bezüglich T sind.

■ Für System (17.52) mit $f(x, \varepsilon) = \varepsilon x - x^3$ definiert $T: x \mapsto -x$ eine Symmetrie, denn $f(-x, \varepsilon) = -f(x, \varepsilon)$ $(x \in \mathbb{R}, \varepsilon \in \mathbb{R})$. Bei $\varepsilon < 0$ ist $x_1 = 0$ eine stabile Ruhelage. Bei $\varepsilon > 0$ gibt es neben $x_1 = 0$ die beiden anderen Ruhelagen $x_{2,3} = \pm\sqrt{\varepsilon}$, die beide nicht symmetrisch sind.

17.3.1.2 Lokale Bifurkationen nahe einem periodischen Orbit

1. Satz über die Zentrumsmannigfaltigkeit für Abbildungen

Gegeben sei ein periodischer Orbit γ von (17.52) bei $\varepsilon = 0$ mit den Multiplikatoren $\rho_1, \ldots, \rho_{n-1}, \rho_n = 1$. Eine Bifurkation nahe γ ist möglich, wenn bei Änderung von ε mindestens einer der Multiplikatoren auf den komplexen Einheitskreis trifft. Die Verwendung einer zu γ transversalen Fläche führt auf eine parameterabhängige POINCARÉ–Abbildung

$$x \longmapsto P(x, \varepsilon)\,. \tag{17.63}$$

Dabei sei $P\colon E \times V \to \mathbb{R}^{n-1}$, wobei $E \subset \mathbb{R}^{n-1}$ und $V \subset \mathbb{R}^l$ offene Mengen sind, eine C^r–Abbildung, wobei die Abbildung $\tilde{P}\colon E \times V \to \mathbb{R}^{n-1} \times \mathbb{R}^l$ mit $\tilde{P}(x, \varepsilon) = (P(x, \varepsilon), \varepsilon)$ sogar ein C^r–Diffeomorphismus sei. Es sei weiter $P(0,0) = 0$ und die JACOBI–Matrix $D_x P(0,0)$ habe s Eigenwerte $\rho_1, \ldots, \rho_s$ mit $|\rho_i| = 1, m$ Eigenwerte $\rho_{s+1}, \ldots, \rho_{s+m}$ mit $|\rho_i| < 1$ und $k = n - s - m - 1$ Eigenwerte $\rho_{s+m+1}, \ldots, \rho_{n-1}$ mit $|\rho_i| > 1$. Dann ist nach dem *Satz über die Zentrumsmannigfaltigkeit für Abbildungen* (s. Lit. [17.12]) $\tilde{P}$ nahe $(0,0) \in E \times V$ topologisch konjugiert zur Abbildung

$$(x, y, z, \varepsilon) \longmapsto (F(x, \varepsilon), A^s y, A^u z, \varepsilon) \tag{17.64}$$

nahe $(0,0) \in \mathbb{R}^{n-1} \times \mathbb{R}^l$ mit $F(x, \varepsilon) = A^c x + g(x, \varepsilon)$. Dabei ist g eine C^r–differenzierbare Abbildung, die den Bedingungen $g(0,0) = 0$ und $D_x g(0,0) = 0$ genügt. Außerdem sind A^c, A^s bzw. A^u Matrizen vom Typ $(s,s), (m,m)$ bzw. (k,k).
Aus (17.64) folgt, daß Bifurkationen von (17.63) nahe $(0,0)$ ausschließlich durch die *reduzierte Abbildung*

$$x \longmapsto F(x, \varepsilon) \tag{17.65}$$

auf der *lokalen Zentrumsmannigfaltigkeit* $W^c_{loc} = \{(x, y, z)\colon\ y = 0,\ z = 0\}$ beschrieben werden.

2. Bifurkation eines zweifach zusammengesetzten semistabilen periodischen Orbits

Gegeben sei das System (17.52) mit $n \geq 2, r \geq 3$ und $l = 1$. Das System (17.52) habe bei $\varepsilon = 0$ den periodischen Orbit γ mit den Multiplikatoren $\rho_1 = +1$, $|\rho_i| \neq 1\ (i = 2, 3, \ldots, n-1)$ und $\rho_n = 1$. Nach dem Satz über die Zentrumsmannigfaltigkeit für Abbildungen werden Bifurkationen in der POINCARÉ–Abbildung (17.63) durch die eindimensionale reduzierte Abbildung (17.65) mit $A^c = 1$ beschrieben.
Wird dabei $\dfrac{\partial^2 F}{\partial x^2}(0,0) \neq 0$ und $\dfrac{\partial F}{\partial \varepsilon}(0,0) \neq 0$ vorausgesetzt, so führt dies auf die Normalformen

$$x \longmapsto \tilde{F}(x, \alpha) = \alpha + x + x^2 \tag{17.66}$$

(bei $\dfrac{\partial^2 F}{\partial x^2}(0,0) > 0$) bzw. $x \longmapsto \alpha + x - x^2$ (bei $\dfrac{\partial^2 F}{\partial x^2}(0,0) < 0$). Die Iterationsverläufe von (17.66) nahe 0 und die zugehörigen Phasenporträts sind für verschiedene α in **Abb.17.27a** bzw. **Abb.17.27b** zu sehen (s. Lit. [17.1]).
Für $\alpha < 0$ liegen eine stabile und eine instabile Ruhelage nahe $x = 0$ vor, die für $\alpha = 0$ in der instabilen Ruhelage $x = 0$ verschmelzen. Für $\alpha > 0$ existiert keine Ruhelage nahe $x = 0$. Die durch (17.66) beschriebene Bifurkation in (17.65) heißt *subkritische Sattelknoten–Bifurkation für Abbildungen.*
Für die Differentialgleichung (17.52) beschreiben die Eigenschaften der Abbildung (17.66) die *Bifurkation eines zweifach zusammengesetzten semistabilen periodischen Orbits:* Bei $\alpha < 0$ existieren ein stabiler periodischer Orbit γ_1 und ein instabiler periodischer Orbit γ_2, die bei $\alpha = 0$ zu einem semistabilen Orbit γ verschmelzen, der sich bei $\alpha > 0$ auflöst (**Abb.17.28a,b**).

3. Periodenverdopplung oder Flip–Bifurkation

Gegeben sei das System (17.52) mit $n \geq 2, r \geq 4$ und $l = 1$. Betrachtet wird ein periodischer Orbit γ von (17.52) bei $\varepsilon = 0$ mit den Multiplikatoren $\rho_1 = -1$, $|\rho_i| \neq 1\ (i = 2, \ldots, n-1)$, und $\rho_n = 1$. Das Bifurkationsverhalten der POINCARÉ–Abbildung nahe 0 wird durch die eindimensionale Abbildung (17.65) mit $A^c = -1$ beschrieben, von der die Normalform

$$x \longmapsto \tilde{F}(x, \alpha) = (-1 + \alpha)x + x^3 \tag{17.67}$$

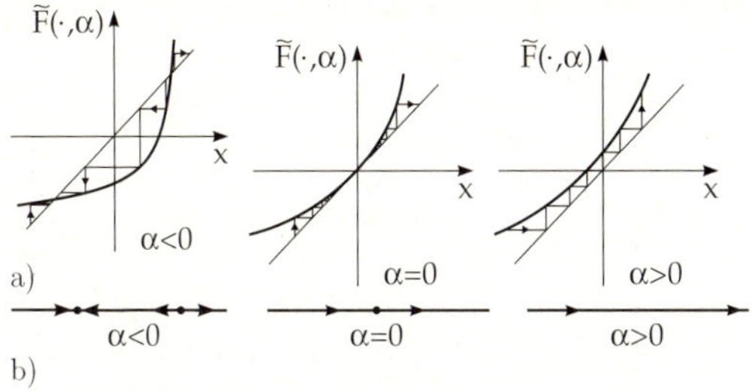

Abbildung 17.27

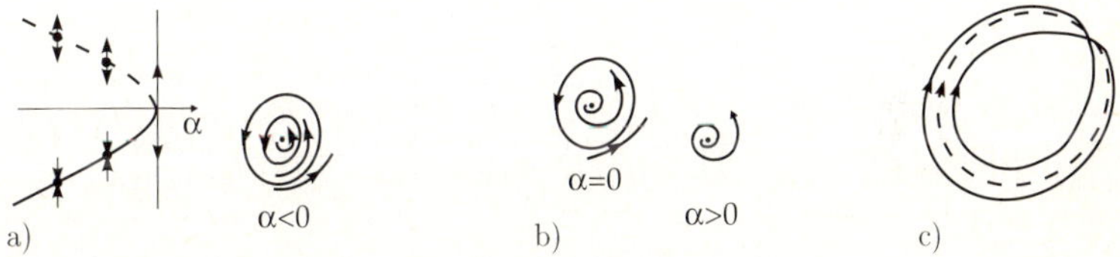

Abbildung 17.28

angenommen werden soll. Die Ruhelage $x = 0$ von (17.67) ist für kleine $\alpha \geq 0$ stabil und für $\alpha < 0$ instabil. Die zweite iterierte Abbildung $\tilde{F}^2$ hat bei $\alpha < 0$ außer $x = 0$ noch die beiden stabilen Fixpunkte $x_{1,2} = \pm\sqrt{-\alpha} + o(|\alpha|)$, die keine Fixpunkte von $\tilde{F}$ sind. Demzufolge müssen sie Punkte der Periode 2 von (17.67) sein.
Allgemein formuliert, kommt es in einer C^4–Abbildung (17.65) zur Entstehung eines zweiperiodischen Orbits bei $\varepsilon = 0$, wenn folgende Bedingungen erfüllt sind (s. Lit. [17.2]):

$$\begin{aligned} &F(0,0) = 0\,, && \frac{\partial F}{\partial x}(0,0) = -1\,, && \frac{\partial F^2}{\partial \varepsilon}(0,0) = 0\,, \\ &\frac{\partial^2 F^2}{\partial x \partial \varepsilon}(0,0) \neq 0\,, && \frac{\partial^2 F^2}{\partial x^2}(0,0) = 0\,, && \frac{\partial^3 F^2}{\partial x^3}(0,0) \neq 0\,. \end{aligned} \tag{17.68}$$

Da wegen $\dfrac{\partial F}{\partial x}(0,0) = -1$ auch $\dfrac{\partial F^2}{\partial x}(0,0) = +1$ ist, sind damit für die Abbildung F^2 die Bedingungen für eine *Gabelbifurkation* formuliert.
Die Eigenschaften der Abbildung (17.67) implizieren für die Differentialgleichung (17.52), daß sich bei $\alpha = 0$ von γ ein stabiler periodischer Orbit mit etwa doppelter Periode abspaltet (*Periodenverdopplung*), wobei γ seine Stabilität verliert **(Abb.17.28c)**.

■ Die logistische Abbildung φ_α: $[0,1] \to [0,1]$ ist für $0 < \alpha \leq 4$ durch $\varphi_\alpha(x) = \alpha x(1-x)$, d.h. durch das diskrete dynamische System

$$x_{t+1} = \alpha x_t(1 - x_t) \tag{17.69}$$

gegeben. Die Abbildung besitzt nach Lit. [17.10] folgendes Bifurkationsverhalten: Für $0 < \alpha \leq 1$ hat (17.69) die Ruhelage 0 mit dem Einzugsgebiet $[0,1]$. Für $1 < \alpha < 3$ besitzt (17.69) die instabile Ruhelage 0 und die stabile Ruhelage $1 - \frac{1}{\alpha}$, wobei letztere das Einzugsgebiet $(0,1)$ besitzt. Bei $\alpha_1 = 3$ wird die Ruhelage $1 - \frac{1}{\alpha}$ instabil und zerfällt in einen stabilen 2periodischen Orbit.

Beim Wert $\alpha_2 = 1 + \sqrt{6}$ wird auch der 2periodische Orbit instabil und durch einen stabilen 2^2–periodischen Orbit ersetzt. Die Periodenverdopplung setzt sich fort, und es entstehen stabile 2^q–perio-

dische Orbits bei $\alpha = \alpha_q$. Numerische Untersuchungen belegen für $q \to +\infty$ die Konvergenz $\alpha_q \to \alpha_\infty \approx 3,570\ldots$.
Bei $\alpha = \alpha_\infty$ liegt ein Attraktor F vor (FEIGENBAUM–*Attraktor*), der die Struktur einer CANTOR–ähnlichen Menge hat. In beliebiger Nähe des Attraktors liegen Punkte, die nicht in den Attraktor, sondern auf instabile periodische Orbits iteriert werden. Der Attraktor F hat dichte Orbits und eine HAUSDORFF–Dimension $d_H(F) \approx 0,538\ldots$. Andererseits liegt keine sensitive Abhängigkeit von den Anfangszuständen vor. Im Bereich $\alpha_\infty < \alpha < 4$ existiert eine Parametermenge A mit positivem LEBESGUE–Maß, so daß für $\alpha \in A$ das System (17.69) einen chaotischen Attraktor positiven Maßes besitzt. Die Menge A ist von Fenstern durchsetzt, in denen Periodenverdopplung auftritt.
Das Bifurkationsverhalten der logistischen Abbildung ist auch in einer Klasse von *unimodalen Abbildungen,* d.h. von Abbildungen des Intervalls I in sich, die in I ein einfaches Maximum besitzen, zu finden. Obwohl die Parameterwerte α_i, bei denen Periodenverdopplung auftritt, für verschiedene solche unimodale Abbildungen sich voneinander unterscheiden, ist die Konvergenzrate, mit der diese Parameter gegen den jeweiligen Wert α_∞ streben, gleich: $\alpha_k - \alpha_\infty \approx C\delta^{-k}$, wobei $\delta = 4,6692\ldots$ die FEIGENBAUM–Konstante ist (C hängt von der konkreten Abbildung ab). Gleich sind auch die HAUSDORFF–Dimensionen der Attraktoren F bei $\alpha = \alpha_\infty$: $d_H(F) \approx 0,538\ldots$.

4. Abspaltung eines Torus

Gegeben sei (17.52) mit $n \geq 3, r \geq 6$ und $l = 1$. Für alle ε nahe 0 habe (17.52) einen periodischen Orbit γ_ε. Die Multiplikatoren von γ_0 seien $\rho_{1,2} = e^{\pm i\Psi}$ mit $\Psi \notin \{0, \frac{\pi}{2}, \frac{2\pi}{3}, \pi\}$, ρ_j $(j = 3, \ldots, n-1)$ mit $|\rho_j| \neq 1$ und $\rho_n = 1$.
Nach dem Satz über die Zentrumsmannigfaltigkeit ergibt sich in der vorliegenden Situation eine zweidimensionale reduzierte C^6–Abbildung

$$x \longmapsto F(x, \varepsilon) \tag{17.70}$$

mit $F(0, \varepsilon) = 0$ für ε nahe 0.
Hat die JACOBI–Matrix $D_x F(0, \varepsilon)$ für alle ε nahe 0 die konjugiert komplexen Eigenwerte $\rho(\varepsilon)$ und $\overline{\rho}(\varepsilon)$ mit $|\rho(0)| = 1$, ist $d := \dfrac{d}{d\varepsilon} |\rho(\varepsilon)|_{|\varepsilon=0} > 0$ und ist $\rho(0)$ für $q = 1, 2, 3, 4$ keine q–te Wurzel aus 1, so läßt sich (17.70) durch eine glatte ε–abhängige Koordinatentransformation auf die Form $x \mapsto \tilde{F}(x, \varepsilon) = \tilde{F}_o(x, \varepsilon) + O(\|x\|^5)$ bringen (O LANDAU–Symbol), wobei $\tilde{F}_o$ in Polarkoordinaten durch

$$\begin{pmatrix} r \\ \vartheta \end{pmatrix} \longmapsto \begin{pmatrix} |\rho(\varepsilon)| r + a(\varepsilon) r^3 \\ \vartheta + \omega(\varepsilon) + b(\varepsilon) r^2 \end{pmatrix} \tag{17.71}$$

gegeben ist. Dabei sind a, ω und b differenzierbare Funktionen. Sei $a(0) < 0$. Dann ist die Ruhelage $r = 0$ von (17.71) für alle $\varepsilon < 0$ asymptotisch stabil und für $\varepsilon > 0$ instabil. Außerdem existiert bei $\varepsilon > 0$ der Kreis $r = \sqrt{-\dfrac{d\varepsilon}{a(0)}}$, der invariant unter der Abbildung (17.71) und asymptotisch stabil ist **(Abb.17.29a)**.

Satz von NEIMARK **und** SACKER Der Satz von NEIMARK und SACKER (s. Lit. [17.18], [17.3]) sagt aus, daß das Bifurkationsverhalten von (17.71) auch auf $\tilde{F}$ zutrifft (*Superkritische* HOPF–*Bifurkation für Abbildungen*).

■ In der Abbildung (17.70), gegeben durch

$$\begin{pmatrix} x \\ y \end{pmatrix} \longmapsto \frac{1}{\sqrt{2}} \begin{pmatrix} (1+\varepsilon)x + y + x^2 - 2y^2 \\ -x + (1+\varepsilon)y + x^2 - x^3 \end{pmatrix},$$

findet bei $\varepsilon = 0$ eine superkritische HOPF–Bifurkation statt.

Bezogen auf die Differentialgleichung (17.52) bedeutet die Existenz einer geschlossenen invarianten Kurve der Abbildung (17.70), daß bei $a(0) < 0$ der periodische Orbit γ_0 instabil wird und sich bei $\varepsilon > 0$ ein bezüglich (17.52) invarianter stabiler Torus abspaltet **(Abb.17.29b)**.

Abbildung 17.29

17.3.1.3 Globale Bifurkationen

Neben der Entstehung eines periodischen Orbits durch Auflösung einer Separatrixschleife kann es in (17.52) zu weiteren globalen Bifurkationen kommen. Zwei davon sollen am Beispiel erläutert werden (s. Lit. [17.12]).

1. Entstehung eines periodischen Orbits durch Verschwinden eines Sattelknotens

■ Das parameterabhängige System

$$\dot{x} = x(1 - x^2 - y^2) + y(1 + x + \alpha)\,,\ \dot{y} = -x(1 + x + \alpha) + y(1 - x^2 - y^2)$$

hat in Polarkoordinaten $x = r\cos\vartheta$, $y = r\sin\vartheta$ die Form

$$\dot{r} = r(1 - r^2)\,,\ \dot{\vartheta} = -(1 + \alpha + r\cos\vartheta)\,. \tag{17.72}$$

Offenbar ist bei beliebigem Parameter α der Kreis $r = 1$ invariant unter (17.72), und alle Orbits (außer der Ruhelage $(0,0)$) streben für $t \to +\infty$ zu diesem Kreis. Für $\alpha < 0$ liegen ein Sattel und ein stabiler Knoten auf dem Kreis, die bei $\alpha = 0$ zu einer zusammengesetzten Ruhelage vom Sattelknoten–Typ verschmelzen. Für $\alpha > 0$ liegt keine Ruhelage mehr auf der Kreislinie, die dann einen periodischen Orbit repräsentiert **(Abb.17.30)**.

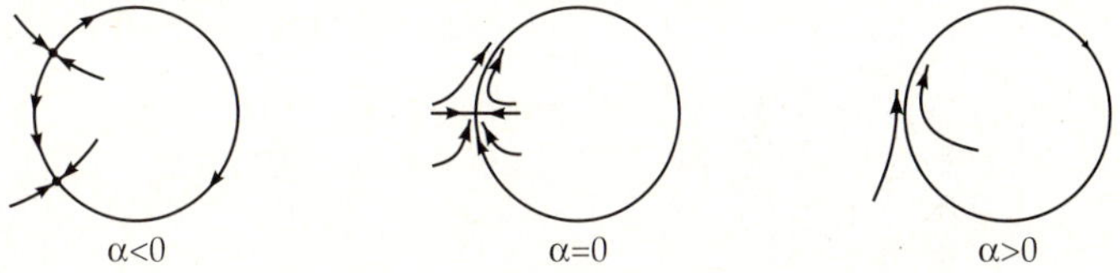

Abbildung 17.30

2. Auflösung einer Sattel–Sattel–Separatrix in der Ebene

■ Gegeben sei die parameterabhängige ebene Differentialgleichung

$$\dot{x} = \alpha + 2xy\,,\ \dot{y} = 1 + x^2 - y^2\,. \tag{17.73}$$

Für $\alpha = 0$ hat (17.73) die beiden Sattel $(0,1)$ und $(0,-1)$ und die y–Achse als invariante Menge. Teil dieser invarianten Menge ist der heterokline Orbit. Für kleine $|\alpha| \neq 0$ bleiben die Sattelpunkte erhalten, während der heterokline Orbit zerfällt **(Abb.17.31)**.

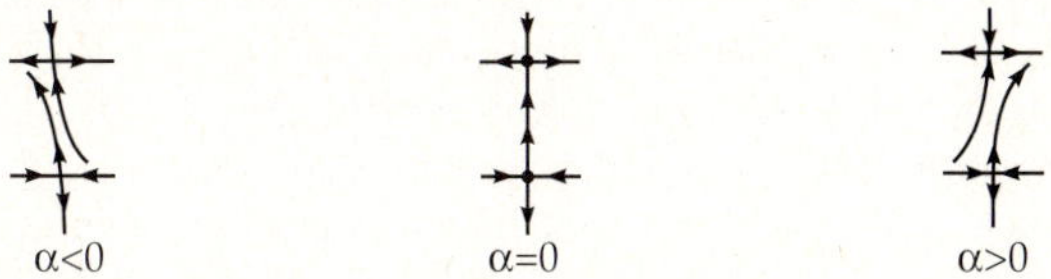

Abbildung 17.31

17.3.2 Übergänge zum Chaos

Ein seltsamer Attraktor entsteht häufig nicht abrupt, sondern im Ergebnis einer Reihe von Bifurkationen, von denen die typischen in Punkt (17.3.1) dargestellt wurden. Die wichtigsten Wege zur Bildung seltsamer Attraktoren bzw. seltsamer invarianter Mengen sollen im weiteren beschrieben werden.

17.3.2.1 Kaskade von Periodenverdopplungen

Analog zur logistischen Gleichung (17.69) kann es auch in zeitkontinuierlichen Systemen zu einer Kaskade von Periodenverdopplungen nach folgendem Szenario kommen. Das System (17.52) besitzt für $\varepsilon < \varepsilon_1$ den stabilen periodischen Orbit $\gamma_\varepsilon^{(1)}$. Bei $\varepsilon = \varepsilon_1$ findet nahe $\gamma_{\varepsilon_1}^{(1)}$ eine Periodenverdopplung statt, bei der der periodische Orbit $\gamma_\varepsilon^{(1)}$ für $\varepsilon > \varepsilon_1$ seine Stabilität verliert. Von ihm spaltet sich ein periodischer Orbit $\gamma_{\varepsilon_1}^{(2)}$ mit etwa doppelter Periode ab. Bei $\varepsilon = \varepsilon_2$ findet erneut eine Periodenverdopplung statt, wobei $\gamma_{\varepsilon_2}^{(2)}$ seine Stabilität verliert und ein stabiler Orbit $\gamma_{\varepsilon_2}^{(4)}$ mit nahezu doppelter Periode entsteht. Für wichtige Klassen von Systemen(17.52) setzt sich dieser Prozeß der Periodenverdopplung fort, so daß eine Folge von Parameterwerten $\{\varepsilon_j\}$ entsteht.
Numerische Berechnungen für bestimmte Differentialgleichungen (17.52) (z.B. bei hydrodynamischen Differentialgleichungen wie dem LORENZ–System) belegen die Existenz des Grenzwertes

$\lim\limits_{j\to+\infty} \dfrac{\varepsilon_{j+1} - \varepsilon_j}{\varepsilon_{j+2} - \varepsilon_{j+1}} = \delta$, wobei δ wieder die FEIGENBAUM–Konstante ist.
Bei $\varepsilon_* = \lim\limits_{j\to\infty} \varepsilon_j$ verliert der Zyklus mit unendlicher Periode seine Stabilität, und es kommt zur Bildung eines seltsamen Attraktors.
Der geometrische Hintergrund der Entstehung dieses seltsamen Attraktors in (17.52) durch eine Kaskade von Periodenverdopplungen ist in **Abb.17.32a** zu sehen. Der POINCARÉ–Schnitt zeigt dabei näherungsweise eine Bäcker–Abbildung, die auf die Entstehung einer CANTOR–Mengen–ähnliche Struktur hindeutet.

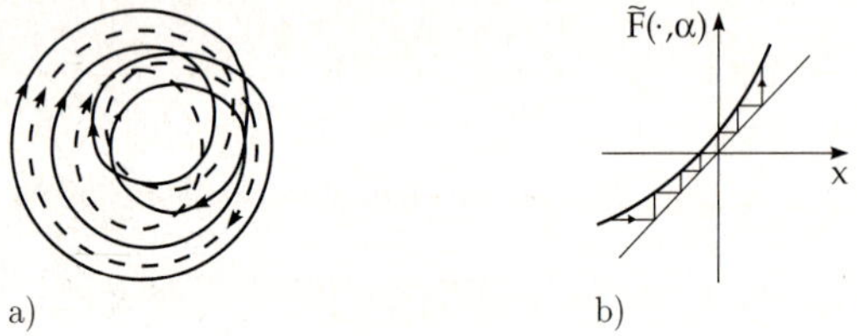

Abbildung 17.32

17.3.2.2 Intermittenz

Gegeben sei ein stabiler periodischer Orbit von (17.52), der bei $\varepsilon = 0$ seine Stabilität verliert, indem genau einer der Multiplikatoren, die innerhalb des Einheitskreises lagen, den Wert $+1$ annimmt. Nach dem Satz über die Zentrumsmannigfaltigkeit läßt sich die entsprechende Sattelknoten–Bifurkation der POINCARÉ-Abbildung durch eine eindimensionale Abbildung in der Normalform
$x \mapsto \tilde{F}(x,\alpha) = \alpha + x + x^2 + \cdots$ beschreiben. Dabei ist α ein Parameter, für den $\alpha = \alpha(\varepsilon)$ mit $\alpha(0) = 0$ gilt. Für positives α ist der Graph von $\tilde{F}(\cdot,\alpha)$ in **Abb.17.32b** zu sehen.

Wie die **Abb. 17.32b** zeigt, verweilen für $\alpha \gtrsim 0$ die Iterierten von $\tilde{F}(\cdot,\alpha)$ relativ lange in der Tunnelzone. Für die Gleichung (17.52) bedeutet dies, daß die entsprechenden Orbits relativ lange in der Umgebung des ursprünglichen periodischen Orbits bleiben. In dieser Zeit ist das Verhalten von (17.53) nahezu periodisch (*laminare Phase*). Ist die Tunnelzone durchlaufen, entflieht der betrachtete Orbit, was zu irregulären Bewegungen führt (*turbulente Phase*). Nach einem gewissen Zeitraum wird der Orbit eingefangen und erneut eine laminare Phase eingeleitet. Ein seltsamer Attraktor entsteht in der beschriebenen Situation dann, wenn der periodische Orbit verschwindet und seine Stabilität an die chaotische Menge vererbt. Die Sattelknoten–Bifurkation ist nur eine der generischen lokalen Bifurkationen, die im Intermittenz–Szenario eine Rolle spielen. Zwei weitere sind die Periodenverdopplung und die Abspaltung eines Torus.

17.3.2.3 Globale homokline Bifurkationen

1. Satz von SMALE

Die invarianten Mannigfaltigkeiten der POINCARÉ–Abbildung einer Differentialgleichung (17.52) im $\mathbb{R}^3$ nahe dem periodischen Orbit γ seien wie in **Abb.17.10b**. Die transversalen homoklinen Punkte $P^j(x_0)$ korrespondieren mit einem bezüglich γ homoklinen Orbit von (17.52). Die Existenz eines solchen homoklinen Orbits in (17.52) führt zu einer sensitiven Abhängigkeit von den Anfangswerten. In Verbindung mit der betrachteten POINCARÉ–Abbildung lassen sich die auf SMALE zurückgehenden Hufeisen–Abbildungen konstruieren, die zu folgenden Aussagen führen:

Satz von SMALE: In jeder Umgebung eines transversalen homoklinen Punktes der POINCARÉ–Abbildung (17.65) existiert ein periodischer Punkt dieser Abbildung. Darüber hinaus existiert in jeder Umgebung eines transversalen homoklinen Punktes eine für $P^m (m \in \mathbb{N})$ invariante Menge Λ, die vom CANTOR–Typ ist. Die Einschränkung von P^m auf Λ ist topologisch konjugiert zu einem BERNOULLI–Shift, d.h. zu einem mischenden System.

Die invariante Menge der Differentialgleichung (17.52) nahe des homoklinen Orbits sieht aus wie das Produkt einer CANTOR–Menge mit dem Einheitskreis. Ist diese invariante Menge anziehend, stellt sie für (17.52) einen seltsamen Attraktor dar.

2. Satz von SHILNIKOV

Betrachtet wird die Differentialgleichung (17.52) im $\mathbb{R}^3$ mit einem skalaren Parameter ε. Das System (17.52) habe bei $\varepsilon = 0$ die hyperbolische Ruhelage 0 vom Sattelknoten–Typ, die für kleine $|\varepsilon|$ erhalten bleibe. Die JACOBI–Matrix $D_x f(0,0)$ habe den Eigenwert $\lambda_3 > 0$ und die konjugiert komplexen Eigenwerte $\lambda_{1,2} = a \pm \mathrm{i}\omega$ mit $a > 0$. Weiter habe (17.52) bei $\varepsilon = 0$ eine Separatrixschleife γ_0, d.h. einen homoklinen Orbit, der für $t \to -\infty$ und $t \to +\infty$ gegen 0 geht **(Abb.17.33a)**.

Dann hat (17.52) nahe der Separatrixschleife folgende Phasenporträts:

a) Sei $\lambda_3 + a < 0$. Bricht die Separatrixschleife bei $\varepsilon \neq 0$ in der mit A gekennzeichneten Variante **(Abb.17.33a)** auf, so setzt bei $\varepsilon = 0$ genau ein periodischer Orbit von (17.52) ein. Bricht die Separatrixschleife bei $\varepsilon \neq 0$ in der mit B gekennzeichneten Variante **(Abb.17.33a)** auf, so entsteht kein periodischer Orbit.

b) Sei $\lambda_3 + a > 0$. Dann existieren bei $\varepsilon = 0$ (bzw. für kleine $|\varepsilon|$) nahe der Separatrixschleife γ_0 (bzw. nahe der zerfallenen Schleife γ_0) abzählbar unendlich viele sattelartige periodische Orbits. Die POINCARÉ–Abbildung bezüglich einer zu γ_0 transversalen Ebene erzeugt bei $\varepsilon = 0$ eine abzählbar unendliche Menge von Hufeisen–Abbildungen, von denen bei kleinen $|\varepsilon| \neq 0$ eine endliche Anzahl bleibt.

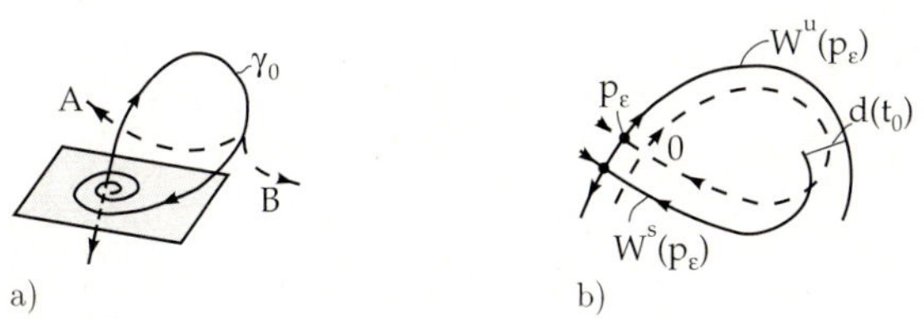

Abbildung 17.33

3. MELNIKOV–Methode

Gegeben sei die ebene Differentialgleichung

$$\dot{x} = f(x) + \varepsilon g(t, x), \qquad (17.74)$$

wobei ε ein kleiner Parameter ist. Für $\varepsilon = 0$ sei (17.74) ein HAMILTON–System, d.h. für $f = (f_1, f_2)$ gelte $f_1 = \dfrac{\partial H}{\partial x_2}$ und $f_2 = -\dfrac{\partial H}{\partial x_1}$, wobei $H : U \subset \mathbb{R}^2 \to \mathbb{R}$ eine C^3–Funktion sei. Das zeitabhängige Vektorfeld $g: \mathbb{R} \times U \to \mathbb{R}^2$ sei zweimal stetig differenzierbar und T–periodisch bezüglich des ersten Arguments. Außerdem seien f und g beschränkt auf beschränkten Mengen. Bei $\varepsilon = 0$ existiere in (17.74) ein homokliner Orbit bezüglich des Sattelpunktes 0. Der POINCARÉ–Schnitt $\sum_{t_0}$ von (17.74) im Phasenraum $\{(x_1, x_2, t)\}$ bei $t = t_0$ sehe aus wie in **Abb.17.33b**. Die POINCARÉ–Abbildung P_{ε,t_0}: $\sum_{t_0} \to \sum_{t_0}$ hat für kleine $|\varepsilon|$ einen Sattel p_ε nahe $x = 0$ mit den invarianten Mannigfaltigkeiten $W^s(p_\varepsilon)$ und $W^u(p_\varepsilon)$. Ist der homokline Orbit des ungestörten Systems durch $\varphi(t - t_0)$ gegeben, so läßt sich der Abstand der Mannigfaltigkeiten $W^s(p_\varepsilon)$ und $W^u(p_\varepsilon)$, gemessen entlang der Geraden, die durch $\varphi(0)$ verläuft und senkrecht auf $f(\varphi(0))$ steht, durch die Formel

$$d(t_0) = \varepsilon \frac{M(t_0)}{\| f(\varphi(0)) \|} + 0(\varepsilon^2) \tag{17.75a}$$

berechnen. Dabei ist $M(\cdot)$ die MELNIKOV–*Funktion*, die durch

$$M(t_0) = \int\limits_{-\infty}^{+\infty} f(\varphi(t - t_0)) \wedge g(t, \varphi(t - t_0))\, dt \tag{17.75b}$$

definiert ist. (Für $a = (a_1, a_2)$ und $b = (b_1, b_2)$ ist $a \wedge b = a_1 b_2 - a_2 b_1$). Besitzt die MELNIKOV–Funktion M in t_0 eine einfache Nullstelle (d.h. gilt $M(t_0) = 0$ und $M'(t_0) \neq 0$), so schneiden sich die Mannigfaltigkeiten $W^s(p_\varepsilon)$ und $W^u(p_\varepsilon)$ für genügend kleine $\varepsilon > 0$ transversal. Wenn M keine Nullstellen besitzt, gilt $W^s(p_\varepsilon) \cap W^u(p_\varepsilon) = \emptyset$, d.h., es gibt keine homoklinen Punkte.

Bemerkung: Das ungestörte System (17.74) besitze einen heteroklinen Orbit, gegeben durch $\varphi(t - t_0)$, der aus einem Sattel 0_1 in einen Sattel 0_2 läuft. Seien p_ε^1 und p_ε^2 die Sattel der POINCARE–Abbildung P_{ε,t_0} für kleine $|\varepsilon|$. Besitzt M, berechnet wie oben, in t_0 eine einfache Nullstelle, so schneiden sich $W^s(p_\varepsilon^1)$ und $W^u(p_\varepsilon^2)$ für kleine $\varepsilon > 0$ transversal.

■ Betrachtet wird die periodisch gestörte Pendelgleichung $\ddot{x} + \sin x = \varepsilon \sin \omega t$, d.h. das System $\dot{x} = y$, $\dot{y} = -\sin x + \varepsilon \sin \omega t$, in der ε ein kleiner Parameter und ω ein weiterer Parameter ist. Das ungestörte System $\dot{x} = y$, $\dot{y} = -\sin x$ ist ein HAMILTON–System mit $H(x, y) = \frac{1}{2} y^2 - \cos x$. Es besitzt (u.a.) ein Paar heterokliner Orbits durch $(-\pi, 0)$ und $(\pi, 0)$ (im zylindrischen Phasenraum $S^1 \times \mathbb{R}$ sind dies homokline Orbits), gegeben durch $\varphi^\pm(t) = (\pm 2 \arctan(\sinh t), \pm 2 \dfrac{1}{\cosh t})(t \in \mathbb{R})$. Die direkte Berechnung der MELNIKOV–Funktion liefert $M(t_0) = \mp \dfrac{2\pi \sin \omega t_0}{\cosh(\pi\omega/2)}$. Da M bei $t_0 = 0$ eine einfache Nullstelle besitzt, hat die POINCARÉ–Abbildung des gestörten Systems für kleine $\varepsilon > 0$ transversale homokline Punkte.

17.3.2.4 Auflösung eines Torus

1. Vom Torus zum Chaos

1. HOPF–LANDAU–**Modell der Turbulenz** Die Frage des Übergangs von einem regulären (laminaren) Verhalten zu einem irregulären (turbulenten) Verhalten ist besonders für Systeme mit verteilten Parametern, die z.B. durch partielle Differentialgleichungen beschrieben werden, von Interesse. Aus dieser Sicht läßt sich *Chaos* als zeitlich irreguläres, aber räumlich geordnetes Verhalten interpretieren. *Turbulenz* dagegen ist ein Systemverhalten, das sowohl zeitlich als auch räumlich irregulär ist. Das HOPF–LANDAU–Modell erklärt die Entstehung der Turbulenz über eine unendliche Kaskade von HOPF–Bifurkationen: Bei $\varepsilon = \varepsilon_1$ entsteht aus einer Ruhelage ein Grenzzyklus, der bei $\varepsilon_2 > \varepsilon_1$ instabil wird und zu einem Torus T^2 führt. Bei der k–ten Bifurkation entsteht ein k–dimensionaler Torus, der durch nicht geschlossene Orbits aufgewickelt wird. Das HOPF–LANDAU–Modell führt im allgemeinen nicht zu einem Attraktor, der durch sensitive Abhängigkeit von den Anfangsbedingungen und Durchmischung gekennzeichnet ist.

2. RUELLE–TAKENS–NEWHOUSE–**Szenario** Im System (17.52) sei $n \geq 4$ und $l = 1$. Bei Änderung des Parameters ε sei die Bifurkationssequenz Ruhelage $\to$ Periodischer Orbit $\to$ Torus T^2 $\to$ Torus T^3 über drei aufeinander folgende HOPF–Bifurkationen realisiert.
Der auf T^3 gegebene quasiperiodische Fluß sei strukturell instabil. Dann können schon bestimmte kleine Störungen von (17.52) zum Zerfall von T^3 und zur Bildung eines seltsamen Attraktors führen, der strukturell stabil ist.

3. Satz über den Glattheitsverlust und die Zerstörung eines Torus T^2 von AFRAIMOVICH **und** SHILNIKOV Gegeben sei das hinreichend glatte System (17.52) bei $n \geq 3$ und $l = 2$. Beim Parameterwert ε_0 habe System (17.52) einen anziehenden glatten Torus $T^2(\varepsilon_0)$, der aufgespannt wird durch einen stabilen periodischen Orbit γ_s, einen sattelartigen periodischen Orbit γ_u und dessen instabile Mannigfaltigkeit $W^u(\gamma_u)$ (*Resonanz–Torus*).
Die invarianten Mannigfaltigkeiten der Ruhelagen der POINCARÉ–Abbildung bezüglich einer Fläche, die transversal zur Längsrichtung den Torus schneidet, sind in **Abb.17.34a** dargestellt. Der Multiplikator ρ von γ_s, der dem Einheitskreis am nächsten liegt, sei reell und einfach. Es sei weiter $\varepsilon(\cdot)\colon [0,1] \to V$ eine beliebige stetige Kurve im Parameterraum, für die $\varepsilon(0) = \varepsilon_0$ und für die das System (17.52) bei $\varepsilon = \varepsilon(1)$ keinen invarianten Resonanz–Torus besitzt. Dann gelten folgende Aussagen:

a) Es existiert ein Wert $s_* \in (0,1)$, bei dem $T^2(\varepsilon(s_*))$ seine Glattheit verliert. Dabei wird entweder der Multiplikator $\rho(s_*)$ komplex, oder die instabile Mannigfaltigkeit $W^u(\gamma_u)$ verliert ihre Glattheit nahe γ_s.

b) Es existiert ein weiterer Parameterwert $s_{**} \in (s_*, 1)$, so daß das System (17.52) für $s \in (s_{**}, 1]$ keinen resonanten Torus besitzt. Der Torus zerfällt dabei nach einem der folgenden Szenarien:

α) Der periodische Orbit γ_s verliert seine Stabilität bei $\varepsilon = \varepsilon(s_{**})$. Es kommt zu einer lokalen Bifurkation wie der Periodenverdopplung oder der Abspaltung eines Torus.
β) Die periodischen Orbits γ_u und γ_s fallen bei $\varepsilon = \varepsilon(s_{**})$ zusammen (Sattelknoten–Bifurkation) und heben sich dabei auf.

γ) Die stabilen und instabilen Mannigfaltigkeiten von γ_u schneiden sich bei $\varepsilon = \varepsilon(s_{**})$ nicht transversal.
(s. *Bifurkationsdiagramm* in **Abb.17.34c**. Die Punkte auf der schnabelförmigen Kurve S_1 entsprechen dem Verschmelzen von γ_s und γ_u (Sattelknoten–Bifurkation). Die Schnabelspitze C_1 liegt auf einer Kurve S_0, die der Abspaltung eines Torus entspricht.

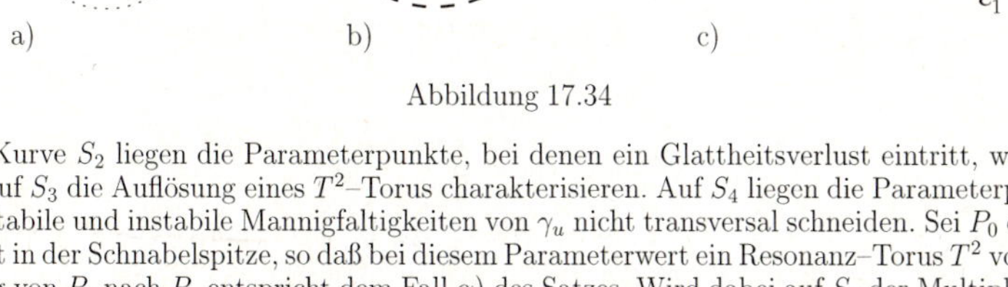

Abbildung 17.34

Auf der Kurve S_2 liegen die Parameterpunkte, bei denen ein Glattheitsverlust eintritt, während die Punkte auf S_3 die Auflösung eines T^2–Torus charakterisieren. Auf S_4 liegen die Parameterpunkte, für die sich stabile und instabile Mannigfaltigkeiten von γ_u nicht transversal schneiden. Sei P_0 ein beliebiger Punkt in der Schnabelspitze, so daß bei diesem Parameterwert ein Resonanz–Torus T^2 vorliegt. Der Übergang von P_0 nach P_1 entspricht dem Fall α) des Satzes. Wird dabei auf S_2 der Multiplikator ρ zu -1, so findet eine Periodenverdopplung statt. Eine sich anschließende Kaskade von weiteren Periodenverdopplungen kann zum Entstehen eines seltsamen Attraktors führen. Trifft beim Überqueren von S_2 ein Paar konjugiert komplexer Multiplikatoren $\rho_{1,2}$ auf den Einheitskreis, dann kann es zur Abspaltung

eines weiteren Torus kommen, für den der Satz von AFRAIMOVICH und SHILNIKOV erneut anwendbar ist.
Der Übergang von P_0 nach P_2 repräsentiert den Fall β) des Satzes: Der Torus verliert die Glattheit, und beim Überqueren von S_1 findet eine Sattelknoten–Bifurkation statt. Der Torus zerfällt, und ein Übergang zum Chaos über Intermittenz kann stattfinden. Der Übergang von P_0 nach P_3 schließlich entspricht Fall γ): Nach dem Verlust der Glattheit bildet sich beim Überqueren von S_4 eine nicht robuste homokline Kurve. Der stabile Zyklus γ_s bleibt, und es entsteht eine zunächst nicht anziehende hyperbolische Menge. Wenn γ_s verschwindet, kann aus dieser Menge ein seltsamer Attraktor entstehen.

2. Abbildungen auf dem Einheitskreis und Rotationszahl

1. Äquivalente und geliftete Abbildungen Beim Glattheitsverlust und Zerfall eines Torus spielen die Eigenschaften invarianter Kurven der POINCARÉ–Abbildung eine wichtige Rolle. Stellt man die POINCARÉ–Abbildung in Polarkoordinaten dar, so erhält man unter gewissen Voraussetzungen losgekoppelte Abbildungen der Winkelvariablen als aussagefähige Hilfsabbildungen auf dem Einheitskreis. Diese sind im Falle glatter invarianter Kurven **(Abb.17.34a)** umkehrbar und im Falle nichtglatter Kurven **(Abb.17.34b)** nicht umkehrbar. Eine Abbildung $F\colon \mathbb{R} \to \mathbb{R}$ mit $F(\Theta+1) = F(\Theta)+1$ für alle $\Theta \in \mathbb{R}$, die das dynamische System

$$\Theta_{n+1} = F(\Theta_n) \tag{17.76}$$

erzeugt, heißt *äquivariant*. Jeder solcher Abbildungen läßt sich auch eine Abbildung auf dem Einheitskreis $f\colon S^1 \to S^1$ mit $S^1 = \mathbb{R}\setminus \mathrm{Z} = \{\Theta \bmod 1, \Theta \in \mathbb{R}\}$ zuordnen. Dabei ist $f(x) := F(\Theta)$, wenn für die Äquivalenzklasse $[\Theta]$ die Beziehung $x = [\Theta]$ gilt. Man bezeichnet F als *eine von f geliftete Abbildung*. Offenbar ist diese Zuordnung nicht eindeutig. Sei

$$x_{t+1} = f(x_t) \tag{17.77}$$

das zu f gehörige dynamische System.

■ Sind ω und K zwei Parameter, so sei die Abbildung $\tilde{F}(\cdot\,;\omega\,,K)$ für alle $\tau \in \mathbb{R}$ durch $\tilde{F}(\sigma;\omega,K) = \sigma + \omega - K\sin\sigma$ definiert. Das zugeordnete dynamische System

$$\sigma_{n+1} = \sigma_n + \omega - K\sin\sigma_n \tag{17.78}$$

läßt sich durch die Transformation $\sigma_n = 2\pi\Theta_n$ auf das System

$$\Theta_{n+1} = \Theta_n + \Omega - \frac{K}{2\pi}\sin 2\pi\Theta_n \tag{17.79}$$

mit $\Omega = \dfrac{\omega}{2\pi}$ überführen. Mit $F(\Theta;\Omega,K) = \Theta + \Omega - \dfrac{K}{2\pi}\sin 2\pi\Theta$ liegt eine äquivariante Abbildung vor, die die *Standardform der Kreisabbildung* erzeugt.

2. Rotationszahl Der Orbit $\gamma(\Theta) = \{F^n(\Theta)\}$ von (17.76) ist genau dann ein *q–periodischer Orbit* von (17.77) in S^1, wenn er ein p/q – *Zyklus* von (17.76) ist, d.h., wenn eine ganze Zahl p existiert, so daß $\Theta_{n+q} = \Theta_n + p, (n \in \mathrm{Z})$ gilt. Die Abbildung $f: S^1 \to S^1$ heißt *orientierungstreu*, wenn es eine zugehörige geliftete Abbildung F gibt, die monoton wachsend ist. Ist F aus (17.76) ein monoton wachsender Homöomorphismus, so existiert für jedes $x \in \mathbb{R}$ der Grenzwert $\lim\limits_{|n|\to\infty} \dfrac{F^n(x)}{n}$, und dieser Grenzwert hängt nicht von x ab. Es kann deshalb der Ausdruck $\rho(F) := \lim\limits_{|n|\to\infty} \dfrac{F^n(x)}{n}$ definiert werden.

Ist $f: S^1 \to S^1$ ein Homöomorphismus und sind F sowie $\tilde{F}$ zwei von f geliftete Abbildungen, so gilt $\rho(F) = \rho(\tilde{F}) + k$, wobei k eine ganze Zahl ist. Aufgrund der letzten Eigenschaft läßt sich die *Rotationszahl* (oder *Windungszahl*) $\rho(f)$ eines orientierungstreuen Homöomorphismus $f\colon S^1 \to S^1$ als $\rho(f) = \rho(F) \bmod 1$ definieren, wobei F eine beliebige von f geliftete Abbildung ist.

Ist $f\colon S^1 \to S^1$ in (17.77) ein orientierungstreuer Homöomorphismus, so hat die Rotationszahl folgende

Eigenschaften (s. Lit. [17.12]):

a) Hat (17.77) einen q–periodischen Orbit, so existiert eine ganze Zahl p, so daß $\rho(f) = \frac{p}{q}$ ist.

b) Ist $\rho(f) = 0$, so hat (17.77) eine Ruhelage.

c) Ist $\rho(f) = \frac{p}{q}$, wobei $p \neq 0$, ganzzahlig und q eine natürliche Zahl ist (p und q teilerfremd), so hat (17.77) einen q–periodischen Orbit.

d) $\rho(f)$ ist genau dann irrational, wenn (17.77) weder einen periodischen Orbit noch eine Ruhelage besitzt.

Satz von DENJOY: Ist $f\colon S^1 \to S^1$ ein orientierungstreuer C^2–Diffeomorphismus und ist die Rotationszahl $\alpha = \rho(f)$ irrational, so ist f topologisch konjugiert zu einer reinen Drehung, deren geliftete Abbildung $F(x) = x + \alpha$ lautet.

3. Differentialgleichungen auf dem Torus T^2

Sei

$$\dot{\Theta}_1 = f_1(\Theta_1, \Theta_2), \quad \dot{\Theta}_2 = f_2(\Theta_1, \Theta_2) \tag{17.80}$$

eine ebene Differentialgleichung, in der f_1 und f_2 differenzierbare und 1periodische Funktionen in beiden Argumenten sind. In diesem Fall definiert (17.80) einen Fluß, der auch als Fluß auf dem Torus $T^2 = S^1 \times S^1$ bezüglich Θ_1 und Θ_2 interpretiert werden kann. Ist $f_1(\Theta_1, \Theta_2) > 0$ für alle (Θ_1, Θ_2), so besitzt (17.80) keine Ruhelage und ist äquivalent zur skalaren Differentialgleichung 1. Ordnung

$$\frac{d\Theta_2}{d\Theta_1} = \frac{f_2(\Theta_1, \Theta_2)}{f_1(\Theta_1, \Theta_2)}. \tag{17.81}$$

Mit den Bezeichnungen $\Theta_1 = t$, $\Theta_2 = x$ und $f = \frac{f_2}{f_1}$ läßt sich (17.81) als nichtautonome Differentialgleichung

$$\dot{x} = f(t, x) \tag{17.82}$$

schreiben, deren rechte Seite 1periodisch bezüglich t und x ist.
Es sei $\varphi(\cdot, x_0)$ die Lösung von (17.82) mit Anfang x_0 zur Zeit $t = 0$. Damit kann man (17.82) eine Abbildung $\varphi^1(\cdot) = \varphi(1, \cdot)$ zuordnen, die als geliftete Abbildung einer Abbildung $f\colon S^1 \to S^1$ gelten kann.

■ Seien $\omega_1, \omega_2 \in \mathbb{R}$ Konstanten und $\dot{\Theta}_1 = \omega_1$, $\dot{\Theta}_2 = \omega_2$ eine Differentialgleichung auf dem Torus, die für $\omega_1 \neq 0$ der skalaren Differentialgleichung $\dot{x} = \frac{\omega_2}{\omega_1}$ äquivalent ist. Damit ist $\varphi(t, x_0) = \frac{\omega_2}{\omega_1} t + x_0$ und $\varphi^1(x) = \frac{\omega_2}{\omega_1} + x$.

4. Standardform einer Kreisabbildung

1. Standardform Die Abbildung F aus (17.79) ist für $0 \leq K < 1$ ein orientierungstreuer Diffeomorphismus, da $\frac{\partial F}{\partial \vartheta} = 1 - K \cos 2\pi\vartheta > 0$ ist. Bei $K = 1$ ist F kein Diffeomorphismus mehr, aber noch ein Homöomorphismus, während für $K > 1$ die Abbildung nicht mehr invertierbar und damit auch kein Homöomorphismus mehr ist. Im Parameterbereich $0 \leq K \leq 1$ ist für $F(\cdot, \Omega, K)$ die Rotationszahl $\rho(\Omega, K) := \rho(F(\cdot; \Omega, K))$ definiert. Sei $K \in (0, 1)$ fixiert. Dann hat $\rho(\cdot, K)$ auf [0,1] folgende Eigenschaften:

a) Die Funktion $\rho(\cdot, K)$ ist nicht fallend, stetig, aber nicht differenzierbar.

b) Für jede rationale Zahl $\frac{p}{q} \in [0, 1)$ existiert ein Intervall $I_{p/q}$, dessen Inneres nicht leer ist und für das $\rho(\Omega, K) = \frac{p}{q}$ für alle $\Omega \in I_{p/q}$ gilt.

c) Für jede irrationale Zahl $\alpha \in (0, 1)$ gibt es genau ein Ω mit $\rho(\Omega, K) = \alpha$.

2. Teufelstreppe und ARNOLD–Zunge Für jedes $K \in (0,1)$ ist $\rho(\cdot, K)$ also eine CANTOR–Funktion. Der Graph von $\rho(\cdot, K)$, der auf **Abb. 17.35b** dargestellt ist, heißt *Teufelstreppe* (*devil's staircase*). Das Bifurkationsdiagramm von (17.79) ist auf **Abb.17.35a** zu sehen. Von jeder rationalen Zahl auf der Ω–Achse geht ein schnabelförmiges Gebiet (ARNOLD–*Zunge*) mit nicht leerem Inneren aus, in dem die Rotationszahl konstant und gleich der rationalen Zahl ist.

Ursache für das Entstehen der Zungen ist eine Synchronisation der Frequenzen (*Frequenzkopplung* oder *frequency locking*). Für $0 \le K < 1$ überlappen sich diese Gebiete nicht. Von jeder irrationalen Zahl auf der Ω–Achse geht eine stetige Kurve aus, die immer die Gerade $K = 1$ erreicht. In der ersten ARNOLD–Zunge mit $\rho = 0$ hat das dynamische System (17.79) Ruhelagen. Ist K fixiert und wächst Ω an, so verschmelzen auf dem Rand der ersten ARNOLD–Zunge zwei dieser Ruhelagen und heben sich dabei gleichzeitig auf. Im Ergebnis einer solchen Sattelknoten–Bifurkation entsteht ein auf S^1 dichter Orbit. Ähnliche Erscheinungen lassen sich beim Verlassen der anderen ARNOLD–Zungen beobachten.
Für $K > 1$ ist die Theorie der Rotationszahlen nicht mehr anwendbar. Die Dynamik wird komplizierter, und es findet ein Übergang zum Chaos statt. Dabei treten, ähnlich wie im Falle der FEIGENBAUM–Konstante, weitere Konstanten auf, die für bestimmte Klassen von Abbildungen, zu denen auch die Standard–Kreisabbildung gehört, gleich sind. Eine davon wird im folgenden beschrieben.

3. Goldenes Mittel, FIBONACCI–Zahlen Die irrationale Zahl $\dfrac{\sqrt{5}-1}{2}$ heißt *Goldenes Mittel* und besitzt die einfache Kettenbruchdarstellung

$\dfrac{\sqrt{5}-1}{2} = \dfrac{1}{1+\frac{1}{1+\frac{1}{1+\cdots}}}$. Durch sukzessives Abschneiden des Kettenbruches erhält man eine Folge $\{r_n\}$ von rationalen Zahlen, die gegen $\dfrac{\sqrt{5}-1}{2}$ konvergiert. Die Zahlen r_n lassen sich in der Form $r_n = \dfrac{F_n}{F_{n+1}}$ darstellen, wobei F_n FIBONACCI–Zahlen sind, die sich durch die Iterationsvorschrift $F_{n+1} = F_n + F_{n-1}$ $(n = 1, 2, \cdots)$ mit den Startwerten $F_0 = 0$ und $F_1 = 1$ bestimmen lassen. Sei nun Ω_∞ der Parameterwert von (17.79), für den $\rho(\Omega_\infty, 1) = \dfrac{\sqrt{5}-1}{2}$ ist und sei jeweils Ω_n der Ω_∞ am nächsten liegende Wert, für den $\rho(\Omega_n, 1) = r_n$ ist. Eine numerische Analyse ergibt den Grenzwert $\lim\limits_{n\to\infty} \dfrac{\Omega_n - \Omega_{n-1}}{\Omega_{n+1} - \Omega_n} = -2{,}8336\ldots$.

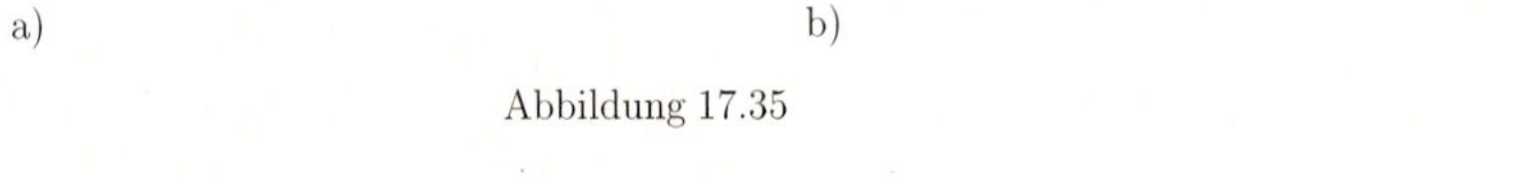

Abbildung 17.35

18 Optimierung

18.1 Lineare Optimierung

18.1.1 Problemstellung und geometrische Darstellung

18.1.1.1 Formen der linearen Optimierung

1. **Gegenstand** der linearen Optimierung ist die Minimierung oder Maximierung einer *linearen Zielfunktion* (**ZF**) von endlich vielen Variablen unter Einhaltung einer endlichen Anzahl von *Nebenbedingungen* (**NB**) oder *Restriktionen*, die als lineare Gleichungen bzw. Ungleichungen vorliegen.
Die Bedeutung der linearen Optimierung besteht darin, daß viele praktische Aufgabenstellungen direkt auf lineare Optimierungsprobleme führen bzw. durch lineare Modelle näherungsweise als lineare Optimierungsprobleme beschrieben werden können und daß Theorie und Lösungsverfahren anschaulich und übersichtlich dargestellt werden können.

2. **Allgemeine Form** Ein lineares Optimierungsproblem besitzt die folgende allgemeine Form:

ZF: $$f(\underline{\mathbf{x}}) = c_1x_1 + \cdots + c_rx_r + c_{r+1}x_{r+1} + \cdots + c_nx_n = \max! \qquad (18.1a)$$

NB: $$\left.\begin{array}{ccccccccc} a_{1,1}x_1 & +\cdots+ & a_{1,r}x_r & + & a_{1,r+1}x_{r+1} & +\cdots+ & a_{1,n}x_n & \leq & b_1 \\ \vdots & & \vdots & & \vdots & & \vdots & & \vdots \\ a_{s,1}x_1 & +\cdots+ & a_{s,r}x_r & + & a_{s,r+1}x_{r+1} & +\cdots+ & a_{s,n}x_n & \leq & b_s \\ a_{s+1,1}x_1 & +\cdots+ & a_{s+1,r}x_r & + & a_{s+1,r+1}x_{r+1} & +\cdots+ & a_{s+1,n}x_n & = & b_{s+1} \\ \vdots & & \vdots & & \vdots & & \vdots & & \vdots \\ a_{m,1}x_1 & +\cdots+ & a_{m,r}x_r & + & a_{m,r+1}x_{r+1} & +\cdots+ & a_{m,n}x_n & = & b_m \\ & & & & & & & & \\ \multicolumn{9}{l}{x_1 \geq 0, \ldots, x_r \geq 0; \qquad x_{r+1}, \ldots, x_n \quad \text{frei}} \end{array}\right\} \qquad (18.1b)$$

Die abgekürzte Schreibweise wird Kurzform genannt:

ZF: $$f(\underline{\mathbf{x}}) = \underline{\mathbf{c}}^{1\mathrm{T}}\underline{\mathbf{x}}^1 + \underline{\mathbf{c}}^{2\mathrm{T}}\underline{\mathbf{x}}^2 = \max! \qquad (18.2a)$$

NB: $$\left.\begin{array}{l} \mathbf{A}_{11}\underline{\mathbf{x}}^1 + \mathbf{A}_{12}\underline{\mathbf{x}}^2 \leq b^1 \\ \mathbf{A}_{21}\underline{\mathbf{x}}^1 + \mathbf{A}_{22}\underline{\mathbf{x}}^2 = b^2 \\ \underline{\mathbf{x}}^1 \geq 0,\ \underline{\mathbf{x}}^2 \quad \text{frei.} \end{array}\right\} \qquad (18.2b)$$

Dabei bedeuten:

$$\underline{\mathbf{c}}^1 = \begin{pmatrix} c_1 \\ c_2 \\ \vdots \\ c_r \end{pmatrix},\quad \underline{\mathbf{c}}^2 = \begin{pmatrix} c_{r+1} \\ c_{r+2} \\ \vdots \\ c_n \end{pmatrix},\qquad \underline{\mathbf{x}}^1 = \begin{pmatrix} x_1 \\ x_2 \\ \vdots \\ x_r \end{pmatrix},\quad \underline{\mathbf{x}}^2 = \begin{pmatrix} x_{r+1} \\ x_{r+2} \\ \vdots \\ x_n \end{pmatrix},$$

$$\mathbf{A}_{11} = \begin{pmatrix} a_{11} & a_{12} & \cdots & a_{1,r} \\ a_{21} & a_{22} & \cdots & a_{2,r} \\ \vdots & & & \\ a_{s,1} & a_{s,2} & \cdots & a_{s,r} \end{pmatrix},\qquad \mathbf{A}_{12} = \begin{pmatrix} a_{1,r+1} & a_{1,r+2} & \cdots & a_{1,r+n} \\ a_{2,r+1} & a_{2,r+2} & \cdots & a_{2,r+n} \\ \vdots & & & \\ a_{s,r+1} & a_{s,r+2} & \cdots & a_{s,n} \end{pmatrix},$$

$$\mathbf{A}_{21} = \begin{pmatrix} a_{s+1,1} & a_{s+1,2} & \cdots & a_{s+1,r} \\ a_{s+2,1} & a_{s+2,2} & \cdots & a_{s+2,r} \\ \vdots & & & \\ a_{m,1} & a_{m,2} & \cdots & a_{m,r} \end{pmatrix},\quad \mathbf{A}_{22} = \begin{pmatrix} a_{s+1,r+1} & a_{s+1,r+2} & \cdots & a_{s+1,n} \\ a_{s+2,r+1} & a_{s+2,r+2} & \cdots & a_{s+2,n} \\ \vdots & & & \\ a_{m,r+1} & a_{m,r+2} & \cdots & a_{m,n} \end{pmatrix}.$$

3. **Vorzeichenfestlegung** Nebenbedingungen mit „$\geq$“-Zeichen werden durch Multiplikation mit (-1) auf die obige Form gebracht.

4. Minimumaufgabe Eine Minimumaufgabe $f(\underline{\mathbf{x}}) = \min!$ wird in die äquivalente Maximumaufgabe

$$-f(\underline{\mathbf{x}}) = \max! \qquad (18.3)$$

überführt.

5. Ganzzahligkeitsforderungen Mitunter werden an einige Variable zusätzlich Ganzzahligkeitsforderungen gestellt. Auf derartige diskrete Probleme soll hier nicht näher eingegangen werden.

6. Formulierung mit vorzeichenbeschränkten Variablen und Schlupfvariablen Für die Herleitung eines Lösungsverfahrens ist es günstig, das System der Nebenbedingungen (18.1b, 18.2b) als Gleichungssystem mit vorzeichenbeschränkten Variablen zu schreiben. Dazu wird jede freie Variable x_k durch die Differenz von jeweils zwei nichtnegativen Variablen $x_k = x_k^1 - x_k^2$ ersetzt. Die Ungleichungsbedingungen werden durch Addition einer nichtnegativen Variablen, der *Schlupfvariablen*, in Gleichungen überführt. Damit nimmt das lineare Optimierungsproblem die nebenstehende Form an.

$$\textbf{ZF}: f(\underline{\mathbf{x}}) = c_1x_1 + \cdots + c_nx_n = \max! \qquad (18.4a)$$

$$\textbf{NB}: \left.\begin{array}{rcl} a_{1,1}x_1 + \cdots + a_{1,n}x_n &=& b_1 \\ \vdots \qquad\quad \vdots && \vdots \\ a_{m,1}x_1 + \cdots + a_{m,n}x_n &=& b_m \\ \\ x_1 \geq 0, \ldots, x_n \geq 0 && \end{array}\right\} \qquad (18.4b)$$

Die Kurzform lautet:

$$\textbf{ZF:} \quad f(\underline{\mathbf{x}}) = \underline{\mathbf{c}}^{\mathrm{T}}\underline{\mathbf{x}} = \max! \qquad (18.5a) \qquad \textbf{NB:} \quad \mathbf{A}\underline{\mathbf{x}} = \underline{\mathbf{b}}\,, \quad \underline{\mathbf{x}} \geq \underline{\mathbf{0}}\,. \qquad (18.5b)$$

Es kann vorausgesetzt werden, daß $m \leq n$, da anderenfalls das Gleichungssystem linear abhängige bzw. widersprüchliche Gleichungen enthält.

7. Zulässiger Bereich Die Menge aller nichtnegativen Vektoren $\underline{\mathbf{x}} \geq \underline{\mathbf{0}}$, die allen Nebenbedingungen genügen, bilden den *zulässigen Bereich M*:

$$M = \{\underline{\mathbf{x}} \in \mathbb{R}^n : \underline{\mathbf{x}} \geq \underline{\mathbf{0}},\ \mathbf{A}\underline{\mathbf{x}} = \underline{\mathbf{b}}\}. \qquad (18.6a)$$

Ein Punkt $\underline{\mathbf{x}}^* \in M$ mit der Eigenschaft

$$f(\underline{\mathbf{x}}^*) \geq f(\underline{\mathbf{x}}) \quad \text{für alle } \underline{\mathbf{x}} \in M \qquad (18.6b)$$

heißt *Maximalpunkt* oder *Lösungspunkt* des linearen Optimierungsproblems.

18.1.1.2 Beispiele und graphische Lösungen

1. Beispiel Herstellung zweier Produkte Für die Herstellung zweier Produkte E_1 und E_2 werden die Ausgangsstoffe R_1, R_2 und R_3 benötigt. Aus dem **Schema 18.1** sind die für die Erzeugung einer Produkteinheit (*PE*) der Produkte E_1 und E_2 erforderlichen Mengeneinheiten (*ME*) der Ausgangsstoffe sowie die verfügbaren Materialkontingente zu entnehmen. Der Verkauf einer Produkteinheit von E_1 bzw. E_2 erbringt einen Gewinn von 20 bzw. 60 Gewinneinheiten (*GE*). Gesucht ist ein Produktionsprogramm, das maximalen Gewinn sichert, wobei mindestens 10 Produktionseinheiten von E_1 erzeugt werden sollen.

Schema 18.1

	ME R_1 pro PE	ME R_2 pro PE	ME R_3 pro PE
E_1	12	8	0
E_2	6	12	10
Kontigent	630	620	350

Bezeichnet man mit x_1 bzw. x_2 die Anzahl der Produkteinheiten von E_1 bzw. E_2, dann ergibt sich die folgende Aufgabe:

$$\textbf{ZF:} \quad f(\underline{\mathbf{x}}) = 20x_1 + 60x_2 = \max!$$

$$\textbf{NB:} \quad \begin{array}{rcl} 12x_1 + 6x_2 &\leq& 630 \\ 8x_1 + 12x_2 &\leq& 620 \\ 10x_2 &\leq& 350 \\ x_1 \qquad &\geq& 10 \end{array}$$

Einführung von Schlupfvariablen x_3, x_4, x_5, x_6 führt auf:

$$\textbf{ZF}: \quad f(\underline{\mathbf{x}}) = 20x_1 + 60x_2 + 0 \cdot x_3 + 0 \cdot x_4 + 0 \cdot x_5 + 0 \cdot x_6 = \max!$$

$$\begin{array}{llcl} \textbf{NB}: & 12x_1 + 6x_2 + x_3 & = & 630 \\ & 8x_1 + 12x_2 + x_4 & = & 620 \\ & 10x_2 + x_5 & = & 350 \\ & -x_1 + x_6 & = & -10 \end{array}$$

2. Eigenschaften linearer Optimierungsprobleme An Hand des Beispiels können einige Eigenschaften linearer Optimierungsprobleme graphisch veranschaulicht werden. Dazu kann auf die Einführung von Schlupfvariablen verzichtet werden.

a) Eine Gerade $a_1x_1 + a_2x_2 = b$ teilt die x_1, x_2–Ebene in zwei Halbebenen. Somit liegen alle Punkte (x_1, x_2), die die Ungleichung $a_1x_1 + a_2x_2 \leq b$ erfüllen, auf dieser Geraden bzw. in einer der Halbebenen. Die graphische Darstellung der Punktmenge in einem kartesischen Koordinatensystem erfolgt durch Einzeichnen der trennenden Geraden, und die Halbebene, die die Lösungsmenge der Ungleichung enthält, wird mit Pfeilen gekennzeichnet. Die Ausführung der graphischen Darstellung aller Nebenbedingungen liefert eine Menge von Halbebenen, deren Durchschnitt den zulässigen Bereich M bildet **(Abb.18.1)**.

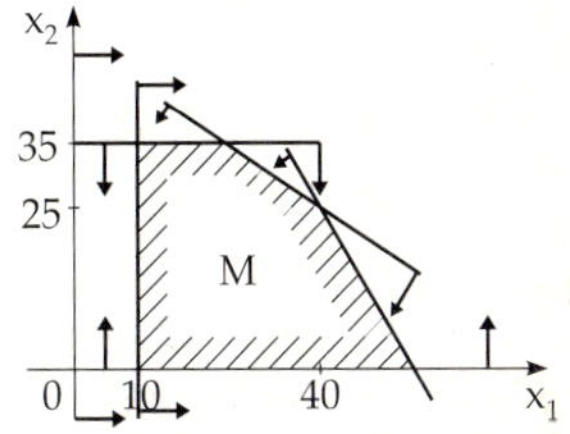

Abbildung 18.1

Im Beispiel bilden die Punkte von M eine Polygonfläche. Es kann auch vorkommen, daß M unbeschränkt oder leer ist. Treffen in einer Ecke des Polygons mehr als zwei begrenzende Geraden aufeinander, dann spricht man von einer entarteten Ecke **(Abb.18.2)**.

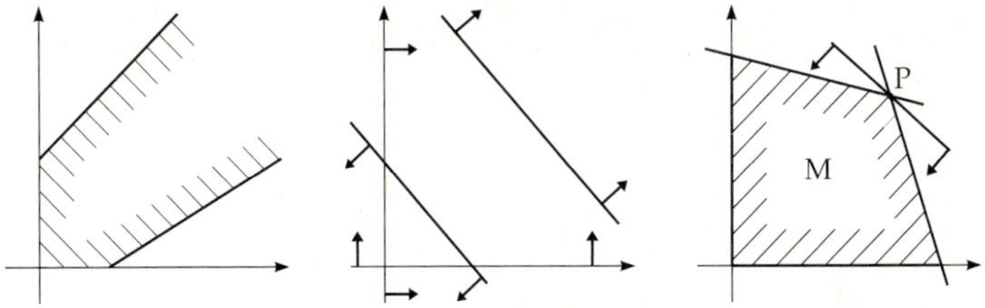

Abbildung 18.2

b) Alle Punkte in der x_1, x_2–Ebene, die der Beziehung $f(x) = 20x_1 + 60x_2 = c_0$ genügen, liegen auf einer gemeinsamen Geraden, der Niveaulinie zum Funktionswert c_0. Bei verschiedener Wahl von c_0 wird eine Schar paralleler Geraden definiert, auf denen der Zielfunktionswert jeweils konstant ist. Geometrisch sind alle diejenigen Punkte Lösungen des Optimierungsproblems, die sowohl zum zulässigen Bereich M als auch zu einer Niveaulinie $20x_1 + 60x_2 = c_0$ mit einem maximalen c_0 gehören. Im konkreten Fall ergibt sich auf der Niveaulinie $20x_1 + 60x_2 = 2600$ der Maximalpunkt $(x_1, x_2) = (25; 35)$. Die Niveaulinien sind in **Abb.18.3** dargestellt, wobei die Pfeile in die Richtung wachsender Funktionswerte zeigen. Man erkennt, daß bei beschränktem zulässigen Bereich M das Maximum in mindestens einer Ecke von M eingenommen wird. Dagegen ist bei unbeschränktem M denkbar, daß der Zielfunktionswert gegen unendlich strebt.

18.1.2 Grundbegriffe der linearen Optimierung, Normalform

Betrachtet wird die Aufgabe (18.5a,b) mit dem zulässigen Bereich M.

18.1.2.1 Ecke und Basis

1. Definition der Ecke Ein Punkt $\underline{\mathbf{x}} \in M$ heißt *Ecke* von M, wenn für alle $\underline{\mathbf{x}}_1, \underline{\mathbf{x}}_2 \in M$ mit $\underline{\mathbf{x}}_1 \neq \underline{\mathbf{x}}_2$ gilt:

$$\underline{\mathbf{x}} \neq \lambda \underline{\mathbf{x}}_1 + (1 - \lambda)\underline{\mathbf{x}}_2, \quad 0 < \lambda < 1, \tag{18.7}$$

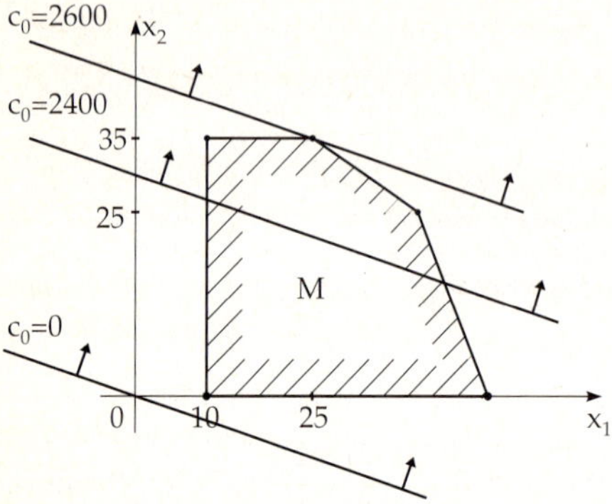

Abbildung 18.3

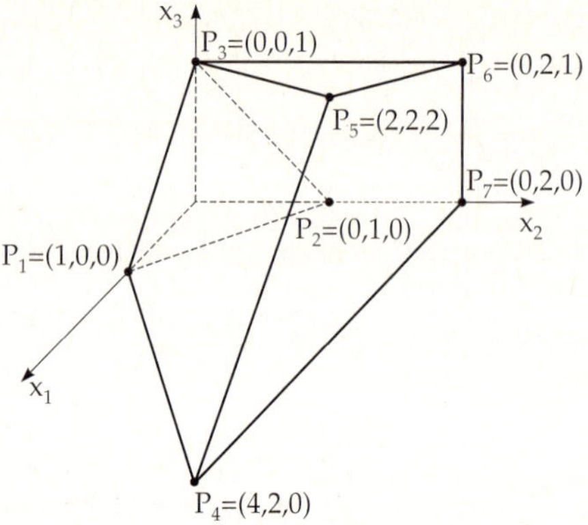

Abbildung 18.4

d.h., $\underline{\mathbf{x}}$ liegt nicht auf der Verbindungsgeraden zweier verschiedener Punkte aus M .

2. Satz über den Eckpunkt Der Punkt $\underline{\mathbf{x}} \in M$ ist genau dann ein *Eckpunkt* von M , wenn die zu den positiven Komponenten von $\underline{\mathbf{x}}$ gehörenden Spalten der Matrix **A** linear unabhängig sind.
Unter der Annahme, daß der Rang von **A** gleich m ist, können nur maximal m Spalten von **A** linear unabhängig sein. Deshalb kann ein Eckpunkt höchstens m positive Komponenten besitzen. Die restlichen $n-m$ Komponenten sind gleich Null. Im Normalfall sind genau m Komponenten positiv. Ist die Anzahl der positiven Komponenten jedoch kleiner als m , dann spricht man von einer *entarteten Ecke*.

3. Basis Jeder Ecke können m linear unabhängige Spaltenvektoren der Matrix **A** zugeordnet werden, so daß darunter die zu positiven Komponenten gehörenden Spalten enthalten sind. Dieses System der linear unabhängigen Spaltenvektoren nennt man eine *Basis der Ecke*. Im Normalfall ist einer Ecke eindeutig eine Basis zugeordnet. Einer entarteten Ecke hingegen können im allgemeinen mehrere Basen zugeordnet werden. Es gibt höchstens $\binom{n}{m}$ Möglichkeiten, aus den n Spalten von **A** m linear unabhängige auszuwählen. Demzufolge ist die Anzahl verschiedener Basen und somit auch der Ecken höchstens gleich $\binom{n}{m}$. Ist M nicht leer, so hat M mindestens eine Ecke.

■

$$
\begin{array}{lrcl}
\textbf{ZF:} & f(\underline{\mathbf{x}}) & = & 2x_1 + 3x_2 + 4x_3 = \max!\\
\textbf{NB:} & & & x_1 + x_2 + x_3 \geq 1\\
 & & & x_2 \leq 2\\
 & & & -x_1 + 2x_3 \leq 2\\
 & & & 2x_1 - 3x_2 + 2x_3 \leq 2
\end{array}
$$

Der durch die Nebenbedingungen festgelegte zulässige Bereich M ist in **Abb.18.4** dargestellt. Einführung von Schlupfvariablen x_4, x_5, x_6, x_7 führt auf:

$$
\textbf{NB}: \quad
\begin{array}{rcl}
x_1 + x_2 + x_3 - x_4 & = & 1\\
x_2 + x_5 & = & 2\\
-x_1 + 2x_3 + x_6 & = & 2\\
2x_1 - 3x_2 + 2x_3 + x_7 & = & 2
\end{array}
$$

Dem Endpunkt des Polyeders $P_2 = (0,1,0)$ entspricht im erweiterten System der Punkt $\underline{\mathbf{x}} = (x_1, x_2, x_3, x_4, x_5, x_6, x_7) = (0,1,0,0,1,2,5)$. Die Spalten 2, 5, 6 und 7 von **A** bilden die zugehörige Basis. Der entarteten Ecke entspricht P_1 mit $(1,0,0,0,2,3,0)$. Eine Basis dieser Ecke besteht aus den Spalten 1,

5, 6 und einer der Spalten 2, 4 oder 7.

4. Ecke mit maximalem Funktionswert Die Bedeutung der Aussagen über die Ecken des zulässigen Bereiches M wird im folgenden Satz deutlich.
Ist M nicht leer und die Zielfunktion $f(\underline{\mathbf{x}}) = \underline{\mathbf{c}}^{\mathrm{T}}\underline{\mathbf{x}}$ auf M nach oben beschränkt, so ist mindestens eine Ecke von M ein Maximalpunkt.
Eine lineare Optimierungsaufgabe kann somit gelöst werden, indem unter allen Ecken eine mit maximalem Funktionswert bestimmt wird. Da aber die Anzahl der Ecken von M in praktischen Problemstellungen sehr hoch sein kann, ist eine Methode erforderlich, die eine optimale Ecke zielsicher ansteuert. Eine solche Methode ist das *Simplexverfahren*, auch *Simplexalgorithmus* genannt. Zu seinem Einsatz ist eine geeignete Darstellung der linearen Optimierungsaufgabe erforderlich, aus der eine Ecke direkt abgelesen werden kann.

18.1.2.2 Normalform der linearen Optimierungsaufgabe

1. Normalform und Basislösung Die lineare Optimierungsaufgabe kann immer, eventuell durch Umbenennung der Variablen, folgendermaßen umgeformt werden:

$$\textbf{ZF:}\quad f(\underline{\mathbf{x}}) = c_1x_1 + \cdots + c_{n-m}x_{n-m} + c_0 = \max! \tag{18.8a}$$

$$\textbf{NB:}\quad \left.\begin{array}{lllr} a_{1,1}x_1 + \cdots + a_{1,n-m}x_{n-m} + x_{n-m+1} & & & = b_1 \\ \vdots \qquad \vdots & \ddots & & \vdots \\ a_{m,1}x_1 + \cdots + a_{m,n-m}x_{n-m} & & + x_n & = b_m \\ x_1, \ldots, x_{n-m}, x_{n-m+1}, \ldots, x_n \geq 0. & & & \end{array}\right\} \tag{18.8b}$$

Die letzten m Spalten der Koeffizientenmatrix sind offensichtlich linear unabhängig und bilden eine Basis. Die *Basislösung* $(x_1, x_2, \ldots, x_{n-m}, x_{n-m+1}, \ldots, x_n) = (0, \ldots, 0, b_1, \ldots, b_m)$ kann sofort aus dem Gleichungssystem abgelesen werden. Ist $\underline{\mathbf{b}} \geq \underline{\mathbf{0}}$, dann heißt (18.8a,b) eine *Normalform* oder *kanonische Form des linearen Optimierungsproblems*. In diesem Falle ist die Basislösung zulässig, d.h., sie ist $\underline{\mathbf{x}} \geq 0$, und somit eine Ecke von M. In der Normalform bezeichnet man die Variablen $x_1, \ldots, x_{n-m}$ als *Nichtbasisvariable* und $x_{n-m+1}, \ldots, x_n$ als *Basisvariable*. Der zur Ecke gehörende Zielfunktionswert ist c_0, da die in der Zielfunktion auftretenden x–Komponenten, die Nichtbasisvariablen, verschwinden.

2. Ermittlung der Normalform Ist eine Ecke von M bekannt, dann kann eine Normalform des linearen Optimierungsproblems wie folgt ermittelt werden. Man wählt eine zur Ecke gehörende Basis aus Spalten von $\mathbf{A}$. Die Basisvariablen werden zum Vektor $\underline{\mathbf{x}}_B$ und die Nichtbasisvariablen zum Vektor $\underline{\mathbf{x}}_N$ zusammengefaßt. Die zur Basis gehörenden Spalten bilden die Basismatrix $\mathbf{A}_B$, die restlichen Spalten die Matrix $\mathbf{A}_N$. Dann gilt

$$\mathbf{A}\underline{\mathbf{x}} = \mathbf{A}_N\underline{\mathbf{x}}_N + \mathbf{A}_B\underline{\mathbf{x}}_B = \underline{\mathbf{b}}\,. \tag{18.9}$$

Die Matrix $\mathbf{A}_B$ ist regulär und besitzt die Inverse $\mathbf{A}_B^{-1}$, die sogenannte *Basisinverse*. Multiplikation von (18.9) mit $\mathbf{A}_B^{-1}$ und Umstellung der Zielfunktion nach den Nichbasisvariablen liefert eine kanonische Form des linearen Optimierungsproblems:

$$\textbf{ZF:}\quad f(\underline{\mathbf{x}}) = \underline{\mathbf{c}}_N^{\mathrm{T}}\underline{\mathbf{x}}_N + c_0\,, \tag{18.10a}$$

$$\textbf{NB:}\quad \mathbf{A}_B^{-1}\mathbf{A}_N\underline{\mathbf{x}}_N + \underline{\mathbf{x}}_B = \mathbf{A}_B^{-1}\underline{\mathbf{b}} \qquad \text{mit} \quad \underline{\mathbf{x}}_N \geq \underline{\mathbf{0}},\ \underline{\mathbf{x}}_B \geq \underline{\mathbf{0}}\,. \tag{18.10b}$$

■ Im obigen Beispiel ist $\underline{\mathbf{x}} = (0, 1, 0, 0, 1, 2, 5)$ eine Ecke. Somit ist:

$$\mathbf{A}_B = \underset{x_2\ x_5\ x_6\ x_7}{\begin{pmatrix} 1 & 0 & 0 & 0 \\ 1 & 1 & 0 & 0 \\ 0 & 0 & 1 & 0 \\ -3 & 0 & 0 & 1 \end{pmatrix}}, \qquad \mathbf{A}_B^{-1} = \begin{pmatrix} 1 & 0 & 0 & 0 \\ -1 & 1 & 0 & 0 \\ 0 & 0 & 1 & 0 \\ 3 & 0 & 0 & 1 \end{pmatrix}, \qquad \mathbf{A}_N = \underset{x_1\ x_3\ x_4}{\begin{pmatrix} 1 & 1 & -1 \\ 0 & 0 & 0 \\ -1 & 2 & 0 \\ 2 & 2 & 0 \end{pmatrix}}, \tag{18.11a}$$

und

$$\mathbf{A}_B^{-1}\mathbf{A}_N = \begin{pmatrix} 1 & 1 & -1 \\ -1 & -1 & 1 \\ -1 & 2 & 0 \\ 5 & 5 & -3 \end{pmatrix}, \qquad \mathbf{A}_B^{-1}\underline{\mathbf{b}} = \begin{pmatrix} 1 \\ 1 \\ 2 \\ 5 \end{pmatrix}. \tag{18.11b}$$
$$\begin{matrix} x_1 & x_3 & x_4 \end{matrix}$$

Es ergibt sich das System

$$\left.\begin{array}{rrrrrrrl} x_1 & + x_2 & + x_3 & - x_4 & & & & = 1 \\ -x_1 & & - x_3 & + x_4 & + x_5 & & & = 1 \\ -x_1 & & + 2x_3 & & & + x_6 & & = 2 \\ 5x_1 & & + 5x_3 & - 3x_4 & & & + x_7 & = 5 \end{array}\right\}. \tag{18.12}$$

Aus $f(\underline{\mathbf{x}}) = 2x_1 + 3x_2 + 4x_3$ erhält man durch Subtraktion der mit 3 multiplizierten ersten Nebenbedingung eine auf Nichtbasisvariablen umgerechnete Zielfunktion

$$f(\underline{\mathbf{x}}) = -x_1 + x_3 + 3x_4 + 3. \tag{18.13}$$

18.1.3 Simplexverfahren

18.1.3.1 Simplextableau

Mit dem *Simplexverfahren* wird eine Folge von Eckpunkten des zulässigen Bereiches mit wachsenden Zielfunktionswerten ermittelt. Der Übergang zu einer neuen Ecke wird vollzogen, indem eine zur gegebenen Ecke gehörende Normalform zu einer Normalform der neuen Ecke umgewandelt wird. Zur übersichtlichen Darstellung dieses Vorganges sowie zur Formalisierung der rechentechnischen Umsetzung wird eine als bekannt vorausgesetzte Normalform (18.8a,b) in das Simplextableau **(Schema 18.2a, 18.2b)** eingetragen:

Schema 18.2a

	$x_1 \cdots x_{n-m}$	
x_{n-m+1}	$a_{1,1} \cdots a_{1,n-m}$	b_1
$\vdots$	$\vdots \qquad \vdots$	$\vdots$
x_n	$a_{m,1} \cdots a_{m,n-m}$	b_m
	$c_1 \cdots c_{n-m}$	$-c_0$

oder kürzer

Schema 18.2b

	$\underline{\mathbf{x}}_N$	
$\underline{\mathbf{x}}_B$	$\mathbf{A}_N$	$\underline{\mathbf{b}}$
	$\underline{\mathbf{c}}$	$-c_0$

Die k–te Zeile des Tableaus ist zu lesen als

$$x_{n-m+k} + a_{k,1}x_1 + \cdots + a_{k,n-m}x_{n-m} = b_k. \tag{18.14a}$$

Für die Zielfunktion gilt

$$c_1x_1 + \cdots + c_{n-m}x_{n-m} = f(\underline{\mathbf{x}}) - c_0. \tag{18.14b}$$

Aus dem Simplextableau wird die Ecke $(\underline{\mathbf{x}}_N, \underline{\mathbf{x}}_B) = (\underline{\mathbf{0}}, \underline{\mathbf{b}})$ abgelesen. Gleichzeitig ist der Zielfunktionswert dieser Ecke durch $f(\underline{\mathbf{x}}) = c_0$ bestimmt.
Auf jedes Tableau trifft genau einer der drei Fälle zu:
a) $c_j \leq 0,\ j = 1, \ldots, n-m$: Das Tableau ist optimal. Der Punkt $(\underline{\mathbf{x}}_N, \underline{\mathbf{x}}_B) = (\underline{\mathbf{0}}, \underline{\mathbf{b}})$ ist der Maximalpunkt.
b) Für mindestens ein j gilt $c_j > 0$ und $a_{ij} \leq 0,\ i = 1, \ldots, m$: Das lineare Optimierungsproblem besitzt keine Lösung, da die Zielfunktion in Richtung wachsender x_j–Werte unbeschränkt wächst.
c) Für alle j mit $c_j > 0$ gibt es mindestens ein i mit $a_{ij} > 0$: Man kann von einer Ecke $\underline{\mathbf{x}}$ zu einer Ecke

$\underline{\tilde{x}}$ übergehen mit $f(\underline{\tilde{x}}) \geq f(\underline{x})$. Für eine nichtentartete Ecke $\underline{x}$ gilt immer das „>"–Zeichen.

18.1.3.2 Übergang zum neuen Simplextableau

1. Nichtentarteter Fall Ist ein Tableau nicht entscheidbar (Fall **c**), dann wird ein neues Tableau **(Schema 18.3)** bestimmt, indem eine Basisvariable x_q ausgewählt und gegen eine Nichtbasisvariable x_p unter Beachtung folgender Austauschregeln ausgetauscht wird:

a) $$\tilde{a}_{pq} = \frac{1}{a_{pq}}; \qquad (18.15a)$$

b) $$\tilde{a}_{pj} = a_{pj} \cdot \tilde{a}_{pq}, \quad j \neq q, \quad \tilde{b}_p = b_p \cdot \tilde{a}_{pq}; \qquad (18.15b)$$

c) $$\tilde{a}_{iq} = -a_{iq} \cdot \tilde{a}_{pq}, \quad i \neq p, \quad \tilde{c}_q = -c_q \cdot \tilde{a}_{pq}; \qquad (18.15c)$$

d) $$\tilde{a}_{ij} = a_{ij} + a_{pj} \cdot \tilde{a}_{iq}, \quad i \neq p, \quad j \neq q,$$

$$\tilde{b}_i = b_i + b_p \cdot \tilde{a}_{iq}, \quad i \neq p, \quad \tilde{c}_j = c_j + a_{pj} \cdot \tilde{c}_q, \quad j \neq q, \tilde{c}_0 = c_0 + b_q \cdot \tilde{c}_q. \qquad (18.15d)$$

Das Element a_{pq} heißt *Pivotelement*, die p–te Zeile *Pivotzeile* und die q–te Spalte *Pivotspalte*. Bei der Auswahl von Pivotzeile und Pivotspalte sind zwei Bedingungen zu berücksichtigen:

a) Das neue Tableau muß zulässig sein, d.h., es muß gelten $\underline{\tilde{b}} \geq \underline{0}$;
b) Es muß gelten $\tilde{c}_0 \geq c_0$.

Dann ist $(\underline{\tilde{x}}_N, \underline{\tilde{x}}_B) = (\underline{0}, \underline{\tilde{b}})$ eine neue Ecke mit nicht kleinerem Zielfunktionswert $f(\underline{\tilde{x}}) = \tilde{c}_0$. Die angegebenen Bedingungen werden mit der folgenden Wahl des Pivotelementes erfüllt:
a) Wähle ein q mit $c_q > 0$ als Pivotspalte;
b) wähle die Pivotzeile p so, daß gilt

$$\frac{b_p}{a_{pq}} = \min_{\substack{1 \leq i \leq m \\ a_{iq} > 0}} \left\{ \frac{b_i}{a_{iq}} \right\}. \qquad (18.16)$$

Sind die Ecken des zulässigen Bereiches nicht entartet, dann bricht das Simplexverfahren nach einer endlichen Anzahl von Simplexschritten mit einem entscheidbaren Tableau ab (Fall **a)** oder Fall **b)**).

■ Die zum Beispiel in 18.1.2 gefundene Normalform kann direkt in ein Simplextableau übertragen werden **(Schema 18.4a)**.

Schema 18.3

	$\underline{\tilde{x}}_N$	
$\underline{\tilde{x}}_B$	$\underline{\tilde{A}}_N$	$\underline{\tilde{b}}$
	$\underline{\tilde{c}}$	$-\tilde{c}_0$

Schema 18.4a

	x_1	x_3	x_4		
x_2	1	1	$\underline{-1}$	1	
x_5	$\underline{-1}$	$\underline{-1}$	$\underline{\underline{1}}$	$\underline{1}$	1 : 1
x_6	−1	2	$\underline{0}$	2	
x_7	5	5	$\underline{-3}$	5	
	−1	1	$\underline{3}$	−3	

Schema 18.4b

	x_1	x_3	x_5		
x_2	0	$\underline{0}$	1	2	
x_4	−1	$\underline{-1}$	1	1	
x_6	$\underline{-1}$	$\underline{\underline{2}}$	$\underline{0}$	$\underline{2}$	2 : 2
x_7	2	$\underline{2}$	3	8	8 : 2
	2	$\underline{4}$	−3	−6	

Das Tableau ist nicht optimal, da in der letzten Zeile noch positive Koeffizienten der Zielfunktion auftreten. Die dritte Spalte wird als Pivotspalte festgelegt (auch die zweite Spalte wäre denkbar). Mit allen positiven Koeffizienten der Pivotspalte bildet man die Quotienten b_i/a_{iq}. Die Quotienten wurden hinter der letzten Spalte des Tableaus notiert. Der kleinste Quotient legt die Pivotzeile fest. Ist die Pivotzeile nicht eindeutig zu bestimmen, dann ist die durch das neue Tableau bestimmte Ecke entartet. Mit den Austauschregeln erhält man das Tableau in **Schema 18.4b**. Dieses Tableau bestimmt die Ecke $(0, 2, 0, 1, 0, 2, 8)$, die dem Punkt P_7 in **Abb.18.4** entspricht. Da das neue Tableau nicht optimal ist, wird jetzt x_6 gegen x_3 getauscht **(Schema 18.4c)**. Die Ecke des 3. Tableaus entspricht dem Punkt P_6 in **Abb.18.4**. Nach einem weiteren Tausch erhält man ein optimales Tableau **(Schema 18.4d)** mit dem Maximalpunkt $\underline{x}^* = (2, 2, 2, 5, 0, 0, 0)$, der dem Punkt P_5 mit dem maximalen Zielfunktionswert

$f(\underline{\mathbf{x}}^*) = 18$ entspricht.

Schema 18.4c

	x_1	x_6	x_5		
x_2	$\underline{0}$	0	1	2	
x_4	$-\frac{3}{\underline{2}}$	$\frac{1}{2}$	1	2	
x_3	$-\frac{1}{\underline{2}}$	$\frac{1}{2}$	0	1	
x_7	$\underline{\underline{3}}$	$-\underline{1}$	$\underline{3}$	$\underline{6}$	$6:3$
	$\underline{4}$	-2	-3	-10	

Schema 18.4d

	x_7	x_6	x_5	
x_2	0	0	1	2
x_4	$\frac{1}{2}$	0	$\frac{5}{2}$	5
x_3	$\frac{1}{6}$	$\frac{1}{3}$	$\frac{1}{2}$	2
x_1	$\frac{1}{3}$	$-\frac{1}{3}$	1	2
	$-\frac{4}{3}$	$-\frac{2}{3}$	-7	-18

Schema 18.5

	x_1	$\cdots$	x_n	
y_1	$a_{1,1}$	$\cdots$	$a_{1,n}$	b_1
$\vdots$	$\vdots$		$\vdots$	$\vdots$
y_m	$a_{m,1}$	$\cdots$	$a_{m,n}$	b_m
ZF	c_1	$\cdots$	c_n	0
ZF*	$\sum_{j=1}^{m} a_{j,1}$	$\cdots$	$\sum_{j=1}^{m} a_{j,n}$	$\sum_{j=1}^{m} b_j = -g(\underline{\mathbf{0}}, \underline{\mathbf{b}})$

2. Entarteter Fall Ist in einem Simplextableau nach erfolgter Pivotspaltenwahl die Festlegung der Pivotzeile nicht eindeutig möglich, dann wird das neue Tableau eine entartete Ecke darstellen. Geometrisch ist eine entartete Ecke als Zusammenfallen mehrerer Ecken in einem Punkt interpretierbar. Für eine solche Ecke gibt es mehrere Basen. Somit kann der Fall eintreten, daß einige Austauschschritte ausgeführt werden, ohne zu einer neuen Ecke zu gelangen. Es sind sogar Beispiele konstruierbar, die nach einigen Schritten ein bereits betrachtetes Tableau ergeben, so daß unendlich viele Zyklen auftreten können.

Beim Auftreten einer entarteten Ecke ist es möglich, das Gleichungssystem durch Addition von ε^i (mit einem geeigneten $\varepsilon > 0$) zu den Restriktionskonstanten b_i so zu stören, daß diese und alle folgenden Ecken des gestörten Systems nicht mehr entartet sind und das Optimum des gestörten Problems mit dem des ungestörten Problems übereinstimmt, wenn man in der Lösung $\varepsilon = 0$ setzt. Algorithmisch wird diese Störung durch einen Zusatz zum Simplextableau erreicht, worauf hier nicht eingegangen werden soll.

Werden die Pivotspalte und im nicht eindeutigen Fall die Pivotzeile „zufällig" gewählt, dann ist eine Zyklenbildung in den meisten praktischen Fällen unwahrscheinlich.

18.1.3.3 Bestimmung eines ersten Simplextableaus

1. Hilfsprogramm und künstliche Variable Häufig ist es besonders bei einer großen Anzahl von Nebenbedingungen schwierig, sofort eine Ecke und damit ein Simplextableau anzugeben. Daher stellt man zunächst ein *Hilfsprogramm* auf, aus dessen Lösung sich ein Simplextableau der ursprünglichen Aufgabe ergibt. Dazu wird auf der linken Seite jeder Gleichung von $\mathbf{A}\underline{\mathbf{x}} = \underline{\mathbf{b}}$ mit $\underline{\mathbf{b}} \geq \underline{\mathbf{0}}$ eine *künstliche Variable* $y_k \geq 0$ $(k = 1, 2, \ldots, m)$ addiert und das folgende Hilfsproblem formuliert:

$$\textbf{ZF}^*: \quad g(\underline{\mathbf{x}}, \underline{\mathbf{y}}) = -y_1 - \cdots - y_m = \max! \tag{18.17a}$$

$$\textbf{NB}^*: \quad \left.\begin{array}{l} a_{1,1}x_1 + \cdots + a_{1,n}x_n + y_1 \qquad\qquad = b_1 \\ \quad \vdots \qquad\qquad\quad \vdots \qquad\qquad \ddots \qquad\quad \vdots \\ a_{m,1}x_1 + \cdots + a_{m,n}x_n \qquad\qquad + y_n = b_m \\ x_1, \ldots, x_n \geq 0; \quad y_1, \ldots, y_m \geq 0. \end{array}\right\} \tag{18.17b}$$

Mit $y_1, \ldots, y_m$ als Basisvariable kann sofort ein erstes Simplextableau angegeben werden **(Schema 18.5)**. Die letzte Zeile des Tableaus enthält die auf Nichtbasisvariable umgerechneten Koeffizienten der Hilfszielfunktion $\textbf{ZF}^*$. Offensichtlich ist $g(\underline{\mathbf{x}}, \underline{\mathbf{y}}) \leq 0$. Ist für einen Maximalpunkt $(\underline{\mathbf{x}}^*, \underline{\mathbf{y}}^*)$ des Hilfsproblems $g(\underline{\mathbf{x}}^*, \underline{\mathbf{y}}^*) = 0$, dann ist $\underline{\mathbf{y}}^* = 0$ und folglich $\underline{\mathbf{x}}^*$ eine Lösung von $\mathbf{A}\underline{\mathbf{x}} = \underline{\mathbf{b}}$. Andererseits besitzt $\mathbf{A}\underline{\mathbf{x}} = \underline{\mathbf{b}}$ bei $g(\underline{\mathbf{x}}^*, \underline{\mathbf{y}}^*) < 0$ keine Lösung.

2. Fallunterscheidung Ziel der Lösung des Hilfsprogramms mit dem Simplexverfahren ist es, die künstlichen Variablen aus der Basis zu entfernen. Wird eine künstliche Variable zur Nichtbasisvariable, dann kann die zugehörige Spalte im Tableau gestrichen werden. Man ermittelt so einen Maximalpunkt $(\underline{\mathbf{x}}^*, \underline{\mathbf{y}}^*)$ und unterscheidet:

1. $g(\underline{\mathbf{x}}^*, \underline{\mathbf{y}}^*) < 0$: Das System $\mathbf{A}\underline{\mathbf{x}} = \underline{\mathbf{b}}$ besitzt keine Lösung.

2. $g(\underline{\mathbf{x}}^*, \underline{\mathbf{y}}^*) = 0$: Falls sich unter den Basisvariablen keine künstlichen Variablen befinden, ist sofort ein Tableau für die ursprüngliche Aufgabe gegeben. Anderenfalls wird so lange aus einer zu einer künstlichen Variablen gehörenden Zeile ein Pivotelement $\neq 0$ gewählt, ein Austauschschritt ausgeführt und anschließend die Pivotspalte gestrichen, bis alle künstlichen Variablen aus dem Tableau entfernt worden sind.

Durch die Einführung von künstlichen Variablen kann die Dimension des Hilfsproblems stark anwachsen. Mitunter ist es nicht notwendig, zu jeder Gleichung eine künstliche Variable zu addieren. War das System der Nebenbedingungen vor der Einführung von Schlupfvariablen gegeben durch $\mathbf{A}_1\underline{\mathbf{x}} \geq \underline{\mathbf{b}}_1$, $\mathbf{A}_2\underline{\mathbf{x}} = \underline{\mathbf{b}}_2$, $\mathbf{A}_3\underline{\mathbf{x}} \leq \underline{\mathbf{b}}_3$ mit $\underline{\mathbf{b}}_1, \underline{\mathbf{b}}_2, \underline{\mathbf{b}}_3 \geq 0$, dann sind nur in den ersten beiden Systemen künstliche Variable erforderlich. Für das dritte System können die Schlupfvariablen als erste Basisvariable gewählt werden.

■ Im Beispiel von Abschnitt 18.1.2 ist nur in der ersten Gleichung eine künstliche Variable erforderlich:

$$\begin{array}{ll} \textbf{ZF}^*: & g(\underline{\mathbf{x}}, \underline{\mathbf{y}}) = -y_1 = \max! \\ \textbf{NB}^*: & x_1 + x_2 + x_3 - x_4 + y_1 = 1 \\ & x_2 + x_5 = 2 \\ & -x_1 + 2x_3 + x_6 = 2 \\ & 2x_1 - 3x_2 + 2x_3 + x_7 = 2 \end{array}$$

Das ermittelte Tableau **(Schema 18.6b)** ist mit $g(\underline{\mathbf{x}}^*, \underline{\mathbf{y}}^*) = 0$ optimal. Durch Streichen der zweiten Spalte erhält man ein erstes Tableau für das Ausgangsproblem.

Schema 18.6a

	x_1	x_2	x_3	x_4		
y_1	1	1	1	−1	1	1 : 1
x_5	0	1	0	0	2	2 : 1
x_6	−1	0	2	0	2	
x_7	2	−3	2	0	2	
ZF	2	3	4	0	0	
ZF*	1	1	1	−1	1	

Schema 18.6b

	x_1	y_1	x_3	x_4	1
x_2	1	1	1	−1	1
x_5	−1	−1	−1	1	1
x_6	−1	0	2	0	2
x_7	5	3	5	−3	5
ZF	−1	−3	1	3	−3
ZF*	0	−1	0	0	0

18.1.3.4 Revidiertes Simplexverfahren

1. Revidiertes Simplextableau Das lineare Optimierungsproblem sei in einer Normalform gegeben:

$$\textbf{ZF:} \quad f(\underline{\mathbf{x}}) = c_1x_1 + \cdots + c_{n-m}x_{n-m} + c_0 = \max! \tag{18.18a}$$

$$\left.\begin{array}{lllll} \textbf{NB:} & \alpha_{1,1}x_1 + \cdots + \alpha_{1,n-m}x_{n-m} & + x_{n-m+1} & & = \beta_1 \\ & \vdots \qquad\qquad \vdots & & \ddots & \vdots \\ & \alpha_{m,1}x_1 + \cdots + \alpha_{m,n-m}x_{n-m} & & + x_n & = \beta_m \\ & x_1 \geq 0, \ldots, x_n \geq 0. & & & \end{array}\right\} \tag{18.18b}$$

Um zu einer anderen Normalform und damit zu einer anderen Ecke zu wechseln, genügt es, das Gleichungssystem (18.18b) mit der entsprechenden Basisinversen zu multiplizieren. Das Simplexverfahren kann also dahingehend modifiziert werden, daß in jedem Schritt anstatt eines neuen Tableaus nur die Basisinverse ermittelt wird. Vom eigentlichen Tableau sind nur die zur Bestimmung des neuen Pivotelements erforderlichen Größen zu berechnen. Ist die Anzahl der Variablen sehr groß im Vergleich zur Anzahl der Nebenbedingungen ($n > 3m$), dann erreicht man mit der revidierten Simplexmethode eine beachtliche Verringerung an Rechenaufwand und Speicherplatz bei gleichzeitiger Erhöhung der Re-

chengenauigkeit.
Die allgemeine Form eines revidierten Simplextableaus zeigt das **Schema 18.7**.

Schema 18.7

	$x_1 \cdots x_{n-m}$	$x_{n-m+1} \cdots x_n$		x_q
x_1^B		$a_{1,n-m+1} \cdots a_{1,n}$	b_1	r_1
$\vdots$		$\vdots \quad \vdots$	$\vdots$	$\vdots$
x_m^B		$a_{m,n-m+1} \cdots a_{m,n}$	b_m	r_m
	$c_1 \cdots c_{n-m}$	$c_{n-m+1} \cdots c_n$	$-c_0$	c_q

Die eingetragenen Größen haben die folgende Bedeutung:

$x_1^B, \ldots, x_m^B$: aktuelle Basisvariable;
$c_1, \ldots, c_n$: auf Nichtbasisvariable umgerechnete Koeffizienten der Zielfunktion;
$b_1, \ldots, b_m$: rechte Seite der aktuellen Normalform;
c_0 : Wert der Zielfunktion in der Ecke $(x_1^B, \ldots, x_m^B) = (b_1, \ldots, b_m)$;
$\mathbf{A}^* = \begin{pmatrix} a_{1,n-m+1} & \cdots & a_{1,n} \\ \vdots & & \vdots \\ a_{m,n-m+1} & \cdots & a_{m,n} \end{pmatrix}$: aktuelle Basisinverse, wobei die Spalten von $\mathbf{A}^*$ die zu den Variablen $x_{n-m+1}, \ldots, x_n$ gehörenden Spalten der aktuellen Normalform sind;
$\underline{\mathbf{r}} = (r_1, \ldots, r_m)^{\mathrm{T}}$: aktuelle Pivotspalte.

2. Revidierter Simplexschritt

a) Das Tableau ist nicht optimal, solange wenigstens ein $c_j > 0$ ist $(j = 1, 2, \ldots, n)$.
Auswahl der Pivotspalte q für ein $c_q > 0$.
b) Berechnung der Pivotspalte r durch Multiplikation der q-ten Spalte der Koeffizientenmatrix von (18.18b) mit $\mathbf{A}^*$ und Eintragen des ermittelten Vektors in die letzte Spalte des Tableaus.
Ermittlung der Pivotzeile wie beim Simplexalgorithmus gemäß (18.16).
c) Berechnung des neuen Tableaus mit den Austauschregeln (18.15a–d), wobei formal a_{iq} durch r_i ersetzt wird und die Indizes im Bereich $n-m+1 \le j \le n$ liegen. Die Größen $\tilde{r}_i$ werden nicht eingetragen. Mit $\underline{\tilde{\mathbf{c}}} = (\tilde{c}_{n-m+1}, \ldots, \tilde{c}_n)^{\mathrm{T}}$ ermittelt man für $j = 1, \ldots, n-m$: $\tilde{c}_j = c_j + \underline{\alpha}_j^{\mathrm{T}} \underline{\tilde{\mathbf{c}}}$, wobei $\underline{\alpha}_j$ die j-te Spalte der Koeffizientenmatrix von (18.18b) darstellt.

■ In die Normalform des Beispiels von 18.1.2 soll x_4 aufgenommen werden. Die zugehörige Pivotspalte $\underline{\alpha}_4$ wird in das Tableau **(Schema 18.8a)** eingetragen.

Schema 18.8a

	x_1	x_3	x_4	x_2	x_5	x_6	x_7		x_4	
x_2				1	0	0	0	1	$-\underline{1}$	
x_5				$\underline{0}$	$\underline{1}$	$\underline{0}$	$\underline{0}$	$\underline{1}$	$\underline{\underline{1}}$	1 : 1
x_6				0	0	1	0	2	$\underline{0}$	
x_7				0	0	0	1	5	$\underline{3}$	
	−1	1	$\underline{3}$	0	0	0	0	−3	$\underline{3}$	

Schema 18.8b

	x_1	x_3	x_4	x_2	x_5	x_6	x_7		x_3	
x_2				1	1	0	0	2	$\underline{0}$	
x_5				0	1	0	0	1	$-\underline{1}$	
x_6				$\underline{0}$	$\underline{0}$	$\underline{1}$	$\underline{0}$	$\underline{2}$	$\underline{\underline{2}}$	2 : 2
x_7				0	3	0	1	8	$\underline{2}$	8 : 2
	2	$\underline{4}$	0	0	−3	0	0	−6	$\underline{4}$	

Für $j = 1, 3, 4$ erhält man: $\tilde{c}_j = c_j - 3\alpha_{2j}$: $(c_1, c_3, c_4) = (2, 4, 0)$.
Der ermittelte Eckpunkt $\underline{\mathbf{x}} = (0, 2, 0, 1, 0, 2, 2)$ entspricht dem Punkt P_7 in **Abb.18.4**. Als nächste Pivotspalte wird $j = 3$ bestimmt. Die Größe $\underline{\mathbf{r}}$ mit

$$\underline{\mathbf{r}} = (r_1, \ldots, r_m) = \mathbf{A}^* \underline{\alpha}_3 = \begin{pmatrix} 1 & 1 & 0 & 0 \\ 0 & 1 & 0 & 0 \\ 0 & 0 & 1 & 0 \\ 0 & 3 & 0 & 1 \end{pmatrix} \cdot \begin{pmatrix} 1 \\ -1 \\ 2 \\ 5 \end{pmatrix} = \begin{pmatrix} 0 \\ -1 \\ 2 \\ 2 \end{pmatrix}$$

ist im 2. Tableau **(Schema 18.8b)** bereits eingetragen. Der weitere Rechengang erfolgt in Analogie zum Beispiel von 18.1.3.2, S. 847.

18.1.3.5 Dualität in der linearen Optimierung

1. Zuordnung Jeder linearen Optimierungsaufgabe (primales Problem) läßt sich umkehrbar eindeutig ein zweites Optimierungsproblem (duales Problem) zuordnen:

Primales Problem

ZF: $f(\underline{\mathbf{x}}) = \underline{\mathbf{c}}_1^{\mathrm{T}}\underline{\mathbf{x}}_1 + \underline{\mathbf{c}}_2^{\mathrm{T}}\underline{\mathbf{x}}_2 = \max!$ (18.19a)

NB: $\mathbf{A}_{1,1}\underline{\mathbf{x}}_1 + \mathbf{A}_{1,2}\underline{\mathbf{x}}_2 \leq \underline{\mathbf{b}}_1\,,$
$\mathbf{A}_{2,1}\underline{\mathbf{x}}_1 + \mathbf{A}_{2,2}\underline{\mathbf{x}}_2 = \underline{\mathbf{b}}_2\,,$
$\underline{\mathbf{x}}_1 \geq 0,\quad \underline{\mathbf{x}}_2$ frei, (18.19b)

Duales Problem

ZF*: $g(\underline{\mathbf{u}}) = \underline{\mathbf{b}}_1^{\mathrm{T}}\underline{\mathbf{u}}_1 + \underline{\mathbf{b}}_2^{\mathrm{T}}\underline{\mathbf{u}}_2 = \min!$ (18.20a)

NB*: $\mathbf{A}_{1,1}^{\mathrm{T}}\underline{\mathbf{u}}_1 + \mathbf{A}_{2,1}^{\mathrm{T}}\underline{\mathbf{u}}_2 \geq \underline{\mathbf{c}}_1\,,$
$\mathbf{A}_{1,2}^{\mathrm{T}}\underline{\mathbf{u}}_1 + \mathbf{A}_{2,2}^{\mathrm{T}}\underline{\mathbf{u}}_2 = \underline{\mathbf{c}}_2\,,$
$\underline{\mathbf{u}}_1 \geq 0,\quad \underline{\mathbf{u}}_2$ frei. (18.20b)

Die Koeffizienten der Zielfunktion des einen Problems bilden die rechte Seite der Nebenbedingungen des anderen Problems. Jeder freien Variablen entspricht eine Gleichungs- und jeder vorzeichenbeschränkten Variablen eine Ungleichungsbedingung des jeweiligen anderen Problems.

2. Dualitätsaussagen
a) Besitzen beide Probleme zulässige Punkte, d.h., $M \neq \emptyset$, $M^* \neq \emptyset$, dann gilt

$$f(\underline{\mathbf{x}}) \leq g(\underline{\mathbf{u}}) \qquad \text{für alle } \underline{\mathbf{x}} \in M,\ \underline{\mathbf{u}} \in M^*, \tag{18.21a}$$

und für beide Probleme existieren Optimalpunkte.
b) Die Punkte $\underline{\mathbf{x}} \in M$ und $\underline{\mathbf{u}} \in M^*$ sind genau dann Optimalpunkte des jeweiligen Problems, wenn gilt:

$$f(\underline{\mathbf{x}}) = g(\underline{\mathbf{u}}). \tag{18.21b}$$

c) Ist $f(\underline{\mathbf{x}})$ über M nach oben bzw. $g(\underline{\mathbf{u}})$ über M^* nach unten unbeschränkt, so ist $M^* = \emptyset$ bzw. $M = \emptyset$.
d) Die Punkte $\underline{\mathbf{x}} \in M$ und $\underline{\mathbf{u}} \in M^*$ sind genau dann Optimalpunkte der jeweiligen Aufgaben, wenn gilt:

$$\underline{\mathbf{u}}_1^{\mathrm{T}}(\mathbf{A}_{1,1}\underline{\mathbf{x}}_1 + \mathbf{A}_{1,2}\underline{\mathbf{x}}_2 - \underline{\mathbf{b}}_1) = 0 \quad \text{und} \quad \underline{\mathbf{x}}_1^{\mathrm{T}}(\mathbf{A}_{1,1}^{\mathrm{T}}\underline{\mathbf{u}}_1 + \mathbf{A}_{2,1}^{\mathrm{T}}\underline{\mathbf{u}}_2 - \underline{\mathbf{c}}_1) = 0. \tag{18.21c}$$

An Hand der letzten beiden Beziehungen kann man aus einer nicht entarteten Optimallösung $\underline{\mathbf{u}}$ des dualen Problems eine Lösung $\underline{\mathbf{x}}$ des primalen Problems aus dem folgenden linearen Gleichungssystem ermitteln:

$$\mathbf{A}_{2,1}\underline{\mathbf{x}}_1 + \mathbf{A}_{2,2}\underline{\mathbf{x}}_2 - \underline{\mathbf{b}}_2 = \underline{\mathbf{0}}\,, \tag{18.22a}$$

$$(\mathbf{A}_{1,1}\underline{\mathbf{x}}_1 + \mathbf{A}_{1,2}\underline{\mathbf{x}}_2 - \underline{\mathbf{b}}_1)_i = \underline{\mathbf{0}} \qquad \text{für } u_i > 0\,, \tag{18.22b}$$

$$x_i = 0 \qquad \text{für } (\mathbf{A}_{1,1}^{\mathrm{T}}\underline{\mathbf{u}}_1 + \mathbf{A}_{2,1}^{\mathrm{T}}\underline{\mathbf{u}}_2 - \underline{\mathbf{c}}_1)_i \neq 0. \tag{18.22c}$$

Zur Lösung des dualen Problems kann das Simplexverfahren verwendet werden.

3. Einsatzgebiete der dualen Aufgabe Die Bearbeitung des dualen Problems kann in den folgenden Fällen von Vorteil sein:
a) Wenn für das duale Problem eine Normalform leichter zu finden ist, geht man von der primalen zur dualen Aufgabe über.
b) Wenn im primalen Problem die Anzahl der Restriktionen groß gegenüber der Anzahl der Variablen ist, so kann bei der Lösung des dualen Problems mit dem revidierten Simplexverfahren der Rechenaufwand verringert werden.

■ Für das Beispiel aus 18.1.2 gilt ohne Schlupfvariablen

Primales Problem

ZF: $f(\underline{\mathbf{x}}) = 2x_1 + 3x_2 + 4x_3 = \max!$

Duales Problem

ZF*: $g(\underline{\mathbf{u}}) = -u_1 + 2u_2 + 2u_3 + 2u_4 = \min!$

NB:
$$\begin{aligned} -x_1 - x_2 - x_3 &\le -1 \\ x_2 &\le 2 \\ -x_1 + 2x_3 &\le 2 \\ 2x_1 - 3x_2 + 2x_3 &\le 2 \\ x_1, x_2, x_3 &\ge 0 \end{aligned}$$

NB*:
$$\begin{aligned} -u_1 - u_3 + 2u_4 &\ge 2 \\ -u_1 + u_2 - 3u_4 &\ge 3 \\ -u_1 + 2u_3 + 2u_4 &\ge 4 \\ u_1, u_2, u_3, u_4 &\ge 0 \end{aligned}$$

Wird das duale Problem nach Einführung von Schlupfvariablen und Aufstellung eines ersten Simplextableaus mit dem Simplexverfahren gelöst, dann ergibt sich unter Vernachlässigung der Schlupfvariablen in der Lösung: $\underline{\mathbf{u}}^* = (u_1, u_2, u_3, u_4) = (0, 7, 2/3, 4/3)$ mit $g(\underline{\mathbf{u}}) = 18$. Daraus kann eine Lösung $\underline{\mathbf{x}}^*$ des primalen Problems über das System $(\mathbf{A}\underline{\mathbf{x}} - \underline{\mathbf{b}})_i = 0$ für $u_i > 0$ ermittelt werden, d.h., $x_2 = 2$, $-x_1 + 2x_3 = 2$, $2x_1 - 3x_2 + 2x_3 = 2$, so daß schließlich folgt: $\underline{\mathbf{x}}^* = (2, 2, 2)$ mit $f(\underline{\mathbf{x}}) = 18$.

18.1.4 Spezielle lineare Optimierungsprobleme

18.1.4.1 Transportproblem

1. Modell

Ein von m Erzeugern $E_1, E_2, \ldots, E_m$ in den Mengen $a_1, a_2, \ldots, a_m$ produziertes Erzeugnis soll zu n Verbrauchern $V_1, V_2, \ldots, V_n$ mit dem Bedarf $b_1, b_2, \ldots, b_n$ transportiert werden. Die Kosten des Transportes einer Produkteinheit vom Erzeugnis E_i zum Verbraucher V_j betragen c_{ij}. Von E_i werden x_{ij} Produkteinheiten zu V_j transportiert. Gesucht ist eine, die Transportkosten minimierende Aufteilung der Erzeugnisse auf die Verbraucher. Es wird vorausgesetzt, daß die Gesamtkapazität der Erzeuger gleich dem Gesamtverbrauch ist, d.h.

$$\sum_{i=1}^{m} a_i = \sum_{j=1}^{n} b_j . \tag{18.23}$$

Man bildet die Kostenmatrix $\mathbf{C}$ und die Verteilungsmatrix $\mathbf{X}$:

$$\begin{array}{cc} & \begin{array}{c} E: \end{array} \\ \mathbf{C} = \begin{pmatrix} c_{1,1} & \cdots & c_{1,n} \\ \vdots & & \vdots \\ c_{m,1} & \cdots & c_{m,n} \end{pmatrix} & \begin{array}{c} E_1 \\ \vdots \\ E_m \end{array} \\ V: \quad V_1 \cdots V_n & \end{array} \tag{18.24a}$$

$$\begin{array}{cc} & \begin{array}{c} \sum: \end{array} \\ \mathbf{X} = \begin{pmatrix} x_{1,1} & \cdots & x_{1,n} \\ \vdots & & \vdots \\ x_{m,1} & \cdots & x_{m,n} \end{pmatrix} & \begin{array}{c} a_1 \\ \vdots \\ a_m \end{array} \\ \sum: \quad b_1 \cdots b_n & \end{array} \tag{18.24b}$$

Ist die Bedingung (18.23) nicht erfüllt, dann werden zwei Fälle unterschieden:
a) Für $\sum a_i > \sum b_j$ wird ein fiktiver Verbraucher V_{n+1} mit dem Bedarf $b_{n+1} = \sum a_i - \sum b_j$ und den Transportkosten $c_{i,n+1} = 0$ eingeführt.
b) Für $\sum a_i < \sum b_j$ wird ein fiktiver Erzeuger E_{m+1} mit der Kapazität $a_{m+1} = \sum b_j - \sum a_i$ und den Transportkosten $c_{m+1,j} = 0$ eingeführt. Zur Bestimmung eines optimalen Verteilungsplanes ist das folgende Optimierungsproblem zu lösen:

$$\textbf{ZF}: \quad f(\mathbf{X}) = \sum_{i=1}^{m} \sum_{j=1}^{n} c_{ij} x_{ij} = \min! \tag{18.25a}$$

$$\textbf{NB}: \quad \sum_{j=1}^{n} x_{ij} = a_i \;\; (i = 1, \ldots, m), \quad \sum_{i=1}^{m} x_{ij} = b_j \;\; (j = 1, \ldots, n), \quad x_{ij} \ge 0) . \tag{18.25b}$$

Das Minimum dieses Problems wird in einer Ecke des zulässigen Bereiches angenommen. Von den $m+n$ Nebenbedingungen sind $m + n - 1$ linear unabhängig, so daß eine Ecke im nicht entarteten Fall, der hier vorausgesetzt werden soll, $m + n - 1$ positive Komponenten x_{ij} besitzt. Die folgende Bestimmung eines optimalen Verteilungsplanes wird als Transportalgorithmus bezeichnet.

2. Ermittlung einer zulässigen Basislösung

Mit der „*Nordwestecken-Regel*“ kann immer eine erste zulässige Basislösung (Ecke) ermittelt werden:
a) Setze $\quad x_{11} = \min(a_1, b_1)$. (18.26a)

b) Ist $a_1 < b_1$, streicht man die erste Zeile von $\mathbf{X}$. (18.26b)

Ist $a_1 > b_1$, streicht man die erste Spalte von $\mathbf{X}$. (18.26c)

Ist $a_1 = b_1$, streicht man wahlweise die erste Zeile oder die erste Spalte von $\mathbf{X}$. (18.26d)

Liegen nur noch eine Zeile, aber mehrere Spalten vor, dann ist eine Spalte zu streichen und umgekehrt.
c) Ersetze a_1 durch $a_1 - x_{11}$ und b_1 durch $b_1 - x_{11}$ und wiederhole den Vorgang mit dem reduzierten Schema.
Alle bei diesem Verfahren besetzten Variablen sind Basisvariable, alle anderen sind Nichtbasisvariable und erhalten den Wert 0.

■

$$\mathbf{C} = \begin{pmatrix} 5 & 3 & 2 & 7 \\ 8 & 2 & 1 & 1 \\ 9 & 2 & 6 & 3 \end{pmatrix} \begin{matrix} E: \\ E_1 \\ E_2 \\ E_3 \end{matrix} \qquad \mathbf{X} = \begin{pmatrix} x_{1,1} & x_{1,2} & x_{1,3} & x_{1,4} \\ x_{2,1} & x_{2,2} & x_{2,3} & x_{2,4} \\ x_{3,1} & x_{3,2} & x_{3,3} & x_{3,4} \end{pmatrix} \begin{matrix} \sum: \\ a_1 = 9 \\ a_2 = 10 \\ a_3 = 3 \end{matrix}$$

$$V: \; V_1 \; V_2 \; V_3 \; V_4 \qquad \sum: \; b_1 = 4 \; b_2 = 6 \; b_3 = 5 \; b_4 = 7$$

Ermittlung einer ersten Ecke mit der Nordwestecken-Regel:

1.Schritt

$$\mathbf{X} = \begin{pmatrix} 4 & & & \\ | & & & \\ | & & & \end{pmatrix} \begin{matrix} \not{9} \;\; 5 \\ 10 \\ 3 \end{matrix}$$
$$\begin{matrix} \not{4} & 6 & 5 & 7 \\ 0 & & & \end{matrix}$$

weitere Schritte

$$\mathbf{X} = \begin{pmatrix} 4 & 5 & — & \\ | & 1 & 5 & 4 \\ | & | & | & 3 \end{pmatrix} \begin{matrix} \not{5} \;\; 0 \\ 1\not{0} \;\; \not{9} \;\; \not{4} \;\; 0 \\ 3 \end{matrix}$$
$$\begin{matrix} 0 & \not{6} & \not{5} & \not{7} \\ & \not{1} & 0 & 3 \\ & 0 & & \end{matrix}$$

Verfahren zur Aufstellung eines ersten Verteilungsplanes, die auch die anfallenden Transportkosten berücksichtigen (z.B. VOGELsche Approximationsmethode, s. Lit. [18.15]), liefern im allgemeinen bessere Erstlösungen.

3. Lösung des Transportproblems mit der Potentialmethode

Die Basisvariablen werden iterativ gegen die Nichtbasisvariablen ausgetauscht, um so jeweils eine zugehörige modifizierte Kostenmatrix zu berechnen. Der Rechengang wird am Beispiel erläutert.

a) Ermittlung der modifizierten Kostenmatrix $\tilde{\mathbf{C}}$ aus $\mathbf{C}$ mittels

$$\tilde{c}_{ij} = c_{ij} + p_i + q_j \quad (i = 1, \ldots, m\,, \;\; j = 1, \ldots, n)\,, \tag{18.27a}$$

unter den Bedingungen

$$\tilde{c}_{ij} = 0 \text{ für } (i,j) \text{mit: } x_{ij} \text{ ist aktuelle Basisvariable.} \tag{18.27b}$$

Dazu werden in $\mathbf{C}$ die zu Basisvariablen gehörenden Kosten markiert und $p_1 = 0$ gesetzt. Die weiteren Größen p_i und q_j, auch Potentiale bzw. Simplexmultiplikatoren genannt, werden so errechnet, daß zu markierten Kosten gehörende p_i und q_j zusammen mit den Kosten c_{ij} die Summe 0 ergeben:

■

$$\mathbf{C} = \begin{pmatrix} (5) & (3) & 2 & 7 \\ 8 & (2) & (1) & (1) \\ 9 & 2 & 6 & (3) \end{pmatrix} \begin{matrix} p_1 = 0 \\ p_2 = 1 \\ p_3 = -1 \end{matrix} \quad \Longrightarrow \quad \tilde{\mathbf{C}} = \begin{pmatrix} 0 & 0 & 0 & 5 \\ 4 & 0 & 0 & 0 \\ 3 & \boxed{-2} & 3 & 0 \end{pmatrix} \tag{18.27c}$$
$$q_1 = -5 \;\; q_2 = -3 \;\; q_3 = -2 \;\; q_4 = -2$$

b) Berechnung von:

$$\tilde{c}_{pq} = \min_{i,j}\{\tilde{c}_{ij}\}. \tag{18.27d}$$

Ist $\tilde{c}_{pq} \geq 0$, dann ist der gegebene Verteilungsplan $\mathbf{X}$ optimal; anderenfalls wird x_{pq} als neue Variable gewählt. Im Beispiel ist $\tilde{c}_{pq} = \tilde{c}_{32} = -2$.

c) In $\tilde{\mathbf{C}}$ werden $\tilde{c}_{pq}$ und die zu Basisvariablen gehörenden Kosten markiert. Enthält $\tilde{\mathbf{C}}$ eine Zeile oder Spalte mit maximal einem markierten Element, dann wird diese Spalte oder Zeile gestrichen. Mit der verbleibenden Restmatrix wird dieser Vorgang wiederholt, bis keine Streichungen mehr möglich sind.

$$\tilde{\mathbf{C}} = \begin{pmatrix} \cancel{(0)} & \cancel{(0)} & \cancel{0} & \cancel{5} \\ 4 & (0) & (0) & (0) \\ 3 & (-2) & 3 & (0) \end{pmatrix}. \tag{18.27e}$$

d) Die zu verbleibenden markierten Elementen $\tilde{c}_{ij}$ gehörenden x_{ij} bilden einen Zyklus. Man setzt zunächst $\tilde{x}_{pq} = \delta > 0$. Alle weiteren zu markierten $\tilde{c}_{ij}$ gehörenden $\tilde{x}_{ij}$ werden so bestimmt, daß die Nebenbedingungen erfüllt bleiben. Die Größe δ errechnet sich aus

$$\delta = x_{rs} = \min\{x_{ij}\colon\ \tilde{x}_{ij} = x_{ij} - \delta\}, \tag{18.27f}$$

wobei x_{rs} Nichtbasisvariable wird. Im Beispiel ist $\delta = \min\{1, 3\} = 1$.

$$\tilde{\mathbf{X}} = \begin{pmatrix} 4 & 5 & & \\ & & \longleftarrow & \\ & 1-\delta & 5 & 4+\delta \\ & \downarrow & & \uparrow \\ & \delta & \longrightarrow & 3-\delta \end{pmatrix} \begin{matrix} \sum \\ 9 \\ \\ 10 \\ \\ 3 \end{matrix} \quad \Longrightarrow \quad \tilde{\mathbf{X}} = \begin{pmatrix} 4 & 5 & & \\ & & 5 & 5 \\ & 1 & & 2 \end{pmatrix}, \quad f(\underline{\mathbf{x}}) = 53. \tag{18.27g}$$

$$\textstyle\sum \quad 4 \quad 6 \quad 5 \quad 7$$

Danach wird das Verfahren ab Schritt 1 und $\mathbf{X} = \tilde{\mathbf{X}}$ wiederholt.

$$\mathbf{C} = \begin{pmatrix} (5) & (3) & 2 & 7 \\ 8 & 2 & (1) & (1) \\ 9 & (2) & 6 & (3) \end{pmatrix} \begin{matrix} p_1 = 0 \\ p_2 = 3 \\ p_3 = 1 \end{matrix} \quad \Longrightarrow \quad \tilde{\mathbf{C}} = \begin{pmatrix} (\cancel{0}) & (0) & (\underline{-2}) & 3 \\ \cancel{6} & 2 & (0) & (0) \\ \cancel{5} & (0) & 3 & (0) \end{pmatrix} \tag{18.27h}$$

$$q_1 = -5 \ q_2 = -3 \ q_3 = -4 \ q_4 = -4$$

$$\tilde{\mathbf{X}} = \begin{pmatrix} 4 & 5-\delta & \leftarrow & \delta & \\ & & & \uparrow & \\ & \downarrow & & 5-\delta & \leftarrow \ 5+\delta \\ & & & & \uparrow \\ & 1+\delta & & \longrightarrow & 2+\delta \end{pmatrix} \quad \overset{\delta = 2}{\Longrightarrow} \quad \tilde{\mathbf{X}} = \begin{pmatrix} 4 & 3 & 2 & \\ & & 3 & 7 \\ & 3 & & \end{pmatrix}, \quad f(\mathbf{X}) = 49. \tag{18.27i}$$

Die nächste zu bestimmende Matrix $\tilde{\mathbf{C}}$ enthält keine negativen Elemente. Deshalb ist $\tilde{\mathbf{X}}$ ein optimaler Verteilungsplan.

18.1.4.2 Zuordnungsproblem

Die Darlegung erfolgt an Hand eines Beispiels.

■ Es sollen n Transportaufträge an n Transportunternehmen so vergeben werden, daß jedes Unternehmen genau einen Auftrag erhält. Gesucht ist die kostengünstigste Zuordnung, wenn das i-te Unternehmen für die Ausführung des j-ten Auftrages die Kosten c_{ij} berechnet.

Ein Zuordnungsproblem ist ein spezielles Transportproblem mit $m = n$ und $a_i = b_j = 1$ für alle i, j.

$$\textbf{ZF}\colon \quad f(\underline{\mathbf{x}}) = \sum_{i=1}^{n} \sum_{j=1}^{n} c_{ij} x_{ij} = \min! \tag{18.28a}$$

$$\textbf{NB}\colon \quad \sum_{j=1}^{n} x_{ij} = 1 \ (i = 1, \ldots, n), \qquad \sum_{i=1}^{n} x_{ij} = 1 \ (j = 1, \ldots, n), \qquad x_{ij} \in \{0, 1\}. \tag{18.28b}$$

Jede zulässige Verteilungsmatrix enthält in jeder Zeile und jeder Spalte genau eine 1 und sonst Nullen. Ausgehend von einer zulässigen Verteilungsmatrix $\mathbf{X}$ kann das Zuordnungsproblem ohne Beachtung der Ganzzahligkeitsforderungen mit dem Transportalgorithmus gelöst werden. Dabei ist jede zulässige Basislösung (Ecke) entartet, da $n-1$ Basisvariable gleich Null sind. Es sind daher Maßnahmen zur Vermeidung von Zyklen zu treffen.

18.1.4.3 Verteilungsproblem

Das Problem wird an Hand eines Beispiels dargelegt.

■ Die m Produkte $E_1, E_2, \ldots, E_m$ sind in den Mengen $a_1, a_2, \ldots, a_m$ herzustellen. Jedes Produkt kann auf jeder der n Maschinen $M_1, M_2, \ldots, M_n$ produziert werden. Zur Herstellung einer Produkteinheit des Produktes E_i benötigt die Maschine M_j die Bearbeitungszeit b_{ij} und verursacht dabei die Kosten c_{ij}. Die insgesamt für die Maschine M_j zur Verfügung stehende Maschinenzeit sei b_j. Die auf jeder Maschine M_j von jedem Produkt E_i herzustellenden Mengen x_{ij} sollen so festgelegt werden, daß die verursachten Gesamtkosten möglichst gering sind.

Aus der Aufgabe ergibt sich das folgende allgemeine Modell eines Verteilungsproblems:

$$\textbf{ZF}: \quad f(\underline{\mathbf{x}}) = \sum_{i=1}^{m}\sum_{j=1}^{n} c_{ij}x_{ij} = \min! \tag{18.29a}$$

$$\textbf{NB}: \quad \sum_{j=1}^{m} x_{ij} = a_i \ (i = 1, \ldots, m), \quad \sum_{i=1}^{n} b_{ij}x_{ij} \le b_j \ (j = 1, \ldots, n), \qquad x_{ij} \ge 0 \text{ für alle } i, j\,. \tag{18.29b}$$

Das Verteilungsproblem ist eine Verallgemeinerung des Transportproblems und kann mit dem Simplexverfahren gelöst werden. Sind alle $b_{ij} = 1$, dann kann nach Einführung eines fiktiven Produktes E_{m+1} (s. S. 852) der effektivere Transportalgorithmus (s. S. 852) zur Lösung herangezogen werden.

18.1.4.4 Rundreiseproblem

Gegeben sind n Orte $O_1, O_2, \ldots, O_n$. Um von O_i nach O_j zu gelangen, muß ein Reisender die Entfernung c_{ij} zurücklegen. Dabei kann $c_{ij} \neq c_{ji}$ möglich sein.

Es ist eine kürzeste Reiseroute so zu wählen, daß ein Reisender jeden Ort genau einmal besucht und am Ende zum Ausgangsort zurückkehrt.

Wie beim Zuordnungsproblem ist wiederum in jeder Zeile und jeder Spalte der Entfernungsmatrix $\mathbf{C}$ genau ein Element auszuwählen, so daß die Gesamtsumme der ausgewählten Elemente minimal wird. Allerdings wird die numerische Lösung des Rundreiseproblems beträchtlich durch die Einschränkung erschwert, daß eine Anordnung der markierten Elemente c_{ij} in folgender Form möglich sein muß:

$$c_{i_1,i_2}, c_{i_2,i_3}, \ldots, c_{i_n,i_{n+1}} \qquad \text{mit } i_k \neq i_l \text{ für } k \neq l \text{ und } i_{n+1} = i_1. \tag{18.30}$$

Das Rundreiseproblem kann durch die Anwendung von Verzweigungsverfahren (branch and bound) gelöst werden.

18.1.4.5 Reihenfolgeproblem

Die Bearbeitung von n verschiedenen Produkten erfolgt in einer vom Produkt abhängigen Reihenfolge an m verschiedenen Maschinen. An jeder Maschine können nicht mehrere Produkte gleichzeitig bearbeitet werden. Zur Bearbeitung eines jeden Produktes wird an jeder Maschine eine vorgegebene Arbeitszeit benötigt. Im Produktionsablauf können dabei sowohl Wartezeiten, in denen auf Grund belegter Maschinen Produkte nicht bearbeitet werden können, als auch Maschinenstillstandszeiten auftreten. Gesucht ist eine Reihenfolge der auf den einzelnen Maschinen nacheinander zu bearbeitenden Produkte, die je nach ökonomischer Zielsetzung die Gesamtdurchlaufzeit aller Produkte, die Gesamtwartezeit oder die Gesamtstillstandszeit aller Maschinen minimiert. Ein weiteres Ziel kann in der Minimierung der Gesamtdurchlaufzeit bestehen, wenn zusätzlich entweder keine Wartezeiten oder keine Stillstandszeiten nach der ersten Arbeitsaufnahme auftreten sollen.

18.2 Nichtlineare Optimierung

18.2.1 Problemstellung und theoretische Grundlagen

18.2.1.1 Problemstellung

1. Nichtlineares Optimierungsproblem Unter einem nichtlinearen Optimierungsproblem werden Aufgaben der Grundform

$$f(\underline{\mathbf{x}}) = \min! \qquad \text{für} \quad \underline{\mathbf{x}} \in \mathbb{R}^n \quad \text{mit} \tag{18.31a}$$

$$g_i(\underline{\mathbf{x}}) \leq 0, \quad i \in I = \{1, \ldots, m\}, \qquad h_j(\underline{\mathbf{x}}) = 0, \quad j \in J = \{1, \ldots, r\} \tag{18.31b}$$

verstanden, wenn mindestens eine der Funktionen f, g_i, h_j nicht linear ist. Die Menge M aller zulässigen Punkte wird beschrieben durch

$$M = \{\underline{\mathbf{x}} \in \mathbb{R}^n : \; g_i(\underline{\mathbf{x}}) \leq 0, \; i \in I, \; h_j(\underline{\mathbf{x}}) = 0, \; j \in J\}. \tag{18.32}$$

Die Aufgabe besteht in der Bestimmung von Minimalpunkten.

2. Minimalpunkte Ein Punkt $\underline{\mathbf{x}}^* \in M$ heißt *globaler Minimalpunkt*, wenn $f(\underline{\mathbf{x}}^*) \leq f(\underline{\mathbf{x}})$ für alle $\underline{\mathbf{x}} \in M$ gilt. Ist diese Beziehung nur für zulässige Punkte $\underline{\mathbf{x}}$ aus einer Umgebung U von $\underline{\mathbf{x}}^*$ erfüllt, dann ist $\underline{\mathbf{x}}^*$ ein *lokaler Minimalpunkt*. Aus den Kriterien für die Minimalpunkte ergeben sich die Optimalitätsbedingungen.

Da die Gleichungsrestriktionen $h_j(\underline{\mathbf{x}}) = 0$ durch die zwei Ungleichungen

$$-h_j(\underline{\mathbf{x}}) \leq 0\,, \qquad h_j(\underline{\mathbf{x}}) \leq 0 \tag{18.33}$$

beschrieben werden können, kann im folgenden von einer leeren Menge $J (J = \emptyset)$ ausgegangen werden.

18.2.1.2 Optimalitätsbedingungen

1. Spezielle Richtungen

1. Der Kegel der zulässigen Richtungen in $\underline{\mathbf{x}} \in M$ ist definiert durch

$$Z(\underline{\mathbf{x}}) = \{\underline{\mathbf{d}} \in \mathbb{R}^n : \; \exists \bar{\alpha} > 0 : \; \underline{\mathbf{x}} + \alpha\underline{\mathbf{d}} \in M, \; 0 \leq \alpha \leq \bar{\alpha}\}, \qquad \underline{\mathbf{x}} \in M, \tag{18.34}$$

wobei Richtungen mit $\underline{\mathbf{d}}$ bezeichnet sind. Ist $\underline{\mathbf{d}} \in Z(\underline{\mathbf{x}})$, dann liegen alle Punkte des Strahls $\underline{\mathbf{x}} + \alpha\underline{\mathbf{d}}$ für hinreichend kleine α–Werte in M.

2. Eine Abstiegsrichtung im Punkt $\underline{\mathbf{x}}$ ist ein Vektor $\underline{\mathbf{d}} \in \mathbb{R}^n$, für den es ein $\bar{\alpha} > 0$ gibt mit:

$$f(\underline{\mathbf{x}} + \alpha\underline{\mathbf{d}}) < f(\underline{\mathbf{x}}) \qquad \forall \alpha \in (0, \bar{\alpha}). \tag{18.35}$$

In einem Minimalpunkt existiert keine Abstiegsrichtung, die zugleich auch zulässig ist.

Ist f differenzierbar, so folgt aus $\nabla f(\underline{\mathbf{x}})^{\mathrm{T}}\underline{\mathbf{d}} < 0$ die Abstiegseigenschaft der Richtung $\underline{\mathbf{d}}$. Mit ∇ ist der Nablaoperator bezeichnet, so daß $\nabla f(\underline{\mathbf{x}})$ den Gradienten der skalaren Funktion f an der Stelle $\underline{\mathbf{x}}$ darstellt.

2. Notwendige Optimalitätsbedingung

Ist f differenzierbar und $\underline{\mathbf{x}}^*$ ein lokaler Minimalpunkt, dann gilt

$$\nabla f(\underline{\mathbf{x}}^*)^{\mathrm{T}}\underline{\mathbf{d}} \geq 0 \qquad \text{für alle} \quad \underline{\mathbf{d}} \in \overline{Z}(\underline{\mathbf{x}}^*). \tag{18.36a}$$

Insbsondere gilt

$$\nabla f(\underline{\mathbf{x}}^*) = \underline{\mathbf{0}}\,, \tag{18.36b}$$

falls $\underline{\mathbf{x}}^*$ im Innern von M liegt.

3. LAGRANGE–Funktion und Sattelpunkt

Unter der Annahme von Zusatzvoraussetzungen soll die Optimalitätsbedingung (18.36a,b) auf eine für die praktische Anwendung geeignete Form gebracht werden. Dazu wird entsprechend der LAGRANGE*schen Multiplikatorenmethode* zur Ermittlung der Extremwerte von Funktionen unter Gleichheitsnebenbedingungen (s. S. 395) die LAGRANGE–Funktion gebildet:

$$L(\underline{\mathbf{x}}, \vec{u}) = f(\underline{\mathbf{x}}) + \sum_{i=1}^{m} u_i g_i(\underline{\mathbf{x}}) = f(\underline{\mathbf{x}}) + \underline{\mathbf{u}}^{\mathrm{T}} g(\underline{\mathbf{x}})\,, \qquad \underline{\mathbf{x}} \in \mathbb{R}, \; \underline{\mathbf{u}} \in \mathbb{R}^m_+\,. \tag{18.37}$$

Ein Punkt $(\underline{\mathbf{x}}^*, \underline{\mathbf{u}}^*) \in \mathbb{R}^n \times \mathbb{R}^m_+$ heißt *Sattelpunkt* von L, wenn gilt

$$L(\underline{\mathbf{x}}^*, \underline{\mathbf{u}}) \le L(\underline{\mathbf{x}}^*, \underline{\mathbf{u}}^*) \le L(\underline{\mathbf{x}}, \underline{\mathbf{u}}^*) \qquad \text{für alle} \quad \underline{\mathbf{x}} \in \mathbb{R}^n, \ \underline{\mathbf{u}} \in \mathbb{R}^m_+ \,. \tag{18.38}$$

4. Globale Kuhn–Tucker–Bedingungen

Ein Punkt $\underline{\mathbf{x}}^* \in \mathbb{R}^n$ genügt den globalen KUHN–TUCKER–Bedingungen, wenn ein $\underline{\mathbf{u}}^* \in \mathbb{R}^m_+$, d.h. ein $\underline{\mathbf{u}}^* \ge 0$ existiert, so daß $(\underline{\mathbf{x}}^*, \underline{\mathbf{u}}^*)$ ein Sattelpunkt von L ist.
Wegen des Beweises der KUHN–TUCKER–Bedingungen s. S. 623.

5. Hinreichende Optimalitätsbedingung

Ist $(\underline{\mathbf{x}}^*, \underline{\mathbf{u}}^*) \in \mathbb{R}^n \times \mathbb{R}^m_+$ ein Sattelpunkt von L, dann ist $\underline{\mathbf{x}}^*$ ein globaler Minimalpunkt von (18.31a,b). Sind die Funktionen f und g_i differenzierbar, dann können lokale Optimalitätsbedingungen abgeleitet werden.

6. Lokale Kuhn–Tucker–Bedingungen

Ein Punkt $\underline{\mathbf{x}}^* \in M$ genügt den lokalen KUHN–TUCKER–Bedingungen, wenn Zahlen $u_i \ge 0$, $i \in I_0(\underline{\mathbf{x}}^*)$ existieren, für die gilt

$$-\nabla f(\underline{\mathbf{x}}^*) = \sum_{i \in I_0(\underline{\mathbf{x}}^*)} u_i \nabla g_i(\underline{\mathbf{x}}^*), \qquad \text{wobei} \tag{18.39a}$$

$$I_0(\underline{\mathbf{x}}) = \{i \in \{1, \ldots, m\} \ : \ g_i(\underline{\mathbf{x}}) = 0\} \tag{18.39b}$$

die Indexmenge der in $\underline{\mathbf{x}}$ aktiven Restriktionen ist.
Der Punkt $\underline{\mathbf{x}}^*$ heißt dann auch KUHN–TUCKER–*Punkt* oder *stationärer Punkt*. Geometrisch betrachtet erfüllt ein Punkt $\underline{\mathbf{x}}^* \in M$ die lokalen KUHN–TUCKER–Bedingungen, wenn der negative Gradient $-\nabla f(\underline{\mathbf{x}}^*)$ in dem durch die Gradienten der in $\underline{\mathbf{x}}^*$ aktiven Nebenbedingungen $\nabla g_i(\underline{\mathbf{x}}^*)$, $i \in I_0(\underline{\mathbf{x}}^*)$ aufgespannten Kegel liegt **(Abb.18.5)**. Oft wird die folgende äquivalente Formulierung für (18.39a,b) verwendet: $\underline{\mathbf{x}}^* \in \mathbb{R}^n$ genügt den lokalen KUHN–TUCKER–Bedingungen, wenn ein $\underline{\mathbf{u}}^* \in \mathbb{R}^m_+$ existiert, so daß gilt

$$g(\underline{\mathbf{x}}^*) \le 0, \tag{18.40a}$$

$$u_i g_i(\underline{\mathbf{x}}^*) = 0, \quad i = 1, \ldots, m, \tag{18.40b}$$

$$\nabla f(\underline{\mathbf{x}}^*) + \sum_{i=1}^{m} u_i \nabla g_i(\underline{\mathbf{x}}^*) = 0. \tag{18.40c}$$

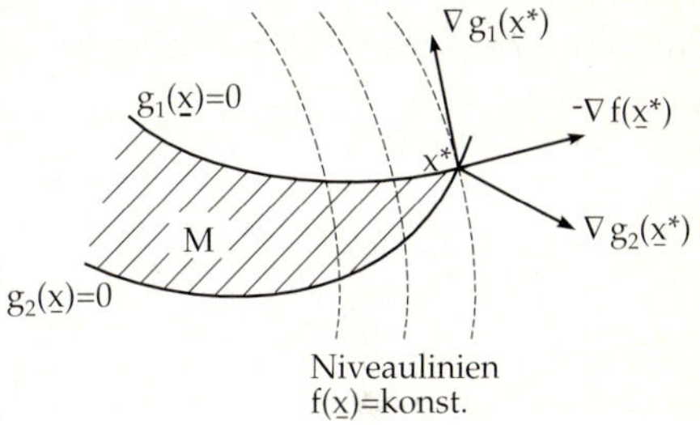

Abbildung 18.5

7. Notwendige Optimalitätsbedingung und Kuhn–Tucker–Bedingungen

Ist $\underline{\mathbf{x}}^* \in M$ ein lokaler Minimalpunkt von (18.31a,b) und erfüllt der zulässige Bereich in $\underline{\mathbf{x}}^*$ die *Regularitätsbedingung* $\exists\, \underline{\mathbf{d}} \in \mathbb{R}^n \ : \ \nabla g_i(\underline{\mathbf{x}}^*)^{\mathrm{T}} \underline{\mathbf{d}} < 0$ für alle $i \in I_0(\underline{\mathbf{x}}^*)$, dann genügt $\underline{\mathbf{x}}^*$ den lokalen KUHN–TUCKER–Bedingungen.

18.2.1.3 Dualität in der Optimierung

1. Duales Problem Zu (18.31a,b) wird unter Verwendung der LAGRANGE–Funktion (18.37) das folgende duale Problem gebildet:

$$L(\underline{\mathbf{x}}, \underline{\mathbf{u}}) = \max! \qquad \text{für} \quad (\underline{\mathbf{x}}, \underline{\mathbf{u}}) \in M^* \quad \text{mit} \tag{18.41a}$$

$$M^* = \{(\underline{\mathbf{x}}, \underline{\mathbf{u}}) \in \mathbb{R}^n \times \mathbb{R}^m_+ \ : \ L(\underline{\mathbf{x}}, \underline{\mathbf{u}}) = \min_{\underline{\mathbf{z}} \in \mathbb{R}^n} L(\underline{\mathbf{z}}, \underline{\mathbf{u}})\}. \tag{18.41b}$$

2. Dualitätsaussagen Sind $\underline{\mathbf{x}}_1 \in M$ und $(\underline{\mathbf{x}}_2, \underline{\mathbf{u}}_2) \in M^*$, dann gilt

a) $L(\underline{\mathbf{x}}_2, \underline{\mathbf{u}}_2) \le f(\underline{\mathbf{x}}_1)$.

b) Ist $L(\underline{\mathbf{x}}_2, \underline{\mathbf{u}}_2) = f(\underline{\mathbf{x}}_1)$, dann ist $\underline{\mathbf{x}}_1$ Minimalpunkt von (18.31a,b) und $(\underline{\mathbf{x}}_2, \underline{\mathbf{u}}_2)$ Maximalpunkt von

(18.41a).

18.2.2 Spezielle nichtlineare Optimierungsaufgaben

18.2.2.1 Konvexe Optimierung

1. Konvexe Aufgabe wird die Optimierungsaufgabe

$$f(\underline{\mathbf{x}}) = \min! \qquad \text{bei} \quad g_i(\underline{\mathbf{x}}) \le 0 \quad (i = 1, \ldots, m) \tag{18.42}$$

genannt, wenn die Funktionen f und g_i konvex sind. Insbesondere können f und g_i lineare Funktionen sein. Für konvexe Aufgaben gilt:

a) Jedes lokale Minimum von f über M ist auch globales Minimum.
b) Ist M nicht leer und beschränkt, dann existiert mindestens eine Lösung von (18.42).
c) Ist f streng konvex, dann existiert höchstens eine Lösung von (18.42).

2. Optimalitätsbedingungen

a) Ist f stetig partiell differenzierbar, dann ist $\underline{\mathbf{x}}^* \in M$ genau dann Lösung von (18.42), wenn gilt

$$(\underline{\mathbf{x}} - \underline{\mathbf{x}}^*)^{\mathrm{T}} \nabla f(\underline{\mathbf{x}}^*) \ge 0 \qquad \text{für alle} \quad \underline{\mathbf{x}} \in M\,. \tag{18.43}$$

b) Die SLATER–*Bedingung* ist eine Regularitätsbedingung für den zulässigen Bereich M. Sie ist erfüllt, wenn ein $\underline{\mathbf{x}} \in M$ mit $g_i(\underline{\mathbf{x}}) < 0$ für alle nicht affin linearen Funktionen g_i existiert.
c) Ist die SLATER–Bedingung erfüllt, dann ist $\underline{\mathbf{x}}^*$ genau dann ein Minimalpunkt von (18.42), wenn ein $\underline{\mathbf{u}}^* \ge 0$ existiert, so daß $(\underline{\mathbf{x}}^*, \underline{\mathbf{u}}^*)$ ein Sattelpunkt der LAGRANGE–Funktion ist. Sind darüber hinaus die Funktionen f, g_i differenzierbar, dann ist $\underline{\mathbf{x}}^*$ genau dann eine Lösung von (18.42), wenn $\underline{\mathbf{x}}^*$ den lokalen KUHN–TUCKER–Bedingungen genügt.
d) Für ein konvexes Optimierungsproblem mit differenzierbaren Funktionen f und g_i kann das duale Problem (18.41a,b) einfacher formuliert werden:

$$L(\underline{\mathbf{x}}, \underline{\mathbf{u}}) = \max!\,, \qquad (\underline{\mathbf{x}}, \underline{\mathbf{u}}) \in M^* \quad \text{mit} \tag{18.44a}$$

$$M^* = \{(\underline{\mathbf{x}}, \underline{\mathbf{u}}) \in \mathbb{R}^n \times \mathbb{R}^m_+ \;:\; \nabla_{\underline{\mathbf{x}}} L(\underline{\mathbf{x}}, \underline{\mathbf{u}}) = \underline{\mathbf{0}}\}. \tag{18.44b}$$

Der Gradient von L wird hier nur bezüglich $\underline{\mathbf{x}}$ gebildet.
e) Für konvexe Optimierungsaufgaben gilt der *starke Dualitätsatz*:
Erfüllt M die SLATER–Bedingung und ist $\underline{\mathbf{x}}^* \in M$ eine Lösung von (18.42), dann existiert ein $\underline{\mathbf{u}}^* \in \mathbb{R}^m_+$, so daß $(\underline{\mathbf{x}}^*, \underline{\mathbf{u}}^*)$ eine Lösung des dualen Problems (18.44a,b) ist, und es gilt

$$f(\underline{\mathbf{x}}^*) = \min_{\underline{\mathbf{x}} \in M} f(\underline{\mathbf{x}}) = \max_{(\underline{\mathbf{x}}, \underline{\mathbf{u}}) \in M^*} L(\underline{\mathbf{x}}, \underline{\mathbf{u}}) = L(\underline{\mathbf{x}}^*, \underline{\mathbf{u}}^*)\,. \tag{18.45}$$

18.2.2.2 Quadratische Optimierung

1. Aufgabenstellung Die quadratische Optimierung umfaßt Aufgaben der Form

$$f(\underline{\mathbf{x}}) = \underline{\mathbf{x}}^{\mathrm{T}} \mathbf{C} \underline{\mathbf{x}} + \underline{\mathbf{p}}^{\mathrm{T}} \underline{\mathbf{x}} = \min!\,, \qquad \underline{\mathbf{x}} \in M \subset \mathbb{R}^n \quad \text{mit} \tag{18.46a}$$

$$M = M_I: \quad M = \{\underline{\mathbf{x}} \in \mathbb{R}^n \;:\; \mathbf{A}\underline{\mathbf{x}} \le \underline{\mathbf{b}},\; \underline{\mathbf{x}} \ge \underline{\mathbf{0}}\}\,. \tag{18.46b}$$

Dabei ist $\mathbf{C}$ eine symmetrische (n, n)–Matrix, $\underline{\mathbf{p}} \in \mathbb{R}^n$, $\mathbf{A}$ eine (m, n)–Matrix und $\underline{\mathbf{b}} \in \mathbb{R}^m$.
Der zulässige Bereich M kann alternativ in folgende Darstellungen überführt werden:

$$M = M_{II}: \quad M = \{\underline{\mathbf{x}} \;:\; \mathbf{A}\underline{\mathbf{x}} = \underline{\mathbf{b}},\; \underline{\mathbf{x}} \ge \underline{\mathbf{0}}\}, \tag{18.47a}$$

$$M = M_{III}: \quad M = \{\underline{\mathbf{x}} \;:\; \mathbf{A}\underline{\mathbf{x}} \le \underline{\mathbf{b}}\}\,. \tag{18.47b}$$

2. LAGRANGE–Funktion und KUHN–TUCKER–Bedingungen
Die LAGRANGE–Funktion zum Problem (18.46a,b) ist

$$L(\underline{\mathbf{x}}, \underline{\mathbf{u}}) = \underline{\mathbf{x}}^{\mathrm{T}} \mathbf{C} \underline{\mathbf{x}} + \underline{\mathbf{p}}^{\mathrm{T}} \underline{\mathbf{x}} + \underline{\mathbf{u}}^{\mathrm{T}} (\mathbf{A}\underline{\mathbf{x}} - \underline{\mathbf{b}}). \tag{18.48}$$

Die KUHN–TUCKER–Bedingungen lauten mit

$$\underline{\mathbf{v}} = \frac{\partial L}{\partial \underline{\mathbf{x}}} = \underline{\mathbf{p}} + 2\mathbf{C}\underline{\mathbf{x}} + \mathbf{A}^{\mathrm{T}} \underline{\mathbf{u}} \qquad \text{und} \qquad \underline{\mathbf{y}} = \frac{\partial L}{\partial \underline{\mathbf{u}}} = -\mathbf{A}\underline{\mathbf{x}} + \underline{\mathbf{b}} \tag{18.49}$$

für den zulässigen Bereich:

Fall I:	Fall II:	Fall III:	
a) $\mathbf{A}\underline{\mathbf{x}} + \underline{\mathbf{y}} = \underline{\mathbf{b}}$	a) $\mathbf{A}\underline{\mathbf{x}} = \underline{\mathbf{b}}$	a) $\mathbf{A}\underline{\mathbf{x}} + \underline{\mathbf{y}} = \underline{\mathbf{b}}$	(18.50a)
b) $2\mathbf{C}\underline{\mathbf{x}} - \underline{\mathbf{v}} + \mathbf{A}^{\mathrm{T}}\underline{\mathbf{u}} = -\underline{\mathbf{p}}$	b) $2\mathbf{C}\underline{\mathbf{x}} - \underline{\mathbf{v}} + \mathbf{A}^{\mathrm{T}}\underline{\mathbf{u}} = -\underline{\mathbf{p}}$	b) $2\mathbf{C}\underline{\mathbf{x}} + \mathbf{A}^{\mathrm{T}}\underline{\mathbf{u}} = -\underline{\mathbf{p}}$	(18.50b)
c) $\underline{\mathbf{x}} \geq \underline{\mathbf{0}},\ \underline{\mathbf{v}} \geq \underline{\mathbf{0}},\ \underline{\mathbf{y}} \geq \underline{\mathbf{0}},\ \underline{\mathbf{u}} \geq \underline{\mathbf{0}}$	c) $\underline{\mathbf{x}} \geq \underline{\mathbf{0}},\ \underline{\mathbf{v}} \geq \underline{\mathbf{0}}$	c) $\underline{\mathbf{u}} \geq \underline{\mathbf{0}},\ \underline{\mathbf{y}} \geq \underline{\mathbf{0}}$	(18.50c)
d) $\underline{\mathbf{x}}^{\mathrm{T}}\underline{\mathbf{v}} + \underline{\mathbf{y}}^{\mathrm{T}}\underline{\mathbf{u}} = 0$	d) $\underline{\mathbf{x}}^{\mathrm{T}}\underline{\mathbf{v}} = 0$	d) $\underline{\mathbf{y}}^{\mathrm{T}}\underline{\mathbf{u}} = 0.$	(18.50d)

3. Konvexität Die Funktion $f(\underline{\mathbf{x}})$ ist genau dann konvex (streng konvex), wenn die Matrix $\mathbf{C}$ positiv semidefinit (positiv definit) ist. Alle Aussagen über konvexe Optimierungsprobleme können für quadratische Aufgaben mit positiv semidefiniter Matrix $\mathbf{C}$ übertragen werden, insbesondere ist die SLATER–Bedingung immer erfüllt, und deshalb ist für die Optimalität eines Punktes $\underline{\mathbf{x}}^*$ notwendig und hinreichend, daß ein Punkt $(\underline{\mathbf{x}}^*, \underline{\mathbf{y}}, \underline{\mathbf{u}}, \underline{\mathbf{v}})$ existiert, der das entsprechende System der lokalen KUHN–TUCKER–Bedingungen erfüllt.

4. Duales Problem Ist $\mathbf{C}$ positiv definit, dann kann das zu (18.46a) duale Problem (18.44a) explizit in folgender Weise formuliert werden:

$$L(\underline{\mathbf{x}}, \underline{\mathbf{u}}) = \max!\,, \qquad (\underline{\mathbf{x}}, \underline{\mathbf{u}}) \in M^*, \tag{18.51a}$$

$$M^* = \{(\underline{\mathbf{x}}, \underline{\mathbf{u}}) \in \mathbb{R}^n \times \mathbb{R}^m_+ \;:\; \underline{\mathbf{x}} = -\frac{1}{2}\mathbf{C}^{-1}(\mathbf{A}^{\mathrm{T}}\underline{\mathbf{u}} + \underline{\mathbf{p}})\}. \tag{18.51b}$$

Setzt man den Ausdruck $-\frac{1}{2}\mathbf{C}^{-1}(\mathbf{A}^{\mathrm{T}}\underline{\mathbf{u}} + \underline{\mathbf{p}})$ für $\underline{\mathbf{x}}$ in die duale Zielfunktion $L(\underline{\mathbf{x}}, \underline{\mathbf{u}})$ ein, dann ensteht das äquivalente Problem

$$\varphi(\underline{\mathbf{u}}) = -\frac{1}{4}\underline{\mathbf{u}}^{\mathrm{T}}\mathbf{A}\mathbf{C}^{-1}\mathbf{A}^{\mathrm{T}}\underline{\mathbf{u}} - \left(\frac{1}{2}\mathbf{A}\mathbf{C}^{-1}\underline{\mathbf{p}} + \underline{\mathbf{b}}\right)^{\mathrm{T}}\underline{\mathbf{u}} - \frac{1}{4}\underline{\mathbf{p}}^{\mathrm{T}}\underline{\mathbf{C}}^{-1}\underline{\mathbf{p}} = \max!\,, \qquad \underline{\mathbf{u}} \geq \underline{\mathbf{0}}\,, \tag{18.52}$$

für das gilt: Ist $\underline{\mathbf{x}}^* \in M$ eine Lösung von (18.46a,b), dann besitzt (18.52) eine Lösung $\underline{\mathbf{u}}^* \geq \underline{\mathbf{0}}$, und es gilt

$$f(\underline{\mathbf{x}}^*) = \varphi(\underline{\mathbf{u}}^*)\,. \tag{18.53}$$

Das Problem (18.52) kann durch die äquivalente Formulierung

$$\psi(\underline{\mathbf{u}}) = \underline{\mathbf{u}}^{\mathrm{T}}\mathbf{E}\underline{\mathbf{u}} + \underline{\mathbf{h}}^{\mathrm{T}}\underline{\mathbf{u}} = \min!\,, \qquad \underline{\mathbf{u}} \geq \underline{\mathbf{0}} \quad \text{mit} \tag{18.54a}$$

$$\mathbf{E} = \frac{1}{4}\mathbf{A}\mathbf{C}^{-1}\mathbf{A}^{\mathrm{T}} \qquad \text{und} \qquad \underline{\mathbf{h}} = \frac{1}{2}\mathbf{A}\mathbf{C}^{-1}\underline{\mathbf{p}} + \underline{\mathbf{b}} \tag{18.54b}$$

ersetzt werden.

18.2.3 Lösungsverfahren für quadratische Optimierungsaufgaben

18.2.3.1 Verfahren von Wolfe

1. Aufgabenstellung und Lösungsprinzip Das Verfahren von WOLFE ist zur Lösung von quadratischen Problemen der folgenden speziellen Form geeignet:

$$f(\underline{\mathbf{x}}) = \underline{\mathbf{x}}^{\mathrm{T}}\mathbf{C}\underline{\mathbf{x}} + \underline{\mathbf{p}}^{\mathrm{T}}\underline{\mathbf{x}} = \min!\,, \qquad \mathbf{A}\underline{\mathbf{x}} = \underline{\mathbf{b}}\,, \quad \underline{\mathbf{x}} \geq \underline{\mathbf{0}}\,. \tag{18.55}$$

Für die hier beschriebene Version des Verfahrens wird $\mathbf{C}$ als positiv definit vorausgesetzt. Die Grundidee besteht in der Ermittlung einer Lösung $(\underline{\mathbf{x}}^*, \underline{\mathbf{u}}^*, \underline{\mathbf{v}}^*)$ des dem Problem (18.55) zugeordneten Systems der KUHN–TUCKER–Bedingungen:

$$\mathbf{A}\underline{\mathbf{x}} = \underline{\mathbf{b}}\,, \tag{18.56a}$$

$$2\mathbf{C}\underline{\mathbf{x}} - \underline{\mathbf{v}} + \mathbf{A}^{\mathrm{T}}\underline{\mathbf{u}} = -\underline{\mathbf{p}}\,, \tag{18.56b}$$

$$\underline{\mathbf{x}} \geq \underline{\mathbf{0}}\,, \quad \underline{\mathbf{v}} \geq \underline{\mathbf{0}}\,; \tag{18.56c}$$

$$\underline{\mathbf{x}}^{\mathrm{T}}\underline{\mathbf{v}} = 0. \tag{18.57}$$

Die Formeln (18.56a,b,c) stellen ein lineares Ungleichungssystem mit $m+n$ Ungleichungen und $2n+m$ Variablen dar. Auf Grund der Bedingung (18.57) muß entweder $\underline{\mathbf{x}}_i = 0$ oder $\underline{\mathbf{v}}_i = 0$ $(i = 1, 2, \ldots, n)$ gelten. Daher besitzt jede Lösung von (18.56a,b,c,18.57) höchstens $m+n$ von Null verschiedene Komponenten und muß folglich eine Basislösung von (18.56a,b,c) sein.

2. Lösungsgang Mit Hilfe des Simplexverfahrens wird zunächst eine zulässige Basislösung (Ecke) $\bar{\underline{\mathbf{x}}}$ des Systems $\mathbf{A}\underline{\mathbf{x}} = \underline{\mathbf{b}}$ bestimmt. Die zu den Basisvariablen von $\bar{\underline{\mathbf{x}}}$ gehörenden Indizes bilden die Indexmenge I_B. Um eine Lösung des Systems (18.56a,b,c) zu finden, die auch (18.57) erfüllt, formuliert man das Hilfsproblem

$$-\mu = \min!, \qquad (\mu \in \mathbb{R}); \tag{18.58}$$

$$\mathbf{A}\underline{\mathbf{x}} = \underline{\mathbf{b}}, \tag{18.59a}$$

$$2\mathbf{C}\underline{\mathbf{x}} - \underline{\mathbf{v}} + \mathbf{A}^{\mathrm{T}}\underline{\mathbf{u}} - \mu\underline{\mathbf{q}} = -\underline{\mathbf{p}} \quad \text{mit} \quad \underline{\mathbf{q}} = 2\mathbf{C}\bar{\underline{\mathbf{x}}} + \underline{\mathbf{p}}, \tag{18.59b}$$

$$\underline{\mathbf{x}} \geq \underline{\mathbf{0}}, \quad \underline{\mathbf{v}} \geq \underline{\mathbf{0}}, \quad \mu \geq 0; \tag{18.59c}$$

$$\underline{\mathbf{x}}^{\mathrm{T}}\underline{\mathbf{v}} = 0. \tag{18.60}$$

Für eine Lösung $(\underline{\mathbf{x}}, \underline{\mathbf{v}}, \underline{\mathbf{u}}, \mu)$ dieses Problems, die gleichzeitig (18.56a,b,c) und (18.57) erfüllt, muß $\mu = 0$ gelten.

Als zulässige Basislösung für das System (18.59a,b,c) ist $(\underline{\mathbf{x}}, \underline{\mathbf{v}}, \underline{\mathbf{u}}, \mu) = (\bar{\underline{\mathbf{x}}}, \underline{\mathbf{0}}, \underline{\mathbf{0}}, 1)$ bekannt, die gleichzeitig der Bedingung (18.60) genügt. Eine zu dieser Basislösung gehörende Basis wird aus den folgenden Spalten der Koeffizientenmatrix

$$\begin{pmatrix} \mathbf{A} & \mathbf{0} & \mathbf{0} & \underline{\mathbf{0}} \\ 2\mathbf{C} & -\mathbf{I} & \mathbf{A}^{\mathrm{T}} & -\underline{\mathbf{q}} \end{pmatrix} \tag{18.61}$$

zusammengesetzt. In (18.61) bedeuten $\mathbf{I}$ Einheitsmatrix, $\mathbf{0}$ Nullmatrix und $\underline{\mathbf{0}}$ Nullvektor entsprechender Dimension.

a) m Spalten, die zu x_i mit $i \in I_B$ gehören,
b) $n - m$ Spalten, die zu v_i mit $i \notin I_B$ gehören,
c) alle m Spalten zu u_i,
d) die letzte Spalte, dafür wird aber eine geeignete der unter **b)** und **c)** bestimmten Spalten wieder weggelassen.

Ist $\underline{\mathbf{q}} = \underline{\mathbf{0}}$, dann ist zwar der Austausch nach **d)** nicht möglich; es ist dann aber $\bar{\underline{\mathbf{x}}}$ bereits ein Lösungspunkt.

Man kann nunmehr ein erstes Simplextableau aufstellen. Die Minimierung der Zielfunktion erfolgt mit dem Simplexverfahren unter der folgenden Zusatzregel, die $\underline{\mathbf{x}}^{\mathrm{T}}\underline{\mathbf{v}} = 0$ sichert:

Bleibt in einem Austauschschritt x_i $(i = 1, 2, \ldots, n)$ Basisvariable, dann darf v_i nicht Basisvariable werden und umgekehrt.

Für positiv definites $\mathbf{C}$ führt das Simplexverfahren unter Beachtung der Zusatzregel zu einer Lösung des Problems (18.58,18.59a,b,c,18.60) mit $\mu = 0$. Für positiv semidefinites $\mathbf{C}$ kann auf Grund der eingeschränkten Pivotelementwahl der Fall eintreten, daß kein Austauschschritt mehr ausgeführt werden kann, ohne die Zusatzregel zu verletzen, obwohl $\mu > 0$ gilt. Man kann zeigen, daß in diesem Fall μ überhaupt nicht verkleinert werden kann.

■ $f(\underline{\mathbf{x}}) = x_1^2 + 4x_2^2 - 10x_1 - 32x_2 = \min!$ mit $x_1 + 2x_2 + x_3 = 7$, $2x_1 + x_2 + x_4 = 8$.

$$\mathbf{A} = \begin{pmatrix} 1 & 2 & 1 & 0 \\ 2 & 1 & 0 & 1 \end{pmatrix}, \quad \underline{\mathbf{b}} = \begin{pmatrix} 7 \\ 8 \end{pmatrix}, \quad \mathbf{C} = \begin{pmatrix} 1 & 0 & 0 & 0 \\ 0 & 4 & 0 & 0 \\ 0 & 0 & 0 & 0 \\ 0 & 0 & 0 & 0 \end{pmatrix}, \quad \underline{\mathbf{p}} = \begin{pmatrix} -10 \\ -32 \\ 0 \\ 0 \end{pmatrix}.$$

In diesem Falle ist $\mathbf{C}$ lediglich positiv semidefinit. Eine zulässige Basislösung von $\mathbf{A}\underline{\mathbf{x}} = \underline{\mathbf{b}}$ ist $\bar{\underline{\mathbf{x}}} = (0, 0, 7, 8)^{\mathrm{T}}$, $\underline{\mathbf{q}} = 2\mathbf{C}\bar{\underline{\mathbf{x}}} + \underline{\mathbf{p}} = (-10, -32, 0, 0)^{\mathrm{T}}$. Als Basisvektoren werden gewählt:

a) die Spalten 3 und 4 von $\begin{pmatrix} \mathbf{A} \\ 2\mathbf{C} \end{pmatrix}$, **b)** die Spalten 1 und 2 von $\begin{pmatrix} \mathbf{0} \\ -\mathbf{I} \end{pmatrix}$, **c)** die Spalten von $\begin{pmatrix} \mathbf{0} \\ \mathbf{A}^{\mathrm{T}} \end{pmatrix}$

und **d)** die Spalte $\begin{pmatrix} \mathbf{0} \\ -\underline{\mathbf{q}} \end{pmatrix}$ anstelle der 1. Spalte von $\begin{pmatrix} \mathbf{0} \\ -\mathbf{I} \end{pmatrix}$.

Aus diesen Spalten wird die Basismatrix gebildet und die Basisinverse errechnet (s. 18.1). Durch Multiplikation mit der Matrix (18.61) sowie des Vektors $\begin{pmatrix} \underline{\mathbf{b}} \\ -\underline{\mathbf{p}} \end{pmatrix}$ mit der Basisinversen ergibt sich ein erstes Simplextableau **(Schema 18.9)**.

Auf Grund der Zusatzregel kann in diesem Tableau nur x_1 gegen v_2 ausgetauscht werden. Als Lösung erhält man nach einigen Austauschschritten $\underline{\mathbf{x}}^* = (2, 5/2, 0, 3/2)^{\mathrm{T}}$. Die letzten zwei Gleichungen von $2\mathbf{C}\underline{\mathbf{x}} - \underline{\mathbf{v}} + \mathbf{A}^{\mathrm{T}}\underline{\mathbf{u}} - \mu\underline{\mathbf{q}} = -\underline{\mathbf{p}}$ lauten: $v_3 = u_1$, $v_4 = u_2$. Man kann deshalb den Umfang des Problems zu Beginn der Rechnung reduzieren, indem man die freien Variablen u_1 und u_2 aus dem System eliminiert.

Schema 18.9

	x_1	x_2	v_1	v_3	v_4	
x_3	1	2	0	0	0	7
x_4	2	1	0	0	0	8
v_2	$\boxed{\frac{64}{10}}$	-8	$-\frac{32}{10}$	$\frac{12}{10}$	$\frac{54}{10}$	0
u_1	0	0	0	-1	0	0
u_2	0	0	0	0	-1	0
μ	$\frac{2}{10}$	0	$-\frac{1}{10}$	$\frac{1}{10}$	$\frac{2}{10}$	1
	$-\frac{2}{10}$	0	$\frac{1}{10}$	$-\frac{1}{10}$	$-\frac{2}{10}$	-1

18.2.3.2 Verfahren von Hildreth–d'Esopo

1. Prinzip Dem streng konvexen Optimierungsproblem

$$f(\underline{\mathbf{x}}) = \underline{\mathbf{x}}^{\mathrm{T}}\mathbf{C}\underline{\mathbf{x}} + \underline{\mathbf{p}}^{\mathrm{T}}\underline{\mathbf{x}} = \min!\,, \qquad \mathbf{A}\underline{\mathbf{x}} \le \underline{\mathbf{b}} \tag{18.62}$$

ist das duale Problem (s. 18.2.2.2)

$$\psi(\underline{\mathbf{u}}) = \underline{\mathbf{u}}^{\mathrm{T}}\mathbf{E}\underline{\mathbf{u}} + \underline{\mathbf{h}}^{\mathrm{T}}\underline{\mathbf{u}} = \min! \qquad \underline{\mathbf{u}} \ge 0 \quad \text{mit} \tag{18.63a}$$

$$\mathbf{E} = \frac{1}{4}\mathbf{A}\mathbf{C}^{-1}\mathbf{A}^{\mathrm{T}}\,, \qquad \underline{\mathbf{h}} = \frac{1}{2}\mathbf{A}\mathbf{C}^{-1}\underline{\mathbf{p}} + \underline{\mathbf{b}} \tag{18.63b}$$

zugeordnet. Die Matrix $\mathbf{E}$ ist positiv definit und besitzt positive Diagonalelemente $e_{ii} > 0$, $(i = 1, 2, \ldots, m)$. Die Variablen $\underline{\mathbf{x}}$ und $\underline{\mathbf{u}}$ sind über die folgende Beziehung miteinander verknüpft:

$$\underline{\mathbf{x}} = -\frac{1}{2}\mathbf{C}^{-1}(\mathbf{A}^{\mathrm{T}}\underline{\mathbf{u}} + \underline{\mathbf{p}}). \tag{18.64}$$

2. Iterationslösung Das duale Problem (18.63a), das nur die Nebenbedingung $\underline{\mathbf{u}} \ge \underline{\mathbf{0}}$ enthält, kann mit Hilfe des folgenden einfachen Iterationsverfahrens in Schritten gelöst werden:

a) Setze $\underline{\mathbf{u}}^1 \ge \underline{\mathbf{0}}$ (z.B. $\underline{\mathbf{u}}^1 = \underline{\mathbf{0}}$), $k = 1$.

b) Berechne u_i^{k+1} für $i = 1, 2, \ldots, m$ gemäß

$$w_i^{k+1} = -\frac{1}{e_{ii}}\left(\sum_{j=1}^{i-1} e_{ij}u_j^{k+1} + \frac{h_i}{2} + \sum_{j=i+1}^{m} e_{ij}u_j^k\right), \tag{18.65a}$$

$$u_i^{k+1} = \max\left\{0, w_i^{k+1}\right\}. \tag{18.65b}$$

c) Falls ein Abbruchkriterium, z.B. $\left|\psi(\underline{\mathbf{u}}^{k+1}) - \psi(\underline{\mathbf{u}}^k)\right| < \varepsilon, \varepsilon > 0$, nicht erfüllt ist, wird Schritt **b** mit $k + 1$ an Stelle von k wiederholt.

Unter der Voraussetzung, daß ein $\underline{\mathbf{x}}$ mit $\mathbf{A}\underline{\mathbf{x}} < \underline{\mathbf{b}}$ existiert, konvergiert die Folge $\{\psi(\underline{\mathbf{u}}^k)\}$ gegen den Minimalwert $\psi_{\min}$ und die mittels (18.64) gebildete Folge $\{\underline{\mathbf{x}}^k\}$ gegen die Lösung $\underline{\mathbf{x}}^*$ des Ausgangsproblems. Dagegen konvergiert die Folge $\{\underline{\mathbf{u}}^k\}$ nicht immer.

18.2.4 Numerische Suchverfahren

Suchverfahren ermöglichen für eine Reihe von Optimierungsproblemen, mit geringem Rechenaufwand akzeptable Näherungslösungen zu ermitteln. Sie beruhen prinzipiell auf dem Vergleich von Funktionswerten.

18.2.4.1 Eindimensionale Suche

Viele Optimierungsverfahren beinhalten als Teilaufgabe die Minimierung einer Funktion $f(x)$ für $x \in [a, b]$. Oft ist dabei eine Näherung $\overline{x}$ für den Minimalpunkt x^* ausreichend.

1. Aufgabenstellung Es sei f auf $[a, b]$ unimodal und x^* ein globaler Minimalpunkt. Dann soll ein Intervall $[c, d] \subseteq [a, b]$ mit $x^* \in [c, d]$ und $d - c < \varepsilon$, $\varepsilon > 0$ bestimmt werden. Dabei heißt $f(x)$, $x \in \mathbb{R}$ eine unimodale Funktion im Intervall $[a, b]$, falls f auf jedem abgeschlossenen Teilintervall $J \subseteq [a, b]$ genau einen lokalen Minimalpunkt besitzt.

2. Gleichmäßige Suche Man wählt n (n ganzzahlig) so, daß $\delta = \dfrac{b-a}{n+1} < \dfrac{\varepsilon}{2}$ gilt, und berechnet die Werte $f(x^k)$ für $x^k = a + k\delta$, $k = 1, \ldots, n$. Ist $f(x)$ unter diesen Funktionswerten ein kleinster Wert, dann liegt der Minimalpunkt x^* im Intervall $[x - \delta, x + \delta]$. Die für die geforderte Genauigkeit notwendige Anzahl von Funktionswertberechnungen kann mittels

$$n > \frac{2(b-a)}{\varepsilon} - 1 \tag{18.66}$$

abgeschätzt werden.

3. Verfahren des Goldenen Schnittes und FIBONACCI–Verfahren Das Intervall $[a, b] = [a_1, b_1]$ wird schrittweise so verkleinert, daß das jeweils neue Teilintervall den Minimalpunkt x^* enthält. Im Intervall $[a_1, b_1]$ werden die Punkte

$$\lambda_1 = a_1 + (1 - \tau)(b_1 - a_1)\,, \qquad \mu_1 = a_1 + \tau(b_1 - a_1) \quad \text{mit} \tag{18.67a}$$

$$\tau = \frac{1}{2}(\sqrt{5} - 1) \approx 0{,}618 \tag{18.67b}$$

ermittelt. Das entspricht einer Teilung nach dem Goldenen Schnitt.
Es sind zwei Fälle zu unterscheiden:

a) $f(\lambda_1) < f(\mu_1)$: Man setzt $\quad a_2 = a_1\,,\quad b_2 = \mu_1 \quad \text{und} \quad \mu_2 = \lambda_1.$ (18.68a)

b) $f(\lambda_1) \geq f(\mu_1)$: Man setzt $\quad a_2 = \lambda_1\,,\quad b_2 = b_1 \quad \text{und} \quad \lambda_2 = \mu_1.$ (18.68b)

Ist $b_2 - a_2 \geq \varepsilon$, dann wird das Verfahren mit dem Intervall $[a_2, b_2]$ wiederholt, wobei aber nunmehr einer der Werte $f(\lambda_2)$ (Fall **a)**) bzw. $f(\mu_2)$ (Fall **b)**) aus dem ersten Schritt verwendet werden kann. Zur Berechnung eines Intervalls $[a_n, b_n]$, in dem der Minimalpunkt x^* liegt, sind somit insgesamt n Funktionswertberechnungen erforderlich. Aus der Forderung

$$\varepsilon > b_n - a_n = \tau^{n-1}(b_1 - a_1) \tag{18.69}$$

kann eine Abschätzung der notwendigen Schrittzahl n gewonnen werden.
Mit dem Verfahren des Goldenen Schnittes wird höchstens eine Funktionswertberechnung mehr benötigt als mit dem FIBONACCI–Verfahren. An Stelle einer Intervallunterteilung gemäß dem Goldenen Schnitt erfolgt hier eine Unterteilung mit Hilfe der FIBONACCI–*Zahlen* (s. S. 313 und S. 840).

18.2.4.2 Minimumsuche im n–dimensionalen euklidischen Vektorraum

Die Suche nach einer Näherung für einen Minimalpunkt $\underline{\mathbf{x}}^*$ des Problems $f(\underline{\mathbf{x}}) = \min!$, $\underline{\mathbf{x}} \in \mathbb{R}^n$, kann auf die Lösung einer Folge eindimensionaler Optimierungsprobleme zurückgeführt werden.
Man setzt

a) $\quad \underline{\mathbf{x}} = \underline{\mathbf{x}}^1, \qquad k = 1,$ wobei $\underline{\mathbf{x}}_1$ eine geeignete Ausgangsnäherung für $\underline{\mathbf{x}}^*$ ist. (18.70a)

b) Man löst für $r = 1, 2, \ldots, n$ die eindimensionalen Probleme

$$\varphi(\alpha_r) = f(x_1^{k+1}, \ldots, x_{r-1}^{k+1}, x_r^k + \alpha_r, x_{r+1}^k, \ldots, x_n^k) = \min!\,, \qquad \alpha_r \in \mathbb{R}\,. \tag{18.70b}$$

Ist $\bar{\alpha}_r$ ein Minimalpunkt bzw. eine Näherung des r–ten Problems, dann setzt man $x_r^{k+1} = x_r^k + \bar{\alpha}_r$.

c) Unterscheiden sich zwei aufeinander folgende Näherungen hinreichend wenig, d.h. gilt für die Norm

$$||\underline{\mathbf{x}}^{k+1} - \underline{\mathbf{x}}^k|| < \varepsilon_1 \qquad \text{oder} \qquad f(\underline{\mathbf{x}}^{k+1}) - f(\underline{\mathbf{x}}^k) < \varepsilon_2, \tag{18.70c}$$

dann ist $\underline{\mathbf{x}}^{k+1}$ eine Näherung für $\underline{\mathbf{x}}^*$. Anderenfalls geht man mit $k+1$ an Stelle von k zu Schritt b über. Die eindimensionalen Probleme im Schritt b können unter anderem mit den in (18.2.4.1) beschriebenen Suchverfahren gelöst werden.

18.2.5 Verfahren für unrestringierte Aufgaben

Es wird das allgemeine Optimierungsproblem

$$f(\underline{\mathbf{x}}) = \min! \qquad \text{für} \quad \underline{\mathbf{x}} \in \mathbb{R}^n \tag{18.71}$$

mit einer stetig differenzierbaren Funktion f betrachtet. Mit den in diesem Abschnitt beschriebenen Verfahren wird eine im allgemeinen unendliche Punktfolge $\{\underline{\mathbf{x}}^k\} \in \mathbb{R}^n$ konstruiert, deren Häufungspunkte stationäre Punkte sind. Die Punktfolge wird ausgehend von $\underline{\mathbf{x}}^1 \in \mathbb{R}^n$ nach der Vorschrift

$$\underline{\mathbf{x}}^{k+1} = \underline{\mathbf{x}}^k + \alpha_k \underline{\mathbf{d}}^k, \qquad k = 1, 2, \ldots \tag{18.72}$$

berechnet, d.h., in $\underline{\mathbf{x}}^k$ wird eine Richtung $\underline{\mathbf{d}}^k \in \mathbb{R}^n$ bestimmt und mittels des *Schrittweitenparameters* $\alpha_k \in \mathbb{R}$ festgelegt, wie weit $\underline{\mathbf{x}}^{k+1}$ in Richtung $\underline{\mathbf{d}}^{k+1}$ von $\underline{\mathbf{x}}^k$ entfernt liegt. Ein so konstruiertes Verfahren heißt *Abstiegsverfahren*, wenn gilt

$$f(\underline{\mathbf{x}}^{k+1}) < f(\underline{\mathbf{x}}^k) \qquad (k = 1, 2, \ldots). \tag{18.73}$$

Die Bedingung $\nabla f(\underline{\mathbf{x}}) = 0$, wobei ∇ der Nablaoperator ist (s. S. 653), charakterisiert einen stationären Punkt und kann als Abbruchtest für die Iterationsverfahren herangezogen werden.

18.2.5.1 Verfahren des steilsten Abstieges (Gradientenverfahren)

Ausgehend vom aktuellen Punkt $\underline{\mathbf{x}}^k$, wird $\underline{\mathbf{d}}^k$ als Richtung des lokal steilsten Abstieges festgelegt durch

$$\underline{\mathbf{d}}^k = -\nabla f(\underline{\mathbf{x}}^k). \tag{18.74a}$$

Es ist also

$$\underline{\mathbf{x}}^{k+1} = \underline{\mathbf{x}}^k - \alpha_k \nabla f(\underline{\mathbf{x}}^k). \tag{18.74b}$$

Eine schematische Darstellung des Gradientenverfahrens mit den Niveaulinien $f(\underline{\mathbf{x}}) = f(\underline{\mathbf{x}}^i)$ zeigt die **Abb.18.6**. Die Schrittweite α_k wird nach dem CAUCHY–Prinzip, auch *Prinzip der Strahlminimierung* genannt, ermittelt, d.h., α_k löst die eindimensionale Aufgabe

$$f(\underline{\mathbf{x}}^k + \alpha \underline{\mathbf{d}}^k) = \min!, \quad \alpha \geq 0. \tag{18.75}$$

Dazu können Verfahren aus 18.2.4 herangezogen werden. Das *Gradientenverfahren* (18.74b) konvergiert relativ langsam. Für jeden Häufungspunkt $\underline{\mathbf{x}}^*$ der Folge $\{\underline{\mathbf{x}}^k\}$ gilt $\nabla f(\underline{\mathbf{x}}^*) = 0$. Für eine quadratische Zielfunktion, d.h. $f(\underline{\mathbf{x}}) = \underline{\mathbf{x}}^{\mathrm{T}}\mathbf{C}\underline{\mathbf{x}} + \underline{\mathbf{p}}^{\mathrm{T}}\underline{\mathbf{x}}$, besitzt das Verfahren die Form:

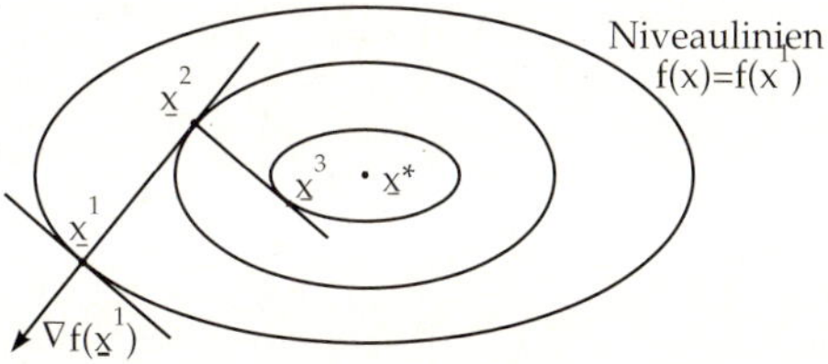

Abbildung 18.6

$$\underline{\mathbf{x}}^{k+1} = \underline{\mathbf{x}}^k + \alpha_k \underline{\mathbf{d}}^k \qquad \text{mit} \tag{18.76a}$$

$$\underline{\mathbf{d}}^k = -(2\mathbf{C}\underline{\mathbf{x}}^k + \underline{\mathbf{p}}) \qquad \text{und} \qquad \alpha_k = \frac{\underline{\mathbf{d}}^{k\mathrm{T}}\underline{\mathbf{d}}^k}{2\underline{\mathbf{d}}^{k\mathrm{T}}\mathbf{C}\underline{\mathbf{d}}^k}. \tag{18.76b}$$

18.2.5.2 Anwendung des Newton–Verfahrens

Die Funktion f wird im aktuellen Näherungspunkt $\underline{\mathbf{x}}^k$ durch eine quadratische Funktion approximiert:

$$q(\underline{\mathbf{x}}) = f(\underline{\mathbf{x}}^k) + (\underline{\mathbf{x}} - \underline{\mathbf{x}}^k)^{\mathrm{T}}\nabla f(\underline{\mathbf{x}}^k) + \frac{1}{2}(\underline{\mathbf{x}} - \underline{\mathbf{x}}^k)^{\mathrm{T}}\mathbf{H}(\underline{\mathbf{x}}^k)(\underline{\mathbf{x}} - \underline{\mathbf{x}}^k). \tag{18.77}$$

Dabei ist $\mathbf{H}(\underline{\mathbf{x}}^k)$ die HESSE–Matrix, d.h. die Matrix der zweiten partiellen Ableitung von f im Punkt $\underline{\mathbf{x}}^k$. Ist $\mathbf{H}(\underline{\mathbf{x}}^k)$ positiv definit, dann hat $q(\underline{\mathbf{x}})$ an der Stelle $\underline{\mathbf{x}}^{k+1}$ mit $\nabla q(\underline{\mathbf{x}}^{k+1}) = 0$ ein globales Minimum, und man erhält für das NEWTON–Verfahren die Iterationsvorschrift

$$\underline{\mathbf{x}}^{k+1} = \underline{\mathbf{x}}^k - \mathbf{H}^{-1}(\underline{\mathbf{x}}^k)\nabla f(\underline{\mathbf{x}}^k) \quad (k = 1, 2, \ldots), \quad \text{d.h., es ist} \tag{18.78a}$$

$$\underline{\mathbf{d}}^k = -\mathbf{H}^{-1}(\underline{\mathbf{x}}^k)\nabla f(\underline{\mathbf{x}}^k) \qquad \text{und} \quad \alpha_k \equiv 1. \tag{18.78b}$$

Das NEWTON–Verfahren hat eine hohe Konvergenzgeschwindigkeit, der aber folgende Nachteile gegenüberstehen:

a) Die Matrix $\mathbf{H}(\underline{\mathbf{x}}^k)$ muß positiv definit sein.
b) Das Verfahren konvergiert nur für hinreichend gute Startwerte.
c) Es gibt keine Schrittweitensteuerung.
d) Das Verfahren ist im allgemeinen kein Abstiegsverfahren.
e) Der Aufwand zur Berechnung von $\mathbf{H}^{-1}(\underline{\mathbf{x}}^k)$ ist mitunter recht groß.

Einige Nachteile können durch die folgende Version eines *gedämpften* NEWTON-*Verfahrens* behoben werden:

$$\underline{\mathbf{x}}^{k+1} = \underline{\mathbf{x}}^k - \alpha_k\mathbf{H}^{-1}(\underline{\mathbf{x}}^k)\nabla f(\underline{\mathbf{x}}^k) \qquad (k = 1, 2, \ldots). \tag{18.79}$$

Der Dämpfungsfaktor α_k kann unter anderem durch Strahlminimierung ermittelt werden (s. 18.2.5.1).

18.2.5.3 Verfahren der konjugierten Gradienten

Zwei Vektoren $\underline{\mathbf{d}}^1, \underline{\mathbf{d}}^2 \in \mathbb{R}^n$ heißen *konjugierte Vektoren* bezüglich einer symmetrischen, positiv definiten Matrix $\mathbf{C}$, wenn gilt

$$\underline{\mathbf{d}}^{1\mathrm{T}}\mathbf{C}\underline{\mathbf{d}}^2 = 0. \tag{18.80}$$

Sind $\underline{\mathbf{d}}^1, \underline{\mathbf{d}}^2, \ldots, \underline{\mathbf{d}}^n$ paarweise konjugierte Vektoren bezüglich einer Matrix $\mathbf{C}$, dann ist das konvexe quadratische Problem $q(\underline{\mathbf{x}}) = \underline{\mathbf{x}}^{\mathrm{T}}\mathbf{C}\underline{\mathbf{x}} + \underline{\mathbf{p}}^{\mathrm{T}}\underline{\mathbf{x}}$, $\underline{\mathbf{x}} \in \mathbb{R}^n$, in n Schritten lösbar, wenn ausgehend von einem beliebigen $\underline{\mathbf{x}}^1$ die Folge $\underline{\mathbf{x}}^{k+1} = \underline{\mathbf{x}}^k + \alpha_k\underline{\mathbf{d}}^k$ gebildet wird, wobei α_k als optimale Schrittweite in Abstiegsrichtung gewählt wird. Unter der Annahme, daß $f(\underline{\mathbf{x}})$ in der Nähe des Minimalpunktes $\underline{\mathbf{x}}^*$ annähernd quadratisch ist, d.h. $\mathbf{C} \approx \frac{1}{2}\mathbf{H}(\underline{\mathbf{x}}^*)$, kann das für quadratische Zielfunktionen resultierende Verfahren auch auf allgemeinere Funktionen $f(\underline{\mathbf{x}})$ angewendet werden, ohne daß dabei explizit die Matrix $\mathbf{H}(\underline{\mathbf{x}}^*)$ benutzt wird.

Das Verfahren der konjugierten Gradienten besteht aus folgenden Schritten:

a) $$\underline{\mathbf{x}}^1 \in \mathbb{R}^n, \quad \underline{\mathbf{d}}^1 = -\nabla f(\underline{\mathbf{x}}^1), \tag{18.81}$$

wobei $\underline{\mathbf{x}}^1$ eine geeignete Ausgangsnäherung für $\underline{\mathbf{x}}^*$ ist.

b) $$\underline{\mathbf{x}}^{k+1} = \underline{\mathbf{x}}^k + \alpha_k\underline{\mathbf{d}}^k, \quad k = 1, \ldots, n \quad \text{mit } \alpha_k \geq 0 \text{ so, daß } f(\underline{\mathbf{x}}^k + \alpha\underline{\mathbf{d}}^k) \text{ minimiert wird.} \tag{18.82a}$$

$$\underline{\mathbf{d}}^{k+1} = -\nabla f(\underline{\mathbf{x}}^{k+1}) + \mu_k\underline{\mathbf{d}}^k, \qquad k = 1, \ldots, n-1 \quad \text{mit} \tag{18.82b}$$

$$\mu_k = \frac{\nabla f(\underline{\mathbf{x}}^{k+1})^{\mathrm{T}}\nabla f(\underline{\mathbf{x}}^{k+1})}{\nabla f(\underline{\mathbf{x}}^k)^{\mathrm{T}}\nabla f(\underline{\mathbf{x}}^k)} \qquad \text{und} \qquad \underline{\mathbf{d}}^{n+1} = -\nabla f(\underline{\mathbf{x}}^{n+1}). \tag{18.82c}$$

c) Wiederholung des Schrittes **b)** mit $\underline{\mathbf{x}}^{n+1}$ und $\underline{\mathbf{d}}^{n+1}$ an Stelle von $\underline{\mathbf{x}}^1$ und $\underline{\mathbf{d}}^1$.

18.2.5.4 Verfahren von Davidon, Fletcher und Powell (DFP)

Mit dem DFP–Verfahren ermittelt man, ausgehend von $\underline{\mathbf{x}}^1 \in \mathbb{R}^n$, eine Punktfolge nach der Vorschrift

$$\underline{\mathbf{x}}^{k+1} = \underline{\mathbf{x}}^k - \alpha_k\mathbf{M}_k\nabla f(\underline{\mathbf{x}}^k) \qquad (k = 1, 2, \ldots). \tag{18.83}$$

Dabei ist $\mathbf{M}_k$ eine symmetrische, positiv definite Matrix. Die Idee des Verfahrens besteht in einer schrittweisen Approximation der inversen HESSE–Matrix durch die Matrizen $\mathbf{M}_k$ in dem Falle, daß

$f(\underline{\mathbf{x}})$ eine quadratische Funktion ist. Ausgehend von einer symmetrischen, positiv definiten Matrix $\mathbf{M}_1$, z.B. $\mathbf{M}_1 = \mathbf{I}$ ($\mathbf{I}$ Einheitsmatrix), wird $\mathbf{M}_k$ aus $\mathbf{M}_{k-1}$ durch Addition einer Rang–Zwei–Korrekturmatrix

$$\mathbf{M}_k = \mathbf{M}_{k-1} + \frac{\underline{\mathbf{v}}^k \underline{\mathbf{v}}^{k\mathrm{T}}}{\underline{\mathbf{v}}^{k\mathrm{T}} \underline{\mathbf{v}}^k} - \frac{(\mathbf{M}_{k-1}\underline{\mathbf{w}}^k)(\mathbf{M}_{k-1}\underline{\mathbf{w}}^k)^{\mathrm{T}}}{\underline{\mathbf{w}}^{k\mathrm{T}} \mathbf{M}_k \underline{\mathbf{w}}^k} \tag{18.84}$$

mit $\underline{\mathbf{v}}^k = \underline{\mathbf{x}}^k - \underline{\mathbf{x}}^{k-1}$ und $\underline{\mathbf{w}}^k = \nabla f(\underline{\mathbf{x}}^k) - \nabla f(\underline{\mathbf{x}}^{k-1})$, $k = 2, 3, \ldots$ ermittelt. Die Schrittweite α_k erhält man durch Strahlminimierung aus

$$f(\underline{\mathbf{x}}^k - \alpha \mathbf{M}_k \nabla f(\underline{\mathbf{x}}^k)) = \min!, \qquad \alpha \geq 0. \tag{18.85}$$

Ist $f(\underline{\mathbf{x}})$ eine quadratische Funktion, dann geht das DFP–Verfahren für $\mathbf{M}_1 = \mathbf{I}$ in das Verfahren der konjugierten Gradienten über.

18.2.6 Gradientenverfahren für Probleme mit Ungleichungsrestriktionen

Wenn das Problem

$$f(\underline{\mathbf{x}}) = \min! \qquad \text{bei} \quad g_i(\underline{\mathbf{x}}) \leq 0 \quad (i = 1, \ldots, m) \tag{18.86}$$

mit einem Iterationsverfahren der Art

$$\underline{\mathbf{x}}^{k+1} = \underline{\mathbf{x}}^k + \alpha_k \underline{\mathbf{d}}^k, \qquad k = 1, 2, \ldots \tag{18.87}$$

gelöst werden soll, dann sind auf Grund des eingeschränkten zulässigen Bereiches zwei Voraussetzungen zu beachten:

1. Die Richtung $\underline{\mathbf{d}}^k$ muß eine in $\underline{\mathbf{x}}^k$ zulässige Abstiegsrichtung sein.
2. Die Schrittweite α_k ist so zu bestimmen, daß auch $\underline{\mathbf{x}}^{k+1}$ in M liegt.

Die verschiedenen Verfahren gemäß Vorschrift (18.87) unterscheiden sich in der Konstruktion der Richtung $\underline{\mathbf{d}}^k$. Um die Zulässigkeit der Folge $\{\underline{\mathbf{x}}^k\} \subset M$ zu sichern, werden α'_k bzw. α''_k folgendermaßen bestimmt:

$$\alpha'_k \text{aus} f(\underline{\mathbf{x}}^k + \alpha \underline{\mathbf{d}}^k) = \min!\,, \quad \alpha \geq 0\,; \quad \text{bzw.} \quad \alpha''_k = \max\{\alpha \in \mathbb{R} : \underline{\mathbf{x}}^k + \alpha \underline{\mathbf{d}}^k \in M\}\,. \tag{18.88}$$

Daraus resultiert

$$\alpha_k = \min\{\alpha'_k, \alpha''_k\}\,. \tag{18.89}$$

Wenn in einem Schritt k keine zulässige Abstiegsrichtung $\underline{\mathbf{d}}^k$ existiert, dann ist $\underline{\mathbf{x}}^k$ ein stationärer Punkt.

18.2.6.1 Verfahren der zulässigen Richtungen

1. Richtungssuchprogramm Eine zulässige Abstiegsrichtung $\underline{\mathbf{d}}^k$ im Punkt $\underline{\mathbf{x}}^k$ kann durch Lösung des folgenden Optimierungsproblems gewonnen werden:

$$\sigma = \min! \tag{18.90}$$

$$\nabla g_i(\underline{\mathbf{x}}^k)^{\mathrm{T}} \underline{\mathbf{d}} \leq \sigma, \qquad i \in I_0(\underline{\mathbf{x}}^k)\,, \tag{18.91a}$$

$$\nabla f(\underline{\mathbf{x}}^k)^{\mathrm{T}} \underline{\mathbf{d}} \leq \sigma\,, \tag{18.91b}$$

$$||\underline{\mathbf{d}}|| \leq 1. \tag{18.91c}$$

Gilt für die Lösung $\underline{\mathbf{d}} = \underline{\mathbf{d}}^k$ dieses *Richtungssuchprogrammes* $\sigma < 0$, dann sichert (18.91a) die Zulässigkeit und (18.91b) die Abstiegseigenschaft von $\underline{\mathbf{d}}^k$. Mit der Normierungsbedingung (18.91c) wird der zulässige Bereich für das Richtungssuchprogramm beschränkt. Ist $\sigma = 0$, dann ist $\underline{\mathbf{x}}^k$ ein stationärer Punkt, da in $\underline{\mathbf{x}}^k$ keine zulässige Abstiegsrichtung existiert.

Ein gemäß (18.91a,b,c) definiertes Richtungssuchprogramm kann innerhalb der Folge der beschränkten $\underline{\mathbf{x}}^k$ ein Zickzack–Verhalten verursachen. Das kann vermieden werden, wenn die Indexmenge $I_0(\underline{\mathbf{x}}^k)$ durch die Indexmenge

$$I_{\varepsilon_k}(\underline{\mathbf{x}}^k) = \{i \in \{1, \ldots, m\} \;:\; -\varepsilon_k \leq g_i(\underline{\mathbf{x}}^k) \leq 0\}, \quad \varepsilon_k \geq 0 \tag{18.92}$$

der sogenannten in $\underline{\mathbf{x}}^k$ ε_k–aktiven Restriktionen ersetzt wird. Dadurch werden lokal Abstiegsrichtungen ausgeschlossen, die von $\underline{\mathbf{x}}^k$ ausgehend näher an den von ε_k–aktiven Restriktionen gebildeten Rand von M heranführen **(Abb.18.7)**.

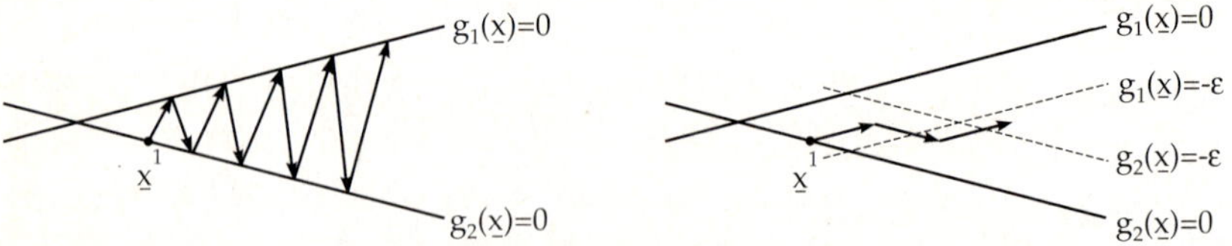

Abbildung 18.7

Ist nach dieser Modifizierung $\sigma = 0$ Lösung von (18.91a,b,c), dann ist $\underline{\mathbf{x}}^k$ nur dann ein stationärer Punkt, wenn $I_0(\underline{\mathbf{x}}^k) = I_{\varepsilon_k}(\underline{\mathbf{x}}^k)$ erfüllt ist. Anderenfalls ist ε_k geeignet zu verkleinern und das Richtungssuchprogramm zu wiederholen.

2. Spezialfall linearer Restriktionen Sind die Funktionen $g_i(\underline{\mathbf{x}})$ linear, d.h. $g_i(\underline{\mathbf{x}}) = \underline{\mathbf{a}}_i{}^{\mathrm{T}}\underline{\mathbf{x}} - b_i$, dann kann ein einfacheres Richtungssuchprogramm aufgestellt werden:

$$\sigma = \nabla f(\underline{\mathbf{x}}^k)^{\mathrm{T}}\underline{\mathbf{d}} = \min! \qquad \text{bei} \tag{18.93}$$

$$\underline{\mathbf{a}}_i{}^{\mathrm{T}}\underline{\mathbf{d}} \le 0, \qquad i \in I_0(\underline{\mathbf{x}}^k) \quad \text{bzw.} \quad i \in I_{\varepsilon_k}(\underline{\mathbf{x}}^k), \tag{18.94a}$$

$$||\underline{\mathbf{d}}|| \le 1. \tag{18.94b}$$

Die Wirkung der Wahl verschiedener Normen $||\underline{\mathbf{d}}|| = \max\{|d_i|\} \le 1$ bzw. $||\underline{\mathbf{d}}|| = \sqrt{\underline{\mathbf{d}}^{\mathrm{T}}\underline{\mathbf{d}}} \le 1$ ist in **Abb.18.8a,b** gezeigt.

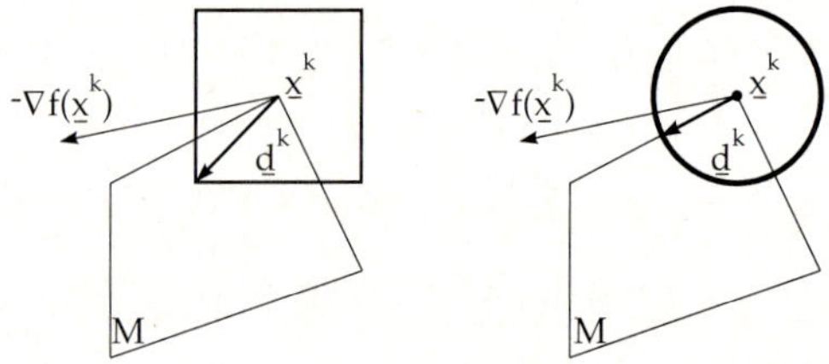

Abbildung 18.8

Die in einem gewissen Sinne beste Wahl der Norm ist $||\underline{\mathbf{d}}|| = ||\underline{\mathbf{d}}||_2 = \sqrt{\underline{\mathbf{d}}^{\mathrm{T}}\underline{\mathbf{d}}}$, denn mit dem Richtungssuchprogramm ermittelt man das $\underline{\mathbf{d}}^k$, das den kleinsten Winkel mit $-\nabla f(\underline{\mathbf{x}}^k)$ bildet. Dann ist das Richtungssuchprogramm jedoch nicht linear und erfordert einen höheren Rechenaufwand. Dagegen ergibt sich mit $||\underline{\mathbf{d}}|| = ||\underline{\mathbf{d}}||_\infty = \max\{|d_i|\} \le 1$ ein System linearer Nebenbedingungen $-1 \le d_i \le 1$, $i = 1, \ldots, n$, so daß das Richtungssuchprogramm z.B. mit dem Simplexverfahren gelöst werden kann. Um zu sichern, daß das Verfahren der zulässigen Richtungen für quadratische Optimierungsprobleme $f(\underline{\mathbf{x}}) = \underline{\mathbf{x}}^{\mathrm{T}}\mathbf{C}\underline{\mathbf{x}} + \underline{\mathbf{p}}^{\mathrm{T}}\underline{\mathbf{x}} = \min!$ mit $\mathbf{A}\underline{\mathbf{x}} \le \underline{\mathbf{b}}$ in endlich vielen Schritten zum Ziel führt, wird das Richtungssuchprogramm durch die folgende Konjugationsvorschrift ergänzt: Ist in einem Schritt $\alpha_{k-1} = \alpha'_{k-1}$, d.h. $\underline{\mathbf{x}}^k$ ist ein „innerer" Punkt, dann wird dem Richtungssuchprogramm die Bedingung

$$\underline{\mathbf{d}}^{k-1\,\mathrm{T}}\mathbf{C}\underline{\mathbf{d}} = 0 \tag{18.95}$$

hinzugefügt. Weiterhin werden entsprechende Bedingungen aus vorhergehenden Schritten beibehalten. Die Bedingungen (18.95) werden erst fallengelassen, wenn ein Schritt $\alpha_k = \alpha''_k$ gesetzt wird.

■ $f(\underline{\mathbf{x}}) = x_1^2 + 4x_2^2 - 10x_1 - 32x_2 = \min!$ $g_1(\underline{\mathbf{x}}) = -x_1 \le 0$, $g_2(\underline{\mathbf{x}}) = -x_2 \le 0$, $g_3(\underline{\mathbf{x}}) = x_1 + 2x_2 - 7 \le 0$, $g_4(\underline{\mathbf{x}}) = 2x_1 + x_2 - 8 \le 0$.

1. Schritt: Start mit $\underline{\mathbf{x}}^1 = (3,0)^{\mathrm{T}}$, $\nabla f(\underline{\mathbf{x}}^1) = (-4,-32)^{\mathrm{T}}$, $I_0(\underline{\mathbf{x}}^1) = \{2\}$.

Richtungssuchprogramm: $\left\{\begin{array}{l} -4d_1 - 32d_2 = \min! \\ -d_2 \le 0, \; \|\underline{\mathbf{d}}\|_\infty \le 1 \end{array}\right\} \Longrightarrow \underline{\mathbf{d}}^1 = (1,1)^{\mathrm{T}}$.

Strahlmimierung: $\alpha_k' = -\dfrac{\underline{\mathbf{d}}^{k\mathrm{T}} \nabla f(\underline{\mathbf{x}}^k)}{2\underline{\mathbf{d}}^{k\mathrm{T}} \mathbf{C} \underline{\mathbf{d}}^k}$ mit $\mathbf{C} = \begin{pmatrix} 1 & 0 \\ 0 & 4 \end{pmatrix}$.

Maximal zulässige Schrittweite: $\alpha_k'' = \min\left\{ \dfrac{-g_i(\underline{\mathbf{x}}^k)}{\underline{\mathbf{a}}_i^{\mathrm{T}} \underline{\mathbf{d}}^k} : \text{ für } i \text{ mit } \underline{\mathbf{a}}_i^{\mathrm{T}} \underline{\mathbf{d}}^k > 0 \right\}, \alpha_1' = \dfrac{18}{5}, \; \alpha_1'' = \dfrac{2}{3} \Longrightarrow$ $\alpha_1 = \min\left\{\dfrac{18}{5}, \dfrac{2}{3}\right\} = \dfrac{2}{3}$, $\underline{\mathbf{x}}^2 = \left(\dfrac{11}{3}, \dfrac{2}{3}\right)^{\mathrm{T}}$.

2. Schritt: $\nabla f(\underline{\mathbf{x}}^2) = \left(-\dfrac{8}{3}, -\dfrac{80}{3}\right)^{\mathrm{T}}$, $I_0(\underline{\mathbf{x}}^2) = \{4\}$.

Richtungssuchprogramm: $\left\{\begin{array}{l} -\frac{8}{3}d_1 - \frac{80}{3}d_2 = \min! \\ 2d_1 + d_2 \le 0, \; \|\underline{\mathbf{d}}\|_\infty \le 1 \end{array}\right\} \Longrightarrow \underline{\mathbf{d}}^2 = \left(-\dfrac{1}{2}, 1\right)^{\mathrm{T}}, \alpha_2' = \dfrac{152}{51}, \; \alpha_2'' =$ $\dfrac{4}{3} \Longrightarrow \alpha_2 = \dfrac{4}{3}$, $\underline{\mathbf{x}}^3 = (3,2)^{\mathrm{T}}$.

3. Schritt: $\nabla f(\underline{\mathbf{x}}^3) = (-4,-16)^{\mathrm{T}}$, $I_0 = (\underline{\mathbf{x}}^3) = \{3,4\}$.

Richtungssuchprogramm: $\left\{\begin{array}{l} -4d_1 - 16d_2 = \min! \\ d_1 + 2d_2 \le 0, \; 2d_1 + d_2 \le 0, \; \|\underline{\mathbf{d}}\|_\infty \le 1 \end{array}\right\} \Longrightarrow \underline{\mathbf{d}}^3 = \left(-1, \dfrac{1}{2}\right)^{\mathrm{T}}, \alpha_3' =$ 1, $\alpha_3'' = 3 \Longrightarrow \alpha^3 = 1$, $\underline{\mathbf{x}}^4 = \left(2, \dfrac{5}{2}\right)^{\mathrm{T}}$.

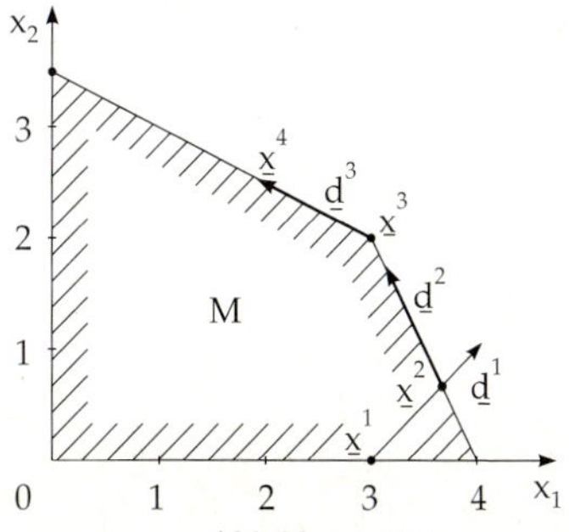

Abbildung 18.9

Das nächste Richtungssuchprogramm liefert $\sigma = 0$. Daher ist $\underline{\mathbf{x}}^* = \underline{\mathbf{x}}^4$ der Minimalpunkt (**Abb.18.9**).

18.2.6.2 Verfahren der projizierten Gradienten

1. Aufgabenstellung und Lösungsprinzip Gegeben ist das konvexe Optimierungsproblem

$$f(\underline{\mathbf{x}}) = \min! \qquad \text{bei} \qquad \underline{\mathbf{a}}_i^{\mathrm{T}} \underline{\mathbf{x}} \le b_i, \tag{18.96}$$

mit $i = 1, \ldots, m$. Eine zulässige Abstiegsrichtung $\underline{\mathbf{d}}^k$ im Punkt $\underline{\mathbf{x}}^k \in M$ wird auf folgende Weise ermittelt: Ist $-\nabla f(\underline{\mathbf{x}}^k)$ eine zulässige Richtung, dann wird $\underline{\mathbf{d}}^k = -\nabla f(\underline{\mathbf{x}}^k)$ gesetzt. Anderenfalls liegt $\underline{\mathbf{x}}^k$ auf dem Rand von M und $-\nabla f(\underline{\mathbf{x}}^k)$ zeigt aus M hinaus. Mittels einer linearen Abbildung $\mathbf{P}_k$ wird der Vektor $-\nabla f(\underline{\mathbf{x}}^k)$ auf eine lineare Teilmannigfaltigkeit des Randes von M projiziert die von einer Teilmenge der in $\underline{\mathbf{x}}^k$ aktiven Restriktionen gebildet wird. Die Projektion auf eine Kante zeigt die **Abb.18.10a**, die Projektion auf eine Seitenfläche die **Abb.18.10b**. Unter der Voraussetzung der Nichtentartungsbedingung, d.h. für alle $\underline{\mathbf{x}} \in \mathbb{R}^n$ sind die Vektoren $\underline{\mathbf{a}}_i$, $i \in I_0(\underline{\mathbf{x}})$, linear unabhängig, ist eine solche Projektion gegeben durch

$$\underline{\mathbf{d}}^k = -\mathbf{P}_k \nabla f(\underline{\mathbf{x}}^k) = -\left(\mathbf{I} - \mathbf{A}_k^{\mathrm{T}} (\mathbf{A}_k \mathbf{A}_k^{\mathrm{T}})^{-1} \mathbf{A}_k\right) \nabla f(\underline{\mathbf{x}}^k). \tag{18.97}$$

Dabei besteht $\mathbf{A}_k$ aus allen den $\underline{\mathbf{a}}_i^{\mathrm{T}}$, deren entsprechende Nebenbedingungen die lineare Teilmannigfaltigkeit bilden, in die $-\nabla f(\underline{\mathbf{x}}_k)$ projiziert werden soll.

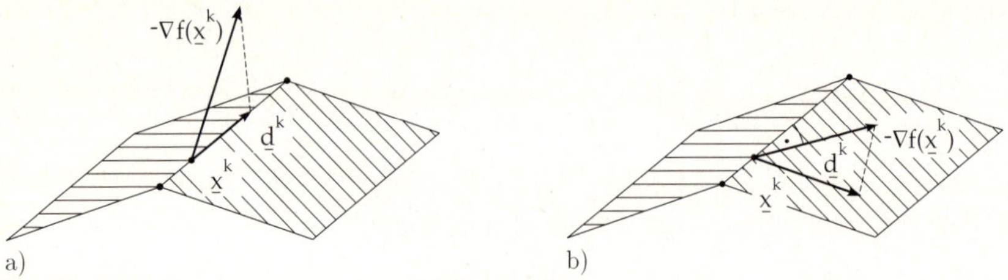

Abbildung 18.10

2. Algorithmus Das Verfahren der projizierten Gradienten besteht aus folgendem Algorithmus: Starte mit $\underline{\mathbf{x}}^1 \in M$, setze $k = 1$ und gehe nach folgendem Schema vor:

I: Ist $-\nabla f(\underline{\mathbf{x}}^k)$ zulässige Richtung, dann wird $\underline{\mathbf{d}}^k = -\nabla f(\underline{\mathbf{x}}^k)$ gesetzt und mit **III** fortgesetzt. Andernfalls wird $\mathbf{A}_k$ aus den Vektoren $\underline{\mathbf{a}}_i{}^{\mathrm{T}}$ mit $i \in I_0(\underline{\mathbf{x}}^k)$ gebildet und zu **II** übergegangen.

II: Es wird $\underline{\mathbf{d}}^k = -\left(\mathbf{I} - \mathbf{A}_k{}^{\mathrm{T}}(\mathbf{A}_k\mathbf{A}_k{}^{\mathrm{T}})^{-1}\mathbf{A}_k\right)\nabla f(\underline{\mathbf{x}}^k)$ gesetzt. Ist $\underline{\mathbf{d}}^k \neq \underline{\mathbf{0}}$, wird mit **III** fortgesetzt. Ist $\underline{\mathbf{d}}^k = 0$ und gilt $\underline{\mathbf{u}} = -(\mathbf{A}_k\mathbf{A}_k{}^{\mathrm{T}})^{-1}\mathbf{A}_k\nabla f(\underline{\mathbf{x}}^k) \geq 0$, dann ist $\underline{\mathbf{x}}^k$ ein Minimalpunkt. Die lokalen KUHN–TUCKER–Bedingungen $-\nabla f(\underline{\mathbf{x}}^k) = \sum\limits_{i \in I_0(\underline{\mathbf{x}}^k)} u_i\underline{\mathbf{a}}_i = \mathbf{A}_k{}^{\mathrm{T}}\underline{\mathbf{u}}$ sind offensichtlich erfüllt.

Ist $\underline{\mathbf{u}} \ngeq \underline{\mathbf{0}}$, dann ist ein i mit $u_i < 0$ zu wählen, die i–te Zeile aus $\mathbf{A}_k$ zu streichen und **II** zu wiederholen.

III: Berechnung von α_k sowie von $\underline{\mathbf{x}}^{k+1} = \underline{\mathbf{x}}^k + \alpha_k\underline{\mathbf{d}}^k$ und Übergang mit $k = k + 1$ zu **I**.

3. Bemerkungen zum Algorithmus Wenn $-\nabla f(\underline{\mathbf{x}}^k)$ nicht zulässig ist, wird dieser Vektor zunächst in die Teilmannigfaltigkeit geringster Dimension, auf der $\underline{\mathbf{x}}^k$ liegt, abgebildet. Ist $\underline{\mathbf{d}}^k = \underline{\mathbf{0}}$, dann steht $-\nabla f(\underline{\mathbf{x}}^k)$ senkrecht auf dieser Teilmannigfaltigkeit. Gilt nicht $\underline{\mathbf{u}} \geq \underline{\mathbf{0}}$, dann wird durch Weglassen einer aktiven Nebenbedingung die Teilmannigfaltigkeit um eine Dimension erweitert, wodurch $\underline{\mathbf{d}}^k \neq \underline{\mathbf{0}}$ eintreten kann **(Abb.18.10b)** (mit Projektion auf eine Seitenfläche). Da $\mathbf{A}_k$ häufig aus $\mathbf{A}_{k-1}$ durch Hinzufügen bzw. Streichen einer Zeile entsteht, kann die aufwendige Berechnung von $(\mathbf{A}_k\mathbf{A}_k{}^{\mathrm{T}})^{-1}$ erleichtert werden, indem die Kenntnis von $(\mathbf{A}_{k-1}\mathbf{A}_{k-1}{}^{\mathrm{T}})^{-1}$ genutzt wird.

■ Lösung des Problems im vorangegangenen Beispiel auf S. 867.

1. Schritt: $\underline{\mathbf{x}}^1 = (3, 0)^{\mathrm{T}}$,

I: $\nabla f(\underline{\mathbf{x}}^1) = (-4, -32)^{\mathrm{T}}$, $-\nabla f(\underline{\mathbf{x}}^1)$ ist zulässig, $\underline{\mathbf{d}}^1 = (4, 32)^{\mathrm{T}}$.

III: Die Schrittweite wird wie im vorangegangenen Beispiel ermittelt: $\alpha_1 = \frac{1}{20}$, $\underline{\mathbf{x}}^2 = \left(\frac{16}{5}, \frac{8}{5}\right)^{\mathrm{T}}$.

2. Schritt:

I: $\nabla f(\underline{\mathbf{x}}^2) = \left(-\frac{18}{5}, -\frac{96}{5}\right)^{\mathrm{T}}$ (nicht zulässig), $I_0(\underline{\mathbf{x}}^2) = \{4\}$, $\mathbf{A}_2 = (2\ 1)$.

II: $\mathbf{P}_2 = \frac{1}{5}\begin{pmatrix} 1 & -2 \\ -2 & 4 \end{pmatrix}$, $\underline{\mathbf{d}}^2 = \left(-\frac{8}{25}, \frac{16}{25}\right)^{\mathrm{T}} \neq \underline{\mathbf{0}}$.

III: $\alpha_2 = \frac{5}{8}$, $\underline{\mathbf{x}}^3 = (3, 2)^{\mathrm{T}}$.

3. Schritt:

I: $\nabla f(\underline{\mathbf{x}}^3) = (-4, -16)^{\mathrm{T}}$ (nicht zulässig), $I_0(\underline{\mathbf{x}}^3) = \{3, 4\}$, $\mathbf{A}_3 = \begin{pmatrix} 1 & 2 \\ 2 & 1 \end{pmatrix}$. II: $\mathbf{P}_3 = \begin{pmatrix} 0 & 0 \\ 0 & 0 \end{pmatrix}$,

$\underline{\mathbf{d}}^3 = (0,0)^{\mathrm{T}}, \underline{\mathbf{u}} = \left(\frac{28}{3}, -\frac{8}{3}\right)^{\mathrm{T}}$ $u_2 < 0$: $\mathbf{A}_3 = (1\ 2)$.

II: $\mathbf{P}_3 = \frac{1}{5}\begin{pmatrix} 4 & -2 \\ -2 & 1 \end{pmatrix}$, $\underline{\mathbf{d}}^3 = \left(-\frac{16}{5}, \frac{8}{5}\right)^{\mathrm{T}}$.

III: $\alpha_3 = \frac{5}{16}$, $\underline{\mathbf{x}}^4 = \left(2, \frac{5}{2}\right)^{\mathrm{T}}$.

4. Schritt:

I: $\nabla f(\underline{\mathbf{x}}^4) = (-6, -12)^{\mathrm{T}}$ (nicht zulässig), $I_0(\underline{\mathbf{x}}^4) = \{3\}$, $\mathbf{A}_4 = \mathbf{A}_3$.

II: $\mathbf{P}_4 = \mathbf{P}_3$, $\underline{\mathbf{d}}^4 = (0,0)^{\mathrm{T}}$, $u = 6 \geq 0$.

Daraus folgt, daß $\underline{\mathbf{x}}^4$ Minimalpunkt ist.

18.2.7 Straf– und Barriereverfahren

Das Grundprinzip dieser Verfahrensklasse besteht darin, daß ein Optimierungsproblem mit Nebenbedingungen durch Modifikation der Zielfunktion in eine Folge von Optimierungsaufgaben ohne Nebenbedingungen umgeformt wird. Die modifizierten Probleme können z.B. mit Verfahren aus (18.2.5) gelöst werden. Bei geeigneter Konstruktion der modifizierten Zielfunktionen ist jeder Häufungspunkt der Folge der Lösungspunkte dieser Ersatzprobleme eine Lösung der ursprünglichen Aufgabe.

18.2.7.1 Strafverfahren

Das Problem

$$f(\underline{\mathbf{x}}) = \min! \quad \text{bei} \quad g_i(\underline{\mathbf{x}}) \leq 0 \quad (i = 1, 2, \ldots, m) \tag{18.98}$$

wird durch die Folge unrestringierter Minimumaufgaben

$$H(\underline{\mathbf{x}}, p_k) = f(\underline{\mathbf{x}}) + p_k S(\underline{\mathbf{x}}) = \min! \quad \text{mit} \quad \underline{\mathbf{x}} \in \mathbb{R}^n, \ \ p_k > 0 \ \ (k = 1, 2, \ldots) \tag{18.99}$$

ersetzt. Dabei ist p_k ein positiver Parameter. Für $S(\underline{\mathbf{x}})$ gilt

$$S(\underline{\mathbf{x}}) = \begin{cases} = 0 & \underline{\mathbf{x}} \in M, \\ > 0 & \underline{\mathbf{x}} \notin M, \end{cases} \tag{18.100}$$

d.h., das Verlassen des zulässigen Bereiches M wird mit einer „Strafe“ $p_k S(\underline{\mathbf{x}})$ geahndet. Das Problem (18.99) wird mit einer gegen ∞ wachsenden Folge von Strafparametern p_k gelöst. Es gilt

$$\lim_{k \to \infty} H(\underline{\mathbf{x}}, p_k) = f(\underline{\mathbf{x}}), \quad \underline{\mathbf{x}} \in M. \tag{18.101}$$

Ist $\underline{\mathbf{x}}^k$ die Lösung des k–ten Strafproblems, dann gilt:

$$H(\underline{\mathbf{x}}^k, p_k) \geq H(\underline{\mathbf{x}}^{k-1}, p_{k-1}), \qquad f(\underline{\mathbf{x}}^k) \geq f(\underline{\mathbf{x}}^{k-1}), \tag{18.102}$$

und jeder Häufungspunkt $\underline{\mathbf{x}}^*$ der Folge $\{\underline{\mathbf{x}}^k\}$ ist eine Lösung von (18.98). Ist es ein $\underline{\mathbf{x}}^k \in M$, so löst $\underline{\mathbf{x}}^k$ das Ausgangsproblem.

Als Realisierungen für $S(\underline{\mathbf{x}})$ sind z.B. geeignet:

$$S(\underline{\mathbf{x}}) = \max{}^r\{0, g_1(\underline{\mathbf{x}}), \ldots, g_m(\underline{\mathbf{x}})\} \quad (r = 1, 2, \ldots) \quad \text{oder} \tag{18.103a}$$

$$S(\underline{\mathbf{x}}) = \sum_{i=1}^{m} \max{}^r\{0, g_i(\underline{\mathbf{x}})\} \quad (r = 1, 2, \ldots). \tag{18.103b}$$

Sind die Funktionen $f(\underline{\mathbf{x}})$ und $g_i(\underline{\mathbf{x}})$ differenzierbar, so erreicht man im Falle $r > 1$ auch auf dem Rand von M Differenzierbarkeit der Straffunktion $H(\underline{\mathbf{x}}, p_k)$, so daß analytische Hilfsmittel zur Lösung des Hilfsproblems (18.99) herangezogen werden können.

Abb.18.11 zeigt eine Veranschaulichung des Strafverfahrens.

■ $f(\underline{\mathbf{x}}) = x_1^2 + x_2^2 =$ min! bei $x_1 + x_2 \geq 1$, $H(\underline{\mathbf{x}}, p_k) = x_1^2 + x_2^2 + p_k \max^2\{0, 1 - x_1 - x_2\}$.

Die notwendige Optimalitätsbedingung lautet:

$$\nabla H(\underline{\mathbf{x}}, p_k) = \begin{pmatrix} 2x_1 - 2p_k \max\{0, 1 - x_1 - x_2\} \\ 2x_2 - 2p_k \max\{0, 1 - x_1 - x_2\} \end{pmatrix} = \begin{pmatrix} 0 \\ 0 \end{pmatrix}.$$

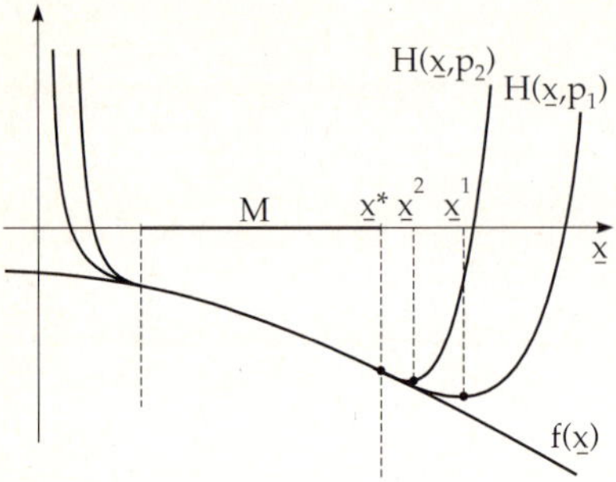

Abbildung 18.11

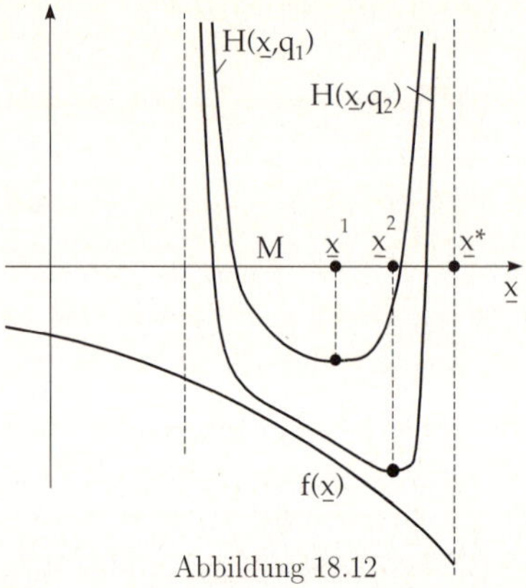

Abbildung 18.12

Der Gradient von H wird hier nur bezüglich $\underline{\mathbf{x}}$ gebildet. Durch Subtraktion beider Gleichungen folgt $x_1 = x_2$. Die Gleichung $2x_1 - 2p_k \max\{0, 1-2x_1\} = 0$ besitzt die eindeutige Lösung $x_1^k = x_2^k = \dfrac{p_k}{1+2p_k}$.
Durch den Grenzübergang $k \to \infty$ ergibt sich als Lösung $x_1^* = x_2^* = \lim\limits_{k\to\infty} \dfrac{p_k}{1+2p_k} = \dfrac{1}{2}$.

18.2.7.2 Barriereverfahren

Es wird eine Folge von Ersatzproblemen der Form

$$H(\underline{\mathbf{x}}, q_k) = f(\underline{\mathbf{x}}) + q_k B(\underline{\mathbf{x}}) = \min!\,, \quad q_k > 0 \tag{18.104}$$

betrachtet. Der Term $q_k B(\underline{\mathbf{x}})$ verhindert, daß der zulässige Bereich M bei der Lösung von (18.104) verlassen wird, indem die Zielfunktion bei Annäherung an den Rand von M unbeschränkt wächst. Die *Regularitätsbedingung*

$$M^0 = \{\underline{\mathbf{x}} \in M \;:\; g_i(\underline{\mathbf{x}}) < 0 \;\; (i = 1, 2, \ldots, m)\} \neq \emptyset \qquad \text{und} \quad \overline{M^0} = M \tag{18.105}$$

sei erfüllt, d.h., das Innere von M ist nicht leer und der Abschluß von M^0 ist gleich M.
Die Funktion $B(\underline{\mathbf{x}})$ ist auf M^0 definiert und stetig. Sie wächst auf dem Rand von M nach ∞. Das Ersatzproblem (18.104) wird mit einer gegen Null fallenden Folge von Barriereparametern q_k gelöst. Für die Lösung $\underline{\mathbf{x}}^k$ des k-ten Problems (18.104) gilt

$$f(\underline{\mathbf{x}}^k) \le f(\underline{\mathbf{x}}^{k-1})\,, \tag{18.106}$$

und jeder Häufungspunkt $\underline{\mathbf{x}}^*$ der Folge $\{\underline{\mathbf{x}}^k\}$ ist eine Lösung von (18.98).
Abb.18.12 zeigt eine Veranschaulichung des Barriereverfahrens.
Als Realisierungen für die Funktion $B(\underline{\mathbf{x}})$ sind z.B. geeignet

$$B(\underline{\mathbf{x}}) = -\sum_{i=1}^{m} - \ln(-g_i(\underline{\mathbf{x}})), \qquad \underline{\mathbf{x}} \in M^0 \quad \text{oder} \tag{18.107a}$$

$$B(\underline{\mathbf{x}}) = \sum_{i=1}^{m} \frac{1}{[-g_i(\underline{\mathbf{x}})]^r} \qquad (r = 1, 2, \ldots)\,, \quad \underline{\mathbf{x}} \in M^0. \tag{18.107b}$$

■ $f(\underline{\mathbf{x}}) = x_1^2 + x_2^2 = \min!$ bei $x_1 + x_2 \ge 1$, $\quad H(\underline{\mathbf{x}}, q_k) = x_1^2 + x_2^2 + q_k(-\ln(x_1 + x_2 - 1))$, $\quad x_1 + x_2 > 1$,

$$\nabla H(\underline{\mathbf{x}}, q_k) = \begin{pmatrix} 2x_1 - q_k \dfrac{1}{x_1 - x_2 - 1} \\ 2x_2 - q_k \dfrac{1}{x_1 + x_2 - 1} \end{pmatrix} = \begin{pmatrix} 0 \\ 0 \end{pmatrix}, \quad x_1 + x_2 > 1.$$

Der Gradient von H wird hier nur bezüglich $\underline{\mathbf{x}}$ gebildet. Subtraktion beider Gleichungen ergibt $x_1 = x_2$,
$2x_1 - q_k \frac{1}{2x_1 - 1} = 0,\ x_1 > \frac{1}{2},\ \Longrightarrow\ x_1^2 - \frac{x_1}{2} - \frac{q_k}{4} = 0,\ x_1 > \frac{1}{2},$
$x_1^k = x_2^k = \frac{1}{4} + \sqrt{\frac{1}{16} + \frac{1}{4}q_k},\ k \to \infty,\ q_k \to 0{:}\ \ x_1^* = x_2^* = \frac{1}{2}.$
Die Lösung der Aufgaben (18.99) und (18.104) im k–ten Schritt hängt nicht von den Lösungen der vorangegangenen Schritte ab. Bei der Verwendung großer Straf- bzw. kleiner Barriereparameter treten bei der Lösung von (18.99) und (18.104) mittels numerischer Verfahren, z.B. Verfahren aus (18.2.4), häufig Konvergenzprobleme auf, falls keine gute Startnäherung verfügbar ist. Praktisch nutzt man deshalb den Lösungspunkt des k–ten Ersatzproblems als Startwert der Lösung des $(k+1)$–ten Problems.

18.2.8 Schnittebenenverfahren

1. Aufgabenstellung und Lösungsprinzip Es wird das Optimierungsproblem

$$f(\underline{\mathbf{x}}) = \underline{\mathbf{c}}^{\mathrm{T}}\underline{\mathbf{x}} = \min!\,, \qquad \underline{\mathbf{c}} \in \mathbb{R}^n \tag{18.108}$$

über dem beschränkten Bereich $M \subset \mathbb{R}^n$, der mit konvexen Funktionen $g_i(\underline{\mathbf{x}})$ $(i = 1, 2, \ldots, m)$ durch $g_i(\underline{\mathbf{x}}) \leq 0$ beschrieben ist, betrachtet. Ein Problem mit nichtlinearer, aber konvexer Zielfunktion $f(\underline{\mathbf{x}})$ wird in diese Form überführt, indem

$$f(\underline{\mathbf{x}}) - x_{n+1} \leq 0\,, \qquad x_{n+1} \in \mathbb{R} \tag{18.109}$$

als weitere Nebenbedingung aufgenommen und

$$\overline{f}(\overline{\underline{\mathbf{x}}}) = x_{n+1} = \min! \qquad \text{für alle} \quad \overline{\underline{\mathbf{x}}} = (\underline{\mathbf{x}}, x_{n+1}) \in \mathbb{R}^{n+1} \tag{18.110}$$

mit $\overline{g}_i(\overline{\underline{\mathbf{x}}}) = g_i(\underline{\mathbf{x}}) \leq 0$ gelöst wird.
Die Grundidee des Verfahrens besteht in der iterativen linearen Approximation von M in der Nähe des Minimalpunktes $\underline{\mathbf{x}}^*$ durch konvexe Polyeder, womit das Ausgangsproblem auf eine Folge linearer Programme zurückgeführt wird.
Zunächst wird ein Polyeder

$$P_1 = \{\underline{\mathbf{x}} \in \mathbb{R}^n \ :\ \underline{\mathbf{a}}_i{}^{\mathrm{T}}\underline{\mathbf{x}} \leq b_i,\ i = 1, \ldots, s\} \tag{18.111}$$

bestimmt. Aus dem linearen Programm

$$f(\underline{\mathbf{x}}) = \min! \qquad \text{bei} \quad \underline{\mathbf{x}} \in P_1 \tag{18.112}$$

wird ein bezüglich $f(\underline{\mathbf{x}})$ optimaler Eckpunkt $\underline{\mathbf{x}}^1$ von P_1 erhalten. Ist $\underline{\mathbf{x}}^1 \in M$, dann ist die Optimallösung des Ausgangsproblems gefunden. Anderenfalls wird eine Hyperebene $H_1 = \{\underline{\mathbf{x}} :\ \underline{\mathbf{a}}_{s+1}{}^{\mathrm{T}}\underline{\mathbf{x}} = b_{s+1},\ \underline{\mathbf{a}}_{s+1}{}^{\mathrm{T}}x^1 > b_{s+1}\}$, die den Punkt $\underline{\mathbf{x}}^1$ von M trennt, ermittelt, so daß das neue Polyeder

$$P_2 = \{\underline{\mathbf{x}} \in P_1 :\ \underline{\mathbf{a}}_{s+1}{}^{\mathrm{T}}\underline{\mathbf{x}} \leq b_{s+1}\} \tag{18.113}$$

erhalten wird.
Abb.18.13 zeigt eine schematische Darstellung des Schnittebenenverfahrens.

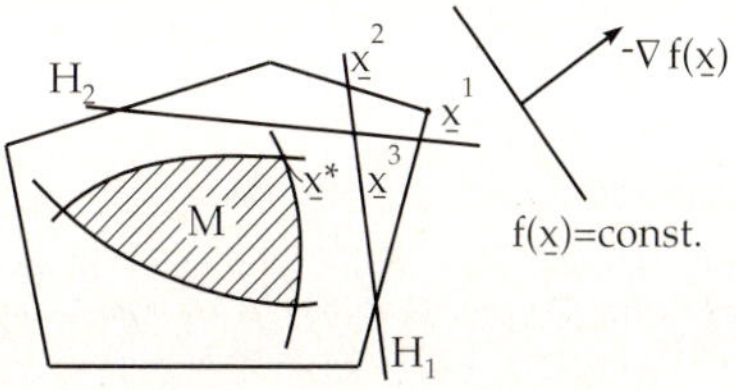

Abbildung 18.13

2. Verfahren von KELLEY Die verschiedenen Verfahren unterscheiden sich in der Wahl der trennenden Hyperebenen H_k. Beim Verfahren von KELLEY wird H_k auf folgende Weise bestimmt: Es wird j_k derart gewählt, daß gilt

$$g_{j_k}(\underline{\mathbf{x}}^k) = \max\{g_i(\underline{\mathbf{x}}^k)\ \ (i = 1, \ldots, m)\}\,. \tag{18.114}$$

Die Funktion $g_{jk}(\underline{\mathbf{x}})$ besitzt im Punkt $\underline{\mathbf{x}} = \underline{\mathbf{x}}^k$ die Tangentialebene

$$T(\underline{\mathbf{x}}) = g_{j_k}(\underline{\mathbf{x}}^k) + (\underline{\mathbf{x}} - \underline{\mathbf{x}}^k)^{\mathrm{T}}\nabla g_{j_k}(\underline{\mathbf{x}}^k)\,. \tag{18.115}$$

Die Hyperebene $H_k = \{\underline{\mathbf{x}} \in \mathbb{R}^n \;:\; T(\underline{\mathbf{x}}) = 0\}$ trennt den Punkt $\underline{\mathbf{x}}^k$ von den Punkten $\underline{\mathbf{x}}$ mit $g_{j_k}(\underline{\mathbf{x}}) \leq 0$. Daher wird als weitere Restriktion für das $(k+1)$–te lineare Programm $T(\underline{\mathbf{x}}) \leq 0$ gesetzt. Jeder Häufungspunkt $\underline{\mathbf{x}}^*$ der Folge $\{\underline{\mathbf{x}}^k\}$ ist ein Minimalpunkt des Ausgangsproblems.
In der praktischen Rechnung zeigt das Verfahren eine geringe Konvergenzgeschwindigkeit. Außerdem steigt die Restriktionszahl ständig an.

18.3 Diskrete dynamische Optimierung

18.3.1 Diskrete dynamische Entscheidungsmodelle

Mit den Methoden der dynamischen Optimierung kann eine breite Klasse verschiedenartigster Optimierungsaufgaben gelöst werden. Die Probleme werden dabei als natürlich oder formal in der Zeit ablaufende *Prozesse* betrachtet, die über zeitabhängige Entscheidungen gesteuert werden. Läßt sich der Prozeß in endlich bzw. abzählbar unendlich viele Stufen einteilen, dann spricht man von *diskreter dynamischer Optimierung*, anderenfalls von *kontinuierlicher dynamischer Optimierung*. Im Rahmen dieses Abschnittes werden nur n–stufige diskrete Prozesse untersucht.

18.3.1.1 n–stufige Entscheidungsprozesse

Ein n–stufiger Prozeß P startet in der Stufe 0 mit einem Anfangszustand $\underline{x}_a = \underline{x}_0$ und führt über die Zwischenzustände $\underline{x}_1, \underline{x}_2, \ldots, \underline{x}_{n-1}$ in den Stufen $1, 2, \ldots, n-1$ in einen Endzustand $\underline{x}_n = \underline{x}_e \in X_e \subseteq \mathbb{R}^m$. Die *Zustandsvektoren* $\underline{x}_j$ liegen in Zustandsbereichen $X_j \subseteq \mathbb{R}^m$. Zur Überführung eines Zustandes $\underline{x}_{j-1}$ in den Zustand $\underline{x}_j$ ist eine *Entscheidung* $\underline{u}_j$ zu treffen. Alle möglichen *Entscheidungsvektoren* $\underline{u}_j$ bei Vorliegen des Zustandes $\underline{x}_{j-1}$ bilden den Entscheidungsbereich $U_j(\underline{x}_{j-1}) \subseteq \mathbb{R}^s$. Aus $\underline{x}_{j-1}$ ergibt sich der Folgezustand $\underline{x}_j$ über die Transformation **(Abb.18.14)**

$$\underline{x}_j = g_j(\underline{x}_{j-1}, \underline{u}_j)\,, \qquad j = 1(1)n. \tag{18.116}$$

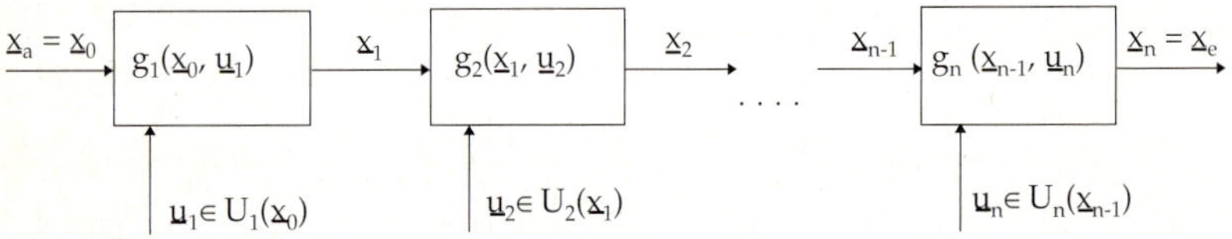

Abbildung 18.14

18.3.1.2 Dynamische Optimierungsprobleme

Das Ziel besteht nun in der Ermittlung einer *Politik* $(\underline{u}_1, \ldots, \underline{u}_n)$, die unter Beachtung aller Nebenbedingungen den Zustand $\underline{x}_a$ in den Zustand $\underline{x}_e$ überführt und dabei eine Zielfunktion bzw. *Kostenfunktion* $f(f_1(\underline{x}_0, \underline{u}_1), \ldots, f_n(\underline{x}_{n-1}, \underline{u}_n))$ minimiert. Die Funktionen $f_j(\underline{x}_{j-1}, \underline{u}_j)$ werden als *Stufenkosten* bezeichnet. Damit lautet das dynamische Optimierungsproblem in der Standardform

ZF: $\quad f(f_1(\underline{x}_0, \underline{u}_1), \ldots, f_n(\underline{x}_{n-1}, \underline{u}_n)) \longrightarrow \min!$ (18.117a)

NB:
$$\left.\begin{array}{ll} \underline{x}_j = g_j(\underline{x}_{j-1}, \underline{u}_j), & j = 1(1)n, \\ \underline{x}_0 = \underline{x}_a,\ \underline{x}_n = \underline{x}_e \in X_e,\ \underline{x}_j \in X_j \subseteq \mathbb{R}^m, & j = 1(1)n, \\ u_j \in U_j(x_{j-1}) \subseteq \mathbb{R}^m, & j = 1(1)n. \end{array}\right\} \tag{18.117b}$$

Die Beziehungen $\underline{x}_j$ heißen *dynamische* und die Beziehungen $\underline{x}_0, u_j$ *statische Nebenbedingungen*. Alternativ zu (18.117a) kann auch ein Maximumproblem vorliegen. Eine Politik $(\underline{u}_1, \ldots, \underline{u}_n)$, die alle Nebenbedingungen erfüllt, wird als *zulässig* bezeichnet. Um die Methoden der dynamischen Optimierung anwenden zu können, werden in Abschnitt 18.3.3 einige Forderungen an die Form der Kostenfunktion gestellt.

18.3.2 Beispiele diskreter Entscheidungsmodelle

18.3.2.1 Einkaufsproblem

In der j-ten Periode eines in n Stufen unterteilbaren Zeitraumes benötigt ein Betrieb v_j Mengeneinheiten eines bestimmten Ausgangsstoffes. Zu Beginn einer Periode j sei dieser Stoff in der Menge x_{j-1} vorrätig, speziell sei $x_0 = x_a$ vorgegeben. Davon ausgehend ist eine Entscheidung darüber zu treffen, welche Menge u_j zum Preis c_j pro Mengeneinheit einzukaufen ist. Dabei darf die vorhandene Lagerkapazität K nicht überschritten werden, d.h. $x_{j-1}+u_j \leq K$. Gesucht ist eine Einkaufspolitik $(u_1, \ldots, u_n)$, die die Gesamtkosten minimiert. Dies führt auf das folgende dynamische Problem

$$\textbf{ZF:}\quad f(u_1, \ldots, u_n) = \sum_{j=1}^{n} f_j(u_j) = \sum_{j=1}^{n} c_j u_j \longrightarrow \min! \tag{18.118a}$$

$$\textbf{NB:}\quad \left.\begin{array}{ll} x_j = x_{j-1} + u_j - v_j\,, & j = 1(1)n, \\ x_0 = x_a\,, \quad 0 \leq x_j \leq K\,, & j = 1(1)n, \\ U_j(x_{j-1}) = \{u_j : \max\{0, v_j - x_{j-1}\} \leq u_j \leq K - x_{j-1}\}\,, & j = 1(1)n. \end{array}\right\} \tag{18.118b}$$

In (18.118b) ist berücksichtigt, daß der Bedarf immer gedeckt ist und die Lagerkapazität nicht überschritten wird. Enstehen zusätzlich Lagerkosten l pro Mengeneinheit und Periode, dann betragen die mittleren Lagerkosten in der j-ten Periode $(x_{j-1} + u_j - v_j/2)l$, und die modifizierte Kostenfunktion lautet

$$f(x_0, u_1, \ldots, x_{n-1}, u_n) = \sum_{j=1}^{n} (c_j u_j + (x_{j-1} + u_j - v_j/2) \cdot l). \tag{18.119}$$

18.3.2.2 Rucksackproblem

Von den Artikeln $A_1, \ldots, A_n$ mit den Gewichten $w_1, \ldots, w_n$ und den Werten $c_1, \ldots, c_n$ sind einige so auszuwählen, daß ein Gesamtgewicht W nicht überschritten wird. Die getroffene Auswahl soll einen maximalen Gesamtwert erreichen. Dieses Problem hängt nicht unmittelbar von der Zeit ab. Es wird auf folgende Weise „künstlich“ dynamisiert. In jeder Stufe wird eine Entscheidung u_j über die Auswahl des Artikels A_j getroffen. Dabei ist für ein ausgewähltes A_j $u_j = 1$, anderenfalls ist $u_j = 0$. Wird die zu Beginn einer Stufe noch verfügbare Kapazität mit x_{j-1} bezeichnet, dann ergibt sich das folgende dynamische Problem:

$$\textbf{ZF:}\quad f(u_1, \ldots, u_n) = \sum_{j=1}^{n} c_j u_j \longrightarrow \max! \tag{18.120a}$$

$$\textbf{NB:}\quad \left.\begin{array}{ll} x_j = x_{j-1} - w_j u_j, & j = 1(1)n, \\ x_0 = W\,, \quad 0 \leq x_j \leq W, & j = 1(1)n, \\ \left.\begin{array}{ll} u_j \in \{0,1\}, & \text{falls } x_{j-1} \geq w_j, \\ u_j = 0\,, & \text{falls } x_{j-1} < w_j, \end{array}\right\} & j = 1(1)n. \end{array}\right\} \tag{18.120b}$$

18.3.3 Bellmannsche Funktionalgleichungen

18.3.3.1 Eigenschaften der Kostenfunktion

Voraussetzung für die Aufstellung der BELLMANNschen Funktionalgleichungen sind zwei Forderungen an die Kostenfunktion:

1. Separierbarkeit Die Funktion $f(f_1(\underline{x}_0, \underline{u}_1), \ldots, f_n(\underline{x}_{n-1}, \underline{u}_n))$ heißt *separierbar*, wenn sie mit zweiargumentigen Funktionen $H_1, \ldots, H_{n-1}$ und mit Funktionen $F_1, \ldots, F_n$ in folgender Form geschrieben werden kann:

$$f(f_1(\underline{x}_0,\underline{u}_1),\ldots,f_n(\underline{x}_{n-1},\underline{u}_n)) = F_1(f_1(\underline{x}_0,\underline{u}_1),\ldots,f_n(\underline{x}_{n-1},\underline{u}_n)),$$
$$F_1(f_1(\underline{x}_0,\underline{u}_1),\ldots,f_n(\underline{x}_{n-1},\underline{u}_n)) = H_1\left(f_1(\underline{x}_0,\underline{u}_1), F_2(f_2(\underline{x}_1,\underline{u}_2),\ldots,f_n(\underline{x}_{n-1},\underline{u}_n))\right),$$
$$\ldots\ldots\ldots\ldots\ldots\ldots\ldots\ldots \qquad (18.121)$$
$$F_{n-1}(f_{n-1}(\underline{x}_{n-2},\underline{u}_{n-1}), f_n(\underline{x}_{n-1},\underline{u}_n)) = H_{n-1}\left(f_{n-1}(\underline{x}_{n-2},\underline{u}_{n-1}), F_n(f_n(\underline{x}_{n-1},\underline{u}_n))\right)$$
$$F_n(f_n(\underline{x}_{n-1},\underline{u}_n)) = f_n(\underline{x}_{n-1},\underline{u}_n).$$

2. Minimumvertauschbarkeit Eine Funktion $H(\tilde{f}(\underline{a}),\tilde{F}(\underline{b}))$ heißt *minimumvertauschbar*, falls gilt:

$$\min_{(\underline{a},\underline{b})\in A\times B} H\left(\tilde{f}(\underline{a}),\tilde{F}(\underline{b})\right) = \min_{\underline{a}\in A} H\left(\tilde{f}(\underline{a}), \min_{\underline{b}\in B}\tilde{F}(\underline{b})\right). \qquad (18.122)$$

Diese Eigenschaft ist zum Beispiel dann erfüllt, wenn H für jedes $\underline{a}\in A$ bezüglich des zweiten Argumentes monoton wachsend ist, d.h., wenn für alle $\underline{a}\in A$ gilt:

$$H\left(\tilde{f}(\underline{a}),\tilde{F}(\underline{b}_1)\right) \le H\left(\tilde{f}(\underline{a}),\tilde{F}(\underline{b}_2)\right) \quad \text{für} \quad \tilde{F}(\underline{b}_1)\le\tilde{F}(\underline{b}_2). \qquad (18.123)$$

Für die Kostenfunktion des dynamischen Optimierungsproblems wird nun die Separierbarkeit von f und die Minimumvertauschbarkeit aller Funktionen H_j, $j = 1(1)n-1$, gefordert. Folgende häufig Verwendung findende Klassen von Kostenfunktionen genügen beiden Bedingungen:

$$f^{sum} = \sum_{j=1}^{n} f_j(\underline{x}_{j-1},\underline{u}_j) \quad \text{bzw.} \quad f^{max} = \max_{j=1(1)n} f_j(\underline{x}_{j-1},\underline{u}_j). \qquad (18.124)$$

Die Funktionen H_j lauten

$$H_j^{sum} = f_j(\underline{x}_{j-1},\underline{u}_j) + \sum_{k=j+1}^{n} f_k(\underline{x}_{k-1},\underline{u}_k) \qquad \text{bzw.} \qquad (18.125)$$

$$H_j^{max} = \max\left\{f_j(\underline{x}_{j-1},\underline{u}_j),\ \max_{k=j+1(1)n} f_k(\underline{x}_{k-1},\underline{u}_k)\right\}. \qquad (18.126)$$

18.3.3.2 Formulierung der Funktionalgleichungen

Es werden die folgenden Funktionen definiert.

$$\phi_j(\underline{x}_{j-1}) = \min_{\substack{\underline{u}_k\in U_k(\underline{x}_{k-1})\\ k=j(1)n}} F_j(f_j(\underline{x}_{j-1},\underline{u}_j),\ldots,f_n(\underline{x}_{n-1},\underline{u}_n)), \quad j=1(1)n, \qquad (18.127)$$

$$\phi_{n+1}(\underline{x}_n) = 0. \qquad (18.128)$$

Falls keine Politik $(\underline{u}_1,\ldots,\underline{u}_n)$ existiert, die den Zustand $\underline{x}_{j-1}$ in einen Endzustand $\underline{x}_e\in X_e$ überführt, wird $\phi_j(\underline{x}_{j-1}) = \infty$ gesetzt. Die Ausnutzung von Separierbarkeit und Minimumvertauschbarkeit sowie der dynamischen Nebenbedingungen liefert für $j = 1(1)n$:

$$\phi_j(\underline{x}_{j-1}) = \min_{\underline{u}_j\in U_j(\underline{x}_{j-1})} H_j(f_j(\underline{x}_{j-1},\underline{u}_j), \min_{\substack{\underline{u}_k\in U_k(\underline{x}_{k-1})\\ k=j+1(1)n}} F_{j+1}(f_{j+1}(\underline{x}_j,\underline{u}_{j+1}),\ldots,f_n(\underline{x}_{n-1},\underline{u}_n))),$$

$$= \min_{\underline{u}_j\in U_j(\underline{x}_{j-1})} H_j\left(f_j(\underline{x}_{j-1},\underline{u}_j), \phi_{j+1}(\underline{x}_j)\right)$$

$$\phi_j(\underline{x}_{j-1}) = \min_{\underline{u}_j\in U_j(\underline{x}_{j-1})} H_j\left(f_j(\underline{x}_{j-1},\underline{u}_j), \phi_{j+1}(g_j(\underline{x}_{j-1},\underline{u}_j))\right). \qquad (18.129)$$

Die Gleichungen (18.129) zusammen mit Gleichung (18.128) werden als BELLMANN*sche Funktionalgleichungen* bezeichnet. $\phi_1(\underline{x}_0)$ ist der Optimalwert der Kostenfunktion f.

18.3.4 Bellmannsches Optimalitätsprinzip

Die Berechnung der Funktionalgleichung

$$\phi_j(\underline{x}_{j-1}) = \min_{\underline{u}_j \in U_j(\underline{x}_{j-1})} H_j\left(f_j(\underline{x}_{j-1}, \underline{u}_j), \phi_{j+1}(\underline{x}_j)\right) \tag{18.130}$$

entspricht der Bestimmung einer optimalen Politik $(\underline{u}_j^*, \ldots, \underline{u}_n^*)$ für den mit dem Zustand $\underline{x}_{j-1}$ startenden Teilprozeß P_j, welcher aus den letzten $n-j+1$ Stufen des Gesamtprozesses P besteht und dem die Kostenfunktion

$$F_j(f_j(\underline{x}_{j-1}, \underline{u}_j), \ldots, f_n(\underline{x}_{n-1}, \underline{u}_n)) \longrightarrow \min! \tag{18.131}$$

zugrunde liegt. Die optimale Politik des Prozesses P_j mit dem Anfangszustand $\underline{x}_{j-1}$ ist unabhängig von den Entscheidungen $\underline{u}_1, \ldots, \underline{u}_{j-1}$ in den ersten $j-1$ Stufen von P, die zum Zustand $\underline{x}_{j-1}$ führten. Für die Ermittlung von $\phi_j(\underline{x}_{j-1})$ wird die Größe $\phi_{j+1}(\underline{x}_j)$ benötigt. Ist nun $(\underline{u}_j^*, \ldots, \underline{u}_n^*)$ eine optimale Politik für P_j, dann ist offensichtlich $(\underline{u}_{j+1}^*, \ldots, \underline{u}_n^*)$ eine optimale Politik für den Teilprozeß P_{j+1} zum Anfangszustand $\underline{x}_j = g_j(\underline{x}_{j-1}, \underline{u}_j^*)$. Diese Aussage wird im BELLMANN*schen Optimalitätsprinzip* verallgemeinert.

BELLMANNsches Prinzip: Ist $(\underline{u}_1^*, \ldots, \underline{u}_n^*)$ eine optimale Politik eines Prozesses P und $(\underline{x}_0^*, \ldots, \underline{x}_n^*)$ die zugehörige Zustandsfolge, dann ist für jeden Teilprozeß P_j, $j = 1(1)n$, mit dem Startzustand $\underline{x}_{j-1}^*$ die Politik $(\underline{u}_j^*, \ldots, \underline{u}_n^*)$ ebenfalls optimal.

18.3.5 Bellmannsche Funktionalgleichungsmethode

18.3.5.1 Bestimmung der minimalen Kosten

Mittels der Funktionalgleichungen (18.128,18.129) werden mit $\phi_{n+1}(\underline{x}_n) = 0$ beginnend für abnehmende j alle Funktionswerte $\phi_j(\underline{x}_{j-1})$ mit $\underline{x}_{j-1} \in X_{j-1}$ bestimmt. Dies erfordert für jedes $\underline{x}_{j-1} \in X_{j-1}$ die Lösung eines Optimierungsproblems über dem Entscheidungsbereich $U_j(\underline{x}_{j-1})$. Für jedes $\underline{x}_{j-1}$ ergibt sich dabei eine Minimalstelle $\underline{u}_j$ als optimale Entscheidung für die erste Stufe eines mit $\underline{x}_{j-1}$ beginnenden Teilprozesses P_j. Sind die Mengen X_j nicht endlich oder auch sehr groß, dann können die Werte ϕ_j unter Umständen an ausgewählten Stützstellen $\underline{x}_{j-1} \in X_{j-1}$ berechnet werden, woraus mittels Interpolation gegebenenfalls Zwischenwerte ermittelt werden können. Mit $\phi_1(\underline{x}_0)$ ist der Optimalwert der Kostenfunktion für den Prozeß P gefunden. Die Ermittlung einer optimalen Politik $(\underline{u}_1^*, \ldots, \underline{u}_n^*)$ sowie einer zugehörigen Zustandsfolge $(\underline{x}_0^*, \ldots, \underline{x}_n^*)$ kann auf 2 Arten erfolgen.

18.3.5.2 Bestimmung der optimalen Politik

1. Variante 1: Mit der Auswertung der Funktionalgleichungen wird für jedes $\underline{x}_{j-1} \in X_{j-1}$ die ermittelte Minimalstelle $\underline{u}_j$ abgespeichert. Nach der Berechnung von $\phi_1(\underline{x}_0)$ ist eine optimale Politik einfach dadurch zu erhalten, daß zunächst aus dem für $\underline{x}_0 = \underline{x}_0^*$ gespeicherten $\underline{u}_1 = \underline{u}_1^*$ der Folgezustand $\underline{x}_1^* = g_1(\underline{x}_0^*, \underline{u}_1^*)$ errechnet wird. Die für diesen Zustand $\underline{x}_1^*$ gespeicherte Entscheidung $\underline{u}_2^*$ liefert $\underline{x}_2^*$ usw.

2. Variante 2: Zu jedem $\underline{x}_{j-1} \in X_{j-1}$ wird lediglich der Wert $\phi_j(\underline{x}_{j-1})$ gespeichert. Nachdem alle $\phi_j(\underline{x}_{j-1})$ bekannt sind, schließt sich eine Vorwärtsrechnung an. Beginnend mit $j = 1$ und $\underline{x}_0 = \underline{x}_0^*$ wird $\underline{u}_j^*$ für wachsendes j durch Auswertung der Funktionalgleichung

$$\phi_j(\underline{x}_{j-1}^*) = \min_{\underline{u}_j \in U_j(\underline{x}_{j-1}^*)} H_j\left(f_j(\underline{x}_{j-1}^*, \underline{u}_j), \phi_{j+1}(g_j(\underline{x}_{j-1}^*, \underline{u}_j))\right) \tag{18.132}$$

bestimmt. Daraus ergibt sich jeweils $\underline{x}_j^* = g_j(\underline{x}_{j-1}^*, \underline{u}_j^*)$. In der Vorwärtsrechnung ist somit auf jeder Stufe nochmals ein Optimierungsproblem zu lösen.

3. Vergleich beider Varianten Bei Variante **1** ist der Rechenaufwand etwas geringer, da die bei der Variante **2** erforderliche Vorwärtsrechnung entfällt. Dagegen muß für jeden Zustand $\underline{x}_{j-1}$ eine Entscheidung $\underline{u}_j$ abgespeichert werden, was für höherdimensionale Entscheidungsräume $U_j(\underline{x}_{j-1})$ zu einem wesentlich höheren Speicherplatzbedarf, verglichen mit Variante ßbf 2, führt, bei welcher nur die Größen $\phi_j(\underline{x}_{j-1})$ zu speichern sind. Für die Computerlösung wird deshalb in vielen Fällen Variante **2** vorzuziehen sein.

18.3.6 Beispiele zur Anwendung der Funktionalgleichungsmethode

18.3.6.1 Optimale Einkaufspolitik

1. Problemstellung Das Problem der Bestimmung einer optimalen Einkaufspolitik aus Abschnitt 18.3.2.1

$$f(u_1, \ldots, u_n) = \sum_{j=1}^{n} c_j u_j \longrightarrow \min!$$

$$x_j = x_{j-1} + u_j - v_j\,, \qquad j = 1(1)n\,,$$

$$x_0 = x_a\,,\ 0 \le x_j \le K\,, \qquad j = 1(1)n\,,$$

$$U_j(x_{j-1}) = \{u_j\ :\ \max\{0, v_j - x_{j-1}\} \le u_j \le K - x_{j-1}\}\,, \quad j = 1(1)n$$

führt auf die Funktionalgleichungen

$$\phi_{n+1}(x_n) = 0,$$

$$\phi_j(x_{j-1}) = \min_{u_j \in U_j(x_{j-1})} (c_j u_j + \phi_{j+1}(x_{j-1} + u_j - v_j))\,, \quad j = 1(1)n.$$

2. Zahlenbeispiel

$$n = 6\,, \quad K = 10\,, \quad x_a = 2 \quad \begin{matrix} c_1 = 4, & c_2 = 3, & c_3 = 5, & c_4 = 3, & c_5 = 4, & c_6 = 2, \\ v_1 = 6, & v_2 = 7, & v_3 = 4, & v_4 = 2, & v_5 = 4, & v_6 = 3. \end{matrix}$$

1. Rückwärtsrechnung: Die Funktionswerte $\phi_j(x_{j-1})$ werden an den Stützstellen $x_{j-1} = 0, 1, \ldots, 10$ bestimmt. Es genügt dann, die Minimumsuche nur für ganzzahlige Entscheidungen u_j durchzuführen.

$$j = 6: \quad \phi_6(x_5) = \min_{u_6 \in U_6(x_5)} c_6 u_6 = c_6 \max\{0, v_6 - x_5\} = 2\max\{0, 3 - x_5\}.$$

Gemäß Variante **2** der BELLMANNschen Funktionalgleichungsmethode werden nur die Werte $\phi_6(x_5)$ in die letzte Zeile der Tabelle eingetragen. Exemplarisch wird $\phi_4(0)$ bestimmt.

$$\begin{aligned} \phi_4(0) &= \min_{2 \le u_4 \le 10} (3u_4 + \phi_5(u_4 - 2)) \\ &= \min(28, 27, 26, 25, 24, 25, 26, 27, 30) = 24. \end{aligned}$$

	x_j=0	1	2	3	4	5	6	7	8	9	10
j=1			75								
2	59	56	53	50	47	44	41	38	35	32	29
3	44	39	34	29	24	21	18	15	12	9	6
4	24	21	18	15	12	9	6	4	2	0	0
5	22	18	14	10	6	4	2	0	0	0	0
6	6	4	2	0	0	0	0	0	0	0	0

2. Vorwärtsrechnung:

$$\phi_1(2) = 75 = \min_{4 \le u_1 \le 8} (4u_1 + \phi_2(u_1 - 4)).$$

Als Minimalstelle ergibt sich $u_1^* = 4$ und somit $x_1^* = x_0^* + u_1^* - v_1 = 0$. Dieses Verfahren wird für $\phi_2(0)$ und alle nachfolgenden Stufen wiederholt. Die optimale Politik lautet:

$$(u_1^*, u_2^*, u_3^*, u_4^*, u_5^*, u_6^*) = (4, 10, 1, 6, 0, 3).$$

18.3.6.2 Rucksackproblem

1. Problemstellung Gegeben sei das Problem aus Abschnitt 18.3.2.2

$$\textbf{ZF:}\qquad f(u_1,\ldots,u_n)=\sum_{j=1}^{n}c_ju_j \longrightarrow \max! \tag{18.133a}$$

$$\textbf{NB:}\qquad \left.\begin{array}{ll} x_j = x_{j-1}-w_ju_j\,, & j=1(1)n,\\ x_0 = W\,,\quad 0\le x_j\le W\,, & j=1(1)n,\\ \left.\begin{array}{ll} u_j\in\{0,1\}, & \text{falls } x_{j-1}\ge w_j,\\ u_j=0\,, & \text{falls } x_{j-1}<w_j\,,\end{array}\right\} & j=1(1)n\,.\end{array}\right\} \tag{18.133b}$$

Da ein Maximumproblem vorliegt, lauten die BELLMANNschen Funktionalgleichungen jetzt

$$\phi_{n+1}(x_n)=0\,,$$

$$\phi_j(x_{j-1})=\max_{u_j\in U_j(x_{j-1})}(c_ju_j+\phi_{j+1}(x_{j-1}-w_ju_j))\,,\quad j=1(1)n\,.$$

Da lediglich die Entscheidungen 0 und 1 auftreten, empfiehlt sich die Anwendung der Variante **1** der Funktionalgleichungsmethode. Es ergibt sich für $j=n,n-1,\ldots,1$:

$$\phi_j(x_{j-1})=\begin{cases} c_j+\phi_{j+1}(x_{j-1}-w_j) & \text{für } x_{j-1}\ge w_j \text{ und } c_j+\phi_{j+1}(x_{j-1}-w_j)>\phi_{j+1}(x_{j-1})\,,\\ \phi_{j+1}(x_{j-1}) & \text{sonst}\,,\end{cases}$$

$$u_j(x_{j-1})=\begin{cases} 1 \text{ für } x_{j-1}\ge w_j \text{ und } c_j+\phi_{j+1}(x_{j-1}-w_j)>\phi_{j+1}(x_{j-1})\,,\\ 0 \text{ sonst}\,.\end{cases}$$

2. Zahlenbeispiel $W=10,\quad n=6\qquad \begin{array}{llllll} c_1=1, & c_2=2, & c_3=3, & c_4=1, & c_5=5, & c_6=4,\\ w_1=2, & w_2=4, & w_3=6, & w_4=3, & w_5=7, & w_6=6.\end{array}$

Aufgrund der Ganzzahligkeit der Gewichte w_j ist $x_j\in\{0,1,\ldots,10\}$, $j=1(1)n$, $x_0=10$. Die Tabelle enthält für alle Stufen und alle Zustände x_{j-1} die Funktionswerte $\phi_j(x_{j-1})$ und die jeweilige Entscheidung $u_j(x_{j-1})$. Exemplarisch werden die Größen $\phi_6(x_5)$, $\phi_3(2)$, $\phi_3(6)$, und $\phi_3(8)$ berechnet.

$$\phi_6(x_5)=\begin{cases}0, & x_5<w_6=4\\ c_6=6, & \text{sonst.}\end{cases}\quad;\quad u_6(x_5)=\begin{cases}0, & x_5<4\\ 0, & \text{sonst}\end{cases}$$

$\phi_3(2)$: $\quad x_2=2<w_3=3$: $\quad\phi_3(2)=\phi_4(2)=3,\ u_3(2)=0.$

$\phi_3(6)$: $\quad x_2>w_3$ und $c_3+\phi_3(x_2-w_3)=6+3<\phi_4(x_2)=10$: $\quad\phi_3(6)=10,\ u_3(6)=0.$

$\phi_3(8)$: $\quad x_2>w_3$ und $c_3+\phi_3(x_2-w_3)=6+9>\phi_4(x_2)=10$: $\quad\phi_3(8)=15,\ u_3(8)=1.$

Die optimale Politik lautet

$$(u_1^*,u_2^*,u_3^*,u_4^*,u_5^*,u_6^*)=(0,1,1,1,0,1),\quad \phi_1(10)=19.$$

	$x_j=0$	1	2	3	4	5	6	7	8	9	10
$j=1$											19; 0
2	0; 0	3; 0	4; 1	7; 1	9; 0	10; 1	13; 1	13; 1	15; 0	16; 0	19; 1
3	0; 0	3; 0	3; 0	6; 1	9; 1	9; 0	10; 0	12; 1	15; 1	16; 1	16; 0
4	0; 0	3; 1	3; 1	3; 1	6; 0	9; 1	10; 1	10; 1	10; 1	13; 0	16; 1
5	0; 0	0; 0	0; 0	0; 0	6; 0	7; 1	7; 1	7; 1	7; 1	13; 1	13; 1
6	0; 0	0; 0	0; 0	0; 0	6; 1	6; 1	6; 1	6; 1	6; 1	6; 1	6; 1

19 Numerische Mathematik

In diesem Kapitel werden häufig nur die Grundprinzipien numerischer Verfahren beschrieben. Ihre Anwendung zur Lösung praktischer Aufgaben auf dem Computer erfordert in der Regel den Einsatz von *Numerik–Bibliotheken* der kommerziellen Software. Einige dieser Bibliotheken werden in Abschnitt 19.8.3 vorgestellt. Die speziellen Computeralgebrasysteme Mathematica und Maple und deren Numerikprogramme sind in Kapitel 20.1 und in Abschnitt 19.8.4 beschrieben. Der Einfluß von Fehlern, die beim numerischen Rechnen auf Computern auftreten, wird in Abschnitt 19.8.2 behandelt.

19.1 Numerische Lösung nichtlinearer Gleichungen mit einer Unbekannten

Jede Gleichung mit einer Unbekannten läßt sich auf eine der beiden Normalformen bringen.

Nullstellengleichung: $f(x) = 0\,.$ (19.1)

Fixpunktgleichung: $x = \varphi(x)\,.$ (19.2)

Die Gleichungen (19.1) und (19.2) seien lösbar. Lösungen sollen mit x^* bezeichnet werden. Zur Gewinnung einer ersten Näherung für x^* versucht man, die zu lösende Gleichung auf die Form $f_1(x) = f_2(x)$ zu bringen, bei der der Verlauf der Kurven $y = f_1(x)$ und $y = f_2(x)$ leicht zu übersehen ist.

■ $f(x) = x^2 - \sin x = 0$. Aus dem Kurvenverlauf von $y = x^2$ und $y = \sin x$ ist $x_1^* = 0$ und $x_2^* \approx 0,87$ ablesbar (**Abb.19.1**).

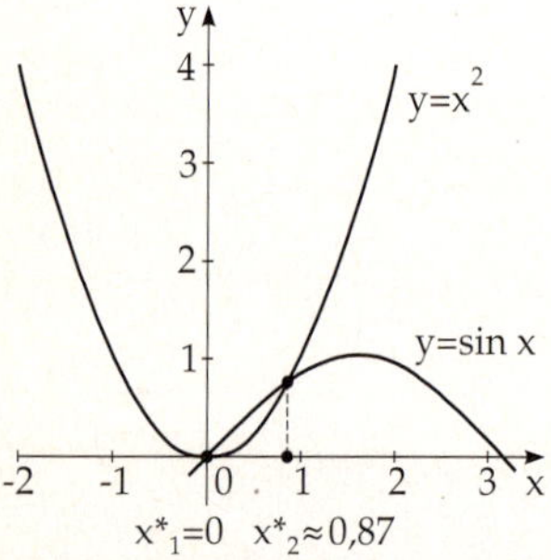

Abbildung 19.1

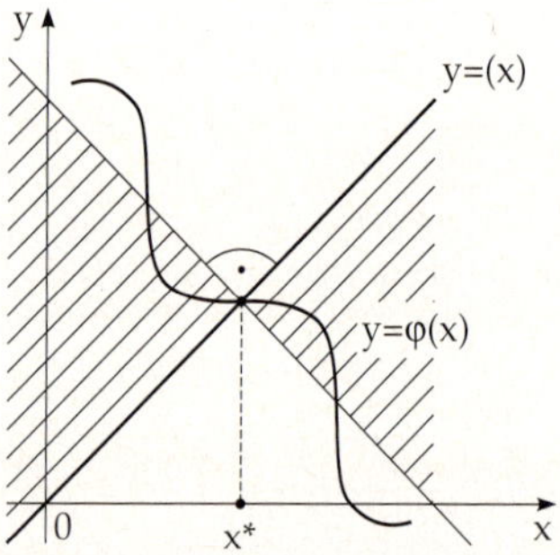

Abbildung 19.2

19.1.1 Iterationsverfahren

Das allgemeine Prinzip der iterativen Methoden zur genäherten Lösung von Gleichungen besteht darin, ausgehend von bekannten Näherungswerten x_k $(k = 0, 1, \ldots, n)$ für eine Lösung, schrittweise, also durch *Iteration*, eine Folge von weiteren Näherungswerten zu erzeugen, die möglichst schnell gegen die betreffende Lösung der gegebenen Gleichung konvergiert.

19.1.1.1 Gewöhnliches Iterationsverfahren

Zur Lösung einer Gleichung, die auf die Fixpunktform $x = \varphi(x)$ gebracht worden ist, verwendet man die naheliegende Iterationsvorschrift

$$x_{n+1} = \varphi(x_n) \quad (n = 0, 1, 2, \ldots; x_0 \text{ gegeben}), \tag{19.3}$$

die als *gewöhnliches Iterationsverfahren* bezeichnet wird. Es konvergiert gegen eine Lösung x^*, wenn es eine Umgebung von x^* (**Abb.19.2**) mit

$$\left|\frac{\varphi(x) - \varphi(x^*)}{x - x^*}\right| \leq K < 1 \quad (K = \text{const}) \tag{19.4}$$

gibt und die Ausgangsnäherung x_0 in dieser Umgebung liegt. Ist $\varphi(x)$ differenzierbar, dann lautet die entsprechende Bedingung

$$|\varphi'(x)| \le K < 1\,. \tag{19.5}$$

Die Konvergenz des gewöhnlichen Iterationsverfahrens ist um so besser, je kleiner die Zahl K ist.

■ $x^2 = \sin x$, d.h. $x_{n+1} = \sqrt{\sin x_n}$.

n	0	1	2	3	4	5
x_n	0, 87	0, 8742	0, 8758	0, 8764	0, 8766	0, 8767
$\sin x_n$	0,7643	0,7670	0,7681	0,7684	0,7686	0,7686

Hinweis 1: Im Falle komplexer Lösungen setzt man $x = u + iv$. Durch Trennung von Real- und Imaginärteil geht die zu lösende Gleichung in ein System zweier Gleichungen für die reellen Unbekannten u und v über.

Hinweis 2: Die iterative Lösung nichtlinearer Gleichungssysteme findet man in 19.2.2.

19.1.1.2 Newton–Verfahren

1. Vorschrift des Newton–Verfahrens Zur Lösung der Nullstellengleichung $f(x) = 0$ verfährt das Newton-*Verfahren* nach der Vorschrift

$$x_{n+1} = x_n - \frac{f(x_n)}{f'(x_n)} \quad (n = 0, 1, 2, \ldots\,; x_0 \text{ gegeben})\,, \tag{19.6}$$

d.h., es benötigt zur Berechnung des neuen Näherungswertes x_{n+1} die Werte der Funktion $f(x)$ und ihrer 1. Ableitung $f'(x)$ an der Stelle x_n.

2. Konvergenz des Newton–Verfahrens Für die Konvergenz des Newton–Verfahrens ist die Bedingung

$$f'(x) \neq 0 \tag{19.7a}$$

notwendig, die Bedingung

$$\left|\frac{f(x)f''(x)}{f'^2(x)}\right| \le K < 1 \quad (K = \text{const}) \tag{19.7b}$$

hinreichend. Die Bedingungen (19.7a,b) müssen in einer Umgebung von x^*, die alle Punkte x_n sowie x^* enthält, erfüllt sein. Falls das Newton–Verfahren konvergiert, dann konvergiert es so gut, daß sich bei jedem Iterationsschritt die Anzahl der genauen Stellen etwa verdoppelt. Man spricht in diesem Fall auch von quadratischer Konvergenz.

■ Zur Lösung der Gleichung $f(x) = x^2 - a = 0$, d.h. speziell zur Berechnung der Werte $x = \sqrt{a}$ ($a > 0$ gegeben) liefert das Newton–Verfahren die Iterationsvorschrift

$$x_{n+1} = \frac{1}{2}\left(x_n + \frac{a}{x_n}\right). \tag{19.8}$$

Für $a = 2$ erhält man:

n	0	1	2	3
x_n	1, 5	1, 416 666 6	1, 414 215 7	1, 414 213 6

3. Geometrische Interpretation Die geometrische Interpretation des Newton–Verfahrens ist in **Abb.19.3** dargestellt: Die Grundidee des Newton–Verfahrens besteht in der lokalen Approximation der Kurve $y = f(x)$ durch eine Tangente.

4. Modifiziertes Newton–Verfahren Wenn sich im Laufe der Iteration die Werte von $f'(x_n)$ nur noch unwesentlich ändern, kann man diese konstant lassen und mit dem sogenannten modifizierten Newton–Verfahren

$$x_{n+1} = x_n - \frac{f(x_n)}{f'(x_m)} \quad (m \text{ fest}, m < n) \tag{19.9}$$

weiterrechnen.

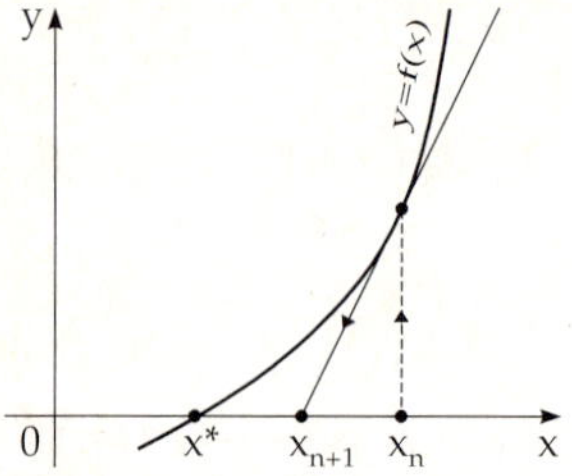

Abbildung 19.3

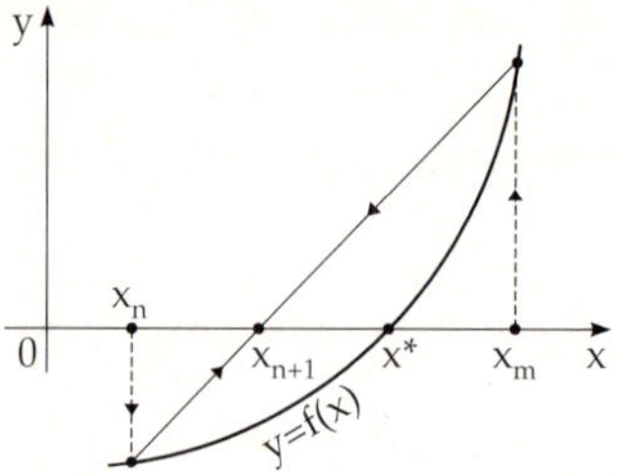

Abbildung 19.4

Die Güte der Konvergenz wird durch diese Vereinfachung nicht wesentlich beeinflußt.

5. Differenzierbare Funktionen komplexen Argumentes Das NEWTON–Verfahren ist auch auf differenzierbare Funktionen komplexen Arguments anwendbar.

19.1.1.3 Regula falsi

1. Vorschrift der Regula falsi Zur Lösung der Nullstellengleichung $f(x) = 0$ verfährt die *Regula falsi* nach der Vorschrift

$$x_{n+1} = x_n - \frac{x_n - x_m}{f(x_n) - f(x_m)} f(x_n) \quad (n = 1, 2, \dots\,;\ m < n\,;\ x_0, x_1 \text{ gegeben}), \tag{19.10}$$

d.h., sie benutzt nur Funktionswerte und geht aus dem NEWTON–Verfahren (19.6) dadurch hervor, daß die Ableitung $f'(x_n)$ durch den Differenzenquotienten von $f(x)$ zwischen x_n und einem vorhergehenden Näherungswert x_m $(m < n)$ ersetzt wird.

2. Geometrische Interpretation Die geometrische Interpretation der Regula falsi ist in **Abb.19.4** dargestellt: Die Grundidee der Regula falsi besteht in der lokalen Approximation der Kurve $y = f(x)$ durch eine Sekante.

3. Konvergenz Das Verfahren (19.10) konvergiert sicher, wenn man m jeweils so wählt, daß $f(x_m)$ und $f(x_n)$ verschiedene Vorzeichen haben. Ist bei fortgeschrittener Iteration die Konvergenz bereits gesichert, so wird sie beschleunigt, wenn man ohne Rücksicht auf die Vorzeichenbedingung $x_m = x_{n-1}$ setzt.

■ $f(x) = x^2 - \sin x = 0\,.$

n	$\Delta x_n = x_n - x_{n-1}$	x_n	$f(x_n)$	$\Delta y_n = f(x_n) - f(x_{n-1})$	$\dfrac{\Delta x_n}{\Delta y_n}$
0		$\underline{0},9$	0,0267		
1	$-0,3$	$\underline{0,8}7$	$-0,0074$	$-0,0341$	0,8798
2	0,0065	$\underline{0,87}65$	$-0,000252$	0,007148	0,9093
3	0,000229	$\underline{0,8767}29$	0,000003	0,000255	0,8980
4	$-0,000003$	$\underline{0,876726}$			

Falls sich im Verlaufe der Rechnung die Werte $\Delta x_n/\Delta y_n$ nur noch unwesentlich ändern, kann auf ihre Neuberechnung verzichtet werden.

4. STEFFENSEN–Verfahren

Durch Anwendung der Regula falsi mit $x_m = x_{n-1}$ auf die Gleichung $f(x) = x - \varphi(x) = 0$ läßt sich häufig die Konvergenz wesentlich beschleunigen oder im Falle $\varphi'(x) < -1$ sogar erzwingen. Diese Vorgehensweise ist unter dem Namen STEFFENSEN–*Verfahren* bekannt geworden.

■ Zur Lösung der Gleichung $x^2 - \sin x = 0$ mit Hilfe des STEFFENSEN–Verfahrens soll die Gleichung $f(x) = x - \sqrt{\sin x} = 0$ benutzt werden.

n	$\Delta x_n = x_n - x_{n-1}$	x_n	$f(x_n)$	$\Delta y = f(x_n) - f(x_{n-1})$	$\dfrac{\Delta x_n}{\Delta y_n}$
0		0,9	0,014942		
1	−0, 03	0, 87	−0,004259	−0,019201	1,562419
2	0,006654	0, 876654	−0,000046	0,004213	1,579397
3		0, 876727	0,000001		

19.1.2 Lösung von Polynomgleichungen

Polynomgleichungen n–ten Grades haben die Form

$$f(x) = p_n(x) = a_n x^n + a_{n-1}x^{n-1} + \cdots + a_1 x + a_0 = 0\,. \tag{19.11}$$

Zu ihrer effektiven Lösung benötigt man zunächst Verfahren zur Berechnung von Funktions- und Ableitungswerten des Polynoms $p_n(x)$ sowie eine erste Orientierung über die Lage seiner Nullstellen.

19.1.2.1 Horner–Schema

1. Reelle Argumentwerte

Zur Berechnung des Funktionswertes $p_n(x)$ eines Polynoms n–ten Grades an der Stelle $x = x_0$ aus seinen Koeffizienten geht man von der Beziehung

$$p_n(x) = a_n x^n + a_{n-1}x^{n-1} + \cdots + a_2 x^2 + a_1 x + a_0 = (x - x_0)p_{n-1}(x) + p_n(x_0) \tag{19.12}$$

aus, wobei $p_{n-1}(x)$ ein Polynom vom Grade $n-1$ ist:

$$p_{n-1}(x) = a'_{n-1}x^{n-1} + a'_{n-2}x^{n-2} + \cdots + a'_1 x + a'_0\,. \tag{19.13}$$

Durch Koeffizientenvergleich in (19.12) bezüglich x^k erhält man die Rekursionsformel

$$a'_{k-1} = x_0 a'_k + a_k, \quad (k = n, n-1, \ldots, 0;\ a'_n = 0,\ \ a'_{-1} = p_n(x_0))\,. \tag{19.14}$$

Auf diese Weise werden aus den Koeffizienten a_k von $p_n(x)$ die Koeffizienten a'_k von $p_{n-1}(x)$ sowie der gesuchte Funktionswert $p_n(x_0)$ bestimmt. Durch Wiederholung dieser Vorgehensweise, d.h., im nächsten Schritt wird das Polynom $p_{n-1}(x)$ mit dem Polynom $p_{n-2}(x)$ gemäß

$$p_{n-1}(x) = (x - x_0)p_{n-2}(x) + p_{n-1}(x_0) \tag{19.15}$$

verknüpft usw., erhält man schließlich eine Folge von Polynomen $p_n(x)$, $p_{n-1}(x)$ …, $p_1(x)$, $p_0(x)$. Die Berechnung der Koeffizienten und Funktionswerte dieser Polynome ist in (19.16) schematisch dargestellt.

$$\begin{array}{c|cccccccc}
 & a_n & a_{n-1} & a_{n-2} & \ldots\ a_3 & a_2 & a_1 & a_0 & \\
x_0 & & x_0a'_{n-1} & x_0a'_{n-2} & \ldots\ x_0a'_3 & x_0a'_2 & x_0a'_1 & x_0a'_0 & \\
\hline
 & a'_{n-1} & a'_{n-2} & a'_{n-3} & \ldots\ a'_2 & a'_1 & a'_0 & \boxed{p_n(x_0)} & \\
x_0 & & x_0a''_{n-2} & x_0a''_{n-3} & \ldots\ x_0a''_2 & x_0a''_1 & x_0a''_0 & & \\
\hline
 & a''_{n-2} & a''_{n-3} & a''_{n-4} & \ldots\ a''_1 & a''_0 & \boxed{p_{n-1}(x_0)} & & \\
 & & \ldots\ldots & \ldots\ldots & \ldots\ldots & \ldots\ldots & & & \\
x_0 & & x_0a_0^{(n-1)} & & & & & & \\
\hline
 & a_0^{(n-1)} & \boxed{p_1(x_0)} & & & & & & \\
x_0 & & & & & & & & \\
\hline
 & a_0^{(n)} = p_0(x_0) & & & & & & &
\end{array} \tag{19.16}$$

Aus dem Schema (19.16) liest man $p_n(x_0)$ unmittelbar ab. Darüber hinaus gilt:

$$p'_n(x_0) = 1!p_{n-1}(x_0)\,,\ \ p''_n(x_0) = 2!p_{n-2}(x_0)\,, \ldots,\ p_n^{(n)}(x_0) = n!p_0(x_0)\,. \tag{19.17}$$

■ $p_4(x) = x^4 + 2x^3 - 3x^2 - 7$. Der Funktionswert und die Ableitungswerte von $p_4(x)$ an der Stelle $x_0 = 2$ sind gemäß (19.16) zu berechnen.

	1	2	−3	0	−7
2		2	8	10	20
	1	4	5	10	13
2		2	12	34	
	1	6	17	44	
2		2	16		
	1	8	33		
2		2			
	1	10			
2					
	1				

Man liest ab:

$p_4(2) = 13,$
$p_4'(2) = 44,$
$p_4''(2) = 66,$
$p_4'''(2) = 60,$
$p_4^{(4)}(2) = 24.$

Hinweis: Das HORNER-Schema läßt sich auch für komplexe Koeffizienten a_k durchführen, indem man für jeden Koeffizienten eine reelle und eine imaginäre Spalte gemäß (19.16) berechnet.

2. Komplexe Argumentwerte

Sind die Koeffizienten a_k in (19.11) reell, so kann die Berechnung von $p_n(x_0)$ für komplexe Werte $x_0 = u_0 + \mathrm{i}v_0$ ganz im Reellen ablaufen. Dazu wird $p_n(x)$ wie folgt zerlegt:

$$\begin{aligned} p_n(x) &= a_n x^n + a_{n-1}x^{n-1} + \cdots + a_1 x + a_0 \\ &= (x^2 - px - q)(a_{n-2}'x^{n-2} + \cdots + a_0') + r_1 x + r_0 \end{aligned} \tag{19.18a}$$

mit

$$x^2 - px - q = (x - x_0)(x - \overline{x}_0), \quad \text{d.h. } p = 2u_0, \quad q = -({u_0}^2 + {v_0}^2). \tag{19.18b}$$

Es ist dann

$$p_n(x_0) = r_1 x + r_0 = (r_1 u_0 + r_0) + \mathrm{i} r_1 v_0. \tag{19.18c}$$

Zur Realisierung von (19.18a) kann man nach COLLATZ das folgende sogenannte *zweizeilige* HORNER-*Schema* aufstellen:

$$\begin{array}{c|cccccccc} & a_n & a_{n-1} & a_{n-2} & \ldots & a_3 & a_2 & a_1 & a_0 \\ q & & & qa_{n-2}' & \ldots & qa_3' & qa_2' & qa_1' & qa_0' \\ p & & pa_{n-2}' & pa_{n-3}' & \ldots & pa_2' & pa_1' & pa_0' & \\ \hline & a_{n-2}' & a_{n-3}' & a_{n-4}' & \ldots & a_1' & a_0' & r_1 & r_0 \\ & = a_n & & & & & & & \end{array} \tag{19.18d}$$

■ $p_4(x) = x^4 + 2x^3 - 3x^2 - 7$. Der Funktionswert für $x_0 = 2 - \mathrm{i}$, d.h. $p = 4$ und $q = -5$, ist zu berechnen.

	1	2	−3	0	−7
−5			−5	−30	−80
4		4	24	64	
	1	6	16	34	−87

Man liest ab:
$p_4(x_0) = 34x_0 - 87 = -19 - 34\mathrm{i}$.

19.1.2.2 Lage der Nullstellen

1. Reelle Nullstellen

Mit der *kartesischen Zeichenregel* kann man einen ersten Hinweis darauf bekommen, ob die Polynomgleichung (19.11) reelle Nullstellen hat. Es gilt:

1. Die Anzahl der positiven Nullstellen ist gleich der Anzahl der Vorzeichenwechsel in der Koeffizientenfolge

$$a_n, a_{n-1}, \ldots, a_1, a_0 \tag{19.19a}$$

oder um eine gerade Anzahl kleiner.

2. Die Anzahl der negativen Nullstellen ist gleich der Anzahl der Vorzeichenwechsel in der Koeffizientenfolge

$$a_0,\ -a_1,\ a_2, \ldots,\ (-1)^n a_n \tag{19.19b}$$

oder um eine gerade Anzahl kleiner.

■ $p_5(x) = x^5 - 6x^4 + 10x^3 + 13x^2 - 15x - 16$ hat 1 oder 3 positive Wurzeln und 0 oder 2 negative Wurzeln.

Mit der STURM*schen Kette* (s. S. 43) kann man genaue Auskunft über die Anzahl der reellen Nullstellen zwischen zwei Stellen $x = a$ und $x = b$ bekommen.

Einen Überblick über den Verlauf der Kurve $y = p_n(x)$ und damit auch über die Lage ihrer Nullstellen verschafft man sich dadurch, daß man mit Hilfe des HORNER–Schemas für gleichabständige Argumentwerte $x_\nu = x_0 + \nu \cdot h$ (h const) die Funktionswerte ermittelt. Hat man zwei Stellen $x = a$ und $x = b$ gefunden, an denen $p_n(x)$ entgegengesetzte Vorzeichen hat, dann liegt zwischen ihnen mindestens eine reelle Nullstelle.

2. Komplexe Nullstellen

Zur Eingrenzung des Bereichs, der in der komplexen Zahlenebene für die reellen oder komplexen Nullstellen in Frage kommt, geht man von der Polynomgleichung (19.11) zu der Gleichung

$$f^*(x) = |a_{n-1}|r^{n-1} + |a_{n-2}|r^{n-2} + \cdots + |a_1|r + |a_0| = |a_n|r^n \tag{19.20}$$

über und bestimmt z.B. durch systematisches Probieren eine obere Schranke r_0 für die positiven Nullstellen von (19.20). Es gilt dann für alle Nullstellen x_k^* $(k = 1, 2, \ldots, n)$ von (19.11):

$$|x_k^*| \le r_0 \,. \tag{19.21}$$

■ $f(x) = p_4(x) = x^4 + 4,\ 4x^3 - 20,\ 01x^2 - 50,\ 12x + 29,45 = 0,\ f^*(x) = 4,4r^3 + 20,01r^2 + 50,12r + 29,45 = r^4$. Man erhält für

$$\begin{aligned} r = 6:&\quad f^*(6) = 2000,93 > 1296 = r^4, \\ r = 7:&\quad f^*(7) = 2869,98 > 2401 = r^4, \\ r = 8:&\quad f^*(8) = 3963,85 < 4096 = r^4. \end{aligned}$$

Daraus folgt $|x_k^*| < 8$ $(k = 1, 2, 3, 4)$. Tatsächlich gilt für die betragsgrößte Nullstelle x_1^*: $-7 < x_1^* < -6$.

Hinweis: Für die Bestimmung der Anzahl der komplexen Nullstellen mit negativem Realteil sind z.B. in der Elektrotechnik in der sogenannten *Ortskurventheorie* spezielle Verfahren entwickelt worden, die dort als Stabilitätskriterien bezeichnet werden (s. Lit. [19.11], [19.38]).

19.1.2.3 Numerische Verfahren

1. Allgemeine Verfahren

Alle in 19.1.1 angegebenen Verfahren sind zur Bestimmung reeller Wurzeln von Polynomgleichungen anwendbar. Das NEWTON–Verfahren ist bei Polynomgleichungen besonders geeignet, da es rasch konvergiert und die benötigten Werte $f(x_n)$ und $f'(x_n)$ mit Hilfe des HORNER–Schemas schnell berechnet werden können. Ist der Näherungswert x_n für eine Nullstelle x^* der Polynomgleichung $f(x) = 0$ schon ziemlich genau, dann kann die Korrekturgröße $\delta = x^* - x_n$ mit Hilfe der Fixpunktgleichung

$$\delta = -\frac{1}{f'(x_n)}\left[f(x_n) + \frac{1}{2!}f''(x_n)\delta^2 + \cdots\right] = \varphi(\delta) \tag{19.22}$$

iterativ verbessert werden.

2. Spezielle Verfahren

Das BAIRSTOW-*Verfahren* ist ein Iterationsverfahren zur Bestimmung von Wurzelpaaren, auch konjugiert komplexen. Es geht von der Abspaltung eines quadratischen Faktors vom gegebenen Polynom wie beim HORNER–Schema (19.18a–d) aus und hat die Ermittlung von Koeffizienten p und q zum Ziel, die die Restkoeffizienten r_0 und r_1 zu Null machen (s. Lit. [19.37], [19.11], [19.38]).

Falls nur die betragsgrößte oder betragskleinste reelle Wurzel gesucht ist, so kann diese nach der *Methode von* BERNOULLI recht einfach ermittelt werden (s. Lit. [19.37]).

Vor allem aus historischer Sicht soll noch das GRAEFFE-*Verfahren* erwähnt werden, das alle Wurzeln gleichzeitig liefert, auch die konjugiert komplexen, aber mit erheblichem Rechenaufwand (s. Lit. [19.11], [19.38]).

19.2 Numerische Lösung von Gleichungssystemen

Bei vielen praktischen Aufgaben werden für n unbekannte Größen x_i $(i = 1, 2, \ldots, n)$ m Bedingungen in Gleichungsform gestellt:

$$\begin{aligned} F_1(x_1, x_2, \ldots, x_n) &= 0, \\ F_2(x_1, x_2, \ldots, x_n) &= 0, \\ \vdots \qquad & \ \ \vdots \\ F_m(x_1, x_2, \ldots, x_n) &= 0. \end{aligned} \tag{19.23}$$

Die Unbekannten x_i sind so zu bestimmen, daß sie eine Lösung des Gleichungssystems (19.23) darstellen. In der Regel ist $m = n$, d.h., die Anzahl der Unbekannten stimmt mit der Anzahl der Gleichungen überein. Im Falle $m > n$ bezeichnet man (19.23) als *überbestimmtes System*, im Falle $m < n$ als *unterbestimmtes System.*
Überbestimmte Systeme haben in der Regel keine Lösung. Man formuliert deshalb die zu (19.23) gehörende *Quadratmittelaufgabe*

$$\sum_{i=1}^{m} F_i^2(x_1, x_2, \ldots, x_n) = \min \tag{19.24}$$

als Ersatzaufgabe. Im unterbestimmten Fall können im allgemeinen $n - m$ Unbekannte frei gewählt werden, so daß die Lösung von (19.23) von $n - m$ Parametern abhängt. Man spricht dann von einer $(n - m)$-dimensionalen *Lösungsmannigfaltigkeit.*
Man unterscheidet *lineare* und *nichtlineare Gleichungssysteme*, je nachdem, ob in (19.23) die Unbekannten nur linear oder auch nichtlinear auftreten.

19.2.1 Lineare Gleichungssysteme

Gegeben sei das lineare Gleichungssystem

$$\begin{aligned} a_{11}x_1 + a_{12}x_2 + \cdots + a_{1n}x_n &= b_1, \\ a_{21}x_1 + a_{22}x_2 + \cdots + a_{2n}x_n &= b_2, \\ \vdots \qquad\qquad & \ \ \vdots \\ a_{n1}x_1 + a_{n2}x_2 + \cdots + a_{nn}x_n &= b_n. \end{aligned} \tag{19.25}$$

Das System (19.25) lautet in Matrixschreibweise

$$\mathbf{A}\,\underline{\mathbf{x}} = \underline{\mathbf{b}}. \tag{19.26a}$$

$$\mathbf{A} = \begin{pmatrix} a_{11} & a_{12} & \cdots & a_{1n} \\ a_{21} & a_{22} & \cdots & a_{2n} \\ \vdots & & & \\ a_{n1} & a_{n2} & \cdots & a_{nn} \end{pmatrix}, \quad \underline{\mathbf{b}} = \begin{pmatrix} b_1, \\ b_2, \\ \vdots \\ b_n \end{pmatrix}, \quad \underline{\mathbf{x}} = \begin{pmatrix} x_1, \\ x_2, \\ \vdots \\ x_n \end{pmatrix}. \tag{19.26b}$$

Die quadratische Matrix $\mathbf{A} = (a_{ik})$ $(i, k = 1, 2, \ldots, n)$ sei regulär, so daß das System (19.25) eine eindeutige Lösung besitzt (s. S. 272). Bei der numerischen Lösung von (19.25) kann man im wesentlichen zwei Verfahrensklassen unterscheiden:

1. Direkte Verfahren, die durch elementare Umformungen das Gleichungssystem auf eine Form bringen, aus der die Lösungen unmittelbar abzulesen oder leicht zu bestimmen sind. Dazu gehören das Austauschverfahren (s. S. 270) und die in 19.2.1.1–3 beschriebenen Verfahren.

2. Iterationsverfahren, die von einer bekannten Startnäherung aus eine Folge von Näherungslösungen erzeugen, die gegen die Lösung von (19.25) konvergiert (s. 19.2.1.4).

19.2.1.1 Dreieckszerlegung einer Matrix

1. Prinzip des GAUSSschen Eliminationsverfahrens

Durch die elementaren Umformungen

1. Vertauschen von Zeilen,

2. Multiplikation einer Zeile mit einer von Null verschiedenen Zahl und

3. Addition eines Vielfachen einer Zeile zu einer anderen Zeile wird das System $\mathbf{A}\,\underline{\mathbf{x}} = \underline{\mathbf{b}}$ in ein sogenanntes *gestaffeltes Gleichungssystem*

$$\mathbf{R}\,\underline{\mathbf{x}} = \underline{\mathbf{c}} \quad \text{mit} \quad \mathbf{R} = \begin{pmatrix} r_{11} & r_{12} & r_{13} & \cdots & r_{1n} \\ & r_{22} & r_{23} & \cdots & r_{2n} \\ & & r_{33} & \cdots & r_{3n} \\ & 0 & & \ddots & \vdots \\ & & & & r_{nn} \end{pmatrix} \tag{19.27}$$

überführt. Da dabei nur äquivalente Umformungen vorgenommen werden, besitzt $\mathbf{R}\,\underline{\mathbf{x}} = \underline{\mathbf{c}}$ dieselbe Lösung wie $\mathbf{A}\,\underline{\mathbf{x}} = \underline{\mathbf{b}}$. Man erhält sie aus (19.27):

$$x_i = \frac{1}{r_{ii}}\left(c_i - \sum_{k=i+1}^{n} r_{ik}x_k\right) \quad \left(i = n-1, n-2, \ldots, 1;\ x_n = \frac{c_n}{r_{nn}}\right). \tag{19.28}$$

Die durch die Formel (19.28) angegebene Vorschrift nennt man *Rückwärtseinsetzen*, da die Gleichungen von (19.27) in der umgekehrten Reihenfolge ihrer Entstehung benutzt werden.

Der Übergang von **A** zu **R** erfolgt in $n-1$ sogenannten *Eliminationsschritten*, deren Durchführung am ersten Schritt gezeigt werden soll. Dieser überführt die Matrix **A** in die Matrix $\mathbf{A}_1$:

$$\mathbf{A} = \begin{pmatrix} a_{11} & a_{12} & \cdots & a_{1n} \\ a_{21} & a_{22} & \cdots & a_{2n} \\ a_{31} & a_{32} & \cdots & a_{3n} \\ \vdots & & & \\ a_{n1} & a_{n2} & \cdots & a_{nn} \end{pmatrix}, \qquad \mathbf{A}_1 = \begin{pmatrix} a_{11}^{(1)} & a_{12}^{(1)} \cdots a_{1n}^{(1)} \\ 0 & \boxed{\begin{matrix} a_{22}^{(1)} \cdots a_{2n}^{(1)} \\ a_{32}^{(1)} \cdots a_{3n}^{(1)} \\ \vdots \\ a_{n2}^{(1)} \cdots a_{nn}^{(1)} \end{matrix}} \\ 0 & \\ \vdots & \\ 0 & \end{pmatrix}. \tag{19.29}$$

Dabei ist wie folgt vorzugehen:

1. Man bestimme ein $a_{r1} \neq 0$. Falls kein solches existiert, stop: **A** ist singulär. Andernfalls heißt a_{r1} *Pivot.*

2. Man vertausche die 1. und die r–te Zeile von **A**. Das Ergebnis ist die Matrix $\overline{\mathbf{A}}$.

3. Man subtrahiere für $i = 2, 3, \ldots, n$ das l_{i1}–fache der 1. Zeile von der i–ten Zeile der Matrix $\overline{\mathbf{A}}$.

Als Ergebnis erhält man die Matrix $\mathbf{A}_1$ und analog die neue rechte Seite $\underline{\mathbf{b}}_1$ mit folgenden Elementen:

$$a_{ik}^{(1)} = \overline{a}_{ik} - l_{i1}\overline{a}_{1k}, \quad l_{i1} = \frac{\overline{a}_{i1}}{\overline{a}_{11}},$$

$$b_i^{(1)} = \overline{b}_i - l_{i1}\overline{b}_1 \qquad (i, k = 2, 3, \ldots, n). \tag{19.30}$$

Die in $\mathbf{A}_1$ (s. (19.29)) eingerahmte Teilmatrix ist vom Typ $(n-1, n-1)$ und wird analog zu **A** behandelt; usw. Diese Vorgehensweise bezeichnet man als GAUSS*sches Eliminationsverfahren* oder GAUSS*schen Algorithmus* (s. S. 275).

2. Dreieckszerlegung

Das Ergebnis des GAUSSschen Eliminationsverfahrens kann wie folgt formuliert werden: Zu jeder regulären Matrix **A** existiert eine sogenannte *Dreieckszerlegung* oder LR–*Faktorisierung* der Form

$$\mathbf{P\,A} = \mathbf{L\,R} \tag{19.31}$$

mit

$$\mathbf{R} = \begin{pmatrix} r_{11} & r_{12} & r_{13} & \cdots & r_{1n} \\ & r_{22} & r_{23} & \cdots & r_{2n} \\ & & r_{33} & \cdots & r_{3n} \\ & 0 & & \ddots & \vdots \\ & & & & r_{nn} \end{pmatrix}, \quad \mathbf{L} = \begin{pmatrix} 1 & & & & \\ l_{21} & 1 & & 0 & \\ l_{31} & l_{32} & 1 & & \\ \vdots & \vdots & & \ddots & \\ l_{n1} & l_{n2} & \cdots & l_{n,n-1} & 1 \end{pmatrix}. \tag{19.32}$$

R heißt *Rechtsdreiecksmatrix*, **L** *Linksdreiecksmatrix* und **P** ist eine sogenannte *Permutationsmatrix*. Sie ist eine quadratische Matrix, die in jeder Zeile und in jeder Spalte genau eine 1 und sonst Nullen enthält. Sie beschreibt die Zeilenvertauschungen in der Matrix **A**, die sich durch die Pivotwahl in den Eliminationsschritten ergeben.

■ Das GAUSSsche Eliminationsverfahren soll auf das System $\begin{pmatrix} 3 & 1 & 6 \\ 2 & 1 & 3 \\ 1 & 1 & 1 \end{pmatrix} \begin{pmatrix} x_1 \\ x_2 \\ x_3 \end{pmatrix} = \begin{pmatrix} 2 \\ 7 \\ 4 \end{pmatrix}$ angewendet werden. In einer schematischen Schreibweise, bei der die Koeffizientenmatrix und der Vektor der rechten Seite zu einer sogenannten *erweiterten Koeffizientenmatrix* zusammengefaßt werden, erhält man:

$$(\mathbf{A}, \underline{\mathbf{b}}) = \left(\begin{array}{ccc|c} \boxed{3} & 1 & 6 & 2 \\ 2 & 1 & 3 & 7 \\ 1 & 1 & 1 & 4 \end{array}\right) \Rightarrow \left(\begin{array}{ccc|c} 3 & 1 & 6 & 2 \\ 2/3 & 1/3 & -1 & 17/3 \\ 1/3 & \boxed{2/3} & -1 & 10/3 \end{array}\right) \Rightarrow \left(\begin{array}{ccc|c} 3 & 1 & 6 & 2 \\ 1/3 & 2/3 & -1 & 10/3 \\ 2/3 & 1/2 & \boxed{-1/2} & 4 \end{array}\right), \text{ d.h.}$$

$$\mathbf{P} = \begin{pmatrix} 1 & 0 & 0 \\ 0 & 0 & 1 \\ 0 & 1 & 0 \end{pmatrix} \Rightarrow \mathbf{P}\,\mathbf{A} = \begin{pmatrix} 3 & 1 & 6 \\ 1 & 1 & 1 \\ 2 & 1 & 3 \end{pmatrix}, \mathbf{L} = \begin{pmatrix} 1 & 0 & 0 \\ 1/3 & 1 & 0 \\ 2/3 & 1/2 & 1 \end{pmatrix}, \mathbf{R} = \begin{pmatrix} 3 & 1 & 6 \\ 0 & 2/3 & -1 \\ 0 & 0 & -1/2 \end{pmatrix}.$$

In den erweiterten Koeffizientenmatrizen sind die Matrizen **A**, $\mathbf{A}_1$ und $\mathbf{A}_2$ sowie die Pivots gekennzeichnet worden.

3. Anwendung der Dreieckszerlegung

Mit Hilfe der Dreieckszerlegung kann die Lösung des linearen Gleichungssystems $\mathbf{A}\,\underline{\mathbf{x}} = \underline{\mathbf{b}}$ in 3 Schritten beschrieben werden:

1. $\mathbf{P}\,\mathbf{A} = \mathbf{L}\,\mathbf{R}$: Durchführung der Dreieckszerlegung und Substitution $\mathbf{R}\,\underline{\mathbf{x}} = \underline{\mathbf{c}}$.

2. $\mathbf{L}\,\underline{\mathbf{c}} = \mathbf{P}\,\underline{\mathbf{b}}$: Bestimmung des Hilfsvektors $\underline{\mathbf{c}}$ durch Vorwärtseinsetzen.

3. $\mathbf{R}\,\underline{\mathbf{x}} = \underline{\mathbf{c}}$: Bestimmung der Lösung $\underline{\mathbf{x}}$ durch Rückwärtseinsetzen.

Wird zur Lösung eines linearen Gleichungssystems die erweiterte Koeffizientenmatrix $(\mathbf{A}, \underline{\mathbf{b}})$ wie im obigen Beispiel nach dem GAUSSschen Eliminationsverfahren behandelt, dann wird die Linksdreiecksmatrix **L** explizit nicht benötigt. Sie wird aber besonders dann wirksam, wenn mehrere lineare Gleichungssysteme mit derselben Koeffizientenmatrix, aber verschiedenen rechten Seiten gelöst werden müssen.

4. Wahl der Pivots

Bei der Durchführung des k-ten Eliminationsschrittes kommt jedes von Null verschiedene Element $a_{i1}^{(k-1)}$ der ersten Spalte der Matrix $\mathbf{A}_{k-1}$ als Pivot in Frage. Im Hinblick auf die Genauigkeit der berechneten Lösung sind jedoch die folgenden Strategien zweckmäßig.

1. Diagonalstrategie Als Pivots werden sukzessive die Diagonalelemente gewählt, d.h., es werden keine Zeilenvertauschungen vorgenommen. Diese Pivotwahl ist in der Regel nur dann sinnvoll, wenn die Elemente der Hauptdiagonalen gegenüber den übrigen Elementen der betreffenden Zeile betragsmäßig sehr groß sind.

2. Spaltenpivotisierung Vor Ausführung des k-ten Eliminationsschrittes wird ein Zeilenindex r so bestimmt, daß gilt:

$$|a_{rk}^{(k-1)}| = \max_{i \geq k} |a_{ik}^{(k-1)}|. \tag{19.33}$$

Falls $r \neq k$ ist, dann werden die r–te und die k–te Zeile vertauscht. Es läßt sich zeigen, daß durch diese Strategie die Fortpflanzung von Rundungsfehlern gedämpft wird.

19.2.1.2 Cholesky–Verfahren bei symmetrischer Koeffizientenmatrix

In vielen Fällen ist in (19.26a) die Koeffizientenmatrix $\mathbf{A}$ nicht nur symmetrisch, sondern auch *positiv definit*, d.h., für die zugehörige *quadratische Form* $Q(\underline{\mathbf{x}})$ gilt:

$$Q(\underline{\mathbf{x}}) = \underline{\mathbf{x}}^{\mathrm{T}} \mathbf{A}\, \underline{\mathbf{x}} = \sum_{i=1}^{n} \sum_{k=1}^{n} a_{ik} x_i x_k > 0 \tag{19.34}$$

für alle $\underline{\mathbf{x}} \in \mathbb{R}^n$, $\underline{\mathbf{x}} \neq \underline{\mathbf{0}}$. Da es zu jeder symmetrischen positiv definiten Matrix $\mathbf{A}$ eine eindeutige Dreieckszerlegung

$$\mathbf{A} = \mathbf{L}\,\mathbf{L}^{\mathrm{T}} \tag{19.35}$$

mit

$$\mathbf{L} = \begin{pmatrix} l_{11} & & & & \\ l_{21} & l_{22} & & & 0 \\ l_{31} & l_{32} & l_{33} & & \\ \vdots & & & \ddots & \\ l_{n1} & l_{n2} & l_{n3} & \dots & l_{nn} \end{pmatrix}, \tag{19.36a}$$

$$l_{kk} = \sqrt{a_{kk}^{(k-1)}}, \quad l_{ik} = \frac{a_{ik}^{(k-1)}}{l_{kk}} \quad (i = k, k+1, \dots, n); \tag{19.36b}$$

$$a_{ij}^{(k)} = a_{ij}^{(k-1)} - l_{ik} l_{jk} \quad (i, j = k+1, k+2, \dots, n) \tag{19.36c}$$

gibt, kann die Lösung des zugehörigen linearen Gleichungssystems $\mathbf{A}\,\underline{\mathbf{x}} = \underline{\mathbf{b}}$ nach dem CHOLESKY–*Verfahren* in folgenden Schritten durchgeführt werden:

1. $\mathbf{A} = \mathbf{L}\,\mathbf{L}^{\mathrm{T}}$: Ermittlung der sogenannten CHOLESKY–*Zerlegung* und Substitution $\mathbf{L}^{\mathrm{T}}\underline{\mathbf{x}} = \underline{\mathbf{c}}$.

2. $\mathbf{L}\,\underline{\mathbf{c}} = \underline{\mathbf{b}}$: Bestimmung des Hilfsvektors $\underline{\mathbf{c}}$ durch Vorwärtseinsetzen.

3. $\mathbf{L}^{\mathrm{T}}\underline{\mathbf{x}} = \underline{\mathbf{c}}$: Bestimmung der Lösung $\underline{\mathbf{x}}$ durch Rückwärtseinsetzen.

Für große Werte von n ist der Aufwand beim CHOLESKY–Verfahren etwa halb so groß wie bei der LR–Zerlegung gemäß (19.31).

19.2.1.3 Orthogonalisierungsverfahren

1. Lineare Ausgleichsaufgaben

Gegeben sei das *überbestimmte lineare Gleichungssystem*

$$\sum_{k=1}^{n} a_{ik} x_k = b_i \quad (i = 1, 2, \dots, m;\ m > n), \tag{19.37}$$

in Matrixschreibweise

$$\mathbf{A}\underline{\mathbf{x}} = \underline{\mathbf{b}}. \tag{19.38}$$

Die Koeffizientenmatrix $\mathbf{A} = (a_{ik})$, die vom Typ (m, n) ist, habe den Maximalrang n, d.h., ihre Spalten sind linear unabhängig. Da ein überbestimmtes lineares Gleichungssystem in der Regel keine Lösung hat, geht man von (19.37) zu den sogenannten *Fehlergleichungen*

$$r_i = \sum_{k=1}^{n} a_{ik} x_k - b_i \quad (i = 1, 2, \dots, m;\ m > n) \tag{19.39}$$

mit den *Residuen* r_i über und verlangt, daß die Summe der Quadrate der Residuen minimal wird:

$$\sum_{i=1}^{m} {r_i}^2 = \sum_{i=1}^{m} \left[\sum_{k=1}^{n} a_{ik} x_k - b_i \right]^2 = F(x_1, x_2, \dots, x_n) = \min! \tag{19.40}$$

Die Aufgabe (19.40) wird als *lineare Ausgleichsaufgabe* oder *lineares Quadratmittelproblem* bezeichnet (s. auch S. 395). Die notwendigen Bedingungen dafür, daß die *Fehlerquadratsumme* $F(x_1, x_2, \ldots, x_n)$ ein relatives Minimum annimmt, lauten

$$\frac{\partial F}{\partial x_k} = 0 \quad (k = 1, 2, \ldots, n) \tag{19.41}$$

und führen auf das lineare Gleichungssystem

$$\mathbf{A}^{\mathrm{T}}\mathbf{A}\underline{\mathbf{x}} = \mathbf{A}^{\mathrm{T}}\underline{\mathbf{b}}\,. \tag{19.42}$$

Der Übergang von (19.38) zu (19.42) heißt GAUSS–*Transformation*, da das System (19.42) durch Anwendung der GAUSS*schen Fehlerquadratmethode* (s. S. 395) aus (19.38) enstanden ist. Da für $\mathbf{A}$ Maximalrang vorausgesetzt wurde, ist $\mathbf{A}^{\mathrm{T}}\mathbf{A}$ eine positiv definite Matrix vom Typ (n, n), und die sogenannten *Normalgleichungen* (19.42) können mit Hilfe des CHOLESKY–Verfahrens (s. S. 887) numerisch gelöst werden.
Bei der Lösung des Normalgleichungssystems (19.42) können numerische Probleme auftreten, wenn die *Konditionszahl* (s. Lit. [19.27]) der Matrix $\mathbf{A}^{\mathrm{T}}\mathbf{A}$ sehr groß ist. Die Lösung $\underline{\mathbf{x}}$ kann dann große relative Fehler haben. Deshalb ist es numerisch günstiger, zur Lösung linearer Ausgleichsaufgaben Orthogonalisierungsverfahren zu verwenden.

2. Orthogonalisierungsverfahren

Grundlage der folgenden Orthogonalisierungsverfahren zur Lösung der linearen Quadratmittelaufgabe (19.40) sind die folgenden Aussagen:

1. Die Länge eines Vektors bleibt unter orthogonalen Transformationen invariant, d.h., die Vektoren $\underline{\mathbf{x}}$ und $\tilde{\underline{\mathbf{x}}} = \mathbf{Q}_0\underline{\mathbf{x}}$ mit

$$\mathbf{Q}_0^{\mathrm{T}}\mathbf{Q}_0 = \mathbf{E} \tag{19.43}$$

haben dieselbe Länge.

2. Zu jeder Matrix $\mathbf{A}$ vom Typ (m, n) mit Maximalrang n $(n < m)$ existiert eine orthogonale Matrix $\mathbf{Q}$ vom Typ (m, m), so daß

$$\mathbf{A} = \mathbf{Q}\hat{\mathbf{R}} \quad (19.44) \qquad \text{gilt, mit} \quad \mathbf{Q}^{\mathrm{T}}\mathbf{Q} = \mathbf{E} \quad \text{und} \quad \hat{\mathbf{R}} = \begin{pmatrix} \mathbf{R} \\ \mathbf{O} \end{pmatrix} = \begin{pmatrix} r_{11} & r_{12} & \cdots & r_{1n} \\ & r_{22} & \cdots & r_{2n} \\ & & \ddots & \vdots \\ & & & r_{nn} \\ \hline & & \mathbf{O} & \end{pmatrix}. \tag{19.45}$$

Dabei ist $\mathbf{R}$ eine Rechtsdreiecksmatrix vom Typ (n, n), und $\mathbf{O}$ eine Nullmatrix vom Typ $(m - n, n)$. Die Faktorisierung (19.44) der Matrix $\mathbf{A}$ wird als *QR–Zerlegung* bezeichnet. Damit können die Fehlergleichungen (19.39) in das äquivalente System

$$\begin{array}{rl} r_{11}x_1 + r_{12}x_2 + \ldots + r_{1n}x_n - \hat{b}_1 & = \hat{r}_1\,, \\ r_{22}x_2 + \ldots + r_{2n}x_n - \hat{b}_2 & = \hat{r}_2\,, \\ \ddots \quad \vdots \quad \vdots & = \vdots \\ r_{nn}x_n - \hat{b}_n & = \hat{r}_n\,, \\ -\hat{b}_{n+1} & = \hat{r}_{n+1}\,, \\ \vdots & \quad \vdots \\ -\hat{b}_m & = \hat{r}_m \end{array} \tag{19.46}$$

überführt werden, ohne daß dabei die Summe der Quadrate der Residuen verändert wird. Aus (19.46) folgt, daß diese Quadratsumme für $\hat{r}_1 = \hat{r}_2 = \cdots = \hat{r}_n = 0$ minimal wird und der Minimalwert gleich der Summe der Quadrate von $\hat{r}_{n+1}$ bis $\hat{r}_m$ ist. Die gesuchte Lösung $\underline{\mathbf{x}}$ erhält man durch Rückwärtseinsetzen aus

$$\mathbf{R}\underline{\mathbf{x}} = \hat{\underline{\mathbf{b}}}_0 \,, \tag{19.47}$$

wobei $\hat{\underline{\mathbf{b}}}_0$ der Vektor ist, der aus den Werten $\hat{b}_1$, $\hat{b}_2$, ... , $\hat{b}_n$ aus (19.46) gebildet wird.

Zur schrittweisen Überführung von (19.39) in (19.46) werden vor allem zwei Methoden verwendet:

1. GIVENS–Transformation,

2. HOUSEHOLDER–Transformation.

Die erste erzeugt eine QR–Zerlegung der Matrix **A** durch *Drehungen*, die zweite durch *Spiegelungen*. Die numerischen Realisierungen findet man in Lit. [19.26].

Praktische Aufgaben der linearen Quadratmittelapproximation werden vorwiegend mit der HOUSEHOLDER–Transformation gelöst, wobei man in vielen Fällen noch die spezielle Struktur der Koeffizientenmatrix **A** wie *Bandstruktur* oder *schwache Besetztheit* ausnutzen kann.

19.2.1.4 Iteration in Gesamt- und Einzelschritten

1. JACOBI–Verfahren

In der Koeffizientenmatrix des linearen Gleichungssystems (19.25) seien sämtliche Diagonalelemente a_{ii} $(i = 1, 2, \ldots, n)$ von Null verschieden. Dann kann die i–te Zeile nach der Unbekannten x_i aufgelöst werden, und man erhält unmittelbar die folgende Iterationsvorschrift, in der μ der Iterationsindex ist:

$$x_i^{(\mu+1)} = \frac{b_i}{a_{ii}} - \sum_{\substack{k=1\\(k\neq i)}}^{n} \frac{a_{ik}}{a_{ii}} x_k^{(\mu)} \quad (i = 1, 2, \ldots, n) \tag{19.48}$$

$$(\mu = 0, 1, 2, \ldots;\ x_1^{(0)}, x_2^{(0)}, \ldots, x_n^{(0)} \text{ gegebene Startwerte}).$$

Die Vorschrift (19.48) wird als JACOBI–*Verfahren* oder auch als *Gesamtschrittverfahren* bezeichnet, da sämtliche Komponenten des neuen Vektors $\underline{\mathbf{x}}^{(\mu+1)}$ allein aus den Komponenten von $\underline{\mathbf{x}}^{(\mu)}$ berechnet werden. Das JACOBI–Verfahren konvergiert für beliebige Startvektoren $\underline{\mathbf{x}}^{(0)}$, falls gilt:

$$\max_k \sum_{\substack{i=1\\(i\neq k)}}^{n} \left|\frac{a_{ik}}{a_{ii}}\right| < 1 \qquad \textit{Spaltensummenkriterium} \tag{19.49}$$

oder

$$\max_i \sum_{\substack{k=1\\(k\neq i)}}^{n} \left|\frac{a_{ik}}{a_{ii}}\right| < 1 \qquad \textit{Zeilensummenkriterium}\,. \tag{19.50}$$

2. GAUSS–SEIDEL–Verfahren

Hat man die 1. Komponente $x_1^{(\mu+1)}$ nach dem JACOBI–Verfahren berechnet, dann liegt es nahe, diesen Wert bei der Berechnung von $x_2^{(\mu+1)}$ bereits zu verwenden. Geht man entsprechend bei der Berechnung aller übrigen Komponenten vor, dann erhält man die Iterationsvorschrift

$$x_i^{(\mu+1)} = \frac{b_i}{a_{ii}} - \sum_{k=1}^{i-1} \frac{a_{ik}}{a_{ii}} x_k^{(\mu+1)} - \sum_{k=i+1}^{n} \frac{a_{ik}}{a_{ii}} x_k^{(\mu)} \tag{19.51}$$

$$(i = 1, 2, \ldots, n;\ x_1^{(0)}, x_2^{(0)}, \ldots, x_n^{(0)} \text{ gegebene Startwerte; } \mu = 0, 1, 2, \ldots)\,.$$

Die Vorschrift (19.51) wird als GAUSS–SEIDEL–*Verfahren* oder *Einzelschrittverfahren* bezeichnet. Das GAUSS–SEIDEL–Verfahren konvergiert im allgemeinen schneller als das JACOBI–Verfahren, sein Konvergenzsatz ist aber etwas komplizierter.

■
$$\begin{aligned}
10x_1 - 3x_2 - 4x_3 + 2x_4 &= 14\,,\\
-3x_1 + 26x_2 + 5x_3 - x_4 &= 22\,,\\
-4x_1 + 5x_2 + 16x_3 + 5x_4 &= 17\,,\\
2x_1 + 3x_2 - 4x_3 - 12x_4 &= -20\,.
\end{aligned}$$

Die dazugehörige Iterationsvorschrift gemäß (19.51) lautet:

$$x_1^{(\mu+1)} = \frac{1}{10}\left(14 + 3x_2^{(\mu)} + 4x_3^{(\mu)} - 2x_4^{(\mu)}\right),$$
$$x_2^{(\mu+1)} = \frac{1}{26}\left(22 + 3x_1^{(\mu+1)} - 5x_3^{(\mu)} + x_4^{(\mu)}\right),$$
$$x_3^{(\mu+1)} = \frac{1}{16}\left(17 + 4x_1^{(\mu+1)} - 5x_2^{(\mu+1)} - 5x_4^{(\mu)}\right),$$
$$x_4^{(\mu+1)} = \frac{1}{12}\left(-20 + 2x_1^{(\mu+1)} + 3x_2^{(\mu+1)} - 4x_3^{(\mu+1)}\right).$$

Einige Näherungen und die Lösung enthält diese Zusammenstellung:

$\underline{\mathbf{x}}^{(0)}$	$\underline{\mathbf{x}}^{(1)}$	$\underline{\mathbf{x}}^{(4)}$	$\underline{\mathbf{x}}^{(5)}$	$\underline{\mathbf{x}}$
0	1,4	1,5053	1,5012	1,5
0	1,0077	0,9946	0,9989	1
0	1,0976	0,5059	0,5014	0,5
0	1,7861	1,9976	1,9995	2

3. Relaxationsverfahren

Die Iterationsvorschrift des GAUSS–SEIDEL–Verfahrens (19.51) läßt sich auch in der sogenannten *Korrekturform*

$$x_i^{(\mu+1)} = x_i^{(\mu)} + \left(\frac{b_i}{a_{ii}} - \sum_{k=1}^{i-1} \frac{a_{ik}}{a_{ii}} x_k^{(\mu+1)} - \sum_{k=i}^{n} \frac{a_{ik}}{a_{ii}} x_k^{(\mu)}\right), \quad \text{d.h.}$$

$$x_i^{(\mu+1)} = x_i^{(\mu)} + d_i^{(\mu)} \quad (i = 1, 2, \ldots, n;\ \mu = 0, 1, 2, \ldots) \tag{19.52}$$

schreiben. Durch geeignete Wahl eines *Relaxationsparameters* ω, so daß (19.52) in

$$x_i^{(\mu+1)} = x_i^{(\mu)} + \omega d_i^{(\mu)} \quad (i = 1, 2, \ldots, n;\ \mu = 0, 1, 2, \ldots) \tag{19.53}$$

übergeht, kann man versuchen, die Konvergenzeigenschaften des Einzelschrittverfahrens zu verbessern. Es läßt sich zeigen, daß Konvergenz nur für

$$0 < \omega < 2 \tag{19.54}$$

möglich ist. Für $\omega = 1$ erhält man das Einzelschrittverfahren. Im Fall $\omega > 1$ spricht man von Überrelaxation, die zugehörigen Iterationsverfahren werden als SOR–*Verfahren* (**s**uccessive **o**ver **r**elaxation) bezeichnet. Die Bestimmung optimaler Relaxationsparameter ist nur für einige spezielle Matrizentypen explizit möglich.

Die Anwendung iterativer Methoden zur Lösung linearer Gleichungssysteme ist vor allem angebracht, wenn die Hauptdiagonalelemente a_{ii} der Koeffizientenmatrix gegenüber den übrigen Elementen a_{ik} $(i \neq k)$ betragsmäßig stark überwiegen oder wenn durch Umstellung oder geeignete Kombination der einzelnen Gleichungen eine solche Anordnung erreicht werden kann.

19.2.2 Nichtlineare Gleichungssysteme

Das System der n nichtlinearen Gleichungen

$$F_i(x_1, x_2, \ldots, x_n) = 0 \quad (i = 1, 2, \ldots, n) \tag{19.55}$$

für die n Unbekannten $x_1, x_2, \ldots, x_n$ habe eine Lösung. Diese kann in der Regel nur numerisch mit Hilfe von Iterationsverfahren bestimmt werden.

19.2.2.1 Gewöhnliches Iterationsverfahren

Das gewöhnliche Iterationsverfahren geht davon aus, daß sich die Gleichungen (19.55) auf eine Fixpunktform

$$x_i = f_i(x_1, x_2, \ldots, x_n) \quad (i = 1, 2, \ldots, n) \tag{19.56}$$

bringen lassen. Dann erhält man, von den geschätzten Näherungswerten $x_1^{(0)}, x_2^{(0)}, \ldots, x_n^{(0)}$ ausgehend, verbesserte Werte durch

1. Iteration in Gesamtschritten

$$x_i^{(\mu+1)} = f_i\left(x_1^{(\mu)}, x_2^{(\mu)}, \ldots, x_n^{(\mu)}\right) \quad (i = 1, 2, \ldots, n;\ \mu = 0, 1, 2, \ldots) \tag{19.57}$$

oder durch

2. Iteration in Einzelschritten

$$x_i^{(\mu+1)} = f_i\left(x_1^{(\mu+1)}, \ldots, x_{i-1}^{(\mu+1)}, x_i^{(\mu)}, x_{i+1}^{(\mu)}, \ldots, x_n^{(\mu)}\right) \quad (i = 1, 2, \ldots, n;\ \mu = 0, 1, 2, \ldots)\,. \tag{19.58}$$

Für die Güte der Konvergenz dieser Verfahren ist ausschlaggebend, daß die Funktionen f_i in der Umgebung einer Lösung möglichst schwach von den Unbekannten abhängen, d.h., falls die f_i differenzierbar sind, müssen die Beträge der partiellen Ableitungen möglichst klein sein. Als *Konvergenzbedingung* erhält man

$$K < 1 \quad \text{mit} \quad K = \max_i \left(\sum_{k=1}^{n} \max \left| \frac{\partial f_i}{\partial x_k} \right| \right). \tag{19.59}$$

Mit dieser Größe K gilt die *Fehlerabschätzung*

$$\max_i \left| x_i^{(\mu+1)} - x_i \right| \leq \frac{K}{1-K} \max_i \left| x_i^{(\mu+1)} - x_i^{(\mu)} \right|. \tag{19.60}$$

Dabei sind x_i die Komponenten der gesuchten Lösung, $x_i^{(\mu)}$ und $x_i^{(\mu+1)}$ die zugehörigen μ–ten und $(\mu+1)$–ten Näherungen.

19.2.2.2 Newton–Verfahren

Das NEWTON–Verfahren geht von der Nullstellenaufgabe (19.55) aus. Nach Vorgabe von geschätzten Näherungswerten $x_1^{(0)}$, $x_2^{(0)}$, ..., $x_n^{(0)}$ werden die Funktionen F_i als Funktionen von n unabhängigen Variablen $x_1, x_2, \ldots, x_n$ nach TAYLOR (s. S. 411) entwickelt. Durch Abbruch dieser Entwicklungen nach den linearen Gliedern erhält man aus (19.55) ein lineares Gleichungssystem, mit dessen Hilfe man iterativ Verbesserungen nach folgender Vorschrift ermitteln kann:

$$F_i\left(x_1^{(\mu)}, x_2^{(\mu)}, \ldots, x_n^{(\mu)}\right) + \sum_{k=1}^{n} \frac{\partial F_i}{\partial x_k}\left(x_1^{(\mu)}, \ldots x_n^{(\mu)}\right)\left(x_k^{(\mu+1)} - x_k^{(\mu)}\right) = 0 \tag{19.61}$$

$$(i = 1, 2, \ldots, n;\ \mu = 0, 1, 2, \ldots).$$

Die Koeffizientenmatrix des linearen Gleichungssystems (19.61), das in jedem Iterationsschritt zu lösen ist, lautet

$$\mathbf{F}'(\underline{\mathbf{x}}^{(\mu)}) = \left(\frac{\partial F_i}{\partial x_k}\left(x_1^{(\mu)}, x_2^{(\mu)}, \ldots, x_n^{(\mu)}\right) \right) \quad (i, k = 1, 2, \ldots, n) \tag{19.62}$$

und wird als JACOBI-*Matrix* bezeichnet. Das NEWTON–Verfahren ist lokal quadratisch konvergent, d.h., seine schnelle Konvergenz ist wesentlich von der Güte der Startnäherungen abhängig. Setzt man in (19.61) $x_k^{(\mu+1)} - x_k^{(\mu)} = d_k^{(\mu)}$, dann kann das NEWTON–Verfahren in der Korrekturform

$$x_k^{(\mu+1)} = x_k^{(\mu)} + d_k^{(\mu)} \quad (i = 1, 2, \ldots, n;\ \mu = 0, 1, 2, \ldots) \tag{19.63}$$

geschrieben werden. Zur Herabsetzung der Startwertempfindlichkeit kann man dann analog zum Relaxationsverfahren einen sogenannten *Dämpfungs-* oder *Schrittweitenparameter* γ einführen:

$$x_k^{(\mu+1)} = x_k^{(\mu)} + \gamma d_k^{(\mu)} \quad (i = 1, 2, \ldots, n;\ \mu = 0, 1, 2, \ldots;\ \gamma > 0)\,. \tag{19.64}$$

Angaben zur Bestimmung von γ findet man in Lit. [19.27].

19.2.2.3 Ableitungsfreies Gauß–Newton–Verfahren

Zur Lösung der Quadratmittelaufgabe (19.24) geht man im nichtlinearen Fall (*nichtlineare Ausgleichsaufgabe*) iterativ wie folgt vor:

1. Ausgehend von geeigneten Startnäherungen $x_1^{(0)}, x_2^{(0)}, \ldots, x_n^{(0)}$ approximiert man wie beim NEWTON–Verfahren (s. (19.61)) die nichtlinearen Funktionen $F_i(x_1, x_2, \ldots, x_n)$ $(i = 1, 2, \ldots, m)$ durch lineare Näherungen $\tilde{F}_i(x_1, x_2, \ldots, x_n)$, die in jedem Iterationsschritt gemäß

$$\tilde{F}_i(x_1, \ldots, x_n) = F_i\left(x_1^{(\mu)}, x_2^{(\mu)}, \ldots, x_n^{(\mu)}\right) + \sum_{k=1}^{n} \frac{\partial F_i}{\partial x_k}\left(x_1^{(\mu)}, \ldots x_n^{(\mu)}\right)\left(x_k - x_k^{(\mu)}\right) \tag{19.65}$$

$$(i = 1, 2, \ldots, n;\ \mu = 0, 1, 2, \ldots)$$

berechnet werden.

2. Man setzt in (19.65) $d_k^{(\mu)} = x_k - x_k^{(\mu)}$ und ermittelt die Verbesserungen $d_k^{(\mu)}$ nach der GAUSSschen Fehlerquadratmethode, d.h. durch Lösung der linearen Quadratmittelaufgabe

$$\sum_{i=1}^{m} \tilde{F}_i^2(x_1, \ldots, x_n) = \min \tag{19.66}$$

z.B. mit Hilfe der Normalgleichungen, s. (19.42), oder des HOUSEHOLDER–Verfahrens (s. S. 915).

3. Man erhält Näherungen für die gesuchte Lösung durch

$$x_k^{(\mu+1)} = x_k^{(\mu)} + d_k^{(\mu)} \quad \text{bzw.} \tag{19.67a}$$

$$x_k^{(\mu+1)} = x_k^{(\mu)} + \gamma d_k^{(\mu)} \qquad (k = 1, 2, \ldots, n), \tag{19.67b}$$

wobei γ ($\gamma > 0$) ein Schrittweitenparameter wie beim NEWTON–Verfahren ist.

Durch Wiederholung der Schritte 2 und 3 mit $x_k^{(\mu+1)}$ an Stelle von $x_k^{(\mu)}$ erhält man das GAUSS–NEWTON–*Verfahren.* Es liefert eine Folge von Näherungswerten, deren Konvergenz sehr stark von der Güte der Startnäherungen abhängt. Mit Hilfe des Schrittweitenparameters γ läßt sich jedoch ein sogenannter *Abstieg*, d.h. eine Verkleinerung der Fehlerquadratsumme, erzielen.

Wenn die Berechnung der partiellen Ableitungen $\dfrac{\partial F_i}{\partial x_k}\left(x_1^{(\mu)}, \ldots, x_n^{(\mu)}\right)$ $(i = 1, 2, \ldots, m;\ k = 1, 2, \ldots, n)$ mit großem Aufwand verbunden ist, kann man die partiellen Ableitungen durch Differenzenquotienten sehr einfach approximieren:

$$\frac{\partial F_i}{\partial x_k}\left(x_1^{(\mu)}, \ldots, x_k^{(\mu)}, \ldots, x_n^{(\mu)}\right) \approx \frac{1}{h_k^{(\mu)}}\Big[F_i\left(x_1^{(\mu)}, \ldots, x_{k-1}^{(\mu)}, x_k^{(\mu)} + h_k^{(\mu)}, x_{k+1}^{(\mu)}, \ldots, x_n^{(\mu)}\right)$$
$$-F_i\left(x_1^{(\mu)}, \ldots, x_k^{(\mu)}, \ldots, x_n^{(\mu)}\right)\Big] \quad (i = 1, 2, \ldots, m;\ k = 1, 2, \ldots, n;\ \mu = 0, 1, 2, \ldots). \tag{19.68}$$

Die sogenannten *Diskretisierungsschrittweiten* $h_k^{(\mu)}$ können in Abhängigkeit von Iterationsschritt und Variablen speziell gewählt werden.

Verwendet man die Näherungen (19.68), dann müssen bei der Durchführung des GAUSS–NEWTON–Verfahrens nur Funktionswerte F_i berechnet werden, d.h., das Verfahren ist dann *ableitungsfrei.*

19.3 Numerische Integration

19.3.1 Allgemeine Quadraturformel

Die numerische Auswertung des bestimmten Integrals

$$I(f) = \int_a^b f(x)\, dx \tag{19.69}$$

muß näherungsweise erfolgen, wenn der Integrand $f(x)$ sich nicht elementar integrieren läßt, sehr kompliziert ist oder nur an ausgewählten Stellen x_ν, den *Stützstellen*, aus dem Integrationsintervall $[a, b]$ bekannt ist. Zur genäherten Berechnung von (19.69) werden sogenannte *Quadraturformeln* benutzt. Sie haben die allgemeine Form

$$Q(f) = \sum_{\nu=0}^{n} c_{0\nu} y_\nu + \sum_{\nu=0}^{n} c_{1\nu} y'_\nu + \cdots + \sum_{\nu=0}^{n} c_{p\nu} y_\nu^{(p)} \tag{19.70}$$

mit $y_\nu^{(\mu)} = f^{(\mu)}(x_\nu)$ $(\mu = 1, 2, \ldots, p;\ \nu = 1, 2, \ldots, n)$, $y_\nu = f(x_\nu)$, $c_{\mu\nu}$ const. Es gilt

$$I(f) = Q(f) + R, \tag{19.71}$$

wobei R der Quadraturformelfehler ist. Die Anwendung von Quadraturformeln setzt voraus, daß die benötigten Werte des Integranden $f(x)$ und seiner Ableitungen an den Stützstellen als numerische Werte verfügbar sind. Formeln, die nur Funktionswerte benutzen, heißen *Mittelwertformeln*, Formeln, die auch Ableitungswerte benutzen, nennt man HERMITE*sche Quadraturformeln.*

19.3.2 Interpolationsquadraturen

Die folgenden Formeln stellen sogenannte *Interpolationsquadraturen* dar. Dabei wird der Integrand $f(x)$ bezüglich einiger (möglichst weniger) Stützstellen durch ein Polynom $p(x)$ entsprechenden Grades interpoliert, und das Integral über $f(x)$ wird durch das über $p(x)$ ersetzt. Die Formel für das Integral über das gesamte Integrationsintervall ergibt sich dann durch Summation. Im folgenden werden nur die praktisch wichtigsten Formeln für den Fall angegeben, daß die Stützstellen *gleichabständig* sind:

$$x_\nu = x_0 + \nu h \quad (\nu = 0, 1, 2, \ldots, n), \quad x_0 = a, \; x_n = b, \; h = \frac{b-a}{n}. \tag{19.72}$$

Zu jeder Quadraturformel wird eine obere Schranke für den Fehlerbetrag $|R|$ angegeben. Dabei bedeutet M_μ eine für den gesamten Bereich der Stützstellen gültige obere Schranke für $|f^{(\mu)}(x)|$.

19.3.2.1 Rechteckformel

Im Intervall $[x_0, x_0 + h]$ wird $f(x)$ durch die konstante Funktion $y = y_0 f(x_0)$ ersetzt, die $f(x)$ an der Stützstelle x_0, also am linken Rand des Integrationsintervalles, interpoliert. Auf diese Weise erhält man die *linksseitige Rechteckformel*

$$\int\limits_{x_0}^{x_0+h} f(x)\,dx \approx h \cdot y_0, \qquad |R| \le \frac{h^2}{2} M_1. \tag{19.73a}$$

Durch Summation ergibt sich die zusammengesetzte *linksseitige Rechteckssumme*

$$\int\limits_a^b f(x)\,dx \approx h(y_0 + y_1 + y_2 + \cdots + y_{n-1}), \qquad |R| \le \frac{(b-a)h}{2} M_1. \tag{19.73b}$$

Mit M_1 wird eine für den gesamten Bereich der Stützstellen gültige obere Schranke für $|f'(x)|$ bezeichnet.

Analog erhält man die *rechtsseitige Rechtecksumme*, wenn man in (19.73a) y_0 durch y_1 ersetzt. Die aufsummierte Formel lautet dann:

$$\int\limits_a^b f(x)\,dx \approx h(y_1 + y_2 + \cdots + y_n), \qquad |R| \le \frac{(b-a)h}{2} M_1. \tag{19.74}$$

19.3.2.2 Trapezformel

Im Intervall $[x_0, x_0 + h]$ wird $f(x)$ durch ein Polynom 1. Grades ersetzt, das $f(x)$ an den Stützstellen x_0 und $x_1 = x_0 + h$ interpoliert. Man erhält:

$$\int\limits_{x_0}^{x_0+h} f(x)\,dx \approx \frac{h}{2}(y_0 + y_1), \quad |R| \le \frac{h^3}{12} M_2. \tag{19.75}$$

Durch Summation ergibt sich die sogenannte zusammengesetzte Trapezformel oder *Trapezsumme*:

$$\int\limits_a^b f(x)\,dx \approx h\left(\frac{y_0}{2} + y_1 + y_2 + \cdots + y_{n-1} + \frac{y_n}{2}\right), \quad |R| \le \frac{(b-a)h^2}{12} M_2. \tag{19.76}$$

Mit M_2 wird eine wird eine für den gesamten Bereich der Stützstellen gültige obere Schranke für $|f''(x)|$ bezeichnet. Der Fehler der Trapezsumme verhält sich wie h^2, d.h., die Trapezsumme hat die Fehlerordnung 2. Daraus folgt für $h \to 0$ (also $n \to \infty$) ihre Konvergenz gegen das bestimmte Integral, wenn Rundungsfehler nicht berücksichtigt werden.

19.3.2.3 Hermitesche Trapezformel

Im Intervall $[x_0, x_0 + h]$ wird $f(x)$ durch ein Polynom 3. Grades ersetzt, das $f(x)$ und $f'(x)$ an den Stützstellen x_0 und $x_1 = x_0 + h$ interpoliert:

$$\int_{x_0}^{x_0+h} f(x)\,dx \approx \frac{h}{2}(y_0 + y_1) + \frac{h^2}{12}(y_0' - y_1'), \quad |R| \le \frac{h^5}{720} M_4 . \tag{19.77}$$

Durch Summation ergibt sich die HERMITE*sche Trapezsumme*:

$$\int_a^b f(x)\,dx \approx h\left(\frac{y_0}{2} + y_1 + y_2 + \cdots + y_{n-1} + \frac{y_n}{2}\right) + \frac{h^2}{12}(y_0' - y_n'), \quad |R| \le \frac{(b-a)h^4}{720} M_4 . \tag{19.78}$$

Mit M_4 wird eine für den gesamten Bereich der Stützstellen gültige obere Schranke für $|f^{(4)}(x)|$ bezeichnet. Die HERMITEsche Trapezsumme hat die Fehlerordnung 4 und ist für Polynome bis zum Grade 3 exakt.

19.3.2.4 Simpson–Formel

Im Intervall $[x_0, x_0 + 2h]$ wird $f(x)$ durch ein Polynom 2. Grades ersetzt, das $f(x)$ an den Stützstellen x_0, $x_1 = x_0 + h$ und $x_2 = x_0 + 2h$ interpoliert:

$$\int_{x_0}^{x_0+2h} f(x)\,dx \approx \frac{h}{3}(y_0 + 4y_1 + y_2), \quad |R| \le \frac{h^5}{90} M_4 . \tag{19.79}$$

Für die zusammengesetzte SIMPSON–Formel muß n gerade sein. Man erhält:

$$\int_a^b f(x)\,dx \approx \frac{h}{3}(y_0 + 4y_1 + 2y_2 + 4y_3 + \cdots + 2y_{n-2} + 4y_{n-1} + y_n), \tag{19.80}$$

$$|R| \le \frac{(b-a)h^4}{180} M_4 .$$

Mit M_4 wird eine für den gesamten Bereich der Stützstellen gültige obere Schranke für $|f^{(4)}(x)|$ bezeichnet. Die zusammengesetzte SIMPSON–Formel hat die Fehlerordnung 4 und ist für Polynome bis zum Grad 3 exakt.

19.3.3 Quadraturformeln vom Gauß–Typ

Quadraturformeln vom GAUSS–Typ sind Mittelwertformeln, aber im Ansatz

$$\int_a^b f(x)\,dx \approx \sum_{\nu=0}^{n} c_\nu y_\nu \quad \text{mit} \quad y_\nu = f(x_\nu) \tag{19.81}$$

werden nicht nur die Koeffizienten c_ν, sondern auch die Stützstellen x_ν als freie Parameter aufgefaßt. Diese werden so bestimmt, daß die Formel (19.81) für Polynome möglichst hohen Grades exakt ist. Die Erfahrung zeigt, daß Quadraturformeln vom GAUSS–Typ meist sehr genaue Näherungen liefern, dafür müssen aber ihre Stützstellen sehr speziell gewählt werden.

19.3.3.1 Gaußsche Quadraturformeln

Setzt man in (19.81) als Integrationsintervall $[a, b] = [-1, 1]$, und wählt man als Stützstellen die Nullstellen der LEGENDREschen Polynome (s. S. 507, S. 1062), dann können die Koeffizienten c_ν so bestimmt werden, daß die Formel (19.81) Polynome bis zum Grad $2n + 1$ exakt integriert. Die Nullstellen der LEGENDREschen Polynome liegen symmetrisch zum Nullpunkt. Für die Fälle $n = 1, 2$ und 3 erhält man:

$$\begin{array}{lll}
n=1: & x_0 = -x_1, & c_0 = 1\,, \\
 & x_1 = \dfrac{1}{\sqrt{3}} = 0{,}577\,350\,269\ldots, & c_1 = 1\,. \\
n=2: & x_0 = -x_2, & c_0 = \dfrac{5}{9}\,, \\
 & x_1 = 0, & c_1 = \dfrac{8}{9}\,, \\
 & x_2 = \sqrt{\dfrac{3}{5}} = 0{,}774\,596\,669\ldots, & c_2 = c_0\,. \\
n=3: & x_0 = -x_3, & c_0 = 0{,}347\,854\,854\ldots\,, \\
 & x_1 = -x_2, & c_1 = 0{,}652\,145\,154\ldots\,, \\
 & x_2 = 0{,}339\,981\,043\ldots, & c_2 = c_1\,, \\
 & x_3 = 0{,}861\,136\,311\ldots, & c_3 = c_0\,.
\end{array} \tag{19.82}$$

Hinweis: Durch die Transformation $t = \frac{b-a}{2}x + \frac{a+b}{2}$ läßt sich das allgemeine Integrationsintervall auf das Intervall $[-1, 1]$ transformieren. Mit den obigen für das Intervall $[-1, 1]$ gültigen Werten für x_ν und c_ν gilt dann:

$$\int_a^b f(x)\,dx \approx \frac{b-a}{2}\sum_{\nu=0}^{n} c_\nu f\left(\frac{b-a}{2}x_\nu + \frac{a+b}{2}\right). \tag{19.83}$$

19.3.3.2 Lobattosche Quadraturformeln

In einigen Fällen ist es zweckmäßig, auch die Randpunkte des Integrationsintervalls als Stützstellen zu wählen. Dann treten in (19.81) nur noch $2n$ freie Parameter auf. Diese können so bestimmt werden, daß Polynome bis zum Grad $2n-1$ exakt integriert werden. Für die Fälle $n = 2$ und $n = 3$ erhält man:

$n = 2$:

$$\begin{array}{ll}
x_0 = -1\,, & c_0 = \dfrac{1}{3}\,, \\
x_1 = 0\,, & c_1 = \dfrac{4}{3}\,, \\
x_2 = 1\,, & c_2 = c_0\,.
\end{array} \tag{19.84a}$$

$n = 3$:

$$\begin{array}{ll}
x_0 = -1\,, & c_0 = \dfrac{1}{6}\,, \\
x_1 = -x_2\,, & c_1 = \dfrac{5}{6}\,, \\
x_2 = \dfrac{1}{\sqrt{5}} = 0{,}447\,213\,595\ldots, & c_2 = c_1\,, \\
x_3 = 1\,, & c_3 = c_0\,.
\end{array} \tag{19.84b}$$

Der Fall $n = 2$ stellt die SIMPSON–Formel dar.

19.3.4 Verfahren von Romberg

Zur Erhöhung der Genauigkeit bei der numerischen Integration empfiehlt sich das Verfahren von ROMBERG, bei dem von einer Folge von Trapezsummen ausgegangen wird, die sich bei fortgesetzter Halbierung des Integrationsintervalls ergibt.

19.3.4.1 Algorithmus des Romberg–Verfahrens

Das Verfahren besteht aus den folgenden Schritten:

1. **Trapezsummenbestimmung** Als Näherung für das Integral $\int_a^b f(x)\,dx$ werden nach (19.76) für die Schrittweiten

$$h_i = \frac{b-a}{2^i} \quad (i = 0, 1, 2, \ldots, m) \tag{19.85}$$

die Trapezsummen $T(h_i)$ bestimmt. Dabei beachte man die rekursive Beziehung

$$T(h_i) = T\left(\frac{h_{i-1}}{2}\right) = \frac{h_{i-1}}{2}\left[\frac{1}{2}f(a) + f\left(a + \frac{h_{i-1}}{2}\right) + f(a + h_{i-1}) + f\left(a + \frac{3}{2}h_{i-1}\right)\right.$$
$$\left. + f(a + 2h_{i-1}) + \cdots + f\left(a + \frac{2n-1}{2}h_{i-1}\right) + \frac{1}{2}f(b)\right] \tag{19.86}$$
$$= \frac{1}{2}T(h_{i-1}) + \frac{h_{i-1}}{2}\sum_{j=0}^{n-1} f\left(a + \frac{h_{i-1}}{2} + jh_{i-1}\right) \quad (i = 1, 2, \ldots, m;\ n = 2^{i-1})\,.$$

Die Rekursionsformel (19.86) besagt, daß für die Berechnung von $T(h_i)$ aus $T(h_{i-1})$ nur die Funktionswerte an den neu hinzukommenden Stützstellen benötigt werden.

2. Dreiecksschema Man setzt $T_{0i} = T(h_i)$ $(i = 0, 1, 2, \ldots)$ und berechnet rekursiv die Werte

$$T_{ki} = T_{k-1,i} + \frac{T_{k-1,i} - T_{k-1,i-1}}{4^k - 1} \quad (k = 1, 2, \ldots, m\,;\ i = k, k+1, \ldots)\,. \tag{19.87}$$

Die Anordnung der nach (19.87) berechneten Werte erfolgt am günstigsten in einem Dreieckschema, dessen Berechnung spaltenweise durchgeführt wird:

$$\begin{array}{llll} T(h_0) = T_{00} & & & \\ T(h_1) = T_{01} & T_{11} & & \\ T(h_2) = T_{02} & T_{12} & T_{22} & \\ T(h_3) = T_{03} & T_{13} & T_{23} & T_{33} \\ \ldots\ldots\ldots\ldots & & & \end{array} \tag{19.88}$$

Das Schema wird nach unten mit fester Spaltenzahl so weit fortgesetzt, bis die Werte rechts unten im Schema hinreichend gut übereinstimmen. Die Werte T_{1i} $(i = 1, 2, \ldots)$ der zweiten Spalte entsprechen den nach der SIMPSON–Formel berechneten.

19.3.4.2 Extrapolationsprinzip

Das ROMBERG–Verfahren stellt eine Anwendung des sogenannten *Extrapolationsprinzips* dar. Es soll an der Herleitung der Formel (19.87) für den Fall $k = 1$ demonstriert werden. Mit I werde das gesuchte Integral, mit $T(h)$ die zugehörige Trapezsumme (19.76) bezeichnet. Ist der Integrand von I im Integrationsintervall $(2m+2)$–mal stetig differenzierbar, dann läßt sich zeigen, daß für den Quadraturformelfehler R der Trapezsumme eine *asymptotische Entwicklung* bezüglich h der Form

$$R(h) = I - T(h) = a_1h^2 + a_2h^4 + \cdots + a_mh^{2m} + O(h^{2m+2}) \tag{19.89a}$$

oder

$$T(h) = I - a_1h^2 - a_2h^4 - \cdots - a_mh^{2m} + O(h^{2m+2}) \tag{19.89b}$$

gilt. Die Koeffizienten a_1 , a_2 ,. . . ,a_m sind von h unabhängige Konstanten.

Man bildet $T(h)$ und $T\left(\frac{h}{2}\right)$ gemäß (19.89b) und betrachtet die Linearkombination

$$T_1(h) = \alpha_1 T(h) + \alpha_2 T\left(\frac{h}{2}\right) = (\alpha_1 + \alpha_2)I - a_1\left(\alpha_1 + \frac{\alpha_2}{4}\right)h^2 - a_2\left(\alpha_1 + \frac{\alpha_2}{16}\right)h^4 - \cdots\,. \tag{19.90}$$

Setzt man $\alpha_1 + \alpha_2 = 1$ und $\alpha_1 + \frac{\alpha_2}{4} = 0$, dann hat $T_1(h)$ die Fehlerordnung 4, während $T(h)$ und $T(h/2)$ beide nur die Fehlerordnung 2 haben. Es ergibt sich

$$T_1(h) = -\frac{1}{3}T(h) + \frac{4}{3}T\left(\frac{h}{2}\right) = T\left(\frac{h}{2}\right) + \frac{T\left(\frac{h}{2}\right) - T(h)}{3}\,. \tag{19.91}$$

Das ist die Formel (19.87) für $k = 1$. Fortgesetzte Wiederholung des eben beschriebenen Vorgehens führt auf die Näherung T_{ki} gemäß (19.87), und es gilt

$$T_{ki} = I + O(h_i^{2k+2}). \tag{19.92}$$

■ Für das bestimmte Integral $I = \int_0^1 \frac{\sin x}{x}\,dx$ (Integralsinus, s. S. 454), das sich nicht elementar integrieren läßt, sind Näherungswerte zu ermitteln (8stellige Rechnung).

	$k=0$	$k=1$	$k=2$	$k=3$
	0,92073549			
1. ROMBERG–**Verfahren:**	0,93979328	0,94614588		
	0,94451352	0,94608693	0,94608300	
	0,94569086	0,94608331	0,94608307	$0,94608307$.

Für $k = 3$ liefert das ROMBERG–Verfahren den Näherungwert 0,94608307. Der auf 10 Stellen genaue Wert lautet 0,9460830704. Die Größenordnung $O\left((1/8)^8\right) \approx 6 \cdot 10^{-8}$ des Fehlers gemäß (19.92) wird bestätigt.

2. Trapez- und SIMPSON–**Formel:** Aus dem Schema zum ROMBERG–Verfahren liest man unmittelbar ab, daß für $h_3 = 1/8$ die Trapezformel den Näherungswert 0,94569086 und die SIMPSON–Formel den Wert 0,94608331 ergibt.

Die Verbesserung der Trapezformel nach HERMITE gemäß (19.77) liefert $I \approx 0,94569086 + \frac{0,30116868}{64 \cdot 12}$ $= 0,94608301$.

3. GAUSS–**Formel:** Nach Formel (19.83) erhält man für

$$n = 1: \quad I \approx \frac{1}{2}\left[c_0 f\left(\frac{1}{2}x_0 + \frac{1}{2}\right) + c_1 f\left(\frac{1}{2}x_1 + \frac{1}{2}\right)\right] = 0,94604113;$$

$$n = 2: \quad I \approx \frac{1}{2}\left[c_0 f\left(\frac{1}{2}x_0 + \frac{1}{2}\right) + c_1 f\left(\frac{1}{2}x_1 + \frac{1}{2}\right) + c_2 f\left(\frac{1}{2}x_2 + \frac{1}{2}\right)\right] = 0,94608313;$$

$$n = 3: \quad I \approx \frac{1}{2}\left[c_0 f\left(\frac{1}{2}x_0 + \frac{1}{2}\right) + \cdots + c_3 f\left(\frac{1}{2}x_3 + \frac{1}{2}\right)\right] = 0,94608307.$$

Man sieht, daß die GAUSS–Formel im Fall $n = 3$, d.h. mit nur 4 Funktionswerten, einen auf 8 Dezimalen genauen Näherungswert liefert. Diese Genauigkeit würde mit der Trapezsumme erst mit einer sehr hohen Zahl (> 1000) von Funktionswerten erreicht.

Hinweise:

1. Eigenständige Bedeutung hat die Integration periodischer Funktionen im Zusammenhang mit der FOURIER-*Analyse* erlangt (s. S. 415). Ihre numerische Realisierung findet man unter dem Stichwort *Harmonische Analyse* (s. S. 921), die auf dem Rechner mit Hilfe der sogenannten *Schnellen* FOURIER–*Transformation* FFT (Fast FOURIER Transformation) durchgeführt wird (s. S. 922).

2. In vielen Fällen ist es zweckmäßig, bei der numerischen Integration spezielle Eigenschaften des Integranden auszunutzen. Auf diese Weise sind neben den oben vorgestellten Quadraturformeln noch viele andere entwickelt worden, und die Literatur zu Fragen der Konvergenz, der Abschätzung des Quadraturformelfehlers oder zur Konstruktion optimaler Quadraturformeln ist sehr umfangreich (s. Lit. [19.3]).

3. Zur numerischen Integration *mehrfacher Integrale* muß auf die Literatur verwiesen werden (s. Lit. [19.30]).

19.4 Genäherte Integration von gewöhnlichen Differentialgleichungen

In vielen Fällen ist die Lösung einer gewöhnlichen Differentialgleichung nicht mehr durch einen geschlossenen Formelausdruck, der bekannte elementare und höhere Funktionen enthält, darstellbar. Die dennoch unter sehr allgemeinen Voraussetzungen (s. S. 482) vorhandene Lösung muß dann durch numerische Verfahren bestimmt werden. Diese liefern nur partikuläre Lösungen, ermöglichen aber eine sehr hohe Genauigkeit. Da man bei Differentialgleichungen von höherer als 1. Ordnung zwischen Anfangswertaufgaben und Randwertaufgaben unterscheidet, sind für diese beiden Aufgabenklassen auch unterschiedliche Verfahren entwickelt worden.

19.4.1 Anfangswertaufgaben

Das Prinzip der im folgenden dargestellten Verfahren zur Lösung der Anfangswertaufgabe

$$y' = f(x, y), \quad y(x_0) = y_0 \qquad (19.93)$$

besteht darin, für die gesuchte Funktion $y(x)$ an ausgewählten Stützstellen x_i Näherungswerte y_i zu ermitteln. In der Regel werden *äquidistante Stützstellen* mit der vorgegebenen *Schrittweite* h verwendet:

$$x_i = x_0 + ih \quad (i = 0, 1, 2, \ldots). \qquad (19.94)$$

19.4.1.1 Eulersches Polygonzugverfahren

Durch Integration erhält man aus der Anfangswertaufgabe zu (19.93) die Integraldarstellung

$$y(x) = y_0 + \int_{x_0}^{x} f(x, y(x))\, dx. \qquad (19.95)$$

Diese ist Ausgangspunkt für die Näherung

$$y(x_1) = y_0 + \int_{x_0}^{x_0+h} f(x, y(x))\, dx \approx y_0 + hf(x_0, y_0) = y_1, \qquad (19.96)$$

die zu der folgenden Vorschrift des EULER*schen Polygonzugverfahrens* verallgemeinert wird:

$$y_{i+1} = y_i + hf(x_i, y_i) \quad (i = 0, 1, 2, \ldots\ ;\ y(x_0) = y_0). \qquad (19.97)$$

Zur geometrischen Interpretation siehe **Abb.19.5**. Vergleicht man (19.96) mit der TAYLORentwicklung

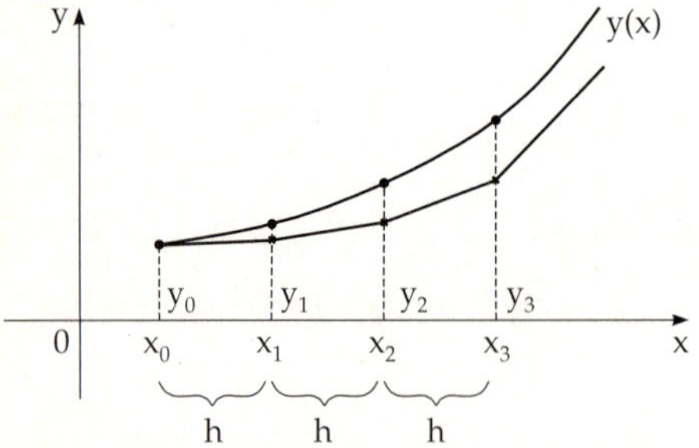

Abbildung 19.5

$$y(x_1) = y(x_0 + h) = y_0 + f(x_0, y_0)h + \frac{y''(\xi)}{2}h^2 \qquad (19.98)$$

mit $(x_0 < \xi < x_0 + h)$, dann sieht man, daß die Näherung y_1 für den exakten Wert $y(x_1)$ einen Fehler von der Größenordnung h^2 hat. Die Genauigkeit kann durch Verkleinerung der Schrittweite h erhöht werden. Praktische Rechnungen zeigen, daß sich bei Halbierung der Schrittweite h auch der Fehler der Näherungen y_i etwa halbiert.

Mit Hilfe des EULERschen Polygonzugverfahrens kann man sich sehr schnell einen Überblick über den ungefähren Verlauf der Lösungskurve verschaffen.

19.4.1.2 Runge–Kutta–Verfahren

1. Rechenschema Das Rechenschema für den Schritt von x_0 nach $x_1 = x_0 + h$ zur genäherten Lösung der Anfangswertaufgabe (19.93) lautet:

x	y	$k = h \cdot f(x,y)$
x_0	y_0	k_1
$x_0 + h/2$	$y_0 + k_1/2$	k_2
$x_0 + h/2$	$y_0 + k_2/2$	k_3
$x_0 + h$	$y_0 + k_3$	k_4
$x_1 = x_0 + h$	$y_1 = y_0 + \frac{1}{6}(k_1 + 2k_2 + 2k_3 + k_4)$	

(19.99)

Die weiteren Schritte erfolgen nach demselben Schema. Der Fehler des RUNGE–KUTTA–Verfahrens gemäß (19.99) ist von der Größenordnung h^5, so daß bei geeigneter Wahl der Schrittweite eine sehr hohe Genauigkeit erzielt wird.

■ $y' = \frac{1}{4}(x^2 + y^2)$ mit $y(0) = 0$. $y(0,5)$ ist in einem Schritt, d.h. $h = 0,5$, zu bestimmen (s. nebenstehende Tabelle). Der auf 8 Dezimalen genaue Wert lautet 0,01041860.

x	y	$k = \frac{1}{8}(x^2 + y^2)$
0	0	0
0,25	0	0,00781250
0,25	0,00390625	0,00781441
0,5	0,00781441	0,03125763
0,5	0,01041858	

2. Hinweise

1. Für die spezielle Differentialgleichung $y' = f(x)$ geht das RUNGE–KUTTA–Verfahren in die SIMPSON–Formel (s. S. 894) über.

2. Bei einer sehr großen Anzahl von Integrationsschritten kann sich ein Wechsel der Schrittweite als zweckmäßig oder sogar notwendig erweisen. Über einen Schrittweitenwechsel kann mit Hilfe einer Fehlerschätzung entschieden werden, die dadurch gewonnen wird, daß man die Rechnung etwa mit doppelter Schrittweite $2h$ wiederholt. Hat man z.B. für $y(x_0 + 2h)$ die Näherungswerte $y_2(h)$ (Rechnung mit einfacher Schrittweite) und $y_2(2h)$ (Rechnung mit doppelter Schrittweite) bestimmt, dann gilt für den Fehler $R_2(h) = y(x_0 + 2h) - y_2(h)$ die Schätzung

$$R_2(h) \approx \frac{1}{15}[y_2(h) - y_2(2h)]\,. \tag{19.100}$$

Informationen über die Realisierung der sogenannten *Schrittweitensteuerung* findet man in der Literatur (s. Lit. [19.27]).

3. RUNGE–KUTTA–Schemata für Differentialgleichungen höherer Ordnung s. Lit. [19.27]. Andererseits können Differentialgleichungen höherer Ordnung in ein System von Differentialgleichungen 1. Ordnung überführt werden (s. S. 493). Dann besteht das Näherungsverfahren aus parallel durchgeführten Rechnungen gemäß (19.99), die durch die Differentialgleichungen miteinander gekoppelt sind.

19.4.1.3 Mehrschrittverfahren

Das EULERsche Polygonzugverfahren (19.97) und das RUNGE–KUTTA–Verfahren (19.99) stellen sogenannte *Einschrittverfahren* dar, da sie bei der Berechnung von y_{i+1} nur auf das Ergebnis y_i des vorangegangenen Schrittes zurückgreifen. Allgemeine *lineare Mehrschrittverfahren* sind dagegen von der Form

$$\begin{aligned} &y_{i+k} + \alpha_{k-1}y_{i+k-1} + \alpha_{k-2}y_{i+k-2} + \cdots + \alpha_1 y_{i+1} + \alpha_0 y_i \\ &= h(\beta_k f_{i+k} + \beta_{k-1} f_{i+k-1} + \cdots + \beta_1 f_{i+1} + \beta_0 f_i) \end{aligned} \tag{19.101}$$

mit geeignet gewählten Konstanten α_j und β_j $(j = 0, 1, \ldots, k;\ \alpha_k = 1)$. Die Vorschrift (19.101) wird als *k-Schrittverfahren* bezeichnet, falls $|\alpha_0| + |\beta_0| \neq 0$ ist. Es heißt *explizit*, falls $\beta_k = 0$ ist, weil dann in den Werten $f_{i+j} = f(x_{i+j}, y_{i+j})$ der rechten Seite von (19.101) nur die bereits bekannten Näherungswerte y_i, y_{i+1}, ..., y_{i+k-1} auftreten. Ist $\beta_k \neq 0$, so heißt das Verfahren *implizit*, da dann der gesuchte

neue Wert y_{i+k} auf beiden Seiten von (19.101) auftritt.
Bei der Anwendung eines k–Schrittverfahrens ist die Kenntnis von k Startwerten $y_0, y_1, \ldots, y_{k-1}$ notwendig. Diese verschafft man sich z.B. mit Hilfe eines Einschrittverfahrens.

Spezielle Mehrschrittverfahren zur Lösung der Anfangswertaufgabe (19.93) kann man dadurch gewinnen, daß man in (19.93) die Ableitung $y'(x_i)$ durch *Differenzenformeln* (s. S. 491) ersetzt oder in (19.95) das Integral durch *Quadraturformeln* (s. S. 892) approximiert.

Beispiele für spezielle Mehrschrittverfahren sind:

1. Mittelpunktsregel Die Ableitung $y'(x_{i+1})$ in (19.93) wird durch die Sekantensteigung bezüglich der Stützstellen x_i und x_{i+2} ersetzt. Man erhält:

$$y_{i+2} - y_i = 2hf_{i+1}\,. \tag{19.102}$$

2. Regel von MILNE Das Integral in (19.95) wird durch die SIMPSON–Formel approximiert:

$$y_{i+2} - y_i = \frac{h}{3}(f_i + 4f_{i+1} + f_{i+2})\,. \tag{19.103}$$

3. Regel von ADAMS–BASHFORTH Der Integrand in (19.95) wird durch das Interpolationspolynom von LAGRANGE (s. S. 912) bezüglich der k Stützstellen $x_i\,, x_{i+1}\,, \ldots\,, x_{i+k-1}$ ersetzt. Man integriert zwischen x_{i+k-1} und x_{i+k} und erhält:

$$y_{i+k} - y_{i+k-1} = \sum_{j=0}^{k-1} \left[\int\limits_{x_{i+k-1}}^{x_{i+k}} L_j(x)\,dx \right] f(x_{i+j}, y_{i+j}) = h \sum_{j=0}^{k-1} \beta_j f(x_{i+j}, y_{i+j})\,. \tag{19.104}$$

Das Verfahren (19.104) ist explizit bezüglich y_{i+k}. Zur Berechnung des Koeffizienten β_j s. Lit. [19.1].

19.4.1.4 Prediktor–Korrektor–Verfahren

In der Praxis sind implizite Mehrschrittverfahren gegenüber expliziten vorzuziehen, da sie bei gleicher Genauigkeit wesentlich größere Schrittweiten erlauben. Dafür erfordert aber ein implizites Mehrschrittverfahren zur Berechnung des Näherungswertes y_{i+k} die Lösung einer im allgemeinen nichtlinearen Gleichung. Diese folgt aus (19.101) und ist von der Form

$$y_{i+k} = h \sum_{j=0}^{k} \beta_j f_{i+j} - \sum_{j=0}^{k-1} \alpha_j y_{i+j} = F(y_{i+k})\,. \tag{19.105}$$

Die Lösung von (19.105) erfolgt iterativ. Dabei geht man wie folgt vor: Ein Startwert $y_{i+k}^{(0)}$ wird durch ein explizites Mehrschrittverfahren, dem sogenannten *Prediktor*, bestimmt und anschließend durch die Iterationsvorschrift

$$y_{i+k}^{(\mu+1)} = F(y_{i+k}^{(\mu)}) \quad (\mu = 0, 1, 2, \ldots)\,, \tag{19.106}$$

dem sogenannten *Korrektor*, der aus dem impliziten Verfahren hervorgeht, verbessert. Spezielle Prediktor–Korrektor–Formeln sind:

1. $$y_{i+1}^{(0)} = y_i + \frac{h}{12}(5f_{i-2} - 16f_{i-1} + 23f_i)\,, \tag{19.107a}$$

$$y_{i+1}^{(\mu+1)} = y_i + \frac{h}{12}(-f_{i-1} + 8f_i + 5f_{i+1}^{(\mu)}) \quad (\mu = 0, 1, \ldots)\,; \tag{19.107b}$$

2. $$y_{i+1}^{(0)} = y_{i-2} + 9y_{i-1} - 9y_i + 6h(f_{i-1} + f_i)\,, \tag{19.108a}$$

$$y_{i+1}^{(\mu+1)} = y_{i-1} + \frac{h}{3}(f_{i-1} + 4f_i + f_{i+1}^{(\mu)}) \quad (\mu = 0, 1, \ldots)\,. \tag{19.108b}$$

Die SIMPSON–Formel als Korrektor in (19.108b) ist numerisch instabil und kann ersetzt werden, z.B. durch

$$y_{i+1}^{(\mu+1)} = 0{,}9y_{i-1} + 0{,}1y_i + \frac{h}{24}(0{,}1f_{i-2} + 6{,}7f_{i-1} + 30{,}7f_i + 8{,}1f_{i+1}^{(\mu)})\,. \tag{19.109}$$

19.4.1.5 Konvergenz, Konsistenz, Stabilität

1. Globaler Diskretisierungsfehler und Konvergenz

Einschrittverfahren kann man allgemein in der Form darstellen:

$$y_{i+1} = y_i + hF(x_i, y_i, h) \quad (i = 0, 1, 2, \dots\,; \; y_0 \text{ gegeben}) . \tag{19.110}$$

Dabei wird $F(x, y, h)$ *Zuwachsfunktion* oder Fortschreitrichtung des Einschrittverfahrens genannt. Die durch (19.110) gewonnene Näherungslösung hängt von der Schrittweite h ab und soll deshalb mit $y(x, h)$ bezeichnet werden. Ihre Abweichung von der exakten Lösung $y(x)$ der Anfangswertaufgabe (19.93) ergibt den *globalen Diskretisierungsfehler* $g(x, h)$ (s. (19.111)), und man sagt: Das Einschrittverfahren (19.110) ist *konvergent mit der Ordnung* p, falls p die größte natürliche Zahl mit

$$g(x, h) = y(x, h) - y(x) = O(h^p) \tag{19.111}$$

ist. Die Formel (19.111) besagt, daß für jedes x aus dem Definitionsbereich der Anfangswertaufgabe die mit der Schrittweite $h = \dfrac{x - x_0}{n}$ bestimmte Näherung $y(x, h)$ für jede Verfeinerung der Einteilung mit $h \to 0$ gegen die Lösung $y(x)$ konvergiert.

■ Das EULERsche Polygonzugverfahren (19.97) hat die Konvergenzordnung $p = 2$. Für das RUNGE–KUTTA–Verfahren (19.99) gilt $p = 5$.

2. Lokaler Diskretisierungsfehler und Konsistenz

Die Konvergenzordnung gemäß (19.111) gibt an, wie gut die Näherungslösung $y(x, h)$ die exakte Lösung $y(x)$ approximiert. Darüber hinaus ist die Frage interessant, wie gut die Zuwachsfunktion $F(x, y, h)$ die Ableitung $y' = f(x, y)$ annähert. Dazu führt man den sogenannten *lokalen Diskretisierungsfehler* $l(x, h)$ (s. (19.112)) ein und sagt: Das Einschrittverfahren (19.110) ist *konsistent mit der Ordnung* p, falls p die größte natürliche Zahl mit

$$l(x, h) = \frac{y(x + h) - y(x)}{h} - F(x, y, h) = O(h^p) \tag{19.112}$$

ist. Für ein konsistentes Einzelschrittverfahren folgt aus (19.112) unmittelbar

$$\lim_{h \to 0} F(x, y, h) = f(x, y) . \tag{19.113}$$

■ Das EULERsche Polygonzugverfahren hat die Konsistenzordnung $p = 1$, das RUNGE –KUTTA–Verfahren die Konsistenzordnung $p = 4$.

3. Stabilität gegenüber Störung der Anfangswerte

Bei der praktischen Durchführung von Einschrittverfahren kommt zum globalen Diskretisierungsfehler $O(h^p)$ noch ein Rundungsfehleranteil $O(1/h)$ hinzu. Das hat zur Folge, daß mit einer nicht zu kleinen, endlichen Schrittweite $h > 0$ gerechnet werden muß. Dabei ist die Frage wichtig, wie sich die numerische Lösung y_i eines Einschrittverfahrens gegenüber Störungen des Anfangswertes verhält, und zwar auch für den Fall $x_i \to \infty$.

In der Theorie der gewöhnlichen Differentialgleichungen heißt eine Anfangswertaufgabe (19.93) *stabil bezüglich Störungen ihrer Anfangswerte*, wenn gilt:

$$|\tilde{y}(x) - y(tx)| \le |\tilde{y}_0 - y_0| . \tag{19.114}$$

Dabei ist $\tilde{y}(x)$ die Lösung von (19.93) mit der gegenüber y_0 gestörten Anfangsbedingung $\tilde{y}(x_0) = \tilde{y}_0$. Die Abschätzung (19.114) besagt, daß die Lösungsänderung betragsmäßig nicht größer ist als die Störung des Anfangswertes.

Im allgemeinen läßt sich (19.114) nur schwer überprüfen. Deshalb führt man die *lineare Testaufgabe*

$$y' = \lambda y \quad \text{mit} \quad y(t_0) = y_0 \quad (\lambda \text{ const}, \; \lambda \le 0) \tag{19.115}$$

ein, die stabil ist, und prüft ein Einschrittverfahren an dieser speziellen Anfangswertaufgabe. Man sagt: Ein konsistentes Einzelschrittverfahren heißt für die Schrittweite $h > 0$ *absolut stabil* bezüglich Störungen des Anfangswertes, wenn alle damit für das lineare Testproblem (19.115) berechneten Näherungen y_i der Abschätzung

$$|y_i| \le |y_0| \tag{19.116}$$

genügen.

■ Für (19.115) ergibt das EULERsche Polygonzugverfahren $y_{i+1} = (1+\lambda h)y_i$ $(i = 0, 1, \ldots)$. Man sieht, daß (19.116) für $|1 + \lambda h| \leq 1$ gilt, und erhält dadurch die Schrittweitenbeschränkung $-2 \leq \lambda h \leq 0$.

4. Steife Differentialgleichungen

Bei vielen Anwendungen, z.B. in der chemischen Kinetik, führen mathematische Modelle auf Differentialgleichungen, deren Lösungen sich aus verschieden stark exponentiell abklingenden Anteilen zusammensetzen. Solche Differentialgleichungen werden als *steif* bezeichnet. In dem Beispiel

$$y(x) = C_1 e^{\lambda_1 x} + C_2 e^{\lambda_2 x} \quad (C_1, C_2, \lambda_1, \lambda_2 \text{ const}). \tag{19.117}$$

mit $\lambda_1 < 0$, $\lambda_2 < 0$ und $|\lambda_1| \ll |\lambda_2|$ leistet für den Fall $\lambda_1 = -1$, $\lambda_2 = -1000$ der zu λ_2 gehörende Term keinen Beitrag zur Lösung, er beeinflußt aber ganz wesentlich die Wahl der Schrittweite h eines Näherungsverfahrens, so daß der Einfluß der Rundungsfehler sehr stark anwächst. Dann ist die Auswahl geeigneter Näherungsverfahren unbedingt notwendig (s. Lit. [19.26]).

19.4.2 Randwertaufgaben

Die wichtigsten Methoden zur Lösung von Randwertaufgaben bei gewöhnlichen Differentialgleichungen sollen an der folgenden einfachen Randwertaufgabe für eine Differentialgleichung 2. Ordnung beschrieben werden:

$$y''(x) + p(x)y'(x) + q(x)y(x) = f(x) \quad (a \leq x \leq b) \quad \text{mit} \quad y(a) = \alpha\,,\ y(b) = \beta\,. \tag{19.118}$$

Die Funktionen $p(x)$, $q(x)$ und $f(x)$ sowie die Zahlen α und β sind gegeben.
Die beschriebenen Methoden lassen sich sinngemäß auf Randwertaufgaben bei Differentialgleichungen höherer Ordnung übertragen.

19.4.2.1 Differenzenverfahren

Man unterteilt das Intervall $[a, b]$ durch gleichabständige Stützstellen $x_\nu = x_0 + \nu h$ $(\nu = 0, 1, 2, \ldots, n;$ $x_0 = a$, $x_n = b)$ und ersetzt in der für die inneren Stützstellen angesetzten Differentialgleichung

$$y''(x_\nu) + p(x_\nu)y'(x_\nu) + q(x_\nu)y(x_\nu) = f(x_\nu) \quad (\nu = 1, 2, \ldots, n-1) \tag{19.119}$$

die Werte der Ableitungen durch sogenannte *finite Ausdrücke*, z.B.:

$$y'(x_\nu) \approx y'_\nu = \frac{y_{\nu+1} - y_{\nu-1}}{2h}, \tag{19.120a}$$

$$y''(x_\nu) \approx y''_\nu = \frac{y_{\nu+1} - 2y_\nu + y_{\nu-1}}{h^2}. \tag{19.120b}$$

Man erhält auf diese Weise $n-1$ lineare Gleichungen für die $n-1$ Näherungswerte $y_\nu \approx y(x_\nu)$ im Inneren des Integrationsintervalls $[a, b]$, wenn man $y_0 = \alpha$ und $y_n = \beta$ beachtet. Enthalten die Randbedingungen Ableitungen, dann werden diese ebenfalls durch finite Ausdrücke ersetzt.

Eigenwertprobleme bei Differentialgleichungen (s. S. 511) werden ganz analog behandelt. Die Anwendung des *Differenzenverfahrens*, beschrieben durch (19.119) und (19.120a,b), führt dann auf ein Matrizeneigenwertproblem (s. S. 278).

■ Die Lösung der homogenen Differentialgleichung $y'' + \lambda^2 y = 0$ mit den Randbedingungen $y(0) = y(1) = 0$ führt auf ein Eigenwertproblem. Das Differenzenverfahren überführt die Differentialgleichung in die Differenzengleichung $y_{\nu+1} - 2y_\nu + y_{\nu-1} + h^2\lambda^2 y_\nu = 0$. Wählt man drei innere Punkte, also $h = 1/4$, dann erhält man unter Beachtung von $y_0 = y(0) = 0$, $y_4 = y(1) = 0$ das Gleichungssystem

$$\begin{aligned}
\left(-2 + \frac{\lambda^2}{16}\right) y_1 + \qquad\qquad y_2 \qquad\qquad\qquad &= 0\,,\\
y_1 + \left(-2 + \frac{\lambda^2}{16}\right) y_2 + \qquad\qquad y_3 &= 0\,,\\
y_2 + \left(-2 + \frac{\lambda^2}{16}\right) y_3 &= 0\,.
\end{aligned}$$

Dieses homogene System ist nur bei verschwindender Koeffizientendeterminante lösbar. Aus dieser Bedingung erhält man die Eigenwerte $\lambda_1{}^2 = 9,37$, $\lambda_2{}^2 = 32$ und $\lambda_3{}^2 = 54,63$, von denen allerdings nur der kleinste dem ihm entsprechenden wahren Wert 9,87 nahekommt.

Hinweis: Die Genauigkeit des Differenzenverfahrens kann erhöht werden durch

1. Verkleinerung der Schrittweite h,

2. Verwendung finiter Ausdrücke höherer Approximation (die Näherungen (19.120a,b) haben die Fehlerordnung $O(h^2)$),

3. Anwendung des Mehrschrittverfahrens (s. S. 899).

Ist eine nichtlineare Randwertaufgabe zu lösen, dann führt das Differenzenverfahren auf ein System nichtlinearer Gleichungen für die unbekannten Näherungswerte y_ν (s. 19.2.2).

19.4.2.2 Ansatzverfahren

Als Näherungslösung für die Randwertaufgabe (19.118) wird eine Linearkombination geeignet gewählter Funktionen $g_i(x)$ verwendet, die einzeln die Randbedingungen erfüllen und linear unabhängig sind:

$$y(x) \approx g(x) = \sum_{i=1}^{n} a_i g_i(x) . \tag{19.121}$$

Setzt man $g(x)$ in die Differentialgleichung von (19.118) ein, dann wird ein Fehler, der sogenannte *Defekt*

$$\varepsilon(x; a_1, a_2, \ldots, a_n) = g''(x) + p(x)g'(x) + q(x)g(x) - f(x) , \tag{19.122}$$

auftreten. Die Bestimmung der Ansatzkoeffizienten a_i kann nach den folgenden Prizipien erfolgen.

1. Kollokationsmethode Der Defekt soll an n Stellen x_ν, den *Kollokationsstellen*, verschwinden. Die Bedingungen

$$\varepsilon(x_\nu; a_1, a_2, \ldots, a_n) = 0 \quad (\nu = 1, 2, \ldots, n), \quad a < x_1 < x_2 < \ldots < x_n < b \tag{19.123}$$

liefern ein lineares Gleichungssystem für die Ansatzkoeffizienten.

2. Fehlerquadratmethode Man fordert, daß das Integral

$$F(a_1, a_2, \ldots, a_n) = \int_a^b \varepsilon^2(x; a_1, a_2, \ldots, a_n)\, dx \tag{19.124}$$

in Abhängigkeit von den Koeffizienten minimal wird. Die notwendigen Bedingungen

$$\frac{\partial F}{\partial a_i} = 0 \quad (i = 1, 2, \ldots, n) \tag{19.125}$$

ergeben ein lineares Gleichungssystem für die Koeffizienten a_i.

3. GALERKIN–**Verfahren** Man fordert die sogenannte *Fehlerorthogonalität*, d.h., es muß

$$\int_a^b \varepsilon(x; a_1, a_2, \ldots, a_n) g_i(x)\, dx = 0 \quad (i = 1, 2, \ldots, n) \tag{19.126}$$

gelten, und erhält auch auf diese Weise ein lineares Gleichungssystem zur Bestimmung der Ansatzkoeffizienten.

4. RITZ–**Verfahren** Bei vielen Randwertaufgaben hat die Lösung $y(x)$ die Eigenschaft, auch Lösung einer sogenannten *Variationsaufgabe* zu sein, d.h., $y(x)$ macht ein Integral der Form

$$I[y] = \int_a^b H(x, y, y')\, dx \tag{19.127}$$

zum Minimum (s. (10.4)). Kennt man die Funktion $H(x, y, y')$, so ersetzt man $y(x)$ gemäß (19.121) näherungsweise durch $g(x)$ und macht $I[y] = I(a_1, a_2, \ldots, a_n)$ zum Minimum. Die dafür notwendigen

Bedingungen

$$\frac{\partial I}{\partial a_i} = 0 \quad (i = 1, 2, \ldots, n) \tag{19.128}$$

liefern n Gleichungen für die Koeffizienten a_i.

■ Unter bestimmten Voraussetzungen an die Funktionen p, q, f und y sind die Randwertaufgabe

$$-[p(x)y'(x)]' + q(x)y(x) = f(x), \quad y(a) = \alpha, \, y(b) = \beta \tag{19.129}$$

und die Variationsaufgabe

$$I[y] = \int_a^b [p(x)y'^2(x) + q(x)y^2(x) - 2f(x)y(x)]\,dx = \min \quad \text{bei} \quad y(a) = \alpha, \, y(b) = \beta \tag{19.130}$$

äquivalent, so daß man für Randwertaufgaben der Form (19.129) die Funktion $H(x, y, y')$ aus (19.130) unmittelbar ablesen kann.
An Stelle des Ansatzes (19.121) wird häufig auch

$$g(x) = g_0(x) + \sum_{i=1}^{n} a_i g_i(x) \tag{19.131}$$

verwendet, wobei $g_0(x)$ die Randbedingungen erfüllt und die Funktionen $g_i(x)$ den Bedingungen

$$g_i(a) = g_i(b) = 0 \quad (i = 1, 2, \ldots, n) \tag{19.132}$$

genügen müssen. So kann z.B. im Falle der Randwertaufgabe (19.118)

$$g_0(x) = \alpha + \frac{\beta - \alpha}{b - a}(x - a) \tag{19.133}$$

gewählt werden.

Hinweis: Bei linearen Randwertaufgaben führen die Ansätze (19.121) und (19.131) auf lineare Gleichungssysteme zur Bestimmung der Ansatzkoeffizienten. Im Falle nichtlinearer Randwertaufgaben erhält man nichtlineare Gleichungssysteme, die nach den in 19.2.2 angegebenen Verfahren zu lösen sind.

19.4.2.3 Schießverfahren

Mit dem Schießverfahren wird die Lösung von Randwertaufgaben auf die Lösung von Anfangswertaufgaben zurückgeführt. Das Prinzip soll am sogenannten *Einzielverfahren*, auch *einfaches Schießverfahren* genannt, beschrieben werden.

1. Einzielverfahren Der Randwertaufgabe (19.118) wird die Anfangswertaufgabe

$$y'' + p(x)y' + q(x)y = f(x) \quad \text{mit} \quad y(a) = \alpha, \, y'(a) = s \tag{19.134}$$

zugeordnet. Dabei ist s ein Parameter, von dem die Lösung y der Anfangswertaufgabe (19.134) abhängt, d.h., es gilt $y = y(x, s)$. Die Funktion $y(x, s)$ erfüllt gemäß (19.134) die erste Randbedingung $y(a, s) = \alpha$. Der Parameter s ist so zu bestimmen, daß $y(x, s)$ auch die zweite Randbedingung $y(b, s) = \beta$ erfüllt. Dazu ist die Gleichung

$$F(s) = y(b, s) - \beta \tag{19.135}$$

zweckmäßigerweise mit Hilfe der Regula falsi zu lösen. Diese benötigt nur Funktionswerte $F(s)$, aber jede Funktionswertberechnung erfordert die Lösung der Anfangswertaufgabe (19.134) nach einem der in 19.4.1 angegebenen Verfahren bis $x = b$ für den speziellen Parameterwert s.

2. Mehrzielverfahren Bei der sogenannten *Mehrzielmethode* wird das Integrationsintervall $[a, b]$ in Teilintervalle zerlegt und auf jedem Teilintervall die Einzielmethode angewendet. Damit setzt sich die gesuchte Lösung aus Teillösungen zusammen, deren stetiger Übergang an den Teilintervallgrenzen zu sichern ist.

Diese Forderung ergibt zusätzliche Bedingungen. Zur numerischen Realisierung der Mehrzielmethode, die vor allem bei nichtlinearen Randwertaufgaben verwendet wird, s. Lit. [19.12].

19.5 Genäherte Integration von partiellen Differentialgleichungen

Im folgenden wird nur das Prinzip der numerischen Lösung partieller Differentialgleichungen am Beispiel linearer partieller Differentialgleichungen 2. Ordnung mit zwei unabhängigen Variablen unter passenden Rand- oder/und Anfangsbedingungen gezeigt.

19.5.1 Differenzenverfahren

Das Integrationsgebiet wird durch ausgewählte Punkte (x_μ, y_ν) gitterförmig unterteilt. Gewöhnlich wird das Gitter rechteckig gewählt:

$$x_\mu = x_0 + \mu h, \quad y_\nu = y_0 + \nu l \quad (\mu, \nu = 1, 2, \ldots) . \tag{19.136}$$

Für $l = h$ erhält man ein quadratisches Gitter. Bezeichnet man die gesuchte Lösung mit $u(x, y)$, dann werden die in der Differentialgleichung und in den Rand- bzw. Anfangsbedingungen auftretenden partiellen Ableitungen durch *finite Ausdrücke* der folgenden Art ersetzt, wobei unter $u_{\mu\nu}$ ein Näherungswert für den Funktionswert $u(x_\mu, y_\nu)$ zu verstehen ist:

partielle Ableitung	finiter Ausdruck	Fehlerordnung	
$\frac{\partial u}{\partial x}(x_\mu, y_\nu)$	$\frac{1}{h}(u_{\mu+1,\nu} - u_{\mu,\nu})$ oder $\frac{1}{2h}(u_{\mu+1,\nu} - u_{\mu-1,\nu})$	$O(h)$ oder $O(h^2)$	
$\frac{\partial u}{\partial y}(x_\mu, y_\nu)$	$\frac{1}{l}(u_{\mu,\nu+1} - u_{\mu,\nu})$ oder $\frac{1}{2l}(u_{\mu,\nu+1} - u_{\mu,\nu-1})$	$O(l)$ oder $O(l^2)$	
$\frac{\partial^2 u}{\partial x \partial y}(x_\mu, y_\nu)$	$\frac{1}{4hl}(u_{\mu+1,\nu+1} - u_{\mu+1,\nu-1} - u_{\mu-1,\nu+1} + u_{\mu-1,\nu-1})$	$O(hl)$	(19.137)
$\frac{\partial^2 u}{\partial x^2}(x_\mu, y_\nu)$	$\frac{1}{h^2}(u_{\mu+1,\nu} - 2u_{\mu,\nu} + u_{\mu-1,\nu})$	$O(h^2)$	
$\frac{\partial^2 u}{\partial y^2}(x_\mu, y_\nu)$	$\frac{1}{l^2}(u_{\mu,\nu+1} - 2u_{\mu,\nu} + u_{\mu,\nu-1})$	$O(l^2)$	

In (19.137) ist die Fehlerordnung mit Hilfe des LANDAU–Symbols O angegeben.
In manchen Fällen ist es günstiger, die Näherung

$$\frac{\partial^2 u}{\partial x^2}(x_\mu, y_\nu) \approx \sigma \frac{u_{\mu+1,\nu+1} - 2u_{\mu,\nu+1} + u_{\mu-1,\nu+1}}{h^2} + (1 - \sigma)\frac{u_{\mu+1,\nu} - 2u_{\mu,\nu} + u_{\mu-1,\nu}}{h^2} \tag{19.138}$$

mit einem festen Parameter σ $(0 \le \sigma \le 1)$ zu verwenden. Die Formel (19.138) stellt eine Konvexkombination zweier finiter Ausdrücke dar, die aus der entsprechenden Formel von (19.137) für die Werte $y = y_\nu$ und $y = y_{\nu+1}$ enstanden sind.
Mit den Formeln (19.137) kann eine partielle Differentialgleichung für jeden inneren Gitterpunkt in eine *Differenzengleichung* überführt werden, wobei die Rand- und Anfangsbedingungen zu beachten sind. Das so entstehende Gleichungssystem für die Näherungswerte $u_{\mu,\nu}$, das für kleine Schrittweiten h und l von großer Dimension ist, muß in der Regel iterativ gelöst werden (s. 19.2.1.4).

■ **A:** Die Funktion $u(x, y)$ erfülle die Differentialgleichung $\Delta u = u_{xx} + u_{yy} = -1$ für alle Punkte (x, y) mit $|x| < 1$, $|y| < 2$, d.h. im Innern eines Rechtecks, und genüge der Randbedingung $u = 0$ für $|x| = 1$ und $|y| = 2$. Die der Differentialgleichung entsprechende Differenzengleichung für ein quadratisches Gitter mit der Schrittweite h lautet: $4u_{\mu,\nu} = u_{\mu+1,\nu} + u_{\mu,\nu+1} + u_{\mu-1,\nu} + u_{\mu,\nu-1} + h^2$. Die Schrittweite $h = 1$ (**Abb.19.6**) liefert eine erste grobe Näherung für die Funktionswerte in den drei inneren Gitterpunkten:

$4u_{0,1} = 0 + 0 + 0 + u_{0,0} + 1\,,\ 4u_{0,0} = 0 + u_{0,1} + 0 + u_{0,-1} + 1\,,\ 4u_{0,-1} = 0 + u_{0,0} + 0 + 0 + 1\,.$

Man erhält: $u_{0,0} = \frac{3}{7} \approx 0,429,\ u_{0,1} = u_{0,-1} = \frac{5}{14} \approx 0,357\,.$

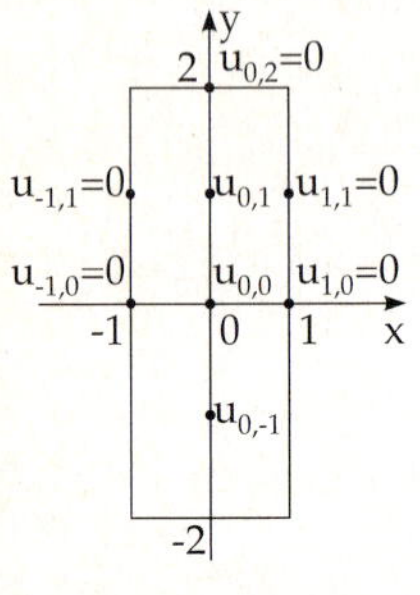

Abbildung 19.6

■ **B:** Die Gleichungssysteme, die bei der Anwendung des Differenzenverfahrens auf partielle Differentialgleichungen entstehen, haben in der Regel eine sehr spezielle Struktur. Das soll am Beispiel der folgenden, etwas allgemeineren Randwertaufgabe gezeigt werden. Integrationsgebiet sei das Quadrat G: $0 \le x \le 1\,,\ 0 \le y \le 1$. Gesucht ist eine Funktion $u(x,y)$ mit $\Delta u = u_{xx} + u_{yy} = f(x,y)$ im Innern von G, $u(x,y) = g(x,y)$ auf dem Rand von G. Die Funktionen f und g sind gegeben. Die zu dieser Differentialgleichung gehörende Differenzengleichung lautet für $h = l = 1/n$:
$u_{\mu+1,\nu} + u_{\mu,\nu+1} + u_{\mu-1,\nu} + u_{\mu,\nu-1} - 4u_{\mu,\nu} = \frac{1}{n^2} f(x_\mu, y_\nu) \quad (\mu,\nu = 1,2,\ldots,n-1)$. Im Falle $n = 5$ hat die linke Seite dieses Differenzengleichungssystems für die Näherungswerte $u_{\mu,\nu}$ in den 4×4 inneren Punkten die folgende Gestalt, wenn man das Gitter zeilenweise von links nach rechts durchläuft und dabei beachtet, daß die Funktionswerte auf dem Rand bekannt sind:

$$\left(\begin{array}{cccc}
\begin{array}{|cccc|}\hline -4&1&0&0\\1&-4&1&0\\0&1&-4&1\\0&0&1&-4\\\hline\end{array} & \begin{array}{|cccc|}\hline 1&0&0&0\\0&1&0&0\\0&0&1&0\\0&0&0&1\\\hline\end{array} & & 0 \\
\begin{array}{|cccc|}\hline 1&0&0&0\\0&1&0&0\\0&0&1&0\\0&0&0&1\\\hline\end{array} & \begin{array}{|cccc|}\hline -4&1&0&0\\1&-4&1&0\\0&1&-4&1\\0&0&1&-4\\\hline\end{array} & \begin{array}{|cccc|}\hline 1&0&0&0\\0&1&0&0\\0&0&1&0\\0&0&0&1\\\hline\end{array} & \\
 & \begin{array}{|cccc|}\hline 1&0&0&0\\0&1&0&0\\0&0&1&0\\0&0&0&1\\\hline\end{array} & \begin{array}{|cccc|}\hline -4&1&0&0\\1&-4&1&0\\0&1&-4&1\\0&0&1&-4\\\hline\end{array} & \begin{array}{|cccc|}\hline 1&0&0&0\\0&1&0&0\\0&0&1&0\\0&0&0&1\\\hline\end{array} \\
0 & & \begin{array}{|cccc|}\hline 1&0&0&0\\0&1&0&0\\0&0&1&0\\0&0&0&1\\\hline\end{array} & \begin{array}{|cccc|}\hline -4&1&0&0\\1&-4&1&0\\0&1&-4&1\\0&0&1&-4\\\hline\end{array}
\end{array}\right)
\left(\begin{array}{c} u_{11}\\u_{21}\\u_{31}\\u_{41}\\\hline u_{12}\\u_{22}\\u_{32}\\u_{42}\\\hline u_{13}\\u_{23}\\u_{33}\\u_{43}\\\hline u_{14}\\u_{24}\\u_{34}\\u_{44}\end{array}\right)$$

Man sieht: Die Koeffizientenmatrix ist symmetrisch und *schwach besetzt.* Ihre Gestalt wird als *block-tridiagonal* bezeichnet. Man beachte aber, daß die Gestalt der Koeffizientenmatrix davon abhängig ist, wie die Gitterpunkte durchlaufen werden.
Für die verschiedenen Aufgabenklassen bei partiellen Differentialgleichungen 2. Ordnung, insbesondere bei elliptischen, parabolischen und hyperbolischen Differentialgleichungen, ist eine Vielzahl angepaßter Differenzenverfahren entwickelt und auf Konvergenz und Stabilität hin untersucht worden. Die Spezialliteratur dazu ist umfangreich, Standardwerke s. Lit. [19.25], [19.27].

19.5.2 Ansatzverfahren

Man macht für die gesuchte Lösung $u(x,y)$ einen Näherungsansatz der Art

$$u(x,y) \approx v(x,y) = v_0(x,y) + \sum_{i=1}^{n} a_i v_i(x,y)\,. \tag{19.139}$$

Dabei soll z.B.
1. $v_0(x,y)$ die vorgelegte inhomogene Differentialgleichung erfüllen, und alle übrigen Ansatzfunktionen $v_i(x,y)$ $(i = 1, 2, \ldots, n)$ die zugehörige homogene Differentialgleichung (*Randmethode*) oder
2. $v_0(x,y)$ den inhomogenen Randbedingungen genügen und alle übrigen $v_i(x,y)$ $(i = 1, 2, \ldots, n)$ den homogenen Randbedingungen (*Gebietsmethode*).

Setzt man die Näherungsfunktion $v(x,y)$ gemäß (19.139) im ersten Fall in die Randbedingungen, im zweiten Fall in die Differentialgleichung ein, so wird in beiden Fällen ein Fehler, der sogenannte *Defekt*

$$\varepsilon = \varepsilon(x, y; a_1, a_2, \ldots, a_n), \tag{19.140}$$

auftreten. Zur Bestimmung der Ansatzkoeffizienten a_i kann man nach folgenden Prinzipien verfahren:

1. Kollokationsmethode

Der Defekt ε wird in n möglichst günstig verteilten Punkten, den *Kollokationsstellen* (x_ν, y_ν) $(\nu = 1, 2, \ldots, n)$, zum Verschwinden gebracht:

$$\varepsilon(x_\nu, y_\nu; a_1, a_2, \ldots, a_n) = 0 \quad (\nu = 1, 2, \ldots, n). \tag{19.141}$$

Die Kollokationsstellen sind im 1. Fall Randpunkte (man spricht dann von *Randkollokation*), im 2. Fall innere Punkte des Integrationsgebietes (man spricht dann von *Gebietskollokation*).
Es ergeben sich aus (19.141) n Gleichungen für die Koeffizienten. Die Randkollokation ist in der Regel der Gebietskollokation vorzuziehen.

■ Für das in 19.5.1 mit dem Differenzenverfahren behandelte Beispiel werde ein Ansatz verwendet, der bereits die Differentialgleichung erfüllt:
$v(x, y; a_1, a_2, a_3) = -\frac{1}{4}(x^2 + y^2) + a_1 + a_2(x^2 - y^2) + a_3(x^4 - 6x^2y^2 + y^4)$. Die Koeffizienten werden dadurch bestimmt, daß die Randbedingung in den Randpunkten $(x_1; y_1) = (1; 0,5)$, $(x_2; y_2) = (1; 1,5)$ und $(x_3; y_3) = (0,5; 2)$ erfüllt ist (Randkollokation). Man erhält das lineare Gleichungssystem

$$\begin{aligned}
-0,3125 + a_1 + 0,75a_2 - 0,4375a_3 &= 0,\\
-0,8125 + a_1 - 1,25a_2 - 7,4375a_3 &= 0,\\
-1,0625 + a_1 - 3,75a_2 + 10,0625a_3 &= 0
\end{aligned}$$

mit der Lösung $a_1 = 0,4562$, $a_2 = -0,2000$, $a_3 = -0,0143$. Mit Hilfe der Näherungsfunktion können Näherungswerte für die Lösung in beliebigen Punkten des Integrationsgebietes berechnet werden. Zum Vergleich mit dem Differenzenverfahren seien die Werte $v(0;1) = 0,3919$ und $v(0;0) = 0,4562$ angegeben.

2. Fehlerquadratmethode

Je nachdem, ob die Ansatzfunktion (19.139) die Differentialgleichung oder die Randbedingungen erfüllt, verlangt man, daß
1. das über den Rand C erstreckte Linienintegral

$$I = \int\limits_{(C)} \varepsilon^2(x(t), y(t); a_1, \ldots, a_n)\, dt, \tag{19.142a}$$

wobei die Randkurve C durch die Parameterdarstellung $x = x(t)$, $y = y(t)$ beschrieben wird, oder
2. das über den Bereich G erstreckte Doppelintegral

$$I = \iint\limits_{(G)} \varepsilon^2(x, y; a_1, \ldots, a_n)\, dx\, dy \tag{19.142b}$$

minimal wird. Aus den dafür notwendigen Bedingungen $\frac{\partial I}{\partial a_i} = 0$ $(i = 1, 2, \ldots, n)$ erhält man n Bestimmungsgleichungen für die Parameter $a_1, a_2, \ldots, a_n$.

19.5.3 Methode der finiten Elemente (FEM)

Seitdem leistungsfähige Computer zur Verfügung stehen, ist die FEM zur wichtigsten Methode für die numerische Lösung partieller Differentialgleichungen geworden. Sie ermöglicht es, in vielen Anwen-

dungsbereichen, über Mechanik und Baustatik hinaus, anspruchsvollere und damit aussagekräftigere mathematische Modelle einzusetzen.
Entsprechend den vielfältigen Anwendungen wird die FEM ganz unterschiedlich realisiert, so daß hier nur ihre Grundidee skizziert werden kann. Aus Analogiegründen sei auf das RITZ–Verfahren (s. S. 903) zur numerischen Lösung von Randwertaufgaben bei gewöhnlichen Differentialgleichungen und an die Splines (s. S. 926) erinnert.
Die Methode der finiten Elemente besteht aus folgenden Schritten:

1. Aufstellung einer Variationsaufgabe Zu der vorgegebenen Randwertaufgabe ist eine Variationsaufgabe zu formulieren. Die Vorgehensweise wird an der folgenden Randwertaufgabe gezeigt:

$$\Delta u = u_{xx} + u_{yy} = f \text{ im Innern eines Gebietes } G\,, \quad u = 0 \text{ auf dem Rand von } G\,. \tag{19.143}$$

Multipliziert man die Differentialgleichung in (19.143) mit einer hinreichend glatten Funktion $v(x, y)$, die auf dem Rand von G verschwindet, und integriert man anschließend über G, dann erhält man

$$\iint\limits_{(G)} \left(\frac{\partial^2 u}{\partial x^2} + \frac{\partial^2 u}{\partial y^2}\right) v\,dx\,dy = \iint\limits_{(G)} f v\,dx\,dy\,. \tag{19.144}$$

Durch Anwendung der GAUSSschen Integralformel (s. S 662), indem man in (13.120) $P(x, y) = -vu_y$ und $Q(x, y) = vu_x$ setzt, erhält man aus (19.144) die *Variationsgleichung*

$$a(u, v) = b(v) \tag{19.145a}$$

mit

$$a(u, v) = -\iint\limits_{(G)} \left(\frac{\partial u}{\partial x}\frac{\partial v}{\partial x} + \frac{\partial u}{\partial y}\frac{\partial v}{\partial y}\right) dx\,dy, \quad b(v) = \iint\limits_{(G)} f v\,dx\,dy. \tag{19.145b}$$

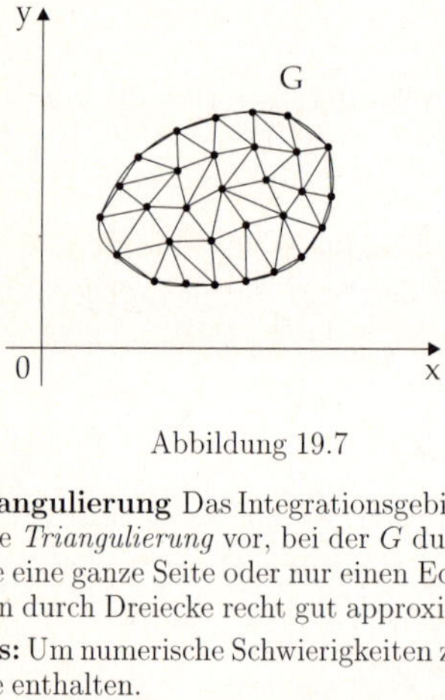

Abbildung 19.7

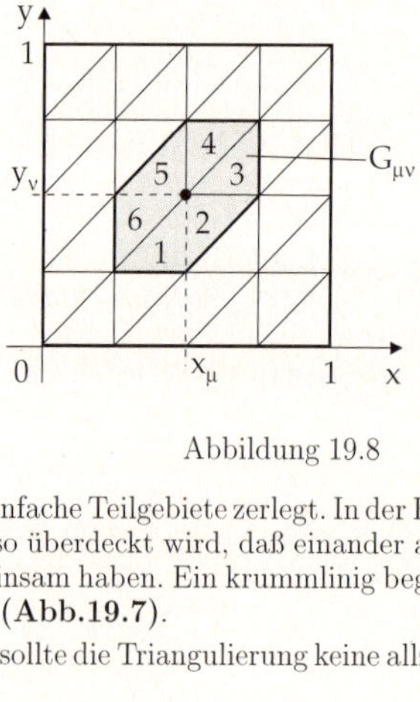

Abbildung 19.8

2. Triangulierung Das Integrationsgebiet G wird in einfache Teilgebiete zerlegt. In der Regel nimmt man eine *Triangulierung* vor, bei der G durch Dreiecke so überdeckt wird, daß einander angrenzende Dreiecke eine ganze Seite oder nur einen Eckpunkt gemeinsam haben. Ein krummlinig begrenztes Gebiet kann durch Dreiecke recht gut approximiert werden **(Abb.19.7)**.

Hinweis: Um numerische Schwierigkeiten zu vermeiden, sollte die Triangulierung keine allzu stumpfen Dreiecke enthalten.

■ Eine Triangulierung des Einheitsquadrates könnte in der in **(Abb.19.8)** angegebenen Weise erfolgen. Dabei geht man von Gitterpunkten mit den Koordinaten $x_\mu = \mu h$, $y_\nu = \nu h$ $(\mu, \nu = 0, 1, 2, \ldots, N;$ $h = 1/N)$ aus. Man erhält $(N-1)^2$ innere Punkte. Im Hinblick auf die Wahl von Ansatzfunktionen ist es zweckmäßig, jeweils 6 Dreiecke, die im Punkte (x_μ, y_ν) zusammenstoßen, zu dem Flächenstück $G_{\mu\nu}$ zusammenzufassen.

3. Ansatz Für die gesuchte Funktion $u(x, y)$ wird in jedem Dreieck ein Ansatz gemacht. Ein Dreieck mit zugehörigem Ansatz wird als *finites Element* bezeichnet. Dafür eignen sich Polynome in x und y.

In vielen Fällen reicht der lineare Ansatz

$$\tilde{u}(x, y) = a_1 + a_2 x + a_3 y \tag{19.146}$$

aus. Die Ansatzfunktionen müssen beim Übergang von einem Dreieck ins benachbarte zumindest stetig sein, damit eine stetige Gesamtlösung entsteht.
Die Koeffizienten a_1, a_2 und a_3 in (19.146) lassen sich eindeutig durch die drei Funktionswerte u_1, u_2 und u_3 in den Eckpunkten des zugehörigen Dreiecks ausdrücken. Dadurch ist gleichzeitig der stetige Übergang in die benachbarten Dreiecke gesichert. Der Ansatz (19.146) enthält damit als unbekannte Parameter die Näherungen u_i für die gesuchten Funktionswerte. Als Ansatz, der im gesamten Gebiet G für die gesuchte Lösung $u(x, y)$ als Näherung verwendet wird, wählt man

$$\tilde{u}(x, y) = \sum_{\mu=1}^{N=1} \sum_{\nu=1}^{N-1} \alpha_{\mu\nu} u_{\mu\nu}(x, y) \,. \tag{19.147}$$

Die Koeffizienten $\alpha_{\mu\nu}$ sind noch geeignet zu bestimmen. Für die Funktionen $u_{\mu\nu}(x, y)$ soll gelten: Sie stellen über jedem Dreieck von $G_{\mu\nu}$ eine lineare Funktion gemäß (19.146) dar und erfüllen die folgenden Bedingungen:

1. $$u_{\mu\nu}(x_k, y_l) = \begin{cases} 1 & \text{für } k = \mu, l = \nu \,, \\ 0 & \text{in allen anderen Gitterpunkten von } G_{\mu\nu} \,, \end{cases} \tag{19.148a}$$

2. $$u_{\mu\nu}(x, y) \equiv 0 \quad \text{für } (x, y) \notin G_{\mu\nu} \,. \tag{19.148b}$$

Die Darstellung von $u_{\mu\nu}(x, y)$ über $G_{\mu\nu}$ zeigt die **Abb.19.9**. Die Berechnung von $u_{\mu\nu}$ über $G_{\mu\nu}$, d.h. über den Dreiecken 1 bis 6 in **Abb.19.8**, soll für das Dreieck 1 gezeigt werden:

$$u_{\mu\nu}(x, y) = a_1 + a_2 x + a_3 \quad \text{mit} \tag{19.149}$$

$$u_{\mu\nu}(x, y) = \begin{cases} 1 & \text{für } x = x_\mu, y = y_\nu \,, \\ 0 & \text{für } x = x_{\mu-1}, y = y_{\nu-1} \,, \\ 0 & \text{für } x = x_\mu, y = y_{\nu-1} \,. \end{cases} \tag{19.150}$$

Aus (19.150) folgt $a_1 = 1 - \nu, a_2 = 0, a_3 = 1/h$, und man erhält für Dreieck 1:

$$u_{\mu\nu}(x, y) = 1 + \left(\frac{y}{h} - \nu\right) . \tag{19.151}$$

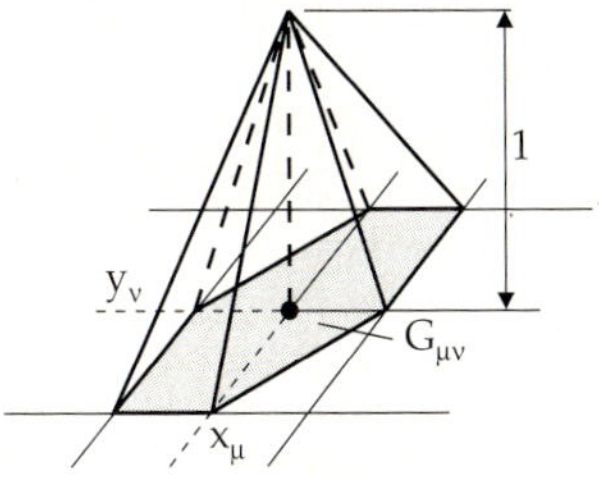

Abbildung 19.9

Analog berechnet man :

$$u_{\mu\nu}(x, y) = \begin{cases} 1 - \left(\frac{x}{h} - \mu\right) + \left(\frac{y}{h} - \nu\right) & \text{für Dreieck } 2 \,, \\ 1 - \left(\frac{x}{h} - \mu\right) & \text{für Dreieck } 3 \,, \\ 1 - \left(\frac{y}{h} - \nu\right) & \text{für Dreieck } 4 \,, \\ 1 + \left(\frac{x}{h} - \mu\right) + \left(\frac{y}{h} - \nu\right) & \text{für Dreieck } 5 \,, \\ 1 + \left(\frac{x}{h} - \mu\right) & \text{für Dreieck } 6 \,. \end{cases} \tag{19.152}$$

4. Berechnung der Ansatzkoeffizienten Man bestimmt die Ansatzkoeffizienten $\alpha_{\mu\nu}$ durch die Forderung, daß der Ansatz (19.147) die Variationsaufgabe (19.145a) für alle Ansatzfunktionen $u_{\mu\nu}$ erfüllt, d.h., in (19.145a) wird $\tilde{u}(x, y)$ für $u(x, y)$ und $u_{\mu\nu}(x, y)$ für $v(x, y)$ gesetzt. Auf diese Weise ergibt sich zur Bestimmung der Ansatzkoeffizienten das lineare Gleichungssystem

$$\sum_{\mu=1}^{N-1} \sum_{\nu=1}^{N-1} \alpha_{\mu\nu} a(u_{\mu\nu}, u_{kl}) = b(u_{kl}) \quad (k, l = 1, 2, \ldots, N-1) \,. \tag{19.153}$$

In (19.153) bedeuten:

$$a(u_{\mu\nu}, u_{kl}) = \iint\limits_{G_{kl}} \left(\frac{\partial u_{\mu\nu}}{\partial x} \cdot \frac{\partial u_{kl}}{\partial x} + \frac{\partial u_{\mu\nu}}{\partial y} \cdot \frac{\partial u_{kl}}{\partial y} \right) dx\, dy\,, \quad b(u_{kl}) = \iint\limits_{G_{kl}} f u_{kl}\, dx\, dy\,. \tag{19.154}$$

Bei der Berechnung von $a(u_{\mu\nu}, u_{kl})$ ist zu beachten, daß Beiträge zur Integration nur die Fälle liefern, in denen die Gebiete $G_{\mu\nu}$ und G_{kl} keinen leeren Durchschnitt haben. Diese Gebiete sind in **Tabelle 19.1** durch Schraffur gekennzeichnet.
Die Integration erfolgt jeweils über ein Dreieck mit dem Flächeninhalt $h^2/2$, so daß die Anteile der partiellen Ableitungen nach x ergeben:

$$\frac{1}{h^2} \left(4\alpha_{kl} - 2\alpha_{k+1,l} - 2\alpha_{k-1,l}\right) \frac{h^2}{2}\,. \tag{19.155a}$$

Analog erhält man für dir Anteile der partiellen Ableitungen nach y:

$$\frac{1}{h^2} \left(4\alpha_{kl} - 2\alpha_{k,l+1} - 2\alpha_{k,l-1}\right) \frac{h^2}{2}\,. \tag{19.155b}$$

Die Berechnung der rechten Seite $b(u_{kl})$ von (19.153)ergibt:

$$b(u_{kl}) = \iint\limits_{G_{kl}} f(x,y) u_{kl}(x,y)\, dx\, dy \approx f_{kl} V_P\,, \tag{19.156a}$$

wobei mit V_P das Volumen der von $u_{kl}(x,y)$ über G_{kl} beschriebenen Pyramide der Höhe 1 bezeichnet wird **(Abb.19.9)**. Wegen

$$V_P = \frac{1}{3} \cdot 6 \cdot \frac{1}{2} h^2 \quad \text{gilt} \quad b(u_{kl}) \approx f_{kl} h^2\,. \tag{19.156b}$$

Damit ergeben die Variationsgleichungen (19.153) für die Bestimmung der Ansatzkoeffizienten das lineare Gleichungssystem

$$4\alpha_{kl} - \alpha_{k+1,l} - \alpha_{k-1,l} - \alpha_{k,l+1} - \alpha_{k,l-1} = h^2 f_{kl} \quad (k, l = 1, 2, \ldots, N-1) \tag{19.157}$$

Bemerkungen:

1. Sind die Ansatzkoeffizienten gemäß (19.157) bestimmt worden, dann stellt $\tilde{u}(x,y)$ aus (19.147) eine explizite Näherungslösung dar, deren Werte für beliebige Punkte (x,y) aus G berechnet werden können.

2. Muß das Integrationsgebiet mit einem beliebigen, unregelmäßigen Dreiecksnetz überzogen werden, dann ist es zweckmäßig, sogenannte *Dreieckskoordinaten* (auch *baryzentrische Koordinaten* genannt) einzuführen. Dadurch ist die Lage eines Punktes bezüglich des Dreiecksnetzes leicht feststellbar, und die Berechnung der mehrdimensionalen Integrale analog zu (19.154) wird vereinfacht, weil jedes beliebige Dreieck besonders einfach auf ein Einheitsdreieck transformiert werden kann.

3. Soll die Genauigkeit der Näherungsfunktion erhöht oder ihre Differenzierbarkeit gewährleistet werden, dann muß man zu stückweise quadratischen oder stückweise kubischen Ansatzfunktionen übergehen (s. z.B. Lit [19.25]).

4. Bei der Lösung praktischer Probleme entstehen Aufgaben sehr großer Dimension. Deshalb wurden viele spezielle Verfahren entwickelt, z.B. auch für eine automatische Triangulierung und für eine günstige Numerierung der Elemente (davon hängt die Struktur der Gleichungssysteme ab, die gelöst werden müssen). Eine ausführliche Darstellung der FEM s. Lit. [19.13], [19.9] [19.25].

Tabelle 19.1 Hilfstabelle zur FEM

Flächen- stück auswahl	Graphische Darstellung	Dreiecke von G_{kl} $G_{\mu\nu}$	$\frac{\partial u_{kl}}{\partial x}$	$\frac{\partial u_{\mu\nu}}{\partial x}$	$\sum \frac{\partial u_{kl}}{\partial x}\frac{\partial u_{\mu\nu}}{\partial x}$
1. $\mu = k$ $\nu = l$	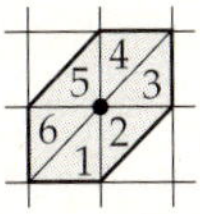	1 1 2 2 3 3 4 4 5 5 6 6	0 $-1/h$ $-1/h$ 0 $1/h$ $1/h$	0 $-1/h$ $-1/h$ 0 $1/h$ $1/h$	$\frac{4}{h^2}$
2. $\mu = k$ $\nu = l - 1$	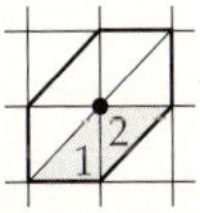	1 5 2 4	0 $-1/h$	$1/h$ 0	0
3. $\mu = k + 1$ $\nu = l$	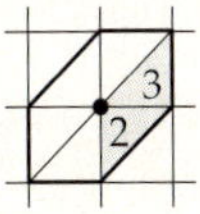	2 6 3 5	$-1/h$ $-1/h$	$1/h$ $1/h$	$-\frac{2}{h^2}$
4. $\mu = k + 1$ $\nu = l + 1$	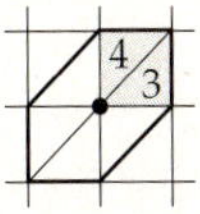	3 1 4 6	$-1/h$ 0	0 $1/h$	0
5. $\mu = k$ $\nu = l + 1$	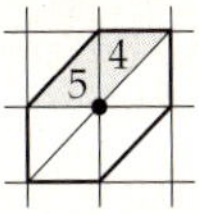	4 2 5 1	0 $-1/h$	$1/h$ 0	0
6. $\mu = k - 1$ $\nu = l$	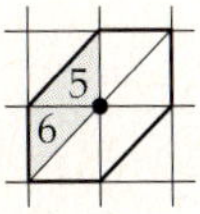	5 3 6 2	$1/h$ $1/h$	$-1/h$ $-1/h$	$-\frac{2}{h^2}$
7. $\mu = k - 1$ $\nu = l - 1$	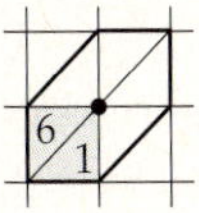	6 4 1 3	$1/h$ 0	0 $-1/h$	0

19.6 Approximation, Ausgleichsrechnung, Harmonische Analyse

19.6.1 Polynominterpolation

Die Grundaufgabe der Interpolation besteht darin, durch eine Reihe von Punkten (x_ν, y_ν) $(\nu = 0, 1, \ldots, n)$ eine geeignete Kurve hindurchzulegen. Graphisch geschieht das mit Hilfe eines Kurvenlineals, rechnerisch mit Hilfe einer Funktion $g(x)$, die an den Stellen x_ν, den sogenannten *Stützstellen*, die gegebenen Werte y_ν als Funktionswerte annimmt, d.h., $g(x)$ erfüllt die *Interpolationsbedingung*

$$g(x_\nu) = y_\nu \quad (\nu = 0, 1, 2, \ldots, n)\,. \tag{19.158}$$

Als Interpolationsfunktionen sind in erster Linie Polynome gebräuchlich bzw. bei periodischen Funktionen sogenannte trigonometrische Polynome. Im letzteren Fall spricht man von *trigonometrischer Interpolation* (s. S. 922). Werden $n+1$ Stützstellen benutzt, so heißt n die Ordnung der Interpolation, und der Grad des Interpolationspolynoms ist dann höchstens gleich n. Da mit zunehmendem Polynomgrad die Interpolationspolynome starke Oszillationen aufweisen, die in der Regel unerwünscht sind, zerlegt man zweckmäßigerweise das Interpolationsintervall in Teilintervalle und geht zur *Spline-Interpolation* über (s. S. 926).

19.6.1.1 Newtonsche Interpolationsformel

Zur Lösung der Interpolationsaufgabe (19.158) wird ein Polynom vom Grade n in der folgenden Form angesetzt:

$$g(x) = p_n(x) = a_0 + a_1(x-x_0) + a_2(x-x_0)(x-x_1) + \cdots + a_n(x-x_0)(x-x_1)\ldots(x-x_{n-1})\,. \tag{19.159}$$

Dieser Ansatz, auch NEWTON*sche Interpolationsformel* genannt, ermöglicht die einfache Berechnung der Koeffizienten a_i $(i = 0, 1, \ldots, n)$, da die Interpolationsbedingung (19.158) unmittelbar auf ein gestaffeltes lineares Gleichungssystem führt.

■ Für $n = 2$ erhält man aus (19.158) das nebenstehende Gleichungssystem. Das Interpolationspolynom $p_n(x)$ ist durch die Interpolationsbedingung (19.158) eindeutig bestimmt. Die Berechnung von Funktionswerten kann in einfacher Weise mit Hilfe des HORNER-Schemas (s. S. 881) erfolgen.

$$\begin{aligned} p_2(x_0) &= a_0 &&= y_0 \\ p_2(x_1) &= a_0 + a_1(x_1 - x_0) &&= y_1 \\ p_2(x_2) &= a_0 + a_1(x_2 - x_0) + a_2(x_2 - x_0)(x_2 - x_1) &&= y_2 \end{aligned}$$

19.6.1.2 Interpolationsformel nach Lagrange

Um durch $n+1$ Punkte (x_ν, y_ν) $(\nu = 0, 1, \ldots, n)$ ein Polynom vom Grade n hindurchzulegen, kann man nach LAGRANGE den folgenden Ansatz benutzen:

$$g(x) = p_n(x) = \sum_{\mu=0}^{n} y_\mu L_\mu(x)\,. \tag{19.160}$$

Dabei werden mit $L_\mu(x)$ $(\mu = 0, 1, \ldots, n)$ die LAGRANGEschen Grundpolynome bezeichnet. Der Ansatz (19.160) erfüllt die Interpolationsbedingung (19.158), wenn gilt:

$$L_\mu(x_\nu) = \delta_{\mu\nu} = \begin{cases} 1 & \text{für } \mu = \nu\,, \\ 0 & \text{für } \mu \neq \nu\,. \end{cases} \tag{19.161}$$

Dabei ist $\delta_{\mu\nu}$ das KRONECKER-Symbol. Aus der Bedingung (19.161) und der Forderung, daß die LAGRANGEschen Grundpolynome vom Grad n sein sollen, ergibt sich die Darstellung

$$L_\mu = \frac{(x-x_0)(x-x_1)\cdots(x-x_{\mu-1})(x-x_{\mu+1})\cdots(x-x_n)}{(x_\mu-x_0)(x_\mu-x_1)\cdots(x_\mu-x_{\mu-1})(x_\mu-x_{\mu+1})\cdots(x_\mu-x_n)} = \prod_{\substack{\nu=0\\ \nu\neq\mu}}^{n} \frac{x-x_\nu}{x_\mu-x_\nu}\,. \tag{19.162}$$

■ Die durch die Wertetabelle

x	0	1	3
y	1	3	2

gegebenen Punkte sollen mit Hilfe der LAGRANGEschen Interpolationsformel (19.160) interpoliert werden. Man erhält:

$$L_0(x) = \frac{(x-1)(x-3)}{(0-1)(0-3)} = \frac{1}{3}(x-1)(x-3),$$
$$L_1(x) = \frac{(x-0)(x-3)}{(1-0)(1-3)} = -\frac{1}{2}x(x-3),$$
$$L_2(x) = \frac{(x-0)(x-1)}{(3-0)(3-1)} = \frac{1}{6}x(x-1);$$

$$p_2(x) = 1 \cdot L_0(x) + 3 \cdot L_1(x) + 2 \cdot L_2(x) = -\frac{5}{6}x^2 + \frac{17}{6}x + 1.$$

Das LAGRANGEsche Interpolationspolynom hängt explizit und zwar linear von den gegebenen Funktionswerten y_μ ab. Das ist für theoretische Überlegungen von Bedeutung (s. z.B. die Regel von ADAMS–BASHFORTH, S. 900). Für praktische Rechnungen ist die LAGRANGEsche Interpolationsformel weniger geeignet.

19.6.1.3 Interpolation nach Aitken–Neville

In vielen praktischen Fällen wird das Interpolationspolynom $p_n(x)$ explizit nicht benötigt, sondern nur sein Funktionswert an einer vorgegebenen Stelle x des Interpolationsgebietes. Zur Berechnung dieses Funktionswertes kann man nach AITKEN–NEVILLE rekursiv vorgehen. Dazu verwendet man zweckmäßigerweise die Bezeichnung

$$p_n(x) = p_{0,1,\ldots,n}(x), \tag{19.163}$$

in der die Indizierung die verwendeten Stützstellen und damit auch den Grad des Interpolationspolynoms angibt. Es gilt

$$p_{0,1,\ldots,n}(x) = \frac{(x-x_0)p_{1,2,\ldots,n}(x) - (x-x_n)p_{0,1,2,\ldots,n-1}(x)}{x_n - x_0}, \tag{19.164}$$

d.h., der Funktionswert $p_{0,1,\ldots,n}(x)$ ergibt sich durch lineare Interpolation aus den Funktionswerten von $p_{1,2,\ldots,n}(x)$ und $p_{0,1,2,\ldots,n-1}(x)$, zwei Interpolationspolynomen vom Grad $\leq n-1$. Die gezielte Anwendung von (19.164) führt auf ein Schema, das für den Fall $n = 4$ angegeben werden soll:

$$\begin{array}{c|l} x_0 & y_0 = p_0 \\ x_1 & y_1 = p_1 \; p_{01} \\ x_2 & y_2 = p_2 \; p_{12} \; p_{012} \\ x_3 & y_3 = p_3 \; p_{23} \; p_{123} \; p_{0123} \\ x_4 & y_4 = p_4 \; p_{34} \; p_{234} \; p_{1234} \; \underline{p_{01234} = p_4(x).} \end{array} \tag{19.165}$$

Die Elemente von (19.165) werden spaltenweise berechnet. Ein neuer Wert im Schema entsteht jeweils aus dem links daneben stehenden und dem unmittelbar über diesem stehenden Wert, z.B.

$$p_{23} = \frac{(x-x_2)p_3 - (x-x_3)p_2}{x_3 - x_2} = p_3 + \frac{x-x_3}{x_3-x_2}(p_3 - p_2), \tag{19.166a}$$

$$p_{123} = \frac{(x-x_1)p_{23} - (x-x_3)p_{12}}{x_3 - x_1} = p_{23} + \frac{x-x_3}{x_3-x_1}(p_{23} - p_{12}), \tag{19.166b}$$

$$p_{1234} = \frac{(x-x_1)p_{234} - (x-x_4)p_{123}}{x_4 - x_1} = p_{234} + \frac{x-x_4}{x_4-x_1}(p_{234} - p_{123}). \tag{19.166c}$$

Für die Durchführung des *Algorithmus von* AITKEN–NEVILLE auf dem Computer braucht man nach Lit. [19.3] nur einen Vektor $\underline{\mathbf{p}}$ mit $n+1$ Komponenten, der nacheinander die einzelnen Spalten von (19.165) aufnimmt. Dazu wird vereinbart, daß der Wert $p_{i-k,i-k+1,\ldots,i}$ $(i = k, k+1, \ldots, n)$ der k–ten Spalte die i–te Komponente p_i von $\underline{\mathbf{p}}$ wird. Damit sind die Spalten von (19.165) von oben nach unten zu berechnen, um die noch benötigten Werte zur Verfügung zu haben. Der Algorithmus besteht dann aus folgenden zwei Schritten:

1. Für $i = 0, 1, \ldots, n$ setze $p_i = y_i$. (19.167a)

2. Für $k = 1, 2, \ldots, n$ und für $i = n, n-1, \ldots, k$ setze $p_i = p_i + \frac{x - x_i}{x_i - x_{i-k}}(p_i - p_{i-1})$. (19.167b)

Nach Abschluß von (19.167b) stellt p_n den gesuchten Funktionswert von $p_n(x)$ an der Stelle x dar.

19.6.2 Approximation im Mittel

Das Prinzip der Approximation im Mittel, bei dem zwischen stetigen und diskreten Aufgaben unterschieden werden soll, wird auch als GAUSS*sche Fehlerquadratmethode* bezeichnet oder unter dem Begriff *Ausgleichsrechnung* zusammengefaßt.

19.6.2.1 Stetige Aufgabe, Normalgleichungen

Eine Funktion $f(x)$ ist über dem Intervall $[a, b]$ durch eine Funktion $g(x)$ in dem Sinne zu approximieren, daß der Ausdruck

$$F = \int_a^b \omega(x)[f(x) - g(x)]^2 \, dx \tag{19.168}$$

minimal wird, und zwar in Abhängigkeit von den Parametern, die die Funktion $g(x)$ enthält. Mit $\omega(x)$ ist eine gegebene Gewichtsfunktion bezeichnet, für die $\omega(x) > 0$ im Integrationsintervall gelten soll. Macht man für die Näherungsfunktion $g(x)$ den Ansatz

$$g(x) = \sum_{i=0}^{n} a_i g_i(x) \tag{19.169}$$

mit geeigneten, linear unabhängigen Funktionen $g_0(x)$, $g_1(x)$, ..., $g_n(x)$, dann führen die notwendigen Bedingungen

$$\frac{\partial F}{\partial a_i} = 0 \quad (i = 0, 1, \ldots, n) \tag{19.170}$$

für ein relatives Minimum von (19.168) auf das sogenannte *Normalgleichungssystem*

$$\sum_{i=0}^{n} a_i(g_i, g_k) = (f, g_k) \quad (k = 0, 1, \ldots, n) \tag{19.171}$$

zur Bestimmung der Ansatzkoeffizienten a_i . Dabei werden die Abkürzungen

$$(g_i, g_k) = \int_a^b \omega(x) g_i(x) g_k(x) \, dx \tag{19.172a}$$

$$(f, g_k) = \int_a^b \omega(x) f(x) g_k(x) \, dx \quad (i, k = 0, 1, \ldots, n), \tag{19.172b}$$

die auch als *Skalarprodukte* der betreffenden zwei Funktionen bezeichnet werden, verwendet.
Das System der Normalgleichungen ist eindeutig lösbar, da für die Ansatzfunktionen $g_0(x)$, $g_1(x)$, ..., $g_n(x)$ lineare Unabhängigkeit vorausgesetzt war. Die Koeffizientenmatrix des Systems (19.171) ist symmetrisch, so daß zur Lösung das CHOLESKY-Verfahren (s. S. 887) verwendet werden sollte. Die Ansatzkoeffizienten a_i können direkt berechnet werden, ohne Lösung eines Gleichungssystems, wenn das System der Ansatzfunktionen *orthogonal* ist, d.h. wenn gilt:

$$(g_i, g_k) = 0 \quad \text{für} \quad i \neq k \, . \tag{19.173}$$

Darüber hinaus spricht man von einem *orthonormierten* System, wenn gilt:

$$(g_i, g_k) = \begin{cases} 0 & \text{für } i \neq k\,, \\ 1 & \text{für } i = k\,, \end{cases} \quad (i, k = 0, 1, \ldots, n)\,. \tag{19.174}$$

Mit (19.174) vereinfachen sich die Normalgleichungen (19.171) zu

$$a_i = (f, g_i) \quad (i = 0, 1, \ldots, n)\,. \tag{19.175}$$

Linear unabhängige Funktionensysteme können orthogonalisiert werden. Aus den Potenzfunktionen $g_i(x) = x^i$ $(i = 0, 1, \ldots, n)$ erhält man je nach Wahl der Gewichtsfunktion und des Integrationsintervalls die folgenden *Orthogonalpolynome*:

Tabelle 19.2 Orthogonalpolynome

$[a, b]$	$\omega(x)$	Bezeichung der Orthogonalpolynome	s. S.
$[-1, 1]$	1	LEGENDREsche Polynome $P_n(x)$	507
$[-1, 1]$	$\frac{1}{\sqrt{1-x^2}}$	TSCHEBYSCHEFFsche Polynome $T_n(x)$	918
$[0, \infty)$	e^{-x}	LAGUERREsche Polynome $L_n(x)$	509
$(-\infty, \infty)$	$e^{-x^2/2}$	HERMITEsche Polynome $H_n(x)$	509

(19.176)

Mit dieser Auswahl können die wichtigsten Anwendungsfälle berücksichtigt werden:

1. Endliches Approximationsintervall.

2. Einseitig unendliches Approximationsintervall, z.B. bei zeitabhängigen Problemen.

3. Zweiseitig unendliches Approximationsintervall, z.B. bei Strömungsproblemen.

Man beachte, daß jedes endliche Intervall $[a, b]$ durch die Substitution

$$x = \frac{b+a}{2} + \frac{b-a}{2}t \quad (x \in [a, b]\,,\ t \in [-1, 1]) \tag{19.177}$$

auf das Intervall $[-1, 1]$, für das viele Ansatzfunktionen definiert sind, transformiert werden kann.

19.6.2.2 Diskrete Aufgabe, Normalgleichungen, Householder–Verfahren

Es seien N Wertepaare (x_ν, y_ν), z.B. durch Messung gefundene Werte, vorgegeben. Gesucht wird eine Funktion $g(x)$, deren Funktionswerte $g(x_\nu)$ von den gegebenen Werten y_ν in dem Sinne möglichst wenig abweichen, daß der quadratische Ausdruck

$$F = \sum_{\nu=1}^{N} [y_\nu - g(x_\nu)]^2 \tag{19.178}$$

minimal wird, und zwar in Abhängigkeit von den Parametern, die die Funktion $g(x)$ enthält. Die Formel (19.178) stellt die klassische *Fehlerquadratsumme* dar. Die Minimierung der Fehlerquadratsumme mit Hilfe der notwendigen Bedingungen für ein relatives Extremum wird auch als als *Methode der kleinsten Quadrate* bezeichnet. Mit dem Ansatz (19.169) und den notwendigen Bedingungen $\frac{\partial F}{\partial a_i} = 0$ $(i = 0, 1, \ldots, n)$ für ein relatives Minimum von (19.178) erhält man zur Bestimmung der Ansatzkoeffizienten im diskreten Fall das lineare Gleichungssystem der *Normalgleichungen*

$$\sum_{i=0}^{n} a_i [g_i g_k] = [y g_k] \quad (k = 0, 1, \ldots, n)\,. \tag{19.179}$$

Dabei werden in Anlehnung an die GAUSS*sche Summensymbolik* die folgenden Abkürzungen verwendet:

$$[g_i g_k] = \sum_{\nu=1}^{N} g_i(x_\nu) g_k(x_\nu)\,, \quad (19.180a) \qquad [y g_k] = \sum_{\nu=1}^{N} y_\nu g_k(x_\nu) \quad (i, k = 0, 1, \ldots, n). \quad (19.180b)$$

In der Regel gilt $n <\!\!\ll N$.

■ Für den Polynomansatz $g(x) = a_0 + a_1 x + \cdots + a_n x^n$ lauten die Normalgleichungen $a_0[x^k] + a_1[x^{k+1}] + \cdots + a_n[x^{k+n}] = [x^k y]$ $(k = 0, 1, \ldots, n)$ mit $[x^k] = \sum_{\nu=1}^{N} x_\nu{}^k$, $[x^0] = N$, $[x^k y] = \sum_{\nu=1}^{N} x_\nu{}^k y_\nu$, $[y] = \sum_{\nu=1}^{N} y_\nu$. Die Koeffizientenmatrix des Normalgleichungssystems (19.179) ist symmetrisch, so daß für die numerische Lösung das CHOLESKY–Verfahren in Frage kommt.

In Matrizenschreibweise haben die Normalgleichungen (19.179) und die Fehlerquadratsumme (19.178) die folgende übersichtliche Form:

$$\mathbf{G}^{\mathrm{T}}\mathbf{G}\underline{\mathbf{a}} = \mathbf{G}^{\mathrm{T}}\underline{\mathbf{y}}, \quad F = (\underline{\mathbf{y}} - \mathbf{G}\underline{\mathbf{a}})^{\mathrm{T}}(\underline{\mathbf{y}} - \mathbf{G}\underline{\mathbf{a}}) \quad \text{mit} \tag{19.181a}$$

$$\mathbf{G} = \begin{pmatrix} g_0(x_1) & g_1(x_1) & g_2(x_1) & \ldots & g_n(x_1) \\ g_0(x_2) & g_1(x_2) & g_2(x_2) & \ldots & g_n(x_2) \\ g_0(x_3) & g_1(x_3) & g_2(x_3) & \ldots & g_n(x_3) \\ \vdots & & & & \\ g_0(x_N) & g_1(x_N) & g_2(x_N) & \ldots & g_n(x_N) \end{pmatrix}, \quad \underline{\mathbf{y}} = \begin{pmatrix} y_1 \\ y_2 \\ y_3 \\ \vdots \\ y_N \end{pmatrix}, \quad \underline{\mathbf{a}} = \begin{pmatrix} a_0 \\ a_1 \\ a_2 \\ \vdots \\ a_n \end{pmatrix}. \tag{19.181b}$$

Würde man an Stelle der Forderung, die Fehlerquadratsumme zu minimieren, in den N Punkten (x_ν, y_ν) die Interpolationsforderung stellen, dann ergäbe sich das Gleichungssystem

$$\mathbf{G}\underline{\mathbf{a}} = \underline{\mathbf{y}}, \tag{19.182}$$

ein überbestimmtes lineares Gleichungssystem im Fall $n < N - 1$, das in der Regel keine Lösung hat. Durch Multiplikation mit $\mathbf{G}^{\mathrm{T}}$ erhält man aus (19.182) das Normalgleichungssystem (19.179) bzw. (19.181a).

Aus numerischer Sicht ist es jedoch günstiger, zur Lösung von Ausgleichsaufgaben auf (19.182) das HOUSEHOLDER–Verfahren (s. S. 277) anzuwenden, das eine Lösung im Sinne der minimalen Fehlerquadratsumme (19.178) liefert.

19.6.2.3 Mehrdimensionale Aufgaben

1. Ausgleichsaufgabe

Es soll die folgende diskrete mehrdimensionale Ausgleichsaufgabe behandelt werden: Eine Funktion $f(x_1, x_2, \ldots, x_n)$ der n unabhängigen Variablen $x_1, x_2, \ldots, x_n$ sei formelmäßig nicht bekannt, aber es seien N Funktionswerte f_ν, im allgemeinen Meßwerte, in einer Wertetabelle gegeben (s. nebenstehend). Die Schreibweise wird übersichtlicher und die Analogie zur eindimensionalen Ausgleichsaufgabe deutlicher, wenn man folgende Vektoren einführt:

(19.183)

x_1	$x_1^{(1)}$	$x_1^{(2)}$	$\ldots$	$x_1^{(N)}$
x_2	$x_2^{(1)}$	$x_2^{(2)}$	$\ldots$	$x_2^{(N)}$
$\vdots$	$\vdots$	$\vdots$		$\vdots$
x_n	$x_n^{(1)}$	$x_n^{(2)}$	$\ldots$	$x_n^{(N)}$
f	f_1	f_2	$\ldots$	f_N

$\underline{\mathbf{x}} = (x_1, x_2, \ldots, x_n)^{\mathrm{T}}$: Vektor der n unabhängigen Variablen,

$\underline{\mathbf{x}}^{(\nu)} = (x_1^{(\nu)}, x_2^{(\nu)}, \ldots, x_n^{(\nu)})^{\mathrm{T}}$: Vektor der ν–ten Stützstelle $(\nu = 1, \ldots, N)$,

$\underline{\mathbf{f}} = (f_1, f_2, \ldots f_N)^{\mathrm{T}}$: Vektor der N Funktionswerte in den N Stützstellen.

Zur Approximation von $f(x_1, x_2, \ldots, x_n) = f(\underline{\mathbf{x}})$ werde ein Ansatz der Form

$$g(x_1, x_2, \ldots, x_n) = \sum_{i=0}^{m} a_i g_i(x_1, x_2, \ldots, x_n) \tag{19.184}$$

verwendet. Dabei sind die $m + 1$ Funktionen $g_i(x_1, x_2, \ldots, x_n) = g_i(\underline{\mathbf{x}})$ geeignet gewählte Ansatzfunktionen.

■ **A:** Linearer Ansatz in n Variablen: $g(x_1, x_2, \ldots, x_n) = a_0 + a_1 x_1 + a_2 x_2 + \cdots + a_n x_n$.

■ **B:** Vollständiger quadratischer Ansatz in 3 Variablen:
$g(x_1, x_2, x_3) = a_0 + a_1 x_1 + a_2 x_2 + a_3 x_3 + a_4 x_1{}^2 + a_5 x_2{}^2 + a_6 x_3{}^2 + a_7 x_1 x_2 + a_8 x_1 x_3 + a_9 x_2 x_3$.

Die Ansatzkoeffizienten sind so zu bestimmen, daß $\sum_{\nu=1}^{N} \left[f_\nu - g\left(x_1^{(\nu)}, x_2^{(\nu)}, \ldots, x_n^{(\nu)}\right)\right]^2 = \min$ gilt.

2. Normalgleichungssystem Bildet man analog zu (19.181b) die Matrix **G**, indem man formal die Stützstellen x_ν durch die vektoriellen Stützstellen $\underline{\mathbf{x}}^{(\nu)}$ $(\nu = 1, 2, \ldots, N)$ ersetzt, dann kann man auch im vorliegenden mehrdimensionalen Fall zur Bestimmung der Ansatzkoeffizienten das Normalgleichungssystem

$$\mathbf{G}^{\mathrm{T}}\mathbf{G}\underline{\mathbf{a}} = \mathbf{G}^{\mathrm{T}}\underline{\mathbf{f}} \tag{19.185}$$

oder das überbestimmte lineare Gleichungssystem

$$\mathbf{G}\underline{\mathbf{a}} = \underline{\mathbf{f}} \tag{19.186}$$

verwenden.

■ Beispiel zur mehrdimensionalen Regression s. S. 775.

19.6.2.4 Nichtlineare Quadratmittelaufgaben

Der prinzipielle Lösungsweg soll am eindimensionalen diskreten Fall gezeigt werden. Die Ansatzfunktion $g(x)$ hänge nichtlinear von einigen Parametern ab.

■ **A:** $g(x) = a_0 e^{a_1 x} + a_2 e^{a_3 x}$. In dieser Exponentialsumme treten die Parameter a_1 und a_3 nichtlinear auf.

■ **B:** $g(x) = a_0 e^{a_1 x} \cos a_2 x$. In diesem Ansatz sind a_1 und a_2 die nichtlinearen Paramter.

Die Abhängigkeit der Ansatzfunktion $g(x)$ von einem Parametervektor $\underline{\mathbf{a}} = (a_0, a_1, \ldots, a_n)^{\mathrm{T}}$ soll durch die Bezeichnung

$$g = g(x, \underline{\mathbf{a}}) = g(x;\, a_0, a_1, \ldots, a_n) \tag{19.187}$$

zum Ausdruck gebracht werden. Es seien N Wertepaare (x_ν, y_ν) $(\nu = 1, 2, \ldots, N)$ gegeben. Zur Minimierung der Fehlerquadratsumme

$$\sum_{\nu=1}^{N} [y_\nu - g(x_\nu;\, a_0, a_1, \ldots, a_n)]^2 = F(a_0, a_1, \ldots, a_n) \tag{19.188}$$

führen die notwendigen Bedingungen $\dfrac{\partial F}{\partial a_i} = 0$ $(i = 0, 1, \ldots, n)$ auf ein nichtlineares Normalgleichungssystem, das iterativ z.B. mit Hilfe des NEWTON–Verfahrens (s. S. 891) gelöst werden muß.

Einen anderen Lösungsweg, der bei praktischen Aufgaben in der Regel gegangen wird, vermittelt das GAUSS–NEWTON–Verfahren (s. S. 891), das zur Lösung der nichtlinearen Quadratmittelaufgabe (19.24) beschrieben worden ist. Die Übertragung auf die jetzt vorliegende nichtlineare Approximationsaufgabe (19.188) erfordert die folgenden Schritte:

1. Linearisierung der Ansatzfunktion $g(x, \underline{\mathbf{a}})$ nach TAYLOR bezüglich der Parameter a_i. Dazu müssen Näherungswerte $a_i^{(0)}$ $(i = 0, 1, \ldots, n)$ bekannt sein:

$$g(x, \underline{\mathbf{a}}) \approx \tilde{g}(x, \underline{\mathbf{a}}) = g(x, \underline{\mathbf{a}}^{(0)}) + \sum_{i=0}^{n} \frac{\partial g}{\partial a_i}(x, \underline{\mathbf{a}}^{(0)})(a_i - a_i^{(0)})\,. \tag{19.189}$$

2. Lösung der linearen Ausgleichaufgabe

$$\sum_{\nu=1}^{N} [y_\nu - \tilde{g}(x_\nu, \underline{\mathbf{a}})]^2 = \min \tag{19.190}$$

mit Hilfe des Normalgleichungssystems

$$\tilde{\mathbf{G}}^{\mathrm{T}}\tilde{\mathbf{G}}\underline{\mathbf{\Delta a}} = \tilde{\mathbf{G}}^{\mathrm{T}}\underline{\mathbf{\Delta y}} \tag{19.191}$$

oder nach dem HOUSEHOLDER–Verfahren. In (19.191) sind die Komponenten der Vektoren $\underline{\mathbf{\Delta a}}$ und $\underline{\mathbf{\Delta y}}$ durch

$$\Delta a_i = a_i - a_i^{(0)} \qquad (i = 0, 1, 2, \ldots, n) \quad \text{und} \tag{19.192a}$$

$$\Delta y_\nu = y_\nu - g(x_\nu, \underline{\mathbf{a}}^{(0)}) \quad (\nu = 1, 2, \ldots, N) \tag{19.192b}$$

gegeben. Die Matrix $\tilde{G}$ wird analog zu G in (19.181b) gebildet, indem man $g_i(x_\nu)$ durch $\dfrac{\partial g}{\partial a_i}(x_\nu, \underline{\mathbf{a}}_1^{(0)})$ $(i = 0, 1, \ldots, n;\ \nu = 1, 2, \ldots, N)$ ersetzt.

3. Berechnung einer neuen Näherung durch

$$a_i^{(1)} = a_i^{(0)} + \Delta a_i \text{ bzw. } a_i^{(1)} = a_i^{(0)} + \gamma \Delta a_i \quad (i = 0, 1, 2, \ldots, n), \tag{19.193}$$

wobei $\gamma > 0$ ein Schrittweitenparameter ist.

Durch Wiederholung der Schritte **2** und **3** mit $a_i^{(1)}$ an Stelle von $a_i^{(0)}$ usw. erhält man für die gesuchten Parameter Folgen von Näherungswerten, deren Konvergenz sehr stark von der Güte der Startnäherung abhängt. Mit Hilfe des Schrittweitenparameters γ läßt sich aber zunächst eine Verkleinerung der Fehlerquadratsumme erzielen.

19.6.3 Tschebyscheff–Approximation

19.6.3.1 Aufgabenstellung und Alternantensatz

1. Prinzip der Tschebyscheff–Approximation

Unter Tschebyscheff–*Approximation* oder *gleichmäßiger Approximation* versteht man im stetigen Fall die folgende Aufgabe: In einem Intervall $a \le x \le b$ ist die Funktion $f(x)$ durch eine Näherungsfunktion $g(x) = g(x; a_0, a_1, \ldots, a_n)$ so zu approximieren, daß der größte Fehlerbetrag

$$\max_{a \le x \le b} |f(x) - g(x; a_0, a_1, \ldots, a_n)| = \Phi(a_0, a_1, \ldots, a_n) \tag{19.194}$$

durch geeignete Wahl der Parameter a_i $(i = 0, 1, \ldots, n)$ möglichst klein wird. Existiert für $f(x)$ eine solche Näherungsfunktion, dann wird der Maximalwert der Abweichung in mindestens $n + 2$ Punkten x_ν des Intervalls, den sogenannten *Alternantenpunkten*, mit abwechselndem Vorzeichen angenommen (**Abb.19.10**). Das ist der wesentliche Inhalt des sogenannten *Alternantensatzes* zur Charakterisierung der Lösung einer Tschebyscheffschen Approximationsaufgabe.

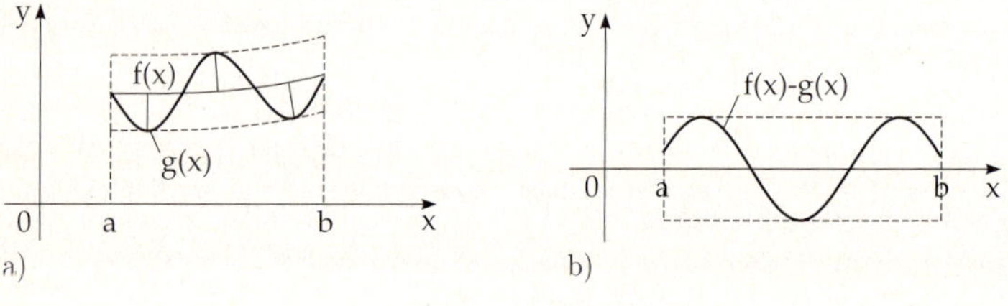

Abbildung 19.10

■ Approximiert man auf dem Intervall $[-1, 1]$ die Funktion $f(x) = x^n$ durch ein Polynom vom Grade $\le n - 1$ im Tschebyscheffschen Sinne, dann erhält man als Fehlerfunktion, wenn auf den Maximalwert 1 normiert wird, das Tschebyscheff–*Polynom* $T_n(x)$. Die Alternantenpunkte, die sich aus den Randpunkten und genau $n - 1$ Punkten im Innern des Intervalls zusammensetzen, entsprechen den Extremstellen von $T_n(x)$ (**Abb.19.11a–f**).

19.6.3.2 Eigenschaften der Tschebyscheff–Polynome

1. Darstellungen

$$T_n(x) = \cos(n \arccos x), \tag{19.195a}$$

$$T_n(x) = \frac{1}{2}\left[\left(x + \sqrt{x^2 - 1}\right)^n + \left(x - \sqrt{x^2 - 1}\right)^n\right], \tag{19.195b}$$

$$T_n(x) = \begin{cases} \cos nt,\ x = \cos t & \text{für } |x| < 1, \\ \cosh nt,\ x = \cosh t & \text{für } |x| > 1, \end{cases} \quad (n = 1, 2, \ldots). \tag{19.195c}$$

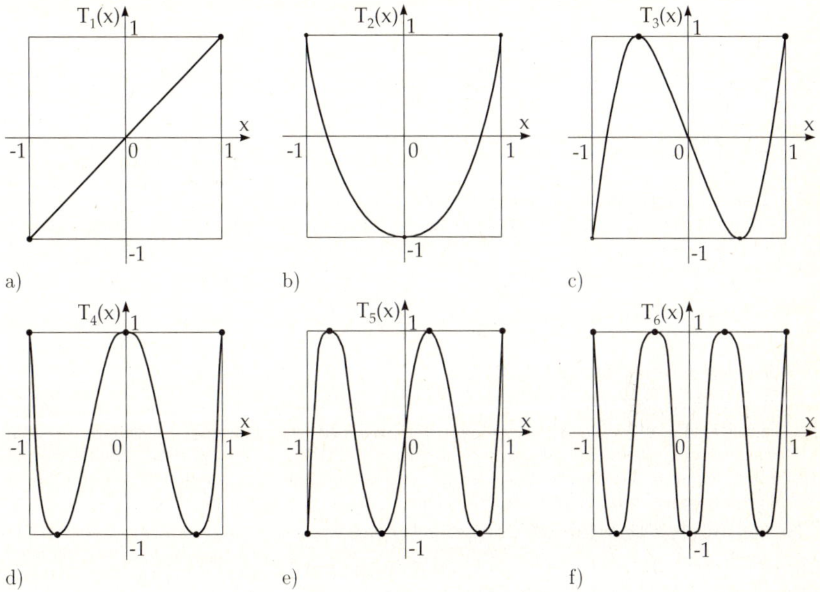

Abbildung 19.11

2. Nullstellen von $T_n(x)$

$$x_\mu = \cos\frac{(2\mu-1)\pi}{2n} \quad (\mu = 1, 2, \ldots, n)\,. \tag{19.196}$$

3. Extremstellen von $T_n(x)$ für $x \in [-1, 1]$

$$x_\nu = \cos\frac{\nu\pi}{n} \quad (\nu = 0, 1, 2, \ldots, n)\,. \tag{19.197}$$

4. Rekursionsformel

$$T_{n+1} = 2xT_n(x) - T_{n-1}(x) \quad (n = 1, 2, \ldots\,;\ T_0(x) = 1\,,\ T_1(x) = x)\,. \tag{19.198}$$

Daraus folgt z.B.

$$T_2(x) = 2x^2 - 1\,, \quad T_3(x) = 4x^3 - 3x\,, \tag{19.199a}$$

$$T_4(x) = 8x^4 - 8x^2 + 1\,, \quad T_5(x) = 16x^5 - 20x^3 + 5x\,, \tag{19.199b}$$

$$T_6(x) = 32x^6 - 48x^4 + 18x^2 - 1\,, \tag{19.199c}$$

$$T_7(x) = 64x^7 - 112x^5 + 56x^3 - 7x\,, \tag{19.199d}$$

$$T_8(x) = 128x^8 - 256x^6 + 160x^4 - 32x^2 + 1\,, \tag{19.199e}$$

$$T_9(x) = 256x^9 - 576x^7 + 432x^5 - 120x^3 + 9x\,, \tag{19.199f}$$

$$T_{10}(x) = 512x^{10} - 1280x^8 + 1120x^6 - 400x^4 + 50x^2 - 1\,. \tag{19.199g}$$

19.6.3.3 Remes–Algorithmus

1. Folgerungen aus dem Alternantensatz

Der Alternantensatz ist der Ausgangspunkt für die numerische Lösung der stetigen TSCHEBYSCHEFFschen Approximationsaufgabe. Wählt man als Näherungsfunktion

$$g(x) = \sum_{i=0}^{n} a_i g_i(x) \tag{19.200}$$

mit $n+1$ linear unabhängigen, bekannten Ansatzfunktionen, dann sollen mit $a_i{}^*$ $(i = 0, 1, \ldots, n)$ die Koeffizienten der Lösung der TSCHEBYSCHEFFschen Aufgabe und mit $\varrho = \Phi(a_0{}^*, a_1{}^*, \ldots, a_n{}^*)$ die zugehörige Minimalabweichung gemäß (19.194) bezeichnet werden. In dem Fall, daß die Funktionen f und g_i $(i = 0, 1, \ldots, n)$ differenzierbar sind, folgt aus dem Alternantensatz

$$\sum_{i=0}^{n} a_i{}^* g_i(x_\nu) + (-1)^\nu \varrho = f(x_\nu)\,, \qquad \sum_{i=0}^{n} a_i{}^* g'(x_\nu) = f'(x_\nu) \qquad (\nu = 1, 2, \ldots, n+2)\,. \tag{19.201}$$

Die Stellen x_ν sind Alternantenpunkte mit

$$a \le x_1 < x_2 < \ldots < x_{n+2} \le b\,. \tag{19.202}$$

Die Gleichungen (19.201) stellen $2n+4$ Bedingungen für die $2n+4$ unbekannten Größen der TSCHEBYSCHEFFschen Approximationsaufgabe dar: $n+1$ Ansatzkoeffizienten, $n+2$ Alternantenpunkte und die Minimalabweichung ϱ. Falls die Intervallrandpunkte zu den Alternantenpunkten gehören, brauchen dort die Bedingungen für die Ableitung nicht zu gelten.

2. Bestimmung der Minimallösung nach REMES

Nach REMES geht man zur numerischen Bestimmung der Minimallösung wie folgt vor:

1. Man bestimmt eine Alternantennäherung $x_\nu{}^{(0)}$ $(\nu = 1, 2, \ldots, n+2)$ gemäß (19.202), z.B. gleichabständig oder als Extremstellen von $T_{n+1}(x)$ (s. S. 918).

2. Man löst das lineare Gleichungssystem

$$\sum_{i=0}^{n} a_i g_i(x_\nu{}^{(0)}) + (-1)^\nu \varrho = f(x_\nu{}^{(0)}) \qquad (\nu = 1, 2, \ldots, n+2)$$

und erhält als Lösung die Näherungen $a_i{}^{(0)}$ $(i = 0, 1, \ldots, n)$ und ϱ_0.

3. Man ermittelt eine neue Alternantennäherung $x_\nu{}^{(1)}$ $(\nu = 1, 2, \ldots, n+2)$, z.B. als Extremstellen der Fehlerfunktion $f(x) - \sum\limits_{i=0}^{n} a_i{}^{(0)} g_i(x)$. Dabei genügt es, Näherungen für diese Extremstellen zu verwenden.

Durch Wiederholung der Schritte **2** und **3** mit $x_\nu{}^{(1)}$ und $a_i{}^{(1)}$ an Stelle von $x_\nu{}^{(0)}$ und $a_i{}^{(0)}$ usw. erhält man Folgen von Näherungen für die Koeffizienten und die Alternantenpunkte, für deren Konvergenz Bedingungen angegeben werden können (s. Lit. [19.29]). Man kann das Verfahren, das die Grundidee des sogenannten REMES–Algorithmus wiedergibt, abbrechen, wenn z.B. von einem gewissen Iterationsindex μ an

$$|\varrho_\mu| = \max_{a \le x \le b} \left| f(x) - \sum_{i=0}^{n} a_i{}^{(\mu)} g_i(x) \right| \tag{19.203}$$

mit hinreichender Genauigkeit gilt.

19.6.3.4 Diskrete Tschebyscheff–Approximation und Optimierung

Von der stetigen TSCHEBYSCHEFFschen Approximationsaufgabe

$$\max_{a \le x \le b} \left| f(x) - \sum_{i=0}^{n} a_i g_i(x) \right| = \min \tag{19.204}$$

kommt man zur zugehörigen diskreten Aufgabe, indem man N Stützstellen x_ν $(\nu = 1, 2, \ldots, N\,; N \geq n+2)$ mit der Eigenschaft $a \leq x_1 < x_2 \cdots < x_N \leq b$ wählt und

$$\max_{\nu=1,2,\ldots,N} \left| f(x_\nu) - \sum_{i=0}^{n} a_i g_i(x_\nu) \right| = \min \tag{19.205}$$

fordert. Substituiert man

$$\gamma = \max_{\nu=1,2,\ldots,N} \left| f(x_\nu) - \sum_{i=0}^{n} a_i g_i(x_\nu) \right| , \tag{19.206}$$

dann folgt daraus unmittelbar

$$\left| f(x_\nu) - \sum_{i=0}^{n} a_i g_i(x_\nu) \right| \leq \gamma \qquad (\nu = 1, 2, \ldots, N) . \tag{19.207}$$

Durch Auflösen der Beträge in (19.207) erhält man ein System von linearen Ungleichungen für die Koeffizienten a_i und γ , so daß aus (19.205) die lineare Optimierungsaufgabe (s. S. 841)

$$\gamma = \min \qquad \text{bei} \quad \begin{cases} \gamma + \sum\limits_{i=0}^{n} a_i g_i(x_\nu) \geq f(x_\nu) , \\ \gamma - \sum\limits_{i=0}^{n} a_i g_i(x_\nu) \geq -f(x_\nu) , \end{cases} \qquad (\nu = 1, 2, \ldots, N) \tag{19.208}$$

wird. Die Gleichung (19.208) besitzt eine Minimallösung mit $\gamma > 0$. Für eine hinreichend große Anzahl N von Stützstellen kann unter bestimmten Bedingungen die Lösung der diskreten Aufgabe als Näherung für die Lösung der stetigen Aufgabe angesehen werden.

Verwendet man an Stelle der linearen Näherungsfunktion $g(x) = \sum\limits_{i=0}^{n} a_i g_i(x)$ eine Näherungsfunktion $g(x) = g(x; a_0, a_1, \ldots, a_n)$, die nichtlinear von den Parametern $a_0, a_1, \ldots, a_n$ abhängt, dann erhält man in analoger Weise eine Optimierungsaufgabe, und zwar eine *nichtlineare Optimierungsaufgabe* , die in der Regel schon bei einfachen nichtlinearen Ansätzen nicht konvex ist. Das ist eine wesentliche Einschränkung im Hinblick auf die Wahl numerischer Lösungsverfahren für nichtlineare Optimierungsaufgaben (s. S. 858).

19.6.4 Harmonische Analyse

Eine formelmäßig oder empirisch gegebene periodische Funktion $f(x)$ mit der Periode 2π ist durch ein *trigonometrisches Polynom* oder eine FOURIER*sche Summe* der Form

$$g(x) = \frac{a_0}{2} + \sum_{k=1}^{n} (a_k \cos kx + b_k \sin kx) , \tag{19.209}$$

wobei die Koeffizienten a_0, a_k und b_k reell sein sollen, zu approximieren. Die Bestimmung der Ansatzkoeffizienten ist Gegenstand der harmonischen Analyse.

19.6.4.1 Formeln zur trigonometrischen Interpolation

1. Formeln für die FOURIER–Koeffizienten

Da das Funktionensystem 1 , $\cos kx$, $\sin kx$ $(k = 1, 2, \ldots, n)$ bezüglich des Intervalls $[0, 2\pi]$ und bezüglich der Gewichtsfunktion $\omega \equiv 1$ orthogonal ist, erhält man durch Anwendung der Fehlerquadratmethode im stetigen Fall gemäß (19.171) für die Ansatzkoeffizienten die Formeln

$$a_k = \frac{1}{\pi} \int_0^{2\pi} f(x) \cos kx \, dx , \quad b_k = \frac{1}{\pi} \int_0^{2\pi} f(x) \sin kx \, dx \qquad (k = 0, 1, 2, \ldots, n) . \tag{19.210}$$

Die Koeffizienten a_k und b_k , die nach der Formel (19.210) berechnet werden, heißen FOURIER–*Koeffizienten* der periodischen Funktion $f(x)$ (s. S. 415).

Lassen sich die in (19.210) auftretenden Integrale nicht mehr elementar oder nur mit großem Rechenaufwand integrieren oder ist die Funktion $f(x)$ nur punktweise bekannt, dann kann man die FOURIER–Koeffizienten näherungsweise durch numerische Integration ermitteln.
Durch die Anwendung der Trapezformel (s. S. 893) mit den gleichabständigen $N+1$ Stützstellen

$$x_\nu = \nu h \qquad (\nu = 0, 1, \ldots, N), \quad h = \frac{2\pi}{N} \tag{19.211}$$

erhält man die Näherungsformeln

$$a_k \approx \tilde{a}_k = \frac{2}{N}\sum_{\nu=1}^{N} f(x_\nu)\cos kx_\nu\,, \quad b_i \approx \tilde{b}_k = \frac{2}{N}\sum_{\nu=1}^{N} f(x_\nu)\sin kx_\nu\,, \quad (k = 0, 1, 2, \ldots, n)\,. \tag{19.212}$$

Im vorliegenden Fall periodischer Funktionen ist die Trapezformel in die sehr einfache Rechteckregel übergegangen. Diese ist hier von großer Genauigkeit, denn es gilt:
Ist $f(x)$ periodisch und $(2m+2)$–mal stetig differenzierbar, dann hat die Trapezformel die Fehlerordnung $O(h^{2m+2})$.

2. Trigonometrische Interpolation

Einige spezielle trigonometrische Polynome, die mit den Näherungskoeffizienten $\tilde{a}_k$ und $\tilde{b}_k$ gebildet werden, haben wichtige Approximationseigenschaften. Zwei davon sind:

1. Interpolation Es sei $N = 2n$. Das spezielle trigonometrische Polynom

$$\tilde{g}_1(x) = \frac{1}{2}\tilde{a}_0 + \sum_{k=1}^{n-1}(\tilde{a}_k\cos kx + \tilde{b}_k\sin kx) + \frac{1}{2}\tilde{a}_n\cos nx \tag{19.213}$$

mit den Koeffizienten (19.212) erfüllt an den Stützstellen x_ν (19.211) die Interpolationsbedingung

$$\tilde{g}_1(x_\nu) = f(x_\nu) \qquad (\nu = 1, 2, \ldots, N)\,. \tag{19.214}$$

Infolge der Periodizität von $f(x)$ ist $f(x_0) = f(x_N)$.

2. Approximation im Mittel Es sei $N = 2n$. Das spezielle trigonometrische Polynom

$$\tilde{g}_2(x) = \frac{1}{2}\tilde{a}_0 + \sum_{k=1}^{m}(\tilde{a}_k\cos kx + \tilde{b}_k\sin kx) \tag{19.215}$$

mit $m < n$ und den Koeffizienten (19.212) approximiert die Funktion $f(x)$ im diskreten quadratischen Mittel bezüglich der N Stützstellen x_ν (19.211), d.h., die Fehlerquadratsumme

$$F = \sum_{\nu=1}^{N}[f(x_\nu) - \tilde{g}_2(x_\nu)]^2 \tag{19.216}$$

ist minimal. Die Formeln (19.212) bilden den Ausgangspunkt für verschiedene Verfahren zur effektiven Berechnung der FOURIER–Koeffizienten.

19.6.4.2 Schnelle Fourier–Transformation (FFT)

1. Numerischer Aufwand bei der Berechnung des FOURIER –Koeffizienten

Die Summen, die in den Formeln (19.212) auftreten, kommen auch im Zusammenhang mit der diskreten FOURIER–Transformation, z.B. in der Elektrotechnik, in der Impuls- und vor allem in der Bildverarbeitung, vor. Dabei kann N sehr groß sein, so daß die betreffenden Summen äußerst rationell berechnet werden müssen, denn die Berechnung der N Näherungswerte (19.212) für die FOURIER–Koeffizienten erfordert etwa N^2 Additionen und Multiplikationen. Für den Spezialfall $N = 2^p$ läßt sich jedoch mit Hilfe der sogenannten *Schnellen* FOURIER*–Transformation* **FFT** (**F**ast **F**OURIER **T**ransformation) die Anzahl der Multiplikationen von $N^2 = 2^{2p}$ auf $pN = p2^p$ senken. Die Größenordnung dieser Reduzierung erkennt man an nebenstehendem Zahlenbeispiel.

p	N^2	pN
10	$\sim 10^6$	$\sim 10^4$
20	$\sim 10^{12}$	$\sim 10^7$

(19.217)

Dadurch sinkt der Rechenaufwand und damit auch die Rechenzeit so stark ab, daß für einige wichtige Anwendungsgebiete bereits der Einsatz kleinerer Computer ausreicht.
Die FFT nutzt die Eigenschaften der N–ten Einheitswurzel, d.h. der Lösungen der Gleichung $z^N = 1$, aus, um die Summanden in (19.212) sukzessiv zusammenzufassen.

2. Komplexe Darstellung der FOURIERschen Summe

Um das Prinzip der FFT möglichst einfach beschreiben zu können, bringt man die FOURIERsche Summe (19.209) mit Hilfe der Formeln

$$\cos kx = \frac{1}{2}\left(e^{\mathrm{i}kx} + e^{-\mathrm{i}kx}\right), \quad \sin kx = \frac{\mathrm{i}}{2}\left(e^{-\mathrm{i}kx} - e^{\mathrm{i}kx}\right) \tag{19.218}$$

auf die komplexe Form

$$g(x) = \frac{1}{2}a_0 + \sum_{k=1}^{n}(a_k \cos kx + b_k \sin kx) = \frac{1}{2}a_0 + \sum_{k=1}^{n}\left(\frac{a_k - \mathrm{i}b_k}{2}e^{\mathrm{i}kx} + \frac{a_k + \mathrm{i}b_k}{2}e^{-\mathrm{i}kx}\right). \tag{19.219}$$

Setzt man

$$c_k = \frac{a_k - \mathrm{i}b_k}{2}, \tag{19.220a}$$

dann gilt wegen (19.210)

$$c_k = \frac{1}{2\pi}\int_0^{2\pi} f(x)e^{-\mathrm{i}kx}\,dx, \tag{19.220b}$$

und (19.219) geht in die *komplexe Darstellung der* FOURIER*schen Summe* über:

$$g(x) = \sum_{k=-n}^{n} c_k e^{\mathrm{i}kx} \quad \text{mit} \quad c_{-k} = \bar{c}_k. \tag{19.221}$$

Sind die komplexen Koeffizienten c_k ermittelt worden, dann erhält man daraus die gesuchten reellen FOURIER–Koeffizienten auf folgende einfache Weise:

$$a_0 = 2c_0, \quad a_k = 2\mathrm{Re}(c_k), \quad b_k = -2\mathrm{Im}(c_k) \quad (k = 1, 2, \ldots, n). \tag{19.222}$$

3. Numerische Berechnung der komplexen FOURIER–Koeffizienten

Zur numerischen Bestimmung von c_k wendet man auf (19.220b) analog zu (19.211) und (19.212) die Trapezformel an und erhält die diskreten komplexen FOURIER–Koeffizienten $\tilde{c}_k$:

$$\tilde{c}_k = \frac{1}{N}\sum_{\nu=0}^{N-1} f(x_\nu)e^{-\mathrm{i}kx_\nu} = \sum_{\nu=0}^{N-1} f_\nu \omega_N^{k\nu} \quad (k = 0, 1, 2, \ldots, n) \quad \text{mit} \tag{19.223a}$$

$$f_\nu = \frac{1}{N}f(x_\nu), \quad x_\nu = \frac{2\pi\nu}{N} \quad (\nu = 0, 1, 2, \ldots, N-1), \quad \omega_N = e^{-\frac{2\pi\mathrm{i}}{N}}. \tag{19.223b}$$

Der Zusammenhang (19.223a) unter Beachtung von (19.223b) wird dann als *diskrete komplexe* FOURIER *–Transformation* der Länge N der Werte f_ν $(\nu = 0, 1, 2, \ldots, N-1)$ bezeichnet.
Die Potenzen $\omega_N^\nu = z$ $(\nu = 0, 1, 2, \ldots, N-1)$ genügen sämtlich der Gleichung $z^N = 1$. Sie werden deshalb auch als *N–te Einheitswurzel* bezeichnet. Wegen $e^{-2\pi\mathrm{i}} = 1$ gilt:

$$\omega_N^N = 1, \ \omega_N^{N+1} = \omega_N^1, \ \omega_N^{N+2} = \omega_N^2, \ldots. \tag{19.224}$$

Die effektive Berechnung der Summe (19.223a) ergibt sich aus der Tatsache, daß eine diskrete komplexe FOURIER–Transformation der Länge $N = 2n$ auf zwei Transformationen der Länge $N/2 = n$ in folgender Weise zurückgeführt werden kann:

a) Für alle Koeffizienten $\tilde{c}_k$ mit geradem Index, d.h. $k = 2l$, erhält man:

$$\tilde{c}_{2l} = \sum_{\nu=0}^{2n-1} f_\nu \omega_N^{2l\nu} = \sum_{\nu=0}^{n-1}\left[f_\nu \omega_N^{2l\nu} + f_{n+\nu}\omega_N^{2l(n+\nu)}\right] = \sum_{\nu=0}^{n-1}\left[f_\nu + f_{n+\nu}\right]\omega_N^{2l\nu}. \tag{19.225}$$

Dabei wurde beachtet, daß $\omega_N^{2l(n+\nu)} = \omega_N^{2ln}\omega_N^{2l\nu} = \omega_N^{2l\nu}$ ist. Substituiert man

$$y_\nu = f_\nu + f_{n+\nu} \quad (\nu = 0, 1, 2, \ldots, n-1) \tag{19.226}$$

und berücksichtigt man, daß $\omega_N^2 = \omega_n$ gilt, dann ist

$$\tilde{c}_{2l} = \sum_{\nu=0}^{n-1} y_\nu \omega_n^{l\nu} \quad (\nu = 0, 1, 2, \ldots, n-1) \tag{19.227}$$

die diskrete komplexe FOURIER–Transformation der Werte y_ν $(\nu = 0, 1, 2, \ldots, n-1)$ mit der Länge $n = N/2$.

b) Für alle Koeffizienten $\tilde{c}_k$ mit ungeradem Index, d.h. mit $k = 2l + 1$, erhält man analog:

$$\tilde{c}_{2l+1} = \sum_{\nu=0}^{2n-1} f_\nu \omega_N^{(2l+1)\nu} = \sum_{\nu=0}^{n-1} \left[(f_\nu - f_{n+\nu})\omega_N^\nu\right] \omega_N^{2l\nu}. \tag{19.228}$$

Substituiert man

$$y_{n+\nu} = (f_\nu - f_{n+\nu})\omega_N^\nu \quad (\nu = 0, 1, 2, \ldots, n-1) \tag{19.229}$$

und beachtet man, daß auch hier $\omega_N^2 = \omega_n$ gilt, dann ist

$$\tilde{c}_{2l+1} = \sum_{\nu=0}^{n-1} y_{n+\nu} \omega_n^{l\nu} \quad (\nu = 0, 1, 2, \ldots, n-1) \tag{19.230}$$

die diskrete komplexe FOURIER–Transformation der Werte $y_{n+\nu}$ $(\nu = 0, 1, 2, \ldots, n-1)$ mit der Länge $n = N/2$.
Die Reduzierung gemäß **a)** und **b)**, d.h. die Zurückführung einer diskreten komplexen FOURIER–Transformation auf jeweils zwei diskrete komplexe FOURIER–Transformationen der halben Länge, läßt sich fortsetzen, wenn N eine Potenz von 2 ist, d.h. wenn $N = 2^p$ (p natürliche Zahl) gilt. Die p–malige Anwendung der Reduzierung wird als FFT bezeichnet. Da jeder Reduktionsschritt wegen (19.229) $N/2$ komplexe Multiplikationen erfordert, ist der Rechenaufwand bei der FFT von der Größenordnung

$$\frac{N}{2}p = \frac{N}{2}\log_2 N. \tag{19.231}$$

4. Schemata zur FFT

Für den speziellen Fall $N = 8 = 2^3$ sollen die dazugehörigen 3 Reduktionsschritte der FFT gemäß (19.226) und (19.229) im folgenden **Schema 1** zusammengestellt werden:
Schema 1:

	1. Schritt	2. Schritt	3. Schritt	
f_0	$y_0 = f_0 + f_4$	$y_0 := y_0 + y_2$	$y_0 := y_0 + y_1$	$= \tilde{c}_0$
f_1	$y_1 = f_1 + f_5$	$y_1 := y_1 + y_3$	$y_1 := (y_0 - y_1)\omega_2^0$	$= \tilde{c}_4$
f_2	$y_2 = f_2 + f_6$	$y_2 := (y_0 - y_2)\omega_4^0$	$y_2 := y_2 + y_3$	$= \tilde{c}_2$
f_3	$y_3 = f_3 + f_7$	$y_3 := (y_1 - y_3)\omega_4^1$	$y_3 := (y_2 - y_3)\omega_2^0$	$= \tilde{c}_6$
f_4	$y_4 = (f_0 - f_4)\omega_8^0$	$y_4 := y_4 + y_6$	$y_4 := y_4 + y_5$	$= \tilde{c}_1$
f_5	$y_5 = (f_1 - f_5)\omega_8^1$	$y_5 := y_5 + y_7$	$y_5 := (y_4 - y_5)\omega_2^0$	$= \tilde{c}_5$
f_6	$y_6 = (f_2 - f_6)\omega_8^2$	$y_6 := (y_4 - y_6)\omega_4^0$	$y_6 := y_6 + y_7$	$= \tilde{c}_3$
f_7	$y_7 = (f_3 - f_7)\omega_8^3$	$y_7 := (y_5 - y_7)\omega_4^1$	$y_7 := (y_6 - y_7)\omega_2^0$	$= \tilde{c}_7$
	$N = 8,\ n := 4,\ \omega_8 = e^{-\frac{2\pi i}{8}}$	$N := 4,\ n := 2,\ \omega_4 = \omega_8^2$	$N := 2,\ n := 1,\ \omega_2 = \omega_4^2$	

Die Zuordnung der gesuchten komplexen FOURIER–Koeffizienten zu den y–Werten des 3. Schrittes erkennt man, wenn man sich überlegt, wie in jedem Reduktionsschritt jeweils die Berechnung der Koeffizienten mit geraden und ungeraden Indizes erfolgt. In dem folgenden **Schema 2** (19.232) ist diese Verfahrensweise schematisch dargestellt.

Schema 2:

$$\tilde{c}_k \Rightarrow \begin{cases} \tilde{c}_{2k} \Rightarrow \begin{cases} \tilde{c}_{4k} \Rightarrow \begin{cases} \tilde{c}_{8k} \\ \tilde{c}_{8k+4} \end{cases} \\ \tilde{c}_{4k+2} \Rightarrow \begin{cases} \tilde{c}_{8k+2} \\ \tilde{c}_{8k+6} \end{cases} \end{cases} \\ \tilde{c}_{2k+1} \Rightarrow \begin{cases} \tilde{c}_{4k+1} \Rightarrow \begin{cases} \tilde{c}_{8k+1} \\ \tilde{c}_{8k+5} \end{cases} \\ \tilde{c}_{4k+3} \Rightarrow \begin{cases} \tilde{c}_{8k+3} \\ \tilde{c}_{8k+7} \end{cases} \end{cases} \end{cases} \tag{19.232}$$

$(k = 0, 1, \ldots, 7)$ $(k = 0, 1, 2, 3)$ $(k = 0, 1)$ $(k = 0)$.

Schreibt man in **Schema 1** die Koeffizienten $\tilde{c}_k$ auf und gibt man die Dualdarstellung ihrer Indizes vor dem ersten und nach dem dritten Reduktionsschritt an, dann erkennt man, daß die Reihenfolge der gesuchten Koeffizienten durch sogenannte *Bitumkehr* auf besonders einfache Weise ermittelt werden kann, wie in dem nebenstehenden **Schema 3** dargestellt ist.

Schema 3:	Index	1. Schritt	2. Schritt	3. Schritt	Index
$\tilde{c}_0$	000	$\tilde{c}_0$	$\tilde{c}_0$	$\tilde{c}_0$	000
$\tilde{c}_1$	00L	$\tilde{c}_2$	$\tilde{c}_4$	$\tilde{c}_4$	L00
$\tilde{c}_2$	0L0	$\tilde{c}_4$	$\tilde{c}_2$	$\tilde{c}_2$	0L0
$\tilde{c}_3$	0LL	$\tilde{c}_6$	$\tilde{c}_6$	$\tilde{c}_6$	LL0
$\tilde{c}_4$	L00	$\tilde{c}_1$	$\tilde{c}_1$	$\tilde{c}_1$	00L
$\tilde{c}_5$	L0L	$\tilde{c}_3$	$\tilde{c}_5$	$\tilde{c}_5$	L0L
$\tilde{c}_6$	LL0	$\tilde{c}_5$	$\tilde{c}_3$	$\tilde{c}_3$	0LL
$\tilde{c}_7$	LLL	$\tilde{c}_7$	$\tilde{c}_7$	$\tilde{c}_7$	LLL

■ Für die Funktion $f(x) = \begin{cases} 2\pi^2 \text{ für } x = 0\,, \\ x^2 \text{ für } 0 < x < 2\pi\,, \end{cases}$ die periodisch mit der Periode 2π sein soll, werde mit Hilfe der FFT die diskrete FOURIER–Transformation durchgeführt. Man wähle $N = 8$. Mit $x_\nu = \frac{2\pi}{8}$, $f_\nu = \frac{1}{8}f(x_\nu)$ $(\nu = 0, 1, 2, \ldots, 7)$, $\omega_8 = e^{-\frac{2\pi i}{8}} = 0{,}707107(1 - i)$, $\omega_8^2 = -i$, $\omega_8^3 = -0{,}707107(1 + i)$ erhält man das folgende **Schema 4:**

Schema 4:	1. Schritt	2. Schritt	3. Schritt
$f_0 = 2{,}467401$	$y_0 = 3{,}701102$	$y_0 = 6{,}785353$	$y_0 = 13{,}262281 = \tilde{c}_0$
$f_1 = 0{,}077106$	$y_1 = 2{,}004763$	$y_1 = 6{,}476928$	$y_1 = 0{,}308425 = \tilde{c}_4$
$f_2 = 0{,}308425$	$y_2 = 3{,}084251$	$y_2 = 0{,}616851$	$y_2 = 0{,}616851 + 2{,}467402\,i = \tilde{c}_2$
$f_3 = 0{,}693957$	$y_3 = 4{,}472165$	$y_3 = 2{,}467402\,i$	$y_3 = 0{,}616851 - 2{,}467402\,i = \tilde{c}_6$
$f_4 = 1{,}233701$	$y_4 = 1{,}233700$	$y_4 = 1{,}233700 + 2{,}467401\,i$	$y_4 = 2{,}106058 + 5{,}956833\,i = \tilde{c}_1$
$f_5 = 1{,}927657$	$y_5 = -1{,}308537(1 - i)$	$y_5 = 0{,}872358 + 3{,}489432\,i$	$y_5 = 0{,}361342 - 1{,}022031\,i = \tilde{c}_5$
$f_6 = 2{,}775826$	$y_6 = 2{,}467401\,i$	$y_6 = 1{,}233700 - 2{,}467401\,i$	$y_6 = 0{,}361342 + 1{,}022031\,i = \tilde{c}_3$
$f_7 = 3{,}778208$	$y_7 = 2{,}180895(1 + i)$	$y_7 = -0{,}872358 + 3{,}489432\,i$	$y_7 = 2{,}106058 - 5{,}956833\,i = \tilde{c}_7$

Aus dem dritten (letzten) Reduktionsschritt erhält man die nebenstehend aufgeführten gesuchten reellen FOURIER–Koeffizienten gemäß (19.222).
In diesem Beispiel kann man auch die allgemeine Eigenschaft

$$a_0 = 26,524\,562$$
$$a_1 = 4,212\,116 \quad b_1 = -11,913\,666$$
$$a_2 = 1,233\,702 \quad b_2 = -\ 4,934\,804$$
$$a_3 = 0,722\,684 \quad b_3 = -\ 2,044\,062$$
$$a_4 = 0,616\,850 \quad b_4 = 0$$

$$\tilde{c}_{N-k} = \bar{\tilde{c}}_k \tag{19.233}$$

der diskreten komplexen FOURIER–Koeffizienten überprüfen. Für $k = 1,2,3$ sieht man, daß $\tilde{c}_7 = \bar{\tilde{c}}_1$, $\tilde{c}_6 = \bar{\tilde{c}}_2$, $\tilde{c}_5 = \bar{\tilde{c}}_3$ gilt.

19.7 Darstellung von Kurven und Flächen mit Hilfe von Splines

19.7.1 Kubische Splines

Da Interpolations- und Ausgleichspolynome höheren Grades in der Regel unerwünschte Oszillationen zeigen, ist es zweckmäßig, das Approximationsintervall durch sogenannte *Knoten* in Teilintervalle zu zerlegen und auf jedem dieser Teilintervalle die Approximation durch relativ einfache Funktionen vorzunehmen. In der Praxis werden dazu vor allem kubische Polynome verwendet. Bei dieser stückweisen Approximation ist ein glatter Übergang der Teilfunktionen an den Knoten zu gewährleisten.

19.7.1.1 Interpolationssplines

1. Definition der kubischen Interpolationssplines

Es seien N Interpolationspunkte (x_i, f_i) $(i = 1, 2, \ldots, N)$ gegeben. Der *kubische Interpolationsspline* $S(x)$ ist durch folgende Eigenschaften eindeutig festgelegt:

1. $S(x)$ erfüllt die Interpolationsbedingung $S(x_i) = f_i \ (i = 1, 2, \ldots, N)$.

2. $S(x)$ ist in jedem Teilintervall $[x_i, x_{i+1}]$ $(i = 1, 2, \ldots, N-1)$ ein Polynom vom Grad ≤ 3.

3. $S(x)$ ist 2mal stetig differenzierbar im gesamten Approximationsintervall $[x_1, x_N]$.

4. $S(x)$ erfüllt spezielle Randbedingungen:
  a) $S''(x_1) = S''(x_N) = 0$ (man spricht dann von *natürlichen Splines*) oder
  b) $S'(x_1) = f_1{}'$, $S'(x_N) = f_N{}'$ ($f_1{}'$ und $f_N{}'$ sind gegebene Werte) oder
  c) $S(x_1) = S(x_N)$, falls $f_1 = f_N$, und $S'(x_1) = S'(x_N)$ sowie $S''(x_1) = S''(x_N)$ (man spricht dann von *periodischen Splines*).

Aus diesen Eigenschaften folgt, daß $S(x)$ unter allen 2mal stetig differenzierbaren Funktionen $g(x)$, die die Interpolationsbedingung $g(x_i) = f_i \ (i = 1, 2, \ldots, N)$ erfüllen, dadurch ausgezeichnet ist, daß

$$\int_{x_1}^{x_N} [S''(x)]^2\,dx \leq \int_{x_1}^{x_N} [g''(x)]^2\,dx \tag{19.234}$$

gilt (*Satz von* HOLLADAY). Man sagt auf Grund von (19.234), $S(x)$ hat *minimale Gesamtkrümmung*, da für die Krümmung κ einer ebenen Kurve in erster Näherung $\kappa \approx S''$ gilt (s. S. 227). Darüber hinaus läßt sich zeigen: Legt man durch die Punkte (x_i, f_i) $(i = 1, 2, \ldots, N)$ ein dünnes, elastisches Lineal (engl. Spline), so wird seine Biegelinie durch den kubischen Interpolationsspline $S(x)$ beschrieben.

2. Bestimmung der Spline–Koeffizienten

Für den kubischen Interpolationsspline $S(x)$ wird für $x \in [x_i, x_{i+1}]$ der folgende Ansatz gemacht:

$$S(x) = S_i(x) = a_i + b_i(x - x_i) + c_i(x - x_i)^2 + d_i(x - x_i)^3 \qquad (i = 1, 2, \ldots, N-1)\,. \tag{19.235}$$

Die Länge der Teilintervalle wird mit $h_i = x_{i+1} - x_i$ bezeichnet. Zur Bestimmung der Ansatzkoeffizienten für den natürlichen Spline kann man wie folgt vorgehen:

1. Aus der Interpolationsforderung folgt

$$a_i = f_i \qquad (i = 1, 2, \ldots, N-1)\,. \tag{19.236}$$

Es ist zweckmäßig, den im Ansatz nicht auftretenden Koeffizienten a_N einzuführen und $a_N = f_N$ zu setzen.
2. Die Stetigkeit von $S''(x)$ an den inneren Knoten führt zu

$$d_{i-1} = \frac{c_i - c_{i-1}}{3h_{i-1}} \qquad (i = 2, 3, \ldots, N-1)\,. \tag{19.237}$$

Aus den natürlichen Randbedingungen folgt $c_1 = 0$, und (19.237) gilt auch für $i = N$, wenn man c_N einführt und $c_N = 0$ setzt.
3. Die Stetigkeit von $S(x)$ an den inneren Knoten führt zu

$$b_{i-1} = \frac{a_i - a_{i-1}}{h_{i-1}} - \frac{2c_{i-1} + c_i}{3} h_{i-1} \qquad (i = 2, 3, \ldots, N)\,. \tag{19.238}$$

4. Die Stetigkeit von $S'(x)$ an den inneren Knoten ergibt

$$c_{i-1}h_{i-1} + 2(h_{i-1} + h_i)c_i + c_{i+1}h_i = 3\left(\frac{a_{i+1} - a_i}{h_i} - \frac{a_i - a_{i-1}}{h_{i-1}}\right) \qquad (i = 2, 3, \ldots, N-1)\,. \tag{19.239}$$

Wegen (19.236) ist die rechte Seite des linearen Gleichungssystems (19.239) zur Bestimmung der Koeffizienten c_i $(i = 2, 3, \ldots, N-1;\ c_1 = c_N = 0)$ bekannt. Die linke Seite hat folgende Gestalt:

$$\begin{pmatrix} 2(h_1 + h_2) & h_2 & & & \\ h_2 & 2(h_2 + h_3) & h_3 & & \mathbf{O} \\ & h_3 & 2(h_3 + h_4) & h_4 & \\ & & \ddots & \ddots & \ddots \\ & \mathbf{O} & & & h_{N-2} \\ & & & h_{N-2} & 2(h_{N-2} + h_{N-1}) \end{pmatrix} \begin{pmatrix} c_2 \\ c_3 \\ c_4 \\ \vdots \\ \\ c_{N-1} \end{pmatrix}. \tag{19.240}$$

Die Koeffizientenmatrix ist *tridiagonal*, so daß sich das Gleichungssystem (19.239) durch eine LR–Zerlegung (s. S. 885) sehr einfach numerisch lösen läßt. Aus den Koeffizienten c_i erhält man über (19.238) und (19.237) die restlichen Koeffizienten.

19.7.1.2 Ausgleichssplines

In der Praxis sind die gegebenen Werte f_i häufig Meßwerte, also fehlerbehaftet. In diesem Fall ist die Interpolationsforderung unzweckmäßig. Man führt deshalb den *kubischen Ausgleichsspline* ein. Er entsteht, wenn man beim kubischen Interpolationsspline die Interpolationsforderung durch

$$\sum_{i=1}^{N} \left[\frac{f_i - S(x_i)}{\sigma_i}\right]^2 + \lambda \int_{x_1}^{x_N} [S''(x)]^2\, dx = \min \tag{19.241}$$

ersetzt. Die Forderung nach Stetigkeit von S, S' und S'' bleibt erhalten, so daß sich zur Bestimmung der Spline–Koeffizienten eine Extremwertaufgabe mit Nebenbedingungen in Gleichungsform ergibt. Die Lösung erfolgt mit Hilfe einer LAGRANGE–Funktion (s. S. 395). Einzelheiten s. Lit. [19.30], [19.31].

In (19.241) stellt λ $(\lambda \geq 0)$ einen *Glättungsparameter* dar, der vorgegeben werden muß. Für $\lambda = 0$ ergibt sich als Spezialfall der kubische Interpolationsspline, für „große" λ erhält man eine glatte Näherungskurve, die dafür aber die Meßpunkte nur ungenau wiedergibt, und für $\lambda = \infty$ ergibt sich schließlich als weiterer Spezialfall die Ausgleichsgerade. Eine geeignete Wahl von λ kann am Computer im Bildschirmdialog erfolgen.
Die Parameter σ_i $(\sigma_i > 0)$ in (19.241) stellen die *Standardabweichungen* (s. S. 784) der Meßfehler dar, mit denen die Meßwerte f_i $(i = 1, 2, \ldots, N)$ eventuell behaftet sind.
Bei den bisher betrachteten kubischen Interpolations- und Ausgleichssplines waren die Abszissen der Interpolations- bzw. Meßpunkte identisch mit den Knoten der Spline–Funktion. Das hat zur Folge, daß bei großem N der Spline aus einer sehr großen Anzahl von kubischen Ansatzfunktionen (19.235) besteht. Es liegt nahe, Anzahl und Lage der Knotenpunkte frei zu wählen, da man in der Praxis meist mit

wesentlich weniger Spline–Stücken auskommt. Darüber hinaus ist es numerisch günstiger, an Stelle des Ansatzes (19.235) Splines in der Form

$$S(x) = \sum_{i=1}^{r+2} a_i N_{i,4}(x) \qquad (19.242)$$

anzusetzen. Dabei ist r die Anzahl der frei gewählten Knoten, und mit $N_{i,4}(x)$ werden die sogenannten *normalisierten B–Splines* (*Basis–Splines*) der Ordnung 4, d.h. vom Polynomgrad 3, zum i–ten Knoten bezeichnet. Ausführungen dazu s. Lit. [19.4].

19.7.2 Bikubische Splines

1. Eigenschaften

Bikubische Splines werden zur Lösung der folgenden Aufgabe verwendet:
Ein Rechtecksbereich R der x, y–Ebene, gegeben durch $a \le x \le b$, $c \le y \le d$, werde durch die *Gitterpunkte* (x_i, y_j) $(i = 0, 1, \ldots, n\,;\ j = 0, 1, \ldots, m)$ mit

$$a = x_0 < x_1 < \cdots < x_n \le b\,, \qquad c = y_0 < y_1 < \cdots < y_m = b \qquad (19.243)$$

in die *Maschen* R_{ij} zerlegt, wobei die Masche R_{ij} aus den Punkten (x, y) mit $x_i \le x \le x_{i+1}$, $y_j \le y \le y_{j+1}$ $(i = 0, 1, \ldots, n-1\,;\ j = 0, 1, \ldots, m-1)$ besteht. In den Gitterpunkten seien von der Funktion $f(x, y)$ die Funktionswerte

$$f(x_i, y_j) = f_{ij} \qquad (i = 0, 1, \ldots, n\,;\ j = 0, 1, \ldots, m) \qquad (19.244)$$

gegeben. Gesucht ist eine möglichst einfache, glatte Fläche über R, welche die Punkte (19.244) approximiert.

19.7.2.1 Bikubische Interpolationssplines

1. Eigenschaften

Der bikubische Interpolationsspline $S(x, y)$ ist durch folgende Eigenschaften eindeutig festgelegt:
1. $S(x, y)$ erfüllt die Interpolationsbedingung

$$S(x_i, y_j) = f_{ij} \qquad (i = 0, 1, \ldots, n;\ j = 0, 1, \ldots, m)\,. \qquad (19.245)$$

2. Auf jeder Masche R_{ij} des Rechteckbereiches R ist $S(x, y)$ identisch mit einem bikubischen Polynom, d.h., es gilt die Darstellung

$$S(x, y) = S_{ij}(x, y) = \sum_{k=0}^{3} \sum_{l=0}^{3} a_{ijkl}(x - x_i)^k (y - y_j)^l\,. \qquad (19.246)$$

Damit wird $S_{ij}(x, y)$ durch 16 Ansatzkoeffizienten repräsentiert, und für die Beschreibung von $S(x, y)$ sind $16 \cdot m \cdot n$ Koeffizienten notwendig.
3. Die Ableitungen

$$\frac{\partial S}{\partial x}\,, \quad \frac{\partial S}{\partial y}\,, \quad \frac{\partial^2 S}{\partial x \partial y} \qquad (19.247)$$

sind stetig auf R. Damit wird eine gewisse Glattheit der gesuchten Fläche gewährleistet.
4. $S(x, y)$ erfüllt spezielle Randbedingungen:

$$\begin{aligned} \frac{\partial S}{\partial x}(x_i, y_j) &= p_{ij} \quad \text{für} \quad i = 0, n;\ j = 0, 1, \ldots, m\,, \\ \frac{\partial S}{\partial y}(x_i, y_j) &= q_{ij} \quad \text{für} \quad i = 0, 1, \ldots, n;\ j = 0, m\,, \\ \frac{\partial^2 S}{\partial x \partial y}(x_i, y_j) &= r_{ij} \quad \text{für} \quad i = 0, n;\ j = 0, m\,. \end{aligned} \qquad (19.248)$$

Dabei sind p_{ij}, q_{ij} und r_{ij} vorgegebene Zahlenwerte.
Bei der Bestimmung der Ansatzkoeffizienten a_{ijkl} können die Ergebnisse der eindimensionalen kubi-

schen Spline–Interpolation ganz entscheidend ausgenutzt werden. Es zeigt sich:
1. Es ist eine sehr große Anzahl $(2n + m + s)$ linearer Gleichungssyteme, aber nur mit tridiagonaler Koeffizientenmatrix, zu lösen.
2. Die linearen Gleichungssysteme unterscheiden sich im wesentlichen nur durch ihre rechten Seiten.

Man kann im allgemeinen sagen, bikubische Interpolationssplines sind günstig bezüglich Rechenzeit und Genauigkeit und damit recht gut geeignet für viele praktische Anwendungen. Zur rechentechnischen Realisierung der Koeffizientenbestimmung s. Lit. [19.6], [19.28].

2. Tensorprodukt–Ansätze

Der bikubische Spline–Ansatz (19.246) ist ein Beispiel für einen sogenannten *Tensorprodukt*–Ansatz, der die Form

$$S(x,y) = \sum_{i=0}^{n}\sum_{j=0}^{m} a_{ij} g_i(x) h_j(y) \tag{19.249}$$

hat und vor allem für Approximationen über Rechteckgittern geeignet ist. Die Funktionen $g_i(x)$ $(i = 0, 1, \dots, n)$ und $h_j(y)$ $(j = 0, 1, \dots, m)$ bilden zwei linear unabhängige Funktionssysteme. Tensorprodukt–Ansätze haben in numerischer Hinsicht den großen Vorteil, daß sich z.B. die Lösung der zweidimensionalen Interpolationsaufgabe (19.245) auf die Lösung von eindimensionalen Aufgaben zurückführen läßt. Darüber hinaus gilt: Die zweidimensionale Interpolationsaufgabe (19.245) ist mit dem Ansatz (19.249) eindeutig lösbar, wenn

1. die eindimensionalen Interpolationsaufgaben mit den Ansatzfunktionen $g_i(x)$ bezüglich der Stützstellen $x_0, x_1, \dots, x_n$ und

2. die eindimensionalen Interpolationsaufgaben mit den Ansatzfunktionen $h_j(y)$ bezüglich der Stützstellen $y_0, y_1, \dots, y_m$ eindeutig lösbar sind.

Ein wichtiger Tensorprodukt–Ansatz ist der mit kubischen B–Splines:

$$S(x,y) = \sum_{i=1}^{r+2}\sum_{j=1}^{p+2} a_{ij} N_{i,4}(x) N_{j,4}(y)\,. \tag{19.250}$$

Dabei sind die Funktionen $N_{i,4}(x)$ und $N_{j,4}(y)$ normalisierte B–Splines der Ordnung 4. Mit r wird die Anzahl der Knoten bezüglich x, mit p die Anzahl der Knoten bezüglich y bezeichnet. Die Knoten sind frei wählbar, aber für die Lösbarkeit der Interpolationsaufgabe müssen gewisse Bedingungen an die Lage der Knoten und die der Stützstellen der Interpolation gestellt werden.

B–Spline–Ansätze führen bei der Lösung von Interpolationsaufgaben auf Gleichungssysteme, deren Koeffizientenmatrizen Bandstruktur haben, also von numerisch günstiger Struktur sind.
Lösungen für verschiedene Interpolationsaufgaben mit Hilfe von bikubischen B–Spline–Ansätzen s. Lit. [19.15].

19.7.2.2 Bikubische Ausgleichssplines

Der eindimensionale kubische Ausgleichsspline wird im wesentlichen durch die Extremalforderung (19.241) charakterisiert. Für den zweidimensionalen Fall könnte eine ganze Reihe entsprechender Extremalforderungen aufgestellt werden, aber nur ganz bestimmte ermöglichen die eindeutige Existenz einer Lösung.
Geeignete Extremalforderungen und Algorithmen zur Lösung von Ausgleichsaufgaben mit bikubischen B–Splines s. Lit [19.21], [19.20].

19.7.3 Bernstein–Bézier–Darstellung von Kurven und Flächen

Die BERNSTEIN–BÉZIER–Darstellung (kurz B–B–Darstellung) von Kurven und Flächen verwendet die BERNSTEIN*schen Grundpolynome*

$$B_{i,n}(t) = \binom{n}{i} t^i (1-t)^{n-i} \qquad (i = 0, 1, \dots, n) \tag{19.251}$$

und nutzt vor allem die folgenden Eigenschaften aus:

1. $0 \leq B_{i,n}(t) \leq 1 \quad \text{für} \quad 0 \leq t \leq 1\,,$ (19.252)

2. $\sum\limits_{i=0}^{n} B_{i,n}(t) = 1\,.$ (19.253)

Die Formel (19.253) folgt unmittelbar aus dem binomischen Satz.

Im folgenden werde eine Raumkurve, deren Parameterdarstellung $x = x(t)\,,\ y = y(t)\,,\ z = z(t)$ lautet, vektoriell durch

$$\vec{\mathbf{r}} = \vec{\mathbf{r}}(t) = x(t)\,\vec{\mathbf{e}}_x + y(t)\,\vec{\mathbf{e}}_y + z(t)\,\vec{\mathbf{e}}_z \tag{19.254}$$

beschrieben. Dabei ist t der Kurvenparameter. Die entsprechende Darstellung für eine Fläche lautet

$$\vec{\mathbf{r}} = \vec{\mathbf{r}}(u,v) = x(u,v)\,\vec{\mathbf{e}}_x + y(u,v)\,\vec{\mathbf{e}}_y + z(u,v)\,\vec{\mathbf{e}}_z\,. \tag{19.255}$$

Dabei sind u und v die Flächenparameter.

19.7.3.1 Prinzip der B–B–Kurvendarstellung

Gegeben seien $n+1$ Eckpunkte P_i $(i = 0, 1, \ldots, n)$ mit den Ortsvektoren $\vec{\mathbf{P}}_i$ eines räumlichen Polygons, das in diesem Zusammenhang als *Stützpolygon* bezeichnet wird. Durch die Vorschrift

$$\vec{\mathbf{r}}(t) = \sum_{i=0}^{n} B_{i,n}(t)\vec{\mathbf{P}}_i \tag{19.256}$$

wird diesen Punkten eine Raumkurve, die sogenannte B–B–Kurve zugeordnet. Wegen (19.253) kann (19.256) als „variable Konvexkombination" der gegebenen Punkte aufgefaßt werden. Die Raumkurve (19.256) hat folgende wichtige Eigenschaften:

1. Die Punkte P_0 und P_n werden interpoliert.

2. Die Vektoren $\overrightarrow{P_0P_1}$ und $\overrightarrow{P_{n-1}P_n}$ sind Tangenten von $\vec{\mathbf{r}}(t)$ in P_0 bzw. P_n.

Den Zusammenhang zwischen Stützpolygon und B–B–Kurve zeigt **Abb.19.12**.

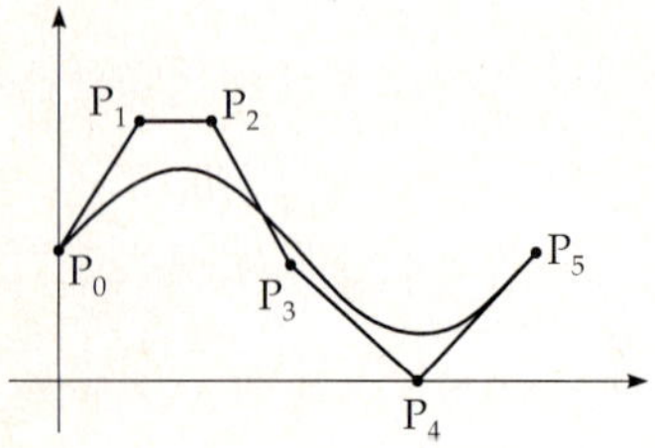

Abbildung 19.12

Die B–B–Darstellung wird vor allem für den Entwurf von Kurven eingesetzt, da man durch die Änderung von Polygonecken den Kurvenverlauf auf sehr einfache Weise beeinflussen kann.

Häufig werden an Stelle der BERNSTEINschen Grundpolynome normalisierte B–Splines verwendet. Die zugehörigen Raumkurven heißen dann B–Spline–Kurven. Ihr Verlauf entspricht prinzipiell dem der B–B–Kurven, aber sie haben folgende Vorteile gegenüber diesen:

1. Das Stützpolygon wird besser approximiert.

2. Bei Änderung von Polygoneckpunkten ändert sich die B–Spline–Kurve nur lokal.

3. Neben der lokalen Änderung des Kurvenverlaufs kann auch die Differenzierbarkeit beeinflußt werden. So lassen sich z.B. auch Knicke und Geradenstücke erzeugen.

19.7.3.2 B–B–Flächendarstellung

Gegeben seien Punkte P_{ij} $(i = 0, 1, \ldots, n;\ j = 0, 1, \ldots, m)$ mit den Ortsvektoren $\vec{\mathbf{P}}_{ij}$, die als Netzpunkte einer Fläche längs Parameterlinien aufgefaßt werden können. In Analogie zu den B–B–Kurven (19.256) ordnet man den Netzpunkten durch

$$\vec{\mathbf{r}}(u,v) = \sum_{i=0}^{n}\sum_{j=0}^{m} B_{i,n}(u)B_{j,m}(v)\vec{\mathbf{P}}_{ij} \tag{19.257}$$

eine Fläche zu. Die Darstellung (19.257) ist für den Flächenentwurf geeignet, da auf einfache Weise durch die Veränderung von Netzpunkten eine Variation der Fläche möglich ist. Allerdings ist der Einfluß aller Netzpunkte global, so daß man auch in (19.257) von den BERNSTEINschen Grundpolynomen zu B–Splines übergehen sollte.

19.8 Nutzung von Computern

19.8.1 Interne Zeichendarstellung

Computer sind zeichenverarbeitende Maschinen. Die Interpretation und Verarbeitung dieser Zeichen wird durch die verwendete Software (Programme) festgelegt und gesteuert. Die externen Zeichen, Buchstaben, Ziffern und Sonderzeichen werden intern im Binärcode in Form von Bitfolgen dargestellt. Ein *Bit* (Binary Digit) ist die kleinste darstellbare Informationseinheit mit den Werten 0 und 1. Acht Bit werden zur nächsthöheren Einheit, dem *Byte*, zusammengefaßt. In einem Byte können 2^8 Bitkombinationen erzeugt werden, die ihrerseits 256 Zeichen zugeordnet werden können. Eine solche Zuordnung bezeichnet man als *Code*. Es gibt verschiedene Codes, einer der weit verbreiteten ist der erweiterte **ASCII** (**A**merican **S**tandard **C**ode for **I**nformation **I**nterchange).

19.8.1.1 Zahlensysteme

1. Bildungsgesetz

Zahlen werden in Computern in mehreren aufeinanderfolgenden Bytes dargestellt. Basis für die interne Darstellung bildet das Dualsystem, welches, wie auch das Dezimalsystem, zu den polyadischen Zahlensystemen gehört.
Das Bildungsgesetz für polyadische Zahlensysteme lautet

$$a = \sum_{i=-m}^{n} z_i B^i \qquad (m > 0\,,\ n \geq 0\,,\ m\,, n \text{ ganz}) \tag{19.258}$$

mit B als Basis und z_i $(0 \leq z_i < B)$ als zugelassene Ziffern des Zahlensystems. Die Stellen $i \geq 0$ bilden den ganzen, die mit $i < 0$ den gebrochenen Teil der Zahl.
Im Zusammenhang mit der Nutzung von Computern sind die in **Tabelle 19.3** aufgeführten *Zahlensysteme* gebräuchlich.

Tabelle 19.3 Zahlensysteme

Zahlensystem	Basis	zulässige Ziffern
Dualsystem	2	$0, 1$
Oktalsystem	8	$0, 1, 2, 3, 4, 5, 6, 7$
Hexadezimalsystem (Sedezimalsystem)	16	$0, 1, 2, 3, 4, 5, 6, 7, 8, 9, A, B, C, D, E, F$ (Die Buchstaben A–F stehen für die Werte 10–15.)
Dezimalsystem	10	$0, 1, 2, 3, 4, 5, 6, 7, 8, 9$

2. Konvertierung

Die Umrechnung von einem Zahlensystem in ein anderes nennt man *Konvertierung*. Werden mehrere Zahlensysteme gleichzeitig benutzt, so ist es zur Vermeidung von Irrtümern üblich, die Basis als Index anzuhängen.

■ Für die Dezimalzahl 139.8125 ergibt sich dann $139.8125_{10} = 10001011.1101_2 = 213.64_8 = 8B.D_{16}$.

1. Konvertierung von Dualzahlen in Oktal- bzw. Hexadezimalzahlen Die Konvertierung von Dualzahlen in Oktal- bzw. Hexadezimalzahlen ist einfach dadurch möglich, daß man vom Punkt ausgehend nach links und rechts Gruppen von drei bzw. vier Bits bildet und den Wert derselben bestimmt. Diese Werte sind dann die Ziffern des Oktal- bzw. Hexadezimalsystems.

2. Konvertierung von Dezimalzahlen in Dual-, Oktal- oder Hexadezimalzahlen Für die Konvertierung vom Dezimal- in eines der anderen Systeme gelten für den ganzen und den gebrochenen Teil der Dezimalzahl folgende Algorithmen:

a) Ganzer Teil: Ist G die ganze Zahl im Dezimalsystem, dann gilt für das Zahlensystem mit der Basis B das Bildungsgesetz (19.258):

$$G = \sum_{i=0}^{n} z_i B^i \qquad (n \geq 0)\,. \tag{19.259}$$

Dividiert man G durch B, so erhält man einen ganzzahligen Teil (die Summe) und einen Rest:

$$\frac{G}{B} = \sum_{i=1}^{n} z_i B^{i-1} + \frac{z_0}{B}\,. \tag{19.260}$$

Dabei nimmt z_0 die Werte $0, 1, \ldots, B-1$ an und ist die niederwertige Ziffer des Zahlensystems. Wendet man das Verfahren jetzt auf die abgespaltete Summe wiederholt an, so ergeben sich die weiteren Ziffern.

b) Gebrochener Teil: Ist g ein echter Dezimalbruch, so lautet die Vorschrift für die Konvertierung in das Zahlensystem mit der Basis B jetzt

$$gB = z_{-1} + \sum_{i=2}^{m} z_{-i} B^{-i+1}\,. \tag{19.261}$$

Die wiederholte Anwendung auf die entstehenden Summen liefert die Werte $z_{-2}, z_{-3}, \ldots$.

■ **A:** Umwandlung der Dezimalzahl 139 in eine Dualzahl.

$139 : 2 = 69$	Rest	1	$(1 = z_0)$
$69 : 2 = 34$	Rest	1	$(1 = z_1)$
$34 : 2 = 17$	Rest	0	$(0 = z_2)$
$17 : 2 = 8$	Rest	1	:
$8 : 2 = 4$	Rest	0	:
$4 : 2 = 2$	Rest	0	:
$2 : 2 = 1$	Rest	0	:
$1 : 2 = 0$	Rest	1	$(1 = z_7)$

$139_{10} = 10001011_2$

■ **B:** Umwandlung des Dezimalbruchs 0.8125 in einen Dualbruch.

$0.8125 \cdot 2 = 1.625$	$(1 = z_{-1})$
$0.625 \cdot 2 = 1.25$	$(1 = z_{-2})$
$0.25 \cdot 2 = 0.5$	$(0 = z_{-3})$
$0.5 \cdot 2 = 1.0$	$(1 = z_{-4})$
$0.0 \cdot 2 = 0.0$	

$0.8125_{10} = 0.1101_2$

3. Konvertierung von Dual-, Oktal- oder Hexadezimalzahlen in Dezimalzahlen Der Algorithmus für die Umwandlung eines Wertes aus dem Dual-, Oktal- oder Hexadezimalsystem in das Dezimalsystem lautet, wobei der Dezimalpunkt nach z_0 einzufügen ist:

$$a = \sum_{i=-m}^{n} z_i B^i \qquad (m > 0\,,\ n \geq 0\,, \text{ganz})\,. \tag{19.262}$$

Die Auflösung erfolgt dabei zweckmäßig mit dem HORNER–Schema.

■ $LLLOL = 1 \cdot 2^4 + 1 \cdot 2^3 + 1 \cdot 2^2 + 0 \cdot 2^1 + 1 \cdot 2^0 = 29\,.$
Das zugehörige HORNER–Schema s. nebenstehend.

	1	1	1	0	1
2		2	6	14	28
	1	3	7	14	29

19.8.1.2 Interne Zahlendarstellung

Dualzahlen werden im Computer in einem oder in mehreren Bytes dargestellt. Man unterscheidet dabei zwei Darstellungsformen, die *Festpunktzahlen* (Festkommazahlen) und die *Gleitpunktzahlen* (Gleitkommazahlen). Im ersten Fall steht der Dezimalpunkt an einer festen Stelle (bei ganzen Zahlen also nach der Einerstelle), im zweiten Fall „gleitet" er mit der Änderung des Exponenten.

1. Festpunktzahlen

Der Wertebereich für Festpunktzahlen mit den angegebenen Parametern ergibt sich zu

$$0 \leq |\, a \,| \leq 2^t - 1\,. \qquad (19.263)$$

Festpunktzahlen können in der Form der nebenstehenden **Abb.19.13** dargestellt werden.

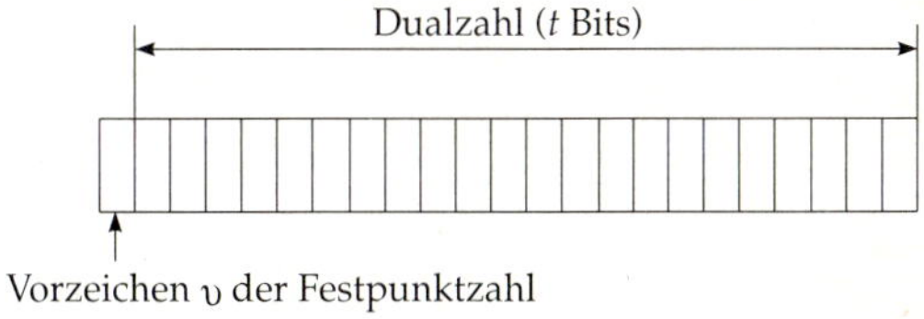

Abbildung 19.13

2. Gleitpunktzahlen

Für die Darstellung von Gleitpunktzahlen sind prinzipiell zwei verschiedene Formen üblich, wobei die interne Realisierung im Detail variieren kann.

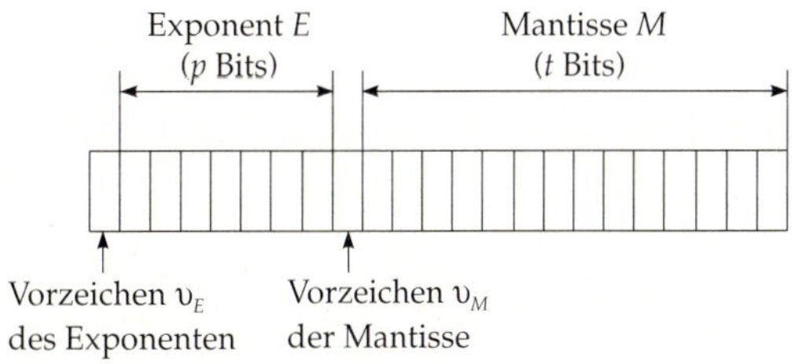

Abbildung 19.14

1. Normalisierte halblogarithmische Form Bei der ersten Form werden die Vorzeichen für den Exponenten E und für die Mantisse M der Zahl a

$$a = \pm M B^{\pm E} \qquad (19.264)$$

gesondert gespeichert. Dabei wird meist der Exponent E so gewählt, daß für die Mantisse die Bedingung $1/B \leq M < 1$ gilt. Man spricht dann von der *normalisierten halblogarithmischen Form* (**Abb.19.14**).

Mit den angegebenen Parametern ergibt sich folgender absoluter Wertebereich für die Gleitpunktzahlen:

$$2^{-2^p} \leq |\, a \,| \leq \left(1 - 2^{-t}\right) \cdot 2^{(2^p-1)}\,. \qquad (19.265)$$

2. IEEE–Standard Die zweite (heute übliche) Form der Gleitpunktdarstellung entspricht dem 1985 verabschiedeten **IEEE**–*Standard* (**I**nstitute of **E**lectrical and **E**lectronics **E**ngineers). Dieser befaßt sich mit der Normung der Rechnerarithmetik und enthält Festlegungen zu den Formaten, dem Rundungsverhalten, den arithmetischen Operatoren, der Konvertierung von Zahlenwerten, zu Vergleichsoperatoren und zur Behandlung von Ausnahmefällen wie Bereichsüberschreitungen. Dort wird für die Gleitpunktzahl die in **Abb.19.15** dargestellte Form festgelegt.

Die Charakteristik C wird aus dem Exponenten E durch Addition einer geeigneten Konstanten K gebildet. Diese wird so gewählt, daß für die Charakteristik nur positive Werte auftreten. Die darstellbare Zahl lautet:

$$a = (-1)^v \cdot 2^E \cdot 1.b_1 b_2 \ldots b_{t-1} \quad \text{mit } E = C - K \qquad (19.266)$$

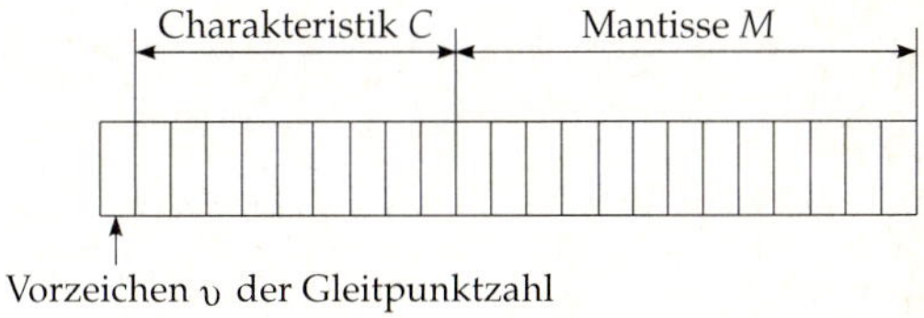

Abbildung 19.15

Dabei gilt: $C_{min} = 1$, $C_{max} = 254$; $C = 0$, $C = 255$ sind reserviert.

Der Standard gibt zwei Basisformate (einfachgenaue und doppeltgenaue Gleitpunktzahlen) vor, läßt aber auch erweiterte Formate zu. **Tabelle 19.4** enthält die Parameter für die Basisformate.

Tabelle 19.4 Parameter für die Basisformate

Parameter	einfachgenau	doppeltgenau
Wortlänge in Bits	32	64
maximaler Exponent E_{max}	+127	+1023
minimaler Exponent E_{min}	−126	−1022
Konstante K	+127	+1023
Anzahl Bits des Exponenten	8	11
Anzahl Bits der Mantisse	24	53

19.8.2 Numerische Probleme beim Rechnen auf Computern

19.8.2.1 Einführung, Fehlerarten

Für das Rechnen auf Computern gelten zwar prinzipiell die gleichen Gesichtspunkte wie beim Rechnen von Hand, jedoch werden diese durch die vorhandene begrenzte und feste Stellenzahl, durch die interne duale Darstellung der Zahlen und durch die fehlende Kritikfähigkeit des Computers gegenüber Fehlern verstärkt. Hinzu kommt noch, daß auf Computern im allgemeinen wesentlich umfangreichere Rechenprozesse ablaufen, als sie manuell möglich wären.
Daraus ergeben sich Fragen nach der Beurteilung und der Beeinflussung von Fehlern, nach der Auswahl des numerisch günstigsten Verfahrens unter mathematisch gleichwertigen, aber auch nach den Abbruchbedingungen eines Iterationsverfahrens.
In den weiteren Ausführungen werden für die Angabe von Fehlern die folgenden Bezeichnungen benutzt, wobei x der exakte Wert einer Größe ist, der häufig unbekannt ist, und $\tilde{x}$ ist ein Näherungswert für x:

Absoluter Fehler: $|\Delta x| = |x - \tilde{x}|$. (19.267) Relativer Fehler: $\left|\frac{\Delta x}{x}\right| = \left|\frac{x-\tilde{x}}{x}\right|$. (19.268)

Häufig werden auch die Bezeichnungen

$$\epsilon(x) = x - \tilde{x} \quad \text{und} \quad \epsilon_{rel}(x) = \frac{x-\tilde{x}}{x} \tag{19.269}$$

verwendet.

19.8.2.2 Normalisierte Dezimalzahlen und Rundung

1. Normalisierte Dezimalzahlen

Jede reelle Zahl $x \neq 0$ läßt sich als Dezimalzahl in der Form

$$x = \pm 0, b_1 b_2 \ldots \cdot 10^E \quad (b_1 \neq 0) \tag{19.270}$$

darstellen. Dabei wird $0, b_1 b_2 \ldots$ als *Mantisse* bezeichnet, die aus den Ziffern $b_i \in \{0, 1, 2, \ldots, 9\}$ gebildet wird. Die Zahl E ist eine ganze Zahl, der sogenannte Exponent zur Basis 10. Wegen $b_1 \neq 0$ bezeichnet man (19.270) als *normalisierte Dezimalzahl.*
Da in einem realen Computer nur mit endlich vielen Ziffern gearbeitet werden kann, muß man sich auf eine feste Zahl t von Mantissenziffern und auf einen festen Wertebereich für den Exponenten E beschränken. Dadurch wird aus der Zahl x gemäß (19.270) durch *Rundung*, wie sie beim praktischen Rechnen üblich ist, die Zahl

$$\tilde{x} = \begin{cases} \pm 0, b_1 b_2 \cdots b_t \cdot 10^E & \text{für} \quad b_{t+1} \leq 5 \ \text{(Abrunden)}, \\ \pm(0, b_1 b_2 \cdots b_t + 10^{-t})10^E & \text{für} \quad b_{t+1} > 5 \ \text{(Aufrunden)}, \end{cases} \tag{19.271}$$

d.h., für den durch Rundung verursachten absoluten Fehler gilt:

$$|\Delta x| = |x - \tilde{x}| \leq 0,5 \cdot 10^{-t} 10^E. \tag{19.272}$$

2. Grundoperationen des numerischen Rechnens

Jeder numerische Prozeß setzt sich letztlich aus einer Folge von Grundrechenoperationen zusammen. Probleme ergeben sich insbesondere durch die endliche Stellenzahl bei der Gleitpunktarithmetik. Diese sollen kurz betrachtet werden. Es sei vorausgesetzt, daß x und y normalisierte fehlerfreie Gleitkommazahlen gleichen Vorzeichens mit einem Wert $\neq 0$ sind.

$$x = m_1 B^{E_1}, \qquad y = m_2 B^{E_2} \qquad \text{mit} \tag{19.273a}$$

$$m_i = \sum_{k=1}^{t} a_{-k}^{(i)} B^{-k}, \quad a_{-1}^{(i)} \neq 0, \qquad \text{und} \tag{19.273b}$$

$$a_{-k}^{(i)} = 0 \text{ oder } 1 \text{ oder} \ldots \text{ oder } \quad B-1 \quad \text{für} \quad k > 1 \quad (i = 1, 2). \tag{19.273c}$$

1. Addition Für $E_1 > E_2$ erfolgt der Exponentenangleich an E_1, da wegen der Normalisierung nur eine Linksverschiebung des Punktes möglich ist. Die Mantissen werden addiert.

Ist $B^{-1} \leq | m_1 + m_2 B^{-(E_1-E_2)} | < 2$ (19.274a) und $| m_1 + m_2 B^{-(E_1-E_2)} | \geq 1$, (19.274b)

so erfolgt die Punktverschiebung um eine Stelle nach links bei gleichzeitiger Erhöhung des Exponenten um eins (Additionsüberlauf).

■ $0,9604 \cdot 10^3 + 0,5873 \cdot 10^2 = 0,9604 \cdot 10^3 + 0,05873 \cdot 10^3 = 1,01913 \cdot 10^3 = 0,1019 \cdot 10^4$.

2. Subtraktion Der Exponentenangleich erfolgt wie bei der Addition, die Mantissen werden subtrahiert. Ist

$| m_1 - m_2 B^{-(E_1-E_2)} | < 1 - B^{-t}$ (19.275a) und $| m_1 - m_2 B^{-(E_1-E_2)} | < B^{-1}$, (19.275b)

so erfolgt die Punktverschiebung um maximal t Stellen nach rechts mit entsprechender Erniedrigung des Exponenten.

■ $0,1004 \cdot 10^3 - 0,9988 \cdot 10^2 = 0,1004 \cdot 10^3 - 0,09988 \cdot 10^3 = 0,00052 \cdot 10^3 = 0,5200 \cdot 10^0$. Das Beispiel zeigt den kritischen Fall der *Auslöschung* führender Nullen. Durch die beschränkte Stellenzahl (hier 4) werden außerdem von rechts Nullen eingeschleppt, die eine erhöhte Anzahl gültiger Ziffern vortäuschen.

3. Multiplikation Die Exponenten werden addiert und die Mantissen multipliziert. Ist

$$m_1 m_2 < B^{-1}, \tag{19.276}$$

so wird der Dezimalpunkt bei gleichzeitiger Erniedrigung des Exponenten um eins um eine Stelle nach rechts verschoben (Multiplikationsunterlauf).

■ $0,3176 \cdot 10^3 \cdot 0,2504 \cdot 10^5 = 0,07952704 \cdot 10^8 = 0,7953 \cdot 10^7$.

4. Division Die Exponenten werden subtrahiert und die Mantissen dividiert. Ist

$$\frac{m_1}{m_2} \geq B^{-1}, \tag{19.277}$$

so wird der Dezimalpunkt bei gleichzeitiger Erhöhung des Exponenten um eins um eine Stelle nach links verschoben (Divisionsüberlauf).

■ $0,3176 \cdot 10^3 / 0,2504 \cdot 10^5 = 1,2683706\ldots 10^{-2} = 0,1268 \cdot 10^{-1}$.

5. Resultatfehler Der Resultatfehler bei den vier Grundrechenarten mit vorausgesetzten fehlerfreien Operanden resultiert dann lediglich aus der Rundung. Für den relativen Fehler gilt mit der Stellenzahl t und der Basis B die Schranke

$$\frac{B}{2} B^{-t}. \tag{19.278}$$

6. Vermeidung der Auslöschung Es ist ersichtlich, daß die Subtraktion nahezu gleich großer Gleitkommazahlen die kritische Operation ist. Wenn möglich, sollte in solchen Fällen durch Prioritätenänderungen oder andere Anordnung der Operanden die Reihenfolge der Operationen geändert werden.

19.8.2.3 Genauigkeitsfragen beim numerischen Rechnen

1. Fehlerarten

Numerische Verfahren sind fehlerbehaftet. Es gibt die folgenden Fehlerarten, aus denen sich der akkumulierte Fehler (Gesamtfehler) des Ergebnisses zusammensetzt (**Abb.19.16**):

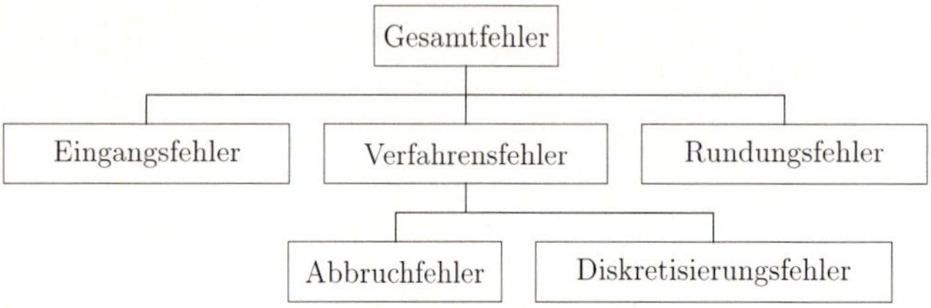

Abbildung 19.16

2. Eingangsfehler

1. Begriff des Eingangsfehlers *Eingangsfehler* heißt der Fehler des Ergebnisses, der durch fehlerbehaftete Eingangsdaten verursacht wird. Die Bestimmung des Eingangsfehlers aus den Fehlern der Eingangsdaten wird *direkte Aufgabe der Fehlertheorie* genannt. Als *inverse Aufgabe* wird jene bezeichnet, die untersucht, welche Fehler die Eingangsdaten besitzen dürfen, damit ein zugelassener Eingangsfehler des Resultats nicht überschritten wird. Die Abschätzung des Eingangsfehlers ist bei komplexeren Aufgaben sehr kompliziert und kaum durchführbar.
Allgemein gilt für eine zu berechnende reellwertige Funktion $y = f(x)$ mit $x = (x_1, x_2, \ldots, x_n)^{\mathrm{T}}$ für den absoluten Eingangfehler

$$|\Delta y| = |f(x_1, x_2, \ldots, x_n) - f(\tilde{x}_1, \tilde{x}_2, \ldots, \tilde{x}_n)| \\ = |\sum_{i=1}^{n} \frac{\partial f}{\partial x_i}(\xi_1, \xi_2, \ldots, \xi_n)(x_i - \tilde{x}_i)| \leq \sum_{i=1}^{n} \left(\max_x |\frac{\partial f}{\partial x_i}(x)| \right) |\Delta x_i| , \quad (19.279)$$

wenn man für $y = f(x) = f(x_1, x_2, \ldots, x_n)$ die TAYLOR–Formel (s. S. 410) mit linearem Restglied verwendet. Mit $\xi_1, \xi_2, \ldots, \xi_n$ werden dabei Zwischenstellen, mit $\tilde{x}_1, \tilde{x}_2, \ldots, \tilde{x}_n$ Näherungswerte für $x_1, x_2, \ldots, x_n$ bezeichnet. Unter den Näherungswerten sind hier die fehlerhaften Eingangswerte zu verstehen. In diesem Zusammenhang ist auch das GAUSSsche Fehlerfortpflanzungsgesetz (s. S. 788) zu beachten.

2. Eingangsfehler für einfache arithmetische Operationen Für einfache arithmetische Operationen sind die Eingangsfehler bekannt. Mit den Bezeichnungen in (19.267) bis (19.269) erhält man für die vier Grundrechenoperationen:

$$\epsilon(x \pm y) = \epsilon(x) \pm \epsilon(y) , \quad (19.280) \qquad \epsilon(xy) = y\epsilon(x) + x\epsilon(y) + \epsilon(x)\epsilon(y) , \quad (19.281)$$

$$\epsilon(\frac{x}{y}) = \frac{1}{y}\epsilon(x) - \frac{x}{y^2}\epsilon(y) + \text{ Glieder höherer Ordnung in } \varepsilon , \quad (19.282)$$

$$\epsilon_{rel}(x \pm y) = \frac{x\epsilon_{rel}(x) \pm y\epsilon_{rel}(y)}{x \pm y} , \quad (19.283) \qquad \epsilon_{rel}(xy) = \epsilon_{rel}(x) + \epsilon_{rel}(y) + \epsilon_{rel}(x)\epsilon_{rel}(y) , \quad (19.284)$$

$$\epsilon_{rel}(\frac{x}{y}) = \epsilon_{rel}(x) - \epsilon_{rel}(y) + \text{ Glieder höherer Ordnung in } \varepsilon . \quad (19.285)$$

Die Formeln zeigen: Kleine relative Fehler der Eingangsdaten bewirken bei Multiplikation und Division nur kleine relative Fehler des Ergebnisses. Bei Addition und Subtraktion kann dagegen der relative Fehler von Summe und Differenz groß werden, wenn $|x \pm y| \ll |x| + |y|$ gilt. Dann besteht die Gefahr der Stellenauslöschung.

3. Verfahrensfehler

1. Begriff des Verfahrensfehlers *Verfahrensfehler* leiten sich aus der Notwendigkeit ab, daß Kontinuum und Grenzwert numerisch approximiert werden müssen. Daraus ergeben sich *Abbruchfehler* bei Grenzprozessen (wie z.B. bei Iterationsverfahren) und *Diskretisierungsfehler* bei der Approximation des Kontinuums durch ein endliches diskretes System (wie z.B. bei der numerischen Integration). Verfahrensfehler existieren unabhängig von Eingangs- und Rundungsfehlern; sie können deshalb nur im Zusammenhang mit dem verwendeten Lösungsverfahren untersucht werden.

2. Verhalten bei Iterationsverfahren Wird ein Iterationsverfahren zur Lösung eingesetzt, so muß man sich bewußt sein, daß prinzipiell die beiden Fälle Ausgabe einer richtigen Lösung und Ausgabe einer falschen Lösung möglich sind. Es kann jedoch auch der kritische Fall auftreten, daß keine Lösung gefunden wurde, obwohl eine existiert.

Um Iterationsverfahren transparenter und sicherer zu machen, sollten folgende Empfehlungen beachtet werden:

a) Um „endlose" Iterationen zu verhindern, sollte die Anzahl der Iterationsschritte gezählt und in die Abbruchbedingung einbezogen werden (Abbruch nach einer bestimmten Anzahl von Iterationszyklen auch dann, wenn die geforderte Genauigkeit noch nicht erreicht wurde).

b) Verfolgung der Lösungsentwicklung auf dem Bildschirm durch die numerische oder graphische Ausgabe von Zwischenergebnissen.

c) Nutzung evtl. bekannter Eigenschaften der Problemlösung wie Gradient, Monotonie usw.

d) Untersuchung der Möglichkeit der Skalierung von Variablen bzw. Funktionen.

e) Durchführung mehrerer Tests durch Variation von Schrittweite, Abbruchbedingung, Startwerten usw.

4. Rundungsfehler

Rundungsfehler entstehen dadurch, daß Zwischenergebnisse gerundet werden müssen. Sie sind demnach für die Beurteilung eines mathematischen Verfahrens bezüglich der erzielbaren Genauigkeit der Resultate von wesentlicher Bedeutung. Sie entscheiden neben den Eingangs- und Verfahrensfehlern darüber, ob ein numerisches Verfahren stark stabil, schwach stabil oder instabil ist. Starke *Stabilität* und schwache Stabilität oder *Instabilität* liegen vor, wenn der Gesamtfehler mit wachsender Schrittzahl abnimmt, von gleicher Größenordnung bleibt oder anwächst.

Bei der Instabilität unterscheidet man die Anfälligkeit gegen Rundungs- und *Diskretisierungsfehler* (numerische Instabilität) und gegen Fehler in den Ausgangsdaten bei exakter Rechnung (natürliche Instabilität). Ein Rechenprozeß ist dann sinnvoll, wenn die numerische Instabilität nicht größer als die natürliche Instabilität ist.

Für die lokale Fortpflanzung von Rundungsfehlern, d.h., es werden die Rundungsfehler betrachtet, die beim Übergang von einem Rechenschritt zum nächsten auftreten, gelten dieselben Überlegungen und Abschätzungen, wie sie für die Eingangsfehler angestellt worden sind.

5. Beispiele zum numerischen Rechnen

An einigen Beispielen sei die Problematik des zweckmäßigen Vorgehens beim numerischen Rechnen verdeutlicht.

■ **A: Wurzeln der quadratischen Gleichung:**
$ax^2 + bx + c = 0$ mit reellen Koeffizienten a, b, c und $D = b^2 - 4ac \geq 0$ (reelle Wurzeln). Kritische Situationen ergeben sich für **a)** $|\, 4ac \,| \ll b^2$ und **b)** $4ac \approx b^2$. Vorgehen:

a) $x_1 = -\dfrac{b + \operatorname{sign}(b)\sqrt{D}}{2a}, \quad x_2 = \dfrac{c}{ax_1}$ (Vietascher Wurzelsatz).

b) Durch das direkte Auflösungsverfahren ist die Auslöschung bei der Berechnung von D nicht zu beseitigen. Da jedoch der Summand b betragsmäßig überwiegt, tritt eine erhebliche Fehlerdämpfung bei $(b + \operatorname{sign}(b)\sqrt{D})$ ein.

■ **B: Volumen der dünnen Kugelschale für** $h \ll r$

$V = 4\pi\dfrac{(r+h)^3 - r^3}{3}$ ergibt wegen $(r+h) \approx r$ starke Auslöschung; $V = 4\pi\dfrac{3r^2h + 3rh^2 + h^3}{3}$ ergibt jedoch keine Auslöschung.

■ **C: Bildung der Summe** $S = \sum\limits_{k=1}^{\infty} \dfrac{1}{k^2+1}$ $(S = 1{,}07667\ldots)$ mit einer geforderten Genauigkeit von drei Stellen. Bei 8stelliger Rechnung müßten annähernd 6000 Summanden berücksichtigt werden. Nach der identischen Umformung $\dfrac{1}{k^2+1} = \dfrac{1}{k^2} - \dfrac{1}{k^2(k^2+1)}$ erhält man

$S = \sum\limits_{k=1}^{\infty} \dfrac{1}{k^2} - \sum\limits_{k=1}^{\infty} \dfrac{1}{k^2(k^2+1)}$ und $S = \dfrac{\pi^2}{6} - \sum\limits_{k=1}^{\infty} \dfrac{1}{k^2(k^2+1)}$. Mit dieser Umformung sind nur noch acht Summenglieder zu berücksichtigen.

■ **D: Beseitigung der 0/0–Situation** der Funktion $z = (1 - \sqrt{1+x^2+y^2})\dfrac{x^2-y^2}{x^2+y^2}$ für $x = y = 0$. Die Erweiterung mit $(1 + \sqrt{1+x^2+y^2})$ beseitigt diese Situation.

■ **E: Beispiel eines instabilen rekursiven Prozesses.** Algorithmen der allgemeinen Form $y_{n+1} = ay_n + by_{n-1}$ $(n = 1, 2, \ldots)$ sind dann stabil, wenn die Bedingung $\left|\dfrac{a}{2} \pm \sqrt{\dfrac{a^2}{4} + b}\right| < 1$ erfüllt ist. Für den speziellen Fall $y_{n+1} = -3y_n + 4y_{n-1}$ $(n = 1, 2, \ldots)$ liegt Instabilität vor. Besitzen nämlich y_0 und y_1 die Fehler ε und $-\varepsilon$, so ergeben sich für $y_2, y_3, y_4, y_5, y_6, \ldots$ die Fehler 7ε, -25ε, 103ε, -409ε, 1639ε, ... Damit ist für die Parameter $a = -3$ und $b = 4$ der Rechenprozeß instabil.

■ **F: Numerische Integration einer Differentialgleichung.** Für die gewöhnliche Differentialgleichung 1. Ordnung

$$y' = f(x, y) \text{ mit } f(x, y) = ay \tag{19.286}$$

und der Anfangsbedingung $y(x_0) = y_0$ sollen die Probleme bei der numerischen Berechnung etwas ausführlicher dargestellt werden.

a) Natürliche Instabilität Neben der exakten Lösung $y(x)$ sei $u(x)$ die Lösung zu einer gegenüber der exakten Anfangsbedingung $y(x_0) = y_0$ fehlerbehafteten Anfangsbedingung. Für die gestörte Lösung wird ohne Beschränkung der Allgemeinheit der Ansatz

$$u(x) = y(x) + \varepsilon\,\eta(x) \tag{19.287a}$$

gemacht, wobei ε ein Parameter mit $0 < \varepsilon < 1$ und $\eta(x)$ eine sogenannte Störfunktion ist. Unter Beachtung von $u'(x) = f(x, u)$ ergibt sich bei Anwendung der TAYLOR–Entwicklung

$$u'(x) = f(x, y(x) + \varepsilon\,\eta(x)) = f(x, y) + \varepsilon\,\eta(x)\,f_y(x, y) \\ + \text{Glieder höherer Ordnung} \tag{19.287b}$$

die sogenannte Differentialvariationsgleichung

$$\eta'(x) = f_y(x, y)\eta(x)\,. \tag{19.287c}$$

Die Lösung des Problems mit $f(x, y) = ay$ lautet dann

$$\eta(x) = \eta_0\,e^{a(x-x_0)} \text{ mit } \eta_0 = \eta(x_0)\,. \tag{19.287d}$$

Für $a > 0$ führt eine kleine Anfangsstörung η_0 zu unbeschränkt wachsender Störung $\eta(x)$. Damit liegt natürliche Instabilität vor.

b) Untersuchung des Verfahrensfehlers bei der Trapezregel Mit $a = -1$ ergibt sich die stabile Differentialgleichung $y'(x) = -y(x)$ mit der exakten Lösung

$$y(x) = y_0 e^{-(x-x_0)}, \quad \text{wobei} \quad y_0 = y(x_0) \quad \text{gilt}\,. \tag{19.288a}$$

Die Trapezregel lautet

$$\int_{x_1}^{x_{i+1}} y(x)dx \approx \frac{y_i + y_{i+1}}{2}h \quad \text{mit} \quad h = x_{i+1} - x_i\,. \tag{19.288b}$$

Angewendet auf die angegebene Differentialgleichung erhält man

$$\tilde{y}_{i+1} = \tilde{y}_i + \int_{x_i}^{x_{i+1}} (-y)dx = \tilde{y}_i - \frac{\tilde{y}_i + \tilde{y}_{i+1}}{2}h \quad \text{oder} \quad \tilde{y}_{i+1} = \frac{2-h}{2+h}\tilde{y}_i \quad \text{bzw.}$$

$$\tilde{y}_i = \left(\frac{2-h}{2+h}\right)^i \tilde{y}_0\,. \tag{19.288c}$$

Mit $x_i = x_0 + ih$ und daraus $i = (x_i - x_0/h$ erhält man für $0 \le h < 2$

$$\tilde{y}_i = \left(\frac{2-h}{2+h}\right)^{(x_i-x_0)/h} \tilde{y}_0 = \tilde{y}_0 e^{c(h)(x_i-x_0)} \quad \text{mit}$$

$$c(h) = \frac{\ln\left(\dfrac{2-h}{2+h}\right)}{h} = -1 - \frac{h^2}{12} - \frac{h^4}{80} - \cdots \tag{19.288d}$$

Unter der Voraussetzung $\tilde{y}_0 = y_0$ gilt dann $\tilde{y}_i < y_i$, und damit strebt für $h \to 0$ auch $\tilde{y}_i$ gegen die exakte Lösung $y_0 e^{-(x_i-x_0)}$.

c) Eingangsfehler Unter **b)** war vorausgesetzt worden, daß exakter und näherungsweiser Anfangswert übereinstimmen. Jetzt soll das Verhalten untersucht werden, wenn $y_0 \ne \tilde{y}_0$ mit $|\tilde{y}_0 - y_0| < \varepsilon_0$ gilt.

$$\text{Wegen } (\tilde{y}_{i+1} - y_{i+1}) \le \frac{2-h}{2+h}(\tilde{y}_i - y_i) \text{ folgt } (\tilde{y}_{i+1} - y_{i+1}) \le \left(\frac{2-h}{2+h}\right)^{i+1} (\tilde{y}_0 - y_0)\,. \tag{19.289a}$$

Damit ist ε_{i+1} höchstens von der gleichen Größenordnung wie ε_0, und das Verfahren ist bezüglich des Anfangswertes stabil.

Es sei jedoch darauf hingewiesen, daß für den Fall der numerischen Lösung obiger Differentialgleichung mit dem SIMPSON–Verfahren künstlich Instabilitäten eingeführt werden. So würde sich in diesem Fall beispielsweise die allgemeine Lösung

$$\tilde{y}_i = C_1 e^{-x_i} + C_2(-1)^i e^{x_i/3} \tag{19.289b}$$

für $h \to 0$ ergeben. Der Grund besteht darin, daß das numerische Lösungsverfahren Differenzen höherer Ordnung benutzt, als es der Ordnung der Differentialgleichung entspricht.

19.8.3 Bibliotheken numerischer Verfahren

Im Laufe der Zeit sind unabhängig voneinander *Bibliotheken* von Funktionen und Prozeduren für numerische Verfahren in unterschiedlichen Programmiersprachen entwickelt worden. Bei ihrer Entwicklung wurden umfangreiche Computererfahrungen berücksichtigt, so daß bei der Lösung praktischer numerischer Aufgaben die Programme einer solchen Bibliothek genutzt werden sollten. Sie stehen meist für alle Rechnerklassen zur Verfügung und sind bei Einhaltung bestimmter Konventionen mehr oder weniger einfach zu nutzen.

Die Anwendung von Verfahren aus Programmbibliotheken entbindet den Nutzer nicht, sich Gedanken über die zu erwartende Lösung seines Problems zu machen. Darin ist auch der Hinweis eingeschlossen, sich gegebenenfalls über Schwächen und Stärken des verwendeten mathematischen Verfahrens näher zu informieren.

19.8.3.1 NAG–Bibliothek

Die *NAG–Bibliothek* (**N**umerical **A**lgorithms **G**roup) ist eine umfangreiche Sammlung numerischer Verfahren in Form von Funktionen und Subroutinen/Prozeduren in den Programmiersprachen PASCAL, ADA, ALGOL 68 und FORTRAN 77. Hier ein Inhaltsüberblick:

1. Komplexe Arithmetik
2. Nullstellen von Polynomen
3. Wurzeln transzendenter Gleichungen
4. Reihen
5. Integration
6. Gewöhnliche Differentialgleichungen
7. Partielle Differentialgleichungen
8. Numerische Differentiation
9. Integralgleichungen
10. Interpolation
11. Approxim. v. Daten d. Kurven und Flächen
12. Minima/Maxima einer Funktion
13. Matrixoperationen, Inversion
14. Eigenwerte und Eigenvektoren
15. Determinanten
16. Simultane lineare Gleichungen
17. Orthogonalisierung
18. Lineare Algebra
19. Einfache Berechnng. von statist. Daten
20. Korrelation und Regressionsanalyse
21. Zufallszahlengeneratoren
22. Nichtparametrische Statistik
23. Zeitreihenanalyse
24. Operationsforschung
25. Spezielle Funktionen
26. Mathem. und Maschinenkonstanten

19.8.3.2 IMSL–Bibliothek

Die **IMSL–Bibliothek** (**I**nternational **M**athematical and **S**tatistical **L**ibrary) besteht aus drei aufeinander abgestimmten Teilen:

IMSL MATH/LIBRARY für allgemeine mathematische Verfahren,
IMSL STAT/LIBRARY für statistische Probleme,
IMSL SFUN/LIBRARY für spezielle Funktionen.

Die Teilbibliotheken enthalten Funktionen und Subroutinen in der Sprache FORTRAN 77. Hier eine Inhaltsübersicht:

MATH/LIBRARY

1. Lineare Systeme
2. Eigenwerte
3. Interpolation und Approximation
4. Integration und Differentiation
5. Differentialgleichungen
6. Transformationen
7. Nichtlineare Gleichungen
8. Optimierung
9. Vektor- und Matrixoperationen
10. Hilfsfunktionen

STAT/LIBRARY

1. Grundlegende Kennzahlen
2. Regression
3. Korrelation
4. Varianzanalyse
5. Kategoriale und diskrete Datenanalyse
6. Nichtparametrische Statistik
7. Anpassungstests und Test auf Zufälligkeit
8. Zeitreihenanalyse und Vorhersage
9. Kovarianz- und Faktoranalyse
10. Diskriminanz–Analyse
11. Cluster–Analyse
12. Stichprobenerhebung
13. Lebensdauerverteilgn. und Zuverlässigkt.
14. Mehrdimensionale Skalierung
15. Schätzung der Dichte- und Hasard- bzw. Risikofunktion
16. Zeilendrucker–Graphik
17. Wahrscheinlichkeitsverteilungen
18. Zufallszahlen–Generatoren
19. Hilfsalgorithmen
20. Mathematische Hilfsmittel

SFUN/LIBRARY

1. Elementare Funktionen
2. Trigonometrische und hyperbolische Funktionen
6. Bessel–Funktionen
7. Kelvin–Funktionen
8. Bessel–Funktionen gebrochener Ordnung

3. Exponentialfunktion und verwandte
4. Gamma–Funktionen und verwandte
5. Fehler–Funktionen und verwandte
9. Elliptische Integrale von Weierstrass und verwandte Funktionen
12. Verschiedene Funktionen

19.8.3.3 FORTRAN SSL II

Die **SSL II–Bibliothek** (**S**cientific **S**ubroutine **L**ibrary II) enthält Unterprogramme in der Sprache FORTRAN 77. Hier eine Inhaltsübersicht:

1. Lineare Algebra
2. Eigenwerte und Eigenvektoren
3. Nichtlineare Gleichungen
4. Extremwerte
5. Interpolation und Approximation
6. Transformationen
7. Numerische Differentiation u. Integration
8. Differentialgleichungen
9. Spezielle Funktionen
10. Pseudozufallszahlen

19.8.3.4 Aachener Bibliothek

Die **Aachener Bibliothek** basiert auf der Formelsammlung zur Numerischen Mathematik von G. Engeln–Müllges (Fachhochschule Aachen) und F. Reutter (Rheinisch–Westfälische Technische Hochschule Aachen). Sie existiert in den Programmiersprachen BASIC, TURBO BASIC, FORTRAN 77, PL/1, APL, C, MODULA 2 und TURBO PASCAL. Hier ein Inhaltsüberblick:

1. Numerische Verfahren zur Lösung nichtlinearer und speziell algebraischer Gleichungen
2. Direkte und iterative Verfahren zur Lösung linearer Gleichungssysteme
3. Systeme nichtlinearer Gleichungen
4. Eigenwerte und Eigenvektoren von Matrizen
5. Lineare und nichtlineare Approximation
6. Polynomiale und rationale Interpolation sowie Polynomsplines
7. Numerische Differentiation
8. Numerische Quadratur
9. Anfangswertprobleme bei gewöhnlichen Differentialgleichungen
10. Randwertprobleme bei gewöhnlichen Differentialgleichungen

19.8.4 Anwendung von Computeralgebrasystemen

19.8.4.1 Mathematica

Das Computeralgebrasystem Mathematica verfügt über einen mächtigen Apparat zur numerischen Lösung vielfältiger mathematischer Aufgaben. Die Vorgehensweise von Mathematica ist jedoch hierbei ganz anders als im Falle symbolischer Berechnungen. Mathematica ermittelt nach bestimmten, voreingestellten Prinzipien eine Werteliste der beteiligten Funktionen ähnlich wie auch für graphische Darstellungen, und bestimmt dann aus diesen Werten die jeweilige Lösung. Da die Anzahl der benutzten Punkte endlich sein muß, kann es bei „schlechten" Funktionen zu Problemen kommen. Mathematica wird zwar auch hier versuchen, an problematischen Stellen mehr Stützpunkte zu wählen, aber schließlich muß es Annahmen über die Stetigkeit in bestimmten Bereichen machen. Hier kann die Ursache für Fehler im Resultat liegen. Es ist in jedem Fall sinnvoll, so viel wie möglich qualitative Informationen über die beteiligten Objekte einzuholen und, wenn irgend möglich, symbolische Berechnungen, zumindest in Teilbereichen der Aufgabe durchzuführen.

In **Tabelle 19.5** sind Operationen für die numerische Auswertung dargestellt:

Tabelle 19.5 numerischer Operationen

`NIntegrate`	berechnet bestimmte Integrale
`NSum`	berechnet Summen $\sum_{i=1}^{n} f(i)$
`NProduct`	berechnet Produkte
`NSolve`	löst numerisch algebraische Gleichungen
`NDSolve`	löst Differentialgleichungen numerisch

Nach dem Starten von Mathematica wird das „Prompt“ $In[1] :=$ angezeigt, das die Bereitschaft für die Eingabe angibt. Die Ausgabe des zugehörigen Ergebnisses kennzeichnet Mathematica mit *Out[1]*. Allgemein: Der Text wird in die ‚mit *In[n]* := gekennzeichnet Zeilen eingegeben. Die Zeilen, die mit *Out[n]* versehen sind, gibt Mathematica als Antwort zurück. Der in den Ausdrücken auftretende Pfeil -> bedeutet z.B. ersetze x durch den Wert a.

1. Kurvenanpassung und Interpolationsverfahren

1. 1. Kurvenanpassung: Mit Hilfe der Methode der kleinsten Quadrate (s. S. 394ff.) und der Approximation im Mittel, Diskrete Aufgabe (s. S. 915) kann Mathematica die Anpassung von ausgewählten Funktionen an einen Datensatz durchführen. Die allgemeine Anweisung dafür lautet:

$$\texttt{Fit}[\{y_1, y_2, \ldots\}, funkt, x]\,. \tag{19.290}$$

Dabei bilden die y_i die Liste der Daten, $funkt$ ist die Liste der ausgewählten Funktionen, die die Anpassung bewerkstelligen sollen, und x steht für den zugehörigen Wertebereich der unabhängigen Variablen. Wählt man $funkt$ z.B. als $\texttt{Table}[x\hat{}i, \{i, 0, n\}]$, so wird die Anpassung durch ein Polynom n–ten Grades durchgeführt.

■ Es sei die folgende Liste von Daten gegeben:

In[1] $:= l = \{1.70045, 1.2523, 0.638803, 0.423479, 0.249091, 0.160321, 0.0883432, 0.0570776, 0.0302744, 0.0212794\}$

Mit der Eingabe

In[2] $:= f1 = \texttt{Fit}[l, \{1, x, x\hat{}2, x\hat{}3, x\hat{}4\}, x]$

wird angenommen, daß den Elementen von l die Werte $1, 2, \ldots, 10$ von x zugeordnet sind. Man erhält das folgende Approximationspolynom 4. Grades:

Out[2] $= 2.48918 - 0.853487x + 0.0998996x^2 - 0.00371393x^3 - 0.0000219224x^4$

Mit dem Aufruf

In[3] $:= \texttt{Plot}[\texttt{ListPlot}[l, \{x, 10\}], f1, \{x, 1, 10\}, \texttt{AxesOrigin}\text{->} \{0, 0\}]$

erhält man eine Darstellung der Daten und der Approximationskurve **(Abb.19.17a)**.
Für die gegebenen Daten ist diese völlig ausreichend. Sie ergeben sich aus den ersten vier Gliedern der

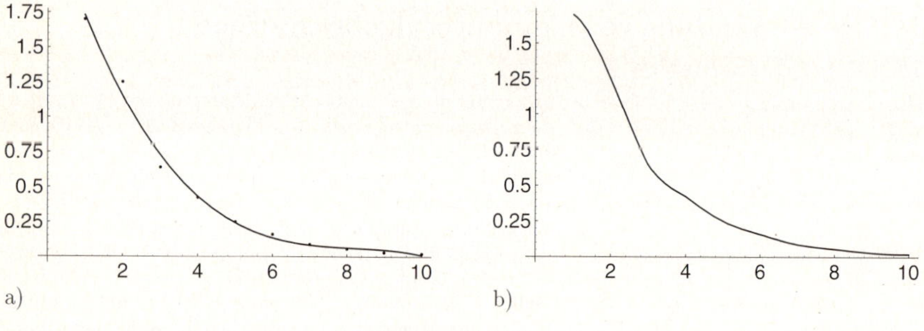

Abbildung 19.17

Reihenentwicklung von $e^{1-0.5x}$.

2. Interpolation Mathematica stellt spezielle Algorithmen für die Bestimmung von Interpolationsfunktionen zur Verfügung. Diese werden als sogenannte `InterpolatingFunction` Objekte dargestellt, die ähnlich wie reine Funktionen aufgebaut sind. Die Anweisungen enthält Tabelle 19.6. Anstelle der Funktionswerte y_i kann eine Liste aus Funktionswert und spezifizierten Ableitungen an der jeweiligen Stelle eingegeben werden.

■ Mit *In[3]* $:= \texttt{Plot}[\texttt{Interpolation}[l][x], \{x, 1, 10\}]$ erhält man **Abb.19.17b**. Man erkennt, daß Mathematica eine präzise Nachbildung der Datenliste liefert.

Tabelle 19.6 von Anweisungen zur Interpolation

`Interpolation`$[\{y_1, y_2, \ldots\}]$	erstellt eine Näherungsfunktion mit den Werten y_i für die jeweiligen $x_i = i$ als ganze Zahlen
`Interpolation`$[\{\{x_1, y_1\}, \{x_2, y_2\}, \ldots\}]$	erstellt eine Näherungsfunktion für die Punktfolge (x_i, y_i)

2. Numerische Lösung von Polynomgleichungen

Wie auf S. 981 gezeigt wird, kann Mathematica die Nullstellen von Polynomen numerisch bestimmen. Dazu dient die Anweisung `NSolve`$[p[x] == 0, x, n]$, wobei n die Genauigkeit vorgibt, mit der die Bestimmung erfolgen soll. Läßt man n weg, so wird mit Maschinengenauigkeit gerechnet. Man erhält stets den vollständigen Satz der Lösungen, also m, wenn es sich um ein Polynom m-ten Grades handelt.

■ *In[1]* := `NSolve`$[x\hat{\ }6 + 3x\hat{\ }2 - 5 == 0]$

Out[1] = $\{x\text{->} -1.07432\}, \{x\text{->} -0.867262 - 1.15292\mathtt{I}\}, \{x\text{->} -0.867262 + 1.15292\mathtt{I}\},$

$\{x\text{->}\ 0.867262 - 1.15292\mathtt{I}\}, \{x\text{->}\ 0.867262 + 1.15292\mathtt{I}\}, \{x\text{->}\ 1.07432\}\}$.

3. Numerische Integration

Für die numerische Integration stellt Mathematica die Anweisung `NIntegrate` zur Verfügung. Anders als bei der symbolischen Methode wird bei dieser Anweisung mit einer Datenliste der zu integrierenden Funktion gearbeitet. Als Beispiele werden zwei uneigentliche Integrale (s. S. 447) betrachtet.

■ **A:** *In[1]* := `NIntegrate[Exp`$[-x\hat{\ }2], \{x,$ `-Infinity, Infinity`$\}]$ *Out[1]* = 1.77245 .

■ **B:** *In[2]* := `NIntegrate`$[1/x\hat{\ }2, \{x, -1, 1\}]$

Power::infy: Infinite expression $\frac{1}{0}$ encountered.

NIntegrate::inum: Integrand ComplexInfinity is not numerical at$\{x\} = \{0\}$.

Mathematica erkennt im Beispiel **B** die Unstetigkeit an der Stelle $x = 0$ und gibt die entsprechende Warnung als Antwort. Das hängt damit zusammen, daß Mathematica eine Datenliste mit erhöhter Stützstellenzahl im problematischen Bereich anlegt und dabei den Pol erfaßt. Dennoch kann die Antwort in manchen Fällen fehlerhaft sein.

Mathematica verwendet bei der numerischen Integration Voreinstellungen gewisser Optionen, die für spezielle Fälle nicht ausreichend sind. So wird mit den Parametern `MinRecursion` und `MaxRecursion` die minimale bzw. die maximale Anzahl der Rekursionsschritte, mit denen Mathematica jeweils in problematischen Bereichen arbeitet, bestimmt. Die Voreinstellungen sind jeweils 0 und 6. Erhöht man diese, so wird Mathematica zwar langsamer arbeiten, jedoch auch bessere Resultate liefern.

■ *In[3]* := `NIntegrate[Exp`$[-x\hat{\ }2], \{x, -1000, 1000\}]$

Mathematica ist nicht in der Lage, die Spitze bei $x = 0$ zu erfassen, da der Integrationsbereich sehr groß ist, und antwortet

NIntegrate::ploss:

Numerical integration stopping due to loss of precision. Achieved neither the requested

PrecisionGoal nor AccuracyGoal;suspect one of the following:highly oscillatory integrand

or the true value of the integral is 0 .

Out[3] = $1.34946\ 10^{-26}$

Verlangt man jedoch

In[4] := `NIntegrate[Exp`$[-\mathtt{x}\hat{\ }2], \{x, -1000, 1000\},$ `MinRecursion->` 3, `MaxRecursion->` 10],

so erhält man

Out[4] = 1.77245

Das gleiche Resultat wie im letzten Beispiel erhält man mit der erweiteten Anweisung:

$$\mathtt{NIntegrate}[fun, \{x, x_a, x_1, x_2, \ldots, x_e\}]\,. \tag{19.291}$$

Hier können neben unterer und oberer Grenze des Integrals weitere Stellen des Integrationsweges x_i angegeben werden, die das problematische Stück einengen und so Mathematica zwingen, hier genauer zu evaluieren.

4. Numerische Lösung von Differentialgleichungen

Bei der numerischen Lösung von gewöhnlichen Differentialgleichungen oder auch von Systemen von Differentialgleichungen stellt Mathematica die Ergebnisse mittels eines `InterpolatingFunction`– Objektes dar. Die gestattet den Wert der numerischen Lösung an beliebigen Punkten im gegebenen Intervall zu bestimmen oder aber auch die Lösungskurve zu zeichnen. Die gebräuchlichsten Anweisungen sind in **Tabelle 19.7** dargestellt.

Tabelle 19.7 von Anweisungen zur numerischen Lösung von Differentialgleichungen

`NDSolve`$[dgl, y, \{x, x_a, x_e\}]$	liefert eine numerische Lösung der Differentialgleichung im Bereich zwischen x_a und x_e
`InterpolatingFunction`$[liste][x]$	gibt die Lösung im Punkt x
`Plot[Evaluate`$[y[x]/.\ lös]], \{x, x_a, x_e\}]$	zeichnet die Lösung

■ Lösung der Differentialgleichungen für die Bewegung eines schweren Körpers in einem Medium mit Reibung. Im Zweidimensionalen lauten die Bewegungsgleichungen

$$\ddot{x} = -\gamma\sqrt{\dot{x}^2 + \dot{y}^2} \cdot \dot{x}\,, \qquad \ddot{y} = -g - \gamma\sqrt{\dot{x}^2 + \dot{y}^2} \cdot \dot{y}\,.$$

Die Reibung wird hier proportional zur Geschwindigkeit angenommen. Setzt man $g = 10, \gamma = 0.1$, so kann mit den Anfangswerten $x(0) = y(0) = 0$ und $\dot{x}(0) = 100, \dot{y}(0) = 200$ folgende Eingabe zur Lösung der Bewegungsgleichungen vorgenommen werden:

In[1] $:= dg =$ `NDSolve`$[\{x''[t] == -0.1$`Sqrt`$[x'[t]\hat{}2 + y'[t]\hat{}2]\ x'[t], y''[t] == -10$
-0.1`Sqrt`$[x'[t]\hat{}2 + y'[t]\hat{}2]\ y'[t], x[0] == y[0] == 0, x'[0] == 100, y'[0] == 200\},$
$\{x, y\}, \{t, 15\}]$

Mathematica antwortet mit der Aufstellung der zugehörigen Interpolationsfunktionen:

Out[1] $= \{\{x\text{->}$ `InterpolatingFunction`$[\{0., 15.\}, <>],$
$y\text{->}$ `InterpolatingFunction`$[\{0., 15.\}, <>]\}\}$

Man kann die Lösung mit

In[2] $:=$ `ParametricPlot`$[\{x[t], y[t]\}/.dg, \{t, 0, 2\},$ `PlotRange->` `All`$]$

als Parameterkurve darstellen **(Abb.19.18a)**

`NDSolve` akzeptiert eine Reihe von Optionen, die die Genauigkeit der Resultate beeinflussen.
Mit `AccuracyGoal` kann die Genauigkeit für die Berechnung der numerischen Lösungen vorgegeben werden. Entsprechendes gilt für `PrecisionGoal`. Bei der internen Abarbeitung richtet sich Mathematica jedoch nach der sogenannten `WorkingPrecision`, diese sollte bei erhöhter Genauigkeit noch um weitere 5 Einheiten erhöht werden.
Die Anzahl der Schritte, mit denen Mathematica den geforderten Bereich bearbeitet, ist auf 500 voreingestellt. Im allgemeinen wird Mathematica in der Nähe von problematischen Bereichen adaptiv die Zahl der Stützpunkte erhöhen. Dies kann in der Umgebung von Singularitäten jedoch zur Erschöpfung der Schrittreserven führen. In solchen Fällen ist es möglich mit, `MaxSteps` größere Schrittzahlen vorzugeben. Die Einstellung `Infinity` für `MaxSteps` ist möglich.

■ Die Gleichungen für das FOUCAULTsche Pendel lauten:

$$\ddot{x}(t) + \omega^2 x(t) = 2\Omega\dot{y}(t)\,, \quad \ddot{y}(t) + \omega^2 y(t) = -2\Omega\dot{x}(t).$$

Mit $\omega = 1$, $\Omega = 0{,}025$ und den Anfangsbedingungen $x(0) = 0$, $\dot{x}(0) = 10$, $\dot{y}(0) = 0$ ergibt sich die zu lösende Gleichungen:

In[3] $:= dg3 =$ `NDSolve`$[\{x''[t] == -x[t] + 0.05y'[t], y''[t] == -y[t] - 0.05x'[t],$

$x[0] == 0, y[0] == 10, x'[0] == y'[0] == 0\}, \{x, y\}, \{t, 0, 40\}]$

Out[3] = $\{\{x\text{->}$ `InterpolatingFunction`$[\{0., 40.\}, <>]$,

$y\text{->}$ `InterpolatingFunction`$[\{0., 40.\}, <>]\}\}$

Mit

In[4] := `ParametricPlot`$[\{x[t], y[t]\}/.dg3, t, 0, 40,$ `AspectRatio`$\text{->} 1]$

erhält man **Abb.19.18b**.

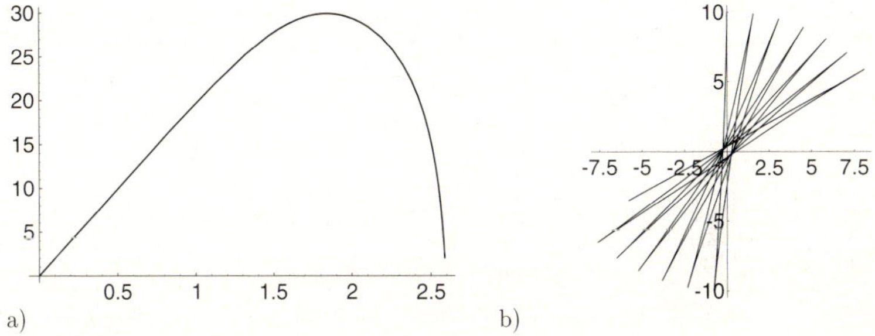

Abbildung 19.18

19.8.4.2 Maple

Das Computeralgebrasystem Maple ist in der Lage, eine Vielzahl von Aufgaben der numerischen Mathematik mit Hilfe eingebauter Näherungsverfahren zu lösen. Dabei kann die Stellenzahl, mit der die Berechnung zu erfolgen hat, durch die Einstellung der globalen Variablen `Digits` zu einem beliebigen n vorgenommen werden. Es ist aber zu beachten, daß größere n als die Voreinstellung auf Kosten der Rechengeschwindigkeit gehen.

1. Numerische Berechnung von Ausdrücken und Funktionen

Nach dem Start von Maple wird das „Prompt" $>$ angezeigt, das die Bereitschaft für die Eingabe angibt. Zusammenhängende Ein- und Ausgaben werden oft in einer Zeile dargestellt, eventuell getrennt durch den *Pfeiloperator* $\longrightarrow$.

1. Operator `evalf` Zahlenwerte von Ausdrücken, die ganz allgemein eingebaute und nutzerdefinierte Funktionen enthalten und die zu einer reellen Zahl auswertbar sind, können mit Hilfe des Befehls

$$\texttt{evalf}(ausdr, n) \qquad (19.292)$$

bestimmt werden. Mit *ausdr* wird der numerisch auszuwertende Ausdruck bezeichnet; das optionale Argument n kann verwendet werden, um bei der jeweiligen Berechnung abweichend von der Einstellung `Digits` mit n–stelliger Gleitpunktarithmetik zu arbeiten.

■ Anlegen einer Tabelle der Funktionswerte der Funktion $y = f(x) = \sqrt{x} + \ln x$.
Zunächst wird die Funktion definiert, was mit dem Pfeiloperator erfolgen kann:

$> f := z \text{->} \texttt{sqrt}(z) + \ln(z); \longrightarrow f := z \text{->} \sqrt{x} + \ln x$.

Danach sind die benötigten Funktionswerte mit dem Aufruf `evalf`$(f(x))$;, wobei für x die numerischen Werte einzusetzen sind, zu bestimmen.
Eine Tabelle von Funktionswerten in Schritten von 0,2 zwischen 1 und 4 kann man mit

$>$ `for` x `from` 1 `by` 0.2 `to` 4 `do` `print`$(f[x] =$ `evalf`$(f(x), 12))$ `od`;

erzeugen. Hier wird z.B. gefordert, mit zwölf Ziffern zu arbeiten.
Maple gibt das Ergebnis in der Form einer einspaltigen Tabelle mit Eintragungen der Art $f_{[3.2]} = 2.95200519181$ aus.

2. Operator `evalhf`: Neben `evalf` existiert der Operator `evalhf`. Er kann auf ähnliche Art wie `evalf` angewendet werden. Sein Argument sind ebenfalls Funktionen, die zu einer reellen Zahl auswertbar sind. Hier wird jedoch von Maple die maschinenspezifische Gleitpunktzahlgenauigkeit genutzt, alle Rechnungen mit dieser durchgeführt und abschließend das Ergebnis in das Maple–eigene Gleitpunktzahlsystem überführt. Bei der Nutzung dieses Befehls kann ein beträchtlicher Zeitgewinn bei umfangreichen numerischen Rechnungen eintreten. Es ist jedoch zu beachten, daß die auf S. 934 beschriebenen Probleme zu beträchtlichen Fehlern führen können.

2. Numerische Lösung von Gleichungen

Wie in Kapitel Computeralgebrasysteme, S. 992ff. erwähnt, kann Maple in vielen Fällen Gleichungen und Gleichungssysteme numerisch lösen. Das ist insbesondere dann von Bedeutung, wenn es sich um transzendente Gleichungen oder um algebraische Gleichungen handelt, die nur im Bereich der reellen Zahlen auflösbar sind.
Dafür wird der Befehl `fsolve` eingesetzt. Er ist in der Syntax

$$\texttt{fsolve}(gln, var, option) \tag{19.293}$$

zu verwenden. In der Regel wird der Befehl für allgemeine Gleichungen eine einzelne Wurzel bestimmen. Für Polynomgleichungen jedoch liefert er alle reellen Wurzeln. In der folgenden **Tabelle 19.8** sind die zur Verfügung stehenden Optionen angegeben.

Tabelle 19.8 von Optionen des Befehls `fsolve`

`complex`	bestimmt eine einzelne komplexe Wurzel (bzw. alle Wurzeln eines Polynoms)
`maxsols` $= n$	bestimmt zumindest n Wurzeln (gilt nur für Polynomgleichungen)
`fulldigits`	verhindert die Verkleinerung der Genauigkeit unter die voreingestellte in Zwischenrechnungen
`intervall`	sucht nach Lösungen im angegebenen Intervall

■ **A:** Bestimmung aller Lösungen der Polynomgleichung $x^6 + 3x^2 - 5 = 0$. Mit

$> eq := x\hat{}6 + 3 * x\hat{}2 - 5 = 0:$ erhält man

$> \texttt{fsolve}(eq, x); \longrightarrow -1.074323739,\ 1.074323739$

Maple hat nur die beiden reellen Wurzeln bestimmt. Mit der Option `complex` erhält man auch die komplexen Wurzeln:

$> \texttt{fsolve}(eq, x, \texttt{complex});$

$-1.074323739, -0.8672620244 - 1.152922012\mathtt{I}, -0.8672620244 + 1.152922012\mathtt{I},$

$0.8672620244 - 1.152922012\mathtt{I}, 0.8672620244 + 1.152922012\mathtt{I}, 1.074323739$

■ **B:** Bestimmung der beiden Lösungen der transzendenten Gleichung $e^{-x^3} - 4x^2 = 0$.
Nach der Festlegung

$> eq := \texttt{exp}(-x\hat{}3) - 4 * x\hat{}2 = 0$ erhält man mit

$> \texttt{fsolve}(eq, x); \longrightarrow 0.4740623572$

die positive Lösung. Mit

$> \texttt{fsolve}(eq, x, x = -2..0); \longrightarrow -0.5412548544$

bestimmt Maple auch die zweite (negative) Wurzel.

3. Numerische Integration

Die Berechnung bestimmter Integrale ist oft nur numerisch möglich. Das ist der Fall, wenn der Integrand sehr kompliziert aufgebaut ist bzw. wenn die Stammfunktion nicht durch elementare Funktionen ausdrückbar ist. In Maple wird dann der Befehl `evalf` dem Integrationsbefehl für die Berechnung des bestimmten Integrals vorangestellt:

$$\texttt{evalf}(\texttt{int}(f(x), x = a..b), n)\,. \tag{19.294}$$

Darauf wird das Integral mit der geforderten Genauigkeit von Maple unter Zuhilfenahme von Näherungsverfahren bestimmt. In der Regel funktioniert diese Methode.

■ Berechnung des bestimmten Integrals $\int_{-2}^{2} e^{-x^3}\, dx$. Da die Stammfunktion nicht bekannt ist, wird zunächst

> $\texttt{int(exp(}-x\texttt{\^{}3)}, x = -2..2); \longrightarrow \int_{-2}^{2} e^{-x^3}\, dx$

angezeigt. Gibt man jedoch

> `evalf(int(exp(-x^3), x = -2..2), 15);`

ein, so erhält man 277.745841695583 .
Maple hat unter Benutzung des eingebauten Näherungsverfahrens die numerische Integration auf 15 Ziffern genau vorgenommen.

In gewissen Fällen versagt diese Methode, insbesondere wenn über große Intervalle zu integrieren ist. Dann kann man versuchen, mit dem Bibliotheksaufruf

`readlib(`evalf/int`) :`

eine andere Näherungsprozedur aufzurufen, die ein adaptives Newtonverfahren verwendet.

■ Die Eingabe

> `evalf(int(exp(-x^2), x = -1000..1000));`

führt zu einer Fehlermeldung. Mit

```
> readlib(`evalf/int`) :
> `evalf/int`(exp(-x^2), x = -1000..1000, 10, _NCrule);
  1.772453851
```

erhält man das richtige Resultat. Hier ist das dritte Argument die Angabe der Genauigkeit und das letzte die interne Bezeichnung des Näherungsverfahrens.

4. Numerische Lösung von Differentialgleichungen

Auf S. 991 wird die Lösung gewöhnlicher Differentialgleichungen mit Hilfe der Maple–Operation `dsolve` behandelt. In den meisten Fällen ist es jedoch nicht möglich, die Lösung in geschlossener Form anzugeben. In diesen Fällen kann man versuchen, die Gleichung numerisch zu lösen, wobei entsprechende Anfangsbedingungen gegeben sein müssen.
Dafür wird der Befehl `dsolve` in der Form

`dsolve(`*dgln*, *var*, `numeric)` (19.295)

mit der Option `numeric` als drittes Argument verwendet. Hier enthält das Argument *dgln* neben der eigentlichen Differentialgleichung auch die Anfangsbedingungen. Das Resultat dieser Operation ist eine Prozedur, die, wenn man sie z.B. mit f bezeichnet, durch den Aufruf $f(t)$ den Wert der Lösung für den Wert t der unabhängigen Variablen berechnet.
Maple benutzt für diesen Prozeß das RUNGE–KUTTA–Verfahren (s. S. 899). Die voreingestellte Genauigkeit für den relativen und den absoluten Fehler beträgt $10^{-\text{Digits}+3}$. Mit den globalen Symbolen `_RELERR` und `_ABSERR` kann der Nutzer diese Einstellungen ändern. Treten bei der Berechnung Probleme auf, dann zeigt Maple dies durch verschiedenartige Meldungen an.

■ Die Behandlung des Beispiels zum RUNGE–KUTTA–Verfahren auf S. 899 mit Maple liefert:

```
> r := dsolve({diff(y(x), x) = (1/4) * (x^2 + y(x)^2), y(0) = 0}, y(x), numeric);
  r := proc `dsolve/numeric/result2` (x, 1592392, [1]) end
```

Mit

> $\texttt{r}(0.5); \longrightarrow \{x(.5) = .5000000000, y(x)(.5) = .01041860472\}$

kann z.B. der Wert der Lösung im Punkt $x = 0.5$ bestimmt werden.

20 Computeralgebrasysteme

20.1 Einführung

20.1.1 Kurzcharakteristik von Computeralgebrasystemen

1. Allgemeine Zielstellungen für Computeralgebrasysteme In der mathematischen Praxis werden zunehmend sogenannte Computeralgebrasysteme – Softwaresysteme, die „Mathematik machen können"– eingesetzt. Solche Systeme wie Macsyma, Reduce, Derive, Maple, Mathcad, Mathematica gestatten auch auf relativ kleinen Rechnern (PC) die Lösung mathematischer Aufgaben wie z.B. die Umformung komplizierter Ausdrücke, die Bestimmung von Ableitungen und Integralen, die Lösung von Gleichungen und Gleichungssystemen, die grafische Darstellung von Funktionen einer und mehrerer Veränderlicher und vieles andere mehr. Mit ihrer Hilfe können mathematische Ausdrücke *manipuliert*, d.h., nach mathematischen Regeln umgeformt oder vereinfacht werden, sofern dies in geschlossener Form möglich ist. Auch numerische Lösungen können mit der geforderten Genauigkeit berechnet und funktionale Zusammenhänge grafisch dargestellt werden.

2. Spezielle Möglichkeiten der Arbeit mit Computeralgebrasystemen Die meisten Computeralgebrasysteme können mit externen Dateisystemen und Dateien kommunizieren, d.h. Daten ex- und importieren. Neben einem Grundvorrat an Definitionen und Befehlen, der bei jedem Start des Systems geladen wird, bieten die meisten Systeme umfangreiche Bibliotheken mit Zusatzpaketen spezieller mathematischer Gebiete an, die nach Bedarf zugeladen werden können (s. Lit. [20.4]).

Computeralgebrasyteme ermöglichen Programmierungen zum Aufbau eigener Programmpakete.

Die Möglichkeiten von Computeralgebrasytemen sollten jedoch nicht überschätzt werden. Wenn für ein Integral kein geschlossener Ausdruck existiert, dann kann auch mit Hilfe eines Computeralgebrasytems keiner gefunden werden.
Bezüglich der auftretender Fehler s. Abschnitt Numerische Probleme auf Computern, S. 934.

3. Beschränkung auf Mathematica und Maple Die zur Zeit bekannten Systeme unterliegen der Weiterentwicklung. Insofern kann jede konkrete Darstellung nur den aktuellen Stand reflektieren. Im folgenden soll eine Einführung in die grundlegende Struktur solcher Systeme und ihre Anwendung in wichtigen mathematischen Bereichen gegeben werden. Damit diese Einführung gleichzeitig als Anleitung für erste praktische Schritte bei der Arbeit mit Computeralgebrasystemen dienen kann, werden die Darlegungen konkret auf die beiden Systeme Mathematica (Version 2.2) und Maple (Version V) beschränkt. Diese Auswahl ist willkürlich; jedoch scheinen diese beiden Systeme gegenwärtig die größte Verbreitung gefunden zu haben. Eine Konversion von Mathematica nach Maple ist möglich. Die dazu notwendigen Dateien werden in Handbüchern auf einer CD–ROM mitgeliefert (s. Lit. [20.8]).

4. Ein- und Ausgabe bei Mathematica und Maple In dieser Darstellung wird die konkrete Einbindung des jeweiligen Computeralgebrasystems in das Betriebssystem des Computers nicht behandelt. Es wird davon ausgegangen, daß das Computeralgebrasystem über ein Kommando aus dem Betriebssystem heraus gestartet wird und danach über eine Kommandozeile oder auf einer Window–ähnlichen Arbeitsoberfläche ansprechbar ist.

Die Darstellung von Ein- und Ausgaben erfolgt für Mathematica (s. S. 942 und Maple (s. S. 945 in jeweils abgesetzten Zeilen, um sie deutlich von anderen Textpassagen abzuheben, etwa in der Form

$$\begin{array}{ll} \textit{In[1]} := \texttt{Solve}[3\ x - 5 == 0, x] & \text{in Mathematica,} \\ > \texttt{solve}(3 * x - 5 = 0, x) & \text{in Maple.} \end{array} \qquad (20.1)$$

Systemspezifische Symbole (Befehle, Typbezeichnungen und ähnliches) werden durch Darstellung in Schreibmaschinenschrift hervorgehoben.

Aus Gründen der Platzersparnis werden zusammenhängende Ein- und Ausgaben oft durch Zusammenziehen in eine Zeile (evtl. durch das Zeichen $\longrightarrow$ getrennt) dargestellt.

20.1.2 Einführende Beispiele für die Hauptanwendungsgebiete

20.1.2.1 Formelmanipulation

Unter *Formelmanipulation* wird hier im weitesten Sinn die Umformung mathematischer Ausdrücke zwecks ihrer Vereinfachung oder ihrer Darstellung in einer für weitere Manipulationen zweckmäßigen Form, die Lösung von Gleichungen und Gleichungssystemen durch algebraische Ausdrücke, die Differentiation von Funktionen, die Berechnung unbestimmter Integrale, die Lösung von Differentialgleichungen, die Bildung unendlicher Reihen usw. verstanden.

■ Lösung der folgenden quadratischen Gleichung:

$$x^2 + ax + b = 0 \quad \text{mit} \quad a, b \in \mathbb{R}\,. \tag{20.2a}$$

In Mathematica wird eingegeben:

$$\texttt{Solve}[x\text{^}2 + a\ \ x + b == 0, x]\,. \tag{20.2b}$$

Nach Betätigen des entsprechenden Eingabeabschlußbefehls (EINF oder SHIFT+ENTER) ersetzt Mathematica diese Zeile durch

$$\textit{In[1]} := \texttt{Solve}[x\text{^}2 + a\ \ x + b == 0; x] \tag{20.2c}$$

und beginnt mit der Abarbeitung. Nach kurzer Zeit erscheint eine neue Zeile mit dem Inhalt

$$\textit{Out[1]} = \{\{x \text{->} \frac{-a + \texttt{Sqrt}[a^2 - 4b]}{2}\}, \{x \text{->} \frac{-a - \texttt{Sqrt}[a^2 - 4b]}{2}\}\}\,. \tag{20.2d}$$

Mathematica hat die Gleichung gelöst und die beiden Wurzeln in Form einer *Liste* aus zwei Unterlisten, die jeweils eine Lösung enthalten, dargestellt. Dabei ist `Sqrt` das Symbol für die Quadratwurzel.

In Maple erfolgt die Eingabe in folgender Form:

$$\texttt{solve}(x\text{^}2 + a * x + b = 0, x)\,; \tag{20.3a}$$

Wichtig ist hier das Semikolon nach dem letzten Symbol. Nach der Eingabebestätigung mit ENTER bearbeitet Maple die Eingabe und liefert in der nächsten Zeile

$$1/2(-a + (a^2 - 4b)^{1/2})\,,\ 1/2(-a - (a^2 - 4b)^{1/2}) \tag{20.3b}$$

Das Ergebnis ist in Form einer *Folge* von zwei Ausdrücken, den beiden Lösungen, dargestellt.

Abgesehen von den speziellen Zeichen für das jeweilige Computeralgebrasystem, besteht vom grundsätzlichen Aufbau her große Ähnlichkeit. Am Anfang steht ein *Symbol*, das vom System als *Operator* verstanden wird, der auf einen in Klammern stehenden *Operanden* anzuwenden ist. Das Ergebnis wird als Liste oder Folge der Lösungen wiedergegeben. Ähnlich werden viele Operationen der Formelmanipulation dargestellt.

20.1.2.2 Numerische Berechnungen

Computeralgebrasysteme besitzen umfangreiche Prozeduren zur Behandlung von Aufgaben der numerischen Mathematik. Das betrifft sowohl die Lösung algebraischer Gleichungen, linearer Gleichungssysteme, die Lösung transzendeter Gleichungen, aber auch die Berechnung bestimmter Integrale, die numerische Lösung von Differentialgleichungen, Interpolationsprobleme und vieles andere mehr.

■ Gesucht: Lösungen der Gleichung

$$x^6 - 2x^5 - 30x^4 + 36x^3 + 190x^2 - 36x - 150 = 0\,. \tag{20.4a}$$

Diese Gleichung 6. Grades ist geschlossen nicht lösbar; sie besitzt jedoch 6 reelle Lösungen, die numerisch zu finden sind.

In Mathematica wird eingegeben:

$$\textit{In[2]} := \texttt{NSolve}[x\text{^}6 - 2x\text{^}5 - 30x\text{^}4 + 36x\text{^}3 + 190x\text{^}2 - 36x - 150 == 0, x] \tag{20.4b}$$

Als Antwort erhält man:

$$\textit{Out[2]} = \{\{x\text{->} -4.42228\}, \{x\text{->} -2.14285\}, \{x\text{->} -0.937397\}, \{x\text{->} 0.972291\},$$

$\{x\text{-}\!> 3.35802\},\ \{x\text{-}\!> 5.17217\}\}$ (20.4c)

Das ist eine Liste mit den 6 Lösungen mit einer bestimmten Genauigkeit, die später erläutert wird.

Die Eingabe in Maple lautet:

$> \texttt{fsolve}(x\hat{\ }6 - 2 * x\hat{\ }5 - 30 * x\hat{\ }4 + 36 * x\hat{\ }3$
$+190 * x\hat{\ }2 - 36 * x - 150 = 0, x);$ (20.4d)

Hier darf in der Eingabe „= 0“ fehlen, und die zusätzliche Angabe „x“ wäre wegen der Eindeutigkeit auch nicht nötig. Maple setzt den eingegebenen Ausdruck automatisch gleich Null. Als Ausgabe erhält man die Folge der 6 Lösungen. Die Benutzung des Befehls `fsolve` teilt Maple mit, daß Fließkommazahlen als Ergebnis erwartet werden.

20.1.2.3 Graphische Darstellungen

Die meisten Computeralgebrasysteme gestatten die graphische Darstellung der eingebauten wie auch der selbstdefinierten Funktionen. In der Regel betrifft dies die Darstellung von Funktionen einer Veränderlichen in kartesischen und Polarkoordinaten, die Parameterdarstellung und die Darstellung impliziter Funktionen. Funktionen von zwei Variablen lassen sich als räumliche Flächen darstellen; auch hier sind Parameterdarstellungen möglich. Es können Kurven im dreidimensionalen Raum erzeugt werden. Darüber hinaus gibt es in den unterschiedlichen Systemen weitere graphische Darstellungsmöglichkeiten von funktionalen Zusammenhängen, z.B. in Form von Diagrammen. Alle Systeme verfügen über ein reichhaltiges Angebot von Darstellungsoptionen, die von Linienform und -dicke über den Einbau zusätzlicher Graphikelemente wie z.B. von Vektoren bis zu Beschriftung und Farbgestaltung reichen.
In der Regel lassen sich erzeugte Graphiken als Dateien in gängigen Formaten wie Postscript, Raster oder Plotter exportieren und damit in andere Programme einbinden bzw. direkt auf Drucker und Plotter ausgeben.

20.1.2.4 Programmierung in Computeralgebrasystemen

Alle Systeme bieten Möglichkeiten für den Aufbau eigener Programmblöcke zur Lösung spezieller Aufgaben. Es handelt sich dabei einerseits um die bekannten Handwerkszeuge für den Aufbau von Prozeduren wie Schleifenkonstruktionen und Kontrollstrukturen, z.B. DO, IF – THEN, WHILE, FOR usw., andererseits um mehr oder weniger ausgeprägte Methoden der funktionalen Programmierung, die für viele Probleme elegante Lösungen anbieten.
Selbsterstellte Programmblöcke können den bestehenden Bibliotheken hinzugefügt und bei Bedarf jederzeit zugeladen werden.

20.1.3 Aufbau von und Umgang mit Computeralgebrasystemen

20.1.3.1 Hauptstrukturelemente

1. Objekttypen

Computeralgebrasysteme arbeiten mit einer Vielzahl von Objekttypen. *Objekte* sind die dem jeweiligen System bekannten Zahlen, Variablen, Operatoren, Funktionen usw., die mit dem Start des Systems latent geladen sind und aufgerufen bzw. vom Nutzer entsprechend der Syntax definiert werden können. Klassen von Objekten wie etwa Zahlenarten oder Listen usw. nennt man *Typen*.
Die meisten Objekte werden durch ihren Namen identifiziert, den man sich zur Objektklasse Symbol zugehörig denken kann und der bestimmten grammatikalischen Regeln genügen muß.

Der Nutzer gibt in die Eingabezeile eine Folge von Objekten, d.h. deren Namen, entsprechend der vorgeschriebenen Syntax ein, schließt die Eingabe mit einem dafür vorgesehenen Sonderzeichen und/oder einem speziellen Systemkommando ab, worauf das System mit der Abarbeitung beginnt und in weiteren Zeilen das Ergebnis darstellt (Eingaben können sich über mehrere Zeilen erstrecken).

Die nachfolgend beschriebenen Objekte bzw. Objekttypen und -klassen stehen in der Regel in allen Computeralgebrasystemen zur Verfügung, wobei auf Besonderheiten bei der Besprechung der einzelnen Systeme eingegangen wird.

2. Zahlen

Die Computeralgebrasysteme kennen in der Regel die Zahlentypen *ganze Zahlen, rationale Zahlen, reelle Zahlen (Gleitpunktzahlen), komplexe Zahlen*, manche Systeme *algebraische Zahlen, Wurzelzahlen* und weitere.

Mit einer Vielzahl von Typprüfoperationen können Eigenschaften konkreter Zahlen, wie *nichtnegativ, Primzahl* usw., festgestellt werden.

Gleitpunktzahlen können mit beliebiger Präzision genutzt werden. In der Regel arbeiten die Systeme mit einer Voreinstellung für die Präzision, die nach Bedarf verändert werden kann.

Die Systeme kennen spezielle Zahlen, die für die Mathematik von fundamentaler Bedeutung sind wie e, π und ∞. Sie gehen mit diesen Zahlen symbolisch um, können sie jedoch für numerische Berechnungen auch in beliebiger Präzision verwenden.

3. Variable und Zuweisungsoperatoren

Variable haben einen Namen, werden in der Regel also durch ein vom Nutzer bestimmtes Symbol repräsentiert. Vom System vergebene Namen, d.h. reservierte Begriffe, sind dabei verboten. Solange der Variablen kein Wert zugewiesen ist, steht das jeweilige Symbol für die Variable selbst.

Variablen können mit Hilfe spezieller *Zuweisungsoperatoren* Werte zugewiesen werden. Werte von Variablen dürfen sowohl Zahlen, andere Variable als auch spezielle Sequenzen von Objekten, oft Ausdrücke genannt, sein. In der Regel existieren mehrere Zuweisungsoperatoren, die sich insbesondere durch den Zeitpunkt ihrer Auswertung, d.h sofort bei Eingabe der Zuweisung oder erst beim späteren Aufruf der Variablen, unterscheiden.

4. Operatoren

Alle Systeme verfügen über einen Grundvorrat von *Operatoren*. Dazu gehören die für die Mathematik üblichen Operatoren $+$, $-$, $*$, $/$, ^ (oder $**$), $>$, $<$, $=$, für die die bekannte Rangordnung bei der Abarbeitung gilt. Stehen die Operatoren zwischen den Operanden, so bezeichnet man diese Schreibweise als *Infix–Form*.

Die Palette der Operatoren, die in *Präfix–Form* vorliegen — in diesem Falle steht der Operator vor den Operanden — ist in allen Systemen beträchtlich. Hierzu gehören in der Regel Operatoren, die auf spezielle Objektklassen wie z.B. Zahlen, Polynome, Mengen, Listen, Matrizen, Gleichungssysteme wirken und auch Funktionaloperatoren wie Differentiation, Integration usw. Darüber hinaus sind in der Regel Operatoren für die Gestaltung der Ausgaberesultate, die Manipulation von Zeichenketten und weiteren dem System bekannten Objekten vorhanden. Manche Systeme gestatten die Darstellung einiger Operatoren in *Suffix–Schreibweise*, d.h., der Operator steht hinter den Operanden. Häufig benutzen Operatoren optionale Argumente, die spezielle Anwendungssituationen steuern.

5. Terme und Funktionen

Unter dem Begriff *Term* wird eine Anordnung von Objekten verstanden, die durch mathematische Operatoren, in der Regel in der Infix–Form, verknüpft sind, also Basiselemente, die in der Mathematik ständig auftreten. Ein Grundanliegen von Computeralgebrasystemen ist die Umformung von Termen sowie die Lösung von Gleichungen.

■ Die folgende Sequenz

$$x\hat{\ }4 - 5 * x\hat{\ }3 + 2 * x\hat{\ }2 - 8 \tag{20.5}$$

ist z.B. ein Term, in welchem x eine Variable ist.

Computeralgebrasysteme kennen die üblichen elementaren Funktionen wie Exponentialfunktion, Logarithmusfunktion, trigonometrische Funktionen und deren Umkehrfunktionen sowie eine Reihe spezieller Funktionen. Diese Funktionen lassen sich anstelle von Variablen in Terme einbauen. Auf diese Weise werden neue, komplizierte Terme oder Funktionen erzeugt.

6. Listen und Mengen

Alle Computeralgebrasysteme kennen die Objektklasse *Liste*, die als Aneinanderreihung von Objekten verstanden wird. Mit speziellen Operatoren kann auf die Elemente einer Liste zugegriffen werden. In der Regel sind Listen als Elemente von Listen zulässig. So entstehen *verschachtelte Listen*, die zur Konstruktion spezieller Objekttypen wie Matrizen und Tensoren benutzt werden können; alle Systeme bieten hierfür spezielle Objektklassen an. Hieraus ergibt sich die Möglichkeit, symbolisch in Vektorräumen Objekte wie Vektoren und Tensoren zu manipulieren und lineare Algebra zu betreiben.

Auch der Begriff Menge ist den Computeralgebrasystemen bekannt. Die Operatoren der Mengenlehre sind definiert.

In den folgenden Abschnitten werden die Hauptstrukturelemente und ihre Syntax für die beiden ausgewählten Computeralgebrasysteme Mathematica 2.2 und MAPLE V erläutert.

20.2 Mathematica

Mathematica ist ein Computeralgebrasystem, das von der Firma Wolfram–Research, Inc entwickelt wurde. Eine umfassende Darstellung der Version Mathematica 2.2 findet man in Lit. [20.5].

20.2.1 Hauptstrukturelemente

Im System Mathematica werden die Hauptstrukturelemente einheitlich *Ausdrücke* genannt. Ihre Syntax lautet (es sei nochmals betont, daß die jeweiligen Objekte durch ihr zugehöriges Symbol, also ihren Namen, anzugeben sind):

$$\texttt{obj}_0[\texttt{obj}_1, \texttt{obj}_2, \ldots, \texttt{obj}_n] \tag{20.6}$$

Man bezeichnet $\texttt{obj}_0$ als *Kopf* (`Head`) des Audruckes; ihm ist die Nummer 0 zugeordnet. Die Teile $\texttt{obj}_i$ $(i = 1, \ldots, n)$ sind die *Elemente* des Ausdrucks und unter ihren Nummern $1, \ldots, n$ aufrufbar.
In vielen Fällen ist der Kopf des Ausdrucks ein Operator oder eine Funktion, die Elemente sind die Operanden oder die Variablen, auf die der Kopf wirkt.
Sowohl Kopf als auch Elemente eines Ausdrucks können wieder Ausdrücke sein. Eckige Klammern sind in Mathematica für die Darstellung von Ausdrücken reserviert, sie dürfen nur in diesem Zusammenhang verwendet werden.

■ Der Term $x\hat{}2 + 2 * x + 1$, der in Mathematica auch in dieser Infix–Form eingegeben werden darf, hat die vollständige Form (`FullForm`)

$$\texttt{Plus}[1, \texttt{Times}[2, x], \texttt{Power}[x, 2]]$$

ist also ebenfalls ein Ausdruck. Mit `Plus`, `Power` und `Times` werden die die entsprechenden arithmetischen Operatoren bezeichnet.

Man erkennt an dem Beispiel, daß alle einfachen mathematischen Operatoren in der Präfix–Form existieren und daß die Schreibweise als Term in Mathematica nur eine Vereinfachung ist.
Teile von Ausdrücken können extrahiert werden. Das erfolgt mit der Konstruktion `Part`[*ausdr*, *i*], wobei i die Nummer des entsprechenden Elements ist. Insbesondere wird mit $i = 0$ der Kopf des Ausdrucks wiedergegeben.

■ Gibt man in Mathematica

$$\textit{In[1]} := x\hat{}2 + 2 * x + 1$$

ein, wobei das Zeichen $*$ auch weggelassen werden kann, und betätigt die Taste EINF, so antwortet Mathematica mit

$$\textit{Out[1]} = 1 + 2x + x^2$$

Mathematica hat die Eingabe zur Kenntnis genommen und sie in der mathematischen Standardform wiedergegeben. Hätte man die Eingabe mit einem Semikolon abgeschlossen, so wäre die Ausgabe unterdrückt worden.
Gibt man

$$\textit{In[2]} := \texttt{FullForm}[\%]$$

ein, so lautet die Antwort

$$\textit{Out2} = \texttt{Plus}[1, \texttt{Times}[2, x], \texttt{Power}[x, 2]]$$

Das Zeichen % in der eckigen Klammer teilt Mathematica mit, daß die letzte Ausgabe als Argument für die neue Eingabe zu verwenden ist. Aus diesem Ausdruck kann man mit

In[3] := Part[%, 3] z.B. *Out[3]* = Power[x, 2]

das dritte Element herausziehen, das in diesem Fall wiederum ein Ausdruck ist.

Symbole sind in Mathematica die Bezeichner der Grundobjekte; sie können beliebige Folgen von Buchstaben und Zahlen sein und dürfen nicht mit einer Zahl beginnen. Das Sonderzeichen $ ist zulässig. Es wird zwischen Groß- und Kleinbuchstaben unterschieden. Systemimmanente Symbole beginnen mit einem Großbuchstaben, bei zusammengesetzten Worten beginnt auch der zweite Teil mit einem Großbuchstaben. Der Nutzer sollte deshalb zur Unterscheidung seine selbstdefinierten Symbole nur mit Kleinbuchstaben schreiben.

20.2.2 Zahlenarten in Mathematica

20.2.2.1 Grundtypen von Zahlen in Mathematica

Mathematica kennt vier Arten von Zahlen, die in **Tabelle 20.1** dargestellt sind.

Tabelle 20.1 Zahlenarten in Mathematica

Zahlenart	Kopf	Charakteristik	Eingabe
Ganze Zahlen	Integer	exakte ganze Zahl beliebiger Länge	*nnnnn*
Rationale Zahlen	Rational	teilerfremder Bruch der Form Integer/Integer	*pppp*/*qqqq*
Reelle Zahlen	Real	Gleitpunktzahl beliebiger spezifierter Präzision	*nnnn.mmmm*
Komplexe Zahlen	Complex	komplexe Zahl der Form *zahl* + *zahl* ∗I	

Reelle Zahlen, d.h. Gleitpunktzahlen, dürfen beliebige Länge haben. Wird eine ganze Zahl *nnn* in der Form *nnn.* geschrieben, so faßt Mathematica sie als Gleitpunktzahl, also vom Typ Real , auf.
Mit Head[x] kann man den Typ einer Zahl x feststellen. So liefert *In[1]* := Head[51] *Out[1]* = Integer , während *In[2]* := Head[51.] *Out[2]* = Real ergibt. Die reellen und imaginären Komponenten einer komplexen Zahl können beliebigen Zahlentypen angehören. Eine Zahl wie 5.731 + 0 I wird Mathematica dem Typ Real zuordnen, während 5.731 + 0. I vom Typ Complex ist, da 0. als Gleitpunktzahl mit dem genäherten Wert 0 aufgefaßt wird.

Es gibt einige weitere Operationen, um Auskünfte über Zahlen zu erhalten. So liefert

In[3] := NumberQ[x] *Out[3]* := True, wenn x eine Zahl ist. (20.7a)

Anderenfalls ergibt sich *Out[3]* = False. Hier sind True und False die Symbole für die BOOLEschen Werte „Wahr" und „Falsch".
IntegerQ[x] testet, ob x eine ganze Zahl ist, weshalb

In[4] := IntegerQ[2.] *Out[4]* = False (20.7b)

ergibt. Ähnliche Tests für Zahlen sind mit den Köpfen EvenQ, OddQ und PrimeQ durchführbar. Ihr Sinn ist selbsterklärend. So ergibt

In[5] := PrimeQ[1075643] *Out[5]* = True, (20.7c)

während

In[6] := PrimeQ[1075641] *Out[6]* = False (20.7d)

liefert.
Die zuletzt genannten Tests gehören zu einer ganzen Gruppe von Testoperatoren, die alle mit Q enden und jeweils mit True oder False im Sinne eines logischen Tests antworten (u.a. Typprüfung).

20.2.2.2 Spezielle Zahlen

In Mathematica sind einige spezielle Zahlen enthalten, die häufig benötigt werden und mit beliebiger Genauigkeit aufgerufen werden können. Dazu gehören π mit dem Symbol Pi, e mit dem Symbol E, $\frac{\pi}{180^\circ}$

als Umrechnungsfaktor von Gradmaß in Bogenmaß mit dem Symbol Degree, Infinity als Symbol für ∞ sowie die schon benutzte imaginäre Einheit I.

20.2.2.3 Darstellung und Konvertierung von Zahlen

Zahlen sind in verschiedenen Formen darstellbar, die sich ineinander konvertieren lassen. So läßt sich jede reelle Zahl x mit N[x, n] in eine Gleitpunktzahl mit n–stelliger Präzision konvertieren.

$$\mathtt{IN[7]} := \mathtt{N}[E,\ 20] \quad \text{liefert} \quad \mathtt{Out[7]} = 2.718281828459045235 \tag{20.8a}$$

Mit Rationalize[x, dx] kann die Zahl x mit der Genauigkeit dx in eine rationale Zahl gewandelt werden. So ergibt

$$\mathtt{In[8]} := \mathtt{Rationalize}[\%,\ 10^\wedge - 5] \quad \mathtt{Out[8]} = \frac{1457}{536} \tag{20.8b}$$

Mit der Genauigkeit 0 übermittelt Mathematica die bestmögliche Näherung der Zahl x durch eine rationale Zahl.

Zahlen verschiedener Zahlensysteme können ineinander konvertiert werden. Mit BaseForm[x, b] wird die Zahl x im Dezimalsystem in die entsprechende Zahl im System mit der Basis b umgewandelt. Ist $b > 10$, so werden für die Darstellung der weiteren Ziffern wie üblich die fortlaufenden Buchstaben $a, b, c, \ldots$ benutzt.

■ **A:** So wird z.B.

$$\mathtt{In[15]} := \mathtt{BaseForm}[255,\ 16] \quad \text{zu} \quad \mathtt{Out[15]} = //\mathtt{BaseForm} = ff_{16} \tag{20.9a}$$

oder

$$\mathtt{In[16]} := \mathtt{BaseForm}[\mathtt{N}[E,\ 10],\ 8] \quad \mathtt{Out[16]} = //\mathtt{BaseForm} = 2.557605213_8 \tag{20.9b}$$

Die umgekehrte Transformation wird mit $b^{\wedge\wedge}mmmm$ durchgeführt.

■ **B:** In diesem Sinne liefert

$$\mathtt{In[17]} := 8\ {}^{\wedge\wedge}735 \quad \mathtt{Out[17]} = 477 \tag{20.9c}$$

Die Darstellung der Zahlen erfolgt mit der jeweiligen Präzision (voreingestellt hierfür ist die Maschinenpräzision) und bei großen Zahlen in der sogenannten wissenschaftlichen Schreibweise, d.h. in der Form $nnnn.mmmm10^\wedge \pm qq$.

20.2.3 Wichtige Operatoren

Für viele Grundoperatoren gibt es eine vereinfachte Schreibweise mit der in der Mathematik üblichen Infix-Form $< symb_1\ op\ symb_2 >$. Jedoch ist in jedem Fall diese nur ein vereinfachendes Synonym für die vollständige Schreibweise als Ausdruck. Eine Reihe häufig vorkommender Operatoren und ihre vollständige Form enthält die **Tabelle 20.2**.

Tabelle 20.2 Wichtige Operatoren in Mathematica

$a + b$	Plus[a, b]	$u == v$	Equal[u, v]
$a\ \ b$ oder $a * b$	Times[a, b]	$w! = v$	Unequal[w, v]
$a^\wedge b$	Power[a, b]	$r > t$	Greater[r, t]
a/b	Times[a, Power[b, -1]]	$r >= t$	GreaterEqual[r, t]
$u{-}{>}\ v$	Rule[u, v]	$s < t$	Less[s, t]
$r = s$	Set[r, s]	$s <= t$	LessEqual[s, t]

Die meisten Bezeichnungen in **Tabelle 20.2** sind selbsterklärend. Bei der Multiplikation in der Form $a\ \ b$ ist unbedingt auf das Leerzeichen zwischen den Faktoren zu achten.

Es sei auf die Ausdrücke mit den Köpfen Rule und Set hingewiesen. Set weist dem Ausdruck r auf der linken Seite, z.B. einer Variablen, den Wert des Ausdrucks s auf der rechten Seite, z.B. eine Zahl, zu. Von hier an wird r bis zum Zeitpunkt der Aufhebung dieser Zuordnung durch den zugewiesenen Wert dargestellt. Die Aufhebung erfolgt entweder durch die Zuweisung eines neuen Wertes oder durch $x = .$ bzw. Clear[x], d.h. durch Löschen aller bisherigen Zuweisungen. Die Konstruktion Rule dagegen ist als Transformationsregel aufzufassen. Sie tritt oft im Zusammenhang mit dem Ersetzungsoperator /. auf.

Replace[t, u −> v] oder t/. u−> v bedeutet, daß alle im Ausdruck t enthaltenen Elemente u durch den Ausdruck v zu ersetzen sind.

■ *In[5]* $:= x + y^2$ /. y−> $a + b$

Out[5] $= x + (a + b)^2$

Für beide Operatoren ist typisch, daß sofort nach Aufstellung der Zuweisung oder der Transformationsregel die rechte Seite ausgewertet wird. Damit werden die linken Seiten bei jedem nachfolgenden Aufruf durch die festgelegten rechten Seiten ersetzt.

Daneben gibt es zwei weitere Operatoren, die verzögert wirken.

$u := v$ FullForm = SetDelayed[u, v] (20.10a)

und

$u :> v$ FullForm = RuleDelayed[u, v] (20.10b)

Auch hier gilt bis zur Aufhebung der Zuweisung bzw. der Transformationsregel, daß für die linke Seite immer die rechte eingesetzt wird, jedoch erfolgt die Auswertung der rechten Seite erst zum Zeitpunkt des Aufrufes der linken.

Der Ausdruck $u == v$ oder Equal[u, v] bedeutet, daß u und v identisch sind. Equal wird z.B. benutzt, um Gleichungen zu manipulieren.

20.2.4 Listen

20.2.4.1 Begriff und Bedeutung

Listen sind in Mathematica wichtige Instrumente für die Manipulation ganzer Gruppen von Größen, die vor allem in der höherdimensionalen Algebra und Analysis von großem Wert sind. Da auch allgemein Ausdrücke vielfach Ähnlichkeiten mit Listen besitzen, wird der Umgang mit Listen zu einem Musterbeispiel für Manipulationen auf bestimmten Klassen von Ausdrücken.

Unter einer *Liste* versteht man die Zusammenfassung mehrerer Objekte zu einem neuen Objekt, der Liste, wobei in der Liste zunächst alle Objekte gleichwertig sind und sich nur durch ihren Standort in der Liste voneinander unterscheiden. Die Aufstellung einer Liste erfolgt mit der Angabe

List[$a1,\ a2,\ a3,\ \ldots$] $\equiv \{a1,\ a2,\ a3,\ \ldots\}$ (20.11)

Zur Erläuterung der Arbeit mit Listen wird eine konkrete Liste benutzt, die mit $l1$ bezeichnet wird:

In[1] $:= l1 =$ List[$a1,\ a2,\ a3,\ a4,\ a5,\ a6$] *Out[1]* $= \{a1,\ a2,\ a3,\ a4,\ a5,\ a6\}$ (20.12)

Mathematica benutzt bei der Wiedergabe der Liste die Kurzform: Einschluß in geschweifte Klammern.

In **Tabelle 20.3** sind Befehle dargestellt, die auf Elemente bzw. mehrere Elemente zugreifen und dann eine „Unterliste“ ausgeben.

Tabelle 20.3 Befehle für die Auswahl von Listenelementen

First[l]	wählt das erste Element aus
Last[l]	wählt das letzte Element aus
Part[l, n] oder l[[n]]	wählt das n–te Element aus
Part[l, $\{n1,\ n2,\ \ldots\}$]	erstellt eine Liste aus den Elementen mit den angegebenen Nummern
l[[$\{n1,\ n2,\ \ldots\}$]]	äquivalent zur vorherigen Operation
Take[l, m]	ergibt die Liste der ersten m Elemente von l
Take[l, $\{m,\ n\}$]	ergibt die Liste der Elemente von m bis n
Drop[l, n]	ergibt die Liste ohne die ersten n Elemente
Drop[l, $\{m,\ n\}$]	ergibt die Liste ohne Elemente von m bis n

■ Für die Liste $l1$ in (20.11) gilt z.B.

In[2] := First[$l1$] *Out[2]* $= a1$ *In[3]* $:= l1$[[3]] *Out[3]* $= a3$

In[4] $:= l1[[\{2,\ 4,\ 6\}]]$ *Out[4]* $= \{a2,\ a4,\ a6\}$ *In[5]* $:=$ `Take`$[l1,\ 2]$ *Out[5]* $= \{a1,\ a2\}$

20.2.4.2 Verschachtelte Listen

Die Elemente von Listen können wiederum Listen sein, so daß verschachtelte Listen entstehen. Setzt man z.B.

In[6] $:= a1 = \{b11,\ b12,\ b13,\ b14,\ b15\}$
In[7] $:= a2 = \{b21,\ b22,\ b23,\ b24,\ b25\}$
In[8] $:= a3 = \{b31,\ b32,\ b33,\ b34,\ b35\}$

und analog für $a4$, $a5$ und $a6$, so entsteht eine verschachtelte Liste, die hier wegen ihres Umfanges nicht explizit dargestellt werden soll. Mit `Part`$[l,\ i,\ j]$ greift man auf das j-te Element der i-ten Unterliste zu. Das gleiche Resultat erhält man mit $l[[i,\ j]]$. Im betrachteten Beispiel (S. 955) wird

In[12] $:= l1[[3,\ 4]]$ *Out[12]* $= b34$

Des weiteren liefert `Part`$[l,\ \{i1,\ i2\ \ldots\},\ \{j1,\ j2\ \ldots\}]$ oder $l[[\{i1,\ i2,\ \ldots\},\ \{j1,\ j2,\ \ldots\}]]$ eine Liste, die aus den mit $i1, i2, \ldots$ numerierten Listen besteht, welche jeweils die mit $j1, j2 \ldots$ numerierten Elemente enthalten.

■ Für das oben betrachtete Beispiel (S. 955) etwa

In[13] $:= l1[[\{3,\ 5\},\ \{2,\ 3,\ 4\}]]$ *Out[13]* $= \{\{b32,\ b33,\ b34\},\ \{b52,\ b53,\ b54\}\}$

Aus diesen Darlegungen ist das Prinzip der Verschachtelung von Listen erkennbar. Es macht keine Mühe, Listen mit der Verschachtelungsstufe 3 und höher zu entwerfen und auf diese mit entsprechenden Auswahloperationen zu wirken.

20.2.4.3 Operationen mit Listen

Mathematica bietet eine Reihe weiterer Operationen, mit denen Listen abgefragt, erweitert oder verkürzt werden können:

Tabelle 20.4 Operationen mit Listen

`Position`$[l,\ a]$	liefert eine Liste der Positionen, an denen a in der Liste auftritt
`MemberQ`$[l,\ a]$	prüft, ob a Element der Liste ist
`FreeQ`$[l,\ a]$	prüft, ob a nirgendwo in der Liste auftritt
`Prepend`$[l,\ a]$	fügt a an den Anfang der Liste hinzu
`Append`$[l,\ a]$	fügt a am Ende der Liste hinzu
`Insert`$[l,\ a,\ i]$	fügt a an der Stelle i zur Liste hinzu
`Delete`$[l,\ \{i,\ j,\ \ldots\}]$	löscht die Elemente mit den Nummern $i, j, \ldots$ aus der Liste
`ReplacePart`$[l,\ a,\ i]$	ersetzt das Element an der Stelle i durch a

■ Mit `Delete` kann man z.B. die Liste $l1$ um das Glied $a6$ verringern:

In[14] $:= l2 =$ `Delete`$[l1,\ 6]$ *Out[14]* $= \{a1,\ a2,\ a3,\ a4,\ a5\}$,

wobei jedoch in der Ausgabe die ai durch ihre Werte – sie sind selbst Listen – ersetzt erscheinen.

20.2.4.4 Spezielle Listen

Mathematica stellt eine Reihe von Operationen bereit, die spezielle Listen aufbauen. Eine dieser Operationen, die häufig bei der Arbeit mit mathematischen Funktionen eine Rolle spielt, ist `Table`:

Tabelle 20.5 Die Operation `Table`

`Table`$[f,\ \{imax\}]$	erzeugt eine Liste mit $imax$ Werten von $f = f(i)$
`Table`$[f,\ \{i,\ imin,\ imax\}]$	erzeugt eine Liste von Werten von f von $imin$ bis $imax$
`Table`$[f,\ \{i,\ imin,\ imax,\ di\}]$	das gleiche wie letztes, nur in Schritten di

■ Tabelle der Binominalkoeffizienten zu $n = 7$:

In[15] $:=$ `Table[Binomial`$[7,\ i],\ \{i,\ 0,\ 7\}]$ *Out[15]* $= \{1,\ 7,\ 21,\ 35,\ 35,\ 21,\ 7,\ 1\}$

Mit `Table` können auch mehrdimensionele Tabellen hergestellt werden. So erhält man mit

`Table`$[f,\ \{i,\ i1,\ i2\},\ \{j,\ j1,\ j2\},\ \ldots]$

mehrstufige verschachtelte Tabellen, so etwa aus

In[16] := `Table[Binomial[`i, j`]`, {i, 1, 7}, {j, 0, i}]

die Binominalkoeffizienten bis zur Stufe 7:

Out[16] = {{1, 1}, {1, 2, 1}, {1, 3, 3, 1}, {1, 4, 6, 4, 1},

{1, 5, 10, 10, 5, 1}, {1, 6, 15, 20, 15, 6, 1}, {1, 7, 21, 35, 35, 21, 7, 1}}

Mit der Operation `Range` lassen sich speziell fortlaufende Zahlenlisten erzeugen:

`Range`[n] erzeugt die Liste {1, 2, ..., n}

Entsprechend wirken `Range`[$n1$, $n2$] und `Range`[$n1$, $n2$, dn], die Zahlenlisten von $n1$ bis $n2$ in den Stufen 1 bzw. dn erstellen.

20.2.5 Vektoren und Matrizen als Listen

20.2.5.1 Aufstellung geeigneter Listen

Eine Reihe spezieller (Listen–) Anweisungen steht für die Definition von Vektoren und Matrizen bereit. Eine einstufige Liste der Art

$$v = \{v1,\ v2,\ \ldots,\ vn\} \tag{20.13}$$

läßt sich jederzeit als Vektor im n–dimensionalen Raum mit den Komponenten $v1, v2, \ldots, vn$ auffassen. Die spezielle Operation `Array`[v, n] erzeugt die Liste (den Vektor) $\{v[1], v[2], \ldots, v[n]\}$. Mit Vektoren dieser Art kann symbolische Vektorrechnung betrieben werden.

Die oben eingeführten zweistufigen Listen $l1$ (S. 956) und $l2$ (S. 956) können als Matrizen mit den Zeilen i und den Spalten j aufgefaßt werden. In diesem Falle wäre bij das Element der Matrix in der i–ten Zeile und der j–ten Spalte. Mit $l1$ ist eine Rechteckmatrix vom Typ (6,5), mit $l2$ eine quadratische Matrix vom Typ (5,5) gegeben.

Mit der Operation `Array`[b, {n, m}] wird eine Matrix vom Typ (n, m) erzeugt, deren Elemente mit $b[i,\ j]$ gekennzeichnet werden. Mit i werden die Zeilen numeriert, i läuft von 1 bis n; j numeriert die Spalten und läuft von 1 bis m. In dieser symbolischen Form läßt sich $l1$ darstellen:

$$l1 = \texttt{Array}[b,\ \{6,\ 5\}]\,, \tag{20.14a}$$

wobei für die Elemente gilt:

$$b[i,\ j] = bij \qquad (i = 1, \ldots, 6\ \ j = 1, \ldots, 5). \tag{20.14b}$$

Die Operation `IdentityMatrix`[n] erzeugt die n–stufige Einheitsmatrix.
Mit der Operation `DiagonalMatrix`[*liste*] wird eine Diagonalmatrix mit den Elementen von *liste* auf der Hauptdiagonalen erzeugt.
Die Operation `Dimension`[*liste*] gibt die Dimension einer Matrix, deren Struktur durch *liste* gegeben ist. Schließlich erhält man mit `MatrixForm`[*liste*] eine matrixartige Darstellung von *liste*. Eine weitere Möglichkeit zur Definition von Matrizen lautet: Es sei $f(i, j)$ eine Funktion der ganzen Zahlen i und j. Dann kann mit `Table`[f, {i, n}, {j, m}] eine Matrix vom Typ (n, m) definiert werden, deren Elemente die jeweiligen $f(i, j)$ sind.

20.2.5.2 Operationen mit Matrizen und Vektoren

Mathematica ermöglicht die formale Manipulation von Matrizen und Vektoren. Dafür stehen die in **Tabelle 20.6** aufgeführten algebraischen Operationen zur Verfügung.

Tabelle 20.6 Operationen mit Matrizen

$c\ a$	die Matrix a wird mit dem Skalar c multipliziert
$a\ .\ b$	das Produkt der Matrizen a und b
`Det`[a]	die Determinante der Matrix a
`Inverse`[a]	die zu a inverse Matrix
`Transpose`[a]	die zu a transponierte Matrix
`MatrixPower`[a, n]	die n–te Potenz der Matrix a
`Eigenvalues`[a]	die Eigenwerte der Matrix a
`Eigenvectors`[a]	die Eigenvektoren der Matrix a

■ **A:** Es sei

```
In[18] := r = Array[a, {4, 4}]      Out[18] = { { a[1, 1], a[1, 2], a[1, 3], a[1, 4] } ,
                                                { a[2, 1], a[2, 2], a[2, 3], a[2, 4] } ,
                                                { a[3, 1], a[3, 2], a[3, 3], a[3, 4] } ,
                                                { a[4, 1], a[4, 2], a[4, 3], a[4, 4] } }
```

Mit

```
In[19] := Transpose[r]   erhält man   Out[19] = { { a[1, 1], a[2, 1], a[3, 1], a[4, 1] } ,
                                                  { a[1, 2], a[2, 2], a[3, 2], a[4, 2] } ,
                                                  { a[1, 3], a[2, 3], a[3, 3], a[4, 3] } ,
                                                  { a[1, 4], a[2, 4], a[3, 4], a[4, 4] } }
```

die zu r transponierte Matrix r^{T}.

Definiert man den allgemeinen vierdimensionalen Vektor v mit

```
In[20] := v = Array[u, 4] ,
```

so erhält man

```
Out[20] = {u[1], u[2], u[3], u[4]}
```

Nun kann das Produkt der Matrix r mit dem Vektor v gebildet werden, was bekanntlich einen neuen Vektor liefert (s. Rechenoperationen mit Matrizen, S. 253).

```
In[21] := r . v      Out [21] = { a[1, 1] u[1] + a[1, 2] u[2] + a[1, 3] u[3] + a[1, 4] u[4] ,
                                  a[2, 1] u[1] + a[2, 2] u[2] + a[2, 3] u[3] + a[2, 4] u[4] ,
                                  a[3, 1] u[1] + a[3, 2] u[2] + a[3, 3] u[3] + a[3, 4] u[4] ,
                                  a[4, 1] u[1] + a[4, 2] u[2] + a[4, 3] u[3] + a[4, 4] u[4] }.
```

Eine Unterscheidung von Spaltenvektoren und Zeilenvektoren gibt es in Mathematica nicht. Im allgemeinen ist die Matrixmultiplikation nicht kommutativ (s. Rechenoperationen mit Matrizen. S. 253). Der Ausdruck $r\ .\ v$ entspricht in der linearen Algebra dem Produkt einer Matrix mit einem nachfolgenden Spaltenvektor, während $v\ .\ r$ dem Produkt eines Zeilenvektors mit einer nachfolgenden Matrix entspricht.

■ **B:** Im Abschnitt CRAMERsche Regel (S. 274) ist das lineare Gleichungssystem $pt = b$ mit der Matrix

```
In[22] := p = MatrixForm[{{2, 1, 3}, {1, −2, 1}, {3, 2, 2}}]
Out[22] = //MatrixForm =  2  1 3
                          1 −2 1
                          3  2 2
```

und den Vektoren

```
In[23] := t = Array[x, 3]   Out[23] = {x[1], x[2], x[3]}
In[24] := b = {9, −2, 7}   Out[24] = {9, −2, 7}
```

behandelt worden. Da in diesem Fall $\det(p) \neq 0$ ist, kann man das System gemäß $t = p^{-1}b$ sofort lösen. Das geschieht durch

In[25] := Inverse[p] . b mit der Ausgabe des Lösungsvektors *Out[25]* = $\{-1,\ 2,\ 3\}$.

20.2.6 Funktionen

20.2.6.1 Standardfunktionen

Mathematica kennt eine Vielzahl mathematischer Standardfunktionen, die in **Tabelle 20.7** aufgelistet sind.

Tabelle 20.7 Standardfunktionen

Exponentialfunktion	Exp[x]
Logarithmusfunktionen	Log[x], Log[b,x]
Trigonom. Funktionen	Sin[x], Cos[x], Tan[x], Cot[x], Sec[x], Csc[x]
Arcusfunktionen	ArcSin[x], ArcCos[x], ArcTan[x], ArcCot[x], ArcSec[x], ArcCsc[x]
Hyperbol. Funktionen	Sinh[x], Cosh[x], Tanh[x], Coth[x], Sech[x], Csch[x]
Areafunktionen	ArcSinh[x], ArcCosh[x], ArcTanh[x], ArcCoth[x], ArcSech[x], ArcCsch[x]

Alle diese Funktionen sind auch für komplexe Argumente verfügbar.

In jedem Fall ist auf Eindeutigkeit der Funktionen zu achten. Bei reellen Funktionen muß gegebenenfalls ein Zweig der Funktion ausgewählt werden; bei Funktionen mit komplexem Argument ist der Hauptwert (s. S. 696) zu wählen.

20.2.6.2 Spezielle Funktionen

Mathematica kennt auch eine Anzahl spezieller Funktionen. Die **Tabelle 20.8** listet einige auf:

Tabelle 20.8 Spezielle Funktionen

BESSEL-Funktionen $J_n(z)$ und $Y_n(z)$	BesselJ[n,z], BesselY[n,z]
Modifizierte BESSEL-Funktionen $I_n(z)$ $K_n(z)$	BesselI[n,z], BesselK[n,z]
LEGENDREsche Polynome $P_n(x)$	LegendrP[n,x]
Kugelfunktionen $Y_l^m(\vartheta, \phi)$	SphericalHarmonicY[$l, m, theta, phi$]

Weitere Funktionen können mit entsprechenden Spezialpaketen zugeladen werden (s. auch Lit. [17.1]).

20.2.6.3 Reine Funktionen

Mathematica bietet die Möglichkeit, sogenannte reine Funktionen zu nutzen. Das sind Funktionen ohne spezielle Namen. Man bezeichnet sie mit Function[x, *rumpf*]. Mit *rumpf* wird der Ausdruck für die Funktion in der Variablen x bezeichnet.

In[1] := Function[x, x^3 + x^2] *Out[1]* = Function[x, $x^3 + x^2$] (20.15)

und mit

In[2] := Function[x, x^3 + x^2][c] wird *Out[2]* = $c^3 + c^2$. (20.16)

Man kann für reine Funktionen eine vereinfachte Schreibweise nutzen. Sie lautet *rumpf* &, wobei die zu benutzende Variable mit # gekennzeichnet wird. Anstelle der vorhergehenden zwei Zeilen kann man also schreiben

In[3] := (#^3 + #^2) & [c] *Out[3]* = $c^3 + c^2$ (20.17)

Es lassen sich auch reine Funktionen mehrerer Veränderlicher definieren:
Function[$\{x_1, x_2, \ldots\}$, *rumpf*] oder in Kurzform *rumpf* &, wobei die Variablen in *rumpf* durch die Elemente #1, #2, ... bezeichnet werden. Die Benutzung des Zeichens & zum Abschluß ist sehr wichtig, da hieran erkannt wird, daß der vorstehende Ausdruck als reine Funktion zu betrachten ist.

20.2.7 Muster

Mathematica gestattet dem Nutzer, eigene Funktionen zu definieren und sie in seinen Berechnungen zu nutzen.

Mit *In[1]* := f[x_] := Polynom(x) (20.18)

mit Polynom(x) als beliebigem Polynom der Variablen x, wird eine spezielle Funktion durch den Anwender definiert.

In der Definition der Funktion f steht nicht x, sondern $x\_$ (gesprochen x–blank) mit _ als Symbol für das Leerzeichen. Das Symbol $x\_$ steht für „Irgendetwas mit dem Namen x". Von hier an wird Mathematica jedesmal, wenn ein Ausdruck f[*Irgendetwas*] erscheint, dies durch seine obige Definition ersetzen. Diese Art der Definition wird *Muster* genannt. Mit dem Symbol *blank_* ist das Grundelement eines Musters bezeichnet; $y\_$ steht für: ein Muster namens y. Es ist auch möglich, in der entsprechenden Definition nur ein _ zu verwenden, also etwa y^_. Dieses Muster steht für beliebige Potenzen von y mit irgendwelchen Exponenten, also für eine ganze Klasse von Ausdrücken mit der gleichen Struktur. Entscheidend an einem Muster ist, daß es eine *Struktur* festlegt. Wenn Mathematica einen Audruck bezüglich eines Musters prüft, vergleicht es die Struktur der Elemente des Ausdrucks mit der Struktur des Musters, Mathematica prüft nicht auf mathematische Gleichheit! Dies wird folgendermaßen deutlich: Sei l die Liste

IN[2] := l = { 1, y, y^a, y^Sqrt[x], {f[y^(r/q)], 2^y } } (20.19)

Setzt man

In[3] := l /. y^_ -> ja (20.20)

so antwortet Mathematica mit der Liste

Out[3] = { 1, y, ja, ja, {f[ja], 2^y }} (20.21)

Mathematica hat die Elemente der Liste in bezug auf ihre Strukturidentität mit dem Muster y^_ untersucht und in allen Fällen, in denen Übereinstimmung festgestellt wurde, das jeweilige Element durch ja ersetzt. Die Elemente 1 und y wurden nicht ersetzt, da sie nicht von der vorgegeben Struktur sind, obwohl $y^0 = 1, y^1 = y$ gilt.

Bemerkung: Der Mustervergleich erfolgt immer über die FullForm. Prüft man

In[4] := b/y /. y^_ -> ja so wird *Out[4]* = b ja (20.22)

Das ist eine Folge dessen, daß die FullForm von b/y Times[b, Power[y, -1]] lautet und beim Strukturvergleich das zweite Argument von Times als zur Struktur des Musters passend erkannt wird.

Mit der Definition

In[5] := f[x_] := x^3 (20.23a)

ersetzt Mathematica entsprechend dem vorgegebenen Muster

In[6] = f[r] durch *Out[6]* = r^3 usw. (20.23b)

In[7] := f[a] + f[x] ergibt *Out[7]* = $a^3 + x^3$ (20.23c)

Hätte man definiert

In[8] := f[x] := x^3 , so wäre bei gleicher Eingabe *In[7]* := ... (20.23d)

die Ausgabe

Out[7] = f[a] + x^3 (20.23e)

entstanden. In diesem Fall spricht also nur die „identische" Eingabe auf die Definition an.

20.2.8 Funktionaloperationen

Bekanntlich operieren Funktionen auf Zahlen oder algebraischen Ausdrücken. Der symbolische Charakter von Mathematica gestattet jedoch ebenso Operationen auf Funktionen, da die Namen von Funktionen wie Ausdrücke behandelt und damit auch wie Ausdrücke manipuliert werden können.

1. Inverse Funktion Die Bestimmung der inversen Funktion zu einer gegebenen Funktion $f(x)$ erreicht man mit Funktionaloperation InverseFunction.

■ **A:** *In[1]* := InverseFunction[f] [x] *Out[1]* = f^{-1} [x]

■ **B:** *In[2]* := InverseFunction[Exp] *Out[2]* = Log

2. Differentiation Mathematica nutzt die Möglichkeit, die Differentiation von Funktionen als Abbildung im Raum der Funktionen aufzufassen. Der Operator der Differentiation lautet in Mathematica `Derivative`[1][f] oder abgekürzt `f'`. Ist die Funktion `f` definiert, so erhält man mit `f'` ihre Ableitung.

■ *In[3]* := `f`[x_] := `Sin`[x] `Cos`[x]
Mit

In[4] := `f'` wird *Out[4]* = `Cos`[#1]^2 − `Sin`[#1]^2 &,

also `f'` als reine Funktion dargestellt und entsprechend

In[5] := % [x] *Out[5]* = `Cos`[x]^2 − `Sin`[x]^2

3. Nest Die Angabe `Nest`[f, x, n] bedeutet, daß die Funktion `f` n–mal verschachtelt auf x anzuwenden ist. Das Resultat lautet `f`[`f`[...`f`[x]]...].

4. NestList Durch `NestList`[f, x, n] wird eine Liste {x, `f`[x], `f`[`f`[x]], ...} erzeugt, wobei bis einschließlich zur Stufe n verschachtelt wird.

5. FixedPoint Durch `FixedPoint`[f, x] wird die Funktion wiederholt angewendet, bis sich das Ergebnis nicht mehr ändert.

6. FixedPointList Die Funktionaloperation `FixedPointList`[f, x] erzeugt die fortlaufende Liste mit den Anwendungsergebnissen von `f`, bis sich der Wert nicht mehr ändert.

■ Zur Demonstration dieser Art von Funktionaloperationen wird `Nest` auf die Näherungsformel (s. 16.1.1.2) von NEWTON für Wurzeln der Gleichung $f(x) = 0$ angewendet. Es sei eine Wurzel der Gleichung $x \cos x = \sin x$ in der Nähe von $3\pi/2$ zu finden:

In[6] := `f`[x_] := x − `Tan`[x] *In[7]* := `f'`[x] *Out[7]* = 1 − `Sec`[x]^2
In[8] = `g`[x_] := x − `f`[x]/`f'`[x] *In[9]* := `NestList`[g, 4.6, 4] // N
Out[9] = {4.6, 4.54573, 4.50615, 4.49417, 4.49341}
In[10] := `FixedPoint`[g, 4.6] *Out[10]* = 4.49341.

Man hätte auch eine größere Präzision des Ergebnisses verlangen können.

7. Apply Es sei f eine Funktion, die im Zusammenhang mit einer Liste {a, b, c, ...} erklärt ist. Dann ergibt

`Apply`[f, {a, b, c, ...}] f[a, b, c,...] (20.24)

■ *In[1]* := `Apply`[`Plus`, {u, v, w}] *Out[1]* = $u + v + w$
In[2] := `Apply`[`List`, $a + b + c$] *Out[2]* = {a, b, c}

Man erkennt hier gut das allgemeine Schema, wie Mathematica mit Ausdrücken von Ausdrücken umgeht. Dazu schreibt man die letzte Operation in `FullForm`:

In[3] := `Apply`[`List`, `Plus`[a, b, c]] *Out[3]* = `List`[a, b, c]

Die Funktionaloperation `Apply` ersetzt offensichtlich den Kopf des zu behandelnden Ausdruckes `Plus` durch den geforderten `List`.

8. Map Die Operation `Map` führt, bei entsprechend definierter Funktion f, zu dem Ergebnis

`Map`[f, {a, b, c,...}] {f[a], f[b], f[c],...} (20.25)

`Map` erstellt eine neue Liste, deren Elemente durch die Anwendung der Funktion f auf die Elemente der Ausgangsliste entstehen.

■ Es sei f die Funktion $f(x) = x^2$. Sie wird durch

In[4] := `f`[x_] := x^2

definiert. Mit diesem f erhält man

In[5] := `Map`[f, {u, v, w}] *Out[5]* = {u^2, v^2, w^2}

Auch `Map` kann im oben genannten Sinn auf allgemeinere Ausdrücke angewendet werden:

In[6] := `Map`[f, `Plus`[a, b, c]] *Out[6]* = $a^2 + b^2 + c^2$

20.2.9 Programmierung

Mathematica kennt die auch von anderen Programmiersprachen bekannten Schleifenkonstruktionen für die prozedurale Programmierung. Hierzu gehören u.a. die beiden Grundbefehle

$$\texttt{Do}[ausdr,\ \{i, i1, i2, di\}] \tag{20.26a}$$

und

$$\texttt{While}[test,\ ausdr] \tag{20.26b}$$

Der erste Befehl bewirkt die Evaluierung des Ausdruckes $ausdr$, wobei i den Wertebereich von $i1$ bis $i2$ in Schritten di durchläuft. Läßt man di weg, so werden Einer–Schritte verwendet. Fehlt noch $i1$, so wird bei 1 begonnen.
Der zweite Befehl evaluiert den Ausdruck, solange $test$ den Wert `True` besitzt.

■ Zur Berechnung eines Näherungswertes von e^2 werde die Reihenentwicklung der Exponentialfunktion benutzt:

$$\begin{aligned} \textit{In[1]} := {} & sum = 1.0;\\ & \texttt{Do}[sum = sum + (2\hat{}\, i/i!), \{i, 1, 10\}];\\ & sum \\ \textit{Out[1]} = {} & 7.38899 \end{aligned} \tag{20.27}$$

Die `Do`–Schleife evaluiert entsprechend einer vorgegebenen Anzahl, die `While`–Schleife dagegen so lange, bis die vorgebene Bedingung ungültig wird.

Mathematica bietet insbesondere für die Programmierung die Möglichkeit, Variable lokal zu definieren und zu nutzen. Das geschieht mit der Anweisung

$$\texttt{Module}[\{t1, t2, \ldots\},\ proced] \tag{20.28}$$

Die in der Liste eingeschlossenen Variablen oder Konstanten sind bezüglich ihrer Nutzung im Modul lokal, die ihnen zugewiesenen Werte sind außerhalb des Moduls nicht bekannt.

■ **A:** Es ist eine Prozedur (Funktion) zu definieren, die die Summe der Quadratwurzeln von 1 bis n berechnet.

$$\begin{aligned} \textit{In[1]} := {} & sumq[n\_] := \\ & \quad \texttt{Module}[\{sum = 1.\},\\ & \qquad \texttt{Do}[sum = sum + N[Sqrt[i]],\ \{i, 2, n\}];\\ & \qquad sum \quad]; \end{aligned} \tag{20.29}$$

Der Aufruf `sumq`[30] liefert dann z.B. 112.083.

Die eigentliche Stärke der Programmiermöglichkeiten in Mathematica liegt allerdings in der Nutzung funktionaler Methoden der Programmierung, die mit den Operationen `Nest`, `Apply`, `Map` und weiteren möglich werden.

■ **B:** Beispiel **A** läßt sich funktional für den Fall, daß eine Genauigkeit auf 10 Ziffern gefordert ist, folgendermaßen schreiben:
$sumq[n\_] := \texttt{N}[\texttt{Apply}[\texttt{Plus}, \texttt{Table}[\texttt{Sqrt}[i], \{i, 1, n\}]], 10]$, $sumq[30]$ liefert dann 112.0828452.

Für Einzelheiten muß auf Lit. [20.6] verwiesen werden.

20.2.10 Ergänzungen zur Syntax, Informationen, Meldungen

20.2.10.1 Kontexte, Attribute

Mathematica muß mit einer Vielzahl von Symbolen umgehen, darüber hinaus lassen sich weitere Programmoduln je nach Bedarf hinzuladen. Um Mehrdeutigkeiten zu vermeiden, bestehen die Namen von Symbolen in Mathematica aus zwei Teilen, dem Kontext und dem Kurznamen.

Als Kurznamen bezeichnet man die Benennungen (s. S. 952) von Köpfen und Elementen der Ausdrücke. Darüber hinaus benötigt Mathematica für die Benennung von Symbolen Angaben über die Zugehörigkeit des Symbols zum jeweiligen Programmteil. Dies wird durch die Angabe des *Kontext* gewährleistet, der den entsprechenden Programmteil benennt. Der vollständige Name eines Symbols besteht daher aus dem Kontext und dem Kurznamen, die durch ein ' verbunden werden.

Beim Start von Mathematica sind immer zwei Kontexte präsent: *System'* sowie *Global'*. Über die Verfügbarkeit weiterer Programmoduln kann man sich mit dem Befehl `Contexts[ ]` informieren lassen.

Alle in Mathematica eingebauten Funktionen laufen unter dem Kontext *System'*, während die vom Nutzer definierten unter dem Kontext *Global'* abgelegt werden.
Ist ein gegebener Kontext aktuell, also der entsprechende Programmteil geladen, so können die Symbole mit ihrem Kurznamen angesprochen werden.
Beim Einlesen eines weiteren Mathematica–Programmoduls mit << `NamePackage` werden die dazugehörigen Kontexte geöffnet und der schon vorhandenen Liste vorn hinzugefügt. Es kann vorkommen, daß vor dem Zuladen des neuen Moduls ein Symbol mit einem Namen eingeführt wurde, der jetzt in dem neu eröffneten Kontext unter einer anderen Definition ebenfalls vorhanden ist. In diesem Falle informiert Mathematica in einer Meldung darüber. Dann ist entweder der vorher definierte Name mit `Remove[Global`name]` zu löschen, oder aber man verwendet für das zugeladene Symbol den *vollständigen* Namen.

Neben den Eigenschaften, die Symbole per Definition besitzen und die in der Regel spezieller Natur sind, kann man ihnen allgemeinere Eigenschaften, nämlich Attribute wie `Orderless`, d.h. ungeordnet, kommutativ, `Protected`, d.h., Werte können nicht geändert werden, oder `Locked`, d.h, Attribute können nicht geändert werden u.a. zuordnen. Auskunft über die für das jeweilige Objekt zutreffenden Attribute erhält man mit `Attributes[`f`]` .

Eigene Symbole können mit `Protect[eigenesSymbol]` geschützt werden, so daß keine anderen Definitionen für diese Symbol eingeführt werden können. Mit `Unprotect` kann das Attribut wieder entfernt werden.

20.2.10.2 Informationen

Informationen über eingebaute Objekte und deren Haupteigenschaften kann man mit folgenden Befehlen ausgeben lassen:

?*symbol*	Information über das Objekt mit dem Namen *symbol* ausgeben
??*symbol*	ausführlichere Information über das Objekt ausgeben
?*B*∗	Informationen über alle Mathematica–Objekte, deren Namen mit B beginnen, ausgeben

Es ist auch möglich, über spezielle Operatoren Informationen zu erhalten, z.B. mit ? := über den Zuweisungsoperator.

20.2.10.3 Meldungen

Mathematica verfügt über einen Meldeformalismus, der für verschiedenen Zwecke eingesetzt werden kann. Die Meldungen werden während der Berechnungen erzeugt. Ihre Ausgabe erfolgt in einer einheitlichen Form: *symbol* : : *tag*, so daß die Möglichkeit besteht, sich im weiteren auf diese Meldung zu beziehen. Zur Illustration werden folgende Fälle betrachtet:

■ **A:** *In[1]* := `f[`x`_]` := $1/x$; *In[2]* := `f[0]`

`Power: :infy:Infinite expression` $\frac{1}{0}$ `encountered.` *Out[2]* = `ComplexInfinity`

■ **B:** *In[3]* := `Log[3, 16, 25]`
`Log: :argt:Log called with 3 arguments; 1 or 2 arguments are expected.`
Out[3] = `Log[3, 16, 25]`

■ **C:** *In[4]* := `Multply[`x, x^n`]`
`General: :spell1: Possible spelling Error: new symbol name ,,Multiply'' is similar to existing symbol ,,Multiply''.` *Out[4]* = `Multply[`x, x^n`]`

Im Beispiel **A** warnt Mathematica daß im Verlaufe der Abarbeitung ein Ausdruck mit dem Wert ∞ aufgetaucht ist. Die Berechnung selbst kann durchgeführt werden. Im Beispiel **B** ist der Aufruf des Logarithmus mit drei Argumenten erfolgt, was entsprechend der Definition nicht zulässig ist. Mathematica reagiert nicht. Im Beispiel **C** stößt Mathematica auf einen Symbolnamen, der neu ist, jedoch einem bekannten ähnelt. Mathematica weist darauf hin und reagiert nicht.

Der Nutzer kann mit `Off`[*s* : : *tag*] eine Meldung abschalten. In diesem Falle wird sie nicht ausgegeben. Mit `On` läßt sich die Meldung wieder zuschalten.
Mit `Messages`[*symbol*] können alle Meldungen angezeigt werden, die sich auf das Symbol mit dem Namen *symbol* beziehen.

20.3 Maple

Das Computeralgebrasystem Maple wurde an der Waterloo–Universität (Ontario Canada) entwickelt. Es wird in der Version Maple V, release 4 von Waterloo Maple Software vertrieben. Eine gute Einführung findet man neben den Handbüchern in Lit. [20.6].

20.3.1 Hauptstrukturelemente

20.3.1.1 Typen und Objekte

In Maple haben alle *Objekte* einen *Typ*, der ihre Zugehörigkeit zu einer *Objektklasse* bestimmt. Ein Objekt kann mehreren Typen zugeordnet sein, so z.B., wenn eine bestimmte Objektklasse eine durch zusätzliche Relationen definierte Unterklasse enthält. Als Beispiel sei erwähnt, daß die Zahl 6 vom Typ `integer` und vom Typ `posint` ist. Mit Hilfe der Typisierung und damit auch einer Hierarchisierung aller Objekte wird die widerspruchsfreie Formulierung und Abarbeitung bestimmter Klassen von mathematischen Aufgaben garantiert.
Der Nutzer kann jederzeit den Typ eines Objektes mit der Anfrage

$$> \texttt{whattype}(obj)\,; \tag{20.30}$$

erfragen. Nach Abschluß der Eingabe ist unbedingt das Semikolon zu setzen. Die Rückgabe ist der Basistyp des Objektes. Maple kennt folgende, in **Tabelle 20.9** dargestellten Basistypen:

Tabelle 20.9 Basistypen in Maple

`+`	`*`	`^`	`=`	`<>`	`<`	`≤`	`.`	`and`
`or`	`not`	exprseq	float	fraction	function	indexed	integer	list
procedure	series	set	string	table	uneval			

Die weitergehende Typstruktur kann mit Abfragen der Art `type`(obj,`typname`), deren Werte die BOOLEschen Funktionen `true` oder `false` sind, ermittelt werden. In der **Tabelle 20.10** sind alle Maple bekannten Typnamen dargestellt.

Tabelle 20.10 Typenübersicht

*	**	+	.	..	<	≤	<>
=	^	PLOT	PLOT3D	RootOf	algebraic	algext	algfun
algn	algnumext	and	anything	array	biconnect	bipartite	boolean
colourabl	connected	constant	cubic	digraph	equation	even	evenfunc
expanded	facint	float	fraction	function	graph	indexed	integer
intersect	laurent	linear	list	listlist	logical	mathfunc	matrix
minus	monomial	name	negative	negint	nonneg	nonnegint	not
numeric	odd	oddfunc	operator	or	planar	point	polynom
posint	positive	primeint	procedure	quadratic	quartic	radext	radfun
radfunext	radical	radnum	radnumext	range	rational	ratpoly	realcons
relation	scalar	series	set	sqrt	square	string	subgraph
symmfunc	taylor	tree	trig	type	undigraph	uneval	union
vector							

Man erkennt, daß die Typprüffunktionen selbst einen Typ besitzen, nämlich `type`. Grob gesprochen, charakterisieren die Basistypen Klassen von grundlegenden Datenstrukturen (Zahlenarten, strukturierte Datentypen) und Basisoperatoren, während die übrigen tiefergehenden Klassifizierungen der Basistypen bzw. Sachverhalte algebraischer Natur widerspiegeln bzw. mit bestimmten Prozeduren von Maple verknüpft sind.

20.3.1.2 Eingaben und Ausgaben

Im System Maple haben Eingaben die Form

$$\texttt{obj}_0(\texttt{obj}_1, \texttt{obj}_2, \ldots, \texttt{obj}_n); \qquad (20.31)$$

Auch hier ist der erste Teil des Terms, d.h. der vor der öffnenden Klammer, in der Regel ein Operator, eine Anweisung oder eine Funktion, die auf die in der Klammer stehenden Teile wirken. In bestimmten Fällen sind als Argumente spezielle Optionen zulässig, die spezifische Anwendungen des Operators oder der Funktion steuern. Wichtig ist das abschließende Semikolon; es teilt Maple mit, daß die Eingabe beendet ist. Wird die Eingabe mit einem : beendet, so folgt daraus für Maple, daß die Eingabe zwar abzuarbeiten, das Ergebnis jedoch nicht darzustellen ist.

Symbole, d.h. Namen in Maple, können aus Buchstaben, Zahlen und dem *Blank* (_) bestehen. An erster Stelle darf keine Zahl stehen. Zwischen Groß- und Kleinbuchstaben wird immer unterschieden. Das Blank wird von Maple für interne Symbole verwendet, es sollte deshalb in selbstdefinierten Symbolen vermieden werden.

Zeichenketten, d.h. Objekte vom Typ `string`, sind in Hochkommata gefaßt einzugeben:

$$> S := \text{'dies ist ein String'} \qquad (20.32)$$
$$S := \text{dies ist ein String}$$

Die Ausgabe erfolgt dann jedoch ohne Hochkomma, die Typprüfung mit `whattype` ergibt `string`.

Solange einem Symbol kein Wert zugewiesen ist, ist das Symbol vom Typ `string` bzw. `name`, d.h., die Typprüfung

$$> \texttt{type}(symb, \texttt{name}); \quad \text{bzw.} \quad \texttt{type}(symb, \texttt{string}); \qquad (20.33)$$

ergibt `true`.

Ist dem Nutzer nicht bekannt, ob ein Symbol in Maple schon mit einem Wert belegt ist, so läßt sich das mit der Eingabe ?`Name` erfragen. Antwortet Maple mit dem Hinweis, daß es diesen Namen nicht kennt, so ist das Symbol frei verfügbar.
Nachdem dem Symbol ein Wert mit dem Zuweisungsoperator := zugewiesen wurde, nimmt das Symbol automatisch den Typ des zugewiesenen Wertes an.

■ Es sei $x1$ ein Symbol, das hier als Variable dienen soll. Gibt man ein

> `whattype`($x1$); so antwortet Maple mit `string`

Wird nunmehr eine Wertzuweisung etwa mit einer ganzen Zahl vorgenommen:

$$> x1 := 5; \quad \longrightarrow \quad x1 := 5$$

und danach > `whattype`($x1$); eingegeben, so lautet die Antwort jetzt `integer`.

Maple kennt je nach Version eine beträchtliche Anzahl von Anweisungen, Funktionen und Operatoren. Nicht alle sind beim Start des Systems sofort aufrufbar. Eine Vielzahl spezieller Funktionen und Operationen ist in Fachgebietspaketen in der Maple–Bibliothek vorhanden. Es gibt z.B. Pakete zur linearen Algebra, zur Statistik usw. Diese Pakete müssen bei Bedarf mit dem Befehl > `with`(*paketname*); zugeladen werden (s. Ergänzungen zur Syntax, S.974). Erst danach stehen ihre Operationen und Funktionen dem Nutzer in der üblichen Art zur Verfügung.

20.3.2 Zahlenarten in Maple

20.3.2.1 Grundtypen von Zahlen in Maple

Maple kennt die in **Tabelle 20.11** aufgeführten Grundtypen von Zahlen.

Tabelle 20.11 Zahlenarten in Maple

Zahlenart	Typ	Darstellungsform
Ganze Zahl	`integer`	*nnnnnn* Kette beliebig vieler Ziffern
Bruchzahlen	`fraction`	*ppp/qqq* Bruch zweier ganzer Zahlen
Gleitpunktzahlen	`float`	*nn.mmm* oder in wissenschaftlicher Notation $n.mm * 10^\wedge(pp)$

Mit Hilfe der Typprüfungsfunktionen gemäß Tabelle können weitere Eigenschaften ganzer Zahlen erfragt werden:

1. Rationale Zahlen (Typ `rational`): Rationale Zahlen sind in Maple die ganzen Zahlen und die Brüche, wobei ein Bruch, der zur ganzen Zahl vereinfacht werden kann, von Maple nicht als Bruch (Typ `fraction`) erkannt wird.

2. Gleitpunktzahlen (Typ `float`): Setzt man hinter eine ganze Zahl den Dezimalpunkt (*nnn.*), so wird sie automatisch als Gleitpunktzahl interpretiert.

3. Gemeinsamkeiten: Alle drei Zahlenarten haben die Typen `realcons`, `numeric` und `constant`. Die letzten beiden Typen treffen auch für komplexe Zahlen zu.

4. Komplexe Zahlen: Komplexe Zahlen werden mit der imaginären Einheit `I` wie üblich gebildet. Die Zahl `I` ist vom Typ `radnum`, also die Wurzel einer rationalen Zahl. Ihre Definition lautet intern

`alias(I` $= (-1)^\wedge(1/2))$ (20.34)

Der hier verwendete Befehl `alias` bietet die Möglichkeit, abkürzende Benennungen für Funktionen, Definitionen und andere mathematische Symbole einzuführen. Er ist in der Form

\> `alias(`$gl1, gl2, \ldots$`);` (20.35)

aufzurufen. Hier sind die *gli* Gleichungen, die das abkürzende Symbol über vorhandenen Maple–Funktionen definieren. Beim Aufruf der Funktion zeigt Maple neben der gerade definierten Abkürzung auch alle anderen schon vorhandenen `alias` an. Will man die Abkürzung wieder aufheben, so ist `alias(`*sym* = *sym*) aufzurufen.

20.3.2.2 Spezielle Zahlen

Maple kennt eine Reihe spezieller Zahlen der Mathematik wie z.B. `Pi`, `E`, `gamma`.

20.3.2.3 Darstellung und Konvertierung von Zahlen

1. Gleitpunktzahlen

Der Befehl `evalf(`*zahl*`);` wandelt rationale Zahlen oder zunächst symbolisch dargestellte Zahlen und Ergebnisse von Berechnungen in Gleitpunktzahlen mit der voreingestellten Präzision um, d.h. in der Regel 20 Stellen.

■ > `eval(`*E*`);` 2.7182818284590452354

Die Präzision wird in Maple durch die Umgebungsvariable `Digits` gesteuert. Ist die Voreinstellung für die konkrete Aufgabe nicht geeignet, so läßt sich mit

\> `Digits :=` *m*; *m* gewünschte Ziffernanzahl (20.36)

eine Änderung herbeiführen. Diese gilt bis zur nächsten Neufestlegung.

2. Zahlen verschiedener Basis

Die Umwandlung von Zahlen im Zehnersystem in Zahlen einer anderen Basis erfolgt mit dem Befehl `convert`. Dieser Befehl ist in seiner Grundform

`convert(`*ausdr*, *form*, *opt*`)` (20.37)

von spezieller Bedeutung, da er Ausdrücke von einer Form in eine andere umwandelt, sofern dies sinnvoll ist. Das Argument *form* kann einer der in **Tabelle 20.12** aufgezählten Typen sein.

Tabelle 20.12 Argumente der Funktion `convert`

\`+\`	\`*\`	D	array	base	binary	confrac	decimal
degrees	diff	double	eqnlist	equality	exp	expln	expsincos
factorial	float	fraction	GAMMA	hex	horner	hostfile	hypergeom
lessthan	lessequal	list	listlist	ln	matrix	metric	mod2
multiset	name	octal	parfrac	polar	polynom	radians	radical
rational	ratpoly	RootOf	series	set	sincos	sqrfree	tan
vector							

Die Tabelle zeigt, daß für die Umwandlung von Zahlen eine Vielzahl von Formfunktionen zur Verfügung stehen.

■ Beispiele für Formfunktionen:

> `convert`(73, `binary`); ⟶ 1001001 > `convert`(73, `octal`); ⟶ 111

> `convert`(79, `hex`); ⟶ $4F$ > `convert`(1.45, `rational`); ⟶ $\frac{29}{20}$

> `convert`(11001101, `decimal`, `binary`); ⟶ 205 > `convert`('$FFA2$', `decimal`, `hex`); ⟶ 65442

Im letzten der 6 Beispiele ist die Hexadezimalzahl in Linksakzenten einzuschließen.

Mit dem Befehl `convert`(*list*, `base`, *bas*1, *bas*2) erfolgt die Umwandlung einer Zahl zur Basis *bas*1, die in Listenform einzugeben ist, in eine Zahl zur Basis *bas*2, die in Listenform ausgegeben wird. Eingabe in Listenform heißt, daß die Zahl in der Form $z = z_1 * (bas)^0 + z_2 * (bas)^1 + z_3 * (bas)^3 + \ldots$ zu schreiben ist und die Liste $[\ldots, z_3, z_2, z_1]$ einzugeben ist.

■ Die Oktalzahl 153 soll in eine Hexadezimalzahl umgewandelt werden:

> `convert`([1, 5, 3], `base`, 8, 16); ⟶ [9, 14]

Die Ausgabe erfolgt als Liste.

20.3.3 Wichtige Operatoren in Maple

Wichtige Operatoren sind +, −, ∗, /, ^ als die bekannten arithmetischen Operationen;
=, <, <=, >, >=, <> als relationale Operatoren.

Von spezieller Bedeutung ist der `cat`–Operator, der abgekürzt in Infixform auch als Punktoperator '.' geschrieben wird. Mit diesem Operator können zwei Symbole (Namen) miteinander verknüpft werden.

■ > $x := variable : h := hilfs :$

> `cat`(h, x); ⟶ $hilfsvariable$

Anstelle der Eingabe `cat`(h, x) kann man schreiben ' '.h.x; , das Resultat ist wieder $hilfsvariable$. Es ist zu beachten, daß zu Beginn der Verknüpfung die leere Zeichenkette zu stehen hat, sonst löst Maple den ersten Operanden nicht auf. Mit dieser Konstruktion kann man indizierte Variable sehr günstig bereitstellen.

■ > $i := 1, 2, 3, 4, 5$: eine Folge ganzer Zahlen

> $y.i$; Verknüpfung der Folge mit einer Variablen ⟶ $y1, y2, y3, y4, y5$

Im Ergebnis hat man eine Folge indizierter Variablen.

20.3.4 Algebraische Ausdrücke

Mit Hilfe der arithmetischen Operatoren lassen sich aus Variablen (Symbolen) algebraische Ausdrücke konstruieren. Sie alle haben den Typ `algebraic`, zu welchem die „Untertypen" `integer, fraction, float, string, indexed, series, function, uneval` sowie die arithmetischen Operatortypen und der Punktoperatortyp gehören.

Man erkennt, daß eine einzelne Variable (ein String) auch vom Typ `algebraic` ist. Die Basiszahlentypen gehören ebenfalls dazu, denn zu ihnen lassen sich algebraische Ausdrücke in der Regel mit dem Befehl `subs` auswerten.

■ $> p := x\hat{}3 - 4 * x\hat{}2 + 3 * x + 5 :$

Hier wird ein Ausdruck, in diesem Fall ein Polynom dritten Grades in x, definiert. Mit dem Substitutionsoperator `subs` kann man der Variablen x im Polynom (Ausdruck) Werte (Zahlen) zuweisen und die Auswertung veranlassen:

$> \texttt{subs}(x = 3, p); \longrightarrow 5 \qquad > \texttt{subs}(x = 3/4, p); \longrightarrow \frac{347}{64}$

$> \texttt{subs}(x = 1.54, p); \longrightarrow 3.785864$

Der Operator `op` dient zur Extraktion von Unterausdrücken aus einem Ausdruck. Mit

$$\texttt{op}(p); \tag{20.38}$$

erhält man die Folge (s. S. 968) der Teilausdrücke auf der ersten Ebene, also

$$x^3, -4x^2, 3x, 5 \tag{20.39}$$

In der Form $\texttt{op}(i, p)$; wird der i–te Term zurückgegeben, also liefert z.B. $\texttt{op}(2, p)$ den Term $-4x^2$. Die Anzahl der Terme (Operanden) des Ausdrucks ermittelt man mit $\texttt{nops}(p)$;.

20.3.5 Folgen und Listen

Maple versteht unter einer *Folge* die Aneinanderreihung von Ausdrücken, die durch Kommas getrennt sind. Die Reihenfolge der Elemente ist signifikant. Folgen mit gleichen Elementen in unterschiedlicher Reihenfolge sind verschiedene Objekte. Die Folge ist ein Basistyp von Maple: `exprseq`.

■ $$> f1 := x\hat{}3, -4 * x\hat{}2, 3 * x, 5 : \tag{20.40a}$$

definiert eine Folge, denn

$$> \texttt{type}(f1, \texttt{exprseq}); \quad \text{liefert} \quad \texttt{true}. \tag{20.40b}$$

Mit dem Befehl

$$> \texttt{seq}(f(i), i = 1..n); \quad \text{wird die Folge} \quad f(1), f(2), \ldots, f(n) \tag{20.41}$$

erzeugt.

■ Mit $> \texttt{seq}(i^2, i = 1..5)$; erhält man $1, 4, 9, 16, 25$.

Die Bereichsfunktion `range` definiert Laufbereiche von ganzzahligen Variablen, die in der Form $i = n..m$ dargestellt werden, und bewirkt, daß die Indexvariable i nacheinander die Werte $n, n+1, n+2, \ldots, m$ annimmt. Der Typ dieser Struktur lautet \`..\` .

Eine äquivalente Form der Erzeugung von Folgen bietet die vereinfachte Schreibweise

$$> f(i)\$i = n..m; \tag{20.42}$$

die ebenfalls $f(n), f(n+1), \ldots, f(m)$ erzeugt. Entsprechend liefert $\$n..m;$ die Folge $n, n+1, \ldots, m$ und $x\$i;$ die Folge mit i Gliedern x.

Folgen können durch Anhängen weiterer Glieder ergänzt werden:

$$folge, a, b, \ldots \tag{20.43}$$

Klammert man eine Folge f in eckige Klammern, so entsteht eine *Liste*, die vom Typ `list` ist.

■ $> l := [i\$i = 1..6)]; \quad \longrightarrow \quad l := [1, 2, 3, 4, 5, 6]$

Mit dem schon bekannten Operator `op` erhält man über $\texttt{op}(liste)$; die der Liste zugrundeliegende Folge zurück.

Um Listen zu erweitern, sind sie zunächst in Folgen umzuwandeln, diese dann entsprechend zu erweitern und mit eckigen Klammern neu in Listen umzuwandeln.

Listen können als Elemente wiederum Listen enthalten, ihr Typ ist `listlist`. Strukturen dieser Art spielen bei der Konstruktion von Matrizen eine Rolle.

Der Zugriff auf Elemente einer Liste erfolgt mit dem Befehl $\texttt{op}(n, liste)$;. Dieser liefert das n–te Element der Liste. Einfacher ist es, wenn der Liste ein Name gegeben wurde, etwa L, und dann $L[n]$; aufgerufen wird. Bei einer zweifachen Liste findet man die Elemente auf der unteren Ebene mit $\texttt{op}(m, \texttt{op}(n, L))$; oder mit dem gleichbedeutenden Aufruf $L[n][m]$;.

Es bereitet keine Schwierigkeit, Listen mit höherem Verschachtelungsgrad aufzubauen.

■ Erzeugung einer einfachen Liste:

$> L1 := [a, b, c, d, e, f]; \quad \longrightarrow \quad L1 := [a, b, c, d, e, f]$

Extraktion des 4. Elements dieser Liste:

$> \texttt{op}(4, L);$ oder $> L[4]; \quad \longrightarrow \quad d$

Erzeugung einer zweifach verschachtelten Liste:

$> L2 := [[a, b, c], [d, e, f]] :$

(Ausgabe unterdrückt!) Der Zugriff auf das 3. Element der 2. Unterliste:

$> \texttt{op}(3, \texttt{op}(2, L));$ oder $L[2][3]; \quad \longrightarrow \quad f$

Erzeugung einer dreifach verschachtelten Liste:

$> L3 := [[[a, b, c], [d, e, f]], [[s, t], [u, v]], [[x, y], [w, z]]] :$

20.3.6 Tabellen- und feldartige Strukturen, Vektoren und Matrizen

20.3.6.1 Tabellen- und feldartige Strukturen

Maple besitzt zur Konstruktion tabellen- und feldartiger Strukturen die beiden Befehle `table` und `array`. Mit

$$\texttt{table}(ifc, liste) \tag{20.44}$$

erzeugt Maple eine tabellenartige Struktur, in der ifc eine Indexfunktion ist und $liste$ eine Liste von Ausdrücken, die Gleichungen als Elemente enthält. In diesem Fall benutzt Maple die linken Seiten der Gleichungen als Numerierung der Tabelleneinträge und die rechten Seiten als die jeweiligen Tabelleneinträge. Enthält die Liste nur Elemente, so nimmt Maple die natürliche Numerierung der Tabelleneinträge, beginnend mit der 1, an.

■ $> T := \texttt{table}([a, b, c]); \quad \longrightarrow \quad T := \texttt{table}([$
$1 = a$
$2 = b$
$3 = c$
$])$

$> R := \texttt{table}([a = x, b = y, c = z]); \quad \longrightarrow \quad R := \texttt{table}([$
$a = x$
$b = y$
$c = z$
$])$

Ein erneuter Aufruf von T oder R liefert nur die Symbole T oder R zurück. Erst mit $\texttt{op}(T)$; gibt Maple die Tabelle zurück; beim Aufruf $\texttt{op}(\texttt{op}(T))$; erhält man die Komponenten der Tabelle in der Form fnc,Liste der Gleichungen für die Tabellenwerte. Hieran erkennt man, daß das Evaluierungsprinzip für diese Strukturen von der Regel abweicht. In der Regel evaluiert Maple einen Ausdruck bis zum Ende, d.h. bis keine weiteren Umformungen mehr möglich sind. Im gegebenen Fall wird die Definition zwar zur Kenntnis genommen, jedoch die weitere Auswertung unterdrückt, bis sie mit der speziellen Anweisung `op` ausdrücklich gefordert wird.

Die Indizes von T erhält man als Folge mit dem Befehl `indices`(T);, eine Folge der Glieder mit `entries` (T);.

■ Für die obigen Beispiele gilt

> `indices`(T); liefert $[1], [2], [3]$ > `indices`(R); liefert $[a], [b], [c]$

und entsprechend z.B.

> `entries`(R); liefert $[x], [y], [z]$

Mit dem Befehl

$$\texttt{array}(ifc, list); \tag{20.45}$$

lassen sich spezielle Tabellen (Felder) erzeugen, die mehrdimensional sein können und ganzzahlige Laufbereiche für jede Dimension besitzen.

20.3.6.2 Eindimensionale Felder

Mit `array`(1..5); erzeugt man z.B. ein eindimensionales Feld der Länge 5 ohne explizite Elemente, mit v := `array`$(1..5, [a(1), a(2), a(3), a(4), a(5)])$; ebenfalls, jedoch mit den angegebenen Komponenten. Solche eindimensionalen Felder interpretiert Maple auch als Vektoren. Mit der Typprüfungsfunktion `type`$(v,$ `vector`$)$; erhält man `true`. Fragt man jedoch `whattype`(v);, so wird daraus `string`. Das hängt mit der schon erwähnten Spezialform der Evaluierung zusammen. Erst nach $v1 :=$ `eval`(v); bekommt man mit `whattype`$(v1)$; die gesuchte Antwort `table`.

20.3.6.3 Zweidimensionale Felder

Entsprechend definiert man zweidimensionale Felder, etwa mit

$$A := \texttt{array}(1..m, 1..n, [[a(1,1), \ldots, a(1,n)], \ldots, [a(m,1), \ldots, a(m,n)]]); \tag{20.46}$$

Die so definierte Struktur versteht Maple als Matrix der Dimension $n \times m$. Die Werte von $a(i,j)$ sind die entsprechenden Matrixelemente.

■ > $x :=$ `array`$(1..3, [x1, x2, x3])$;

$$x := [x1\ x2\ x3]$$

ergibt einen Vektor. Eine Matrix bekommt man z.B. mit

> $A :=$ `array`$(1..3, 1..4, [])$;

$$A := \texttt{array}(1..3, 1..4, [])$$

Diese wird mit

$$> \texttt{eval}(A); \qquad \text{zu} \qquad \begin{bmatrix} ?_{[1,1]} & ?_{[1,2]} & ?_{[1,3]} & ?_{[1,4]} \\ ?_{[2,1]} & ?_{[2,2]} & ?_{[2,3]} & ?_{[2,4]} \\ ?_{[3,1]} & ?_{[3,2]} & ?_{[3,3]} & ?_{[3,4]} \end{bmatrix}$$

Maple hat hier die nicht festgelegten Werte des Feldes (der Matrix) durch die Einträge $?_{[i,j]}$ charakterisiert. Weist man jetzt allen oder einigen dieser Einträge durch Zuweisungen Werte zu, etwa durch

> $A[1,1] := 1 : A[2,2] := 1 : A[3,3] := 0 :$

so führt ein erneuter Aufruf von A zur Ausgabe der Matrix mit den nunmehr festgelegten Werten:

$$> \texttt{eval}(A); \quad \longrightarrow \quad \begin{bmatrix} 1 & ?_{[1,2]} & ?_{[1,3]} & ?_{[1,4]} \\ ?_{[2,1]} & 1 & ?_{[2,3]} & ?_{[2,4]} \\ ?_{[3,1]} & ?_{[3,2]} & 0 & ?_{[3,4]} \end{bmatrix}$$

Mit dem Aufruf

> $B :=$ `array`$([[b11, b12, b13], [b21, b22, b23], [b31, b32, b33]])$;

$$B := \begin{bmatrix} b11 & b12 & b13 \\ b21 & b22 & b23 \\ b31 & b32 & b33 \end{bmatrix}$$

stellt Maple die erzeugte Matrix mit ihren Elementen dar, da diese in der Definition explizit angegeben sind. Die optionalen Dimensionsangaben sind hier nicht nötig, da durch die vollständige Angabe der Matrixelemente die Definition eindeutig ist. Kennt man allerdings von einer Matrix nur einige Werte, so muß der jeweilige Laufbereich angegeben werden; Maple ersetzt die nichtdefinierten Werte durch ihren formalen Wert:

> $C :=$ `array`$(1..3, 1..4, [[c11, c12, c13], [c21, c22], []])$;

$$C := \begin{bmatrix} c11 & c12 & c13 & C_{[1,4]} \\ c21 & c22 & C_{[2,3]} & C_{[c24]} \\ C_{[3,1]} & C_{[3,2]} & C_{[3,3]} & C_{[3,4]} \\ C_{[4,1]} & C_{[4,2]} & C_{[4,3]} & C_{[4,4]} \end{bmatrix}$$

Als optionale Argumente können Indexfunktionen der Art `diagonal, identity, symmetric, antisymmetric, sparse` benutzt werden. Man erhält damit die entsprechenden Matrizen.

■ > `array`$(1..3, 1..3,$ `antisymmetric`$)$; $\longrightarrow \begin{bmatrix} 0 & ?_{[1,2]} & ?_{[1,3]} \\ -?_{[1,2]} & 0 & ?_{[2,3]} \\ -?_{[1,3]} & -?_{[2,3]} & 0 \end{bmatrix}$

20.3.6.4 Spezielle Anweisungen zu Vektoren und Matrizen

Maple stellt darüber hinaus die speziellen Erzeugungsanweisungen `vector, matrix` zur Verfügung, die allerdings mit dem Spezialpaket `linalg` zugeladen werden müssen.
Dieses Spezialpaket erlaubt die Arbeit mit einer Vielzahl von Operationen der linearen Algebra. Hier soll nur erwähnt werden, daß die Multiplikation von Matrizen mit der Operation $\&*$ ausgeführt werden kann und alle Operationen mit der Evaluierungsfunktion `evalm` aufgerufen werden müssen.

■ Mit der Matrix B und dem Vektor X aus dem vorigen Beispiel wird

> `evalm`$(B \& * x)$;

$$[b11\,x1 + b12\,x2 + b13\,x3 \;\; b21\,x1 + b22\,x2 + b23\,x3 \;\; b31\,x1 + b32\,x2 + b33\,x3]$$

Die Multiplikation einer Matrix mit einem Spaltenvektor ergibt wieder einen Spaltenvektor. Eine Multiplikation in der umgekehrten Reihenfolge hätte zu einer Fehlermeldung geführt.

20.3.7 Funktionen und Operatoren

20.3.7.1 Funktionen

Maple enthält eine große Anzahl vordefinierter Funktionen, die beim Start des Systems sofort verfügbar sind bzw. aus Spezialpaketen zugeladen werden können. Sie gehören zum Typ `mathfunc`. Eine Auflistung kann mit `?inifcns` erhalten werden.

In den folgenden zwei **Tabellen 20.13** und **20.14** ist eine Übersicht über Standard- und spezielle Funktionen gegeben.

Tabelle 20.13 Standardfunktionen

Exponentialfunktion	`exp`
Logarithmusfunktionen	`log, ln`
Trigonom. Funktionen	`sin, cos, tan, cot, sec, csc`
Arcusfunktionen	`arcsin, arccos, arctan, arccot,`
Hyperbol. Funktionen	`sinh, cosh, tanh, coth, sech, csch`
Areafunktionen	`arcsinh, arcsosh, arctanh, arccoth,`

Tabelle 20.14 Spezielle Funktionen

BESSEL–Funktionen $J_n(z)$ und $Y_n(z)$	`BesselJ`(v,z), `BesselY`(v,z)
Modifizierte BESSEL–Funktionen $I_n(z)$ $K_n(z)$	`BesselI`(v,z), `BesselK`(v,z)
Gamma–Funktion	`Gamma`(x)
Integralexponentialfunktion	`Ei`(x)

Unter den speziellen Funktionen sind auch die FRESNELschen Funktionen.

Das Paket für orthogonale Polynome enthält neben anderen HERMITEsche, LAGUERREsche, LEGENDREsche, JACOBIsche und TSCHEBYSCHEFFsche Polynome. Für Einzelheiten wird auf Lit. [20.6] verwiesen.

20.3.7.2 Operatoren

In Maple verhalten sich Funktionen wie die sogenannten λ–Funktionen in der Programmiersprache LISP. Etwas vereinfacht heißt dies: der Name einer Funktion, sofern sie in Maple definiert ist, wird als Operator aufgefaßt. Mit anderen Worten, `type`(sin, `operator`); liefert `true`. Hängt man an den Operator das Argument oder auch mehrere, sofern dies nötig ist, in runden Klammern an, so entsteht die entsprechende Funktion von der angegebenen Variablen.

■ > `type`(cos, `operator`); liefert `true` und > `type`(cos, `function`); liefert `false`.
Setzt man als zu prüfendes Argument jedoch $\cos(x)$ ein, so liefert die Typprüfung genau die umgekehrte Aussage.

Maple bietet die Möglichkeit, selbstdefinierte Funktionen in Form von Operatoren zu erzeugen. Dazu dient der Erzeugungsoperator $->$. Mit

$$> F := x-> \texttt{mathausdr}: \tag{20.47}$$

und mit `mathausdr` als algebraischer Ausdruck in der Variablen x, wird eine neue Funktion in Operatorform mit dem Namen F festgelegt. Der algebraische Ausdruck kann dabei schon vorher definierte und/oder eingebaute Funktionen enthalten. Hängt man an das so erzeugte Operatorsymbol eine unabhängige Variable in runden Klammern an, so entsteht die zugehörige Funktion dieser unabhängigen Variablen.

■ $> F := x\text{->} \sin(x) * \cos(x) + x\hat{}3 * \tan(x) + x\hat{}2 :$

$> F(y); \quad \longrightarrow \quad F(y) := \sin(y)\cos(y) + y^3\tan(y) + y^2$

Mit der Übergabe von Zahlenwerten (etwa als Gleitpunktzahlen) an dieses Argument, also durch Aufrufe der Art

$> F(nn.mmm);$

liefert Maple den Funktionswert für diesen Wert.

Umgekehrt erzeugt man aus einer Funktion (man denke etwa an ein Polynom in der Variablen x) den zugehörigen Operator mit der Anweisung `unapply`(*function*, *var*). So entsteht aus $F(y)$ mit

> `unapply`$(F(y), y); \quad \longrightarrow \quad F$

wieder der Operator mit dem Symbol F.

Mit Operatoren kann man nach den üblichen Regeln arbeiten. Summe und Differenz zweier Operatoren sind wieder Operatoren. Bei der Multiplikation ist zu beachten, daß darunter die Hintereinanderanwendung beider Operatoren zu verstehen ist. Maple benutzt dafür das spezielle Multiplikationssymbol `@` . Diese Multiplikation ist im allgemeinen nicht kommutativ.

■ Es sei $F := x\text{->} \cos(2 * x)$ und $G := x\text{->} x\hat{}2$. Dann gilt

$> (G @ F)(x); \quad \longrightarrow \quad \cos^2(2x),$

während

$> (F @ G)(x); \quad \longrightarrow \quad \cos(2x^2)$

liefert.

Will man das Produkt zweier Funktionen bilden, die in Operatordarstellung gegeben sind, so benutzt man die Schreibweise $(F * G)(x) = (G * F)(x)$, die $F(x) * G(x)$ liefert.

20.3.7.3 Differentialoperatoren

Der Operator der Differentiation lautet in Maple `D`. Seine Anwendung erfolgt auf Funktionen in Operatorform entsprechend $\texttt{D}(F)$ bzw. $\texttt{D}[i](G)$. Im ersten Fall wird die Ableitung einer Funktion von einer Variablen in Operatorform bestimmt. Das Anhängen der geklammerten Variablen ergibt die Ableitung als Funktion. In anderer Form läßt sich dies als $\texttt{D}(F)(x) = \texttt{diff}(F(x), x))$ schreiben. Höhere Ableitungen erhält man durch Mehrfachanwendung des Operators `D`, was sich vereinfacht als $(\texttt{D @ @}n)(F)$ schreiben läßt, wobei `@ @` n die n–te „Potenz" des Differentialoperators bedeutet.

Ist G eine Funktion mehrerer Variabler, so erzeugt $\texttt{D}[i](G)$ die partielle Ableitung von G nach der i–ten Variablen. Auch dieses Ergebnis ist wieder ein Operator. Mit $\texttt{D}[i, j](G)$ erhält man $\texttt{D}[i](\texttt{D}[j](G))$, d.h. die zweite partielle Ableitung nach der j–ten und i–ten Variablen. Entsprechend kann man höhere Ableitungen bilden.

Für den Diffentialoperator `D` gelten die aus der Differentialrechnung (s. S. 373) bekannten Grundregeln, wobei F und H differenzierbare Funktionen sind.

$$\texttt{D}(F + H) = \texttt{D}(F) + \texttt{D}(H)\,, \tag{20.48a}$$

$$\texttt{D}(F * H) = (\texttt{D}(F) * H) + (F * \texttt{D}(H))\,, \tag{20.48b}$$

$$\texttt{D}(F \mathbin{\texttt{@}} H) = \texttt{D}(F) \mathbin{\texttt{@}} H * \texttt{D}(H)\,. \tag{20.48c}$$

20.3.7.4 Der Funktionaloperator `map`

Der Operator `map` kann in Maple benutzt werden, um einen Operator bzw. eine Funktion auf einen Ausdruck bzw. dessen Komponenten anzuwenden. Sei z.B. F ein Operator, der eine Funktion repräsentiert. Dann liefert $\texttt{map}(F, x + x\text{^}2 + x * y)$ den Aussdruck $F(x) + F(x^2) + F(x\ \ y)$. Entsprechend erhält man mit $\texttt{map}(F; y * z)$ das Resultat $F(y) * F(z)$.

■ $\texttt{map}(f, [a, b, c, d]);\quad \longrightarrow \quad [f(a), f(b), f(c), f(d)]$

20.3.8 Programmierung in Maple

Maple stellt für den Aufbau eigener Prozeduren und Programme die üblichen Kontroll- und Schleifenstrukturen in spezifischer Form bereit.

Fallunterscheidungen werden mit dem `if`–Befehl vorgenommen. Seine Grundstruktur ist

`if` *bed.* `then` *anw*1 `else` *anw*2 `fi` (20.49)

Der `else`–Zweig kann fehlen.

Vor dem `else`–Zweig können beliebig viele weitere Zweige mit der Struktur

`elif` *bed i* `then` *anw i* `fi` (20.50)

eingefügt werden.

Schleifen erzeugt man mit `for` bzw. `while`, die den Anweisungsteil in der Form `do` ... *anw* ... *od* verlangen.

In der `for`–Schleife ist der Laufindex in der Form

i `from` *n* `to` *m* `by` *di*

zu schreiben, hier ist *di* die Schrittweite. Fehlen Anfangswert und Schrittweite, so werden diese automatisch auf 1 gesetzt.

In der `while`–Schleife lautet der erste Teil

`for` *ind* `while` *bed*

Auch Schleifen können mehrfach ineinander verschachtelt werden.

Um in sich abgeschlossene Programme zu gestalten, benutzt man in Maple die Prozeduranweisung. Sie kann sich über viele Zeilen erstrecken, entsprechend abgespeichert und unter ihrem Namen in die laufende Arbeit eingefügt werden. Ihre Grundstruktur lautet:

```
proc(args)
    local ...
    options ...
    anw
end;
```
(20.51)

Die Anzahl der Argumente der Prozedur muß nicht mit der im eigentlichen Körper benutzten Anzahl übereinstimmen; speziell kann die Angabe ganz fehlen. Alle mit `local` definierten Variablen sind nur intern bekannt.

■ Es soll eine Prozedur geschrieben werden, die die Summe der Quadratwurzeln aus den ersten n natürlichen Zahlen bestimmt:

```
> sumqw := proc(n)
>         local s, i;
>         s[0] := 0;
>         for i to n
>         do s[i] := s[i - 1] + sqrt(i) od;
>         evalf(s[n]);
> end;
```

Maple liefert die so definierte Prozedur zurück.
Dann wird die Prozedur über ihren Namen mit dem gewünschten Argument n aufgerufen:

```
> sumqw(30);
```

Es folgt: 112.0828452

20.3.9 Ergänzungen zur Syntax, Informationen und Hilfe

20.3.9.1 Nutzung der Maple–Bibliothek

Neben den nach dem Start von Maple für den Nutzer uneingeschränkt verfügbaren Befehlen existieren sogenannte vermischte Bibliotheksfunktionen und Befehle, die durch den Befehl `readlib`(f) verfügbar gemacht werden müssen. Eine Aufzählung und Kurzbeschreibung dieser Befehle ist in Lit. [20.10], Abschnitt 2.2 enthalten.

Maple besitzt eine umfangreiche Bibliothek von Spezialpaketen.
Die Zuladung eines Spezialpaketes erfolgt mit dem Befehl

```
> with(name);
```
(20.52)

Hier ist *name* der Name des jeweiligen Pakets, also etwa *linalg* für das Spezialpaket Lineare Algebra. Nach dem Aufruf listet Maple alle Befehle des Spezialpakets auf und warnt, falls im Paket Neudefinitionen schon vorher verfügbarer Befehle vorliegen.

Soll nur ein spezieller Befehl aus einem Bibliothekspaket genutzt werden, so erfolgt der Aufruf mit

```
paket[befehl]
```
(20.53)

20.3.9.2 Umgebungsvariable

Die Ausgaben von Maple lassen sich mit einer Reihe von Umgebungsvariablen steuern. Bereits vorgestellt ist die Variable `Digits` (s. S. 966), mit der die Anzahl der auszugebenden Ziffern von Gleitpunktzahlen festgelegt werden kann.

Die allgemeine Art der Resultatausgabe wird durch `prettyprint` festgelegt. Voreinstellung ist hier

```
> interface(prettyprint = true)
```
(20.54)

Diese sorgt für die zentrierte Ausgabe im mathematischen Druckstil. Setzt man diese Option auf `false`, so beginnt die Ausgabe am linken Rand und nutzt die Eingabeschreibweise.

20.3.9.3 Informationen und Hilfe

Hilfe zur Bedeutung von Befehlen und Schlüsselwörtern erhält man durch die Eingabe

$$?begriff; \tag{20.55}$$

Anstelle des Fragezeichens kann auch `help`(*begriff*) verwendet werden. Es folgt ein Hilfsbildschirm, der die entsprechenden Aussagen des Bibliothekshandbuches zum geforderten Begriff enthält.

Läuft Maple unter Windows, so öffnet ein Aufruf von HELP ein sich jeweils nach rechts erweiterndes Menü, durch das man sich durch Anklicken mit der Maus bis zur Erläuterung des gewünschten Begriffs auf dem Hilfsbildschirm bewegen kann.

20.4 Anwendungen von Computeralgebrasystemen

In diesem Abschnitt wird die Behandlung mathematischer Problemkreise mit Computeralgebrasystemen vorgestellt. Die Auswahl der betrachteten Problemkreise wurde sowohl nach ihrer Häufigkeit in Praxis und Ausbildung als auch nach den Möglichkeiten für ihre Bearbeitung mit Computeralgebrasystemen getroffen. Es werden Funktionen, Anweisungen, Operationen und ergänzende Syntaxhinweise für das jeweilige Computeralgebrasystem angegeben sowie Beispiele behandelt. Wo nötig, werden zugehörige Spezialpakete kurz erläutert.

20.4.1 Manipulation algebraischer Ausdrücke

In der Praxis treten häufig algebraische Ausdrücke (s. S. 9) auf, die für die weitere Arbeit, wie z.B. Differentiation, Integration, Reihendarstellung, Grenzwertbildung oder numerische Auswertung, umzuformen sind. In der Regel werden diese Ausdrücke als über dem Ring (s. S. 304) der ganzen oder dem Körper (s. S. 304) der rationalen Zahlen gebildet verstanden. Es sei aber betont, daß Computeralgebrasysteme z.B. auch mit Polynomen über endlichen Körpern bzw. über Erweiterungskörpern (s. S. 304) der gebrochenrationalen Zahlen umgehen können. Für Interessenten muß dazu auf die Spezialliteratur verwiesen werden. Eine besondere Rolle spielen algebraische Operationen auf Polynomen über dem Körper der rationalen Zahlen.

20.4.1.1 Mathematica

Mathematica stellt die in **Tabelle 20.15** dargestellten Funktionen und Operatoren für die Umformung algebraischer Ausdrücke zur Verfügung.

Tabelle 20.15 Anweisungen zur Manipulation algebraischer Ausdrücke

`Expand`[p]	löst die Potenzen und Produkte in einem Polynom p durch Ausmultiplikation auf
`Expand`[p, r]	multipliziert nur die Anteile in p aus, die r enthalten
`PowerExpand`[a]	löst auch Potenzen von Produkten und Potenzen von Potenzen auf
`Factor`[p]	faktorisiert ein Polynom vollständig
`Collect`[p, x]	ordnet das Polynom nach Potenzen von x
`Collect`[$p, \{x, y, \ldots\}$]	das gleiche wie vorstehend, nur mit mehreren Variablen
`ExpandNumerator`[r]	entwickelt nur den Zähler eines rationalen Ausdrucks
`ExpandDenominator`[r]	entwickelt nur den Nenner
`ExpandAll`[r]	multipliziert sowohl Zähler als auch Nenner vollständig aus
`Together`[r]	stellt den Ausdruck mit einem gemeinsamen Nenner dar
`Apart`[r]	stellt den Ausdruck als Summe von Termen mit einfachen Nennern dar (Partialbruchzerlegung)
`Cancel`[r]	kürzt gemeinsame Faktoren in den jeweiligen Termen

1. Multiplikation von Ausdrücken

Diese Operation der Multiplikation algebraischer Ausdrücke ist in jedem Falle durchführbar. Dabei können Koeffizienten auch unbestimmte Ausdrücke sein.

■ *In[1]* $:=$ `Expand`$[(x+y-z)$^$4]$ liefert

Out[1] $= x^4+4x^3y+6x^2y^2+4xy^3+y^4-4x^3z-12x^2yz-12xy^2z-4y^3z$
$+6x^2z^2+12xyz^2+6y^2z^2-4xz^3-4yz^3+z^4$

Entsprechend wird

In[2] $:=$ `Expand`$[(a\,x+b\,y$^$2)(c\,x$^$3-d\,y$^$2)]$

Out[2] $= a\,c\,x^4-a\,d\,x\,y^2+b\,c\,x^3y^2-b\,d\,y^4$

2. Faktorzerlegung von Polynomen

Die Faktorzerlegung von Polynomen über ganzen oder rationalen Zahlen wird von Mathematica nur ausgeführt, wenn sie im Bereich der ganzen oder rationalen Zahlen möglich ist. Anderenfalls gibt Mathematica den Ausdruck unverändert zurück.

■ *In[2]* := $p = x$^$6+7x$^$5+12x$^$4+6x$^$3-25x$^$2-30x-25;$

In[3] := `Factor`$[p]$, dies liefert

Out[3] $= ((5+x)\ (1+x+x^2)\ (-5+x^2+x^3))$

Mathematica hat das Polynom in drei über dem Körper der rationalen Zahlen irreduzible Faktoren zerlegt.

Wenn ein Polynom über dem Körper der komplexen rationalen Zahlen vollständig reduzibel ist, kann man mit der Option `GaussianIntegers` eine vollständige Zerlegung erreichen.

■ *In[4]* := `Factor`$[x^2-2x+5]$ $\longrightarrow$ *Out[4]* $= 5-2x+x^2$, aber

In[5] := `Factor[%, GaussianIntegers -> True]`

Out[5] $= (-1-2\mathrm{I}+x)(-1+2\mathrm{I}+x)$

3. Operationen auf Polynomen

Die **Tabelle 20.16** enthält eine Auswahl von Operationen, mit denen sich Polynome über dem Körper der rationalen Zahlen algebraisch manipulieren lassen.

Tabelle 20.16 Algebraische Polynomoperationen

`PolynomialGCD`$[p1, p2]$	bestimmt den größten gemeinsamen Teiler der beiden Polynome $p1$ und $p2$
`PolynomialLCM`$[p1, p2]$	bestimmt das kleinste gemeinsame Vielfache der Polynome $p1$ und $p2$
`PolynomialQuotient`$[p1, p2, x]$	Division von $p1$ (als Funktion von x) durch $p2$ unter Fortlassung des Restes
`PolynomialRemainder`$[p1, p2, x]$	Bestimmung des Restes bei der Division von $p1$ durch $p2$

■ Es werden zwei Polynome definiert:

In[1] := $p = x$^$6+7x$^$5+12x$^$4+6x$^$3-25x$^$2-30x-25;$
$q = x$^$4+x$^$3-6x$^$2-7x-7;$

Mit diesen Polynomen ergeben die nachfolgenden Operationen:

In[2] := `PolynomialGCD`$[p, q]$ $\longrightarrow$ *Out[2]* $= 1+x+x^2$

In[3] := `PolynomialLCM`$[p, q]$

Out[] $= 3(-7+x)(1+x+x^2)(-25-5x+5x^2+6x^3+x^4)$

In[4] := `PolynomialQuotient`$[p, q, x]$ $\longrightarrow$ *Out[4]* $= 12+6x+x^2$

In[5] := `PolynomialRemainder`$[p, q, x]$ $\longrightarrow$ *Out[5]* $= 59+96x+96x^2+37x^3$

Unter Berücksichtigung der letzten beiden Ergebnisse gilt also

$$\frac{x^6 + 7x^5 + 12x^4 + 6x^3 - 25x^2 - 30x - 25}{x^4 + x^3 - 6x^2 - 7x - 7} = x^2 + 6x + 12 + \frac{37x^3 + 96x^2 + 96x + 59}{x^4 + x^3 - 6x^2 - 7x - 7}$$

4. Partialbruchzerlegung

Mathematica zerlegt Quotienten zweier Polynome in Partialbrüche. Auch das ist nur über dem Körper der rationalen Zahlen möglich.

■ Unter Nutzung der beiden Polynome p und q des voranstehenden Beispiels erhält man

$$\textit{In[6]} := \texttt{Apart}[q/p] \longrightarrow \textit{Out[6]} = \frac{-6}{35\ (5+x)} + \frac{-55 + 11\,x + 6\,x^2}{35\ (-5 + x^2 + x^3)}$$

5. Manipulation nichtpolynomialer Ausdrücke

Mit dem Befehl `Simplify` können oft komplizierte Ausdrücke, die nicht polynomialer Natur zu sein brauchen, vereinfacht werden. Mathematica wird immer versuchen, algebraische Ausdrücke unabhängig von der Natur der symbolischen Größen zu manipulieren. Dabei verwendet es eingebaute Kenntnisse. So kennt Mathematica z.B. Regeln der Potenzrechnung (s. S. 7):

$$\textit{In[1]} := \texttt{Simplify}[a\hat{\ }n/a\hat{\ }m)] \longrightarrow \textit{Out[1]} = a^{(-m+n)} \tag{20.56}$$

Mit der Option `Trig -> True` können die Anweisungen `Expand` und `Factor` Potenzen von trigonometrischen Funktionen durch die trigonometrischen Funktionen mit mehrfachen Argumenten ausdrücken und umgekehrt.

■ Einige trigonometrische Formeln (s. S. 78) lassen sich mit folgender Eingabe erzeugen:

$$\textit{In[2]} := \texttt{Factor}[\texttt{Sin}[4x], \texttt{Trig->\ True}] \longrightarrow \textit{Out[2]} = 4\cos(x)^3\ \sin(x) - 4\ \cos(x)\sin(x)^3$$

$$\textit{In[3]} := \texttt{Factor}[\texttt{Cos}[5x], \texttt{Trig->\ True}] \longrightarrow \textit{Out[3]} = \cos(x)\ (1 - 2\ \cos(2\,x) + 2\ \cos(4\,x))\,.$$

Ab Version 2.2 von Mathematica ist die Option `Trig-> True` über den Befehl `TrigExpand` direkt erreichbar. Das gilt für eine Vielzahl von Befehlen aus dem zuladbaren Paket `Algebra'Trigonometry'`.

Schließlich sei darauf hingewiesen, daß der Befehl `ComplexExpand`[*ausdr*] reelle Variable *ausdr* voraussetzt, während `ComplexExpand`[*ausdr*, $\{x1, x2, \ldots\}$] von komplexen Variablen xi ausgeht.

■ *In[1]* := `ComplexExpand`[`Sin`[$2\ x$], $\{x\}$]

Out[1] = $\cosh(2\,\mathrm{Im}(x))\ \sin(2\,\mathrm{Re}(x)) + i\ \cos(2\,\mathrm{Re}(x))\,\mathrm{Sinh}(2\,\mathrm{Im}(x))$

20.4.1.2 Maple

Maple stellt die in **Tabelle 20.17** dargestellten Operationen für die Umformung und Vereinfachung algebraischer Ausdrücke bereit.

Tabelle 20.17 Operationen zur Manipulation algebraischer Ausdrücke

`expand`$(p, q1, q2, \ldots)$	löst die Potenzen und Produkte in einem algebraischen Ausdruck p auf. Die optionalen Argumente qi verhindern die weitergehende Auflösung der Unterausdrücke qi.
`factor`(p, K)	faktorisiert den Ausdruck p. K ist ein optionales `RootOf` Argument.
`simplify`$(p, q1, q2, \ldots)$	wendet eingebaute Vereinfachungsregeln auf p an. Bei Anwesenheit der optionalen Argumente werden nur diese zur Anwendung gebracht.
`radsimp`(p)	vereinfacht p bezüglich seiner Wurzelanteile.
`normal`(p)	stellt p in der Normalform einer rationalen Funktion dar.
`sort`(p)	sortiert die Glieder des Polynoms p nach fallenden Potenzen.
`coeff`(p, x, i)	liefert den Koeffizienten des Gliedes mit x^i.
`collect`(p, v)	faßt Glieder mit der Variablen v eines Polynoms mehrerer Veränderlicher zusammen.

1. Multiplikation von Ausdrücken

Im einfachsten Fall zerlegt Maple den Ausdruck in eine Summe von Potenzen der Variablen:

■ > expand$((x + y - z)$^$4)$;

$$4\,x^3y - 4\,x^3z + 6\,x^2y^2 + 6\,x^2z^2 + 4\,xy^3 - 4\,xz^3 - 4\,y^3z + 6\,y^2z^2 - 4\,yz^3 + x^4 + y^4 + z^4$$
$$-12\,x^2yz - 12\,xy^2z + 12\,xyz^2$$

■ Hier erkennt man das Vorgehen von Maple bei Ab- und Anwesenheit eines optionalen Arguments.

> expand$((a * x$^$3 + b * y$^$4) * sin(3 * x) * cos(2 * x))$;

$$8\,ax^3\sin(x)\cos(x)^4 - 6\,ax^3\sin(x)\cos(x)^2 + ax^3\sin(x) + 8\,by^4\sin(x)\cos(x)^4$$
$$-6\,by^4\sin(x)\cos(x)^2 + by^4\sin(x)$$

Der Ausdruck wird vollständig ausmultipliziert.

> expand$((a * x$^$2 - b * y$^$3) * sin(3 * x) * cos(2 * x), a * x$^$2 - b * y$^$3)$;

$$8\,(ax^2 - by^3)\sin(x)\cos(x)^4 - 6\,(ax^2 - by^3)\sin(x)\cos(x)^2 + (ax^2 - by^3)\sin(x)$$

Maple hat den Ausdruck des optionalen Arguments unverändert beibehalten.

■ Dies demonstriert die Fähigkeiten von Maple:

> expand$(exp(2 * a * x) * sinh(2 * x) + ln(x^3) * sin(4 * x))$;

$$2\,\mathrm{e}^{ax2}\sinh(x)\cosh(x) + 24\,\ln(x)\sin(x)\cos(x)^3 - 12\,\ln(x)\sin(x)\cos(x)$$

2. Faktorzerlegung von Polynomen

Maple ist in der Lage (sofern es prinzipiell möglich ist), Polynome über algebraischen Erweiterungskörpern zu zerlegen.

■ > $p := x$^$6 + 7 * x$^$5 + 12 * x$^$4 + 6 * x$^$3 - 25 * x$^$2 - 30 * x - 25$:
$q := x$^$4 + x$^$3 - 6 * x$^$2 - 7 * x - 7$:
> $p1 :=$ factor(p);
$(x + 5)\,(x^2 + x + 1)\,(x^3 + x^2 - 5)$ und
> $q1 :=$ factor(q);
$(x^2 + x + 1)\,(x^2 - 7)$

Zunächst hat Maple eine Faktorzerlegung der beiden Polynome in irreduzible Faktoren bezüglich des Körpers der rationalen Zahlen durchgeführt. Will man eine weitere Zerlegung über einem algebraischen Erweiterungskörper, so ist folgendermaßen vorzugehen:

■ > $p2 :=$ factor$(p, (-3)$^$(1/2))$;

$$\frac{(x^3 + x^2 - 5)\left(2\,x + 1 - \sqrt{-3}\right)\left(2\,x + 1 + \sqrt{-3}\right)(x + 5)}{4}$$

Maple hat den zweiten Faktor weiter zerlegt (in diesem Fall nach einer formalen Erweiterung des Körpers mit $\sqrt{-3}$).

In der Regel weiß man nicht, ob eine solche Erweiterung möglich ist. Sind die Grade der gefundenen Faktoren ≤ 4, so ist dies immer möglich. Mit der Operation RootOf lassen sich dann die Wurzeln als algebraische Ausdrücke darstellen.

■ > $r :=$ `RootOf`$(x^3 + x^2 - 5)$: $k :=$ `allvalues`(r) :
> $k[1]$;

$$\sqrt[3]{\frac{133}{54} + \frac{\sqrt{655}\sqrt{3}}{18}} + \frac{1}{9\sqrt[3]{\frac{133}{54} + \frac{\sqrt{655}\sqrt{3}}{18}}} - 1/3$$

> $k[2]$;

$$-\frac{\sqrt[3]{\frac{133}{54} + \frac{\sqrt{655}\sqrt{3}}{18}}}{2} - \frac{1}{18\sqrt[3]{\frac{133}{54} + \frac{\sqrt{655}\sqrt{3}}{18}}} - 1/3$$
$$+\frac{\sqrt{-1}\sqrt{3}\left(\sqrt[3]{\frac{133}{54} + \frac{\sqrt{655}\sqrt{3}}{18}} - \frac{1}{9\sqrt[3]{\frac{133}{54} + \frac{\sqrt{655}\sqrt{3}}{18}}}\right)}{2}$$

Der Aufruf von $k[3]$ ergibt den konjugiert komplexen Wert von $k[2]$.

Die in diesem Beispiel beschriebene Prozedur liefert im Falle eines Polynoms, das nur über dem Körper der reellen oder komplexen Zahlen reduzibel ist, eine Folge der Wurzeln als Gleitpunktzahlen.

3. Operationen auf Polynomen

Neben den schon bekannten Operationen sind vor allem die Operationen `gcd` und `lcm` von Bedeutung. Sie finden den größten gemeinsamen Teiler (ggT) bzw. das kleinste gemeinsame Vielfache (kgV) zweier Polynome. Entsprechend liefern `quo`(p, q, x) den ganzzahligen Anteil der Division der Polynome p und q und `rem`(p, q, x) den Rest.

■ > $p := x^6 + 7 * x^5 + 12 * x^4 + 6 * x^3 - 25 * x^2 - 30 * x - 25$:
$q := x^4 + x^3 - 6 * x^2 - 7 * x - 7$:
> `gcd`(p, q);

$$x^2 + x + 1$$

> `lcm`(p, q);

$$210\,x + 5\,x^6 - 43\,x^5 - 109\,x^4 - 72\,x^3 + 150\,x^2 + 175 + 7\,x^7 + x^8$$

Mit dem Befehl `normal` kann man den Quotienten zweier Polynome über dem Körper der rationalen Zahlen in Normalform bringen, d.h. als Quotienten zweier gekürzter Polynome darstellen.

■ Mit den Polynomen des voranstehenden Beispiels wird

> `normal`(p/q);

$$\frac{x^4 + 6\,x^3 + 5\,x^2 - 5\,x - 25}{x^2 - 7}$$

Mit `numer` und `denom` lassen sich Zähler und Nenner getrennt darstellen.

> `factor(denom(")`, (7)^$(1/2)$);

$$\left(x + \sqrt{7}\right)\left(x - \sqrt{7}\right)$$

4. Partialbruchzerlegung

Die Partialbruchzerlegung erfolgt in Maple mit dem Befehl `convert`, der mit der Option `parfrac` aufzurufen ist.

■ Unter Benutzung der Polynome p und q der voranstehenden Beispiele erhält man

> convert(p/q, parfrac, x);

$$x^2 + 6x + 12 + \frac{37x + 59}{x^2 - 7} \qquad \text{und}$$

> convert(q/p, parfrac, x);

$$-\frac{6}{35x + 175} + \frac{-55 + 11x + 6x^2}{35x^3 + 35x^2 - 175}$$

5. Manipulation allgemeiner Ausdrücke

Die in der folgenden Tabelle aufgeführten Operationen erlauben die Umformung algebraischer und transzendenter Ausdrücke mit rationalen und algebraischen Funktionen, die in Maple eingebaute oder selbstdefinierte Funktionen enthalten. In der Regel lassen sich dabei optionale Argumente angeben, die die Umformung unter bestimmten Bedingungen ausführen.

Der Befehl `simplify` kann hierfür exemplarisch eingesetzt werden. In der einfachen Form `simplify`(*ausdr*) versucht Maple eingebaute Vereinfachungsregeln auf den Ausdruck anzuwenden.

■ > $t := sinh(3 * x) + cosh(4 * x)$:

> simplify(t);

$$4 \sinh(x) \cosh(x)^2 - \sinh(x) + 8 \cosh(x)^4 - 8 \cosh(x)^2 + 1$$

Entsprechend wird

> $r := sin(2 * x) * cos(3 * x)$:

> simplify(r);

$$8 \sin(x) \cos(x)^4 - 6 \sin(x) \cos(x)^2$$

Darüber hinaus existiert der Befehl `combine`, der im gewissen Sinne die Umkehrung von `expand` ist.

■ > $t := tan(2 * x)^2$:

> $t1$:= expand(t);

$$t1 := \frac{4 \sin(x)^2 \cos(x)^2}{(2 \cos(x)^2 - 1)^2}$$

> combine($t1, trig$);

$$\cos(2x)^{-2} - 1$$

Hier wurde `combine` mit der Option `trig` aufgerufen, die dafür sorgt, daß trigonometrische Grundregeln angewendet werden. Benutzt man den Befehl `simplify`, so wird

$$> t2 := \texttt{simplify}(t);; \longrightarrow -\frac{\cos(2x)^2 - 1}{\cos(2x)^2}$$

Hier hat Maple die Tangensfunktion auf die Kosinusfunktion zurückgeführt.

Umformungen lassen sich auch mit Exponentialfunktionen, Logarithmus- und weiteren Funktionen durchführen.

20.4.2 Lösung von Gleichungen und Gleichungssystemen

Computeralgebrasysteme kennen Befehlsroutinen zur Lösung von Gleichungen und Gleichungssystemen. Sofern Gleichungen im Bereich der algebraischen Zahlen explizit lösbar sind, werden die Lösungen mit Hilfe von Wurzelausdrücken dargestellt. Ist es nicht möglich, Lösungen in geschlossener Form anzugeben, so lassen sich zumindest numerische Lösungen im Rahmen festlegbarer Genauigkeit finden. Im folgenden werden einige Grundbefehle vorgestellt. Der Lösung linearer Gleichungssysteme (s. S. 987) ist ein spezieller Abschnitt gewidmet.

20.4.2.1 Mathematica

1. Gleichungen

Mathematica ermöglicht die Manipulation und Lösung von Gleichungen in einem breiten Rahmen. Eine Gleichung wird in Mathematica als logischer Ausdruck aufgefaßt. Wenn man schreibt

$$\textit{In[1]} := g = x\hat{\ }2 + 2x - 9 == 0\,, \tag{20.57a}$$

so interpretiert Mathematica dies als die Aufstellung einer Identität. Gibt man

$$\textit{In[2]} := \%/.\ x\text{->}\ 2, \quad \text{ein, so erscheint} \quad \textit{Out[2]} = \texttt{False}, \tag{20.57b}$$

weil mit diesem Wert von x linke und rechte Seite nicht identisch sind.
Die Anweisung $\texttt{Roots}[g, x]$ veranlaßt, die obige Identität in eine Form zu bringen, die x explizit enthält. Mathematica stellt das Ergebnis mit Hilfe des logischen ODER wieder in der Form einer logischen Aussage dar:

$\textit{In[2]} := \texttt{Roots}[g, x]$ liefert

$$\textit{Out[2]} = x == \frac{-2 + \texttt{Sqrt}[40]}{2}\, ||\, x == \frac{-2 - 2\texttt{Sqrt}[40]}{2} \tag{20.57c}$$

In diesem Sinne können logische Operationen mit Gleichungen durchgeführt werden.
Mit der Operation `ToRules` können nachfolgend Gleichungen des logischen Typs wie oben in Transformationsregeln umgewandelt werden. So ergibt

$\textit{In[3]} := \{\texttt{ToRules}[\%]\} \rightarrow$

$$\textit{Out[3]} = \{\{x\text{->}\ \frac{-2 + \texttt{Sqrt}[40]}{2}\}, \{x\text{->}\ \frac{-2 - 2\texttt{Sqrt}[40]}{2}\}\} \tag{20.57d}$$

2. Lösung von Gleichungen

Mathematica stellt die Anweisung `Solve` für die Lösung von Gleichungen zur Verfügung. In gewissem Sinne führt `Solve` nacheinander die Operationen `Roots` und `ToRules` durch.

Mathematica ist nur in der Lage, Gleichungen symbolisch zu lösen, wenn dies in Form algebraischer Ausdrücke überhaupt möglich ist, d.h. höchstens Gleichungen vierten Grades. Wenn jedoch Gleichungen höheren Grades durch algebraische Manipulationen wie Faktorisierung in einfachere algebraische Ausdrücke umgeformt werden können, dann ist Mathematica auch hier in der Lage, Lösungen zu bieten. `Solve` versucht in solchen Fällen, mit den eingebauten Operationen `Expand` und `Decompose` entsprechende Zerlegungen vorzunehmen.

Prinzipiell kann Mathematica unter bestimmten Voraussetzungen numerische Lösungen anbieten.

■ Allgemeine Lösung einer Gleichung dritten Grades:

$\textit{In[4]} := \texttt{Solve}[x\hat{\ }3 + a\, x\hat{\ }2 + b\, x + c == 0, x]$

Mathematica liefert

$$\textit{Out[4]} = \{\{x\text{->}\ \frac{-a}{3}$$

$$- \frac{2^{\frac{1}{3}}\,(-a^2 + 3\,b)}{3\left(-2\,a^3 + 9\,a\,b - 27\,c + 3^{\frac{3}{2}}\sqrt{-(a^2\,b^2) + 4\,b^3 + 4\,a^3\,c - 18\,a\,b\,c + 27\,c^2}\right)^{\frac{1}{3}}}$$

$$+ \frac{\left(-2\,a^3 + 9\,a\,b - 27\,c + 3^{\frac{3}{2}}\sqrt{-(a^2\,b^2) + 4\,b^3 + 4\,a^3\,c - 18\,a\,b\,c + 27\,c^2}\right)^{\frac{1}{3}}}{3\,2^{\frac{1}{3}}}\},$$

$$\ldots\}$$

Wegen der Länge ihrer Terme wurde in der Lösungsliste nur die erste Lösung explizit aufgeführt. Will man eine Gleichung mit gegebenen Koeffizienten a, b, c lösen, so ist es besser, die Gleichung selbst mit `Solve` zu behandeln, als die Werte von a, b, c der formalen Lösung zuzuweisen.

■ **A:** Für die kubische Gleichung (s. S. 40) $x^3 + 6x + 2 = 0$ wird:

In[5] := `Solve`$[x\char`^3 + 6\,x + 2 == 0, x]$

Out[5] = $\{\{x\text{->} -0.32748\}, \{x\text{->} 0.16374 + 2.46585\,\mathtt{I}\}, \{x\text{->} 0.16374 - 2.46585\,\mathtt{I}\}\}$

■ **B:** Lösung einer Gleichung 6. Grades:

In[6] := `Solve`$[x\char`^6 - 6x\char`^5 + 6x\char`^4 - 4x\char`^3 + 65x\char`^2 - 38x - 120 == 0, x]$

Out[6] = $\{\{x\text{->} -1\}, \{x\text{->} 4\}, \{x\text{->} 3\}, \{x\text{->} 2\}, \{x\text{->} -1 - 2\,\mathtt{I}\}, \{x\text{->} -1 + 2\,\mathtt{I}\}\}$

Mathematica ist es gelungen, die Gleichung in Beispiel **B** mit internen Mitteln zu faktorisieren; danach wird sie problemlos gelöst.

Wenn es um numerische Lösungen geht, sollte man von vornherein die Anweisung `NSolve` benutzen; sie ist meist schneller.

■ Die folgende komplizierte Gleichung löst man mit `NSolve`:

In[7] := `NSolve`$[x\char`^6 - 4x\char`^5 + 6x\char`^4 - 5x\char`^3 + 3x\char`^2 - 4x + 2 == 0, x]$

Out[7] = $\{\{x\text{->} -0.379567 - 0.76948\,\mathtt{I}\}, \{x\text{->} -0.379567 + 0.76948\,\mathtt{I}\},$
$\{x\text{->} 0.641445\}, \{x\text{->} 1. - 1.\,\mathtt{I}\}, \{x\text{->} 1. + 1.\,\mathtt{I}\}, \{x\text{->} 2.11769\}\}$

3. Lösung transzendenter Gleichungen

Mathematica ist in der Lage, auch transzendente Gleichungen zu lösen. In der Regel ist dies symbolisch nicht möglich. Außerdem können solche Gleichungen oft unendlich viele Lösungen haben. Daher sollte man Mathematica in solchen Fällen eine Vorgabe für die Umgebung machen, in der eine Lösung gefunden werden soll. Das ist mit der Anweisung `FindRoot`$[g, \{x, x_s\}]$ möglich, wobei x_s der Startwert für die Lösungssuche ist.

■ *In[8]* := `FindRoot`$[x + \mathtt{ArcCoth}[x] - 4 == 0, \{x, 1.1\}]$

Out[8] = $x\text{->} 1.00502 + 0.\mathtt{I}\}$ und

In[9] := `FindRoot`$[x + \mathtt{ArcCoth}[x] - 4 == 0, \{x, 5\}]$ $\longrightarrow$ *Out[9]* = $\{x\text{->} 3.72478 + 0.\mathtt{I}\}$

4. Lösung von Gleichungssystemen

Mathematica kann simultan mehrere Gleichungen lösen. Die dafür eingebauten Operationen sind in **Tabelle 20.18** dargestellt und betreffen die symbolische, nicht die numerische Lösung von Gleichungssystemen.

Tabelle 20.18 Operationen zur Lösung von Gleichungssystemen

`Solve`$[\{l_1 == r_1, l_2 == r_2, \ldots\}, \{x, y, \ldots\}]$	löst das gegebene Gleichungssystem nach den Unbekannten auf
`Eleminate`$[\{l_1 == r_1, \ldots\}, \{x, \ldots\}]$	eliminiert die Elemente $x, \ldots$ aus dem Gleichungssystem
`Reduce`$[\{l_1 == r_1, \ldots\}, \{x, \ldots\}]$	vereinfacht das Gleichungssystem und liefert alle möglichen Lösungen

Wie im Falle einer Unbekannten, erhält man mit der Anweisung `NSolve` eine numerische Lösung. Beispiele für die Lösung von linearen Gleichungssystemen werden in Abschnitt 20.4.3, S. 984, behandelt.

20.4.2.2 Maple

1. Wichtige Operationen

Die beiden grundsätzlichen Operationen zur symbolischen Lösung von Gleichungen in Maple sind `solve` und `RootOf` bzw. `roots`. Mit ihnen und ihren möglichen Variationen durch bestimmte optionale Ar-

gumente gelingt es, eine Vielzahl von Gleichungen, auch transzendente, zu lösen. Wenn eine Gleichung nicht in geschlossener Form lösbar ist, kann Maple nur numerische Näherungslösungen anbieten.
Die Funktion `RootOf` ist das Symbol für alle Wurzeln einer Gleichung einer Variablen. Mit

$$k := \texttt{RootOf}(x\verb|^|3 - 5 * x + 7, x) \longrightarrow \quad k := \texttt{RootOf}(\_Z^3 - 5\,\_Z + 7) \tag{20.58}$$

versteht Maple unter k die Gesamtheit der Wurzeln der Gleichung $x^3 - 5x + 7 = 0$. Dabei wird der eingegebene Ausdruck, wenn möglich, in eine einfache Form gebracht und mit der globalen Variablen $\_Z$ dargestellt. Der Aufruf `allvalues`(k) liefert eine Folge der Wurzeln.

Der Befehl `solve` liefert die Lösung einer Gleichung, sofern diese existiert.

■ $> k := \texttt{solve}(x\verb|^|4 + x\verb|^|3 - 6 * x\verb|^|2 - 7 * x - 7, x);$

$$k := -\frac{1}{2} + \frac{1}{2}\mathrm{I}\sqrt{3}, -\frac{1}{2} - \frac{1}{2}\mathrm{I}\sqrt{3}, \sqrt{7}, -\sqrt{7}\,,$$

während

$$> r := \texttt{solve}(x\verb|^|6 + 4 * x\verb|^|5 - 3 * x + 2, x);; \longrightarrow r := \texttt{RootOf}(\_Z^6 + 4\,\_Z^5 - 3\,\_Z + 2)$$

ergibt. Diese Gleichung besitzt im Bereich der rationalen Zahlen keine Lösungen. Mit `allvalues` erhält man genäherte numerische Lösungen.

2. Lösung von Gleichungen mit einer Unbekannten

1. Polynomgleichungen Polynomgleichungen mit einer Unbekannten, für deren Grad ≤ 4 gilt, kann Maple symbolisch lösen.

■ $> \texttt{solve}(x\verb|^|4 - 5 * x\verb|^|2 - 6); \longrightarrow \quad \mathrm{I}, -\mathrm{I}, \sqrt{6}, -\sqrt{6}$

2. Gleichungen 3. Grades Mit Maple kann man die allgemeine Gleichung dritten Grades mit allgemeinen Koeffizienten in geschlossener Form lösen.

■ $> r := solve(x\verb|^|3 + a * x\verb|^|2 + b * x + c, x):$
$> r[1];$

$$\sqrt[3]{\frac{ba}{6} - \frac{c}{2} - \frac{a^3}{27} + \frac{\sqrt{4\,b^3 - b^2a^2 - 18\,bac + 27\,c^2 + 4\,ca^3}\sqrt{3}}{18}}$$
$$-\frac{\dfrac{b}{3} - \dfrac{a^2}{9}}{\sqrt[3]{\dfrac{ba}{6} - \dfrac{c}{2} - \dfrac{a^3}{27} + \dfrac{\sqrt{4\,b^3 - b^2a^2 - 18\,bac + 27\,c^2 + 4\,ca^3}\sqrt{3}}{18}}} - \frac{a}{3}$$

Man erhält entsprechende Ausdrücke für $r[2], r[3]$, die wegen ihrer Länge hier nicht explizit angegeben werden.

3. Allgemeine Gleichung 4. Grades Auch die allgemeine Gleichung vierten Grades wird von Maple ohne Probleme gelöst.

Benutzt man in `solve` eine Gleichung, in der Koeffizienten als Gleitpunktzahlen geschrieben sind, so löst Maple die Gleichung numerisch.

■ $> \texttt{solve}(1. * x\verb|^|3 + 6. * x + 2., x);$

$$-3.27480002,\ .1637400010 - 2.46585327\,\mathrm{I},\ .1637400010 + 2.46585327\,\mathrm{I}$$

Maple kann auch Gleichungen lösen, die Wurzelausdrücke der Unbekannten enthalten.

4. Scheinlösungen Allerdings ist hier Vorsicht geboten, da Maple quadrieren muß, eventuell mehrfach, und dabei Gleichungen entstehen, deren Lösungen keine Lösung der ursprünglichen Gleichung sind, sogenannte Scheinlösungen. Deshalb ist jede Lösung, die Maple anbietet, zur Probe in die Ausgangsgleichung einzusetzen.

■ Die Lösung der Gleichung $\sqrt{x+7} + \sqrt{2x-1} - 1 = 0$ soll bestimmt werden. Dazu wird eingegeben

$$> p := \texttt{sqrt}(x + 7) + \texttt{sqrt}(2 * x - 1) - 1 : \ l := \texttt{solve}(p = 0, x):$$

Mit > $s :=$ `allvalues`(l) : erhält man nach Aufruf von $s[1]$ und $s[2]$ die beiden Werte

$$s[1] := \frac{1}{2} + \frac{1}{2}(2+\sqrt{17})^2 \quad \text{und} \quad s[2] := \frac{1}{2} + \frac{1}{2}(2-\sqrt{17})^2 .$$

Durch > `subs`$(x = s[i], p)$; $i = 1, 2$ überzeugt man sich, daß nur der Wert für $s[2]$ eine Lösung darstellt.

3. Lösung transzendenter Gleichungen

Gleichungen, die transzendente Teile enthalten, lassen sich im allgemeinen nur numerisch lösen. Maple bietet für die numerische Lösung von Gleichungen beliebiger Art den Befehl `fsolve`. Mit seiner Hilfe versucht Maple, reelle Wurzeln der untersuchten Gleichung zu finden. Dabei wird in der Regel nur eine Wurzel angegeben. Oft haben jedoch transzendente Gleichungen viele Wurzeln. Deshalb läßt der Befehl `fsolve` als drittes Argument die optionale Angabe des zu betrachtenden Bereichs für die Suche nach einer Wurzel zu.

■ > `fsolve`$(x + \texttt{arccoth}(x) - 4 = 0, x)$; $\longrightarrow$ 3.724783628 aber

> `fsolve`$(x + \texttt{arccoth}(x] - 4 = 0, x, 1..1.5)$; $\longrightarrow$ 1.005020099 (20.59)

4. Lösung von nichtlinearen Gleichungssystemen

Systeme von Gleichungen lassen sich mit denselben Befehlen `solve` und `fsolve` lösen. Dazu sind als erstes Argument des Befehls alle Gleichungen in geschweifte Klammern zu fassen, als zweites Argument erwartet der Befehl die Unbekannten, nach denen aufgelöst werden soll, ebenfalls in geschweiften Klammern:

> `solve`$(\{gl\,1, gl\,2, \ldots\}, \{x1, x2, \ldots\})$; (20.60)

■ > `solve`$(\{x\hat{}2 - y\hat{}2 = 2, x\hat{}2 + y\hat{}2 = 4\}, \{x, y\})$; (20.61)

$$\{y = 1, x = \sqrt{3}\}, \{y = 1, x = -\sqrt{3}\}, \{y = -1, x = \sqrt{3}\}, \{y = -1, -\sqrt{3}\}$$

20.4.3 Elemente der linearen Algebra

20.4.3.1 Mathematica

In Abschnitt 20.2.4 wurden der Begriff der Matrix und eine Reihe von Operationen mit Matrizen auf der Grundlage von Listen definiert. Der Einsatz von Mathematica im Rahmen der Theorie linearer Gleichungssysteme baut auf diesen Festlegungen auf. Es sei im folgenden

$p = \texttt{Array}[p, \{m, n\}]$ (20.62)

eine Matrix vom Typ (m, n) mit den Elementen $p_{ij} = \texttt{p}[[i, j]]$, des weiteren seien

$x = \texttt{Array}[x, \{n\}]$ und $b = \texttt{Array}[b, \{m\}]$ (20.63)

zwei n– bzw. m–dimensionale Vektoren. Mit diesen Definitionen läßt sich das allgemeine System linearer inhomogener bzw. homogener Gleichungen schreiben (s. Abschnitt 4.4.2, S. 271)

$p\,.\,x == b \qquad p\,.\,x == 0$ (20.64)

1. Spezialfall $n = m$, $\det p \neq 0$

Im Spezialfall $n = m$, $\det p \neq 0$ hat das inhomogene System eine eindeutige Lösung, die mit

$x = \texttt{Inverse}[p]\,.\,b$ (20.65)

sofort gefunden werden kann. Mit Mathematica können Systeme dieser Art mit etwa 50 Unbekannten in verträglicher, vom Computersystem abhängender Zeit, gelöst werden. Eine äquivalente, jedoch eventuell schneller ermittelbare Lösung kann mit `LinearSolve`$[p, b]$ gefunden werden.

2. Allgemeiner Fall

Mit den Anweisungen `LinearSolve` und `NullSpace` lassen sich alle im Kapitel Lineare Algebra, Abschnitt 4.4.2 beschriebenem Fälle behandeln, d.h., es läßt sich festzustellen, ob prinzipiell eine Lösung existiert, und wenn ja, dann wird diese ermittelt. Im Folgenden werden einige Beispiele aus Abschnitt 4.4.2 betrachtet.

■ **A:** Das Beispiel in Abschnitt 2. (s. S. 273)

$$\begin{aligned} x_1 - x_2 + 5x_3 - x_4 &= 0 \\ x_1 + x_2 - 2x_3 + 3x_4 &= 0 \\ 3x_1 - x_2 + 8x_3 + x_4 &= 0 \\ x_1 + 3x_2 - 9x_3 + 7x_4 &= 0 \end{aligned}$$

hat als homogenes System nichttriviale Lösungen, die aus Linearkombinationen von Basisvektoren des Nullraumes der Matrix p bestehen. Das ist jener Teilraum des n–dimensionalen Vektorraumes, der bei Transformationen mit p auf die Null abgebildet wird. Ein Satz solcher Basisvektoren läßt sich mit der Anweisung `NullSpace`$[p]$ erzeugen. Mit der Eingabe

In[1] $:= p = \{\{1,-1,5,-1\},\{1,1,-2,3\},\{3,-1,8,1\},\{1,3,-9,7\}\}$

erzeugt man die für das System zuständige Matrix, deren Determinante tatsächlich Null ist, was sich mit `Det`$[p]$ überprüfen läßt. Nun wird eingegeben

In[2] := `NullSpace`$[p]$

und als Ausgabe erscheint

Out[2] $= \{\{-\frac{3}{2},\frac{7}{2},1,0\},\{-1,-2,0,1\}\}$

eine Liste mit zwei linear unabhängigen Vektoren des vierdimensionalen Raumes, die im zweidimensionalen Nullraum der Matrix p eine Basis bilden. Beliebige Linearkombinationen dieser beiden Vektoren liegen ebenfalls im Nullraum, sind also Lösungen des homogenen Gleichungssystems. Ein Vergleich mit der Lösung des betrachteten Beispiels (s. S. 273) zeigt die Identität.

■ **B:** Man erzeugt gemäß Beispiel **A**, S. 272,

$$\begin{aligned} x_1 - 2x_2 + 3x_3 - x_4 + 2x_5 &= 2 \\ 3x_1 - x_2 + 5x_3 - 3x_4 - x_5 &= 6 \\ 2x_1 + x_2 + 2x_3 - 2x_4 - 3x_5 &= 8 \end{aligned}$$

die Matrix $m1$, die vom Typ $(3,5)$ ist und den Vektor $b1$

In[3] $:= m1 = \{\{1,-2,3,-1,2\},\{3,-1,5,-3,-1\},\{2,1,2,-2,-3\}\};$

In[4] $:= b1 = \{2,6,8\};$

Auf die Anweisung

In[4] := `LinearSolve`$[m1, b1]$

erscheint die Meldung

`LinearSolve` : : nosol: Linear equation encountered which has no solution.

Danach wird die Eingabe nochmals ausgegeben.

■ **C:** Gemäß Beispiel **B** aus Abschnitt 1., S. 272,

$$\begin{aligned} x_1 - x_2 + 2x_3 &= 1 \\ x_1 - 2x_2 - x_3 &= 2 \\ 3x_1 - x_2 + 5x_3 &= 3 \\ -2x_1 + 2x_2 + 3x_3 &= -4 \end{aligned}$$

wird eingegeben:

In[5] $:= m2 = \{\{1,-1,2\},\{1,-2,-1\},\{3,-1,5\},\{-2,2,3\}\};$

In[6] $:= b2 = \{1,2,3,-4\};$

Da in diesem Fall das System überbestimmt ist, wird geprüft, ob sich die Matrix $m2$ aufgrund linearer Abhängigkeiten der Zeilen reduzieren läßt. Mit

In[7] := `RowReduce`$[m2]; \longrightarrow$ *Out[7]* $= \{\{1,0,0\},\{0,1,0\},\{0,0,1\},\{0,0,0\}\}$

geschieht das. Danach gibt man ein:

$$\textit{In[8]} := \texttt{LinearSolve}[m2, b2]; \longrightarrow \textit{Out[8]} = \{\frac{10}{7}, -\frac{1}{7}, -\frac{2}{7}\}$$

Die Ausgabe enthält die bekannte Lösung.

3. Eigenwerte und Eigenvektoren

In Abschnitt 4.5, S. 278, sind Eigenwerte und Eigenvektoren von Matrizen definiert worden. Mathematica bietet die Möglichkeit, diese mit speziellen Anweisungen zu bestimmen. So liefert `Eigenvalues`$[m]$ eine Liste der Eigenvektoren der quadratischen Matrix m, `Eigenvectors`$[m]$ eine Liste der Eigenvektoren von m. Setzt man anstelle von m aber `N`$[m]$, so erhält man die numerischen Eigenwerte. Bei Matrizen mit der Ordnung $n > 4$ kann man im allgemeinen keine algebraischen Ausdrücke mehr erwarten, da die zu lösende Polynomgleichung höher als vierten Grades ist. Deshalb kann man in diesen Fällen nur nach numerischen Werten fragen.

■ $\textit{In[9]} := h = \texttt{Table}[1/(i+j-1), \{i, 5\}, \{j, 5\}]$

Das erzeugt eine 5–dimensionale sogenannte HILBERT–Matrix.

$$\textit{Out[9]} = \{\{1, \frac{1}{2}, \frac{1}{3}, \frac{1}{4}, \frac{1}{5}\}, \{\frac{1}{2}, \frac{1}{3}, \frac{1}{4}, \frac{1}{5}, \frac{1}{6}\}, \{\frac{1}{3}, \frac{1}{4}, \frac{1}{5}, \frac{1}{6}, \frac{1}{7}\}, \{\frac{1}{4}, \frac{1}{5}, \frac{1}{6}, \frac{1}{7}, \frac{1}{8}\}, \{\frac{1}{5}, \frac{1}{6}, \frac{1}{7}, \frac{1}{8}, \frac{1}{9}\}\}$$

Mit der Anweisung

$\textit{In[10]} := \texttt{Eigenvalues}[h]$

antwortet Mathematica

Eigenvalues::eival: Unable to find all roots of the characteristic polynomial.

Gibt man aber ein

$\textit{In[11]} := \texttt{Eigenvalues}[N[h]]$,

so erhält man

$\textit{Out[11]} = \{1.56705, 0.208534, 0.0114075, 0.000305898, 3.28793\,10^{-6}\}$

20.4.3.2 Maple

Die Maple–Bibliothek verfügt über das Spezialpaket `linalg`. Nach dem Befehl

> `with(linalg)`: (20.66)

stehen alle 100 Befehle und Operationen dieses Pakets für die Anwendung zur Verfügung. Bezüglich einer vollständigen Auflistung und Beschreibung muß auf Lit. [20.6] verwiesen werden. Wichtig ist, daß bei Nutzung dieses Pakets Matrizen und Vektoren mit den speziellen Anweisungen `matrix` und `vector` erzeugt werden sollten und nicht mit den allgemeineren Strukturen `array`.

Mit `matrix`(m, n, s) wird eine $m \times n$–Matrix erzeugt. Fehlt s, so sind die Elemente dieser Matrix nicht spezifiziert, können jedoch nachträglich durch Zuweisungen der Art $A[i, j] := \ldots$ festgelegt werden. Ist s eine Funktion $f = f(i, j)$ der Indizes, so erzeugt Maple die Matrix mit diesen Elementen. Schließlich kann s eine Liste mit Listen der Elemente bzw. Vektoren sein. Die Definition von Vektoren erfolgt analog mit `vector`(n, e). Ein Vektor ist eine $1 \times n$–Matrix, wird jedoch als Spaltenvektor interpretiert.

Die **Tabelle 20.19** gibt einen Überblick über einige wesentliche Operationen mit Matrizen und Vektoren.

Tabelle 20.19 Matrizenoperationen

`transpose`(A)	bestimmt die zu A transponierte Matrix
`det`(A)	bestimmt die Determinante der quadratischen Matrix A
`inverse`(A)	bestimmt die zur quadratischen Matrix A inverse Matrix
`adjoint`(A)	bestimmt die zur quadratischen Matrix A adjungierte Matrix, d.h. A `&*` `adjoint`(A) = `det`(A).
`mulcol`(A, s, ausdr)	multipliziert die s–Spalte der Matrix A mit *ausdr*
`mulrow`(A, r, audr)	multipliziert die r–te Zeile mit *ausdr*

Für die Addition von Vektoren und Matrizen steht der Befehl `add`(u, v, k, l) zur Verfügung. Er addiert die jeweils mit k und l skalar multiplizierten Matrizen oder Vektoren u und v. Die optionalen Argumente k und l können fehlen. Die Addition funktioniert nur, wenn die entsprechenden Matrizen arithmetisch verknüpfbar sind.

Die Matrizenmultiplikation wird mit `multiply`(u, v) ausgeführt oder mit der Kurzform (s. S. 971) &* als Infix–Operator.

1. Lösung linearer Gleichungssysteme

Zur Behandlung linearer Gleichungssysteme stellt Maple spezielle Operationen bereit, die im Paket für linare Algebra enthalten sind. Speziell handelt es sich um `linsolve`(A, c) . Das lineare Gleichungssystem liegt in der Form

$$A \cdot x = c \tag{20.67}$$

vor, wobei A seine Matrix bezeichnet und c den Vektor der rechten Seite des Gleichungssystems.

Besitzt das System keine Lösung, dann wird die Null–Sequenz `Null` zurückgegeben. Hat das System mehrere linear unabhängige Lösungen, so werden diese in Parameterdarstellung wiedergegeben.

Die Operation `nullspace`(A) findet eine Basis im Nullraum der Matrix A , der für eine singuläre Matrix von Null verschieden ist.

Für die Lösung von Gleichungssystemen können auch die Operationen der Matrixmultiplikation und die Bestimmung von inversen Matrizen benutzt werden.

■ **A:** Es wird das Beispiel **E** aus 4.4.2.1,**2.**, S. 273, des homogenen Systems

$$\begin{aligned} x_1 - x_2 + 5x_3 - x_4 &= 0 \\ x_1 + x_2 - 2x_3 + 3x_4 &= 0 \\ 3x_1 - x_2 + 8x_3 + x_4 &= 0 \\ x_1 + 3x_2 - 9x_3 + 7x_4 &= 0 \end{aligned}$$

betrachtet, dessen Matrix singulär ist. Das dort untersuchte homogene System besitzt nichttriviale Lösungen. Zur Lösung wird zunächst die Matrix A definiert:

$$> A := \texttt{matrix}([[1, -1, 5, -1], [1, 1, -2, 3], [3, -1, 8, 1], [1, 3, -9, 7]] :$$

Mit `det`(A) kann man sich überzeugen, daß sie singulär ist, und über

$$> a := \texttt{nullspace}(A) \longrightarrow a := \left\{\left[-\frac{3}{2}, \frac{7}{2}, 1, 0\right], [-1, -2, 0, 1]\right\}$$

kann die Liste zweier linear unabhängiger Vektoren bestimmt werden. Diese Vektoren bilden eine Basis im zweidimensionalen Nullraum der Matrix A .

Für den allgemeinen Fall stellt Maple Operationen zur Anwendung des GAUSSschen Algorithmus zur Verfügung, die in **Tabelle 20.20** aufgeführt sind.

Tabelle 20.20 Operationen des GAUSSschen Algorithmus

`pivot`(A, i, j)	erzeugt aus A durch Addition von Vielfachen der i–ten Zeile zu allen anderen Zeilen eine Matrix, deren j–te Spalte außer A_{ij} aus Nullen besteht
`gausselim`(A)	erzeugt die durch Zeilenpivotisierung entstehende GAUSSsche Dreiecksmatrix. Die Matrixelemente müssen rationale Zahlen sein
`gaussjord`(A)	erzeugt eine Diagonalmatrix nach dem GAUSS–JORDAN–Verfahren, die Matrixelemente können Gleitpunktzahlen sein
`augment`(A, u)	erzeugt die Matrix, die durch Anfügen einer Spalte (gegeben durch den Vektor u) aus A entsteht

Hat man ein Gleichungssystem mit gleicher Anzahl von Gleichungen und Unbekannten und nichtsingulärer Matrix, so löst man das System mit `linsolve`.

■ **B:** Es soll das System aus Abschnitt 2., (s. S. 889)

$$\begin{aligned}10x_1 - 3x_2 - 4x_3 + 2x_4 &= 14\\ -3x_1 + 26x_2 + 5x_3 - x_4 &= 22\\ -4x_1 + 5x_2 + 16x_3 + 5x_4 &= 17\\ 2x_1 + 3x_2 - 4x_3 - 12x_4 &= -20\end{aligned}$$

gelöst werden. Hier ist

$> A := \texttt{matrix}([[10, -3, -4, 2], [-3, 26, 5, -1], [-4, 5, 16, 5], [2, 3, -4, -12]]) :$

$> v := \texttt{vector}([14, 22, 17, -20]) :$

Mit `linsolve` erhält man

$$> \texttt{linsolve}(A, v);; \longrightarrow \begin{bmatrix}\frac{3}{2} & 1 & \frac{1}{2} & 2\end{bmatrix}$$

Der GAUSS–Algorithmus wird mit

$$> F := \texttt{gaussjord}(\texttt{augment}(A, v));; \longrightarrow F := \begin{bmatrix}1&0&0&0&\frac{3}{2}\\ 0&1&0&0&1\\ 0&0&1&0&\frac{1}{2}\\ 0&0&0&1&2\end{bmatrix}$$

angewendet.

■ **C:** Es soll das inhomogene Gleichungssystem des Beispiels **B** aus Abschnitt 1. (s. S. 272) für das inhomogene System

$$\begin{aligned}x_1 - x_2 + 2x_3 &= 1\\ x_1 - 2x_2 - x_3 &= 2\\ 3x_1 - x_2 + 5x_3 &= 3\\ -2x_1 + 2x_2 + 3x_3 &= -4\end{aligned}$$

gelöst werden. Dazu werden zunächst die zugehörige Matrix und der Vektor der rechten Seite definiert:

$> A := \texttt{matrix}([[1, -1, 2], [1, -2, -1], [3, -1, 5], [-2, 2, 3]]) :$

$> v := \texttt{vector}([1, 2, 3, -4]) :$

Das System ist überbestimmt. Um es zu lösen, kann `linsolve` nicht benutzt werden. Daher bestimmt man

$$> F := \texttt{augment}(A, v);; \longrightarrow F := \begin{bmatrix}1&-1&2&1\\ 1&-2&-1&2\\ 3&-1&5&3\\ -2&2&3&-4\end{bmatrix}$$

Mit `gaussjord` kann die Matrix F in eine obere Dreiecksform gebracht werden:

$$> F1 := \texttt{gaussjord}(F);; \longrightarrow F1 := \begin{bmatrix}1&0&0&\frac{10}{7}\\ 0&1&0&-\frac{1}{7}\\ 0&0&1&-\frac{2}{7}\\ 0&0&0&0\end{bmatrix}$$

Der Lösungsvektor ist unmittelbar aus $F1$ ablesbar.

2. Eigenwerte und Eigenvektoren

Maple stellt mit `eigenvals` und `eigenvects` spezielle Operatoren für die Bestimmung von Eigenwerten und Eigenvektoren quadratischer Matrizen bereit. Dabei ist zu beachten, daß die Eigenwertgleichung bei Matrizen der Ordnung $n > 4$ im allgemeinen nicht mehr geschlossen lösbar ist. Daher liefert Maple in diesem Fall die Eigenwerte als genäherte Gleitpunktzahlen.

■ Es sind die Eigenwerte der 5–dimensionalen HILBERT–Matrix (s. S. 986) zu finden.
Im Paket `linalg` ist eine spezielle Anweisung zur Erzeugung n–dimensionaler HILBERT–Matrizen vorhanden. Sie lautet `hilbert`(n, x). Ihre Matrixelemente sind $1/(i + j - x)$. Wird x nicht angegeben, so setzt Maple automatisch $x = 1$. Die Aufgabe wird daher mit der Eingabe

> `eigenvals(hilbert(5));`

gelöst. Maple antwortet mit

`RootOf`$(-1 + 307505\_Z - 1022881200\_Z^2 + 92708406000\_Z^3$
$-476703360000\_Z^4 + 266716800000\_Z^5)$

Mit `allvalues` kann man dies in eine Folge genäherter Eigenwerte umwandeln.

20.4.4 Differential- und Integralrechnung

20.4.4.1 Mathematica

In Abschnitt 20.2.8 (S. 960) wird der Begriff der Ableitung als Funktionaloperator erläutert. Mathematica verfügt über eine Vielzahl von Möglichkeiten, um Operationen der Analysis wie die Bestimmung von Differentialquotienten beliebiger Ordnung, partieller Ableitungen, die Bildung vollständiger Differentiale, unbestimmter und bestimmter Integrale, Reihenentwicklung von Funktionen sowie die Lösung einer Reihe von Differentialgleichungen durchzuführen.

1. Berechnung von Differentialquotienten

1. Operator der Differentiation Der Differentiationsoperator (s. S. 960) wurde als `Derivative` eingeführt. Seine vollständige Schreibweise lautet

$$\texttt{Derivative}[n_1, n_2, \ldots] \qquad (20.68)$$

Die Argumente geben an, wie oft nach der jeweiligen Variablen differenziert werden soll. In diesem Sinne handelt es sich um einen Operator der partiellen Differentiation. Mathematica versucht die Darstellung des Ergebnisses als reine Funktion.

2. Differentiation von Funktionen Die Differentiation einer vorgegebenen Funktion kann vereinfachend durch den Operator `D` durchgeführt werden. Mit `D`$[f[x], x]$ wird die Ableitung der Funktion $f(x)$ angegeben.
`D` gehört zu einer Gruppe von Differentialoperationen, die in **Tabelle 20.21** aufgeführt sind.

Tabelle 20.21 Operationen der Differentiation

`D`$[f[x], \{x, n\}]$	liefert die n–te Ableitung der Funktion $f(x)$. Entsprechend liefern:
`D`$[f, \{x_1, n_1\}, \{x_2, n_2\}, \cdots]$	mehrfache Ableitungen jeweils n_i–mal nach x_i $(i = 1, 2, \cdots)$
`Dt`$[f]$	das vollständige Differential der Funktion f
`Dt`$[f, x]$	die vollständige Ableitung $\frac{df}{dx}$ der Funktion
`Dt`$[f, x_1, x_2, \ldots]$	die vollständige Ableitung einer Funktion mehrerer Veränderlicher $\frac{d}{dx_1}\frac{d}{dx_2}\ldots f$

Für die beiden Beispiele aus Abschnitt 6.1.2.2 (s. S. 375) erhält man

■ **A** : *In[1]* := `D[Sqrt[`x`^3 Exp[4`x`] Sin[`x`]],` x`]`

$$\textit{Out[1]} = \frac{\texttt{E}^{4\,x}\,x^2\,(x\,\texttt{Cos}[x] + 3\,\texttt{Sin}[x] + 4\,x\,\texttt{Sin}[x])}{2\,\texttt{Sqrt}[\texttt{E}^{4\,x}\,x^3\,\texttt{Sin}[x]]}$$

■ B : *In[2]* := $\texttt{D}[(2x+1)\hat{}(3x),x]$

$\textit{Out[2]} = 6\,x\,(1+2\,x)^{-1+3\,x} + 3\,(1+2\,x)^{3\,x}\,\texttt{Log}[1+2\,x]$

Die Anweisung Dt liefert die vollständige Ableitung bzw. das vollständige Differential.

■ C : *In[3]* := $\texttt{Dt}[x\hat{}3+y\hat{}3] \longrightarrow$

$\textit{Out[3]} = 3x^2\texttt{Dt}[x] + 3y^2\,\texttt{Dt}[y]$

■ D : *In[4]* := $\texttt{Dt}[x\hat{}3+y\hat{}3,x] \longrightarrow \textit{Out[4]} = 3x^2 + 3y^2\texttt{Dt}[y,x]$

Mathematica nimmt in diesen letzten Beispielen an, daß y eine Funktion von x ist, die es jedoch nicht kennt, und schreibt den zweiten Teil der Ableitung deshalb wieder symbolisch.

Wenn Mathematica bei der Differentiation auf eine symbolische Funktion stößt, beläßt es diese in der allgemeinen Form und drückt die Ableitung in der Form f' aus.

■ E : *In[5]* := $\texttt{D}[x\;\texttt{f}[x]\hat{}3,x] \longrightarrow \textit{Out[5]} = \texttt{f}[x]^3 + 3x\texttt{f}[x]^2\texttt{f'}[x]$

Mathematica kennt die Regeln für die Differentiation von Produkten, Quotienten und die Kettenregel und kann diese auch formal anwenden:

■ F : *In[6]* := $\texttt{D}[\texttt{f}[\texttt{u}[x]]\;x]$ $\quad\textit{Out[6]} = \texttt{f}'[\texttt{u}[x]]\;\texttt{u}'[x]$

■ G : *In[7]* := $\texttt{D}[\texttt{u}[x]/\texttt{v}[x],x]$ $\quad\textit{Out[7]} = \dfrac{\texttt{u}'[x]}{\texttt{v}[x]} - \dfrac{\texttt{u}[x]\;\texttt{v}'[x]}{\texttt{v}[x]^2}$

2. Unbestimmte Integrale

Mit der Anweisung Integrate[f,x] versucht Mathematica, das unbestimmte Integral $\int f(x)dx$ zu bestimmen. Wenn das Integral Mathematica bekannt ist, gibt es dieses ohne die Integrationskonstante wieder. Mathematica nimmt an, daß jeder Ausdruck, der die Integrationsvariable nicht enthält, auch nicht von dieser abhängt. Den bei der Integration (s. S. 422) auftretenden Problemen kann Mathematica nicht ausweichen. Im allgemeinen findet es unbestimmte Integrale, wenn sich diese durch elementare Funktionen, wie rationale Funktionen, Exponential- und Logarithmusfunktionen sowie den trigonometrischen und deren inversen Funktionen ausdrücken lassen. Wenn Mathematica nicht in der Lage ist, das Integral zu bestimmen, gibt es die Eingabe zurück. Allerdings kennt Mathematica einige spezielle Funktionen, die durch nicht elementar bestimmbare Integrale definiert sind, wie z.B. die elliptischen Funktionen und andere.

Zur Demonstration der Möglichkeiten von Mathematica werden einige Beispiele betrachtet, die im Unterkapitel Unbestimmte Integrale (S. 421ff.) behandelt werden.

1. Integration gebrochenrationaler Funktionen (s. Abschnitt 8.1.3.3, S. 426ff.)

■ A : *In[1]* := $\texttt{Integrate}[(2x+3)/(x\hat{}3+x\hat{}2-2x),x]$

$$\textit{Out[1]} = \frac{5\,\texttt{Log}[-1+x]}{3} - \frac{3\,\texttt{Log}[x]}{2} - \frac{\texttt{Log}[2+x]}{6}$$

■ B : *In[2]* := $\texttt{Integrate}[(x\hat{}3+1)/(x(x-1)\hat{}3),x]$

$$\textit{Out[2]} = -\,(-1+x)^{-2} - \frac{1}{-1+x} + 2\,\texttt{Log}[-1+x] - \texttt{Log}[x] \qquad (20.69)$$

2. Integration trigonometrischer Funktionen (s. Abschnitt 8.1.5, S. 431ff.)

■ **A:** Es wird das Beispiel **A** in Abschnitt 8.1.5,**5.** (s. S. 432) mit dem Integral

$$\int \sin^2 x \cos^5 x\,dx = \int \sin^2 x\,(1-\sin^2 x)^2 \cos x\,dx = \int t^2(1-t^2)^2\,dt \quad \text{mit} \quad t = \sin x$$

betrachtet:

In[3] := $\texttt{Integrate}[\texttt{Sin}[x]\hat{}2\texttt{Cos}[x]\hat{}5,x]$

$$\textit{Out[3]} = \frac{5\,\texttt{Sin}[x]}{64} - \frac{\texttt{Sin}[3\,x]}{192} - \frac{3\,\texttt{Sin}[5\,x]}{320} - \frac{\texttt{Sin}[7\,x]}{448}$$

■ **B:** Es wird das Beispiel **B** in Abschnitt 8.1.5,**5.**, (s. S. 433) mit dem Integral

$$\int \frac{\sin x}{\sqrt{\cos x}}\,dx = -\int \frac{dt}{\sqrt{t}} \quad \text{mit} \quad t = \cos x$$

betrachtet:

In[4] := `Integrate[Sin[`x`]/Sqrt[Cos[`x`]],` x`]`

Out[4] = `-2Sqrt[Cos[`x`]]`

3. Hinweis: Im Falle nichtelementarer Integrale nimmt Mathematica lediglich eine Umformung vor.

■ *In[5]* := `Integrate[`x`^`x`,` x`]` ⟶ *Out[5]* = `Integrate[`x^x`,` x`]`

3. Bestimmte Integrale, Mehrfachintegrale

1. Bestimmte Integrale Mit der Anweisung `Integrate[`$f, \{x, x_a, x_e\}$`]` kann Mathematica das bestimmte Integral der Funktion $f(x)$ mit der unteren Grenze x_a und der oberen Grenze x_e bestimmen.

■ A : *In[1]* := `Integrate[Exp[`$-x^2$`], {`x`, -Infinity, Infinity}]`

`General::intinit: Loading integration packages.`

Out[1] = `Sqrt[Pi]`

Nachdem Mathematica ein Spezialpaket für die Integration zugeladen hat, liefert es den Wert π (s. **Tabelle 21.6**, S. 1052, Nr. 9 für $a = 1$).

■ **B:** Gibt man aber ein

In[2] := `Integrate[1/`x`^2, {`x`, -1, 1}]`, so wird

$$\textit{Out[2]} = -\frac{2}{3}$$

was falsch ist, da ein uneigentliches Integral vorliegt.

Mathematica nimmt die Stammfunktion von $\frac{1}{x^2}$, also $-\frac{1}{x}$, und setzt die Grenzen ein, wonach es die beiden Ergebnisse voneinander subtrahiert. Daß der Integrand unendlich wird, ist nicht berücksichtigt worden. Mit der Version 2.2 von Mathematica ist dieser Fehler beseitigt. Nach längerer Bearbeitungszeit meldet Mathematica, das Integral ist nicht bestimmbar, weil uneigentlich.

Bei der Berechnung bestimmter Integrale ist Vorsicht geboten. Wenn man die Eigenschaften des Integranden nicht kennt, sollte man sich vor der Integration eine Graphik der Funktion im interessierenden Bereich anfertigen.

2. Mehrfachintegrale Zweifache bestimmte Integrale ruft man mit der Anweisung

`Integrate[f[`x, y`], {`x, x_a, x_e`}, {`y, y_a, y_e`}]` (20.70)

auf. Die Abarbeitung erfolgt von rechts nach links, zunächst wird also die Integration über y durchgeführt. Die Grenzen y_a und y_e können daher Funktionen von x sein, die in die Stammfunktion eingesetzt werden. Danach wird das Integral über x bestimmt.

■ Für das Integral A zur Berechnung einer Fläche zwischen Parabel und einer, diese zweifach schneidenden Geraden, in Abschnitt 8.4.1.2 (s. S. 467), erhält man

In[3] := `Integrate[`$x\ y$`^2, {`x`, 0, 2}, {`y, x`^2, 2`x`}]` ⟶ *Out[3]* = $\frac{32}{5}$.

Auch hier ist Aufmerksamkeit in bezug auf Unstetigkeiten der beteiligten Funktionen geboten.

4. Lösung von Differentialgleichungen

Mit Mathematica können gewöhnliche Differentialgleichungen symbolisch behandelt werden, wenn eine Lösung in geschlossener Form prinzipiell möglich ist. In diesem Fall liefert Mathematica in der Regel die Lösung. Die hierfür zutreffenden Befehle sind in **Tabelle 20.22** aufgelistet.

Tabelle 20.22 Anweisungen zur Lösung von Differentialgleichungen

DSolve[$dgl, y[x], x$]	löst eine evtl. implizite Darstellung der Lösung der Differentialgleichung nach $y[x]$ auf (falls möglich)
DSolve[dgl, y, x]	liefert die Lösung der Differentialgleichung in Form einer reinen Funktion
DSolve[$\{dgl_1, dgl_2, \ldots\}, y, x$]	löst ein System gewöhnlicher Differentialgleichungen

Die Lösungen werden (s. Unterkapitel 9.1, S. 482) mit den entsprechenden willkürlichen Konstanten $C[i]$ als allgemeine Lösungen dargestellt. Anfangswerte oder Randbedingungen können in den Teil der Liste, der die Gleichung bzw.Gleichungen enthält, mit eingefügt werden. In diesem Falle erhält man eine spezielle Lösung.

Als Beispiele sollen hier zwei Differentialgleichungen aus Abschnitt 9.1.1.2 (s. S. 483) betrachtet werden.

■ **A:** Es ist die Lsung der Differentialgleichung $y'(x) - y(x)\tan x = \cos x$ zu bestimmen.

In[1] := DSolve[$y'[x] - y[x]$ Tan[x] == Cos[x], y, x]

Mathematica löst diese Gleichung und gibt die Lösung als reine Funktion mit einer Integrationskonstanten $C[1]$ wieder

$$\textit{Out[1]} = \{\{y \;\rightarrow\; \texttt{Function}[\frac{\texttt{Sec[Slot[1]]}\;\;(4\,\mathrm{C}(1) + \texttt{Sin[2\,Slot[1]]} + 2\,\texttt{Slot[1]})}{4}]\}\}$$

Das Symbol Slot steht für #, es ist dessen FullForm.
Verlangt man, daß die Lösung für $y[x]$ bestimmt wird, dann liefert Mathematica

$$\textit{In[2]} := y[x]/.\,\%1 \;\longrightarrow\; \textit{Out[2]} = \{\frac{\texttt{Sec}[x]\;\;(2\,x + 4\,\mathrm{C}(1) + \texttt{Sin}[2\,x])}{4}\}$$

Man hätte in diesem Beispiel die Substitution auch für andere Größen, wie etwa $y'[x]$ oder $y[1]$ durchführen können. Hier wird der Vorteil der Benutzung reiner Funktionen deutlich.

■ **B:** Es ist die Lösung der Differentialgleichung $y'(x)x(x-y(x))+y^2(x) = 0$ (s. S. 484) zu bestimmen.

In[3] := DSolve[$y'[x]\; x(x - y[x]) + y[x]\hat{}2 == 0, y[x], x$]

Mathematica gibt die Eingabe ohne Kommentar zurück. Das liegt daran, daß Mathematica die Lösung der Differentialgleichung, die im Beispiel auf S. 484 in impliziter Form angegeben ist, nicht nach y auflösen kann.
In solchen Fällen kann man nach numerischen Lösungen (s. S. 944) suchen. Auch im Falle der symbolischen Lösung von Differentialgleichungen darf man wie bei der Berechnung unbestimmter Integrale Mathematica nicht überfordern. Wenn die Resultate nicht als algebraischer Ausdruck elementarer Funktionen darstellbar sind, bleibt nur der Weg, numerische Lösungen zu suchen.

Es sei hier darauf hingewiesen, daß mit der Version Mathematica 2.2 auch ein Spezialpaket enthalten ist, das partielle Differentialgleichungen mit partiellen ersten Ableitungen einer einzelnen gesuchten Funktion lösen kann.

20.4.4.2 Maple

Maple verfügt über eine Vielzahl von Möglichkeiten zur Behandlung von Aufgaben der Analysis. Neben der Differentiation von Funktionen gehören dazu die Berechnug unbestimmter und bestimmter Integrale, die Berechnung mehrfacher Integrale und die Entwicklung von Funktionen in Potenzreihen. Grundelemente der Theorie analytischer Funktionen werden zur Nutzung angeboten. Zahlreiche Differentialgleichungen können gelöst werden.

1. Differentiation

In Abschnitt 20.3.7 (s. S. 971ff.) wird der Operator der Differentiation D eingeführt. Seine Anwendung mit verschiedenen optionalen Argumenten gibt die Möglichkeit, Funktionen in Operatordarstellung zu differenzieren.

Seine vollständige Syntax lautet:

$$\mathtt{D}[i](f) \tag{20.71a}$$

Hierdurch wird die partielle Ableitung der (Operator–) Funktion f nach der i–ten Variablen bestimmt. Das Resultat ist wiederum eine Funktion in Operatordarstellung. $\mathtt{D}[i,j](f)$ ist äquivalent zu

$$\mathtt{D}[i](\mathtt{D}[j](f)) \text{ und } \mathtt{D}[](f) = f\,. \tag{20.71b}$$

Das Argument f ist dabei ein in Operatorform dargestellter Funktionsausdruck. Dieser kann neben vordefinierten Funktionen auch selbstdefinierte Funktionsnamen, mit Pfeiloperatoren definierte Funktionen usw. enthalten.

■ Es sei

$> f := (x, y) \text{ -> } \mathtt{exp}(x * y) + \mathtt{sin}(x + y) : .$

Dann wird

$> \mathtt{D}[](f); \longrightarrow f$

$> \mathtt{D}[1](f); \longrightarrow (x, y) \text{ -> } y\,\mathtt{exp}(x\ y) + \mathtt{cos}(x + y)$

$> \mathtt{D}[2](f); \longrightarrow (x, y) \text{ -> } x\,\mathtt{exp}(x\ y) + \mathtt{cos}(x + y)$

$> \mathtt{D}[1,2](f); \longrightarrow (x, y) \text{ -> } \mathtt{exp}(x\ y) + x\ y\ \mathtt{exp}(x\ y) - \mathtt{sin}(x + y)$

Neben dem Operator der Differentiation existiert die Operation `diff` mit der Syntax

$$\mathtt{diff}(ausdr, x1, x2, \ldots, xn) \tag{20.72a}$$

Hier ist *ausdr* ein algebraischer Ausdruck in den Variablen $x1, x2, \ldots$. Das Resultat ist die partielle Ableitung des Ausdrucks nach den Variablen $x1, \ldots, xn$. Wenn $n > 1$ ist, dann erhält man das gleiche Resultat durch Mehrfachanwendung der Operation `diff`:

$$\mathtt{diff}(a, x1, x2) = \mathtt{diff}(\mathtt{diff}(a, x1), x2) \tag{20.72b}$$

Mehrfache Differentiation nach ein und demselben Argument kann mit dem Folgenoperator \$ dargestellt werden.

■ $> \mathtt{diff}(\mathtt{sin}(x), x\$5);\ (\equiv \mathtt{diff}(\mathtt{sin}(x), x, x, x, x, x)) \longrightarrow \mathtt{cos}(x)$

Ist die Funktion $f(x)$ nicht definiert, dann liefert die Operation `diff` die auftretenden Ableitungen symbolisch: $\frac{\partial}{\partial x} f(x)$.

■ $> \mathtt{diff}(f(x)/g(x)); \longrightarrow \dfrac{\frac{\partial}{\partial x} f(x)}{g(x)} - \dfrac{f(x) \frac{\partial}{\partial x} g(x)}{g(x)^2}$

$> \mathtt{diff}(x * f(x), x); \longrightarrow f(x) + x\ \frac{\partial}{\partial x} f(x)$

2. Unbestimmte Integrale

Wenn zu einer gegebenen Funktion $f(x)$ die Stammfunktion $F(x)$ als Ausdruck elementarer Funktionen darstellbar ist, kann Maple diese nach dem Aufruf $\mathtt{int}(f, x)$ in der Regel finden. Die Integrationskonstante wird nicht ausgegeben. Ist die Stammfunktion Maple in geschlossener Form nicht bekannt, so gibt es den Integranden zurück. Anstelle des Operators `int` kann auch die Langform `integrate` benutzt werden.

1. Integrale gebrochenrationaler Funktionen

■ **A**: $> \mathtt{int}((2 * x + 3)/(x\text{^}3 + x\text{^}2 - 2 * x), x); \longrightarrow -\frac{3}{2}\ln(x) - \frac{1}{6}\ln(x + 2) + \frac{5}{3}\ln(x - 1)$

■ **B**: $> \mathtt{int}((x\text{^}3 + 1)/(x * (x - 1)\text{^}3), x); \longrightarrow -\ln(x) - \dfrac{1}{(x - 1)^2} - \dfrac{1}{x - 1} + 2\ln(x - 1)$

2. Integrale von Wurzelfunktionen Mit Maple können die in den Tabellen Unbestimmte Integrale (S. 1019ff.) dargestellten Integrale entsprechend bestimmt werden.

■ Setzt man > $X := \texttt{sqrt}(x\hat{}2 - a\hat{}2)$: so findet man

$$> \texttt{int}(X, x); \longrightarrow \frac{1}{2}x\sqrt{x^2-a^2} - \frac{1}{2}a^2\ln(x+\sqrt{x^2-a^2}) \tag{20.73}$$

$$> \texttt{int}(X/x, x); \longrightarrow \sqrt{x^2-a^2} - a\,\mathrm{arcsec}\left(\frac{x}{a}\right)$$

$$> \texttt{int}(X*x, x); \longrightarrow \frac{1}{3}(x^2-a^2)^{3/2}$$

3. Integrale mit trigonometrischen Funktionen

■ A : $> \texttt{int}(x\hat{}3*\texttt{sin}(a*x), x);$

$$\frac{-a^3x^3\cos(ax) + 3a^2x^2\sin(ax) - 6\sin(ax) + 6ax\cos(ax)}{a^4}$$

■ B : $> \texttt{int}(1/(\texttt{sin}(a*x))\hat{}3, x); \longrightarrow -\frac{1}{2}\frac{\cos(ax)}{a\sin(ax)^2} + \frac{1}{2}\frac{\ln(\csc(ax)-\cot(ax))}{a}$

4. Hinweis: Im Falle nichtelementarer Integrale wird lediglich eine Umformung vorgenommen.

■ $> \texttt{int}(x\hat{}x, x);$ so erhält man $\int x^x\,\mathrm{d}x$,

denn dieses Integral ist elementar nicht darstellbar.

3. Bestimmte Integrale, Mehrfachintegrale

1. Bestimmte Integrale Zur Berechnung bestimmter Integrale ist der Befehl `int` mit dem zweiten Argument $x = a\,..\,b$ zu verwenden. Hier ist x die Integrationsvariable, und $a\,..\,b$ gibt die untere und obere Grenze des Integrationsbereiches an.

■ A : $> \texttt{int}(x\hat{}2, x = a..b); \longrightarrow \frac{1}{3}b^3 - \frac{1}{3}a^3$

$> \texttt{int}(x\hat{}2, x = 1..3); \longrightarrow \frac{26}{3}$

■ B : $> \texttt{int}(\texttt{exp}(-x\hat{}2), x = -infinity..infinity); \longrightarrow \sqrt{\pi}$

■ C : $> \texttt{int}(1/x\hat{}4, x = -1..1); \longrightarrow \infty$

Wenn Maple das Integral symbolisch nicht lösen kann, gibt es die Eingabe zurück. In diesem Fall kann man versuchen, eine numerische Integration (s. Abschnitt 19.3, S. 892ff.) durchzuführen.

2. Mehrfachintegrale Auch Mehrfachintegrale können, soweit explizit möglich, mit Maple berechnet werden, indem man die Operation `int` entsprechend oft (verschachtelt) anwendet.

■ A : $> \texttt{int}(\texttt{int}(x\hat{}2 + y\hat{}2*\texttt{exp}(x+y), x), y);$

$$\frac{1}{3}x^3y + e^{x+y}(x+y)^2 - 2(x+y)e^{x+y} + 2e^{x+y} - 2\left((x+y)e^{x+y} - e^{x+y}\right)x + e^{x+y}x^2$$

■ B : $> \texttt{int}(\texttt{int}(x*y\hat{}2, y = x\hat{}2..2*x), x = 0..2); \longrightarrow \frac{32}{5}$

4. Lösung von Differentialgleichungen

Mit der Operation `dsolve` in ihren verschiedenen Formen bietet Maple die Möglichkeit, gewöhnliche Differentialgleichungen und Systeme symbolisch zu lösen. Die Lösung kann sowohl als allgemeine Lösung als auch als spezielle Lösung für vorgegebene Anfangsbedingungen erhalten werden. Die Lösung wird entweder explizit oder implizit als Funktion eines Parameters angegeben. Der Operator `dsolve` erlaubt als letztes Argument die in **Tabelle 20.23** dargestellten Optionen.

Tabelle 20.23 Optionen der Operation dsolve

explicit	liefert die Lösung, falls möglich, in expliziter Form.
laplace	verwendet die LAPLACE–Transformation zur Lösung.
series	benutzt die Zerlegung in Potenzreihen zur Lösung.
numeric	liefert als Ergebnis eine Prozedur zur Berechnung numerischer Lösungswerte.

1. Allgemeine Lösung

$$> \texttt{dsolve(diff}(y(x),x) - y(x) * \texttt{tan}(x) = \texttt{cos}(x), y(x)); \tag{20.74a}$$

$$y(x) = \frac{1}{2}\frac{\cos(x)\sin(x) + x + 2\,\_C1}{\cos(x)} \tag{20.74b}$$

Maple liefert die allgemeine Lösung mit einer Konstanten in expliziter Form. Im folgenden Beispiel wird die Lösung implizit angegeben, da die Auflösung der definierenden Gleichung nach $y(x)$ nicht möglich ist. Die zusätzliche Option explicit führt hier zu keinem Ergebnis.

$$> \texttt{dsolve(diff}(y(x),x) * (x - y(x)) + y(x)\hat{}2, y(x)); \tag{20.75a}$$

$$e^{-\frac{1}{y(x)}}x - \mathrm{Ei}\left(1, \frac{1}{y(x)}\right) = \_C1 \tag{20.75b}$$

2. Lösung mit Anfangsbedingungen Es wird die Differentialgleichung $y' - e^x - y^2 = 0$ mit $y(0) = 0$ betrachtet. Hier wird die Option series eingesetzt. Dabei ist zu beachten, daß diese Option die Anfangsbedingungen bei $x = 0$ erwartet. Das gleiche gilt für die Option laplace .

$$> \texttt{dsolve}(\{\texttt{diff}(y(x),x) - \texttt{exp}(x) - y(x)\hat{}2, y(0) = 0\}, y(x), \texttt{series}); \tag{20.76a}$$

$$y(x) = x + \frac{1}{2}x^2 + \frac{1}{2}x^3 + \frac{7}{24}x^4 + \frac{31}{120}x^5 + O(x^6) \tag{20.76b}$$

Man erkennt, daß Gleichung und Anfangsbedingungen in geschweifte Klammern einzuschließen sind. Das gleiche gilt für die Behandlung von Systemen von Differentialgleichungen.

20.5 Graphik in Computeralgebrasystemen

Mit der Bereitstellung von Routinen für die graphische Darstellung mathematischer Zusammenhänge in Form von Funktionsgraphen, räumlichen Kurven und räumlichen Flächen bieten moderne Computeralgebrasysteme vielschichtige Möglichkeiten zur Kombination von Formelmanipulationen, speziell im Bereich der Analysis und Vektorrechnung bis zur Differentialgeometrie, und graphischen Darstellungen. Graphik ist eine besondere Stärke von Mathematica.

20.5.1 Graphik mit Mathematica

20.5.1.1 Grundlagen des Graphikaufbaus

Mathematica baut graphische Objekte aus eingebauten *Graphik–Primitiven* auf. Das sind Objekte wie Punkte (Point), Linien (Line) und Polygone (Polygon) sowie Eigenschaften dieser Objekte wie Dicke und Farbe.

Des weiteren verfügt Mathematica über viele Optionen, die angeben, in welcher Umgebung und in welcher Art die graphischen Objekte dargestellt werden sollen.
Mit dem Befehl Graphics[*liste*], wobei *liste* eine Liste graphischer Primitiven ist, wird Mathematica aufgefordert, eine Graphik aus den aufgelisteten Objekten zu erstellen. Der Objektliste kann eine Liste von Optionen für die Art der Darstellung folgen.
Mit der folgenden Eingabe

$$\textit{In[1]} := g = \texttt{Graphics}[\{\texttt{Line}[\{\{0,0\},\{5,5\},\{10,3\}\}], \texttt{Circle}[\{5,5\},4], \tag{20.77a}$$

$$\texttt{Text[FontForm[}\text{“Beispiel“,“Helvetica–Bold“,25}], \{5,6\}]\}, \texttt{AspectRatio->~Automatic}] \tag{20.77b}$$

wird eine Graphik aus folgenden Elementen aufgebaut:
a) Linienzug von zwei Linien, beginnend im Punkt $(0,0)$ über den Punkt $(5,5)$ zum Punkt $(10,3)$.
b) Kreis mit dem Mittelpunkt im Punkt $(5,5)$ und dem Radius 4.
c) Text mit dem Inhalt „Beispiel", geschrieben im Schriftfont Helvetica–Bold (der Text erscheint zum Bezugspunkt $(5,6)$ zentriert).

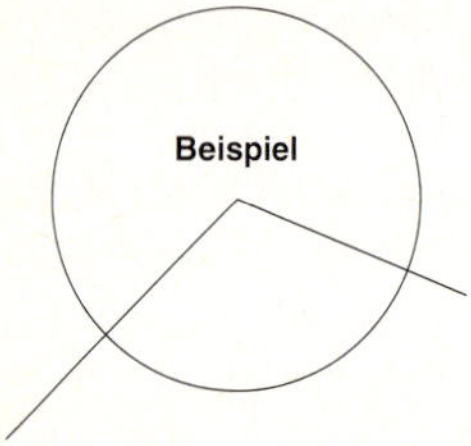

Abbildung 20.1

Mit dem Aufruf Show$[g]$ liefert Mathematica das Bild der erzeugten Graphik **(Abb.20.1)**.
Hierbei werden gewisse Voreinsstellungen der Graphikoptionen benutzt. Im gegebenen Fall wurde die Option AspectRatio auf Automatic gesetzt. Ihre Voreinstellung lautet 1/GoldenRatio. Das entspricht einem Verhältnis zwischen der Ausdehnung in der x–Richtung zu dem der y–Richtung von $1 : 1/1,618 = 1 : 0,618$. Mit dieser Einstellung wäre der Kreis verzerrt als Ellipse dargestellt worden. Die Einstellung dieser Option auf Automatic bewirkt, daß die Darstellung unverzerrt erfolgt.

20.5.1.2 Graphik–Primitive

Mathematica stellt die in **Tabelle 20.24** aufgelisteten zweidimensionalen Graphikobjekte zur Nutzung bereit.

Tabelle 20.24 Zweidimensionale Graphikobjekte

Point$[\{x, y\}]$	Punkt an der Position x, y
Line$[\{\{x_1, y_1\}, \{x_2, y_2\}, \ldots\}]$	Linienzug durch die angegebenen Punkte
Rectangle$[\{x_{lu}, y_{lu}\}, \{x_{ro}, y_{ro}\}]$	ausgefülltes Rechteck mit den angegebenen Koordinaten links unten, rechts oben
Polygon$[\{\{x_1, y_1\}, \{x_2, y_2\}, \ldots\}]$	ausgefülltes Polygon mit den angegebenen Eckpunkten
Circle$[\{x, y\}, r]$	Kreis mit dem Radius r um den Mittelpunkt x, y
Circle$[\{x, y\}, r, \{\alpha_1, \alpha_2\}]$	Kreisbogen mit den jeweiligen Begrenzungswinkeln
Circle$[\{x, y\}, \{a, b\}]$	Ellipse mit den Halbachsen a und b
Circle$[\{x, y\}, \{a, b\}, \{\alpha_1, \alpha_2\}]$	elliptischer Bogen
Disk$[\{x, y\}, r]$	ausgefüllte Kreise bzw. Ellipsen (anstelle von r Halbachsenangabe)
Text$[text, \{x, y\}]$	ergibt *text* zentriert auf den Punkt x, y

Neben diesen Objekten bietet Mathematica für die Art der Darstellung weitere Primitiven, die Graphikanweisungen. Sie legen fest, wie die Graphikobjekte dargestellt werden. Zu ihnen gehören die in **Tabelle 20.25** aufgelisteten Anweisungen.

Tabelle 20.25 Graphikanweisungen

PointSize$[a]$	Punkte werden mit dem Radius a als Bruchteil der Gesamtbildgröße gezeichnet
AbsolutePointSize$[b]$	zeichnet die Punkte mit dem absoluten Radius b (gemessen in Druckerpunkten pt)
Thickness$[a]$	zeichnet Linien mit der relativen Breite a
AbsoluteThickness$[b]$	zeichnet Linien mit der absoluten Breite b (ebenfalls in pt)
Dashing$[\{a_1, a_2, a_3, \ldots\}]$	zeichnet Linien als sich wiederholende Folge von Strichen der angegebenen Länge (in relativem Maß)
AbsoluteDashing$[\{b_1, b_2, \ldots\}]$	das gleiche wie vorstehend, aber in absolutem Maß
GrayLevel$[p]$	bestimmt die Graustufe des Objekts ($p = 0$ ergibt schwarz, $p = 1$ weiß)

Darüber hinaus gibt es Anweisungen für Farbeinstellungen, auf die hier nicht eingegangen wird.

20.5.1.3 Graphikoptionen

Mathematica bietet eine Vielzahl von Graphikoptionen, die die Gestaltung des Bildes als Gesamtheit betreffen. In **Tabelle 20.26** ist eine Auswahl der wichtigsten gegeben. Für eine umfassende Darstellung wird auf Lit. [20.5] verwiesen.

Tabelle 20.26 Einige Graphikoptionen

`AspectRatio` -> w	setzt das Verhältnis w von Höhe zu Breite. `Automatic` bestimmt w aus den absoluten Koordinaten, Voreinstellung ist $w = 1/$`GoldenRatio`
`Axes -> True`	setzt Koordinatenachsen
`Axes -> False`	setzt keine Koordinatenachsen
`Axes -> {True, False}`	zeichnet nur die x–Achse
`Frame -> True`	erzeugt Rahmen
`GridLines -> Automatic`	erzeugt Gitterlinien
`AxesLabel` -> $\{x_{symbol}, y_{symbol}\}$	beschriftet die Achsen mit dem angegebenen Symbol
`Ticks -> Automatic`	setzt Skalierungsstriche automatisch, mit `None` werden diese unterdrückt
`Ticks` -> $\{\{x_1, x_2, \ldots\}, \{y_1, y_2, \ldots\}\}$	an den angegebenen Stellen werden Skalenmarken gesetzt

20.5.1.4 Syntax der Graphikdarstellung

1. Aufbau von Graphikobjekten

Wenn ein graphisches Objekt aus den Primitiven aufgebaut werden soll, ist zunächst eine Liste der entsprechenden Objekte mit ihren Hauptangaben zu erstellen, etwa in der Form

$$\{objekt_1, objekt_2, \ldots\}, \tag{20.78a}$$

wobei die Objekte selbst wieder Listen von Graphikobjekten sein können. So sei Objekt 1 z.B.

In[1] := $o1 = \{$`Circle`$[\{5,5\},\{5,3\}],$`Line`$[\{\{0,5\},\{10,5\}\}]\}$

und entsprechend

In[2] := $o2 = \{$`Circle`$[\{5,5\},3]\}$.

Will man eines der Graphikobjekte, etwa $o2$, mit speziellen Graphikanweisungen versehen, so ist es mit der entsprechenden Anweisung in einer Liste zusammenzufassen

In[3] := $o3 = \{$`Thickness`$[0.01], o2\}$.

Die Anweisung gilt für alle nachfolgenden Objekte in der *gleichen* Klammer, auch für eventuell weiter verschachtelte, jedoch nicht für solche außerhalb der Listenklammer.
Aus den erzeugten Objekten werden zwei unterschiedliche Graphiklisten festgelegt:

In[4] := $g1 =$ `Graphics`$[\{o1, o2\}]$; $g2 =$ `Graphics`$[\{o1, o3\}]$; ,

die sich im zweiten Objekt durch die Strichdicke des Kreises unterscheiden. Mit dem Aufruf

`Show`$[g1]$ und `Show`$[g2,$ `Axes -> True`$]$ (20.78b)

erhält man die in **Abb.20.2** dargestellten Bilder.

Beim Aufruf des Bildes **Abb.20.2b** wurde die Option `Axes -> True` eingefügt. Das führt zur Ausgabe des Achsenkreuzes mit einer von Mathematica gewählten Markierung auf den Achsen und der entsprechenden Skalierung.

2. Graphische Darstellung von Funktionen

Mathematica stellt spezielle Anweisungen für die graphische Darstellung von Funktionen zur Verfügung. Mit

`Plot`$[$`f`$[x], \{x, x_{min}, x_{max}\}]$ (20.79)

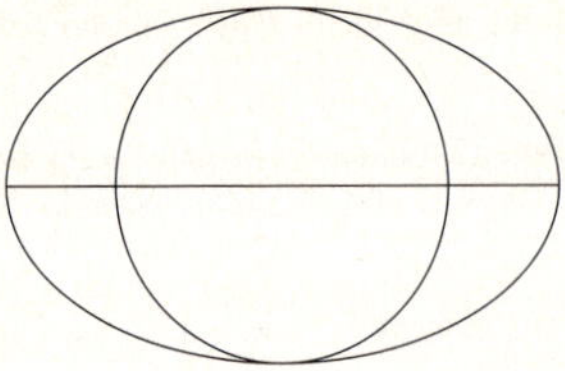

a)

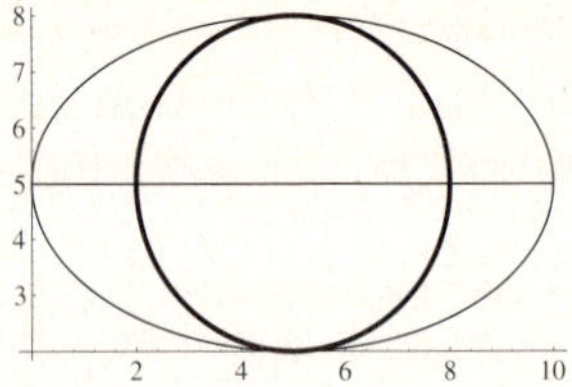

b)

Abb.20.2

wird die Funktion $f(x)$ im Bereich zwischen $x = x_{min}$ und $x = x_{max}$ graphisch dargestellt. Mathematica erstellt nach internen Algorithmen eine Funktionstabelle und gibt die sich daraus ergebende Graphik über die Graphikprimitiven zurück.

■ Wenn die Funktion $\sin 2x$ im Bereich zwischen -2π und 2π graphisch dargestellt werden soll, ist einzugeben

In[5] := `Plot[Sin[2x], {x, -2Pi, 2Pi}]`

Mathematica liefert die in der folgenden Abbildung dargestellte Kurve.

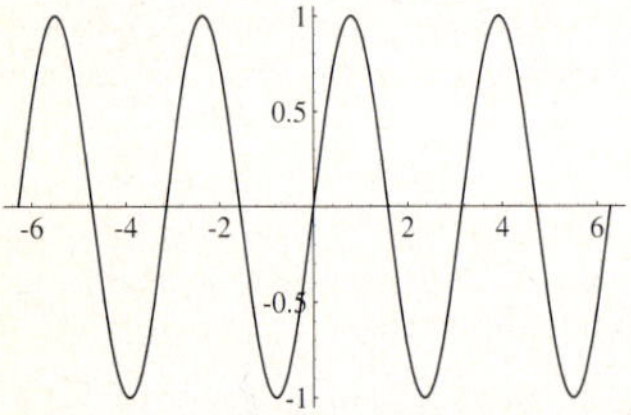

Abbildung 20.3

Mathematica liefert die in **Abb.20.3** dargestellte Kurve.

Man erkennt, daß Mathematica bei der Darstellung gewisse voreingestellte Graphikoptionen benutzt. So werden automatisch Achsen gezeichnet, diese entsprechend skaliert und mit x– und y–Werten versehen. An diesem Beispiel erkennt man auch die Wirkung der Voreinstellung von `AspectRatio`. Das Verhältnis der Gesamtbreite zur Gesamthöhe entspricht $1 : 0,618$.

Mit dem Befehl `InputForm[%]` kann man sich die volle Darstellung des Graphikobjektes anzeigen lassen. Man erhält für das betrachtete Beispiel die Ausgabe:

```
Graphics[{{Line[{{-6.283185307179587, 4.90059381963448 * 10^ - 16},
Liste vieler Punkte aus der von Mathematica berechneten Funktionstabelle
{6.283185307179587, -(4.90059381963448 * 10^ - 16)}}]}},
{PlotRange-> Automatic, AspectRatio-> GoldenRatio^(-1),
DisplayFunction :> $DisplayFunction, ColorOutput-> Automatic,
Axes-> Automatic, AxesOrigin-> Automatic, PlotLabel-> None,
AxesLabel-> None, Ticks-> Automatic, GridLines-> None, Prolog-> {},
Epilog-> {}, AxesStyle-> Automatic, Background-> Automatic,
DefaultColor-> Automatic, DefaultFont :> $DefaultFont,
RotateLabel-> True, Frame-> False, FrameStyle-> Automatic,
FrameTicks-> Automatic, FrameLabel-> None, PlotRegion-> Automatic}]
```

Das Graphikobjekt besteht demzufolge aus zwei Unterlisten. Die erste enthält die Graphikprimitive `Line`, mit der die nach dem internen Algorithmus berechneten Kurvenpunkte durch Linien miteinander verbunden werden. Die zweite Unterliste enthält die für die gegebene Graphik benutzten Optionen. Das sind die Voreinstellungen. Soll das Bild in bestimmten Positionen bei der Wiedergabe verändert werden, so sind die veränderten Optionseinstellungen in die `Plot`–Anweisung nach den beiden Haupteingaben anzuschließen. Mit

$$\mathit{In[6]} := \texttt{Plot}[\texttt{Sin}[2x], \{x, -2\texttt{Pi}, 2\texttt{Pi}\}, \texttt{AspectRatio}\text{->}\ 1] \tag{20.80}$$

würde die Wiedergabe mit absolut gleich großen x– und y–Bereichen erfolgen.
Man kann mehrere Optionen gleichzeitig hintereinander angeben.
Mit der Eingabe

$$\texttt{Plot}[\{f_1[x], f_2[x], \ldots\}, \{x, x_{min}, x_{max}\}] \tag{20.81}$$

werden mehrere Funktionen in eine Graphik gezeichnet.
Mit der Anweisung

$$\texttt{Show}[\mathit{plot}, \mathit{optionen}] \tag{20.82}$$

kann ein früher erzeugtes Bild erneut, wenn gewünscht mit veränderten Optionen, dargestellt werden. Mit

$$\texttt{Show}[\texttt{GraphicsArray}[\mathit{liste}]], \tag{20.83}$$

können (mit *liste* als Liste von Graphikobjekten) Bilder nebeneinander, untereinander und matrixförmig zueinander angeordnet werden.

20.5.1.5 Zweidimensionale Kurven

Als Beispiele sollen eine Reihe von Kurven aus Kapitel Funktionen und ihre Darstellung (s. S. 47ff.) erzeugt werden.

1. Exponentialfunktionen

Eine Kurvenschar mit mehreren Exponentialfunktionen (S. 70) erzeugt Mathematica **(Abb.20.4a)** mit folgenden Eingaben:

$$\mathit{In[1]} := \texttt{f}[x\_] := 2\hat{}x; \texttt{g}[x\_] := 10\hat{}x;$$

$$\mathit{In[2]} := \texttt{h}[x\_] := (1/2)\hat{}x; \texttt{j}[x\_] := (1/\texttt{E})\hat{}x; \texttt{k}[x\_] := (1/10)\hat{}x;$$

Das sind die Definitionen der beteiligten Funktionen. Die Funktion e^x braucht nicht definiert zu werden, da sie in Mathematica eingebaut ist. In einem zweiten Schritt werden die folgenden Graphiken erzeugt:

$$\mathit{In[3]} := p1 = \texttt{Plot}[\{\texttt{f}[x], \texttt{h}[x]\}, \{x, -4, 4\}, \mathit{PlotStyle}\text{->}\ \texttt{Dashing}[\{0.01, 0.02\}]]$$

$$\mathit{In[4]} := p2 = \texttt{Plot}[\{\texttt{Exp}[x], \texttt{j}[x]\}, \{x, -4, 4\}]$$

$$\mathit{In[5]} := p3 = \texttt{Plot}[\{\texttt{g}[x], \texttt{k}[x]\}, \{x, -4, 4\}, \texttt{PlotStyle}\text{->}\ \texttt{Dashing}[\{0.005, 0.02, 0.01, 0.02\}]]$$

Das gesamte Bild **(Abb.20.4a)** erhält man mit:

$$\mathit{In[6]} := \texttt{Show}[\{p1, p2, p3\}, \texttt{PlotRange}\text{->}\ \{0, 18\}, \texttt{AspectRatio}\text{->}\ 1.2]$$

Auf die Anbringung von Text an den Kurven wurde hier verzichtet. Das wäre mit der Graphikprimitiven `Text` möglich gewesen.

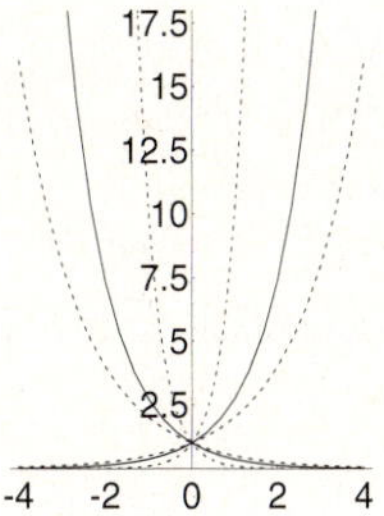

a)

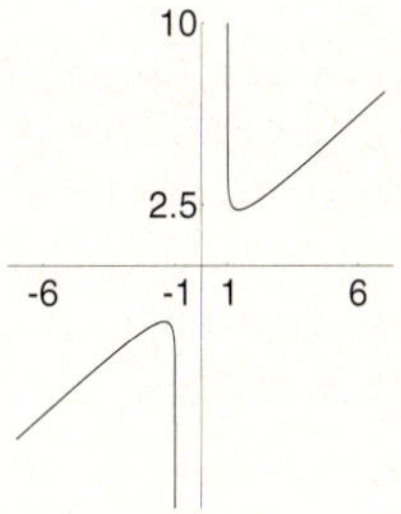

b)

Abbildung 20.4

2. Funktion $y = x + \text{Arcoth}\, x$

Unter Berücksichtigung der im Abschnitt 2.10 (S. 89) dargestellten Eigenschaften der Funktion Arcoth x läßt sich $y = x + \text{Arcoth}\, x$ folgendermaßen graphisch darstellen:

In[1] := $f1$ = `Plot`[x + `ArcCoth`[x], {x, 1.000000000005, 7}]

In[2] := $f2$ = `Plot`[x + `ArcCoth`[x], {x, −7, −1.000000000005}]

In[] := 3`Show`[{$f1$, $f2$}, `PlotRange`−> {−10, 10}, `AspectRatio`−> 1.2, `Ticks`−>
{{{−6, −6}, {−1, −1}, {1, 1}, {6, 6}}, {{2.5, 2.5}, {10, 10}}}

Die große Präzision der x–Werte nahe 1 und −1 wurde gewählt, um hinreichend große Funktionswerte für den gewünschten y–Bereich zu erhalten. Als Resultat erhält man die **Abb.20.4b**.

3. BESSEL–Funktionen

Mit den Aufrufen

In[1] := $bj0$ = `Plot`[{`BesselJ`[0, z], `BesselJ`[2, z], `BesselJ`[4, z]}, {z, 0, 10},
`PlotLabel`−> „$J(n, z)$ $n = 0, 2, 4$"]

In[2] := $bj1$ = `Plot`[{`BesselJ`[1, z], `BesselJ`[3, z], `BesselJ`[5, z]}, {z, 0, 10},
`PlotLabel`−> „$J(n, z)$ $n = 1, 3, 5$"] (20.84)

werden Graphiken der BESSEL–Funktion $J_n(z)$ für $n = 0, 2, 4$ und $n = 1, 3, 5$ erzeugt, die danach mit dem Aufruf

In[3] := `Show`[`GraphicsArray`[{$bj0$, $bj1$}]]

nebeneinander dargestellt werden können **(Abb.20.5)**.

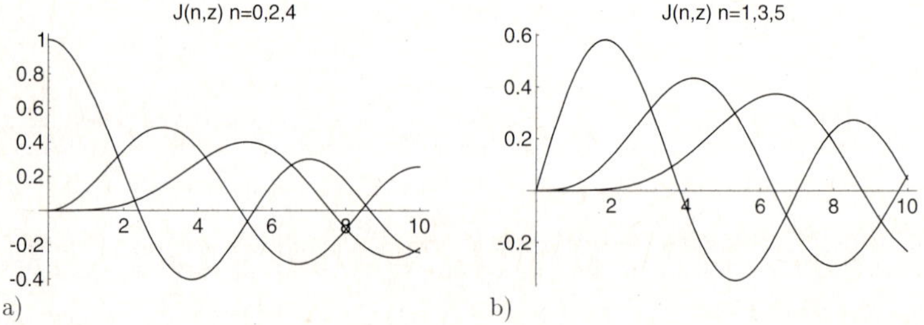

Abbildung 20.5

20.5.1.6 Parameterdarstellung von Kurven

Mathematica verfügt über eine spezielle Graphikanweisung, mit der Kurven in Parameterform dargestellt werden können. Der grundlegende Befehl dafür lautet:

`ParametricPlot`[{$f_x(t)$, $f_y(t)$}, {t, t_1, t_2}] . (20.85)

Es besteht die Möglichkeit, mehrere Parameterkurven in eine Graphik zu zeichnen. Dazu ist in der Anweisung eine Liste von mehreren Kurven einzugeben. Mit der Option `AspectRatio`−> `Automatic` zeichnet Mathematica die Kurven in ihrer natürlichen Form.

Die in **Abb.20.6** dargestellten Parameterkurven archimedische Spirale (S. 102) und logarithmische Spirale (S. 103) sind mit den Eingaben

In[1] := `ParametricPlot`[{t `Cos`[t], t `Sin`[t]}, {t, 0, 3`Pi`}, `AspectRatio`−> `Automatic`]

und

In[2] := `ParametricPlot`[{`Exp`[0.1t] `Cos`[t], `Exp`[0.1t] `Sin`[t]}, {t, 0, 3`Pi`},
`AspectRatio`−> `Automatic`]

aufgerufen worden.
Mit

$In[3]$:= ParametricPlot[$\{t - 2$ Sin$[t], 1 - 2$ Cos$[t]\}, \{t, -$Pi, 11Pi$\}$, AspectRatio-> 0.3]

kann eine der in 2.13.2 beschriebenen Trochoiden (S. 99) erzeugt werden **(Abb.20.7)**.

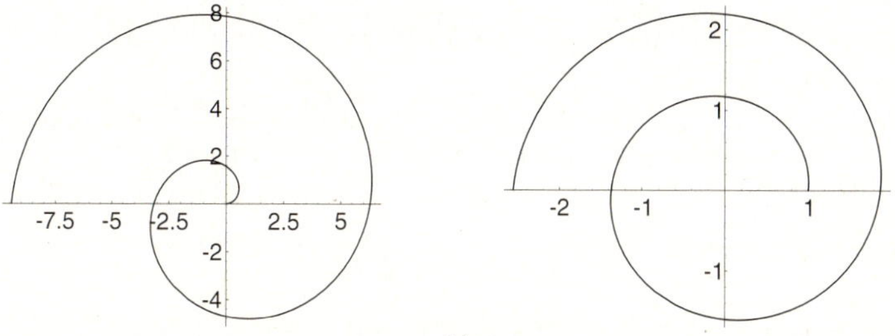

a) b)

Abbildung 20.6

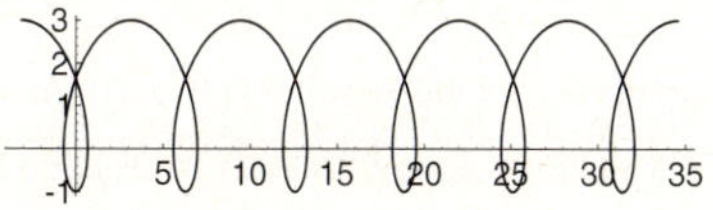

Abbildung 20.7

20.5.1.7 Darstellung von Flächen und Raumkurven

Mathematica bietet die Möglichkeit, dreidimensionale Graphikprimitive darzustellen. Dadurch lassen sich, ganz ähnlich wie im zweidimensionalen Fall, dreidimensionale Graphiken aufbauen und mit der Anwendung verschiedener Optionen aus unterschiedlichster Perspektive betrachten. Insbesondere ist deshalb die graphische Darstellung gekrümmter Flächen im dreidimensionalen Raum möglich, d.h. die graphische Darstellung von Funktionen zweier Veränderlicher. So ist es möglich, Kurven im dreidimensionalen Raum, z.B. in Parameterdarstellung, zeichnen zu lassen. Eine ausführliche Beschreibung der dreidimensionalen Graphikprimitive s. Lit. [20.5]. Der Umgang mit diesen Darstellungen erfolgt analog zu dem mit den zweidimensionalen Primitiven.

1. Graphische Darstellung von Oberflächen

Der Befehl Plot3D verlangt in seiner Grundform die Angabe einer Funktion zweier Variablen und die Wertebereiche dieser Variablen, für die die Darstellung erfolgen soll:

$In[]$:= Plot3D[f$[x, y], \{x, x_a, x_e\}, \{y, y_a, y_e\}$] (20.86)

Alle Optionen sind zunächst mit der Voreinstellung belegt.

■ Für die Funktion $z = x^2 + y^2$ erhält man mit der Eingabe

$In[1]$:= Plot3D[x^2 + y^2, $\{x, -5, 5\}, \{y, -5, 5\}$, PlotRange-> $\{0, 25\}$]

die **Abb.20.8a**, während **Abb.20.8b** mit

$In[2]$:= Plot3D[(1 − Sin[x]) (2 − Cos[2 y]), $\{x, -2, 2\}, \{y, -2, 2\}$]

erzeugt wird.

Bei der Halbkugel wurde die Option PlotRange mit den gewünschten z–Werten eingegeben, um das Objekt an der Ebene $z = 25$ abzuschneiden.

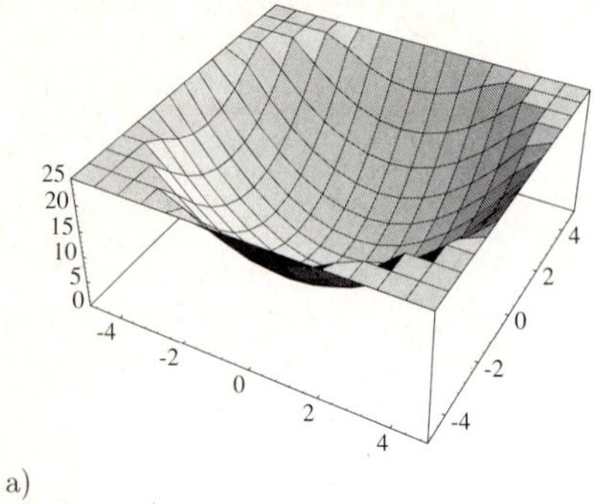

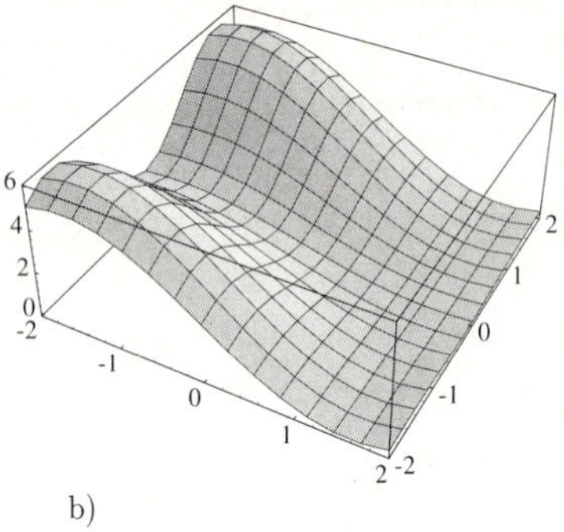

Abbildung 20.8

2. Optionen für 3D–Graphik

Die Zahl der Optionen für 3D–Graphik ist groß. In **Tabelle 20.27** werden nur einige aufgelistet, wobei Optionen, die aus der 2D–Graphik bekannt sind, nicht aufgeführt werden. Sie lassen sich sinngemäß übertragen.

Tabelle 20.27 Optionen zur 3D–Graphik

`Boxed`	voreingestellt ist `True`, dies zeichnet einen dreidimensionalen Rahmen um die Fläche
`HiddenSurface`	bestimmt die Undurchsichtigkeit der Oberfläche, voreingestellt ist `True`
`ViewPoint`	bestimmt den Punkt (x, y, z) im Raum, von dem aus die Oberfläche betrachtet wird. Voreingestellt ist $\{1.3, -2.4, 2\}$
`Shading`	voreingestellt ist `True`, damit wird die Oberfläche schattiert, `False` liefert weiße Oberflächen
`PlotRange`	ist hier für die Werte `All`, $\{z_a, z_e\}$, $\{\{x_a, x_e\}, \{y_a, y_e\}, \{z_a, z_e\}\}$ wählbar. Voreinstellung ist `Automatic`

Hier sei besonders auf die Option `ViewPoint` hingewiesen, mit der sehr unterschiedliche Ansichtsperspektiven für die jeweilige Oberfläche ausgewählt werden können.

3. Dreidimensionale Objekte in Parameterdarstellung

Ähnlich wie bei der 2D–Graphik können auch dreidimensionale Objekte, die in Parameterdarstellung gegeben sind, gezeichnet werden. Mit

$$\texttt{ParametricPlot3D}[\{f_x[t,u], f_y[t,u], f_z[t,u]\}, \{t, t_a, t_e\}, \{u, u_a, u_e\}] \tag{20.87}$$

wird eine parametrisch vorgegebene Oberfläche gezeichnet, mit

$$\texttt{ParametricPlot3D}[\{f_x[t], f_y[t], f_z[t]\}, \{t, t_a, t_e\}] \tag{20.88}$$

wird eine dreidimensionale Kurve parametrisch erzeugt.

■ Die Objekte in **Abb.20.9a** und **Abb.20.9b** wurden mit den Befehlen

In[3] := `ParametricPlot3D[{Cos[t] Cos[u], Sin[t] Cos[u], Sin[u]}, {t, 0, 2Pi},`
`{u, -Pi/2, Pi/2}]`

In[4] := `ParametricPlot3D[{Cos[t], Sin[t], t/4}, {t, 0, 20}]` (20.89)

erstellt.

Mathematica stellt weitere Anweisungen zur Verfügung, mit denen Dichte– und Konturdiagramme, Balken– und Sektordiagramme sowie Kombinationen der unterschiedlichsten Diagrammarten erzeugt

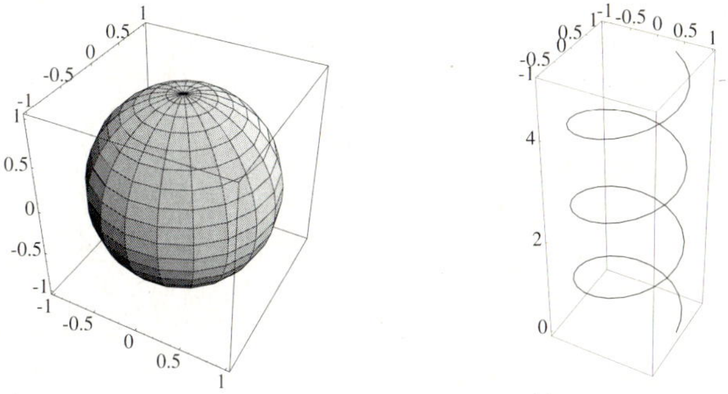

a) b)

Abbildung 20.9

werden können.

■ Die Darstellung zum LORENZ–Attraktor (s. S. 821) wurde mit Mathematica erzeugt.

20.5.2 Graphik mit Maple

20.5.2.1 Zweidimensionale Graphik

Maple kann über `plot`–Befehle mit einer Vielzahl von Optionen Funktionen graphisch darstellen. Als Eingabefunktionen sind sowohl explizite Funktionen einer Variablen, Funktionen in Parameterdarstellung und Listen von zweidimensionalen Punkten zugelassen. Maple berechnet aus der Eingabefunktion nach bestimmten internen Algorithmen eine Wertetabelle, deren Punkte nach einem Spline–Verfahren zu einer glatten Kurve verbunden werden. Mit Hilfe einer Reihe von Optionen kann die Gestaltung der Graphik beeinflußt werden. Die Graphik selbst wird in einer eigenständigen Umgebung dargestellt und kann mit entsprechenden Systembefehlen in Arbeitsdokumente eingebunden bzw. in entsprechenden Formaten auf Drucker oder Plotter ausgegeben werden. Die Ausgabe in Dateien verschiedenen Formats einschließlich Postscript ist möglich.

1. Syntax zweidimensionaler Graphik

Der zweidimensionale Plot–Befehl hat die prinzipielle Struktur

$$\texttt{plot}(funct, hb, vb, options); \qquad (20.90)$$

Das erste Argument *funct* kann folgende Bedeutung besitzen:

a) eine reelle Funktion einer unabhängigen Variablen, etwa $f(x)$;

b) ein Operator einer Funktion, der z.B. mit dem Pfeilsymbol erzeugt wurde;

c) die Parameterdarstellung einer reellen Funktion in Form einer Liste $[u(t), v(t), t = a..b]$, wobei $t = a..b$ den Laufbereich des Parameters angibt;

d) mehrere, in geschweifte Klammern eingeschlossene Funktionen, die gemeinsam dargestellt werden sollen;

e) eine Liste von Zahlen (gerade Anzahl), die fortlaufend als (x, y)–Koordinaten von Punkten interpretiert werden.

Der Vollständigkeit halber sei hinzugefügt, daß auch durch Prozeduren erzeugte Funktionen das erste Argument im Befehl sein können.

Das zweite Argument *hb* ist der Laufbereich der unabhängigen Variablen; er ist in der Form $x = a..b$ einzugeben. Wird kein Argument eingegeben, so nimmt Maple automatisch den Laufbereich $-10..10$ an. Es ist möglich, einer oder beiden Grenzen den Wert $-\infty$ und/oder ∞ zuzuordnen. In diesem Fall wählt Maple eine Darstellung der x–Achse mit arctan.

Das dritte Argument *vb* steuert den Darstellungsbereich der abhängigen (vertikalen) Variablen. Auch er ist in der Form $y = a..b$ einzugeben. Wird er fortgelassen, so nimmt Maple die sich aus der Funktionsgleichung ergebenden Werte für den jeweiligen Bereich der unabhängigen Variablen. Dies kann problematisch werden, wenn in diesem Bereich z.B. eine Polstelle liegt. Daher sollte man, wenn nötig, diesen Bereich begrenzen.

Als weitere Argumente können eine oder mehrere Optionen folgen, die in **Tabelle 20.28** dargestellt sind.

Tabelle 20.28 Optionen des `Plot`–Befehls

`coords` = `polar`	bewirkt die Darstellung einer parametrischen Eingabe in Polarkoordinaten (der erste Parameter ist der Radius, der zweite das Argument)
`numpoints` = n	legt die minimale Anzahl der generierten Punkte fest (Voreinstellung 49).
`resolution` = m	Setzt die horizontale Auflösung der Darstellung in pixel (Voreinstellung $m = 200$)
`xtickmarks` = p	Setzt die Anzahl der Skalenstriche auf der x-Achse
`style` = `SPLINE`	veranlaßt die Verbindung mit kubischer Spline–Interpolation (Voreinstellung)
`style` = `LINE`	veranlaßt lineare Interpolation
`style` = `POINT`	zeichnet nur die Punkte
`title` = T	Setzt den Titel für die Graphik, T muß ein String sein

Zur Darstellung mehrerer Funktionen durch Maple in einer Graphik werden diese in der Regel in verschiedenen Farben oder in unterschiedlicher Linienstruktur erzeugt.

Die auf der Windows–Oberfläche laufende Version von Maple V/2 bietet die Möglichkeit, direkt an der Graphik über entsprechende Menüs Veränderungen wie z.B. das Verhältnis von horizontaler zu vertikaler Abmessung, die Rahmung des Bildes usw. vorzunehmen.

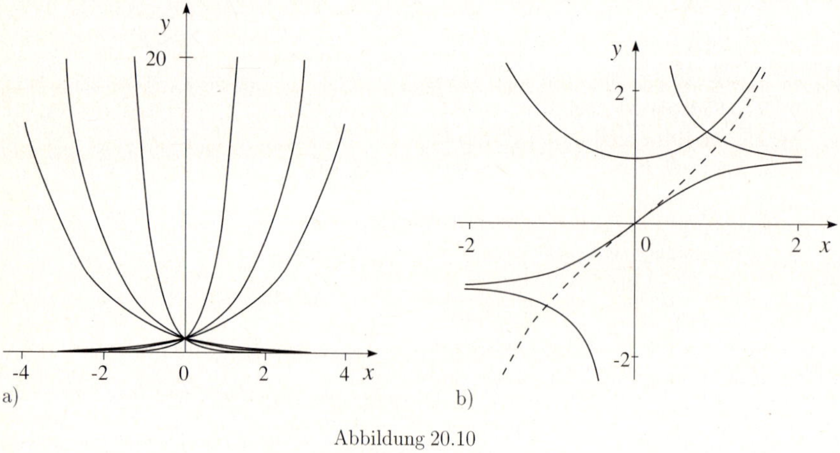

a) b)

Abbildung 20.10

2. Beispiele für zweidimensionale Graphiken

Die folgenden Graphiken wurden mit Maple erzeugt, danach mit Coreltrace vektorisiert und mit Coreldraw! nachbearbeitet. Dies war notwendig, weil die unmittelbare Konversion einer Maple–Graphik in eine EPS–Datei nur sehr kleine Liniendicken ergibt und damit unansehliche Bilder liefert.

1. Exponential– und Hyperbelfunktionen Mit der Konstruktion

$$> \texttt{plot}(\{2\hat{\ }x, 10\hat{\ }x, (1/2)\hat{\ }x, (1/10)\hat{\ }x, \texttt{exp}(x), 1/\texttt{exp}(x)\}, x = -4..4, y = 0..20, \tag{20.91a}$$

$$> \texttt{xtickmarks} = 2, \texttt{ytickmarks} = 2); \tag{20.91b}$$

erhält man die in **Abb.20.10a** dargestellten Exponentialfunktionen.
Ähnlich liefert der Befehl

$$> \texttt{plot}(\{\texttt{sinh}(x), \texttt{cosh}(x), \texttt{tanh}(x), \texttt{coth}(x)\}, x = -2.1..2.1, y = -2.5..2.5);$$

die gemeinsame Darstellung der vier Hyperbelfunktionen (s. S. 86) in **Abb.20.10b**.

Zusätzliche Strukturen, wie Beschriftungen, Achsenpfeile und anderes sind in Graphiken durch nachträgliche Bearbeitung mit Hilfe von Graphikprogrammen einzufügen.

2. BESSEL–**Funktionen** Mit den beiden Aufrufen

$$> \texttt{plot}(\{\texttt{BesselJ}(0, z), \texttt{BesselJ}(2, z), \texttt{BesselJ}(4, z)\}, z = 0..10); \tag{20.92a}$$

und

$$> \texttt{plot}(\{\texttt{BesselJ}(1, z), \texttt{BesselJ}(3, z), \texttt{BesselJ}(5, z)\}, z = 0..10); \tag{20.92b}$$

erhält man die ersten drei BESSEL–Funktionen $J(n, z)$ mit geradem n **(Abb.20.11a)** und mit ungeradem n **(Abb.20.11b)** und **(Abb.20.11c)**.

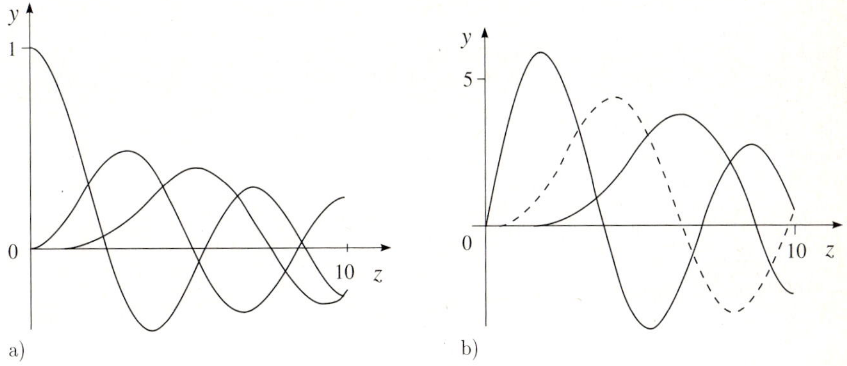

Abbildung 20.11

In ähnlicher Art und Weise lassen sich die anderen in Maple vordefinierten speziellen Funktionen darstellen.

3. Parameterdarstellung Mit dem Aufruf

$$> \texttt{plot}([t * \texttt{cos}(t), t * \texttt{sin}(t), t = 0..3 * Pi]); \tag{20.93a}$$

erhält man die in **Abb.20.12a** dargestellte Kurve.
Auf die folgenden zwei Aufrufe liefert MAPLE eine trochoidenähnliche Schleifenfunktion (vgl. verkürzte Trochoide auf S. 99 bzw. eine hyperbolische Spirale auf S. 103).

$$> \texttt{plot}([t - \texttt{sin}(2 * t), 1 - \texttt{cos}(2 * t), t = -2 * Pi..2 * Pi]); \tag{20.93b}$$

$$\texttt{plot}([1/t, t, t = 0..2 * Pi], x = -.5..2, \texttt{coords} = \texttt{polar}); \tag{20.93c}$$

Durch die Einfügung der Option `coords` in die Anweisung interpretiert Maple die Parameterdarstellung als Polarkoordinaten.

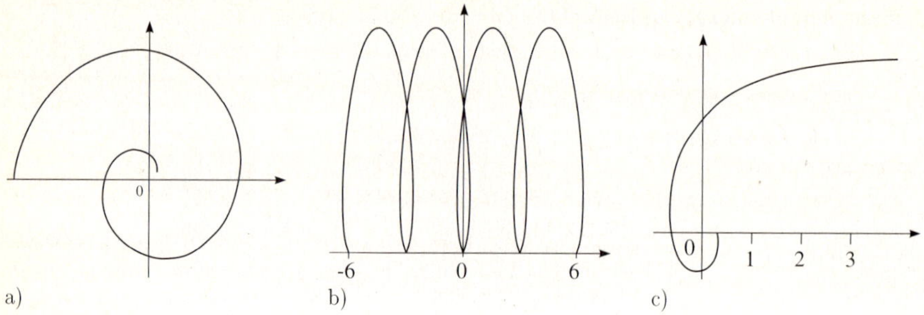

Abbildung 20.12

3. Spezialpaket `plots`

In der Maple–Bibliothek findet man das Spezialpaket `plots` mit zusätzlichen graphischen Operationen. Im zweidimensionalen Fall sind hier besonders die beiden Anweisungen `conformal` und `polarplot` von Interesse. Mit

$$\texttt{polarplot}(L, \mathit{options}) \tag{20.94}$$

können Kurven in Polarkoordinatenform gezeichnet werden. Mit L kann eine Menge (in geschweifte Klammern eingeschlossen) mehrerer Funktionen $r(\varphi)$ bezeichnet sein. Maple interpretiert die eingehende Variable φ als Winkel und zeichnet die Kurven im Bereich zwischen $-\pi \leq \varphi \leq \pi$, wenn nicht ein davon abweichender Bereich explizit eingegeben wird.
Der Befehl

$$\texttt{conformal}(F, r1, r2, \mathit{options}) \tag{20.95}$$

bildet mit Hilfe der komplexen Funktion F die Gitterlinien eines rechteckigen Gitters in ein Kurvengitter ab. Die neuen Gitterlinien schneiden sich ebenfalls rechtwinklig. Mit dem Bereich $r1$ werden die ursprünglichen Gitterlinien festgelegt. Er ist voreingestellt auf $0..1 + (-1)^{1/2}$. Der Bereich $r2$ legt die Größe des Fensters fest, in welchem die Abbildung liegt. Hier werden als Voreinstellung die sich aus der Abbildung ergebenden Maxima und Minima benutzt.

20.5.2.2 Dreidimensionale Graphik

Für die Darstellung von Funktionen zweier unabhängiger Variablen als räumliche Flächen oder auch zur Darstellung räumlicher Kurven stellt Maple den Befehl `plot3d` zur Verfügung. Die mit diesem Befehl erzeugten Objekte werden von Maple ganz analog wie auch die zweidimensionalen in einem eigenen Fenster dargestellt. Die Anzahl der Optionen zur Darstellung ist wesentlich größer, insbesondere sind zusätzliche Optionen zur Betrachtungsperspektive von besonderer Bedeutung.

1. Syntax des `plot3d`–Befehls

Der Befehl ist in vier verschiedenen Formen verfügbar:

a) `plot3d`$(\mathit{funct}, x = a..b, y = c..d)$. In dieser Form ist funct eine Funktion zweier unabhängiger Variabler, deren jeweilige Laufbereiche von $x = a..b$ und $y = c..d$ festgelegt werden. Das Ergebnis ist eine räumliche Fläche.
b) `plot3d`$(f, a..b, c..d)$. Hier ist f ein Operator oder eine Prozedur mit zwei Argumenten, z.B. mit dem Pfeiloperator erzeugt, die Laufbereiche beziehen sich auf diese Argumente.
c) `plot3d`$([u(s,t), v(s,t), w(s,t)], s = a..b, t = c..d)$. Die drei Funktionen u, v, w der beiden Parameter s und t definieren die Parameterdarstellung einer räumlichen Fläche, begrenzt durch die Laufbereiche der beiden Parameter. **d)** `plot3d`$([f, g, h], a..b, c..d)$. Das ist die äquivalente Form der Parameterdarstellung, wobei f, g, h Operatoren oder Prozeduren in zwei Argumenten sein müssen.

Alle weiteren Argumente des Operators `plot3d` interpretiert Maple als Optionen. Die möglichen Optionen sind in **Tabelle 20.29** dargestellt. Sie sind in der Form `option` = *wert* zu benutzen.

Tabelle 20.29 Optionen des Befehls `plot3d`

`numpoints` $= n$	setzt die minimale Zahl der generierten Punkte (Voreinstellung ist $n = 625$)
`grid`$[m, n]$	legt die Dimension des Rechteckgitters fest, auf dem die Punkte generiert werden
`labels` $= [x, y, z]$	spezifiziert die Achsenbezeichnungen (string erforderlich)
`style` $= s$	s ist ein Wert von `POINT, HIDDEN, PATCH, WIREFIRE`. Hiermit wird die Art der Darstellung der Oberfläche festgelegt
`axes` $= f$	f kann die Werte `BOXED`, `NORMAL`, `FRAME` oder `NONE` annehmen. Hiermit wird die Darstellung der Achsen spezifiziert
`coords` $= c$	spezifiziert das zu benutzende Koordinatensystem. Werte sind `cartesian`, `sperical`, `cylindrical`. Voreinstellung ist `cartesian`
`projection` $= p$	p nimmt Werte zwischen 0 und 1 an und bestimmt die Betrachtungsperspektive. Voreinstellung ist 1 (orthogonale Projektion)
`orientation` $= [theta, phi]$	spezifiziert die Winkel des Raumpunktes im sphärischen Koordinatensystem, von dem aus die Oberfläche betrachtet wird
`view` $= z1..z2$	gibt den Bereich der z-Werte, für die die Oberfläche dargestellt wird. Voreinstellung ist die gesamte Oberfläche

In der Regel sind fast alle Optionen über die entsprechenden Menüs im Zeichnungsfenster erreichbar und entsprechend einstellbar. Auf diese Weise kann man nachträglich die Anschaulichkeit der darzustellenden Oberfläche wesentlich verbessern.

2. Zusätzliche Operationen aus dem Paket `plots`

Das schon erwähnte Bibliothekspaket `plots` liefert weitere Möglichkeiten für die Darstellung räumlicher Strukturen. Besonders soll hier die Darstellung von Raumkurven mit dem Befehl `spacecurve` erwähnt werden. Dieser erwartet als erstes Argument eine Liste mit drei Funktionen eines Parameters, das zweite Argument muß den Laufbereich dieses Parameters festlegen. Darüber hinaus sind die Optionen des Befehls `plot3d` zugelassen, sofern sie für diesen Fall sinnvoll sind. Für weitere Informationen zu diesem Paket muß auf die Literatur verwiesen werden.

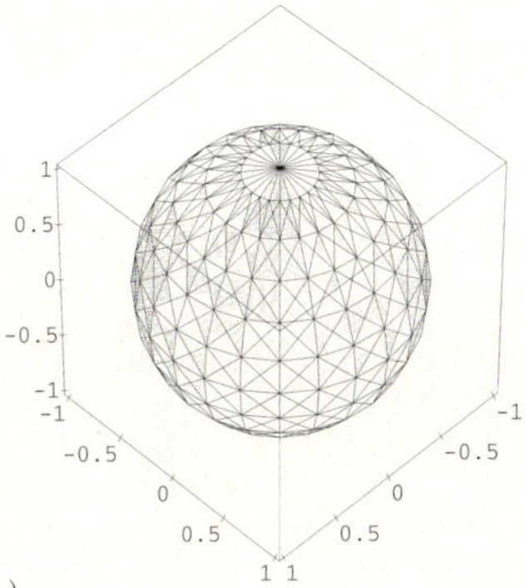

a)

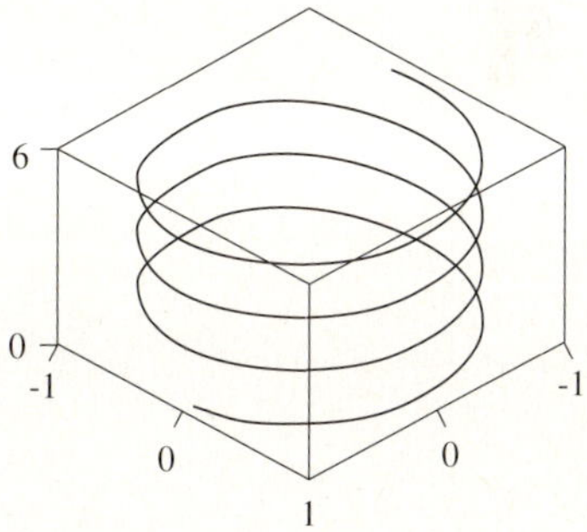

b)

Abbildung 20.13

■ Mit den Eingaben

> $>$ `plot3d`$([\cos(t) * \cos(u), \sin(t) * \cos(u), \sin(u)], t = 0..2 * Pi, u = 0..2 * Pi)$ (20.96a)

und

$$> \texttt{spacecurve}([\texttt{cos}(t), \texttt{sin}(t), t/4], t = 0..7 * Pi) \tag{20.96b}$$

werden die Graphiken einer perspektivisch dargestellten Kugel **(Abb.20.13a)** und einer perspektivisch dargestellten räumlichen Spirale **(Abb.20.13b)** erzeugt.

21 Tabellen

21.1 Häufig gebrauchte Konstanten

π	3,141592654	
$1^\circ = \dfrac{\pi}{180}$	0,017453293	
$1' = \dfrac{\pi}{10800}$	0,000290888	
$1'' = \dfrac{\pi}{648000}$	0,000004848	
1 rad=1	57,29577951°	
$1^\circ/_\circ$	0,01	
$1^\circ/_{\circ\circ}$	0,001	
e	2,718281828	
$\lg e = M$	0,434294482	
$\ln 10 = \dfrac{1}{M}$	2,302585093	
C	0,577215665	Eulersche Konstante

21.2 Naturkonstanten

Die Tabelle enthält diejenigen physikalischen Werte, die in der Veröffentlichung „Die Festlegung der fundamentalen physikalischen Konstanten 1986“ (E.R. Cohen und B.N. Taylor, Review of Modern Physics, Vol. 59, No. 4, Oktober 1987) enthalten sind und auf dem CODATA Bulletin No. 63, November 1986 basieren.

Die Zahlen in den runden Klammern stellen die Standardabweichung der letzten Ziffern des Wertes dar.

Avogadro–Konstante	N_A	$= 6,022\,136\,7(36) \cdot 10^{23}\,\mathrm{mol}^{-1}$
Atomare Masseneinheit	m_u	$= 1\mathrm{u} = (\mathrm{g\,mol}^{-1})/N_A = 1,660\,540\,2(10) \cdot 10^{-27}\,\mathrm{kg}$
		$= 931,494\,32(28)\ \mathrm{MeV}c^{-2} = 1822{,}89\ m_e$
Bohrsches Magneton	μ_B	$= e\hbar/2m_e = 9,274\,015\,4(31) \cdot 10^{-24}\ \mathrm{JT}^{-1}$
		$= 5,788\,382\,63(52) \cdot 10^{-5}\ \mathrm{eVT}^{-1}$
Bohrscher Radius	a_0	$= \hbar^2/E_0(e)e^2 = r_e/\alpha^2 = 0,529\,177\,249(24) \cdot 10^{-10}\ \mathrm{m}$
Boltzmann–Konstante	k	$= R_0/N_A = 1,380\,658(12) \cdot 10^{-23}\ \mathrm{JK}^{-1}$
		$= 8,617\,385(73) \cdot 10^{-5}\ \mathrm{eVK}^{-1}$
Compton–Wellenlänge	λ_c	$= \hbar/mc$
des Elektrons	λ_e	$= 3,861\,593\,23(35) \cdot 10^{-13}\ \mathrm{m}$
des Neutrons	λ_n	$= 2,100\,194\,45(19) \cdot 10^{-16}\ \mathrm{m}$
des Protons	λ_p	$= 2,103\,089\,37(19) \cdot 10^{-16}\ \mathrm{m}$
Elementarladung	e	$= 1,602\,177\,33(49) \cdot 10^{-19}\ \mathrm{C}$
	e/h	$= 2,417\,988\,36(72) \cdot 10^{14}.\mathrm{AJ}^{-1}$
Fallbeschleunigung	g_n	$= 9,806\,65\ \mathrm{ms}^{-2}$
Faraday–Konstante	F	$= N_Ae = 96\,485,309(29)\ \mathrm{Cmol}^{-1}$
Feinstrukturkonstante	α	$= \mu_0ce^2/2h = 7,297\,353\,08(33) \cdot 10^{-3}$
	$1/\alpha$	$= 137,035\,989\,5(61)$
Gaskonstante, universelle	R_0	$= N_Ak = 8,314\,510(70)\ \mathrm{Jmol}^{-1}\mathrm{K}^{-1}$
Gravitationskonstante	G	$= 6,672\,59(85) \cdot 10^{-11}\ \mathrm{m}^3\mathrm{kg}^{-1}\mathrm{s}^{-2}$
Induktionskonstante	μ_0	$= 4\pi \times 10^{-7}\ \mathrm{NA}^{-2} = 12,566\,370\,614\ldots \cdot 10^{-7}\ \mathrm{NA}^{-2}$

Influenzkonstante	ε_0	$= 1/\mu_0 c^2 = 8,854\,187\,817\ldots \cdot 10^{-12}$ Fm^{-1}
Kernmagneton	μ_k	$= e\hbar/2m_p = 5,050\,786\,6(17) \cdot 10^{-27}$ JT^{-1}
		$= 3,152\,451\,66(28) \cdot 10^{-8}$ eVT^{-1}
Kernradius	R	$= r_0 A^{1/3}$; $r_0 = (1,2 \ldots 1,4)$ fm; $1 \leq A \leq 250$:
		$r_0 \leq R \leq 9$ fm
klassischer Elektronenradius	r_e	$= \alpha^2 a_0 = 2,817\,940\,92(38) \cdot 10^{-15}$ m
Lichtgeschwindigkeit im Vakuum	c	$= 299\,792\,458$ ms^{-1}
Loschmidt–Konstante	n_0	$= N_A/V_m = 2,686\,763(23) \cdot 10^{25}$ m^{-3}
Magische Zahlen	N_m, Z_m	$= 2, 8, 20, 28, 50, 82$;
	N_m	$= 126$, eventuell 184; $Z_m =$ eventuell 114, 126
Magnetisches Moment		
des Elektrons	μ_e	$= 1,001\,159\,652\,193(10)\mu_B = 928,477\,01(31) \cdot 10^{-26}$ JT^{-1}
des Protons	μ_p	$= +2,792\,847\,386(63)\mu_k = 1,410\,607\,61(47) \cdot 10^{-26}$ JT^{-1}
des Neutrons	μ_n	$= -1,913\,042\,75(45)\mu_k = 0,966\,237\,07(40) \cdot 10^{-26}$ JT^{-1}
Molarvolumen	V_m	$= R_0 T_0/p_0 = 0,022\,414\,10(19)$ m^{3}mol^{-1}
Plancksches Wirkungsquantum	h	$= 6,626\,075\,5(40) \cdot 10^{-34}$ Js $= 4,135\,669\,2(12) \cdot 10^{-15}$ eVs
	$\hbar$	$= h/2\pi = 1,054\,572\,66(63) \cdot 10^{-34}$ Js
		$= 6,582\,122\,0(20) \cdot 10^{-16}$ eVs
Ruhemasse		
des Elektrons	m_e	$= 9,109\,389\,7(54) \cdot 10^{-31}$ kg $= 5,485\,799\,03(13) \cdot 10^{-4}$ u
des Protons	m_p	$= 1,672\,623\,1(10) \cdot 10^{-27}$ kg $= 1\,836,152\,701(37)m_e$
		$= 1,007\,276\,470(12)$ u
des Neutrons	m_n	$= 1,674\,928\,6(10) \cdot 10^{-27}$ kg $= 1\,838,683\,662(40)m_e$
		$= 1,008\,664\,904(14)$ u
des Myons	$m_{\mu^\pm}$	$= 1,883\,532\,7(11) \cdot 10^{-28}$ kg $= 206,768\,262(30)m_e$
		$= 0,113\,428\,913(17)$ u
des Pions	$m_{\pi^\pm}$	$= 2,488 \cdot 10^{-28}$ kg $= 273,19m_e$
	m_{π^0}	$= 2,406 \cdot 10^{-28}$ kg $= 264,20m_e$
Ruhenergie		
des Elektrons	$E_0(e)$	$= 0,510\,999\,06(15)$ MeV
des Protons	$E_0(p)$	$= 938,272\,31(28)$ MeV
des Neutrons	$E_0(n)$	$= 939,565\,63(28)$ MeV
des Myons	$E_0(\mu^\pm)$	$= 105,658\,389(34)$ MeV
des Pions	$E_0(\pi^\pm)$	$= 139,57$ MeV
	$E_0(\pi^0)$	$= 134,972$ MeV
der atomaren Masseneinheit	$E_0(u)$	$= 931,494\,32(28)$ MeV
Rydberg–Konstante	R_∞	$= \mu_0{}^2 m e^4 c^3/8h^3 = 10\,973\,731,534(13)$ m^{-1}
Rydberg–Energie	hcr_∞	$= 13,605\,698\,1(40)$ eV
Stefan–Boltzmann–Konstante	σ	$= (\pi^2/60)k^4/\hbar^3 c^2 = 5,670\,51(19) \cdot 10^{-8}$ Wm^{-2}K^{-4}
Thomson–Querschnitt	σ_0	$= 8\pi r_e{}^2/3 = 0,665\,246\,16(18) \cdot 10^{-28}$ m^2
Wechselwirkungskonstanten		
der starken Wechselwirkung	α_k	$= 0,08 \ldots 14$
der elektrom. Wechselwirkung	α_C	$= 1/137$
der schwachen Wechselwirkung	α_F	$= 3 \cdot 10^{-12}$
der Gravitationswechselwirkung	α_G	$= 5,1 \cdot 10^{-39}$
Wellenwiderstand des Vakuums	Z_0	$= 376,730\,3\,\Omega$

21.3 Potenzreihenentwicklungen

Funktion	Potenzreihenentwicklungen	Konvergenzbereich
	Algebraische Funktionen	
	Binomische Reihe	
$(a \pm x)^m$	Nach Umformung auf die Gestalt $a^m\left(1 \pm \frac{x}{a}\right)^m$ wird man auf die nachfolgenden Reihen geführt:	$\lvert x\rvert \leq a$ für $m > 0$; $\lvert x\rvert < a$ für $m < 0$
	Binomische Reihe mit positiven Exponenten	
$(1 \pm x)^m$ $(m > 0)$	$1 \pm mx + \frac{m(m-1)}{2!}x^2 \pm \frac{m(m-1)(m-2)}{3!}x^3 + \cdots + (\pm 1)^n \frac{m(m-1)\ldots(m-n+1)}{n!}x^n + \cdots$	$\lvert x\rvert \leq 1$
$(1 \pm x)^{\frac{1}{4}}$	$1 \pm \frac{1}{4}x - \frac{1\cdot 3}{4\cdot 8}x^2 \pm \frac{1\cdot 3\cdot 7}{4\cdot 8\cdot 12}x^3 - \frac{1\cdot 3\cdot 7\cdot 11}{4\cdot 8\cdot 12\cdot 16}x^4 \pm \cdots$	$\lvert x\rvert \leq 1$
$(1 \pm x)^{\frac{1}{3}}$	$1 \pm \frac{1}{3}x - \frac{1\cdot 2}{3\cdot 6}x^2 \pm \frac{1\cdot 2\cdot 5}{3\cdot 6\cdot 9}x^3 - \frac{1\cdot 2\cdot 5\cdot 8}{3\cdot 6\cdot 9\cdot 12}x^4 \pm \cdots$	$\lvert x\rvert \leq 1$
$(1 \pm x)^{\frac{1}{2}}$	$1 \pm \frac{1}{2}x - \frac{1\cdot 1}{2\cdot 4}x^2 \pm \frac{1\cdot 1\cdot 3}{2\cdot 4\cdot 6}x^3 - \frac{1\cdot 1\cdot 3\cdot 5}{2\cdot 4\cdot 6\cdot 8}x^4 \pm \cdots$	$\lvert x\rvert \leq 1$
$(1 \pm x)^{\frac{3}{2}}$	$1 \pm \frac{3}{2}x + \frac{3\cdot 1}{2\cdot 4}x^2 \mp \frac{3\cdot 1\cdot 1}{2\cdot 4\cdot 6}x^3 + \frac{3\cdot 1\cdot 1\cdot 3}{2\cdot 4\cdot 6\cdot 8}x^4 \mp \cdots$	$\lvert x\rvert \leq 1$
$(1 \pm x)^{\frac{5}{2}}$	$1 \pm \frac{5}{2}x + \frac{5\cdot 3}{2\cdot 4}x^2 \pm \frac{5\cdot 3\cdot 1}{2\cdot 4\cdot 6}x^3 - \frac{5\cdot 3\cdot 1\cdot 1}{2\cdot 4\cdot 6\cdot 8}x^4 \mp \cdots$	$\lvert x\rvert \leq 1$
	Binomische Reihe mit negativen Exponenten	
$(1 \pm x)^{-m}$ $(m > 0)$	$1 \mp mx + \frac{m(m+1)}{2!}x^2 \mp \frac{m(m+1)(m+2)}{3!}x^3 + \cdots + (\mp 1)^n \frac{m(m+1)\ldots(m+n-1)}{n!}x^n + \cdots$	$\lvert x\rvert < 1$
$(1 \pm x)^{-\frac{1}{4}}$	$1 \mp \frac{1}{4}x + \frac{1\cdot 5}{4\cdot 8}x^2 \mp \frac{1\cdot 5\cdot 9}{4\cdot 8\cdot 12}x^3 + \frac{1\cdot 5\cdot 9\cdot 13}{4\cdot 8\cdot 12\cdot 16}x^4 \mp \cdots$	$\lvert x\rvert < 1$
$(1 \pm x)^{-\frac{1}{3}}$	$1 \mp \frac{1}{3}x + \frac{1\cdot 4}{3\cdot 6}x^2 \mp \frac{1\cdot 4\cdot 7}{3\cdot 6\cdot 9}x^3 + \frac{1\cdot 4\cdot 7\cdot 10}{3\cdot 6\cdot 9\cdot 12}x^4 \mp \cdots$	$\lvert x\rvert < 1$
$(1 \pm x)^{-\frac{1}{2}}$	$1 \mp \frac{1}{2}x + \frac{1\cdot 3}{2\cdot 4}x^2 \mp \frac{1\cdot 3\cdot 5}{2\cdot 4\cdot 6}x^3 + \frac{1\cdot 3\cdot 5\cdot 7}{2\cdot 4\cdot 6\cdot 8}x^4 \mp \cdots$	$\lvert x\rvert < 1$
$(1 \pm x)^{-1}$	$1 \mp x + x^2 \mp x^3 + x^4 \mp \cdots$	$\lvert x\rvert < 1$
$(1 \pm x)^{-\frac{3}{2}}$	$1 \mp \frac{3}{2}x + \frac{3\cdot 5}{2\cdot 4}x^2 \mp \frac{3\cdot 5\cdot 7}{2\cdot 4\cdot 6}x^3 + \frac{3\cdot 5\cdot 7\cdot 9}{2\cdot 4\cdot 6\cdot 8}x^4 \mp \cdots$	$\lvert x\rvert < 1$
$(1 \pm x)^{-2}$	$1 \mp 2x + 3x^2 \mp 4x^3 + 5x^4 \mp \cdots$	$\lvert x\rvert < 1$

Funktion	Potenzreihenentwicklungen	Konvergenzbereich
$(1 \pm x)^{-\frac{5}{2}}$	$1 \mp \frac{5}{2}x + \frac{5 \cdot 7}{2 \cdot 4}x^2 \mp \frac{5 \cdot 7 \cdot 9}{2 \cdot 4 \cdot 6}x^3 + \frac{5 \cdot 7 \cdot 9 \cdot 11}{2 \cdot 4 \cdot 6 \cdot 8}x^4 \mp \cdots$	$\|x\| < 1$
$(1 \pm x)^{-3}$	$1 \mp \frac{1}{1 \cdot 2}(2 \cdot 3x \mp 3 \cdot 4x^2 + 4 \cdot 5x^3 \mp 5 \cdot 6x^4 + \cdots)$	$\|x\| < 1$
$(1 \pm x)^{-4}$	$1 \mp \frac{1}{1 \cdot 2 \cdot 3}(2 \cdot 3 \cdot 4x \mp 3 \cdot 4 \cdot 5x^2$ $+4 \cdot 5 \cdot 6x^3 \mp 5 \cdot 6 \cdot 7x^4 + \cdots)$	$\|x\| < 1$
$(1 \pm x)^{-5}$	$1 \mp \frac{1}{1 \cdot 2 \cdot 3 \cdot 4}(2 \cdot 3 \cdot 4 \cdot 5x \mp 3 \cdot 4 \cdot 5 \cdot 6x^2$ $+4 \cdot 5 \cdot 6 \cdot 7x^3 \mp 5 \cdot 6 \cdot 7 \cdot 8x^4 + \cdots)$	$\|x\| < 1$
	Trigonometrische Funktionen	
$\sin x$	$x - \frac{x^3}{3!} + \frac{x^5}{5!} - \cdots + (-1)^n \frac{x^{2n+1}}{(2n+1)!} \pm \cdots$	$\|x\| < \infty$
$\sin(x+a)$	$\sin a + x \cos a - \frac{x^2 \sin a}{2!} - \frac{x^3 \cos a}{3!}$ $+ \frac{x^4 \sin a}{4!} + \cdots + \frac{x^n \sin\left(a + \frac{n\pi}{2}\right)}{n!} \cdots$	$\|x\| < \infty$
$\cos x$	$1 - \frac{x^2}{2!} + \frac{x^4}{4!} - \frac{x^6}{6!} + \cdots + (-1)^n \frac{x^{2n}}{(2n)!} \pm$	$\|x\| < \infty$
$\cos(x+a)$	$\cos a - x \sin a - \frac{x^2 \cos a}{2!} + \frac{x^3 \sin a}{3!}$ $+ \frac{x^4 \cos a}{4!} - \cdots + \frac{x^n \cos\left(a + \frac{n\pi}{2}\right)}{n!} \pm \cdots$	$\|x\| < \infty$
$\tan x$	$x + \frac{1}{3}x^3 + \frac{2}{15}x^5 + \frac{17}{315}x^7 + \frac{62}{2835}x^9 + \cdots$ $+ \frac{2^{2n}(2^{2n}-1)B_n}{(2n)!}x^{2n-1} + \cdots$	$\|x\| < \frac{\pi}{2}$
$\cot x$	$\frac{1}{x} - \left[\frac{x}{3} + \frac{x^3}{45} + \frac{2x^5}{945} + \frac{x^7}{4725} + \cdots\right.$ $\left. + \frac{2^{2n}B_n}{(2n)!}x^{2n-1} + \cdots\right]$	$0 < \|x\| < \pi$
$\sec x$	$1 + \frac{1}{2}x^2 + \frac{5}{24}x^4 + \frac{61}{720}x^6 + \frac{277}{8064}x^8 + \cdots$ $+ \frac{E_n}{(2n)!}x^{2n} + \cdots$	$\|x\| < \frac{\pi}{2}$

Funktion	Potenzreihenentwicklungen	Konvergenzbereich
$\operatorname{cosec} x$	$\frac{1}{x} + \frac{1}{6}x + \frac{7}{360}x^3 + \frac{31}{15120}x^5 + \frac{127}{604800}x^7 + \cdots + \frac{2(2^{2n-1}-1)}{(2n)!}B_n x^{2n-1}$	$0 < \|x\| < \pi$
	Exponentialfunktionen	
e^x	$1 + \frac{x}{1!} + \frac{x^2}{2!} + \frac{x^3}{3!} + \cdots + \frac{x^n}{n!} + \cdots$	$\|x\| < \infty$
$a^x = e^{x \ln a}$	$1 + \frac{x \ln a}{1!} + \frac{(x \ln a)^2}{2!} + \frac{(x \ln a)^3}{3!} + \cdots + \frac{(x \ln a)^n}{n!} + \cdots$	$\|x\| < \infty$
$\frac{x}{e^x - 1}$	$1 - \frac{x}{2} + \frac{B_1 x^2}{2!} - \frac{B_2 x^4}{4!} + \frac{B_3 x^6}{6!} - \cdots + (-1)^{n+1} \frac{B_n x^{2n}}{(2n)!} \pm \cdots$	$\|x\| < 2\pi$
	Logarithmische Funktionen	
$\ln x$	$2\left[\frac{x-1}{x+1} + \frac{(x-1)^3}{3(x+1)^3} + \frac{(x-1)^5}{5(x+1)^5} + \cdots + \frac{(x-1)^{2n+1}}{(2n+1)(x+1)^{2n+1}} + \cdots\right]$	$x > 0$
$\ln x$	$(x-1) - \frac{(x-1)^2}{2} + \frac{(x-1)^3}{3} - \frac{(x-1)^4}{4} + \cdots + (-1)^{n+1} \frac{(x-1)^n}{n} \pm \cdots$	$0 < x \leq 2$
$\ln x$	$\frac{x-1}{x} + \frac{(x-1)^2}{2x^2} + \frac{(x-1)^3}{3x^3} + \cdots + \frac{(x-1)^n}{nx^n} + \cdots$	$x > \frac{1}{2}$
$\ln(1+x)$	$x - \frac{x^2}{2} + \frac{x^3}{3} - \frac{x^4}{4} + \cdots + (-1)^{n+1} \frac{x^n}{n} \pm \cdots$	$-1 < x \leq 1$
$\ln(1-x)$	$-\left[x + \frac{x^2}{2} + \frac{x^3}{3} + \frac{x^4}{4} + \frac{x^5}{5} + \cdots + \frac{x^n}{n} + \cdots\right]$	$-1 \leq x < 1$
$\ln\left(\frac{1+x}{1-x}\right) = 2 \operatorname{Artanh} x$	$2\left[x + \frac{x^3}{3} + \frac{x^5}{5} + \frac{x^7}{7} + \cdots + \frac{x^{2n+1}}{2n+1} + \cdots\right]$	$\|x\| < 1$

Funktion	Potenzreihenentwicklungen	Konvergenzbereich
$\ln\left(\frac{x+1}{x-1}\right)$ $= 2 \operatorname{Arcoth} x$	$2\left[\frac{1}{x}+\frac{1}{3x^3}+\frac{1}{5x^5}+\frac{1}{7x^7}+\cdots+\frac{1}{(2n+1)\,x^{2n+1}}+\cdots\right]$	$\|x\| > 1$
$\ln\|\sin x\|$	$\ln\|x\| - \frac{x^2}{6} - \frac{x^4}{180} - \frac{x^6}{2835} - \cdots - \frac{2^{2n-1} B_n\, x^{2n}}{n\,(2n)\,!} - \cdots$	$0 < \|x\| < \pi$
$\ln\cos x$	$-\frac{x^2}{2} - \frac{x^4}{12} - \frac{x^6}{45} - \frac{17x^8}{2520} - \cdots - \frac{2^{2n-1}(2^{2n}-1)B_n\, x^{2n}}{n(2n)\,!} - \cdots$	$\|x\| < \frac{\pi}{2}$
$\ln\|\tan x\|$	$\ln\|x\| + \frac{1}{3}x^2 + \frac{7}{90}x^4 + \frac{62}{2835}x^6 + \cdots + \frac{2^{2n}(2^{2n-1}-1)B_n}{n(2n)\,!}x^{2n} + \cdots$	$0 < \|x\| < \frac{\pi}{2}$
	Inverse trigonometrische Funktionen	
$\arcsin x$	$x + \frac{x^3}{2\cdot 3} + \frac{1\cdot 3\,x^5}{2\cdot 4\cdot 5} + \frac{1\cdot 3\cdot 5\,x^7}{2\cdot 4\cdot 6\cdot 7} + \cdots + \frac{1\cdot 3\cdot 5\cdots(2n-1)\,x^{2n+1}}{2\cdot 4\cdot 6\cdots(2n)(2n+1)} + \cdots$	$\|x\| < 1$
$\arccos x$	$\frac{\pi}{2} - \left[x + \frac{x^3}{2\cdot 3} + \frac{1\cdot 3\,x^5}{2\cdot 4\cdot 5} + \frac{1\cdot 3\cdot 5\,x^7}{2\cdot 4\cdot 6\cdot 7} + \cdots + \frac{1\cdot 3\cdot 5\cdots(2n-1)\,x^{2n+1}}{2\cdot 4\cdot 6\cdots(2n)(2n+1)} + \cdots\right]$	$\|x\| < 1$
$\arctan x$	$x - \frac{x^3}{3} + \frac{x^5}{5} - \frac{x^7}{7} + \cdots + (-1)^n\frac{x^{2n+1}}{2n+1} \pm \cdots$	$\|x\| < 1$
$\arctan x$	$\pm\frac{\pi}{2} - \frac{1}{x} + \frac{1}{3\,x^3} - \frac{1}{5\,x^5} + \frac{1}{7\,x^7} - \cdots + (-1)^{n+1}\frac{1}{(2n+1)\,x^{2n+1}} \pm \cdots$	$\|x\| > 1$
$\operatorname{arccot} x$	$\frac{\pi}{2} - \left[x - \frac{x^3}{3} + \frac{x^5}{5} - \frac{x^7}{7} + \cdots + (-1)^n\frac{x^{2n+1}}{2n+1} \pm \cdots\right]$	$\|x\| < 1$

Funktion	Potenzreihenentwicklungen	Konvergenzbereich
	Hyperbelfunktionen	
$\sinh x$	$x+\frac{x^3}{3!}+\frac{x^5}{5!}+\frac{x^7}{7!}+\cdots+\frac{x^{2n+1}}{(2n+1)!}+\cdots$	$\|x\|<\infty$
$\cosh x$	$1+\frac{x^2}{2!}+\frac{x^4}{4!}+\frac{x^6}{6!}+\cdots+\frac{x^{2n}}{(2n)!}+\cdots$	$\|x\|<\infty$
$\tanh x$	$x-\frac{1}{3}x^3+\frac{2}{15}x^5-\frac{17}{315}x^7+\frac{62}{2835}x^9-\cdots$	
	$+\frac{(-1)^{n+1}\,2^{2n}(2^{2n}-1)}{(2n)!}B_n x^{2n-1}\pm\cdots$	$\|x\|<\frac{\pi}{2}$
$\coth x$	$\frac{1}{x}+\frac{x}{3}-\frac{x^3}{45}+\frac{2x^5}{945}-\frac{x^7}{4725}+\cdots$	
	$+\frac{(-1)^{n+1}\,2^{2n}}{(2n)!}B_n x^{2n-1}\pm\cdots$	$0<\|x\|<\pi$
$\operatorname{sech} x$	$1-\frac{1}{2!}x^2+\frac{5}{4!}x^4-\frac{61}{6!}x^6+\frac{1385}{8!}x^8-\cdots$	
	$+\frac{(-1)^n}{(2n)!}E_n x^{2n}\pm\cdots$	$\|x\|<\frac{\pi}{2}$
$\operatorname{cosech} x$	$\frac{1}{x}-\frac{x}{6}+\frac{7x^3}{360}-\frac{31x^5}{15120}+\cdots$	
	$+\frac{2(-1)^n\,(2^{2n-1}-1)}{(2n)!}B_n x^{2n-1}+\cdots$	$0<\|x\|<\pi$
	Areafunktionen	
$\operatorname{Arsinh} x$	$x-\frac{1}{2\cdot 3}x^3+\frac{1\cdot 3}{2\cdot 4\cdot 5}x^5-\frac{1\cdot 3\cdot 5}{2\cdot 4\cdot 6\cdot 7}x^7+\cdots$	
	$+(-1)^n\cdot\frac{1\cdot 3\cdot 5\cdots(2n-1)}{2\cdot 4\cdot 6\cdots 2n\,(2n+1)}x^{2n+1}\pm\cdots$	$\|x\|<1$
$\operatorname{Arcosh} x$	$\pm\left[\ln(2x)-\frac{1}{2\cdot 2x^2}-\frac{1\cdot 3}{2\cdot 4\cdot 4x^4}-\frac{1\cdot 3\cdot 5}{2\cdot 4\cdot 6x^6}-\cdots\right]$	$x>1$
$\operatorname{Artanh} x$	$x+\frac{x^3}{3}+\frac{x^5}{5}+\frac{x^7}{7}+\cdots+\frac{x^{2n+1}}{2n+1}+\cdots$	$\|x\|<1$
$\operatorname{Arcoth} x$	$\frac{1}{x}+\frac{1}{3x^3}+\frac{1}{5x^5}+\frac{1}{7x^7}+\cdots+\frac{1}{(2n+1)\,x^{2n+1}}+\cdots$	$\|x\|>1$

21.4 Fourier–Entwicklungen

1. $y = x$ für $0 < x < 2\pi$

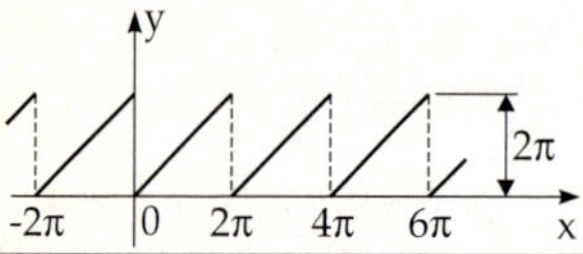

$$y = \pi - 2\left(\frac{\sin x}{1} + \frac{\sin 2x}{2} + \frac{\sin 3x}{3} + \cdots\right)$$

2. $y = x$ für $0 \leq x \leq \pi$

   $y = 2\pi - x$ für $\pi < x \leq 2\pi$

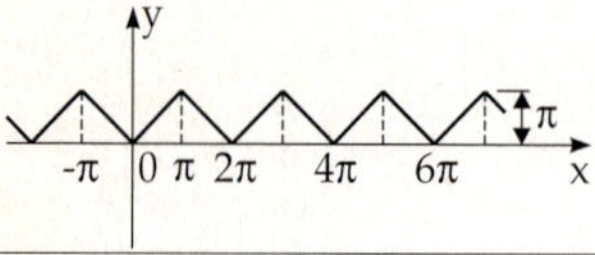

$$y = \frac{\pi}{2} - \frac{4}{\pi}\left(\cos x + \frac{\cos 3x}{3^2} + \frac{\cos 5x}{5^2} + \cdots\right)$$

3. $y = x$ für $-\pi < x < \pi$

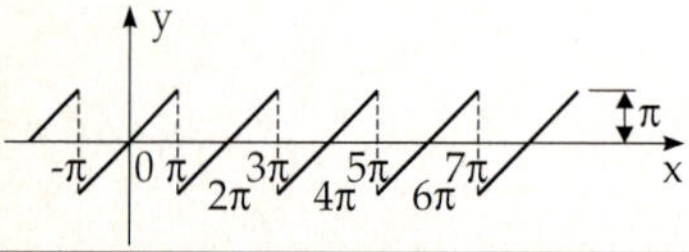

$$y = 2\left(\frac{\sin x}{1} - \frac{\sin 2x}{2} + \frac{\sin 3x}{3} - \cdots\right)$$

4. $y = x$ für $-\frac{\pi}{2} \leq x \leq \frac{\pi}{2}$

   $y = \pi - x$ für $\frac{\pi}{2} \leq x \leq \frac{3\pi}{2}$

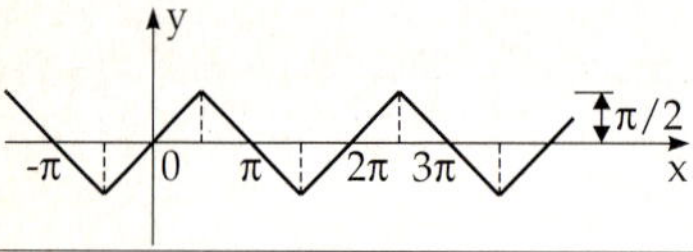

$$y = \frac{4}{\pi}\left(\sin x - \frac{\sin 3x}{3^2} + \frac{\sin 5x}{5^2} - \cdots\right)$$

5. $y = a$ für $0 < x < \pi$

   $y = -a$ für $\pi < x < 2\pi$

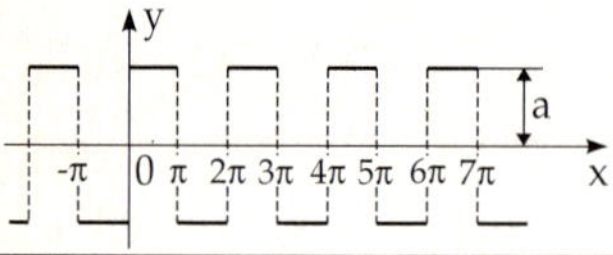

$$y = \frac{4a}{\pi}\left(\sin x + \frac{\sin 3x}{3} + \frac{\sin 5x}{5} + \cdots\right)$$

6. $y = 0$ für $0 \leq x < \alpha$ und für $\pi - \alpha < x \leq \pi + \alpha$ und $2\pi - \alpha < x \leq 2\pi$
$y = a$ für $\alpha < x < \pi - \alpha$; $y = -a$ für $\pi + \alpha < x \leq 2\pi - \alpha$

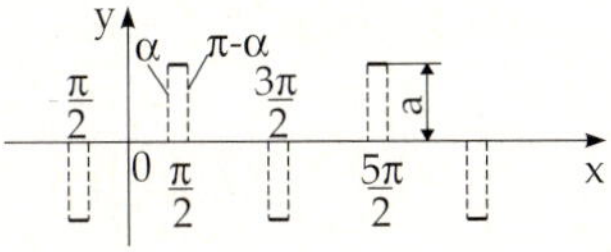

$$y = \frac{4a}{\pi}\left(\cos\alpha\sin x + \frac{1}{3}\cos 3\alpha\sin 3x + \frac{1}{5}\cos 5\alpha\sin 5x + \cdots\right)$$

7. $y = \dfrac{ax}{\alpha}$ für $-a \leq x \leq a$
$y = a$ für $\alpha \leq x \leq \pi - \alpha$,
$y = \dfrac{a(\pi - x)}{\alpha}$ für $\pi - \alpha \leq x \leq \pi + \alpha$,
$y = -a$ für $\pi + \alpha \leq x \leq 2\pi - \alpha$

$$y = \frac{4}{\pi}\frac{a}{\alpha}\left(\sin\alpha\sin x + \frac{1}{3^2}\sin 3\alpha\sin 3x + \frac{1}{5^2}\sin 5\alpha\sin 5x + \cdots\right)$$

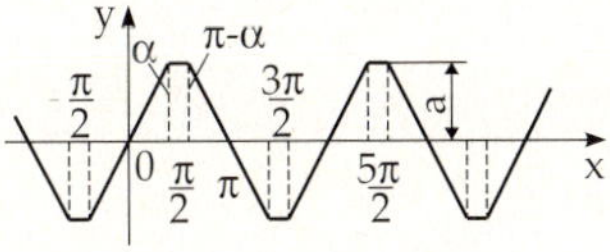

Insbesondere gilt für $\alpha = \dfrac{\pi}{3}$: $\quad y = \dfrac{6\sqrt{3}a}{\pi^2}\left(\sin x - \dfrac{1}{5^2}\sin 5x + \dfrac{1}{7^2}\sin 7x - \dfrac{1}{11^2}\sin 11x + \cdots\right)$

8. $y = x^2$ für $-\pi \leq x \leq \pi$

$$y = \frac{\pi^2}{3} - 4\left(\frac{\cos x}{1} - \frac{\cos 2x}{2^2} + \frac{\cos 3x}{3^2} - \cdots\right)$$

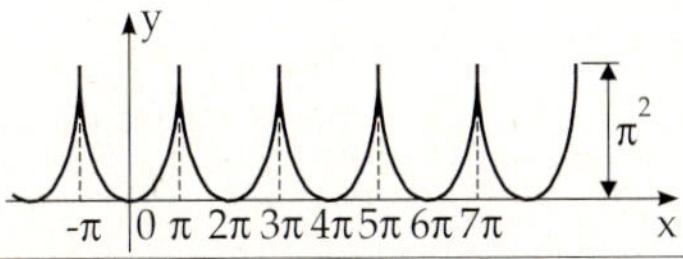

9. $y = x(\pi - x)$ für $0 \leq x \leq \pi$

$$y = \frac{\pi^2}{6} - \left(\frac{\cos 2x}{1^2} + \frac{\cos 4x}{2^2} + \frac{\cos 6x}{3^2} + \cdots\right)$$

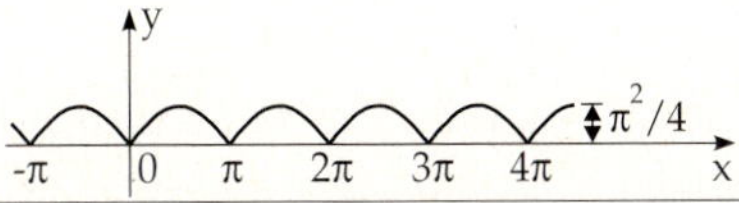

10. $y = x(\pi - x)$ für $0 \leq x \leq \pi$
$y = (\pi - x)(2\pi - x)$ für $\pi \leq x \leq 2\pi$

$$y = \frac{8}{\pi}\left(\sin x + \frac{1}{3^3}\sin 3x + \frac{1}{5^3}\sin 5x + \cdots\right)$$

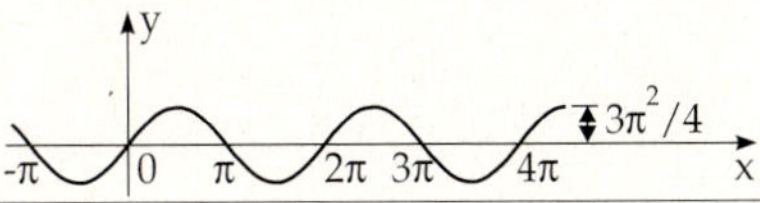

11. $y = \sin x$ für $0 \le x \le \pi$

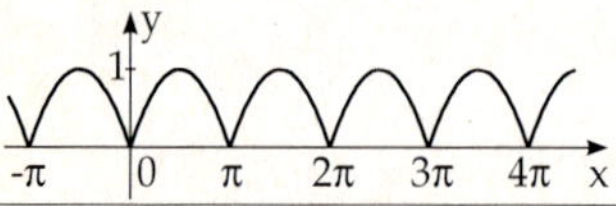

$$y = \frac{2}{\pi} - \frac{4}{\pi}\left(\frac{\cos 2x}{1 \cdot 3} + \frac{\cos 4x}{3 \cdot 5} + \frac{\cos 6x}{5 \cdot 7} + \cdots\right)$$

---

12. $y = \cos x$ für $0 < x < \pi$

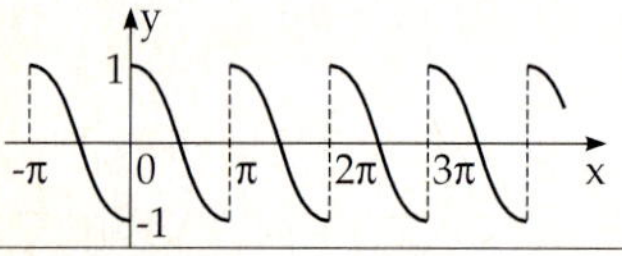

$$y = \frac{4}{\pi}\left(\frac{2 \sin 2x}{1 \cdot 3} + \frac{4 \sin 4x}{3 \cdot 5} + \frac{6 \sin 6x}{5 \cdot 7} + \cdots\right)$$

---

13. $y = \sin x$ für $0 \le x \le \pi$

$y = 0$ für $\pi \le x \le 2\pi$

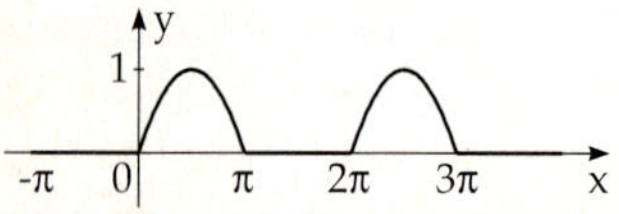

$$y = \frac{1}{\pi} + \frac{1}{2}\sin x - \frac{2}{\pi}\left(\frac{\cos 2x}{1 \cdot 3} + \frac{\cos 4x}{3 \cdot 5} + \frac{\cos 6x}{5 \cdot 7} + \cdots\right)$$

---

14. $y = \cos ux$ für $-\pi \le x \le \pi$

$$y = \frac{2u \sin u\pi}{\pi}\left[\frac{1}{2u^2} - \frac{\cos x}{u^2 - 1} + \frac{\cos 2x}{u^2 - 4} - \frac{\cos 3x}{u^2 - 9} + \cdots\right]$$

(u eine beliebige, jedoch nicht ganze Zahl)

---

15. $y = \sin ux$ für $-\pi < x < \pi$

$$y = \frac{2 \sin u\pi}{\pi}\left(\frac{\sin x}{1 - u^2} - \frac{2 \sin 2x}{4 - u^2} + \frac{3 \sin 3x}{9 - u^2} + \cdots\right)$$

(u eine beliebige, jedoch nicht ganze Zahl)

---

16. $y = x \cos x$ für $-\pi < x < \pi$

$$y = -\frac{1}{2}\sin x + \frac{4 \sin 2x}{2^2 - 1} - \frac{6 \sin 3x}{3^2 - 1} + \frac{8 \sin 4x}{4^2 - 1} - \cdots$$

---

17. $y = -\ln\left(2 \sin \frac{x}{2}\right)$ für $0 < x \le \pi$

$$y = \cos x + \frac{1}{2}\cos 2x + \frac{1}{3}\cos 3x + \cdots$$

---

18. $y = \ln\left(2 \cos \frac{x}{2}\right)$ für $0 \le x < \pi$

$$y = \cos x - \frac{1}{2}\cos 2x + \frac{1}{3}\cos 3x - \cdots$$

---

19. $y = \frac{1}{2}\ln\,\cot \frac{x}{2}$ für $0 < x < \pi$

$$y = \cos x + \frac{1}{3}\cos 3x + \frac{1}{5}\cos 5x + \cdots$$

21.5 Unbestimmte Integrale

Hinweise zur Nutzung der Tabellen s. S. 422).

21.5.1 Integrale rationaler Funktionen

21.5.1.1 Integrale mit $X = ax + b$

Bezeichnung: $X = ax + b$

1. $\int X^n \, dx = \frac{1}{a(n+1)} X^{n+1} \qquad (n \neq -1);$ (für $n = -1$ s. Nr.2).

2. $\int \frac{dx}{X} = \frac{1}{a} \ln X.$

3. $\int x X^n \, dx = \frac{1}{a^2(n+2)} X^{n+2} - \frac{b}{a^2(n+1)} X^{n+1}$
$(n \neq -1, \neq -2);$ (für $n = -1\,, = -2$ s. Nr.5 und 6).

4. $\int x^m X^n \, dx = \frac{1}{a^{m+1}} \int (X-b)^m X^n \, dx \qquad (n \neq -1, \neq -2, \ldots, \neq -m).$

Das Integral wird für $m < n$ oder bei ganzzahligem m und gebrochenem n angewandt; in diesem Fällen wird $(X-b)^m$ nach dem binomischen Lehrsatz (s. S. 11 entwickelt.

5 $\int \frac{x\,dx}{X} = \frac{x}{a} - \frac{b}{a^2} \ln X.$

6. $\int \frac{x\,dx}{X^2} = \frac{b}{a^2 X} + \frac{1}{a^2} \ln X.$

7. $\int \frac{x\,dx}{X^3} = \frac{1}{a^2} \left(-\frac{1}{X} + \frac{b}{2X^2} \right).$

8. $\int \frac{x\,dx}{X^n} = \frac{1}{a^2} \left(\frac{-1}{(n-2)X^{n-2}} + \frac{b}{(n-1)X^{n-1}} \right) \qquad (n \neq 1, \neq 2).$

9. $\int \frac{x^2\,dx}{X} = \frac{1}{a^3} \left(\frac{1}{2} X^2 - 2bX + b^2 \ln X \right).$

10. $\int \frac{x^2\,dx}{X^2} = \frac{1}{a^2} \left(X - 2b \ln X - \frac{b^2}{X} \right).$

11. $\int \frac{x^2\,dx}{X^3} = \frac{1}{a^3} \left(\ln X + \frac{2b}{X} - \frac{b^2}{2X^2} \right).$

12. $\int \frac{x^2\,dx}{X^n} = \frac{1}{a^3} \left[\frac{-1}{(n-3)X^{n-3}} + \frac{2b}{(n-2)X^{n-2}} - \frac{b^2}{(n-1)X^{n-1}} \right] \qquad (n \neq 1, \neq 2, \neq 3).$

13. $\int \frac{x^3\,dx}{X} = \frac{1}{a^4} \left(\frac{X^3}{3} - \frac{3bX^2}{2} + 3b^2 X - b^3 \ln X \right).$

14. $\int \frac{x^3\,dx}{X^2} = \frac{1}{a^4} \left(\frac{X^2}{2} - 3bX + 3b^2 \ln X + \frac{b^3}{X} \right).$

15. $\int \frac{x^3\,dx}{X^3} = \frac{1}{a^4} \left(X - 3b \ln X - \frac{3b^2}{X} + \frac{b^3}{2X^2} \right).$

16. $\int \frac{x^3\,dx}{X^4} = \frac{1}{a^4}\left(\ln X + \frac{3b}{X} - \frac{3b^2}{2X^2} + \frac{b^3}{3X^3}\right).$

17. $\int \frac{x^3\,dx}{X^n} = \frac{1}{a^4}\left[\frac{-1}{(n-4)X^{n-4}} + \frac{3b}{(n-3)X^{n-3}} - \frac{3b^2}{(n-2)X^{n-2}} + \frac{b^3}{(n-1)X^{n-1}}\right]$

$(n \neq 1, \neq 2, \neq 3, \neq 4).$

18. $\int \frac{dx}{xX} = -\frac{1}{b}\ln\frac{X}{x}.$

19. $\int \frac{dx}{xX^2} = -\frac{1}{b^2}\left(\ln\frac{X}{x} + \frac{ax}{X}\right).$

20. $\int \frac{dx}{xX^3} = -\frac{1}{b^3}\left(\ln\frac{X}{x} + \frac{2ax}{X} - \frac{a^2x^2}{2X^2}\right).$

21. $\int \frac{dx}{xX^n} = -\frac{1}{b^n}\left[\ln\frac{X}{x} - \sum_{i=1}^{n-1}\binom{n-1}{i}\frac{(-a)^i x^i}{iX^i}\right] \quad (n \geq 1).$

22. $\int \frac{dx}{x^2X} = -\frac{1}{bx} + \frac{a}{b^2}\ln\frac{X}{x}.$

23. $\int \frac{dx}{x^2X^2} = -a\left[\frac{1}{b^2X} + \frac{1}{ab^2x} - \frac{2}{b^3}\ln\frac{X}{x}\right].$

24. $\int \frac{dx}{x^2X^3} = -a\left[\frac{1}{2b^2X^2} + \frac{2}{b^3X} + \frac{1}{ab^3x} - \frac{3}{b^4}\ln\frac{X}{x}\right].$

25. $\int \frac{dx}{x^2X^n} = -\frac{1}{b^{n+1}}\left[-\sum_{i=2}^{n}\binom{n}{i}\frac{(-a)^i x^{i-1}}{(i-1)X^{i-1}} + \frac{X}{x} - na\ln\frac{X}{x}\right] \quad (n \geq 2).$

26. $\int \frac{dx}{x^3X} = -\frac{1}{b^3}\left[a^2\ln\frac{X}{x} - \frac{2aX}{x} + \frac{X^2}{2x^2}\right].$

27. $\int \frac{dx}{x^3X^2} = -\frac{1}{b^4}\left[3a^2\ln\frac{X}{x} + \frac{a^3x}{X} + \frac{X^2}{2x^2} - \frac{3aX}{x}\right].$

28. $\int \frac{dx}{x^3X^3} = -\frac{1}{b^5}\left[6a^2\ln\frac{X}{x} + \frac{4a^3x}{X} - \frac{a^4x^2}{2X^2} + \frac{X^2}{2x^2} - \frac{4aX}{x}\right].$

29. $\int \frac{dx}{x^3X^n} = -\frac{1}{b^{n+2}}\left[-\sum_{i=3}^{n+1}\binom{n+1}{i}\frac{(-a)^i x^{i-2}}{(i-2)X^{i-2}} + \frac{a^2X^2}{2x^2} - \frac{(n+1)aX}{x}\right.$

$\left.+\frac{n(n+1)a^2}{2}\ln\frac{X}{x}\right] \quad (n \geq 3).$

30. $\int \frac{dx}{x^mX^n} = -\frac{1}{b^{m+n-1}}\sum_{i=0}^{m+n-2}\binom{m+n-2}{i}\frac{X^{m-i-1}(-a)^i}{(m-i-1)x^{m-i-1}}.$

Wenn der Nenner des Gliedes unter dem Summenzeichen verschwindet, dann ist ein solches Glied durch das folgende zu ersetzen:

$$\binom{m+n-2}{m-1}(-a)^{m-1}\ln\frac{X}{x}.$$

Bezeichnung: $\Delta = bf - ag$

31. $\displaystyle\int \frac{ax+b}{fx+g}\,dx = \frac{ax}{f} + \frac{\Delta}{f^2}\ln(fx+g).$

32. $\displaystyle\int \frac{dx}{(ax+b)(fx+g)} = \frac{1}{\Delta}\ln\frac{fx+g}{ax+b} \qquad (\Delta \neq 0).$

33. $\displaystyle\int \frac{x\,dx}{(ax+b)(fx+g)} = \frac{1}{\Delta}\left[\frac{b}{a}\ln(ax+b) - \frac{g}{f}\ln(fx+g)\right] \qquad (\Delta \neq 0).$

34. $\displaystyle\int \frac{dx}{(ax+b)^2(fx+g)} = \frac{1}{\Delta}\left(\frac{1}{ax+b} + \frac{f}{\Delta}\ln\frac{fx+g}{ax+b}\right) \qquad (\Delta \neq 0).$

35. $\displaystyle\int \frac{x\,dx}{(a+x)(b+x)^2} = \frac{b}{(a-b)(b+x)} - \frac{a}{(a-b)^2}\ln\frac{a+x}{b+x} \qquad (a \neq b).$

36. $\displaystyle\int \frac{x^2\,dx}{(a+x)(b+x)^2} = \frac{b^2}{(b-a)(b+x)} + \frac{a^2}{(b-a)^2}\ln(a+x) + \frac{b^2-2ab}{(b-a)^2}\ln(b+x) \qquad (a \neq b).$

37. $\displaystyle\int \frac{dx}{(a+x)^2(b+x)^2} = \frac{-1}{(a-b)^2}\left(\frac{1}{a+x} + \frac{1}{b+x}\right) + \frac{2}{(a-b)^3}\ln\frac{a+x}{b+x} \qquad (a \neq b).$

38. $\displaystyle\int \frac{x\,dx}{(a+x)^2(b+x)^2} = \frac{1}{(a-b)^2}\left(\frac{a}{a+x} + \frac{b}{b+x}\right) + \frac{a+b}{(a-b)^3}\ln\frac{a+x}{b+x} \qquad (a \neq b).$

39. $\displaystyle\int \frac{x^2\,dx}{(a+x)^2(b+x)^2} = \frac{-1}{(a-b)^2}\left(\frac{a^2}{a+x} + \frac{b^2}{b+x}\right) + \frac{2ab}{(a-b)^3}\ln\frac{a+x}{b+x} \qquad (a \neq b).$

21.5.1.2 Integrale mit $X = ax^2 + bx + c$

Bezeichnungen: $X = ax^2 + bx + c\,;\ \Delta = 4ac - b^2$

40. $\displaystyle\int \frac{dx}{X} = \frac{2}{\sqrt{\Delta}}\arctan\frac{2ax+b}{\sqrt{\Delta}} \qquad (\text{für } \Delta > 0),$

$\displaystyle= -\frac{2}{\sqrt{-\Delta}}\operatorname{Artanh}\frac{2ax+b}{\sqrt{-\Delta}} \qquad (\text{für } \Delta < 0),$

$\displaystyle= \frac{1}{\sqrt{-\Delta}}\ln\frac{2ax+b-\sqrt{-\Delta}}{2ax+b+\sqrt{-\Delta}} \qquad (\text{für } \Delta < 0).$

41. $\displaystyle\int \frac{dx}{X^2} = \frac{2ax+b}{\Delta X} + \frac{2a}{\Delta}\int\frac{dx}{X}$ (s. Nr.40).

42. $\displaystyle\int \frac{dx}{X^3} = \frac{2ax+b}{\Delta}\left(\frac{1}{2X^2} + \frac{3a}{\Delta X}\right) + \frac{6a^2}{\Delta^2}\int\frac{dx}{X}$ (s. Nr.40).

43. $\displaystyle\int \frac{dx}{X^n} = \frac{2ax+b}{(n-1)\Delta X^{n-1}} + \frac{(2n-3)2a}{(n-1)\Delta}\int\frac{dx}{X^{n-1}}.$

44. $\int \frac{x\,dx}{X} = \frac{1}{2a}\ln X - \frac{b}{2a}\int \frac{dx}{X}$ (s. Nr.40).

. $\int \frac{x\,dx}{X^2} = -\frac{bx+2c}{\Delta X} - \frac{b}{\Delta}\int \frac{dx}{X}$ (s. Nr.40).

46. $\int \frac{x\,dx}{X^n} = -\frac{bx+2c}{(n-1)\Delta X^{n-1}} - \frac{b(2n-3)}{(n-1)\Delta}\int \frac{dx}{X^{n-1}}.$

47. $\int \frac{x^2\,dx}{X} = \frac{x}{a} - \frac{b}{2a^2}\ln X + \frac{b^2-2ac}{2a^2}\int \frac{dx}{X}$ (s. Nr.40).

48. $\int \frac{x^2\,dx}{X^2} = \frac{(b^2-2ac)x+bc}{a\Delta X} + \frac{2c}{\Delta}\int \frac{dx}{X}$ (s. Nr.40).

49. $\int \frac{x^2\,dx}{X^n} = \frac{-x}{(2n-3)aX^{n-1}} + \frac{c}{(2n-3)a}\int \frac{dx}{X^n} - \frac{(n-2)b}{(2n-3)a}\int \frac{x\,dx}{X^n}$ (s. Nr.43 u. 46).

50. $\int \frac{x^m\,dx}{X^n} = -\frac{x^{m-1}}{(2n-m-1)aX^{n-1}} + \frac{(m-1)c}{(2n-m-1)a}\int \frac{x^{m-2}\,dx}{X^n}$
$- \frac{(n-m)b}{(2n-m-1)a}\int \frac{x^{m-1}\,dx}{X^n}$ $(m \neq 2n-1)$; (für $m = 2n-1$ s. Nr.51).

51. $\int \frac{x^{2n-1}\,dx}{X^n} = \frac{1}{a}\int \frac{x^{2n-3}\,dx}{X^{n-1}} - \frac{c}{a}\int \frac{x^{2n-3}\,dx}{X^n} - \frac{b}{a}\int \frac{x^{2n-2}\,dx}{X^n}.$

52. $\int \frac{dx}{xX} = \frac{1}{2c}\ln \frac{x^2}{X} - \frac{b}{2c}\int \frac{dx}{X}$ (s. Nr.40).

53. $\int \frac{dx}{xX^n} = \frac{1}{2c(n-1)X^{n-1}} - \frac{b}{2c}\int \frac{dx}{X^n} + \frac{1}{c}\int \frac{dx}{xX^{n-1}}.$

54. $\int \frac{dx}{x^2X} = \frac{b}{2c^2}\ln \frac{X}{x^2} - \frac{1}{cx} + \left(\frac{b^2}{2c^2} - \frac{a}{c}\right)\int \frac{dx}{X}$ (s. Nr.40).

55. $\int \frac{dx}{x^mX^n} = -\frac{1}{(m-1)cx^{m-1}X^{n-1}} - \frac{(2n+m-3)a}{(m-1)c}\int \frac{dx}{x^{m-2}X^n}$
$- \frac{(n+m-2)b}{(m-1)c}\int \frac{dx}{x^{m-1}X^n}$ $(m > 1)$.

56. $\int \frac{dx}{(fx+g)X} = \frac{1}{2(cf^2-gbf+g^2a)}\left[f \ln \frac{(fx+g)^2}{X}\right]$
$+ \frac{2ga-bf}{2(cf^2-gbf+g^2a)}\int \frac{dx}{X}$ (s. Nr.40).

21.5.1.3 Integrale mit $X = a^2 \pm x^2$

Bezeichnungen: $X = a^2 \pm x^2$,

$$Y = \begin{cases} \arctan \frac{x}{a} & \text{für das Vorzeichen „ + “,} \\ \operatorname{Artanh} \frac{x}{a} = \frac{1}{2}\ln \frac{a+x}{a-x} & \text{für das Vorzeichen „ − “ und } |x| < a, \\ \operatorname{Arcoth} \frac{x}{a} = \frac{1}{2}\ln \frac{x+a}{x-a} & \text{für das Vorzeichen „ − “ und } |x| > a. \end{cases}$$

Im Falle eines Doppelvorzeichens in einer Formel gehört das obere Vorzeichen zu $X = a^2 + x^2$, das untere zu $X = a^2 - x^2$.

57. $\int \frac{dx}{X} = \frac{1}{a} Y.$

58. $\int \frac{dx}{X^2} = \frac{x}{2a^2 X} + \frac{1}{2a^3} Y.$

59. $\int \frac{dx}{X^3} = \frac{x}{4a^2 X^2} + \frac{3x}{8a^4 X} + \frac{3}{8a^5} Y.$

60. $\int \frac{dx}{X^{n+1}} = \frac{x}{2na^2 X^n} + \frac{2n-1}{2na^2} \int \frac{dx}{X^n}.$

61. $\int \frac{x\,dx}{X} = \pm \frac{1}{2} \ln X.$

62. $\int \frac{x\,dx}{X^2} = \mp \frac{1}{2X}.$

63. $\int \frac{x\,dx}{X^3} = \mp \frac{1}{4X^2}.$

64. $\int \frac{x\,dx}{X^{n+1}} = \mp \frac{1}{2nX^n} \qquad (n \neq 0).$

65. $\int \frac{x^2\,dx}{X} = \pm x \mp aY.$

66. $\int \frac{x^2\,dx}{X^2} = \mp \frac{x}{2X} \pm \frac{1}{2a} Y.$

67. $\int \frac{x^2\,dx}{X^3} = \mp \frac{x}{4X^2} \pm \frac{x}{8a^2 X} \pm \frac{1}{8a^3} Y.$

68. $\int \frac{x^2\,dx}{X^{n+1}} = \mp \frac{x}{2nX^n} \pm \frac{1}{2n} \int \frac{dx}{X^n} \qquad (n \neq 0).$

69. $\int \frac{x^3\,dx}{X} = \pm \frac{x^2}{2} - \frac{a^2}{2} \ln X.$

70. $\int \frac{x^3\,dx}{X^2} = \frac{a^2}{2X} + \frac{1}{2} \ln X.$

71. $\int \frac{x^3\,dx}{X^3} = -\frac{1}{2X} + \frac{a^2}{4X^2}.$

72. $\int \frac{x^3\,dx}{X^{n+1}} = -\frac{1}{2(n-1)X^{n-1}} + \frac{a^2}{2nX^n} \qquad (n > 1).$

73. $\int \frac{dx}{xX} = \frac{1}{2a^2} \ln \frac{x^2}{X}.$

74. $\int \frac{dx}{xX^2} = \frac{1}{2a^2 X} + \frac{1}{2a^4} \ln \frac{x^2}{X}.$

75. $\int \frac{dx}{xX^3} = \frac{1}{4a^2 X^2} + \frac{1}{2a^4 X} + \frac{1}{2a^6} \ln \frac{x^2}{X}.$

76. $\int \frac{dx}{x^2 X} = -\frac{1}{a^2 x} \mp \frac{1}{a^3} Y.$

77. $$\int \frac{dx}{x^2 X^2} = -\frac{1}{a^4 x} \mp \frac{x}{2a^4 X} \mp \frac{3}{2a^5} Y.$$

78. $$\int \frac{dx}{x^2 X^3} = -\frac{1}{a^6 x} \mp \frac{x}{4a^4 X^2} \mp \frac{7x}{8a^6 X} \mp \frac{15}{8a^7} Y.$$

79. $$\int \frac{dx}{x^3 X} = -\frac{1}{2a^2 x^2} \mp \frac{1}{2a^4} \ln \frac{x^2}{X}.$$

$$X = a^2 \pm x^2,$$
$$Y = \begin{cases} \arctan \frac{x}{a} \text{ gehört zu „ + “ }, \\ \operatorname{Artanh} \frac{x}{a} = \frac{1}{2} \ln \frac{a+x}{a-x} \text{ gehört zu „ − “ und } |x| < a, \\ \operatorname{Arcoth} \frac{x}{a} = \frac{1}{2} \ln \frac{x+a}{x-a} \text{ gehört zu „ − “ und } |x| > a\,. \end{cases}$$

80. $$\int \frac{dx}{x^3 X^2} = -\frac{1}{2a^4 x^2} \mp \frac{1}{2a^4 X} \mp \frac{1}{a^6} \ln \frac{x^2}{X}.$$

81. $$\int \frac{dx}{x^3 X^3} = -\frac{1}{2a^6 x^2} \mp \frac{1}{a^6 X} \mp \frac{1}{4a^4 X^2} \mp \frac{3}{2a^8} \ln \frac{x^2}{X}.$$

82. $$\int \frac{dx}{(b+cx)X} = \frac{1}{a^2 c^2 \pm b^2} \left[c \ln(b+cx) - \frac{c}{2} \ln X \pm \frac{b}{a} Y \right].$$

21.5.1.4 Integrale mit $X = a^3 \pm x^3$

Bezeichnungen: $a^3 \pm x^3 = X$; im Falle eines Doppelvorzeichens in einer Formel gehört das obere Vorzeichen zu $X = a^3 + x^3$, das untere zu $X = a^3 - x^3$.

83. $$\int \frac{dx}{X} = \pm \frac{1}{6a^2} \ln \frac{(a \pm x)^2}{a^2 \mp ax + x^2} + \frac{1}{a^2 \sqrt{3}} \arctan \frac{2x \mp a}{a\sqrt{3}}.$$

84. $$\int \frac{dx}{X^2} = \frac{x}{3a^3 X} + \frac{2}{3a^3} \int \frac{dx}{X}$$ (s. Nr.83).

85. $$\int \frac{x\,dx}{X} = \frac{1}{6a} \ln \frac{a^2 \mp ax + x^2}{(a \pm x^2)} \pm \frac{1}{a\sqrt{3}} \arctan \frac{2x \mp a}{a\sqrt{3}}.$$

86. $$\int \frac{x\,dx}{X^2} = \frac{x^2}{3a^3 X} + \frac{1}{3a^3} \int \frac{x\,dx}{X}$$ (s. Nr.85).

87. $$\int \frac{x^2\,dx}{X} = \pm \frac{1}{3} \ln X.$$

88. $$\int \frac{x^2\,dx}{X^2} = \mp \frac{1}{3X}.$$

89. $$\int \frac{x^3\,dx}{X} = \pm x \mp a^3 \int \frac{dx}{X}$$ (s. Nr.83).

90. $$\int \frac{x^3\,dx}{X^2} = \mp \frac{x}{3X} \pm \frac{1}{3} \int \frac{dx}{X}$$ (s. Nr.83).

91. $$\int \frac{dx}{xX} = \frac{1}{3a^3} \ln \frac{x^3}{X}.$$

92. $\int \frac{dx}{xX^2} = \frac{1}{3a^3X} + \frac{1}{3a^6} \ln \frac{x^3}{X}.$

93. $\int \frac{dx}{x^2X} = -\frac{1}{a^3x} \mp \frac{1}{a^3} \int \frac{x\,dx}{X}$ (s. Nr.85).

94. $\int \frac{dx}{x^2X^2} = -\frac{1}{a^6x} \mp \frac{x^2}{3a^6X} \mp \frac{4}{3a^6} \int \frac{x\,dx}{X}$ (s. Nr.85).

95. $\int \frac{dx}{x^3X} = -\frac{1}{2a^3x^2} \mp \frac{1}{a^3} \int \frac{dx}{X}$ (s. Nr.83).

96. $\int \frac{dx}{x^3X^2} = -\frac{1}{2a^6x^2} \mp \frac{x}{3a^6X} \mp \frac{5}{3a^6} \int \frac{dx}{X}$ (s. Nr.83).

21.5.1.5 Integrale mit $X = a^4 + x^4$

97. $\int \frac{dx}{a^4 + x^4} = \frac{1}{4a^3\sqrt{2}} \ln \frac{x^2 + ax\sqrt{2} + a^2}{x^2 - ax\sqrt{2} + a^2} + \frac{1}{2a^3\sqrt{2}} \arctan \frac{ax\sqrt{2}}{a^2 - x^2}.$

98. $\int \frac{x\,dx}{a^4 + x^4} = \frac{1}{2a^2} \arctan \frac{x^2}{a^2}.$

99. $\int \frac{x^2\,dx}{a^4 + x^4} = -\frac{1}{4a\sqrt{2}} \ln \frac{x^2 + ax\sqrt{2} + a^2}{x^2 - ax\sqrt{2} + a^2} + \frac{1}{2a\sqrt{2}} \arctan \frac{ax\sqrt{2}}{a^2 - x^2}.$

100. $\int \frac{x^3\,dx}{a^4 + x^4} = \frac{1}{4} \ln(a^4 + x^4).$

21.5.1.6 Integrale mit $X = a^4 - x^4$

101. $\int \frac{dx}{a^4 - x^4} = \frac{1}{4a^3} \ln \frac{a + x}{a - x} + \frac{1}{2a^3} \arctan \frac{x}{a}.$

102. $\int \frac{x\,dx}{a^4 - x^4} = \frac{1}{4a^3} \ln \frac{a^2 + x^2}{a^2 - x^2}.$

103. $\int \frac{x^2\,dx}{a^4 - x^4} = \frac{1}{4a} \ln \frac{a + x}{a - x} - \frac{1}{2a} \arctan \frac{x}{a}.$

104. $\int \frac{x^3\,dx}{a^4 - x^4} = -\frac{1}{4} \ln(a^4 - x^4).$

21.5.1.7 Einige Fälle der Partialbruchzerlegung

105. $\frac{1}{(a + bx)(f + gx)} \equiv \frac{1}{fb - ag} \left(\frac{b}{a + bx} - \frac{g}{f + gx} \right).$

106. $\frac{1}{(x + a)(x + b)(x + c)} \equiv \frac{A}{x + a} + \frac{B}{x + b} + \frac{C}{x + c},$

wobei gilt $A = \frac{1}{(b - a)(c - a)}, \quad B = \frac{1}{(a - b)(c - b)}, \quad C = \frac{1}{(a - c)(b - c)}.$

107. $\frac{1}{(x + a)(x + b)(x + c)(x + d)} \equiv \frac{A}{x + a} + \frac{B}{x + b} + \frac{C}{x + c} + \frac{D}{x + d},$

wobei gilt $A = \dfrac{1}{(b-a)(c-a)(d-a)}$, $B = \dfrac{1}{(a-b)(c-b)(d-b)}$ usw.

108. $\dfrac{1}{(a+bx^2)(f+gx^2)} \equiv \dfrac{1}{fb-ag}\left(\dfrac{b}{a+bx^2} - \dfrac{g}{f+gx^2}\right).$

21.5.2 Integrale irrationaler Funktionen

21.5.2.1 Integrale mit $\sqrt{x}$ und $a^2 \pm b^2 x$

Bezeichnungen:

$$X = a^2 \pm b^2 x\,,\ Y = \begin{cases} \arctan \dfrac{b\sqrt{x}}{a} & \text{für das Vorzeichen „ + “,} \\ \dfrac{1}{2}\ln\dfrac{a+b\sqrt{x}}{a-b\sqrt{x}} & \text{für das Vorzeichen „ − “.} \end{cases}$$

Im Falle eines Doppelvorzeichens in einer Formel gehört das obere Vorzeichen zu $X = a^2 + b^2 x$, das untere zu $X = a^2 - b^2 x$.

109. $\displaystyle\int \frac{\sqrt{x}\,dx}{X} = \pm\frac{2\sqrt{x}}{b^2} \mp \frac{2a}{b^3}Y.$

110. $\displaystyle\int \frac{\sqrt{x^3}\,dx}{X} = \pm\frac{2}{3}\frac{\sqrt{x^3}}{b^2} - \frac{2a^2\sqrt{x}}{b^4} + \frac{2a^3}{b^5}Y.$

111. $\displaystyle\int \frac{\sqrt{x}\,dx}{X^2} = \mp\frac{\sqrt{x}}{b^2X} \pm \frac{1}{ab^3}Y.$

112. $\displaystyle\int \frac{\sqrt{x^3}\,dx}{X^2} = \pm\frac{2\sqrt{x^3}}{b^2X} + \frac{3a^2\sqrt{x}}{b^4X} - \frac{3a}{b^5}Y.$

113. $\displaystyle\int \frac{dx}{X\sqrt{x}} = \frac{2}{ab}Y.$

114. $\displaystyle\int \frac{dx}{X\sqrt{x^3}} = -\frac{2}{a^2\sqrt{x}} \mp \frac{2b}{a^3}Y.$

115. $\displaystyle\int \frac{dx}{X^2\sqrt{x}} = \frac{\sqrt{x}}{a^2X} + \frac{1}{a^3b}Y.$

116. $\displaystyle\int \frac{dx}{X^2\sqrt{x^3}} = -\frac{2}{a^2X\sqrt{x}} \mp \frac{3b^2\sqrt{x}}{a^4X} \mp \frac{3b}{a^5}Y.$

21.5.2.2 Andere Integrale mit $\sqrt{x}$

117. $\displaystyle\int \frac{\sqrt{x}\,dx}{a^4+x^2} = -\frac{1}{2a\sqrt{2}}\ln\frac{x+a\sqrt{2x}+a^2}{x-a\sqrt{2x}+a^2} + \frac{1}{a\sqrt{2}}\arctan\frac{a\sqrt{2x}}{a^2-x}.$

118. $\displaystyle\int \frac{dx}{(a^4+x^2)\sqrt{x}} = \frac{1}{2a^3\sqrt{2}}\ln\frac{x+a\sqrt{2x}+a^2}{x-a\sqrt{2x}+a^2} + \frac{1}{a^3\sqrt{2}}\arctan\frac{a\sqrt{2x}}{a^2-x}.$

119. $\displaystyle\int \frac{\sqrt{x}\,dx}{a^4-x^2} = \frac{1}{2a}\ln\frac{a+\sqrt{x}}{a-\sqrt{x}} - \frac{1}{a}\arctan\frac{\sqrt{x}}{a}.$

120. $\displaystyle\int \frac{dx}{(a^4-x^2)\sqrt{x}} = \frac{1}{2a^3}\ln\frac{a+\sqrt{x}}{a-\sqrt{x}} + \frac{1}{a^3}\arctan\frac{\sqrt{x}}{a}.$

21.5.2.3 Integrale mit $\sqrt{ax+b}$

Bezeichnung: $X = ax + b$

121. $\int \sqrt{X}\,dx = \frac{2}{3a}\sqrt{X^3}.$

122. $\int x\sqrt{X}\,dx = \frac{2(3ax-2b)\sqrt{X^3}}{15a^2}.$

123. $\int x^2\sqrt{X}\,dx = \frac{2(15a^2x^2-12abx+8b^2)\sqrt{X^3}}{105a^3}.$

124. $\int \frac{dx}{\sqrt{X}} = \frac{2\sqrt{X}}{a}.$

125. $\int \frac{x\,dx}{\sqrt{X}} = \frac{2(ax-2b)}{3a^2}\sqrt{X}.$

126. $\int \frac{x^2\,dx}{\sqrt{X}} = \frac{2(3a^2x^2-4abx+8b^2)\sqrt{X}}{15a^3}.$

127. $\int \frac{dx}{x\sqrt{X}} = \begin{cases} -\frac{2}{\sqrt{b}}\operatorname{Arcoth}\sqrt{\frac{X}{b}} = -\frac{1}{\sqrt{b}}\ln\frac{\sqrt{X}-\sqrt{b}}{\sqrt{X}+\sqrt{b}} & \text{für } b>0\,, \\ \frac{2}{\sqrt{-b}}\arctan\sqrt{\frac{X}{-b}} & \text{für } b<0\,. \end{cases}$

128. $\int \frac{\sqrt{X}}{x}dx = 2\sqrt{X} + b\int\frac{dx}{x\sqrt{X}}$ (s. Nr. 127).

129. $\int \frac{dx}{x^2\sqrt{X}} = -\frac{\sqrt{X}}{bx} - \frac{a}{2b}\int\frac{dx}{x\sqrt{X}}$ (s. Nr. 127).

130. $\int \frac{\sqrt{X}}{x^2}dx = -\frac{\sqrt{X}}{x} + \frac{a}{2}\int\frac{dx}{x\sqrt{X}}$ (s. Nr. 127).

131. $\int \frac{dx}{x^n\sqrt{X}} = -\frac{\sqrt{X}}{(n-1)bx^{n-1}} - \frac{(2n-3)a}{(2n-2)b}\int\frac{dx}{x^{n-1}\sqrt{X}}.$

132. $\int \sqrt{X^3}\,dx = \frac{2\sqrt{X^5}}{5a}.$

133. $\int x\sqrt{X^3}\,dx = \frac{2}{35a^2}\left(5\sqrt{X^7} - 7b\sqrt{X^5}\right).$

134. $\int x^2\sqrt{X^3}\,dx = \frac{2}{a^3}\left(\frac{\sqrt{X^9}}{9} - \frac{2b\sqrt{X^7}}{7} + \frac{b^2\sqrt{X^5}}{5}\right).$

135. $\int \frac{\sqrt{X^3}}{x}\,dx = \frac{2\sqrt{X^3}}{3} + 2b\sqrt{X} + b^2\int\frac{dx}{x\sqrt{X}}$ (s. Nr. 127).

136. $\int \frac{x\,dx}{\sqrt{X^3}} = \frac{2}{a^2}\left(\sqrt{X} + \frac{b}{\sqrt{X}}\right).$

137. $\displaystyle\int \frac{x^2\,dx}{\sqrt{X^3}} = \frac{2}{a^3}\left(\frac{\sqrt{X^3}}{3} - 2b\sqrt{X} - \frac{b^2}{\sqrt{X}}\right).$

138. $\displaystyle\int \frac{dx}{x\sqrt{X^3}} = \frac{2}{b\sqrt{X}} + \frac{1}{b}\int \frac{dx}{x\sqrt{X}}$ (s. Nr. 127).

139. $\displaystyle\int \frac{dx}{x^2\sqrt{X^3}} = -\frac{1}{bx\sqrt{X}} - \frac{3a}{b^2\sqrt{X}} - \frac{3a}{2b^2}\int \frac{dx}{x\sqrt{X}}$ (s. Nr. 127).

140. $\displaystyle\int X^{\pm n/2}\,dx = \frac{2X^{(2\pm n)/2}}{a(2\pm n)}.$

141. $\displaystyle\int xX^{\pm n/2}\,dx = \frac{2}{a^2}\left(\frac{X^{(4\pm n)/2}}{4\pm n} - \frac{bX^{(2\pm n)/2}}{2\pm n}\right).$

142. $\displaystyle\int x^2X^{\pm n/2}\,dx = \frac{2}{a^3}\left(\frac{X^{(6\pm n)/2}}{6\pm n} - \frac{2bX^{(4\pm n)/2}}{4\pm n} + \frac{b^2X^{(2\pm n)/2}}{2\pm n}\right).$

143. $\displaystyle\int \frac{X^{n/2}\,dx}{x} = \frac{2X^{n/2}}{n} + b\int \frac{X^{(n-2)/2}}{x}dx.$

144. $\displaystyle\int \frac{dx}{xX^{n/2}} = \frac{2}{(n-2)bX^{(n-2)/2}} + \frac{1}{b}\int \frac{dx}{xX^{(n-2)/2}}.$

145. $\displaystyle\int \frac{dx}{x^2X^{n/2}} = -\frac{1}{bxX^{(n-2)/2}} - \frac{na}{2b}\int \frac{dx}{xX^{n/2}}.$

21.5.2.4 Integrale mit $\sqrt{ax+b}$ und $\sqrt{fx+g}$

Bezeichnungen: $X = ax+b$, $Y = fx+g$, $\Delta = bf - ag$

146. $$\int \frac{dx}{\sqrt{XY}} = \begin{cases} -\dfrac{2}{\sqrt{-af}} \arctan\sqrt{-\dfrac{fX}{aY}} & \text{für } af < 0, \\ \dfrac{2}{\sqrt{af}} \operatorname{Artanh}\sqrt{\dfrac{fX}{aY}} & \text{für } af > 0, \\ \dfrac{2}{\sqrt{af}} \ln\left(\sqrt{aY} + \sqrt{fX}\right) & \text{für } af > 0. \end{cases}$$

147. $\displaystyle\int \frac{x\,dx}{\sqrt{XY}} = \frac{\sqrt{XY}}{af} - \frac{ag+bf}{2af}\int \frac{dx}{\sqrt{XY}}$ (s. Nr. 146).

148. $\displaystyle\int \frac{dx}{\sqrt{X}\sqrt{Y^3}} = -\frac{2\sqrt{X}}{\Delta\sqrt{Y}}.$

149. $$\int \frac{dx}{Y\sqrt{X}} = \begin{cases} \dfrac{2}{\sqrt{-\Delta f}} \arctan\dfrac{f\sqrt{X}}{\sqrt{-\Delta f}} & \text{für } \Delta f < 0, \\ \dfrac{1}{\sqrt{\Delta f}} \ln\dfrac{f\sqrt{X} - \sqrt{\Delta f}}{f\sqrt{X} + \sqrt{\Delta f}} & \text{für } \Delta f > 0. \end{cases}$$

150. $\displaystyle\int \sqrt{XY}\,dx = \frac{\Delta + 2aY}{4af}\sqrt{XY} - \frac{\Delta^2}{8af}\int \frac{dx}{\sqrt{XY}}$ (s. Nr. 146).

151. $\int \sqrt{\frac{Y}{X}} dx = \frac{1}{a}\sqrt{XY} - \frac{\Delta}{2a}\int \frac{dx}{\sqrt{XY}}$ (s. Nr. 146).

152. $\int \frac{\sqrt{X}\,dx}{Y} = \frac{2\sqrt{X}}{f} + \frac{\Delta}{f}\int \frac{dx}{Y\sqrt{X}}$ (s. Nr. 149).

153. $\int \frac{Y^n\,dx}{\sqrt{X}} = \frac{2}{(2n+1)a}\left(\sqrt{X}Y^n - n\Delta\int \frac{Y^{n-1}\,dx}{\sqrt{X}}\right).$

154. $\int \frac{dx}{\sqrt{X}Y^n} = -\frac{1}{(n-1)\Delta}\left\{\frac{\sqrt{X}}{Y^{n-1}} + \left(n-\frac{3}{2}\right)a\int \frac{dx}{\sqrt{X}Y^{n-1}}\right\}.$

155. $\int \sqrt{X}Y^n\,dx = \frac{1}{(2n+3)f}\left(2\sqrt{X}Y^{n+1} + \Delta\int \frac{Y^n\,dx}{\sqrt{X}}\right)$ (s. Nr. 153).

156. $\int \frac{\sqrt{X}\,dx}{Y^n} = \frac{1}{(n-1)f}\left(-\frac{\sqrt{X}}{Y^{n-1}} + \frac{a}{2}\int \frac{dx}{\sqrt{X}Y^{n-1}}\right).$

21.5.2.5 Integrale mit $\sqrt{a^2 - x^2}$

Bezeichnung: $X = a^2 - x^2$

157. $\int \sqrt{X}\,dx = \frac{1}{2}\left(x\sqrt{X} + a^2 \arcsin\frac{x}{a}\right).$

158. $\int x\sqrt{X}\,dx = -\frac{1}{3}\sqrt{X^3}.$

159. $\int x^2\sqrt{X}\,dx = -\frac{x}{4}\sqrt{X^3} + \frac{a^2}{8}\left(x\sqrt{X} + a^2\arcsin\frac{x}{a}\right).$

160. $\int x^3\sqrt{X}\,dx = \frac{\sqrt{X^5}}{5} - a^2\frac{\sqrt{X^3}}{3}.$

161. $\int \frac{\sqrt{X}}{x}dx = \sqrt{X} - a\ln\frac{a+\sqrt{X}}{x}.$

162. $\int \frac{\sqrt{X}}{x^2}dx = -\frac{\sqrt{X}}{x} - \arcsin\frac{x}{a}.$

163. $\int \frac{\sqrt{X}}{x^3}dx = -\frac{\sqrt{X}}{2x^2} + \frac{1}{2a}\ln\frac{a+\sqrt{X}}{x}.$

164. $\int \frac{dx}{\sqrt{X}} = \arcsin\frac{x}{a}.$

165. $\int \frac{x\,dx}{\sqrt{X}} = -\sqrt{X}.$

166. $\int \frac{x^2\,dx}{\sqrt{X}} = -\frac{x}{2}\sqrt{X} + \frac{a^2}{2}\arcsin\frac{x}{a}.$

167. $\int \frac{x^3\,dx}{\sqrt{X}} = \frac{\sqrt{X^3}}{3} - a^2\sqrt{X}.$

168. $\displaystyle\int \frac{dx}{x\sqrt{X}} = -\frac{1}{a}\ln\frac{a+\sqrt{X}}{x}.$

169. $\displaystyle\int \frac{dx}{x^2\sqrt{X}} = -\frac{\sqrt{X}}{a^2 x}.$

170. $\displaystyle\int \frac{dx}{x^3\sqrt{X}} = -\frac{\sqrt{X}}{2a^2x^2} - \frac{1}{2a^3}\ln\frac{a+\sqrt{X}}{x}.$

171. $\displaystyle\int \sqrt{X^3}\,dx = \frac{1}{4}\left(x\sqrt{X^3} + \frac{3a^2x}{2}\sqrt{X} + \frac{3a^4}{2}\arcsin\frac{x}{a}\right).$

172. $\displaystyle\int x\sqrt{X^3}\,dx = -\frac{1}{5}\sqrt{X^5}.$

173. $\displaystyle\int x^2\sqrt{X^3}\,dx = -\frac{x\sqrt{X^5}}{6} + \frac{a^2x\sqrt{X^3}}{24} + \frac{a^4x\sqrt{X}}{16} + \frac{a^6}{16}\arcsin\frac{x}{a}.$

174. $\displaystyle\int x^3\sqrt{X^3}\,dx = \frac{\sqrt{X^7}}{7} - \frac{a^2\sqrt{X^5}}{5}.$

175. $\displaystyle\int \frac{\sqrt{X^3}}{x}\,dx = \frac{\sqrt{X^3}}{3} + a^2\sqrt{X} - a^3\ln\frac{a+\sqrt{X}}{x}.$

176. $\displaystyle\int \frac{\sqrt{X^3}}{x^2}\,dx = -\frac{\sqrt{X^3}}{x} - \frac{3}{2}x\sqrt{X} - \frac{3}{2}a^2\arcsin\frac{x}{a}.$

177. $\displaystyle\int \frac{\sqrt{X^3}}{x^3}\,dx = -\frac{\sqrt{X^3}}{2x^2} - \frac{3\sqrt{X}}{2} + \frac{3a}{2}\ln\frac{a+\sqrt{X}}{x}.$

178. $\displaystyle\int \frac{dx}{\sqrt{X^3}} = \frac{x}{a^2\sqrt{X}}.$

179. $\displaystyle\int \frac{x\,dx}{\sqrt{X^3}} = \frac{1}{\sqrt{X}}.$

180. $\displaystyle\int \frac{x^2\,dx}{\sqrt{X^3}} = \frac{x}{\sqrt{X}} - \arcsin\frac{x}{a}.$

181. $\displaystyle\int \frac{x^3\,dx}{\sqrt{X^3}} = \sqrt{X} + \frac{a^2}{\sqrt{X}}.$

182. $\displaystyle\int \frac{dx}{x\sqrt{X^3}} = \frac{1}{a^2\sqrt{X}} - \frac{1}{a^3}\ln\frac{a+\sqrt{X}}{x}.$

183. $\displaystyle\int \frac{dx}{x^2\sqrt{X^3}} = \frac{1}{a^4}\left(-\frac{\sqrt{X}}{x} + \frac{x}{\sqrt{X}}\right).$

184. $\displaystyle\int \frac{dx}{x^3\sqrt{X^3}} = -\frac{1}{2a^2x^2\sqrt{X}} + \frac{3}{2a^4\sqrt{X}} - \frac{3}{2a^5}\ln\frac{a+\sqrt{X}}{x}.$

21.5.2.6 Integrale mit $\sqrt{x^2+a^2}$

Bezeichnung: $X = x^2 + a^2$

185. $\displaystyle\int \sqrt{X}\,dx = \frac{1}{2}\left(x\sqrt{X} + a^2 \operatorname{Arsinh}\frac{x}{a}\right) + C$
$\displaystyle\qquad = \frac{1}{2}\left[x\sqrt{X} + a^2 \ln\left(x + \sqrt{X}\right)\right] + C_1\,.$

186. $\displaystyle\int x\sqrt{X}\,dx = \frac{1}{3}\sqrt{X^3}.$

187. $\displaystyle\int x^2\sqrt{X}\,dx = \frac{x}{4}\sqrt{X^3} - \frac{a^2}{8}\left(x\sqrt{X} + a^2 \operatorname{Arsinh}\frac{x}{a}\right) + C$
$\displaystyle\qquad = \frac{x}{4}\sqrt{X^3} - \frac{a^2}{8}\left[x\sqrt{X} + a^2 \ln\left(x + \sqrt{X}\right)\right] + C_1\,.$

188. $\displaystyle\int x^3\sqrt{X}\,dx = \frac{\sqrt{X^5}}{5} - \frac{a^2\sqrt{X^3}}{3}.$

189. $\displaystyle\int \frac{\sqrt{X}}{x}\,dx = \sqrt{X} - a\ln\frac{a+\sqrt{X}}{x}.$

190. $\displaystyle\int \frac{\sqrt{X}}{x^2}\,dx = -\frac{\sqrt{X}}{x} + \operatorname{Arsinh}\frac{x}{a} + C = -\frac{\sqrt{X}}{x} + \ln\left(x + \sqrt{X}\right) + C_1.$

191. $\displaystyle\int \frac{\sqrt{X}}{x^3}\,dx = -\frac{\sqrt{X}}{2x^2} - \frac{1}{2a}\ln\frac{a+\sqrt{X}}{x}.$

192. $\displaystyle\int \frac{dx}{\sqrt{X}} = \operatorname{Arsinh}\frac{x}{a} + C = \ln\left(x + \sqrt{X}\right) + C_1.$

193. $\displaystyle\int \frac{x\,dx}{\sqrt{X}} = \sqrt{X}.$

194. $\displaystyle\int \frac{x^2\,dx}{\sqrt{X}} = \frac{x}{2}\sqrt{X} - \frac{a^2}{2}\operatorname{Arsinh}\frac{x}{a} + C = \frac{x}{2}\sqrt{X} - \frac{a^2}{2}\ln\left(x + \sqrt{X}\right) + C_1.$

195. $\displaystyle\int \frac{x^3\,dx}{\sqrt{X}} = \frac{\sqrt{X^3}}{3} - a^2\sqrt{X}.$

196. $\displaystyle\int \frac{dx}{x\sqrt{X}} = -\frac{1}{a}\ln\frac{a+\sqrt{X}}{x}.$

197. $\displaystyle\int \frac{dx}{x^2\sqrt{X}} = -\frac{\sqrt{X}}{a^2x}.$

198. $\displaystyle\int \frac{dx}{x^3\sqrt{X}} = -\frac{\sqrt{X}}{2a^2x^2} + \frac{1}{2a^3}\ln\frac{a+\sqrt{X}}{x}.$

199. $\displaystyle\int \sqrt{X^3}\,dx = \frac{1}{4}\left(x\sqrt{X^3} + \frac{3a^2x}{2}\sqrt{X} + \frac{3a^4}{2}\operatorname{Arsinh}\frac{x}{a}\right) + C$
$\displaystyle\qquad = \frac{1}{4}\left(x\sqrt{X^3} + \frac{3a^2x}{2}\sqrt{X} + \frac{3a^4}{2}\ln\left(x + \sqrt{X}\right)\right) + C_1.$

200. $\displaystyle\int x\sqrt{X^3}\,dx = \frac{1}{5}\sqrt{X^5}.$

201. $\int x^2\sqrt{X^3}\,dx = \frac{x\sqrt{X^5}}{6} - \frac{a^2x\sqrt{X^3}}{24} - \frac{a^4x\sqrt{X}}{16} - \frac{a^6}{16}\operatorname{Arsinh}\frac{x}{a} + C$
$= \frac{x\sqrt{X^5}}{6} - \frac{a^2x\sqrt{X^3}}{24} - \frac{a^4x\sqrt{X}}{16} - \frac{a^6}{16}\ln\left(x+\sqrt{X}\right) + C_1\,.$

202. $\int x^3\sqrt{X^3}\,dx = \frac{\sqrt{X^7}}{7} - \frac{a^2\sqrt{X^5}}{5}.$

203. $\int \frac{\sqrt{X^3}}{x}\,dx = \frac{\sqrt{X^3}}{3} + a^2\sqrt{X} - a^3\ln\frac{a+\sqrt{X}}{x}.$

204. $\int \frac{\sqrt{X^3}}{x^2}\,dx = -\frac{\sqrt{X^3}}{x} + \frac{3}{2}x\sqrt{X} + \frac{3}{2}a^2\operatorname{Arsinh}\frac{x}{a} + C$
$= -\frac{\sqrt{X^3}}{x} + \frac{3}{2}x\sqrt{X} + \frac{3}{2}a^2\ln\left(x+\sqrt{X}\right) + C_1.$

205. $\int \frac{\sqrt{X^3}}{x^3}dx = -\frac{\sqrt{X^3}}{2x^2} + \frac{3}{2}\sqrt{X} - \frac{3}{2}a\ln\left(\frac{a+\sqrt{X}}{x}\right).$

206. $\int \frac{dx}{\sqrt{X^3}} = \frac{x}{a^2\sqrt{X}}.$

207. $\int \frac{x\,dx}{\sqrt{X^3}} = -\frac{1}{\sqrt{X}}.$

208. $\int \frac{x^2\,dx}{\sqrt{X^3}} = -\frac{x}{\sqrt{X}} + \operatorname{Arsinh}\frac{x}{a} + C = -\frac{x}{\sqrt{X}} + \ln\left(x+\sqrt{X}\right) + C_1.$

209. $\int \frac{x^3\,dx}{\sqrt{X^3}} = \sqrt{X} + \frac{a^2}{\sqrt{X}}.$

210. $\int \frac{dx}{x\sqrt{X^3}} = \frac{1}{a^2\sqrt{X}} - \frac{1}{a^3}\ln\frac{a+\sqrt{X}}{x}.$

211. $\int \frac{dx}{x^2\sqrt{X^3}} = -\frac{1}{a^4}\left(\frac{\sqrt{X}}{x} + \frac{x}{\sqrt{X}}\right).$

212. $\int \frac{dx}{x^3\sqrt{X^3}} = -\frac{1}{2a^2x^2\sqrt{X}} - \frac{3}{2a^4\sqrt{X}} + \frac{3}{2a^5}\ln\frac{a+\sqrt{X}}{x}.$

21.5.2.7 Integrale mit $\sqrt{x^2 - a^2}$

Bezeichnung: $X = x^2 - a^2$

213. $\int \sqrt{X}\,dx = \frac{1}{2}\left(x\sqrt{X} - a^2\operatorname{Arcosh}\frac{x}{a}\right) + C$
$= \frac{1}{2}\left[x\sqrt{X} - a^2\ln\left(x+\sqrt{X}\right)\right] + C_1.$

214. $\int x\sqrt{X}\,dx = \frac{1}{3}\sqrt{X^3}.$

215. $\int x^2\sqrt{X}\,dx = \frac{x}{4}\sqrt{X^3} + \frac{a^2}{8}\left(x\sqrt{X} - a^2\operatorname{Arcosh}\frac{x}{a}\right) + C$
$= \frac{x}{4}\sqrt{X^3} + \frac{a^2}{8}\left[x\sqrt{X} - a^2\ln\left(x+\sqrt{X}\right)\right] + C_1.$

216. $\int x^3\sqrt{X}\,dx = \frac{\sqrt{X^5}}{5} + \frac{a^2\sqrt{X^3}}{3}.$

217. $\int \frac{\sqrt{X}}{x}\,dx = \sqrt{X} - a\arccos\frac{a}{x}.$

218. $\int \frac{\sqrt{X}}{x^2}\,dx = -\frac{\sqrt{X}}{x} + \operatorname{Arcosh}\frac{x}{a} + C = -\frac{\sqrt{X}}{x} + \ln\left(x + \sqrt{X}\right) + C_1.$

219. $\int \frac{\sqrt{X}}{x^3}\,dx = -\frac{\sqrt{X}}{2x^2} + \frac{1}{2a}\arccos\frac{a}{x}.$

220. $\int \frac{dx}{\sqrt{X}} = \operatorname{Arcosh}\frac{x}{a} + C = \ln\left(x + \sqrt{X}\right) + C_1.$

221. $\int \frac{x\,dx}{\sqrt{X}} = \sqrt{X}.$

222. $\int \frac{x^2\,dx}{\sqrt{X}} = \frac{x}{2}\sqrt{X} + \frac{a^2}{2}\operatorname{Arcosh}\frac{x}{a} + C = \frac{x}{2}\sqrt{X} + \frac{a^2}{2}\ln\left(x + \sqrt{X}\right) + C_1.$

223. $\int \frac{x^3\,dx}{\sqrt{X}} = \frac{\sqrt{X^3}}{3} + a^2\sqrt{X}.$

224. $\int \frac{dx}{x\sqrt{X}} = \frac{1}{a}\arccos\frac{a}{x}.$

225. $\int \frac{dx}{x^2\sqrt{X}} = \frac{\sqrt{X}}{a^2x}.$

226. $\int \frac{dx}{x^3\sqrt{X}} = \frac{\sqrt{X}}{2a^2x^2} + \frac{1}{2a^3}\arccos\frac{a}{x}.$

227.
$$\int \sqrt{X^3}\,dx = \frac{1}{4}\left(x\sqrt{X^3} - \frac{3a^2x}{2}\sqrt{X} + \frac{3a^4}{2}\operatorname{Arcosh}\frac{x}{a}\right) + C$$
$$= \frac{1}{4}\left(x\sqrt{X^3} - \frac{3a^2x}{2}\sqrt{X} + \frac{3a^4}{2}\ln\left(x + \sqrt{X}\right)\right) + C_1.$$

228. $\int x\sqrt{X^3}\,dx = \frac{1}{5}\sqrt{X^5}.$

229.
$$\int x^2\sqrt{X^3}\,dx = \frac{x\sqrt{X^5}}{6} + \frac{a^2x\sqrt{X^3}}{24} - \frac{a^4x\sqrt{X}}{16} + \frac{a^6}{16}\operatorname{Arcosh}\frac{x}{a} + C$$
$$= \frac{x\sqrt{X^5}}{6} + \frac{a^2x\sqrt{X^3}}{24} - \frac{a^4x\sqrt{X}}{16} + \frac{a^6}{16}\ln\left(x + \sqrt{X}\right) + C_1.$$

230. $\int x^3\sqrt{X^3}\,dx = \frac{\sqrt{X^7}}{7} + \frac{a^2\sqrt{X^5}}{5}.$

231. $\int \frac{\sqrt{X^3}}{x}\,dx = \frac{\sqrt{X^3}}{3} - a^2\sqrt{X} + a^3\arccos\frac{a}{x}.$

232.
$$\int \frac{\sqrt{X^3}}{x^2}\,dx = -\frac{\sqrt{X^3}}{2} + \frac{3}{2}x\sqrt{X} - \frac{3}{2}a^2\operatorname{Arcosh}\frac{x}{a} + C$$
$$= -\frac{\sqrt{X^3}}{2} + \frac{3}{2}x\sqrt{X} - \frac{3}{2}a^2\ln\left(x + \sqrt{X}\right) + C_1.$$

233. $\displaystyle\int \frac{\sqrt{X^3}}{x^3}\,dx = -\frac{\sqrt{X^3}}{2x^2} + \frac{3\sqrt{X}}{2} - \frac{3}{2}a \arccos\frac{a}{x}.$

234. $\displaystyle\int \frac{dx}{\sqrt{X^3}} = -\frac{x}{a^2\sqrt{X}}.$

235. $\displaystyle\int \frac{x\,dx}{\sqrt{X^3}} = -\frac{1}{\sqrt{X}}.$

236. $\displaystyle\int \frac{x^2\,dx}{\sqrt{X^3}} = -\frac{x}{\sqrt{X}} + \operatorname{Arcosh}\frac{x}{a} + C = -\frac{x}{\sqrt{X}} + \ln\left(x+\sqrt{X}\right) + C_1.$

237. $\displaystyle\int \frac{x^3\,dx}{\sqrt{X^3}} = \sqrt{X} - \frac{a^2}{\sqrt{X}}.$

238. $\displaystyle\int \frac{dx}{x\sqrt{X^3}} = -\frac{1}{a^2\sqrt{X}} - \frac{1}{a^3}\arccos\frac{a}{x}.$

239. $\displaystyle\int \frac{dx}{x^2\sqrt{X^3}} = -\frac{1}{a^4}\left(\frac{\sqrt{X}}{x} + \frac{x}{\sqrt{X}}\right).$

240. $\displaystyle\int \frac{dx}{x^3\sqrt{X^3}} = \frac{1}{2a^2x^2\sqrt{X}} - \frac{3}{2a^4\sqrt{X}} - \frac{3}{2a^5}\arccos\frac{a}{x}.$

21.5.2.8 Integrale mit $\sqrt{ax^2+bx+c}$

Bezeichnungen: $X = ax^2+bx+c\,,\ \Delta = 4ac-b^2\,,\ k = \dfrac{4a}{\Delta}$

241. $$\int \frac{dx}{\sqrt{X}} = \begin{cases} \dfrac{1}{\sqrt{a}}\ln\left(2\sqrt{aX}+2ax+b\right)+C & \text{für } a>0\,,\\ \dfrac{1}{\sqrt{a}}\operatorname{Arsinh}\dfrac{2ax+b}{\sqrt{\Delta}}+C_1 & \text{für } a>0\,,\ \Delta>0\,,\\ \dfrac{1}{\sqrt{a}}\ln(2ax+b) & \text{für } a>0\,,\ \Delta=0\,,\\ -\dfrac{1}{\sqrt{-a}}\arcsin\dfrac{2ax+b}{\sqrt{-\Delta}} & \text{für } a<0\,,\ \Delta<0\,. \end{cases}$$

242. $\displaystyle\int \frac{dx}{X\sqrt{X}} = \frac{2(2ax+b)}{\Delta\sqrt{X}}.$

243. $\displaystyle\int \frac{dx}{X^2\sqrt{X}} = \frac{2(2ax+b)}{3\Delta\sqrt{X}}\left(\frac{1}{X}+2k\right).$

244. $\displaystyle\int \frac{dx}{X^{(2n+1)/2}} = \frac{2(2ax+b)}{(2n-1)\Delta X^{(2n-1)/2}} + \frac{2k(n-1)}{2n-1}\int\frac{dx}{X^{(2n-1)/2}}.$

245. $\displaystyle\int \sqrt{X}\,dx = \frac{(2x+b)\sqrt{X}}{4a} + \frac{1}{2k}\int\frac{dx}{\sqrt{X}}$ (s. Nr. 241).

246. $\displaystyle\int X\sqrt{X}\,dx = \frac{(2ax+b)\sqrt{X}}{8a}\left(X+\frac{3}{2k}\right) + \frac{3}{8k^2}\int\frac{dx}{\sqrt{X}}$ (s. Nr. 241).

247. $\int X^2\sqrt{X}\,dx = \frac{(2ax+b)\sqrt{X}}{12a}\left(X^2 + \frac{5X}{4k} + \frac{15}{8k^2}\right) + \frac{5}{16k^3}\int \frac{dx}{\sqrt{X}}$ (s. Nr. 241).

248. $\int X^{(2n+1)/2}\,dx = \frac{(2ax+b)X^{(2n+1)/2}}{4a(n+1)} + \frac{2n+1}{2k(n+1)}\int X^{(2n-1)/2}\,dx.$

249. $\int \frac{x\,dx}{\sqrt{X}} = \frac{\sqrt{X}}{a} - \frac{b}{2a}\int \frac{dx}{\sqrt{X}}$ (s. Nr. 241).

250. $\int \frac{x\,dx}{X\sqrt{X}} = -\frac{2(bx+2c)}{\Delta\sqrt{X}}.$

251. $\int \frac{x\,dx}{X^{(2n+1)/2}} = -\frac{1}{(2n-1)aX^{(2n-1)/2}} - \frac{b}{2a}\int \frac{dx}{X^{(2n+1)/2}}$ (s. Nr. 244).

252. $\int \frac{x^2\,dx}{\sqrt{X}} = \left(\frac{x}{2a} - \frac{3b}{4a^2}\right)\sqrt{X} + \frac{3b^2-4ac}{8a^2}\int \frac{dx}{\sqrt{X}}$ (s. Nr. 241).

253. $\int \frac{x^2\,dx}{X\sqrt{X}} = \frac{(2b^2-4ac)x+2bc}{a\Delta\sqrt{X}} + \frac{1}{a}\int \frac{dx}{\sqrt{X}}$ (s. Nr. 241).

254. $\int x\sqrt{X}\,dx = \frac{X\sqrt{X}}{3a} - \frac{b(2ax+b)}{8a^2}\sqrt{X} - \frac{b}{4ak}\int \frac{dx}{\sqrt{X}}$ (s. Nr. 241).

255. $\int xX\sqrt{X}\,dx = \frac{X^2\sqrt{X}}{5a} - \frac{b}{2a}\int X\sqrt{X}\,dx$ (s. Nr. 246).

256. $\int xX^{(2n+1)/2}\,dx = \frac{X^{(2n+3)/2}}{(2n+3)a} - \frac{b}{2a}\int X^{(2n+1)/2}\,dx$ (s. Nr. 248).

257. $\int x^2\sqrt{X}\,dx = \left(x - \frac{5b}{6a}\right)\frac{X\sqrt{X}}{4a} + \frac{5b^2-4ac}{16a^2}\int \sqrt{X}\,dx$ (s. Nr. 245).

258.
$$\int \frac{dx}{x\sqrt{X}} = \begin{cases} -\frac{1}{\sqrt{c}}\ln\left(\frac{2\sqrt{cX}}{x} + \frac{2c}{x} + b\right) + C & \text{für } c > 0\,, \\ -\frac{1}{\sqrt{c}}\operatorname{Arsinh}\frac{bx+2c}{x\sqrt{\Delta}} + C_1 & \text{für } c > 0\,,\ \Delta > 0\,, \\ -\frac{1}{\sqrt{c}}\ln\frac{bx+2c}{x} & \text{für } c > 0\,,\ \Delta = 0\,, \\ \frac{1}{\sqrt{-c}}\arcsin\frac{bx+2c}{x\sqrt{-\Delta}} & \text{für } c <\,,\ \Delta < 0\,. \end{cases}$$

259. $\int \frac{dx}{x^2\sqrt{X}} = -\frac{\sqrt{X}}{cx} - \frac{b}{2c}\int \frac{dx}{x\sqrt{X}}$ (s. Nr. 258).

260. $\int \frac{\sqrt{X}\,dx}{x} = \sqrt{X} + \frac{b}{2}\int \frac{dx}{\sqrt{X}} + c\int \frac{dx}{x\sqrt{X}}$ (s. Nr. 241 und 258).

261. $\int \frac{\sqrt{X}\,dx}{x^2} = -\frac{\sqrt{X}}{x} + a\int \frac{dx}{\sqrt{X}} + \frac{b}{2}\int \frac{dx}{x\sqrt{X}}$ (s. Nr. 241 und 258).

262. $\int \frac{X^{(2n+1)/2}}{x}dx = \frac{X^{(2n+1)/2}}{2n+1} + \frac{b}{2}\int X^{(2n-1)/2}\,dx + c\int \frac{X^{(2n-1)/2}}{x}dx$ (s. Nr. 248 und 260).

263. $$\int \frac{dx}{x\sqrt{ax^2+bx}} = -\frac{2}{bx}\sqrt{ax^2+bx}.$$

264. $$\int \frac{dx}{\sqrt{2ax-x^2}} = \arcsin\frac{x-a}{a}.$$

265. $$\int \frac{x\,dx}{\sqrt{2ax-x^2}} = -\sqrt{2ax-x^2} + a\arcsin\frac{x-a}{a}.$$

266. $$\int \sqrt{2ax-x^2}\,dx = \frac{x-a}{2}\sqrt{2ax-x^2} + \frac{a^2}{2}\arcsin\frac{x-a}{a}.$$

267. $$\int \frac{dx}{(ax^2+b)\sqrt{fx^2+g}} = \frac{1}{\sqrt{b}\sqrt{ag-bf}}\arctan\frac{x\sqrt{ag-bf}}{\sqrt{b}\sqrt{fx^2+g}} \qquad (ag-bf>0)\,,$$
$$= \frac{1}{2\sqrt{b}\sqrt{bf-ag}}\ln\frac{\sqrt{b}\sqrt{fx^2+g}+x\sqrt{bf-ag}}{\sqrt{b}\sqrt{fx^2+g}-x\sqrt{bf-ag}} \qquad (ag-bf<0)\,.$$

21.5.2.9 Integrale mit anderen irrationalen Ausdrücken

268. $$\int \sqrt[n]{ax+b}\,dx = \frac{n(ax+b)}{(n+1)a}\sqrt[n]{ax+b}.$$

269. $$\int \frac{dx}{\sqrt[n]{ax+b}} = \frac{n(ax+b)}{(n-1)a}\frac{1}{\sqrt[n]{ax+b}}.$$

270. $$\int \frac{dx}{x\sqrt{x^n+a^2}} = -\frac{2}{na}\ln\frac{a+\sqrt{x^n+a^2}}{\sqrt{x^n}}.$$

271. $$\int \frac{dx}{x\sqrt{x^n-a^2}} = \frac{2}{na}\arccos\frac{a}{\sqrt{x^n}}.$$

272. $$\int \frac{\sqrt{x}\,dx}{\sqrt{a^3-x^3}} = \frac{2}{3}\arcsin\sqrt{\left(\frac{x}{a}\right)^3}.$$

21.5.2.10 Rekursionsformeln für ein Integral mit binomischem Differential

273. $$\int x^m(ax^n+b)^p\,dx$$
$$= \frac{1}{m+np+1}\left[x^{m+1}(ax^n+b)^p + npb\int x^m(ax^n+b)^{p-1}\,dx\right],$$
$$= \frac{1}{bn(p+1)}\left[-x^{m+1}(ax^n+b)^{p+1} + (m+n+np+1)\int x^m(ax^n+b)^{p+1}\,dx\right],$$
$$= \frac{1}{(m+1)b}\left[x^{m+1}(ax^n+b)^{p+1} - a(m+n+np+1)\int x^{m+n}(ax^n+b)^p\,dx\right],$$
$$= \frac{1}{a(m+np+1)}\left[x^{m-n+1}(ax^n+b)^{p+1} - (m-n+1)b\int x^{m-n}(ax^n+b)^p\,dx\right].$$

21.5.3 Integrale trigonometrischer Funktionen

(Integrale von Funktionen, die neben Hyperbel- und Exponentialfunktionen auch die Funktionen $\sin x$ und $\cos x$ enthalten sind in den Tabellen Integrale anderer transzendenter Funktionen (s. S. 1046 aufgeführt.)

21.5.3.1 Integrale mit Sinusfunktion

274. $\int \sin ax\,dx = -\frac{1}{a}\cos ax.$

275. $\int \sin^2 ax\,dx = \frac{1}{2}x - \frac{1}{4a}\sin 2ax.$

276. $\int \sin^3 ax\,dx = -\frac{1}{a}\cos ax + \frac{1}{3a}\cos^3 ax.$

277. $\int \sin^4 ax\,dx = \frac{3}{8}x - \frac{1}{4a}\sin 2ax + \frac{1}{32a}\sin 4ax.$

278. $\int \sin^n ax\,dx = -\frac{\sin^{n-1} ax\cos ax}{na} + \frac{n-1}{n}\int \sin^{n-2} ax\,dx \qquad (n \text{ ganzzahlig}, > 0).$

279. $\int x\sin ax\,dx = \frac{\sin ax}{a^2} - \frac{x\cos ax}{a}.$

280. $\int x^2\sin ax\,dx = \frac{2x}{a^2}\sin ax - \left(\frac{x^2}{a} - \frac{2}{a^3}\right)\cos ax.$

281. $\int x^3\sin ax\,dx = \left(\frac{3x^2}{a^2} - \frac{6}{a^4}\right)\sin ax - \left(\frac{x^3}{a} - \frac{6x}{a^3}\right)\cos ax.$

282. $\int x^n\sin ax\,dx = -\frac{x^n}{a}\cos ax + \frac{n}{a}\int x^{n-1}\cos ax\,dx \qquad (n > 0).$

283. $\int \frac{\sin ax}{x}dx = ax - \frac{(ax)^3}{3\cdot 3!} + \frac{(ax)^5}{5\cdot 5!} - \frac{(ax)^7}{7\cdot 7!} + \cdots.$

Das bestimmte Integral $\int\limits_0^x \frac{\sin t}{t}\,dt$ nennt man Integralsinus (s. S. 454) und bezeichnet es mit $\operatorname{si}(x)$.

Die Berechnung des Integrals s. S. 694. Die Reihenentwicklung $\operatorname{si}(x) = x - \frac{x^3}{3\cdot 3!} + \frac{x^5}{5\cdot 5!} - \frac{x^7}{7\cdot 7!} + \cdots$ s. S. 454.

284. $\int \frac{\sin ax}{x^2}dx = -\frac{\sin ax}{x} + a\int \frac{\cos ax\,dx}{x}$ (s. Nr.322).

285. $\int \frac{\sin ax}{x^n}dx = -\frac{1}{n-1}\frac{\sin ax}{x^{n-1}} + \frac{a}{n-1}\int \frac{\cos ax}{x^{n-1}}\,dx$ (s. Nr.324).

286. $\int \frac{dx}{\sin ax} = \int \operatorname{cosec} ax\,dx = \frac{1}{a}\ln\tan\frac{ax}{2} = \frac{1}{a}\ln(\operatorname{cosec} ax\cot ax).$

287. $\int \frac{dx}{\sin^2 ax} = -\frac{1}{a}\cot ax.$

288. $\int \frac{dx}{\sin^3 ax} = -\frac{\cos ax}{2a\sin^2 ax} + \frac{1}{2a}\ln\tan\frac{ax}{2}.$

289. $\displaystyle\int \frac{dx}{\sin^n ax} = -\frac{1}{a(n-1)}\frac{\cos ax}{\sin^{n-1} ax} + \frac{n-2}{n-1}\int \frac{dx}{\sin^{n-2} ax} \qquad (n > 1).$

290. $\displaystyle\int \frac{x\,dx}{\sin ax} = \frac{1}{a^2}\left(ax + \frac{(ax)^3}{3\cdot 3!} + \frac{7(ax)^5}{3\cdot 5\cdot 5!} + \frac{31(ax)^7}{3\cdot 7\cdot 7!} + \frac{127(ax)^9}{3\cdot 5\cdot 9!} + \cdots + \frac{2(2^{2n-1}-1)}{(2n+1)!}B_n(ax)^{2n+1} + \cdots\right)$

Mit B_n sind die BERNOULLIschen Zahlen (s. S. 404) bezeichnet.

291. $\displaystyle\int \frac{x\,dx}{\sin^2 ax} = -\frac{x}{a}\cot ax + \frac{1}{a^2}\ln\sin ax.$

292. $\displaystyle\int \frac{x\,dx}{\sin^n ax} = -\frac{x\cos ax}{(n-1)a\sin^{n-1} ax} - \frac{1}{(n-1)(n-2)a^2\sin^{n-2} ax} + \frac{n-2}{n-1}\int \frac{x\,dx}{\sin^{n-2} ax} \qquad (n > 2).$

293. $\displaystyle\int \frac{dx}{1+\sin ax} = -\frac{1}{a}\tan\left(\frac{\pi}{4} - \frac{ax}{2}\right).$

294. $\displaystyle\int \frac{dx}{1-\sin ax} = \frac{1}{a}\tan\left(\frac{\pi}{4} + \frac{ax}{2}\right).$

295. $\displaystyle\int \frac{x\,dx}{1+\sin ax} = -\frac{x}{a}\tan\left(\frac{\pi}{4} - \frac{ax}{2}\right) + \frac{2}{a^2}\ln\cos\left(\frac{\pi}{4} - \frac{ax}{2}\right).$

196. $\displaystyle\int \frac{x\,dx}{1-\sin ax} = \frac{x}{a}\cot\left(\frac{\pi}{4} - \frac{ax}{2}\right) + \frac{2}{a^2}\ln\sin\left(\frac{\pi}{4} - \frac{ax}{2}\right).$

297. $\displaystyle\int \frac{\sin ax\,dx}{1\pm\sin ax} = \pm x + \frac{1}{a}\tan\left(\frac{\pi}{4} \mp \frac{ax}{2}\right).$

298. $\displaystyle\int \frac{dx}{\sin ax(1\pm\sin ax)} = \frac{1}{a}\tan\left(\frac{\pi}{4} \mp \frac{ax}{2}\right) + \frac{1}{a}\ln\tan\frac{ax}{2}.$

299. $\displaystyle\int \frac{dx}{(1+\sin ax)^2} = -\frac{1}{2a}\tan\left(\frac{\pi}{4} - \frac{ax}{2}\right) - \frac{1}{6a}\tan^3\left(\frac{\pi}{4} - \frac{ax}{2}\right).$

300. $\displaystyle\int \frac{dx}{(1-\sin ax)^2} = \frac{1}{2a}\cot\left(\frac{\pi}{4} - \frac{ax}{2}\right) + \frac{1}{6a}\cot^3\left(\frac{\pi}{4} - \frac{ax}{2}\right).$

301. $\displaystyle\int \frac{\sin ax\,dx}{(1+\sin ax)^2} = -\frac{1}{2a}\tan\left(\frac{\pi}{4} - \frac{ax}{2}\right) + \frac{1}{6a}\tan^3\left(\frac{\pi}{4} - \frac{ax}{2}\right).$

302. $\displaystyle\int \frac{\sin ax\,dx}{(1-\sin ax)^2} = -\frac{1}{2a}\cot\left(\frac{\pi}{4} - \frac{ax}{2}\right) + \frac{1}{6a}\cot^3\left(\frac{\pi}{4} - \frac{ax}{2}\right).$

303. $\displaystyle\int \frac{dx}{1+\sin^2 ax} = \frac{1}{2\sqrt{2}a}\arcsin\left(\frac{3\sin^2 ax - 1}{\sin^2 ax + 1}\right).$

304. $\displaystyle\int \frac{dx}{1-\sin^2 ax} = \int \frac{dx}{\cos^2 ax} = \frac{1}{a}\tan ax.$

305. $\int \sin ax \sin bx\, dx = \frac{\sin(a-b)x}{2(a-b)} - \frac{\sin(a+b)x}{2(a+b)}$ $\quad (|a| \neq |b|;$ $\quad$ für $|a| = |b|$ s. Nr.275).

306. $\int \frac{dx}{b + c\sin ax} = \frac{2}{a\sqrt{b^2 - c^2}} \arctan \frac{b\tan ax/2 + c}{\sqrt{b^2 - c^2}}$ $\quad$ für $b^2 > c^2)$,

$$= \frac{1}{a\sqrt{c^2 - b^2}} \ln \frac{b\tan ax/2 + c - \sqrt{c^2 - b^2}}{b\tan ax/2 + c + \sqrt{c^2 - b^2}} \quad \text{für } b^2 < c^2).$$

307. $\int \frac{\sin ax\, dx}{b + c\sin ax} = \frac{x}{c} - \frac{b}{c}\int \frac{dx}{b + c\sin ax}$ $\quad$ (s. Nr.306).

308. $\int \frac{dx}{\sin ax(b + c\sin ax)} = \frac{1}{ab} \ln\tan\frac{ax}{2} - \frac{c}{b}\int \frac{dx}{b + c\sin ax}$ $\quad$ (s. Nr.306).

309. $\int \frac{dx}{(b + c\sin ax)^2} = \frac{c\cos ax}{a(b^2 - c^2)(b + c\sin ax)} + \frac{b}{b^2 - c^2}\int \frac{dx}{b + c\sin ax}$ $\quad$ (s. Nr.306).

310. $\int \frac{\sin ax\, dx}{(b + c\sin ax)^2} = \frac{b\cos ax}{a(c^2 - b^2)(b + c\sin ax)} + \frac{c}{c^2 - b^2}\int \frac{dx}{b + c\sin ax}$ $\quad$ (s. Nr.306).

311. $\int \frac{dx}{b^2 + c^2\sin^2 ax} = \frac{1}{ab\sqrt{b^2 + c^2}} \arctan \frac{\sqrt{b^2 + c^2}\tan ax}{b}$ $\quad (b > 0)$.

312. $\int \frac{dx}{b^2 - c^2\sin^2 ax} = \frac{1}{ab\sqrt{b^2 - c^2}} \arctan \frac{\sqrt{b^2 - c^2}\tan ax}{b}$ $\quad (b^2 > c^2,\ b > 0)$,

$$= \frac{1}{2ab\sqrt{c^2 - b^2}} \ln \frac{\sqrt{c^2 - b^2}\tan ax + b}{\sqrt{c^2 - b^2}\tan ax - b} \quad (c^2 > b^2,\ b > 0).$$

21.5.3.2 Integrale mit Kosinusfunktion

313. $\int \cos ax\, dx = \frac{1}{a}\sin ax.$

314. $\int \cos^2 ax\, dx = \frac{1}{2}x + \frac{1}{4a}\sin 2ax.$

315. $\int \cos^3 ax\, dx = \frac{1}{a}\sin ax - \frac{1}{3a}\sin^3 ax.$

316. $\int \cos^4 ax\, dx = \frac{3}{8}x + \frac{1}{4a}\sin 2ax + \frac{1}{32a}\sin 4ax.$

317. $\int \cos^n ax\, dx = \frac{\cos^{n-1} ax \sin ax}{na} + \frac{n-1}{n}\int \cos^{n-2} ax\, dx.$

318. $\int x\cos ax\, dx = \frac{\cos ax}{a^2} + \frac{x\sin ax}{a}.$

319. $\int x^2\cos ax\, dx = \frac{2x}{a^2}\cos ax + \left(\frac{x^2}{a} - \frac{2}{a^3}\right)\sin ax.$

320. $\int x^3\cos ax\, dx = \left(\frac{3x^2}{a^2} - \frac{6}{a^4}\right)\cos ax + \left(\frac{x^3}{a} - \frac{6x}{a^3}\right)\sin ax.$

321. $\int x^n\cos ax\, dx = \frac{x^n\sin ax}{a} - \frac{n}{a}\int x^{n-1}\sin ax\, dx.$

322. $\displaystyle\int \frac{\cos ax}{x}dx = \ln(ax) - \frac{(ax)^2}{2\cdot 2!} + \frac{(ax)^4}{4\cdot 4!} - \frac{(ax)^6}{6\cdot 6!} + \cdots$

Das bestimmte Integral $-\displaystyle\int\limits_x^\infty \frac{\cos x}{x}\,dx$ nennt man Integralkosinus (s. S. 694) und bezeichnet es mit $\mathrm{Ci}(x)$.

Die Reihenentwicklung $\mathrm{Ci}(x) = C - \ln x - \dfrac{x^2}{2\cdot 2!} + \dfrac{x^4}{4\cdot 4!} - \dfrac{x^6}{6\cdot 6!} + \cdots$ s. S. 455; mit C ist die EULERsche Konstante (s. S. 455) bezeichnet.

323. $\displaystyle\int \frac{\cos ax}{x^2}dx = -\frac{\cos ax}{x} - a\int \frac{\sin ax\,dx}{x}$ (s. Nr.283).

324. $\displaystyle\int \frac{\cos ax}{x^n}dx = -\frac{\cos ax}{(n-1)x^{n-1}} - \frac{a}{n-1}\int \frac{\sin ax\,dx}{x^{n-1}}$ $(n \neq 1)$(s. Nr.285).

325. $\displaystyle\int \frac{dx}{\cos ax} = \frac{1}{a}\,\mathrm{Artanh}\,\mathrm{Artanh}(\sin ax) = \frac{1}{a}\ln\tan\left(\frac{ax}{2} + \frac{\pi}{4}\right) = \frac{1}{a}\ln(\sec ax + \tan ax).$

326. $\displaystyle\int \frac{dx}{\cos^2 ax} = \frac{1}{a}\tan ax.$

327. $\displaystyle\int \frac{dx}{\cos^3 ax} = \frac{\sin ax}{2a\cos^2 ax} + \frac{1}{2a}\ln\tan\left(\frac{\pi}{4} + \frac{ax}{2}\right).$

328. $\displaystyle\int \frac{dx}{\cos^n ax} = \frac{1}{a(n-1)}\frac{\sin ax}{\cos^{n-1} ax} + \frac{n-2}{n-1}\int \frac{dx}{\cos^{n-2} ax}$ $(n > 1)$.

329. $$\int \frac{x\,dx}{\cos ax} = \frac{1}{a^2}\left(\frac{(ax)^2}{2} + \frac{(ax)^4}{4\cdot 2!} + \frac{5(ax)^6}{6\cdot 4!} + \frac{61(ax)^8}{8\cdot 6!} + \frac{1385(ax)^{10}}{10\cdot 8!} + \cdots + \frac{E_n(ax)^{2n+2}}{(2n+2)(2n!)} + \cdots\right)$$

Mit E_n sind die EULERschen Zahlen (s. S. 406) bezeichnet.

330. $\displaystyle\int \frac{x\,dx}{\cos^2 ax} = \frac{x}{a}\tan ax + \frac{1}{a^2}\ln\cos ax.$

331. $\displaystyle\int \frac{x\,dx}{\cos^n ax} = \frac{x\sin ax}{(n-1)a\cos^{n-1} ax} - \frac{1}{(n-1)(n-2)a^2\cos^{n-2} ax} + \frac{n-2}{n-1}\int \frac{x\,dx}{\cos^{n-2} ax}$ $(n > 2)$.

332. $\displaystyle\int \frac{dx}{1+\cos ax} = \frac{1}{a}\tan\frac{ax}{2}.$

333. $\displaystyle\int \frac{dx}{1-\cos ax} = -\frac{1}{a}\cot\frac{ax}{2}.$

334. $\displaystyle\int \frac{x\,dx}{1+\cos ax} = \frac{x}{a}\tan\frac{ax}{2} + \frac{2}{a^2}\ln\cos\frac{ax}{2}.$

335. $\displaystyle\int \frac{x\,dx}{1-\cos ax} = -\frac{x}{a}\cot\frac{ax}{2} + \frac{2}{a^2}\ln\sin\frac{ax}{2}.$

336. $\displaystyle\int \frac{\cos ax\,dx}{1+\cos ax} = x - \frac{1}{a}\tan\frac{ax}{2}.$

337. $\int \frac{\cos ax\,dx}{1-\cos ax} = -x - \frac{1}{a}\cot\frac{ax}{2}.$

338. $\int \frac{dx}{\cos ax(1+\cos ax)} = \frac{1}{a}\ln\tan\left(\frac{\pi}{4}+\frac{ax}{2}\right) - \frac{1}{a}\tan\frac{ax}{2}.$

339. $\int \frac{dx}{\cos ax(1-\cos ax)} = \frac{1}{a}\ln\tan\left(\frac{\pi}{4}+\frac{ax}{2}\right) - \frac{1}{a}\cot\frac{ax}{2}.$

340. $\int \frac{dx}{(1+\cos ax)^2} = \frac{1}{2a}\tan\frac{ax}{2} + \frac{1}{6a}\tan^3\frac{ax}{2}.$

341. $\int \frac{dx}{(1-\cos ax)^2} = -\frac{1}{2a}\cot\frac{ax}{2} - \frac{1}{6a}\cot^3\frac{ax}{2}.$

342. $\int \frac{\cos ax\,dx}{(1+\cos ax)^2} = \frac{1}{2a}\tan\frac{ax}{2} - \frac{1}{6a}\tan^3\frac{ax}{2}.$

343. $\int \frac{\cos ax\,dx}{(1-\cos ax)^2} = \frac{1}{2a}\cot\frac{ax}{2} - \frac{1}{6a}\cot^3\frac{ax}{2}.$

344. $\int \frac{dx}{1+\cos^2 ax} = \frac{1}{2\sqrt{2}a}\arcsin\left(\frac{1-3\cos^2 ax}{1+\cos^2 ax}\right).$

345. $\int \frac{dx}{1-\cos^2 ax} = \int \frac{dx}{\sin^2 ax} = -\frac{1}{a}\cot ax.$

346. $\int \cos ax \cos bx\,dx = \frac{\sin(a-b)x}{2(a-b)} + \frac{\sin(a+b)x}{2(a+b)}$ $\quad (|a| \neq |b|)$; (für $|a| = |b|$ s. Nr.314).

347. $\int \frac{dx}{b+c\cos ax} = \frac{2}{a\sqrt{b^2-c^2}}\arctan\frac{(b-c)\tan ax/2}{\sqrt{b^2-c^2}}$ (für $b^2 > c^2$)

$= \frac{1}{a\sqrt{c^2-b^2}}\ln\frac{(c-b)\tan ax/2+\sqrt{c^2-b^2}}{(c-b)\tan ax/2-\sqrt{c^2-b^2}}$ (für $b^2 < c^2$).

348. $\int \frac{\cos ax\,dx}{b+c\cos ax} = \frac{x}{c} - \frac{b}{c}\int\frac{dx}{b+c\cos ax}$ (s. Nr.347).

349. $\int \frac{dx}{\cos ax(b+c\cos ax)} = \frac{1}{ab}\ln\tan\left(\frac{ax}{2}+\frac{\pi}{4}\right) - \frac{c}{b}\int\frac{dx}{b+c\cos ax}$ (s. Nr.347).

350. $\int \frac{dx}{(b+c\cos ax)^2} = \frac{c\sin ax}{a(c^2-b^2)(b+c\cos ax)} - \frac{b}{c^2-b^2}\int\frac{dx}{b+c\cos ax}$ (s. Nr.347).

351. $\int \frac{\cos ax\,dx}{(b+c\cos ax)^2} = \frac{b\sin ax}{a(b^2-c^2)(b+c\cos ax)} - \frac{c}{b^2-c^2}\int\frac{dx}{b+c\cos ax}$ (s. Nr.347).

352. $\int \frac{dx}{b^2+c^2\cos^2 ax} = \frac{1}{ab\sqrt{b^2+c^2}}\arctan\frac{b\tan ax}{\sqrt{b^2+c^2}}$ $\quad (b > 0)$.

353. $\int \frac{dx}{b^2-c^2\cos^2 ax} = \frac{1}{ab\sqrt{b^2-c^2}}\arctan\frac{b\tan ax}{\sqrt{b^2-c^2}}$ $\quad (b^2 > c^2,\ b > 0)$,

$= \frac{1}{2ab\sqrt{c^2-b^2}}\ln\frac{b\tan ax-\sqrt{c^2-b^2}}{b\tan ax+\sqrt{c^2-b^2}}$ $\quad (c^2 > b^2,\ b > 0)$.

21.5.3.3 Integrale mit Sinus- und Kosinusfunktion

354. $\displaystyle\int \sin ax \cos ax \, dx = \frac{1}{2a} \sin^2 ax.$

355. $\displaystyle\int \sin^2 ax \cos^2 ax \, dx = \frac{x}{8} - \frac{\sin 4ax}{32a}.$

356. $\displaystyle\int \sin^n ax \cos ax \, dx = \frac{1}{a(n+1)} \sin^{n+1} ax \qquad (n \neq -1).$

357. $\displaystyle\int \sin ax \cos^n ax \, dx = -\frac{1}{a(n+1)} \cos^{n+1} ax \qquad (n \neq -1).$

358. $\displaystyle\int \sin^n ax \cos^m ax \, dx = -\frac{\sin^{n-1} ax \cos^{m+1} ax}{a(n+m)} + \frac{n-1}{n+m} \int \sin^{n-2} ax \cos^m ax \, dx$

(Erniedrigung der Potenz n; m und $n > 0$),

$\displaystyle = \frac{\sin^{n+1} ax \cos^{m-1} ax}{a(n+m)} + \frac{m-1}{n+m} \int \sin^n ax \cos^{m-2} ax \, dx$

(Erniedrigung der Potenz m; m und $n > 0$).

359. $\displaystyle\int \frac{dx}{\sin ax \cos ax} = \frac{1}{a} \ln \tan ax.$

360. $\displaystyle\int \frac{dx}{\sin^2 ax \cos ax} = \frac{1}{a} \left[\ln \tan \left(\frac{\pi}{4} + \frac{ax}{2} \right) - \frac{1}{\sin ax} \right].$

361. $\displaystyle\int \frac{dx}{\sin ax \cos^2 ax} = \frac{1}{a} \left(\ln \tan \frac{ax}{2} + \frac{1}{\cos ax} \right).$

362. $\displaystyle\int \frac{dx}{\sin^3 ax \cos ax} = \frac{1}{a} \left(\ln \tan ax - \frac{1}{2 \sin^2 ax} \right).$

363. $\displaystyle\int \frac{dx}{\sin ax \cos^3 ax} = \frac{1}{a} \left(\ln \tan ax + \frac{1}{2 \cos^2 ax} \right).$

364. $\displaystyle\int \frac{dx}{\sin^2 ax \cos^2 ax} = -\frac{2}{a} \cot 2ax.$

365. $\displaystyle\int \frac{dx}{\sin^2 ax \cos^3 ax} = \frac{1}{a} \left[\frac{\sin ax}{2 \cos^2 ax} - \frac{1}{\sin ax} + \frac{3}{2} \ln \tan \left(\frac{\pi}{4} + \frac{ax}{2} \right) \right].$

366. $\displaystyle\int \frac{dx}{\sin^3 ax \cos^2 ax} = \frac{1}{a} \left(\frac{1}{\cos ax} - \frac{\cos ax}{2 \sin^2 ax} + \frac{3}{2} \ln \tan \frac{ax}{2} \right).$

367. $\displaystyle\int \frac{dx}{\sin ax \cos^n ax} = \frac{1}{a(n-1) \cos^{n-1} ax} + \int \frac{dx}{\sin ax \cos^{n-2} ax} \qquad (n \neq 1)$ (s. Nr.361 und 363).

368. $\displaystyle\int \frac{dx}{\sin^n ax \cos ax} = -\frac{1}{a(n-1) \sin^{n-1} ax} + \int \frac{dx}{\sin^{n-2} ax \cos ax} \qquad (n \neq 1)$(s. Nr.360 und 362).

. $\displaystyle\int \frac{dx}{\sin^n ax \cos^m ax} = -\frac{1}{a(n-1)} \cdot \frac{1}{\sin^{n-1} ax \cos^{m-1} ax} + \frac{n+m-2}{n-1} \int \frac{dx}{\sin^{n-2} ax \cos^m ax}$

(Erniedrigung der Potenz n; $m > 0$, $n > 1$),

$$= \frac{1}{a(m-1)} \cdot \frac{1}{\sin^{n-1} ax \cos^{m-1} ax} + \frac{n+m-2}{n-1} \int \frac{dx}{\sin^n ax \cos^{m-2} ax}$$

(Erniedrigung der Potenz m; $n > 0$, $m > 1$).

370. $\int \frac{\sin ax \, dx}{\cos^2 ax} = \frac{1}{a \cos ax} = \frac{1}{a} \sec ax.$

371. $\int \frac{\sin ax \, dx}{\cos^3 ax} = \frac{1}{2a \cos^2 ax} + C = \frac{1}{2a} \tan^2 ax + C_1.$

372. $\int \frac{\sin ax \, dx}{\cos^n ax} = \frac{1}{a(n-1) \cos^{n-1} ax}.$

373. $\int \frac{\sin^2 ax \, dx}{\cos ax} = -\frac{1}{a} \sin ax + \frac{1}{a} \ln \tan \left(\frac{\pi}{4} + \frac{ax}{2} \right).$

374. $\int \frac{\sin^2 ax \, dx}{\cos^3 ax} = \frac{1}{a} \left[\frac{\sin ax}{2 \cos^2 ax} - \frac{1}{2} \ln \tan \left(\frac{\pi}{4} + \frac{ax}{2} \right) \right].$

375. $\int \frac{\sin^2 ax \, dx}{\cos^n ax} = \frac{\sin ax}{a(n-1) \cos^{n-1} ax} - \frac{1}{n-1} \int \frac{dx}{\cos^{n-2} ax}$ $\quad (n \neq 1)$ $\quad$ (s. Nr.325, 326, 328).

376. $\int \frac{\sin^3 ax \, dx}{\cos ax} = -\frac{1}{a} \left(\frac{\sin^2 ax}{2} + \ln \cos ax \right).$

377. $\int \frac{\sin^3 ax \, dx}{\cos^2 ax} = \frac{1}{a} \left(\cos ax + \frac{1}{\cos ax} \right).$

378. $\int \frac{\sin^3 ax \, dx}{\cos^n ax} = \frac{1}{a} \left[\frac{1}{(n-1) \cos^{n-1} ax} - \frac{1}{(n-3) \cos^{n-3} ax} \right]$ $\quad (n \neq 1,\ n \neq 3).$

379. $\int \frac{\sin^n ax}{\cos ax} dx = -\frac{\sin^{n-1} ax}{a(n-1)} + \int \frac{\sin^{n-2} ax \, dx}{\cos ax}$ $\quad (n \neq 1).$

380. $$\int \frac{\sin^n ax}{\cos^m ax} dx = = \frac{\sin^{n+1} ax}{a(m-1) \cos^{m-1} ax} - \frac{n-m+2}{m-1} \int \frac{\sin^n ax}{\cos^{m-2} ax} dx \quad (m \neq 1),$$

$$= -\frac{\sin^{n-1} ax}{a(n-m) \cos^{m-1} ax} + \frac{n-1}{n-m} \int \frac{\sin^{n-2} ax \, dx}{\cos^m ax} \quad (m \neq n),$$

$$= \frac{\sin^{n-1} ax}{a(m-1) \cos^{m-1} ax} - \frac{n-1}{m-1} \int \frac{\sin^{n-1} ax \, dx}{\cos^{m-2} ax} \quad (m \neq 1).$$

381. $\int \frac{\cos ax \, dx}{\sin^2 ax} = -\frac{1}{a \sin ax} = -\frac{1}{a} \operatorname{cosec} ax.$

382. $\int \frac{\cos ax \, dx}{\sin^3 ax} = -\frac{1}{2a \sin^2 ax} + C = -\frac{\cot^2 ax}{2a} + C_1.$

383. $\int \frac{\cos ax \, dx}{\sin^n ax} = -\frac{1}{a(n-1) \sin^{n-1} ax}.$

384. $\int \frac{\cos^2 ax \, dx}{\sin ax} = \frac{1}{a} \left(\cos ax + \ln \tan \frac{ax}{2} \right).$

385. $\displaystyle\int \frac{\cos^2 ax\,dx}{\sin^3 ax} = -\frac{1}{2a}\left(\frac{\cos ax}{\sin^2 ax} - \ln\tan\frac{ax}{2}\right).$

386. $\displaystyle\int \frac{\cos^2 ax\,dx}{\sin^n ax} = -\frac{1}{(n-1)}\left(\frac{\cos ax}{a\sin^{n-1} ax} + \int \frac{dx}{\sin^{n-2} ax}\right) \qquad (n \neq 1)$ (s. Nr.289).

387. $\displaystyle\int \frac{\cos^3 ax\,dx}{\sin ax} = \frac{1}{a}\left(\frac{\cos^2 ax}{2} + \ln\sin ax\right).$

388. $\displaystyle\int \frac{\cos^3 ax\,dx}{\sin^2 ax} = -\frac{1}{a}\left(\sin ax + \frac{1}{\sin ax}\right).$

389. $\displaystyle\int \frac{\cos^3 ax\,dx}{\sin^n ax} = \frac{1}{a}\left[\frac{1}{(n-3)\sin^{n-3} ax} - \frac{1}{(n-1)\sin^{n-1} ax}\right] \qquad (n \neq 1, n \neq 3).$

390. $\displaystyle\int \frac{\cos^n ax}{\sin ax}\,dx = \frac{\cos^{n-1} ax}{a(n-1)} + \int \frac{\cos^{n-2} ax\,dx}{\sin ax} (n \neq 1).$

391. $$\begin{aligned}\int \frac{\cos^n ax\,dx}{\sin^m ax} &= -\frac{\cos^{n+1} ax}{a(m-1)\sin^{m-1} ax} - \frac{n-m+2}{m-1}\int \frac{\cos^n ax\,dx}{\sin^{m-2} ax} && (m \neq 1),\\ &= \frac{\cos^{n-1} ax}{a(n-m)\sin^{m-1} ax} + \frac{n-1}{m-1}\int \frac{\cos^{n-2} ax\,dx}{\sin^m ax} && (m \neq n),\\ &= -\frac{\cos^{n-1} ax}{a(m-1)\sin^{m-1} ax} - \frac{n-1}{m-1}\int \frac{\cos^{n-2} ax\,dx}{\sin^{m-2} ax} && (m \neq 1).\end{aligned}$$

392. $\displaystyle\int \frac{dx}{\sin ax(1 \pm \cos ax)} = \pm\frac{1}{2a(1 \pm \cos ax)} + \frac{1}{2a}\ln\tan\frac{ax}{2}.$

393. $\displaystyle\int \frac{dx}{\cos ax(1 \pm \sin ax)} = \mp\frac{1}{2a(1 \pm \sin ax)} + \frac{1}{2a}\ln\tan\left(\frac{\pi}{4} + \frac{ax}{2}\right).$

394. $\displaystyle\int \frac{\sin ax\,dx}{\cos ax(1 \pm \cos ax)} = \frac{1}{a}\ln\frac{1 \pm \cos ax}{\cos ax}.$

395. $\displaystyle\int \frac{\cos ax\,dx}{\sin ax(1 \pm \sin ax)} = -\frac{1}{a}\ln\frac{1 \pm \sin ax}{\sin ax}.$

396. $\displaystyle\int \frac{\sin ax\,dx}{\cos ax(1 \pm \sin ax)} = \frac{1}{2a(1 \pm \sin ax)} \pm \frac{1}{2a}\ln\tan\left(\frac{\pi}{4} + \frac{ax}{2}\right).$

397. $\displaystyle\int \frac{\cos ax\,dx}{\sin ax(1 \pm \cos ax)} = -\frac{1}{2a(1 \pm \cos ax)} \pm \frac{1}{2a}\ln\tan\frac{ax}{2}.$

398. $\displaystyle\int \frac{\sin ax\,dx}{\sin ax \pm \cos ax} = \frac{x}{2} \mp \frac{1}{2a}\ln(\sin ax \pm \cos ax).$

399. $\displaystyle\int \frac{\cos ax\,dx}{\sin ax \pm \cos ax} = \pm\frac{x}{2} + \frac{1}{2a}\ln(\sin ax \pm \cos ax).$

400. $\displaystyle\int \frac{dx}{\sin ax \pm \cos ax} = \frac{1}{a\sqrt{2}}\ln\tan\left(\frac{ax}{2} \pm \frac{\pi}{8}\right).$

401. $\displaystyle\int \frac{dx}{1 + \cos ax \pm \sin ax} = \pm\frac{1}{a}\ln\left(1 \pm \tan\frac{ax}{2}\right).$

402. $\displaystyle\int \frac{dx}{b\sin ax + c\cos ax} = \frac{1}{a\sqrt{b^2+c^2}} \ln\tan\frac{ax+\theta}{2}$ mit $\sin\theta = \frac{c}{\sqrt{b^2+c^2}}$ und $\tan\theta = \frac{c}{b}$.

403. $\displaystyle\int \frac{\sin ax\,dx}{b+c\cos ax} = -\frac{1}{ac}\ln(b+c\cos ax).$

404. $\displaystyle\int \frac{\cos ax\,dx}{b+c\sin ax} = \frac{1}{ac}\ln(b+c\sin ax).$

405. $\displaystyle\int \frac{dx}{b+c\cos ax+f\sin ax} = \int \frac{d\left(x+\frac{\theta}{a}\right)}{b+\sqrt{c^2+f^2}\sin(ax+\theta)}$

mit $\sin\theta = \frac{c}{\sqrt{c^2+f^2}}$ und $\tan\theta = \frac{c}{f}$ (s. Nr.306).

406. $\displaystyle\int \frac{dx}{b^2\cos^2 ax + c^2\sin^2 ax} = \frac{1}{abc}\arctan\left(\frac{c}{b}\tan ax\right).$

407. $\displaystyle\int \frac{dx}{b^2\cos^2 ax - c^2\sin^2 ax} = \frac{1}{2abc}\ln\frac{c\tan ax + b}{c\tan ax - b}.$

408. $\displaystyle\int \sin ax\cos bx\,dx = -\frac{\cos(a+b)x}{2(a+b)} - \frac{\cos(a-b)x}{2(a-b)}$ $(a^2 \neq b^2)$; (für $a = b$ s. Nr.354).

21.5.3.4 Integrale mit Tangensfunktion

409. $\displaystyle\int \tan ax\,dx = -\frac{1}{a}\ln\cos ax.$

410. $\displaystyle\int \tan^2 ax\,dx = \frac{\tan ax}{a} - x.$

411. $\displaystyle\int \tan^3 ax\,dx = \frac{1}{2a}\tan^2 ax + \frac{1}{a}\ln\cos ax.$

412. $\displaystyle\int \tan^n ax\,dx = \frac{1}{a(n-1)}\tan^{n-1} ax - \int \tan^{n-2} ax\,dx.$

413. $\displaystyle\int x\tan ax\,dx = \frac{ax^3}{3} + \frac{a^3x^5}{15} + \frac{2a^5x^7}{105} + \frac{17a^7x^9}{2835} + \cdots + \frac{2^{2n}(2^{2n}-1)B_n a^{2n-1}x^{2n+1}}{(2n+1)!} + \cdots$

Mit B_n sind die BERNOULLIschen Zahlen (s. S. 404) bzeichnet.

414. $\displaystyle\int \frac{\tan ax\,dx}{x} = ax + \frac{(ax)^3}{9} + \frac{2(ax)^5}{75} + \frac{17(ax)^7}{2205} + \cdots + \frac{2^{2n}(2^{2n}-1)B_n(ax)^{2n-1}}{(2n-1)(2n!)} + \cdots$

415. $\displaystyle\int \frac{\tan^n ax}{\cos^2 ax}\,dx = \frac{1}{a(n+1)}\tan^{n+1} ax \qquad (n \neq -1).$

416. $\displaystyle\int \frac{dx}{\tan ax \pm 1} = \pm\frac{x}{2} + \frac{1}{2a}\ln(\sin ax \pm \cos ax).$

417. $\displaystyle\int \frac{\tan ax\,dx}{\tan ax \pm 1} = \frac{x}{2} \mp \frac{1}{2a}\ln(\sin ax \pm \cos ax).$

21.5.3.5 Integrale mit Kotangensfunktion

418. $\displaystyle\int \cot ax\,dx = \frac{1}{a}\ln\sin ax.$

419. $\int \cot^2 ax\,dx = -\frac{\cot ax}{a} - x.$

420. $\int \cot^3 ax\,dx = -\frac{1}{2a}\cot^2 ax - \frac{1}{a}\ln\sin ax.$

421. $\int \cot^n ax\,dx = -\frac{1}{a(n-1)}\cot^{n-1} ax - \int \cot^{n-2} ax\,dx \qquad (n \neq 1).$

422. $\int x\cot ax\,dx = \frac{x}{a} - \frac{ax^3}{9} - \frac{a^3x^5}{225} - \cdots - \frac{2^{2n}B_n a^{2n-1}x^{2n+1}}{(2n+1)!} - \cdots.$

Mit B_n sind die Bernoullischen Zahlen (s. S. 404) bezeichnet.

423. $\int \frac{\cot ax\,dx}{x} = -\frac{1}{ax} - \frac{ax}{3} - \frac{(ax)^3}{135} - \frac{2(ax)^5}{4725} - \cdots - \frac{2^{2n}B_n(ax)^{2n-1}}{(2n-1)(2n)!} - \cdots.$

424. $\int \frac{\cot^n ax}{\sin^2 ax}dx = -\frac{1}{a(n+1)}\cot^{n+1} ax \qquad (n \neq -1).$

425. $\int \frac{dx}{1 \pm \cot ax} = \int \frac{\tan ax\,dx}{\tan ax \pm 1}$ (s. Nr.417).

21.5.4 Integrale anderer transzendenter Funktionen

21.5.4.1 Integrale mit Hyperbelfunktionen

426. $\int \sinh ax\,dx = \frac{1}{a}\cosh ax.$

427. $\int \cosh ax\,dx = \frac{1}{a}\sinh ax.$

428. $\int \sinh^2 ax\,dx = \frac{1}{2a}\sinh ax\cosh ax - \frac{1}{2}x.$

429. $\int \cosh^2 ax\,dx = \frac{1}{2a}\sinh ax\cosh ax + \frac{1}{2}x.$

430. $\int \sinh^n ax\,dx$

$$= \frac{1}{an}\sinh^{n-1} ax\cosh ax - \frac{n-1}{n}\int \sinh^{n-2} ax\,dx \qquad (\text{für } n > 0),$$
$$= \frac{1}{a(n+1)}\sinh^{n+1} ax\cosh ax - \frac{n+2}{n+1}\int \sinh^{n+2} ax\,dx \qquad (\text{für } n < 0)\ (n \neq -1).$$

431. $\int \cosh^n ax\,dx$

$$= \frac{1}{an}\sinh ax\cosh^{n-1} ax + \frac{n-1}{n}\int \cosh^{n-2} ax\,dx \qquad (\text{für } n > 0),$$
$$= -\frac{1}{a(n+1)}\sinh ax\cosh^{n+1} ax + \frac{n+2}{n+1}\int \cosh^{n+2} ax\,dx \qquad (\text{für } n < 0)\ (n \neq -1).$$

432. $\int \frac{dx}{\sinh ax} = \frac{1}{a}\ln\tanh\frac{ax}{2}.$

433. $\int \frac{dx}{\cosh ax} = \frac{2}{a}\arctan e^{ax}.$

434. $\int x \sinh ax \, dx = \frac{1}{a} x \cosh ax - \frac{1}{a^2} \sinh ax.$

435. $\int x \cosh ax \, dx = \frac{1}{a} x \sinh ax - \frac{1}{a^2} \cosh ax.$

436. $\int \tanh ax \, dx = \frac{1}{a} \ln \cosh ax.$

437. $\int \coth ax \, dx = \frac{1}{a} \ln \sinh ax.$

438. $\int \tanh^2 ax \, dx = x - \frac{\tanh ax}{a}.$

439. $\int \coth^2 ax \, dx = x - \frac{\coth ax}{a}.$

440. $\int \sinh ax \sinh bx \, dx = \frac{1}{a^2 - b^2}(a \sinh bx \cosh ax - b \cosh bx \sinh ax) \qquad (a^2 \neq b^2).$

441. $\int \cosh ax \cosh bx \, dx = \frac{1}{a^2 - b^2}(a \sinh ax \cosh bx - b \sinh bx \cosh ax) \qquad (a^2 \neq b^2).$

442. $\int \cosh ax \sinh bx \, dx = \frac{1}{a^2 - b^2}(a \sinh bx \sinh ax - b \cosh bx \cosh ax) \qquad (a^2 \neq b^2).$

443. $\int \sinh ax \sin ax \, dx = \frac{1}{2a}(\cosh ax \sin ax - \sinh ax \cos ax).$

444. $\int \cosh ax \cos ax \, dx = \frac{1}{2a}(\sinh ax \cos ax + \cosh ax \sin ax).$

445. $\int \sinh ax \cos ax \, dx = \frac{1}{2a}(\cosh ax \cos ax + \sinh ax \sin ax).$

446. $\int \cosh ax \sin ax \, dx = \frac{1}{2a}(\sinh ax \sin ax - \cosh ax \cos ax).$

21.5.4.2 Integrale mit Exponentialfunktionen

447. $\int e^{ax} \, dx = \frac{1}{a} e^{ax}.$

448. $\int x e^{ax} \, dx = \frac{e^{ax}}{a^2}(ax - 1).$

449. $\int x^2 e^{ax} \, dx = e^{ax} \left(\frac{x^2}{a} - \frac{2x}{a^2} + \frac{2}{a^3} \right).$

450. $\int x^n e^{ax} \, dx = \frac{1}{a} x^n e^{ax} - \frac{n}{a} \int x^{n-1} e^{ax} \, dx.$

451. $\int \frac{e^{ax}}{x} \, dx = \ln x + \frac{ax}{1 \cdot 1!} + \frac{(ax)^2}{2 \cdot 2!} + \frac{(ax)^3}{3 \cdot 3!} + \cdots$

Das bestimmte Integral $\int\limits_{-\infty}^{x} \frac{e^t}{t} \, dt$ nennt man Integralexponentialfunktion (s. S. 455) und bezeichnet es mit $\mathrm{Ei}(x)$. Für $x > 0$ divergiert dieses Integral im Punkt $t = 0$; in diesem Falle versteht man unter

$\mathrm{Ei}(x)$ den Hauptwert des uneigentlichen Integrals (s. S. 455).

$$\int_{-\infty}^{x} \frac{e^t}{t}\,dt = C + \ln|x| + \frac{x}{1\cdot 1!} + \frac{x^2}{2\cdot 2!} + \frac{x^3}{3\cdot 3!} + \cdots + \frac{x^n}{n\cdot n!} + \cdots .$$

Mit C ist die EULERsche Konstante (s. S. 455) bezeichnet.

452. $\displaystyle\int \frac{e^{ax}}{x^n}\,dx = \frac{1}{n-1}\left(-\frac{e^{ax}}{x^{n-1}} + a\int \frac{e^{ax}}{x^{n-1}}dx\right) \qquad (n \neq 1).$

453. $\displaystyle\int \frac{dx}{1+e^{ax}} = \frac{1}{a}\ln\frac{e^{ax}}{1+e^{ax}}.$

454. $\displaystyle\int \frac{dx}{b+ce^{ax}} = \frac{x}{b} - \frac{1}{ab}\ln(b+ce^{ax}).$

455. $\displaystyle\int \frac{e^{ax}\,dx}{b+ce^{ax}} = \frac{1}{ac}\ln(b+ce^{ax}).$

456. $\displaystyle\int \frac{dx}{be^{ax}+ce^{-ax}} = \frac{1}{a\sqrt{bc}}\arctan\left(e^{ax}\sqrt{\frac{b}{c}}\right) \qquad (bc>0)\,,$

$\displaystyle\qquad = \frac{1}{2a\sqrt{-bc}}\ln\frac{c+e^{ax}\sqrt{-bc}}{c-e^{ax}\sqrt{-bc}} \qquad (bc<0)\,.$

457. $\displaystyle\int \frac{xe^{ax}\,dx}{(1+ax)^2} = \frac{e^{ax}}{a^2(1+ax)}.$

458. $\displaystyle\int e^{ax}\ln x\,dx = \frac{e^{ax}\ln x}{a} - \frac{1}{a}\int\frac{e^{ax}}{x}\,dx\,;$ (s. Nr.451).

459. $\displaystyle\int e^{ax}\sin bx\,dx = \frac{e^{ax}}{a^2+b^2}(a\sin bx - b\cos bx).$

460. $\displaystyle\int e^{ax}\cos bx\,dx = \frac{e^{ax}}{a^2+b^2}(a\cos bx + b\sin bx).$

461. $\displaystyle\int e^{ax}\sin^n x\,dx = \frac{e^{ax}\sin^{n-1}x}{a^2+n^2}(a\sin x - n\cos x)$

$\displaystyle\qquad + \frac{n(n-1)}{a^2+n^2}\int e^{ax}\sin^{n-2}x\,dx\,;$ (s. Nr.447 und 459).

462. $\displaystyle\int e^{ax}\cos^n x\,dx = \frac{e^{ax}\cos^{n-1}x}{a^2+n^2}(a\cos x + n\sin x)$

$\displaystyle\qquad + \frac{n(n-1)}{a^2+n^2}\int e^{ax}\cos^{n-2}x\,dx\,;$ (s. Nr.447 und 460).

463. $\displaystyle\int xe^{ax}\sin bx\,dx = \frac{xe^{ax}}{a^2+b^2}(a\sin bx - b\cos bx) - \frac{e^{ax}}{(a^2+b^2)^2}[(a^2-b^2)\sin bx - 2ab\cos bx].$

464. $\displaystyle\int xe^{ax}\cos bx\,dx = \frac{xe^{ax}}{a^2+b^2}(a\cos bx + b\sin bx) - \frac{e^{ax}}{(a^2+b^2)^2}[(a^2-b^2)\cos bx + 2ab\sin bx].$

21.5.4.3 Integrale mit logarithmischen Funktionen

465. $\int \ln x\, dx = x \ln x - x.$

466. $\int (\ln x)^2\, dx = x(\ln x)^2 - 2x \ln x + 2x.$

467. $\int (\ln x)^3\, dx = x(\ln x)^3 - 3x(\ln x)^2 + 6x \ln x - 6x.$

468. $\int (\ln x)^n\, dx = x(\ln x)^n - n \int (lnx)^{n-1}\, dx \qquad (n \neq -1).$

469. $\int \frac{dx}{\ln x} = \ln \ln x + \ln x + \frac{(\ln x)^2}{2 \cdot 2!} + \frac{(\ln x)^3}{3 \cdot 3!} + \cdots .$

Das bestimmte Integral $\int\limits_0^x \frac{dt}{\ln t}$ nennt man Integrallogarithmus (s. S. 455) und bezeichnet es mit $\mathrm{Li}(x)$.
Für $x > 1$ divergiert dieses Integral im Punkt $t = 1$. In diesem Fall versteht man unter $\mathrm{Li}(x)$ den Hauptwert des uneigentlichen Integrals (s. S. 455).
Der Integrallogarithmus hängt mit der Integralexponentialfunktion (s. S. 455) zusammen: $\mathrm{Li}(x) = \mathrm{Ei}(\ln x)$.

470. $\int \frac{dx}{(\ln x)^n} = -\frac{x}{(n-1)(\ln x)^{n-1}} + \frac{1}{n-1} \int \frac{dx}{(\ln x)^{n-1}} \qquad (n \neq 1); \qquad$ (s. Nr.469).

471. $\int x^m \ln x\, dx = x^{m+1} \left[\frac{\ln x}{m+1} - \frac{1}{(m+1)^2} \right] \qquad (m \neq -1).$

472. $\int x^m (\ln x)^n\, dx = \frac{x^{m+1}(\ln x)^n}{m+1} - \frac{n}{m+1} \int x^m (\ln x)^{n-1}\, dx \qquad (m \neq -1,\ n \neq -1;$ (s. Nr.470).

473. $\int \frac{(\ln x)^n}{x}\, dx = \frac{(\ln x)^{n+1}}{n+1}.$

474. $\int \frac{\ln x}{x^m}\, dx = -\frac{\ln x}{(m-1)x^{m-1}} - \frac{1}{(m-1)^2 x^{m-1}} \qquad (m \neq 1).$

475. $\int \frac{(\ln x)^n}{x^m}\, dx = -\frac{(\ln x)^n}{(m-1)x^{m-1}} + \frac{n}{m-1} \int \frac{(\ln x)^{n-1}}{x^m} dx \qquad (m \neq 1); \qquad$ (s. Nr.474).

476. $\int \frac{x^m\, dx}{\ln x} = \int \frac{e^{-y}}{y}\, dy \qquad$ mit $y = -(m+1) \ln x; \qquad$ (s. Nr.451).

477. $\int \frac{x^m\, dx}{(\ln x)^n} = -\frac{x^{m+1}}{(n-1)(\ln x)^{n-1}} + \frac{m+1}{n-1} \int \frac{x^m\, dx}{(\ln x)^{n-1}} \qquad (n \neq 1).$

478. $\int \frac{dx}{x \ln x} = \ln \ln x.$

479. $\int \frac{dx}{x^n \ln x} = \ln \ln x - (n-1) \ln x + \frac{(n-1)^2 (\ln x)^2}{2 \cdot 2!} - \frac{(n-1)^3 (\ln x)^3}{3 \cdot 3!} + \cdots .$

480. $\int \frac{dx}{x(\ln x)^n} = \frac{-1}{(n-1)(\ln x)^{n-1}} \qquad (n \neq 1).$

481. $$\int \frac{dx}{x^p(\ln x)^n} = \frac{-1}{x^{p-1}(n-1)(\ln x)^{n-1}} - \frac{p-1}{n-1}\int \frac{dx}{x^p(\ln x)^{n-1}} \qquad (n \neq 1).$$

482. $$\int \ln \sin x \, dx = x \ln x - x - \frac{x^3}{18} - \frac{x^5}{900} - \cdots - \frac{2^{2n-1}B_n x^{2n+1}}{n(2n+1)!} - \cdots .$$

Mit B_n sind die BERNOULLIschen Zahlen (s. S. 404) bezeichnet.

483. $$\int \ln \cos x \, dx = -\frac{x^3}{6} - \frac{x^5}{60} - \frac{x^7}{315} - \cdots - \frac{2^{2n-1}(2^{2n}-1)B_n}{n(2n+1)!}x^{2n+1} - \cdots .$$

484. $$\int \ln \tan x \, dx = x \ln x - x + \frac{x^3}{9} + \frac{7x^5}{450} + \cdots + \frac{2^{2n}(2^{2n-1}-1)B_n}{n(2n+1)!}x^{2n+1} + \cdots .$$

485. $$\int \sin \ln x \, dx = \frac{x}{2}(\sin \ln x - \cos \ln x).$$

486. $$\int \cos \ln x \, dx = \frac{x}{2}(\sin \ln x + \cos \ln x).$$

487. $$\int e^{ax} \ln x \, dx = \frac{1}{a}e^{ax} \ln x - \frac{1}{a}\int \frac{e^{ax}}{x} dx; \qquad \text{(s. Nr. 451).}$$

21.5.4.4 Integrale mit inversen trigonometrischen Funktionen

488. $$\int \arcsin \frac{x}{a} \, dx = x \arcsin \frac{x}{a} + \sqrt{a^2 - x^2}.$$

489. $$\int x \arcsin \frac{x}{a} \, dx = \left(\frac{x^2}{2} - \frac{a^2}{4}\right) \arcsin \frac{x}{a} + \frac{x}{4}\sqrt{a^2 - x^2}.$$

490. $$\int x^2 \arcsin \frac{x}{a} \, dx = \frac{x^3}{3} \arcsin \frac{x}{a} + \frac{1}{9}(x^2 + 2a^2)\sqrt{a^2 - x^2}.$$

491. $$\int \frac{\arcsin \frac{x}{a} \, dx}{x} = \frac{x}{a} + \frac{1}{2 \cdot 3 \cdot 3}\frac{x^3}{a^3} + \frac{1 \cdot 3}{2 \cdot 4 \cdot 5 \cdot 5}\frac{x^5}{a^5} + \frac{1 \cdot 3 \cdot 5}{2 \cdot 4 \cdot 6 \cdot 7 \cdot 7}\frac{x^7}{a^7} + \cdots .$$

492. $$\int \frac{\arcsin \frac{x}{a} \, dx}{x^2} = -\frac{1}{x} \arcsin \frac{x}{a} - \frac{1}{a} \ln \frac{a + \sqrt{a^2 - x^2}}{x}.$$

493. $$\int \arccos \frac{x}{a} \, dx = x \arccos \frac{x}{a} - \sqrt{a^2 - x^2}.$$

494. $$\int x \arccos \frac{x}{a} \, dx = \left(\frac{x^2}{2} - \frac{a^2}{4}\right) \arccos \frac{x}{a} - \frac{x}{4}\sqrt{a^2 - x^2}.$$

495. $$\int x^2 \arccos \frac{x}{a} \, dx = \frac{x^3}{3} \arccos \frac{x}{a} - \frac{1}{9}(x^2 + 2a^2)\sqrt{a^2 - x^2}.$$

496. $$\int \frac{\arccos \frac{x}{a} \, dx}{x} = \frac{\pi}{2} \ln x - \frac{x}{a} - \frac{1}{2 \cdot 3 \cdot 3}\frac{x^3}{a^3} - \frac{1 \cdot 3}{2 \cdot 4 \cdot 5 \cdot 5}\frac{x^5}{a^5} - \frac{1 \cdot 3 \cdot 5}{2 \cdot 4 \cdot 6 \cdot 7 \cdot 7}\frac{x^7}{a^7} - \cdots .$$

497. $$\int \frac{\arccos \frac{x}{a} \, dx}{x^2} = -\frac{1}{x} \arccos \frac{x}{a} + \frac{1}{a} \ln \frac{a + \sqrt{a^2 - x^2}}{x}.$$

498. $$\int \arctan \frac{x}{a} \, dx = x \arctan \frac{x}{a} - \frac{a}{2} \ln(a^2 + x^2).$$

499. $\int x \arctan\frac{x}{a}\,dx = \frac{1}{2}(x^2+a^2)\arctan\frac{x}{a} - \frac{ax}{2}.$

500. $\int x^2 \arctan\frac{x}{a}\,dx = \frac{x^3}{3}\arctan\frac{x}{a} - \frac{ax^2}{6} + \frac{a^3}{6}\ln(a^2+x^2).$

501. $\int x^n \arctan\frac{x}{a}\,dx = \frac{x^{n+1}}{n+1}\arctan\frac{x}{a} - \frac{a}{n+1}\int\frac{x^{n+1}\,dx}{a^2+x^2} \qquad (n \neq -1).$

502. $\int \frac{\arctan\frac{x}{a}\,dx}{x} = \frac{x}{a} - \frac{x^3}{3^2a^3} + \frac{x^5}{5^2a^5} - \frac{x^7}{7^2a^7} + \cdots \qquad (|x|<|a|).$

503. $\int \frac{\arctan\frac{x}{a}\,dx}{x^2} = -\frac{1}{x}\arctan\frac{x}{a} - \frac{1}{2a}\ln\frac{a^2+x^2}{x^2}.$

504. $\int \frac{\arctan\frac{x}{a}\,dx}{x^n} = -\frac{1}{(n-1)x^{n-1}}\arctan\frac{x}{a} + \frac{a}{n-1}\int\frac{dx}{x^{n-1}(a^2+x^2)} \qquad (n \neq 1).$

505. $\int \operatorname{arccot}\frac{x}{a}\,dx = x\operatorname{arccot}\frac{x}{a} + \frac{a}{2}\ln(a^2+x^2).$

506. $\int x \operatorname{arccot}\frac{x}{a}\,dx = \frac{1}{2}(x^2+a^2)\operatorname{arccot}\frac{x}{a} + \frac{ax}{2}.$

507. $\int x^2 \operatorname{arccot}\frac{x}{a}\,dx = \frac{x^3}{3}\operatorname{arccot}\frac{x}{a} + \frac{ax^2}{6} - \frac{a^3}{6}\ln(a^2+x^2).$

508. $\int x^n \operatorname{arccot}\frac{x}{a}\,dx = \frac{x^{n+1}}{n+1}\operatorname{arccot}\frac{x}{a} + \frac{a}{n+1}\int\frac{x^{n+1}dx}{a^2+x^2} \qquad (n \neq -1).$

509. $\int \frac{\operatorname{arccot}\frac{x}{a}\,dx}{x} = \frac{\pi}{2}\ln x - \frac{x}{a} + \frac{x^3}{3^2a^3} - \frac{x^5}{5^2a^5} - \frac{x^7}{7^2a^7} - \cdots.$

510. $\int \frac{\operatorname{arccot}\frac{x}{a}\,dx}{x^2} = -\frac{1}{x}\operatorname{arccot}\frac{x}{a} + \frac{1}{2a}\ln\frac{a^2+x^2}{x^2}.$

511. $\int \frac{\operatorname{arccot}\frac{x}{a}\,dx}{x^n} = -\frac{1}{(n-1)x^{n-1}}\operatorname{arccot}\frac{x}{a} - \frac{a}{n-1}\int\frac{dx}{x^{n-1}(a^2+x^2)} \qquad (n \neq 1).$

21.5.4.5 Integrale mit inversen Hyperbelfunktion

512. $\int \operatorname{Arsinh}\frac{x}{a}\,dx = x\operatorname{Arsinh}\frac{x}{a} - \sqrt{x^2+a^2}.$

513. $\int \operatorname{Arcosh}\frac{x}{a}\,dx = x\operatorname{Arcosh}\frac{x}{a} - \sqrt{x^2-a^2}.$

514. $\int \operatorname{Artanh}\frac{x}{a}\,dx = x\operatorname{Artanh}\frac{x}{a} + \frac{a}{2}\ln(a^2-x^2).$

515. $\int \operatorname{Arcoth}\frac{x}{a}\,dx = x\operatorname{Arcoth}\frac{x}{a} + \frac{a}{2}\ln(x^2-a^2).$

21.6 Bestimmte Integrale

21.6.1 Bestimmte Integrale trigonometrischer Funktionen

Für natürliche Zahlen m, n gilt:

1. $\int\limits_0^{2\pi} \sin nx\,dx = 0\,,$ (21.1) **2.** $\int\limits_0^{2\pi} \cos nx\,dx = 0\,,$ (21.2) **3.** $\int\limits_0^{2\pi} \sin nx \cos mx\,dx = 0\,,$ (21.3)

4. $\int\limits_0^{2\pi} \sin nx \sin mx\,dx = \begin{cases} 0 \text{ für } m \neq n\,, \\ \pi \text{ für } m = n\,, \end{cases}$ (21.4) **5.** $\int\limits_0^{2\pi} \cos nx \cos mx = \begin{cases} 0 \text{ für } m \neq n\,, \\ \pi \text{ für } m = n\,, \end{cases}$ (21.5)

6. $$\int\limits_0^{\frac{\pi}{2}} \sin^n x\,dx = \begin{cases} \frac{2}{3}\frac{4}{5}\frac{6}{7}\frac{8}{9}\cdots\frac{n-1}{n} \text{ für } n \text{ ungerade}\,, \\ \frac{\pi}{2}\frac{1}{2}\frac{3}{4}\frac{5}{6}\cdots\frac{n-1}{n} \text{ für } n \text{ gerade}\,, \end{cases} \quad (n \geq 2)\,. \qquad (21.6)$$

7a. $$\int\limits_0^{\pi/2} \sin^{2\alpha+1} x \cos^{2\beta+1} x\,dx = \frac{\Gamma(\alpha+1)\Gamma(\beta+1)}{2\Gamma(\alpha+\beta+2)} = \frac{1}{2}\mathrm{B}(\alpha+1, \beta+1)\,. \qquad (21.7a)$$

Mit $\mathrm{B}(x,y) = \dfrac{\Gamma(x)\cdot\Gamma(y)}{\Gamma(x+y)}$ ist die Betafunktion oder das EULERsche Integral 1. Gattung bezeichnet, mit $\Gamma(x)$ die Gammafunktion oder das EULERsche Integral 2. Gattung (s. S. 455).

Die Formel (21.7a) gilt für beliebige α und β; man verwendet sie z.B. zur Bestimmung der Integrale

$$\int\limits_0^{\pi/2} \sqrt{\sin x}\,dx\,, \quad \int\limits_0^{\pi/2} \sqrt[3]{\sin x}\,dx\,, \quad \int\limits_0^{\pi/2} \frac{dx}{\sqrt[3]{\cos x}} \quad \text{usw.}$$

Für α, β ganzzahlig und positiv ergibt sich:

7b. $$\int\limits_0^{\pi/2} \sin^{2\alpha+1} x \cos^{2\beta+1} x\,dx = \frac{\alpha!\beta!}{2(\alpha+\beta+1)!}\,. \qquad (21.7b)$$

8. $$\int\limits_0^{\infty} \frac{\sin ax}{x}\,dx = \begin{cases} \frac{\pi}{2} & \text{für } a > 0\,, \\ -\frac{\pi}{2} & \text{für } a < 0\,. \end{cases} \qquad (21.8)$$

9. $$\int\limits_0^{\alpha} \frac{\cos ax\,dx}{x} = \infty \quad (\alpha \text{ beliebig})\,. \qquad (21.9)$$

10. $$\int\limits_0^{\infty} \frac{\tan ax\,dx}{x} = \begin{cases} \frac{\pi}{2} & \text{für } a > 0\,, \\ -\frac{\pi}{2} & \text{für } a < 0\,. \end{cases} \qquad (21.10)$$

11. $$\int\limits_0^{\infty} \frac{\cos ax - \cos bx}{x}\,dx = \ln\frac{b}{a}\,. \qquad (21.11)$$

12. $$\int_0^\infty \frac{\sin x \cos ax}{x}\,dx = \begin{cases} \dfrac{\pi}{2} & \text{für } |a| < 1\,, \\ \dfrac{\pi}{4} & \text{für } |a| = 1\,, \\ 0 & \text{für } |a| > 1\,. \end{cases} \tag{21.12}$$

13. $$\int_0^\infty \frac{\sin x}{\sqrt{x}}\,dx = \int_0^\infty \frac{\cos x}{\sqrt{x}}\,dx = \sqrt{\frac{\pi}{2}}\,. \tag{21.13}$$

14. $$\int_0^\infty \frac{x \sin bx}{a^2+x^2}\,dx = \pm\frac{\pi}{2}e^{-|ab|} \quad \text{(das Vorzeichen stimmt mit dem Vorzeichen von } b \text{ überein)}\,. \tag{21.14}$$

15. $$\int_0^\infty \frac{\cos ax}{1+x^2}\,dx = \frac{\pi}{2}e^{-|a|}\,. \tag{21.15}$$

16. $$\int_0^\infty \frac{\sin^2 ax}{x^2}\,dx = \frac{\pi}{2}|a|\,. \tag{21.16}$$

17. $$\int_{-\infty}^{+\infty} \sin(x^2)\,dx = \int_{-\infty}^{+\infty} \cos(x^2)\,dx = \sqrt{\frac{\pi}{2}}\,. \tag{21.17}$$

18. $$\int_0^{\pi/2} \frac{\sin x\,dx}{\sqrt{1-k^2\sin^2 x}} = \frac{1}{2k}\ln\frac{1+k}{1-k} \quad \text{für } |k| < 1\,. \tag{21.18}$$

19. $$\int_0^{\pi/2} \frac{\cos x\,dx}{\sqrt{1-k^2\sin^2 x}} = \frac{1}{k}\arcsin k \quad \text{für } |k| < 1\,. \tag{21.19}$$

20. $$\int_0^{\pi/2} \frac{\sin^2 x\,dx}{\sqrt{1-k^2\sin^2 x}} = \frac{1}{k^2}(\mathrm{K}-\mathrm{E}) \quad \text{für } |k| < 1\,. \tag{21.20}$$

In diesem und dem folgenden Integral sind E und K vollständige elliptische Integrale (s. S. 431):
$\mathrm{E} = \mathrm{E}\left(k, \frac{\pi}{2}\right)$, $\mathrm{K} = F\left(k, \frac{\pi}{2}\right)$ (s. auch Tabelle Elliptische Integrale, S. 1057).

21. $$\int_0^{\pi/2} \frac{\cos^2 x\,dx}{\sqrt{1-k^2\sin^2 x}} = \frac{1}{k^2}[\mathrm{E}-(1-k^2)\,\mathrm{K}]\,. \tag{21.21}$$

22. $$\int_0^{\pi} \frac{\cos ax\,dx}{1-2b\cos x+b^2} = \frac{\pi b^a}{1-b^2} \quad \text{bei ganzzahligem } a \ge 0\,,\ |b| < 1\,. \tag{21.22}$$

21.6.2 Bestimmte Integrale von Exponentialfunktionen

(zum Teil kombiniert mit algebraischen, trigonometrischen und logarithmischen Funktionen)

23. $$\int_0^\infty x^n e^{-ax}\,dx = \frac{\Gamma(n+1)}{a^{n+1}} \quad \text{für } a > 0\,,\ n > -1\,, \tag{21.23a}$$

$$= \frac{n!}{a^{n+1}} \quad \text{für } n > 0\,. \tag{21.23b}$$

Mit $\Gamma(n)$ ist in dieser und in der nächsten Formel die Gammafunktion (s. S. 455) bezeichnet; (s. auch Tabelle Gammafunktion, S. 1059).

24. $$\int_0^\infty x^n e^{-ax^2}\,dx = \frac{\Gamma\left(\frac{n+1}{2}\right)}{2a^{\left(\frac{n+1}{2}\right)}} \quad \text{für } a>0\,,\ n>-1\,, \tag{21.24a}$$

$$= \frac{1\cdot 3\cdots(2k-1)\sqrt{\pi}}{2^{k+1}a^{k+1/2}} \quad \text{für } n\,(n=2k)\,,\ \text{ganzzahlig, gerade} \tag{21.24b}$$

$$= \frac{k!}{2a^{k+1}} \quad \text{für } n\,(n=2k+1)\,,\ \text{ganzzahlig, ungerade}\,. \tag{21.24c}$$

25. $$\int_0^\infty e^{-a^2x^2}\,dx = \frac{\sqrt{\pi}}{2a} \quad \text{für } a>0\,. \tag{21.25}$$

26. $$\int_0^\infty x^2 e^{-a^2x^2}\,dx = \frac{\sqrt{\pi}}{4a^3} \quad \text{für } a>0\,. \tag{21.26}$$

27. $$\int_0^\infty e^{-a^2x^2}\cos bx\,dx = \frac{\sqrt{\pi}}{2a}\cdot e^{-b^2/4a^2} \quad \text{für } a>0\,. \tag{21.27}$$

28. $$\int_0^\infty \frac{x\,dx}{e^x-1} = \frac{\pi^2}{6}\,. \tag{21.28}$$

29. $$\int_0^\infty \frac{x\,dx}{e^x+1} = \frac{\pi^2}{12}\,. \tag{21.29}$$

30. $$\int_0^\infty \frac{e^{-ax}\sin x}{x}\,dx = \operatorname{arccot} a = \arctan\frac{1}{a} \quad \text{für } a>0\,. \tag{21.30}$$

31. $$\int_0^\infty e^{-x}\ln x\,dx = -C \approx -0{,}5772 \tag{21.31}$$

Mit C ist die EULERsche Konstante (s. S. 455) bezeichnet.

21.6.3 Bestimmte Integrale logarithmischer Funktionen

(kombiniert mit algebraischen und trigonometrischen Funktionen)

32. $$\int_0^1 \ln|\ln x|\,dx = -C = -0{,}5772 \quad \text{(wird zurückgeführt auf Nr. 21.31)}\,. \tag{21.32}$$

Mit C ist die EULERsche Konstante (s. S. 455) bezeichnet.

33. $$\int_0^1 \frac{\ln x}{x-1}\,dx = \frac{\pi^2}{6} \quad \text{(wird zurückgeführt auf Nr. 21.28)}\,. \tag{21.33}$$

34. $$\int_0^1 \frac{\ln x}{x+1}\,dx = -\frac{\pi^2}{12} \quad \text{(wird zurückgeführt auf Nr. 21.29)}\,. \tag{21.34}$$

35. $$\int_0^1 \frac{\ln x}{x^2-1}\,dx = \frac{\pi^2}{8}\,. \qquad (21.35)$$

36. $$\int_0^1 \frac{\ln(1+x)}{x^2+1}\,dx = \frac{\pi}{8}\ln 2\,. \qquad (21.36)$$

37. $$\int_0^1 \left(\frac{1}{x}\right)^a dx = \Gamma(a+1) \quad \text{für } (-1 < a < \infty)\,. \qquad (21.37)$$

Mit $\Gamma(x)$ ist die Gammafunktion (s. S. 455) bezeichnet (s. auch Tabelle Gammafunktion, S. 1059).

38. $$\int_0^{\pi/2} \ln\sin x\,dx = \int_0^{\pi/2} \ln\cos x\,dx = -\frac{\pi}{2}\ln 2\,. \qquad (21.38)$$

39. $$\int_0^{\pi} x\ln\sin x\,dx = -\frac{\pi^2\ln 2}{2}\,. \qquad (21.39)$$

40. $$\int_0^{\pi/2} \sin x\ln\sin x\,dx = \ln 2 - 1\,. \qquad (21.40)$$

41. $$\int_0^{\pi} \ln(a \pm b\cos x)\,dx = \pi\ln\frac{a+\sqrt{a^2-b^2}}{2} \qquad \text{für} a \ge b\,. \qquad (21.41)$$

42. $$\int_0^{\pi} \ln(a^2 - 2ab\cos x + b^2)\,dx = \begin{cases} 2\pi\ln a & \text{für} \quad (a \ge b > 0)\,, \\ 2\pi\ln b & \text{für} \quad (b \ge a > 0)\,. \end{cases} \qquad (21.42)$$

43. $$\int_0^{\pi/2} \ln\tan x\,dx = 0\,. \qquad (21.43)$$

44. $$\int_0^{\pi/4} \ln(1+\tan x)\,dx = \frac{\pi}{8}\ln 2\,. \qquad (21.44)$$

21.6.4 Bestimmte Integrale algebraischer Funktionen

45. $$\int_0^1 x^a(1-x)^\beta\,dx = 2\int_0^1 x^{2\alpha+1}(1-x^2)^\beta\,dx = \frac{\Gamma(\alpha+1)\Gamma(\beta+1)}{\Gamma(\alpha+\beta+2)}$$
$$= \mathrm{B}\,(\alpha+1,\ \beta+1)\,, \quad \text{(wird zurückgeführt auf Nr. 21.7a)}\,. \qquad (21.45)$$

Mit $\mathrm{B}(x,y) = \dfrac{\Gamma(x)\cdot\Gamma(y)}{\Gamma(x+y)}$ ist die Betafunktion (s. S. 1052) oder das EULERsche Integral 1. Gattung bezeichnet, mit $\Gamma(x)$ die Gammafunktion (s. S. 455) oder das EULERsche Integral 2. Gattung.

46. $$\int_0^{\infty} \frac{dx}{(1+x)x^a} = \frac{\pi}{\sin a\pi} \qquad \text{für } a < 1\,. \qquad (21.46)$$

47. $$\int\limits_0^\infty \frac{dx}{(1-x)x^a} = -\pi \cot a\pi \quad \text{für } a < 1\,. \tag{21.47}$$

48. $$\int\limits_0^\infty \frac{x^{a-1}}{1+x^b}\,dx = \frac{\pi}{b \sin \dfrac{a\pi}{b}} \quad \text{für } 0 < a < b\,. \tag{21.48}$$

49. $$\int\limits_0^1 \frac{dx}{\sqrt{1-x^a}} = \frac{\sqrt{\pi}\,\Gamma\left(\dfrac{1}{a}\right)}{a\,\Gamma\left(\dfrac{2+a}{2a}\right)}\,. \tag{21.49}$$

Mit $\Gamma(x)$ ist die Gammafunktion (s. S. 455) bezeichnet (s. auch Tabelle Gammafunktion, S. 1059).

50. $$\int\limits_0^1 \frac{dx}{1+2x\cos a + x^2} = \frac{a}{2\sin a} \quad \left(0 < a < \frac{\pi}{2}\right). \tag{21.50}$$

51. $$\int\limits_0^\infty \frac{dx}{1+2x\cos a + x^2} = \frac{a}{\sin x} \quad \left(0 < a < \frac{\pi}{2}\right). \tag{21.51}$$

21.7 Elliptische Integrale

21.7.1 Elliptische Integrale 1. Art $F(\varphi, k)$, $k = \sin\alpha$

φ /°	α /°									
	0	10	20	30	40	50	60	70	80	90
0	0,0000	0,0000	0,0000	0,0000	0,0000	0,0000	0,0000	0,0000	0,0000	0,0000
10	0,1745	0,1746	0,1746	0,1748	0,1749	0,1751	0,1752	0,1753	0,1754	0,1754
20	0,3491	0,3493	0,3499	0,3508	0,3520	0,3533	0,3545	0,3555	0,3561	0,3564
30	0,5236	0,5243	0,5263	0,5294	0,5334	0,5379	0,5422	0,5459	0,5484	0,5493
40	0,6981	0,6997	0,7043	0,7116	0,7213	0,7323	0,7436	0,7535	0,7604	0,7629
50	0,8727	0,8756	0,8842	0,8982	0,9173	0,9401	0,9647	0,9876	1,0044	1,0107
60	1,0472	1,0519	1,0660	1,0896	1,1226	1,1643	1,2126	1,2619	1,3014	1,3170
70	1,2217	1,2286	1,2495	1,2853	1,3372	1,4068	1,4944	1,5959	1,6918	1,7354
80	1,3963	1,4056	1,4344	1,4846	1,5597	1,6660	1,8125	2,0119	2,2653	2,4362
90	1,5708	1,5828	1,6200	1,6858	1,7868	1,9356	2,1565	2,5046	3,1534	∞

21.7.2 Elliptische Integrale 2. Art $E(\varphi, k)$, $k = \sin\alpha$

φ /°	α /°									
	0	10	20	30	40	50	60	70	80	90
0	0,0000	0,0000	0,0000	0,0000	0,0000	0,0000	0,0000	0,0000	0,0000	0,0000
10	0,1745	0,1745	0,1744	0,1743	0,1742	0,1740	0,1739	0,1738	0,1737	0,1736
20	0,3491	0,3489	0,3483	0,3473	0,3462	0,3450	0,3438	0,3429	0,3422	0,3420
30	0,5236	0,5229	0,5209	0,5179	0,5141	0,5100	0,5061	0,5029	0,5007	0,5000
40	0,6981	0,6966	0,6921	0,6851	0,6763	0,6667	0,6575	0,6497	0,6446	0,6428
50	0,8727	0,8698	0,8614	0,8483	0,8317	0,8134	0,7954	0,7801	0,7697	0,7660
60	1,0472	1,0426	1,0290	1,0076	0,9801	0,9493	0,9184	0,8914	0,8728	0,8660
70	1,2217	1,2149	1,1949	1,1632	1,1221	1,0750	1,0266	0,9830	0,9514	0,9397
80	1,3963	1,3870	1,3597	1,3161	1,2590	1,1926	1,1225	1,0565	1,0054	0,9848
90	1,5708	1,5589	1,5238	1,4675	1,3931	1,3055	1,2111	1,1184	1,0401	1,0000

21.7.3 Vollständige elliptische Integrale, $k = \sin\alpha$

α /°	K	E	α /°	K	E	α /°	K	E
0	1,5708	1,5708	**30**	1,6858	1,4675	**60**	2,1565	1,2111
1	1,5709	1,5707	31	1,6941	1,4608	61	2,1842	1,2015
2	1,5713	1,5703	32	1,7028	1,4539	62	2,2132	1,1920
3	1,5719	1,5697	33	1,7119	1,4469	63	2,2435	1,1826
4	1,5727	1,5689	34	1,7214	1,4397	64	2,2754	1,1732
5	1,5738	1,5678	**35**	1,7312	1,4323	**65**	2,3088	1,1638
6	1,5751	1,5665	36	1,7415	1,4248	66	2,3439	1,1545
7	1,5767	1,5649	37	1,7522	1,4171	67	2,3809	1,1453
8	1,5785	1,5632	38	1,7633	1,4092	68	2,4198	1,1362
9	1,5805	1,5611	39	1,7748	1,4013	69	2,4610	1,1272
10	1,5828	1,5589	**40**	1,7868	1,3931	**70**	2,5046	1,1184
11	1,5854	1,5564	41	1,7992	1,3849	71	2,5507	1,1096
12	1,5882	1,5537	42	1,8122	1,3765	72	2,5998	1,1011
13	1,5913	1,5507	43	1,8256	1,3680	73	2,6521	1,0927
14	1,5946	1,5476	44	1,8396	1,3594	74	2,7081	1,0844
15	1,5981	1,5442	**45**	1,8541	1,3506	**75**	2,7681	1,0764
16	1,6020	1,5405	46	1,8691	1,3418	76	2,8327	1,0686
17	1,6061	1,5367	47	1,8848	1,3329	77	2,9026	1,0611
18	1,6105	1,5326	48	1,9011	1,3238	78	2,9786	1,0538
19	1,6151	1,5283	49	1,9180	1,3147	79	3,0617	1,0468
20	1,6200	1,5238	**50**	1,9356	1,3055	**80**	3,1534	1,0401
21	1,6252	1,5191	51	1,9539	1,2963	81	3,2553	1,0338
22	1,6307	1,5141	52	1,9729	1,2870	82	3,3699	1,0278
23	1,6365	1,5090	53	1,9927	1,2776	83	3,5004	1,0223
24	1,6426	1,5037	54	2,0133	1,2681	84	3,6519	1,0172
25	1,6490	1,4981	**55**	2,0347	1,2587	**85**	3,8317	1,0127
26	1,6557	1,4924	56	2,0571	1,2492	86	4,0528	1,0080
27	1,6627	1,4864	57	2,0804	1,2397	87	4,3387	1,0053
28	1,6701	1,4803	58	2,1047	1,2301	88	4,7427	1,0026
29	1,6777	1,4740	59	2,1300	1,2206	89	5,4349	1,0008
						90	∞	1,0000

21.8 Gammafunktion

x	$\Gamma(x)$	x	$\Gamma(x)$	x	$\Gamma(x)$	x	$\Gamma(x)$
1,00	1,00000	**1,25**	0,90640	**1,50**	0,88623	**1,75**	0,91906
01	0,99433	26	0,90440	51	0,88659	76	0,92137
02	0,98884	27	0,90250	52	0,88704	77	0,92376
03	0,98355	28	0,90072	53	0,88757	78	0,92623
04	0,97844	29	0,89904	54	0,88818	79	0,92877
1,05	0,97350	**1,30**	0,89747	**1,55**	0,88887	**1,80**	0,93138
06	0,96874	31	0,89600	56	0,88964	81	0,93408
07	0,96415	32	0,89464	57	0,89049	82	0,93685
08	0,95973	33	0,89338	58	0,89142	83	0,93969
09	0,95546	34	0,89222	59	0,89243	84	0,94261
1,10	0,95135	**1,35**	0,89115	**1,60**	0,89352	**1,85**	0,94561
11	0,94740	36	0,89018	61	0,89468	86	0,94869
12	0,94359	37	0,88931	62	0,89592	87	0,95184
13	0,93993	38	0,88854	63	0,89724	88	0,95507
14	0,93642	39	0,88785	64	0,89864	89	0,95838
1,15	0,93304	**1,40**	0,88726	**1,65**	0,90012	**1,90**	0,96177
16	0,92980	41	0,88676	66	0,90167	91	0,96523
17	0,92670	42	0,88636	67	0,90330	92	0,96877
18	0,92373	43	0,88604	68	0,90500	93	0,97240
19	0,92089	44	0,88581	69	0,90678	94	0,97610
1,20	0,91817	**1,45**	0,88566	**1,70**	0,90864	**1,95**	0,97988
21	0,91558	46	0,88560	71	0,91057	96	0,98374
22	0,91311	47	0,88563	72	0,91258	97	0,98768
23	0,91075	48	0,88575	73	0,91467	98	0,99171
24	0,90852	49	0,88592	74	0,91683	99	0,99581
1,25	0,90640	**1,50**	0,88623	**1,75**	0,91906	**2,00**	1,00000

Die Werte der Gammafunktion für $x < 1$ ($x \neq 0, -1, -2, \ldots$) und $x > 2$ lassen sich mit Hilfe der folgenden Formeln berechnen:

$$\Gamma(x) = \frac{\Gamma(x+1)}{x}, \quad \Gamma(x) = (x-1)\,\Gamma(x-1).$$

■ **A:** $\Gamma(0,7) = \dfrac{\Gamma(1,7)}{0,7} = \dfrac{0,90864}{0,7} = 1,2981.$

■ **B:** $\Gamma(3,5) = 2,5 \cdot \Gamma(2,5) = 2,5 \cdot 1,5 \cdot \Gamma(1,5) = 2,5 \cdot 1,5 \cdot 0,88623 = 3,32336.$

21.9 Besselsche Funktionen (Zylinderfunktionen)

x	$J_0(x)$	$J_1(x)$	$Y_0(x)$	$Y_1(x)$	$I_0(x)$	$I_1(x)$	$K_0(x)$	$K_1(x)$
0,0	+1,0000	+0,0000	$-\infty$	$-\infty$	+1,000	0,0000	∞	∞
0,1	0,9975	0,0499	−1,5342	−6,4590	1,003	+0,0501	2,4271	9,8538
0,2	0,9900	0,0995	1,0181	3,3238	1,010	0,1005	1,7527	4,7760
0,3	0,9776	0,1483	0,8073	2,2931	1,023	0,1517	1,3725	3,0560
0,4	0,9604	0,1960	0,6060	1,7809	1,040	0,2040	1,1145	2,1844
0,5	+0,9385	+0,2423	−0,4445	−1,4715	1,063	0,2579	0,9244	1,6564
0,6	0,9120	0,2867	0,3085	1,2604	1,092	0,3137	0,7775	1,3028
0,7	0,8812	0,3290	0,1907	1,1032	1,126	0,3719	0,6605	1,0503
0,8	0,8463	0,3688	−0,0868	0,9781	1,167	0,4329	0,5653	0,8618
0,9	0,8075	0,4059	+0,0056	0,8731	1,213	0,4971	0,4867	0,7165
1,0	+0,7652	+0,4401	+0,0883	−0,7812	1,266	0,5652	0,4210	0,6019
1,1	0,7196	0,4709	0,1622	0,6981	1,326	0,6375	0,3656	0,5098
1,2	0,6711	0,4983	0,2281	0,6211	1,394	0,7147	0,3185	0,4346
1,3	0,6201	0,5220	0,2865	0,5485	1,469	0,7973	0,2782	0,3725
1,4	0,5669	0,5419	0,3379	0,4791	1,553	0,8861	0,2437	0,3208
1,5	+0,5118	+0,5579	+0,3824	−0,4123	1,647	0,9817	0,2138	0,2774
1,6	0,4554	0,5699	0,4204	0,3476	1,750	1,085	0,1880	0,2406
1,7	0,3980	0,5778	0,4520	0,2847	1,864	1,196	0,1655	0,2094
1,8	0,3400	0,5815	0,4774	0,2237	1,990	1,317	0,1459	0,1826
1,9	0,2818	0,5812	0,4968	0,1644	2,128	1,448	0,1288	0,1597
2,0	+0,2239	+0,5767	+0,5104	−0,1070	2,280	1,591	0,1139	0,1399
2,1	0,1666	0,5683	0,5183	−0,0517	2,446	1,745	0,1008	0,1227
2,2	0,1104	0,5560	0,5208	+0,0015	2,629	1,914	0,08927	0,1079
2,3	0,0555	0,5399	0,5181	0,0523	2,830	2,098	0,07914	0,09498
2,4	0,0025	0,5202	0,5104	0,1005	3,049	2,298	0,07022	0,08372
2,5	−0,0484	+0,4971	+0,4981	+0,1459	3,290	2,517	0,06235	0,07389
2,6	0,0968	0,4708	0,4813	0,1884	3,553	2,755	0,05540	0,06528
2,7	0,1424	0,4416	0,2605	0,2276	3,842	3,016	0,04926	0,05774
2,8	0,1850	0,4097	0,4359	0,2635	4,157	3,301	0,04382	0,05111
2,9	0,2243	0,3754	0,4079	0,2959	4,503	3,613	0,03901	0,04529
3,0	−0,2601	+0,3391	+0,3769	+0,3247	4,881	3,953	0,03474	0,04016
3,1	0,2921	0,3009	0,3431	0,3496	5,294	4,326	0,03095	0,03563
3,2	0,3202	0,2613	0,3070	0,3707	5,747	4,734	0,02759	0,03164
3,3	0,3443	0,2207	0,2691	0,3879	6,243	5,181	0,02461	0,02812
3,4	0,3643	0,1792	0,2296	0,4010	6,785	5,670	0,02196	0,02500
3,5	−0,3801	+0,1374	+0,1890	+0,4102	7,378	6,206	0,01960	0,02224
3,6	0,3918	0,0955	0,1477	0,4154	8,028	6,793	0,01750	0,01979
3,7	0,3992	0,0538	0,1061	0,4167	8,739	7,436	0,01563	0,01763
3,8	0,4026	+0,0128	0,0645	0,4141	9,517	8,140	0,01397	0,01571
3,9	0,4018	−0,0272	+0,0234	0,4078	10,37	8,913	0,01248	0,01400
4,0	−0,3971	−0,0660	−0,0169	+0,3979	11,30	9,759	0,01116	0,01248
4,1	0,3887	0,1033	0,0561	0,3846	12,32	10,69	0,009980	0,01114
4,2	0,3766	0,1386	0,0938	0,3680	13,44	11,71	0,008927	0,009938
4,3	0,3610	0,1719	0,1296	0,3484	14,67	12,82	0,007988	0,008872
4,4	0,3423	0,2028	0,1633	0,3260	16,01	14,05	0,007149	0,007923
4,5	−0,3205	−0,2311	−0,1947	+0,3010	17,48	15,39	0,006400	0,007078
4,6	0,2961	0,2566	0,2235	0,2737	19,09	16,86	0,005730	0,006325
4,7	0,2693	0,2791	0,2494	0,2445	20,86	18,48	0,005132	0,005654
4,8	0,2404	0,2985	0,2723	0,2136	22,79	20,25	0,004597	0,005055
4,9	0,2097	0,3147	0,2921	0,1812	24,91	22,20	0,004119	0,004521

x	$J_0(x)$	$J_1(x)$	$Y_0(x)$	$Y_1(x)$	$I_0(x)$	$I_1(x)$	$K_0(x)$	$K_1(x)$
							0,00	0,00
5,0	−0,1776	−0,3276	−0,3085	+0,1479	27,24	24,34	3691	4045
5,1	0,1443	0,3371	0,3216	0,1137	29,79	26,68	3308	3619
5,2	0,1103	0,3432	0,3313	0,0792	32,58	29,25	2966	3239
5,3	0,0758	0,3460	0,3374	0,0445	35,65	32,08	2659	2900
5,4	0,0412	0,3453	0,3402	+0,0101	39,01	35,18	2385	2597
5,5	−0,0068	−0,3414	−0,3395	−0,0238	42,69	38,59	2139	3226
5,6	+0,0270	0,3343	0,3354	0,0568	46,74	42,33	1918	2083
5,8	0,0917	0,3110	0,3177	0,1192	56,04	50,95	1544	1673
5,9	0,1220	0,2951	0,3044	0,1481	61,38	55,90	1386	1499
6,0	+0,1506	−0,2767	−0,2882	−0,1750	67,23	61,34	1244	1344
6,1	0,1773	0,2559	0,2694	0,1998	73,66	67,32	1117	1205
6,2	0,2017	0,2329	0,2483	0,2223	80,72	73,89	1003	1081
6,3	0,2238	0,2081	0,2251	0,2422	88,46	81,10	09001	09691
6,4	0,2433	0,1816	0,1999	0,2596	96,96	89,03	08083	08693
6,5	+0,2601	−0,1538	−0,1732	−0,2741	106,3	97,74	07259	07799
6,6	0,2740	0,1250	0,1452	0,2857	116,5	107,3	06520	06998
6,7	0,2851	0,0953	0,1162	0,2945	127,8	117,8	05857	06280
6,8	0,2931	0,0652	0,0864	0,3002	140,1	129,4	05262	05636
6,9	0,2981	0,0349	0,0563	0,3029	153,7	142,1	04728	05059
7,0	+0,3001	−0,0047	−0,0259	−0,3027	168,6	156,0	04248	04542
7,1	0,2991	+0,0252	+0,0042	0,2995	185,0	171,4	03817	04078
7,2	0,2951	0,0543	0,0339	0,2934	202,9	188,3	03431	03662
7,3	0,2882	0,0826	0,0628	0,2846	222,7	206,8	03084	03288
7,4	0,2786	0,1096	0,0907	0,2731	244,3	227,2	02772	02953
7,5	+0,2663	+0,1352	+0,1173	−0,2591	268,2	249,6	02492	02653
7,6	0,2516	0,1592	0,1424	0,2428	294,3	274,2	02240	02383
7,7	0,2346	0,1813	0,1658	0,2243	323,1	301,3	02014	02141
7,8	0,2154	0,2014	0,1872	0,2039	354,7	331,1	01811	01924
7,9	0,1944	0,2192	0,2065	0,1817	389,4	363,9	01629	01729
8,0	+0,1717	+0,2346	+0,2235	−0,1581	427,6	399,9	01465	01554
8,1	0,1475	0,2476	0,2381	0,1331	469,5	439,5	01317	01396
8,2	0,1222	0,2580	0,2501	0,1072	515,6	483,0	01185	01255
8,3	0,0960	0,2657	0,2595	0,0806	566,3	531,0	01066	01128
8,4	0,0692	0,2708	0,2662	0,0535	621,9	583,7	009588	01014
8,5	+0,0419	+0,2731	+0,2702	−0,0262	683,2	641,6	008626	009120
8,6	+0,0146	0,2728	0,2715	+0,0011	750,5	705,4	007761	008200
8,7	−0,0125	0,2697	0,2700	0,0280	824,4	775,5	006983	007374
8,8	0,0392	0,2641	0,2659	0,0544	905,8	852,7	006283	006631
8,9	0,0653	0,2559	0,2592	0,0799	995,2	937,5	005654	005964
9,0	−0,0903	+0,2453	+0,2499	+0,1043	1094	1031	005088	005364
9,1	0,1142	0,2324	0,2383	0,1275	1202	1134	004579	004825
9,2	0,1367	0,2174	0,2245	0,1491	1321	1247	004121	004340
9,3	0,1577	0,2004	0,2086	0,1691	1451	1371	003710	003904
9,4	0,1768	0,1816	0,1907	0,1871	1595	1508	003339	003512
9,5	−0,1939	+0,1613	+0,1712	+0,2032	1753	1658	003036	003160
9,6	0,2090	0,1395	0,1502	0,2171	1927	1824	002706	002843
9,7	0,2218	0,1166	0,1279	0,2287	2119	2006	002436	002559
9,8	0,2323	0,0928	0,1045	0,2379	2329	2207	002193	002302
9,9	0,2403	0,0684	0,0804	0,2447	2561	2428	001975	002072
10,0	−0,2459	+0,0435	+0,0557	+0,2490	2816	2671	001778	001865

21.10 Legendresche Polynome 1. Art (Kugelfunktionen)

$$P_0(x) = 1; \qquad P_1(x) = x;$$

$$P_2(x) = \frac{1}{2}(3x^2 - 1); \qquad P_3(x) = \frac{1}{2}(5x^3 - 3x);$$

$$P_4(x) = \frac{1}{8}(35x^4 - 30x^2 + 3); \qquad P_5(x) = \frac{1}{8}(63x^5 - 70x^3 + 15x);$$

$$P_6(x) = \frac{1}{16}(231x^6 - 315x^4 + 105x^2 - 5); \qquad P_7(x) = \frac{1}{16}(429x^7 - 693x^5 + 315x^3 - 35x).$$

$x = P_1(x)$	$P_2(x)$	$P_3(x)$	$P_4(x)$	$P_5(x)$	$P_6(x)$	$P_7(x)$
0,00	−0,3000	0,0000	0,3750	0,0000	−0,3125	0,0000
0,05	−0,4962	−0.0747	0,3657	0,0927	−0,2962	−0,1069
0,10	−0,4850	−0,1475	0,3379	0,1788	−0,2488	−0,1995
0,15	−0,4662	−0,2166	0,2928	0,2523	−0,1746	−0,2649
0,20	−0,4400	−0,2800	0,2320	0,3075	−0,0806	−0,2935
0,25	−0,4062	−0,3359	0,1577	0,3397	+0,0243	−0,2799
0,30	−0,3650	−0,3825	+0,0729	0,3454	0,1292	−0,2241
0,35	−0,3162	−0,4178	−0,0187	0,3225	0,2225	−0,1318
0,40	−0,2600	−0,4400	−0,1130	0,2706	0,2926	−0,0146
0,45	−0,1962	−0,4472	−0,2050	0,1917	0,3290	+0,1106
0,50	−0,1250	−0,4375	−0,2891	+0,0898	0,3232	0,2231
0,55	−0,0462	−0,4091	−0,3590	−0,0282	0,2708	0,3007
0,60	+0,0400	−0,3600	−0,4080	−0,1526	0,1721	0,3226
0,65	0,1338	−0,2884	−0,4284	−0,2705	+0,0347	0,2737
0,70	0,2350	−0,1925	−0,4121	−0,3652	−0,1253	+0,1502
0,75	0,3438	−0,0703	−0,3501	−0,4164	−0,2808	−0,0342
0,80	0,4600	+0,0800	−0,2330	−0,3995	−0,3918	−0,2397
0,85	0,5838	0,2603	−0,0506	−0,2857	−0,4030	−0,3913
0,90	0,7150	0,4725	+0,2079	−0,0411	−0,2412	−0,3678
0,95	0,8538	0,7184	0,5541	+0,3727	+0,1875	+0,0112
1,00	1,0000	1,0000	1,0000	1,0000	1,0000	1,0000

21.11 Laplace–Transformationen

(s. S. 708)

$$F(p) = \int_0^\infty \mathrm{e}^{-pt} f(t)\, dt\,, \quad f(t) = 0 \text{ für } t < 0$$

Die in der Tabelle auftretende Konstante C ist die EULERsche Konstante (s. S. 455) $C = 0,577216$.

Nr.	$F(p)$	$f(t)$
1	0	0
2	$\frac{1}{p}$	1
3	$\frac{1}{p^n}$	$\frac{t^{n-1}}{(n-1)!}$
4	$\frac{1}{(p-\alpha)^n}$	$\frac{t^{n-1}}{(n-1)!}\mathrm{e}^{\alpha t}$
5	$\frac{1}{(p-\alpha)(p-\beta)}$	$\frac{\mathrm{e}^{\beta t}-\mathrm{e}^{\alpha t}}{\beta-\alpha}$
6	$\frac{p}{(p-\alpha)(p-\beta)}$	$\frac{\beta\mathrm{e}^{\beta t}-\alpha\mathrm{e}^{\alpha t}}{\beta-\alpha}$
7	$\frac{1}{p^2+2\alpha p+\beta^2}$	$\frac{\mathrm{e}^{-\alpha t}}{\sqrt{\beta^2-\alpha^2}}\sin\sqrt{\beta^2-\alpha^2}\,t$
8	$\frac{\alpha}{p^2+\alpha^2}$	$\sin\alpha t$
9	$\frac{\alpha\cos\beta+p\sin\beta}{p^2+\alpha^2}$	$\sin(\alpha t+\beta)$
10	$\frac{p}{p^2+2\alpha p+\beta^2}$	$\left(\cos\sqrt{\beta^2-\alpha^2}\,t-\frac{\alpha}{\sqrt{\beta^2-\alpha^2}}\sin\sqrt{\beta^2-\alpha^2}\,t\right)\mathrm{e}^{-\alpha t}$
11	$\frac{p}{p^2+\alpha^2}$	$\cos\alpha t$
12	$\frac{p\cos\beta-\alpha\sin\beta}{p^2+\alpha^2}$	$\cos(\alpha t+\beta)$
13	$\frac{\alpha}{p^2-\alpha^2}$	$\sinh\alpha t$
14	$\frac{p}{p^2-\alpha^2}$	$\cosh\alpha t$

Nr.	$F(p)$	$f(t)$
15	$\dfrac{1}{(p-\alpha)(p-\beta)(p-\gamma)}$	$-\dfrac{(\beta-\gamma)\mathrm{e}^{\alpha t}+(\gamma-\alpha)\mathrm{e}^{\beta t}+(\alpha-\beta)\mathrm{e}^{\gamma t}}{(\alpha-\beta)(\beta-\gamma)(\gamma-\alpha)}$
16	$\dfrac{1}{(p-\alpha)(p-\beta)^2}$	$\dfrac{\mathrm{e}^{\alpha t}-[1+(\alpha-\beta)t]\,\mathrm{e}^{\beta t}}{(\alpha-\beta)^2}$
17	$\dfrac{p}{(p-\alpha)(p-\beta)^2}$	$\dfrac{\alpha\,\mathrm{e}^{\alpha t}-[\alpha+\beta(\alpha-\beta)t]\mathrm{e}^{\beta t}}{(\alpha-\beta)^2}$
18	$\dfrac{p^2}{(p-\alpha)(p-\beta)^2}$	$\dfrac{\alpha^2\mathrm{e}^{\alpha t}-[2\alpha-\beta+\beta(\alpha-\beta)t]\,\beta\mathrm{e}^{\beta t}}{(\alpha-\beta)^2}$
19	$\dfrac{1}{(p^2+\alpha^2)(p^2+\beta^2)}$	$\dfrac{\alpha\sin\beta t-\beta\sin\alpha t}{\alpha\beta(\alpha^2-\beta^2)}$
20	$\dfrac{p}{(p^2+\alpha^2)(p^2+\beta^2)}$	$\dfrac{\cos\beta t-\cos\alpha t}{(\alpha^2-\beta^2)}$
21	$\dfrac{p^2+2\alpha^2}{p(p^2+4\alpha^2)}$	$\cos^2\alpha t$
22	$\dfrac{2\alpha^2}{p(p^2+4\alpha^2)}$	$\sin^2\alpha t$
23	$\dfrac{p^2-2\alpha^2}{p(p^2-4\alpha^2)}$	$\cosh^2\alpha t$
24	$\dfrac{2\alpha^2}{p(p^2-4\alpha^2)}$	$\sinh^2\alpha t$
25	$\dfrac{2\alpha^2 p}{p^4+4\alpha^4}$	$\sin\alpha t\cdot\sinh\alpha t$
26	$\dfrac{\alpha(p^2+2\alpha^2)}{p^4+4\alpha^4}$	$\sin\alpha t\cdot\cosh\alpha t$
27	$\dfrac{\alpha(p^2-2\alpha^2)}{p^4+4\alpha^4}$	$\cos\alpha t\cdot\sinh\alpha t$
28	$\dfrac{p^3}{p^4+4\alpha^4}$	$\cos\alpha t\cdot\cosh\alpha t$
29	$\dfrac{\alpha p}{(p^2+\alpha^2)^2}$	$\dfrac{t}{2}\sin\alpha t$

Nr.	$F(p)$	$f(t)$
30	$\dfrac{\alpha p}{(p^2-\alpha^2)^2}$	$\dfrac{t}{2}\sinh\alpha t$
31	$\dfrac{\alpha\beta}{(p^2-\alpha^2)(p^2-\beta^2)}$	$\dfrac{\beta\sinh\alpha t-\alpha\sinh\beta t}{\alpha^2-\beta^2}$
32	$\dfrac{p}{(p^2-\alpha^2)(p^2-\beta^2)}$	$\dfrac{\cosh\alpha t-\cosh\beta t}{\alpha^2-\beta^2}$
33	$\dfrac{1}{\sqrt{p}}$	$\dfrac{1}{\sqrt{\pi t}}$
34	$\dfrac{1}{p\sqrt{p}}$	$2\sqrt{\dfrac{t}{\pi}}$
35	$\dfrac{1}{p^n\sqrt{p}}$	$\dfrac{n!}{(2n)!}\dfrac{4^n}{\sqrt{\pi}}t^{n-\frac{1}{2}} \quad (n>0\,,\ \text{ganz})$
36	$\dfrac{1}{\sqrt{p+\alpha}}$	$\dfrac{1}{\sqrt{\pi t}}\mathrm{e}^{-\alpha t}$
37	$\sqrt{p+\alpha}-\sqrt{p+\beta}$	$\dfrac{1}{2t\sqrt{\pi t}}\left(\mathrm{e}^{-\beta t}-\mathrm{e}^{-\alpha t}\right)$
38	$\sqrt{\sqrt{p^2+\alpha^2}-p}$	$\dfrac{\sin\alpha t}{t\sqrt{2\pi t}}$
39	$\sqrt{\dfrac{\sqrt{p^2+\alpha^2}-p}{p^2+\alpha^2}}$	$\sqrt{\dfrac{2}{\pi t}}\sin\alpha t$
40	$\sqrt{\dfrac{\sqrt{p^2+\alpha^2}+p}{p^2+\alpha^2}}$	$\sqrt{\dfrac{2}{\pi t}}\cos\alpha t$
41	$\sqrt{\dfrac{\sqrt{p^2-\alpha^2}-p}{p^2-\alpha^2}}$	$\sqrt{\dfrac{2}{\pi t}}\sinh\alpha t$
42	$\sqrt{\dfrac{\sqrt{p^2-\alpha^2}+p}{p^2-\alpha^2}}$	$\sqrt{\dfrac{2}{\pi t}}\cosh\alpha t$
43	$\dfrac{1}{p\sqrt{p+\alpha}}$	$\dfrac{2}{\sqrt{\alpha\pi}}\cdot\displaystyle\int_0^{\sqrt{\alpha t}}\mathrm{e}^{-\tau^2}\,\mathrm{d}\tau$
44	$\dfrac{1}{(p+\alpha)\sqrt{p+\beta}}$	$\dfrac{2\mathrm{e}^{-\alpha t}}{\sqrt{\pi(\beta-\alpha)}}\cdot\displaystyle\int_0^{\sqrt{(\beta-\alpha)t}}\mathrm{e}^{-\tau^2}\,\mathrm{d}\tau$

Nr.	$F(p)$	$f(t)$
45	$\dfrac{\sqrt{p+\alpha}}{p}$	$\dfrac{\mathrm{e}^{-\alpha t}}{\sqrt{\pi t}} + 2\sqrt{\dfrac{\alpha}{\pi}} \cdot \int\limits_0^{\sqrt{\alpha t}} \mathrm{e}^{-\tau^2}\,\mathrm{d}\tau$
46	$\dfrac{1}{\sqrt{p^2+\alpha^2}}$	$J_0(\alpha t)$ (BESSEL–Funktion 0ter Ordnung, S. 504)
47	$\dfrac{1}{\sqrt{p^2-\alpha^2}}$	$I_0(\alpha t)$ (modifizierte BESSEL–Funktion 0ter Ordnung, S. 504)
48	$\dfrac{1}{\sqrt{(p+\alpha)(p+\beta)}}$	$\mathrm{e}^{-\frac{\alpha+\beta}{2}t} \cdot I_0\left(\dfrac{\alpha-\beta}{2}t\right)$
49	$\dfrac{1}{\sqrt{p^2+2\alpha p+\beta^2}}$	$\mathrm{e}^{-\alpha t} \cdot J_0\left(\sqrt{\alpha^2-\beta^2}\,t\right)$
50	$\dfrac{\mathrm{e}^{1/p}}{p\sqrt{p}}$	$\dfrac{\sinh 2\sqrt{t}}{\sqrt{\pi}}$
51	$\arctan\dfrac{\alpha}{p}$	$\dfrac{\sin\alpha t}{t}$
52	$\arctan\dfrac{2\alpha p}{p^2-\alpha^2+\beta^2}$	$\dfrac{2}{t}\sin\alpha t\cdot\cos\beta t$
53	$\arctan\dfrac{p^2-\alpha p+\beta}{\alpha\beta}$	$\dfrac{\mathrm{e}^{\alpha t}-1}{t}\sin\beta t$
54	$\dfrac{\ln p}{p}$	$-C-\ln t$
55	$\dfrac{\ln p}{p^{n+1}}$	$\dfrac{t^n}{n!}[\psi(n)-\ln t], \quad \psi(n)=1+\dfrac{1}{2}+\cdots+\dfrac{1}{n}-C$
56	$\dfrac{(\ln p)^2}{p}$	$(\ln t+C)^2-\dfrac{\pi^2}{6}$
57	$\ln\dfrac{p-\alpha}{p-\beta}$	$\dfrac{1}{t}\left(\mathrm{e}^{\beta t}-\mathrm{e}^{\alpha t}\right)$
58	$\ln\dfrac{p+\alpha}{p-\alpha} = 2\mathrm{artanh}\dfrac{\alpha}{p}$	$\dfrac{2}{t}\sinh\alpha t$
59	$\ln\dfrac{p^2+\alpha^2}{p^2+\beta^2}$	$2\cdot\dfrac{\cos\beta t-\cos\alpha t}{t}$
60	$\ln\dfrac{p^2-\alpha^2}{p^2-\beta^2}$	$2\cdot\dfrac{\cosh\beta t-\cosh\alpha t}{t}$

Nr.	$F(p)$	$f(t)$
61	$e^{-\alpha\sqrt{p}}$, $\operatorname{Re}\alpha > 0$	$\dfrac{\alpha}{2\sqrt{\pi}}\dfrac{e^{-\alpha^2/4t}}{t\sqrt{t}}$
62	$\dfrac{1}{\sqrt{p}}e^{-\alpha\sqrt{p}}$, $\operatorname{Re}\alpha \ge 0$	$\dfrac{e^{-\alpha^2/4t}}{\sqrt{\pi t}}$
63	$\dfrac{\left(\sqrt{p^2+\alpha^2}-p\right)^\nu}{\sqrt{p^2+\alpha^2}}$, $\operatorname{Re}\nu > -1$	$\alpha^\nu J_\nu(\alpha t)$ (s. BESSEL–Funktion, S. 505)
64	$\dfrac{\left(p-\sqrt{p^2-\alpha^2}\right)^\nu}{\sqrt{p^2-\alpha^2}}$, $\operatorname{Re}\nu > -1$	$\alpha^\nu I_\nu(\alpha t)$ (s. BESSEL–Funktion, S. 505)
65	$\dfrac{1}{p}e^{-\beta p}$ ($\beta > 0$, reell)	$\begin{cases} 0 & \text{für } t < \beta \\ 1 & \text{für } t > \beta \end{cases}$
66	$\dfrac{e^{-\beta\sqrt{p^2+\alpha^2}}}{\sqrt{p^2+\alpha^2}}$	$\begin{cases} 0 & \text{für } t < \beta \\ J_0\left(\alpha\sqrt{t^2-\beta^2}\right) & \text{für } t > \beta \end{cases}$
67	$\dfrac{e^{-\beta\sqrt{p^2-\alpha^2}}}{\sqrt{p^2-\alpha^2}}$	$\begin{cases} 0 & \text{für } t < \beta \\ I_0\left(\alpha\sqrt{t^2-\beta^2}\right) & \text{für } t > \beta \end{cases}$
68	$\dfrac{e^{-\beta\sqrt{(p+\alpha)(p+\beta)}}}{\sqrt{(p+\alpha)(p+\beta)}}$	$\begin{cases} 0 & \text{für } t < \beta \\ e^{-(\alpha+\beta)\frac{t}{2}} I_0\left(\dfrac{\alpha-\beta}{2}\sqrt{t^2-\beta^2}\right) & \text{für } t > \beta \end{cases}$
69	$\dfrac{e^{-\beta\sqrt{p^2+\alpha^2}}}{p^2+\alpha^2}\left(\beta + \dfrac{1}{\sqrt{p^2+\alpha^2}}\right)$	$\begin{cases} 0 & \text{für } t < \beta \\ \dfrac{\sqrt{t^2-\beta^2}}{\alpha} J_1\left(\alpha\sqrt{t^2-\beta^2}\right) & \text{für } t > \beta \end{cases}$
70	$\dfrac{e^{-\beta\sqrt{p^2-\alpha^2}}}{p^2-\alpha^2}\left(\beta + \dfrac{1}{\sqrt{p^2-\alpha^2}}\right)$	$\begin{cases} 0 & \text{für } t < \beta \\ \dfrac{\sqrt{t^2-\beta^2}}{\alpha} I_1\left(\alpha\sqrt{t^2-\beta^2}\right) & \text{für } t > \beta \end{cases}$
71	$e^{-\beta p} - e^{-\beta\sqrt{p^2+\alpha^2}}$	$\begin{cases} 0 & \text{für } t < \beta \\ \dfrac{\beta\alpha}{\sqrt{t^2-\beta^2}} J_1\left(\alpha\sqrt{t^2-\beta^2}\right) & \text{für } t > \beta \end{cases}$
72	$e^{-\beta\sqrt{p^2-\alpha^2}} - e^{-\beta p}$	$\begin{cases} 0 & \text{für } t < \beta \\ \dfrac{\beta\alpha}{\sqrt{t^2-\beta^2}} I_1\left(\alpha\sqrt{t^2-\beta^2}\right) & \text{für } t > \beta \end{cases}$

Nr.	$F(p)$	$f(t)$
73	$\dfrac{1-\mathrm{e}^{-\alpha p}}{p}$	$\begin{cases} 0 \text{ für } t > \alpha \\ 1 \text{ für } 0 < t < \alpha \end{cases}$
74	$\dfrac{\mathrm{e}^{-\alpha p}-\mathrm{e}^{-\beta p}}{p}$	$\begin{cases} 0 \text{ für } 0 < t < \alpha \\ 1 \text{ für} \alpha < t < \beta \\ 0 \text{ für } t > \beta \end{cases}$

21.12 Fourier–Transformationen

In den Tabellen vorkommende Symbole sind wie folgt definiert:

C: EULERsche Konstante ($C = 0{,}577215\ldots$)

$$\Gamma(z) = \int_0^\infty e^{-t}t^{z-1}\,dt \quad , \quad \operatorname{Re} z > 0$$ (Gamma–Funktion, s. S. 455),

$$J_\nu(z) = \sum_{n=0}^\infty \frac{(-1)^n(\frac{1}{2}z)^{\nu+2n}}{n!\,\Gamma(\nu+n+1)}$$ (BESSEL–Funktionen, s. S. 504),

$$K_\nu(z) = \tfrac{1}{2}\pi(\sin(\pi\nu))^{-1}[I_{-\nu}(z) - I_\nu(z)]$$ mit

$$I_\nu(z) = e^{-\frac{1}{2}\mathrm{i}\pi\nu}J_\nu(z\,e^{\frac{1}{2}\mathrm{i}\pi})$$ (modifizierte BESSEL–Funktionen, s. S. 505),

$$C(x) = \frac{1}{\sqrt{2\pi}}\int_0^x \frac{\cos t}{\sqrt{t}}\,dt, \qquad S(x) = \frac{1}{\sqrt{2\pi}}\int_0^x \frac{\sin t}{\sqrt{t}}\,dt$$ (FRESNEL–Integrale, s. S. 695),

$$\operatorname{Si}(x) = \int_0^x \frac{\sin t}{t}\,dt, \qquad \operatorname{si}(x) = -\int_x^\infty \frac{\sin t}{t}\,dt = \operatorname{Si}(x) - \frac{\pi}{2}$$ (Integralsinus, s. S. 694),

$$\operatorname{Ci}(x) = -\int_x^\infty \frac{\cos t}{t}\,dt$$ (Integralkosinus, s. S. 694).

In der Tabelle vorkommende Abkürzungen für Funktionen entsprechen den in den Kapiteln eingeführten Definitionen.

21.12.1 Kosinus–Fourier–Transformationen

Nr.	$f(t)$		$F_c(\omega) = \int_0^\infty f(t)\cos(t\,\omega)\,dt$
1.	1 , 0 ,	$0 < t < a$ $t > a$	$\dfrac{\sin(a\,\omega)}{\omega}$
2.	t, $2-t$, 0,	$0 < t < 1$ $1 < t < 2$ $t > 2$	$4\left(\cos\omega\sin^2\dfrac{\omega}{2}\right)\omega^{-2}$
3.	0 , $\dfrac{1}{t}$,	$0 < t < a$ $t > a$	$-\operatorname{Ci}(a\,\omega)$ Ci (Integralkosinus)
4.	$\dfrac{1}{\sqrt{t}}$		$\sqrt{\dfrac{\pi}{2}}\;\dfrac{1}{\sqrt{\omega}}$
5.	$\dfrac{1}{\sqrt{t}}$, 0 ,	$0 < t < a$ $t > a$	$\sqrt{\dfrac{\pi}{2}}\;\dfrac{2\,C\,(a\omega)}{\sqrt{\omega}}$

Nr.	$f(t)$	$F_c(\omega) = \int\limits_0^\infty f(t)\,\cos(t\,\omega)\,dt$
6.	$0\,, \quad 0<t<a$ $\frac{1}{\sqrt{t}}\,, \quad t>a$	$\sqrt{\frac{\pi}{2}}\;\frac{1-2\,C\,(a\omega)}{\sqrt{\omega}}$
7.	$(a+t)^{-1}\,, \quad a>0$	$[-\operatorname{si}(a\omega)\sin(a\omega)-\operatorname{Ci}(a\omega)\cos(a\omega)]$
8.	$(a-t)^{-1}\,, \quad a>0$	$\left[\cos(a\omega)\operatorname{Ci}(a\omega)+\sin(a\omega)\left(\frac{\pi}{2}+\operatorname{Si}(a\omega)\right)\right]$
9.	$(a^2+t^2)^{-1}$	$\frac{\pi}{2}\;\frac{e^{-a\omega}}{a}$
10.	$(a^2-t^2)^{-1}$	$\frac{\pi}{2}\;\frac{\sin(a\omega)}{\omega}$
11.	$\frac{b}{b^2+(a-t)^2}+\frac{b}{b^2+(a+t)^2}$	$\pi\quad e^{-b\omega}\cos(a\omega)$
12.	$\frac{a+t}{b^2+(a+t)^2}+\frac{a-t}{b^2+(a-t)^2}$	$\pi\,e^{-b\omega}\;\sin(a\omega)$
13.	$(a^2+t^2)^{-\frac{1}{2}}$	$K_0\,(a\omega)$
14.	$(a^2-t^2)^{-\frac{1}{2}}\,, \quad 0<t<a$ $0\,, \quad t>a$	$\frac{\pi}{2}\quad J_0\,(a\omega)$
15.	$t^{-\nu}\,, \quad 0<\operatorname{Re}\nu<1$	$\sin\left(\frac{\pi\,\nu}{2}\right)\quad \Gamma\,(1-\nu)\,\omega^{\nu-1}$
16.	$e^{-a\,t}$	$\frac{a}{a^2+\omega^2}$
17.	$\frac{e^{-bt}-e^{-at}}{t}$	$\frac{1}{2}\quad\ln\left(\frac{a^2+\omega^2}{b^2+\omega^2}\right)$
18.	$\sqrt{t}\,e^{-at}$	$\frac{\sqrt{\pi}}{2}\quad(a^2+\omega^2)^{-\frac{3}{4}}\cos\left(\frac{3}{2}\arctan\left(\frac{\omega}{a}\right)\right)$
19.	$\frac{e^{-at}}{\sqrt{t}}$	$\sqrt{\frac{\pi}{2}}\quad\left(\frac{a+(a^2+\omega^2)^{\frac{1}{2}}}{a^2+\omega^2}\right)^{\frac{1}{2}}$

Nr.	$f(t)$	$F_c(\omega) = \int\limits_0^\infty f(t)\,\cos(t\,\omega)\,dt$
20.	$t^n\, e^{-at}$	$n\,!\, a^{n+1}(a^2+\omega^2)^{-(n+1)} \sum\limits_{0\le 2m\le n+1} (-1)^m \binom{n+1}{2m} \left(\frac{\omega}{a}\right)^{2m}$
21.	$t^{\nu-1}\, e^{-at}$	$\Gamma(\nu)\,(a^2+\omega^2)^{-\frac{\nu}{2}} \cos\left(\nu \arctan\left(\frac{\omega}{a}\right)\right)$
22.	$\frac{1}{t}(\frac{1}{2} - \frac{1}{t} + \frac{1}{e^t - 1})$	$-\frac{1}{2}\ln(1 - e^{-2\pi\omega})$
23.	$e^{-a\,t^2}$	$\frac{\sqrt{\pi}}{2} a^{-\frac{1}{2}} e^{-\frac{\omega^2}{4a}}$
24.	$t^{-\frac{1}{2}} e^{-\frac{a}{t}}$	$\sqrt{\frac{\pi}{2}} \quad \frac{1}{\sqrt{\omega}} e^{-\sqrt{2a\omega}} (\cos\sqrt{2a\omega} - \sin\sqrt{2a\omega})$
25.	$t^{-\frac{3}{2}} e^{-\frac{a}{t}}$	$\sqrt{\frac{\pi}{a}} \quad e^{-\sqrt{2a\omega}} \cos\sqrt{2a\omega}$
26.	$\ln t\,, \quad 0 < t < 1$ $0\,, \quad t > 1$	$-\frac{\operatorname{Si}(\omega)}{\omega}$
27.	$\frac{\ln t}{\sqrt{t}}$	$-\sqrt{\frac{\pi}{2\omega}} \left(C + \frac{\pi}{2} + \ln 4\omega\right)$
28.	$(t^2 - a^2)^{-1} \ln\left(\frac{t}{a}\right)$	$\frac{\pi}{2} \quad \frac{1}{a}(\sin(a\omega)\ \operatorname{Ci}(a\omega) - \cos(a\omega)\operatorname{si}(a\omega))$
29.	$(t^2 - a^2)^{-1} \ln(bt)$	$\frac{\pi}{2} \cdot \frac{1}{a} \{\sin(a\omega)\ [\operatorname{Ci}(a\omega) - \ln(ab)] - \cos(a\omega)\operatorname{si}(a\omega)\}$
30.	$\frac{1}{t}\ \ln(1+t)$	$\frac{1}{2} \quad \left[\left(\operatorname{Ci}\left(\frac{\omega}{2}\right)\right)^2 + \left(\operatorname{si}\left(\frac{\omega}{2}\right)\right)^2\right]$
31.	$\ln\left\|\frac{a+t}{b-t}\right\|$	$\frac{1}{\omega}\left\{\frac{\pi}{2}\ [\cos(b\omega) - \cos(a\omega)] + \cos(b\omega)\operatorname{Si}(b\omega) + \cos(a\omega)\operatorname{Si}(a\omega) - \sin(a\omega)\ \operatorname{Ci}(a\omega) - \sin(b\omega)\ \operatorname{Ci}(b\omega)\right\}$
32.	$e^{-at}\ \ln t$	$-\frac{1}{a^2+\omega^2} \quad \left[aC + \frac{a}{2}\ \ln(a^2+\omega^2) + \omega\ \arctan\left(\frac{\omega}{a}\right)\right]$

Nr.	$f(t)$	$F_c(\omega) \;= \int\limits_0^\infty f(t)\,\cos(t\,\omega)\,dt$
33.	$\ln\left(\frac{a^2+t^2}{b^2+t^2}\right)$	$\frac{\pi}{\omega}\quad(e^{-b\omega}-e^{-a\omega})$
34.	$\ln\left\vert\frac{a^2+t^2}{b^2-t^2}\right\vert$	$\frac{\pi}{\omega}\quad(\cos(b\omega)-e^{-a\omega})$
35.	$\frac{1}{t}\ln\left(\frac{a+t}{a-t}\right)^2$	$-\,2\,\pi\;\mathrm{si}\,(a\omega)$
36.	$\frac{\ln(a^2+t^2)}{\sqrt{a^2+t^2}}$	$-\left[\left(C+\ln\left(\frac{2\omega}{a}\right)\right)\;K_0\,(a\omega)\right]$
37.	$\ln\left(1+\frac{a^2}{t^2}\right)$	$\pi\,\frac{1-e^{-a\omega}}{\omega}$
38.	$\ln\left\vert 1-\frac{a^2}{t^2}\right\vert$	$\pi\,\frac{1-\cos(a\omega)}{\omega}$
39.	$\frac{\sin(at)}{t}$	$\frac{\pi}{2},\qquad \omega<a$ $\frac{\pi}{4},\qquad \omega=a$ $0,\qquad \omega>a$
40.	$\frac{t\,\sin(at)}{t^2+b^2}$	$\frac{\pi}{2}\,e^{-ab}\;\cosh(b\omega)\,,\qquad \omega<a$ $-\frac{\pi}{2}\,e^{-b\omega}\;\sinh(ab)\,,\qquad \omega>a$
41.	$\frac{\sin(at)}{t\,(t^2+b^2)}$	$\frac{\pi}{2}\,b^{-2}\,(1-e^{-ab}\;\cosh(b\omega))\,,\qquad \omega<a$ $\frac{\pi}{2}\,b^{-2}\,e^{-b\omega}\;\sinh(ab)\,,\qquad \omega>a$
42.	$e^{-bt}\;\sin(at)$	$\frac{1}{2}\left[\frac{a+\omega}{b^2+(a+\omega)^2}+\frac{a-\omega}{b^2+(a-\omega)^2}\right]$
43.	$\frac{e^{-t}\;\sin t}{t}$	$\frac{1}{2}\;\arctan\left(\frac{2}{\omega^2}\right)$
44.	$\frac{\sin^2(at)}{t}$	$\frac{1}{4}\;\ln\left\vert 1-4\,\frac{a^2}{\omega^2}\right\vert$
45.	$\frac{\sin(at)\;\sin(bt)}{t}$	$\frac{1}{2}\;\ln\left\vert\frac{(a+b)^2-\omega^2}{(a-b)^2-\omega^2}\right\vert$

Nr.	$f(t)$	$F_c(\omega) = \int_0^\infty f(t)\,\cos(t\,\omega)\,dt$
46.	$\dfrac{\sin^2(at)}{t^2}$	$\dfrac{\pi}{2}\left(a-\dfrac{1}{2}\omega\right), \quad \omega < 2a$ $0, \quad \omega > 2a$
47.	$\dfrac{\sin^3(at)}{t^2}$	$\dfrac{1}{8}\Big\{(\omega+3a)\,\ln(\omega+3a) + (\omega-3a)\,\ln\lvert\omega-3a\rvert - (\omega+a)\,\ln(\omega+a) - (\omega-a)\,\ln\lvert\omega-a\rvert\Big\}$
48.	$\dfrac{\sin^3(at)}{t^3}$	$\dfrac{\pi}{8}(3a^2-\omega^2), \quad 0<\omega<a$ $\dfrac{\pi}{4}\omega^2, \quad \omega = a$ $\dfrac{\pi}{16}(3a-\omega)^2, \quad a<\omega<3a$ $0, \quad \omega > 3a$
49.	$\dfrac{1-\cos(at)}{t}$	$\dfrac{1}{2}\ln\left\lvert 1-\dfrac{a^2}{\omega^2}\right\rvert$
50.	$\dfrac{1-\cos(at)}{t^2}$	$\dfrac{\pi}{2}(a-\omega), \quad \omega < a$ $0, \quad \omega > a$
51.	$\dfrac{\cos(at)}{b^2+t^2}$	$\dfrac{\pi}{2}\dfrac{e^{-ab}\cosh(b\omega)}{b}, \quad \omega < a$ $\dfrac{\pi}{2}\dfrac{e^{-b\omega}\cosh(ab)}{b}, \quad \omega > a$
52.	$e^{-bt}\cos(at)$	$\dfrac{b}{2}\left[\dfrac{1}{b^2+(a-\omega)^2}+\dfrac{1}{b^2+(a+\omega)^2}\right]$
53.	$e^{-bt^2}\cos(at)$	$\dfrac{1}{2}\sqrt{\dfrac{\pi}{b}}\,e^{-\frac{a^2+\omega^2}{4b}}\cosh\left(\dfrac{a\omega}{2b}\right)$
54.	$\dfrac{t}{b^2+t^2}\tan(at)$	$\pi\cosh(b\omega)\,(1+e^{2ab})^{-1}$
55.	$\dfrac{t}{b^2+t^2}\cot(at)$	$\pi\cosh(b\omega)\,(e^{2ab}-1)^{-1}$

Nr.	$f(t)$	$F_c(\omega) = \int\limits_0^\infty f(t)\,\cos(t\,\omega)\,dt$
56.	$\sin(at^2)$	$\frac{1}{2}\sqrt{\frac{\pi}{2a}}\left(\cos\left(\frac{\omega^2}{4a}\right) - \sin\left(\frac{\omega^2}{4a}\right)\right)$
57.	$\sin[a(1-t^2)]$	$-\frac{1}{2}\sqrt{\frac{\pi}{a}}\cos\left(a + \frac{\pi}{4} + \frac{\omega^2}{4a}\right)$
58.	$\frac{\sin(at^2)}{t^2}$	$\frac{\pi}{2}\,\omega\left[S\left(\frac{\omega^2}{4a}\right) - C\left(\frac{\omega^2}{4a}\right)\right] + \sqrt{2a}\,\sin\left(\frac{\pi}{4} + \frac{\omega^2}{4a}\right)$
59.	$\frac{\sin(at^2)}{t}$	$\frac{\pi}{2}\left\{\frac{1}{2} - \left[C\left(\frac{\omega^2}{4a}\right)\right]^2 - \left[S\left(\frac{\omega^2}{4a}\right)\right]^2\right\}$
60.	$e^{-at^2}\,\sin(bt^2)$	$\frac{\sqrt{\pi}}{2}\,(a^2+b^2)^{-\frac{1}{4}}\,e^{-\frac{1}{4}\,a\omega^2\,(a^2+b^2)^{-1}} \cdot \sin\left[\frac{1}{2}\arctan\left(\frac{b}{a}\right) - \frac{b\omega^2}{4\,(a^2+b^2)}\right]$
61.	$\cos(at^2)$	$\frac{1}{2}\sqrt{\frac{\pi}{2a}}\left[\cos\left(\frac{\omega^2}{4a}\right) + \sin\left(\frac{\omega^2}{4a}\right)\right]$
62.	$\cos[a(1-t^2)]$	$\frac{1}{2}\sqrt{\frac{\pi}{a}}\sin\left(a + \frac{\pi}{4} + \frac{\omega^2}{4a}\right)$
63.	$e^{-at^2}\,\cos(bt^2)$	$\frac{\sqrt{\pi}}{2}\,(a^2+b^2)^{-\frac{1}{4}}\,e^{-\frac{1}{4}\,a\omega^2\,(a^2+b^2)^{-1}} \cdot \cos\left[\frac{b\omega^2}{4\,(a^2+b^2)} - \frac{1}{2}\arctan\left(\frac{b}{a}\right)\right]$
64.	$\frac{1}{t}\sin\left(\frac{a}{t}\right)$	$\frac{\pi}{2}\,J_0\,(2\sqrt{a\omega})$
65.	$\frac{1}{\sqrt{t}}\sin\left(\frac{a}{t}\right)$	$\frac{1}{2}\sqrt{\frac{\pi}{2\omega}}\left[\sin(2\sqrt{a\omega}) + \cos(2\sqrt{a\omega}) - e^{-2\sqrt{a\omega}}\right]$
66.	$\left(\frac{1}{\sqrt{t}}\right)^3\sin\left(\frac{a}{t}\right)$	$\frac{1}{2}\sqrt{\frac{\pi}{2a}}\left[\sin(2\sqrt{a\omega}) + \cos(2\sqrt{a\omega}) + e^{-2\sqrt{a\omega}}\right]$
67.	$\frac{1}{\sqrt{t}}\cos\left(\frac{a}{t}\right)$	$\frac{1}{2}\sqrt{\frac{\pi}{2\omega}}\left[\cos(2\sqrt{a\omega}) - \sin(2\sqrt{a\omega}) + e^{-2\sqrt{a\omega}}\right]$
68.	$\left(\frac{1}{\sqrt{t}}\right)^3\cos\left(\frac{a}{t}\right)$	$\frac{1}{2}\sqrt{\frac{\pi}{2a}}\left[\cos(2\sqrt{a\omega}) - \sin(2\sqrt{a\omega}) + e^{-2\sqrt{a\omega}}\right]$

Nr.	$f(t)$	$F_c(\omega) = \int\limits_0^\infty f(t)\,\cos(t\,\omega)\,dt$
69.	$\frac{1}{\sqrt{t}}\,\sin\left(a\sqrt{t}\right)$	$2\sqrt{\frac{\pi}{2\omega}}\left[C\left(\frac{a^2}{4\omega}\right)\,\sin\left(\frac{a^2}{4\omega}\right)-S\left(\frac{a^2}{4\omega}\right)\,\cos\left(\frac{a^2}{4\omega}\right)\right]$
70.	$e^{-bt}\,\sin(a\sqrt{t})$	$\frac{a}{2}\,\sqrt{\pi}\,(a^2+b^2)^{\frac{3}{4}}\,e^{-\frac{1}{4}\,a^2b\,(b^2+\omega^2)^{-1}}$ $\cdot x\,\cos\left[\frac{a^2\omega}{4\,(b^2+\omega^2)}-\frac{3}{2}\,\arctan\left(\frac{\omega}{b}\right)\right]$
71.	$\frac{\sin(a\sqrt{t})}{t}$	$\pi\left[S\left(\frac{a^2}{4\omega}\right)+C\left(\frac{a^2}{4\omega}\right)\right]$
72.	$\frac{1}{\sqrt{t}}\,\cos(a\sqrt{t})$	$\sqrt{\frac{\pi}{\omega}}\,\sin\left(\frac{\pi}{4}+\frac{a^2}{4\omega}\right)$
73.	$\frac{e^{-at}}{\sqrt{t}}\,\cos(b\sqrt{t})$	$\sqrt{\pi}\,(a^2+\omega^2)^{-\frac{1}{4}}\,e^{-\frac{1}{4}\,ab^2\,(a^2+b^2)^{-1}}$ $\cdot\,\cos\left[\frac{b^2\omega}{4\,(a^2+\omega^2)}-\frac{1}{2}\,\arctan\left(\frac{\omega}{a}\right)\right]$
74.	$e^{-a\sqrt{t}}\,\cos(a\sqrt{t})$	$\sqrt{\pi}\,a\,(2\omega)^{-\frac{3}{2}}\,e^{-\frac{a^2}{2\omega}}$
75.	$\frac{e^{-a\sqrt{t}}}{\sqrt{t}}\,[\cos(a\sqrt{t})-\sin(a\sqrt{t})]$	$\sqrt{\frac{\pi}{2\omega}}\,e^{-\frac{a^2}{2\omega}}$

21.12.2 Sinus–Fourier–Transformationen

Nr.	$f(t)$	$F_s(\omega) = \int\limits_0^\infty f(t)\,\sin(t\,\omega)\,dt$
1.	$1\,,\quad 0<t<a$ $0\,,\quad t>a$	$\frac{1-\cos(a\omega)}{\omega}$
2.	$t\,,\quad 0<t<1$ $2-t\,,\quad 1<t<2$ $0,\quad t>2$	$4\omega^{-2}\,\sin\omega\,\sin^2\left(\frac{\omega}{2}\right)$
3.	$\frac{1}{t}$	$\frac{\pi}{2}$
4.	$\frac{1}{t}\,,\quad 0<t<a$ $0\,,\quad t>a$	$\mathrm{Si}\,(a\omega)$

Nr.	$f(t)$	$F_s(\omega) = \int\limits_0^\infty f(t)\,\sin(t\,\omega)\,dt$
5.	$0\,,\quad 0<t<a$ $\frac{1}{t}\,,\quad t>a$	$-\operatorname{si}(a\omega)$
6.	$\frac{1}{\sqrt{t}}$	$\sqrt{\frac{\pi}{2}}\;\frac{1}{\sqrt{\omega}}$
7.	$\frac{1}{\sqrt{t}}\,,\quad 0<t<a$ $0\,,\quad t>a$	$\sqrt{\frac{\pi}{2}}\;\frac{2\,S(a\omega)}{\sqrt{\omega}}$
8.	$0\,,\quad 0<t<a$ $\frac{1}{\sqrt{t}}\,,\quad t>a$	$\sqrt{\frac{\pi}{2}}\;\frac{1-2\,S(a\omega)}{\sqrt{\omega}}$
9.	$\left(\frac{1}{\sqrt{t}}\right)^3$	$\sqrt{\pi\,2\,\omega}$
10.	$(a+t)^{-1}\qquad(a>0)$	$[\sin(a\omega)\;\operatorname{Ci}(a\omega)-\cos(a\omega)\;\operatorname{si}(a\omega)]$
11.	$(a-t)^{-1}\qquad(a>0)$	$\left[\sin(a\omega)\;\operatorname{Ci}(a\omega)-\cos(a\omega)\;\left(\frac{\pi}{2}+\operatorname{Si}(a\omega)\right)\right]$
12.	$\frac{t}{a^2+t^2}$	$\frac{\pi}{2}\,e^{-a\omega}$
13.	$(a^2-t^2)^{-1}$	$\frac{1}{a}\,[\sin(a\omega)\;\operatorname{Ci}(a\omega)-\cos(a\omega)\,\operatorname{Si}(a\omega)$
14.	$\frac{b}{b^2+(a-t)^2}-\frac{b}{b^2+(a+t)^2}$	$\pi\quad e^{-b\omega}\sin(a\omega)$
15.	$\frac{a+t}{b^2+(a+t)^2}-\frac{a-t}{b^2+(a-t)^2}$	$\pi\quad e^{-b\omega}\cos(a\omega)$
16.	$\frac{t}{a^2-t^2}$	$-\frac{\pi}{2}\,\cos(a\omega)$
17.	$\frac{1}{t\,(a^2-t^2)}$	$\frac{\pi}{2}\,\frac{1-\cos(a\omega)}{a^2}$
18.	$\frac{1}{t\,(a^2+t^2)}$	$\frac{\pi}{2}\,\frac{1-e^{-a\omega}}{a^2}$

Nr.	$f(t)$	$F_s(\omega) = \int\limits_0^\infty f(t)\,\sin(t\,\omega)\,dt$
19.	$t^{-\nu}\,, \qquad 0 < \operatorname{Re}\nu < 2$	$\cos\left(\dfrac{\pi\,\nu}{2}\right)\quad \Gamma\,(1-\nu)\,\omega^{\nu-1}$
20.	e^{-at}	$\dfrac{\omega}{a^2+\omega^2}$
21.	$\dfrac{e^{-at}}{t}$	$\arctan\left(\dfrac{\omega}{a}\right)$
22.	$\dfrac{e^{-at}-e^{-bt}}{t^2}$	$\left[\dfrac{1}{2}\,\omega\,\ln\left(\dfrac{b^2+\omega^2}{a^2+\omega^2}\right)+b\,\arctan\left(\dfrac{\omega}{b}\right)-a\,\arctan\left(\dfrac{\omega}{a}\right)\right]$
23.	$\sqrt{t}\,e^{-at}$	$\dfrac{\sqrt{\pi}}{2}\,(a^2+\omega^2)^{-\frac{3}{4}}\,\sin\left[\dfrac{3}{2}\,\arctan\left(\dfrac{\omega}{a}\right)\right]$
24.	$\dfrac{e^{-at}}{\sqrt{t}}$	$\left(\dfrac{(a^2+\omega^2)^{\frac{1}{2}}-a}{a^2+\omega^2}\right)^{\frac{1}{2}}$
25.	$t^n\,e^{-at}$	$n\,!a^{n+1}(a^2+\omega^2)^{-(n+1)}\quad \sum\limits_{m=0}^{[\frac{1}{2}n]}(-1)^m\binom{n+1}{2m+1}\left(\dfrac{\omega}{a}\right)^{2m+1}$
26.	$t^{\nu-1}\,e^{-at}$	$\Gamma(\nu)\,(a^2+\omega^2)^{-\frac{\nu}{2}}\,\sin\left[\nu\,\arctan\left(\dfrac{\omega}{a}\right)\right]$
27.	$e^{-\frac{1}{2}t}\,(1-e^{-t})^{-1}$	$-\dfrac{1}{2}\quad\tanh\,(\pi\omega)$
28.	$t\,e^{-at^2}$	$\sqrt{\dfrac{\pi}{a}}\quad\dfrac{\omega}{4a}\,e^{-\frac{\omega^2}{4a}}$
29.	$t^{-\frac{1}{2}}\,e^{-\frac{a}{t}}$	$\sqrt{\dfrac{\pi}{2\omega}}\,e^{-\sqrt{2a\omega}}\,[\cos\sqrt{2a\omega}+\sin\sqrt{2a\omega}]$
30.	$t^{-\frac{3}{2}}\,e^{-\frac{a}{t}}$	$\sqrt{\dfrac{\pi}{\omega}}\,e^{-\sqrt{2a\omega}}\,\sin\sqrt{2a\omega}$
31.	$\ln t\,, \qquad 0 < t < 1$ $0\,, \qquad t > 1$	$\dfrac{\operatorname{Ci}(\omega)-C-\ln\omega}{\omega}$

Nr.	$f(t)$	$F_s(\omega) = \int\limits_0^\infty f(t)\,\sin(t\,\omega)\,dt$
32.	$\frac{\ln t}{t}$	$-\frac{\pi}{2}\,(C + \ln\,\omega)$
33.	$\frac{\ln t}{\sqrt{t}}$	$\sqrt{\frac{\pi}{2\omega}}\left[\frac{\pi}{2} - C - \ln\,4\omega\right]$
34.	$t\,(t^2 - a^2)^{-1}\,\ln\,(bt)$	$\frac{\pi}{2}\quad[\cos\,(a\omega)\,(\ln\,(ab) - \mathrm{Ci}(a\omega)) - \sin(a\omega)\cdot \mathrm{si}(a\omega)]$
35.	$t\,(t^2 - a^2)^{-1}\,\ln\,(\frac{t}{a})$	$-\frac{\pi}{2}\quad[\cos\,(a\omega)\;\mathrm{Ci}(a\omega) + \sin\,(a\omega)\;si\,(a\omega)]$
36.	$e^{-at}\,\ln\,t$	$\frac{1}{a^2+\omega^2}\quad\left[a\,\arctan\left(\frac{\omega}{a}\right) - C\omega - \frac{1}{2}\,\omega\,\ln\,(a^2+\omega^2)\right]$
37.	$\ln\left\lvert\frac{a+t}{b-t}\right\rvert$	$\frac{1}{\omega}\left\{\ln\left(\frac{a}{b}\right) + \cos\,(b\omega)\;\mathrm{Ci}(b\omega) - \cos\,(a\omega)\;\mathrm{Ci}(a\omega) + \sin\,(b\omega)\,\mathrm{Si}(b\omega) - \sin\,(a\omega)\,\mathrm{Si}(a\omega) + \frac{\pi}{2}\,[\sin\,(b\omega) + \sin\,(a\omega)]\right\}$
38.	$\ln\left\lvert\frac{a+t}{a-t}\right\rvert$	$\frac{\pi}{\omega}\quad\sin\,(a\omega)$
39.	$\frac{1}{t^2}\,\ln\left(\frac{a+t}{a-t}\right)^2$	$\frac{2\pi}{a}\quad[1 - \cos\,(a\omega) - a\omega\;\mathrm{si}(a\omega)]$
40.	$\ln\left(\frac{a^2+t^2+t}{a^2+t^2-t}\right)$	$\frac{2\pi}{\omega}\quad e^{-\omega\sqrt{a^2-\frac{1}{4}}}\,\sin\left(\frac{\omega}{2}\right)$
41.	$\ln\left\lvert 1 - \frac{a^2}{t^2}\right\rvert$	$\frac{2}{\omega}\quad[C + \ln\,(a\omega) - \cos\,(a\omega)\;\mathrm{Ci}(a\omega) - \sin\,(a\omega)\;\mathrm{Si}(a\omega)]$
42.	$\ln\left(\frac{a^2+(b+t)^2}{a^2+(b-t)^2}\right)$	$\frac{2\pi}{\omega}\quad e^{-a\omega}\;\sin\,(b\omega)$
43.	$\frac{1}{t}\;\ln\,\lvert 1 - a^2t^2\rvert$	$-\,\pi\;\mathrm{Ci}\left(\frac{\omega}{a}\right)$
44.	$\frac{1}{t}\;\ln\left\lvert 1 - \frac{a^2}{t^2}\right\rvert$	$\pi\,[C + \ln\,(a\omega) - \mathrm{Ci}(a\omega)]$

Nr.	$f(t)$	$F_s(\omega) \quad = \int\limits_0^\infty f(t)\, \sin(t\,\omega)\, dt$
45.	$\dfrac{\sin(at)}{t}$	$\dfrac{1}{2} \ln\left\lvert\dfrac{\omega+a}{\omega-a}\right\rvert$
46.	$\dfrac{\sin(at)}{t^2}$	$\dfrac{\pi}{2}\omega\,, \quad 0<\omega<a$ $\dfrac{\pi}{2}a\,, \quad \omega>a$
47.	$\dfrac{\sin(\pi t)}{1-t^2}$	$\sin\omega\,, \quad 0\le\omega\le\pi$ $0\,, \quad \omega\ge\pi$
48.	$\dfrac{\sin(at)}{b^2+t^2}$	$\dfrac{\pi}{2}\dfrac{e^{-ab}}{b}\sinh(b\omega)\,, \quad 0<\omega<a$ $\dfrac{\pi}{2}\dfrac{e^{-b\omega}}{b}\sinh(ab)\,, \quad \omega>a$
49.	$e^{-bt}\sin(at)$	$\dfrac{1}{2}b\left[\dfrac{1}{b^2+(a-\omega)^2}-\dfrac{1}{b^2+(a+\omega)^2}\right]$
50.	$\dfrac{e^{-bt}\sin(at)}{t}$	$\dfrac{1}{4}\ln\left(\dfrac{b^2+(\omega+a)^2}{b^2+(\omega-a)^2}\right)$
51.	$e^{-bt^2}\sin(at)$	$\dfrac{1}{2}\sqrt{\dfrac{\pi}{b}}\, e^{-\frac{1}{4}\frac{a^2+\omega^2}{b}} \sinh\left(\dfrac{a\omega}{2b}\right)$
52.	$\dfrac{\sin^2(at)}{t}$	$\dfrac{\pi}{4}\,, \quad 0<\omega<2a$ $\dfrac{\pi}{8}\,, \quad \omega=2a$ $0\,, \quad \omega>2a$
53.	$\dfrac{\sin(at)\,\sin(bt)}{t}$	$0\,, \quad 0<\omega<a-b$ $\dfrac{\pi}{4}\,, \quad a-b<\omega<a+b$ $0\,, \quad \omega>a+b$
54.	$\dfrac{\sin^2(at)}{t^2}$	$\dfrac{1}{4}\Big[(\omega+2a)\,\ln(\omega+2a)$ $+(\omega-2a)\ln\lvert\omega-2a\rvert-\dfrac{1}{2}\omega\ln\omega\Big]$

Nr.	$f(t)$	$F_s(\omega) = \int\limits_0^\infty f(t)\,\sin(t\,\omega)\,dt$
55.	$\dfrac{\sin^2(at)}{t^3}$	$\dfrac{\pi}{4}\,\omega\left(2a-\dfrac{\omega}{2}\right), \quad 0<\omega<2a$ $\dfrac{\pi}{2}\,a^2, \quad \omega>2a$
56.	$\dfrac{\cos(at)}{t}$	$0, \quad 0<\omega<a$ $\dfrac{\pi}{4}, \quad \omega=a$ $\dfrac{\pi}{2}, \quad \omega>a$
57.	$\dfrac{t\,\cos(at)}{b^2+t^2}$	$-\dfrac{\pi}{2}\,e^{-ab}\,\sinh(b\omega), \quad 0<\omega<a$ $\dfrac{\pi}{2}\,e^{-b\omega}\,\cosh(ab), \quad \omega>a$
58.	$\sin(at^2)$	$\sqrt{\dfrac{\pi}{2a}}\left[\cos\left(\dfrac{\omega^2}{4a}\right)C\left(\dfrac{\omega^2}{4a}\right)+\sin\left(\dfrac{\omega^2}{4a}\right)S\left(\dfrac{\omega^2}{4a}\right)\right]$
59.	$\dfrac{\sin(at^2)}{t}$	$\dfrac{\pi}{2}\left[C\left(\dfrac{\omega^2}{4a}\right)-S\left(\dfrac{\omega^2}{4a}\right)\right]$
60.	$\cos(at^2)$	$\sqrt{\dfrac{\pi}{2a}}\left[\sin\left(\dfrac{\omega^2}{4a}\right)C\left(\dfrac{\omega^2}{4a}\right)-\cos\left(\dfrac{\omega^2}{4a}\right)S\left(\dfrac{\omega^2}{4a}\right)\right]$
61.	$\dfrac{\cos(at^2)}{t}$	$\dfrac{\pi}{2}\left[C\left(\dfrac{\omega^2}{4a}\right)+S\left(\dfrac{\omega^2}{4a}\right)\right]$
62.	$e^{-a\sqrt{t}}\,\sin(a\sqrt{t})$	$\sqrt{\dfrac{\pi}{2}}\,\dfrac{a}{2\omega\sqrt{\omega}}\,e^{-\frac{a^2}{2\omega}}$

21.12.3 Exponentielle Fourier–Transformationen

Obwohl $F(\omega)$ gemäß (15.77a) durch F_c und F_s darstellbar ist, sind hier noch einige Transformationen direkt angegeben, für die $F(\omega) = 2F_e(-\omega)$ gilt.

Nr.	$f(t)$	$F_s(\omega) = \int\limits_0^\infty f(t)\,\sin(t\,\omega)\,dt$
1.	$f(t)$	$F_e(\omega) = \dfrac{1}{2}\int\limits_{-\infty}^{\infty} f(t)\,e^{\mathrm{i}t\omega}\,dt$
2.	$A\,, \quad a \le t \le b$ $0\,, \quad \text{sonst}$	$\dfrac{\mathrm{i}\,A}{2\omega}\left(e^{\mathrm{i}a\omega} - e^{\mathrm{i}b\omega}\right)$
3.	$t^n\,, \quad 0 \le t \le b$ $0\,, \quad \text{sonst}$ $(n = 1, 2, 3, \ldots)$	$\dfrac{1}{2}\left[n\,!\,(-\mathrm{i}\omega)^{-(n+1)} \quad c^{\mathrm{i}b\omega}\sum\limits_{m=0}^{n}\dfrac{n\,!}{m\,!}(\quad \mathrm{i}\omega)^{m-n-1}\,b^m\right]$
4.	$\dfrac{1}{(a+\mathrm{i}t)^\nu}\,, \quad \mathrm{Re}\nu > 0$	$\dfrac{\pi}{\Gamma(\nu)}\,\omega^{\nu-1}\,e^{-a\omega}\,, \quad \omega > 0$ $0\,, \quad \omega < 0$
5.	$\dfrac{1}{(a-\mathrm{i}t)^\nu}\,, \quad \mathrm{Re}\nu > 0$	$0\,, \quad \omega > 0$ $\dfrac{\pi}{\Gamma(\nu)}\,(-\omega)^{\nu-1}\,e^{a\omega}\,, \quad \omega < 0$

21.13 Z–Transformationen

Definition s. S. 732, Rechenregeln s. S. 733, Umkehrung s. S. 735

Nr.	Originalfolge f_n	Bildfunktion $F(z) = Z(f_n)$	Konvergenzbereich
1	1	$\frac{z}{z-1}$	$\|z\| > 1$
2	$(-1)^n$	$\frac{z}{z+1}$	$\|z\| > 1$
3	n	$\frac{z}{(z-1)^2}$	$\|z\| > 1$
4	n^2	$\frac{z(z+1)}{(z-1)^3}$	$\|z\| > 1$
5	n^3	$\frac{z(z+4z+1)}{(z-1)^4}$	$\|z\| > 1$
6	e^{an}	$\frac{z}{z-e^a}$	$\|z\| > \|e^a\|$
7	a^n	$\frac{z}{z-a}$	$\|z\| > \|a\|$
8	$\frac{a^n}{n!}$	$e^{\frac{a}{z}}$	$\|z\| > 0$
9	$n\,a^n$	$\frac{za}{(z-a)^2}$	$\|z\| > \|a\|$
10	$n^2\,a^n$	$\frac{az(z+a)}{(z-a)^3}$	$\|z\| > \|a\|$
11	$\binom{n}{k}$	$\frac{z}{(z-1)^{k+1}}$	$\|z\| > 1$
12	$\binom{k}{n}$	$\left(1+\frac{1}{z}\right)^k$	$\|z\| > 0$
13	$\sin bn$	$\frac{z\sin b}{z^2-2z\cos b+1}$	$\|z\| > 1$
14	$\cos bn$	$\frac{z(z-\cos b)}{z^2-2z\cos b+1}$	$\|z\| > 1$

Nr.	Originalfolge f_n	Bildfunktion $F(z) = Z(f_n)$	Konvergenzbereich
15	$e^{an} \sin bn$	$\dfrac{ze^a \sin b}{z^2 - 2ze^a \cos b + e^{2a}}$	$\|z\| > \|e^a\|$
16	$e^{an} \cos bn$	$\dfrac{z(z - e^a \cos b)}{z^2 - 2ze^a \cos b + e^{2a}}$	$\|z\| > \|e^a\|$
17	$\sinh bn$	$\dfrac{z \sinh b}{z^2 - 2z \cosh b + 1}$	$\|z\| > \max(\|e^b\|, \|e^{-b}\|)$
18	$\cosh bn$	$\dfrac{z(z - \cosh b)}{z^2 - 2z \cosh b + 1}$	$\|z\| > \max(\|e^b\|, \|e^{-b}\|)$
19	$a^n \sinh bn$	$\dfrac{za \sinh b}{z^2 - 2za \cosh b + a^2}$	$\|z\| > \max(\|ae^b\|, \|ae^{-b}\|)$
20	$a^n \cosh bn$	$\dfrac{z(z - a \cosh b)}{z^2 - 2za \cosh b + a^2}$	$\|z\| > \max(\|ae^b\|, \|ae^{-b}\|)$
21	$f_n = 0 \quad \textit{für} \quad n \neq k,$ $f_k = 1$	$\dfrac{1}{z^k}$	$\|z\| > 0$
22	$f_{2n} = 0, \quad f_{2n+1} = 2$	$\dfrac{2z}{z^2 - 1}$	$\|z\| > 1$
23	$f_{2n} = 0,$ $f_{2n+1} = 2(2n + 1)$	$\dfrac{2z(z^2 + 1)}{(z^2 - 1)^2}$	$\|z\| > 1$
24	$f_{2n} = 0,$ $f_{2n+1} = \dfrac{2}{2n + 1}$	$\ln \dfrac{z - 1}{z + 1}$	$\|z\| > 1$
25	$\cos \dfrac{n\pi}{2}$	$\dfrac{z^2}{z^2 + 1}$	$\|z\| > 1$
26	$(n + 1)\, e^{an}$	$\dfrac{z^2}{(z - e^a)^2}$	$\|z\| > \|e^a\|$
27	$\dfrac{e^{b(n+1)} - e^{a(n+1)}}{e^b - e^a}$	$\dfrac{z^2}{(z - e^a)\,(z - e^b)}$	$\|z\| > \max(\|e^a\|, \|e^b\|),\ a \neq b$
28	$\dfrac{1}{6}\,(n - 1)\, n(n + 1)$	$\dfrac{z^2}{(z - 1)^4}$	$\|z\| > 1$

Nr.	Originalfolge f_n	Bildfunktion $F(z) = Z(f_n)$	Konvergenzbereich
29	$f_0 = 0, \quad f_n = \frac{1}{n}, \quad n \geq 1$	$\ln \frac{z}{z-1}$	$\lvert z\rvert > 1$
30	$\frac{(-1)^n}{(2n+1)!}$	$\sqrt{z} \sin \frac{1}{\sqrt{z}}$	$\lvert z\rvert > 0$
31	$\frac{(-1)^n}{(2n)!}$	$\cos \frac{1}{\sqrt{z}}$	$\lvert z\rvert > 0$

21.14 Poisson–Verteilung

Wertetabelle der Poissonverteilung $P(X = k) = \frac{\lambda^k}{k\,!}\, e^{-\lambda}$:

k	λ					
	0,1	0,2	0,3	0,4	0,5	0,6
0	0,904837	0,818731	0,740818	0,670320	0,606531	0,548812
1	0,090484	0,163746	0,222245	0,268128	0,303265	0,329287
2	0,004524	0,016375	0,033337	0,053626	0,075816	0,098786
3	0,000151	0,001091	0,003334	0,007150	0,012636	0,019757
4	0,000004	0,000055	0,000250	0,000715	0,001580	0,002964
5		0,000002	0,000015	0,000057	0,000158	0,000356
6			0,000001	0,000004	0,000013	0,000035
7					0,000001	0,000003

k	λ					
	0,7	0,8	0,9	1,0	2,0	3,0
0	0,496585	0,449329	0,406570	0,367879	0,135335	0,049787
1	0,347610	0,359463	0,365913	0,367879	0,270671	0,149361
2	0,121663	0,143785	0,164661	0,183940	0,270671	0,224042
3	0,028388	0,038343	0,049398	0,061313	0,180447	0,224042
4	0,004968	0,007669	0,011115	0,015328	0,090224	0,168031
5	0,000696	0,001227	0,002001	0,003066	0,036089	0,100819
6	0,000081	0,000164	0,000300	0,000511	0,012030	0,050409
7	0,000008	0,000019	0,000039	0,000073	0,003437	0,021604
8	0,000001	0,000002	0,000004	0,000009	0,000859	0,008102
9				0,000001	0,000191	0,002701
10					0,000038	0,000810
11					0,000007	0,000221
12					0,000001	0,000055
13						0,000013
14						0,000003
15						0,000001

(Fortsetzung)

k	λ					
	4,0	5,0	6,0	7,0	8,0	9,0
0	0,018316	0,006738	0,002479	0,000912	0,000335	0,000123
1	0,073263	0,033690	0,014873	0,006383	0,002684	0,001111
2	0,146525	0,084224	0,044618	0,022341	0,010735	0,004998
3	0,195367	0,140374	0,089235	0,052129	0,028626	0,014994
4	0,195367	0,175467	0,133853	0,091126	0,057252	0,033737
5	0,156293	0,175467	0,160623	0,127717	0,091604	0,060727
6	0,104194	0,146223	0,160623	0,149003	0,122138	0,091090
7	0,059540	0,104445	0,137677	0,149003	0,139587	0,117116
8	0,029770	0,065278	0,103258	0,130377	0,139587	0,131756
9	0,013231	0,036266	0,068838	0,101405	0,124077	0,131756
10	0,005292	0,018133	0,041303	0,070983	0,099262	0,118580
11	0,001925	0,008242	0,022529	0,045171	0,072190	0,097020
12	0,000642	0,003434	0,011264	0,026350	0,048127	0,072765
13	0,000197	0,001321	0,005199	0,014188	0,029616	0,050376
14	0,000056	0,000472	0,002228	0,007094	0,016924	0,032384
15	0,000015	0,000157	0,000891	0,003311	0,009026	0,019431
16	0,000004	0,000049	0,000334	0,001448	0,004513	0,010930
17	0,000001	0,000014	0,000118	0,000596	0,002124	0,005786
18		0,000004	0,000039	0,000232	0,000944	0,002893
19		0,000001	0,000012	0,000085	0,000397	0,001370
20			0,000004	0,000030	0,000159	0,000617
21			0,000001	0,000010	0,000061	0,000264
22				0,000003	0,000022	0,000108
23				0,000001	0,000008	0,000042
24					0,000003	0,000016
25					0,000001	0,000006
26						0,000002
27						0,000001

21.15 Normierte Normalverteilung

Wertetabelle der normierten Normalverteilung (s. S. 756)

21.15.1 Normierte Normalverteilung für $0.00 \leq x \leq 1.99$

x	$\Phi(x)$	x	$\Phi(x)$	x	$\Phi(x)$	x	$\Phi(x)$	x	$\Phi(x)$
0.00	0.5000	0.20	0.5793	0.40	0.6554	0.60	0.7257	0.80	0.7881
0.01	0.5040	0.21	0.5832	0.41	0.6591	0.61	0.7291	0.81	0.7910
0.02	0.5080	0.22	0.5871	0.42	0.6628	0.62	0.7324	0.82	0.7939
0.03	0.5120	0.23	0.5910	0.43	0.6664	0.63	0.7357	0.83	0.7967
0.04	0.5160	0.24	0.5948	0.44	0.6700	0.64	0.7389	0.84	0.7995
0.05	0.5199	0.25	0.5987	0.45	0.6736	0.65	0.7422	0.85	0.8023
0.06	0.5239	0.26	0.6026	0.46	0.6772	0.66	0.7454	0.86	0.8051
0.07	0.5279	0.27	0.6064	0.47	0.6808	0.67	0.7486	0.87	0.8079
0.08	0.5319	0.28	0.6103	0.48	0.6844	0.68	0.7517	0.88	0.8106
0.09	0.5359	0.29	0.6141	0.49	0.6879	0.69	0.7549	0.89	0.8133
0.10	0.5398	0.30	0.6179	0.50	0.6915	0.70	0.7580	0.90	0.8159
0.11	0.5438	0.31	0.6217	0.51	0.6950	0.71	0.7611	0.91	0.8186
0.12	0.5478	0.32	0.6255	0.52	0.6985	0.72	0.7642	0.92	0.8212
0.13	0.5517	0.33	0.6293	0.53	0.7019	0.73	0.7673	0.93	0.8238
0.14	0.5557	0.34	0.6331	0.54	0.7054	0.74	0.7704	0.94	0.8264
0.15	0.5596	0.35	0.6368	0.55	0.7088	0.75	0.7734	0.95	0.8289
0.16	0.5636	0.36	0.6406	0.56	0.7123	0.76	0.7764	0.96	0.8315
0.17	0.5675	0.37	0.6443	0.57	0.7157	0.77	0.7794	0.97	0.8340
0.18	0.5714	0.38	0.6480	0.58	0.7190	0.78	0.7823	0.98	0.8365
0.19	0.5753	0.39	0.6517	0.59	0.7224	0.79	0.7852	0.99	0.8389

x	$\Phi(x)$	x	$\Phi(x)$	x	$\Phi(x)$	x	$\Phi(x)$	x	$\Phi(x)$
1.00	0.8413	1.20	0.8849	1.40	0.9192	1.60	0.9452	1.80	0.9641
1.01	0.8438	1.21	0.8869	1.41	0.9207	1.61	0.9463	1.81	0.9649
1.02	0.8461	1.22	0.8888	1.42	0.9222	1.62	0.9474	1.82	0.9656
1.03	0.8485	1.23	0.8907	1.43	0.9236	1.63	0.9484	1.83	0.9664
1.04	0.8508	1.24	0.8925	1.44	0.9251	1.64	0.9495	1.84	0.9671
1.05	0.8531	1.25	0.8944	1.45	0.9265	1.65	0.9505	1.85	0.9678
1.06	0.8554	1.26	0.8962	1.46	0.9279	1.66	0.9515	1.86	0.9686
1.07	0.8577	1.27	0.8980	1.47	0.9292	1.67	0.9525	1.87	0.9693
1.08	0.8599	1.28	0.8997	1.48	0.9306	1.68	0.9535	1.88	0.9699
1.09	0.8621	1.29	0.9015	1.49	0.9319	1.69	0.9545	1.89	0.9706
1.10	0.8643	1.30	0.9032	1.50	0.9332	1.70	0.9554	1.90	0.9713
1.11	0.8665	1.31	0.9049	1.51	0.9345	1.71	0.9564	1.91	0.9719
1.12	0.8686	1.32	0.9066	1.52	0.9357	1.72	0.9573	1.92	0.9726
1.13	0.8708	1.33	0.9082	1.53	0.9370	1.73	0.9582	1.93	0.9732
1.14	0.8729	1.34	0.9099	1.54	0.9382	1.74	0.9591	1.94	0.9738
1.15	0.8749	1.35	0.9115	1.55	0.9394	1.75	0.9599	1.95	0.9744
1.16	0.8770	1.36	0.9131	1.56	0.9406	1.76	0.9608	1.96	0.9750
1.17	0.8790	1.37	0.9147	1.57	0.9418	1.77	0.9616	1.97	0.9756
1.18	0.8810	1.38	0.9162	1.58	0.9429	1.78	0.9625	1.98	0.9761
1.19	0.8830	1.39	0.9177	1.59	0.9441	1.79	0.9633	1.99	0.9767

21.15.2 Normierte Normalverteilung für $2.00 \leq x \leq 3.90$

x	$\Phi(x)$	x	$\Phi(x)$	x	$\Phi(x)$	x	$\Phi(x)$	x	$\Phi(x)$
2.00	**0.9773**	**2.20**	**0.9861**	**2.40**	**0.9918**	**2.60**	**0.9953**	**2.80**	**0.9974**
2.01	0.9778	2.21	0.9864	2.41	0.9920	2.61	0.9955	2.81	0.9975
2.02	0.9783	2.22	0.9868	2.42	0.9922	2.62	0.9956	2.82	0.9976
2.03	0.9788	2.23	0.9871	2.43	0.9925	2.63	0.9957	2.83	0.9977
2.04	0.9793	2.24	0.9875	2.44	0.9927	2.64	0.9959	2.84	0.9977
2.05	0.9798	2.25	0.9878	2.45	0.9929	2.65	0.9960	2.85	0.9978
2.06	0.9803	2.26	0.9881	2.46	0.9931	2.66	0.9961	2.86	0.9979
2.07	0.9808	2.27	0.9884	2.47	0.9932	2.67	0.9962	2.87	0.9979
2.08	0.9812	2.28	0.9887	2.48	0.9934	2.68	0.9963	2.88	0.9980
2.09	0.9817	2.29	0.9890	2.49	0.9936	2.69	0.9964	2.89	0.9981
2.10	**0.9821**	**2.30**	**0.9893**	**2.50**	**0.9938**	**2.70**	**0.9965**	**2.90**	**0.9981**
2.11	0.9826	2.31	0.9896	2.51	0.9940	2.71	0.9966	2.91	0.9982
2.12	0.9830	2.32	0.9894	2.52	0.9941	2.72	0.9967	2.92	0.9983
2.13	0.9834	2.33	0.9901	2.53	0.9943	2.73	0.9968	2.93	0.9983
2.14	0.9838	2.34	0.9904	2.54	0.9945	2.74	0.9969	2.94	0.9984
2.15	0.9842	2.35	0.9906	2.55	0.9946	2.75	0.9970	2.95	0.9984
2.16	0.9846	2.36	0.9909	2.56	0.9948	2.76	0.9971	2.96	0.9985
2.17	0.9850	2.37	0.9911	2.57	0.9949	2.77	0.9972	2.97	0.9985
2.18	0.9854	2.38	0.9913	2.58	0.9951	2.78	0.9973	2.98	0.9986
2.19	0.9857	2.39	0.8133	2.59	0.9952	2.79	0.9974	2.99	0.9986

x	$\Phi(x)$	x	$\Phi(x)$	x	$\Phi(x)$	x	$\Phi(x)$	x	$\Phi(x)$
3.00	**0.9987**	**3.20**	**0.9993**	**3.40**	**0.9997**	**3.60**	**0.9998**	**3.80**	**0.9999**
3.10	0.9990	3.30	0.9995	3.50	0.9998	3.70	0.9999	3.90	0.9999

21.16 χ^2-Verteilung

χ^2-Verteilung: Quantile $\chi^2_{\alpha,m}$

Anzahl der Freiheitsgrade	Wahrscheinlichkeit α					
m	0,99	0,975	0,95	0,05	0,025	0,01
1	0,00016	0,00098	0,0039	3,8	5,0	6,6
2	0,020	0,051	0,103	6,0	7,4	9,2
3	0,115	0,216	0,352	7,8	9,4	11,3
4	0,297	0,484	0,711	9,5	11,1	13,3
5	0,554	0,831	1,15	11,1	12,8	15,1
6	0,872	1,24	1,64	12,6	14,4	16,8
7	1,24	1,69	2,17	14,1	16,0	18,5
8	1,65	2,18	2,73	15,5	17,5	20,1
9	2,09	2,70	3,33	16,9	19,0	21,7
10	2,56	3,25	3,94	18,3	20,5	23,2
11	3,05	3,82	4,57	19,7	21,9	24,7
12	3,57	4,40	5,23	21,0	23,3	26,2
13	4,11	5,01	5,89	22,4	24,7	27,7
14	4,66	5,63	6,57	23,7	26,1	29,1
15	5,23	6,26	7,26	25,0	27,5	30,6
16	5,81	6,91	7,96	26,3	28,8	32,0
17	6,41	7,56	8,67	27,6	30,2	33,4
18	7,01	8,23	9,39	28,9	31,5	34,8
19	7,63	8,91	10,1	30,1	32,9	36,2
20	8,26	9,59	10,9	31,4	34,2	37,6
21	8,90	10,3	11,6	32,7	35,5	38,9
22	9,54	11,0	12,3	33,9	36,8	40,3
23	10,2	11,7	13,1	35,2	38,1	41,6
24	10,9	12,4	13,8	36,4	39,4	43,0
25	11,5	13,1	14,6	37,7	40,6	44,3
26	12,2	13,8	15,4	38,9	41,9	45,6
27	12,9	14,6	16,2	40,1	43,2	47,0
28	13,6	15,3	16,9	41,3	44,5	48,3
29	14,3	16,0	17,7	42,6	45,7	49,6
30	15,0	16,8	18,5	43,8	47,0	50,9
40	22,2	24,4	26,5	55,8	59,3	63,7
50	29,7	32,4	34,8	67,5	71,4	76,2
60	37,5	40,5	43,2	79,1	83,3	88,4
70	45,4	48,8	51,7	90,5	95,0	100,4
80	53,5	57,2	60,4	101,9	106,6	112,3
90	61,8	65,6	69,1	113,1	118,1	124,1
100	70,1	74,2	77,9	124,3	129,6	135,8

21.17 Fishersche F–Verteilung

FISHERsche F-Verteilung: Quantile f_{α,m_1,m_2} für $\alpha = 0,05$

m_2	m_1											
	1	2	3	4	5	6	8	12	24	30	40	∞
1	161,4	199,5	215,7	224,6	230,2	234,0	238,9	243,9	249,0	250,0	251,0	254,3
2	18,51	19,00	19,16	19,25	19,30	19,33	19,37	19,41	19,45	19,46	19,47	19,50
3	10,13	9,55	9,28	9,12	9,01	8,94	8,85	8,74	8,64	8,62	8,59	8,53
4	7,71	6,94	6,59	6,39	6,26	6,16	6,04	5,91	5,77	5,75	5,72	5,63
5	6,61	5,79	5,41	5,19	5,05	4,95	4,82	4,68	4,53	4,50	4,46	4,36
6	5,99	5,14	4,76	4,53	4,39	4,28	4,15	4,00	3,84	3,81	3,77	3,67
7	5,59	4,74	4,35	4,12	3,97	3,87	3,73	3,57	3,41	3,38	3,34	3,23
8	5,32	4,46	4,07	3,84	3,69	3,58	3,44	3,28	3,12	3,08	3,05	2,93
9	5,12	4,26	3,86	3,63	3,48	3,37	3,23	3,07	2,90	2,86	2,83	2,71
10	4,96	4,10	3,71	3,48	3,33	3,22	3,07	2,91	2,74	2,70	2,66	2,54
11	4,84	3,98	3,59	3,36	3,20	3,09	2,95	2,79	2,61	2,57	2,53	2,40
12	4,75	3,89	3,49	3,26	3,11	3,00	2,85	2,69	2,51	2,47	2,43	2,30
13	4,67	3,81	3,41	3,18	3,03	2,92	2,77	2,60	2,42	2,38	2,34	2,21
14	4,60	3,74	3,34	3,11	2,96	2,85	2,70	2,53	2,35	2,31	2,27	2,13
15	4,54	3,68	3,29	3,06	2,90	2,79	2,64	2,48	2,29	2,25	2,20	2,07
16	4,49	3,63	3,24	3,01	2,85	2,74	2,59	2,42	2,24	2,19	2,15	2,01
17	4,45	3,59	3,20	2,96	2,81	2,70	2,55	2,38	2,19	2,15	2,10	1,96
18	4,41	3,55	3,16	2,93	2,77	2,66	2,51	2,34	2,15	2,11	2,06	1,92
19	4,38	3,52	3,13	2,90	2,74	2,63	2,48	2,31	2,11	2,07	2,03	1,88
20	4,35	3,49	3,10	2,87	2,71	2,60	2,45	2,28	2,08	2,04	1,99	1,84
21	4,32	3,47	3,07	2,84	2,68	2,57	2,42	2,25	2,05	2,01	1,96	1,81
22	4,30	3,44	3,05	2,82	2,66	2,55	2,40	2,23	2,03	1,98	1,94	1,78
23	4,28	3,42	3,03	2,80	2,64	2,53	2,37	2,20	2,00	1,96	1,91	1,76
24	4,26	3,40	3,01	2,78	2,62	2,51	2,36	2,18	1,98	1,94	1,89	1,73
25	4,24	3,39	2,99	2,76	2,60	2,49	2,34	2,16	1,96	1,92	1,87	1,71
26	4,23	3,37	2,98	2,74	2,59	2,47	2,32	2,15	1,95	1,90	1,85	1,69
27	4,21	3,35	2,96	2,73	2,57	2,46	2,31	2,13	1,93	1,88	1,84	1,67
28	4,20	3,34	2,95	2,71	2,56	2,45	2,29	2,12	1,91	1,87	1,82	1,65
29	4,18	3,33	2,93	2,70	2,55	2,43	2,28	2,10	1,90	1,85	1,80	1,64
30	4,17	3,32	2,92	2,69	2,53	2,42	2,27	2,09	1,89	1,84	1,79	1,62
40	4,08	3,23	2,84	2,61	2,45	2,34	2,18	2,00	1,79	1,74	1,69	1,51
60	4,00	3,15	2,76	2,53	2,37	2,25	2,10	1,92	1,70	1,65	1,59	1,39
125	3,92	3,07	2,68	2,44	2,29	2,17	2,01	1,83	1,60	1,55	1,49	1,25
∞	3,84	3,00	2,60	2,37	2,21	2,10	1,94	1,75	1,52	1,46	1,39	1,00

FISHERsche F-Verteilung: Quantile f_{α,m_1,m_2} für $\alpha = 0,01$

m_2	m_1											
	1	2	3	4	5	6	8	12	24	30	40	∞
1	4052	4999	5403	5625	5764	5859	5981	6106	6235	6261	6287	6366
2	98,50	99,00	99,17	99,25	99,30	99,33	99,37	99,42	99,46	99,47	99,47	99,50
3	34,12	30,82	29,46	28,71	28,24	27,91	27,49	27,05	26,60	26,50	26,41	26,12
4	21,20	18,00	16,69	15,98	15,52	15,21	14,80	14,37	13,93	13,84	13,74	13,46
5	16,26	13,27	12,06	11,39	10,97	10,67	10,29	9,89	9,47	9,38	9,29	9,02
6	13,74	10,92	9,78	9,15	8,75	8,47	8,10	7,72	7,31	7,23	7,14	6,88
7	12,25	9,55	8,45	7,85	7,46	7,19	6,84	6,47	6,07	5,99	5,91	5,65
8	11,26	8,65	7,59	7,01	6,63	6,37	6,03	5,67	5,28	5,20	5,12	4,86
9	10,56	8,02	6,99	6,42	6,06	5,80	5,47	5,11	4,73	4,65	4,57	4,31
10	10,04	7,56	6,55	5,99	5,64	5,39	5,06	4,71	4,33	4,25	4,17	3,91
11	9,65	7,21	6,22	5,67	5,32	5,07	4,74	4,40	4,02	3,94	3,86	3,60
12	9,33	6,93	5,95	5,41	5,06	4,82	4,50	4,16	3,78	3,70	3,62	3,36
13	9,07	6,70	5,74	5,21	4,86	4,62	4,30	3,96	3,59	3,51	3,43	3,16
14	8,86	6,51	5,56	5,04	4,70	4,46	4,14	3,80	3,43	3,35	3,27	3,00
15	8,68	6,36	5,42	4,89	4,56	4,32	4,00	3,67	3,29	3,21	3,13	2,87
16	8,53	6,23	5,29	4,77	4,44	4,20	3,89	3,55	3,18	3,10	3,02	2,75
17	8,40	6,11	5,18	4,67	4,34	4,10	3,79	3,46	3,08	3,00	2,92	2,65
18	8,29	6,01	5,09	4,58	4,25	4,01	3,71	3,37	3,00	2,92	2,84	2,57
19	8,18	5,93	5,01	4,50	4,17	3,94	3,63	3,30	2,92	2,84	2,76	2,49
20	8,10	5,85	4,94	4,43	4,10	3,87	3,56	3,23	2,86	2,78	2,69	2,42
21	8,02	5,78	4,87	4,37	4,04	3,81	3,51	3,17	2,80	2,72	2,64	2,36
22	7,95	5,72	4,82	4,31	3,99	3,76	3,45	3,12	2,75	2,67	2,58	2,31
23	7,88	5,66	4,76	4,26	3,94	3,71	3,41	3,07	2,70	2,62	2,54	2,26
24	7,82	5,61	4,72	4,22	3,90	3,67	3,36	3,03	2,66	2,58	2,49	2,21
25	7,77	5,57	4,68	4,18	3,86	3,63	3,32	2,99	2,62	2,54	2,45	2,17
26	7,72	5,53	4,64	4,14	3,82	3,59	3,29	2,96	2,58	2,50	2,42	2,13
27	7,68	5,49	4,60	4,11	3,78	3,56	3,26	2,93	2,55	2,47	2,38	2,10
28	7,64	5,45	4,57	4,07	3,76	3,53	3,23	2,90	2,52	2,44	2,35	2,06
29	7,60	5,42	4,54	4,04	3,73	3,50	3,20	2,87	2,49	2,41	2,33	2,03
30	7,56	5,39	4,51	4,02	3,70	3,47	3,17	2,84	2,47	2,38	2,30	2,01
40	7,31	5,18	4,31	3,83	3,51	3,29	2,99	2,66	2,29	2,20	2,11	1,80
60	7,08	4,98	4,13	3,65	3,34	3,12	2,82	2,50	2,12	2,03	1,94	1,60
125	6,84	4,78	3,94	3,48	3,17	2,95	2,66	2,33	1,94	1,85	1,75	1,37
∞	6,63	4,60	3,78	3,32	3,02	2,80	2,51	2,18	1,79	1,70	1,59	1,00

21.18 STUDENTsche t–Verteilung

STUDENTsche t-Verteilung: Quantile $t_{\alpha,m}$ bzw. $t_{\alpha/2,m}$

Anzahl der Freiheitsgrade	Wahrscheinlichkeit α für zweiseitige Fragestellung					
m	0,10	0,05	0,02	0,01	0,002	0,001
1	6,31	12,7	31,82	63,7	318,3	637,0
2	2,92	4,30	6,97	9,92	22,33	31,6
3	2,35	3,18	4,54	5,84	10,22	12,9
4	2,13	2,78	3,75	4,60	7,17	8,61
5	2,01	2,57	3,37	4,03	5,89	6,86
6	1,94	2,45	3,14	3,71	5,21	5,96
7	1,89	2,36	3,00	3,50	4,79	5,40
8	1,86	2,31	2,90	3,36	4,50	5,04
9	1,83	2,26	2,82	3,25	4,30	4,78
10	1,81	2,23	2,76	3,17	4,14	4,59
11	1,80	2,20	2,72	3,11	4,03	4,44
12	1,78	2,18	2,68	3,05	3,93	4,32
13	1,77	2,16	2,65	3,01	3,85	4,22
14	1,76	2,14	2,62	2,98	3,79	4,14
15	1,75	2,13	2,60	2,95	3,73	4,07
16	1,75	2,12	2,58	2,92	3,69	4,01
17	1,74	2,11	2,57	2,90	3,65	3,96
18	1,73	2,10	2,55	2,88	3,61	3,92
19	1,73	2,09	2,54	2,86	3,58	3,88
20	1,73	2,09	2,53	2,85	3,55	3,85
21	1,72	2,08	2,52	2,83	3,53	3,82
22	1,72	2,07	2,51	2,82	3,51	3,79
23	1,71	2,07	2,50	2,81	3,49	3,77
24	1,71	2,06	2,49	2,80	3,47	3,74
25	1,71	2,06	2,49	2,79	3,45	3,72
26	1,71	2,06	2,48	2,78	3,44	3,71
27	1,71	2,05	2,47	2,77	3,42	3,69
28	1,70	2,05	2,46	2,76	3,40	3,66
29	1,70	2,05	2,46	2,76	3,40	3,66
30	1,70	2,04	2,46	2,75	3,39	3,65
40	1,68	2,02	2,42	2,70	3,31	3,55
60	1,67	2,00	2,39	2,66	3,23	3,46
120	1,66	1,98	2,36	2,62	3,17	3,37
∞	1,64	1,96	2,33	2,58	3,09	3,29
	0,05	0,025	0,01	0,005	0,001	0,0005
	Wahrscheinlichkeit α für einseitige Fragestellung					

21.19 Zufallszahlen

Wegen der Bedeutung der Zufallszahlen s. Abschnitt Monte–Carlo–Methode, S. 776.

4730	1530	8004	7993	3141	0103	4528	7988	4635	8478	9094	9077	5306	4357	8353
0612	2278	8634	2549	3737	7686	0723	4505	6841	1379	6460	1869	5700	5339	6862
0285	1888	9284	3672	7033	4844	0149	7412	6370	1884	0717	5740	8477	6583	0717
7768	9078	3428	2217	0293	3978	5933	1032	5192	1732	2137	9357	5941	6564	2171
4450	8085	8931	3162	9968	6369	1256	0416	4326	7840	6525	2608	5255	4811	3763
7332	6563	4013	7406	4439	5683	6877	2920	9588	3002	2869	3746	3690	6931	1230
4044	1643	9005	5969	9442	7696	7510	1620	4973	1911	1288	6160	9797	8755	6120
0067	7697	9278	4765	9647	4364	1037	4975	1998	1359	1346	6125	5078	6742	3443
5358	5256	7574	3219	2532	7577	2815	8696	9248	9410	9282	6572	3940	6655	9014
0038	4772	0449	6906	8859	5044	8826	6218	3206	9034	0843	9832	2703	8514	4124
8344	2271	4689	3835	2938	2671	4691	0559	8382	2825	4928	5379	8635	8135	7299
7164	7492	5157	8731	4980	8674	4506	7262	8127	2022	2178	7463	4842	4414	0127
7454	7616	8021	2995	7868	0683	3768	0625	9887	7060	0514	0034	8600	3727	5056
3454	6292	0067	5579	9028	5660	5006	8325	9677	2169	3196	0357	7811	5434	0314
0401	7414	3186	3081	5876	8150	1360	1868	9265	3277	8465	7502	6458	7195	9869
6202	0195	1077	7406	4439	5683	6877	2920	9588	3002	2869	3746	3690	2705	6251
8284	0338	4286	5969	9442	7696	7510	1620	6973	1911	1288	6160	9797	1547	4972
9056	0151	7260	4765	9647	4364	1037	4975	1998	1359	1346	6125	5078	3424	1354
9747	3840	7921	3219	2532	7577	2815	8696	9248	9410	9282	6572	3940	8969	3659
2992	8836	3342	6906	8859	5044	8826	6218	3206	9034	0843	9832	2703	5225	8898
6170	4595	2539	7592	1339	4802	5751	3785	7125	4922	8877	9530	6499	6432	1516
3265	8619	0814	5133	7995	8030	7408	2186	0725	5554	5664	6791	9677	3085	8319
0179	3949	6995	3170	9915	6960	2621	6718	4059	9919	1007	6469	5410	0246	3687
1839	6042	9650	3024	0680	1127	8088	0200	5868	0084	6362	6808	3727	8710	6065
2276	8078	9973	4398	3121	7749	8191	2087	8270	5233	3980	6774	8522	5736	3132
4146	9952	7945	5207	1967	7325	7584	3485	5832	8118	8433	0606	2719	2889	2765
3526	3809	5523	0648	3326	1933	6265	0649	6177	2139	7236	0441	1352	1499	3068
3390	7825	7012	9934	7022	2260	0190	1816	7933	2906	3030	6032	1685	3100	1929
4806	9286	5051	4651	1580	5004	8981	1950	2201	3852	6855	5489	6386	3736	0498
7959	5983	0204	4325	5039	7342	7252	2800	4706	6881	8828	2785	8375	7232	2483
8245	9611	0641	7024	3899	8981	1280	5678	8096	7010	1435	7631	7361	8903	8684
7551	4915	2913	9031	9735	7820	2478	9200	7269	6284	9861	2849	2208	8616	5865
5903	2744	7318	7614	5999	1246	9759	6565	1012	0059	2419	0036	2027	5467	5577
9001	4521	5070	4150	5059	5178	7130	2641	7812	1381	6158	9539	3356	5861	9371
0265	3305	3814	0973	4958	4830	6297	0575	4843	3437	5629	3496	5406	4790	9734

22 Literatur

1. Arithmetik

[1.1] ASSER, G.: Grundbegriffe der Mathematik. Mengen, Abbildungen, natürliche Zahlen. — Deutscher Verlag der Wissenschaften 1980.
[1.2] BOSCH, K.: Finanzmathematik. — Oldenbourg–Verlag 1991.
[1.3] HEILMANN, W.–R.: Grundbegriffe der Risikotheorie. — Verlag Versicherungswirtschaft 1986.
[1.4] ISENBART, F., MÜNZER, H.: Lebensversicherungsmathematik für Praxis und Studium. — Verlag Gabler, 2. Auflage 1986.
[1.5] DÜCK, W.; KÖRTH, H.; RUNGE, W.; WUNDERLICH, L.: Mathematik für Ökonomen, Bd. 1 u. 2. — Verlag H. Deutsch 1989.
[1.6] Fachlexikon ABC Mathematik. — Verlag H. Deutsch 1978.
[1.7] GELLRICH, R.; GELLRICH, C.: Mathematik, Bd. 1. — Verlag H. Deutsch 1993.
[1.8] GOTTWALD, S.; KÜSTNER, H.; HELLWICH, M.; KÄSTNER, H.: Mathematik Ratgeber. — Verlag H. Deutsch 1988.
[1.9] HEITZINGER, W.; TROCH, I.; VALENTIN, G.: Praxis nichtlinearer Gleichungen. — C. Hanser Verlag 1984.
[1.10] NICKEL, H. (HRSG.): Algebra und Geometrie für Ingenieure. — Verlag H. Deutsch 1990.
[1.11] PFEIFER, A.: Praktische Finanzmathematik. — Verlag Harri Deutsch 1995.
[1.12] WISLICENY, J.: Grundbegriffe der Mathematik. Rationale, reelle und komplexe Zahlen. — Verlag H. Deutsch 1988.

2. Funktionen und ihre Darstellung

[2.1] ASSER, G.: Einführung in die mathematische Logik, Teil I bis III. — Verlag H. Deutsch 1976–1983.
[2.2] FETZER, A.; FRÄNKEL, H.: Mathematik Lehrbuch für Fachhochschulen, Bd. 1. — VDI–Verlag 1995.
[2.3] FICHTENHOLZ, G.M.: Differential- und Integralrechnung, Bd. 1. — Deutscher Verlag der Wissenschaften 1964; Verlag H. Deutsch 1989–1992, seit 1994 Verlag H. Deutsch.
[2.4] GELLRICH, R.; GELLRICH, C.: Mathematik, Bd. 1. — Verlag H. Deutsch 1993.
[2.5] GÖRKE, L.: Mengen – Relationen – Funktionen. — Verlag H. Deutsch 1974.
[2.6] HASSE, M.: Grundbegriffe der Mengenlehre und Logik. — Verlag H. Deutsch 1970.
[2.7] Handbook of Mathematical, Scientific and Engineering. Formulas, Tables, Functions, Graphs, Transforms. — Research and Aducation Association 1961.
[2.8] PAPULA, L.: Mathematik für Ingenieure, Bd. 1 bis 3. — Verlag Vieweg 1994–1996.
[2.9] SIEBER, N.; SEBASTIAN, H.J.; ZEIDLER, G.: Grundlagen der Mathmatik, Abbildungen, Funktionen, Folgen. — BSB B. G. Teubner, Leipzig, (MINÖL, Bd. 1), 1973; Verlag H. Deutsch, (MINÖA, Bd. 1), 1978.
[2.10] SMIRNOW, W.I.: Lehrgang der höheren Mathematik, Bd. 1. — Deutscher Verlag der Wissenschaften 1953; Verlag H. Deutsch 1987–1991, seit 1994 Verlag H. Deutsch unter dem Titel Lehrbuch der höheren Mathematik.
[2.11] STÖCKER, H. (HRSG.): Analysis für Ingenieurstudenten, Bd. 1. — Verlag H. Deutsch 1995.

3. Geometrie

[3.1] BÄR, G.: Geometrie. — B. G. Teubner 1996.
[3.2] BAULE, B.: Die Mathematik des Naturforschers und Ingenieurs, Bd. 1 u. 2. — Verlag H. Deutsch 1979.
[3.3] BÖHM, J.: Geometrie, Bd. 1 u. 2. — Verlag Verlag H. Deutsch 1988.
[3.4] DRESZER, J.: Mathematik–Handbuch für Technik und Naturwissenschaft. — Verlag H. Deutsch 1975.

[3.5] EFIMOW, N.V.: Höhere Geometrie, Bd. 1 u. 2. — Verlag Vieweg 1970.
[3.6] FISCHER, G.: Analytische Geometrie. — Verlag Vieweg 1988.
[3.7] Kleine Enzyklopädie Mathematik. — Verlag Enzyklopädie, Leipzig 1967. — Gekürzte Ausgabe: Mathematik Ratgeber. — Verlag H. Deutsch 1988.
[3.8] KLINGENBERG, W.: Lineare Algebra und Geometrie. — Springer–Verlag 1993.
[3.9] KLOTZEK, B.: Einführung in die Differentialgeometrie, Bd. 1 u. 2. — Verlag H. Deutsch 1995.
[3.10] KOECHER, M.: Lineare Algebra und analytische Geometrie. — Springer–Verlag 1992.
[3.11] MANGOLDT, H. V.; KNOPP, K.: Einführung in die höhere Mathematik, Bd. II. — S. Hirzel Verlag 1978.
[3.12] MARSOLEK, L.: BASIC im Bau– und Vermessungswesen. — B. G. Teubner 1986.
[3.13] MATTHEWS, V.: Vermessungskunde Teil 1 u. 2. — B. G. Teubner 1993.
[3.14] NICKEL, H. (HRSG.): Algebra und Geometrie für Ingenieure. — Verlag H. Deutsch 1990.
[3.15] PAULI, W. (HRSG.): Lehr- und Übungsbuch Mathematik, Bd. 2 Planimetrie, Stereometrie und Trigonometrie der Ebene. — Verlag H. Deutsch 1989.
[3.16] RASCHEWSKI, P.K.: Riemannsche Geometrie und Tensoranalysis. — Verlag H. Deutsch 1995.
[3.17] SCHÖNE, W.: Differentialgeometrie. — BSB B. G. Teubner, Leipzig, (MINÖL, Bd. 6), 1975; Verlag H. Deutsch, (MINÖA, Bd. 6) 1978.
[3.18] SCHRÖDER, E.: Darstellende Geometrie. — Verlag H. Deutsch 1980.
[3.19] SIGL, R.: Ebene und sphärische Trigonometrie. — Verlag H. Wichmann 1977.
[3.20] STEINERT, K.-G.: Sphärische Trigonometrie. — B. G. Teubner 1977.

4. Lineare Algebra

[4.1] BAULE, B.: Die Mathematik des Naturforschers und Ingenieurs, Bd. 1 u. 2. — Verlag H. Deutsch 1979.
[4.2] BERENDT, G.; WEIMAR, E.: Mathematik für Physiker, Bd. 1. — VCH, Weinheim 1990.
[4.3] BOSECK, H.: Einführung in die Theorie der linearen Vektorräume. — Verlag H. Deutsch 1984.
[4.4] BUNSE, W.; BUNSE–GERSTNER, A.: Numerische lineare Algebra. — B. G. Teubner 1985.
[4.5] FADDEJEW, D.K.; FADDEJEWA, W.N.: Numerische Methoden der linearen Algebra. — Deutscher Verlag der Wissenschaften 1970.
[4.6] GELLRICH, R.; GELLRICH, C.: Mathematik, Bd. 1 — Verlag H. Deutsch 1993.
[4.7] JÄNICH, K.: Lineare Algebra. — Springer–Verlag 1993.
[4.8] KIEŁBASIŃSKI, A.; SCHWETLICK, H.: Numerische lineare Algebra. Eine computerorientierte Einführung. — Verlag H. Deutsch 1988.
[4.9] KLIN, M.CH.; PÖSCHEL, R.; ROSENBAUM, K.: Angewandte Algebra. — Verlag H. Deutsch 1988.
[4.10] KLINGENBERG, W.: Lineare Algebra und Geometrie. — Springer–Verlag 1993.
[4.11] KOECHER, M.: Lineare Algebra und analytische Geometrie. — Springer–Verlag 1992.
[4.12] LIPPMANN, H.: Angewandte Tensorrechnung. Für Ingenieure, Physiker und Mathematiker. — Springer–Verlag 1993.
[4.13] MANTEUFFEL, K.; SEIFFART, E.; VETTERS, K.: Lineare Algebra. — BSB B. G. Teubner, Leipzig (MINÖL, Bd. 13), 1975; Verlag H. Deutsch, (MINÖA, Bd. 13), 1978.
[4.14] NICKEL, H. (HRSG.): Algebra und Geometrie für Ingenieure. — Verlag H. Deutsch 1990.
[4.15] OSE, G. (HRSG.): Lehr- und Übungsbuch Mathematik, Bd. 4. — Verlag H. Deutsch 1995.
[4.16] PFENNINGER, H.R.: Lineare Algebra. — Verlag Verlag H. Deutsch 1991.
[4.17] RASCHEWSKI, P.K.: Riemannsche Geometrie und Tensoranalysis. — Verlag H. Deutsch 1995.
[4.18] REICHARDT, H.: Vorlesungen über Vektor- und Tensorrechnung. — Deutscher Verlag der Wissenschaften 1968.
[4.19] SCHULTZ–PISZACHICH, W.: Tensoralgebra und -analysis. — BSB B. G. Teubner, Leipzig, (MINÖL, Bd. 11), 1977; Verlag H. Deutsch, (MINÖA, Bd. 11), 1979.
[4.20] SMIRNOW, W.I.: Lehrgang der höheren Mathematik, Teil III,1. — Deutscher Verlag der Wissenschaften 1953; Verlag H. Deutsch 1989–1991, seit 1994 Verlag H. Deutsch unter dem Titel Lehrbuch der höheren Mathematik.

[4.21] ZURMÜHL, R.; FALK, S.: Matrizen und ihre Anwendung – 1. Grundlagen. — Springer–Verlag 1992.

5. Algebra und Diskrete Mathematik

Algebra und Diskrete Mathematik, allgemein

[5.1] AIGNER, M.: Diskrete Mathematik. — Verlag Vieweg 1993.
[5.2] BELKNER, H.: Determinanten und Matrizen. — Verlag H. Deutsch 1988.
[5.3] BURRIS, S.; SANKAPPANAVAR, H. P.: A Course in Universal Algebra. — Springer–Verlag 1981.
[5.4] DÖRFLER, W.; PESCHEK, W.: Einführung in die Mathematik für Informatiker. — C. Hanser Verlag 1988.
[5.5] EHRIG, H.; MAHR, B.: Fundamentals of Algebraic Specification 1. — Springer–Verlag 1985.
[5.6] METZ, J.; MERBETH, G.: Schaltalgebra. — Verlag Verlag H. Deutsch 1970.
[5.7] WECHLER, W.: Universal Algebra for Computer Scientists. — Springer–Verlag 1992.
[5.8] WINTER, R.: Grundlagen der formalen Logik. — Verlag Harri Deutsch 1996.

Algebra und Diskrete Mathematik, Gruppentheorie

[5.9] ALEXANDROFF, P.S.: Einführung in die Gruppentheorie. — Verlag H. Deutsch 1992.
[5.10] BELGER, M., EHRENBERG, L.: Theorie und Anwendungen der Symmetriegruppen. — BSB B. G. Teubner, Leipzig, (MINÖL Bd. 23), 1981; Verlag H. Deutsch (MINÖA Bd. 23), 1981.
[5.11] FÄSSLER, A.; STIEFEL, E.: Gruppentheoretische Methoden und ihre Anwendungen. — Birkhäuser–Verlag 1992.
[5.12] HEIN, W.: Struktur und Darstellungstheorie der klassischen Gruppen. — Springer–Verlag 1990.
[5.13] LIDL, R., PILZ, G.: Angewandte abstrakte Algebra I. — BI–Wissenschaftverlag 1982.
[5.14] MARGENAU, M., MURPHY, G.M.: Die Mathematik für Physik und Chemie. — B. G. Teubner, Leipzig 1964; Verlag H. Deutsch 1965.
[5.15] MATHIAK, K., STINGL, P.: Gruppentheorie für Chemiker, Physiko–Chemiker, Mineralogen. — Deutscher Verlag der Wissenschaften 1970.
[5.16] STIEFEL, E., FÄSSLER, A.: Gruppentheoretische Methoden und ihre Anwendung. — B. G. Teubner 1979.
[5.17] ZACHMANN, H.G.: Mathematik für Chemiker. — VCH, Weinheim 1990.

Algebra und Diskrete Mathematik, Zahlentheorie

[5.18] BUNDSCHUH, P.: Einführung in die Zahlentheorie. — Springer–Verlag 1992.
[5.19] KRÄTZEL, E.: Zahlentheorie. — Deutscher Verlag der Wissenschaften 1981.
[5.20] PADBERG, F.: Elementare Zahlentheorie. — BI– Wissenschaftsverlag 1991.
[5.21] RIVEST, R.L., SHAMIR, A., ADLEMAN, L.: A Method for Obtaining Digital Signatures and Public Key Cryptosystems. — Comm. ACM 21, (1978), 12 – 126.
[5.22] SCHEID, H.: Zahlentheorie. — BI– Wissenschaftsverlag 1991, 2. Auflage Spektrum Akademischer Verlag 1995.
[5.23] SCHMUTZER, E.: Grundlagen der theoretischen Physik, Bd. 1, 4. — Deutscher Verlag der Wissenschaften 1991.

Algebra und Diskrete Mathematik, Kryptologie

[5.24] BAUER, F. L.: Kryptologie — Methoden und Maximen. — Springer–Verlag 1993.
[5.25] HORSTER, P.: Kryptologie. — BI–Wissenschaftsverlag 1985.
[5.26] SCHNEIDER, B.: Angewandte Kryptologie — Protokolle, Algorithmen und Sourcecode in C. — Addison–Wesley–Longman 1996.

[5.27] WOBST, R.: Methoden, Risiken und Nutzen der Datenverschlüsselung. — Addison–Wesley–Longman 1997.

Algebra und Diskrete Mathematik, Graphentheorie

[5.28] BIESS, G.: Graphentheorie. — Verlag H. Deutsch 1979.
[5.29] EDMONDS, J.: Paths, Trees and Flowers. — Canad. J. Math. 17, (1965), 449-467.
[5.30] EDMONDS, J., JOHNSON, E.L.: Matching, Euler Tours and the Chinese Postman. — Math. Programming 5, (1973), 88-129.
[5.31] NÄGLER, G., STOPP, F.: Graphen und Anwendungen — B. G. Teubner 1995.
[5.32] SACHS, H.: Einführung in die Theorie der endlichen Graphen. — B. G. Teubner, Leipzig 1970.
[5.33] VOLKMANN, L.: Graphen und Diagraphen. — Springer–Verlag 1991.

Algebra und Diskrete Mathematik, Fuzzy–Logik

[5.34] BANDEMER, H., GOTTWALD, S.: Einführung in Fuzzy–Methoden – Theorie und Anwendungen unscharfer Mengen. — Akademie–Verlag, 4. Auflage 1993.
[5.35] DRIANKOV, D., HELLENDORN, H., REINFRANK, M.: An Introduction to Fuzzy Control.— Springer–Verlag 1993.
[5.36] DUBOIS, D., PRADE, H.: Fuzzy–Sets and System–Theory and Applications. — Academic Press, Inc., London 1980.
[5.37] GOTTWALD, S.: Mehrwertige Logik. Eine Einführung in Theorie und Anwendungen. — Akademie–Verlag 1989.
[5.38] GRAUEL, A.: Fuzzy-Logik. Einführung in die Grundlagen mit Anwendungen. — B.I. Wissenschaftsverlag, Mannheim 1995.
[5.39] KAHLERT, J., FRANK, H: Fuzzy–Logik und Fuzzy–Control. Eine anwendungsorientierte Einführung mit Begleitssoftware. — Verlag Vieweg 1993.
[5.40] KRUSE, R., GEBHARDT, J., KLAWONN, F.: Fuzzy–Systeme. — B.G.Teubner 1993.
[5.41] ZIMMERMANN, H-J.: Fuzzy Sets. Decision Making and Expert Systems. — Verlag Kluwer–Nijhoff 1987.
[5.42] ZIMMERMANN, H-J., ALTROCK, C.: Fuzzy–Logik, Bd. 1, Technologie. — Oldenbourg–Verlag 1993.

6. Differentialrechnung

[6.1] BAULE, B.: Die Mathematik des Naturforschers und Ingenieurs, Bd. 1 u. 2. — Verlag H. Deutsch 1979.
[6.2] COURANT, R.: Vorlesungen über Differential- und Integralrechnung, Bd. 1 u. 2. — Springer–Verlag 1971–72.
[6.3] FETZER, A.; FRÄNKEL, H.: Mathematik Lehrbuch für Fachhochschulen, Bd. 1, 2. — VDI–Verlag 1995.
[6.4] FICHTENHOLZ, G.M.: Differential- und Integralrechnung, Bd. 1 bis 3. — Deutscher Verlag der Wissenschaften 1964; Verlag H. Deutsch 1989–92, seit 1994 Verlag H. Deutsch.
[6.5] GELLRICH, R.; GELLRICH, C.: Mathematik, Bd. 1 u. 3. — Verlag H. Deutsch 1993–1994.
[6.6] HARBARTH, K.; RIEDRICH, T.: Differentialrechnung für Funktionen mit mehreren Variablen. — BSB B. G. Teubner, Leipzig (MINÖL, Bd. 4), 1976; Verlag H. Deutsch, (MINÖA, Bd. 4) 1978.
[6.7] JOOS, G.E.; RICHTER, E.: Höhere Mathematik. Ein kompaktes Lehrbuch für Studium und Beruf. — Verlag H. Deutsch 1994.
[6.8] KNOPP, K.: Theorie und Anwendung der unendlichen Reihen. — Springer–Verlag 1964.
[6.9] KÖRBER, K.-H.; PFORR, E.A.: Integralrechnung für Funktionen mit mehreren Variablen. — BSB B. G. Teubner, Leipzig, (MINÖL, Bd. 5), 1974; Verlag H. Deutsch, (MINÖA, Bd. 5), 1980.
[6.10] MANGOLDT, H. V.; KNOPP, K.: Einführung in die höhere Mathematik, Bd. 2 u. 3. — S. Hirzel Verlag 1978–81.
[6.11] PAPULA, L.: Mathematik für Ingenieure, Bd. 1 bis 3. — Verlag Vieweg 1994–1996.

[6.12] PFORR, E.A.; SCHIROTZEK, W.: Differential- und Integralrechnung für Funktionen mit einer Variablen. — BSB B. G. Teubner, Leipzig, (MINÖL, Bd. 2), 1973; Verlag H. Deutsch, (MINÖA, Bd. 2) 1978.

[6.13] SMIRNOW, W.I.: Lehrgang der höheren Mathematik, Bd. II u. III. — Deutscher Verlag der Wissenschaften 1953; Verlag H. Deutsch 1987–1991, seit 1994 Verlag H. Deutsch unter dem Titel Lehrbuch der höheren Mathematik.

[6.14] STÖCKER, H. (HRSG.): Analysis für Ingenieurstudenten. — Verlag H. Deutsch 1995.

[6.15] TRIEBEL, H.: Höhere Analysis. — Verlag Harri Deutsch 1980.

[6.16] ZACHMANN, H.G.: Mathematik für Chemiker. — VCH, Weinheim 1990.

7. Unendliche Reihen

[7.1] APELBLAT, A.: Tables of Integrals and Series. — Verlag H. Deutsch 1996.

[7.2] BAULE, B.: Die Mathematik des Naturforschers und Ingenieurs, Bd. 1 u. 2. — Verlag H. Deutsch 1979.

[7.3] COURANT, R.: Vorlesungen über Differential- und Integralrechnung, Bd. 1 u. 2. — Springer–Verlag 1971–72.

[7.4] FETZER, A.; FRÄNKEL, H.: Mathematik Lehrbuch für Fachhochschulen, Bd. 1, 2. — VDI–Verlag 1995.

[7.5] FICHTENHOLZ, G.M.: Differential- und Integralrechnung, Bd. 1 bis 3. — Deutscher Verlag der Wissenschaften 1964; Verlag H. Deutsch 1989–92, seit 1994 Verlag H. Deutsch.

[7.6] GELLRICH, R.; GELLRICH, C.: Mathematik, Bd. 1 bis 3. — Verlag H. Deutsch 1993–1995.

[7.7] HARBARTH, K.; RIEDRICH, T.: Differentialrechnung für Funktionen mit mehreren Variablen. — BSB B. G. Teubner, Leipzig, (MINÖL, Bd. 4), 1976; Verlag H. Deutsch, (MINÖA, Bd. 4), 1978.

[7.8] KNOPP, K.: Theorie und Anwendung der unendlichen Reihen. — Springer–Verlag 1964.

[7.9] KÖRBER, K.-H.; PFORR, E.A.: Integralrechnung für Funktionen mit mehreren Variablen. — BSB B. G. Teubner, Leipzig (MINÖL, Bd. 5), 1974; Verlag H. Deutsch, (MINÖA, Bd. 5), 1980.

[7.10] MANGOLDT, H. V.; KNOPP, K., HRG. F. LÖSCH: Einführung in die höhere Mathematik, Bd. 1 bis 4. — S. Hirzel Verlag 1989.

[7.11] PAPULA, L.: Mathematik für Ingenieure, Bd. 1 bis 3. — Verlag Vieweg 1994–1996.

[7.12] PLASCHKO, P.; BROD, K.: Höhere mathematische Methoden für Ingenieure und Physiker. —Springer–Verlag 1989.

[7.13] PFORR, E.A.; SCHIROTZEK, W.: Differential- und Integralrechnung für Funktionen mit einer Variablen. — BSB B. G. Teubner, Leipzig, (MINÖL, Bd. 2), 1973; Verlag H. Deutsch, (MINÖA, Bd. 2), 1978.

[7.14] SCHELL, H.-J.: Unendliche Reihen. — BSB B. G. Teubner, Leipzig, (MINÖL, Bd. 3), 1974; Verlag H. Deutsch, (MINÖA, Bd. 3), 1978.

[7.15] SMIRNOW, W.I.: Lehrgang der höheren Mathematik, Bd. II u. III. — Deutscher Verlag der Wissenschaften 1953; Verlag H. Deutsch 1987–1991, seit 1994 Verlag H. Deutsch unter dem Titel Lehrbuch der höheren Mathematik.

[7.16] STÖCKER, H.(HRSG.): Analysis für Ingenieurstudenten. — Verlag H. Deutsch 1995.

[7.17] TRIEBEL, H.: Höhere Analysis. — Verlag H. Deutsch 1980.

8. Integralrechnung

[8.1] APELBLAT, A.: Tables of Integrals and Series. — Verlag H. Deutsch 1996.

[8.2] BAULE, B.: Die Mathematik des Naturforschers und Ingenieurs, Bd. 1 u. 2. — Verlag H. Deutsch 1979.

[8.3] BRYTSCHKOW, J.A.; MARITSCHEW, O.I.; PRUDNIKOV, A.P.: Tabellen unbestimmter Integrale. — Verlag H. Deutsch 1992.

[8.4] COURANT, R.: Vorlesungen über Differential- und Integralrechnung, Bd. 1 u. 2. — Springer–Verlag 1971–72.

[8.5] FETZER, A.; FRÄNKEL, H.: Mathematik Lehrbuch für Fachhochschulen, Bd. 1, 2. — VDI-Verlag 1995.
[8.6] FICHTENHOLZ, G.M.: Differential- und Integralrechnung, Bd. 1 bis 3. — Deutscher Verlag der Wissenschaften 1964; Verlag H. Deutsch 1989–92, seit 1994 Verlag H. Deutsch.
[8.7] GELLRICH, R.; GELLRICH, C.: Mathematik, Bd. 1 u. 3. — Verlag H. Deutsch 1993–94.
[8.8] GÜNTHER, P. (HRSG.): Grundkurs Analysis, Bd. 3. — B. G. Teubner, Leipzig 1973.
[8.9] HARBARTH, K.; RIEDRICH, T.: Differentialrechnung für Funktionen mit mehreren Variablen. — BSB B. G. Teubner, Leipzig, (MINÖL, Bd. 4), 1978; Verlag H. Deutsch, (MINÖA, Bd. 4) 1978.
[8.10] JOOS, G.E.; RICHTER, E.: Höhere Mathematik. Ein kompaktes Lehrbuch für Studium und Beruf. — Verlag H. Deutsch 1994.
[8.11] KAMKE, E.: Das LEBESGUE–STIELTJES–Integral. — B. G. Teubner; Leipzig 1960.
[8.12] KNOPP, K.: Theorie und Anwendung der unendlichen Reihen. — Springer–Verlag 1964.
[8.13] KÖRBER, K.-H.; PFORR, E.A.: Integralrechnung für Funktionen mit mehreren Variablen. — BSB B. G. Teubner, Leipzig, (MINÖL, Bd. 5), 1974; Verlag H. Deutsch, (MINÖA, Bd. 5), 1979.
[8.14] MANGOLDT, H. V.; KNOPP, K., HRG. F. LÖSCH: Einführung in die höhere Mathematik, Bd. 1 bis 4. — S. Hirzel Verlag 1989.
[8.15] MANGOLDT, H. V.; KNOPP; LÖSCH: Einführung in die höhere Mathematik, Bd. IV. — S. Hirzel Verlag 1975.
[8.16] PAPULA, L.: Mathematik für Ingenieure, Bd. 1 bis 3. — Verlag Vieweg 1994–1996.
[8.17] PFORR, E.A.; SCHIROTZEK, W.: Differential- und Integralrechnung für Funktionen mit einer Variablen. — BSB B. G. Teubner, Leipzig, (MINÖL, Bd. 2), 1973; Verlag H. Deutsch, (MINÖA, Bd. 2), 1978.
[8.18] SCHELL, H.-J.: Unendliche Reihen. — BSB B. G. Teubner, Leipzig, (MINÖL, Bd. 3), 1974; Verlag H. Deutsch, (MINÖA, Bd. 3), 1978.
[8.19] SMIRNOW, W.I.: Lehrgang der höheren Mathematik, Bd. II u. III. — Deutscher Verlag der Wissenschaften 1953; Verlag H. Deutsch 1987–1991, seit 1994 Verlag H. Deutsch unter dem Titel Lehrbuch der höheren Mathematik.
[8.20] STÖCKER, H. (HRSG.): Analysis für Ingenieurstudenten. — Verlag H. Deutsch 1995.
[8.21] TRIEBEL, H.: Höhere Analysis. — Verlag Harri Deutsch 1980.
[8.22] ZACHMANN, H.G.: Mathematik für Chemiker. — VCH, Weinheim 1990.

9. Differentialgleichungen

Differentialgleichungen, allgemein

[9.1] ARNOLD, V.I.: Gewöhnliche Differentialgleichungen. — Deutscher Verlag der Wissenschaften 1979.
[9.2] BAULE, B.: Die Mathematik des Naturforschers und Ingenieurs, Bd. 1 u. 2. — Verlag H. Deutsch 1979.
[9.3] BRAUN, M.: Differentialgleichungen und ihre Anwendungen. — Springer–Verlag 1991.
[9.4] COLLATZ, L.: Differentialgleichungen. — B. G. Teubner 1990.
[9.5] COLLATZ, L.: Eigenwertaufgaben mit technischen Anwendungen. — Akademische Verlagsgesellschaft 1963.
[9.6] COURANT, R.; HILBERT, D.: Methoden der mathematischen Physik, Bd. 1 u. 2. — Springer–Verlag 1968.
[9.7] FETZER, A.; FRÄNKEL, H.: Mathematik Lehrbuch für Fachhochschulen, Bd. 1, 2. — VDI-Verlag 1995.
[9.8] FRANK, PH.; MISES, R. V.: Die Differential- und Integralgleichungen der Mechanik und Physik, Bd. 1 u. 2. — Verlag Vieweg 1961.
[9.9] GOLUBEW, V.V.: Differentialgleichungen im Komplexen. — Deutscher Verlag der Wissenschaften 1958.

[9.10] GREINER, W.: Quantenmechanik, Teil 1. — Verlag H. Deutsch 1992.
[9.11] GREINER, W.; MÜLLER, B.: Quantenmechanik, Teil 2. — Verlag H. Deutsch 1990.
[9.12] HEUSER, H.: Gewöhnliche Differentialgleichungen: Einführung in Lehre und Gebrauch. — B. G. Teubner 1991.
[9.13] KAMKE, E.: Differentialgleichungen, Bd. 1–2. — B. G. Teubner, Leipzig 1969, 1965.
[9.14] KAMKE, E.: Differentialgleichungen, Lösungsmethoden und Lösungen, Teil 1 u. 2. — BSB B. G. Teubner, Leipzig 1977.
[9.15] KUNTZMANN, J: Systeme von Differentialgleichungen. — Berlin 1970.
[9.16] LANDAU, L.D.; LIFSCHITZ, E.M.: Quantenmechanik. — Akademie–Verlag 1979, Verlag H. Deutsch 1992.
[9.17] MAGNUS, K.: Schwingungen. — B. G. Teubner 1986.
[9.18] MEINHOLD, P.; WAGNER, E.: Partielle Differentialgleichungen. — BSB B. G. Teubner, Leipzig, (MINÖL, Bd. 8), 1975; Verlag H. Deutsch, (MINÖA, Bd. 8), 1979.
[9.19] MICHLIN, S.G.: Partielle Differentialgleichungen in der mathematischen Physik. — Verlag H. Deutsch 1978.
[9.20] PETROWSKI, I.G.: Vorlesungen über die Theorie der gewöhnlichen Differentialgleichungen. — B. G. Teubner, Leipzig 1954.
[9.21] PETROWSKI, I.G.: Vorlesungen über partielle Differentialgleichungen. — B. G. Teubner, Leipzig 1955.
[9.22] POLJANIN, A.D.; SAIZEW, V.F.: Sammlung gewöhnlicher Differentialgleichungen. — Verlag H. Deutsch 1996.
[9.23] REISSIG, R.; SANSONE, G.; CONTI, R.: Nichtlineare Differentialgleichungen höherer Ordnung. — Edizioni Cremonese 1969.
[9.24] SMIRNOW, W.I.: Lehrgang der höheren Mathematik, Teil 2. — Deutscher Verlag der Wissenschaften 1953; Verlag H. Deutsch 1987–1991, seit 1994 Verlag H. Deutsch unter dem Titel Lehrbuch der höheren Mathematik.
[9.25] SOMMERFELD, A.: Partielle Differentialgleichungen der Physik. — Verlag H. Deutsch 1992.
[9.26] STEPANOW, W.W.: Lehrbuch der Differentialgleichungen. — Deutscher Verlag der Wissenschaften 1982.
[9.27] WENZEL, H.: Gewöhnliche Differentialgleichungen 1 und 2. — BSB B. G. Teubner, Leipzig, (MINÖL, Bd. 7/1, 7/2), 1974; Verlag H. Deutsch, (MINÖA, Bd. 7/1, 7/2), 1981.
[9.28] WLADIMIROW, V.S.: Gleichungen der mathematischen Physik. — Deutscher Verlag der Wissenschaften 1972.

Nichtlineare partielle Differentialgleichungen, Solitonen

[9.29] DODD, R.K., EILBECK, J.C., GIBBON, J.D., MORRIS, H.C.: Solitons and Nonlinear Wave Equations. — Academic Press 1982.
[9.30] DRAZIN, P.G., JOHNSON, R.: Solitons. An Introduction. — Cambridge University Press 1989.
[9.31] GU CHAOHAO (Ed.): Soliton Theory and Its Applications. — Springer–Verlag 1995
[9.32] LAMB, G.L.: Elements of Solitons Theory. — Wiley 1980.
[9.33] MAKHANKOV, V.G.: Soliton Phenomenology (übers. aus dem Russ.). — Verlag Kluwer 1991.
[9.34] REMOISSENET, S.: Waves Called Soliotons. Concepts and Experiments. — Springer–Verlag 1994.
[9.35] TODA, M.: Nonlinear Waves and Solitons. — Verlag Kluwer 1989.
[9.36] VVEDENSKY, D.: Partical Differential Equations with Mathematica. — Addison–Wesley 1993.

10. Variationsrechnung

[10.1] BLANCHARD, P.; BRÜNING, E.: Variational methods in mathematical physics. — Springer–Verlag 1992
[10.2] KLINGBEIL, E.: Variationsrechnung. — BI–Verlag 1988.
[10.3] KLÖTZLER, R.: Mehrdimensionale Variationsrechnung. — Birkhäuser Verlag 1970.
[10.4] KOSMOL, P.: Optimierung und Approximation. — Verlag W. de Gruyter 1991.
[10.5] MICHLIN, S.G.: Numerische Realisierung von Variationsmethoden. — Akademie–Verlag 1969.

[10.6] ROTHE, R.: Höhere Mathematik für Mathematiker, Physiker, Ingenieure, Teil VII. — B. G. Teubner, Leipzig 1960.
[10.7] SCHWANK, F.: Randwertprobleme. — B. G. Teubner, Leipzig 1951.

11. Integralgleichungen

[11.1] DRABEK, P., KUFNER, A.: Integralgleichungen. — B. G. Teubner 1996.
[11.2] FENYÖ, S.; STOLLE, H.W.: Theorie und Praxis der linearen Integralgleichungen Bd. 1 bis 4. — Deutscher Verlag der Wissenschaften 1984.
[11.3] FRANK, PH.; MISES, R. V.: Die Differential- und Integralgleichungen der Mechanik und Physik, Bd. 1 u. 2. — Verlag Vieweg 1961.
[11.4] HACKBUSCH, W.: Integralgleichungen. — B. G. Teubner 1989.
[11.5] KANTOROWITSCH, L.W.; KRYLOW, W.I.: Näherungsmethoden der höheren Analysis. — Deutscher Verlag der Wissenschaften 1956.
[11.6] KUPRADSE, W.D.: Randwertaufgaben der Schwingungstheorie und Integralgleichungen. — Deutscher Verlag der Wissenschaften 1956.
[11.7] MICHLIN, S.G.: Vorlesungen über lineare Integralgleichungen. — Berlin 1962.
[11.8] MICHLIN, S.G.; SMOLIZKI, CH., L.: Näherungsmethoden zur Lösung von Differential- und Integralgleichungen. — Leipzig: 1969.
[11.9] MUSCHELISCHWILI, N.I.: Singuläre Integralgleichungen. — Akademie–Verlag 1965.
[11.10] SCHMEIDLER, W.: Integralgleichungen mit Anwendungen in Physik und Technik. — Akademische Verlagsgesellschaft 1950.
[11.11] SMIRNOW, W.I.: Lehrgang der höheren Mathematik, Bd. IV/1. — Deutscher Verlag der Wissenschaften 1953; Verlag H. Deutsch 1987–1993, seit 1994 Verlag H. Deutsch unter dem Titel Lehrbuch der höheren Mathematik.

12. Funktionalanalysis

[12.1] ACHIESER, N.I.; GLASMANN, I.M.: Theorie der linearen Operatoren im Hilbert–Raum. — Berlin 1975.
[12.2] ALIPRANTIS, C.D.; BURKINSHAW, O.: Positive Operators. — Academic Press Inc., Orlando 1985.
[12.3] ALIPRANTIS, C.D.; BORDER, K.C.; LUXEMBURG, W.A.J.: Positive Operators, Riesz Spaces and Economics. — Springer–Verlag 1991.
[12.4] ALT, H.W.: Lineare Funktionalanalysis — Eine anwendungdorientierte Einführung. — Springer–Verlag 1976.
[12.5] BALAKRISHNAN, A.V.: Applied Functional Analysis. — Springer–Verlag 1976.
[12.6] BAUER, H.: Maß- und Integrationstheorie. — Verlag W. de Gruyter 1990.
[12.7] BRONSTEIN, I.N.; SEMENDAJEW, K.A.: Ergänzende Kapitel zum Taschenbuch der Mathematik. — BSB B. G. Teubner, Leipzig 1970; Verlag H. Deutsch 1990.
[12.8] COLLATZ, L.: Funktionalanalysis und Numerische Mathematik. — Springer–Verlag 1964.
[12.9] DUNFORD, N.; SCHWARTZ, J.T.: Linear Operators Teil I bis III. — Intersciences Publishers New York, London 1958, 1963, 1971.
[12.10] EDWARDS, R.E.: Functional Analysis. — Holt, Rinehart and Winston, New York 1965.
[12.11] GAJEWSKI, H.; GRÖGER, K.; ZACHARIAS, K.: Nichtlineare Operatorengleichungen und Operatordifferentialgleichungen. — Akademie–Verlag 1974.
[12.12] GÖPFERT, A.; RIEDRICH, T.: Funktionalanalysis. — BSB B. G. Teubner, Leipzig, (MINÖL, Bd. 22), 1980; Verlag H. Deutsch, (MINÖA, Bd. 22), 1980.
[12.13] HALMOS, P.R.: A Hilbert Space Problem Book. — Van Nostrand Comp. Princeton 1967.
[12.14] HEUSER, H.: Funktionalanalysis. — B. G. Teubner 1986.
[12.15] HUTSON, V.C.L.; PYM, J.S.: Applications of Functional Analysis and Operator Theory. — Academic Press, London 1980.
[12.16] HEWITT, E.; STROMBERG, K.: Real and Abstract Analysis. — Springer–Verlag 1965
[12.17] JOSHI, M.C.; BOSE, R.K.: Some Topics in Nonlinear Functional Analysis. — Wiley Eastern Limited, New Delhi 1985.

[12.18] KANTOROWITSCH, L.V.; AKILOW, G.P.: Funktionalanalysis (in Russisch) — Nauka, Moskau 1977.
[12.19] KOLMOGOROW, A.N.; FOMIN, S.W.: Reelle Funktionen und Funktionalanalysis. — Akademie–Verlag 1975.
[12.20] KRASNOSEL'SKIJ, M.A.; LIFSHITZ, J.A., SOBOLEV, A.V.: Positive Linear Systems. — Heldermann Verlag Berlin 1989.
[12.21] LJUSTERNIK, L.A.; SOBOLEW, W.I.: Elemente der Funktionalanalysis. — Akademie–Verlag, 4. Auflage 1968, Nachdruck: Verlag H. Deutsch 1975.
[12.22] MEYER-NIEBERG, P.: Banach Lattices. — Springer–Verlag 1991.
[12.23] NEUMARK, M.A.: Normierte Algebren. — Berlin 1959.
[12.24] RUDIN, W.: Functional Analysis. — McGraw–Hill, New York 1973.
[12.25] SCHAEFER, H.H.: Topological Vector Spaces. — Macmillan, New York 1966.
[12.26] SCHAEFER, H.H.: Banach Lattices and Positive Operators. — Springer–Verlag 1974.
[12.27] TRENOGIN, W.A.: Funktionalanalysis (in Russisch). — Nauka, Moskau 1980.
[12.28] YOSIDA, K.: Functional Analysis. — Springer–Verlag 1965.

13. Vektoranalysis und Feldtheorie

[13.1] BAULE, B.: Die Mathematik des Naturforschers und Ingenieurs, Bd. 1 u. 2. — Verlag H. Deutsch 1979.
[13.2] BREHMER, S.; HAAR, H.: Differentialformen und Vektoranalysis. — Berlin 1972.
[13.3] DOMKE, E.: Vektoranalysis: Einführung für Ingenieure und Naturwissenschaftler. — BI–Verlag 1990.
[13.4] FOCK, V.: Theorie von Raum, Zeit und Gravitation. — Berlin 1960.
[13.5] KÄSTNER, S.: Vektoren, Tensoren, Spinoren. — Berlin 1964.
[13.6] REICHARDT, H.: Vorlesungen über Vektor- und Tensorrechnung. — Deutscher Verlag der Wissenschaften 1968.
[13.7] SCHARK, R.: Vektoranalysis für Ingenieurstudenten. — Verlag H. Deutsch 1992.
[13.8] SCHMUTZER, E.: Relativistische Physik. — B. G. Teubner, Leipzig 1968.
[13.9] WUNSCH, G.: Feldtheorie. — Verlag Technik 1971.

14. Funktionentheorie

[14.1] ABRAMOWITZ, M.; STEGUN, I. A.: Pocketbook of Mathematical Functions. — Verlag H. Deutsch 1984.
[14.2] ALBRING, W.: Angewandte Strömungslehre. — Theodor Steinkopff Verlag 1970.
[14.3] BAULE, B.: Die Mathematik des Naturforschers und Ingenieurs, Bd. 1 u. 2. — Verlag H. Deutsch 1979.
[14.4] BEHNKE, H.; SOMMER, F.: Theorie der analytischen Funktionen einer komplexen Veränderlichen. — Springer–Verlag 1976.
[14.5] BETZ, A.: Konforme Abbildung. — Springer–Verlag 1964.
[14.6] FICHTENHOLZ, G.M.: Differential- und Integralrechnung, Bd. 2. — Deutscher Verag der Wissenschaften 1964; Verlag H. Deutsch 1989–92, seit 1994 Verlag H. Deutsch.
[14.7] FISCHER, W.; LIEB, I.: Funktionentheorie. — Verlag Vieweg 1992.
[14.8] FREITAG, E.; BUSAM, R.: Funktionentheorie. — Springer–Verlag, 2., erweiterte Auflage 1994.
[14.9] GREUEL, O.: Komplexe Funktionen und konforme Abbildungen. — BSB B. G. Teubner, Leipzig, (MINÖL, Bd. 9), 1978; Verlag H. Deutsch, (MINÖA, Bd. 9), 1978.
[14.10] JAHNKE, E.; EMDE, F.: Tafeln höherer Funktionen. — B. G. Teubner, Leipzig 1960.
[14.11] JÄNICH, K.: Funktionentheorie. Eine Einführung. — Springer–Verlag 1993.
[14.12] KNOPP: Funktionentheorie. — Verlag W. de Gruyter 1976.
[14.13] LAWRENTJEW, M.A.; SCHABAT, B.W.: Methoden der komplexen Funktionentheorie. — Deutscher Verlag der Wissenschaften 1966.
[14.14] MAGNUS, W.; OBERHETTINGER, F.: Formeln und Sätze für die speziellen Funktionen der mathematischen Physik. — Springer–Verlag 1948.

[14.15] OBERHETTINGER, F.; MAGNUS, W.: Anwendung der elliptischen Funktionen in Physik und Technik. — Springer–Verlag 1949.

[14.16] RÜHS, F.: Funktionentheorie. — Deutscher Verlag der Wissenschaften 1976.

[14.17] SCHARK, R.: Funktionentheorie für Ingenieurstudenten. — Verlag H. Deutsch 1993.

[14.18] SMIRNOW: Lehrgang der höheren Mathematik, Bd. III. — Deutscher Verlag der Wissenschaften 1954, Verlag H. Deutsch 1987–91, seit 1994 Verlag H. Deutsch unter dem Titel Lehrbuch der höheren Mathematik.

[14.19] WUNSCH, G.: Feldtheorie. — Verlag Technik 1975.

15. Integraltransformationen

[15.1] BERG, L.: Operatorenrechnung, Bd. 1 u. 2. — Deutscher Verlag der Wissenschaften 1972–74.

[15.2] BLATTER, C.: Wavelets – Eine Einführung. — Vieweg 1998

[15.3] DOETSCH, G.: Handbuch der LAPLACE–Transformation, Bd. 1 bis 3. — Birkhäuser Verlag 1950–1958.

[15.4] DOETSCH, G.: Anleitung zum praktischen Gebrauch der LAPLACE–Transformation. — Oldenbourg–Verlag, 6. Auflage 1989.

[15.5] FETZER, V.: Integral–Transformationen. — Hüthig Verlag 1977.

[15.6] FÖLLINGER, O.: Laplace– und Fourier–Transformation. — Hüthig, 6.Auflage 1993.

[15.7] GAUSS, E.: WALSH–Funktionen für Ingenieure und Naturwissenschaftler. — B. G. Teubner 1994.

[15.8] GELFAND, I.M.; SCHILOW, G.E.: Verallgemeinerte Funktionen (Distributionen), Bd. 1 bis 4. — Deutscher Verlag der Wissenschaften 1962–66.

[15.9] HUBBARD, B.B.: Wavelets. Die Mathematik der kleinen Wellen. Birkhäuser 1997.

[15.10] JENNISON, R.C.: FOURIER Transforms and convolutions for the experimentalist. — Pergamon Press 1961.

[15.11] LOUIS, A. K.; MAASS, P.; RIEDER, A.: Wavelets. Theorie und Anwendungen. — B. G. Teubner Stuttgart 1994.

[15.12] OBERHETTINGER, F.: Tabellen zur FOURIER–Transformation. — Springer–Verlag 1957.

[15.13] OBERHETTINGER, F.; BADIL, L.: Tables of LAPLACE Transforms. — Springer–Verlag 1973.

[15.14] PAPOULIS, A.: The FOURIER Integral and its Applications. — McGraw–Hill 1962.

[15.15] STOPP, F.: Operatorenrechnung. — BSB B. G. Teubner, Leipzig, (MINÖL, Bd. 10), 1976; Verlag H. Deutsch, (MINÖA, Bd. 10), 1978.

[15.16] VICH, R.: Z–Transformation, Theorie und Anwendung. — Verlag Technik 1964.

[15.17] VOELKER, D.; DOETSCH, G.: Die zweidimensionale LAPLACE–Transformation. — Birkhäuser Verlag 1950.

[15.18] WAGNER, K.W.: Operatorenrechnung und LAPLACEsche Transformation. — J.A. Barth Verlag 1950.

[15.19] ZYPKIN, J.S.: Theorie der linearen Impulssysteme. — Verlag Technik 1967.

16. Wahrscheinlichkeitsrechnung und mathematische Statistik

[16.1] BANDEMER, H.; BELLMANN, A.: Statistische Versuchsplanung. — BSB B. G. Teubner, Leipzig, (MINÖL, Bd. 19/2), 1976; Verlag H. Deutsch, (MINÖA, Bd. 19/2), 1979.

[16.2] BAULE, B.: Die Mathematik des Naturforschers und Ingenieurs, Bd. 1 u. 2. — Verlag H. Deutsch 1979.

[16.3] BEHNEN, K., NEUHAUS, G.: Grundkurs Stochastik. — B. G. Teubner, 3. Auflage 1995.

[16.4] BEYER, O. et al.: Wahrscheinlichkeitsrechnung und mathematische Statistik. — BSB B. G. Teubner, Leipzig, (MINÖL, Bd. 17), 1976; Verlag H. Deutsch, (MINÖA, Bd. 17), 1980.

[16.5] BEYER, O. ET. AL.: Stochastische Prozesse und Modelle. — BSB B. G. Teubner, Leipzig, (MINÖL, Bd. 19/1), 1976; Verlag H. Deutsch, (MINÖL, Bd. 19/1), 1980.

[16.6] CLAUSS; FINZE; PARTZSCH: Statistik für Soziologen, Pädagogen, Psychologen und Mediziner, Bd. 1. — Verlag H. Deutsch 1995.

[16.7] DÜCK, W.; KÖSTH, H.; RUNGE, W.; WUNDERLICH, L.: Mathematik für Ökonomen, Bd. 1. — Verlag H. Deutsch 1989.
[16.8] FISZ, M.: Wahrscheinlichkeitsrechnung und mathematische Statistik. — Deutscher Verlag der Wissenschaften, 11. Auflage 1988.
[16.9] HARTMANN; LEZKI; SCHÄFER: Mathematische Methoden in der Stoffwirtschaft. — Deutscher Verlag für Grundstoffindustrie.
[16.10] HEINHOLD, J.; GAEDE, K.–W.: Ingenieurstatistik. — Oldenbourg–Verlag 1964.
[16.11] HOCHSTÄDTER, D.: Statistische Methodenlehre. — Verlag H. Deutsch 1993.
[16.12] HOCHSTÄDTER, D., KAISER, U.: Varianz– und Kovarianzanalyse. — Verlag H. Deutsch 1988.
[16.13] HÖPCKE, W.: Fehlerlehre und Ausgleichrechnung. — Verlag W. de Gruyter 1980.
[16.14] KOLMOGOROFF: Grundbegriffe der Wahrscheinlichkeitsrechnung. — Springer–Verlag 1977.
[16.15] LAHRES: Einführung in die diskreten Markoff–Prozesse und ihre Anwendungen. — Verlag Vieweg 1964.
[16.16] MANTEUFFEL, K.; STUMPE, D.: Spieltheorie. — BSB B. G. Teubner, Leipzig, (MINÖL, Bd. 21/1), 1977; Verlag H. Deutsch, (MINÖA, Bd. 21/1)1979.
[16.17] OSE, G. (HRSG.): Lehr- und Übungsbuch Mathematik, Bd. 4. — Verlag H. Deutsch 1991.
[16.18] PISCHLER, J.; ZSCHIESCHE, H.–U.: Simulationsmethoden. — BSB B. G. Teubner, Leipzig, (MINÖL, Bd. 20), 1976; Verlag H. Deutsch, (MINÖA, Bd. 20), 1978.
[16.19] PRECHT, M.; VOIT, K.; KRAFT, R.: Mathematik 1 für Nichtmathematiker. — Oldenbourg–Verlag 1990.
[16.20] RÈNY, A.: Wahrscheinlichkeitsrechnung. — Deutscher Verlag der Wissenschaften 1966.
[16.21] RINNE, H.: Taschenbuch der Statistik. — Verlag H. Deutsch 1995
[16.22] SOBOL, I.M.: Die Monte–Carlo–Methode. — Verlag H. Deutsch 1991.
[16.23] STORM, R.: Wahrscheinlichkeitsrechnung, mathematische Statistik und statistische Qualitätskontrolle. — Fachbuchverlag, 10. Auflage 1995.
[16.24] TAYLOR, J.R.: Fehleranalyse. — VCH, Weinheim 1988.
[16.25] WEBER, E.: Grundriß der biologischen Statistik für Naturwissenschaftler, Landwirte und Mediziner. — Gustav Fischer Verlag 1972.
[16.26] WEBER, H.: Einführung in die Wahrscheinlichkeitsrechnung und Statistik für Ingenieure. — B. G. Teubner 1992.
[16.27] ZURMÜHL, R.: Praktische Mathematik für Ingenieure und Physiker. — Springer–Verlag 1984.

17. Dynamische Systeme und Chaos

[17.1] AFRAIMOVICH, V.S.; GAVRILOV, N.K.; LUKYANOV, V.I.; SHILNIKOV, L.P.: Grundlegende Bifurkationen dynamischer Systeme (in Russisch). — Universitätsverlag Gorki 1985.
[17.2] ARGYRIS, J.; FAUST, G.; HAASE, M.: Die Erforschung des Chaos. — Verlag Vieweg 1994.
[17.3] ARROWSMITH, D.K.; PLACE, C.M.: An introduction to Dynamical Systems. — Cambridge University Press 1990.
[17.4] BELYKH, V.N.: Qualitative Methoden der Theorie nichtlinearer Schwingungen von konzentrierten Systemen. — Universitätsverlag Gorki 1980.
[17.5] BOTHE, H.G.; SCHMELING, J.; SIEGMUND-SCHULTZE, R.: Studie zur Dynamik differenzierbarer Abbildungen. — Weierstrass– Institut Berlin 1989.
[17.6] BRÖCKER, TH.: Analysis III. — Wissenschaftsverlag Zürich 1992.
[17.7] DE MALO, W.; VAN STRIEN, S.: One–Dimensional Dynamics. — Springer–Verlag 1993
[17.8] EDGAR, G.A.: Measure, Topology and Fractal Geometry. — Springer–Verlag 1990.
[17.9] FALCONER, K.: Fractal Geometry. — Wiley 1990.
[17.10] GREBOGI, C.; OTT, E.; PELIKAN, S.; YORKE, J.A.: Strange attractors that are not chaotic. — Physica 13 D 1984.
[17.11] GUCKENHEIMER, J.; HOLMES, P.: Nonlinear Oscillations, Dynamical Systems and Bifurcations of Vector Fields. — Springer–Verlag 1990.
[17.12] HALE, J.; KOÇAK, H.: Dynamics and Bifurcations. — Springer–Verlag 1991.
[17.13] KIRCHGRABER, U.: Chaotisches Verhalten in einfachen Systemen. — Elemente der Mathematik 1992.

[17.14] LEONOV, G.A., REITMANN, V.: Attraktoreingrenzung für nichtlineare Systeme. — B. G. Teubner 1992.

[17.15] LEONOV, G.A., REITMANN, V.; SMIRNOVA, V.B.: Non–Local Methods for Pendulum–Like Feedback Systems — B. G. Teubner 1987.

[17.16] LEVEN, R.W.; KOCH, B.-P.; POMPE, B.: Chaos in dissipativen Systemen. — Akademie–Verlag 1994.

[17.17] MAREK, M.; SCHREIBER, I.: Chaotic Behaviour of Deterministic Dissipative Systems. — Cambridge University Press 1991.

[17.18] MEDVED', M.: Fundamentals of Dynamical Systems and Bifurcations Theory. — Adam Hilger 1992.

[17.19] PERKO, L.: Differential Equations and Dynamical Systems. — Springer–Verlag 1991.

[17.20] PILYUGIN, S. YU.: Einführung in robuste Systeme von Differentialgleichungen. — Universitätsverlag Leningrad 1988.

[17.21] RABINOVICH, M. I.; TRUBEZKOV, D. I.: Einführung in die Theorie der Schwingungen und Wellen. — Nauka Moskau 1984.

18. Optimierung

[18.1] BECKMANN, M.J.: Spieltheorie, dynamische Optimierung, Lagerhaltung, Warteschlangentheorie, Simulation, unscharfe Entscheidungen. In: Grundlagen des Operations - Research (Hrsg. TOMASGAL). — Springer–Verlag 1992.

[18.2] BIESS, G.: Graphentheorie. — BSB B. G. Teubner, Leipzig, (MINÖL, Bd. 21/2), 1980; Verlag H. Deutsch, (MINÖA, Bd. 21/2), 1980.

[18.3] DÜCK, W.; KÖSTH, H.; RUNGE, W.; WUNDERLICH, L.: Mathematik für Ökonomen, Bd. 2. — Verlag H. Deutsch 1980.

[18.4] ELSTER, K.-H.: Einführung in die nichtlineare Optimierung.— B. G. Teubner 1978.

[18.5] GOEBEL: Variationsrechnung in BANACH–Raümen, (Beiträge zur Analysis 2). — Deutscher Verlag der Wissenschaften 1971.

[18.6] GROSSMANN, C.; KLEINMICHEL, H.: Verfahren der nichtlinearen Optimierung. — B. G. Teubner, Leipzig 1976.

[18.7] KOSMOL: Methoden zur numerischen Behandlung nichtlinearer Gleichungen und Optimierungsaufgaben. — B. G. Teubner, 2. Auflage 1992.

[18.8] KLÖTZLER, R.: Mehrdimensionale Variationsrechnung. — Birkhäuser Verlag 1970.

[18.9] KRABS, W.: Optimierung und Approximation. — B. G. Teubner.

[18.10] KRELLE, W.; KÜNZI, H.P.; RANDOW, R. v.: Nichtlineare Programmierung. — Springer–Verlag 1979.

[18.11] Optimierung und optimale Steuerung. Lexikon der Optimierung. — Akademie–Verlag 1986.

[18.12] OSE, G. (FEDERFÜHRUNG): Lehr- und Übungsbuch Mathematik, Bd. 4. — Verlag H. Deutsch 1991.

[18.13] PIEHLER, J.: Einführung in die lineare Optimierung — BGB B.G. Teubner 1970.

[18.14] PONTRJAGIN, L.S. ET AL: Mathematische Theorie der optimalen Prozesse. — Deutscher Verlag der Wissenschaften 1964.

[18.15] SEIFFART, E.; MANTEUFFEL, K.: Lineare Optimierung. — BSB B. G. Teubner, Leipzig, (MINÖL, Bd. 14), 1974; Verlag H. Deutsch, (MINÖA, Bd. 14), 1981.

19. Numerische Mathematik

[19.1] CHAPRA, S.C.; CANALE, R.P.: Numerical Methods for Engineers. — McGraw–Hill Book Co. 1989.

[19.2] COLLATZ, L.: Numerical Treatment of Differential Equations. — Springer 1966.

[19.3] DAVIS, P.J.; RABINOWITZ, P: Methods of numerical integration. — Academic Press 1984.

[19.4] DE BOOR, C.: A practical guide to splines. — Springer–Verlag 1978.

[19.5] ENGELN–MÜLLGES, G.; REUTTER, F.: Formelsammlung zur Numerischen Mathematik mit FORTRAN 77–Programmen. — Bibliographisches Institut 1988.

[19.6] ENGELN–MÜLLGES, G.; REUTTER, F.: Numerische Mathematik für Ingenieure. — Bibliographisches Institut 1987.

[19.7] ENGELN–MÜLLGES, G.; REUTTER, F.: Numerik–Algorithmen. Entscheidungshilfe zur zur Auswahl und Nutzung. — VDI–Verlag, Düsseldorf 1996.

[19.8] GOLUB, G., ORTEGA, J.M.: Scientific Computing. — B. G. Teubner 1996.

[19.9] GROSSMANN, CH.; ROOS, H.-G.: Numerik partieller Differentialgleichungen. — B. G. Teubner 1992.

[19.10] HÄMMERLIN, G.; HOFFMANN, K.–H.: Numerische Mathematik. — Springer–Verlag, 4. Auflage 1994.

[19.11] HEITZINGER, W.; TROCH, I.; VALENTIN, G.: Praxis nichtlinearer Gleichungen. — C. Hanser Verlag 1984.

[19.12] KIEŁBASIŃSKI, A.; SCHWETLICK, H.: Numerische lineare Algebra. Eine computerorientierte Einführung. — Verlag H. Deutsch 1988.

[19.13] KNOTHE, K.; WESSELS, H.: Finite Elemente. Eine Einführung für Ingenieure. — Springer–Verlag 1992.

[19.14] LANCASTER, P; SALKAUSKA, S.K.: Curve and Surface Fitting. — Academic Press 1986.

[19.15] LOCHER, F.: Numerische Mathematik für Informatiker. — Springer–Verlag 1992.

[19.16] MAESS, G.: Vorlesungen über numerische Mathematik, Bd. 1 u. 2. — Akademie–Verlàg 1984–1988.

[19.17] MEINARDUS, G.: Approximation von Funktionen und ihre numerische Behandlung. — Springer–Verlag 1964.

[19.178] MEINARDUS, G.; MERZ, G.: Praktische Mathematik. Für Ingenieure, Mathematiker und Physiker, Bd. 1 u. 2. — Bibliographisches Institut 1979–82.

[19.19] MEIS, T.; MARKOWITZ, U.: Numerische Behandlung partieller Differentialgleichungen. — Springer–Verlag 1978.

[19.20] MÜHLIG, H.; STEFAN, F.: Approximation von Flächen mit Hilfe von B–Splines. — Wiss. Z. TU Dresden 1991.

[19.21] MULANSKY, B.: Glättung mittels zweidimensionaler Tensorprodukt–Spline–Funktionen. — Wiss. Z. TU Dresden 1990.

[19.22] MYSCHKIS, A.D.: Angewandte Mathematik für Physiker und Ingenieure. — Verlag H. Deutsch 1981.

[19.23] REINSCH, CHR.: Smoothing by Spline Functions. — Numer. Math. 1967.

[19.24] SAMARSKII, A.A.: Theorie der Differenzenverfahren. — Akademische Verlagsgesellschaft 1984.

[19.25] SCHWARZ, H.R.: Methode der finiten Elemente. — B. G. Teubner 1984.

[19.26] SCHWARZ, H.R.: Numerische Mathematik. — B. G. Teubner 1986.

[19.27] SCHWETLICK, H.; KRETZSCHMAR, H.: Numerische Verfahren für Naturwissenschaftler und Ingenieure. — Fachbuchverlag 1991.

[19.28] SPÄTH, H.: Spline–Algorithmen zur Konstruktion glatter Kurven und Flächen. — Oldenbourg–Verlag 1983.

[19.29] STOER, J.; BULIRSCH, R.: Numerische Mathematik, Bd. 1 u. 2. — Springer–Verlag 1989–90.

[19.30] STROUD, A.H.: Approximate calculation of multiple integrals. — Prentice Hall 1971.

[19.31] STUMMEL, F.; HAINER, K.: Praktische Mathematik. — B. G. Teubner.

[19.32] TÖRNIG, W.: Numerische Mathematik für Ingenieure und Physiker, Bd. 1 u. 2. — Springer–Verlag 1990.

[19.33] ÜBERHUBER, C.: Computer–Numerik 1, Computer–Numerik 2. — Springer–Verlag 1995

[19.34] WELLER, F.: Numerische Mathematik für Ingenieure und Naturwissenschaftler. — Verlag Vieweg 1995.

[19.35] WERNER, J.: Numerische Mathematik, Bd. 1 u. 2. — Verlag Vieweg 1992.

[19.36] WILLERS, F.A.: Mathematische Maschinen und Instrumente. — Akademie–Verlag 1951.

[19.37] WILLERS, F.A.: Methoden der praktischen Analysis. — Akademie–Verlag 1951.

[19.38] ZURMÜHL, R.: Praktische Mathematik für Ingenieure und Physiker. — Springer–Verlag 1984.

20. Computeralgebrasysteme

[20.1] BENKER, M.: Mathematik mit Mathcad. — Springer–Verlag 1996.
[20.2] BURKHARDT, W.: Erste Schritte mit Mathematica. — Springer–Verlag, 2. Auflage 1996.
[20.3] BURKHARDT, W.: Erste Schritte mit Maple. — Springer–Verlag, 2. Auflage 1996.
[20.4] CHAR, GEDDES, GONNET, LEONG, MONAGAN, WATT: Maple V Library, Reference Manual. — Springer–Verlag 1991.
[20.5] DAVENPORT, J.H., SIRET, Y.; TOURNIER, E.: Computer Algebra. — Academic Press 1993.
[20.6] GLOGGENGIESSER, H.: Maple V. — Verlag Markt & Technik 1993.
[20.7] JENKS, R.D.; SUTOR, R.S.: Axiom. — Springer–Verlag 1992.
[20.8] KOFLER, M.: Maple V, Release 4, —Addison Wesley, (Deutschland) GmbH, Bonn 1996.
[20.9] MAEDER, R.: Programmierung in Mathematica, Second Edition. — Addison Wesley 1991.
[20.10] WOLFRAM, S.: Mathematica, Second Edition. — Addison Wesley 1992.

21. Tabellen

[21.1] ABRAMOWITZ, M.; STEGUN, I. A.: Pocketbook of Mathematical Functions. — Verlag H. Deutsch 1984.
[21.2] APELBLAT, A.: Tables of Integrals and Series. — Verlag H. Deutsch 1996
[21.3] BRYTSCHKOW, JU.A.; MARITSCHEW, O.I.; PRUDNIKOW, A.P.: Tabellen unbestimmter Integrale. — Verlag H. Deutsch 1992.
[21.4] EMDE, F.: Tafeln elementarer Funktionen. — B. G. Teubner, Leipzig 1959.
[21.5] GRADSTEIN,I.S.; RYSHIK, I.M.: Summen–, Produkt– und Integraltafeln, Bd. 1 u. 2. — Verlag H. Deutsch 1981.
[21.6] GRÖBNER, W.; HOFREITER, N.: Integraltafel, Teil 1: Unbestimmte Integrale, Teil 2: Bestimmte Integrale. — Springer–Verlag, Teil 1, 5. Auflage 1975; Teil 2, 5. Auflage 1973.
[21.7] JAHNKE, E.; EMDE, F.; LÖSCH, F.: Tafeln höherer Funktionen. — B. G. Teubner, Leipzig 1960.
[21.8] MADELUNG, E.: Die mathematischen Hilfsmittel des Physikers. — Springer–Verlag, 7. Auflage 1964.
[21.9] MAGNUS, W.; OBERHETTINGER, F.: Formeln und Sätze für die speziellen Funktionen der mathematischen Physik. — Springer–Verlag 1948.
[21.10] MEYER ZUR CAPELLEN, W.: Integraltafeln. — Springer–Verlag 1950.
[21.11] MÜLLER, H.P.; NEUMANN, P.; STORM, R.: Tafeln der mathematischen Statistik. — C. Hanser Verlag 1979.
[21.12] POLJANIN, A.D.; SAIZEW, V.F.: Sammlung gewöhnlicher Differentialgleichungen. — Verlag H. Deutsch 1996.
[21.13] SCHÜLER: Acht– und neunstellige Tabellen zu den elliptischen Funktionen, dargestellt mittels des JACOBIschen Parameters q. — Springer–Verlag 1955.
[21.14] SCHULER, M.; GEBELEIN, H.: Acht– und neunstellige Tabellen zu den elliptischen Funktionen. — Springer–Verlag 1955.
[21.15] SCHÜTTE, K.: Index mathematischer Tafelwerke und Tabellen. — München 1966.

22. Gesamtdarstellungen der höheren Mathematik

[22.1] ABRAMOWITZ, M.; STEGUN, I. A.: Pocketbook of Mathematical Functions. — Verlag H. Deutsch 1984.
[22.2] BAULE, B.: Die Mathematik des Naturforschers und Ingenieurs, Bd. 1 u. 2. — Verlag H. Deutsch 1979.
[22.3] BERENDT, G.; WEIMAR, E.: Mathematik für Physiker, Bd. 1 u. 2. — VCH, Weinheim 1990.
[22.4] BRONSTEIN, J.N.; SEMENDJAJEW, K.A.: Taschenbuch der Mathematik. — B. G. Teubner Leipzig 1976, 17. Auflage; Verlag H. Deutsch 1977.
[22.5] BRONSTEIN, J.N.; SEMENDJAJEW, K.A.: Taschenbuch der Mathematik. — B. G. Teubner Leipzig 1989, 24., neubearbeitete Auflage; Verlag H. Deutsch 1989,

[22.6] BRONSTEIN, J.N.; SEMENDJAJEW, K.A.: Taschenbuch der Mathematik, Ergänzende Kapitel. — Verlag H. Deutsch 1991.
[22.7] DALLMANN, H.; ELSTER, K.-H.; ELSTER, R.: Einführung in die höhere Mathematik, Bd. 1–3. — Gustav Fischer Verlag 1991.
[22.8] DRESZER, J.: Mathematik–Handbuch für Technik und Naturwissenschaft. — Verlag H. Deutsch 1975.
[22.9] DÜCK, W.; KÖRTH, H.; RUNGE, W.; WUNDERLICH, L.: Mathematik für Ökonomen, Bd. 1 u. 2. — Verlag H. Deutsch 1989.
[22.10] Fachlexikon ABC Mathematik. — Verlag H. Deutsch 1978.
[22.11] FICHTENHOLZ, G.M.: Differential- und Integralrechnung, Bd. 1 u. 3. — Deutscher Verlag der Wissenschaften 1964; Verlag H. Deutsch 1989–92, seit 1994 Verlag H. Deutsch.
[22.12] FISCHER, H.; KAUL, H.: Mathematik für Physiker, 1. — B. G. Teubner 1990.
[22.13] HAINZL, J.: Mathematik für Naturwissenschaftler. — B. G. Teubner 1985.
[22.14] JOOS, G.; RICHTER, E.W.: Höhere Mathematik für den Praktiker. — Verlag H. Deutsch 1994.
[22.15] Kleine Enzyklopädie Mathematik. — Verlag Enzyklopädie, Leipzig 1967. — Gekürzte Ausgabe: Mathematik Ratgeber. — Verlag H. Deutsch 1988.
[22.16] MANGOLDT, H. V.; KNOPP, K., HRG. F. LÖSCH: Einführung in die höhere Mathematik, Bd. 1 bis 4. — S. Hirzel Verlag 1989.
[22.17] MARGENAU, H.; MURPHY, G.M.: Die Mathematik für Physik und Chemie, Bd. 1 u. 2. — Verlag H. Deutsch 1965–67.
[22.18] Mathematik für Ingenieure, Naturwissenschaftler, Ökonomen und Landwirte. — BSB B.G. Teubner, Leipzig, (MINÖL, Bd. 1 bis 23), 1973 bis 1981.
Mathematik für Ingenieure, Naturwissenschaftler, Ökonomen und sonstige anwendungsorientierte Berufe. — Verlag Harri Deutsch, (MINÖA, Bd. 1–23) 1973-1981.
[22.19] NETZ, H.; RAST, J.: Formeln der Mathematik. — C. Hanser Verlag 1986.
[22.20] PAPULA, L.: Mathematik für Ingenieure, Bd. 1 bis 3. — Verlag Vieweg 1994–1996.
[22.21] PHILIPPOW, E.: Taschenbuch Elektrotechnik. — Verlag Technik 1968.
[22.22] PLASCHKO, P.; BROD, K.: Höhere mathematische Methoden für Ingenieure und Physiker. — Springer–Verlag 1989.
[22.23] PRECHT, M.; VOIT, K.; KRAFT, R.: Mathematik für Nichtmathematiker, Bd. 1 u. 2. — Oldenbourg–Verlag 1991.
[22.24] ROTHE, R.: Höhere Mathematik für Mathematiker, Physiker, Ingenieure, Teil I bis IV. — B. G. Teubner 1958 - 1964.
[22.25] SCHMUTZER, E.: Grundlagen der theoretischen Physik, Bd. 1 u. 4. — Deutscher Verlag der Wissenschaften 1991.
[22.26] SMIRNOW, W.I.: Lehrgang der höheren Mathematik, Bd. 1 bis 5.— Deutscher Verlag der Wissenschaften 1953; Verlag H. Deutsch 1987–1991, seit 1994 im Verlag H. Deutsch unter dem Titel Lehrbuch der höheren Mathematik.
[22.27] STÖCKER, H.: Taschenbuch mathematischer Formeln und moderner Verfahren. — Verlag H. Deutsch, 3. Auflage 1995.
[22.28] ZEIDLER, E. (HRSG.): Teubner–Taschenbuch der Mathematik. — B. G. Teubner, Teil 1 1996, Teil 2 1995.

Stichwortverzeichnis

MATHEMATISCHE ZEICHEN

Beziehungszeichen

$=$	gleich	$\approx$	ungefähr gleich	$\leq$	kleiner oder gleich
$\equiv$	identisch gleich	$<$	kleiner	$\geq$	größer oder gleich
$:=$	gleich per definitionem	$>$	größer	$\neq$	ungleich, verschieden von
$\ll$	sehr viel kleiner	$\gg$	sehr viel größer	$\hat{=}$	entspricht

Griechisches Alphabet

$A\ \alpha$	Alpha	$B\ \beta$	Beta	$\Gamma\ \gamma$	Gamma	$\Delta\ \delta$	Delta	$E\ \varepsilon$	Epsilon	$Z\ \zeta$	Zeta
$H\ \eta$	Eta	$\Theta\ \theta\ \vartheta$	Theta	$I\ \iota$	Iota	$K\ \kappa$	Kappa	$\Lambda\ \lambda$	Lambda	$M\ \mu$	My
$N\ \nu$	Ny	$\Xi\ \xi$	Xi	$O\ o$	Omikron	$\Pi\ \pi$	Pi	$P\ \rho$	Rho	$\Sigma\ \sigma$	Sigma
$T\ \tau$	Tau	$\Upsilon\ \upsilon$	Ypsilon	$\Phi\ \varphi$	Phi	$X\ \chi$	Chi	$\Psi\ \psi$	Psi	$\Omega\ \omega$	Omega

Konstanten

const	konstante Größe (Konstante)	$C = 0,57722\ldots$	Eulersche Konstante
$\pi = 3,14159\ldots$	Verhältnis des Kreisumfanges zum Kreisdurchmesser	$e = 2,71828\ldots$	Basis der natürl. Logarithmen

Algebra

A,B	Aussagen
$\neg A$, $\overline{A}$	Negation der Aussage A
$A \wedge B$, $\sqcap$	Konjunktion, logisches UND
$A \vee B$, $\sqcup$	Disjunktion, logisches ODER
$A \Rightarrow B$	Implikation, WENN A, DANN B
$A \Leftrightarrow B$	Äquivalenz, A GENAU DANN, WENN B

A, B, C,...	Mengen	$\mathbb{N}$	Menge der natürlichen Zahlen
$\overline{A}$	Abschließung der Menge A oder Komplement von A bezüglich einer Grundmenge	$\mathbb{Z}$ $\mathbb{Q}$	Menge der ganzen Zahlen Menge der rationalen Zahlen
$A \subset B$	A ist echte Teilmenge von B	$\mathbb{R}$	Menge der reellen Zahlen
$A \subseteq B$	A ist Teilmenge von B	$\mathbb{R}_+$	Menge der positiven reellen Zahlen
$A \setminus B$	Differenz zweier Mengen	$\mathbb{R}^n$	n dimension. euklid. Vektorraum
$A \triangle B$	symmetrische Differenz	$\mathbb{C}$	Menge der komplexen Zahlen
$A \times B$	kartesisches Produkt	$R \circ S$	Relationenprodukt
$x \in A$	x ist Element von A	$x \notin A$	x ist nicht Element von A
$\operatorname{card} A$	Kardinalzahl der Menge A	$\emptyset$	leere Menge, Nullmenge
$A \cap B$	Durchschnitt zweier Mengen	$\bigcap_{i=1}^n A_i$	Durchschnitt von n Mengen A_i
$A \cup B$	Vereinigung zweier Mengen	$\bigcup_{i=1}^n A_i$	Vereinigung von n Mengen A_i
$\forall x$	für alle Elemente x	$\exists x$	es existiert ein Element x
$\{x \in X : p(x)\}$	Teilmenge aller x aus X mit der Eigenschaft $p(x)$	$\{x : p(x)\}$, $\{x \vert p(x)\}$	Menge aller x mit der Eigenschaft $p(x)$
$T\colon X \longrightarrow Y$	Abbildung T aus dem Raum X in den Raum Y	$\cong$ $\sim_R$	Isomorphie von Gruppen Äquivalenzrelation
$\oplus$	Restklassenaddition	$\odot$	Restklassenmultiplikation
$H = H_1 \oplus H_2$	orthogonale Zerlegung des Raumes H	$\mathbf{A} \otimes \mathbf{B}$	KRONECKER–Produkt

supp	Träger (support)
$\sup M$	Supremum: Kleinste obere Schranke der nach oben beschränkten, nichtleeren Menge M ($M \subset \mathbb{R}$)
$\inf M$	Infimum: Größte untere Schranke der nach unten beschränkten, nichtleeren Menge M ($M \subset \mathbb{R}$)

$[a,b]$	abgeschlossenes Intervall, d.h.	$\{x \in \mathbb{R}: a \leq x \leq b\}$
$(a,b),]a,b[$	offenes Intervall, d.h.	$\{x \in \mathbb{R}: a < x < b\}$
$(a,b],]a,b]$	linksoffenes Intervall, d.h	$\{x \in \mathbb{R}: a < x \leq b\}$
$[a,b), [a,b[$	rechtsoffenes Intervall, d.h.	$\{x \in \mathbb{R}: a \leq x < b\}$

$\operatorname{sign} a$	Vorzeichen (signum) der Zahl a, z.B. $\operatorname{sign}(\pm 3) = \pm 1$, $\operatorname{sign} 0 = 0$
$\mid a \mid$	Absolutbetrag der Zahl a
a^m	a in der m-ten Potenz
$\sqrt{a}$	Quadratwurzel aus a
$\sqrt[n]{a}$	n–te Wurzel aus a
$\log_b a$	Logarithmus der Zahl a zur Basis b, z.B. $\log_2 32 = 5$
$\log a$	dekadischer Logarithmus (Basis 10) der Zahl a, z.B. $\lg 100 = 2$
$\ln a$	natürlicher Logarithmus (Basis e) der Zahl a, z.B. $\ln e = 1$

$a \mid b$	a teilt b
$a \nmid b$	a teilt b nicht
$a \equiv b \bmod m$, $a \equiv b(m)$	a ist kongruent zu b modulo m, d.h. $b - a$ ist durch m teilbar
$\operatorname{ggT}(a_1, a_2, \ldots, a_n)$	größter gemeinsamer Teiler von $a_1, a_2, \ldots, a_n$
$\operatorname{kgV}(a_1, a_2, \ldots, a_n)$	kleinstes gemeinsames Vielfaches von $a_1, a_2, \ldots, a_n$
$\binom{n}{k}$	Binomialkoeffizient
$\left(\frac{a}{b}\right)$	LEGENDRE–Symbol
$n! = 1 \cdot 2 \cdot 3 \cdot \ldots \cdot n$	Fakultät, z.B.: $6! = 1 \cdot 2 \cdot 3 \cdot 4 \cdot 5 \cdot 6 = 720$; speziell: $0! = 1! = 1$
$(2n)!! = 2 \cdot 4 \cdot 6 \cdot \ldots \cdot (2n) = 2^n \cdot n!$;	speziell: $0!! = 1!! = 1$
$(2n+1)!! = 1 \cdot 3 \cdot 5 \cdot \ldots \cdot (2n+1)$	

$\mathbf{A} = (a_{ij})$	Matrix A mit den Elementen a_{ij}
$\mathbf{A}^{\mathrm{T}}$	transponierte Matrix
$\mathbf{A}^{-1}$	inverse Matrix
$\det \mathbf{A}$, D	Determinante der quadratischen Matrix A
$\mathbf{E} = (\delta_{ij})$	Einheitsmatrix
$\mathbf{0}$	Nullmatrix
δ_{ij}	KRONECKER–Symbol: $\delta_{ij} = 0$ für $i \neq j$ und $\delta_{ij} = 1$ für $i = j$

$\underline{\mathbf{a}}$	Spaltenvektor im $\mathbb{R}^n$
$\underline{\mathbf{a}}^{\mathbf{0}}$	Einheitsvektor in Richtung $\underline{\mathbf{a}}$
$\lVert \underline{\mathbf{a}} \rVert$	Norm von $\underline{\mathbf{a}}$
$\vec{\mathbf{a}}, \vec{\mathbf{b}}, \vec{\mathbf{c}}$	Vektoren im $\mathbb{R}^3$
$\vec{\mathbf{i}}, \vec{\mathbf{j}}, \vec{\mathbf{k}}$ $\vec{\mathbf{e}}_x, \vec{\mathbf{e}}_y, \vec{\mathbf{e}}_z$	Basisvektoren (orthonormiert) des kartesischen Koordinatensystems
a_x, a_y, a_z	Koordinaten (Komponenten) des Vektors $\vec{\mathbf{a}}$
$\mid \vec{\mathbf{a}} \mid$	Betrag, Länge des Vektors $\vec{\mathbf{a}}$
$\alpha \underline{\mathbf{a}}$	Multiplikation eines Vektors mit einem Skalar
$\vec{\mathbf{a}} \cdot \vec{\mathbf{b}}, \vec{\mathbf{a}}\vec{\mathbf{b}}, (\vec{\mathbf{a}}\vec{\mathbf{b}})$	skalares Produkt
$\vec{\mathbf{a}} \times \vec{\mathbf{b}}, [\vec{\mathbf{a}}\vec{\mathbf{b}}]$	vektorielles Produkt
$\vec{\mathbf{a}}\vec{\mathbf{b}}\vec{\mathbf{c}} = \vec{\mathbf{a}} \cdot (\vec{\mathbf{b}} \times \vec{\mathbf{c}})$	gemischtes Produkt (Spatprodukt)
$\underline{\mathbf{0}}, \vec{\mathbf{0}}$	Nullvektor

$\boldsymbol{T}$	Tensor
$G = (V, E)$	Graph mit der Knotenmenge V und der Kantenmenge E

Geometrie

$\perp$	orthogonal (senkrecht)	$\parallel$	parallel
$\#$	gleich und parallel	$\sim$	ähnlich, z.B.: $\triangle ABC \sim \triangle DEF$; proportional
$\triangle$	Dreieck	$\sphericalangle$	Winkel, z.B.: $\sphericalangle ABC$
$\frown$	Bogenstück, z.B.: $\overset{\frown}{AB}$	rad	Radiant

$^\circ$	Grad	als Maß für Winkel und Kreisbogen, z.B.: $32^\circ\ 14'\ 11{,}5''$
$'$	Minute	
$''$	Sekunde	

Komplexe Zahlen

i (mitunter j)	Imaginäre Einheit ($\mathrm{i}^2 = -1$)	$\mathrm{Re}\,(z)$	Realteil der Zahl z
$\mathrm{Im}\,(z)$	Imaginärteil der Zahl z	$\lvert z\rvert$	Betrag von z
$\arg z$	Argument von z		
$\bar{z}$ oder z^*	Die zu z konjugiert komplexe Zahl, z.B.: $z = 2 + 3\mathrm{i}, \bar{z} = 2 - 3\mathrm{i}$	$\mathrm{Ln}\, z$	Logarithmus (natürlicher) einer komplexen Zahl

Kreisfunktionen, Hyperbelfunktionen

sin	Sinus	cos	Kosinus
tan	Tangens	cot	Kotangens
sec	Sekans	cosec	Kosekans
Arsinh	Areasinus	Arcosh	Areakosinus
Artanh	Areatangens	Arcoth	Areakotangens
Arsech	Areasekans	Arcosech	Areakosekans
arcsin	Hauptwert von Arkussinus	arccos	Hauptwert von Arkuskosinus
arctan	Hauptwert von Arkustangens	arccot	Hauptwert von Arkuskotangens
arcsec	Hauptwert von Arkussekans	arccosec	Hauptwert von Arkuskosekans
sinh	Hyperbelsinus	cosh	Hyperbelkosinus
tanh	Hyperbeltangens	coth	Hyperbelkotangens
sech	Hyperbelsekans	cosech	Hyperbelkosekans

Analysis

$\lim\limits_{n\to\infty} x_n = A$	A ist Grenzwert der Folge (x_n). Man schreibt auch $x_n \to A$ für $n \to \infty$; z.B.: $\lim\limits_{n\to\infty} \left(1 + \frac{1}{n}\right)^n = e$
$\lim\limits_{x\to a} f(x) = B$	B ist Grenzwert der Funktion $f(x)$, wenn x gegen a strebt
$f = o(g)$ für $x \to a$	LANDAU–Symbol „klein o" bedeutet: $f(x)/g(x) \to 0$ für $x \to a$
$f = O(g)$ für $x \to a$	LANDAU–Symbol „groß O" bedeutet: $f(x)/g(x) \to C$ ($C = \text{const}$, $C \neq 0$) für $x \to a$
$\sum\limits_{i=1}^{n}$, $\sum_{i=1}^{n}$	Summe, in der i (der Laufindex) von 1 bis n läuft
$\prod\limits_{i=1}^{n}$, $\prod_{i=1}^{n}$	Produkt, in dem i (der Laufindex) von 1 bis n läuft
$f(\ ), \varphi(\ )$	Bezeichnung einer Funktion, z.B.: $y = f(x),\ u = \varphi(x, y, z)$
Δ	Differenz oder Zuwachs, z.B.: $\Delta\, x$
d	Differential, z.B.: dx
$\frac{d}{dx}, \frac{d^2}{dx^2}, \ldots, \frac{d^n}{dx^n}$	Bildung der ersten, zweiten, …, n–ten Ableitung
$f'(x), f''(x), f'''(x), f^{(4)}(x), \ldots, f^{(n)}$ oder $\dot{y}, \ddot{y}, \ldots, y^{(n)}$	erste, zweite,…, n–te Ableitung der Funktion $f(x)$

$\frac{\partial}{\partial x}, \frac{\partial}{\partial y}, \frac{\partial^2}{\partial x^2}, \dots$	Bildung der ersten, zweiten, ..., n–ten partiellen Ableitung
$\frac{\partial^2}{\partial x \partial y}$	Bildung der zweiten partiellen Ableitung zunächst nach x, dann nach y
$f_x, f_y, f_{xx}, f_{xy}, f_{yy}, \dots$	erste, zweite, ... partielle Ableitung der Funktion $f(x, y)$
D	Differentialoperator, z.B.: $Dy = y', D^2y = y''$
grad	Gradient eines skalaren Feldes ($\operatorname{grad} \varphi = \nabla\varphi$)
div	Divergenz eines Vektorfeldes ($\operatorname{div} \vec{\mathbf{v}} = \nabla \cdot \vec{\mathbf{v}}$)
rot	Rotation eines Vektorfeldes ($\operatorname{rot} \vec{\mathbf{v}} = \nabla \times \vec{\mathbf{v}}$)
$\nabla = \frac{\partial}{\partial x}\vec{\mathbf{i}} + \frac{\partial}{\partial y}\vec{\mathbf{j}} + \frac{\partial}{\partial z}\vec{\mathbf{k}}$	Nablaoperator, hier in kartesischen Koordinaten (auch HAMILTONscher Differentialoperator genannt, nicht zu verwechseln mit dem HAMILTON–Operator der Quantenmechanik)
$\Delta = \frac{\partial^2}{\partial x^2} + \frac{\partial^2}{\partial y^2} + \frac{\partial^2}{\partial z^2}$	LAPLACE–Operator
$\frac{\partial\varphi}{\partial\vec{\mathbf{a}}}$	Richtungsableitung, d.h. Ableitung eines skalaren Feldes φ nach der Richtung $\vec{\mathbf{a}}$: $\frac{\partial\varphi}{\partial\vec{\mathbf{a}}} = \vec{\mathbf{a}} \cdot \operatorname{grad} \varphi$
$\int\limits_a^b f(x)dx, \int_a^b f(x)dx$	bestimmtes Integral der Funktion f zwischen den Grenzen a und b
$\int\limits_K f(x, y, z)ds$	Kurvenintegral 1. Art bezüglich der Raumkurve K mit der Bogenlänge s
$\oint\limits_{(K)} (P\,dx + Q\,dy)$	Integral über eine geschlossene Kurve (Umlaufintegral)
$\iint\limits_{(S)} f(x, y)dS$	Doppelintegral über einem ebenen Flächenstück S
$\int\limits_S f(x, y, z)\,dS$	Oberflächenintegral 1. Art über einer räumlichen Fläche S
$\oint\limits_{(S)} U\,d\vec{\mathbf{S}} = \oiint\limits_{(S)} U(\vec{\mathbf{r}})\,d\vec{\mathbf{S}}$	Oberflächenintegral 2. Art über einer geschlossenen Oberfläche
$\int\limits_V f(x, y, z)\,dV, \iiint\limits_{(V)} f(x, y, z)\,dV$	Dreifachintegral oder Volumenintegral über dem Volumen V

Tabelle 6.1 Ableitungen elementarer Funktionen in Intervallen, in denen diese definiert und die auftretenden Nenner $\neq 0$ sind (s. S. 374)

Funktion	Ableitung	Funktion	Ableitung
C (Konstante)	0	$\sec x$	$\frac{\sin x}{\cos^2 x}$
x	1	$\operatorname{cosec} x$	$\frac{-\cos x}{\sin^2 x}$
$x^n \quad (n \in \mathbb{R})$	nx^{n-1}	$\arcsin x \quad (\lvert x\rvert < 1)$	$\frac{1}{\sqrt{1-x^2}}$
$\frac{1}{x}$	$-\frac{1}{x^2}$	$\arccos x \quad (\lvert x\rvert < 1)$	$-\frac{1}{\sqrt{1-x^2}}$
$\frac{1}{x^n}$	$-\frac{n}{x^{n+1}}$	$\arctan x$	$\frac{1}{1+x^2}$
$\sqrt{x}$	$\frac{1}{2\sqrt{x}}$	$\operatorname{arccot} x$	$-\frac{1}{1+x^2}$
$\sqrt[n]{x} \quad (n \in \mathbb{R},\ n \neq 0,\ x > 0)$	$\frac{1}{n\sqrt[n]{x^{n-1}}}$	$\operatorname{arcsec} x$	$\frac{1}{x\sqrt{x^2-1}}$
e^x	e^x	$\operatorname{arccosec} x$	$-\frac{1}{x\sqrt{x^2-1}}$
$e^{bx} \quad (b \in \mathbb{R})$	be^{bx}	$\sinh x$	$\cosh x$
$a^x \quad (a > 0)$	$a^x \ln a$	$\cosh x$	$\sinh x$
$a^{bx} \quad (b \in \mathbb{R},\ a > 0)$	$ba^{bx} \ln a$	$\tanh x$	$\frac{1}{\cosh^2 x}$
$\ln x$	$\frac{1}{x}$	$\coth x \quad (x \neq 0)$	$-\frac{1}{\sinh^2 x}$
$\log_a x \quad (a > 0,\ a \neq 1,\ x > 0)$	$\frac{1}{x}\log_a e = \frac{1}{x \ln a}$	$\operatorname{Arsinh} x$	$\frac{1}{\sqrt{1+x^2}}$
$\lg x \quad (x > 0)$	$\frac{1}{x}\lg e \approx \frac{0,4343}{x}$	$\operatorname{Arcosh} x \quad (x > 1)$	$\frac{1}{\sqrt{x^2-1}}$
$\sin x$	$\cos x$	$\operatorname{Artanh} x \quad (\lvert x\rvert < 1)$	$\frac{1}{1-x^2}$
$\cos x$	$-\sin x$	$\operatorname{Arcoth} x \quad (\lvert x\rvert > 1)$	$-\frac{1}{x^2-1}$
$\tan x \quad (x \neq (2k+1)\frac{\pi}{2},\ k \in \mathbb{Z})$	$\frac{1}{\cos^2 x} = \sec^2 x$	$[f(x)]^n \quad (n \in \mathbb{R})$	$n[f(x)]^{n-1}f'(x)$
$\cot x \quad (x \neq k\pi,\ k \in \mathbb{Z})$	$\frac{-1}{\sin^2 x} = -\operatorname{cosec}^2 x$	$\ln f(x) \quad (f(x) > 0)$	$\frac{f'(x)}{f(x)}$

Tabelle 8.1 Grundintegrale (Integrale der elementaren Funktionen) (s. S. 423)

Potenzen	**Exponentialfunktionen**
$\int x^n\,dx = \frac{x^{n+1}}{n+1}\ (n \neq -1)\,;\quad \int \frac{dx}{x} = \ln\lvert x\rvert$	$\int e^x\,dx = e^x\,;\quad \int a^x\,dx = \frac{a^x}{\ln a}$
Trigonometrische Funktionen	Hyperbelfunktionen
$\int \sin x\,dx = -\cos x\,;\quad \int \cos x\,dx = \sin x$ $\int \tan x\,dx = -\ln\lvert\cos x\rvert$ $\int \cot x\,dx = \ln\lvert\sin x\rvert$ $\int \frac{dx}{\cos^2 x} = \tan x\,;\quad \int \frac{dx}{\sin^2 x} = -\cot x$	$\int \sinh x\,dx = \cosh x\,;\quad \int \cosh x\,dx = \sinh x$ $\int \tanh x\,dx = \ln\lvert\cosh x\rvert$ $\int \coth x\,dx = \ln\lvert\sinh x\rvert$ $\int \frac{dx}{\cosh^2 x} = \tanh x\,;\ \int \frac{dx}{\sinh^2 x} = -\coth x$
Gebrochenrationale Funktionen	Irrationale Funktionen
$\int \frac{dx}{a^2+x^2} = \frac{1}{a}\arctan\frac{x}{a}$ $\int \frac{dx}{a^2-x^2} = \frac{1}{a}\operatorname{Artanh}\frac{x}{a} = \frac{1}{2a}\ln\left\lvert\frac{a+x}{a-x}\right\rvert$ (für $\lvert x\rvert < a$) $\int \frac{dx}{x^2-a^2} = -\frac{1}{a}\operatorname{Arcoth}\frac{x}{a} = \frac{1}{2a}\ln\left\lvert\frac{x-a}{x+a}\right\rvert$ (für $\lvert x\rvert > a$)	$\int \frac{dx}{\sqrt{a^2-x^2}} = \arcsin\frac{x}{a}$ $\int \frac{dx}{\sqrt{a^2+x^2}} = \operatorname{Arsinh}\frac{x}{a} = \ln\lvert x+\sqrt{x^2+a^2}\rvert$ $\int \frac{dx}{\sqrt{x^2-a^2}} = \operatorname{Arcosh}\frac{x}{a} = \ln\lvert x+\sqrt{x^2-a^2}\rvert$

Tabelle 8.5 Wichtige Eigenschaften bestimmter Integrale (s. S. 438)

Eigenschaft	**Formel**
Hauptsatz der Integralrechnung:	$\int_a^b f(x)\,dx = F(x)\,\vert_a^b = F(b)-F(a)$ mit $F(x) = \int f(x)\,dx + C$ bzw. $F'(x) = f(x)$
Vertauschungsregel: $\int_a^b f(x)\,dx = -\int_b^a f(x)\,dx$	Gleiche Integrationsgrenzen: $\int_a^a f(x)\,dx = 0$
Intervallregel:	$\int_a^b f(x)\,dx = \int_a^c f(x)\,dx + \int_c^b f(x)\,dx$
Unabhängigkeit von der Bezeichnung der Integrationsvariablen:	$\int_a^b f(x)\,dx = \int_a^b f(u)\,du = \int_a^b f(x)\,dx$
Differentiation nach variabler oberer Grenze:	$\frac{d}{dx}\int_a^x f(x)\,dx = f(x)$
Mittelwertsatz der Integralrechnung:	$\int_a^b f(x)\,dx = (b-a)f(\xi)\quad (a < \xi < b)$

Tabelle 8.2 Wichtige Integrationsregeln für unbestimmte Integrale (s. S. 425)

Regel	**Formel für die Integration**
Integrationskonstante	$\int f(x)\,dx = F(x) + C \qquad (C \text{ const})$
Integration und Differentiation	$F'(x) = \dfrac{dF}{dx} = f(x)$
Faktorregel	$\int \alpha f(x)\,dx = \alpha \int f(x)\,dx \qquad (\alpha \text{ const})$
Summenregel	$\int [u(x) \pm v(x)]\,dx = \int u(x)\,dx \pm \int v(x)\,dx$
Partielle Integration	$\int u(x)v'(x)\,dx = u(x)v(x) - \int u'(x)v(x)\,dx$
Substitutionsregel	$x = u(t)$ bzw. $t = v(x)$; u und v seien zueinander Umkehrfunktionen : $\int f(x)\,dx = \int f(u(t))u'(t)\,dt$ bzw. $\int f(x)\,dx = \int \dfrac{f(u(t))}{v'(u(t))}\,dt$
Spezielle Form des Integranden	1. $\dfrac{f'(x)}{f(x)}\,dx = \ln\lvert f(x)\rvert + C$ (logarithmische Integration) 2. $\int f'(x)f(x)\,dx = \dfrac{1}{2}f^2(x) + C$
Integration der Umkehrfunktion	u sei inverse Funktion zu v: $\int u(x)\,dx = xu(x) - F(u(x)) + C_1$ mit $F(x) = \int v(x)\,dx + C_2 \quad (C_1\,,\, C_2 \text{ const})$

Tabelle 3.20 Zusammenhang zwischen kartesischen, Kreiszylinder– und Kugelkoordinaten (s. S. 207)

Kartesische Koordinaten	Zylinderkoordinaten	Kugelkoordinaten
$x =$	$= \varrho\cos\varphi$	$= r\sin\vartheta\cos\varphi$
$y =$	$= \varrho\sin\varphi$	$= r\sin\vartheta\sin\varphi$
$z =$	$= z$	$= r\cos\vartheta$
$\sqrt{x^2+y^2}$	$= \varrho$	$= r\sin\vartheta$
$\arctan\dfrac{y}{x}$	$= \varphi$	$= \varphi$
$= z$	$= z$	$= r\cos\vartheta$
$\sqrt{x^2+y^2+z^2}$	$= \sqrt{\varrho^2+z^2}$	$= r$
$\arctan\dfrac{\sqrt{x^2+y^2}}{z}$	$= \arctan\dfrac{\varrho}{z}$	$= \vartheta$
$\arctan\dfrac{y}{x}$	$= \varphi$	$= \varphi$

Tabelle 8.3.1.4 Kurvenelemente (s. S. 460)

Ebene Kurve in der x, y–Ebene	Kartesische Koordinaten $x, y = y(x)$	$ds = \sqrt{1 + [y'(x)]^2} dx$
	Polarkoordinaten $\varphi, \rho = \rho(\varphi)$	$ds = \sqrt{\rho^2(\varphi) + [\rho'(\varphi)]^2} \rho$
	Parameterdarstellung in kartesischen Koordinaten $x = x(t), y = y(t)$	$ds = \sqrt{[x'(t)]^2 + [y'(t)]^2} dt$
Raumkurve	Parameterdarstellung in kartesischen Koordinaten $x = x(t), y = y(t), z = z(t)$	$ds = \sqrt{[x'(t)]^2 + [y'(t)]^2 + [z'(t)]^2} dt$

Tabelle 8.4.1.3 Ebene Flächenelemente (s. S. 469)

Koordinaten	**Flächenelemente**
Kartesische Koordinaten x, y	$dS - dx\,dy$
Polarkoordinaten $\rho\,, \varphi$	$dS = \rho\,d\rho\,d\varphi$
Beliebige krummlinige u, v–Koordinaten	$dS = \lvert D \rvert\,du\,dv$ $\quad D$ Funktionaldeterminante

Tabelle 1. Volumenelemente (s. S. 475)

Koordinaten	**Volumenelemente**
Kartesische Koordinaten x, y, z	$dV = dx\,dy\,dz$
Zylinderkoordinaten $\rho\,, \varphi\,, z$	$dV = \rho\,d\rho\,d\varphi\,dz$
Kugelkoordinaten $r\,, \vartheta\,, \varphi$	$dV = r^2 \sin\vartheta\,dr\,d\vartheta\,d\varphi$
Beliebige krummlinige Koordinaten u, v, w	$dV = \lvert D \rvert\,du\,dv\,dw$ $\quad D$ Funktionaldeterminante

Tabelle 8.12 Flächenelemente gekrümmter Flächen (s. S. 477)

Koordinaten	**Flächenelemente**
Kartesische Koordinaten $x, y, z = z(x, y)$	$dS = \sqrt{1 + (\frac{\partial z}{\partial x})^2 + (\frac{\partial z}{\partial y})^2}\,dx\,dy$
Zylindermantel R (konstanter Radius), Koordinaten φ, z	$dS = R\,d\varphi\,dz$
Kugeloberfläche R (konstanter Radius), Koordinaten $\vartheta\,, \varphi$	$dS = R^2 \sin\vartheta\,d\vartheta\,d\varphi$
Beliebige krummlinige Koordinaten u, v (E, F, G s. Differential des Bogens)	$dS = \sqrt{EG - F^2}\,du\,dv$

Tabelle 13.1 Zusammenhang zwischen den Komponenten eines Vektors in kartesischen, Zylinder- und Kugelkoordinaten (s. S. 645)

Kartesische Koordinaten	Zylinderkoordinaten	Kugelkoordinaten
$\vec{\mathbf{V}} = V_x\vec{\mathbf{e_x}} + V_y\vec{\mathbf{e_y}} + V_z\vec{\mathbf{e_z}}$	$V_\rho\vec{\mathbf{e}}_\rho + V_\varphi\vec{\mathbf{e}}_\varphi + V_z\vec{\mathbf{e_z}}$	$V_r\vec{\mathbf{e_r}} + V_\vartheta\vec{\mathbf{e}}_\vartheta + V_\varphi\vec{\mathbf{e}}_\varphi$
V_x	$= V_\rho\cos\varphi - V_\varphi\sin\varphi$	$= V_r\sin\vartheta\cos\varphi + V_\vartheta\cos\vartheta\cos\varphi - V_\varphi\sin\varphi$
V_y	$= V_\rho\sin\varphi + V_\varphi\cos\varphi$	$= V_r\sin\vartheta\sin\varphi + V_\vartheta\cos\vartheta\sin\varphi + V_\varphi\cos\varphi$
V_z	$= V_z$	$= V_r\cos\vartheta - V_\vartheta\sin\vartheta$
$V_x\cos\varphi + V_y\sin\varphi$	$= V_\rho$	$= V_r\sin\vartheta + V_\vartheta\cos\vartheta$
$-V_x\sin\varphi + V_y\cos\varphi$	$= V_\varphi$	$= V_\varphi$
V_z	$= V_z$	$= V_r\cos\vartheta - V_\vartheta\sin\vartheta$
$V_x\sin\vartheta\cos\varphi + V_y\sin\vartheta\sin\varphi + V_z\cos\vartheta$	$= V_\rho\sin\vartheta + V_z\cos\vartheta$	$= V_r$
$V_x\cos\vartheta\cos\varphi + V_y\cos\vartheta\sin\varphi - V_z\sin\varphi$	$= V_\rho\cos\vartheta - V_z\sin\vartheta$	$= V_\vartheta$
$-V_x\sin\varphi + V_y\cos\varphi$	$= V_\varphi$	$= V_\varphi$

Tabelle 13.2 Vektoranalytische Ausdrücke in kartesischen, Zylinder– und Kugelkoordinaten (s. S. 655)

	Kartesische Koordinaten	Zylinderkoordinaten	Kugelkoordinaten
$d\vec{s} = d\vec{r}$	$\vec{\mathbf{e_x}}dx + \vec{\mathbf{e_y}}dy + \vec{\mathbf{e_z}}dz$	$\vec{\mathbf{e}}_\rho d\rho + \vec{\mathbf{e}}_\varphi\rho d\varphi + \vec{\mathbf{e_v}}dz$	$\vec{\mathbf{e_r}}dr + \vec{\mathbf{e}}_\vartheta r d\vartheta + \vec{\mathbf{e}}_\varphi r\sin\vartheta d\varphi$
grad$U$	$\vec{\mathbf{e_x}}\frac{\partial U}{\partial x} + \vec{\mathbf{e_y}}\frac{\partial U}{\partial y} + \vec{\mathbf{e_z}}\frac{\partial U}{\partial z}$	$\vec{\mathbf{e}}_\rho\frac{\partial U}{\partial \rho} + \vec{\mathbf{e}}_\varphi\frac{1}{\rho}\frac{\partial U}{\partial \varphi} + \vec{\mathbf{e_z}}\frac{\partial U}{\partial z}$	$\vec{\mathbf{e_r}}\frac{\partial U}{\partial r} + \vec{\mathbf{e}}_\vartheta\frac{1}{r}\frac{\partial U}{\partial \vartheta} + \vec{\mathbf{e}}_\varphi\frac{1}{r\sin\vartheta}\frac{\partial U}{\partial \varphi}$
div$\vec{V}$	$\frac{\partial V_x}{\partial x} + \frac{\partial V_y}{\partial y} + \frac{\partial V_z}{\partial z}$	$\frac{1}{\rho}\frac{\partial}{\partial \rho}(\rho V_\rho) + \frac{1}{\rho}\frac{\partial V_\varphi}{\partial \varphi} + \frac{\partial V_z}{\partial z}$	$\frac{1}{r^2}\frac{\partial}{\partial r}(r^2 V_r) + \frac{1}{r\sin\vartheta}\frac{\partial}{\partial \vartheta}(V_\vartheta\sin\vartheta) + \frac{1}{r\sin\vartheta}\frac{\partial V_\varphi}{\partial \varphi}$
rot$\vec{V}$	$\vec{\mathbf{e_x}}\left(\frac{\partial V_z}{\partial y} - \frac{\partial V_y}{\partial z}\right) + \vec{\mathbf{e_y}}\left(\frac{\partial V_x}{\partial z} - \frac{\partial V_z}{\partial x}\right) + \vec{\mathbf{e_z}}\left(\frac{\partial V_y}{\partial x} - \frac{\partial V_x}{\partial y}\right)$	$\vec{\mathbf{e}}_\rho\left(\frac{1}{\rho}\frac{\partial V_z}{\partial \varphi} - \frac{\partial V_\varphi}{\partial z}\right) + \vec{\mathbf{e}}_\varphi\left(\frac{\partial V_\rho}{\partial z} - \frac{\partial V_z}{\partial \rho}\right) + \vec{\mathbf{e_z}}\left(\frac{1}{\rho}\frac{\partial}{\partial \rho}(\rho V_\varphi) - \frac{1}{\rho}\frac{\partial V_\rho}{\partial \varphi}\right)$	$\vec{\mathbf{e_r}}\frac{1}{r\sin\vartheta}\left[\frac{\partial}{\partial \vartheta}(V_\varphi\sin\vartheta) - \frac{\partial V_\vartheta}{\partial \varphi}\right] + \vec{\mathbf{e}}_\vartheta\frac{1}{r}\left[\frac{1}{\sin\vartheta}\frac{\partial V_r}{\partial \varphi} - \frac{\partial}{\partial r}(rV_\varphi)\right] + \vec{\mathbf{e}}_\varphi\frac{1}{r}\left[\frac{\partial}{\partial r}(rV_\vartheta) - \frac{\partial V_r}{\partial \vartheta}\right]$
ΔU	$\frac{\partial^2 U}{\partial x^2} + \frac{\partial^2 U}{\partial y^2} + \frac{\partial^2 U}{\partial z^2}$	$\frac{1}{\rho}\frac{\partial}{\partial \rho}\left(\rho\frac{\partial U}{\partial \rho}\right) + \frac{1}{\rho^2}\frac{\partial^2 U}{\partial \varphi^2} + \frac{\partial^2 U}{\partial z^2}$	$\frac{1}{r^2}\frac{\partial}{\partial r}\left(r^2\frac{\partial U}{\partial r}\right) + \frac{1}{r^2\sin\vartheta}\frac{\partial}{\partial \vartheta}\left(\sin\vartheta\frac{\partial U}{\partial \vartheta}\right) + \frac{1}{r^2\sin^2\vartheta\frac{\partial^2 U}{\partial \varphi^2}}$

Teil 2:
Gewöhnliche Differentialgleichungen - Lineare Differentialgleichungen und ergänzende Ausführungen zur Theorie der Differentialgleichungen - Mehrfache und Kurvenintegrale. Vektoranalysis und Feldtheorie - Anfangsgründe der Differentialgeometrie - Fourierreihen - Partielle Differentialgleichungen der mathematischen Physik
618 Seiten, 136 Abb., geb.,
ISBN 3-8171-1298-X

Teil 3/1:
Determinanten und die Auflösung von Gleichungssystemen - Lineare Transformationen und quadratische Formen - Elemente der Gruppentheorie und lineare Darstellung von Gruppen
283 Seiten, 3 Abb., geb.,
ISBN 3-8171-1299-8

Teil 3/2:
Anfangsgründe der Funktionentheorie - Konforme Abbildung und ebene Felder - Anwendungen der Residuentheorie - Ganze und gebrochene Funktionen - Funktionen mehrerer Veränderlicher und von Matrizen - Lineare Differentialgleichungen - Spezielle Funktionen der mathematischen Physik - Reduktion von Matrizen auf kanonische Form
599 Seiten, 85 Abb., geb.,
ISBN 3-8171-1300-5

Teil 4/1:
Integralgleichungen - Variationsrechnung - Ergänzungen zur Theorie der Funktionenräume. Verallgemeinerte Ableitungen. Ein Minimalproblem für quadratische Funktionale
300 Seiten, 4 Abb., geb.,
ISBN 3-8171-1301-3

Teil 4/2:
Allgemeine Theorie der partiellen Differentialgleichungen - Randwertprobleme
469 Seiten, 16 Abb., geb.,
ISBN 3-8171-1302-1

Teil 5:
Das Stieltjessche Integral - Mengenfunktionen und das Lebesguesche Integral - Mengenfunktionen. Absolute Stetigkeit - Verallgemeinerung des Integralbegriffs - Metrische und normierte Räume - Der Hilbertsche Raum
545 Seiten, 3 Abb., geb.,
ISBN 3-8171-1303-X

-Irrtümer vorbehalten-

hades

Unter der Bezeichnung **hades** (harri deutsch electronic science) bündelt der Verlag seine Aktivitäten im Bereich des elektronischen Publizierens. Im Mittelpunkt stehen multimediale, interaktive Kurse (cliXX) und Nachschlagewerke (DeskTop) in den Bereichen Mathematik, Physik, Chemie, Technik und Biologie.

Die hades-Produkte basieren auf HTML-Strukturen, denn diese erlauben die Einbindung multimedialer Komponenten. Darüber hinaus ermöglichen sie eine plattformunabhängige Nutzung off- und online.

Systemvoraussetzungen für hades-CD-ROM-Produkte:
Die CD-ROMs (Format ISO 9660 Level 1 oder Level 2) sind unter *Windows 95/NT*, *MacOS*, *Linux* und in kommerziellen *Unix*-Umgebungen nutzbar (ohne Java Applets auch unter *Windows 3.x*).
Benötigt wird ein JavaScript-fähiger HTML-Browser. Für CD-ROMs, die Java Applets enthalten, muß er zusätzlich Java-fähig sein. Geeignet sind z.B. die Browser *Netscape Navigator* ab Version 4 oder *Microsoft Internet Explorer* ab Version 4.
Die meisten CD-ROMs enthalten Filme, zu deren Wiedergabe *QuickTime* oder ein anderes, *QuickTime*-fähiges Programm benötigt wird.

Bedienungshinweis:
Öffnen Sie die Datei „start.htm“ auf der CD-ROM in Ihrem Browser. Wenn Sie noch keinen Browser installiert haben, hilft Ihnen die Datei „readme.txt“ weiter.

Sollten Sie Fragen, Wünsche und Anregungen zu den elektronischen Produkten haben, dann wenden Sie sich bitte direkt an den
Verlag Harri Deutsch
Gräfstr. 47/51
D-60486 Frankfurt am Main
Fax: 069/7073739
E-Mail: verlag@harri-deutsch.de